T0175570

Ulf Hestermann | Ludwig Rongen

Frick/Knöll Baukonstruktionslehre 1

Ulf Hestermann | Ludwig Rongen

Frick/Knöll Baukonstruktions-lehre 1

Mit 843 Abbildungen und 143 Tabellen

36. vollständig überarbeitete und aktualisierte Auflage

Unter Mitarbeit von
Karl-Heinz Dahlem | Wolfgang Feist
Thomas Richter | Andreas Kieser

PRAXIS

 Springer Vieweg

Ulf Hestermann
Fachhochschule Erfurt

Ludwig Rongen
Fachhochschule Erfurt

ISBN 978-3-8348-2564-3   ISBN 978-3-8348-2565-0 (eBook)
DOI 10.1007/978-3-8348-2565-0

Die Deutsche Nationalbibliothek verzeichnet diese Publikation in der Deutschen Nationalbibliografie; detaillierte
bibliografische Daten sind im Internet über http://dnb.d-nb.de abrufbar.

Springer Vieweg
© Vieweg+Teubner Verlag | Springer Fachmedien Wiesbaden 1909, 1992, 1997, 2001, 2002, 2005, 2010, 2015

Lektorat: Karina Danulat | Annette Prenzer
Einbandentwurf: KünkelLopka GmbH, Heidelberg

Gedruckt auf säurefreiem und chlorfrei gebleichtem Papier

Springer Vieweg ist eine Marke von Springer DE.
Springer DE ist Teil der Fachverlagsgruppe Springer Science+Business Media
www.springer-vieweg.de

Vorwort zur 36. Auflage

Im Jahre 1909 erschien beim B. G. Teubner Verlag in Leipzig und Berlin die erste Auflage der Baukonstruktionslehre von Frick & Knöll, als Leitfaden und „Hilfsmittel für den Vortragsunterricht und die Wiederholungen" im Baukonstruktionsunterricht der Königlichen Preußischen Baugewerkschulen.

Aus diesem Leitfaden wurde im Laufe der Jahrzehnte ein aus zwei Teilen bestehendes, umfassendes Standardwerk für Architekten und Ingenieure.

Bis heute ist der „Frick-Knöll" die am weitesten verbreitete Baukonstruktionslehre für Studierende der Architektur und des Bauingenieurwesens geblieben und dient auch in der Baupraxis vielfach als umfassendes Nachschlagewerk.

Von einer zeitgemäßen Baukonstruktionslehre wird erwartet, dass sie die wichtigsten und die am weitesten verbreiteten Aufgabengebiete des Bauens erfasst, die unterschiedlichen Konstruktionsprinzipien in den Bereichen des Rohbaus, des Innenausbaus und teilweise auch des Technischen Ausbaus berücksichtigt und dabei die sich ständig weiterentwickelnden Herstellungsverfahren aufzeigt.

Dabei müssen die wesentlichen Zusammenhänge zwischen der Konstruktion und den vielen anderen Bereichen innerhalb des gesamten Baugefüges, wie z. B. Standsicherheit, Materialverhalten, Verarbeitung, Wirtschaftlichkeit und last, but not least auch die Gestaltung eines Bauwerks oder Bauteiles verständlich gemacht werden.

Ziel dieses Standardwerkes ist es außerdem, Grundlagenwissen und -verständnis zu vermitteln und nicht etwa rezeptartig möglichst viele Konstruktionsmöglichkeiten aufzuzeigen. Darüber hinaus soll darin auch ein umfassender Überblick auf aktuelle Entwicklungstendenzen wie z. B. neue Materialien oder Fertigungsprinzipien gegeben werden.

Der bisherige Erfolg der Frick/Knöll Baukonstruktionslehre dürfte unter anderem darin begründet sein, dass es kein anderes Werk gibt, in dem nicht nur der allgemeine Bereich der Baukonstruktion, sondern auch der raumbildende Innenausbau umfassend und ganzheitlich behandelt wird. Dies betrifft sowohl die traditionellen Techniken als auch den Trockenbau entsprechend seiner ständig zunehmenden Bedeutung als Fertigungsprinzip.

In zunehmendem Maße dient die Frick/Knöll Baukonstruktionslehre auch als bewährtes Nachschlagewerk in der Baupraxis. Es ist daher notwendig, das Werk nicht nur technisch auf dem neuesten Stand zu halten, sondern auch ständig die Entwicklung von Normen und technischen Vorschriften zu beobachten.

Diese Entwicklungen wurden auch in der aktuellen 36. Auflage nach Möglichkeit berücksichtigt. Sämtliche Abschnitte wurden kritisch geprüft, aktualisiert und in wesentlichen Teilen neu bearbeitet. Hierbei wurden insbesonder aktuelle Auswirkungen der Energieeinsparverordnungen sowie mit Blick auf die EU-Richtlinie, die ab 2019 (öffentliche Gebäude) bzw. 2021 (alle Gebäude) das „Nearly Zero Energy Building" als europaweiten Mindestenergiestandard vorschreibt, hochenergieeffiziente Bauweisen wie das Bauen im Passivhausstandard erneut berücksichtigt.

In allen Kapiteln wurden die Hinweise auf die wichtigsten Normen und die Normenverzeichnisse sowie die Literaturverzeichnisse aktualisiert. Bei der dramatisch zunehmenden Informationsflut, nicht zuletzt bedingt durch die immer mehr ausufernde europäische Normung, durch Zertifikationen, Güte- und Bauproduktrichtlinien, muss dem Benutzer jedoch dringend empfohlen werden, die jeweils aktuelle Entwicklung aller Bestimmungen zu beobachten. Der Versuch vollständiger Auflistungen würde den Rahmen dieses Werkes sprengen.

Abschnitt 2, „Normen, Maße und Maßtoleranzen" wurde an die aktuellen DIN 18 202 (Maßtoleranzen) sowie DIN SPEC angeglichen.

Abschnitt 3, „Baugruben und Erdarbeiten" wurde überarbeitet und um das Aufgabenfeld von Baugrundverbesserungen, Bodenarten und Baugrubenverbau erweitert.

Ergänzungen erfolgten in Abschnitt 4, „Gründungen" zum Thema „Geotechnische Kategorien",

An die aktuelle Normung wurde Abschnitt 5, „Beton- und Stahlbetonbau" angepasst und um die Themen Textilbeton und Betoninstandsetzung erweitert.

Der Abschnitt 7, „Skelettbau" wurde aktualisiert.

Grundlegend überarbeitet wurden auch Abschnitt 8, „Außenwandbekleidungen", der um die Bereiche Brandsperren und Fugenausbildungen erweitert wurde, sowie Abschnitt 9, „Fassaden aus Glas", in dem vertieft auf das Thema Behaglichkeitsempfinden eingegangen wird und der um das neue Konstruktionsprinzip der Überdruckfassade (CCF) sowie „Solartubes" ergänzt wurde.

Neben den erforderlichen Aktualisierungen der Abschnitte 10 bis 17 und dem neu hinzugekommenen Abschnitt 16 „Passivhausbauweisen" wurde Abschnitt 17.4 „Abdichtungen" grundlegend überarbeitet.

In Abschnitt 17.7, „Brandschutz" finden die Bereiche Rauchableitung und Brandschutz bei haustechnischen Anlagen besondere Berücksichtigung.

Ein weiter Teil der Abbildungen wurde auch grafisch überarbeitet. Bei der Auswahl der Bildbeispiele bleiben die Bearbeiter bemüht, nur Konstruktionen zu erwähnen, die einen kritisch beobachteten Reifeprozess aufweisen können.

Darüber hinaus wurden aus den Rezensionen der Leserschaft viele Anregungen und Hinweise berücksichtigt, soweit diese im Sinne des Gesamtwerkes zielführend waren und den Rahmen nicht sprengen. Hierfür gebührt den aufmerksamen und auch kritischen Lesern herzlichen Dank.

Allen, die durch Bereitstellung von Informationen oder ihre Mitarbeit wertvolle Hilfe geleistet haben, danken wir.

Unser besonderer Dank gilt Herrn Prof. Dr.-Ing. Wolfgang Feist für die Neubearbeitung des Abschnitts 17.5 „Wärmeschutz", Herrn Dr. Karl Heinz Dahlem für die Überarbeitung des Abschnitts 17.6 „Schallschutz" und Herrn Dr. Thomas Richter für seine Aktualisierung des Abschnitts 5 „Beton- und Stahlbetonbau" sowie Herr Dipl.-Ing. Andreas Kieser für die Überarbeitung des Abschnitts 17.7 Brandschutz.

Besonderer Dank gilt auch unseren Büropartnern Dipl.-Ing. Marco Schlothauer und Herrn Dipl.-Ing. Architekt Reiner Wirtz sowie unseren Mitarbeiterinnen Frau Dipl.-Ing. Architektin Sibylle Roßmann und Frau Fiona Dietsche (Bachelor of Art) und Herrn Dipl.-Ing. Architekt Cornelius Selke für ihre allgemeine Beratung während der Bearbeitung dieses Werkes.

Auch verdienen unseren Dank für die zeichnerische und rechnergestützte Bearbeitung der zahlreichen neuen Abbildungen und für Recherchearbeiten:

Frau Sissy Panzer (Bachelor of Art),

Frau Lisa Quentin (Bachelor of Art),

Frau Sabine Geißer (Bauzeichnerin)

Frau Monika Wynands (Bauzeichnerin)

Alle Bearbeiter haben nach dem Ausscheiden der ehemaligen Autoren Prof. Dipl.-Ing. Dietrich Neumann und Prof. Dipl.-Ing. Ulrich Weinbrenner wichtige Beiträge geliefert und eine wesentlich inhaltliche Unterstützung geboten.

Auch bei der Bearbeitung der 36. Auflage schätzen wir als nachfolgende Autoren die Qualität und inhaltliche Tiefe der Bearbeitung der ehemaligen Autoren Prof. Dipl.-Ing. Dietrich Neumann und Prof. Dipl.-Ing. Ulrich Weinbrenner als Grundlage für unsere Bearbeitung überaus hoch ein. Die Tradition und kontinuierliche Weiterentwicklung des Werkes durch unsere Vorgänger ist uns Verpflichtung und Maßstab für unsere Arbeit zugleich.

Der Verlag und die Autoren hoffen, dass die weiterentwickelte Neuauflage bei den Lesern Anklang findet und sich auch diese Auflage wieder beim Studium und in der Baupraxis als brauchbare und zuverlässige Hilfe und Quelle erweist.

Erfurt, im Frühjahr 2015

U. Hestermann, L. Rongen

Verzeichnis der Autoren und Bearbeiter

Die Autoren:

Weitere mitwirkende Bearbeiter:

Prof. Dipl.-Ing. Ulf Hestermann hat nach seinen Studien an der Fachhochschule Aachen und der RWTH-Aachen 1980 ein bundesweit tätiges Architektur- und Ingenieurbüro gründet (www.hks-architekten.de). Tätigkeitsbereiche waren und sind Projekte der technischen Infrastruktur, Bauten für die Verkehrsinfrastruktur, Gewerbe- und Wohnungsbauten, Bauten für das Gesundheitswesen sowie Schul- und Hochschulbauten, Laborbauten u. A. mit den Arbeitsschwerpunkten Prozess- und Kostenoptimierung durch Teilvorfertigung und Systembauweisen in Holz und Beton sowie energieoptimierte Entwurfskonzepte und Bauwerksplanungen. 1991 folgte die Berufung zum Professor für Baukonstruktion, Entwerfen und Gebäudeplanung an die Fachhochschule Erfurt. Weiterhin ist Ulf Hestermann leitend im eigenen Architekturbüro für Projekte im In- und Ausland tätig.

Prof. Dipl.-Ing. Ludwig Rongen studierte nach seiner praktischen Ausbildung zum Technischen Zeichner zuerst Städtebau an der Fachhochschule Aachen und war danach mehrere Jahre als Projektleiter in der Stadt- und Regionalplanung tätig. Sein zweites Studium der Architektur absolvierte er an der RWTH Aachen und gründete danach sein eigenes Architekturbüro, das heute unter dem Namen RoA RONGEN ARCHITEKTEN GmbH firmiert und das er zusammen mit zwei Büropartnern leitet. Seit 1992 arbeitet Ludwig Rongen als Professor an der FH Erfurt (Baukonstruktionslehre, Entwerfen). Er hat sich als Architekt insbesondere im Bereich des hochenergieeffizienten Bauens international einen Namen gemacht. Zu diesem Thema hält er als zertifizierter Passivhausplaner und Passivhauszertifizierer regelmäßig Vorträge auch auf internationalen Kongressen inner- und außerhalb Europas. Er ist darüber hinaus in verschiedenen nationalen und internationalen Ausschüssen, die sich mit dem Thema „Energieeffizienz" beschäftigen (z. T. leitend) tätig. Das Büro RoA RONGEN ARCHITEKTEN GmbH hat zusammen mit dem Passivhaus Institut im Auftrag der Deutschen Bundesstiftung Umwelt ein Forschungsprojekt Passivhäuser für fünf verschiedene Klimazonen bearbeitet. Seit 2004 hat Ludwig Rongen eine Gastprofessur an der Sichuan Universität inne, 2005 folgte eine zweite Gastprofessur an der South-West Jiaotong Universität, beide in Chengdu (V. R. China).

Dr. Ing. Karl-Heinz Dahlem studierte Bauingenieurwesen an der Universität Kaiserslautern und absolvierte 1992 das Diplom. Danach folgte eine Tätigkeit als wissenschaftlicher Mitarbeiter im Fachgebiet Bauphysik / Technische Gebäudeausrüstung / Baulicher Brandschutz der Universität Kaiserslautern. 2000 Promotion mit einem bauphysikalischen Thema. Seit 1994 freiberufliche Tätigkeiten im eigenen Ingenieurbüro in den Bereichen Bauphysik (Wärme, Feuchte, Schall) und Energieberatung. Bei den bearbeiteten Projekten handelt es sich um unterschiedliche Gebäudekategorien (Wohnen, Bürogebäude, Schulen, Sportstätten, …). Tätig auch als Referent in Weiterbildungen der Kammern und auf Fach-Kongressen. Seit 2001 Lehraufträge in den Fächern „Bauphysik", „Raumakustik", „Angewandte Bauphysik". Weitere Information unter www.bauphysik-dahlem.de

Prof. Dr. Wolfgang Feist ist Gründer und Leiter des Passivhaus Institutes. Er ist Dipl.-Physiker und promovierter Bauphysiker und seit 2008 Professor an der Universität Innsbruck. Seit 30 Jahren arbeitet er in Theorie und Praxis an den Determinanten des Energiehaushaltes von Gebäuden. An Hunderten von gebauten Beispielprojekten wurde unter seiner Leitung untersucht, welche Maßnahmen für Verbesserung der Behaglichkeit entscheidend sind, die Energieeffizienz erhöhen und die Bauqualität verbessern. Er ist ein national und international vielfach ausgezeichneter Wissenschaftler.

Dr.-Ing. Thomas Richter studierte Bauingenieurwesen an der Technischen Hochschule Leipzig. Nach einer Bauleitungstätigkeit im Ausland beschäftigte er sich an der Technischen Hochschule Leipzig und der Technischen Universität München mit Lehre und Forschung auf dem Gebiet der Baustoffe. Ab 1991 war er für die Bauberatung Zement tätig, 2003 wechselte er zu BetonMarketing Ost, heute BetonMarketing Nordost, einer Gesellschaft für Bauberatung und Marktförderung auf dem Gebiet des Betonbaus. Dort ist er heute als Prokurist und Leiter Technik tätig. Seine Tätigkeitsschwerpunkte liegen seit vielen Jahren auf dem Gebiet der Betontechnik

– vom Baustoff über die Planung und Konstruktion von Betonbauwerken bis hin zur Bauausführung und Betoninstandsetzung. Lehraufträge auf seinem Fachgebiet führten ihn an die Hochschule Magdeburg-Stendal (FH).

Dipl. Ing. Andreas Kieser hat nach seinem Architekturstudium an der Fachhochschule Erfurt 2007 zunächst eine Weiterbildung zum Brandschutzbeauftragten gemäß vfdb-Richtlinie absolviert. Parallel zur Planungs- und Projektleitungstätigkeit in einem bundesweit tätigen Architektur- und Ingenieurbüro qualifizierte er sich 2010 zum Fachplaner für vorbeugenden Brandschutz und beschäftigt sich seitdem mit der Erstellung von Brandschutznachweisen und der brandschutztechnischen Objektüberwachung.

Inhalt

1 Einführung und Grundbegriffe

1.1 Allgemeines

Bei der planerischen Lösung von Bauaufgaben besteht zwischen gestalterischen, funktionalen, konstruktiven, bauphysikalischen und baustoffspezifischen Aspekten sowie ökonomischen Rahmenbedingungen und ökologischen Zusammenhängen eine enge gegenseitige Abhängigkeit. Im Planungsprozess werden gleichzeitig komplexe Handlungsabläufe bei der Bauausführung vorherbestimmt.

Die zunehmend erweiterten Anforderungen an Energieeffizienz und Energieeinsparung von Gebäuden (KfW-Standards, Niedrig-, Niedrigst-, Passivhausstandard, Nullenergiehaus, Plusenergie-Haus) sind für die Planung von Gebäuden sowie deren konstruktive Durchbildung und Ausführung von maßgeblicher Bedeutung.

Die Inanspruchnahme von Rohstoffen, Wasser, Luft und Energie für Baustoffe verändern die Umwelt und erzeugen Abfälle. Verbaute Materialien haben in Anbetracht der großen Stoffumsätze im Baubereich (Gebäude benötigen für Erstellung und Betrieb ca. 50 % der weltweit verfügbaren Ressourcen) für einen schonenden Umgang mit Ressourcen eine besondere Bedeutung. Die Auswahl von Baustoffen unterliegt somit auch folgenden Kriterien:

- geringer Energieaufwand bei Herstellung, Transport und Verarbeitung
- möglichst schadstofffreie Gewinnung, Herstellung, Verarbeitung und Entsorgung
- Vermeidung gesundheitlicher Beeinträchtigungen durch Emissionen von Baustoffen und Immissionen in das Gebäude
- Dauerhaftigkeit
- Wiederverwendbarkeit, Recyclingfähigkeit

Baustoffe sind somit auch *nach ökologischen Kriterien*[1] wie z. B. Primärenergieinhalt (PEI), Treib-

hauspotenzial (GWP – Global Warming Potential), Versäuerungspotenzial (AP – Acidification Potential) zu bewerten und auszuwählen [15]. Auf die Kriterien zur Baustoffwahl wird in diesem Werk in den Abschnitten im Einzelnen gesondert eingegangen (s. a. Abschn. 17.8).

Somit stellt jeder Planungsablauf eine Kette von Entscheidungen zwischen möglichen Alternativen mit dem Ziel dar, eine optimierte Gesamtlösung zu erreichen.

Dabei ist der planende Architekt in der Regel auf die Mitwirkung spezialisierter Fachingenieure angewiesen.

Technische Ausstattungen wie Sanitär-, Heizungs-, Elektro-, Lüftungs- und Klimaanlagen, Fördereinrichtungen wie Aufzüge, Rolltreppen und insbesondere alle modernen Kommunikationseinrichtungen werden von Sonderfachleuten geplant und in das Gesamtkonzept des Architekten eingebracht. Zunehmende Bedeutung kommen je nach Bauaufgabe Planungen der thermischen Bauphysik, der Bau- und Raumakustik und der Fassadenplanung zu. Dem Architekten obliegt die Aufgabe, die Einzelaspekte der beteiligten Fachplaner zu koordinieren und in das Planungs- und Entwurfskonzept zu integrieren.

Alle Planungen werden zunehmend durch ständige Weiterentwicklungen von Baustoffen oder durch ganz neue Baustoffe und Konstruktionsmöglichkeiten beeinflusst. Diese werden im Rahmen dieses Werkes nach Möglichkeit erwähnt, doch kann ihre Beurteilung nicht Gegenstand einer Baukonstruktionslehre sein.

Den immer differenzierteren, auch in den bauaufsichtlichen Bestimmungen vorausgesetzten Kenntnissen bauphysikalischer Grundregeln muss

---

[1] Baustoffbewertung nach Ökokennwerten:
GWP = Global Warming Potential [kg/FE], das mittels CO^2 equ [1/kg] ermittelt wird.
AP = Versäuerungspotential [kg/FE], das durch SO2 equ ermittelt wird (Schwefeldioxid ist ein farbloses, schleimhautreizendes, stechend riechendes und sauer schmeckendes, giftiges Gas).
PEne = nicht erneuerbarer Primärenergiebedarf [MJ/FE], der mittels MJ equ [1/kg] ermittelt wird.

PEI = Primärenergiegehalt [MJ/FE], der mittels MJ equ [1/kg] ermittelt wird.
ODP = Ozonschichtabbaupotenzial [kg/FE], das durch R11 (Trichlorfluormethan ist ein FCKW und wird als Kältemittel verwendet) equ ermittelt wird.
POCP = Ozonbildungspotenzial [kg/FE], das durch C2H4 (Ethen – auch Äthen, Ethylen oder Äthylen – ist eine gasförmige, farblose, brennbare, süßlich riechende organische Verbindung;) equ ermittelt wird.
EP = Überdüngungspotenzial [kg/FE], das durch PO4 (Phosphate sind im engen Sinn die Salze und Ester der Orthophosphorsäure) equ ermittelt wird.

ebenso Rechnung getragen werden wie dem Verständnis der wichtigsten Begriffe der Tragwerkslehre. Nur so sind die Voraussetzungen für eine qualifizierte Entwurfsentwicklung, die richtige konstruktive Bearbeitung des gesamten Gebäudes und seiner einzelnen Bauteile gegeben.

Der Tragwerksentwurf eines Gebäudes und die darauf beruhenden räumlich-geometrischen Strukturen und Materialentscheidungen bildet die grundlegende Voraussetzung für die meisten weiterführenden Entscheidungen. Das Tragwerkskonzept stellt somit die entscheidende Grundlage für sinnfällige und materialgerechte Festlegungen z. B. für Fassaden, Innenraumkonzepte und viele bautechnische und bauphysikalische Anforderungen dar.

Alle auftretenden *vertikalen* und *horizontalen* Lasten müssen über ein räumlich steifes und tragfähiges System sicher bis in den Baugrund abgeleitet werden. Die auftretenden Lasten und Beanspruchungen sowie Tagwerkssysteme und -elemente werden in der Folge behandelt.

1.2 Lasten und Beanspruchungen

In einem Bauwerk werden die Bauteile beansprucht durch:

- **Eigengewicht** als ständige Lasten aus den Eigengewichten der Baustoffe und Bauteile (Tab. **1**.1),
- **Verkehrslasten** oder auch Nutzlasten (Tab. **1**.2), d. h. in der Regel ruhende Belastungen durch die Nutzung des Bauwerkes z. B. durch den Aufenthalt von Menschen, von Möblie-

Tabelle **1**.1 Eigenlasten (Wichten) von Baustoffen (Auszug aus DIN EN 1991-1-1); Angaben aus Nationalem Anhang zu DIN 1991-1-1 sind kursiv gesetzt)

Baustoff	Rohdichte in g/cm^3	Wichte in kN/m^3
Schwerbeton		> 28
Normalbeton		> 24
Stahlbeton		25
Leichtbeton (LC)	1,0 bis 2,0	9,0 bis 20,0
Porenbeton	0,2 bis 1,0	4,5 bis 9,5
Mauerwerk aus künstlichen Steinen	0,4 0,6 0,8 1,2 1,4 1,6 1,8 ⋮ ⋮ 2,4	s. DIN EN 771-1 bis 5 und DIN EN 1051 je nach Material 6 bis 24
Putze mit Mörtel		
Gipsmörtel		12,0 bis 18,0
Zementmörtel		19,0 bis 23,0
Gipsbauplatten (Gipsdielen)		8,5 bis 12,0
Holz (Festigkeitsklassen s. DIN EN 338)	0,85 bis 1,2	3,5 bis 10,8
Brettschichtholz (Festigkeitsklassen s. DIN EN 1194)		3,7 bis 4,2
Aluminium		27
Blei		112 bis 114
Kupfer		87 bis 89
Stahl		77 bis 78,5
Zink		71 bis 72
Dachsteine		kN/m^2
Betondachsteine		*0,50 bis 0,65*
Tondachstein		*0,60 bis 0,95*

Tabelle **1**.2 Nutz- oder Verkehrslasten[1)] (DIN EN 1991-1-1 und DIN EN 1991-1-1/NA; Angaben aus Nationalem Anhang zu DIN 1991-1-1 sind kursiv gesetzt)

Kat.		kN/m^2
A	**Wohnflächen**	
Decken		1,5 bis 2,0
A1	*Spitzböden*	*1,0*
A2	*Wohn- und Aufenthaltsräume – Decken **mit** ausreichender Querverteilung der Lasten*	*1,5*
A3	*Wohn- und Aufenthaltsräume – Decken **ohne** ausreichender Querverteilung der Lasten*	*2,0*
Treppen		2,0 bis 4,0
T1	*Treppen und Treppenpodeste in Wohngebäuden, Bürogebäuden und von Arztpraxen ohne schweres Gerät*	*3,0*
T2	*Alle Treppen und Treppenpodeste, die nicht in T1 oder T3 eingeordnet werden können*	*5,0*
T3	*Zugänge und Treppen von Tribünen ohne feste Sitzplätze, die als Fluchtwege dienen*	*7,5*
Balkone		2,5 bis 4,0
Z	*Zugänge, Balkone und ähnliches; Dachterrassen, Laubengänge, Loggien usw., Balkone, Ausstiegspodeste*	*4,0*

Tabelle **1**.2 (Fortsetzung)

Kat.		kN/m^2
B	**Büroflächen**	2,0 bis 3,0
B1	*Büroflächen u. Ä. ohne schweres Gerät*	2,0
B2	*Flure und Küchen in Krankenhäusern, Hotels, Altenheimen, Flure in Internaten usw.; Behandlungsräume in Krankenhäusern, einschl. Operationsräume ohne schweres Gerät, Kellerräume in Wohngebäuden*	3,0
B3	*Flächen der Kategorie B1 und B2, jedoch mit schwerem Gerät*	5,0
C	**Flächen mit Personenansammlungen** (außer Kategorie A, B und D)	2,0 bis 7,5
C1	*Flächen mit Tischen usw.*	3,0
C2	*Flächen mit fester Bestuhlung*	4,0
C3	*Frei begehbare Flächen sowie die für Nutzungskategorie C1 bis C3 gehörigen Flure*	5,0
C4	*Sport und Spielflächen*	5,0
C5	*Flächen mit großen Menschenansammlungen; z. B. Konzertsäle, Tribünen mit fester Bestuhlung*	5,0
C6	*Flächen mit regelmäßiger Nutzung durch erhebliche Menschenansammlungen; z. B. Tribünen ohne feste Bestuhlung*	7,5
D	**Verkaufsflächen**	4,0 bis 5,0
D1	*Flächen von Verkaufsräumen bis 50 m^2 Grundfläche in Wohn-, Büro- und vergleichbaren Gebäuden*	2,0
D2	*Flächen in Einzelhandelsgeschäften und Warenhäuser*	5,0
D3	*Flächen wie D2, jedoch mit erhöhtem Einzellasten infolge hoher Lagerregale*	5,0
E	**Lagerflächen und Flächen für industrielle Nutzung**	7,5
E1.1	*Flächen in Fabriken und Werkstätten mit leichten Betrieb und Flächen in Großviehställen*	5,0
E1.2	*Allgemeine Lagerflächen, einschließlich Bibliotheken*	6,0
E2.1	*Flächen in Fabriken und Werkstätten mit mittlerem oder schwerem Betrieb*	7,5
F	**Verkehrs- und Parkflächen für leichte Fahrzeuge** (≤ 30 kN)	1,5 bis 2,5
	F1 und F2 Verkehrs-und Parkflächen für leichte Fahrzeuge (Gesamtlast ≤ 30 kN) *F3 und F4 Zufahrsrampen*	2,5 bis 3,5 3,5 bis 5,0
G	**Verkehrs- und Parkflächen für mittlere Fahrzeuge** (≥ 30 kN ≤ 160 kN)	5,0
H	**Nicht zugängliche Dächer außer für übliche Unterhaltungs- und Instandsetzungsmaßnahmen**	0,0 bis 1,0
I	**Zugängliche Dächer für die Nutzung nach den Nutzungskategorien A bis G** [2]	
K	**Zugängliche Dächer mit besonderer Nutzung (z. B. Hubschrauberlandeplätze**[3]**)**	20 bis 60 30 bis 120

Weitere Angaben zu Nutzungskategorien sowie Sondernutzungen, nicht vorwiegend ruhenden Lasten, horizontalen Nutzlasten siehe DIN EN , 1991-1-1 sowie DIN EN 1991-1-1/NA.

[1] Leichte, unbelastete Trennwände bis zu einer Höchstlast von 5 kN/m dürfen ohne genauen Nachweis durch einen gleichmäßig verteilten Zuschlag zur Nutzlast (Trennwandzuschlag) berücksichtigt werden. Der Trennwandzuschlag beträgt bei maximal 3 kN Last je Meter Wandlänge 0,8 kN/m2, bei Wänden mit mehr als 3 kN/m bis maximal 5 kN/m Last mindestens 1,2 kN/m2. Bei Nutzlasten von 5 kN/m^2 und mehr ist dieser Zuschlag nicht erforderlich.
Schwere Ausrüstungen (z. B. Großküchen, Röntgengeräte, Wasserspeicher, Gabelstapler) sind nicht in den angegebenen Tabellenwerten enthalten. Diese sind als Nutz- oder Einzellasten gesondert zu berücksichtigen.
[2] Die Nutzlasten auf Dächern der Kategorien H sollten Tab. 6.10 gem. DIN EN 1991-1-1entnommen werden. Die Nutzlasten auf Dächern der Kategorie I sind in den Tabellen 6.2, 6.4 und 6.8 und entsprechend den Nutzungsmerkmalen angegeben.
[3] Die Lastannahmen für Dächer der Kategorie K, die für Hubschrauberlandungen vorgesehen sind, sollten entsprechend den Hubschrauberklassen HC nach Tab. 6.11 bzw. 6.11DE festgelegt werden.

1

Tabelle **1**.3　Schneelasten[1] (DIN EN 1991-1-3 und DIN EN 1991-1-3/NA; Angaben aus Nationalem Anhang zu DIN 1991-1-3 sind kursiv gesetzt)

Schneelastzone auf dem Boden	Sockelwerte/Mindestwerte s_k-Werte in kN/m²
1	*0,65 bis 400 m ü. d. M.*
1a	*Zone 1 zuzgl. 25%*
2	*0,85 bis 285 m ü. d. M.*
2a	*Zone 2 zuzgl. 25%*
3	*1,10 bis 255 m ü. d. M.*

[1] Zur Ermittlung von *Schneelasten auf Dächern* werden die Schneelasten auf dem Boden unter Beachtung der Form des Daches (Formbeiwert für Schneelastverteilung), der Wärmedämmeigenschaften, der Oberflächenrauhigkeit, der benachbarten Gebäude sowie des umgebenden Geländes und des örtlichen Klimas (Windexposition, Temperaturänderungen, Niederschlagswahrscheinlichkeit) unter Berücksichtigung der Lastanordnung unverwehrter und verwehter Schneelasten auf dem Dach bemessen. Weiterhin werden örtliche Gegebenheiten wie Höhenversprünge, Aufkantungen, Dachaufbauten, Schneeüberhang an Dachtraufen, Kehlen von Scheddächern usw. berücksichtigt.

rung, Maschinengewicht, Lagergut usw. Die rechnerisch anzunehmenden Verkehrslasten enthalten je nach Nutzungsart des Bauwerks bestimmte Sicherheitszuschläge.

Zeitlich veränderliche Lasteinwirkungen können sein:

- **Schneelasten,** Eislasten als überwiegend vertikal wirkende Lasten mit Berücksichtigung der Dachneigung und -form und der Geländehöhe über Meeresspiegel (Tab. **1**.3 und Bild **1**.4),

- **Windlasten** aus Winddruck und Windsog als vorwiegend horizontal wirkende Lasten,

und je nach Einzelfall:

- **dynamische Belastungen** (z. B. Erschütterungen durch Maschinenbetrieb, Verkehr, stoßartige Belastungen aus Betriebsabläufen, Beanspruchungen aus Anprall- und Bremskräften von Fahrzeugen, Kranbahnen, Schwingungsübertragungen o. Ä. sowie Erdbebenstößen),

- **thermische Beanspruchung** infolge von Temperaturschwankungen oder von ungleichmäßiger Temperatureinwirkung (z B. bei nur einseitiger Erwärmung und im Brandfall) und

- **Setzungen.** Durch falsch beurteilte Tragfähigkeit des Baugrundes, durch ungleichmäßige Belastungen u. a. können Spannungen inner-

halb einzelner Bauteile oder des gesamten Bauwerks entstehen (vgl. a. Abschn. 3, Bild **3**.1).

Diese Beanspruchungen müssen anhand der Planungsvorhaben und entsprechend den zugrunde zu legenden Bestimmungen (z. B. DIN 1055-2, DIN EN 1990 + DIN EN 1991-1) ermittelt werden und bilden die Grundlage für den *Standsicherheitsnachweis* (statische Berechnung), s. Abschn. 1.6.

1.3 Grundbegriffe der Tragwerkslehre

Bauteile können stehen unter der Krafteinwirkung von

- **Druck.** Gedrückte Bauteile sind Druckspannungen ausgesetzt, die eine Stauchung bewirken. Diese ist von der einwirkenden Kraft, dem Querschnitt, der Bauteillänge und einem materialspezifischen Elastizitätsmodul für Druck abhängig (Bild **1**.5a). Darüber hinaus führen große Bauteillängen bei Druckbelastungen zu zusätzlichen Stabilitätsproblemen (s. Knicken).

- **Zug.** Bauteile, die einer Zugbeanspruchung ausgesetzt werden (z. B. Spannseile), erfahren eine Zugspannung, die eine Längenänderung bewirkt. Diese ist innerhalb gewisser Grenzen abhängig von der einwirkenden Zugkraft, dem Querschnitt und der Länge des Bauteils sowie von dem materialspezifischen Elastizitätsmodul für Zug (Verhältnis von Spannung : Dehnung; Bild **1**.5b).

- **Scheren.** Scherspannungen entstehen innerhalb eines belasteten Bauteils, wenn Last und Gegendruck in derselben Querschnittsfläche (vgl. Schere!) anliegen und zwei Bauteilschichten *senkrecht* zum Bauteilquerschnitt verschoben werden (Bild **1**.5c).

- **Schub.** Schubspannungen entstehen *innerhalb eines Bauteils*, wenn Last und Gegendruck in derselben Querschnittsfläche wirken und zwei Bauteilschichten im Bereich der Bauteilachse gegeneinander verschoben werden.

  Im Gegensatz zum Abscheren entstehen Spannungen im Längsschnitt des Bauteiles, indem Bauteilschichten in Längsrichtung gegeneinander verschoben werden (Bild **1**.5d).

- **Torsion.** (Drillung, Verdrehung) entsteht, wenn ein Bauteilquerschnitt auf Drehung beansprucht und dabei das Kippen durch Festhalten der Bauteilendflächen verhindert wird.

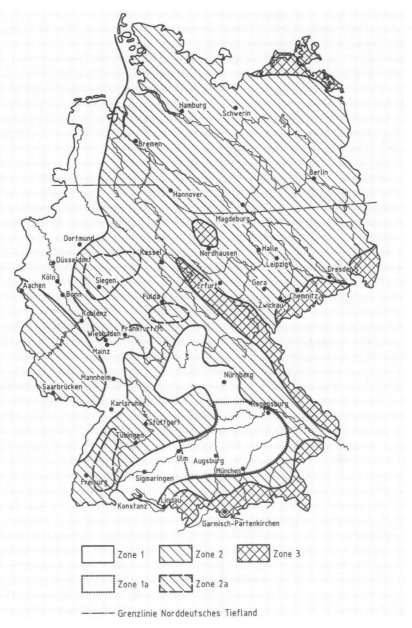

1.4 Schneelastzonenkarte gem. DIN 1991-1-3/NA

In den benachbarten Querschnitten werden Schubspannungen erzeugt (Bild **1**.5e).

Baustoffe weisen unter Einfluss äußerer Kräfte spezifische Verhaltensformen auf:

- **Elastisches Verhalten.** Durch Belastungen und Krafteinwirkungen treten – innerhalb be-

stimmter Grenzen – keine dauernden Verformungen auf. Nach Entlastung „federt" das Bauteil in seine ursprüngliche Form zurück (Bild **1**.6a).

- **Plastisches Verhalten.** Werden die Grenzwerte für das elastische Verhalten überschritten, jedoch Belastungen, die zur Zerstörung füh-

1

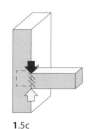
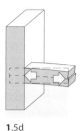
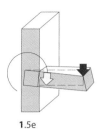

1.5a   1.5b   1.5c   1.5d   1.5e

1.5 Bauteil unter Krafteinwirkung0
  a) Druck
  b) Zug
  c) Scheren (eingespannte Konsole)
  d) Schub (eingespannte Konsole)
  e) Torsion (eingespannter Balken mit Kragarm zwischen Stützen)

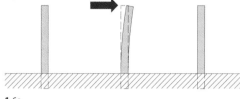

1.6a

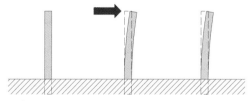

1.6b

1.6 Materialverhalten
  a) elastisch   1 unbelastet
  b) plastisch   2 belastet
                        3 nach Belastung

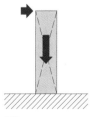
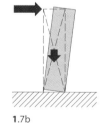

1.7a   1.7b

1.7 Kippen
  a) Standmoment
  b) Kippmoment (vgl. Bild **1**.26)

ren, noch nicht erreicht, treten bei allen Bauteilen dauernde Verformungen auf (z. B. „Verbiegen", Bild **1**.6b).

- **Fließen** (Kriechen). Unter Langzeitbeanspruchung können Bauteile – auch abhängig von den einwirkenden Temperaturen – dauernde Formveränderungen erfahren, die aus strukturellen Veränderungen der beteiligten Baustoffe resultieren. Werden Bauteile aus derartigen Baustoffen (z. B. aus gewissen Kunststoffen, auch aus Stahl) schockartig belastet, können sie – insbesondere bei niedrigen Temperaturen – durch „Sprödbruch" zerstört werden.

Durch äußere Kräfte können *Bauteile* oder auch ganze *Bauwerke* verformt und in ihrer Standsicherheit beeinflusst werden. Als Auswirkungen kommen in Frage:

- **Kippen.** Ein Bauteil bzw. ein Bauwerk kippt infolge einer Krafteinwirkung (z. B. Windoder Erddruck), wenn das resultierende Kippmoment größer ist als das Standmoment (das Standmoment ist abhängig von Bauteil- bzw. Bauwerksgewicht und Bauteilbreite) (Bild **1**.7).

- **Knicken** und **Beulen.** Schlanke, stabförmige Bauteile knicken aus, flächige Bauteile (z. B. Wände) beulen aus, wenn sie in Längsrichtung gedrückt werden.

Die *Knicksicherheit* wird beeinflusst von der Länge und kleinsten Breite des Bauteiles, von der Art des konstruktiven Anschlusses (freistehend, einseitig oder beidseitig eingespannt, s. Abschn. 1.6) und von der Art des Baustoffes. Kennzeichnende Größe ist die sog. *Schlankheit* bzw. der Schlankheitsgrad (Bild **1**.8).

- **Biegen.** Ein punktuell oder linear gestütztes Bauteil biegt sich zwischen den Stützungspunkten (Auflagern) durch, wenn es quer zur Längsachse durch Lasten beansprucht wird (Bild **1**.9).

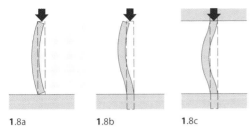

1.8a   **1.8b**   **1.8c**

1.8 Knicken
    a) freistehend („Pendelstütze")
    b) einseitig eingespannt
    c) beidseitig eingespannt

1.9 Biegen

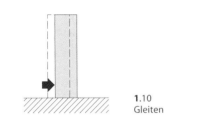

1.10
Gleiten

- **Gleiten.** Ein Bauteil kann – insbesondere seitlich – verschoben werden, wenn die Verbindung zu anschließenden Bauteilen oder auch zum Baugrund nicht durch Reibung oder besondere konstruktive Maßnahmen gesichert ist (Bild **1**.10).

Häufigste Schadensursache für Bauschäden ist Materialversagen durch Überschreitung der zulässigen Baustofffestigkeiten.

1.4 Tragelemente

Tragelemente bilden in den verschiedensten Kombinationen die geometrische Struktur und das konstruktive Gefüge eines Bauwerkes.

Einen Überblick über die wichtigsten Grundtypen von Tragelementen zeigt Bild **1**.11. Sie kommen innerhalb von Gesamtkonstruktionen in vielfachen Kombinationen untereinander vor.

Einfeldträger als einfache Träger sind Tragelemente über jeweils *eine* Öffnung mit zwei End-

auflagern (Bild **1**.11a). Die erforderlichen statischen Abmessungen hierfür sind vergleichsweise groß.

Durchlaufträger sind Tragelemente über *mehrere* Öffnungen, die zu wesentlich günstigeren statischen Abmessungen führen, indem sie die so genannte *Durchlaufwirkung* über mehrere Felder bzw. Auflager hinweg nutzen (Bild **1**.11b). Bei solchen *Mehrfeldträgern* wechseln positive Biegemomente (Durchbiegungen nach unten) in den Feldern mit negativen Biegemomenten über den Stützen (Biegungen nach oben). Je nach „Lastfall", d. h. Belastung mit durchlaufenden Streckenlasten (auch aus dem Eigengewicht) oder Teilbelastung in einzelnen Feldern, können sich bei Durchlaufträgern erhebliche Entlastungen für die benachbarten Felder ergeben. Konstruktiv muss das Verformungsverhalten solcher Träger berücksichtigt werden (vgl. hierzu auch Bilder **1**.14 und **1**.15).

In ähnlicher Weise kann die *Durchlaufwirkung* auch bei Deckenplatten genutzt werden. Durch mehrseitige Auflagerung ergeben sich weitere Möglichkeiten für günstigere statische Abmessungen (s. Abschn. 10.1.1).

Rahmen. In erweitertem Sinne werden auch Rahmen als Tragelemente betrachtet. Sie bestehen aus stab- oder scheibenförmigen Bauteilen, die mit oder ohne Gelenke zusammengefügt sind. Im Baugrund bzw. in Fundamenten können Rahmenstützen – ebenso wie in angrenzenden Bauwerksteilen – *eingespannt* oder *gelenkig* angeschlossen sein (Bild **1**.12).

In Rahmen werden Verformungen durch Beanspruchungen einzelner Teile über *biegesteife Ecken* auf die benachbarten Rahmenteile übertragen (Bilder **1**.13 bis **1**.14). Daraus resultieren neben dem hierfür erforderlichen erhöhten Materialeinsatz zu Herstellung biegesteifer Eckausbildungen selbst bei einfachen Systemen komplizierte Verformungen der Gesamtkonstruktion (Bild **1**.15). Dabei muss beachtet werden, dass in den schematischen Abbildungen lediglich die Verformungen in der Rahmenebene dargestellt sind. In der Regel müssen die Beeinflussungen aber auch im räumlichen Zusammenhang betrachtet werden.

Zur Berechnung von Rahmentragwerken sind zwar komplizierte Berechnungsverfahren nötig, doch können sich sehr wirtschaftliche bauliche Lösungen durch die Verbundwirkung der beteiligten Konstruktionselemente ergeben.

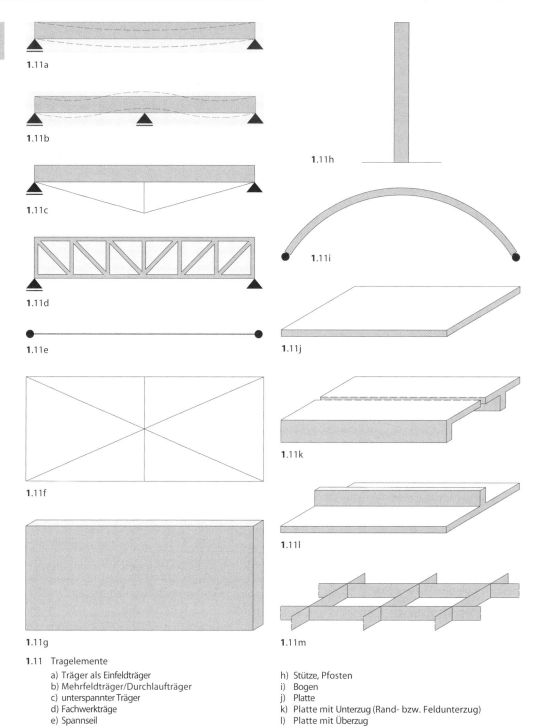

1.11a

1.11b

1.11c

1.11d

1.11e

1.11f

1.11g

1.11h

1.11i

1.11j

1.11k

1.11l

1.11m

1.11 Tragelemente

a) Träger als Einfeldträger
b) Mehrfeldträger/Durchlaufträger
c) unterspannter Träger
d) Fachwerkträge
e) Spannseil
f) Fachwerk mit Diagonalverband
g) Scheibe

h) Stütze, Pfosten
i) Bogen
j) Platte
k) Platte mit Unterzug (Rand- bzw. Feldunterzug)
l) Platte mit Überzug
m) Tragrost/Trägerrost

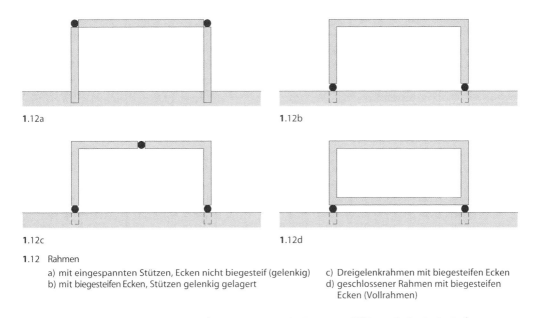

1.12a

1.12b

1.12c

1.12d

1.12 Rahmen
    a) mit eingespannten Stützen, Ecken nicht biegesteif (gelenkig)
    b) mit biegesteifen Ecken, Stützen gelenkig gelagert
    c) Dreigelenkrahmen mit biegesteifen Ecken
    d) geschlossener Rahmen mit biegesteifen Ecken (Vollrahmen)

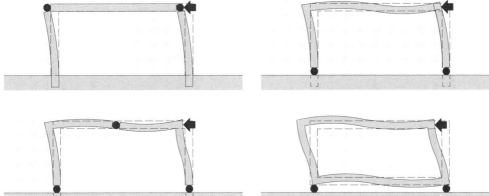

1.13 Rahmen
    Verformungen bei horizontaler Beanspruchung

1.5 Tragwerksysteme

Hinsichtlich der Ausführungsart kann für Bauwerke kennzeichnend sein

- die überwiegende Verwendung bestimmter Baumaterialien (z. B. Ziegel, Holz, Stahlbeton, Stahl),
- die Herstellungsmethode (z. B. überwiegend handwerkliche Massivbauweise, Skelett- oder Fachwerkbauweise in örtlicher Herstellung oder aus vorgefertigten Bauteilen),
- sog. Fertigbauweisen als Zusammenbau vorgefertigter Bauelemente,
- industrialisierte Bauweisen mit komplexen, „geschlossenen" Bausystemen.

Das Tragwerksystem kennzeichnet Bauwerke in der Regel am besten.

Es würde den Rahmen einer Baukonstruktionslehre sprengen, eine vollständige Übersicht über alle Tragwerksysteme zu versuchen.

Bei Betrachtung der geometrischen Grundformen und ihrer Einzelelemente sowie ihrer Verwendung zur Lastabtragung in einem Tragwerk können folgende Systeme unterschieden werden.

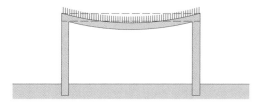

1.14a

1.14b

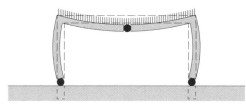

1.14c

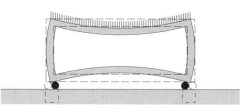

1.14d

1.14 Rahmen
Verformungen bei vertikaler Beanspruchung

a) Rahmen mit eingespannten Stützen
b) Zweigelenkrahmen mit gelenkig gelagerten Stützen

c) Dreigelenkrahmen mitgelenkig gelagerten Stützen
d) Umlaufender Rahmen, gelenkig gelagert (Vollrahmen)

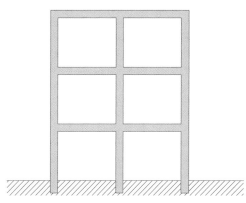

1.15a

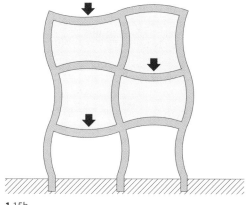

1.15b

1.15 Bauwerk mit gitterartigem Rahmentragwerk (Stockwerksrahmen)
a) Planungszustand
b) Verformung durch Beanspruchung einzelner Bauteile (schematisch)

- **Flächenaktive Tragwerksysteme**, in denen die flächige Geometrie von Bauteilen wie Decken und Wände zur Lastabtragung herangezogen werden (Scheiben Bild **1**.11g, Platten Bild **1**.11j, Faltwerke Bild **1**.18, Schalen Bild **1**.21),

- **Vektoraktive Tragwerksysteme**, in denen stabartige Bauteile wie Stäbe (Bild **1**.10h), Streben und Seile, (Bild **1**.10c und e) die Lasten bündeln und ableiten (Fachwerke Bild **1**.10d, Raumfachwerke Bild **1**.20) und

- **Formaktive Tragwerksysteme**, bei denen die Bauteilgeometrie selbst durch den Kräfteverlauf und die Lastabtragung bestimmt wird (Seil- und Zeltsysteme, Bild **1**.22, pneumatische Systeme, Bild **1**.23 und Bogentragwerke, Bild **1**.10i).

Nachstehend wird ein genereller Überblick über Grundformen gegeben, und es muss im Übrigen auf weiterführende Literatur verwiesen werden.

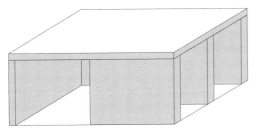

1.16 Wandbau

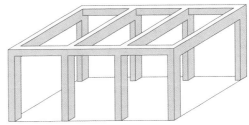

1.17 Skelettbau

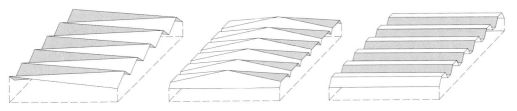

1.18 Formen von Faltwerken

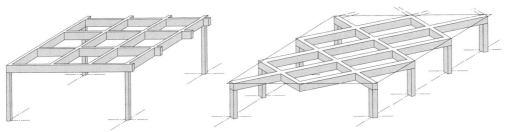

1.19 Rosttragwerke

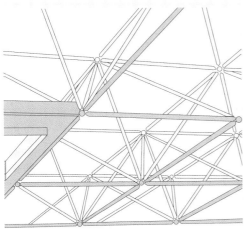

1.20a

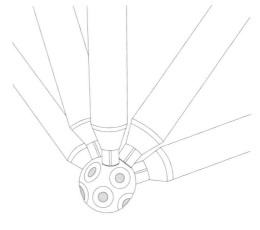

1.20b

1.20 Raumtragwerke (System MERO)
a) Untersicht einer Dachkonstruktion
b) typischer Knoten

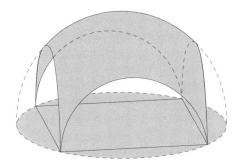

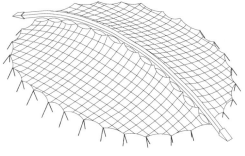

1.21   Schalentragwerke

1.22   Seilnetztragwerke

Wandbauten (Bild **1**.16). Wandbausysteme bestehen aus einem Gefüge von vertikalen Wand- und horizontalen Deckenscheiben (s. Abschn. 1.6), die in Verbindung miteinander statisch wirksam werden.

Skelettbauten (Bild **1**.17). Das Traggerüst von Skelettbausystemen besteht überwiegend aus Stäben (Stützen und Trägern), die durch Verbände oder Scheiben (Decken- und Wandscheiben) gegen Beanspruchungen aus Horizontallasten ausgesteift sind (vgl. Bild **1**.36) oder aus Rahmen.

Faltwerke (Bild **1**.18). Bauwerke oder Bauwerksteile (z. B. Überdachungen), bei denen ebene Flächen so zueinander angeordnet werden, dass der entstehende Bauteil zugleich scheiben- und plattenartig beansprucht wird, werden als Faltwerke bezeichnet.

Rosttragwerke (Bild **1**.19). Werden ebene, vertikal stehende Träger rasterartig so zusammengefasst, dass sie überwiegend scheibenartig beansprucht werden, spricht man von Rosttragwerken oder auch Tragrosten (vgl. Abschn. 1.2.4 in Teil 2 dieses Werkes).

Raumtragwerke (Bild **1**.20). Als Raumtragwerke bezeichnet man Konstruktionen aus räumlichen, meistens prismatischen Gittern, die aus miteinander in den Knotenpunkten verbundenen Stäben bestehen (vgl. Abschn.1.2.4 in Teil 2 dieses Werkes).

Schalentragwerke (Bild **1**.21). Vergleichbar den historischen Gewölbekonstruktionen (s. Abschn. 10.6) können Tragwerke in vielfältiger Form auch aus dünnwandigen in sich gekrümmten Schalen gebildet werden. Stahlbetonkonstruktionen erlauben dabei eine Fülle der verschiedensten Gestaltungsmöglichkeiten, die meistens von Rota-

tionsfiguren oder einfach- bzw. mehrfach gekrümmten Flächen ausgehen.

Seilnetztragwerke sind gekennzeichnet durch zugbeanspruchte Tragseile, die – vielfach mit Vorspannung – an Widerlagern oder Stützen verankert sind. Aus der großen Zahl ausgeführter Beispiele ist in schematischer Darstellung in Bild **1**.22 die Überdachung der Eissporthalle im Olympiapark München (Arch. K. Ackermann u. Partner) gezeigt.

Membran-Tragwerke. Membranartige Hüllen aus hochreißfesten Folien oder Chemiefasergeweben, die über rahmenartige Unterkonstruktionen gespannt werden, ermöglichen die Gestaltung leichter, weit gespannter Überdachungen für Ausstellungs-, Lager-, Sportbauten u. Ä. (s. a. „Textiles Bauen").

Pneumatische Tragwerke. Interessante Konstruktionsmöglichkeiten ergeben sich mit pneumatischen Systemen. Ständig zu erzeugender Luftüberdruck in einem geschlossenen Raum trägt die membranartige Raumhülle (so genannte „Traglufthallen"). Kissenartige Dachflächen werden aus Doppelmembranen durch Luftüber- oder -unterdruck gebildet und als Überspannung von Räumen in ringartige Konstruktionen gehängt. Größere Spannweiten lassen sich im Zusammenhang mit tragenden Unterkonstruktionen aus zugbeanspruchten Spannseilen erzielen (Bild **1**.23).

Derartige Tragwerke kommen nur für hallenartige Bauwerke, Tribünen oder Überdachungen in Frage, bei denen keine hohen Anforderungen hinsichtlich Wärme- und Brandschutz gestellt werden.

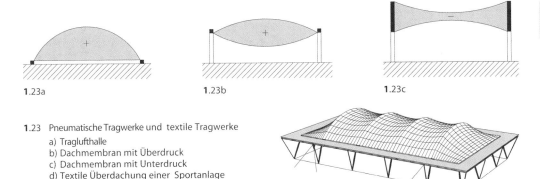

1.23a 1.23b 1.23c

1.23 Pneumatische Tragwerke und textile Tragwerke
a) Traglufthalle
b) Dachmembran mit Überdruck
c) Dachmembran mit Unterdruck
d) Textile Überdachung einer Sportanlage
(**hks** – ARCHITEKTEN Hestermann –
Rommel, Erfurt)

1.23d

1.6 Standsicherheit

Bauwerke müssen in statischer Hinsicht so errichtet und in ihren Einzelteilen dimensioniert werden, dass alle Eigengewichte, Lasten und Beanspruchungen (s. Abschn. 1.2) sicher über die Fundamente auf den Baugrund übertragen werden (s. Abschn. 4). Es dürfen keine unzulässigen Bewegungen (Setzungen, seitliche Verschiebungen, Abgleiten auf geneigten Bodenschichten) entstehen.

Dimensionierung. Unter allen vorauszusehenden Beanspruchungen dürfen die einzelnen Bauteile und das Bauwerk als Ganzes Verformungen oder Bewegungen nur innerhalb sehr enger, genau definierter Grenzen aufweisen. Dazu müssen alle auftretenden bzw. zu berücksichtigenden Beanspruchungen der einzelnen Bauteile erfasst oder gemäß Vorschriften bzw. Normen berücksichtigt werden.

Danach sind die erforderlichen Dimensionen für die einzelnen Tragelemente (s. Abschn. 1.4) zu ermitteln und der *Standsicherheitsnachweis* für das gesamte Bauwerk zu führen.

Der weitaus größte Teil der Tragwerke aller Gebäude werden aus *flächenartigen* (Platten, Scheiben, Schalen, Faltwerken, Gewölben, Kuppeln, Membranen) und *linienförmigen* (Stäben, Stützen, Säulen, Trägern, Balken, Seilen) Bauteilen zusammengefügt.

Statische Wirksamkeit. Einen wesentlichen Einfluss auf die Standsicherheit eines Bauwerkes haben die in der Regel vorhandenen platten- oder scheibenförmigen Bauteile der Wand-, Decken-

oder Dachflächen. Man unterscheidet hinsichtlich der statischen Wirksamkeit:

- *Plattenwirkung* (durchbiegend beansprucht) (Bild **1**.24) und
- *Scheibenwirkung* (aussteifend wirksam) (Bild **1**.25).

Freistehende Wände können horizontale und größere vertikale Lasten aufnehmen, wenn sie nicht zu schmal und nicht zu hoch sind und in diesem Fall als „Schwerkraftmauern" wirksam werden können (Bild **1**.26).

Einspannung. Wände und Stützen mit großem Schlankheitsgrad können gegen Kippen durch Einspannen in Fundamente oder andere benachbarte Bauteile gesichert werden, wenn sie z. B. als Stahlbetonkonstruktion in der Lage sind, Biegezugbeanspruchungen standzuhalten (Bild **1**.27).

Gegen Kippen, Knicken oder Ausbeulen können Wände auch durch zusätzliche in oder vor der Wandebene liegende Pfeilervorlagen, Stahlbeton- oder Stahlstützen gesichert werden (Bild **1**.28).

Aussteifung. Für die Standsicherheit von Wänden, insbesondere hinsichtlich von Knick-, Beul- oder Kippbeanspruchung, ist in der Regel neben der Dimensionierung die ausreichende Aussteifung von Bedeutung. Dabei wird das statische Zusammenwirken senkrecht gegeneinander gesetzter und fest miteinander verbundener Scheiben oder Platten ausgenützt (Bild **1**.29).

Voraussetzung für die Wirksamkeit der Aussteifung ist, dass auszusteifende und aussteifende Wandscheiben miteinander ausreichend kons-

1

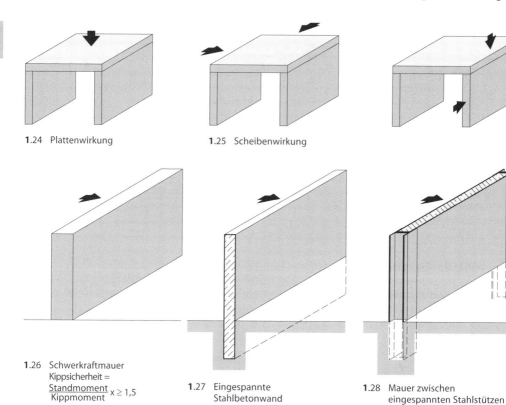

1.24 Plattenwirkung

1.25 Scheibenwirkung

1.26 Schwerkraftmauer
        Kippsicherheit =
        $\dfrac{\text{Standmoment}}{\text{Kippmoment}} \; x \geq 1{,}5$

1.27 Eingespannte
        Stahlbetonwand

1.28 Mauer zwischen
        eingespannten Stahlstützen

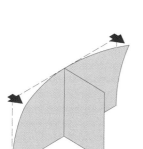

1.29a

1.29b

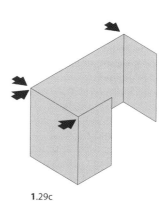

1.29c

1.29 Aussteifung durch Wandscheiben
        a) Ecken der ausgesteiften Wand können ausweichen
        b) Ecken der aussteifenden Wände können ausweichen
        c) Eine aussteifende Wandscheibe ist ebenfalls ausgesteift

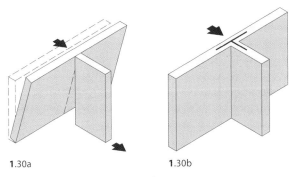

1.30a   **1**.30b

1.30   Verbund aussteifender Scheiben
      a) nicht ausreichend verbundene aussteifende Wand wird verschoben (gleitet)
      b) feste Verbindung zwischen aussteifenden Scheiben

1.31a   **1**.31b   **1**.31c

1.31   Zusammenwirken aussteifender Scheiben
      a) Aussteifung durch Querwand ausreichend
      b) Aussteifung nicht ausreichend (Querwand fehlt)
      c) Aussteifungsverbund mit Deckenplatte (Scheibenwirkung der Decke)

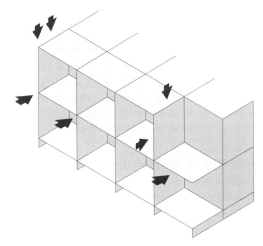

1.32   Wabenartiges Baugefüge („verschachtelte" Flächen
      bilden ein widerstandsfähiges Raumgefüge)

tuktiv (z. B. durch Mauerverband, Stahlbewehrung o. Ä.) verbunden sind (Bild **1**.30).

Die Wirkung der Aussteifung ist im Übrigen abhängig von:

- Höhe der auszusteifenden Wand,
- Dicke der auszusteifenden Wand,
- Abstand der aussteifenden Wände untereinander,
- Länge der aussteifenden Wände,
- Dicke bzw. Gewicht der aussteifenden Wände (DIN 1996, s. a. Abschn. 6.2.1.1).

Sind größere Abstände zwischen den aussteifenden Wänden nötig, werden horizontale Deckenscheiben zur Aussteifung herangezogen, wenn sie konstruktiv dazu geeignet sind (z. B. Stahlbetonplatten) und ausreichend mit den auszusteifenden Bauteilen verankert werden können (Bild **1**.31).

Vielfach werden Wände in Grundrissen in beiden oder mehreren Grundrissrichtungen oder auch

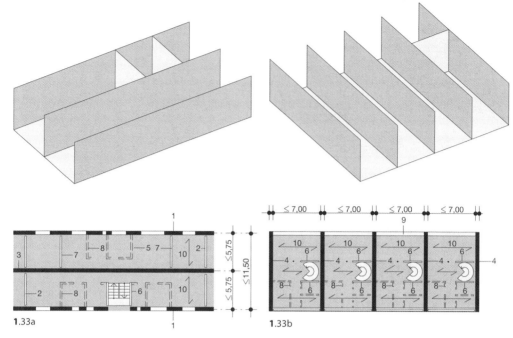

1.33a   **1**.33b

1.33 Anordnung tragender Wände
        (schematische Darstellungen und Grundrisse)
        a) Längswandbau mit tragenden Längswänden, nicht tragenden Querwänden
        b) Querwandbau mit tragenden Querwänden (Schotten), nicht tragenden Außenwänden
        1 Umfassungswände, tragende Außenwände   6 Treppenhauswand, aussteifend und ggf. tragend
        2 Brandwand   7 Wohnungstrennwand, aussteifend und ggf. tragend
        3 tragende Längswand   8 leichte Trennwand (nicht tragend und nicht aussteifend)
        4 tragende Querwand   9 nicht tragende Außenwand oder Fassade
        5 aussteifende Querwand   10 Spannrichtung der Decken

allseitig angeordnet und mittels der Deckenplatten miteinander verbunden. In mehrgeschossigen Bauwerken kann auf diese Weise ein wabenartiges Gefüge aus sich gegenseitig aussteifenden Umfassungs- und Zwischenwänden sowie Deckenscheiben entstehen (Bild **1**.32).

Als Grundrisstypen von Bauten mit tragenden Wänden („Wandbauten") haben sich darüber hinaus entwickelt

- *Längswandbauten* (Bauwerke mit tragenden, ausgesteiften Längswänden, Bild **1**.33a)

- *Querwand- oder Schottenbauten* (Bauwerke mit tragenden ausgesteiften Querwänden, Bild **1**.33b).

Die Wahl eines derartigen statischen Wandbausystems ist von entscheidender Bedeutung für die Grundrissaufteilung, die Belichtung und die Gestaltung eines Bauwerkes.

Während nicht tragende Raumtrennwände oder Fassadenteile bei späteren andersartigen Nutzungsanforderungen an das Gebäude nachträglich mit relativ geringem Aufwand verändert oder beseitigt werden können, lassen sich tragende oder aussteifende Bauteile nicht oder nur unter großen technischen Schwierigkeiten umdimensionieren oder entfernen.

Ein Beispiel für die Gestaltungsmöglichkeiten mit einzelnen freistehenden Wandscheiben, Treppenhauskern und Stützen, die in Zusammenhang mit der Deckenplatte ausgesteift werden, zeigt Bild **1**.34.

Die Wahl und Anordnung der Bauteile zur Aussteifung gegen horizontale Beanspruchungen hat immer mehrere Lastfälle (z. B. Winddruck und Windsog) zu berücksichtigen und muss in mindestens zwei Richtungen erfolgen. Die Bauteile zur Aussteifung dürfen sich *nicht* kreuzen.

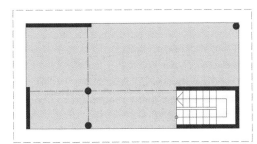

1.34 Aussteifung bei freier Grundrissgestaltung durch Wandscheiben

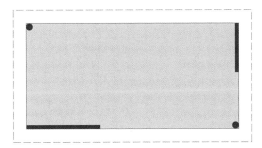

1.35 Ungünstige Anordnung von Aussteifungsscheiben

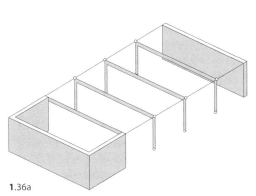

1.36a

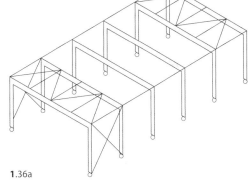

1.36a

1.36 Aussteifung von Skelettkonstruktionen
    a) Aussteifung durch Wandscheiben und durch Rahmen mit biegesteifen Ecken
    b) Aussteifung durch Diagonalverbände und Rahmen mit biegesteifen Ecken

Ebenso ist bei der Anordnung der aussteifenden Scheiben zu beachten, dass auch Momente („Verdrehungen") um die Senkrechte aufgenommen werden können. Bei einer Anordnung der aussteifenden Scheiben wie in Bild **1**.35 ist die Deckenplatte bei einer Beanspruchung in Drehrichtung um die Senkrechte verschieblich gelagert.

In Skelettbauten kann die Aussteifung in einer Richtung durch Rahmen oder Binder mit biegesteifen Eckverbindungen und ggf. Einspannung (s. Bild **1**.12) erreicht werden. Die Binder untereinander können in der anderen Richtung durch Wand- und Deckenscheiben wie im Wandbau ausgesteift werden (Bild **1**.36a). Meistens ist aber die Ausführung von Dreiecksverbänden durch zugbeanspruchte Stahlprofile oder -seile wirtschaftlicher (Bild **1**.36b und **1**.11f).

Lagerarten. Für linienförmige, tragende Bauteile wie Stäbe und Stützen ist die Art der Lagerung festzulegen.

Die Arten der Lagerung jeweils an den Enden der Stabachsen können als

- *festes*, gelenkiges Lager,
- *bewegliches* oder auch *verschiebliches*, gelenkiges Lager oder
- als *Einspannung* (festes, *nicht bewegliches, unverschiebliches* Lager) festgelegt werden.

Feste Lager leiten die Kräfte ohne Übernahme von Momenten weiter. Der Gelenkpunkt wird ähnlich einem allseitig beweglichen Scharnier ausgebildet.

Bei beweglicher/verschieblicher Lagerung werden die Kräfte nur in der Verschiebungsrichtung weitergeleitet.

Die Lagerung in Form einer Einspannung kann unterschiedlich gerichtete Kräfte und auch Momente in die anschließenden Bauteile oder den Baugrund weiterleiten.

1.7 Normen

Norm	Ausgabedatum	Titel
DIN1055-2	11.2010	Einwirkungen auf Tragwerke; Bodenkenngrößen
DIN EN 1990	12.2010	Eurocode: Grundlagen der Tragwerksplanung
DIN EN 1990/NA	12.2010	Nationaler Anhang – National festgelegte Parameter – Eurocode: Grundlagen der Tragwerksplanung
DIN EN 1990/NA/A1	08.2012	Eurocode: Grundlagen der Tragwerksplanung; Änderung A1
DIN EN 1991-1-1	12.2010	Eurocode 1: Einwirkungen auf Tragwerke – Teil 1-1: Allgemeine Einwirkungen auf Tragwerke – Wichten, Eigengewicht und Nutzlasten im Hochbau
DIN EN 1991-1-1/NA	12.2010	Nationaler Anhang – National festgelegte Parameter – Eurocode 1: Einwirkungen auf Tragwerke Teil 1-1: Allgemeine Einwirkungen auf Tragwerke – Wichten, Eigengewicht und Nutzlasten im Hochbau
DIN 1991-1-1/NA/A1	07.2014	–; –; –; Änderung A1
DIN EN 1991-1-2	12.2010	–; –; Teil 1-2: Allgemeine Einwirkungen – Brandeinwirkungen auf Tragwerke
DIN EN 1991-1-2/NA	12.2010	Nationaler Anhang – National festgelegte Parameter – Eurocode 1: Einwirkungen auf Tragwerke – Teil 1-2: Allgemeine Einwirkungen – Brandeinwirkungen auf Tragwerke
DIN EN 1991-1-2 Ber.1	08.2013	–; –; –; Berichtigung zu DIN EN 1992-1-2:2010-12
DIN 1991-1-2/NA/A1	02/2015	–; –; –; Änderung A1
DIN EN 1991-1-3	12.2010	–; Teil 1–3: Allgemeine Einwirkungen – Schneelasten
DIN EN 1991-1-3/NA	12.2010	Nationaler Anhang – National festgelegte Parameter – Eurocode 1: Einwirkungen auf Tragwerke Teil 1-3: Allgemeine Einwirkungen – Schneelasten
E DIN EN 1991-1-3/A1	10.2013	–; –; Allgemeine Einwirkungen – Schneelasten; Aktualisierung
DIN EN 1991-1-4	12.2010	–; Teil 1–4: Allgemeine Einwirkungen – Windlasten
DIN EN 1991-1-4/NA	12.2010	Nationaler Anhang – National festgelegte Parameter – Eurocode 1: Einwirkungen auf Tragwerke Teil 1-4: Allgemeine Einwirkungen – Windlasten
DIN EN 1991-1-5	12.2010	–; –; Teil 1-5: Allgemeine Einwirkungen – Temperatureinwirkungen
DIN EN 1991-1-5/NA	12.2010	Nationaler Anhang – National festgelegte Parameter – Eurocode 1: Einwirkungen auf Tragwerke Teil 1-5: Allgemeine Einwirkungen – Temperatureinwirkungen
DIN EN 1991-1-7	12.2010	Eurocode 1: Einwirkungen auf Tragwerke – Teil 1-7: Allgemeine Einwirkungen – Außergewöhnliche Einwirkungen
DIN EN 1991-1-7/NA	12.2010	Nationaler Anhang – National festgelegte Parameter – Eurocode 1: Einwirkungen auf Tragwerke Teil 1-7: Außergewöhnliche Einwirkungen
DIN EN 1991-1-7/A1	08.2014	–; –; Außergewöhnliche Einwirkungen
DIN EN 1998-1	12.2010	Eurocode 8: Auslegung von Bauwerken gegen Erdbeben – Teil 1: Grundlagen, Erdbebeneinwirkungen und Regeln für Hochbauten
DIN EN 1998-1/NA	01.2011	Nationaler Anhang – National festgelegte Parameter – Eurocode 8: Auslegung von Bauwerken gegen Erdbeben
DIN EN 1998-1/A1	05.2013	–; –; Änderung 1
DIN 4150-1	06.2001	Erschütterungen im Bauwesen; Vorermittlung von Schwingungsgrößen
DIN 4150-2	06.1999	–; Einwirkungen auf Menschen in Gebäuden
DIN 4150-3	02.1999	–; Einwirkungen auf bauliche Anlagen
DIN EN 15129	06/2010	Erdbebenvorrichtungen

1.8 Literatur

[1] *Ackermann, K.*: Tragwerke in der konstruktiven Architektur. Stuttgart 1988

[2] DETAIL engineering 1 bis 3. 2011 bis 2013; www.detail.de

[3] DETAIL Hefte – Tragwerke. 7+8.2004, 7+8.2008 und 10.2012: www.detail.de

[4] *Eisele, J.*: Tragsysteme und deren Wirkungsweise. Berlin 2014

[5] *Egger, H., Beck, H., Mandl, P.*: Tragwerkselemente. Stuttgart 2003

[6] *Engel, H.* : Tragsysteme. Ostfildern 2009

[7] *Führer, W., Ingendaaij, S., Stein, F.*: Der Entwurf von Tragwerken. Köln 1995

[8] *Krauss, F., Führer, W., Neukäter, H.J., Willems, C.C.* : Grundlagen der Tragwerkslehre 1 und 2. Köln 2007 und 2004

[9] *Kuff, P.; Schwalbenhofer, K.; Strohm, A.*: Tragwerke als Elemente der Gebäude- und Innenraumgestaltung. Wiesbaden 2013

[10] *Laske / Richter* : Form-, vektor-, und flächenaktive Tragsysteme, FHD 1996; www.fh-darmstadt.de

[11] *Leicher, G.* : Tragwerkslehre in Beispielen und Zeichnungen. Neuwied 2010

[12] *Mann, W.* : Tragwerkslehre in Anschauungsmodellen. Kassel 2007

[13] *Meistermann, A.*: Tragsysteme. Basel 2007

[14] *Meskouris, K., Hake E.*: Statik der Stabtragwerke, Berlin/Heidelberg 2009

[15] BM für Umwelt, Naturschutz, Bau- und Reaktorsicherheit: Baustoffdatenbank für die Bestimmung globaler ökologischer Wirkungen. www.ökobau.dat oder www.nachhaltigesbauen.de

[16] *Pech, A., Kolbitsch, A., Zach, F.*: Tragwerke. Wien 2007

[17] *Reichel, A., Schultz, K.* (Hrsg.): Scale – Tragen und Materialisieren – Wände, Decken, Fügungen. Basel 2013

[18] *Rybicki, R., Priez, F.*: Faustformeln und Faustwerte für Tragwerke im Hochbau. Düsseldorf 2011

[19] *Schmidt, P.*: Schalentragwerke aus Spannbeton. IRB 1998; www.irb.fhg.de

[20] *Schneider, K.-J., Volz, H., Hess, R.*: Entwurfshilfen für Architekten und Bauingenieure – Faustformeln für Tragkonstruktionen. Berlin 2004

[21] *Zeumer, M.; El khouli, S.; John, S.*: Nachhaltig Konstruieren – Vom Tragwerksentwurf bis zur Materialwahl – Gebäude ökologisch bilanzieren und optimieren. DETAIL Green Books. 2014

2 Normen, Maße, Maßtoleranzen

2.1 Allgemeines

Die gesetzliche Grundlage für das Bauen in Deutschland sind die Landesbauordnungen der einzelnen Bundesländer (LBO), die auf der Basis der Musterbauordnung (MBO) des Bundes erlassen wurden. Sie gelten für bauliche Anlagen insgesamt aber auch für Bauprodukte, Baustoffe und Bauteile mit dem Ziel, auch die Bauprodukte den Anforderungen der Bauordnungen zu unterwerfen.

Für die Ausführung moderner Bauwerke ist das Zusammenwirken einer oft großen Anzahl verschiedener spezialisierter Unternehmen und Lieferanten erforderlich. Die unterschiedlichsten Bauteile und Bauteilgruppen müssen kombinierbar sein.

Mit dem Zusammenwachsen der Wirtschaftssysteme ist über den nationalen Rahmen hinaus die Festlegung von Qualitätsbegriffen und Ausführungskriterien unabdingbar. Maßsysteme und die Koordinierung von Maßen sowie produktions- oder ausführungsbedingte unvermeidliche Maßabweichungen werden daher zunehmend nicht nur innerhalb der einzelnen Staaten, sondern auch innerhalb Europas und international definiert. In Europa werden die national gültigen Normen zunehmend durch EU-Normungen ersetzt.

Einen monatlich aktualisierten Stand der geltenden internationalen, europäischen und deutschen Normen, Normentwürfe und darüber hinausgehender anderer technischen Regeln, Rechts- und Verwaltungsvorschriften einschl. der EU-Richtlinien stellt das Deutsche Institut für Normung e.V. (DIN) mit der Datenbank PERINORM zur Verfügung.

2.2 Normen

2.2.1 Deutsche Normung

Wie auch auf anderen Wirtschaftsgebieten hat sich im Bauwesen in Übereinkunft der betroffenen Hersteller, des Handels, der Verarbeiter, der Verbraucher usw. seit mehr als 80 Jahren in demokratischer Selbstverwaltung die technische Normung entwickelt.

Der Träger der ständig entsprechend dem Stand der Technik weiterentwickelten Normungsarbeit in Deutschland ist als gemeinnütziger eingetragener Verein das DIN (Deutsches Institut für Normung e.V.). Es erarbeitet mit Beteiligung aller Betroffenen die deutschen DIN-Normen. Sie dienen (z. B. als Baustoffnormen) als Verständigungsgrundlage und für den „Regelfall" als Empfehlung für eine einwandfreie technische Ausführung von Bauleistungen (Ausführungsnormen). Wichtige Ausführungsnormen für das Bauwesen sind zusammengefasst in der „Vergabe- und Vertragsordnung für Bauleistungen" (VOB), Teil C.

Mit den DIN-Normen kann zum Zeitpunkt ihres Erscheinens der gebräuchliche, jedoch juristisch nicht definierte Begriff der *„Anerkannten Regeln der Baukunst oder auch Bautechnik"* beschrieben werden.

Zustandekommen und Bezeichnungen von Normen

E DIN Grundsätzlich darf jedermann einen Normungsantrag stellen. Nach Prüfung durch spezielle Normungsausschüsse kann daraus ein Normentwurf erarbeitet werden, der als Entwurf („Gelbdruck") der Öffentlichkeit zur Stellungnahme vorgelegt wird (E DIN …).

DIN Nach Klärung von Einsprüchen, der Einarbeitung von Änderungsvorschlägen und schließlicher Übereinkunft der Beteiligten kann eine neue Norm als DIN … in das allgemeine Normenwerk aufgenommen werden.

DIN-Bbl. DIN-Normen können durch „Beiblätter" ergänzt werden, in denen Erläuterungen, Beispiele, Anwendungshilfsmittel usw. enthalten sind (DIN …, Bbl. …). Beiblätter mit eigenem Ausgabedatum gehören nicht zwingend zu einer Ausgabe einer Norm hinzu.

DIN V Eine „Vornorm" (DIN V…) ist in Ausnahmefällen das Ergebnis einer Normungsarbeit, die z. B. wegen bestimmter Vorbehalte zum Inhalt vorerst nicht als Norm herausgegeben werden kann. Mit der Anwendung ei-

2

ner Vornorm sollen notwendige Erfahrungen als Grundlage zur Erstellung einer regulären Norm gesammelt werden. Sie gilt nicht als eingeführter Teil des Deutschen Normenwerkes.

DIN EN Europäische Norm, die in das Deutsche Normenwerk übernommen ist (s. Abschn. 2.2.2).

DIN SPEC Eine DIN SPEC stellt keine eigentliche Norm dar, sondern eine sog. Spezifikation. Im Gegensatz zu einer Norm, deren Erstellung häufig umfangreich und langwierig ist, mit dem Ziel, einen Konsens aller betroffenen Parteien zu erzielen und alle Gegenargumente auszuräumen, können nicht zwingend konsensorientiert erstellte Spezifikationen wesentlich schneller herausgeben, erprobt und angewandt werden. Die Anwendung von Normen und Spezifikationen ist freiwillig. Ausgenommen hiervon sind lediglich Normen, die als bauaufsichtlich eingeführte Technische Baubestimmungen zu beachten sind.

Zur Arbeitserleichterung gibt es ferner „Übersichtsnormen", in denen unter einer eigenen DIN-Nummer verschiedene einschlägige DIN-Normen (ohne Änderungen oder Zusätze) zusammengefasst sind.

Normen sind *keine* rechtsverbindlich bindenden Bestimmungen, Gesetze oder Verordnungen, und ihre Anwendung ist grundsätzlich freigestellt. Sie entstehen auch unter Mitwirkung von Branchen, Unternehmungen und interessierten Kreisen, die jeweils ihre Standpunkte vertreten und eine gewisse Einflussnahme auf das Marktgeschehen anstreben. Bei Streitigkeiten werden DIN-Normen jedoch weitgehend als Beurteilungsmaßstab herangezogen. Denjenigen, der eine Abweichung von einer Norm zu vertreten hat, trifft in solch einem Fall in besonderem Maße die Beweislastpflicht.

Allgemein anerkannte Regeln der Bautechnik:
Bestimmte grundlegende Normen sowie Regeln und bauaufsichtliche Richtlinien aus den Bereichen Baurecht und Anlagensicherheit werden von den Behörden der Bundesländer als *Technische Baubestimmungen* „bauaufsichtlich eingeführt". (s. Musterlisten der technischen Baubestimmungen, Teil I bis III des DIBt – Dt. Institut für Bautechnik; www.dibt.de) In diesem Fall sind sie verbindlich und gelten als *„Allgemein anerkannte*

Regel der Bautechnik". Diese sind basierend auf mehreren Gerichtsurteilen folgendermaßen definiert:

- Richtige Lösungen für die Planung und Ausführung einer bautechnischen Aufgabe, die dem jeweiligen neuesten Entwicklungsstand der Bautechnik entsprechen und allgemein als richtig anerkannt sind.

- Die Lösungen müssen zudem theoretisch richtig, d. h. von der Bauwissenschaft überprüft und anerkannt sein und sich darüber hinaus in den Baupraxis bewährt haben.

Das bedeutet, dass die bloße Anwendung von bestimmten Ausführungsarten ohne gesicherte wissenschaftliche Begründung ebenso wenig ausreicht wie die theoretisch-wissenschaftliche Anerkennung einer Lösung ohne Bewährung in der Praxis.

Beachtet werden muss andererseits, dass für die Ausführung einer Bauleistung oder eines Bauwerkes die genaue Erfüllung bestimmter, für den „Regelfall" entwickelter Normen nicht allein ein einwandfreies Ergebnis garantieren kann. Sowohl Planer als auch Bauausführende haben in eigener Verantwortung zu überprüfen, ob im Einzelfall sogar Abweichungen von Festsetzungen der Normen geboten sein können.

2.2.2 Europäische Normung

Als gemeinsame europäische Normungsinstitution wurde das Europäische Komitee für Normung (CEN = Comité Européen de Normalisation) mit Sitz in Brüssel gegründet. Seine Mitglieder sind die nationalen Normungsorganisationen der EU- und EFTA-Staaten. Die Normungsorganisationen der diesen Verbänden noch nicht angegliederten mittel- und osteuropäischen Staaten werden vom CEN anerkannt und haben Beobachterstatus. Deutsches Mitglied im CEN ist das DIN (Deutsches Institut für Normung e.V.).

Aufgabe des CEN ist es, die bestehenden nationalen Normungen zu harmonisieren und langfristig ein europäisches Normenwerk zu schaffen. Die bereits geschaffenen Europäischen Normen (EN) sind das Ergebnis recht komplizierter Beratungs- und Beschlussvorgänge, auf die hier nicht besonders eingegangen werden kann.

Entsprechend den unterschiedlichen geographischen, klimatischen und lebensgewohnheitlichen Bedingungen sowie unterschiedlichen Schutzniveaus in den einzelnen Mitgliederländern können europäische Normen verschiedene Anforderungsstufen oder -klassen enthalten.

Bei der europäischen Normung wurden von der Europäischen Kommission verschiedene Kategorien festgelegt:

A-Normen betreffen Entwurf, Bemessung und Ausführung von Bauwerken oder Bauteilen (Lastannahmen, Bemessungen, Berechnungs- und Planungsvorschriften). Hierzu zählen die sogenannten *„Eurocodes"* (s. u.).

B-Normen legen Produkteigenschaften fest.

B_h-Normen („horizontale Normen") sind zwischen A- und B-Normen eingestuft. Sie gelten für ganze Produktfamilien und regeln z. B. Messverfahren oder bestimmte Produkteigenschaften.

EN-Normen. Ähnlich wie bei den deutschen Normen wird bei der europäischen Normung nach dem Bearbeitungsstand unterschieden:

prEN	Europäischer Norm-Entwurf (pr = Projekt EN)
EN	Europäische Norm
hEN	Harmonisierte europäische Norm
prENV	Europäischer Vornorm-Entwurf
ENV	Europäische Vornorm, ersetzt durch Technische Spezifikation

Europäische Normen (EN) müssen nach bestimmten Fristen von den CEN-Mitgliedern in die nationale Normung übernommen werden. Sie werden nicht als solche veröffentlicht, sondern erscheinen im Deutschen Normenwerk unter DIN EN mit derselben Zählnummer, die auch die Europäische Norm hat (z. B. EN 196-4 = DIN EN 196-4). Sie erlangen mit ihrer Veröffentlichung Verbindlichkeit auf nationaler Ebene.

Europäische Vornormen (ENV) können für maximal 3 Jahre probeweise angewendet werden, und parallel zu entgegenstehenden nationalen Normen beibehalten werden. Eine als technische Baubestimmung eingeführte europäische Norm gilt als *„Allgemein anerkannte Regel der Technik"* auf nationaler Ebene.

Eurocodes (EC). Entsprechend der Kategorie der A-Normen werden vom CEN zunächst neun Eurocodes mit jeweils mehreren Teilen erarbeitet: Für die Definition allgemeiner Einwirkungen, den Entwurf, die Berechnung und die Bemessung von Bauwerken aus

- Beton, Stahl, Verbundbauweisen, Holz, Mauerwerk, Aluminium sowie für

- Geotechnik, Gründungen und für Bauten in Erdbebengebieten.

Für den Bereich Stahlbau ist z. B. der Eurocode 3 – Teil 1-1 erschienen: „Bemessung und Konstruktion von Stahlbauten; Allgemeine Bemessungsregeln und Regeln für den Hochbau"; dieser ist als DIN EN 1993-1-1 in das Deutsche Normenwerk übernommen worden. Für diesen Eurocode sind noch weitere Teile sowie nationale Anhänge über Feuerwiderstand sowie für spezielle Bauten zu berücksichtigen.

2.2.3 Internationale Normung

ISO-Normen. Mit Sitz in Genf wurde 1947 die Internationale Organisation für Standardisierung (ISO) gegründet mit dem Ziel, die Normung weltweit zu fördern und um dadurch weltweit die wirtschaftliche Zusammenarbeit und den Austausch von Waren und Dienstleistungen zu erleichtern. In dieser Organisation arbeiten ca. 150 nationale Normungsgremien bzw. Länder zusammen. Deutsches Mitglied in der ISO ist das DIN (Deutsches Institut für Normung e.V.). Von der ISO wurden seither auf vielen Gebieten zahlreiche Normen und Normentwürfe erarbeitet. Diese internationalen Normen sind teilweise in das Deutsche Normenwerk übernommen worden (DIN ISO…).

Qualitätssicherungssysteme. Mit dem Ziel einer weltweiten internationalen Qualitätssicherung wurde die Reihe der teilweise nicht mehr gültigen ISO-Normen 9000–9004 geschaffen. In den folgenden Normen werden als Voraussetzung für eine „Zertifizierung" (d. h. für den Nachweis eines *Qualitätssicherungssystems*) die folgenden QS- Nachweisstufen festgelegt:

- DIN ISO 9001: 2008 Qualitätsmanagementsystem zur Sicherung von Qualitätsanforderungen in allen Phasen

- DIN ISO 9004: 2009 Leiten und Lenken für den nachhaltigen Erfolg einer Organisation (TQM – Total Quality Management)

Für die weltweite Vereinheitlichung auf dem Gebiet der Elektrotechnik arbeitet die Internationale Elektrotechnische Kommission (IEC) mit Sitz in Genf.

Die **Zertifizierung** wird durch anerkannte, akkreditierte Stellen zuerkannt. Mit dem Zertifikat wird einem Unternehmen oder einem Teilbereich eines Unternehmens auf Grund einer vertraglichen Regelung die „Qualitätsfähigkeit" bestätigt.

Mit der Zertifizierung wird allerdings nichts über die tatsächliche Qualität eines Produktes ausgesagt, sondern lediglich bestätigt, dass eine Verpflichtung zur Einhaltung bestimmter betriebseigener Qualitätsansprüche besteht[1].

2.2.4 Bauprodukte

Der nationalen Umsetzung der EU-Bauproduktenrichtlinie (1988) diente bis 1.7.2013 das *Bauproduktengesetz* (BauPG v. 10.8.1992/28.4.1998).

Die EU-Richtlinie 89/106/EWG wurde 2013 durch die Verordnung (EU) Nr. 305/2011 (Bauproduktenverordnung – BauPVO) *„zur Festlegung harmonisierter Bedingungen für die Vermarktung von Bauprodukten und zur Aufhebung der Richtlinie 89/106/EWG des Rates"* abgelöst. In der Folge wurde das deutsche Bauproduktengesetz in 12/2012 an die neue EU-Bauproduktenverordnung angepasst.

Diese gesetzlichen Grundlagen sowie die auf Basis der Musterbauordnung (MBO 11/2002 bzw. 09/2012) seit 1994 novellierten Landesbauordnungen sichern die nationale Umsetzung des EU-Rechtes. Sie regeln den freien Warenverkehr mit Bauprodukten innerhalb der Europäischen Union durch Abbau von Handelshemmnissen infolge unterschiedlicher technischer Vorschriften, Normen, Zulassungen usw.

Produkte, die mit den „harmonisierten" europäischen Normen bzw. Zulassungen übereinstimmen und damit einem geregelten Mindestsicherheitsstandard entsprechen, werden durch das „Europäische Konformitätszeichen" (CE) kenntlich gemacht. Das CE-Zeichen ist zwingend vorgeschrieben, wird auf längere Sicht teilweise noch gültige Gütekennzeichen wie das VDE- oder GS-Zeichen ersetzen.

Nach Artikel 4 der BauPVO ist es (vorbehaltlich möglicher Ausnahmen und Befreiungen) nur dann gestattet, ein Bauprodukt in den Verkehr zu bringen, wenn es mit dem CE-Zeichen gekennzeichnet ist.

Bauregellisten

Nach den Landesbauordnungen dürfen *Bauprodukte* und *Bauarten* (Zusammenfügung von Bauprodukten zu baulichen Anlagen) nur eingesetzt werden, wenn sie den Anforderungen des Bau-

produktengesetzes entsprechen. Die Landesbauordnungen unterscheiden zwischen geregelten, nicht geregelten und sonstigen Bauprodukten, die in Bauregellisten Teil A, B und C aufgeführt sind. Bauregellisten enthalten:

- Bezeichnung des Bauproduktes bzw. der Bauart
- Technischen Regeln für das Bauprodukt bzw. die Bauart
- Erforderlichen Übereinstimmungsnachweis (Ü-Zeichen)
- Notwendigen Verwendbarkeits- bzw. Anwendbarkeitsnachweis (z. B. allg. bauaufsichtliches Prüfzeugnis oder allg. bauaufsichtliche Zulassung (AbZ))
- Bei nicht geregelten Bauprodukten bzw. Bauarten das anerkannte Prüfverfahren

Die *Bauregelliste A Teil 1* enthält für *geregelte Produkte* in tabellarischen Aufstellungen die technischen Regeln, die erforderlichen Übereinstimmungs- und ggf. Verwendbarkeitsnachweise, die zur Erfüllung der bauaufsichtlichen Anforderungen nötig sind (Technische Baubestimmungen).

Übereinstimmungs- und Verwendbarkeitsnachweise können sein: Übereinstimmungserklärungen des Herstellers (ggf. nach vorheriger Prüfung des Bauproduktes durch eine anerkannte Prüfstelle), Übereinstimmungszertifikat einer anerkannten Prüfstelle, die allgemeine bauaufsichtliche Zulassung (AbZ) oder ein bauaufsichtliches Prüfzeugnis.

- *Geregelte Produkte* sind Bauprodukte, für die in einer Bauregelliste die technischen Regeln bekannt gemacht sind (z. B. DIN-Normen, VDE- bzw. VDI-Regelungen u. A.) und die davon nicht wesentlich abweichen. Die veröffentlichten Regeln gelten dabei als *„Allgemein anerkannte Regeln der Technik"*. Für Bauprodukte, die diesen Regeln entsprechen, gilt die Verwendbarkeit als nachgewiesen.

In *Teil 2 der Bauregelliste A* werden nicht geregelte Bauprodukte (für die Sicherheit baulicher Anlagen untergeordnete Bauprodukte) und in *Teil 3* nicht geregelte Bauarten aufgeführt.

- *Nicht geregelte Produkte* sind Bauprodukte, für die es keine allgemein anerkannten Regeln gibt bzw. die von den bekanntgegebenen Regeln der Bauregelliste erheblich abweichen. Für diese Produkte muss die Verwendbarkeit entsprechend den Bauordnungen der Länder nachgewiesen werden. Dies geschieht durch Prüfung und allgemeine bauaufsichtliche Zu-

---

[1] Eine Zertifizierung ist bei Nachweis eines nach DIN EN ISO 9001 ff. vorhandenen Qualitätsmanagement-Systems (QMS) auch für Architektur- und Ingenieurbüros möglich.

Tabelle **2**.1 Übersicht: Bauprodukte, Verwendbarkeitsnachweis, Übereinstimmungsnachweis

Bauprodukte	Verwendbarkeitsnachweis	Übereinstimmungsnachweis
Geregelte Bauprodukte	Ausführung nach DIN-Norm	
= Bauprodukte, die den technischen Regeln der Bauregelliste A, Teil 1 entsprechen.	Feststellung der Übereinstimmung mit den technischen Regeln nach der Bauregelliste A, Teil 1	Nachweis der Übereinstimmung durch Kennzeichnung mit dem Übereinstimmungszeichen (Ü-Zeichen)
Nichtgeregelte Bauprodukte	Verwendung von geprüften Bauprodukten	
= Bauprodukte, die von den technischen Regeln der Bauregelliste A, Teil 1 wesentlich abweichen oder für die es allgemein anerkannte Regeln der Technik nicht gibt.	Feststellung der Übereinstimmung mit • allgem. bauaufs. Zulassung • allgem. bauaufs. Prüfzeugnis • Zustimmung im Einzelfall	Nachweis der Übereinstimmung mit • allgem. bauaufs. Zulassung • allgem. bauaufs. Prüfzeugnis • Zustimmung im Einzelfall durch Kennzeichnung mit dem Übereinstimmungszeichen (Ü-Zeichen)
Sonstige Bauprodukte	Ausführung nach den allgemein anerkannten Regeln der Technik	
= Bauprodukte, für die es allgemein anerkannte Regeln der Technik zwar gibt, die jedoch in die Bauregelliste A, nicht aufgenommen sind.	Kein Verwendbarkeitsnachweis erforderlich	Kein Übereinstimmungsnachweis erforderlich
Bauprodukte nach Liste C		
= Bauprodukte, die für die Erfüllung öffentlich-rechtlicher Anforderungen von untergeordneter Bedeutung sind.	Kein Verwendbarkeitsnachweis erforderlich	Kein Übereinstimmungsnachweis erforderlich

lassung (Deutsches Institut für Bautechnik (DIBt), Berlin) oder durch eine Zustimmung im Einzelfall (Oberste Bauaufsichtsbehörde des jeweiligen Bundeslandes).

In die *Bauregelliste B* sollen geregelte Produkte aufgenommen werden, die weiteren Europäischen Richtlinien entsprechen und die eine CE-Kennzeichnung tragen.

Die *Bauregelliste C* enthält Produkte, für die es weder technische Baubestimmungen noch allgemein anerkannte Regeln der Technik gibt und die bauaufsichtlich von untergeordneter Bedeutung sind.

Bei der Verwendung aller Bauprodukte trifft im Übrigen den Hersteller und ggf. auch den Teilehersteller das Produkthaftungs-Gesetz. Kann der Hersteller nicht festgestellt werden, kann auch der Lieferant haftbar gemacht werden.

Darüber hinaus wurde seit Nov. 2003 herstellerseitig zur Vereinfachung und Beschleunigung der Normierungsverfahren zusätzlich ein mittlerweile nicht mehr gültiges weiteres Klassifikationssystem für Baustoffe (PAS 1026 = Publicly Available Specification) als Vorstufe zur DIN-Normung als Basis für den elektronischen Austausch von Produktinformationen eingeführt. Es stellte eine freiwillige Übereinkunft unter den Verfassern dar, ohne den verbindlichen Status einer DIN zu haben. Nachfolger der PAS sind die ab 2009 eingeführten DIN SPEC (Spezifikationen = Entwicklungsbegleitende Normung). Gültige PAS werden bis zur Zurückziehung beibehalten.

2.3 Maßordnung nach DIN 4172

Seit langer Zeit bildeten die Abmessungen von Ziegeln als einem der ältesten Baumaterialien die Grundlage für die Vereinheitlichung von Baumaßen.

Das Breitenmaß von Ziegeln betrug überall entsprechend dem Greifmaß der Hand regional unterschiedlich etwa 10 bis 15 cm. Somit ergaben sich unter der Berücksichtigung der erforderlichen Mörtelfugen beim Vermauern ungeteilter Steine bestimmte Maßsprünge für die Abmessungen von Wanddicken, Pfeilerbreiten, Maueröffnungen usw.

Nach Einführung des metrischen Systems fand der Vorschlag, das „Achtelmeter" (am) = 12,5 cm zur Grundlage einheitlicher Steinmaße zu machen, rasche Verbreitung und führte zu einer der frühesten Normen im Bauwesen, der „Maßordnung im Hochbau", DIN 4172 von 1955. Sie wird bis heute vor allem bei gemauerten Bauwerken angewendet und bildet auch derzeit noch die Grundlage für Abmessungen vieler Bauelemente und Ausbauteile (s. a. Abschn. 14.2.5).

Die Maßverhältnisse von Ziegeln, Kalksandsteinen o. ä. künstlichen Bausteinen (s. Abschn. 6.2.2)

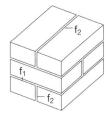
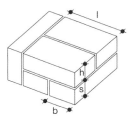

2.2 Maßverhältnisse beim Mauerziegel nach DIN 105 bzw. DIN EN 771-1 und KS nach DIN EN 771-2

f_1 = horizontale Lagerfuge
f_2 = vertikale Stoßfuge
l = Länge
b = Breite
h = Steinhöhe
s = Schichthöhe (Steinhöhe einschl. einer Lagerfuge)

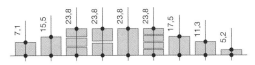

2.3 Gegenseitige Abhängigkeit der Ziegel-Höhenmaße. Auf 1 m Höhe gehen 16 Schichten DF oder 12 Schichten NF

unter Berücksichtigung der erforderlichen Mörtelfugen zeigt Bild **2**.2.

Dementsprechend sind als Nennmaße (Bauteilmaße ohne Fugen) festgelegt:

- Länge bzw. Breite: 115, 175, 240, 300, 365, 490 mm
- Höhe: 52 mm (DF, „Dünnformat"), 71 mm (NF, „Normalformat"), 113 mm (2 DF), 238 mm

Diese Maße sind wie folgt errechnet:

Beispiel	Baurichtmaß	– Fuge	= Nennmaß
Steinlänge	25 cm	– 1 cm	= 24 cm
Steinbreite	25/2 cm	– 1 cm	= 11,5 cm
Steinhöhe (NF)	25/3 cm	– 1,23 cm	= 7,1 cm
			(12 Schichten je m)
Steinhöhe (DF)	25/4 cm	– 1,05 cm	= 5,2 cm
			(16 Schichten je m)

Die gegenseitige Abhängigkeit der Höhenmaße zeigt Bild **2**.3

Mauerdicken können ausgedrückt werden in Steinlängen oder Achtelmeter (am) (Tab. **2**.4 und **2**.5).

Beim Vermaßen von Bauwerken nach DIN 4172 muss bei den Einzelmaßen (*Baurichtmaße* = the-

Tabelle **2**.4 Dickenmaße gemauerter Wände

cm	Steinlänge Mauerstein NF (DIN 105, 106, 398, 771)	Achtelmeter (am)	
11,5	1/2 Stein dicke Wand	1er	Wand
17,5	–	1 1/2er	Wand
24	1 Stein dicke Wand	2er	Wand
30	–	2 1/2er	Wand
36,5	1 1/2 Stein dicke Wand	3er	Wand

Tabelle **2**.5 Wanddicken

Wanddicken mit Verwendung des Mauerziegels DF nach DIN EN 771 mit den Abmessungen 240×115×52 mm

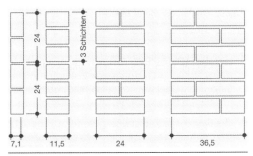

Wanddicken mit Verwendung des Mauerziegels NF nach DIN EN 771 mit den Abmessungen 240×115×71 mm

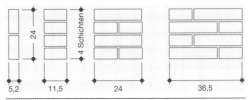

Vollmauerwerk 30 cm und 36,5 cm dick aus Mauersteinen NF nach DIN EN 771

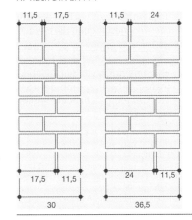

Tabelle **2**.6   Maße in cm nach DIN 4172

Baugesamtmaße, Wanddicken, Pfeiler (A)	Bauvorsprünge, freie Mauerenden (V)	Rauminnenmaße, Öffnungen (Ö)
11,5	12,5	13,5
24	25	26
36,5	37,5	38,5
49	50	51
61,5	62,5	63,5
74	75	76
86,5	87,5	88,5
99	100	101
111,5	112,5	113,5
124	125	126
⋮	⋮	⋮

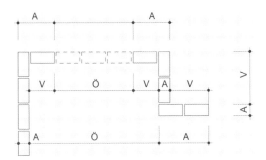

2.7   Bauwerksabmessungen nach DIN 4172
Außenmaß **A** = $n \cdot 12,5 - 1$, Rohbaumaß in cm
(Wanddicken, Pfeiler, Außenmaße)
Öffnungsmaße **Ö** = $n \cdot 12,5 + 1$, Rohbaumaß in cm
(Öffnungen, Wandnischen, Rauminnenmaße)
Vorsprungmaß **V** = $n \cdot 12,5$, Rohbaumaß in cm
(Pfeilervorlagen, freie Mauerenden)

oretische Maße von Bauteilen einschl. ihrer Fugen) jeweils das Fugenmaß von 1 cm für die Stoßfugen bzw. 1,2 cm für die Lagerfugen zwischen den Steinen berücksichtigt werden.

Es ergeben sich dabei für Außen- bzw. Baugesamtmaße, Pfeiler und Wanddicken (**A** = *Außenmaß*), für Bauvorsprünge und freie Mauerenden (**V** = *Vorsprungsmaß*) und für Rauminnenmaße und Öffnungen (*Ö* = *Öffnungsmaß*) die in Tabelle **2**.6 aufgeführten typischen Maßreihen.

Ein schematisiertes Beispiel für Bauwerksabmessungen im Mauerwerksbau zeigt Bild **2**.7

2.4   Maßordnung nach DIN 18 202

Modulordnung[1)]. Vielfach erfolgen Festlegungen von Maßsystemen heute noch nach der im Juni 2008 zurückgezogenen DIN 18 000, deren wesentliche Grundlagen in die neue DIN 18 202 (s. Abschn. 2.5) übernommen wurden.

Im Skelettbausystemen und Bauweisen mit vorgefertigten Bausystemen erweist sich die Anwendung der Regelungen der nicht mehr gültigen DIN 18 000 zur Koordination unterschiedlicher Bauelemente nach wie vor als sinnvoll.

[1)] **Modulordnung.** Für Bauwerke, bei denen die handwerkliche Bauausführung, z. B. von Maurerarbeiten, eine untergeordnete Bedeutung hat, ist die international üblichere Maßkoordination auf der Basis des Dezimalsystems sinnvoll. Insbesondere bei Verwendung vorgefertigter Bauteile sind eindeutig definierte Maßordnungen und die Begrenzung von Maßabweichungen unerlässlich. Seit langem wird daher auch auf internationalen Ebenen eine entsprechende Normung angestrebt. Zahlreiche Ansätze zur Klärung von Grundbegriffen, Anwendungsgrundlagen, zeichnerischer Darstellung usw. wurden gemacht, doch stehen verbindliche Festlegungen noch aus, obwohl sie im Hinblick auf den europäischen Gemeinsamen Markt sicher dringend erforderlich wären.
Vielfach erfolgen Festlegungen von Maßsystemen heute noch nach der im Juni 2008 zurückgezogenen DIN 18 000, deren wesentliche Grundlagen in die neue DIN 18 202 übernommen wurden. Mit der bis Juni 2008 gültigen DIN 18 000 „*Modulordnung im Bauwesen*" werden als Hilfsmittel zur Abstimmung von Maßen rechtwinklig im Raum aufeinander stehende Bezugsebenen als Koordinationssysteme festgelegt.
Sie haben in der Regel untereinander Abstände („*Koordinationsmaße*") von einem Vielfachen des *Grundmoduls* M = 100 mm.
Neben dem Grundmodul **M** gibt es als ausgewählte Vielfache davon die *Multimoduln* 3 M = 300 mm, 6 M = 600 m, 12 M = 1200 mm.
Die *Koordinationsmaße* sollen aus den Moduln bzw. Multimoduln in begrenzten Folgen mit als *Vorzugsmaßzahlen* gebildet werden: 1, 2, 3 bis 30 x M, 1, 2, 3 bis 30 x 3 M, 1, 2, 3 bis 30 x 6 M, 1, 2, 3 bis 30 x 12 M.
Vorzugsweise sollen hierbei die Möglichkeiten der Vorzugsmaße der Reihe 12 M (1,2 m, 2,4 m, 3,6 m, 4,8 m usw.) verwendet werden. Sind diese Maßsprünge zu groß, verwendet man die Maße der Reihe 6 M (0,6 m, 1,2 m, 1,8 m, 2,4 m usw.) oder der Reihe 3 M (0,3 m, 0,6 m, 0,9 m, 1,2 m usw.). Weiterhin können Dezimetermaße Anwendung finden.
Als *Ergänzungsmaße* für notwendige Maße, die kleiner sind als **M**, sind ferner festgelegt: 25, 50 und 75 mm. Damit soll jeweils auf volle M-Werte ergänzt werden.
Koordinationsräume. In Weiterführung der in Planungen vielfach üblichen Grundriss-Koordinationsraster werden durch die Regelungen der ehem. DIN 18 000 dreidimensionale *Koordinationsräume* gebildet.
Dabei können das ganze Bauwerk, Bauteile oder Räume maßlich in verschiedener Weise auf die Koordinationssysteme bezogen sein.

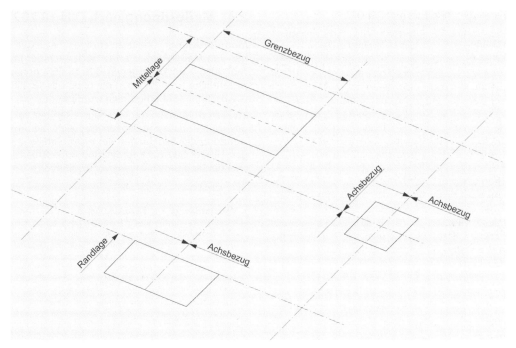

2.8 Bezugsarten im Koordinierungssystem nach DIN 18202

Rohbau- und Ausbauraster. Vielfach ist es sinnvoll, dass das Konstruktionsraster (Rohbauraster) und das Ausbauraster nicht zusammenfallen. Sie können möglichst um ein modulares Maß gegeneinander versetzt angeordnet werden. Hierdurch kann erreicht werden, dass z. B. großformatige Stützenquerschnitte nicht *innerhalb* von Außen- und Innenwänden angeordnet sind.

Die in der Modulordnung enthaltenen Festlegungen zum Bezug (maßlicher Bezug von Bauteilen untereinander, Definition von Bezugspunkten) wurden als wesentliche Grundlage in die neue DIN 18 202 übernommen, da hierauf das Prinzip der nennmaß- bzw. messpunktabhängigen Abweichung beruht.

Bezugsarten

Die Lage von Bauwerken, Bauteilen und Räumen wird mit einer festgelegten Bezugsart dem Koordinierungssystem zugeordnet. Vor der Bauausführung sind die notwendigen Bezugsarten und -punkte festzulegen. Zur Vermeidung bezugsbedingter Messfehler soll bei der Ausführung und bei der Prüfung von Maßen vom gleichen Messbezug ausgegangen werden.

Unterschieden werden (Bild **2**.8):

- *Grenzbezug.* Das Maß wird auf die äußere Begrenzung eines Bauwerks, Bauteils oder Raumes bezogen.
- *Achsbezug.* Die Bauteilachse eines Bauwerks, Bauteils oder Raumes bildet den Maßbezug.
- *Randlage.* Bauwerk, Bauteil oder Raum schließen mit ihrer äußeren Begrenzung (z. B. an die Koordinationsachse) an.
- *Mittellage.* Bauwerk, Bauteil oder Raum werden mittig (z. B. zwischen zwei Koordinationsachsen) ausgerichtet.

2.5 Toleranzen

Geringfügige Abweichungen von den bei der Planung festgelegten Längen-, Höhen- usw. sowie von Winkelmaßen müssen ebenso wie kleinere Unebenheiten nicht unbedingt Einschränkungen für die Funktion oder Gestaltung von Bauteilen oder ganzen Bauwerken bedeuten.

Von Bauleistungen, die in handwerklicher Einzelleistung bei unterschiedlichsten Witterungsbedingungen als Prototyp hergestellt werden, kann nicht dieselbe Exaktheit und Fehlerfreiheit erwartet werden, wie diese von industriell hergestellten Gebrauchsgütern erwartet wird.

In welchem Umfang derartige Abweichungen von den Nennmaßen (Sollmaßen) durch unvermeidliche Ungenauigkeiten beim Messen, bei der Fertigung und bei der Montage akzeptiert werden können, bedarf für jede Baumaßnahme der vorherigen Definition. Es sind hierfür in DIN 18 202 Grundsätze und Toleranzmaße für Bauwerke und Bauteile festgelegt. Diese Festlegungen lassen teilweise sehr großzügige Abweichungen zu, da das Ziel der DIN nicht die Sicherstellung optischer Akzeptanz, sondern die Sicherstellung der Funktionalität und Passgenauigkeit (funktionsgerechtes Zusammenfügen von Bauteilen des Rohbaus und des Ausbaus ohne Anpass- und Nacharbeiten) von Bauwerken und Bauteilen ist. Bestandsbauwerke fallen nicht in den Anwendungsbereich der DIN 18202.

Die in der DIN 18202 angegebenen Toleranzen stellen die im Rahmen üblicher Sorgfalt zu erreichende Genauigkeit für Standardleistungen bzw. Bauteile und Bauwerke durchschnittlich üblicher Ausführungsart und Abmessung dar. Sie sind anzuwenden, soweit nicht andere Genauigkeiten vereinbart werden. Änderung sollten nach wirtschaftlichen Maßstäben vereinbart werden, sofern für Bauteile oder Bauwerke andere Genauigkeiten erforderlich sind.

Bei den meisten heute üblichen Baumethoden werden gewisse Maßabweichungen vielfach in Kauf genommen, weil erhöhte Anforderungen an die Maßgenauigkeit in der Regel mit erheblich höherem technischem Aufwand und damit auch höheren Herstellungskosten verbunden wären.

Es wird unterschieden zwischen Abweichungen (Grenzabweichungen) absoluter Abmessungen (z. B. von Raumhöhen, Raum- und Bauteilabmessungen) und Abweichungen von Bauteilen in Winkel, Ebenheit oder Flucht.

Eine Überprüfung von Maßen soll nur im Falle von Streitigkeiten erfolgen, etwa um festzustellen, ob für einen Folgeunternehmer die Vorleistungen anderer am Bau Beteiligter ausreichend genau sind.

Weil in der Normung zeit- und lastabhängige Verformungen von Bauteilen (z. B. Durchbiegungen) nicht erfasst sind, müssen Prüfungen so früh wie möglich erfolgen. Wenn erforderlich, muss festgelegt werden, in welchem Umfang etwa vorhandene Ungenauigkeiten bei nachfolgenden Arbeiten auszugleichen sind. Die in der Nor-

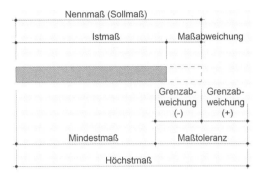

2.9 Maßabweichung, Grenzabweichung

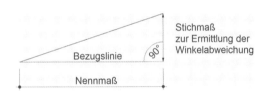

2.10 Stichmaß (Ebenheitsabweichung)

2.11 Stichmaß (Winkelabweichung)

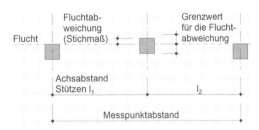

2.12 Toleranzen bei Fluchtabweichungen

mung verwendeten Begriffe für Maße zeigen die Bilder 2.9 bis 2.12.

Nennmaß (Sollmaß) ist das in der Zeichnung eingetragene Maß zur Kennzeichnung von Größe, Gestalt und Lage eines Bauteils oder Bauwerks.

Istmaß ist das durch Messung festgestellte Maß.

Maßabweichung ist die Differenz zwischen Istmaß und Nennmaß.

Höchstmaß ist das größte zulässige Maß.

Tabelle **2**.13   Grenzabweichungen für Maße gem. DIN 18202, Tab. 1

Spalte	1	2	3	4	5	6	7
Zeile	Bezug	Grenzabweichungen in mm bei Nennmaßen in m					
		bis 1	über 1 bis 3	über 3 bis 6	über 6 bis 15	über 15 bis 30	über 30[a]
1	Maße im Grundriss, z. B. Längen, Breiten, Achs- und Rastermaße	±10	±12	±16	±20	±24	±30
2	Maße im Aufriss, z. B. Geschosshöhen, Podesthöhen, Abstände von Aufstandsflächen und Konsolen	±10	±16	±16	±20	±30	±30
3	Lichte Maße im Grundriss, z. B. Maße zwischen Stützen, Pfeilern usw.	±12	±16	±20	±24	±30	–
4	Lichte Maße im Aufriss, z. B. unter Decken und Unterzügen	±16	±20	±20	±30	–	–
5	Öffnungen, z. B. für Fenster, Außentüren[b], Einbauelemente	±10	±12	±16	–	–	–
6	Öffnungen wie vor, jedoch mit oberflächenfertigen Leibungen	±8	±10	±12	–	–	–

[a] Diese Grenzabweichungen können bei Nennmaßen bis etwa 60 m angewendet werden. Bei größeren Abmessungen sind besondere Überlegungen erforderlich.
[b] Innentüren siehe DIN 18100.

Mindestmaß ist das kleinste zulässige Maß.

Grenzabweichungen für Maße werden gebildet aus der Differenz zwischen Höchstmaß und Nennmaß oder Mindestmaß und Nennmaß.

Maßtoleranz ist die Differenz zwischen Höchstmaß und Mindestmaß

Stichmaß ist der Abstand eines Punktes von einer Bezugslinie als Hilfsmittel zur Ermittlung der Winkel-, Ebenheits- oder Fluchtabweichung (Bilder **2**.10 bis **2**.12).

Winkelabweichungen ist die Differenz zwischen Ist- und Nennwinkel, angegeben als Stichmaß bezogen auf ein Nennmaß (Tab. **2**.17)

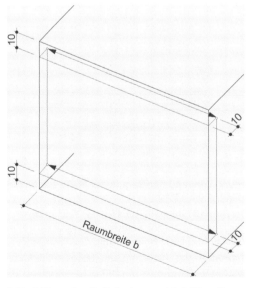

2.14   Prüfung einer Breite in einem rechtwinkligen Raum, Lage der 4 Messpunkte und 2 Messstrecken

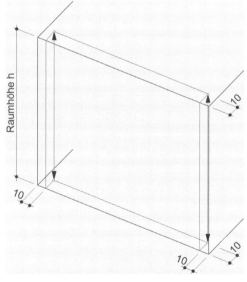

2.15   Prüfung einer Höhe, Lage der 4 Messpunkte und 2 Messstrecken

Tabelle **2**.16   Grenzwerte für Winkelabweichungen gem. DIN 18 202, Tab. 2

Spalte	1	2	3	4	5	6	7	8
Zeile	Bezug	Stichmaße als Grenzwerte in mm bei Nennmaßen in m						
		bis 0,5	über 0,5 bis 1	über 1 bis 3	über 3 bis 6	über 6 bis 15	über 15 bis 30	über 30[a]
1	Vertikale, horizontale und geneigte Flächen	3	6	8	12	16	20	30

[a] Diese Grenzabweichungen können bei Nennmaßen bis etwa 60 m angewendet werden. Bei größeren Abmessungen sind besondere Überlegungen erforderlich.

Ebenheitsabweichungen stellt die Istabweichung einer Fläche von der Ebene dar, angegeben als Stichmaß bezogen auf einen Messpunktabstand (Bild **2**.10).

Die in DIN 18 202 festgelegten Toleranzen können den Tabellen (Tab. **2**.13, **2**.16, **2**.17 und **2**.18) entnommen werden. Sie gelten baustoffunabhängig für die Ausführung von Bauwerken.

Bei der Anwendung der Tabellen ist insbesondere zu beachten:

- Bauwerksmaße, d. h. Außen-, Raum- und Achsmaße werden an markanten Stellen genommen wie z. B. Gebäudeecken, Achsschnittpunkten, Deckenkanten, Unterzügen o. Ä.
- Lichte Maße sind jeweils in 10 cm Abstand von Ecken zu nehmen (Bild **2**.14 und **2**.15). Bei der Prüfung von Winkeln ist von den gleichen Messpunkten auszugehen.

Toleranzmaße von Treppen sind in DIN 18065 geregelt. Wegen der erhöhten Unfallgefahr darf das Istmaß gegenüber dem Sollmaß von Steigung und Auftritt innerhalb fertiger Treppenläufe ebenso wie die Differenz von einer zur nächs-

Tabelle **2**.17   Grenzwerte für Ebenheitsabweichungen gem. DIN 18 202, Tab. 3

Spalte	1	2	3	4	5	6
Zeile	Bezug	Stichmaße als Grenzwerte in mm bei Messpunktabständen in m bis				
		0,1	1	4	10	15[a]
1	Nichtflächenfertige Oberseiten von Decken, Unterbeton und Unterböden	10	15	20	25	30
2a	Nichtflächenfertige Oberseiten von Decken oder Bodenplatten zur Aufnahme von Bodenaufbauten, z. B. Estriche im Verbund oder auf Trennlage, schwimmende Estriche, Industrieböden, Fliesen- und Plattenbeläge eim Mörtelbett	5	8	12	15	20
2b	Flächenfertige Oberseiten von Decken oder Bodenplatten für untergeordnete Zwecke, z. B. in Lagerräumen, Kellern, monolithische Betonböden	5	8	12	15	20
3	Flächenfertige Böden, z. B. Estriche als Nutzestriche, Estriche zur Aufnahme von Bodenbelägen, Bodenbeläge, Fliesenbeläge, gespachtelte und geklebte Beläge	2	4	10	12	15
4	Wie Zeile 3, jedoch mit erhöhten Anforderungen, z. B. selbstverlaufende Massen	1	3	9	12	15
5	Nichtflächenfertige Wände und Unterseiten von Rohdecken	5	10	15	25	30
6	Flächenfertige Wände und Unterseiten von Decken, z. B. geputzte Wände, Wandbekleidungen, untergehängte Decken	3	5	10	20	25
7	Wie Zeile 6, jedoch mit erhöhten Anforderungen	2	3	8	15	20

[a] Die Grenzwerte für Ebenheitsabweichungen der Spalte 6 gelten auch für Messpunktabstände über 15 m.

Tabelle **2**.18   Grenzwerte für Fluchtabweichungen bei Stützen gem. DIN 18 202, Tab. 4

Spalte	1	2	3	4	5	6
Zeile	Bezug	Stichmaße als Grenzwerte in mm bei Nennmaßen in m als Messpunktabstand				
		bis 3 m	von 3 bis 6 m	über 6 bis 15 m	über 15 bis 30 m	über 30 m
1	zulässige Abweichungen von der Flucht	8	12	16	20	30

ten Stufe um nicht mehr als 5 mm, bei Fertigteil-treppen in Ein- und Zweifamilienhäusern um max. 1,5 cm abweichen (s. a. Abschn. 4 in Teil 2 dieses Werkes).

Toleranzen bei *vorgefertigten* Bauteilen aus Beton, Stahlbeton und Stahl sowie Bauteilen aus Holz und Holzwerkstoffen sind in DIN 18 203-1 und 3 geregelt.

2.6 Normen

Norm	Ausgabedatum	Titel
DIN 4172	07.1955	Maßordnung im Hochbau
EN ISO 4172	08.1992	Zeichnungen für das Bauwesen; Zeichnungen für den Zusammenbau vorgefertigter Teile
DIN EN ISO 9000	12.2005	Qualitätsmanagementsysteme; Grundlagen und Begriffe
E DIN EN ISO 9000	08.2014	–; Grundlagen und Begriffe
DIN EN ISO 9001	12.2008	Qualitätsmanagementsysteme; Anforderungen
E DIN EN ISO 9001	08.2014	–; Anforderungen
DIN EN ISO 9004	12.2009	Leiten und Lenken für den nachhaltigen Erfolg einer Organisation – Ein Qualitätsmanagementansatz
DIN 18 000	05.1984	Modulordnung im Bauwesen (zurückgezogen 06.2008)
DIN 18 065	06.2011	Gebäudetreppen; Definitionen, Messregeln, Hauptmaße
DIN 18 202	04.2013	Toleranzen im Hochbau; Bauwerke
DIN 18 203-3	08.2008	–; Bauteile aus Holz und Holzwerkstoffen
DIN EN ISO 55 350-11	05.2008	Begriffe zum Qualitätsmanagement; Ergänzung zu DIN EN 9000

2.7 Literatur

[1] *Arlt, J. u. Kiehl, P.*: Bauplanung mit DIN-Normen. Stuttgart/Leipzig 1995

[2] DIBt – Deutsches Institut für Bautechnik, Bauregellisten A, B und Liste C. www.dibt.de

    DIN Deutsches Institut für Normung e.V.: Europäische Normung. Berlin; www.din.de

[3] –: DIN – Baunormen-Katalog. Berlin

[4] –: DIN – HIST – Dokumentennachweis zurückgezogener DIN-Normen und anderer technischer Regeln. Berlin

[5] –: Bauplanung : Normen; DIN Taschenbuch 38. Berlin 2012

[6] *Derler, P.*: Maßtoleranzen im Baualltag. Kissing 2013

[7] *Mücke, E.* (Hrsg.): Kennzeichnung von DIN-Normen und der korrespondierenden europäischen und internationalen Normen. Berlin 2005

[8] *Ertl, R.*: Toleranzen im Hochbau – Bautabellen zur DIN 18 202. Köln 2013

[9] *Klein, M.*: Einführung in die DIN-Normen. Wiesbaden 2008

[10] *Oswald, R., Abel, R.*: Hinzunehmende Unregelmäßigkeiten bei Gebäuden. Wiesbaden/Berlin 2005

[11] *Schöwer, R.*: Das Baustellenhandbuch der Maßtoleranzen. Mering 2013

[12] *Schöwer, R.*: Taschenbuch Maßtoleranzen. Sonderausgabe für Detail. München 2013

3 Baugrund und Erdarbeiten

3.1 Baugrund

Teil der vorbereitenden Planungsarbeiten für ein Bauwerk ist die genaue Erkundung aller für die Bauausführung wichtigen Verhältnisse auf dem Baugelände. Ziel ist es, das sog. *„Baugrundrisiko"* (Risiko des Bauherren bzw. des Grundstückseigentümers für die Boden- und Wasserverhältnisse[1]) einschätzen und minimieren zu können. In aller Regel erfolgen diese Erkundungen durch ein Baugrund- und Gründungsgutachten eines hierfür qualifizierten beratenden Ingenieurs für Ingenieurgeologie und für Erd- und Grundbau auf Grundlage u. A. der DIN EN 1997, DIN 1054 und DIN 4020.

Eine Begutachtung des Baugrundes (*Geotechnischer Bericht*) soll vor dem Planungsbeginn vorgenommen werden, um die hieraus gewonnenen Kenntnisse für die Fundamentierung (Gründungsvorschläge) des Bauwerkes (s. a. Abschn. 4) frühzeitig in die Planung einfließen zu lassen (DIN EN 1997-1, DIN 1054, Abs. 5, VOB Teil A §9). Vielfach sind Erkenntnisse aus einem Baugrund- und Gründungsgutachten grundlegend mitentscheidend für den gesamten Gebäudeentwurf. Dem Entwurfsverfasser obliegt diesbezüglich eine Hinweispflicht an den Auftraggeber.

Aufgaben und Ergebnisse einer Baugrunduntersuchung sind die Erkundung von Mächtigkeiten von Baugrundschichten, Beschreibung deren maßgebender Eigenschaften (Tragfähigkeit) und Kenngrößen sowie Gewinnungsmöglichkeiten.

Weiterhin sind die Grundwasserverhältnisse (Hydrologie) wie Tiefenlage des Grundwasserspiegels, Wasserstände, Anzahl der Grundwasserstockwerke, Wasserdurchlässigkeit des Baugrundes sowie die chemische Zusammensetzung zu prüfen.

Je nach Komplexität einer Gründungsmaßnahme in Anbetracht der damit verbundenen Risiken sind die Mindestanforderungen an Umfang und Qualität geotechnischer Untersuchungen und Berechnungen sowie die Bauüberwachung zu unterscheiden in:

- leichte und einfache Bauten und kleinere Erdarbeiten, bei denen gesichert ist, dass die Mindestanforderungen durch Erfahrung und qualitative geotechnische Untersuchungen mit vernachlässigbarem Risiko erfüllt sind und
- andere Gründungbauwerke

Für Bauwerke und Erdarbeiten mit geringem geotechnischen Schwierigkeitsgrad und geringem Risiko dürfen vereinfachte Nachweise angewendet werden.

Die Festlegung geotechnischer Untersuchungen erfolgt in mehreren Schritten (Voruntersuchung, Hauptuntersuchung baubegleitende Untersuchung usw.) und soll zunächst *vor* der eigentlichen Baugrunduntersuchung in drei geotechnische Kategorien (GK) gem. DIN 4020, Anh. A und DIN 1054 erfolgen:

Kategorie GK1[2]: Kleine und relativ einfache Bauwerke mit *geringem* Schwierigkeitsgrad auf waagerechtem oder schwach geneigtem Gelände, bei denen die grundsätzlichen Anforderungen aufgrund von Erfahrung und qualitativen geotechnischen Untersuchungen erfüllbar sind und für die ein vernachlässigbares Risiko besteht. Eine Anwendung soll nur dort erfolgen, wo hinsichtlich Gefährdungen durch Geländebruch oder Bewegungen im Baugrund keine Bedenken bestehen und bei Baugrundverhältnissen, für die vergleichbare örtliche Erfahrungen für ein vereinfachtes, routinemäßiges Nachweisverfahren ausreichen. Diese Verfahren sollen i. d. R. nur dort angewendet werden, wo der Baugrubenaushub oberhalb des Grundwasserspiegels bleibt. Für die geotechnische Kategorie 1 werden in DIN 1055-2 Erfahrungswerte für Bodenkenngrößen für nichtbindige und bindige Böden gegeben.

---

[1] Der Begriff „Baugrundrisiko" des Bauherrn oder/und Grundstückseigentümers umfasst sowohl das Risiko, dass beim baulichen Eingriff in das Gefüge der Erdoberfläche die angetroffenen Boden- und Wasserverhältnisse nicht mit den Erkundeten übereinstimmen und auch die Gefahr, dass sich Mängel am Bauwerk einstellen, Kostenänderungen und Bauzeitverlängerungen eintreten oder das Bauvorhaben ggf. nicht aus- oder weitergeführt werden kann. Von einer grundsätzlich möglichen Übertragung eines Baugrundrisikos an Auftragnehmer ist in aller Regel abzuraten.

[2] Z. B. setzungsunempfindliche, flach gegründete Bauwerke mit Stützenlasten bis 250 kN und Streifenlasten bis 100 kN/m wie Einfamilienhäuser, eingeschossige Hallen, Garagen ohne Beeinträchtigung von Nachbargebäuden, Verkehrswegen, Leitungen usw.

3

Kategorie GK2: Konventionelle Gründungen[1] und Bauwerke mit *mittlerem* Schwierigkeitsgrad ohne ungewöhnliches Risiko mit durchschnittlichen Baugrund- und Belastungsverhältnissen. Rechnerische Nachweise zur Standsicherheit und Gebrauchstauglichkeit erfolgen i. d. R. mittels zahlenmäßig ausgewiesenen Kenngrößen und Berechnungen auf Grundlage routinemäßig durchgeführter Feld- und Laborversuche.

Kategorie GK3[2]: Bauwerke und Bauwerksteile die nicht den geotechnische Kategorien 1 und 2 zugehören und die im Allgemeinen nach anspruchsvolleren Vorgaben und Regeln als denen in DIN 1997 genannten zu untersuchen sind.

Ggf. ist die vorläufige Einstufung vor der eigentlichen Baugrunduntersuchung in den weiteren Planungsphasen oder auch der Bauausführung zu überprüfen und zu ändern.

Zum planungsvorbereitenden Erkundungsumfang insgesamt gehören i. d. R. die folgenden Fragestellungen:

Aufwuchs

In der Regel ist vorab zu klären, welcher Teil des vorhandenen Aufwuchses, insbesondere Bäume, auf Grund der bestehenden Gesetze bzw. Vorschriften zu erhalten und während der Baumaßnahmen zu schützen sind.

Hindernisse

Zur Ausführungsvorbereitung gehört die Erkundung von – oft verborgenen – Hindernissen aller Art wie

- Grundwasserverhältnisse
- Grundleitungen, Kabel u. Ä.
- überschüttete Reste früherer Bauwerke
- eventuell zu erwartende archäologische Befunde usw.

---

[1] Konventionelle Bauwerke oder Bauwerksteile der geotechnischen Kategorie 2 sind z. B. Flächenfundamente, Gründungsplatten, Pfahlgründungen von üblichen Hoch- und Ingenieurbauten, Wände oder andere Konstruktionen zur Abstützung von Boden oder Wasser, Baugruben, Brückenpfeiler und Widerlager, Aufschüttungen und Erdarbeiten, Baugrundanker und andere Verankerungen im Baugrund.

[2] Z. B. sehr große und ungewöhnliche Bauwerke, Bauwerke mit außergewöhnlichen Risiken (hoher Sicherheitsanspruch oder hohe Verformungsempfindlichkeit) oder ungewöhnlichen oder ungewöhnlich schwierigen Baugrund- oder Belastungsverhältnissen, Bauwerke in seismische stark betroffenen Gebieten, Bauwerke in Gebieten, in denen mit instabilen Baugrundverhältnissen (gespanntes/artesisches Grundwasser) oder mit andauernden Bewegungen im Untergrund zu rechnen ist.

In weiterem Sinne können Rechte Dritter (z. B. Geh- oder Wegerechte auf dem Baugrundstück), besondere Bedingungen für Zu- und Abfahrt (es können z. B. Baustelleneinfahrten an stark befahrenen Verkehrsstraßen nicht erlaubt sein) u. a. m. zu den Hindernissen für die Bauausführung zählen.

Benachbarte Bauwerke

Sind die Baumaßnahmen in unmittelbarer Nähe bestehender Bauwerke auszuführen, ist deren Gründungsart und -tiefe zu ermitteln. Zum Ausschluss möglicher späterer Streitigkeiten ist *vor* dem Beginn der eigenen Baumaßnahmen der vorhandene bauliche Zustand ggf. auch mittels eines gerichtlichen Beweissicherungsverfahrens zu dokumentieren.

Altlasten

Besteht der Verdacht, dass der Baugrund durch Altlasten kontaminiert ist, müssen Art und Umfang der Belastung festgestellt werden. Dabei versteht man unter Altlasten ganz allgemein Gefährdungen, die infolge von Ablagerungen in der Vergangenheit eine Beeinträchtigung des Gemeinwohls bedeuten können.

Grundlagen für die Definition von Altlasten, die Sanierung sowie die Sanierungspflicht sind im Bundes-Bodenschutzgesetz (BBodSchG 1999) in Verbindung mit Bodenschutzgesetzen der Länder festgelegt.

Für Art und Umfang der *Entsorgungspflicht* bestehen noch keine einheitlichen Rechtsvorschriften. In jedem Fall muss mit den zuständigen Behörden geklärt werden, ob und wie eine Reinigung von belastetem Baugrund an Ort und Stelle zugelassen wird (z. B. Bodenwaschverfahren, thermische Behandlung, mikrobielle Behandlung), oder es ist die Zwischenlagerung und der Verbleib oder ggf. die erforderliche, nachweislich zu dokumentierende Entsorgung von abzufahrendem Aushubmaterial festzulegen. Mit Schadstoffen verunreinigter *Aushub* kann dabei als Abfall, besonders überwachungsbedürftiger Abfall oder sogar als gefährlicher Abfall (z. B. Holzschutzmittel = Sonderabfall) gemäß Europäischem Abfallkatalog (EAK) sowie Abfallverzeichnisverordnung (AVV 12/2001) eingestuft werden.

Auch wenn Aushub mit *Bauschutt* vermengt ist, kann u. U. auf der Grundlage von Landesvorschriften oder Kommunalsatzungen für den Umweltschutz eine besondere Entsorgung verlangt werden, selbst wenn keine konkrete Gefahr im Einzelfall nachzuweisen ist.

Zu den i. d. R. sehr spezifischen Erfordernissen zur Untersuchung von Altlasten und deren planerischer Berücksichtigung muss auf weiterführende Literatur hingewiesen werden.

Baugrundverbesserung. Wenn der Baugrund die notwendigen Anforderungen nicht erfüllt, sind Maßnahmen zur Baugrundverbesserung (Bodenverbesserung) möglich. Hiermit können die Tragfähigkeit des Baugrunds und die Standsicherheit des Bauwerkes verbessert sowie die Risiken aus Setzungen vermindert werden.

Folgende Maßnahmen sind möglich:

Bodenaustausch. (Bodenersatz) durch teilweisen oder vollständigen Ersatz nicht tragfähigen Bodens. Der ausgetauschte Boden ist ausreichend zu verdichten. Bodenaustausch ist nur dann wirtschaftlich herstellbar, wenn nicht ausreichend tragfähige Bodenschichten mit relativ geringer Mächtigkeit vorliegen und Ersatzboden günstig verfügbar ist.

Bodenverdichtung. Nachträgliche Verbesserung der Tragfähigkeit durch Straßenwalzen, Rüttelplatten oder Vibrationsstampfer.

Bodenverfestigung erfolgt durch das Einbringen von Bindemitteln (Zement oder Kalk) durch verschiedene Injektionsverfahren (Hochdruckinjektion) sowie in Ausnahmefällen eine temporäre und sehr aufwändige Bodenvereisung.

Stellen die vorgenannten Maßnahmen keine wirtschaftliche Möglichkeit zur Sicherstellung der Tragfähigkeit des Baugrundes dar, kommen Tiefgründungen als Alternative in Frage (s. Abschn. 4.3).

Baugrunduntersuchung

Nur in recht seltenen Fällen können bei bekanntem gleichmäßigem Schichtaufbau des Bodens oder aus Erfahrungen auf unmittelbar benachbarten Baustellen Rückschlüsse auf die gegebenen Baugrundverhältnisse gezogen werden. Insbesondere in früheren Stromtälern und vergleichbaren Gebieten wechseln *Bodenarten* und Schichthöhen so sehr, dass auch für kleinere Bauvorhaben, besonders aber für Bauwerke mit großen Bodenbelastungen oder großen Gründungstiefen eine genaue Untersuchung der vorhandenen Baugrundverhältnisse durch Sachverständige geboten ist. Durch den Planer ist frühzeitig auf das Erfordernis der Untersuchung des Baugrundes und der Gründungsverhältnisse hinzuweisen.

Da bei größeren Bauvorhaben die Eigenschaften des Baugrundes die gesamte Gestaltung der

Baukörper und ihrer Grundrisse erheblich beeinflussen können, sollte eine Baugrunduntersuchung *am Anfang* aller Planungen stehen.

Das Gutachten des Sachverständigen enthält in der Regel

- Beschreibungen der Bodenarten und des Schichtenaufbaues im Baugrund, insbesondere auch in den Bereichen unterhalb der unmittelbaren Gründungsebenen,
- Hinweise zur Belastbarkeit des Baugrundes,
- Beurteilung evtl. Grundbruchgefahr,
- Einschätzung von Risiken für benachbarte Bauwerke,
- Grundwasserverhältnisse und Grundwasserqualität.

Es dient als Entscheidungsgrundlage

- bei schwierigen Baugrundverhältnissen für die Grundrissgestaltung, ggf. die Geschosszahl und -anordnung,
- für die Wahl der geeigneten Gründungen und ihrer Tiefe sowie Dimensionierung,
- für nötige Sicherungsmaßnahmen beim Aushub der Baugrube
- sowie als Ausschreibungs- und Abrechnungsgrundlage.

Die Durchführung von Bodenuntersuchungen wird in DIN 4094-2, DIN EN ISO 22 475-1 und DIN EN ISO 22 476 erläutert. Sie kann erfolgen durch:

Schürfung als Probenentnahme aus Schürfgruben, geeignet nur für Untersuchungen bis etwa 3 m Tiefe,

Sondierung durch Einrammen oder Einpressen genormter Sondierstangen, am häufigsten jedoch durch

Bohrungen zur Entnahme von Bodenproben mit Spiralbohrern oder durch Kernbohrungen und ferner für sehr großflächige Bauvorhaben durch geophysikalische Untersuchungen.

Die Abstände und die Lage der einzelnen Untersuchungspunkte (Aufschlüsse) hängen von den gegebenen Baugrundverhältnissen und der beabsichtigten Bauwerksplanung ab.

Die Untersuchungen richten sich auf die angetroffenen Bodenarten mit Korngrößen, Wassergehalt, Zusammenpressbarkeit, Scherfestigkeit usw.

Arten des Baugrundes

Es wird grundsätzlich zwischen organischen und anorganischen Böden unterschieden.

3

Organische Böden z. B. als Humus, Torf oder Braunkohle eignen sich nicht als Baugrund, da hier mit starkem Setzungen zu rechnen ist.

Anorganische Böden sind zum Beispiel Sand, Kies oder auch Fels und stellen i. d. R. einen brauchbaren Baugrund dar.

Böden können jedoch nicht nur nach ihrem Anteil organischen Materials unterschieden werden, sondern in Anlehnung an DIN 1054 auch nach der Bodenart als:

Gewachsener Boden (Lockergestein, durch einen abgeklungenen erdgeschichtlichen Vorgang entstanden),

Fels (Festgestein, nach Lagerungszustand sowie Kornstruktur und -eigenschaften unterscheidbar) und

geschütteter Boden (durch Aufschütten – verdichtet oder unverdichtet – oder durch Aufspülen entstanden).

Weiterhin werden nach DIN 1054, DIN EN ISO 14 688 und DIN EN ISO 14 689 sowie Bodenarten nach den Klassifizierungsmerkmalen Korngrößenverteilung DIN 18 196, Plastizität, organische Bestandteile sowie Entstehung unterschieden:

Natürliche Böden. Natürlich abgelagerter Boden

Sehr grobkörniger Boden. (Blöcke, Steine) – großer Block (*LBo*) Korngröße > 630 mm; Block (*Bo*) > 200 bis 630 mm; Stein (*Co*) > 63 bis 200 mm

Grobkörniger Boden. (Kies, Sand) – Grob-, Mittel-, Feinkies (*Gr*) > 2,0 bis 63 mm; Grob-, Mittel-, Feinsand (*Sa*) > 0,063 bis 2,0 mm

Feinkörniger Boden. (Schluff, Ton) – Grob-, Mittel-, Feinschluff (*Si*) > 0,002 bis 0,063 mm; Ton (*Cl*) ≤ 0,002 mm

Vulkanischer Boden. (Bims, Schlacke, Tuff)

Organischer Boden. (Torf, Mudde, Humus)

Auffüllmaterial. (als Auffüllung = kontrollierte Ablagerung, als künstliches Gelände = unkontrollierte Ablagerung)

Fels. Felsgestein unterschieden nach in Verwitterungsstufen 0 (frisch)- bis 5 (zersetzt).

Vielfach bestehen Böden als *zusammengesetzte* Bodenarten mit Haupt- und Nebenanteilen. Hauptanteil ist der Massenanteil, der entweder am stärksten vertreten ist oder der die bestimmenden Eigenschaften des Bodens prägt. Nebenanteile prägen die bestimmenden Eigenschaften des Bodens nicht, können diese jedoch beeinflussen.

• Bei *gewachsenem* und *geschüttetem* Boden werden 3 Hauptgruppen unterschieden (DIN 1054 und DIN 18 196):

Nichtbindige Böden. Dazu gehören Sand, Kies, Steine und ihre Mischungen. Die einzelnen Körner sind hier nicht miteinander verkittet. Die Belastbarkeit dieser Böden wächst mit der Korngröße, der Lagerungsdichte und mit der Tiefe, in der die Schicht liegt. Ein gemischtkörniger Boden mit weniger als 5 bis 15% Bestandteilen unter 0,063 mm wird im Sinne der DIN 1054 als nichtbindiger Boden bezeichnet, wenn die Feinkorn-Masseanteile das Verhalten der Boden *nicht* bestimmen. Frostschäden sind bei nichtbindigen Böden i. d. R. nicht zu erwarten, da die Volumenänderung des Wassers durch die Luftporenräume im Korngefüge aufgenommen werden kann.

Bindige Böden. Das sind Tone, Schluffe und Lehme. Ihr Korngerüst ist durch Ton mehr oder weniger verkittet. Die Tragfähigkeit bindiger Böden sinkt mit zunehmender Feuchtigkeit. Bindige Böden sind, falls sie nicht tief genug liegen, besonders frostgefährdet. Sind in einem Bodengemisch mehr als 15% bis 40% Bestandteile unter 0,063 mm Korngröße enthalten, liegt ein bindiger Boden vor, weil ab etwa dieser Grenze angenommen werden muss, dass der Feinanteil nicht mehr nur die Hohlräume der gröberen Körnung ausfüllt, sondern sich bereits an der Lastübertragung beteiligt. Zu den bindigen Böden zählen im Sinne dieser Norm auch die gemischtkörnigen Böden, wenn die Feinkorn-Masseanteile das Verhalten des Bodens bestimmen. Bindige Böden sind frostgefährdet, da das Wasser innerhalb der Poren des Korngefüges gefriert und es somit zu Hebungen des Bauwerkes kommt.

Organische Böden wie Torf, Humus und Mudden sowie ihre Abarten, z. B. tonige Mudde, schwach feinsandiger Torf o. Ä. s. DIN EN ISO 14 688-1, Tab. 2.

Über die Einordnung und Kennzeichnung der Korngrößen (Korngrößenfraktion) gibt DIN EN ISO 14 688-1, Tab. 1 einen Überblick.

Grundbruch nach DIN 4017

Zu den wichtigen Aussagen eines Bodengutachtens gehört die Beurteilung des Baugrundes hinsichtlich der Gefahr von „*Grundbruch*".

Die Belastung des Baugrundes durch den Druck der Gründungskörper breitet sich im Allgemeinen unter einem Druckverteilungswinkel von etwa 45° so im Baugrund aus, dass die Beanspru-

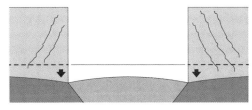

3.1 Grundbruch in einer Baugrube

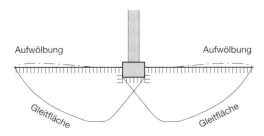

3.2 Grundbruch unter mittig belasteten Fundamenten [1]

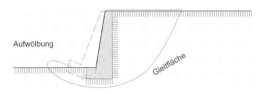

3.3 Geländebruch [1]

chung in den tieferen Schichten abnimmt. Dabei entstehen jedoch auch seitliche Druckbeanspruchungen im Untergrund. Bei Messungen können unter der Gründungsfläche etwa kreisförmig verlaufende Linien gleichen Druckes festgestellt werden (s. a. Bild **4**.4).

Infolge dieser auch seitlichen *Druckbeanspruchung* kann es – besonders bei plastischem, bindigem Baugrund – zu einem Verdrängen und Ausweichen des der Gründungsfläche benachbarten Erdreiches führen.

Wenn durch Baugrubenaushub eine erhebliche Entlastung plastischer Bodenbereiche bewirkt wird, kann für benachbarte Bauwerke akute Einsturzgefahr entstehen (Bild **3**.1).

Durch einzeln stehende, hoch belastete Bauwerksteile kann es auch innerhalb von Baugruben zu Grundbruch kommen (Bild **3**.2).

Ähnliche Gefahren können durch *„Geländebruch"* (DIN 4084) entstehen, wenn Bauwerke (z. B. Stützmauern) zusammen mit Erdmassen ausweichen, die auf Gleitflächen rutschen (Bild **3**.3).

In solchen Fällen müssen als Maßgabe des Bodengutachtens geeignete Sicherungsmaßnahmen getroffen werden. Am einfachsten kann u. U. ein abschnittweises Ausführen der Erdbewegungen sein. Meistens werden die benachbarten Bauwerke jedoch durch Absteifungen, durch Spund- oder Schlitzwände oder durch Unterfangungen zu sichern sein (s. Abschn. 3.4 und 4.5). Es kann auch eine Bodenverfestigung durch Injektion von Bindemitteln, Vermörtelung oder Chemikalien in Frage kommen.

Benachbarte Bauwerke sind in der Regel durch *Absteifungen* zu sichern (s. Abschn. 10.2 in Teil 2 dieses Werkes).

Zur Sicherung benachbarter Bauwerke kann bei großen Bauvorhaben mit mehreren Untergeschossen die sogenannte *Deckelbauweise* angewendet werden. Dabei werden die zunächst hergestellten Decken und Wände der oberen Untergeschosse als Aussteifungsscheiben ausgenutzt. Die weiteren Tiefgeschosse werden erst anschließend unterhalb dieses „Deckels" nach unten vorgetrieben.

Im Übrigen muss in diesem Rahmen für das umfangreiche Sondergebiet der Bodenuntersuchungen, Bodenmechanik, Bodenverfestigung usw. auf weiterführende Literatur verwiesen werden [5].

Grundwasser

Bestandteil von Bodenuntersuchungen ist in der Regel auch die Feststellung von Grundwasserstand und -qualität.

Man unterscheidet

- *freies* Grundwasser (nicht unter Druck stehend),
- *schwebendes* Grundwasser (in Ansammlungen auf wasserundurchlässigen Bodenschichten),
- *gespanntes* (artesisches) *Grundwasser* (unter Überdruck stehend, Bild **3**.4 c).

Untersucht werden muss, ob Grundwasser, das mit Bauwerksteilen in Berührung kommen kann, betonschädigende Bestandteile hat, z. B. Kohlensäure („aggressives Wasser"). Es müssen in diesem Falle u. U. Spezialzemente verwendet und die Betonüberdeckungen der Bewehrungsstähle erhöht werden (s. Abschn. 5.5.2).

Reichen Bauwerke oder Bauwerksteile (z. B. Fundamente) in den Grundwasserbereich, sind besondere Vorkehrungen für die Gründung (s. Abschn. 4) und Abdichtungen gegen drückendes Wasser nötig (s. Abschn. 17.4.6). Bis zur Fertigstellung und vollen Wirksamkeit der Abdichtun-

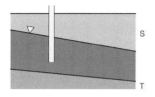 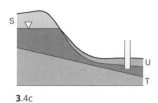

3.4a   3.4b   3.4c

3.4 Grundwasserarten [1]
    a) freies Grundwasser
    b schwebendes Grundwasser
    c) artesisches Grundwasser

S nicht bindiger Boden, z.B. Sand
T bindiger Boden, z.B. Ton
U wasserundurchlässige Bodenschicht

gen und zur Sicherung von abgedichteten Teilbauwerken gegen Auftrieb ist eine ständige Grundwasserhaltung bzw. -absenkung erforderlich (s. Abschn. 3.6).

3.2 Erdaushub

Im Allgemeinen werden vor Beginn der Erdarbeiten die Begrenzungslinien jedes Bauprojektes anhand des in der Baugenehmigung enthaltenen Lageplanes durch das zuständige Katasteramt oder durch öffentlich bestellte Vermessungsingenieure „abgesteckt". Zur Sicherung der *Absteckungspunkte* wird vor Beginn der Arbeiten ein *Schnurgerüst* aufgestellt. Dazu sind bei freistehenden Bauten entsprechend der Anzahl der Absteckungspunkte je drei Rundholzpfähle in sicherem Abstand von der späteren Oberkante der Baugrubenböschung einzugraben und durch genau waagrecht angenagelte Bohlen zu verbinden (eingegraben müssen die Pfähle auf Brett- oder Steinunterlagen ruhen). Die Oberkante dieser Bohlen liegt nach Möglichkeit auf der 0,00-Meter-Marke der für das Bauwerk geltenden Planungshöhen (z. B. „OKFFB-EG" = Oberkante fertiger Fußboden Erdgeschoss) oder Oberkante Rohdecke Erdgeschoss („OKRD-EG"). Über das Schnurgerüst werden die Fluchtschnüre so ausgespannt, dass durch Lote die Absteckungspunkte durch Kerben o. Ä. auf das Schnurgerüst übertragen werden können (Bild **3**.5).

Bei Baugruben an stark geneigten Hängen erreichen die talseitigen Schnurgerüste unter Umständen große Höhen. In diesen Fällen müssen die Schnurgerüste in verschiedenen Höhen gestaffelt angeordnet werden.

Innerhalb der Baustelle werden unter Einsatz von Nivelliergeräten, Theodoliten oder Lasergeräten Festpunkte und Rasternetze mit geringsten Maßtoleranzen (± 2,5 mm) vermessen, insbesondere überall dort, wo maßgenaue Fertigteile verwendet werden sollen.

Für die *Abrechnung* von Erdarbeiten ist die Boden- bzw. Felsklassifizierung gemäß DIN 18 300 zu berücksichtigen.

Boden- und Felsklassen nach DIN 18 300

Klasse 1

Oberboden (Mutterboden). Oberboden ist die oberste Schicht des Bodens, die neben anorganischen Stoffen, z. B. Kies-, Sand-, Schluff- und Tongemische, auch Humus und Bodenlebewesen enthält. Sie ist in aller Regel zu sichern und der Wiederverwendung zuzuführen.

Klasse 2

Fließende Bodenarten. Bodenarten, die von flüssiger bis breiiger Beschaffenheit sind und die das Wasser schwer abgeben.

Klasse 3

Leicht lösbare Bodenarten. Nichtbindige bis schwachbindige Sande, Kiese und Sand-Kies-Gemische mit bis zu 15% Masseanteil an Schluff und Ton (Korngröße kleiner als 0,063 mm) und mit höchstens 30% Masseanteil an Steinen mit Korngrößen über 63 mm bis 200 mm.

Organische Bodenarten, die nicht von flüssiger bis breiiger Konsistenz sind und Torfe.

Klasse 4

Mittelschwer lösbare Bodenarten. Gemische von Sand, Kies, Schluff und Ton mit einem Anteil von mehr als 15% Masseanteil der Korngröße kleiner als 0,063 mm.

Bindige Bodenarten von leichter bis mittlerer Plastizität, die je nach Wassergehalt weich bis fest sind und die höchstens 30% Masseanteil an Steinen enthalten.

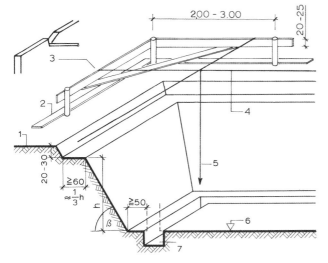

3.5
Schnitt durch Baugrube mit Schnurgerüst

1 Mutterboden
2 Brett für genaues Messen
3 Schnurkerbe
4 Fluchtschnur
5 Lot
6 Baugrubensohle
7 Fundamentgraben

Klasse 5

Schwer lösbare Bodenarten. Bodenarten nach den Klassen 3 und 4, jedoch mit mehr als 30% Masseanteil an Steinen von über 200 mm bis 630 mm Korngröße.

Ausgeprägte plastische Tone, die je nach Wassergehalt weich bis halbfest sind.

Klasse 6

Leicht lösbarer Fels und vergleichbare Bodenarten. Felsarten, die einen inneren, mineralisch gebundenen Zusammenhalt haben, jedoch stark klüftig, brüchig, bröckelig, schiefrig, weich oder verwittert sind, sowie vergleichbare feste oder verfestigte Bodenarten, z. B. durch Austrocknung, Gefrieren, chemische Bindungen. Bodenarten mit über 30% Masseanteil an Blöcken.

Klasse 7

Schwer lösbarer Fels. Felsarten, die einen inneren, mineralisch gebundenen Zusammenhalt und hohe Festigkeit haben und die nur wenig klüftig oder verwittert sind.

Unverwitterter Tonschiefer, Nagelfluhschichten, verfestigte Schlacken und dergleichen.

Vorbereitung und Durchführung von Aushubmaßnahmen

Auch als Grundlage für die spätere Abrechnung der Leistungen sind möglichst gemeinsam mit dem Auftragnehmer *vor* Beginn der Arbeiten alle örtlichen Verhältnisse festzustellen wie:

- Aufwuchs (insbesondere Bäume und Pflanzflächen, die geschützt werden müssen),
- benachbarte Bauwerke (Gründungshöhen, evtl. bereits vorhandene Bauschäden),
- Geländehöhen,
- Höhen gemäß Bodenuntersuchung voraussichtlich anzutreffender Bodenschichten.

Vor Beginn der Arbeiten muss der *Baustellen-Einrichtungsplan* vorliegen, in dem insbesondere festzulegen ist:

- Zufahrt zur Baustelle (ggf. Berücksichtigung des fließenden Verkehrs u. U. durch Umleitung, Signalregelung, auch Reinigungsplatz für Baustellenfahrzeuge),
- Lage der Baustellen-Versorgungsanschlüsse,
- Lage von Unterkunfts-, Bauleitungs- und Lagergebäuden,
- Lagerplätze für Baumaterial und Zwischenlagerung von Aushubmaterial,
- Anordnung von Fördergeräten (z. B. Kranbahnen) und Förderwagen innerhalb der Baustelle,
- zu schützende vorhandene Bauwerke, Bäume, Pflanzflächen, Grund- und Oberleitungen u. Ä., ggf. mit einzuhaltenden Frei- und Abstandsflächen.

Wenn die Standsicherheit von Baugrubenböschungen oder -wänden durch vorhandene bauliche Anlagen oder Baustelleneinrichtungen beeinflusst wird, muss ein besonderer Standsicherheitsnachweis geführt werden.

3

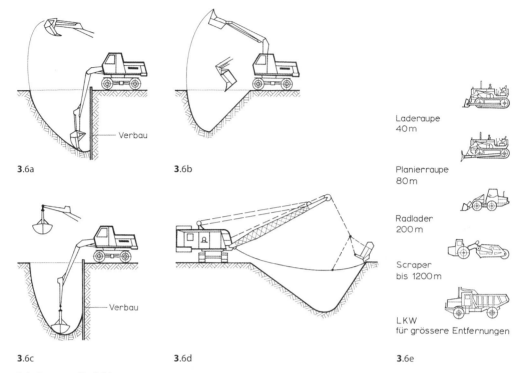

3.6a   3.6b

Laderaupe
40 m

Planierraupe
80 m

Radlader
200 m

Scraper
bis 1200 m

LKW
für grössere Entfernungen

Verbau

Verbau

3.6c   3.6d   3.6e

3.6   Bagger und Ladefahrzeuge

a) Tieflöffel, b) Hochlöffel, c) Greifer, d) Dragline, e) Ladefahrzeuge und ihre Einsatzwege

Vor Beginn der Bauarbeiten muss das Baugelände soweit erschlossen sein, dass Straßen für Bautransporte benutzt werden können.

Nach Entfernen des Aufwuchses wird zunächst der wertvolle *Mutterboden* sorgfältig abgeschoben und zur späteren Verwendung für Grünflächen in länglichen Haufen (Mieten) aufgesetzt, die trapezförmige Querschnitte haben und 1,00 bis 1,20 m hoch sind. Diese Mieten sollen locker und luftig aufgeschüttet sein und sind ggf. feucht zu halten. Auf keinen Fall soll Mutterboden in nassem Zustand oder bei starkem Regen gefördert werden.[1]

Im Allgemeinen werden für den Baugrubenaushub je nach Baustellengröße und erforderlichen Förderwegen Ladefahrzeuge wie z. B. Raupen und LKW, oder Bagger unterschiedlicher Größen und Reichweiten (Bild **3**.6) eingesetzt.

Auf jeden Fall muss dabei vermieden werden, dass die *Baugrubensohle* im Bereich der Gründungsflächen durch Maschineneinsatz bei den Aushubarbeiten, durch die nachfolgenden Arbeiten oder durch Ausspülen oder Auffrieren aufgelockert wird. So sollen Baugruben in der Regel nicht bis zur Gründungssohle maschinell ausgehoben werden, sondern eine *Schutzschicht* von 10 bis 15 cm ist zu belassen. Diese wird von Hand unmittelbar vor Beginn der Gründungsarbeiten entfernt. Etwa aufgelockerter, nicht bindiger Boden kann durch sorgfältiges Einrütteln evtl. wieder verdichtet werden. Aufgelockerter bindiger Boden muss jedoch entfernt und durch Magerbeton ersetzt werden. Jede Störung der Gründungssohle führt, besonders bei Arbeiten auf bindigem Boden, zu erheblichen späteren Setzungsschäden.

Baugruben in bindigem Baugrund sollten mit leichtem Gefälle angelegt und mit einer 10 bis 20 cm dicken Sand- oder Kiesschicht als *Sauberkeits- und Filterschicht* versehen werden, um Auflockerungen durch Niederschlagwasser zu mindern.

---

[1] Baugesetzbuch 2013, § 202: Mutterboden, der bei der Einrichtung und Änderung baulicher Anlagen sowie bei wesentlichen anderen Veränderungen der Erdoberfläche ausgehoben wird, ist in nutzbarem Zustand zu halten und vor Vernichtung oder Vergeudung zu schützen.

Außerdem ist streng darauf zu achten, dass fertige Gründungssohlen während der Arbeiten nicht als Laufwege benutzt werden.

3.3 Baugruben

3.3.1 Allgemeines

Freigelegte Erd- oder Felswände von Baugruben und Gräben sind gem. DIN 4124 abzuböschen, zu verbauen oder anderweitig zu sichern, sodass sie während der einzelnen Bauzustände standsicher sind. Hierbei sind alle Gegebenheiten und Einflüsse, die die Standsicherheit der Baugrube bzw. der Grabenwände beeinträchtigen können zu berücksichtigen, insbesondere betrifft das das unterschiedliche Verhalten von nichtbindigen und bindigen Böden (DIN 1054). Zudem sind die Standsicherheit sowie die Gebrauchstauglichkeit von Nachbargebäuden, Leitungen sowie Verkehrsflächen zu berücksichtigen.

Infolge einer qualifizierten Beurteilung der anstehenden Bodenarten sind die Voraussetzungen für die mögliche Anwendung von Regelausführungen eines waagerechten oder senkrechten Verbaus (waagerechter bzw. senkrechter *Normverbau*) zu prüfen.

Verbaute und geböschte Baugruben und Gräben sowie Böschungskanten dürfen erst dann betreten werden, wenn die Standsicherheit sichergestellt ist. Dort wo der Rand der Baugrube bzw. des Grabens oder die Baugrube und der Graben selbst betreten werden müssen, ist ein waagerechter, mindestens 60 cm breiter *Schutzstreifen* anzuordnen, der von Aushubmaterial und Gegenständen freizuhalten ist (Bild **3**.7). Bei Gräben bis zu 80 cm Tiefe darf auf *einer* Seite auf den Schutzstreifen verzichtet werden.

Weiterhin sind ggf. Mindestabstände zwischen Fahrzeugen und Geräten zu den Böschungs- bzw. Verbaukanten zu berücksichtigen.

3.3.2 Geböschte Baugruben und Gräben

Die *Baugrube* kann nach DIN 4124 in gewachsenen standfesten Böden bei Aushubtiefen bis 1,25 m (bzw. 1,75 m) *ohne Böschungen* ausgeführt werden, wenn die anschließende Geländeoberfläche bei nichtbindigen und weichen bindigen Böden[1] nicht mehr als 1:10 bzw. bei min steifen, bindigen Böden nicht mehr als 1:2

---

[1] Nichtbindiger Boden (DIN 1054): Gewichtsanteil der Bestandteile mit Korngrößen <0,06 mm <15%.

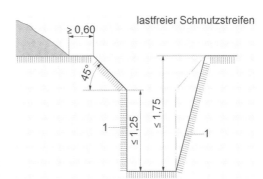

3.7 Baugrube ohne Verbau mit abgeböschten Kanten in steifem, bindigem Boden (DIN 4124)
1 min. steifer bindiger Boden

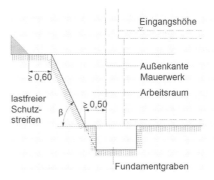

3.8 Schnitt durch abgeböschte Baugrube und Fundamentgraben

geneigt ist. In mindestens steifen bindigen Böden[2] sowie bei Fels darf bis 1,75 m Tiefe ohne Abböschung ausgehoben werden, wenn oberhalb von 1,25 m der Baugrubenrand unter 45° abgeböscht wird (Bild **3**.7, linke Seite) oder andere Begrenzungen der Erdwand durch zusätzliche Entfernung von Boden erfolgen (Bild **3**.7, rechte Seite).

In der Regel werden Baugruben jedoch *mit Böschungen* ausgeführt. Die Böschungsneigung richtet sich nach den Bodeneigenschaften und der Baugrubentiefe bzw. Böschungshöhe, nach der Zeit, für die die Baugrube offenzuhalten ist

---

[2] Bestimmung der Plastizität durch Knetversuch und der Trockenfestigkeit gemäß DIN EN ISO 14 688-1:
- Böden *ausgeprägter* Plastizität: Die Bodenprobe lässt sich zu dünnen Walzen ausrollen.
- Böden *geringer* Plastizität: Eine bindige Bodenprobe kann nicht zu Walzen von 3 mm Durchmesser ausgerollt werden.
- *Feste* Böden: Der getrocknete Boden zerfällt bei Fingerdruck bzw. ist durch Fingerdruck nicht mehr zerstörbar.

3

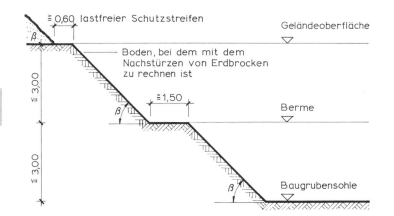

≧ 0,60 lastfreier Schutzstreifen

Geländeoberfläche

Boden, bei dem mit dem Nachstürzen von Erdbrocken zu rechnen ist

≧1,50

Berme

Baugrubensohle

3.9
Baugrubenböschung
mit Berme

(Witterungseinflüsse auf die Böschungsoberfläche!) sowie nach den Belastungen und Erschütterungen innerhalb und in der Nähe der Baugrube (Bild **3**.8).

Böschungswinkel. Im Allgemeinen kann ohne rechnerischen Nachweis mit folgenden Böschungswinkeln β gerechnet werden:

a) nichtbindiger oder weicher bindiger Boden β höchstens 45°

b) min. steifer bindiger Boden β höchstens 60°

c) Fels β höchstens 80°

Die Anwendung vorgenannter Böschungswinkel setzt voraus, dass Fahrzeuge und Baugeräte bis 12 t Gesamtgewicht mindestens 1 m und Fahrzeuge und Baugeräte mit mehr als 12 t bis 40 t Gesamtgewicht mindestens 2 m Abstand von der Böschungskante einhalten.

Geringere Wandhöhen oder Böschungswinkel von Baugruben müssen vorgesehen werden, wenn besondere Verhältnisse wie z. B. Störungen des Bodengefüges, Auftreten von Schichtenwasser, Erschütterungen, Frost, starke Niederschläge u. Ä. die Standsicherheit gefährden.

Insbesondere bei leichten, nichtbindigen Böden können nicht verbaute Böschungen auch bei richtig angelegten Böschungswinkeln durch die Einwirkungen von Oberflächenwasser, Frost oder Austrocknung ihre Standfestigkeit verlieren. Durch das Anlegen von Wasserableitungen an den oberen Böschungsrändern (Wulst aus Magerbeton oder Kaltasphalt) und durch Abdeckungen mit Schutzfolien, durch das Aufbringen von Zementmilch, dünnen (Spritz-) Betonschichten o. Ä. ist entsprechende Vorsorge zu treffen.

Muss z. B. bei tiefen Baugruben mit dem Nachrutschen einzelner Erdschollen, von Steinen o. Ä. gerechnet werden, ist die Baugrubenböschung staffelförmig mit „Bermen" auszuführen (Bild **3**.9).

Im Übrigen muss bei Böschungen regelmäßig überprüft werden, ob sich einzelne größere Steine, Felsbrocken o. Ä. nicht nach starkem Regen, bei Tauwetter oder nach längeren Arbeitsunterbrechungen lösen können.

Bei Böschungen von mehr als 5 m Höhe und immer dann, wenn die vorgenannten Voraussetzungen nicht erfüllt sind, ist die Standsicherheit geböschter Wände nach DIN EN 1997-1, DIN 1054 bzw. DIN 4084 oder durch einen Sachverständigen nachzuweisen.

3.3.3 Verbaute Baugruben und Gräben

Wenn wegen fehlender Standfestigkeit des Erdreichs oder aus Platzmangel Abböschungen von Baugruben nicht möglich sind, muss mit *Verbau* gearbeitet werden. Bei der Auslegung des Verbaus sind neben den Bodenverhältnissen auch mögliche Einflüsse aus Fahrverkehren und Maschineneinsatz zu berücksichtigen.

Der obere Rand des Verbaus muss die Geländeoberfläche bis zu einer Grabentiefe von 2 m um mindestens 5 cm und bei einer Tiefe von mehr als 2 m um 10 cm überragen (Bild **3**.10).

Teilweise verbaute Gräben. Bei bindigen, steifen Böden und bei Fels kann bis zu einer Höhe von 1,75 m senkrecht ausgehoben werden, wenn der mehr als 1,25 m über der Sohle liegende Bereich der Wand abgestützt wird (Bild **3**.10).

Die folgenden Verbauarten für Baugruben und Gräben mit geringen Abmessungen kommen i. d. R. in Frage:

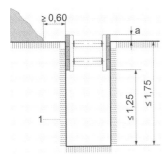

3.10   Teilweise verbauter Graben (DIN 4124)
1 min. steifer bindiger Boden
a ≥ 5 cm bis 2 m Grabentiefe und ≥10 cm bei mehr
als 2 m Grabentiefe

Grabenverbaugeräte. Grabenverbau dient (DIN 13 331) zur Abstützung senkrechter Grabenwände aus verschiedenen vorgefertigten Bauteilen, die nach einem Bau eine vertikale Grabenabstützung ergeben. Hierbei kommen u. A. mittelgestützte (Grabentiefe bis zu 4 m), randgestützte (Grabentiefe bis zu 6 m) sowie sog. Schleppboxen für den waagerechten Einbau und gelenkig oder durch Stützrahmen verbundene Gleitschienen-Grabenverbaugeräte zum Einsatz (Bild **3.**11).

Beim Einbau sind nur durch eine Prüfstelle bewertete Geräte einzusetzen. Zudem sind die Verwendungsanleitungen der Hersteller zu beachten. Die Grundwasserverhältnisse sind zu beachten. Im Falle anstehender „fließender" Böden sind ggf. Maßnahmen zur Bodenstabilisierung zu treffen. Darüber hinaus sind Risiken hinsichtlich Standsicherheit sowie Gebrauchstauglichkeit auch für angrenzende bauliche Anlagen und Verkehrsflächen durch Auflockerungen bzw. Nachgeben des anstehenden Bodens zu berücksichtigen.

Das Einbringen des Verbaus kann durch *Einstellverfahren* (abschnittsweises Einbringen des Verbaus in zuvor geöffnete, senkrechte Gräben) oder durch *Absenkverfahren* (Eindrücken des Verbaus im Zuge des Bodenaushub) erfolgen.

Waagerechter Grabenverbau. Mit dem Aushub fortschreitend, spätestens ab 1,25 m Tiefe, werden Bohlen (min. der Sortierklasse S10 gem. DIN 4074-1) von >5 cm Dicke eingebracht und mit Verbauträgern, Brusthölzern (Aufrichter aus Holz oder Stahl als U-Profile) und Steifen gesichert (Bild **3.**12).

Für kleinere Baugruben kann ein waagerechter Verbau mit Erdankern – unter Nachweis der Standsicherheit – wie in Bild **3.**13 ausgeführt werden. Die frühere Ausführung mit „Treiblade"

und Schrägabsteifung (Bild **3.**14) ist aufwändig und erfordert einen erheblich breiteren Arbeitsraum (s. Abschn. 3.4).

Waagerechter Normverbau. Bei nicht bindigen Böden oder bindigen Böden, die eine mindestens steife Konsistenz aufweisen und wenn kein Grundwasser ansteht bzw. Grundwasser durch geeignete Wasserhaltung abgesenkt wird (s. Abschn. 3.6), darf waagerechter Normverbau ohne Standsicherheitsnachweis hergestellt werden, wenn die angrenzenden Geländeoberflächen nicht mehr als 1:10 ansteigt. Darüber hinaus dürfen keine Bauwerkslasten einen Einfluss auf anstehenden Erddruck ausüben. Baugeräte und Fahrzeuge bis 12 t Gesamtgewicht müssen in diesem Fall einen Abstand von mindestens 60 cm (min. 1 m bei höheren Lasten) zur Verbaukante einhalten. Zur Regelausführung und Dimensionierung mit Aufrichtern (Brusthölzern) macht die DIN 4124 weitere Vorgaben.

Senkrechter Grabenverbau. Steht der Boden nicht mindestens auf Bohlenbreite und muss deshalb sofort abgefangen werden, sind die Verbaubohlen senkrecht einzutreiben. Auch für Baugruben mit komplizierten oder gekrümmten Grundrissformen kann ein Verbau mit senkrecht gestellten Verbaubohlen oder sog. Kanaldielen oder Spundbohlen aus Stahl (DIN EN 10 248 und DIN EN 10 249) zweckmäßiger sein (Bild **3.**15).

Für längere grabenartige Baugruben werden komplette Verbauelemente aus Stahltafeln und Spreizen eingesetzt

Senkrechter Normverbau. Für die Herstellung von senkrechtem Normverbau gelten die gleichen Voraussetzungen wie für waagerechten Normverbrauch. Fahrzeuge bis 12 t Gesamtgewicht benötigen ggf. keinen Abstand zu Verbaukante, Fahrzeuge mit mehr als 12 t bis 18 t Gesamtgewicht erfordern i. d. R. einen Mindestabstand von 1 m.

Trägerbohlenwände. Wenn bei sehr tiefen oder stark beanspruchten Baugrubenwänden ein Verbau erforderlich ist, werden Bohlen, Kant- oder Rundhölzer zwischen eingerammte Stahlprofile eingeschoben und verkeilt („Berliner Verbau", Bild **3.**16) oder auch Kanaldielen oder Stahlbetonfertigteile, Ortbeton und Spritzbeton eingesetzt.

Spundwände. Für besonders hohe Beanspruchungen, insbesondere auch im Zusammenhang mit Wasserhaltungsmaßnahmen (Abschn. 3.5), kommen für den Verbau Stahl-Spundwände (DIN EN 12 063) in Frage. Sie bestehen aus einge-

3

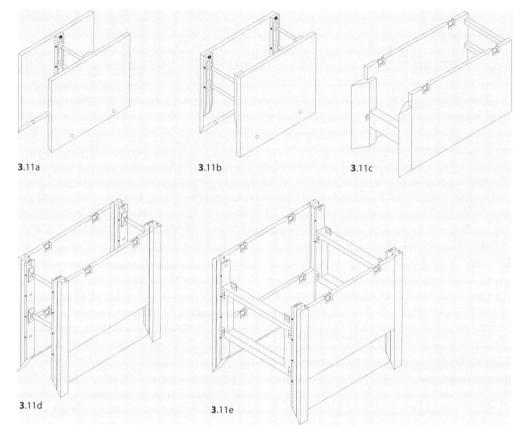

3.11a   3.11b   3.11c

3.11d   3.11e

3.11   Grabenverbaugeräte (DIN 4124 und DIN EN 13 331)

a) Mittig gestütztes Grabenverbaugerät
b) Randgestütztes Grabenverbaugerät
c) Schleppbox

d) Geitschienen-Grabenverbaugerät mit teilbeweglichen
   Strebenverbindungen
e) Geitschienen-Grabenverbaugerät mit Stützrahmen

rammten trapezförmigen Stahlprofilen (DIN EN 10 248 und DIN EN 10 249), die auch eine teilweise Abdichtung gegen in die Baugrube eindringende Wässer bilden. (Bild **3**.17).

Sie eignen sich deshalb bei Baugrubensicherungen in offenem Grundwasser sowie dann, wenn anstehendes Grundwasser nicht abgesenkt werden darf oder kann. Undichte Stellen sind ggf. abzudichten.

Massive Verbauarten. Als schwerer Baugrubenverbau und oft gleichzeitig als späterer Bauwerksbestandteil (z. B. als Teil der Gründung, vgl. Abschn. 4.3) werden *Stahlbeton-Bohrpfähle* (DIN EN 1536) von ca. 40 bis 100 cm Durchmesser in fortlaufenden Bohrpfahl-Wänden im „Tangential"- oder „Sekantensystem" als überschnittene Bohrpfahlwand ausgeführt (Bild **3**.18). Bei güns-

tigen Bodenverhältnissen ohne drückendes Grundwasser darf auch eine aufgelöste Pfahlwand aus einzelnen stehenden Fällen ausgeführt werden. Die dazwischen liegenden Abstände sind dann aus Ort- oder Spritzbeton zu sichern.

Schlitzwände (DIN EN 1538) sind tief reichende Wände im Untergrund, für die zunächst mit Spezialbaggern in Wandbreite Schlitze ausgehoben werden. Sie werden durch Stützflüssigkeiten am Einsturz gehindert. Stützflüssigkeiten sind gallertartige Suspensionen, die durch hydrostatischen Druck dem Erddruck und ggf. auch dem Grundwasserdruck entgegenwirken (auch „Bentonit", s. Abschn. 17.4.6). Sie können durch entsprechende Mischungen auf verschiedene Bodenverhältnisse eingestellt werden. Beim Betonieren von Fundamenten oder Wänden werden

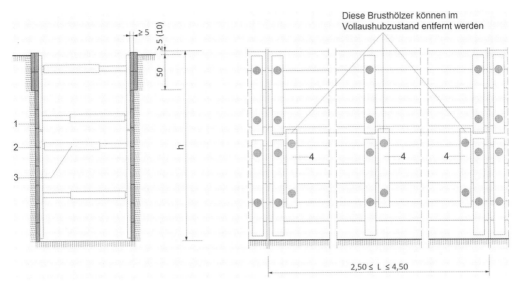

Diese Brusthölzer können im Vollaushubzustand entfernt werden

2,50 ≤ L ≤ 4,50

3.12 Waagerechter Normverbau für Gräben (DIN 4124), ohne Darstellung der Befestigungsmittel
1 Bohlen min 5 cm dick, Sortierklasse S10, parallel besäumt, vollkantig
2 Brusthölzer (Aufrichter), min 8 cm dick und 16 cm breit, min 60 cm lang, oder Brustträger aus Stahl, U100/UPE 100
3 Strebe oder Rundholzsteife, D= 10 – 12 cm oder Kanalstrebe
4 Diese Brusthölzer dürfen bei Vollaushubzustand entfernt werden

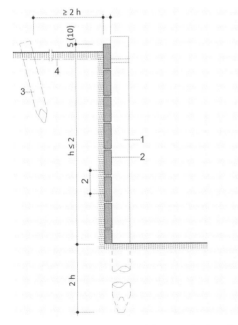

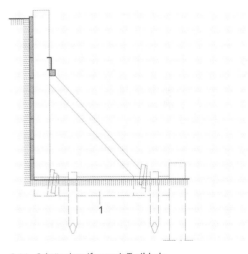

3.14 Schrägabsteifung mit Treiblade
1 Treiblade

3.13 Verbau einer Baugrube; Abfangung durch rückwärtig verankerte Pfähle
1 Rundholzpfähle, Abstand 1,50 – 2,00 m
2 Waagerechte Verschalung
3 Rückwärtige Verankerung durch Erdanker
4 Rundstahl mit Spannschloss

sie durch den spezifisch schwereren Beton verdrängt und fortlaufend abgesaugt. Gebrauchte Stützflüssigkeit kann aufgearbeitet und wiederverwendet werden.

Spritzbetonbauweisen. Baugrubenverkleidungen aus Spritzbeton gemäß DIN 18 551 werden zur Sicherung übersteiler Baugrubenböschun-

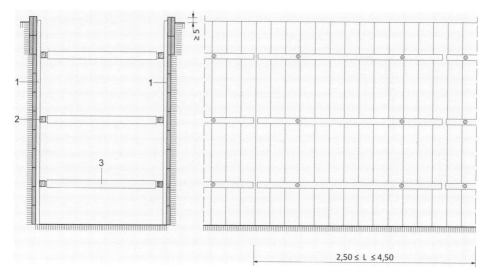

3.15　Senkrechter Normverbau mit Verbauteilen aus Holz (DIN 4124), ohne Darstellung der Befestigungsmittel
  1　Bohlen min 5 cm dick, Sortierklasse S10, parallel besäumt, vollkantig oder Kanaldielen
  2　Gurthölzer, min. 12 x 16 cm, oder Gurtträger aus Stahl min. HE-B 100
  3　Kanalstrebe oder Rundholzsteife

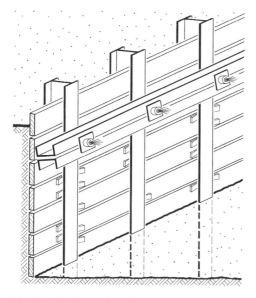

3.16　Trägerbohlenwand – „Berliner Verbau" (durch Erdanker gesichert, vgl. Bild **3**.19)

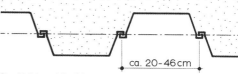

Profildicke 4,5 - 26mm

3.17　Stahl-Spundwand (Draufsicht)

gen oder senkrechter Wände als dünne „Versiegelungsschicht", als konstruktiv bewehrte Betonauflage mit geringer Dicke oder auch als statisch nachgewiesene bewehrte Wandbekleidung ausgeführt. Je nach statischen Anforderungen werden Spritzbeton-Flächensicherungen im rückwärtigen Boden oder Fels verdübelt, oder z. B. mit Hilfe von lastverteilenden verankerten Trägern oder Platten gesichert.

Standsicherheit

Hochbeanspruchter Verbau in tiefen Baugruben wird gegen Abkippen infolge Erddruck bzw. Belastungen von benachbarten Bauwerken, Baustelleneinrichtungen, Verkehr usw. durch rückwärtige *Erdanker*-Reihen (*Rückwärtige Verankerung* ggf. in mehreren Reihen übereinander) mit

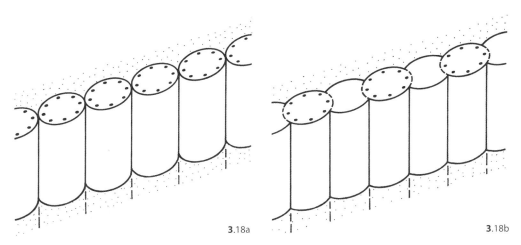

3.18a   3.18b

3.18   Verbau mit Stahlbeton-Bohrpfählen
   a) Tangentialsystem (bewehrte Stahlbetonpfähle)
   b) Sekantensystem (Wechsel von vorgetriebenen bewehrten Stahlbetonpfählen mit unbewehrten Pfählen)

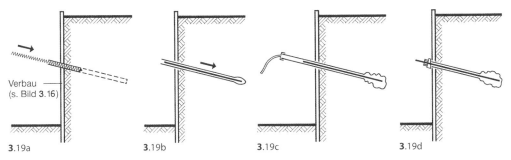

Verbau
(s. Bild **3.**16)

3.19a   **3.**19b   **3.**19c   **3.**19d

3.19   Sicherung eines Baugrubenverbaus durch Erdanker (Verpressanker gem. DIN 1537)
   a) Herstellen der Bohrlöcher   c) Verpressen mit Zementmörtel
   b) Einführen der Spannstähle (Zugglied)   d) Setzen der Ankerköpfe und Spannen der Anker

entsprechendem Standsicherheitsnachweis gesichert (Bild **3.**19).

Selbstverständlich ist die Ausführung rückwärtiger Erdanker u. Ä. in benachbarten Grundstücken nur im Einvernehmen mit deren Eigentümern möglich.

Der Verbau von Baugruben und Gräben darf erst ausgebaut werden, wenn das Bauwerk den entstehenden Erddruck aufnehmen kann. Dabei müssen Bodeneinstürze und Absackungen vermieden werden. Gleichzeitig mit dem abschnittweisen Abbau des Verbaus ist die Baugrube zu verfüllen und der Aushubraum zu verdichten. Kann der Verbau nicht gefahrlos entfernt werden, verbleibt er an der Einbaustelle. Massiver Verbau verbleibt in der Regel an der Einbaustelle, Verbau aus Stahlprofilen wird i. d. R. „gezogen" und wiederverwendet.

3.4 Arbeitsraum

Zwischen Bauwerk und Baugrubenwand bzw. -böschung ist für die Ausführung von z. B. Schalungs-, Drän- und Abdichtungsarbeiten ein Arbeitsraum vorzusehen. Die Breite des Arbeitsraumes muss bei geböschten Baugruben an allen Stellen min. 50 cm und bei verbauten Baugruben min. 60 cm betragen, gemessen zwischen dem Fuß der Baugrubenböschung und der Außen-

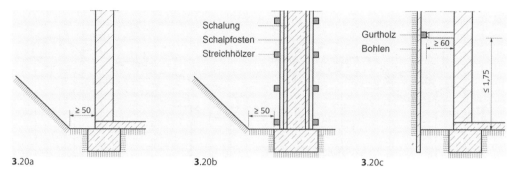

3.20a　　　　　　　　　3.20b　　　　　　　　　3.20c

3.20　Arbeitsraum

flucht des Bauwerkes bzw. der Außenflucht von Einschalungen von Stahlbeton- und Verbaukonstruktionen. (Bild **3**.20).

Nach Abschluss der erforderlichen Arbeiten und wenn die erstellten Bauwerke Erddruck aufnehmen können, ist der Arbeitsraum zu verfüllen. Geeignetes Bodenmaterial ist in Schichten von etwa 50 cm lagenweise aufzufüllen und sorgfältig mit geeignetem Gerät zu verdichten. Dabei dürfen keine Schäden an den erstellten Bauwerken entstehen. Dazu gehört, dass beim *Verdichten* keine unzulässigen Beanspruchungen ausgeübt werden und dass vor dem Verfüllen alle Fremdkörper entfernt werden, die zur Beschädigung von Abdichtungen führen können oder die später zu Setzungen im Verfüllraum führen müssen (Schutz von Abdichtungen s. Abschn. 17.4).

3.5　Wasserhaltung (DIN 18 305)

Offene Wasserhaltung

Einsickerndes Wasser muss aus der Baugrube abgeleitet oder herausgepumpt werden. Zu diesem Zweck wird nahe der tiefsten Stelle der Baugrube ein Schacht (*Pumpensumpf*) angelegt, dessen Boden etwa 1,00 m unter der tiefsten Fundamentsohle liegen muss. Das Wasser ist dem Schacht durch Dränleitungen oder offene Gräben zuzuführen, die jedoch die Bauarbeiten in der Baugrube nicht behindern dürfen. Es wird abgepumpt und in Gräben oder Rohrleitungen nach tiefer gelegenen Wasserläufen („Vorfluter") abgeleitet (Bild **3**.21).

Bei stärkerem Wasserandrang, insbesondere in Gefällelagen und in der Nähe von Gewässern, ist außerdem die Baugrube durch Erdwälle aus fettem Lehm, Fangdämme oder Holz- bzw. Stahlspundwände zu umschließen.

Grundwasserabsenkung (Geschlossene Wasserhaltung)

Liegt der höchste Grundwasserstand mehr als etwa 30 cm über der Baugrubensohle, ist in der Regel eine *Grundwasserabsenkung* erforderlich. Durch die bei Grundwasserabsenkungen meistens unvermeidliche Ausschwemmung von Feinsand aus dem Untergrund können an benachbarten Bauwerken besonders bei bindigen Böden u. U. erhebliche Setzungsschäden ausgelöst werden. Vor der Ausführung muss daher geprüft werden, ob zusätzliche Maßnahmen (z. B. chemische Injektionen zur Bodenverfestigung) nötig sind. Zu beachten ist auch, dass benachbarter Aufwuchs nötigenfalls während der Arbeiten zu bewässern ist.

In nichtbindigen Böden werden Saugrohre („*Lanzen*") bis in die wasserführende Schicht eingespült. Sie werden mit flexiblen, durchsichtigen Schlauchleitungen über eine Ringleitung an die Pumpenanlage angeschlossen (Bild **3**.22).

Bei sehr starkem Wasserandrang können *Saugbrunnen* erforderlich werden. Dazu werden Bohrlöcher hergestellt und geschlitzte Filterrohre eingeführt. Nach dem Einbau der Saugrohre wird mit Perlkies verfüllt, um das Zuschlämmen der Ansaugstellen durch Feinsand zu vermindern (Bild **3**.23). Je nach Wasseranfall (kontrollierbar an den durchsichtigen Saugleitungen) werden an die Ringleitung entweder zusätzliche Sauglanzen bzw. Saugbrunnen angeschlossen oder entbehrliche Saugstellen durch Schieber stillgelegt.

In der geschilderten Weise sind Grundwasserabsenkungen bis etwa 4 m Tiefe möglich. Bei tieferen Baugruben müssen die Pumpen staffelförmig höhenversetzt werden.

Die Grundwasserhaltung muss ununterbrochen in Betrieb bleiben, bis die erforderlichen Abdich-

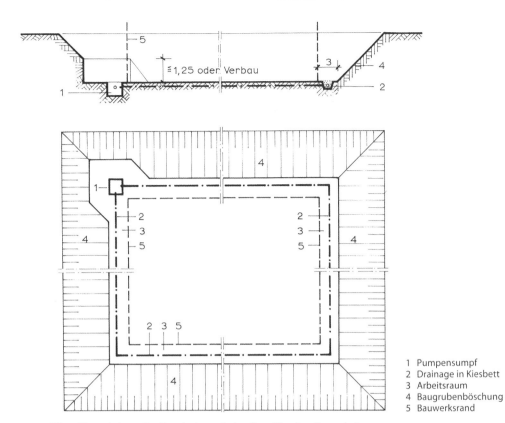

3.21   Offene Wasserhaltung (Profil und schematischer Grundriss einer Baugrube)

1 Pumpensumpf
2 Drainage in Kiesbett
3 Arbeitsraum
4 Baugrubenböschung
5 Bauwerksrand

tungen voll wirksam werden und die fertigge-stellten Bauwerksteile nicht mehr durch *Auftrieb* gefährdet werden können. Es müssen daher au-tomatisch zuschaltende Reservepumpen vorge-sehen werden. Weil die Pumpenanlage auch nachts in Betrieb bleiben muss, sind ggf. beson-ders geräuscharme oder geräuschgeschützte Anlagen erforderlich. Durch ständige Überwa-chung der Baustelle muss sofortige Abhilfe bei Betriebsstörungen gewährleistet sein.

Bei der Planung von größeren Projekten mit Grundwasserabsenkungen sollen Vorkehrungen für den Ausfall der Absenkungsanlagen oder ge-gen ungewöhnliche Witterungsereignisse ge-troffen werden.

Wenn durch eingeplante Zuflussöffnungen eine rasche *Notüberflutung* möglich ist, kann die Zer-störung noch nicht belastbarer Abdichtungen und das Aufschwimmen noch nicht voll belaste-ter Bauwerksteile, verbunden mit i. d. R. nicht re-parierbaren Verkantungen, meistens verhindert werden.

Bei umfangreichen Grundwasserabsenkungen, besonders wenn sich diese über längere Zeiträu-me erstrecken, muss mit Auswirkungen auf un-mittelbar benachbarte Bauwerke und auf den Aufwuchs in der Umgebung gerechnet werden. Vor Beginn sollte daher der vorhandene Zustand genau dokumentiert werden und Einvernehmen mit allen Betroffenen und Behörden hergestellt werden.

Grundwasserabsenkungen sowie die Einleitung von anfallendem Wasser in die Kanalisation, in ein offenes Gewässer oder in den Untergrund be-dürfen einer behördlichen Genehmigung.

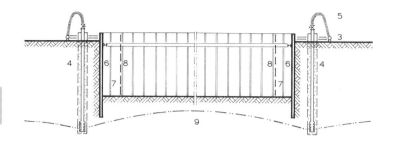

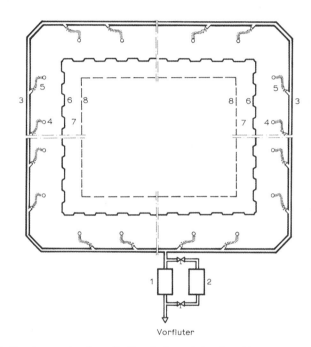

Vorfluter

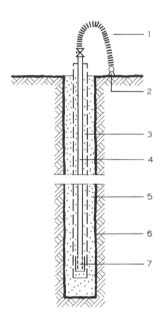

3.22 Grundwasserabsenkung (Profil und schematischer Grundriss
einer Baugrube)
1 Pumpe mit Sandfang
2 Reservepumpe
3 Ringleitung mit Absperrschiebern
4 Saugrohre („Brunnen") s. Bild **3**.23
5 Durchsichtiger Anschlussschlauch (Sichtkontrolle!)
6 Baugrubenverbau (Spundwand)
7 Arbeitsraum
8 Bauwerksrand
9 Absenkungskurve; schematisierter, ungefährer Verlauf

3.23 Rohrfilterbrunnen
(schematisch)
1 Durchsichtiger Anschlussschlauch (Sichtkontrolle)
2 Ringleitung zu den
Pumpen
3 Schlitzrohr
4 Saugrohr
5 Kiesverfüllung
6 Bohrloch
7 Saugkopf

3.6 Normen

Norm	Ausgabe-Datum	Titel
DIN 1054	12.2010	Baugrund; Standsicherheitsnachweise im Erd- und Grundbau – Ergänzende Regelungen DIN EN 1997-1
DIN 1054/A1	08.2012	–; –; Berichtigung zu DIN EN 1997-1:2010; Änderung A1:2012
DIN 1055-2	11.2010	Einwirkungen auf Tragwerke; Bodenkenngrößen
DIN EN 1536	12.2010	Ausführung von Arbeiten im Spezialtiefbau – Verpressanker
DIN EN 1537	07.2014	Ausführung von Arbeiten im Spezialtiefbau – Verpressanker
DIN EN 1538	12.2010	Ausführung von Arbeiten im Spezialtiefbau; Schlitzwände
DIN EN 1993-5	12.2010	Eurocode 3: Bemessung und Konstruktion von Stahlbauten; Pfähle und Spundwände
DIN EN 1993-5/NA	12.2010	Nationaler Anhang – National festgelegte Parameter – Eurocode 3: Bemessung und Konstruktion von Stahlbauten; Pfähle und Spundwände
DIN EN 1997-1	03.2014	Eurocode 7: Entwurf, Berechnung und Bemessung in der Geotechnik; Allgemeine Regeln
DIN EN 1997-1/NA	12.2010	Nationaler Anhang – National festgelegte Parameter – Eurocode 7: Entwurf, Berechnung und Bemessung in der Geotechnik – Teil 1: Allgemeine Regeln
DIN EN 1997-2	10.2010	–; Erkundung und Untersuchung des Baugrunds
DIN EN 1997-2/NA	12.2010	Nationaler Anhang – National festgelegte Parameter – Eurocode 7: Entwurf, Berechnung und Bemessung in der Geotechnik – Teil 2: Erkundung und Untersuchung des Baugrunds
DIN 4017	03.2006	Baugrund; Berechnung des Grundbruchwiderstands von Flachgründungen
DIN 4017 Bbl. 1	11.2006	–; –; Berechnungsbeispiele
DIN 4018	09.1974	–; Berechnung der Sohldruckverteilung von Flächengründungen
DIN 4018 Bbl. 1	05.1981	–; –; Erläuterungen und Berechnungsbeispiele
DIN 4019-1	01.2014	Baugrund; Setzungsberechnungen
DIN 4019-1 Bbl. 1	04.1979	–; Setzungsberechnungen bei lotrechter, mittiger Belastung, Erläuterungen und Berechnungsbeispiele
DIN 4019-2 Bbl. 2	02.1981	–; Setzungsberechnungen bei schräg und bei außermittig wirkender Belastung, Erläuterungen und Berechnungsbeispiele
DIN 4020	12.2010	Geotechnische Untersuchungen für bautechnische Zwecke – Ergänzende Regelungen zu DIN EN 1997-2
DIN 4020 Bbl. 1	10.2003	–; – Anwendungshilfen, Erklärungen
DIN 4030-1	06-2008	Beurteilung betonangreifende Wässer, Böden und Gase – Grundlagen und Grenzwerte
DIN 4084	01.2009	Baugrund; Geländebruchberechnungen
DIN 4084 Bbl. 1	07.2012	–; Gelände- und Böschungsbruchberechnungen; Berechnungsbeispiele
DIN 4085	05.2011	–; Berechnung des Erddrucks
DIN 4085 Bbl. 1	12.2011	–; Berechnung des Erddrucks; Berechnungsbeispiele
DIN 4093	08.2012	Bemessung von verfestigten Bodenkörpern – hergestellt mit Düsenstrahl-, Deep- Mixing oder Injektion-Verfahren
DIN 4094-2	05.2003	–; –; Baugrund; Felduntersuchungen; Bohrlochrammsondierungen
DIN 4107-1	01.2011	Geotechnische Messungen; Grundlagen
DIN 4123	04.2013	Ausschachtungen, Gründungen und Unterfangungen im Bereich bestehender Gebäude
DIN 4124	01.2012	Baugruben und Gräben; Böschungen, Verbau, Arbeitsraumbreiten

Norm	Ausgabe-Datum	Titel
DIN 4126	09.2013	Nachweis der Standsicherheit von Schlitzwänden
DIN 4126 Bbl. 1	09.2013	–; Erläuterungen
DIN EN 12 063	05.1999	Ausführung spezieller geotechnischer Arbeiten (Spezialtiefbau); Spundwandkonstruktionen
DIN EN 12 715	10.2000	–; Injektionen
DIN EN 12 716	12.2001	–; Düsenstrahlverfahren (Hochdruckinjektion, Hochdruckbodenvermörtelung, Jetting)
DIN EN 13 167	03.2013	Wärmedämmstoffe für Gebäude – Werkmäßig hergestellte Produkte aus Schaumglas (CG)
DIN EN ISO 13 793	06.2001	Wärmetechnisches Verhalten von Gebäuden – Wärmetechnische Bemessung von Gebäudegründungen zur Vermeidung von Frosthebung
DIN EN 14487-1	03.2006	Spritzbeton – Begriffe, Festlegungen und Konformität
DIN EN 14487-2	01.2007	–; Ausführung
DIN EN ISO 14 688-1	12.2013	Geotechnische Erkundung und Untersuchung – Benennung, Beschreibung und Klassifizierung von Boden; Benennung und Beschreibung
DIN EN ISO 14 688-2	12.2013	–; –; Grundlagen für Bodenklassifizierungen
DIN EN ISO 14 689	06.2011	–; Benennung, Beschreibung und Klassifizierung von Fels; Benennung und Beschreibung
DIN 18 126	11.1996	Baugrund; Untersuchung von Bodenproben, Bestimmung der Dichte nichtbindiger Böden bei lockerster und dichtester Lagerung
DIN 18 127	09.2012	–; Proctorversuch
DIN 18 196	05.2011	Erd- und Grundbau; Bodenklassifikation für bautechnische Zwecke
DIN 18 300	09.2012	VOB Vergabe- und Vertragsordnung für Bauleistungen; Teil C: Allgemeine Technische Vertragsbedingungen für Bauleistungen (ATV); Erdarbeiten
DIN 18 301	09.2012	–; –; Bohrarbeiten
DIN 18 302	09.2012	–; –; Arbeiten zum Ausbau von Bohrungen
DIN 18 303	09.2012	–; –; Verbauarbeiten
DIN 18 304	09.2012	–; Ramm-, Rüttel- und Pressarbeiten
DIN 18 305	09.2012	–; –; Wasserhaltungsarbeiten
DIN 18 313	09.2012	–; –; Schlitzwandarbeiten mit stützenden Flüssigkeiten
DIN 18 320	09.2012	–; Landschaftsbauarbeiten
DIN SPEC 18 537	02.2012	Ergänzende Festlegungen zu DIN EN 1537:2001-01, Ausführung von besonderen geotechnischen Arbeiten (Spezialtiefbau) – Verpressanker
DIN 18 551	08.2014	Spritzbeton – Nationale Anwendungsregeln zur Reihe DIN EN 14487 und Regeln für die Bemessung von Spritzbetonkonstruktionen
DIN 19 682-1	11.2007	Bodenbeschaffenheit – Felduntersuchungen; Bestimmung der Bodenfarbe
DIN 19 682-2	07.2014	–; Bestimmung der Bodenart
DIN 19 682-5	11.2007	–; Bestimmung des Feuchtezustands des Bodens
DIN 19 682-10	07.2014	–; Beschreibung und Beurteilung des Bodengefüges
DIN EN ISO 22 475-1	01-2007	Geotechnische Erkundung und Untersuchung – Probenentnahmeverfahren und Grundwassermessungen – Technische Grundlagen der Ausführung
DIN EN ISO 22 476-1	10.2013	Geotechnische Erkundung und Untersuchung – Felduntersuchungen; Drucksondierungen mit elektrischen Messwertaufnehmern und Messeinrichtungen für den Porenwasserdruck
DIN EN ISO 22 476-2	03.2012	–; Rammsondierungen

3.7 Literatur

[1] *Breckner, F.* : Grundwasserabsenkung im Grundbau. IRB 1993; www.irb.fhg.de

[2] *Boley, C.* (Hrsg.): Handbuch Geotechnik: Grundlagen – Anwendungen – Praxiserfahrungen. Wiesbaden 2012

[3] *Buja, H.-O.* : Handbuch der Baugrunderkennung: Geräte und Verfahren. Wiesbaden 2009

[4] HVBG: Berufsgenossenschaftliche Vorschrift für Sicherheit und Gesundheit bei der Arbeit – BGV C 22: Unfallverhütungsvorschrift Bauarbeiten 01.1997; www.dguv.de

[5] Deutsche Ges. für Geotechnik e.V. (DGGT): (EAB) – Empfehlungen des Arbeitskreises „Baugruben". Essen 2012; www.dggt.de

[6] Deutsche Ges. für Geotechnik e.V. (DGGT): (EVB) – Empfehlungen „Verformungen des Baugrundes bei baulichen Anlagen". Berlin 1993; www.dggt.de

[7] Deutsche Gesellschaft für Geotechnik e.V. (DGGT): EA-Pfähle – Empfehlungen des Arbeitskreises „Pfähle". Berlin 2012; www.dggt.de

[8] *Dörken, W., Dehne, E.*: Grundbau in Beispielen Teil 1 – Gesteine, Böden, Bodenuntersuchungen, Grundbau im Erd- und Straßenbau, Erddruck, Wasser im Boden. Köln 2013

[9] *Dörken, W., Dehne, E.*: Grundbau in Beispielen Teil 2 – Kippen, Gleiten, Grundbruch, Setzungen, Flächengründungen, Stützkonstruktionen, Rissanalysen an Gebäuden. Köln 2013

[10] *Dörken, W., Dehne, E., Kliesch, K.*: Grundbau in Beispielen Teil 3 – Baugruben und Gräben, Spundwände und Verankerungen, Böschungs- und Geländebruch. Düsseldorf 2011

[11] *Herth, W., Arndts, E.*: Theorie und Praxis der Grundwasserabsenkung. Berlin 1995

[12] *Hettler, A.,*: Gründung von Hochbauten. Berlin 2000

[13] *Hoffmann, M., Kuhlmann, W.*: Zahlentafeln für den Baubetrieb. Abschnitt Boden, Baugrube, Verbau. Wiesbaden, 2006

[14] *Katzenbacher, R.,* u. A: Richtlinie für den Entwurf, die Bemessung und den Bau von kombinierten Pfahl-Platten-Gründungen (KPP). Stuttgart 2000

[15] *Kuntsche, K.,*: Geotechnik – Erkunden, Untersuchen, Berechnen, Messen. Wiesbaden 2000

[16] *Maybaum, G., Mieth, P., Oltmanns, W., Vahland, R.*: Verfahrenstechnik und Baubetrieb im Grund- und Spezialtiefbau, Baugrund – Baugruben – Baugrundverbesserung – Pfahlgründungen – Grundwasserhaltung. Wiesbaden 2009

[17] *Möller, G.* : Geotechnik – Bodenmechanik. Berlin 2013

[18] *Möller, G.* : Geotechnik – Grundbau. Berlin 2012

[19] *Möller, G.* : Geotechnik kompakt, Bodenmechanik nach Eurocode 7: Kurzinfos, Formeln, Beispiele, Aufgaben mit Lösungen. Berlin 2013

[20] *Pech, A., Würger, E.* : Gründungen. Wien 2005

[21] *Pietzsch, W., Rosenheinrich, G.* : Erdbau. Düsseldorf 1998

[22] *Schmidt, H.-H.* : Grundlagen der Geotechnik. Geotechnik nach Eurocode. Wiesbaden 2013

[23] *Schneider, K.-J., Goris, A. u. A.* (Hrsg.): Bautabellen für Architekten. Neuwied 2012

[24] *Schnell, W.* : Verfahrenstechnik zur Sicherung von Baugruben. Stuttgart, 1995

[25] *Schnell, W.* : Verfahrenstechnik der Grundwasserhaltung. Stuttgart, 2002

[26] *Schnell, W.* : Verfahrenstechnik der Baugrundverbesserungen . Stuttgart, 1997

[27] *Simmer, K.* : Grundbau Teil 2 – Baugruben und Gründungen. Stuttgart 1999

[28] *Smoltczyk, U.* (Hrsg.): Grundbau-Taschenbuch Teil 1 bis 3. Berlin 2001

[29] *Vogelheim, M.* : Die Lehre vom Baugrundrisiko „Eine übergesetzliche Rechtsfigur". Berlin 2013

[30] *Wieteck, B.* : Böschungen und Baugruben ohne und mit Verbau. Wiesbaden 2011

[31] *Witt, K. J.* (Hrsg.): Grundbau-Taschenbuch – Teil1: Geotechnische Grundlagen. 2010; Teil 2: Geotechnische Verfahren. 2011; Teil 3: Gründungen und geotechnische Bauwerke. Berlin 2011

[32] *Wohlfahrt, R.* : Gelände- und Böschungsbruch Bd.1 und Bd. 2. IRB 1992; www.irb.fhg.de

4 Gründungen (Fundamente)

4.1 Allgemeines

Die Standsicherheit von Bauwerken ist weitgehend abhängig von der sicheren Übertragung aller Lasten auf den Baugrund. In der Regel reicht dessen Belastbarkeit nicht aus, um Gebäudelasten direkt auf die Gründungsflächen zu übertragen. Insbesondere Wand- und Stützenlasten müssen über verbreiternde Fundamente so in den Untergrund abgeleitet werden, dass die zulässigen Baugrundbeanspruchungen nicht überschritten werden. Andernfalls können Bauwerke durch unzulässig große Setzungen, durch Kippen, Gleiten oder Grundbruch gefährdet werden.

Ergänzend zu der Einstufung in eine Geotechnische Kategorie (GK) sind folgende Merkmale hinsichtlich des Schwierigkeitsgrads der Konstruktion zu berücksichtigen (s. Abschn. 3 und vgl. DIN 1054).

GK 1: Einzel- und Streifenfundamente von Bauwerken, bei denen ein vereinfachter Tragfähigkeitsnachweis möglich ist sowie Gründungsplatten für max. zweigeschossige, gut ausgesteifte Bauwerke.

GK 2: Baumaßnahmen mit üblichen Einzel- und Streifenfundamenten und Fundamentplatten, wenn sie nicht in die GK 1 eingestuft werden dürfen.

GK 3: Bauwerke mit besonders hohen Lasten (z. B. Einzellasten über 10 MN), Brücken, Maschinenfundamente mit hohen dynamischen Lasten, Gründungen für hohe Türme usw., ausgedehnte Plattengründungen auf Baugrund mit unterschiedlichen Steifigkeiten, Gründungen an bestehenden Gebäuden, Gründungen mit großen Höhenunterschieden, kombinierte Pfahl-Plattengründungen usw.

Setzungen (DIN 4019) treten praktisch immer auf, da fast jeder Baugrund durch die Auflast des Bauwerkes mehr oder weniger zusammengedrückt wird. Die statische Berechnung und die daraufhin vorgenommene Dimensionierung der Fundamente müssen gewährleisten, dass diese Setzungen *gleichmäßig* und nur in solchen Größenordnungen erfolgen, dass keine Schäden für das Bauwerk (z. B. Rissbildung) entstehen. Die Gefahr von *ungleichmäßigen* Setzungen besteht besonders bei unterschiedlichen Gründungstiefen innerhalb eines Gebäudes oder gegenüber benachbarten Bauwerken, bei sehr unterschiedlichen Bodenverhältnissen innerhalb des Gründungsbereiches und bei stark schwankenden Grundwasserverhältnissen (Bild **4**.1).

Ursache der meisten Gründungsschäden sind unzureichende oder versäumte Baugrunduntersuchungen (s. Abschn. 3) oder auch Fehleinschätzungen des tatsächlichen Trag- und Setzungsverhaltens des Baugrundes.

Bei ausgedehnten Bauwerken, insbesondere mit zusammengesetzten Grundrissformen, sehr unterschiedlichen Gebäudelasten oder Gründungstiefen sind Setzungsrisse allein durch ausreichende Gründung (steife Plattengründungen) nicht mit Sicherheit zu vermeiden. Derartige Gebäude sind mit durch *alle* Bauteile durchlaufende senkrechte Fugen (*Setzungsfugen*) so zu unterteilen, dass voneinander unabhängige, schadensfreie Setzungen der einzelnen Gebäudeteile möglich sind.

Gleiten auf nicht horizontal gelagerten Bodenschichten kann eine andere Gefährdung von Gründungen bedeuten. Die Gefahr des Gleitens besteht insbesondere, wenn wasserführende mit bindigen Schichten wechseln.

4.2 Flach- und Flächengründungen (Fundamente)

4.2.1 Allgemeines

Unter Flach- oder Flächengründung (DIN 1054, Abschn. 7) wird die flächenförmige Abtragung der Bauwerkslasten auf die Bodenflächen durch Gründungskörper (Fundamente) in geringer Tiefe („flach") verstanden. Unterschieden werden

- *Streifenfundamente* für aufgehende tragende Wandbauteile zur Aufnahme von linienartig einwirkenden Lasten (Linienlasten) aus Mauern oder engen Pfeiler- oder Stützenreihen,
- *Einzelfundamente* für Stützen oder Pfeiler z. B. für schwere Einzellasten (Punktlasten) wie Schornsteine, Maschinen u. Ä. Stützen oder Pfeiler mit unregelmäßigem Querschnitt müssen mit ihrer Schwerachse im Schwerpunkt der Fundamentfläche stehen sowie

4

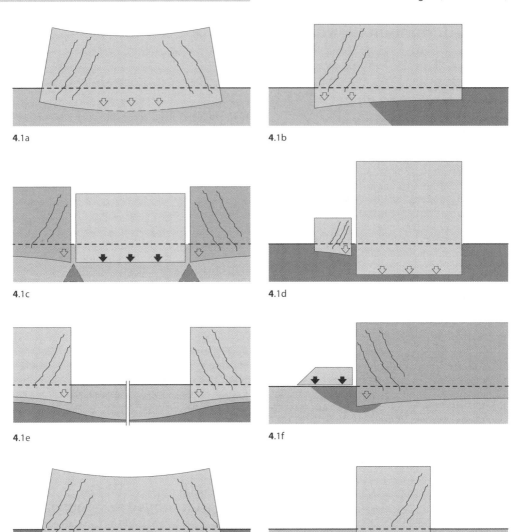

4.1a

4.1b

4.1c

4.1d

4.1e

4.1f

4.1g

4.1h

4.1 Ursachen für Setzungsrisse
  a) Gebäude zu lang, Gründungsmängel
  b) ungleichmäßige Gründungsverhältnisse
  c) nachträgliche Belastung der Gründungssohle vorhandener Bauwerke durch Drucküberlagerung
  d) ungleiche Gründungstiefen, sehr unterschiedliche Baugrundbelastungen, evtl. auch Setzungen in aufgefüllten
     Bereichen (Arbeitsräume!)
  e) Grundwasserabsenkung oder Austrocknen bindiger Bodenschichten
  f) Belastung durch nachträgliche Auflasten (Aufschüttung, Anbauten)
  g) Störungen im Baugrund
  h) ungleiche Mächtigkeit setzungsempfindlicher Böden

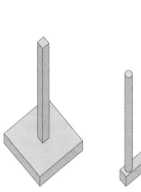
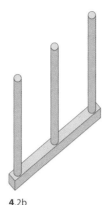

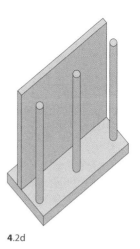

4.2a **4**.2b **4**.2c **4**.2d

4.2 Flach- und Flächengründungen
  a) Einzelfundament für Stützen oder Pfeiler als Punktlasten
  b) Streifenfundament unter Stützenreihen (Fundamentbalken)
  c) Streifenfundament unter Wänden für Linienlasten
  d) Gründungsplatten

- *Fundamentplatten* (Gründungsplatten) für vollständige Bauwerke und
- *Trägerrostfundamente* für gesamte Bauwerke (Bild **4**.2).

Gründungsplatten können zudem bei Gebäudeteilen, die dem Grundwasser ausgesetzt sind, auch Bestandteil druckwasserhaltender Bauwerksabdichtungen („Wannen") sein (s. Abschn. 17.4.6).

Frostfreie Gründung. Voraussetzung für die Ausführung von Flachgründungen ist, dass die Fundamentsohlen unter allen zu erwartenden Witterungsbedingungen frostfrei bleiben. Die Mindesttiefe dafür darf nach DIN 1054 in Zonen mit relativ mildem Klima 0,80 m nicht unterschreiten. In besonders frostgefährdeten Gegenden kann sie bis 1,50 m betragen.

Die *frostfreie Tiefe* muss an *jeder* Stelle der Fundamente gewährleistet sein, z. B. auch bei Abtreppungen in Hanglagen, bei Schächten, Kellerraußentreppen usw.

Unfertige Bauten werden oft durch Frost stark geschädigt, weil die Kellerwände bis zum Fundament freiliegen und die dann ungehindert im bindigen Baugrund sich bildenden Eislinsen oder -bänder die Wandfundamente und Kellerfußböden u. U. um mehrere Zentimeter emporheben. Bei Wintereinbruch ist daher der Abstand zwischen Baugrubenböschung und Kellerwand (Ar-

beitsraum) zu verfüllen. Kellertür- und -fensteröffnungen und größere Öffnungen in der Kellerdecke sind zu verschließen. Schmelz- und Grundwasseransammlungen im und am Gebäude sind zu verhindern.

Flächengründungen können nur auf Gründungsflächen mit ausreichender Belastbarkeit hergestellt werden. Sie sollten so bemessen werden, dass zumindest innerhalb gleicher Gründungsebenen etwa gleiche Bodenpressungen entstehen.

Die entstehenden Druckbeanspruchungen des Baugrundes breiten sich unterhalb der Gründungsflächen unter einem *Druckverteilungswinkel* aus, der abhängig von der Beschaffenheit des Baugrundes ist. Dabei nimmt die Bodenpressung unter Gründungskörpern innerhalb des Baugrundes mit zunehmender Tiefe ab. Das kann mit Hilfe sogenannter „Druckzwiebeln" bildlich annähernd veranschaulicht werden (Bild **4**.4).

Bei der Bemessung muss ggf. die Überlagerung der Druckausbreitung verschiedener Fundamente berücksichtigt werden (Bild **4**.3).

Ist der Baugrund durch eine Baugrunduntersuchung, jedoch spätestens beim Baugrubenaushub und auf Grund örtlicher Erfahrungen nach Bodenart, Lagerungsdichte, Schichtenaufbau und Belastbarkeit sowie der höchste anzunehmende Grundwasserstand zuverlässig zu beurteilen (s. a. Abschn. 3), können in einfachen Fäl-

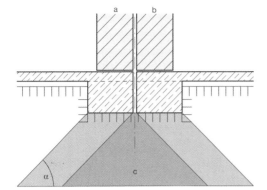

4.3 Überschneiden der Druckausbreitung (Drucküberlagerung)

   a) vorhandenes Bauwerk
   b) später errichtetes Bauwerk
   c) Zone nachträglich erhöhter Bodenpressung; u. U.
     muss bei c die Bodentragfähigkeit durch Verdich-
     ten oder Verfestigen verbessert werden.
   α Druckverteilungswinkel

4.4 Abbau der Bodenpressung im Baugrund („Druck-
zwiebel")

len („*Regelfällen*") die Werte für den aufnehmbaren Sohldruck (Bodenpressung) zur Dimensionierung der Fundamente den Tabellen aus DIN 1054
entnommen werden.

Einfache Regelfälle liegen vor, wenn es sich um
Streifen- und Einzelfundamente mit begrenzten
und häufig vorkommenden Abmessungen einerseits und um häufig vorkommende typische Bodenarten andererseits handelt.

Die Werte der Tabellen A6.1 bis A6 der DIN 1054
beziehen sich auf Flächenverhältnisse, die mindestens bis in eine Tiefe unter der Gründungssohle annähernd gleichmäßig sind, die der zwei-
fachen Fundamentbreite entspricht.

Ferner darf das Fundament nicht überwiegend
oder regelmäßig dynamisch beansprucht werden.

Für *nichtbindige Böden* gelten die Tabellen A6.1
(Begrenzung der Setzungen für setzungsemp-
findliche Bauwerke) und A6.2 (für setzungsunempfindliche Bauwerke) der DIN 1054 (Tab. **4**.5
und **4**.6).

Für *bindige Böden* gelten je nach der Kornzusammensetzung die Tabellen A6.5 (Schluff), A6.6 (gemischtkörniger Boden), A6.7 (toniger Schluff)
und A6.8 (Ton), wobei sich die Bemessungswerte
des Sohlwiderstands innerhalb der Tabellen entsprechend der vorhandenen Bodenkonsistenz
staffeln.

Die Werte der Tabellen gelten nur für Fundamente mit lotrechter Belastung. Herabsetzungen und
Erhöhungen der Tabellenwerte sind unter bestimmten Voraussetzungen zulässig bzw. erforderlich (s. DIN 1054 Abschn. 6.10).

Voraussetzung für die Anwendung der Tabellen
ist, dass der Baugrund gegen Auswaschen oder
Verringerung seiner Lagerungsdichte durch strömendes Wasser gesichert ist. Bindige Böden sind
außerdem während der Bauzeit gegen Aufweichen und Auffrieren zu schützen.

Ähnliche Wirkungen wie strömendes Wasser haben stetige Änderungen des *Grundwasserspiegels*
Auch führt Verminderung des Porenwassers bindiger Böden unter dem Druck des Bauwerks u. U.
zu erheblichen, lang dauernden Setzungen.

Außerdem muss der höchste Grundwasserspiegel in einer Tiefe unter der Gründungssohle liegen, die bei nichtbindigem Baugrund mindestens gleich der einfachen Fundamentbreite ist.
Bei bindigen Böden wird der Einfluss des Grundwasserspiegels auf die zulässige Bodenpressung
nicht berücksichtigt (Bild **4**.7).

Kann für die Dimensionierung der Fundamente
nicht von „Regelfällen" ausgegangen werden,
muss die zulässige Bodenpressung und die Tragfähigkeit durch eine Bodenuntersuchung mit
Gründungsgutachten festgelegt werden (s. Abschn. 3.1).

Tabelle **4**.5 Nichtbindiger Baugrund und Begrenzung der Setzung nach DIN 1054 (Tab. A6.2)

Kleinste Ein- bindetiefe des Fundaments	Bemessungswerte des Sohlwider- stands in kN/m² bei Streifenfundamenten mit Breiten b bzw. b' von					
in m	0,5 m	1 m	1,5 m	2 m	2,5 m	3 m
0,50	280	420	460	390	350	310
1,00	380	520	500	430	380	340
1,50	480	620	550	480	410	360
2,00	560	700	590	500	430	390
bei Bauwerken mit Einbinde- tiefen 0,30 m bis 50 cm und mit Funda- mentbreiten $b \geq 0,30$ m	210					

Achtung – Die angegebenen Werte sind Bemessungswerte des Sohlwiderstands, keine aufnehmbaren Sohldrücke nach DIN 1054:2005-01 und keine zulässigen Bodenpressungen nach DIN 1054:1976-11.

Tabelle **4**.6 Nichtbindiger Baugrund und ohne Begren- zung der Setzung nach DIN 1054 (Tab. A6.1)

Kleinste Ein- bindetiefe des Fundaments	Bemessungswerte des Sohlwider- stands in kN/m² bei Streifenfundamenten mit Breiten b bzw. b' von					
in m	0,5 m	1 m	1,5 m	2 m	2,5 m	3 m
0,50	280	420	560	700	700	700
1,00	380	520	660	800	800	800
1,50	480	620	760	900	900	900
2,00	560	700	840	980	980	980
bei Bauwerken mit Einbinde- tiefen 0,30 m bis 50 cm und mit Funda- mentbreiten $b \geq 0,30$ m	210					

Achtung – Die angegebenen Werte sind Bemessungswerte des Sohlwiderstands, keine aufnehmbaren Sohldrücke nach DIN 1054:2005-01 und keine zulässigen Bodenpressungen nach DIN 1054:1976-11.

4

4.2.2 Streifen- und Einzelfundamente

Je nach Belastung und Bodenverhältnissen können Streifen- und Einzelfundamente als unbewehrte oder bewehrte Stahlbetonfundamente hergestellt werden.

In älteren Gebäuden sind noch anzutreffen:

- *Fundamente aus Feld- und Bruchsteinen.* Das sind möglichst große, lagerhafte Steine mit gut ausgezwickten Fugen in hydraulischem Kalk- oder Zementmörtel sorgfältig vermauert. Verhältnis Höhe zur einseitigen Auslagung 2:1, mind. 1,5:1.

4.7a   4.7b

4.7 Baugrundverhältnisse in „Regelfällen" nach DIN 1054, Abschn. 6

a) nichtbindiger Baugrund (zu DIN 1054 Tab. A 6.1 und A 6.2)

b) bindiger Boden (zu DIN1054 Tab. A 6.7 bis A 6.8)

A nichtbindiger, mindestens mitteldicht gelagerter Baugrund

B bindiger Boden fest oder geringer oder ausgeprägter Plastizität[1]

V lotrechte Lasten

HW höchster Grundwasserspiegel

b Fundamentbreite

t Einbindetiefe

h Gründungstiefe in Abhängigkeit der Frosteinwirkung

d Abstand zwischen Gründungssohle und höchstem Grundwasserspiegel

g Mindesthöhe des als *gleichmäßig* erkannten Baugrundes

SI Schlick

---

[1] Bestimmung der Plastizität durch Knetversuch und der Trockenfestigkeit gemäß DIN EN ISO 14688-1:
- Böden *ausgeprägter* Plastizität: Die Bodenprobe lässt sich zu dünnen Walzen ausrollen.
- Böden *geringer* Plastizität: Eine bindige Bodenprobe kann nicht zu Walzen von 3 mm Durchmesser ausgerollt werden.
- *Feste* Böden: Der getrocknete Boden zerfällt bei Fingerdruck bzw. ist durch Fingerdruck nicht mehr zerstörbar.

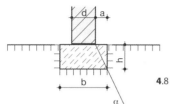

4.8 Fundament-
höhe bei Beton-
fundamenten

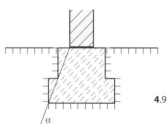

4.9 Abgetrepptes
Fundament aus
Stampfbeton

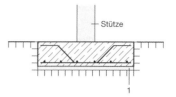

4.10 Fundament aus Stahlbeton als Streifen- oder Einzelfundament
1 Sauberkeitsschicht aus Magerbeton

Gegenüber Fundamenten ohne Bewehrung können Stahlbetonfundamente in der Regel mit geringerem Querschnitt (geringerer Höhe) ausgeführt werden. Sie sind trotz des Stahlbedarfes durch Einsparungen bei den Aushubarbeiten und durch geringeren Betonverbrauch meistens wirtschaftlicher.

Nach Möglichkeit werden Stahlbetonfundamente so bemessen, dass sie nur mit einer unteren Bewehrungslage gegen Durchbiegung ausgeführt werden können. Bei hohen Belastungen ist jedoch eine mehrlagige Bewehrung mit Schubsicherungen sowie Durchstanzbewehrung nicht zu vermeiden (vgl. Bild **4**.10).

Bei großen Belastungen und bei schlechten oder stark unterschiedlichen Baugrundverhältnissen stellen Stahlbetonfundamente die Regelausführung dar.

Stahlbetonfundamente sind bei stark wechselnden Belastungen (z. B. Aufeinanderfolge hochbelasteter Pfeiler mit größeren Maueröffnungen) zur gleichmäßigen *Lastverteilung* unerlässlich.

• *Fundamente aus frostbeständigen Mauerziegeln* oder Mauersteinen. Sie sind á 5 Schichten hoch und sorgfältig im Kreuzverband mit vollen Fugen in hydraulischem Kalk- oder Zementmörtel hergestellt. Die unterste Schicht ist in einem Mörtelbett verlegt.

Heute üblich sind:

• *Fundamente aus Kiesbeton* (C8/10 bis C16/20), Druckfestigkeit 8/10 bzw. 16/20 N/mm², Mindestzementgehalt 100 kg/m³ bei Verwendung in frostfreier Tiefe.

Unbewehrte Streifenfundamente können in der Regel bei gut tragfähigem, gleichmäßigem Baugrund und gleichmäßiger geringer Belastung ausgeführt werden. Bei unbewehrten Fundamenten kann der Druckverteilungswinkel a mit 50 bis 60° angenommen werden. Als erforderliche Fundamenthöhe ergibt sich somit $h = a \times \tan a$ (Bild **4**.8).

Unbewehrte Fundamente haben eine begrenzte Breite b und setzten eine entsprechende Fundamenthöhe voraus, um tragfähig zu sein (Wirkung gegen Durchbiegung). Dabei kann sich für hohe Belastungen z. B. unter Stützen eine so große Fundamentbreite ergeben, dass zur Betoneinsparung eine Abtreppung der Fundamente möglich ist (Bild **4**.9).

Bewehrte Fundamente. Wegen des Schalungsaufwandes ist in der Regel in solchen Fällen jedoch die Ausführung von *Stahlbetonfundamenten* als Einzel- oder auch als Streifenfundamente wirtschaftlicher (Bild **4**.10).

Exzentrisch belastete Fundamente. Wenn Wand- oder Stützenlasten (z. B. unmittelbar an Grundstücksgrenzen) nicht mittig auf die Fundamente zentrisch abgetragen werden können, entsteht aus der *Exzentrizität* zwischen den Resultierenden von Belastung und Bodenpressung ein Moment. Eine damit einhergehende Verkantung der Gründungen kann bei Stahlbetonkonstruktionen durch biegesteifen Verbund zwischen Stütze bzw. Wand und Fundament ausgeschlossen werden (Bild **4**.11a). Gemauerte Wände müssen in derartigen Fällen auf entsprechend bewehrten biegesteifen Bodenplatten gegründet werden (Bild **4**.11b).

Um eine korrekte Lage sowie die Betonüberdeckung der erforderlichen Bewehrungen sicherzustellen, ist in der Regel eine *Sauberkeitsschicht* von mindestens 5 cm Dicke aus Beton C8/10 (Magerbeton) auf das Feinplanum der Fundamentgräben bzw. -gruben einzubringen. Es werden

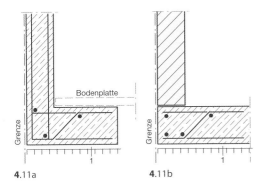

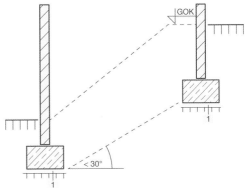

4.11a   **4.**11b

4.11 Fundamente mit exzentrischer Belastung
   a) Stahlbetonwand oder -stütze (Winkelfundament)
   b) Mauer auf biegesteifer Stahlbetonplatte
     1 Sauberkeitsschicht

4.12a

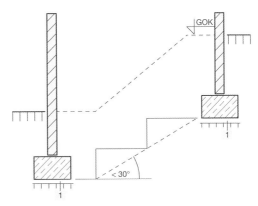

4.12b

4.12 Unterschiedliche Gründungshöhen (Gründungs-
     horizonte)
   a) Höhenversatz
   b) Abtreppung von Streifenfundamenten
     1 Sauberkeitsschicht

auch Kunststoff-Noppenplatten als Sauberkeitsschicht eingesetzt.

Sind die senkrechten Fundamentbegrenzungen
nicht ausreichend standfest, müssen Einschalungen vorgesehen werden (s. Abschn. 5.4, Bild **5.**22
und **5.**23).

Abtreppungen. Bei Gründungen auf unterschiedlichen Höhen (Gründungshorizonten) z. B.
bei Teilunterkellerung oder bei Hanglagen ist besonderes Augenmerk auf die Standsicherheit
und die Frostsicherheit der höher gelegenen
Gründungen zu legen. Um nachteilige gegenseitige Beeinflussungen benachbarter Fundamente
zu minimieren, sollte der lichte Abstand größer
als das Dreifache der Fundamentbreite sein. Um
maßgebliche Belastungen aus höher liegenden
Fundamenten auf tiefer liegende zu vermeiden,
werden ggf. dem Höhenverlauf folgende Abtreppungen der Fundamente unter einem Winkel
von ≤ 30° angelegt (Bild **4.**12).

Für gleichartig beanspruchte Einzelfundamente
und zur Einspannung (s. Abschn.1.6) von Stützen
werden *Köcherfundamente* aus Ortbeton oder als
Fertigteile eingesetzt.(Bild **4.**13).

4.2.3 Fundamentplatten (Gründungsplatten)

Fundamentplatten oder auch Plattenfundamen-
te sind bei komplizierten Grundrissen bzw. bei
sehr unterschiedlichen Bauwerkslasten oft wirtschaftlicher als zahlreiche dicht nebeneinander
oder sogar in unterschiedlichen Höhenlagen herzustellende einzelne Fundamente.

Darüber hinaus kann bei schlechtem Baugrund
durch eine biegesteife, lastverteilende Funda-

mentplatte die Gründungsfläche wesentlich vergrößert und damit die Baugrundbelastung vermindert werden. Eine solche Platte kann außerdem ungleichmäßige Setzungen verhindern.

Fundamentplatten stellen die neue Form der
sog. *Grundgewölbe* dar, die man noch unter alten Gebäuden findet. (Sie sind nach unten ge-
wölbt, stützen sich gegen die unteren Teile der
Kellermauern und übertragen so die Lasten auf
die gesamte überbaute Bodenfläche.)

Dementsprechend ist die Bewehrung der Fundamentplatten zur Aufnahme des nach oben wirkenden Erddrucks teilweise oben, also umgekehrt wie eine Deckenbewehrung bzw. als Doppelbewehrung anzuordnen, um sowohl positive
als auch negative Biegemomente aufnehmen zu
können.

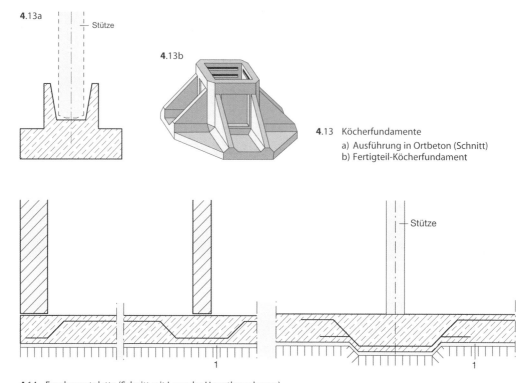

4.13a

Stütze

4.13b

4.13 Köcherfundamente
a) Ausführung in Ortbeton (Schnitt)
b) Fertigteil-Köcherfundament

Stütze

4.14 Fundamentplatte (Schnitt mit Lage der Hauptbewehrung)
1 Sauberkeitsschicht

Bei sehr großflächigen Räumen mit großen Spannweiten zwischen den Kellerwänden werden Fundamentplatten durch Rippen verstärkt. Oft sind aber dickere Platten wirtschaftlicher. Unter stark belasteten Stützen wird die Fundamentplatte wie eine umgekehrte Pilzdecke unterseitig mit einer Aufdickung (Anvoutung) ausgebildet (Bild **4**.14).

Fundamentplatten sind in vielen Fällen Bestandteil von „Wannen" zur Abdichtung gegen drückendes Wasser, entweder als Bauteil mit hohem Wassereindringwiderstand – kurz WU-Beton – („weiße Wanne", s. Abschn. 17.4.6) oder als ebene Abdichtungsbasis für geklebte Abdichtungen („schwarze Wannen", s. Abschn. 17.4.6).

Fundamentplatten werden – wie Stahlbetonfundamente – nicht unmittelbar auf dem Baugrund betoniert. Um Verschmutzungen des Stahlbetons zu verhindern und um die auch an der Unterseite erforderliche Betonüberdeckung sicherzustellen, ist die Baugrund – Oberfläche zunächst mit einer ≥ 5 cm dicken Betonschicht (*Sauberkeitsschicht*) abzudecken.

4.3 Tiefgründungen

Liegen tragfähige Bodenschichten in so großer Tiefe, dass Baugrundverbesserungen durch Bodenaustausch oder Stabilisierung (Verdichtung oder Verfestigung s. a. Abschn. 3.1) nicht sinnvoll sind oder steht ein hoher Grundwasserstand an, dass sie bei den vorgesehenen Gebäudetiefen mit Flachgründungen nicht erreichbar sind, wird die Gebäudelast mit Pfählen[1] aus Beton, Stahl oder früher auch Holz durch die nicht tragfähigen Bereiche hindurch auf den Untergrund abgetragen.

---

[1] Alte Gebäude stehen seit Jahrhunderten noch heute auf gerammten Holzpfahlgründungen (z. B. Venedig, Amsterdam). Sie bestehen aus bis etwa 20 m langen Laub- oder Nadelholzstämmen. Diese verfaulen nicht, wenn sie ständig unter Wasser stehen. Bei den in vielen Gebieten zu beobachtenden Veränderungen des Wasserspiegels sind die Hölzer äußerst gefährdet, und die Standfestigkeit der alten Gebäude muss durch aufwendige Maßnahmen gesichert werden.

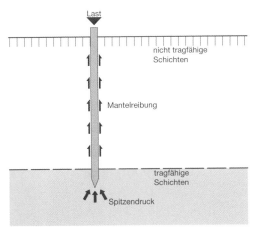

4.15 Tragwirkung von Pfahlgründungen

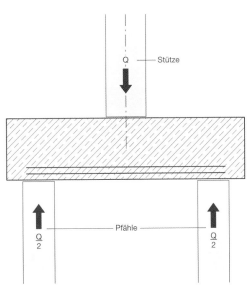

4.16 Pfahlrost für zwei Pfähle

Tiefgründungen werden daher heute fast nur noch mit Pfählen aus Stahlbeton hergestellt (s. a. Bild **3**.18).

Pfahlgründungen gem. DIN 1054, Abschn. 7 übertragen die Gebäudelasten durch ein Zusammenwirken von *Spitzenwiderstand* an der Sohle (Pfahlwurzel) des Gründungskörpers und *Mantelreibung* an den Seitenflächen des Pfahles (Pfahlschaft) auf den Untergrund (Bild **4**.15). Abhängig von den örtlichen Verhältnissen sind für den Einbau unterschiedliche Verfahren zur Einbringung der Pfähle entwickelt worden.

Es werden unterschieden:

- *Rammpfähle* (Verdrängungspfähle) nach DIN EN 12 699 werden ohne Bohren oder Bodenaushub eingebracht und heute meistens aus Spannbeton hergestellt (DIN EN 12 794) als quadratische Massivpfähle (ca. 30/30 cm, bis etwa 25 m Länge) oder als gerammte Stahloder Hohlpfähle mit bis zu 1,00 m Durchmesser und mit Längen von über 50 m. Sie werden wegen der unvermeidlichen Erschütterungen beim Einrammen heute überwiegend zur Gründung von Brückenpfeilern oder bei ähnlichen Bauaufgaben eingesetzt.

- *Bohrpfähle* aus Stahlbeton werden mit Durchmessern von etwa 30 bis 100 cm nach verschiedenen Verfahren hergestellt. Hierbei wird ein im Boden hergestellter Hohlraum mit Beton verfüllt. Sie unterscheiden sich durch den jeweils erzielbaren Anteil von Spitzendruck und Mantelreibung. Die Lastenübertragung wird verbessert durch Verbreiterungen des Pfahlfußes (Spitzendruck) und durch

möglichst raue Flanken der Pfähle (Mantelreibung). Das wird erreicht durch Einpressen des Betons (Presswirkung durch das Eigengewicht des Betons, durch Stampfen, Rütteln und auch durch Pressluft).

Herstellung, Belastbarkeit, Abstände, Einbindung in den Baugrund usw. werden für Bohrpfähle in DIN 1536 festgelegt.

Bei der Herstellung von Bohrpfählen, die in größere Tiefen reichen, muss die Standfestigkeit der Bohrlochflanken durch Einpressen, Einbohren oder seltener auch durch Einrammen von Mantelrohren aus Stahl gesichert werden. Für schwere Bohrgeräte bilden auch sehr schwere Bodenarten oder Felsbrocken kein Hindernis. Fortlaufend wird dabei mit Spezialgreifern das Erdreich innerhalb der Bohrlöcher ausgebaggert. Nach Erreichen der Gründungsebene wird der Pfahlfuß eingestampft oder eingepresst und die Bewehrung eingebracht. Daran anschließend wird abschnittsweise betoniert. Gleichzeitig wird das Mantelrohr, meistens unter Drehungen, herausgezogen. Dabei wird das anstehende Erdreich aufgeraut, so dass der Beton eindringen kann und eine zur Verbesserung der Mantelreibung gewünschte unregelmäßige, raue Oberfläche des Pfahles entsteht (Bild **4**.17a-c).

Dringt Grundwasser in die Bohrlöcher ein, wird mit Hilfe verdrängender Stützflüssigkeiten gearbeitet (vgl. Abschn. 3.3.3).

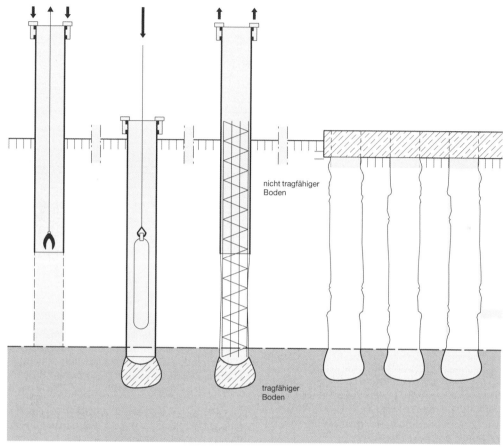

nicht tragfähiger
Boden

tragfähiger
Boden

4.17a   **4**.17b   **4**.17c   **4**.17d

4.17 Herstellung von Bohrpfählen
  a) Bohren bzw. Eintreiben der Mantelrohre, Ausbaggern
  b) Einstampfen des Pfahlfußes
  c) Einbringung der Bewehrung, Betonieren, Ziehen der Mantelrohre
  d) durch Stahlbetonplatte oder -rost zusammengefasste Bohrpfähle (Pfahlrost)

Kombinierte Pfahl- und Plattengründungen.
Die fertig gestellten Ramm- oder Bohrpfähle können in Reihen oder einzelnen Bündeln mit dicken
Stahlbetonüberzügen oder -platten zu Pfahlgruppen zusammengefasst werden. Hierdurch
können Schützenreihen gemeinsam gegründet
und Einzelfundamente vermieden werden. Der
Schalungsaufwand und Setzungsdifferenzen
werden hierdurch geringer. Die Bewehrungen
der Pfähle und der verbindenden Unterzüge
(Gründungsbalken) oder Stahlbetonplatten
(Gründungsplatten) werden dabei so miteinander verbunden, dass „Pfahlroste" als Gründungsbasis entstehen (Bild **4**.16 und **4**.17d).

Für hohe Gründungslasten können anstelle von
Pfahlbündeln auch Großbohrpfähle mit Durchmessern bis etwa 2,50 m hergestellt werden, die
mit den früheren „Brunnengründungen" vergleichbar sind.

Bohrpfahlreihen von schwerem Baugrubenverbau können auch für Tiefgründungen herangezogen werden (vgl. Abschn. 3.3.3).

4.4 Ausschachtungen und Gründungen im Bereich bestehender Gebäude

Ausschachtungs- und Gründungsarbeiten in der Nähe bestehender Gebäude bedürfen immer einer besonderen Sorgfalt hinsichtlich Voruntersuchungen und Planung sowie Durchführung dieser Maßnahmen, um die Standsicherheit und Gebrauchstauglichkeit bestehender Bauwerke nicht zu gefährden. Voraussetzung sind eingehende Erkenntnisse aus Erkundungen des Baugrundes (s. Abschn. 3) und bestehender baulicher Anlagen (Art und Abmessungen, Gründungstiefe, Zustand im Einflussbereich bestehender Wände und Fundamente, Lage von Ver- und Entsorgungsleitungen). Veränderungen der Auflasten durch Bodenaushub können die Standsicherheit bestehender Gründungen (Grundbruch) gefährden.

Vor Beginn der Bauarbeiten sind ggf. *Sicherungsmaßnahmen* an bestehenden Gebäuden erforderlich (Instandsetzung von Mauerwerk oder Beton, Rückverankerung gefährdeter Bauteile, Versteifung von Wänden, Verbesserungen oder Sicherung des Verbundes von Wänden zu Querwänden sowie Decken, Abstützungsmaßnahmen gefährdeter Bauteile, Aussteifungen gegen benachbarte Bauteile oder andere Widerlager usw.).

DIN 4123 legt für die Durchführung von Ausschachtungs-, Gründungs- und Unterfangungsarbeiten Voraussetzungen (u. A. Fundamentlasten ≤ 250 kN/m, Scheibenwirkung der zu unterfangenden Wand, Standsicherheit und Tragfähigkeit des Baugrundes), sowie die Verfahrensweisen und die erforderlichen Nachweise fest. Liegen diese Voraussetzungen nicht vor, sind gesonderte Standsicherheitsnachweise und zusätzliche konstruktive Maßnahmen vorzusehen.

Neben einer detaillierten Darstellung der Maßnahmen in bautechnischen Unterlagen (Darstellung bestehender und geplanter Gebäude, Aushubgrenzen, Baugrubensicherung, Bodenschichtungen, Grundwasserspiegel, Beschreibungen der Maßnahmen, Sicherungsmaßnahmen, waagerechte Krafteinwirkungen usw.) ist sicherzustellen, dass die Ausschachtungs-, Gründungs- und Unterfangungsarbeiten nur von Fachfirmen bzw. deren fachkundiger Bauleitung bei ständiger Präsenz durchgeführt, überwacht und dokumentiert werden.

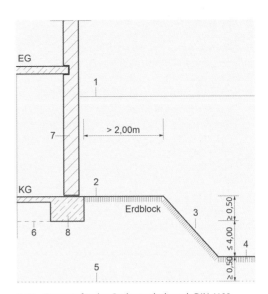

4.18 Grenzen für den Bodenaushub nach DIN 4123
1 Vorhandene Geländeoberfläche
2 Berme
3 Böschung, Neigung max. 1:2
4 Aushubsohle
5 Grundwasserhorizont
6 Vorh. Gründungssohle
7 Vorh. Kellermauerwerk
8 Vorh. Streifenfundament

Ausschachtungen sind i. d. R. der geotechnischen Kategorien GK1 nach DIN 1054 zuzuordnen. Ausschachtungsmaßnahmen setzen voraus, dass diese in mindestens mitteldicht gelagerten, nicht bindigen oder mindestens steifen, bindigen Böden durchgeführt werden[1]. Es ist nachzuweisen, dass in dem Bauzustand bis zur vorgesehenen Bermenoberfläche (Bild. **4**.18) die zulässige Bodenpressung nicht überschritten wird und die Grundbruchsicherheit nachgewiesen ist. Zudem muss während der Bauausführung der vorhandene Grundwasserspiegel mindestens 0,50 m unter der geplanten Aushubsohle liegen und ggf. durch Wasserhaltungs- oder Absenkungsmaßnahmen gewährleistet werden.

---

[1] Nach den DIN 1054 und DIN 1055-2 sind nicht bindige Böden mindestens mitteldicht gelagert, wenn sie eine Lagerungsdichte $D \geq 0,30$, einen Verdichtungsgrad $D_{pr} \geq 0,95$ oder nach einen Spitzenwiderstand der Drucksohle von $q_s \geq 7,5$ MN/m^2 aufweisen. Bindige Böden sind mindestens steif, wenn sie nach DIN 18 122-1 eine Zustandszahl $I_c \geq 0,75$ aufweisen oder nach DIN EN ISO 22 475-1 im Feldversuch sich zwar schwer kneten, aber in der Hand zu 3 mm dicken Walzen ausrollen lassen, ohne zu reißen oder zu zerbröckeln.

Bodenaushubgrenzen. Die Freischachtung eines Gebäudes bis zu seiner Fundamentunterkante oder tiefer darf nicht ohne ausreichende Sicherungsmaßnahmen (z. B. Erdblock gem. Bild **4**.18) vorgenommen werden.

Folgende Aushubgrenzen sind zu beachten:

- Die Bermenoberfläche muss mind. 0,50m über der Gründungsebene des vorhandenen Fundamentes und darf nicht tiefer als der Kellerfußboden liegen.
- Die Breite der Berme muss mind. 2,00 m betragen.
- Der Erdblock neben der Berme darf nicht steiler als 1:2 geböscht sein.
- Der Höhenunterschied zwischen der vorhandenen Gründungsebene und der Aushubsohle darf nicht größer als 4,00 m sein.

Wenn der Erdblock abgetragen werden muss, darf das Erdreich nur abschnittsweise in *Stichgräben* oder *Schächten* mit einer Breite von ≤ 1,25 m Breite (ggf. incl. Verbau) abgetragen werden. Der Abstand zwischen den Stichgräben bzw. Schächten muss das Dreifache der Breite der Stichgräben bzw. Schächte betragen (Bild **4**.19). Während der Maßnahmen sind die Böden mit Abdeckungen durch Planen, Anlage von Entwässerungen usw. vor Aufweichen, bei Frostgefahr durch wärmedämmende Abdeckungen zu schützen.

Höhenmessungen an den bestehenden Gebäuden während und auch nach den Aushubarbeiten sind erforderlich, um Setzungen zu erkennen und Gegenmaßnahmen einleiten zu können.

Gründungen. Zusätzlich zu den bei Ausschachtungen geforderten Voraussetzungen sind bei Gründungen im Bereich bestehender Gebäude folgende weitere Voraussetzungen zu beachten. Es ist bei den Nachweisen zu berücksichtigen, dass die zulässige Bodenpressung unter dem Fundament des bestehenden Gebäudes nicht überschritten wird und die Grundbruchsicherheit gewährleistet bleibt. Ebenso sind ggf. notwendige Veränderungen an dem bestehenden Fundament (z. B Beseitigung von Überständen) zu berücksichtigen. Gründungen im Bereich bestehender Gebäude sind i. d. R. der geotechnischen Kategorien GK2 nach DIN 1054 zuzuordnen.

Die Gründungstiefen der neuen Fundamente müssen soweit wie die bestehenden Gründungen heruntergeführt werden. Liegen die neuen Fundamente *tiefer*, sind Unterfangungen vorzusehen (s. Abschn. 4.5). Liegt die Gründungsebene der neuen Fundamente *höher* als der Bestand,

muss nachgewiesen werden, dass die Lasten aus den neuen Gründungen von dem bestehenden Gebäude aufgenommen werden können. Die Herstellung von Stichgräben und Schächten erfolgt abschnittsweise wie vor beschrieben.

Unbewehrte Stahlbetonfundamente des neuen Bauwerkes sind min. 50 cm hoch und breit auszuführen. Die Länge der Einzelabschnitte entspricht der Breite der Stichgräben.

Bewehrte Stahlbetonfundamente erhalten, damit diese durchgehend bewehrt und betoniert werden können, wegen der Grundbruchgefahr zunächst ein abschnittweise hergestelltes, unterseitiges, unbewehrtes Fundament mit mind. 50 cm Höhe und Breite.

Setzungen. Die zusätzlichen Belastungen des Baugrundes durch das neue Bauwerk können zu Setzungen des neuen und auch des bestehenden Gebäudes führen. Da diese Setzungen i. d. R. unterschiedlich verlaufen, sind zwischen den Gebäuden *alle* Bauteile durchlaufende Setzungsfugen anzuordnen.

Zur Feststellung von Setzungen sind vor Beginn der Arbeiten am bestehenden Gebäude Höhenbolzen zu setzen und einzumessen. Während und nach den Baumaßnahen sind Setzungsmessungen durchzuführen. Zudem ist der bauliche Zustand des Gebäudebestandes vor Beginn (Vorschäden) und während der Arbeiten zu beobachten. Die Ergebnisse sind zu dokumentieren. Ggf. sind Sicherungsmaßnahmen einzuleiten.

4.5 Unterfangen von Fundamenten

Wenn unmittelbar neben einem vorhandenen Bauwerk ein Neubau errichtet wird, dessen Fundamentsohle tiefer liegt als die des bestehenden Gebäudes, muss das alte Fundament vertieft (unterfangen) werden, bevor der Neubau beginnt (DIN 4123).

Unterfangungsarbeiten müssen – ebenso wie die Ausschachtungs- und Gründungsarbeiten – sorgfältig vorbereitet werden, um den Neubau zu sichern und das vorhandene Nachbargebäude nicht durch Setzungen oder Grundbruch zu gefährden. Die Unfallverhütungsvorschriften der Bauberufsgenossenschaften müssen genau befolgt werden. Die örtlichen Verhältnisse (Art und Lage der Bodenschichten, Art und Tiefe der benachbarten Fundamente, Horizontalkräfte, Grundwasserstand) sind sorgfältig zu erkunden.

Unterfangungen sind je nach Schwierigkeitsgrad der geotechnischen Kategorien GK2 oder GK3 nach DIN 1054 zuzuordnen.

Die Erkundungsergebnisse sowie die geplanten Arbeiten und deren zeitlicher Ablauf werden zeichnerisch festgelegt und dokumentiert. Aus rechtlichen Gründen sollte vor Beginn der Arbeiten im Rahmen einer *Beweissicherung* unter Mitwirkung aller Beteiligten der Zustand vorhandener Gebäude festgestellt werden und eine Einmessung erfolgen.

Zusätzlich zu den genannten Voraussetzungen für Ausschachtungen und Gründungen im Bereich bestehender Gebäude sind für Unterfangungen folgende Bedingungen zu beachten.

Unterhalb der neuen Gründungsebene müssen min. mitteldicht gelagerte nichtbindige oder min. steife bindige Böden anstehen.

Nach Fertigstellung muss nachgewiesen werden, dass die Standsicherheit des unterfangenen Gebäudes sichergestellt ist.

Der Grundwasserspiegel muss während der Bauausführung mind. 50 cm unter der neuen Gründungsebene liegen oder auf diese Tiefe abgesenkt werden.

Ebenso dürfen keine gefährdenden Erschütterungen einwirken.

Unterfangungen eines bestehenden Gebäudes und auch das Einbringen von Verankerungen bedürfen der Zustimmung des Eigentümers.

Grundbruch (s. a. Abschn. 3.1). Die Grundbruchsicherheit ist nachzuweisen

- bei nicht zuverlässigem bindigem Baugrund,
- wenn größere Horizontalkräfte zu berücksichtigen sind,
- bei einem Grundwasserstand von weniger als 1,00 m unter der Gründungssohle,
- bei Belastungen von Streifenfundamenten mit mehr als 200 kN/m und
- wenn Grundwasserabsenkung erforderlich ist (s. Abschn. 3.5).

Es ist zu berücksichtigen, dass nach Errichtung eines Neubaus durch Überschneiden der Druckausbreitung der Baugrund auch unter vorhandenen Fundamenten zusammengedrückt wird (Bild **4**.3). Eine beim Neubau etwa vorgenommene Grundwasserabsenkung kann zu Setzungen der vorhandenen Gebäudeteile führen (vgl. Bild **4**.1e).

In den meisten Fällen dürften Unterfangungsarbeiten von benachbarten, also anderen Eigentümern gehörenden Grundstücken aus auszuführen sein. Es müssen dazu alle juristisch relevanten Fragen bereits vor der Planung geklärt werden. Vor Beginn der Arbeiten ist vor allem die Regelung möglicher Bauschäden vertraglich festzulegen. Dazu sollten etwa schon vorhandene Bauschäden vor Beginn der Arbeiten in geeigneter Form dokumentiert werden.

Die Unterfangung muss so bemessen sein, dass sie auch auftretende Horizontalkräfte aus dem unterfangenen Gebäude und dem Erdreich aufnehmen kann.

In einfachen Fällen kann nach folgenden Richtlinien verfahren werden:

1. Die Wände, die unterfangen werden sollen, sind vorher abzustützen (s. Teil 2 dieses Werkes, Abschn. 11). Dabei ist der Strebendruck der Abspreizungsstreben oder Verspreizungen auf aussteifende Querwände und die massiven Decken des vorhandenen Gebäudes zu übertragen. Ein statischer Nachweis ist ggf. erforderlich.

2. Unterfangungswände sind mindestens bis in die gleiche Tiefe wie das neue Gebäude zu führen.

3. Die Unterhöhlung des vorhandenen Streifenfundamentes oder der Stahlbetonplatte ist auf die Wanddicke der Unterfangung zu begrenzen. Hohlräume sind mit Magerbeton zu verfüllen.

4. Grundsätzlich darf ein vorhandenes Bauwerk nicht in ganzer Länge oder Breite bis zu einer Fundamentkante freigeschachtet werden. Neue Fundamente unmittelbar neben einem Nachbargebäude oder Fundamentunterfangungen sind *abschnittweise* herzustellen. Zur Wahrung der Grundbruchsicherheit muss längs der vorhandenen Außenwand ein Erdkörper (Berme) von > 2,00 m Breite stehenbleiben, dessen OK nicht tiefer als OK – Kellerfußboden liegen darf und dessen Höhe über Fundamentsohle > 0,50 m betragen muss (Bild **4**.18 und **4**.19).

5. Die Länge von Unterfangungsabschnitten darf 1,25 m nicht überschreiten. Der Achsabstand der Abschnitte soll höchstens 5,00 m (der lichte max. Abstand 3 Mal die Breite von 1,25 m) betragen.

6. Falls es besondere örtliche Verhältnisse erfordern, sind auch die rechtwinklig an die Brand- oder Giebelwand anschließenden Außen- und Innenwände bis < 2,50 m Länge ggf. auch abgetreppt zu unterfangen oder in an-

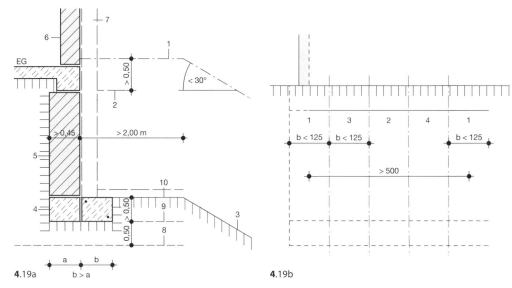

4.19a b > a   4.19b

4.19 Unterfangen einer Brandwand
  a) Schnitt
  b) Ansicht mit Unterfangungsabschnitten und Reihenfolge
  1 Bodenaushubgrenze vor Unterfangung   7 Lage der neuen Wand
  2 vorh. Gründungsebene   8 Grundwasserhorizont
  3 Bodenaushubgrenze nach Unterfangung   9 neue Gründungsebene
  4 neues Fundament   10 Bodenaushubgrenze nach Fertigstellung der Unter-
  5 Unterfangungsmauerwerk (Einbau vgl. Bild **4**.20)   fangung
  6 vorhandene Brandwand

derer Weise gegen nachträgliches Setzen zu sichern. Wandöffnungen im Bereich der Gebäudeecken sind für die Dauer der Unterfangungsarbeiten auszusteifen.

7. Die seitlichen Erdwände der Stichgräben bzw. Schächte müssen jeweils für die einzelnen Unterfangungsabschnitte erschütterungsfrei verbaut (ausgesteift) werden, um jede Einsturzgefahr zu vermeiden (Bild **4**.20). Bei mindestens steifen, bindigen Böden genügt es, den

8. Verbau bis max. 2 m Höhe bis *vor* das zu unterfangende Fundament zu führen. Bei größeren Unterfangungshöhen sind die Unterfangungsschritte der Höhe nach zu unterteilen. Stehen nicht bindige Böden an, muss ein gesonderter Standsicherheitsnachweis geführt werden und ggf. eine Bodenverfestigung vorgenommen werden.

9. Gemauerte Unterfangungen sind in handwerksgerechtem Mauerverband (Mz12 oder KSV12) zu errichten. Um Setzungen soweit wie möglich zu vermindern, sind dünne La-

gerfugen und schnellbindender Zementmörtel (MG III) zu verwenden. Die Fuge zwischen alter Fundamentsohle und Unterfangung ist mit großflächigen *Stahl – Doppelkeilen* zu verkeilen und mit Zementmörtel auszupressen. Hohlräume zwischen Unterfangung und anstehendem Boden sind mit Magerbeton voll auszustampfen. Der Einbau der Unterfangungsabschnitte hat unverzüglich (noch am selben Tage) nach Herstellung der Stichgräben und Schächte zu erfolgen. Kann diese nicht gewährleistet werden, ist in jedem Fall unterhalb des bestehenden Fundamentes ein seitlicher Verbau incl. Stirnverbau einzubringen.

10. Umfangreichere Unterfangungen werden besser und wirtschaftlicher aus Beton hergestellt (schneller und raumsparender Materialtransport durch Schüttrohre, guter Anschluss an das anstehende Erdreich). Die Verwendung maschineller Rüttelgeräte ist hier wegen der Gefahr der Schwingungsübertragung nicht zulässig.

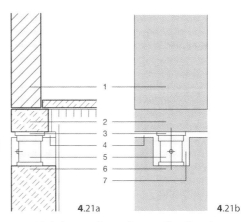

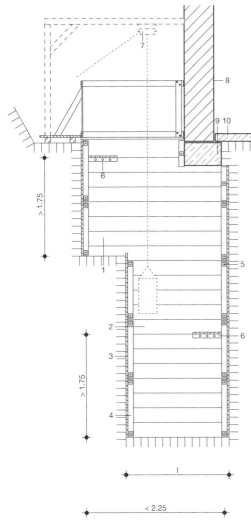

4.21 Vorbelastung der neu hergestellten Unterfangung
      a) Schnitt
      b) Ansicht

      1 vorhandene Brandwand
      2 vorhandenes Fundament
      3 Bleiplatte zur Druckverteilung
      4 offene Restfuge (10 cm breit)
      5 Öldruckpresse
      6 Unterfangung
      7 vorläufig offen gehaltene Nische für Öldruck-
         presse

4.20 Schacht für die Vorbereitung der Unterfangung
      (waagerechter Verbau)

      1 Vorschacht (Erweiterung des Hauptschachtes
         zur Erleichterung des Personen- und Baustoff-
         transports)
      2 Hauptschacht (Breite < 1,25, Länge hängt von
         neuer Fundamentbreite ab)
      3 waagerechter Verbau (Bohlendicke 5 cm)
      4 Brustholz 8/16; 1,00 m lang
      5 Spindelspreizen
      6 Arbeitspritsche, zugleich Schutzdach
         Laufkatzenaufzug
      8 vorhandene Brandwand
      9 vorhandenes Fundament
     10 vorhandene Bodenplatte

Vor dem Schließen der Anschlussfuge werden die neuen Fundamente mit Hilfe von hydraulischen Pressen vorbelastet. Nach Festlegen der Druckkolben wird die Fuge mit Beton
ausgepresst. Die Pressen werden nach Erhärten des Fugenbetons ausgebaut (Bild **4**.21).
Verkeilungen und auch Verpressungen, die
auch wiederholt werden können, haben das
Ziel, Setzungen der Unterfangungswand bereits vorwegzunehmen.

11. Das neue Fundament mit normaler Ringver-
    ankerung ist abschnittweise gleichzeitig mit
    dem Fundament der Unterfangung auszu-
    führen. Die Unterkanten der Fundamente
    müssen auf gleicher Höhe liegen. Die Enden
    von Ringankern der einzelnen Abschnitte
    sind zunächst hochzubiegen. Die Überde-
    ckungslänge soll ca. 50 cm betragen.

12. Ist eine Längsbewehrung des neuen Funda-
    mentes erforderlich, so wird zunächst in glei-
    cher Höhe mit dem Fundament der Unterfan-
    gung *abschnittweise* ein unbewehrtes Fun-
    dament hergestellt, nach Erhärten wird dar-
    auf in *ganzer Länge* das Stahlbetonfundament
    betoniert.

13. Bei Unterfangungsarbeiten im Winter sind
    Mauerwerk und (bei bindigen Böden) Bau-

4

grubensohle vor Wasser und Frost zu schützen (sturmsichere Abdeckung mit Planen, Ableitung des Wassers, Abdeckung).

14. Die Absteifungen vorhandener Gebäude bzw. Bauwerksteile dürfen erst entfernt werden, wenn die ausgeführten Unterfangungen ihre volle Tragfähigkeit haben.

Unterfangungsarbeiten sollten nur von dafür spezialisierten erfahrenen Fachfirmen und bei guten Witterungsverhältnissen ausgeführt werden. Sie bedürfen der besonders intensiven Überwachung und Dokumentation durch die örtliche Bauleitung.

Spezialtiefbau. Weiterhin gibt es Unterfangungsverfahren des Spezialtiefbaus wie Injektionen, Vereisung, Kleinbohrpfahlgründungen und Düsenstrahlverfahren, die in dieser Norm nicht behandelt werden. Die Anforderungen der DIN 4123 gelten jedoch auch hier, soweit diese nicht durch Spezialverfahren auf andere Weise erfüllt werden.

Maßnahmen nach DIN 4123 schließen auch bei sorgfältiger Planung und Ausführung geringför

mige Verformungen an bestehenden Gebäudeteilen nicht vollständig aus. Als weitgehend unvermeidbar gelten Haarrisse und Setzungen der unterfangenen Gebäudeteile bis 5 mm Breite.

4.6 Fundamenterder

Die in fast allen Gebäuden in großer Zahl vorhandenen metallischen Heizungs-, Sanitär- und Elektroinstallationsleitungen können sich durch Verschleppen elektrischer Spannungen untereinander beeinflussen. Um in derartigen Fällen Schutz gegen gefährliche Berührungsspannungen zu erzielen, wird in der Regel in betonierte Gebäudefundamente (Betonüberdeckung min. 5 cm) ringförmig in Feldgrößen von max. 20 x 20m ein Fundamenterder nach VDE-Vorschrift bzw. DIN 18 014 vorzugsweise hochkant eingelegt. Darüber hinaus sind Fundamenterder geeignet, die notwendige Erdung für Blitzschutzsysteme zu erfüllen.

Der Fundamenterder darf über Bewegungs- und Setzungsfugen in Bauwerken nicht geführt wer

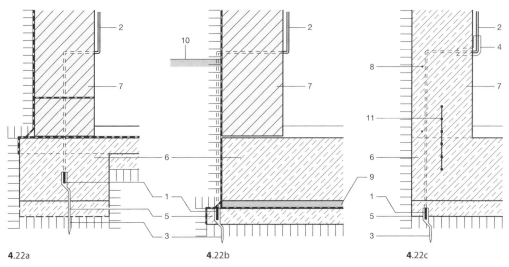

4.22a   4.22b   4.22c

4.22 Fundamenterder
  a) Ausführung bei Mauerwerk auf Streifenfundament
  b) Ausführung bei geklebter Abdichtung gegen drückendes Wasser (Schwarze Wanne)
  c) Ausführung bei Abdichtung gegen drückendes Wasser mit wasserundurchlässigem Beton (Weiße Wanne)

1 Fundamenterder; feuerverzinkter Bandstahl 30/3,5 mm, hochkant auf Abstandhaltern	5 Sauberkeitsschicht
2 Anschluss-„Fahne" mit Verbinderklemme, freies Ende > 1,00 m, oder angeschlossen an Potentialausgleichsschiene	6 Streifenfundament bzw. Fundamentplatte 7 Außenwand 8 Verbindung mit Bewehrung
3 Abstandhalter	9 Schutzschicht aus Magerbeton
4 flexibles Überrohr bei Stahlbetonwänden	10 höchster Grundwasserstand 11 Fugendichtungsband

den. Hier sind die Erder aus den senkrechten Wänden herauszuführen und flexibel dehnbar und kontrollierbar zu verbinden. An den Fundamenterder werden über Anschlussplatten und über eine Potentialausgleichsschiene alle metallisch leitenden Systeme angeschlossen, so dass ein Potentialausgleich erzielt wird.

Fundamenterder bestehen aus Bandstahl 30 x 3,5 mm oder Rundstahl mit min. 10 mm Durchmesser und sind entweder verzinkt oder werden durch den umhüllenden Beton ohne zusätzliche Maßnahmen vor Rost geschützt (Bild **4.**22 a bis c). Für Anschlussteile sind feuerverzinkte Bauteile mit Kunststoffummantelung oder Edelstahl zu verwenden. Im Erdreich liegende Fundamenterder (Ringerder) sind in Edelstahl auszuführen.

Der Anordnung der Anschlussfahnen innerhalb der Wandquerschnitte ist aus Gründen der Vermeidung von Durchdringungen von Wandabdichtungen der Vorzug zu geben.

4

4.7 Normen[1]

Norm	Ausgabe-Datum	Titel
DIN 1054	12.2010	Baugrund; Standsicherheitsnachweise im Erd- und Grundbau – Ergänzende Regelungen DIN EN 1997-1
DIN 1054/A1	08.2012	–; –; Berichtigung zu DIN EN 1997-1:2010; Änderung A1:2012
DIN 1055-2	11.2010	Einwirkungen auf Tragwerke; Bodenkenngrößen
DIN 1536	12.2010	Ausführung von Arbeiten im Spezialtiefbau; Bohrpfähle
DIN EN 1998-1	12.2010	Eurocode 8: Auslegung von Bauwerken gegen Erdbeben, Grundlagen, Erdbebeneinwirkungen und Regeln für Hochbauten
DIN EN 1998-1/NA	01.2011	Nationaler Anhang – National festgelegte Parameter – Eurocode 8: Teil 1 Auslegung von Bauwerken gegen Erdbeben; Grundlagen, Erdbebeneinwirkungen und Regeln für Hochbau
DIN EN 1998-1/A1	05.2013	–; –; Änderung 1
DIN EN 1998-5	12.2010	Eurocode 8: Auslegung von Bauwerken gegen Erdbeben – Gründungen, Stützbauwerke und geotechnische Aspekte
DIN EN 1998-5/NA	07.2011	Nationaler Anhang – National festgelegte Parameter – Eurocode 8: Teil 5 Auslegung von Bauwerken gegen Erdbeben
DIN 4017-1	03.2006	Baugrund – Berechnung des Grundbruchwiderstandes von Flachgründungen
DIN 4017-1 Bbl.1	11.2006	–; –; Berechnungsbeispiele
DIN 4018	09.1974	--;Berechnung der Sohldruckverteilung unter Flachgründungen
DIN 4018 Bbl.1	05.1981	–; –; Erläuterungen und Berechnungsbeispiele
DIN 4019-1	01.2014	Baugrund; Setzungsberechnungen
DIN 4019-1 Bbl. 1	04.1979	–; Setzungsberechnungen bei lotrechter, mittiger Belastung, Erläuterungen und Berechnungsbeispiele
DIN 4019-2 Bbl. 2	02.1981	–; Setzungsberechnungen bei schräg und bei außermittig wirkender Belastung, Erläuterungen und Berechnungsbeispiele
DIN 4095	06.1990	–; Dränung zum Schutz baulicher Anlagen; Planung, Bemessung und Ausführung
DIN 4107-1	01.2011	Geotechnische Messungen; Grundlagen
DIN 4123	04.2013	Ausschachtungen, Gründungen und Unterfangungen im Bereich bestehender Gebäude
DIN 4124	01.2012	Baugruben und Gräben; Böschungen, Verbau, Arbeitsraumbreiten

---

[1] s.a. Abschn. 3.6.

Norm	Ausgabe-Datum	Titel
DIN 4126	09.2013	Nachweis der Standsicherheit von Schlitzwänden
DIN 4126 Bbl.1	09.2013	–; Erläuterungen
DIN EN 12 063	05.1999	Ausführung spezieller geotechnischer Arbeiten (Spezialtiefbau); Spundwandkonstruktionen
DIN EN 12 699	05.2001	–; Verdrängungspfähle
E DIN EN 12 699	05.2013	–; Verdrängungspfähle
DIN EN 12 794	08.2007	Betonfertigteile – Gründungspfähle
DIN EN 12 794/Ber.1	04.2009	–; –; Berichtigung zu DIN EN 12 794:2007-08
DIN EN ISO 13 793	06.2001	Wärmetechnisches Verhalten von Gebäuden – Wärmetechnische Bemessung von Gebäudegründungen zur Vermeidung von Frosthebung
DIN EN 14 199	01.2012	Ausführung von besonderen geotechnischen Arbeiten (Spezialtiefbau) – Pfähle mit kleinen Durchmessern (Mikropfähle)
E DIN EN 14 199	06.2013	–; Pfähle mit kleinen Durchmessern (Mikropfähle)
DIN EN 14 490	11.2010	Ausführung Arbeiten im Spezialtiefbau, Bodenvernagelung
DIN EN ISO 14 688-1	12.2013	Geotechnische Erkundung und Untersuchung – Benennung, Beschreibung und Klassifizierung von Boden; Benennung und Beschreibung
DIN EN ISO 14 688-2	12.2013	–; –; Grundlagen für Bodenklassifizierungen
DIN EN ISO 14 689-1	06.2011	–; Benennung, Beschreibung und Klassifizierung von Fels; Benennung und Beschreibung
DIN EN 14 731	12.2005	Ausführung spezieller geotechnischer Arbeiten (Spezialtiefbau), Baugrundverbesserung durch Tiefenrüttelverfahren
DIN EN 14 991	07.2007	Betonfertigteile – Gründungselemente
DIN 18 014	03.2014	Fundamenterder; Planung, Ausführung und Dokumentation
DIN SPEC 18 140	12.2012	Ergänzende Festlegungen zu DIN EN 1536:2010-12 – Ausführung von Arbeiten im Spezialtiefbau – Bohrpfähle
DIN SPEC 18 538	02.2012	Anwendungsdokument zu DIN EN 12 699:2001-05, Ausführung von besonderen geotechnischen Arbeiten (Spezialtiefbau) – Verdrängungspfähle
DIN SPEC 18 539	02.2012	Anwendungsdokumentes zu DIN EN 14 199:2005-05, Ausführung von besonderen geotechnischen Arbeiten (Spezialtiefbau) – Pfähle mit kleinen Durchmessern (Micropfähle)
E DIN EN ISO 22 477-10	05.2014	Geotechnische Erkundung und Untersuchung – Prüfung von geotechnischen Bauwerken und Bauwerksteilen – Pfahlprobebelastungen; Schnellprüfung mit axialer Druckbelastung
DIN EN 62 561-1	02.2013	Blitzschutzsystembauteile (LPSC), Anforderungen an Verbindungsbauteile – VDE 0185-561-1
DIN EN 62 561-2	02.2013	–; Anforderungen an Leiter und Erder – VDE 0185-561-2
DIN EN 62 561-3	02.2013	–; Anforderungen an Leiter und Erder – VDE 0185-561-3
DIN Fachbericht 130	2003	Wechselwirkung Baugrund/Bauwerk bei Flachgründungen

4.8 Literatur

[1] *Ahnert, R., Krause, K.H.*: Typische Baukonstruktionen von 1860 bis 1960, Bd.1 – Gründungen, Abdichtungen, Tragende massive Wände, Gesimse, Hausschornsteine, Tragende Wände aus Holz, Alte Maßeinheiten. Berlin 2009

[2] *Blochmann, G.* (Hrsg.): Schäden am Gründungen und erdberührten Bauteilen – Ursache, Bewertung, Sanierung; 46. Bausachverständigentag. Stuttgart 2011

[3] Deutsche Gesellschaft für Geotechnik e.V. (DGGT): EA-Pfähle – Empfehlungen des Arbeitskreises „Pfähle". Berlin 2012; www.dggt.de

[4] *Dörken, W, Dehne, E.*, Kliesch, K.: Grundbau in Beispielen Teil 2; Kippen, Gleiten, Grundbruch, Setzungen, Flächengründungen, Stützkonstruktionen, Rissanalyse an Gebäuden. Düsseldorf 2013

[5] *Goldscheider, M., Eckert, H.*: Baugrund und historische Gründungen – Untersuchen, Beurteilen, Instandsetzen; Sonderforschungsbericht 315. Uni Karlsruhe 2003

[6] *Grassnick, A., Holzapfel, W.*: Der schadenfreie Hochbau. Köln-Braunsfeld 1982

[7] *Hettler, A.*: Gründung von Hochbauten. Berlin 2000

[8] *Hilmer, K., Knappe M., Englert, K.* : Gründungsschäden. Stuttgart 2004

[9] *Lohmeyer, G., Ebeling, C.* : Gründungen Weiße Wannen – einfach und sicher: Konstruktion und Ausführung. Düsseldorf 2013

[10] *Pech, A., Würger, E.* : Gründungen. Wien 2005

[11] *Nodoushani, M.* : Handbuch Gründungsschäden – Erkennen und Instandsetzen. Basel 2004

[12] *Schmidt, H. H, Buchmaier, R. F., Vogt-Breyer, C.*: Grundlagen der Geotechnik. Geotechnik nach Eurocode. Wiesbaden 2014

[13] *Schmidt, P.*: Gründungen bei Altbauten und Baudenkmälern. Stuttgart 1990

[14] *Schmitt, H., Heene, A.*: Hochbaukonstruktion. Wiesbaden 2001

[15] *Schnell, W.*: Verfahrenstechnik der Pfahlgründungen. Stuttgart 1996.

[16] *Simmer, K.*: Grundbau Teil 1: 20. Aufl. Stuttgart 2001. Teil 2: 18. Aufl. Stuttgart, Wiesbaden 1999

[17] *Smoltczyk, U.*: (Hrsg.): Grundbau-Taschenbuch, Teil 3: Gründungen. Berlin 2001

4

5 Beton und Stahlbeton

5.1 Allgemeines

5.1.1 Grundlagen der Betonbauweise

Der Beton- und Stahlbetonbau ist ein ausgedehntes Sachgebiet des Bauwesens. Es kann hier nur in einem Rahmen behandelt werden, wie er der Anwendung bei einfacheren Bauvorhaben des Hochbaues entspricht.

Für die Bemessung und Konstruktion von Beton gelten DIN EN 1992, Teile 1 bis 3 mit den zugehörigen nationalen Anhängen. Eigenschaften und Herstellung von Beton sind in DIN EN 206-1 in Verbindung mit DIN 1045-2 geregelt. Für die Bauausführung von Betonarbeiten gilt DIN EN 13 670 in Verbindung mit DIN 1045-3.

Beton ist ein künstlicher Stein, der aus Zement als Bindemittel sowie natürlichen oder künstlichen, dichten oder porigen mineralischen Stoffen (Gesteinskörnungen), die ungebrochen oder gebrochen sein können und Wasser hergestellt wird. Er erhärtet an der Luft und auch unter Wasser. Beton kann hohe Druckfestigkeiten erreichen. Seine Biegezug-, Zug- und Schubfestigkeit, die wie bei allen natürlichen und künstlichen Steinen gering ist, kann durch eine Stahlbewehrung bedeutend erhöht werden.

Aus dem Dreistoffsystem Beton (Zement, Gesteinskörnung, Wasser) wird zunehmend ein Fünfstoffsystem aus Zement, Gesteinskörnung Wasser, Betonzusatzmittel und Betonzusatzstoff. Dabei können viele Eigenschaften des Frisch- und des Festbetons mit Betonzusatzmitteln und Betonzusatzstoffen gezielt beeinflusst werden. Innovative Betone wie der „Selbstverdichtende Beton" oder der „Hochfeste Beton" sind ohne Betonzusatzmittel bzw. -stoffe nicht realisierbar.

Beton ist heute der am häufigsten verwendete Konstruktionsbaustoff im Bauwesen. Dies liegt in einer Reihe von Vorzügen begründet:

- nahezu unbegrenzte Formbarkeit
- verhältnismäßig preisgünstige Ausgangsstoffe
- vielfältige Variationsmöglichkeiten der Frisch- und Festbetoneigenschaften entsprechend der vorgesehenen Verarbeitung und der Beanspruchung des Bauteils

- hohe Dauerhaftigkeit bei fachgerechter Herstellung
- niedriger Unterhaltungsaufwand.

Unbewehrter Beton kann hohe Druckspannungen aufnehmen, jedoch nur geringe Zugspannungen. Unbewehrter Beton wird deshalb wirtschaftlich nur für Bauteile eingesetzt, wo keine oder nur geringe Zugspannungen auftreten, z. B. Fundamente, vollständig auf dem Untergrund aufliegende Bodenplatten oder Rohre.

Stahlbeton (bewehrter Beton) ist wegen seiner großen Druckfestigkeit, seiner Widerstandsfähigkeit gegen Erschütterungen und seiner Feuerbeständigkeit besonders für die Ausführungen von tragenden Bauteilen wie Stützen, Unterzügen, Decken und Treppen und sowohl für einheitliche Konstruktionssysteme (Stahlbetonskelettbau) als auch für die Herstellung vorgefertigter oder an der Baustelle betonierter Bauteile geeignet. Die leichte Formbarkeit gestattet die Ausführung nahezu beliebig gestalteter Bauteile, sofern die erforderliche Einschalung wirtschaftlich herzustellen ist und konstruktiv ausreichende Abmessungen gewährleistet werden können.

Im Stahlbeton werden die in den Bauteilen auftretenden Druckspannungen vom Beton, die Zug- und Schubspannungen von der Bewehrung aufgenommen. Die Lage der Bewehrung innerhalb des Betonkörpers und deren Abmessungen werden durch statische Berechnung (Tragwerksplanung) festgelegt. Das Zusammenwirken von Stahl und Beton zur Aufnahme der Schnittgrößen (s. DIN EN 1992-1) wird dadurch ermöglicht, dass die Wärmedehnzahlen beider Stoffe fast gleich sind, der Beton fest am Stahl haftet und eine Stahlkorrosion (Rostbildung) bei sachgemäßer Umhüllung des Stahls mit vorschriftsmäßig hergestelltem Beton nicht eintritt.

Spannbeton ist durch eine künstliche Vorspannung der Bewehrungsstähle gekennzeichnet. Grundgedanke ist es, den äußeren Beanspruchungen einen definierten Druckspannungszustand im Inneren des Betons entgegen wirken zu lassen. Die Bauteile erhalten unter Belastung im gesamten Querschnitt praktisch nur Druckspannung. Beim Stahlbeton infolge der geringen Betonzugfestigkeiten auftretende Rissbildungen können reduziert oder ganz vermieden werden. Damit sind Querschnittsverringerungen möglich, es kann am Eigengewicht der Bauteile gespart werden und die hohe Druckfestigkeit des Betons kann in vielen Fällen besser ausgenutzt werden. Die verschiedenen Arten der Vorspannung können grundsätzlich nach folgenden Merkmalen unterschieden werden:

- Verbund zwischen Spannstahl und Beton (Vorspannung mit / ohne Verbund)
- Führung des Spannstahls innerhalb bzw. außerhalb des Betonquerschnitts (interne/externe Vorspannung)
- Zeitpunkt der Herstellung des Verbunds zwischen Beton und Spannstahl (Vorspannung mit sofortigem/nachträglichem Verbund)
- Zeitpunkt des Spannens (Spannen im Spannbett/Spannen gegen den erhärteten Beton).

5.1.2 Klassifizierung des Betons

Betonentwurf

Beim Betonentwurf wird je nach Verantwortlichkeit für die Zusammensetzung des verwendeten Betons unterschieden nach Standardbeton, Beton nach Zusammensetzung und Beton nach Eigenschaften.

Standardbeton

Für Standardbeton gelten gewisse Einschränkungen und Grenzwerte. Zur Erzielung der geforderten Eigenschaften ist seine Zusammensetzung mit entsprechenden Sicherheiten ausgestattet. Seine Anwendung ist auf wenige Druckfestigkeits- (bis C 16/20) und Expositionsklassen (X0, XC1, XC2) beschränkt. Standardbeton wird in Deutschland selten angewendet und ist mit Ausnahme kleiner Betonagen i. d. R. unwirtschaftlich.

Beton nach Zusammensetzung

Beim Beton nach Zusammensetzung gibt der Planer die genaue Mischungszusammensetzung vor. Er trägt damit auch die Verantwortung für die Eigenschaften. Der Hersteller (Transportbetonwerk, Fertigteilwerk) ist dann nur noch für die genaue Einhaltung der vorgegebenen Mengen beim Mischen verantwortlich. Beton nach Zusammensetzung findet vorrangig bei sehr großen Betonbauwerken wie z. B. Wasserbauten oder für spezielle Beanspruchungen wie z. B. bei Kühltürmen Anwendung.

Beton nach Eigenschaften

Beim Beton nach Eigenschaften bestimmt der Planer die Eigenschaften, die der Beton haben muss. Festgelegt werden müssen Betondruckfestigkeitsklasse, Expositionsklassen, die Verwendung des Betons (unbewehrter Beton, Stahlbeton, Spannbeton). Für Leichtbeton und Schwerbeton sind zusätzlich Anforderungen an die Rohdichte des Betons erforderlich. Vom Ausführenden der Betonarbeiten (Bauunternehmen) werden Anforderungen an die Konsistenz (Konsistenzklasse) und das Größtkorn der Gesteinskörnung gestellt. Für besondere Bauaufgaben kann die Festlegung weiterer Betoneigenschaften erforderlich sein. Der Hersteller des Betons (Transportbetonwerk, Fertigteilwerk) trägt die Verantwortung, dass die Eigenschaften des Betons eingehalten werden. Beton nach Eigenschaften ist die übliche Form des Betonentwurfs im Hoch- und Tiefbau.

Expositionsklassen

Neben der Bemessung der Betonbauteile auf Tragfähigkeit und Gebrauchstauglichkeit ist zusätzlich die Dauerhaftigkeit von Betonbauwerken bzw. Betonbauteilen sicherzustellen. Hierzu müssen geeignete Annahmen für die zu erwartenden Umwelteinwirkungen getroffen werden. In DIN EN 206-1/DIN 1045-2 sind die Anforderungen an den Beton in Abhängigkeit von den möglichen Einwirkungen durch Expositionsklassen festgelegt. Mindestbetondruckfestigkeit, Grenzwerte der Betonzusammensetzung, Betondeckung der Bewehrung, rechnerische Rissbreiten des Betons und Nachbehandlungsdauer werden dann den Expositionsklassen zugeordnet.

Für die Festlegungen der Dauerhaftigkeit stehen insgesamt sieben Expositionsklassen zur Verfügung, die jeweils in bis zu vier Stufen untergliedert sind. Unterschieden werden Einwirkungen auf die Bewehrung im Beton (Bewehrungskorrosion), auf den Beton selbst (Betonangriff) sowie Feuchtigkeitsklassen zur Vermeidung schädigender Alkali-Kieselsäurereaktion AKR (einer Treibreaktion zwischen Kieselsäure in bestimmten Gesteinskörnungen und Alkalien im Zement bzw. aus Tausalzen).

In Abhängigkeit von der Lage bzw. Nutzung eines Bauteiles müssen mehrere Expositionsklassen angegeben werden, siehe Tabelle **5**.1. Eine Zuordnung von Expositionsklassen zu praxisüblichen Bauteilen enthält [14].

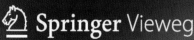
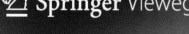

Tabelle **5**.1 Expositionsklassen, bezogen auf die Umweltbedingungen (DIN 1045-2)

Klasse	Umgebung	Beispiele	min f_{ck}
kein Korrosions- oder Angriffsrisiko[1]			
X0	alle Expositionsklassen außer XF, XA, XM	Füllbeton; Sauberkeitsschichten; Fundamente ohne Bewehrung und ohne Frost; Innenbauteile ohne Bewehrung	C8/10 C12/15
Bewehrungskorrosion durch Karbonatisierung[2]			
XC1	trocken oder ständig nass	Bauteile in Innenräumen mit üblicher Luftfeuchte (einschließlich Küche, Bad und Waschküche in Wohngebäuden); Beton, der ständig in Wasser getaucht ist	C16/20
XC2	nass, selten trocken	Teile von Wasserbehältern; Gründungsbauteile	C16/20
XC3	mäßige Feuchte	Bauteile, zu denen die Außenluft häufig oder ständig Zugang hat, z. B. offene Hallen; Innenräume mit hoher Luftfeuchtigkeit z. B. in gewerblichen Küchen, Bädern, Wäschereien, in Feuchträumen von Hallenbädern und in Viehställen	C20/25
XC4	wechselnd nass und trocken	Außenbauteile mit direkter Beregnung	C25/30

[1] Bauteile ohne Bewehrung oder eingebettetes Metall in nicht Beton angreifender Umgebung.
[2] Beton, der Bewehrung oder anderes eingebettetes Metall enthält und Luft sowie Feuchtigkeit ausgesetzt ist.

Bewehrungskorrosion durch Chloride außer Meerwasser[1]			
XD1	mäßige Feuchte	Bauteile im Sprühnebelbereich von Verkehrsflächen; Einzelgaragen	C30/37[3]
XD2	nass, selten trocken	Solebäder; Bauteile, die chloridhaltigen Industrieabwässern ausgesetzt sind	C35/45[3]
XD3	wechselnd nass und trocken	Teile von Brücken mit häufiger Spritzwasserbeanspruchung; Fahrbahndecken; Parkdecks	C35/45[3]
Bewehrungskorrosion durch Chloride aus Meerwasser[2]			
XS1	salzhaltige Luft, aber kein unmittelbarer Kontakt mit Meerwasser	Außenbauteile in Küstennähe	C30/37[3]
XS2	unter Wasser	Bauteile in Hafenanlagen, die ständig unter Wasser liegen	C35/45[3]
XS3	Tidebereiche, Spritzwasser- und Sprühnebelbereiche	Kaimauern in Hafenanlagen	C35/45[3]

[1] Beton, der Bewehrung oder anderes eingebettetes Metall enthält und chloridhaltigem Wasser, einschließlich Taumittel, ausgenommen Meerwasser ausgesetzt ist.
[2] Beton, der Bewehrung oder anderes eingebettetes Metall enthält, Chloriden aus Meerwasser oder salzhaltiger Seeluft ausgesetzt ist.
[3] Bei LP-Beton, z. B. aufgrund gleichzeitiger Anforderung aus Expositionsklasse XF eine Festigkeitsklasse niedriger.

Frostangriff mit oder ohne Taumittel[1]			
XF1	mäßige Wassersättigung, ohne Taumittel	Außenbauteile	C25/30
XF2	mäßige Wassersättigung, mit Taumittel	Bauteile im Sprühnebel- oder Spritzwasserbereich von taumittelbehandelten Verkehrsflächen, soweit nicht XF4; Betonbauteile im Sprühnebelbereich von Meerwasser	C35/45[3]
XF3	hohe Wassersättigung, ohne Taumittel	offene Wasserbehälter; Bauteile in der Wasserwechselzone von Süßwasser	C35/45[3]
XF4	hohe Wassersättigung, mit Taumittel	Verkehrsflächen, die mit Taumittel behandelt werden; überwiegend horizontale Bauteile im Spritzwasserbereich von taumittelbehandelten Verkehrsflächen; Räumerlaufbahnen von Kläranlagen; Meerwasserbauteile in der Wasserwechselzone	C30/37

(Fußnoten zu Frostangriff mit oder ohne Taumittel siehe nächste Seite)

Tabelle **5**.1   (Fortsetzung)

Klasse	Umgebung	Beispiele	min f_{ck}
Betonangriff durch Verschleißbeanspruchung[2]			
XM1	mäßige Verschleiß-beanspruchung	tragende oder aussteifende Industrieböden mit Beanspruchung durch luftbereifte Fahrzeuge	C30/37[4]
XM2	starke Verschleiß-beanspruchung	tragende oder aussteifende Industrieböden mit Beanspruchung durch luft- oder vollgummibereifte Gabelstapler	C35/45[4][5]
XM3	sehr starke Verschleiß-beanspruchung	tragende oder aussteifende Industrieböden mit Beanspruchung durch elastomer- oder stahlrollenbereifte Gabelstapler; Oberflächen, die häufig mit Kettenfahrzeugen befahren werden; Wasserbauwerke in geschiebebelasteten Gewässern, z. B. Tosbecken	C35/45[4][6]

[1] Durchfeuchteter Beton, der in erheblichem Umfang Frost-Tau-Wechseln ausgesetzt ist
[2] Beton, der einer erheblichen mechanischen Beanspruchung ausgesetzt ist
[3] Bei LP-Beton zwei Festigkeitsklassen niedriger
[4] Bei LP-Beton aufgrund gleichzeitiger Anforderung aus Expositionsklasse XF eine Festigkeitsklasse niedriger
[5] Bei Oberflächenbehandlung des Betons eine Festigkeitsklasse niedriger
[6] Hartstoffeinstreuung oder Hartstoffestrich erforderlich

Betonangriff durch aggressive chemische Umgebung[1]

XA1	chemisch schwach angreifende Umgebung nach Tabelle unten	Behälter von Kläranlagen; Güllebehälter	C25/30
XA2	chemisch mäßig angreifende Umgebung nach Tabelle unten und Meeresbauwerke	Betonbauteile, die mit Meerwasser in Berührung kommen; Bauteile in Beton angreifenden Böden	C35/45[2]
XA3	chemisch stark angreifende Umgebung nach Tabelle unten	Industrieabwasseranlagen mit chemisch angreifenden Abwässern; Futtertische der Landwirtschaft; Kühltürme mit Rauchgasableitung	C35/45[2]

[1] Beton, der chemischen Angriffen durch natürliche Böden, Grund- oder Meerwasser gemäß nachfolgender Tabelle und Abwasser ausgesetzt ist.
[2] Bei LP-Beton aufgrund gleichzeitiger Anforderung aus Expositionsklasse XF eine Festigkeitsklasse niedriger

Grenzwerte für die Expositionsklassen bei chemischem Angriff durch Grundwasser[1][2]

chemisches Merkmal	XA1	XA2	XA3
pH-Wert	6,5 … 5,5	< 5,5 … 4,5	< 4,5 und ≥ 4,0
Kalk lösende Kohlensäure (CO_2) [mg/l]	15 … 40	> 40 … 100	> 100 bis zur Sättigung
Ammonium[3] (NH_4^+) [mg/l]	15 … 30	> 30 … 60	> 60 … 100
Magnesium (Mg_2^+) [mg/l]	300 … 1000	> 1000 … 3000	> 3000 bis zur Sättigung
Sulfat (SO_4^{2-}) [mg/l]	200 … 600	> 600 … 3000	> 3000 und ≤ 6000

[1] Werte gültig für Wassertemperatur zwischen 5 °C und 25 °C sowie eine sehr geringe Fließgeschwindigkeit (näherungsweise wie für hydrostatische Bedingungen).
[2] Der schärfste Wert für jedes einzelne Merkmal ist maßgebend. Liegen zwei oder mehrere angreifende Merkmale in derselben Klasse, davon mind. eines im oberen Viertel (bei pH im unteren Viertel), ist die Umgebung der nächsthöheren Klasse zuzuordnen. Ausnahme: Nachweis über eine spezielle Studie, dass dies nicht erforderlich ist.
[3] Gülle kann, unabhängig vom NH4+-Gehalt, in die Expositionsklasse XA1 eingeordnet werden.

Betonkorrosion infolge Alkali-Kieselsäure-Reaktion

WO	trocken	Innenbauteile; Bauteile, auf die Außenluft einwirkt, jedoch i. d. R. rel. Luftfeuchte < 80 %
WF	feucht	Außenbauteile mit direkter Beregnung; Innenbauteile für Feuchträume mit rel. Luftfeuchte von überwiegend > 80 %; massige Bauteile (unabhängig von Feuchte); häufige Taupunktunterschreitung
WA	feucht + Alkalizufuhr von außen	Bauteile mit Meerwassereinwirkung; Güllebehälter, Bauteile nach ZTV-ING; Betonfahrbahndecken (Bauklasse IV–VI)
WS	WA + starke dyn. Beanspruchung	Betonfahrbahndecken (Bauklasse SV, I–III)

Für besondere Bauaufgaben können Planer und Bauunternehmen weitere Anforderungen festlegen. Diese sind:

- Besondere Anforderungen an die Gesteinkörnung
- Luftporen (LP-Bildner)
- Frischbetontemperatur
- Festigkeitsentwicklung
- Wärmeentwicklung
- Verzögertes Ansteifen
- Wassereindringwiderstand
- Abriebwiderstand
- Spaltzugfestigkeit

Klassifizierung nach der Trockenrohdichte

- Leichtbeton   0,8 bis 2,0 kg/dm^3
- (Normal)-Beton   > 2,0 bis 2,6 kg/dm^3
- Schwerbeton   > 2,6 kg/dm^3

Klassifizierung nach dem Ort der Herstellung

- **Baustellenbeton**: Beton, dessen Bestandteile auf der Baustelle zugegeben und gemischt werden. Als Baustellenbeton gilt auch solcher Beton, der von bis zu 5 km entfernten Baustellen des gleichen Unternehmens herantransportiert wird.
- **Transportbeton**: Beton, dessen Bestandteile außerhalb der Baustelle dosiert werden und der in Fahrzeugen an der Baustelle in einbaufertigem Zustand übergeben wird. Im Regelfall erfolgt das Dosieren und Mischen des Betons im Transportbetonwerk.

Klassifizierung nach dem Ort des Einbringens

- **Ortbeton**: Beton, der als Frischbeton in der Regel auf der Baustelle in seine endgültige Lage gebracht wird und dort erhärtet.
- **Betonfertigteile**, Betonwaren, Betonwerkstein: Beton, der vorgefertigt wird und erst nach der Erhärtung in seine endgültige Lage gebracht wird.

Klassifizierung nach dem Fördern, Verarbeiten und Verdichten

- **Rüttelbeton** ist die am meisten verwendete Betonart. Der Beton wird mittels Rutsche, Betonkübel, Betonpumpe oder Förderband in die Schalung gefördert und dort mit Innenrüttlern, Oberflächenrüttlern oder Außenrüttlern verdichtet.

- **Fließbeton** oder leicht verdichtbarer Beton (Konsistenzklassen F5 bzw. F6 nach Tab. **5**.2) wird unter Zusatz von flüssigen Betonzusatzmitteln (Betonverflüssiger, Fließmittel) hergestellt. Fließbeton kann mit wesentlich geringerem Verdichtungsaufwand als üblicher Rüttelbeton eingebaut werden und eignet sich für Bauteile mit komplizierter Geometrie und hoher Bewehrung.
- **Selbstverdichtender Beton (SVB)** oder (SCC – „Self Compacting Concrete") entlüftet allein unter dem Einfluss von Schwerkraft und fließt bis zum Niveauausgleich. Eine Verdichtung des Betons ist unnötig. Er eignet sich für Bauteile mit komplizierter Geometrie und dichter Bewehrung. Herstellung, Verarbeitung und Überwachung erfordert hohen betontechnologischen Sachverstand.
- **Vakuumbeton** setzt man zur Herstellung monolithischer Betonböden und -decken ein, wenn hohe Beanspruchungen der Betonoberfläche zu erwarten sind. Dabei wird der in die Schalung gebrachte Frischbeton verdichtet und besonders höhengenau abgezogen. Mit Hilfe von speziellen Filtermatten wird durch Vakuumwirkung dem Beton Überschusswasser entzogen. Dabei sinkt der Wasserzementwert und der Beton wird im oberflächennahen Bereich zusätzlich verdichtet. Dadurch entsteht eine sehr verschleißfeste Oberfläche. Er wird heute nur noch selten eingesetzt, da verschleißfeste Betone mit geringem Wassergehalt durch betontechnologische Maßnahmen (Einsatz von Zusatzmitteln) heute sicher hergestellt werden können.
- **Schleuderbeton**: Beton, der durch Schleudern in rotierenden Hohlkörperformen verdichtet wird, z. B. für Rohre, Masten, Pfähle, Stützen.
- **Stampfbeton** wird erdfeucht oder steif eingebaut und mit Stampfern verdichtet. Er wird heute nur noch selten eingesetzt.
- **Spritzbeton** wird meist zur Verstärkung vorhandener Konstruktionen z. B. beim Tunnelbau oder bei der Betoninstandsetzung eingesetzt. Dabei wird der Beton mit Druck auf die Bauteiloberfläche gespritzt und steift dort in kurzer Zeit an.

Klassifizierung nach der Konsistenz

Konsistenz ist ein Maß für die Verarbeitbarkeit und Verdichtbarkeit des Frischbetons. Sie muss den Gegebenheiten angepasst sein. Eine Unter-

Tabelle **5**.2 Konsistenzklassen des Frischbetons gem. DIN EN 206

Konsistenzbezeichnung	Klasse	Ausbreitmaß [mm] gem. DIN EN 12 350-5	Verdichtungsmaß [–] gem. DIN EN 12 350-4
sehr steif	C0	–	$\geq 1{,}46$
steif	C1	–	$1{,}45 \ldots 1{,}26$
	F1	≤ 340	–
plastisch	C2	–	$1{,}25 \ldots 1{,}11$
	F2	$350 \ldots 410$	–
weich	C3	–	$1{,}10 \ldots 1{,}04$
	F3	$420 \ldots 480$	–
sehr weich	C4	–	≤ 1.04 (gilt nur für LC = Leichtbeton)
fließfähig	F5	$560 \ldots 620$	–
sehr fließfähig	F6	$630 \ldots 700$	–
SVB (selbstverdichtender Beton)	–	≥ 700	–

Regelkonsistenz Ortbeton: C3 und F3; Hochfester Beton: F3 und weicher; Zugabe FM vorgeschrieben: C3, F4 und weicher.
Bei Ausbreitmaßen > 70 cm ist die DAfStb-Richtlinie „Selbstverdichtender Beton" zu beachten.

teilung des Betons nach der Konsistenz in sehr steif, steif, plastisch, weich, sehr weich, fließfähig und sehr fließfähig erfolgt durch die Definition von Konsistenzbereichen (Tab. **5**.2).

Wasserzementwert

Als Wasserzementwert wird das Verhältnis des Wassergehalts w zum Zementgehalt z im Beton bezeichnet. Der Wasserzementwert ist besonders wichtig für die Betondruckfestigkeit und die Kapillarporosität des Betons. Davon wiederum hängen ab der Wassereindringwiderstand, der Frostwiderstand und auch der Widerstand gegenüber chemischem Angriff. Er wird mit w/z oder ω bezeichnet.

Mehlkorngehalt

Um dem Beton ein geschlossenes Gefüge zu geben und ihn gut verarbeiten zu können, ist ein ausreichender Mehlkorngehalt (Kornanteil bis 0,125 mm) wichtig. Ein zu niedriger Mehlkorngehalt kann ein Wasserabsondern des Betons, auch „Bluten" genannt, zur Folge haben. Anderseits kann ein zu hoher Mehlkorngehalt den Frischbeton für die Verarbeitung zäh und klebrig machen, den Wasseranspruch erhöhen und die Festbetoneigenschaften verschlechtern. Der Mehlkorngehalt setzt sich zusammen aus dem Zement, dem in der Gesteinskörnung enthaltenen Kornanteil 0 bis 0,125 mm und gegebenenfalls einem Betonzusatzstoff.

5.1.3 Überwachungsklassen

Bauunternehmungen müssen bei der Herstellung von Betonbauwerken durch eine regelmäßige Überwachung aller Tätigkeiten sicherstellen, dass ihre Leistung in Übereinstimmung mit den geltenden Regelwerken und der Projektbeschreibung erfolgt. Die verwendeten Baustoffe und Bauteile müssen auf der Baustelle auf Ihre Übereinstimmung mit diesen Anforderungen überprüft werden. Je nach Betonbaumaßnahme wird zur Qualitätssicherung des Betons ein unterschiedlich hoher Überwachungsaufwand gefordert. DIN 1045-3 formuliert mit den Überwachungsklassen 1, 2 und 3 ein mehrstufiges Überwachungssystem (Tab. **5**.3). Die Anforderungen an die Überprüfung der maßgebenden Frisch- und Festbetoneigenschaften nehmen mit aufsteigender Überwachungsklasse zu. Der Überwachungsaufwand und die Klasseneinteilung richten sich nach der Betondruckfestigkeitsklasse, den Expositionsklassen und ggf. den besonderen Betoneigenschaften. In der Überwachungsklasse 1 ist der Bauleiter des Bauunternehmens für die Überwachung verantwortlich. In den Überwachungsklassen 2 und 3 erfolgt die Eigenüberwachung durch eine so genannte ständige Betonprüfstelle. Zusätzlich ist eine Überwachung durch eine so genannte anerkannte Überwachungsstelle erforderlich (Fremdüberwachung).

Tabelle **5**.3   Überwachungsklassen für Beton (DIN 1045-3)

Gegenstand	Überwachungsklasse 1	Überwachungsklasse 2[1]	Überwachungsklasse 3[1]
Druckfestigkeitsklasse für Normal- und Schwerbeton	≤ C 25/30[2]	≥ C 30/37 und ≤ C 50/60	≥ C 55/67
Druckfestigkeitsklasse für Leichtbeton der Rohdichteklassen D1,0 bis D1,4 D1,6 bis D2,0	 nicht anwendbar ≤ LC 25/28	 ≤ LC 25/28 LC 30/33 und LC 35/38	 ≥ LC 30/33 ≥ LC 40/44
Expositionsklasse	X0, XC, XF1	XS, XD, XA, XM[3], XF2, XF3, XF4	–
Besondere Betoneigenschaften	–	• Beton für wasserundurchlässige Baukörper (z. B. Weiße Wannen)[4] • Unterwasserbeton • Beton für hohe Gebrauchstemperaturen T ≤ 250 °C • Strahlenschutzbeton (außerhalb des Kernkraftwerkbaus) • Für besondere Anwendungsfälle (z. B. Verzögerter Beton, Betonbau beim Umgang mit wassergefährdenden Stoffen) sind DAfStb-Richtlinien anzuwenden.	–

[1] Zusätzliche Anforderungen an die Eigenüberwachung sowie Überwachung durch eine dafür anerkannte Überwachungsstelle (Fremdüberwachung).
[2] Spannbeton der Festigkeitsklasse C25/30 ist stets Überwachungsklasse 2.
[3] Gilt nicht für übliche Industrieböden.
[4] Beton mit hohem Wassereindringwiderstand darf in die Überwachungsklasse 1 eingeordnet werden, wenn der Baukörper nur zeitweilig aufstauendem Sickerwasser ausgesetzt ist und wenn in der Projektbeschreibung nichts anderes festgelegt ist.

5.1.4   Festigkeit

Entsprechend den unterschiedlichen statischen Anforderungen und den Anforderungen aus den Umgebungsbedingungen (Expositionsklassen) an die aus Beton bzw. Stahlbeton hergestellten Bauteile werden durch den Tragwerksplaner Druckfestigkeitsklassen für den Beton festgelegt (Tabelle **5**.4).

Beispiel: Bei Beton der Druckfestigkeitsklasse C 25/30 steht „C" für den englischen Begriff für Beton „concrete", „25" für die Druckfestigkeit geprüft nach 28 Tagen an einem Zylinder mit 300 mm Höhe und 150 mm Durchmesser und „30" für die Druckfestigkeit geprüft an einem Würfel mit der Kantenlänge 150 mm (ebenfalls nach 28 Tagen) gemessen in MPa bzw. N/mm². In Deutschland wird im Regelfall am Würfel geprüft. Die Norm-Lagerungsbedingungen sind nach europäischen Normen 28 Tage unter Wasser. Alternativ wird in Deutschland mit einer kombinierten Nass-/Trockenlagerung gearbeitet. Bis zum 7. Tag erfolgt die Lagerung der Prüfkörper im Wasser, danach bis zum 28. Tag an der Luft. In diesem Fall muss das Ergebnis der Druckfestigkeitsprüfung mit dem Faktor 0,92 abgemindert werden.

Die Festigkeitsklasse gilt dann als erreicht, wenn bei der Konformitätskontrolle des Betonherstellers (statistische Produktionskontrolle) der Mittelwert f_{cm} aus drei Proben um 4 N/mm² höher ist als die charakteristische Druckfestigkeit f_{ck} (in unserem Beispiel 30 N/mm² + 4 N/mm² bei Prüfung an Würfeln) und wenn der kleinste Einzelwert nicht mehr als 4 N/mm² kleiner ist als die charakteristische Druckfestigkeit (in unserem Beispiel 30 N/mm² – 4 N/mm²). Liegen schon mehr als 35 Prüfungen vor gilt für den Mittelwert $f_{cm} \geq f_{ck} + 1{,}48\,\sigma$ (σ ist die Standardabweichung).

5.1.5   Rohdichte

Die Rohdichte ist u. a. abhängig von Art, Korngröße und Kornzusammensetzung der Gesteinskörnungen, die in der Regel aus natürlichem oder künstlichem, dichtem oder porigem Gestein bestehen (Tab. **5**.5).

Normalbeton und Schwerbeton haben ein geschlossenes, möglichst dichtes Gefüge. Gesteins-

Tabelle **5**.4   Druckfestigkeitsklassen für Normal- und Schwerbeton

Druckfestigkeitsklasse	$f_{ck, cyl}$ [1] [N/mm^2]	$f_{ck, cube}$ [2] [N/mm^2]	Betonart
C8/10	8	10	Normal- und
C12/15	12	15	Schwerbeton
C16/20	16	20	
C20/25	20	25	
C25/30	25	30	
C30/37	30	37	
C35/45	35	45	
C40/50	40	50	
C45/55	45	55	
C50/60	50	60	
C55/67	55	67	Hochfester
C60/75	60	75	Beton
C70/85	70	85	
C80/95	80	95	
C90/105 [3]	90	105	
C100/115 [3]	100	115	

[1] $f_{ck, cyl}$ = charakteristische Festigkeit von Zylindern, Durchmesser 150 mm, Länge 300 mm, Alter 28 Tage, Lagerung nach DIN EN 12 390-2.
[2] $f_{ck, cube}$ = charakteristische Festigkeit von Würfeln, Kantenlänge 150 mm, Alter 28 Tage, Lagerung nach DIN EN 12 390-2.
[3] Allgemeine bauaufsichtliche Zulassung (AbZ) oder Zustimmung im Einzelfall (ZiE) erforderlich.

körnungen sind in der Hauptsache Sand, Kies, Schotter; für Schwerbeton (Anwendung z. B. beim Strahlenschutz oder als Ballastbeton) auch Schwerspat, Magnetit, Baryt oder Stahlschrott. Normalbeton weist mit 2,1 W/mK bis 2,8 W/mK ungünstige Wärmeleitzahlen auf. Für Bauteile, die für sich allein oder im Zusammenhang mit anderen Materialien Anforderungen an den Wärmeschutz genügen müssen, wird daher öfters Leichtbeton verwendet. Leichtbeton hat ein poriges Gefüge durch Gesteinskörnungen aus Blähglas, Naturbims, Hüttenbims, Lava- oder porigen Hochofenschlacken, Blähton, Blähschiefer, Vermiculit (Blähglimmer) u. A. Je nach Rohdichte beträgt die Wärmeleitfähigkeit 0,44 W/mK bis 1,6 W/mK.

5.1.6   Besondere Betoneigenschaften

Da die meisten Betoneigenschaften durch die Expositionsklassen abgedeckt sind, bleiben als „Besondere Betoneigenschaften" nur der Beton mit hohem Wassereindringwiderstand, Unterwasser-

beton, Beton für hohe Gebrauchstemperaturen ≤ 250°C, Strahlenschutzbeton sowie flüssigkeitsdichte Betone bzw. flüssigkeitsdichte Betone mit Erstprüfung (zur Anwendung beim Umgang mit wassergefährdenden Stoffen).

Beton mit hohem Wassereindringwiderstand

Dieser Beton entspricht dem bisherigen Wasserundurchlässigen Beton (oder kurz wu-Beton). Der entscheidende betontechnologische Parameter ist hierbei der Wasserzementwert. Bauteile bis 40 cm Stärke müssen einen höchstzulässigen Wasserzementwert von 0,60 einhalten, zusätzlich gilt ein Mindestzementgehalt von 280 kg/m^3 und eine Mindestdruckfestigkeitsklasse von C25/30. Bauteile mit mehr als 40 cm Stärke müssen einen Wasserzementwert von 0,70 einhalten. Neben der DIN EN 206-1/DIN 1045-2 gilt für wasserundurchlässige Bauwerke aus Beton auch die Richtlinie des Deutschen Ausschusses für Stahlbeton (DAfStb) „Wasserundurchlässige Bauwerke aus Beton" (kurz WU-Richtlinie). In dieser

Tabelle **5**.5   Einteilung des Betons nach der Trockenrohdichte

Betonart	Rohdichte [kg/dm^3 bzw. t/m^3]	Gesteinskörnungen z. B.
Leichtbeton	0,8 … 2,0	Blähschiefer, Blähton, Hüttenbims, Naturbims, Blähglas
(Normal)-Beton [1]	> 2,0 … 2,6	Sand, Kies, Splitt, Hochofenschlacke
Schwerbeton	> 2,6	Magnetit, Eisengranulat, Schwerspat, Hämatit

[1] Wenn keine Verwechslungen mit Schwer- oder Leichtbeton möglich sind, wird Normalbeton als „Beton" bezeichnet.

Richtlinie sind weitere Punkte für Beton mit hohem Wassereindringwiderstand vorgegeben (s. a. Abschn. 17.4.6):

- Konsistenzklasse F3 oder weicher
- unter Berücksichtigung von Witterung und Bauteildicke sind zu beachten: die Frischbetontemperatur, die Hydratationswärmeentwicklung des Betons und die Nachbehandlung
- bei Ausnutzung der Mindestwandstärke (Tabelle in der WU-Rchtlinie) und bei Beanspruchungsklasse 1 (drückendes Wasser, zeitweise aufstauendes Sickerwasser, nichtdrückendes Wasser) ist ein Beton mit einem $(w/z)_{eq} \leq 0{,}55$ und bei Wänden ein Größtkorn ≤ 16 mm zu verwenden.
- bei freien Fallhöhen von mehr als 1 m ist stets eine Anschlussmischung zu verwenden.

Beton mit hohem Wassereindringwiderstand ist in die Überwachungsklasse 2 einzustufen. Er darf nur dann in die Überwachungsklasse 1 eingestuft werden, wenn kein drückendes Wasser ansteht und in der Projektbeschreibung nichts anderes festgelegt ist.

5.1.7 Leichtbeton

Leichtbeton ist ein Beton mit erheblich besseren Wärmedämmeigenschaften als Normalbeton. Hauptcharakteristik ist seine im Vergleich zum Normalbeton geringere Rohdichte infolge von meist porigen, leichten Gesteinskörnungen sowie Lufteinschlüssen (Poren). Er wird besonders

dort eingesetzt, wo ein zusätzlicher Wärmeschutz technisch oder aus gestalterischen Gründen schwierig angebracht werden kann (z. B. bei auskragenden Bauteilen im Zusammenhang mit Sichtbeton, Stützen in Außenwänden, durchbindenden Unterzügen u. Ä.). Die Gefahr, dass Wärmebrücken entstehen, kann auf diese Weise abgemildert werden. Ein weiterer Einsatzbereich ergibt sich durch das geringere Gewicht gegenüber Normalbeton.

Verglichen mit einem Normalbeton gibt es mehrere Lösungen für Leichtbeton

- gefügedichter Leichtbeton mit porigen, leichten Gesteinskörnungen (auch Konstruktionsleichtbeton genannt)
- Porenleichtbeton, auch Schaumbeton gem. DIN EN 991 (mit aufgeschäumtem Zementstein)
- haufwerksporiger Leichtbeton mit dichten oder porigen Gesteinskörnungen und nur punktweiser Verklebung der Gesteinskörnung durch Zementstein

Für tragende Bauteile wird im Allgemeinen gefügedichter Leichtbeton eingesetzt (s. a. Bild **6**.121, Bild **6**.137, Bild **10**.15). Tab **5**.6 enthält die Druckfestigkeitsklassen für Leichtbeton. LC steht dabei für engl. Lightweight Concrete. Die Festlegung der Expositionsklassen für tragende Bauteile erfolgt analog der Vorgehensweise beim Normalbeton. Allerdings werden bei Leichtbetonen keine Mindestdruckfestigkeitsklassen gefordert, da die Druckfestigkeit im Gegensatz zum Normalbe-

Tabelle **5**.6 Druckfestigkeitsklassen für Leichtbeton

Betonart	Druckfestigkeitsklasse	charakteristische Mindestdruck-festigkeit von Zylindern $f_{ck, cyl}$ N/mm^2	charakteristische Mindestdruck-festigkeit von Würfeln $f_{ck, cube}$ N/mm^2
Leichtbeton	LC 8/9	8	9
	LC 12/13	12	13
	LC 16/18	16	18
	LC 20/22	20	22
	LC 25/28	25	28
	LC 30/33	30	33
	LC 35/38	35	38
	LC 40/44	40	44
	LC 45/50	45	50
	LC 50/55	50	55
hochfester Leichtbeton	LC 55/60	55	60
	LC 60/66	60	66
	LC 70/77[1]	70	77
	LC 80/88[1]	80	88

[1] Allgemeine bauaufsichtliche Zulassung oder Zustimmung im Einzelfall erforderlich.

Tabelle **5**.7 Wärmeleitfähigkeit von Leichtbeton (nach DIN 4108-4)[1]

Rohdichteklasse	Rohdichtebereich [W/mK]	Bemessungswert der Wärmeleitfähigkeit [kg/m^3]
D 1.0	≤ 900	0,44
	≤ 1000	0,49
D 1.2	≤ 1100	0,55
	≤ 1200	0,62
D 1.4	≤ 1300	0,70
	≤ 1400	0,79
D 1.6	≤ 1500	0,89
	≤ 1600	1,0
D 1.8	≤ 1800	1,3
D 2.0	≤ 2000	1,6

[1] Werte gelten nur für Gesteinskörnungen mit porigem Gefüge ohne Quarzsandzusatz.

ton nicht mit der Dauerhaftigkeit korreliert. Geringe Rohdichten führen auch zu geringen Druckfestigkeiten, für hohe Festigkeiten sind höhere Rohdichten erforderlich. Die Rohdichte D (engl. density) wird in Abstufungen von 0,2 kg/dm^3 klassifiziert. Den Rohdichteklassen können Bemessungswerte der Wärmeleitfähigkeit zugeordnet werden, Tab **5**.7. Leichtbetone mit Rohdichten unter 1000 kg/m^3 können bei Dicken von 50 cm und mehr die Forderungen der Energie-Einsparverordnung EnEV erfüllen und werden u. A. für Außenwände ohne zusätzliche Wärmedämmung eingesetzt.

Haufwerksporige Betone mit porigen Gesteinskörnungen werden als großformatige Fertigteile und Mauersteine verwendet. Leichtbeton-Mauersteine erlauben Rohdichten ab 350 kg/m^3. Zusammen mit Dünnbettmörteln und optimierter Steingestaltung werden Wärmeleitfähigkeiten von Holz (≥ 0,13 W/mK) erreicht und sogar mit ≥ 0,07 W/mK unterboten.

5.2 Baustoffe

5.2.1 Zement

Zusammensetzung, Anforderungen und Eigenschaften der Zemente sind in der Norm DIN EN 197-1 oder in darauf bezogenen bauaufsichtlichen Zulassungen geregelt. Für Zemente mit besonderen Eigenschaften gilt teilweise die (Rest-) Norm DIN 1164.

Die Normalzemente werden in fünf Haupt-Zementarten unterteilt:

- Portlandzement   CEM I
- Portlandkompositzement CEM II
- Hochofenzement   CEM III
- Puzzolanzement   CEM IV
- Kompositzement   CEM V

Den Hauptbestandteil der Portlandzemente bilden Portlandzementklinker (K). Portlandkompositzemente sind aus verschiedenen Bestandteilen zusammengesetzt, die mit besonderen Kennbuchstaben verdeutlicht werden. Sie werden je nach Anteil an Portlandzementklinker in den Gruppen A und B unterschieden (Tabelle **5**.8). CEM IV und V-Zement spielen in Deutschland keine Rolle.

Bei den Zementen wird in Abhängigkeit von der 28-Tage-Druckfestigkeit zwischen den Festigkeitsklassen 32,5, 42,5 und 52,5 unterschieden. Zusätzlich gibt es noch die Festigkeitsklasse 22,5, aber nur für Sonderzemente nach DIN EN 14 216 mit sehr niedriger Hydratationswärme (siehe auch unten, Zemente mit besonderen Eigenschaften).

Diese drei Festigkeitsklassen werden nach ihrer Anfangsfestigkeit nochmals unterteilt in

- schnell härtende Zemente (Kennbuchstabe R = Rapid),
- normal erhärtende Zemente (Kennbuchstabe N = Normal),
- langsam erhärtende Zemente (Kennbuchstabe L = Low), aber nur für Hochofenzement

Ferner sind Zemente mit besonderen Eigenschaften genormt, für die zusätzliche Kennbuchstaben festgelegt sind.

Folgende Zemente stehen zur Verfügung:

- Zement mit niedriger Hydratationswärme (engl. **l**ow **h**eat) — LH DIN EN 197-1
- Zement mit sehr niedriger Hydratationswärme (engl. **v**ery **l**ow **h**eat) — VLH DIN EN 14 216
- Zement mit hohem Sulfatwiderstand (engl. **s**ulphate **r**esistant) — SR DIN EN 197-1
- Zement mit niedrigem wirksamem **A**lkaligehalt — NA DIN 1164-10
- Zement mit frühem Erstarren — FE DIN 1164-11
- Zement mit schnellem Erstarren — SE DIN 1164-11
- Zement mit erhöhtem Anteil organischer Bestandteile — HO DIN 1164-12

Tabelle **5.8** Normalzemente und ihre Zusammensetzung nach DIN EN 197-1

Hauptzementarten	Benennung	Kurzbezeichnung	Zusammensetzung: (Massenanteile in Prozent)[1]										Nebenbestandteile[2]
			Hauptbestandteile										
						Puzzolane		Flugasche			Kalkstein		
			Portlandzementklinker	Hüttensand	Silicatstaub	natürlich	natürlich getempert	kieselsäurereich	kalkreich	Gebrannter Schiefer			
			K	S	D	P	Q	V	W	T	L	LL	
CEM I	Portlandzement	CEM I	95–100	–	–	–	–	–	–	–	–	–	0–5
CEM II	Portlandhüttenzement	CEM II/A-S	80–94	6–20	–	–	–	–	–	–	–	–	0–5
		CEM II/B-S	65–79	21–35	–	–	–	–	–	–	–	–	0–5
	Portlandsilicastaubzement	CEM II/A-D	90–94	–	6–10	–	–	–	–	–	–	–	0–5
	Portlandpuzzolanzement	CEM II/A-P	80–94	–	–	6–20	–	–	–	–	–	–	0–5
		CEM II/B-P	65–79	–	–	21–35	–	–	–	–	–	–	0–5
		CEM II/A-Q	80–94	–	–	–	6–20	–	–	–	–	–	0–5
		CEM II/B-Q	65–79	–	–	–	21–35	–	–	–	–	–	0–5
	Portlandflugaschezement	CEM II/A-V	80–94	–	–	–	–	6–20	–	–	–	–	0–5
		CEM II/B-V	65–79	–	–	–	–	21–35	–	–	–	–	0–5
		CEM II/A-W	80–94	–	–	–	–	–	6–20	–	–	–	0–5
		CEM II/B-W	65–79	–	–	–	–	–	21–35	–	–	–	0–5
	Portlandschieferzement	CEM II/A-T	80–94	–	–	–	–	–	–	6–20	–	–	0–5
		CEM II/B-T	65–79	–	–	–	–	–	–	21–35	–	–	0–5
	Portlandkalksteinzement	CEM II/A-L	80–94	–	–	–	–	–	–	–	6–20	–	0–5
		CEM II/B-L	65–79	–	–	–	–	–	–	–	21–35	–	0–5
		CEM II/A-LL	80–94	–	–	–	–	–	–	–	–	6–20	0–5
		CEM II/B-LL	65–79	–	–	–	–	–	–	–	–	21–35	0–5
	Portlandkompositzement[3]	CEM II/A-M[4]	80–94					6–20					0–5
		CEM II/B-M[4]	65–79					21–35					0–5
CEM III	Hochofenzement	CEM III/A	35–64	36–65	–	–	–	–	–	–	–	–	0–5
		CEM III/B	20–34	66–80	–	–	–	–	–	–	–	–	0–5
		CEM III/C	5–19	81–95	–	–	–	–	–	–	–	–	0–5
CEM IV	Puzzolanzement[3]	CEM IV/A	65–89	–			11–35						0–5
		CEM IV/B	45–64	–			36–55						0–5
CEM V	Kompositzement	CEM V/A	40–64	18–30			18–30						0–5
		CEM V/B	20–38	31–50			31–50						0–5

[1] Die Werte in der Tafel beziehen sich auf die Summe der Haupt- und Nebenbestandteile (ohne Calciumsulfat und Zementzusätze).
[2] Stoffe, die als Nebenbestandteile dem Zement zugegeben werden, dürfen nicht gleichzeitig im Zement als Hauptbestandteil vorhanden sein.
[3] Der Anteil von Silicastaub ist auf 10 % begrenzt.
[4] Neben dem Portlandzementklinker sind zwei weitere Hauptbestandteile enthalten, z. B. M(S-LL), M(S-V), M(V-LL).

Tabelle **5**.9 Festigkeitsklassen und Kennfarben von Zement

Festigkeits-klasse	Norm	Druckfestigkeit [N/mm²]				Kennfarbe	Farbe des Aufdrucks
		Anfangsfestigkeit		Normfestigkeit			
		2 Tage	7 Tage	28 Tage			
22,5	DIN EN 14 216	–	–	$\geq 22,5$	$\leq 42,5$	–	–
32,5 L	DIN EN 197	–	≥ 12	$\geq 32,5$	$\leq 52,5$	hellbraun	–
32.5 N	DIN EN 197	–	≥ 16				schwarz
32,5 R		≥ 10	–				rot
42,5 L	DIN EN 197	–	≥ 16	$\geq 42,5$	$\leq 62,5$	grün	–
42,5 N	DIN EN 197	≥ 10	–				schwarz
42,5 R		≥ 20	–				rot
52,5 L	DIN EN 197	≥ 10	–	$\geq 52,5$	–	rot	–
52,5 N	DIN EN 197	≥ 20	–				schwarz
52,5 R		≥ 30	–				rot

LH- bzw. VLH-Zemente (mit niedriger Hydratationswärme) sind besonders für massige Bauteile geeignet.

SR-Zemente (mit hohem Sulfatwiderstand) sind bei einem Sulfatangriff des Grundwassers über 600 mg/l sowie bei sulfat- und sulfidhaltigen Böden erforderlich.

NA-Zemente (mit niedrigem wirksamem Alkaligehalt) werden bei Verarbeitung von Gesteinskörnungen mit alkaliempfindlichen Bestandteilen verwendet, die in einigen Bereichen Deutschlands vorkommen können. Näheres regelt die Richtlinie „Alkalireaktion im Beton" des DAfStb.

SE-Zement ist für die normale Betonherstellung nicht geeignet, sondern findet nur bei Sonderverfahren wie z. B. Trockenspritzbeton Anwendung.

Für die normgerechte Kennzeichnung von Zementen mit Hilfe der Kurzbezeichnungen werden zwei Beispiele genannt:

Portlandzement der Festigkeitsklasse 42,5 mit hoher Anfangsfestigkeit nach DIN EN 197-1

Portlandzement EN 197-1 – CEM I 42,5 R

Portlandkompositzement mit einem Gesamtanteil an Hüttensand (S), und Kalkstein (L) mit einem Massenanteil zwischen 6% und 20% und der Festigkeitsklasse 32,5 mit hoher Anfangsfestigkeit

Portlandkompositzement EN 197-1 – CEM II/A-M (S-L) 32,5 R

Der Zement ist in sauberen Transportbehältern zu liefern, die Kennfarben tragen und ebenso wie die Lieferscheine mit Angaben über Zementart,

5.10 EG-Konformitätszeichen (CE-Zeichen), Übereinstimmungszeichen (Ü-Zeichen) und Zeichen der Überwachungsgemeinschaft des Vereins Deutscher Zementwerke

Festigkeitsklasse, Zusatzbezeichnung, Lieferwerk, Gewicht und Übereinstimmungszeichen versehen sind (Bild **5**.10).

5.2.2 Gesteinskörnungen (Betonzuschlag)

Im Zuge der europäischen Normung (DIN EN 12 620) wurde der Begriff „Zuschlag" durch den Begriff „Gesteinskörnung" ersetzt. Gesteinskörnungen für Normalbeton können aus natürlichem Material bestehen, industriell hergestellt oder rezykliert sein. Gesteinskörnungen sind meistens körnige, in der Regel mineralische Stoffe, die durch Zementleim (Zement-Wasser-Gemisch) zu dem künstlichen Konglomerat Beton zusammengekittet werden, nachdem der Zementleim zu Zementstein erhärtet ist.

Es werden unterschieden;

- Füller (Gesteinsmehl),
- feine Gesteinskörnungen (Sand, Brechsand),
- grobe Gesteinskörnungen, (Kies), Splitt, Schotter)

Tabelle **5**.11 Bezeichnung der Gesteinskörnungen

Gesteinskörnung mit		Bezeichnung
Kleinstkorn [mm]	Größtkorn [mm]	
0	0,125[1)]	Füller (Gesteinsmehl)
0	≤ 4	feine Gesteinskörnung (Sand)
≥ 2	≥ 4	grobe Gesteinskörnung
0	≥ 4	Korngemisch

[1)] überwiegend ≤ 0,063 mm

- Korngemische (Mischungen grober und feiner Gesteinskörnungen, (Tabelle **5**.11)

Gesteinskörnungen für Normalbeton haben ein dichtes Gefüge. Die Kornrohdichte liegt im Allgemeinen zwischen 2,6 und 2,9 kg/dm^3.

Gesteinskörnungen müssen verschiedenen Anforderungen genügen:

Geometrische Anforderungen
- Kornzusammensetzung
- Kornform
- Begrenzung der Feinanteile (≤ 0,063 mm)
- Füller (Gesteinmehle)

Physikalische Anforderungen
- Kornfestigkeit
- Widerstand gegen Zertrümmerung
- Widerstand gegen Polieren
- Widerstand gegen Abrieb
- Frost- und Frost-Tausalz-Widerstand
- Raumbeständigkeit – Schwinden infolge Austrocknung
- Beständig gegen Alkali-Kieselsäure-Reaktion

Chemische Anforderungen
- Begrenzung des Chloridgehalts
- Begrenzung der schwefelhaltigen Bestandteile
- Anforderungen an Bestandteile, die das Erstarren und Erhärten des Betons verändern
- Raumbeständigkeit von Hochofenstückschlacken
- Anforderungen an Bestandteile, die die Oberfläche von Beton beeinflussen

Die Gesteinskörnungen werden in Korngruppen (Lieferkörnungen) eingeteilt. Die Korngruppen werden durch Angabe von zwei Begrenzungssieben (d/D) bezeichnet (d = Siebweite des unteren Begrenzungssiebes; D = Siebweite des oberen Begrenzungssiebes).

Die Begrenzungssiebe werden im Allgemeinen aus den folgenden Siebreihen gewählt:

Grundsiebreihe	1; 2; 4; 8; 16; 31,5; 63 (Siebweiten in mm)
Ergänzungssiebsatz 1	5, 6; 11,2; 22,4; 45 (Siebweiten in mm)

Die gebräuchlichsten Korngruppen/Lieferkörnungen sind
0/2; 0/4; 2/8; 5,6/11,2; 8/16; 11,2/22,4; 8/31,5 und 16/31,5

Kornzusammensetzung
Zur Verringerung des Porenvolumens (Haufwerksporen) von Gesteinskörnungen werden einzelne Korngruppen zu Korngemischen zusammengestellt. Die Zusammensetzung von Korngemischen wird durch Sieblinien bestimmt. Die Bilder **5**.12 und **5**.13 zeigen als Beispiel die Sieblinien eines Korngemisches mit 16 mm bzw. 32 Größtkorn. In DIN 1045-2 sind außerdem

5.12
Sieblinie nach DIN 1045-2 für Gesteinskörnungsgemische mit 16 mm Größtkorn

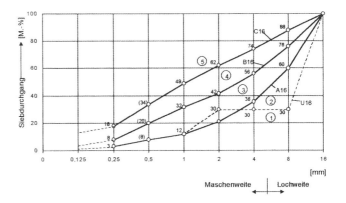

5.13
Sieblinie nach DIN 1045-2 für
Gesteinskörnungsgemische mit
31,5 mm Größtkorn

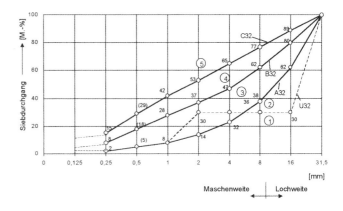

Sieblinien für 8 mm und 63 mm Größtkorn festgelegt.

Sieblinie. Die Sieblinie gibt über jeder Lochweite den Massenanteil des Gesamtgemisches an, der durch das betreffende Sieb hindurch fällt.

Unabhängig vom Größtkorn des Korngemisches wird die untere dargestellte Sieblinie mit A, die mittlere mit B und die obere mit C bezeichnet. Das jeweilige Größtkorn ist als Beiwert aufgeführt. Die Bezeichnung A 32 bedeutet ein Korngemisch mit einem Größtkorn von 32 mm nach Sieblinie A.

Die Sieblinien A und B begrenzen den günstigen Bereich (3), die Sieblinien B und C den brauchbaren Bereich (4). Als ungünstig gelten Korngemische, deren Sieblinie unter A oder oberhalb C liegt, also die Bereiche (1) und (5). Die Linie U soll von Sieblinien unstetiger Korngemische – also Ausfallkörnungen – nicht unterschritten werden.

Zur übersichtlichen Darstellung im Sandbereich ist ein logarithmischer Maßstab für die Lochwei-

ten gewählt. Dadurch entstehen zeichnerisch gleiche Abstände zwischen den einzelnen Lochweiten.

In den Tabellen **5**.14 a und b sind die Richtwerte für die Obergrenzen des Mehlkorngehaltes von Beton enthalten.

5.2.3 Zugabewasser

Als Zugabewasser ist das in der Natur vorkommende Wasser geeignet, soweit es nicht Bestandteile enthält, die das Erhärten oder andere Eigenschaften des Betons ungünstig beeinflussen oder den Korrosionsschutz der Bewehrung beeinträchtigen, wie z. B. Chloride im Meerwasser oder Verunreinigungen durch Industrieabwässer. Im Zweifelsfalle ist eine Untersuchung über die Eignung zur Betonherstellung nötig.

Tabelle **5**.14b Höchst zulässiger Mehlkorngehalt (MK) für Beton ≤ C 50/60 und LC ≤ 50/55
- alle Klassen (außer XF, XM) MK-Gehalt ≤ 550 kg/m³
- Klasse XF1 – XF4 Frostangriff ohne/mit Taumittel
- Klasse XM1 – XM3 Verschleiß

Zementgehalt[1] [kg/m3]	Mehlkorn[3] (≤ 0,125 mm) [kg/m3]
≤ 300	400
350	450

[1] Für Zwischenwerte ist der Mehlkorngehalt geradlinig zu interpolieren.
[2] Sie dürfen bei 8 mm Größtkorn zusätzlich um 50 kg/m³ erhöht werden.
[3] Die Werte dürfen insgesamt um max. 50 kg/m³ erhöht werden, wenn
  - der Zementgehalt 350 kg/m³ übersteigt, um den über 350 kg/m³ hinausgehenden Zementgehalt
  - ein puzzolanischer Betonzusatzstoff Typ II (z. B. Flugasche, Silika) verwendet wird, um dessen Gehalt.

Tabelle **5**.14a Richtwerte für die Obergrenzen des Mehlkorngehaltes (neue Normung) für Beton ≥ C 55/67 und ≥ LC 55/60 (bei allen Expositionsklassen)

Zementgehalt[1] [kg/m³]	Mehlkorn[2] (≤ 0,125 mm) [kg/m³]
≤ 400	500
450	550
≥ 500	600

[1] Für Zwischenwerte ist der Mehlkorngehalt geradlinig zu interpolieren.
[2] Bei 8 mm Größtkorn dürfen die Tafelwerte zusätzlich um 50 kg/m³ erhöht werden.

Tabelle **5**.15 Betonstahlsorten (nach DIN 488)

Benennung	Einheit	normalduktil B500 A	hochduktil B500 B
Streckgrenze f_{yk}	N/mm^2	500	500
Streckgrenzenverhältnis f_t/f_{yk}		$\geq 1{,}05$	$\geq 1{,}08$
Gesamtdehnung unter Höchstlast ε_{uk}	%	2,5	5,0
Lieferform		Betonstahlmatten, Gitterträger Betonstahl in Ringen	Betonstabstahl, Betonstahlmatten, Gitterträger, Betonstahl in Ringen
Durchmesser	mm	Stabstahl 6 … 40 (üblich $\leq$ 28) Matten 6 … 14	

Leitungswasser ist immer geeignet. Aus dem Recycling von Frischbeton gewonnenes Wasser („Restwasser") kann unter bestimmten Randbedingungen ebenfalls für die Betonherstellung eingesetzt werden.

5.2.4 Betonstahl und andere Bewehrungen

Betonstabstahl

Betonstahl wird für die Bewehrung, d. h. für die Stahleinlagen, benötigt, die in dem Verbundbaustoff Stahlbeton zusammen mit dem Beton die Tragfähigkeit und Gebrauchstauglichkeit sicherstellen.

Durchmesser, Form, Festigkeitseigenschaften und Kennzeichnung von Betonstahl müssen DIN 488-1 bis -6 und DIN EN 1992-1-1-1 entsprechen (Tabelle **5**.15).

Nach DIN 488 ist die Bezeichnung für Betonstahl wie folgt zu bilden:

- Benennung (Betonstabstahl, Betonstahlmatte, Bewehrungsdraht),
- DIN-Hauptnummer (DIN 488),
- B für Betonstahl und Angabe der Streckgrenze in N/mm^2 (500)
- Angabe der Verformbarkeit unter Höchstlast (Duktilität), A für normalduktil, B für hochduktil
- Nenndurchmesser bei Betonstabstahl und Bewehrungsdraht bzw. kennzeichnende Nennmaße bei Betonstahlmatten.

Beispiele für die Normbezeichnung:

Bezeichnung von geripptem, hochduktilem Betonstabstahl der Sorte BSt 500 B mit einem Nenndurchmesser von $d_s = 20$ mm:

Betonstabstahl DIN 488 – BSt 500B – 20

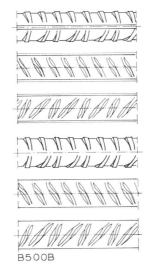

B500B

5.16   Kennzeichnung von Betonstahl (Stabstahl) DIN 488

Betonstahlmatten

Die Verlegung von Betonstahl lässt sich durch die Verwendung von Betonstahlmatten (DIN 488-4) erheblich rationalisieren[1].

Geschweißte Betonstahlmatten bestehen aus geripptem Betonstahl und haben quadratische („Q-Matten") oder rechteckige („R-Matten") Maschen mit Maschenweiten von 50 bis 300 mm und Stabdicken von 4 bis 14 mm. Die Stäbe sind an allen Kreuzungsstellen durch Widerstandspunktschweißung verbunden.

Die Längs- bzw. Querstäbe sind entweder Einfachstäbe oder Doppelstäbe, bestehend aus zwei

---

[1] Die vielfach gebrauchte Bezeichnung „Baustahlgewebe" ist ein geschütztes Warenzeichen der Bau-Stahlgewebe GmbH.

dicht nebeneinander liegenden Stäben von gleichem Durchmesser. Betonstahlmatten dürfen nur in *einer* Richtung Doppelstäbe haben.

Betonstahlmatten dürfen Zonen mit verringerten Stahlquerschnitten (z. B. dünnere Stäbe, Einfach- statt Doppelstäben) aufweisen. Unterschieden werden:

- N: Nichtstatische Matten mit Stabdurchmesser ≤ 4,0 mm (glatte Stäbe ≥ 2,5 bis 3 mm)
- Q: Quadratische Matten
- R: Rechteckige Matten } mit ≥ 4,0 mm

Geliefert werden:

1. *Lagermatten* mit vom Hersteller festgelegtem standardisiertem Mattenaufbau für bestimmte bevorzugte Maße, die sofort ab Lager lieferbar sind,
2. *Listenmatten* mit einem Mattenaufbau, der vom Besteller im Rahmen der DIN-Bezeichnungen festgelegt wird,
3. *Zeichnungsmatten*, die bei der Bestellung durch Zeichnungen und normgerechte Bezeichnungen beschrieben werden.

Lagermatten werden bezeichnet mit

- Q oder R für quadratische oder rechteckige Stababstände,
- dem Bewehrungsquerschnitt in mm²/m Mattenlänge
- A für die Duktilität (normalduktil).

Das Lagermattenprogramm umfasst die Matten Q 188A, Q 257A, Q 335A, Q 424A, Q 524A, Q 636A sowie R 188A, R 257A, R 335A, R 424A, R 524A.

Matten dürfen als statische Bewehrung nur bei Stahlbetonbauteilen mit vorwiegend ruhender Belastung verwendet werden (s. DIN EN 1991-1-1). Gekennzeichnet sind die Stäbe von Betonstahlmatten BSt500A durch sichelförmige Schrägrippen (Bild **5**.17).

Bewehrung aus Edelstahl, verzinkte Bewehrung oder kunststoffbeschichtete Bewehrung oder Bewehrung aus glasfaserverstärktem Kunststoff (GFK) werden derzeit nur in Sonderfällen eingesetzt, z. B.

- filigrane Bauteile, bei denen die Mindestbetondeckung nicht eingehalten werden kann

- Bauteile mit starkem chemischen Angriff
- Verminderung von Wärmebrücken (GFK, Edelstahl)
- Vermeidung von Streuströmen (GFK)

Fasern (Faserbeton)

Beim Faserbeton wird die Bewehrung aus Bewehrungsstäben oder Bewehrungsmatten aus Stahl durch Fasern ersetzt oder ergänzt. Zunehmend wird auch im Hochbau werkgemischter Faserbeton verwendet. Es kommen Stahl-, Glas-, und Kunststofffasern zum Einsatz. Fasern verbessern das Riss- und Bruchverhalten des Betons. Am gebräuchlichsten ist Stahlfaserbeton. Stahlfasern sind im Regelfall 25 mm bis 60 mm lang und bis zu 1,2 mm dick. Das Verbundverhalten wird durch Wellung, Abkröpfung oder Verdickung der Enden verbessert. Anwendungsgebiete für Stahlfaserbeton sind u. A. Industriefußböden, Tunnelschalen, sowie konstruktiv bewehrte Kellersohlen und -wände. Bei Stahlbetonbauteilen mit einer Beschränkung der Rissbreite können Kombinationsbewehrungen aus Stabstahl und Stahlfasern eingesetzt werden, was die Betonierbarkeit der Bauteile gegenüber alleiniger Stabstahlbewehrung verbessert. Für statisch tragende Bauteile regelt die DAfStb-Richtlinie Stahlfaserbeton die Anwendung.

Glas- und Kunststofffasern sind dünner, kürzer und leichter als Stahlfasern. Übliche Anwendungsgebiete sind Fassadenelemente, kleinere Fertigteil, verlorene Schalungen, Abflussrinnen u. Ä. Außerdem werden Fasern in Beton-Instandsetzungssystemen verwendet.

Textilien (Textilbeton)

Textilbeton enthält als Bewehrung speziell für den Betonbau entwickelte Textilien aus Glas- bzw. Carbonfasern. Mit Textilbeton können schlanke, filigrane Bauteile hergestellt werden, da gegenüber Stahlbeton nur eine deutlich geringere Betondeckung erforderlich ist (keine Korrosionsgefahr der Textilien). Textilbeton eignet sich z. B. für dünnwandige Fassadenplatten, Schalen oder zur Verstärkung von Bauteilen. Verwendet werden Feinkornbetone (Größtkorn der Gesteinskörnung ≤ 4 mm), in die ein oder mehrere Lagen Textilien eingelegt werden. Für statisch tragende Bauteile ist eine allgemeine bauaufsichtliche Zulassung (AbZ) bzw. eine Zustimmung im Einzelfall (ZiE) erforderlich.

5.17 Kennzeichnung von Betonstahlmatten B500 A

Schalungs- und Bewehrungspläne

Die Abmessungen der Bauteile und ihre Bewehrung sind vom Statiker durch Zeichnungen eindeutig und übersichtlich in den Schalungs- und Bewehrungsplänen darzustellen. Die Zeichnungen müssen mit den Ergebnissen der statischen Berechnung übereinstimmen und alle für die Ausführung der Bauteile und für die Prüfung der Berechnung erforderlichen Maße enthalten.

Insbesondere sind anzugeben (s. DIN EN 1992-1-1/NA, Abschn. 2.8):

- Festigkeitsklasse des Betons,
- die Stahlsorten (s. Tabelle **5**.15),
- Zahl, Durchmesser, Form und Lage der Bewehrungsstäbe und Baustellenschweißungen,
- die Betondeckung der Stahleinlagen (auch der Bügel) und die Unterstützungen der oberen Bewehrung,
- die Mindestdurchmesser der Biegerollen.

Jeder tragende Stahlbetonbauteil (Position der statischen Berechnung) wird in der Regel gesondert gezeichnet (i. d. R. M 1:20), so dass Schnittlänge, Biegelänge, Stabform und alle Teillängen abgelesen werden können.

Alle einzubauenden Stahleinlagen werden in der *Stahlliste* zusammengefasst. Nach ihr werden die Stähle abgelängt und gebogen. Ferner werden mit ihrer Hilfe Verschnitt und Gesamtgewicht, nach Güte und Durchmesser getrennt, für die Abrechnung ermittelt.

5.2.5 Betonzusatzmittel

Betonzusatzmittel sind flüssige oder pulverförmige Stoffe, die dem Beton zugesetzt werden, um durch chemische und/oder physikalische Wirkung Eigenschaften des Frisch- oder Festbetons wie z. B. Verarbeitbarkeit, Erstarren, Erhärten oder Frostwiderstand zu verändern. Voraussetzung für die erfolgreiche Verwendung von Betonzusatzmitteln ist die Berücksichtigung der anerkannten Grundsätze über die Mischungszusammensetzung sowie über die Verarbeitung und Nachbehandlung des Betons.

Betonzusatzmittel werden i. d. R. in so geringen Mengen zugegeben, dass sie als Raumanteil des Betons ohne Bedeutung sind. Die zulässigen Zugabemengen bei Einsatz eines Mittels sind bei Beton und Stahlbeton nach DIN EN 206-1/DIN 1045-2 50 ml/kg Zement, bei hochfestem Beton mit verflüssigenden Zusatzmitteln 70 ml/kg Zement. Bei Spannbeton und Beton mit alkaliempfindlichen Zuschlägen gelten geringere Werte.

Übersteigt die Zusatzmittelmenge 3 l/m³ Frischbeton, so ist die darin enthaltene Wassermenge bei der Berechnung des w/z-Wertes zu berücksichtigen.

5.2.6 Betonzusatzstoffe

Betonzusatzstoffe sind fein verteilte Stoffe, die bestimmte Eigenschaften des Betons beeinflussen. Dies sind vorrangig die Verarbeitbarkeit des

Tabelle **5**.18 Betonzusatzmittel

Mittel	Kurzzeichen	Farbkennzeichen
Betonverflüssiger	BV	gelb
Fließmittel	FM	grau
Luftporenbildner	LP	blau
Dichtungsmittel	DM	braun
Verzögerer[1]	VZ	rot
Beschleuniger	BE	grün
Einpresshilfen	EH	weiß
Stabilisierer	ST	violett
Erstarrungsbeschleuniger für Spritzbeton	SBE	grün
Chromatreduzierer	CR	rosa
Recyclinghilfen für Waschwasser	RH	schwarz
Schaumbildner[2]	SB	orange
Sedimentationsreduzierer	SR	gelb-grün
Erstarrungsbeschleuniger für Spritzbeton[3]	SBE	grün
Chromatreduzierer[3]	CR	rosa – nur Fußnote
Recyclinghilfen für Waschwasser[3]	RH	schwarz – nur Fußnote
Schaumbildner[2] [3]	SB	orange
Sedimentationsreduzierer[3]	SR	gelb-grün

[1] Bei einer um mind. 3 Std. verlängerten Verarbeitbarkeitszeit „Richtlinie für Beton mit verlängerter Verarbeitbarkeitszeit" des DAfStb beachten.
[2] nicht für Beton nach DIN EN 206/DIN 1045-2.
[3] Zulassung erforderlich.

Tabelle **5**.19 Betonzusatzstoffe und Kennwerte

Zusatzstoffart	Spez. Oberfläche [cm²/g]	Dichte [kg/dm³]	Schüttdichte [kg/dm³]
Quarzmehl DIN EN 12 620	> 1.000	2,65	1,3 ... 1,5
Kalksteinmehl DIN EN 12 620	> 3.500	2,6 ... 2,7	1,0 ... 1,3
Farbpigmente DIN EN 12 878	50.000 ... 200.000	4 ... 5	–
Flugasche (DIN EN 450)	2.000 ... 8.000	2,2 ... 2,4	0,9 ... 1,1
Trass (DIN 51 043)	> 5.000	2,4 ... 2,6	0,7 ... 1,0
Silicastaub[1] (Zulassung)	180.000 ... 220.000	ca. 2,2	0,3 ... 0,6
Silicasuspension (Zulassung)	–	ca. 1,4	

[1] Bei Verwendung von Zementen, die Silikastaub als Hauptbestandteil enthalten, darf Silicastaub (Silikasuspension) nicht als Zusatzstoff eingesetzt werden.

Frisch- und die Festigkeit und Dichtigkeit des Festbetons. Im Gegensatz zu Betonzusatzmitteln ist die Zugabemenge im Allgemeinen so groß, dass sie bei der Stoffraumrechnung zu berücksichtigen ist.

Die Zusatzstoffe dürfen das Erhärten des Zementes sowie die Festigkeit und Dauerhaftigkeit des Betons nicht beeinträchtigen und den Korrosionsschutz der Bewehrung nicht gefährden. Deshalb dürfen nur Betonzusatzstoffe verwendet werden, die entweder einer in Tabelle **5**.19 genannten Norm entsprechen oder eine allgemeine bauaufsichtliche oder europäische technische Zulassung besitzen.

Zusatzstoffe lassen sich in verschiedene Gruppen einteilen. Es kann jedoch bei der Wirkungsweise Überschneidungen geben. Es werden unterschieden:

- inaktive Zusatzstoffe
- puzzolanische Zusatzstoffe
- latent hydraulische Zusatzstoffe
- organische Zusatzstoffe

DIN EN 206-1/DIN 1045-2 unterscheiden lediglich 2 Arten von Zusatzstoffen

- Typ I : nahezu inaktive Zusatzstoffe
- Typ II: puzzolanische oder latent hydraulische Zusatzstoffe

Inaktive Zusatzstoffe, wie Quarz- oder Kalksteinmehl, reagieren nicht mit Zement und Wasser und greifen somit nicht in die Hydratation ein. Sie dienen aufgrund ihrer Korngröße, -zusammensetzung und -form der Verbesserung des Kornaufbaus im Mehlkornbereich. Sie werden zugesetzt, um beispielsweise bei Betonen mit feinteilarmen Sanden einen für die Verarbeitbarkeit und ein geschlosseneres Gefüge ausreichenden Mehlkorngehalt zu erzielen.

Zu den inaktiven Zusatzstoffen zählen auch die Pigmente, die zum Einfärben eines Betons gebraucht werden.

Puzzolanische Zusatzstoffe lassen sich in natürliche Puzzolane – wie Trass – und künstliche Puzzolane – wie Steinkohlenflugasche oder Silicastaub – einteilen. Sie reagieren mit dem bei der Hydratation des Zementsteins entstehenden Calciumhydroxid und bilden dabei unlösliche, zementsteinähnliche Erhärtungsprodukte. Solche Stoffe tragen zur Erhärtung bei und dienen aufgrund ihrer Korngröße, -zusammensetzung und -form der Verbesserung des Kornaufbaus im Mehlkornbereich.

Latent hydraulische Stoffe, wie z. B. Hüttensand, reagieren nicht mit Calciumhydroxid. Sie benötigen dieses oder Gips jedoch als Anreger, um selbst hydraulische Eigenschaften zu entwickeln. Sie sollen nicht als Zusatzstoff verwendet werden sondern werden schon bei der Zementherstellung zugemahlen.

Organische Zusatzstoffe (Kunstharzdispersionen) reagieren nicht mit den Zementbestandteilen, sondern entwickeln selbst eine Klebkraft. Sie werden hauptsächlich zu Reparaturzwecken eingesetzt und sollen die Verarbeitbarkeit, Haftung, Zugfestigkeit und Dichtigkeit verbessern.

5.3 Allgemeine Bedingungen für die Herstellung von Beton

Im Rahmen dieses Werkes kann nur ein kurzer, vereinfachender Überblick mit Hinweisen auf Grundsätze der Betontechnologie gegeben werden. Es muss berücksichtigt werden, dass in Wirklichkeit für die Zusammensetzung von Beton einer bestimmten Festigkeitsklasse recht komplexe Zusammenhänge zwischen Gesteinskörnung,

Zement, Zusatzmitteln, Zusatzstoffen und dem Wasserzementwert (w/z-Wert) bestehen.

War bisher die Betondruckfestigkeit das maßgebende Kriterium für die Betonqualität, kommt mit der europäischen Normengeneration gleichbedeutend die Dauerhaftigkeit dazu. Für die verschiedenen Umgebungsbedingungen werden in den Expositionsklassen genaue Anforderungen an die Betonzusammensetzung festgelegt (siehe Abschnitt 5.1.2).

5.3.1 Befördern und Fördern von Beton

Unter **Befördern** versteht man den Vorgang des Transports und Bereitstehens auf der Baustelle im Zuge der Anlieferung des Frischbetons, zum Beispiel von einem Transportbetonwerk. Der Beton ist während des Beförderns vor schädlichen Witterungseinflüssen (Hitze, Kälte, Niederschlag, Wind) zu schützen.

Frischbeton der Konsistenzklassen F2 (plastisch) bis F6 (sehr fließfähig) darf nur in Fahrmischern mit Rührwerk transportiert werden. Betone mit steifer bis sehr steifer Konsistenz dürfen auch mit anderen Fahrzeugen (z. B. Muldenkippern) befördert werden. Das Material der Ladeflächen darf dabei nicht mit dem Beton reagieren (keine Aluminiummulden!). Der Schutz vor schädlichen Witterungseinflüssen ist bei dieser Art des Transports besonders sorgfältig zu gewährleisten.

Mischfahrzeuge sollten spätestens 90 Minuten, Fahrzeuge ohne Mischvorrichtung spätestens 45 Minuten nach der ersten Wasserzugabe vollständig entladen sein. Diese Zeiten sind entsprechend zu vermindern bzw. zu verlängern, wenn infolge von Witterungseinflüssen mit einem beschleunigten bzw. verzögerten Erstarren des Betons gerechnet werden muss.

Unmittelbar vor dem Entladen muss der Beton nochmals kräftig durchgemischt werden. Die vereinbarte Konsistenz muss bei der Übergabe des Betons vorhanden sein. Zur Überprüfung der Konsistenz müssen die entsprechenden Prüfgeräte (z. B. Ausbreittisch) auf der Baustelle vorhanden sein.

Das **Fördern** des Frischbetons beginnt mit der Übergabe des Transportbetons auf der Baustelle. Es endet an der Einbaustelle. Die Frischbetonzusammensetzung und -eigenschaften müssen dem Förderverfahren angepasst sein, damit das Fördern möglichst leichtgängig und fehlerfrei möglich ist. Der Frischbeton muss so zusammengesetzt sein, dass Entmischungen beim Fördern

zuverlässig verhindert werden. Die Wahl des Förderverfahrens (Krankübel, Pumpe, Förderband) hängt von den baubetrieblichen Gegebenheiten, wie einzubringender Menge, Förderweite, Förderhöhe, Bauteilabmessungen sowie den verfügbaren Geräten ab.

Wird Beton durch Pumpen gefördert, sind bestimmte Anforderungen an die Betonzusammensetzung zu stellen. Pumpbeton muss gut zusammenhaltend sein. Er soll kein Wasser absondern und in möglichst gleichmäßiger Konsistenz angeliefert werden. Besonders wichtig im Kornaufbau pumpfähiger Betons ist ein ausreichender Gehalt an Mehlkorn.

5.3.2 Verarbeiten des Betons

Einbringen

Grundsätzlich ist sicherzustellen, dass Personal, Anzahl der Verdichtungsgeräte und die Menge des angelieferten Betons aufeinander abgestimmt sind. Schalungsaufbau und Bewehrung müssen so angeordnet sein, dass die Behinderung für das Einbringen und Verdichten des Betons möglichst gering ist. Vor dem Einbringen des Betons sind die Schalungen von losen Materialien (Bindedrahtreste, Holzspäne, usw.) zu reinigen und ggf. vorzunässen. Der Beton darf sich beim Einbringen in die Schalung nicht entmischen. Das gilt vor allem, wenn dichte waagerechte Bewehrung vorhanden ist. Mit Fallrohren oder Schläuchen kann der Beton bis kurz über die Einbaustelle geführt werden.

Bei Wänden und Stützen ist der Beton in Lagen von 30 cm bis 50 cm Höhe einzubauen und jeweils zu verdichten und dabei auch mit der jeweils unteren Lage durch Rütteln zu verbinden.

Die Bewehrungsstäbe sind dicht mit Beton zu umhüllen. Bewehrungen, Schalungen usw. späterer Betonierabschnitte dürfen nicht durch erhärteten Beton verkrustet sein.

Verdichten

Nach dem Einfüllen in die Schalungen ist der Beton (je nach Konsistenz) sorgfältig durch Rütteln, Stochern, Stampfen, Klopfen an der Schalung usw. zu verdichten. Besonders an den Ecken und längs der Schalung muss eine sorgfältige Verdichtung gewährleistet werden.

Beton der Konsistenz F1, F2 und F3 (siehe Tabelle **5**.2) ist in der Regel durch *Rütteln* zu verdichten. Dabei ist DIN 4235 zu beachten. Für das Eintauchen von Innenrüttlern müssen in den Beweh-

5

rungslagen Rüttellücken (DIN 1045-3 Abschn. 6.4) eingeplant werden. Besonders bei dicht liegenden oberen Bewehrungen an Stützen oder an Kreuzungen von Unterzügen kann es sonst zu erheblichen Schwierigkeiten kommen. Sehr weiche und fließfähige Konsistenzen F5 und F6 bzw. selbstverdichtender Beton SVB erleichtern das Einbringen und Verdichten des Betons bei filigranen bzw. stark bewehrten Bauteilen.

Oberflächenrüttler sind so langsam fortzubewegen, dass der Beton unter ihnen weich und die Betonoberfläche hinter ihnen geschlossen ist. Unter kräftig wirkenden Oberflächenrüttlern soll die Schicht nach dem Verdichten höchstens 20 cm dick sein. Bei Schalungsrüttlern ist die beschränkte Einwirkungstiefe zu beachten, die auch von der Ausbildung der Schalung abhängt.

Fließfähig eingebrachter Beton ist vor allem durch Stochern zu entlüften.

Beton des Konsistenzbereiches F1 kann durch *Stampfen* in Lagen von ca. 15 cm Dicke verdichtet werden, bis der Beton weich wird und eine geschlossene Oberfläche erhält. Die einzelnen Schichten sollen dabei möglichst rechtwinklig zu der im Bauwerk auftretenden Druckrichtung verlaufen und in Druckrichtung gestampft werden. Wo dies nicht möglich ist, muss die Konsistenz mindestens F2 entsprechen, damit gleichlaufend zur Druckrichtung keine Stampffugen entstehen.

Nachverdichten des Betons ist eine zusätzliche Maßnahme zur Steigerung bzw. Sicherung der geplanten Qualitätseigenschaften. Dabei wird der Beton vor dem Erstarrungsbeginn im oberen Bereich von Wänden und Stützen noch einmal verdichtet. Durch dieses Nachverdichten werden Hohlräume, die sich unter waagerechter Bewehrung oder Aussparungen gebildet haben geschlossen. Wasser- und Lufteinschlüsse unter groben Gesteinskörnern werden mobilisiert und ausgetrieben. So wird eine weitere Verdichtung des Betongefüges erreicht und die Bildung von Fehlstellen sowie die Rissneigung werden verringert.

Nachbehandlung. Neben der Druckfestigkeit ist die Güte der Betonoberfläche entscheidend für die Gesamtqualität von Betonkonstruktionen. Durch Nachbehandlung des Betons soll daher ein dichtes Oberflächengefüge erreicht werden, das mit hohem Diffusionswiderstand gegen Wasser und Gas (Kohlendioxid, Sauerstoff) den Abbau der Alkalität im Bereich der Stahleinlagen möglichst lange verhindert. Auch das Schwinden des jungen Betons wird vermindert, wenn er ausreichend lange feucht gehalten wird. Die Nachbehandlung kann erfolgen durch

- Belassen in der Schalung und Feuchthalten von Holzschalungen
- Abdecken mit Folien
- Aufbringen wasserhaltender Abdeckungen
- Aufbringen flüssiger Nachbehandlungsmittel
- kontinuierliches Besprühen mit Wasser.

Die Dauer der Nachbehandlung ist abhängig von den Umgebungsbedingungen (Temperatur) und der Festigkeitsentwicklung des Betons. Diese wird über einen Quotienten aus 2-Tage Festigkeit und 28-Tage-Festigkeit eingeteilt. Dieser Quotient hat die Bezeichnung r und ist auf dem Lieferschein anzugeben. Alternativ kann die Festigkeitsentwicklung auch mit „schnell", „mittel", „langsam" und „sehr langsam" angegeben werden.

Tabelle **5**.20   Mindestdauer der Nachbehandlung in Tagen nach DIN 1045-3 [5] [14] für alle Expositionsklassen außer XO, XC1 und XM

Oberflächentemperatur ϑ in °C[2]		Mindestdauer der Nachbehandlung in Tagen			
		Festigkeitsentwicklung des Betons $r = f_{cm2}/f_{cm28}$[1]			
		$r \geq 0,50$	$r \geq 0,30$	$r \geq 0,15$	$r < 0,15$
1	$\vartheta \geq 25$	1	2	2	3
2	$25 > \vartheta \geq 15$	1	2	4	5
3	$15 > \vartheta \geq 10$	2	4	7	10
4	$10 > \vartheta \geq 5$	3	6	10	15

[1] Zwischenwerte dürfen eingeschaltet werden.
[2] Anstelle der Oberflächentemperatur des Betons darf die Lufttemperatur angesetzt werden.

5.3.3 Betonieren bei Frost

Bei kühler Witterung und bei Frost ist der Beton wegen der Erhärtungsverzögerung und der Möglichkeit der bleibenden Beeinträchtigung der Betoneigenschaften mit einer bestimmten Mindesttemperatur einzubringen. Der eingebrachte Beton ist eine gewisse Zeit gegen Wärmeverluste, Durchfrieren und Austrocknen zu schützen:

- Bei Lufttemperaturen zwischen +5°C und –3°C darf die Temperatur des Betons beim Einbringen +5°C nicht unterschreiten. Sie darf +10°C nicht unterschreiten, wenn der Zementgehalt im Beton kleiner ist als 240 kg/m^3 oder wenn Zemente niedriger Hydratationswärme (LH-Zemente) verwendet werden.

- Bei Lufttemperaturen unter –3°C muss die Betontemperatur beim Einbringen mind. +10°C betragen und anschließend wenigstens 3 Tage auf mind. +10°C gehalten werden. Andernfalls ist der Beton so lange gegen Wärmeverluste, Durchfrieren und Austrocknen zu schützen, bis eine ausreichende Festigkeit erreicht ist.

- Wird auf Winterbaustellen der Beton mit erwärmtem Zugabewasser hergestellt, darf die Frischbetontemperatur +30°C nicht überschreiten. An gefrorene Betonteile darf nicht anbetoniert werden.

Die im Einzelfall erforderlichen *Schutzmaßnahmen* hängen in erster Linie von den Witterungsbedingungen, den Ausgangsstoffen und der Zusammensetzung des Betons sowie von der Art und den Abmessungen der Bauteile und der Schalung ab.

5.3.4 Betonieren bei heißer Witterung

Steigt bei heißer Witterung die Temperatur des Frischbetons auf Werte zwischen 25° und 30°C an, verringert sich die Konsistenz und der Beton steift rascher an. Nach den Regelungen der Norm darf bei heißer Witterung die Frischbetontemperatur bei der Übergabe 30°C nicht überschreiten, sofern nicht durch geeignete Maßnahmen sichergestellt ist, dass keine nachteiligen Folgen zu erwarten sind. Eine zu hohe Frischbetontemperatur kann auch bestimmte Festbetoneigenschaften beeinträchtigen und bei der späteren Abkühlung auf Grund der höheren Temperaturdifferenz zu verstärkter Rissbildung führen.

5.4 Schalungen

5.4.1 Allgemeines

Die Schalungstechnik ist wegen der immer stärker werdenden Differenzierung der gestalterischen Anforderungen an Stahlbetonbauteile und wegen der gleichzeitig notwendigen äußersten Rationalisierung zu einem bautechnischen Spezialgebiet geworden. Die Wahl des Schalungssystems (Schalhaut und Tragkonstruktion) hängt von technischen und wirtschaftlichen Forderungen ab. Die optimale Leistung eines Schalsystems wird ermittelt, wenn außer Lebensdauer, Arbeitsaufwand einschließlich Wartung, Wiederverwendungsmöglichkeiten und Einsatzhäufigkeit innerhalb eines bestimmten Betriebes die Wirkungen der Schalung auf die Qualität des Betons (z. B. Maßgenauigkeit, Oberflächenstruktur) mit beachtet werden. Schalungen müssen wie ein Bauwerk von erfahrenen Fachleuten geplant und konstruiert werden. Im Rahmen dieses Abschnittes können daher nur die wichtigsten Grundsätze des Schalungsbaues behandelt werden. Eine detaillierte Zusammenstellung von Schalungssystemen und ihrem Einsatz findet sich in [11].

Schalungen bestehen aus der

- *Tragkonstruktion* (Schalungsgerüst) und der
- *Schalhaut*, die die Form und Oberflächenbeschaffenheit des Betonteils bestimmt (Nadelholzbretter oder -tafeln, kunstharzbeschichtete Sperrholz- oder Vollholztafeln, gehärtete Holzfaserplatten, Stahlbleche oder Kunststoffplatten).

Schalhaut

Für Betonflächen und damit in der Regel auch für die Ausbildung der Schalungshaut sind in DIN 18 217 Begriffsbestimmungen gegeben. Man unterscheidet

- *Betonflächen ohne besondere Anforderungen*. Hierbei bleibt die Art der Herstellung – auch die Wahl der Schalungshaut – dem Auftragnehmer überlassen. Ausbesserungen der fertigen Betonoberfläche sind zulässig.

- *Betonflächen mit Anforderungen an das Aussehen ("Sichtbeton")*. Bei dieser Ausführungsart können die Oberflächen durch die Art der Schalung, die Betonrezeptur sowie durch Nachbehandlung beeinflusst werden. Besondere Oberflächenstrukturen werden erreicht durch eine entsprechende Schalungshaut (z. B. Schalungsbretter bestimmter Abmes-

5.21a   5.21b   5.21c   5.21d   5.21e

5.21 Eckprofilierungen
   a) gefast, b) gerundet, c) scharfkantig (Schalungsfuge mit Silikondichtung),
   d) Wasserrille geschalt mit Trapez-Holzleiste, e) Wasserrille mit Stahlprofil (Protektor)

5

sungen oder Oberflächenbeschaffenheit, in die Schalung eingelegte Strukturmatrizen aus Kunststoffen, Rohrmatten o. Ä.).

Saugende Schalungsoberflächen ergeben rauhe, porenfreie und meistens dunkler erscheinenede Betonoberflächen. Glatte Schalungsflächen machen kleinere Lufteinschlüsse unvermeidlich und lassen die fertigen Betonoberflächen bei gleicher Betonrezeptur heller erscheinen. Eine farbige Gestaltung ist durch Einfärben mit Pigmenten oder durch Verwendung farbiger Ausgangsstoffe möglich.

Die Betonoberflächen können außerdem nachträglich durch Waschen, Spalten, Spitzen, Stocken, Scharrieren, Sandstrahlen, Absäuern, Schleifen, Flammstrahlen u. a. m. zusätzlich bearbeitet werden. Ferner kann eine Behandlung durch Fluatieren, Polieren, Versiegeln und Beschichten erfolgen. (Der Betonabtrag bei der Bearbeitung der Betonoberfläche ist bei der Festlegung der Betondeckung zu beachten, vgl. Abschn. 5.5).

Im Übrigen sind gegebenenfalls auch für Fugenanordnungen, erforderliche Schalungsstöße, Arbeitsabschnitte, Ankerstellen, Einbau von Abstandshaltern usw. Festlegungen zu treffen, wenn besondere Anforderungen an das Aussehen oder die technischen Anforderungen der Betonoberflächen gestellt werden. Dazu gehören auch Angaben über die Ausführung der Eckprofilierung von Bauteilen (Abrundungen, Fasen), von erforderlichen Wasserrillen usw. (Bild **5**.21).

Wenn zur Ausführung von Abtropfrillen Leisten oder Profile in die Schalung eingelegt werden (Bild **5**.21d und e), ist auf die verbleibende ausreichende Betonüberdeckung der Bewehrungen besonders zu achten.

● *Betonflächen mit technischen Anforderungen.* Wenn Betonflächen bestimmte technische Funktionen erfüllen müssen oder in besonderer Weise Nachfolgebaugewerken dienen,

sind die Anforderungen in speziellen Leistungsbeschreibungen festzulegen.

Schalungsgerüste

Schalungen müssen dicht, massgenau, frei von Durchbiegungen, standsicher und vor allem für die Belastungen durch den Frischbeton ausreichend dimensioniert sein.

Die auftretenden Kräfte (Schüttgeschwindigkeit, Art der Verdichtung) müssen sicher in den Baugrund abgeleitet werden. Hierauf ist besonders zu achten, wenn sich die Rüstungen und Schalungen auf andere Bauteile stützen, z. B. auf Zwischendecken oder bei Aufstockungen oder Umbauten. Die *Stützenlasten* sind sachgemäß auf den Erdboden zu verteilen. Bei nicht tragfähigem oder gefrorenem Untergrund sind besondere Maßnahmen zu treffen. Die Stützen müssen eine sichere und unverrückbare *Unterlage* erhalten (z. B. Kanthölzer oder Bohlen, nicht jedoch lose Ziegel oder Steine). *Schrägstützen* sind gegen Gleiten zu sichern.

Verschiebungen in fertigen Einschalungen durch grobe Erschütterungen, z. B. beim Absetzen von Material mit Kran oder durch plötzliches Entleeren von Betonbehältern beim Betonieren müssen unbedingt vermieden werden.

Schalungen und Lehrgerüste müssen leicht, gefahrlos und ohne Erschütterungen entfernt werden können. Dazu dienen Keile, Schraubspindeln oder andere Ausrüstvorrichtungen. Vor dem Einbringen des Betons sind die Schalungen zu reinigen und anzunässen. Hierzu sind Reinigungsöffnungen bei Schalungen von Säulen und Wänden am Fuß anzuordnen. Vor und während des Betonierens sind die Schalungen und ihre Unterlagen sorgfältig nachzuprüfen.

Baustoffe dürfen auf Schalungen nicht in unzulässiger Menge gestapelt werden.

Bei eingeschossigen Schalungsgerüsten gewöhnlicher Hochbauten, bei denen sämtliche Lasten durch lotrechte Stiele unmittelbar übertragen werden, braucht die Standsicherheit nicht besonders nachgewiesen zu werden, solange die Gerüsthöhe nicht mehr als 5 m beträgt.

Bei allen anderen Schalungs- und Lehrgerüsten ist eine Festigkeitsberechnung aufzustellen.

Für die Bemessungen sind die jeweils gültigen amtlichen Vorschriften anzuwenden.

Als lotrechte Kräfte für die Bemessungen der Schalungen und Rüstungen kommen in Betracht:

- das Eigengewicht der Schalung und Rüstung,
- das Gewicht des eingebrachten frischen Betons, wobei die Anhäufung an einzelnen Stellen berücksichtigt werden muss,
- das Gewicht von Fördergerät,
- der Einfluss von Stößen, z. B. beim Ausschütten des Betons und
- das Gewicht der Arbeiter.

Als waagerechte Kräfte sind außer der Windlast ggf. auch Seilzug, Schub aus Schrägstützen und dgl. zu beachten. Zur Berücksichtigung der Kräfte, die aus unvermeidlichen Schrägstellungen der Stützen usw. entstehen, sind entsprechende Versteifungen und Anschlüsse zu bemessen. Bei *seitlichen* Schalungen ist zu beachten, dass weicher und vor allem flüssiger Beton, im Übrigen aber jeder Beton, der durch Innenrüttler verdichtet wird, bei größerer Schütthöhe einen hohen seitlichen Druck ausübt. Der Nachweis der Standsicherheit erfolgt nach DIN EN 13 670/DIN 1045-3 und DIN 4420 (Gerüste) sowie DIN18 218 (Frischbetondruck auf lotrechte Schalungen).

Grundsätzlich ist zu beachten:

- **Versteifungen** sind unter Berücksichtigung der Biegefestigkeit der Schalhaut so zu bemessen, dass sie alle beim Betonieren auftretenden Belastungen aufnehmen und auf die Abstützungen und Verspannungen übertragen können (Stützen, Gurte usw. in Form von Holzbauteilen oder heute meistens Konstruktionen aus Vollwand- oder Fachwerkträgern, ausziehbaren Schalungsträgern und -stützen).
- **Abstützungen** müssen die Standfestigkeit der Schalelemente sichern und die auftretenden Kräfte in den Untergrund bzw. auf andere Bauteile ableiten (Spreizen, Schrägstützen, Streben, Verschwertungen, Konsolen mit Spindeln usw., s. Bild **5**.22).
- **Verspannungen** haben den auftretenden Schalungs-Innendruck aufzunehmen. Schraubenartig profilierte Spannstähle mit Spannmuttern oder -schlössern sichern die Schalwände. Aufgeschobene Kunststoffhülsen dienen als Abstandhalter und ermöglichen beim Ausschalen das Herausziehen der Spannstähle (Bild **5**.25).

Bei Sichtbeton dürfen Verspannungen die später sichtbaren Oberflächen nicht durchdringen und müssen in der Regel außerhalb dieser Schalungsflächen angeordnet werden.

Besondere Verspannungen sind für wasserundurchlässige Bauteile erforderlich (s. Bild **17**.41).

Aussteifungen der Schalungs- und Lehrgerüste sind in Längs- und Querrichtung im Allgemeinen durch Dreiecksverbände vorzunehmen. Die Schalungsstützen sollen dabei möglichst wenig auf Biegung beansprucht werden. Dreieckverbände können in Stützenfeldern entbehrt werden, die unverschieblich gegen benachbarte ausgesteifte Bauwerksteile festgelegt werden.

Schalungsstützen. Es werden fast ausschließlich Stahl-Schalungsstützen mit Justier- und Absenkvorrichtungen verwendet. Wenn als Schalungsstützen Hölzer verwendet werden, sind bei Rundholzstützen geringere Zopfdicken als 7 cm unzulässig. Wenn nötig, sind die Knicklängen durch doppelte *Kreuzstreben* nach zwei zueinander senkrechten Richtungen oder durch waagerechte *Zangen* zu vermindern. Bei mehrgeschossigen Rüstungen sind die Schalungsstützen so anzuordnen, dass die Last der oberen Stützen unmittelbar auf die darunter stehenden übertragen wird.

Aussparungen im Beton für Installation u. Ä. lassen sich bei kleineren Abmessungen leicht herstellen, indem entsprechend geformte Hartschaumblöcke im Inneren der Schalung befestigt und ihre Reste nach dem Ausschalen ausgeschnitten werden. Große Aussparungen werden ähnlich wie Deckenränder eingeschalt.

5.4.2 Schalung von Fundamenten und Wänden

Nur bei kleinen Bauaufgaben kann die konventionelle Bretterschalung noch wirtschaftlich sein. Dafür werden parallel besäumte, vollkantige Bretter gleicher oder verschiedener Breite von 24 bis 30 mm Dicke verwendet. Wirtschaftlich ist die Verwendung gleich breiter Bretter von 10,5 cm Breite und 24 mm Dicke (Nordische Schalung), die als Schalbretter, Laschen, Knaggen, Gurt-, Bogen-, Drängbretter, Schwerter usw. benutzt werden können.

Für größere Bauten werden heute fast ausschließlich vorgefertigte Schalungselemente verwendet.

Fundamente werden insbesondere bei Streifenfundamenten mit kleineren Abmessungen in der Regel gegen Erdreich betoniert. Bei nicht standfesten Böden oder bei besonderen Ausführungs-

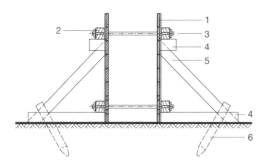

5.22 Fundamentschalung in zimmermannsmäßiger Ausführung

1 Bretterschalung oder Schaltafeln
2 Gurtholz
3 Spannanker mit Abstandhalter (s. Bild **5**.25)
4 Knagge
5 Strebe

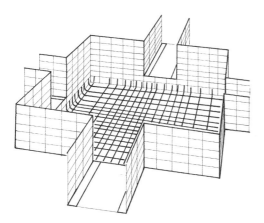

5.23 Kunststoff-Fundamentschalung (pecafil)

formen müssen Fundamentschalungen vorgesehen werden. Eine Standardlösung in zimmermannsmäßiger Ausführung ist in Bild **5**.22 gezeigt.

Da an die Qualität der Außenflächen von Fundamenten in der Regel keine besonderen Ansprüche gestellt werden, können auch vereinfachte Schalungen z. B. mit Hilfe verstärkter frei stehender Kunststoffelemente ausgeführt werden (Bild **5**.23). Wenn neben Fundamenten Dränagen verlegt werden, sind Schalkörper mit Hohlprofilen für die äußeren Schalflächen oft eine wirtschaftliche Lösung (s. Abschn. 17.3).

Wandschalungen werden in verschiedenen Ausführungsarten erstellt (Bild **5**.24).

Bei zimmermannsmäßiger Herstellung (Bild **5**.25) kann die Schalungshaut aus waagerechten Schalbrettern oder aus Schaltafeln bestehen, die gegen senkrecht gestellte Kanthölzer (Schalter) genagelt werden. Die je nach Beanspruchung im Abstand von 40 bis 60 cm stehenden senkrechten Kanthölzer werden dabei gegen auf den Betonboden geschlossene Drängbretter oder einbetonierte Bau- oder Profilstahlwiderlager gesetzt. Die Gurthölzer werden in der Regel durch Spannanker (Bild **5**.26) in Verbindung mit Kunststoff-Abstandhaltern verspannt. An den Ecken muss die Wandschalung außen und innen besonders gesichert werden.

Wandschalungen werden heute jedoch fast durchweg aus vorgefertigten, industriell hergestellten Schalungselementen gebaut. Sie bestehen aus großformatigen kunstharzbeschichteten Schaltafeln mit dahinterliegenden Aussteifungs-

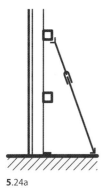

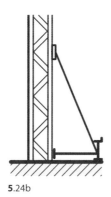

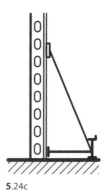

5.24a   5.24b   5.24c

5.24 Schematische Darstellung von Wandschalungssystemen
a) zimmermannsmäßige Ausführung mit Bretterschalung oder Schaltafeln, senkrechten Kantholzträgern, Kantholzriegeln, Schrägstützen
b) Ausführung mit Schaltafeln, senkrechten Gitter- oder Vollwandträgern und Spindelabstützung
c) Ausführung mit Rahmenelementen und Spindelabstützung

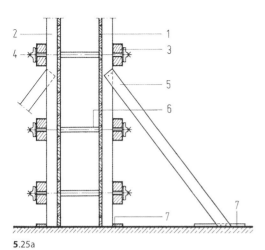

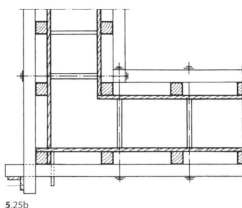

5.25a

5.25b

5.25 Wandschalung in zimmermannsmäßiger Ausführung mit Brettern oder Schalttafeln

a) Schnitt, b) Grundriss
1 Bretterschalung oder Schaltafeln
2 senkrechte Kantholzträger
3 Kantholzriegel (1- oder 2-lagig)
4 Spannanker (s. Bild **5**.26)

5 Strebe
6 Abstandhalter
7 Drängbrett

5.26
Spannanker System (Dywidag)

1 Spannstahl
2 Druckplatte
3 Spannmutter

konstruktionen aus Metall oder Holz. Die Systeme sind fast immer so durchgebildet, dass damit auch schwierige Schalungsaufgaben wirtschaftlich bewältigt werden können.

Bei derartigen Schalungssystemen werden die Innenecken mit Hilfe besonderer Formelemente geschalt. Außenecken können durch Übereinanderschieben der Elemente gebildet werden. Für notwendige Maßausgleiche werden besondere Differenzstücke verwendet.

Fast alle derartigen Systeme sind kombinierbar mit den notwendigen Arbeits- oder Schutzgerüsten.

Unterschieden werden

- Rahmenschalungen (Bilder **5**.27 bis **5**.29)
- Trägerschalungen (Bilder **5**.30 bis **5**.32)

Als Beispiel aus der großen Zahl von Rahmen-Schalungssystemen ist in Bild **5**.27 der Aufbau einer Wandschalung mit schmalen Standard-Elementen gezeigt. Die Elemente werden durch waagerechte Aussteifungsprofile gegen den Betoninnendruck gesichert. Eine Möglichkeit der Eckausbildung und von Maßanpassungen zeigt Bild **5**.28. Rahmenelemente können auch bei relativ großen Einzelabmessungen durch Spezialklammern untereinander verbunden und ausgesteift werden (Bild **5**.29).

Trägerschalungen werden meistens mit Vollwand- oder Gitterträgern aus Holz in Verbindung mit einer Schalungshaut aus beschichteten Sperrholz- oder Laminatplatten ausgeführt (Bild **5**.30). Für wiederkehrende Schalungsaufgaben bei gleichartigen Wandteilen werden zur Verbesserung der Wirtschaftlichkeit vormontierte Standard-Elemente eingesetzt (Bild **5**.31). Mit Ständerschalungssystemen sind auch Schalungen gekrümmter Wände mit Hilfe spezieller Spannklammern und in Verbindung mit flexiblen Schaltafeln relativ einfach ausführbar (Bild **5**.32).

Müssen bei durchlaufend geschalten Stahlbetonwänden Vorkehrungen für den Anschluss angrenzender Stahlbetonwände getroffen werden, ist statt arbeitsaufwändiger besonderer Einschalarbeiten die Verwendung von zargenartigen Anschlussprofilen zur Regel geworden. Sie werden

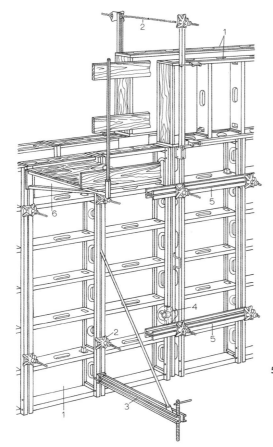

5.28 Eckausbildung und Maßanpassung mit Schalelementen
   1 Innenecke mit Spezialteil
   2 Elementstoß an Außenecke
   3 Ausgleichselement

5.27 Wandschalungssystem (Hünnebeck)
   1 Rahmenelement, bestehend aus beschichteter Schalplatte, Rand- und Feldaussteifung aus verzinkten Spezial-Blechprofilen
   2 Spannanker (vgl. Bild **5**.26)
   3 justierbare Kippsicherung
   4 Stoßverbindung der Schalelemente
   5 zusätzliches Richt- bzw. Aussteifungsprofil
   6 Auslegerkonsole für Arbeitsgerüst

in praktisch allen in Frage kommenden Breiten für die anzuschließenden Bauteile geliefert und in die durchlaufenden Bauteile mit einbetoniert. Anschlussstähle entsprechend statischer Berechnung können abgebogen durchgesteckt und später nach Entfernen der Schutzabdeckungen wieder zurückgebogen werden (Bild **5**.33).

Bei großen Durchmessern der Bewehrungsstähle, z. B. für den Anschluss von durchlaufenden Decken- oder Unterzugbewehrungen sind Schraubverbindungen möglich (Bild **5**.34).

Müssen gleichartige Schalungen für mehrere Geschosse übereinander erstellt werden, können

kostensparende Schalungen eingesetzt werden, die horizontal verfahren oder auf Klettergerüsten entsprechend dem Bautakt übereinander aufgebaut werden (Bild **5**.35). Für Hochhäuser und ähnliche Bauaufgaben gibt es für Innen- und Außenschalungen derartige Gerüste mit Selbstklettertechnik.

5.4.3 Schalung von Stützen

Die Schalungskästen für rechteckige Stahlbetonstützen werden bei der in manchen Fällen noch angewendeten zimmermannsmäßigen Ausführung aus senkrechten Brettertafeln oder aus Schaltafeln zusammengesetzt. Der Zusammenschluss der Platten kann durch Brettkränze bewirkt werden (Bild **5**.36). An Stelle der Brettkränze werden meistens jedoch heute verstellbare Stahlzwingen verwendet.

Stützenschalungen werden heute in der Regel mit entsprechenden Sonderteilen der verschiedenen Wandschalungssysteme ausgeführt.

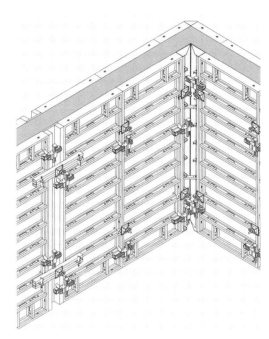

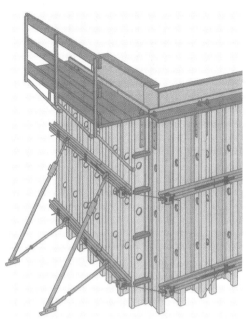

5.29 Rahmenschalung (PERI-Domino) für Schalungen bis
ca. 2,50 m Höhe, Elementbreiten 0,25–1,00 m

5.30 Trägerschalung (DOKA-Top 50)

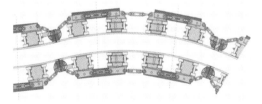

5.32 Rundschalung (DOKA H 20)

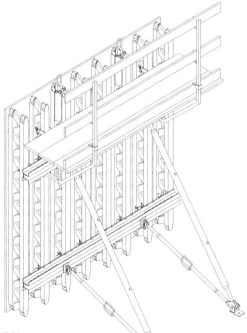

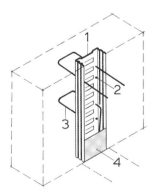

5.31
Trägerschalung, vormontiertes
Standardelement mit Betonier-
gerüst und Richtstützen für Höhen
bis 9,00 m (PERI Vario GT 24)

5.33 Anschlussprofil (HALFEN)
  1 gesicktes Stahlgehäuse-Profil
  2 Nagellöcher
  3 Rückbiege-Anschlussstahl, heruntergebogen
  4 Profilabdeckung aus Holzfaserplatte

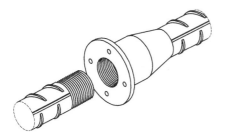

5.34   Schraubanschluss für Bewehrungsstab

5

5.35   Fahrschalung auf Klettergerüst (System PERI)
   a) Wandschalung ohne Gerüst. Vorlaufanker für die
      spätere Anhängung des Gerüstes werden im ers-
      ten Wandabschnitt gleich mit eingebaut.
   b) Kletterfahrgerüst angehängt. Wandschalungs-
      element auf dem Kletterfahrgerüst montiert.
      Schalungshöhe X ist beliebig (in der Regel bis
      max. 6,50 m).
   c) Klettergerüst mit angehängter Nacharbeits-
      bühne für beliebige Höhe der Schalungsab-
      schnitte.

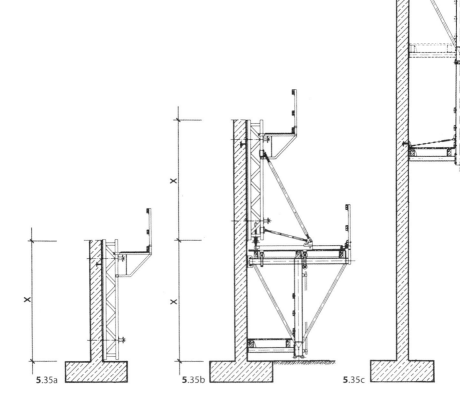

5.35a   5.35b   5.35c

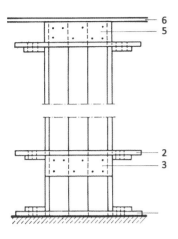

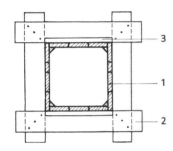

5.36 Stützenschalung, zimmermannsmäßige Ausführung

1 Bretterschalung oder Schaltafeln
2 Kranzbrett
3 Lasche
4 Fußkranz
5 Kopflaschen
6 Anschluss an Decke oder Balken

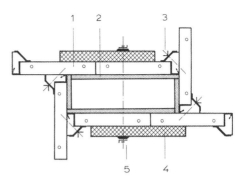

5.37 Stützenschalung (doka)

1 Schalungsträgerelement
2 Schalhaut
3 Verschraubung
4 Klemmschiene
5 Spannanker (nur bei flachen Querschnitten erforderlich)

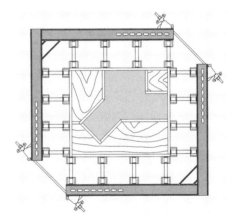

5.38 Einschalung für Stützenquerschnitte mit Sonderformen

Stützenschalungen werden jedoch i. d. R. mit Schalungselementen ausgeführt, wie sie auch für Wandschalungen üblich sind. Eine moderne Schalungskonstruktion zeigt Bild **5**.37. Sie besteht aus 75 cm breiten und zu verschiedenen Höhen kombinierbaren Schalungselementen. Diese können mit speziellen Eckverschraubungen für die verschiedensten Stützenquerschnitte zusammengefügt werden.

Sonder-Querschnittsformen werden mit Hilfe entsprechender Formteile hergestellt, die in Rechteckschalungen eingelegt werden.

Ecken des Stützenquerschnittes sollen durch Einfügen von Dreikantleisten in die Ecken der Stützenschalung gebrochen werden. Dadurch werden Kantenrisse und Beschädigungen der Ecken beim Ausschalen verhindert.

Bei Ausführung sichtiger Betonoberflächen ist häufig eine möglichst scharfkantige Eckausbildung gewünscht (Bild **5**.21c). Hierbei besteht das Risiko, dass beim Ausschalen und bei Stoßbelastungen die Ecken ausbrechen können. Die Ecken sollten zumindest geringfügig gefast (Abschrägung um wenige Millimeter) werden. In jedem Fall ist bei scharfkantiger Eckausbildung ohne Dreikantleisten die Eckfuge besonders sorgfältig mittels Kompribändern oder/und fettfreien Silikonen abzudichten.

Bei *Rundstützen* kann die Schalung bei zimmermannsmäßiger Ausführung aus schmalen Brettern zusammengesetzt und durch Holzkränze (Normenbogen) in Form gehalten werden. Die

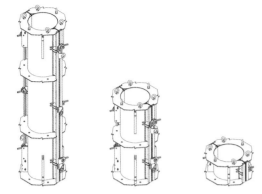

5.39 Rundstützenschalung (PERI SRS)

Sicherung gegen den Betondruck geschieht durch Stahlbänder.

Viel wirtschaftlicher ist jedoch die Schalung von Rundstützen mit Hilfe von Spezialschalungen, die für die verschiedensten Stützendurchmesser und -höhen auf dem Markt sind (Bild **5**.39).

Ferner werden Schalungrohre aus kunststoffvergüteter Pappe, Leichtmetallelementen oder aus spiralenförmigen Stahlbändern verwendet, mit deren Hilfe das Einschalen von Rundstützen verschiedener Durchmesser möglich ist. Die Schalungsspiralen werden beim Ausschalen abgewickelt und können i. A. nicht wiederverwendet werden. Alternativ kommen Reißleinen zum Einsatz (Reißverschlussprinzip). Eckige Stützen, aber auch Kapitelle und Basen können durch werks-

mäßig in die Schalungsrohre integrierte Schaumstoffprofilierungen ausgeführt werden.

Auch handelsübliche Kunststoff-Abflussrohre werden als Schalung für Rundstützen verwendet.

Am Fuß der Schalung von Stützen und Wänden, am Ansatz von Auskragungen und an der Unterseite von tiefen Balkenschalungen sind Reinigungsöffnungen anzuordnen, die kurz vor dem Betonieren zu schließen sind.

5.4.4 Schalung von Balken und Decken

Die Schalungen für kleinere *Stahlbetonbalken und Unterzüge* werden vielfach noch dann zimmermannsmäßig ausgeführt, wenn geringe Stückzahlen bzw. wechselnde Abmessungen den Einsatz von Schalungssystemen schwierig machen. Ein Beispiel ist in Bild **5**.40 gezeigt. Die ausziehbaren Stahlrohr-Schalungsstützen werden meistens zweireihig angeordnet, um ein leichteres Justieren der Schalung auch in der Querrichtung zu ermöglichen. Zur Diagonalaussteifung werden einhängbare und ausziehbare Stahlrohrelemente verwendet.

Deckenschalungen sind nur für kleinere Flächen oder über schwierigen Grundrissen in zimmermannsmäßiger Ausführung auf Kanthölzern oder auf ausziehbaren Schalungsträgern (Bild **5**.41) wirtschaftlich. Je nach Deckengewicht betragen die Trägerabständen 50 bis 70 cm. Die Schalhaut besteht in der Regel aus Schalplatten (kunstharzbeschichtete Spanplatten). Für Restflächen der

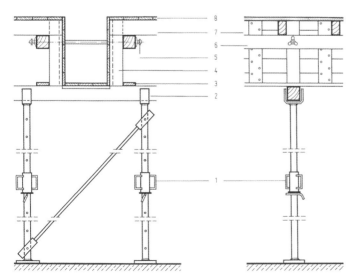

5.40
Unterzugschalung, zimmermannsmäßige Ausführung

1 ausziehbare Schalungsstütze
2 Kanzholzträger
3 Drängbrett
4 Schalter
5 Spannanker mit Abstandhalter
6 Gurtholz
7 Schalungsträger
8 Decken- und Unterzugschalung
   (Schalbretter oder Schaltafeln)

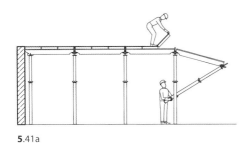

5.41a

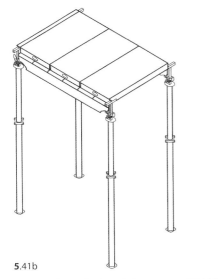

5.41b

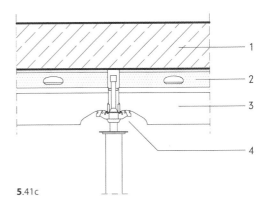

5.41c

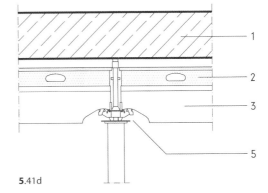

5.41d

5.41 Modernes Deckenschalungssystem PERI (Skydeck)
    a) Aufstellen der Stützen und Längsträger
    b) Deckenschalung (Ausschnitt)
    c) eingeschalte Decke (Schnittausschnitt)
    d) eingeschalte Decke (Stützenkopf abgesenkt,
       Schalungspaneele und Längsträger können aus-
       geschalt werden).

1 Stahlbeton
2 Schalungspaneel
3 Längsträger
4 Stützenkopf
5 Stützenkopf abgesenkt

Deckenfelder werden übliche Schalungsbretter verwendet.

Deckenschalungen werden heute in der Regel mit industriell vorgefertigten Schalungselementen ausgeführt.

Moderne Deckenschalungssysteme bestehen aus weitgehend selbsttragenden leichten Schalungspaneelen, die sich auf baukastenmäßig kombinierbare Längsträger auflegen. Die Stützen sind leicht durch Ratschenarretierungen in der Höhe justierbar. Bei dem in Bild **5**.41 gezeigten System können die Träger mit Hilfe der gelenkartig anschließenden Stützen verlegt werden. Die Plattenauflager in den Stützenköpfen sind absenkbar, so dass bereits nach kurzer Zeit die Paneele ausgeschalt und weiterverwendet werden können, während die Längsträger und Stützen als *Sparschalung* solange verbleiben, bis der Beton die für das vollständige Ausschalen erforderliche Festigkeit erreicht hat (s. Tab. **5**.45).

Große Deckenflächen oder über Grundrissen, bei denen sich Rechteckelemente nicht eigenen, werden mit Trägerschalungen eingerüstet. Zur Längenanpassung werden die Träger falls erforderlich gegeneinander verschoben (Bild **5**.42).

Für größere oder am Bau sich öfter wiederholende gleichartige Deckenflächen werden Schalungen z. B. zu großen, komplett umsetzbaren Elementen (*„Schaltische"*) zusammengesetzt (Bild **5**.43).

5.43   Schaltisch (schematisch)

5.42   Deckenschalung mit Vollwand- und Gitterträgern

5.44a

5.44 Plattendecke (Kaiser-OMNIA)
   a) Schnitt, fertiger Zustand der Decke
   b) Unterplatte Verlegung durch Kran

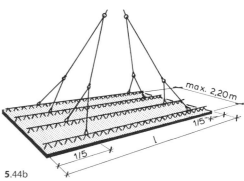

5.44b

Der Aufwand für Schalungen kann auch durch Einsatz ganz oder teilweise vorgefertigter Bauteile gesenkt werden.

Lediglich mit „Sparschalung" (Einzelunterstützungen durch Gurte oder Stützen) kann gearbeitet werden, wenn dünne, vorgefertigte Stahlbetonplatten (Filigran-Deckenplatten) verwendet werden, die bereits die Zugbewehrung enthalten und lediglich einen Aufbeton bis zur vollen Deckenstärke erfordern. Diese Plattenelemente ersetzen die Schalung und bilden damit in gewissem Sinn eine „verlorene Schalung"(Bild **5**.44 und Bild **10**.14).

Sonder-Querschnittsformen werden mit Hilfe entsprechender Formteile hergestellt, die in Rechteckschalungen eingelegt werden.

5.4.5   Ausrüsten und Ausschalen

Bauteile dürfen nur auf besondere Anweisung der Bauleitung und nur dann ausgerüstet oder ausgeschalt werden, wenn der Beton ausreichend erhärtet ist. Der Bauleiter darf das Ausrüsten oder Ausschalen nur anordnen, wenn er sich von der ausreichenden Festigkeit des Betons überzeugt hat.

Als ausreichend erhärtet gilt Beton, wenn das betonierte Bauteil die aufgebrachten Lasten aufnehmen kann, wenn ungewollte Verformungen aus elastischen und plastischen Verformungen gering sind und wenn beim Ausschalen Kanten und Oberflächen nicht beschädigt werden.

Eine Tabelle mit Ausschalfristen in Tagen enthält die neue Norm nicht mehr. Sofern keine ausreichenden Erfahrungswerte vorliegen, sind Erhärtungs- oder Reifegradprüfungen durchzuführen [7].

Besondere Vorsicht ist geboten bei Bauteilen, die schon nach dem Ausrüsten nahezu die volle rechnungsmäßige Last aufnehmen müssen.

Bei Verwendung von Gleit- oder Kletterschalungen kann in der Regel von kürzeren Fristen aus-

Tabelle **5**.45 Anhaltswerte für Ausschalfristen [7] (für max. 70 % Lastausnutzung zum Zeitpunkt des Entschalens)

Bauteil-temperatur in °C	Festigkeitsentwicklung des Betons $r = f_{cm2}/f_{cm28}$[1]		
	schnell $r \geq 0{,}50$	mittel $r \geq 0{,}30$	langsam $r \geq 0{,}15$
≥ 15	4	8	14
$\geq 5 \dots < 15$	6	12	20

[1] Die Festigkeitsentwicklung des Betons wird durch das Verhältnis der Druckfestigkeiten nach 2 und 28 Tagen bei 20 °C beschrieben. Der Wert r ist vom Betonhersteller anzugeben und kann Sortenverzeichnis oder Lieferschein entnommen werden.

gegangen werden als in der Tab. **5**.45 angegeben.

Stützen, Pfeiler und Wände sollen vor den von ihnen gestützten Balken und Platten ausgeschalt werden. Rüstungen, Schalungsstützen und frei tragende Deckenschalungen (Schalungsträger) sind vorsichtig durch Lösen der Ausrüstvorrichtungen abzusenken. Es ist unzulässig, diese ruckartig weg zuschlagen oder abzuzwängen. Erschütterungen sind zu vermeiden.

Um die Durchbiegungen infolge von Kriechen und Schwinden klein zu halten, sollen Hilfsstützen möglichst lange stehen bleiben oder sofort nach dem Ausschalen gestellt werden. Die Hilfsstützen sollen in den einzelnen Stockwerken übereinander stehen (bei Platten und Balken mit Stützweiten von 3 bis ca. 8 m genügen Hilfsstützen in der Mitte der Stützweite).

Lässt sich eine Benutzung von Bauteilen, namentlich von Decken, kurz nach dem Ausschalen nicht vermeiden, so ist besondere Vorsicht geboten. Keineswegs dürfen auf frisch hergestellten Decken Lasten abgeworfen, abgekippt oder in unzulässiger Menge gestapelt werden.

5.5 Betondeckung

Eine Fülle von Betonschäden muss immer wieder auf nicht ausreichende Betondeckung zurückgeführt werden. Der Verbund zwischen Bewehrung und Beton ist daher durch eine ausreichend dicke, dichte Betondeckung zu sichern. Sie muss in der Lage sein, den Stahl dauerhaft gegen Korrosion zu schützen.

Die Betondeckung jedes Bewehrungsstabes, also auch der Bügel, muss nach allen Seiten entsprechend DIN EN 1992-1-1 die Werte der Tabelle **5**.46 haben.

Das Nennmaß nom c ist auf den Bewehrungszeichnungen anzugeben, bei der Ermittlung der Maße der Biegeformen zu beachten und bei der Auswahl der Abstandhalter zugrunde zu legen. Es enthält ein „Vorhaltemaß" Δc_{dev} von – in der Regel – 15 mm, um baustellenbedingte Toleranzen der Betondeckung zu berücksichtigen. Das Mindestmaß min c (nom c = min c + Δc_{dev}) gilt für die Überdeckung im fertigen Bauteil und stellt also ein Kriterium für nachträgliche Kontrollen dar.

Das Verlegemaß der Betondeckung c_v als maßgeblicher Wert für die Verlegung der Bewehrung ergibt sich als größtes Maß aus den Nennmaßen der Betondeckung c_{nom} für die Längsstäbe und die Querbewehrung (Bügel) bzw. aus den erforderlichen Betondeckungen für den Brandschutz (Bild **5**.47).

Eine Vergrößerung der Betondeckung kann in den folgenden Fällen notwendig werden:

- Brandschutzmaßnahmen nach DIN EN 1992-1-2 und DIN 4102 (s. Abschn. 17.7)
- Bauteilen aus Leichtbeton (c_{min} = Größtkorn der leichten Gesteinskörnung + 0,5 mm, außer bei XC1)
- bei strukturierten Betonflächen (Erhöhung des Vorhaltemaßes um die Tiefe der Strukturierung)
- beim Betonieren gegen unebene Flächen

Tabelle **5**.46 Maße der Betondeckung in Abhängigkeit von den Expositionsklassen c_{min} in Abhängigkeit von der Expositionsklasse in mm

	Karbonatisierungsbedingte Korrosion				Chloridinduzierte Korrosion	Korrosion durch Meerwasser
	XC1	XC2	XC3	XC4	XD1 bis XD3	XS1 bis XS3
Betonstahl	10	20	20	25	40	40
Spannstahl	20	30	30	35	50	50
	mindestens jedoch Durchmesser der Bewehrung					
Vorhaltemaß Δc_{dev}	10	15, abminderbar bei entsprechender Qualitätskontrolle der Mindestbetondeckung				

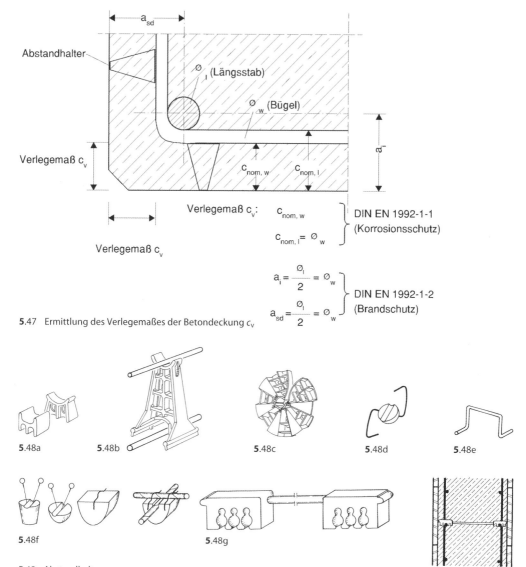

5.47   Ermittlung des Verlegemaßes der Betondeckung c_v

5.48a   5.48b   5.48c   5.48d   5.48e

5.48f   5.48g

5.48   Abstandhalter
   a) Kunststoff-Abstandhalter für untere Bewehrung von Platten
   b) Kunststoff-Abstandhalter für zwei Bewehrungslagen
   c) Kunststoff-Abstandhalter für Bewehrungen aller Art
   d) Beton- oder Kunststoff-Abstandhalter mit Drahtbügeln
   e) Aus Bewehrungsstahl gebogener Abstandhalter für hochliegende Eisen
   f) Faserbetonabstandhalter mit Rödeldraht bzw. Stahlklemme
   g) Stahlstab mit Kunststoffummantelung als Abstandhalter für Betonwände mit Doppelbewehrung, ersetzt
      gleichzeitig S-Haken; drei wählbare Betondeckungen (20, 30, 40 mm)

Die Einhaltung der Mindestmaße für die Betonüberdeckung ist daher durch Abstandhalter, die
für nom c dimensioniert sein müssen, sicherzustellen und an der Baustelle genau zu überwachen (Bild **5**.48).

Ist durch Fehler beim Einschalen oder Betonieren
die erforderliche Betondeckung nicht erreicht,
müssen nachträgliche Schutzmaßnahmen getroffen werden, um die Korrosion der Bewehrungen
und damit auch längerfristig schwere sonstige

Schäden an den betroffenen Bauteilen zu verhindern. In Frage kommen spezielle Spachtelungen, die eine porenfreie Oberflächenversiegelung bewirken, Beschichtungen mit flexiblen Dichtungsschlämmen oder Spritzmörtel, s. Abschn. 5.10.

5.6 Wärmedämmung

Bei Außenbauteilen aus Stahlbeton und bei Stahlbetonteilen, die in Außenflächen einbinden, ist wegen der schlechten Wärmedämmeigenschaften von Normalbeton (s. Abschn. 5.1.5) eine zusätzliche Wärmedämmung erforderlich. Diese dient dem Wärmeschutz des Bauwerkes, muss Wärmebrücken verhindern und ist meistens auch erforderlich, um temperaturbedingte Maßänderungen von Stahlbetonbauteilen zu begrenzen.

Stahlbetonbauteile, deren Sichtflächen Putz oder Bekleidungen erhalten, können durch anbetonierte Wärmedämmungen geschützt werden. Dabei werden Holzwolle-Leichtbauplatten, Mehrschicht-Leichtbauplatten oder Hartschaumplatten in die Schalung eingelegt und mit einbetoniert. Der Verbund der Platten mit dem Beton wird durch Kunststoffanker und auch durch die Verbindung mit rauhen Oberflächen der Platten bewirkt.

Wärmedämmungen können auch nachträglich auf die Betonoberfläche aufgeklebt oder aufgedübelt werden. Bei Betonfertigteilen ist eine Wärmedämmung zwischen Trag- und Vorsatzschale möglich (Betonsandwichplatten, s. Bild **6**.123 bis Bild **6**.130).

Bei erdberührten Bauteilen (z. B. Kelleraußenwänden) müssen feuchtigkeitsbeständige extrudierte PS-Hartschaumplatten oder Schaumglas-Platten verwendet werden („Perimeterdämmung", s. Abschn. 17.4.3).

Bei Stahlbetonbauteilen mit Außenflächen aus Sichtbeton muss eine mehrschichtige Konstruktion mit innenliegender oder zwischenliegender Wärmedämmung gewählt werden. In diesen Fällen muss ggf. die Minderung der Wärmedämmung infolge durchbindender Anker und ggf. der mögliche Tauwasserausfall berücksichtigt werden (s. Abschn. 17.4).

5.7 Arbeits- und Dehnfugen

Arbeitsfugen. Nicht immer können Bauwerksteile in einem Arbeitsgang durchlaufend betoniert werden. Dann müssen Arbeitsfugen im Einvernehmen mit dem Tragwerksplaner in den Betoniervorgang eingeplant werden. Sie sind so auszubilden, dass alle auftretenden Beanspruchungen aufgenommen werden können. Arbeitsabschnitte und damit die Lage der Arbeitsfugen sollten so geplant werden, dass der Schalungsauf- und -abbau und das Einbringen des Betons erleichtert werden (Stoß von Bewehrungen s. Abschn. 5.5).

Die Schalung des jeweils folgenden Betonierabschnittes soll an der Arbeitsfuge an den bereits betonierten Betonteil mit möglichst knapper Überdeckung und gut angepresst anschließen. Dann ist die Gefahr geringer, dass frischer Beton

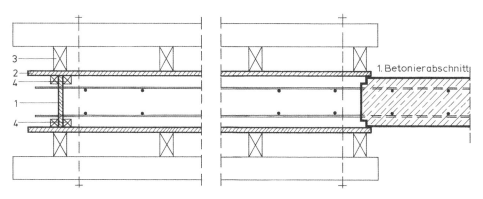

5.49 Arbeitsfuge in einer Betonwand, Einschalung für 2. Betonierabschnitt
  1 Abstellung (Ende des 2. Betonierabschnittes), Anschluseisen durchgesteckt
  2 Schalwand
  3 Schalungskonstruktion
  4 Fugenleiste für Anschluss des 3. Betonierabschnittes

Tabelle **5.**50   Abmessungen der Fugenabdichtung (DIN 18 540)

vorhandener Fugenabstand in m	erforderliche Mindest-fugenbreite b in mm	Dicke der Fugendichtungsmasse	
		t_F [1]	zul. Abweichung
bis 2,0	10	8	± 2
bis 3,5	15	10	± 2
bis 5,0	20	12	± 2
bis 6,5	25	15	± 3
bis 8,0	30	15	± 3

[1] Die Werte gelten für den Endzustand, dabei ist auch der Volumenschwund der Fugendichtungsmasse zu berücksichtigen.

5

zwischen Anschlussschalung und vorhandenem Bauteil herausquillt (Bild **5.**49).

In den Arbeitsfugen muss für einen ausreichend festen und dichten Zusammenschluss der Betonschichten gesorgt werden. Verunreinigungen, Zementschlämme und nicht einwandfreier Beton sind vor dem Weiterbetonieren zu entfernen. Trockener älterer Beton ist vor dem Anbetonieren mehrere Tage lang feucht zu halten, um das Schwindgefälle zwischen jungen und altem Beton gering zu halten und um weitgehend zu verhindern, dass dem jungen Beton Wasser entzogen wird. Zum Zeitpunkt des Anbetonierens muss die Oberfläche des älteren Betons jedoch etwas abgetrocknet sein, damit sich der Zementleim des neu eingebrachten Betons mit dem älteren Beton gut verbinden kann.

Arbeitsfugen bleiben in den Betonflächen immer sichtbar, und an diesen Stellen treten meistens auch Schwindrisse auf. Es ist daher ratsam, die Lage der Arbeitsfugen durch genau auf der Trennlinie in der Schalung angebrachte Profilleisten als *Scheinfugen* zu markieren (Bild **5.**51). Dadurch werden später etwa erforderliche Nacharbeiten oder Nachdichtungen sehr erleichtert.

Arbeitsfugen in wasserundurchlässigen Bauteilen sind abzudichten (s. Abschn. 17.4.6).

Dehnfugen. Je großflächiger monolithische Wandbauteile aus Stahlbeton sind, umso mehr machen sich Verformungen – im ungünstigsten Falle in Gestalt von Rissen – bemerkbar, und zwar unter dem Einfluss von Temperaturänderungen, Kriechen und Schwinden sowie von Bewegungen, die in der Konstruktion bei Auftreten von veränderlichen statischen oder dynamischen Belastungen entstehen. Verformungen durch Setzungen und Temperatureinflüsse, Kriechen und Schwinden lassen sich voraussehen und in ihrem Umfang abschätzen oder berechnen. Um regellose Risse im Bauwerk zu vermeiden, können unterteilende, durchgehende Fugen angeordnet werden. Der Abstand der Fugen ist von den speziellen Verhältnissen am Bauwerk abhängig.

Bewegungsfugen. Wenn nicht schon durch notwendige Setzfugen (s. Abschn. 4.1 Bild **4.**1) eine ausreichende Unterteilung erfolgt, sollten großformatige Betonteile in Abständen von höchstens 10 m durch Fugen unterteilt werden. Sind die Bauteile der Sonneneinstrahlung oder Frost besonders ausgesetzt, sind die Fugenabstände so zu verringern, dass Einzelflächen von 4 bis 6 m² entstehen. Die Abmessungen von Fugen und -dichtungen sind Tabelle **5.**50 (DIN18 540) zu entnehmen. Abdichtungen mit elastomeren Fugenbändern sind in DIN EN 7865 geregelt.

Bauwerksfugen ergeben sich, wenn verschiedene Bauteile aneinanderstoßen, z. B. Fertigteile aus Stahlbeton, Wandbauteile und tragendes Skelett, Stützen und Fassadenelemente. Derartige Fugen können gleichzeitig auch Dehn- oder Setzfugen sein und sind wie diese konstruktiv auszubilden und ggf. zu dichten.

Fugenabschlüsse. Fugen in Betonbauteilen sollten möglichst immer so geplant werden, dass keine zusätzlichen Dichtungsmaßnahmen nötig sind. Es ist zu bedenken, dass alle Dichtungen – z. B. mit Fugendichtungsmassen – nicht nur sehr kostenaufwendig sind, sondern auch mit größter und an der Baustelle oft nicht überall erreichbarer Sorgfalt hergestellt werden müssen. Darüber hinaus müssen derartige Fugendichtungen einer ständigen Kontrolle unterliegen und wegen der meistens auf Dauer nicht zu beurteilenden Alterungsbeständigkeit u. U. öfter erneuert werden (Wartungsfuge).

Fugen, an die keine besonderen Anforderungen gestellt werden, können offen bleiben. Durch entsprechende Profilierung ist ggf. für die Ableitung von Schlagregen zu sorgen (Bild **5.**52).

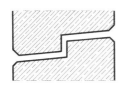
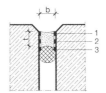

5.51 Scheinfuge

5.52
Offene Fuge bei hinterlüfteten Fassadenelementen (senkrechter Schnitt)

5.53
Fugendichtung zwischen großformatigen Betonteilen

1 Fugendichtungsmasse
2 Voranstrich („Primer")
3 Hinterfüllung (Schaumstoffband)
b Fugenbreite
t Fugentiefe (vgl. Tab. **5**.50)

5.54
Fuge mit Kunststoff-Klemmprofil

k = Klebeflächen

Ist eine Fugenabdichtung unvermeidbar, werden die Fugen, besonders in Außenwandflächen, durch dauerplastische und dauerelastische Dichtungsmassen (Thiocol, Acrylharze, Silicon-Kautschuk, Polyurethan) geschlossen. Die Ausführung von derartigen Fugen sollte nur durch erfahrene Spezialfirmen erfolgen. Dabei werden in der Regel die Fugen zunächst durch Schaumstoffstreifen ausgestopft, die Fugenflanken mit einem Voranstrich (Primer) als Haftgrund behandelt und mit der Ein- oder Zweikomponenten-Fugenmasse ausgespritzt. Die Fugenoberfläche wird – abhängig von der verwendeten Fugenmasse – geglättet. Es sollte besonders darauf geachtet werden, dass die angrenzenden Bauteile nicht durch – meist zunächst nicht sichtbare – Voranstrich- oder Dichtungsreste verschmutzt werden (Bild **5**.53).

Innen können die Fugen durch Kunststoffklemmprofile abgedeckt werden (Bild **5**.54). Wenn größere Bewegungen in den Fugen zu erwarten sind, müssen derartige Klemmprofile zusätzlich eingeklebt werden.

5.8 Befestigungsvorrichtungen an Betonbauteilen[1]

An Betonkonstruktionen können andere Bauteile (z. B. Installationen, Ausbauelemente wie abgehängte Decken, Fenster, Außenwandbekleidungen usw.) vielfach mit Hilfe von Dübelungen befestigt werden.

Für weniger beanspruchte Verbindungen werden handelsübliche Kunststoffdübel ohne besonderen statischen Nachweis verwendet.

Für den Anschluss von gemauerten Zwischenwänden werden in die Stahlbetonbauteile am besten Ankerschienen einbetoniert.

Für Befestigungen schwerer Bauteile kommen *Schwerlastdübel* aus Metall in Frage, die je nach Belastungsfähigkeit in Dimensionen von M 6 bis M 20 als Spreizdübel in verschiedenen Bauarten auf dem Markt sind. Es gibt sie als selbstbohrende Dübel oder sie werden in präzise ausgeführte Bohrungen in die Stahlbetonbauteile eingesetzt (Bild **5**.55). Die zu befestigenden Bauteile werden mit Drehmomentschlüsseln montiert.

Schwerlastdübel für tragende Konstruktionen oder für Bereiche, in denen beim Versagen der Dübelung Gefahren für die Nutzer bzw. die Allgemeinheit entstehen würden, müssen bauaufsichtlich zugelassen sein.

Müssen schwere Lasten von Betonbauteilen aufgenommen werden oder sollen im Montagebau Betonbauteile untereinander verbunden werden, müssen entsprechende Befestigungsvorrichtungen geplant und ggf. bereits beim Betonieren mit eingebaut werden. Für derartige Zwecke stellen *Ankerschienen* heute in den meisten Fällen die rationellste Lösung dar. Sie sind in vielfältigen Abmessungen mit verschiedener Tragkraft auf dem Markt und werden in durchlaufenden Strängen oder in Abschnitten für einzelne Befestigungspunkte verwendet.

Ankerschienen werden in der Regel auf der Schalung der Betonteile fixiert und unterhalb der Bewehrungseisen mit einbetoniert. Herausziehbare Schaumstoff-Füllungen verhindern das Eindringen von Beton in die Schienen. Der Einbau schwerer Ankerschienenprofile muss im Zusammenhang mit der Lage der Bewehrungseisen besonders geplant werden.

---

[1] s. auch Abschn. 14.3.1.

5

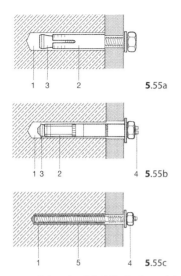

5.55a

5.55b

5.55c

5.55 Schwerlastdübel (Fischer), gezeichnet im Zustand vor der Spreizung

a) Schwerlastdübel
b) Hochleistungsanker
c) Reaktionsanker

1 genaue Bohrung in < C20/25
2 Spreizkörper
3 Konus
4 Gewindebolzen mit Mutter
5 Reaktionsmasse, in Bohrloch eingepresst; Dübelbolzen eingedreht und nach vorgegebener Reaktionszeit belastbar

Montagen an Ankerschienen werden mit „Hammerkopf"-Schrauben ausgeführt (Bild **5**.56).

5.9 Oberflächengestaltung (Sichtbeton)

Für die Herstellung und Beurteilung von Betonflächen mit Anforderungen an das Aussehen – im Allgemeinen als „Sichtbeton" bezeichnet – gibt es derzeit keine Normen oder Richtlinien. Alleine das DBV/BDZ-Merkblatt Sichtbeton (Fassung August 2004) sowie die ÖNORM B 2211 (Fassung 04/1998) liefern sinnvolle Informationen [7]. Darin werden 4 Sichtbetonklassen mit verschiedenen Einzelkriterien wie Textur, Porigkeit, Farbtongleichmäßigkeit, Ebenheit, Schalhautklasse u. A. vorgegeben (Tabelle **5**.57).

Man unterscheidet:

- **Gestaltung durch Schalhaut und Schalung,** Einsatz von Rahmen- oder Trägerschalung, Wahl der Schalhaut nach Schalhautklasse,

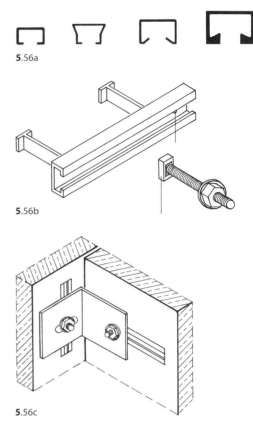

5.56a

5.56b

5.56c

5.56 Ankerschienen

a) verschiedene Querschnittsformen von Ankerschienen („HALFENEISEN")
b) Ankerschienen mit angeschweißten Ankern
c) Verbindung von Fertigteilen (Ankerschienen und Winkel)

1 Nagelloch
2 Hammerkopfschraube

- **Gestaltung durch Schalungseinlagen und Schalhauteinschnitte,** Einsatz von Matrizen und Leisten, bei Leisten muss die Betonüberdeckung beachtet werden, durch Einfräsen bzw. Einschneiden ergeben sich Formen, die aus der Oberfläche hervortreten,

- **Farbliche Gestaltung durch die Betonzusammensetzung,** sowohl für bearbeitete als auch für unbearbeitete Flächen, durch Wahl der Zementart, farbige Gesteinskörnungen und Farbpigmente,

- **Bearbeitete Betonflächen,** durch Auswaschen (Feinmörtelschicht tiefer als 2 mm entfernt), Feinwaschen (Feinmörtelschicht weniger als 2 mm entfernt), Strahlen, Schleifen und

Tabelle **5**.57   Sichtbetonklassen (nach DBV/BDZ-Merkblatt Sichtbeton)

Sichtbetonklasse	Beschreibung	Anwendungsbeispiel
SB 1	Sichtbeton mit geringen gestalterischen Anforderungen	Kellerwände
SB 2	Sichtbeton mit normalen gestalterischen Anforderungen	Treppenhäuser, Stützwände
SB 3	Sichtbeton mit hohen gestalterischen Anforderungen	Fassaden
SB 4	Sichtbeton mit besonders hoher gestalterischer Bedeutung	repräsentative Bauteile

Polieren sowie Bearbeitung mit Steinmetz-Techniken (Stocken, Spitzen, Scharrieren, Bossieren vgl. Abschn. 6.3.2).

Gestaltungsmerkmale von Sichtbeton sind

- die Sichtbetonklasse,
- Schalungs- und Schalhautsystem,
- Oberflächentextur,
- Ausbildung von Schalungsstößen,
- Lage, Ausbildung und Verschluss von Ankern und Ankerlöchern,
- Flächengliederung durch Größe der Schalelemente, Fugenverlauf, Raster der Ankerlöcher etc.,
- Lage und Ausbildung von Fugen,
- Ausbildung von Kanten und Ecken,
- Farbtongebung,

Grundbedingung für die Ausführung einwandfreier Sichtbetonflächen ist eine besonders sorgfältig hergestellte überall (z. B. an Schalungsstößen, Ankern, Arbeitsfugen) dichte Schalung. Darüber hinaus müssen die folgenden Voraussetzungen gegeben sein:

- möglichst genaue Einhaltung eines Wasserzementwertes von höchstens etwa $w/z = 0,55$ mit einer geringen Schwankungsbreite von $\Delta w/z = \pm0,02$,
- ausreichender Mehlkorngehalt, um Sedimentationsneigung und Wasserabsondern möglichst gering zu halten,
- ausreichender hoher Mörtel- und Leimgehalt,
- kein Einsatz von Restwasser und Restbeton,
- Verwendung von Gesteinskörnungen mit nicht saugendem Korn, und gleich bleibender Zusammensetzung (gleicher Herkunftsort, einheitliche Lieferung),
- ausreichende Mischzeiten, Vorkehrungen gegen Entmischung bei Verarbeitung,
- sorgfältige und gleichmäßige Verdichtung,
- Ausschalfristen, die für nachbearbeitete Flächen eine möglichst gleichmäßige Erhärtung berücksichtigen,

- sorgfältige Nachbehandlung des frischen Betons (Schutz vor Wärme, Kälte, Regen, Schnee, Wind und Verschmutzung); Fremdwasser, hohe Luftfeuchtigkeit, stark wechselnde Temperaturen begünstigen das Entstehen von Ausblühungen,
- Verwendung erprobter Trennmittel (z. B. Schalöle).

Vor der Ausführung sollten die gewünschten Oberflächenstrukturen des Sichtbetons am besten durch größere Erprobungsflächen geklärt werden. Aus diesen Erprobungsflächen ist eine Referenzfläche auszuwählen, die den Standard der Sichtbetonfläche definiert.

5.10   Oberflächenschutz

Einwandfrei hergestellter Beton ist witterungsbeständig. Planung und Ausführung von Betonbauteilen im Hochbau erfolgen heute für eine Nutzungsdauer von 50 Jahren und mehr. Erst danach werden Instandsetzungsarbeiten an der Tragkonstruktion notwendig. Die betonschädigenden bzw. auf Stahl korrosiv wirkenden Umgebungsbedingungen werden durch die Festlegung von Expositionsklassen berücksichtigt. Ungeschützte Betonoberflächen werden aber durch Schmutzablagerungen meistens rasch unansehnlich. In feinen Rissen und auf rauen Stellen der Oberfläche siedeln sich mit der Zeit auch Moose, Flechten o. Ä. an. Bei starken chemischen Angriffen, z. B. durch chemisch belastete Grundwässer oder industrielle Prozesse können auch hochwertige Betone geschädigt werden.

Betonschädigend sind vor allem aber die durch *„Karbonatisierung"* ausgelösten Korrosionsvorgänge an den in der Nähe der Oberfläche liegenden Bewehrungen, d. h. nicht regelgerecht verlegter Bewehrung.

Beim Abbinden des Zementes durch Hydrationsvorgänge ist frischer Beton zunächst stark alkalisch mit pH-Werten von 12 bis 13. Dadurch ist der Betonstahl wirksam gegen Korrosion geschützt, solange ein pH-Wert von 10 nicht unterschritten wird. Aus der Umgebungsluft eindringendes gasförmiges oder in Niederschlagwasser gelöstes Kohlendioxid (CO_2) und Schwefeldioxid (SO_2) gehen mit dem im Beton enthaltenen Calciumhydroxid Verbindungen ein, die die Alkalität abbauen und schließlich neutralisieren. (Da diese Umsetzungen hauptsächlich durch Kohlensäure – Karbonat – bewirkt werden, hat man den Vorgang als „Karbonatisierung" bezeichnet.)

Dieser Prozess setzt sich mit der Zeit immer weiter in das Betoninnere fort und kann schließlich auch den Bereich der Stahlbewehrungen erreichen – insbesondere, wenn die gewählten Stahlüberdeckungen (s. Abschn. 5.5) zu gering sind oder Ausführungsfehler vorliegen. Bei pH-Werten unter 9 kommt es zur Rostbildung an den Bewehrungsstählen. Die damit verbundenen Volumenvergrößerungen führen zu Absprengungen und fortschreitenden Schäden bis zu kritischen Einschränkungen der Tragfähigkeit konstruktiver Stahlbetonteile.

Betonoberflächen sollten daher in exponierten Lagen oder bei entsprechenden ästhetischen Anforderungen einen alkalibeständigen Oberflächenschutz erhalten. Verwendet werden:

- **Imprägnierungen.** Sie schützen die Betonoberflächen durch Hydrophobierung (Wasserabweisung). Dünnflüssige Silikonharzlösungen dringen dabei in die Oberfläche ein, ohne einen Film zu bilden und ohne die Wasserdampfdiffusion zu behindern. Die natürliche Betonfarbe bleibt erhalten.

- **Unpigmentierte Beschichtungen.** Methylacrylatlösungen bewirken je nach Verdünnung transparente, mattglänzende wasserabweisende Oberflächen.

- **Betonlasuren.** Wasserdampfdurchlässige, jedoch wasserabweisende schwach pigmentierte Beschichtungsstoffe (Silikatlasuren oder Disperionslasuren) bilden betonfarbene oder je nach gestalterischen Absichten farbige Oberflächen. Dadurch können auch Farbabweichungen oder Ausbesserungen in Sichtbetonflächen überdeckt werden.

- **Deckende Farbbeschichtungen.** Stark pigmentierte farbige Beschichtungen werden auf der Basis verschiedener Bindemittel nach speziellen Verarbeitungsrichtlinien der Hersteller ausgeführt.

- **Schutzüberzüge.** Bei erdberührten Bauteilen haben sich unter normalen Bedingungen

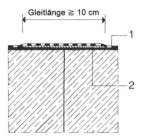

5.58 Überzüge: Überbrückung von Fugen und Rissen
1 Schutzüberzug
2 Zwischenlage (z. B. Streifen aus PVC- oder PE-Folie

Schutzüberzüge als entbehrlich erwiesen. Bei starker chemischer Beanspruchung durch aggressives, betonschädigendes Wasser gemäß DIN 4030 sind Anstriche oder Beschichtungen auf Bitumen- oder Reaktionsharzbasis vorzusehen. Schutzüberzüge müssen durch geeignete Bindemittelkombinationen und ggf. in Verbindung mit Verstärkungen durch Mineral- oder Kunststoffvliese oder -gewebe in der Lage sein, unvermeidliche kleinere Verformungen oder feine Risse der Betonflächen ohne Schaden zu überbrücken.

Schutzüberzüge gegen starke Beanspruchungen werden auf die sauberen, trockenen und evtl. durch Sandstrahlen aufgerauten Betonflächen in der Regel mehrlagig durch Streichen, Rollen, Spritzen oder Spachteln aufgetragen. Dabei müssen die behandelten Flächen bis zum Abschluss der Arbeiten und bis zum Aushärten gegen Niederschläge, Kondenswasser, Wind, Sonneneinstrahlung, Frost und Verunreinigungen geschützt werden. Die für die verschiedenen Materialien von den Herstellern vorgeschriebenen Mindesttemperaturen für die Verarbeitung dürfen nicht unterschritten werden. Die Schichtdicken betragen – abhängig von evtl. zu berücksichtigenden mechanischen Beanspruchungen – 0,2 mm bis 3,0 mm.

Wenig beanspruchte Fugen in den Betonflächen oder Risse können mit Hilfe von Zwischenlagen überbrückt werden (Bild **5**.58). Im Übrigen müssen Schutzüberzüge in Fugen so weit hineingezogen werden, dass die später auszuführende Fugendichtung vollflächig angeschlossen werden kann (Bild **5**.60). Obere Abschlüsse in senkrechten Flächen sollten, insbesondere bei größeren Schichtdicken, eine Verwahrung mit einem Abschlussprofil erhalten, um ein Ablösen des Schutzüberzuges zu verhindern.

Tabelle **5**.59   Klassifizierung von Oberflächenschutzsystemen (DafStb-Richtlinie – Schutz und Instandsetzung von Betonbauteilen)

Klassen-Bezeichnung	Kurzbeschreibung	Mindestschichtdicke	Hauptbindemittel-gruppen	Rissüber-brückung
OS 1	Hydrophobierung	–	Silan, Siloxan	nein
OS 2	Beschichtung für nicht begehbare Flächen (vorbeugender Schutz)	80 µm	Mischpolymer, PUR	nein
OS 4	Beschichtung für nicht begehbare Flächen (Instandsetzung)	80 µm	Mischpolymer, PUR	nein
OS 5	Beschichtung für nicht begehbare Flächen mit geringer Rissüberbrückung	a) 300 µm a) 2000 µm	Polymerdispersion Polymer-Zement-Gemisch	gering (Haarrisse)
OS 7	chemisch widerstandsfähige Beschichtung 1 mm für mechanisch gering beanspruchte Flächen		EP	nein
OS 8	starre Beschichtung für befahrbare, mechanisch stark belastete Flächen	2,5 mm	EP	
OS 9	Beschichtung für nicht begehbare Flächen mit erhöhter Rissüberbrückungsfähigkeit	1 mm	PUR, PMMA, modifizierte EP, Polymerdispersion	mittel
OS 10	Beschichtung als Dichtungsschicht unter bituminösen Schutz- oder Deckschichten mit hoher Rissüberbrückungsfähigkeit für befahrbare Flächen	2 mm	PUR	hoch
OS 11	Beschichtung für frei bewitterte, befahrbare Flächen mit erhöhter dynamischer Rissüberbrückungsfähigkeit	4,5 mm (zweischichtig) 4 mm (einschichtig)	PUR, modifizierte EP, PMMA	hoch
OS 13	Beschichtung für frei überdachte, befahrbare Flächen mit nicht dynamischer Rissüberbrückungsfähigkeit	2,5 mm (zweischichtig)	PUR, modifizierte EP, PMMA	hoch

5

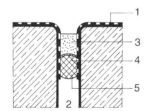

5.60   Schutzüberzüge: Abdichtung einer Bauwerksfuge

    1 Schutzüberzug
    2 Fugenabmessungen vgl. Tab **5**.50
    3 Fugendichtmasse
    4 Trennlage (z. B. PE-Folie)
    5 Hinterfüllung (Schaumstoffband)

Nach ihrer Schichtdicke und ihrer Anwendung für bestimmte Bauteile werden Oberflächenschutzsysteme (OS) in Klassen mit vergleichbaren technischen Kennwerten eingestuft (Tabelle **5**.59).

5.11   Betoninstandsetzung

Besonders bei Stahlbetonbauteilen, die der Witterung oder sonstigen besonderen Beanspruchungen ausgesetzt sind, kann es bei Nichtbeachtung der in den vorangegangenen Abschnitten beschriebenen Herstellungsanforderungen wie z. B. genaue Einhaltung des w/z-Wertes (s. Abschn. 5.1.2), ausreichende und gleichmäßige Verdichtung (s. Abschn. 5.3.2), genügende Betonüberdeckung der Armierungen (s. Abschn. 5.5) vor allem in Verbindung mit Karbonatisierungsvorgängen (s. Abschn. 5.10) zu Rissbildungen, Korrosion des Bewehrungsstahls und Rostaufbrüchen mit Absprengungen von Oberflächenteilen kommen.

Dadurch kann unter Umständen die Standsicherheit tragender Bauteile gefährdet werden. Erkennbare Schäden müssen daher so bald wie möglich grundlegend instand gesetzt werden, und an noch nicht geschädigten Bauteilen sind

Tabelle **5**.61   Beanspruchungsklassen von Instandsetzungsmörteln und -betonen

Beanspruchbarkeitsklasse	statische Mitwirkung zulässig	dynamische Beanspruchung zulässig	Anwendungsbeispiele
M1	nein	nein	Fassaden
M2	nein	ja	Parkdecks, Brücken
M3	ja	ja	Stützen, Platten, Balken

5

vorbeugende Oberflächenbehandlungen vorzunehmen (s. Abschn. 5.10).

Bei der Instandsetzung sind zunächst durch Abstemmen, Strahlen oder andere Verfahren alle losen Betonteile zu entfernen, und die korrodierten Betonstahlteile sind freizulegen. Durch Sandstrahlen, Wasserstrahlen oder andere Verfahren ist der Stahl *restlos* (ggf. auch an den Rückseiten!) zu entrosten.

Anschließend wird voll deckend ein Korrosionsschutz aufgetragen (Mindest-Verarbeitungstemperatur beachten!). Dabei sind die angrenzenden Betonflächen abzudecken und möglichst nicht zu überstreichen. Ein zweiter Anstrich, möglichst in Kontrastfärbung, ist nach guter Austrocknung innerhalb 24 Stunden aufzutragen. In die noch nicht abgebundene oberste Korrosionsschutzschicht kann zur besseren Haftung des späteren Instandsetzungsaufbaues Quarzsand eingestreut werden.

Auf die Ausbruchstellen wird anschließend eine Haftbrücke aufgetragen (Haftbrücke nach Werksangaben hergestellt aus Zement, Quarzsand und Kunststoffdispersionen oder spezielle fertige Haftbrücke). Dann werden die Schadstellen mit einem Betonersatzsystem (kunstharzmodifizierter Zementmörtel oder Rektionsharzmörtel) reprofiliert. Je nach Beanspruchung des Bauteils müssen Betonersatzsysteme der Beanspruchbarkeitsklassen M1 bis M3 nach Instandsetzungs-Richtlinie des DAfStb eingesetzt werden, s. Tabelle **5**.61. Zusätzlich kann die Instandsetzung mit einem Feinspachtel als Kratz- und Ausgleichspachtel zur Vereinheitlichung der Oberfläche und einem Oberflächenschutzsystem als Karbonatisierungsschutz und zur farblichen Gestaltung ergänzt werden.

Bei großflächigen Instandsetzungen an Stahlbetonoberflächen bieten sich Spritzmörtel und -betone an, gegebenenfalls unter Zulage von Bewehrung.

Risse. Sofern Risse im Beton je nach Umgebungsbedingungen eine bestimmte Breite nicht überschreiten, ist für den dauerhaften Korrosionsschutz nicht die Rissbreite selbst, sondern die Dicke und Dichte der Betondeckung im Bereich der Risse maßgebend. Risse quer zur Bewehrung bis ca. 0,4 mm führen dann bei Betonaußenflächen unter üblichen Umgebungsbedingungen zu keiner Beeinträchtigung der Dauerhaftigkeit. Risse längs zur Hauptbewehrung sind kritischer zu sehen und erfordern eine fachkundige Beurteilung. Falls ein Bauwerk oder Bauteil besonderen Nutzungsbedingungen ausgesetzt ist (z. B. Chlorideintrag, Wasserundurchlässigkeit) kann auch schon bei geringeren Rissbreiten das Füllen von Rissen erforderlich werden. Vor dem Füllen von Rissen müssen die Rissursachen und der Risseinfluss auf Tragfähigkeit, Gebrauchstauglichkeit und Dauerhaftigkeit untersucht werden und Ziele sowie Art der Rissverfüllung bestimmt werden. Folgende Ziele können mit dem Füllen von Rissen erreicht werden:

- Schließen zum Hemmen bzw. Verhindern des Eindringens korrosionsfördernder Stoffe (Tränkung mit Epoxidharz, Zementleim, Zementsuspension)

- Abdichten zur Beseitigung von Undichtigkeiten des Bauteils (Injektion mit Epoxidharz, Polyurethanharz, Zementleim, Zementsuspension)

- dehnfähiges Verbinden zum Herstellen einer begrenzt dehnfähigen, dichtenden Verbindung zweier Rissflanken (Injektion durch Polyurethanharz)

- kraftschlüssiges Verbinden zur Herstellung einer zug- und druckfesten Verbindung von Rissufern zur Wiederherstellung der Tragfähigkeit (Injektion mit Epoxidharz, Zementleim, Zementsuspension)

5.12 Änderungen an Stahlbetonbauteilen

Nachträgliche Veränderungen an Bauteilen aus Beton oder Stahlbeton sind mit konventionellen Mitteln gar nicht oder nur sehr schwierig auszuführen.

Etwa erforderliche nachträgliche *Aussparungen* an fertigen Bauteilen (z. B. für das Hindurchführen von Installationen durch Unterzüge o. Ä.) können je nach statischen Verhältnissen mit Kernbohrungen bei Durchmessern bis etwa 60 cm hergestellt werden. Dabei ist selbstverständlich Vorsorge dafür zu treffen, dass keine wichtigen Bewehrungseinlagen durchtrennt werden.

Größere Öffnungen in Stahlbetondecken oder -wänden lassen sich durch „nass" ausgeführte Trennschnitte mit Spezialsägen herstellen. An den Eckpunkten werden dabei meistens zunächst kleinere Kernbohrungen ausgeführt. Die herauszuschneidenden Teile müssen durch Aufhängungen o. Ä. gegen Herausfallen gesichert werden, und es muss für das Auffangen und Ableiten des anfallenden Bohrschlammes gesorgt werden. Zu bedenken ist auch, dass während der Ausführung Bohrschlamm durch Hohlräume wie z. B. angeschnittene einbetonierte Rohrleitungen unkontrolliert abfließen kann.

Massige Bauteile können durch thermische Betonverflüssigung mit „Pulverlanzen" durchstoßen werden. Der Kostenaufwand ist in jedem Fall beträchtlich.

Nachträgliche Verstärkungen von tragenden Stahlbetonteilen z. B. wegen erhöhter Nutzlastanforderungen können mit *Klebearmierungen* vorgenommen werden. Dabei werden je nach statischen Anforderungen Flachstahlbänder (geprimter Flachstahl) auf die sorgfältig durch Sandstrahlen oder mit Nadelhammer reprofilierten Betonflächen kraftschlüssig mit Reaktionsharzen auf Epoxidharzen aufgeklebt. Für Verstärkungen kommen auch auf Grund besonderer Zulassungen aufgeklebte Kohlefaserkunststoff-CFK-Lamellen in Frage.

Klebearmierungen können auch Auswechselungen beim nachträglichen Einschneiden von Öffnungen, für Ergänzungen beschädigter Bewehrungen, bei Sanierungen usw. angewendet werden.

In jedem Fall ist die Ausführung nur durch Spezialfirmen möglich.

5.13 Normen

Norm	Ausgabedatum	Titel
DIN EN 197-1	11.2011	Zement – Zusammensetzung, Anforderungen und Konformitätskriterien von Normalzement
E DIN EN 197-1	07.2014	–; Zusammensetzung, Anforderungen und Konformitätskriterien von Normalzement
DIN EN 206	07.2014	Beton – Festlegung, Eigenschaften, Herstellung und Konformität
DIN EN 408-1 bis -15	2005–2015	Zusatzmittel für Beton, Mörtel und Einpressmörtel
DIN 488-1	08.2009	Betonstahl; Sorten, Eigenschaften, Kennzeichen
DIN 488-2	08.2009	–; Betonstabstahl
DIN 488-3	08.2009	Betonstahl – Betonstahl in Ringen, Bewehrungsdraht
DIN 488-4	08.2009	–; Betonstahlmatten
DIN 488-5	08.2009	–; Gitterträger
DIN 488-6	01.2010	–; Übereinstimmungsnachweis
DIN EN 991	09.1995	Bestimmung der Maße vorgefertigter bewehrter Bauteile aus dampfgehärtem Porenbeton oder haufwerksporigem Leichtbeton
DIN EN 1008	10.2002	Zugabewasser für Beton – Festlegungen für die Probennahme, Prüfung und Beurteilung der Eignung von Wasser, einschließlich bei der Betonherstellung anfallendem Wasser, als Zugabewasser für Beton

Norm	Ausgabedatum	Titel
DIN 1045-2	08.2008	Tragwerke aus Beton, Stahlbeton und Spannbeton; Beton – Festlegung, Eigenschaften, Herstellung und Konformität; Deutsche Anwendungsregeln zu DIN EN 206-1;
E DIN 1045-2	08.2014	–; Beton – Festlegung, Eigenschaften, Herstellung und Konformität; Deutsche Anwendungsregeln zu DIN EN 206
DIN 1045-3	03.2012	–; Bauausführung – Anwendungsregeln zu DIN EN 13 670
DIN 1045-3 Ber.1	07.2013	–; –; Anwendungsregeln zu DIN EN 13 670, Berichtigung zu DIN 1045-3
DIN 1045-4	02.2012	–; Ergänzende Regeln für die Herstellung und Überwachung von Fertigteilen
DIN EN 1504-1 bis -10	2004-2015	Produkte und Systeme für den Schutz und die Instandsetzung von Betontragwerken – Definitionen, Anforderungen, Güteüberwachung und Beurteilung der Konformität
DIN 1164-10	03.2013	Zement mit besonderen Eigenschaften; Zusammensetzung, Anforderungen und Übereinstimmungsnachweis von Zement mit niedrigem wirksamen Alkaligehalt
DIN 1164-11	11.2003	–; Zusammensetzung, Anforderungen und Übereinstimmungsnachweis von Zement mit verkürztem Erstarren
DIN 1164-12	06.2005	–; Zusammensetzung, Anforderungen und Übereinstimmungsnachweis von Zement mit einem erhöhten Anteil an organischen Bestandteilen
DIN EN 1168	12.2011	Betonfertigteile – Hohlplatten
DIN EN 1991-1-1	12.2010	Eurocode 1: Einwirkungen auf Tragwerke – Teil 1-1: Allgemeine Einwirkungen auf Tragwerke – Wichten, Eigengewicht und Nutzlasten im Hochbau
DIN EN 1991-1-1/NA	12.2010	Nationaler Anhang – National festgelegte Parameter – Eurocode 1: Einwirkungen auf Tragwerke Teil 1-1: Allgemeine Einwirkungen auf Tragwerke – Wichten, Eigengewicht und Nutzlasten im Hochbau
E DIN EN 1991-1-1/NA/A1	07.2014	–; –; –; Änderung A1
DIN EN 1992-1-1	01.2011	Eurocode 2: Bemessung und Konstruktion von Stahlbeton- und Spannbetontragwerken – Teil 1-1: Allgemeine Bemessungsregeln und Regeln für den Hochbau
E DIN EN 1992-1-1/A1	09.2013	–; Allgemeine Bemessungsregeln und Regeln für den Hochbau; Änderung 1
DIN EN 1992-1-1/NA	04.2013	Nationaler Anhang – National festgelegte Parameter – Eurocode 2 Bemessung und Konstruktion von Stahlbeton- und Spannbetontragwerken; – Teil1-1: Allgemeine Bemessungsregeln und Regeln für den Hochbau
DIN EN 1992-1-2	12.2010	–; Allgemeine Regeln; Tragwerksbemessung für den Brandfall
DIN EN 1992-1-2/NA	12.2010	Nationaler Anhang – National festgelegte Parameter – Eurocode 2: Bemessung und Konstruktion von Stahlbeton- und Spannbetontragwerken – Teil 1-2: Allgemeine Regeln und Regeln – Tragwerksbemessung für den Brandfall
DIN EN 1992-3	01.2011	Eurocode 2: Bemessung und Konstruktion von Stahlbeton- und Spannbetontragwerken – Teil 3: Silos und Behälterbauwerke aus Beton
DIN 4030-1	06.2008	Beurteilung betonangreifender Wässer, Böden und Gase; Grundlagen und Grenzwerte
DIN 4213	07.2003	Anwendung von vorgefertigten bewehrten Bauteilen aus haufwerksporigem Leichtbeton in Bauwerken
E DIN 4213	01.2014	Anwendung von vorgefertigten bewehrten Bauteilen aus haufwerksporigem Leichtbeton mit statisch anrechenbarer oder statisch nicht anrechenbarer Bewehrung in Bauwerken
DIN 4226-100	02.2002	Gesteinskörnung für Beton und Mörtel; rezyklierte Gesteinskörnungen
DIN 4235-1 bis 5	12.1978	Verdichten von Beton durch Rütteln

5

Norm	Ausgabedatum	Titel
DIN EN 7865-1	02.2015	Elastomer-Fugenbänder zur Abdichtung von Fugen in Beton; Formen und Maße
DIN EN 7865-2	02.2015	–; Werkstoffanforderungen und Prüfung
DIN EN 12 350-1	08.2009	Prüfung von Frischbeton; Probenentnahme
DIN EN 12 350-2	08.2009	–; Setzmaß
DIN EN 12 350-3	08.2009	–; Vebe-Prüfung
DIN EN 12 350-4	08.2009	–; Verdichtungsmaß
DIN EN 12 350-5	08.2009	–; Ausbreitmaß
DIN EN 12 350-6	03.2011	–; Frischbetonrohdichte
DIN EN 12 350-7	08.2009	–; Luftgehalte-Druckverfahren
DIN EN 12 350-8 bis 12	12.2010	–; Selbstverdichtender Beton
DIN EN 12 390-1	12.2012	Prüfung von Festbeton; Form, Maße und andere Anforderungen für Probekörper und Formen
DIN EN 12 390-2	08.2009	–; Herstellung und Lagerung von Probekörpern für Festigkeitsprüfungen
DIN EN 12 390-2 Ber1	02.2012	–; –; Berichtigung zu DIN EN 12390-2:2009-08
DIN EN 12 390-3	07.2009	–; Druckfestigkeit von Probekörpern
DIN EN 12 390-3 Ber1	11.2011	–; Druckfestigkeit von Probekörpern, Berichtigung zu DIN EN 12 390-3: 2009-07
DIN EN 12 390-4	12.2000	–; Bestimmung der Druckfestigkeit; Anforderungen an Prüfmaschinen
DIN EN 12 390-5	07.2009	–; Biegezugfestigkeit von Probekörpern
DIN EN 12 390-6	09.2010	–; Spaltzugfestigkeit von Probekörpern
DIN EN 12 390-7	07.2009	–; Dichte und Festbeton
DIN EN 12 390-8	07.2009	–; Wassereindringtiefe unter Druck
DIN CEN/TS 12 390-9	08.2006	–; Frost- und Frost-Tausalzwiderstand – Abwitterung
DIN CEN/TS 12 390-10	12.2007	–; Bestimmung des relativen Karbonatisierungswiderstandes von Beton
DIN EN 12 504-1	07.2009	Bohrkernproben – Herstellung, Untersuchung und Prüfung der Druckfestigkeit
DIN EN 12 620	07.2008	Gesteinskörnungen für Beton
DIN EN 13 055-1	08.2002	Leichte Gesteinskörnungen – Leichte Gesteinskörnungen für Beton, Mörtel und Einpressmörtel
DIN EN 13 224	08.2007	Betonfertigteile; Deckenplatten mit Stegen
DIN EN 13 225	06.2013	Betonfertigteile; Stabförmige Bauteile
DIN EN 13 369	08.2013	Allgemeine Regeln für Betonfertigteile
DIN EN 13 670	03.2011	Ausführung von Tragwerken aus Beton
DIN EN 13 747	08.2010	Betonfertigteile mit Ortbetonergänzung
DIN EN 14 216	08.2004	Zement – Zusammensetzung, Anforderungen und Konformitätskriterien von Sonderzement mit sehr niedriger Hydratationswärme
DIN EN 14 843	07.2007	Betonfertigteile – Treppen
DIN EN 14 844	02.2012	–; Hohlkastenelemente
DIN EN 14 992	09.2012	–; Wandelemente

5

Norm	Ausgabedatum	Titel
DIN EN 15 191	04.2010	–; Klassifizierung der Leistungseigenschaften von Glasfaserbeton
DIN EN ISO 15 630-1 bis 3	02.2011	Stähle für die Bewehrung und das Vorspannen von Beton
DIN 18 197	04.2011	Abdichten von Fugen in Beton mit Fugenbändern
DIN 18 215	12.1973	Schalungsplatten aus Holz für Beton- und Stahlbetonbauten
DIN 18 216	12.1986	Schalungsanker für Betonschalungen; Anforderungen, Prüfung, Verwendung
DIN 18 217	12.1981	Betonflächen und Schalungshaut
DIN 18 218	01.2010	Frischbetondruck auf lotrechte Schalungen
DIN 18 331	09.2012	VOB Teil C; Allgemeine Technische Vertragsbedingungen für Bauleistungen (ATV) – Betonarbeiten
DIN 18 333	09.2012	–; Betonwerksteinarbeiten
DIN 18 500	12.2006	–; Betonwerkstein; Anforderungen, Prüfung, Überwachung
DIN 18 540	09.2014	Abdichten von Außenwandfugen im Hochbau mit Fugendichtstoffen
DIN 18 541-1	11.2014	Fugenbänder aus thermoplastischen Kunststoffen zur Abdichtung von Fugen in Beton; Begriffe, Formen, Maße, Kennzeichnung
DIN 18 541-2	11.2014	–; Anforderungen an die Werkstoffe, Prüfung und Überwachung
DIN 20 000-2	12.2013	Anwendung von Bauprodukten in Bauwerken – Industriell hergestellte Schalungsträger aus Holz
DIN 52 170-1	02.1980	Bestimmung der Zusammensetzung von erhärtetem Beton; Allgemeines, Begriffe, Probenentnahme, Rohdichte
DIN Fachbericht 100	03.2010	Beton – Zusammenstellung von DIN 206-1 Beton Richtlinien des Deutschen Ausschusses für Stahlbeton e.V. – u. A.
DIN Fachbericht 159	01.2008	Allgemeine Regeln für Betonfertigteile – Zusammenstellung von DIN EN 13 369 u. A.
DAfStb-Richtlinie	03.2011	Betonbau beim Umgang mit wassergefährdenden Stoffen
DAfStb-Richtlinie	10.2001	Schutz und Instandsetzung von Betonbauteilen (Instandsetzungs-Richtlinie)
DAfStb-Richtlinie	09.2012	Selbstverdichtender Beton (SVB-Richtlinie)
DAfStb-Richtlinie	11.2003	Wasserundurchlässige Bauwerke aus Beton (WU-Richtlinie)
DAfStb-Richtlinie	10.2013	Vorbeugende Maßnahmen gegen schädigende Alkalireaktion im Beton (Alkali-Richtlinie)
FGSV 782/1, ZTV-ING	2012	Zusätzliche Technische Vertragsbedingungen und Richtlinien für Ingenieurbauten – Allgemeines
Zement-Merkblätter	2002-2014	B 1 bis B 9, B 11, B 13, B 18, B 19, B 22, B27, B 29 und H 8 und H 10

5.14 Literatur

[1] *Baar, S., Ebeling. K., Lohmeyer, G.*: Stahlbetonbau. Stuttgart 2013

[2] Beton- und Stahlbetonbau: Wasserundurchlässige Bauwerke aus Beton ISSN 0005-9900. Berlin 2014

[3] *Brandt, J.* u. A.: Fassaden, Konstruktion und Gestaltung mit Betonfertigteilen. Düsseldorf 1988

[4] Bundesverband der Deutschen Zementindustrie: Beton Atlas – Entwerfen mit Stahlbeton im Hochbau. München 2002, siehe auch [24]

[5] Deutscher Ausschuss für Stahlbeton (DAfStb): Übersicht DAfStb-Richtlinien (u. A: Nachbehandlung 02/1984, Fließbeton 08/1995, Schutz und Instandsetzung 10/2001, WU-Beton 11/2003, Beton mit verlängerter Verarbeitungszeit 11/2006, Vergussbeton und Verguss 11/2011, Stahlfaserbeton, SVB-Beton 09/2012; www.dafstb.de

[6] –; Heft 526, (DafStb), Erläuterungen zu den Normen DIN EN 206-1, DIN 1045 Teile 2, 3 und 4 und DIN EN 12 260. 2011

[7] Deutscher Beton- und Bautechnik-Verein E.V. (DBV): Merkblattsammlung und Schriftenreihe (u. A: Betonierbarkeit von Bauteilen aus Beton und Stahlbeton, Betonschalungen und Ausschalfristen 2013, Merkblatt Sichtbeton 2004, Stahlbetontragwerke im Hochbau, Stützen Instandsetzen, Verbinden und Verstärken 2009. Berlin ; www.betonverein.de

[8] –; Typische Schäden im Stahlbetonbau II, Bd. 1 Industrieböden und Parkbauten, Bd. 2 Sichtbeton und Fertigteile, Bd. 3 Wasserundurchlässige Bauwerke und Sonderfälle. Berlin 2014; www.betonverein.de

[9] *Ebeling, K., Knopp, W., Pickhardt, R.*: Beton, Herstellung nach Norm. Düsseldorf 2004

[10] *Eifert, H., Bethge, W.*: Beton-Prüfung nach Norm, BDZ. Düsseldorf 2005

[11] *Grupp, P.*: Schalungsatlas. Düsseldorf 2009

[12] *Harth, H.-J.*: Handbuch Betonsanierung. Berlin 1993

[13] *Härig, S., Klausen, D. Hochscheid, R.*: Technologie d Baustoffe. Heidelberg 2003

[14] *Kampen, R.; Peck, M.; Pickhardt, R,; Richter, T.*: Bauteilkatalog. Planungshilfe für dauerhafte Betonbauteile. Düsseldorf 2014

[15] *Kordina, K., Meyer-Ottens, C.*: Beton-Brandschutz-Handbuch. Düsseldorf 1999

[16] *Lamprecht, H.* u. a.: Betonoberflächen, Gestaltung und Herstellung. Grafenau 1984

[17] *Lohmeyer G., Ebeling, K.*: Weiße Wannen einfach und sicher. Düsseldorf 2013

[18] *Middel, M.*: Beton-Praxis – Ein Leitfaden für die Baustelle. Düsseldorf 2014

[19] *Peck;, M.; Hersel, O.; Kind-Barkauskas, F.; Klose, N.; Richter, T.; Schäfer, W.*: Sichtbetonoberflächen -schützen, erhalten, instandsetzen. Düsseldorf 2009

[20] *Pickhardt, R.; Bose, T.; Schäfer, W.*: Beton, Herstellung nach Norm. Düsseldorf 2014

[21] *Schmitt, R.*: Die Schalungstechnik, Verlag Ernst & Sohn, Berlin, 2001

[22] *Springenschmid, R.*: Betontechnologie für die Praxis. Berlin 2007

[23] Tricosal-Fugenband. Illertissen, 1989 (www.tricosal.de)

[24] Verein Deutscher Zementwerke (vdz): Zementtaschenbuch 2002, Schriftenreihe und Zement-Merkblätter (u. A. Zemente und ihre Herstellung 2014; Gesteinskörnungen für Normalbeton 2012; Betonzusätze, Zusatzmittel und Zusatzstoffe 2014; Überwachen von Beton auf Baustellen 2014; Transportbeton 2013; Bearbeiten und Verarbeiten von Beton 2013; Nachbehandlung und Schutz des jungen Betons 2014; Expositionsklassen von Beton 2014; Leichtbeton 2014; Risse im Beton 2014, Zusammensetzung von Normalbeton 2014; Arbeitsfugen 2002, SVB 2006, Sichtbeton 2009, Wasserundurchlässige Betonbauwerke 2010, Industrieböden aus Beton 2006) . Düsseldorf; www.bdzement.de; vdz-online.de; Download auch unter www.beton.org, Service, Zement-Merkblätter

[25] *Weber, R., Tegelaar, R.*: Guter Beton. Düsseldorf 2001

5.15 Informationen im Internet

www.beton.org.de   Umfangreiche Informationen und Links zum Baustoff Beton sowie Zement-Merkblätter zum kostenlosen Download

www.dafstb.de   Informationen zu Richtlinien zum Betonbau

www.betonverein.de Informationen zu Merkblättern des Deutschen Beton- und Bautechnikvereins

6 Wände

6.1 Allgemeines

Wände werden heute immer noch – ähnlich wie seit Jahrtausenden – aus mehr oder weniger kleinformatigen vorgefertigten künstlichen Steinen oder aus Natursteinen zu *Mauern* zusammengefügt. Vergleichbar dem uralten Lehmbau entstehen heute im *Betonbau* aus ungeformten Rohstoffen fugenlose *Wände*. Außerdem werden Wände in Kombination verschiedener Materialien hergestellt (Beton, künstliche Steine, Holz, Metall, Glas, Kunststoffe usw., ggf. in Verbindung insbesondere mit Wärmedämmstoffen).

Innerhalb eines Baugefüges (s. Abschn. 1) können Wände *tragend* oder *aussteifend* für die Standfestigkeit eines Bauwerkes erforderlich sein, als *nichttragende* Trennwände lediglich der Raumunterteilung dienen oder Ausfachungen zwischen tragenden Elementen z. B. von Skelettbauten bilden.

Unterschieden werden daher in statischer Hinsicht:

- **tragende Wände** (überwiegend auf Druck beanspruchte scheibenartige Bauteile zur Aufnahme vertikaler und horizontaler Lasten)
- **aussteifende Wände** (scheibenartige Bauteile zur Aussteifung von Gebäuden oder zur Knickaussteifung von tragenden Wänden. Sie gelten stets auch als tragende Wände)
- **nichttragende Wände** (scheibenartige Bauteile, die überwiegend durch Eigenlasten beansprucht werden und zur Sicherung der Standfestigkeit eines Bauwerkes nicht herangezogen werden)

Darüber hinaus müssen Wände oft besondere Anforderungen erfüllen wie:

- Wärmeschutz (Wärmedämmung und Wärmespeicherung, s. Abschn. 6.2.1.2 und 17.5),
- Schallschutz (s. Abschn. 6.2.1.3 und 17.6),
- Brandschutz (s. Abschn. 6.2.1.4 und 17.7),
- Schlagregenschutz (s. Abschn. 6.2.1.5),
- Schutz gegen drückendes und nichtdrückendes Wasser, z. B. bei Kellerwänden (s. Abschn. 17.4).

Bei der Auswahl der geeigneten Baustoffe oder Baustoffkombination ist weiterhin zu berücksichtigen:

- Oberflächengestaltung,
- Dampfdurchlässigkeit,
- Gewicht,
- Herstellungs- bzw. Montagemöglichkeiten,
- Kosten.

Maß-, Winkel- und Ebenheitstoleranzen sind in DIN 18 202 geregelt.

Die traditionelle Ausführung von Mauerwerk mit Ziegeln und sonstigen Mauersteinen wird ständig ergänzt. Immer wieder kommen neue Materialien zum Einsatz, Steinformate ändern sich, die Wärme- und Schalldämmeigenschaften werden verbessert. Aber auch die Steinformen (z. B. Nut-Feder-Stoßfugen) und die Maßhaltigkeit von Steinen wurden immer weiter optimiert, wodurch die Ausführung von mörtelfreiem Mauerwerk möglich wurde. Aber auch neue Mörtel (Dünnbett- und Klebemörtel, wärmedämmende Mörtel) sowie die verfügbaren Arbeitshilfsmittel (Transport- und Versetzhilfen, Mörtelauftragsgeräte, Grifföffnungen u. ä.) wurden immer weiter entwickelt.

Herkömmliche Bauarten, insbesondere der Mauerwerksbau, erfüllten mehr oder weniger alle an eine Wand zu stellenden Anforderungen problemlos. Nachdem spezielle Materialien für nahezu jede Einzelanforderung verfügbar sind, ist bei der Kombination von Baustoffen oft unterschiedlichster Eigenschaften die Kenntnis und konstruktive Beherrschung der damit auftretenden bauphysikalischen Probleme unabdingbar.

Am 1. Juli 2012 sind anstelle der bis dahin bauaufsichtlich eingeführten nationalen Normen diverse europäische Bemessungsnormen (Eurocodes) in die Musterliste der technischen Baubestimmungen aufgenommen worden. Seinerzeit nicht betroffen von dieser Umstellung waren die Bereiche Mauerwerkbau (DIN 1053/DIN EN 1996) und Erdbebenbemessung (DIN 4149/DIN EN 1998).

Für den Bereich Mauerwerksbau wurde inzwischen das Normenpaket der Reihe DIN EN 1996 in die Musterliste der technischen Baubestimmungen, Ausgabe März 2014, aufgenommen und sollte damit die Normen DIN 1053-1, DIN 1053-2 und DIN 1053-3 ersetzen.

Mit der Aufnahme des Eurocode 6 in die Musterliste der technischen Baubestimmungen im Jahr 2014 sollte eine Einführung in die jeweiligen Länderlisten ab Frühjahr 2015 beginnen.

Die DIN 1053-1 bleibt bis zum 31.12.2015 weiter als Bemessungsnorm für Mauerwerk in Deutschland bauaufsichtlich eingeführt. Auch die bauaufsichtlichen Zulassungen bleiben weiterhin uneingeschränkt gültig.

Es ist davon auszugehen, dass ab 2016 die Normen der Eurocode Reihe DIN EN 1996 die DIN 1053-1 bis 1053-3 endgültig ersetzen werden.

6.2 Mauerwerk aus künstlichen Steinen

6.2.1 Allgemeines

6.2.1.1 Standsicherheit

Die Standsicherheit von Wänden ist je nach Bauart und statischer Beanspruchung nachzuweisen.

Neuere Forschungsergebnisse haben zu verfeinerten Berechnungsverfahren für Mauerwerk geführt. Dabei wird die gegenseitige Beeinflussung von Wänden und Decken hinsichtlich ihrer Verformung und des Zusammenwirkens bei der Standsicherheit stärker als bisher berücksichtigt.

So wird jetzt z. B. davon ausgegangen, dass zwischen gemauerten tragenden Wänden und Stahlbetondecken am Auflager praktisch eine biegesteife Eckverbindung entsteht. Auch sind für die Standsicherheitsnachweise hinsichtlich Knicken, Schub und Zug/Biegezug bei Mauerwerk differenziertere Erkenntnisse berücksichtigt.

In Verbindung mit hochfesten Baustoffen (s. Abschn. 6.2.2) und der Verwendung von Mauermörtel der Mörtelgruppe III (s. Abschn. 6.2.2.3) ergeben sich dabei auch bei geringen Mauerdicken konstruktive Möglichkeiten, wie sie früher nur dem Bauen mit Stahlbeton vorbehalten blieben. Unterschieden wird in DIN 1053

- Rezeptmauerwerk   (RM)
- Mauerwerk nach Eignungsprüfung (EM)

DIN 1053-1 enthält *vereinfachte Verfahren für den Standsicherheitsnachweis.*

Sie dürfen angewendet werden für Bauwerke

- mit Höhen bis 20 m über Gelände,
- mit Deckenstützweiten bis 6 m,
- mit Verkehrslasten bis 5 kN/m² und

Tabelle **6.**1 Voraussetzungen für die Anwendung des vereinfachten Verfahrens für den Standsicherheitsnachweis (DIN 1053-1, Tab. 1)

Bauteil	Voraussetzungen		
	Wanddicke d in mm	lichte Geschosshöhe h_s	Nutzlast p in kN/m²
Innenwände	$\geqq 115$ < 240	$\leqq 2{,}75$ m	
	$\geqq 240$	–	$\leqq 5$
einschalige Außenwände	$\geqq 175^{1)}$ < 240	$\leqq 2{,}75$ m	
	$\geqq 240$	$\leqq 12 \cdot d$	
Tragschale zweischaliger Außenwände und zweischalige Haustrennwände	$\geqq 115^{2)}$ < $175^{2)}$	$\leqq 2{,}75$ m	$\leqq 3^{3)}$
	$\geqq 175$ < 240		$\leqq 5$
	$\geqq 240$	$\leqq 12 \cdot d$	

[1] Bei eingeschossigen Garagen und vergleichbaren Bauwerken, die nicht zum dauernden Aufenthalt von Menschen vorgesehen sind, auch $d \geqq 115$ mm zulässig.

[2] Geschossanzahl maximal zwei Vollgeschosse zuzüglich ausgebautes Dachgeschoss; aussteifende Querwände im Abstand $\leqq 4{,}50$ m bzw. Randabstand von einer Öffnung $\leqq 2{,}0$ m.

[3] Einschließlich Zuschlag für nichttragende innere Trennwände.

Als Gebäudehöhe darf bei geneigten Dächern das Mittel von First- und Traufhöhe gelten.

- wenn die Bedingungen der Tabelle **6.**1 (DIN 1053, Tab. 1) eingehalten sind.

Tragende Wände dürfen bei entsprechendem Nachweis selbst bei nur zweiseitiger Auflagerung eine Mindestdicke von nur 11,5 cm haben, sofern sie nicht durch Schlitze oder Aussparungen geschwächt sind oder nicht zusätzliche Anforderungen z. B. für Schall- oder Brandschutz bestehen.

Das bedeutet, dass auch Trennwände weitgehend als Tragwände herangezogen werden können. Dadurch werden die Deckenspannweiten reduziert und die Bedingungen für die Gebäudeaussteifung verbessert.

Tragende Wände. Alle Wände, die mehr als ihre Eigenlast aus einem Geschoss zu tragen haben, gelten als Tragwände. Nur wenn die gewählte Wanddicke offensichtlich ausreichend ist, darf auf einen Nachweis der erforderlichen Wanddicke verzichtet werden.

Tragende Wände sind auf lastabtragenden Bauteilen (Fundamente, Sohlen, Geschossdecken) zu „gründen".

Tabelle **6**.2 min N_0 für Kelleraußenwände ohne rechnerischen Nachweis (DIN 1053-1, Tab. 8)

Wand dicke d	min N_0 bei einer Höhe der Anschüttung h_e			
	1,0 m in kN/m	1,5 m in kN/m	2,0 m in kN/m	2,5 m in kN/m
240	6	20	45	75
300	3	15	30	50
365	0	10	25	40
490	0	5	15	30

Zwischenwerte sind geradlinig zu interpolieren.

Innerhalb eines Geschosses sollen nur einheitliche Stein- und Mörtelarten verwendet werden. *Kelleraußenwände* dürfen ohne Nachweis hinsichtlich des Erddrucks errichtet werden, wenn die folgenden Bedingungen erfüllt sind (Bild **6**.3):

- Lichte Höhe des Kellers höchstens 2,60 m,
- Wanddicke der Kelleraußenwand mindestens 24 cm,
- im Einflussbereich des Erddruckes dürfen keine Verkehrslasten von mehr als 5 kN/m² vorhanden sein,
- die Geländeoberfläche darf nicht ansteigen,
- die Anschütthöhe h_e ist nicht höher als h_s (vgl. Tab. **6**.2),
- die Auflast N_0 der Kelleraußenwand liegt innerhalb folgender Grenzen:

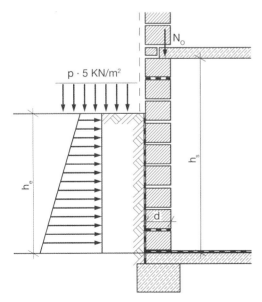

6.3 Krafteinwirkung des Erddrucks auf die Kellerwand

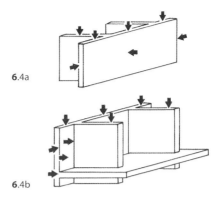

6.4a

6.4b

6.4 Aussteifung
  a) Aussteifung einer Wand durch Querwände
  b) Aussteifung durch Querwände und Deckenscheibe

- max $N_0 \geq N_0 \geq$ min N_0 mit max $N_0 = 45 \cdot d \cdot \sigma_0$ bzw. innerhalb der Werte von Tab. **6**.2.

Tragende Pfeiler müssen eine Mindestabmessung von 11,6 cm x 36,5 cm bzw. 17,5 cm x 24 cm haben.

Aussteifende Wände. Von größter Bedeutung sind die Aufgaben, die Wände für die Standfestigkeit im gesamten Baugefüge zu übernehmen haben. Sie müssen ebenso wie alle vertikalen Lasten (Eigengewichte, Verkehrs- und Nutzlasten, Schneelast usw.) auch alle horizontalen Beanspruchungen auf das Bauwerk (z. B. Windlasten, Lasten aus Schrägstellungen usw.) sicher auf den Baugrund übertragen.

Das wird erreicht durch das Zusammenwirken unverschieblich gehaltener Wand- und Deckenscheiben (Bild **6**.4) oder auch durch Ringbalken oder Rahmen (vgl. Abschn. 1.6).

Wenn die Geschossdecken als steife Scheiben ausgebildet sind oder statisch berechnete Ringbalken vorhanden sind, bzw. wenn ein Bauwerk „offensichtlich genügend lange aussteifende Wände in ausreichender Zahl aufweist, die ohne größere Schwächungen oder Versprünge bis auf die Fundamente geführt sind" (DIN 1053-1, Abschn. 6.4), darf auf einen besonderen Nachweis der räumlichen Steifigkeit verzichtet werden.

Was als „offensichtlich ausreichend" anzusehen ist, wird nicht näher definiert, so dass der Planer und Ingenieur in eigener Verantwortung entscheiden müssen.

Im Übrigen muss ein statischer Nachweis entweder nach dem vereinfachten Verfahren von DIN 1053-1 Abschn. 6 oder – in schwierigeren Fällen bzw. zur bestmöglichen Ausnutzung des Mauer-

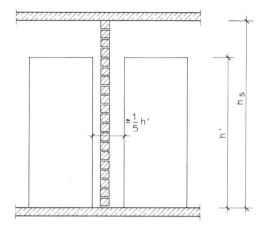

6.5 Mindestlänge der aussteifenden Wand

werkes – nach dem genaueren Verfahren für Mauerwerk nach Eignungsprüfung nach DIN 1053-2 Abschn. 7 geführt werden.

Aussteifende Wände müssen mindestens eine wirksame Länge von 1/5 der lichten Geschosshöhe h_s und eine Dicke von 1/3 der Dicke der auszusteifenden Wand, mindestens jedoch 11,5 cm haben (Bild 6.5).

Sie müssen unverschieblich und rechtwinklig zur ausgesteiften Wand gehalten sein. Bei einseitig angeordneten Aussteifungswänden müssen die-se gleichzeitig mit der auszusteifenden Wand im Verband hochgeführt werden, oder es muss durch andere Maßnahmen (z. B. Maueranker, Anschlussprofile u. Ä.) eine zug- und druckfeste Verbindung gesichert sein.

Als statisch gleichwertige Maßnahme ist bei Kalksandsteinmauerwerk die „Stumpfstoßtechnik" zugelassen, wenn die Wände als zweiseitig gehalten nachgewiesen sind. Eine Verzahnung kann also entfallen, doch sind Stumpfstöße aus wärme- und schallschutztechnischen Gründen zu vermörteln. Es wird jedoch empfohlen, die Anschlüsse mit Flachstahlankern auszuführen.

Je nach Anzahl der rechtwinklig zur Wandebene gehaltenen Ränder werden zwei-, drei- und vierseitig gehaltene oder frei stehende Wände unterschieden. Für drei- und vierseitig gehaltene Wände können abgeminderte Knicklängen in Rechnung gestellt werden, wenn Horizontallasten nur durch Wind bestehen. Für freistehende Wände muss immer ein Standsicherheitsnachweis geführt werden.

Umfassungswände müssen mit den Decken zugfest verbunden werden. Wenn Massivdecken mindestens bis zur halben Wanddicke aufliegen, müssen keine besonderen Maßnahmen zur Verbindung getroffen werden. Holzbalkendecken müssen durch Anker mit Splinten (s. Abschn. 10.3) im Abstand von 2 m (ausnahmsweise = 4 m) verbunden werden. Giebelwände müssen an den

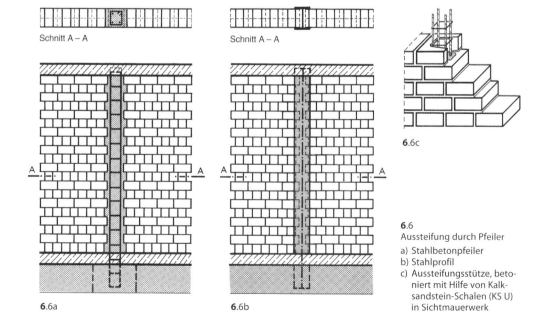

Schnitt A – A

Schnitt A – A

6.6c

6.6a   6.6b

6.6
Aussteifung durch Pfeiler
a) Stahlbetonpfeiler
b) Stahlprofil
c) Aussteifungsstütze, betoniert mit Hilfe von Kalksandstein-Schalen (KS U) in Sichtmauerwerk

Dachstühlen verankert werden, wenn sie nicht durch Querwände, Pfeilervorlagen o.Ä. genügend ausgesteift sind.

Aussteifungspfeiler. Wenn bei langen tragenden Wänden keine aussteifenden Querwände möglich sind, können Aussteifungspfeiler aus Stahlbeton oder Stahlprofilen vorgesehen werden. Dabei ist in der Regel ein statischer Nachweis erforderlich. Darüber hinaus ist die Problematik zu beachten, die sich aus dem Nebeneinander der verschiedenen Baustoffe ergeben kann, und es ist ggf. außerdem auf ausreichende zusätzliche Schall- und Wärmeschutzmaßnahmen zu achten (Bild **6**.6).

Ringanker und Ringbalken. In alle Außenwände und in die Querwände, die als vertikale Scheiben der Abtragung horizontaler Lasten (z.B. Wind) dienen, sind unmittelbar unterhalb der Geschossdecken *Ringanker* zu legen bei Bauten

- mit mehr als 2 Vollgeschossen oder > 18,00 m Länge,
- bei Wänden, in denen die Summe der Öffnungsbreiten 60 % der Mauerlänge übersteigt (bzw. 40 %, wenn die Fensterbreiten größer sind als 2/3 der Geschosshöhe).

Die Ringanker können mit Massivdecken (s. Abschn. 10.2) oder Fensterstürzen aus Stahlbeton vereinigt werden. Sie sollen < 15 cm hoch und oben und unten mit mindestens 2 durchlaufenden Rundstählen bewehrt sein, die eine Zugkraft von < 30 kN aufnehmen.

Sie wirken wie ein Zugband für einen gedachten Druckbogen in der Deckenplatte und müssen alle Außenwände und durchgehenden Querwände zusammenhalten (Bild **6**.7a). Einige Ausführungsmöglichkeiten für Ringanker zeigt Bild **6**.7b bis e.

Wenn Decken ohne Scheibenwirkung verwendet werden (z.B. Holzbalkendecken) oder wenn Stahlbetondecken mit Gleitlagern auf den tragenden Wänden aufliegen (s. Abschn. 10.1.2), muss die Aussteifung durch *Ringbalken* sichergestellt werden (Bild **6**.7f).

Ringanker oder -balken in Außenwänden werden – ebenso wie Deckenränder – vielfach immer noch mit einem Wärmeschutz aus anbetonierten Holzwolleleichtbauplatten ausgeführt. (Für den erforderlichen Außenputz müssen diese Flächen mit Putzträgern überspannt werden.)

Eine derartige Ausführung ist jedoch problematisch. Die hinter dem Außenputz liegenden

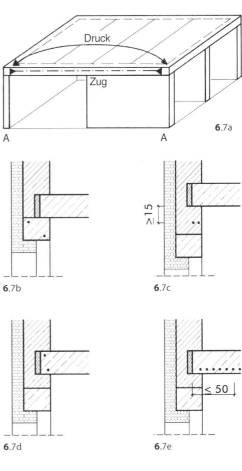

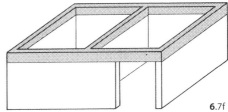

6.7 Ringanker und Ringbalken
  a) Ringankerprinzip, dargestellt für die Bauwerksseite A–A
  b) Ringanker in Verbindung mit dem Fenstersturz unter der Decke
  c) Ringanker zwischen Decke und Fenstersturz. Bewehrtes Ziegelmauerwerk, die Bewehrung – mind. 2 durchlaufende Rundstäbe – muss eine Zugkraft von – 30 kN aufnehmen)
  d) Ringanker in Deckenhöhe
  e) Parallel zu Ringankern liegende durchlaufende Bewehrungen dürfen in einem Streifen von – 50 cm als Ringanker-Bewehrung angerechnet werden.
  f) Ringbalken

Wärmedämmungen bewirken meistens einen Wärmestau bei Sonneneinstrahlung. Dadurch und durch unvermeidliche Verformungen der Decken an den Auflagerrändern (s. Abschn. 10.1) sind Rissbildungen fast immer die Folge. Es sollten daher entweder Ausführungen wie in Bild **6**.7b bis e vorgezogen werden oder eine sogenannte „Dämmschalung" als verlorene Schalung zur Ausführung kommen. Diese Dämmschalungen bestehen meistens aus Polystyrol-Hartschaum und werden häufig auch als „verlorene Deckenrandschalung" verwendet (s. Abschnitt 10.1.2). Auf diese Dämmschalung wird dann – ebenso wie auf Mauerwerk – der Putzträger aufgebracht.

Bewehrtes Mauerwerk

Mauerwerk nimmt hohe Druck-, aber nur geringe Zugkräfte auf.

Die Bewehrung von Mauerwerk erhöht nicht nur die Tragfähigkeit, sondern verbessert auch in erheblichem Maß die Risssicherheit. So können z. B. beim Anschluss nichttragender Fensterbrüstungen an angrenzendes Pfeilermauerwerk die auftretenden Zugspannungen durch Bewehrungen aufgenommen werden. (Bild **6**.8)

Bei nichttragenden gemauerten Innenwänden können durch Bewehrungen in den unteren Lagerfugen Horizontalrisse infolge von Deckenverformungen („Stützgewölbeeffekt") verhindert werden. Auch aufwendige Ringankerausführungen lassen sich in vielen Fällen durch bewehrtes Mauerwerk ersetzen.

Für vertikale Bewehrungen können großformatige Füllziegel mit großen Aussparungen verarbeitet werden, wenn ihre Druckfestigkeit ohne Verfüllung der Aussparungen ermittelt wurde. (Bild **6**.9)

In der Altbausanierung werden hauptsächlich nichttragende Trennwände eingebaut. Meistens können die Decken die zusätzliche Belastung nicht aufnehmen. Durch eine Bewehrung der Lagerfugen werden diese Wände selbsttragend. Sie setzen sich dann nicht auf den Decken ab.

Durch die Vergrößerung der Zugfestigkeit werden darüber hinaus die Anwendungsmöglichkeiten für Mauerwerk erheblich ausgeweitet. Bewehrungen aus Rundstahl oder aus vorgefertigten gitterartigen Bewehrungen werden bei horizontalen Biegebeanspruchungen von Platten oder über Maueröffnungen in die Lagerfugen des Mauerwerkes eingelegt.

Die Bewehrung darf nur in Normalmörtel der Mörtelgruppe III und IIIa eingebettet sein. Bei vertikalen Beanspruchungen ist die Ausführung von

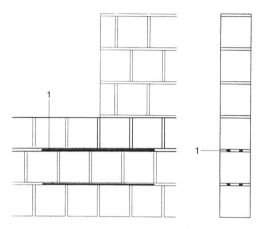

6.8 Fensterbrüstung mit Lagerfugenbewehrung
1 Lagerfugenbewehrung

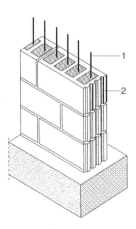

6.9 Bewehrtes Mauerwerk aus Füllziegeln
1 Bewehrung
2 Füllziegel

bewehrtem Mauerwerk mit Hilfe von speziellen Hohlkammersteinen möglich.

In die Hohlkammern werden vorgefertigte Bewehrungskörbe eingestellt und mit Beton vergossen. Zum Verfüllen ist mindestens Beton der Festigkeitsklasse C20/25 nach DIN EN 206-1/DIN 1045-2 zu verwenden. Das Größtkorn darf dabei 8 mm nicht überschreiten. Der Korrosionsschutz der Bewehrung ist zu gewährleisten, z. B. durch ausreichende Betonüberdeckung oder durch korrosionsgeschützte Bewehrung. Nicht gegen Korrosion geschützte Bewehrung darf nur in Mauermörtel eingelegt werden, wenn für die Wand ein dauernd trockenes Raumklima sichergestellt ist (Innenwände).

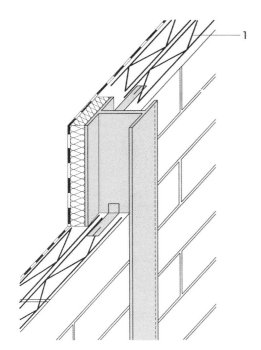

6.10 Bewehrtes Mauerwerk in einer Aufachungsfläche
1 Mauerwerksbewehrung

Windlasten beanspruchen nichttragende Außenwände von Skelett- und Hallenbauten auf Biegung. Daher kommt bei Mauerwerks-Ausfachungsflächen häufig (z. B. bei Hallenbauten) horizontale Bewehrung zur Ausführung. Dadurch können bei geringen zulässigen Abmessungen der Wandstärken häufig Zwischenriegel entfallen, wodurch die Kosten deutlich gesenkt werden (Bild **6**.10).

Schlitze und Aussparungen. In tragenden oder aussteifenden Wänden sind Schlitze und Aussparungen für Installationen nur dann zulässig, wenn dadurch die Standfestigkeit nicht beeinträchtigt wird. Schlitze und Aussparungen müssen entweder im Verband gemauert oder nachträglich gefräst werden. Das nachträgliche Stemmen ist nicht zulässig!

Ohne besonderen Standsicherheitsnachweis für die Wände dürfen Schlitze und Aussparungen gemäß Tab. **6**.11 (DIN 1053, Tab. 10) ausgeführt werden.

Ohne statischen Nachweis sind danach nur Schlitze bis höchstens 4 cm Tiefe zugelassen, die nur für Kabel oder Rohre von geringem Querschnitt in Betracht kommen.

Das *bedeutet*, dass *sämtliche* größere Schlitze und Aussparungen von vornherein bei der Planung festgelegt und bei der statischen Berechnung berücksichtigt werden *müssen*!

Tabelle **6**.11   Ohne Nachweis zulässige Schlitze und Aussparungen in tragenden Wänden (DIN 1053-1, Tab. 10).

Wand-dicke	horizontale und schräge Schlitze[1] nachträglich hergestellt Schlitzlänge		vertikale Schlitze und Aussparungen nachträglich hergestellt			vertikale Schlitze und Aussparungen in gemauertem Verband			
	unbe-schränkt	≤ 1,25 m lang[2]		Einzel-schlitz-breite[5]	Abstand der Schlitze und Aussparungen von	Breite[5]	Rest-wand-dicke	Mindestabstand der Schlitze und Aussparungen	
								von Öffnungen	untereinander
	Tiefe[3]		Tiefe	Tiefe[4]					
≥ 115	–	–	≤ 10	≤ 100		–	–	≥ 2fache Schlitz-breite bzw. ≥ 365	≥ Schlitz-breite
≥ 175	0	≤ 25	≤ 30	≤ 100		≤ 260	≥ 115		
≥ 240	≤ 15	≤ 25	≤ 30	≤ 150	≥ 115	≤ 385	≥ 115		
≥ 300	≤ 20	≤ 30	≤ 30	≤ 200		≤ 385	≥ 175		
≥ 365	≤ 20	≤ 30	≤ 30	≤ 200		≤ 385	≥ 240		

[1] Horizontale und schräge Schlitze sind nur zulässig in einem Bereich ≤ 0,4 m ober- oder unterhalb der Rohdecke sowie jeweils an einer Wandseite. Sie sind nicht zulässig bei Langlochziegeln.

[2] Mindestabstand in Längsrichtung von Öffnungen ≥ 490 mm, vom nächsten Horizontalschlitz zweifache Schlitzlänge.

[3] Die Tiefe darf um 10 mm erhöht werden, wenn Werkzeuge verwendet werden, mit denen die Tiefe genau eingehalten werden kann. Bei Verwendung solcher Werkzeuge dürfen auch in Wänden ≥ 240 mm gegenüberliegende Schlitze mit jeweils 10 mm Tiefe ausgeführt werden.

[4] Schlitze, die bis maximal 1 m über dem Fußboden reichen, dürfen bei Wanddicken ≥ 240 mm bis 80 mm Tiefe und 120 mm Breite ausgeführt werden.

[5] Die Gesamtbreite von Schlitzen nach Spalte 5 und Spalte 7 darf je 2 m Wandlänge die Maße in Spalte 7 nicht überschreiten. Bei geringeren Wandlängen als 2 m sind die Werte in Spalte 7 proportional zur Wandlänge zu verringern.

6

Schlitze und Aussparungen schwächen Wände jedoch nicht nur in ihrem Tragverhalten. Sie sind immer auch Schwachstellen hinsichtlich des Schall- und Wärmeschutzes. Es sollten daher auch aus diesen Gründen möglichst „Vorwand-Installationen" bevorzugt werden. Alle Rohrleitungen usw. werden dabei – ggf. vormontiert oder in kompletten Einbauelementen – vor den Wänden oder in Installationsschächten eingebaut. Beim Innenausbau werden die Installationen ausgemauert, erhalten eine Vormauerung oder Ausmauerung, oder sie werden verkleidet (Bild **6**.12).

In *Außenwänden* sind nach DIN 1986 Schlitze nur dann zulässig, wenn mindestens 24 cm Wanddicke verbleiben und außerdem der Wärmeschutz gewährleistet bleibt. Im Übrigen müssen Installationsleitungen und somit etwa erforderliche Schlitze jeweils an den Außenseiten der Wände von Aufenthaltsräumen ausgeführt werden (DIN 4109).

Nichttragende Wände. Nichttragende innere Trennwände, die der Raumaufteilung dienen und die keinen statischen Beanspruchungen innerhalb des konstruktiven Baugefüges unterliegen, sind nach DIN 4103 auszuführen (s. Abschn. 6.10 und Abschn. 15).

In Ausfachungen von Fachwerk-, Skelett- und Schottenbauweisen müssen nichttragende Wände die auf ihre Fläche wirkenden Lasten (insbes. Eigengewicht, Windlasten) auf tragende Bauteile abtragen.

Nichttragende Wände, die durch Anker, Versatz, Verzahnung o. Ä. gehalten sind, in Normalmörtel MG IIa (s. Abschn. 6.2.2.3) ausgeführt sind und den Bedingungen der Tabelle **6**.13 entsprechen,

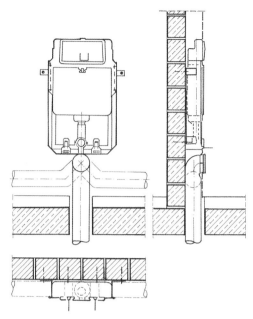

6.12 WC-Vorwandinstallation mit KOMBIFIX-Montagerahmen zur nachträglichen Ausmauerung oder Vormauerung (Geberit)

dürfen ohne statischen Nachweis ausgeführt werden.

6.2.1.2 Wärmeschutz

Neben Decken und Dachflächen bilden die Außenwände einen wesentlichen Bestandteil der gesamten Umfassungsflächen von Räumen. Sie müssen daher auch den in DIN 4108 und den Wärmeschutzverordnungen festgelegten sehr

Tabelle **6**.13 Größte zulässige Werte der Ausfachungsfläche von nichttragenden Außenwänden ohne rechnerischen Nachweis (DIN 1053-1, Tab. 9)
($\sum$ kennzeichnet das Verhältnis der größeren zur kleineren Seite der Ausfachungsfläche)

Wanddicke d	Größte zulässige Werte[1] der Ausfachungsfläche bei einer Höhe über Gelände von					
	0 bis 8 m		8 bis 20 m		20 bis 100 m	
	$\sum = 1,0$ in m^2	$\sum \geqq 2,0$ in m^2	$\sum = 1,0$ in m^2	$\sum \geqq 2,0$ in m^2	$\sum = 1,0$ in m^2	$\sum \geqq 2,0$ in m^2
115[2]	12	8	8	5	6	4
175	20	14	13	9	9	6
240	36	25	23	16	16	12
$\geqq 300$	50	33	35	23	25	17

[1] Bei Seitenverhältnissen 1,0 < $\sum$ < 2,0 dürfen die größten zulässigen Werte der Ausfachungsflächen geradlinig interpoliert werden.
[2] Bei Verwendung von Steinen der Festigkeitsklassen $\geqq$ 12 dürfen die Werte dieser Zeile um 1/3 vergrößert werden.

weitgehenden Forderungen an den winterlichen und sommerlichen Wärmeschutz genügen (Anforderungen und Berechnungsverfahren s. Abschn. 17.5).

Auf den Heizenergieverbrauch eines Gebäudes hat der Wärmeschutz der Außenwände einen erheblichen Einfluss. Durch geeignete Anwendung von Dämmstoffen können die Wärmeverluste erheblich reduziert werden.

Seit dem 01. Mai 2014 ist die neue EnEV (Energieeinsparverordnung) 2014 in Kraft. Wesentliche Änderungen gegenüber der EnEV 2009 sind u. a:

- Steigerung der Anforderungen an den Primärenergiebedarf (Gesamtenergieeffizienz) um 25 % bei Neubauten ab 2016
- Steigerung der energetischen Anforderungen an Außenbauteile von neuen Wohngebäuden um ca. 20 % ab 2016
- Für Wohngebäude rund 20 % höhere Anforderungen an zulässige Transmissionswärmeverluste über die Gebäudehülle ab 2016

Wärmeschutzmaßnahmen beziehen sich auf den *Wärmedurchgang* (Wärmeverluste im Winter, Überhitzung im Sommer) und die *Wärmespeicherung*.

Weitere Ziele sind die Vermeidung von bauphysikalisch bedingten Feuchtigkeitsschäden und eine insgesamt deutliche Verbesserung der Behaglichkeit des Raumklimas. Bild **6**.14 zeigt mehrschichtige Konstruktionen, bei denen sich unter Verwendung moderner Wärmedämmstoffe bei entsprechenden Dämmstoffdicken Wärmedurchgangskoeffizienten (U-Werte, früher „k-Werte") zwischen 0,15 und 0,30 W/m²K mühelos erreichen lassen.

Die Wärmedämmung sollte zweilagig und möglichst stoßversetzt überlappend eingebaut werden. Dadurch wird die Gefahr von geometrischen Wärmebrücken reduziert und gleichzeitig verhindert, dass Feuchte über die Stöße bis zum Hintermauerwerk vordringen kann.

Die Entscheidung, welche Wandbauart anzuwenden ist, hängt von konstruktiven Anforderungen (z. B. notwendige Belastbarkeit), gestalterischen Absichten (z. B. Wahl von Verblend- oder Sichtmauerwerk oder Innen- und Außenputz) insbesondere aber vielfach von der Überlegung ab, wie mit möglichst geringem Aufwand optimaler Wärmeschutz erreicht werden kann (niedrige Material- und Herstellungskosten, geringer Unterhaltungsaufwand, nicht zu große Wanddicken, die eine Verringerung der Nutzflächen bedeuten).

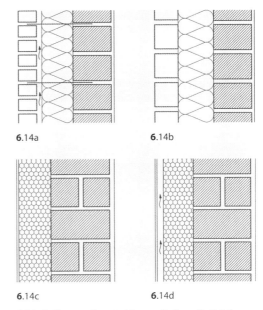

6.14a   6.14b

6.14c   6.14d

6.14 Außenwandkonstruktionen (Außenseite links)
- a) Zweischaliges Mauerwerk mit Luftschicht und Wärmedämmung, Schalenabstand nach DIN 1053 max. 15 cm (max. 20 cm mit bauaufsichtlicher Zulassung, darüber hinaus nur mit stat. Nachweis)
- b) Zweischaliges Mauerwerk mit Kerndämmung, Schalenabstand nach DIN 1053 max. 15 cm (max. 20 cm mit bauaufsichtlicher Zulassung, darüber hinaus nur mit stat. Nachweis)
- c) Einschalige Wand mit außenliegender Wärmedämmung, beidseitig verputzt
- d) Mauerwerk mit Wärmedämmung und hinterlüfteter Vorhangfassade

Es sollten möglichst gleichmäßige innere Oberflächentemperaturen erzielt werden. Wärmebrücken sind dabei die Schwachstellen, da sich an ihnen die tiefsten raumseitigen Oberflächentemperaturen einstellen. An Wärmebrücken besteht die Gefahr von Tauwasserbildung.

Tauwasserbildung setzt überall dort ein, wo die örtliche Oberflächentemperatur die Taupunkttemperatur des jeweiligen Wasserdampfdruckes unterschreitet. Tauwasserschäden treten deshalb zuerst im Bereich von Wärmebrücken auf. Je nach Oberflächenmaterial kann bei relativen Luftfeuchtigkeiten über etwa 80 %, bezogen auf die dazugehörige Oberflächentemperatur, auf dem Wege der Kapillarkondensation Feuchte aufgenommen werden und bei entsprechender Dauer zur Schimmelpilzbildung führen. Schimmelpilzbildung kann bereits bei Luftfeuchten erfolgen, die noch keine Tauwasserbildung zur Folge haben. Das Beiblatt 2 zur DIN 4108 enthält Planungs- und Ausführungsbeispiele zur Verminderung von Wärmebrückenwirkungen. Das Beiblatt stellt Wärmebrückendetails aus dem Hochbau dar, jedoch keine Konstruktionsbeispiele für Gebäude mit einer Innentemperatur unter 19 °C.

Wärmebrücken können entstehen durch:

- Verwendung von Mauersteinen mit unterschiedlichen Wärmedämmeigenschaften („Mischmauerwerk"),
- Einbindende oder durchlaufende Bauteile wie z. B. Deckenauflager, Kragplatten, Stürze o. ä. ohne ausreichenden zusätzlichen Wärmeschutz bzw. ohne thermische Trennung,
- Beeinträchtigung des Wärmeschutzes durch ungedämmte Wandaussparungen, Schlitze o. ä.,
- Befestigung der Wärmedämmschichten mit nicht Wärmebrücken freien Komponenten
- formbedingte („geometrische") Wärmebrücken

Geometrische Wärmebrücken entstehen, wenn in den Außenecken der Außenwände kleinen erwärmten Flächen auf der Innenseite größere äußere Abkühlungsflächen gegenüberstehen. Durch den damit gegebenen „Kühlrippeneffekt" können bei einschaligen, nicht zusätzlich wärmegedämmten Wänden die Innenecken derart abkühlen, dass es bei ungünstigen Belüftungsverhältnissen (z. B. auch durch dicht anschließende Möblierungen) zur Kondensatbildung mit allen Folgeerscheinungen (z. B. Feuchtigkeitsschäden mit Schimmelpilzbildung) kommen kann (Bild **6.15**).

Eine zusätzliche Wärmedämmung zur Reduzierung einer geometrischen Wärmebrücke bei zweischaligem Mauerwerk oder bei zusätzlichen Fassadenbekleidungen zeigt Bild **6.16a**. Bei einschaligem Mauerwerk kann eine Verbesserung erreicht werden, wenn in den Eckbereichen Steine aus dem gleichen Material wie im angrenzenden Mauerwerk, jedoch mit höheren Wärmedämmeigenschaften verwendet werden (Bild **6.16b**).

Wärmebrücken ergeben sich auch am Fußpunkt hochgedämmter Außenwände. Sie können durch den Einbau von Dämmelementen oder hochbelastbaren Dämmstoffstreifen (z. B. aus Schaumglas) vermieden werden (Bild **6.17**).

Der Wärmedämmschutz der Außenbauteile ist nicht nur von den Wärmedurchlasswiderständen (R) bzw. von den Wärmedurchgangskoeffi-

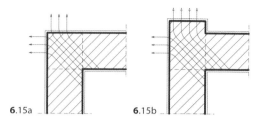

6.15a   6.15b

6.15 Geometrische Wärmebrücke an Außenwandecke
a) Wärmeströmung
b) Verstärkte Wärmeströmung (Kühlrippeneffekt) durch Wandvorsprung

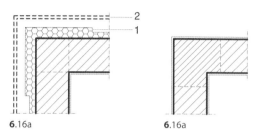

6.16a   6.16a

6.16 Wärmedämmung an Außenecken
a) Zusätzliche Wärmedämmung der Ecke in Verbindung mit Fassadenbekleidungen
b) Wärmedämmung durch Mauerwerk mit höheren Wärmedämmeigenschaften

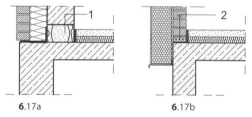

6.17a   6.17b

6.17 Wärmedämmung am Mauerfuß
a) Wärmedämmelement Schöck Isomur®
b) Streifen aus Foamglas® Perinsul

zienten (U) der einzelnen Außenbauteile abhängig, sondern er hängt auch stark von der Ausbildung der Anschlussbereiche zwischen den einzelnen Bauteilen ab. Dieses Phänomen wird mit zunehmender Verbesserung des Wärmeschutzes bedeutsamer. Aus energetischer Sicht sind Wärmebrücken zu beachten, da ihr Anteil am Transmissionswärmeverlust eines Gebäudes erheblich ist.

Das Bestreben nach immer größerer Energieeinsparung bedingt ständig erhöhte Anforderungen an die Wärmedämmung von Bauteilen. Immer größere Bedeutung bekommt neben der

Wärmedämmung auch die Nutzung der eingestrahlten Sonnenenergie. Diese wird i. d. R. über Fensterflächen nutzbar gemacht.

Es werden immer häufiger auch Versuche mit *transparenten Wärmedämmungen* gemacht. Dabei werden Waben- bzw. Kapillarplatten aus lichtdurchlässigen Kunststoffen (PC und PMMA) in Dicken von 5 cm bis 12 cm und Schüttungen aus Aerogelen auf der Basis von Wasserglas verwendet. Bei unverschatteten Flächen lassen sich damit in Versuchsanordnungen Wärmegewinne von 70 kWh/m^2 bis 120 kWh/m^2 (100 kWh/m^2 entsprechen 10 l Heizöl) erzielen.

Bei der Anwendung von transparenter Wärmedämmung wird die Sonneneinstrahlung über durchscheinende Platten aus Kunststoffröhrchen hinter Glas auf eine dunkel gestrichene Wand geleitet und schließlich, zeitverzögert um 4–6 Stunden, nach innen abgeführt. Die Wärme wird dann ähnlich wie bei einer Fußbodenheizung von den Wänden als Strahlungswärme an den Raum abgegeben (Bild **6**.18).

Transparente Wärmedämmungen können nur in Verbindung mit Verschattungseinrichtungen oder Hinterlüftungen eingebaut werden, damit außerhalb der Heizperioden die Überhitzung der dahinter liegenden Räume verhindert werden kann.

Mit transparenten Wärmedämmungen ist eine Reihe von Demonstrationsobjekten ausgeführt. Inzwischen sind auch schon Leichthochlochziegel mit werkseitig aufgebrachter, transparenter Wärmedämmung in der Entwicklung.

Transparente Wärmedämmungen benötigen einen transparenten, außenliegenden Witterungsschutz (z. B. Glasscheibe). Alle zur Verfügung stehenden Kunststoffe absorbieren nämlich Feuchtigkeit, die dann am kältesten Punkt, nämlich außen, bei Erwärmung ausgetrieben wird. Somit entstehen ästhetische Beeinträchtigungen (z. B. Wassernasen), die zwar funktional ohne Einfluss sind, aber nach den bisherigen Erfahrungen immer wieder zu Reklamationen geführt haben.

Nicht nur die hohen Kosten sondern auch die noch immer existierenden technischen Probleme mit dieser Technologie haben bisher eine weite Verbreitung von TWD (transparente Wärmedämmung) verhindert.

Einschalige Wände (s. Abschn. 6.2.3.2) aus herkömmlichen Baustoffen wie Ziegel oder Kalksandstein erfordern bei Außenwänden ohne zusätzliche Wärmedämmschichten im Hinblick auf die hohen Anforderungen der DIN 4108 bzw. der

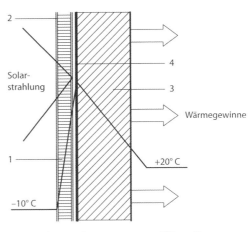

6.18 Außenwand mit transparenter Wärmedämmung (Vertikalschnitt)
1 Kapillarplatten (aus Kunststoffröhrchen)
2 Glasscheibe zum Schutz der Kapillarplatten
3 Massive Innenwand
4 Dunkel gestrichene Fläche (Absorptionsfläche)

EnEV 2014 (s. Abschn. 17.5) sehr große Wanddicken, die zwar bauphysikalisch problemlos, aber in der Regel zu teuer in der Herstellung sind. Außerdem ist der Grundflächenbedarf derartiger Wandkonstruktionen sehr hoch. Folge solcher Wandkonstruktionen ist ein größerer Brutto-Rauminhalt (umb. Raum) und dadurch bedingt ergeben sich auch höhere Baukosten.

Einschalige Wände werden daher bei beheizten Gebäuden nur noch aus Steinen mit sehr guten Wärmedämm-Eigenschaften hergestellt (z. B. porosierte Leichtziegel, Porenbeton, Leichtbeton-Hohlblocksteine oder Hohlblocksteine mit integrierter Wärmedämmung).

Mit Blick auf Niedrigenergiehäuser, die längst Standard sind, hat die Baustoffindustrie hochwärmedämmendes Mauerwerk entwickelt.

Für Passivhäuser (Heizwärmebedarf $\leq$ 15 kWh/m^2/a (im Vergleich zum Niedrigenergiehaus $\leq$ 75 kWh/m^2/a) wurden inzwischen spezielle, hochwärmedämmende Steine entwickelt. Es werden bereits Wärmeleitfähigkeiten von λ 0,055 W/mK erreicht.

Sie müssen unter Verwendung von Wärmedämm-Mörtel hergestellt werden, da sonst die Fugen Wärmebrücken darstellen, die sich nicht nur ungünstig auf den Gesamt-Wärmedurchlasswiderstand der Wand auswirken, sondern sich auch später als Wärmebrücken durch Verfärbungen in den Wandflächen abzeichnen.

Mauerwerk aus Steinen mit hoher Wärmedämmung wird deshalb am besten mit Klebemörtel hergestellt.

Einschalige Wände mit zusätzlicher, *außen aufgebrachter* Wärmedämmung (Hartschaum oder Mineralwolle mit zement- oder kunstharzgebundenen Dünn-Putzen, sog. Wärmedämmverbundsysteme (WDVS) stellen nach vergleichenden Untersuchungen eine relativ kostengünstige Lösung dar. Dabei wirkt sich auch die gegenüber zweischaligen Wänden geringere Gesamt-Wanddicke (etwa 40 cm) im Hinblick auf den insgesamt umbauten Raum vorteilhaft aus (Bild **6**.14c). Die Ausführung des Außenputzes erfordert hierbei große Erfahrung, damit einerseits eine auf Dauer rissfrei bleibende schlagregensichere Außenfläche erreicht wird, die jedoch andererseits nicht die Wasserdampfdiffusion in gefährlichem Maß behindern darf. Bei den auf dem Markt befindlichen „geschlossenen Systemen" sind alle Materialien unter genauer Definition der Gewährleistung aufeinander abgestimmt sind (s. Teil 2 dieses Werkes).

Zu beachten ist, dass diese Bauart recht empfindlich hinsichtlich mechanischer Beschädigungen ist. Außerdem können zusätzlich aufgebrachte weiche Schalen die Schallschutzeigenschaften des Mauerwerks ungünstig beeinflussen.

Von *innen aufgebrachte Wärmedämmungen* stellen eine nur für besondere Fälle empfehlenswerte Lösung dar wie z. B. für Versammlungsräume (Wärmespeicherwirkung der Wände meistens nicht erforderlich) oder für nachträgliche Verbesserungen des Wärmeschutzes, wenn das Aufbringen einer zusätzlichen Wärmedämmung von außen nicht möglich ist (s. Abschn. 8 in Teil 2 d. Werkes). In diesem Fall sollte jedoch unbedingt die Problematik der Wasserdampfdiffusion beachtet werden (s. Abschn. 17.5.6)

Zweischaliges Mauerwerk (s. Abschn. 6.2.3.3) besteht aus der innen liegenden tragenden Wand und der äußeren nicht belasteten Schale, die in erster Linie als Wetterschutz dient.

Bei Außenwänden, die nicht allzu stark dem Schlagregen ausgesetzt sind, wird die Wärmedämmung *ohne Luftschicht* als „Kerndämmung" zwischen den Schalen eingebaut. Sie besteht aus einer losen Hyperlite-Schüttung, Hartschaumplatten oder speziellen, wasserabweisenden („hydrophobierten") Mineralwolleplatten. Derartige Wandkonstruktionen kommen auch in Frage, wenn Außenwände beidseitig als Sichtmauerwerk ausgeführt werden sollen (Bild **6**.14b).

Jede Art von Hydrophobierung lässt im Laufe der Zeit nach. Die wasserabweisende Eigenschaft ist kein Freibrief für die Sorglosigkeit bei der Verarbeitung. Die Außenschale muss in jedem Fall so sorgfältig ausgeführt werden, dass ein Eindringen von Schlagregen weitestmöglich vermieden wird. Eine Hydrophobierung ist nicht mit feuchtigkeitsbeständiger oder dauerhaft feuchtigkeitsbelastbar gleichzusetzen.

Bessere Voraussetzungen für den Schlagregenschutz und die Ableitung von diffundierendem Wasserdampf bietet zweischaliges Mauerwerk mit *Luftschicht*, das in den regenreichen nordwesteuropäischen Gebieten die traditionelle Wandbauweise bildete (Bild **6**.14a).

Daraus abgeleitet wurde das zweischalige Mauerwerk mit *Luftschicht und Wärmedämmung*. Auf die innenliegende tragende Wand wird außen die aus Hartschaum- oder Mineralwolleplatten bestehende Wärmedämmung aufgebracht. Zwischen dieser und der äußeren Schale verbleibt ein etwa 4 bis 6 cm breiter hinterlüfteter Abstand. In dieser Luftschicht kann diffundierender Wasserdampf ebenso wie etwa an der Rückseite der Wetterschutzschale austretendes Niederschlagwasser ohne Durchnässung der Wärmedämmung abgeleitet werden. Die Außenschalen werden bei zweischaligem Mauerwerk mit Luftschicht in der Regel aus Sichtmauerwerk hergestellt. Bei dieser Wandkonstruktion sind die Aufgaben der einzelnen Bauteilschichten unter optimalen bauphysikalischen Voraussetzungen klar abgesetzt. Dem steht als Nachteil der relativ hohe Herstellungsaufwand und die erforderliche Gesamtdicke der Wand von meistens 50 cm und mehr gegenüber (Bild **6**.14a). Diese Wandkonstruktion verlangt große Sorgfalt bei der Ausführung. Mauermörtel darf nicht in die Luftschicht der äußeren Schale gelangen. Es dürfen sich keine sogenannten Mörtelbrücken bilden, da sie die Funktionen der einzelnen Schichten stark beeinträchtigen. Zweischaliges Mauerwerk mit Luftschicht kommt bei den heute i. d. R. hoch wärmegedämmten Gebäuden nur noch sehr selten zur Ausführung.

Nach dem gleichen Bauprinzip kann die äußere Wetterschutzschale auch durch vorgehängte Leichtkonstruktionen (z. B. aus Metall- oder Faserzementplatten, vgl. Kapitel 8) hergestellt werden (Bild **6**.14d).

Kellerwände

Innendämmungen sind problematisch, weil dann einerseits die Wärmespeicherfähigkeit der meist massiven Außenwände nicht mehr wirksam wird und andererseits dabei erhöhte Gefahr von Tauwasser- und damit Schimmelpilzbildung besteht.

Die Nutzung von Kellerräumen hat sich in den vergangenen Jahren grundsätzlich verändert. Immer mehr werden Kellerräume zu Wohnzwecken benutzt. Dies erfordert eine Beheizung und damit verbunden auch dauerhaft eine funktionsfähige Wärmedämmung dieser Räume.

Kellerwände, gegen die das Erdreich ansteht, werden mit außenliegender „Perimeterdämmung" gedämmt. Perimeter-Dämmstoffplatten bestehen aus expandiertem (EPS) oder extrudiertem (XPS) Polystyrol bzw. aus Schaumglas. Sie zeichnen sich dadurch aus, dass sie je nach Qualität nur sehr wenig oder überhaupt kein Wasser aufnehmen. Somit wird die Wärmedämmfähigkeit von Perimeterdämmung durch Kontakt mit Wasser nicht beeinträchtigt. Immer häufiger kommen heute – insbesondere auch bei Passivhäusern (Abschn. 16) – Wärmedämmungen unterhalb der Bodenplatte zur Ausführung. Für diese Fälle sollte Schaumglas oder Hartschaum mit ausreichender Druckfestigkeit als Dämmstoff bevorzugt werden. Schaumglas ist ein anorganischer Baustoff ohne Bindemittelzusätze, es besteht aus reinem Glas und besitzt keine Kapillarität. Um Wärmebrücken zu vermeiden, sollten bevorzugt Wärmedämmplatten mit Stufenfalz zur Ausführung kommen.

6.2.1.3 Schallschutz

Schallschutzmaßnahmen müssen getroffen werden gegen die Übertragung von Außenlärm, von Geräuschen aus eigenen und fremden Wohn- und Arbeitsbereichen sowie gegen die Schallübertragung aus Treppenhäusern, von Aufzugsanlagen oder von besonderen Schallquellen wie Gewerbebetrieben, Diskotheken usw.

Anforderungen und notwendige Nachweise sind in Einzelerlassen der Bauaufsichtsbehörden und in DIN 4109 enthalten.

Besondere Bestimmungen gelten dabei für den Schallschutz von Geschosshäusern mit Wohn- und Arbeitsräumen, für Einfamilien-, Doppel- und Reihenhäuser, für Schulen u. Ä., für Krankenhäuser, Sanatorien, Beherbergungsstätten, ferner für Gewerbebetriebe, Gaststätten sowie für Technische Räume. Schallschutzmaßnahmen im Hinblick auf *Wände* richten sich in erster Linie auf die Dämmung von *Luftschall*.

Dabei sind zu unterscheiden:
- Außenwände
- Trennende Außenwände (Haustrennwände)
- Trennende Innenwände (Wohnungstrennwände, Treppenhauswände, Wände von Aufzugsschächten u. ä.)

Hinsichtlich der Konstruktion unterscheidet man:
- Einschalig biegesteife Trennwände
- Zweischalige Trennwände aus zwei biegesteifen Schalen mit durchgehender Gebäudefuge
- Zweischalige Trennwände mit einer biegesteifen und einer biegeweichen Schale
- Dreischalige Wände mit einer biegesteifen und zwei beidseitig angeordneten biegeweichen Schalen (Bild **6**.22).

Die bei einschaligen Wänden erreichbare Dämmung gegen Luftschall ist in erster Linie abhängig von ihrer flächenbezogenen Masse bzw. ihrem Flächengewicht (kg/m²) sowie von den Eigenschaften der flankierenden Bauteile. Voraussetzung ist dabei, dass Undichtigkeiten ausgeschlossen (vollfugiges Mauern, Putz, Wandmaterial mit offenen Poren, unvollständig vermörtelte Fugen bei Sichtmauerwerk, Trocknungsrisse an den Flanken, undichte Stumpfstöße von Wänden) und Schwachstellen (z. B. Wandschlitze, Nischen) vermieden werden (s. DIN 4109, Bbl. 1, Tab. 1). Rohrleitungen dürfen nicht in oder an Wohnungstrennwänden montiert werden.

Die gestiegenen Anforderungen an die Wärmedämmung haben zur Entwicklung von immer leichteren, poröseren Baustoffen geringer Rohdichte geführt. Je geringer die flächenbezogene Masse einer Wand ist, desto schlechter sind allerdings auch die Schalldämmeigenschaften dieser Wand. Auch Lochungen in den Steinen können zu Schwingungen im Stein selbst und dadurch zu Schalldämmeinbrüchen führen. Die Schalldämmeigenschaft einer Wand ist darüber hinaus von ihrer *Steifigkeit* abhängig. Als „steife" Wände gelten z. B. Vollziegel- oder Kalksandsteinwände, als „biegeweich" sind Wandkonstruktionen aus dünnen Schalen (z. B. Gipskarton) auf Rahmen oder Ständern zu betrachten.

Zweischalige Wände können bei gleichem Flächengewicht die Schalldämmung erheblich verbessern unter der Voraussetzung, dass der Abstand der Schalen ausreichend groß ist, im Hohlraum Schallschluckmaterialien vorgesehen werden und feste Verbindungen zwischen den

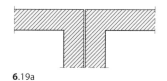

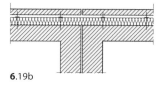

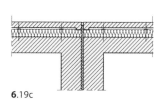

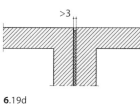

6.19a   6.19b

6.19c   6.19d

6.19 Fugen in Haustrennwänden
a) einschalige Wände, offene Fuge
b) zweischalige Außenwände,
   Außenschalen stumpf gestoßen
c) zweischalige Außenwände,
   Außenschalen elastisch angeschlossen, Stoßfugen jeweils mit
   elastischer Fugendichtung
d) einschalige Außenwände, Trennwände > 150 kg/m², Fuge > 3 cm
   breit, außen mit Dämmstreifen
   und Fugenprofil geschlossen.

6

Schalen vermieden sind. Trennfugen (z. B. zwischen Haustrennwänden) müssen unbedingt vollständig durchgehen. Durchlaufende Decken verschlechtern die Schalldämmung erheblich!

Haustrennwände werden in der Regel mit nebeneinanderstehenden einschaligen biegesteifen Trennwänden mit durchgehender Fuge ausgeführt (Bild **6**.19a und d). Sind die Außenwände zweischalig ausgeführt, muss die Trennfuge auch durch die Außenschale hindurch geführt werden (Bild **6**.19b und c). Die Fugenbreite bei Haustrennwänden ist abhängig von der flächenbezogenen Masse der Trennschalen.

Bei einer flächenbezogenen Masse von mindestens 100 kg/m² (ggf. einschl. Putz) muss die Fugenbreite mindestens 5 cm betragen, bei einer flächenbezogenen Masse von mindestens 150 kg/m² (ggf. einschl. Putz) muss die Fugenbreite mindestens 3 cm, besser jedoch 5 cm betragen.

Der Fugenhohlraum ist mit dicht gestoßenen, vollflächig verlegten speziellen Trennwandplatten auszufüllen.

Bei Ortbetonbauweisen müssen die Dämmplatten so eingebaut werden, dass keine *Schallbrücken* (s. Bild **6**.20b) entstehen können. In jedem Fall sollten nicht brennbare Dämmplatten verwendet werden.

Nur bei einer flächenbezogenen Masse von mindestens 200 kg/m² darf auf eingelegte Dämmschichten verzichtet werden. Der Hohlraum muss in diesem Fall zur Verhinderung von Schallbrücken aber mit Hilfe von Füllkörpern hergestellt werden, die nachträglich wieder ausgebaut werden müssen.

Trotz des hohen Aufwandes wird vielfach der geplante Schallschutz von Haustrennwänden bedingt durch Ausführungsfehler nicht erreicht.

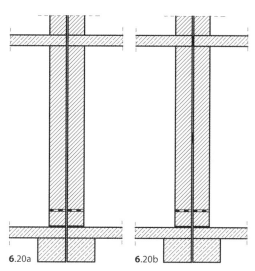

6.20a   6.20b

6.20 Schnitte durch Gebäudetrennfuge (Trennschicht nicht eingezeichnet)
a) Schnitt – einwandfreie Ausführung – (schallschutz-technisch ist auch ein durchlaufendes Fundament unter den Gebäudetrennwänden möglich)
b) Schnitt durch Gebäudetrennfuge mit Schallbrücken
A Schallbrücke durch Verbindung der Wände in der Fuge
B Schallbrücke durch Verbindungen der Deckenränder

Häufige Schadensursachen sind:

• Der Abstand zwischen den Trennwänden ist zu gering (Luftschallübertragung ist auch ohne Berührung zwischen den Trennwänden möglich!),

• Schallbrücken durch Ausführungsfehler (überquellender Mörtel, fehlerhaft verlegte,

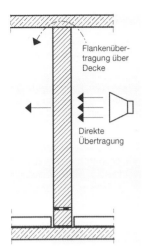

6.21 Schallübertragung (Flankenübertragung nicht nur über die Decke, sondern auch seitlich über durchlaufende flankierende Wände möglich)

zu steife oder zu dünne Trennplatten, Bild **6**.20b, Punkt A),

● Deckenränder können durch zu steife Trennschichten oder durch Betonierfehler Schallbrücken bilden (Bild **6**.20b, Punkt B).

Trennwände. Beim Schallschutz von Trennwänden muss beachtet werden, dass die Schallübertragung nicht nur direkt durch die Wandflächen möglich ist, sondern auch indirekt durch „Flankenübertragung" (Bild **6**.21, s. Abschn. 17.6.3.3).

Bei der Planung und Ausführung sind daher auch die flankierenden Bauteile zu berücksichtigen.

Als Maßnahme gegen Flankenübertragung kommen in Betracht:

● Einschalige, schwere und biegesteife flankierende Wände

● Zweischalige flankierende Wände (eine biegesteife und eine biegeweiche Schale, Bild **6**.22)

● Massivdecken mit biegeweichen Schalen (abgehängte Decken), s. Abschn. 10 und 14, sowie mit schwimmendem Estrich

Verkleidungen biegesteifer Wände mit *steifen* Schalen – insbesondere, wenn diese beidseitig aufgebracht werden – verschlechtern die Schalldämmung durch Resonanzwirkungen.

Vor allem aber sollten bereits in der Grundrissgestaltung günstige Bedingungen für den Schallschutz geschaffen werden. Dazu zählt insbesondere die geeignete Anordnung Geräusche erzeugender Einrichtungen oder Räume wie z. B. Sanitärräume in Wohnungen, Aufzüge o. Ä. innerhalb des Grundrisses, insbesondere dann, wenn „erhöhte Anforderungen an den Schallschutz innerhalb eigener Wohn- und Arbeitsbereiche" (DIN 4109, Bbl. 2) zu berücksichtigen sind.

Grundsätzlich kann gesagt werden, dass schwere Trennwände in Verbindung mit ausreichendem Schutz gegen Flankenübertragung immer die besseren Voraussetzungen für ausreichenden Schallschutz bieten als mehrschalige Leichtkonstruktionen.

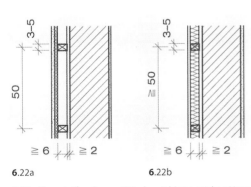

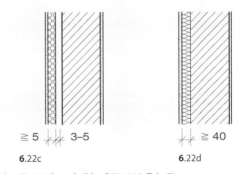

6.22a 6.22b 6.22c 6.22d

6.22 Biegesteife schwere Wände mit biegeweichen Vorsatzschalen (Beispiel aus Beibl. 1 DIN 4109, Tab. 7)

a) Vorsatzschale aus Holzwolle-Leichtbauplatten (DIN 1101) d > 25 mm auf Holzstielen mit Abstand > 20 mm vor schwerer Schale freistehend

b) Vorsatzschale aus Gipskartonplatten (12,5 oder 15 mm dick, nach DIN 18180) oder Spanplatten (10 bis 16 mm dick, DIN 68 763) mit Hohlraumausfüllung aus Faserdämmatten oder -platten

c) Vorsatzschale aus Holzwolle-Leichtbauplatten (50 mm dick, DIN 1101) verputzt, freistehend mit Abstand von 30 bis 50 mm vor schwerer Schale

d) Vorsatzschale aus Gipskartonplatten nach DIN 18180, Dicke 12,5 mm oder 15 mm, und Faser dämmplatten (DIN 18 165-1), Ausführung nach DIN 18 181, an schwerer Schale streifen- oder punktförmig angesetzt

6.2.1.4 Brandschutz[1]

Wände müssen fast immer auch Anforderungen des Brandschutzes genügen. In den Bauordnungen der Länder sind Bestimmungen enthalten, insbesondere für

- Trennwände zwischen Häusern bzw. Bauwerken und zwischen Wohnungen
- Trenn- und Umfassungswände von Heizräumen, Treppenhäusern, Aufzügen u. a.
- Wände im Bereich von Ein- und Ausgängen und von Rettungswegen

Diese Wände sind im Allgemeinen in feuerbeständiger Ausführung (entsprechend DIN 4102 Feuerwiderstandsklasse F 60 oder F 90) herzustellen.

Die Anforderungen an Wände aus der Sicht des Brandschutzes sind in DIN 4102 festgelegt. Es werden in DIN 4102-4 unterschieden:

- Nichttragende Wände
- Tragende und aussteifende Wände
- Nicht raumabschließende Wände
- Raumabschließende Wände

Für diese Wandarten sind Feuerwiderstandsklassen festgelegt. Entsprechende Ausführungsarten mit Mindestdicken und ggf. -breiten können den Aufstellungen in DIN 4102-4 entnommen werden.

Davon abweichende Ausführungen müssen durch besondere Prüfungen zugelassen werden.

Besondere Anforderungen werden an *Brandwände* gestellt. Sie müssen ausgedehnte bauliche Anlagen in Brandabschnitte von höchstens 40 m unterteilen. Als Brandwände müssen alle Wände auf Grundstücksgrenzen errichtet werden, ebenso zwischen Räumen oder Bauwerken mit besonderer Brandgefährdung.

Brandwände müssen der Feuerwiderstandsklasse F 90 entsprechen. Sie dürfen keine Öffnungen – ausnahmsweise nur mit Türen der Feuerwiderstandsklasse T 90 – enthalten, müssen mindestens 30 cm über die Dachflächen hochgeführt werden und dürfen keine brennbaren Bauteile enthalten oder sich auf solchen abstützen. Brennbare Bauteile dürfen nicht in Brandwände einbinden oder sie durchstoßen (z. B. Dachpfetten, Dachlatten).

---

[1] s. auch Abschn. 17.7.

6.2.1.5 Schlagregenschutz

Durch Kapillarwirkung und infolge des Wind-Staudrucks kann bei Regen Feuchtigkeit in Außenwände eindringen.

Insbesondere Außenwände von Gebäuden, die dem dauernden Aufenthalt von Menschen dienen, müssen ausreichend gegen Schlagregen gesichert sein.

Außenwände aus nicht frostwiderstandsfähigen Steinen müssen einen Außenputz erhalten und mindestens 24 cm dick sein, sofern sich nicht ohnehin wegen des erforderlichen Wärmeschutzes größere Wanddicken ergeben.

Sichtmauerwerk muss mindestens 31 cm dick sein. Eine 2 cm dicke „Regenbremse" (s. Bild **6**.44), bestehend aus einer senkrechten, versetzt durchlaufenden hohlraumfreien Mörtelfuge, kann nur bei völlig einwandfreier Ausführung, die aber in der Praxis nur schwer erreicht wird, Schlagregenschutz bewirken.

Die Außenfugen sind mit Fugenglattstrich auszuführen oder 15 mm tief sauber auszukratzen und anschließend handwerksgerecht zu verfugen (DIN 1053, Abschn. 8.4[2]).

Im Übrigen sind in DIN 4108-3, Abschn. 6) für den Schlagregenschutz die Beanspruchungsgruppen I bis III festgelegt mit Mindestanforderungen an die Ausführung von Außenwänden.[3]

- **Beanspruchungsgruppe I** (geringe Beanspruchung)[4]
  Außenputz ohne besondere Anforderungen an Schlagregenschutz oder einschaliges Sichtmauerwerk ≥ 31 cm dick.
- **Beanspruchungsgruppe II** (mittlere Beanspruchung)[5]
  Wasserhemmender Außenputz oder einschaliges Sichtmauerwerk ≥ 37,5 cm dick oder angemörtelte Bekleidungen nach DIN 18 515.

---

[2] Im allgemeinen Gebiete mit Jahresniederschlagsmengen unter 600 mm sowie besonders windgeschützte Lagen auch in Gebieten mit größeren Niederschlagsmengen.

[3] Putze s. Kapitel 8 in Teil 2 dieses Werkes.

[4] Im allgemeinen Gebiete mit Jahresniederschlagsmengen unter 600 mm sowie besonders windgeschützte Lagen auch in Gebieten mit größeren Niederschlagsmengen.

[5] Im allgemeinen Gebiete mit Jahresniederschlagsmengen von 600 bis 800 mm sowie windgeschützte Lagen auch in Gebieten mit größeren Niederschlagsmengen. Hochhäuser und Häuser in exponierter Lage in Gebieten, die auf Grund der regionalen Regen- und Windverhältnisse einer geringen Schlagregenbeanspruchung zuzuordnen wären.

- **Beanspruchungsgruppe III** (starke Beanspruchung)[1]
  Wasserabweisender Putz oder zweischaliges Verblendmauerwerk mit Luftschicht oder zweischaliges Verblendmauerwerk ohne Luftschicht mit Vormauersteinen oder angemauerte oder angemörtelte Bekleidung mit Unterputz und wasserabweisendem Fugenmörtel oder gefügedichte Beton-Außenschalen.

Fugen müssen durch konstruktive Maßnahmen (z. B. Hinterschneidung) oder Fugendichtungsmassen gegen Schlagregen abgedichtet sein.

6.2.2 Baustoffe

Für gemauerte Wände stehen klein-, mittel- und großformatige Mauersteine in vielfältigen Formen und Abmessungen zur Verfügung.

Die bisher handelsüblichen Ziegel und Mauersteine sind genormt. Es werden jedoch ständig neue Produkte entwickelt, für die teilweise keine Normung besteht bzw. möglich ist. Derartige Mauersteine müssen dann jedoch eine bauaufsichtliche Zulassung haben, die in der Regel Festlegungen für die Verarbeitung enthalten.

Je nachdem, ob Außen- oder Innenwände hergestellt werden sollen, erfolgt die Auswahl der Steinarten und -qualitäten zunächst nach den Kriterien von Belastung (Druckfestigkeit)

- Wärmeschutz
- Schallschutz
- Brandschutz
- Schlagregenschutz
- Frostbeständigkeit

Die Wahl der *Steinformate* wird durch gestalterische, arbeitstechnische und wirtschaftliche Überlegungen bestimmt. *Kleinformatige* Mauersteine kommen insbesondere für schwierig herzustellende Bauteile wie Pfeiler, Stürze, Bögen und für Wände mit komplizierten Grundrissformen in Frage. Auch wenn Bauteile aus gestalterischen Gründen unverputzt oder ohne Wandbekleidungen als „Sichtmauerwerk" (s. Abschn. 6.2.5.1) hergestellt werden, sind kleinformatige Steine oft bevorzugt. *Großformatige* Mauersteine

sind in erster Linie zur Rationalisierung der Arbeitsabläufe gedacht und für einfache, großflächige Innen- und Außenwände besonders wirtschaftlich:

Die Hersteller haben sich bei der Entwicklung der großformatigen Steine an dem bewährten Oktametersystem orientiert.

Die Lagerfugen werden bei großformatigen Mauersteinen mit Dünnbettmörtel ausgeführt. Die Stoßfugen werden bei den meisten Steinen durch Verzahnung gebildet und bleiben mörtelfrei.

Bei großformatigen Steinen ist häufig ein Höhenausgleich erforderlich. Die Verwendung kleinformatiger Steine kann selbst bei gleichartigem Material die Wandeigenschaften ungünstig beeinflussen. Aber auch aus Rationalisierungsgründen werden bei der Herstellung von Wänden mit großformatigen Steinen möglichst keine andersformatigen Steine eingesetzt.

Es sollte daher eine erste (untere) „Kimmschicht" eingeplant werden. Diese muss mit großer Sorgfalt ausgeführt werden.

Ungenauigkeiten können beim Mauerwerk mit Dünnbettmörtel nämlich nur aufwendig korrigiert werden. Es empfiehlt sich daher, die Kimmschicht tags zuvor von einem spezialisierten Maurer „in Serie" anlegen zu lassen.

Die *Abmessungen* der Bausteine ergeben sich auf Grund der Oktameter-Teilung (Achtelmeter) der Maßordnung DIN 4172 (s. Abschn. 2.3).

Steinformate werden gekennzeichnet mit einem Vielfachen von

DF (Dünnformat) 52 mm Steinhöhe; 4 Steinschichten einschl. Lagerfugen ergeben 250 mm oder

NF (Normalformat) 71 mm Steinhöhe; 3 Steinschichten einschl. Lagerfugen ergeben 250 mm. (Gegenseitige Abhängigkeit der Höhenmaße s. Bild **2**.3)

Die *Nennmaße* von Mauersteinen betragen danach z. B.:

- Länge bzw. Breite: 115, 145, 175, 240, 300, 365, 490 mm
- Höhe: 52, 71, 113, 238 mm

Beispiele für die Kennzeichnung und Steinformate gibt Bild **6**.23.

6.2.2.1 Gebrannte Mauersteine (Mauerziegel)

Allgemeines. Ziegel gehören zu den ältesten, vorgefertigten Wandbauelementen. Sie sind

---

[1] Im allgemeinen Gebiete mit Jahresniederschlagsmengen über 800 mm sowie windreiche Gebiete auch mit geringeren Niederschlagsmengen (z. B. Küstengebiete, Mittel- und Hochgebirgslagen, Alpenvorland). Hochhäuser und Häuser in exponierter Lage in Gebieten, die auf Grund der regionalen Regen- und Windverhältnisse einer mittleren Schlagregenbeanspruchung zuzuordnen wären.

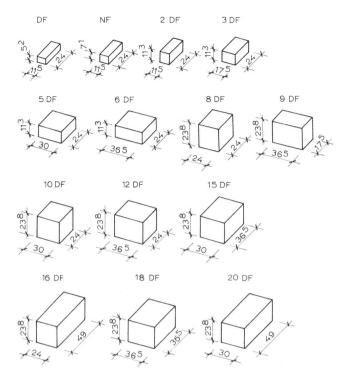

Format-Kurz-zeichen	Maße		
	l	b	h
1 DF (Dünn-format)	240	115	52
NF (Normal-format)	240	115	71
2 DF	240	115	113
3 DF	240	175	113
4 DF	240	240	113
5 DF	240	300	113
6 DF	240	365	113
8 DF	240	240	238
10 DF	240	300	238
12 DF	240	365	238
15 DF	365	300	238
18 DF	365	365	238
16 DF	490	240	238
20 DF	490	300	238

6.23 Steinformate und Kurzbezeichnungen

handlich, haben hohe Druckfestigkeiten und haben sehr vorteilhafte Eigenschaften hinsichtlich Wasserdampfdiffusion bzw. Feuchtigkeitsaufnahme und -abgabe.

Ihre Verwendung lässt zahlreiche Wand- und Bauformen zu. Geringe Verformungen können sich über zahllose Fugen gleichmäßig verteilen und wirken daher in der Regel nicht als Risse, die die Festigkeit und Dauerhaftigkeit des Mauerwerks gefährden.

Ziegel werden aus Lehm, Ton oder tonigen Massen geformt und gebrannt. Ihre Abmessungen, Eigenschaften und die an sie gestellten Anforderungen sind in DIN EN 771-1 festgelegt.

Ziegel müssen weitestgehend frei sein von schädlichen, insbesondere treibenden Einschlüssen (z. B. Kalk) und Salzen (z. B. Natrium-, Kalium-, Magnesiumsulfat), die zu Ausblühungen und langfristig auch zur Zerstörung von Putzen oder der Ziegel selbst führen können. Der maximal zulässige Gehalt an aktiven löslichen Salzen ist je nach Verwendungszweck in DIN 771-1 geregelt.

Mauerziegel (DIN EN 771-1)

Mauerziegel (Mz) sind Mauersteine, die aus Ton oder anderen tonhaltigen Stoffen mit oder ohne Sand oder anderen Zusätzen bei einer ausreichend hohen Temperatur gebrannt werden, um einen keramischen Verbund zu erzielen.

Dabei unterscheidet die europäische Norm zwei Gruppen von Mauersteinen aus gebranntem Ton (Mauerziegel): LD-Ziegel, das sind Mauerziegel mit einer Brutto-Trockenrohdichte von ≤ 1000 kg/m³ zur Verwendung in geschütztem Mauerwerk und HD-Ziegel, das sind alle Mauerziegel zur Verwendung in ungeschütztem Mauerwerk und Mauerziegel mit einer Brutto-Trockenrohdichte > 1000 kg/m³ zur Verwendung in geschütztem Mauerwerk. „Geschütztes Mauerwerk" ist gegen eindringendes Wasser geschützt, z. B. Mauerwerk in Außenwänden, dass durch eine geeignete Putzschicht oder eine Verkleidung geschützt ist oder eine innere Wandschale einer zweischaligen Mauer oder eine Innenwand.

Mauerziegel kommen vielfältig zur Anwendung. Oft sind die Anwendungsregeln (Normen, traditionelle Regeln) für eine gute Ausführung auf die örtlichen Gegebenheiten bezogen, z. B. auf das Klima, auf traditionelle Bauweisen, auf örtlich vorhandene Baustoffe, auf traditionelle Gewohnheiten in Bezug auf Instandhaltung usw. Die Leistungsvorgaben liegen dabei jeweils in der Verantwortung des zuständigen Planers.

Der Hersteller oder sein im europäischen Wirtschaftsraum (EWR) ansässiger Bevollmächtigter ist verantwortlich für das Anbringen der CE-Kennzeichnung. Das CE-Zeichen muss der Richtlinie 93/68/EWG entsprechen und ist auf dem Mauerziegel selbst oder auf einem an dem Produkt befestigten Etikett oder auf dessen Verpackung oder auf den Begleitdokumenten, z. B. dem Lieferschein, anzubringen. Die CE-Kennzeichnung ist gem. DIN EN 771-1, Anhang, Abschnitt ZA.3, vorzunehmen.

LD-Ziegel sind Mauerziegel mit niedriger Brutto-Trockenrohdichte für die Verwendung in geschütztem Mauerwerk.
Bild **6**.24a bis **6**.24i zeigt verschiedene LD-Ziegel.

HD-Ziegel sind Mauerziegel für ungeschütztes Mauerwerk sowie Mauerziegel mit hoher Brutto-Trockenrohdichte für die Verwendung in geschütztem Mauerwerk.
Bild **6**.25a bis **6**.25c zeigt verschiedene Formen und Ausbildungen von HD-Ziegeln.

Sperrschicht-Ziegel sind Mauerziegel, die im Verband in zwei Schichten mit wasserabweisendem Mörtel vermauert aufsteigende Feuchtigkeit im Mauerwerk verhindern.

Planziegel sind Mauerziegel mit besonderer Maßhaltigkeit insbesondere in Bezug auf die Ziegelhöhe.

Hochlochziegel sind Mauerziegel mit einem oder mehreren Löchern, die den Mauerstein rechtwinklig zur Lagerfläche durchdringen.

Langlochziegel sind Mauerziegel mit einem oder mehreren Löchern, die den Mauerstein parallel zur Lagerfläche durchdringen.

Füllziegel sind Mauerziegel mit besonderer Lochung, die zur Verfüllung mit Beton oder Mörtel geeignet sind.

Mauertafelziegel sind Mauerziegel zur Herstellung von bewehrtem Mauerwerk oder geschosshohen Tafeln aus Mauerwerk mit senkrechten Kanälen zur Verfüllung mit Mörtel oder Beton.

6.2.2.2 Ungebrannte Mauersteine

Kalksandsteine (DIN EN 771-2) werden aus Kalk und kieselsäurehaltigen Stoffen hergestellt und unter Dampfdruck gehärtet. Sie zeichnen sich gegenüber gebrannten Steinen durch besonders gute Maßhaltigkeit aus und sind daher für Sichtmauerwerk (s. Abschn. 6.2.6.1) gut geeignet.

Steinbezeichnungen

- **Normalmauerstein**
  Mauerstein mit einer allseitig von Rechtecken begrenzten Form.

- **Formstein**
  Mauerstein mit einer nicht nur von Rechtecken begrenzten Form.

- **Ergänzungsstein**
  Mauerstein in einer für einen bestimmten Zweck gestalteten Form, z. B. um die Form des Mauerwerkes zu vervollständigen, Ergänzungssteine können durch Schneiden größerer Steine hergestellt werden.

Kalksandstein-Planelemente bzw. Planblocksteine dürfen auch mit Dünnbettmörtel vermauert werden.

Insbesondere für die Ausführung von Sichtmauerwerk stehen außerdem zahlreiche Formsteine für Stürze, Ringbalken, Deckenauflager, Schlitze usw. und auch Elektroinstallationssteine zur Verfügung.

Mauersteine aus Beton (DIN EN 771-3) eignen sich für alle Arten von Mauerwerk, so auch für einschaliges Mauerwerk, Außenmauerwerk von Schornsteinen, zweischaliges Mauerwerk, Trennwände, Stützmauern und Untergeschosse. Sie dienen dem Brand-, Wärme-, Schallschutz sowie der Schallabsorption. Die DIN EN 771-3 gilt nicht für Steine mit einem Wärmedämmstoff, der auf die Seiten des Steins, die Feuer ausgesetzt sein können, aufgebracht ist. Mauersteine aus Beton werden aus Zement, Zuschlag und Wasser hergestellt. Sie dürfen Zusatzmittel und Farbpigmente enthalten. Es dürfen auch andere Stoffe während der Herstellung beigegeben oder nachträglich auf das Produkt aufgebracht werden.

- **Mauerstein**
  Vorgeformtes Element zur Herstellung von Mauerwerk.

- **Üblicher Mauerstein**
  Mauerstein, dessen Flächen nach dem Mauern üblicherweise nicht sichtbar sind.

6

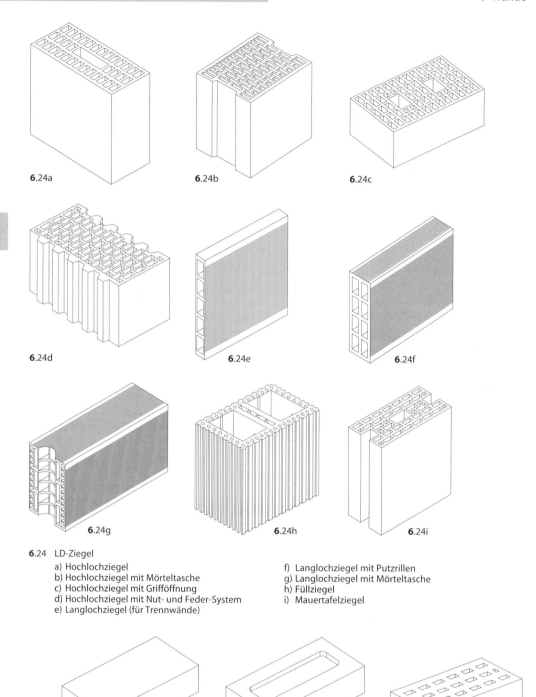

6.24a **6**.24b **6**.24c

6.24d **6**.24e **6**.24f

6.24g **6**.24h **6**.24i

6.24 LD-Ziegel
a) Hochlochziegel
b) Hochlochziegel mit Mörteltasche
c) Hochlochziegel mit Grifföffnung
d) Hochlochziegel mit Nut- und Feder-System
e) Langlochziegel (für Trennwände)

f) Langlochziegel mit Putzrillen
g) Langlochziegel mit Mörteltasche
h) Füllziegel
i) Mauertafelziegel

6.25a **6**.25b **6**.25c

6.25 HD-Ziegel a) Vollziegel; b) Mauerziegel mit Mulde; c) Hochlochziegel

KS-Quadro

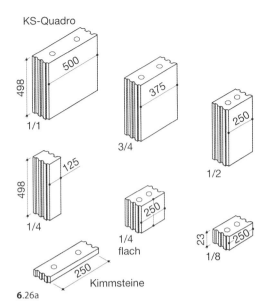

6.26a

KS-Planelement (KS-PE)

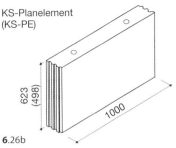

6.26b

KS-Planelemente (KS-PE)
(werkseitig konfektionierte Wandbausätze)

Stein-art	Festig-keits-klasse	Roh-dichte-klasse	Format	Abmessungen (mm)		
				L	B	H
KS-PE	20	2,0		1000		623/ 498
Sonder-höhen						398
						248
Wanddicken 100/115/150/175/200/214/240/300/365						

KS-Quadro-Bausystem

Steinart	Festig-keits-klasse	Roh-dichte-klasse	Format	Abmessungen (mm)		
				L	B	H
KS-Quadro	20	2,0	1/1	500		498
			3/4	375		498
			1/2	250		498
			1/4	125		498
			1/4 flach	250		250
			1/8	250		123
				500		123
						100
						75
						50
Wanddicken 115/150/175/200/240/300/365 Kimmsteine: 36,5 cm = 2 x 17,5 cm						

KS-Rasterelemente (KS-RE)

Steinart	Festig-keits-klasse	Roh-dichte-klasse	Format	Abmessungen (mm)		
				L	B	H
KS-RE	20	2,0	1/1	500		623
			3/4	375		623
			1/2	250		623
				500		373*
Sonder-höhen/* Kimm-steine						248
						123
						100
						75
						50
Wanddicken 100*/115/150/175/200*/214*/240/300/365 Kimmsteine in unterschiedlichen Längen in Abhängigkeit der Wanddicken lieferbar. * auf Anfrage						

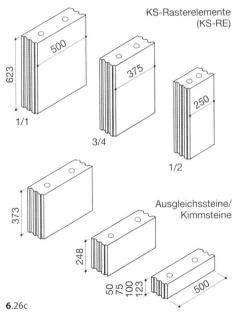

6.26c

6.26 KS XL Elemente zum mechanischen Versetzen in Dünnbettmörtel

a) KS-Quadro
b) KS-Planelemente
c) KS-Rasterelemente

Die hier gezeigten Lochanordnungen, Griffhilfen und Daumenlöcher können bei den einzelnen Lieferwerken unterschiedlich sein. Bei Steinen mit Nut- und Federsystem sind die Steinlängen als Achsmaße angegeben. Die effektiven Maße sind um 2 mm geringer (z. B. 250-2 = 248 mm).

6

- **Vormauerstein**
  Mauerstein, von dem nach dem Mauern eine oder mehrere Sichtflächen sichtbar bleiben und der geschützt oder ungeschützt verwendet wird.

- **Verblender**
  Vormauerstein ohne Putz oder vergleichbaren Schutz, der äußeren klimatischen Bedingungen ausgesetzt ist.

- **Normalmauerstein**
  Mauerstein mit einer allseitig von Rechtecken begrenzten Form.

- **Formstein**
  Mauerstein mit einer nicht nur von Rechtecken begrenzten Form.

- **Ergänzungsstein**
  Mauerstein in einer für einen bestimmten Zweck gestalteten Form.

- **Verbindungsstein**
  Geformte, zusammenpassende Vor- und Rücksprünge an Mauersteinen, z. B. Nut- und Federsysteme.

In Bild **6**.27a bis **6**.27i sind beispielhaft Mauersteine aus Beton dargestellt.

Nicht genormte, jedoch bauaufsichtlich zugelassene Mauersteine aus Leicht- oder Normalbeton werden hergestellt als Formsteine verschiedener Art (z. B. T-Steine, Anschlagsteine, Installationssteine) sowie als Hohlblocksteine aus Leichtbeton mit Zwischenschichten oder Einlagen aus Schaumstoff.

Mauersteine aus Leichtbeton (Tab. **6**.27A) sind Steine aus porigen, mineralischen Zuschlägen und hydraulischen Bindemitteln. Als porige Zuschläge werden u. a. dabei verwendet: Naturbims, Hüttenbims (geschäumte Hochofenschlacke), Ziegelsplitt, Tuff, Blähton. Beträgt der Anteil eines bestimmten Zuschlages > 75% oder bei Naturbims 100%, können die Steine nach den be-

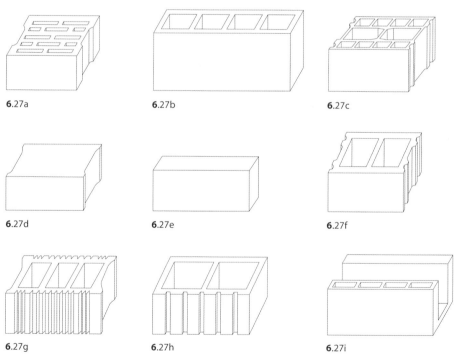

6.27a   6.27b   6.27c

6.27d   6.27e   6.27f

6.27g   6.27h   6.27i

6.27   Mauersteine aus Beton
      a–d   übliche Mauersteine
      e–h   Vormauersteine und Verblender
      i   Ergänzungsstein (Sturz)

Tabelle **6**.27A Betonsteine

Steinart	Kurzzeichnung	Druckfestigkeitsklasse	Rohdichteklassen	Formatkurzbezeichnung	Steinart	Kurzzeichnung	Druckfestigkeitsklasse	Rohdichteklassen	Formatkurzbezeichnung
Leichtbeton-Vollsteine	V	2 4 6 8 12	0,5 0,6 0,7 0,8 0,9 1,0 1,2 1,4	2 DF 3 DF 4 DF 5 DF 6 DF 8 DF 10 DF	Mauersteine aus Beton- (Normalbeton-) Hohlblöcke (als 1- bis 6-Kammerblöcke)	Hbn	2 bis 12		8 DF 10 DF 12 DF 15 DF 16 DF 18 DF 20 DF
Leichtbeton-Vollblöcke DIN 18 152	Vbl-SW	2 4 6	0,5 0,6 0,7 0,8	12 DF 16 DF 20 DF	Vollblöcke	Vbn	4 bis 28	0,9 1,0 1,2 1,4 1,6 1,8 2,0 2,2	Vorzugsmaße nach DIN 18 153, und örtliche Sondermaße
					Vollsteine	Vn	4 bis 28		
Leichtbeton-Hohlblöcke DIN 18 151 (als 1- bis 6-Kammerblöcke)	Hbl Hbl	2 4 6 8	0,5 0,6 0,7 0,8 0,9 1,0 1,2 1,4	8 DF 10 DF 12 DF 15 DF 16 DF 18 DF 20 DF	Vormauersteine	Vm	6 bis 48		
					Vormauer-Blöcke	Vmb	6 bis 48		

Bezeichnungsbeispiel: z. B. Hohlblockstein mit 3-Kammer-Reihen, Steinrohdichte 0,8 kg/dm, Nennfestigkeit 2 N/mm, Länge 495 mm x Breite 300 mm x Höhe 238 mm, DIN 18 151: **Hohlblock DIN 18 151–3K Hbl 2–0,8–20 DF–300**

treffenden Zuschlägen benannt werden, z. B. Ziegelsplitt-Vollsteine usw.

Auf dem Markt sind:

Hohlwandplatten aus Leichtbeton Hpl (DIN 18 148): Fünfseitig geschlossener Mauerstein mit Kammern senkrecht zur Lagerfläche.
- Rohdichteklassen 0,6 bis 1,4 kg/dm^3,
- Druckfestigkeit i. M. min. 2,5 N/mm^2, Einzelwert min. 2,0 N/mm^2,
- Bezeichnungsbeispiel: z. B. Hohlwandplatte aus Leichtbeton (Hpl) mit 0,80 kg/dm^3 Plattenrohdichte (0,80) und Formatkurzzeichen 11,5.

Hohlwandplatte aus Leichtbeton (DIN 18 148) – Hpl 0,8 – 11,5
- Kennzeichnung: Jede Liefereinheit (z. B. Plattenpaket) oder mindestens jede 50. Hohlwandplatte ist mit der Rohdichteklasse und einem Herstellerkennzeichen zu versehen.

Wandbauplatten aus Leichtbeton Wpl (DIN 18 162): Großformatige Platten ohne Lochung
- Rohdichteklassen 0,8 bis 1,4 kg/dm^3
- Bezeichnungsbeispiel: z. B. Wandbauplatte aus Leichtbeton (Wpl) mit 0,80 kg/dm^3 Plat-

tenrohdichte (0,8), Formatkurzzeichen 6 und Länge l = 990 mm:
Wandbauplatte DIN 18 162 – Wpl – 0,8-6-990

Porenbetonsteine sind Mauersteine, die aus hydraulischen Bindemitteln wie Zement und/oder Kalk und feinen, kieselsäurehaltigen Stoffen, porenbildenden Zusätzen und Wasser, hergestellt werden. Sie dürfen mit Vertiefungen, Nut- und Federsystemen und anderen Verbindungssystemen hergestellt werden.

Die Maße für Porenbetonsteine für Länge, Breite und Höhe sind in dieser Reihenfolge in mm anzugeben.

Die Größtmaße von Porenbetonsteinen sind 1500 mm für die Länge, 600 mm für die Breite und 1000 mm für die Höhe. Die Grenzabmaße für Normalmauersteine sind in Abhängigkeit vom verwendeten Mörtel nach DIN 998-2 in Tab. 2 der DIN EN 771-4 angegeben. Grenzabmaße für Normsteine sind in DIN EN 771-4 nicht festgelegt.

Betonwerksteine sind Vormauersteine mit mindestens einer Sichtfläche mit geschlossenem Gefüge. Sie werden aus einer oder zwei homogenen Mischungen von zwei Gesteinskörnungen, Zement und anderen Stoffen geformt und unter

Druck und/oder Vibration mit oder ohne weitere Behandlung hergestellt. Sie werden häufig als Alternative zu Naturstein, dem sie sehr ähneln, verwendet. Dabei sind „zweiteilige Mauersteine" Betonwerksteine mit unterschiedlichen Mischungen für Vorsatz- und Kernbeton. Nach DIN EN 771 hat der Hersteller die Sollmaße für Betonwerksteine in Millimeter für Länge, Breite und Höhe in dieser Reihenfolge und die Abmaßklasse (D1, D2 oder D3) anzugeben. Keines der Maße darf 650 mm überschreiten.

Die Sichtflächen von Betonwerksteinen müssen entsprechend der Angabe des Herstellers eben, profiliert oder strukturiert sein.

Hüttensteine (DIN 398) sind Mauersteine aus granulierter Hochofenschlacke mit Kalk, Schlackenmehl, Zement o. Ä. als Bindemittel. Die geformten Steine werden an der Luft oder unter Dampf oder in kohlensäurehaltigen Abgasen gehärtet. Unterschieden werden:

- Hüttenvollsteine (HSV), ohne Lochung oder Querschnitt durch oben gedeckte Lochung senkrecht zur Lagerfläche bis 25% gemindert, mit Rohdichten von 2,60 bis 1,80 kg/dm^3 und mit Nennfestigkeiten von 6 bis 28 N/mm^2,
- Hüttenlochsteine (HSL), in der Regel fünfseitig geschlossene Mauersteine mit Lochungen senkrecht zur Lagerfläche, mit Rohdichten von 1,60 und 1,40 kg/dm^3 und mit Nennfestigkeiten von 6 und 12 N/mm^2.

Die großen Formate (3 DF oder 21/4 NF) müssen Grifföffnungen haben.

Hüttensteine mit den Nennfestigkeiten 12 und 20 N/mm^2 müssen frostbeständig sein, wenn sie als Vormauersteine (VHSV) verwendet werden sollen.

6.2.2.3 Mauermörtel

Mauermörtel ist ein Gemisch aus Sand, Bindemittel und Wasser, ggf. auch mit Zusatzstoffen und Zusatzmitteln. Er hat die Aufgabe, die Mauersteine miteinander zu verbinden, dabei Maßungleichheiten der Steine und Unebenheiten der Steinlagerflächen auszugleichen und damit eine gleichmäßige Druckübertragung zu ermöglichen. Es wird unterschieden:

- Normalmörtel   (NM)
- Leichtmörtel   (LM) und
- Dünnbettmörtel   (DM).

Darüber hinaus wird zwischen Baustellenmörtel und Werkmörtel unterschieden. Werkmörtel gibt es in den Lieferformen Werk-Trockenmörtel, Werk-Vormörtel, Werk-Frischmörtel sowie Mehrkammer-Silomörtel.

Normalmörtel sind baustellengefertigt oder Werkmörtel und werden in die Mörtelgruppen I, II, IIa, III und IIIa eingeteilt. Die Zusammensetzung ergibt sich für die Mörtelgruppen I bis III ohne besonderen Nachweis nach Tabelle **6.28**.

Für die Mörtelgruppe IIIa und bei Abweichungen von der vorgegebenen Zusammensetzung ist eine Eignungsprüfung erforderlich. Sie ist auch dann durchzuführen, wenn auf der Baustelle Zusatzmittel (z. B. sog. „Mischöle") zugegeben werden.

Tabelle **6**.28 Mörtelzusammensetzung, Mischungsverhältnis für Normalmörtel in Raumteilen DIN 1053, Tab. A.[1]

	Mörtel-gruppe	Luftkalk und Wasserkalk		hydraulischer Kalk	hochhydraulischer Kalk, Putz- und Mauerbinder	Zement	Sand[1] aus natürlichem Gestein
		Kalkteig	Kalkhydrat				
1	I	1	–	–	–	–	4
2		–	1	–	–	–	3
3		–	–	1	–	–	3
4		–	–	–	1	–	4,5
5	II	1,5	–	–	–	1	8
6		–	2	–	–	1	8
7		–	–	2	–	1	8
8		–	–	–	1	1	3
9	II a	–	1	–	–	1	6
10		–	–	–	2	1	8
11	III	–	–	–	–	1	4
12	IIIa[2]	–	–	–	–	1	4

[1] Die Werte des Sandanteils beziehen sich auf den lagerfeuchten Zustand.
[2] mit Eignungsprüfung (s. DIN 1053 Abschn. A.3.1).

Tabelle **6**.29 Anforderungen an Normalmörtel (DIN 1053, Tab. A.2)

Mörtelgruppe	Mindestdruckfestigkeit[1] im Alter von 28 Tagen Mittelwert		Mindesthaftscherfestigkeit im Alter von 28 Tagen[4] Mittelwert
	bei Eignungsprüfung [2][3] in N/mm^2	Bei Güteprüfung in N/mm^2	bei Eignungsprüfung N/mm^2
I	–	–	–
II	3,5	2,5	0,10
II a	7	5	0,20
III	14	10	0,25
III a	25	20	0,30

[1] Mittelwert der Druckfestigkeit von sechs Proben (aus drei Prismen). Die Einzelwerte dürfen nicht mehr als 10 % vom arithmetischen Mittel abweichen.

[2] Zusätzlich ist die Druckfestigkeit des Mörtels in der Fuge zu prüfen. Diese Prüfung wird z. Z. nach der „Vorläufigen Richtlinie zur Ergänzung der Eignungsprüfung von Mauermörtel; Druckfestigkeit in der Lagerfuge; Anforderungen, Prüfung" durchgeführt. Die dort festgelegten Anforderungen sind zu erfüllen.

[3] Richtwert bei Werkmörtel.

Für die Anwendung von Normalmörtel gelten Einschränkungen:

- Mörtelgruppe I:
  Nicht zugelassen für Gewölbe und Kellermauerwerk, bei mehr als 2 Vollgeschossen, bei Wanddicken unter 24 cm, bei Vermauerung in Außenschalen von 2schaligem Mauerwerk.

- Mörtelgruppe II und IIa:
  Nicht zugelassen für Gewölbe

- Mörtelgruppe III und IIIa:
  Nicht zugelassen für Außenschalen von 2schaligem Mauerwerk (ausgenommen für nachträgliches Verfugen).

Die Zusammensetzung und Konsistenz des Mörtels muss vollfugiges Vermauern möglich machen. Bei Nässe und niedrigen Temperaturen ist Mörtel mindestens der Gruppe II zu verwenden. An der Baustelle muss sichergestellt sein, dass unterschiedliche Mörtelarten nicht verwechselt werden können.

Als Zusatz*stoffe* kommen Baukalk (DIN EN 459), Gesteinsmehl (DIN EN 12620, DIN EN 13055-1, DIN EN 13139), Trass (DIN 51 043), geeignete Pigmente (z. B. nach DIN EN 12878) sowie Betonzusatzstoffe mit Prüfzeichen in Frage. Geprüfte Zusatz*mittel* dienen der Beeinflussung der Mörteleigenschaften (z. B. Verflüssiger, Dichtungsmittel, Erstarrungsbeschleuniger oder -verzögerer, Luftporenbildner usw.). Die Verwendung von Zusatzmitteln stellt in jedem Falle eine Abweichung von Tabelle **6**.28 dar und macht somit die Durchführung einer Eignungsprüfung erforderlich.

Anforderungen an Normalmörtel enthält Tabelle **6**.29. Neben der Druckfestigkeit wird auch die Haftscherfestigkeit aufgeführt, die ein Maß für das Verbundverhalten zwischen Stein und Mörtel darstellt. Bei der Eignungsprüfung wird die Druckfestigkeit des Mauermörtels auch zwischen den Steinen geprüft.

Leichtmörtel. Je nach verwendetem Steinformat beträgt der Fugenanteil von Mauerwerk flächenmäßig 7 bis 15%. Die Verwendung von Leichtmörtel kann daher je nach Materialkombination zu einer erheblichen Verbesserung der Gesamt-Wärmedämmung von Mauerwerk führen.

Leichtmörtel nach DIN 1053 wird in 2 Gruppen eingeteilt:

- LM 21 (Rechenwert der Wärmeleitfähigkeit 0,21 W/(m · K)
- LM 36 (Rechenwert der Wärmeleitfähigkeit 0,36 W/(m · K)

Für diese Mörtelgruppen enthält DIN 1053 Angaben über die Zusammensetzung und die Anforderungen. Für abweichende Mörtelgruppen ist eine bauaufsichtliche Zulassung erforderlich. Leichtmörtel ist stets als Werkmörtel herzustellen.

Leichtmörtel ist nicht zugelassen für Gewölbe und der Witterung ausgesetztes Sichtmauerwerk.

Dünnbettmörtel dient zum Vermauern spezieller, besonders maßhaltiger Steine (z. B. Porenbeton-Planblöcke Ppl) für Fugendicken von 1 bis 3 mm. Dünnbettmörtel – meistens nach Mörtel-

6

gruppe III – sind ausschließlich als Werk-Trockenmörtel herzustellen. Anforderungen und Angaben zur Zusammensetzung sind in DIN 1053 enthalten.

Dünnbettmörtel ist nicht zugelassen für Gewölbe und für Steine mit Maßabweichungen von mehr als 1 mm.

Bindemittel. Es dürfen nur Bindemittel nach EN 459-1 (Baukalk), DIN 1164-1 (Zement) sowie EN 413 (Putz- und Mauerbinder) verwendet werden. Andere Bindemittel dürfen nur verwendet werden, wenn sie zur Herstellung von Mauermörtel bauaufsichtlich zugelassen sind.

Alle Bindemittel müssen vor Feuchtigkeit geschützt gelagert werden. Da die Bindefähigkeit auch in geschlossenen Räumen nachlassen kann, sollten Lagerbestände in 4 bis 6 Wochen aufgearbeitet werden. Länger gelagerte Bindemittel sollten vor der Verwendung auf ihre Festigkeitseigenschaft geprüft werden.

Kalk ist der allgemeine Begriff für Calciumoxid und/oder -hydroxid sowie Calciummagnesiumoxid und/oder -hydroxid, das durch Brennen von natürlichem Calciumcarbonat (Kalkstein, Kreide, Muschelkalk) bzw. aus natürlichem Calciummagnesiumcarbonat (Dolomit, dolomitisches Kalkgestein) hergestellt und unterschieden wird in

- *Baukalk*
  Luftkalk und Kalk mit hydraulischen Eigenschaften für Anwendungen oder Bauprodukte im Bau- und Bauingenieurwesen
- *Luftkalk*
  hat keine hydraulischen Eigenschaften. Er verbindet sich mit atmosphärischem Kohlenstoffdioxid und erhärtet dann langsam an der Luft. Luftkalke sind Weißkalk (CL) und Dolomitkalk (DL)
- *Kalk mit hydraulischen Eigenschaften*
  besteht überwiegend aus Calciumhydroxid, Calciumsilikaten oder Calciumaluminaten. Kalk mit hydraulischen Eigenschaften erstarrt nach dem Mischen mit oder unter Wasser und erhärtet dann. Er ist in drei Untergruppen aufgeteilt: Natürlicher Hydraulischer Kalk (NHL), Formulierter Kalk (FL) und Hydraulischer Kalk (HL).
  Die Normfestigkeiten von hydraulischen Kalken sind die nach DIN 459-2 bestimmten Druckfestigkeiten nach 28 Tagen.

CE-Kennzeichnung und Etikettierung
Baukalke sind entsprechend der Richtlinie 93/68/ EWG in den kommerziellen Begleitdokumenten

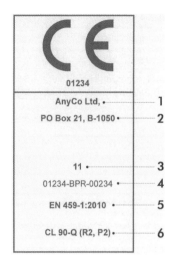

6.30 CE-Konformitätskennzeichnung für Weißkalk 90 in Form von ungelöschtem Kalk nach DIN EN 459-1
1 Name oder Bildzeichen des Herstellers
2 Eingetragene Anschrift des Herstellers, Werkskennung zum Herstellort
3 Jahr, in dem die Kennzeichnung angebracht wurde
4 Zertifikatnummer
5 Nummer und Ausgabedatum der europäischen Norm
6 Bezeichnungsbeispiel, z.B. Baukalkprodukt Weißkalk mit einem Gehalt an CaO+MgO $\geq$ 90% in Form von ungelöschtem Kalk nach EN 459-1:2010, 4.4.

oder auf der Verpackung mit dem CE-Zeichen zu kennzeichnen (Bild **6**.30)

Zemente der verschiedenen Festigkeitsklassen (s. Abschn. 5.2.1, Festigkeitsklassen der Normenzemente s. Tab. **5**.9) sind nach DIN EN 197-1 genormt unter den Bezeichnungen:

- Portlandzement (CEM I)
- Portlandkompositzement (CEM II)
- Hochofenzement (CEM III)

Ferner wird besonders für Altbausanierungen Trasszement verwendet. Mörtel mit Trasszement ist besonders geschmeidig bei der Verarbeitung und hat eine höhere Elastizität als Zementmörtel.

Sand für die Herstellung von Mauermörtel nach DIN 1053-1 soll gemischtkörnig sein und darf keine Bestandteile enthalten, die zu Schäden an Mörtel oder Mauerwerk führen. Als schädlich gelten größere Mengen abschlämmbarer Bestandteile, sofern es sich dabei um Ton oder Stoffe organischen Ursprungs (z.B. pflanzliche, humus-

6

artige oder Kohlen-, insbesondere Braunkohleanteile) handelt.

Sand, der DIN 4226-1 entspricht, erfüllt diese Anforderungen stets.

Besondere Anforderungen gelten für Leichtzuschlag, dessen Verwendung jedoch ohnehin auf Werkmörtel beschränkt ist.

Güteprüfung. Heute wird Mauermörtel fast ausschließlich als Werkmörtel hergestellt. Werkmörtel unterliegt der Überwachung nach DIN EN 998, und dies muss aus dem Lieferschein hervorgehen. Nicht überwachte Werkmörtel dürfen gemäß DIN 1053-1 nicht verwendet werden. Die Überwachung schließt die Eignungsprüfung vor der Mörtelherstellung, die Eigenüberwachung während der Mörtelherstellung und die regelmäßige Fremdüberwachung durch unabhängige, staatlich anerkannte Stellen ein. Baustellenmörtel unterliegt keiner geregelten Überwachung, jedoch sind bei Abweichungen von Zusammensetzungen nach Tabelle **6**.28, bei Verwendung von Zusatzmitteln und für die Mörtelgruppe IIIa stets Eignungsprüfungen durchzuführen.

Während der Bauausführung ist bei allen Mörteln der Gruppe IIIa an jeweils 3 Prismen aus 3 verschiedenen Mischungen je Geschoss (mindestens aber je 10 m³ Mörtel) die Mörteldruckfestigkeit nach DIN 18555-3 nachzuweisen. Sie muss dabei die Anforderungen der Tabelle **6**.28, Spalte 3, erfüllen.

Bei Gebäuden mit mehr als 6 gemauerten Vollgeschossen ist die geschossweise Prüfung (mindestens aber je 20 m³ Mörtel) auch bei Normalmörtel der Gruppen II, IIa und III sowie bei Leicht- und Dünnbettmörtel durchzuführen. Bei den obersten 3 Geschossen darf darauf verzichtet werden.

6.2.3 Ausführung von gemauerten Wänden

6.2.3.1 Allgemeines

Arbeitsvorgänge. Mauerwerk aus künstlichen Steinen ist lot-, flucht- und waagerecht herzustellen. Die Ecken werden genau nach dem Lot angelegt und die Schichten nach einer dazwischen gespannten Schnur ausgeführt. Damit gleiche Schichtenhöhen erzielt werden, sind *Hochmaßlatten* zu verwenden.

Besonders zeitraubende Arbeiten sind das Aufmauern der Mauerecken und das der Fenster- und Türanschläge infolge der damit verbundenen erheblichen Lotarbeit. Durch Anwendung von *Ecklehren und Fensterlehren* können diese Arbeiten vereinfacht werden. Zunehmend werden, wie in den Nachbarländern bereits lange üblich, zur Rationalisierung auch der Maurerarbeiten Fenster und Türzargen bereits im Rohbau mit eingebaut.

Das Mauerwerk ist überall möglichst gleichzeitig hochzuführen, damit ungleiches Setzen vermieden wird. Die Steine sollen möglichst ebenflächig und maßgenau sein, damit die *Lagerfugen* gleichmäßig dünn (10 bis 12 mm) gehalten und die Steine über die ganze Fläche gleichmäßig belastet werden können. Dicke Fugen steigern infolge der Querdehnung des Mörtels, die größer ist als die des Mauersteines, die Spannungen, die bei Belastung quer zur Kraftrichtung – durch Stauchung – im Mauerwerk auftreten. Die Mauersteine werden bei Überbeanspruchung nicht durch die Druckkräfte zermalmt, sondern unter der Wirkung der Zugspannungen bei der Stauchung aufgerissen. Im bis zum Bruch belasteten Mauerwerk treten die Risse immer über den Stoßfugen auf. Daher ist die *Stoßfugenbreite* auf 1 cm zu beschränken.

Vermörtelte Stoßfugen können durch Herandrücken des einzelnen Steines an die Nachbarsteine oder durch Anstreichen von Mörtel an den zu vermauernden Stein gefüllt werden.

Bei Lochsteinen ist durch richtige Wahl der Mörtelsteife zu bewirken, dass der Mörtel nicht tief in die Löcher der Mauersteine eindringt. Bei langen, geraden Mauerabschnitten, insbesondere wenn Steine mit unvermörtelten Nut-Feder-Stoßfugen verwendet werden, kann das Auftragen des Mörtels mit Hilfe von Mörtelschlitten rationalisiert werden.

Beim Vermauern müssen die Mauersteine sauber sein und besonders bei heißem Wetter gut angenässt werden, da sie sonst die Mörtelfeuchtigkeit aufsaugen und dem Mörtel das zum Abbinden erforderliche Wasser entziehen würden. Bei hochbelastetem Mauerwerk schlanker Pfeiler und von Wänden ≤ 11,5 cm ist es sicherer, wenig saugfähige Mauersteine zu verwenden, um zu vermeiden, dass durch ungleichmäßigen Mörtelwasserentzug in den Außenzonen und den „Wackeleffekt" beim Aufmauern (Bild **6**.31) die Fugen abgewälzt und die Tragfähigkeit des Mauerwerks schon bei zentrischer und noch mehr bei exzentrischer Belastung herabgesetzt wird.

Für *Außenwände aus Leichtziegeln* oder anderen besonders gut wärmedämmenden Mauersteinen sind möglichst Leichtmauermörtel zu verwenden. Sie bestehen aus genormten Bindemit-

6

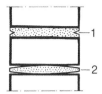

6.31 Verminderung der Standsicherheit von
dünnen Wänden aus stark saugenden
Steinen

1 durch Wasserverlust bei Berührung
  mit stark saugenden Steinen (Spaltbil-
  dung)
2 Verlust an Plastizität, bei Wackelbe-
  wegungen während des Aufmauerns
  wird die Mörtelfuge abgewälzt

teln und Blähton-Zuschlägen und ermöglichen
Druckfestigkeiten bis zu den Anforderungen für
die Mörtelgruppe IIa.

Witterungseinflüsse. Nicht fertiggestellte Mau-
erabschnitte sind bei Arbeitsunterbrechungen
durch Folien oder Bitumenbahnen gegen Durchnässung zu schützen. Bei Frost ist ab –3° Celsius
das Mauern einzustellen. Die unvollendeten
Mauern sind mit Folien o. Ä. und Ziegelsteinen
abzudecken und die äußeren Maueröffnungen
durch Verbretterung zu schließen. Werden die
Mauerarbeiten wieder fortgesetzt, so sind frost-
geschädigte Schichten zu entfernen.

Oft lässt sich das Bauen im Winter nicht vermeiden. Es muss, angefangen bei der Wahl der Baustoffe und Bauweisen bis zur Baustelleneinrich-
tung, schon beim Entwurf auf das sorgfältigste
vorbereitet werden, damit die durch Beheizen
der Baustelle, Anwärmen der Baustoffe usw. entstehenden Kosten auf ein Mindestmaß beschränkt bleiben und Bauschäden vermieden
werden.

Folgende Maßnahmen werden empfohlen:

1. bei kühlem Tageswetter (+5° bis 0 °C) und
   leichtem Nachtfrost (bis –3 °C):
   Vor Wind, Regen und Schnee geschützte Lagerung der Baustoffe,

2. bei vorübergehendem, leichtem Tagesfrost
   (bis –3 °C) zusätzlich zu 1.:
   Schutz des frischen Ziegelmauerwerks bei
   Nacht durch Abdecken mit Planen, Säcken
   oder ähnlichem, Erwärmen des Anmachwassers für den Mörtel,

3. bei anhaltendem Frost (bis –10 °C) zusätzlich
   zu 2.:
   Erwärmen des Sandes und der Ziegel,

4. bei anhaltend strengem Frost zusätzlich zu 3.:
   Abschirmen des Bauwerks oder -teils gegen
   die Außentemperatur durch Schutzbauten
   und Beheizen des Arbeitsraumes.

Maße und Formate. Die Abmessungen der Mauersteine bzw. -ziegel und die sich daraus ergebenden Wanddicken sowie Raum-, Öffnungs-,
Pfeilermaße usw. sind in der „Maßordnung" DIN
4172 festgelegt (s. Abschn. 2.3).

Steinformate (s. auch Abschn. 6.2.2). Bei der Herstellung von Mauern werden verwendet:

*klein*formatige Mauersteine

L	B	H	in cm	nach DIN
24 x 11,5 x		5,2		DIN EN 77-1, DIN EN 77-2 (DF-Dünnformat)
24 x 11,5 x		7,1		DIN EN 77-1, DIN EN 77-2, 398 (NF-Normalformat)
24 x 11,5 x 11,3				DIN EN 77-1, DIN EN 77-2 (1 1/2 NF oder 2 DF)
24 x 11,5 x 11,5				18 152-100

*mittel*formatige Mauersteine
(Einhandsteine mit Griffschlitz)

24 x 17,5 x 11,3			(DIN EN 77-1, DIN EN 77-2 (3 DF)
11,5 x 24 x 17,5			18 152

*groß*formatige Mauersteine (Vollsteine, geschlitzte Vollblöcke, Hohlblocksteine, Hochlochsteine)

- für Wanddicken
  von 17,5, 24, 30
  und 36,5 cm   DIN EN 77-1, DIN EN 77-2, 4165
- in verschiedenen Höhen, meistens
  von 23,8 cm   18151-100, 18152-100, 18153-100

Die Anwendung der Kleinformate (Bild **6**.32) ermöglicht eine große Variabilität der Längenmaße. Der hohe Fugenanteil des Mauerwerks erleichtert Maßkorrekturen, vermindert jedoch die
Wärmedämmfähigkeit der Wand. Die Verwendung der Mittelformate (Hochlochziegel, Gitter-
ziegel) vermindert den Arbeitsaufwand, erfordert jedoch starke Bindung der Längenmaße an
die Maßordnung. In noch höherem Grade gilt
das für Großformate; ungeschickte Maßabweichungen oder -korrekturen verringern hier die
Güte des Mauerwerks. Die mit den Großformaten
verbundenen Vorteile der Arbeitsrationalisie-
rung werden aufgehoben, wenn an den Steinen
Trennschnitte vorgenommen werden müssen.

Die Verwendung von mehreren *verschiedenen*
Steinformaten in derselben Wand oder von vorgefertigten Eck- oder Anschlagsteinen bedeutet

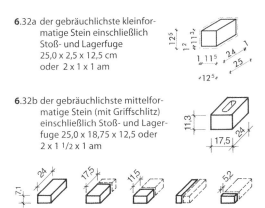

6.32a der gebräuchlichste kleinformatige Stein einschließlich Stoß- und Lagerfuge 25,0 x 2,5 x 12,5 cm oder 2 x 1 x 1 am

6.32b der gebräuchlichste mittelformatige Stein (mit Griffschlitz) einschließlich Stoß- und Lagerfuge 25,0 x 18,75 x 12,5 oder 2 x 1 ¹/₂ x 1 am

6.32c der Mauerziegel NF und seine Teilstücke

6.32 Kleinformatige Steine

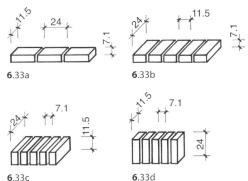

6.33a

6.33b

6.33c

6.33d

6.33 Benennung der Schichten
a) Läuferschicht
b) Binderschicht
c) Rollschicht
d) Grenadierschicht

6

immer eine Erschwerung des Arbeitsablaufs (getrenntes Anliefern, Vorrathalten, Stapeln usw.).

Bei Wänden aus Klein- oder Mittelformaten kann auf besondere Eck- und Anschlagsteine verzichtet werden. Ab 30 cm Wanddicke ist die Verwendung zweier verschiedener Formate nebeneinander (24 x 11,5 x 11,3 und 24 x 17,5 x 11,3) trotz der oben angedeuteten Nachteile üblich.

In Außenwänden dürfen *verschiedene Steinmaterialien* („Mischmauerwerk") nicht verwendet werden. Die unterschiedlichen Wärmedämmeigenschaften der Steine führen zu unterschiedlicher Feuchtigkeitsaufnahme des Mauerwerks, damit zu Putzverfärbung und langfristig zu Bauschäden.

Mauerverbände. Unter *Mauerverband* versteht man die Art, wie die Steine schichtweise im Mauerwerk zusammengefügt und miteinander verzahnt werden, damit die auf dem Mauerwerk aufruhenden Lasten gleichmäßig auf die ganze Grundfläche der Mauer verteilt werden und der Mauerkörper rissefrei bleibt, d. h. seine Standsicherheit, Tragfähigkeit und sein Widerstand gegen die Witterung den Vorschriften genügen.

Nach der Art, Mauerziegel in einer Schicht aneinanderzureihen, werden *Läuferschicht, Binderschicht* sowie *Grenadierschicht* unterschieden. Die *Rollschicht* kann als Sonderform einer Binderschicht betrachtet werden (Bild **6**.33). Läuferschicht ist die Schicht, in der die Mauerziegel mit der Langseite in der Mauerflucht liegen; in der Binderschicht sind von der Mauerflucht her die Köpfe der Binder zu sehen, die in die Wand einbinden.

Die Schichten ein und derselben Wand sind in der Regel gleich hoch. Schließen Wände aus Steinen verschiedener genormter *Steinhöhen* aneinander an, so lassen sich die Wände miteinander auf vielfältige Art verzahnen (Bild **6**.34). Daher brauchen Verbandsregeln sich nur auf Wände gleicher Schichthöhe zu beziehen.

Man unterscheidet:

• *Zwischenverbände* (Verbände in Mauermitte),
• *Endverbände* (Verbände an rechtwinklig begrenzten Mauerenden aller Art),
• *Pfeilerverbände*

Übliche Mauerverbände sind

• *Läuferverband* (auch mittiger Verband genannt) für Wände bis 17,5 cm Dicke, Vormauerschalen oder Wände aus großformatigen Steinen (Bild **6**.35),
• *Blockverband* (Bild **6**.36).
• *Kreuzverband* (Bild **6**.37).

Bei gebogenen Wänden wird der *Binderverband* angewendet, in dem jede Schicht Binderschicht ist.

Zierverbände. Sichtmauerwerk wird vielfach wieder in mittelalterlichen Zierverbänden hergestellt (Beispiele in Bild **6**.38a bis c), ferner im „Wilden Verband" (Bild **6**.38d). In 36,5 cm dickem Mauerwerk können sich bei diesen Verbänden auf den Innenseiten übereinander liegende Stoßfugen ergeben.

Für alle Verbände gelten folgende Grundregeln:

1. Jede Schicht muss genau waagerecht liegen und soll waagerecht durch sämtliche Mauern eines Gebäudes durchgehen.

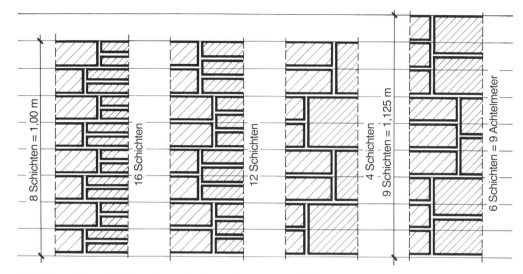

6.34 Mauerstöße von Wänden mit verschiedenen Steinformaten und Schichthöhen
(1 am = 1 Achtelmeter; *ü* = Überbindemaß)

Schichthöhen
1 am	1/2 am	1 am	½ am	1 am	2 am	1 am	1 ½ am

Steinhöhen
11,3 cm	5,2 cm	11,3 cm	7,1 cm	11,3 cm	23,8 cm	11,3 cm	17,5 cm

Tiefe der Verzahnung
$ü_1 = ½$ am		$ü_1 = ½$ am		$ü_2 = 1$ am		$ü_2 = 1$ am	

6.35 Läuferverband

6.36 Blockverband

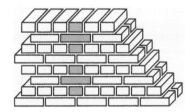

6.37 Kreuzverband

2. Die Stoßfugen unmittelbar aufeinanderfolgender Schichten dürfen sich nicht decken. Das Überbindemaß *ü* wird nach DIN 1053-1 auf die Steinhöhe bezogen und beträgt mindestens 4,5 cm. Es gibt an, wie weit die Stoßfuge einer einbindenden oder durchbindenden Wand von der Innenecke (bei Ecke, Kreuzung, Stoß) entfernt liegt, und legt so den Verband fest (Bild **6**.39).
Von einer Innenecke darf in jeder Schicht nur eine Stoßfuge ausgehen. Ihre Richtung wechselt in jeder Schicht.

3. Es dürfen sich keine übereinanderliegenden Fugen ergeben, die im Wandinneren *parallel* zur Wand verlaufen. Sie sind gefährlich, weil bei Belastung die Stauchung quer zu Wand erfolgt (Aufreißen in Schalen); zudem sind diese Fugen nach Lage, Anzahl und Zustand am fertigen Mauerwerk nicht zu erkennen.

4. Es sind möglichst viele ganze Steine zu verwenden. Dadurch wird der Fugenanteil (Wärmebrücken) vermindert, das Überbindemaß (Verzahnung) meist vergrößert und so die Mauerwerksfestigkeit erhöht.

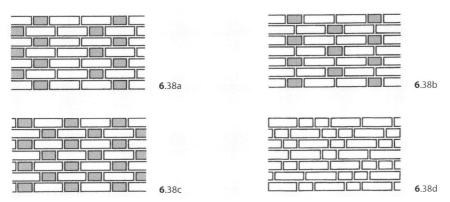

6.38a

6.38b

6.38c

6.38d

6.38 Zierverbände
 a) Märkischer Verband, b) Flämischer Verband, c) Gotischer Verband, d) „Wilder" Verband

6

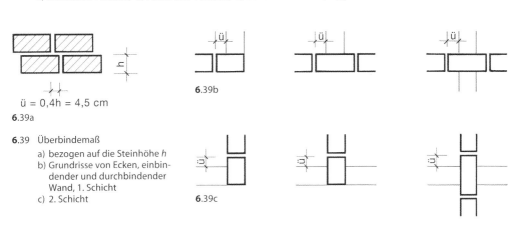

ü = 0,4h = 4,5 cm

6.39a

6.39b

6.39 Überbindemaß
 a) bezogen auf die Steinhöhe *h*
 b) Grundrisse von Ecken, einbin-
  dender und durchbindender
  Wand, 1. Schicht
 c) 2. Schicht

6.39c

Mauerverzahnungen und Mauerschlitze (s. Ab-schn. 6.2.1.1) müssen für anzuschließende Wän-de bzw. für Rohrleitungen im Verband berück-sichtigt werden oder als durchgehende genau *senkrechte Schlitze* ausgespart werden. In Schlit-zen anschließende Wände müssen sich bei Set-zungen bewegen können.

Lochverzahnungen sind ¼ Stein tiefe Ausspar-ungen in jeder zweiten Schicht. Sie sind so breit, wie das anschließende Mauerwerk dick ist.

Heute ist auch die „Stumpfstoßtechnik" von ge-geneinanderstoßenden Wänden eine häufig an-gewandte Methode. Zum einen spart dies Ar-beitszeit, zum anderen ermöglicht die Stumpf-stoßtechnik die Kombination unterschiedlicher Steinarten und Steinformate. So kann z. B. eine Außenwand mit einer geringen Rohdichte (hohe Wärmedämmung) mit einer schweren Innen-wand (hoher Schallschutz) in Stumpfstoßtechnik ohne Rissgefahr verbunden werden.

Bei der Stumpfstoßtechnik treten in Verbindung mit wärmegedämmten Außenwänden keine Wärmebrücken auf.

Außerdem ergibt sich die Möglichkeit, zweischa-lige Wohnungstrennwände mit einem größeren Schalenabstand zu erstellen, wodurch der Schall-schutz erheblich verbessert werden kann. Der größere Schalenabstand zeichnet sich bei der Stumpfstoßtechnik in der Außenwand nicht ab, so dass hier eine normal große Fuge ausgebildet werden kann (Bild **6**.40).

6.2.3.2 Einschaliges Mauerwerk

Einschaliges Mauerwerk aus klein- und mittel-formatigen Steinen kommt in Frage für tragen-de und dem Schall- oder Brandschutz dienende Innenwände, insbesondere für solche mit kom-plizierten Grundrissen, sowie für Pfeilermauer-werk.

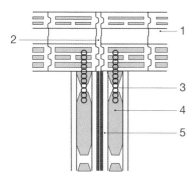

6.40 Anschluss Gebäudetrennwände an Außenwand in Stumpfstoßtechnik (System GISOTON)
1 Planblock aus Blähton-Leichtbeton mit werkseitig eingebauter (Polystyrol) Wärmedämmung
2 Dehnfugenprofil
3 Flachstahl-Maueranker aus nichtrostendem Stahl
4 Schalungssteinwände aus Blähton,
bei 2 x 12,5 cm: Schallschutzmaß = 68 dB
bei 2 x 15,0 cm: Schallschutzmaß = 70 dB
5 Mineralfaserdämmmatten Typ T, 2 x 2 cm

Für Außenwände ist wegen der meistens erforderlichen größeren Wanddicken einschaliges Mauerwerk – auch in Verbindung mit zusätzlichen Wärmedämmungen – in der Regel aus großformatigen Steinen vorherrschend.

Wände aus großformatigen Steinen gehören zu den wirtschaftlichsten Wandbauarten. Großformat und geringes Gewicht (Zweihandsteine) verringern den Arbeitszeitaufwand, wenn schnelles, bequemes Umrüsten für die Arbeitsgerüste gewährleistet ist.

Großformatige Steine werden mit Normalmörtel (NM) oder Leichtmörtel (LM), Planblöcke (beson-

ders maßhaltige großformatige Steine) mit Dünnbettmörtel (DM) vermauert (vgl. Abschn. 6.2.2.3).

Die Stoßfugen können voll vermörtelt (Bild **6**.41a) oder mit verfüllten Stoßfugentaschen (Bild **6**.41b) ausgeführt werden.

Da eine wirklich einwandfreie Verfüllung der Stoßfugen bzw. der Stoßfugentaschen an der Baustelle schwer zu gewährleisten ist, haben fast alle Hohlblocksteintypen an den Stirnseiten Nut-Feder-Profile, so dass ohne Zwischenvermörtelung gearbeitet werden kann (Bild **6**.41c bis f). Die Wärmedämmung wird durch verfeinerte Gestaltung der Hohlräume ständig verbessert.

Den ständig steigenden Ansprüchen an die Verbesserung der Wärmedämmung gerecht werdend hat die Industrie immer höherwertige Steine entwickelt. So sind z. B. Steine aus hochwertigem Blähton mit integrierter Wärmedämmung (Polystyrol oder Naturkork) entwickelt worden. Durch das relativ hohe Wandgewicht des Blähtons werden gute Schallschutzwerte erreicht. Die innenliegende Wärmedämmschicht sorgt für eine hohe Wärmespeicherfähigkeit. Aufgrund der Wärmedämmschicht, die im Stein liegt, entsteht raumseitig ein Speicherkern, der einen sogenannten „Kachelofeneffekt" bewirkt. Diese Steine können in einem Arbeitsgang verarbeitet werden. Ihre Wärmedämmwerte sind so gut, dass sie bereits mit einer Wandstärke von 25 cm NEH-Standard (Niedrigenergiehaus-Standard) und mit 37,5 cm Wandstärke Passivhaus-Standard erreichen können (Bild **6**.42a). Bild 6.42b zeigt einen hoch wärmedämmenden Ziegel mit integrierter Wärmedämmung mit ei-

6.41a

6.41b

6.41c

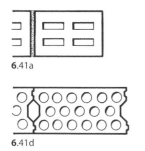

6.41d

6.41e

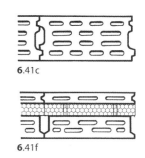

6.41f

6.41 Großformatige Steine
a) Hohlblocksteine aus Leichtbeton (2-Kammerstein, vermörtelte Stoßfuge)
b) Hohlblocksteine aus Leichtbeton (3-Kammersteine, verfüllte Mörteltasche)
c) Hohlblocksteine aus Leichtbeton (HLB) mit Nut-Feder-Stoßfuge
d) Kalksandstein Planblock mit Nut-Feder-Stoßfuge
e) Leichthochlochziegel mit Stoßfugenverzahnung
f) Leichtbetonstein mit integrierter Polystyrol-Wärmedämmung

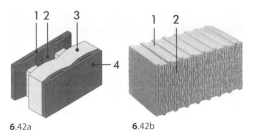

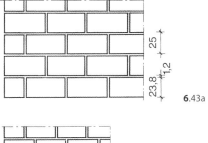

6.42a   6.42b

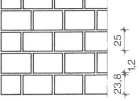

6.43a

6.42 Hochdämmende Mauerwerksteine/Kompositsteine
a) Blähtonschale mit Polystyrol und Hohlkammer
für Ortbetonverfüllung (Gisoton Schalungsstein
42,5 cm mit 24 cm EPS, λ = 0,08 W/mK)
1 Blähton-Innenschale
2 Hohlkammer zur Ortbetonverfüllung
3 Dämmpaket Polystyrol
4 Blähtonaußenschale, normal verputzbar
b) Ziegelhohlkammerstein gefüllt mit mineralischer
Füllung (Unipor W07 Coriso, λ = 0,07 W/mK)
1 Ziegel
2 Mineralwolle oder mineralische Füllung

6.43b

6.43 Mauerverband bei großformatigen Steinen
a) mittiger Verband, Steinlänge 49 cm
b) schleppender Verband, Steinlänge 36,5 cm

nem λ-Wert von 0,07 W/mK und einer zulässigen Druckspannung von 0,85 MN/m². Die Füllung ist aus Basalt, damit ist der Ziegel vollständig recycelbar. Mit diesem Ziegelstein wird bei einer einschaligen Wand von 49 cm Dicke + beidseitigem Putz (Gesamtdicke 53 cm) ein U-Wert von 0,137 W/m²K erreicht. Diese einschalige Wand ist damit Passivhaus tauglich und ist vom Passivhaus Institut Dr. Wolfgang Feist als „Passivhaus geeignete Komponente" für kühl-gemäßigtes Klima zertifiziert.

Die Hersteller der Steine mit werkseitig eingearbeiteten Wärmedämmungen bieten für ihre Systeme auch spezielle „Anlegemörtel" mit besonders guten Wärmedämmeigenschaften (analog Leichtmörtelsystemen) an. Diese Anlegemörtel werden für die erste Schicht verwendet und vermeiden weitestgehend Wärmebrücken und damit Abzeichnungen der Fugen im Außenputz.

Bei Mauerwerk aus großformatigen Steinen stellen die Fugen innerhalb des Wandgefüges immer wärmetechnische Schwachstellen dar. Die Außenwände sollten daher mit Leichtmörtel (LM) oder bei Planblocksteinen mit Dünnbettmörtel (DM) oder neuerdings sogar trocken aufgemauert werden.

Für die großformatigen Steine gelten *Verbandsregeln*, die von denen für kleine und mittelformatige Mauersteine abweichen. Die DIN 18151 unterscheidet *mittigen* und *schleppenden* Verband. Beim mittigen Verband sind die Stoßfugen um 1/2 Steinlänge (Bild **6.**43a), beim schleppenden

Verband sind sie um 1/3 Steinlänge gegeneinander versetzt (Bild **6.**43b).

Anschlagsteine lassen sich einsparen, wenn die Fenster- und Türrahmen statt in einen gemauerten Anschlag in die beigeputzte Nut der anschlaglosen Maueröffnungen gesetzt werden.

Alle Leichtbeton-Steine, die aus porigen Stoffen hergestellt werden, müssen vor dem Vermauern gut getrocknet sein und werden vor dem Vermauern *nicht* angenässt. Bei Arbeitsunterbrechungen sind die nicht fertiggestellten Mauern sorgfältig abzudecken, denn in den Poren eingeschlossenes Wasser verdunstet sehr langsam und vermindert die Wärmedämmfähigkeit der Steine ganz beträchtlich. Bei Frost besteht für ungenügend getrocknete Steine die Gefahr der Zerstörung.

Einschalige Außenwände aus nicht frostwiderstandsfähigen Steinen müssen einen Außenputz oder einen anderen Witterungsschutz erhalten (Bild **6.**44).

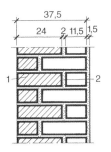

6.44
Schlagregensicherung bei einschaligem Mauerwerk
1 Verblendmauerwerk, frostbeständig
2 Schalenfuge 2 cm („Regenbremse")

Sichtmauerwerk als *einschaliges* Außenmauerwerk besteht aus einer äußeren Schale aus frostbeständigen – meistens kleinformatigen – Vormauersteinen oder Klinkern mit einer Hintermauerung aus anderem Steinmaterial.

Beide Schalen müssen im Verband hochgemauert werden. Die Verblendung gehört zum tragenden Querschnitt. Für die zulässige Beanspruchung ist die jeweils kleinste Steinfestigkeitsklasse maßgebend.

Mit einschaligem Sichtmauerwerk lassen sich die heutigen Anforderungen an Außenwände im Hinblick auf den Wärmeschutz nicht mehr erfüllen. Sichtmauerwerk wird daher heute fast ausschließlich als zweischaliges Mauerwerk ausgeführt (s. Abschn. 6.2.3.3).

6.2.3.3 Zweischaliges Mauerwerk für Außenwände

Allgemeines

Zweischaliges Mauerwerk für Außenwände besteht aus der inneren tragenden Wand und einer äußeren mindestens 9 cm dicken Wand (bei der Ausführung aus Mauerwerk) als „Wetterschirm" gegen Schlagregen (s. Abschn. 6.2.1.5).

Nach DIN 1053-1 wird bei Außenmauerwerk unterschieden zweischaliges Mauerwerk

- mit Putzschicht
- mit Kerndämmung

- mit Luftschicht
- mit Luftschicht und Wärmedämmung.

Für die Außenschale sind ausblühungsfreie, frostfeste Vormauersteine als Vollsteine zu verwenden. Lochsteine sind wegen der möglichen stärkeren Durchfeuchtung – insbesondere bei Ausführungsfehlern bei der Verfugung von Sichtmauerwerk – weniger geeignet.

Die werkgerechte Ausführung von zweischaligem Mauerwerk ist aufwändig und erfordert sorgfältige handwerkliche Arbeit. Sie stellt aber besonders bei starker Witterungsbeanspruchung (Schlagregen) eine sehr gute Lösung besonders für Sichtmauerwerk dar.

Die Mauerschalen sind standardmäßig durch Drahtanker oder durch Anker nach EN 845-1 aus nichtrostendem Stahl, deren Verwendung in einer allgemeinen bauaufsichtlichen Zulassung geregelt ist, miteinander zu verbinden (Bild **6**.45). Dabei darf der vertikale Abstand der Anker höchstens 50 cm und der horizontale Abstand höchstens 75 cm betragen. Die Mindestanzahl der Anker ist Tabelle **6**.46 zu entnehmen. Die Anker haben einen Durchmesser von 4 mm. An allen freien Mauerrändern (an Gebäudeecken, Öffnungen, entlang von Fugen an den oberen Abschlüssen usw.) sind zusätzlich 3 Anker je m Randlänge anzuordnen.

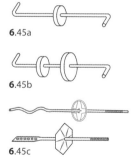

6.45a

6.45b

6.45c

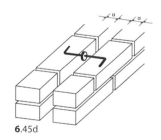

6.45d

6.45 Drahtanker für zweischaliges Mauerwerk für Außenwände
a) Stahldrahtanker mit Kunststoff-Tropfscheibe
b) mit zusätzlicher Klemmplatte für Wärmedämmung
c) Edelstahlanker und Welldrahtanker mit bauaufsichtlicher Zulassung für 200 mm Schalenabstand
d) Abmessungen

Tabelle **6**.46 Mindestanzahl und Durchmesser von Drahtankern je m² Wandfläche

	Drahtanker	
	Mindestanzahl	Durchmesser
mindestens, sofern nicht Zeilen 2 und 3 maßgebend	5	3
Wandbereich höher als 12 m über Gelände oder Abstand der Mauerwerksschalen über 70 bis 120 mm	5	4
Abstand der Mauerwerksschalen über 120 bis 150 mm	7 oder 5	4 5

6.47
Verankerung mit Anschlussankern in Ankerschiene

Nach DIN EN 1996-2/NA: 2012-01 darf der lichte Abstand der Mauerwerksschalen maximal 15 cm betragen. Die immer höheren Anforderungen an den Wärmeschutz von Gebäuden haben zwangsläufig dickere Wärmedämmschichten und damit auch einen höheren Schalenabstand zur Folge. So sind inzwischen Drahtanker mit besonderen bauaufsichtlichen Zulassungen auf dem Markt, für die Sonderregelungen wie z. B. Schalenabstand zwischen der tragenden Mauerwerksschale und der Außenschale ≤ 20 cm gelten.

Zur Vermeidung von Wärmebrücken sind anstelle der üblichen Drahtanker spezielle Dübelanker (z. B. für Passivhäuser) mit einer allgemeinen bauaufsichtlichen Zulassung (abZ) auf dem Markt (Bild **6**.45d).

Eine Verankerungsmöglichkeit bei Innenschalen aus Stahlbeton mit Hilfe von rostsicheren Stahlankern in Verbindung mit senkrecht einbetonierten Ankerschienen zeigt Bild **6**.47.

Außenschalen von weniger als 11,5 cm Dicke dürfen nicht höher als 20 m über Gelände geführt werden und müssen in Höhenabständen von etwa 6 m abgefangen werden. Giebeldreiecke bis zu 4 m Höhe dürfen bei Gebäuden mit bis zu 2 Vollgeschossen ohne zusätzliche Abfangung ausgeführt werden.

Die Außenschalen sind durch vertikale Dehnfugen (Abstand bei Ziegeln 10 m, bei Kalksandstein 8 m) zu unterteilen. Der Abstand richtet sich nach der Beanspruchung (z. B. Erwärmung durch Sonneneinstrahlung, auch abhängig von der Materialfarbe). Die freie Beweglichkeit der gebildeten Wandabschnitte muss in vertikaler Richtung und in horizontaler Richtung insbesondere auch an den Bauwerksecken sowie an Öffnungen möglich sein (vgl. Bild **6**.51). Die thermisch stärker belastete Vormauerschale soll sich dabei frei über angrenzende Schalen bzw. andere Bauteile hinweg ausdehnen können (Die im Grundriss senkrecht dargestellte Außenschale = Südseite des Bauwerkes). Die Fugen sind am besten durch Kompribänder o. Ä. zu verschließen. Dauerelastische Fugen haben nur begrenzte Haltbarkeit. An Berührungspunkten wie z. B. Fensterlaibungen sind die Scha-

len durch eine wasserundurchlässige Sperrschicht zu trennen.

Außenschalen aus 11,5 cm dickem Mauerwerk sollen in Höhenabständen von 12 m abgefangen werden. Während die Außenschale an ihrer Unterseite in der Regel in ihrer ganzen Länge auf Sockelvorsprüngen aufliegt, sind für Zwischenabfangungen Konsolanker üblich, die am besten mit Ankerschienen an den Deckenrändern befestigt werden (Bild **6**.52 und **6**.53).

Die Außenflächen sind mit wasserabweisendem, nicht ausblutendem Mörtel zu vermauern (Zugabe von Trass oder wasserabweisenden Zusätzen). Häufig werden Außenschalen mit wasserabweisenden Imprägnierungen (Hydrophobierungen) versehen. Dabei ist aber zu bedenken, dass sich die Hydrophobierung im Laufe der Zeit durch Verwitterung „abnutzt". Stellen, die dann noch ausreichend hydrophobiert sind, weisen das Wasser ab. Flächen, deren Hydrophobierung bereits stark „abgenutzt" ist, nehmen mehr Wasser auf. Dies führt zwangsläufig zu Schäden (insbesondere Frostschäden) im Mauerwerk. Wenn in besonderen Fällen Mauerwerk hydrophobiert wird, muss die Hydrophobierung regelmäßig erneuert werden. Eine schadhaft gewordene Hydrophobierung lässt sich nur äußerst schwierig nachbessern.

Sichtmauerwerk ist am besten sofort beim Aufmauern „frisch in frisch" zu verfugen (vgl. Abschn. 6.2.5.2).

Zweischalige Außenwände mit Kerndämmung

Zweischaliges Mauerwerk mit Kerndämmung wird mit mindestens 9 cm dicken (s. o.) Außenschalen aus frostbeständigen Steinen ausgeführt (Bild **6**.48).

Wegen der Gefahr der Tauwasserbildung innerhalb der Wandkonstruktion sind alukaschierte Dämmplatten für Außenwände nicht zugelassen. Sie würden nämlich die Diffusionsfähigkeit der Wand verhindern.

Es sind Wärmedämmstoffe des Anwendungstyps WZ nach DIN 4108-10 zu verwenden. Die zu verwendenden Dämmstoffe müssen gegen vorübergehende Durchfeuchtung durch Schlagregen oder Kondensatbildung unempfindlich sein und rasch wieder austrocknen. Es sollten nur Materialien verwendet werden, die für den speziellen Verwendungszweck genormt bzw. bauaufsichtlich zugelassen sind. Verwendet werden Platten, Matten, Granulate und Ortschäume wie z. B.:

Polystyrol- bzw. Polyurethan-Hartschaum, schwer entflammbar, Wasser abweisende Mine-

6

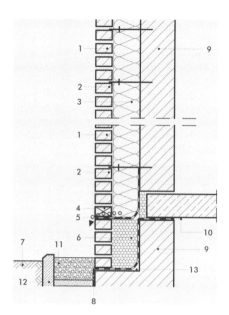

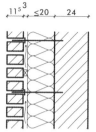

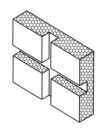

6.49 Zweischalige Außenwand mit Kerndämmung, Kerndämmung aus Schaumstoffplatten mit vertikalen und horizontalen Lüftungsschlitzen (Schnitt durch senkr. Lüftungskanal)

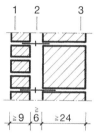

6.50 Zweischalige Außenwand mit Luftschicht
1 Verblendschale 11,5 cm
2 Luftschicht
3 tragendes Mauerwerk

6.48 Zweischalige Außenwand mit Kerndämmung
1 Verblendschale
2 Drahtanker mit Krallenplatte
3 Kerndämmung wasserabweisend
4 offene Stoßfugen als Notentwässerung
5 Abdichtung mind. 30 cm über OK-Gelände (Spritzwasserschutz und Ableitung von Kondensat und eingedrungenem Schlagregenwasser)
6 Wärmedämmung
7 OK-Gelände
8 Außenwandabdichtung bzw. Gleitfolie
9 tragendes Mauerwerk
10 waagerechte Abdichtung
11 Kiesrigole
12 Stahlbeton-Randstein
13 Mörtelkehle

ralwolle, schwer entflammbar, wasserabweisend, Blähperlite-Schüttungen.

Eine verbesserte Austrocknung der Außenschale kann erreicht werden durch Kerndämmplatten mit zusätzlichen Luftschichten oder mit zusätzlichen Luftschichtplatten, mit denen eine begrenzte Hinterlüftung erreicht wird (Bild **6**.49).

Im Fußpunktbereich müssen je 20 m² Fassadenfläche Entwässerungsöffnungen mit mindestens 5.000 mm² Querschnittsfläche vorgesehen werden (Bild **6**.48).

Zweischalige Außenwände mit Luftschicht

Zweischalige Außenwände mit Luftschicht kommen heute – wenn überhaupt – nur noch für ungedämmte Wandkonstruktionen in Frage. Der Raum zwischen der tragenden Innen- und der nichttragenden Außenschale wird bei wärmegedämmten Wandkonstruktionen sinnvoller für die Wärmedämmung (Kerndämmung) genutzt. Als Argument für ein zweischaliges Mauerwerk mit Luftschicht galt, dass bei dieser Wandkonstruktion etwa eingedrungenes Regen- oder Kondenswasser problemlos abfließen oder abtrocknen kann.

Sie ist daher meist nur noch als traditionelle Mauerwerksform in den regen- und windreichen nordwesteuropäischen Gebieten anzutreffen.

Die Luftschicht muss mindestens 6 cm und darf höchstens 11,5 cm dick sein. (Bild **6**.50). Die Luftschicht darf auf eine Dicke von 4 cm reduziert werden, wenn der Mauermörtel an mindestens einer Hohlraumseite abgestrichen wird (DIN EN DIN EN 1996-2/NA: 2012-01).

Die Luftschicht muss an allen oberen Abschlüssen (d. h. auch den Oberkanten von Fensterbrüstungen u. Ä.) und an den unteren Auflagerungen – auch an den Zwischenauflagerungen bei Abfangungen – Ent- bzw. Belüftungsöffnungen – am besten durch offene Stoßfugen – von insgesamt mindestens 7.500 mm² je 20 m² Fassadenfläche erhalten.

Die unteren Öffnungen dienen gleichzeitig der Abführung von etwa eingedrungenem Schlagregenwasser und Kondensat. An Sockeln müssen

Öffnungen mindestens 10 cm über dem Geländeanschnitt liegen.

Energetische Nachbesserung von zweischaligen Außenwänden mit Luftschicht und Wärmedämmung

Zweischalige Außenwände mit *Luftschicht und Wärmedämmung* genügen den heutigen Wärmeschutzanforderungen an neue Wandkonstruktionen i. d. R. nicht mehr.

Der lichte Abstand zwischen den Mauerwerksschalen durfte früher höchstens 15 cm sein. Zwischen Wärmedämmung und Außenschale musste an allen Stellen eine mindestens 4 cm dicke Luftschicht vorhanden sein, damit verblieb für die Wärmedämmung nur noch ein Zwischenraum von max. 11 cm Dicke, was heutigem Standard bei weitem nicht mehr entspricht. Die immer höheren Anforderungen an Wärmedämmungen auch von Außenwänden haben dazu geführt, dass der zwischen zwei Wandschalen verbleibende Zwischenraum größtenteils mit der notwendigen Wärmedämmung ausgefüllt werden muss. Der nach DIN geforderte Luftzwischenraum von mind. 4 cm war auf der Baustelle ohnehin nur schwer einzuhalten.

Zweischalige Außenwände mit Wärmedämmung und Luftschicht werden heute oft energetisch nachgebessert, indem in die Luftschicht nachträglich wärmedämmende Materialien (z.B. Zellulose) eingeblasen werden. Dabei ist darauf zu achten, dass der Luftzwischenraum zwischen tragender Innenschale und nicht tragender Außenschale lückenlos mit Wärmedämm-Material ausgefüllt wird und Wärmebrücken weitestgehend vermieden werden. Durch eine Thermographie-Aufnahme sollte sichergestellt werden, dass die Luftschicht lückenlos mit Wärmedämmung ausgefüllt worden ist. Das einzublasende Wärmedämm-Material muss den Anforderungen an eine Kerndämmung genügen, also auch wasserabweisend sein. Eventuell durch die Verblendschale eingedrungener Schlagregen kann durch die offenen Stoßfugen wieder austreten. Bild **6**.51a zeigt eine nachträglich energetisch verbesserte zweischalige Außenwand.

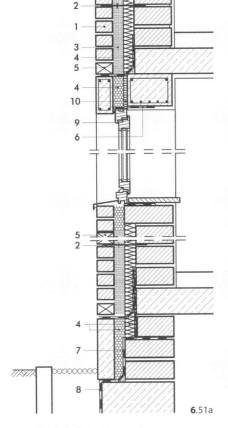

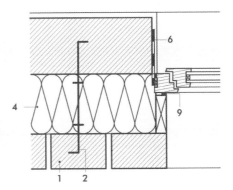

6.51a

6.51b

6.51 Zweischalige Außenwand
  a) Vertikalschnitt mit nachträglich eingeblasener Zellulosedämmung
  b) Horizontalschnitt (Fensteranschluss)

  1 Verblendschale
  2 Drahtanker (VA) mit Tropf- und Klemmscheibe
  3 eingeblasener Dämmstoff
  4 Wärmedämmung
  5 offene Stoßfugen (7500 mm²/20 m² Wandfläche)
  6 an Blendrahmen vormontiertes Klebeband, luftdicht eingeputzt

  7 Abdichtung bzw. „Gleitschicht"
  8 senkrechte Abdichtung DIN 18 195
  9 vormontkomprimiertes Fugendichtungsband
  10 HWL (Holzwolleleichtbau)-Platte

6

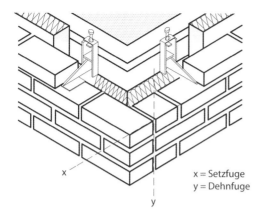

x = Setzfuge
y = Dehnfuge

6.52 Konsolanker (Typ Halfeneisen) an Ankerschienen

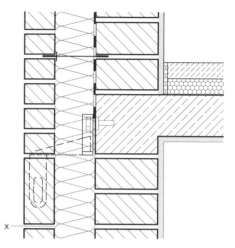

6.53 Abfangung mit einer Grenadier- bzw. Rollschicht, aufgehängt mit Konsolanker

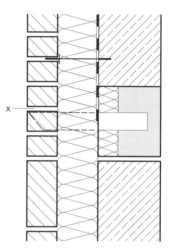

6.54 Abfangung mit eingemörtelten Konsolen und L-Profil

Für Neubauten ist heute kein zweischaliges Mauerwerk mit Luftschicht mehr zu empfehlen. Besser sollte stattdessen Mauerwerk mit Kerndämmung, die gleichzeitig wasserabweisend ist – und zwar ohne Luftschicht – ausgeschrieben werden (vgl. Bild **6**.48). Wärmedämmplatten sind dicht gestoßen zu verlegen und in geeigneter Weise zu befestigen (z. B. durch Klemmplatten auf den Drahtankern, s. Bild **6**.45b, durch Tellerdübel o. Ä.). Dämmplatten sind dicht gestoßen, im Verband und so zu verlegen, dass keine Hohlräume zwischen Untergrund und Dämmschicht entstehen.

Es dürfen nur Dämmplatten verwendet werden, die nicht nachträglich aufquellen.

Abfangungen und Öffnungen

Wie bereits einleitend ausgeführt, müssen die Außenschalen von zweischaligem Mauerwerk bei Höhen über 12 m abgefangen werden.

Die Ausführung mit Hilfe spezieller Konsolen zeigt Bild **6**.52. Um die durch die Konsolen entstehenden Wärmebrücken zu minimieren (z. B. bei Passivhäusern), werden diese durch hochwärmedämmende Distanzstücke aus Fiberglas oder Neopren von der Tragkonstruktion „thermisch getrennt". Wegen der unvermeidlichen Wärmebrückenprobleme gehören auskragende Stahlbeton-Deckenränder als Auflager für die Außenschalen der Vergangenheit an.

Ähnlich wie Abfangungen werden auch Öffnungen über Fenstern o. Ä. ausgeführt. Bei kleineren Öffnungen werden Konsolanker in Verbindung mit Fertigteilstürzen verwendet (Bild **6**.54). Für größere Öffnungen kommen Sturzausbildungen mit Hilfe von Profilstahlauflagen in Verbindung

mit eingemörtelten Konsolen in Frage (Bild **6**.53). Im Übrigen können in Sichtmauerwerk Stürze mit Schalungssteinen, in Form von scheitrechten oder Rundbögen, mit Stahlbetonfertigteilen usw. oder als bewehrtes Mauerwerk ausgeführt werden.

6.2.4 Maueröffnungen

6.2.4.1 Allgemeines

Maueröffnungen für Fenster, Türen und größere Wandaussparungen z. B. für Lüftungskanäle werden durch *Stürze* überdeckt, die aus Stahlbeton, Stahlbetonfertigteilen, Profilstahlträgern oder aus gemauerten Bögen bestehen können.

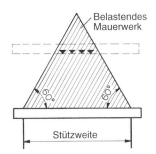

6.55 Wandlast über Wandöffnungen (Gewölbewirkung, DIN 1053-1, Abschn. 8.5.3)

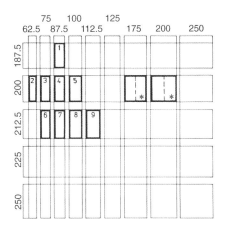

6.56 Wandöffnungen für Türen (auf der Grundlage von DIN 4172)
Dick umrandet: Vorzugsgrößen
Für die mit einer Ziffer gekennzeichneten Größen werden in DIN 18 101 genaue Maße für Zargen und Türblätter angegeben; die Zahl ist gleich der Zeilennummer in Tabelle 1 der DIN 18 101.
In DIN 18 111-1 sind für diese Größen Stahlzargen genormt, allerdings nur für gefälzte Türblätter.
* Wandöffnungen dieser Vorzugsgrößen sind im Regelfall zwei flügelig.
Sind in Ausnahmefällen andere Größen erforderlich, so sollen deren Baurichtmaße ganzzahlige Vielfache von 125 mm sein, siehe DIN 4172.

Bei der Dimensionierung von Stürzen unter Wänden muss nach DIN 1053-1, Abschn. 8.5.3 nur das Gewicht desjenigen Wandteiles berücksichtigt werden, der durch ein gleichseitiges Dreieck über dem Sturz umschlossen wird, weil die darüber liegenden Wandteile sich gewölbeartig abstützen (Bild **6**.55).

Gleichmäßig verteilte Deckenlasten oberhalb des Belastungsdreiecks bleiben bei der Bemessung der Träger unberücksichtigt. Deckenlasten, die innerhalb des Belastungsdreiecks als gleichmäßig verteilte Last auf das Mauerwerk wirken (z. B. bei Deckenplatten und Balkendecken mit Balkenabständen $\leq 1{,}25$ m), sind nur auf der Strecke, in der sie innerhalb des Dreiecks liegen, einzusetzen. Die Dimensionierung kann – insbesondere bei kleineren Öffnungen – überschlägig ermittelt werden. Meistens werden Stürze jedoch zusätzlich durch Deckenauflager, oft auch durch Sturz- bzw. Unterzugauflager zusätzlich belastet, und ihre Dimensionierung ist durch Berechnung nachzuweisen.

Öffnungsmaße von Fenstern sind unter Berücksichtigung von DIN 4172 zu planen. Wandöffnungen für Türen sind genormt nach DIN 18 100 (Tab. **6**.56), die Maße sind dabei entsprechend DIN 4172 vorgegeben.

6.2.4.2 Stürze aus Stahlbeton

Für kleinere Öffnungen in nichttragenden Zwischenwänden werden in der jeweiligen Mauerbreite hergestellte vorgefertigte Stahlbetonstürze verwendet. Einen besseren Putzgrund bieten vorgefertigte Ziegelstürze. Sie bestehen aus profilierten Sonderziegeln, die aneinandergereiht zusammen mit dem Vergussbeton und der Bewehrung den biegesteifen Zuggurt des Sturzes bilden. Er erlangt im Zusammenwirken mit der Übermauerung aus Ziegeln bzw. mit dem Beton

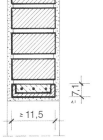

6.57
Vorgefertigter Ziegelsturz mit schlaffer Bewehrung. Mauerwerk über dem Zuggurt bildet die Druckzone des Sturzes

des Deckenauflagers oder Ringbalkens als „Druckzone" die volle Tragfähigkeit. Fertigteilstürze können eine schlaffe oder vorgespannte Bewehrung haben. Sie sind als Einfeldträger für Stützweiten bis 3,00 m zugelassen (Bild **6**.57).

Für Sichtmauerwerk aus Ziegeln und Kalksandsteinen gibt es den jeweiligen Steinformaten bzw. Schichthöhen entsprechende Schalensteine, aus denen Stürze vorgefertigt werden können oder die für örtlich betonierte Stahlbeton-

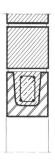

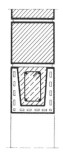

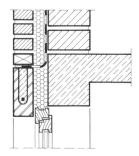

6.58
Türsturz mit KS-U-Schalen

6.59
Leichtziegel-U-Schalen

6.60
Fenstersturz mit KS-U-Schalen

6

stürze als verlorene Schalung verwendet werden (Bilder **6**.58 bis **6**.60).

Für Sichtmauerwerk kommen ferner vorgefertigte oder örtlich hergestellte Stürze aus bewehrtem Mauerwerk (Bild **6**.61) oder aus Stahlprofilen in Frage (Bild **6**.62).

Wird bei Sichtmauerwerk aus formalen Gründen als Sturz eine Grenadierschicht (s. Bild **6**.33) gewünscht, werden vorgefertigte Sturzbalken verwendet, oder die Steine werden mit Hilfe von Winkelkonsolen und durchgesteckten Halteeisen gesichert. Eine tragende Funktion haben derartige Stürze jedoch nicht (Bild **6**.63).

In Verbindung mit Stahlbetondecken oder bei besonderer statischer Beanspruchung bilden *Stahlbetonstürze* die Regelausführung. Falls sie nicht aus Fertigteilen bestehen, sind sie in ihren Höhenlagen von den Mauerwerksschichten unabhängig.

Die in Bild **6**.64 in Verbindung mit einer geputzten Fassade gezeigte Ausführung ist immer noch häufig anzutreffen, stellt jedoch eine bedenkliche Lösung dar. Hier ist der in das Mauerwerk einbindende Stahlbetonsturz zur Wärmedämmung mit Holzwolleleichtbauplatten o.Ä. ummantelt. Abgesehen von der Verringerung des statisch wirksamen Sturzquerschnittes kommt es bei dieser Ausführung aus verschiedenen Ursachen trotz Überspannung der Leichtbauplatten mit Putzträgern zu Rissbildungen im Außenputz (Wärmestau vor der Dämmung, unterschiedliche Materialeigenschaften, zu rasches Abbinden des frischen Außenputzes). Auf Dauer kommt es außerdem fast immer zu farblichen Markierungen.

6.2.4.3 Gemauerte Stürze und Bögen

Bei Altbausanierungen werden in Verbindung mit Sichtmauerwerk auch gemauerte Bögen als

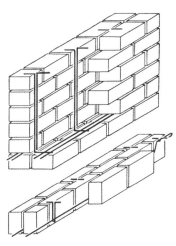

6.61 Bewehrte Mauerziegelstürze

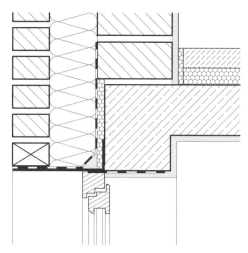

6.62 Verblendmauerwerk auf Stahlwinkel

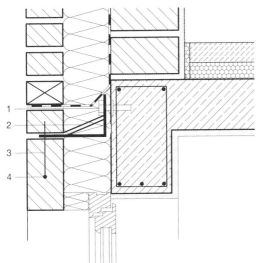

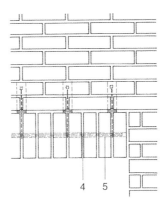

6.63 Fenstersturz, Abfangung einer Grenadierschicht
1 Sicherheitsdübel
2 Winkelkonsole (HARDO)
3 V4A-Anker 6 mm
4 Trageisen (V4A-Stange ≥ 10 mm)
5 durchgehende Bohrung oder Griffloch

Stürze für nicht zu große Spannweiten ausgeführt. Die Bilder **6**.65–**6**.67 zeigen schematische Darstellungen von Mauerbögen.

Mauerbögen wirken als Ganzes oder in ihren Teilen wie Keile, die die darauf ruhenden Lasten auf die jede Maueröffnung seitlich begrenzenden Pfeiler oder Mauern übertragen. Zwischen der Oberkante von Mauerbögen und dem Deckenauflager sind zur besseren Lastverteilung einige durchlaufende Mauerschichten nötig. Bei Stahlbetondecken kann der tragende Sturz über gemauerten Maueröffnungen u.U. durch Verstärkung der Bewehrung am Plattenrand gebildet werden.

Bezeichnungen

Widerlager (Widerlagermauern) sind die Mauerstücke, zwischen die sich der Bogen spannt.

Kämpferpunkte sind die Punkte, in denen der Bogen am Widerlager beginnt.

Kämpferlinie nennt man die Verbindungslinie der zu demselben Widerlager gehörenden Kämpferpunkte.

Spannweite ist die lichte waagerechte Entfernung der Widerlager voneinander.

Scheitel heißt der höchste Punkt des Bogens.

Stich- oder *Pfeilhöhe* nennt man den Höhenunterschied zwischen Kämpfer- und Scheitelpunkt.

Leibung ist die untere Fläche des Bogens bzw. die innere Wandung der Maueröffnung.

Rücken heißt die obere Fläche des Bogens.

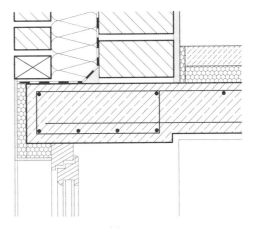

6.64 Bedenkliche Ausführung:
Stahlbetonsturz mit anbetonierter Wärmedämmung (nur bedingt geeignet)

Stirn oder *Haupt* nennt man die Ansichtsfläche des Bogens.

Gewände heißen die seitlichen Begrenzungen der ganzen Maueröffnung.

Dicke des Bogens ist der Abstand zwischen Leibung und Rücken.

Achse des Bogens ist die Verbindung der Mittelpunkte der äußeren Bogenlinien.

Tiefe des Bogens ist die Abmessung in Richtung der Achse; sie entspricht im Allgemeinen der betreffenden Mauerdicke.

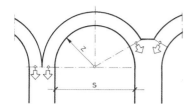

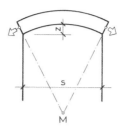

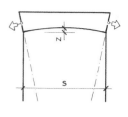

6.65 Rundbögen
rechts: mit ausgekragtem Widerlager
über schmalem Pfeiler (richtig)
links: keilartig wirkende Auflast über
dem Pfeiler verschiebt u. U. die Auflager (falsch)

6.66 Segmentbogen
s Spannweite, z Stichhöhe (1/20 bis 1/15 s),
M Bogenmittelpunkt

6.67 scheitrechter Bogen
Stichhöhe $z = 1/50\ s$
(bei s % ca. 1,25 =
1 bis 2 cm)

6

Schlussstein heißt der Wölbstein im Scheitel.

Lagerfugen sind die Fugen zwischen den Wölbschichten; sie laufen nach der Tiefe des Bogens.

Stoßfugen heißen die Fugen zwischen den Steinen derselben Schicht.

Hintermauerung nennt man das Mauerwerk über dem Bogen bis zur Rückenhöhe.

Als *Breite* und *Höhe* einer Öffnung gelten immer die Lichtmaße der Maueröffnung (Bild **6**.68).

Rundbögen

Bögen werden meistens aus gewöhnlichen Mauerziegeln mit keilförmigen Lagerfugen ausgeführt. Dabei darf die Fugendicke an der Leibung nicht kleiner als 1/2 cm, am Rücken nicht größer als 2 cm werden (Bild **6**.69 rechts). Für stark gekrümmte Bögen sind spezielle Keilsteine erforderlich (Bild **6**.69 links). Bei Normalsteinen werden die Lagerfugen an der Rückseite umso breiter, je dicker der Bogen ist. Man wölbt daher dicke Bögen auch in einzelnen, übereinanderliegenden Ringen ein (Bild **6**.69 rechts), im Bildbei-

spiel ist für diese Wölbart der Bogendurchmesser zu klein, die Fugen klaffen zu weit auseinander).

Mauerbögen erhalten stets eine ungerade Anzahl von Bogensteinen, so dass im Scheitel keine Fuge, sondern ein Schlussstein liegt. Die Lagerfugen müssen senkrecht zur Bogenleibung und durch die ganze Tiefe des Bogens verlaufen. Die Fugenlinien sind an der Stirn des Bogens nach dem Bogenmittelpunkt gerichtet. Die Stoßfugen zweier nebeneinanderliegender Schichten dürfen nicht zusammenfallen.

Der *Verband* der Mauerbögen ist im Allgemeinen nach den Regeln für den Pfeilerverband zu bilden.

Die *Bogendicke* großer, stark belasteter Überwölbungen von Maueröffnungen ist durch statische Untersuchung zu bestimmen. Für geringere Belastungen können Erfahrungswerte benutzt werden.

Die *Widerlager* für Rundbögen liegen i. Allg. waagerecht in Kämpferhöhe.

Scheitrechte Bögen (Flachbögen)

Scheitrechte Bögen und *Flachbögen* (Segmentbögen) erhalten schräge Widerlager, die nach dem Bogenmittelpunkt gerichtet sind (Bild **6**.66, **6**.67 und **6**.70a). Nach diesem Punkt laufen auch die Lagerfugen. Als Stützweiten für scheitrechte Bögen können für 24 cm dicke Wände ≤ 80 cm, für 36,5 cm dicke Wände ≤ 120 cm als Anhalt angenommen werden.

Der *Bogenrücken* sollte immer in einer Lagerfuge enden, um dünne Ausgleichsschichten über den scheitrechten Bögen oder unschöne Zwickel über dem Widerlager zu vermeiden.

Die *Einwölbung* der Mauerbögen erfolgt auf einer Einrüstung mit Lehr- bzw. Wölbscheiben, meistens mit einer Überhöhung ("Stich") von 1/50 der Öffnungsbreite (Bild **6**.70a).

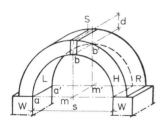

6.68 Benennung der Bogenteile

s	Spannweite	W	Widerlager
m–m'	Achse	L	Leibung
a–a'	Kämpferlinie	R	Rücken
b–b'	Scheitellinie	H	Stirn oder Haupt
m–b	Stich- oder Pfeilhöhe	S	Schlussstein
d	Bogendicke		

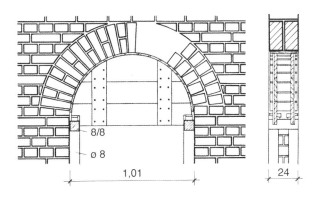

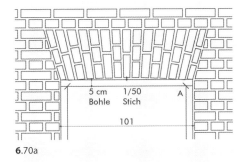

6.69
Halbkreisbogen mit Einrüstung
Linke Seite mit Keilsteinen, rechte mit voneinander unabhängigen Binderschichten eingewölbt; hier sind die Keilfugen zu dick!

Können gemauerte scheitrechte Bögen oder Rundbögen die ermittelten Auflasten nicht aufnehmen, werden sie als bewehrtes Mauerwerk ausgeführt, oder es werden Stahlbeton-Entlastungsstürze vorgesehen, die hinter dem Sichtmauerwerk liegen (Bild **6**.70b).

Wegen des hohen Arbeitsaufwandes werden gemauerte Stürze heute in vielen Fällen als Fertigteile hergestellt und komplett auf die vorbereiteten Widerlager gesetzt.

6.2.4.4 Rollladeneinbau

Im Zusammenhang mit Stürzen über Fenstern oder Fenstertüren muss vielfach der Einbau von Rollläden oder Rollgittern (s. Kapitel 5 in Teil 2 dieses Werkes) berücksichtigt werden.

Die Rollladen oder Rollgitter erfordern Einbaukästen, die früher meistens in Verbindung mit den tragenden Stahlbetonstürzen in den Außenwänden vorgesehen wurden. An der Außenseite ist bei örtlich hergestellten Rollladenkästen eine „Rollladenschürze" erforderlich. Sie kann mit Hilfe vorgefertigter Sturzelemente gebildet werden (Bilder **6**.71 und **6**.63).

Je nach Höhe der Öffnungen und abhängig von der Profilart der Rollladen bzw. der Gitterart sind dabei mindestens 20 cm Ballendurchmesser zu berücksichtigen.

Montageöffnungen von mindestens 8 cm Breite sind über die ganze Länge des Rollladens vorzusehen. Mit dem Einbau von Rollläden ist üblicherweise eine erhebliche Schwächung des Wandquerschnittes und damit verbunden auch eine Verschlechterung der Wärmedämmung gegeben.

Bei breiten Öffnungen und den somit aus statischen Gründen erforderlichen größeren Sturzhöhen ergibt sich bei Fenstertüren mit Öffnungshöhen von 2,13^5 oder 2,26 m bei üblichen

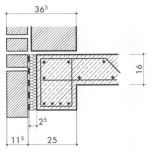

6.70a

6.70b

6.70 Scheitrechter Bogen
a) Einrüstung, Widerlager
b) vor tragendem Stahlbetonsturz

Geschosshöhen von etwa 2,75 m nur eine verfügbare Sturzhöhe von etwa 25 cm.

In solchen Fällen werden Stahlbetonstürze durch Profilstahlträger ersetzt, oder die Fensterstürze werden – wenn möglich – als Überzug ausgebildet (Bild **6**.72). Es können auch tragende Rollladenkästen eingeplant werden (Bild **6**.73).

Nach DIN 4109 Abschn. 5.4 müssen auch bei Rollladenkästen die Anforderungen an Außenwände bzw. an Fenster erfüllt werden (Bild **6**.74).

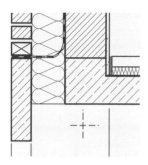

6.71 Ausführung der Rollladenschürze im Zusammenhang mit zweischaliger Außenwand mit Kerndämmung (KS-U-Schale)

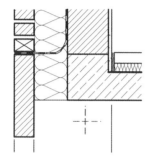

6.72 Ausführung Rollladenschürze als Betonfertigteil
in Verbindung mit Stahlbetonüberzug

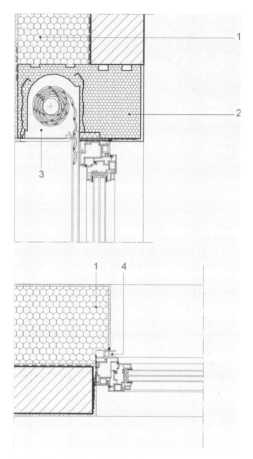

6.73 Wärmedämm-Rollladenkastensystem
(Beck+Heun GmbH, Roka-Neoline Outside)
1 WDVS (EPS WAP)
2 Wärmedämm-Rollladenkasten mit außen liegendem Rollraum
3 außen liegende Revisionsöffnung
4 Rollladenführungsschiene

Wenn die gestalterischen Konsequenzen berücksichtigt und Nachteile in Bezug auf die Ästhetik
des Gebäudes vermieden werden können, lassen
sich die geschilderten technischen und bauphysikalischen Schwierigkeiten am besten mit Rollladen vermeiden, die vor der Fensterebene eingebaut werden.

Bei nachträglichem Einbau von Rollläden können
die Rollladenkästen auch außen oberhalb des
Sturzes und die Führungsschienen außen seitlich
neben der Fensteröffnung montiert werden,
wenn die verfügbare Blendrahmenbreite des
Fensters zu gering ist. Dabei sind aber immer
auch die Auswirkungen auf die Gestaltung des
Gebäudes gebührend zu berücksichtigen.

An der Wandinnenseite können die erforderlichen Rollladenkästen nur bei ausreichend dicken
Außenwänden flächenbündig eingebaut werden, was im Zusammenhang mit den heute
notwendigen Wärmedämmmaßnahmen zunehmend komplizierter geworden ist.

Rollladenaussparungen sind immer Schwachstellen im Wandgefüge (unterschiedliche Mate-

rialeigenschaften, Rissgefahr an den Anschlussstellen), besonders jedoch für den Wärmeschutz
von Außenwänden. Dieser muss nach DIN 4108-2
an allen Stellen, ausdrücklich auch an Rollladenkästen (bei diesen auch an Montageklappen
o. ä.), gewährleistet sein. Insbesondere in Verbindung mit den noch weitergehenden Anforderungen der EnEV 2014 und besonders bei Passivhäusern sind Wärmebrücken möglichst zu vermeiden, mindestens aber zu minimieren. Darauf
hat sich die Industrie längst eingestellt und entsprechend wärmegedämmte Fertigteile für die
Aufnahme von Rollläden entwickelt. Bild **6**.73
zeigt einen Wärmebrücken minimierten Rollla-

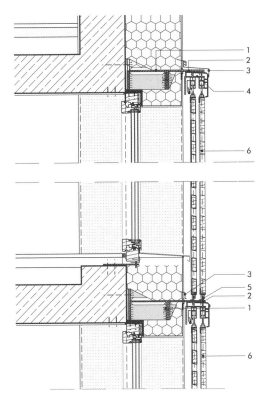

6.74 Schiebeladen Vertikalschnitt
(RONGEN Architekten GmbH)

1 Stahlkonsolträger
2 L-Tragwinkel 200/100/10 mm
3 Abdeckblech elastische Fuge
4 Laufschiene für parallel laufende Schiebeläden
(HAWA)
5 Führungsschiene
6 Holz-Schiebeladen mit Winkel-Stahlrahmen
(BLANK)

denkasten. In Verbindung mit einem 30 cm starken Wärmedämmverbundsystem der Wärmeleitfähigkeitsgruppe 035 (WLG 035) ist eine solche Konstruktion passivhaustauglich. Dies gilt auch für die in Bild **6**.74 dargestellte Konstruktion, bei der die Außendämmung den Wärme gedämmten Rollladenkasten zusätzlich überdämmt. In Bild **6**.75 ist eine passivhaustaugliche Konstruktion für ein Raffstorelement dargestellt.

Alternativ zu Rollläden als Sonnen- und Sichtschutz sind Schiebeläden. Bild 6.76 zeigt einen Schiebeladen als passivhaustaugliche Variante eines außenliegenden Sonnenschutzelementes.

Zusammenfassend ist festzuhalten, dass der Einbau von Rollläden, Raffstores, Schiebeläden u.

dgl. heutzutage nicht mehr zu unbefriedigenden Ergebnissen führen müssen.

6.2.5 Oberflächenbehandlung von Mauerwerk aus künstlichen Steinen[1]

Mauerwerk in Normalausführung wird in der Regel außen und innen verputzt (Putz s. Kapitel 8 in Teil 2 dieses Werkes). Besondere Gestaltungsmöglichkeiten ergeben sich für gemauerte Wände mit der Ausführung als Sichtmauerwerk.

6.2.5.1 Sichtmauerwerk

Sichtmauerwerk setzt eine sorgfältige Planung bereits bei der Grundrissgestaltung unter konsequenter Anwendung der Maßordnung (s. Abschn. 2.3) voraus. Aber auch bei der Festlegung aller Höhenmaße eines Bauwerkes müssen die Steinformate mit den dazugehörigen Lagerfugen berücksichtigt werden.

Besonders, wenn durch die Anwendung der typischen handwerklichen Techniken für die Ausführung von Stürzen und Zwischenschichten (Bild **6**.33, und Abschn. 6.2.3.1), von Zierverbänden (s. Bild **6**.38) und von Formsteinen die gestalterischen Möglichkeiten bei Sichtmauerwerk ausgenützt werden sollen, sind für alle wichtigen Bauwerksteile genaue Wandabwicklungen zu zeichnen.

6.2.5.2 Verfugung

Selbst nicht wärmegedämmtes, einschaliges Mauerwerk bedarf, wie die ehemaligen Ziegelrohbauten z. B. der norddeutschen Tiefebene zeigen, keiner besonderen Schutzschicht gegen die Witterung, wenn die Außenwände mind. 36,5 cm dick sind und frostbeständige, vollfugig vermauerte Vormauersteine verwendet wurden. Sie sind für Ziegelsichtmauerwerk besser geeignet als Klinker, die infolge ihrer dichten Struktur die Wärmedämmfähigkeit der Wand einschränken und die Dampfdiffusion behindern.

Ebenso ist Sichtmauerwerk aus frostbeständigen Kalksandsteinen weit verbreitet.

Einschaliges Außenmauerwerk als Sichtmauerwerk wird einwandfrei schlagregendicht erst durch Ausführung einer „Regenbremse". Bei einschaligem Sichtmauerwerk, das mindestens 30, am besten 37,5 cm dick auszuführen ist, werden die parallel zur Wand laufenden Stoßfugen 2 cm dick angelegt und schichtenweise sorgfältig mit

---

[1] Außenwandbekleidungen s. Kapitel 8.

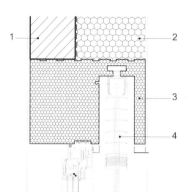

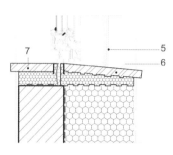

6.75 Wärmedämmender Kompakt-Einbaurahmen für
außenliegenden Sonnenschutz (Beck+Heun GmbH,
Roka-Compact-Shadow-Passivhaus)

1 Mauerwerk
2 EPS WAP für WDVS
3 Dämmrahmen mit integrierter Aufnahme für
außenliegenden Raffstore, überputzbar
4 Raffstore
5 Leibungssteckprofil Führungsschiene
6 Außenfensterbank
7 Innenfensterbank

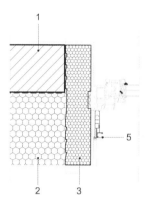

flüssigem Mörtel (evtl. mit Dichtungszusatz) verfüllt (Bild **6**.44). Am besten ist es, wenn das Mauerwerk sofort beim Hochmauern vollfugig mit
dem Mauermörtel verfugt wird. Beim Mauern
ausquellender Mörtel wird dabei kurz nach dem
Anziehen mit einem Holzspan, einem Stück Wasserschlauch, noch besser mit einem Fugeisen,
über das ein Stück Wasserschlauch gezogen ist,
bei gleichzeitigem Andrücken lediglich glattge-

strichen („Fugenglattstrich"). Dabei erfolgt keine
Bindemittelanreicherung an der Mörteloberflä-
che, die später zur Rissbildung des Fugenmörtels
führen kann und außerdem die Wasserdampfdurchlässigkeit der Fuge verringert (Bild **6**.77).

Auf keinen Fall sollten vor- oder zurückspringen-
de Verfugungen (Bild **6**.77d und e) ausgeführt
werden, weil sie Anlass zu erhöhter Durchfeuchtung der Fassade sind.

Soll ausnahmsweise erst nachträglich verfugt
werden, müssen die Fugen beim Hochmauern
etwa 1,5 cm tief mit einem Holzspan ausgekratzt
werden. Vor dem Verfugen sind die Mauerflächen trocken mit der Bürste zu reinigen. Beim
Mauern müssen Verschmutzungen der Sichtflächen sorgfältig vermieden und frische Mörtel-
spritzer vor dem Erhärten mit Wasser abgewaschen werden. Nur so lässt sich das Absäuern,
dass eine häufig angewandte, für das Mauerwerk
aber untaugliche Methode ist, es von Verschmutzung mit Mörtelspritzern zu reinigen, vermeiden.
Absäuern von Mauerwerk bringt immer die Gefahr von Ausblühungen mit sich. Außerdem werden dadurch schädigende Salze in das Mauerwerk transportiert.

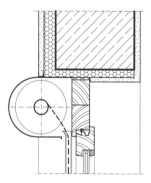

6.76 Außenliegender Rollladenkasten, oberer Fensterrahmen verlängert

6.77 Beispiele für Fugenausführung
a) und b) richtig, c) möglich, d) und e) falsch

Der Fugenmörtel soll möglichst dieselbe Zusammensetzung wie der verwendete Mauermörtel haben. Für das Ausfugen der üblichen Vormauerziegel eignet sich im Übrigen ein Mörtel der Gruppe II mit einem Anteil von 20 bis 25% Feinkorn ≤0,2 mm. Guter Fugenmörtel besteht aus 1 Raumteil Kalkhydrat (oder Portlandzement), 1 Raumteil Trass und 5 Raumteilen Sand 0 bis 2 mm.

Trass quillt im Mörtel bei Zutritt von Feuchtigkeit und sperrt dadurch die Kapillaren, d.h. „dichtet" den Fugenmörtel. Reiner Zementmörtel würde hier in höherem Maße schwinden und ausbröckeln.

In Zementmörtel vermauertes Klinkermauerwerk wird mit Mörtel der Mörtelgruppe III (Zementmörtel 1:2) ausgefugt. Verwendet werden soll hier Sand der Körnung 0 bis 3 mm mit einem Anteil von 70 Gew.-% der Korngruppe 0 bis 1 mm.

6.2.5.3 Anstriche und Imprägnierungen

Neben ihrer ästhetischen Wirkung können Anstriche und Imprägnierungen von Mauerwerk die Feuchtigkeitsaufnahme durch Schlagregen und stärkere Verschmutzung mildern. Das Mauerwerk muss zum Anstrich frei von Ausblühungen, trocken und rissefrei sein und ggf. bei Pilz- und Algenbefall entsprechend vorbehandelt werden.

Neben hoher Haftfestigkeit, Alterungs- und UV-Beständigkeit sowie Alkali-Beständigkeit müssen Anstriche aller Art zwar eine möglichst geringe Wasserdurchlässigkeit aufweisen, dürfen jedoch die Wasserdampfdiffusion nicht behindern.

Für farblose Imprägnierungen kommen Silikonharz-Imprägnierungen (z. Z. noch nicht genormt) sowie Kieselsäure-Imprägnierungen in Frage. Imprägnierungen von Sichtmauerwerk sollten nur in begründeten Ausnahmefällen zur Ausführung kommen. Auf die Problematik wurde bereits in Abschnitt 6.2.1.2 hingewiesen.

Für deckende Anstriche werden Silikatfarben, Dispersionsfarben, Polymerisatfarben und Farben auf Silikonbasis verwendet. Heute kommen vielfach auch Anstriche mit einem sogen. „Lotuseffekt" zur Anwendung. Auf entsprechend behandelten Oberflächen haftet Schmutz nicht so stark. Die ersten Langzeiterfahrungen haben z. T. allerdings gezeigt, dass eine Nachbehandlung, ein eventueller Neuanstrich nach Jahren u. U. problematisch sein kann, weil der Neuanstrich auf so behandelten Oberflächen oftmals nicht ordnungsgemäß haftet.

Das jeweilige Anstrichsystem ist auf das entsprechende Mauerwerk sorgfältig abzustimmen.

Dispersionsfarben sind mit großer Vorsicht zu genießen. Schon geringste mechanische Beschädigungen führen zur sogen. „Filmbildung". Dabei dringt Wasser zwischen Farbschicht und Untergrund und führt so zu mehr oder weniger großflächigen Farbabplatzungen.

Die Ausführung sollte nur durch erfahrene Fachfirmen erfolgen. Bei allen Anstrichsystemen sollen nur Mittel desselben Herstellers verwendet werden. In jedem Fall ist zu bedenken, dass Mängel und Ausführungsfehler von Sichtmauerwerk durch eine nachträgliche Oberflächenbehandlung kaum überdeckt werden können.

6.2.6 Trockenmauerwerk

Die Herstellung künstlicher Steine hat einen so hohen Qualitätsstandard erreicht, dass für Mauerwerk mit Dünnbettmörtel Höhentoleranzen von 1 mm einhaltbar sind. Diese Toleranz ist auch für Trockenmauerwerk ausreichend. Zur weiteren Rationalisierung des Mauerwerkbaues konnten daher vom Institut für Bautechnik, Berlin, Zulassungen herausgegeben bzw. verlängert werden. Danach sind Gebäude aus Trockenmauerwerk mit bis zu 3 Geschossen (bzw. bis 10 m über Gelände) mit lichten Geschosshöhen bis 2,75 m zugelassen, wenn die Wände durch Deckenscheiben belastet und gehalten sind. Es sind jedoch besondere Statische Nachweise hinsichtlich Knicklängen, Verbänden usw. erforderlich. Die Winddichtigkeit ist durch beidseitigen Putz (vorerst nur bewehrter Putz empfohlen) sicherzustellen.

6

Die Entwicklung auf diesem Gebiet ist noch nicht abgeschlossen.

6.2.7 Vorfertigung und Systembau im Mauerwerksbau

Durch Verwendung von industriell vorgefertigten Mauerwerksteilen wird eine Rationalisierung des lohnintensiven Mauerwerksbaus angestrebt. Die Vorfertigung von Wandtafeln erfordert allerdings eine gründliche Entwurfs- und Ausführungsplanung. Die Bauweisen hierzu sind: Mauertafeln, Verguss- und Verbundtafeln.

Mauertafeln werden geschosshoch wie konventionelles Mauerwerk, z. T. mit Mauermaschinen oder auch durch Mauerwerksroboter hergestellt.

Vergusstafeln werden in liegenden Formkästen zu meist raumbreiten Elementen vorgefertigt. Sie bestehen aus speziell geformten Ziegeln nach DIN EN 771. Durch seitliche Aussparungen in diesen Ziegeln ergeben sich im Wandelement horizontal und vertikal durchlaufende Rippen, die mit Beton vergossen werden.

Verbundtafeln werden liegend aus Hohlziegeln, verbunden durch senkrecht verlaufende Betonrippen und -scheiben, hergestellt. Durch eine profilierte Außenwandung der Hohlziegel wird der Verbund mit dem umschließenden Beton gewährleistet.

Durch die witterungsunabhängige Produktion ist eine exakte Zeitplanung mit Termingenauigkeit für die Erstellung des Rohbaus möglich. Die Rohbauzeiten auf der Baustelle verkürzen sich. Außerdem ist durch die Verwendung von Wandelementen auf der Baustelle weniger Lagerplatz für Baumaterialien erforderlich, weil die Wandelmente i. d. R. direkt vom Transportfahrzeug aus montiert werden können. Durch den hohen Vorfertigungsgrad der Elemente unter Einschluss von Ausbauteilen werden auch die Bauzeiten und Kosten für die nachfolgenden Gewerke (z. B. Putzarbeiten, Installationsarbeiten etc.) erheblich reduziert. Ein schnellerer Baufortschritt reduziert außerdem die Kosten für die Zwischenfinanzierung deutlich.

Auch eine gut durchdachte Logistik auf der Baustelle ist hierbei dringend erforderlich. Die Verwendung von geschosshohen Fertigbauteilen erfordert den Einsatz von schwerem Hebezeug, z. B. Autokrane. Die genaue Reihenfolge der Elementenanlieferung ist deshalb vorzubestimmen. Unnötige Umstellhübe und Stillstandzeiten verursachen unnötige Kosten. Beim Arbeiten mit vorgefertigten Wandbauteilen ist der Einsatz eines erfahrenen Montageteams empfehlenswert.

6.2.8 Normen

Norm	Ausgabedatum	Titel
DIN 398	06.1976	Hüttensteine; Voll- und Lochsteine
DIN 1053-1	11.1996	Mauerwerk; Berechnung und Ausführung
DIN 1053-2	11.1996	–; Mauerwerkfestigkeitsklassen aufgrund von Eignungsprüfungen
DIN 1053-3	02.1990	–; Bewehrtes Mauerwerk; Berechnung und Ausführung
DIN 1053-4	04.2013	Mauerwerk – Teil 4: Fertigbauteile
DIN 1164 10,11,12	2013, 2008, 2005	Zement mit besonderen Eigenschaften; Zusammensetzung, Anforderungen, Übereinstimmungsnachweis
DIN 4166	10.1997	Porenbeton-Bauplatten und Porenbeton-Planbauplatten
DIN 4172	07.1955	Maßordnung im Hochbau
DIN 18 100	10.1983	Türen; Wandöffnungen für Türen, Maße entsprechend DIN 4172
DIN 18 101	07.2013	Türen – Türen für den Wohnungsbau – Türblattgrößen, Bandsitz und Schlosssitz – Gegenseitige Abhängigkeit der Maße
DIN 18 111-1	08.2004	Türzargen – Stahlzargen – Teil 1: Ständerzargen für gefälzte Türen in Mauerwerkswänden
DIN 18 148	10.2000	Hohlwandplatten aus Leichtbeton
DIN 18 153-100	10.2005	Mauersteine aus Beton (Normalbeton) – Teil 100: Mauersteine mit besonderen Eigenschaften

Norm	Ausgabedatum	Titel
DIN 18 157-1	07.1979	Ausführung keramischer Bekleidungen im Dünnbettverfahren; Hydraulisch erhärtende Dünnbettmörtel
DIN 18 162	10.2000	Wandbauplatten aus Leichtbeton, unbewehrt
DIN 18 216	12.1986	Schalungsanker für Betonschalungen; Anforderungen, Prüfung, Verwendung
DIN 18 330	09.2012	Vergabe- und Vertragsordnung für Bauleistungen – Teil C – Allgemeine Technische Vertragsbedingungen für Bauleistungen (ATV) – Maurerarbeiten
DIN 18 515-1	08.1998	Außenwandbekleidungen; Angemörtelte Fliesen oder Platten; Grundsätze für Planung und Ausführung
DIN 18 515-2	04.1993	–; Anmauerung auf Aufstandsflächen; Grundsätze für Planung und Ausführung
DIN 18 516-1	06.2011	Außenwandbekleidungen, hinterlüftet; Anforderungen; Prüfgrundsätze
DIN 18 516-3	09.2013	–; Naturwerkstein; Anforderungen, Bemessung
DIN 18 555-3	09.1982	Prüfung von Mörteln mit mineralischen Bindemitteln; Festmörtel, Bestimmung der Biegezugfestigkeit, Druckfestigkeit und Rohdichte
DIN 51 043	08.1979	Trass, Anforderungen, Prüfung 1
DIN EN 197-1	11.2011	Zement – Teil 1: Zusammensetzung, Anforderungen und Konformitätskriterien von Normalzement
DIN EN 413	07.2011	Putz- und Mauerbinder
DIN EN 459	12.2010	Baukalk
DIN EN 459-3	08.2011	Baukalk – Teil 3: Konformitätsbewertung, Deutsche Fassung EN 459-3: 2011
DIN EN 771-1	07.2011	Festlegungen für Mauersteine – Teil 1: Mauerziegel; Deutsche Fassung EN 771-1: 2011
DIN EN 771-2	07.2011	–; Kalksandsteine; Deutsche Fassung EN 771-2: 2011
DIN EN 771-3	07.2011	–; Mauersteine aus Beton (mit dichten und porigen Zuschlägen); Deutsche Fassung EN 771-3: 2011
DIN EN 10 088-3	09.2005	Nichtrostende Stähle – Teil 3: Technische Lieferbedingungen für Halbzeug, Stäbe, Walzdraht, gezogenen Draht, Profile und Blankstahlerzeugnisse aus korrosionsbeständigen Stählen für allg. Verwendung
DIN EN 12 620	07.2013	Gesteinskörnungen für Beton
DIN EN 12 878	05.2006	Pigmente zum Einfärben von zement- und/oder kalkgebundenen Baustoffen – Anforderungen und Prüfverfahren
DIN EN 13 055-1	08.2002	Leichte Gesteinskörnungen – Teil 1: Leichte Gesteinskörnungen für Beton, Mörtel und Einpressmörtel
DIN EN 13 139	07.2013	Gesteinskörnungen für Mörtel
DIN V 105-100	01.2012	Mauerziegel – Teil 100: Mauerziegel mit besonderen Eigenschaften
DIN V 18 151-100	10.2005	Hohlblöcke aus Leichtbeton – Teil 100: Hohlblöcke mit besonderen Eigenschaften
DIN V 18 152-100	10.2005	Vollsteine und Vollblöcke aus Leichtbeton – Teil 100: Vollsteine und Vollblöcke mit besonderen Eigenschaften
DIN V 18 153-100	10.2005	Mauersteine aus Beton (Normalbeton) – Teil 100: Mauersteine mit besonderen Eigenschaften
DIN V 4165-100	10.2005	Porenbetonsteine – Teil 100: Plansteine und Planelemente mit besonderen Eigenschaften

6

6.3 Wände aus natürlichen Steinen

6.3.1 Allgemeines

Mauerwerk aus natürlichen Steinen ergibt bei richtiger Auswahl und werkgerechter Behandlung Mauerflächen von großer Beständigkeit und Schönheit. Die richtige Auswahl wird erleichtert, wenn an älteren, ausgeführten Bauten festgestellt werden kann, wie sich die Steine hinsichtlich ihrer Wetter- und Farbbeständigkeit bewährt haben. Dabei sind nicht nur Steinart und Herkunftsort, sondern auch die Lage im Steinbruch mit in Betracht zu ziehen (s. a. DIN 52100).

Gesteinsgruppen aus Naturstein sind

- **Magmatite.** Durch Abkühlung und Erstarrung des Magmas entstandenes Gestein, z. B. Granit, Basalt, Diorit, Porphyr.
- **Sedimentite.** Durch Ablagerung (im Allgemeinen im Wasser) organischer oder anorganischer Partikel entstandenes Gestein, z. B. Kalkstein, Sandstein, Travertin.
- **Metamorphite.** Gestein, das durch Einwirkung von Wärme und/oder Druck auf das Ausgangsmaterial umgewandelt wurde, z. B. Schiefer, Gneis, Quarzit, Marmor.

Die Maße eines Mauersteins aus Naturstein für Länge, Breite und Höhe sind in dieser Reihenfolge (durch den Hersteller oder Lieferanten) in mm anzugeben.

Die Anforderungen an Mauersteine aus Naturstein (Bezeichnung, Maße und Grenzabmaße, Oberflächenbeschaffenheit, Rohdichte, Druckfertigkeit, Biegefestigkeit, Haftscherfestigkeit, Biegezugfestigkeit, offene Porosität, kapillare Wasseraufnahme, Dauerhaftigkeit, wärmeschutztechnische Eigenschaften, Brandverhalten, Wasserdampfdurchlässigkeit) und deren Eigenschaften sind in DIN EN 771-6 angegeben und durch die in dieser DIN angegebenen Prüfverfahren und andere Verfahren nachzuweisen.

Die *Rohdichte* der natürlichen Bausteine liegt zwischen 2 und 3 kg/dm³. Die *Druckfestigkeit* hängt von den Mineralien und dem Gefüge sowie dem Bindemittel ab. Wegen der geringen *Zugfestigkeit* ist Beanspruchung auf *Biegung* unzulässig (Entlastungsbögen!). Das *Gefüge* kann kristallin, körnig, dicht, porphyrisch schiefrig, porös sein. Auch *Härte und Wetterbeständigkeit* hängen von den Mineralien und dem Gefüge sowie dem Bindemittel ab. Die Härte bedingt die Bearbeitbarkeit, Abnutzbarkeit und Polierfähigkeit.

Nur Steine von dichtem, gleichmäßigem Gefüge und großer Härte können poliert werden, z. B. Granit, Basalt, Porphyr, Kalkstein, Marmor. Nicht polierbar sind: Sandsteine, Trachyt, Tuffe. Die *Feuerbeständigkeit* wird erhöht durch einen großen Gehalt an Quarz, Ton und Glimmer, verringert durch das Vorhandensein von kohlensaurem Kalk und Feldspat. Günstiges Brandverhalten zeigen nur tonige Sandsteine, Trachyte und Glimmerschiefer.

Natursteine haben im Allgemeinen infolge ihrer Dichte eine geringe *Wärmedämmfähigkeit*. Wie jede andere Art von Mauerwerk ist auch Natursteinmauerwerk gegen aufsteigende und von oben eindringende *Feuchtigkeit* zu schützen. Gegen in der Luft und im Wasser enthaltene Säuren sowie gegen Moose und Flechten helfen verschiedene *Steinschutzmittel* (farblose Dichtungs- und Härtungsanstriche). Die Anstrichstoffe sind entweder Lösungen bzw. Emulsionen von Wachs, Ceresin, Paraffin und anderen wachsartigen Stoffen oder Fluate (wasserlösliche Kieselfluor-Metallsalze), die gleichzeitig *Oberflächenhärtung* bewirken.

Natursteinmauerwerk ist vor ständiger Durchfeuchtung zu schützen. Wo Steine und Steinfugen den Niederschlägen besonders ausgesetzt sind, muss das Wasser auf kürzestem Wege abgeleitet werden. Weiche, porige Steine werden mit Zink- oder Edelstahlblech abgedeckt. Wichtig ist auch die Wahl des Fugenmörtels, der grundsätzlich so dicht sein soll wie das jeweils verwendete Steinmaterial. Feinkörnige Sande (Korngröße 1 mm) mit Quarzmehlzusatz ergeben dichte, raumbeständige Mörtel. Kalkauswaschungen werden durch Dichtungsmittel (Fluate) vermieden.

Auch Mauersteine aus Naturstein müssen mit einer CE-Kennzeichnung gekennzeichnet sein. Die CE-Kennzeichnung für Natursteine ist in DIN EN 771-6 geregelt.

6.3.2 Gewinnung und Bearbeitung der natürlichen Bausteine

Mit Brechstange und Keilen oder auch durch Sprengung stehengebliebener Pfeiler werden die Steine im Bruch gelöst. Die Stücke werden entweder maschinell (Steinsäge, Pressluftgerät) oder durch Spaltkeile und Bossierhammer (bei weichen oder mittelharten Steinen) oder mit dem Zweispitz (bei härteren Steinen) in eine rechteckig-prismatische Form gebracht, wobei in jeder Richtung ein „Bruchzoll" von etwa 5 cm zugegeben wird, der bei weiterer Bearbeitung abfällt. Da die meisten Gesteine in bruchfeuchtem

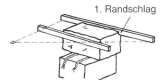

6.78 „Versehen" des aufgebänkten Steins, d. h. Feststellung der Lage des zweiten Randschlags

Zustand weicher sind als nach längerer Einwirkung der Luftkohlensäure (insbesondere die Süßwassertuffe), werden sie in der Regel sofort im Steinbruch nach einem genauen Schichtenplan bearbeitet, dem eine Werkzeichnung im Maßstab 1:20 zugrunde liegt. Alle Steine werden nach der Bearbeitung in Übereinstimmung mit der Zeichnung benummert.

Der rohe Steinblock wird „aufgebänkt" (wobei zum Schutz der Kanten Stroh- oder Hanfseile unterlegt werden), danach wird mit einem Schlageisen ein Randschlag (Bild **6.**78) von 2 bis 3 cm Breite hergestellt.

Dann folgt der dazu parallele Randschlag, wobei durch „Versehen" über zwei Richtscheite der zweite Randschlag in die Ebene des ersten gebracht wird. Der dritte und vierte Randschlag wird in derselben Weise hergestellt. Der zwischen den Randschlägen verbleibende raue Teil wird „Bossen" genannt, der entweder als solcher stehenbleibt oder bis zur gleichen Ebene mit den Randschlägen weggeschlagen und geebnet wird. Auf diese Weise werden alle übrigen Steinflächen hergestellt, wobei mit einem Stahlwinkel geprüft wird, ob die zusammenstoßenden Flächen rechtwinklig zueinander stehen.

Die *Oberflächenbehandlung* des „Hauptes" (sichtbar bleibende Steinfläche) hängt von den gestalterischen Absichten und von der Härte des Gesteins ab. Je härter der Stein, desto rauer kann seine Oberfläche bleiben.

Es gibt folgende Bearbeitungsarten:

- spaltrau,
- bossiert,
- gespitzt,
- gekrönelt,
- geflächt,
- gestockt,
- gebeilt,
- gezahnt,
- geriffelt,
- scharriert,
- aufgeschlagen,
- gesägt,
- abgerieben,
- gesandet,
- geschurt,
- beflammt,
- gefräst,
- geschliffen,
- poliert,

Harte Steine werden entweder bossiert (Oberfläche bleibt roh stehen), gespritzt (stark aufgeraut) oder mit Stockhammer gestockt (gleichmäßig grobkörnige Oberfläche).

Weiche Steine werden nach dem Spritzen gekrönelt (mit dem Kröneleisen behandelt, regelmäßig körnige Fläche) oder scharriert (feine parallele, senkrecht oder waagerecht verlaufende Riffelung). Eine wirkungsvolle Oberfläche ergibt sich auch, wenn die Fläche mit einem Zahnhammer aufgeschlagen wird. Ganz glatte Steinoberflächen entstehen durch Schleifen. Dazu wird ein Schleifpulver (Sandsteinpulver, Schmirgel) unter stetiger Wasserzuführung mittels filz- oder lederbenagelter Holzscheiben auf dem Stein verrieben. Harte Steine, wie Granit, Marmor u. a., können poliert werden.

Außer von Hand werden die Steine auch mit Steinsägen, Hobel-, Schleif- und Poliermaschinen bearbeitet. Durch Sägen werden insbesondere die dünnen Platten für Wandbekleidungen hergestellt.

Farb- und Strukturschwankungen durch das naturgegebene Vorkommen innerhalb des gleichen Farbtons und der gleichen Gesteinsstruktur sind zulässig.

Nach DIN EN 771-6 ist ein „Bruchstein" ein quaderförmiger oder anders geformter Stein mit unterschiedlichen Maßen, dessen Sichtfläche unbearbeitet oder bearbeitet ist. Ein „quaderförmiger Bruchstein" ist ein quaderförmig bearbeiteter Bruchstein mit Maßen, die vom Hersteller festgelegt wurden.

6.3.3 Mauerwerksarten und Steinverbände

Allgemeines. Richtlinien für die handwerksgerechte Verarbeitung natürlicher Steine und für die Herstellung von Mauerwerk aus natürlichen Steinen enthalten DIN 1053 und DIN 18 332. Die lagerhaften Steine sind im Mauerwerk auf ihr natürliches Lager (Lagerfugen rechtwinklig zum Kraftangriff) zu verlegen. Das Verhältnis der Steinhöhe zur Steinlänge darf 1/1 bis 1/5 betragen. Im ganzen Querschnitt ist auf handwerksgerechten Verband zu achten. Stoßfugen dürfen nicht durch mehr als 2 Schichten gehen. In den Ansichts- und Rückflächen dürfen nirgends mehr als 3 Fugen zusammenstoßen. Entweder müssen Läufer- und Binderschichten regelmäßig miteinander abwechseln, oder es muss in jeder Schicht auf 2 Läufer mindestens 1 Binder kommen. Jeder Binder muss etwa um das 1 1/2fache der Schichthöhe, mindes-

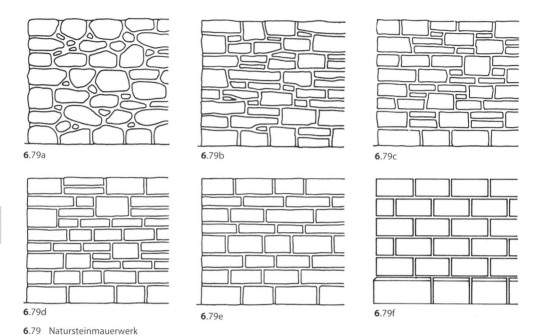

6.79 Natursteinmauerwerk
  a) Findlingsmauerwerk
  b) Bruchsteinmauerwerk
  c) hammerrechtes Schichtenmauerwerk

  d) unregelmäßiges Schichtenmauerwerk
  e) regelmäßiges Schichtenmauerwerk
  f) Quadermauerwerk

tens aber 30 cm tief einbinden. Die Tiefe (Dicke) der Läufer muss mindestens gleich der Schichthöhe sein. Stoßfugen müssen sich bei Schichtenmauerwerk um mindestens 10 cm, bei Quadermauerwerk um mindestens 15 cm überdecken.

Lassen sich Zwischenräume im Inneren des Mauerwerks nicht vermeiden, so sind sie mit geeigneten, allseits von Mörtel umhüllten Steinstücken so auszuwickeln, dass keine Mörtelnester entstehen. Für Mauerwerk unter der Erde sind hydraulischer Kalkmörtel oder Kalkzementmörtel, über Gelände Kalkzementmörtel zu verwenden. Zementmörtel ist im Allgemeinen ungeeignet.

Sichtflächen sind nachträglich zu verfugen; sind Flächen der Witterung ausgesetzt, muss die Verfugung voll und wasserdicht sein. Die Ausfugungstiefe ist gleich der Fugendicke (s. auch Abschnitt 6.2.6.2).

Trockenmauerwerk. Beim Trockenmauerwerk sind Bruchsteine ohne Mörtel unter geringer Bearbeitung in richtigem Verband so aneinanderzufügen, dass möglichst enge Fugen und keine Hohlräume verbleiben. In die Hohlräume müssen kleinere Steine so eingekeilt werden, dass Spannung zwischen den Mauersteinen entsteht.

Trockenmauern dürfen nur als *Schwergewichtsmauern* (z. B. als niedrige Stützmauern) verwendet werden. Als Raumgewicht ist im Standsicherheitsnachweis die Hälfte der Rohdichte des verwendeten Steines anzunehmen. (DIN 1053-1)

Findlingsmauerwerk. Für *Findlingsmauerwerk* werden unbearbeitete Feldsteine verwendet. Die rundliche Form der Steine ergibt sehr unregelmäßige Fugen, die sorgfältig zu füllen und mit Steinstücken auszuwickeln sind. Altes Feldsteinmauerwerk ist häufig verputzt. Um den Mauerwerksverband zu sichern, führt man die Ecken aus regelmäßig geformten Steinen aus und gleicht die durch Binder zusammengehaltenen Schichten in Absätzen von etwa 1,00 m waagerecht ab (Bild **6.**79a).

Bruchsteinmauerwerk. Die in den Steinbrüchen gewonnenen 15 bis 30 cm hohen Bruchsteine werden nur wenig oder gar nicht in den Lagerflächen bearbeitet. Es werden Steine verschiedener Größe in lagerhaften Schichten zusammengesetzt. Die unregelmäßigen Fugen sind sorgfältig mit Mörtel auszufüllen und, falls erforderlich, mit kleinen Steinstückchen auszuwickeln. Bruchsteinmauerwerk ist in seiner ganzen Dicke und in

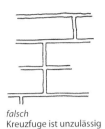 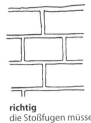 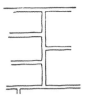 

| *falsch* | **richtig** | *unschön* | **richtig** |
| Kreuzfuge ist unzulässig | die Stoßfugen müssen versetzt sein | Stoßfugen über 3 Schichten wirken als Trennung | neben einen hohen Stein können 2 flache Steine gesetzt werden |

6.80 Fugenbildung

Absätzen von höchstens 1,50 m Entfernung rechtwinklig zur Kraftrichtung auszugleichen (Bild **6**.79b). Mindestwanddicke ca. 50 cm.

Hammerrechtes Schichtenmauerwerk. Die Steine der Sichtfläche erhalten auf mindestens 12 cm Tiefe bearbeitete Lager- und Stoßfugen, die ungefähr rechtwinklig zueinander stehen. Die Schichthöhe darf innerhalb einer Schicht und in den verschiedenen Schichten wechseln; jedoch ist auch hier das Mauerwerk in seiner ganzen Dicke alle 1,50 m rechtwinklig zur Kraftrichtung auszugleichen (Bild **6**.79c).

Unregelmäßiges Schichtenmauerwerk. Die Steine der Sichtfläche erhalten auf mindestens 15 cm Tiefe bearbeitete Lager- und Stoßfugen, die zueinander und zur Oberfläche senkrecht stehen. Die Fugen der Sichtflächen dürfen nicht breiter als 3 cm sein. Die Schichthöhe darf innerhalb einer Schicht und in den verschiedenen Schichten in mäßigen Grenzen wechseln; jedoch ist das Mauerwerk in seiner ganzen Dicke alle 1,50 m rechtwinklig zur Kraftrichtung auszugleichen (Bild **6**.79d).

In Bild **6**.80 sind richtige und falsche Fugenbilder gegenübergestellt.

Regelmäßiges Schichtenmauerwerk. Die Steine sind wie bei unregelmäßigem Schichtenmauerwerk zu bearbeiten. Innerhalb der Schicht darf aber die Steinhöhe nicht wechseln; jede Schicht ist rechtwinklig zur Kraftrichtung auszugleichen (Bild **6**.79e). Lagerfuge 10 bis 15 mm, Stoßfuge 8 bis 12 mm.

Quadermauerwerk. Die Steine sind genau nach den angegebenen Maßen zu bearbeiten. Die Fugenweite soll 3 cm nicht überschreiten. Lager- und Stoßfugen müssen in ganzer Tiefe bearbeitet werden. Bei engen Fugen der Sichtfläche sind die Steine so zu verlegen, dass die Fugen später sicher und voll mit Mörtel ausgegossen werden kön-

nen; unmittelbare Berührung der Quader ist unzulässig. Versetzen der Quader ohne Mörtel verlangt ebengeschliffene Lagerflächen (Bild **6**.79f).

Mischmauerwerk. Es besteht aus der mittragenden Natursteinverblendung in Form von regelmäßigem Schichten- oder Quadermauerwerk und der Hintermauerung aus Beton oder Ziegelmauerwerk. Verblendung und Hintermauerung sind durch einbindende Verblendung (< 30 % Bindersteine) zu verbinden. Die Verblendung kann bei verblendeten *Beton*wänden, wie beim vollen Quadermauerwerk, aus Läufer- und Binderschichten oder mit abwechselnden Läufern und Bindern in jeder Schicht gebildet werden.

Bei Hintermauerung aus *künstlichen* Steinen muss mindestens jede dritte Schicht eine Binderschicht sein. Die Binder müssen mindestens 24 cm tief (dick) sein und mindestens 10 cm tief in die Hintermauerung eingreifen (Bild **6**.81). Mittragende

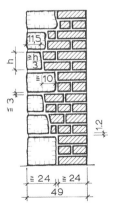

6.81 Schnitt durch Mischmauerwerk (Verblendung aus regelmäßigem Schichtenmauerwerk). Die Verblendung trägt mit, daher ist jede dritte Schicht Binderschicht. Ziegelhintermauerung ≧ 24 cm.

Verblendplatten müssen mindestens 11,5 cm dick sein (Höhe kleiner als dreifache Dicke).

Pfeiler. Pfeiler und Säulen (kleinste Dicke größer als 1/10 der Höhe) müssen als Quadermauerwerk ausgebildet werden. – Ist ihre kleinste Dicke kleiner als 1/14 der Höhe, dann sind sie ohne Stoßfugen zu errichten.

6.3.4 Ausführung von Werksteinmauerwerk (DIN 18 332)

6.3.4.1 Mörtel

Mörtel für Natursteinmauerwerk, für das Versetzen von Werkstücken, für Verankerungen usw. ist grundsätzlich nach den Bestimmungen von DIN 1053 zu verwenden. Wegen der Materialeigenschaften der verschiedenen Natursteine sind jedoch besondere Richtlinien zu beachten [3].

Grundsätzlich können Werkfrisch- oder -trockenmörtel verwendet werden. Insbesondere aber, wenn sie Zusatzmittel enthalten, sind wegen der möglichen Einflüsse auf Naturwerksteine (z. B. Verfärbungen, Ausblühungen usw.) die Verarbeitungshinweise der Hersteller genauestens zu beachten. Die Baustoffindustrie liefert auch spezielle – meistens Trasszusätze enthaltende – Spezialmörtel für Natursteinarbeiten.

Trass ist fein gemahlenes Gestein vulkanischen Ursprunges, das gemeinsam mit Kalk oder Zement erhärtet und dabei in starkem Maß Kalk bindet. Das Mörtelgefüge wird dichter, und die Gefahr von Kalkausblühungen und -aussinterungen und von Verfärbungen wird gemindert. Trass – nicht zu verwechseln mit Trasszement – ist ein Mörtelzusatzstoff und kein selbständiges Bindemittel!

Zu unterscheiden sind Naturwerksteinarbeiten im Außenbereich und im Innenbereich.

Empfohlene Mörtelzusammensetzungen enthält die Tabelle **6**.82.

Es sollen möglichst weiche, langsam erhärtende trasshaltige Kalk- oder Trass-Zement-Kalk-Mörtel verwendet werden, die weniger fest sind als die Werksteine.

Besonders zu beachten ist, dass vor allem eine Reihe von Marmorarten besonders empfindlich gegen Verfärbungen durch Kalk ist. Dem Mörtel darf daher in keinem Fall Kalk zugefügt werden. Für Innenarbeiten gibt es für derartige Fälle spezielle Trass- und Schnellzemente.

Verfugungen sollten sofort mit dem Mauermörtel ausgeführt werden. Bei Restaurierungen müssen Fugen tief ausgeräumt und gesäubert werden. Nach gutem Anfeuchten sind Fugenmörtel

mit erhöhtem Wasserrückhaltevermögen (z. B. Trass-Zement-Kalkhydrat-Kombinationen oder spezielle Werkmörtel) einzubringen.

Für Ankermörtel ist Portlandzement CEM I 52,5 R oder CEM I 42,5 R bzw. Werkmörtel mit besonderer Zulassung zu verwenden.

Schnellzemente dürfen nur verwendet werden, wenn sie nicht korrosionsfördernd und für diesen Zweck ausdrücklich zugelassen sind.

Der Mörtel ist bis zur Erhärtung sorgfältig gegen Wasserentzug aber auch gegen Fremdwasser zu schützen (Abhängen mit Folien, die aber nicht in Kontakt zu den Werksteinen stehen dürfen).

6.3.4.2 Verbindungsteile

Die Quaderverbindung nach Bild **6**.83 bedarf außer den Mörtelfugen keiner weiteren Verbindung untereinander und mit der Hintermauerung. In besonderen Fällen können die Steine gegen Verschieben durch folgende Hilfsmittel gesichert werden:

- **Klammern** zum Verbinden nebeneinanderliegender Steine bestehen aus nichtrostendem 5 bis 7 mm dickem Flachstahl. Die abgebogenen und aufgehauenen Enden der etwa 20 cm langen Klammer greifen in schwalbenschwanzförmige Dübellöcher ein. Die Klammer muss bündig mit der oberen Steinfläche liegen (Bild **6**.83).

- **Dübel** zum Verbinden übereinanderliegender Steine größerer Höhe und geringer Standfläche, z. B. Fenstergewändesteine, sind etwa 8 cm lang und bestehen aus 20 bis 25 mm dickem Quadratstahl, dessen Kanten widerhakenartig aufgehauen sind (Bild **6**.84).

- **Gabelanker** zur Verbindung dicker Platten mit der Hintermauerung werden aus 5 bis 7 mm dickem Flachstahl gefertigt (Bild **6**.85), am Ende aufgebogen oder mit besonderem, durchgestecktem Splint versehen.

Ferner können Verankerungsbauteile in Frage kommen, wie sie für Natursteinbekleidungen verwendet werden (vgl. Abschn. 8.4.2).

Die Stahlteile werden in den Steinen durch Vergießen der Dübellöcher mit Zementmörtel oder hydraulischem Kalkmörtel befestigt. In sehr altem Mauerwerk findet man auch Bleiverguss.

Grundsätzlich ist ein Kippen auskragender Werkstücke allein dadurch zu verhindern, dass ihr Schwerpunkt weit genug innerhalb der Auflagerfläche liegt.

Tabelle **6**.82

a) Mörtel für Naturwerksteinarbeiten im Außenbereich
Anwendungsbereiche und Mischungsverhältnisse in Raumteilen für auf der Baustelle gemischte Mörtel

Anwendungsfall	Mörtel-gruppe	Bindemittel Trasszement	Kalkhydrat	Trass-Kalk, hydr. Kalk	Zuschlag in mm
Versetzen von Werkstücken, Mauerwerk	II	1	2 1	3	8 (0/4)
Versetzen von Werkstücken, Mauerwerk, Ausfugen	II a	1 1	1 2	1	6 (0/4) 8 2,5*)
Mauerwerk im Sonderfall	III	1			4 (0/4)
sehr breite Fugen im Sonderfall		1			4 bis 5 (0/8)
Bodenbeläge, Treppenbeläge	III	1	kein Kalk!		3 (0/4)
Anmörteln Wandbeläge		1	kein Kalk!		4 bis 5 (0/4)
Spritzbewurf vor Anmörteln		1	kein Kalk!		2 bis 3 (0/4)
Unterputz vor Anmörteln		1	kein Kalk!		3 bis 4 (0/4)
Haufwerkporiger Mörtel für Hinterfüllung und Drainagen		1	kein Kalk!		1 (0/1) + 3 (4/8)
Fugmörtel für Beläge			kein Kalk!	(0/2)	2 bis 3
Ankermörtel		1	Portlandzement		3 (0/4)

b) Mörtel für Natursteinarbeiten im Innenbereich
Anwendungsbereiche und Mischungsverhältnisse in Raumteilen für auf der Baustelle gemischte Mörtel zur Verlegung im normalen Mörtelbett Naturwerksteinarbeiten innen.

Anwendungsfall	Mörtel-gruppe	Bindemittel Trasszement	Kalkhydrat	Trass-Kalk, hydr. Kalk	Zuschlag in mm
Bodenbeläge, Treppenbeläge normale Beanspruchung	III	1	kein Kalk!		4 (0/4)
Bodenbeläge, Treppenbeläge verstärkte Beanspruchung, z. B. öffentlicher Bereich	III	1	kein Kalk!		3 (0/4)
Fugmörtel für Beläge		1	kein Kalk!		2 bis 3 (0/2)

*) Eignungsprüfung erforderlich.

6.3.4.3   Hebezeug

Versetzt werden die Steine nach Schichtplänen, die von den Steinmetzen ausgearbeitet und vom Architekten und Statiker überprüft werden. Die Pläne zeigen Steinschnitt, Verankerung, Entlastung, Vermörtelung, Verfugung, Maße und Ver-

setznummern. Die Steine müssen vorsichtig befördert und versetzt werden, damit die Steinkanten nicht beschädigt werden; u. U. sind Strohseile, Schaumstoff oder Brettstücke zum Schutz vorzusehen.

Zum traditionellen Befestigen an der Aufzugskette bzw. dem Drahtseil dienten folgende Geräte:

6

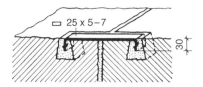

6.83   Quaderverbindung durch nichtrostende Stahl-
klammern

6.84   Stahldübel

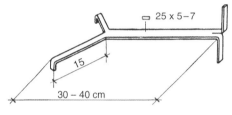

6.85   Gabelanker

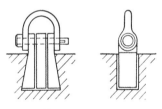

6.86   Wolf

- **Das Kranztau** wird kreuzweise um kleinere und stark gegliederte Steine gelegt und oben verknotet. Vorher sind die Kanten und vorspringenden Teile mit Strohbauschen zu umwickeln.
- **Der Wolf** (Bild **6**.86) ist ein dreiteiliger, durch einen Vorsteckbolzen zusammengehaltener Stahlkern mit übergeschobenem Bügel, der in ein trapezförmiges, in die Oberseite des Steines eingearbeitetes Dübelloch eingreift. Er ist nur bei genügend hartem Steinmaterial verwendbar, bei dem ein Ausbrechen nicht zu befürchten ist. Das Dübelloch muss über dem Schwerpunkt des Steines liegen.
- **Die Greifschere** (Bild **6**.87) fasst den Stein von beiden Seiten an vertieften Stellen.

6.87   Greifschere

6.88   Werksteinbogen mit abgetrepptem Gewölberücken in Werksteinmauer

Vor dem Niederlassen des Steines werden auf die Ecken, etwa 2 cm von den Außenkanten entfernt, kleine Plättchen aus Hartgummi, Blei oder Schiefer (Pläner) in Fugendicke (4 bis 5 mm) aufgelegt. Der Stein wird langsam gesenkt, mit der Wasserwaage probeweise in seine richtige Lage gebracht und nochmals hochgehoben. Dann wird das angenässte Lager mit einem feinsandigen hydraulischen Kalkmörtel überzogen und der Stein endgültig in das volle Mörtelbett gesetzt. Die Stoßfugen, die sich nach hinten meist etwas erweitern, werden außen zugestrichen und von oben mit dünnflüssigem hydraulischem Kalkmörtel vergossen.

6.3.5 Maueröffnungen[1]

Überwölbungen von Öffnungen mit Werksteinen bei nicht tragendem Natursteinmauerwerk werden insbesondere in der Denkmalpflege noch angewandt. Sie bestehen aus einzelnen, keilförmig bearbeiteten Bogensteinen (Bild **6**.88). Die Wölbung wird durch einen Schlussstein im Scheitel geschlossen. Spitzwinklige Ecken können leicht abgedrückt werden. Deshalb erhalten

---

[1] s. auch Abschn. 6.2.4.3.

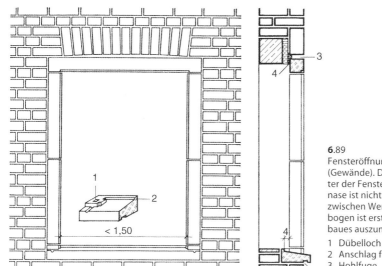

6

6.89
Fensteröffnung mit Werksteinumrahmung (Gewände). Die Fenstersohlbank liegt unter der Fensteröffnung hohl. Die Wassernase ist nicht verkröpft. Der Zwischenraum zwischen Werksteinsturz und Entlastungsbogen ist erst nach Fertigstellung des Rohbaues auszumauern.

1 Dübelloch
2 Anschlag für Fensterrahmen
3 Hohlfuge
4 dauerplastische Dichtung

die Wölbsteine Fünfecksform, die auch am besten den Anschluss der Werksteinschichten an den Gewölberücken ermöglicht. Dabei müssen die Maßverhältnisse zwischen Mauerwerksschichten und Wölbsteinen richtig ausgewogen werden. Der kleinste Wölbstein darf nicht kleiner als einer der verwendeten Quadersteine, der größte nicht zu massiv im Verhältnis zum gesamten Gewölbe sein.

Gewände. Fenster- und Türöffnungen im Mauerwerk werden mit einem einfachen Werksteinsturz abgedeckt, der durch einen Entlastungsbogen über einer Hohlfuge entlastet werden muss (Bild **6**.89). Unter Werksteinsohlbänken oder Türschwellen muss unterhalb der Fenster- oder Türöffnung die Fuge ebenfalls offengehalten werden, damit der Werkstein beim Setzen des Mauerwerks durch den Mauerdruck nicht abgeschert wird (Bild **6**.89).

Naturstein-Fenstergewände in geputztem Mauerwerk sollten nicht mit durchlaufender Fuge so an der gemauerten Leibung anschließen, dass diese Fuge gleichzeitig auch Putzanschlussfuge ist. Die Gewände sollten eine Putzanschlussfase erhalten, damit der Außenputz – am besten mit Hilfe von Putzanschlussprofilen – über die Fuge hinweggezogen werden kann (Bild **6**.90).

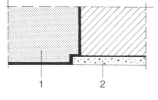

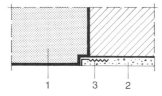

6.90 Putzanschluss bei Natursteingewänden
1 Natursteingewände (waagerechter Schnitt)
2 Außenputz
3 Putzanschlussprofil

6.3.6 Normen

Norm	Ausgabedatum	Titel
DIN 18 332	09.2012	VOB Teil C: Allg. Techn. Vertragsbedingungen für Bauleistungen; Naturwerksteinarbeiten
DIN 18 333	09.2012	–; –; Betonwerksteinarbeiten
DIN 18 516-3	09.2013	Außenwandbekleidungen, hinterlüftet; Naturwerkstein; Anforderungen, Bemessung
DIN 51 043	08.1979	Trass; Anforderung, Prüfung
DIN 52100	06.2007	Naturstein – Gesteinskundliche Untersuchungen – Allgemeines und Übersicht
DIN EN 771-6	07.2011	Festlegung für Mauersteine – Teil 6: Naturstein
DIN EN 1996-1-1	02.2013	Eurocode 6: Bemessung und Konstruktion von Mauerwerksbauten; Allgemeine Regeln für bewehrtes und unbewehrtes Mauerwerk
DIN EN 1996-1-1/NA	05.2012	–; –; Nationaler Anhang
DIN EN 1996-2	12.2010	–; Planung, Auswahl der Baustoffe und Ausführung von Mauerwerk
DIN EN 1996-2/NA	01.2012	–; –; Nationaler Anhang
DIN EN 1996-3	12.2010	–; Vereinfachte Berechnungsmethoden für unbewehrte Mauerwerksbauten
DIN EN 1996-3/NA	01.2012	–; –; Nationaler Anhang

6.4 Wände aus Beton
(Betonbau s. Kapitel 5)

6.4.1 Allgemeines

Wände werden aus Stahlbeton ausgeführt, wenn hohe Belastungen oder andere statische Beanspruchungen es erforderlich machen (z. B. aussteifende Wandscheiben, Wandscheiben über großen Öffnungen, Wände, die besonders dem Erd- oder Wasserdruck ausgesetzt sind usw.) oder wenn sie aus gestalterischen Gründen (Sichtbetonwände) gewünscht sind.

Wirtschaftlich sind Wände aus örtlich hergestelltem Stahlbeton, wenn moderne Schalungssysteme verwendet werden (s. Abschn. 5.4.2). Alle Nacharbeiten an Betonmauern (z. B. Stemmarbeiten) sind durch sorgfältige Planung auszuschließen. Öffnungen und Aussparungen für Installationen o. ä. sind durch besondere Schalungen oder an der entsprechenden Stelle einbetonierte Schaumstoffblöcke zu berücksichtigen.

Werden Wände aus Stahlbeton innerhalb eines Bauwerkes im Zusammenhang mit gemauerten Wänden ausgeführt, berücksichtigt man möglichst die vom Mauerwerk vorgegebenen Wanddicken (z. B. 24, 30, 36,5 cm). Im Übrigen werden Stahlbetonwände entsprechend den statischen Anforderungen nach DIN 1045 dimensioniert.

Ohne zusätzliche Bekleidungen oder ohne Wärmedämmung kommen Wände aus Normalbeton (s. Abschn. 5.1.5) im Hochbau nur als tragende oder aussteifende Innenwände in Frage, bzw. als Kelleraußenwände oder für Räume, die keinen Wärmeschutz erfordern. Im Zusammenhang mit Abdichtungen gegen drückendes Wasser werden sie aus wasserundurchlässigem Beton (s. Abschn. 17.4.6.2) ausgeführt.

6.4.2 Einschalige Wände aus Beton

Stahlbeton-Außenwände aus Normalbeton können mit zusätzlichem Wärmeschutz ausgeführt werden. Eine einfache Ausführungsart dafür stellt das Anbetonieren von Holzwolle-Leichtbauplatten mit Schaumstoffkern dar. Die Wärmedämmplatten werden dicht gestoßen in die Schalung eingestellt und verbinden sich mit dem eingebrachten Beton allein durch Materialhaftung. Bei größeren Flächen werden die Wärmdämmplatten zusätzlich durch eingesteckte Kunststoff- bzw. Drahtanker, die wärmebrückenfrei, mindestens aber Wärmebrücken minimiert sein sollten, an der tragenden Unterkonstruktion verankert (Bild **6**.45). Alternativ können Wärmedämmplatten aus Schaumstoff (z. B. EPS) nachträglich auf die Betonflächen aufgeklebt und zusätzlich mit gedübelten Klemmplatten mechanisch befestigt werden. Die Oberflächen wärmegedämmter

Stahlbetonwände erhalten Außenwandbekleidungen (s. Abschn. 8) oder werden mit Putzträgergeweben überspannt und verputzt (s. Teil 2 dieses Werkes, Abschn. 8). Werden Wärmedämmungen ausnahmsweise innen angebracht, muss der relativ hohe Wasserdampfdiffusionswiderstand von Beton beachtet werden, d.h. es kann eine Dampfsperre auf der warmen Wandseite erforderlich werden. In jedem Fall ist bei Innendämmung eine Taupunktberechnung durchzuführen.

Leichtbetonwände und -pfeiler. Als einschalige Außenwände können Wände aus Leichtbeton mit ausreichenden Wärmedämm-Eigenschaften nur mit unwirtschaftlich großen Wanddicken hergestellt werden (s. Abschn. 5.1.7). Die Ausführung komplizierter Bauteilformen in Stahlleichtbeton ist jedoch möglich, um Wärmebrücken einzuschränken, die sich bei Normalbeton als Sichtbeton nicht vermeiden ließen.

Mindestwanddicken sind 25 cm für Außenwände, 20 cm für tragende Innenwände bzw. 15 cm für ausgesteifte, tragende Innenwände aus LB 10 bei Geschosshöhen $\leq 3,50$ m und 12 cm für aussteifende, nichttragende Innenwände (s.a. DIN 4213, DIN EN 990, DIN EN 992, DIN EN 1520).

In tragenden Leichtbetonwänden, die ≤ 15 cm dick sind, sind Schlitze jeder Art unzulässig. Bei mehr als 15 cm Dicke sind Querschnittsschwächungen durch waagerechte oder schräge Schlitze beim Standsicherheitsnachweis zu berücksichtigen.

Tür- und Fensterstürze in Leichtbetonwänden dürfen in Gebäuden mit Deckenlasten bis zu 2,75 kN/m^2 und bis zu einer Lichtweite von $\leq 1,50$ m aus Leichtbeton mit porigem Gefüge gebildet werden. Sie werden konstruktiv mit Rippenstahl 2 x ≥ 14 mm bewehrt und gleichzeitig mit der anschließenden Wand betoniert. Bei Belastung durch eine Decke müssen sie mindestens 40 cm, sonst mindestens 30 cm hoch sein. Besteht zwischen Sturz und Massivdecke ein vollkommener Verbund (z.B. durch Bügel), so wird die Sturzhöhe bis Oberkante Decke gemessen, Stürze über Öffnungen mit Lichtweiten von mehr als 1,50 m oder mit Einzellast belastete Stürze dürfen nicht aus Leichtbeton hergestellt werden.

Um Setzungsschäden zu verhindern, sollen unmittelbar *unterhalb* von Fensteröffnungen 2 Stahlstäbe ≥ 10 mm als Bewehrung eingelegt werden, wobei je ein Stab 0,50 m und 1,00 m seitlich über die Fensteröffnung hinausragt.

Kelleraußenwände aus Stahlbeton können im Bereich der Erdanschüttung eine außen liegende Wärmedämmung aus extrudierten Polystyrol-Hartschaumplatten (z.B. Roofmate, Styrodur) erhalten, die vollflächig dicht gestoßen aufgeklebt werden.

Derartige Schaumstoffplatten müssen nicht gegen Erdfeuchtigkeit zusätzlich geschützt werden (sog. „Perimeterdämmung"). Im Sockelbereich können fest aufgeklebte bzw. angedübelte Dämmungen mit Trägermaterial überspannt und verputzt werden. Auch die Verlegung von keramischem Material in Dünnbettmörtel ist möglich.

6.4.3 Zweischalige Wände aus Beton

Insbesondere bei großformatigen Fertigteilen für Außenwände verwendet man Verbundplatten, bestehend aus einer 8 bis 12 cm dicken Außenschale, einer Kerndämmung aus Schaumstoffplatten und der tragenden Innenschale („Sandwich"-Element, s. Abschn. 6.7.2.2). Auch an der Baustelle können derartige Wände hergestellt werden. Die nicht tragende Außenschale, kombiniert mit der bereits anbetonierten Wärmedämmung bildet als Fertigteil eine „verlorene Schalung", gegen die die tragenden Innenwände betoniert (ggf. auch gemauert) werden.

Stahlbetonwände mit zusätzlicher Wärmedämmung können im Übrigen als tragende Innenschale auch Bestandteil von zweischaligen Wänden mit Luftschicht und Wärmedämmung sein (s. Abschn. 6.2.3.3). Die äußere Schale besteht aus Mauerwerk, einer Wandbekleidung oder einer Vorhangwand. Für die Verankerung der Außenschale und ggf. der Wärmedämmungen sind dabei Ankerschienen in die Innenschalen mit einzubetonieren.

6.4.4 Mantelbauweisen

Mehrschalige Betonwände können auch in *Mantelbauweise* hergestellt werden. Bei dieser zunächst für kleinere Bauwerke entwickelten Bauart werden Schalungselemente aus Stahlbeton (s. Abschn. 6.7.2.2), Holzspanbeton oder Schaumstoff, die in ähnlichen Abmessungen wie andere großformatige Bausteine und mit allen nötigen Formteilen hergestellt werden, lose – ohne vermörtelte Lagerfugen – meist mit Nut-Feder-Anschlüssen aufgebaut und abschnittsweise mit Beton verfüllt (Bilder **6**.91a und b). Schalungssteine aus Leichtbeton gelten inzwischen als veraltet, stattdessen empfehlen sich Schalungssteine aus Blähton mit integrierter Polystyrol-Kerndämmung, die wesentlich bessere bauphysikalische Werte (Schallschutz, Wärmeschutz) aufweisen

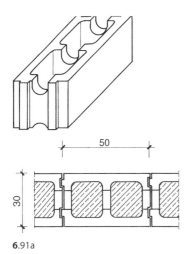

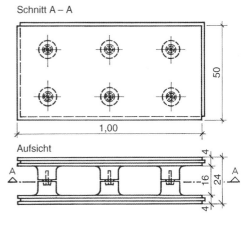

Schnitt A – A

Aufsicht

6.91a   6.91b

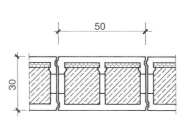

6.91c

6.91
Mantelbauweisen

a) Betonwand mit Schalungssteinen
   aus Holzspanbeton; Wandgefüge
   (Schema), Stoßfuge (unvermörtelt)
   und Riegelstein (Schema)
b) Schalungselemente aus Hart-
   schaumstoff
c) Schalungsstein aus Leichtbeton mit
   „integrierter" Wärmedämmung
   (GISOTON)

und auch eine höhere statische Belastbarkeit erreichen (Bild **6**.91c).

Auch für großformatige Bauteile wie geschosshohe Wände bis 8,50 m Länge sowie für Decken, Treppenläufe usw. sind zur Rationalisierung der Einschalarbeiten und zur gleichzeitigen Verbesserung der Wärmedämmeigenschaften Mantelbauweisen entwickelt worden (z. B. Duo-Massiv). Durch Abstandhalter bzw. Halteanker verbundene polymergebundene Holzwerkstoffplatten bil-

den dabei verlorene Schalungen. Die inneren Oberflächen sind anstrichfertig. Erforderliche Bewehrungen werden werkseitig eingebaut. Derartige Bauteile weisen gute Schalldämmmaße auf und erreichen die Feuerwiderstandsklasse F 90. Bei Verwendung zementgebundener Schalungsplatten und somit nicht brennbaren Oberflächen können Feuerwiderstandsklassen bis zu F 180 erreicht werden (s. Abschn. 17.7).

6.4.5 Normen

Norm	Ausgabedatum	Titel
DIN 1045-2	08.2008	Tragwerke aus Beton, Stahlbeton und Spannbeton – Beton; Festlegung, Eigenschaften, Herstellung und Konformität – Anwendungsregeln zu DIN EN 206-1
DIN 1045-3	03.2012	–; Anwendungsregeln zu DIN EN 13670
DIN 1045-3 Ber 1	03.2012	–; Berichtigung zu DIN 1045-3:2012-03
DIN 1045-4	02.2012	–; Ergänzende Regeln für die Herstellung und Konformität von Fertigteilen
DIN 1048-1, -2, -4, -5	06.1991	Prüfverfahren für Beton

Norm	Ausgabedatum	Titel
DIN EN 206-1	07.2001	Beton – Teil 1: Festlegung, Eigenschaften, Herstellung und Konformität
DIN EN 990	01.2003	Prüfverfahren zur Überprüfung des Korrosionsschutzes der Bewehrung in dampfgehärtetem Porenbeton und in haufwerksporigem Leichtbeton
DIN 18 331	09.2012	VOB Teil C, Betonarbeiten
DIN EN 1992-1-1	01.2011	Eurocode 2: Bemessung und Konstruktion von Stahlbeton- und Spannbetontragwerken – Allgemeine Bemessungsregeln und Regeln für den Hochbau
DIN EN 13670	03.2011	Ausführung von Tragwerken aus Beton

6.5 Wände aus Lehm

Der Lehmbau zählt zu den ältesten Bauarten. In den letzten Jahren wurden Lehmbautechniken nicht nur für Restaurierungen wiederbelebt.

Lehm ist als Baustoff in weitem Umfang überall verfügbar und auch wiederverwendbar. Lehmwände haben sehr gute Schallschutzeigenschaften und ein ähnliches Wärmespeichervermögen wie Vollziegelwände. Sie nehmen schnell und erheblich mehr Feuchtigkeit auf und geben sie relativ schnell wieder ab, so dass gleichmäßige Luftfeuchtigkeitsverhältnisse in Lehmbauten herrschen. Als Nachteil steht demgegenüber, dass Lehm je nach Verarbeitungsweise beim Austrocknen bis zu 12 % schwindet und sehr nässe- und frostempfindlich ist.

Man unterscheidet:

- *Lehmziegelbau* (ungebrannte Lehmziegel, sog. „Grünlinge"),
- *Stampflehmbau* (in Schalung eingebrachter aufgearbeiteter Lehm),
- *Lehmstrangbauweise* (in Strangpressen auf der Baustelle geformte Stränge, die zu Innenwänden geschichtet werden).

Herkömmlicher Strohlehm ist wegen seines Schwundverhaltens beim Austrocknen schwierig zu verarbeiten. Es werden daher neuerdings insbesondere für Sanierungsmaßnahmen von Fachwerkbauten in noch kleinen Mengen Strohlehm-Leichtelemente mit verbessertem Schwundverhalten (Rohdichten von 650 kg/m^3 und 850 kg/m^3) nach genauen Dosierungen industriell hergestellt (Formate 16/24/30 und 12/24/30 cm).

Massivwände lassen sich aus Holzlehm herstellen. Dabei werden Holzspäne oder Holzschnitzel gemischt (ca. 1/3 Lehm und 2/3 Holzfasern) und ähnlich Beton in Schalungen eingebracht und verdichtet.

Weil alle traditionellen Lehmbauweisen sehr empfindlich gegen Nässe und hohe Luftfeuchtigkeit sind, wurden wasserfeste und damit auch quell- und frostfeste Lehmbauelemente entwickelt.

Lehmbauteile werden mit Lehm- oder Kalkmörtel vermauert. Zur Verarbeitung in Mörtelmaschinen sind spezielle feine Lehmpulver entwickelt worden.

Lehmwandflächen können außen und innen durch einen Kalkputz geschützt werden. Zwischen Lehm und Kalk ist keine chemische Verbindung möglich. Daher müssen die Flächen gut aufgeraut werden, oder es muss durch Lochungen eine mechanisch wirksame Verbindung zur Putzfläche geschaffen werden.

6.6 Fachwerkwände

6.6.1 Allgemeines

Fachwerkbauten genießen als hervorragende Beispiele handwerklicher Baukunst hohe Wertschätzung. Viele Fachwerkgebäude, die früher als Scheunen, Speicher oder sonstige Zweckbauten dienten, werden immer häufiger umgebaut und als Wohn- und Geschäftshäuser genutzt.

Die Kenntnis von Grundbegriffen des Fachwerkbaues erscheint daher angesichts der zahlreichen Restaurierungs- und Sanierungsaufgaben wieder sehr wichtig.

Fachwerkkonstruktionen liegen in der Regel auf gemauerten Fundamentsockeln oder auf massiven Untergeschossen auf, deren sorgfältige Ausführung und ggf. Sanierung Sicherung gegen aufsteigende Feuchtigkeit bieten muss.

Die Konstruktionshölzer einfacher Fachwerkbauten bestehen meistens aus Nadelholz. Für aufwendige und repräsentative Gebäude wurde Eichenholz verwendet.

Die Bauhölzer wurden je nach Anforderungen sehr sorgfältig ausgesucht und vor dem Einbau u. U. mehrere Jahre abgelagert. Gegen Bewitterung und Schlagregen wurde es nach Möglichkeit konstruktiv geschützt, z. B. durch weite Dachüberstände. Nadelholz, das bei geringem Nährstoffgehalt im Winter gefällt wird, und bei dem durch Flößen ein weiterer Entzug von Nährstoffen bewirkt wird, bot recht guten Schutz gegen tierische Schädlinge.

Bei Reparaturen ist immer die gleiche Holzart wie im bisherigen Bestand zu wählen. Es sollte möglichst Holz aus abgetragenen alten Gebäuden verwendet werden. Für neue Hölzer (ausgenommen Eichenholz) ist meistens chemischer Holzschutz unentbehrlich (s. Teil 2 des Werkes, Kapitel 1).

6.6.2 Bestandteile des Fachwerks

Die Bezeichnungen für die wichtigsten Bestandteile einer Fachwerkwand zeigt Bild **6**.92.

Schwelle. Die Schwelle bildet die untere Begrenzung der Fachwerkwand (a in Bild **6**.92). Sie liegt

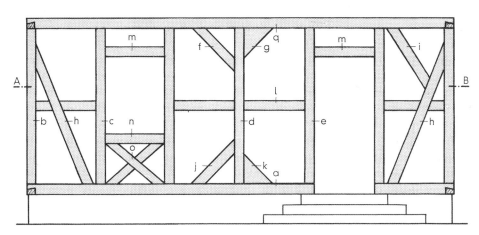

Ansicht der Fachwerkwand

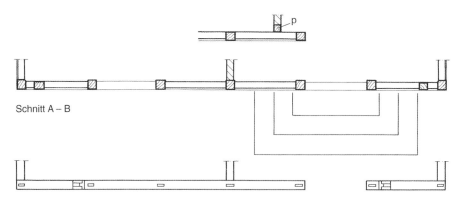

Schnitt A – B

Grundriss der Schwellen

6.92 Fachwerkwand, Bezeichnungen

a Schwelle	g Kopfwinkelholz (auch bogenförmig)	m Sturzriegel
b Eckständer (-pfosten)	h Strebe	n Brüstungsriegel
c Fensterständer	i Gegenstrebe	o Andreaskreuz
d Ständer (Stiel)	j Fußband	p Klappstiel
e Türständer	k Fußwinkelholz (auch bogenförmig)	q Rähm
f Kopfband	l Riegel (Fachriegel)	

auf der Kernseite und wird meistens in der ganzen Länge durch Mauerwerk unterstützt.

Gelegentlich kommen in alten Bauten auch Schwellen mit „Aufklotzung" vor, d.h. die Schwelle liegt auf Abstandsklötzen, so dass zur Sicherung gegen aufsteigende oder stauende Feuchtigkeit eine Luftschicht zum tragenden Mauerwerk entsteht.

Bei Erneuerungen im Schwellenbereich ist meistens auch eine vorherige Sanierung des darunter liegenden Auflagers und das Einbringen einer Abdichtung gegen aufsteigende Feuchtigkeit erforderlich. Dazu ist die Mauerschicht unterhalb der Schwellen zu entfernen, abschnittsweise eine Abdichtung gegen aufsteigende Feuchtigkeit einzubauen und neu zu untermauern (vgl. Abschn. 16.4).

An der fast unvermeidlichen Fuge zwischen Abdichtung und Schwelle kann sich leicht fäulnisbildende Feuchtigkeit anreichern. Günstiger ist es deshalb, wenn die Abdichtungsbahn so eingebaut werden kann, dass zwischen neuer Abdichtung und Schwellen noch eine Mauerschicht folgt und dann die Übergangsfuge zum Fachwerk sorgfältig mit Mörtel ausgestopft wird.

Falls längere Schwellhölzer aus mehreren Teilen zusammengesetzt werden müssen, verwendet man folgende Holzverbindungen:

- das gerade Blatt (Bild **6**.93a);
- das schräge Blatt (Bild **6**.93b);
- das schräge Hakenblatt (Bild **6**.94a) kann auch ohne Nägel oder Verbolzen Zugspannungen aufnehmen, wenn es Auflast trägt und unterstützt ist;
- das schräge Hakenblatt mit Keil (Bild **6**.94b). Es ist eine brauchbare Verbindung der Verlängerung waagerecht liegender Hölzer. Durch das Antreiben der Keile wird die Verbindung bei trockenem Holz vollkommen fest.

Insbesondere für Reparaturverbindungen kommen weiter in Frage

- stehendes gerades Blatt (Bild **6**.95),
- eingeschnittener Stoß mit Einsatzstück (Bild **6**.96a),
- eingeschnittener Stoß mit Hakenplatte und Keilen (Bild **6**.96b).

Notwendige Stoßverbindungen sollten möglichst ohne Stahlverwendung mit den früher üblichen Holznägeln gesichert werden.

Die Schwellhölzer der verschiedenen Wände eines Fachwerkgebäudes liegen in der gleichen

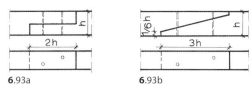

6.93a **6**.93b

6.93 Blatt
a) gerades Blatt   b) schräges Blatt

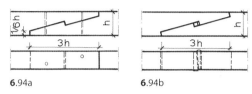

6.94a **6**.94b

6.94 Hakenblatt
a) schräges Hakenblatt
b) schräges Hakenblatt mit Keil

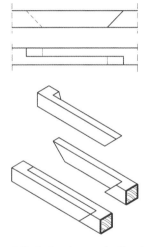

6.95 Stehendes gerades Blatt, in zwei Richtungen schräg angeschnitten

Höhe und werden an den Ecken oder Wandanschlüssen durch Überblattungen verbunden. Dabei sind folgende Fälle möglich:

Stößt ein Schwellholz gegen ein *durchgehendes anderes Schwellholz*, wird entweder eine einfache Überblattung (Bild **6**.97a) oder besser eine hakenförmige (Bild **6**.97b) oder eine schwalbenschwanzförmige Überblattung (Bild **6**.97c) angewandt. Die beiden letztgenannten Verbindungen machen auch ohne Nägel oder Bolzen ein Verschieben der Hölzer in waagerechter Richtung unmöglich.

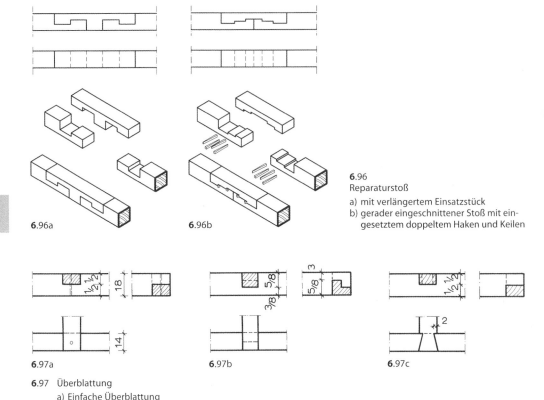

6.96
Reparaturstoß
a) mit verlängertem Einsatzstück
b) gerader eingeschnittener Stoß mit eingesetztem doppeltem Haken und Keilen

6.96a   6.96b

6.97a   6.97b   6.97c

6.97 Überblattung
a) Einfache Überblattung
b) Hakenförmige Überblattung
c) Schwalbenschwanzförmige Überblattung

Bilden beide Schwellhölzer eine Ecke, dann werden sie entweder durch Ecküberblattung mit schrägem Schnitt (Bild **6**.98a) oder haken- und schwalbenschwanzförmige Ecküberblattung (Bild **6**.98b) verbunden.

Stiele oder Ständer. Die Stiele oder Ständer stehen auf der Schwelle in Abständen von 0,60 bis 1,00 m. Bei der Aufteilung ist Rücksicht auf Fenster- und Türöffnungen, die seitlich durch Stiele begrenzt werden müssen, zu nehmen. An den Stellen, wo Zwischenwände an die Außen- oder Mittelwände treffen, sind *Bundstiele* (d in Bild **6**.92) anzuordnen. Ergäbe ein solcher Bundstiel eine unregelmäßige Teilung in der Außenwand, so wird ein *Klappstiel* (p in Bild **6**.92) verwendet.

Bei stark belasteten mehrgeschossigen Wänden (z. B. Speichern) werden die Binder- und Eckständer häufig als *Doppelstiele* (verdübelt und verbolzt) angeordnet und mit versetzten Stößen durch die ganze Höhe des Gebäudes geführt.

Zwischenstiele (Fensterstiele, c in Bild **6**.92) werden mit der Schwelle und mit dem Rähm durch den *einfachen Zapfen* (Bild **6**.99) verbunden. Die Breite des Zapfens ist gleich der Holzbreite, die Dicke ist gleich 1/3 der Holzdicke, die Höhe 6 bis 7 cm. Die Zapfenverbindung wird durch einen Holznagel gesichert.

Eckstiele und Türstiele (b und e in Bild **6**.92), die am Ende des Schwell- und Rähmholzes stehen, erhalten den *geächselten Zapfen* (Bild **6**.100). Seine Breite beträgt nur 2/3 der Holzbreite. Dadurch ergeben sich auch an den Enden von Schwelle und Rähm verdeckte Zapfenlöcher.

Müssen bei Reparaturen neue Stiele eingefügt werden, wird an einem Ende ein „Falscher Zapfen" vorgesehen (Bild **6**.101).

Streben. Die Streben (h in Bild **6**.92) steifen die Wand in der Längsrichtung aus. Man ordnet sie entweder zwischen Schwelle und Rähm oder besser zwischen Schwelle und Stiel an (h in Bild **6**.92). Die Verbindung der Streben mit Schwelle

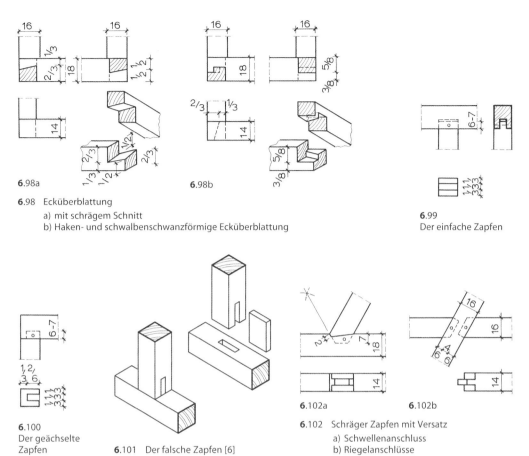

6.98a

6.98b

6.98 Ecküberblattung
   a) mit schrägem Schnitt
   b) Haken- und schwalbenschwanzförmige Ecküberblattung

6.99
Der einfache Zapfen

6

6.100
Der geächselte
Zapfen

6.101   Der falsche Zapfen [6]

6.102a

6.102b

6.102   Schräger Zapfen mit Versatz
   a) Schwellenanschluss
   b) Riegelanschlüsse

und Rähm erfolgt durch den schrägen Zapfen mit Versatz (Bild **6**.102). Der Versatz ist 2 bis 3 cm tief und hat den Zweck, auch Horizontalkräfte in die Schwelle abzutragen.

Kopfbänder, Kopfwinkelhölzer. Kopfbänder (f in Bild **6**.92) und Kopfwinkelhölzer (g in Bild **6**.92) wirken bei der Horizontalaussteifung des Wandverbandes mit. Kopfbänder verkürzen bei breiten Gefachen auch die Stützweite des Rähms. Kopfwinkelhölzer sind oft durch Schnitzereien besonders dekorativ gestaltet.

Fußbänder und Fußwinkelhölzer. Fußbänder (j in Bild **6**.92) und Fußwinkelhölzer (k in Bild **6**.92) wirken ähnlich wie Kopfbänder und Kopfwinkelhölzer. Auch Fußwinkelhölzer werden oft als Schmuckelement eingesetzt.

Riegel. Die Riegel teilen die Felder zwischen den Stielen und Streben in kleinere „Fache" und vermindern die Knicklänge der Stiele.

Die *Zwischenriegel* (l in Bild **6**.92) werden mit den *Stielen* durch den einfachen Zapfen verbunden. Treffen zwei Riegel in derselben Höhe an den Stiel, so soll zwischen den Zapfenlöchern noch 3 bis 4 cm Holz stehenbleiben.

Zur Verbindung der Riegel mit den *Streben* dient der schräge Zapfen (Bild **6**.102). *Tür- und Fensterriegel* (m, n in Bild **6**.92) bilden den oberen Abschluss der Tür- und Fensteröffnungen; sie werden mit den Stielen durch gerade Zapfen mit einfachem Versatz verbunden (Bild **6**.103). Beim *Brüstungsriegel* (n in Bild **6**.92), dem unteren Abschluss der Fensteröffnung, wird der Versatz nach oben angeordnet, damit keine fallende Fuge in der unteren Fensterecke entsteht (Bild **6**.104).

Bei Sanierungen oder Umbauten werden neue Riegel auf einer Seite mit „Schleifzapfen" (Bild **6**.105a) oder mit geradem Blatt über das aufgestemmte Zapfenloch eingesetzt (Bild **6**.105).

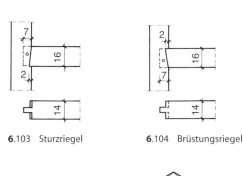

6.103   Sturzriegel   **6**.104   Brüstungsriegel

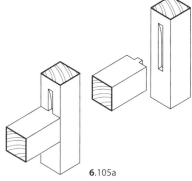

6.105a

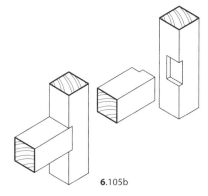

6.105b

6.105   a) Schleifzapfen [6]
             b) gerades Blatt über Zapfenloch [6]

Rähm. Das Rähm (q in Bild **6**.92) bildet die obere Begrenzung der Wand und trägt die Balkenlage. Zusammenstoßende oder eine Ecke bildende Rähme werden wie die Schwellhölzer verbunden.

Holzdicken

Innere Wände (Wanddicke 12 cm)

- Stiele, Rähm   12/12 bis 12/14 cm
- Riegel, Schwelle   12/16 cm
- Streben   12/14 bis 12/16 cm

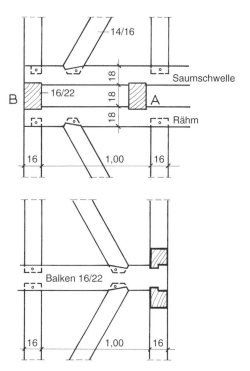

6.106   Balkenlage für Fachwerkwände

Äußere Wände. Gute Maßverhältnisse in den Ansichtsflächen der Fachwerkwände werden durch möglichst breite Hölzer erreicht. Brauchbare Holzquerschnitte sind bei:

Rohbauausführung der Fache (Wanddicke 12 cm)
- Stiele, Streben und Riegel   12/16 bis 12/18 cm
- Schwellen und Rähme   12/18 bis 14/20 cm

geputzten Fachen (Wanddicke 14 cm)
- Stiele, Streben und Riegel   14/16 bis 14/18 cm
- Schwellen und Rähme   14/19 bis 14/20 cm

Die dickeren Eckstiele müssen ausgewinkelt (ausgekehlt) werden.

Balkenlagen.[1] Die Balkenlagen für Fachwerkgebäude können auf zwei Arten angeordnet werden: Nur *zwei gegenüberliegende Seiten* des Gebäudes sollen Balkenköpfe zeigen (Bild **6**.106). Die balkentragenden Wände werden oben durch Rähme abgeschlossen. Darauf sind die Balken verkämmt. Der letzte Balken liegt in der Seitenwand und bildet dort das Rähm für die neue Wand und die Schwelle des nächsten Geschosses.

---
[1] Holzbalkendecken s. auch Abschn. 10.3, Teil 2 dieses Wertes.

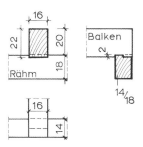

6.107 Einfache Verkämmung

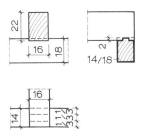

6.108 Doppelte Verkämmung

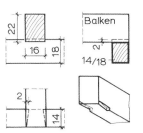

6.109 Schwalbenschwanzförmige Verkämmung

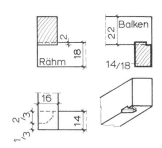

6.110 Eckverkämmung

- Die Verkämmungen ergeben eine 2 cm tiefe Überschneidung der Hölzer. Für den Punkt A in Bild **6**.106 kommen in Betracht: Der *einfache Kamm* (Bild **6**.107), der *doppelte Kamm* (Bild **6**.108) oder die *schwalbenschwanzförmige Verkämmung* (Bild **6**.109). In Punkt B in Bild **6**.106 wird die *Eckverkämmung* (Bild **6**.110) angeordnet.

- Alle Seiten des Gebäudes sollen Balkenköpfe zeigen (Bild **6**.111). Alle Seiten des Gebäudes müssen hierzu Rähme und Saumschwellen haben. Nach den Giebelseiten sind Stichgebälke auszuführen. Auf die Ecke kommt ein Diagonal-Stichbalken. Die Verbindung der Stichbalken mit dem Hauptbalken geschieht durch den Brustzapfen oder durch das schwalbenschwanzförmige Blatt mit Brüstung (Bild **6**.112).

Bei mehrgeschossigen Fachwerkgebäuden können die oberen Wände gegen die unteren mehr oder weniger weit vorgekragt werden. Die Zwischenräume zwischen Rähm und Saumschwelle können durch Bretter oder durch Füllhölzer ausgefüllt werden.

6.6.3 Ausfachung

Zwischen den tragenden Hölzern des Fachwerkes liegen die *Ausfachungen* („Gefache"). Sie bestanden ursprünglich aus Flechtwerk („Gewun-

denes" – daraus das Wort Wand) oder aus Wickelstakung (vgl. Bild **10**.60, Abschn. 10.3.3.6) mit dickem Lehmbewurf, der mit Häcksel oder Kälberhaaren (magern und verankern), Tierblut oder Schmiedezunder (Volumenvergrößerung infolge Oxidation) aufbereitet, so gut wie rissefrei blieb und der Ziegelwand in Bezug auf Wärme- und Schalldämmung nicht nachstand.

Wegen der besseren Wetterbeständigkeit wurden die Gefache auch mit verfugtem Ziegelmauerwerk ausgemauert. Werden bei äußeren Fachwerkwänden die ausgemauerten Fache verputzt, so liegt der Putz stets bündig mit der Außenfläche des Fachwerks, und die Ausmauerung ist entsprechend zurückgesetzt (Bild **6**.113a und c). Bleiben die Fache unverputzt, so wird außen bündig mit den Holzflächen ausgemauert (Bild **6**.113b).

Als Halt für die Ausmauerung können Dreikantleisten mit Schraubnägeln in die Gefache genagelt werden (Bild **6**.113c).

Die Ausmauerung wird in den Fachen durch Mörtel gehalten, der einerseits am Mauerstein haftet, andererseits in eine seitliche Nut des Stiels eingreift (Bild **6**.115 a und b).

Bei der Wiederherstellung von gemauerten Ausfachungen sollten möglichst kleinformatige, gut wärmedämmende Steine mit Mörtel der Mörtelgruppe 2 verwendet werden. Porenbetonsteine sind nur bei völlig trockenem Einbau für Ausfa-

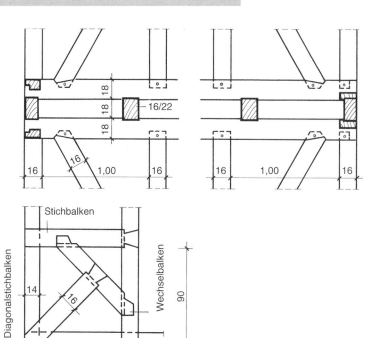

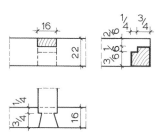

6.111   Balkenlage für Fachwerkwände

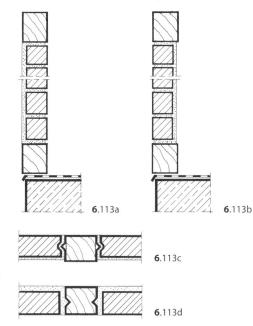

6.112   Schwalbenschwanzförmiges Blatt mit Brüstung

chungen geeignet, weil sie aufgenommenes Wasser nur sehr langsam wieder abgeben.

Sowohl das Fachwerk als auch die Ausfachung schwinden und dehnen sich bei Wärme und Feuchtigkeit unterschiedlich, so dass Risse in den Anschlussfugen unvermeidlich sind. Fachwerkaußenwände können daher im Sinne von DIN 4108 nicht als schlagregendicht gelten. Dennoch ergeben sich bei Fachwerkbauten mit gepflegtem Bauzustand nur selten Feuchtigkeitsschäden, weil eingedrungene Feuchtigkeit insbesondere von Lehmausfachungen vorübergehend aufge-

6.113a

6.113b

6.113c

6.113d

6.113   Ausmauerung der Fachwerkwände (Darstellung ohne Wärmeschutz)
a) Ausfachung geputzt
b) Ausfachung als Sichtenmauerwerk
c) seitlicher Anschluss mit Dreikantleisten
d) seitlicher Anschluss mit Nut

nommen wird und bei Sonneneinstrahlung wieder abtrocknet. Voraussetzung ist jedoch, dass diffusionsoffene und kapillar transportfähige Baustoffe (z. B. Kalkputze und -anstrich) verwendet werden. Wasserdichte Putze oder Anstriche dürfen also keinesfalls verwendet werden.

Sehr starken klimatischen Beanspruchungen können Fachwerkaußenwände auch bei handwerklich einwandfreier Ausführung auf Dauer nicht standhalten. Deshalb weisen alte Fachwerkkonstruktionen an exponierten Wandteilen oder bei insgesamt ungünstigen Umgebungsverhältnissen einen Wetterschutz durch Verschieferung, Verschindelung oder vollflächigen Verputz auf. In vielen Fällen kann es daher kritisch sein, Fachwerk aus gestalterischen Gründen durch Entfernen eines derartigen Fassadenschutzes freizulegen (Putz auf Fachwerkwänden s. Teil 2 des Werkes).

6.6.4 Wärmeschutz

Der Wärmeschutz üblicher Fachwerk-Außenwände reicht im Hinblick auf die Forderungen der zurzeit gültigen Energieeinsparverordnung EnEV 2014 (vgl. Abschn. 17.5) nicht mehr aus.

Nur in Ausnahmefällen kann bei Fachwerk-Außenwänden ein Wärmeschutznachweis unter Berücksichtigung der gesamten Hüllflächen zu ausreichenden Ergebnissen führen, d. h. nur wenn der Wärmeschutz von Decken, Fußböden und Fenstern optimal ist.

Bei der denkmalpflegerischen Instandsetzung von Fachwerkbauten – insbesondere, wenn nur Ausfachungen erneuert werden – sind durch ministerielle Erlasse (Hessen und Nordrhein-Westfalen) ausdrücklich Ausnahmen zugelassen.

Fachwerk-Außenwände sind danach bei (notwendigen) Veränderungen entweder außenseitig zu dämmen und zu verputzen oder mit einer Innendämmung zu versehen. Bei einer nachträglichen Innendämmung ist in jedem Fall eine Taupunktberechnung durchzuführen, damit sichergestellt wird, dass es nicht zu Tauwasseranfall innerhalb der Außenwandkonstruktion kommt.

Eine Alternative zu den bisher angewendeten Innendämmungen mit all ihren bekannten bauphysikalischen Schwächen stellt die kapillaraktive Innendämmung mit Kalziumsilikatplatten dar. Kalziumsilikatplatten werden in Dicken ab 25 mm angeboten. Sie halten die Außenwand diffusionsoffen und erlauben selbst das Austrocknen von Kondensat bei möglicher Umkehr des Dampfstromes in der warmen Jahreszeit. Auf

Grund der hohen Alkalität (pH-Wert 7–10) bietet Kalziumsilikat auch in feuchtem Zustand keinen Nährboden für Schimmel. Kalziumsilikatplatten haben sich in Langzeit-Praxisversuchen als Innendämmung bewährt.

Für die Dimensionierung der Wärmedämmung von Lehmausfachungen sind keine einschlägigen Bestimmungen vorhanden. Es können jedoch etwa folgende Werte zugrunde gelegt werden:

	Rohdichte:	Wärmeleitfähigkeit λ_R
Leichtlehm	(ca. 800 kg/m³)	0,23 W/mK
Strohlehm	(ca. 1200 kg/m³)	0,47 W/mK
Massivlehm	(ca. 1800 kg/m³)	0,93 W/mK

Grundsätzlich ist bei der Dimensionierung des Wärmeschutzes zu beachten, dass nicht allein die Wärmedämmwerte zu betrachten sind, sondern gleichzeitig die Taupunktgrenze und die anfallenden Tauwassermengen zu ermitteln sind. (Diese darf auf keinen Fall Werte über 1 kg Tauwasser/m² ergeben.)

Sind Ausfachungen aus Lehm mit Stakung vorhanden und ihre Erhaltung möglich, wird in der Fachliteratur in der Regel folgendes Vorgehen empfohlen:

- Abtragen der Lehmausfachung außen um etwa 25 mm,
- Überspannen der Gefache mit Putzträgern (z. B. Rippenstreckmetall), die jedoch nur an den Stakhölzern, *nicht am Fachwerk*, befestigt werden dürfen,
- Spritzwurf und Putzauftrag, mit zweilagigem mineralischem Putz (z. B. aus Kalk-Trassmörtel). Es können auch Wärmedämmputze verwendet werden.
- Anschlussfugen zum Fachwerk sind durch Kellenschnitt von 10 mm Tiefe zu bilden. Eine Fugenabdichtung zwischen den Putzflächen in den Gefachen und dem Balkenwerk mit dauerelastischen Dichtungsmassen ist nicht nur wenig haltbar, sondern auch in ihrer Auswirkung äußerst nachteilig für das Austrocknen eingedrungener Feuchtigkeit.

In vielen Fällen ist im Zusammenhang mit der Sanierung von Fachwerkbauten eine Verbesserung der Wärmedämmung unumgänglich. Dafür gibt es verschiedene Möglichkeiten.

Wenn die Verringerung der Raum-Grundflächen in Kauf genommen werden kann, wird eine Innenschale aus Lehmsteinen, Blähtonsteinen oder Leichtziegeln auf Lastverteilungsbalken oder

6

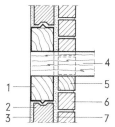

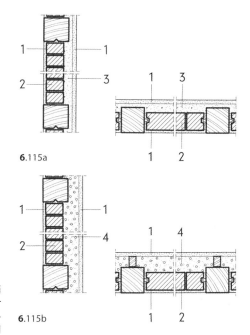

6.114 Fachwerkwand mit Regenbremse und Hintermauerung (Schema)

1 Fachwerkriegel (Fachwerkfläche innen mit Papier überspannt)
2 Ausmauerung
3 Kalkputz
4 Deckenbalken
5 Auflagerriegel
6 Hintermauerung
7 Regenbremse

6.115a

6.115b

6.115 Fachwerkausfachung mit zusätzlicher Wärmedämmung

a) Ausführung mit Dämmputz innen [5]
b) Ausführung mit Leichtlehm-Innendämmung [5]

1 Kalkputz
2 porosierte Leichtziegel
3 Mineralischer Dämmputz
4 Mineralischer Leichtlehm

dem Sockel mit 2 cm Abstand ausgeführt. Dabei dürfen auf keinen Fall eine offene Fuge oder Hohlräume zwischen Fachwerk und neu aufgeführten Wänden verbleiben. Als vorteilhaft wird die Ausführung einer Regenbremse wie bei zweischaligem Mauerwerk mit Putzschicht empfohlen. Um die Übertragung von Bewegungen zwischen Fachwerk und Innenschale zu verhindern, wird das Fachwerk mit einer Trennlage (Papier, Ölpapier, nicht aber aus Folien oder ähnlichem dampfsperrendem Material!) überspannt und die Fuge lagenweise beim Aufmauern mit flüssigem Trassmörtel ausgegossen (Bild **6**.114).

Kann die vorhandene historische Ausfachung nicht erhalten oder ausgebessert werden, müssen die Gefache mit Lehmsteinen, porosierten Leichtziegeln, Blähtonsteinen o. Ä. neu ausgemauert werden.

Auf der Innenseite wird eine zusätzliche Wärmedämmung aufgebracht. Dafür gibt es verschiedene Möglichkeiten. In jedem Fall sollten dabei nicht nur der Wärmeschutz, sondern auch die Tauwasserverhältnisse bauphysikalisch nachgewiesen werden.

Bei der in Bild **6**.115a dargestellten Möglichkeit wird der zusätzliche Wärmeschutz durch mineralischen Dämmputz erreicht [5].

Besonders in Verbindung mit evtl. teilweise erhaltenen Ausfachungen in traditioneller Lehmtechnik kann der zusätzliche Wärmeschutz durch eine entsprechend dimensionierte Schicht von mineralischem Leichtlehm erreicht werden. Dieser wird zwischen Gefachen aus aufgeschraubten Kanthölzern eingebracht und mit einem

Kalkputz (ggf. in Verbindung mit einem Putzträger) abgedeckt (Bild **6**.115b).

Eine Ausführungsmöglichkeit für eine zusätzliche Innendämmung mit einem Spezialmaterial aus Kork, Kieselgur, Stroh usw. (CELLCO®) ist in Bild **6**.116 gezeigt. Das in plastischem, knetbarem Zustand oder in Plattenform gelieferte Material ähnelt den historischen Lehmbaustoffen und kann in Dicken von 3 bis 10 cm eingebaut werden (Wärmeleitfähigkeit λ_R) = 0,080 W/(mK).

Zur Neu-Ausfachung sind spezielle wärmedämmende Spritzputzsysteme auf dem Markt. Sie erfüllen bei entsprechender Verarbeitung die Anforderungen von DIN 4102 Baustoffklasse A 1 (nicht brennbar), und die Gesamtkonstruktion hat gute Schalldämmeigenschaften (Bild **6**.117).

In Bädern oder ähnlichen Feuchträumen sind raumseitig Dampfsperren einzubauen und eine ausreichende Lüftung zu gewährleisten.

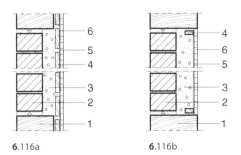

6.116a   **6**.116b

6.116 Fachwerksanierung mit Spezial-Baustoff (CELLCO®)
    a) Fachwerk innen verdeckt
    b) Fachwerk innen sichtbar
    1 Fachwerkriegel
    2 Sichtmauerwerk, vollfugig gemauert
    3 CELLCO-Wärmeschutz
    4 Lattung
    5 Putzträger
    6 Kalk-Trass Innenputz

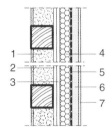

6.117 Ausfachung mit wärmedämmendem Mörtel [5]
    1 Wärmedämmender Gefachmörtel mit Außen-
      putz
    2 Rauhspundschalung
    3 Holzfaserplatte (Pavatex)
    4 Dämmung
    5 Dampfsperre
    6 Holzspanplatte
    7 Gipskartonplatte

6.6.5 Schallschutz

Bei bestehenden Fachwerkbauten ist die Gewährleistung des erforderlichen Luft- und Trittschallschutzes meistens recht problematisch.

Trittschallschutz mit schwimmenden Estrichen
auf Zement- oder Anhydritbasis ist auf den in der
Regel vorhandenen Holzbalkendecken meistens
aus Gewichtsgründen und wegen der oft sehr
begrenzten Geschosshöhen nicht möglich. Wegen seiner geringeren Einbauhöhe und auch wegen seiner Elastizität kann schwimmender Asphaltestrich in Frage kommen. In vielen Fällen

dürfte jedoch eine Trockenbauweise mit schwimmend, ggf. auf einer Ausgleichsschüttung verlegten Spanplatten, Gipsfaserplatten o. Ä. die
beste Lösung sein (vgl. Abschn. 11).

Der **Luftschallschutz** der Außen- und Wohnungstrennwände kann nur durch biegeweiche
Schalen vor den Wänden verbessert werden. Um
dabei Schallnebenwege (Flankenübertragung)
zu vermeiden, sind in der Regel auch biegeweiche Schalen unter den Geschossdecken erforderlich, allein schon wegen der meistens aber ohnehin kaum ausreichenden Geschosshöhen problematisch (vgl. Abschn. 17.6).

Es müssen bei historischen Fachwerkbauten daher beim Schallschutz – ebenso wie beim Brandschutz – Kompromisse in Kauf genommen werden, die jeweils im Einzelfall mit Nutzern, Bauaufsichtsbehörden und ausführenden Firmen abzustimmen sind.

6.6.6 Oberflächenbehandlung

Wenn Fachwerkhölzer farbig behandelt werden
sollen, dürfen keinesfalls dampfsperrende bzw.
dampfdichte Lacke oder Anstriche verwendet
werden. Für die Gefache haben sich dampfdurchlässige Mineralfarbstoffe gut bewährt.

Von erheblicher Bedeutung ist die Erhaltung eines mittleren Feuchtigkeitszustandes in den Innenräumen. Er muss insbesondere durch ausreichende Lüftung sichergestellt werden. Der Einbau dicht schließender moderner Fenster in
Fachwerkbauten ist immer problematisch. Am
besten erfüllen Doppel- bzw. Kastenfenster die
Anforderungen des Wärme- und Schallschutzes
(s. Kapitel 5 in Teil 2 dieses Werkes).

6.7 Wände im Montagebau

6.7.1 Allgemeines

Ziel des Montagebaues ist es, transportable Bauelemente unter Beachtung der Maßnormen und
bestimmter Rastermaße (Module) in Werkstätten
oder Fabriken bis in die Einzelheiten vorzuferti-
gen und sie auf der Baustelle innerhalb kurzer
Zeit zusammen zu setzen. Damit soll erreicht
werden, dass die Hauptarbeit nicht auf den von
der Witterung oder sonstigen hinderlichen Umständen abhängigen Baustellen, sondern in
gedeckten, zweckmäßig eingerichteten Arbeitsräumen und in genau aufeinander abgestimmten, mechanischen Arbeitsgängen durchgeführt

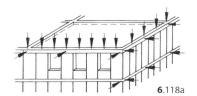 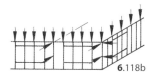 

6.118a   6.118b   6.118c

6.118 Anwendung und statische Beanspruchung von Montagewänden
   a) Wände aus stehenden Wandelementen, geschosshoch, 50 bis 100 cm breit, 20 bis 30 cm dick, Ringanker in Deckenhöhe. Durch Fugenverguss und Ringanker werden die Elemente zu geschosshohen und -breiten Platten zusammengeschlossen, die – untereinander ausgesteift – zusammen mit den Deckenschalen Vertikal- und Horizontalkräfte aufnehmen
   b) geschosshohe Wände aus gerahmten Tafeln, Wandelementen geschosshoch, 0,80 bis 1,25 m breit. Verwendung innen und außen, für Balken- und Rippendecken geeignet; die Deckenlasten ruhen auf den vertikalen Tafelstößen. Die durch die Füllung ausgesteiften Tafeln der Außen- und Innenwände nehmen die Querkräfte auf
   c) Raumgroße, deckentragende Platten aus Stahlbeton, mehrschichtig. Höhe 2,60 bis 4,00 m, Breite 6,00 bis 7,00 m, Gewicht 6,0 bis 7,0 t. Verwendung innen und außen, statische Beanspruchung wie a)

wird. Auf diese Weise lassen sich Verluste an Zeit, Arbeitskraft und Baustoffen auf das geringstmöglichste Maß beschränken. Andererseits muss oft ein hoher Transportaufwand in Kauf genommen werden.

Die *Baukosten* der Montagebauten konnten gegenüber örtlich hergestellten Bauten gesenkt werden, doch wurden auch dort durch Teilvorfertigung, verbesserte Schaltechniken, Rationalisierung von Mauerarbeiten usw. erhebliche Kostenreduzierungen erreicht.

Großformatige massive Wandelemente für den Montagebau spielten eine große Rolle im Geschosswohnungsbau besonders bei völlig neu angelegten Wohngebieten. Technische Mängel in der Ausführung, oft große Defizite in der architektonischen Gestaltung, insbesondere aber neue soziologische und städtebauliche Konzepte haben zu einer weitgehenden Abkehr vom Wohnungsbau mit großformatigen Bauteilen geführt.

Nach wie vor behalten vorgefertigte großformatige Wandbauteile aber überall dort ihre Bedeutung, wo z. B. kurze Ausführungsfristen an der Baustelle oder beengte Baustellenverhältnisse im Vordergrund stehen.

Die im Montagebau herstellbaren Wände lassen sich grob gliedern in:

• Wände aus selbsttragenden Scheiben (Platten und Tafeln aus Holz, Stahlbeton usw.) (Bild 6.118),
• Wände, die im Zusammenhang mit Skelettkonstruktionen (s. Kapitel 7) eingebaut werden (Bild 6.119).

Werden vorgefertigte Wände und andere Bauteile nicht nur verwendet, um bestimmte konstruktive Einzelaufgaben innerhalb eines Projektes zu lösen, sondern im Rahmen kompletter, in der Regel vorgefertigter, Bausysteme verwendet, ist der Begriff „Elementiertes Bauen" gebräuchlich. Montagebauweisen und elementiertes Bauen lassen sich jedoch nicht eindeutig voneinander abgrenzen, so dass sich die Ausführungen des Abschn. 6.7 und auch 10 (Vorgefertigte Geschossdecken) mit dem Inhalt des Kapitels 7 berühren.

Die großformatigen, vorgefertigten *selbsttragenden* Wandbauteile gliedern sich in geschosshohe selbsttragende schmale *Tafeln* (Bild 6.118a und b) und geschosshohe selbsttragende raumbreite *Platten* (Bild 6.118c).

Nichttragende vorgefertigte Wände werden als Außenwandelemente bei wabenartigen Tragwerksstrukturen („Schottenbauweise") oder im Zusammenhang mit Skelettkonstruktionen eingesetzt (Bild 6.119).

Baustellenuntersuchungen haben für Wände aus liegenden und stehenden Tafeln im Vergleich zu anderen, wärmetechnisch gleichwertigen Wandkonstruktionen besonders günstige Werte bezüglich des Gesamt*arbeits*aufwandes ergeben. Der geringe Arbeitsaufwand allein ist jedoch kein Maßstab für die Vorteile, die eine Wandkonstruktion bietet, da die *Wand*baukosten nur einen Teil der *Gesamt*baukosten ausmachen und außerdem der optimale Wert einer Wand neben den Herstellungskosten von vielerlei Eigenschaften bestimmt wird, wie:

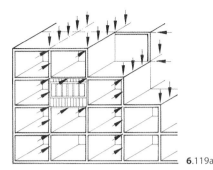

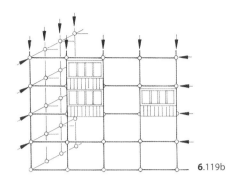

6.119a

6.119b

6.119 Nichttragende vorgefertigte Wände
    a) Zellenwerk aus tragenden Querwänden (Schotten) mit eingesetzten, nicht deckentragenden Außenwand-
       elementen. Tragende Querwandelemente geschosshoch, meist raumtief, Längsaussteifung durch
       Deckenscheiben, Treppenhauswände und längsgerichtete Trennwände
    b) Stahl- oder Stahlbetongerippe mit außen vorgehängten Wandelementen. Wandelemente geschosshoch,
       Breite 1,00 bis 3,00 m. Horizontalkräfte werden durch Rahmen und Deckenscheiben aufgenommen

6

- Festigkeit
- Sicherheit gegen Nässe, Schall und Wärme-
  verluste
- Dauerhaftigkeit
- kurze Bauzeit (Montage)
- geringe oder gar keine Baufeuchtigkeit
- geringe Baustoffmasse (Raum-, Stoff- und
  Transportersparnis)
- Maßgenauigkeit
- Aussehen usw.

Einige der geforderten Eigenschaften wirken einander entgegen, z.B. Schalldämmfähigkeit und
geringe Masse, wasserdichte Außenhaut und
Möglichkeit der Dampfdiffusion u. Ä.

Nur sehr sorgfältige Planung und genaue Ar-
beitsdurchführung ermöglichen es, das beste
Gesamtergebnis zu erreichen.

Tafeln, die den hohen Ansprüchen genügen sollen, die z.B. im Wohnungsbau gestellt werden,
müssen alle Eigenschaften einer guten Massivwand haben, aber außerdem transportabel und
montierbar sein. Sie dürfen bei hinreichender
Luftschall- und Wärmedämmung nicht zu schwer
sein und müssen vor und nach dem Einbau, trotz
ihrer Größe, maßgenau und an allen Stößen vollkommen dicht sein. Obwohl möglichst bis in die
Einzelheiten des inneren Ausbaus vorgefertigt,
sollen sie nicht nur transportsicher, sondern auch
nicht zu transportempfindlich sein.

Tafelabmessungen werden vom Baustoff (Gewicht und Festigkeit) sowie vom Entwurfsraster-
maß (Bild **6**.120) bestimmt. Die Tafelhöhe ist
gleichzeitig Geschosshöhe.

Die Beschränkung auf wenige, aber abwand-
lungsfähige Tafeltypen und -größen (große Se-

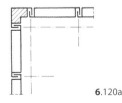

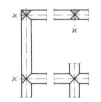

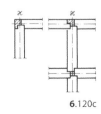

6.120a

6.120b

6.120c

6.120 Einfluss der Tafelstöße und -kreuzungen auf die Einordnung in Rastersysteme (vgl. Bild **2**.9 bis **2**.13)
    a) Raster neben Elementachse, weil Eckglied bei mehrschaligen Wandelementen besonders groß bemessen ist
    b) Rasterachse deckt sich mit Wandelementachse bei einschaligen Tafeln (κ = kleine Füllglieder mit hoher Wär-
       medämmfähigkeit)
    c) ähnlich b mit rechtwinklig gebrochenen Stoßfugen

rien, gleichartige Montage, einfache Lagerhaltung) bei großem Spielraum für die architektonische Gestaltung sind ebenso erforderlich wie eine für die gesamte Planung konsequente Anwendung der Maß- bzw. Modulordnung (vgl. Abschn. 2).

Tafelverbindungen werden auf zahllose Arten durch Fugenverguss, Dübel, Schrauben, Haken, Klammern, Nutfedern usw. hergestellt. Die Wahl der Verbindung hängt vom Tafelbaustoff (Festigkeit, Maßgenauigkeit, Wärmedämmung, Schwindmaß) sowie vom Wandaufbau ab (einschalig, mehrschalig, hohl, gerahmt usw.).

Außenwandtafeln sind meistens mehrschalig oder -schichtig (außen Wetterschutz, im Inneren Wärmedämmung, an der Innenfläche oft fertiger Untergrund für Anstrich oder Tapete). Durch Dampfsperren ist zu vermeiden, dass Wasserdampf im Wandinneren kondensiert und zu Bauschäden und Wärmeverlusten führt.

Innenwandflächen sollen nagelbar sein und Dübel, Schrauben usw. für das Anbringen von Raumausstattungsgegenständen sowie Installationsleitungen aufnehmen können. Gefordert werden weiterhin dichte Fugen, nicht nur gegen Schmutz und Ungeziefer sondern immer mehr auch wegen der Forderungen nach luftdichten Gebäudehüllen. Das erforderliche Schalldämmmaß kann durch doppelschalige Wände aus Tafeln verschiedener Biegesteifigkeit erreicht werden.

Fugendichtungen erfordern besondere Sorgfalt. Anzustreben sind konstruktive Lösungen wie z. B. Nut- und Federverbindungen. Für die Dichtung von Fugen, in denen auch Dehn- und Schwindbewegungen ausgeglichen werden sollen, sind Fugenprofile, vorkomprimierte Dichtungsbänder oder Dichtungsmassen zu verwenden, die hinreichend fest an den Fugenflanken haften und bei Dehnung nicht reißen (s. Abschn. 5.7.2, Bilder **5**.54 bis **5**.55).

Die für Transport und Montage erforderliche Kantenfestigkeit sowie die Knickfestigkeit können durch Einfassen der Tafeln mit Holz- oder Metallrahmen verbessert werden. Tafelrahmen aus Metall oder Schwerbeton liegen im Innern der Fuge, oder sie müssen durch Falzungen und wärmedämmende Kunststoffpolster unterbrochen werden, damit sie keine Wärmebrücken bilden.

Tafelauflager werden in der Regel von Fundamentplatten aus Beton oder den Rohdecken ge-

bildet. Die Tafeln werden bei den meisten Systemen in U-förmige Metallschienen eingeschoben, die auf den Deckenrändern verankert werden. Die Dichtung der Lagerfuge muss der Stoßfugendichtung den einzelnen Tafeln entsprechen.

Bei der Verbindung zwischen Wand- und Deckentafeln aus Beton wird wie in Bild **6**.123 und **6**.129 gezeigt verfahren.

6.7.2 Vorgefertigte tragende Wandelemente

Flachbauten werden seit langer Zeit aus etwa meterbreiten, geschosshohen Tafeln zusammengesetzt, die wärmedämmend und so fest sind, dass sie ohne Aussteifung durch Stützen leichte Decken- oder Dachlasten aufnehmen können. Balken- oder Rippendecken können dabei auf die steifen Vertikalkantenstöße der Tafeln aufgelagert werden (Bild **6**.118b). Aus Tafeln (Schalen, Flächen) zusammengefügte Wände bieten allgemein die Vorteile der Serienherstellung, der Anpassungsfähigkeit an vielerlei Grundrissformen und der trockenen, schnellen Montage der bis zum Ausbau vorgefertigten Wandelemente.

6.7.2.1 Porenbetonelemente

Porenbetonelemente werden als raumhohe Tafeln von 62,5 cm Breite oder in Raumbreite (bis etwa 6,00 m) – auch mit eingearbeiteten Fenster- und Türöffnungen – hergestellt.

In Verbindung mit entsprechenden Porenbeton-Dach- und Deckenelementen ergeben sie komplette Montagesysteme für Gebäude mit bis zu 3 Vollgeschossen. Die Tafeln haben entweder nur eine leichte Transportbewehrung oder auch Zugbewehrungen nach statischer Berechnung, so dass Horizontalkräfte (Winddruck, Erddruck) aufgenommen werden können.

Die Tafeln werden auf Fundamenten oder Deckenrändern in ein Mörtelbett (MG III) gesetzt und im Übrigen an den Stößen stumpf oder mit Nut-Feder-Rändern durch Klebe- oder Dünnbettmörtel verbunden.

Gebäudeecken werden mit Stahlankern gesichert. An den Deckenrändern werden Ringanker nach statischer Berechnung ausgeführt (Bild **6**.121).

Die Außenflächen können in herkömmlicher Weise geputzt werden oder Dünnbettputze bzw. Anstriche erhalten, die jedoch nicht die Wasserdampfdiffusion behindern dürfen.

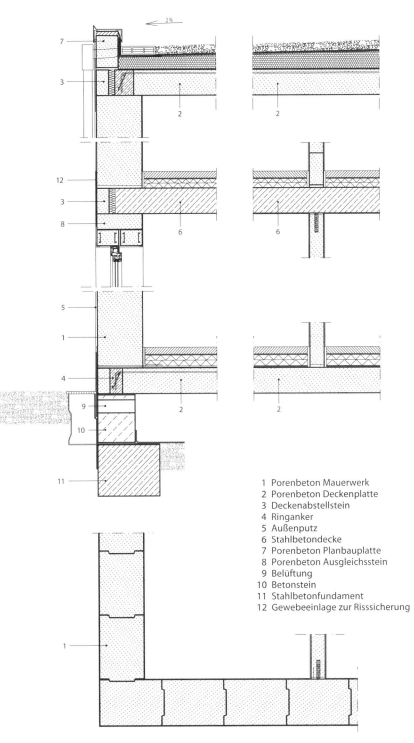

1 Porenbeton Mauerwerk
2 Porenbeton Deckenplatte
3 Deckenabstellstein
4 Ringanker
5 Außenputz
6 Stahlbetondecke
7 Porenbeton Planbauplatte
8 Porenbeton Ausgleichsstein
9 Belüftung
10 Betonstein
11 Stahlbetonfundament
12 Gewebeeinlage zur Risssicherung

6.121   Tragende Porenbeton-Wandelemente (YTONG)

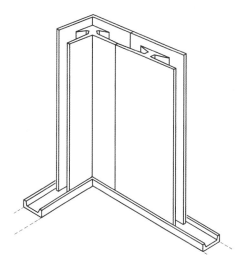

6.122   Zweischalige Schwerbetonwandelemente (BHN)

6.7.2.2   Stahlbetonelemente[1]

Stahlbeton-Fertigelemente kommen in einfacher Form für den Bau von Kellerwänden in Frage. Schmale, raumhohe Elemente sind wegen ihres hohen Gewichtes und der damit verbundenen Transportprobleme meistens gegenüber örtlich mit modernen Schalungstechniken hergestellten Betonwänden unwirtschaftlich. Dagegen können – auch mit leichtem Hebezeug versetzbare – zweischalige Wandelemente vorteilhaft sein. Sie werden nach dem Einbau mit Beton verfüllt und sind eigentlich als „verlorene Schalung" zu betrachten (Bild **6**.122).

Geschosshohe, raumbreite Stahlbeton-Wandelemente werden als tragende Platten aus Normal- oder Leichtbeton hergestellt. Sie werden vor der Montage oft bis in alle Einzelheiten (Fenster, Türen, Installation, Putz, Verglasung) vorgefertigt. Die Anfertigung erfolgt in hochmechanisierten Werken, wo mit größter Genauigkeit und Sparsamkeit sorgfältig ausgewählte Baustoffe von gleichbleibender Güte verarbeitet werden. Durch große Serien und die damit verbundene straffe Rationalisierung bei Fertigung und Montage können Kosten gesenkt werden. Voraussetzungen für das Erreichen dieses Zieles sind frühzeitige Planung, Zusammenarbeit erfahrener Fachleute auf dem Gebiet des Entwurfs, der Fertigung und des Baustellenbetriebes und günstige Transportbedingungen (Entfernung 50 bis 100 km).

---

[1] s. auch Abschn. 6.7.3.5.

Die Maßtoleranzen wie Grenzabmaße und Winkeltoleranzen für vorgefertigte Bauteile wie u. a. Wandtafeln aus Beton sind in DIN 18 203-1 geregelt.

Durch die Abkehr vom vielgeschossigen Massenwohnungsbau und durch den Trend zu immer stärker differenzierter architektonischer Gestaltung der Fassaden ist trotz der vorhandenen technischen Möglichkeiten auf diesem Gebiet der Einsatz großformatiger *tragender* Außenwandelemente heute in erster Linie dort gegeben, wo lediglich rasche Montage an der Baustelle wichtig ist. Dazu gehören Außen- und Innenwände, wenn der Einsatz der erforderlichen schweren Hebezeuge dafür wirtschaftlich bleibt.

*Außenwand*platten werden zweischalig mit dazwischenliegender Dämmschicht („Sandwichplatten") hergestellt. Die äußere Betonschale bildet den Wetterschutz, die innere trägt die Deckenlast. Die Stahlbetontragschicht ist i. d. R. zwischen 120 mm und 250 mm dick. Die Wärmedämmschicht kann ohne Probleme bis 240 mm Dicke ausgeführt werden. Die Mindestdicke der Betonvorsatzschicht ist 70 mm (DIN EN 1992-1-1/NA). Die Fachvereinigung Deutscher Betonfertigteilbau empfiehlt eine Mindestdicke von 80 mm. Je nach Anforderung bzw. Umweltbedingungen (z. B. Tausalzbelastung im Sockelbereich) können größere Plattendicken erforderlich werden. Die Maßgenauigkeit wird durch die Fertigung in Metallformen erreicht und durch Dampfhärtung (Verhindern des Schwindens nach Einbau) (Bild **6**.123).

Äußere und innere Schale müssen miteinander verankert werden. Die *Verankerung* muss einerseits eine sichere Verbindung der Schalen gewährleisten, andererseits aber auch thermische Bewegungen der Außenschale sowie Schwindbewegungen zulassen. Daher werden in Tafelmitte starre Zentralanker und an den Rändern flexible, korrosionsfeste Stahldrahtanker („Nadeln") eingebaut (Bild **6**.124).

Die Fugeneinteilung der Fassadenelemente ist in erster Linie von den gestalterischen Absichten abhängig. Aus gestalterischen Gründen können auch Scheinfugen, die allerdings verstärkte Schichtdicken voraussetzen, ausgebildet werden. Der Fugenabstand der äußeren Betonschalen sollte auf maximal 6 bis 7 m begrenzt sein.

Für die Herstellung der Betonfertigteile werden Holz-, Stahl- oder Matrizenschalungen verwendet. Die Betonoberfläche der ungeschalten Seite wird durch Reiben, Glätten, Abziehen oder Rollen bearbeitet.

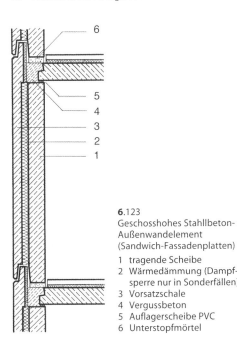

6.123
Geschosshohes Stahllbeton-
Außenwandelement
(Sandwich-Fassadenplatten)
1 tragende Scheibe
2 Wärmedämmung (Dampf-
   sperre nur in Sonderfällen)
3 Vorsatzschale
4 Vergussbeton
5 Auflagerscheibe PVC
6 Unterstopfmörtel

Die *Wärmedämmung* besteht im Allgemeinen aus schwer entflammbaren oder nicht brennbaren Schaumstoffen bzw. Mineralwolleplatten. Wärmebrücken müssen durch Stufenfalze der Wärmedämmplatten oder durch mehrschichtige

6.125a **6**.125b

6.125   Stöße der Wärmedämmung von Sandwich-
          Elementen
          a) Stufenfalz
          b) Stöße versetzt

Anordnung mit versetzten Stößen verhindert werden (Bild **6**.125).

Fugen. Entscheidend für die Güte der gesamten Wand, insbesondere der Außenschale, ist die Ausbildung der *Horizontal-* und *Vertikalfugen*. Sie werden mit eingelegten Dichtungsbändern (Bild **6**.128a), Profilsystemen (Bild **6**.128b) oder als abgedichtete Fugen (Bild **6**.128c) ausgeführt.

Durchfeuchtungsschäden und Wärmeverluste an den Plattenfugen können vermieden werden, wenn den physikalischen Grundsätzen auf einfache Weise durch die *Fugenform* Rechnung getragen wird. Um eine sichere Ableitung von Schlagregenwasser auch an den Fugenkreuzungen zu gewährleisten, werden z. B. die senkrechten Fugenebenen in diesen Bereichen gegeneinander versetzt (Bild **6**.129).

6

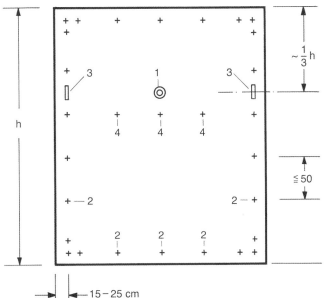

6.124
Verankerungen in Sandwichplatten
1 Zentralanker
2 Randanker („Nadeln")
3 Zentrieranker
4 Zusatznadelreihe bei Höhen
  über 2,50 m

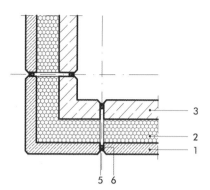

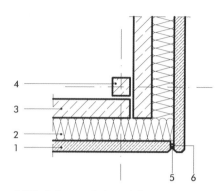

6.126 Außenwandecken ohne Stütze
1 Vorsatzschale
2 Wärmedämmung
3 innere Schale

6.127 Außenwandecken mit Stütze
4 Stütze des Stahlbetonskeletts
5 Fugenabdichtung
6 Fugenhinterfüllung

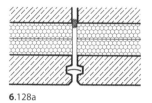

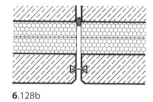

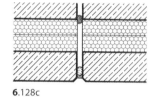

6.128a   6.128b   6.128c

6.128 Fugenausbildung
a) Dichtungsband in Stahlbetonnut
b) Fugenprofile mit Dichtungsband
c) dauerelastische Abdichtung (s. auch Bild **5**.50)

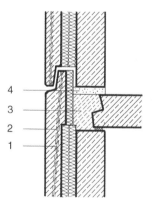

6.129 Hinterlüftete Horizontalfuge einer Sandwich-
Wand
1 seitliche Fugenzunge
2 Fugendichtungsprofil
3 Vergussbeton
4 Unterstopfmörtel

Die *Horizontalfuge* kann auch durch eine mindestens 6 cm hohe „Schwelle" geschützt werden, deren Höhe sich aus dem Staudruck des Windes herleitet. Die Windsperre bilden der Ortbetonverguss oder Dichtungsbänder (Bild **6**.130). Die *Vertikalfuge* erhält hier eine Regensperre aus einem Kunststoffprofil, hinter dem der vertikale Druckausgleichsraum liegt, aus dem etwa eingedrungenes Wasser in der Horizontalfuge nach außen abfließen kann (Bild **6**.128a und b).

Fugen, die ausschließlich mit Dichtstoffen gesichert werden, sind besonders schadensanfällig, weil Verarbeitungsfehler zunächst schwer erkennbar sind. Dies gilt insbesondere, wenn versucht wird, mit der Fugendichtung Montagefehler (ungleiche Fugenbreiten) oder Herstellungsfehler an den Wandelementen auszugleichen. Besonders in den neuen Bundesländern sind umfangreiche Instandsetzungsarbeiten an den Fugen von Plattenbauten erforderlich geworden. Hierfür muss auf Spezialliteratur verwiesen werden.

Beim Beton-Großplattenbau ist es keine ideale Lösung, wenn bei der Montage Ortbeton verwen-

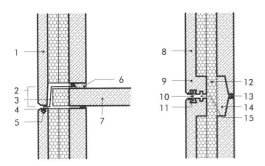

6.130 Prinzip der druckausgleichenden Vertikalfuge bei mehrschichtigen Beton-Außenwandplatten[1]) (Schnitt und Grundriss)

1 Außenschale
2 Schwellenhöhe h ≧ 6 cm
3 den Kreuzungspunkt überdeckendes Kunststoffprofil
4 Steckbefestigung des Kunststoffprofils
5 einbetoniertes PVC-Profil
6 Windsperre (Mörtel) im Wandinnern durch Dichtungsband angeschlossen
7 Stahlbetondecke
8 Wärmedämmung (zweilagig)
9 verdickte Außenschale
10 Regensperre (Polychloropren)
11 Vertikalfugenprofil aus PVC
12 vor dem Ortbetonverguss einzubringende Wärmedämmung
13 Dichtungsmasse
14 Ortbeton
15 Druckausgleichsraum

det werden muss. Besser ist der statisch wirksame Verbund der trocken versetzten Platten durch Spannkeile (mögliche Demontage, bessere Wärmedämmung, geringeres Transportgewicht).

Raumgroße lasttragende *Innen*wandplatten werden aus einschaligem Normal- oder Stahlleichtbeton hergestellt. Sie enthalten meistens Kanäle für Versorgungsleitungen aller Art.

Schornsteine und Müllschächte werden ebenfalls in geschosshohen Elementen hergestellt (s. Abschn. 3 in Teil 2 dieses Werkes).

6.7.3 Vorgefertigte nichttragende Wandelemente

6.7.3.1 Allgemeines

Nichttragende Außenwandtafeln, die in zahlreichen Variationen verwendet werden, und zwar aus Holz-, Stahl- oder Aluminiumrahmen, mit Blech, Faserzement, kunststoffbeschichteten Sperrholz-, Spanholz- oder Faserholzplatten o. Ä. beplankt und innen mit Wärmedämmstoffen ge-

füllt bzw. ausgeschäumt, lassen sich mit höchster Maßgenauigkeit in Serie herstellen und miteinander oder auch mit den Tragsystemen verbinden. Die Fertigung umfasst oft auch Fenster oder Türen als Teil des Wandelements. Spezialtransportgerät kann Transportschäden vermeiden helfen.

Außenwände von Gebäuden mit Stahl- oder Stahlbetongerippen (s. Bild **6**.118) oder tragenden Querwänden (Zellenwerk, „Schotten") werden durch leichte, vorgefertigte Wandelemente gebildet, die entweder als Ausfachung zwischen die Tragkonstruktion (Bild **6**.131a und b) gesetzt oder *davor* aufgehängt werden (Bild **6**.131c und d).

Ausfachungen werden zwischen Deckenplatten oder Stützen so montiert, dass das Skelett des Bauwerkes ganz oder teilweise sichtbar bleibt (Bild **6**.131a bis c). Problematisch ist dabei die Einhaltung enger Maßtoleranzen bei der Ausführung des tragenden Skeletts, das Verhindern von Wärmebrücken in der Fassade und die Abdichtung zwischen den Ausfachungselementen und dem Skelett. Es ist deshalb meistens einfacher, vorgefertigte Wandelemente komplett *vor* die Tragkonstruktion zu hängen (Bild **6**.131d).

6.7.3.2 Leichtelemente

Leichte hallenartige Gebäude ohne Wärmeschutz können einfache Montagewände aus Faserzement- (Bild **6**.132), Stahl- oder Aluminium-Profilplatten erhalten, die mit Hilfe von Riegeln oder freistehend vor den Skelettkonstruktionen montiert werden (Bild **6**.133).

6.7.3.3 Metallelemente mit Wärmedämmung

Für Hallen- und für Lagerbauten mit Skelettkonstruktionen, bei denen keine Wärme*speicherung* der Wände erforderlich ist, stellen Metallprofilplatten mit Wärmedämmung sehr wirtschaftliche Lösungen dar.

Wenn an die Innenflächen keine Anforderungen – auch hinsichtlich mechanischer Beschädigungen – gestellt werden müssen, können steife Wärmedämmplatten (z. B. extrudierte PS-Hartschaumplatten) zwischen den Riegeln montiert werden (Bild **6**.134a). Werden nichtbrennbare Dämmplatten verwendet, die zwischen zwei Blechschalen angeordnet sind, können derartige leichte Außenwände Feuerwiderstandsklassen bis zu W 90 erreichen (Bild **6**.134b).

Insbesondere im Industriebau werden für derartige Wandkonstruktionen vorgefertigte Elemente aus beschichteten Stahl- oder Aluminiumpro-

6

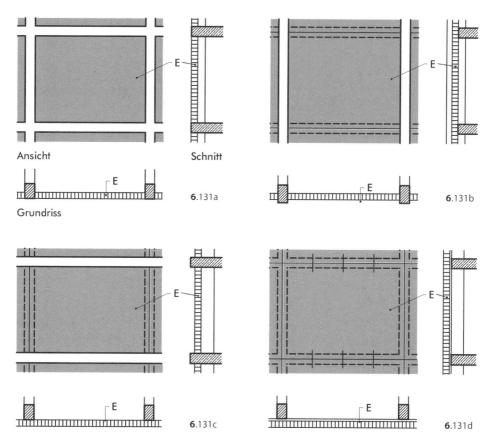

Ansicht   Schnitt

Grundriss   **6**.131a   **6**.131b

                                       6.131c   **6**.131d

6.131   Anordnung vorgefertigter Außenwandelemente (Prinzipskizzen)
   a) Außenwandelemente E zwischen Deckenplatten und Stützen gehängt oder auf Deckenplatte aufgesetzt
   b) Außenwandelement E vor Deckenplatten, hinter Stützenvorderfläche (Elemente sind an der Decke beliebig
      oft aufgehängt oder auf ihr abgestützt)
   c) Außenwandelement E vor Stützen, hinter Deckenstirnflächen (Elemente sind auf die Deckenplatten aufge-
      setzt)
   d) Außenwandelemente E vor Stützen, und vor Deckenplatten (Elemente sind an den Decken- und Stützenstirn-
      flächen befestigt)

filen mit Schaumstoffkern verwendet. Sie sind besonders im Hinblick auf den Montageaufwand sehr wirtschaftlich und können bei baulichen Veränderungen leicht abgenommen und wiederverwendet werden (Bild **6**.135).

Wenn an den Innenseiten glatte Wandflächen ohne Riegel erforderlich sind, stellen Stahlkassettenwände eine gute Lösung dar. Während die Außenschale bei ihnen vertikal gespannte Trapezprofile aufweist, wird die Innenschale aus Kassettenprofilen gebildet, die horizontal von Stütze zu Stütze gespannt werden. Mit entsprechender Kassettentiefe kann jede erforderliche Wärmedämmschicht eingebaut werden. Werden die innenliegenden Kassetten aus Lochblechen

gebildet, lassen sich erhebliche Schallschluckwerte in Verbindung mit geeigneten Wärmedämmstoffen erreichen (Bild **6**.136).

Berücksichtigt werden muss, dass Metallkonstruktionen gegen mechanische Beschädigungen empfindlich sind, und nur mit recht hohem Aufwand können sie Anforderungen hinsichtlich Schallschutz erfüllen.

Durch konstruktive Maßnahmen und Wahl geeigneter Baustoffe muss sichergestellt sein, dass schädigende Einwirkungen z. B. verschiedener Baustoffe untereinander – auch ohne direkte Berührung, insbesondere in Fließrichtung des Wassers – ausgeschlossen sind. Kontakt- und Spaltkorrosion ist z. B. durch elastische Zwischen- oder

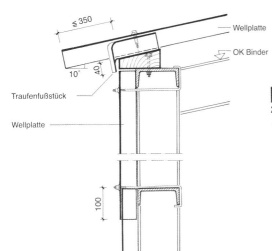

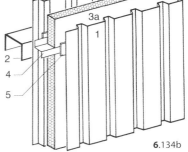

6.132 Wand aus Well-Faserzement-Platten

6.134a

6.134b

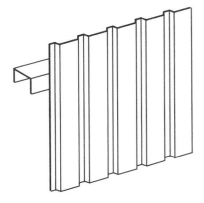

6.133 Wand aus Stahlblech-Trapezprofilen

6.134 Stahlblech-Trapezprofilwände (HOESCH)
    a) zweischalig mit Wärmedämmung
    b) zweischalig, Feuerwiderstandsklasse W90

    1 Trapezprofil
    2 Unterkonstruktion
    3 Wärmedämmschicht 10 x 100 mm
    3a Wärmedämmschicht (nicht brennbar)
    4 Z-Profil
    5 Silikatstreifen

Gleitschichten, Bitumendachbahnen und Kunststoff-Folien zu vermeiden (DIN 18516-1).

6.7.3.4 Poren- und Leichtbetonelemente

Porenbetonelemente bieten als nichttragende Wände bei größeren Wanddicken gegenüber Stahlprofilwänden folgende Vorteile:

- gute Wärmedämm- & -speichereigenschaften
- unproblematische Wasserdampfdiffusion
- relativ guter Schallschutz
- guter Brandschutz
- Unempfindlichkeit bzw. gute Reparaturmöglichkeit bei mechanischen Beschädigungen.

Dem steht der höhere Montageaufwand, die erforderliche laufende Unterhaltung durch Anstriche, die eingeschränkte Wiederverwendbarkeit bei baulichen Änderungen gegenüber. Das höhere Eigengewicht der Elemente erfordert entsprechend bemessene Unterkonstruktionen.

Für *nichttragende* Wände werden 62,5 cm breite, geschosshohe Porenbetonelemente vor den Riegeln von Skeletten *stehend* oder *liegend* eingebaut. Bei liegendem Einbau sind Elementlängen bis zu 7,50 m Länge möglich. Die Verbindung mit dem Skelett erfolgt in der Regel mit Halteankern, die in Ankerschienen eingehängt oder an Stahlskeletten angeschweißt werden (Bild **6**.137b).

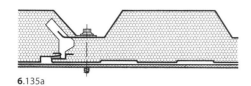

6.135a

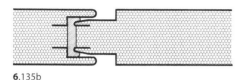

6.135b

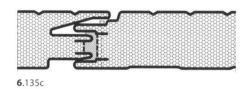

6.135c

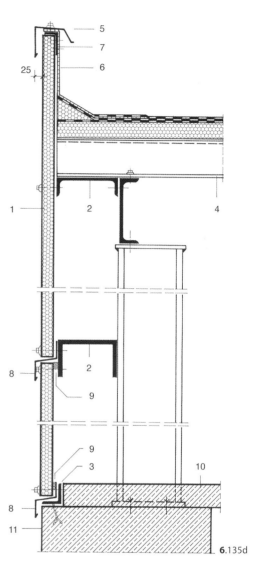

6.135 Montagewände aus Stahlblech
   a) wärmegedämmte Trapezprofilbleche
   b) Sandwich-Platten (HOESCH-Isowand)
   c) Sandwich-Element mit verdeckter Befestigung
     (Fischer Isotherm plus N)
   d) Schnitt
   1 HOESCH-Isowand
   2 Wandriegel
   3 Fußriegel
   4 Trapezblech (Dachaufbau
     s. Teil 2 dieses Werkes)
   5 Attikakappe
   6 Kunststoffdachbahn
   7 Haltewinkel
   8 Horizontalverwahrung
   9 Dichtungsband
  10 Verbundestrich
  11 Stahlbetonsockel

Die Stoßverbindungen und Oberflächenbehandlung usw. werden wie bei tragenden Porenbetonelementen ausgeführt (s. Abschn. 6.7.2.1).

6.7.3.5 Stahlbeton-Fassadenelemente

Für Stahlbetonskelettbauten mit hohen Anforderungen an Wärme- und Schallschutz kann eine Kombination von Ausfachungswänden mit zusätzlichem Wärmeschutz und vorgehängten Stahlbeton-Außenwandelementen in Frage kommen. Diese werden mit Schwerlastankern an den Stahlbetonstützen oder -riegeln oder an den Deckenrändern der Skelettkonstruktion aufgehängt und justiert (Bild **6**.138). Je nach Abstand zwischen Außenwandelement und Wärmedämmung liegt damit eine zweischalige Außenwand mit Kerndämmung oder eine hinterlüftete Außenwand vor (vgl. Abschn. 6.2.3.3).

Bei einer anderen Montageart werden die Stahlbeton-Außenwandelemente mit bereits rückseitig aufgeklebter oder anbetonierter Wärmedämmung mit kurzen angeformten Nocken auf die Deckenränder aufgesetzt. Mit Winkellaschen werden die Konsolnocken auf einbetonierten Ankerschienen verschraubt. Nur im oberen Be-

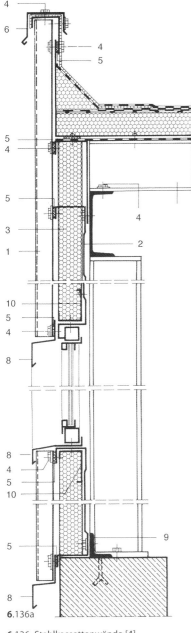

reich werden sie mit Schwerlastankern gegen Abkippen gesichert. Anschließend werden die Skelettfelder von der Innenseite her ausgemauert, so dass eine zweischalige Wand mit Kerndämmung entsteht (Bild **6**.139, vgl. Abschn. 6.2.3.3).

Hinterlüftete Konstruktionen sind bei dieser Bauweise auch möglich, wenn die Wärmedämmung mit Hilfe von wabenartigen Kunststoff-Abstandhaltern an die Fertigteile anbetoniert wird.

Die Fugen der Elemente werden wie bei den tragenden Stahlbetonwänden ausgeführt (s. Bild **6**.128).

Die außerordentlich verfeinerten Schalungstechniken erlauben auch die Herstellung von gestalterisch und formtechnisch aufwendigen Fassadenteilen.

6

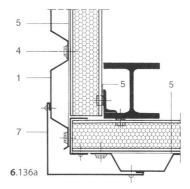

6.136a

6.136 Stahlkassettenwände [4]
- a) Schnitt
- b) Grundriss, Ecke

1 Stahltrapezprofil (Dachaufbau s. Teil 2 dieses Werkes)
2 Stahlkassette
3 Wärmedämmung
4 Edelstahlschraube mit U-Scheibe und Neoprene-Dichtung
5 Dichtungsband

6 Attika-Kappe
7 Eckprofil
8 Tropfprofil
9 Fußwinkel
10 Verstärkungsriegel

6

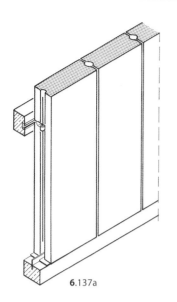

6.137a

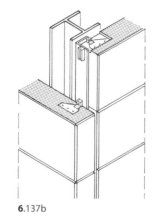

6.137b

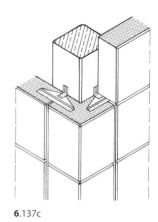

6.137c

6.137   Stahlskelett mit Porenbetondielen
a) stehende Montage vor Stahlbetonriegel
b) liegende Montage
c) liegende Montage mit Eckelement

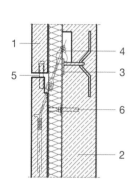

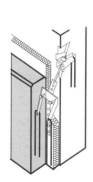

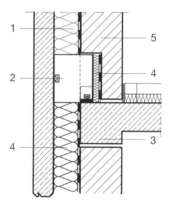

6.138   Fassadenplattenanker (deha)
1 Fassadenplatte
2 Stahlbetonskelett
3 einbetonierte Ankerplatte
4 Fassadenplattenanker
5 Justierstift
6 Abstandhalter

6.139   Aufgesetzte Stahlbeton-Fassadenplatte
1 Fassadenplatte
2 Aufstandnocken mit seitlichem Sicherungs-
   winkel auf Ankerschiene
3 Stahlbetonriegel (bzw. Sturz)
4 Wärmedämmung mit raumseitiger Dampfsperre
5 Hintermauerung

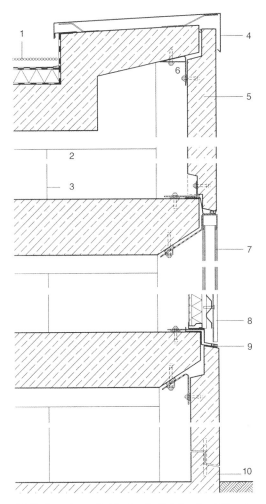

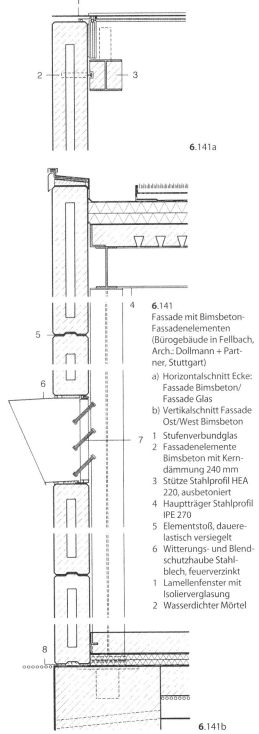

6.141a

6.141b

6.140 Fassade aus Stahlbeton-Fertigteilen (Logistikzentrum in Lyon, Arch.: Tectoniques, Lyon) Fassadenschnitt

   1 Dachaufbau: Steinschüttung 60 mm, Dachdichtung mehrlagig, Dämmung 80 mm, Dampfsperre, Beton-Hohlraum-Deckenelement mit Stahlbeton-Verguss
   2 Querträger, Stahlbeton
   3 Rundstütze, Stahlbeton
   4 Aluminium-Abdeckblech, lackiert
   5 Fassadenelement Betonfertigteil d = 160 mm lasiert mit leichtem Grünton
   6 Stahlwinkel verdübelt
   7 Fassadenelement, Profilglas
   8 Aufbau Metall-Fassadenelement: Lochstahlblech lackiert auf U-Stahlprofilen Polyester-Wellplatte transparent auf U-Stahlprofilen, Dämmung Steinwolle, Gipsplatte 13 mm als Brandschutz (h = 1 m) in Stahlblech lackiert
   9 Silikonverfugung
  10 Sockel Betonaufkantung

6.141
Fassade mit Bimsbeton-Fassadenelementen (Bürogebäude in Fellbach, Arch.: Dollmann + Partner, Stuttgart)

a) Horizontalschnitt Ecke: Fassade Bimsbeton/ Fassade Glas
b) Vertikalschnitt Fassade Ost/West Bimsbeton

  1 Stufenverbundglas
  2 Fassadenelemente Bimsbeton mit Kerndämmung 240 mm
  3 Stütze Stahlprofil HEA 220, ausbetoniert
  4 Hauptträger Stahlprofil IPE 270
  5 Elementstoß, dauerelastisch versiegelt
  6 Witterungs- und Blendschutzhaube Stahlblech, feuerverzinkt
  1 Lamellenfenster mit Isolierverglasung
  2 Wasserdichter Mörtel

6.8 Holzbausysteme

6.8.1 Bauen mit Holzmodulen

In den letzten Jahren ist das Bauen mit Holz immer beliebter geworden. Dies hat dazu geführt, dass die Industrie immer ausgereiftere Bausysteme entwickelt.

Eine dieser Entwicklungen ist die sogenannte „Holzmodul-Bauweise". Dabei werden durch loses Zusammenstecken von Systemteilen (Modulen) tragende und aussteifende Wände von Wohngebäuden bzw. von vergleichbar genutzten Gebäuden mit bis zu sechs Vollgeschossen erstellt.

Holzmodul-Bauweisen sind Baukastensysteme, die hohe Anforderungen an Stabilität, Dauerhaftigkeit, Komfort und Gestaltungsfreiheit erfüllen. Diese Bauweise reduziert im Verhältnis zum Montagebau bzw. zum elementierten Bauen den Planungsaufwand erheblich und vergrößert dadurch den kreativen Spielraum.

Mit diesen Holzbausystemen sollen die Vorteile vom Mauerwerksbau mit den positiven Eigenschaften des Rohstoffes Holz verbunden werden. Die Module können sowohl die Dämmung als auch Installationsleitungen aufnehmen.

Das übliche kleinteilige Raster (16 cm horizontal, 8 cm vertikal) ermöglicht große Planungs- und Herstellungsfreiheit.

Auch unter ökologischen Gesichtspunkten sind Holzmodul-Bauweisen eine durchaus ernst zu nehmende Alternative zum konventionellen Massivbau. Das Holz wird auf Grund der technischen Trocknung ohne jeglichen Holzschutz eingesetzt. Es fällt nahezu kein Bauschutt an. Holzmodul-Wände können auch wieder zurückgebaut und in einem anderen Grundriss oder an anderer Stelle wiederverwendet werden.

Bei der Anwendung der Holzmodulbauweisen ist DIN 68800-2 „Holzschutz; vorbeugende bauliche Maßnahmen im Hochbau" zu beachten.

Bei Außenwänden ist außen ein dauerhafter Wetterschutz sicherzustellen. Die verschiebungssteife Verbindung der Module untereinander wird durch das Ineinandergreifen ihrer speziell geformten Ober- und Unterseite gesichert. Zum Ausrichten der Module untereinander und zur Herstellung eines Verbundes in Längsrichtung dienen Holzdübel in Steckverbindungen. Für den oberen und unteren Abschluss sind in der Regel Schwellen und Einbinder zu verwenden.

Wände in Holzmodul-Bauweise müssen am Wandfuß und am Wandkopf rechtwinklig zur Wandebene horizontal gehalten sein, z. B. durch Decken, die über die gesamte Wanddicke und Wandbreite aufliegen. Sie sind durch Beplankungen, Stiele und in anderer geeigneter Weise gemäß den Vorgaben des Herstellers zu verstärken.

Die Holzmodul-Bauweisen erreichen auch hohe Schall- und Wärmeschutzwerte. So erreichen die Systembauteile bei 16 cm Gesamtwandstärke mit Wärmedämmungen in den Kammern (Zelluloseflocken, Perlite usw.) und einer zusätzlichen Außendämmung von 16 cm Dicke einen Wärmedurchgangskoeffizenten (U-Wert) von 0,14 W/m^2K. Insbesondere gilt es aber gerade bei Holzbausystemen wie auch bei Wandkonstruktionen im Trockenbau (s. Abschn. 6.10.3), den verwendeten Dämmstoffen besondere Aufmerksamkeit zu widmen, um Gesundheitsschäden für die Nutzer der Gebäude auszuschließen.

Mineralwolle-Dämmstoffe (Glaswolle, Steinwolle) werden im Wand- und Unterdeckenbereich (s. auch Abschn. 14) vorwiegend für Schall- und Brandschutzzwecke eingesetzt. Mineralwolle (auch Faserdämmstoff genannt) besteht aus künstlichen Mineralfasern (KMF), denen Kunstharze, Öle und weitere Zusätze (z. B. wasserabweisende Stoffe) zugegeben sind. Mineralwolle-Dämmstoffe sind schallabsorbierend, nichtbrennbar, verrottungs- und alterungsbeständig sowie sehr wasserdampfdurchlässig. Sie können jedoch dünne, einatembare Fasern abgeben, deren möglichen **gesundheitlichen Auswirkungen bei der Verarbeitung** besondere Aufmerksamkeit zu schenken ist.

Grundsätzlich sind Fasern aller Art dann in der Lage, Krebs zu erzeugen, wenn sie bestimmte Längen und Durchmesser sowie eine gewisse Beständigkeit im Körper aufweisen. Anders als Asbestfasern, die sich aufspalten (d. h. sich der Länge nach teilen und somit immer dünner und gefährlicher werden), brechen Glas- und Steinwollefasern quer zur Faser und werden so immer kürzer (d. h. in der Wirkung dann mit jedem anderen Staub vergleichbar). Außerdem ist die Beständigkeit der Fasern von Bedeutung, weil die Fasern eine bestimmte Zeit in der Lunge verbleiben müssen, um eine Krebserkrankung hervorrufen zu können. Sobald diese aus der Lunge entfernt und aufgelöst sind, verlieren sie ihr krebserzeugendes Potential.

Die Beurteilung der Fasern wird im Wesentlichen aufgrund ihrer Beständigkeit bzw. Löslichkeit vorgenommen. In Deutschland werden hierzu die chemische Zusammensetzung und/oder die in Tierversuchen ermittelte Biobeständigkeit herangezogen.

Bei Produkten, die vor 1996 eingebaut worden sind, muss von einem Krebsverdacht ausgegangen werden. Seit 1996 werden in Deutschland Mineralwolleprodukte hergestellt, die als unbedenklich gelten. Seit dem 1. Juni 2000 dürfen nur noch neue Produkte verarbeitet werden, die nach Anhang V der Gefahrstoffverordnung als unbedenklich gelten.

Diese Entwicklungen machen es notwendig, in der Baupraxis von so genannten „alten" und so genannten „neuen" Produkten zu sprechen.

- Beim Umgang mit **„neuen"** Mineralwolle-Dämmstoffen kann davon ausgegangen werden, dass die Produkte „frei von Krebsverdacht" sind. Es wird empfohlen, mit dem RAL-Gütezeichen gekennzeichnete Produkte zu verwenden.

- Der Umgang mit **„alten"** Mineralwolle-Dämmstoffen – die als „krebsverdächtig" gelten – ist nur noch im Rahmen von Demontage-, Abbruch-, Instandhaltungs- und Instandsetzungsarbeiten möglich bzw. zulässig. Für solche Arbeiten gilt die TRGS 521.

Weichschaumstoff auf Melaminharzbasis. Die anhaltende Diskussion über mögliche gesundheitliche Auswirkungen bei der Nutzung künstlicher Mineralfasern im Bauwesen führte zur Entwicklung eines neuartigen Weichschaumstoffes auf Melaminharzbasis mit mineralischer Imprägnierung. Dieser offenporige schallabsorbierende Schaumstoff ist frei von Mineralfasern, Halogen und FCKW, lieferbar in den Baustoffklassen B1 und A2 (nichtbrennbar) nach DIN 4102 und weichelastisch eingestellt, so dass er ohne Rieselschutz passgenau in gelochte Deckenkassetten eingelegt werden kann. Weichschaumstoffe auf Melaminharzbasis werden vor allem für Schallabsorptionsaufgaben eingesetzt, sie weisen aber auch gute Wärmedämmeigenschaften auf. Die noch nicht abgeschlossene Entwicklung auf diesem Gebiet wird auch zukünftig mit besonderem Interesse zu verfolgen sein.

Dämmstoffe aus natürlichen Fasern. Immer mehr kommen alternative Dämmstoffe aus nachwachsenden Rohstoffen und tierischen Produkten zum Einsatz. Dazu gehören beispielsweise Dämmstoffe aus Holzfasern, Zellulosefasern, Kokosfasern, Baumwolle, Schafwolle usw. Abhängig vom jeweiligen Material erhalten diese Dämmstoffe zum Schutz vor Schimmel, Schädlingsbefall und leichter Entflammbarkeit (Baustoffklasse B2, normalentflammbar) entsprechende Zusätze, meist Borsalze. Diese Borverbindungen sind aus gesundheitlichen Gründen umstritten. Bei der Be- und Verarbeitung natürlicher Dämmstoffe werden ebenfalls Staub und Fasern freigesetzt, über deren gesundheitliche Auswirkungen noch keine gesicherten Erkenntnisse vorliegen. Entsprechende Arbeitsschutzmaßnahmen sind vorsorglich einzuplanen; dabei ist die TRGS 521, Teil II, „Organische Faserstäube", zu beachten.

Die Bilder **6.142** bis **6.**145 zeigen stellvertretend für zahlreiche andere auf dem Markt befindlichen Holzmodulbauweisen diverse Konstruktionsbeispiele.

6.8.2 Systemoffene Bauteile

Es sind auch systemoffene Bauteile, die dem Planer und Ausführenden mehr Gestaltungsfreiheit lassen, entwickelt worden. Dabei bestehen die Ständer, Decken- und Dachträger aus Doppel-T-Trägern. Die Gurte dieser Doppel-T-Träger sind aus Furnierschichtholz, die Stege dagegen aus gepressten Holzlangspanplatten.

Die systemoffenen Bauteile beschränken sich im Wesentlichen auf lastabtragende und aussteifende Bauteile und ihre Verbindungen in Dach, Wand und Decke. Sie bieten keine Lösungen für komplette Wand-, Decken oder Dachelemente. Jedoch können alle üblichen Konstruktionen aus

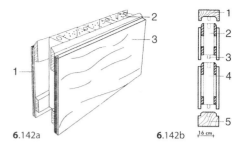

6.142a   6.142b

6.142 a) System-Bauteil Holzmodul für Außenwand (System STEKO)

1 Sichtqualität ohne Innenverkleidung bzw. Gipskartonplatte direkt auf Holzmodul
2 Kerndämmung: Eingelassene Zelluloseflocken bzw. Dämmstoff-Schüttung (z. B. Perlite)
3 Aufbau außen auf Holzmodul: Winddichte Schicht, Wärmedämmung, Außenbekleidung

b) Vertikalschnitt durch Holzmodul (System STEKO)

1 Einbinder, 8 cm
2 Ausgleichsmodul, 24 cm
3 Buchendübel zur Sicherung der Verbindung gegen Schub
4 Grundmodul, 32 cm
5 Schwelle, 8 cm

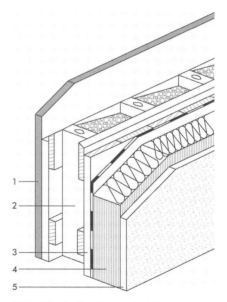

6.143 Wandaufbau (System Steko)

1 Gipskartonplatte, 15 mm
2 STEKO-Modul, wärmegedämmt, 160 mm
3 Winddichte Schicht
4 Außendämmung, 100 mm
5 Außenputz, 20 mm

U-Wert = 0,20 W/m^{2}K bei 295 mm Gesamtdicke

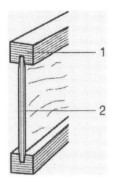

6.144
TJM-Element (TJM Europe, Genval, Belgien)
1 Gurt aus Furnierschichtholz
2 Steg aus gepressten Holzspanplatten
(z. B. OSB Performance Plus)

6.145
Fassadenschnitt eines Wohnhauses aus Massivholzwänden

 1 Titanzink
 2 Trennlage
 3 Holzlangspanplatte, 22 mm
 4 Konterlattung, 40/60 mm
 5 DWD-Platte, 16 mm
 6 TJI-Träger, 240 mm
 7 Zellulosedämmung, 200 mm
 8 Holzlangspanplatte, 18 mm
 9 Lattung, 24 mm
10 GK-Platte, 12,5 mm
11 Massivholzkern
12 Lärchenholzschalung
13 Bodenbelag
14 Estrich, 60 mm
15 Dämmung, 2 × 100 mm, stoßfugenersetzt
16 Schweißbahn mit Aluminium verklebt
17 Bodenplatte aus WU-Beton
18 Nivellierebene (Mörtel)
19 Heiß-Bitumenverguss
20 Anker
21 Betonfertigteil

dem Holzrahmen- oder -skelettbau darauf angepasst werden.

6.8.3 Massivholzwände

Bild **6**.145 zeigt den Fassadenschnitt eines Wohnhauses aus sogen. „Massivholzwänden". Die massiven Holzmodulelemente werden vorgefertigt.

Ein Modul besteht dabei aus verleimten Massiv-
holzelementen, die durch 15 mm dicke Holzlangspanplatten verbunden werden.

Weitere Massivholzwandkonstruktionen zeigen
die Bilder **6**.146 bis **6**.151.

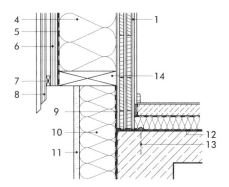

6.146 Sockeldetail mit Perimeterdämmung nach oben gezogen

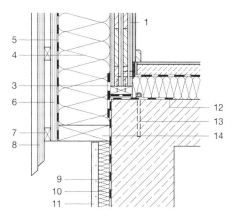

6.147 Sockeldetail mit Schwelle

6

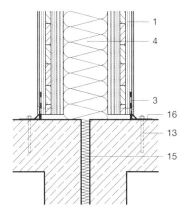

6.148 Gebäudetrennwand

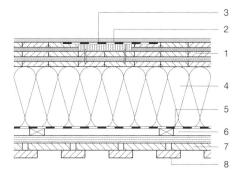

6.149 Wandstoß mit oberflächenbündiger Stoßdeckungsleiste

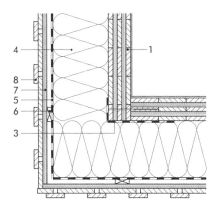

6.150 Eckverbindung

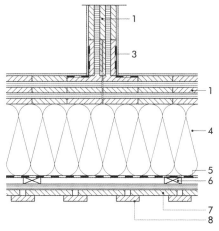

6.151 Anschluss Innenwand/Außenwand

1 Massivholzwand
2 oberflächenbündige Stoßdeckungsleiste
3 luftdichte Abklebung
4 Mineralwolle

5 diffusionsoffene Unterspannbahn
6 Konterlattung
7 Lattung
8 hinterlüftete Holzfassade mit Tropfkante

9 Vertikalabdichtung
10 Perimeterdämmung
11 Sockelputz (Sanierputz)
12 Horizontalabdichtung
13 Stabdübel

14 Schwelle
15 Gebäudetrennfuge
16 Stahlwinkel

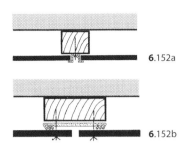

6.152a

6.152b

6.152   Tafelstöße (Grundrisse)
   a) Stoß mit Abdeckprofil
   b) Stoß mit Dichtungsband

6.8.4 Holztafelbau

Wandelemente aus Holz werden für Außen- und Innenwände als geschosshohe Tafeln von 1,00 bis 1,25 m Breite hergestellt (vgl. Bild **6.**118b). Die Tafeln bestehen aus Latten- oder Kantholzrahmen, die beidseitig Bekleidungen tragen. Dabei werden für Innenflächen Spanplatten, Sperrholz oder Gipskartonplatten verwendet und für die Außenflächen Faserzementplatten, beschichtete Spanplatten oder Spanplatten mit Dünnschicht-Kunstharzputzen. Außenputz wird hier möglichst vermieden, um die Vorteile der trockenen Montage uneingeschränkt wahrzunehmen.

Die Rahmen können sichtbar bleiben, werden aber meistens durch die Bekleidungen überdeckt. Die Tafeln werden untereinander durch Bolzenschlösser, Dollen oder Federn verbunden und direkt auf den Decken bzw. Gebäudesockeln oder auf Fußschwellen verankert. Die Tafelstöße werden durch Profilleisten abgedeckt oder – bei nachträglich montierten Bekleidungen mit Hilfe von Dichtungsbändern verbunden (Bild **6.**152). Die Hohlräume der Tafeln werden mit Wärmedämmstoffen ausgefüllt. Dabei unterscheidet man *nicht hinterlüftete* und *hinterlüftete* Wandkonstruktionen. Bei hinterlüfteten Elementen können stehende Luftschichten als zusätzliche Wärmedämmung wirksam werden. Hinterlüftete Wandelemente sind durch die Vorsatzschale auch vorteilhaft im Hinblick auf sommerlichen Wärmeschutz.

Bei entsprechender Dimensionierung kann die Wärmedämmung von Wandbauelementen aus Holz allen Anforderungen gerecht werden. Nachteilig bleibt die schlechte Wärmespeicherungsfähigkeit der Wandelemente.

Bei vielen Holztafelbauweisen bestehen auch die Decken und Fußböden aus vorgefertigten Tafeln. Die unter sich gleich großen Wandtafeln sind ih-

rem Verwendungszweck entsprechend als geschlossene Wandtafeln, als Fenstertafeln oder als Türtafeln ausgebildet. Leicht können in diesen Tafeln schon in der Werkstatt Leerrohre für Verkabelungen oder vorgefertigte Versorgungsleitungen untergebracht werden.

Alle der Witterung oder der Feuchtigkeit ausgesetzten Teile von Holz-Skelettkonstruktionen müssen *Holzschutz*anstriche nach DIN 68 800 erhalten. Hinsichtlich des *Brandschutzes* sind alle einschlägigen Bestimmungen von DIN 4102 zu beachten. Als weitergehende konstruktive Maßnahmen kommen schaumbildende Anstriche oder Bekleidungen mit Brandschutzplatten in Frage.

6.8.4.1   Bauen mit Holzblocktafeln

Holzblocktafeln sind industriell vorgefertigte Bauelemente mit mehrschichtigem Wandaufbau. Aus den massiven, geschosshohen Elementen werden ganze Wandscheiben montiert. Die Holzblocktafeln ermöglichen durch ein relativ kleines Raster von 12,5 cm (z. B. Lignotrend Holzbausystem), dass nicht bindend ist, nicht nur hohe Flexiblität sondern bieten außerdem die Möglichkeit, genormte Bauteile problemlos einzuplanen.

Holzblocktafeln können praktisch alle Anforderungen an Wärme-, Schall-, Brandschutz und Festigkeit erfüllen. Brandschutzwerte bis F 90 B sind erreichbar. Durch außenliegende Luftdichtungen und Zusatzdämmungen kann jeder beliebige U-Wert erreicht werden.

Weitere Vorteile solcher Systeme sind die vorbildliche Installationsfreundlichkeit – bedingt durch die Hohlräume in den Holztafelelementen – sowie die durch die industrielle Vorfertigung bedingte kurze Rohbauphase (Bild **6.**153, **6.**154).

6.8.5 Holzständerbau

Der Holzständerbau (auch Holzrippenbau) wurde in den Vereinigten Staaten und in Kanada entwickelt. Er ist gekennzeichnet durch enggestellte Stützenreihen mit Horizontalaussteifungen. Bei den „Platform"-Konstruktionen liegen – ähnlich dem historischen Fachwerkbau – geschosshohe Ständerreihen auf den Deckenelementen bzw. -balken auf (Bild **6.**155a).

Bei der „Balloon"-Bauweise laufen die Ständerreihen in der Regel über zwei Geschosse. Die Deckenbalken liegen auf Zwischenrahmen auf (Bild **6.**155b).

Bild **6.**156 zeigt den Anschlussbereich Wand–Decke einer Holzständeraußenwand, wobei die

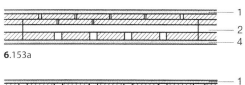

6.153a

6.153b

6.153 Holzblocktafel-Wandelement (LIGNOTREND LUX 5)

    a) ohne zusätzliche Dämmung
    b) mit weicher Dämm-Füllung

    1 Beplankung
    2 Holzblocktafel
    3 Weiche Dämm-Füllung
    4 Beplankung

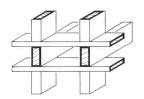

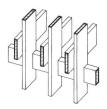

6.155a „Platform"-Konstruktion   **6**.155b „Balloon"

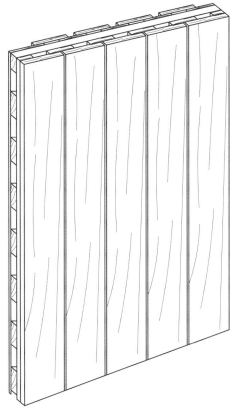

6.154 Holzblocktafel-Wandelement (LIGNOTREND LUX 5)

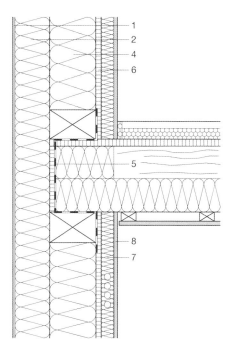

6.156 Holzständeraußenwand mit Putzsystem, An-
      schluss Wand–Decke

     1 Putzsystem gemäß Zulassung
     2 Holzfaser-Dämmplatte
     3 Mineralwolle
     4 Wärmedämmung
     5 Luftdichtheitsebene im Deckenbereich
     6 OSB-Platte, gleichzeitig Luftdichtsheitsebene
     7 Installationsebene
     8 OSB- oder Gipskartonplatte
     9 Deckenbalken
    10 zusätzliche Hohlraumdämmung
    11 Hohlraumdämmung
    12 Unterdecke

6

6

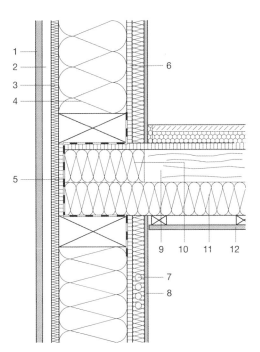

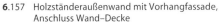

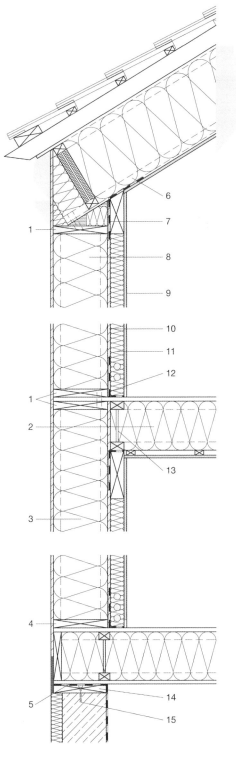

6.157 Holzständeraußenwand mit Vorhangfassade,
Anschluss Wand–Decke

    1 Vorhangfassade hinterlüftet
    2 Unterkonstruktion
    3 Überdämmung Holzständerkonstruktion
    4 Wärmedämmung
    5 Luftdichtheitsebene im Deckenbereich
    6 OSB-Platte
    7 Installationsebene
    8 OSB- oder Gipskartonplatte
    9 Deckenbalken
  10 zusätzliche Hohlraumdämmung
  11 Hohlraumdämmung
  12 Unterdecke

6.158 Holzständerwand aus Stegträgern

    1 Bohle 40 mm
    2 Deckenbalken als Stegträger
    3 Stiel als Stegträger
    4 Schwelle 40 mm
    5 Feuchtigkeitsschutz (Horizontalsperre)
    6 Sparren als Stegträger
    7 luftdichte Abklebung
    8 Stiel als Stegträger
    9 OSB- oder Gipskartonplatte
  10 OSB-Platte, gleichzeitig Luftdichtheitsebene
  11 Installationsebene, ausgedämmt
  12 luftdichte Abklebung
  13 Stegträger-Ausfachung
  14 Schwelle mit Überhang 40 mm
  15 Schwellenanker

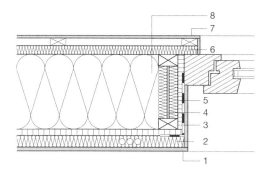

6.159 Laibungsdetail einer Holzständerwand
  1 Gipskarton- oder OSB-Platte
  2 Installationsebene
  3 luftdichte Abklebung
  4 Stegträger, Stegträgerdämmung
  5 OSB-Platte (Luftdichtheitsebene)
  6 Überdämmung Blendrahmen (Mineralwolle)
  7 Vorhangfassade
  8 Mineralwolle

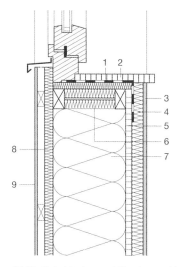

6.160 Holzständerwand: Fensteranschluss
  1 Luftdichtheitsfolie
  2 OSB-Platte
  3 Gipskarton- oder OSB-Platte
  4 Installationsebene, ausgedämmt
  5 OSB-Platte
  6 Stegträger, ausgedämmt
  7 Mineralwolle
  8 Überdämmung Stegträger (wasserabweisende
     Dämmplatte)
  9 hinterlüftete Vorhangfassade

Außenwand zum einen verputzt und zum anderen mit einer Vorhangfassade versehen ist (Bild **6**.157).

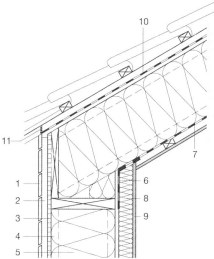

6.161 Anschluss Außenwand–Traufe
   1 Holzverschalung hinterlüftet
   2 Konterlattung
   3 MDF-Platte
   4 Stegträger
   5 Mineralwolle
   6 luftdichte Abklebung
   7 Luftdichtheitsfolie (Dampfbremse)
   8 Installationsebene
   9 OSB- oder Gipskartonplatte
  10 Unterspannbahn, diffusionsoffen
  11 Insektengitter

Holzstegträger haben gegenüber Vollholzständern und -riegeln den Vorteil der Wärmebrückenminimierung, insbesondere im Stegbereich (vergl. hierzu auch Bild **16**.9). Verschiedene Holzständerwandkonstruktionen mit Stegträgern als Holzständer und z. T. auch -riegel sind in den Bildern **6**.158 bis **6**.161 und **6**.163 dargestellt.

6.8.6 Holzrahmenbau

Die Weiterentwicklung des Ständerbaues führte zum Holzrahmenbau. Hierbei werden Bauwerke aus teilweise oder komplett vorgefertigten, geschosshohen tragenden Wand- und Deckentafeln zusammengefügt. Diese interessante Möglichkeit des Wandbaues mit Holz wird zunehmend auch bei uns angewendet.

Der Vorteil der Holzrahmenbauweise liegt in der Möglichkeit zur fast vollständigen Vorfertigung großer, einfach montierbarer Elemente von relativ geringem Gewicht, deren Abmessungen nur durch die Transportmöglichkeit begrenzt werden (Bilder **6**.162 und **6**.163).

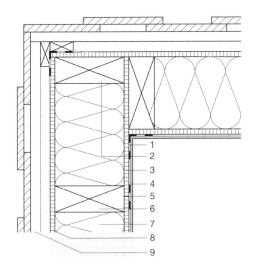

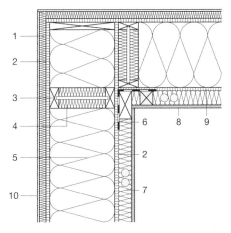

6.162 Vorgefertigtes Außenwandelement, Vollholzrahmen

1 luftdichte Abklebung
2 Vollholzrahmen
3 OSB-Platte
4 Gipskartonplatte
5 Plattenstoß luftdicht abgeklebt
6 Stiel 60/240 mm
7 Wärmedämmung 240 mm
8 MDF-Platte
9 Hinterlüftete Fassade

6.163 Vorgefertigtes Außenwandelement,Rahmen aus
Stegträgern

1 Putzträgerplatte
2 MDF-Platte (mitteldichte Faserplatte)
3 Stegträger
4 Steg überdämmt
5 Mineralwolle
6 luftdichte Abklebung
7 Installationsebene
8 OSB- oder Gipskartonplatte
9 OSB-Platte, gleichzeitig Luftdichtheitsebene
10 Außenputzschicht

6.9 Normen

Norm	Ausgabedatum	Titel
DIN 1053-4	04.2013	–; Bauten aus Ziegelfertigbauteilen
DIN 4102-1	05.1998	Brandverhalten von Baustoffen und Bauteilen; Begriffe, Anforderungen und Prüfungen
Berichtigung 1 zu vor	08.1998	Berichtigung 1 zu DIN 4102-1
DIN 4102-2	09.1977	–; Bauteile; Begriffe, Anforderungen und Prüfungen
DIN 4102-3	09.1977	–; Brandwände und nichttragende Außenwände; Begriffe, Anforderungen und Prüfungen
DIN 4102-4	03.1994	–; Zusammenstellung und Anwendung klassifizierter Baustoffe, Bauteile und Sonderbauteile
E DIN 4102-4	06.2014	–;
DIN 4102-4/A1	11.2004	–; –; Änderung A1
DIN 4102-6	09.1977	–; Lüftungsleitungen; Begriffe, Anforderungen und Prüfungen
DIN 4102-7	07.1998	–; Bedachungen; Begriffe, Anforderungen und Prüfungen
DIN 4108-1	08.1981	Wärmeschutz und Energieeinsparung in Gebäuden
DIN 4108 Bbl. 2	03.2006	–, Wärmebrücken, Planungs- und Ausführungsbeispiele
DIN 4108-2	02.2003	–; Mindestanforderungen an den Wärmeschutz
DIN 4108-3	12.2001	–; Klimabedingter Feuchteschutz; Anforderungen und Hinweise für Planung und Ausführung

Norm	Ausgabedatum	Titel
DIN 4108-3 Ber 1	04.2002	Berichtigung zu DIN 4108-3
E DIN 4108-3	12.2011	–;
DIN 4109/A1	01.2001	Schallschutz im Hochbau, Anforderungen, Nachweise, Änderung A1
DIN 4109 Bbl 1/A1	09.2003	Schallschutz im Hochbau; Ausführungsbeispiele und Rechenverfahren, Änderung A1
DIN 4109 Bbl 2	11.1989	–; Hinweise für Planung und Ausführung; Vorschläge für einen erhöhten Schallschutz; Empfehlungen für den Schallschutz im eigenen Wohn- und Arbeitsbereich
DIN 4109 Bbl 3	06.1996	Schallschutz im Hochbau; Berechnung von R' (Index) w, R für den Nachweis der Eignung nach DIN 4109 aus Werten des im Labor ermittelten Schall-dämm-Maßes R' (Index) w
DIN 4109 Ber 1	08.1992	Berichtigungen zu DIN 4109/11.89, DIN 4109 Bbl 1/11.89 und DIN 4109 Bbl 2/11.89
DIN 18 202	04.2013	Toleranzen im Hochbau; Bauwerke
DIN 18 516-1	06.2010	Außenwandbekleidungen, hinterlüftet; Anforderungen; Prüfgrundsätze
DIN 18 540	12.2006	Abdichten von Außenwandfugen im Hochbau mit Fugendichtstoffen
E DIN 18 540	06.2013	–;
DIN 18 545-1	02.1992	Abdichten von Verglasungen mit Dichtstoffen; Anforderungen an Glasfalze
DIN 18 545-2	12.2008	–; Dichtstoffe; Bezeichnung, Anforderungen und Prüfung1)
DIN 18 545-3	02.1992	–; Verglasungssysteme
DIN 68800-1	10.2011	Holzschutz; Allgemeines
DIN 68800-2	02.2012	–; Vorbeugende bauliche Maßnahmen im Hochbau
DIN 68800-3	02.2012	–; Vorbeugender Schutz von Holz mit Holzschutzmitteln
DIN 68800-4	02.2012	–; Bekämpfungs- und Sanierungsmaßnahmen gegen Holzzerstörende Pilze und Insekten
DIN EN 1634-1	03.2014	Feuerwiderstandsprüfungen und Rauchschutzprüfungen für Türen, Tore, Abschlüsse, Fenster und Baubeschläge; Feuerwiderstandsprüfungen für Türen, Tore, Abschlüsse und Fenster
DIN EN 1996-1-1	02.2013	Eurocode 6: Bemessung und Konstruktion von Mauerwerksbauten; Allge-meine Regeln für bewehrtes und unbewehrtes Mauerwerk
DIN EN 1996-1-1/NA	05.2012	–; –; Nationaler Anhang
DIN EN 1996-2	12.2010	–; Planung, Auswahl der Baustoffe und Ausführung von Mauerwerk
DIN EN 1996-2/NA	01.2012	–; –; Nationaler Anhang
DIN EN 1996-3	12.2010	–; Vereinfachte Berechnungsmethoden für unbewehrte Mauerwerksbauten
DIN EN 1996-3/NA	01.2012	–; –; Nationaler Anhang
DIN EN 12 114	04.2000	Wärmetechnisches Verhalten von Gebäuden, Luftdurchlässigkeit von Bau-teilen, Laborprüfverfahren
DIN EN 13369	08.2013	Allgemeine Regeln für Betonfertigteile
DIN EN ISO 10 077-1	05.2010	Wärmetechnisches Verhalten von Fenstern, Türen und Abschlüssen – Berechnung des Wärmedurchgangskoeffizienten; Allgemeines
DIN EN ISO 6946	04.2008	Bauteile; Wärmedurchlasswiderstand und Wärmedurchgangskoeffizient, Berechnungsverfahren
DIN EN ISO 13791	08.2012	Wärmetechnisches Verhalten von Gebäuden – Sommerliche Raumtempe-raturen bei Gebäuden ohne Anlagentechnik – Allgemeine Kriterien und Validierungsverfahren

6

Norm	Ausgabedatum	Titel
DIN EN ISO 13920	1996-11	Schweißen – Allgemeintoleranzen für Schweißkonstruktionen – Längen- und Winkelmaße; Form und Lage
DIN V 4108-4	02.2013	Wärmeschutz und Energie-Einsparung von Gebäuden; Wärme- und feuchteschutztechnische Bemessungswerte
DIN V 4108-6	06.2003	Wärmeschutz im Hochbau; Berechnung des Jahresheizwärme- und des Jahresheizenergiebedarfs
DIN V 4108-6 Ber 1	03.2004	Berichtigungen zu DIN V 4108-6:2003-06
DIN V 18 500	12.2006	Betonwerkstein; Begriffe, Anforderungen, Prüfung, Überwachung
DIN V 20000-120	04.2006	Anwendung von Bauprodukten in Bauwerken; Anwendungsregeln zu DIN EN 13 369:2004-09

6

6.10 Nichttragende innere Trennwände

6.10.1 Allgemeines

Nichttragende innere Trennwände sind nach DIN 4103 Bauteile, die im Inneren eines Bauwerkes lediglich der Unterteilung von Räumen dienen und nicht bei der Lastabtragung und Aussteifung des Gebäudes mitwirken.

Trennwände erhalten ihre Standsicherheit erst durch die Verbindung mit angrenzenden tragenden Bauteilen. Man unterscheidet:

- Fest eingebaute Trennwände
- umsetzbare Trennwände (s. Abschn. 15),
- bewegliche Trennwände (z. B. Schiebe- und Faltwände, s. Abschn. 7 in Teil 2 dieses Werkes).

Nichttragende Trennwände müssen außerdem stoßartigen Belastungen widerstehen können, die beim Gebrauch üblicherweise auftreten können (z. B. Anprall von Menschen, Druck von Menschenmassen).

Ruhende Belastungen sind:

- Eigengewicht einschl. Putz oder Wandbekleidungen,
- leichte Konsollasten (0,4 kN/m, vertikale Wirkungslinie in ≤ 30 cm Wandabstand; ausgenommen bei Glastrennwänden u. Ä.).

Bei stoßartigen Belastungen wird nach DIN 4103-1, Abschn. 4.3 unterschieden zwischen „weichem Stoß" und „hartem Stoß". Die Erfüllung der hierfür gegebenen Anforderungen ist durch genormte Versuchsverfahren für die jeweiligen Wandbauten nachzuweisen.

Die anzusetzenden Stoßenergien dienen der Sicherheit von Personen. Dabei darf die Wand nicht durchbohrt oder vom Gebäude losgetrennt werden. Dennoch herabfallende Bruchstücke dürfen Menschen nicht ernsthaft verletzen. Die mögliche Formänderung von angrenzenden Bauteilen (z. B. Durchbiegung von Decken, Längenänderung massiver Flachdachplatten u. Ä.) muss durch entsprechende konstruktive Ausbildung der Trennwände berücksichtigt werden. So sind gemauerte Zwischenwände nicht gegen die darüber liegenden Decken zu vermörteln, sondern z. B. durch Schaumstoffstreifen zu trennen. An abgehängte Decken und Deckenbekleidungen können leichte Trennwände angeschlossen werden, wenn die aus der Beanspruchung der Trennwände resultierenden Horizontalkräfte sicher in die tragenden Bauteile abgeleitet werden können (s. Kapitel 14). Vorerst sind die dafür notwendigen Konstruktionen dem Ermessen der Hersteller von leichten Trennwänden überlassen, doch muss der Nachweis geführt werden, dass die Anforderungen der DIN 4103-1 erfüllt werden.

Befestigungsmittel, Baustoffe und Bauteile müssen den gültigen Normen entsprechen, oder ihre Eignung muss nachgewiesen werden.

Für die Anforderungen an Trennwände sind in DIN 4103-1 zwei Beanspruchungsbereiche festgelegt:

- **Einbaubereich 1.** Bereiche mit geringen Menschenansammlungen wie z. B. in Wohnungen, Büro-, Hotel- und Krankenhausräumen u. Ä. einschließlich der dazugehörigen Flure,

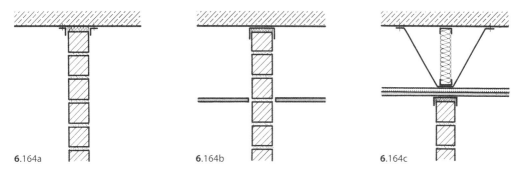

6.164a   6.164b   6.164c

6.164   Anschlüsse von nichttragenden Trennwänden an Decken
     a) Anschluss mit Metallwinkeln
     b) Anschluss mit Metall-U-Profil
     c) Anschluss an abgehängte schalldämmende Decke

6

- **Einbaubereich 2.** Bereiche mit größeren Menschenansammlungen wie z.B. in größeren Versammlungsräumen, Schulen, Hörsälen, Ausstellungs- und Verkaufsräumen u.Ä. Zum Einbaubereich 2 zählen auch Trennwände zwischen Räumen mit Höhenunterschieden der Fußböden < 1,00 m.

Nach DIN EN 1991-1-1 darf das Eigengewicht versetzbarer Trennwände durch eine gleichförmig verteilte Flächenlast q_k (charakteristischer Wert einer gleichförmig verteilten Belastung oder Linienlast) berücksichtigt werden, wenn auf Grund der Deckenkonstruktion eine Querverteilung der Lasten möglich ist. Die gleichförmig verteilte Flächenlast q_k sollte der Nutzlast nach Tabelle **6**.2 der DIN EN 1991-1-1 zugeschlagen werden. Diese gleichförmig verteilte Flächenlast darf in Abhängigkeit vom Eigengewicht der Zwischenwände wie folgt festgelegt werden:

- Bei Eigengewicht der versetzbaren Trennwand ≤1,0 kN/m: q_k=0,5 kN/m²
- Bei Eigengewicht der versetzbaren Trennwand >1 ≤2,0 kN/m: q_k=0,8 kN/m²
- Bei Eigengewicht der versetzbaren Trennwand >2 ≤3,0 kN/m: q_k=1,2 kN/m²

Bei Trennwänden muss sichergestellt werden, dass sie bei Bauwerksverformungen nicht unbeabsichtigt belastet werden, denn – abgesehen von Schäden an den Trennwänden selbst – können sonst erhebliche nachteilige Folgen für das gesamte statische Baugefüge durch derartige dann „tragende" Wände entstehen.

Die Ausführung von geeigneten elastischen Deckenanschlüssen zeigt Bild **6**.164.

Nichttragende Trennwände müssen – abhängig von Materialart, Wanddicke, Wandhöhe und Wandlänge – ausgesteift werden.

Die Aussteifung kann – wie bei tragenden Wänden – durch einbindende Verzahnung oder Ankerlaschenverbindung mit anderen Trennwänden, durch Ankerschienen oder durch Einbinden in Wandaussparungen erfolgen (Bild **6**.165).

Der Anschluss der Wände muss hier – ebenso wie beim Anschluss an tragende Wände – so ausgeführt werden, dass keine Kraftübertragung und keine Beeinflussung durch Formänderungen des Bauwerks möglich ist. Im Wohnungsbau ist es bei den dort vorhandenen meistens kleineren Abmessungen der Wände üblich, diese im Verband auch mit den tragenden Wänden auszuführen.

Durch ausreichende Dimensionierung der Decken ist dafür zu sorgen, dass es nicht infolge von Durchbiegungen zu Schäden an Zwischenwänden kommt. Bei größeren Verformungen der Decken kann innerhalb der Zwischenwände ein „Stützgewölbe-Effekt" wirksam werden. Die Folge sind Horizontalabrisse in den unteren Lagerfugen (Bild **6**.166). Wenn derartige Verformungen nicht ausgeschlossen werden können, sollten die unteren Schichten von gemauerten Zwischenwänden als bewehrtes Mauerwerk ausgeführt werden (vgl. Abschn. 6.2.1.1, bewehrtes Mauerwerk).

6.10.2 Einschalige nichttragende Trennwände

6.10.2.1 Allgemeines

Einschalige nichttragende Trennwände können in Wanddicken von 5 bis 24 cm aus verschiede-

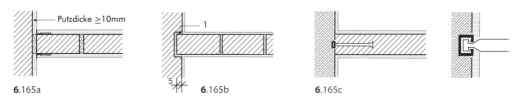

6.165a   6.165b   6.165c

6.165 Nichttragende gemauerte Wände: Anschluss an tragende Wände
a) Anschluss durch Einputzen
b) Anschluss durch Nut
1 Dämmschicht oder Mörtel
c) Anschluss mit Anker

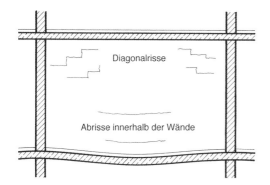

6.166 Schadensbild an Zwischenwänden bei zu großen Deckendurchbiegungen

nen Materialien im Verband aufgemauert werden. Als Baustoffe kommen in Frage:

- Mauerziegel (DIN EN 771-1),
- Kalksandsteine (DIN EN 771-2),
- Mauersteine aus Beton (DIN EN 771-3),
- Porenbeton (DIN EN 771-4),
- Gipsplatten DIN EN 12859,
- Glasbausteine (DIN 4242, DIN EN 1051-1).

Schallschutz. Ausreichenden Schallschutz können einschalige Trennwände in der Regel nicht ohne zusätzliche Maßnahmen bieten. Im Beiblatt 1 zu DIN 4109 werden für einschalige biegesteife Wände verschiedene Konstruktionsvorschläge für biegeweiche Vorsatzschalen gemacht (Bild **6.167**). Unterschieden werden Konstruktionen ohne oder mit federnder Verbindung der Schalen und Konstruktionen mit fest verbundenen Schalen. Die erreichbare Verbesserung hängt vom Flächengewicht der biegesteifen Wand und der Ausbildung der flankierenden Bauteile ab (vgl. Abschn. 6.2.1.3 und 14.6). Rechenwerte sind in Tabelle **6.168** enthalten.

Brandschutz. Hinsichtlich des Brandschutzes können einschalige Trennwände auch in einfachen Ausführungen die Anforderungen der Feuerwiderstandsklasse F 30 (W 30) – „feuerhemmend" – erfüllen. Gemauerte Trennwände erreichen – insbesondere mit beidseitigem Putz – bereits ab 11,5 cm Wanddicke die Feuerwiderstandsklasse F 90 (W 90) – „feuerbeständig". Auch mit mehrschaligen Trennwänden können sehr hohe Brandschutzanforderungen gewährleistet werden (DIN 4102-4, Abschn. 4). Neben der Wanddicke, die für die einzelnen Bauarten tabellarisch festgelegt ist, ist die Ausbildung von Fugen und insbesondere von Anschlüssen an andere Bauteile dabei von ausschlaggebender Bedeutung (s. Abschn. 17.7).

Ausführungsbestimmungen für leichte Trennwände der verschiedenen Bauarten sind in DIN 4103, 4242 und 18 183 enthalten.

6.10.2.2 Gemauerte nichttragende Wände

Gemauerte Trennwände können für Wanddicken von 11,5 cm in herkömmlicher Art aus kleinformatigen Ziegeln oder Kalksandsteinen aufgemauert werden. Wesentlich rationeller ist jedoch die Herstellung aus Bauplatten von 25 bis 50 cm Höhe, 50 bis 100 cm Länge für Wanddicken von 5 bis 24 cm.

Zur Erleichterung der Bemessung ist von der Deutschen Gesellschaft für Mauerwerksbau e. V. im Jahr 2008 das Merkblatt „Nicht tragende innere Trennwände aus Mauerwerk (s. dort Abschn. „Grenzabmessungen") herausgegeben worden.

Unterschieden werden Trennwände, die dreiseitig (oberer Rand frei und ohne Auflast, mit einem vertikalen freien Rand und ohne Auflast) oder vierseitig (mit und ohne Auflast) gehalten sind (Tabellen **6.169** bis **6.171**).

Bei der Anwendung der Tabellen, die für Wände ohne Auflast gelten, muss sichergestellt sein, dass durch die Verformung angrenzender Bau-

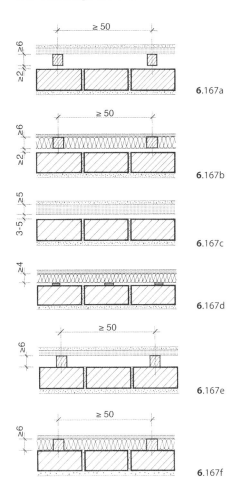

6.167a

6.167b

6.167c

6.167d

6.167e

6.167f

6.167 Biegesteife Wände mit biegeweichen Vorsatzschalen. Die Konstruktionen a bis d verbessern
das bewertete Schalldämm-Maß um mindestens
15 dB, die Konstruktionen e und f um mindestens
10 dB.

a) Vorsatzschale aus Holzwolle-Leichtbauplatten
> 25 mm, verputzt, Holzständer, freistehend
b) Vorsatzschale aus Gipskartonplatten 12,5 oder
15 mm dick oder aus Spanplatten 10 bis 16 mm
dick, Hohlraumfüllung zwischen den Holzständern oder C-Profilen aus Stahlblech, freistehend
c) Vorsatzschale aus Holzwolle-Leichtbauplatten
> 50 mm, verputzt, freistehend
d) Vorsatzschale aus Gipskartonplatten 12,5 oder
15 mm dick und Faserdämmplatten, streifen-
oder punktförmig angesetzt
e) Vorsatzschale aus Holzwolle-Leichtbauplatten
> 25 mm, verputzt, Ständer an schwerer Schale
befestigt
f) Vorsatzschale aus Gipskartonplatten, 12,5 oder
15 mm dick oder aus Spanplatten 10 bis 16 mm
dick, mit Hohlraumfüllung aus Faserdämmstoffen, Ständer an schwerer Schale befestigt

Tabelle **6**.168 Bewertetes Schalldämm-Maß $R'_{w,R}$ von einschaligen, biegesteifen Wänden mit einer
biegeweichen Vorsatzschale nach Bild **6**.170
(Rechenwerte)

Spalte	1	2
Zeile	Flächenbezogene Masse der Massivwand in kg/m^2	$R'_{w,R}$ [1)2)] in B
1	100	49
2	150	49
3	200	50
4	250	52
5	275	53
6	300	54
7	350	55
8	400	56
9	450	57
10	500	58

[1)] Gültig für flankierende Bauteile mit einer mittleren flächenbezogenen Masse m'_L. Mittel von etwa 300 kg/m^2.
Weitere Bedingungen für die Gültigkeit der Tabelle 8
s. DIN 4109 Bbl. 1 Abschn. 3.1.
[2)] Bei Wandausführungen nach Bild **6**.167e und f sind diese
Werte um 1 dB abzumindern.

teile, d.h. in der Regel der Decken, keine Belastungen erfolgen. Für Tabelle **6**.171 dürfen infolge
starrer Anschlüsse lediglich geringfügige Auflasten entstehen.

Zur weiteren Rationalisierung können geschosshohe Elemente aus Porenbeton eingesetzt werden (Bild **6**.172).

6.10.2.3 Leichte Trennwände aus Gipsbauplatten

Leichte Trennwände aus Gipsbauplatten sind genormt nach DIN 4103-2. Sie werden – beginnend
auf einer Ausgleichs-Mörtelschicht – im Verband
aufgesetzt, mit Gipsmörtel verbunden und mit
Fugengips gespachtelt. Danach kann unmittelbar die Endbehandlung z.B. durch Tapezieren
oder Anstrich erfolgen.

Grundsätzlich sind Trennwände aus Gips mit
elastischen Anschlüssen an benachbarte Bauteile
anzuschließen. Durch lückenlos verlegte, wandbreite, elastische Bitumenfilz-, Presskork- oder
Mineralwollstreifen wird die Übertragung von
Körperschall verhindert. Sind z.B. bei großen
Spannweiten größere Deckendurchbiegungen
zu erwarten, sind gleitende Anschlüsse mit Anschlussprofilen vorzusehen (Bild **6**.173).

Die planebenen Oberflächen sorgfältig hergestellter Wände aus Gipsbauplatten erfordern lediglich eine Spachtelung. Danach können Anstriche oder Tapezierarbeiten ausgeführt werden.

6

Tabelle **6.**169 Grenzabmessungen für dreiseitig gehaltene Wände (oberer Rand ist frei) ohne Auflast bei Verwendung von Ziegeln oder Leichtbetonsteinen[4]

d in cm	max. Wandlänge in m (Tabellenwert) im Einbaubereich I (oben) und II (unten) bei einer Wandhöhe in m						
	2,0	2,25	2,50	3,0	3,50	4,0	4,5
5,0	3,0	3,5	4,0	5,0	6,0	–	–
	1,5	2,0	2,5	–	–	–	–
6,0	5,0	5,5	6,0	7,0	8,0	9,0	–
	2,5	2,5	3,0	3,5	4,0	–	–
7,0	7,0	7,5	8,0	9,0	10,0	10,0	10,0
	3,5	3,5	4,0	4,5	5,0	6,0	7,0
9,0	8,0	8,0	9,0	10,0	10,0	12,0	12,0
	4,0	4,0	5,0	6,0	7,0	8,0	9,0
10,0	10,0	10,0	10,0	12,0	12,0	12,0	12,0
	5,0	5,0	6,0	7,0	8,0	9,0	10,0
11,5	8,0	9,0	10,0	10,0	12,0	12,0	12,0
	6,0	6,0	7,0	8,0	9,0	10,0	10,0
12,0	8,0	9,0	10,0	12,0	12,0	12,0	12,0
	6,0	6,0	7,0	8,0	9,0	10,0	10,0
17,5	keine Längenbegrenzung						
	8,0	9,0	10,0	12,0	12,0	12,0	12,0

Tabelle **6.**170 Grenzabmessungen für vierseitig[1] gehaltene Wände ohne Auflast bei Verwendung von Ziegeln oder Leichtbetonsteinen[4]

d in cm	max. Wandlänge in m (Tabellenwert) im Einbaubereich I (oben) und II (unten) bei einer Wandhöhe in m				
	2,5	3,0	3,5	4,0	4,5
5,0	3,0	3,5	4,0	–	–
	1,5	2,0	2,5	–	–
6,0	4,0	4,5	5,0	5,5	–
	2,5	3,0	3,5	–	–
7,0	5,0	5,5	6,0	6,5	7,0
	3,0	3,5	4,0	4,5	5,0
9,0	6,0	6,5	7,0	7,5	8,0
	3,5	4,0	4,5	5,0	5,5
10,0	7,0	7,5	8,0	8,5	9,0
	5,0	5,5	6,0	6,5	7,0
11,5	10,0	10,0	10,0	10,0	10,0
	6,0	6,5	7,0	7,5	8,0
12,0	12,0	12,0	12,0	12,0	12,0
	6,0	6,5	7,0	7,5	8,0
17,5	keine Längenbegrenzung				
	12,0	12,0	12,0	12,0	12,0

Tabelle **6.**171 Grenzabmessungen für vierseitig[1] gehaltene Wände ohne Auflast bei Verwendung von Ziegeln oder Leichtbetonsteinen[5]

d in cm	max. Wandlänge in m (Tabellenwert) im Einbaubereich I (oben) und II (unten) bei einer Wandhöhe in m				
	2,5	3,0	3,5	4,0	4,5
5,0	5,5	6,0	6,5	–	–
	2,5	3,0	3,5	–	–
6,0	6,0	6,5	7,0	–	–
	4,0	4,5	5,0	–	–
7,0	8,0	8,5	9,0	9,5	–
	5,5	6,0	6,5	7,0	7,5
9,0	12,0	12,0	12,0	12,0	12,0
	7,0	7,5	8,0	8,5	9,0
10,0	12,0	12,0	12,0	12,0	12,0
	8,0	8,5	9,0	9,5	10,0
11,5	keine Längenbegrenzung				
		12,0	12,0	12,0	12,0
12,0	keine Längenbegrenzung				
				12,0	12,0
17,5	keine Längenbegrenzung				

[1] Bei dreiseitiger Halterung (ein freier, vertikaler Rand) sind die max. Wandlängen zu halbieren.

[2] Bei Verwendung von Porenbeton-Blocksteinen und Kalksandsteinen mit Normalmörtel sind die max. Wandlängen zu halbieren. Dies gilt nicht bei Verwendung von Dünnbettmörteln oder Mörteln der Gruppe III. Bei Verwendung der Mörtelgruppe III sind die Steine vorzunässen.

[3] Bei Verwendung von Porenbeton-Blocksteinen mit Normalmörtel und Wanddicken < 10 cm sind die max. Wandlängen zu halbieren. Dies gilt auch für 10 cm dicke Wände der genannten Steinarten und Normalmörtel im Einbaubereich II. Die Einschränkungen sind nicht erforderlich bei Verwendung von Dünnbettmörteln oder Mörteln der Gruppe III. Bei Verwendung der Mörtelgruppe III sind die Steine vorzunässen.

[4] Bei Verwendung von Steinen aus Porenbeton und Kalksandsteinen mit Normalmörteln sind die max. Wandlängen wie folgt zu reduzieren:
a) bei 5, 6 und 7 cm dicken Wänden auf 40 %
b) bei 9 und 10 cm dicken Wänden auf 50 %
c) bei 11,5 und 12 cm dicken Wänden im Einbaubereich II auf 50 % (keine Abminderung im Einbaubereich I)
Die Reduzierung der Wandlängen ist nicht erforderlich bei Verwendung von Dünnbettmörteln oder Mörteln der Gruppe III. Bei Verwendung der Mörtelgruppe III sind die Steine vorzunässen.

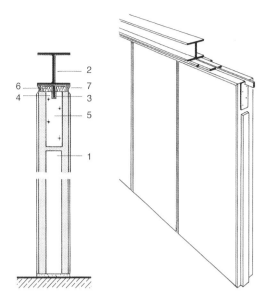

6.172 Trennwand aus geschosshohen Porenbeton-Elementen, Anschluss an Stahlträger (HEBEL)
  1 Porenbeton-Wandplatten
  2 Stahlkonstruktion
  3 Flachstahl, bauseits angeschweißt 30/6,5 mm
  4 Stirnnut
  5 Nagellasche mit Bohrungen, Ø 9 mm
  6 Hinterfüllmaterial, z. B. Mineralwolle
  7 Fugendichtungsmasse, plasto-elastisch

Für Sanitärräume o. Ä. werden Gipsbauplatten mit Imprägnierungen gegen Feuchtigkeit verwendet.

Aussparungen für Installationen dürfen nur durch Fräsen hergestellt werden.

Nur bei vernachlässigbar geringen zu erwartenden Zwängungskräften kann der Anschluss starr an benachbarte Bauteile ausgebildet werden.

Alle Einbau- und Befestigungsteile müssen sorgfältig gegen Korrosion geschützt sein.

Die zulässigen Wandlängen in Abhängigkeit von Plattendicke und Wandhöhe sind den Tabellen **6**.174 und **6**.175 zu entnehmen.

Das Gewicht einschaliger Gipswände kann durch Verwendung von Platten mit porigem Gefüge verringert werden. Die Wärme- und Schalldämm-Eigenschaften werden verbessert durch Mehrschichtplatten (Bild **6**.176).

6.10.2.4 Glasbausteinwände

Glasbausteine (DIN EN 1051-1) sind Hohlglaskörper, die aus zwei gepressten Teilen verschmolzen werden. Der Zwischenraum ist luftdicht abgeschlossen. Die Sichtflächen können eben und durchsichtig, aber auch profiliert und ornamentiert sein.

Glasbausteine werden nach DIN 4242 für Lichtwände und Raumteiler, Lichtbänder usw. ver-

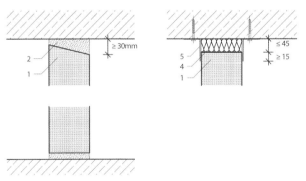

6.173a

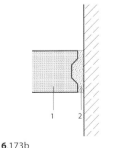

6.173b

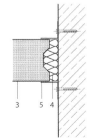

6.173
Anschlüsse von Trennwänden aus Gipsbauplatten

a) Vertikalschnitte mit starrem, elastischem oder gleitendem Decken- und Bodenanschluss
b) Horizontalschnitte mit Wandanschluss

  1 Gipsbauplatte
  2 Gipsmörtel
  3 Fugengips
  4 Mineralwolle-, Bitumenfilz- oder Korkstreifen
  5 L-Profil

Tabelle **6.**174 Zulässige Wandhöhe *h* für Wände, die mindestens oben und unten angeschlossen sind, eine beliebige Wandlänge *l* besitzen und große Öffnungen (z. B. Türöffnungen) aufweisen dürfen

Einbaubereich nach DIN 4103-1	Zulässige Wandhöhe $h^{1)}$ [mm] für Plattenarten$^{2)}$ von bei Plattendicken		
	60 mm PW, GW, SW	80 mm PW, GW, SW	100 mm PW, GW, SW
1	3500	4500	700
2	nur mit Nachweis möglich	2750 3500	5000

$^{1)}$ Für Wände über 5000 mm Höhe, an die Anforderungen nach DIN 4102-4 gestellt werden, ist ein entsprechender Nachweis zu führen – dieser Nachweis ist durch Prüfungen am Institut für Baustoffe, Massivbau und Brandschutz, Braunschweig, erbracht.

$^{2)}$ Nach DIN 18 163 werden folgende Plattenarten unterschieden:
Porengips-Wandbauplatte PW mit einer Rohdichte über 0,6 bis 0,7 kg/dm^3
Gips-Wandbauplatte GW mit einer Rohdichte über 0,7 bis 0,9 kg/dm^3
Gips-Wandbauplatte SW mit einer Rohdichte über 0,9 kg/dm^3

Tabelle **6.**175 Zulässige Wandlänge *l* in Abhängigkeit von der Wandhöhe *h* bei Wänden, die keine großen Öffnungen aufweisen und vierseitig angeschlossen sind

Einbaubereich nach DIN 4103-1	Höhe $h^{1)}$ in mm	Zulässige Wandlänge *l* [mm] für Plattenarten$^{2)}$ und der Plattenart$^{2)}$ nach DIN 18 163	bei Plattendicken von		
		60 mm	80 mm		100 mm
		PW, GW, SW	PW	Gw, SW	PW, GW, SW
1	3000		Wandlänge beliebig		
	3500				
	4000	8000			
	4500				
	5000		12 500		
	5500		13 750		
	6000	nur mit Nachweis möglich			
	6500				
	7000				
2	3000	4500	6000	Wandlänge beliebig	
	3500		7000		
	4000	nur mit Nachweis möglich	8000	10 000	
	4500				
	5000				
	5500				16 500

wendet. Wände aus Glasbausteinen bieten die Möglichkeit, lichtdurchlässige Wände herzustellen, die gegen mechanische Beanspruchungen weniger empfindlich als übliche Verglasungen sind. Sie können mit der Feuerwiderstandsklasse G 60 und als Doppelwand mit G 120 ausgeführt werden. Allerdings sind die heutigen Anforderungen an den Wärmeschutz mit Glasbausteinwänden nicht mehr zu erreichen.

Glasbausteinwände können mit Steinen 190 x 190 x 80 mm als durchschusshemmend nach EN 1063 ausgeführt werden (Beanspruchungsart bis zu BR 4).

Einen Überblick über die verfügbaren wichtigsten Formate von Glasbausteinen gibt Tabelle **6.**177.

Öffnungsmaße, Fugen- und erforderliche Randbreiten können nach Bild **6.**178 ermittelt werden.

Glasbausteine dürfen außer ihrem Eigengewicht keine lotrechten Lasten aufnehmen und müssen frei von Belastungen und Zwängungen durch Bauteilverformungen oder temperaturbedingte Längenänderungen sein. Es müssen daher insbesondere bei Glasbausteinen in Fassaden seitliche und obere Dehnfugen und unten Gleitfugen vorgesehen werden. Diese werden am besten mit

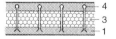 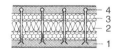

6.176 Mehrschalige Gips-Trennwandelemente (ATONA, Firma Grohmann)
1 Gipsplatten
2 Mineralfaserkern
3 Hartschaum
4 Kunststoff-Verbinder

Hilfe korrosionsgeschützter Stahl- oder Leichtmetall-Profile gebildet, in die Faserdämmplatten eingelegt werden (Bild **6.**179).

Glasbausteinflächen in Fassaden dürfen ohne besonderen statischen Nachweis ausgeführt werden, bei Aufmauerung

Tabelle **6**.177 Glasbausteine: Maße, Gewichte, Druckfestigkeitsklassen

Länge l	Breite b	Höhe h	Ge wicht	Druck- festigkeiten	
± 2 mm	± 2 mm	± 2 mm	kg min.	MN/m^2 Mittel- wert min.	Einzel- wert min.
115	115	80	1,0	7,5	6,0
190	190	80	2,2	7,5	6,0
240	115	80	1,8	6,0	4,8
240	240	80	3,5	7,5	6,0
300	300	100	6,7	7,5	6,0

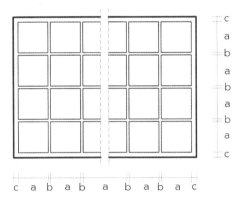

6.178 Ermittlung der erforderlichen Öffnungsmaße für
Flächen aus Glasbausteinen

a = Kantenlänge der Steine
b = Fugenbreite (12 bis 30 mm)
c = Randstreifen (min. 50 mm, max. 100 mm)

- *ohne Verband* (mit durchgehenden Fugen):
  Bei Seitenlängen < 1,50 m,
  Wanddicke > 80 mm, Windlast < 0,8 kN/m^2,
- *im Verband*: Wenn die kleinere Seite der Fläche < 1,50 m, die größere Seite < 6,00 m ist.

In allen anderen Fällen ist die Bemessung und
Bewehrung nach DIN 4242 Abschn. 4 bzw. nach
ENEV 2014 durchzuführen.

Bei Wänden, die in der Regel ohne Knicksicher-
heitsnachweis erstellt werden können, ergibt
sich bei einem gegebenen seitlichen Abstand
der Auflager und einer Mindestwanddicke von
80 mm die maximale Höhe wie folgt:
gegebene Breite (m)
1,00 2,00 3,00 4,00 5,00 6,00
maximale Höhe (m)
8,00 7,00 6,00 5,00 4,00 3,00

Glasbausteine werden mit feuchtem, fast trockenem Zement- oder Leichtmörtel vermauert und
anschließend verfugt. Die Fugenbreite beträgt in
der Regel 12 mm, maximal 30 mm (z. B. bei starken Stahleinlagen).

Zur Rationalisierung sind neuerdings Trocken-
bauverfahren auf dem Markt. Die Steine werden
dabei zwischen verzinkten Flacheisen versetzt,
die in die Lagerfugen eingelegt werden. Auf
diese werden spezielle Kunststoff-Clips aufge-
klemmt, die die Steine halten. Die nur 3 mm dicken Fugen werden mit einer Silikon-Spezialver-
siegelung kraftschlüssig gedichtet (Bild **6**.180).
Für Rahmenkonstruktionen gibt es Leichtmetall-
profile mit Höhen- und Seitenausgleich und für
Außenwände mit thermischer Trennung (Bild
6.181).

6.10.3 Mehrschalige nichttragende Trennwände – Trockenbau

6.10.3.1 Allgemeines

Überall dort, wo einschalige nichttragende
Trennwände aus Gewichtsgründen nicht in Frage kommen, wo leichte Demontage möglich sein
soll oder bei nachträglichen Einbauten werden
mehrschalige Trennwandkonstruktionen bevorzugt.

Auch bei Baumaßnahmen, bei denen Wasserein-
trag in den Bau möglichst vermieden werden
muss, werden Wände bevorzugt in Trockenbau-
Systemen ausgeführt.

Die tragenden Gerüste bestehen aus Stielen bzw.
Ständern oder aus fachwerkartigen Rahmenkonstruktionen. Sie werden bekleidet mit Spanplatten, Profilbrettern, Paneelen, Gipskarton- oder
-faserplatten, Faserzementplatten, Blechen usw.
Derartige Wände können nur bedingt als umsetzbar gelten, da nur bei besonderen Vorkehrungen die Bekleidungen nach einem Abbau
ohne Beschädigungen bleiben und wieder verwendet werden können (Umsetzbare Trennwände s. Kapitel 15). Sie gewinnen jedoch ständig zunehmende Bedeutung im Rahmen der Bestrebungen, zur Rationalisierung des Bauablaufes
alle Innenausbauten in Trockenbauweisen auszuführen. Mit ganz oder teilweise vorgefertigten
Trennwandelementen in Verbindung mit „Tro-
ckenputz" (Wandbekleidungen aus Gipskartonplatten) können z. B. Putzarbeiten vermieden
werden, die neben dem erforderlichen Zeitauf-
wand und allen unvermeidbaren Verschmutzungen auch einen erheblichen Nässeeintrag in die
Baustelle bedeuten.

6

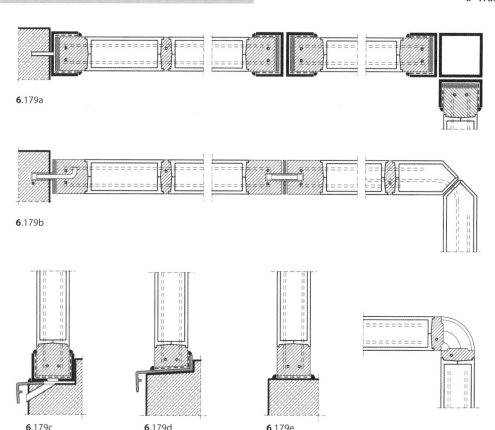

6.179a

6.179b

6.179c   **6**.179d   **6**.179e

6.179 Wände aus Glasbausteinen; Konstruktionsdetails (Grundrisse)
a) Wandanschluss, Trennfuge und Ecke mit LM-U-Profilen
b) Wandanschluss und Trennfugenausbildung ohne U-Profile, Ecken mit Formsteinen
c) Bodenanschluss mit U-Profilen
d) Bodenanschluss mit Fensterbank
e) Bodenanschluss ohne U-Profile

Gipskartonplatten (DIN 18 180)[1] sind großflächige, im Wesentlichen aus einem Gipskern bestehende Platten, deren Flächen und Längskanten mit einem fest haftenden, dem Verwendungszweck entsprechenden Karton ummantelt sind. Ihre beachtliche Biegefestigkeit erhalten sie durch diese Ummantelung. Die Fasern des Kartons verlaufen überwiegend in Plattenlängsrichtung, so dass sich senkrecht zur Kartonfaser höhere Festigkeiten als parallel dazu ergeben. Dementsprechend bekommen die Platten auf der Rückseite einen Stempel, der immer in Plattenlängsrichtung – also in Richtung Faserverlauf – weist.

Gipsfaserplatten (DIN EN 15283-2) bestehen aus Gips und Papierfasern, die in einem Recyclingverfahren gewonnen werden. Die Papierfasern bewehren die Platten, so dass diese durch und durch faserverstärkt sind und sich daraus ihre hohe Biegefestigkeit ergibt. Üblicherweise sind sie in den Dicken 10 – 12,5 – 15 – 18 mm erhältlich. Ihre Kanten sind im Allgemeinen scharfkantig und nicht besonders profiliert ausgebildet. In der Regel sind die Gipsfaserplatten für dieselben Anwendungsbereiche geeignet wie die Gipskartonplatten.

Gipsbaustoffe tragen wesentlich zur Schaffung und Erhaltung eines behaglichen Raumklimas bei (feuchtigkeitsregulierende Eigenschaft). Es gilt jedoch immer zu beachten, dass Bauelemente aus Gips einem länger währenden Was-

[1] Der aktuelle stand der Normung ist Abschn. 14.6 zu entnehmen.

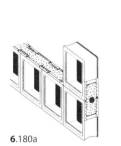

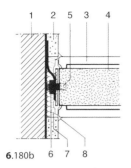

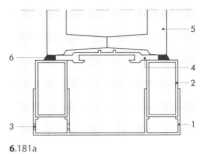

6.180a   **6**.180b   6   7   8

6.181a

6.180   Aufbau von Glasbausteinen mit Spezial-Profilen (STECKfix)

a) räumliche Darstellung
b) Wandanschluss Schnitt

1 Mauerwerk
2 Putz
3 Glasstein
4 Armierungsstahl, verzinkt
5 eingeschweißter Bolzen M 8
6 Mutter- oder Gewindehülse, verzinkt
7 Hinterfüllmaterial
8 Versiegelung

serangriff oder langzeitig einwirkender hoher Luftfeuchte nicht ungeschützt ausgesetzt werden dürfen (Folge: Gefügezerstörung). Vorübergehend auftretende Feuchtigkeitseinwirkung – wie sie beispielsweise in Duschen, Bädern und Küchen des Wohn- und Geschäftsbereiches vorkommt – schadet den Gipsbauplatten nicht. Vgl. hierzu auch Abschnitt 9.3 in Teil 2 dieses Werkes.

6.10.3.2 Decken aus Gipskartonplatten[1]

In DIN 18 180 (zukünftig DIN EN 520) sind die Plattenarten, Verwendung und Anforderungen an die Güte der Gipskartonplatten, in DIN 18 181 die Grundlagen für ihre Verarbeitung und in DIN 18 182-1 bis 2 und DIN EN 14566 die Zubehörteile näher erläutert und festgelegt. Je nach Verwendungszweck stehen folgende Plattenarten zur Verfügung:

- **Gipskarton-Bauplatten – GKB** (Dicken: 9 – 12,5 – 15 – 18 – 25 mm). Regelbreite: 600 (625) und 1250 mm. Regellänge: 2000 bis 4000 mm (in Stufen von 250). Sie eignen sich zum Befestigen auf flächiger Unterlage, zum Ansetzen als Wandtrockenputz und zur Herstellung von Gipskarton-Verbundplatten nach DIN 18184. Ab einer Dicke von 12,5 mm auch als Decklage auf Unterkonstruktion für Deckenbekleidungen und Unterdecken sowie für die Beplankung von Montagewänden (nicht tragende innere Trennwände). Die Längskanten sind kartonummantelt (Bild **6**.182), die Querkanten scharfkantig oder maschinenrau geschnitten. Kenn-

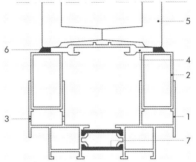

6.181b

6.181   Rahmenprofile für Glasbausteine (STECKfix®)

a) Normalprofil
b) Profil mit thermischer Trennung

1 Rahmenprofil
2 Ausgleichsprofil (20 bis 100 mm breit)
3 Entwässerung und Belüftung (nach vorn oder unten)
4 Combi-Clip
5 Glasstein
6 Versiegelung
7 Wärmedämmsteg

zeichnung: Kartonfarbe gelb-bräunlich, Rückseitenstempel blau.

- **Gipskarton-Bauplatten – imprägniert – GKBI** (Dicken: 12,5 – 15 – 18 mm) werden überall dort eingesetzt, wo mit erhöhter Feuchtigkeitsbeanspruchung zu rechnen ist (Küchen, Bäder, Untergrund für Verfliesungen). Gipskern und Karton sind wasserabweisend imprägniert (verzögerte Feuchtigkeitsaufnahme), der Karton ist außerdem noch fungizid ausgerüstet (gegen Pilz- und Schimmelbefall). Kennzeichnung: Karton grün eingefärbt, Rückseitenstempel blau.

- **Gipskarton-Feuerschutzplatten – GKF** (Dicken: 9,5 – 12,5 – 15 – 18 mm) sind für Bauteile wie Wand- und Deckenbekleidungen, abgehängte Unterdecken und Trennwände bestimmt, an die Anforderungen an die Feuerwiderstandsdauer (von F30 bis F180) nach DIN 4102 gestellt werden. Gipsbaustoffe eignen sich aufgrund der spezifischen Eigenschaften des Gipses – sein

---

[1] Der aktuelle stand der Normung ist Abschn. 14.6 zu entnehmen.

6

Tabelle **6**.182 Beispiele für die Ausbildung der kartonummantelten Längskanten von Gipskartonplatten

Schnitt	Kurzzeichen	Bezeichnung	Anwendungsbereich
	VK	Vollkante	Vorwiegend für Trockenmontage auf Abstand ohne Verspachtelung (mit sichtbaren Schattenfugen)
	WK	Winkelkante	Vorwiegend für Decken- und Wandbekleidungen mit Sichtfugen (Dekorplatten)
	AK	Abgeflachte Kante	Für fugenlose Decken- und Wandbekleidungen. Die Abflachung dient zur Aufnahme der Fugenspachtelmasse
	RK	Runde Kante	Vorwiegend für Gipskarton-Putzträgerdecken mit 5 mm Längskantenabstand
	HRK	Halbrunde Kante	Vorwiegend zum Verspachteln ohne Bewehrungsstreifen
	HRAK	Halbrunde abgeflachte Kante	Für fugenlose Decken- und Wandbekleidungen. Die Abflachung dient zur Aufnahme der Fugenspachtelmasse
	SK	Scharfkantig geschnittene Kante	An den geschnittenen Kanten liegt der Gipskern frei
	FK	Scharfkantig geschnitte und gefaste Kante	SK = Schattenfugen FK = Sichtfugen

Kristallwasser bei höheren Temperaturen abzugeben und dadurch den Baustoff abzukühlen – in besonderem Maße für Brandschutz-Konstruktionen. Der Gipskern der Feuerschutzplatten ist zur Verbesserung des Gefügezusammenhaltes mit Glasfasern armiert (Baustoffklasse **A2** – nichtbrennbar – nach DIN 4102). Die Flächen und Längskanten besonders widerstandsfähiger Feuerschutzplatten sind mit Glasfaservlies ummantelt (Baustoffklasse **A1** – nichtbrennbar – nach DIN 4102). Kennzeichnung: Kartonfarbe gelbbräunlich, Rückseitenstempel rot.

- **Gipskarton-Feuerschutzplatten – imprägniert – GKFI** (Dicken: 12,5 – 15 – 18 mm) erfüllen die gleichen Bedingungen wie die vorgenannten GKBI-Platten (verzögerte Feuchtigkeitsaufnahme). Aufgrund der zusätzlichen Glasfaserarmierung des Gipskernes können die Platten auch dort eingesetzt werden, wo außerdem noch Anforderungen an den Brandschutz auftreten. Kennzeichnung: Karton grün eingefärbt, Rückseitenstempel rot.
- **Gipskarton-Putzträgerplatten – GKP** (Dicken: 9,5 mm) sind Gipsplatten mit runden kartonummantelten Längskanten, die überwiegend für Deckenbekleidungen und Unterdecken verwendet werden. Auf die als Putzträger dienenden Platten wird nach der Montage auf einer Unterkonstruktion noch anschließend eine Putzschicht aufgebracht. Kennzeichnung: Karton grau, Rückseitenstempel blau.

Darüber hinaus gibt es noch eine Vielzahl weiterer Plattenarten, deren Aufbau und Wirkungsweise der Spezialliteratur und den Herstellerunterlagen zu entnehmen sind.

Kantenausbildung und Verarbeitung. Tabelle **6**.182 zeigt Beispiele für die Ausbildung von kartonummantelten Längskanten. Die Querkanten der Platten sind nicht ummantelt, sondern scharfkantig bzw. maschinenrau beschnitten. Aufgrund der besseren Aussteifung ist der Querbefestigung – vor allem bei Deckenkonstruktionen (s. Abschn. 14) – der Vorzug zu geben. Die zulässigen Spannweiten der Gipskartonplatten sind DIN 18 181 zu entnehmen. Sie richten sich vorwiegend nach der Plattendicke, der Befestigungsart und den Befestigungsmitteln.

Alle Platten sind im Verband zu verlegen, wobei der Plattenstoß bei Querbefestigung immer auf einem Metallprofil oder einer Holzlatte angeordnet sein muss. Einzelheiten über die stets ausreichend zu bemessende und genügend steife Unterkonstruktion s. Abschn. 14.3.3. Je nach Anwendungsbereich bzw. Art der Unterkonstruktion werden die Platten mit Selbstbauschrauben,

Spezialnägeln oder -klammern befestigt; eine zusätzliche Verklebung ist gestattet.

Das Verspachteln der Fugen darf erst erfolgen, wenn keine größeren Längenänderungen der Gipskartonplatten – infolge Feuchtigkeits- oder Temperatureinwirkung – mehr zu erwarten sind. Dementsprechend sollen Nassputze, Mörtelestriche und Gussasphaltestriche möglichst vor der Montage der Gipsplatten eingebaut werden. Je nach Kantenausbildung sind folgende Spachteltechniken möglich:

- Verspachtelung mit Papier- oder Glasfaserbewehrungsstreifen
- Verspachtelung mit selbstklebendem Fugenbewehrungsgitter
- Verspachtelung ohne Fugenbewehrung in ein oder zwei Arbeitsgängen
- Verspachtelung – maschinell – mit automatischem Spachtelgerät.

Schallschutz. Für die Gewährleistung ausreichenden Schallschutzes sind nicht allein die Eigenschaften der Wände maßgeblich. Es müssen vor allem Maßnahmen gegen Schallübertragung über angrenzende Bauwerksteile (Flankenübertragung) getroffen werden (s. Abschn. 10).

Die Schalldämmung des oberen Anschlusses von leichten Trennwänden an Geschossdecken ist schwierig, wenn unter der Decke Installationen hängen oder keine ebenen, geschlossenen Deckenuntersichten (z.B. bei Stahlbetonrippendecken, Stahlleichtdecken mit Trapezblechen) vorhanden sind. In derartigen Fällen muss eine schalldämmende, abgehängte Unterdecke vorgesehen werden, die über die Trennwände hinwegläuft, wobei die Trennwandskelette nur punktweise mit der Rohdecke verankert werden (s. Abschn. 14.3).

Brandschutzanforderungen können mit mehrschaligen Trennwandkonstruktionen bei Beachtung der in DIN 4102-4 Abschn. 4.9 festgelegten Anforderungen in vollem Umfang erfüllt werden, insbesondere, wenn statt Gipskartonplatten Feuerschutz-Spezialplatten verwendet werden (z.B. Fireboard-Platten, Fa. Knauf).

Die Auswirkungen der europäischen Normen lassen erwarten, dass künftig für den Trockenbau das in den großen europäischen Nachbarländern schon lange praktizierte „Paket-Denken" stark an Bedeutung gewinnen wird. Bauteile sind dabei „im System" herzustellen. Dies bedeutet, dass die Austauschbarkeit einzelner Komponenten stark eingeschränkt, wenn nicht sogar unmöglich sein

wird. Es ist zu erwarten, dass Kataloge mit Beschreibungen europäisch technisch zugelassener Bauteile entstehen werden. Für den Bereich der Bauteile mit vertraglich zu sichernden Eigenschaften wird das frei wählbare Zusammenstellen der Komponentenplatte = Fabrikat „A", Unterkonstruktion = Fabrikat „B", Schrauben = Fabrikat „C" Dämmstoff = Fabrikat „D", Fugengips = „E" usw. stark eingeschränkt, wenn nicht sogar unmöglich sein.

6.10.3.3 Trennwände mit Unterkonstruktionen in Holzbauart

Unterkonstruktionen in Holzbauart können nach DIN 4103-4 ausgeführt werden. Die Unterkonstruktion besteht aus Vollholz, besser jedoch aus verleimtem Holz oder aus Flachpressplatten (DIN EN 312 und DIN EN 13986 DIN 68 800-2 -2, Emissionsklasse E der Formaldehyd-Richtlinien).

Die erforderlichen Mindestquerschnitte für die Stiele – Abstand 62,5 cm – sind in Abhängigkeit von Einbaubereich und Wandhöhe in Tabelle **6.**183 (DIN 4103-4) vorgeschlagen.

Bei einer Ausführung nach Bild **6.**184 können leichte Trennwände in Holzbauart lediglich für eine einfache Raumunterteilung dienen. Sie werden bei Längen bis zu 5 m mit Holzschrauben <6 mm an die benachbarten Bauteile an gedübelt. Leichte Konsollasten können – ausgenommen bei Bretterschalungen – bei geeigneten Befestigungsmitteln an jeder Stelle angeschlossen werden.

Ähnlich den in Abschnitt 6.10.3.4 behandelten Trennwänden mit Unterkonstruktionen aus Metallprofilen können auch in Holzbauart Trennwände hergestellt werden, die erhöhte Schalldämm-Anforderungen erfüllen. Einige Beispiele dafür zeigt Bild **6.**185. Mit derartigen Konstruktionen können bewehrte Schalldämm-Maße R'_{wR} von 38 bis 49 dB (vgl. Abschn. 17.6) erreicht werden.

Die Ausführung der Bekleidungen in unterschiedlicher Dicke kann die Schalldämm-Eigenschaften verbessern.

6.10.3.4 Trennwände mit Unterkonstruktionen aus Metallprofilen

Trennwände mit Unterkonstruktionen aus Metallprofilen werden im Innenausbau bevorzugt verwendet. Derartige Trennwände mit Beplankungen aus Gipskartonplatten sind in DIN 18183 genormt.

6

Tabelle **6**.183 Erforderliche Mindestquerschnitte *b/h* für Holzstiele oder -rippen bei einem Achsabstand *a* = 625 mm in Abhängigkeit von Einbaubereich, Wandhöhe und Wandkonstruktion

	Einbaubereich nach DIN 4103-1					
	1			2		
Wandhöhe *H*	2600	3100	4100	2600	3100	4100
Wandkonstruktion	Mindestquerschnitte *b/h*					
Beliebige Bekleidung[1]	60/60		60/80	60/80		
Beidseitige Beplankung aus Holzwerkstoffe[2] oder Gipsbauplatten[3], mechanisch verbunden[4]	40/40	40/60	40/80	40/60	40/60	40/80
Beidseitige Beplankung aus Holzwerkstoffen, geleimt[5]	30/40	30/60	30/80	30/40	30/60	30/80
Einseitige Beplankung aus Holzwerkstoffe[5] oder Gipsbauplatten, mechanisch verbunden	40/60	60/50		60/60		

[1] Z. B. Bretterschalung
[2] Genormte Holzwerkstoffe und mineralisch gebundene Flachpressplatten
[3] Gipsbauplatten DIN 18 180 und Gipsfaserplatten
[4] Nägel, Klammern, Schrauben; *e* > 80 *d* < 200 *d*
[5] Wände mit einseitiger, aufgeleimter Beplankung aus Holzwerkstoffplatten können wegen der zu erwartenden, klimatisch bedingten Formänderungen (Aufwölben der Wände) allgemein nicht empfohlen werden.

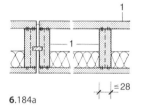 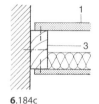 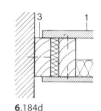

6.184a   6.184b   6.184c   6.184d

6.184 Trennwand mit Unterkonstruktion in Holzbauart
Grundrisse:

a) Element-Stoß
b) Planenstoß
c) Wandanschluss fest
d) Wandanschluss gleitend

1 Flachpressplatten
2 Vollholzprofil
3 Wandanschlussprofil, Vollholz

Unterschieden werden Einfachständerwände, Doppelständerwände und Vorsatzschalen.
Die Unterkonstruktionen bestehen aus verzinkten Stahlprofilen. Dabei sind die UW-Profile für Decken- und Bodenanschlüsse, die CW-Profile für die „Ständer" vorgesehen. In die Wandhohlräume werden zur Schalldämmung Platten aus Mineralwolle (Steinwolle, Glaswolle) eingebracht. Dabei gilt: Je höher der Füllgrad des Hohlraumes ist, desto höher ist die Verbesserung der Schalldämmung der „Ständerwand" gegenüber einer ungedämmten Wand. Zur vollen Nutzung der schallschutztechnischen Leistungsfähigkeit von Ständerwänden sollte eine 80–100 %-ige Hohlraumfüllung angestrebt werden.

In der jüngsten Vergangenheit wurde durch fast alle Gipskartonplattenhersteller aus „logistischen Gründen" die flächenbezogene Masse von Gipskartonplatten reduziert. Die flächenbezogenen Massen von üblichen 12,5 mm dicken Gipskartonplatten, Typ GKB (Gipskarton-Bauplatten), liegen heute zwischen 8,5 und 9,5 kg/m^2 (Bild **6**.185). Feuerschutzplatten (GKF) haben eine flächenbezogene Masse von etwas mehr als 10 kg/m^2. Die Gewichtsreduzierung der Gipskartonplatten hat zu erheblichen Einbußen beim Schallschutz von entsprechenden Trennwänden geführt. Daraufhin hat die Entwicklung neuer technischer Lösungen mit hohem Schallschutzstandard eingesetzt.

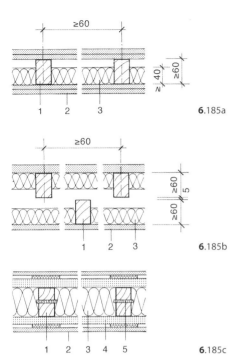

6.185a

6.185b

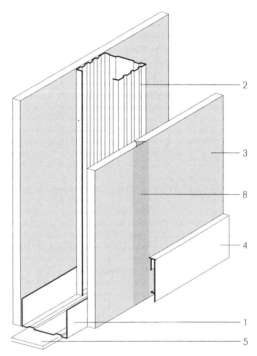

6.186a

6.185 Trennwand mit Unterkonstruktion in Holzbauart: schalldämmende Ausführungen

a) einfache Unterkonstruktion mit doppellagiger Beplankung aus Gipskartonplatten und Mineralwolle-Einlage
b) Doppelständer-Unterkonstruktion mit einfacher Beplankung aus Gipskartonplatten und doppelter Mineralwolle-Einlage
c) zweischalige Unterkonstruktion mit Beplankung aus Gipskartonplatten. mit Wabenplatten, auf Leichtbauplatten geklebt

1 Holzprofil
2 Gipskartonplatte, Gipsfaserplatte
3 Mineralwolle
4 Leichtbauplatte
5 Distanzstreifen (z. B. selbstklebender Filzstreifen)

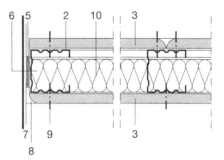

6.186b

6.186 Montagewand (Metallständerwand), System Richter®

a) Isometrie
b) Querschnitt mit Wandanschluss

1 Anschlussprofil UW
2 Ständerprofil CW
3 Gipskartonplatte GKB 12,5 mm
4 Sockelleiste
5 Dichtungsband, 1-seitig klebend
6 Befestigungselement
7 Trennstreifen
8 Fugenfüller
9 BLACK-STAR®-Typ 1 TN-25 mm
10 Dämmstoff

Voraussetzung für gute Schalldämmwerte von „Ständerwänden" ist das „Feder-Masse-System". Dieses System entsteht durch die Kopplung von zwei Schalen (Gipskarton-Platten) durch eine verbindende „Feder" (z. B. Metallständer). Je besser die akustische Entkopplung der einzelnen Schalen einer Ständerwand ist, desto besser ist auch ihr Schallschutz.

Die führenden Hersteller haben auf Grund der durch die Gewichtsreduzierung von Gipskartonplatten aufgetretenen Schalldämmprobleme sowohl die Standard-CW-Profile verändert als auch die besonders federnden Spezialständer-

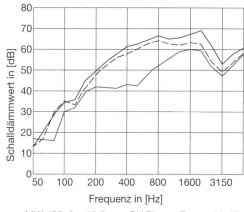

—— MW 100, 2 x 12,5 mm GK Piano, $R_{w,P}$ = 60 dB
– – MW 100, 2 x 12,5 mm GKB, $R_{w,P}$ = 56 dB
—— CW 100, 2 x 12,5 mm GKB, $R_{w,P}$ = 50 dB

6.187   Messkurven – Einfluss von Ständern und Gips-
         kartonplatten auf die Schalldämmung einer
         150 mm dicken Ständerwand

Profile MW entwickelt. Die neuen CW-Profile sind stärker profiliert, wodurch die federnde Wirkung der Ständer und damit die Entkopplung der einzelnen Schalen verstärkt werden. Die CW-Profile sind mit einer „Federzunge" ausgestattet, wodurch eine Verbesserung der Schalldämmung von bis zu 6 dB gegenüber MW-Profilen erreicht wird. Bild **6**.187 zeigt das Schalldämmverhalten von 150 mm dicken, doppelt beplankten Metallständern aus 100 mm CW-Profilen im Vergleich mit 100 mm MW-Ständer-Profilen mit Federzunge.

Bauakustische Vergleichsmessungen haben gezeigt, dass bei flächenbezogener Masse der Gipskartonplatten in den Bereichen von 8,5 bis 10 kg/

m² nur geringe Unterschiede in der Schalldämmung festzustellen sind. Je nach Wandkonstruktion wurden hier Unterschiede von 1 bis 3 dB zu Gunsten der schweren Platten gemessen.

Dagegen kommt der Gefügezusammensetzung der Gipskartonplatten eine größere Bedeutung zu. Es sind inzwischen Gipskartonplatten auf dem Markt, die allein auf Grund ihrer Gefügezusammensetzung bei gleicher flächenbezogener Masse bessere Schalldämmwerte erreichen, selbst bei Verwendung von Standard-CW-Profilen. Bei Verwendung von Ständerprofilen mit Federzunge werden die Schalldämmwerte deutlich verbessert (s. Tab. **6**.188).

Auch der Abstand der einzelnen Gipskartonplattenschalen hat erheblichen Einfluss auf den Schallschutz der Ständerwände. Der Abstand der einzelnen Schalen beeinflusst die Lage der Resonanzfrequenz, die möglichst unter 100 Hz liegen sollte. Je größer der Abstand der Schalen untereinander ist, umso niedriger sind auch die Resonanzfrequenz und damit auch das Schalldämmmaß einer Ständerwand.

Die verbesserten Systeme mit geänderten Ständerprofilen verlangen nicht zuletzt natürlich auch eine sorgfältige Verarbeitung wie z.B. Dichtheit der Anschlüsse. Durch unsachgemäße oder nicht sorgfältige Verarbeitung gehen die möglichen Verbesserungen der Schalldämmwerte schnell wieder verloren.

Doppelständerwände bieten sehr gute Schalldämmeigenschaften, wenn beide Schalen einwandfrei voneinander getrennt sind. Dabei ist eine versetzte Anordnung der Ständer ebenso möglich wie die Trennung gegenüberstehender Ständer durch federnde Zwischenlagerung (s. Bild **6**.190). Eine weitere Verbesserung des Schallschutzes ist möglich durch bis dreilagige Beplan-

Tab. **6**.188   Schalldämmwerte $R_{w,R}$ von Knauf Einfach-Metallständerwänden im Überblick

Wandtyp	Profilabm. mm	Wanddicke mm	GK-Platten > 8,5 kg/m² auf Profil		Schallschutzplatte Knauf Piano auf Profil	
			CW	MW	CW	MW
W 111/ W 141	50 75 100	75 100 125	40 41 42	44 45	41 43 45	48 50
W 112/ W 142	50 75 100	100 125 150	47 49 50	53 54	49 52 54	56 58
W 113/ W 143	75 100	150 175	52	56 57		58 60

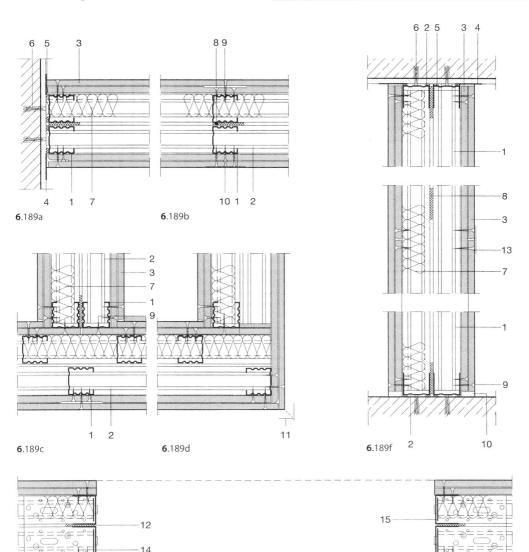

6.189a

6.189b

6.189c

6.189d

6.189f

6.189e

6.189 Metallständerwand, Doppelständerwerk zweilagig beplankt (System Knauf, W115)

a) Anschluss an Massivwand, b) Plattenstoß, c) T-Verbindung, d) Eckausbildung, e) Türausbildung, f) Vertikalschnitt

1 CW-Profil
2 UW-Profil
3 Knauf Gipsplatten
4 Trennstreifen oder Trennfix
5 Trennwandkitt
6 Drehstiftdübel
7 Dämmschicht
8 Selbstklebendes Dämmstreifenstück

9 Schnellbauschrauben TN
10 Knauf Uniflott
11 Falls erforderlich: Knauf Eckschutzschiene
  bzw. Alux Kantenschutz
12 Dämmstreifen durchlaufend
13 Schnellbauschraube TB
14 UA-Profil 2 mm
15 Türpfostensteckwinkel

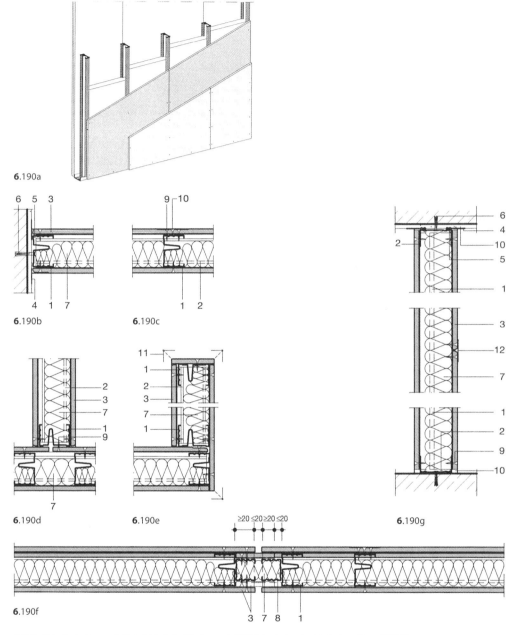

6.190a

6.190b　　　　　**6**.190c

6.190d　　　　　**6**.190e　　　　　　　　　　　　**6**.190g

6.190f

6.190　Schallschutzwand, Metall-Einfachständerwerk MW, 2-lagig beplankt, System Knauf W142

a) Isometrie, b) Anschluss an Massivwand, c) Plattenstoß, d) T-Verbindung, e) Eckausbildung freistehendes Wandende, f) F30-Bewegungsfuge, g) Vertikalschnitt

1 MW-Profil	7 Dämmschicht
2 UW-Profil	8 CW-Profil
3 Knauf-Gipsplatte	9 Schnellbauschraube TN
4 Trennstreifen oder Trennfix	10 Knauf Uniflott
5 Trennwandkitt	11 Falls erforderlich: Knauf Eckschutzschiene oder Alux Kantenschutz
6 Drehstiftdübel	12 Horizontalstoß mit Papierfugendeckstreifen spachteln

kung mit Gipskartonplatten unterschiedlicher Dicke.

Bewegungsfugen des Rohbaus müssen in die Konstruktion der Ständerwände übernommen werden. Bei durchlaufenden Wänden sind im Abstand von ca. 15,00 m Bewegungsfugen erforderlich.

In der Altbausanierung kommen häufig Metallständer-Vorsatzschalen zur Ausführung, um die Wärme- und Schalldämmung insbesondere von Außen- und Wohnungstrennwänden zu erhöhen, (s. Bild **6**.191).

Wenn an den Montagewänden größere Konsollasten berücksichtigt werden müssen, kommen verstärkte Konstruktionen mit versetzt angeordneten oder verstärkten Ständern in Frage. Im Übrigen dürfen an jeder Stelle von Ständerwänden nach DIN 18183 Konsollasten (z. B. aus Regalen oder Wandschränken) angebracht werden, solange 0,4 kN/m Wandlänge nicht überschritten werden bzw. 0,7 kN/m bei Beplankungen mit d > 18 mm. Größere Konsollasten, z. B. für Waschtische und für andere Sanitärobjekte oder für schwere Bücherregale sind über besondere Traversen einzuleiten, und Doppelständerwände sind in den Ständerreihen durch Laschen zugfest zu verbinden.

In „Installationswänden" stehen die Ständer so weit auseinander, dass Installationsleitungen und Tragsysteme (z. B. für Waschtische) problemlos in den Wandzwischenräumen untergebracht werden können, s. Bild. **6**.192.

Umsetzbare Trennwände mit Unterkonstruktionen aus Metall

Montagewände mit Unterkonstruktionen aus Metall waren bisher bei Demontagen bedingt wiederverwendbar, wenn z. B. die Beplankung aus Holzspanplatten bestand (umsetzbare Trennwände s. Kapitel 15).

Der Preis für Gipskartonplatten ist in den vergangenen Jahren zwar kontinuierlich gesunken. Dagegen ist aber der Preis für die Schuttentsorgung drastisch gestiegen. Dies führte zur Entwicklung einer komplett wiederverwendbaren Gipskarton-Ständerwand. Die Wand kann mehrere Male wieder ab- und aufgebaut werden.

Im Bereich der gefasten Gipskartonplatte wird eine „Reißschnur" eingebracht und mit dem Fugenband geschlossen und verspachtelt. Das Ende des teilweise aufgerollten Fugenbandes und des Rissfadens wird durch den Sockel abgedeckt.

Bei der Demontage wird der Sockel entfernt, die Reißschnur aus der Fuge herausgerissen, so dass die Fuge wieder frei ist. Bei einem Umbau ergibt sich damit eine Kostenersparnis von über 70 % gegenüber dem Abbruch und der Entsorgung der alten Wand und der Herstellung der neu gesetzten Wand mit neuem Material.

Für flexible Raumnutzungen (z. B. Büroräume) haben sich auch umsetzbare Stahl-Elemente in Schalenbauweise etabliert. Sie bestehen aus Stahlelementen in Schalenbauweise, einer verzinkten Metallunterkonstruktion und 1 mm dicken, allseitig umgekanteten Stahlblechschalen, in die 9,5 mm dicke Gipsplatten eingeklebt sind. Die Oberfläche ist einbrennlackiert und zum Schutz vor Beschädigungen bei Transport und Montage mit einer Schutzfolie versehen. Die Schutzfolie wird erst nach Beendigung der Arbeiten entfernt. Die Stahlblechschalen werden über Klemmständer miteinander verbunden. Der Wandhohlraum kann mit Dämmstoff ausgekleidet und für Installationen genutzt werden. Auch nachträgliche Installationen können ausgeführt werden, da die Stahlblechschalen jederzeit herausgenommen werden können. Das Rastermaß ist flexibel von 100–12 500 mm und kann damit den jeweiligen Bauwerksbedürfnissen angepasst werden. Individuelle Farbbeschichtungen nach RAL sind möglich.

Die Verarbeitung von Zubehör-Profilen ist im Trockenbau mittlerweile die Regel. Durch entsprechende Profile (Wandabschlussprofile, Bilderleisten, Schattenfugenprofile) werden nicht nur Arbeitszeiten (schnellere und exaktere Ausführung der Spachtelarbeiten) eingespart sondern die Ausführung ist auch sauberer. Auch ist durch eingebaute Bilderleisten in Trockenbauwände der Beschädigung der Wände durch ständig wechselnde Ausstellungen vorgebeugt. Bild **6**.193 zeigt eine umsetzbare Vorsatzschale.

6

6

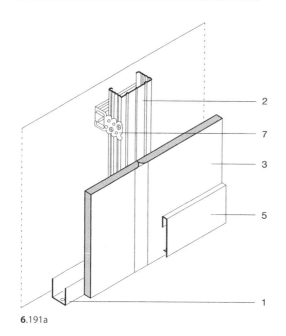

6.191a

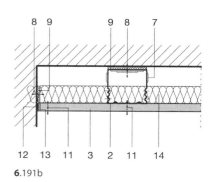

6.191b

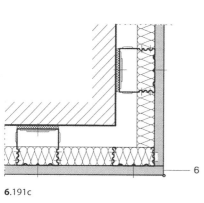

6.191c

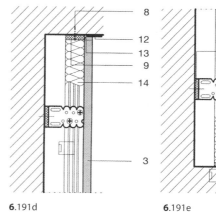

6.191d

6.191e

6.191   Metallständer-Vorsatzschale

a) Isometrie,   b) Wandanschluss,   c) 90°-Außenecke,   d) Deckenanschluss,   e) Bodenanschluss

1 Anschlussprofil UD 28/27 x 06	8 Drehstiftdübel
2 Profil CD 60 x 06	9 Dichtungsband, einseitig klebend, 30 mm
3 Gipsplatte GKB/GKF 12,5 mm	10 Blechschraube
4 Sockelleiste	11 BLACKSTAR®-Schraube Typ 1 TN-25 mm
5 Sockelclip	12 Trennstreifen bei geputzten Anschlussflächen
6 Eckleiste SYRECK® Typ 001, verz. 27/27 mm	13 Fugenfüller
7 Direktabhänger	14 Dämmstoff

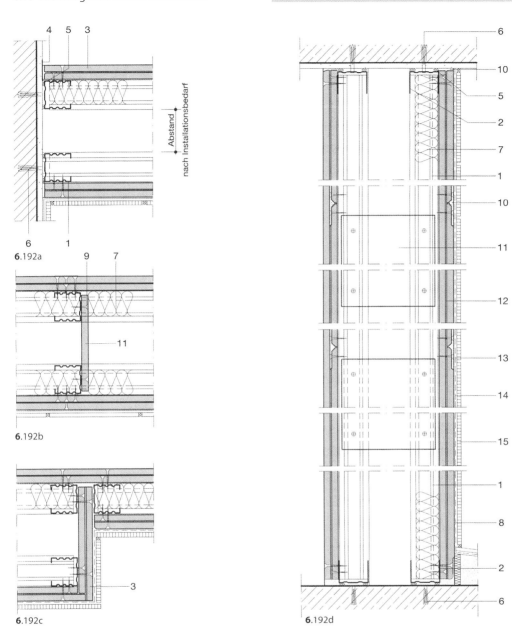

6.192 Installationswand, Doppelständerwerk, zweilagig beplankt, System Knauf W116

   a) Anschluss an Massivwand, b) Ständeraussteifung mit Plattenstreifen, c) Wandverjüngung (auf System W112)
   d) Vertikalschnitt

   1 CW-Profil
   2 UW-Profil
   3 Knauf-Gipsplatte
   4 Trennstreifen oder Trennfix
   5 Trennwandkitt
   6 Drehstiftdübel
   7 Dämmschicht
   8 Flächendichtband

   9 Schnellbauschraube TN
 10 Knauf Uniflott
 11 Gipsplattenstreifen > 12,5 mm dick, 300 mm hoch
 12 Knauf Gipsplatte, imprägniert
 13 Flächendicht (Feuchtigkeitssperre)
 14 Flexkleber
 15 Fliese

6

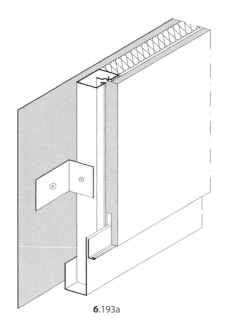

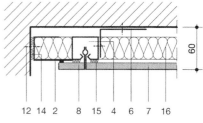

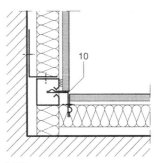

6.193d

6.193a

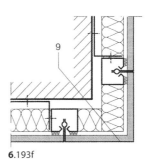

6.193e

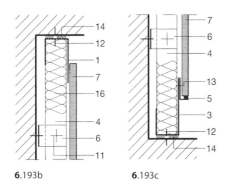

6.193b   **6**.193c   **6**.193f

6.193 Umsetzbare Vorsatzschale Systal®, Richter-System®

    a) Vorsatzschalenaufbau, Isometrie, b) Deckenanschluss, c) Bodenanschluss, d) Wandanschluss
    e) 90°-Innenecke, f) 90°-Außenecke

1 U-Profil für Deckenanschluss	9 90°-Ecke außen
2 U-Profil für Wandanschluss	10 Winkelprofil für 90°-Ecke innen
3 U-Profil für Bodenanschluss	11 Blechschraube LN-9 m
4 Klemmständer	12 Befestigungselement (entsprechend Bauwerk-Anschluss)
5 Justierprofil	13 Stahlniet Ø 4 x 6 mm
6 Wandanschlusswinkel	14 Dichtungsband, 1 seit. kleb. 12 x 3,2 mm
7 Elementwandschale	15 Dichtungsstreifen, 1 seit. kleb. 15 x 3,2 x 100 mm
8 Wandanschlussleiste	16 Dämmstoff

6.10.4 Normen

Norm	Ausgabedatum	Titel
DIN 105-100	06.2002	Mauerziegel; Mauerziegel mit besonderen Eigenschaften
DIN 278	09.1978	Tonhohlplatten (Hourdis) und Hohlziegel; statisch beansprucht
DIN 4103-1	07.1984	Nichttragende innere Trennwände; Anforderungen, Nachweise
DIN 4103-2	11.2010	–; Trennwände aus Gips-Wandbauplatten
DIN 4103-4	11.1988	–; Unterkonstruktion in Holzbauart
DIN 4108-10	06.2008	Wärmeschutz und Energie-Einsparungen in Gebäuden – Teil 10: Anwendungsbezogene Anforderungen an Wärmedämmstoffe – Werkmäßig hergestellte Wärmedämmstoffe
DIN 4166	10.1997	Porenbeton-Bauplatten und Porenbeton-Planbauplatten
DIN 4242	01.1979	Glasbaustein-Wände; Ausführung und Bemessung
DIN 18 148	10.2000	Hohlwandplatten aus Leichtbeton
DIN 18 162	10.2000	Wandbauplatten aus Leichtbeton; unbewehrt
DIN 18 180	01.2007	Gipskartonplatten; Arten, Anforderungen, Prüfung
DIN 18 181	10.2008	Gipsplatten im Hochbau – Verarbeitung –; Grundlagen für die Verarbeitung
DIN 18 182-1	12.2007	Zubehör für die Verarbeitung von Gipsplatten – Teil 1: Profile aus Stahlblech
DIN 18 182-2	02.2010	–; – Teil 2: Schnellbauschrauben, Klammern und Nägel
DIN 18 183-1	05-2009	Trennwände und Vorsatzschalen aus Gipsplatten mit Metallunterkonstruktionen – Teil 1: Beplankung mit Gipsplatten
DIN 18 184	10.2008	Gipsplatten-Verbundelemente mit Polystyrol- oder Polyurethan-Hartschaum als Dämmstoff
DIN 18 350	09.2012	VOB Vergabe- und Vertragsordnung für Bauleistungen Teil C: Allgemeine Technische Vertragsbedingungen für Bauleistungen (ATV) – Putz- und Stückarbeiten
DIN 68 705-4	12.1981	–; Bau-Stabsperrholz, Bau-Stäbchensperrholz
DIN EN 197-1	11.2011	Zement; Zusammensetzung, Anforderungen und Konformitätskriterien; Teil 1: Allgemein gebräuchlicher Zement
DIN EN 312	12.2010	Spanplatten – Anforderungen
DIN EN 413-2	08.2005	Putz- und Mauerbinder – Teil 2: Prüfverfahren, Deutsche Fassung EN 413-2: 2005
DIN EN 459-1	12.2010	Baukalk; Begriffe, Anforderungen und Konformitätskriterien
DIN EN 459-1	12.2010	Baukalk – Teil 1: Definitionen, Anforderungen und Konformitätskriterien
DIN EN 459-2	12.2010	Baukalk – Teil 2: Prüfverfahren, Deutsche Fassung EN 459-2: 2001
DIN EN 459-3	08.2011	–; Baukalk – Teil 3: Konformitätsbewertung, Dt. Fassung EN 459-3: 2001
DIN EN 622-1	09.2003	Faserplatten-Anforderungen; Allgemeine Anforderungen
DIN EN 635-1	01.1995	Sperrholz; Klassifizierung nach dem Aussehen der Oberfläche; Allgemeines
DIN EN 771	07.2011	Festlegungen für Mauersteine; Mauerziegel
DIN EN 771-1	07.2011	Festlegungen für Mauersteine Teil 1: Mauerziegel
DIN EN 771-2	07.2011	Festlegungen für Mauersteine Teil 2: Kalksandsteine
DIN EN 771-3	07.2011	Festlegungen für Mauersteine Teil 3: Mauersteine
DIN EN 771-4	07.2011	Festlegungen für Mauersteine Teil 4: Portenbetonsteine

6

Norm	Ausgabedatum	Titel
DIN EN 1051-1	04.2003	Glassteine und Betongläser – Teil 1: Begriffe und Beschreibungen
DIN EN 1063	01.2000	Glas in Bauweisen – Sicherheitssonderverglasung – Prüfverfahren und Klasseneinteilung für den Widerstand gegen Beschuss
DIN EN 1991-1-1	12.2010	Einwirkungen auf Tragwerke – Teil 1: Allgemeine Einwirkungen auf Tragwerke – Wichten, Eigengewicht und Nutzlasten im Hochbau; Deutsche Fassung EN 1991-1-1: 2001 + AC: 2009
DIN EN 1991-1-1/A1	12.2010	–; Änderung 1
DIN EN 1996-2/NA	01.2012	Bemessung und Konstruktion von Mauerwerksbauten – Teil 2: Planung Auswahl der Baustoffe und Ausführung von Mauerwerk
DIN EN 12 859	05.2011	Gips-Wandbauplatten – Begriffe, Anforderungen und Prüfverfahren
DIN EN 13 986	03.2005	Holzwerkstoffe zur Verwendung im Bauwesen – Eigenschaften, Bewertung der Konformität und Kennzeichnung
DIN EN 14 566	10.2009	Mechanische Befestigungsmittel für Gipsplattensysteme – Begriffe, Anforderungen und Prüfverfahren
DIN EN 15 283-2	12.2009	Faserverstärkte Gipsplatten – Begriffe, Anforderungen und Prüfverfahren – Teil 2: Gipsfaserplatten
DIN V 4165-100	10.2005	Porenbetonsteine; Plansteine und Planelemente mit besonderen Eigenschaften
DIN V 18 151-100	10.2005	Hohlblöcke aus Leichtbeton; Hohlblöcke mit besonderen Eigenschaften
DIN V 18 152-100	10.2005	Vollsteine und Vollblöcke aus Leichtbeton; Vollsteine und Vollblöcke mit besonderen Eigenschaften
DIN V 18 153-100	10.2005	Mauersteine aus Beton (Normalbeton); Mauersteine mit besonderen Eigenschaften

6.11 Literatur

[1]   Pfeifer, Ramcke, Achtziger, Zilch: Mauerwerk-Atlas, München 2001

[2]   Umgang mit Mineralwolle-Dämmstoffen – Handlungsanleitung der Mineralfaserindustrie & Bau-Berufsgenossenschaften, 05/2010

[3]   Deutscher Naturwerkstein-Verband e.V.: Bautechnische Informationen Naturstein, Würzburg 1996, www.natursteinverband.de

[4]   Deutscher Stahlbau-Verband:
      Stahlbau im Blick – Das Handbuch für den Stahlbau. Düsseldorf 2010, www.stahlbauverband.de

[5]   Gerner, M.: Fachwerk; Entwicklung, Gefüge, Instandsetzung, Neubau. Stuttgart 2007

[6]   Gerner, M.: Handwerkliche Holzverbindungen der Zimmerer. Stuttgart 1992

7 Skelettbau

7.1 Allgemeines

Beim Skelettbau werden Gebäudelasten über stabartige, horizontale (Träger, Unterzüge) und vertikale Tragelemente (Stützen) zusammengeführt und an wenigen Stellen punktuell abgeleitet. Er stellt somit eine Alternative zum *Wandbau* (s. a. Abschn. 1.5) dar, bei dem die Lasten über die tragenden Wände flächig und linear abgeleitet werden.

Ob und in welchen Fällen Skelettbauweisen für eine Bauaufgabe vorteilhaft werden, hängt von den Nutzungsanforderungen, notwendigen Raumgrößen und Belichtungserfordernissen ab. Vielfach werden Anforderungen nach z. B. großen Räumen nicht für alle Ebenen oder Gebäudeteile

gestellt, sodass häufig Mischformen aus Skelett- und Wandbaubereichen (Bild **7**.1) zu empfehlen sind. In den meisten Fällen werden auch keine *reinen* Skelettbauten ausgeführt (Bild **7**.2), da Gebäudefunktionen wie Treppenhäuser bzw. Aufzugsschächte vielfach zu Erschließungskernen oder auch Nebenraumbereiche häufig zu tragenden und aussteifenden Wänden führen. Zudem erfordern Brandschutzanforderungen (Bildung von Brandabschnitten s. a. Abschn. 17.7) sowie im Zusammenhang mit den sowieso notwendigen Aussteifungsmaßnahmen erforderliche Wände häufig Wandabschnitte im Skelettbau, die zu vielfach wirtschaftlicheren Lösungen führen.

Im Gewerbe- und Industriebau sowie bei Verwaltungs- und Geschäftsbauten sind in der Regel

7

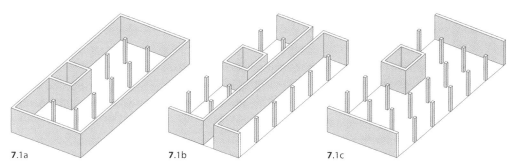

7.1a   **7**.1b   **7**.1c

7.1 Mischbauweisen aus Wand- und Skelettbausystemen
   a) Außenwände und Treppenraum tragend und aussteifend, Skelett nur im Inneren
   b) Innere Längswände, Treppenraum tragend und aussteifend, Skelett an den Längsfassaden
   c) Treppenraum und Kopfseiten tragend und aussteifend, Skelett im Inneren und an den Längsfassaden

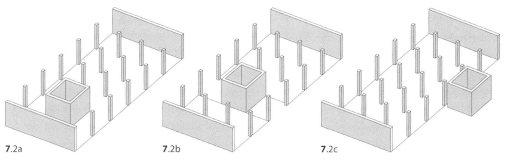

7.2a   **7**.2b   **7**.2c

7.2 Skelettbausysteme
   a) Skelettbau mit tragendem und aussteifendem Treppenhauskern und Kopfwänden
   b) Skelettbau mit tragendem und aussteifendem Treppenhauskern zwischen verschiedenen Gebäudeteilen
   c) Reiner Skelettbau mit externem Erschließungskern, Kopfwände tragend und aussteifend

weiträumige Nutzflächen zu planen, die auch ohne großen Aufwand den oft wechselnden funktionellen Anforderungen leicht angepasst und durch Erweiterungen ergänzt werden können. Tragende Wände innerhalb der Geschossflächen und als Außenwände würden dieser Forderung entgegenstehen.

Im Skelettbau entstehen offene Tragsysteme und damit in der Ausgestaltung frei aufteilbare Grundrissstrukturen mit hoher Nutzungsvariabilität und Flexibilität auch bei sich ändernden Anforderungen an die Raumaufteilungen. Zudem werden großflächig transparente Fassaden ermöglicht, die zur qualifizierten Belichtung mit Tageslicht insbesondere bei großflächigen Grundrissen erforderlich sind. Die Ausführung eines Massivbaues als Wandbau mit Lochfassaden und tragenden Innenwänden schließt diese Möglichkeiten aus.

Im Unterschied zu Wandbauten weisen Skelettbauten eine Reihe von unterschiedlichen Merkmalen auf.

- Relativ geringeres Eigengewicht der Tragkonstruktion, bedeutend bei wenig tragfähigem Baugrund und hohen Geschosszahlen
- Auflösung des Tragwerkes in filigrane Stäbe erhöht die Flexibilität und Variabilität auch während der Nutzungszeit von Gebäuden
- Konstruktionen großflächiger und großvolumiger Bauwerke unterschiedlichster geometrischer Baukörper- und Raumformen
- Einsatz hoch beanspruchter und hochwertiger Bauteile und Bauelemente insbesondere hinsichtlich der statischen Belastung und des Feuerwiderstandes
- Ausbildung der stabartigen Tragwerke zu ebenen orthogonalen und polygonalen sowie gekrümmten und auch räumlichen Tragwerken mit einem wirtschaftlichen Verhältnis von Masse und Tragfähigkeit
- Vorwiegender Einsatz industrieller Fertigungs- und Montagebauweisen von Bauelementen
- Vielfach Reduzierung der Bauzeiten durch den Einsatz von Vorfertigungs- und Montagesystemen

Der entscheidende Vorteil von Skelettbauten besteht neben wesentlich geringeren Eigenlasten darin, dass die Flächenaufteilung innerhalb der Geschossflächen bei eingeschossigen Bauten nahezu uneingeschränkt möglich ist und bei mehrgeschossigen Gebäuden lediglich durch die

i. d. R. erforderlichen Stützen eingeschränkt wird. Spätere Änderungen der Raumaufteilung sind – insbesondere, wenn bereits entsprechende Vorkehrungen eingeplant wurden – leicht nachträglich ausführbar.

Hauptelemente von Skelettkonstruktionen sind Stützen und Träger (Hauptträger), auf denen die Dachflächen oder Geschossdecken aufgelagert sind. In den Anschlussstellen und Ecken (Knoten) sind je nach Aussteifungskonzeption gelenkige (bewegliche, biegeweiche *Gelenkknoten*) oder biegesteife (starre, unverschiebliche Rahmenknoten) Verbindungen zu schaffen.

Während beim Massivbau die raumabschließenden Scheiben der tragenden Wände *gleichzeitig* das Tragwerk bilden, ist beim Skelettbau das Tragwerk (das Skelett) konstruktiv und funktionell klar von den raumbildenden Elementen der Außenhülle und des Innenausbaues getrennt. Alle Lasten werden durch das Skelett abgetragen, während die Wände lediglich *nichttragende Raumabschlüsse* sind.

Neben der Anordnung der Haupttragelemente überwiegend längs oder quer zur Gebäudelängsachse (Längs- oder Querlage) werden Skelettbauten auch hinsichtlich ihrer Geschossigkeit wie folgt unterschieden:

Hallenbauten sind überwiegend eingeschossige Konstruktionen (z. B. Industrie- und Lagerhallen) aus Stützen und horizontal angeordneten Bindern, Schalen oder Faltwerken als Dachtragwerke, mit denen auch stützenfreie, großflächig zusammenhängende Räume gebildet werden können. Sie ermöglichen hohe Verkehrslasten auf den Bodenflächen (z. B. Lagergüter, Maschinen) und hohe Einzellasten (z. B. Kranbahnen). Raumhöhen von mehr als 12 m werden selten überschritten. Vorteilhaft sind neben den frei aufteilbaren Grundrissflächen die mögliche Anordnung von Oberlichtern in den Dachflächen, die freien Konstruktions- und Gestaltungsmöglichkeit von Außenwänden und Ausbauten sowie die einfache Ausstattung mit technischer Gebäudeausrüstung.

Geschossbauten sind mehrgeschossige Konstruktionen (z. B. Gewerbe- und Verwaltungsbauten, Hochhäuser) aus geschosshohen oder auch über mehrere Geschosse durchlaufenden Stützen sowie horizontalen Flachdecken oder Deckenplatten mit Trägern und Unterzügen. Sie werden je nach gewählten Materialien i. d. R. in Abmessungen bis zu 7 m x 10 m im Grundriss sowie Geschosshöhen von ca. 3 m bis ca. 6 m ausgeführt.

Sonderkonstruktionen sind erforderlich für sehr große Spannweiten in beiden Grundrissausdehnungen (Sport-, Schwimm-, Kongress-, Montagehallen, Hangare usw.) sowie für große Raumhöhen (Hochregallager) und für Gebäude mit sehr großflächigen Fassadenöffnungen (Flughäfen, Ausstellungshallen, Bahnhöfe). Weiterhin sind besondere Konstruktionen dann notwendig, wenn nicht orthogonale Sonderformen in Grundriss und Aufriss (z. B. Theater, Sportstätten usw.) zur Ausführung kommen oder sehr hohe Belastungen (z. B. Erdbeben) zu berücksichtigen sind.

Aussteifung. Die Standfestigkeit des Skeletts muss durch *Horizontalaussteifungen* gewährleistet werden. Räumliche Aussteifungen sind statische Systeme, die horizontale Lasten – vorwiegend aus Wind – in den Baugrund ableiten. Sie sind in mindestens *drei* zueinander senkrecht angeordneten Ebenen vorzusehen.

Als vertikale und horizontale Aussteifungsmöglichkeiten kommen folgende Systeme zur Anwendung:

- Wandscheiben in Längs- oder/und Querrichtung (Bild. **7**.3a) und Decken- oder Dachscheiben
- Diagonalverbände (Andreaskreuz) in Wand-, Decken- oder/und Dachebene (Bild. **7**.3b und d)

- Rahmen mit biegesteifen Eckausbildungen, häufig in einer Gebäuderichtung angeordnet (Bild. **7**.3a und b)
- Einspannung (biegesteife Verankerung vergleichbar einem Fahnenmast) der Stützen in häufig Einzelfundamenten (Bild. **7**.3c)

Aus der großen Zahl der in Frage kommenden vielfältig variierbaren Möglichkeiten für die Aussteifung von *Hallenbauten* (hallenartiger, ein- bis zweigeschosiger Bauwerke) zeigt Bild **7**.3 vier typische Beispiele.

Für einfache Hallenbauten über Rechteckgrundrissen haben sich Aussteifungssysteme aus quer gespannten, in Längsrichtung gereihten Rahmen sowie in Längsrichtung zwischen mindestens zwei Rahmen angeordneten Diagonalverbänden (Bild 7.3b) bewährt. Vertikale Aussteifungselemente werden am wirksamsten an den Außenkanten eines Gebäudes angeordnet.

Pendelstützen. Im Skelettbau werden vielfach Konstruktionen mit Pendelstützen gewählt, die ausschließlich durch Diagonalverbände in den Wandebenen und in der Dachebene ausgesteift sind (Bild **7**.3d). Pendelstützen sind an Stützenkopf und Stützenfuß unverschieblich, d. h. „lagesicher", jedoch gelenkig, d. h. drehbar und elastisch gelagert. Die Aussteifung mit Diagonalver-

7

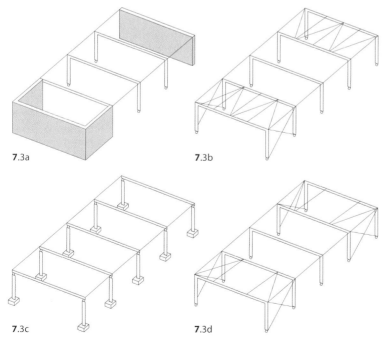

7.3a   7.3b

7.3c   7.3d

7.3
Aussteifung von Skelettkonstruktionen
a) durch Wandscheiben und durch Rahmen mit biegesteifen Ecken
b) durch Diagonalverbände und Rahmen mit biegesteifen Ecken
c) durch Einspannung der Stützen
d) ausschließlich durch Diagonalverbände, alle Stützen sind Pendelstützen

bänden und gelenkiger Verbindungsart ist in der Lage, die in einem Stab auftretenden Normal- und Querkräfte in andere Stäbe zu übertragen, jedoch *keine* Momente – eine Voraussetzung dafür, Stabquerschnitte möglichst schlank auszubilden. *Biegesteife* Knotenausbildungen, die auch Momente übertragen können, führen zu erhöhten Materialeinsatz insbesondere in den Eckbereichen und somit zu deutlich weniger schlanken Dimensionen.

In der Baupraxis können Gelenkknoten konstruktiv jedoch meistens nicht *vollständig beweglich* (gelenkig) ausgebildet werden. Die Verbindungen im Holz- und Stahlskelettbau zwischen den Bauteilen erfolgen i. d. R. durch Verschraubungen und im Stahlbetonskelettbau z. B. durch fugenlos betonierte Träger- Stützenanschlüsse mit einfacher Bewehrung (ohne Knotenbewehrung). Die hierdurch bedingte, tatsächlich vorhandene, geringfügige Biegesteifigkeit an derartigen Gelenkknoten führt zu zusätzlicher Sicherheit der Konstruktion. Die dennoch übliche Annahme einer vollständigen Gelenkigkeit an diesen Knoten hat eine wesentliche Vereinfachung der statischen Berechnungen zur Folge.

Diagonalverbände zur Aussteifung können aus statischer Sicht die aussteifende Scheibenwirkung von massiven Wand- oder Deckenscheiben ersetzen. Der im Skelettbau häufig verwendete gekreuzte Diagonalverband zur Horizontalaussteifung besteht aus Zugstäben, die je nach Belastungsrichtung gespannt werden. Der jeweils nicht belastete Stab hängt schlaff durch. Die Stäbe werden vielfach mit Spannschlössern vorgespannt und können im Fall sichtbarer Verformungen (schlaffes Durchhängen) auch nachgespannt werden (Bild **7**.4).

Rahmen können die aussteifende Wirkung von Wandscheiben oder auch Diagonalverbänden ersetzen und ermöglichen somit großflächige Grundrisse ohne ggf. störende Zwischenwände. Hauptträger und Stützen werden in Rahmentragwerken (s. a. Abschn. 1.3) in den Ecken als *biegesteife* Knoten miteinander verbunden. Die Stützen werden dann als Stiele, die Träger als Riegel bezeichnet. Durch die *Einspannung* (Behinderung der freien Drehbarkeit der Stabenden im Knoten) können nicht nur Normal- und Querkräfte sondern auch Biegemomente innerhalb der Stabquerschnitte von Stab zu Stab übertragen werden. Vertikale Belastungen aus den Riegeln und horizontale Windlasten werden dabei gleichzeitig über die steife Knotenausbildung übertragen.

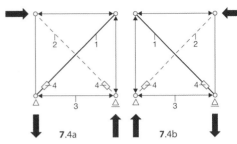

7.4 Statische Wirkung von Diagonalverbänden (Andreaskreuz)

a) Lasteinwirkung von links
b) Lasteinwirkung von rechts

1 zugbelasteter Stab
2 unbelasteter Stab (schlaff durchhängend)
3 unterer Stab (kann bei zwei fest gelagerten Stützenfüßen entfallen)
4 Spannschlösser

Es können *alle* Rahmenecken biegesteif ausgebildet (Vollrahmen) oder – häufiger – mit Gelenkknoten kombiniert werden (s. a. Bild **1**.11 bis **1**.14). Stellt man in Geschossbauten mehrere Rahmen übereinander, spricht man auch von Stockwerksrahmen.

Weiterhin ist die Ausführung von Quer- *oder* Längsrahmen bzw. auch von Quer- *und* Längsrahmen in Abhängigkeit von den Notwendigkeiten der Windlastableitung und der Kombination mit weiteren aussteifenden Gebäudeteilen (Kerne, Wandscheiben) möglich. Bei der Anordnung von Rahmen nur in einer Richtung sind zusätzlich Wandscheiben oder Diagonalverbände in der jeweils anderen Gebäuderichtung erforderlich. Die Decken werden hierbei einachsig (in einer Richtung) gespannt. Bei der Anordnung von Längs- *und* Querrahmen kann auf weitere Aussteifungselemente verzichtet werden (reiner Skelettbau). Die Decken werden dann zweiachsig (in alle vier Richtungen) gespannt (Bild **7**.2.c).

Einspannung. Stützenfüße von mehrgeschossigen Skelettbauten auf Gründungskörpern bildet man im Allgemeinen gelenkig aus. Eingespannte Stützen kommen i. d. R. nur bei niedrigen Hallenbauten vor.

Bei *Geschossbauten* bilden Stützen und Unterzüge in der Regel im Zusammenwirken mit den Decken und deren Scheibenwirkung ausgesteifte Systeme.

Als wirtschaftlicher Stützenabstand ergibt sich aus statischer Sicht ein Maß von etwa 7 m (s. Abschn. 7.2).

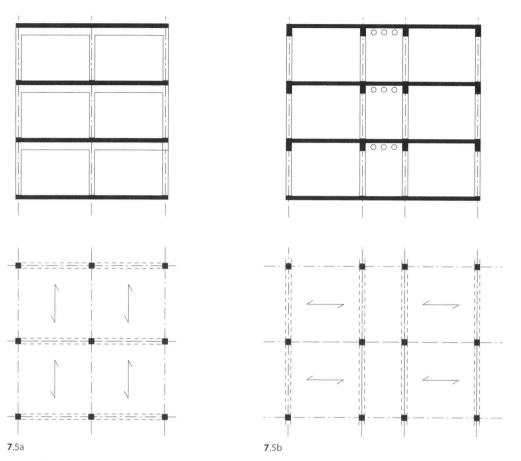

7.5a   **7**.5b

7.5 Skelettsysteme (Geschossbauten)
  a) Querunterzüge (Rahmen)
  b) Längsunterzüge
  c) aussteifender Gebäudekern, Decken außen auf Pendelstützen
  d) Rahmen (Stockwerksrahmen) mit Pendelstützen

Zur Optimierung der Nutzung können sich natürlich andere Abstände als erforderlich erweisen. Für die Nutzung ist vor allem die richtige Planung der Hauptrichtung von erforderlichen Unterzügen ausschlaggebend, insbesondere dann, wenn Flurzonen o. Ä. berücksichtigt werden müssen (Bild **7**.5b).

Die Räume zwischen den Unterzügen werden in der Regel zur Unterbringung von Installationen genützt (Be- und Entlüftungskanäle, Einbauleuchten usw.). Aussparungen in den Unterzügen sind zwar möglich, doch wird man selbstverständlich immer versuchen, die Hauptrichtung der Unterzüge (quer oder längs zur Gebäudehauptrichtung) in Abhängigkeit von den wichtigsten oder umfangreichsten Installationssträngen festzulegen.

Unterschieden werden Skelettsysteme mit Querunterzügen (Bild **7**.5a) und Längsunterzügen (Bild **7**.5b) oder auch mit unterzugsfreien Flachdecken (Bild **7**.6).

Ihre Aussteifung erfolgt nach den in Bild **7**.3 gezeigten Grundsätzen in der Regel unter Mitwirkung der Scheibenwirkung der Decken. Dabei werden biegesteife Verbindungen zwischen den einzelnen Bauelementen gebildet, und die Aussteifung wird durch Wandscheiben oder Verbände ergänzt. Die Aussteifung von Geschoss – Skelettbauten wird häufig durch Gebäudekerne (z. B.

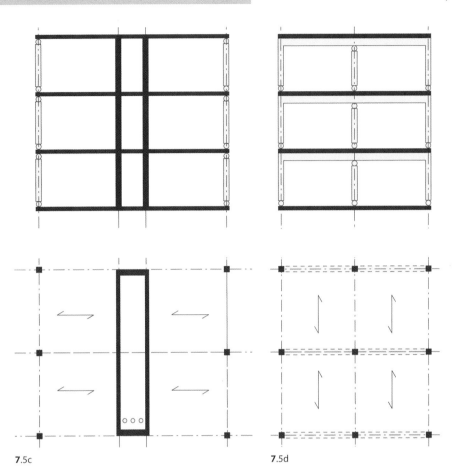

7.5c   **7**.5d

7.5   Skelettsysteme (Fortsetzung)

geschlossene Treppenhäuser, Aufzugsschächte o. Ä.) bewirkt. Die Decken können aus derartigen Gebäudekernen auskragen und mit ihren Außenrändern auf meistens sehr wirtschaftlich zu dimensionierenden *Pendelstützen* aufliegen (Bild **7**.5c).

Eine andere konstruktive Möglichkeit wird durch Geschossrahmen gegeben, die durch innen liegende Pendelstützen ergänzt sein können (Bild **7**.5d).

Flachdecken. Zunehmend finden *unterzugsfreie* Flachdecken Eingang in die Praxis. Sie ermöglichen trotz statisch unwirtschaftlicheren Querschnitten (erhöhte Dicke zur Aufnahme der Durchstanzbewehrung) neben den dennoch häufig wirtschaftlicheren Erstellungskosten (Entfall von Unterzügen) eine in alle Gebäuderichtungen frei wählbare horizontale Installationsführung innerhalb oder/und unterhalb der De-

ckenfläche. Weitere Vorteile ergeben sich durch erzielbare geringere Geschosshöhen (Entfall der Unterzugshöhe) sowie durch die Möglichkeit der Aktivierung der erhöhten Speichermassen zur Wärmespeicherung der in der Regel dickeren Flachdecken, wenn diese unverkleidet zur Regulierung der Raumtemperatur (Nachtauskühlung) mit herangezogen werden (Bild **7**.6).

Üblich ist noch vielfach die weitgehende Verkleidung der Deckenuntersichten durch Unterdecken („abgehängte Decken") zur Verkleidung von Installations- und Beleuchtungseinrichtungen (s. Abschn. 14). Zur Aktivierung der Wärmespeicherkapazität der Massivdecken sollte der Flächenanteil von Unterdecken jedoch auf das unbedingt Notwendige beschränkt werden.

Die Knotenanschlüsse zwischen Decke und Stützen können bei Stahlbetonkonstruktionen inner-

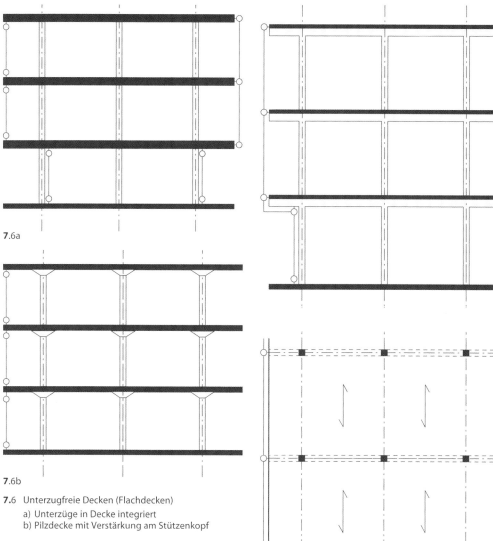

7.6a

7.6b

7.6 Unterzugfreie Decken (Flachdecken)
   a) Unterzüge in Decke integriert
   b) Pilzdecke mit Verstärkung am Stützenkopf

7.7 Skelettrahmen mit Kragträgern

halb dicker Deckenplatten von Flachdecken liegen. Im Stützenbereich sind zur Verhinderung des sog. *Durchstanzens* besonders dichte Bewehrungslagen, spezielle Stahlformteile (Bild **7**.68) oder aber Deckenverstärkungen erforderlich (sog. „Pilzdecken", s. Bild **7**.6b).

Vielfach sind Stützen *im* Fassadenbereich nicht erwünscht, um z. B. eine von der Tragstruktur unabhängige Fassadengliederung oder überall gleichartige Trennwandelemente anschließen zu können oder wenn aus funktionalen und formalen Gründen das Erdgeschoss ohne Stützen am Gebäudeaußenrand ausgeführt werden soll.

In solchen Fällen können Unterzüge oder auch Flachdecken zur Außenwand hin auskragen. Durch die Auskragung wird eine Entlastung des Deckenfeldes bewirkt. Hierfür sind verstärkte Querschnitte erforderlich, um das Durchhängen der Unterzugenden bzw. Deckenränder und damit verbundene Verformungen für den Fassadenanschluss auszuschließen (Bild **7**.6 bis **7**.8).

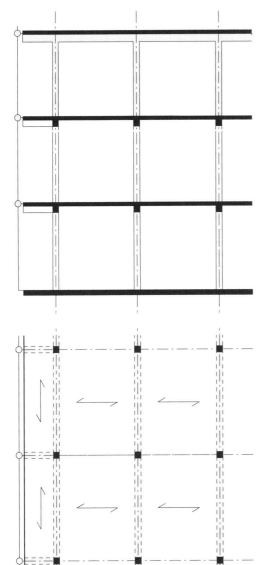

7.8 Hängekonstruktion (Fassade und äußere Deckenfelder werden am Außenrand mit Zugbändern am oberen Kragträger aufgehängt)

Bei Hängekonstruktionen (Bild **7**.8) können die Lasten der Randfelder und die Eigengewichte der Fassaden über die oberste Decke (Dachdecke) auf den Gebäudekern übertragen werden.

Die Außenwände von variabel nutzbaren Skelettbauten sind meistens gekennzeichnet von durchlaufenden Fensterbändern oder raumhohen Glas-

fassaden. Die Breite der einzelnen Fensteröffnungen bzw. Fassadenelemente ist dabei abgestimmt auf die Nutzungs-Grundeinheiten. Der Anschluss von Trennwänden soll danach an jeder Fensterbzw. Fassadenachse möglich sein. Derartigen Anforderungen werden vorgefertigte Fassadensysteme, insbesondere „Vorhangwände" oder auch die in regelmäßigen Rastern angeordneten Pfosten-Riegel-Fassaden am besten gerecht (s. Abschn. 9.4 und Abschn. 6 in Teil 2 dieses Werkes).

Die inneren Trennwände werden vielfach als versetzbare Trennwände (s. Abschn. 15), durchweg aber als nicht tragende, leichte Trennwände (s. Abschn. 6.10) ausgeführt.

Bauarten. Unterscheidungen der Skelettbauarten sind weiterhin nach dem überwiegend verwendeten Material für die Tragkonstruktion (Beton, Stahl, Holz) möglich.

7.2 Planung und Maßkoordination

Skelettbauten werden zur besseren Koordination von Bauelementen des Roh- und Ausbaus und von Bauteilanschlüssen meistens nach maßlich aufeinander abgestimmten Ordnungssystemen für Tragwerk und Ausbau geplant. Ordnungsprinzipien im Skelettbau ermöglichen insbesondere die Verwendung von vorgefertigten Bauelementen für Rohbau, Fassaden und Ausbau. Hierdurch können der Baufortschritt sowie die Ausführungsqualität wesentlich verbessert werden.

Lage der Stützen. Entscheidend für das äußere Erscheinungsbild und die Gliederungsstruktur der Gebäudefassaden ist die Lage bzw. Anordnung der Stützen im Grundriss. Stützen können *innerhalb* der Fassadenebenen, *hinter* der Fassadenfläche im Gebäudegrundriss oder außerhalb vor den Fassadenflächen positioniert werden (Bild **7**.9). Die Anordnung der Stützen hat größten Einfluss auf die Nutzbarkeit der Innenräume, die Möglichkeiten zur Integration von Sonnen- und Blendschutzanlagen sowie von Reinigungs- und Wartungsstegen und damit nicht zuletzt das Erscheinungsbild der Fassaden. Fragen des Wärme-, Schall- und Feuchteschutzes sind in Abhängigkeit von der Lage und dem gewählten Material unterschiedlich zu behandeln.

Stützenraster. Stützenabstände werden durch die Nutzung des Gebäudes (Modulraster der Ausbauplanung, sinnvolle Raumtiefen und Flurbreiten, nutzungsbedingt große Spannweiten, ggf.

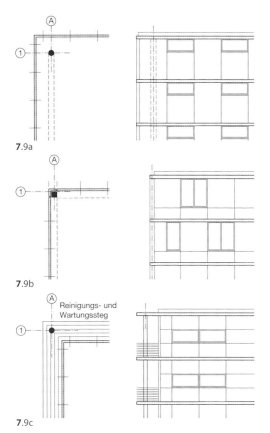

7.9a

7.9b

7.9c

Reinigungs- und Wartungssteg

7.9 Anordnung der Stützen und Lage der Fassaden
a) Stützen innerhalb des Grundrisses, Decken auskragend
b) Stützen in der Fassadenebene
c) Stützen außerhalb liegend, Decken auskragend

Tiefgarage unter dem Gebäude) einerseits jedoch auch unter Beachtung wirtschaftlicher Erfordernisse und der Eigenschaften der gewählten Materialien für das Tragwerk (Stahlbeton, Stahl, Holz) bestimmt. Hierbei sind zunächst gleiche (Quadratraster) oder auch annähernd gleiche Stützenabstände in Längs- und Querrichtung die wirtschaftlichsten, da hierdurch kreuzweise gespannte, vierseitig gelagerte Decken möglich werden.

Der erforderliche Querschnitt aller Stützen zur Lastabtragung eines Bauwerkes insgesamt kann durch viele, kleiner dimensionierte Stützen mit erhöhtem Arbeitsaufwand in der Herstellung oder durch weniger Stützen in größerem Abstand mit dann geringerem Aufwand bei den Stützen, jedoch im Quadrat zunehmenden Momenten der Unterzüge und vergrößerten Deckenspannweiten erreicht werden.

Als optimale Maßverhältnisse in Folge der Kostenanteile für Stützen, Unterzüge und Decken haben sich im Stahlbeton-Skelettbau ca. 5 m bis 6 m, im Stahlskelettbau ca. 5,5 bis 7,5 m und im Holzbau ca. 3,5 bis 5 m erwiesen. Größere Stützenabstände sind wirtschaftlich dann zu vertreten, wenn höhere Unterzüge möglich sind. *Verbundkonstruktionen* (s. Abschn. 7.4.2) der Decken (z. B. Holz-Beton-Verbunddecken oder Stahl-Verbunddecken) ermöglichen auch größere Spannweiten von 8 bis 10 m und mehr.

Für die Anordnung der Stützen innerhalb der Geschossflächen ist neben statischen Überlegungen vor allem die Planung der vorherbestimmbaren Arbeitsabläufe, die Berücksichtigung erforderlicher Arbeitsplatzgrundeinheiten mit Varianten, von Maschinenstellplätzen, Lagereinheiten usw. grundlegend (für Bürogebäude hat sich z. B. ein Vielfaches von 1,20 bis 1,35 m als geeignete Grundeinheit erwiesen).

Es wird untersucht, wie weit solche Grundeinheiten untereinander addier- und kombinierbar sind. Derartige Planungen führen in der Regel zu einem *Nutzungsraster* (*Sekundärraster*). In Übereinstimmung mit diesem wird das *Konstruktionsraster* (*Primärraster*) entwickelt, das zwar häufig Quadrate oder Rechtecke bildet, aus formalen Gründen aber auch anderen geometrischen Systemen (z. B. Dreiecke, Vielecke) folgen kann.

Gleichzeitig sind selbstverständlich alle Aspekte einer wirtschaftlichen Bauausführung zu beachten. Bei vielfach geforderten allzu großen Stützenabständen müssen die gewonnenen Vorteile für eine flexible Nutzung der Flächen durch zwangsläufig große Dimensionen von Flachdecken oder Unterzügen und Trägern und damit unwirtschaftlicheren Geschosshöhen erkauft werden.

Gebäudetiefen hängen von den gewählten Stützenrastern in Gebäudequerrichtung und den Erfordernissen der Grundrissaufteilung ab.

Ein Innenflur (zweibündiger Grundriss) kann bei einem *dreireihigen* Stützenraster mit 12 bis 13 m Gebäudetiefe durch Verschiebung der Mittelachse um die halbe Flurbreite (Bild **7.**10b) oder dadurch erreicht werden, dass zwei unterschiedlich breite Raumtiefen vorgesehen werden (Bild **7.**10c). *Vierreihige* Stützenanordnungen mit Mittelflurzone ergeben Gebäudetiefen von ca. 15 bis 17 m (Bild **7.**10d). Bei größeren Gebäudetiefen bis 20 m und mehr ist die Erweiterung des Mittelfeldes um 10 bis 15 % aus statischer Sicht sinnvoll (Bild **7.**10e).

7

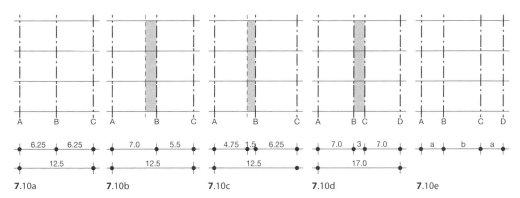

7.10a   7.10b   7.10c   7.10d   7.10e

7.10 Gebäudetiefen im Skelettbau

a) Symmetrisches Stützenraster mit 3 Stützenreihen (zweischiffig)
b) Verschiebung der Mittelachse, asymmetrisches Stützenraster mit Flurzone
c) Symmetrisches Stützenraster mit ungleichen Raumtiefen und Mittelflur
d) Symmetrisches Stützenraster mit 4 Stützenreihen (dreischiffig)
e) Vierreihige Stützenanordnung mit erweitertem Mittelfeld

Geschosshöhen. In ähnlicher Weise wie bei der horizontalen Maßkoordination für den Grundriss wird bei der Planung der Geschosshöhen und aller Höhenabmessungen des Gebäudes vorgegangen. Neben den funktionellen (erforderliche Raumhöhe, Belichtungsanforderungen mit Tageslicht gem. DIN 5034), bauaufsichtlichen, sicherheitstechnischen usw. Anforderungen haben die notwendigen Installationseinrichtungen, insbesondere Lüftungs- und Klimaanlagen mit ihren meistens recht großen Querschnitten den größten Einfluss. Diese Installationen werden normalerweise unterhalb der tragenden Flachdecken bzw. zwischen den vorhandenen Unterzügen vorgesehen und raumseitig – soweit notwendig – durch Unterdecken (s. Abschn.14) abgeschlossen. Die insgesamt nötigen Querschnitte der hautechnischen Installationsleitungen – insbesondere wenn auch trotz sorgfältiger Planung Kreuzungen über, bzw. untereinander liegender Leitungen nicht vermieden werden können – bestimmen in der Hauptsache die erforderlichen Geschosshöhen (Richtung von Unterzügen s. Abschn. 7.1).

Planungsnormen. Für die Erstellung von komplizierten, viele Halbfabrikate umfassenden komplexen Gebäuden, wie sie Skelettbauten darstellen, sind neben den Stoff-, Güte-, Prüf- und Sicherheitsnormen auch besondere Planungsnormen unentbehrlich. Dadurch können Bauelemente aufeinander abgestimmt und die Anzahl notwendiger Bauteilgrößen verringert werden. Die Planung auf Basis der im Massivbau immer

noch grundlegenden oktametrischen „Maßordnung" gemäß DIN 4172 von 1955 ist für Skelettbauten nicht geeignet. Die Planung basiert vielfach noch auf der „Modulordnung" gemäß DIN 18 000 (im Juni 2008 zurückgezogen) bzw. auf DIN 18 202 (s. Abschn. 2), oder es werden stattdessen spezifische normenähnliche Festlegungen für den Einzelfall getroffen.

Die Vervielfachung der zugrunde gelegten Planungsgrundeinheiten („Module") führt zu einem Nutzungsraster. Dieser ist dann mit den konstruktiven Elementen und deren Konstruktionsraster zu koordinieren.

Für ein Verwaltungsgebäude bedeutet das z. B., dass alle Elemente des Ausbaues wie umsetzbare Trennwände, abgehängte Decken- und Beleuchtungselemente, Installationen aller Art bis hin zu Belüftungs- und Klimaanlagen mit allen Einzelheiten der Gebäudekonstruktion wie z. B. auch mit den erforderlichen Fassadenelementen aufeinander abzustimmen sind.

Die Wahl des Stützenrasters wird im Rahmen der für eine wirtschaftliche Bauausführung zu berücksichtigenden Abstände und Spannweiten auf die ermittelten Planungsgrundeinheiten vorgenommen.

Wenn sich *Konstruktions- und Nutzungs- oder Ausbauraster (Primär- und Sekundärraster)* ganz oder teilweise decken, sind für Zwischenwände und andere Ausbauelemente besondere Anpassungsteile an Stützen- und Fassadenanschlüssen erforderlich (Bild **7.**11a). Daher werden bei den meisten Planungen Konstruktions- und Ausbau-

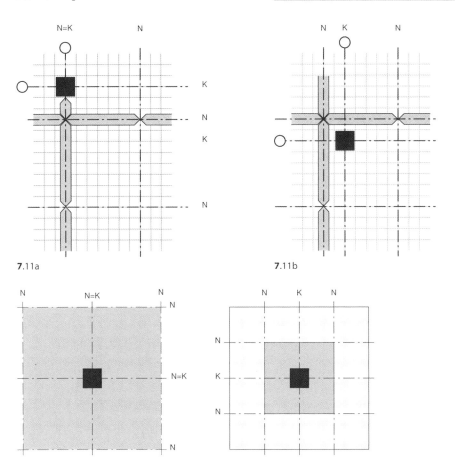

7.11a **7**.11b

7.11c

7.11 Koordination von Ausbau-(Nutzungs-)raster **N** und Konstruktionsraster **K**
a) Ausbau- und Konstruktionsraster decken sich teilweise. Anpassungteile im Ausbau erforderlich, z.B. für Trennwandelemente
b) Ausbau- und Konstruktionsraster gegeneinander versetzt. Keine Anpassungselemente bei Trennwandelementen
c) Bei deckungsgleichem Konstruktions- und Nutzungsraster haben an der Stütze *vier* Nutzungsrastereinheiten eingeschränkte Flächenmaße. Sind Konstruktions- und Nutzungsraster gegeneinander versetzt, wird nur *eine* Nutzungsrastereinheit durch die Stützenstellung beeinträchtigt

raster gegeneinander verschoben (Bild **7**.11b). Auf diese Weise erübrigen sich kostenaufwändige Anschlussstücke für die Wandelemente. Außerdem werden dabei weniger Nutzungseinheiten (bzw. -rasterfelder) durch Stützen beeinträchtigt (Bild **7**.11c).

Gebäudeecken. Ein Bereich, der für jede Planungsvariante eine besondere Lösung erfordert, sind die Gebäudeecken. Von Bedeutung ist dabei die Lage der Wandachse zum Planungsraster bzw. zu den Koordinationsebenen (Bild **7**.12a

und b). Außerdem besteht konstruktiv ein Unterschied zwischen *Innenecken und Außenecken* (Bild **7**.12c).

Das Problem der Innen- und Außenecke wird bei der schematischen Darstellung mehrschichtiger Außenwandelemente mit verschiedenen Schichtdicken und Schichtbaustoffen in Bild **7**.12d deutlich. Bei der hier angedeuteten Fugenteilung wird je ein Innen- und Außeneckelement benötigt.

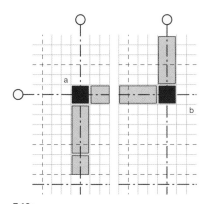

7.12a

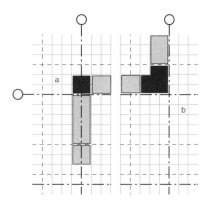

7.12b

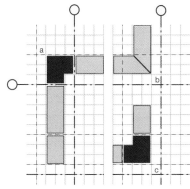

7.12c

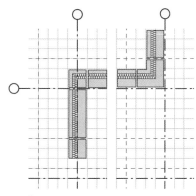

7.12d

7.12 Eckausbildungen

a) Wandachse und Planungsraster decken sich. Eckelemente bei Außenecke (a) und Innenecke (b) haben gleiche Außenmaße. Wandelemente *ungleich* breit

b) Wandelemente liegen an Koordinationsebene (Randlage bzw. Grenzbezug, s.a. Abschn. 2.2). Zwei verschiedene Eckelemente für Außen- und Innenecke erforderlich. Wandelemente *gleich* breit

c) Wandelemente liegen *neben* der Koordinationsebene (Randlage bzw. Grenzbezug). Gleich große Eckelemente (a und c) möglich, ebenso gleich breite Wandelemente. Für Lösung b sind rechte und linke Wandelemente nötig (transportempfindliche Ecke)

d) Wandecke bei verschiedenen Schichtdicken in den Elementen

7.3 Holzskelettbau[1]

7.3.1 Allgemeines

Aus dem historisch tradierten Holzfachwerkbau (s. Abschn. 6.6) hat sich einhergehend mit der Entwicklung neuer Verbindungsmittel aus Metall der Holzskelettbau entwickelt. Vielfach werden eingeschossige Hallenbauwerke und zunehmend auch Geschossbauten mit bis zu drei bis vier Geschossen je nach den Brandschutzanforderungen der Landesbauordnungen in Holz aus-

geführt. Die Vorteile des Baustoffes Holz (nachwachsender Rohstoff, geringes Gewicht, relativ gute Wärmedämmeigenschaften, Integration hoher Dämmquerschnitte in die Grundkonstruktion, schlanke Querschnittsflächen) spielen hierbei eine zunehmend wichtigere Rolle und überwiegen vielfach die nachteiligen Eigenschaften hinsichtlich Brand- und Schallschutz, die durch entsprechende zusätzliche Maßnahmen ausgeglichen werden müssen.

Beim Holzskelettbau gehen die Stiele oder Stützen bei mehrgeschossigen Gebäuden durch die Geschosse hindurch. Horizontale Trägerelemente werden durch Holz- oder Stahlverbindungs-

---

[1] Dachtragsysteme s. Teil 2 dieses Werkes.

mittel seitlich an die Stützen angeschlossen oder auf der oberen Querschnittsfläche aufgelegt und in ihrer Lage fixiert. Dadurch werden die Nachteile vermieden, die sich durch das Schwinden des Holzes beim Fachwerkbau alter Art in der Höhe der Balkenlagen ergeben (quer zur Faser schwindet Holz erheblich, in Längsrichtung kaum!).

Im weiteren Sinne können Bauten mit weitgespannten Holzkonstruktionen zum Holzskelettbau gezählt werden. Soweit eine Behandlung den Rahmen dieses Werkes nicht sprengt, sind dazu Ausführungen in Teil 2, Abschn. 1 dieses Werkes enthalten.

7.3.2 Baustoff Holz

Neben vollkantigem üblichem Bauholz werden für Holzskelettbauten zunehmend und insbesondere für große Querschnitte zur Vermeidung von Verformungen und Rissbildungen vor allem Brettschichtträger (Baustoff Holz; Brettschichtträger und Holzschutz s. Abschn. 1.2.2 in Teil 2 dieses Werkes) oder auch Sondertragelemente aus Holz und Holzwerkstoffen verwendet.

7.3.3 Brandschutz

Wegen der einschränkenden Bestimmungen für den baulichen Brandschutz können tragende Bauteile aus brennbaren Baustoffen und somit alle tragenden Holzkonstruktionen nur begrenzt i. d. R. in Gebäuden mit bis zu vier Vollgeschossen wirtschaftlich angewendet werden. Für höhere Gebäude würden insbesondere die Stützen wegen der in DIN 4102 (s. Abschn. 17.7) geforderten Mindestabmessungen unwirtschaftlich. Mittlerweile lassen Bauordnungen verschiedener Bundesländer aufgrund gelockerter Brandschutzbestimmungen Holzbauwerke in bis zu viergeschossiger Bauweise zu.

Hinsichtlich des Brandschutzes sind alle einschlägigen Bestimmungen der DIN 4102 zu beachten. Als konstruktive Maßnahmen kommen in erster

Linie auf die Brandschutzanforderungen abgestimmte Querschnittsdimensionierungen und ggf. auch schaumbildende Anstriche oder Bekleidungen mit Brandschutzplatten in Frage (s. Abschn. 17.7).

Offen eingebaute Holzquerschnitte (brennbarer Baustoff) verfügen je nach Abmessung über bessere Brandschutzeigenschaften (längere Standsicherheit) als vergleichbar verwendete Stahlquerschnitte (nicht brennbarer Baustoff).

7.3.4 Bauteilanschlüsse

Die *Einspannung* von Holzstützen in Fundamente oder Sockel ist auch in Kombination mit Stahlprofilen insbesondere in Bezug auf den einwandfreien dauerhaften Fäulnisschutz problematisch. Die *Aussteifung* von Holzskelettbauwerken wird daher in der Regel mit Diagonalverbänden (z. B. mit Flachstahlbändern oder Drahtseilverspannungen), Dreiecksverbänden (z. B. durch Kopfbänder, vgl. Abschn. 1.2 in Teil 2 dieses Werkes) oder im Zusammenhang mit gemauerten, betonierten oder auch aus Leichtbauwänden hergestellten Wandscheiben (vgl. Bild **7**.3) ausgeführt.

Die *Knotenpunkte* von Holzskelettkonstruktionen (d. h. die Anschlüsse zwischen Stützen und Trägern) können auf verschiedene Weise gebildet werden.

Man unterscheidet:

- Tragelemente in *mehreren* Ebenen: Stützen mit Doppelträgern als „Zangen" (Bild **7**.13a) und Träger mit Doppelstützen (Bild **7**.13b), und
- Tragelemente in *einer* Ebene (Bild **7**.13c).

Bei der Anordnung von Tragelementen in mehreren Ebenen werden Deckenbalken statisch als *Durchlaufträger* über zwei oder drei Felder ausgeführt und auf die Unterzüge bzw. Riegel in zweiter Ebene aufgelegt (Bild **7**.14). Bei der Anordnung der Tragelemente in einer Ebene und annähernd quadratischen Stützenstellungen

7

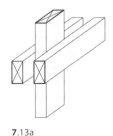

7.13a

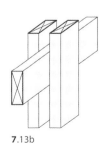

7.13b

7.13c

7.13
Knoten bei Holzskeletten
a) Stütze mit doppelter Trägerlage an der Stütze (Zange)
b) Doppelstütze
c) Aufliegende Träger in einer Ebene

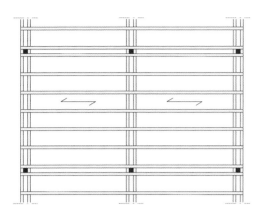

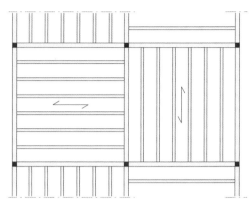

7.14 Haupt- und Nebenträger als Durchlaufbalken über 2 oder 3 Felder

7.15 Einfeldbalken (Haupt- und Nebenträger) mit wechselnden Spannrichtungen

können die Auflagerträger (Riegel) sehr wirtschaftlich dimensioniert werden, wenn die Deckenbalken mit wechselnden Spannrichtungen verlegt werden, so dass die Riegelbelastungen jeweils nur aus einem halben Feld wirksam werden (Bild **7**.15, konstruktive Einzelheiten von Holzbalkendecken s. Abschn. 10.3).

Im Holzskelettbau wird auf herkömmliche handwerksgerechte Holzverbindungen verzichtet, weil sie teilweise rechnerisch schwer zu erfassen sind, vor allem aber einen hohen Arbeitszeitaufwand erfordern. Die Hölzer werden stumpf abgeschnitten und mit Bolzen – meistens in Verbindung mit Dübelplatten – miteinander verbunden (Bild **7**.16 und **7**.17). Die Montage wird dabei erleichtert, wenn Stahlwinkel oder -konsolen verwendet werden, die allerdings häufig sichtbar sind (Bild **7**.18).

In einer Ebene anzuschließende Hölzer werden mit Schlitz-Zapfenverbindung (Bild **7**.19), besser aber mit weiterentwickelten häufig auch sichtbaren Zimmermanntechniken verbunden wie mit Laschen aus Sperrholzplatten (Bild **7**.20 + **7**.21), Knaggen (Bild **7**.23), durchlaufend über Gabelstützen (Bild **7**.24) oder mit verleimten Steckdübeln (Bild **7**.25).

Gestalterisch und konstruktiv anspruchsvolle Anschlüsse lassen sich mit *Stabdübeln* aus Stahl herstellen (Bild **7**.22 und **7**.26).

Besonders schnelle Montagen können – auch in mehreren Ebenen – mit *Hakenplatten* ausgeführt werden (Bild **7**.27).

Wo gestalterische Forderungen nicht im Vordergrund stehen, können die Anschlüsse sehr wirtschaftlich mit den vielen Formen handelsüblicher Stahlblechverbinder sichtbar ausgeführt werden (Bild **7**.28).

Alle erforderlichen Anschluss-Formteile können auch entsprechend den statischen und gestalterischen Anforderungen auf individuelle Weise entwickelt und hergestellt werden (Bild **7**.29).

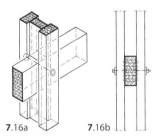

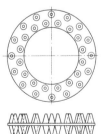

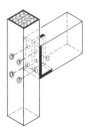

7.16a   **7**.16b

7.16 Anschluss von Tragelementen mit Bolzen und Dübelplatte
a) isometrische Darstellung
b) Schnitt

7.17 Einpressdübel (Geka-Dübel, Karl Georg, Groß-Umstadt Hessen)

7.18 Anschluss durch angeschraubte Stahlwinkel mit einer eingeschweißten Lasche

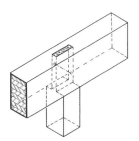

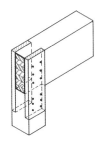

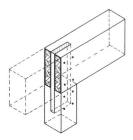

7.19 Stützenanschluss: Schlitz- und Zapfenverbindung

7.20 Eckverbindung an Stütze: Sperrholz- oder Vollholzlasche eingelassen und genagelt

7.21 Stützenanschluss: Lasche aus Sperrholzplatte (ggf. zusätzl. Bolzen) eingeschlitzt und genagelt

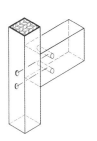

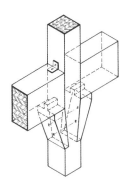

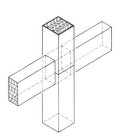

7.22 Anschluss durch Stabdübel

7.23 Stützenanschluss mit Knaggen

7.24 Gabelstütze

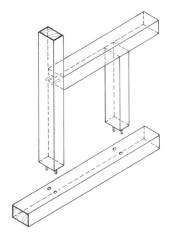

7.25 Anschluss mit Steckdübeln (HSK-TEC)

7.3.5 Konstruktionselemente

Stützen werden im Innenbereich stumpf auf Betonplatten oder Fundamente gestellt und mit Laschen oder Winkeln zur Lagesicherung angeschlossen (Bild **7**.30). Unter der Hirnholzfläche des Stützenfußes ist eine Feuchtigkeitssperre, wegen der hohen Pressung aus Bleiblech, Kunststoff oder Hartgummi vorzusehen. Im Außenbereich muss je nach Beanspruchung als Schutz gegen Fäulnis durch aufsteigende Feuchtigkeit und Spritzwasser ein ausreichender Abstand gegen die Bodenflächen verbleiben (Bild **7**.31).

Einige Beispiele für Stützenfußpunkt-Konstruktionen zeigt Bild **7**.32.

Wände in Holzskelettkonstruktionen können aus Mauerwerk, Lehm oder auch aus Leichtbauwänden wie z. B. aus Holz bestehen. Im Innenbereich sollte man die Wanddicken mit den Stützenabmessungen abstimmen. Gemauerte Außenwände, die wegen des erforderlichen Wärme- und Schallschutzes dicker sein müssen als die Skelettkonstruktion, werden am besten unabhängig von der Skelettkonstruktion ausge-

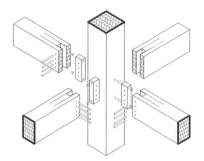

7.26   Anschuss mit Stabdübelsystem (BSB)

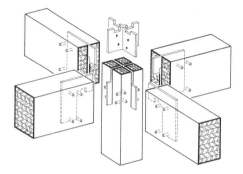

7.27   Anschlüsse mit Hakenplatten (System Bulldog)

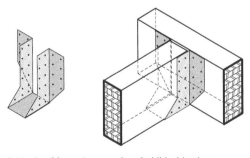

7.28   Anschluss mit genagelten Stahlblechlaschen
(Balkenschuh)

7.29
Stützen- und Diagonal-
verband- Anschluss mit
geschweißtem Stahlblech-
formteil

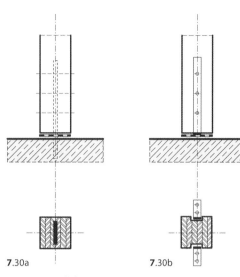

7.30a   **7**.30b

7.30   Stützenfuß, Anschluss im Innenbereich
a) Anschluss mit eingeschlitzter Stahllasche
b) Anschluss mit aufgeschraubten Stahlwinkeln

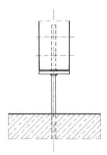

7.31   Stützenfuß: Anschluss im Außenbereich – Spritzwasserschutz durch Holzabstand > 15 cm (Ausführungen s. Bild **7**.32)

führt und können je nach gestalterischer Absicht
sowohl auf der Innen- wie auch der Außenseite
der Außenstützen angeordnet werden. Erforderliche Stützenanschlüsse werden mit dem Ziel einer winddichten Ausführung am besten mit auf-
quellenden Schaumstoff-Fugenbändern abgedichtet („Kompriband" o. Ä.). Starre Dichtungs-
baustoffe wie Montageschäume o. Ä. sind hier
ungeeignet.

Bei mehrschaligen vorgefertigten Wandelementen (s. Abschn. 6.8) bestehen verschiedene Anschlussmöglichkeiten wie in Bild **7**.33 gezeigt.

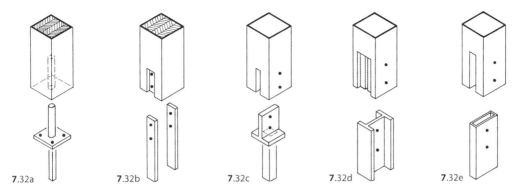

7.32a   **7**.32b   **7**.32c   **7**.32d   **7**.32e

7.32   Stützenfuß im Außenbereich – Beispiele
- a) Rund- oder Vierkantstahl mit eingeschweißter Fußplatte
- b) seitlich angeschraubte Stahllaschen
- c) eingeschlitztes Stabprofil mit angeschweißten Fußplatten
- d) eingeschlitzter bzw. eingestemmter Profilstahl
- e) eingeschlitztes Vierkant-Rohrprofil

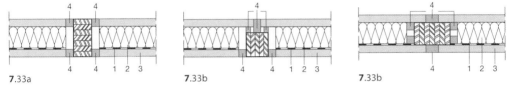

7.33a   **7**.33b   **7**.33b

7.33   Anschlüsse vorgefertigter Wandelemente an Stützen (schematisch)
- a) Wandanschluss stumpf zwischen Stützen (Gefahr mangelnder Fugendichtigkeit an den Stützen)
- b) Wandanschluss mit einfacher Überfälzung
- c) Wandanschluss mit doppelter Überfälzung

1 Dampfsperre oder -bremse
2 Wärmedämmung
3 Außenschale
4 Dichtungen bzw. Deckprofile

In jedem Fall müssen beim Anschluss von Wänden an die Stützen von Holzskelettkonstruktionen neben üblichen Maßtoleranzen und Formänderungen infolge Belastung vor allem auch die durch Feuchtigkeitsschwankungen bedingten Verformungen durch Schwinden und Quellen der Hölzer bei der Planung der Fugen und des elastischen Fugenverschlusses berücksichtigt werden. Die Verwendung von Brettschichtholz (s. Abschn. 1 in Teil 2 dieses Werkes) ist unter diesen Aspekten in jedem Fall vorteilhaft.

Fugenanschlüsse mit einfacher oder doppelter Überfälzung (Bild **7**.33b und **7**.33c) sind stumpfen Anschlüssen (Bild **7**.33a) in jedem Fall vorzuziehen.

7.3.6 Konstruktionsbeispiele

Holzskelettkonstruktionen werden in Folge der Entwicklung neuer Verbindungsmittel für den Zusammenschluss von Stützen und Trägern und durch neuartige Leim- sowie Verbundbauweisen

sowie neue Erkenntnisse hinsichtlich des Brandverhaltens immer häufiger ausgeführt, und in umfangreicher Fachliteratur werden viele Beispiele ausführlich dargestellt. Im Rahmen dieses Werkes können aus der großen Zahl möglicher Anwendungsformen nachfolgend nur zwei Systembeispiele gezeigt werden (Bilder **7**.34 und **7**.35) [21], [26].

Für Bauwerke mit bis zu 4 Vollgeschossen stellt die *Holzrahmenbauweise* als Wandbauweise eine interessante Alternative zum Skelettbau dar. In Anlehnung an Holzbauweisen in waldreichen Gegenden (Nordamerika, Kanada, Nordeuropa) werden häufig vorgefertigte Wand- und Deckentafeln als tragende oder nichttragende Elemente baukastenartig zusammengefügt (s. Abschn. 6.8.6) [8], [10], [26].

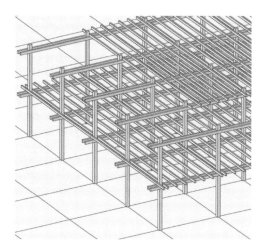

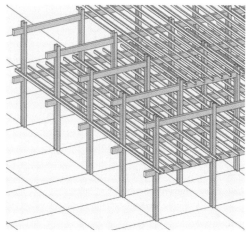

7.34 Holzskelettsystem mit einfachen Stützen und doppelter Trägerlage als „Zange" (Detail s. Bild **7**.13a)

7.35 Holzskelettsystem mit Doppelstützen und einfacher Trägerlage (Detail s. Bild **7**.13b)

7.3.7 Holzschutz

Alle tragenden oder der Witterung oder der Feuchtigkeit ausgesetzten Teile von Holz-Skelettkonstruktionen müssen in der Regel je nach verwendeter Holzqualität Holzschutzanstriche nach DIN 68 800 erhalten (s. Abschn. 1.2 in Teil 2 dieses Werkes).

7.4 Stahlskelettbau

7.4.1 Allgemeines

Vorteile. Stahlskelettkonstruktionen als überwiegend durchgeführte Montagebauweisen haben insbesondere die folgenden Vorteile:

* Alle tragenden und weitgehend auch alle raumbildenden bzw. -abschließenden Bauteile können werkstattmäßig vorgefertigt und an der Baustelle in kurzer Zeit montiert werden,
* durch hohe Belastbarkeit bei relativ geringen Eigengewichten und Querschnitten der tragenden Teile können große Spannweiten wirtschaftlich erreicht werden,
* geringere Eigenlasten der Tragkonstruktion bei mehrgeschossigen Stahlskelettbauten können zu vermindertem Aufwand bei den Gründungsmaßnahmen führen,
* kleinere Querschnitte der tragenden Bauteile (Träger) führen zu geringeren Geschosshöhen und in der Folge Fassadenflächen sowie kleineren Stützen. Der Wegfall tragender

Wände ermöglicht reduzierte Konstruktionsflächen.

* wegen der im Stahlbau sehr geringen Toleranzen ist das Einpassen anderer maßgenauer Bauteile möglich und damit eine weitgehend „trockene Bauweise", d. h. keine oder nur sehr geringfügige Verwendung von Beton und Putz (Nassbaustoffe),
* konstruktive Teile können leicht verändert, auch nachträglich verstärkt oder ggf. auch demontiert werden (Baustoffrecycling).

Nachteile. Dem steht als Nachteil gegenüber, dass bei mehrgeschossigen Bauten erhebliche Aufwendungen für den Brandschutz aller tragenden Bauteile vorgeschrieben sind. Freiliegende Stahlstützen versagen im Brandfall bereits nach 10–25 Minuten Hitzeeinwirkung. Hinzu kommen die Aufwendungen für einen dauernden Korrosionsschutz.

Diesen nachteiligen Materialeigenschaften muss durch Beschichtungen gegen Korrosion und auch gegen Brandeinwirkungen (schaumbildende Beschichtungssysteme bis max. bis F90) oder feuerbeständige Ummantelungen begegnet werden. Geometrisch auftragende Ummantelungen aus brandschützenden Werkstoffen widersprechen vielfach gerade der im Stahlbau erreichbaren schlanken und filigranen Optik.

Diese Einschränkungen haben jedoch nicht verhindert, dass der überwiegende Teil der vielgeschossigen Hochhausbauten aufgrund des rela-

Tabelle **7**.36   Stahlprofile – Walzprofile (Auswahl)

Profile		Kurzbezeich-nungen	Abmessungen min. bis max. Höhe
I	Warmgewalzte schmale I-Träger (I-Reihe), gemäß DIN 1025-1	I	80 bis 600
I	Warmgewalzte mittelbreite I-Träger (IPE-Reihe), gemäß DIN 1025-5	IPE	80 bis 600
I	Warmgewalzte breite I-Träger (HEAA-, HEA-/IPBl, HEB-/IPB-Reihe) IPB-Reihe, gemäß DIN 1025-2 IPBl-Reihe, gemäß DIN 1025-3	HE-AA HE-A HE-B IPB	100 bis 1000 100 bis 1000 100 bis 1000 100 bis 1000
I	Warmgewalzte breite I-Träger (HEM-/IPB$_v$-Reihe) verstärkte Ausführung gemäß DIN 1025-4	HE-M	100 bis 1000
I	Warmgewalzte Breitflansch-Stützenprofile, nicht genormt	HD	260 bis 400
[	Warmgewalzte, rundkantiger [-Stahl gemäß DIN 1026-1	U	30 bis 400
L	Warmgewalzter, gleichschenkliger, rundkantiger Winkel-Stahl gemäß DIN EN 10 056	L	20 bis 250
L	Warmgewalzter, ungleichschenkliger, rundkantiger Strahl gemäß DIN EN 10 056	L	30 × 20 bis 200 × 150
T	Warmgewalzter, gleichschenkliger, rundkantiger T-Stahl gemäß DIN EN 10025-5	T	30 bis 140
Z	Warmgewalzter, rundkantiger Z-Stahl gemäß DIN 1027	Z	30 bis 200
○	Nahtlose Stahlrohre gemäß DIN 10 210	D	21,3 bis 1219,0
⬯	Elliptische Hohlprofile gemäß DIN 10 210-2		120 × 60, 500 × 250
□	Quadratische Hohlprofile gemäß DIN 10 210		20 bis 400
▯	Rechteckige Hohlprofile gemäß DIN 10 210		40 × 20 bis 400 × 300
▪●	ferner: Vierkant-Stahl, Rundstahl, Flach-, Wulstflach- und Breitflachstahl u.a.		

tiv geringen Eigengewichtes als Stahlskelettbauten errichtet wurden und noch werden.

Ebenso können Verbundbauweisen (Bild **7**.37 und **7**.38), bei denen Stahlprofile ganz oder teilweise einbetoniert werden, zur Sicherstellung der Brandschutzanforderungen eingesetzt werden. Bei eingeschossigen Hallenbauten mit geringen Brandlasten erübrigen sich vielfach Brandschutzmaßnahmen. Hier werden dann lediglich Korrosionsschutzmaßnahmen als Beschichtung (Schutzanstriche) erforderlich.

Stahlskelette bestehen i. d. R. aus senkrechten Stützen- und waagerechten Trägerprofilen. Die Knotenpunkte werden vergleichbar den für den Holzskelettbau gezeigten Grundsätzen ausgeführt (vgl. Bilder **7**.13, **7**.18 und **7**.45 ff.).

Die *horizontale Aussteifung* erfolgt durch Deckenplatten oder liegende Fachwerkverbände. Vertikal kann das tragende Stahlgerippe durch biegesteife, unverschiebbare Eckverbindungen (Rahmen), Dreieckverbände oder Wandscheiben ausgesteift werden (vgl. Bild **7**.3 und **7**.4).

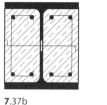

7.37a   **7.37b**   **7.37c**

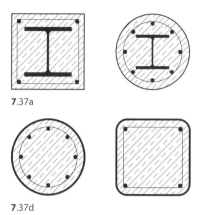

7.37d

7.37 Verbundstützen
  a) einbetonierte Stahlprofile
  b) Walz- oder Schweißprofile mit Kammerbeton
  c) ausbetonierte Hohlprofile
  d) ausbetonierte Hohlprofile mit Zusatzbewehrung
     für den Brandfall

7.4.2 Baustoffe

Profilstahl

Baustahl für Stahlbauten ist als Stabstahl, Formstahl oder für Hohlprofile in den Qualitäten S 235 usw. bis S 355 (DIN EN 10 027) oder hochfesten Stahlsorten genormt. Er ist nach seinen Festigkeitseigenschaften für Druck, Zug, Biegung, Scheren und Torsion der leistungsfähigste Baustoff.

Baustahl wird in genormten, aufeinander abgestimmten Profilreihen als warmgewalzte Profile (Profil- oder Formstahl, Stabstahl und Hohlprofile, Sonderprofile) sowie Bleche mit unterschiedlichen Materialdicken hergestellt. Für Stahlbauten kommen in erster Linie **I**-Profilstähle gemäß DIN 1025, **L**-, **U**-, **T**-, **Z**- sowie Rohrprofile der verschiedensten Lieferformen und Dimensionen in Frage (Überblick s. Tabelle **7.**36).

Verbundbauweisen

Ferner kommen Verbundträger, -stützen und -decken in Betracht. Dabei werden Stahlprofile mit Betonbauteilen schubfest verbunden und auf diese Weise die günstigen Eigenschaften des Stahles hinsichtlich der Zugfestigkeit mit der Druckfestigkeit des Betons kombiniert sowie die Brandschutzeigenschaften wesentlich verbessert.

Die Vorteile des Stahlbaus (hohe Tragfähigkeit bei geringem Gewicht, Flexibilität, Vorfertigung im Werk, schnelle und „trockene" Montage) werden hierbei mit den Vorteilen des Massivbaus (Einsatz preiswerten, druckbeanspruchbaren Betons, Verbesserung insbesondere des Schall-, Brand- und Korrosionsschutzes) verbunden. Das Zusammenwirken im Verbund führt zu sehr leistungsfähigen Bauelementen und somit zu geringen Querschnittsabmessungen tragender Bauteile (z. B. Verringerung von Bauhöhen durch niedrige Deckenhöhen).

Entscheidend ist eine tragfähige, sichere und zugleich wirtschaftlich herstellbare Verbindung zwischen Stahlprofil und Betonquerschnitten mittels Verdübelung. Hierbei werden i. d. R. im Werk aufgeschweißte Kopfbolzendübel in festgelegten Abständen (EC 4 = DIN EN 1994) aufgebracht und einbetoniert. Es lassen sich je nach Profilabmessungen und Zulagebewehrungen auch bei teilweise frei liegenden Querschnittsflächen der Stahlprofile Feuerwiderstandklassen bis zu F180 gemäß DIN 4102-4 bzw. R180 (EC 4) erreichen.

Verbundstützen bestehen aus ummantelten oder mit Beton gefüllten Profilen. Der Beton kann eine schlaffe Bewehrung haben.

Betonummantelte Stützen mit 22 cm Querschnittsgröße und mit einer Betondeckung von 50 mm für das Stahlprofil und von 30 mm für die mitwirkende Bewehrung erfüllen die Anforderungen für die Feuerwiderstandsklasse F90.

Ausbetonierte Stützen (Bild **7.**37 c und d) sind wesentlich tragfähiger als die entsprechenden Hohlprofile und somit deutlich schlanker. Bei so genannten kammergefüllten Profilen werden lediglich die Profilkammern ausbetoniert, während Flansche und Kanten sichtbar bleiben. Sie werden insbesondere als Unterzüge und Deckenträger verwendet (Bild **7.**37 b).

Mit Verbundstützen kann je nach Querschnitt der Stütze insgesamt, der Betonüberdeckung des Stahlprofils bei einbetonierten Stahlprofilen oder nach Abstand der zusätzlichen Bewehrung von ausbetonierten Stützen eine Feuerwider-

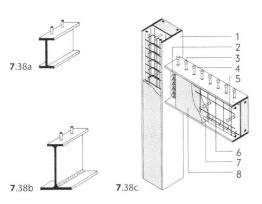

7.38
Verbundträger
a) Walzträger mit Kopfbolzen
b) geschweißter Träger mit Kopfbolzen (Verbundanker s. Bild 7.59)
c) Stützenanschluss bei Verbundprofilen
  1 Stütze
  2 Steglaschenanschluss
  3 Kopfbolzendübel für Trägerverbund
  4 Deckenträger
  5 Kopfbolzendübel für Profilverbund
  6 Bügelbewehrung
  7 Längsstabbewehrung
  8 Kammerbeton

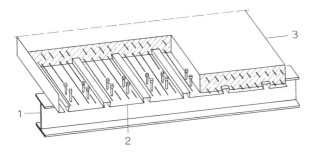

7.39
Verbunddecke
1 Unterzug oder Nebenträger mit Kopfbolzendübeln
2 Holorib- Profilblech mit schwalbenschwanzförmigen Sicken (geeignet für Abhängungen)
3 bewehrter Aufbeton als Druckgurt

standsdauer bis F180-A bzw. R 180 erreicht werden.

Verbundträger bestehen aus Stahlprofilen, die durch *Kopfbolzen* schubfest mit den aufliegenden Stahlbetondecken verbunden sind, so dass die Deckenplatte als Druckplatte und der Träger überwiegend auf Zug beansprucht wird. Der so entstandene Bauteil kann mit den „Plattenbalken" (s. Abschn. 10.2.3.2) des Stahlbetonbaues verglichen werden (Bild **7**.38). Mit ausbetonierten Verbundträgern kann je nach statischer Auslastung, Querschnittsabmessungen und Lage der zusätzlichen Längsbewehrungen eine Feuerwiderstandsdauer von bis zu F180 bzw. R180 ausgeführt werden.

Verbunddecken (s. auch Abschn. 10.2.4) bestehen aus profilierten Blechen mit 0,75 bis 1,5 mm Dicke, die gleichzeitig als verlorene Schalung dienen, sowie Aufbeton. Die Bleche können i. d. R. ohne Kran oder Maschineneinsatz von Hand schnell und damit wirtschaftlich verlegt werden. Der Aufbeton wird durch aufgeschweißte Kopfbolzen mit Unterzug- bzw. Trägerflanschen sowie durch die Formgebung der Bleche z. B. durch Sicken oder Nocken schubfest verbunden. Dabei

nehmen die Profilbleche die Zugbeanspruchungen und der Aufbeton die Druckbeanspruchung auf (Bild **7**.39). Mit derartigen Verbunddecken kann je nach bauaufsichtlicher Zulassung eine Feuerwiderstandsdauer bis F120-A bzw. R120 erreicht werden.

Stahlseile

Als hochfeste Zugglieder kommen im Stahlskelettbau auch Stahlseile mit werkseitig angeformten Verbindungselementen aus Stahl oder Guss in Frage.

7.4.3 Korrosionsschutz [3]

Bei Luftfeuchtigkeiten über 60% tritt bei unlegierten Stahlsorten Rost auf. In den meisten Klimazonen muss aufgrund der höheren Luftfeuchtigkeiten und der teilweise auch aggressiven Atmosphäre ein Korrosionsschutz erfolgen. Ebenso beeinflusst die Lage des Bauteils die Korrosion. Schmutzablagerungen, Wasseransammlungen und nicht vermeidbare Kondensationsfeuchte können Korrosionsbelastungen erheblich verstärken.

Für Stahlkonstruktionen, die der Witterung ausgesetzt sind, können wetterfeste, nicht rostende, hochfeste Sonderstähle gemäß DIN EN 10 088 (WT- Stähle = wetterfeste Baustähle, Handelsname z. B. „COR-TEN"-Stahl)[1] sowie Chrom-Nickelstähle, Chrom-Nickel-Molybdän-Stähle, Handelsname z. B. Nirosta, V2A, V4A) verwendet werden. Wetterfeste, *legierte* Stähle sind jedoch in Folge hochwertiger Legierungsanteile mehrfach teurer als unlegierte Baustähle und kommen i. d. R. deshalb nur als Leichtbauprofile, Bleche und Verbindungsmittel zur Anwendung.

Stahlbauteile, die aus üblichen, *unlegierten* Stahlsorten (DIN EN 10 027-1 und 2) hergestellt sind, müssen somit durch *Beschichtungen* (Beschichtungssysteme) nach DIN EN ISO 12 944 oder *Feuerverzinkung* (metallischer Überzug) nach DIN EN ISO 1461 gegen Korrosion geschützt werden. Je nach Beanspruchungsart sind die Schutzmaßnahmen anzupassen. In beheizten Innenräumen ist i. d. R. keine Behandlung erforderlich. In Innenräumen mit hohem Feuchtigkeitsanfall (z. B. Hallenbäder) und beim Einsatz im Freien ist ein gründlicher Korrosionsschutz in jedem Falle vorzusehen.

Wesentlich für einen wirksamen Korrosionsschutz ist die korrosionsschutzgerechte Gestaltung und Anordnung der einzelnen Bauteile (Bild **7.**40). Grundsätzlich ist darauf zu achten, dass kleingliedrige, unzugängliche Bauteile vermieden werden. Die Gesamtkonstruktion sollte wenig Überlappungen, Kanten und Ecken aufweisen. Ebenere Schraub- und Nietverbindungen sind Schweißverbindungen vorzuziehen. Es sollte so konstruiert werden, dass Schweißverbindungen bei der Montage gänzlich vermieden werden, da der häufig vorher aufgebrachte Korrosionsschutz durch das Schweißen vor Ort zerstört wird und nachträglich meist per Hand ergänzt werden muss.

Grundregeln für einen dauerhaften Korrosionsschutz sind:

- Oberflächen von Stahlbauteilen im Freien sollten – wo möglich – geneigt oder abgeschrägt sein, damit sich kein Wasser ansammeln kann und in Verbindung mit Schmutz und Salzen die Korrosionsbelastung verstärkt.

- Die Konstruktionen sollen möglichst wenig Zerklüftungen aufweisen und an allen Teilen gut zugänglich und erreichbar sein, damit Beschichtungen ggf. einwandfrei aufgebracht, jedoch in jedem Fall überwacht und erneuert werden können.

- Profilflächen sollen die je nach ihrer Höhe gemäß DIN 12 944-3 geforderten Mindestabstände untereinander ($\geq$ 50 – 300 mm) oder gegenüber Wandflächen ($\geq$ 300 mm) einhalten.

- Spalten und Zwischenräume an Anschlussstellen sollen verschlossen werden oder >10 mm breit sein.

- Kanten sind abzurunden und bei hoher Beanspruchung evtl. zusätzlich zu behandeln.

- Durch Entwässerungsöffnungen ist im Freien dafür zu sorgen, dass sich keine Schmutz- und Wasseransammlungen bilden.

- *Offene* Hohlräume und auch offene Hohlbauteile, in denen Oberflächenfeuchte (z. B. Kondensat) auftreten kann, müssen einen innen liegenden Korrosionsschutz erhalten und mit Entwässerungs- und Belüftungsöffnungen versehen sein.

- *Geschlossene* Hohlräume und verschlossene Hohlbauteile erhalten dann keinen Korrosionsschutz, wenn sichergestellt ist, dass sie luftdicht und gegen eindringende Feuchtigkeit vollständig abgeschlossen werden können (umlaufende Schweißnähte, abgedichtete Durchdringungen).

- Durch entsprechende konstruktive Maßnahmen ist *Tauwasserbildung* an Stahlteilen möglichst zu unterbinden.

- Bei Verbindungen von Metallen mit unterschiedlichem elektrischem Potential besteht unter dem Einfluss von Feuchtigkeit die Gefahr von *Kontaktkorrosion*. Es müssen daher isolierende Zwischenlagen vorgesehen werden. Verbindungteile wie Schrauben u. Ä. müssen entsprechende Hülsen erhalten.

- Scharfkantige Schnittkanten müssen gebrochen werden, damit die Schutzbeschichtungen um die Kanten verlaufen können.

---

[1] Auf der Oberfläche von COR-TEN-Stahl bildet sich unter normalen Witterungsbedingungen eine rostähnliche Schutzschicht aus, die den Stahl nach 3 bis 4 Jahren vor weiterer Korrosion schützt. Es ist zu beachten, dass diese Schutzschicht zunächst vom Regen abgewaschen wird und zur Verschmutzung angrenzender Bauteile führen kann. COR-TEN-Stahl bekommt mit der Zeit eine dunkelbraune Färbung und bedarf keiner weiteren Unterhaltung. Die Stahllegierung des wetterfesten Baustahls wurde 1932 in den USA als Patent angemeldet. Die Bezeichnung setzt sich aus der ersten Silbe COR für den Rostwiderstand (CORrosion Resistance) und der zweiten Silbe für die Zugfestigkeit (TENsile strength) zusammen.

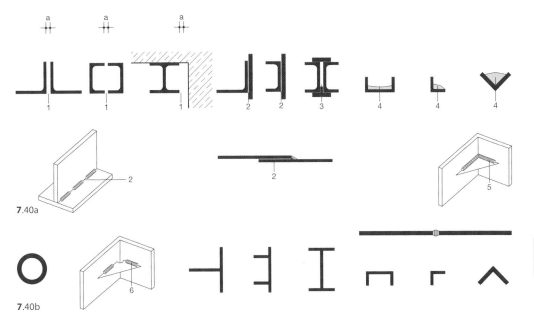

7.40a

7.40b

7.40 Korrosionsschutzgerechte Anordnung von Stahlprofilen
a) ungünstige Lagen
b) günstige Lagen
1 nicht ausreichender Mindestabstand zwischen den Oberflächen je nach Profilhöhe
2 offener Spalt, enge Fugen und Schlitze, unterbrochene Schweißnähte, Überlappungen
3 verbleibende unkontrollierbare Hohlräume
4 Ansammlung und Ablagerung von Schmutz und Wasser
5 Schweißnaht *ohne* Aussparung
6 Schweißnaht unterbrochen *mit* Aussparung für Entwässerung (Radius ≥ 50mm)

- An Stützenfußanschlüssen im Freien ist durch allseitige Abschrägungen der Wasserablauf sicherzustellen.

Korrosionsschutzsysteme können bestehen aus:
- *Beschichtungssystemen* (Anstrichen), 1- bis 4fach aufgetragen,
- *Überzügen* aus metallischen Schichten (im Stahlbau bevorzugt Feuerverzinkung),
- *Duplex-Systemen*, die eine Kombination aus Beschichtungssystemen und Überzügen bilden.

Rostumwandler und Roststabilisatoren sind nicht zulässig.

Oberflächenvorbereitung. Vor der Ausführung sind die Stahlteile gründlich von Verschmutzungen (insbesondere Fett und Öl, Farbresten), Rost und Walzzunder zu reinigen. Dabei sind die geeigneten Verfahren (mechanische Reinigung, Beizen mit Säure, Trocken-, Nass- oder Flamm-strahlen, chemisch-physikalische Verfahren) gemäß DIN EN ISO 8504 bzw. DIN EN ISO 12 944-4 abhängig von der Stahlsorte, dem Rostgrad und der Art der beabsichtigten Beschichtung zu wählen.

Beschichtungssysteme
DIN EN ISO 12 944-8 definiert Planungsvorgaben (Spezifikationen für Erstschutz und Instandsetzung) für Oberflächenvorbereitungen, Aufbringart sowie Schichtenanzahl und Sollschichtdicken in Abhängigkeit von der Schutzdauer und den Korrosionsbelastungen (Tab. **7**.41).

Die Schutzdauer bei Beschichtungssystemen in freier Bewitterung beträgt 20–25 Jahre, die von metallischen Überzügen (Feuer- oder Spritzverzinkung) ca. 40 Jahre. DIN EN ISO 12 944-1 benennt drei Zeitspannen, kurz (K) = 2–5 Jahre, mittel (M) = 5–15 Jahre und lang (L) = über 15 Jahre für die Sollschutzdauer mit dem Ziel, Instandsetzungsintervalle festlegen zu können.

Tabelle **7**.41 Korrosionsbelastung – Einteilung der Umgebungsbedingungen, Beschichtungssysteme und Schichtdicken nach DIN EN ISO 12 944

Korrosivitäts-kategorie	Beispiele typischer Umgebungen		Schutzdauer in Jahren	Sollschicht-dicke in µm
	Freiluft	Innenraum		
C1 unbedenklich	–	≤ 60% rel. Luftfeuchtigkeit	Korrosionsschutz aus techn. Gründen nicht erforderlich	
C2 gering	Gering verunreinigte Atmosphäre trockenes Klima	Ungedämmte Gebäude mit zeitweiser Kondensation	2–5 5–15 ≥15	80 120 160
C3 mäßig	Stadt-/Industrieatmosphäre mit mäßiger SO_2-Belastung oder gemäßigtes Küstenklima	Räume mit hoher relativer Luftfeuchtigkeit und etwas Verunreinigungen	2–5 5–15 ≥15	120 160 200
C4 stark	Industrieatmosphäre und Küste mit mäßiger Salzbelastung	z. B. chem. Produktionshallen, Schwimmbäder	2–5 5–15 ≥15	160 200 240–280
C5 sehr stark I	Industrieatmosphäre mit hoher relativer Luftfeuchtigkeit und aggressiver Atmosphäre	Gebäude mit nahezu ständiger Kondensation und starker Verunreinigung	2–5 5–15 ≥15	200 240–280 320
C5 seht stark M	Küsten- und Offshorebereich			

Korrosionsschutzbeschichtungen[1] sind Anstriche, Lackierungen oder Kunststoffbeschichtungen und werden mit dem Pinsel, der Rolle oder durch Spritzen i. d. R. in mehreren Schichten aufgetragen.

Unterschieden werden:

- *Grundbeschichtung*, werkseitig aufgebracht zur Korrosionsverminderung, als Schutz bei Fertigung, Lagerung und Transport sowie als Haftgrund für die Folgebeschichtungen,
- *Zwischenbeschichtung* als Barrierewirkung gegen Korrosion und
- *Deckbeschichtung* als Schutz vor Feuchtigkeit, Lichteinwirkung und Abnutzung und zur Herstellung der optische Eigenschaften – häufig nach der Montage aufgetragen.

Bei geringen Korrosionsbelastungen gelten dann mögliche Einschicht-Beschichtungen auch als

Beschichtungssystem. Gestrahlte Stahloberflächen können auch in der Fertigung mit sog. Fertigungsbeschichtungen gemäß DASt-Richtlinie 006 [13] versehen werden, die das Schweißen zulassen.

Je nach vorzusehender Schutzdauer und Korrosionsbelastung in Folge der Umgebungsbedingungen werden die Beschichtungsart (Bindemittelbasis des Beschichtungssystems) und die Sollschichtdicken festgelegt.

Feuerverzinkung ist das gebräuchlichste und langlebigste Korrosionsschutzverfahren und hinsichtlich der Schutzdauer im Freien den Beschichtungssystemen überlegen [25] [50]. Neben der Feuerverzinkung bestehen weitere Aufbringverfahren (z. B. Spritzverzinkung, elektrolytische Verfahren) mit jedoch geringerer Schutzdauer.

Verzinkung als Überzug in einer oder mehreren Schichten ist eine Korrosionsschutzmethode, die angewendet werden kann, wenn kleinere und feingliederige Konstruktionen insgesamt oder Einzelteile geschützt werden sollen, die lediglich durch Verschraubung oder Nietung zusammengefügt werden. Dabei werden die zu schützenden Teile nach der Reinigung in „Zinkbädern" bei 450° verzinkt. Maximale Bauteilgrößen sind in der Planung auf die üblichen Kesselmaße abzustimmen (Längen: 7 m bis 17,7 m, Breiten: 1,30 m bis 2,00 m, Tiefen: 1,80 m bis 3,20 m). Aus technischen Gründen können die Werkstücke dabei

---

[1] Korrosionsschutzbeschichtungen bestehen aus Pigmenten, Füllstoffen und Bindemitteln. Pigmente dienen durch unterschiedliche Einfärbung der Kontrolle der Anzahl aufgebrachter Schichten, der Dickenkontrolle, dem Schutz gegen mechanische Beschädigungen, der Passivierung und Neutralisation der Oberflächen u. A.. Füllstoffe schützen insbesondere die Bindemittel vor Lichteinwirkung. Als Füllstoffe sind Aluminiumpulver, Zinkstaub, Eisen, Titan und Zinkoxid u. A. gebräuchlich. Bleimennige und Zinkchromat sind als toxische Bestandteile nicht mehr zulässig. Als Bindemittel werden Leinöl, Alkyd-, Silikon- und Epoxidharze, Chlorkautschuk, Polyurethan sowie bituminöse Stoffe verwendet.

nur Längen bis etwa 15 m haben, oder es muss möglich sein, sie mehrfach zu tauchen.

Die Schutzdauer hängt maßgeblich von den jährlichen Dickenverlusten der Verzinkung in Abhängigkeit von dem SO_2 Gehalt der Atmosphäre und von der Korrosionsbelastung (Befeuchtungsdauer, Ablagerungen, Verunreinigungen) ab und kann daher erheblich schwanken [44]. Die Schichtdicke ist nach DIN EN ISO 1461 abhängig von der Materialdicke der zu schützenden Teile und beträgt 45 bis 85 µm.

Es ist zu beachten, dass nicht alle Stahlsorten für Feuerverzinkung geeignet sind und dass durch die Verzinkung in Folge der Erwärmung u. U. Verformungen möglich sind, wenn die Konstruktionen Verspannungen aufweisen. Nacharbeiten an feuerverzinkten Teilen wie z. B. der nachträgliche Schutzanstrich von Schweißnähten müssen vermieden werden. Wenn sie unumgänglich sind, müssen die beschädigten Stellen der Verzinkung durch Spritzverzinkung oder Zinkanstriche sorgfältig ausgebessert werden.

Verbindungsmittel sollten in feuerverzinkten Konstruktionen ebenfalls feuerverzinkt sein.

Duplexsysteme sind Kombinationen aus metallischen Überzügen (Feuer-, oder Spritzverzinkung) und für Zinküberzüge geeigneten Beschichtungen, mit denen durch das Zusammenwirken beider Systeme durch Synergieeffekte die Schutzdauer erheblich verbessert werden kann. Sie werden bei sehr hohen Korrosionsbelastungen eingesetzt und dort wo die Farbgebung eine Rolle spielt.

7.4.4 Brandschutz (s. auch Abschn. 17.7)

Stahlbauteile brennen zwar nicht, verformen sich aber unter Brandeinwirkung und verlieren ab einer Erwärmung von ca. 500 Grad schließlich – oft schlagartig – ihre Tragfähigkeit. Sie müssen daher entsprechend den verschiedenen Vorschriften und Richtlinien der Landesbauordnungen je nach der Brandgefährdung der Gebäude (vgl. dazu DIN 18 230) Brandschutz nach DIN 4102 erhalten.

Brandschutzmaßnahmen erfordern immer einen erhöhten Aufwand und sind nach der Brandgefährdung, hinsichtlich der Bauart und der Nutzung zu bemessen. Im Stahlbau stehen verschiedenen Möglichkeiten des Brandschutzes zur Verfügung, die vielfach gleichzeitig auch Aufgaben des Schall-, Wärme- und Korrosionsschutzes erfüllen.

Stützen und Träger. Für höhere Anforderungen, insbesondere in mehrgeschossigen Gebäuden, werden für frei liegende Stützen und Träger genormte oder geprüfte Brandschutzbekleidungen verwendet, die bestehen können aus:

- Betonummantelungen aus Stahlbeton nach DIN 206 und DIN 1045-2,
- Ausbetonierten Hohlprofilen oder kammergefüllten Stahlprofilen für Träger und Stützen (s. a. Verbundbauweise),
- Profilfolgenden Spritzummantelungen bzw. Putzen in verschiedenen Zusammensetzungen, auch mit Zusätzen von Mineralfasern, Vermiculite (Tonmineralien) u. A.,
- Ummantelungen mit Gipskarton-, Gipsfaser- und speziellen Brandschutzplatten,
- Ummantelungen mit Mineralfaserplatten und ggf. Blechverkleidungen,
- Dämmschicht bildenden Beschichtungen,
- und als Sonderfall Ableitung der Wärme durch zirkulierende Wasserfüllung von Hohlprofilstützen.

Die für den Brandschutz einsetzbaren Materialien für Ummantelungen und Beschichtungen sind genormt oder erfordern eine bauaufsichtliche Zulassung.

Mindestdicken für häufig eingesetzte Brandschutzummantelungen aus Gips, Gipskarton- oder Gipsfaserplatten, Mineralfasern, Vermiculite- und Silikatplatten sind in DIN 4102-4 je nach geforderter Feuerwiderstandsklasse (bis zu F120) und Verhältnis des Profilumfanges und der Profilfläche (**U/A**) aufgeführt.

Spritzputzummantelungen sind wirtschaftlich herstellbar und für vollwandige Träger und Stützen in nicht stoßgefährdeten Bereichen gut geeignet. Je nach Korrosionsbeanspruchung kann hierbei ggf. auf eine zusätzliche Korrosionsschutzbeschichtung verzichtet werden.

Wenn aus gestalterischen Gründen Stahlkonstruktionen sichtbar bleiben sollen, kommen als Beschichtung aufgetragene *„Dämmschichtbildner"* in Frage, die vielfache Farbgebungen ermöglichen und Bestandteil des Korrosionsschutzes sein können. Sie entfalten ihre Schutzwirkung (F30 und F60) erst im Brandfall. Seit Ende 2001 lassen sich mit derartigen Beschichtungen Brandschutzanforderungen im Innenbereich auch bis max. F90 AB erreichen (s. a. Abschn. 17.7.4).

Deckenplatten. Brandschutzanforderungen an Stahlprofilblech-Deckenplatten als tragende und

7

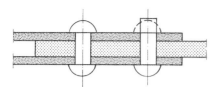

7.42 Nietverbindung
links: fertige Nietverbindung
rechts: Niet vor dem Stauchen

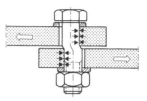

7.43 Schraubverbindung SL/SLP (Scher-Lochleibungs-
beanspruchung mit/ohne Lochspiel)

raumabschließende Bauteile können durch die Gesamtkonstruktion z. B. mit Aufbeton (s. a. Verbunddecken) oder durch oberseitige Bekleidungen aus z. B. Silikatplatten (doppelt beplankt) bzw. unterseitige Bekleidungen aus z. B. Spritzputz oder ebenfalls doppelte Lagen von Silikatplatten erfüllt werden.

Weit verbreitet sind weiterhin Unterdecken (s. a. Abschn. 14) aus vorgefertigten Platten (z. B. GK, verspachtelt mit unzugänglichem Deckenhohlraum) oder Systemdecken (montiert mit sichtbaren Schienensystemen, Deckenhohlraum zugänglich). Näheres zu Plattenwerkstoffen, Dicken und Befestigungsart sind in DIN 4102-4 festgelegt.

7.4.5 Verbindungstechnik

Nietverbindung. Kraftschlüssige Verbindungen durch Nietung (Bild **7**.42) sind heute nur noch in Ausnahmefällen anzutreffen. Hoher Arbeitsaufwand macht sie unwirtschaftlich, und die unvermeidliche große Lärmentwicklung bei der Ausführung kann kaum noch hingenommen werden.

Schraubverbindung. Äußerst maßgenaue Bearbeitungsverfahren haben im Stahlbau die Verwendung hoch belastbarer Schraubverbindungen (HV-Verbindungen) ermöglicht. Die Verbindungen von großen Werkstücken z. B. von Trägern und Stützen oder von ganzen Bauteilgruppen erlauben eine rasche und problemlose Montage an der Baustelle ebenso wie spätere Änderungen oder Demontagen.

Bei den zu verwendenden Schrauben werden unterschieden:

- Hochfeste Schrauben
  HV-Schrauben (spezielle Materialqualität, unbearbeitet, mit Lochspiel in den Bohrlöchern, geeignet für Vorspannung)
- Hochfeste Passschrauben
  HV-Passschrauben (spezielle Materialqualität, nachbearbeitet, ohne oder mit sehr geringem Lochspiel, geeignet für Vorspannung)

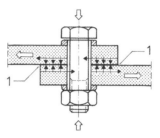

7.44 Schraubverbindung GV/GVP (gleitfeste, vorgespannte Verbindung mit/ohne Lochspiel)
1 vorbehandelte, aufgeraute Flächen

Bei den Verbindungsarten werden unterschieden:

Verbindungen mit Scher-/Lochleibungswirkung. Die Schrauben werden dabei senkrecht zu ihrer Achse beansprucht (Bild **7**.43).

- SL-Verbindung
  Bauteile mit vorwiegend ruhender Belastung (Standard-Verbindung im Hochbau)
- SLP-Verbindung
  Bauteile mit ruhender und teilweise nicht ruhender Belastung, nur mit Passschrauben herzustellen.

Gleitfeste Verbindungen. Bei diesen hochbelastbaren Verbindungen werden Kräfte senkrecht zur Schraubenachse und außerdem durch Reibung in den Kontaktflächen der miteinander verbundenen Konstruktionsteile übertragen. Die Kontaktflächen müssen vor dem Zusammenbau durch Sandstrahlen o. Ä. vorbehandelt werden (Bild **7**.44).

Unterschieden werden:

- GV-Verbindung
  Bauteile mit vorwiegend ruhender und
- GVP-Verbindung
  nicht vorwiegend ruhender Belastung (GVP-Verbindungen nur mit Passschrauben)

Darüber hinaus werden Schraubverbindungen mit Zugbeanspruchung in Schraubenachse mit

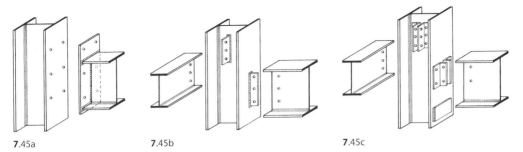

7.45a   **7.**45b   **7.**45c

7.45 Trägeranschlüsse an Profilstahlstützen
  a) Anschluss mit aufgeschweißter Kopfplatte für Querkräfte mit Stirnplatte nur für Querkräfte
  b) Anschluss mit angeschweißten Laschen für Querkräfte
  c) Anschluss mit geschweißten oder angeschraubten Doppelwinkeln und Aufstandskonsole für Querkräfte

nicht planmäßiger Vorspannung der Schrauben (Z-Verbindung) und mit planmäßiger Vorspannung der Schrauben (ZV-Verbindung) unterschieden.

Einige Konstruktionsbeispiele mit Verschraubungen an typischen Knotenpunkten von Stahlskeletten zeigen die Bilder **7.**45 bis **7.**47 und **7.**49 und **7.**50.

Schweißverbindung. Bauteilgruppen aus Stahl werden werkstattmäßig in der Regel durch Schweißverbindungen zusammengefügt. Dafür kommen handgeführte oder automatisierte Schweißungen in Frage, die als elektrische Lichtbogenschweißung oder als Gasschmelz- („Autogen"-) Schweißungen möglich sind und nur durch ausgebildete Fachleute ausgeführt werden dürfen.

Gegenüber Verschraubungen sind Schweißverbindungen vor allem bei rohrförmigen Konstruktionsteilen vorteilhaft. Sie sparen Gewicht an den Verbindungsstellen, und sie erlauben ggf. eine anspruchsvollere Gestaltung der Stahlkonstruktionen.

Bei feingliedrigen Bauteilen muss durch fachgerechte Ausführung die Verformungsgefahr infolge der starken Erhitzung an den Schweißstellen – am besten durch Anwendung der Lichtbogenschweißung – ausgeschlossen werden.

Bei Schweißarbeiten an der Baustelle ist die nicht unerhebliche Brandgefährdung zu beachten.

Schweißverbindungen werden abhängig vom gewählten Schweißverfahren, Dicke und Materialart der zu verbindenden Bauteile und den zu berücksichtigenden konstruktiven Beanspruchungen in verschiedenen Nahtformen ausgeführt [3].

Als Beispiel für die zahlreichen Möglichkeiten von Schweißverbindungen kann die in Bild **7.**48 gezeigte biegesteife Rahmenecke gelten.

Natürlich gibt es auch viele Kombinationen von geschweißten mit verschraubten Verbindungen (s. Bilder **7.**45a und b, **7.**46, **7.**47, **7.**49).

Klebeverbindungen finden ebenfalls Einzug in die Verbindungstechnik.

7.4.6 Konstruktionselemente

Stützen bestehen in der Regel aus I- und **IPE**-Walzprofilen, Breitflanschträgern der **HD**, **HE**-(**IPB**)-Reihen, Quadrat-, Rechteck- oder Rundrohrprofilen sowie kastenförmig verschweißten Hohlprofilen (Tab. **7.**36) oder werden als Verbundstützen ausgebildet (Bild **7.**37).

Freistehende Stützen, insbesondere mit kleineren Querschnittsgrößen (Breiten bis ca. 300 mm) werden vorwiegend aus quadratischen oder annähernd quadratischen Profilquerschnitten vorgesehen, da sie in *jede* Richtung gegen Knicken (s. a. Abschn. 1.3) ausreichende Standsicherheit gewährleisten müssen. In mehrgeschossigen Gebäuden können die nach unten zunehmenden Lasten durch Änderungen der Wandstärken der Profile oder/und durch Wahl der Stahlqualität (S235, früher St 37; S355, früher St 52) teilweise angepasst werden, ohne dabei den Querschnitt der Stützen zu verändern.

Profilierte Stahlstützen erlauben ggf. auch die vertikale Führung von Installationsleitungen.

Stützenstöße werden aus Transportgründen (Längen bis zu 15 m) oder auch bei Abstufungen der Querschnitte sowie Änderungen der Materialqualität in der Werkstatt durch geschweißte Kopf- bzw. Fußplatten vorgerichtet und als Montagestöße verschraubt (Bild **7.**49).

7

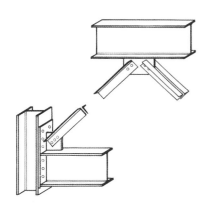

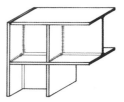

7.48 Biegesteife Trägeranschlüsse an Rahmenecken geschweißter Anschluss

7.46 Knotenausbildungen für aussteifende Diagonalverbände

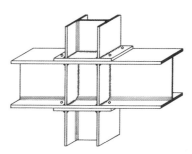

7.49 Stütze-/Träge-Anschluss: Träger durchlaufend für Querkräfte und Momente

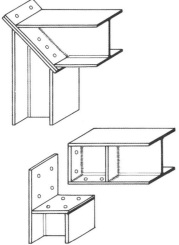

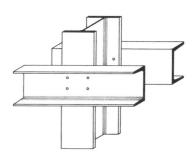

7.47 Geschraubte biegesteife Trägeranschlüsse an Rahmenecken

7.50 Stütze-/Träger-Anschluss: Stütze durchlaufend; Doppelträger als „Zange"

Auf Fundamenten stehen Stützen zur Lastverteilung mit Fußplatten auf, die bei *Pendelstützen* mit Anker- oder Dübelschrauben befestigt (lagegesichert) werden. Die Fugen werden vergossen. Im Freien sollten im Anschluss an die Fußplatten abgeschrägte Flächen vorgesehen werden, um einen Wasserablauf sicherzustellen. *Eingespannte Stützen* (vgl. Bild **7**.3c) werden in den Fundamenten in Verbindung mit Ankerschienen und einbetonierten Stahlprofilen eingebaut (Bild **7**.51).

Trägeranschlüsse werden an Profilstahlstützen in der Regel mit Schraubverbindungen hergestellt (Bild **7**.45). Hierbei wird zwischen *biegeweichen* Anschlüssen überwiegend nur für Querkräfte und *biegesteifen* Anschlüssen für Querkräfte *und*

Momente unterschieden. Einen Anschluss von Stahlbetonkonstruktionen aus Ortbeton oder Fertigteilen mit Hilfe angeschweißter Konsolen zeigt Bild **7**.52.

In mehrgeschossigen Gebäuden können Stützen jeweils durch die Trägerlasten unterbrochen und mit Fuß- bzw. Kopfplatten kraftschlüssig angeschlossen werden (Bild **7**.49), oder sie laufen zwischen Doppelträgern (Zangen) hindurch (Bild **7**.50).

Träger in Stahlskeletten bestehen aus schweren Walzprofilen (Bild **7**.53a), aus *Wabenträgern* (Bild **7**.53b; hohe, in der Mitte sägezahnartig aufgetrennte Profile, die dann wieder – horizontal ver-

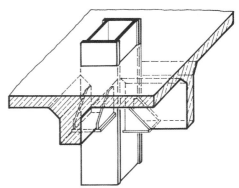

7.52 Stahlstütze mit Auflagerung von Stahlbetonrippen-
decke

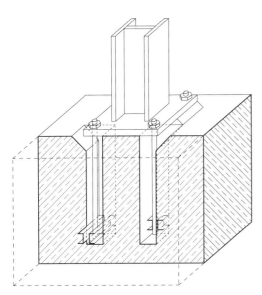

7.51 Stützenfuß und Fundamentverbindung für eingespannte Stahlstützen

setzt angeordnet – mit wabenförmigen Aussparungen maschinell verschweißt werden) oder
aus Kombinationen verschiedener Profile (Bild
7.53c). Hohe Träger können zur Gewichtseinspa-
rung entsprechend statischem Nachweis Aussparungen erhalten.

Aussparungen für unvermeidliche Installations-
durchlässe können in Trägern mit großen Steg-
höhen bei kleineren Abmessungen im Bereich
der Mittellinie – bei entsprechendem statischem
Nachweis – ohne besondere Vorkehrungen ausgeführt werden. Für größere Durchbrüche werden besondere Verstärkungen eingeschweißt
(Bild **7**.54).

Trägerkreuzungen haben Anschlüsse, die – in Abhängigkeit von den statischen Erfordernissen –
mit den sonstigen planerischen Anforderungen

(z. B. Berücksichtigung von Installationsführung
quer zu Trägerlagen) abgestimmt werden. Sie
können mittig, an der Oberkante bündig oder
beidseitig bündig liegen (Bild **7**.55).

Decken können ohne besondere Verbindung
auf die Skelettrahmen oder -träger aufgelegt
werden. Sie liegen direkt auf den Skelettrahmen
(Bild **7**.56a) oder auf einer weiteren Nebenträger-
lage (Bild **7**.56b) auf. Die Träger verbleiben dann
frei liegend mit dem Nachteil, dass erhöhte
Brandschutzanforderungen nicht oder nur durch
entsprechend ausgebildete aufwändige Verkleidungen oder Unterdecken erreicht werden kann.

Neben Ortbetonplatten werden vielfach Stahlbe-
ton-Fertigdecken eingebaut. Sie können als einfache (vorgespannte) Platten oder als Filigran-
Deckenelemente mit Aufbeton ausgebildet sein.

Flachdecken als Verbundkonstruktion. Flächenbündig in Ortbetondecken oder Fertigteil-
Deckensysteme eingebaute Stahlprofile als de-
ckengleiche „Unterzüge" ergeben Flachdecken
(s. a. Bild **7**.6) mit den Vorteilen deutlich geringerer Bauhöhen, geringeren Eigengewichtes, freier

   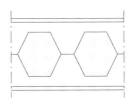 

7.53a **7**.53b **7**.53c

7.53 Träger in Stahlskeletten
  a) Walzprofile als Breitflanschprofile und I-Profile
  b) Wabenprofil
  c) zusammengesetzte Profile

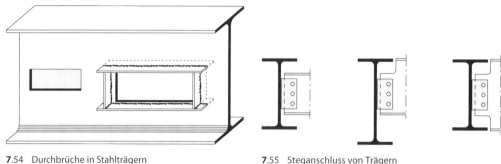

7.54 Durchbrüche in Stahlträgern

7.55 Steganschluss von Trägern

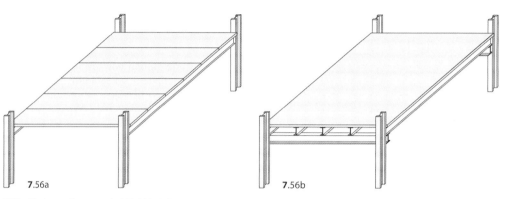

7.56a

7.56b

7.56 Deckenauflagerung bei Stahlskeletten
a) Deckentragwerk mit einer Trägerlage (Hauptträger)
b) Deckentragwerk mit zwei Trägerlagen (Haupt- und Nebenträger)

unterseitiger Installationsführung sowie insbesondere Minimierung der dann noch notwendigen Brandschutzmaßnahmen (schaumbildende Anstriche an den offen liegenden Stahlgurten oder Verkleidung mit Brandschutzplatten). Häufig werden Fertigteile oder auch Halbfertigteile mit *Ortbetonverguss* kombiniert (Bild **7**.57). Kopfbolzenverdübelungen stellen den schubfesten Verbund zwischen den Stahlprofilen und dem Betonverguss her. Vorläufer dieser Bauweise ist die sog. „Preußische Kappendecke" als Kombination von Stahlprofilen mit ausgemauerten Kappengewölben (s. Abschn. 10.6.6).

Zur Auflagerung von Fertigteilelementen oder auch Profilblechen wird der Untergurt verbreitert ausgeführt (SFB-Profil = Slim-Floor-Beam, Bild **7**.57c, oder IFB-Profil = Intergrated-Floor-Beam, Bild **7**.57b).

Ferner können Trapezblechdecken ohne Aufbeton oder mit Aufbeton als *Verbunddecken* verwendet werden (Bild **7**.58 und **7**.59, s. auch Bild **7**.39). Verbunddecken entstehen, wenn zwischen

Deckenplatte und Träger eine *schubfeste Verbindung* hergestellt wird. Die Deckenplatte ergänzt in diesem Falle den druckbeanspruchten Obergurt des Trägers ähnlich wie in einer Stahlbeton-Plattenbalkendecke (s. Abschn. 10). Auf diese Weise lassen sich für das gesamte Tragwerk günstigere Dimensionierungen erreichen. Als Verbundmittel werden auf die Trägerobergurte Kopfbolzen, Verbundanker oder Verbundbügel aufgeschweißt (Bild **7**.59).

Bei Konstruktionen mit Haupt- und Nebenträgern in zwei Ebenen ergeben sich Deckenhohlräume in beide Richtungen, die insbesondere zusammen mit Wabenträgern gut zur Unterbringung von Installationen genutzt werden können (Bild **7**.60).

Außenwände von Stahlskelettkonstruktionen können bei einfachen, ungedämmten Bauten aus einer Ausmauerung zwischen den Stahlquerschnitten bestehen.

Wegen der Anforderungen an den Wärmeschutz werden jedoch zunehmend Porenbeton-Wand-

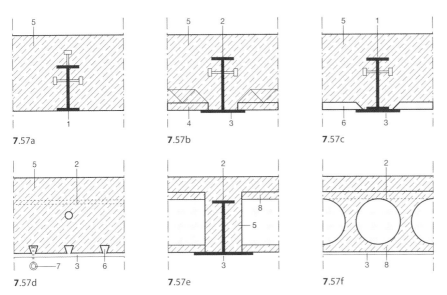

7.57a   **7**.57b   **7**.57c

7.57d   **7**.57e   **7**.57f

7.57   Verbunddecken als Flachdecken

     a) Stahl-Flachdecke mit üblicher Schalung für Ortbeton
     b) Stahl-Flachdecke (IFB-Träger) mit Betonfertigteilplatten (Filigrandeckenelemente)
     c) Stahl-Flachdecke (SFB-Träger) mit Stahl- Profilblechen (Querschnitt)
     d) Stahl-Flachdecke mit Stahl-Profilblechen (Längsschnitt)
     e) Stahlbeton oder Spannbeton-Hohlkörperdecke mit einbetoniertem Stahlträger (Querschnitt)
     f) Hohlkörperdecke mit einbetoniertem Stahlträger (Längsschnitt)

     1   **I**-Stahlprofil mit Kopfbolzen
     2   ½ **I**-Stahlprofil mit Kopfbolzen
     3   angeschweißter unterer, breiterer Flansch
     4   Betonfertigteilplatten (Filigran-) auch als Schalung
     5   Ortbeton
     6   Stahlprofilblech (z. B. Holorib) bis ca. 3 m Spannweite ohne Zwischenunterstützung
     7   abgehängte Installationen
     8   Stahlbetonhohldielen bis ca. 5 m Spannweite, vorgespannt bis ca. 10 m Spannweite

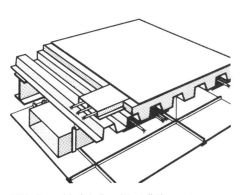

7.58   Trapezblechdecke mit Installationssystem

7.59a   **7**.59b

7.59c

7.59
Verbundmittel für schubfeste
Deckenanschlüsse

a) Kopfbolzen
b) Verbundanker
c) Verbundbügel

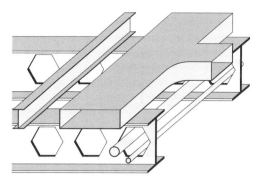

7.60   Doppelte Trägerlagen mit Installationen

elemente in Dicken von 15 bis 24 cm und mehr und Längen bis zu 6 m liegend oder stehend vor dem Stahlskelett montiert (Bild **7**.61).

Sehr häufig kommen Trapezbleche mit oder ohne Wärmedämmung (Kassettenwände) und vorgefertigte Aluminium- oder Stahlblech-Wandbauteile (Sandwich-Elemente) zum Einsatz (s. Abschn. 6.7, Bilder **6**.133 bis **6**.136). Im Übrigen sind – besonders für Geschossbauten – Vorhangfassaden die Regel (s. Abschn. 9.4).

7.4.7 Ausführungsbeispiel

Um die wesentlichen Prinzipien des Stahlskelettbaues zu zeigen, wurden überwiegend Konstruktionen gezeigt, die auf herkömmlichen Kombinationen von Standardprofilen beruhen. Für die vielfältigen Möglichkeiten des Konstruierens mit Stahl kann die in Bild **7**.62 gezeigte Konstruktion aus Rohrprofilen als Beispiel dienen.

7.5   Stahlbetonskelettbau

7.5.1 Allgemeines

Ein großer Teil aller Skelettbauten mit geringer Geschosszahl aber auch Hochhausbauten werden wirtschaftlich in Stahlbetonbauweise ausgeführt, da vielfach hohe Brandschutzanforderungen für die Materialentscheidung ausschlaggebend sind. Stahlbetonkonstruktionen sind bei entsprechender Dimensionierung, Betonüberdeckung und Bewehrung auch ohne weitere Maßnahmen (Ummantelungen) in sehr hohen Feuerwiderstandsklassen herstellbar. Nachteilig wirken sich die verhältnismäßig größeren Dimensionierungen der Bauteile sowie die relativ hohen Eigenlasten dieser Tragwerksart aus.

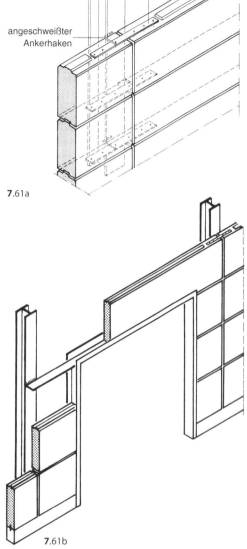

7.61   Stahlskelett mit Porenbetondielen
a) liegende Montage vor Stahlskelett,
b) Toröffnung mit Stahlrahmen

Ortbetonbauweise. Moderne Schaltechniken ermöglichen bei Einzelbauwerken auch eine wirtschaftliche Herstellung in Ortbetonbauweise in allen erforderlichen Abmessungen, auch von Sonderformen, selbst für kleinere Bauwerke (vgl. Abschn. 5.1 und 1.4 in Teil 2 dieses Werkes).

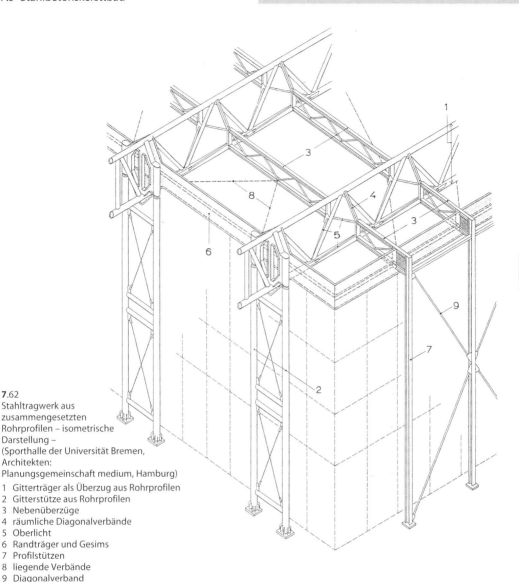

7.62
Stahltragwerk aus
zusammengesetzten
Rohrprofilen – isometrische
Darstellung –
(Sporthalle der Universität Bremen,
Architekten:
Planungsgemeinschaft medium, Hamburg)
1 Gitterträger als Überzug aus Rohrprofilen
2 Gitterstütze aus Rohrprofilen
3 Nebenüberzüge
4 räumliche Diagonalverbände
5 Oberlicht
6 Randträger und Gesims
7 Profilstützen
8 liegende Verbände
9 Diagonalverband

Stahlbetonskelette aus Ortbeton bilden monolithische Konstruktionen mit in der Regel *biegesteifen Knoten*, über die verschiedene Bauteile (Decken mit Unterzügen, Unterzüge mit Stützen) statisch zusammenwirken. Günstig auf die Dimensionierung der Bauteile wirkt sich dabei die *Durchlaufwirkung* (s. a. Abschn. 1.4) von Stützen, insbesondere aber von Trägern und Decken aus, die zu geringeren Dimensionierungen (Konstruktionshöhen von Decken) der tragenden Bauteile führt.

Nachteilig sind Ortbetonskelette wegen des hohen Arbeitsaufwandes an der Baustelle und wegen des durch die Ausschalfristen (s. Abschn. 5.4.5) bedingten zusätzlichen Zeitbedarfes. Hinzu kommt, dass Stahlbetontragwerke in Ortbetonausführung überhaupt nicht oder nur mit hohem Aufwand nachträglich geändert oder verstärkt werden können, wie vielfach im Gewerbe- und Industriebau erforderlich. Vielfach sind die vor Ort hergestellten Bauteile hinsichtlich Maßhaltigkeit und Qualitäten nicht optimierbar.

Ebenso ist der Abbruch sehr aufwändig und die Bauteile sind nicht wieder verwendbar.

Vielfach werden aus statischen, wirtschaftlichen und qualitativen Gründen Ortbetonbauweisen mit Fertigbauteilen kombiniert.

Fertigteilbauweise. Reine Fertigteilbauweisen als Montagebau mit großen Stückzahlen gleichartiger und geometrisch einfacher Bauelemente sind häufig erst bei größeren Bauvorhaben konkurrenzfähig. Die Realisierung zeitlicher und damit wirtschaftlicher Vorteile und die höhere Qualität der Bauteile setzten eine vorfertigungs-, transport- und montagegerechte Planung voraus. Hierbei werden häufig größere Bauteildimensionen in Folge von Einfeldträgersystemen in Kauf genommen. Besondere Beachtung gilt den vielfältigen Bauteilfugen und den Knotenpunkten.

Gewerbe-, Industrie-, auch Verwaltungs- und Schulbauten werden vielfach in *vorgefertigten Bausystemen* ausgeführt, bei denen tragendes Skelett, Decken, Innen- und Außenwände bzw. Fassaden so geplant sind, dass sie baukastenartig eingesetzt werden können. Diese Systeme bestehen meistens aus Stützen mit Auflagerkonsolen, auf die Unterzüge oder weit gespannt Deckenelemente aufgelegt werden.

Die Bauteile werden *ohne* biegesteife Knotenausbildung gefügt und Stützen werden als Pendelstützen ausgebildet, um wirtschaftliche Tragkonstruktionen erreichen zu können. Die Aussteifung vorgefertigter Stahlbetonskelett-Konstruktionen erfolgt in vielen Fällen bei Gebäuden mit geringen Geschosszahlen (ein- bis zweigeschossige Hallenbauten) auch durch Einspannung der Stützen in *Köcherfundamenten* (s. Bild **4**.13), ferner durch massive Deckenscheiben oder durch – oft auch aus Stahlbeton vorgefertigte – Wandscheiben und Kerne.

Bei Berücksichtigung der nötigen Stahlüberdeckung ist praktisch keine laufende Unterhaltung erforderlich.

7.5.2 Brandschutz

Bauteile aus Stahlbeton sind bei den aus statischen Gründen ohnedies erforderlichen Abmessungen i. d. R. bereits ausreichend feuerwiderstandsfähig. Bei Betonüberdeckungen der Stahlbewehrungen von 25 mm wird z. B. bei Stahlbetonmassivdecken aus Normalbeton bereits in statisch ungünstigen Fällen (einachsig gespannte Platten) die Feuerwiderstandsklasse F60 erreicht, mit 35 mm Überdeckung F90. Bei größerer

Stahlüberdeckung sind selbst hochfeuerbeständige Ausführungen (F180) ohne weiteres möglich (im Übrigen s. Abschn. 17.7).

Detaillierte Informationen über Mindestquerschnitte von Betonfertigteilen, die notwendige Betonüberdeckung, Fugenausbildung und die Ausbildung von Trenn- und Brandwänden sind dem Merkblatt 7 (09/2008) der Fachvereinigung Deutscher Betonfertigteilbau (FDB) [15] zu entnehmen.

7.5.3 Baustoff Beton

Die Zusammensetzung, Herstellung und Verarbeitung des Baustoffes Beton sind ausführlich in Abschn. 5 behandelt.

7.5.4 Bauteile

Es liegt nahe, vorgefertigte Bauteile für Stahlbetonskelettbauten zur Kostensenkung zu standardisieren, denn viele Bauaufgaben lassen sich wirtschaftlicher selbst dann durchführen, wenn im Einzelfall auf Minimalabmessungen verzichtet wird und andererseits auf ein baukastenartiges System von Bauteilen zurückgegriffen werden kann. Einige wichtige Details, wie sie auch von der Fachvereinigung Deutscher Betonfertigteilbau (FDB) vorgeschlagen werden, zeigen die nachfolgenden Bilder.

Stützenfundamente als Köcherfundamente zur Einspannung können konventionell hergestellt oder als vorgefertigte Bauteile (Bild **4**.13) mit dem Kran auf die vorbereitete Sauberkeitsschicht aufgesetzt werden. Die Stützen werden eingesetzt, justiert und mit Ortbeton vergossen. Gebäudehöhen bis zu ca. 12 m können wirtschaftlich allein über Einspannung von Stahlbetonstützen ausgesteift werden, wenn auf Wandscheiben oder Kerne als aussteifende Bauteile verzichtet werden muss.

Stützen eignen sich vielfach weniger für eine Standardisierung, weil – z. B. auch für verschiedene Geschosszahlen und -höhen und für Eck- und Endfeldlösungen – zu viele Typen zu entwickeln wären. Sinnvoll ist es aber, die Anschluss- und Auflagerpunkte z. B. in Form von Konsolen zu standardisieren. Längen ungestoßener Stützen können je nach Hebezeug und Transportmittel bis zu 30 m erreichen. Stützenstöße erfordern durch Einjustierung, Lagesicherung und Verbindung der Stöße erhöhten Aufwand. Durch Verschweißung der Bewehrung oder Schraub- oder Muffenstöße lassen sich biegesteife Knoten her-

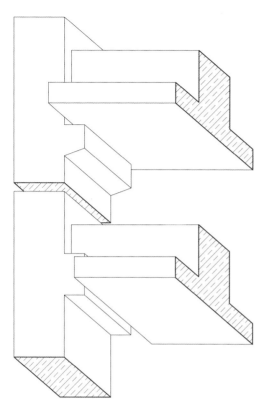

7.63 Auflagerkonsolen für Unterzüge

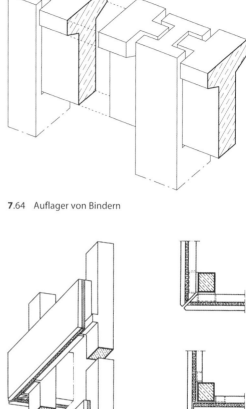

7.64 Auflager von Bindern

7.65b

7.65a

7.65 Auflagerung von Fassadenelementen
a) räumliche Darstellung
b) Eckausbildungen, Grundrisse

stellen. Gelenkige Anschlüsse benötigen lediglich einen Dorn zur Lagesicherung und Stellschrauben zur Zentrierung und Höhenjustierung.

Auflagerkonsolen für Unterzüge und Riegel zeigt Bild **7**.63. Der Anschluss von Bindern am Stützenkopf zur Ausbildung von Rahmen ist in Bild **7**.64 dargestellt. Um Konstruktionshöhe einzusparen, sollten die Querschnitte der Konsolauflager in die Konstruktionshöhe geometrisch eingegliedert werden. Fassaden- bzw. Brüstungselemente werden wie in Bild **7**.65 aufgelagert.

Unterzüge, Träger und Balken. Unterzüge und Träger werden entweder im Zusammenhang mit den Decken in Ortbeton ausgeführt oder es werden Fertigteile mit standardisierten Querschnitten eingesetzt, die in Maßsprüngen je nach statischen Erfordernissen und in Längen je nach Bedarf hergestellt werden (Bild **7**.66). Umgekehrt auf dem Kopf liegende Querschnitte (Bild **7**.66b und **7**.67) verbessern die Verbindung zwischen

den Deckenbauteilen und somit die Scheibenwirkung der Decken und können zudem die Konsolen am Stützenanschluss verdecken.

Der Anschluss an die Stützen mit Konsolen oder in Aussparungen der Stützen ist aus den Bildern **7**.63 und **7**.64 ersichtlich.

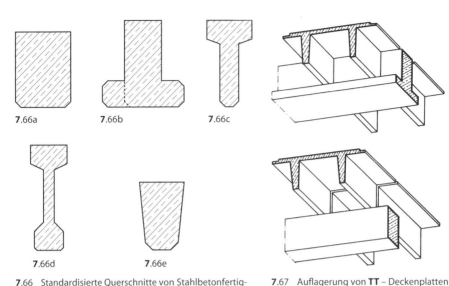

7.66a   7.66b   7.66c

7.66d   7.66e

7.66 Standardisierte Querschnitte von Stahlbetonfertigteilen
a) Unterzüge und Riegel (b = 200 bis 600 mm,
   h = 400 bis 800 mm)
b) Unterzüge als **T**- oder **L**-Profile
   (b = 300 bis 600 mm, h = 500 bis 1000 mm)
c) Binder, **T**-Profil (h = 600 bis 1800 mm)
d) Binder, **I**-Profil (h (d) = 900, 1200, 1500 mm)
e) Balken, Trapezprofil (h = 800 bis 1600 mm)

7.67 Auflagerung von **TT** – Deckenplatten

Decken. In Ortbeton-Skelettbauten werden Decken im Zusammenhang mit den Unterzügen als
Stahlbeton-Massivplatten oder bei großen
Spannweiten bzw. großen Belastungen als Plat-
tenbalken- oder Rippendecken ausgeführt (s. Abschn. 10). Auch Verbunddecken in Verbindung
mit vorgefertigten Betonschalen oder Trapezblechen (Bild **7.**39 und **7.**58) sind möglich.

Für Decken mit großen Spannweiten werden
vielfach bei 2- bis 3geschossigen Bauten aus
Stahlbetonfertigteilen die in Bild **7.**67 gezeigten
TT-Platten eingesetzt. Sie können mit entsprechender statischer Dimensionierung in großen
Längen vorgefertigt werden. Die Abmessungen
sind vor allem abhängig von den gegebenen
Möglichkeiten beim Straßentransport und von
den an der Baustelle einsetzbaren Hebegeräten.
Das Aufeinanderlegen der TT-Platten auf geometrisch einfache Unterzüge verbessert die
Möglichkeit zur Installationsführung – jedoch erhöht sich hierdurch die Konstruktionshöhe insgesamt deutlich.

Flachdecken. Werden mit Rücksicht auf umfangreiche Installationen, z. B. bei Laborbauten u. Ä.
unterzugfreie Decken benötigt, kommen entspre-

chend dimensionierte Flachdecken auch als *Pilzdecken* (Bild **7.**6) in Frage. Pilzdecken können jedoch wegen des zusätzlichen Schalungsaufwandes im Bereich der Stützenköpfe unwirtschaftlich
in der Herstellung sein.

Flachdecken werden daher immer mehr als unterseitig *vollständig* ebene Konstruktionen ausgeführt. Bei diesen werden die im Stützenbereich als Sicherung gegen *Durchstanzen* nötigen,
in dünnen Decken konstruktiv aber nicht unter-
zubringenden Schubbewehrungen durch *Dübelleisten* ersetzt. Sie bestehen aus sternförmig an
die Stützen anschließenden Flachstahl-Grund-
leisten mit aufgeschweißten Doppel-Kopfbol-
zendübeln unterschiedlicher Anzahl (vgl. Bild
7.38) und werden nach entsprechender statischer Berechnung für die jeweilige Verwendungsart speziell angefertigt (Bild **7.**68). Deckendurchbrüche in der Nähe von derartigen Bewehr-
rungsverstärkungen sollten vermieden werden
oder sind gesondert zu berücksichtigen.

7.5.5 Spezialverbindungen für
Stahlbetonfertigteile

Wie bereits ausgeführt, besteht ein wesentlicher
Nachteil von Stahlbetonkonstruktionen darin,
dass sie – selbst bei vorgefertigten Systemen –
praktisch nicht bzw. kaum zerstörungsfrei de-
montierbar sind. Eine Lösung dieses Problems
kann die Herstellung von lösbaren Verbindungen in ähnlicher Form wie bei Stahlbauten ermöglichen. Bei derartigen „stahlbauähnlichen

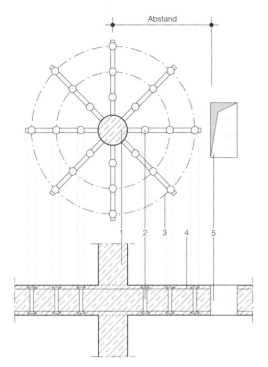

7.68 Anordnung von Durchstanzbewehrungen (Fa. Halfen)
   a) Grundriss
   b) Schnitt im Bereich der Stütze

   1 Stahlbetonstütze
   2 Dübelleisten (mehrere Doppelkopfanker an Montageleisten)
   3 Bereiche mit statisch erforderlicher und zulässiger Ankerzahl und -abstände, tangential und radial
   4 Deckenbewehrung aus Baustahlmatten
   5 Deckenaussparung

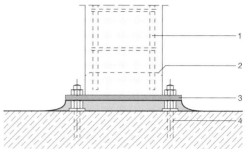

7.69 Momentsteifer Stützenanschluss mit Fußplatte
   1 Stützenbewehrung
   2 Stegplatten, mit Stützenbewehrung und Fußplatte verschweißt
   3 Fußplatte
   4 Ankerschrauben (Anschluss vgl. Bild 7.51)

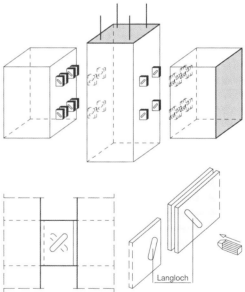

7.70 Balken-/Stützenverbindung mit verdübelten Stahlplatten, justierbar mittels 2 Langlochbohrungen („Messerverbindung")

Verbindungen" werden in die miteinander zu verbindenden Stahlbetonfertigteile Stahllaschen o. Ä. mit genau aufeinander abgestimmten Bolzen- oder Dübellöchern einbetoniert. Zur Justierung erhalten diese Löcher längliche Querschnitte als Langlochbohrungen. Anschlussbauteile aus Stahl können auch bei der Montage zusammengeschweißt werden.

Auf diese Weise können z. B. Stützenanschlüsse (Bild 7.69 und 7.70) oder Anschlüsse, die Querkräfte und bedingt auch Biegemomente aufnehmen können, ausgebildet werden (Bild 7.71).

7.5.6 Fugen, Maßtoleranzen

Je nach Bauteilgröße müssen wegen der unvermeidlichen Maßabweichungen bei der Fertigung und zur Erleichterung der Montage Fugen eingeplant werden. Richtwerte für Fugenbreiten von Außenwandfugen nach DIN 18 540 sind in Tabelle 7.72 angegeben.

7.5.7 Ausführungsbeispiel

Stahlbetonskelettkonstruktionen sind in den verschiedensten technischen und gestalterischen Formen ausführbar (s. z. B. Abschn. 1.4.3 in Teil 2

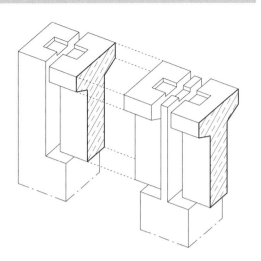

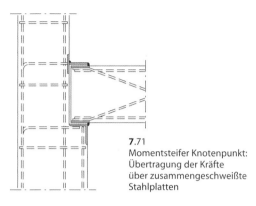

7.71
Momentsteifer Knotenpunkt:
Übertragung der Kräfte
über zusammengeschweißte
Stahlplatten

Tabelle **7**.72   Richtwerte für die Fugenbreite aus DIN 18540

Fugenab-stand in m	bis 2	über 2 bis 3,5	über 3,5 bis 5	über 5 bis 6,5	über 6,5 bis 8
Sollfugen-breite in mm	15	20	25	30	35

des Werkes). Der Versuch, einen Überblick darüber zu geben, würde den Rahmen dieses Werkes sprengen, und es muss auf weiterführende Literatur verwiesen werden.

Für vorgefertigte Stahlbeton-Skelettbausysteme ist in Bild **7**.73 ein Beispiel gezeigt.

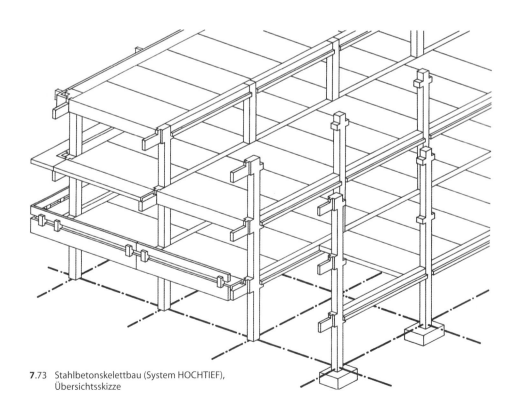

7.73   Stahlbetonskelettbau (System HOCHTIEF), Übersichtsskizze

7.6 Normen[1]

Norm	Ausgabedatum	Titel
DIN EN 335	06.2013	Dauerhaftigkeit von Holz- und Holzprodukten – Definition der Gefährdungsklassen für den biologischen Befall; Allgemeines
DIN EN 336	12.2013	Bauholz für tragende Zwecke – Maße, zulässige Abweichungen84
DIN EN 338	02.2010	Bauholz für tragende Zwecke – Festigkeitsklassen
E DIN EN 338	09.2013	–; Festigkeitsklassen
DIN EN 350-1	10.1994	Dauerhaftigkeit von Holz- und Holzprodukten – Natürliche Dauerhaftigkeit von Vollholz; Grundsätze für die Prüfung und Klassifizierung der natürlichen Dauerhaftigkeit von Vollholz
DIN EN 350-2	10.1994	–; Prüfung und Klassifizierung der Widerstandsfähigkeit gegenüber biologischen Organismen, der Wasserdurchlässigkeit und der Leistungsfähigkeit von Holz und Holzprodukten –; Leitfaden für die natürliche Dauerhaftigkeit und Tränkbarkeit von ausgewählten Holzarten von besonderer Bedeutung in Europa
DIN 350	12.2014	–; Prüfung und Klassifizierung der Widerstandsfähigkeit gegenüber biologischen Organismen, der Wasserdurchlässigkeit und der Leistungsfähigkeit von Holz und Holzprodukten
DIN EN 384	08.2010	Bauholz für tragende Zwecke – Bestimmung charakteristischer Werte für mechanische Eigenschaften und Rohdichte
E DIN EN 384	09.2013	–; Bestimmung charakteristischer Werte für mechanische Eigenschaften und Rohdichte
DIN EN 460	10.1994	Dauerhaftigkeit von Holz- und Holzprodukten – Natürliche Dauerhaftigkeit von Vollholz; Leitfaden für die Anforderungen an die Dauerhaftigkeit von Holz für die Anwendung in den Gefährdungsklassen
DIN EN 634-1	04.1995	Zementgebundene Spanplatten, Allgemeine Anforderungen
DIN EN 634-2	05.2007	–; Anforderungen an Portlandzement (PZ) gebundene Spanplatten zur Verwendung im Trocken-, Feucht – und Außenbereich
DIN EN 635-1	01.1995	Sperrholz, Klassifizierung nach dem Aussehen der Oberfläche; Allgemeines
DIN EN 635-2	08.1995	–; Laubholz
DIN EN 635-3	08.1995	–; Nadelholz
DIN V CEN/TS 635-4	10.2007	–; Einflussgrößen auf die Eignung zur Oberflächenbehandlung – Leitfaden
DIN EN 636	12.2012	Sperrholz – Anforderungen
DIN 1025-1	04.2009	Warmgewalzte I-Träger; Schmale I-Träger, I-Reihe – Maße, Masse, statisch Werte
DIN 1025-2	11.1995	–; I-Träger, IPB-Reihe – Maße, Masse, statisch Werte
DIN 1025-3	03.1994	–; Breite I-Träger, leichte Ausführung, IPBl-Reihe – Maße, Masse, statisch Werte
DIN 1025-4	03.1994	–; Breite I-Träger, verstärkte Ausführung, IPBv-Reihe – Maße, Masse, statisch Werte
DIN 1025-5	03.1994	–; Mittelbreite I-Träger, IPE-Reihe – Maße, Masse, statisch Werte
DIN 1026-1	09.2009	Warmgewalzter U-Profilstahl; U- Profilstahl mit geneigten Flanschflächen – Maße, Masse, statisch Werte
DIN 1026-2	10.2002	–; U- Profilstahl mit parallelen Flanschflächen – Maße, Masse, statisch Werte
DIN 1027	04.2004	Stabstahl – Warmgewalzter rundkantiger Z-Stahl – Maße, Masse, statisch Werte

7

---

[1] Normen Stahlbetonbau s. Abschn. 5.13.

Norm	Ausgabedatum	Titel
DIN 1052-10	05.2012	Herstellung und Ausführung von Holzbauwerken – Ergänzende Bestimmungen
DIN EN 1090-2	10.2011	Ausführung von Stahltragwerken und Aluminiumtragwerken – Technische Regeln für die Ausführung von Stahltragwerken
DIN EN 1380	07.2009	Holzbauwerke – Prüfverfahren – Tragende Verbindungen mit Nägeln, Schrauben, Stabdübeln und Bolzen
DIN EN 1381	03.2000	–; Prüfverfahren – Tragende Klammerverbindungen
E DIN EN 1381	05.2014	–; –; Tragende Klammerverbindungen
DIN EN 1382	03.2000	–; Prüfverfahren – Ausziehtragfähigkeit von Holzverbindungsmitteln
E DIN EN 1382	05.2014	–; –; Ausziehtragfähigkeit von Holzverbindungsmitteln
DIN EN 1383	03.2000	–; Prüfverfahren – Prüfung von Holzverbindungsmitteln auf Kopfdurchziehen
E DIN EN 1383	05.2014	–; –; Prüfung von Holzverbindungsmitteln auf Kopfdurchziehen
DIN EN ISO 1461	10.2009	Durch Feuerverzinken auf Stahl aufgebrachte Zinküberzüge (Stückverzinken); Anforderungen und Prüfungen
DIN EN 1912	10.2013	Bauholz für tragende Zwecke – Festigkeitsklassen – Zuordnung von visuellen Sortierklassen und Holzarten
DIN EN 1992-1-1	01.2011	Eurocode 2: Bemessung und Konstruktion von Stahlbeton- und Spannbetontragwerken; Allgemeine Bemessungsregeln und Regeln für den Hochbau
E DIN EN 1992-1-1/A1	09.2013	–; Allgemeine Bemessungsregeln und Regeln für den Hochbau; Änderung 1
DIN EN 1992-1-1/NA	04.2013	Nationaler Anhang – National festgelegte Parameter – Eurocode 2 Bemessung und Konstruktion von Stahlbeton- und Spannbetontragwerken; – Teil1-1: Allgemeine Bemessungsregeln und Regeln für den Hochbau
DIN EN 1992-1-2	12.2010	–; Allgemeine Regeln – Tragwerksbemessung für den Brandfall
DIN EN 1992-1-2/NA	12.2010	Nationaler Anhang – National festgelegte Parameter – Eurocode 2: Bemessung und Konstruktion von Stahlbeton- und Spannbetontragwerken – Teil 1-2: Allgemeine Regeln und Regeln – Tragwerksbemessung für den Brandfall
DIN EN 1993-1-1	12.2010	Eurocode 3: Bemessung und Konstruktion von Stahlbauten; Allgemeine Bemessungsregeln; und Regeln für den Hochbau
DIN EN 1993-1-1/NA	12.2010	Nationaler Anhang – National festgelegte Parameter – Eurocode 3, Bemessung und Konstruktion von Stahlbauten – Teil 1-1: Allgemeine Bemessungsregeln und Regeln für den Hochbau
DIN EN 1993-1-1/A1	07.2014	–; Allgemeine Bemessungsregeln und Regeln für den Hochbau, Änderung 1
DIN EN 1993-1-2	12.2010	–; Allgemeine Regeln – Tragwerksbemessung für den Brandfall
DIN EN 1993-1-2/NA	12.2010	Nationaler Anhang – National festgelegte Parameter – Eurocode 3: Bemessung und Konstruktion von Stahlbauten- Teil 1-2: Allgemeine Regeln – Tragwerksbemessung für den Brandfall
DIN EN 1993-1-8	12.2010	Eurocode 3: Bemessung und Konstruktion von Stahlbauten; Bemessung von Anschlüssen
DIN EN 1993-1-8/NA	12.2010	Nationaler Anhang – National festgelegte Parameter – Eurocode 3: Bemessung und Konstruktion von Stahlbauten- Teil 1-8: Bemessung von Anschlüssen
DIN EN 1994-1-1	12.2010	Eurocode 4: Bemessung und Konstruktion von Verbundtragwerken aus Stahl und Beton; Allgemeine Bemessungsregeln und Anwendungsregeln für den Hochbau
DIN EN 1994-1-1/NA	12.2010	Nationaler Anhang – National festgelegte Parameter – Eurocode 4: Bemessung und Konstruktion von Verbundtragwerken aus Stahl und Beton Teil 1-1: Allgemeine Bemessungsregeln und Anwendungsregeln für den Hochbau

7

Norm	Ausgabedatum	Titel
DIN EN 1994-1-2	12.2010	–; Allgemeine Regeln – Tragwerksbemessung für den Brandfall
DIN EN 1994-1-2/NA	12.2010	Nationaler Anhang – National festgelegte Parameter – Eurocode 4: Bemessung und Konstruktion von Verbundtragwerken aus Stahl und Beton; Teil 1-2: Allgemeine Regeln – Tragwerksbemessung für den Brandfall
DIN EN 1994-1-2/A1	06.2014	–; Allgemeine Regeln – Tragwerksbemessung für den Brandfall, Änderung 1
DIN EN 1995-1-1	12.2010	Eurocode 5: Bemessung und Konstruktion von Holzbauten; Allgemeines – Allgemeine Regeln und Regeln für den Hochbau
DIN EN 1995-1-1/NA	08.2013	Nationaler Anhang – National festgelegte Parameter – Eurocode 5: Bemessung und Konstruktion von Holzbauten; Teil 1-1: Allgemeines – Allgemeine Regeln und Regeln für den Hochbau
DIN EN 1995-1-1/A2	07.2014	–; Allgemeines – Allgemeine Regeln und Regeln für den Hochbau, Änderung 2
DIN EN 1995-1-2	12.2010	–; Allgemeine Regeln – Tragwerksbemessung für den Brandfall
DIN EN 1995-1-2/NA	12.2010	Nationaler Anhang – National festgelegte Parameter – Eurocode 5: Bemessung und Konstruktion von Holzbauten; Teil 1-2: Allgemeine Regeln – Tragwerksbemessung für den Brandfall
DIN 4172	07.1955	Maßordnung im Hochbau
DIN EN ISO 4628-1 bis 3	01.2004	Beschichtungsstoffe – Beurteilung von Beschichtungsschäden – Bewertung der Menge und der Größe von Schäden und der Intensität von gleichmäßigen Veränderungen im Aussehen
E DIN EN ISO 4628-1b.3	08.2014	–; –; Bewertung der Menge und der Größe von Schäden und der Intensität von gleichmäßigen Veränderungen im Aussehen
DIN EN ISO 8504-1 bis 3	01.2002	Vorbereitung von Stahloberflächen vor dem Auftragen von Beschichtungsstoffen – Verfahren für die Oberflächenvorbereitung
DIN EN 10 210-1 und -2	07.2006	Warmgefertigte Hohlprofile für den Stahlbau aus unlegierten Baustählen und aus Feinkornbaustählen
DIN EN 12 871	09.2013	Holzwerkstoffe – Bestimmung der Leistungseigenschaften für tragende Platten zur Verwendung in Fußböden, Wänden und Dächern
DIN CEN/TS 12 872	10.2007	–; Leitfaden für die Verwendung von tragenden Platten in Böden, Wänden und Dächern
DIN EN ISO 12 944-1 bis 8	07.1998	Beschichtungsstoffe – Korrosionsschutz von Stahlbauteilen durch Beschichtungssysteme; Teil 1 bis 8 bis 01.2008
DIN EN 13 307-1	01.2007	Holzkanteln und Halbfertigprofile für nicht tragende Anwendungen – Anforderungen
DIN EN 13 369	08.2013	Allgemeine Regeln für Betonfertigteile
DIN EN 13381-1	12.2014	Prüfverfahren zur Bestimmung des Beitrages zum Feuerwiderstand von tragenden Bauteilen – Horizontal angeordnete Brandschutzbekleidungen
DIN EN 13381-2	12.2014	–; Vertikal angeordnete Brandschutzbekleidungen
DIN V ENV 13381-3	09.2003	–; Brandschutzmaßnahmen für Betonbauteile
E DIN EN 13381-3	05.2012	–; Brandschutzmaßnahmen für Betonbauteile
DIN EN 13381-4	08.2013	–; Passive Brandschutzmaßnahmen für Stahlbauteile
DIN V ENV 13381-5	09.2003	–; Brandschutzmaßnahmen für profilierte Stahlblech/Beton-Verbundkonstruktionen
E DIN EN 13381-5	01.2012	–; Brandschutzmaßnahmen für profilierte Stahlblech/Beton-Verbundkonstruktionen
DIN EN 13381-6	09.2012	–; Brandschutzmaßnahmen für Betonverfüllte Stahlverbund-Hohlstützen

7

Norm	Ausgabedatum	Titel
DIN V ENV 13381-7	09.2003	–; Brandschutzmaßnahmen für Holzbauteile
E DIN EN 13381-7	12.2014	–; Brandschutzmaßnahmen für Holzbauteile
DIN EN 13381-8	08.2013	–; Reaktive Ummantelung von Stahlbauteilen
E DIN EN 13381-9	04.2013	–; Brandschutzmaßnahmen für Stahlträger mit Stegöffnungen
DIN EN 14 080	09.2013	Holzbauwerke – Brettschichtholz und Balkenschichtholz – Anforderungen
DIN 14 081-1	05.2011	Holzbauwerke – Nach Festigkeit sortiertes Bauholz für tragende Zwecke mit rechteckigem Querschnitt – Allgemeine Anforderungen
E DIN 14 081-1	01.2014	–; Allgemeine Anforderungen
DIN 14 081-2	03.2013	–; Maschinelle Sortierung – Zusätzliche Anforderungen an die Erstprüfung
DIN EN 14 509	12.2013	Selbsttragende, wärmedämmende Sandwich-Elemente mit beidseitigen Metalldeckschichten – Werkmäßig hergestellte Produkte – Spezifikationen
DIN EN ISO 14 713-1 bis 3	05.2010	Zinküberzüge – Leitfäden und Empfehlungen zum Schutz von Eisen- und Stahlkonstruktionen vor Korrosion
DIN EN 15497	07.2014	Keilzinkenverbindungen im Bauholz – Leistungsanforderungen und Mindestanforderungen an die Herstellung
DIN 18 000	05.1984	Modulordnung im Bauwesen (06.2008 zurückgezogen)
DIN 18 202	04.2013	Toleranzen im Hochbau; Bauwerke
DIN 18 203-3	08.2008	–; Bauteile aus Holz und Holzwerkstoffen
DIN 18 330	09.2012	VOB Vergabe- und Vertragsordnung für Bauleistungen; Teil C: Allgemeine Technische Vertragsbedingungen für Bauleistungen (ATV); Mauerarbeiten
DIN 18 331	09.2012	–; Betonarbeiten
DIN 18 332	09.2012	–; Naturwerksteinarbeiten
DIN 18 333	09.2012	–; Betonwerksteinarbeiten
DIN 18 334	09.2012	–; Zimmer- und Holzbauarbeiten
DIN 18 335	09.2012	–; Stahlbauarbeiten
DIN 18 364	09.2012	–; Korrosionsschutzarbeiten an Stahlbauten
DIN 18 540	09.2014	Abdichten von Außenwandfugen im Hochbau mit Fugendichtstoffen
StahlbauAnpRL	10.1998	Anpassungsrichtlinie Stahlbau; Anpassungsrichtlinie zu DIN 18 800 Teil1 bis 4
StahlbauAnpRLBer	1999	Anpassungsrichtlinie Stahlbau; Berichtigung
StahlbauAnpRLErg	12.2001	Änderung und Ergänzung der Anpassungsrichtlinie Stahlbau; Ausgabe 2001-12
DIN 18 807-3	06.1987	–; Stahltrapezprofile; Festigkeitsnachweis und konstruktive Ausbildung
DIN 18 807-3/A1	05.2001	–; –; Festigkeitsnachweis und konstruktive Ausbildung; Änderung
DIN 20000-1	08.2013	Anwendung von Holzprodukten in Bauwerken – Holzwerkstoffe
E DIN EN 20000-3	05.2104	Anwendung von Bauprodukten in Bauwerken – Anforderungen an Brettschichtholz und Balkenschichtholz
DIN EN 20000-4	08.2013	–; Vorgefertigte tragende Bauteile mit Nagelplattenverbindungen
DIN EN 20000-5	03.2012	–; Nach Festigkeit sortiertes Bauholz für tragende Bauteile mit rechteckigem Querschnitt
DIN EN 20000-6	08.2013	–; Verbindungsmittel nach DIN 14592:2009-02 und EM 14545:2009-02
E DIN EN 20000-6	05.2014	–; Stiftförmige und nicht stiftförmige Verbindungsmittel

Norm	Ausgabedatum	Titel
DIN 55 633	04.2009	Beschichtungsstoffe – Korrosionsschutz von Stahlbauten durch Pulver-Beschichtungen – Bewertung der Pulver-Beschichtungssysteme und Ausführung der Beschichtung
DIN 55 634	04.2010	Beschichtungsstoffe und Überzüge – Korrosionsschutz von tragenden dünnwandigen Bauteilen aus Stahl
DIN 68 141	01.2008	Holzklebstoffe – Prüfung der Gebrauchseigenschaften von Klebstoffen für tragende Holzbauteile
DIN 68 365	12.2008	Schnittholz für Zimmererarbeiten – Sortierung nach dem Aussehen – Nadelholz
DIN 68 705-2	10.2003	Sperrholz; Stab- und Stäbchensperrholz für allgemeine Zwecke
DIN 68 800-1	10.2011	Holzschutz ; Allgemeines
DIN 68 800-2	02.2012	–; Vorbeugende bauliche Maßnahmen im Hochbau
DIN 68 800-3	02.2012	–; Vorbeugender Schutz von Holz mit Holzschutzmitteln
DIN 68 800-4	02.2012	–; Bekämpfungs- und Sanierungsmaßnahmen gegen Holz zerstörende Pilze und Insekten
DIN Fachbericht 28	2002	Korrosionsschutz von Stahlbauten durch Beschichtungen – Prüfung von Oberflächen auf visuell nicht feststellbare Verunreinigungen vor dem Beschichten

7

7.7 Literatur

[1] *Ackermann, K.*: Geschoßbauten für Gewerbe- und Industrie. Stuttgart 1993

[2] –: Tragwerke in der konstruktiven Architektur. Stuttgart 1988

[3] bauforumstahl e. V. (BFS) – Publikationen – Stahlbau Arbeitshilfen – Korrosionsschutz, Brandschutz, Maßordnung, Verbundbauweise, Wärmeschutz Schallschutz, Kosten von Stahlbauten u. A. Düsseldorf; www.bauforumstahl.de und Stahl-Informations-Zentrum, www.stahl-online.de

[4] bauforumstahl e. V. (BFS) – Merkblatt Nr. 15 – Brandschutzbeschichtungen auf Holz, Holzwerkstoffen und Stahlbauteilen. Düsseldorf; www.bauforumstahl.de und Stahl-Informations-Zentrum, www.stahl-online.de

[5] *Bindseil, P.*: Stahlbetonfertigteile nach Eurocode 2 – Konstruktion, Berechnung, Ausführung. Köln. 2012

[6] *Bode, H., Heppes, O.*: Flachdecken mit integrierten Stahlträgern. Düsseldorf 2000

[7] *Brunner, H.* u. A: Holzbau – mehrgeschossig. Zürich 2012

[8] Bund Deutscher Zimmermeister: Holzrahmenbau. Karlsruhe 2007; Holzrahmenbau; Mehrgeschossig.1996, www.bdz-holzbau.de

[9] *Cheret, P., Müller, A.*: Holzbauhandbuch. Reihe 1, Teil 1, Folge 3 – Bauen mit Holzwerkstoffen. Düsseldorf. 2001; Folge 4 – Holzbausysteme Düsseldorf. 2000

[10] *Cheret, P., Schwaner, K., Seidel A.*: Urbaner Holzbau – Handbuch und Planungshilfe – Chancen und Potenziale für die Stadt. Berlin 2013

[11] DETAIL-Fachzeitschrift: Bauen mit Holz – Hefte 1/2000, 5/2002, 1+2/2004, 10/2006, 11/2008, 10/2010, 1+2/2012, 1+2/2014

[12] DETAIL-Fachzeitschrift: Bauen mit Stahl – Hefte 4/1999, 1+2/2003, 4/2005, 7+8/2007, 6/2010, 7+8/2013

[13] Deutscher Ausschuss für Stahlbau – DASt-Richtlinien – z. B. DASt 006, DASt 009, DASt 019, DASt 022,: www.deutscherstahlbau.de

[14] Deutscher Stahlbauverband (DSTV): Publikationen u. A: BmS 6 – Maßordnung, BmS 23.0 – Aussteifung von Geschossbauten, BmS – 23.1 Rahmen im Geschossbau, BmS 23.2 – Verbände im Geschossbau und BmS 23.3 – Scheiben im Geschossbau. Düsseldorf; www.stahlbau-verband.de

[15] Fachvereinigung Deutscher Betonfertigteilbau e.V. – Merkblätter und Planungshinweise, Planungshilfen, Planungsatlas. Bonn; www.fdb-fertigteilbau.de Broschüren u. .A. Betonfertigteile im Geschoss- und Hallenbau

[16] *Fritsch, R.; Pasternak, H.*: Stahlbau – Grundlagen und Tragwerke. Braunschweig 1999

[17] *Führer, W., Ingendaaji, S., Stein, F.:* Der Entwurf von Tragwerken. Hilfen zur Gestaltung und Optimierung. Köln 1995

[18] *Gerkan, v., M.:* Tragwerke – Gestalt durch Konstruktion. Köln 1989

[19] *Grimm, F.:* Stahlbau im Detail, Bd. 1–3. Augsburg 1994–2001

[20] *Grimm, F.:* Weitgespannte Tragwerke aus Stahl. Berlin 2003

[21] *Herzog, T., Natterer, J., Schweizer, R., Volz, M., Winter, W.:* Holzbauatlas. Basel/München 2003

[22] *Hierlein, E., u.A.:* Betonfertigteile im Geschoss- und Hallenbau – Grundlagen für die Planung. Düsseldorf 2009

[23] *Hugues, T., Steiger, L., Weber, J.:* Holzbau – Details, Produkte, Beispiele. München 2012

[24] Industrieverband für Bausysteme im Metallleichtbau e. V. (IFBS): Publikationen und Richtlinien; www.ifbs.de

[25] Industrieverband Feuerverzinken e. V. (IFV) – Arbeitsblätter; www.feuerverzinken.com

[26] Informationsdienst Holz: Publikationen – Handbücher, Arbeitshilfen, Berichte, Merk- und Informationsblätter. Düsseldorf; www.informationsdienst-holz.de

[27] Informationszentrum RAUM und BAU der Frauenhofer-Gesellschaft, Stuttgart; www.irb.fhg.de; www.baufachinformtion.de/publikationen

[28] Institut für Internationale Architektur-Dokumentation GmbH: Atlas Moderner Stahlbau – Material, Tragwerksentwurf, Nachhaltigkeit. 08/2011; www.detail.de

[29] *Kahlmeyer, E. †., Hebestreit, K., Vogt, W.:* Stahlbau nach EC 3 Bemessung und Konstruktion. Köln 2012

[30] *Kindmann, R., Krahwinkel, M.:* Stahl- und Verbundkonstruktionen – Entwurf, Konstruktion, Berechnungsbeispiele. Wiesbaden 2012

[31] *Kindmann, R., Krüger, U.:* Stahlbau – Teil 1 Grundlagen mit Beispielen nach Eurocode 3. Berlin 2013

[32] *Kindmann, R., Strake, M.:* Verbindungen im Stahl- und Verbundbau. Berlin 2012

[33] *Kolb, J.:* Holzbau mit System – Tragkonstruktionen und Schichtenaufbau der Bauteile. Berlin/Basel 2010

[34] *Lohse W.:* Stahlbau, Teil 1 (24. Aufl.) und Teil 2 (20.Aufl.), Stuttgart 2002/2005

[35] *Meyer Boake, T.:* Stahl verstehen – Entwerfen und Konstruieren mit Stahl – Ein Handbuch. Basel 2013

[36] *Mönk, W., Rug, W.:* Holzbau – Bemessung und Konstruktion. Berlin/München 2013

[37] *Mund, H.:* Die Ecke im Skelettbau. Berlin 1980

[38] *Peck, M.:* Baustoff Beton – Planung, Ausführung, Beispiele. München 2008

[39] *Peck, M. (Hrsg.):* Atlas Moderner Betonbau. München 2013

[40] *Petersen, C.:* Stahlbau – Grundlagen der Berechnung und baulichen Ausbildung von Stahlbauten. Wiesbaden 2013

[41] *Reichel, A. u. A:* Bauen mit Stahl – Details, Grundlagen, Beispiele. München 2006.

[42] *Schilling, S.:* Beispiele zu Bemessung von Stahltragwerken nach DIN EN 1993 – Eurocode 3. Berlin 2011

[43] *Schmidt, H. u. A.:* Ausführung von Stahlbauten – Kommentare zu DIN EN 1090-1 und DIN EN 1090-2. Berlin 2012

[44] *Schulitz, H.C., Sobek,. W., Habermann, K.-J.:* Stahlbauatlas. Basel/München 2001

[45] *Staib, G., Dörrhöfer, A., Rosenthal, M.:* Elemente und Systeme – Modulares Bauen. München 2008

[46] Österreichischer Stahlbauverband (OESTV) – Richtlinien/Broschüren; www.stahlbauverband.at

[47] *Steck, G.:* Holzbau kompakt nach Eurocode 5. Berlin 2012

[48] *Steck, G.:* 100 Holzbau-Beispiele. Köln 2007

[49] *Steiger, L.:* Holzbau. Basel 2013

[50] Systemberatung für optimalen Korrosionsschutz durch Verzinkung. Düsseldorf; www.opticor.de

[51] *Wagenknecht, G.:* Stahlbau-Praxis nach Eurocode 3, Band 1 (Tragwerksplanung – Grundlagen), Band 2 (Verbindungen und Konstruktionen) und Band 3 (Komponentenmethode). Berlin 2014

[52] *Walraven, J.:* Verbindungen im Betonfertigteilbau unter Berücksichtigung „stahlbaumäßiger" Ausführung. In: Betonwerk + Fertigteil-Technik 20/88

[53] *Werner, G., Zimmer, K., Lißner, K.:* Holzbau 1 (Grundlagen) und 2 (Dach- und Hallentragwerke) nach DIN 1052 (neu 2008) und Eurocode 5. Berlin 2009/2010

8 Außenwandbekleidungen

8.1 Allgemeines

Wandbekleidungen an Außenwänden aus den verschiedensten Materialien sind ein vielfältiges Gestaltungsmittel. Farbigkeit, Fugenraster und die optischen Eigenschaften der Werkstoffe und deren Alterungsfähigkeit bestimmen hierbei die Gestaltqualitäten wesentlich. In der Folge der notwendigen energetischen Verbesserungen von Fassaden bestehender Gebäude erhalten insbesondere auch nachträglich aufgebrachte Wärmedämmungen und Außenwandbekleidungen zunehmende Bedeutung.

Es werden folgende Wandbauarten von Außenwänden und deren Bekleidungen unterschieden:

- angemörtelte oder angemauerte Bekleidungen *ohne* Luftschichten,
- Wärmedämmverbundsysteme (WDVS) mit Putzoberflächen und
- hinterlüftete Bekleidungen aus Stein, Holz, Metall oder auch Beton, keramischen Platten, Glas, Glasfaserbeton usw.

Nicht hinterlüftete Bekleidungen. *Angemörtelte* Bekleidungen (s. Abschn. 8.3) ohne Hinterlüftung stellen eine bauphysikalisch vielfach problematische und deshalb nur noch selten ausgeführte Variante dar. Weitere nicht hinterlüftete Wandkonstruktionen aus *an-* bzw. *vorgemauerten* Vorsatzschalen aus Mauersteinen mit Kerndämmung werden in Abschn. 6.2.3.3, Wärmedämmverbundsysteme (WDVS) werden in Abschn. 6.2.1 gesondert behandelt.

Hinterlüftete Bekleidungen (DIN 18 516). Außenwandbekleidungen werden in zweischaligen, i. d. R. *hinterlüfteten* Wandkonstruktionen eingesetzt (Vorgehängte Hinterlüftete Fassaden – VHF).

Die Trennung der sehr verschiedenen Aufgaben einer Außenwand (z. B. Tragen, Dämmen, Witterungsschutz) in Schichten mit unterschiedlichen Funktionen führt zu bauphysikalisch sichereren und besser auf die Anforderungen abstimmbaren Wandaufbauten. Insbesondere die Hinterlüftungsschicht ermöglicht dabei einen dauerhaften Schutz gegen Bewitterung und Feuchtigkeit von außen sowie einen dampfdiffusionsoffenen Wandaufbau von innen nach außen. Die Außenwandmaterialien können dabei allseitig – ebenso wie die Wärmedämmstoffe – zügig austrocknen. Die VHF trägt auch zur Verbesserung des sommerlichen Wärmeschutzes durch Wärmeableitung bei direkter Sonneneinstrahlung und des Schallschutzes bei. Zudem lassen sich separat vorgehängte Bekleidungen leichter austauschen, instand setzen und auch recyceln als fest mit dem Bauwerk verbundene Werkstoffe.

Der zweischalige Wandaufbau bietet zudem die Möglichkeit, Blitzschutzanlagen sowie Dachentwässerungen nicht sichtbar, jedoch revisionierbar zu planen. Vorteilhaft wirkt sich weiterhin eine von der Witterung unabhängige Ausführung und Zeit sparende Montage durch Vorfertigung aus.

Microbielles Wachstum von Algen und Pilzen durch Feuchtebildung und in der Folge häufige Nachbesserungen und Anstriche an nicht hinterlüfteten WDVS-Fassaden werden bei einer VHF durch den ausreichend dimensionierten Hinterlüftungsraum vermieden.

Die verschiedenen Vorteile hinterlüfteter Wandkonstruktionen und die vielfach höhere Lebensdauer rechtfertigen den i. d. R. erhöhten Aufwand in der Erstinvestition dieses nachhaltigen Außenwandaufbaues.

Hinterlüftung. Die dauerhafte Funktionsfähigkeit der Luftschichten ist jedoch nur dann gegeben, wenn am unteren und oberen Rand bzw. durch offene Fugen zwischen den Bekleidungselementen Öffnungen vorgesehen werden, die dauerhaft einen Verbund der Luftschicht mit der Außenluft gewährleisten. Durch thermischen Auftrieb insbesondere durch Sonneneinstrahlung oder Antrieb durch Wind kann die Luft in der Luftschicht mit der Außenluft ausgetauscht werden.

Für eine zuverlässige Hinterlüftung soll zwischen Bekleidung und dahinter liegender Bauteilschicht ein durchgehender Hohlraum von mindestens 2 cm (bei offenen Fugen besser von mindestens 4 cm bzw. 50 cm^2/m Wandlänge) vorhanden sein. Er bleibt am unteren und oberen Rand am besten durchgehend offen und muss durch Lochgitter gegen das Eindringen von Insekten und Vögeln (Insektenschutzgitter) geschlossen werden (verbleibender Mindestquerschnitt der Öffnungen 2‰ bzw. 1/500 der Wandfläche gemäß DIN 68 800-2).

Konstruktionsbedingt kann bei wärmegedämmten hinterlüfteten Außenwänden raumseitige Tauwasserbildung selbst bei hoher relativer Luftfeuchte sowie Tauwasserbildung im Bauteilinneren infolge Wasserdampfdiffusion ausgeschlossen werden. Nachweise hierfür erübrigen sich. Auch die Austrocknung von Baufeuchte ist durch die hinterlüftete Konstruktion sehr günstig zu bewerten.

Durch die Zweischaligkeit der Konstruktion werden die Anforderungen an den Schallschutz gegen Außenlärm (DIN 4109) insbesondere in Verbindung mit tragenden Massivwänden erreicht.

Unterkonstruktionen. Im massiven Untergrund werden für die Bekleidungen Unterkonstruktionen (UK) aus Holz oder häufiger aus korrosionsgeschütztem Metall (i. d. R. Aluminium) mit Dübelgarnituren (Schrauben mit den dazugehörigen Dübeln) verankert. Die Standsicherheit der Last abtragenden Dübelverankerungen muss durch Allgemeine bauaufsichtliche Zulassung (AbZ) sichergestellt sein.

Es werden unterschieden:

- U-Wandhalterungen
- Wandwinkel
- Punktsysteme (Dübel)

Bei metallischen Unterkonstruktionen werden die Bekleidungen auf *Tragprofilen* befestigt, die entweder direkt, oder über *Grundprofile* im Untergrund verankert sind. Metall-Unterkonstruktionen sind dreidimensional justierbar. Somit lassen sich auch erhöhte Anforderungen nach DIN 18 202 (Toleranzen im Hochbau) erfüllen (s. Abschn. 2.5). Mit Metall-Unterkonstruktionen können durch *Fest-* und *Gleitpunkte* (Langlochverbindungen) zwängungsfreie Montagen ermöglicht werden.

Hölzerne Unterkonstruktionen bestehen i. d. R. aus einer einlagigen oder zweilagigen, auf dem Untergrund befestigten *Grundlattung* und einer *Traglattung* (Lattenabstände ca. 60 bis 80 cm), an der die Bekleidungselemente befestigt sind.

Wärmedämmstoffe. Im Allgemeinen befinden sich auf den Außenseiten tragender Außenwände Dämmstoffschichten, hauptsächlich aus Mineralfasern oder anderen Dämmstoffen gemäß DIN 4108-10. Früher gelegentlich eingesetzte Dämmstoffe aus Polystyrol-Partikelschaum (EPS) sind aus Gründen des Brandschutzes nicht mehr zugelassen. Die formstabilen Dämmstoffplatten werden lückenlos und im Verband sowie *hohlraumfrei* am Untergrund z. B. mittels Dämmstoffhaltern (Bild **8**.3) oder einfachen Dübeln aus Kunststoff (i. d. R. 5 Stück/m²) befestigt. Gelegentlich werden Dämmstoffplatten in Klebemörteln angesetzt. Wichtig ist die Maßhaltigkeit der Dicke der Dämmstoffe, da „aufgehende" Dämmstoffe den notwendigen Lüftungsquerschnitt der Fassadenbekleidungen einengen könnten. Es kommen Wasser abweisende (hydrophobe) Materialien, häufig auch mit Vlieskaschierung in Anwendung. Kaschierungen mit diffusionsoffenem Glasvlies dienen zum einen als zusätzlicher Witterungsschutz während der Bauphase, zum anderen wird durch schwarze Vliese erreicht, dass bei Bekleidungen mit offenen Fugen der Dämmstoff optisch nicht erkennbar ist. Dämmstoffschichten sind je nach Gebäudeklasse bzw. -art gemäß den Landesbauordnungen hinsichtlich ihres Brandverhaltens zu überprüfen und festzulegen.

Durch die unterschiedlich dimensionierbaren Grundlattungen aus Holz bzw. Grundprofile aus Metall können verschiedene Dämmstoffdicken berücksichtigt werden. Hierdurch können auch erhöhte Anforderungen an Dämmstoffdicken, wie bei Niedrigenergie- oder Passivhäusern notwendig, einlagig oder besser auch mehrlagig (dann mit doppelter Grundlattung) problemlos umgesetzt werden.

Wärmebrücken, verursacht durch Unterkonstruktionen, lassen sich bei metallischen Verankerungen durch thermische Trennung der Profile von der Wand (Hartkunststofflage zwischen Wandhaltern und tragender Außenwand oder PUR-Kunststoffummantelung des Wandhalters) vermindern, bei hölzernen Unterkonstruktionen ist die Ausführung einer zweilagig, kreuzweise angeordneten Grund- bzw. Traglattung und in der Folge doppellagig, kreuzweise eingebrachten Wärmedämmung von großem Vorteil (s. a. Verbandsrichtlinie: Bestimmung der wärmetechnischen Einflüsse von Wärmebrücken bei vorgehängten hinterlüfteten Fassaden, 1998 [10]).

Bekleidungsarten. Die je nach Werkstoff sehr unterschiedlichen Formate des Bekleidungsmaterials und die Fugenaufteilung, die Anpassung an die Baukörpergeometrie sowie die maßliche Einpassung der Öffnungen in die durch das Plattenmaterial bestimmte Rasterstruktur sind planerisch vorzugeben. Materialien für Bekleidungen sind je nach Gebäudeklasse und -art (s. Abschn. 17.7.2) hinsichtlich ihres Brandverhaltens, ihrer Lichtechtheit und Frostbeständigkeit zu überprüfen und festzulegen.

Unterschieden werden Bekleidungen mit *offenen* oder *geschlossenen* Fugen oder sich überdeckenden Elementstößen als:

- Schindeln (Holz, Schiefer) als kleinformatige Bekleidungselemente
- ebene Bekleidungsplatten oder -tafeln mit Abmessungen von ca. 30 x 60 cm,
- Paneele als großformatige, schmale und lange (geschosshohe) Bekleidungen
- Bretter und Lamellen als sehr schmale Elemente
- Profilbänder als in einer Richtung geformte Trapez- oder Wellprofile
- Kassetten als nur an den Rändern geformte Bekleidungselemente.

Aus den optisch in der Wirkung sehr unterschiedlichen Bekleidungsmaterialien lassen sich die verschiedensten Gestaltungsmöglichkeiten umsetzen.

Hinterlüftete Außenwandbekleidungen sind „zwängungsfrei" zu montieren (DIN 18 516-1), um ein örtliches Abreißen infolge Verformungen sowie mögliche Geräuschentwicklungen durch Wind- und Temperaturbeanspruchungen zu verhindern. Eine zwängungsfreie Montage wird bei metallischen Unterkonstruktionen durch dafür ausgebildete Fest- und Gleitpunkte sichergestellt. Plattenartige Bekleidungen verfügen über einen *Festpunkt* zur Übertragung von Eigen- und Windlasten sowie *Gleitpunkte* (Loselager), über die nur Windlasten übertragen werden können.

Verankerung. Verankerungselemente sind i. d. R. bauaufsichtlich zugelassen und statisch nachzuweisen. Für leichtere Bekleidungen kommen vorwiegend Metall- oder Kunststoffdübel zum Einsatz, für Außenwandbekleidung aus Naturwerk- oder Werkstein werden Verankerungen mit eingemörtelten Trägankern (Bild **8**.7) ausgeführt. Verankerungen mit Injektionsdübeln werden vorwiegend in Lochsteinen oder Poren – und Leichtbeton ausgeführt.

Bekleidungen dienen vor allem als dauerhafter Schutz der Außenflächen gegen Witterungseinflüsse, insbesondere gegen Schlagregen. Die Anforderungen an den Schlagregenschutz sind in DIN 4108-3 festgelegt (s. Abschn. 6.2.1.5).

Danach wird gefordert für die:

Beanspruchungsgruppe II (mittlere Beanspruchung) u. A.

- angemörtelte Bekleidung nach DIN 18 515-1,

Beanspruchungsgruppe III (starke Beanspruchung) u. A.

- angemörtelte Bekleidung mit wasserabweisendem Ansetzmörtel DIN 18 515-1 sowie
- Wände mit hinterlüfteten Außenwandbekleidungen nach DIN 18 516

Nicht hinterlüftete Bekleidungen erfüllen die höchste Beanspruchungsgruppe III nur bei Verwendung geeigneter Mörtel (Unterputz zuzgl. wasserabweisender Fugenmörtel), hinterlüftete Konstruktionen erfüllen die Anforderungen der Beanspruchungsgruppe III ohne jeden Nachweis.

Bei kleinformatigen Bekleidungen erfolgt der Witterungsschutz im Bereich der Fugen durch eine ausreichende Überdeckung. Großformatige Elemente können offene Fugen erhalten, wenn die Fugenbreite nicht größer als 10 mm ist und der Abstand der Außenbekleidung zur Wärmedämmung mehr als 40 mm beträgt. Die lokal begrenzten, temporären Durchfeuchtungen im Fugenbereich sind für Wasser abweisende Dämmstoffe unschädlich, wenn kurzfristig eine Austrocknung durch die Hinterlüftungsschicht sichergestellt ist.

Brandschutz. Außenseitige Bekleidungen einschließlich ihrer Unterkonstruktionen sind im Zusammenwirken mit den eingesetzten Wärmedämmmaterialien hinsichtlich der Brandschutzanforderungen (Baustoff- bzw. Feuerwiderstandsklassen) auf Grundlage der Gebäudeklassen der MBO bzw. LBO's zu überprüfen. Hierdurch sollen die Brandausbreitung sowie der Feuerüberschlag zwischen Geschossen und auch horizontal zwischen Nutzungseinheiten bzw. Räumen sowie Brandwänden verhindert werden.

Gemäß Musterbauordnung 2002 müssen bei hinterlüfteten Außenwandbekleidungen, die geschossübergreifende Hohl- oder Lufträume haben (MBO § 28 Abs. 4) oder die über Brandwände hinweggeführt werden (MBO § 30 Abs. 7) besondere Vorkehrungen gegen die Brandausbreitung getroffen werden. Oberflächen von Außenwänden sowie Außenwandbekleidungen und Balkonbekleidungen, die über die erforderliche Umwehrungshöhe hinaus hochgeführt werden, müssen einschl. der Dämmstoffe und Unterkonstruktionen *schwer entflammbar* (B1-Baustoff) sein.

Gemäß Richtlinie über brandschutztechnische Vorkehrungen bei hinterlüfteten Außenwandbekleidungen (Anhang 2.6/11 in der Musterliste der technischen Baubestimmungen – MLTB – des

8

DIBt zu DIN 18 516-1) wird hingegen unabhängig von der Einordnung in Gebäudeklassen oder -höhen gefordert, dass Wärmedämmungen *nicht brennbar* (A-Baustoff) ausgeführt werden müssen. Dämmstoffe sind entweder mechanisch oder mit einem schwer entflammbaren Klebemörtel (Anteil organischer Bestandteile < 7,5 %) zu befestigen. Hierbei sind stabförmige Unterkonstruktionen aus Holz zulässig. Die Tiefe des Hinterlüftungsspaltes darf bei der Verwendung von Unterkonstruktion aus Holz max. 50 mm und bei der Verwendung von Unterkonstruktion aus Metall max. 150 mm betragen.

Horizontale Brandsperren. Im Hinterlüftungsspalt sind in jedem zweiten Geschoss horizontale Brandsperren zwischen der Wand und der Bekleidung anzuordnen. Bei außenliegender Wärmedämmung genügt der Einbau zwischen Dämmstoff und Bekleidung, wenn der Dämmstoff im Brandfall formstabil ist und einen Schmelzpunkt von > 1000 °C aufweist. Hierbei müssen Unterkonstruktionen aus brennbaren Baustoffen im Bereich der horizontalen Brandsperren vollständig unterbrochen werden. Öffnungen in horizontalen Brandsperren sind auf insgesamt 100 cm^2/lfm Wand zu begrenzen. Sie können gleichmäßig verteilte einzelne Öffnungen sein oder als durchgehender Spalt angeordnet werden. Brandsperren müssen mindestens 30 Min. ausreichend formstabil sein (z. B. aus Stahlblech mit einer Dicke von ≥ 1 mm). Sie sind an der Außenwand in Abständen von ≤ 60 cm zu verankern. Stahlbleche sind an den Stößen min. 30 mm zu überlappen.

Außenwandöffnungen dürfen Bestandteil von Brandsperren sein, wenn der Hinterlüftungsspalt durch Bekleidung der Laibungen und Stürze der Außenwandöffnungen verschlossen ist. Unterkonstruktionen und ggf. eine Wärmedämmung müssen aus nicht brennbaren Baustoffen bestehen.

Horizontale Brandsperren sind *nicht* erforderlich.

- bei öffnungslosen Außenwänden,
- wenn durch die Art der Fensteranordnung (z. B. durchgehende Fensterbänder, geschossübergreifende Elemente) eine Brandausbreitung im Lüftungspalt ausgeschlossen ist,
- bei Außenwänden mit hinterlüfteten Bekleidungen, die einschl. ihrer Unterkonstruktionen, Wärmedämmung und Halterungen aus nicht brennbaren Baustoffen bestehen, wenn der Lüftungspalt im Bereich der Leibungen von Öffnungen im Brandfall umlaufend über min. 30 Min. formstabil verschlossen ist.

Vertikale Brandsperren. Über den Bereich von Brandwänden darf der Hinterlüftungsspalt nicht hinweg geführt werden. Er ist mindestens in Brandwandbreite mit einem formstabilen Dämmstoff mit einen Schmelzpunkt von > 1000 °C auszufüllen.

Bei i. d. R. fugenoffenen Fassadenverkleidungen, die nicht schlagregendicht ausgebildet werden, kann es in den Bereichen der Brandsperren zu Feuchtigkeitseinträgen in die nicht brennbare, mineralische Wärmedämmung kommen, die Feuchtigkeit aufnimmt, an Gewicht zunimmt und somit zu einer Verschlechterung der Dämmeigenschaften führt. Durch die Begrenzung des Hinterlüftungsquerschnittes kommt es zudem nicht gesichert zu einem vollständigen Austrocknen der Wärmedämmung und in der Folge zu einer weiterführenden Durchfeuchtungen bei nachfolgenden Schlagregenereignissen. Die durchfeuchtete mineralische Außenwanddämmung verliert somit ihre Formbeständigkeit und im Ergebnis nahezu ihre vollständige Dämmeigenschaft. Um die Formstabilität sicherzustellen und eine Durchfeuchtung der Dämmstoffe auszuschließen, kommt für diese Bereiche nur Schaumglas als Dämmmaterial oder alternativ ein nicht brennbares Plattenmaterial in der Ebene einer Brandwand in Frage.

Weiterhin besteht das Risiko, dass sich im Bereich von Brandsperren organische Materialien ansammeln können und ggf. die Lüftungsquerschnitte sukzessive zusetzen.

Im Gegensatz zu bekannten Brandereignissen in Wärmedämmverbundsystemen mit schwer entflammbarer Wärmedämmung und vorgeschriebenen Brandsperren sind Schadensereignisse an hinterlüfteten Fassaden aus nicht brennbaren Baustoffen bisher nicht bekannt geworden.

Versetzpläne. Für Bekleidungsplatten > 0,1 m^2 müssen in jedem Fall Versetzpläne angefertigt werden, aus denen hervorgehen:

- *Untergrund*: (Verankerungsgrund), Art (z. B. Steinfestigkeit, Mörtelart, Betongüte) und Dicke,
- *Bekleidung*: Stoffe und Abmessungen der Einzelteile,
- *Befestigungsmittel*: Art, Anzahl und Anordnung,
- *Fugen*: Art der Bauwerksfugen (Gebäudetrennfugen, Dehnungsfugen in der Bekleidung, Setzfugen) und bei den *Plattenfugen* die Art der Fugenausbildung (Mörtelfugen, mit dauerelastischen Dichtmassen oder kom-

pressibelen Dichtstoffen (Kompriband) geschlossene Fugen, hinterlegte, abgedeckte oder offene Fugen).

Bei *Frostgefahr* (Temperaturen unter +5° Celsius) dürfen Versetz- und Bekleidungsarbeiten mit Mörtel nicht ausgeführt werden. Auch für dauerelastische und kompressible Fugendichtungen sind die jeweiligen Verarbeitungsbedingungen zu berücksichtigen.

8.2 Baustoffe

Für angemörtelte Außenwandbekleidungen (DIN 18 515-1) kommen als Baustoffe in Frage:
- Keramische Wandfliesen (DIN EN 14 411),
- Keramische Spaltplatten (DIN EN 14 411),
- Spaltziegelplatten und Klinkerplatten,
- Naturwerksteinplatten (DIN 18 516-3),
- Betonwerksteinplatten (DIN 18 500),

ferner
- Zement (DIN EN 197), vorzugsweise Trasszement und Zuschläge mit dichtem Gefüge (DIN 4226 und DIN EN 12 620),
- Mörtel (DIN 18 515-1, s. Tab. **8**.2),
- Hydraulisch erhärtende Dünnbettmörtel (DIN EN 12 004),
- Baustahlgitter und Traganker aus nichtrostendem Stahl (DIN EN 10 088),
- Wärmedämmstoffe in wasserabweisenden und feuchtigkeitsbeständigen Lieferformen,
- Fugendichtstoffe (DIN 18 540).

Für hinterlüftete Außenwandkonstruktionen (DIN 18 516) kommen als Bekleidungsmaterialien in Frage:
- Natursteinplatten,
- keramische kleinformatige Platten in Verbindung mit Stahlbeton,
- keramische großformatige Platten,
- Metallbleche,
- Verbundplatten aus Leichtmetall und Kunststoffen (z.B. „Alucobond"),
- Faserzementplatten,
- Holz und Holzwerkstoffplatten,
- Einscheibensicherheitsglas,
- Photovoltaikelemente.

8.3 Angemörtelte und angemauerte Außenwandbekleidungen

Unterschieden werden *angemörtelte* (DIN 18 515-1) und auf Aufstandsflächen *angemauerte* Außenwandbekleidungen (DIN 18 515-2).

8.3.1 Angemörtelte Außenwandbekleidungen

Für angemörtelte Bekleidungen gelten als Maßbegrenzung bei den verwendeten Platten:
- Fläche $< 0,12 \text{ m}^2$,
- Seitenlänge $< 0,40 \text{ m}$,
- Dicke $< 0,015 \text{ m}$ (geriffelte Platten $< 0,02 \text{ m}$).

Keramische Wandfliesen und Spaltplatten können farbige, glasierte oder unglasierte Sichtflächen haben. Keramisches Material hat einen wesentlich höheren Wasserdampfdiffusions-Widerstandsfaktor ($\mu = 200$ bis 300 einschl. Fugenanteil) als Mauerwerk ($\mu = 15$ für Kalksandstein) oder Beton ($\mu = 70$ bis 150). Durch die an der Außenseite der Wandkonstruktion liegende dampfdichtere Schicht bedarf die Bewertung des Feuchtehaushaltes und der Wasserdampfkonzentration der Gesamtkonstruktion unter der Berücksichtigung der unterschiedlichen Materialdicken besonderer Aufmerksamkeit. Günstig auf das Diffusionsverhalten wirken sich kleinformatige keramische Wandbekleidungen durch ihren hohen Fugenanteil aus. Bei Außenwänden von Feuchträumen oder sonstigen stark beheizten Räumen mit hohem Dampfdruckeintrag von innen sollten jedoch Dampfsperren oder -bremsen vorgesehen werden.

In jedem Fall müssen bei der Ausführung, je nach verwendeten Materialien, die bauphysikalischen Grundregeln für den Aufbau mehrschichtiger Außenwände beachtet werden (s. Abschn. 6.2.3.3).

Vorbehandlung des Untergrundes. Zu unterscheiden ist bei der Herstellung von Außenwandbekleidungen:
- *unmittelbares Ansetzen* auf ausreichend festen, in Material und Struktur gleichmäßigen Flächen wie Mauerwerk und Beton (z. B. auf Mauerwerk gem. DIN EN 1996-1-1 und 1996-1-2, Steine der Festigkeitsklasse 12, MGII oder Stahlbeton) und

8

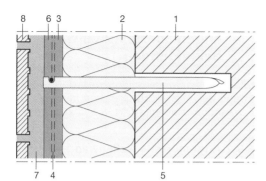

8.1 Angemörtelte Spaltplattenbekleidungen mit Verankerung

1 Mauerwerk
2 Wärmedämmung
3 Spritzbewurf
4 leichte Baustahlmatte (z. B. N 141)
5 biegesteifer Anker aus nichtrostendem Stahl, in Mörtel eingesetzt
6 Unterputz
7 Ansetzmörtel (bzw. Dünnbett)
8 Spaltplatte

Tabelle **8**.2 Mörtelzusammensetzung (DIN 18151-1)

Mörtel für	Mischungs-verhältnis Zement : Sand in Raumteilen	Körnung des Zu-schlag-stoffes
Spritzbewurf	1 : 2 bis 1 : 3	0 bis 4
Unterputz bewehrt und unbewehrt	1 : 3 bis 1 : 4	0 bis 4
Dickbett	1 : 4 bis 1 : 5	0 bis 4
Verfugen[1][2][3]	1 : 2 bis 1 : 3	0 bis 2[4]

[1] Es sollten Werktrockenmörtel, die vom Hersteller als geeignet ausgewiesen werden, verwendet werden.
[2] Der Mörtel muss Wasser abweisende Eigenschaften nach DIN EN 998-1 haben.
[3] Zuschlag mit dichtem Gefüge und erhöhtem Widerstand gegen Frost nach DIN EN 13139.
[4] Das Größtkorn des verwendeten Sandes darf ein Drittel der Fugenbreite nicht überschreiten. Zur Verbesserung des Mehlkorn- und Feinsandgehaltes 0 bis 0,25 mm kann gegebenenfalls dem Sand ein Zusatz von Gesteinsmehl, z. B. Quarzmehl, Trass, zugegeben werden.

- *Herstellen von Ansetzflächen* auf nicht ausreichend tragfesten Untergründen wie Mischmauerwerk oder außen liegenden Wärmedämmungen (Bild **8**.1).

Auf derartigen Flächen ist ein Unterputz mit Bewehrung und Verankerung erforderlich.

Angemörtelte Wandbekleidungen sind möglichst erst dann auszuführen, wenn sich der Untergrund hinreichend gesetzt hat und Schwindvorgänge von Betonteilen abgeklungen sind. Die zu bekleidenden Flächen müssen geschlossen und frei von Rissen, offenen Fugen, Gerüstlöchern oder von ähnlichen Hohlräumen sein. Die Ansetzflächen müssen auch frei von Staub, Ausblühungen, Verunreinigungen und von Schalungstrennmitteln sein. Wenn eine Instandsetzung nicht möglich ist, muss ein bewehrter, verankerter Unterputz aufgebracht werden (s. u.).

Spritzbewurf. Nach der Überprüfung der Ebenheit von Winkeln und der Lotrechten erhalten die Ansetzflächen einen Spritzbewurf aus reinem Zementmörtel (1 RT (Raumteil) Zement + 2 bis 3 RT scharfer, gewaschener Sand) zur Verbesserung der Haftung.

Unterputz. Bei größeren Unebenheiten ist ein Unterputz von mindestens 10 mm und höchstens 25 mm Dicke, bei mehr als 25 mm Dicke mit Bewehrung aus reinem Zementmörtel (1 RT Ze-

ment + 3 bis 4 RT scharfer, gewaschener Sand) mit möglichst rauher Oberfläche aufzutragen.

Bei Schlagregensicherung entsprechend der Beanspruchungsgruppe III ist ein Unterputz von mindestens 20 mm Dicke vorzusehen.

Bewehrter Unterputz. Besteht der Untergrund aus verschiedenen, unterschiedlichen Baustoffen, aus Baustoffen geringer Festigkeit (z. B. Porenbeton, Wärmedämmschichten o. Ä.), aus sehr glattem Material (z. B. Betonflächen) oder müssen größere Unebenheiten und Maßabweichungen des Rohbaus mit Putzdicken von mehr als 25 mm ausgeglichen werden, muss ein Unterputz mit Bewehrung aus Betonstahlmatten 50/50/2 mm ausgeführt werden. Für die Verankerung ist ein statischer Nachweis zu erbringen. Wegen der zunehmenden Gefährdung von Fassadenflächen durch chemische Beanspruchung ist für die Bewehrung und für die Anker nichtrostender Stahl zu verwenden.

Die Anker für bewehrten Putz dürfen am Auflagerpunkt eine Querkraft von nicht mehr als 1,0 kN aufnehmen. Die Eigenlasten der Außenwandbekleidung müssen durch mindestens 3 Reihen Traganker aufgenommen werden, die in Streifen von ca. 1,50 m Höhe in der Mitte der Putzfelder liegen sollen.

Ansetzen der Bekleidungen im Dickbett. *Arbeitsvorgang:* Die vorgespritzte Fläche ist örtlich anzunässen. Auf die vorgenässten und mit Bindemittel eingeschlämmten Rückseiten der Platten wird Trasszementmörtel bzw. hochhydraulischer Kalkmörtel in plastischer Konsistenz im Mittel 15 mm dick aufgegeben. Die Platten werden schrägliegend herangeführt, angedrückt und durch leichtes Richten in Flucht und Lot angesetzt. Entstandene Mörtelhohlräume sind durch schräges Abstreichen an den Plattenoberkanten auszufüllen.

Ansetzen der Bekleidung im Dünnbett. Im Dünnbettverfahren sind Bekleidungen in der Regel auf einem Unterputz aufzubringen. Die Ausführung nach DIN 18 157 bzw. DIN EN 12 004 unterscheidet drei Verlegeverfahren:

- „Floating-Verfahren": Der Dünnbettmörtel wird mit einem Kammspachtel oder der Zahnkelle auf die Wand in zwei Arbeitsgängen aufgetragen,
- „Buttering-Verfahren": Der Dünnbettmörtel wird auf die Rückseite des Bekleidungsmaterials aufgetragen.

Bei beiden Verfahren sind aber Hohlräume zwischen Ansetzfläche und Bekleidungsmaterial fast unvermeidlich. In der Praxis bewährt ist die Kombination beider Mörtelauftragsverfahren im

- „kombinierten Floating-Buttering"-Verfahren.

Die Schichtdicke des Dünnbettmörtels soll nach dem Ansetzen mindestens 3 mm betragen.

Ansetzflächen auf Wärmedämmungen. Auf außen liegenden Wärmedämmschichten ist in jedem Fall ein bewehrter Unterputz (nichtrostende Stahlmatten 50/50/2 mm Maschenweite mit Ankern) erforderlich. Die Wärmedämmungen müssen Wasser abweisend und feuchtigkeitsbeständig sein sowie dem Anwendungstyp WD (druckbeanspruchbare Wärmedämmstoffe) nach DIN EN 826 entsprechen. Faserdämmstoffe müssen vor dem Putzauftrag mit einer kunststoffvergüteten Zementschlämme vorbehandelt werden. Alle Wärmedämmungen müssen mit Tellerdübeln gesichert sein (Bild **8**.3).

Fugen. Die Fugenbreiten des Bekleidungsmaterials sind formatabhängig (ATV DIN 18 352).
Als Richtwerte können angenommen werden:

- Keramische Fliesen   3 bis 8 mm
- Keramische Spaltplatten   4 bis 10 mm
- Spaltziegelplatten   10 bis 12 mm

Die Fugen werden am besten nach dem Ansetzen des Materials und noch vor dem Aushärten des

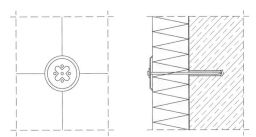

8.3 Tellerdübel (Dämmplattenhalter)

Verlegemörtels ausgekratzt und durch Einschlämmen oder mit dem Fugeisen mit Zementmörtel verfugt. Bei starker Schlagregenbeanspruchung ist wasserabweisender Mörtel zu verwenden.

Bewegungs- und Trennfugen. Infolge der unterschiedlichen Materialeigenschaften der Beläge und der Unterkonstruktion können durch wechselnde Temperaturen und durch Feuchtigkeitsveränderungen bedingte Quell- und Schwindvorgänge zu Spannungen und damit zu Rissbildungen und Absprengungen führen. Es müssen daher zusätzlich zu den etwa im Bauwerk bereits vorhandenen Trennfugen *Dehnungsfugen* vorgesehen werden, die bis auf den Untergrund durchgehen (Bild **8**.4a). Im Bauwerk vorhandene Trenn- oder Setzfugen müssen selbstverständlich durch die Außenwandbekleidung hindurch fortgesetzt sein (Bild **8**.4b). Abstand und Anordnung der Dehnfugen sind von örtlichen Verhältnissen abhängig, jedoch sollte mindestens in Höhe jeder Geschossdecke eine horizontale Dehnfuge und weitere Fugen im Bereich von Brüstungen, Außen- und Innendecken vorgesehen werden. Fugen sollen 10 mm breit und in Abständen von mindestens 3 m, höchstens 6 m angeordnet sein (Feldbegrenzungsfugen). Sie werden mit gut haftenden elastischen Dichtmassen geschlossen (vgl. Abschn. 5.7), die jedoch als Wartungsfugen eine regelmäßige Prüfung und ggf. Instandsetzung erfordern.

Zur Verbesserung des Standvermögens der Fugenfüllung, ihres Haft- und Dehnungsverhaltens sowie zur Vermeidung der Verfärbung angrenzender Baustoffe kann ein Voranstrich der seitlichen Fugenflanken erforderlich werden.

Der zu wählende Abstand von Dehnungsfugen ist in besonderem Maß abhängig von den zu erwartenden Temperaturschwankungen an den Oberflächen von Fassaden. Je nach Klimazone sind die maximalen Außentemperaturen zwischen −10°C im Winter und +20°C im Sommer an-

8

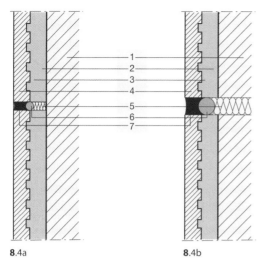

8.4a   8.4b

8.4c

8.4d

8.4 Fugen in keramischen Außenwandbekleidungen
        (Grundrisse)

a) Dehnungsfuge
b) Bauwerksfuge
c) Dehnungsfuge an Bauwerksecke
d) Anschlussfuge zwischen Beton und keramischer
   Bekleidung

1 Mauerwerk
2 Spritzbewurf
3 Ansetzmörtel (ggf. mit Betonstahlmatte)
4 Spaltplatten
5 Fugenfüllung
6 Hinterfüllstoff
7 elastische Dichtungsmasse
8 Bewehrung (nicht rostende Betonstahlmatte)

zunehmen, doch können je nach Sonneneinfallwinkel, Oberflächenstruktur, insbesondere aber auch Farbe der Wandbekleidungen wesentlich höhere Oberflächentemperaturen auftreten.

Sie können auf Südfassaden bei hellen Flächen bis zu 60°C und auf dunklen Flächen bis zu 85°C! betragen. Bei dunklen Fassadenfarben sollten daher besonders enge Fugenabstände gewählt werden. An den Bauwerksecken ist die Lage der Fugen so zu wählen, dass sich die temperaturmäßig am stärksten belastete Fläche ohne Zwängung ausdehnen kann (Bild **8**.4c). Fugen sind auch an Übergängen zu anderen, nicht bekleideten Bauteilen, z. B. Fenstern vorzusehen (Bild **8**.4d).

8.3.2 Angemauerte Außenwandbekleidungen

Für Außenwandbekleidungen, die mit Dicken von 55 bis 90 mm auf Aufstandsflächen vor Wandflächen aufgemauert werden, sind Ausführungsgrundsätze in DIN 18 515-2 festgelegt (für dickere Aufmauerungen als Vormauerschalen aus Halbsteinwänden gilt DIN EN 1996-1-1 und 1996-1-2).

Aufstandsflächen können z. B. Wand- oder Fundamentvorsprünge, Stahlkonsolen oder vor

springende Deckenränder sein (thermisch getrennt von den rückwärtigen Deckenteilen). Als Baustoffe kommen keramische Werkstoffe mit Anforderungen wie an Vormauerziegel oder Klinker (DIN105-100) oder Kalksandstein-Verblender (DIN V 106), Betonwerkstein (DIN EN 771-3) oder Naturwerkstein (DIN 771-6) in Frage.

Außenwandbekleidungen dürfen nur durch Eigen- und Windlasten beansprucht werden. (Abfangungen über Fenster- und Türöffnungen, Bewegungs- und Trennfugen und Abdichtungen vgl. Abschn. 6.2.3.3). Je m² sind mindestens 5 Drahtanker, Durchmesser > 3 mm aus nichtrostendem Stahl erforderlich.

Auf den sauberen Ansetzflächen sind ein Spritzbewurf sowie ein 15 mm dicker nicht geglätteter Unterputz aufzubringen. Das Bekleidungsmaterial ist vollfugig mit mindestens 15 mm und höchstens 25 mm Abstand vor dem Unterputz aufzumauern und zu verfugen. Der verbleibende Spalt (Schalenfuge) ist schichtweise dicht mit Mörtel zu verfüllen.

Bewegungs- und Trennfugen sind so anzuordnen, dass keine schädlichen Spannungen auftreten können. Sie müssen frei von Mörtel sein.

8.4 Hinterlüftete Außenwandbekleidungen

8.4.1 Allgemeines

Eine unmittelbar auf die Außenwand aufgebrachte, angemörtelte Bekleidung (*einschalige Konstruktion*) ist immer sehr gewagt, weil die gebotene Sorgfalt bei der Herstellung meist nicht ausreichend zu überwachen ist und auch die örtlichen Verhältnisse (Sonneneinstrahlung, Wind, Veränderung der Raumnutzung usw.), die Intensität der Wärmedehnungen, der Dampfdiffusion, der Setzungen, des Schwindens und Kriechens, des Quellens und Schrumpfens oft nur unzulänglich beurteilt werden können. Zudem führen i. d. R. schwere, vielfach an bzw. vor Wärmedämmwerkstoffen befestigte Bekleidungsmaterialen zu risikobehafteten Befestigungsarten (Klebemörtel), vergleichbar den Wärmedämmverbundsystemen.

Diese Risiken werden vermieden, wenn hinterlüftete Konstruktionen gewählt werden. Dafür stehen neben keramischen Materialien vor allem Natur- und Betonwerkstein, faserarmierte Baustoffe (Faserzementplatten, Glasfaserbeton, textilbewehrter Beton), Metalle, Holz, eine Reihe von Kunststoffen, Alu-Kunststoff-Verbundelemente und Glas zur Verfügung (s. Abschn. 8.2).

Kleinformatige Bekleidungselemente ($< 0{,}4$ m^2, nicht schwerer als 5 kg je Element) werden nach handwerklichen Fachregeln eingebaut. Großformatige Elemente bedürfen einer Allgemeinen bauaufsichtlichen Zulassung (AbZ) des Herstellers. Metallbekleidungen als „Halbzeuge" sind zu konstruieren und nachzuweisen.

Durch die Wahl des Bekleidungsmaterials, seine Farbigkeit, die Oberflächenstruktur und Verwendungsart eröffnen sich vielfältige Gestaltungsmöglichkeiten und differenzierte Erscheinungsbilder von Bauwerken.

Hinterlüftete Außenwandbekleidungen mit bis zu 15 cm Schalenabstand (DIN EN 1996-1) sind nach DIN 18 516 auszuführen. (Diese Norm bezieht sich jedoch nicht auf Holz- und Metallbekleidungen in handwerklicher Ausführung und Bekleidungen mit Faserzementplatten nach DIN 12 467).

Unterschieden werden Bekleidungen mit

- offenen Fugen,
- geschlossenen Fugen oder
- sich überdeckenden Elementen bzw. Stößen.

Fugenausbildung. Bei großformatigen Bekleidungselementen ist die Schlagregensicherheit bei Ausführung mit offener Fugenausbildung gesichert. Hinsichtlich eines qualitätvollen Erscheinungsbildes sind offene Fugen vorteilhaft. Sie dienen der besseren Belüftung und es werden Ablagerungen von Schmutz vermieden. Der Einsatz von Fugenprofilen ist diesbezüglich nachteilig. Der Einsatz wartungsintensiver Fugendichtstoffe sollte gänzlich vermieden werden.

Durch Windeinwirkung kann Niederschlagsfeuchte hinter die Bekleidung gelangen. Anschlüsse sollten so ausgebildet werden, dass zu großer Feuchteeintrag vermieden wird und an den Fußpunkten eine gezielte Wasserableitung möglich ist.

Unterkonstruktionen. Es kommen Unterkonstruktionen aus Metall- oder Holzprofilen oder Schalungen mit oder ohne Grundlattung zur Anwendung. Alle Befestigungsmittel sind unter Berücksichtigung des Korrosionsschutzes, der Temperaturbeanspruchung, des Windes und damit im Zusammenhang möglicher Geräuschentwicklungen vorzusehen.

Hinsichtlich des Wärme-, Schall-, Brand- und Feuchteschutzes ist der Gesamtaufbau der Außenwand im Zusammenwirken mit der Bekleidung zu berücksichtigen.

Allgemein wird festgelegt:

- Es sind mindestens 20 mm tiefe *Lüftungsspalte* vorzusehen (örtlich darf die Spalttiefe bei Wandunebenheiten und bedingt durch die Unterkonstruktion bis auf 5 mm reduziert sein).
- Die Mindestquerschnitte der *Be- und Entlüftungsöffnungen* müssen 50 cm^2 pro m Wandlänge betragen.
- Die Bekleidungsflächen sind konstruktiv in Flächen von etwa 50 m^2 zu unterteilen (ca. 2 Geschosse in der Höhe, ca. 8 m in der Breite).
- *Unterkonstruktionen* müssen zur Vermeidung von Zwängungen in alle Richtungen verschieb- und verdrehbar sein.
- Im Regelfall sind für *Temperatureinflüsse* als Grenzfall –20° bzw. +80°C anzunehmen.
- Die Möglichkeit von *Geräuschentwicklung* durch Wind- und Temperaturbeanspruchung ist bei der Planung zu beachten.
- Beim Wärme-, Feuchte- und Brandschutz ist das mögliche Zusammenwirken von Außenwänden und Außenwandbekleidung zu berücksichtigen.

8

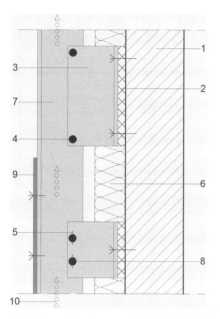

8.5 Systemaufbau der vorgefertigten hinterlüfteten Fassade (VHF) nach DIN 18 516

    1 Verankerungsgrund (Mauerwerk, Stahl- oder Porenbeton)
    2 Thermische Trennung
    3 Unterkonstruktion (Wandhalterung)
    4 Festpunkt
    5 Gleitpunkt
    6 Vlieskaschierte mineralische Dämmung
       z. B. WAB T3 WLP
    7 Vertikales Tragprofil
    8 Verschraubung
    9 Bekleidung
   10 Hinterlüftung, b > 2 cm mit Zu- und Abluft-
       öffnungen > 50 cm²/lfm

- *Randabstände* von Befestigungen müssen mindestens 10 mm betragen.
- Alle Teile, die nach Fertigstellung nicht für *Wartung oder Überwachung* zugänglich sind, müssen auf Dauer korrosionsgeschützt sein (DIN 18 516-1, Abschn. 7).
  Dabei muss sichergestellt sein, dass schädigende Einflüsse der verwendeten Baustoffe untereinander, z. B. durch Kontakt- oder Spaltkorrosion nicht möglich sind.
- Für hinterlüftete Außenwandbekleidungen müssen geeignete Wartungseinrichtungen, mindestens aber Verankerungseinrichtungen für später erforderliche *Einrüstungen* vorgesehen werden.
- *Standsicherheitsnachweise* nach DIN 18 516-1 Abschn. 6 sind zu führen.

8.4.2 Naturwerksteinbekleidungen

Für hinterlüftete Naturwerkstein-Außenwandbekleidungen werden gesägte Platten von etwa 30 bis 100 cm Breite und 50 bis 150 cm Höhe ($b : h$ bis 1 : 2) verwendet. Ihre Dicke richtet sich nach der Größe und der Bruchfestigkeit und ist nach den Bemessungsverfahren des Deutschen Natursteinverbandes (DNV) hinsichtlich Ankerdornbelastung, Biege- und Ausbruchfestigkeit am Ankerdornloch zu bestimmen. Sie beträgt bei Plattenneigungen von $\alpha = 0°$ bis 60° ≥ 40 mm, bei $\alpha > 60°$ bis 90° ≥ 30 mm [9].

Anker. Die Bekleidungsplatten werden in der Regel durch 4 Anker gehalten. *Trageanker* leiten das Eigengewicht der Bekleidung und Windlasten in den Untergrund. *Halteanker* sichern die Bekleidungsplatten gegen Abkippen und Winddruck bzw. -sog.

Die Verbindung zu den Platten werden durch *Ankerdorne*, durch Verschraubung (*Schraubanker*), Nutlagerung auf Profilstegen oder *Hinterschnittdübel* für bestimmte, feste Naturwerksteinarten hergestellt (Bild **8**.6).

Anker mit Dornen. In vorgebohrte Ankerlöcher der Platten greifen Ankerdorne ein. Der Regelabstand der Ankerlöcher von der Plattenecke beträgt das 2,5-fache der Plattendicke. Bei Platten von 30 mm sitzen die Ankerlöcher mittig, bei dickeren Platten dürfen sie auch außermittig angeordnet werden. Die Dornlöcher haben in der Regel einen Durchmesser von 10 mm und greifen mindestens 25 mm in die Platte ein. Zum Ausgleich von Temperaturbewegungen sind in die Ankerlöcher der einen Plattenkante *Gleithülsen* aus Polyacetal (POM) einzukleben. Zwischen Anker und Plattenrand muss ein Bewegungsspiel von 2 mm vorhanden sein (Bild **8**.6a).

Schraubanker. Anstelle von Dornen dürfen Naturwerksteinplatten auch mit allerdings sichtbaren Schrauben an entsprechenden Ankern befestigt werden. Für Traganker sind Schrauben > M 10, für Halteanker Schrauben > M 8 aus Stählen nach DIN 267 oder DIN EN ISO 3506 oder DIN EN 10 088, Stahlgruppe A4, vorzusehen (Bild **8**.6b).

Nutlagerung. An der Unterseite genutete Platten können auf Profilstege aufgelagert werden. Die Nut muss 3 mm breiter als der Profilsteg sein, und es müssen beidseitig 10 mm Stein-Restdicke verbleiben. Auflagelängen mit mehr als 50 mm Breite müssen mit einem Profilband aus EPDM

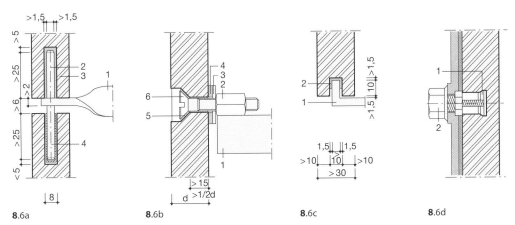

8.6 Trageanker für hinterlüftete Plattenbekleidung mit offenen Fugen (je Platte > 2 Traganker) [9]

a) Ankerdorne Vertikalschnitt/Horizontalschnitt
1 Traganker
2 Ankerdorn Ø 5 mm, Länge 60 mm
3 Werksteinplatte
4 Gleithülse

b) Schraubanker, Trag- und Halteanker
1 Ankersteg
2 angeschweißte Mutter
3 Unterlegscheibe aus nichtrostendem Stahl
4 Unterlegscheibe aus EPDM

5 Trichterscheibe aus EPDM
6 Schraube aus nicht rostendem Stahl

c) Verankerung der Platten über Profilstege (Nutlagerung)
1 Profilsteg aus nicht rostendem Stahl
2 Profilband aus EPDM

d) Befestigung mit Hinterschnittdübeln
1 Dübel mit Aufspreizung
2 Schraubbefestigung an Unterkonstruktion

8

(Ethylen-Propylen-Dien-Kautschuk) überzogen sein (Bild **8**.6c).

Hinterschnittdübel. Die Befestigung mit Hinterschnittdübeln an der Rückseite der Platten ist als Sonderbefestigung bauaufsichtlich zugelassen. Sie erfolgt mittels eines Dübels, der sich in einer konischen Aufweitung des Bohrloches durch das Andrehen der Schraube spreizt und somit eine auszugsfeste Verankerung ermöglicht. Die Schrauben werden über *Agraffen* (hakenartige Profilstücke, Bild **8**.17) justierbar an Unterkonstruktionen aus Aluminium eingehangen (Bild **8**.6d). Neuere Entwicklungen stellen formschlüssige Hinterschnittbefestigungen dar, die eine *spreizdruckfreie* Montage (z. B. System Fischer ACT) im Bohrloch ermöglichen und somit durch Verbesserung der Haltekräfte geringere Plattenstärken (ab ca. 20 mm) bzw. größere Plattenformate ermöglichen.

Alle Anker müssen aus nichtrostendem Stahl (nach DIN EN 10 088) bestehen. Druckverteilungsplatten müssen mit den Ankern unlöslich verbunden (z. B. verschweißt) sein.

Für alle Verankerungen ist ein statischer Nachweis nach DIN 18 516-3 Abschn. 5 zu führen.

Befestigung im Untergrund. Für die Befestigung der Anker im Untergrund gibt es verschiedene Möglichkeiten.

Mörtelanker stellen immer noch eine bewährte traditionelle Bauweise zur Befestigung von Natur- oder Betonwerkstein dar. Die Anker werden dabei mit ihren gewellten, gedrehten oder geschlitzten Enden im Untergrund einzementiert. In Bild **8**.7 sind verschiedene Ausführungsformen für Trag- und Halteanker gezeigt. Der Querschnitt der Ankerstege war bisher meistens rechteckig, doch haben sich runde und rohrförmige Ankerquerschnitte bewährt, weil bei ihnen weniger Sonderformen nötig sind. Trageanker haben an der Unterseite angeschweißte Druckverteilungsplatten.

Die Anker sind in tragfähigen Untergründen in entsprechende Bohrlöcher einzumörteln. Die Einbinde- bzw. Verankerungstiefe ist nachzuweisen und beträgt mindestens 80 mm bis 150 mm.

Die Aussparungen müssen mindestens 5 mm tiefer als die rechnerische Verankerungstiefe sein und sind unterschnitten oder gewellt herzustellen. Der Bohrlochdurchmesser für die Anker darf 50 mm nicht überschreiten. Die Verankerungs-

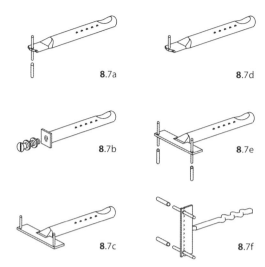

8.7 Mörtelanker [9]
  Verschiedene Ausführungen für Traganker und für
  Halteanker

  a) Trag- und Halteanker
  b) Schraubanker
  c) Nutlagerung
  d) Traganker/Nutlagerung
  e) Trag- und Halteanker
  f) Trag- und Halteanker, vertikal

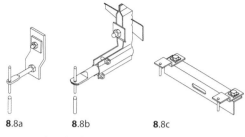

8.8 Anschraubanker [9]
  a) direkte Befestigung auf Untergrund
  b) Einzelanker an Tragschiene
  c) Doppelanker an Tragprofil

tiefe muss mindestens das 2-fache des Bohrloch-
durchmessers zuzügl. 10 mm bzw. ≥ 80 mm betragen.

Ankerabstände in Betonbauteilen s. DIN 18 516-3,
Abschn. 6.3.7.1.

Für die Befestigung ist Mörtel der Gruppe III nach
DIN EN 1996-1, mit Zement nach DIN EN 197 zu
verwenden.

Die Verwendung korrosionsfördernder, insbesondere chloridhaltiger Zusätze ist unzulässig.

Die Anker dürfen je nach Neigung der Bekleidung frühestens 3 Tage, bei tiefen Temperaturen
u. U. erst 14 Tage nach Einbau belastet werden.

Für hängende Bekleidungen sind ggf. konische
„Überkopfbohrlöcher" mit mindestens einseitiger
Hinterschneidung und gesondertem Nachweis
der Auszugsfestigkeit herzustellen.

Beim Befestigen von Ankern an tragenden Bauteilen dürfen deren Querschnitte nicht unzulässig geschwächt werden. Unbelastetes Mauerwerk, z. B. bei Brüstungen, ist vor Anbringung
von Trageankern für Plattenbekleidungen gegen
Kippen zu sichern.

Anschraubanker. Mit Anschraubankern können
Werksteinplatten auf Beton, Stahlbeton oder

Stahlkonstruktionen durch Schraubverbindungen montiert werden. Schraubverbindungen
können hergestellt werden mit Hilfe von Dübeln,
Hammerkopfschrauben in Ankerschienen, Sechs-
kant- oder Selbstbohrschrauben auf geeigneten
Unterkonstruktionen, Mörtelankern mit Gewinde
(Bild **8**.8).

Anschweißanker. Auf einbetonierte oder angeschraubte Ankerplatten können Trag- oder Halteanker aufgeschweißt werden. Derartige Verbindungen eignen sich besonders für Eckausfüh-
rungen oder sonstige komplizierte Bekleidungs-
formen an Brüstungen, Unterzügen usw. sowie
an dünnwandigen bzw. hochbelasteten Bauteilen. Die Schweißarbeiten an den nichtrostenden
Stählen der Befestigungsteile dürfen nur von zugelassenen Fachbetrieben ausgeführt werden
(Bild **8**.9).

Verbindungsteile. Zur Verankerung von Werksteinplatten untereinander und für Sonderfälle
sind die verschiedenartigsten Spezialanker und
Verbindungsteile verfügbar.

Eckplatten von Fassadenbekleidungen werden
untereinander verdübelt und durch Scherdorn-
Klammern aus nichtrostendem Stahl oder durch
Knotenbleche gesichert (Bild **8**.10 a und b). Bei
geringen Überständen können die Eckplatten
von der Rückseite her miteinander durch Winkel-
verschraubungen verbunden und gemeinsam
auf der Unterkonstruktion montiert werden (Bild
8.10 c)

Montagesysteme. Die traditionelle Montage
von Naturwerksteinbekleidungen mit einzeln
eingesetzten Ankern ist sehr arbeitsaufwändig.
Die Montagezeiten lassen sich durch Verwendung von Hängeschienensystemen verkürzen,
die punktweise an der tragenden Wand befestigt und ausgerichtet werden und an denen

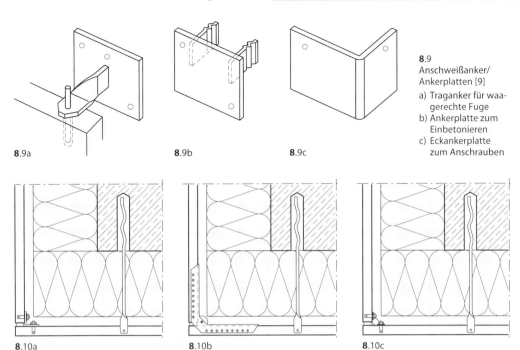

8.9
Anschweißanker/
Ankerplatten [9]
a) Traganker für waa-
gerechte Fuge
b) Ankerplatte zum
Einbetonieren
c) Eckankerplatte
zum Anschrauben

8.9a   8.9b   8.9c

8.10a   8.10b   8.10c

8.10 Eckverbinder/ Laibungswinkel (Fa. Halfen) [14]
    a) Laibungstragwinkel
    b) justierbarer Laibungshaltewinkel
    c) Laibungshaltewinkel

8

Trag- und Halteanker verschraubt werden (Bild **8.**11).

Als „integrierte Fassadensysteme" können derartige Konstruktionen gleichzeitig auch auf Fensteranschlüsse und sonstige Fassadenelemente vorgerichtet werden. Dabei werden die Fenster usw. bereits mit allen Anschlussprofilen, Abdichtungen usw. vorab eingebaut und danach die Fassadenplatten unter Einhaltung engster Maßtoleranzen in die vorbereitete Unterkonstruktion eingehängt.

Alle derartigen Verankerungen sind nur mit korrosionsgeschützten Bauteilen, entsprechend der Zulassung für nichtrostende Stähle auszuführen. Sie müssen im Übrigen bauaufsichtlich zugelassen sein.

Besondere Fassadenteile. Fenster, Türen, Beleuchtungs- und Reklamekonstruktionen sowie Gerüste u. Ä. dürfen nicht an der Bekleidung verankert werden. Solche Teile sind im Untergrund zu befestigen und an etwaigen Berührungsstellen von der Bekleidung durch mind. 5 mm breite, ebenso tief mit Dichtmasse und bis zum Verankerungsgrund mit elastischen Füllmassen gefüllte

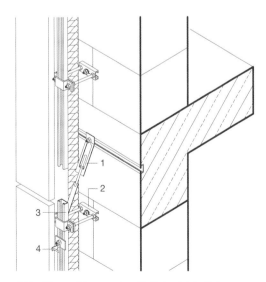

8.11   Hängeschienensystem für Natursteinbekleidungen (Fa. Halfen) [14]
    1 Fassadenanker zum Anschrauben
    2 Abstandshalter zur Abstützung der Schiene
    3 Zahnschiene
    4 Anker für horizontale Fuge

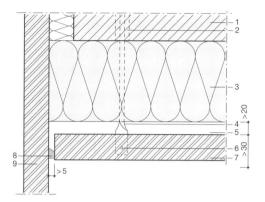

8.12 Horizontalschnitt durch *Anschlussfuge* zwischen
      hinterlüfteter Plattenbekleidung und einem Tür-
      gewände
      1 Außenwand
      2 Druckverteilungsplatte
      3 Wärmedämmung
      4 Anker
      5 Hinterlüftung
      6 Ankerdorn
      7 Natursteinbekleidung mit allseits offenen Fugen
      8 Dichtung („Kompriband")
      9 Naturstein – Türgewände

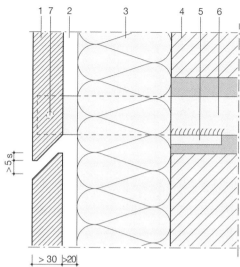

8.13 Vertikalschnitt durch eine offene horizontale Fuge
      1 Naturstein- Bekleidung 5 Druckverteilungsplatte
      2 Hinterlüftung   6 Anker
      3 Wärmedämmung   7 Ankerdorn
      4 Außenwand   s = Schwellenhöhe

Anschlussfugen zu trennen. Fenster- und Türrahmen sind an den Untergrund wasser- und wind-
dicht anzuschließen (Bild **8**.12).

Besondere Auflager. Werkstücke für Sohlbänke,
Fenstergewände, Gesimse, Sockel o. Ä. Teile
müssen unabhängig von der Fassadenbekleidung auf tragfähigen Auflagern versetzt und gegen etwaigen Schub, Stoß, Druck und gegen
Drehung verankert werden.

Wärmedämmungen. Die für das Bauwerk nötigen Wärmedämmungen sind in der Regel bereits
vor der Ausführung von hinterlüfteten Fassadenbekleidungen angebracht. Mineralwolledäm-
mungen sind vor dem Bohren der erforderlichen
Aussparungen für die Befestigung der Anker
sorgfältig auf etwa 150 x 150 mm auszuschnei-
den. Aussparungen in Schaumstoffen werden
am besten mit Kernbohrern hergestellt. Nach
dem Einbau der Anker sind die ausgeschnittenen
Teile der Wärmedämmung sorgfältig wieder ein-
zupassen.

Im Sockelbereich sind bei hinterlüfteten Fassadenbekleidungen die erforderlichen Wärmedämmungen bis mindestens 15 cm über Gelän-
deoberkante mit Schaumkunststoffen nach DIN
13 165 (z. B. geschlossenporige extrudierte Polystyrolplatten – PUR) oder aus Schaumglas (DIN

13 167) auszuführen. Die Unterkanten der Sockelplatten werden auf übergreifende winkelför-
mige Trage- bzw. Haltegürtel gesetzt.

Fugen. Unter Berücksichtigung der Stegdicke
der Anker und einer Bewegungstoleranz von
2 mm ergibt sich bei Naturwerksteinbekleidungen eine Fugenbreite von 8 bis 10 mm.

Bei Fassaden mit Naturwerksteinbekleidungen
muss der *Schlagregenschutz* gemäß DIN 4108-3
beachtet werden, d. h. dieser muss auch im Bereich der Fugen und Anschlüsse sichergestellt
sein. Es werden *offene* Fugen und mit Fugendichtstoffen nach DIN 18 540 und DIN 18 542 *geschlossene* Fugen unterschieden. Konstruktive
Maßnahmen können neben der Schließung der
Fugen z. B. Hinterschneidungen (Bild **8**.13) oder
die Verwendung feuchtigkeitsunempfindlichen
Wärmedämmungen (z. B. mit Vlieskaschierung)
sein. Wenn starker Schlagregenbeanspruchung
nach Beanspruchungsgruppe III zu begegnen ist,
müssen offene Fugen mit 100 mm Schwellenhöhe, geschlossene Fugen mit geeigneten Dichtstoffen (DIN 18 540) geschlossen werden.

Bei besonderer Schlagregenbeanspruchung und
der damit häufig verbundenen Ableitung von
Niederschlagwasser auch an der Rückseite der
Bekleidung sollte der Mindestabstand für die

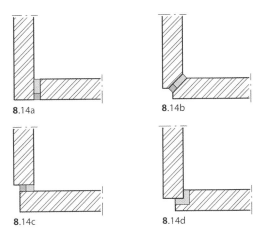

8.14 Eckausbildung (Grundrisse)
   a) fluchtende Platten,
   b) Platten mit Schrägschnitt,
   c) versetzter Plattenstoß,
   d) versetzter Plattenstoß mit Nut

Hinterlüftung vergrößert werden und die Ausführung des erforderlichen Hinterlüftungsraumes muss besonders sorgfältig überwacht werden. Dabei sind Rohbauungenauigkeiten, Dickentoleranzen, das eventuelle Aufquellen von Wärmedämmungen und der Platzbedarf von Unterkonstruktionen und damit mögliche Behinderungen des Wasserablaufes zu berücksichtigen.

Anschlussfugen sind dort vorzusehen, wo die Bekleidung an andere Baustoffe (z. B. Metallrahmen) anschließt oder wo sie zwischen tragenden Bauteilen (Gesimsen, Decken) Druckspannungen ausgesetzt werden könnte. Anschlussfugen sind mind. 10 mm breit. Sie können mit elastischen Dichtungen geschlossen werden.

Ecken mit genau fluchtenden Plattenrändern (Bild **8.**14a) sind schwierig herzustellen. Ebenso erfordert die Eckausbildung nach Bild **8.**13b eine sehr hohe Ausführungsgenauigkeit. Günstiger sind Ausführungen wie in Bild **8.**14c und d gezeigt.

Sockel- und Pfeilerbekleidungen (ausgenommen Beton-Werksteinplatten) werden wegen der Gefahr einer Beschädigung durch Stoß oder Schlag meist hintermörtelt. Der *Hinterfüllmörtel* soll möglichst porös (z. B. als Einkorn-Mörtel) ausgeführt werden, und zwar als Kalkzementmörtel der Gruppe II nach DIN EN 1996-1 oder Trasszementmörtel im gleichen Mischungsverhältnis,

bei Jurakalkstein nur Kalkmörtel (Gruppe I) oder Trasskalkmörtel.

Mit Mörtel zu verfüllende Fugen müssen mindestens 4 mm breit sein. Die Plattenkanten sind vorher von Staub zu befreien, damit der Fugenmörtel gut haftet.

Der Fugenmörtel soll geschmeidig und so verarbeitbar sein, dass damit ein guter Fugenschluss erzielt wird.

Mischungsverhältnis: 1 RT (Raumteil) Bindemittel + 2 bis 5 RT Sand. Bindemittel: Trasszement, Trasskalk, Portlandzement mit Zusatz von Trass (1:1), Kalkhydrat mit Zusatz von Trass (1:1); Sand: Möglichst gewaschener, rundkörniger Natursand, frei von schädlichen Beimengungen, empfohlenes Größtkorn 1/3 der Fugenbreite.

Schieferbekleidungen. Regionale Bedeutung haben verschiedentlich Bekleidungen aus Schiefer (DIN EN 12 326) an Außenwänden [8]. Diese werden vergleichbar zu Dachdeckungsarten (s. Abschn. 1.6.4 in Teil 2 dieses Werkes) bei kleinformatigen Schieferplatten auf vollflächigen Schalungen oder bei großformatigen Schieferplatten auch auf Trag- und Grundlattungen (s. Abschn. 8.4.7) mit verzinkten Nägeln befestigt.

8.4.3 Bekleidungen mit keramischen Platten und Beton

Auch *kleinformatige keramische Platten* können zu hinterlüfteten Fassadenbekleidungen aus vorgefertigten Fassadenelementen verwendet werden [8]. Sie werden hergestellt, indem die Platten in Raster, die der Fugenteilung entsprechen, eingelegt werden und einen rückseitigen Stahlbetonauftrag erhalten, so dass Platten als Fertigteile von mindestens 7 cm Dicke und von etwa maximal 4 m² Fläche entstehen. Diese werden nach ähnlichen Techniken wie Natursteinbekleidungen (s. Abschn. 8.4.2) an den Fassaden montiert (Bild **8.**15).

Derartige Wandbekleidungen haben den Nachteil des recht hohen Gewichtes. Ähnliche Elemente lassen sich in leichterer Ausführung herstellen, wenn dünnwandiger Polymerbeton verwendet wird (Bestandteile: gereinigter und getrockneter Quarzsand, Korngröße 0 bis 8 mm, Acrylharz-Reaktionsgemisch als Bindemittel). In die etwa 30 mm dicken *Polymerbetonplatten* (max. 1,00 x 2,00 m) werden Gewindebuchsen eingegossen, die nichtrostende Stahlanker aufnehmen. Die keramischen Platten werden werkseitig im Dünnbettverfahren auf die Polymerbe-

8

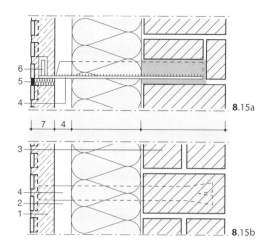

8.15 Fassadenbekleidung aus hinterlüfteten, vorgefertigten Wandelementen mit Spaltplatten

    a) senkrechter Schnitt
    b) waagerechter Schnitt

    1 Wandelement, bewehrt, > 7 cm dick
    2 Luftschicht mit Belüftungsöffnungen in Höhe Kellerdecke, unterhalb Dachtraufe
    3 Außenwand mit Wärmedämmung
    4 Traganker mit Druckverteilungsplatte und Ankerdorn
    5 Fuge mit Hinterfüllung (vgl. Bild **8**.4)
    6 Halteanker in Vertikalfuge

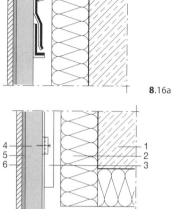

8.16 Kleinformatige keramische Platten in Verbindung mit Polymerbeton-Elementen

    a) senkrechter Schnitt
    b) waagerechter Schnitt

    1 tragende Wand
    2 Wärmedämmung
    3 Halteschiene für Aufhängung
    4 Polymerbetonplatte
    5 Klebemörtel
    6 feinkeramische Platten
    7 Fugenverschluss, dauerelastisch mit Hinterfüllung

tonplatten aufgebracht und verfugt (Bild **8**.16). Die Montage erfolgt am besten mit Hängeschienensystemen (Bild **8**.11).

Großformatige hochfeste Keramikplatten können auf Leichtmetall-Unterkonstruktionen leichte, hinterlüftete Fassadenbekleidungen bilden (Bild **8**.17).

Zunehmend werden hinterlüftete Fassadenbekleidungen aus verhältnismäßig leichten, kleinformatigen Ziegelplatten (Bild **8**.18) eingesetzt.

Auch vollständig vorgefertigte Außenwandelemente mit hinterlüfteten Außenschalen aus keramischen Spaltplatten sind auf dem Markt.

Betonplatten – Bekleidungen. Neuere Entwicklungen der Bewehrungsverfahren ermöglichen Fassadenbekleidungen aus hochwertigem, sichtigem Beton in relativ geringen Querschnittsdicken und reduziertem Eigengewicht mit der Folge geringerer Aufwendungen für Befestigungsmittel und Last abtragende Bauteile. Korrosionsfreie Textil- oder Glasfaserbewehrungen bieten vergleichbare Festigkeiten. Materialdicken zur Betonüberdeckungen von Bewehrungsstahl als Korrosionsschutz können somit verrin-

gert werden. Materialstärken ab ca. 25–30 mm sind je nach Plattengröße und einzubringenden Befestigungselementen (z. B. Hinterschnittdübel und Agraffen) möglich.

8.4.4 Faserzementplatten – Bekleidungen[1]

Für hinterlüftete Außenwandbekleidungen werden vorwiegend ebene Faserzementtafeln verwendet [8, 19]. Sie werden in verschiedenen Formaten und Dicken mit glatter Oberfläche hergestellt,

- hellgrau (naturfarben, aus Herstellung mit grauem Zement),
- durchgefärbt,
- mit Oberflächen aus eingebrannten Silikatfarben,

---

[1] Früher: Asbestzement-Baustoffe; Zur Problematik von Asbestzement-Baustoffen s. Abschn. 1.6.5 in Teil 2 des Werkes.

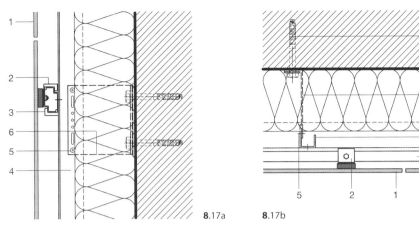

8.17a   **8**.17b

8.17 Hinterlüftete Fassadenbekleidung mit großformatigen Keramikplatten (Buchtal Ker-Aion)

a) senkrechter Schnitt
b) waagerechter Schnitt

1 Platte
2 verdeckte Befestigung (Agraffenbefestigung)
3 Tragschiene
4 vertikales Tragprofil

5 rostfreie Verschraubung
6 Wandwinkel mit thermischer Entkoppelung
7 Dübelbefestigung

8

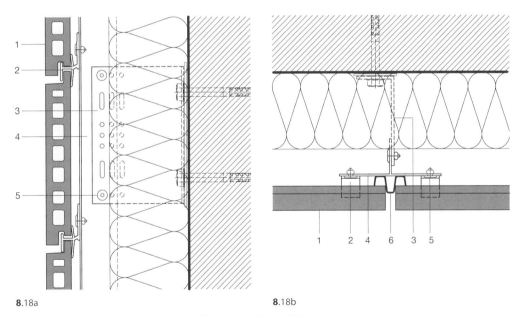

8.18a   **8**.18b

8.18 Hinterlüftete Fassadenbekleidung mit Ziegelplatten (Fa. ArGeTon)

a) senkrechter Schnitt
b) waagerechter Schnitt

1 Langloch-Ziegelplatte
2 LM- Halter
3 Wandwinkel mit thermischer Trennung

4 Alu- Profil
5 Nieten
6 Alu-Fugenprofil

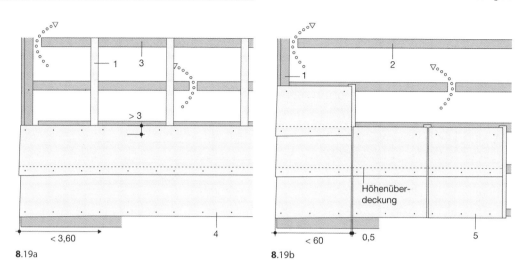

8.19a   8.19b

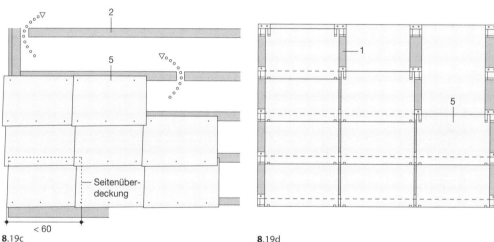

8.19c   8.19d

8.19 Kleinformatige Faserzementplatten auf Lattung
  a) Stülpdeckung mit Fassadenpaneele,
  b) Vertikaldeckung,
  c) waagerechte Deckung,
  d) Deckung mit Edelstahl-Montageklammern

  1 Traglattung mit Fugenband, vertikal, 2x mit Spezialnägeln befestigt
  2 Traglattung, horizontal mit Unterbrechungen zur Hinterlüftung
  3 Grundlattung im Untergrund verschraubt, a = ca. 60 cm
  4 Fassadenpaneele, 3,00 bis 3,60 m x 19 cm, 10 mm dick, verdeckt befestigt
  5 kleinformatige Faserzementplatten

- mit glasurähnlichen farbigen Oberflächen,
- weiß (aus Herstellung mit Weiß-Zement),

ferner mit granulierten und strukturierten, auch gefärbten Oberflächen.

Kleinformatige Faserzement-Fassadenplatten
($< 0,4$ m², z. B. 60 x 30 cm) sind werkseitig gelocht und werden auf aufgedübelter einfacher Lattung – vor außenseitiger Wärmedämmung auch auf Lattung mit Konterlattung – in Vertikaldeckung (Bild **8**.19b), oder waagerechter Deckung (Bild **8**.19c) mit verzinkten Schieferstiften oder plat-

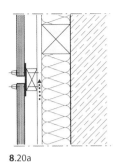 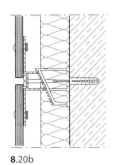 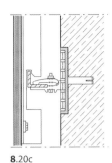 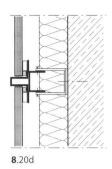

8.20a   **8**.20b   **8**.20c   **8**.20d

8.20 Unterkonstruktionen für hinterlüftete Wandbekleidungen mit Faserzementtafeln
    a) sichtbare Befestigung mit Holzschrauben oder Edelstahl-Kegelelement auf Unterkonstruktion aus Holz mit Edelstahl-Fugenband
    b) sichtbare Befestigung mit Nieten auf angedübelter Unterkonstruktion aus Leichtmetall mit Justiermöglichkeit
    c) unsichtbare Befestigung mit Hinterschnitt – Spezialdübeln (ETERNIT) (Bild **8**.21) auf der Rückseite (Mindestdicke der Tafeln 12 mm). Unterkonstruktion mit justierbarem Leichtmetall-Schienensystem
    d) Verklebung mit Sika-Tack-Panel-System (ETERNIT) und Aluminium-Hutprofil, gem. Brandschutzvorschriften und statischem Nachweis

tenfarbigen, nicht rostenden Nägeln befestigt. Eine Montagemöglichkeit der Platten mit Edelstahlklammern, die auch in den jeweiligen Plattenfarben verfügbar sind, zeigt Bild **8**.19d.

Als Stülpdeckung stehen auch längliche (bis zu 3,60 m) Fassadenpaneele mit ca. 19 cm Breite zur Verfügung (Bild **8**.19a).

Bei Vertikaldeckung und Stülpdeckung werden die offenen Stoßfugen bzw. die dahinter angeordnete Traglattung mit Fugenbändern aus schwarz beschichtetem Aluminium oder EPDM hinterlegt, ein- und ausspringende Ecken sowie Anschlüsse an Fenster usw. werden mit sichtigen Metall- oder Kunststoffprofilen (vgl. Bild **8**.20 und **8**.23) ausgebildet.

Unterkonstruktionen aus Holz müssen vor der Montage mit Holzschutzmitteln nach DIN 68 800-3 behandelt sein. Konterlatten werden – häufig in Stärke der Dämmungen – auf dem Mauerwerk nur mit amtlich zugelassenen Dübeln o. Ä. befestigt. Die Traglatten müssen auf den Konterlatten an jedem Kreuzungspunkt mit 2 Schraubstiften oder Schrauben diagonal befestigt werden. Alle Befestigungsmittel müssen rostfrei sein. Zur Herstellung einer Hinterlüftung ohne Konterlattung werden die horizontal verlaufenden Traglatten mit Unterbrechungen eingebracht (s.a. Abschn. 8.4.7).

Großformatige Faserzement-Fassadentafeln (z. B. Weiß-Eternit, Plattengrößen bis 1250 x 3380 mm, -dicken 5 bis 20 mm) eignen sich für die Ausführung großflächiger hinterlüfteter Fassadenbekleidungen.

Sie können mit von außen sichtbaren Schrauben oder Nieten auf Traglattungen aus Holz (Bild **8**.20a), zunehmend häufiger auf dreidimensional justierbaren Leichtmetallunterkonstruktionen (Bild **8**.20b und c), mit auf der Rückseite aufgeschraubten Leichtmetallschienen eingehängt (Bild **8**.20c und **8**.21) oder auch durch Verkleben montiert werden (Bild **8**.20d).

Vertikale Stoßfugen können offen bleiben oder werden mit Fugenbändern hinterlegt (Bild **8**.23).

In horizontalen Fugen sollten die Platten nach hinten so abgeschrägt werden, dass es durch ablaufendes Regenwasser zu Schmutzablagerungen nur an der Rückseite kommt.

Anschlüsse an benachbarte Bauteile werden mit offenen Fugen oder mit Leichtmetallschienen hinterlegt ausgebildet. Vornehmlich im Industriebau werden auch großformatige Faserzementplatten mit Wellprofil verwendet. Sie dienen entweder als einfacher Wetterschutz vor leichten Skelettbauten (Bild **6**.132) oder werden als Außenwandbekleidung vor tragenden Wänden bzw. Skeletten auf Stahl-Unterkonstruktionen montiert (Bild **8**.24).

8.4.5 Metallbekleidungen

Bei Außenwandbekleidungen aus Metall ist zu unterscheiden zwischen Konstruktionen, die ausgeführt werden in

- handwerklichen Techniken auf Holzunterkonstruktionen aus Kupfer-, Zink- oder Aluminium-Blechen, seltener auch aus Bleiblechen und

8

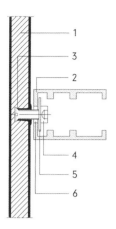

8.21
Unsichtbare Befestigung mit
Hinterschnittdübel

1 Faserzementplatte 12 mm
2 Platten-Tragprofil
3 Hinterschnittdübel
4 Schraube
5 Scheibe
6 Federring

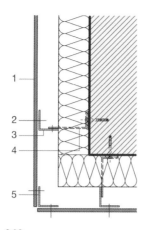

8.22
Hinterlüftete Wandbekleidung aus
Faserzementplatten, Montage auf angedübelten Faserzementstreifen (Horizontalschnitt durch Gebäudeecke)

1 Faserzement-Fassadenplatte
2 Fassadenniet
3 Aluminium – Tragprofil
4 Wandhalter mit thermischer Trennung
5 Aluminium – Winkel

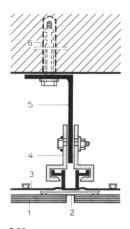

8.23
Unterkonstruktion aus Leichtmetall
(System Protektor Alu 002), Horizontal-
schnitt

1 Faserzement-Fassadenplatten
2 Kunststoff-Stoßdichtung
3 Leichtmetall-Tragschiene
4 justierbares Halteprofil, verschraubt
5 Haltewinkel, verzinkt
6 Tragdübel

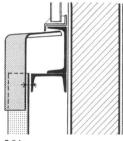

8.24a

8.24b

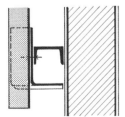

8.24c

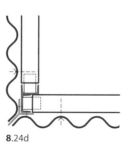

8.24d

8.24
Außenwandbekleidung mit Faserzement-Wellplatten (DIN EN 494) vor aus-
gemauertem Stahlskelett

a) Brüstungsabdeckung mit Formteil
b) Element-Stoß
c) unterer Abschluss mit Formteil
d) Ecke mit Formteil (Grundriss) bei
   großformatigen Elementen

8

- Formteil-Außenwandbekleidungen aus Leichtmetall oder Stahl, montiert auf Metall-Unterkonstruktionen (Vorhangwände s. Abschn. 9).

Da Metall-Außenwandbekleidungen praktisch völlig dampfdicht sind, muss durch einwandfrei funktionierende Hinterlüftung jede Tauwasserbildung sowohl im Wandbereich als auch an der Unterkonstruktion vermieden werden.

Als Erfahrungsformel für den Querschnitt der Lüftungsöffnungen gilt:

- Zuluftöffnungen = 1/1000 der Wandfläche,
- Abluftöffnungen = 1/800 der Wandfläche (d. h. die Abluftöffnungen sollen etwa 20% größer sein als die Zuluftöffnungen).

Dabei wird unbehinderter Luftwechsel vorausgesetzt. Der Luftraum darf also nicht durch die Tragkonstruktion o. Ä. eingeengt sein. Bei funktionsbedingten, überdurchschnittlichen Wasserdampfbeanspruchungen sollte auf eine raumseitige Dampfsperre nicht verzichtet werden.

Für Unterkonstruktionen aus Holz müssen insbesondere die Brandschutzanforderungen bereits bei der Planung mit den Bauaufsichtsbehörden abgestimmt werden.

Handwerkliche Techniken für Außenwandbekleidungen aus Blechen werden in der Regel als Unterkonstruktion mit *Raupund-Vollschalung* (längsseitig besäumte, ungehobelte, vollflächige, einfache Brettschalung) ausgeführt, seltener auf Baufurniersperrholz oder mineralisch gebundenen Spanplatten (Holzspanplatten sind für Nagelungen und Schraubungen wenig geeignet). Alle Holzteile müssen vor dem Einbau mit Holzschutzmitteln nach DIN 68 800-1 vorbehandelt werden und ggf. außerdem mit schaumbildenden Brandschutzanstrichen.

Zwischen Metall und Schalung als Unterkonstruktion wird im Allgemeinen eine Trennschicht – am besten aus einer Lage Glasvlies-Unterspannbahnen verlegt, die einerseits die Metallbleche gegen Einflüsse der Holzschutzmittel schützen soll, andererseits auch während der Bauzeit als vorübergehender Wetterschutz der Unterkonstruktion vorteilhaft ist[1]. Eine direkte Berührung

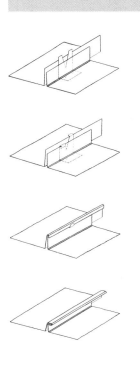

8.25   Doppelstehfalz, Herstellungsablauf bei handwerklicher Ausführung [26]

der Metallbahnen mit Beton, Mörtel und Steinen sowie Bitumen ist auf jeden Fall zu verhindern.

Außenwandbekleidungen aus Blechen werden ähnlich wie Dachdeckungen in den traditionellen Techniken (Doppel-, Winkelstehfalz oder Leistendeckungen) ausgeführt. Für größere Flächen werden dabei *vorgefertigte Blechbahnen* („*Schare*"), vorprofiliert mit zwei seitlichen Aufkantungen, verwendet, die an Ort und Stelle maschinell verfalzt werden (s. Abschn. 1.6.10 in Teil 2 dieses Werkes).

Die Arbeitsgänge bei der Ausführung einer *Doppelstehfalz-Bekleidung* sind in Bild **8.**25 gezeigt.

Bild **8.**26 zeigt den Herstellungsablauf, wenn vorgefertigte *Schare* verwendet werden, die maschinell verfalzt werden. Die Technik der *Leistendeckung* ist in Bild **8.**27 dargestellt.

Mit diesen Ausführungsarten lassen sich sehr viele Gestaltungsabsichten für Außenwandbekleidungen – auch im Zusammenhang mit entsprechenden Dacheindeckungen – für Vor- und Rück-

---

[1] Neuere Untersuchungen und Erfahrungen im Ausland haben ergeben, dass eine Trennlage aus den genannten Gründen nicht unbedingt erforderlich ist. So sind z.B. in Frankreich Trennlagen seit jeher nicht üblich. Lediglich zum Schutz der Unterkonstruktion werden armierte Folien verlegt, die entsprechend dem Montagefortschritt der Metallbekleidungen wieder abgenommen werden [26].

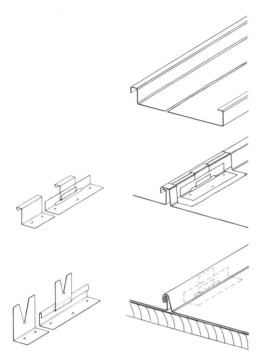

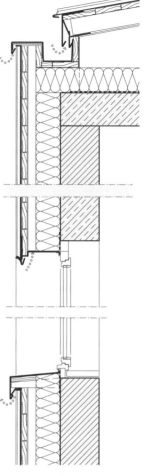

8.26 Doppelstehfalz, Herstellungsablauf bei Verlegung mit RHEINZINK-PROFIMAT-FALZOMAT [26]

sprünge konstruktiv einwandfrei lösen. Ein Beispiel zeigt Bild **8**.28.

Können Zu- und Abluftschlitze für die Hinterlüftung nicht nach dem in Bild **8**.28 geeigneten Prinzip gelöst werden, sind kleine Entlüftungsgauben (Bild **8**.29) in die Schare einzuarbeiten bzw. aufzusetzen.

Well- und Trapezbleche. Verwendet werden für Fassadenbekleidungen außerdem großformatige *Well- und Trapezbleche*, die in bis zu 10 m

8.28   Hinterlüftete Außenwand-Metallbekleidung

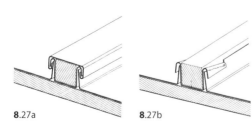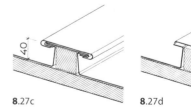

8.27a   **8**.27b   **8**.27c   **8**.27d

8.27   Leistendeckungen [26]
a) „Deutsche Ausführung"
b) Fixierung gegen Abrutschen der Scharen beim Deutschen Leistensystem
c) „Belgische Ausführung"
d) Fixierung gegen Abrutschen der Scharen beim Belgischen Leistensystem

8.29 Be- und Entlüftungsgaube

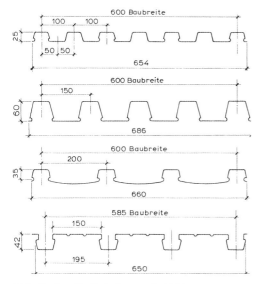

8.30 Blechprofile für Außenwandbekleidungen

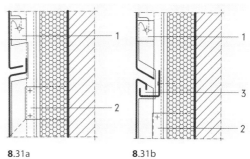

8.31a **8.**31b

8.31 Fassadenbekleidung aus Stahlblechprofilen
a) waagerechte offene Stoßfuge
b) waagerechte Stoßfuge mit Innenentwässerung

1 Aufhängung
2 Unterkonstruktion
3 Regenwasser-Fangrille

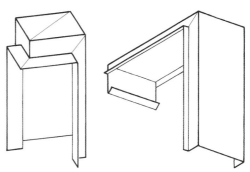

8.32 Formteil-Außenwandbekleidungen
Beispiele für die Herstellungsmöglichkeiten eben-
flächiger Elementteile

8

langen, etwa 0,60 m breiten verzinkten oder kunststoffbeschichteten Stahlblechtafeln oder aus lackiertem oder kunststoffbeschichtetem Aluminium hergestellt werden. Derartige Wandbekleidungen werden durch Aufklemmen auf Halteprofile mit Unterkonstruktionen montiert (Bild **8.**30).

Formteil-Außenwandbekleidungen werden mit kassettenähnlichen Elementen aus eloxiertem oder farbbeschichtetem Leichtmetall, aus emailliertem Stahlblech oder aus Edelstahl hergestellt. Sie sind in großer Vielfalt in Grundprofilen verfügbar oder werden mit den unterschiedlichsten Produktionsverfahren entsprechend den gestalterischen Absichten individuell geformt (Bild **8.**31).

Für die vielfältigen Möglichkeiten der Herstellung von Spezialteilen für Ecken oder Bauteilanschlüsse zeigt Bild **8.**32 Beispiele.

Eine Fassade, die aus ebenflächigen Elementen in Verbindung mit der dahinterliegenden Fensterfront eines Gebäudes montiert wird, ist in Bild **8.**33 im Schnitt dargestellt.

Eine Fassadenbekleidung aus gepressten geschosshohen Elementen zeigt Bild **8.**34.

Die Montage an den Fassaden erfolgt auf Metall-Unterkonstruktionen, die in jeder Richtung (dreidimensional) zum Ausgleich von Rohbauungenauigkeiten justierbar sind (Langlochverbindungen). Die einzelnen Elemente werden in die Sprossenraster so eingehängt, dass Windbelastungen aufgenommen und temperaturbedingte Längenänderungen problemlos möglich sind. Durch kunststoffummantelte Befestigungsteile o. Ä. wird bewirkt, dass bei Bewegungen zwischen den Elementen und in der Unterkonstruktion keine Geräusche entstehen (Bild **8.**35).

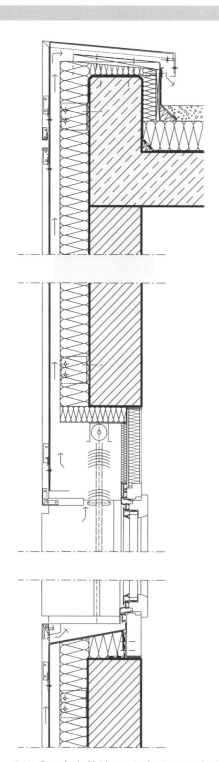

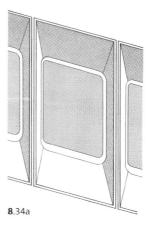

8.34a

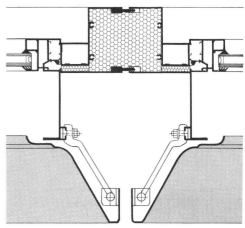

8.34b

8.34   Fensterfassaden-Element
a) räumliche Darstellung, b) Schnitt (Grundriss)

8.33   Fassadenbekleidung mit Aluminium- oder Stahl-
Formteilen

Für dekorative, auch gegen mechanische Beschädigungen sehr widerstandsfähige Wandbekleidungen kommen ferner *Aluminium-Gussplatten* mit verschiedenartigster Oberflächengestaltung in Frage. Sie werden mit Hilfe von Konstruktionen, ähnlich wie in Bild **8**.20b gezeigt, montiert.

Verbundbleche können in vielfachen Anwendungsformen für hinterlüftete Fassadenbekleidungen verwendet werden. Als Verbundbaustoff ist jedoch eine Trennung der Schichten aus Metallen und Kunststoff zur Wiederverwendung oder getrennten Entsorgung ausgeschlossen.

Die 3 bis 6 mm dicken Verbundbleche bestehen z. B. aus einseitig einbrennlackierten oder eloxier-

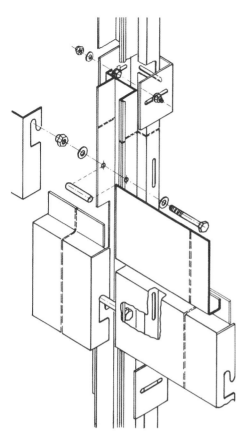

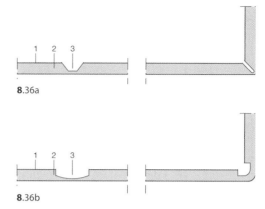

8.36a

8.36b

8.36 Aluminium-Verbundtafeln („Alucobond")
1 Aluminium- Deckblech, 0,5 mm
2 Kunststoff- oder mineralischer Kern, 2–5 mm
3 Fräsungen für Abkantungen

8

8.35 Montage von Bekleidungselementen auf Sprossen-unterkonstruktion (SCHÜCO) mit Langlochverbin-dungen in alle Richtungen für dreidimensionale Justierung

ten 0,5 mm dicken Aluminiumtafeln mit einem 2–5 mm dicken Kern aus Kunststoff oder minerali-schem Material. Die Verbundplatten werden mit größter Oberflächenplanheit in Breiten ab 1000 bis 1500 mm und in Längen bis 8000 mm geliefert („Alucobond"). Je nach Ausführung ist das Mate-rial nach DIN 4102 als „normalentflammbar"(B 2) oder „nicht brennbar" (A 2) eingestuft (s. Abschn. 17.7.2). Die Platten können werkseitig gebogen werden (r = 10 x d), rund gewalzt und an Stößen durch Heißluftschweißen verbunden werden. Abkantungen sind mit Hilfe rückseitiger Fräsun-gen möglich (Bild **8**.36).

Ebene Verbundplatten werden in den festgeleg-ten Zuschnittmaßen auf Unterkonstruktionen (vgl. Bild **8**.35) geschraubt, genietet oder mit Klemmverbindung durch Profilleisten befestigt (Bild **8**.37).

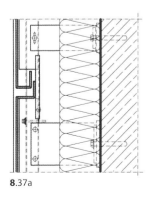

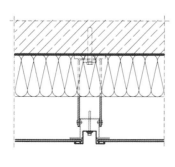

8.37
Ebene Aluminium-Verbundtafeln auf Unterkonstruktion durch Profilleisten befestigt
a) senkrechter Schnitt
b) waagerechter Schnitt

8.37a   **8**.37b

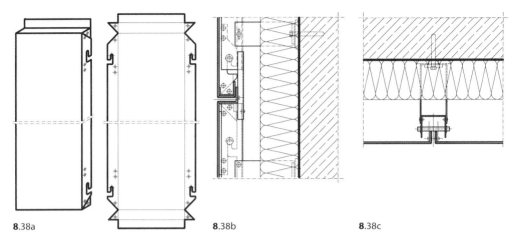

8.38   Kassetten aus Aluminium-Verbundtafeln („Alucobond", „Alucore")
          a) Kassette und Stanzform (schematisches Beispiel)
          b) Senkrechter Schnitt
          c) Waagerechter Schnitt

Aus formgestanzten und abgekanteten Platten können kassettenartige Fassadenelemente in den vielfältigsten Formen hergestellt und in Sprossen-Unterkonstruktionen eingehängt werden (Bild **8**.38).

8.4.6 Glasbekleidungen

Allgemeines

Transparente, transluzente oder opake (undurchsichtige) Glasbekleidungen auf Außenwänden in farbiger, geätzter, sandgestrahlter oder auch bedruckter Ausführung werden zunehmend als Gestaltungsmittel häufig auch in Verbindung mit sonstigen transparenten Fassaden aus Glas (s. a. Abschn. 9) hergestellt. Die hervorragenden Eigenschaften des Werkstoffes Glas hinsichtlich Dauerhaftigkeit, Witterungsresistenz, Reinigungsfähigkeit (hydrophobe- oder hydrophile-, Nanobeschichtung), UV-Beständigkeit können voll zum Tragen kommen, wenn durch den Einsatz von Sicherheitsgläsern, den zwängungsfreien Einbau und entsprechende Maßnahmen in stoßgefährdeten Bereichen die Sicherheit der Ausführung gewährleistet wird.

Hinterlüftete Außenwandbekleidungen aus Glas sind in DIN 18 516-4 geregelt. Alle Gläser sind als Einscheiben-Sicherheitsglas (ESG) gem. DIN EN 12 150 u. A. vorzusehen. Beschichtungen der Glasoberflächen zur Veränderung der technologischen Eigenschaften sind zugelassen. Die Scheibendicken sind rechnerisch nachzuweisen, dürfen jedoch 6 mm nicht unterschreiten. Abmessungen sind abhängig von der Scheibendicke und der verwendeten Glasart. Die Scheibenkanten müssen mindestens gesäumt sein (Schnittkanten an beiden Rändern mit Schleifwerkzeug gebrochen). Alle Scheiben sind herstellerseitig gesondert zu überprüfen. Die Scheiben dürfen erst nach einer speziellen Heißlagerprüfung eingebaut werden.

Unterkonstruktionen und Scheibenbefestigung

Es werden Glashalterungen mit linien- oder punktförmiger Scheibenlagerung unterschieden. Die Scheiben müssen in ihrer gesamten Dicke von der Halterung umfasst werden.

Linienförmige Scheibenlagerungen stützen die Scheibenkanten auf der gesamten Länge entweder zwei-, drei- oder allseitig mit durchlaufenden Halteprofilen (Bild **8**.39a, b und c).

Bei *punktförmiger* Lagerung werden die Scheiben mit Klammern oder Schrauben und Klemmplatten überwiegend an den Ecken gehalten und durch entsprechende Bohrungen hindurch mit der Unterkonstruktion verschraubt (Bild **8**.39d).

Für *alle* Befestigungsarten gilt:

- Der Abstand zum Scheibenrand muss mindesten 5 mm betragen.

- Es darf *kein* Kontakt zwischen den Scheiben untereinander und zu anderen Baustoffen von Befestigungen auch unter Temperatur- und Lasteinwirkung entstehen.

- Die Lagerung der Scheiben muss dauerhaft witterungsbeständig und eine weiche Bettung (Elastomere) auf Dauer sichergestellt sein.
- Die Scheiben müssen zwängungsarm eingebaut werden.
- Bei Lagerung mit Versiegelungen auf Vorlegeband muss das Dichtstoff-Vorlegeband mindesten 4 mm dick sein.

Für alle *linienförmigen* Befestigungsarten gilt zudem:
- Bei allseitig linienförmig gelagerten Scheiben muss der Scheibeneinstand min. 10 mm betragen.
- Bei zwei- oder dreiseitig linienförmig gelagerten Scheiben muss der Scheibeneinstand mind. der Glasdicke zuzgl. $^1/_{500}$ der Stützweite, min. jedoch 15 mm betragen.
- Ein Verrutschen der Scheiben muss durch Distanzklötze verhindert werden.
- Lagerungen mit freier Unterkante (frei hängende Scheibe) erfordern die beidseitige punktuelle Abstützung der ESG-Scheiben.

Für alle *punktförmigen* Befestigungsarten gilt:
- Die glasüberdeckende Klemmfläche muss min 1000 mm² groß sein, die Tiefe des Glaseinstandes muss ≥ 25 mm sein.
- Rechteckige Halterungen im unmittelbaren Eckbereich der Scheiben sind asymmetrisch in einem Verhältnis der Seitenlängen der Halterungen von 1 : 2.5 anzuordnen.
- Die Tragfähigkeit kleinerer, glasüberdeckender Klemmflächen ist durch Versuche nach DIN EN 12 004 nachzuweisen.
- Lagerungen außerhalb der Ecken in der Scheibenfläche sind mechanisch durch z. B. Bolzen in Scheibenbohrungen zu sichern.
- Der Abstand des Bohrungsrandes von der Scheibenkante muss min. dem 2-fachen der Scheibendicke sowie min. dem Bohrdurchmesser entsprechen.
- Bohrungen im Bereich der Scheibenecken erfordern unterschiedliche Kantenabstände. Die Differenz muss ≥ 15 mm betragen.

Zur Sicherheit sind alle ESG-Scheiben mit der 3-fachen Sicherheit gegen Versagen zu bemessen. Bei waagerecht angeordneten und bis zu 85° geneigten Scheiben ist ein Erhöhungsfaktor von 1,7 für die Eigenlast anzusetzen. Eine Überprüfung der Anforderungen an ESG-Scheiben erfolgt entweder durch Eigenüberwachung der Hersteller oder es ist eine Prüfung einer amtlichen Materialprüfanstalt notwendig.

Verformungen aus Unterkonstruktionen auf die Scheiben sind rechnerisch oder durch Versuche nachzuweisen. Unebenheiten der Scheiben selbst dürfen unberücksichtigt bleiben.

Beispielhaft sind Einbau- und Befestigungsmöglichkeiten von Glasbekleidungen in Bild **8**.39 dargestellt.

8.4.7 Holzbekleidungen

Allgemeines

Holzbekleidungen auf Außenwänden werden oft als Gestaltungsmittel oder teilweise auch im Zusammenhang mit nachträglich aufgebrachten zusätzlichen Wärmedämmungen verwendet. Die Bekleidungen und deren Unterkonstruktionen aus Holz sind als brennbare Baustoffe der Baustoffklasse B (EURO-Hauptklassen B, C, D, oder E, s. a. Abschn. 17.7) nur begrenzt als Bekleidungsmaterial an Außenwänden einsetzbar. Einschränkungen ergeben Anforderungen der LBO's (s. Abschn. 2.1 und 17.7) hinsichtlich der Geschoßzahlen (in der Regel max. 3 Geschosse) und der erforderlichen Abstandsflächen (in der Regel min. 5 m).

Als Bekleidungsmaterialien kommen Vollholzbretter oder Schindeln und großformatige Holzwerkstoffplatten in Frage. Außenflächen mit Holzbekleidungen sollten durch Dachüberstände möglichst gegen Regen geschützt sein.

In jedem Fall muss dafür gesorgt werden, dass Niederschlagwasser gut abgeleitet wird und insbesondere von den unteren Platten – oder Betträndern frei abtropft, ohne Gelegenheit zu finden, sich in Fugen hineinzuziehen. Bei horizontalen Schalungen sind Nute daher selbstverständlich stets nach unten anzuordnen, bei senkrechten Schalungen von der Wetterseite abgewendet. Gehobelte Bretter trocknen schneller ab als sägerauhe. Von senkrecht eingebauten Schalbrettern läuft Niederschlagwasser rascher ab als von waagerecht angeordneten Brettern. Es ist jedoch zu bedenken, dass bei waagerecht angeordneten Bekleidungen die zuerst schadhaften Teilflächen im Sockelbereich problemlos ausgewechselt werden können (Bild **8**.45).

8

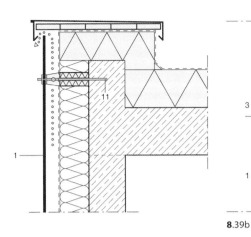

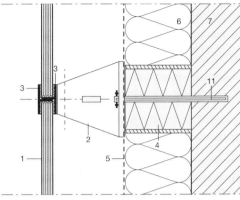

8.39b

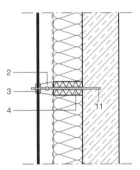

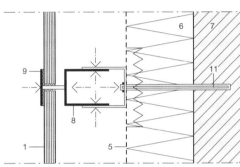

8.39c

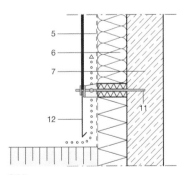

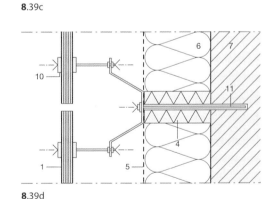

8.39a   **8**.39d

8.39 Außenwandbekleidung aus Glas
   a) Vertikalschnitt Glasbekleidung
   b) Vertikalschnitt Glashalterung
   c) Horizontalschnitt Gashalterung mit vertikaler Glasabdeckung
   d) Horizontalschnitt Gashalterung mit Punkthalterung der Glasbekleidung

   1 Glasbekleidung (ESG)
   2 Konsolbefestigung
   3 T- Profil für lineare Glaslagerung mit weicher
      Bettung (Weichgummi)
   4 Stützkern (Kunststoff) im Bereich der Wärme-
      dämmung
   5 Kaschierung der Wärmedämmung als UV-Schutz
      und zur Farbgebung

   6 Wärmedämmung, vollflächig verklebt mit Voranstrich
   7 Tragende Wandkonstruktion (Beton, Mauerwerk)
   8 Aluminium- U-Tragprofil
   9 Vertikale Glashalterung (Druckverglasung)
   10 Punktlagerung der Glasbekleidung mit offenen Fugen
   11 Anker gemäß statischem Nachweis
   12 Sockelblech (z. B. Blechverwahrung)

Unabhängig von Material und Oberfläche können bei hinreichender Oberflächenfeuchte Schimmelpilze auftreten. Insbesondere bei rauen Oberflächen oder durch nahe stehenden Baumbestand wird das Pilzwachstum durch die Entwicklung eines Nährbodens aus feuchten, organischen Feinstäuben (Biofilm) begünstigt. Die Behandlung mit einem Bläue- und Schimmelpilzschutz ist grundsätzlich empfehlenswert.

Hinterlüftung. Von ausschlaggebender Bedeutung für die Funktionsfähigkeit und Dauerhaftigkeit insbesondere von Holz-Außenbekleidungen ist eine ausreichende Hinterlüftung. Die Ausführung erfolgt als hinterlüftete Fassaden nach DIN 18 516, wenngleich Holzbekleidungen in dieser Norm ausdrücklich nicht behandelt werden. Alle Holzverschalungen außen und auch innen müssen hinterlüftet werden, weil sich die Schalbretter bzw. Platten sonst wegen der unterschiedlichen Feuchtigkeitsverhältnisse an Vorder- bzw. Rückseite verziehen.

Die Rohbauaußenwände, insbesondere Außenwandkonstruktionen aus Holz, sind möglichst luftdicht auszuführen. Das punktuelle Einströmen warmer, feuchter Innenraumluft in die Hohlräume (Wärmekonvektion) kann durch Kondensatbildung zu Durchfeuchtungen im Wandquerschnitt und damit zu Fäulnisschäden führen, die jedoch nichts mit Dampfdiffusionsvorgängen in der sonstigen Fläche der gesamten Wandkonstruktion zu tun haben.

Vor der Montage sind alle Teile der Unterkonstruktion durch Tauchimprägnierung oder Anstrich mit Holzschutzmitteln gegen tierische oder pflanzliche Schädlinge zu schützen (DIN 68 800-3). Die Bekleidungsbretter werden – *vor der Montage auch von der Rückseite* – am besten mit lasierenden, pigmentierten Holzschutzanstrichen behandelt.

Unterkonstruktionen

Für Unterkonstruktion werden überwiegend Kanthölzer bzw. Latten aus Nadelholz, Sortierklasse S10, mit einer Holzfeuchte von höchstens 20% eingesetzt.

Waagerechte Schalungen werden auf senkrechter *Traglattung* verlegt, die auf dem Untergrund aufgedübelt wird (Bild **8**.40).

Bei senkrechter Schalung ist eine *Grundlattung* nötig, bei der zunächst eine senkrechte Lattung auf dem Untergrund aufliegt und eine darüberliegende Querlattung (Traglattung) zur Befestigung der Schalung dient (Bild **8**.40b). Werden gleichzeitig Wärmedämmungen eingebaut, wählt man die senkrechten Grundlattungen entsprechend der Dicke der Wärmedämmung. Mit zunehmend notwendigen, immer dickeren Wärmedämmschichten ist es vielfach ratsam, die Grundlattung anstelle von zwischen der Wärmedämmung angeordneten Holzbalken mit Abstandsbügeln aus verzinktem Stahlblech zu befestigen (Bild **8**.43 und **8**.45c). Hierdurch wird vermieden, dass die Dimensionen die Holzquerschnitte der Unterkonstruktion als „Grundlattung" angemessen gering bleiben können und die Wärmedämmschichten annähernd unterbrechungsfrei (wärmebrückenfrei) eingebracht werden können.

Wenn für eine derartige doppellagige Lattung nicht genügend Platz vorhanden ist, dienen waagerechte Lattenstücke als Schalungsauflager, die seitlich so gegeneinander versetzt sind, dass in jeder Höhe je m Wandbreite ≥ 25 cm^2 Lüftungsöffnungen zwischen den Lattenstücken vorhanden sind, d. h. bei 2 cm Lattendicke müssen die Auflagerlatten auf $\geq 12,5$ cm Länge je Meter Wandbreite unterbrochen werden (Bild **8**.41).

Statt einer Grundlattung, die auch für das Ausgleichen von Rohbautoleranzen sehr vorteilhaft ist, können auch horizontale Unterlattungen mit Ausklinkungen zur Durchführung der Hinterlüftung verwendet werden (Bild **8**.42).

Bei der Montage der Unterkonstruktion an den Außenwandflächen sind insbesondere die Bestimmungen hinsichtlich Windlasten nach DIN 1991-1-4 zu beachten. Im Übrigen sind die allgemeinen Anforderungen an Unterkonstruktionen für Außenwandbekleidungen in DIN 18 516-1 zusammengefasst.

Während die Befestigung auf den Wandflächen im Allgemeinen durch Dübelung erfolgt, sind bei Grundlattungen die Latten untereinander mit mindestens 2 korrosionsgeschützten Schrauben oder Schraubnägeln diagonal versetzt an den Kreuzungspunkten zu verbinden.

Abstandsbügel aus verzinktem Stahlblech können neben der Vermeidung zu großer, balkenartiger Unterkonstruktionshölzer als Folge großer Wärmedämmschichtdicken auch bei der Montage das Ausrichten der Konstruktion sehr erleichtern (Bild **8**.43). Häufig werden Unebenheiten jedoch durch Hinterlegen mit Sperrholzplättchen (können herausfallen!) oder mit Keilen ausgeglichen (Bild **8**.44).

Befestigungen. Befestigungen müssen mit genormten oder Allgemein bauaufsichtlich zuge-

8

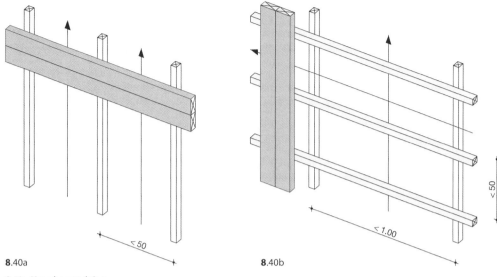

8.40a   **8**.40b

8.40 Unterkonstruktion
a) für horizontale Brettbekleidungen auf Traglattung
b) mit Grundlattung für vertikale Brettbekleidungen

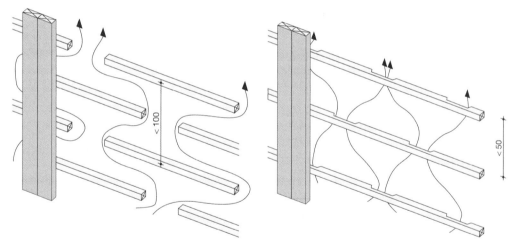

8.41   Einfache Unterkonstruktion aus versetzten Latten

8.42   Unterkonstruktion mit ausgestemmten Lüftungsschlitzen

lassenen Verbindungsmitteln hergestellt werden, die für eine dauerhafte Zugbeanspruchung
geeignet sind. Glatte Nägel und Klammern sind
demnach nicht zulässig. Randabstände von mindestens 10 mm und Mindestabstände untereinander sind zu berücksichtigen.
Sichtbare, offene liegende, der Witterung ausgesetzte Befestigungen mit verzinkten Nägeln oder
Schrauben, aber auch mit Messingschrauben,
können (besonders bei bestimmten Holzarten
wie z. B. Red Cedar) zu Verfärbungen führen. Ver-
zinkungen von Nägeln und Schrauben werden
vielfach durch das Einschlagen bzw. Verschrauben beschädigt. Rostfahnen an der Holzoberfläche sind die Folge. In solchen Fällen müssen
Edelstahlnägel oder -schrauben verwendet werden, wenn die Flächen nicht mit Farblasuren behandelt werden. Für Holzwerkstoffplatten sind

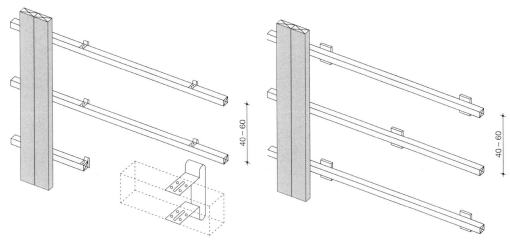

8.43 Montage von Unterkonstruktionen mit verzinkten Abstandsbügeln

8.44 Ausrichten von Unterkonstruktionen mit Sperrholzplättchen oder Keilen (ein Annageln oder -leimen an die Lattung verhindert ein evtl. Loslösen der Plättchen oder Keile)

sichtbare Verbindungsmittel aus nicht rostendem Stahl vorgeschrieben.

Für *verdeckte* Befestigungen sind verschiedene Befestigungssysteme auf dem Markt. Montageklammern für Brettschalungen sowie spezielle Winkel- und Einhängeprofile für großformatige Holzwerkstoffplatten ermöglichen verdeckt liegende Befestigungen.

Bekleidungsflächen aus Vollholz

Geeignet sind Schalungen, bei denen sich die Bretter mit voller Holzdicke überdecken (Bild **8**.45a und b), und Schalungen aus handelsüblichen Profilbrettern (Bild **8**.46b und c). Häufig verwendete Nadelholzarten sind Fichte, Lärche und auch Kiefer. Unbehandelte Verbretterungen vergrauen durch die Sonneneinstrahlung unter Zersetzung des holzeigenen Lignins und verlieren an der Oberfläche ihre Festigkeit. Der Einsatz pigmentierter oder deckender, wasserlöslicher Lasuranstriche verlangsamt diesen Prozess erheblich. Eine tradierte Holzschutzfarbe ist das so genannte „Schweden-Rot", bestehend aus Mehl, Leinöl und Mineral-Erdstoffen mit naturroter Färbung.

Alle Anstriche müssen in Zeitabständen zwischen 8 und 15 Jahren in Abhängigkeit von der Bewitterungsintensität erneuert werden.

Bei *Leistenschalungen* werden die in ihrer Breite verschieden wählbaren Bekleidungsbretter mit Überdeckungen von 12% der Brettbreite mit kor-rosionsgeschützten Schrauben oder Nägeln auf der Unterkonstruktion befestigt (Bild **8**.46a).

Profilbretter werden entweder in den Nuten verdeckt genagelt (Bild **8**.46b) oder besser mit Hilfe von Montageklammern befestigt (Bild **8**.46c und d). Das herkömmliche Nageln wird dabei meistens durch den Einsatz von Kompressornaglern oder Tackern ersetzt.

Bei größeren Bekleidungsflächen sind *Brettstöße* unvermeidlich. Stumpfe, in der Fläche liegende Hirnholzstöße sollten – auch bei horizontalen Brettanordnungen – vermieden werden. Bewährt haben sich bewusst breit ausgebildete mit der gesamten Fassadengestaltung abgestimmte Fugen, bei denen später auch eine einwandfreie Nachbehandlung der Hirnholzflächen möglich bleibt (Bild **8**.47).

Möglichkeiten für Eckausbildungen zeigt Bild **8**.48.

Holzschindeln. Regional werden anstelle von Bretterschalungen zur Fassadengestaltung Holzschindeln, vorwiegend aus einheimischen oder amerikanischen Nadelhölzern, verwendet [8].

Lieferformen sind: Keilförmig gespalten oder gesägt, gleichmäßig dick gespalten oder gesägt oder Zierformen mit verschiedenen Abrundungen am Schindelfuß und verschiedenen Oberflächenstrukturen. Die Vorzugslängen betragen für Außenwandbekleidungen 200 bis 400 mm, die Breite ist verschieden ab etwa 70 mm.

8

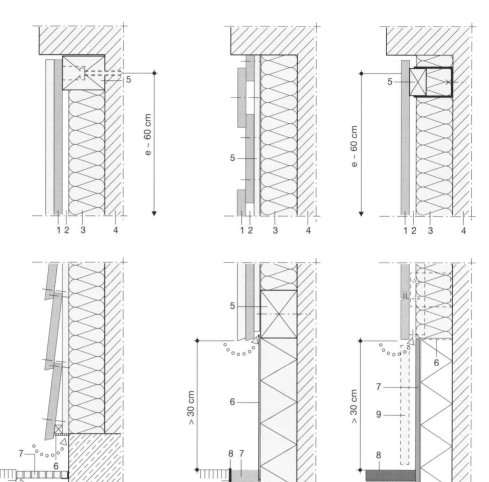

8.45a   8.45b   8.45c

8.45 Außenwandbekleidungen aus
Holz
a) waagerechte Stülpschalung
1 Holzbekleidung
2 Hinterlüftung
3 Wärmedämmung
4 Mauerwerk (Dämmsteine)
5 Unterkonstruktion: Lattung
im Abstand von 60 bis 70 cm
6 Insektenschutzgitter
7 Gitterrost über Kiesstreifen

b) senkrechte Leistenschalung (auch
„Boden-Deckelschalung")
1 Holzbekleidung
2 Hinterlüftung
3 Wärmedämmung
4 Mauerwerk (Dämmsteine)
5 Unterkonstruktion: Lattung im
Abstand von 60 bis 70 cm
6 Blechverwahrung
7 Kiesrandstreifen
8 Flachstahlprofil als Rand-
einfassung

c) waagerechte Profilbretter
1 Holzbekleidung
2 Hinterlüftung
3 Wärmedämmung
4 Mauerwerk (Dämmsteine)
5 Unterkonstruktion: Lattung im
Abstand von 60 bis 70 cm
Halterung aus verzinkten Abstandsbügeln (U-Profil)
6 Insektenschutzgitter
7 Sockelputz als Sperrputz
8 Plattenbelag
9 Alternativ: Faserzement- oder
Natursteinplatte

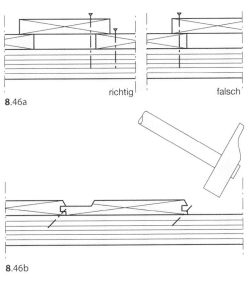

8.46a

richtig   falsch

8.46b

8.46c

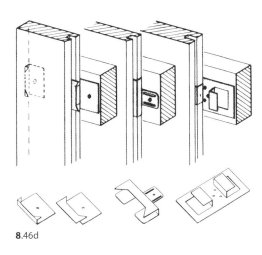

8.46d

8.46 Befestigung von Profilbrettern
a) Boden-Deckelschalung, geschraubt
b) Profilbretter, verdeckt genagelt
c) Profilbretter mit Montageklammern befestigt
d) Montageklammern

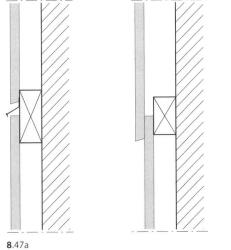

8.47a

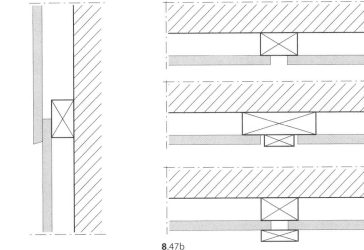

8.47b

8.47 Stoßausbildungen (Prinzipskizze)
a) bei vertikaler Schalung (senkrechter Schnitt)
b) bei horizontaler Schalung (waagerechter Schnitt)

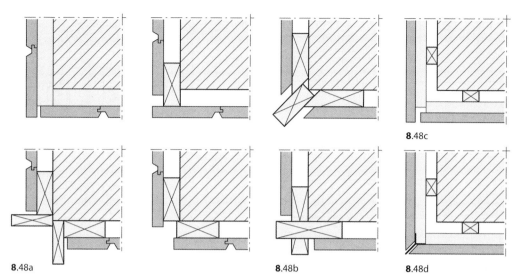

8.48c

8.48a   **8**.48b   **8**.48d

8.48 Eckausbildungen
   a) bei senkrechter Bekleidung
   b) bei horizontaler Bekleidung
   c) bei HWP-Platten mit offener Fuge und stumpfem Stoß
   d) Fuge mit Eckprofil aus Metall

8

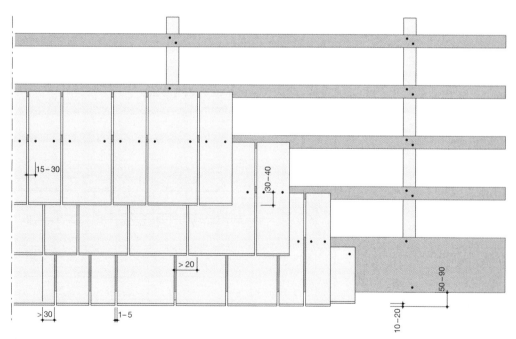

8.49 Außenwandbekleidung mit Holzschindeln (Beginn bei der Verlegung mit kürzeren Schindeln. Bei gleichlangen
      Schindeln ist die Anhebung der Fußkante erforderlich, z.B. durch Einsetzen eines Keilbretts)

Die Schindeln werden in Doppeldeckung auf Latten und Unterkonstruktionen mit verzinkten Nägeln oder Edelstahlnägeln (unbedingt zu empfehlen bei Schindeln aus ausländischen Nadelhölzern und aus Eiche wegen der sonst unvermeidlichen Verfärbungen) befestigt (Bild **8.**49). Eine dreilagige Deckung ist nur bei extremen Beanspruchungen erforderlich (vgl. hierzu auch Abschn. 1.6.6 in Teil 2 dieses Werkes) [18].

Für die Unterkonstruktionen gelten die gleichen Anforderungen wie für Holzschalungen. Es wird jedoch empfohlen, den Mindestquerschnitt für die Hinterlüftung mit mindestens 150 cm^2/m Wandlänge zu wählen.

Bauwerksecken sollten bei Wandbekleidungen mit Holzschindeln in Anlehnung an die in Bild **8.**48b gezeigten Beispiele ausgeführt werden, keinesfalls aber mit Hilfe von Kunststoff- oder Metall-Eckprofilen (vgl. Bild **8.**22)

Bekleidungsflächen aus Holzwerkstoffplatten (HWP) [18]

Großformatige Holzwerkstoffplatten werden aus Gründen zeitgemäßer Fassadengestaltungen alternativ zu Außenbekleidungen aus Vollholzbrettern zunehmend eingesetzt. Oberflächenqualitäten, Formatierung der Platten, Fugenbild und -ausführung, Beschichtungssysteme (deckend, schwach pigmentiert, naturbelassen) sowie die Farbgebung bestimmen hierbei das Erscheinungsbild wesentlich. Um eine dauerhafte und werthaltige Ausführung insbesondere bewitterter Fassaden zu ermöglichen, sind hierfür die Auswahl geeigneter Werkstoffe sowie notwendiger Oberflächenbehandlungen entscheidend.

Zudem sind eine gut funktionierende Hinterlüftung, die schnelle, stauwasserfreie Wasserableitung, Schlagregenschutz durch überkragende Bauteile sowie dauerhafter Schutz der Schnittkanten Voraussetzungen für eine Verlängerung der Lebensdauer.

Anordnung und Ausgestaltung der Fugen gliedern die Fassaden unterschiedlich. Horizontale Fugen sind konstruktiv aufwändiger. Sie müssen durch wartungsintensive Beschichtungen der Kanten oder – besser – eingelegte Profilbleche oder Hinterschneidungen (Bild **8.**47a und **8.**50a und b) geschützt werden. Vertikale Fugen sind weniger aufwändig. Sie können entweder ganz offen verbleiben oder mit Fugenbändern als Metall- oder Kunststoffstreifen hinterlegt werden. Alternativ hierzu können aufliegende Deckleisten eingesetzt werden (vergl. Bild **8.**47b).

Die Berücksichtigung herstellerbedingter Plattenabmessungen bei der Formatfestlegung vermeidet umfangreichen und damit aufwändigen Verschnitt.

Befestigung. Die Befestigung der HWP erfolgt in der Regel sichtbar mit nicht rostenden Verschraubungen, verschiedentlich sind auch Fassadenbefestigungssysteme für verdeckte, nicht sichtbare Befestigungen auf dem Markt. Befestigungen müssen Anforderungen aus dem Eigengewicht, aus Winddruck und -sog sowie wechselnde Beanspruchung durch Formänderungen aus Quellen und Schwinden berücksichtigen.

Die Auswahl geeigneter und zugelassener Materialien für den Einsatz von HWP an Fassadenflächen gestaltet sich zunehmend schwieriger, da widersprüchliche Anforderungen aus eingeführten DIN- und Euronormen zu berücksichtigen sind.

Plattenmaterialien müssen einerseits für die Verwendung gemäß Nutzungsklasse 2 (DIN EN 1995-1-1) geeignet sein. Darüber hinaus legt DIN EN 13 986 „Technische Klassen" für Holzwerkstoffe fest. Für die einzelnen Holzwerkstoffe gelten zudem DIN EN Produktnormen. Weiterhin ist in Deutschland nach wie vor die Einteilung in Holzwerkstoffklassen gemäß DIN 68 800-2 als eingeführte Norm zu berücksichtigen, die als solche aber in den Euronormen nicht mehr genannt sind.

Grundsätzlich kann angenommen werden, dass Plattenmaterialien, die der Holzwerkstoffklasse 100 (Höchstwerte für Holzfeuchte = 18 %) sowie den Anforderungen der Produktnormen für den Einsatz um Außenbereich entsprechen, an Fassaden, die in die Nutzungsklasse 2 fallen, eingesetzt werden können.

Zur Vermeidung von Schüsselungen durch ungleichmäßige Feuchteverteilung im Querschnitt sind auch die Rückseiten der verleimten HWP mindestens mit einer Grundbeschichtung zu versehen. Sehr wichtig ist die sorgfältige Behandlung der Schnittkanten.

Feuchteeinwirkungen im eingebauten Zustand ergeben Größenänderungen infolge von Quellen und Schwinden insbesondere großformatiger Platten, die in den Anschlüssen und den Fugen aufgenommen werden müssen. Die herstellungsbedingten Holzfeuchten der HWP sind sehr gering (6 – 12%). Günstig erweist sich die Lagerung der Platten mit geringen Holzfeuchten auf der Baustelle vor dem Einbau zur Erlangung der örtlichen Ausgleichsfeuchte.

Geeignete Plattenmaterialien sind (s. a. Abschn. 1.2.2. in Teil 2 dieses Werkes):

- **Dreischichtplatten** aus Nadelholz, Baustoffklasse B2, (übliche Dicken: 19, 21 und 27 mm, Längen: 2,5 m – 6,00 m), Phenol- und Melaminharz verleimt, für den Einsatz an Fassaden mit Decklagen häufig aus Hölzern mit erhöhter natürlicher Dauerhaftigkeit (Lärche/Douglasie) oder anderen Hölzern. Oberflächen geschliffen oder gebürstet, unbehandelt, grundiert oder endbehandelt lieferbar.

- **Fassadensperrholz,** als Sperrholz gem. DIN EN 315 oder Materialien mit Allgemeiner bauaufsichtlicher Zulassung (AbZ), Baustoffklasse B2, (übliche Dicken: 12, 15 und 18 mm, Abmessungen: 1,25 m x 2,50 m). Es sind nur speziell geeignete und vom Hersteller ausdrücklich zum Einsatz an Fassaden einsetzbare Platten zu verwenden (Plattenaufbau mit wetterfester modifizierter Verleimung und speziell ausgewählten Deck- und Innenfurnieren, z. B. Okoumé, Southern Pine, Douglas Fir, Khaya). Diese Platten werden auch als „Garantiesperrholz" bezeichnet mit bis zu 15 Jahren Garantie auf die Verleimung. Sie sind auch in Außenbereichen in der Nutzungsklasse 3 (DIN EN 1995-1-1) einsetzbar. Die Sperrholzoberflächen werden sägerau, gebürstet, sandgestrahlt oder auch genutet und profiliert angeboten.

- **Furnierschichtholz (FSH), Typ Q** (mit frühesten ab der dritten Lage quer zur Plattenrichtung verlaufenden Furnierlagen), Baustoffklasse B2 (Baustoffklasse B1 mit besonderer zugelassener Imprägnierung durch Flammschutzmittel mit Allgemeiner bauaufsichtlicher Zulassung – AbZ), farblos, geeignet für Beschichtungssysteme, (übliche Dicken: 21 bis 75 mm in 6 mm Schritten, Längen: 12 bis 23 m, Breiten: 1,82 bis 2,50 m; übliche Dicken von B1-Platten: 21, 27, 33 und 39 mm, Abmessungen: 90 cm x 3,00 m), Verklebung mit Phenolharzen, Decklagen mit hellen Melaminharzen, Oberflächen schälrau oder geschliffen, unbehandelt, mit Dünnschichtlasuren beschichtet oder kesseldruckimprägniert. Empfohlen werden geschliffene Oberflächen zur gleichmäßigeren Aufnahme von Beschichtungen. Schälrisse sowie Äste und Astlöcher sind unvermeidlich.

- **Zementgebundene Flachpressplatten** (mineralisch gebundene Holzspäne aus Fichten- und Tannenholz nach DIN EN 633), Baustoffklasse B1 oder A2, mit Allgemeiner bauaufsichtlicher Zulassung (AbZ), Oberflächen

werkseitig grundiert (übliche Dicken: 12 mm, Abmessungen: 1,25m x 2,60/3,10/3,35m) zur bauseitigen farblichen Endbehandlung mit geeigneten witterungsbeständigen und haftfähigen Dispersionsfarben auf Acrylbasis oder endbehandelt mit farbiger Acrylbeschichtung (übliche Dicken: 8 bis 20 mm). Zur zwängungsfreien Befestigung werden die Fassadenplatten mit größeren Lochdurchmessern vorgebohrt. Die Plattenkanten benötigen keine weitere Beschichtung.

Holzschutz. Hinterlüftete Holzwerkstoff-Fassaden einschl. ihrer Unterkonstruktionen erfordern keinen vorbeugenden *chemischen Holzschutz*, da die zu erwartende Holzfeuchte (max. 18%) keinen zerstörenden Befall zulässt und die Bindemittel der Plattenwerkstoffe (Kunstharze, mineralische Bindemittel) keinen Befall durch Holz zerstörende Insekten ermöglichen.

Aus Gründen des Werterhaltes sowie zur Verlängerung der Lebensdauer sollten alle möglichen Maßnahmen des *konstruktiven Holzschutzes* umgesetzt werden. Hierzu zählen:

- eine funktionsfähige, ausreichend dimensionierte Hinterlüftungsebene,

- die Sicherstellung einer schnellen und stauwasserfreien Wasserableitung durch Tropfkanten, Hinterlegebänder oder Bleche,

- Schlagregenschutz durch Dachüberstände, Balkone usw.,

- ausreichender Spritzwasserschutz durch eine Sockelhöhe von i. d. R. 30 cm (bei Ausbildung eines Kiesrandstreifens min. 15 cm),

- dauerhafter Kantenschutz,

- Abdichten von Bohrlöchern durch dichtende Unterlegscheiben bei sichtbarer Verschraubung

Oberflächenbehandlung. Holzwerkstoffe erhalten ihre Schutzwirkung durch Kunstharz- oder Zementbindemittel im Material selbst sowie UV-beständige und lichtechte Oberflächenbeschichtungen.

Die UV-Strahlung baut an *unbehandelten Holzoberflächen* das Lignin (Auflösung des wasserunlöslichen Lignins[1]) in wasserlösliche Bestand-

---

[1] Lignin ist (lat. *lignum*, Holz) ist ein Makromolekül aus verschiedenen Monomerbausteinen und ein fester, farbloser Stoff, der in die pflanzliche Zellwand eingelagert wird und dadurch die Verholzung der Zelle bewirkt (Lignifizierung). Die chemischen Bestandteile vernetzen sich miteinander und bilden somit eine 3-dimensionale Struktur. Lignin ist neben der Zellulose der häufigste organische Stoff der Erde.

teile) ab. Auswaschungen infolge freier Bewitterung haben rillenartige Vertiefungen zur Folge. Das Holz erhält zudem eine graue oder silbergraue Färbung.

Dachüberstände haben grundsätzlich den Vorteil, dass die Häufigkeit der Feuchteeinwirkung durch normalen Regenfall verringert wird. Bei Schlagregen sind Dachüberstände als Schutzmaßnahme für Fassadenflächen jedoch nur bedingt wirksam, da der Einfallwinkel von Schlagregen mit circa 60° nur die oberen Fassadenbereiche schützt und hierdurch eine gleichmäßige Farbveränderung (Vergrauung) verhindert wird. An Fassaden ohne Dachüberstände hingegen finden Farbveränderung über die gesamte Gebäudehöhe statt. Der Planer sollte hinsichtlich dieser Folgen seiner Aufklärungspflicht immer in vollem Umfange nachkommen.

Die Verwendung unbehandelter Oberflächen erfordert in jedem Fall höherwertige Sichtqualitäten der Decklagen, was auch den Vorteil hat, dass diese Platten in der Regel eine geringere Rissbildung aufweisen.

Behandelte Holzoberflächen, die der direkten Bewitterung ausgesetzt sind, erfordern aufeinander abgestimmte Beschichtungssysteme (DIN EN 927) für Grundierungen, Lasuren bzw. Lacke. Verarbeitungshinweise der Hersteller sind jeweils zu beachten. Beschichtungssysteme bilden den erforderlichen Feuchteschutz sowie Schutz vor UV-Einstrahlung. Sie sind in Abhängigkeit von der Beschichtungsart und der klimatischen Beanspruchung in Zeiträumen von ca. 5 bis 12 Jahren instand zu setzen.

Grundierungen (farblos oder pigmentiert) sorgen für eine ausreichende Haftfestigkeit. Sie können auch zum Schutz gegen Bläue und Schimmelpilzbefall fungizid eingesetzt werden.

Lasuren (lösungsmittel- oder wasserbasiert) werden als Dünnschichtlasuren (Bindemittelanteil ≤ 30 %) oder als Dickschichtlasuren (Bindemittelanteil 30 bis 60 %) unterschieden. Dünnschichtlasuren, insbesondere gering pigmentierte oder farblose Lasuren, sind aufgrund fehlenden UV-Schutzes weniger geeignet. Dünnschichtlasuren lassen jedoch die Struktur des Holzes gut sichtbar und können auch fungizid ausgerüstet werden. Dickschichtlasuren sind besser geeignet, optische Unregelmäßigkeiten an den Holzoberflächen zu überdecken. Sie dringen weniger tief ein.

Lacke (lösungsmittel- oder wasserbasiert) bilden nach dem Aushärten eine deckende und schützende Schicht auf dem Trägermaterial. Sie werden dampfdiffusionsoffen oder auch dampfdiffusionshemmend als Dickschichtlacke eingesetzt. Häufig sind die Lacke mit Konservierungsstoffen ausgestattet.

Wesentlich für die Auswahl des Beschichtungssystems ist die Maßhaltigkeit (nicht maßhaltig, bedingt maßhaltig, maßhaltig) der zu behandelnden Oberflächen, da durch das Beschichtungssystem die Feuchtigkeitseinwirkungen und deren Häufigkeit insbesondere auf die außen liegenden Furnier- und Holzschichten reduziert wird, um ein Ablösen der Deckschichten zu verhindern.

Je dunkler die Farbgebung der gestrichenen Flächen gewählt wird, desto stärker heizen sie sich bei Sonneneinstrahlung auf. Hierdurch wird das Quellen- und Schwindverhalten sowie Harzaustritte und Rissbildungen begünstigt. Rissbildungen sind sowohl auf dunkel als auch auf sehr hell behandelten Oberflächen deutlicher sichtbar. Harzaustritte sind nicht zu verhindern.

Wenn Beschichtungssysteme eingesetzt werden, ist auch immer die Rückseite des Werkstoffes mindestens mit einer Grundierung oder einem einfachen Anstrich zu versehen, um die Neigung zum „Schüsseln" (Krümmung entgegengesetzt zu den Jahresringen) zu verringern.

Schnittflächen, auch von an der Oberfläche unbehandelten Platten sind *immer* zu schützen. Untere horizontale Plattenkanten werden mit einer Neigung ≥ 15° als Abtropfkante versehen (Bild **8**.47a). Obere horizontale Plattenkanten können ebenfalls abgeschrägt und mit einer Beschichtung versehen werden (Bild **8**.50d) – wesentlich dauerhafter jedoch werden sie durch Abdeckprofile oder Überdeckungen vor direkter Bewitterung geschützt (Bild **8**.50a bis c). Vertikale Fugen können durch Abdeckprofile aus Metall oder auch resistente Hölzer und Beschichtungen geschützt werden. Kanten müssen hier nicht abgeschrägt werden.

Zur Beschichtung vorgesehene Plattenkanten sind mit einem Radius von mindestens 2 mm auszurunden um sicherzustellen, dass eine ausreichende Mindestbeschichtungsdicke auch an der Kante gewährleistet ist. Kritisch sind insbesondere Schnittflächen, wenn Platten vor Ort zugeschnitten werden. Ist dieses nicht zu vermeiden, müssen diese Schnittflächen sehr sorgfältig nachbehandelt werden.

8

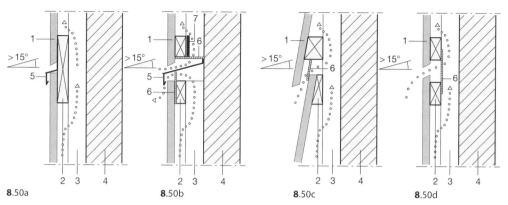

8.50 Horizontale Fugen von Außenwandbekleidung mit Holzwerkstoffplatten (HWP)
  a) Fuge geschlossen
  b) Fuge offen
  c) Fuge mit Überdeckung
  d) kritische Fugenausbildung *ohne* Schutz der oberen horizontalen Kante

  1 HWP- Bekleidung
  2 Traglattung
  3 Grundlattung
  4 wärmegedämmte Wandkonstruktion / sonstige Unterkonstruktion zur Befestigung
  5 Z- förmiges Abtropfprofil aus Metall
  6 Insektenschutzgitter
  7 Quellband für den Brandfall

Brandschutz. Erhöhte Brandschutzanforderungen können durch zementgebundene Flachpressplatten als B1-Baustoff oder speziell imprägnierte kunstharzgebundene Holzwerkstoffplatten erfüllt werden. Einige zementgebundene Flachpressplatten erfüllen Anforderung als nicht brennbarer Baustoff der Baustoffklasse A. Unmittelbar hinter den Holzbekleidungen angeordnete Dämmstoffe müssen die Baustoffklasse A2 erfüllen. Sind die Anforderungen an die Brennbarkeitsklassen mit den Holzbekleidungen und Holzwerkstoffen nicht erfüllbar, können Abweichungen von bestehenden Brandschutzanforderungen durch besondere Maßnahmen im Rahmen eines Brandschutzkonzeptes im Einzelfall beantragt werden. Diese können z. B. sein:

- Unterbrechung der Brandausbreitung im Hinterlüftungshohlraum durch Quellbänder in den Geschossebenen (Bild **8.**50b)
- nicht brennbare, auskragende Bauteile (z. B. Balkone, Reinigungs- und Wartungsstege) zur Verhinderung des vertikalen Brandüberschlages
- Sprinklerung der Fassade
- Bekleidungen aus A – bzw. B1 Baustoffen im horizontalen Brandüberschlagsbereich (2 x 50 cm Breite) an Gebäudetrennwänden.

8.5 Normen

Norm	Ausgabedatum	Titel
DIN EN 494	01.2013	Faserzement – Wellplatten und dazugehörige Formteile – Produktspezifikation und Prüfverfahren
DIN EN 789	01.2005	Holzbauwerke – Prüfverfahren – Bestimmung der mechanischen Eigenschaften von Holzwerkstoffen
DIN EN 822	05.2013	Wärmedämmstoffe für das Bauwesen; Bestimmung der Länge und Breite
DIN EN 823	05.2013	–; Bestimmung der Dicke
DIN EN 826	05.2013	–; Bestimmung des Verhaltens bei Druckbeanspruchung
DIN EN 988	08.1996	Zink und Zinklegierungen; Anforderungen an gewalzte Flacherzeugnisse für das Bauwesen
DIN EN 1013	03.2013	Lichtdurchlässige, einschalige, profilierte Platten aus Kunststoff für Innen- und Außenanwendungen an Dächern, Wänden und Decken – Anforderungen und Prüfverfahren
DIN 1052-10	05.2012	Herstellung und Ausführung von Holzbauwerken – Ergänzende Bestimmungen
DIN EN 1308	11.2007	Mörtel und Klebstoffe für Fliesen und Platten; Bestimmung des Abrutschens
DIN EN 1348	11.2007	–; Bestimmung der Haftfestigkeit zementhaltiger Mörtel für innen und außen
DIN EN 1364-3	05.2014	Feuerwiderstandsprüfungen für nicht tragende Bauteile; Vorhangfassaden – Gesamtausführung
DIN EN 1364-4	05.2014	–; Vorhangfassaden – Teilausführung
DIN 4074-1	06.2012	Sortierung von Nadelholz nach der Tragfähigkeit; Nadelschnittholz
DIN 4108-3	11.2014	Wärmeschutz und Energie- Einsparung in Gebäuden; Klimabedingter Feuchteschutz – Anforderungen, Berechnungsverfahren und Hinweise für Planung und Ausführung
DIN 4108-10	06.2008	–; –; Anwendungsbezogene Anforderungen an Wärmedämmstoffe – Werkmäßig hergestellte Wärmedämmstoffe
E DIN 4108-10	01.2015	– Anwendungsbezogene Anforderungen an Wärmedämmstoffe – Werkmäßig hergestellte Wärmedämmstoffe,
DIN EN ISO 6946	04.2008	Bauteile; Wärmedurchlasswiderstand und Wärmedurchgangskoeffizient; Berechnungsverfahren
DIN EN 10 088-2	12.2014	Nichtrostende Stähle; Technische Lieferbedingungen für Blech und Band aus korrosionsbeständigen Stählen für allgemeine Verwendung
DIN EN 10 088-3	09.2005	–; Technische Lieferbedingungen für Halbzeug, Stäbe, Walzdraht, gezogenen Draht, Profile und Blankstalerzeugnisse aus korrosionsbeständigen Stählen für allgemeine Verwendung und Profile für allgemeine Verwendung
DIN EN 12 004	02.2014	Mörtel und Klebstoffe für Fliesen und Platten; Anforderungen, Konformitätsbewertung, Klassifizierung und Bezeichnung
DIN EN 12 086 ff.	06.2013	Wärmedämmstoffe für das Bauwesen; Bestimmung der Wasserdampfdurchlässigkeit u. A.
DIN EN 12 152	08.2002	Vorhangfassaden; Luftdurchlässigkeit, Leistungsanforderungen und Klassifizierung
DIN EN 12 154	06.2000	–; Schlagregendichtheit, Leistungsanforderungen und Klassifizierung
DIN EN 12369-1	04.2001	Holzwerkstoffe – Charakteristische Werte für die Berechnung und Bemessung von Holzbauwerken; OSB, Spanplatten und Faserplatten

8

Norm	Ausgabedatum	Titel
DIN EN 12 467	12.2012	Faserzement-Tafeln; Produktspezifikationen und Prüfverfahren
DIN EN 13 111	11.2010	Abdichtungsbahnen – Unterdeck- und Unterspannbahnen für Dachdeckungen und Wände – Bestimmung des Widerstandes gegen Wasserdurchgang
DIN EN 13 162	03.2013	Wärmedämmstoffe für Gebäude – Werkmäßig hergestellte Produkte aus Mineralwolle (MW) – Spezifikation
DIN EN 13 163	03.2013	–; Werkmäßig hergestellte Produkte aus expandiertem Polystyrol (EPS) – Spezifikation
DIN EN 13 164	03.2013	–; Werkmäßig hergestellte Produkte aus extrudiertem Polystyrolschaum (XPS) – Spezifikation
DIN EN 13 165	03.2013	–; Werkmäßig hergestellte Produkte aus Polyurethan-Hartschaum (PUR) – Spezifikation
DIN EN 13 166	03.2013	–; Werkmäßig hergestellte Produkte aus Phenolharzhartschaum (PF) – Spezifikation
DIN EN 13 859-2	07.2014	Abdichtungsbahnen; Definitionen und Eigenschaften von Unterdeck- und Unterspannbahnen; Unterdeck- und Unterspannbahnen für Wände
DIN EN 13 984	05.2013	Abdichtungsbahnen – Kunststoff- und Elastomer-Dampfsperrbahnen – Definitionen und Eigenschaften
DIN EN 14 066	06.2013	Prüfverfahren für Naturstein – Bestimmung des Widerstandes gegen Alterung durch Wärmeschock
DIN EN 14 315-1	04.2013	Wärmedämmstoffe für das Bauwesen – An der Verwendungsstelle hergestellter Wärmedämmstoff aus Polyurethan (PUR) – und Polyisocyanurat (PIR)-Spritzschaum, Spezifikation für das Schaumsystem vor dem Einbau
DIN EN 14 315-2	04.2013	–; –; Spezifikation für die eingebauten Produkte
DIN EN 14 318-1	04.2013	Wärmedämmstoffe für das Bauwesen; An der Verwendungsstelle hergestellter Wärmedämmstoff aus dispensiertem Polyurethan (PUR) – und Polyisocyanurat (PIR)-Hartschaum, Spezifikation für das Schaumsystem vor dem Einbau
DIN EN 14 318-2	04.2013	–; –; Spezifikation für die eingebauten Produkte
DIN EN 14 519	03.2006	Innen- und Außenbekleidungen aus massivem Nadelholz – Profilholz mit Nut und Feder
DIN EN 14 592	07.2012	Holzbauwerke – stiftförmige Verbindungsmittel – Anforderungen
DIN EN 14 617-5	06.2012	Künstlich hergestellter Stein – Prüfverfahren – Bestimmung der Frost-Tau-Wechselbeständigkeit
DIN EN 14 617-8	01.2008	–; –; Bestimmung der Beständigkeit gegen Befestigungen (Ankerdornloch)
DIN EN 14 617-12	06.2012	–; –; Bestimmung des Maßhaltigkeit
DIN EN 14 783	07.2013	Vollflächig unterstützte Dachdeckungs- und Wandbekleidungselemente für die Innen- und Außenanwendung aus Metallblech – Produktspezifikation und Anforderungen
DIN EN 15 286	09.2013	Künstlich hergestellter Stein – Platten und Fliesen für Wandflächen (innen und außen)
DIN EN 15 651-1	12.2012	Fugendichtstoffe für nicht tragende Anwendungen in Gebäuden und Fußgängerwegen; Fugendichtstoffe für Fassadenelemente
DIN EN 16 153	06.2013	Lichtdurchlässige, flache Stegmehrfachplatten aus Polycarbonat (PC) für Innen- und Außenanwendungen an Dächern, Wänden und Decken; Anforderungen und Prüfverfahren
DIN 18 157-1	07.1979	Ausführung keramischer Bekleidungen im Dünnbettverfahren; Hydraulisch erhärtende Dünnbettmörtel
DIN 18 157-2	10.1982	–; Dispersionsklebstoffe

8

Norm	Ausgabedatum	Titel
DIN 18 157-3	04.1986	–; Epoxydharzklebstoffe
DIN 18 159-2	06.1978	Schaumkunststoffe als Ortschäume im Bauwesen; Harnstoff-Formalde-hydharz-Ortschaum für die Wärme- und Kältedämmung; Anwendung, Eigenschaften, Ausführung, Prüfung
DIN 18 333	09.2012	VOB Vergabe- und Vertragsordnung für Bauleistungen, Teil C: Allgemeine Technische Vertragsbedingungen für Bauleistungen (ATV), Betonwerkstein-arbeiten
DIN 18 334	09.2012	–; –; Zimmer- und Holzbauarbeiten
DIN 18 351	09.2012	–; –; Vorgehängte hinterlüftete Fassaden
DIN 18 352	09.2012	–; –; Fliesen- und Plattenarbeiten
DIN 18 360	09.2012	–; –; Metallbauarbeiten
DIN V 18 500	12.2006	Betonwerkstein; Begriffe, Anforderungen, Prüfung, Überwachung
DIN 18 515-1	08.1998	Außenwandbekleidungen; Angemörtelte Fliesen oder Platten; Grundsätze für Planung und Ausführung
E DIN 18 515-1	06.2014	–; Angemörtelte Fliesen oder Platten; Grundsätze für Planung und Aus-führung
DIN 18 515-2	04.1993	–; Anmauerung auf Aufstandsflächen; Grundsätze für Planung und Ausführung
DIN 18 516-1	06.2010	Außenwandbekleidungen, hinterlüftet; Anforderungen, Prüfgrundsätze
DIN 18 516-3	09.2013	–;–; Naturwerkstein; Anforderungen, Bemessung
DIN 18 516-4	02.1990	–;–; Einscheiben-Sicherheitsglas; Anforderungen, Bemessung, Prüfung
DIN 18 516-5	09.2013	–;–; Betonwerkstein; Anforderungen, Bemessung
DIN 18 540	09.2014	Abdichten von Außenwandfugen im Hochbau mit Fugendichtstoffen
DIN 18 542	07.2009	Abdichten von Außenwandfugen mit imprägnierten Dichtungsbändern aus Schaumkunststoff ; Imprägnierte Dichtungsbänder; Anforderungen und Prüfung
DIN18 807-9	06.1998	Trapezprofile im Hochbau; Aluminium-Trapezprofile und ihre Verbindun-gen; Anwendung und Konstruktion
DIN 20 000-1	08.2013	Anwendung von Bauprodukten in Bauwerken – Holzwerkstoffe
DIN 52 460	02.2000	Fugen- und Glasabdichtungen – Begriffe
DIN 68 119	09.1996	Holzschindeln
DIN 68 365	12.2008	Schnittholz für Zimmererarbeiten; Sortierung nach den Aussehen – Nadelholz
DIN 68 800-1	10.2011	Holzschutz – Allgemeines
DIN 68 800-2	02.2012	–; Vorbeugende bauliche Maßnahmen im Hochbau
DIN 68 800-3	02.2012	–; Vorbeugender Schutz von Holz mit Holzschutzmitteln
DIN 68 800-4	02.2012	–; Bekämpfungs- und Sanierungsmaßnahmen gegen Holz zerstörende Pilze und Insekten

8

8.6 Literatur

[1] *Ambrozy, H.G.; Giertlová, Z.*: Planungshandbuch Holzwerkstoffe – Technologie, Konstruktion, Anwendung. Wien 2005

[2] *Baumgarten, J.*: Holz in vorgehängten hinterlüfteten Fassaden – Außenwandverkleidungen. In: Bauen mit Holz 5/2010

[3] Bundesverband Bausysteme e. V.: Merkblätter des Fachverbandes Dübel- und Befestigungstechnik; www.bv-bausysteme.de

[4] *Baus, U., Siegele, K.*: Holzfassaden – Konstruktion, Gestaltung, Beispiele. Stuttgart/München 2008

[5] Bundesverband Porenbetonindustrie: Bericht 16, Bewehrte Wandplatten – hinterlüftete Außenwandbekleidungen. Wiesbaden 2002; www.bv-porenbeton.de

[6] *Cerliani, C., Baggenstos, T.*: Holzplattenbau. Dietikon Schweiz 2000 und Sperrholzarchitektur. Dietikon 2000

[7] *Cerliani, C., Baggenstos, T.*: Sperrholzarchitektur. Dietikon 2000

[8] Deutsches Dachdeckerhandwerk (ZVDH): Fachregeln für Außenwandbekleidungen mit: Schiefer (09/1999), Ebenen Faserzementplatten (06/2001), Faserzement-Wellplatten (03/2002), Holzschindeln (07/1987), Kleinformatigen Produkten aus Ton und Beton (03/2002) und Hinweise für hinterlüftete Außenwandbekleidungen (2003) www.dachdecker.de.

[9] Deutscher Naturwerksteinverband (DNV): Naturstein, Bautechnische Informationen – Lübeck BTI 1.5 Fassadenbekleidungen. Würzburg 2012; www.natursteinverband.de

[10] FVHF –Fachverband Baustoffe und Bauteile für vorgehängte Fassaden e.V. – Schriftenreihe und Merkblätter. Berlin; www.fvhf.de

[11] *Gabriel, I.*: Praxis: Holzfassaden. Staufen 2012

[12] *Gehardy, L., Royar, J.*: Wärmedämmung der hinterlüfteten, vorgehängten Fassade. In: DBZ 8/96

[13] *Grimm, F., Richarz, C.*: Hinterlüftete Fassaden – Konstruktion vorgehängter hinterlüfteter Fassaden aus Faserzement. Stuttgart und Zürich 1994

[14] Halfen Natursteinanker. Wiernsheim; www.halfen.de

[15] *Holl, C., Siegele, K.*: Metallfassaden. München 2007

[16] *Hullmann, H.*: Stahl in anspruchsvollen Fassadensystemen. In : DBZ 11/93

[17] Industrieverband für Bausysteme im Leichtmetallbau e. V. (IFBS): Fachinformationen. Düsseldorf 2013; www.ifbs.de

[18] Informationsdienst Holz e.V.: Holzbau Handbuch, Reihe1, Teil 10, Folge 1, 2 und 4. Düsseldorf 2001; www.informationsdienst-holz.de

[19] *Krämer, G.*: Fassaden mit Faserzement. Stuttgart 2011

[20] *Lubinski, F.*: Bauschädensammlung – Schäden an Metallfassaden- und Dachdeckungen. Stuttgart 2001

[21] NiVo – Journal für Architektur und Faserzement. Niederurnen

[22] *Nowakowski, M.*: Vorgehängte Fassaden aus Faserzement. In: DBZ 2/93

[23] *Pech, A.; Pommer, G.; Zeininger, J.* :Fachbuchreihe Baukonstruktionen – Fassaden. Wien 2009

[24] *Pell, B.*: Modulierte Oberflächen. Basel 2010

[25] *Pracht, K.*: Fassaden- und Dachelemente aus Metall. 2001

[26] Rheinzink GmbH: Rheinzink®, Anwendung in der Architektur sowie Schriftenreihe Fassadensysteme. Dattteln 2011; www.rheinzink.de

[27] *Schild, K., Weyers, M., Willems, W*: Handbuch Fassadendämmsysteme – Grundlagen, Produkte, Details. Stuttgart 2010

[28] *Veuve, O., Grandjean, P.*: Holzschindeln – Techniken, Bauten, Traditionen. Aarau 2012

[29] *Watts, A.*: Moderne Baukonstruktionen: Fassaden. Wien 2005; Modern Construction Envelopes, Wien 2014

9 Fassaden aus Glas

9.1 Allgemeines

In diesem Abschnitt werden in Abgrenzung zu Kapitel 5 (Fenster) in Teil 2 dieses Werkes integrierte, geschoss- bzw. gebäudehohe Fassadensysteme behandelt, die sich durch ihren hohen Glasflächenanteil und die Einbauart von einem Einzelfenster innerhalb ansonsten geschlossener Wandflächen (Lochfassade) unterscheiden.

Zunehmende Bedeutung erhalten in den letzten Jahren Fassaden aus Glas – insbesondere für Bauaufgaben mit repräsentativem Anspruch. Die Verwendung zeitgemäßer Baustoffe im Zusammenhang mit leichten und transparenten, technisch geprägten Konstruktionen führt zu einer Erweiterung der Gestaltungsmöglichkeiten der Gebäudehülle. Energieoptimierte, ganzheitliche Gebäudekonzepte unter Einbeziehung klimatischer Bedingungen und deren Wechselwirkungen werden zunehmend mit einer Ästhetik verbunden, die diese Konzepte sichtbar macht.

Glasfassaden schaffen neue Möglichkeiten der Transparenz, erweitern die *natürliche Belichtung* bis in größere Gebäudetiefen und vergrößern die Sichtkontaktflächen nach außen. Die Nutzung natürlichen Tageslichtes (Lichtqualität, Beleuchtungsstärke und Helligkeitsverteilung, Farbechtheit) durch Vergrößerung des Tageslichteintrages wird durch hohe Verglasungsanteile verbessert. Die Verwendung besonders lichtdurchlässiger Gläser gewinnt hinsichtlich des Energieverbrauches für Beleuchtung bei der Gebäudenutzung und der visuellen Behaglichkeit (Reduktion des Kunstlichtbedarfes) insbesondere an Büroarbeitsplätzen zunehmend an Bedeutung.

Im Gegensatz zu den genannten Vorteilen gläserner Fassadenflächen stehen die unvermeidlich höheren Wärmeenergieverluste im Winter und erhöhte, häufig nicht erwünschte Wärmeenergieeinträge im Sommer. Der **U**-Wert auch von sehr hochwertigen Wärmeschutzgläsern bzw. Öffnungselementen liegt um ein Mehrfaches höher als der Wärmedurchgangskoeffizient gut gedämmter, opaker Wände. Tendenziell muss der Glasflächenanteil bei Gebäuden mit zunehmendem Wärmeschutz (z. B. Niedrigstenergie- oder Passivhaus) in Abhängigkeit von der Himmelsausrichtung planerisch berücksichtigt – vielfach auch reduziert werden, um den erhöhten Anforderungen an Energieeffizienz überhaupt gerecht werden zu können.

Massive Außenwände mit guten Schallschutz- und Wärmespeicherfähigkeiten verfügen – verbunden mit durch Einzelfenster eingeschränkten Belichtungsmöglichkeiten – nur über eine relative Anpassungsfähigkeit (zeitlich verzögerte Reaktivität – Phasenverschiebung) an die unterschiedlichen Beanspruchungen im Sommer, Winter, bei Tag und Nacht. Weitgehend verglaste Außenwandflächen erreichen vergleichbare Eigenschaften durch zusätzliche konstruktive Maßnahmen, eine Differenzierung der Bauteilschichten (Mehrschaligkeit) und/oder haustechnische Anlagen zur Klimakonditionierung.

Anforderungen. Die Ansprüche an transparente Fassaden aus Glas widersprechen sich vielfach:

- der im Winter gewünschte Wärmeenergiegewinn durch Sonneneinstrahlung muss im Sommer durch Schutzmaßnahmen gegen direkte Einstrahlung verhindert oder durch sehr energieaufwändige Gebäudekühlung ausgeglichen werden,

- durch sommerliche Wärmeeinstrahlung – häufig verbunden mit der Abwärme technischer Anlagen – tagsüber aufgeheizte Räume sollen nachts auskühlen, – im Winter dagegen sind Wärmeverluste nicht erwünscht,

- Brandschutzanforderungen insbesondere in Brandüberschlagsbereichen zwischen Brandabschnitten, Geschossen und Nutzungseinheiten sind mit Glasfassaden gar nicht – oder nur mit hohen Aufwand zu erfüllen,

- die Anforderungen an den Schallschutz der Fassade nach außen aber auch innerhalb des Gebäudes stehen häufig im Widerspruch zu der funktional und ästhetisch gewünschten Filigranität und Transparenz,

- die Berücksichtigung der Himmelsrichtungen mit ihren unterschiedlichen klimatischen Einwirkungen lässt sich nur mit konstruktiv und optisch unterschiedlichen Fassadenarten optimieren.

Die Anforderungen an Fassaden aus Glas stellen komplexe Zusammenhänge aus Nutzerverhalten, Klimaverhältnissen (z. B. Himmelsrichtungsdisposition, thermischen Schwankungsintervallen), Energieeintrag, Energieverlusten, Belichtung (Tageslichtschwankungen) und Belüftung (mechanisch oder natürlich), Schallschutz, Behaglichkeitsempfinden sowie wirtschaftlichen Aspekten dar. Planungskonzepte für Glasfassaden erfordern integrierte Lösungen hinsichtlich der bauphysikalischen Funktionszusammenhänge, der Wirkungsweisen im Zusammenhang mit den Innenbauteilen (Speichervermögen, Kühldecken) und der technischen Gebäudeausrüstung.

Voraussetzung für einen zunehmenden Glasflächenanteil in der Gebäudehülle bei gleichzeitig verstärkten Forderungen nach sparsamerem Energieverbrauch sind innovative, glastechnische Neuentwicklungen und Konstruktionstechniken mit verbesserten Wärme- und Sonnenschutzeigenschaften (z. B. hochwärmedämmende Gläser, Aerogelverglasungen, Vakuumverglasungen). *Wärme-, licht- und schallregulierende Gläser* erweiterten zunehmend die Möglichkeiten für Fassadenkonzepte aus Glas. Verbunden hiermit sind neue Begriffe wie „intelligente oder aktive Fassade", „*Klimafassade*", „Medienfassade" usw. entstanden. Einfluss haben auch neue Materialentwicklungen wie *transparente Wärmedämmstoffe* (TWD) oder Kollektor- und Photovoltaikanlagen zur direkten solaren Energiegewinnung an Außenwandflächen.

Neuere Entwicklungen experimentieren darüber hinaus mit „polyvalenten", aktiv auf sich verändernde Umgebungsbedingungen reagierenden Eigenschaften von Glas und können möglicherweise die Anwendungsbereiche für anpassungsfähige Fassadenkonstruktionen erweitern. Ziel neuartiger Ansätze sind hierbei flexibel reagierende (hybride), aktiv und passiv steuerbare, membranartige Hüllen zwischen Innen- und Außenklima im Gegensatz zu herkömmlichen statisch konzipierten Trennschichten von innen nach außen.

Grundsätzlich unterschieden werden können Planungen, die durch technische Anlagen zur automatisierten Steuerung, Belüftung und Bewegung von Fassadenteilen geprägt sind und einfache, die natürlichen Klimabedingungen nutzende, ganzheitlich entwickelte Konzepte mit möglichst minimiertem Aufwand und Energiebedarf für technische Anlagen (Low-Tech-Building).

Lüftungsanlagen zur künstlichen Gebäudeklimatisierung und Kühlung (Frischluftzufuhr, Feuchteausgleich, Schadstoffaustrag, Geruchsbelästigung, Wärmelastenabtrag, interne Zugerscheinungen), insbesondere verbunden mit nicht öffenbaren Fenstern stoßen aus psycholo-

gischen und wirtschaftlichen Gründen zunehmend auf Ablehnung. Hochtechnisierte, vom Nutzer je nach thermischem Behaglichkeitsempfinden individuell nicht regelbare, zentrale Anlagen zur Vollklimatisierung sind vielfach nicht gewünscht, da auch gesundheitliche Schäden als Folge vorkonditionierter Luft nicht auszuschließen sind.

In hoch energieeffizienten Gebäudeplanungen (z. B. Passivhaus) werden Fassaden z. Z. jedoch i. d. R. ohne Öffnungsmöglichkeiten geplant, da den Gebäudenutzern ein bewusster Umgang mit den negativen Einflüssen individueller Lüftungsmöglichkeiten nicht zugetraut wird. Zur Sicherstellung des hygienisch notwendigen Luftwechsels werden in diesen Gebäuden mechanische Lüftungsanlagen mit Wärmerückgewinnungseinrichtungen (WRG) vorgesehen, um Wärmeverluste durch die notwendige mechanische Gebäudelüftung zu vermeiden (s. a. Abschn. 16).

Zunehmende Kenntnisse über die Funktionsweise der Lüftung in energieeffizienten Gebäuden eröffnen auch in derartigen Gebäuden die aus psychologischen Gründen wichtige Option zur natürlichen Lüftung durch öffenbare Fenster zusätzlich zur mechanischen Lüftung.

Fassadenreinigung. Glasflächen erfordern immer Vorrichtungen für *allseitige*, gefahrenfreie Reinigungsvorgänge durch Öffnungsmöglichkeiten, Stege vor den Fassaden bzw. im Fassadenzwischenraum bei Doppelfassaden oder *Befahranlagen*, die an der vertikalen Verglasungsfläche oder von der Dachfläche herabhängend angeordnet werden können.

Neueste Entwicklungen von *nanobeschichteten Gläsern* mit Schmutz abweisender und selbstreinigender Wirkung können wesentlich zu einer Verringerung des regelmäßig wiederkehrenden, hohen Reinigungsaufwandes (Betriebskosten) von Glasflächen beitragen.[1]

----

[1] Durch Aufbringen von mikroskopisch dünnen, transparenten Beschichtungen aus mehreren chemischen Schichten (Schichtdicke ≤ 50 Nanometer = 50-millionstel Meter) können *hydrophile* (zur gleichmäßigen, filmartigen Verteilung von Regen und Feuchtigkeit, keine Perlenbildung), *hydrophobe* (wasserabweisende Beschichtungen zur Tröpfchenbildung, Lotuseffekt) und *photokatalytische* (zur chemischen Reaktion (Oxydation) von UV-Strahlung mit Schmutzpartikeln und Ablagerungen) Merkmale erzeugt werden. Die Eigenschaften zusammengenommen unterbinden die Haftung von anorganischen und organischen Ablagerungen an der Oberfläche und unterstützen das Abwaschen des Schmutzes beim „Herunterlaufen" von Wasser von der Glasfläche (Selbstreinigungseffekt).

9.2 Unterscheidungskriterien für Glasfassaden

Fassaden aus Glas lassen sich nach unterschiedlichen Anforderungen und Merkmalen betrachten.

Hierbei können z. B.

- *materialspezifische* (Glasarten)
- *befestigungstechnische*, statische, oder auch
- *konstruktive* (Ein- oder Mehrschaligkeit, Verglasungsart),
- *energetische und bauphysikalische* (z. B. Klima- und Lüftungskonzept)

Kriterien maßgeblich sein.

Zunehmend wird nach dem in Verbindung mit dem Fassadentyp stehenden Klima- und Lüftungskonzept des gesamten Gebäudes, der Bauteilschichtung der Fassade oder der Reaktionsfähigkeit des Glases auf Licht- und Klimaschwankungen unterschieden.

Neben den nach Herstellungsverfahren oder nach Wärme,- Schall,- und Brandschutz- sowie Sicherheitsfunktionen unterscheidbaren *Funktionsgläsern* (z. B. Wärmeschutz-, Schallschutz-, Brandschutz-, Sicherheits-, Sonnenschutzgläser, s. a. Abschn. 5.4 in Teil 2 dieses Werkes) sind für Glasfassaden weitere Materialeigenschaften entscheidend:

Sicherheitsanforderungen. In Fassaden ab 4 m Einbauhöhe sind in gefährdeten Bereichen immer besonders geprüfte Sicherheitsgläser (ESG-H = heißgelagertes ESG) gemäß den technischen Regeln für linienförmig gelagerte Verglasungen (TRLV) vorzusehen.

Transparenzgrad des Glases. Gläser können unterschiedliche Eigenschaften hinsichtlich der optischen Durchsichtigkeit von innen nach außen und umgekehrt annehmen. Durch Einfärbung oder Eintrübung des Materials, Farbbeschichtung durch Bedampfung, Bedruckung oder Kunststofffolien auf der Oberfläche lassen sich verschiedene Grade der Durchsichtigkeit und des Blend- und Sonnenschutzes erzielen. Es werden folgende Eigenschaften unterschieden:

- Transparentes Glas, (die Durchsicht nicht oder nur geringfügig einschränkendes Glas),
- Transluzentes Sichtschutzglas, (die Durchsicht verhinderndes, bedingt lichtdurchlässiges, teilweise bedrucktes, beschichtetes, eingefärbtes oder gesandstrahltes Glas),

- Opakes Glas (undurchsichtiges, lichtundurchlässiges Glas, vorwiegend zur Abdeckung von dahinterliegenden Bauteilen).

Gläser zur direkten thermischen (Luft- oder Wasserkollektoren) oder elektrischen Energiegewinnung (Beschichtungen aus Silizium oder mit Photozellen) ermöglichen in die Fassadenkonstruktion integrierbare opake Teilflächen.

Steuerungsmöglichkeiten der Glasbeschichtungen. Neben Entwicklungen zur Optimierung der *permanenten Glaseigenschaften* (z. B.: hochwärmedämmende Isoliergläser durch Vakuumbildung oder Gelfüllungen im Scheibenzwischenraum (SZR)) gibt es Entwicklungsversuche zu *reversiblen Glasarten*. Mit ihnen können die Licht- und Wärmestrahlungstransmissionen variabel aktiv oder passiv gesteuert werden. Ziel ist die Anpassung der solaren Wärmegewinne an das Strahlungsangebot und die Regulierung des direkten und diffusen Tageslichteintrages insbesondere an die Arbeitsplatzerfordernisse der Nutzer. Hierbei werden langfristig wirtschaftlich Vorteile gegenüber wartungsintensiven Steuerungssystemen und mechanischen Sonnen- und Blendschutzanlagen gesehen.

Es werden folgende Steuerungsarten der Glaseigenschaften unterschieden:

- *Witterungsabhängige*, schaltende Steuerung über Temperatur (thermotrope-) oder Strahlung (phototrope Verglasungen), nicht farbig, rein streuend,
- *Nutzerabhängige*, schaltbare Steuerung über Spannung (elektrochrome-) oder Gaseinleitung (gasochrome Verglasungen), farbig, nicht streuend.

Thermotrope Beschichtungen bestehen aus einer Kunststoffmischung, die bei niedrigen Temperaturen homogen und transparent ist und sich bei höheren Temperaturen (Wärmeeinwirkung der Außentemperaturen oder Sonneneinstrahlung) entmischt (Trennung der Polymere in submikroskopischer Größe). Das Licht wird hierdurch stark gestreut und die Scheibe erscheint milchig weiß.

Elektrochrome Beschichtungen können bei freier Durchsicht verschiedene Grade der Wärme- und Lichtdurchlässigkeit (Transmissionsgrad) durch automatisch gesteuerte Spannungswechsel einnehmen. Die Scheiben sind mit einer leitfähigen Polymerfolie beschichtet, die durch das Anlegen einer Spannung (max. 5 Volt) ihre

9

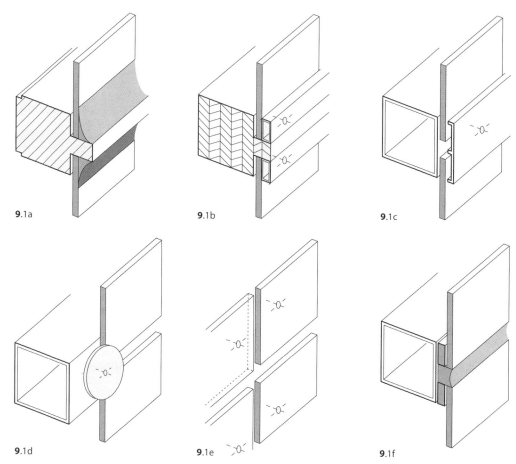

9.1a   **9.**1b   **9.**1c

9.1d   **9.**1e   **9.**1f

9.1 Glashalterungen
   a) Kittverglasung an Holz- oder Metallprofilen (Nassverglasung)
   b) Klemmleisten- Verglasung mit einer Klemmleiste je Scheibe
   c) Pressleisten – Verglasung, Pressleiste für zwei Scheiben
   d) Punktuelle Glashalterung mit Klemmprofilen (Teller, Flachstahl) an den Ecken
   e) Punktuelle Glashalterung mit Bohrungen und gelenkig gelagerten Halteprofilen (nicht dargestellt)
   f) Nicht sichtbare Befestigung durch Verklebung (structural glazing)

optischen Eigenschaften verändern kann. Jede Scheibe ist mit einer elektrischen Zuleitung versehen und kann einzeln oder gruppenweise zentral gesteuert werden.

Gasochrome Füllungen lassen sich durch Wechsel der Gasfüllung im Scheibenzwischenraum (SZR) manuell einfärben (blau) und wieder entfärben.

Darüber hinaus können durch Prismengläser, Mikroprismenraster (Streuung des Tageslichteintrages) oder holographisch-optische Beschichtungen die Reaktionsfähigkeiten der Gläser auf Tageslichtschwankungen und eine Einflussnahme auf die Lichtreflexion und Lichtlenkung erreicht werden.

Unterscheidung nach Glashalterung. Es werden drei Prinzipien zur Befestigung von Glasscheiben unterschieden.

● *Lineare Lagerung* als zwei- oder vierseitig am Rand auf Unterkonstruktionen aus Holz- oder Metallprofilen mit Halteprofilen (Klemm- oder Pressprofile) gehaltene Scheiben vergleichbar der Einbauart in umlaufenden Fensterrahmenprofilen (Bild **9.**1a-c).

● *Punktuelle Lagerung* von überwiegend rahmenlosen Scheiben mit an den Ecken einge-

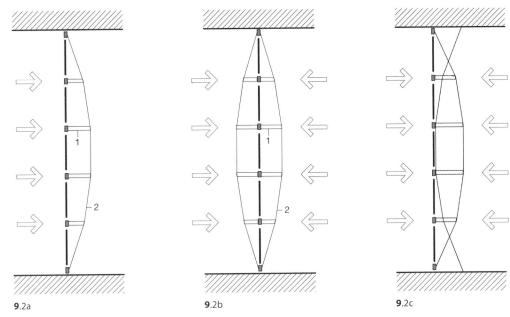

9.2a   9.2b   9.2c

9.2 Hinterspannungen für punktgehaltene oder hängende Verglasungen
   a) bei einseitiger Horizontallast   1 Druckstab
   b) Mit außen- und innen liegender Hinterspannung   2 Zugseil, vorgespannt
   c) Mit innen liegender Hinterspannung

klemmten oder durchbohrten Halterungen an einer Tragkonstruktion (Bild **9**.1d und e).

- *Lineare Lagerung und Befestigung durch Verklebung* (*structural glazing*) an einer Tragkonstruktion (Bild **9**.1f).

Die vertikale und horizontale Lastabtragung der Glasscheiben erfolgt entweder linear durch Halteprofile bzw. Halteleisten oder Verklebungen, oder punktuell durch Verschraubungen oder Klemmelemente an den Ecken. Innerhalb oder außerhalb des Scheibenquerschnittes angeordnete gelenkige Punkthalterungen der Gläser ermöglichen spannungsfreie, hängende Befestigungsmöglichkeiten.

Horizontale Windlasten werden häufig über feingliedrige, horizontal oder vertikal gespannte Seilträgersysteme als Hinterspannungen (Bild **9**.2) oder über Glasschwerter in angrenzende tragende Bauteile weitergeleitet.

Structural Glazing. Bei geklebten Befestigungen kann die vertikale Lastabtragung ausschließlich über die Verklebung an Tragprofilen selbst oder über Profilkanten oder Konsolen erfolgen. Die horizontalen Lasten aus Windsog werden in beiden Fällen ebenfalls durch die Verklebung

aufgenommen. Neuere Entwicklungen kombinieren Verklebungsflächen mit Teilbohrungen bis in die Mitte des Glasquerschnittes zur Übernahme der Vertikallasten (Bild **9**.3).

Möglich wurde diese Konstruktionstechnik durch die Entwicklung spezieller Silikon-Klebemassen, die nicht nur die Fassadenfugen abdichten, sondern auch die auf die Scheiben einwirkenden Druck- und Sogkräfte – auch unter schwierigsten klimatischen Bedingungen, insbesondere auch bei UV-Bestrahlung, – dauerhaft sicher aufnehmen (daher auch die Bezeichnung „Silikon-Verglasung").

Bei *„zweiseitigem structural glazing"* werden nur die vertikalen *oder* horizontalen Glasränder durch die Verklebung gehalten, während die jeweils anderen Kanten in konventionellen Profilen ruhen (Bild **9**.4a). Beim *„vierseitigen structural glazing"* werden die Scheiben allseitig durch die Verklebung gehalten (Bild **9**.4b).

Im Ausland werden seit vielen Jahren Glasfassaden und Fassadenverkleidungen aus Glas gebaut, bei denen Einfachscheiben und auch Isolierglasscheiben *ohne* zusätzliche mechanische Sicherung unmittelbar auf Unterkonstruktionen aufgeklebt werden. Wenn entsprechende bau-

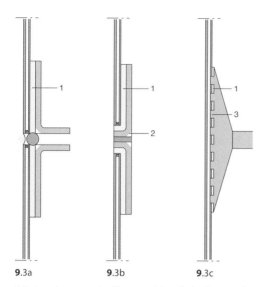

9.3a 9.3b 9.3c

9.3 Lastabtragung des Eigengewichtes beim Structural Glazing
a) Scheibenverklebung ohne zusätzliche Lastabtragung
b) zusätzliche Lastabtragung auf Profilkante oder Auflagerkonsole
c) teilgebohrte Glashalterung
1 Klebeflächen
2 Konsolauflager
3 Dorne in teilgebohrten Glasquerschnitt

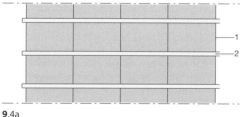

9.4a

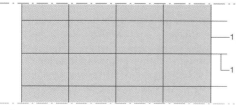

9.4b

9.4 „structural glazing"
a) zweiseitig
b) vierseitig
1 Klebeverbindung
2 Halteprofil (Klemmprofil)

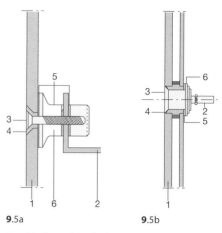

9.5a 9.5b

9.5 Mechanische Scheibenhalterungen, gebohrt
a) Einscheibensicherheitsglas, Schnitt durch Verschraubung (System Planar, Flachglas)
b) Isolierglas, Verschraubung in Bohrung gehalten (schematisch)
1 ESG Glas
2 Haltewinkel (auf Unterkonstruktion)
3 Halteschraube
4 Dichtungsring
5 Silikondichtungen
6 Distanzscheibe

aufsichtliche Zulassungen (AbZ) vorliegen, können derartige Verglasungen auch in Deutschland nach diesem Prinzip ausgeführt werden mit der Einschränkung, dass ab 8 m Höhe die Scheiben zusätzlich durch Klemmrosetten, Verschraubungen o. Ä. mechanisch gegen Herausfallen gesichert sein müssen.

Die Fachwelt, – insbesondere die Genehmigungsbehörden in Deutschland –, stehen diesen Konstruktionen skeptisch gegenüber und fordern zusätzliche mechanische Halterungen als Sicherungen für die fassadenbildenden Scheiben. Das ist möglich mit Hilfe von Eckhalterungen (Bild **9**.1d) oder von Verschraubungen, bei denen die Glasscheiben durchbohrt und durch spezielle, abgedichtete Passschrauben auf Unterkonstruktionen befestigt werden. Verschraubungskonstruktionen gibt es sowohl für 1-Scheiben-Sicherheitsglas (ESG) als auch für Isolierverglasungen (Bild **9**.5a und b).

Die gestalterische Forderung nach völlig ebenen Glasfassadenflächen ohne sichtbare Befestigungen kann auch mit Hilfe durchlaufender Halteprofile, die mit Anpressdichtungen kombiniert sind, erfüllt werden. Eine derartige bauaufsichtlich zugelassene Ganzglas-Fassadenkonstruktion zeigt Bild **9**.6.

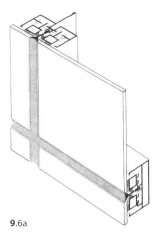

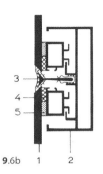

9.6
Scheibenhalterung mit Durchlaufprofilen
(System Fenster Werner)
a) Außenansicht Kaltfassade (Die Konstruktion erlaubt auch die Montage von Mehr-
   scheibenglas)
b) Schnitt
1 ESG Glas
2 Unterkonstruktion
3 Y-Halteprofil mit Silikon-Dichtungen
4 Silikonverklebung
5 Nortonband

9.6a   **9.**6b   1   2

Bei der in Bild **9.**7 gezeigten Konstruktion sind die erforderlichen Halteprofile dadurch verdeckt, dass Isoliergläser – insbesondere solche mit Spiegelef-fekten – eine versetzte Kantenausbildung erhalten. Die äußere Glasscheibe ist rundum entsprechend größer als die innere (sog. *„Stufenglas"*). Bei diesen sind die innen liegenden Randprofile so gestaltet, dass Halterungen eingreifen können.

Unterscheidung nach Fugenausführung (Ver-glasungsart). Die Fugenausbildung erfolgt entweder mit Dicht*stoffen* oder Dicht*profilen* (s. a. Abschn. 5.4.3 in Teil 2 dieses Werkes) als

- *Nass-Verglasung* überwiegend bei Holzprofilen (früher Kittverglasung) mit elastischen *Dichtstoffen* (verhindert Eintritt von Wasser) zwischen Rahmen bzw. Glashalteleiste und Verglasung, mit Silikonverklebung auf Tragprofilen (structural glazing) oder auch zwi-

schen den Fugen rahmenlos eingebaute Scheiben (Glasstöße),

- *Trocken-Verglasung mit Glashalteleiste* überwiegend bei Metallprofilen mit elastischen *Dichtprofilen* und *von innen* einzubringender Glashalteleiste,
- *Trocken-Verglasung mit Pressleiste* (o. a. Druckverglasung) durch lineares, spannungsfreies Anpressen der Scheibe mit Dichtungsprofilen und *von außen* einzubringender Pressleiste.

Trocken-Verglasungen erfordern einen dichtstofffreien, belüfteten Falzraum. Eintretendes Wasser, Tauwasser und der Dampfdruckausgleich müssen über eine *Falzentwässerung* sowohl aus dem horizontalen als auch dem vertikalen Falzraum über Bohrungen in den Pressleisten nach außen möglich sein (s. a. Abschn. 5.4.5 und 6.5 in Teil 2 dieses Werkes).

9

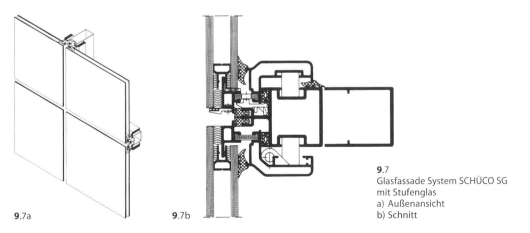

9.7a   **9.**7b

9.7
Glasfassade System SCHÜCO SG
mit Stufenglas
a) Außenansicht
b) Schnitt

9.3 Fassadenbekleidungen aus Glas

Fassadenbekleidungen aus Einscheiben-Sicherheitsglas (ESG) werden nach DIN 18 516-4 mit Hinterlüftung in ähnlichen Techniken wie mit anderen Materialien für hinterlüftete Fassadenbekleidungen ausgeführt (s. Abschn. 8.4.6).

Aus Gläsern mit verschiedenen Oberflächen (z. B. mit gesandstrahlten, bedruckten, verspiegelten Gläsern) können dabei besondere gestalterische Effekte erzielt werden. Einsatzmöglichkeiten bestehen für Fassadenflächen, die *transluzent* oder *opak* bekleidet werden, z. B. zur Bekleidung von Wärmedämmstoffen oder auch als „Wärmefalle" vor massiven Wärmespeicherwänden (Trombe-Wand).

9.4 Einschalige Fassaden aus Glas

9.4.1 Allgemeines

Einschalige Glasfassaden können aus konstruktiver Sicht unterschieden werden in:

- Fassaden, geschosshoch *zwischen* den angrenzenden Decken gefasst (vergleichbar üblichen Fenstern eingebaut und befestigt)
- Fassadenelemente, *vor* der Tragkonstruktion unterbrechungslos als Vorhangfassaden („curtain wall") montiert.

Bei der Konstruktion von einschaligen Fassaden aus Glas muss die leichte, transparente und schlanke Glashaut allen Anforderungen u. A. an den sommerlichen und winterlichen Wärmeschutz sowie den Schall- und Brandschutz genügen. Für den winterlichen Wärmeschutz stehen zunehmend hochdämmende Gläser mit verbesserten Wärmedurchlasskoeffizienten (U-Werten bis 0.7 W/m²K) zu Verfügung. Der sommerliche Wärmeschutz kann durch Sonnenschutzverglasungen, auf die Fassadenausrichtung abgestimmte, feststehende oder bewegliche Verschattungsanlagen (s. a. Abschn. 9.6), durch die Aktivierung von schweren, wärmespeicherfähigen Gebäudeteilen zur Nachtauskühlung bzw. durch Konditionierung der Luft mit aufwändigen und energieintensiven Klima- und Lüftungsanlagen erreicht werden.

Hohe Anforderungen an den Schallschutz können nur bedingt durch die Auswahl schwerer, in der Glasdicke unterschiedlicher Gläser und dichter Fugenanschlüsse erreicht werden. Brandschutzanforderungen an Fassaden, insbesondere bei höheren Gebäuden lassen sich teilweise in Kombination mit der Entwicklung eines Brandschutzkonzeptes durch festzulegende Kompensationsmaßnahmen erfüllen (s. a. Abschn. 17.7).

9.4.2 Pfosten-Riegel-Fassaden (PRF)

Großflächige Belichtungsöffnungen oder auch ganze Fassadenflächen können mit Fassadensystemen aus tragenden, *handwerklich* gefertigten Profilen aus Metall oder Holz hergestellt werden. Vertikale Pfostenprofile (Hauptprofile) und horizontale Riegelprofile ergeben eine skelettartige Tragstruktur zur Aufnahme linear, zwei- oder vierseitig gelagerter Verglasungen (Trocken-Verglasungen mit Pressleisten). Herkömmliche Öffnungselemente wie Fenster und Türen sowie wärmegedämmte Paneele aus Holz oder Metall können in nicht transparenten Bereichen integriert werden. Die Dimensionierung der Pfosten und Riegel erfolgt gemäß der statischen Beanspruchung durch Eigenlasten und horizontale Windlasten.

Die Konstruktionen und Befestigungsarten von Pfosten-Riegel-Fassaden sind *handwerklich* geprägt und der Bauart üblicher Fenster ähnlich. Sie werden weitergehend in Teil 2, Abschn. 6 dieses Werkes behandelt. Im Gegensatz hierzu werden im Folgenden überwiegend *industriell gefertigte* Fassadensysteme behandelt.

9.4.3 Vorhangfassaden (Elementfassaden)

Industriell vorgefertigte Außenwände werden überwiegend für Gebäude mit gerasterten Fassadenflächen als leichte „Vorhangwände" („curtain wall") verwendet. Metall-Verbundelemente kombiniert mit Fenstern und Brüstungen bieten insbesondere bei hohen Skelettbauten neben der Möglichkeit rascher Montage und ggf. leichter Änderbarkeit auch eine Vergrößerung der Nutzflächen durch schlanke Wandquerschnitte. Außerdem wird durch die verhältnismäßig leichte Bauweise der Fassaden eine erhebliche Verminderung der auf Stützen, Deckenränder und Fundamente wirkenden Lasten (Eigenlasten) erreicht.

Vorhangfassaden gemäß DIN EN 1364 werden an Geschossdecken oder an den Stahl- oder Stahlbeton-Skelettstützen befestigt. Schon bei der Rohbauplanung müssen justierbare, leicht zugängliche, korrosionsgeschützte Winkel, Konsolen oder Ankerschrauben vorgesehen werden.

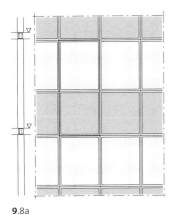

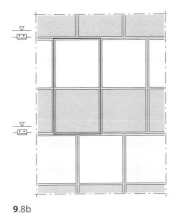

9.8a

9.8b

9.8
Vorhangwände mit sichtbaren
Sprossen
a) vertikal gespannt
b) horizontal gespannt

Bei der Planung muss festgelegt werden:

- Art der Montage (z. B. aus Einzelbestandteilen
  oder aus vorgefertigten Rahmen bzw. Fassadenelementen). Daraus ergeben sich Art und
  Umfang der Arbeitsvorgänge in der Werkstatt
  und am Bau sowie die Transportbedingungen.
- Spannrichtung (vertikal oder horizontal). Hieraus ergibt sich, wie die Befestigung am Skelett
  angeordnet und ausgebildet sein muss und
  wie die Sprossen zu bemessen sind (Bild **9**.8 a
  und b).
- Fugenausbildung zwischen den Sprossen
  (Sprossenform), Sprossenrahmen sowie den
  Sprossen und Füllungen (einschließlich Fensterrahmen).
- Festlegung der Maßtoleranzen, der *dreidi-
  mensionalen* Justierbarkeit an der Tragkonstruktion und der Fugenausbildung zwischen
  den Fassadenelementen zur Sicherstellung
  der Dehnungsmöglichkeiten der einzelnen
  Fassadenelemente und der Fassade insgesamt.

Die einzelnen Elemente sind an ihren Kanten miteinander verbunden und bilden beliebig große,
ununterbrochene Wandflächen. Das dahinterliegende tragende Skelett tritt nicht unmittelbar in
Erscheinung. Es kann aber durch die Anordnung
von Konstruktionsteilen der Vorhangwände
(Pfosten, Sprossen) in seiner Lage angedeutet
werden. Verwendet werden für nicht transparente Teilflächen

- Tafeln mit Außenhaut aus gepressten Blechen
  oder Kunststoffen
- mechanisch verbundene, mehrschichtige Tafeln mit oder ohne aussteifender Unterkonstruktion

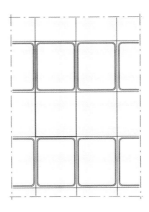

9.9
Vorhangwand
Tragkonstruktion
verdeckt

9

Es werden Konstruktionen mit sichtbaren oder
verdeckten Sprossen bzw. Tragkonstruktionen
unterschieden (Bilder **9**.8 und **9**.9).

Sie bestehen aus einem System senkrechter und
waagrechter Sprossen, die an den tragenden Teilen des Bauwerks (vor allem den Deckenplatten)
befestigt sind. Das Sprossenwerk trägt die flächenbildenden Platten oder Tafeln einschließlich
der Fenster.

Die Fassadenelemente werden statisch nur
durch Eigengewicht und Windlasten beansprucht, sie müssen jedoch auch dem Transport
und der Montage standhalten.

Bei hohen Gebäuden führt die horizontale Windlast zu beachtlichen Durchbiegungen der vorgehängten Elemente. Dabei müssen *unterschiedliche* Durchbiegungen nebeneinander liegender
Wandelemente vermieden werden, damit keine
Undichtigkeiten an den einzelnen Fugen entstehen. Verminderte Durchbiegungen sind durch
engere Stützweiten oder durch Verstärkung der
Rahmenkonstruktion erreichbar.

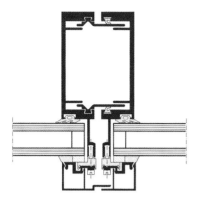

9.10 Verschiebliche Fuge in aufgetrenntem Pfosten einer Sprossenkonstruktion (Querschnitt, FWB)

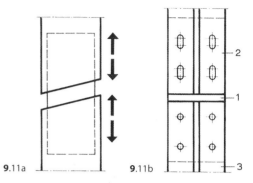

9.11a   9.11b

9.11 Senkrechter Pfostenstoß
a) mit Passstück als Führung (der obere Pfostenteil hängt über dem unteren; Seitenansicht)
b) Pfostenstoß mit Langlochverbindung
1 Dehnungsbereich (Lasche)
2 Langlochverbindung (Loselager)
3 Pfosten

Fugenausbildung. Außerordentlich wichtig bei der Planung ist die Berücksichtigung temperaturbedingter Längenänderungen und Verformungen der Fassadenteile. Sowohl die Fassadenelemente als auch die Aufhängekonstruktionen müssen sich kontrolliert in allen Richtungen dreidimensional dehnen können, ohne dass Lockerungen in der Aufhängung und des Gesamtgefüges oder Undichtigkeiten möglich werden. Dies wird in der Regel durch ausreichend dimensionierte *Schiebefugen* erreicht, seltener auch durch federnde Verbindungen.

Bild **9**.10 zeigt schematisch den Querschnitt durch ein zusammengesetztes Leichtmetallprofil mit senkrecht zur Pfostenachse *verschieblicher Fuge.*

Bewegliche Anschlüsse. Für Vertikalbewegungen werden in hohle Sprossen- oder Pfostenstöße Passstücke als Führungsglieder eingesetzt (Bild **9**.11a). Am Vertikalstoß können Verbindungen durch Gleitschienen mit *Langlochverbindungen* hergestellt werden (Bild **9**.11b).

An allen Gleitstellen (Loselager) der Elemente und der Unterkonstruktion muss durch Kunststoff-Einlagen o. Ä. dafür gesorgt werden, dass bei Bewegungen (z. B. Längenänderungen bei Sonneneinstrahlung) keine Geräusche entstehen können.

Bei stark beanspruchten Fassaden (z. B. bei Hochhäusern) wird vielfach die Dimensionierung und Detaillierung der Fassaden vor der Ausführung durch Beregnungs-, Windkanal- u. a. Versuche getestet.

Am Rohbau werden die Fassadenelemente bzw. die Unterkonstruktionen auf den Rohdecken, un-

ter Stürzen oder Unterzügen oder an den Stirnseiten der Decken befestigt (Bild **9**.12).

Den unvermeidlichen horizontalen und vertikalen Maßabweichungen des Rohbaus wird bei allen Befestigungssystemen durch entsprechende dreidimensionale Justiermöglichkeiten Rechnung getragen (Bild **9**.13). Zu beachten ist, dass durch *Verdrehungen* bei der Montage infolge von Rohbautoleranzen Torsionszwängungen der Konstruktionsteile entstehen können, die auf Dauer zu Schäden führen. Eine Befestigungskonstruktion, die auch Verdrehungen ausgleicht, zeigt Bild **9**.14.

Der Wärmeschutz von opaken Teilflächen muss wie für Außenwände berücksichtigt werden. Ein- oder zweischalige Konstruktionen sind möglich.

Bei einschaligen Konstruktionen sind Witterungsschutz (Blech-, Glas-, Kunststoffplatten), Wärmedämmschicht und innere Dampfsperre zu einer mehrschichtigen Tafel (*Sandwich-Element*) zusammengefasst und fugendicht in den Sprossenrahmen eingesetzt bzw. – bei Tafelkonstruktionen – fugendicht mit den übrigen Tafeln verbunden (Bild **9**.15d).

Hinterlüftung auf der Außenseite liegender dampfsperrender Schichten ist nicht erforderlich, wenn die Wärmedämmung dampfundurchlässig und mit diesen Schichten dicht verbunden ist – z. B. aufgegossenes Schaumglas (Foamglas) – oder wenn die Wärmedämmung auf der warmen Seite eine sichere Dampfsperre trägt (Bild **9**.15c).

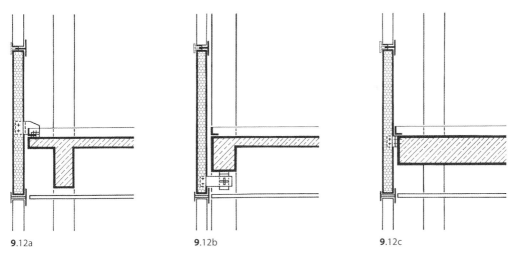

9.12a   **9**.12b   **9**.12c

9.12 Vorgehängte Fassade (Vorhangwand), Befestigung am Rohbau (Systemskizze)
- a) Befestigung auf der Deckenoberkante
- b) Befestigung unter einem Sturz oder Unterzug
- c) Befestigung an der Vorderkante der Geschossdecke

9

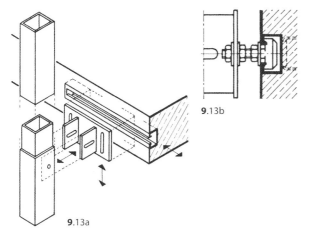

9.13b

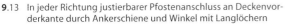

9.13a

9.13 In jeder Richtung justierbarer Pfostenanschluss an Deckenvorderkante durch Ankerschiene und Winkel mit Langlöchern
- a) Schema
- b) Schnitt durch Ankerschiene

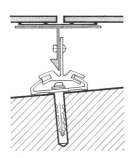

9.14
Unterkonstruktion zum Ausgleich von Verdrehungen (Protektor Alu 005)

Andernfalls müssen dampfdichte Bekleidungen (Glas, Metall, Keramikplatten, dichte Kunststoffe), hinter denen sich Wasserdampf niederschlagen könnte, hinterlüftet werden. Sie werden mit Abstand vor die Wärmedämmschicht gelegt und bilden mit dieser eine zweischalige Wand (Bild **9**.15a und b). Das in dem Luftraum zwischen Wetterschutz und Wärmeschutz anfallende Tauwasser muss nach außen abgeleitet werden.

Bei Stahlbetonskeletten können Brüstungen auch eine statische Funktion als Längsträger (Überzug) haben. Innen liegende Brüstungen werden in diesen Fällen meistens wärmedämmend ausgeführt, so dass die vorgehängte Außenwand nur den Wetterschutz übernimmt. Dabei sind die gleichen Regeln wie für mehrschichtige Außenwände hinsichtlich Tauwasserbildung zu beachten:

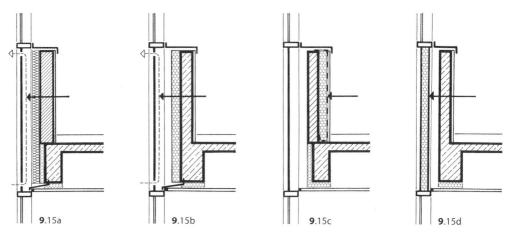

9.15 Brüstungen hinter Vorhangwänden
    a) gemauerte Brüstung mit außen liegender Wärmedämmung, hinterlüftete Außenhaut als Wetterschutz
    b) Stahlbetonbrüstung mit außen liegender Wärmedämmung und hinterlüfteter Außenhaut als Wetterschutz
    c) Wärmedämmung auf der Raumseite der Brüstung mit Dampfsperre
    d) Brüstung als Brandschutz ohne Wärmedämmung. Wärmedämmschicht innerhalb der Vorhangfassade
       (Sandwich- Element gem. DIN EN 14 509) als „Warmfassade"

9

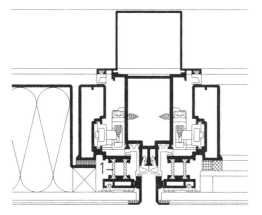

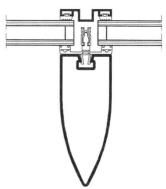

9.16 Fassadensprosse für verglaste Felder oder Felder
      mit Paneelen („Modulfassade" Systherm® 52)
      1 thermische Trennung im Sprossenprofil

9.17 Tragende Sprosse (Sonderform)

- Bei einschichtigen Wänden muss Feuchtigkeit an der Außenseite abgeführt werden können,
- bei mehrschichtigen Wänden sollen Baustoffe mit hohem Wasserdampfdiffusionswiderstand an der Raumseite liegen. Es muss raumseitig eine Dampfsperre vorgesehen oder für eine einwandfreie Hinterlüftung zwischen Brüstungselementen und Vorhangfassade gesorgt werden.

An Sprossen müssen Wärmedämmung und Dampfsperre ununterbrochen durchlaufen. Das ist mit Hilfe thermisch getrennter Sprossenprofile zu erreichen (Bild **9**.16).

Die tragenden Sprossen können in vielfältigen Formen z. B. als **TT**-, **T**-, **L**- oder Hohlraumprofil ausgeführt werden. Bei dem in Bild **9**.17. gezeigten Beispiel ist der statisch erforderliche große Querschnitt aus gestalterischen Gründen und zur Verbesserung des Lichteinfallswinkels zur Raumseite hin verjüngt.

Schallschutz. Mit ihrem relativ niedrigen Eigengewicht haben Vorhangfassaden eine wesentlich

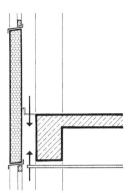

9.18 Schallbrücken zwischen Geschossen

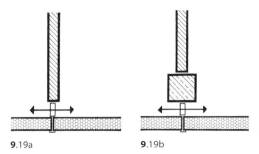

9.19a   9.19b

9.19 Schallbrücken zwischen Räumen
a) Wandanschluss
b) Stützenanschluss

geringere Luftschalldämmung als konventionelle, massive Außenwände. Um den Anforderungen von DIN 4109 Abschn. 5 und Beiblatt 2 sowie DIN 18 005 (Schallschutz im Städtebau) bzw. VDI 2719 zu genügen, ist – insbesondere für Leichtkonstruktionen – in der Regel der Nachweis des ausreichenden Schallschutzes durch spezielle Eignungsprüfungen erforderlich.

Schallschutzmaßnahmen an vorgehängten Fassaden müssen sich auf folgende Bereiche erstrecken:

- *Schalldämmung gegen Lärm von außen.*
- *Schallübertragung auf Nebenwegen.* Eine Schallübertragung zwischen verschiedenen Geschossen und innerhalb eines Geschosses zwischen verschiedenen Räumen kann durch die Fuge zwischen Geschoßdecke und Vor-

hangfassade, zwischen Zwischenwand und Vorhangfassade und zwischen massiver Brüstung und Vorhangfassade erfolgen. Es muss daher auf abdichtende Anschlüsse mit biegeweichen Materialien, die auch bei den unvermeidbaren Bewegungen der Vorhangfassade auf Dauer wirksam bleiben, geachtet werden (Bild **9**.18 und **9**.19).

- *Maßnahmen gegen Geräuschquellen innerhalb der Vorhangfassaden.*
 Durch geeignete Kunststoff- oder Gummizwischenlagen (Bild **9**.20), auch durch Ausschäumen von Hohlräumen (Bild **9**.21), müssen Geräusche verhindert werden, die bei Temperaturschwankungen und Winddruck in beweglich miteinander verbundenen Teilen der Fassadenkonstruktion entstehen können (Knacken, Quietschen, Klappern).

Brandschutz. Die Brandschutzbestimmungen für Außenwände (DIN 4102-13, DIN 1364-4, Muster-Hochhaus-Richtlinien (MHHR 04/2008) u. A.) erfordern i. d. R. im Zusammenhang mit Vorhangfassaden mindestens 90 cm hohe Brüstungen aus feuerbeständigen Baustoffen und an den Fensterstürzen Feuerschutzschürzen (s. Abschn. 17.7.4).

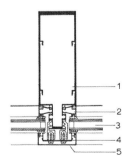

9.20 Sprossenprofil mit Dichtungsprofilen. Verglasung (WICONA)

1 Sprosse
2 Glashalteleiste
3 Isolierglas (oder Brüstungselement) in Dichtungsprofilen
4 Klemmprofil
5 Deckkappe

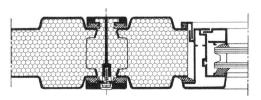

9.21 Ausgeschäumte Plattenelemente

Bei Sprossenkonstruktionen muss beachtet werden, dass Aluminium unter den in DIN 4102 aufgestellten Bedingungen schmelzen würde. Plattenteile von Vorhangfassaden müssen daher direkt oder durch Stahlprofile mit dem tragenden Skelett verbunden sein. Aluminiumprofile können dann nur der Fugenabdeckung und Dichtung zwischen den einzelnen Elementen dienen.

Haben innenliegende Brüstungen lediglich statische oder Brandschutzaufgaben, muss die Vorhangfassade als klimatrennende Hülle wärmedämmend nach den bereits erläuterten Regeln für mehrschichtige Bauteile konstruiert sein (Bild **9**.15d).

9.5 Mehrschalige Fassaden aus Glas (Doppelfassaden)

9.5.1 Allgemeines

Forderungen an zunehmende Transparenz der Gebäudehülle und Verbesserung der natürlichen Belichtung verbunden mit erhöhten Anforderungen an den Wärme-, Schall- und Sonnenschutz bei gleichzeitiger natürlicher Belüftung („sick-building-syndrom") hat in den letzten Jahren zu Neuentwicklungen mehrschaliger Fassadenkonstruktionen geführt. Eine zusätzliche innen- oder außenseitig vorgelagerte Glasebene (Sekundärfassade) soll hierbei zur Verbesserung der bauphysikalischen – insbesondere energetischen Eigenschaften und der raumklimatischen Bedingungen führen.

Raumhohe Verglasungen stellen mit zunehmendem Glasflächenanteil hinsichtlich der Energiebilanz erhöhte Anforderungen sowohl an den winterlichen als auch an den sommerlichen Wärmeschutz.

Einschalige Glaskonstruktionen werden bei erhöhten Beanspruchungen aus Wärme-, Schall-, und Sonnenschutz und bei hohen Gebäuden auch aus Windbelastung und Bewitterung häufig nicht allen Anforderungen gerecht. Die unterschiedlichen bauphysikalischen Funktionen überwiegend transparenter Gebäudehüllen können durch einen *mehrschaligen Wandaufbau* mit auf Teilaufgaben spezialisierten Bauteilschichten besser erfüllt werden.

Von ausschlaggebender Bedeutung hierbei ist die thermisch-klimatische Behaglichkeit in den Innenräumen, die neben der Raumlufttemperatur und Luftfeuchte auch durch die Oberflächentemperatur der Glasflächen, die direkte Sonneneinstrahlung, die Luftdichtigkeit und Raumbelüftung bestimmt wird.

Geschlossene Außenverglasungen mit mechanischer Luftführung der Raumluft verbessern insbesondere die Schallschutzwirkung gegen Außenlärm. Weniger aufwändige, dauerbelüftete, *nicht steuerbare Fassadenzwischenräume* (FZR) haben die geringste Energiespar- und Schallschutzwirkung, ermöglichen jedoch natürliche Fensterlüftung auch bei hohen, windexponierten Gebäuden über einen großen Zeitraum des Jahres. *Regulierbare Systeme zur Belüftung* des Fassadenzwischenraumes verbessern durch den mechanischen Aufwand zur Öffnung und Schließung der Lüftungsöffnungen (sensorgesteuerte, motorisch bedarfsweise verschließbare Lüftungsöffnungen) die Reaktionsfähigkeit auf sich jahreszeitlich und täglich verändernde klimatische Bedingungen.

Doppelschalige Fassaden stellen neue Anforderungen an ein integriertes Planungs- und Energiekonzept eines Gebäudes. Strömungssimulationen zur Feststellung der aero- und thermodynamischen Verhältnisse am und im Baukörper geben Aufschluss über lokale Klimabedingungen und zu erwartende Auswirkungen durch und auf das Gebäude.

Wirtschaftlichkeit. Der erhebliche zusätzliche Aufwand für mehrschalige Fassaden aus Glas ist standortbezogen und im Einzelfall auch unter Berücksichtigung von ggf. ersparten Aufwendungen für die Gebäudelüftung und -klimatisierung und die Heiztechnik festzustellen. Geringere Investitions- und Instandhaltungskosten für die durch die *Zweite-Haut-Fassade* geschützt angeordnete innere Klimahülle sollten dabei ebenfalls berücksichtigt werden. Die erhöhte Schallschutzwirkung gegen Außenlärm und eine mögliche Verbesserung der Tageslichtausbeute für die Innenräume – weniger die Energie-Einspareffekte im Winter – sind entscheidende Vorteile dieses Fassadentyps. Die konstruktive Ausbildung in Verbindung mit integrierten haustechnischen Anlagen lassen vielfältige bedarfs- und nutzerorientierte Lösungen zu, deren Entwicklungen insbesondere in Verbindung mit innovativen Glasarten in vollem Gange ist. Allgemeingültige Begriffsdefinitionen und Bewertungskriterien für mehrschalige Fassaden bestehen bisher nicht, so dass eine direkte Vergleichbarkeit der klimatischen Resultate und energetischen Bilanzen nicht möglich ist.

Die vielfach unzureichenden energetischen Bilanzen bei der Gebäudenutzung (*Betriebskosten*) stellen auch in Anbetracht des erforderlichen zusätzlichen Aufwandes bei der Erstellung mehrschaliger Fassadenkonstruktionen (*Investitionskosten*) ein wesentliches Kriterium dar. Als Antwort auf erweiterte Nutzeranforderungen und zur Verbesserung des Wärmeschutzes finden seit ca. 15 Jahren vielfältige, kontrovers diskutierte Entwicklungen [22] statt.

Ziele dieser Entwicklungen sind:

- Reduktion der Transmissions- und Lüftungswärmeverluste im Winter durch Verbesserung des **U**-Wertes (Wärmedurchlasskoeffizient) und Schaffung einer Zwischentemperaturzone („Wärmepuffer") im Fassadenzwischenraum (FZR),

- Abführung sommerlicher, in den massiven Bauteilen (Speichermassen) absorbierter Wärme durch „Nachtauskühlung" (natürliche Belüftung in der Nacht),

- Verbesserung des Schallschutzes insbesondere bei niedrigen Gebäuden,

- Schaffung von Öffnungsmöglichkeiten der Fenster bei Wind (Verringerung der Windanströmung) und schlechter Witterung auch bei hohen Gebäuden (natürliche Belüftung),

- Erhöhung der Gebäudesicherheit bei geöffneten Fenstern,

- Verringerung der Baugrößen und Betriebszeiten energieintensiver Lüftungs- und Klimaanlagen,

- Im Fassadenzwischenraum geschützte Unterbringungsmöglichkeiten für Sonnen- und Blendschutzeinrichtungen sowie für Reinigungs- und Wartungsanlagen.

Brandschutzgefährdungen durch Rauchlängsleitung, Wärmestrahlung und Flammenüberschlag über den Fassadenzwischenraum muss durch feuerwiderstandsfähige Unterteilungen (Segmentierungen, Abschottungen) der Fassadenzwischenräume und automatische Sprinkleranlagen innerhalb der Räume, – nicht im Fassadenzwischenraum – begegnet werden [35]. Die *Fassadenunterteilungen* verhindern darüber hinaus die Luftschall- und Geruchsübertragung.

Anordnung der Verglasungsebenen. Verglasungen können hinsichtlich ihrer Lage zur Außenwand und aufgrund des Lüftungskonzeptes für den dazwischen entstehenden Luft- oder Fassadenzwischenraum unterschieden werden.

Die Lage der Verglasungsebenen hat maßgeblichem Einfluss auf die funktionalen und gestalterischen Eigenschaften der Fassaden (Bild **9**.22).

Die Lage kann folgendermaßen unterschieden werden:

- Innerhalb der Wanddicke der Außenwandkonstruktion (Kasten- oder Verbundfenster),

- Innen oder außen in Teilflächen angeordnet (Wintergarten-, Loggiaverglasung),

- Ganzflächig, außenseitig angeordnete Verglasung (Doppelfassade).

Die Anordnung *innerhalb des Außenwandquerschnittes* ist bereits aus historischen Bauarten des Kasten- und Verbundfensters oder auch des jahreszeitlich temporär eingebrachten „Vorfensters" als flächenbündigem, demontablem, zweitem, meist einfachverglastem Fensterrahmen geläufig. Die einfache Bauweise und Befestigungsart entsprechen derjenigen eines üblichen Fensters in einer Lochfassade (s. a. Abschn. 5 in Teil 2 dieses Werkes und Bild **9**.22a).

Eine Anordnung der zweiten Fassadenebene in größerem Abstand *vor oder hinter der Außenwand* (Klimahülle) ermöglicht einen temporär nutzbaren Zwischentemperaturbereich, wie er aus Wintergärten, Erkern und verglasten Loggien oder Balkonen bekannt ist. Die Außenwand als Gebäudehülle bleibt aufgrund der nur in Teilflächen angeordneten zweiten Verglasungsebene hierbei i. d. R. erkennbar (Bild **9**.22b).

Eine *vollflächige zweite Verglasungsebene* vor oder seltener auch hinter der Außenfassade als Klimahülle wird auch als *„Doppelfassade"* bezeichnet (Bild **9**.22c). Diese Fassadenart wird hier im Weiteren betrachtet.

Doppelfassaden und Lüftungskonzept. Der entstehende Fassadenzwischenraum einer Doppelfassade kann nach außen oder innen belüftet oder auch unbelüftet hergestellt werden.

Sowohl die innerhalb der Außenwandkonstruktion (Lochfassade) als auch die vor oder hinter der Außenwand liegenden zwei Verglasungsebenen verfügen i. d. R. über Lüftungsöffnungen zur Be- und Entlüftung des Zwischenraumes und für den notwendigen Luftwechsel der Raumluft. Die Lüftungsöffnungen können nur nach außen angeordnet sein oder aus dem Fassadenzwischenraum selbst in Verbindung mit Klimaanlagen und mit der Innenraumluft (Abluftfenster) stehen.

Doppelfassaden als vollflächige, zweihäutige Glasfassaden werden hinsichtlich ihrer Lüftungsmöglichkeiten unterschieden in:

9

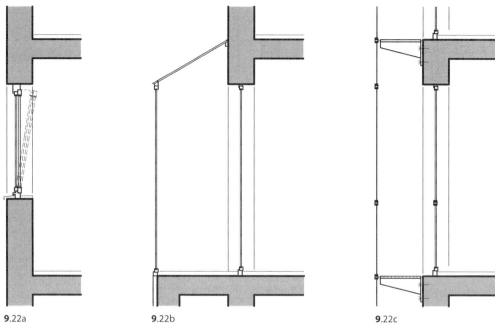

9.22a   **9**.22b   **9**.22c

9.22 Anordnung von Verglasungsebenen bei zweischaligen Fassaden (Systemskizze)
  a) Beide Verglasungen innerhalb der Wandkonstruktion (Kasten/Verbundfenster)
  b) Außerhalb der Wandkonstruktion innen oder außen angeordnete zweite Verglasungsebene (Loggia oder Wintergarten)
  c) Zweite vollflächig vorgelagerte Verglasungsebene (Doppelfassade)

- *Pufferfassaden* als geschlossene Systeme *ohne* Lüftungsöffnungen des FZR nach innen oder außen,
- *Abluftfassaden* mit Abluftöffnungen aus dem Fassadenzwischenraum und Zuluftzuführung aus dem Innenraum
- *Zweite-Haut-Fassaden* mit Lüftungsöffnungen nach innen *und* außen für natürliche Lüftung.

9.5.2 Geschlossene Systeme, Pufferfassaden

Pufferfassaden sind geschlossene Systeme und verfügen über keine Lüftungsöffnungen (ausgenommen Dampfdruckausgleichsöffnungen). Die zweite, äußere Glasfassade bildet ähnlich wie beim Kastenfester eine Zwischentemperaturzone als „stehende Luftschicht" zur Verbesserung des winterlichen Wärmeschutzes aus (Erhöhung der Oberflächentemperatur der Innenfassade und Verringerung der Lüftungswärmeverluste).

Vorteile sind die geschützte Unterbringungsmöglichkeit von Sonnenschutzanlagen, ein er-

höhter Schutz vor Straßenlärm (Lärmschutzfassade) und eine Verbesserung des Schutzes der Innenräume und der Klimahülle vor den Außenbedingungen.

Nachteilig ist die erhebliche Aufheizung des Fassadenzwischenraumes und in der Folge der Innenschale im Sommer. Pufferfassaden eignen sich deshalb vornehmlich für nordorientierte Fassadenflächen. Der Raumluftwechsel erfolgt entweder über separat in die Fassade eingebaute kastenartig durchgesteckte Fensteröffnungen (natürliche Belüftung) oder über eine Vollklimatisierung der Innenräume verbunden mit dem Nachteilen für den hohen Energieaufwand und das Behaglichkeitsempfinden der Nutzer (Bild **9**.23a).

9.5.3 Abluftfassaden

Abluftfassaden werden aus einer außen liegenden Klimahülle mit Isolierverglasung ohne Fensteröffnungen und einer innen liegenden, i. d. R. Einfachverglasung hergestellt. Diese ist nur zur Reinigung öffenbar. Der Fassadenzwischenraum

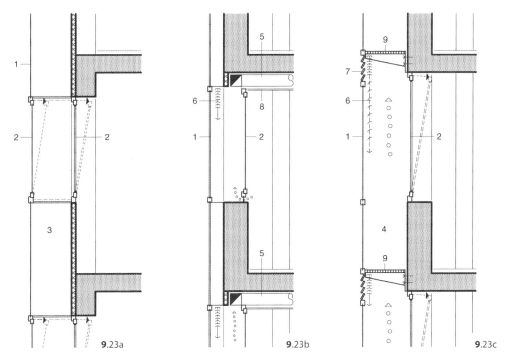

9.23 Zweischalige Fassaden und ihr Lüftungskonzept
  a) Pufferfassade mit zusätzlich möglichen Kastenfenstern zur natürlichen Raumbelüftung (Schema)
  b) Abluftfassade (Schema)
  c) Zweite – Haut – Fassade

  1 Festverglasung
  2 Öffnungsflügel (Putzflügel)
  3 Luftzwischenraum ohne Belüftung
  4 Luftzwischenraum mit Zuluft- und Abluftöffnungen
  5 Abluft – Absaugung

  6 Sonnenschutz
  7 Mögliche regulierbare Zuluftöffnung (Lamellen-
     fenster)
  8 Abgehängte Decke
  9 Reinigungs- und Wartungssteg

schützt Sonnenschutzanlagen vor direkter Bewitterung. Er wird mit warmer, vorkonditionierter Raumluft auch zur Verhinderung von Tauwasserbildung durchströmt, die zu einer Klimaanlage zurückgeführt wird. Der FZR ist hierdurch als Bestandteil der klimatechnischen Anlagen zu betrachten. Die Luftkonditionierung erfolgt ganzjährig und ist entsprechend energieaufwändig.

Von Vorteil sind verbesserte Schallschutzeigenschaften und eine Komfortsteigerung in Fassadennähe durch die erhöhte Oberflächentemperatur an der Fassadeninnenseite. Dieser Fassadentyp kommt vorwiegend bei hohen Belastungen durch Wind und starken Schall- und Schadstoffemissionen zur Ausführung, und wenn öffenbare Fenster ausgeschlossen werden müssen (Bild **9**.23b).

9.5.4 Zweite-Haut-Fassaden

Zweite, nicht tragende, vorgehängte, transparente Verglasungsebenen (Sekundärfassade) bilden einen Fassadenzwischenraum (FZR), aus dem über öffenbare Fenster Frischluft zugeführt und Reinigungs- und Wartungsstege für die gesamte Fassade sowie Sonnenschutzanlagen witterungsgeschützt untergebracht werden können. Die Breite des Fassadenzwischenraumes wird aus Gründen der gewollten Thermik (Kaminwirkung) und bestehender Strömungswiderstände an Luftein- und auslässen nicht kleiner als 20 cm, für den Fall der Begehbarkeit (Reinigungs- und Wartungszwecke) > 50 cm ausgeführt.

Unterscheidungsmerkmale von Zweite-Haut-Fassaden können über die Verglasungsart (Einfach- oder Isolierverglasung innen und/oder außen) definiert werden. Die außen liegende Schale wird überwiegend als Einscheiben-Sicherheitsverglasung, – häufig mit punktgehaltener Befestigung hergestellt und nur bei besonderen Anforderungen an den Wärmeschutz aus Isolierglas ausgeführt. Verglasungen von Atrien und Hallen mit größerem Abstand von der Außenwand (Klimahülle) sowie das Gesamtgebäude überdeckende Glashüllen (Haus-im-Haus-Prinzip) zählen ebenfalls zu diesem Fassadentyp einer hinterlüfteten Kaltfassade (Bild **9**.23c).

Zweite-Haut-Fassaden sind als regulierungsfähige („hybride") Systeme ausgebildet und können auch in windexponierten, emissionsbelasteten Bereichen über öffenbare Fenster verfügen. Auf eine Vollklimatisierung kann vielfach verzichtet werden. Vorteile sind individuell beeinflussbare Wärmegewinne über geöffnete Fenster in den Jahresübergangszeiten und die mögliche Nachtauskühlung der Massivbauteile im Sommer. Über an der Innenfassade geschützt liegende, öffenbare Fenster kann der Heizenergie- und Belüftungsaufwand entscheidend verringert werden. Dabei ist auf die Qualität der durch die offenen Fenster zugeführten Frischluft und auf den Schutz vor übermäßigem Außenlärm sowie Geruchseinwirkungen insbesondere in innerstädtischen Bereichen besonders zu achten.

Die Abführung der sich im FZR erwärmenden Luft kann je Einzelfenster, geschossweise oder über die gesamte Fassadenhöhe erfolgen. Mischformen sind möglich und hinsichtlich der unterschiedlichen Anforderungen an den Brand- und Schallschutz sowie ausgeglichene Temperaturverhältnisse innerhalb des Zwischenraumes häufig sinnvoll.

Unterschieden werden:

- Fassaden *ohne* Unterteilung des Luftzwischenraumes (auch Atrien, Hallen, „Haus-im-Haus"),
- Fassaden *mit* Unterteilung (Segmentierung) des Fassadenzwischenraumes.

Fassaden mit segmentiertem Fassadenzwischenraum können weiterhin unterschieden werden als:

- *Korridorfassaden* mit horizontaler, geschossweiser Segmentierung,
- *Schachtfassaden* mit vertikaler, fassadenhoher Segmentierung,
- *Kastenfenster-Fassade* mit horizontaler und vertikaler Unterteilung je Fensterachse.

Fassaden ohne Unterteilung. Vorteile liegen in der einfachen Steuerbarkeit aufgrund des thermischen Auftriebes, der leichten Änderbarkeit der Querschnitte der Zu- und Abluftöffnungen und in den relativ geringen Herstellungskosten.

In Fassadenzwischenräumen ohne Segmentierung können sich aber Rauch und Feuer ebenso wie Schall und Gerüche ungehindert ausbreiten. Zwischen niedrigstem und höchstem Punkt kann sich in Abhängigkeit von der Gesamtausdehnung der Fassade bei mangelnder Durchlüftung ein erhebliches Temperaturgefälle zum Nachteil der oberen Bereiche (Hitzestau) aufbauen.

Zur Vermeidung der Nachteile nicht unterteilter Doppelfassaden muss der Fassadenzwischenraum in horizontale oder vertikale Segmente unterteilt oder abgeschottet werden.

Korridorfassaden. Damit die Erwärmung der Luft innerhalb des FZR und die damit verbundene Thermik (Kaminwirkung) nicht zu stark werden, um Schall- und Geruchsübertragungen von Geschoss zu Geschoss einzuschränken, sowie aus Gründen des Brandschutzes (Feuerüberschlagwege s. Abschn. 17.7) werden Doppelfassaden häufig mit begehbaren Stegen in geschosshohe Abschnitte als Korridorfassaden unterteilt (Bild **9**.24a).

Die Hinterlüftung wird über permanent geöffnete oder regelbare Luftöffnungen gesteuert. Zur Vermeidung einer Durchmischung ausströmender Abluft und einströmender Zuluft (Überströmen) nahe beieinanderliegender Lüftungsöffnungen können Einström- und Ausströmöffnungen zueinander seitlich versetzt oder mit ausreichendem vertikalem Abstand angeordnet werden.

Schachtfassaden nutzen den thermischen Auftrieb (Kaminwirkung) des horizontal nicht unterteilten FZR zur Verbesserung des Luftaustausches der angeschlossenen Innenräume (Absaugung der Raumluft durch Unterdruck). Durchgehende Fassadenschächte können in Abhängigkeit von der Gebäudehöhe und -nutzung häufig die Anforderungen des Brand- und Schallschutz nicht erfüllen. Eine teilweise auch horizontale Segmentierung kann erforderlich sein (Bild **9**.24b).

Kombinierte Schacht- und Kastenfenster-Fassade. Mit einer auf Fensterachsen bezogenen Kombination aus vertikalen Fassadenschächten im Wechsel mit horizontal abgeschotteten Fassadenachsen können die Anforderungen an den

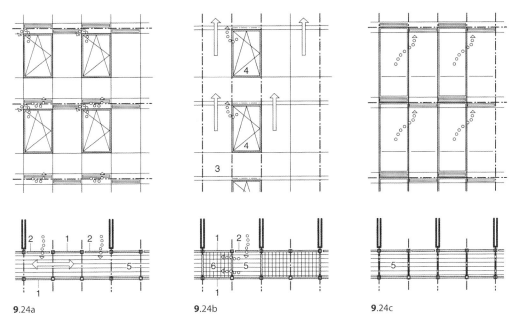

9.24a   **9**.24b   **9**.24c

9.24 Möglichkeiten der Segmentierung und Belüftung von Doppelfassaden

    a) Korridorfassade mit geschossweiser, horizontaler Segmentierung

    b) Schachtfassade und kombinierte Fassade mit vertikaler Segmentierung

    c) „Kastenfenster" – Fassade mit fenster- oder raumweiser Segmentierung und versetzt angeordneten Lüftungs-
      öffnungen

    1 Festverglasung

    2 Öffnungsflügel

    3 durchgehender, vertikaler Schacht mit unterer Zuluft- und oberer Abluftöffnung

    4 Kastenfenster-Element mit allseitiger Abschottung und Zuluftöffnungen

    5 Reinigungs- und Wartungssteg, geschlossen

    6 Reinigungs- und Wartungssteg, luftdurchlässig

Schall- und Brandschutz im FZR wesentlich leichter erfüllt werden. Gleichzeitig wird die Ausbreitung von Gerüchen und der Eintrag (Überströmung) verbrauchter Abluft von Raum zu Raum verhindert.

Bei der Aufteilung in Fensterachsen können raumweise im Wechsel angeordnete Fassadenschächte mit Kastenfensterelementen angeordnet werden. Die Vorteile des Schachtprinzips mit der natürlichen Thermik und geschlossener Innenverglasung und jeweils daneben liegenden, von Innen öffenbaren Kastenfensterelementen zur natürlichen Belüftung werden somit kombiniert. Die Luftzufuhr von Außenluft erfolgt über untere Öffnungen an den Kastenfensterelementen. Die Abluft wird über in jedem Kastenfensterelement, in den Trennwänden zum Fassadenschacht oben angeordnete Öffnungen (Überströmöffnungen) übergeleitet. Sie gelangt unterstützt durch im Schacht mittels vorhandener

Thermik bestehenden Unterdrucks *ohne* mechanische Lüftungsanlagen am oberen Schachtrand nach außen. Eine temporäre Unterstützung der Abluftführung mit Ventilatoren ist bei ungünstigen thermischen Verhältnissen am oberen Schachtabschluss zu empfehlen (Bild **9**.24b).

Kastenfenster-Fassade. Das Prinzip der Kastenfenster-Fassade ist sehr aufwändig, erfüllt jedoch die bauphysikalischen Anforderungen des Brand- und Schallschutzes am ehesten. Geschossweise horizontale als auch vertikale Unterteilungen bilden je Fensterelement oder je Raum eine schall- und lufttechnisch abgeschlossene Einheit im FZR, die jeweils über eigene Zu- und Abluftöffnungen verfügt. Eine diagonal versetzte Anordnung der Luftöffnungen vermindert das direkte Überströmen der verbrauchten Raum-Abluft in die Zuluftöffnungen auf kurzem Weg (Rezirkulation). Die geringere Durchströmung des Fassadenzwi-

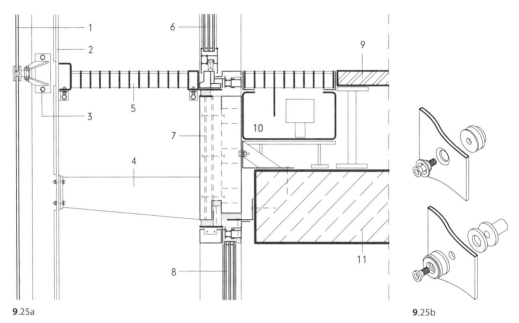

9.25a   9.25b

9.25 Zweischalige Fassade
  a) Details Fassadensteg (Telecom PTT Lausanne)
  1 Glasscheibe   8 Festverglasung
  2 Vertikaler T-Profil-Träger   9 Installationsfußboden
  3 Flansch zur Scheibenhalterung   10 Konvektor mit Abdeckung
  4 Konsole   11 Stahlbetondecke
  5 Gitterrost   b) Glashalterung für Außenschale
  6 Dreischeibenfassade mit Schiebetüren   1 System Pilkinton Planar (Flachglas AG),
  7 Aluminiumkassetten (Wärmedämmung nicht   2 System Gartner, Gundelfingen
      dargestellt)

schenraumes durch mangelnden Auftrieb der nur geschosshohen Elemente muss durch ausreichend dimensionierte Lüftungsöffnungen ausgeglichen werden (Bild **9**.24c).

Ein Beispiel für die Ausführung einer Zweite-Haut-Fassade als Schachtfassade mit einfachverglaster Außenschale zeigt Bild **9**.25.

Hinterlüftung. Die Art der Hinterlüftung im FZR (geschlossene Außenverglasung, Dauerhinterlüftung, regulierbare Hinterlüftung) kann unterschiedlich vorgesehen werden. Der Fassadenzwischenraum kann entweder kontinuierlich durch permanente Öffnungen (passives System) oder bedarfsweise durch manuell oder motorisch betätigte Klappen oder Fensterflügel durchlüftet werden (aktives System).

Die Form, Größe und strömungstechnische Ausführung der Öffnungen ist entscheidend für die Funktionstauglichkeit der Hinterlüftung des Fassadenraumes, die Belüftung der dahinter liegenden Räume und auch für die Sicherung gegen das Eindringen von Wasser, Schnee, Vögeln und Insekten. Sie darf schließlich nicht zu besonderer Verschmutzung der gesamten Fassade beitragen. Einige ausgeführte Beispiele zeigen die Bilder **9**.26 bis **9**.28 [47].

9.5.5 Überdruckfassaden (CCF)

Als Sonderform der Zweite-Haut-Fassade wurde in den letzten Jahren die sog. Überdruckfassade (Closed-Cavity-Fassade – CCF) entwickelt und in einigen Praxisbeispielen umgesetzt. Ziel hierbei ist eine weitere Verbesserung des winterlichen- und sommerlichen Wärmeschutzes sowie Schallschutzes. Sie besteht i. d. R. aus einer inneren Primärfassade als thermische Hülle mit Zwei- oder Dreifachverglasung sowie einer äußeren Hülle (Sekundärfassade) mit Einfachverglasung (Bild **9**.29).

Hierbei steht der Fassadenzwischenraum weder mit der Innen- noch mit der Außenluft in Verbin-

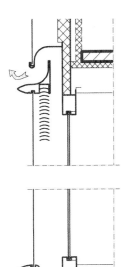

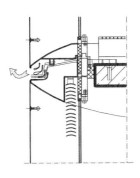

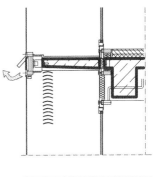

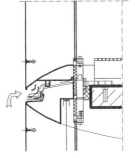

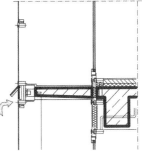

9.26 Zweischalige Fassade mit großen, permanent geöffneten Querschnitten mit geringem Strömungswiderstand [47]

9.27 Zweischalige Fassade mit kleinformatigen, permanent geöffneten Querschnitten mit großem Strömungswiderstand [47]

9.28 Zweischalige Fassade mit regelbaren Luftöffnungen mit geringem Strömungswiderstand [47]

dung sondern ist komplett geschlossen und unter ständigem, leichtem Überdruck. Ziel ist es, den FZR schmutz- und staubfrei zu halten und hierdurch den für zweischalige Glasfassaden besonders hohen Reinigungsaufwand zu halbieren.

Dem FZR wird abhängig vom Außenklima permanent saubere (gefilterte) und trockene Luft (Druckluftringleitung in abgehängten Decken mit Schlauchanschlüssen) zugeführt. Schmutz- und Staubpartikel können nicht eindringen und die Kondensatbildung an der Fassade wird vermieden. Dieser verschmutzungsfreie FZR ermöglicht den Einsatz hocheffizienter Sonnen- und Blendschutzanlagen mit reflektierenden Oberflächen zur Tageslichtlenkung.

Für die Einleitung der vorkonditionierten trockenen und sauberen Zuluft stehen dezentrale (Trockenmittelboxen in Fassadennähe in Decken- oder Bodenhohlräumen für den Austausch von Trocknungsmitteln revisionierbar installiert), sowie zentrale Systeme zur Verfügung (Vorkonditionierung der Zuluft in Technikzentralen zum Beispiel durch Absorptionstrockner).

Alle Revisions- und Regelungseinrichtungen sowie Verschleiß- und Wartungsteile (z. B. elektrische Antriebe für Sonnen- und Brandschutzeinrichtungen) für die Fassade sind außerhalb des FZR im Innenraum anzuordnen, um sicherzustellen, dass der nicht zugängige FZR vor Verschmutzung geschützt ist.

Wirtschaftliche Vorteile gegenüber Zweite-Haut-Fassaden mit Luftöffnungen sind der geringerer Investitionskostenaufwand durch die Vermeidung von beweglichen Öffnungselementen sowie eine Halbierung der Reinigungskosten für die Glasflächen und Wegfall der aufwändigen Reinigungs- und Wartungseinrichtungen im FZR.

Der mögliche gänzliche Verzicht auf jeglichen Öffnungsflügel zur Reinigung und Belüftung ermöglicht filigranere Rahmenkonstruktionen sowie wesentlich größere Glasformate und damit einen hohen Grad an Transparenz. Die hierdurch bedingte Verringerung des Anteils der wärmetechnisch schwächeren Fassadenprofile an der Gesamtfläche und der Einsatz hochwärme-

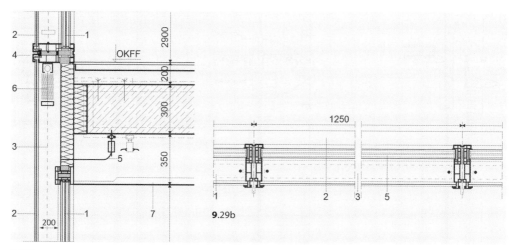

9.29a

9.29 Überdruckfassade (Closed-Cavity-Fassade CCF)
a) Vertikalschnitt
b) Horizontalschnitt

1 Primärfassade (thermische Hülle) mit 3-fach Wärmeschutzverglasung
2 Sekundärfassade (Witterungsschutz) aus VSG- 2x TVG – thermisch vorgespanntes Glas
3 Abgeschlossener Fassadenzwischenraum (druckbelüftet)
4 Verringerter Anteil der Fassadenprofile
5 Druckluftzuführung (Ringleitung) in jedes Fassadenelement
6 Reflektierende, verschmutzungsfreie Sonnenschutzlamellen zur Tageslichtlenkung
7 Ggf. abgehängte Decke

dämmender Rahmenkonstruktionen mit tieferen Dämmstegen (Bild **9.**16) oder hochwärmedämmenden, schaumstoffgefüllten Hohlprofilen (Bild **9.**21) mit U_f-Werten bis 1,0 W/m^{2}K tragen maßgeblich zur Verbesserung des Wärmeschutzes bei. Auch die Anwendung von Holz als Profilmaterial im witterungsgeschützten Bereich der Primärfassade ist möglich. Allerdings setzt die permanente Druckbelüftung des FZR einen unterbrechungsfreien, energieverbrauchenden Betrieb einer Druckluftzentrale sowie Lüftungs- und Klimaanlage voraus.

Öffenbare Fensterelemente mit einem allseitig geschlossenen Rahmen für natürliche Lüftung können durch das abgeschlossene Luftvolumen des FZR ähnlich einem Kastenfenster hindurchgesteckt werden. Eine Integration von öffenbaren Fensterflügeln innerhalb einer CCF Fassade widerspricht jedoch im Grundsatz diesem Fassadentypus und den hierdurch realisierbaren Vorteilen.

9.5.6 Hybride, „polyvalente" Fassaden

Allgemeines. Unter dem Druck der ständig zunehmenden Bestrebungen zur Energieeinsparung und zu möglichst umweltverträglichen Bauweisen sind zwei völlig konträre Entwicklungen in Gang gekommen:

Einerseits wird die Rückbesinnung auf fast archaische Bautechniken wie z. B. Lehmbau propagiert. Andererseits werden Baustoffe mit teilweise veränderbaren bauphysikalischen Eigenschaften (smart materials), technisch aufwändige, anpassungsfähige, selbststeuernde Bausysteme für Fassaden und neue, ganzheitliche Gebäudekonzeptionen mit sehr niedrigen Energiehaushalten (z. B. Passivhaus) entwickelt.

Den Fassadenflächen kommt bei der Planung energieoptimierter Gebäude eine ganz besondere Bedeutung zu. Die Außenwand ist bei diesen Konzepten nicht mehr allein konstruktiver Bestandteil des statischen Gefüges und hat nicht mehr nur Witterungsschutz zu gewährleisten, sondern wird zu einem integrierten Bestandteil des Gebäudeentwurfes mit seiner Formgebung, der vertikalen und horizontalen Organisation des Grundrisses unter Berücksichtigung der Luftdurchströmung des Gebäudes und der aerodynamischen Verhältnisse sowie der technischen Gebäudeausrüstung.

Weil diese neuartigen Bauweisen nicht mehr permanent im einmal geplanten und ausgeführten Zustand verharren, sondern ihre Eigenschaften durch Reagieren auf wechselnde Umweltbedingungen selbsttätig ändern können, sind dafür auch Bezeichnungen wie *„Intelligente Fassade"* bzw. *„Intelligente Architektur"* gebräuchlich geworden.

Reaktionsfähige Fassaden können vom Architekten nur in engem Zusammenwirken mit Fachingenieuren, insbesondere mit Spezialisten für Bauphysik, Heizungs-, Lüftungs- und Klimatechnik und Fassadenplanung entwickelt werden. Sie werden in vielen Fällen zunächst in Ausschnitten als Prototypen gebaut und in Klimakammern, Windkanälen usw. vor der Gesamtausführung eingehend erprobt.

Kennzeichnend für viele hybride Fassadenkonstruktionen ist ein doppelschaliger, vollverglaster Außenwandaufbau wie bei den Zweite-Haut-Fassaden.

Die Entwicklungen gehen vom reinen Wärmepuffer hin zur reaktiven Hülle. Durch Verbesserung der Wärmeschutzeigenschaften der Gläser (bis 0,7 W/m²K) tritt der winterliche Wärmeschutz in den Hintergrund gegenüber Anforderungen an den sommerlichen Wärmeschutz. Verbunden damit werden die Abführung interner Wärmelasten der technischen Anlagen und die witterungsgeschützte, funktionssichere Anordnung eines „außen liegenden" Sonnen- und Blendschutzes (s. Abschn. 9.6) erreicht.

Für „Intelligente Gebäude" gibt es ausgeführte Beispiele mit verschiedenartigsten Lösungsansätzen.

Gebäudeplanungen werden dabei als komplexe Aufgabe unter Berücksichtigung aller Energieströme und Klimatisierungskonzepte betrachtet. Ziel der Entwicklungen ist die Minimierung konventioneller haustechnischen Anlagen (Investitions- und Betriebskosten) zugunsten des Einsatzes selbststeuernder Bauelemente und energiesparender, einfacher Technik auch unter Teillast und Teilnutzung. Hierbei kommt der Optimierung der Nutzung der natürlichen Klimaeinflüsse und der Vernetzung der Funktionen der Fassadenlüftung mit der Haustechnik besondere Bedeutung zu.

Unter Einbeziehung mehrschaliger Fassaden werden je nach Tages- bzw. Jahreszeitanforderungen Luftströmungen durch massive Hohldecken und Schächte geleitet, die als Wärmepuffer (*Bauteilspeicherung*) dienen (Bild **9**.30). Auch massive Wandteile werden zur Speicherung von eingestrahlter Sonnenenergie genutzt. Auf diese Weise kann Energie gespeichert werden, die auch zur Unterstützung der Luftumwälzung nutzbar ist.

Im Sommer wird die Tageswärme in der Gebäudemasse zunächst gespeichert und über Nacht wieder abgeführt (*Nachtauskühlung*). Die Doppelfassade unterstützt und optimiert die natürlichen Lüftungsvorgänge.

Im Winter kann der Luftraum in Doppelfassaden zusätzlichen Wärmeschutz bieten, wenn die Luftströmungen unterbunden werden.

Eine ggf. erforderliche Befeuchtung der zugeführten Frischluft lässt sich weitgehend durch künstliche Wasserflächen erreichen, die den Ansaugeinrichtungen vorgelagert werden.

In derartigen „Intelligenten Gebäuden" kann nicht nur auf besondere Kühl- bzw. Klimatisierungsinstallationen verzichtet werden, sondern es sind auch Energieeinsparungen möglich. Die technischen Anlagen dienen in Verbindung mit Gebäudeleittechnik nur noch als temporär unterstützende Systeme, die nur bei Bedarf und in Ergänzung zur reaktiven Gebäudehülle das Innenraumklima beeinflussen.

Gesicherte vergleichende Untersuchungen fertiggestellter „intelligenter" Gebäude über den tatsächlichen Jahres-Energieverbrauch liegen nur vereinzelt vor. Durch Simulationsberechnungen unterstützte Planungen halten den durch Messungen nachgewiesenen Ergebnissen an gebauten Beispielen vielfach nicht Stand. Insbesondere stehen die beabsichtigten Wärmeenergie-Einspareffekte im Winter häufig im Widerspruch zu der gerade in Verwaltungsbauten dominierenden Aufgabe der Abführung überschüssiger Wärmelasten im Sommer.

Zu einer weitergehenden Behandlung dieses neuartigen, in der Entwicklung befindlichen Aspektes des Gestaltens und Konstruierens muss auf weiterführende Literatur und Veröffentlichungen ausgeführter Projekte verwiesen werden [9].

9

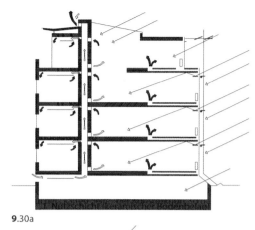

9.30a

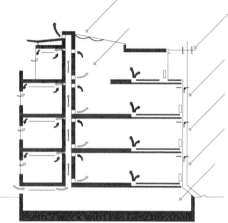

9.30b

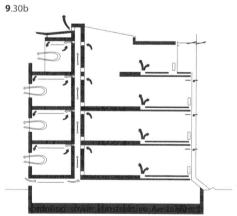

9.30c

9.30 Niedrigenergie-Bürogebäude
Schematische Darstellung der Betriebszustände
a) Wintertag
b) Sommertag
c) Sommernacht

9.6 Sonnen- und Blendschutz-systeme

Zur Vermeidung unzumutbarer Temperaturbedingungen und eines unerwünschten Lichteintrages in Gebäuden ist der *sommerliche Wärmeschutz* zu berücksichtigen, damit bereits durch entwurfliche und bauliche Maßnahmen verhindert wird, dass durch solare Energieeinträge zu hohe Innenraumtemperaturen sowie Beeinträchtigungen durch Blendwirkungen entstehen.

Hierbei sind regionale Unterschiede der sommerlichen Klimaverhältnisse zu berücksichtigen. Für die Bundesrepublik Deutschland werden gemäß DIN 4108-2 drei *Sommer-Klimaregionen* (A, B, C) unterschieden.

Mindestanforderungen an den sommerlichen Wärmeschutz sind mindestens für den Raum mit den höchsten Anforderungen an den sommerlichen Wärmeschutz zu erfüllen (Ermittlung des Sonneneintragskennwertes). Auf den Einzelnachweis kann nur dann verzichtet werden, wenn der auf die Grundflächen des Raumes bezogene Fensterflächenanteil eine prozentuale Obergrenze (Orientierung der Fenster nach NNW über Süd bis NO = 10%, Nord, 15%, bei schräg liegenden Verglasungen bis 60° Neigung über der Horizontalen für alle Orientierungen max. 7%) nicht überschreitet.

Alternativ hierzu kann das Verfahren der thermischen Gebäudesimulation zum Nachweis der Einhaltung der zulässigen Anforderungswerte angewendet werden.

Thermische Behaglichkeit. Kriterien zur Feststellung der Anforderungsprofile an die thermische Behaglichkeit werden in DIN EN ISO 7730 festgelegt. Hierin wird der Zufriedenheitsgrad als Index der thermischen Behaglichkeit[1] einer großen Personengruppe und der Anteil in % der mit dem Umgebungsklima unzufriedenen Personen

---

[1] PMV-Index (Predicted Mean Vote – erwartete durchschnittliche Empfindung) ist der berechnete Durchschnittswert der Klimabeurteilung/Wärmeempfindung (Grad der Behaglichkeit oder Unbehaglichkeit) einer großen Personengruppe bezogen auf Lufttemperatur, mittlere Strahlungstemperatur, Luftgeschwindigkeit und -feuchte und der vorausgesagte Prozentsatz der Unzufriedenen (PPD – Predicted Percentage of Dissatisfied), die das Umgebungsklima voraussichtlich als zu warm oder zu kalt empfinden. Bei der Bestimmung der annehmbaren Temperaturbereiche werden körperliche Aktivität, Bekleidungsgewohnheiten sowie Gewohnheiten an ein wärmeres oder kälteres Umgebungsklima berücksichtigt.

in Abhängigkeit lokaler Raumverhältnisse (Zugluft, asymmetrische Strahlung, vertikale Lufttemperaturunterschiede, kalte oder warme Fußböden) definiert.

Bei einem i. d. R. notwendigen Fensterflächenanteil[1] von deutlich mehr als 10% (Nordnord-West über Süd bis Nord-Ost) bzw. 15% (NNW über Nord bis NO) bezogen auf die Grundfläche eines Raumes ist der *solare Wärmeeintrag* für „kritische" Räume bzw. Raumbereiche an Außenfassaden nachzuweisen[2] und ggf. durch die Anordnung von Sonnenschutzvorrichtungen zu begrenzen (DIN 4108-2).

Sonneneintragskennwert. Hierzu ist im vereinfachten Verfahren der Sonneneintragskennwert **S** nach folgender Formel zu ermitteln und ein max. zulässiger Sonneneintrag festzulegen.

$$S_{vorh} = \frac{\sum_j (A_{w, j} \cdot g_{tot, j})}{A_G}$$

Hierbei sind:

$A_{w, j}$ = Fensterfläche in m^2 (lichte Rohbauöffnung)

$g_{tot} = g \cdot F_c$ = Gesamtenergiedurchlassgrad der Verglasung einschl. Sonnenschutz

g = Gesamtenergiedurchlassgrad der Verglasung nach DIN EN 410

F_c = Abminderungsfaktor für Sonnenschutzvorrichtung nach DIN EN 4108-2, Tabelle 7

A_G = Nettogrundfläche des Raumes oder Raumbereiches im m^2

---

[1] Die Ermittlung der Fensterfläche erfolgt hierbei bis zur „Rohbauöffnung" (Anschlagskante des Blendrahmens) der Fensteröffnung ohne Berücksichtigung von Putzen oder sonstigen Verkleidungen. Bei Dachflächenfenstern gilt das Außenmaß des Blendrahmens als lichtes Rohbaumaß. Beim vereinfachten Verfahren ist pauschal ein Rahmenanteil von 30% berücksichtigt worden.

[2] Für Räume, die in Verbindung mit baulichen Anlagen wie z. B. unbeheizten Glasvorbauten, Doppelfassaden oder transparenten Wärmedämmungssystemen (TWD) stehen, kann der *vereinfachte* Nachweis (Bestimmung des Sonneneintragkennwertes **S**) gemäß DIN 4108-2 nicht geführt werden. Hierfür müssen *gesonderte* Nachweisverfahren unter Beachtung der besonderen Randbedingungen vorgenommen werden.
Bei Ein- und Zweifamilienhäusern, deren Fenster mit außen liegenden Sonnenschutzvorrichtungen (Abminderungsfaktor $F_c \leq 0{,}3$) versehen werden, kann ebenfalls auf einen Nachweis verzichtet werden.
Bei Neigungen der Fensterflächen gegenüber der Horizontalen von 0° bis 60° beträgt der Grundflächen bezogene Fensterflächenanteil maximal 7%.

Lage des Sonnenschutzes. Die Lage und Ausbildung hängt überwiegend von der Himmelsausrichtung der einzelnen Fassaden und der Raumnutzung ab (s. a. Abschn. 17.5.4). Für Bürogebäude mit hohen inneren Wärmelasten durch technische Einrichtungen steht der Sonnenschutz häufig im Zusammenhang mit einer energieintensiven und apparativ aufwändigen Gebäudekühlung.

Ein wirksamer sommerlicher Wärmeschutz ist *nur mit außen* liegenden Sonnenschutzanlagen möglich. Nur bei außenseitiger Lage der Verschattungseinrichtungen kann entstehende Wärme *vor dem Eindringen* durch die Klimahülle optimal abgeleitet werden.

Alle Sonnenschutzeinrichtungen müssen in Abhängigkeit von den jahreszeitlich unterschiedlichen Sonneneinfallswinkeln geplant werden. Die Ermittlung der jahreszeitlich und regional unterschiedlichen Sonneneinfallswinkel erfolgt mit Sonnenstandsdiagrammen.[3]

Sonnenschutzanlagen können folgendermaßen unterschieden werden:

- nach ihrer Lage in Bezug zur Verglasung,
- nach der mechanischen Beweglichkeit und
- nach der Materialart.

Lage zur Verglasung. Sonnen- und Blendschutzsysteme können durch Abdeckung der Fensterflächen außerhalb vor der Verglasung, innerhalb des Scheibenzwischenraumes (SZR) von Isolierglasscheiben oder im Rauminneren angeordnet werden (*geometrischer Sonnenschutz*). Alternativ kann die Strahlungsintensität durch Beschichtungen, Bedruckungen, Folien oder auch Photovoltaikmodule gegen UV- und Infrarotstrahlung auf den Glasscheiben (s. Abschn. 5.4 in Teil 2 dieses Werkes) verringert werden (strahlungsvermindernder, *selektiver Sonnenschutz*).

- *Außen liegender Sonnenschutz* kann aus Textilien (Markisen) Glas-, Holz– oder Metalllamellen (horizontal oder vertikal angeordneten Lamellenraffstores), Rollladen, Metallrosten oder Blechen bestehen (s. a. Abschn. 5.8 in Teil 2 dieses Werkes).

- *Verglasungsintegrierte Verschattungssysteme* innerhalb des Scheibenzwischenraumes (SZR) bestehen aus hochziehbaren oder wendbaren Leichtmetalllamellen (Mikrolamellen), rollbaren Folien, tageslichtlenkenden Lamellenjalousien, Prismengläsern oder Liquidfüllungen.

---

[3] Einfallswinkel max. = ca. 62° am 21. Juni. und min. = ca. 15° am 21. Dez. auf 51,5° nördl. Breite (Höhe Dortmund-Halle)

- *Innen liegender* Sonnen- eher *Blendschutz* (auch Sichtschutz) wird aus textilen Vorhängen, Plisses, horizontal oder vertikal angeordneten Jalousien oder Lamellen hergestellt.
- *Beschichtungen* der Glasscheiben oder Einfärbungen zur Licht- und Wärmereflexion sind Bestandteil der Verglasung (s. Abschn. 9.2).

Außen liegender Sonnenschutz ist innen liegendem zur Verringerung der Kühllasten vorzuziehen. Innen liegender Sonnenschutz ist kaum dazu geeignet, Wärmestrahlung abzuhalten und sollte, – wenn er überhaupt vorgesehen wird –, über möglichst wärmestrahlungsreflektierende Oberflächen verfügen und möglichst dicht an der Verglasung angeordnet werden. Innenseitig angeordnete Systeme dienen in erster Linie dem Blend- und Sichtschutz – weniger dem sommerlichen Wärmeschutz.

Häufig sind Sonnenschutzeinrichtungen in Verbindung mit Vorrichtungen zur Fassadenreinigung und Wartung bei der Planung zu berücksichtigen.

Mechanische Beweglichkeit. An west- und ostorientierten Fassaden ist *vertikal* abdeckender, häufig auch beweglicher Sonnenschutz aufgrund der niedrigen Sonnenstände vorzuziehen. An südorientierten Verglasungen können *horizontal* angeordnete, auch starre Verschattungsanlagen (brise soleil) bei hohen Sonnenständen gute Schutzeigenschaften ergeben.

Bewegliche Sonnen- und Blendschutzanlagen zwischen den Isolierglasscheiben (SZR) können als schmale Lamellen oder Screens (kunststoffbeschichtete, reflektierende Gewebe) mit Elektromotoren oder manuell mit Magneten bedient (gewendet oder gerafft) werden. An den Sonnenschutzanlagen absorbierte Wärmestrahlung heizt das Glas auf und wird überwiegend nach außen abgegeben, wenn die innere Scheibe über Wärmeschutzbeschichtungen verfügt. Nachteile sind ein erforderlicher kompletter Austausch der Verglasung bei defekten Anlagen und die versperrte Durchsicht bei nicht raffbaren Anlagen. Vorteil ist die geschützte und verschmutzungsfreie Unterbringung im SZR.

Feststehender und beweglicher Sonnenschutz.

- *Feststehender Sonnenschutz* kann durch bauliche Maßnahmen (Balkone, Loggien, Dachüberstände, zurückgesetzte Fenster, textile Überdachungen, Arkaden) oder mittels horizontaler, seltener vertikaler oder geneigt auskragender Bauteile wie Roste, Lamellen oder Blechen vorgesehen werden.

- *Bewegliche Sonnenschutzvorrichtungen* sind alle Formen mechanisch,- manuell oder elektrisch,- horizontal oder vertikal und diagonal verstellbarer Anlagen (Markisen, Jalousien, Lamellen, Schiebeläden). Bewegliche Sonnenschutzanlagen können zudem in verschiebliche und drehbare Systeme unterschieden werden.

Feststehende Sonnenschutzanlagen werden als Trägerroste aus Stahl, Aluminium oder Edelstahl aus geraden, gekanteten oder Rechteck-Hohlprofilen hergestellt. Sie können konsolartig auskragend, selbsttragend oder auch begehbar (Reinigungs- und Wartungsstege) vorgesehen werden. Rostsysteme sperren oder/und reflektieren die direkte Einstrahlung in Abhängigkeit von der Rostgeometrie und dem Einstrahlungswinkel (Bild **9**.31a). Feststehende Sonnenschutzanlagen als Roste oder Lamellen und die Fassadenflächen vollständig abdeckende Anlagen reduzieren den Tageslichteinfall erheblich.

Bewegliche Sonnenschutzanlagen für üblich große Fensteranlagen als Lamellenraffstores, Markisen, Rollos, Screens und Fenster-, Roll- und Schiebeläden werden in Teil 2, Abschn. 5.8 dieses Werkes behandelt.

Großflächige Glasfassaden können auch durch vor der Verglasungsebene angeordnete, starre und einachsig horizontal oder vertikal drehbar gelagerte Großlamellen, – sog. „shelfs" –, aus Aluminium, Glas, membran- oder textilbespannte Rahmen oder Holz verschattet werden. Die Anlagen werden häufig dem Sonnenstand folgend automatisch mit elektromotorisch betriebenen Schubstangen nachgeführt. Kombinationen mit Photovoltaikanlagen sind zur Energieversorgung durch die Verschattungsanlagen möglich. *Glaslamellen* aus Sonnenschutzglas mit strahlungsbehindernden Bedruckungen oder Beschichtungen schränken die Durchsicht in geschlossenem Zustand nur unwesentlich ein. Prismenlamellen aus Acrylglas verhindern direkten Strahlungseintritt, – lassen aber diffuse Strahlung zur Raumbelichtung durch. Nachteile sind die ggf. behinderte Durchsicht und der relativ hohe Aufwand für die Herstellung, Reinigung und Wartung (Bild **9**.31b und c).

Öffenbare Lamellen verbunden mit lichtlenkenden Beschichtungen an den Oberflächen (Lightselfs) oder die Anordnung im oberen Drittel der Verglasungsflächen verbessern die Tageslichtausbeute (s. Bild **9**.34 und **9**.35).

Außen liegende und zudem bewegliche Sonnenschutzanlagen sind an Fassaden mit hoher Wind-

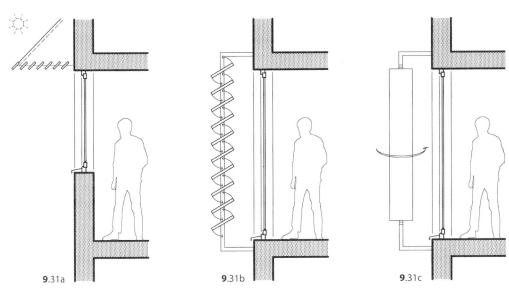

9.31 Sonnenschutzanlagen
   a) starre, feststehende Sonnenschutzanlage
   b) beweglicher, horizontal drehbarer Sonnenschutz (nachführbare Großlamellen/shelfs)
   c) beweglicher, vertikal drehbarer Sonnenschutz (nachführbare Großlamellen/shelfs)

9

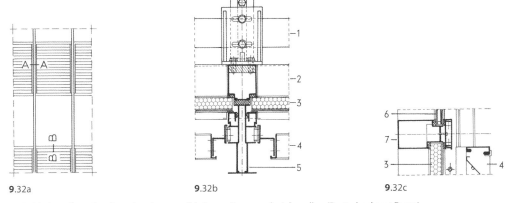

9.32 Vorhangfassade mit senkrechten, verfahrbaren Sonnenschutzlamellen (Postscheckamt Essen)
   a) Ansicht
   b) Horizontalschnitt A–A durch den Pfosten mit justierbarer Befestigung, Brüstungselementen und den davor-
      liegenden Rahmen der Sonnenschutzanlage
   c) Vertikalschnitt B–B durch den Riegel, davor der obere Rahmen der Sonnenschutzanlage

   1 justierbare Aufhängung
   2 Tragprofil innen
   3 Brüstungselement
   4 vertikal verfahrbare Sonnenschutzlamellen
   5 Tragprofil außen mit Fahrschiene für Fassaden-
      reinigungskorb
   6 Isolierverglasung
   7 waagerechte Sprosse

belastung (z. B. Hochhäuser) problematisch. Einen interessanten Lösungsversuch mit Hilfe einer senkrecht verfahrbaren, starren Lamellen-
konstruktion zeigt Bild **9**.32.

Sonnen- und Blendschutz in Doppelfassaden.
Die Lage des Sonnenschutzes in einem Fassadenzwischenraum (FZR), insbesondere der Abstand zur Verglasung hat erheblichen Einfluss auf

das Innenklima. Ist der Abstand zu den Verglasungsebenen zu gering, findet keine ausreichende Abkühlung durch mangelnde Umströmung statt. Es entsteht ein heißes Luftposter, das sogar zum Bruch der angrenzenden Glasscheiben führen kann. Ist der Abstand zu weit, ist die auftriebsbedingte Geschwindigkeit des Luftstromes zwischen Sonnenschutz und Verglasung zu gering. Die Folge sind Aufheizungserscheinungen des Sonnenschutzes auf Grund mangelnden Wärmeabtransportes und in der Folge zunehmender Erhitzung des FZR.

Blendschutzanlagen. Vorrichtungen, die lediglich dem Blend- und auch Sichtschutz dienen, können auch innen liegend angeordnet werden. Verwendung finden Jalousien, Rollos, Behänge mit Vertikallamellen und auch textile Behänge. Zur Vermeidung der direkten Sonneneinstrahlung sind lichtundurchlässige Materialien vorzuziehen. Zur Sicherstellung der Tageslichtbeleuchtung und des Sichtkontaktes nach außen sollten die Blendschutzvorrichtungen rückziehbar ausgeführt werden.

Laubbäume und Bewuchs können als jahreszeitlich variierende Schattenspender die Besonnung von Innenräumen und Fassaden beeinflussen. Umliegende Gebäude haben ggf. erheblichen Einfluss auf die Besonnungssituation.

9.7 Tageslichtnutzung

Bei der Betrachtung von Energieeffizienz bei gleichzeitig hoher Aufenthaltsqualität kommt der Tageslichtnutzung eine zunehmende Bedeutung zu. Ein ausgewogenes Verhältnis von Lichttransparenz, Sichtkontakt von innen nach außen und wirksamem Sonnen- sowie Blendschutz stellt erhöhte Planungsanforderungen an Gebäudefassaden dar. Ziel ist es, ein erhöhtes Wohlbefinden[1] (z. B.: Biorhythmus, Lichtbedarf, ermüdungsfreieres und sichereres Arbeiten) durch eine dynamischere, attraktivere Tageslichtbeleuchtung mit guten Sehbedingungen (u. A. guter Tageslichtquotient, gute Helligkeitsverteilung, bessere Farb- und Kontrastwiedergabe) zu erreichen und

gleichzeitig aus energetischen Gründen Art und Umfang von Kunstlichtbeleuchtungen zu minimieren (Elektroenergie für die Beleuchtungsanlagen, Reduktion von internen Wärmelasten und Reduktion der haustechnischen Anlagen ggf. Vermeidung der Gebäudekühlung).

Gemäß EU-Richtlinie 2010/31/EU zur Gesamtenergieeffizienz für Gebäude ist der Energiebedarf für Beleuchtung insbesondere für Nichtwohngebäude auszuweisen. Gemäß Arbeitsstättenverordnung ist eine ausreichende Ausleuchtung von Arbeitsstätten mit Tageslicht gefordert. DIN V 18 599-4 fordert zudem den Nachweis des Nutz- und Endenergiebedarfs von Beleuchtung. Somit ist die Nutzung von Tageslicht ein wesentlicher Faktor für die nachzuweisende Primärenergie-Kennzahl und die Gesamtbetrachtung der Energieeffizienz von Gebäuden.

Eine effektive Tageslichtnutzung erfordert abgestimmte Gesamtlösungen bereits im Entwurf (städtebaulicher Entwurf, Vorentwurf). Hierbei besteht der größte Handlungsspielraum, der durch nachfolgende Planungsentscheidungen (Entwurfs- und Ausführungsplanung) nur noch bedingt beeinflusst werden kann.

Entscheidend für ein gutes Tageslichtangebot sind folgende Faktoren:

- Maximierung des Tageslichteinfalls im Winter
- Optimierung des Sonnen- und Blendschutzes im Sommer
- Gewinnung des diffusen Sonnenlichteintrages insbesondere bei bedeckten Himmel
- Berücksichtigung wechselnder Himmelszustände (tägliche und jährliche Sonnenwanderung, Änderungen der Bewölkung)
- Raumproportionen/Raumtiefe
- Fassadenkonzepte mit Größe und Lage der Öffnungen
- Innenausbau (Material- und Farbkonzepte)
- Beleuchtungskonzepte
- Funktion und Kontrolle von Tages- und Kunstlichtsystemen

Im Gebäudeentwurf ist zu prüfen, inwieweit Räume einseitig oder insbesondere bei großflächigen Räumen mehrseitig mit Seitenfenstern oder Oberlichtern oder auch über angrenzende Gebäudebereiche mit natürlichem Tageslicht versorgt werden können.

Seitenfenster. Bei der i. d. R. vorzusehenden Belichtung durch Seitenfenster ist die Tiefe des Tageslichtbereiches abhängig von der Fensterhöhe

---

[1] Mit der Reduzierung der Strahlungsintensität (Gesamtenergiedurchlassgrad = **g**-Wert) durch den Sonnenschutz nimmt auch die Tageslichtintensität (Lichttransmissionsgrad = τ) ab. Natürliches Licht lässt sich in quantitativer (Beleuchtungsstärke, Tageslichtquotient) und qualitativer Hinsicht (Blendungserscheinungen, Helligkeitsverteilung, Leuchtdichtendifferenz) bewerten.

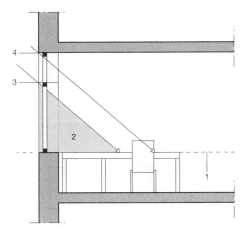

9.33 Tageslichtbereich bei Seitenfenstern gemäß
DIN V 18599-4

1 Nutzebene
2 Tageslichtbereich
3 Sturzhöhe über Nutzebene
4 Öffnung ohne Fenstersturz mit erweitertem
   Tageslichtbereich

bezogen auf die Oberkante der Arbeitsfläche. Gemäß DIN V 18 599-4 beträgt die Tiefe des Tageslichtbereiches bei Seitenfenstern das 2,5-fache der Sturzhöhe über der Nutzungsebene (Bild **9**.33). Als Faustformel gilt zudem, dass die Raumtiefe bei einer optimalen Ausleuchtung durch Seitenfenster nicht wesentlich mehr als das Zweifache der Sturzhöhe über dem Fußboden betragen soll. Lichtlenkende Tageslichtsysteme können diesen geometrischen Zusammenhang grundsätzlich nicht außer Kraft setzen.

Grundsätzlich gilt, dass insbesondere der obere Flächenanteil des Fensters zu einer optimalen Tageslichtausbeute auch in größeren Raumtiefen besonders beiträgt. Zu empfehlen ist eine bereits in der Rohbau- und Tragwerksplanung vorzusehende sturzfreie Ausführung von Fassadenöffnungen, die eine Maximierung des Tageslichtbereiches ermöglicht. Zudem werden hiermit Aufhellungen der fensternahen Deckenflächen und damit verbundene aufhellende Lichtreflexionen erreicht. Ein gleicher Effekt wird durch die bei Glasfassaden i. d. R. vorhandene direkte Ausleuchtung angrenzender Innenwandflächen erreicht.

Oberlichter. Große Grundrissflächen (z. B. im Industriebau) können durch Oberlichter effektiv mit Tageslicht beleuchtet werden. Die Sichtverbindungen nach außen sind jedoch durch Sei-

tenfenster sicherzustellen. Ein wirksamer Sonnenschutz kombiniert mit Tageslichtsystemen ist in der Lage, die Anforderungen an eine qualifizierte Tageslichtbeleuchtung sicherzustellen. Im Sommer gut verschattete, südorientierte Oberlichter als Sheddächer können in hochenergieeffizienten Gebäudekonzepten (z. B. Passivhaus) einen wesentlichen Beitrag zur passiven Gewinnung von Wärmeenergie liefern.

Solartubes. Unabhängig von Fassadenflächen oder Dachoberlichtern lässt sich Sonnenlicht durch Prismenkuppeln (Acrylglas-Kuppeln mit speziellen Prismen zur Erhöhung der Aufnahmefläche für Sonnenlicht) auffangen. Hoch reflektierende Lichtrohre (Reinstsilber bedampfte oder filmbeschichtete Röhren mit 16 bis 75 cm Durchmesser) transportieren das Licht ins Gebäudeinnere und ermöglichen somit auch eine natürliche Belichtung innen liegender Räume. Hierbei sind Rohrlängen über 20 m sowie Umlenkungen mittels 0 bis 90° Bögen in begrenztem Umfang möglich.

Tageslichtlenkung. Es werden vielfach hochwertige Sonnenschutzgläser mit *statischen* Eigenschaften hinsichtlich des Wärme- und Lichttransmissionsgrades mit dem Nachteil eingesetzt, dass gewünschte solare Gewinne weitgehend verhindert werden. Die Markteinführung schaltbarer Gläser bzw. Beschichtungen zum Ausgleich dieser Nachteile ist bisher an technischen Hürden sowie den hohen Preisen gescheitert.

Übliche Markisen, Raffstores oder Lamellen sind konventionelle Sonnenschutzvorrichtungen, die i. d. R. keine gesonderten lichtlenkenden Eigenschaften aufweisen. Sie können jedoch auch durch Verbesserung der Lichtverteilung mittels Optimierung der Lamellenprofile, separate Steuerungsmöglichkeit von Außenjalousien im oberen und unteren Teil sowie die Integration von Sonnenschutzvorrichtungen in die Gebäudeleittechnik zur automatischen Öffnung und Schließung in Abhängigkeit vom Tageslicht insbesondere bei bedecktem Himmel Bestandteil eines Konzeptes zur Tageslichtnutzung sein.

Wesentlich bessere Tageslichtnutzung ist dann möglich, wenn diffuses Licht eindringen kann, direkte Sonneneinstrahlung jedoch abgeschirmt wird. Hierzu stehen *selektive Sonnenschutzsysteme* zur Verfügung, mit denen durch eine Differenzierung der Abschirmung der Lichteinstrahlung kontinuierliche und weitgehend blendfreie Belichtungsverhältnisse ermöglicht werden.

9

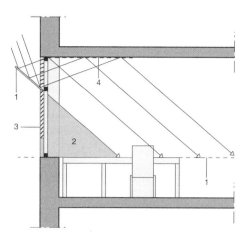

9.34 Tageslichtlenkung mit „Lightshelfs"
   1 „Lightshelfs" in Kämpferhöhe, steuerbar
   2 Tageslichtbereich, verschattbar
   3 beweglicher Sonnenschutz
   4 hell reflektierende Decke

9

Feststehende Systeme mit relativ geringem Lichttransmissionsgrad für den Einsatz vorwiegend in Dachflächen sind kostengünstiger als nachgeführte Systeme mit höherer Lichtdurchlässigkeit bei gleichzeitiger Sichtkontaktmöglichkeit nach Außen. Lamellensysteme mit Verspiegelung können direktes Sonnenlicht abschirmen, bewegliche Spiegellamellen ermöglichen, den Gesamtenergie- Durchlassgrad zu variieren.

Verspiegelte Oberflächen bewirken eine Umlenkung des Direktanteiles des Sonnenlichtes. Die Umlenkung senkt das Tageslichtniveau in Fassadennähe bei gleichzeitiger Erhöhung in der Raumtiefe. Lichtlenkungssysteme in Form von großformatigen Lightshelfs als Umlenkungslamellen in Kämpferhöhe von Fensteranlagen tragen somit zu einem Ausgleich der Belichtungsverhältnisse in Innenräumen bei (Bild **9**.34). Außen vor der Fassade angeordnet sind reflektierende Oberflächen besonders schmutzempfindlich. Eine geschützte Anordnung im Zwischenraum von Verglasungen oder innerhalb des FZR von Doppelfassaden ist günstiger.

Feststehende verspiegelte Lamellen im Zwischenraum von Verglasungen (SZR) wirken bei optimierter Lamellenform ähnlich, jedoch nur eingeschränkt bei wenigen Sonnenständen, und können den Ausblick von innen nach außen stark beschränken.

Häufig erfolgt die automatisierte Regelungstechnik von elektrischen Beleuchtungsanlagen prä-

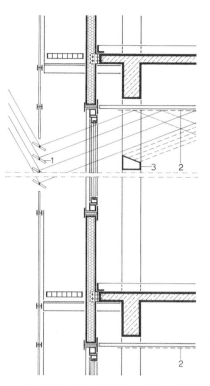

9.35 Zweischalige Fassade mit Tageslichtsteuerung („Intelligente Fassade")
   1 gesteuerte Lamellen
   2 reflektierende Decke
   3 Leuchtkörper

senzabhängig (Einsatz von Präsenzdetektoren zur Feststellung der Anwesenheit auch einzelner Personen in Innenräumen) *und* tageslichtabhängig (tageslichtabhängige Kunstlichtsteuerung). Erst elektronische, sorgfältig auf die Nutzungsanforderungen und die Nutzerwünsche abgestimmte Kontrollsysteme stellen die gewünschte Beleuchtungsqualität sicher und sparen Energie.

Planungen für Tageslichtnutzung können in vereinfachten Verfahren auf Grundlage statischer Himmels- und Gebäudemodelle ermittelt werden. In vereinfachten Verfahren wird die Besonnungszeit auf die Fassaden (grafische oder computergestützte Überlagerung der Sonnenbahn mit der Verbauungssilhouette) zur Feststellung der Bebauungsbedingungen auf Grundstücken festgestellt. Die Ermittlung des Energiebedarfs für Beleuchtung kann aufgrund weniger Angaben wie z. B. Verhältnis Fensterflächen zu Grundfläche oder Fensterhöhe zu Raumtiefe grob festgelegt werden.

Darüber hinaus stehen Simulationsprogramme für komplexe Geometrien und veränderliche Zeiträume und Himmelszustände zur Verfügung, die i. d. R. spezielle fachplanerische Kenntnisse erfordern.

Die zur Selbststeuerung der Fassaden benötigte Energie kann über Photovoltaik-Anlagen gewonnen werden. Diese können Teil der gesteuerten Sonnenschutzeinrichtungen sein.

9.8 Normen

Norm	Ausgabedatum	Titel
DIN 107	04.1974	Bezeichnung mit links oder rechts im Bauwesen
DIN EN 356	02.2000	Glas im Bauwesen – Sicherheitssonderverglasungen – Prüfverfahren und Klasseneinteilung des Widerstandes gegen manuellen Angriff
DIN EN 357	02.2005	–; Brandschutzverglasungen aus durchsichtigen oder durchscheinenden Glasprodukten – Klassifizierung des Feuerwiderstandes
DIN EN 410	04.2011	–; Bestimmung der lichttechnischen und strahlungsphysikalischen Kenngrößen von Verglasungen
DIN EN 572-1	11.2012	–; Basiserzeugnisse aus Kalk-Natronsilicatglas; Definitionen und allgemeine physikalische und mechanische Eigenschaften
DIN EN 572-2	11.2012	–; –; Floatglas
DIN EN 572-3	11.2012	–; –; Poliertes Drahtglas
DIN EN 572-4	11.2012	–; –; Gezogenes Flachglas
DIN EN 572-5	11.2012	–; –; Ornamentglas
DIN EN 572-6	11.2012	–; –; Drahtornamentglas
DIN EN 572-7	11.2012	–; –; Profilbauglas mit oder ohne Drahteinlage
DIN EN 572-8	11.2012	–; –; Liefermaße und Festmasse
DIN EN 673	04.2011	–; Bestimmung des Wärmedurchgangskoeffizienten (U-Wert) Berechnungsverfahren
DIN EN 1096-1	04.2012	–; Beschichtetes Glas; Definition und Klasseneinteilung
DIN 1249-11	09.1986	Flachglas im Bauwesen; Glaskanten; Begriffe, Kantenformen und Ausführung
DIN 1259-1	09.2001	Glas; Begriffe für Glasarten und Glasgruppen
DIN 1259-2	09.2001	Glas; Begriffe für Glaserzeugnisse
DIN EN 1279-1 bis 6	2002–2010	Glas im Bauwesen – Mehrscheiben – Isolierglas
DIN EN 1364-3	05.2014	Feuerwiderstandsprüfungen für nichttragende Bauteile – Vorhangfassaden – Gesamtausführung
DIN EN 1364-4	05.2014	–; –; Teilausführung
DIN EN 1932	09.2013	Abschlüsse und Markisen – Widerstand gegen Windlast – Prüfverfahren und Nachweiskriterien
DIN 4102-13	05.1990	Brandverhalten von Baustoffen und Bauteilen; Brandschutzverglasungen; Begriffe, Anforderungen und Prüfungen
DIN 4108-2	02.2013	Wärmeschutz und Energie-Einsparung in Gebäuden; Mindestanforderungen an den Wärmeschutz
DIN 4108-3	11.2014	–; Klimabedingter Feuchteschutz; Anforderungen, Berechnungsverfahren und Hinweise für Planung und Ausführung
DIN V 4108-6	06.2003	–; Berechnung des Jahresheizwärme- und des Jahresheizenergiebedarfes
DIN V 4108-6 Ber. 1	03.2004	Berichtigungen zu DIN V 4108-6

9

Norm	Ausgabedatum	Titel
DIN 4108-7	01.2011	–; Luftdichtheit von Gebäuden, Anforderungen, Planungs- und Ausführungsempfehlungen sowie -beispiele
DIN 4109	11.1989	Schallschutz im Hochbau, Anforderungen und Nachweise
DIN 4109 Bbl 1	11.1989	–; Ausführungsbeispiele und Rechenverfahren
DIN 4109 Bbl 1Ber.1	08.1992	Berichtigungen zu DIN 4109/11.89, DIN 4109 Bel 1 11/89 und DIN 4109 Bbl 2 11/89
DIN 4109 Bbl 1/A1	09.2003	Schallschutz im Hochbau Ausführungsbeispiele und Rechenverfahren, Änderung A1
DIN 4109 Bbl 1/A2	02.2010	–; Ausführungsbeispiele und Rechenverfahren, Änderung A2
DIN 4109 /A1	01.2001	–; Anforderungen und Nachweise, Änderung A1
DIN 4109 Bbl 2	11.1989	–; Hinweise für Planung und Ausführung; Vorschläge für einen erhöhten Schallschutz; Empfehlungen für den Schallschutz im eigenen Wohn- und Arbeitsbereich
E DIN 4109-35	06.2013	–; Eingangsdaten für den rechnerischen Nachweis des Schallschutzes (Bauteilkatalog) – Elemente, Fenster, Türen, Vorhangfassaden
DIN 5034-1	07.2011	Tageslicht in Innenräumen; Allgemeine Anforderungen
DIN 5034-2	02.1985	–; Grundlagen
DIN 5034-3	02.2007	–; Berechnung
DIN 5034-4	09.1994	–; Vereinfachte Bestimmung von Mindestfenstergrößen für Wohnräume
DIN EN ISO 7345	01.1996	Wärmeschutz – physikalische Größen und Definitionen
DIN EN ISO 7730	05.2006	Ergonomie der thermischen Umgebung – Analytische Bestimmung und Interpretation der thermischen Behaglichkeit durch Berechnung des PMV- und des PPD-Indexes und Kriterien der lokalen thermischen Behaglichkeit
DIN EN 12 150-1	11.2000	Glas im Bauwesen; Thermisch vorgespanntes Kalknatron- Einscheibensicherheitsglas; Definition und Beschreibung
E DIN EN 12 150-1	02.2014	–; Thermisch vorgespanntes Kalknatron- Einscheibensicherheitsglas; Definition und Beschreibung
DIN EN 12 152	08.2002	Vorhangfassaden – Luftdurchlässigkeit; Leistungsanforderungen und Klassifizierung
DIN EN 12 153	09.2000	Vorhangfassaden; Luftdurchlässigkeit; Prüfverfahren
DIN EN 12 154	06.2000	Vorhangfassaden; Schlagregendichtheit, Leistungsanforderungen und Klassifizierung
DIN EN 12 216	11.2002	Abschlüsse – Terminologie, Benennungen und Definitionen; Dreisprachige Fassung
DIN EN 12 337-1	11.2000	Glas im Bauwesen – Chemisch vorgespanntes Kalknatronglas; Definition und Beschreibung
DIN EN 12 354-3	09.2000	Bauakustik – Berechnung der akustischen Eigenschaften von Gebäuden aus den Bauteileigenschaften; Luftschalldämmung gegen Außenlärm
DIN EN 12 354-4	04.2001	–; Schallübertragung von Räumen ins Freie
DIN EN 12 464-1	08.2011	Licht und Beleuchtung – Beleuchtung von Arbeitsstätten; Arbeitsstätten in Innenräumen
DIN EN ISO 12 631	01.2013	Wärmetechnisches Verhalten von Vorhangfassaden – Berechnung des Wärmedurchgangskoeffizienten

9

Norm	Ausgabedatum	Titel
DIN EN 13 022-1	08.2014	Glas im Bauwesen; Geklebte Verglasungen; Glasprodukte für Structural-Sealant-Glazing (SSG-) Glaskonstruktionen für Einfach- und Mehrfachverglasungen mit und ohne Abtragung des Eigengewichtes
DIN EN 13 022-2	08.2014	–; Verglasungsvorschriften für Structural-Sealant-Glazing (SSG-) Glaskonstruktionen
DIN EN 13 024-1	02.2012	–; Thermisch vorgespanntes Borosilicat-Einscheibensicherheitsglas; Definition und Beschreibung
DIN EN 13 116	11.2001	Vorhangfassaden – Widerstand gegen Windlast – Leistungsanforderungen
DIN EN 13 119	07.2007	–; Terminologie, Dreisprachige Fassung
DIN EN 13 120	09.2014	Abschlüsse innen – Leistungs- und Sicherheitsanforderungen
DIN EN 13 363-1	09.2007	Sonnenschutzeinrichtungen in Kombination mit Verglasungen; Berechnung der Solarstrahlung und des Lichttransmissionsgrades; Vereinfachtes Verfahren
DIN EN 13 363-1Ber.1	09.2009	–; –; Vereinfachtes Verfahren; Berichtigung 1
DIN EN 13 363-2	06.2005	–; –; Detailliertes Verfahren
DIN EN 13 363-2 Ber.1	04.2007	–; –; Berichtigungen zu DIN 13363-2, 2005-06
DIN 13 561	01.2009	Markisen – Leistungs- und Sicherheitsanforderungen
E DIN 13 561	10.2014	–; Leistungs- und Sicherheitsanforderungen
DIN EN 13 659	01.2009	Abschlüsse außen – Leistungs- und Sicherheitsanforderungen
E DIN EN 13 659	10.2014	–; Leistungs- und Sicherheitsanforderungen
DIN EN ISO 13 791	08.2012	Wärmetechnisches Verhalten von Gebäuden – Berechnung von sommerlichen Raumtemperaturen bei Gebäuden ohne Anlagentechnik – Allgemeine Kriterien und Validierungsverfahren
DIN EN ISO 13 792	08.2012	–; –; Vereinfachtes Berechnungsverfahren
DIN EN 13 830	11.2003	Vorhangfassaden-Produktnorm
E DIN EN 13 830	06.2013	Vorhangfassaden-Produktnorm
DIN EN 14 019	09.2004	Vorhangfassaden – Stoßfestigkeit – Leistungsanforderungen
E DIN EN 14 019	09.2014	–; Stoßfestigkeit – Leistungsanforderungen
DIN EN 14 501	02.2006	Abschlüsse – Thermischer und visueller Komfort – Leistungsanforderungen und Klassifizierung
DIN EN 14 509	12.2013	Selbsttragende Sandwich-Elemente mit beidseitigen Metalldeckschichten – Werkmäßig hergestellte Produkte – Spezifikationen
DIN EN 15 651-1	12.2012	Fugendichtstoffe für nicht tragende Anwendungen in Gebäuden und Fußgängerwegen; Fugendichtstoffe für Fassadenelemente
DIN EN 15 651-2	12.2012	–; –; Fugendichtstoffe für Verglasungen
DIN EN 16 153	06.2013	Lichtdurchlässige, flache Stegmehrfachplatten aus Polycarbonat (PC) für Innen- und Außenanwendungen an Dächern, Wänden und Decken; Anforderungen und Prüfverfahren
E DIN EN 16 656	09.2013	Glas im Bauwesen – Empfehlungen für die Verglasung – Verglasungsgrundlagen für vertikale und abfallende Verglasung
DIN 18 005-1	07.2002	Schallschutz im Städtebau; Grundlagen und Hinweise für die Planung
DIN 18 005-1 Bbl 1	05.1987	Schallschutz im Städtebau; Berechnungsverfahren; Schalltechnische Orientierungswerten für die städtebauliche Planung
DIN EN 18 008-1	12.2010	Glas im Bauwesen – Bemessungs- und Konstruktionsregeln; Begriffe und allgemeine Grundlagen

9

Norm	Ausgabedatum	Titel
DIN EN 18 008-2	12.2010	–; Linienförmig gelagerte Verglasungen
DIN 18 005 Ber. 1	04.2011	–; –; Berichtigung zu DIN 18 008-2
DIN EN 18 008-3	07.2013	–; Punktförmig gelagerte Verglasungen
DIN EN 18 008-4	07.2013	–; Zusatzanforderungen an absturzsichernde Verglasungen
DIN V 18 073	05.2008	Rollläden, Markisen, Rolltore und sonstige Abschlüsse im Bauwesen – Begriffe, Anforderungen
DIN 18 202	04.2013	Toleranzen im Hochbau; Bauwerke
DIN 18 351	09.2012	VOB Vergabe- und Vertragsordnung für Bauleistungen; Teil C: Allgemeine technische Vertragsbedingungen für Bauleistungen (ATV); Vorgehängte hinterlüftete Fassaden
DIN 18 358	09.2012	–; Rollladenarbeiten
DIN 18 360	09.2012	–; Metallbauarbeiten
DIN 18 361	09.2012	–; Verglasungsarbeiten
DIN 18 516-4	02.1990	Außenwandbekleidungen, hinterlüftet; Einscheiben-Sicherheitsglas; Anforderungen, Bemessung, Prüfung
DIN 18 540	09.2014	Abdichten von Außenwandfugen im Hochbau mit Fugendichtstoffen
DIN 18 542	07.2009	Abdichten von Außenwandfugen mit imprägnierten Dichtungsbändern aus Schaumkunststoff; Imprägnierte Dichtungsbänder; Anforderungen, Prüfung
DIN 18 545-1	09.2014	Abdichten von Verglasungen mit Dichtstoffen; Anforderungen an Glasfalze und Verglasungssysteme
DIN 18 545-2	12.2008	–; Dichtstoffe; Bezeichnung, Anforderungen, Prüfung
DIN 18 545-3	02.1992	–; Verglasungssysteme
DIN V 18 599-4	12.2011	Energetische Bewertung von Gebäuden – Berechnung des Nutz-, End- und Primärenergiebedarfs für Heizung, Kühlung, Lüftung, Trinkwarmwasser und Beleuchtung; Nutz- und Endenergiebedarf für Beleuchtung
DIN 52 460	02.2000	Fugen- und Glasabdichtungen – Begriffe
ETAG 002- 1Bek	12.1998	Bekanntmachung der Leitlinie für die europäische technische Zulassung für geklebte Glaskonstruktionen (Structural Sealant Glazing Systems – SSGS); Gestützte und ungestützte Systeme
ETAG 002- 2Bek	04.2002	–; Beschichtete Aluminium-Systeme
ETAG 002- 3Bek	04.2003	–; Systeme mit thermisch getrennten Profilen
ETB Absturzsicherung	06.1985	ETB-Richtlinie „Bauteile, die gegen Absturz sichern"
GlaskonstrZulBek	12.1998	Bekanntmachung der Leitlinie für die europäische technische Zulassung für geklebte Glaskonstruktionen
TRAV	01.2003	Technische Regeln für die Verwendung von absturzsichernden Verglasungen (TRAV)
TRLV	08.2006	Technische Regeln für die Verwendung von linienförmig gelagerten Verglasungen (TRLV)
TRPV	08.2006	Technische Regeln für die Bemessung und die Ausführung punktförmig gelagerter Verglasungen (TRPV)
VDI 6011	08.2002	Blatt 1: Optimierung von Tageslichtnutzung und künstlicher Beleuchtung – Grundlagen
VertikalverglasungTR	08.1997	Technische Regeln für die Verwendung von linienförmig gelagerten Vertikalverglasungen

9.9 Literatur

[1] AIT – Architektur – Innenarchitektur – Technischer Ausbau: Spezialausgaben seit 1996 und AIT-Scripte 1 bis 3, www.ait-online.de

[2] *Bäckmann, R.*: Sonnenschutz Teil 1 bis 3; Systeme, Technik und Anwendung, Automation; Physik und Ergonomie, Gestaltung und Konstruktion, Tageslichttechnik u.a. 1998/2000

[3] bauforumstahl e. V. (BFS) – Merkblatt Nr. 15 – Brandschutzbeschichtungen auf Holz, Holzwerkstoffen und Stahlbauteilen. Düsseldorf; www.bauforumstahl.de und Stahl-Informations-Zentrum, www.stahl-online.de

[4] *Behling, S.* (Hrsg.): Glas; Konstruktion und Technologie. Düsseldorf 1999

[5] *Behling, S.*: Sol Power; Die Evolution der solaren Architektur. München – New York 1996

[6] *Blum, H.J. Compagno, A., Fitzner, K., Heusler, W., Hortmanns, M., Hosser, D. u. A.*: Doppelfassaden. Berlin 2001

[7] *Boer, J. de.*: Tageslichtbeleuchtung und Kunstlichteinsatz in Verwaltungsbauten mit unterschiedlichen Fassaden. Stuttgart 2005

[8] Bundesverband Flachglas e. V.: u. A. BF- Merkblatt 003/2008, Leitfaden zur Verwendung von Dreifach-Wärmedämmglas. Troisdorf 2008

[9] *Compagno, A.*: Intelligente Glasfassaden; Material, Anwendung, Gestaltung. Basel 2002

[10] *Danner, D.*, (Hrsg.), *Kähler, G.*: Die klima-aktive Fassade. Leinefelden-Echterdingen 2002

[11] DETAIL – Fachzeitschriften zum Thema Bauen mit Glas: Hefte 03/2000, 10.2004, 1/2.2007, 7/8.2009, 1/2.2011, 7/8.2012. www.detail.de

[12] *Durst, A.*: Räume ins richtige Licht rücken, BINE Informationsdienst Projektinfo 09/12. FIZ Karlsruhe 2012; www.bine.info

[13] *Dworschak, G., Wenke, A.*: Fassadenschichtungen – Doppelfassaden und Schichtenfolgen. Berlin 2000

[14] *Ernst, J.*: Zweite-Haut-Fassade. In: Baumeister 01/2001

[15] *Eicker, U.*: Solare Technologien für Gebäude. Wiesbaden 2012

[16] *Eicker, U.*: Low Energy Cooling for Sustainable Buildings. Chichester 2009

[17] *Eicker, U., Bauer, U., Fux, V.*: Optimierung von Fassaden zur Vermeidung von sommerlicher Überhitzung – Abschlussbericht. Stuttgart 2005

[18] *Feldmann, M., Kasper, R., Langosch, K.*: Glas für tragende Bauteile. Neuwied 2012

[19] *Gall, D.*: Grundlagen der Lichttechnik – Kompendium. München 2007

[20] *Gall, D., Vandahl, C., Jordanowa, S.*: Tageslicht und künstliche Beleuchtung, Bewertung von Lichtschutzeinrichtungen. Bremerhaven 2000

[21] *Gall, D., Vandahl, C., Jordanowa, S.*: Lichtschutzeinrichtungen an Büroarbeitsplätzen. In Licht Bd. 52/2000

[22] *Gertis, K.*: Sind neuere Fassadenentwicklungen bauphysikalisch sinnvoll? Teil 2: Glas-Doppelfassaden (GDF). In: Bauphysik Nr.21. Stuttgart 1999

[23] *Haas-Arndt, D., Ranft, F.*: Tageslichttechnik in Gebäuden. Heidelberg 2007

[24] *Hausladen, G., Saldanha, M., Nowak, W., Liedl, P.*: Einführung in die Bauklimatik – Klima und Energiekonzepte für Gebäude. Berlin 2003

[25] *Hausladen, G., Saldanha, M., Liedl, P., Sager, C.*: ClimaDesign – Lösungen für Gebäude , die mit weniger Technik mehr können. München 2005

[26] *Hausladen, G., Saldanha, M., Liedl, P.*: ClimaSkin – Konzepte für Gebäudehüllen, die mit weniger Energie mehr leisten. München 2006

[27] *Hegger, M.*: Energie-Atlas: Nachhaltige Architektur. Basel 2008

[28] Informationsdienst Holz: Holzbauhandbuch, Reihe 1, Teil 10, Folge 3, 12/1999; Holz-Glas-Fassaden; www.informationsdienst-holz.de

[29] Informationszentrum RAUM und BAU-(IRB)-Literaturdokumentationen 3650, 3651, 3652, 3653: Glasfassaden, Temporärer Wärmeschutz, Lichtumlenkung, Energiegewinnung durch Fenster, Tageslichttechnik, Hochhausfassaden, Sonnenschutz von Büro- und Verwaltungsbauten u. a. Stuttgart; www.irb.fhg.de

[30] Intelligente Architektur (xia) – Zeitschrift für Architektur und Technik; www.xia-online.de

[31] *Jakobiak, R. A.*: Tageslichtnutzung in Gebäuden, BINE Informationsdienst Themeninfo 1/05. FIZ Karlsruhe 2005; www.bine.info

[32] *Kaltenbach, F.* (Hrsg.): Edition DEATIL- Transluzente Materialien; Glas – Kunststoff – Metall. München 2012

[33] *Kiwull, N.*: Kombinierte Tages- und Kunstlichtsysteme – neue Konzepte und Nutzerakzeptanz. Berlin 2008

9

[34] Knaack, U., Klein, T., Bilow, M., Auer, T.: Fassaden – Prinzipien der Konstruktion. Basel 2014

[35] Kunkelmann, J.: Brandschutz von Gebäuden mit Doppelfassaden. In: BBauBl. 47-7/1998

[36] Lang, W.: Zur Typologie mehrschaliger Gebäudehüllen aus Glas. In: DETAIL 7/1998

[37] Maas, A. (Hrsg.): Umweltbewusstes Bauen – Energieeffizienz, Behaglichkeit, Materialien. Stuttgart 2008

[38] Mösle, P.: Zwischen den Schalen. In: db 01/2001

[39] Müller, H., Nolte, C., Pasquay, T., Thiel, D.: Bericht zu Messvorhaben an drei Gebäuden mit Doppelfassaden. In: AIT/Intelligente Architektur 15/1998

[40] Oesterle, E., Lieb, R.D., Lutz, M, Heusler, W.: Doppelschalige Fassaden – ganzheitliche Planung. München 1999

[41] Otto, F., Hauser, G.: Planungsinstrument für das sommerliche Wärmeverhalten von Gebäuden, Stuttgart. 1998

[42] Pottgiesser U.: Fassadenschichtungen, Glas – mehrschalige Glaskonstruktionen. Berlin 2004

[43] Rice, P., Dutton, H.: Transparente Architektur; Glasfassaden mit Structural Glazing . Basel 1995

[44] Russ. Ch. u. A.: Sonnenschutz – Schutz vor Überwärmung und Blendung. Stuttgart 2008

[45] Schuler, M.: Luft in Hülle und Fülle; Doppelfassaden an Hochhäusern sind oft umstritten. In: db 4/1997

[46] Schuler, M.: Glasfassaden und Sonnenschutz. In: VfA Profil 10/98

[47] Schwab, A.: Neue Konzepte mehrschaliger Fassaden. In: DAB 03/1996 und: Fassaden für natürlich belüftete Gebäude. In: DAB 30/1998

[48] Schittich, C., Staib, G., Balkow, D., Schuler, M., Sobeck, W.: Glasbauatlas, Berlin 2006

[49] Schittich, C., (Hrsg.): Gebäudehüllen im Detail, 2001

[50] Schittich, C., (Hrsg.), Lenzen, S.: DETAIL – Edition „best of DETAIL" Glas – Glass 2014. www.detail.de

[51] Streicher, W.: Bestfassade – Best Practice for Double Skin Fassades, Graz 2005

[52] Stahl, M.: Doppelfassade, Solarwärme, Kühldecken, neuronale GLT (Gebäudeleittechnik). Götz-Neubau: Ist das ein Intelligentes Gebäude? In: CCI 30/1996

[53] Technische Richtlinien des Institutes des Glaserhandwerks für Verglasungstechnik und Fensterbau (IGH); Schrift 1,2,4,13,17,18, 19. Hadamar; www.glaserhandwerk.de

[54] Verband Fenster und Fassade (VFF): u. A. Merkblatt V.05 – Einsatzempfehlungen für Sicherheitsgläser im Bauwesen (09.2009); Merkblatt V.07 – Glasstöße und Ganzglasecken in Fenstern und Fassaden (05.2010)

[55] Verband Fenster und Fassade (VFF): u. A. Merkblatt HM.01 – Richtlinie für Holz-Metall-Fenster und Außentürkonstruktionen (09.2007); Richtlinie HM.02 – Richtlinie für Holz-Metall-Fassadenkonstruktionen (02.2006); ES.04 – Sommerlicher Wärmeschutz 01/2013

[56] Verwaltungsberufsgenossenschaft (VBG): Sonnenschutz im Büro (BGI 827). Hamburg 2005. www.vbg.de

[57] Vögele, O.: Handbuch für Rollladen und Sonnenschutztechnik. Bochum 2000

[58] Wagner, A.: Energieeffiziente Fenster und Verglasungen. Berlin 2013

[59] Wagner, E.: Glasschäden. Stuttgart 2012

[60] Weller, B., Engelmann, M., Nicklisch, F., Weimar, T.: Glasbau-Praxis – Konstruktion und Bemessung – Band 1 – Grundlagen. Berlin 2013

[61] Weller, B., Krampe P., Reich, S.: Glasbau-Praxis – Konstruktion und Bemessung – Band 2 – Beispiele nach DIN 18 008. Berlin 2013

[62] Weller, B., Tasche, S., (Hrsg.) Lutz, W.: Die Closed-Cavity-Fassade in Glasbau, S. 268 ff.. 2012

[63] Zimmermann, G. (Hrsg.), Küffner, P., Lummerzheim O.: Schäden an Glasfassaden und -dächern – Schadensfreies Bauen, Band 21. Stuttgart 2000

[64] Zimmermann, G. (Hrsg.), Küffner, P., Lummerzheim O.: Bauschädensammlung, Band 13, Stuttgart 2001, Seiten 64 und 65 und Band 14, Seiten 62 und 63. Stuttgart 2003

9

10 Geschossdecken und Balkone

10.1 Allgemeines

Die Aufgabe, gebaute Räume nach oben abzuschließen und die Geschosse durch Decken zu trennen, kann auf verschiedene Weise gelöst werden. Zu unterscheiden sind nach den jeweiligen Hauptbaustoffen:

- Decken aus *natürlichen* oder *künstlichen Steinen*,
- Decken aus *Beton* oder Stahlbeton,
- Decken aus *Stahl*,
- Decken aus *Holz*.

Man kann ferner unterscheiden:

- *ebene* Decken, überwiegend *biegebeansprucht*,
- gewölbte Decken, überwiegend *druckbeansprucht*.

Massivdecken werden an der Baustelle oder vorgefertigt hergestellt als Stahlbetonplatten oder -balkendecken, Stahlbetonrippendecken, Stahlbetondecken mit Füllkörpern oder aus Stahlblechen mit Aufbeton. Sie stellen heute für den weitaus größten Teil aller Bauvorhaben die übliche Geschossdecke dar, weil damit relativ leicht die notwendige Feuersicherheit und ausreichender Schallschutz erreicht werden können.

Holzbalkendecken genügen nur bei sehr sorgfältiger Ausführung den Schallschutzanforderungen und kommen allenfalls noch für kleinere Bauvorhaben mit zwei Geschossen, z. B. Einfamilienhäu-

ser, in Frage oder für Decken in Verbindung mit einem Dachstuhl aus Holz.

Die *Gewölbe* stellen die älteste Form steinerner Decken dar; sie bilden mit den Gebäudemauern ein festes Gefüge.

10.1.1 Standsicherheit

Ebene Decken werden durch ihr Eigengewicht und Nutz- bzw. Verkehrslasten statisch auf Biegung beansprucht. Die anzunehmenden Nutzlasten sind in DIN EN 1991-1-1 festgelegt. Sie betragen 1,5–2,0 kN/m² für Decken von Wohnräumen (Nutzungskategorie A, s. Tab. **10**.1) und bis zu 7,5 kN/m² für Decken von Fabriken und Lagern. Darüber hinaus sind (Einzel-)Lasten entsprechend der jeweiligen Nutzung und Ausstattung zu ermitteln. Für versetzbare Trockenbauwände ist ein Zuschlag von 0,5–1,2 KN/m² auf die Flächenlast q_k in Abhängigkeit vom Gewicht der Trockenbauwand ($\leq$ 1,0–$\leq$ 3,0 KN/m²) erforderlich. Die daraus resultierende Konstruktionsart und die erforderliche Dimensionierung ist abhängig von der Spannweite und -richtung der Decken.

Balken- und Rippendecken (s. Abschn. 10.2.3) werden in der Regel so auf den tragenden Bauteilen (tragende Wände, Unterzüge, Riegel von Skelettbauten) aufgelagert, dass kurze Spannweiten – möglichst unter Ausnutzung der Durchlaufwirkung – und damit wirtschaftliche Abmessungen erzielt werden.

10

Tabelle **10**.1 Nutzungskategorien nach DIN EN 1991-1-1 mit Angabe der anzurechnenden Nutzlasten im Hochbau

Nutzungskategorie		Flächenlast q_k
A	Wohnflächen	1,5–2,0 KN/m²
B	Büroflächen	2,0–3,0 KN/m²
C1 – C5	Flächen mit Personenansammlungen, die nicht unter A, B, oder D fallen	2,0–7,5 KN/m²
D1 – D2	Verkaufsflächen Einzelhandel und Kaufhäuser	4,0–5,0 KN/m²
E1	Flächen mit möglicher Stapelung von Gütern einschließlich Zugangsflächen	7,5 KN/m² empfohlen bzw. tatsächlich erforderliche Last nach Nutzung und Ausstattung
E2	Industrielle Nutzung	q_k entsprechend der vorgesehenen Nutzung und Ausstattung ermitteln

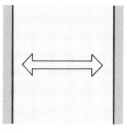

10.2a　　　　　　　　　　**10**.2b　　　　　　　　　　　　　　　**10**.2c

10.2　Stahlbetonplatte
　　a) zweiseitig aufgelagert
　　b) dreiseitig aufgelagert
　　c) allseitig aufgelagert

Ebene Massivplatten können am wirtschaftlichsten ausgeführt werden, wenn sie unter Ausnutzung verschiedener Spannrichtungen drei- oder vierseitig aufgelagert werden (Bild **10**.2).

Bei zu geringer Auflagertiefe entsteht infolge der Durchbiegung der Decke eine erhöhte Kantenpressung am Auflager. Dabei können die Auflagerränder durch Überbeanspruchung abplatzen (Bild **10**.3). Durch Verdrehungen im Auflagerbereich besteht besonders bei geputzten Außenwänden und bei Innenwänden, die auf einer Seite am Deckenauflager durchlaufen, die Gefahr der Bildung von Horizontalrissen (Bild **10**.4). In den oberen Raumecken sollte daher bei geputzten Flächen zwischen Decken- und Wandputz ein Kellenschnitt ausgeführt werden.

Im Rahmen des gesamten Baugefüges tragen ebene Massivdecken als horizontale Scheiben wesentlich zur Aussteifung und Sicherung der Standsicherheit bei (s. Abschn. 1.6, Bilder **1**.27 und **1**.28).

In diesem Fall ist die Verbindung mit den ausgesteiften Wänden ohne zusätzliche Maßnahmen

ausreichend, wenn die Auflagertiefe mindestens der halben Wanddicke entspricht (vgl. Abschn. 6.2.1.1). Wenn aus statischen Gründen Deckenauflager ohne Einspannung hergestellt werden müssen, ermöglicht das Einlegen eines punkt- oder linienförmigen Deckenlagers die freie Bewegung des Deckenrandes (Bild **10**.7). Anders als beim reinen Gleitlager können Schubverformungen durch ein elastisches Auflager in jeder Richtung aufgenommen werden. Sind Fugen zwischen verschiedenen Deckenfeldern (z. B. sehr

10.5　Auflager auf Kragkonsole

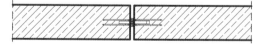

10.6　Tragdornverbindung (Schoeck SLD®)

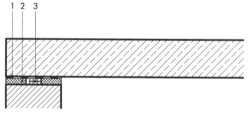

10.7　Deckenlager
　　1　Deck- und Trennlage
　　2　Dämmung
　　3　Elastomernoppenbahn

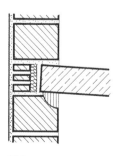

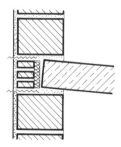

10.3
Kantenpressung am Auflagerrand

10.4
Rissbildung infolge Verdrehung am Auflager

unterschiedliche Nutzlasten, komplizierte Grundrissformen) erforderlich, können besondere Auflager durch Unterzüge oder durch Auskragungen gebildet werden (Bild **10**.5).

Eine wesentlich rationellere Ausführungsmöglichkeit bieten in solchen Fällen Konstruktionen mit hochbelastbaren Schub- und Schwerlastdornen, die die auftretenden Querkräfte übertragen (Bild **10**.6).

Leichte Trennwände dürfen ohne zusätzliche Träger oder Verstärkungsstreifen unmittelbar auf Decken errichtet werden (vgl. Abschn. 6.10.1). Dabei muss die Durchbiegung der Decken durch entsprechende Dimensionierung in engen Grenzen gehalten werden, da sonst Rissbildungen in den Wänden auftreten.

Nach DIN EN 1992-1-1 darf eine Stahlbetondecke sich nur so stark durchbiegen, dass weder die ordnungsgemäße Funktion noch das Erscheinungsbild der Decke oder angrenzender Bauteile (leichte Trennwände, Verglasungen usw.) beeinträchtigt wird. Wenn die Durchbiegung 1/250 der Stützweite nicht überschreitet, kann davon ausgegangen werden, dass es nicht zu solchen Beeinträchtigungen kommt. Um Durchbiegungen zu begrenzen, darf die Decke überhöht werden. Die Schalungsüberhöhung sollte aber 1/250 der Stützweite der Decke nicht überschreiten.

Wenn die nach dem Einbau angrenzender Bauteile auftretende Durchbiegung einschließlich der zeitabhängigen Verformungen größer als 1/500 der Stützweite ist, können Schäden an diesen Bauteilen auftreten.

Ein typisches Schadensbild an nichttragenden Zwischenwänden infolge zu großer Durchbiegung der Decke zeigt Bild **10**.8.

10.1.2 Wärmeschutz[1]

Je nach Lage innerhalb eines Bauwerkes müssen Decken unterschiedlichen Anforderungen an den Wärmeschutz genügen, die in DIN 4108-2 im Einzelnen definiert sind für

- Wohnungstrenndecken,
- Kellerdecken, Decken gegen abgeschlossene, unbeheizte Hausflure o. ä.
- Decken, die den unteren Abschluss nicht unterkellerter Räume bilden (unmittelbar auf dem Erdreich aufliegend oder über nicht belüftetem Hohlraum),

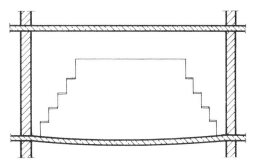

10.8 Rissbildungen an Trennwänden

- Decken unter nicht ausgebauten Dachräumen,
- Decken, die Aufenthaltsräume gegen die Außenluft abgrenzen (z. B. bei offenen Durchfahrten, Flachdächern, s. Abschn. 17).

Die teilweise sehr hohen Anforderungen können in der Regel von der Rohdecke allein nicht erfüllt werden. Bildet eine Decke den *oberen* Abschluss eines Bauwerkes, ist der erforderliche Wärmeschutz im Rahmen der gesamten Dach- bzw. Flachdachkonstruktion zu gewährleisten (s. Abschn. 2 Teil 2 dieses Werkes).

Bei *Kellerdecken* und *Decken über offenen Durchfahrten* kommen unterseitig aufgebrachte (z. B. anbetonierte) Wärmedämmungen als zusätzliche Maßnahmen in Frage.

Zu beachten ist jedoch der ausreichende Wärmeschutz für die Außenkanten der Rohdecken, da sonst Wärmebrücken entstehen würden. Bei durchbindenden Decken muss mindestens eine – am besten mit in die Schalung eingelegte – Wärmedämmung z.B. aus Holzwolle-Leichtbauplatten vorgesehen werden (Bild **10**.9a). Bei einer derartigen Ausführung muss der Außenputz mit einem entsprechenden Textilgewebe zur Vermeidung von Rissen bewehrt werden, weil die Deckenränder andere bauphysikalische Eigenschaften aufweisen als die angrenzenden Wandflächen. Besser ist eine Ausführung gemäß Bild **10**.9b. Der Rationalisierung dienen vorgefertigte Schalungselemente mit Wärmedämmstreifen.

Sollen Deckenränder aus gestalterischen Gründen in den Fassadenflächen sichtbar bleiben, so werden sie am besten mit Hilfe von wärmegedämmten Fertigteilen ausgeführt, die beim Betonieren der Rohdecken mit einbetoniert werden.

Bei hochgedämmten Außenwänden können sich über die Deckenränder, im Sockelbereich bzw. über Kellern Wärmebrücken bilden. Dadurch

10

---

[1] Begriffe und weitere Ausführungen s. Abschn. 17.

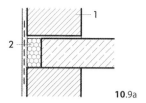

10.9a

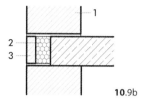

10.9b

10.9 Wärmedämmung von Deckenrändern

  a) Wärmeschutz aus anbetoniertem Polystyrol-Hartschaum, überputzt (bedenkliche Ausführung!)

  b) Wärmeschutz hinter Abmauerung

  1 Mauerwerk
  2 Wärmedämmung
  3 Abmauerung

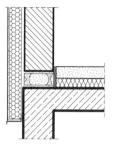

10.10 Tragendes Wärmedämm-Element
(Schöck Novomur®)

sind kritische niedrige Oberflächentemperaturen im Innenbereich des Mauerfußes möglich. Abhilfe kann durch Einbau von tragenden Wärmedämmelementen geschaffen werden (Bild **10**.10).

Hinter einer nach Mindestanforderung EnEV stark gedämmten Außenwand wird der Wärmebrückenverlust über den Deckenrand verschwindend gering bzw. tritt nicht mehr auf, sodass sich das zusätzliche Dämmelement erübrigt. Eine Wärmebrückenberechnung oder Hinzuziehung von Wärmebrückenkatalogen schafft hier Klarheit und kann Kosten sparen. (s. Tabelle **10**.11)

10.1.3 Schallschutz[1]

Die Anforderungen an Decken hinsichtlich des Schallschutzes sind in DIN 4109 A1[2] festgelegt. Unterschieden wird zwischen Luftschallschutz und Trittschallschutz. Zwar geben schwere Massivdecken gute Voraussetzungen für ausreichenden Luftschallschutz, insgesamt jedoch ist bei allen Deckensystemen ausreichender Schallschutz – insbesondere der Trittschallschutz – nur in Verbindung mit Deckenauflagen (s. Kapitel 11 und – bei höheren Anforderungen – durch Kombination mit Unterdecken (s. Kapitel 14) zu erreichen.

10.1.4 Brandschutz[1]

Massivdecken stellen in Geschossbauten einen wesentlichen Schutz gegen Brandausbreitung dar. In den Landesbauordnungen und sonstigen bauaufsichtlichen Bestimmungen sind daher vielfältige, im Einzelnen unterschiedliche Brand-

----

[1] Begriffe und weitere Ausführungen s. Abschn. 17.
[2] DIN 4109 zurzeit in Neubearbeitung (Entwurf 2013).

Tabelle **10**.11 Längenbezogener Wärmedurchgangskoeffizient ψ [W/(m·K)] (Einschalige Außenwand, Geschossdeckeneinbindung dAW KS-Detailsammlung)

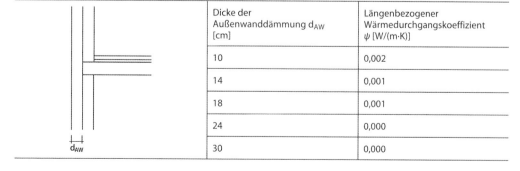

	Dicke der Außenwanddämmung d_{AW} [cm]	Längenbezogener Wärmedurchgangskoeffizient ψ [W/(m·K)]
	10	0,002
	14	0,001
	18	0,001
	24	0,000
	30	0,000

schutzanforderungen entsprechend ihrer Gebäudeklassen an Decken gestellt, Einzelheiten hierzu s. Abschn. 17.

Die Einreihung in bestimmte Feuerwiderstandsklassen gemäß DIN 4102-4 Tab. 9, ist bei Stahlbetondecken abhängig von der Dicke und der Überdeckung der Stahlbewehrungen sowie dem Aufbau (Estrich, Dämmung).

Bei anderen Deckenbauarten sind Bekleidungen aus besonderen Brandschutzmaterialien oder spezielle Unterdecken erforderlich (s. Kapitel 14).

10.2 Ebene Massivdecken

10.2.1 Allgemeines

Die meisten Geschossdecken und Flachdächer werden als ebene Massivdecken hergestellt. Sie sind feuerbeständig, unempfindlich gegen Feuchtigkeit und Schädlinge und daher fast unbegrenzt dauerhaft. Die Verbindung von Massivdecke und Wänden ergibt ein statisch günstig wirkendes einheitliches Gefüge. Durch geeignete Maßnahmen (z. B. Gleitfugen) müssen Schäden durch Wärmedehnungen, Kriechen und Schwinden des Stahlbetons (z. B. am Deckenauflager besonders der Dachdecken) verhindert werden. Nachteile der Massivdecken sind ihre geringe Wärmedämmfähigkeit, feuchter Einbau und hohes Eigengewicht. Demgegenüber stehen die Vorteile guter Temperaturspeicherfähigkeit und guter Schallschutz (große Masse).

Zur Einsparung von Bauzeit, Lohn, Konstruktionshöhe, Schalung und Stahl werden ständig neue Ausführungsarten für Massivdecken entwickelt. Ein großer Teil dieser Decken wird aus vorgefertigten Teilen hergestellt.

Platten sind ebene Flächentragwerke (Bild **10**.12.1), die quer zu ihrer Ebene belastet sind; sie können linienförmig oder auch punktförmig gelagert sein. Je nach ihrer statischen Wirkung werden einachsig oder zweiachsig gespannte Platten unterschieden.

Zu den Platten gehören *Ziegeldecken* (Bild **10**.12.2). Das sind Decken aus Deckenziegeln, Beton und Betonstahl, für die das Zusammenwirken der genannten Baustoffe zur Aufnahme der Schnittgrößen kennzeichnend ist. Der Zementmörtel muss wie Beton verdichtet werden. Ziegeldecken dürfen nur einachsig hergestellt werden (Mindestdicke = 9 cm).

Die Festlegungen, die für Stahlbetonplatten gelten, sind i. allg. auch auf den *Glasstahl*beton (s. Abschn. 10.2.2.5) anzuwenden, d. h. auf Platten aus Beton, Betongläsern und Betonstahl, bei denen ebenfalls das Zusammenwirken dieser Baustoffe zur Aufnahme der Schnittgrößen nötig ist (Bild **10**.12.3). Glasstahlbeton darf nur als Abschluss gegen die Außenluft (Oberlicht, Abdeckung von Lichtschächten usw.) und i. Allg. nur für überwiegend auf Biegung beanspruchte Teile, nicht für Durchfahrten und nur bedingt für befahrbare Decken verwendet werden.

Pilzdecken sind Platten (Bild **10**.12.4), die unmittelbar auf Stützen mit oder ohne verstärkten Kopf aufgelagert und mit den Stützen biegefest oder gelenkig verbunden sind. Die Platten müssen mindestens 15 cm dick sein.

Balken sind überwiegend auf Biegung beanspruchte stabförmige Träger beliebigen Querschnitts.

Balkendecken sind Decken aus unmittelbar nebeneinander verlegten Stahlbetonfertigbalken (Bild **10**.12.5 und .6) oder aus Balken mit Zwischenbauteilen, die in der Längsrichtung nicht mittragen (Bild **10**.12.7).

Zwischenbauteile sind mittragende oder nicht mittragende Beton- oder Stahlbetonfertigteile oder Deckensteine aus Beton, Leichtbeton oder gebranntem Ton, die zwischen die Balken oder Rippen von Balken- oder Rippendecken eingefügt oder auf ihnen gelagert werden (s. DIN 4158, DIN 4159 und DIN 4160). Sie können über die volle Höhe der Rohdecke oder nur einen Teil dieser Höhe reichen.

Zwischenbauteile für Stahlbetonrippendecken müssen, falls sie aus Beton bestehen, DIN 4158 und falls sie aus gebranntem Ton hergestellt sind, DIN 4159 (statisch mitwirkend) bzw. DIN 4160 (statisch nicht mitwirkend) entsprechen. Bei jeder Lieferung ist zu prüfen, ob sie die geforderten Abmessungen und Formen (Stoßfugenform) aufweisen.

Plattenbalken sind stabförmige Tragwerke, bei denen kraftschlüssig miteinander verbundene Platten und Balken (Rippen) bei der Aufnahme der Schnittgrößen zusammenwirken (Bild **10**.12.8). Die *Plattenbalkendecke* kann aus einzelnen Trägern oder als geschlossene Plattenbalkendecke ausgeführt werden. Sie ist leichter als die Stahlbetonplatte und damit bei größeren Stützweiten wirtschaftlicher. Anschluss der Balken an die Platten durch Schrägen (Vouten) 1:3

10

Tabelle **10**.12 Schematische Darstellung der Grundformen ebener Massivdecken

	10.12.1 Stahlbetonplatte $h \geqq 7$ cm
	10.12.2 Stahlsteindecke $h \geqq 9$ cm
	10.12.3 Glas-Stahlbeton $h \geqq 6$ cm
	10.12.4 Pilzdecke $h \geqq 15$ cm mit oder ohne Stützenkopf
	10.12.5 Stahlbetonbalken mit Einschub und aussteifenden Querrippen
	10.12.6 dicht verlegte Stahlbetonbalken ($h \approx 16$ cm) mit lastverteilendem Aufbeton (3 cm)
	10.12.7 Stahlbetonbalken mit Ortbeton und statisch **nicht** mitwirkenden Zwischenbauteilen (Z)
	10.12.8 Plattenbalkendecke $h \geqq 7$ cm
	10.12.9 Stahlbetonrippendecke mit statisch **nicht** mitwirkenden Füllkörpern $h \geqq 1/10a \geqq 5$ cm

spart Stahl, verteuert jedoch die Schalarbeit (Bild **10**.13c).

Stahlbeton-Rippendecken sind Plattenbalkendecken mit einem lichten Abstand der Rippen von 70 cm und beschränkter Verkehrslast (5,0 kN/m²), bei denen kein statischer Nachweis für die Platten erforderlich ist. Zwischen den Rippen können unterhalb der Platte statisch nicht mitwirkende Zwischenbauteile liegen. An die Stelle der Platte können ganz oder teilweise Zwischenbauteile treten, die in Richtung der Rippen mittragen (Bild **10**.12.9).

Bei den in Bild **10**.12 schematisch dargestellten Grundformen ist zu beachten, dass der lasttra-gende Teil der Decke, die *Rohdecke*, noch zu ergänzen ist durch die *Deckenauflage* (s. Kapitel 10 und 11), die aus dem Fußboden und seiner meist trittschalldämmenden Unterkonstruktion besteht, und ggf. durch die *Unterdecke* (s. Kapitel 14) (Bild **10**.13).

10.2.2 Plattendecken

10.2.2.1 Stahlbeton-Vollplatten

Die *Stahlbeton-Vollplatte* als Ortbeton-Platte wird aus Normal- oder Leichtbeton (s. Kapitel 5) auf Holz- oder Stahltafelschalung hergestellt und entweder in einer Richtung oder kreuzweise mit Rundstahl oder mit Betonstahlmatten bewehrt.

10.13a

10.13b

10.13c

10.13d

10.13 Beispiele für ein- und mehrschalige Geschossdecken (schematisch)

a) einschalige Decke

1 Deckenauflage (z. B. Verbundestrich mit Textilbelag)
2 Rohdecke (z. B. Stahlbetonplatte)
3 Putz

b) zweischalige Decke

1 Deckenauflage (schwimmender Estrich,
z. B. Zementstrich auf Trittschall-Dämmplatten
mit Gehbelag, s. Abschn. 10.3)
2 Rohdecke (z. B. Stahlbetonplatte)
3 Putz

c) mehrschalige Decke

1 Deckenauflage (schwimmender Estrich)
2 Rohdecke (z. B. Stahlbeton-Rippendecke)
3 Unterdecke (Deckenbekleidung, direkt an der
Rohdecke montiert oder als abgehängte
Decke)

d) mehrschalige Decke

1 Doppelbodensystem
2 Rohdecke (Stahlbetonplatte)
3 Unterdecke

Die Deckendicke ergibt sich aus Belastung,
Spannweite, Art der Bewehrung und dem Eigengewicht.

Die *Mindest*deckendicke *d* beträgt

- 7 cm im Allgemeinen,
- 10 cm bei befahrenen Platten (PKW),

- 12 cm bei befahrenen Platten (schwere Fahrzeuge),
- 5 cm bei ausnahmsweise begangenen Platten
(z. B. Dachplatten).

Obwohl heute Stahlbetonplattendecken in Ortbetonbauweise mit Hilfe moderner Schalungssysteme sehr wirtschaftlich erstellt werden können, gibt es zahlreiche Versuche, die Herstellung
solcher Decken weiter zu rationalisieren.

Im Wohnungsbau können vollständig vorgefertigte raumgroße Deckenplatten verwendet werden. Derartige Platten sind allerdings in statischer Hinsicht weniger wirtschaftlich, wenn sie
als Einfeldplatten ohne Durchlaufwirkung ausgebildet sind. Sie haben hohe Transportgewichte.

Günstiger sind deshalb in vielen Fällen Deckensysteme, die nur teilweise vorgefertigt sind. Sie
bestehen aus vorgefertigten etwa 4 cm dicken
und etwa 0,36 bis 1,50 m breiten Betonplatten
mit Längs- und Querarmierung und einem zunächst freiliegenden Stahl-Gitterwerk, das die
dünnen Platten für den Transport aussteift. Es
bewirkt außerdem einen schubfesten Verbund,
wenn an der Baustelle die Konstruktion durch
Ortbeton auf ihre endgültige Dicke gebracht
wird. Derartige Plattendecken können ohne Einschalung hergestellt werden. Lediglich in der
Feldmitte und am Auflager der Platten ist eine
Abstützung beim Betonieren erforderlich (Bild
10.14).

Als vorgefertigte Plattendecken können auch
Decken betrachtet werden, die aus Porenbeton
oder Leichtbetonplatten, sog. LAC-Bauteilen[1],
zusammengefügt und untereinander auf verschiedene Weise zu zusammenhängenden Platten verbunden werden (Bild **10.**15 und **10.**16, s.
auch Abschn. 10.2.3.3), in der Regel mittels ar-
miertem Fugenverguss.

10.2.2.2 Spannbeton-Hohlplattendecken

Spannbeton-Hohlplattendecken sind zusammengesetzte Montagedecken aus Hohlplatten.
Sie sind mit sofortigem Verbund vorgespannt.

Die möglichen Spannweiten sind im Vergleich zu
üblichen Ortbetondecken sehr groß. Diese sind
gem. DIN EN 1992-1-1 abhängig von der charak-
teristischen Verkehrslast. Für die oberste Geschossdecke, für die beispielsweise nur Schnee
als Verkehrslast angesetzt werden muss, sind z. B.

---

[1] LAC (Lightweight Aggregate Concrete with open struc-
ture): Haufwerksporiger Leichtbeton.

10

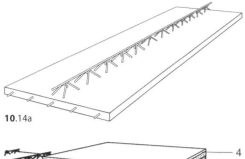

10.14a

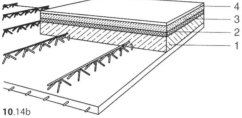

10.14b

10.14 Stahlbeton-Plattendecke („Filigrandecke")
a) Deckenelement (Plattendicke 4–5 cm)
b) Deckenelement mit Aufbau

1 Ortbeton, ca. 10 cm
2 Dämmung, ca. 3 cm
3 Estrich, ca. 4,5 cm
4 Bodenbelag

Spannweiten bis 18,00 m möglich, für Lagerräume mit einer angesetzten Verkehrslast von 12,50 kN/m^2 immerhin noch 10,72 m. Die große Spannweite von Spannbeton-Fertigdecken wird ermöglicht durch vorgespannte Litzen oder Drähte. Sie werden in die Deckenelemente einbetoniert und verbinden sich kraftschlüssig mit dem Beton. Die Vorspannung wird nach dem Erhärten des Betons gelöst. Der Beton wird in den Güteklassen C45/55 und C50/60 hergestellt. Spannbeton-Fertigdecken werden i.d.R. in Standardbreiten von 60 und 120 cm hergestellt. Die vorgefertigten Hohlkammerdecken sind multifunktional lieferbar auch als Lüftungsdecken, Klimadecken

(Betonkernaktivierung) oder mit werkseitig angebrachter Isolierung für den Raumabschluss zum unbeheizten Raum (s. Bild **10**.17)

In den Auflagerbereichen wird unterschieden zwischen Plattenend- und -randauflager. Die Auflagertiefe ergibt sich dabei an den Endauflagern nach DAfST-Heft 525, 13.8.4 [11]. Dabei sollte eine Auflagertiefe von 5 cm auf Stahlbeton und 7 cm auf Mauerwerk nicht unterschritten werden. Der Ringanker sollte 5 cm Breite nicht unterschreiten bei örtlichem Verguss (s. Bild **10**.16)

10.2.2.3 Ziegeldecken

Ziegeldecken sind Platten- oder Elementdecken mit mittragenden Hohlziegeln nach DIN 4159. Die Hohlziegel reduzieren die Deckeneigenlast. Sie wirken nach DIN 1045-100 bei der Aufnahme der Druck- und Schubspannungen voll mit. Die Bewehrung liegt in den durch die Ziegel gebildeten Rippen oder in den Aussparungen (Bilder **10**.18 und **10**.19). Der Achsabstand der Bewehrung darf nicht größer sein als 25 cm; er entspricht der Ziegelbreite. Zum Vergießen der Fugen wird Normalbeton der Festigkeitsklasse C20/25 bis C30/45 verwendet. Höhere Betonfestigkeiten erhöhen die Sprödbruchgefahr wegen der damit verbundenen Lastumlagerung auf die Betonstege. Eine Querbewehrung ist im Normalfall nicht erforderlich bei gleichmäßig verteilten und vorwiegend ruhenden Nutzlasten bis 5,0 KN/m^2 nach DIN EN 1991-1-1 +NA. [10] Die Querverteilung übernehmen die Profilierungen der Ziegelaußenwandungen (s. Bild **10**.18)

Die Deckenziegel sind mit durchgehenden Stoßfugen unvermauert auf Schalung zu verlegen. Sie müssen vor dem Einbringen des Betons so durchfeuchtet sein, dass sie nur wenig Wasser aus dem Beton oder Mörtel aufsaugen. Auf die volle Ausfüllung der Fugen und Rippen ist sorgfältig zu achten.

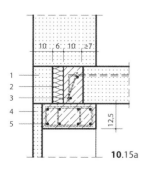

1
2
3
4
5

10.15a

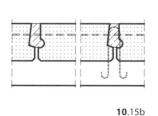

10.15b

10.15
Plattendecke aus Porenbetonplatten

a) Endauflager
b) Querschnitt

1 Porenbetonblendplatte
2 Deckenranddämmung
3 Ringanker (Ortbeton)
4 Rolladenblende
5 Fertigteilsturz

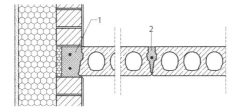

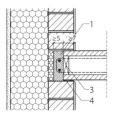

10.16a   **10**.16b

10.16 Vorgefertigte Plattendecke aus Spannbetondecken (BRESPA®)
  a) Deckenendauflager
  b) Deckenrandauflager (i.d.R. nicht tragend), Fugenstoss

  1 Ringanker Ortbeton, Mindestbreite 5 cm
  2 Fugenverguss C20/25 mit Fugenbewehrung
  3 Verschlusskappe
  4 Auflagerstreifen

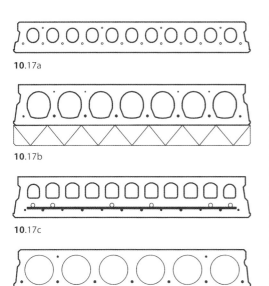

10.17a

10.17b

10.17c

10.17d

10.17e

10.17 Multifunktionale Spannbeton-Hohlplattendecken
  (BRESPA®)
  a) Spannbetondeckenelement
  b) Isodeckenelement
  c) Klimadeckenelement
  d) Lüftungsdeckenelement
  e) Massivdeckenelement

Die Decken eignen sich für Stützweiten, bei denen Stahlbeton-Volldecken nicht mehr wirtschaftlich sind. Es sind Stützweiten bis zu 7,0 m bei max 5,0 KN/m^2 Nutzlast möglich. Bei höheren Nutzlasten sind vollvermörtelte Decken mit unten liegender Mindestquerbewehrung nach DIN EN 1992-1-1 zu verwenden. Formänderungen durch Wärmedehnung, Kriechen und Schwinden, sind im Vergleich zur Stahlbetonvollplatte gering, deshalb dürfen unter bestimmten Randbedingungen Ziegeldecken schlanker ausgeführt werden als Stahlbetondecken.

Ziegeldecken werden heute meistens aus vorgefertigten, etwa 1,0–2,5 m breiten Elementen hergestellt (Bild **10**.20). Die Auflagertiefe der Elemente beträgt bei Beton > 5 cm und auf Mauerwerkswänden > 7 cm. Es sollte eine Bitumendachbahn R500 oder gleichwertig unterlegt werden, um Zwängungsspannungen zu vermeiden.

Der Marktanteil der Ziegeldecken ist gegenüber anderen vorgefertigten Elementdecken und den massiven Ortbetondecken sehr gering. Sie finden aber insbesondere im süddeutschen Raum immer noch Verwendung. Ihr geringes Gewicht, die guten bauphysikalischen Eigenschaften des gebrannten Ziegels und das gegenüber dem Stahlbeton bessere Verformungsverhalten sind Vorteile, die von Bauherren und Planern genutzt werden. Dies gilt im Hinblick auf Wärme- und Speicherfähigkeit auch für das Ziegel-Massivdach, das aus den gleichen Elementen hergestellt wird. Zudem finden Sie Verwendung im Bereich der Klimadecken, wie die anderen Hohlkörperdecken auch.

Ziegeldecken sind in der DIN 1045-100 geregelt in Verwendung nach DIN EN 1991-1-1. Dort sind im Anhang A die ergänzenden Regeln für Ortbe-

10

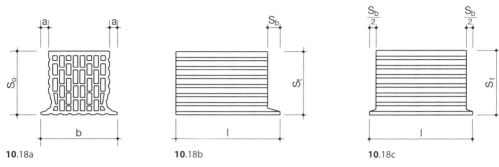

10.18a   **10**.18b   **10**.18c

10.18   Deckenziegel für Ziegeldecken für vollvermörtelbare Stoßfugen nach DIN 4159
a) Schnitt
b) Ansicht einseitige Stoßfuge
c) Ansicht beidseitige Stoßfuge

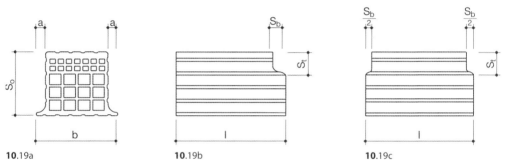

10.19a   **10**.19b   **10**.19c

10.19   Deckenziegel für Ziegeldecken für teilvermörtelbare Stoßfugen nach DIN 4159
a) Schnitt
b) Ansicht einseitige Stoßfuge
c) Ansicht beidseitige Stoßfuge

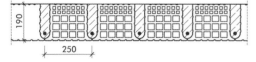

10.20   Vorgefertigte Ziegeldecke

tonziegeldecken und im Anhang B die für vorgefertigte Decken festgeschrieben.

10.2.2.4 Pilzdecken

Pilzdecken werden hier nur noch wegen der Vollständigkeit in der Reihe der Plattendecken erwähnt. Sie wurden früher über Räumen angewendet, die bei relativ niedrigen Konstruktionshöhen frei von Unterzügen bleiben sollten. Als Sicherheit gegen „Durchstanzen" der Deckenplatten infolge hoher Verkehrs- und Nutzlasten

wurden bei ihnen die Stützenköpfe pilzförmig verstärkt (vgl. Abschn. 7.1, Bild **7**.6b). Das alte statische Prinzip erscheint dabei noch in Form von besonderen Bewehrungen oder von Spezialbewehrungselementen über den Stützen. Wegen des hohen Schalungsaufwandes sind die Pilzdecken durch Flachdecken verdrängt. Die computerunterstützte Schaltechnik erleichtert aber heute die Herstellung freier Formen und somit z.B. auch Kapitellschalungen, z.B. aus Polystyrol oder Polyurethan.

10.2.2.5 Glasstahlbetondecken

Glasstahlbetondecken (Bild **10**.21) ermöglichen die Abdeckung und Belichtung von Hofkellern, Lichtschächten u.Ä. Die Betongläser müssen unmittelbar in den Beton eingebettet sein, so dass ein Verbund zwischen Glas und Beton gewährleistet ist. Hohlgläser müssen über die

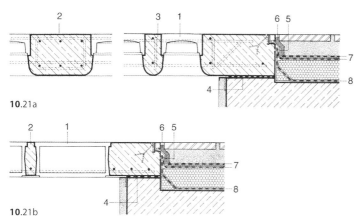

10.21a

10.21b

10.21
Glasstahlbeton

a) begehbare Glasstahlbetondecke, max. 5,0 KN/m², überwiegend auf Biegung beansprucht

b) befahrbare Glasstahlbetondecke, nur Betongläser nach DIN EN 1051-1, nicht statisch mitwirkend

1 Betonglas
2 Tragrippe
3 Sprosse
4 Gleitfuge
5 Gleitfolie
6 Dehnfuge
7 Abdichtung
8 Dampfsperre

ganze Plattendicke reichen. Betongläser müssen der DIN EN 1051-1 entsprechen.

Die Betonrippen müssen bei einachsig gespannten Tragwerken ≥ 6 cm hoch, bei zweiachsig gespannten ≥ 8 cm hoch und in Höhe der Bewehrung ≥ 3 cm breit sein. Alle Trag- und Querrippen (Sprossen) müssen mindestens einen Bewehrungsstab mit einem Durchmesser von ≥ 6 mm erhalten.

Tragteile aus Glasstahlbeton müssen durch einen umlaufenden Stahlbeton-Ringbalken mit geschlossener Ringbewehrung verbunden sein. Breite und Dicke des Balkens müssen mindestens so groß wie die Dicke der Tragrippen sein, und die Ringbewehrung muss der Bewehrung der Hauptrippen entsprechen. Die Bewehrung aller Rippen ist bis an die äußeren Ränder des umlaufenden Balkens zu führen.

Die max. Abmessungen sind 3,50 m × 1,50 m (Länge × Breite), wobei die lichten Maße zwischen den Stahlbeton-Ringbalken (b ≧ 10 cm) dann 3,30 m × 1,30 m betragen.

Tragteile aus Glasstahlbeton sind z. B. durch Dehnungs- und Gleit-Fugen vor Zwängungskräften aus der Gebäudekonstruktion zu schützen.

10.2.3 Balkendecken

10.2.3.1 Massivbalkendecken

Die Suche nach Massivdecken, die ohne Schalung hergestellt werden können, hat zu Decken geführt, die von mehr oder weniger dicht nebeneinanderliegenden *vorgefertigten* Massivbalken getragen werden. Diese Massivbalken können u. a. die Form von Stahlbetonbalken, profilierten Stahlbetonträgern mit Steg und Flansch oder von Stahlbeton-Hohlbalken, von Ziegelhohlbalken oder von Stahlleichtträgern haben. Von Vorteil ist die meist hohe Tragfähigkeit dieser Decken und die geringe Baufeuchtigkeit, die bei ihrer Herstellung auftritt. Sie kommen durch die ‚handlichen' Formate ohne Kraneinsatz aus, was im Sanierungsfall oder für enge Baulücken ein ausschlaggebendes Argument für deren Einsatz sein kann. Nicht zu unterschätzen sind jedoch Transport- und Montagekosten bei dicht verlegten massiven Stahlbetonfertigbalken (Bild **10**.22).

Verbreitet sind Decken mit Fertigbalken aus Gitterträgern mit ausbetonierter Ziegel-Fußschale, die in Abständen von ca. 60–65 cm verlegt werden, und Zwischenbauteilen nach DIN EN 15037-3 aus großformatigen Hohlziegeln. Diese Decken werden in Abhängigkeit von der Nutzlast und Stützweite mit oder ohne Aufbeton hergestellt. (Bild **10**.23 und **10**.24).

Die Balken erhalten bei ihrer Herstellung die erforderliche, in Beton eingebettete Bewehrung. Die Zwischenbauteile können, wie hier gezeigt, statisch mitwirken oder sie beteiligen sich *nicht* an der Lastaufnahme (z. B. in DIN 4213, DIN EN 990 bis DIN EN 992). Im letzteren Fall muss die Druckzone durch eine mindestens 5 cm dicke

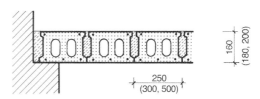

10.22 Bimsbeton-Balkendecke (RAAB)

10

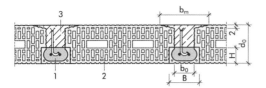

10.23 Einhangziegeldecke ohne Auflast
1 Stahlleichtträger mit unterer Ziegelschale
2 Einhäng-Leichtziegel
3 Ortbeton

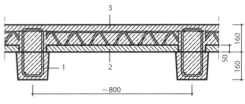

10.25 Plattenbalkendecke (vorgefertigt)
1 vorgefertigter Stahlbetonbalken
2 vorgefertigte Platte
3 Ortbeton

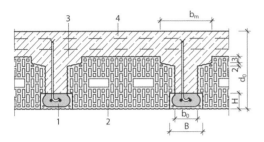

10.24 Einhangziegeldecke mit Auflast
1 Stahlleichtträger mit unterer Ziegelschale
2 Einhäng-Leichtziegel
3 Ortbeton
4 Auflastortbeton

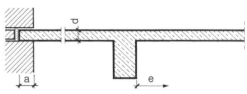

10.26 Plattenbalkendecke (Stahlbewehrung nicht gezeichnet)
$a \geq 19$ cm $d \geq 7$ cm
e = lichter Balkenabstand $\geqq 70$ cm (in der Regel 2,0 bis 3,0 m)

10

Ortbetonplatte gebildet werden. In dem in Bild **10**.24 gezeigten Beispiel handelt es sich um statisch mitwirkende Zwischenbauteile, wobei der Ortbeton die Verbindung zwischen dem Träger und der besonders ausgebildeten Druckzone des Zwischenbauteils herstellt.

Bei nicht vorwiegend ruhenden Verkehrslasten wirken die Zwischenbauteile statisch nicht mit. Die Sicherung der Quersteifigkeit muss dann die obere Ortbetonplatte übernehmen (Übergang zur Rippendecke).

Das Balken- und damit das Deckengewicht kann durch Verwendung von *Stahlleichtträgern*, die in zahlreichen Formen auf dem Markt sind, weiter vermindert werden. Es gibt u. a. Rundstahl-Gitterträger, Stahlblech-Gitterträger und entsprechende Kombinationen. Der Untergurt wird meist durch eine Betonfußleiste bzw. durch eine Stahlbetonleiste im Ziegelschuh (Tonschalen) gebildet, die als Auflager für die statisch mitwirkenden oder nicht mitwirkenden Zwischenbauteile dient.

10.2.3.2 Plattenbalkendecke

Wirtschaftlicher als eine Vollplatte ist bei größeren Stützweiten und Lasten die Plattenbalkendecke. Bei ihr wird der Beton der Zugzone auf das notwendigste Maß vermindert und die erforderliche Zugbewehrung in Balken zusammengefasst (Bild **10**.26). Die Plattenbalkendecke besteht aus Rechteckbalken und monolithisch mit ihnen verbundenen Platten, die als beiderseitig über die Balken ragende Kragplatten oder als Durchlaufplatten ausgebildet werden können.

Möglich sind Balkenabstände von 2 bis 3 m. Bei engeren Abständen ergeben sich dünnere Platten und Balken von geringerer Höhe. Werden die lichten Abstände zwischen den Balken kleiner als 70 cm, spricht man von Stahlbeton-Rippendecken.

Möglich sind jedoch auch Plattenbalkendecken aus

- Ortbetonplatten und vorgefertigten Balken mit Schubanschlüssen z. B. durch Kopfbolzen (vgl. Bild **10**.38),

- vorgefertigten Balken und Ortbetonplatten oder vorgefertigten Platten (Bild **10**.25).

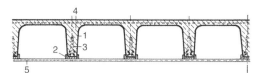

10.27 Stahlbeton-Rippendecke Querschnitt
1 Schalungskörper
2 Holzleiste
3 vorgefertigte Hauptbewehrung
4 Ortbeton
5 Ortbetonstreifen oder Pass-Schalkörper

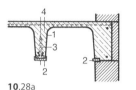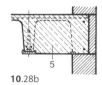

10.28a   **10.28b**

10.28 Stahlbeton-Rippendecke Wandanschlüsse

  a) Wandanschluss mit normalem Schalungskörper
  b) Wandanschluss mit Massiv betonstreifen oder
      Pass-Schalungskörper

  1 Schalungskörper
  2 Holzleiste
  3 vorgefertigte Hauptbewehrung
  4 Ortbeton
  5 Ortbetonstreifen oder Pass-Schalkörper

10.2.3.3 Stahlbeton-Rippendecken

Die Druckplatte der Stahlbeton-Rippendecke ($d \geq 1/10$ des lichten Rippenabstandes, jedoch ≥ 5 cm dick) erhält nur eine einfache Querbewehrung zur Sicherung der Quersteifigkeit. Die Zugbewehrung liegt in den Längsrippen, die mindestens 5 cm breit sein müssen. Die Stahlbeton-Rippendecke besteht statisch aus T-Balken, die quersteif untereinander verbunden sind (Bild

10.27). Hergestellt werden Stahlbetonrippendecken meistens unter Verwendung vorgefertigter Trägerelemente. Die kassettenartigen Aussparungen werden durch Stahl-Schalungselemente bewirkt, die auf Sparschalungen aufgesetzt werden und mehrfach wiederverwendet werden können. Entsprechend den statischen Anforderungen oder zum Maßausgleich werden die Wandanschlüsse mit Massivstreifen gebildet (Bild **10**.28a-b).

Stahlbeton-Rippendecken können mit statisch mitwirkenden Zwischenbauteilen (z. B. aus Ziegeln nach DIN 4159) hergestellt werden, aber auch mit statisch nicht mitwirkenden Füllkörpern nach DIN 4160, die zwischen den Rippen und unter der Platte nicht nur die Schalung ersetzen, sondern eine ebene Deckenuntersicht bilden (Bild **10**.29). Sie können der Schall- und Wärmedämmung dienen, müssen über ihre Schalungsfunktion hinaus jedoch keine Festigkeit aufweisen und sind infolge ihres geringen Gewichts leicht und schnell zu verlegen. Sie bestehen meist aus Holzwerkstoffen, Schaumstoff o. Ä.

Wenn die Füllkörper statisch nicht mitwirken, besteht die Möglichkeit, die Schalkörper auf wiederholte Verwendung hin anzufertigen. So gibt es Schalbleche für Ortbeton-Rippendecken verschiedener Abmessungen, daneben zahlreiche andere Arten von wiederverwendbaren oder verlorenen Schalkörpern.

Auswechslungen sollen möglichst vermieden werden. Sind Wechsel notwendig, so ist die Schubsicherung besonders nachzuweisen.

Teilvorgefertigte Stahlbetonrippendecken zeigen die Bilder **10**.30 und **10**.31.

Vollständig vorgefertigte Stahlbetonrippendecken (bzw. Plattenbalkendecken) werden in geschlossenen Skelettbausystemen (s. Abschn. 7.5) für große Spannweiten als Doppelstegplatten (TT-Platten) oder als U-Platten verwendet (Bild **10**.32).

10

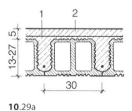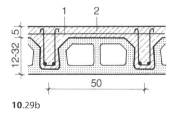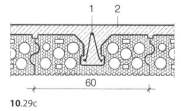

10.29a   **10.29b**   **10.29c**

10.29 Stahlbeton-Rippendecken mit statisch nicht mitwirkenden Füllkörpern

  a) Hohlziegel-Füllkörper   1 Querbewehrung
  b) Leichtbeton-Füllkörper   2 Druckplatte
  c) Schaumstoff-Füllkörper

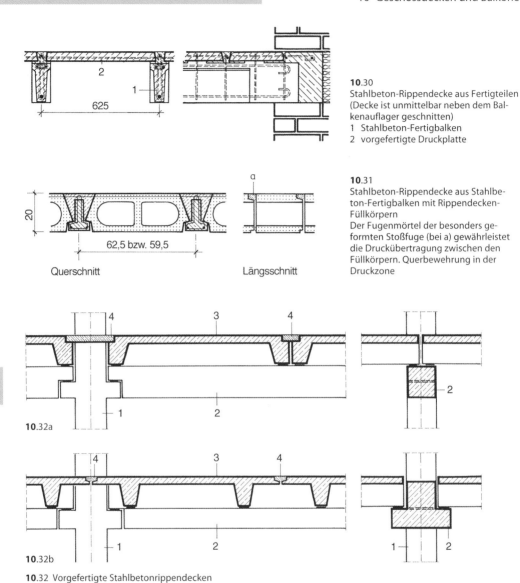

10.30
Stahlbeton-Rippendecke aus Fertigteilen (Decke ist unmittelbar neben dem Balkenauflager geschnitten)
1 Stahlbeton-Fertigbalken
2 vorgefertigte Druckplatte

Querschnitt   Längsschnitt

10.31
Stahlbeton-Rippendecke aus Stahlbeton-Fertigbalken mit Rippendecken-Füllkörpern
Der Fugenmörtel der besonders geformten Stoßfuge (bei a) gewährleistet die Druckübertragung zwischen den Füllkörpern. Querbewehrung in der Druckzone

10.32a

10.32b

10.32 Vorgefertigte Stahlbetonrippendecken
   a) U-Platten   1 Stütze mit Konsolen   3 Deckenelement
   b) TT-Platten   2 Träger   4 Querverbindung

In den Bildern **10**.33 bis **10**.35 sind verschiedene Beispiele für die Ausbildung der zwischen den einzelnen Fertigteilplatten erforderlichen Querverbindungen gezeigt.

10.2.4 Trapezstahldecken

Massive Geschossdecken können mit Hilfe von Trapezblechen hergestellt werden, die aus bandverzinktem Stahlblech von 0,75 bis 2,00 mm Dicke in Breiten von etwa 0,60 bis 1,00 m, in Längen bis 15,00 m und Höhen von etwa 50 mm bis 160 mm kalt gefaltet werden.

Trapezbleche können als Ein- oder Mehrfeldplatten verlegt werden.

An der seitlichen Überlappung werden die Profilbleche durch Niete, Schrauben oder Stanzung

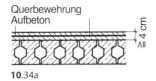

10.34a

10.34b

10.34
Beispiele für die Anordnung einer Querbewehrung
a) in ≧ 4 cm dickem Ortbeton
b) bei Stößen im Fertigteil

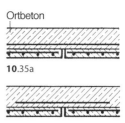

10.35a

10.35b

10.35
Beispiele für die Anordnung einer Querbewehrung
a) bei stat. erforderlicher Bewehrung im Ortbeton
b) bei stat. erforderlicher Bewehrung nur im Fertigteil

10.33
Beispiel für Fugen zwischen Fertigteilen

verbunden. Die Verbindung mit der Unterkonstruktion (z. B. Profil-Stahlträgern) bilden Schrauben, Setzbolzen oder Punktschweißung.

Sie können als Tragwerk für die verschiedensten Trockenkonstruktionen dienen (Bild **10**.36a bis c).

Trapezbleche werden als verlorene Schalung für tragende Stahlbetondecken eingesetzt und können ansprechende Deckenunterschichten bilden (Bild **10**.37).

In Stahlblech-Verbunddecken sind die Trapezbleche mittragend. Sie nehmen die Biegezugspannungen auf, der Aufbeton in erster Linie die Druckspannungen. Die schubfeste Verbindung zwischen den Elementen entsteht durch die Profilkantung oder auch die Oberflächenriffelung der Bleche. Bei dem in Bild **10**.38 gezeigten Beispiel entsteht durch den schubfesten Kopfbolzenanschluss auf den Profilstahlunterzügen ein Plattenbalken-Deckensystem (vgl. auch Abschn. 7.4.6), unterstützt durch aufgeschweißte Bewehrungsstäbe.

Bei einigen Systemen können in die schwalbenschwanzförmige Profilierung der Stahlbleche Aufhängeschienen oder Einzelaufhänger für Installationen oder Unterdecken eingeschoben werden.

Stahlblech-Deckenkonstruktionen können nach DIN 4102 den Feuerwiderstandsklassen F90 bis F120 zugeordnet werden (vgl. Abschn. 17).

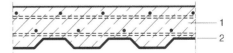

10.36a

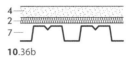

10.36b

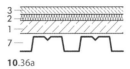

10.36c

10.36 Trapezstahl-Decke, verschiedene Konstruktionsmöglichkeiten (a bis c)
1 Fertigbetonplatte als Filigrandecke
2 Trittschall- und Wärmedämmung
3 Estrich
4 mehrschichtige Pressplatte
5 Hartstoffplatte
6 Aufbeton
7 möglicher Installationsraum

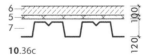

10.37 Stahlbetondecke mit verlorener Trapezblechschalung
1 Stahlbeton
2 Trapezblech

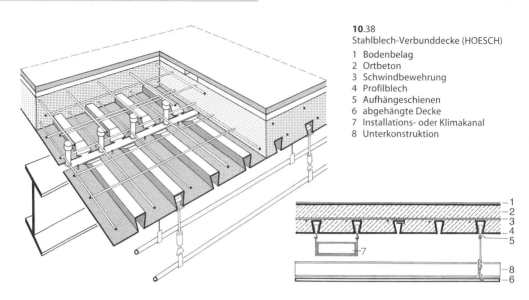

10.38
Stahlblech-Verbunddecke (HOESCH)
1 Bodenbelag
2 Ortbeton
3 Schwindbewehrung
4 Profilblech
5 Aufhängeschienen
6 abgehängte Decke
7 Installations- oder Klimakanal
8 Unterkonstruktion

10.3 Holzbalkendecken[1)]

10.3.1 Allgemeines

Als Geschossdecken sind Holzbalkendecken – auch im Wohnungsbau – nahezu völlig von Massivdecken verdrängt worden. Ihren Vorteilen (geringes Gewicht, Vorfertigung mit trockenem Einbau, gute Wärmedämmung) stehen als Nachteil die schwierige Schalldämmung (s. Abschn. 16.6) sowie die wegen des erforderlichen Brandschutzes begrenzte Anwendungsmöglichkeit auf Gebäude mit nur 2 Vollgeschossen gegenüber.

Holzbalkendecken aus KVH kommen daher nur noch für einfache, kleinere Bauvorhaben und als Decken über dem obersten Geschoss, insbesondere für Flachdächer und im Zusammenhang mit Holzskelett-Fertigbauweisen vor.

Decken in Holzbauweise werden in traditioneller Weise aus Vollholzbalken jedoch auch aus Brettschichtträgern, Wellstegträgern, Gitterträgern und in Stapelholzbauweise ausgeführt (s. Abschn. 10.3.3.5). Holzbalkendecken aus Vollhölzern werden im Rahmen dieses Abschnittes besonders im Hinblick auf die neuerdings wieder wichtiger werdenden Sanierungsaufgaben an Altbauten behandelt.

Im Zuge der Energiewende erlangt der Holzbau wieder mehr Bedeutung. Holz als natürlich nach-

wachsender Baustoff ist wirtschaftlich und energieeffizient. Holzprodukte benötigen zur Herstellung in der Regel weniger Energie als aus den Reststoffen und dem Produkt nach Ende der Lebensdauer erzeugt werden kann und haben aufgrund dessen eine sehr gute CO_2-Bilanz.

Holz ist diffusionsoffen und dampfdruckausgleichend, besitzt eine gute Wärmedämmung und hat ein vergleichsweise geringes Gewicht bei gleichzeitig hoher Tragfähigkeit. Der große Vorteil liegt in der trockenen Bauweise und somit einer kurzen Bauzeit, die durch einen hohen Vorfertigungsgrad im Werk noch unterstützt wird.

10.3.2 Holzbalkenlagen

Die Balkenlage ist der tragende Teil einer hölzernen Decke. Man unterscheidet:

- *Zwischen-* oder *Geschossbalkenlagen*, die zwei Geschosse voneinander trennen,
- *Dachbalkenlagen* über dem obersten Geschoss,
- *Kehlbalkenlagen* innerhalb des Dachgerüstes; sie bilden den oberen Abschluss der Dachgeschossräume. (s. Kap. 1, Bd. 2)

Die Balken dienen Fußböden als Auflager, an der Unterseite werden Putzdecken oder andere Unterdeckenflächen befestigt. Darauf ist bei der Balkenanordnung Rücksicht zu nehmen.

Nach Lage und Zweck unterscheidet man folgende Balken (Bild **10**.39):

[1)] Baustoff Holz s. Teil 2 dieses Werkes.

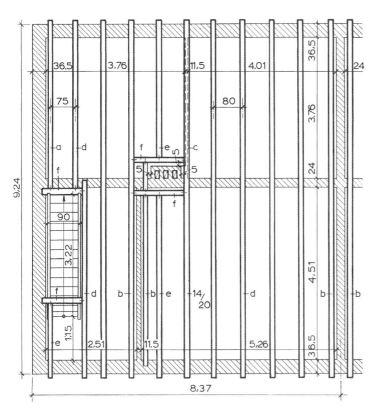

10.39
Dachbalkenlage für ein eingeschossiges Doppelhaus

a) Giebelbalken
b) Streichbalken
c) Wandbalken
d) Zwischenbalken
e) Stichbalken
f) Wechsel

Ort- oder *Giebelbalken* an den Giebeln. Erhält die Giebelmauer im folgenden Geschoss eine geringere Dicke, so ist der Giebelbalken nicht auf den Mauerabsatz zu legen (Bild **10**.40 und **10**.41).

Streichbalken an einer oder beiden Seiten der nach oben weitergeführten massiven Wände. Durchgehende Wände sollen auf beiden Seiten feste Berührung mit den Balken haben; daher werden auf die Streichbalken Latten aufgenagelt (Bild **10**.42).

Wandbalken auf jeder unter dem Gebälk aufhörenden massiven Zwischenwand von geringer Dicke (**10**.39c). Reicht die Balkenbreite zum Befestigen der Deckenschalung nicht aus, so ist der Balken durch unten angenagelte Latten zu verbreitern (Bild **10**.43). Müssen dünne Leichtwände *zwischen* Balken gestellt werden, so ist durch Füllhölzer und Schwellbrett ein Auflager zu schaffen (Bild **10**.44).

Zwischenbalken (Bild **10**.39d) sollen möglichst durch die ganze Tiefe des Gebäudes gehen; sie heißen dann Ganzbalken oder Hauptbalken.

Stichbalken (Bild **10**.39e) liegen mit einem Ende auf der Wand, mit dem anderen Ende in einem

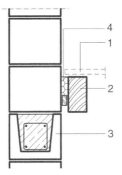

10.40   Ort- oder Giebelbalken
1 Deckenscheibe
2 Balken
3 U-Schalungsstein mit Ringankerbewehrung in B 25
4 Fugendichtung

Balken; sie werden bei Balkenauswechslungen und bei Fachwerkbauten, die an den Giebelseiten Balkenköpfe zeigen sollen, verwendet.

Wechsel sind mit beiden Enden in andere Balken verzapft (Bild **10**.39f) oder mit Balkenschuhen

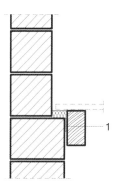

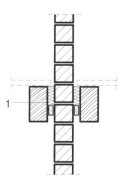

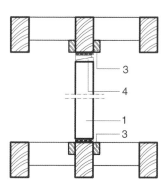

10.41
Ort- oder Giebelbalken
neben Mauerabsatz
1 Fugendichtung

10.42
Streichbalken neben Ziegelwand
1 Fugendichtung

10.43
Wandbalken für Zwischenwand aus
Gipsbauplatten o. Ä.

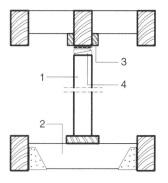

10.44 Auflager für Montagewand
    1 Montagewand
    2 Füllholz mit Auflagerschwelle
    3 Balkenverstärkung für Deckenanschluss

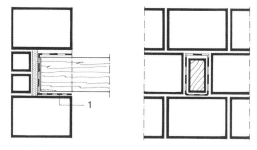

10.45 Einmauerung der Balkenköpfe
    1 Dachbahn

10.3.3 Konstruktive Einzelheiten

10.3.3.1 Balkenauflager

kräfteübertragend verbunden. Auswechslungen ergeben sich z. B. an den Schornsteinen und bei Treppen.

Beim Entwerfen einer Balkenlage werden zunächst alle Giebel-, Streich- und Wandbalken festgelegt.

Wirtschaftliche Balkenabmessungen ergeben sich bei Achsabständen der Balken von ca. 0,60 bis 0,80 m. Am günstigsten werden für möglichst viele Balkenfelder jedoch *lichte* Abstände gewählt, die den Maßen der vorgesehenen Einschubmaterialien, z. B. Wärmedämmungen zwischen den Balken oder auch den Maßen der oberen Abdeckungen (Dielen oder Holzspanplatten) entsprechen. Anpassungsarbeiten mit unvermeidlichem Verschnitt sind dann nur in wenigen „Restfeldern" erforderlich.

Bei gemauerten Wänden sind die Balken auf eine volle, waagerecht abgeglichene Steinschicht bzw. auf die Ringanker aufzulegen. Die Länge des *Balkenauflagers* beträgt bei Balken bis 20 cm Höhe 15 cm, bei höheren Balken 20 cm.

Der gesamte Balken ist allseitig mit einem anerkannten Holzschutzmittel zu behandeln und trocken zu vermauern. Zum Schutz gegen Feuchtigkeit – insbesondere auch aus dem Mauerwerk – wird der Balkenkopf in diffusionsoffener Dachpappe „eingepackt". Zwischen Balkenkopf und äußerem Mauerteil ist eine *Wärmedämmplatte* einzuschieben, die gemeinsam mit dem äußeren Mauerteil dem Wärmeschutz der jeweiligen gesamten Mauerdicke entspricht (Bild **10**.45). Eine gute Belüftung des Balkenkopfes wird durch eine Umhüllung mit *Falzpappe* erreicht. Auflager von Holzbalkendecken auf *Hohlblockstein-Wänden*

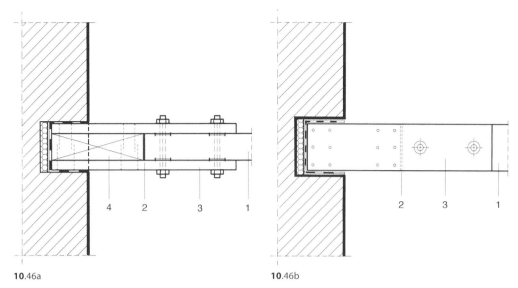

10.46a   **10.**46b

10.46   Instandsetzung von Balkenköpfen
Reparatur durch Laschung
a) Ansicht
b) Draufsicht
1   Abgeschnittener Balken
2   neues Balkenende
3   Laschen (Verbolzung oder Nagelung nach statischer Berechnung)
4   Futterklotz

müssen besonders sorgfältig ausgeführt werden, weil die Wände am Balkenauflager sehr geschwächt sind und hier erhebliche Wärmeverluste und Tauwasserbildung (s. Abschn. 16.5.6) auftreten können. Bei Außenwänden sind die Balkenköpfe außen mit dem gleichen Material wie beim übrigen Mauerwerk abzumauern (kein „Mischmauerwerk").

Bei Umbauten oder Sanierungen werden sehr oft Fäulnisschäden oder Schädlingsbefall an Balkenauflagern angetroffen, die eine Reparatur erfordern. Dazu müssen zunächst die betroffenen Deckenteile abgefangen werden. Danach werden die befallenen Balkenköpfe so weit abgeschnitten, dass nur einwandfreies Balkenholz verbleibt. Vorsorglich sollten die verbleibenden Holzteile soweit zugänglich mit einem Holzschutzmittel behandelt werden.

Für die Erneuerung kommen danach besonders die folgenden Möglichkeiten in Frage:

- seitliches Anlaschen von Balkenverlängerungen (Bild **10.**46),
- Ersatz des abgetrennten Balkenkopfes mit Hilfe von Reaktionsharz-Beton (Bild **10.**47).

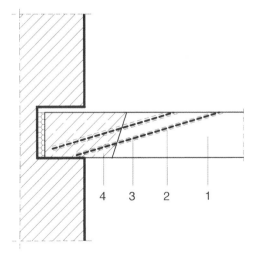

10.47   Neuer Balkenkopf aus Reaktionsharz-Beton
1   Abgeschnittener Balken
2   Bohrlöcher für Bewehrungsstäbe
3   Polyester-Bewehrungsstäbe nach statischer Berechnung
4   Reaktionsharz-Beton

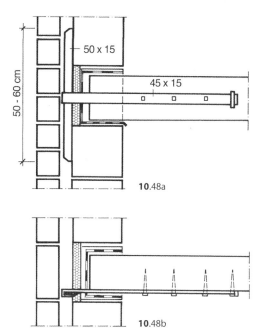

10.48   Balkenanker
    a) Schnitt/Seitenansicht
    b) Grundriss

10.3.3.2 Anker

Die Balkenlage muss eine wirksame Verankerung mit gegenüberliegenden Außenwänden haben. Zu diesem Zweck wird bei Geschossbalkenlagen etwa jeder vierte Balken an den Enden durch

Stahlanker mit dem Mauerwerk zugfest verbunden.

Wenn *Ankerbalken* gestoßen werden, müssen sie am Stoß zugfest miteinander verbunden werden (Abschn. 10.3.3.3).

Balkenanker (Bild **10**.48) bestehen aus der 60 bis 80 cm langen Ankerschiene (Flachstahl 40 × 10 bis 50 x 10) und dem 50 bis 60 cm langen Splint (Flachstahl 50 x 15). Ein Ende der Ankerschiene ist zu einer Öse umgeschmiedet, durch die der Splint gesteckt wird. Der Splint muss von Innenkante Wand ≥ 24 cm entfernt sein. Statt des Splintes werden auch quadratische oder kreisrunde Scheiben verwendet, die auf der Außenfläche der Wand liegen; sie werden mit dem Ankereisen verschraubt. Die Splinte sind mit Zementmörtel zu vermauern.

Giebelanker (Bild **10**.49) dienen zur Verankerung freistehender Giebelwände mit dem Gebäude; sie bestehen aus Ankerschienen aus Flachstahl 50 x 10, die über drei Balken hinwegreichen müssen. Durch das gedrehte Ankerende ist der ca. 60 cm lange Splint gesteckt.

Holzbalkendecken, die eine mit der Balkenlage nach DIN EN 1995-1-1 +NA festverbundene Decken- oder Dachschalung aus Dielen oder Spanplatten haben, können als mitwirkende Scheiben zur Aussteifung herangezogen werden.

Bei Gebäuden mit Ringankern bzw. Ringbalken nach DIN EN 1996-1-1 sind die Balkenlagen in geeigneter Weise so anzuschließen, dass Zug-, Druck- und Schubkräfte übertragen werden kön-

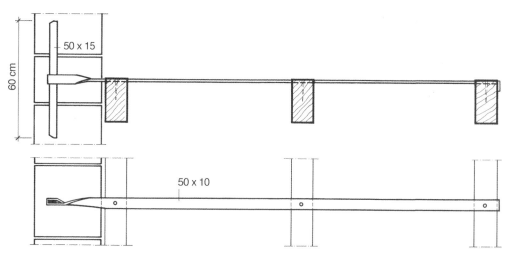

10.49   Giebelanker

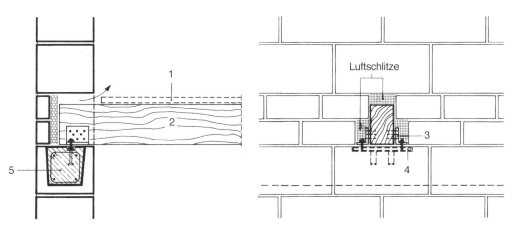

10.50 Anschluss an Ringbalken
1 Deckenscheibe
2 Balken
3 beidseitig Stahlwinkel, genagelt
4 Ankerschiene + 2 x M 12
5 U-Schalungsstein mit Ringankerbewehrung

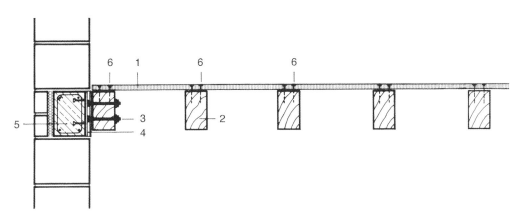

10.51 Seitlicher Deckenanschluss an Ringbalken
1 Deckenscheibe
2 Balkenlage
3 Bolzen in Ankerschiene
4 Ankerschiene
5 Ringanker
6 zusätzliche Nagelung

nen (Bild **10**.50 und **10**.51). In Verbindung mit Holzbalkendecken können Ringanker auch aus Holzprofilen bestehen, wenn sie eine Zugkraft von > 30 kN aufnehmen können und fest mit den Wänden verankert sind (Bild **10**.52).

10.3.3.3 Balkenstöße

Über die ganze Gebäudetiefe durchlaufende Balken (auf 3 oder mehr Auflagern) sind wegen der statisch günstigeren Durchlaufwirkung vorzuziehen. Bei zu großen erforderlichen Längen müssen die Balken jedoch gestoßen werden. Die Ausführung von Balkenstößen ist in den Bildern **10**.53 bis **10**.56 dargestellt.

Für Zugbeanspruchungen müssen die Stöße gegebenenfalls durch Laschen und Bolzen gesichert werden (Bild **10**.56). Sollen gestoßene Balken statisch als Durchlaufträger wirken, so müs-

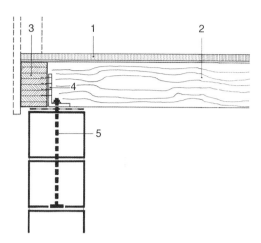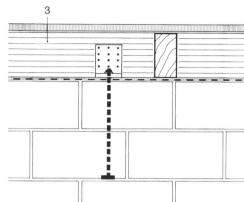

10.52 Holzprofil als Ringbalken

   1 Deckenscheibe   4 Stahlwinkel
   2 Balkenlage, zugfest angeschlossen   5 Ankerschraube M 16, eingemauert oder -betoniert
   3 Brettschichtholz (Ringanker)

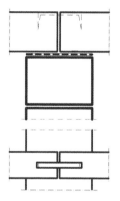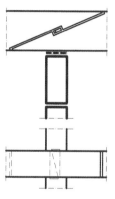

10.53 Gerader Balkenstoß mit   **10**.54 Möglicher Balkenstoß   **10**.55 Balkenstoß mit schrä-
        Spitzklammer auf 36,5 cm   gem Hakenblatt mit Keil
        dicke Mauer

sen sie durch seitliche Bohlenlaschen biegesteif verbunden werden.

10.3.3.4 Wechsel

Schornsteine, Treppenöffnungen usw. zwingen oft dazu, Deckenbalken „auszuwechseln" (s. Bild **10**.39e und f). Das geschieht bei Holzbalkendecken in traditioneller Weise durch Einzapfen des unterbrochenen Balkens (Stichbalken) in einen Wechselbalken, der seinerseits in die benachbarten durchlaufenden Balken eingezapft ist (Bild **10**.57a).

Beide Hölzer werden außerdem durch eine Spitzklammer verbunden. Stahlblechkonsolen („Balkenschuhe") vermindern den Arbeitsaufwand und die Schwächung des Holzquerschnitts (Bild **10**.57b).

Die Balkenhölzer müssen ≥ 5 cm von Schornsteinwangen entfernt bleiben. Der Zwischenraum zwischen Schornsteinwange und Balken kann durch Leichtbeton ausgefüllt werden (s. a. Bild **10**.39 f.).

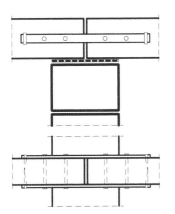

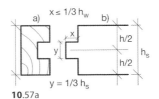

x ≤ 1/3 h_w

a) b)

x

h/2

h_s

y

h/2

y = 1/3 h_s

10.57a

10.57a
Brustzapfen
a) Wechselbalken
b) Stichbalken

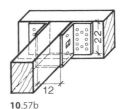

22

12

10.57b

10.57b
Anschluss mit Balkenschuh
Nagelung mit verzinkten
Stahlstiften

10.56 Zugfester Balkenstoß mit Stahllaschen

10.57b

10

Tabelle **10**.58 Übliche Querschnittsmaße auf der Grundlage von metrischen Maßen mit zusätzlichen Vorzugsmaßen in Deutschland nach DIN EN 1313-1

Dicke mm	Breite mm									
	80	100	120	140	160	180	200	220	240	260
50	X	X	X	X	X	X	X	X		
60		X	X	X	X	X				
80	X	X	X	X	X	X	X			
100	X	X	X	X	X		X			
120	X	X	X		X	X	X			
140	X	X		X		X				
160	X	X	X		X		X			

Zusätzliche Vorzugsmaße in Deutschland

Dicke mm	Breite mm									
	60	80	100	120	140	160	180	200	220	240	260
40	X										
50											
60		X							X		X	
80										X	
100											
120										X	
140											
160										X	X

X: Vorzugsmaß

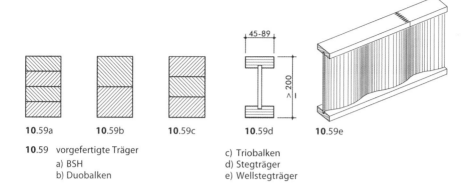

10.59 vorgefertigte Träger
    a) BSH
    b) Duobalken

    c) Triobalken
    d) Stegträger
    e) Wellstegträger

10.3.3.5 Holzbalkenquerschnitte

Der Balkenquerschnitt richtet sich nach der freien Länge, der Balkenentfernung, dem Deckengewicht und der Verkehrslast. Zur wirtschaftlichen Verwendung des Bauholzes sind alle Balken statisch zu berechnen. (Für Bauteile, die aus Erfahrung beurteilt oder deren Maße aus anderen Vorschriften entnommen werden können, ist kein rechnerischer Standsicherheitsnachweis erforderlich.) Jeder Balken ist statisch voll auszunutzen. Das kann dadurch erreicht werden, dass bei gleicher Balkenhöhe die jeweils statisch notwendigen Balken*breiten* verwendet oder die Balken*abstände* geändert werden. Das Eigengewicht der Decke kann bei leichten Zwischendecken mit 2,0 kN/m² angenommen werden. Die Verkehrslast ist bei allen Wohngebäuden mit 2,0 kN/m² anzusetzen.

Balken haben Querschnittsverhältnisse von 1:2,5 (z. B. 8/20) bis 5:6 (z. B. 20/24). Statisch am günstigsten sind schmale hohe Querschnitte. Zu empfehlen sind die in der DIN EN 1313 genannten Vorzugsmaße mit Abständen von 60 bis 70 cm (s. Tab. **10**.58). Bei geringen Balkenabständen sind Deckenscheiben weniger hinsichtlich Durchbiegung beansprucht.

Statt der Vollholzquerschnitte sind bei größeren Spannweiten vorgefertigte Träger wirtschaftlicher [Bild **10**.59].

Sie sind bei gleichen Abmessungen wesentlich höher belastbar, z. B. Brettschichtträger (Bild **10**.59a, s. auch Abschn. 1.2.4 in Teil 2 des Werkes) oder Balkenschichtholz nach DIN 14080. Balkenschichthölzer, sog. Duo- oder Triobalken (Bild **10**.59b-c), werden aus zwei oder drei Brettern, Bohlen oder Kanthölzern aus Vollholz mind. der Sortierklasse S10 nach DIN 4074-1 bzw. der Festigkeitsklasse C24 nach DIN EN 14081-1 miteinander verklebt. Keilverzinkungen (DIN EN 15497) sind nur in Duobalken zulässig. Die maximale Querschnittfläche der Einzelhölzer ist in der Allgemein bauaufsichtlichen Zulassung des Deutschen Instituts für Bautechnik (DIBt) geregelt.

Vorgefertigte Träger wie Steg- oder Wellstegträger (Bild **10**.59d-e) haben durch den reduzierten Querschnitt ein geringeres Eigengewicht. Sie bestehen aus Ober- und Untergurten aus Vollholz- oder Furnierschichtholzquerschnitten, in die (wellenförmig gebogene) Sperrholzstege eingeleimt sind. Vorgefertigte Träger haben zudem den Vorteil der hohen Maßgenauigkeit und Formbeständigkeit.

10.3.3.6 Deckeneinschub

Die Balkenzwischenräume von Holzbalkendecken werden zum Wärme- und Schallschutz mit „Einschüben" ausgeführt. Die alte Technik des Wickelbodens aus Strohlehmwickeln (Bild **10**.60) bietet zwar recht gute Schall- und Wärmedämmung, ist aber allein aus Lohnkostengründen allenfalls im Bereich denkmalpflegerischer Maßnahmen noch anwendbar. Wirtschaftlicher sind Einschübe, die aus Auffüllungen mit Leichtbeton (Bild **10**.61), aus eingelegten Leichtbetonplatten (Bild **10**.62) oder Lochziegelkörpern (Bild **10**.63) bestehen. Bei den heutigen Anforderungen sind jedoch für alle diese Ausführungen zusätzliche Maßnahmen insbesondere zum Trittschallschutz notwendig (s. Kapitel **17**.6).

10.3.3.7 Deckenauflage

Über Holzbalkendecken wird bei herkömmlichen Konstruktionen direkt auf die Balken eine Nut- Feder-Dielenschalung als Gehbelag ver-

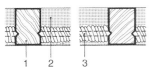

10.60 Wickelboden

    1 Deckenbalken mit seitlichen Einkerbungen
    2 Lehmauffüllung
    3 Strohlehmwickel
    4 Deckenputz

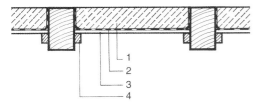

10.61 Einschubdecke mit Auffüllung aus Leichtbeton

    1 Leichtbeton
    2 Einschubbretter oder entrindete Schwarten
    3 PE-Folie
    4 Latte

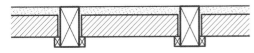

Normalbimsbauplatte L x B x H 49 / 24 / 11,5

10.62 Einschub mit 11,5 cm dicken Leichtbauplatten
     o. Ä. und Auffüllung

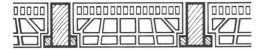

10.63 Einschub aus Hohlziegelkörpern

legt. Bei neueren Holzbalkendecken werden Holzspanplatten mit verleimten Nut- Feder-Stößen verwendet, oder es dienen verzinkte Trapezbleche mit einem Gießestrich als Unterkonstruktion für die Gehbeläge (Bild **10**.64).

Der für Geschossdecken erforderliche Schallschutz ist damit jedoch nicht zu erreichen. Die notwendigen Maßnahmen sind in Abschn. 11.3.3 gesondert erläutert.

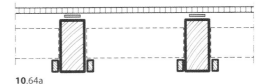

10.64a

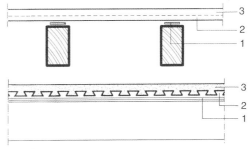

10.64b

10.64 Deckenauflagen

    a) Dielung oder Spanplatten auf Filzstreifen o. Ä.
    b) Auflage aus Trapezblech mit Gießestrich
       (Längs- und Querschnitt)

    1 Filzstreifen
    2 Verzinktes Trapezblech
    3 Gießestrich

10.4 Decken aus Brettstapel- oder Dübelholz-Elementen

Deckensysteme aus Brettstapel- oder Dübelholzelementen bestehen aus flächenbildenden, tragenden Elementen, die aus einzeln hochkant nebeneinander gestellten Brettlamellen zu einem massiven Bauteil zusammengefügt wurden.

Brettstapel-Elemente entstehen aus über Kreuz gelegten Fichtelamellen, die miteinander verleimt werden. Dübelholzelemente bestehen aus getrockneten Brettlamellen, die untereinander mit Holzdübeln verbunden sind. Durch den Feuchteausgleich quellen die getrockneten Holzdübel auf und sorgen so für Verbund. In beiden Fällen handelt es sich um Massivdeckenelemente. Die Deckenelemente laufen entweder ungestoßen über die ganze Elementlänge durch oder sind durch Keilzinkung kraftschlüssig miteinander verbunden.

Brettstapel- oder Dübelholzelemente sind mit anderen Systemen bzw. Bauweisen kombinierbar.

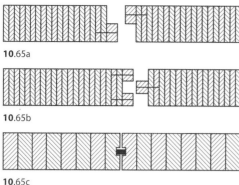

10.65a

10.65b

10.65c

10.65d

10.65e

10.65 Brettstapel- und Dübelholzelemente (Querverbin-
         dungen)
         a) Überfälzung
         b) Nut und Feder
         c) Baufurnier-Sperrholzfeder
         d) Schrägnagelung
         e) Stabdübel-Verbindung

Die Spannweiten der Deckenelemente sind für
Einfeldträger bis 6,00 m und für Durchlaufträger
bis 7,50 m wirtschaftlich.

Die Elementdicken (Lamellenbreiten) liegen zwischen 60 und 260 mm (Bild **10**.65 a–e). Die Stan-
dardbreite liegt bei 62,5 cm, andere Maße von 12
bis zu 120 cm sind möglich in Längen bis zu 30 m.

Trotz der höheren Masse weisen „Lamellendecken" gegenüber üblichen Holzbalkendecken
wegen ihrer höheren Steifigkeit kein besseres
Trittschallschutzmaß auf. Die Schalllängsleitung
der relativ biegesteifen Decken in die ähnlich
steifen Wände ist ebenso zu berücksichtigen wie
die Schallweiterleitung über die offenen Lamel-
lenfugen bei durchlaufenden, sichtbaren Decken
über die Wände hinweg. Die Raumakustik kann
durch Profilierung der sichtbaren Unterseiten
verbessert werden.

Übliche Bauteile erreichen die Feuerwiderstandsklasse F30-B. Die Feuerwiderstandsklassen F60-B
und F90-B sind durch Vergrößerung der Bauteildicken oder mit Holz-Beton-Verbundelementen

erreichbar. Eine Beplanung auf der dem Feuer
abgewandten Seite verhindert ein Durchströmen
der Fugen und damit den schnellen Durchbrand.
Die nachgewiesene Feuerfestigkeit der Brettsta-
pelkonstruktionen macht den Holzbau insbesondere hinsichtlich der eingangs beschriebenen
positiven Ökobilanz wieder für den Geschoss
(-wohnungs)bau attraktiv.

10.5 Decken aus Holztafel-
elementen

Das Bauen mit vorgefertigten Bauelementen hat
auch zur Weiterentwicklung des Holztafelbaus
für Geschossdecken beigetragen.

Mit solchen Deckensystemen sind mit geringem
Aufwand hohe Schallschutzwerte zu erreichen,
die den gehobenen Anforderungen an Wohnungstrenndecken genügen.

Bild **10**.66 zeigt als Beispiel das Lignotrend-De-
ckensystem. Bei diesem System kann die flächige
Untersicht wahlweise in „Trendqualität" als Holz-
untersicht oder in Holzwerkstoffplatte als streich-
fähiger Untergrund ausgeführt werden.

Durch die geschlossene, 4 cm dicke Unterseite
der Deckenelemente werden die Anforderungen
an die Brandschutzklasse F30 B erfüllt.

Installationen bis zu 90 mm Durchmesser können innerhalb der Decke verlegt werden. Zur Verbesserung des Schallschutzes sind Anhydrit-
und Zementestriche auf Holzbalkendecken problematisch. Der Vorteil von Anhydritestrichen
gegenüber Zementestrichen ist die ca. 5 mm geringere Dicke bei nur unwesentlich kleineren
Auflasten. Bezüglich des Brandverhaltens ist er

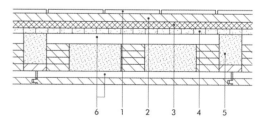

10.66 Deckenelement LIGNOTREND Decke Q3
         1 Fussbodenbelag
         2 Trockenestrichelement
         3 Trittschalldämmplatte
         4 Druckverteilungsplatte
         5 Schüttung (Deckenhohlräume für Installationen)
         6 Querlage offen

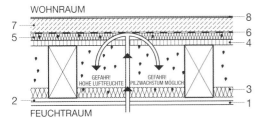

10.67 Diffusionsdichte Deckenkonstruktion

1 Unterseitige Bekleidung
2 Lattung
3 Dämmung
4 Wasserfest verleimte Spanplatte
5 Dämmung
6 Dichte (meist verschweisste) Unterlage
7 Anhydritfliessestrich
8 Bodenbelag

Quelle: Unger, A: „Nie mehr Estrich auf Holzbalkendecken" in Arconis 3/98

mit dem Zementestrich vergleichbar. Ein großer Nachteil liegt allerdings darin, dass der Fließestrich eine dicht verschweißte Unterlage benötigt, damit die Holzbalkenkonstruktion nicht durchfeuchtet wird. Dadurch wird ein Diffusionsgefälle von unten nach oben erzeugt. Die Gefahr von Kondensatbildung innerhalb der Deckenkonstruktion ist damit sehr hoch und kann Pilzwachstum innerhalb der Konstruktion hervorrufen.

Es sollte also bei Bodenaufbauten mit Anhydrit- und Zementestrichen immer darauf geachtet werden, dass der Kondensatbildung vorgebeugt wird, d. h. die Gesamtkonstruktion ist diffusionsoffen auszubilden. Die diffusionsoffene Konstruktion des Gesamtaufbaus einer Holzbalkendecke ist insbesondere über Feuchträume zu beachten. (Bild **10**.67).

Zur Verbesserung des Schallschutzes werden die Hohlstellen der Deckenelemente mit Kalksplitt gefüllt. Zusätzlich können unterseitig Akustikabsorber aufgebracht werden. Dazu wird im Werk eine Holzweichfasermatte zwischen die Lagen

gelegt. Die Sichtoberfläche wird zur Schallstreuung strukturiert und perforiert. So erübrigt sich eine akustisch wirksame Abhangdecke. Der Fußbodenaufbau sollte in einem Trockenbausystem erfolgen. Ein Estrich könnte bei diesem System wie oben erwähnt — zu Durchfeuchtungen der Holzwerkstoffe und damit zu Bauschäden führen.

10.6 Gewölbe

Gewölbe können als bogenförmig oder sphärisch gekrümmte gemauerte Massivdecken betrachtet werden, deren Steine sich gegeneinander so abstützen, dass sie untereinander nur auf Druck beansprucht sind. An den Auflagern müssen neben vertikalen Belastungen jedoch – je nach Gewölbekonstruktion – erhebliche Horizontalkräfte aufgenommen werden.

Seit seinen Anfängen hat der Gewölbebau seine vielfachen Ausformungen gewonnen durch das Streben nach größeren Spannweiten, nach größeren Öffnungen in den Auflagerwänden, vor allem aber durch die immer weiter verfeinerten Methoden zur Bewältigung der Horizontalkräfte in den Auflagerpunkten.

Die verschiedenen historischen Gewölbeformen zur Überspannung von Räumen spielen heute nur noch in der Denkmalpflege eine Rolle. Bei Geschossdecken sind sie durch Massivdecken bzw. durch Stahlbetonkonstruktionen verdrängt.

Die Gewölbeteile werden ähnlich wie bei Mauerbögen benannt (vgl. Bild **6**.71). Bei den Umfassungsmauern überwölbter Räume werden *Widerlagermauern*, die das Gewölbe tragen, von *Stirnmauern* oder *Schildmauern*, die nur zum Raumabschluss dienen, unterschieden.

Alle *Gewölbeformen* lassen sich im Wesentlichen auf zwei Grundformen zurückführen:

- *Tonnengewölbe* mit zylindrischer Wölbfläche und
- *Kuppelgewölbe* mit kugelförmiger Wölbfläche.

10

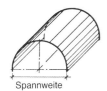

10.68
Gerades halbkreisförmiges Tonnengewölbe

10.69 Preußisches Kappengewölbe

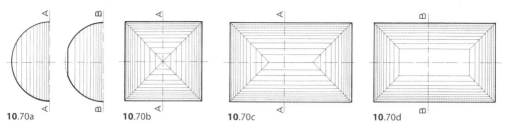

10.70 Klostergewölbe
a) Querschnitt,   b) über quadratischem Raum,   c) Muldengewölbe,   d) Spiegelgewölbe

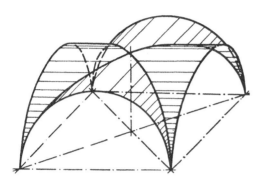

10.71 Kreuzgewölbe über quadratischem Raum (römisches Kreuzgewölbe)

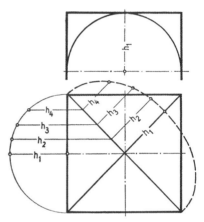

10.72 Römisches Kreuzgewölbe (zylindrische Kappenflächen, gerade, waagerechte Scheitellinie)

Danach kann man die Gewölbe in zylindrische und kugelförmige (sphärische) einteilen. Zu den *zylindrischen* Gewölben gehören: Tonnengewölbe (auch die sogenannten „preußischen Kappen"), Klostergewölbe, Muldengewölbe, Spiegelgewölbe, römisches Kreuzgewölbe (Bilder **10**.68 bis **10**.70).

Den Übergang zu den *sphärischen* Gewölben bilden: Kreuzgewölbe mit Bogenstich und Busung, Stern-, Netz- und Fächergewölbe. Zu den sphärischen Gewölben gehören: Kuppelgewölbe, Hängekuppel, Zwischenkuppel, böhmische Kappe (Bilder **10**.71 bis **10**.73).

10.6.1 Tonnengewölbe

Das Tonnengewölbe lässt nur eine beschränkte Ausnutzung seiner Raumhöhe zu. Die Gewölbefläche reicht an den Widerlagermauern tief herab und muss für die Anordnung von Fenstern und Türen Durchbrechungen erhalten, die durch sog. *Stichkappen* in Zylinder- oder Kegelform mit waagerechter oder geneigter Achse geschlossen werden. Die Wölbfläche ist im Allgemeinen die eines halben geraden Kreiszylinders (Bild **10**.68).

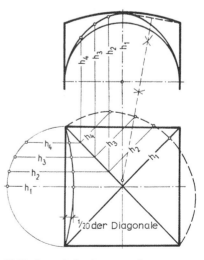

10.73 Romanisches Kreuzgewölbe mit Bogenstich

Größere und stark belastete Gewölbe sind mit Hilfe des Stützlinienverfahrens statisch zu erfassen.

10.6.2 Preußisches Kappengewölbe

Der Form nach bildet das sogenannte preußische Kappengewölbe einen Teil eines Tonnengewölbes. Die *Wölblinie* ist ein *Flachbogen* mit einer Stichhöhe von $1/5$ bis $1/10$ der Spannweite.

Wegen der geringen Stichhöhe ist das preußische Kappengewölbe nur für kleinere Spannweiten anwendbar. Größere Räume müssen in kleinere Felder aufgeteilt werden. In Bild **10**.69 ist die Anordnung der Kappen zwischen I-Trägern dargestellt.

Bei Kappendecken treten in den Endfeldern beträchtliche Horizontalkräfte auf. Sie werden aufgehoben durch Zuganker, die den letzten Träger mit dem Randauflager koppeln.

10.6.3 Klostergewölbe, Muldengewölbe, Spiegelgewölbe

Das Klostergewölbe (Bild **10**.70) entsteht aus der rechtwinkligen Kombination von zwei Tonnengewölben zur Überspannung quadratischer Grundrisse. Der Diagonalbogen (Kehlbogen) ist eine Ellipse; sämtliche Umfassungswände sind Widerlager. Das Klostergewölbe eignet sich im Allgemeinen nicht zur Überdeckung von niedrigen Räumen, da die allseitig tief herabreichenden Wölbflächen die Anlage der Tür- und Fensteröffnungen erschweren.

Das Muldengewölbe ist ein Tonnengewölbe über Rechteckgrundriss, das auf beiden Seiten durch halbe Klostergewölbe geschlossen wird (Bild **10**.70c).

Spiegelgewölbe sind Kloster- und Muldengewölbe, deren oberer Teil durch eine waagerechte Fläche, den *Spiegel*, ersetzt wird. Die verbleibenden Gewölbeteile nennt man *Vouten* (Bild **10**.70d).

10.6.4 Kreuzgewölbe

Das Kreuzgewölbe entsteht als Durchdringung von 2 Tonnen (Bild **10**.71). Die Kappen können entweder *zylindrisch* oder *gebust*, d. h. allseitig (kugelartig) gekrümmt sein.

Schildbögen (Wandbögen) heißen die Linien, in denen die Kappen an Umfassungswände anschließen; sie können Halbkreise, Spitzbögen

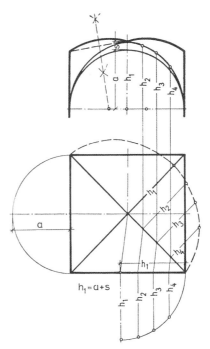

10.74 Romanisches Kreuzgewölbe mit Busung und Stich

oder elliptische Bögen sein. *Grate* heißen die Linien, in denen sich die Kappen durchdringen.

Bei *zylindrischen* Gewölben (Bild **10**.72) sind die Gratbögen durch „Vergatterung" aus den Wandbögen zu bestimmen.

Bei „gebusten" Wölbungsflächen können Wand- und Gratbögen, wie z. B. in Kreuzgewölben, unabhängig voneinander angenommen werden (Bild **10**.74 und **10**.75).

Scheitellinien der zylindrischen Kappen sind gerade oder – wegen des Setzens – mit geringer Steigung („mit Stich") nach dem Gewölbescheitel zu angeordnet.

Die Scheitellinien der gebusten Kappen sind bogenförmig.

Das Kreuzgewölbe besitzt gegenüber anderen Gewölbeformen den statischen Vorzug, dass es die Gewölbelast über die Grate fast ganz auf die Ecken des Raumes überträgt. Das Widerlager an den Ecken wird durch Mauern, Pfeiler oder Säulen gebildet.

Die Umfassungswände können durch Gurtbögen ersetzt werden (offene Gewölbe).

Kreuzgewölbe ermöglichen eine günstige Beleuchtung des zu überwölbenden Raumes, da

10

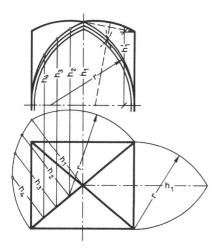

10.75 Gotisches Kreuzgewölbe

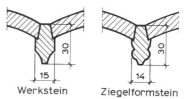

10.76 Gewölberippen

man in den Schildmauern große Fensteröffnungen anlegen kann.

Zur Überdeckung größerer Räume werden mehrere Gewölbe neben- oder hintereinander gereiht. Die einzelnen Felder nennt man *Gewölbejoche*; sie werden durch Gurtbögen voneinander getrennt. Eine Jochreihe nennt man ein Schiff; ein Raum mit 2, 3 oder mehr nebeneinanderliegenden Jochreihen heißt zwei-, drei- oder mehrschiffig.

Der historischen Entwicklung nach unterscheidet man:

1. Das *römische* Kreuzgewölbe (Bild **10**.71); es ist die Durchdringung zweier Tonnengewölbe gleicher Spannweite.

2. Das *romanische* Kreuzgewölbe; es ersetzt den flachelliptischen, stark schiebenden Gratbogen des römischen Kreuzgewölbes durch überhöhte Bogenformen bis hin zu einem Halbkreis (Bild **10**.73 und **10**.74).

3. Das *gotische* Kreuzgewölbe hat halbkreisförmige oder stumpfspitzbogenförmige Gratbögen (Bild **10**.75). Die Schildbögen sind Spitzbögen, die Kappenflächen gebust.

Kreuzgewölbe können auch mit selbständigen *Rippenbögen* ausgeführt werden, gegen die sich die Kappen seitlich stützen. Der größere Teil des Rippenquerschnitts tritt nach unten vor und endet in einem Profil (Bild **10**.76). In den Gewölbescheitel wird ein Schlussstein gesetzt, gegen den die Gratrippen anlaufen.

Eine Weiterentwicklung der Gewölbetechnik bildet in gewissem Sinne das Bauen mit sehr dünnwandigen Stahlbetonschalen, die infolge der mo-

nolithischen Eigenschaften des Werkstoffs (Aufnahme von Druck-, Zug- und Biegekräften) größte Spannweiten zulassen.

10.7 Balkone und Loggien

10.7.1 Allgemeines

Balkone erhöhen, wenn sie ausreichend bemessen sind und hinsichtlich Himmelsrichtung und Wetterschutz richtig geplant sind, den Wohnwert von Geschosswohnungen beträchtlich. Sie können bei bestimmten Gebäudetypen (z.B. Laubenganghäuser) Erschließungswege bilden. Bei ausgedehnten oder hohen Gebäuden dienen sie vielfach als Fluchtweg sowie als Plattform für die Reinigung und Instandhaltung der Gebäudeaußenflächen.

Die Decken von Balkonen und Loggien sind als Sonderfälle für die Ausführung von Decken zu betrachten.

Hinsichtlich der Grundrissgestaltung können Balkone ausgebildet werden als

- freie Balkone   (Bild **10**.77a)
- Eckbalkone   (Bild **10**.77b)
- teilweise eingezogene Balkone   (Bild **10**.77c)
- eingezogene Balkone   (Bild **10**.77d)

In jedem Fall liegen die Balkonflächen vollständig im Außenbereich.

Loggien sind zum Außenraum liegende (Verbindungs-) Gänge oder Freiräume. Sie sind ein Negativraum in der Kubatur und mindestens mit einer Seite zum Außenraum geöffnet (z.B. eingezogene Balkone).

Bei eingezogenen Loggien ist die Bodenfläche für darunterliegende Räume praktisch eine begehbare Flachdachfläche (s. Abschn. 2 in Teil 2 dieses Werkes).

Grundsätzlich muss beachtet werden:

- Stahlbeton-Balkonplatten sind in besonderem Maße Temperatureinwirkungen unter-

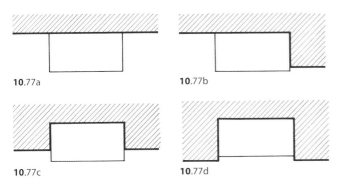

10.77a   **10.**77b

10.77c   **10.**77d

10.77
Grundrissformen von Balkonen

a) Freibalkon
b) Eckbalkon
c) teilweise eingezogener Balkon
d) ganz eingezogener Balkon

worfen, wenn sie allseitig der Außenluft ausgesetzt sind. Die daraus resultierenden Längenänderungen dürfen sich nicht auf das übrige Bauwerk auswirken.

- Die außenliegenden Konstruktionsteile von Balkonen und Loggien dürfen keine „Wärmebrücken" zu innenliegenden Konstruktionsteilen bilden. Es müssen ausreichende Vorkehrungen gegen Wärmeübertragung getroffen werden.

- Balkonfußböden müssen trittsicher und witterungsbeständig (insbesondere frostbeständig) sein.

Die Ränder und Bauwerksanschlüsse von Balkonen und Loggien müssen sehr unterschiedliche Beanspruchungen erfüllen. Deckenanschlüsse, freie Ränder, Fassadenanschlüsse, Anschlüsse in den Leibungen von Fenstertüren und Fenstertüranschlüsse erfordern eine genaue Detailplanung und eine sorgfältige Überwachung der einwandfreien Ausführung. Insbesondere um Wärmebrücken zu vermeiden wird immer mehr die Ausführung frei vor der Fassade stehender Balkone bevorzugt (s. Bilder **10.**83 und **10.**84).

- Durch entsprechende Abdichtungen muss das Eindringen von Feuchtigkeit in angrenzende Bauwerksteile verhindert werden.

- Balkone müssen ausreichend hohe und sichere Geländer haben.

- Größere Balkon- und Loggienflächen müssen über gesonderte Grundleitungen entwässert werden.

- Bei Loggien ist ggf. für ausreichenden Wärmeschutz darüber- oder darunterliegender Gebäudeteile zu sorgen.

- Balkone und Loggien gehören nach DIN EN 1991-1-1 zur Nutzungskategorie A und sind mit einer Nutzlast q_k von 2,0–4,0 KN/m^2 zu rechnen.

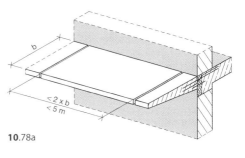

10.78a

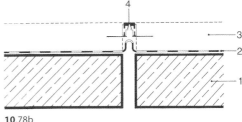

10.78b

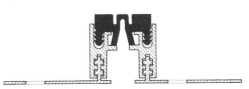

10.78c

10.78   Dehnfugen in Kragplatten

     a) Fugenabstände
     b) Schnitt
     c) Fugenprofil (MIGUA)

     1   Kragplatte
     2   Abdichtung mit Dehnungsschlaufe
     3   Gehbelagaufbau, s. Bilder 10.86 ff.
     4   Fugenprofil

10

10.7.2 Tragende Bauteile

Balkone werden auch heute noch häufig im Zusammenhang mit den Geschossdecken hergestellt. Insbesondere, wenn sie auch als Sicherung gegen Brandüberschlag zwischen den Geschossen dienen (vgl. Abschn. 17.7), werden sie in Stahlbeton ausgeführt.

Kragplatten stellen die technisch einfachste Form für die Ausführung von frei vor der Gebäudeflucht stehenden Balkonen dar. Um bereits in der Rohbauphase das Eindringen von Niederschlagswasser in die angrenzenden Gebäudeteile zu vermeiden und als zusätzliche Schutzmaßnahme zur Abdichtung (s. Abschn. 10.7.3) sollten Balkon- und Loggien-Rohdecken immer mindestens 2 cm tiefer geplant werden als die anschließenden Geschoss-Rohdecken.

Dadurch wird in der Rohbauphase Regenwasser auf den Balkonplatten vom Gebäudeinneren ferngehalten. Insbesondere kann es später bei Schäden oder Ausführungsfehlern an der Abdichtung (s. Abschn. 10.7.3) nicht so leicht zu folgenschweren Durchnässungen der innen anschließenden Fußbodenkonstruktionen kommen.

Es ist ratsam, die Unterseite freistehender Balkonplatten nach vorn ansteigen zu lassen, weil – auch bei richtig berücksichtigter Durchbiegung der fertigen Kragplatten – in vielen Fällen der optische Eindruck entsteht, dass die Platten nach vorn durchhängen.

Bei längeren Kragplatten (z. B. bei Laubengängen) ist die Längenänderung in Längsrichtung nur dann in vertretbaren Grenzen zu halten, wenn im Abstand von höchstens 5,00 m Unterteilungen durch Dehnfugen vorgesehen werden (Bild **10**.78). Wichtig ist dabei, dass diese Dehnungsfugen auch in fest verklebten Abdichtungen und in fest (z. B. in Mörtelbett) verlegten Bodenplatten durchlaufen und einwandfrei abgedichtet werden.

In der modernen Baukonstruktion gehören auskragende, nicht „thermisch entkoppelte" Stahlbetonkragplatten, die erhebliche Wärmebrücken (s. Abschn. 17.5) bedeuten, der Vergangenheit an.

Die „thermische Entkoppelung" kann konstruktiv erreicht werden durch

- *Kragplatten mit thermischer Trennung* durch wärmedämmende statisch wirksame Zwischenbauteile (Bild **10**.79).

- *Balkonplatten auf Kragträgern,* die in die angrenzenden Deckenplatten oder Wände ein-

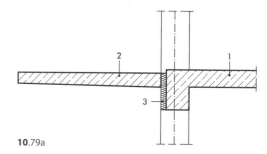

10.79a

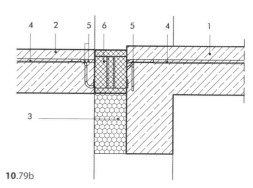

10.79b

10.79 Balkonplatte als Kragplatte mit „thermischer Entkoppelung" (SCHOECK-Isokorb KXT)
a) Schnitt
b) Detail
1 Geschossdecke
2 Balkonplatte
3 Wärmedämmung
4 Betonstahl Schoeck-Isokorb KXT
5 Edelstahl V4A
6 Polystyrolkörper

binden. Die statische Spannrichtung ist parallel zur Fassadenfläche. Die Kragträger werden aus konstruktivem Leichtbeton hergestellt (s. Abschn. 5), oder sie werden in ausreichender Tiefe innerhalb des Gebäudes gegen Wärmeübertragung (z. B. durch anbetonierte Holzwolle-Leichtbauplatten) geschützt (Bild **10**.80).

- *Balkonplatten aufgelagert auf Stützen oder Wandscheiben vor der Fassade* (Bild **10**.81). Insbesondere für teilweise oder ganz eingezogene Balkone (Bild **10**.77c und d) sollte diese Lösung immer vorgezogen werden.

- *Balkon aufgelagert auf Konsolen zur Wärmebrückenminimierung mit Neopren oder Fiberglas verankert und freistehenden Stützen* (Bild **10**.82).

- *Balkone auf Stützen frei vor der Fassade stehend* (Bild **10**.83).

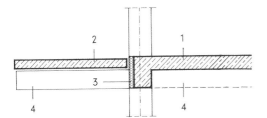

10.80 Balkonplatte auf Kragträgern
1 Geschossdecke
2 Balkonplatte
3 Wärmedämmung
4 Kragträger

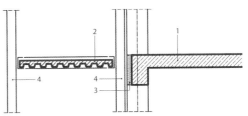

10.83 Balkonplatte auf frei stehenden Stützen
1 Geschossdecke
2 Balkonplatte (hier: Stahlbeton auf Trapezblech in Rahmen aus [-Profil)
3 Wärmedämmung
4 Stützen

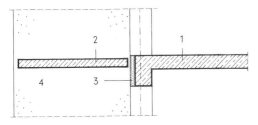

10.81 Balkonplatte auf seitlichen Mauerscheiben
1 Geschossdecke
2 Balkondecke
3 Wärmedämmung
4 seitliche Mauerscheiben

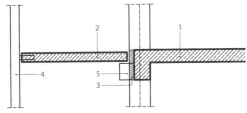

10.82 Balkonplatte auf Konsolen zur Wärmebrückenminimierung mit Neopren oder Fiberglas verankert und freistehenden Stützen
1 Geschossdecke
2 Balkonplatte
3 Wärmedämmung
4 Stützen
5 Konsolen

10.7.3 Abdichtung

Werden Balkone mit Hilfe von Fertigteilen aus wasserundurchlässigem Beton (s. Abschn. 5) auf Konsolen, Kragplatten oder Stützen unabhängig von den Geschossdecken ausgebildet (Bilder **10**.80, **10**.82 und **10**.83), sind Abdichtungen auf den Konstruktionsflächen nicht unbedingt erforderlich.

In allen anderen Fällen sind die tragenden Platten von Balkonen und Loggien durch eine Abdichtung nach DIN 18 195 zu schützen. Die Abdichtung soll Sickerwasser, das durch die Fugen der Bodenbeläge eindringt, möglichst rasch zu Entwässerungsabläufen oder Tropfkanten ableiten. Dies und die Oberflächenentwässerung wird am besten erreicht, wenn der gesamte Aufbau des Gehbelages und der Abdichtungen mit einem Gefälle von 1 bis 2 % (bei sehr rauhen Oberflächen ggf. mehr!) ausgeführt wird.

Die Herstellung von Stahlbetonoberflächen mit Gefälle in Ortbeton ist meistens unwirtschaftlich. Es wird daher besser ein Gefälleestrich als Verbundestrich aufgebracht.

Es muss darauf geachtet werden, dass an Materialübergängen, an Klebeflanschen von Entwässerungsabläufen, Einlaufblechen usw. keine Überhöhungen auftreten.

Materialstöße der Dichtungsbahnen sollen parallel zur Hauptfließrichtung liegen.

Dehnfugen (Abschn. 10.7.2) sind durch eingeklebte Fugenprofile zu überbrücken (Bild **10**.78 und **10**.92).

Die Abdichtung kann mit mehrlagig voll aufgeklebten Bitumen-Dichtungsbahnen oder einlagig lose verlegten Kunststoffdichtungsbahnen (hochpolymere Dichtungsbahnen) hergestellt werden (s. Abschn. 17). Bewährt haben sich in der Praxis auch flüssig aufzubringende Dachabdichtungen nach DIN 18531-3. Sie bestehen aus mindestens zweilagig flüssig aufgetragenen Kunststoffen mit einem frisch-in-frisch eingelegten Trägervlies. Sie eignen sich ganz besonders bei komplizierten Grundrissformen und für

10

10

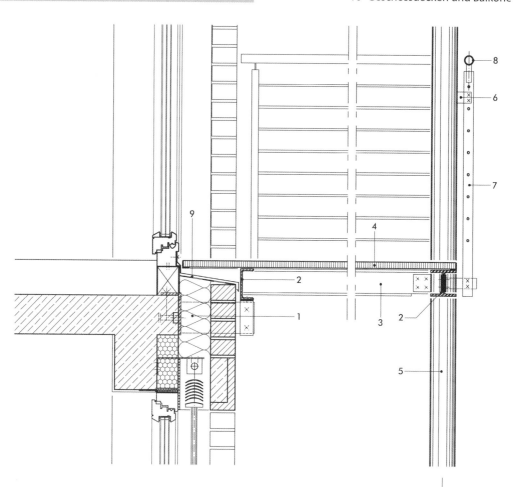

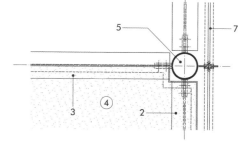

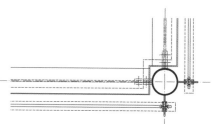

10.84 Balkone als Stahlkonstruktion

    1 Konsolträger in einbetonierter Halfenschiene
    2 Träger Stahl [bzw. I Profil
    3 Nebenträger Stahlprofil
    4 Gitterrostauflage 30/10, h = 30 cm
    5 Rundstützen Stahl
    6 angeschweißte Traglaschen
    7 Geländertragprofile Flachstahl m. Edelstahlfüll-
       stangen
    8 Handlauf Ø 4 cm
    9 Abdeckblech Verblenderschale

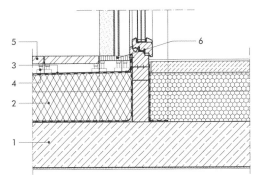

10.85 Balkonübergang mit Drainrost (AquaDrain®)
  1 Stahlbetonplatte
  2 Gefälledämmung
  3 Abdichtung mit Gleitfolie
  4 Stelzlager
  5 Großformatige Werksteinplatte
  6 Drainrost, höhenverstellbar

schwierige Anschlüsse an angrenzende oder einbindende Bauteile.

Der gesamte Aufbau von Balkonbelägen erfordert – insbesondere wegen des Gefälleestriches – in der Regel mehr Höhe als der Fußbodenaufbau innerhalb des Gebäudes. Die Oberkante der Konstruktionsflächen muss daher entsprechend tiefer geplant werden, was bei Kragplatten (Bild **10**.78) oft auf konstruktive Schwierigkeiten stößt.

Bei der Ausführung von Abdichtungsarbeiten sind auch die „Flachdachrichtlinien" [5] zu beachten. Danach sind Abdichtungen an angrenzenden aufgehenden Wänden mindestens 15 cm über die Fertighöhe der Plattenbeläge – auch an den unteren Blendrahmenprofilen von Fenstertüren – hochzuführen und gegen mechanische Beschädigungen zu schützen.

Davon kann nur abgesehen werden, wenn durch Entwässerungsvorrichtungen oder durch seitliche Abflussmöglichkeit für Niederschlagwasser mit einer Staubildung – auch bei Schneematsch – vor den Fenstertüren nicht zu rechnen ist.

Auch in diesen Fällen soll die Abdichtung zur Sicherung gegen Schnee und Eisbildung mindestens 5 cm über die Oberkante der Gehbeläge bzw. des Gitterrostes hochgezogen werden.

Bei konsequenter Weiterführung der hochgezogenen Abdichtung, auch im Bereich von Türen bzw. Fenstertüren, ist eine Höhendifferenz von 15 bis 17 cm zwischen Innen- und Außenfußboden nicht zu vermeiden. Insbesondere für den Fall des barrierefreien Bauens sind Schwellen inakzeptabel. Hier haben sich stufenlos höhenver-

stellbare Drän- und Ablaufroste bewährt, die eine dauerhaft rückstaufreie Entwässerung gewährleisten (Bild **10**.85). Zudem bilden die 10–15 cm breiten Roste einen guten Spritzwasserschutz nicht nur vor den Türen, sondern auch vor aufgehenden Wänden. In überdachten Loggien können eingelegte Gitterroste – auch aus imprägnierten Harthölzern oder speziell gezüchteten Tropenhölzern (z. B. Bangkirai) – den höhengleichen Übergang zwischen Innen- und Außenflächen ermöglichen (Bild **10**.86).

Bei Ausführung der Balkonplatten nach Bild **10**.80 und **10**.81 wird die Fuge zwischen Balkonplatte und Bauwerk am besten durch einen Gitterrost überspannt (Bild **10**.87).

Für die Wandanschlüsse sollte in jedem Fall ein Rücksprung in den aufgehenden Wänden vorgesehen werden (Bild **10**.88a bis c).

Wenn der Schutz der hochgezogenen Abdichtungen durch angemörtelte Sockelplatten hergestellt werden soll, sind sorgfältige Putzanschlüsse am besten mit Hilfe von Anschlussprofilen und dauerelastisch abgedichteten Fugen erforderlich. Die Fuge am Übergang zu den Bodenbelägen ist mindestens mit sorgfältig eingebrachten dauerelastischen Dichtungsmassen, besser unter Verwendung spezieller Anschlussprofile (Bild **10**.88a) oder mit speziellen Sockel-Formsteinen (Bild **10**.88b) auszuführen.

Häufiger kommen Spezial-Leichtmetallprofile (Bild **10**.88c) in Frage, oder Wandbekleidungen werden über die hochgezogene Abdichtung bis auf die Gehbeläge hinuntergeführt (Bild **10**.88d).

Besteht bei Balkonflächen, die stark Niederschlägen ausgesetzt sind, die Gefahr der Durchnässung anschließender Wände durch Spritzwasser, sollten Schutzmaßnahmen ähnlich denen im Sockelbereich eingeplant werden (vgl. Abschn. 17).

10.7.4 Bodenbeläge

Balkonplatten können sehr wirtschaftlich lediglich aus sauber geglättetem wasserundurchlässigem Stahlbeton in Ortbetonbauweise oder aus einem Fertigteil gebildet werden, dessen Oberfläche durch imprägnierende Behandlung oder Anstrich vergütet wird. Meistens werden jedoch die Gehflächen von Balkonen und Loggien mit keramischen Platten, Naturwerkstein oder Betonwerkstein gestaltet.

Klein- und mittelformatige Platten können nur bei kleinen Flächen und auf Unterkonstruktionen ohne Wärmedämmschichten und ohne Abdichtung direkt auf der mit Gefälle hergestellten

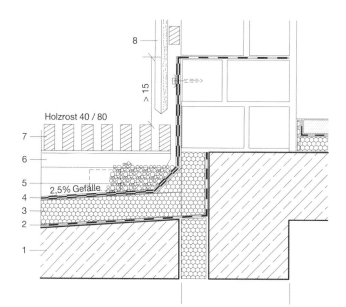

8

Holzrost 40 / 80

> 15

7

6

5　2,5% Gefälle

4

3

2

1

10.86
Holzgitterrost zur Höhenüberdeckung

1 Stahlbetonplatte
2 Dampfsperre
3 Wärmedämmung
4 Abdichtung
5 Kiesschüttung 8/16
6 Lagerholz, punktförmig gelagert
7 Holzrost, z. B. Lärche unbehandelt
8 Fassadenbekleidung

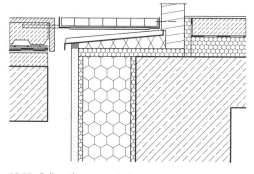

10.87　Balkonübergang mit Gitterrost

Oberfläche oder auf dem Gefälleestrich in Mörtel (Dickbett) oder in Dünnbett verlegt werden (Bild **10**.89).

Auf Balkonflächen mit Abdichtung ist die Verlegung nur in Verbindung mit einer Dränschicht möglich. Sie kann bestehen aus profilierten Kunststoffplatten (Bild **10**.90a), aus Schaumstoff-Dränagematten (Bild **10**.90b) oder auch aus Einkornleichtbeton (Bild **10**.90c). Zwischen der Dränschicht und der Abdichtung ist als Gleitschicht eine Trennlage aus Kunststoff-Folien anzuordnen.

Auf die Dränschicht wird ein je nach Größe der Flächen mindestens 45 mm dicker Zementestrich nach DIN 18 560 mit Bewehrung als Lastverteilungsschicht aufgebracht. Auf diesem kön-

nen die Platten im Dick- oder Dünnbett verlegt und anschließend verfugt werden.

Bei in Mörtel verlegten Bodenplatten dringt häufig durch die Haarrisse der Fugen Wasser in die darunter liegende Mörtelschicht ein. Dadurch kommt es bei Balkonen immer wieder zu Frostschäden. Die Haarrisse in den Fugen der Bodenplatten lassen sich nicht vermeiden. Sie treten auch bei Zusatz von entsprechenden Dichtungsmitteln auf.

Durch die unterschiedlichen Materialeigenschaften und durch Temperatureinflüsse entstehen in den Oberflächen Spannungen, die zu Rissen in den Belägen führen. In Mörtel verlegte Beläge sind daher durch Bewegungsfugen zu unterteilen (Bild **10**.91). Der Abstand richtet sich nach der zu erwartenden Sonneneinstrahlung, nach dem Helligkeitsgrad der verlegten Platten und auch nach der Grundrissgliederung der Flächen. Der Fugenabstand sollte zwischen 2 m und höchstens 5 m liegen, und es sollten sich Teilflächen von etwa 4 bis 6 m² Größe ergeben. An Bauwerks- oder Bauteilanschlüssen ist durch Dehnfugen die Einspannung der Beläge zu verhindern. Sind aus konstruktiven Gründen Baufugen vorhanden (s. z. B. Bild **10**.78), müssen sich die Feldunterteilungen mit diesen Fugen decken (Bild **10**.92).

Großformatige Natur- oder Betonwerksteinplatten, die für größere Flächen in Frage kommen, können in einem Mörtelbett eingebaut

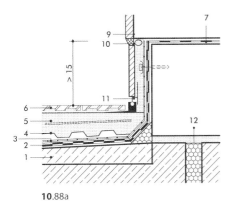

10.88a

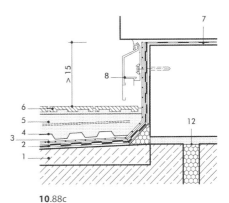

10.88c

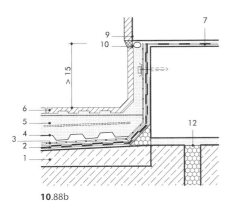

10.88b

10.88d

10.88 Wandanschluss von Balkonplatten

a) Wandanschluss mit Spezial-Eckprofil für Sockelplatten
b) Wandanschluss, abgedeckt mit keramischer Winkelplatte
c) Wandanschluss, abgedeckt mit Leichtmetall-profil
d) Abdichtungsanschluss hinter Wandbekleidung

1 Gefälleestrich auf Stahlbetonplatte
2 Abdichtung DIN 18 195
3 Gleitfolie

4 Dränschicht, z.B. Schlüter Troba-Matte (s. Abschn. 10.7.4)
5 Druckverteilungsplatte mit Bewehrung
6 keramische Platten in Dünnbett
7 Abdichtung gegen aufsteigende Baufeuchtigkeit
8 LM-Wandanschlussprofil
9 Putzabschlussprofil
10 dauerelastische Dichtung
11 Eckprofil (Schlüter)
12 thermische Trennung

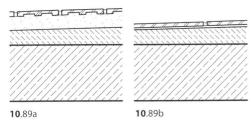

10.89a   10.89b

10.89 Verlegung von Bodenplatten auf Flächen ohne Abdichtung

a) Spaltplatten in Mörtelbett
b) Bodenplatten in Klebemörtel (Dünnbett)

werden. Die lose Verlegung in einer 5 bis 6 cm dicken Kiesschüttung (Körnung 6 bis 9 mm) ist jedoch günstiger (Bild 10.93). Diese Ausführung ist insbesondere für Verlegung in Verbindung mit Wärmedämmungen nach dem Prinzip des „Umkehrdaches" (s. Kapitel 2 in Teil 2 diese Werkes) sehr vorteilhaft (Bild 10.94).

Die lose Verlegung von Natur- und Betonwerksteinplatten in einer entsprechend dicken Kiesschüttung ist der Verlegung von Bodenplatten in Mörtelbett auch deshalb vorzuziehen, weil hierbei Frostschäden so gut wie ausgeschlossen werden können.

10

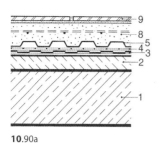
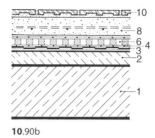
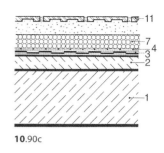

10.90a   10.90b   10.90c

10.90 Verlegung von Bodenplatten auf Flächen mit Abdichtung
a) Bodenfliesen in Dünnbett
b) Spaltplatten in Dünnbett
c) Spaltplatten in Mörtel (Dickbett)
1 Stahlbetonplatte
2 Gefälleestrich
3 Abdichtung DIN 18 195

4 Gleitfolie
5 Kunststoff-Dränplatte (SCHLÜTER-Troba)
6 Schaumstoff-Dränplatte (Aquadrain)
7 Dränschicht aus Einkornbeton
8 Druckverteilung B 25 mit Bewehrung
9 keramische Platten in Dünnbett
10 Spaltplatten in Dünnbett
11 Spaltplatten in Dickbett

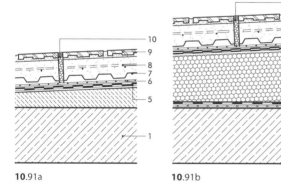

10.91a   10.91b

10.91
Dehnfugen
a) Balkonplatte mit Abdichtung
b) Dehnfuge (Plattenbelag auf Abdichtung mit Wärmedämmung)
1 Stahlbetonplatte (a) mit Gefälleestrich)
2 Lochbahn als Dampfdruckausgleichsschicht
3 Dampfsperre
4 Wärmedämmung, Gefälledämmung
5 Abdichtung DIN 18 195
6 Gleitfolie
7 Dränplatte
8 Druckverteilung mit Bewehrung
9 Spaltplatten in Dünnbett
10 Dehnfuge mit dauerelastischer Abdichtung

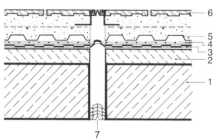

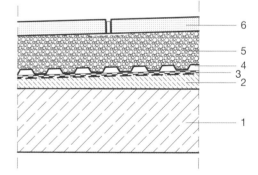

10.92 Balkonplatte mit durchgehender Dehnungsfuge
1 Stahlbetonplatte
2 Gefälleestrich
3 Abdichtung DIN 18 195 mit Dehnungsschlaufe
4 Gleitfolie
5 Dränplatte
6 keramische Platten in bewehrtem Mörtel oder
in Dünnbett auf bewehrter Druckverteilungsplatte
7 Kunststoff-Steckprofil

10.93 Bodenbelag aus lose verlegten großformatigen
Platten in Kiesbett auf Abdichtung, DIN 18 195
1 Stahlbetonplatte
2 Gefälleestrich
3 Abdichtung DIN 18 195
4 Dränplatte auf Trennlage
5 Splitt
6 großformatige Werkstein-Platten mit Fugen-
kreuzen

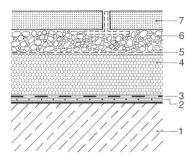

10.94 Bodenbelag aus lose verlegten großformatigen Werksteinplatten auf Wärmedämmung („Umkehrdachprinzip")

1 Stahlbetonplatte
2 Trennlage
3 Abdichtung DIN 18 195, lose verlegte Kunststoffdichtungsbahn
4 Wärmedämmung (extr. PS-Hartschaum)
5 Filtervlies
6 Splitt
7 großformatige Werksteinplatten mit Abstandhaltern

Für größere Flächen kann auch die Verlegung von Werksteinplatten ab etwa 50 x 50 cm Größe auf höhenjustierbaren „Stelzlagern" in Frage kommen (Bild **10**.95).

Die verbleibenden Hohlräume dienen der Wasserableitung. Sie verschmutzen aber rasch und bieten einen idealen Unterschlupf für allerlei Kleinlebewesen. Das Reinigen der Hohlräume muss durch Abnehmen einzelner Platten möglich sein.

Bei wärmegedämmten Unterkonstruktionen muss durch lastverteilende Unterlagen sichergestellt werden, dass die Abdichtungen nicht allmählich „durchgestanzt" werden (Bild **10**.96). Um eine solche „Durchstanzung" zu vermeiden, werden häufig sogen. „Schleppstreifen" unter den Stelzlagern lose verlegt. Besser ist auch hier die Ausführung nach dem Prinzip des „Umkehrdaches" (Bild **10**.97) mit einer druck- und wasserfesten Dämmung nach DIN EN 13164.

Immer häufiger kommen als Bodenbeläge für Balkone und Terrassen auch Holzdielen zur Ausführung. Die Holzdielen werden mit 2–3 mm breiten Fugen auf Unterkonstruktionshölzern (Balken aus feuchtigkeitsunempfindlichen Hölzern, z. B. Bangkirai) verlegt. Es sollte darauf geachtet werden, dass nur solche Hölzer zur Anwendung kommen, die speziell für die Verwendung im Bauwesen angebaut werden und nicht aus tropischen Regenwäldern stammen. Geeignet ist auch chemisch unbehandeltes Lärchenholz. Bei ausreichender Belüftung verwittern die

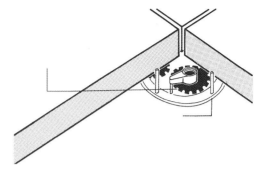

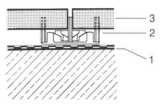

10.95 Bodenbelag aus großformatigen Platten aus Stelzlagern

1 Abdichtung DIN 18 195
2 Stelzlager (ALWITRA) mit Abstandhaltern für Plattenfugen und höhenverstellbaren Auflagern

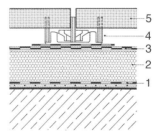

10.96 Stelzlager, Ausführung auf bituminöser Abdichtung mit Wärmedämmung

1 Dampfdruckausgleichsschicht und Dampfsperre
2 Wärmedämmung
3 Abdichtung DIN 18 195
4 Stelzlager (Alwitra) mit Schleppstreifen unterlegt
5 großformatige Werksteinplatten

10

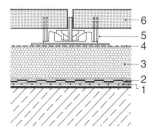

10.97 Stelzlager, Ausführung nach dem „Umkehrdach"-
Prinzip
1 Trennlage
2 Abdichtung DIN 18 195, z. B. lose verlegte
Kunststoffdichtungsbahn
3 Wärmedämmung (extr. Polystyrolschaum
[XPS])
4 Filtervlies
5 Stelzlager (Alwitra)
6 großformatige Werksteinplatten

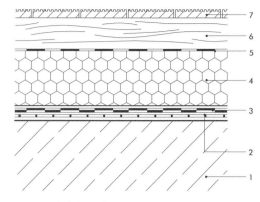

10.98 Holzdielen auf Unterkonstruktion
1 Stahlbetondecke
2 Trennlage
3 Abdichtung DIN 18 195, z. B. lose verlegte
Kunststoffdichtungsbahn
4 Wärmedämmung (extr. Polystyrolschaum
[XPS])
5 Dachpappe-Streifen unter den Unterkonstruktionshölzern
6 Unterkonstruktionshölzer, z. B. 6 cm x 8 cm
(Bangkirai o. a.)
7 Holzdielen (z. B. Lärche unbehandelt)

Oberflächen, erhalten schliesslich eine silbergraue Farbe und sind fast unbegrenzt lange haltbar. In die Oberflächen können Riefen eingearbeitet werden, um die Rutschgefahr bei Nässe zu
minimieren (Bild **10**.98).

10.7.5 Entwässerung

Nur kleinere Balkonflächen und nur, wenn sie
nicht in mehreren Geschossen übereinander liegen, können ohne Anschluss an eine Entwässe-
rungsleitung lediglich mit Abtropfkanten ausgeführt werden. Die seitlichen Ränder erhalten
dann einen Abschluss mit Aluminium- oder Mes-
singprofilen, seltener aus Winkelformsteinen, die
an der Stirnseite als Tropfkanten wirken (Bild
10.99a bis c). Winkelprofile, die bei in Mörtel verlegten Bodenbelägen den Randabschluss bilden,
müssen gelocht sein, um einen rückseitigen
Feuchtigkeitsstau zu verhindern. Bei massiven
Brüstungen ist eine Ausführung wie in Bild
10.99a möglich. Das Wasser wird in einem U-Profil oder einer Schlitzrinne gesammelt und seitlich
über einen Speier entwässert oder über Dränplatten oberhalb der Abdichtung in eine Entwäs-
serungsleitung geführt und abgeleitet. Zusätzlich ist eine Notentwässerung nach den Flachdachrichtlinien auszubilden [5].

In jedem Fall sollten Massivplattenränder an der
Unterseite umlaufende Abtropfrillen aufweisen,
die mit Holz- oder Kunststoffprofilen ausgeführt
werden. Sie werden in die Ortbetonschalung eingelegt, oder durch einbetonierte Randprofile aus
rostfreiem Stahl gebildet (Bild **10**.99b). Auf ausreichende Betonüberdeckung ist auch hierbei zu

achten, damit die Kanten nicht abplatzen und die
Bewehrung rostet.

Im übrigen müssen Balkon- und Loggienflächen
über gesonderte Fallrohre entwässert werden
(DIN 1986-100). Zur Vermeidung von Überflu-
tung dürfen sie nicht an die Regenfallleitungen
der Dachentwässerung angeschlossen werden.
Bei geschlossenen Brüstungen müssen dabei zusätzliche Notüberläufe von mind. 40 mm lichter
Weite vorgesehen werden.

Möglich ist eine Entwässerung von Balkon- oder
Loggienflächen über vorgehängte Rinnen (Bild
10.100, s. Abschn. 1.6 in Teil 2 dieses Werkes).
Durch eingeklebte Einlaufbleche muss sichergestellt werden, dass auch Sickerwasser, das oberhalb der Abdichtung anfällt, in die Rinnen abgeleitet wird. Bei Kunststoffabdichtungen verwendet man beschichtete Bleche, auf die die Abdichtung aufgeschweißt wird.

Wegen des erforderlichen sorgfältigen Verbundes der verschiedenen Bauteile und -materialien,
wegen ihres unterschiedlichen bauphysikalischen Verhaltens, wegen des meistens formal
wenig zufriedenstellend zu lösenden Anschlusses an die Fallrohre und auch im Hinblick auf den
Anschluss der Geländer (s. Abschn. 10.7.6) stellen
vorgehängte Rinnen an Balkonen und Loggien

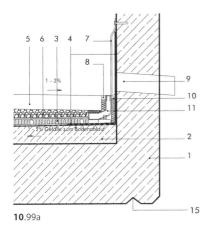

10.99a

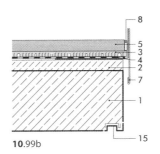

10.99b

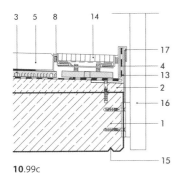

10.99c

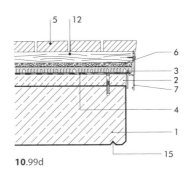

10.99d

10.99 Ausführung von Balkonrändern

a) Balkonrand mit Stahlbetonbrüstung
b) Balkonrand mit Schwallprofil
c) Balkonrand mit Randentwässerung AcoDrain®-Rinne
d) Balkonrand mit Randprofil und Abtropfwinkel

1 Stahlbetonkragplatte
2 Gefälleestrich
3 Dränplatte AquaDrain®
4 Abdichtung nach DIN 18 195
5 Holz- oder keramischer Belag
6 Feinsplitt, im Randbereich mit Bindemittel verfestigt

7 Abdeckprofil
8 elastische Abdichtung
9 Wasserspeier
10 Dämmstreifen
11 Schlitzrinne AquaDrain® zur Linienentwässerung
12 Traglattung (evtl. Gefälleausgleich)
13 Stützwinkel
14 AcoDrain®-Rinne auf Stelzlager, höhenverstellbar
15 Tropfnase
16 Geländerpfosten
17 Abdeckprofil

eine anfällige und – richtig ausgeführt – auch aufwendige Lösung für die Entwässerung dar.

Balkon- und Loggienflächen sollten daher am besten mit speziellen Ablaufgarnituren entwässert werden, die als *Innenentwässerung* in die Bodenflächen einzubauen sind.

Durch Verwendung von Aufstockelementen ist dabei die Entwässerung auch in der Abdichtungsebene sicherzustellen. Abläufe sind nach DIN 18531-1 in mind. 30 cm Entfernung von Rändern oder Wandanschlüssen vorzusehen, um eine einwandfreie Ausführung der Abdichtungsarbeiten zu ermöglichen. Insbesondere, wenn die tragenden Bauteile parallel zur Fassade gespannt sind (vgl. Bild **10**.80 und **10**.81), lässt sich der Anschluss zwischen den Bewehrungsstählen verdeckt zu seitlich angeordneten Fallrohren führen (Bild **10**.101).

Von Nachteil ist, dass bei Einzelentwässerungen die Oberflächen wegen des nötigen Gefälles trichterförmig ausgebildet werden müssen, so dass Beläge aus mittel- und großformatigen Plat-

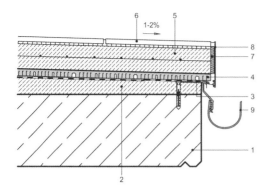

10.100 Balkonentwässerung mit vorgehängter Rinne
        (Gutjahr)
        1 Stahlbetonplatte
        2 Gefälleestrich
        3 Abdichtung DIN 18 195
        4 Dränplatte, kapillarbrechend
        5 Druckverteilung oder Verlegemörtel
           mit Bewehrung
        6 Spaltplatten
        7 AquaDrain® Randdämmstreifen mit SK-Fuß
           (selbstklebend)
        8 Basisprofil mit Aufsteckblende Profin®
        9 Balkonrinne

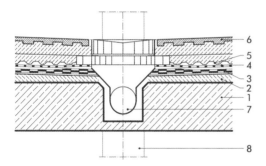

10.101 Innenentwässerung von Balkon- und Loggien-
        flächen
        1 Stahlbeton
        2 Gefälleestrich
        3 Abdichtung
        4 Gleitfolien
        5 Dränschicht
        6 Plattenbelag in Mörtelbett
        7 seitlicher Ablauf
        8 Fallrohr in Wandschlitz

ten schwierig bzw. nur mit unschönen Kehlen auszuführen sind.

Einfacher können die Oberflächen gestaltet werden, wenn durchgehende Ablaufrinnen eingebaut werden (Bild **10**.102).

Bei einem Abdichtungsaufbau mit Wärmedämmung (z.B. bei Loggien) müssen kombinierte

Entwässerungsabläufe mit Ablauftrichtern in der Ebene der Dampfsperre und in der Ebene der Abdichtung eingebaut werden (Bild **10**.103).

10.7.6 Geländer

Sicherheitsanforderungen an Geländer und Umwehrungen sind in den Landesbauordnungen festgelegt. Die Geländerhöhe muss mindestens 0,90 m, bei möglichen Absturzhöhen über 12 m mindestens 1,10 m und bei Hochhäusern (> 22 m über Gelände) mindestens 1,20 m betragen. Geländer müssen so ausgeführt sein, dass Kindern das Hochklettern nicht erleichtert wird, d. h. vorspringende horizontale Konstruktionsteile auf der Rückseite sowie horizontale Gitter, Verbretterungen o. Ä. mit Zwischenräumen > 2 cm sind nicht erlaubt. Wenn die Geländer vor den Plattenrändern angebracht sind, sollen keine Öffnungen bestehen, bei denen die Gefahr des Hindurchtretens gegeben ist, d. h. hier dürfen Abstände von höchstens 4 cm vorhanden sein.

Die Abstände zwischen senkrechten Gitterstäben oder zwischen Brüstungsfertigteilen dürfen nicht weiter als 12 cm sein. Dies gilt nicht für Wohngebäude mit nicht mehr als zwei Wohnungen. Bei Balkonen, die nur der Fassadenwartung oder als Fluchtweg dienen, können die Geländer in einfacher Form ausgeführt werden und müssen im Allgemeinen nur den Anforderungen an Schutzgerüste genügen (s. Kapitel 10 in Teil 2 dieses Werkes).

Umwehrungen für Balkone und Loggien können aus Mauerwerk oder Stahlbeton bestehen. Dabei müssen diese nicht auf die volle erforderliche Höhe geführt werden, sondern können durch Stahlkonstruktionen ergänzt werden (Bild **10**.104a und b). Die Montage auf der Mauerabdeckung führt in den meisten Fällen zu Schäden, weil langfristig Wasser eindringt und somit Frostschäden entstehen. Insbesondere bei längeren gemauerten Brüstungen besteht die Gefahr von Rissbildungen infolge der unvermeidlichen Durchbiegung der Balkonränder. Stahlbetonbrüstungsplatten können als Tragelement mitwirken und die Dimensionierung der Platten günstig beeinflussen (Bild **10**.104b und c).

Massive Brüstungen sollten in Teilbereichen mit Gitterkonstruktionen kombiniert werden, um eine bessere Durchlüftung zu ermöglichen, weil völlig umschlossene Balkon- oder Loggienflächen sonst durch oft anhaltende Feuchtigkeit zum Vermoosen neigen. Außerdem wird damit auch ein Notüberlauf für den Fall verstopfter Abläufe geschaffen.

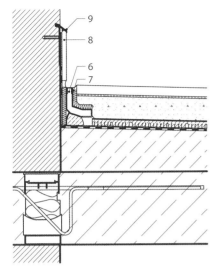

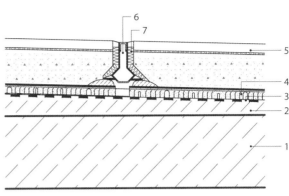

10.102 Balkonentwässerung linear (Gutjahr)
1 Stahlbetonplatte
2 Gefälleestrich
3 Abdichtung DIN 18 195
4 Dränplatte auf Gleitfolie

5 Spaltplatten lastverteilende Schicht
6 Linienentwässerung Schutzrinne AquaDrain®
7 Randdämmstreifen mit elast. Fuge
8 Sockelblech/-platte
9 Sockelprofil

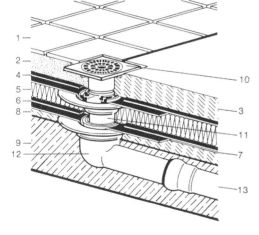

10.103
Balkonentwässerung (LORO) mit Fliesenbelag im Mörtelbett (linker Bildteil) oder mit Fertigestrich (rechter Bildteil)
1 Fliesenbelag
2 Mörtellbett
3 Fertigestrich
4 Dichtungsbahn
5 Wärmedämmung
6 Dichtungsbahn + Dampfsperre
7 Dampfdruckausgleichsschicht auf Haftgrund
8 Ausgleichestrich mit Gefälle
9 Stahlbetonplatte
10 Sieb und Siebaufnahme, mit Höhenverstellung sowie Entwässerungsring (für Sickerwasserabführung)
11 Etageneinsatz mit Klemmanschlussfolie (werkseitig vormontiert) und Dichteelement (für Verbindung mit Einzelablauf)
12 Einzelablauf mit Klemmanschlussfolie (werkseitig vormontiert) und Klemmring
13 Stahlabflussrohr mit Wärmedämmung

10

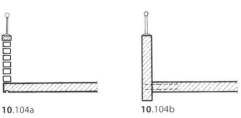

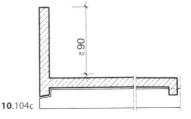

10.104a   10.104b   10.104c

10.104 Massive Umwehrungen (Brüstungen)
a) gemauerte Brüstung, Abdeckung mit Rollschicht
b) Brüstung aus Stahlbetonfertigteilen
c) vorgefertigtes Balkonelement auf seitlichen Kragarmen

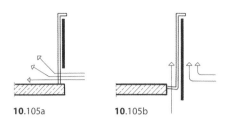

10.105a   **10.105b**

10.105   Windführung an geschlossenen Balkongeländern
a) ungünstig (Zugerscheinungen!)
b) günstig

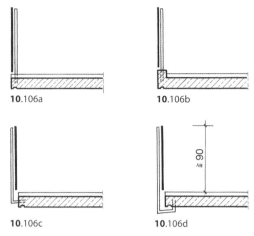

10.106a   **10.106b**

10.106c   **10.106d**

10.106   Einbau von Geländerstäben
a) in Bodenfläche
b) in Aufkantung
c) an Stirnseite
d) an Unterseite

Bei der *Gestaltung* der Füllelemente von Geländern muss dafür gesorgt werden, dass Zugerscheinungen vorgebeugt wird. Im Allgemeinen ist es dabei günstiger, Geländerfüllungen vor die Plattenränder zu setzen (Bild **10.**105b).

Meistens werden Geländer mit Stahl- oder Leichtmetallkonstruktionen ausgeführt, die mit Füll- oder Verblendteilen aus Holz, Glas, Kunststoffen, Aluminium usw. ergänzt werden, welche selbsttragend oder in Rahmen auf der Tragkonstruktion angebracht werden. Die Konstruktion gitterartiger Geländer betrifft in erster Linie die Befestigung der Tragstäbe an den Plattenrändern.

In die Bodenflächen eingebaute Tragstäbe beeinträchtigen die Ausdehnungsmöglichkeit der verschiedenen Belagschichten. Die einwandfreie Verbindung mit der Abdichtung, mit Einlaufblechen und Bodenbelag erfordert sorgfältigste handwerkliche Arbeit (Bild **10.**106a). Bei aufgekanteten Plattenrändern (z. B. von Fertigteilen) ist eine derartige Ausführung unproblematischer (Bild **10.**106b).

Hinsichtlich der Abdichtungsprobleme werden Geländertragstäbe sinnvollerweise an der Plattenunterseite bzw. an der Stirnseite montiert. Es muss dabei jedoch wegen des langen Hebelarmes auf entsprechende Dimensionierung der Tragstäbe geachtet werden (Bild **10.**106c-d).

Der Anschluss von Geländerkonstruktionen an der Stirnseite der Plattenränder ist zu bevorzugen, falls dort nicht vorgehängte Rinnen zuviel Platz beanspruchen. Die Tragstäbe werden mit Laschen aufgedübelt (Bild **10.**107a) oder auf vorher einbetonierte Ankerplatten aufgeschweißt (Bild **10.**107b). Dabei sollen die Verbindungen immer mit Gefälle angeschlossen werden. Das nachträgliche Aufschweissen auf einbetonierte Ankerplatten sollte möglichst vermieden werden, weil dadurch die Feuerverzinkung (Korrosionsschutz) wieder beschädigt wird. Ein nachträgliches Kaltverzinken bedeutet in jedem Fall

eine Qualitätsminderung des Korrosionsschutzes. Deshalb sollten Geländerkonstruktionen möglichst geschraubt werden.

Eine Anschlussmöglichkeit für Stäbe auf der Balkonplatte zeigt Bild **10.**107c. Solche Anschlüsse auf der Balkonplatte sind immer problematisch, weil ein ordnungsgemäßer Anschluss an die Abdichtung nur sehr schwer zu gewährleisten ist.

Die Gestaltungsmöglichkeiten für Geländer sind so vielfach, dass in diesem Rahmen nur einige Beispiele für konstruktive Grundsätze genannt werden können.

Vor, hinter oder zwischen den Tragstäben aus Stahl- oder Aluminiumprofilen oder aus Holz können – ggf. auf horizontalen Unterkonstruktionen – senkrechte oder horizontale Füllstäbe oder -platten aus Holz oder Metall angebracht werden.

Ebenso können Rahmen mit Füllungen aus Gussglas, Kunststoffen, Drahtgittern usw. verwendet werden.

Für die verschiedenen Gestaltungs- bzw. Konstruktionsmöglichkeiten von Geländern sind im übrigen Hinweise in Abschn. 4 in Teil 2 des Werkes enthalten. Sie können sinngemäß auch für Balkongeländer gelten.

10.7.7 Sonderlösungen

Insbesondere kleinere Balkone können – auch vorgefertigt – so vor Fassaden montiert werden,

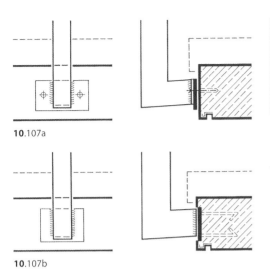

10.107a

10.107b

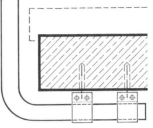

10.107c

10.107 Befestigung von Geländerstäben

a) Geländerstab seitlich auf Ankerplatte geschweißt, Ankerplatte an Stirnseite der Balkonplatte angedübelt
b) Ankerplatte an Stirnseite der Balkonplatte einbetoniert, Geländerstab später angeschweißt
c) Befestigung von unten mit angedübelten Verschraubungen (SKS), Halfenschiene oder Gewindehülsen

dass die in den voranstehenden Abschnitten behandelten Probleme insbesondere der Abdichtung und Entwässerung entfallen.

Für Gebäude mit nur einem Obergeschoss oder überall dort, wo bei übereinander liegenden kleinen Balkonen unvermeidliche gegenseitige Belästigungen in Kauf genommen werden, kommen dabei auch gitterartige Gehflächen aus Holz oder Stahl in Frage (Bild **10.**108 und **10.**109). Bei gitterartigen Gehflächen kann Schmutz und dgl. durch die Zwischenräume der Beläge auf den eventuell darunterliegenden Balkon rieseln. Unter gitterartigen Belägen sollte z. B. eine feuerverzinkte Blechwanne montiert werden, die den Schmutz auffängt.

Konstruktiv werden derartige Balkone an einbetonierten Kragarmen montiert oder auf Konsolen in Kombination mit Stützen aufgelagert.

Bei der in Bild **10.**108 gezeigten Holzkonstruktion sind Auflagerbohlen an der Fassade an einbetonierten Stahlkonsolen verschraubt. Außen lagern diese auf Pendelstützen auf, die für mehrere Geschosse durchlaufen können.

Ähnlich ist ein kleiner Balkon aus speziell angefertigten feuerverzinkten Stahl-Gitterrosten ausgeführt. Hier sind die tragenden Winkelrahmen in Konsolhaken an der Fassade eingehängt und gelenkig verschraubt (Bild **10.**109).

Für derartige Bauweisen sind auch vorgefertigte Balkone aus Aluminium auf dem Markt, die bei vielfachen Gestaltungsmöglichkeiten für Neubauten, besonders aber für Sanierungen geeignet sind. Als Beispiel können die in Bild **10.**110

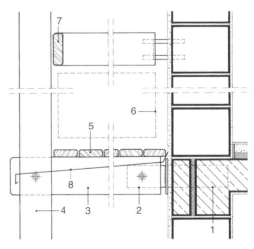

10.108 Holzbalkon, auf auskragendem Stahlprofil in Verbindung mit Stützen montiert (alternativ möglich auch stützenfrei mit Montage an stat. nachgewiesenen Kragkonsolen)

1 Ankerplatte, einbetoniert in Stahlbeton-Unterzug
2 Kragarme (angeschweißte Stahlprofile)
3 Tragbalken (Brettschichtholz), geschlitzt, an Konsole verschraubt
4 Doppelstütze (Brettschichtholz), mit Abstandhaltern an Tragbalken verschraubt
5 Gehbelag aus Hartholzbohlen
6 Geländerfüllung je nach gestalt. Absicht
7 Abschlussprofil
8 Blech (Vermeidung der Belästigung von Nachbarn)

10

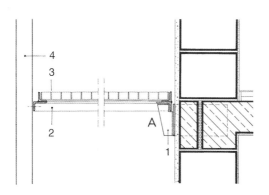
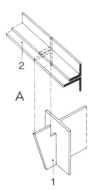

10.109 Vorgehängter Balkon in Stahlkonstruktion (Geländer nicht eingezeichnet)
  1 Ankersteg mit Ankerplatte, Traghaken, angeschweißt
  2 Tragrahmen
  3 Gitterrost in Auflagerrahmen
  4 Stütze, gleichzeitig als Geländerpfosten (Geländer nicht eingezeichnet)

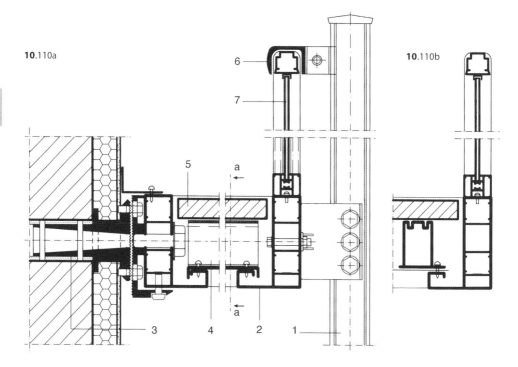

10.110 Vorgefertigtes Balkonsystem aus Aluminium (Schüco®)
  a) Schnitt mit Fassadenanschluss
  b) Querschnitt

  1 Stütze
  2 tragendes Randprofil
  3 Wandverankerung
  4 tragendes Bodenprofil mit Bodenblech
  5 Betonwerksteinplatte
  6 Handlauf
  7 Glas- oder Trespa-Füllung

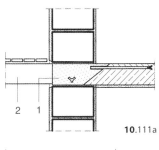

10.111a

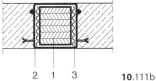

2 1 3   **10**.111b

10.111   Einstecksystem für Träger von Holzbalkonen
(S. Piske, Vilshofen)

a) Längsschnitt
b) Detail (Querschnitt)

1 Kragträger, oben und unten genau passend
gehobelt
2 Stahlschuh 180/180, verzinkt, mit seitlicher
und rückwärtigen Betonankern
3 Hohlraum mit Montageschaum gefüllt

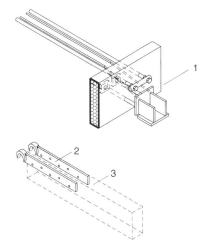

10.112   Montagesystem für Holzbalkone (Schoeck)

1 Verankerungselement mit Wärmedämmung
2 Einhänge-Tragkonstruktion
3 Balkonträger

10

dargestellten Schnitte für das System der Firma Schüco dienen.

In einigen Regionen werden für bis ca. 1,50 m ausladende Balkone Holzkonstruktionen mit auskragenden Trägern bevorzugt. Die meistens mehrlagigen verdübelten Kragträger werden an obenliegenden verzinkten Flacheisen verschraubt, die in dahinterliegende Stahlbetondecken einbetoniert sind. Auch können die Kragträger in einbetonierte Balkenschuhe eingeschoben werden (Bild **10**.111).

Die Kragträger werden an den Oberseiten zur Wasserableitung dachförmig abgeschrägt und durch eine Blechabdeckung geschützt. Die Balkonflächen werden von aufgeschraubten gehobelten Bohlen gebildet. Diese Konstruktion ist problematisch, denn für das in den Stahlschuh nicht belüftete, eingeschobene Holz droht Fäulnis. Es ist sinnvoller, die tragenden Teile solcher Konstruktionen komplett in feuerverzinktem Stahl auszuführen.

Wärmebrücken an den Verankerungsstellen werden durch das in Bild **10**.112 gezeigte Montagesystem für Holzbalkone vermieden. Bei ihm wird ein Verankerungsteil mit druckfester Wärmedämmung in die Massivdecke einbetoniert. Die Kragträger werden mit speziellen Anschlussteilen eingehängt.

10.8 Normen

Norm	Ausgabedatum	Titel
DIN 488-1 bis 4	08.2009	Betonstahl
DIN 1045-2	08.2008	–; Beton-Festlegung, Eigenschaften, Herstellung und Konformität – Anwendungsregeln zu DIN EN 206-1
DIN 1045-3	03.2012	–; Bauausführung – Anwendungsregeln zu DIN EN 13670
DIN 1045-3 Ber.	07.2013	–; Berichtigung zu DIN 1045-3, 03.2012
DIN 1045-4	02.2012	–; Ergänzende Regeln für die Herstellung und die Konformität von Fertigteilen
DIN 1045-100	12.2011	Bemessung und Konstruktion von Stahlbeton- und Spannbetontragwerken – Teil 100: Ziegeldecken
DIN 1052-10	05.2012	Herstellung und Ausführung von Holzbauwerken – Teil 10: Ergänzende Bestimmungen
DIN 1053-4	04.2013	–; Fertigbauteile
DIN 1986-100	05.2008	Entwässerungsanlagen für Gebäude und Grundstücke – Teil 100: Bestimmungen in Verbindung mit DIN EN 752 und DIN EN 12056
DIN 4028	01.1982	Stahlbetondielen aus Leichtbeton mit haufwerksporigem Gefüge; Anforderungen, Prüfung, Bemessung, Ausführung, Einbau
DIN 4072	05.2010	Gespundete Bretter aus Nadelhölzern
DIN 4074-1	06.2012	Sortierung von Nadelholz nach der Tragfähigkeit; Nadelschnittholz
DIN 4102-4	03.1994	Brandverhalten von Baustoffen und Bauteilen: Zusammenstellung und Anwendung klassifizierter Baustoffe, Bauteile und Sonderbauteile
DIN 4102-4/A1	11.2004	– Änderung A1
DIN 4108-2	02.2013	Wärmeschutz und Energie-Einsparung in Gebäuden – Teil 2: Mindestanforderungen an den Wärmeschutz
DIN 4109/A1[2)	01.2001	Schallschutz im Hochbau; Anforderungen und Nachweise, Änderung A1
DIN 4158	05.1978	Zwischenbauteile aus Beton für Stahl- und Spannbetondecken
DIN 4159	08.2013	Ziegel für Decken und Wandtafeln, statisch mitwirkend
DIN 4160	04.2000	Ziegel für Decken; statisch nicht mitwirkend Berichtigung 06.2000
DIN 4213	07.2003	Anwendung von vorgefertigten bewehrten Bauteilen aus haufwerksporigem Leichtbeton in Bauwerken
DIN 18195		Bauwerksabdichtungen
DIN 18 334	09.2012	VOB Vergabe- und Vertragsordnung für Bauleistungen – Teil C: Allgemeine Technische Vertragsbedingungen für Bauleistungen (ATV – Zimmer- und Holzbauarbeiten)
DIN 18560		Estriche im Bauwesen
DIN 68 365	12.2008	Bauholz für Zimmerarbeiten; Gütebedingungen
DIN 68 800-1	10.2011	Holzschutz im Hochbau; Allgemeines
DIN 68 800-2	02.2012	–; Vorbeugende bauliche Maßnahmen
DIN 68 800-3	02.2012	–; Vorbeugender chemischer Holzschutz
DIN 68 800-4	02.2012	–; Bekämpfungsmaßnahmen gegen Pilz- und Insektenbefall

Norm	Ausgabedatum	Titel
DIN EN 206	07.2014	Beton – Teil 1: Festlegung, Eigenschaften, Herstellung und Konformität, Deutsche Fassung EN 206
DIN EN 335	06.2013	Dauerhaftigkeit von Holz und Holzprodukten – Gebrauchsklassen: Anwendung bei Vollholz und Holzprodukten; Deutsche Fassung EN 335 2013
DIN EN 350-1	10.1994	Dauerhaftigkeit von Holz und Holzprodukten – Natürliche Dauerhaftigkeit von Vollholz – Teil 1: Grundsätze für die Prüfung und Klassifikation der natürlichen Dauerhaftigkeit von Holz; Deutsche Fassung EN 350-1
DIN EN 350-2	10.1994	– Teil 2: Leitfaden für die natürliche Dauerhaftigkeit und Tränkbarkeit von ausgewählten Holzarten von besonderer Bedeutung in Europa; Deutsche Fassung EN 350-2
DIN EN 460	10.1994	Dauerhaftigkeit von Holz und Holzprodukten – Natürliche Dauerhaftigkeit von Vollholz – Leitfaden für die Anforderungen an die Dauerhaftigkeit von Holz für die Anwendung in den Gefährdungsklassen; Deutsche Fassung EN 460: 1994
DIN EN 635-1	01.1995	Sperrholz – Klassifizierung nach dem Aussehen der Oberfläche – Teil 1: Allgemeines; Deutsche Fassung EN 635-1
DIN EN 1051-1	04.2003	Glas im Bauwesen – Glassteine und Betongläser – Teil 1: Begriffe und Beschreibungen; Deutsche Fassung EN 1051-1:2003
DIN EN 1313	05.2010	Rund- und Schnittholz – Zulässige Abweichungen und Vorzugsmaße – Teil 1: Nadelschnittholz; Deutsche Fassung EN 1313-1:2010
DIN EN 1520	06.2011	Vorgefertigte Bauteile aus haufwerksporigem Leichtbeton und mit statisch anrechenbarer oder nicht anrechenbarer Bewehrung; Deutsche Fassung EN 1520: 2011
DIN EN 1991-1-1	12.2010	Einwirkungen auf Tragwerke – Teil 1-1: Allgemeine Einwirkungen auf Tragwerke – Wichten, Eigengewicht und Nutzlasten im Hochbau; Deutsche Fassung EN 1991-1-1: 2002-AC: 2009
DIN EN 1992-1-1	01.2011	Bemessung und Konstruktion von Stahlbeton- und Spannbetontragwerken – Teil 1-1: Allgemeine Bemessungsregeln und Regeln für den Hochbau; Deutsche Fassung EN 1992-1-1: 2004+AC: 2010
DIN EN 1995-1-1	12.2010	Eurocode 5: Bemessung und Konstruktion von Holzbauten – Teil 1-1: Allgemeines – Allgemeine Regeln und Regeln für den Hochbau; Deutsche Fassung EN 1995-1-1:2004 + AC:2006 + A1:2008
DIN EN 1996-1-1	12.2010	Bemessung und Konstruktion von Mauerwerksbauten – Teil 1-1: Allgemeine Regeln für bewehrtes und unbewehrtes Mauerwerk; Deutsche Fassung EN 1996-1-1: 2005+A1:2012
DIN EN 13164	03.2013	Wärmedämmstoffe für Gebäude – Werkmäßig hergestellte Produkte aus extrudiertem Polystyrolschaum (XPS) – Spezifikation; Deutsche Fassung EN 13164: 2012
DIN EN 14080	09.2013	Holzbauwerke – Brettschichtholz und Balkenschichtholz – Anforderungen; Deutsche Fassung EN 14080: 2013
DIN EN 15497	07.2014	Keilgezinktes Vollholz für tragende Zwecke – Leistungsanforderungen und Mindestanforderungen an die Herstellung; Deutsche Fassung EN 15497:2014

10

10.9 Literatur

[1]   *Herzog, Th., Natterer, J., Volz, M., Schweitzer, R., Winter, W.*: Holzbauatlas. München 2003

[2]   *Natterer, J., Herzog, Th., Volz, M.*: Holzbauatlas Zwei. München 2001

[3]   *Pracht, K.*: Balkone, Terrassen und Freiräume. Stuttgart 1990

[4]   *Präkelt, W., Öttl-Präkelt, H.*: Balkone und Terrassen. Köln 2001

[5]   *Zentralverband des Deutschen Dachdeckerhandwerks:* Deutsches Dachdeckerhandwerk – Regeln für Abdichtungen, Köln 2012

[6]   *Schild, E., Oswald, R., Rogier, D.*: Schwachstellen Bd. 1: Flachdächer, Dachterrassen, Balkone. Wiesbaden 2002

[7]   *Schild, E., Oswald, R., Rogier, D.*: Schwachstellen Bd. IV: Innenwände, Decken, Fußböden. Wiesbaden 1994

[8]   *Hofmann, K.:* Technische Richtlinien des Instituts des Glaserhandwerkes für Verglasungstechnik und Fensterbau, Hadamar, Schrift 18: Umwehrungen mit Glas. Schorndorf 1994

[9]   *Informationsdienst Holz;* Holzbauhandbuch Reihe 1 Teil 1 Folge 4, 12/00, www.informationsdienstholz.de

[10] *Fingerloos, Jedamzik, Kranzler;* Beton- und Stahlbetonbau 108, Heft 3, S. 152-168, Ernst & Sohn Verlag, Berlin 2013

[11] *Deutscher Ausschuss für Stahlbeton e.V.*, DAfStb-Heft 525 – Erläuterungen zu DIN 1045-1, Beuth 2010

[12] *Informationsdienst Holz;* Holzbau Handbuch Reihe 3 Teil 4 Folge 5: Ergänzungen zu DIN EN 1995-1-2 und DIN EN 1995-1-2/NA (Fassung 2013) www.informationsdienstholz.de

10

11 Fußbodenkonstruktionen und Bodenbeläge

11.1 Allgemeines

Die Beschaffenheit des Fußbodens hat auf das Wohlbefinden des Menschen einen großen Einfluss (Wohnbehaglichkeit, Hygiene) und spielt bei der Beurteilung des Nutzwertes und der Qualität eines Gebäudes eine wesentliche Rolle (Feuchte-, Schall-, Wärmeschutz).

Fußböden müssen in den zum dauernden Aufenthalt von Menschen vorgesehenen Räumen ausreichend verschleißfest, sicher und angenehm begehbar, möglichst fußwarm und trittschalldämmend ausgebildet sowie einfach zu reinigen und zu pflegen sein. Außerdem sollen Bodenbeläge gut aussehen, lichtecht, maßhaltig und relativ preisgünstig sein.

Bei allen öffentlichen Gebäuden, Büro-, Industrie-, Freizeit- und Sportanlagen sowie bei Bauten für Behinderte und Betagte werden darüber hinaus noch weitergehende, jeweils ganz spezifische Anforderungen gestellt.

Die Auswahl eines Bodenbelages und die damit auf das Engste verbundene Festlegung des gesamten Fußbodenaufbaues müssen mit großer Umsicht vorgenommen und bei der Planung eines Gebäudes rechtzeitig berücksichtigt werden.

Da es weder einen Bodenbelag noch einen Fußbodenaufbau gibt, der jeweils allen Anforderungen gleichermaßen gerecht wird, müssen die in Frage kommenden Beläge und Fußbodenkonstruktionen unter Beachtung

- baukonstruktiver,
- bauphysikalischer,
- wirtschaftlicher,
- ökologischer,
- raumgestalterischer

Gesichtspunkte miteinander verglichen und je nach Zweckbestimmung der einzelnen Raumzonen eingestuft werden. Dabei sind immer auch Art und Intensität der zu erwartenden Beanspruchung sowie die dauerhaft wiederkehrenden Pflege- und Reinigungskosten richtig zu bewerten.

11.2 Einteilung und Benennung: Überblick

Es gibt kein Bauteil, an das so verschiedenartige Anforderungen gestellt werden wie an den Fußboden. Kaum ein anderes Bauteil setzt sich daher auch aus so vielen übereinandergelagerten, jeweils ganz bestimmte Funktionen übernehmenden Schichten zusammen. Viele Eigenschaften eines Fußbodens lassen sich deshalb nur unter Einbeziehung des gesamten Fußbodenaufbaues – gegebenenfalls einschließlich tragender Deckenkonstruktion und Unterdecke – beurteilen. Im Einzelnen sind zu nennen (Bild **11**.1):

1. Tragschicht (Rohdecke)
Bodenplatte gegen Grund (an das Erdreich grenzend)
- nichttragender Betonboden
- tragende Fundamentplatte mit Bewehrung u. a.

Geschossdecke (freitragende Deckenkonstruktion)
- Massivdecke
- Holzbalkendecke u. a.

2. Deckenauflage (Unterbodenkonstruktion)
Der gesamte Fußbodenaufbau oberhalb der Tragdecke wird als Deckenauflage bezeichnet. Entsprechend der jeweiligen Forderungen, die an eine Fußbodenkonstruktion unter Umständen gestellt werden, können folgende Einzelschichten (Hauptgruppen) erforderlich werden:

- **Glätte- und Ausgleichschichten.** Unzulässige Höhendifferenzen sowie fertigungsbedingte Unebenheiten von Rohdecken und Estrichen müssen vor dem Aufbringen weiterer Fußbodenschichten ausgeglichen werden. Die zu beachtenden Ebenheitsabweichungen sind in DIN 18202 festgelegt. Raue Oberflächen werden bei Bedarf mit selbstverlaufender Feinspachtelmasse (0 bis 5 mm) geglättet, kleine Unebenheiten mit Ausgleichsmasse (0 bis 10 mm) egalisiert. Zum Nivellieren von deutlichen Höhenunterschieden werden Füllmassen (bis 35 mm) eingesetzt. Große Höhendifferenzen bzw. Gefällelagen von Massivdecken werden in der Regel mit Leichtbeton, bei Holzbalkendecken mit einer Trockenschüttung ausgeglichen.
- **Gefälleschicht.** Bei größerem Brauch- und Nutzwasseranfall in Nassräumen sind Gefälleschichten vorzusehen (Gefälle üblicherweise 1,5 bis 2,0 %), die eine rasche Ableitung des Oberflächenwassers zum Bodeneinlauf ermöglichen. Derartige Gefälleschichten werden in der Regel unterhalb der Dämmschichten im Verbund mit der Rohdecke eingebracht (z. B. als Verbundestrich, meist zugleich als Ausgleichschicht).

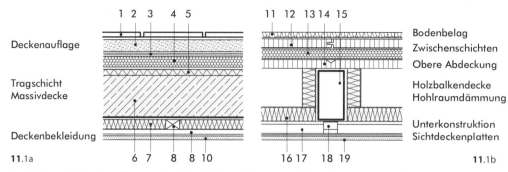

11.1 Schematische Darstellung von Geschossdecken mit Benennung der wichtigsten Einzelschichten

a) **Massivdecke**
  1 Nutzschicht (keramischer Bodenbelag)
  2 schwimmender Estrich (lastverteilende Schicht)
  3 Abdeckung (Bitumen- oder Folienbahn)
  4 Schall- und Wärmedämmschichten
  5 Glätteschicht (Spachtelmasse)
  6 Tragschicht (Massivdecke)
  7 schalldämmende Mineralwolleeinlage
  8 Grundlattung
  9 Traglattung
  10 Decklage (Sichtdeckenplatten)

b) **Holzbalkendecke**
  11 Nutzschicht (textiler Fußbodenbelag)
  12 Fertigteilestrich (lastverteilende Schicht)
  13 Schall- und Wärmedämmschichten
  14 obere Abdeckung (z. B. Spanplatten)
  15 Tragschicht (Holzbalkendecke)
  16 Hohlraumdämmung (Mineralwolleeinlage)
  17 Grundlattung mit Dämmstreifen
  18 Federbügel aus Metall
  19 Decklage (Sichtdeckenplatten)

- **Abdichtung gegen Feuchtigkeit.** Abdichtungen nach DIN 18 195 schützen Baustoffe und Bauteile vor dem Eindringen von Feuchtigkeit. Diese kann in tropfbar-flüssiger Form oder als Wasserdampf anfallen (z. B. Dampfdiffusionsvorgang oder Kondensation). Die Lage der Dichtungsschichten innerhalb eines Fußbodenaufbaues hängt u. a. davon ab, ob Wasser bzw. Feuchtigkeit von oben, von unten, von der Seite oder gleichzeitig aus mehreren Richtungen zu erwarten ist. Besonders sorgfältig zu schützen sind beispielsweise die Dämmschichten, aber auch feuchtigkeitsempfindliche Estriche und Fertigteilestriche aus Holzspanplatten oder Gipskartonplatten.

- **Bauliche Wärmeschutzmaßnahmen** sind notwendig, um in beheizten Gebäuden ein für die Menschen behagliches Raumklima zu schaffen. Gleichzeitig soll dadurch die Baukonstruktion vor Schäden durch Feuchteeinwirkung geschützt (bauphysikalischer Aspekt) und der Verbrauch an Heizenergie in tragbaren Grenzen gehalten werden (energietechnische-ökologische Aspekte). Wärmedämmschichten sind nach DIN 4108 und der jeweils gültigen Energieeinsparverordnung (EnEV) zu bemessen.

- **Bauliche Schallschutzmaßnahmen** dienen dem Ziel, Menschen in Aufenthaltsräumen vor unzumutbaren Belästigungen durch Schallübertragung (Luftschall-, Trittschall-, Flanken-übertragung) zu schützen. Schalldämmschichten sind nach DIN 4109 zu bemessen. Ihre Anordnung sowie konstruktive Ausbildung innerhalb eines Fußbodenaufbaues richten sich nach den jeweiligen Anforderungen, die an eine Decken- bzw. Fußbodenkonstruktion insgesamt gestellt werden. Ausführungsbeispiele von Bauteilen und deren Schalldämmwerte beinhaltet Beiblatt 1 zu DIN 4109.

- **Abdeckung.** Dämmschichten und Randstreifen müssen vor dem Aufbringen des Estrichs mit geeigneten Bi-

tumenbahnen oder Polyethylenfolien abgedeckt werden, um das Eindringen von Wasser bzw. Zementleim aus dem Mörtel in die darunter liegende Dämmschicht während des Estricheinbaues zu verhindern. Diese Abdeckung ist jedoch nicht als Abdichtungsmaßnahme im Sinne der DIN 18 195 zu verstehen. Bei Fließestrichen und Gussasphaltestrichen sind besondere Maßnahmen zu treffen.

- **Trennschicht.** Trennschichten werden überall dort verlegt, wo unmittelbar übereinanderliegende Schichten keine innige, kraftschlüssige Verbindung eingehen dürfen (z. B. bei Estrich auf Trennschicht, Gleitschicht über Abdichtung). Verwendet werden vor allem Bitumenbahnen oder Polyethylenfolien, in der Regel jeweils zweilagig verlegt. Auch diese haftverhindernde Trennlage ist keine Abdichtung im Sinne der DIN 18 195.

- **Lastverteilende Schicht.** Um druckempfindliche Schichten – wie beispielsweise Trittschall- und Wärmedämmplatten oder Abdichtungen – gegenüber größeren Lasteinwirkungen von oben zu schützen, muss darüber eine lastverteilende Schicht in Form eines Estrichs oder Fertigteilestrichs (Unterboden aus vorgefertigten Plattenelementen) aufgebracht werden. Diese schwimmende Konstruktion ist auf ihrer Unterlage beweglich und weist keine unmittelbare Verbindung mit den angrenzenden Bauteilen auf.

3. Nutzschicht (Bodenbelag)

Bei keinem Bauteil wird die obere Schicht derart stark und vielseitig beansprucht wie beim Fußboden. Demzufolge kann der Bodenbelag auch aus ganz verschiedenartigen Materialien hergestellt werden. Eine verbindliche Einteilung der Fußbodenbeläge gibt es nicht. Im Wesentlichen unterscheidet man (Hauptgruppen):

- Naturwerkstein-Fußbodenbeläge
- Keramische Fußbodenbeläge
- Bodenbeläge aus zement- oder bitumengebundenen Bestandteilen
- Holzfußbodenbeläge
- Elastische Fußbodenbeläge
- Bodenbeläge aus kunstharzgebundenen Bestandteilen
- Textile Fußbodenbeläge

4. Deckenbekleidung und Unterdecke

Deckenbekleidungen und Unterdecken bilden den oberen sichtbaren Abschluss eines Raumes. Sie bestehen aus einer Unterkonstruktion und einer flächenbildenden Decklage (Sichtdeckenplatten). Bei Deckenbekleidungen ist die Unterkonstruktion unmittelbar am tragenden Bauteil verankert, bei Unterdecken wird die Unterkonstruktion abgehängt. Ihre konstruktive Ausbildung richtet sich nach den jeweiligen Anforderungen, die an eine Deckenkonstruktion (Geschossdecke) insgesamt gestellt werden, und zwar vor allem in Bezug auf Schallschutz und Brandschutz. Dies gilt auch für die Unterdecke als Funktions- und Installationsträger von Beleuchtung, Klima- und Heizungstechnik sowie hinsichtlich der Anschlussmöglichkeit von nichttragenden (umsetzbaren) Trennwänden.

Klärung von Fachbegriffen

Bis vor einigen Jahren wurde bei Maßnahmen des Wärme-, Feuchte- und Schallschutzes ganz allgemein von „Isolieren" gesprochen. Das hat zu Verständigungsproblemen geführt. In der Folge haben sich jedoch folgende Benennungen mit den jeweils davon abzuleitenden Wortverbindungen verfestigt:

- **abgedichtet** – werden Bauwerke, Bauteile und Baustoffe gegen Wasser- und Feuchteeinwirkungen,
- **gebremst** oder **gesperrt** – wird die Wasserdampfdiffusion durch Bauteile und Baustoffe,
- **gedämmt** – werden Bauteile und Bauelemente gegen Wärme- und Schalldurchgang,
- **reflektiert, gedämpft** oder **absorbiert** (geschluckt) – wird der Schall in einem Raum,
- **geschützt** – werden Bauwerke, Bauteile, Bauelemente und Baustoffe vor Brandeinwirkung,
- **isoliert** – wird der elektrische Stromfluss.

11.3 Fußbodenkonstruktionen

11.3.1 Tragschicht und Ebenheitstoleranzen

Tragschicht. Die Tragschicht dient zur Aufnahme und Ableitung statischer und dynamischer Kräfte. Bei der Festlegung einer Deckenkonstruktion sind neben dem Zweck und der zu erwartenden Beanspruchung vor allem wirtschaftliche und herstellungstechnisch bedingte Aspekte zu beachten. Im Hinblick auf die darauf aufliegende Fußbodenkonstruktion sollten Durchbiegungen und Schwingungen der Tragdecke möglichst ge-

ring sein. Einzelheiten hierzu s. Abschn. 10, Geschossdecken.

Ebenheitstoleranzen. Unzulässige Höhendifferenzen sowie fertigungsbedingte Unebenheiten von Rohbetondecken und Estrichen müssen vor dem Aufbringen weiterer Fußbodenschichten oder vor dem unmittelbaren Verlegen eines Belages ausgeglichen werden. Die zu beachtenden zulässigen Ebenheitsabweichungen für die entsprechenden Flächen sind in DIN 18 202, Tab. 3, festgelegt. Abweichungen von den vorgeschriebenen Maßen sind nur im Rahmen der von dieser Norm bestimmten Grenzen zulässig.

Wie Tabelle **11**.2 zeigt, wird zwischen nichtflächenfertigen und flächenfertigen Verlegeuntergründen unterschieden. Werden an die Ebenheit von Flächen erhöhte Anforderungen gestellt – so wie dies in den Zeilen 2, 4 und 7 der Fall ist –, dann müssen diese stets gesondert vereinbart werden. Sie gelten als nicht vereinbart, wenn im Leistungsbeschrieb nur ganz allgemein „Toleranzen nach DIN 18 202" gefordert sind. Die Ebenheitsabweichungen können durch Einzelmessungen oder durch ein Rasternivellement überprüft werden, sofern dies technisch erforderlich ist.

11.3.2 Feuchteschutz von Fußbodenkonstruktionen

Allgemeines

Fußböden von Aufenthaltsräumen müssen gegen Einwirkungen von Feuchte und Wasser geschützt werden. Dies gilt vor allem für Fußbodenkonstruktionen in nicht unterkellerten Räumen (erdreichberührte Bodenplatte) und in Nassräumen aller Art.

Abdichtungen sind notwendig, um gegebenenfalls feuchtigkeitsempfindliche Umfassungsbauteile, Unterbodenschichten oder Bodenbeläge vor Feuchteeinwirkung zu schützen.

Die Lage der Dichtungsschicht(en) innerhalb einer Bodenkonstruktion hängt immer davon ab, ob Feuchte bzw. Wasser zu erwarten sind:

von oben z. B. in Form von

- Brauch- und Reinigungswasser, Spritz- und Planschwasser in Nassräumen oder Wohnungsbädern

von unten z. B. in Form von

- Bodenfeuchte durch kapillare Wasseraufnahme,
- nichtdrückendem oder drückendem Wasser aus dem Erdreich,

11

Tabelle **11**.2   Ebenheitstoleranzen für Flächen von Decken, Estrichen, Bodenbelägen und Wänden nach DIN 18 202

Spalte	1	2	3	4	5	6
Zeile	Bezug	Stichmaße als Grenzwerte in mm bei Messpunktabständen in m bis				
		0,1	1	4	10	15
1	Nichtflächenfertige Oberseiten von Decken, Unterbeton und Unterböden	10	15	20	25	30
2	Nichtflächenfertige Oberseiten von Decken oder Bodenplatten zur Aufnahme von Bodenaufbauten, z. B. Estriche im Verbund oder auf Trennlage, schwimmende Estriche, Industrieböden, Fliesen- und Plattenbeläge im Mörtelbett	5	8	12	15	20
2b	Flächenfertige Oberseiten von Decken oder Bodenplatten für untergeordnete Zwecke, z. B. in Lagerräumen, Kellern, monolithische Betonböden	5	8	12	15	20
3	Flächenfertige Böden, z. B. Estriche als Nutzestriche, Estriche zur Aufnahme von Bodenbelägen, Fliesenbeläge, gespachtelte und geklebte Beläge	2	4	10	12	15
4	Wie Zeile 3, jedoch mit erhöhten Anforderungen, z. B. mit selbstverlaufenden Spachtelmassen	1	3	9	12	15
5	Nichtflächenfertige Wände und Unterseiten von Rohdecken	5	10	15	25	30
6	Flächenfertige Wände und Unterseiten von Decken, z. B. geputzte Wände, Wandbekleidungen, untergehängte Decken	3	5	10	20	25
7	Wie Zeile 6, jedoch mit erhöhten Anforderungen	2	3	8	15	20

- herstellungsbedingter Bauteilfeuchte aus Betondecken oder frischem Estrich,
- Feuchtetransport durch Dampfdiffusion (meist von warm nach kalt),
- Tauwasserbildung innerhalb der Konstruktion oder an der Bauteiloberfläche bei mangelndem Wärmeschutz oder ungünstigen raumklimatischen Verhältnissen.

von der Seite z. B. in Form von

- seitlich eindringender Feuchtigkeit bei ungenügender Außenwandabdichtung bzw. fehlender Drainage.

aus mehreren Richtungen z. B. bei gleichzeitiger Wassereinwirkung von außen – aus dem Erdreich – und aus dem Gebäudeinneren.

Die Wasseraufnahme bzw. der Feuchtetransport erfolgt entweder in

- flüssiger Form (z. B. kapillar, bei saugfähigen Baustoffen) oder in Form von
- Wasserdampf (z. B. bei Wasserdampfdiffusion durch ein Bauteil oder durch Kondensation).

Einteilung und Benennung: Überblick[1]

Die Wahl der zweckmäßigsten Abdichtungsart ist insbesondere abhängig von der Angriffsart des Wassers und der Nutzung des Bauwerks bzw. Bauteils; sie ist außerdem abhängig von den zu erwartenden physikalischen – vor allem mechanischen und thermischen – Beanspruchungen.

Die Norm für Bauwerksabdichtungen DIN 18 195 unterscheidet folgende Beanspruchungsarten:

- **DIN 18 195-4**, Abdichtungen gegen Bodenfeuchte
- **DIN 18 195-5**, Abdichtungen gegen nichtdrückendes Wasser
- **DIN 18 195-6**, Abdichtungen gegen von außen drückendes Wasser
- **DIN 18 195-7**, Abdichtungen gegen von innen drückendes Wasser
- **DIN 18 195-8**, Abdichtungen über Bewegungsfugen
- **DIN 18 195-9**, Durchdringungen, Übergänge, An- und Abschlüsse

Einzelheiten über Bauwerksabdichtungen im Allgemeinen sind Abschn. 17.4 zu entnehmen.

---

[1] Der aktuelle Stand der Normung ist Abschn. 11.5 zu entnehmen.

11.3.2.1 Fußbodenkonstruktionen auf erdreichberührter Bodenplatte

Bodenplatten können in Form von tragenden Fundamentplatten oder nichttragenden Betonböden ausgebildet sein. Während die Fundamentplatten zur Aufnahme von Lasten und ggf. gegen Druckwasserbeanspruchung zu bewehren sind, dienen Betonböden (nichtdruckwasserbeanspruchbar) nur als unterer Raumabschluss gegen das Erdreich; sie sind in einer Dicke von mind. 10 cm auszuführen.

1. Abdichtungen gegen Bodenfeuchte (DIN 18 195-4)

Begriff. Unter Bodenfeuchte versteht man Wasser in nichttropfbarer flüssiger Form, das im Erdreich kapillar gebunden vorhanden ist (Saugwasser, Haftwasser, Kapillarwasser). Aufgrund von Kapillarkräften kann das Wasser auch entgegen der Schwerkraft aufsteigen, so dass mit Bodenfeuchte **immer** zu rechnen ist.

Erdreichberührte Bodenplatten sind gemäß DIN 18 195-4 daher grundsätzlich gegen von **außen** angreifende Feuchtigkeit abzudichten. Die Norm lässt jedoch Ausnahmen bei untergeordneten Räumlichkeiten zu, die nicht zum ständigen Aufenthalt von Personen gedacht sind.

Ausführung (Bild **11**.3a). Werden **geringe** Anforderungen an die Trockenheit der Raumluft gestellt (z. B. unbeheizte Vorratskeller und Lagerräume), so kann die Abdichtung entfallen, wenn unter dem Betonboden eine kapillarbrechende, grobkörnige Schüttung in einer Dicke von mind. 15 cm angeordnet wird. Um die kapillarbrechende Wirkung der Schüttung nicht zu beeinträchtigen, ist diese vor dem Betonieren der Bodenplatte – bzw. Aufbringen einer Sauberkeitsschicht – durch eine Folie (Trennlage) abzudecken, um so ein Einlaufen des Betons zu verhindern.

Ausführung (Bild **11**.3b bis f). Werden **hohe** Anforderungen an die Trockenheit gestellt (z. B. Aufenthaltsräume), so ist auf die Betonplatte eine mind. einlagige Abdichtung – meist aus Bitumen- oder Kunststoff-Dichtungsbahnen – vollflächig aufzubringen.

Wie Bild **11**.4 zeigt, muss diese Flächenabdichtung in ihrer gesamten Länge an die untere, waagerechte Abdichtung der gemauerten Innen- und Außenwände so herangeführt und mit ihr verklebt werden, dass keine Feuchtigkeitsbrü-

cken – insbesondere im Bereich von Putzflächen – entstehen können (10 bis 15 cm breiter Klebestoß).

Einzelheiten über Bauwerksabdichtungen im Allgemeinen sind Abschn. 17.4 zu entnehmen.

2. Abdichtungen gegen nichtdrückendes Wasser (DIN 18 195-5)

Begriff. Unter nichtdrückendem Wasser wird gemäß der Abdichtungsnorm Wasser in tropfbarer flüssiger Form verstanden, das als Niederschlags-, Sicker- oder Brauchwasser keinen – oder vorübergehend nur einen geringen – hydrostatischen Druck ausübt.

DIN 18 195-5 gilt für die Abdichtung von

- Gebäudeaußenflächen, wie horizontale und geneigte Flächen im Freien und im Erdreich. Einzelheiten hierzu s. Abschn. 17.4.5.
- Gebäudeinnenflächen, wie Boden- und Wandflächen in Nassräumen. Einzelheiten hierzu s. Abschn. 11.3.2.2.

Je nach Intensität der auf die Abdichtung einwirkenden Beanspruchungen durch Verkehr, Temperatur und Wasser werden **mäßig** und **hoch** beanspruchte Abdichtungen unterschieden.

Die Beanspruchung ist als mäßig anzusehen, wenn

- die Verkehrslasten vorwiegend ruhig nach DIN 1055-3 sind und die Abdichtung nicht unter befahrenen Flächen liegt,
- die Wasserbeanspruchung gering und nicht ständig ist und ausreichend Gefälle vorhanden ist, um Wasserstau und Pfützenbildung zu verhindern.

Wird eine oder werden gleich mehrere dieser Annahmen überschritten, so gilt die Abdichtung in der Regel als hoch beansprucht. Dieser Unterschied drückt sich dann unter anderem in der Lagenzahl der Dichtungsbahnen aus. So sind nach der Norm beispielsweise mäßig beanspruchte Abdichtungen aus Bitumenbahnen mit Gewebeeinlage aus mind. einer Lage, hoch beanspruchte aus mind. zwei Lagen, Abdichtungen aus nackten Bitumenbahnen sogar aus drei Lagen herzustellen.

Ausführung (Bild **11**.3). Die Abdichtung von erdberührten Bodenplatten gegen von außen (unten) nichtdrückendes Wasser wird im Prinzip ähnlich ausgeführt, wie die Abdichtungen gegen Bodenfeuchte. Auch hier muss die Flächenab-

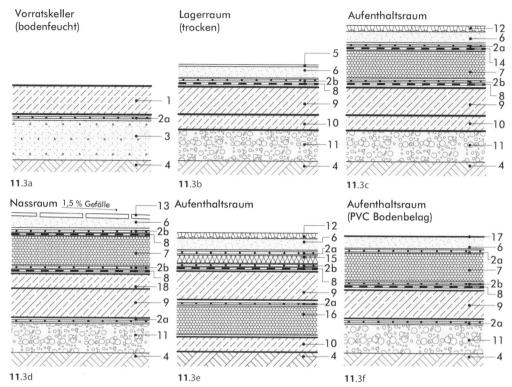

11.3a Vorratskeller (bodenfeucht)

11.3b Lagerraum (trocken)

11.3c Aufenthaltsraum

11.3d Nassraum 1,5 % Gefälle

11.3e Aufenthaltsraum

11.3f Aufenthaltsraum (PVC Bodenbelag)

11.3 Schematische Darstellung von Fußbodenkonstruktionen mit Abdichtungen gegen Bodenfeuchtigkeit und nicht-drückendes Wasser bei erdberührten Bodenplatten. Vgl. hierzu auch Abschn. 17.4.4.

a) Abdichtung gegen Feuchtigkeit von unten (Erdreich), durch eine kapillarbrechende, grobkörnige Schüttung. Nur bei untergeordneter Raumnutzung.

b) Abdichtung gegen Feuchtigkeit von unten (Erdreich), mit Estrich auf Gleitschicht/Dampfbremse. Deckenauflage ohne Anforderungen an Schall- und Wärmeschutz. Wegen der besonders im Sommer zu niedrigen Wand- und Bodentemperaturen (fehlende Dämmung) wird häufig raumseitig die Taupunkttemperatur unterschritten, und es kommt (besonders bei Lüftung mit warm-feuchter Außenluft) zu erheblichen Kondensationsniederschlägen am Boden und im unteren Wandbereich.

c) Abdichtung gegen Feuchtigkeit von unten (Erdreich), mit schwimmendem Estrich. Die eingezeichnete Dampfsperre mit bremsender Wirkung [14] kann bei ausreichender Wärmedämmung (mind. $1/\Lambda = 1{,}8$ m²*K/W) und Verwendung von dampfbremsenden Dämmmaterialien (z.B. Foamglas, extrudierter PS-Hartschaum, Rohdichte 30 kg/m³) entfallen.[1]

d) Abdichtung gegen Feuchtigkeit von unten (Erdreich) und gegen Feuchtigkeit von oben (Nassraum).

e) Wärmedämmung/Perimeterdämmung (z.B. extrudierte PS-Hartschaumplatten) unterhalb der Bodenplatte. Abdichtung und Trittschalldämmung oberhalb der Tragschicht.

f) Abdichtung gegen Feuchtigkeit von unten (Erdreich), mit schwimmendem Estrich und dampfdichtem Bodenbelag (PVC-Belag). In diesem Fall kann auf eine Dampfsperre innerhalb des Fußbodenaufbaues (vgl. hierzu c) verzichtet werden.[1]

1 Bodenplatte (bewehrt)
2a Abdeckung (z.B. PE-Folie, 0,1 mm, einlagig)
2b Gleitschicht/Dampfbremse
   (z.B. PE-Folie, 0,2 mm, zweilagig)
3 grobkörnige Schüttung, mind. 15 cm
4 Erdreich
5 Nutzschicht
6 Zementestrich
7 feuchtigkeitsunempfindliche Dämmschicht
8 Abdichtung aus Bitumen-Dichtungsbahnen
   (Kunststoff-Dichtungsbahnen)
9 Fundamentplatte (bewehrt)

10 Sauberkeitsschicht aus B ≥ 5, d ≥ 5 cm (nicht in jedem Fall erforderlich)
11 Grobkies oder Kies-/Sandbett
12 textiler Bodenbelag
13 keramischer Bodenbelag
14 Dampfsperrschicht mit bremsender Wirkung
   (z.B. PVC-Folie 1,0 mm)
15 Mineralwolleplatten (trittschalldämmend)
16 Perimeterdämmung (bauaufsichtlich zugelassene Dämmmaterialien, die so gut wie keine Feuchtigkeit aufnehmen (z.B. extrudierte PS-Hartschaumplatten, Schaumglas)
17 PVC-Bodenbelag (dampfdicht)
18 Gefälleestrich

[1] Fußnote [1] s. nächste Seite.

dichtung in ihrer gesamten Länge an die untere, waagerechte Abdichtung der Innen- und Außenwände herangeführt und mit ihr verklebt werden (Klebestoß s. Bild **11**.4). Für diese Abdichtungen werden in der Regel Dichtungsbahnen verwendet.

Die fertiggestellten Abdichtungen sind vor mechanischen Beschädigungen unmittelbar zu schützen (z. B. mittels Estrich auf Trenn- oder Schutzlagen gemäß DIN 18 195-2). Anschlüsse an Rohrdurchführungen sind mit Los-/Festflanschkonstruktionen wasserdicht auszubilden.

Einzelheiten über Bauwerksabdichtungen im Allgemeinen sind Abschn. 17.4 zu entnehmen.

Tauwasserbildung in Fußbodenkonstruktionen

Im Bauwesen spielt die Fähigkeit der Luft Wasserdampf aufnehmen bzw. Kondenswasser wieder ausscheiden zu können eine wichtige Rolle. Je wärmer die Luft ist, umso mehr Wasserdampf kann sie aufnehmen; kühle Luft vermag nur geringe Mengen aufzunehmen. Werden diese überschritten, fällt Wasser in flüssiger Form aus, es kommt zur Tauwasserbildung (Wasserdampfkondensation) in oder auf Bauteilen. Einzelheiten hierzu s. Abschn. 17.5.6.

Da das Wasser in der Raumluft als Dampf vorhanden ist, macht es an Bauteiloberflächen nicht halt, sondern dringt in die Bauteile ein und diffundiert durch sie hindurch. Es erfolgt eine Wasserdampfwanderung in porösen Bauteilen infolge unterschiedlicher Wasserdampfpartialdrücke.

Der Wasserdampf verhält sich dabei ähnlich wie die Wärme, er bewegt sich in der Regel in

- Richtung der niedrigeren Temperatur oder in
- Richtung der niedrigeren absoluten Luftfeuchte, im Winter also von innen nach außen.
- Im Sommer kann es auch – vorübergehend – zu umgekehrt verlaufenden Diffusionsvorgängen kommen.

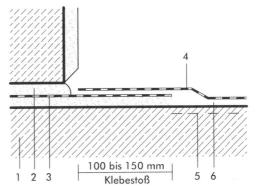

11.4 Konstruktionsbeispiel: Abdichtung einer erdberührten Bodenplatte gegen Feuchte/nichtdrückendes Wasser von außen mit einlagiger Bitumen-Dichtungsbahn und Klebestoß unter gemauerter Wand

1 erdberührte Bodenplatte
2 Auflageflächen aus Mauermörtel (DIN 1053-1)
3 Bitumen-Dachdichtungsbahn (DIN 52 130)
4 Bitumen-Schweißbahn (Flächenabdichtung)
5 Gleitschicht/Dampfbremse je nach Bedarf (z. B. PE-Folie 0,2 mm, zweilagig)
6 Voranstrich
7 Bitumenkleberschicht
8 Bitumendeckaufstrich

Jede Baustoffschicht setzt dieser Diffusion jedoch einen Widerstand entgegen, der von der jeweiligen Wasserdampf-Diffusionswiderstandszahl μ (mü) des Materials und von der Dicke der Schicht d in (m) = s_d-Wert abhängt. Je dichter das Gefüge eines Stoffes ist, umso größer ist der Widerstand gegen die Wasserdampfdiffusion. S. hierzu auch Abschn. 17.5.6.

In diesem Zusammenhang werden in der Baupraxis die Begriffe Dampfbremse und Dampfsperre verwendet.

- **Dampfbremsen** sind Materialien, welche die Wasserdampfdiffusion einschränken, sie aber nicht völlig verhindern.
Beispiel: PE-Folie 0,2 mm dick, $s_d = 20$ m = dampfbremsende Wirkung.

Fußnote zu Bild **11**.3

1) In jeder erdberührten Fußbodenkonstruktion findet immer auch eine Wasserdampfdiffusion – von unten nach oben oder von oben nach unten – statt (Temperaturunterschiede bis zu 15 °C). Bei Dampfdiffusion von **unten nach oben** kann es bei zu dampfdurchlässiger Abdichtung und nicht ausreichend bemessener Wärmedämmschicht zu Kondensat unterhalb eines dampfdichten PVC-Belages kommen. Folge: Blasenbildung, Verseifung des Klebers. Für den Fall der Dampfdiffusion von **oben nach unten** (z. B. bei erhöhter Luftfeuchtigkeit im Raum) ist bei einem dampfdichten Bodenbelag dieses Kondensatproblem gelöst. Bei dampfdurchlässigem Bodenbelag (z. B. Teppichboden) muss jedoch eine wirksame Dampfsperre oberhalb der Wärmedämmschicht angebracht sein, wenn diese nicht ausreichend bemessen oder zu dampfdurchlässig ist (z. B. bei Mineralfaserplatten). Weitere Einzelheiten sind dem Abschnitt „Tauwasserbildung in Fußbodenkonstruktionen" zu entnehmen.

- **Dampfsperren** sind Materialien, die in einem bestimmten Anwendungsfall die Wasserdampfdiffusion sicher unterbinden.

  Beispiel: Bitumen-Dampfsperrschweißbahn, $s_d \geq 1500$ m = dampfsperrende Wirkung.

Beide müssen im mitteleuropäischen Klimabereich zur Wahrung ihrer Funktion immer auf der Warmseite, d. h. auf der Raumseite des Bauteils angeordnet werden.

In erdreichberührten Fußbodenkonstruktionen (Bild **11**.3) ist immer mit Dampfdiffusion zu rechnen und zwar in der Regel von unten nach oben. Daher ist die Schicht mit der größten dampfsperrenden Wirkung direkt auf der Bodenplatte anzuordnen. Damit übernimmt die Abdichtung auf der Bodenplatte – vor allem bei nahezu dampfdichter Nutzschicht (z. B. PVC-Bahnen) und feuchtempfindlichen Belägen (z. B. versiegelte Holzfußböden) – nicht nur eine dichtende sondern gleichzeitig auch eine dampfsperrende Funktion. Die weitere Schichtenfolge innerhalb der Fußbodenkonstruktion ist dann zum Raum hin zunehmend diffusionsoffener auszubilden, d. h. der s_d-Wert der Abdichtung unter dem Estrich muss in der Regel höher sein als der s_d-Wert des Oberbelages.

Restfeuchte aus Rohbetondecken (Geschossdecken). Bild **11**.5. Die Austrocknungszeit von Rohdecken bis zum Erreichen der Ausgleichsfeuchte kann sich über Jahre hinziehen. So benötigt eine nur 15 cm dicke Stahlbetondecke rund zwei bis drei Jahre, eine 30 cm dicke Betondecke nahezu vier Jahre, bis die ungebundene Restfeuchte entwichen ist. (Faustregel: Dicke mal Dicke (in cm) mal 1,6 = nötige Austrocknungszeit in Tagen).

Bei Normalbedingungen entweicht die Feuchte in der Regel über die Fußbodenkonstruktion in den darüber liegenden Raum ohne Schaden anzurichten; dies ist insbesondere der Fall, wenn die Feuchte durch wasserdampfoffene Bodenbeläge (z. B. Textilbeläge ohne dichte Rückenbeschichtungen, Nadelvliesbeläge u. Ä.) ungehindert von unten nach oben wandern kann.

Sobald jedoch eine stark diffusionsbremsende Nutzschicht (z. B. elastische Bodenbeläge oder versiegelte Parkettböden) aufgebracht wird, staut sich der Feuchtestrom am Belag und die darunterliegende Schicht (Estrich, Kleber) wird angefeuchtet (Folge: Blasenbildung) oder der feuchtempfindliche Belag nimmt Schaden.

Eine fachgerecht eingebrachte **Dampfbremse** (z. B. PVC-Folie 0,5 mm dick oder zwei Lagen, jeweils 0,2 mm dick) zwischen Betondecke und schwimmendem Estrich bewirkt, dass die Restfeuchte an die darüber liegenden Fußbodenschichten dosiert abgegeben wird, ohne dass dies zu Schäden führt.

Befinden sich unter der Geschossdecke jedoch Heizrohre, Heizkeller, Sauna oder Schwimmbad und raumseitig stark diffusionsbremsende Nutzschichten, so muss auf die Betondecke eine wirksame **Dampfsperre** aufgebracht werden.

In Sonderfällen, bei denen Geschossdecken unterseitig an Kalträume angrenzen (z. B. Tiefgarage, offene Durchfahrten) ist immer eine Diffusionsberechnung durchzuführen. Vgl. hierzu auch Abschn. 17.5.6.

11.3.2.2 Fußbodenkonstruktionen in Nassräumen

Begriff: Nach DIN 18 195-1 ist ein Nassraum ein Innenraum, in dem nutzungsbedingt Wasser in solcher Menge anfällt, dass zu seiner Ableitung eine Fußbodenentwässerung erforderlich ist. Bäder im Wohnungsbau **ohne** Bodenablauf zählen **nicht** zu den Nassräumen im Sinne der Norm.

Damit ist klargestellt, dass beispielsweise Wohnungsbäder mit niveaugleichen Duschen selbstverständlich zu den Nassräumen zählen, während Wohnungsbäder mit Badewannen und normalen Duschwannen nur dann dazugehören, wenn zusätzlich ein Bodenablauf eingebaut wird, der gegebenenfalls auch als Auguss benutzt werden kann.

Einzelheiten hierzu s. Abschn. 11.3.2.3, Fußbodenkonstruktionen in Wohnungsbädern.

Abdichtungen in Nassräumen gemäß DIN 18 195-5

Wie bereits zuvor beschrieben, wird in dieser Norm zwischen mäßig und hoch beanspruchten Flächen unterschieden.

Zu den **mäßig** beanspruchten Innenflächen zählen zum Beispiel

- unmittelbar Spritzwasser belastete Fußboden- und Wandflächen in Nassräumen des Wohnungsbaus (Wohnbäder mit Bodenablauf).

Zu den **hoch** beanspruchten Innenflächen zählen unter anderem

- durch Brauch- und Reinigungswasser stark beanspruchte Fußboden- und Wandflächen

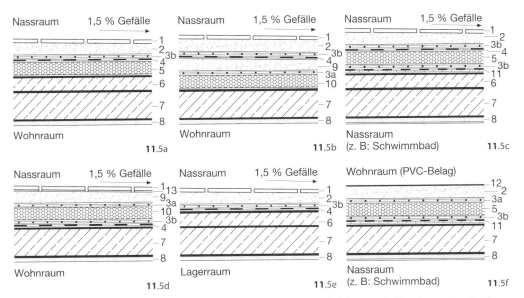

11.5 Schematische Darstellung von Fußbodenkonstruktionen mit Bahnenabdichtungen in Nassräumen über Geschossdecken. Weitere Beispiele s. Abschn. 17.4.5.

a) Abdichtung gegen Feuchtigkeit von oben, zwischen Dämmschicht und Zementestrich
b) Abdichtung gegen Feuchtigkeit von oben, zwischen Gefälleestrich und Zementestrich
c) Abdichtung gegen Feuchtigkeit von oben, mit Dampfsperre unterhalb der Dämmschicht gegen Dampfdiffusion von unten (Nassraum)
d) Abdichtung gegen Feuchtigkeit von oben, mit Dichtungsbahnen unterhalb einer feuchtigkeitsunempfindlichen Dämmschicht
e) Abdichtung gegen Feuchtigkeit von oben, unmittelbar auf dem Gefälleestrich. Deckenauflage ohne Anforderungen an den Schall- und Wärmeschutz
f) Dampfsperre unmittelbar auf der Geschossdecke gegen Dampfdiffusion von unten (Nassraum), bei oberseitigem Bodenbelag aus dampfdichtem Material (PVC-Bahnenbelag)

1 keramischer Bodenbelag	8 Deckenputz mit unterseitiger Beschichtung (dampf-bremsender Anstrich o. Ä.)
2 Zementestrich	9 Gefälleestrich mit Bewehrung (Mindestestrichdicke beachten)
3a Abdeckung (z. B. PE-Folie 0,1 mm, einlagig)	
3b Gleitschicht/Dampfbremse (z. B. PE-Folie 0,2 mm, zweilagig)	10 feuchtigkeitsunempfindliche Dämmschicht (tritt-schalldämmend)
4 Abdichtung aus Bitumen-Dichtungsbahnen (Kunststoff-Dichtungsbahnen)	11 Dampfsperrschicht (z. B. Bitumen-Dampfsperrschweiß-bahn)
5 feuchtigkeitsunempfindliche Dämmschicht	12 PVC-Bodenbelag (dampfdicht)
6 Gefälleestrich (Verbundestrich)	13 keramische Bodenfliesen in Klebstoff
7 Geschossdecke (Dünnbettverfahren)	

in Nassräumen, wie Umgänge in Schwimmbädern, öffentliche Duschen, gewerbliche Küchen und andere gewerbliche Nutzungen.

Hinweis: Dieser letztgenannte Lastfall ist nicht zu verwechseln mit Abdichtungen gegen von **innen** drückendes Wasser, wie sie nach DIN 18 195-7 beispielsweise zum Abdichten von Schwimmbecken erforderlich sind.

Ausführung. Die Abdichtung in Nassräumen ist nach DIN 18 195-5 im Regelfall mind. **15 cm** über die Oberfläche des Bodenbelages an allen aufgehenden Bauteilen hochzuführen und dort zu befestigen. Außerdem sind die Abdichtungen nach ihrer Fertigstellung möglichst unverzüglich durch Schutzschichten (z. B. Estrich) zu schützen.

Die Forderung der Norm, die Dichtungsbahn(en) in Nassräumen mind. 15 cm über OF-Bodenbelag hochführen zu müssen, führt in der Baupraxis oftmals zu erheblichen konstruktiven Schwierigkeiten, vor allem um die notwendige Stabilität für eine stoßbeanspruchbare Sockelzone zu erreichen.

Konstruktionsbeispiele. Die nachstehenden Bilder zeigen Konstruktionsbeispiele für mäßig beanspruchte Flächen, die jeweils ganz bestimmte Vor- und Nachteile aufweisen.

Bild 11.6a). Da Wandfliesen üblicherweise im Dünnbett auf die meist verputzten Wandflächen aufgebracht werden, andererseits die 15 cm hochgezogene Bahnenabdichtung in der Dicke stärker aufträgt als die Dünnbettkonstruktion, kann ein flächenbündiger, stoßbeanspruchbarer Sockel nur erreicht werden, wenn bereits im Rohbau ein Rücksprung im Wanduntergrund vorgesehen ist. Dies ist allerdings – vor allem bei dünnen Zwischenwänden – nur schwer realisierbar und insgesamt aufwendig. Weitere Einzelheiten sind der Fachliteratur [1] zu entnehmen.

Bild 11.6b). Damit an den senkrecht hochgezogenen Bitumen-Dichtungsbahnen der Verlegemörtel/Kleber bei keramischen Belägen im Sockelbereich besser haftet, wird der Deckaufstrich der heiß eingeklebten Bitumenbahnen mit scharfkörnigem Quarzsand bestreut und ein an der Wandfläche befestigtes Kunstfaser-Armierungsgewebe in das Mörtelbett eingelegt. Feldbegrenzungsfugen in der Bodenfläche müssen immer noch zusätzlich mit einem Dichtband gesichert werden.

Bild 11.6c). Wird vor eine unverputzte Wandfläche eine Art „Vorsatzschale" – beispielsweise aus feuchtigkeitsbeständigen, extrudierten PS-Platten mit beidseitiger Gewebe- und Mörtelbeschichtung – aufgeklebt und mit Tellerdübeln gegen Abrutschen noch zusätzlich gesichert, so ergibt dies abdichtungstechnisch eine sichere, jedoch auch relativ teure Konstruktion. Auch hier kann die Bodenfuge mit einem Dichtband sowie die Wand- und/oder Bodenflächen mit einer Verbundabdichtung noch zusätzlich abgedichtet werden.

Bodenabläufe

Nassräume müssen einen Bodenablauf aufweisen. Um ihn fachgerecht an die Abdichtungsebene anschließen zu können, muss der gesamte Bodenaufbau bekannt sein, denn danach sind die geeigneten Materialien auszuwählen und die jeweiligen Anschlusstechniken festzulegen. Dabei ist sicherzustellen, dass sich die vorgesehenen Materialien auch vertragen[1] und dauerhaft miteinander verbinden lassen.

---

[1] Auf die Verträglichkeit der verwendeten Stoffe ist immer zu achten. So dürfen beispielsweise für die Verlegung mit heiß zu verarbeitender Klebermasse nur bitumenverträgliche Kunststoff-Dichtungsbahnen eingesetzt werden.

Um Bodenabläufe an Dichtungsbahnen anschließen zu können, müssen diese mit einem geeigneten Anschlussflansch gemäß DIN EN 1253-1, Tabelle 2, versehen sein.

- **Pressdichtungsflansche** (Los-/Festflanschkonstruktionen) garantieren bei hohem Wasseranfall den sichersten Anschluss am Bodenablauf.

- **Klebeflansch** (bei Bitumen-Dichtungsbahnen) und

- **Anschweißflansch** (bei Kunststoff-Dichtungsbahnen) sind bei einlagigen Bahnenabdichtungen nach wie vor üblich.

- **Dünnbett-Bodenabläufe** werden bei Abdichtungen im Verbund mit keramischen Belägen eingesetzt. Weitere Einzelheiten hierzu s. Abschn. 11.3.2.3 mit den Bildern **11**.10 und **11**.11.

Abläufe werden entsprechend ihrer Belastbarkeit nach DIN EN 1253 klassifiziert und in vier Klassen eingeteilt: H1,5 – K3 – L15 – M125. Die Wahl der geeigneten Klasse liegt in der Verantwortung des Planers.

Die Anschlüsse am Bodeneinlauf sind derart auszubilden, dass sowohl die Ebene der Dichtungsbahnen als auch die Bodenbelagoberfläche (zwei Entwässerungsebenen) vollständig entwässert werden. Der notwendige Gefälleestrich kann ausgebildet werden (Bild **11**.6a bis c)

- in Form eines Verbundestriches unmittelbar auf der Rohdecke aufgebracht (Regelausführung),

- in kleinen Räumen als Gefälleestrich auf einer Trittschalldämmung (**außerhalb** der Norm, Mindestestrichdicke beachten),

- über einer vollflächigen Bodenabdichtung auf erdberührter Bodenplatte (bei gleichzeitiger Wassereinwirkung von außen und innen).

Bodengefälle. Als sinnvolle Bodengefälle gelten 1 % bei geringem, 2 % bei normalem, 3 % bei starkem Wasseranfall. Die Ebene der Dichtungsbahnen ist möglichst mit dem gleichen Gefälle wie die Belagoberfläche in Richtung Bodenablauf auszubilden.

Türanschlüsse. Abdichtungen in Nassräumen sind nach DIN 18 195-5 mind. 15 cm über OK-Bodenbelag an allen aufgehenden Bauteilen hochzuführen, wobei auch die Türschwellen – vor allem in hoch belasteten Nassbereichen – in die Abdichtungsmaßnahmen einzubeziehen sind. Diese Dichtungsaufkantung wird im Türbereich üblicherweise durch eine vorgesetzte Blockstufe aus Beton geschützt.

Wird aufgrund einer möglichen Nutzungsbeeinträchtigung (z. B. in gewerblichen Küchen) auf die 15 cm hohe Schwelle verzichtet und stattdessen ein niveaugleicher oder nur ge-

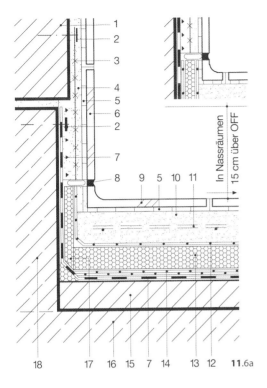

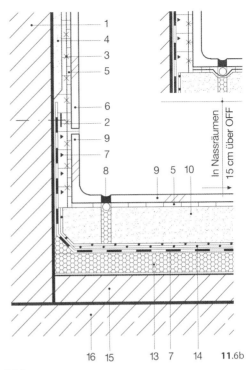

11.6a

11.6b

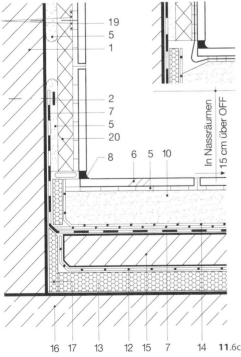

11.6c

11.6

Konstruktionsbeispiele: Bodenaufbau und Eckanschlüsse in Nassräumen über Geschossdecken

a) Nassraum mit Wandrücksprung und liegendem Kehl-sockel
b) Nassraum ohne Wandrücksprung mit stehendem Kehlsockel
c) Nassraum mit Vorsatzschale aus feuchteunempfind-lichen PS-Platten

1 Mauerwerk
2 Metallbandbefestigung (z. B. Alu-Lochband)
3 Armierungsgewebe
4 Putzlage/Mörtelbett
5 Dünnbettmörtel/Klebstoff
6 Wandfliese/Sockelfliese
7 Bitumen-Dichtungsbahnen mit Quarzsand-Einpres-sung, Gittergewebe o. Ä.
8 Bewegungsfuge (Fugenfüllprofil mit Dichtmasse)
9 Kehlsockel (liegend/stehend, Radius 60 mm)
10 Zementestrich
11 Bewehrung (verzinkte Betonstahlmatte)
12 Abdeckung (PE-Folie 0,1 mm, einlagig)
13 feuchtigkeitsunempfindliche Dämmschicht
14 Gleitschicht/Dampfbremse (PE-Folie 0,2 mm, zweilagig)
15 schwimmender Gefälleestrich (**außerhalb** der Norm) Mindestestrichdicke beachten
16 Geschossdecke
17 Randdämmstreifen (ca. 5 mm dick)
18 Aufbetonstreifen (Wandrücksprung)
19 Tellerdübel zur Plattenbefestigung
20 extrudierte PS-Platten mit beidseitiger Gewebe- und Mörtelbeschichtung

ringfügig höhenversetzter Übergang verlangt (max. 2 cm bei behindertengerechten Bauten), so ist im Nassbereich unmittelbar vor dem Türelement eine Überlaufrinne einzubauen sowie insgesamt ein stärkeres Oberflächengefälle (z. B. 2 bis 4 %) in Richtung Bodenablauf vorzusehen. Vgl. hierzu auch Bild **11**.9 und Bild **11**.13.

Dämmschichten in Nassräumen müssen aus feuchteunempfindlichen Materialien bestehen (z. B. extrudierte PS-Hartschaumplatten, Foamglas o. Ä.). Derartige Platten können unter Umständen auch oberhalb/unterhalb der Abdichtungsebene – und damit im Feuchtebereich der Bodenkonstruktion – angeordnet sein (Bild **11**.5a bis f). Aus trittschalltechnischen Gründen sind auch in Nassräumen Randdämmstreifen vorzusehen und bei keramischen Belägen die Boden-/Wandfuge möglichst dicht und dauerelastisch (elastoplastisch) auszufugen. Vgl. hierzu auch die Bilder **11**.6a bis c. Auf die weiterführende Fachliteratur [1], [2], [6] wird verwiesen.

11.3.2.3 Fußbodenkonstruktionen in Wohnungsbädern

Bei Wohnungsbädern ergeben sich mit Blick auf die zu wählenden Abdichtungstechniken drei Schutzsituationen gegen Wasser- bzw. Feuchtebeanspruchung:

- Wohnungsbad mit Bodenablauf, als mäßig beanspruchter Nassraum
- Wohnungsbad ohne Bodenablauf, mit feuchteempfindlichen Untergründen
- Wohnungsbad ohne Bodenablauf, mit feuchteunempfindlichen Untergründen

1. Wohnungsbad mit Bodenablauf (als mäßig beanspruchter Nassraum)

- **Abdichtungen mit Dichtungsbahnen gemäß DIN 18 195-5**

Mäßig beanspruchte, unmittelbar spritzwasserbelastete Fußbodenflächen in Nassräumen des Wohnungsbaus (mit Bodenablauf) werden in der Regel mit einer Lage Dichtungsbahn vollflächig abgedichtet. Wie Bild **11**.6a bis c verdeutlicht, ist diese Abdichtung mind. 15 cm über die Oberfläche der Nutzschicht an allen aufgehenden Bauteilen hochzuführen. Auf die sich dabei im Sockelbereich oftmals ergebenden konstruktiven Probleme wurde bereits in Abschn. 13.3.2.2 hingewiesen.

Verlegeuntergründe. Geeignete Untergründe im Bodenbereich von mäßig beanspruchten Nassräumen sind zum Beispiel Betonflächen, Zementestriche, extrudierte PS-Dämmplatten u. Ä.

Holzwerkstoffe (z. B. Spanplatten) und Calciumsulfatestriche (Anhydritestrich) sind als Verlegeuntergrund in Nassräumen mit Bodenabläufen ungeeignet.

2. Wohnungsbad ohne Bodenablauf (mit feuchteempfindlichen Untergründen)

- **Abdichtungen im Verbund mit keramischen Belägen außerhalb DIN 18 195**

Aufgrund einer „Öffnungsklausel" in der DIN 18 195-5 kann bei mäßig beanspruchten Flächen in Nassräumen des Wohnungsbaus (mit Bodenablauf) ein hinreichender Schutz gegen eindringende Feuchtigkeit auch durch Maßnahmen erreicht werden, die außerhalb der Norm liegen. Ihre Eignung ist jedoch nachzuweisen.

Des Weiteren ist nach dieser Norm bei häuslichen Bädern (ohne Bodenablauf) jedoch mit feuchtigkeitsempfindlichen Umfassungsbauteilen (z. B. Holzbau, Trockenbau, Stahlbau) der Schutz gegen Feuchtigkeit besonders zu beachten. Werden demnach feuchtigkeitsempfindliche Baustoffe, wie zum Beispiel Gipskartonplatten, Gipsputze u. Ä., im spritzwasserbelasteten Bereich eingesetzt, so sind diese grundsätzlich mit einer Abdichtung zu versehen. Gleiches gilt auch für Estriche auf Calciumsulfatbasis (Anhydritestrich).

Für beide in der Norm angesprochenen Schutzsituationen eignen sich alternative Abdichtungen im Verbund mit keramischen Belägen.

Abdichtungen im Verbund

Abdichtungen nach DIN 18 195 erfordern in der Regel relativ komplizierte Schichtenfolgen um sie normgerecht herzustellen und vor mechanischer Einwirkung zu schützen. Weiterhin zeichnen sich diese Abdichtungssysteme dadurch aus, dass das Wasser in die Fußbodenkonstruktion relativ tief eindringen kann, bis es auf die eigentlich wirksame Dichtungsebene unterhalb der Estrichschicht trifft.

Da wasserbelastete und feuchtigkeitsbeanspruchte Raumflächen in der Regel mit keramischen Fliesen und Platten versehen werden, liegt es nahe, Abdichtungen im direkten Verbund mit keramischen Belägen (Bodenbereich) oder Bekleidungen (Wandbereich) herzustellen. Da die ausgemörtelten Fugen jedoch in jedem Fall wasserdurchlässig sind (z. B. Haarrisse entlang der Fugenkanten) muss eine vollflächig dichtende Ebene unterhalb der Fliesenlage geschaffen, alle Eckanschlüsse und Bewegungsfugen mit darin eingebetteten Dichtbändern elastisch überbrückt sowie Bodenabläufe und sonstige Rohrdurchführungen mit Dichtmanschetten zusätzlich verstärkt und abgedichtet werden (Bild **11**.7).

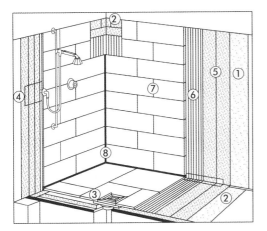

11.7 Schematische Darstellung: Aufbau des Dicht- und Klebesystems einer Verbundabdichtung mit keramischen Fliesen und Platten [7].

1 Grundierung (Voranstrich)
2 flexibles Fugendichtband zum Abdichten aller Anschluss- und Bewegungsfugen
3 Bodenablaufeindichtung im Verbund mit einer Manschette
4 Abdichten der Rohrdurchführung im Verbund mit einer Manschette
5 Flächenabdichtung (zweischichtig)
6 Dünnbettmörtel/Klebstoff zur Fliesenverlegung
7 wasserabweisende Verfugung
8 elastoplastische Dichtmasse zum Verschluss aller Anschluss- und Bewegungsfugen

Qualitätssicherungs-Maßnahmen. Die Verbundabdichtungen werden vor Ort durch Beschichten des zu schützenden Bauteils hergestellt. Da die Dicke der flexiblen Dichtungsschicht durch die Auftragsmenge bestimmt wird – und das Rissüberbrückungsvermögen linear mit der Materialstärke zunimmt – kann die Abdichtung im Verbund den jeweiligen Anforderungen stufenlos angepasst werden. Damit hängt die Güte der Abdichtung aber auch ganz wesentlich von der Sorgfalt bei der Verarbeitung vor Ort ab, so dass diese in jedem Fall durch entsprechende Qualitätssicherungs-Maßnahmen überwacht werden muss.

Außerdem ist die Eignung des gewählten Gesamtsystems – d. h. Abdichtung einschließlich Verlegemörtel und Keramikbelag – durch Nachweis eines Prüfzeugnisses auf der Basis des ZDB-Merkblattes des Fliesengewerbes „Hinweise für die Ausführung von flüssig zu verarbeitenden Verbundabdichtungen mit Bekleidungen und Belägen aus Fliesen und Platten für den Innen- und Außenbereich" [3] nachzuweisen.

Für diese Art der Abdichtung ist immer eine vertragliche Regelung erforderlich, da sie außerhalb der DIN 18 195 liegt.

Feuchtigkeitsbeanspruchungsklassen. Da unterschiedliche Belastungssituationen auftreten können, wird in dem vorgenannten ZDB-Merkblatt des Fliesengewerbes [3] eine Einteilung in verschiedene Feuchtigkeitsbeanspruchungsklassen in zwei Kategorien. „mäßige Beanspruchung" (bauaufsichtlich nicht geregelter Bereich) und „hohe Beanspruchung" (bauaufsichtlich geregelter Bereich) vorgenommen. Diese werden mit der Erfüllung bestimmter Prüfkriterien für die einzusetzenden Abdichtungsstoffe sowie der Eignung von Verlegeuntergründen für Abdichtungen an Boden und/oder Wand verknüpft.

Feuchtigkeitsbeanspruchungsklasse A0 (mäßig beansprucht)

Beanspruchung:	direkt und indirekt beanspruchte Flächen in Räumen, in denen nicht sehr häufig mit Brauch- und Reinigungswasser umgegangen wird
Einsatzbereiche:	Wohnungsbäder, Hotelbäder

Feuchtigkeitsbeanspruchungsklasse B0 (mäßig beansprucht)

Beanspruchung:	direkt und indirekt beanspruchte Flächen im Außenbereich mit nichtdrückender Wasserbelastung
Einsatzbereiche:	Balkone und Terrassen (nicht über genutzten Bereichen)

Feuchtigkeitsbeanspruchungsgruppe A (hoch beansprucht)

Beanspruchung:	direkt und indirekt beanspruchte Flächen in Räumen, in denen sehr häufig oder lang anhaltend mit Brauch- und Reinigungswasser umgegangen wird
Einsatzbereiche:	Umgänge von Schwimmbecken und Duschanlagen (öffentlich und privat)

Feuchtigkeitsbeanspruchungsgruppe B (hoch beansprucht)

Beanspruchung:	Durch Druckwasser beanspruchte Flächen und Behälter
Einsatzbereiche:	Öffentliche und private Schwimmbecken im Innen- und Außenbereich

Feuchtigkeitsbeanspruchungsgruppe C (hoch beansprucht)

Beanspruchung:	direkt und indirekt beanspruchte Flächen in Räumen, in denen sehr häufig oder lang anhaltend mit Brauch- und Reinigungswasser umgegangen wird, wobei es auch zu begrenzten chemischen Beanspruchungen der Abdichtungen kommt
Einsatzbereiche:	gewerbliche Küchen, Wäschereien

11

Anforderungen an Untergründe. Folgende Anforderungen müssen Untergründe erfüllen, auf denen eine Verbundabdichtung aufgebracht werden soll:

Die Oberfläche des Untergrundes muss ausreichend ebenflächig (Ebenheitstoleranzen s. Tabelle **11**.2), tragfähig, frei von durchgehenden Rissen und haftmindernden Stoffen sein sowie eine ausreichende Festigkeit aufweisen. Schwind- und Kriechvorgänge müssen weitgehend abgeschlossen sein.

Als Richtwert kann gelten, dass auf Untergründen aus Beton und Mauerwerk aus mit Bindemittel gebundenen Steinen nach DIN 1053 die Abdichtungen erst ca. sechs Monate nach Herstellung aufgebracht werden dürfen. Putze, Gipskarton- und Gipsfaserplatten müssen trocken und Zementestriche mind. 28 Tage alt sein.

Bei Estrichen im Innenbereich darf der Feuchtegehalt (mit CM-Gerät gemessen) nicht mehr betragen als

- 0,3 % bei calciumgebundenen Estrichen,
- 2,0 % bei Zementestrichen.

Abdichtungsstoffe. In der Baupraxis werden üblicherweise drei unterschiedliche Gruppen von Abdichtungsstoffen eingesetzt:

- **Kunststoffdispersionen** (verarbeitungsfertig). Je nach Rezeptur ist die jeweilige Kunststoffdispersion gefüllt oder ungefüllt. Sie kann auch in Kombination mit Bitumen vorliegen. Verwendung nur im Innenbereich; die Erhärtung erfolgt durch Trocknung.
- **Kunststoff-Zement-(Mörtel)-Kombinationen.** Typische Beispiele für diese Gruppe sind flexible mineralische Dichtungsschlämmen. Innen und außen einsetzbar; die Erhärtung erfolgt durch Hydratation.
- **Reaktionsharze.** Im Wesentlichen handelt es sich hierbei um flüssige bzw. pastöse gefüllte und ungefüllte Kunststoffe, z. B. Epoxidharze oder Polyurethanharze. Innen und außen verwendbar sowie für chemisch belastete Bereiche. Erhärtung durch chemische Reaktion.

Nach dem ZDB-Merkblatt des Fliesengewerbes [3] müssen die gemäß der einzelnen Feuchtigkeitsbeanspruchungsklassen einzusetzenden Abdichtungsstoffe zahlreichen Anforderungen genügen (z. B. Haftzugfestigkeit, Frost-, Temperatur- und Alterungsbeständigkeit, Wasserundurchlässigkeit, Rissüberbrückung, Chemikalienbeständigkeit usw.).

Die Prüfung der Abdichtungsstoffe erfolgt gemäß dem ZDB-Merkblatt [4], „Prüfung von Abdichtungsstoffen und Abdichtungssystemen". Die Eignung der Abdichtungsstoffe muss durch ein Prüfzeugnis nachgewiesen werden. Weitere Einzelheiten hierzu sind dem ZDB-Merkblatt [3] zu entnehmen.

Abdichtungssystem. Das Abdichtungssystem besteht in der Regel aus

- **Grundierung** (Voranstrich) zum Ausgleich von unterschiedlich saugenden Untergründen und zur Haftverbesserung,
- **Abdichtungsstoff** (flüssig oder pastös) zur Herstellung der beiden Abdichtungsschichten (nach Austrocknen der ersten Schicht wird die zweite Schicht aufgetragen),
- **Armiervlies** (Gewebeeinlage), nur erforderlich bei kritischen Untergründen, Rissgefährdung und erhöhter Wasserbeanspruchung,
- **Fugendichtband** zum Abdichten und zur elastischen Überbrückung von Eckfugen, Boden-/Wandanschlussfugen und Feldbegrenzungsfugen,
- **Dichtmanschette** für den wasserdichten Einbau von Bodenabläufen und sonstigen Rohrdurchführungen,
- **Dünnbettmörtel** oder Klebstoff zum Verkleben der Fliesen und Platten (nach Erhärtung der zweiten Abdichtungsschicht),
- **Fugendichtmasse** zum dauerelastischen (elastoplastischen) Verschluss aller Anschluss- und Feldbegrenzungsfugen.

Ausführung (Bild **11**.8). Zunächst muss der Untergrund von Verunreinigungen gesäubert und mit einer Grundierung (Voranstrich) versehen werden. Nach dem Trocknen der Grundierung werden alle Eckfugen, Boden-/Wandanschlussfugen und Feldbegrenzungsfugen mit elastischen, etwa 15 cm breiten Fugendichtbändern abgedichtet. Sind größere Bewegungen im Fugenbereich zu erwarten, so sind die Dichtbänder schlaufenförmig auszubilden.

Die Dichtbänder werden in eine vorher aufgetragene frische Abdichtungsschicht eingebettet und anschließend nochmals mit dem Abdichtungsstoff überstrichen. Die Abdichtung von Trennschienen im Türbereich (Bild **11**.9) erfolgt auf die gleiche Weise, ebenso wie der Einbau von Dichtmanschetten an Bodenabläufen und sonstigen Rohrdurchführungen.

Anschließend wird die erste Flächenabdichtung satt und porenfrei auf den Untergrund durch Rol-

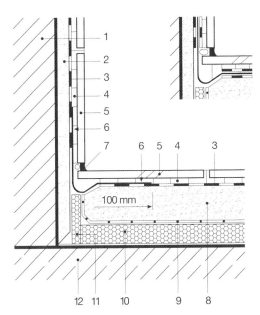

11.8 Konstruktionsbeispiel: Bodenaufbau und Eckanschluss in Nassraum mit mäßig beanspruchter Abdichtung im Verbund mit keramischen Fliesen und Platten (außerhalb DIN 18 195)

1 Mauerwerk
2 Putzlage (Kalkzementputz)
3 Verbundabdichtung (zweischichtig)
4 Dünnbettmörtel/Klebstoff (DIN 18 156)
5 Wandfliese/Bodenfliese
6 Dichtbandeinlage mit Schlaufe
7 Bewegungsfuge (Fugenfüllprofil mit Dichtmasse)
8 Zementestrich
9 Abdeckung (PE-Folie 0,1 mm, einlagig)
10 feuchtigkeitsunempfindliche Dämmschicht
11 Randdämmstreifen (ca. 5 mm dick)
12 Geschossdecke

11.9 Konstruktionsbeispiel: Abdichtungsmaßnahmen im Türbereich eines mäßig beanspruchten Nassraumes im Verbund mit keramischen Fliesen und Platten (außerhalb DIN 18 195). Vgl. hierzu Bild **11**.13.

1 Edelstahlwinkel in Klebstoff eingebettet
2 Dichtbandeinlage mit Metallwinkel verklebt
3 Bodenfliese
4 Dünnbettmörtel/Klebstoff
5 Flächenabdichtung (aufgespachtelte Dichtschicht)
6 Zementestrich
7 Abdeckung (PE-Folie 0,1 mm, einlagig)
8 feuchtigkeitsunempfindliche Dämmschicht
9 Dämmstreifen im Türzargenbereich (Fugenprofil aus geschlossenzelligem PE-Schaum, drahtverstärkt, bruchfest, trittschalldämmend).
10 Geschossdecke
11 Randdämmung (Korkstreifen o. Ä.).

len, Streichen, Spachteln oder Spritzen aufgetragen. Nach ausreichender Festigkeit der ersten Abdichtungsschicht wird die zweite Schicht aufgebracht. Abdichtungen im Verbund sind in jedem Fall in zwei **getrennten** Arbeitsgängen auszuführen.

Nach dem Erhärten der zweiten Schicht kann der Fliesenbelag mit flexiblem Dünnbettmörtel verlegt werden (Dünnbettverfahren nach DIN 18157). Anschließend werden die Fugen des keramischen Bodenbelages bzw. der Wandbekleidung mit Fugenfüllmaterial (meist im Schlämmverfahren) verfugt und alle Anschluss- und Feldbegrenzungsfugen mit dauerelastischer Dichtungsmasse – im Farbton an das Fugenfüllmaterial angeglichen – verschlossen. Vgl. hierzu auch Abschn. 11.3.6.5, Fugenmassen.

Dünnbett-Bodenabläufe

Abdichtungen im Verbund mit keramischen Belägen (Dünnbettkonstruktionen) lassen sich an herkömmliche Bodenabläufe dauerhaft nicht sicher anschließen. Vgl. hierzu Abschn. 11.3.2.2, Bodenabläufe. Daher werden spezielle Dünnbett-Abläufe angeboten. Man unterscheidet:

- **Ablauf mit Fest- und Losflanschverbindung** (Bild **11**.10). Bei dieser Konstruktion wird eine

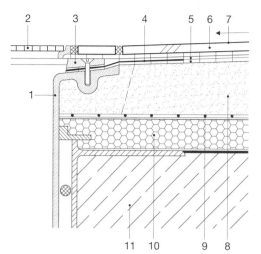

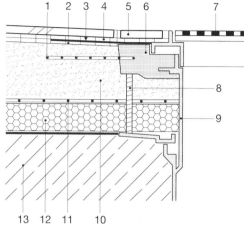

11.10 Konstruktionsbeispiel: Einbau eines Dünnbett-
Bodenablaufes mit Fest-/Losflansch und Dichtmanschette [8]

   1 Festflansch
   2 Bodeneinlauf
   3 Losflansch
   4 Dichtmanschette (Glasseidegewebe)
   5 Verbundabdichtung (zweischichtig)
   6 Dünnbettmörtel/Klebstoff
   7 Bodenfliese
   8 Zementestrich
   9 Abdeckung (PE-Folie 0,1 mm)
  10 feuchtigkeitsunempfindliche Dämmschicht
  11 Geschossdecke

11.11 Konstruktionsbeispiel: Einbau eines vorgefertigten,
höhenjustierbaren Dünnbett-Bodenablaufes mit
Polymerbetonkragen und Dichtmanschette [9].

   1 Baustahlmatte (in Polymerbetonkragen einge-
     gossen)
   2 Verbundabdichtung (zweischichtig)
   3 Dichtmanschette (Glasseidegewebe)
   4 Dünnbettmörtel/Klebstoff
   5 Bodenfliese
   6 Polymerbetonkragen
   7 Bodeneinlauf
   8 Justierschrauben (4 Stück)
   9 Kunststoffgehäuse (Aufstockelement)
  10 Zementestrich
  11 Abdeckung (PE-Folie 0,1 mm)
  12 feuchtigkeitsunempfindliche Dämmschicht
  13 Geschossdecke

Dichtmanschette zwischen Festflansch und
Losflansch (Flanschring aus Edelstahl) einge-
presst und das überstehende Gewebe in die
Flächenabdichtung eingebettet.

- **Ablauf mit Polymerbetonkragen** (Bild
11.11). Dieser werkseitig vorgefertigte Bodenablauf besteht aus einem Kunststoffgehäuse
und einem damit dicht verbundenen Kragen
aus Polymerbeton, in den eine überstehende
Baustahlmatte eingegossen ist. Mit vier Justierschrauben kann der Ablauf in der Höhe
millimetergenau ausgerichtet und oberflächenbündig in den Estrich eingebaut werden. Die Flächenabdichtung wird auf dem
Polymerkragen bis zur Ablaufkante des Ge-
häuses geführt und eine auf dem Betonkra-
gen angebrachte Glasgewebeeinlage in die
Abdichtungsschicht eingebettet.

**3. Wohnungsbad ohne Bodenablauf (mit
feuchteunempfindlichen Untergründen)**

- **Abdichtungen mit einlagiger Dichtungsbahn außerhalb DIN 18195**
Bei umsichtig genutzten häuslichen Bädern
ohne Bodenablauf ist in der Regel mit keiner
oder nur einer sehr geringen, kurzzeitigen
Feuchtebeanspruchung zu rechnen. Die Verlegeuntergründe bestehen meist aus feuchteunempfindlichen Materialien, wie z. B. Kalkzementputz auf Mauerwerk, Zementestrich
usw. Für derartige Wohnbäder ist daher weder nach der DIN-Norm noch nach dem ZDB-
Merkblatt des Fliesengewerbes [3] eine Abdichtung zwingend erforderlich.
Da jedoch nie ausgeschlossen werden kann,
dass ein Badezimmer weniger pfleglich benutzt wird und Wasser beispielsweise hinter
die Badewanne oder Duschtasse gelangt, bietet es sich an, in derartigen Räumen technisch

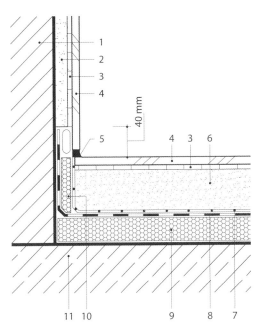

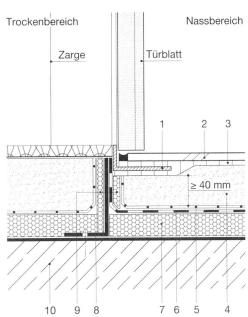

11.12 Konstruktionsbeispiel: Bodenaufbau und Eckanschluss in einem Wohnungsbad mit mäßig beanspruchter Abdichtung aus einlagiger Dichtungsbahn (außerhalb DIN 18 195)

1 Mauerwerk
2 Putzlage (Kalkzementputz)
3 Dünnbettmörtel/Klebstoff
4 Wandfliese/Bodenfliese
5 Bewegungsfuge (Fugenfüllprofil mit Dichtmasse)
6 Zementestrich
7 Gleitschicht/Abdeckung (PE-Folie 0,2 mm)
8 Dichtungsbahn (einlagig)
9 feuchtigkeitsunempfindliche Dämmschicht
10 Randdämmstreifen (ca. 5 mm dick)
11 Geschossdecke

11.13 Konstruktionsbeispiel: Bodenaufbau und Türanschluss in einem Wohnungsbad mit mäßig beanspruchter Abdichtung aus einlagiger Dichtungsbahn (außerhalb DIN 18 195). Vgl. hierzu Bild **11.9**.

1 Edelstahlwinkel in Klebstoff eingebettet
2 Bodenfliese
3 Dünnbettmörtel/Klebstoff
4 Zementestrich
5 Gleitschicht/Abdeckung (PE-Folie 0,2 mm)
6 Dichtungsbahn (einlagig)
7 feuchtigkeitsunempfindliche Dämmschicht
8 Stahlwinkel (korrosionsgeschützt)
9 Randdämmstreifen (ca. 5 mm dick)
10 Geschossdecke

weniger aufwändige und somit auch kostengünstigere Konstruktionen vorzusehen.

Neben den Abdichtungen im Verbund mit keramischen Belägen bieten sich hierfür auch Abdichtungen mit einlagiger Dichtungsbahn an (beide außerhalb DIN 18 195).

Ausführung (Bild **11.12**). Auf den Einbau eines Bodenablaufes und Gefälleestriches wird verzichtet, die Verlegeuntergründe an Boden und Wand bestehen aus feuchtigkeitsunempfindlichen Materialien. Die zwischen Estrich und Dämmschicht angeordnete, einlagige Dichtungsbahn wird an den aufgehenden Bauteilen **nur etwa 4 cm** über OF-Nutzschicht hochgezogen und dort befestigt. Sie ist lose verlegt mit entsprechenden Stoßüberlappungen, die dicht verklebt oder verschweißt sind.

An feuchtebeanspruchten Wandflächen kann sich daran bei Bedarf eine Verbundabdichtung mit keramischen Fliesen anschließen. Im Türbereich ist die Dichtungsbahn ebenfalls bis OF-Fertigfußboden hochzuziehen und mit der Trennschiene fest zu verbinden (Bild **11.13**).

Für diese Art der Abdichtung ist es immer angebracht, eine vertragliche Vereinbarung zu treffen, da sie außerhalb der DIN 18 195 liegt.

Hinweis: Bei feuchtigkeitsempfindlichen Umfassungsbauteilen bzw. Verlegeuntergründen ist in Wohnbädern ohne Bodenablauf eine spachtelbare Abdichtung im Verbund mit keramischen Fliesen und Platten unverzichtbar.

Bei Bädern auf Holzbalkendecken muss im Bodenbereich immer noch zusätzlich eine Bahnenabdichtung nach DIN 18 195-5 vorgesehen werden. Auf die weiterführende Fachliteratur [5] wird verwiesen.

11.3.3 Schallschutz von Massivdecken und Holzbalkendecken

Allgemeines

Der Schallschutz in Bauwerken hat große Bedeutung für die Gesundheit und das Wohlbefinden des Menschen. Bauliche Schallschutzmaßnahmen dienen daher dem Ziel, Menschen in Aufenthaltsräumen vor unzumutbaren Belästigungen durch Schallübertragung zu schützen. Sie müssen während des Planungsprozesses immer rechtzeitig berücksichtigt werden, da ein unzureichend geplanter oder auch mangelhaft ausgeführter Schallschutz nachträglich nur mit erheblichem Aufwand verbessert werden kann.

Einteilung und Benennung: Überblick

Lärmbelästigungen durch Schallübertragung können sowohl innerhalb als auch außerhalb eines Gebäudes auftreten. Bauliche Schallschutzmaßnahmen sollen Menschen demnach im Wesentlichen gegen Geräusche aus einem fremden Wohn- und Arbeitsbereich, vor Geräusche aus haustechnischen Anlagen und Betrieben sowie gegen Außenlärm schützen.

Die zu beachtenden Hinweise und Anforderungen für einen ausreichenden bzw. erhöhten Schallschutz im Hochbau – beispielsweise von Decken- und Bodenkonstruktionen – sind aufgeführt in:

- **DIN 4109**
  - Schallschutz im Hochbau; Anforderungen und Nachweise
- **Beiblatt 1 zu DIN 4109**
  - Schallschutz im Hochbau; Ausführungsbeispiele und Rechenverfahren
- **Beiblatt 2 zu DIN 4109**
  - Schallschutz im Hochbau; Hinweise für Planung und Ausführung; Vorschläge für einen erhöhten Schallschutz; Empfehlungen für den Schallschutz im eigenen Wohn- oder Arbeitsbereich

Ergänzende Anforderungen zur DIN 4109:

- **DEGA-Empfehlung 103**
  - Schallschutz im Wohnungsbau – Schallschutzausweis
- **VDI-Richtlinie 4100**
  - Schallschutz von Wohnungen; Beurteilung und Vorschläge für erhöhten Schallschutz.
    Der Schallschutz zwischen fremden Wohnungen wird in dieser Richtlinie in drei Schallschutzstufen (SSt) näher definiert.

Schallschutzstufe I entsprach ursprünglich den Mindest-Anforderungen der DIN 4109, liegt aber inzwischen leicht oberhalb dieses Niveaus.
Für die Schallschutzstufen II und III sind jeweils Kennwerte angegeben, bei deren Einhaltung die Bewohner ein normales bis hohes Maß an Ruhe finden.
Für den Schallschutz innerhalb von Wohnungen sind zwei Schallschutzstufen (SSt EB I und SST EB II definiert.

Hinweis: Die Basisanforderungen der DIN 4109 sind nach allgemein anerkannter Fachmeinung nicht mehr als dem Stand der Technik entsprechend anzusehen.

Einzelheiten über den Schallschutz im Allgemeinen sowie Rechenwerte s. Abschn. 17.6.

Schallschutz

Unter Schallschutz versteht man Maßnahmen gegen die Schallentstehung und Maßnahmen gegen die Schallübertragung von einer Schallquelle zum Hörer.

Befinden sich Schallquellen und Hörer in verschiedenen Räumen, so erfolgt die Schallminderung hauptsächlich durch Schalldämmung.

- **Schalldämmung** beinhaltet demnach die Minderung der Schallübertragung zwischen benachbarten Räumen.

Befinden sich Schallquelle und Hörer im gleichen Raum, geschieht die Schallminderung durch Schallabsorption (auch Schallschluckung oder Schalldämpfung genannt).

- **Schallabsorption** bedeutet die Minderung des Schalles bzw. der Schallausbreitung im Raum selbst, dabei wird die Schallenergie in Wärme umgewandelt. Die auf die raumschließenden Bauteile auftreffende Schallenergie wird zu einem Teil absorbiert und zum anderen in denselben Raum reflektiert.

Beide Phänomene unterscheiden sich und müssen getrennt voneinander betrachtet werden. Einzelheiten hierzu s. Abschn. 17.6.2.

Luftschall/Trittschall. Abhängig von der Schallquelle und der Ausbreitungsart wird zwischen Luftschall- und Körperschallanregung unterschieden.

- Luftschall ist der sich in der Luft ausbreitende Schall.
- Körperschall ist der sich in festen Körpern ausbreitende Schall. Der beim Begehen einer Decke entstehende Körperschall wird präzisiert als
- Trittschall bezeichnet, der teilweise wieder als Luftschall in den darunter liegenden Raum

Tabelle **11**.14 Anforderungen an die Luft- und Trittschalldämmung von Decken zum Schutz gegen Schallübertragung aus einem **fremden** Wohn- oder Arbeitsbereich (Auszug aus DIN 4109 – Ausg. 11.89 – Tab. 3). Siehe hierzu auch Tabelle **17**.103

Spalte	1	2	3	4	5
Zeile		Bauteile	Anforderungen		
			erf. $R'w$*) in dB	erf. $L'n, w$*) (erf. TSM) in dB	
1		**Geschosshäuser mit Wohnungen und Arbeitsräumen**			
1		Decken unter allgemein nutzbaren Dachräumen, z. B. Trockenböden, Abstellräumen und ihren Zugängen	53	53 (10)	1)
2		Wohnungstrenndecken (auch -treppen) und Decken zwischen fremden Arbeitsräumen bzw. vergleichbaren Nutzungseinheiten	54	53 (10)	2) 3) 4)
3		Decken über Kellern, Hausfluren, Treppenräumen unter Aufenthaltsräumen	52	53 (10)	
4		Decken über Durchfahrten, Einfahrten von Sammelgaragen und ähnliches unter Aufenthaltsräumen	55	53 (10)	5) 6)
5		Decken unter/über Spiel- oder ähnlichen Gemeinschaftsräumen	55	46 (17)	7)
6		Decken unter Terrassen und Loggien über Aufenthaltsräumen	–	53 (10)	–
7		Decken unter Laubengängen	–	53 (10)	5)
8		Decken und Treppen innerhalb von Wohnungen, die sich über zwei Geschosse erstrecken	–	53 (10)	1) 5)
9		Decken unter Bad und WC ohne/mit Bodenentwässerung	54	53 (10)	6) 8)
10		Decken unter Hausfluren	–	53 (10)	5) 6)
2		**Einfamilien-Doppelhäuser und Einfamilien-Reihenhäuser**			
11		Decken	–	48 (15)	5)
12		Treppenläufe und -podeste und Decken unter Fluren	–	53 (10)	9)
3		**Beherbergungsstätten**			
13		Decken	54	53 (10)	–
14		Decken unter/über Schwimmbädern, Spiel- oder ähnlichen Gemeinschaftsräumen zum Schutz gegenüber Schlafräumen	55	46 (17)	7)
15		Treppenläufe und -podeste	–	58 (5)	10)
16		Decken unter Fluren	–	53 (10)	5)
17		Decken unter Bad und WC ohne/mit Bodenentwässerung	54	53 (10)	5) 11)

---

*) **Kennzeichnende Größen** für die Anforderungen an die Luft- und Trittschalldämmung von Decken sind:
- erf. R'_w = bewertetes Schalldämm-Maß mit Schallübertragung über flankierende Bauteile (Luftschalldämmung)
- erf. $L'_{n, w}$ = bewerteter Norm-Trittschallpegel in dB (Trittschalldämmung)

Anzustreben sind:
Hohe R_w-Werte und niedrige $L_{n, w}$-Werte.

11

Tabelle **11**.14 (Fortsetzung)

Spalte	1	2	3	4	5
Zeile		Bauteile	Anforderungen		
			erf. R'w*) in dB	erf. L'n, w*) (erf. *TSM*) in dB	
4		**Krankenanstalten, Sanatorien**			
18		Decken	54	53 (10)	–
19		Decken unter/über Schwimmbädern, Spiel- oder ähnlichen Gemeinschaftsräumen	55	46 (17)	[7]
20		Treppenläufe und -podeste	–	58 (5)	[10]
21		Decken unter Fluren	–	53 (10)	[5]
22		Decken unter Bad und WC ohne/mit Bodenentwässerung	54	53 (10)	[5] [11]
5		**Schulen und vergleichbare Unterrichtsbauten**			
23		Decken zwischen Unterrichtsräumen oder ähnlichen Räumen	55	53 (10)	–
24		Decken unter Fluren	–	53 (10)	[5]
25		Decken zwischen Unterrichtsräumen oder ähnlichen Räumen und „besonders lauten" Räumen (z. B. Sport-hallen, Musikräume, Werkräume)	55	46 (17)	[7]

[1] Bei Gebäuden mit nicht mehr als 2 Wohnungen betragen die Anforderungen erf. R'w = 52 dB und erf. L'n, w = 63 dB (erf. *TSM* = 0 dB).

[2] Wohnungstrenndecken sind Bauteile, die Wohnungen voneinander oder von fremden Arbeitsräumen trennen.

[3] Bei Gebäuden mit nicht mehr als 2 Wohnungen beträgt die Anforderung erf. R'w = 52 dB.

[4] Weichfedernde Bodenbeläge dürfen bei dem Nachweis der Anforderungen an den Trittschallschutz nicht angerechnet werden. In Gebäuden mit nicht mehr als 2 Wohnungen dürfen weichfedernde Bodenbeläge, z. B. nach Beiblatt 1 zu DIN 4109 (11.89), Tabelle 18, berücksichtigt werden. Voraussetzung ist, dass die Beläge auf dem Produkt oder auf der Verpa-ckung mit dem entsprechenden ΔLw(VM) nach Beiblatt 1 zu DIN 4109 (11.89), Tabelle 18, bzw. nach Eignungsprüfung gekennzeichnet sind. Sie müssen mit der Werksbescheinigung nach DIN 50 049 ausgeliefert werden.

[5] Die Anforderung an die Trittschalldämmung gilt nur für die Trittschallübertragung in fremde Aufenthaltsräume, ganz gleich, ob sie in waagerechter, schräger oder senkrechter (nach oben) Richtung erfolgt.

[6] Weichfedernde Bodenbeläge dürfen bei dem Nachweis der Anforderungen an den Trittschallschutz nicht angerechnet werden.

[7] Wegen der verstärkten Übertragung tiefer Frequenzen können zusätzliche Maßnahmen zur Körperschalldämmung er-forderlich sein.

[8] Die Prüfung der Anforderungen an das Trittschallschutzmaß nach DIN 52 210-3 erfolgt bei einer gegebenenfalls vorhan-denen Bodenentwässerung nicht in einem Umkreis von r = 60 cm.

[9] Bei einschaligen Haustrennwänden gilt: Wegen der möglichen Austauschbarkeit von weichfedernden Bodenbelägen nach Beiblatt 1 zu DIN 4109 (11.89), Tabelle 18, die sowohl dem Verschleiß als auch besonderen Wünschen der Bewoh-ner unterliegen, dürfen diese bei dem Nachweis der Anforderungen an den Trittschallschutz nicht angerechnet werden.

[10] Keine Anforderungen an Treppenläufe in Gebäuden mit Aufzug.

[11] Die Prüfung der Anforderungen an den bewerteten Norm-Trittschallpegel nach DIN 52 210-3 erfolgt bei einer gegebe-nenfalls vorhandenen Bodenentwässerung nicht in einem Umkreis von r = 60 cm.

---

*) **Neue Bezeichnungen**. In Angleichung an die internationale Normung wurden in der DIN 4109 (Ausg. 11.89) ersetzt:

- das Luftschallschutzmaß *LSM* durch das bewertete Schalldämm-Maß R'_w
- das Trittschallschutzmaß *TSM* durch den bewerteten Norm-Trittschallpegel $L'_{n, w}$
- das äquivalente Trittschallschutzmaß TSM_{eq} von Rohdecken durch den äquivalenten bewerteten Norm-Trittschallpegel $L_{n, w, eq}$
- das Trittschallverbesserungsmaß *VM* durch das Trittschallverbesserungsmaß ΔL_w.

Zur Berechnung gelten folgende Beziehungen:
$TSM = 63$ dB $- L'_{n, w}$, $TSM_{eq} = 63$ dB $- L_{n, w, eq}$, $VM = \Delta L_w$.

(eventuell auch schräg darunter liegende Räume) abgestrahlt wird.

Anforderungen an den Schallschutz von Geschossdecken

Baurechtlich verpflichtende Anforderungen an die Luft- und Trittschalldämmung von Decken zum Schutz gegen Schallübertragung aus einem fremden Wohn- und Arbeitsbereich sind in Tabelle **11**.14 festgelegt. Bei diesen Werten handelt es sich um **Mindest**-Anforderungen gemäß DIN 4109, Tab. 3.

Die in der Tabelle für die Schalldämmung der trennenden Bauteile angegebenen Werte gelten nicht für diese Bauteile allein, sondern für die resultierende Dämmung unter Berücksichtigung der an der Schallübertragung beteiligten Bauteile und Nebenwege in eingebautem Zustand.

Wird ein über DIN 4109 hinausgehender Schallschutz gewünscht, ist dieser gesondert zwischen Bauherr und Entwurfsverfasser vertraglich zu vereinbaren. Dementsprechend enthält das Beiblatt 2 zu DIN 4109 Vorschläge für einen erhöhten Schallschutz sowie Empfehlungen für den Schallschutz im eigenen Wohn- und Arbeitsbereich.

Vorschläge für einen erhöhten Schallschutz – speziell von Wohnungen in Mehrfamilienhäusern, Doppel- und Reihenhäusern – sind in der DEGA Empfehlung 103 (Hrsg.: Deutsche Gesellschaft für Akustik e.V.) zu finden. Das Einstufungssystem gliedert sich in sieben Schallschutzklassen (SSK) A* bis F, die entsprechend den bekannten Energieverbrauchslabeln von Elektrogeräten und neuerdings auch den Energieausweisen von Gebäuden für einen ebenfalls in der DEGA-Empfehlung 103 definierten „Schallschutzausweis" farbig gestaltet sind.

Für das Bauteil „Gebäudedecken" staffeln sich die Anforderungen der Schallschutzklassen wie folgt:

SSK Luftschallschutz (R'_w) [dB]

A*	A	B	C	D	E	F
<50	≧50	≧53/54	≧57	≧62	≧67	≧72

Trittschallschutz ($L'_{n,w}$) [dB]

A*	A	B	C	D	E	F
>60	≧60	≦53	≦46	≦40	≦34	≦28

Zusätzlich gibt es für den Schallschutz **innerhalb** einer Wohneinheit zwei weitere Schallschutzklassen EW1 und EW2

Nachweis des geforderten Schallschutzes. Der Nachweis, dass die verwendeten Bauteile den in DIN 4109 geforderten Schallschutz besitzen, kann entweder durch Verwendung von im Beiblatt 1 der DIN 4109 angegebenen Rechenwerte erfolgen oder durch bauakustische Messungen (Eignungsprüfungen).

Wie Tabelle **11**.14 verdeutlicht, sind je nach Gebäudeart und Nutzung unterschiedlich hohe Anforderungen an die Luft- und Trittschalldämmung von Decken festgelegt.

Eine fertige Decke besteht – sofern es sich um eine Massivdeckenkonstruktion handelt – im bauakustischen Sinne aus der Rohdecke und der Deckenauflage, gegebenenfalls mit einem bestimmten Bodenbelag und/oder einer abgehängten Unterdecke bzw. Deckenbekleidung.

Holzbalkendecken nehmen wegen ihrer im Vergleich zu Massivdecken andersartigen akustischen Eigenschaften eine Sonderstellung ein. Vgl. hierzu Abschn. 11.3.3.3.

- **Trittschalldämmung.** Für den anvisierten Trittschallschutz ist die Trittschalldämmung der fertigen Decke maßgebend. Sie ergibt sich aus dem äquivalenten bewerteten Norm-Trittschallpegel $L_{n,w,eq}$ (Rohdecke ohne Deckenauflage) und dem Trittschallverbesserungsmaß ΔL_w (Schallpegelminderung durch die Deckenauflage).

  Um mögliche Unterschiede in den Schalldämmeigenschaften und Alterungsveränderungen der Decke zu berücksichtigen, wird von der Norm noch ein Vorhaltemaß von 2 dB gefordert. Wird auf einen schwimmenden Estrich noch zusätzlich ein weichfedernder Bodenbelag aufgebracht, so ist bei der Berechnung nur das größere der beiden Verbesserungsmaße zu berücksichtigen.
  Damit lässt sich die Trittschalldämmung der Fertigdecke mit folgender Formel ermitteln:

  $$L'_{n,w} = L_{n,w,eq} - \Delta L_w + 2 \text{ (dB)}.$$

  Entsprechende Ausführungsbeispiele und Rechenwerte für den äquivalenten bewerteten Norm-Trittschallpegel verschiedener Rohdecken (ohne trittschalldämmende Auflage) und für Verbesserungsmasse unterschiedlicher Deckenauflagen bzw. Bodenbeläge s. Beiblatt 1 zu DIN 4109 sowie Abschn. 17.6.4.

- **Luftschalldämmung.** Zur Kennzeichnung der Luftschalldämmung von Decken dient das bewertete (Luft-)Schalldämm-Maß R'_w = bewertetes Schalldämm-Maß in dB einschließlich Schallübertragung über flankierende Bauteile.
  Es ist ein Maß für den durch das trennende Bauteil hervorgerufenen Schallpegelunterschied – zwischen dem lauten und dem leisen Raum. Dies setzt jedoch eine mittlere flächenbezogene Masse der biegesteifen flankierenden Bauteile von etwa 300 kg/m² voraus; auch hier ist ein Vorhaltemaß von 2 dB zu berücksichtigen.
  Entsprechende Ausführungsbeispiele und Rechenwerte für die Luftschalldämmung von Massiv- und Holzbalkendecken s. Beiblatt 1 zu DIN 4109 sowie Abschn. 17.6.4.1.

11.3.3.1 Schallschutz von Massivdecken

Die Schallübertragung von einem Raum zum anderen erfolgt durch Schwingungen der raumabschließenden Bauteile. Ausgehend von der neu zu planenden oder vorhandenen Rohdecke (Altbau) und je nach Lage der Decke innerhalb eines Gebäudes, sind die Dämm-Maßnahmen so zu wählen, dass sowohl die luft- und trittschalltech-

11

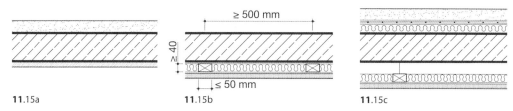

11.15a   **11.15b**   **11.15c**

11.15 Schematische Darstellung von ein- und mehrschaligen Geschossdecken
  a) einschalige Decke: Massivdecke mit Verbundestrich und Putzschicht (alle Schichten sind starr miteinander verbunden)
  b) zweischalige Decke: Massivdecke entweder mit biegeweicher Deckenbekleidung oder mit schwimmend verlegtem Estrich
  c) mehrschalige Decke: Massivdecke mit abgehängter, biegeweicher Unterdecke und schwimmend verlegtem Estrich

nischen – als auch gegebenenfalls wärmeschutztechnischen – Anforderungen erfüllt werden. Diese umfassen die gesamte Deckenkonstruktion, nämlich

- Rohdecke (z. B. Massivdecke),
- Deckenauflage (z. B. schwimmender Estrich),
- Bodenbelag (z. B. weichfedernder Teppichbelag),
- Unterdecke bzw. Deckenbekleidung.

Wie in Bild **11**.15 dargestellt, wird akustisch zwischen einschaligen und mehrschaligen Deckenausbildungen unterschieden.

- **Einschalige Bauteile** bestehen aus einem einheitlichen Baustoff (z. B. Beton) oder aus mehreren fest miteinander verbundenen Schichten (z. B. Betonplatte mit Putzschicht), die als Ganzes schwingen. Je höher das Flächengewicht (flächenbezogene Masse) und die Biegesteifigkeit des Bauteils ist, umso besser ist die Schalldämmung.

- **Mehrschalige Bauteile** bestehen aus zwei oder mehreren Schalen, die nicht starr miteinander verbunden, sondern durch elastische Dämmstoffe (z. B. bei schwimmendem Estrich) oder Luftschichten voneinander getrennt sind. Je weniger starr die Verbindung dieser Schalen ist, und je biegeweicher und je schwerer jede Einzelschale ist, umso besser ist in der Regel die Schalldämmung.

Die für ein- und mehrschalige Bauteile eingesetzten Schalen können in akustischer Hinsicht biegesteif (z. B. schwimmender Estrich, Betondecke) und biegeweich (z. B. Unterdecke) ausgebildet sein. Einzelheiten hierzu s. Abschn. 17.6.3.

Flankenübertragung/Nebenwegübertragung. Schall wird nicht nur über die Geschossdecke selbst von Raum zu Raum übertragen, sondern auch über Nebenwege. Darunter versteht man sowohl die Schallübertragung längs angrenzender Bauteile (Wände, Stützen), die sog. Flankenübertragung, als auch die Luftschallübertragung durch Undichtigkeiten, Lüftungsanlagen, Deckenhohlräume von Unterdecken und Ähnlichem, insgesamt als Nebenwegübertragung bezeichnet.

Die Flankenübertragung spielt bei der Luftschalldämmung eine wesentliche, bei der Trittschalldämmung eine eher untergeordnete Rolle.

Einzelheiten hierzu, insbesondere hinsichtlich biegesteifer Anschlüsse (Massivbauten) und gelenkiger Anschlüsse (Skelettbauten) zwischen trennendem und flankierendem Bauteil s. Abschnitt 17.6.3.3.

1. Luftschalldämmung von Massivdecken

Die Luftschalldämmung von Massivdecken wird überwiegend von der flächenbezogenen Masse der jeweiligen Rohdecke bestimmt. Bei Bedarf kann sie durch einen schwimmenden Estrich und gegebenenfalls eine biegeweiche Unterdecke verbessert werden. Von großer Bedeutung ist in diesem Zusammenhang die Ausbildung der flankierenden Bauteile in Bezug auf deren flächenbezogene Masse und die schalldämmende Wirkung einer gegebenenfalls notwendigen biegeweichen Vorsatzschale.

- **Luftschalldämmung einschaliger Decken** (Bild **11**.15a). Die Luftschalldämmung einschaliger Decken ist umso besser, je schwerer sie sind. Um die Mindestanforderungen nach DIN 4109 zu erfüllen, ist eine flächenbezogene Masse von ≥ 450 kg/m^2 erforderlich, um ein bewertetes Luftschalldämm-Maß von ≥ 53 dB zu erreichen (sofern auf der Rohdecke kein schwimmender Estrich aufgebracht wird). Derart schwere Bauteile sind aus statischen und kostenbezogenen Gründen oft nicht realisierbar oder gewünscht, so dass meist zweischalige Konstruktionen eingesetzt werden. Größere Hohlräume in den Decken, und Undichtigkeiten verschlechtern die Schalldämmung einschaliger Decken. Gleiches gilt aufgrund von Resonanzerscheinungen für unterseitig anbetonierte oder angeklebte und verputzte Holzwolle-Leichtbauplatten oder Hartschaum-Dämmplatten.

- **Luftschalldämmung mehrschaliger Decken** (Bild **11**.15 b und c). Mit zwei- und mehrschaligen Decken kann – im Vergleich zu einschaligen Decken gleichen Gewichtes – eine Verbesserung der Luftschalldämmung auch mit geringerer flächenbezogenen Masse (z. B. ≥ 200 kg/m²) erreicht werden, wenn die Rohdecke mit einem schwimmenden Estrich bzw. anderen geeigneten schwimmenden Böden oder/und einer biegeweichen Unterdecke versehen wird. Die bewerteten Luftschalldämm-Maße $R'_{w,R}$ können so zum Teil erheblich über denen von einschaligen Bauteilen liegen. Eine Begrenzung ist jedoch vorgegeben, weil die Schallübertragung der flankierenden Wände in Massivbauten immer vorhanden ist.

Entsprechende Ausführungsbeispiele und Rechenwerte für die Luftschalldämmung ein- und mehrschaliger Massivdecken s. Beiblatt 1 zu DIN 4109 sowie Abschn. 17.6.4.1.

Biegeweiche Unterdecke. Biegeweiche Unterdecken verbessern vor allem die Luftschalldämmung von Massivdecken, ähnlich wie biegeweiche Vorsatzschalen bei aufgehenden Wänden. Sie verbessern auch die Trittschalldämmung aufgrund verringerter Schallabstrahlung in den darunter liegenden Raum; wegen der verbleibenden Flankenübertragung – vor allem in Massivbauten – jedoch nur in eingeschränktem Maße.

Eine schallschutztechnisch wirksame Unterdecke muss in jedem Fall bestimmte konstruktive Voraussetzungen erfüllen. So muss die Bekleidung möglichst dicht und biegeweich, ihre flächenbezogene Masse und ihr Abstand zur Rohdecke möglichst groß, die Berührungsfläche mit der Rohdecke möglichst gering und die horizontale Dämmstoffauflage (Hohlraumdämpfung) vollflächig ausgebildet sein. Einzelheiten hierzu s. Abschn. 14.2.2, Schallschutz mit leichten Unterdecken.

Biegeweiche Vorsatzschale. Damit die schalldämmende Wirkung der Unterdecke durch die oben angesprochene Schall-Längsleitung entlang der flankierenden Bauteile nicht stark beeinträchtigt wird, müssen die raumbegrenzenden Wände entweder genügend schwer sein und eine mittlere flächenbezogene Masse von ≥ 300 kg/m² aufweisen oder in geeigneter Weise zweischalig ausgebildet werden.

Biegeweiche Vorsatzschalen verbessern die Luftschalldämmung von Massivwänden, ohne das Wandgewicht wesentlich zu erhöhen. Man unterscheidet (Bild **15**.7)

- Vorsatzschalen **mit** Unterkonstruktion aus Holz- oder Metallständern (mit oder ohne feste Verbindung zur Wandfläche) sowie
- Vorsatzschalen **ohne** Unterkonstruktion aus Gipskarton-Verbundplatten (Gipskartonplatten mit Mineralwollplatten direkt auf die Massivwand angesetzt).

Dämmstoffe mit höherer dynamischen Steifigkeit, wie beispielsweise PS-Hartschaumplatten, beeinflussen den bestehenden Schallschutz negativ, und zwar sowohl beim direkten (vertikalen) Schalldurchgang als auch in der Schall-Längsleitung.

Bei Vorsatzschalen auf Außenwänden ist aus feuchtetechnischen Gründen auf eine Dampfbremse (z. B. PE-Folie 0,2 mm), gegebenenfalls sogar Dampfsperre (z. B. Alufolie), zu achten. Nur bei relativ dampfdurchlässigen Außenschalen kann u. U. – nach Überprüfung des Tauwasseranfalls – auf eine besondere Dampfbremse verzichtet werden. Vgl. hierzu Abschn. 9.11.2, Innendämmung von Wänden, im Teil 2 dieses Werkes.

Deckenauflage/Bodenbelag. Wie bereits erläutert, verbessern ein schwimmender Estrich oder andere schwimmenden Böden zwar auch die Luftschalldämmung leichter Massivdecken, durch derartige Deckenauflagen wird jedoch vor allem der Trittschallschutz angehoben. Beachtenswert ist auch, dass die Luftschalldämmung einer Decke mit weichfedernden Bodenbelägen, gleich welcher Art, nicht verbessert werden kann.

2. Trittschalldämmung von Massivdecken

Auch die Trittschalldämmung von Massivdecken nimmt mit steigendem Flächengewicht zu, so dass durch eine Erhöhung der Deckendicke der Trittschallpegel gesenkt werden kann. Da jedoch eine ausreichende Trittschalldämmung – im Gegensatz zur Luftschalldämmung – nicht allein durch Erhöhung der flächenbezogenen Masse erreicht werden kann, ist immer eine Verbesserung durch Deckenauflagen und gegebenenfalls biegeweiche Unterdecken notwendig. Dementsprechend sind in Beiblatt 1 zu DIN 4109 Rechenwerte angegeben von

- Massivdecken ohne/mit Deckenauflage,
- Massivdecken ohne/mit biegeweicher Unterdecke,
- Deckenauflagen bzw. Bodenbeläge allein.

Damit wird ablesbar, mit welcher Deckenauflage, biegeweichen Unterdecke oder welchem Bodenbelag Massivdecken versehen werden müssen, damit die geforderte Schalldämmung erreicht werden kann. Als Deckenauflagen zur Verbesserung des Trittschallschutzes eignen sich besonders schwimmende Estriche und weichfedernde Bodenbeläge.

11

Schwimmender Estrich. Die Trittschalldämmung einer Decke wird am wirksamsten mit einem schwimmenden Estrich verbessert, weil er bereits das Eindringen des Körperschalls in die Deckenkonstruktion weitgehend verhindert und zudem auch die Luftschalldämmung verbessert.

Ein schwimmender Estrich ist ein auf einer weichfedernden Dämmschicht verlegter Estrich, der auf seiner Unterlage beweglich ist und keine unmittelbare (starre) Verbindung mit angrenzenden Bauteilen oder ihn durchdringende Rohrleitungen aufweist.

Die Dämmwirkung einer solchen Deckenauflage ist in der Regel umso besser, je schwerer die Estrichplatte und je weichfedernder die Dämmschicht ist. Je weicher jedoch die Dämmschicht gewählt wird, umso dicker muss auch die Estrichplatte sein, um entsprechende Lasten aufnehmen zu können. Die schallschutztechnische Wirkung eines schwimmenden Estrichs wird demnach weitgehend bestimmt durch die

- dynamische Steifigkeit s' der Dämmschicht,
- flächenbezogene Masse m' der Estrichplatte (mind. 70 kg/m²).

Weitere Einzelheiten hierzu s. Abschn. 11.3.5, Dämmstoffe, Abschn. 11.3.6.4, Estrichkonstruktionen, Abschn. 14.2.2, Schallschutz mit leichten Unterdecken sowie Abschn. 17.6.3.

Weichfedernde Bodenbeläge. Durch sie kann die Trittschalldämmung von Massivdecken, nicht aber die Luftschalldämmung verbessert werden. Wegen des möglichen Austausches und Verschleißes von weichfedernden Bodenbelägen (Teppiche, PVC-Verbundbeläge), dürfen diese jedoch in Wohnungsbauten beim Nachweis des Mindest-Trittschallschutzes nicht angerechnet werden. Eingesetzt werden sie dagegen in Bauten mit aufgesetzten, umsetzbaren Trennwänden (Objektbereich), wo ein von Raum zu Raum durchgehender schwimmender Estrich wegen der horizontalen Schall-Längsübertragung nicht in Frage kommt und stattdessen ein Verbundestrich eingebracht wird. Vgl. hierzu Abschn. 15.3.3, Schallschutz von umsetzbaren Trennwänden. Da der schwimmende Estrich häufig auch eine wärmedämmende Funktion hat, kann ein weichfedernder Bodenbelag diesen nur ersetzen, wenn nicht wärmeschutztechnische Forderungen der DIN 4108 dagegen sprechen.

11.3.3.2 Schallschutz von Holzbalkendecken

Holzbalkendecken werden wieder zunehmend bei der Neubauplanung, vor allem in Einfamilienhäusern und Dachaufbauten sowie in Holzfertighäusern eingesetzt. Allgemein steigen auch die Anforderungen an den Wohnkomfort und somit an die schallschutztechnischen Erfordernisse bei Holzbalkendecken in Massiv- und Skelettbauten.

Auch im Zuge der Altbausanierung sind meist umfangreiche schalltechnische Verbesserungen zu erbringen, da die in der Regel einschalig ausgebildeten Deckenkonstruktionen oftmals nur bewertete Luftschalldämm-Maße von 45 bis 50 dB und bewertete Norm-Trittschallpegel von 63 bis 73 dB aufweisen.

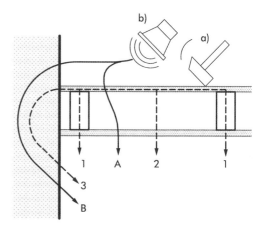

11.16 Prinzipielle Übertragungswege bei Luft- und Trittschallanregung einer Holzbalkendecke mit angrenzendem Bauteil

a) Schallübertragungswege bei **Trittschall-Anregung:**
Weg 1: direkt über die Holzbalken
Weg 2: direkt über den Deckenhohlraum
Weg 3: über flankierende Wand
b) Schallübertragungswege bei **Luftschall-Anregung:**
Weg A: direkt über die Holzdecke
Weg B: über flankierende Wand

Übertragungswege bei Holzbalkendecken.

Wie Bild **11**.16 verdeutlicht, gibt es bei schalltechnisch unzureichend ausgebildeten Holzbalkendecken vor allem drei Übertragungswege, die die Luft- und Trittschalldämmung nachteilig beeinflussen.

- Weg 1: Schallübertragung über die Holzbalken
- Weg 2: Schallübertragung über den Regelquerschnitt (Einschubdecke)
- Weg 3: Schallübertragung über flankierende Bauteile.

Daraus kann abgeleitet werden, dass bei Holzbalkendecken eine gute Luft- und Trittschalldämmung nur erreicht werden kann, wenn die direkte Schallübertragung unterbunden wird und zwar durch

- Entkopplung der Deckenoberseite von der Rohdecke,
- Entkopplung der Deckenbekleidung von der Balkenlage,
- Hohlraumdämpfung durch entsprechende Materialien,
- ausreichende Dämmung (Verminderung der Flankenübertragung) der angrenzenden Wände.

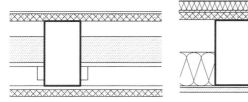 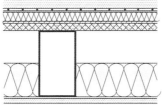 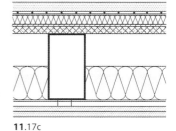

11.17a   **11.**17b   **11.**17c

11.17   Schematische Darstellung von ein- und mehrschaligen Holzbalkendecken
      a) einschalige Holzdecke: Obere Beplankung und unterseitige Verkleidung mit den Tragbalken starr verbunden
      b) zweischalige Holzdecke: Entkoppelung der oberseitigen Deckenauflage oder unterseitigen Deckenbeklei-
         dung von der Rohdecke
      c) mehrschalige Holzdecke: Entkoppelung sowohl der Deckenauflage als auch der Deckenbekleidung von der
         Rohdecke

Ähnlich wie Massivdecken können Holzbalken-decken ein-, zwei- oder mehrschalig ausgebildet sein. Ein erhöhter Schallschutz wird in der Regel nur erreicht, wenn sie konsequent mehrschalig aufgebaut sind.

- **Einschalige Holzbalkendecken** (Bild **11.**17a) Einschalig ausgebildete Holzbalkendecken, bei denen die oberseitige Abdeckung und un-terseitige Verkleidung mit den Tragbalken fest verbunden sind, weisen einen sehr gerin-gen Luftschall- und besonders Trittschall-schutz auf, da der Schall vor allem über die Balken direkt nach unten übertragen wird. Derartige Konstruktionen, mit oberseitig auf-genagelten Fußbodendielen und unterseitig angenagelter Schalung mit Putz auf Rohrmat-ten, trifft man in älteren Gebäuden häufig an. Die Schalldämmung dieser Decken versuchte man früher weiter zu verbessern, indem man zwischen den Balken eine sog. Einschubdecke (Zwischenboden aus Brettern mit Lehm-, Schlacke- oder Sandfüllung) einbrachte. Infol-ge der Erhöhung des Flächengewichtes – al-lerdings nur zwischen den Balken – wurde auch eine gewisse Verbesserung erreicht, die jedoch den heutigen schalltechnischen An-forderungen keinesfalls genügt.

- **Zweischalige Holzbalkendecken** (Bild **11.**17b). Zweischalig ausgebildete Holzbal-kendecken, bei denen die unterseitige De-ckenbekleidung von der Balkenlage oder die oberseitige Deckenauflage von der Rohdecke entkoppelt sind, ergeben eine wesentliche Verbesserung des Schallschutzes im Vergleich zu den einschaligen Decken.

- **Mehrschalige Holzbalkendecken** (Bild **11.**17c). Erhöhter Schallschutz, so wie er in Beiblatt 2 zu DIN 4109 definiert wird, kann je-doch nur mit mehrschaligen Deckenkons-truktionen erzielt werden, bei denen sowohl die Deckenbekleidung als auch die Decken-auflage von der Rohdecke entkoppelt sind. Weitere Verbesserungen können noch mit oberseitigen Beschwerungen in Form von Be-tonplatten oder Waben-Sandschüttungen er-zielt werden, sofern die Tragfähigkeit der Roh-decke dies zulässt (Bild **11.**20b).

Hohlraumdämpfung (Bild **11.**18a, b). Bei hoch gedämmten Bauteilen dringt der Schall zum Teil durch die Deckenhohlräume und muss dort ab-sorbiert werden. Hierfür eignen sich Mineralwol-lematten nach DIN EN 13 162, die den Anwen-dungsgebieten DI gemäß DIN 4108-10 entspre-chen. Gänzlich ungeeignet sind dagegen z. B. Po-lystyrol-Hartschaumplatten.

11.18
Schematische Darstellung der Hohlraumdämmung bei Holzbal-kendecken

a) Mineralwollematten nach DIN EN 13 162, ≥ 50 mm, U-förmige Verlegung im Gefach
b) Mineralwollematten nach DIN EN 13 162, ≥ 100 mm, press zwi-schen die Holzbalken eingefügt

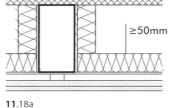 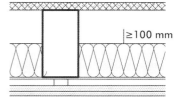

≥50mm   ≥100 mm

11.18a   **11.**18b

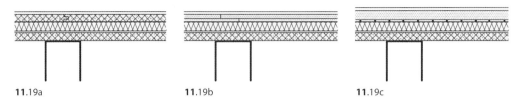

11.19a   **11.19b**   **11.19c**

11.19 Gebräuchliche Deckenauflagen für Holzbalkendecken
   a) Holzspanplatten (25 mm) im Verbund mit Mineralwolleplatten (28/25 mm) auf Beplankung (22 mm) der Rohdecke
   b) Gipsbauplatten (2 x 12,5 mm) im Verbund mit Mineralwolleplatten (28/25 mm)
   c) Zementestrich (ZE 50 mm) schwimmend auf Mineralwolleplatten (28/25 mm)

Bei einer Mindest-Dämmstoffdicke von ≥ 50 mm wird die Mineralwolle wannenförmig (U-förmig), bei Dämmstoffdicken von ≥ 100 mm planeben zwischen die Holzbalken in die Gefache press eingefügt.

Ein Ausbetonieren der Gefache und das Aufbringen einer durchgehenden Estrichschicht unmittelbar auf die Rohdecke ist schalltechnisch falsch und nahezu wirkungslos.

Flankierende Bauteile. Die Luftschallübertragung zwischen zwei Räumen erfolgt sowohl über das trennende Bauteil (z. B. Decke) als auch über die flankierenden Bauteile (z. B. Wände). Die Schall-Längsübertragung hängt dabei sehr stark von der Art des flankierenden Bauteiles und der konstruktiven Anbindung der Trenndecke an die raumbegrenzenden Wände ab.

Dementsprechend wird in Beiblatt 1 zu DIN 4109 in schallschutztechnischer Hinsicht grundsätzlich unterschieden zwischen

- **Massivbauart mit biegesteifer Anbindung** des trennenden Bauteils an die flankierenden Bauteile (= direkte Schallübertragung bei Massivbauten, daher ist eine spezielle Flankendämmung erforderlich),
- **Skelett- und Holzbauart mit gelenkiger Anbindung** des trennenden Bauteils an die flankierenden Bauteile (= vernachlässigbare Schallübertragung aufgrund trennender Fugen, insbesondere bei Skelettbauten).

In Massivbauten ist die Schall-Längsleitung umso größer, je leichter die Wände sind. Daher müssen auch in Massivbauten mit Holzbalkendecken die flankierenden Wände eine möglichst große flächenbezogene Masse aufweisen oder durch eine biegeweiche Vorsatzschale (z. B. Gipskarton-Verbundplatte) verkleidet werden. Es macht keinen Sinn, nur die Schalldämmung der Holzbalkende-

cke zu verbessern und die der flankierenden Wände zu vernachlässigen.

Dagegen ist bei reiner Skelett- und Holzbauweise die Schall-Längsleitung des flankierenden Bauteils (z. B. biegeweiche Holzständerwand) relativ gering und kann weitgehend vernachlässigt werden.

Trittschallschutz von Holzbalkendecken

Da die Anforderungen an den Trittschallschutz bei Holzdecken stets schwieriger zu erfüllen sind als der geforderte Luftschallschutz, wird im Folgenden nur der **Trittschallschutz** besprochen. Ist dieser erreicht, ist automatisch auch ein ausreichender Luftschallschutz vorhanden, sofern die angrenzenden Bauteile eine genügende Flankendämmung aufweisen. Alle konstruktiven Maßnahmen, die zu einer Verbesserung des Trittschallschutzes führen, bewirken immer auch eine Verbesserung der Luftschalldämmung.

Vergleicht man die schalldämmenden Verbesserungsmaßnahmen von Rohdecken im Massivbau mit denen im Holzbau, dann stellt man fest, dass

- schwere Massivdecken (für ausreichenden Trittschallschutz) mit relativ leichten schwimmenden Deckenauflagen oder weichfedernden Bodenbelägen versehen werden müssen,
- leichte Holzbalkendecken dagegen einen möglichst schweren Fußbodenaufbau benötigen, bei gleichzeitiger Entkoppelung der Schalen auf der Deckenober- und/oder Deckenunterseite.

Daraus ergibt sich, dass auf Massivdecken ermittelte Trittschallminderungen und deren Rechenwerte nicht auf den Holzbau übertragbar sind.

Rohdecke mit oberseitiger Deckenauflage

Während bei den Massivdecken seit langem bekannt ist, wie groß die schalldämmende Wirkung einer Deckenauflage sein kann, ist dies bei Holz-

11.20
Rohdecken-Beschwerungen mit Betonplatten oder Pappwaben-Sandschüttung
a) Betonplatten (300 x 300 x 40 bis 60 mm)
   mit Bitumen-Kaltkleber auf Lücke verklebt (bei offenen Bretterfugen zusätzlich
   noch mit Kraftpapier-Abdeckung o. Ä.)
b) Biegeweiche Sandschüttung in Pappwaben (30 bis 40 mm dick) mit unter-
   seitigem Rieselschutz (z. B. Kraftpapier)
   auf Rohdecke lose aufgelegt

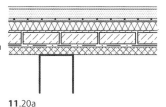
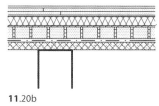

11.20a   **11**.20b

balkendecken erst in den letzten Jahren durch Untersuchungen der Entwicklungsgemeinschaft für Holzbau [7], [8], [9], deutlich geworden.

Deckenauflagen (Bild **11**.19a, b). Zur Verbesserung des Trittschallschutzes von Holzdecken werden in der Baupraxis schwimmend verlegte Deckenauflagen unterschiedlichster Art eingesetzt.

- **Mörtelestrich.** Die vorgenannten Untersuchungen haben ergeben, dass die Dämmwirkung eines Zementestrichs auf Holzbalkendecken wesentlich geringer ist als die eines gleich bemessenen Estrichs auf Massivdecken. Dort beträgt das Trittschall-Verbesserungsmaß etwa 30 dB, auf Holzbalkendecken aber lediglich etwa 15 bis 20 dB. Der Calciumsulfat-Fließestrich (Anhydritestrich) ist bei gleicher flächenbezogener Masse dem Zementestrich aus schalltechnischer Sicht ebenbürtig. Problematisch ist, dass ein frisch eingebrachter Fließestrich wesentlich mehr ungebundenes Wasser enthält als ein konventioneller Zementestrich.

- **Gussasphaltestrich.** Bei Gussasphaltestrich geht die Dämmwirkung aufgrund der geringeren flächenbezogenen Masse der Estrichplatte weiter zurück. Dieser Nachteil wird jedoch durch seine niedrige Körperschall-Leitfähigkeit (hohe innere Materialdämpfung; in akustischer Hinsicht voll ausgeglichen; außerdem bringt er keine Feuchte in das Bauwerk. Mit Gussasphaltestrichen können, je nach Steifigkeit der eingesetzten Dämmplatten, Trittschall-Verbesserungsmaße bis zu 15 dB auf Holzdecken erzielt werden.

- **Trockenestrich.** Wesentlich ungünstiger wird das Ergebnis, wenn im Bestreben nach trockenem Ausbau statt des Estrichs ein vollflächig schwimmender Fertigteilestrich (Trockenestrich) beispielsweise aus Gipskarton- oder Gipsfaserplatten, Holzspanplatten o. Ä. aufgebracht wird. Derartige Auflagen erbringen auf Holzdecken nur ein Trittschall-Verbesserungsmaß zwischen 7 und 10 dB. Daraus wird ersichtlich, dass ein Trockenestrich ohne Zusatzmaßnahmen – beispielsweise in Form einer Rohdecken-Beschwerung oder federnd abgehängten Unterdecke – keinen befriedigenden Schallschutz bieten kann.

Rohdecken-Beschwerungen. Biegeweiche Beschwerungen mit möglichst hoher flächenbezogener Masse erhöhen die Trittschalldämmung leichter Holzdecken am eindeutigsten. In der Baupraxis haben sich besonders bewährt:

- **Betonplatten** (Bild **11**.20a), die je nach flächenbezogener Masse unterschiedliche Dämmwirkung zeigen. Die Plattengröße liegt üblicherweise bei 30 x 30 cm, mit Plattendicken zwischen 40 mm (100 kg/m^2) und 60 mm (150 kg/m^2).
  Eine derartige Beschwerung ist jedoch weitgehend wirkungslos, wenn die oberseitige Beplankung der Rohdecke undicht ist, wie dies bei Nut- und Federbrettern aufgrund der vielen offenen Fugen der Fall ist. Daher muss auf die Rohdecke zunächst eine Abdeckung in Form eines Kraftpapieres oder einer dampfdurchlässigen Glasvlies-Bitumendachbahn aufgebracht und darauf die Betonplatten mit einem Bitumenkaltkleber auf Lücke aufgeklebt werden. Eine lose Verlegung ist aus akustischer Sicht nicht ausreichend.
  Keinesfalls dürfen jedoch auf eine Holzdecke dampfbremsende Schichten – wie beispielsweise PE-Folien – verlegt werden, da es infolge von Diffusion zu einer Feuchteanreicherung kommen könnte, die im Laufe der Zeit das darunter liegende Holzwerk zerstören würde. Vgl. hierzu auch Abschn. 11.3.7.2, Fertigteilestriche.

- **Sandschüttung in Pappwaben** (Bild **11**.20b). Sandschüttungen ergeben nach [9] bei gleicher flächenbezogener Masse bessere Dämmwerte als Plattenbeschwerungen, da durch sie

11

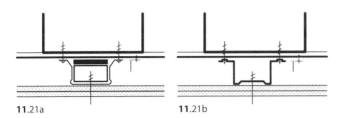

11.21a   **11.**21b

11.21
Entkoppelung der Deckenbekleidung
von der Rohdecke

a) Befestigung über Federbügel mit
Holzlattung (24/48 mm) und
zwischengelegtem Dämmstreifen

b) Befestigung über Federschiene mit
Abstand von 1 mm zum Holzbalken

eine zusätzliche Bedämpfung der Schwingungen erreicht wird. Die Schüttung muss trocken sein, außerdem ist bei allen Konstruktionen ein geeigneter Rieselschutz vorzusehen.

Um ein Wandern der Sandschüttung beim Begehen des Bodens zu verhindern, muss diese in geeigneter Form gefasst sein. Es bieten sich der Einsatz von fertigen Sandmatten und die Sandschüttung in Pappwaben an.

Bei der letztgenannten Fassung werden etwa 30 mm hohe Kartonwabenelemente – unterseitig mit einem Kraftpapier als Rieselschutz kaschiert – vollflächig auf die Beplankung der Rohdecke verlegt und anschließend trockener Sand in die Wabenauslassungen eingebracht. Pappwabenschüttungen sind nach dem Verfüllen sofort belastbar und müssen nicht nachverdichtet werden. Aufgrund ihres relativ günstigen Gewichtes (45 bis 75 kg/m^2) – je nach Wabenhöhe und Schüttgutqualität auch wesentlich darüber – eignen sie sich auch für den Einsatz in Altbauten, sofern das Traglastvermögen der Holzdecken dies zulässt.

Weichfedernde Bodenbeläge. Weichfedernde Gehbeläge verbessern die Trittschalldämmung auf Holzdecken weniger wirksam als auf Massivdecken. Sie werden in ihrer Wirkung auf Holzbalkendecken häufig überschätzt, da sie nur die hochfrequenten Geräuschanteile des Trittschalls reduzieren. Wie Tabelle **11.**14 verdeutlicht, dürfen weich-federnde Bodenbeläge nach DIN 4109 zum Nachweis des baurechtlich vorgeschriebenen Mindest-Trittschallschutzes von Wohnungstrenndecken nur in bestimmten Fällen herangezogen werden, da beispielsweise Teppichbeläge durch nachfolgende Nutzer ausgewechselt werden könnten. So ist bei Wohnungstrenndecken in Gebäuden mit mehr als 2 Wohnungen darauf zu achten, dass die Anforderungen an den normalen Trittschallschutz von der Decke **ohne** Berücksichtigung des Gehbelags eingehalten werden.

Rohdecke und unterseitige Deckenbekleidung

Die Schalldämmung einer Holzdecke ist umso besser, je weichfedernder die unterseitige Deckenbekleidung an der Balkenlage befestigt und je biegeweicher und dichter diese untere Schale ausgebildet ist.

- **Konterlattung.** Bereits das unterseitige Anbringen einer Lattung quer zur Balkenlage und die damit verbundene Reduzierung der Verbindungsfläche mindert die vertikale Schallübertragung wesentlich.

- **Federbügel** (Bild **11.**21a). Noch bessere schalltechnische Ergebnisse werden erzielt, wenn die Querlatten mit Federbügeln und zwischengelegten Mineralwollestreifen an den Balken befestigt werden.

- **Federschiene** (Bild **11.**21b). Eine ähnlich gute schallmäßige Entkoppelung wird mit Federschienen erreicht. Sowohl Federbügel als auch Federschienen sind korrekt zu montieren, wobei die Befestigungsschrauben nicht fest angezogen werden dürfen. Wichtig ist, dass die Federschienen nicht press, sondern mit einem Spiel von etwa 1 mm am Holzbalken befestigt sind.

Als Bekleidungsmaterialien für die Deckenunterseite kommen vor allem Gipskarton- und Gipsfaserplatten in Frage. Untersuchungen haben ergeben, dass sich einlagige Bekleidungen aus ≥ 20 mm dicken und damit relativ biegesteifen Platten schalltechnisch nicht bewährt haben. Bessere Ergebnisse werden mit Aufdopplungen (z. B. 2 x 12,5 mm dicken Gipskartonplatten) erzielt. Die beiden fugenversetzt anzubringenden Lagen dürfen jedoch nicht miteinander verklebt, sondern nur punktweise verschraubt und damit biegeweich miteinander verbunden werden. Auch verputzte Rohr- und Drahtgewebe sind als noch ausreichend biegeweich zu bezeichnen.

Schalltechnisch wesentlich ungünstiger verhalten sich – aufgrund der vielen offenen Fugen – Bekleidungen mit Nut- und Feder-Brettern. Profilholz-Bekleidungen sollten daher immer auf einer Lage OSB- bzw. Holzspanplatten oder Gipskartonplatten montiert werden. Entsprechende Befestigungstechniken s. Abschn. 14.5.3.2.

Deckenkonstruktionen

Die nachstehenden Bilder zeigen beispielhaft Holzbalkendecken mit unterschiedlich ausgebil-

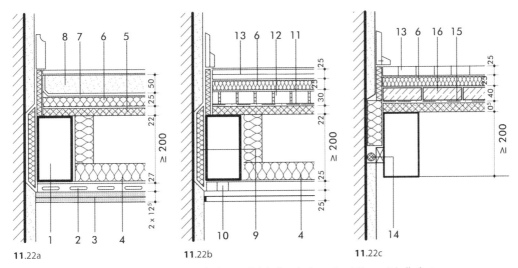

11.22a   **11**.22b   **11**.22c

11.22   Konstruktionsbeispiele mehrschalig aufgebauter Holzbalkendecken mit erhöhtem Schallschutz
     a) Zementestrich schwimmend verlegt, unterseitige Deckenbekleidung über Federschiene an der Holzdecke befestigt
     b) Fertigteileestrich aus GK-Bauplatten schwimmend verlegt auf Rohdecken-Beschwerung (Sandschüttung in Pappwaben), Deckenbekleidung über Federbügel an der Holzdecke befestigt
     c) Fertigteilestrich aus Holzspanplatten schwimmend verlegt auf Rohdecken-Beschwerung (Betonplatten) mit unterseitig sichtbaren Holzbalken

1 Holzbalken (≥ 100 x 200 mm)	10 Federbügel mit Holzlattung und Dämmstoffstreifen
2 Federschiene	11 Rieselschutz (z. B. Kraftpapier)
3 Gipskartonplatten (2 x 12,5 mm)	12 Sandschüttung in Pappwaben (Rohdecken-Beschwerung)
4 Hohlraumdämpfung (Mineralwollematten)	
5 Holzspanplatten mit Nut- und Feder (Rohdecken-Beplankung)	13 Fertigteilestrich aus GK-Bauplatten (2 x 12,5 mm)
6 Trittschalldämmplatten (z. B. Mineralwolleplatten 25/20 mm, Typ T oder TK)	14 vorkomprimiertes Dichtstoffband (zusätzliche Abdichtung der Randfuge)
7 Abdeckung (z. B. PE-Folie 0,1 mm)	15 Kaltbitumenkleber (bei offenen Bretterfugen zusätzlich noch mit Kraftpapier-Abdeckung o. Ä.)
8 Zementestrich (z. B. 50 mm)	16 Betonplatten mit offenen Fugen verklebt (Rohdecken-Beschwerung)
9 Mineralwolle zwischen Wand und Streichbalken (Randfuge satt ausgestopft)	17 Fertigteilestrich aus OSB-Holzspan-Verlegeplatten

deten Deckenauflagen und federnd abgelösten Deckenbekleidungen, die jeweils ganz bestimmte Vor- und Nachteile aufweisen.

In der Baupraxis sind neben der Schalldämmung häufig auch noch brandschutztechnische Anforderungen, Tragfähigkeitsprobleme bei Altdecken sowie andere bauliche Besonderheiten zu berücksichtigen.

Es ist daher sinnvoll auf geprüfte Deckenkonstruktionen zurückzugreifen. Sowohl schall- als auch brandschutztechnisch erprobte Konstruktionen sind der weiterführenden Fachliteratur [9], [10] zu entnehmen.

Bild 11.22a zeigt eine Regelkonstruktion mit schwimmend verlegtem Zementestrich und zweilagiger GK-Deckenbekleidung unterseitig an Federschienen befestigt. Zu beachten ist, dass

auch hier Randdämmstreifen entlang aller angrenzenden Bauteile sowie Dämmschalen an Rohrdurchführungen u. Ä. einzubauen sind. Auch alle Zwischenräume – vor allem zwischen Wand und Streichbalken – müssen mit Mineralwolle satt ausgestopft und gegebenenfalls an passender Stelle noch vorkomprimierte Schaumstoffbänder als zusätzliche Dichtung vorgesehen werden. Die unterseitige Deckenbekleidung ist mit versetzten Plattenfugen möglichst dicht auszubilden und elastoplastisch (dauerelastisch) an die angrenzenden Bauteile anzuschließen.

Bild 11.22b weist auf der Deckenoberseite einen schwimmend verlegten Fertigteilestrich aus GK-Bauplatten mit einer zusätzlichen Beschwerung aus Pappwaben-Sandfüllung auf, da ein Trockenestrich allein – d. h. ohne Zusatzmaßnahmen –

keinen befriedigenden Schallschutz bietet. Unterseitig ist die GK-Deckenbekleidung an Federbügeln befestigt.

Bild 11.22c zeigt eine Konstruktion mit auf die Rohdecke aufgeklebten Betonsteinen und schwimmend verlegtem Fertigteilestrich. Derart ausgebildete Deckenauflagen genügen hohen schallschutztechnischen Anforderungen, so dass Decken mit unterseitig sichtbaren Holzbalken möglich sind. Weiterentwicklungen sind in dieser Richtung zu erwarten. Dabei gilt es jedoch zu beachten, dass in Altbauten damit häufig die Grenze der statischen Belastbarkeit von Holzdecken und oftmals auch die überhaupt mögliche Einbauhöhe der Deckenauflage überschritten wird. Deshalb müssen bereits bei der Planung die vorhandenen und oftmals nicht zu ändernden Treppenan- und Treppenaustritte, lichten Türhöhen, Brüstungshöhen u. Ä. berücksichtigt werden.

11.3.4 Wärmeschutz und Energieeinsparung

Allgemeines

Der Wärmeschutz und die Energieeinsparung im Hochbau umfassen alle Maßnahmen, die zur Verringerung der Wärmeübertragung durch die Umfassungsflächen eines Gebäudes und durch die Trennflächen von Räumen mit unterschiedlichen Temperaturen führen.

DIN 4108 – Mindestanforderungen an den Wärmeschutz

Die DIN 4108-2 legt Mindestanforderungen an die Wärmedämmung von Bauteilen und an Wärmebrücken in der Gebäudehülle fest. Bei Erfüllung dieser Mindestanforderungen – die bei keinem Bauteil unterschritten werden dürfen – soll den Bewohnern ein hygienisches und behagliches Raumklima sowie ein dauerhafter Schutz der Baukonstruktion vor klimabedingten Feuchteinwirkungen gesichert werden (bauphysikalischer Aspekt). Eine erhöhte Einsparung von Heizenergie wird dadurch nicht erreicht.

Begriffsbestimmung. Für die Anwendung und zum besseren Verständnis der hier angesprochenen Normen und Verordnungen gelten folgende Begriffe:
- **Heizwärmebedarf** eines Gebäudes. Darunter versteht man rechnerisch ermittelte Wärmeeinträge über ein Heizsystem, die zur Aufrechterhaltung einer bestimmten mittleren Raumtemperatur in einem Gebäude benötigt werden.

- **Heizenergiebedarf** eines Gebäudes. Hierbei handelt es sich um eine berechnete Energiemenge, die dem Heizsystem des Gebäudes zugeführt werden muss, um den Heizwärmebedarf abdecken zu können. Das heißt, die Verluste durch die technischen Anlagen (z. B. Heizung und Warmwasseraufbereitung) werden mit berücksichtigt.

- **Heizenergieverbrauch** eines Gebäudes. Darunter versteht man einen über eine bestimmte Zeitspanne gemessenen Wert an Heizenergie, der zur Aufrechterhaltung einer bestimmten Temperatur erforderlich ist. Er entsteht bei der Beheizung des realen Gebäudes unter realen Randbedingungen und hängt somit sehr stark vom Nutzerverhalten und von den jährlich schwankenden Außentemperaturen ab.

Energieeinsparverordnung (EnEV)

Seit dem Jahr 2002 haben aufeinander folgende Energieeinsparverordnungen die vorangegangene Reihe der Wärmeschutzverordnungen abgelöst. Damit konnte eine Senkung der CO_2-Emissionen, des Primärenergiebedarfs und die weitere Reduzierung des Heizwärmebedarfes von Gebäuden erreicht werden.

In der Energieeinsparverordnung wurden die Wärmeschutzverordnung (WärmeschutzV) 1995 und die Heizanlagenverordnung 1998 zusammengefasst. Während zuvor Anforderungen an den Jahres-Heizwärmebedarf gestellt wurden (WärmeschutzV), richtet sich in der Energieeinsparverordnung das Anforderungsniveau für Wohnbauten am Jahres-Primärenergiebedarf für Heizung, Warmwasserbereitung, ggf. Kühlung und Lüftung aus. Bei Nichtwohngebäuden fließt zusätzlich noch der Energiebedarf für die Beleuchtung in die Berechnungen mit ein. Der Jahres-Primärenergiebedarf schließt dabei auch Aufwendungen für die Warmwasserbereitung sowie die Wärmeverluste des Heizsystems und der raumlufttechnischen Anlage mit ein. Zudem wird der Energieverbrauch für den Kühlbedarf von Gebäuden ebenfalls über den Jahres-Primärenergiebedarf begrenzt.

Im Zuge der Novellierungen der Energieeinsparverordnung über die EnEV 2007 hin zur EnEV 2014 wurde das Verfahren zur Berechnung des Jahres-Energiebedarfs von der Systematik nach DIN V 4701-10 und DIN V 4108-6 zu einer Bilanzierung nach DIN V 18599 fortentwickelt, welche u. a. auch den Primärenergiebedarf der Gebäudebeleuchtung erfasst.

Einzelheiten über Wärmeschutz und Energieeinsparung im Allgemeinen sowie Rechenbeispiele mit den entsprechenden Rechenwerten sind Abschn. 17.5 zu entnehmen.

11

Ausführungsbeispiele wärmegedämmter Böden und Decken

Bei der Dämmung von Böden und Decken muss grundsätzlich zwischen Wärme- und Schallschutz-Maßnahmen unterschieden werden. Abhängig von der jeweiligen Lage der Decke im Gebäude ergeben sich daraus unterschiedliche wärme- und/oder schallschutztechnische Anforderungen (Bild **11**.23).

Die wichtigsten bauteilbezogenen Ausführungsbeispiele wärmegedämmter Böden und Decken werden nachstehend – unter Bezug auf Tabelle 11.24 und Bild 11.25 – kurz erläutert.

Unterer Abschluss nicht unterkellerter Aufenthaltsräume

(Bild **11**.23,A; Tabelle **11**.24, Zeilen 7 und 8, sowie Bild **11**.25a und b)

Unmittelbar an das Erdreich grenzende Bodenplatten von Aufenthaltsräumen müssen gut gedämmt sein, um vor allem Wärmeverluste nach unten zu verhindern und Tauwasserbildung auf oder innerhalb des Fußbodenaufbaues zu vermeiden. Trittschallschutzmaßnahmen sind wegen möglicher Schallübertragung in andere Räume erforderlich.

Außerdem ist immer auch eine Abdichtung gemäß DIN 18195 gegen von außen eindringende Feuchtigkeit vorzusehen. Wie die Bilder **11**.25a und b zeigen, können die notwendigen Wärmedämmschichten sowohl oberhalb als auch unterhalb der Abdichtungsebene liegen.

- **Dämmschichten oberhalb der Abdichtungsebene.**
  Bei der Dämmschichtanordnung oberhalb der Abdichtung ist neben der Wärmedämmung immer auch ein ausreichender Trittschallschutz einzuplanen, um eine Schall-Längsleitung über flankierende Bauteile zu minimieren. Dies wird am wirksamsten mit einem schwimmenden Estrich erreicht. Aufgrund der Anforderungen durch die Energieeinsparverordnung und der sich daraus ergebenden Dämmschichtdicke von mehr als 150 mm, empfiehlt sich eine zweilagige Ausführung, d. h. die kombinierte Verlegung von Trittschall- und Wärmedämmplatten. Dabei soll die weichere Trittschalldämmplatte immer unten, auf der Bodenabdichtung, in einer Nenndicke unter Belastung von etwa 20 mm (25/20 mm) liegen. Darüber ist die Wärmedämmplatte in erforderlicher Dicke anzuordnen. Besonders geeignet sind Dämmstoffe, die möglichst wenig Feuchte aufnehmen und verrottungsfest sind (z. B. PS-Hartschaumplatten).
  Da bei erdberührten Fußbodenkonstruktionen – vor allen in beheizten Untergeschossräumen – eine verstärkte Wasserdampfdiffusion von unten nach oben oder von oben nach unten stattfinden kann (Temperaturunterschiede bis zu 15 °C) sind stark dampfdurchlässige Dämmmaterialien (z. B. Mineralfaserplatten) nur in Verbindung mit einer stark dampfbremsenden Schicht einsetzbar. Einzelheiten hierzu sind dem Abschnitt „Tauwasserbildung in Fußbodenkonstruktionen" sowie Bild **11**.3 mit Fußnote zu entnehmen.
- **Dämmschichten unterhalb der Abdichtungsebene.**
  Bei erdberührten Bauteilen kann die erforderliche Wärmedämmung auch außerhalb der Bauwerksabdichtung angeordnet sein, wobei die notwendige Trittschalldämmung raumseitig durch einen schwimmenden Estrich erreicht wird. Diese Art des Wärmeschutzes im Erdreich bezeichnet man als **Perimeterdämmung.** Die notwendige Abdichtungsebene kann entweder unter – d. h. unmittelbar auf den Dämmplatten – oder über der Bodenplatte angeordnet werden.

Nach DIN 4108-2 dürfen bei der Berechnung des Wärmedurchlasswiderstandes jedoch nur die Schichten herangezogen werden, die raumseitig (oberhalb) der Bauwerksabdichtung liegen, da übliche Dämmstoffe ihre Wärmedämmfähigkeit unter Feuchteeinfluss größtenteils einbüßen. Für die Perimeterdämmung sind daher nur Dämmstoffe geeignet und zugelassen (allgemeine bauaufsichtliche Zulassung durch das Deutsche Institut für Bautechnik, Berlin), für die der Nachweis erbracht wurde, dass sich ihre Eigenschaften im eingebauten Zustand unter den vorgesehenen Bedingungen auch über einen langen Zeitraum hinweg nicht nachteilig verändern. Es eignen sich vor allem extrudierte PS-Hartschaumplatten und Schaumglas, bei denen nahezu keine Feuchtigkeitsaufnahme zu verzeichnen ist.

Kellerdecken (Decken gegen unbeheizte Räume)

(Bild **11**.23,B; Tabelle **11**.24, Zeile 10, sowie Bild **11**.25c und d)

Die Raumtemperaturen in unbeheizten Kellerräumen liegen im Winter bei etwa 10 °C und im Sommer bei etwa 15 °C. Dadurch entsteht zwischen den Räumen des Erd- und Kellergeschosses ein Wärmegefälle, so dass die Kellerdecke nach der Energieeinsparverordnung wie eine Gebäudehüllfläche eingestuft wird. Auch der bei einer Flächenheizung (Fußbodenheizung) gegenüber Kalträumen vorgegebene Wärmedurchgangskoeffizient der Bauteilschichten in Höhe von maximal 0,35 W/m²K ist einzuhalten.

Kellerdecken können auf der Oberseite und/oder Unterseite gedämmt werden. Es ist von Fall zu Fall abzuwägen, ob die Dämmschichten nur oberseitig in Form eines schwimmenden Estrichs (= kombinierte, zweilagige Verlegung von Trittschall- und Wärmedämmplatten) oder beidseitig der Kellerdecke (= oberseitig Trittschalldämmung, unterseitig Wärmedämmung) angebracht werden sollen.

Wärmedämmplatten auf der Unterseite der Kellerdecke werden entweder vor dem Betonieren der Massivdecke auf die Schalung gelegt und anbetoniert oder nachträglich durch Kleben, Dübeln o. Ä. als Deckensichtplatten angebracht. Dabei sind immer auch das Brandverhalten der Dämmstoffe sowie die bauaufsichtlichen Vorschriften bezüglich des vorbeugenden Brandschutzes zu beachten.

Wohnungstrenndecken und Decken zwischen fremden Arbeitsräumen

(Bild **11**.23,C; Tabelle **11**.24, Zeile 5, 6, sowie Bild **11**.25e)

Geschossdecken müssen vor allem einen ausreichenden Luft- und Trittschallschutz aufweisen. Dies wird am wirksamsten mit einem schwimmenden Estrich auf geeigneten Trittschalldämmplatten erreicht, die gleichzeitig auch eine ausreichende Wärmedämmung abgeben. Dabei sollte bedacht werden, dass in Mehrfamilienhäusern einzelne Wohneinheiten oftmals über einen längeren Zeitraum nicht bewohnt werden und damit weniger beheizte Räume gut beheizten Bereichen Heizwärme entziehen. Dies kann zu einer Verfälschung der Heizkostenabrechnung führen.

11

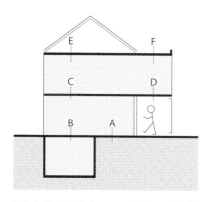

11.23 Bauteilbenennung und Darstellung der Lage von Böden und Decken im Gebäude an die wärme- und/oder schallschutztechnische Anforderungen gestellt wurden. Vgl. hierzu auch Tab. **11**.24 und Bild **11**.25.

A Unterer Abschluss nicht unterkellerter Aufenthaltsräume (unmittelbar an das Erdreich grenzend)

B Kellerdecken (Decken gegen unbeheizte Räume)

C Wohnungstrenndecken und Decken zwischen fremden Arbeitsräumen

D Decken, die Aufenthaltsräume nach unten gegen die Außenluft abgrenzen

E Decken unter nicht ausgebauten Dachräumen

F Decken, die Aufenthaltsräume nach oben gegen die Außenluft abgrenzen (z. B. Decken unter Terrassen) bleiben hier unberücksichtigt

Tabelle **11**.24 Mindestwerte für Wärmedurchlasswiderstände von Bauteilen nach DIN 4108-2

Spalte	1	2	3
Zeile	Bauteile	Beschreibung	Wärmedurchlasswiderstand des Bauteils[b] R in m$^2 \cdot$ K/W
1	Wände beheizter Räume	gegen Außenluft, Erdreich, Tiefgaragen, nicht beheizte Räume (auch nicht beheizte Dachräume oder nicht beheizte Kellerräume außerhalb der wärmeübertragenden Umfassungsfläche)	1,2[c]
2	Dachschrägen beheizter Räume	gegen Außenluft	1,2
3	Decken beheizter Räume nach oben und Flachdächer		
3.1		gegen Außenluft	1,2
3.2		zu belüfteten Räumen zwischen Dachschrägen und Abseitenwänden bei ausgebauten Dachräumen	0,90
3.3		zu nicht beheizten Räumen, zu bekriechbaren oder noch niedrigeren Räumen	0,90
3.4		zu Räumen zwischen gedämmten Dachschrägen und Abseitenwänden bei ausgebauten Dachräumen	0,35
4	Decken beheizter Räume nach unten		
4.1[a]		gegen Außenluft, gegen Tiefgarage, gegen Garagen (auch beheizte), Durchfahrten (auch verschließbare) und belüftete Kriechkeller	1,75
4.2		gegen nicht beheizten Kellerraum	0,90
4.3		unterer Abschluss (z. B. Sohlplatte) von Aufenthaltsräumen unmittelbar an das Erdreich grenzend bis zu einer Raumtiefe von 5 m	
4.4		über einem nicht belüfteten Hohlraum, z. B. Kriechkeller, an das Erdreich grenzend	
5	Bauteile an Treppenräumen		
5.1		Wände zwischen beheiztem Raum und direkt beheiztem Treppenraum, Wände zwischen beheiztem Raum und indirekt beheiztem Treppenraum, sofern die anderen Bauteile des Treppenraums die Anforderungen der Tabelle 3 erfüllen	0,07
5.2		Wände zwischen beheiztem Raum und indirekt beheiztem Treppenraum, wenn nicht alle anderen Bauteile des Treppenraums die Anforderungen der Tabelle 3 erfüllen	0,25
5.3		oberer und unterer Abschluss eines beheizten oder indirekt beheizten Treppenraumes	wie Bauteile beheizter Räume
6	Bauteile zwischen beheizten Räumen		
6.1		Wohungs- und Gebäudetrennwände zwischen beheizten Räumen	0,07
6.2		Wohnungstrenndecken, Decken zwischen Räumen unterschiedlicher Nutzung	0,35

[a] Vermeidung von Fußkälte.
[b] bei erdberührten Bauteilen: konstruktiver Wärmedurchlasswiderstand.
[c] bei niedrig beheizten Räumen 0,55 m$^2 \cdot$ K/W

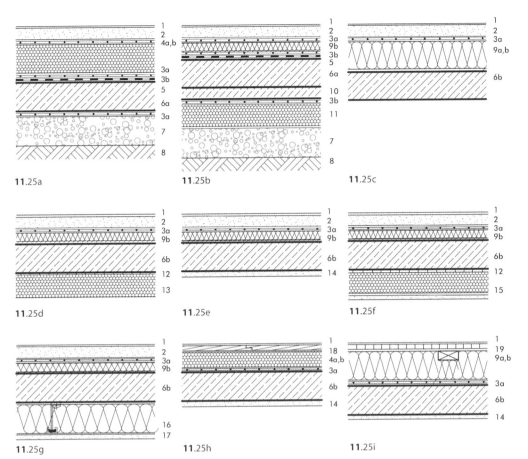

11.25 Schematische Darstellung der wärme- und/oder schallschutztechnischen Maßnahmen, die je nach Lage des Bodens oder der Decke im Gebäude erforderlich sind. Vgl. hierzu auch Bild **11**.23 und Tabelle **11**.24.

a) und b) Unterer Abschluss nicht unterkellerter Aufenthaltsräume (unmittelbar an das Erdreich grenzend)
c) und d) Kellerdecken (Decken gegen unbeheizte Räume)
e) Wohnungstrenndecken und Decken zwischen fremden Aufenthaltsräumen
f) und g) Decken, die Aufenthaltsräume nach unten gegen die Außenluft abgrenzen
h) und i) Decken unter nicht ausgebauten Dachräumen

1 Bodenbelag
2 Mörtelestrich
3a Abdeckung (z. B. PE-Folie 0,1 mm, einlagig)
3b Gleitschicht/Dampfbremse
   (z. B. PE-Folie 0,2 mm, zweilagig)
4a Wärmedämmung (z. B. PS-Hartschaumplatten).
4b Trittschalldämmung (z. B. elastifizierte
   PS-Hartschaumplatten)
5 Abdichtung aus Bitumen-Dichtungsbahnen
   (Kunststoff-Dichtungsbahnen)
6a Bodenplatte (bewehrt)
6b Geschossdecke
7 Sauberkeitsschicht (z. B. Kies-/Sandbett)
8 Erdreich
9a Wärmedämmung (z. B. Mineralwolleplatten)
9b Trittschalldämmung (z. B. Mineralwolleplatten)
10 Schutzbeton (Sauberkeitsschicht)

11 Perimeterdämmung; bauaufsichtlich zugelassene
   Dämmmaterialien, die nahezu keine Feuchtigkeit aufnehmen, z. B. extrudierte PS-Hartschaumplatten,
   Schaumglas)
12 Kleber
13 Deckensichtplatten (unterseitige Wärmedämmung)
14 Deckenputz (Innenputz)
15 Wärmedämm-Verbundsystem (PS-Hartschaumplatten
   mit Armierungsgewebe und Außenputz)
16 Wärmedämmung (z. B. Mineralwollematten)
17 abgehängte Unterdecke (z. B. GK-Bauplatten)
18 Trockenestrich (z. B. GK-Bauplatten im Verbund mit
   PS-Hartschaumplatten)
19 Trockenestrich (z. B. Holzspanplatten auf Lagerhölzern
   mit Mineralwolle-Dämmstreifen).

Vgl. hierzu auch Tab. **17**.107

Decken, die Aufenthaltsräume nach unten gegen die Außenluft abgrenzen

(Bild **11**.23,D; Tabelle **11**.24, Zeile 11, sowie Bild **11**.25 f und g)

Decken über Durchfahrten, Garagen, auskragenden Gebäudeteilen u. Ä. müssen besonders sorgfältig gedämmt werden, da diesen exponierten Bauteilen am meisten Wärme entzogen wird (Temperaturunterschiede von 35 K und mehr). Auch an diese Decken werden gleichzeitig Anforderungen bezüglich des Trittschallschutzes gestellt (horizontale und schräge Schall-Längsleitung), so dass sich ähnlich wie bei den Kellerdecken eine doppelseitige Anordnung der Dämmschichten anbietet. Üblicherweise wird auf der Deckenoberseite ein schwimmender Estrich aufgebracht, der den normalen Wärme- und Trittschallanforderungen genügt. Die noch zusätzlich erforderlichen Wärmedämmschichten ordnet man auf der Unterseite der Rohdecke an, d. h. auf der „kalten Seite" der Konstruktion, so dass die gesamte Geschossdecke ohne Absatz durchbetoniert werden kann.

Bei derart mehrschichtigen Außenbauteilen ist immer auch auf die bauphysikalisch richtige Anordnung der einzelnen Schichten zu achten, da es sonst zu Feuchtekondensat infolge Dampfdiffusion kommen kann. So kann bei dem hier besprochenen Bauteil unter bestimmten Voraussetzungen (z. B. bei Räumen mit ständig hoher Raumfeuchte, stark dampfdurchlässigem Dämmmaterial) der Einbau einer stark dampfbremsenden Schicht auf der Warmseite der innenliegenden Dämmschichten notwendig werden.

Ein vollflächiges Anbetonieren oder vollflächiges Ankleben von biegesteifen Wärmedämmplatten (z. B. Holzwolle-Leichtbauplatten, steifen Hartschaumplatten) an der Deckenunterseite derartiger Bauteile sollte nach DIN 4109 unterbleiben (Schall-Längsleitung, Verschlechterung der Luftschalldämmung). Zu empfehlen ist dagegen ein nachträgliches punktweises Verkleben der Platten an der Rohdeckenunterseite, die Anordnung auf einem schalltechnisch abgekoppelten Lattenrost oder die Ausbildung als abgehängte biegeweiche Unterdecke. Es ist jedoch darauf zu achten, dass bei derartigen Ausführungen die Deckensichtplatten möglichst dicht und dauerelastisch an die angrenzenden Bauteile angeschlossen und nur schwerentflammbare Dämmmaterialien Verwendung finden.

Decken unter nicht ausgebauten Dachräumen

(Bild **11**.23,E; Tabelle **11**.24, Zeile 19, sowie Bild **11**.25 h und i)

Wird der Raum zwischen der letzten Geschossdecke und der eigentlichen Dachhaut belüftet, d. h. mit der Außenluft direkt verbunden (Kaltdachprinzip), dann kommt es in diesem Zwischenraum im Winter zu einer starken Abkühlung bis minus 10 °C und darunter und im Sommer durch Wärmestau zu Temperaturen bis zu plus 60 °C und mehr. Dachgeschossdecken sind daher mit einer oberseitig aufgebrachten Wärmedämmung zu schützen. Die Wärmedämmung ist auf und nicht unterhalb der Decke anzuordnen, weil die Ausführung kostengünstiger, die Verlegung der Dämmplatten einfacher und oberseitig (außenseitig) die bauphysikalisch richtige Anordnung gegeben ist.

Neben dem baulichen Wärmeschutz wird bei Dachgeschossdecken immer auch ein ausreichender Luftschallschutz und – bei begehbaren Dachräumen – auch ein entsprechender Trittschallschutz verlangt. Auf Decken von nicht genutzten Dachräumen können die Dämmplatten im Prinzip ohne Abdeckung verlegt werden, ggf. mit aufgelegten Laufbohlen für den Schornsteinfeger. Bei genutzten

Dachräumen (z. B. Geschosshäuser mit Abstellräumen) kann der Trittschallschutz am wirksamsten mit einem schwimmend verlegten Zementestrich oder Fertigteilestrich geschaffen werden.

Fußwärme
(Wärmeableitung von Fußböden)

Mit dem Fußboden steht der Mensch – im Unterschied zu den anderen raumbegrenzenden Bauteilen – nahezu ständig in direkter Berührung. Fußböden in Aufenthaltsräumen sollten daher „fußwarm" sein, d. h. die Fußbodenkonstruktion eine insgesamt ausreichende Wärmedämmung nach DIN 4108-2 und Energieeinsparverordnung haben und der Bodenbelag (Gehschicht) eine möglichst geringe Wärmeleitfähigkeit aufweisen.

Unter der Wärmeableitung eines Fußbodens versteht man die auf eine bestimmte Fläche bezogene Wärmemenge, die in einer Zeiteinheit von einem warmen Körper auf den Fußboden übergeht. Bei einer schnellen Ableitung erscheint ein Bodenbelag physiologisch als „fußkalt", bei einer langsamen Ableitung hingegen als „fußwarm".

Während beim unbekleideten Fuß vor allem die Wärmeableitung der obersten Gehschicht, die Belagdicke und ggf. Schichtenfolge eine Rolle spielen, ist beim bekleideten Fuß vornehmlich die Fußbodentemperatur und Lufttemperatur in unmittelbarer Bodennähe von Bedeutung. Auch die jeweilige Einwirkdauer und Beschaffenheit des Schuhwerkes sind zu beachten. Die Oberflächentemperatur eines Fußbodens sollte nicht unter 18 °C absinken.

Als besonders fußwarm werden vor allem Teppichbeläge mit hoher Nutzschichtdicke (Poldicke) – insbesondere verspannte Teppichware mit Filzunterlage – aber auch elastische Bodenbeläge mit Schaumstoff-, Kork- oder Filzunterschicht (Verbundbeläge) sowie gewisse Holzfußböden gewertet.

Als nur bedingt ausreichend fußwarm gelten Keramik-, Naturstein- und Betonwerksteinplatten, Zementestrich u. Ä. für Räume mit derartigen Belägen (z. B. im Wohnbereich) bietet sich der Einbau einer Fußboden-Flächenheizung an.

11.3.5 Dämmstoffe für die Wärmedämmung und Trittschalldämmung von Fußbodenkonstruktionen

Allgemeines

Dämmschichten innerhalb eines Fußbodenaufbaues bewirken – je nach Beschaffenheit der gewählten Produktgruppe – eine Verbesserung der

Wärmedämmung und/oder Schalldämmung der jeweiligen Deckenkonstruktion.

Im Bauwesen dürfen nur genormte Dämmstoffe verwendet werden, die in der Bauregelliste A geführt sind und eine gültige allgemeine bauaufsichtliche Zulassung des Deutschen Instituts für Bautechnik, Berlin, besitzen. Die entsprechenden Normen wurden während der letzten Jahre europäisch harmonisiert und ihr Aufbau im Wesentlichen aufeinander abgestimmt. Die Einhaltung der darin festgelegten Anforderungen ist von jedem Herstellerwerk durch eine Güteüberwachung – bestehend aus werkseigener Produktionskontrolle und Fremdüberwachung – sicherzustellen.

Einteilung und Benennung: Überblick[1]
Dämmstoffe für Wärme- und Trittschalldämmzwecke

Faserdämmstoffe[1]	DIN EN 13 162
Schaumkunststoffe[1]	DIN EN 13 163–DIN EN 13 166
Schaumglas	DIN EN 13 167
Holzwolle	DIN EN 13 168
Expandiertes Perlite	DIN EN 13 169
Expandierter Kork	DIN EN 13 170
Holzfaserdämmstoffe	DIN EN 13 171

Die nachstehenden Ausführungen beschränken sich aus Gründen der Übersichtlichkeit schwerpunktmäßig auf die Anforderungen, die an Schaumkunststoffe und Faserdämmstoffe als Dämmmaterial in Fußbodenkonstruktionen gestellt werden.

Einzelheiten über Herstellung und Energieverbrauch, Auswirkungen im Brandfall, Umweltverträglichkeit, Gesundheitsgefährdung, Wiederverwertung und Entsorgung von „klassischen" Dämmstoffen (Schaumstoffe und Mineralwolle – etwa 95 % Marktanteil) und „alternativennachwachsenden" Dämmstoffen (etwa 5 % Marktanteil) sowie ihre ökologische und ökonomische Bewertung sind der Fachliteratur [12], [13] zu entnehmen. Die vielfältigen Entwicklungen auf diesem Gebiet sind noch nicht abgeschlossen und bedürfen einer ständigen kritischen Beobachtung.

Angaben über Dämmstoffe im Allgemeinen und ihre Rechenwerte s. Abschnitt 17.5.5.

---

[1] Der aktuelle Stand der Normung von werkmäßig hergestellten Dämmstoffen (DIN EN 13162 bis DIN EN 13171) ist Abschn. 11.5 zu entnehmen.

Dämmstoffe für die Wärmedämmung (DIN EN 13 162–DIN EN 13 171)

Anwendungstypen. Alle Wärmedämmstoffe werden entsprechend ihrer Verwendung im Bauwerk gemäß DIN 4108-10 bestimmten Anwendungsgebieten zugeordnet und müssen je nach Einsatzbereich unterschiedliche Anforderungen an bestimmte Eigenschaften der Dämmstoffe erfüllen. In Tabelle **11**.26 sind die sich daraus ergebenden Anwendungstypen mit den dazugehörigen Typkurzzeichen genannt.

Wie diese Tabelle zeigt, dürfen unter Estrichen – gleichmäßig verteilte, normale Verkehrslasten vorausgesetzt – nur Wärmedämmstoffe der Eigenschaftstypen sg, sh oder sm, eingebaut werden. Um Verwechslungen mit Trittschalldämmplatten auszuschließen, müssen die Wärmedämmstoffe auf ihrer Verpackung – gegebenenfalls auch auf dem Erzeugnis selbst – normgerecht gekennzeichnet sein.

Bemessungswert der Wärmeleitfähigkeit. Alle Wärmedämmstoffe werden in Wärmeleitfähigkeit eingestuft. Die Werte liegen bei Schaumstoffen (DIN EN 13 163–13 166) zwischen 0,020 bis 0,050 W/ (m·K) und bei Faserdämmstoffen (DIN EN 13 162) zwischen 0,030 und 0,050 W/(m·K). Die jeweils konkreten Bemessungswerte der Wärmeleitfähigkeit λ_R sind DIN 4108-4 oder Veröffentlichungen im Bundesanzeiger zu entnehmen. S. hierzu auch Tab. **17**.66.

Brandverhalten. Dämmstoffe sind hinsichtlich ihres Brandverhaltens besonders sorgfältig auszuwählen.

Schaumstoffe und Faserdämmstoffe müssen mindestens der Baustoffklasse B2 nach DIN 4102-1 (normalentflammbar) entsprechen.

Faserdämmstoffe der Baustoffklasse A nach DIN 4102-1 (nichtbrennbar) mit brennbaren organischen Bestandteilen sowie Schaum- und Faserdämmstoffe der Baustoffklasse B1 (schwerentflammbar) unterliegen der Zulassungspflicht (Deutsches Institut für Bautechnik, Berlin).

Bei Faserdämmstoffen der Bauklasse A ohne brennbare organische Bestandteile sowie Schaum- und Faserdämmstoffe der Baustoffklasse B2 nach DIN 4102-1 (normalentflammbar) ist das Brandverhalten durch ein Übereinstimmungszertifikat einer hierfür anerkannten Überwachungsstelle nachzuweisen.

11

Tabelle **11**.26 Anwendungsgebiete und Differenzierungen der Produkteigenschaften[3] der Wärmedämmstoffe nach DIN V 4108-10

Anwendung[2]	Dämmstoff[1]	MW	EPS	XPS	PUR	PF	CG	EPB	ICB	WF	WW
Dach, Decke	DAD	dk[a], dh	+	+	+	+	+	+	wk, wf	dg, dm, ds	dk, dh
	DAA	+	dm, dh	dm, ds, dx	dh, ds, dx	+	dh, ds	ds	M.S.D.[b,c]	+, dh, ds	+
	DUK	–	–	dh, ds, dx	–	–	–	–	–	–	–
	DZ	+[a]	+	–	+	+	–	+	+	+	+
	DI	+	+	+	+	+	+	+	dk, dh	dk, dm	dk, dm
	DEO	+	+, dh	dm, ds, dx	dh, ds	dh, ds	+	+	+	dg, dm, ds	+
	DES	sh, sm, sg	sh, sg	–	–	–	–	–	M.S.D.[b,c] sh, M.S.D.[b,c] sg	–	sh, sg

[1] genormte Wärmedämmstoffe.

DIN EN 13 162	Mineralwolle	MW
DIN EN 13 163	Polystyrol-Hartschaum	EPS
DIN EN 13 164	Polystyrol-Extruderschaum	XPS
DIN EN 13 165	Polyurethan-Hartschaum	PUR
DIN EN 13 166	Phenolharz-Hartschaum	PF
DIN EN 13 167	Schaumglas	CG
DIN EN 13 168	Holzwolle	WW
DIN EN 13 169	Expandiertes Perlite	EPB
DIN EN 13 170	Expandiertes Kork	ICB
DIN EN 13 171	Holzfaser	WF

11

[2)] Kurzzeichen und Anwendungsbeispiele nach DIN 4108-10.

Kurzzeichen	Anwendungsbeispiele
DAD	Außendämmung von Dach oder Decke, vor Bewitterung geschützt, Dämmung unter Deckungen
DAA	Außendämmung von Dach oder Decke, vor Bewitterung geschützt, Dämmung unter Abdichtungen
DUK	Außendämmung des Daches, der Bewitterung ausgesetzt (Umkehrdach)
DZ	Zwischensparrendämmung, zweischaliges Dach, nicht begehbare, aber zugängliche oberste Geschossdecken
DI	Innendämmung der Decke (unterseitig) oder des Daches, Dämmung unter den Sparren/ Tragkonstruktion, abgehängte Decke usw.
DEO	Innendämmung der Decke oder Bodenplatte (oberseitig) unter Estrich ohne Schallschutz- anforderungen
DES	Innendämmung der Decke oder Bodenplatte (oberseitig) unter Estrich mit Schallschutz- anforderungen

[3)] Produkteigenschaften und ihre Kurzzeichen nach DIN V 4108-10.

Produkt- eigenschaft	Kurz- zeichen	Beschreibung	Beispiele
Druckbelast- barkeit	dk	keine Druckbelastbarkeit	Hohlraumdämmung, Zwischensparrendämmung
	dg	geringe Druckbelastbarkeit	Wohn- und Bürobereich unter Estrich
	dm	mittlere Druckbelastbarkeit	nicht genutztes Dach mit Abdichtung
	dh	hohe Druckbelastbarkeit	genutzte Dachflächen, Terrassen
	ds	sehr hohe Druckbelastbarkeit	Industrieböden, Parkdeck
	dx	extrem hohe Druckbelastbarkeit	hoch belastete Industrieböden, Parkdeck
Wasserauf- nahme	wk	keine Anforderungen an die Wasser- aufnahme	Innendämmung im Wohn- und Bürobereich
	wf	Wasseraufnahme durch flüssiges Wasser	Außendämmung von Außenwänden und Dächern
	wd	Wasseraufnahme durch flüssiges Wasser und/oder Diffusion	Perimeterdämmung, Umkehrdach
Schall- technische Eigenschaften	sk	keine Anforderung an schalltechni- sche Eigenschaften	alle Anwendungen ohne schalltechnische Anforderungen
	sh	Trittschalldämmung, erhöhte Zusammendrückbarkeit	Schwimmender Estrich, Haustrennwände
	sm	mittlere Zusammendrückbarkeit	
	sg	Trittschalldämmung, geringe Zusammendrückbarkeit	

Legende:
+:   Anwendung möglich, keine weiteren Differenzierungen der Produkteigenschaften des Wärmedämmstoffes
–:   keine genormte Anwendung
M.S.D.:   Mehrschichtdämmung

[a)]   Für diese Anwendung muss der λ_D-Nennwert der Wärmeleitfähigkeit nach DIN EN 13 162 $\leq 0{,}040$ W/(m · K) betragen.
[b)]   Bei Mehrschichtplatten müssen die einzelnen Schichten die Mindestanforderungen nach DIN V 4108-10 für die vorge- sehene Anwendung erfüllen. Sie müssen zusätzliche Mindestanforderungen an die Punktlast (für DAA), an die Grenzab- maße für die Dicke (für DES), an die Zusammendrückbarkeit (für DES, WTH) und an die dynamische Steifigkeit (für DES, WTH) erfüllen. Im Bezeichnungsschlüssel für Mehrschichtdämmungen sind die Bezeichnungsschlüssel für die einzelnen Schichten und für die anwendungsbezogenen zusätzlichen Mindestanforderungen auszuweisen.
[c)]   Dämmplatten aus Schichten von Blähperlit und nach DIN EN 13 162.

Dämmstoffe für die Trittschalldämmung[1)]
**(DIN EN 13 162–13 163; DIN EN 13 169;
DIN EN 13 171)**

Anwendungstypen. Auch alle Trittschalldämmstoffe der vorgenannten Normen werden entsprechend ihrer Verwendung im Bauwerk bestimmten Anwendungsgebieten zugeordnet. In Tabelle **11**.26 sind die sich daraus ergebenden Anwendungstypen mit den dazugehörigen Typkurzzeichen genannt.

Dynamische Steifigkeit. Trittschalldämmstoffe müssen ein ausreichendes Federungsvermögen haben, das durch die dynamische Steifigkeit s' der Dämmschicht gekennzeichnet wird. Sie ist umso niedriger (besser), je elastischer und dicker der Trittschalldämmstoff ist.

Andererseits muss der Trittschalldämmstoff eine Mindestdruckfestigkeit aufweisen, da er sowohl die Eigenlast der Estrichplatte als auch die Verkehrslasten (z. B. Einrichtungen) dauerhaft tragen muss. Somit ist die dynamische Steifigkeit des Dämmstoffes zusammen mit der flächenbezogenen Masse des Estrichs (Lastverteilungsschicht) entscheidend für die mit einem schwimmenden Estrich erzielbare Dämmwirkung.

- **Steifigkeitsgruppen.** Trittschalldämmstoffe werden entsprechend ihres jeweiligen Federungsvermögens in sog. Steifigkeitsgruppen eingeteilt. Die Mittelwerte der dynamischen Steifigkeit liegen bei Schaumstoffen zwischen 50 bis ≤ 7,0 MN/m^3 und bei Faserdämmstoffen zwischen 50 bis ≤ 7,0 MN/m^3. S. hierzu auch Tabelle **17**.107.

Je niedriger der Zahlenwert ist, desto besser ist das Trittschallverbesserungsmaß. In der Regel werden Trittschalldämmplatten mit einer dynamischen Steifigkeit von s' ≤ 20 MN/m^3 verwendet.

Beispiel: Ein schwimmender Estrich mit einer flächenbezogenen Masse von ≤ 70 kg/m^2 kann auf Dämmschichten mit einer dynamischen Steifigkeit s' von 30 MN/m^3 ein Verbesserungsmaß ΔL$_W$ (VM) von 26 dB erbringen, mit s' ≤ 10 MN/m^3 ein VM von 30 dB.

Wärmeleitfähigkeit. Da Trittschalldämmplatten gleichzeitig auch Wärmedämmeigenschaften besitzen, werden diese – wie die vorgenannten Wärmedämmstoffe – entsprechend ihrer Wärmeleitfähigkeit λ in

- **Wärmeleitfähigkeitsgruppen** eingestuft. Für wärmeschutztechnische Berechnungen

ist die Dicke unter Belastung (d$_B$) einzusetzen. Die Rechenwerte der Wärmeleitfähigkeit λ$_R$ sind DIN 4108-4 oder Veröffentlichungen im Bundesanzeiger zu entnehmen. Vgl. hierzu auch Tab. **17**.66.

Dicken und Zusammendrückbarkeit. In der DIN 18 560-2 werden als Nenndicke die Werte d$_L$ (Lieferdicke) und d$_B$ (Dicke unter Belastung) angegeben. Die Nenndicke – die in die Zeichnung eingetragen wird – ergibt sich aus den Werten d$_L$/d$_B$.

Beispiel 20/15: Lieferdicke d$_L$ = 20 mm, Dicke unter Belastung d$_B$ = 15 mm/Nenndicke.

Die Zusammendrückbarkeit einer Trittschalldämmplatte ergibt sich aus der Differenz der Lieferdicke d$_L$ und der Dicke d$_B$ unter einer genormten Prüfbelastung. Diese Nenndickendifferenz ist eine theoretische Größe, die für die Beurteilung von Estrichen nach DIN 18 560-2 herangezogen wird. Sie wird gemäß DIN 4108-10 in die Kategorien „sh" (erhöhte Zusammendrückbarkeit); „sm" (mittlere Zusammendrückbarkeit) und „sg" (geringe Zusammendrückbarkeit) – abhängig jeweils von der dynamischen Steifigkeit – eingeteilt. Bei mehreren Lagen sind die Zusammendrückbarkeiten der einzelnen Lagen zu addieren.

In der Baupraxis wird häufig davon ausgegangen, dass sich die Dicke unter Belastung d$_B$ zwangsläufig einstellt, wenn die Eigenlast des Estrichs und die jeweilige Verkehrslast auf die Trittschalldämmplatten einwirken.

Untersuchungen [14], [15] haben jedoch ergeben, dass sich der Dämmstoff nach Aufbringen eines 50 mm dicken Estrichs (~ 100 kg/m^2) nur um etwa einen Millimeter und im Nutzungszustand (Verkehrslast für Wohnbauten ~ 1,5 kN/m^2) zusätzlich um einen weiteren Millimeter zusammendrückt.

Empfehlungen und Hinweise. Um den in DIN 4109 geforderten Mindest-Trittschallschutz von Decken zu erreichen, müssen Trittschalldämmplatten in einer Dicke von mind. 20/15 mm eingesetzt werden (Annahme: Faserdämmstoffe – dynamische Steifigkeit s' ≤ 20 MN/m^3, Stahlbetondecke – 15 mm dick).

Damit eine Trittschallbelästigung jedoch sicher ausgeschlossen werden kann, wird auf die Vorschläge für einen erhöhten Schallschutz im Beiblatt 2 zu DIN 4109 verwiesen und ein Faserdämmstoff in einer Dicke von 30/25 mm zum Einbau empfohlen. Weitere Angaben und Rechenverfahren s. Abschn. 17.6.4.1.

Die Zusammendrückbarkeit der Trittschalldämmstoffe unter Belastung sollte nicht mehr als 5 mm betragen. Bei einer Zusammendrückbarkeit über 5 mm ≤ 10 mm ist die Estrichdicke nach DIN 18 560-2 um 5 mm zu erhöhen. Bei Stein- und Keramikbelägen ist die Estrichdicke mindestens ≥ 45 mm anzunehmen.

[1)] Der aktuelle Stand der Normung ist Abschn. 11.5 zu entnehmen.

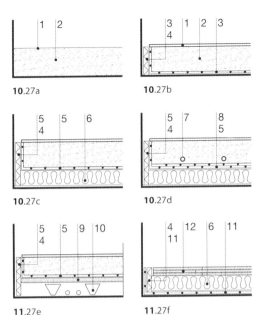

10.27a

10.27b

10.27c

10.27d

11.27e

11.27f

11.27 Schematische Darstellung unterschiedlicher Estrichverlege- und Estrichbauarten mit jeweiligem Randanschluss
   a) Verbundestrich
   b) Estrich auf Trennschicht
   c) Estrich auf Dämmschicht
   d) Heizestrich auf Dämmschicht
   e) Estrich auf Hohlraumboden
   f) Fertigteilestrich auf Dämmschicht
   1 Nutzschicht/Bodenbelag
   2 Estrichschicht/Estrichplatte
   3 Trennschicht
   4 Randstreifen
   5 Abdeckung
   6 Dämmschicht(en)
   7 Heizrohr
   8 Gleitschicht
   9 Tragschicht (GK-Bauplatten)
   10 Stützfuß
   11 Feuchtigkeitsschutz (z. B. PE-Folie)
   12 Fertigteilestrich (GK-Bauplatten)

Nach der Estrichnorm dürfen Trittschalldämmplatten maximal zweilagig angeordnet werden.

Wenn aus Gründen des Wärmeschutzes eine größere Dämmstoffdicke erforderlich wird, ist eine kombinierte Verlegung von Trittschalldämmplatten mit druckbelastbaren Wärmedämmplatten (Anwendungsbereich DEO n. DIN V 4108-10) möglich. In diesem Fall soll die weichere Trittschalldämmplatte immer unten, d. h. unmittelbar auf der Rohdecke liegen.

Wird dagegen bei Rohrleitungen auf Rohdecken ein Höhenausgleich mit Dämmstoffen notwendig, dann ist aus schallschutztechnischen Gründen zwingend darauf zu achten, dass die untere Dämmplattenlage aus den steiferen Wärmedämmplatten besteht, worauf die weichfedernden Trittschalldämmplatten vollflächig verlegt werden. Einzelheiten hierzu s. Abschn. 11.3.6.6.

11.3.6 Estricharten und Estrich-konstruktionen

Allgemeines

Estrich ist ein auf einem tragenden Untergrund oder auf einer zwischenliegenden Trenn- oder Dämmschicht hergestelltes Bauteil, das unmittelbar als Boden nutzfähig ist oder mit einem Belag versehen werden kann.

Estriche werden überall dort eingesetzt, wo ein tragender Untergrund nicht unmittelbar nutzfähig ist. So können beispielsweise Anforderungen hinsichtlich Ebenheit, Gefälle, Verschleißwiderstand, Begehbarkeit, Wärmeschutz, Schallschutz oder Abdichtung den Einbau eines Estrichs notwendig machen. Zusätzlich kann ein Estrich noch weitere Aufgaben übernehmen, wie dies an der Wirkungsweise des Heizestrichs deutlich wird.

11.3.6.1 Einteilung und Benennung: Überblick[1]

- **DIN 18 560-1** Estriche im Bauwesen – Begriffe, allgemeine Anforderungen, Prüfungen
- **DIN 18 560-2** Estriche im Bauwesen – Estriche und Heizestriche auf Dämmschichten
- **DIN 18 560-3** Estriche im Bauwesen – Verbundestriche
- **DIN 18 560-4** Estriche im Bauwesen – Estriche auf Trennschicht
- **DIN 18 560-7** Estriche im Bauwesen – Hochbeanspruchbare Estriche (Industrieestriche).
- **DIN EN 13 318** Estrichmörtel und Estriche – Begriffe

Benennung nach dem Bindemittel gem. DIN EN 13 813
- Zementestrich (CT)
- Calciumsulfatestrich (CA)
- Gussasphaltestrich (AS)
- Magnesiaestrich (MA)
- Kunstharzestrich (SR)
  (bleibt hier unberücksichtigt)
- Zement-Fließestrich (CTF)
- Calciumsulfat-Fließestrich (CAF)
- Schnellzementestrich

Benennung nach der Bauart (Verbindung zum tragenden Untergrund)
- Verbundestrich
- Estrich auf Trennschicht
- Estrich auf Dämmschicht

Benennung nach besonderen Anforderungen
- Heizestrich auf Dämmschicht
- Estrich auf Hohlraumboden
- Hochbeanspruchbarer Estrich (Industrieestrich)

---

[1] Der aktuelle Stand der Normung von Estrichen im Bauwesen (DIN EN 13318, DIN EN 13813 mit DIN EN 18560) ist Abschn. 11.5 zu entnehmen.

11

Benennung nach der Verlegetechnik

- Kellenverlegbarer, in steif-plastischer Konsistenz einbaufertiger Estrich (Verteilen-Abziehen-Verdichten-Glätten)
- Pumpfähiger, selbstnivellierender Fließestrich (durch Zugabe von Fließmittel)

Benennung nach dem Herstellungsort

- Baustellenestrich – der aus den Ausgangsstoffen auf der Baustelle hergestellt oder der einbaufertig in gemischtem Zustand angeliefert und dort eingebaut wird.
- Fertigteilestrich (Trockenestrich) – der aus vorgefertigten, kraftschlüssig miteinander verbundenen Plattenelementen besteht, die vor Ort trocken eingebaut und mit einem Belag oder einer Beschichtung versehen werden. Einzelheiten hierzu s. Abschnitt 11.3.7.

11.3.6.2 Estricharten

1. Konventioneller Zementestrich

Die Ausgangsstoffe zur Herstellung von Zementestrich sind Normzemente, gemischtkörnig aufgebauter Sand als Zuschlag, Wasser sowie gegebenenfalls Zusätze (Zusatzstoffe, Zusatzmittel).

Bindemittel Zement. Zement ist ein feingemahlenes hydraulisches Bindemittel, das mit Wasser gemischt, Zementleim ergibt. Dieser erstarrt und erhärtet durch Hydration sowohl an der Luft als auch unter Wasser und bleibt nach der Erhärtung auch unter Wasser fest.

Zement (Normalzement) ist in DIN EN 197-1, Zement mit besonderen Eigenschaften in DIN 1164 genormt. Einzelheiten hierzu sind der Fachliteratur [16] sowie Abschn. 5.2.1 zu entnehmen.

Zur Herstellung von Zementestrich wird in der Regel Portlandzement der Festigkeitsklasse CEM I 32,5 oder CEM I 42,5 eingesetzt. Der Zementgehalt ist auf das notwendige Maß zu beschränken, um bauchemisch und bauphysikalisch bedingte Schwindvorgänge in Zementestrichen möglichst gering zu halten. Je nach Festigkeitsklasse und Größe der Zuschlagkörnung liegen die Zementmengenwerte zwischen 360 und 410 kg je m³ Estrich.

Zuschläge für Zementestriche müssen DIN EN 13 139, Gesteinskörnungen für Mörtel, entsprechen. Das güteüberwachte Zuschlaggemisch soll ein möglichst dichtes Gefüge mit einem Minimum an Hohlräumen zwischen den Einzelkörnern aufweisen. Daher ist stets ein gemischtkörniger, gut gewaschener Sand bzw. Kiessand einzusetzen.

- Die Kornzusammensetzung/Sieblinie des Zuschlages sollte nach DIN 1045 in der oberen Hälfte des günstigen Bereiches zwischen den Sieblinien A und B (Bereich 3) liegen. S. hierzu Abschn. 5.2.2.

- Bei Estrichdicken bis 40 mm soll ein Größtkorn von 8 mm verwendet werden und das Gemisch je zur Hälfte aus Sand 0/2 bzw. Kiessand 2/8 bestehen.
- Bei dickeren Estrichen soll das Größtkorn nicht größer als 16 mm sein und das Gemisch sich je zu einem Drittel aus 0/2 – 2/8 – 8/16 Zuschlag zusammensetzen.
- Nach Raumteilen gemessen beträgt das Mischungsverhältnis etwa 1 RTL Zement zu 4 RTL Sand (ungefähre Faustregel für Estriche im Wohnungsbau).

Zugabewasser/Wasserzementwert. Das Zugabewasser darf keine Bestandteile enthalten, die das Erhärten des Estrichs ungünstig beeinflussen.

Die Güte und damit auch die Festigkeit eines konventionellen Zementestrichs werden weitgehend vom sog. Wasserzementwert (w/z-Wert) bestimmt. Darunter versteht man das Verhältnis des Wassergehaltes w zum Zementgehalt z in einem frischen Estrichmörtel. Mit steigendem w/z-Wert vergrößert sich das Schwindmaß beim fertigen, konventionellen Zementestrich. Um das Schwinden zu begrenzen, darf bei den jeweiligen Festigkeitsklassen ein bestimmter w/z-Wert nicht überschritten werden (Beispiel: Festigkeitsklasse CT F 4 mit angenommenem w/z-Wert 0,53).

Im Allgemeinen gilt: Je niedriger der w/z-Wert, umso höher ist die Estrichqualität. Überschüssiges Wasser, das beim Erhärten von Zement (Hydratation) nicht gebunden wird, verdunstet später und hinterlässt feine, leere Kapillarporen, die sich zusammenziehen. Dies führt zu niedriger Festigkeit, zu stärkerem Schwinden (Volumenverringerung) und bei unsachgemäßer Trocknung zur Aufschüsselung bzw. Aufwölbung der Estrichplatte sowie zur Rissbildung.

- **Maßnahmen zur Verringerung der Schwindvorgänge.** Das Gesamtschwindmaß eines konventionellen Zementestrichs kann verringert werden durch: Normgerechte Zuschlagskörnung, möglichst dichte Kornzusammensetzung, möglichst geringe Wasser- bzw. Zementzugabe, Beigabe von Zusatzstoffen (z. B. Verkleinerung des w/z-Wertes durch Betonverflüssiger), intensive Verdichtung und fachgerechte Nachbehandlung des Frischmörtels (z. B. Schutz vor zu frühzeitigem Verdunsten des Anmachwassers sowie vor Hitze, Frost und Zugluft). Weitere Einzelheiten sind der Fachliteratur [17] zu entnehmen.

Konsistenz des Estrichmörtels. Die Steifigkeit des Estrichmörtels muss den jeweiligen Anforderungen und Gegebenheiten an der Baustelle angepasst werden. Diese wird durch den w/z-Gehalt der Mischung, die Kornzusammensetzung des Zuschlags und gegebenenfalls durch plastifizierende Zusätze (z. B. Betonverflüssiger, Fließmittel) beeinflusst.

Wie Tabelle **5**.2 zeigt, unterscheidet man vier Konsistenzbereiche. Dabei ist zu beachten, dass Mischungen in zu steifer Konsistenz sich nicht ausreichend verdichten lassen, wogegen Mischungen in zu weicher Konsistenz zum Absondern von Zementschlämme an der Oberfläche neigen.

Mörtelzusätze. Es ist zwischen Zusatzmitteln und Zusatzstoffen zu unterscheiden.

- **Zusatzmittel** sind in DIN EN 13 318, Estrichmörtel und Estriche, definiert: Ein Estrichzusatzmittel ist ein Stoff, der beim Mischen in geringen Mengen zugegeben wird, um die Eigenschaften des Estrichs im frischen oder erhärteten Zustand zu verändern.
Im Gegensatz zu Betonzusatzmitteln – deren Eigenschaften und zu erbringende Anforderungen in DIN EN 934-2 näher beschrieben sind und die nur mit gültigem Prüfzeichen des Deutschen Instituts für Bautechnik, Berlin, verarbeitet werden dürfen – unterliegen Estrichzusatzmittel keiner Prüfzeichenpflicht. Da sich jedoch andere wichtige Eigenschaften durch ihre Zugabe ungünstig verändern können, ist eine Eignungsprüfung Voraussetzung für ihren Einsatz. Durch Beimischen von Zusatzmitteln lassen sich beispielsweise – w/z-Wert, Fließfähigkeit, Verarbeitbarkeit und Erhärtungsdauer des Mörtels sowie Schwindneigung und Festigkeitseigenschaften des erhärteten Estrichs – beeinflussen. Dabei handelt es sich um chemisch und/oder physikalisch wirksame Mittel, deren Verwendung nur gestattet ist, sofern sie nachweisbar keinen schädigenden Einfluss auf den Estrich ausüben. Im Wesentlichen unterscheidet man:
  - Plastifizierende Zusatzmittel (z. B. Verflüssiger (BV), Luftporenbildner (LP), Fließmittel (FM))
  - Abbinderegulierende Zusatzmittel (z. B. Erstarrungsverzögerer (VZ), Erstarrungsbeschleuniger (BE). Einzelheiten hierzu sind [16], [17] zu entnehmen.

- **Zusatzstoffe.** Auch Zusatzstoffe – die in größeren Mengen beigegeben werden und die als Volumenanteil zu berücksichtigen sind – beeinflussen bestimmte Mörteleigenschaften.
  - Kunststoffdispersionen (physikalische Trocknung) werden unter anderem zur Erhöhung der Biegezugfestigkeit, Minderung der Gefahr von Rissbildung und zur Verbesserung der Verarbeitbarkeit eingesetzt. Wegen ihres Klebeeffektes bewirken sie beim Verbundestrich auch eine verbesserte Haftung mit dem tragenden Untergrund (Rohdecke).
  - Kunstharzzusätze (chemische Umwandlung) können gleichzeitig die Funktion eines Bindemittels übernehmen und führen zur Erhöhung der Biegezug- und Druckfestigkeit sowie zur Reduzierung der Schwindneigung. Sie eignen sich auch zur Herstellung dünnschichtiger Verbundestriche und zur Ausbesserung schadhafter Estrichoberflächen.

Festigkeitsklassen von Zementestrich. Bestimmendes Merkmal für die Verwendung von Zementestrich im Bauwerk ist die Zuordnung je nach Beanspruchung in Druckfestigkeitsklassen „C" (für Compression = Druck) und Biegezugfestigkeitsklassen „F" (für Flexural = Biegezug) nach

Tabelle **11**.28 Festigkeitsklassen von Zementestrichen (Auszug aus DIN EN 13 813)

Biegezugfestigkeitsklasse	Biegezugfestigkeit
Kurzzeichen	in N/mm²
CT-F 4	4
CT-F 5	5
CT-F 10	10
CT-F 20	20
CT-F 30	30
CT-F 40	40
CT-F 50	50

DIN EN 13 813. Wie Tabelle **11**.28 zeigt, wird Zementestrich in Festigkeitsklassen C 5 bis C 80 sowie F 1 bis F 50 eingeteilt, aus denen sich bestimmte Anwendungsbereiche ableiten lassen.

Anwendungsbereiche (vereinfachte Zusammenstellung)

CT C 20/F 3 Verbundestrich zum Ausgleich von Unebenheiten und bei Nutzung mit Belag

CT C 25/F 4 Verbundestrich bei Nutzung ohne Belag

CT F 4 bzw. F 5 Schwimmender Estrich bei Flächenlasten von max. 2 kN/m² (Estrichnenndicke mind. 45 mm (F 4) bzw. 40 mm (F 5)) bis zu max. 5 kN/m² (Estrichnenndicke mind. 75 mm (F 4) bzw. 65 mm (F 5)).

CT F 9A bis F 11M in Stärken der Hartstoffschicht von mind. 8 mm bzw. 6 mm Mindest-Festigkeitsklasse für hochbeanspruchte Estriche (Industrieestriche) für Fußgängerverkehr (bis 100 Personen/Tag) und für die Montage von Tischen.

CT F 9A bis F 11M in Stärken der Hartstoffschicht von mind. 10 mm bzw. 6 mm Industrieestriche für Fußgängerverkehr von 100 bis 1000 Personen/Tag); Schleifen und Kollern von Holz, Papierrollen und Kunststoffen.

Industrieestriche in der Regel als hochbeanspruchbare Hartstoffestriche nach DIN 18 560-7.

CT F 9A bis F 11M in Stärken der Hartstoffschicht von mind. 15 mm bzw. 8 mm Industrieestriche für Fußgängerverkehr mit mehr als 1000 Personen/Tag); Bearbeiten, Schleifen und Kollern von Metallteilen etc. Einzelheiten hierzu s. Abschn. 11.3.6.7.

11

Tabelle **11**.29 Zement-Fließestriche. Systemübersicht und vergleichende Gegenüberstellung von Werkfrischmörtel und Werktrockenmörtel [30], [31].

Werkfrischmörtel (aus dem Fahrmischer)	**Werktrockenmörtel** (aus dem Silo)
• optimale Sieblinie	• angepasste Sieblinie
• Zementgehalt möglichst gering	• Zementgehalt möglichst gering
• W/Z-Wert möglichst gering	• W/Z-Wert relativ hoch
• Nachbehandlung erforderlich	• Nachbehandlung erforderlich
• Endschwindmaß 0,6–0,8 mm/m	• Endschwindmaß 0,3–0,4 mm/m
• Feldgrößen bis 30 m² ohne Fugen	• Feldgrößen bis 200 m² ohne Fugen

Konventioneller Zementestrich wird – im Vergleich zu den anderen Estricharten – nach wie vor am meisten eingesetzt und zwar zum überwiegenden Teil als Baustellenmischung. Er ist relativ kostengünstig herzustellen und nahezu allen Beanspruchungen – im Innen- und Außenbereich – gewachsen. Zementestrich ist beständig gegen Feuchtigkeit, auch gegen dauernde Nassbeanspruchung durch chemisch nicht angreifende Stoffe. Zementestrich ist außerdem nicht brennbar (Baustoffklasse A1 nach DIN 4102).

Der relativ hohe Wasserzusatz und die damit verbundene längere Trockenzeit bis zur Belegreife mit einem Bodenbelag sind als nachteilig anzusehen. Seine Neigung zum Schwinden, zur Volumen- und Formänderung (Aufschüsselung bzw. Absenkung der Estrichränder) und die Gefahr von Rissbildung kann durch die zuvor erläuterten Maßnahmen zur Verringerung des Schwindvorganges und Anordnung von Bewegungsfugen weitgehend aufgefangen werden.

Konventioneller Zementestrich sollte nicht vor Ablauf von 3 Tagen begangen und nicht vor Ablauf von 7 Tagen höher belastet werden. Die zulässigen Feuchtewerte für die Belegreife von Estrichen mit einem Bodenbelag sind Tabelle **11**.33 sowie Tabelle **12**.9 zu entnehmen.

Einzelheiten über Estrichkonstruktionen und Estrichherstellung siehe Abschn. 11.3.6.4 und Abschn. 11.3.6.5.

2. Zement-Fließestrich

Nach jahrzehntelangen Bemühungen gelang es, Zement-Fließestrich zu entwickeln und in der Baupraxis mit Erfolg einzusetzen. Zement-Fließestrich wird derzeit in zwei Lieferformen angeboten und zwar als

• Werkfrischmörtel aus dem Fahrmischer,
• Werktrockenmörtel aus dem Silo.

Aus diesen beiden Lieferformen lassen sich jeweils unterschiedliche Systemwerte ableiten. Wie Tabelle **11**.29 zeigt, unterscheiden sich beide Systeme deutlich voneinander bezüglich Schwindverhalten (Fugenabstand) und Verformungstendenzen (Aufschüsselung) der Estrichplatte. Einzelheiten hierzu sind der Fachliteratur [18] zu entnehmen.

• **Werkfrischmörtel** aus dem Fahrmischer. Das System dieses Estrichmörtels entspricht im Wesentlichen der klassischen Betontechnologie: Ausgehend von der jeweiligen Estrich-Festigkeitsklasse sollte die Sieblinie des Zuschlags nach DIN 1045 optimal abgestimmt sein, ein bestimmter w/z-Wert nicht überschritten und möglichst gering gehalten werden. In diesem Fall ist bei der Fugenplanung von Feldgrößen max. 30 Quadratmeter auszugehen, also ähnlich dimensioniert wie beim konventionellen Zementestrich. Das Fugenschneiden sollte so früh wie möglich erfolgen, sobald der Estrich begehbar ist.

Ein weiteres Kriterium bei Zementestrichen ist ihre Volumen- und Formänderung (Aufschüsseln bzw. Absenken der Estrichränder). Diese sind bei Zement-Fließestrich aus dem Fahrmischer (Werkfrischmörtel) relativ groß, da aufgrund der großen Oberflächendichte und des höheren Wassergehaltes diese Art des Fließestriches langsamer austrocknet. Dies ist auch ein Grund, warum Zement-Fließestrich grundsätzlich angeschliffen werden muss.

• **Werktrockenmörtel** aus dem Silo. Zement-Fließestrich aus Werktrockenmörtel weist eine andere System-Charakteristik auf: Hier kann nach [18] mit relativ hohen w/z-Werten gearbeitet werden und dennoch ergibt sich ein günstigeres Schwindverhalten als beim Werkfrischmörtel oder im Vergleich zum konventionellen Zementestrich. Die Schwindreduzie-

Tabelle **11.**30 Festigkeitsklassen von Calciumsulfatestrichen (Auszug aus DIN 18 560-2)

Festigkeitsklasse	Biegezugfestigkeit	
Kurzzeichen	Kleinster Einzelwert in N/mm²	Mittelwert in N/mm²
CA 4	$\geq 2,0$	$\geq 2,5$
CA 5	$\geq 2,5$	$\geq 3,5$
CA 7	$\geq 3,5$	$\geq 4,5$

rung beruht auf sowohl einer physikalischen als auch einer chemischen Komponente; außerdem ist der Werktrockenmörtel faserarmiert. Daher kann bei der Fugenplanung – abhängig von der jeweiligen Raumgeometrie – von Feldgrößen bis zu 200 m² und einer maximalen Seitenlänge von 20 m ausgegangen werden. Die Austrocknungszeit ist nur unwesentlich länger als beim konventionellen Estrich und kommt der des Calciumsulfat-Fließestrichs sehr nahe. Ein Anschleifen der Oberfläche ist bei allen Zement-Fließestricharten erforderlich.

Zement-Fließestriche aus Werkfrischmörtel oder Werktrockenmörtel sind Zementestriche die DIN 18560 entsprechen. Im Gegensatz zum Calciumsulfat-Fließestrich – der aufgrund seiner Empfindlichkeit gegen länger einwirkende Feuchtigkeit nur einen begrenzten Einsatzbereich abdeckt – kann Zement-Fließestrich uneingeschränkt sowohl im Innen- wie Außenbereich eingesetzt werden.

Im Vergleich zum steif-plastisch einzubringenden, konventionellen Zementestrich lassen sich Fließestriche wesentlich leichter verarbeiten und somit höhere Verlegeleistungen erzielen. Zement-Fließestriche sind jedoch hochkomplizierte Vielstoffgemische, die bezüglich ihrer Zusammensetzung und der örtlichen Verarbeitungsbedingungen sehr empfindlich reagieren. Die Verarbeitungsrichtlinien der Hersteller sind daher genauestens einzuhalten.

Einzelheiten über Estrichkonstruktionen und Estrichherstellung siehe Abschn. 11.3.6.4 und Abschn. 11.3.6.5.

3. Schnellestriche auf Zement- oder Calciumsulfatbasis

Immer kürzere Ausführungszeiten und damit zunehmender Termindruck auf der Baustelle fordern immer kürzere Abbinde- und Trocknungszeiten von Estrichen. Während konventionelle Zement- und Calciumsulfatestriche frühestens nach etwa 3 bis 4 Wochen soweit erhärtet und getrocknet sind, dass darauf Bodenbelagarbeiten durchgeführt werden können, ist eine ausreichende Belegreife bei den sog. Schnellestrichen bereits nach wenigen Tagen gegeben. Diesem großen Zeitgewinn steht allerdings der hohe Preis dieser Produkte gegenüber.

Schnellestriche bestehen aus sehr unterschiedlich zusammengesetzten Bindemittel-Mischungen, die nach DIN 18560, Estriche im Bauwesen, nicht genormt sind und keiner bauaufsichtlichen Überwachung unterliegen. Die jeweilige Zusammensetzung des Bindemittels und die Einbindung des Anmachwassers sind die entscheidenden Kriterien für die vielfältigen Eigenschaften dieser schnellabbindenden Estriche. Folgende Hauptgruppen werden unterschieden:

Typ I: Bindemittelgemisch aus Tonerdeschmelzzement (TSZ)[1] und **Portlandzement** (CEM I) ergibt Schnellestriche mit hoher Frühfestigkeit, jedoch mit relativ langsamer Feuchtigkeitsabgabe (Trocknung). Diese Estriche sind in der Regel für den Innen- und Außenbereich geeignet.

Typ II: Bindemittelgemisch aus Tonerdeschmelzzement (TSZ)[1] und **Calciumsulfat** ergibt Schnellestriche mit hoher, schneller Frühfestigkeit und deutlich beschleunigter Feuchtigkeitsabgabe, so dass – je nach den klimatischen Verhältnissen an der Baustelle – die Belegreife bereits nach 24 Stunden erreicht werden kann. Diese Estriche sind jedoch ausschließlich für den Innenbereich und zwar nur für dauerhaft trockene Bodenkonstruktionen geeignet.

Schnellestriche auf TSZ/Portlandzementbasis. Bei diesen Estrichen muss ein Teil des Anmachwassers durch Verdunstung abgegeben werden, woraus sich der langsamere Feuchtigkeitsabbau ergibt. Diese Austrocknung hängt jedoch sehr stark von den jeweiligen klimatischen Bedingungen während der Erhärtungsphase ab. Je geringer die Luftfeuchte und je höher die Umgebungstemperatur ist, umso mehr Wasser kann die Luft

11

---

[1] Tonerdeschmelzzement (TSZ) ist ein nicht genormtes Bindemittel, das die Eigenschaft aufweist, deutlich mehr Wasser chemisch binden zu können als Portlandzement (CEM I).

aufnehmen. Daher muss eine regelmäßige Raumlüftung erfolgen und im Winter geheizt werden.

Schnellestriche auf TSZ/Calciumsulfatbasis. Bei diesen Estrichen wird das zugegebene Wasser schnell und nahezu vollständig durch Hydratation chemisch gebunden, so dass ein Trocknen des Estrichs durch Verdunsten weitgehend entfällt. Diese kristalline Wasserverbindung gelingt allerdings nur, wenn die vom Hersteller angegebenen produktbezogenen Verarbeitungsrichtlinien (z. B. optimaler w/z-Wert) beim Einbau des Estrichs genauestens eingehalten und die vorgeschriebenen klimatischen Bedingungen gegeben sind.

Schnellestriche werden auf der Baustelle wie konventionelle Zementestriche hergestellt. Zu berücksichtigen ist jedoch, dass die Verarbeitungszeit des angemachten Estrichmörtels nur etwa 30 Minuten beträgt. In diesem Zeitrahmen muss auch die jeweilige Oberflächenbehandlung abgeschlossen sein.

Während konventioneller Zementestrich nicht vor Ablauf von 3 Tagen begangen und nicht vor Ablauf von 7 Tagen höher belastet werden soll, ist Schnellestrich schon nach 3 Stunden begehbar und die Verlegereife für Bodenbeläge – je nach Bindemittelmischung – oftmals schon nach 24 Stunden erreicht.

Schnellestriche eignen sich zur Herstellung von Verbundestrich, Estrich auf Trennschicht und Dämmschicht oder von Heizestrich sowie zur Reparatur und Sanierung schadhafter Estrichflächen. Vor der Bodenbelagverlegung ist in jedem Fall eine CM-Messung zur Ermittlung der Restfeuchte vorzunehmen. Vgl. hierzu Tab. **11**.33 und Tab. **12**.9.

Einzelheiten über Estrichkonstruktionen und Estrichherstellung siehe Abschn. 11.3.6.4 und Abschn. 11.3.6.5.

4. Konventioneller Calciumsulfatestrich (Anhydritestrich)[1]

Die Ausgangsstoffe zur Herstellung von konventionellem Calciumsulfatestrich sind Calciumsulfatbinder – bestehend aus Anhydrit und Anreger – gemischtkörnig aufgebauter Sand als Zuschlag, Wasser sowie gegebenenfalls Zusätze (Zusatzstoffe, Zusatzmittel).

---

[1] Anhydritestriche werden aus Anhydritbinder hergestellt. Da es jedoch auch Estriche auf der Basis entwässerter Gipsbindemittel gibt, werden die Estriche dieser Gruppe zusammenfassend als Calciumsulfatestriche bzw. Calciumsulfat-Fließestriche bezeichnet.

Bindemittel. Anhydrit kommt in der Natur vor oder fällt als synthetischer Anhydrit (Calciumsulfat) im Industriebereich an. Als Bindemittel für den Estrich wird Calciumsulfat-Binder (CAB) bzw. Calciumsulfat-Compositbinder (CAC) der Festigkeitsklassen 20, 30 oder 40 nach DIN EN 13 454 verwendet. Diesem wird bereits werkseitig der erforderliche Anreger (= Abbindebeschleuniger) beigemischt. Der Bindemittelanteil sollte 450 kg je m^3 Estrich nicht überschreiten.

Anhydritbinder ist ein nichthydraulisches Bindemittel, d. h. es erhärtet nur an Luft aus (Luftmörtel), und zwar durch Kristallisation.

Zuschläge für Calciumsulfatestriche müssen DIN EN 13139 entsprechen und güteüberwacht sein. Bei Estrichdicken $\geq 40\,mm$ besteht der Zuschlag in der Regel aus gemischtkörnigem Sand der Körnung 0/8. Die Kornzusammensetzung des Zuschlags sollte im Bereich 3 der Sieblinie nach DIN 1045 liegen. S. hierzu Abschn. 5.2.2.
Nach Raumteilen gemessen beträgt das Mischverhältnis 1 RTL Anhydritbinder AB 20 zu 2,5 RTL Sand.

Mörtelzusätze. Es ist zwischen Zusatzmitteln und Zusatzstoffen zu unterscheiden.
- Zusatzmittel sind in DIN EN 13 318, Estrichmörtel und Estriche, näher definiert. Sie werden eingesetzt um die Verarbeitbarkeit, Festigkeitsentwicklung und Endfestigkeit zu verbessern. Es sollten nur solche Zusatzmittel und Zusatzstoffe verwendet werden, die vom Bindemittelhersteller empfohlen werden.

Festigkeitsklassen von Calciumsulfatestrich. Bestimmendes Merkmal für die Verwendung von Anhydritestrich im Bauwerk ist die Zuordnung je nach Beanspruchung in Festigkeitsklassen nach DIN 18 560-1. Wie Tabelle **11**.30 zeigt, wird Calciumsulfatestrich in Festigkeitsklassen CA F 4 bis CA F 7 eingeteilt, aus denen sich entsprechende Anwendungsbereiche ableiten lassen.

Anwendungsbereiche (vereinfachte Zusammenstellung)

CA	Verbundestrich zum Ausgleich von Unebenheiten und bei Nutzung mit Belag
CA F 4 bis F 7	„sg", „sh" oder „sm" Schwimmender Estrich im Wohnungsbau bei Flächenlasten bis 2 kN/m^2; als Verbundestrich bei unmittelbarer Nutzung (ohne Belag).
CT F 4 bzw. F 5	Schwimmender Estrich bei Flächenlasten von max. 2 kN/m^2 (Estrichnenndicke mind. 45 mm (F 4) bzw. 40 mm (F 5) bzw. 35 mm (F 7)) bis zu max. 5 kN/m^2 (Estrichnenndicke mind. 75 mm (F 4) bzw. 65 mm (F 5) bzw. 60 mm (F 7)).

Konventioneller Calciumsulfatestrich. Als großer Vorteil des Calciumsulfatestrichs gilt seine gute Formbeständigkeit. Da die Schwind- und Quellmaße sehr gering sind, können große zusammenhängende Flächen nahezu ohne Bewegungsfugen hergestellt werden. Aus stofflicher Sicht ist jedoch Calciumsulfatestrich nicht gleich Calciumsulfatestrich. Je nach Bindemittel- und Mörtelzusammensetzung können unterschiedliche Ausdehnungskoeffizienten und Schwindverhalten auftreten, so dass unter Beachtung dieser Vorgaben und der jeweiligen Raumgeometrie immer ein Fugenplan erstellt werden sollte. Vgl. hierzu Abschn. 11.3.6.4, Verlegung von Calciumsulfat-Fließestrich auf Dämmschicht.

Nachteilig wirkt sich seine Empfindlichkeit gegen anhaltende Feuchtigkeit aus. Calciumsulfatestriche dürfen daher nicht im Außenbereich und nicht in Räumen verlegt werden, in denen ständige Feuchtigkeitsbeanspruchung auftreten kann. Bodenflächen, in denen mit Feuchtigkeitseinwirkung von unten zu rechnen ist, müssen durch eine Abdichtung und/oder Dampfsperre gemäß Abschn. 11.3.2 geschützt werden. Ist mit mäßiger Feuchtigkeitsbeanspruchung von oben – beispielsweise in Wohnbädern mit Duschtasse und Badewanne (Feuchtigkeitsbeanspruchungsklasse I) – zu rechnen so ist eine Abdichtung im Verbund mit keramischen Fliesen und Platten vorzusehen.

Konventioneller Calciumsulfatestrich sollte nicht vor Ablauf von 3 Tagen begangen und nicht vor Ablauf von 7 Tagen höher belastet werden. Bei Heizestrichen kann mit dem Aufheizen bereits 7 Tage nach dem Estricheinbau begonnen werden. Die zulässigen Feuchtewerte für die Belegreife von Estrichen mit einem Bodenbelag sind Tab. 11.33 sowie Tab. 12.9 zu entnehmen.

Einzelheiten über Estrichkonstruktionen und Estrichherstellung s. Abschn. 11.3.6.4 und Abschn. 11.3.6.5.

5. Calciumsulfat-Fließestrich[1]

Die Ausgangsstoffe zur Herstellung von calciumsulfatgebundenem Fließestrich sind Calciumsulfat-Binder, gemischtkörnig aufgebauter Sand als Zuschlag und Wasser.

Calciumsulfat-Bindemittel. Als Rohstoffe werden Naturanhydrit, synthetisches Anhydrit, thermisches Anhydrit und Alpha-Halbhydrat eingesetzt. Diese Bindemittel weisen jeweils unterschiedliche Materialeigenschaften auf. Demgemäß unterscheiden sich auch die Fließestriche – je nach Bindemittelart – bezüglich Erhärtungszeit, Festigkeit, Ausdehnungskoeffizient und Verformungsverhalten.

Calciumsulfat-Binder. Das Bindemittel Calciumsulfat bildet zusammen mit den Zusatzmitteln und Zusatzstoffen den Calciumsulfat-Binder nach DIN EN 13454-1.

Mörtelzusätze. Es ist zwischen Zusatzmitteln und Zusatzstoffen zu unterscheiden.

- **Zusatzmittel** werden eingesetzt (z. B. Anreger, Verzögerer, Fließmittel), um Mörteleigenschaften wie beispielsweise Konsistenz, Verarbeitungszeit usw. zu verbessern.
- **Zusatzstoffe** sind Zusätze, die die chemischen und/oder physikalischen Eigenschaften der Mörtelmischung beeinflussen.

Zuschläge für Calciumsulfat-Fließestriche müssen DIN EN 13139 entsprechen und güteüberwacht sein (z. B. Quarzsande). Bewährt haben sich – je nach Einsatzbereich – stetige Sieblinien nach DIN 1045 mit den Korngrößen 0/2 – 0/4 – 0/8 mm. Einzelheiten sind der Fachliteratur [35] sowie Abschn. 5.2.2 zu entnehmen.

Festigkeitsklassen von Calciumsulfat-Werkmörtel. Bestimmendes Merkmal für die Verwendung von Calciumsulfat-Fließestrich im Bauwerk ist die Zuordnung je nach Beanspruchung in Festigkeitsklassen. Tabelle 11.31 zeigt Festigkeitsklassen von Calciumsulfat-Werkmörtel nach DIN EN 13454-1.

Calciumsulfat-Fließestrich. Der fertig vorgemischte Werktrockenmörtel wird am Einsatzort nur noch mit Wasser aufbereitet und in fließfähiger Konsistenz an die Verlegestelle gepumpt. Dort entfällt das mühevolle Verteilen, Abziehen, Verdichten und Glätten wie es bei konventionellen Estrichmassen üblich ist, da der Fließestrich nahezu planeben verläuft und sich selbst nivelliert und verdichtet.

Calciumsulfatgebundener Fließestrich kann großflächig nahezu fugenlos verlegt werden. Aufgrund seines günstigen Quell- und Schwindmaßes ist er nach dem Abbinden weitgehend raumstabil, so dass es an den Estrichrändern – im Gegensatz zum Zementestrich – zu keinen Aufwölbungen (Aufschüsselungen) oder nachträglichen Absenkungen kommt.

11

---

[1] Siehe Fußnote [2] bei Festigkeitsklassen von „Anhydritestrich".

Tabelle **11**.31 Festigkeitsklassen von Calciumsulfat-Werkmörtel (Auszug aus DIN EN 13 454-1)

Festigkeitsklasse	Biegezugfestigkeit N/mm^2		Druckfestigkeit N/mm^2	
	geprüft nach			
	3 Tagen	28 Tagen	3 Tagen	28 Tagen
12	1,5	3,0	5,0	12,0
20	1,5	4,0	8,0	20,0
30	2,0	5,0	12,0	30,0
40	2,5	6,0	16,0	40,0

Da die Calciumsulfat-Bindemittel jedoch unterschiedliche Eigenschaften aufweisen und bei Heizestrichen sowie großflächiger Sonneneinstrahlung in Verbindung mit einer ungünstigen Raumgeometrie Wärmedehnungen in der Estrichplatte auftreten können, sind in bestimmten Fällen Bewegungsfugen und ggf. Scheinfugen vorzusehen. Vgl. hierzu Abschn. 11.3.6.4, Verlegung von Calciumsulfat-Fließestrich auf Dämmschicht.

Fließestrich auf Calciumsulfatbasis darf keiner ständigen Feuchtigkeitsbeanspruchung ausgesetzt werden. Bodenflächen, bei denen mit Feuchtigkeitseinwirkung von unten zu rechnen ist – beispielsweise in Form von Bodenfeuchtigkeit auf erdberührten Bodenplatten, Restfeuchte aus noch jungen Rohbetondecken oder Wasserdampfdiffusion durch Decken über Heizkeller, Schwimmbäder o.Ä. – müssen durch eine Abdichtung und/oder Dampfsperre gemäß Abschn. 11.3.2. geschützt werden. Ist mit mäßiger Feuchtigkeitsbeanspruchung von oben – zum Beispiel in häuslichen Bädern mit Duschtasse und Badewanne (Feuchtigkeitsbeanspruchungsklasse I) – zu rechnen, so ist eine Abdichtung im Verbund mit keramischen Fliesen und Platten vorzusehen.

Vom konventionellen Anhydritestrich unterscheidet sich der Fließestrich deutlich durch seine Dichte. Diese höhere Dichte des calciumsulfatgebundenen Fließestrichs ergibt zwar meist höhere Festigkeiten und damit geringere Estrichnenndicken, aber auch längere Austrocknungszeiten bis zur Belegreife mit einem Bodenbelag.

Außerdem bedarf die Oberfläche des calciumsulfatgebundenen Fließestrichs – sofern keine verbindlichen, anderslautenden Herstellervorschriften vorliegen – in aller Regel einer mechanischen Nachbearbeitung (z.B. Anschleifen – Absaugen – Grundieren), bis sie als Verlegeuntergrund für Beläge und Beschichtungen geeignet ist.

Calciumsulfat-Fließestrich kann bei günstigen Baustellenbedingungen und je nach Eigenschaftscharakteristik des Estrichs bereits nach einem Tag (2 Tagen) begangen und nach 2 Tagen (5 Tagen) belastet werden. Die zulässigen Feuchtewerte für die Belegreife von Estrichen mit einem Bodenbelag sind Tab. 11.33 sowie Tab. 12.9 zu entnehmen.

Einzelheiten über Estrichkonstruktionen und Estrichherstellung s. Abschn. 11.3.6.4 und Abschn. 11.3.6.5.

6. Gussasphaltestrich

Die Ausgangsstoffe zur Herstellung von Gussasphaltestrich sind Bitumen als schmelzbares Bindemittel, ein Mineralstoffgemisch als Zuschlag sowie gegebenenfalls Zusätze.

Bindemittel. Bitumen wird bei der Destillation von Erdöl gewonnen. Für die Herstellung von Gussasphalt werden Bitumen nach DIN EN 12 591 sowie Hartbitumen oder ein Gemisch aus diesen eingesetzt.

Zuschläge. Der Zuschlag muss DIN EN 13 139 entsprechen und güteüberwacht sein. Das Mineralstoffgemisch ist korngestuft und hohlraumarm zusammengesetzt und besteht in der Regel aus Steinmehl, Sand, Splitt und Feinkies. Je nach Einbaudicke des Gussasphaltes ist ein Kornaufbau von 0/5 mm oder 0/8 mm zu verwenden. Die Wahl des Größtkorns richtet sich nach der vorgesehenen Estrichdicke und den zu erwartenden Beanspruchungen.

Mineralstoffgemisch und Bindemittelgehalt werden so aufeinander abgestimmt, dass die verbliebenen Hohlräume im fertigen Gussasphaltestrich mit Bitumen gefüllt sind und sich eine mechanische Verdichtung der im heißen Zustand plastischen Masse erübrigt.

Tabelle **11**.32 Härteklassen von Gussasphaltestrichen (Auszug aus DIN EN 13 813)

Härteklasse	Eindringtiefe in mm		
	Stempelquerschnitt 100 mm^2		Stempelquerschnitt 500 mm^2
	bei $(22 \pm 1)\,°C$	bei $(40 \pm 1)\,°C$	bei $(40 \pm 1)\,°C$
Kurzzeichen	Prüfdauer 5 h	Prüfdauer 2 h	Prüfdauer 0,5 h
ICH[1] 10	$\leq 1{,}0$	$\leq 2{,}0$	–
IC 10	$\leq 1{,}0$	$\leq 4{,}0$	–
IC 15	$\leq 1{,}5$	$\leq 6{,}0$	–
IC 40	–	–	$> 1{,}5$ bis 4,0
IC 100	–	–	$> 4{,}0$ bis 10,0

[1] ICH = Heizestrich

Je nach Mineralstoffzusammensetzung, Bitumengehalt und Bitumenart kann er den unterschiedlichsten klimatischen, chemischen und mechanischen Beanspruchungen angepasst werden.

Härteklassen von Gussasphaltestrich. Gussasphaltestriche im Wohnungs- und Industriebau werden wegen ihres thermoplastischen Verhaltens nicht wie Mörtelestriche in Festigkeitsklassen, sondern in Härteklassen unterteilt. Die Wahl der zweckmäßigsten Härteklasse richtet sich im Wesentlichen nach der zu erwartenden Beanspruchung aus Temperatur und Verkehrslast.

Das entscheidende Maß bei der Güteprüfung ist daher die Eindringtiefe eines genormten Stempels bei Prüftemperaturen von 22 °C und/oder 40 °C und entsprechender Prüfdauer.

Wie Tabelle **11**.32 zeigt, wird Gussasphaltestrich nach DIN EN 13813 in Härteklassen AS IC 10 bis AS IC 100 unterteilt, aus denen sich bestimmte Anwendungsbereiche ableiten lassen.

Anwendungsbereiche (vereinfachte Zusammenstellung)

AS IC 10

Schwimmender Estrich bei gleichmäßig verteilten Verkehrslasten bis 2 kN/m^2

- für normal beheizte Räume. Verbundestrich und Estrich auf Trennschicht

AS IC 10 oder IC 15

- für normal beheizte Räume,

AS IC 15 oder IC 40

- für unbeheizbare Räume und Estriche im Freien,

AS IC 40 oder IC 100

- für Räume mit besonders niedrigen Temperaturen (z. B. Kühlräume).

Gussasphalt. Die Herstellung von Gussasphalt erfolgt in güteüberwachten stationären Mischwerken. Das fertige Mischgut wird in heißem Zustand in beheizten Rührwerkkesseln an die Baustelle transportiert und mit einer Verarbeitungstemperatur von etwa 240 °C eingebaut.

Baustoffe und Bauteile, mit denen Gussasphalt in Berührung kommt, müssen beständig gegenüber dieser Einbautemperatur sein. Vorsicht ist auch geboten bei hitzeempfindlichen Kunststoff-Folien, nackten Bitumenbahnen, Dichtungsbahnen o. Ä. Angaben hierzu s. Abschn. 11.3.6.4, Verlegung von Gussasphaltestrich auf Dämmschicht.

Gussasphaltestrich. Da Gussasphalt heiß eingebaut wird, bringt er keinerlei Feuchtigkeit in das Bauwerk. Unabhängig von Witterungseinflüssen kann er ohne Fugen großflächig verlegt und sofort nach dem Erkalten – in der Regel nach 2 bis 3 Stunden – begangen bzw. mit einem Belag oder einer farbigen Kunststoffbeschichtung versehen werden. Allerdings ist seine Verlegung mit einem hohen körperlichen Einsatz und zeitlichen Aufwand verbunden (Transport mit Jochen und Holzeimern), da das Mischgut nicht pumpfähig ist.

Vorteilhaft sind des Weiteren seine Unempfindlichkeit gegen Wasser, die geringe Einbaudicke je nach Verwendungsart des Estrichs und sein hoher spezifischer elektrischer Widerstand (Isolierfähigkeit). Durch Zusatz von Graphitstaub o. Ä. kann er zur Ableitung elektrostatischer Aufladungen jedoch auch leitfähig ausgebildet wer-

11

den. Außerdem ist er wasserdicht und dampfdicht sowie schwerentflammbar (Baustoffklasse B1 nach DIN 4102). Von besonderer Bedeutung für den Schallschutz ist auch seine niedrige Körperschall-Leitfähigkeit, aufgrund hoher innerer Dämpfung des Gussasphalts.

Gussasphaltestrich ist wiederverwertbar, frei von Emissionen und enthält weder Teer noch Phenole; nachteilige Auswirkungen auf Gesundheit und Umwelt treten nach dem derzeitigen Kenntnisstand nicht auf.[1]

Nachteilig können sich hohe Dauerlasten auswirken, wenn Last, Aufstandsfläche und die zu erwartenden Temperaturverhältnisse nicht sorgfältig aufeinander abgestimmt sind. Weiter ist zu beachten, dass die Zusammendrückbarkeit der Dämmschichten unter Belastung bei Gussasphaltestrich nicht mehr als 5 mm betragen darf. Vgl. hierzu auch Tab. **11**.35.

Gussasphaltestriche sind zwar relativ teuer (obere Preisklasse), in Anbetracht der vielen Vorteile jedoch durchaus als wirtschaftlich zu bezeichnen. Einzelheiten sind der Fachliteratur [19] zu entnehmen. Es wird empfohlen, bereits im Planungsstadium eine Gussasphalt-Fachfirma zur Beratung heranzuziehen.

Einzelheiten über Estrichkonstruktionen und Estrichherstellung siehe Abschn. 11.3.6.4 und Abschn. 11.3.6.5.

11.3.6.3 Trockenzeiten und zulässige Feuchtegehalte (Belegreife) von unbeheizten Estrichen

Mineralisch gebundene Estriche (Mörtelestriche) benötigen eine gewisse Trockenzeit, bis sie mit einer bestimmten Bodenbelagart belegt werden dürfen. Der Trocknungsverlauf wird im Wesentlichen bestimmt von

- materialspezifischen Eigenschaften: Bindemittelart, Wasser-, Bindemittel-, Festanteile (Zusammensetzung und Konsistenz des Estrichs),
- klimatischen Verhältnissen: Baustellenfeuchtigkeit, Temperatur, Luftfeuchte und Luft-

austauschgeschwindigkeit (je nach Witterung und Jahreszeit),

- konstruktiven Voraussetzungen: Estrichdicke und Verlegeart (Estrichkonstruktion).

Je niedriger die relative Luftfeuchte und je höher die Temperatur und Luftaustauschgeschwindigkeit sind, desto schneller erfolgt die Austrocknung des Estrichs bis zur Belegreife.

In Anbetracht der immer kürzer werdenden Bauabwicklungstermine, reicht oftmals das Lüften und Heizen vor Ort nicht mehr aus, so dass Trocknungsgeräte eingesetzt werden müssen (z. B. Absorptionstrockner, Kondenstrockner o. Ä.).

Trockenzeiten von konventionellen Estrichen. Mit zunehmender Estrichdicke verlängert sich die Austrocknungszeit. Als Faustregel gilt, dass bei günstigem Baustellenklima die Trockenzeit bei einem

- **40 mm dicken Estrich** etwa 4 Wochen beträgt (pro Zentimeter 1 Woche). Bei jedem weiteren Zentimeter erhöht sich die Trockenzeit im Quadrat. Somit kommen bei einem
- **60 mm dicken Estrich** nochmals 4 Wochen hinzu (pro Zentimeter 2 Wochen), so dass die Gesamttrockenzeit bei dieser Estrichdicke ungefähr 8 Wochen beträgt.

Belegreife von Estrichen. Eine Restmenge an Feuchtigkeit – Ausgleichsfeuchte, Estrichrestfeuchte oder Gleichgewichtsfeuchte genannt – verbleibt jedoch immer im unbeheizbaren Estrich und entweicht normalerweise nicht. Die Belegreife eines Estrichs ist im Allgemeinen erreicht, wenn er den für die Verlegung eines bestimmten Bodenbelags zulässigen Grenzfeuchtigkeitsgehalt aufweist.

Grenzwerte für die zulässige Restfeuchte von konventionellen Estrichen und Fließestrichen auf Zement- und Calciumsulfatbasis zeigt Tabelle **11**.33.

Tabelle **11**.33 Zulässige Feuchtewerte für die Belegreife von Estrichen

Estrichart	Zementestrich	Calciumsulfatestrich
Belag • dampfbremsend • als Heizestrich	≤ 2,0 CM-./. ≤ 1,8 CM-./.	≤ 0,5 CM-./.[1] ≤ 0,3 CM ./.[2]
Belag • dampfdurchlässig	≤ 2,5 CM-./.	≤ 1,0 CM-./.

[1] Alle Werte gelten für Messungen mit dem CM-Gerät
[2] Vgl. hierzu auch Tabelle **12**.9

---

[1] Bitumen wird häufig mit Teer verwechselt. Da Teer ein krebserzeugender und damit kennzeichnungspflichtiger Gefahrstoff ist, wird fälschlich unterstellt, Gemische mit Bitumen könnten für den Menschen ebenfalls ein gesundheitliches Risiko darstellen.
Bitumen ist nach der Gefahrstoffverordnung jedoch kein krebserzeugender Gefahrstoff und kennzeichnungsfrei. Weitere Einzelheiten sind der Spezialliteratur [37] zu entnehmen.

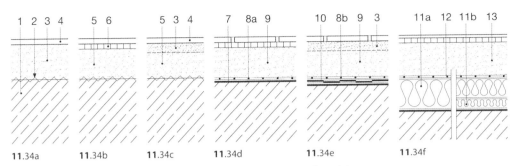

11.34 Schematische Darstellung unbeheizbarer Estrichkonstruktionen (Überblick)

Verbundkonstruktionen

a) mit Dickbettmörtel
b) mit Verbundestrich und Dünnbettkleber
c) mit Verbundestrich und Dickbettmörtel

1 tragender Untergrund (Rohbetondecke)
2 Haftbrücke
3 Dickbettmörtel
4 Fliesenbelag
5 Verbundestrich
6 Dünnbettkleber
7 planebener Untergrund

Schwimmende Konstruktionen

d) auf Trennschicht
e) auf Abdichtung mit Trennschicht (Gleitschicht)
f) auf Dämmschichten (ein- oder zweilagig)

8a Trennschicht (zweilagig)
8b Trennschicht/Gleitschicht (einlagig)
9 Estrich auf Trennschicht/Abdichtung
10 Abdichtung gegen Feuchtigkeit
11a) Dämmschicht (einlagig)
11b) Dämmschicht (zweilagig)
12 Abdeckung (z. B. PE-Folie 0,1 mm) einlagig
13 Estrich auf Dämmschicht(en)

Die Gehschicht (Nutzschicht) wird bezüglich der Wasserdampfdurchgängigkeit in dampfdurchlässige, dampfbremsende und (relativ) dampfdichte Bodenbelagarten bzw. Bodenbeschichtungen eingeteilt. Zu den relativ dampfdichten Belägen zählt man die elastischen Bodenbeläge (PVC, Gummi, Linoleum), Stein- und Keramikbeläge in Dünnbett sowie Bodenbeschichtungen aus Kunstharzen. Textile Bodenbeläge können sowohl dampfbremsende als auch dampfdurchlässige Rückenbeschichtungen aufweisen. Zu den besonders feuchteempfindlichen Belägen zählen alle Holz- und Holzwerkstoffböden, Laminatböden u. Ä.

Schäden an Bodenbelägen treten häufig dadurch auf, dass sich die Feuchtigkeit aus dem Estrich, ggf. auch aus dem tragenden Untergrund, unter relativ dampfdichten Belägen anreichert und dort zur Verseifung des Klebers, zur Blasenbildung und bei feuchteempfindlichem Estrich (z. B. Calciumsulfatestrich) zur Erweichung der oberen Estrichzone führt. Um derartige Schäden weitgehend auszuschließen, muss die verbleibende Restfeuchte grundsätzlich vor dem Aufbringen eines Bodenbelages bzw. einer Beschichtung vom Bodenleger im Rahmen seiner Prüfpflicht gemessen werden. Hierfür wird in der Regel ein sog. CM-Gerät verwendet.

Bei beheizbaren Fußbodenkonstruktionen wird der Feuchtegehalt durch Aufheizen der Estrichschicht weiter reduziert und so vor dem Verlegen der Nutzschicht die zulässige Belegreife für den jeweiligen Bodenbelag erreicht. Trotz dieses Aufheizungsvorganges ist jedoch nicht sichergestellt, dass der Estrich den erforderlichen Feuchtegehalt aufweist. Daher sind Feuchtigkeitsmessungen mit dem CM-Gerät auch beim Heizestrich

unerlässlich. Einzelheiten hierzu s. Abschn. 12.2.2 sowie Tabelle **12**.9.

11.3.6.4 Estrichkonstruktionen und Estrichherstellung

Einteilung und Benennung: Überblick

Estrichkonstruktionen. Estriche können grundsätzlich nach zwei Konstruktionsprinzipien aufgebaut sein. Man unterscheidet (Bild **11**.34):

- **Verbundkonstruktion,** die im kraftschlüssigen Verbund mit dem tragenden Untergrund hergestellt wird.

- **Schwimmende Konstruktion,** die durch eine Trennschicht, Abdichtung oder Dämmschicht vom tragenden Untergrund getrennt ist und auch keine unmittelbare Verbindung mit den angrenzenden Bauteilen aufweist.

Beide Konstruktionsarten unterscheiden sich wesentlich, so dass sich daraus Auswirkungen ergeben beispielsweise hinsichtlich der Belastbarkeit, der Fugenanordnung sowie den zu erwartenden Verformungstendenzen (Schubspannungen) in der jeweiligen Bodenkonstruktion.

1. Verbundestriche

Allgemeines. Verbundestriche sind mit dem tragenden Untergrund fest verbunden (Bild **11**.27a

11

und **11**.34a bis c). Sie können unmittelbar, d. h. ohne Belag, genutzt oder mit einem Belag bzw. einer Beschichtung versehen werden. Verbundestriche eignen sich insbesondere als

- Ausgleichestrich, wenn der tragende Untergrund größere Unebenheiten aufweist,
- Gefälleestrich, zur raschen Ableitung des Oberflächenwassers zum Bodeneinlauf,
- Nutzboden in untergeordneten Räumen, ohne Anforderungen an Schall- und Wärmeschutz,
- Nutzestrich im Industriebau, wo hohe Belastbarkeit und Verschleißfestigkeit gefordert sind.

Verbundestriche müssen unmittelbar und vollflächig kraftschlüssig mit dem jeweiligen tragenden Untergrund (z. B. Betondecke) verbunden sein. Alle auftretenden Kräfte, die aus Verformungen des Untergrundes, Schwindvorgängen des Estrichs, Temperatureinflüssen und aus Verkehrslasten resultieren, erzeugen in dieser Verbundkonstruktion Zwängungsspannungen, die von dem Gesamtsystem (Untergrund, Haftbrücke, Estrich) aufgenommen bzw. weitergegeben werden.

Damit ein guter Haftverbund möglich wird, muss die Oberfläche des tragenden Untergrundes in der Regel ausreichend trocken, fest, eben, oberflächenrau und frei von haftmindernden Verunreinigungen sein; außerdem darf der Untergrund keine Risse und lose Bestandteile aufweisen. Eine mechanische Behandlung des Tragbetons (Schleifen, Fräsen, Sandstrahlen) kann in bestimmten Fällen notwendig werden.

Fugen im Verbundbereich. Bauwerksfugen (Gebäudetrennfugen) sind an gleicher Stelle und in gleicher Breite im Verbundestrich zu übernehmen und die Belagkanten durch spezielle Metallprofile zu schützen (Bild **11**.42a und **11**.43).

Die Unterteilung der Estrichflächen in Einzelfelder durch Bewegungsfugen (Feldbegrenzungsfugen) ist bei Verbundestrichen zu unterlassen; sie sind schädlich und stören den Verbund.

Randfugen sind an aufgehenden Bauteilen nur anzulegen, wenn diese Teile nicht fest mit dem tragenden Untergrund verbunden sind.

Anforderungen. Verbundestriche müssen den allgemeinen Anforderungen nach DIN 18560-1 und -3 entsprechen; für hochbeanspruchbare Industrieestriche gilt Teil 7 der vorgenannten Norm. Die jeweiligen Festigkeitsklassen und Anwendungsbereiche sind Abschn. 11.3.6.2, Estricharten, zu entnehmen.

Einzelheiten über die Herstellung von Verbundestrichen siehe VOB Teil C, DIN 18353, Estricharbeiten, sowie DIN 18354, Grußasphaltarbeiten. Auf die weiterführende Fachliteratur [17], [21] wird verwiesen. Der aktuelle Stand der Normung ist Abschn. 11.5 zu entnehmen.

Zementgebundener Verbundestrich
(Konventioneller Zementestrich)

Zementgebundener Verbundestrich wird im Wohnungsbau vor allem in Kellern, Nebenräumen und Garagen als unmittelbar begehbarer Nutzestrich eingesetzt. In gewerblich genutzten Räumen kommt er als Industrieestrich für hohe Beanspruchungen mit vergüteter Oberfläche zur Anwendung. Vgl. hierzu Abschn. 11.3.6.7, Zementgebundener Hartstoffestrich.

Untergrund. Zementgebundener Verbundestrich kann entweder auf einem frisch betonierten, noch nicht erhärteten Betonuntergrund „frisch in frisch" oder auf einen bereits erhärteten und trockenen Untergrund aufgebracht werden.

Wird er auf einen bereits erhärteten Untergrund aufgetragen, müssen die wesentlichen Verformungen des Betonuntergrundes aus Kriechen und Schwinden bereits abgeklungen sein, da es sonst zu einer Überlagerung mit den Zugspannungen des Estrichs kommt. Es besteht dann die Gefahr, dass Scherspannungen am Estrichansatz entstehen, die bei ungenügendem Haftverbund zwischen Untergrund und Estrich zur Ablösung führen. Diese Spannungen sind umso kritischer zu bewerten, je dicker und je großflächiger der Estrich ist.

Haftbrücken. Um eine ausreichende Haftzugfestigkeit zwischen Tragbeton und Estrich zu erreichen, muss in der Regel immer zuerst eine Haftbrücke auf den Untergrund aufgetragen werden. Diese verbessert die Verbindung zwischen Estrich und Tragbeton und somit den Haftverbund. Man unterscheidet:

- **Zementschlämmen** (Grundierschlämmen) aus werkgemischtem Trockenmörtel (Mischungsverhältnis Zement: Feinsand 0/2 mm = 1 : 1), die am Einsatzort nur noch mit Wasser angemacht werden. Vor dem Auftrag der Haftbrücke muss der trockene Untergrund – der sehr saugfähig sein kann – sorgfältig vorgenässt werden, um Trockenrisse im Estrich zu vermeiden. Diese mineralische Haftbrücke ist feuchtigkeitsbeständig, so dass sie auch auf erdberührten, feuchten Betonuntergründen aufgebracht werden kann.

  In der Regel ist jedoch vor der Ausführung eines Verbundestrichs sicherzustellen, dass aus dem darunter liegenden Bauteil keine Feuchtigkeit mehr nach oben wandern kann.

- **Kunstharzdispersionen,** die jedoch nicht im gleichen Maße kraftschlüssig wirken, wie rein mineralische Haftbrücken. Sie sind außerdem meist nicht einsetzbar, wenn bei erdberührtem Untergrund mit aufsteigender Feuchtigkeit gerechnet werden muss.

- **Reaktionsharze** (z. B. Epoxidharze) werden als Haftbrücke häufig eingesetzt. Sie haften an Betonoberflächen sehr gut und sind weniger feuchtigkeitsempfindlich als die Kunstharzdispersionen, ergeben jedoch in gewissen Fällen eine dampfbremsende Schicht und sind relativ teuer. Die Verarbeitungsvorschriften der Hersteller sind immer zu beachten.

Festigkeitsklassen/Nenndicke. Zementgebundene Verbundestriche müssen zur Aufnahme eines Belages die Festigkeitsklasse CT F 4, bei Nutzung ohne Belag mind. die Festigkeitsklasse CT F 5 aufweisen (Tab. **11**.28). Für Industrieestrich ist mind. die Festigkeitsklasse C 35 bzw. F 5 nach DIN 13 813 erforderlich.

Bei einschichtiger Ausführung sollten sie nicht dicker als 50 mm und nicht dünner als 25 mm sein. Der Einbau noch dünnerer Verbundestriche aus kunststoffvergüteten Estrichmischungen bzw. reinen Reaktionsharzestrichen ist möglich.

Die erforderliche Mindestestrichdicke bei Zement-Fließestrich im Verbund beträgt 30 mm; dünnere Schichten sind ebenfalls möglich. Die Entwicklung auf diesem Gebiet ist noch nicht abgeschlossen. Einzelheiten hierzu sind den Abschnitten „Estricharten" und „Estrich auf Dämmschichten" zu entnehmen.

Nachbehandlung. Der frisch eingebrachte, fertige Estrich ist durch Feuchthalten, Abdecken vor Sonneneinstrahlung, Zugluft und Frost ausreichend lang zu schützen. Diese Nachbehandlung ist ganz entscheidend für die Rissanfälligkeit und Festigkeit der Estrichoberfläche.

Calciumsulfatgebundener Verbundestrich
(Calciumsulfat-Fließestrich)

Calciumsulfat-Fließestriche sind pumpbar, verlaufen und nivellieren sich weitgehend selbst und sind demzufolge rationell zu verarbeiten.

Auch calciumsulfatgebundene Verbundestriche müssen vollflächig kraftschlüssig mit dem tragenden Untergrund verbunden sein, damit alle auftretenden Kräfte, Spannungen und Lasten vom Gesamt-Verbundsystem aufgenommen werden können.

Untergrund. Fließestriche auf Calciumsulfatbasis werden in der Regel auf Betonuntergrund verlegt. Da sie keiner ständig einwirkenden Feuchtebeanspruchung ausgesetzt werden dürfen, muss dieser beim Einbau trocken sein und auch stets trocken bleiben. Um dies zu gewährleisten, ist die Estrichschicht auf erdberührter Bodenplatte gegen aufsteigende Feuchtigkeit, über noch junger Rohbetondecke gegen nachstoßende Restfeuchte und bei Decken über Räumen mit feucht-warmer Luft gegen Wasserdampfdiffusion von unten gemäß Abschn. 11.3.2 zu schützen.

Haftbrücken. Die Tragschicht muss des Weiteren ausreichend fest, sauber, offenporig und saugfähig sein. Darauf ist eine Grundierschlämme oder auf dichtem Untergrund, eine Haftbrücke aus Epoxidharz mit Quarzsandabstreuung aufzutragen. Der schmale Wandstreifen, an den der Verbundestrich später anschließt, muss ebenfalls grundiert werden, um eine Feuchtigkeitsabgabe an die Wand zu verhindern.

Bauwerksfugen (Gebäudetrennfugen) sind an gleicher Stelle und in gleicher Breite zu übernehmen; ansonsten kann der Verbundestrich fugenlos ausgeführt werden.

Festigkeitsklassen/Nenndicke. Calciumsulfatgebundene Verbundestriche müssen zur Aufnahme eines Belages die Festigkeitsklasse C 20/F 3, bei Nutzung ohne Belag mindestens die Festigkeitsklasse C 25/F 4 aufweisen (Tabelle **11**.30 und **11**.31).

Die Nenndicke soll in der Regel ≥ 25 mm betragen; bei einschichtiger Ausführung darf der Verbundestrich nicht dicker als 50 mm und nicht dünner als 20 mm sein.

Bitumengebundener Verbundestrich
(Gussasphaltestrich)

Gussasphaltestrich im Verbund wird vorwiegend im Industriebau eingesetzt, er kann aber auch im Freien verlegt werden.

Untergrund. Als tragender Untergrund eignet sich vor allem Asphalt. Der Gussasphaltestrich wird darauf direkt aufgebracht, so dass aufgrund der hohen Einbautemperaturen eine vollflächige, dauerhafte Verbindung entsteht. Betonflächen sind für die Verbundverlegung weniger geeignet.

Die Oberfläche des Gussasphaltestrichs muss in noch warmem Zustand mit Sand abgerieben oder mit Splitt abgestreut werden. Eine weitergehende Nachbehandlung ist nicht erforderlich. S. hierzu auch Abschn. 11.3.6.4, Verlegung von Gussasphaltestrich auf Dämmschicht.

Härteklassen/Nenndicke. Die jeweilige Härteklasse des Verbundestrichs muss auf die Art der Nutzung und der Beanspruchung abgestimmt sein. Für beheizte Räume werden AS IC 10 oder AS IC 15, für nicht beheizbare Räume AS IC 15 oder AS IC 40 und im Freien ebenfalls AS IC 40 eingesetzt (Tabelle **11**.32).

Die Nenndicke liegt je nach Beanspruchungsgruppe zwischen ≥ 25 und ≥ 30 mm; sie sollte bei einschichtiger Ausführung 40 mm nicht überschreiten und nicht weniger als 20 mm betragen.

2. Estriche auf Trennschicht

Allgemeines. Beim Estrich auf Trennschicht liegt die Estrichplatte vollflächig auf dem tragenden Untergrund auf, ist von diesem jedoch durch eine dünne Zwischenlage getrennt (Bild **11**.27b und **11**.34d bis e). Der Estrich kann unmittelbar, d. h. ohne Belag, genutzt oder mit einem Belag bzw. einer Beschichtung versehen werden.

Estriche auf Trennschicht werden vor allem aus bautechnischen oder bauphysikalischen Gründen eingesetzt, wenn zum Beispiel

- keine Anforderungen an Wärme- und Trittschallschutz bestehen,
- der Untergrund für einen direkten Haftverbund nicht geeignet ist,
- ein junger Betonuntergrund noch eigenen Formänderungen unterworfen ist,
- mit hohen Temperatur-Wechselbeanspruchungen zu rechnen ist,
- auf eine Abdichtungsebene und/oder Dampfsperre eine gleitfähige Schutzschicht aufzubringen ist,
- mit starker Verkehrsbelastung und hoher Lasteinwirkung zu rechnen ist.

Estrich auf Trennschicht. Da beim Estrich auf Trennschicht kein Haftverbund zwischen der Es-

11

trichplatte und dem tragenden Untergrund besteht, können sich beide Teile unabhängig voneinander bewegen. Jedes Bauteil ist in seinem Verformungsverhalten eigenständig, Spannungen können weder übertragen noch abgeleitet werden.

Volumenveränderungen ergeben sich bei der lose aufliegenden, dünnen Estrichplatte vor allem durch Schwinden und Quellen und thermisch bedingte Einflüsse. Dabei kann sich die Estrichplatte – vorwiegend beim Zementestrich – auch in der Fläche verwölben und an den Rändern aufschüsseln.

Die wichtigsten Voraussetzungen für eine schadensfreie Estrichkonstruktion sind ein ebener Untergrund, eine darauf aufgebrachte zweilagige Trenn- und Gleitschicht, Bewegungsfugen (Feldbegrenzungsfugen) je nach Estrichart sowie elastische Randfugen zwischen Estrichplatte und allen aufgehenden Bauteilen, die die freie Beweglichkeit ermöglichen. Die Ebenheitstoleranzen nach DIN 18202 sind Tabelle **11**.2 zu entnehmen.

Untergrund. Der tragende Untergrund darf keine punktförmigen Erhebungen, Rohrleitungen o. Ä. aufweisen. Falls Rohrleitungen auf dem Untergrund verlegt sind, müssen sie befestigt sein. Durch einen Ausgleich ist wieder ein tragender Untergrund mit einer ebenen Oberfläche zur Aufnahme der Trennschicht herzustellen. Ungebundene Schüttungen dürfen hierfür nicht verwendet werden. Einzelheiten hierzu s. Abschn. 11.3.6.6, Rohrleitungen auf Rohdecken.

Trennschicht. Die Trennschicht ist in der Regel zweilagig, bei Gussasphalt- und Fließestrich einlagig auszuführen und faltenfrei zu verlegen. Abdichtungen und Dampfsperren dürfen als eine Lage der Trennschicht gelten. Je nach Estrichart eignen sich für die Trennschicht beispielsweise Polyethylenfolie (PE-Folie mind. 0,1 mm dick), Natronkraftpapier PE beschichtet (Schrenzlage) und Rohglasvlies.

Fugenanordnung. Bauwerksfugen (Gebäudetrennfugen) sind an gleicher Stelle und in gleicher Breite zu übernehmen und die Kanten durch Metallprofile zu schützen (Bild **11**.42a und **11**.43). Bei der Festlegung von Fugenabständen und Estrichfeldgrößen ist die Estrichart, der vorgesehene Belag und die Art der Beanspruchung (z. B. thermische Einwirkung) zu berücksichtigen.

Anforderungen. Estriche auf Trennschichten müssen den allgemeinen Anforderungen nach

DIN 18560-1 und -4 entsprechen; für hochbeanspruchbare Industrieestriche gilt Teil 7 der vorgenannten Norm.

Die jeweiligen Festigkeitsklassen und Anwendungsbereiche sind Abschn. 11.3.6.2, Estricharten, zu entnehmen.

Einzelheiten über die Herstellung von Estrichen auf Trennschicht siehe VOB Teil C, DIN 18353, Estricharbeiten, sowie DIN 18354, Gussasphaltarbeiten. Der aktuelle Stand der Normung ist Abschn. 11.5 zu entnehmen.

Zementestrich auf Trennschicht

Zementestrich auf Trennschicht wird im Wohnungsbau aufgrund des fehlenden Wärme- und Trittschallschutzes vor allem in untergeordneten Räumen als unmittelbar begehbarer Nutzestrich eingesetzt. In gewerblich genutzten Räumen kommt er häufig auf noch jungen Tragbeton, als Schutz- und Nutzschicht über Abdichtungen sowie bei hohen Temperatur-Wechselbeanspruchungen und starken Belastungen aller Art zum Einsatz.

Estrichplatte. Bei zementgebundener Estrichplatte ist immer mit ausgeprägten Volumen- bzw. Formveränderungen beispielsweise durch Schwindvorgänge, bei hohen Temperaturen und zu frühzeitigem Belegen mit nahezu dampfdichten Bodenbelägen zu rechnen. Dies führt häufig zu Verwölbungen der Estrichplatte, zum Aufschüsseln bzw. Absenken der Estrichränder und zu Rissen. Einzelheiten hierzu s. Abschn. 11.3.6.4, Zementestrich auf Dämmschicht.

Die Trennschicht wird meist zweilagig ausgebildet; verwendet werden vor allem Polyethylenfolien, mind. 0,1 mm dick.

Fugenanordnung. Zwischen Estrichplatte und allen aufgehenden Bauteilen, Türzargen, Rohrleitungen usw. sind mind. 8 mm dicke Randstreifen ringsumlaufend anzuordnen. Größere Estrichfelder sind durch Bewegungsfugen (Feldbegrenzungsfugen) in 25 bis 40 m² große Teilflächen gedrungener Form (abhängig von den jeweiligen bauphysikalischen und raumgeometrischen Gegebenheiten) zu unterteilen, wobei die Seitenlänge 8 m nicht überschreiten soll. Einzelheiten hierzu s. Abschn. 11.3.6.5, Anordnung und Ausbildung von Fugen in schwimmenden Estrichkonstruktionen.

Festigkeitsklassen/Nenndicke. Zementestrich auf Trennschicht muss mind. die Festigkeitsklasse CT F 4 aufweisen (Tab. **11**.28). Bei einschichtiger Ausführung und bei konventionellem Zementestrich auf Trennlage sollte die Estrichdicke 35 mm nicht unterschreiten. Die erforderliche Mindest-Estrichdicke bei Zement-Fließestrich auf Trennschicht beträgt 35 mm.

Calciumsulfatestrich auf Trennschicht

Anstelle des konventionellen Anhydritestrich werden vermehrt Calciumsulfat-Fließestriche eingesetzt, die pumpbar und fließfähig und aufgrund ihrer flüssigen Konsistenz rationell zu verarbeiten sind.

Untergrund. Calciumsulfatestriche dürfen keiner ständigen Feuchtigkeitsbeanspruchung ausgesetzt sein. Daher ist auf erdberührten Bodenplatten immer eine Abdichtung gegen aufsteigende Feuchtigkeit und bei Gefahr von

Dampfdiffusion und nachstoßender Restfeuchte aus noch junger Rohbetondecke eine Dampfsperre bzw. dampfbremsende Schicht gemäß Abschn. 11.3.2 anzuordnen.

Die Trennschicht kann bei Fließestrich abweichend von der Norm einlagig ausgeführt werden. Über Abdichtungen und Dampfsperren ist jedoch immer noch eine weitere Trennschichtlage einzuplanen. Die Bahnenüberdeckung an den Stößen sollte 10 bis 20 cm betragen und verklebt oder verschweißt werden.

Fugenanordnung. Im Gegensatz zum Zementestrich auf Trennschicht kann Calciumsulfat-Fließestrich in großen zusammenhängenden Flächen nahezu ohne Feldbegrenzungsfugen verlegt werden. Nur in bestimmten Fällen sind Bewegungsfugen vorzusehen (Herstellerangaben beachten). S. hierzu auch Abschn. 11.3.6.4, Calciumsulfatestrich auf Dämmschicht.

An allen aufgehenden Bauteilen und Installationsrohren müssen jedoch mind. 8 mm dicke Randstreifen angeordnet werden. Bauwerksfugen (Gebäudetrennfugen) sind an gleicher Stelle und in gleicher Breite zu übernehmen und die Kanten durch Metallprofile zu schützen (Bild **11**.42a und **11**.43).

Festigkeitsklasse/Nenndicke. Die Estrichdicke bei Calciumsulfatestrich auf Trennschicht muss mind. 30 mm betragen und mind. die Festigkeitsklasse CA F 4 aufweisen.

Gussasphaltestrich auf Trennschicht

Gussasphaltestrich auf Trennschicht wird hauptsächlich im Industrie- und Freizeitbereich (z. B. Markthallen, Großküchen, Sportanlagen) als hochbeanspruchbarer Estrich eingesetzt [21], [22]. Er wird in der Regel auf Tragbeton verlegt, kann jedoch im Prinzip auf allen tragfähigen Untergründen aufgebracht werden, die fest, trocken, eben, sauber und frei von Rissen sind.

Die Trennschicht kann bei Gussasphaltestrich einlagig ausgeführt werden. Im Hinblick auf die hohe Einbautemperatur eignen sich als Trennlage vor allem Rohglasvlies und Natronkraftpapier.

Fugenanordnung. Gussasphalt auf Trennschicht kann ohne Fugen großflächig aufgebracht werden. Lediglich Bauwerksfugen (Gebäudetrennfugen) sind zu übernehmen und die Kanten mit Metallprofilen zu sichern (Bild **11**.42a und **11**.43).

Da sich der heiß eingebrachte Gussasphalt beim Erkalten zusammenzieht (Kontraktion), kann auf die Anordnung von Randstreifen im Allgemeinen verzichtet werden. Es genügt, wenn die Trennschicht an den Wänden und anderen aufgehenden Bauteilen bis Oberfläche Fußbodenbelag hochgezogen wird (Bild **11**.41).

Werden auf Gussasphaltestrich jedoch Stein- oder Keramikbeläge, Holzpflaster oder Parkett verlegt, so sind immer Randstreifen in einer Dicke von mind. 10 mm vorzusehen (unterschiedliche Wärmeausdehnungskoeffizienten). S. hier zu Abschn. 11.3.6.4, Gussasphaltestrich auf Dämmschicht.

Härteklasse, Nenndicke. Gussasphalt auf Trennschicht soll für normal beheizte Räume die Härteklasse AS IC 10 bzw. IC 15, für nicht beheizte Räume die Härteklasse AS IC 15 bzw. IC 40 aufweisen (Tab. **11**.32). Die Estrichdicke sollte bei einschichtiger Ausführung 25 mm nicht unterschreiten.

3. Estriche auf Dämmschichten

Allgemeines. Estrich auf Dämmschicht (schwimmender Estrich) ist ein auf einer Dämmschicht hergestellter Estrich, der auf seiner Unterlage beweglich ist und keine unmittelbare Verbindung mit angrenzenden Bauteilen, wie beispielsweise Wänden oder Installationsrohren, aufweist. Eine Sonderform dieser Estrichkonstruktion stellen Heizestriche dar (Bild **11**.27c bis d).

Estrich auf Dämmschicht wird vor allem aus schall- und/oder wärmetechnischen Gründen eingebaut. Die biegesteife, lastverteilende Estrichplatte bildet mit der federnden Dämmschicht auf der Rohdecke ein Schwingungssystem (zweischalige Konstruktion), das das Eindringen von Körperschall (Trittschall) in die Deckenkonstruktion weitgehend verhindert, die Luftschalldämmung verbessert und auch Anforderungen an den Wärmeschutz erfüllt.

Estrichnenndicke/Verkehrslast. Die Dicke der Estrichplatte ist im Wesentlichen von der Art des Estrichs, der Dicke und Zusammendrückbarkeit des Dämmstoffes sowie von der anzunehmenden Verkehrslast abhängig

In Tabelle **11**.35 sind die jeweils erforderlichen Nenndicken und Festigkeit unbeheizbarer Estriche – unter Berücksichtigung der im Wohnungsbau üblichen Verkehrslasten angegeben. Entsprechende Nenndicken von Heizestrichen siehe Abschnitt 12.2.

Anmerkung: Für Fließestriche sind auch andere als in der Tabelle angegebenen Festigkeiten möglich, wenn die geforderten Werte für die Biegezugfestigkeit in der Bestätigungsprüfung nachgewiesen werden können.

Wie Tabelle **11**.36 in Verbindung mit Tabelle **11**.37 verdeutlicht, muss nach DIN EN 1991-1-1 in öffentlich zugänglichen Gebäuden jedoch mit erheblich höheren Verkehrslasten als im Wohnungsbau gerechnet werden. Um diese Verkehrslasten aufnehmen zu können, sind auch entsprechend größere Estrichnenndicken einzuplanen.

Die sich aus den Tabellen ergebenden Zusammenhänge werden bei der Dimensionierung der Estrichplatte häufig übersehen. Einzelheiten sind der weiterführenden Fachliteratur [23] zu entnehmen.

In der Baupraxis wird häufig versucht, eine zu geringe Estrichnenndicke mit einer höheren Festigkeitsklasse – wie in den Tabellen **11**.28 bis **11**.32 aufgezeigt – auszugleichen. Durch Anhebung der Festigkeitsklasse kann die Estrichnenndicke

11

Tabelle **11**.35 Nenndicken und Biegezugfestigkeit bzw. Härte unbeheizter Estriche auf Dämmschichten[1] für lotrechte Nutzlasten ≤ 2 kN/m² (Auszug aus DIN 18 560-2)

Estrichart	Biegezugfestigkeitsklasse bzw. Härteklasse nach DIN EN 13 813	Estrichnenndicke[a] in mm bei einer Zusammendrückbarkeit der Dämmschicht $c^{d)}$ ≤ 5 mm[b]	Bestätigungsprüfung			
			Biegezugfestigkeit β_{BZ} N/mm²		Eindringtiefe mm	
			kleinster Einzelwert	Mittelwert	bei (22 ± 1) °C	bei (40 ± 1) °C
Calciumsulfat-Fließestrich CAF	F 4	≥ 35	≥ 3,5	≥ 4,0	–	–
	F 5	≥ 35	≥ 4,5	≥ 5,0	–	–
	F 7	≥ 35	≥ 6,5	≥ 7,0	–	–
Calciumsulfatestrich CA	F 4	≥ 45	≥ 2,0	≥ 2,5	–	–
	F 5	≥ 40	≥ 2,5	≥ 3,5	–	–
	F 7	≥ 35	≥ 3,5	≥ 4,5	–	–
Gussasphaltestrich AS	IC 10	≥ 25	–	–	≤ 1,0	≤ 4,0
Kunstharzestrich SR	F 7	≥ 35	≥ 4,5	≥ 5,5	–	–
	F 10	≥ 30	≥ 6,5	≥ 7,0	–	–
Magnesiaestrich MA	F 4[c]	≥ 45	≥ 2,0	≥ 2,5	–	–
	F 5	≥ 40	≥ 2,5	≥ 3,5	–	–
	F 7	≥ 35	≥ 3,5	≥ 4,5	–	–
Zementestrich CT	F 4	≥ 45	≥ 2,0	≥ 2,5	–	–
	F 5	≥ 40	≥ 2,5	≥ 3,5	–	–

[a] Bei Dämmschichten ≤ 40 mm kann bei Calciumsulfat-, Kunstharz-, Magnesia- und Zementestrichen die Estrichnenndicke um 5 mm reduziert werden. Die Nenndicke (außer Gussasphalt) darf 30 mm nicht unterschreiten.
[b] Bei Gussasphaltestrichen darf die Zusammendrückbarkeit der Dämmschichten nicht mehr als 3 mm betragen.
[c] Die Oberflächenhärte bei Steinholzestrichen muss mindestens SH 30 entsprechen.
[d] Bei höherer Zusammendrückbarkeit (≤ 10 mm) muss die Estrichnenndicke um 5 mm erhöht werden.
Die Nenndicke des Estrichs darf unter Stein- und keramischen Belägen 40 mm bei Calciumsulfat-Fließestrichen (CAF) und 45 mm bei allen anderen Estrichen, **außer bei Gussasphaltestriche**, nicht unterschreiten.

[1] Die Dämmschicht kann aus einer oder mehreren Lagen aus den für die vorgesehene Art des Estrichs geeigneten Dämmstoffen bestehen; die Zusammendrückbarkeiten werden addiert.

jedoch nur wenig verkleinert werden. Demnach sind bei höheren Verkehrslasten in erster Linie die Estrichnenndicken zu erhöhen.

Anforderungen. Estriche auf Dämmschichten müssen den allgemeinen Anforderungen nach DIN 18 560-1 und -2 entsprechen.

Die jeweiligen Festigkeitsklassen und Anwendungsbereiche sind Abschn. 11.3.6.2, Estricharten, zu entnehmen.

Einzelheiten über die Herstellung von Estrichen auf Dämmschichten siehe VOB Teil C, DIN 18 353, Estricharbeiten, sowie DIN 18 354, Gussasphaltarbeiten. Der aktuelle Stand der Normung ist Abschn. 11.5 zu entnehmen.

Zementestrich auf Dämmschicht

Konventioneller Zementestrich/Verformungen. Bei der Erhärtung und Austrocknung hydraulisch abbindender Zementestriche ent-

weicht das überschüssige Wasser aus den Kapillarporen, es kommt zu einer Volumenverringerung des Estrichs, dem sog. Schwinden.

Da der schwimmende Estrich unterseitig auf einer wasserundurchlässigen, diffusionsbremsenden Abdeckung (z. B. PE-Folie) aufliegt, trocknet er an der Oberfläche schneller als auf der Unterseite. Aufgrund dieses Feuchtigkeitsgefälles im Estrich kommt es an der Oberseite zur Verkürzung der Estrichplatte und zur **konkaven** Aufwölbung (Aufschüsselung) der Estrichränder. Durch diese Aufwölbung an den Rändern liegt die Estrichplatte dort nicht mehr auf, die Last konzentriert sich auf die Raummitte.

Wird der Zementestrich regelgerecht bis zur Belegreife gemäß Tabelle **11**.33 getrocknet, geht diese anfängliche Randaufwölbung im Laufe der Zeit wieder weitgehend zurück und etwa 70 bis 80 % des Endschwindmaßes der Estrichplatte sind dann erreicht. Allerdings ist hierfür auch ein

Tabelle **11**.36 Nutzlasten auf Decken, Balkonen und Treppen im Hochbau

Nutzungskategorien	q_k kN/m^2	Q_k kN
Kategorie A		
• Decken	1,5 bis 2,0	2,0 bis 3,0
• Treppen	2,0 bis 4,0	2,0 bis 4,0
• Balkone	2,5 bis 4,0	2,0 bis 3,0
Kategorie B	2,0 bis 3,0	1,5 bis 4,5
Kategorie C		
• C1	2,0 bis 3,0	3,0 bis 4,0
• C2	3,0 bis 4,0	2,5 bis 7,0 (4,0)
• C3	3,0 bis 5,0	4,0 bis 7,0
• C4	4,5 bis 5,0	3,5 bis 7,0
• C5	5,0 bis 7,5	3,5 bis 4,5
Kategorie D		
• D1	4,0 bis 5,0	3,5 bis 7,0 (4,0)
• D2	4,0 bis 5,0	3,5 bis 7,0

Tabelle **11**.37 Nutzungskategorien von Flächen

Kategorie	Nutzungsmerkmal	Beispiel
A	Wohnflächen	Räume in Wohngebäuden und -häusern, Stations- und Krankenzimmer in Krankenhäusern, Zimmer in Hotels und Herbergen, Küchen, Toiletten
B	Büroflächen	
C	Flächen mit Personenansammlungen (außer Kategorie A, B und D)	**C1:** Flächen mit Tischen usw., z. B. in Schulen, Cafés, Restaurants, Speisesälen, Lesezimmern, Empfangsräumen. **C2:** Flächen mit fester Bestuhlung, z. B. in Kirchen, Theatern, Kinos, Konferenzräumen, Vorlesungssälen, Versammlungshallen, Wartezimmern, Bahnhofssälen. **C3:** Flächen ohne Hindernisse für die Beweglichkeit von Personen, z. B. in Museen, Ausstellungsräumen usw. sowie Zugangsflächen in öffentlichen Gebäuden und Verwaltungsgebäuden, Hotels, Krankenhäusern, Bahnhofshallen. **C4:** Flächen mit möglichen körperlichen Aktivitäten von Personen, z. B. Tanzsäle, Turnsäle, Bühnen. **C5:** Flächen mit möglichem Menschengedränge, z. B. in Gebäuden mit öffentlichen Veranstaltungen, wie Konzertsälen, Sporthallen mit Tribünen, Terrassen und Zugangsbereiche und Bahnsteige
D	Verkaufsflächen	**D1:** Flächen in Einzelhandelsgeschäften **D2:** Flächen in Kaufhäusern

ANMERKUNG 1 In Abhängigkeit von ihrer Nutzung können im nationalen Anhang und/oder durch Festlegung des Bauherren die Flächen, die als C2, C3 oder C4 eingestuft werden könnten, auch der Kategorie C5 zugeordnet werden.

ANMERKUNG 2 Zu den Kategorien A, B, C1 bis C5 und D1 bis D2 können weitere Unterkategorien im nationalen Anhang festgelegt werden.

ANMERKUNG 3 Für Flächen mit industrieller Nutzung oder Lagernutzung siehe DIN EN 1991-1-1 Abschnitt 6.3.2.

11

Tabelle **11**.38 Nenndicken und Biegezugfestigkeit bzw. Härte unbeheizter Estriche auf Dämmschichten[1] für lotrechte Nutzlasten (Einzellasten bis 4,0 kN[2]), Flächenlasten ≈ 5 kN/m²) (Auszug aus DIN 18 560-2)

Estrichart	Biegezugfestigkeitsklasse bzw. Härteklasse nach DIN EN 13 813	Estrichnenndicke[a] in mm bei einer Zusammendrückbarkeit der Dämmschicht c ≤ 3 mm	Bestätigungsprüfung			
			Biegezugfestigkeit $_{BZ}$ N/mm²		Eindringtiefe mm	
			kleinster Einzelwert	Mittelwert	bei (22 ± 1) °C	bei (40 ± 1) °C
Calciumsulfat-Fließestrich CAF	F 4	≥ 65	≥ 3,5	≥ 4,0	–	–
	F 5	≥ 55	≥ 4,5	≥ 5,0	–	–
	F 7	≥ 50	≥ 6,5	≥ 7,0	–	–
Calciumsulfatestrich CA	F 4	≥ 75	≥ 2,0	≥ 2,5	–	–
	F 5	≥ 65	≥ 2,5	≥ 3,5	–	–
	F 7	≥ 60	≥ 3,5	≥ 4,5	–	–
Gussasphaltestrich AS	IC 10	≥ 35	–	–	≤ 1,0	≤ 4,0
Kunstharzestrich SR	F 7	≥ 60	≥ 4,5	≥ 5,5	–	–
	F 10	≥ 50	≥ 6,5	≥ 7,0	–	–
Magnesiaestrich MA	F 4[b]	≥ 75	≥ 2,0	≥ 2,5	–	–
	F 5	≥ 65	≥ 2,5	≥ 3,5	–	–
	F 7	≥ 60	≥ 3,5	≥ 4,5	–	–
Zementestrich CT	F 4	≥ 75	≥ 2,0	≥ 2,5	–	–
	F 5	≥ 65	≥ 2,5	≥ 3,5	–	–

[a] Bei Dämmschichten ≤ 40 mm kann bei Calciumsulfat-, Kunstharz-, Magnesia- und Zementestrichen die Estrichnenndicke um 5 mm reduziert werden.
[b] Die Oberflächenhärte bei Steinholzestrichen muss mindestens SH 30 nach DIN EN 13 813 entsprechen.

[1] Die Dämmschicht kann aus einer oder mehreren Lagen aus den für die vorgesehene Art des Estrichs geeigneten Dämmstoffen bestehen; die Zusammendrückbarkeiten werden addiert.
[2] Bei Einzellasten sind für deren Aufstandsflächen im Allgemeinen zusätzliche Überlegungen erforderlich. Dasselbe gilt für Fahrbeanspruchung.

11

Zeitraum von etwa 4 Wochen – bei einer Estrichdicke von 40 mm – einzuplanen. Gegebenenfalls muss der Estrich künstlich getrocknet bzw. beheizt werden.

- Immer häufiger werden jedoch Bodenbelagarbeiten unter Zeitdruck zu früh ausgeführt und beispielsweise keramische Fliesen und Platten bereits zwei bis drei Wochen nach der Verlegung des Zementestrichs – also vor dem Erreichen der Belegreife – auf die noch konkav aufgewölbte Estrichplatte verlegt. Kurz darauf wird auch die Boden-Wand-Anschlussfuge (Randfuge) mit elastoplastischer Fugendichtmasse verschlossen.
Während des dabei weiter fortschreitenden Aushärtungs- und Schwindvorganges nimmt die verwölbte Estrichplatte zunächst ihre planebene Ausgangslage wieder ein. Bereits dabei kommt es zum Abriss der Randfuge, da sich die ehemals erhöhten Ränder absenken. Die zu früh belegte Estrichplatte wird sich danach weiter verkürzen und dabei durch den starren, kaum schwindenden Keramikbelag behindert (unterschiedliche Ausdehnungskoeffizienten). Außerdem weist der im Dünnbett verlegte Belag eine dampfbremsende Wirkung auf, so dass es zu einer Umkehrung des Feuchtigkeitsgefälles im Estrich kommt. Die Folge ist eine **konvexe** Verwölbung der gesamten Verbundkonstruktion mit weiterer zusätzlicher Randabsenkung. Nun hebt sich die Fläche in der Raummitte von der Dämmschicht ab, es kommt zu einer Hohllage und unter zu hoher Belastung kann es zu Rissen im Estrich bzw. Fliesenbelag kommen.

Randverformungen sind bei schwimmend verlegten, zementgebundenen Estrichkonstruktionen systembedingt und auch bei fachgerechter Ausführung nicht zu vermeiden. Bei Bodenflächen im Wohnungsbau, die mit Stein- und Keramikplatten belegt sind, können Randabsenkungen bis etwa 5 mm, bei anderen Belägen von etwa 3 mm auftreten. Elastoplastische Fugenmassen reißen bei diesen Bewegungen immer ab und müssen in der Regel nach zwei Jahren (2 Heizungsperioden) erneuert werden. Weitere Einzelheiten hierzu sind der Fachliteratur [24] sowie Abschn. 11.4.7.6, Verlegeverfahren bei Keramik- und Steinbelägen, zu entnehmen.

Konventioneller Zementestrich-Bewehrung. Über die Notwendigkeit, in konventionellem Zementestrich eine Bewehrung einzubauen, wird seit geraumer Zeit kontrovers diskutiert.

- In DIN 18560-2, Estriche im Bauwesen, ist festgehalten, dass eine Bewehrung von Estrichen auf Dämmschicht grundsätzlich nicht erforderlich ist. Es kann jedoch eine Bewehrung – insbesondere bei Zementestrichen zur Aufnahme von Stein- und keramischen Belägen – zweckmäßig sein, weil dadurch die Verbreiterung von eventuell auftretenden Rissen und der Höhenversatz der Risskanten vermieden werden. Es ist weiter angemerkt, dass das Entstehen von Rissen durch eine Estrichbewehrung nicht verhindert werden kann.
- Im ZDB-Merkblatt „Beläge auf Zementestrich: Fliesen und Platten aus Keramik, Naturwerkstein und Betonwerkstein auf beheizten und unbeheizten zementgebundenen Fußbodenkonstruktionen" [25] werden die Aussagen der DIN 18 560 aufgegriffen. In besonderen Fällen – zum Beispiel bei höheren Verkehrslasten ($\geq 1,5$ kN/m²), ungünstigen Raumgrundrissen, bei besonders starker Sonneneinstrahlung hinter großflächigen Glasfassaden – ist es sinnvoll, den Estrich dicker auszuführen und mit einer Bewehrung aus nicht statischen Baustahlmatten zu versehen.
- Bezüglich des Einbaus eines beheizten Estrichs wird im ZDB-Merkblatt darauf hingewiesen, dass eine Bewehrung – im Hinblick auf die großen Temperaturunterschiede – zweckmäßig ist.

Der Einbau einer Bewehrung in Zementestrich auf Dämmschicht ist demnach vor allem überall dort notwendig, wo in Estrichflächen unter Stein- und Keramikbelägen mit größeren Temperatur-Wechselunterschieden zu rechnen ist. Dies gilt vor allem bei Fußbodenheizungen, dicker bemessenen Industrieböden, Bodenflächen hinter großflächigen Glasfassaden mit Sonneneinstrahlung usw.

Die Bewehrung hat im Wesentlichen zwei Funktionen zu erfüllen, nämlich

- Beschränkung der Rissbreiten,
- Verhinderung eines Höhenversatzes der Risskanten.

Eine Bewehrung wird in der Regel nur in schwimmend verlegten Zementestrichen eingebaut; bei einschichtigen Verbundestrichen wirkt sich ihr Einsatz nachteilig aus. Als Bewehrung eignen sich Betonstahlmatten nach DIN 488-4 mit Maschenweiten bis 150 x 150 mm oder Betonstahl-

gitter mit Maschenweiten von 50–70 mm. Vermehrt eingesetzt werden auch Bewehrungen aus Stahl-, Glas- und Kunststofffasern.

Verlegung von konventionellem Zementestrich auf Dämmschicht

Die Herstellung eines schwimmenden Zementestrichs setzt große Erfahrung und sorgfältiges Arbeiten auf Seiten der Verlegefirma voraus, weshalb mit der Ausführung nur solide Spezialfirmen beauftragt werden sollten. Bei der Herstellung schwimmender Zementestriche ist im Einzelnen folgendes zu beachten (Bild **11**.39 und Bild **11**.40).

- **Innentemperatur.** Die Innentemperaturen in Gebäuden sollen in der kalten Jahreszeit nicht unter 5 °C und nicht über 15 °C liegen. Die Temperaturen sollen möglichst gleichmäßig sein, da ein zu schnelles und einseitiges Antrocknen des Mörtels an der Oberfläche bei zu hohen Temperaturen zu Aufwölbungen, Festigkeitsminderungen und Rissen führt.
- **Außenwandöffnungen** müssen entweder verglast oder zumindest provisorisch mit Folien verschlossen sein, um Zugluft sowie das Eindringen von Wasser durch Schlagregen zu verhindern.
- **Innenausbau.** Aufgehende Bauteile, für die ein Wandputz vorgesehen ist, müssen vor dem Verlegen der Dämmschichten konsequent bis Oberfläche Rohfußboden verputzt sein, um eine sorgfältige Ausführung der Randdämmung vornehmen zu können und eine möglichst luftdichte Konstruktion des Gebäudes zu gewährleisten. Auch die Montage mit haustechnischen Installationen, der Einbau von Türzargen mit Bodeneinstand und Anschlagschienen sowie der Verputz von Rohrschlitzen sind vorab fertig zu stellen.
- **Tragender Untergrund.** Der tragende Untergrund darf keine punktförmigen Erhebungen oder große Unebenheiten aufweisen, die zu Schallbrücken oder unterschiedlichen Estrichdicken führen können. Die zulässigen Ebenheitsabweichungen müssen DIN 18 202, Tabelle 3, Zeile 2 entsprechen. Einzelheiten hierzu sind der Tabelle **11**.2 zu entnehmen.
  Deckendurchbrüche müssen sorgfältig geschlossen und Bauwerksfugen (Gebäudetrennfugen) in der Rohdecke durch geeignete Spezialprofile im Estrich fortgeführt werden (Bild **11**.43).
  Bodenplatten, die unmittelbar an das Erdreich grenzen oder Geschossdecken, bei denen die Gefahr von Diffusionsfeuchte besteht, sind mit Abdichtungen bzw. geeigneten Dampfsperren gemäß Abschn. 11.3.2 zu schützen.
- **Rohrleitungen** müssen auf der Rohdecke festgelegt sein (Rohrhalterungen). Durch einen entsprechenden Höhenausgleich in Form von steifen Dämmstoffplatten, Schüttungen, Leichtmörtelestrich o. Ä. ist wieder eine ebene Oberfläche zur Aufnahme der notwendigen Trittschalldämmschicht zu schaffen. Einzelheiten hierzu s. Abschn. 11.3.6.6 mit Bild **11**.47 und **11**.48.
- **Randstreifen,** zwischen Estrich und Wand sowie anderen aufgehenden Bauteilen angeordnet, ergeben eine ringsumlaufende Bewegungsfuge (Randfuge). Die im Allgemeinen 5 bis 8 mm, bei Heizestrichen mindestens 10 mm dicken Dämmstreifen müssen fugendicht gestoßen und vom tragenden Untergrund bis Oberkante

11

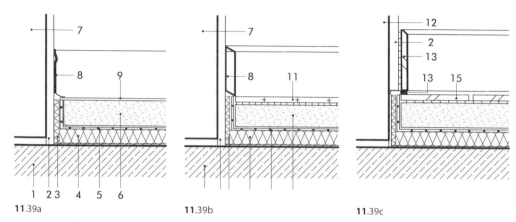

11.39 Konstruktionsbeispiele: Mörtelestrich auf Dämmschichten
a) Boden-Wandanschluss: Kunststoffsockelleiste mit elastischem Bodenbelag
b) Boden-Wandanschluss: Holzsockelleiste mit Parkett-Holzfußboden
c) Boden-Wandanschluss: Sockelfliese mit keramischem Bodenbelag
Anmerkung: Wandputz bis OFF – aus schallschutztechnischen Gründen nur bei dichter Betonwand möglich.

1 tragender Untergrund (Rohbetondecke)	9 elastischer Bodenbelag
2 Wandputz	10 Holzsockelleiste
3 Randstreifen	11 Parkett-Holzfußboden
4 Dämmschicht(en)	12 Betonwand
5 Abdeckung	13 Sockelfliese
6 Mörtelestrich	14 Fugenfüllprofil mit elastoplastischer Dichtungsmasse
7 Mauerwerk	15 keramischer Bodenbelag
8 Kunststoffsockelleiste	

Bodenbelag reichen. Auch alle durch Decke und Estrich geführten Rohrleitungen, Konsolen usw. sind mit Dämmschalen zu ummanteln (Bild **11.**40c).
Die Randstreifen und die hochgezogene Abdeckung dürfen bei Naturstein-, Betonwerkstein- und Keramikböden sowie bei Parkettböden erst nach Fertigstellung des Fußbodenbelages, bei textilen und elastischen Bodenbelägen erst nach Erhärtung der Spachtelmasse abgeschnitten werden (Bild **11.**42c). Dadurch wird ein Ausfüllen der Randfugen mit Verlegemörtel, Fugenmaterial, Klebstoff o. Ä. verhindert und die Bildung von Schallbrücken vermieden.

- **Dämmschichten.** Die Dämmplatten sind mit dichten Stößen im Verband (versetzte Stöße, keine Kreuzfugen) zu verlegen. Wenn aus Gründen des Wärmeschutzes eine größere Dämmstoffdicke erforderlich wird, ist ein kombiniertes Verlegen von Trittschall- und Wärmedämmplatten möglich. In diesem Fall soll die weichere Trittschalldämmplatte immer unten, d. h. unmittelbar auf der Rohdecke liegen.
Wird dagegen bei Rohrleitungen auf Rohdecken eine Höhenausgleich mit Dämmstoffen notwendig, dann ist aus schallschutztechnischen Gründen zwingend darauf zu achten, dass die untere Dämmplattenlage aus den steiferen Wärmedämmplatten besteht, worauf die weichfedernden Trittschalldämmplatten vollflächig verlegt werden. Einzelheiten hierzu s. Abschn. 11.3.6.6.
- **Abdeckung.** Vor dem Einbringen des Estrichmörtels muss die Dämmschicht mit einer Polyethylenfolie (PE-Folie; mind. 0,15 mm dick gem. DIN 18 560-2), Schrenz

papierlage o. Ä. abgedeckt werden. Die einzelnen Bahnen müssen an den Randstreifen hochgeführt werden und sich an den Stößen 10 bis 20 cm überdecken. Sie sind beim Einbau möglichst faltenfrei zu verlegen (Estrichschwachstelle) und dürfen nicht beschädigt oder durchstoßen werden.
Die Abdeckung ersetzt weder Dampfsperren noch Abdichtungen im Sinne der DIN 18195. Sie soll lediglich das Eindringen von Wasser bzw. Zementleim aus dem Mörtel in die Dämmschicht während des Einbringens bzw. Erhärtungsvorganges verhindern.

- **Zementestrich.** Der meist mit Druckluft in steif-plastischer Konsistenz an die Einbaustelle gepumpte Mörtel wird verteilt, mit der Latte – gegebenenfalls über vorher exakt nivellierte Lehren – abgezogen, verdichtet und geglättet. Beim konventionellen Estrich ist eine gute Verdichtung zwar nötig, wegen der federnden Wirkung der Dämmschicht jedoch meistens schwierig zu erbringen.
- **Nachbehandlung.** Der frisch eingebrachte, konventionelle Zementestrich ist mindestens 3 Tage vor zu raschem Austrocknen und danach wenigstens 1 Woche vor schädlichen Einwirkungen, wie beispielsweise Wärme und Zugluft zu schützen. Dadurch soll das Schwinden und die Verformungen der Estrichplatte möglichst gering gehalten und Rissbildungen weitgehend vermieden werden.
- **Konventioneller Zementestrich** soll nicht vor Ablauf von 3 Tagen begangen und nicht vor Ablauf von 7 Tagen höher belastet werden. Nach Erreichen der Beleg

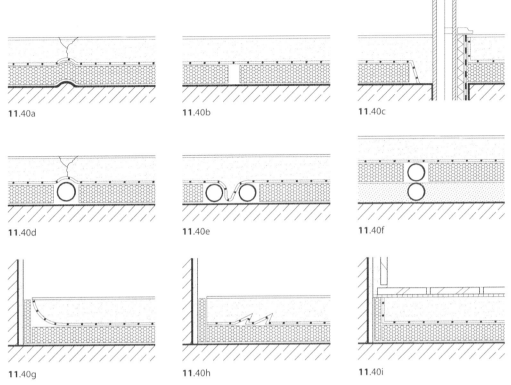

11.40 Schematische Darstellung von **Ausführungsfehlern** bei der Verlegung von Estrich auf Dämmschicht
  a) Punktuelle Unebenheiten auf der Rohbetondecke: Schwächung der Estrichplatte – Rissbildung bei Belastung
  b) Einlagige Dämmschicht mit offener Stoßfuge: Minderung des Luft- und Trittschallschutzes der Gesamtdecke
  c) Fehlende Dämmschale um das Installationsrohr: Minderung des Trittschallschutzes – Knackgeräusche am Heizungsrohr – Putzabriss auf der Deckenunterseite
  d) Höhenmäßig falsch bemessene Rohrausgleichschicht: Schallbrücke – Schwächung der Estrichplatte – Rissbildung bei Belastung
  e) Fehlende Rohrausgleich- und unterbrochene Trittschalldämmschicht: Schallbrücke – erhebliche Schallschutzminderung
  f) Rohrkreuzung mit unterbrochener Trittschalldämmschicht: Schallbrücke – Minderung des Luft- und Trittschallschutzes
  g) Schwächung des Estrichs im Randbereich: Bruchgefahr bei hoher Belastung durch schwere Möbel
  h) Fehlende Randstreifenfolie und Faltenbildung in der Abdeckung: Schallbrücke – Schwächung der Estrichplatte – mögliche Rissbildung von unten
  i) Starrer Boden-Wand-Anschluss durch Mörtel und Bodenbelag im Randbereich: Schallbrücke – höhenmäßig falsch abgeschnittener Randstreifen – fehlende elastoplastische Randfuge

reife ist der Estrich baldmöglichst mit einem Belag oder einer Beschichtung zu versehen, um schädliche Folgen durch mechanische Beanspruchung und ggf. nachträgliche Feuchteaufnahme zu vermeiden.

● **Angaben über Zement-Fließestrich** sind Abschn. 11.3.6.2, Estricharten, Angaben über Fugen in schwimmenden Estrichkonstruktionen Abschn. 11.3.6.5 zu entnehmen. Den Stand der Normung s. Abschn. 11.5.

Verlegung von Calciumsulfat-Fließestrich und Zement-Fließestrich auf Dämmschicht

Zu unterscheiden ist zwischen konventionellem Anhydritestrich (Calciumsulfatestrich) und Calciumsulfat-Fließestrich. Da Fließestriche den Einbau erleichtern und ihr Marktanteil ständig zunimmt, beziehen sich die nachstehenden Verlegehinweise auf diese Estrichart. Sie gelten in übertragenem Sinne auch für das Einbringen von **Zement-Fließestrich.**

Calciumsulfatestrich wird den sog. Nass- bzw. Mörtelestrichen zugeordnet. Die zuvor beim Zementestrich auf

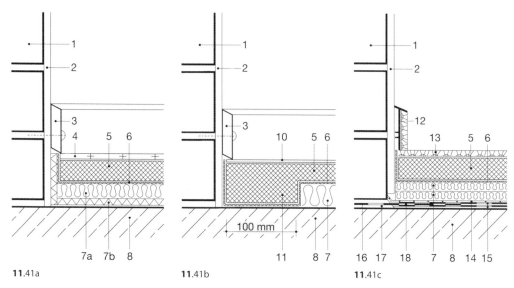

11.41a   **11.41b**   **11.41c**

11.41 Konstruktionsbeispiele: Gussasphaltestrich auf Dämmschichten

a) Gussasphalt schwimmend verlegt, it Randstreifen (notwendig bei Stein- und Keramikbelag, Holzpflaster, Parkett) und zweilagiger Dämmschicht (Geschossdecke mit erhöhter Trittschallanforderung)
b) Gussasphaltestrich mit Randverstärkung entlang der Randzone eines Raumes (zur Aufnahme von schweren Lasten)
c) Gussasphaltestrich schwimmend verlegt, ohne Randstreifen (nur Abdeckung an den aufgehenden Bauteilen hochgezogen) mit Abdichtung gegen Feuchtigkeit von unten

1 Mauerwerk	8 Massivdecke/Geschossdecke
2 Wandputz	9 Randstreifen
3 Holzsockelleiste	10 elastischer Bodenbelag
4 Holzparkett-Bodenbelag	11 Randverstärkung
5 Gussasphaltestrich	12 Teppichsockelleiste
6 Abdeckung (Rohglasvlies)	13 textiler Bodenbelag
7 Trittschall- und Wärmedämmschicht	14 Gleitschicht/Trennlage (PE-Folie, zweilagig)
7a Perlitdämmplatten	15 Abdichtung gegen Feuchtigkeit nach DIN 18 195
(hohe dynamische Steifigkeit)	16 waagerechte Außenwandabdichtung
7b Mineralfaserdämmplatten	17 Auflagefläche aus Mörtel (MG III)
(niedrige dynamische Steifigkeit)	18 Klebestoß (etwa 100 mm Überlappung)

Dämmschicht gemachten Ausführungen – bezüglich der allgemeinen baulichen Erfordernisse für die Estrichverlegung – gelten daher sinngemäß auch für die Herstellung von calciumsulfat- und zementgebundener Fließestriche, so dass sich eine nochmalige Beschreibung der dort erwähnten Voraussetzungen bzw. Arbeitsschritte an dieser Stelle erübrigt.

- **Allgemeines.** Die auf dem Markt angebotenen Calciumsulfat-Fließestriche weisen – je nach verwendeter Bindemittelart – unterschiedliche Eigenschaften, beispielsweise bezüglich Erhärtungszeiten, Ausdehnungskoeffizienten, Festigkeit und Verformungsverhalten auf. Dies führt zu einer gewissen Unübersichtlichkeit bei dieser Estrichgruppe. Daher müssen die Verarbeitungsrichtlinien des jeweiligen Estrichlieferanten bzw. Estrichherstellers genauestens beachtet werden.

- **Feuchtigkeitsbeanspruchung.** Calciumsulfat-Fließestrich darf keiner ständigen Feuchtigkeitsbeanspruchung ausgesetzt sein. Bodenflächen, in denen mit

Feuchtigkeitseinwirkung von unten zu rechnen ist, müssen durch eine Abdichtung und/oder Dampfsperre gemäß Abschn. 11.3.2 geschützt werden. Ist mit mäßiger Feuchtigkeitsbeanspruchung von oben – beispielsweise in Wohnungsbädern mit Duschtasse und Badewanne (Feuchtigkeitsbeanspruchungsklasse I) – zu rechnen, so ist eine Abdichtung im Verbund mit keramischen Fliesen und Platten vorzusehen.
Metallteile (z. B. Aluminium) sind abzukleben oder anderweitig zu schützen, da sie vom Fließestrichmörtel stark angegriffen werden. Aspekte des Korrosionsschutzes sind zu berücksichtigen.

- **Abdeckung.** Die Abdeckung auf der Dämmschicht muss bei Fließestrich so ausgebildet sein, dass kein Estrichmörtel oder Anmachwasser diese unterlaufen und in die Fugen der Dämmplatten eindringen kann (Schallbrücke). Dämmschicht und Randstreifen werden entweder mit Polyethylenfolie (mind. 0,15 mm dick) oder reißfester Schrenzpapierlage wannenförmig abgedeckt. Die einzelnen Bahnen müssen sich an den Stößen 10 bis 20 cm überlappen und es empfiehlt sich, diese zu verkleben oder zu verschweißen. Verwendet werden auch Randstreifen mit Stützfuß und Folie, die zusammen mit der Abdeckung einen sicheren und dichten Randanschluss ergeben.

- **Fließestrich.** Unmittelbar nach dem Einbringen des Fließestrichs wird dieser mit einer sog. Schwabbelstange oder einem Estrichbesen bearbeitet („durchgeschlagen"). Durch die dabei entstehende Wellenbewegung werden kleine Unebenheiten an der Estrichoberfläche beseitigt (Selbstnivellierung) und der Mörtel entlüftet bzw. homogenisiert. Eine Bewehrung in Form von Stahlmatten ist in keinem Fall einzubauen.

- **Oberflächenvorbereitung.** Da calciumsulfatgebundene Fließestriche unterschiedliche Eigenschaftscharakteristika aufweisen, sind auch die erhärteten Estrichoberflächen unterschiedlich beschaffen, so dass sie in der Regel nachträglich immer noch mechanisch bearbeitet werden müssen. Nach dem heutigen Stand der Technik muss die Oberfläche von Calciumsulfat-Fließestrichen mit einer Schleifmaschine angeschliffen und mit einem Industriestaubsauger abgesaugt werden, falls nicht verbindliche, anderslautende Herstellervorschriften zur Vorbereitung der Oberfläche vorliegen.

- **Fugenanordnung.** Unbeheizbare Estrichflächen werden in der Regel fugenfrei hergestellt. In bestimmten Fällen sind jedoch Bewegungsfugen anzuordnen und zwar

  - über vorhandenen Bauwerksfugen (Gebäudetrennfugen) an gleicher Stelle und in gleicher Breite,
  - als Randfuge an allen aufgehenden Bauteilen, Installationsrohren usw. (Randstreifendicke ≥ 8 mm),
  - als Feldbegrenzungsfuge in Türdurchgängen zwischen fremden Wohn- und Arbeitsräumen,
  - als Feldbegrenzungsfuge in der Regel bei einer Seitenlänge ≥ 20 m bzw. nach den verbindlichen Vorgaben der Estrichhersteller.

  Scheinfugen können hergestellt werden

  - als Feldbegrenzungsfugen bei größeren Erweiterungen oder Verengungen der Estrichfläche und in Türdurchgängen (Grundrisslänge über 5 m) bei mehreren hintereinander angeordneten Räumen innerhalb einer Wohnung.

  Weitere Angaben sind der Fachliteratur [27] sowie Abschn. 11.3.6.5, Fugen in Estrichen über Dämmschichten, zu entnehmen.

- **Calciumsulfat-Fließestrich** kann bei günstigen Baustellenbedingungen und je nach Eigenschaftscharakteristik des Estrichs bereits nach 1 Tag (2 Tagen) begangen und nach 2 Tagen (5 Tagen) belastet werden. Die zulässigen Feuchtewerte für die Belegreife von Estrichen mit einem Bodenbelag sind Tabelle **11**.33 sowie Tabelle **12**.9 zu entnehmen.

- **Angaben über konventionellen Anhydritestrich** (Calciumsulfatestrich) siehe Abschnitt 11.3.6.2, Estricharten.

Verlegung von Gussasphaltestrich auf Dämmschicht

Die zuvor beim Zementestrich auf Dämmschicht gemachten Ausführungen – bezüglich der allgemeinen baulichen Erfordernisse für die Estrichverlegung – gelten sinngemäß auch für die Herstellung eines schwimmend verlegten Gussasphaltestriches, so dass sich eine nochmalige Beschreibung der dort erwähnten Voraussetzungen bzw. Arbeitsschritte an dieser Stelle erübrigt. Im Einzelnen sind folgende Besonderheiten bei der Verlegung von Gussasphaltestrich auf Dämmschicht zu beachten (Bild **11**.41):

- **Allgemeines.** Gussasphalt wird in stationären Mischwerken hergestellt, als fertiges Mischgut in heißem Zustand an die Baustelle transportiert und dort mit einer Verarbeitungstemperatur von etwa 240 °C eingebaut.
  Baustoffe und Bauteile, mit denen der Gussasphaltestrich in Berührung kommt, müssen beständig gegenüber dieser Einbautemperatur sein. Daher dürfen nur hitzeunempfindliche Dämmstoffe, Abdeckungen und Trennlagen unter Gussasphaltestrich eingesetzt werden.

- **Dämmschichten.** Die Dämmplatten müssen flächig auf dem tragenden Untergrund aufliegen und mit dichten Stößen verlegt werden. Bei mehrlagigen Dämmschichten sind die Stöße gegeneinander versetzt anzuordnen.

  - **Hitzebeständigkeit.** Als Dämmstoffe für die Wärme- und Trittschalldämmung unter Gussasphalt eignen sich:
    - Mineralfaserdämmplatten
    - Perlitedämmplatten
    - Korkdämmplatten
    - Holzfaserdämmstoffe
    - Schaumglasdämmplatten
    - Schüttdämmstoffe

- **Zusammendrückbarkeit.** Die Zusammendrückbarkeit der Dämmstoffe unter Belastung darf nach DIN 18 560-2 bei Gussasphaltestrich nicht mehr als 5 mm betragen (Tabelle **11**.35). Bei einer zu weichen Unterlage könnte es bei hohen Punktbelastungen zu Eindrücken im Asphaltestrich kommen. Es ist daher ratsam, bei Bauten mit erhöhten Trittschallanforderungen die Dämmschicht zweilagig auszubilden. Wie Bild **11**.41a zeigt, sollten dabei die weicheren Trittschalldämmplatten immer unten auf der Rohdecke liegen und die druckfesten, hitzebeständigen Dämmplatten mit höherer dynamischen Steifigkeit (z. B. Perlitedämmplatten) darüber angeordnet sein.

- **Randverstärkung.** Die Gefahr, dass sich Gussasphaltestrich bei zu weichfedernden Dämmschichten verformt, ist besonders entlang der Randzonen eines Raumes gegeben, wenn dort sehr schwere, punktförmig einwirkende Lasten (z. B. Bücherregale, Schränke) aufgestellt werden. Um diesem Nachteil zu begegnen, baut man eine sog. Asphaltverstärkung ein, indem man die Dämmplatten etwa 10 cm vor der Wand enden lässt (Bild **11**.41b). Die dabei entstehenden Schallbrücken werden bewusst in Kauf genommen. Aufgrund der niedrigen Körperschall-Leitfähigkeit des Gussasphaltes (besonders hohe innere Dämpfung) wirken sie sich hinsichtlich einer Trittschallminderung nicht nennenswert aus. Die Zonen vor den Türen sind dabei natürlich auszunehmen. Weitere Einzelheiten hierzu s. [28].

- **Randstreifen.** Da sich der heiß eingebrachte Gussasphalt beim Erkalten zusammenzieht (Kontraktion), kann auf die Anordnung von Randstreifen bei Gussasphaltestrich im Prinzip verzichtet werden (Bild **11**.41c). Nach DIN 18 560-2 genügt es, wenn bei bestimmten Belägen (z. B. Teppichböden, elastischen Bodenbelägen), lediglich die Abdeckung an den Wänden und anderen aufgehenden Bauteilen hochgezogen wird.

11

Werden auf Gussasphaltestrich jedoch Holzpflaster, Parkett, Naturstein oder keramische Fliesen verlegt, muss immer ein mind. 10 mm (besser 15 mm) dicker Randstreifen vorgesehen werden (unterschiedliche Wärmeausdehnungskoeffizienten). Bild **11**.41a.

Im Hinblick auf eine mögliche Nutzungsänderung der Räume und dem oftmals damit verbundenen Bodenbelagwechsel wird auch bei Gussasphaltestrich generell der Einbau von Randstreifen empfohlen.

- **Abdeckung.** Zur Abdeckung der Dämmschichten und als Trennlage unter Gussasphalt eignen sich hitzeunempfindliche Bahnen aus Rohglasvlies und Natronkraftpapier. Vorsicht ist jedoch geboten bei hitzeempfindlichen Kunststoff-Folien, nackten Bitumenbahnen, Dichtungsbahnen o. Ä.

- **Gussasphaltestrich.** Gussasphalt wird heiß eingebaut und seine Oberfläche mit Quarzsand abgerieben.
  - **Absandung.** Der Quarzsand dient als Haftbrücke zwischen dem nicht saugfähigen Gussasphalt einerseits und Spachtelmasse bzw. Kleber andererseits. Diese Absandung muss sehr sorgfältig und vorschriftsmäßig durchgeführt werden, so dass keine größeren blanken Flächen übrig bleiben.
    Wurde das Absanden und anschließende Absaugen fachgerecht durchgeführt, kann die Belagverlegung ohne Grundierung (Vorstrich) erfolgen.
  - **Spachtelung.** Bitumengebundener Gussasphaltestrich weist eine dichte, nicht saugfähige Oberfläche auf. Die üblicherweise etwa 2 mm dicke, vollflächig aufgebrachte Spachtelschicht hat daher mehrere – zum Teil kontrovers diskutierte – Funktionen zu erfüllen. Einmal wird damit ein ausreichend ebener, rollstuhlbeanspruchbarer Untergrund für dünne Bahnen- und Plattenbeläge geschaffen. Zum anderen liefert sie den für wässrige Dispersionsklebstoffe notwendigen saugfähigen Untergrund, in dem sich auch der Kleber verkrallen kann. Des Weiteren bietet sie den Schutz vor lösemittelhaltigen Klebstoffen, die die Oberfläche des Gussasphaltes ansonsten anlösen könnten. Da allerdings lösemittelhaltige Kunstharzklebstoffe nach der neuen Gefahrstoffverordnung nicht mehr – bzw. nur noch in Ausnahmefällen – eingesetzt werden dürfen, kann aus diesem Grund auf die teure Spachtelschicht verzichtet werden. Auch auf Spachtelungen, die auf hydraulischen Bindemitteln aufbauen, kann und sollte im Regelfall verzichtet werden.
    Um den **Vorteil** der Wasserfreiheit und damit sofortigen Belegbarkeit des Gussasphaltestrichs nach dem Einbringen zu erhalten, empfehlen sich – vor allem auch für Heizestriche – gefüllte Ausgleichsmassen auf PU-Basis.

- **Nenndicken.** Die Nenndicke schwimmender Gussasphaltestriche soll nach DIN 18 560-2 mindestens 25 mm betragen (Tabelle **11**.35). Je nach Verkehrslast und Art und Dicke der Dämmschicht ist 25 bis 30 mm zweckmäßig. Bei Gussasphalt-Heizestrichen beträgt die Nenndicke mindestens 35 mm bei einer Rohrüberdeckung von mind. 15 mm. Je nach Heizsystem wird der Gussasphalt ein- oder zweilagig eingebaut.

- **Gussasphaltestrich** kann in großen Flächen fugenlos verlegt werden. Neben den oben erwähnten Randfugen sind lediglich Bauwerksfugen (Gebäudetrennfugen) an gleicher Stelle und in gleicher Breite zu über-

nehmen und die Kanten mit Metallprofilen zu schützen (Bild **11**.43). Gussasphaltestrich kann bereits 2 bis 3 Stunden nach dem Erkalten begangen und mit einem Belag oder einer Beschichtung versehen werden.

- **Angaben über Gussasphalt** siehe Abschnitt 11.3.6.2, Estricharten. Der aktuelle Stand der Normung ist Abschn. 11.5 zu entnehmen.

11.3.6.5 Anordnung und Ausbildung von Fugen in Estrichen auf Dämmschichten

Allgemeines. Bauteile sind Bewegungen und Formänderungen ausgesetzt, die hauptsächlich durch Austrocknung, Feuchtigkeitswechsel, Temperatureinwirkung oder Belastung hervorgerufen werden.

So trocknet das im frischen Estrichmörtel enthaltene, überschüssige Anmachwasser im Laufe der Zeit aus und führt zu einer Verkürzung der Estrichplatte (Schwindvorgang). Zu Volumenveränderungen kommt es durch unterschiedliche Feuchte, hauptsächlich bei Holz und Holzwerkstoffen (Quellen und Schwinden).

Bei Erwärmung von Bauteilen erfolgt eine Ausdehnung (Dilatation), bei Abkühlung eine Verkürzung (Kontraktion) entsprechend den materialspezifischen Ausdehnungskoeffizienten. Auflasten führen bei senkrechten Bauteilen zu einer geringen Verkürzung (Kriechen), bei waagerechten Bauteilen zur Durchbiegung. Die vorgenannten Formänderungen können sich auch überlagern.

Bei all diesen Vorgängen treten Spannungen auf. Diese Spannungen müssen in Estrichkonstruktionen und Belagkonstruktionen (z. B. bei Keramik- und Steinbelägen) durch Anordnung von Fugen in schadenfreie Größenordnungen abgemindert werden. Nach ihrer jeweiligen Funktion unterscheidet man:

- **Bauwerksfugen** (Gebäudetrennfugen) sind statisch und konstruktiv erforderliche Fugen, die Bauwerke bzw. größere Baukomplexe in einzelne Bewegungsabschnitte teilen (Bild **11**.42a). Sie gehen durch alle tragenden und nichttragenden Teile eines Gebäudes oder Bauwerkes hindurch und müssen in Estrich und Bodenbelag an der gleichen Stelle und in ausreichender Breite übernommen werden. Bei mechanischer Beanspruchung der Beläge – wie z. B. durch starkes Begehen, Befahren und Absetzen von Gütern – sind zum Schutz der Kanten spezielle nichtrostende Metallwinkel bzw. Fugenprofile mit elastischen Zwischenteilen einzubauen (Bild **11**.43).

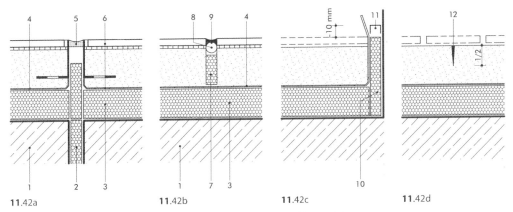

11.42 Schematische Darstellung von Fugen in schwimmenden Estrichkonstruktionen

a) Bauwerksfuge (Gebäudetrennfuge)
b) Bewegungsfuge (Feldbegrenzungsfuge)
c) Randfuge (vgl. hierzu auch Bild **11**.37c)
d) Scheinfuge (mit Kunstharz geschlossen)

1 tragender Untergrund (Rohbetondecke)
2 Bauwerksfuge mit Dämmplatte
3 Dämmschicht
4 Abdeckung
5 Bauwerksfugenprofil
6 Plattenbelag auf schwimm. Estrich
7 Dämmstreifen
8 Fugenfüllprofil
9 elastoplastische Dichtungsmasse4 Abdeckung
10 Randstreifen
11 Überstand zum Abschneiden
12 Kellenschnitt (halbe Estrichdicke)

- **Bewegungsfugen** (Feldbegrenzungsfugen) nehmen Verformungen und Bewegungen des Estrichs auf und unterteilen die Bodenfläche in Felder begrenzter Größe (Bild **11**.42b). Sie sind von der Oberfläche des Estrichs bzw. Keramik- und Steinbelages bis auf den tragenden Untergrund oder bis auf die Abdeckung der Dämmung bzw. Abdichtung durchzuführen. Bewegungsfugen können hergestellt werden durch Einstellen eines Dämmstreifens in den frischen Estrichmörtel, durch nachträgliches Einschneiden mit der Fugenschneidemaschine, sowie durch Einsetzen vorgefertigter Bewegungsfugenprofile (Bild **11**.44 und Bild **11**.45).

Bei der Festlegung von Fugenabständen und Estrichfeldgrößen sind die Art des Bindemittels, der vorgesehene Belag und die zu erwartende Beanspruchung, beispielsweise infolge Schwindens, Temperatureinwirkung oder Belastung zu berücksichtigen. Die Größe der Estrichfelder soll 40 m² nicht überschreiten und die Seitenlänge der Felder maximal 8 m betragen. Weiter ist darauf zu achten, dass möglichst gedrungene Felder entstehen, deren Länge höchstens das Doppelte der Breite betragen sollte (Seitenverhältnis 1 : 2). Diese Richtwerte gelten derzeit allgemein für unbeheizbare und beheizbare konventionel-

le Zementestriche, aber auch für Anhydritestriche, wenn sie zur Aufnahme von Keramik- und Steinbelägen vorgesehen sind. Abweichende Herstellerrichtlinien – insbesondere bei den Calciumsulfatestrichen – sind zu beachten [27]. Sonderregelungen gelten für Gussasphaltestrich und bei Heizestrichen. Als Richtgröße für die Fugenbreite von Feldbegrenzungsfugen können 5 bis 10 mm angenommen werden (z. B. bei Keramik- und Steinbelägen).

Bei der Anordnung der Bewegungsfugen ist von raumgeometrischen Randbedingungen (grundrisslicher Zuschnitt) auszugehen, wie sie bei einspringenden Ecken an Wandpfeilern und Kaminen oder sonstigen Verengungen bzw. Erweiterungen der Estrichfläche vorkommen. Bei Stein- und Keramikbelägen ist auch das vorgegebene Plattenraster und spätere Aussehen der Bodenfläche zu berücksichtigen. In Türdurchgängen zwischen fremden Wohn- und Arbeitsbereichen und zu gemeinsamen Treppenhäusern sind zur Vermeidung von Längsschallübertragung immer Bewegungsfugen erforderlich. Innerhalb einer Wohnung können in Türdurchgängen – je nach Estrichart und Anforderung – auch nur Scheinfugen eingeplant werden (Sonderregelung bei Heizestrich). Die Flächentrennung

11

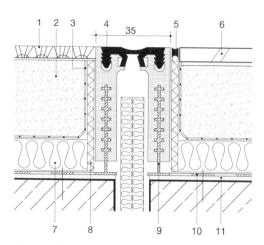

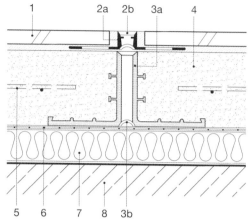

11.43 Gebäudetrennfugenprofil über Bauwerksfuge unmittelbar auf Rohbetondecke aufgesetzt (Schallbrücke), geeignet für hohe Lastaufnahme. Nach
Abschluss der Bodenbelagarbeiten wird eine provisorisch eingebaute Distanzeinlage gegen die
endgültige Profileinlage ausgetauscht (Baustel-
lenbeschädigungen) und diese in das Alu-Träger-
profil eingedrückt.

 1 Teppichbelag
 2 Zementestrich
 3 Abdeckung
 4 Profileinlage (weitgehend witterungs-,
    temperatur-, öl-, säure-, bitumenbeständig)
 5 elastische Fugenmasse mit Vorfüllprofil
 6 keramischer Plattenbelag
 7 Dämmschicht
 8 Randstreifen
 9 Aluminium-Trägerprofil (höhenverstellbar)
10 gelochter Befestigungswinkel
11 Mörtelband (etwa 10 cm breit)

Migua Fugensysteme GmbH, Wülfrath

11.44 Doppel-Bewegungsfugenprofil für Fußbodenkonstruktionen mit Plattenbelägen (Estrich-
Fugenprofil mit einem deckungsgleich darüber
angeordneten Belag-Fugenprofil). Die seitlichen
Schenkel aus Hartkunststoff sind mit Bewegungszonen (Schleifen) aus Weichkunststoff verbunden.
Für normale mechanische Beanspruchung mit begrenztem Kantenschutz.

 1 keramischer Bodenbelag
2a/3a Profilschenkel aus Hartkunststoff
2b/3b Bewegungszonen aus Weichkunststoff
 4 Zementestrich
 5 Bewehrung (Betonstahlmatte)
 6 Abdeckung
 7 Dämmschicht
 8 tragender Untergrund (Rohbetondecke)

Schlüter-System GmbH, Iserlohn

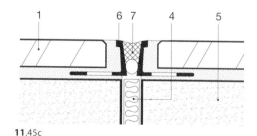

11.45a   **11**.45c

11.45 Bewegungsfugenprofile (Belag-Fugenprofile) mit Kantenschutz für keramische Fliesenbeläge

 a) Vorgefertigtes Bewegungsfugenprofil aus Metallstegen mit flexiblem Verbindungsprofil aus Synthetik-Kaut-
    schuk-Kantenschutz für höhere mechanische Beanspruchung.
 b) Belag-Bewegungsfugenprofil aus Metall für hohe mechanische Beanspruchung mit sicherem Kantenschutz
    (Industriebereich)

 1 keramischer Bodenbelag   5 Zementestrich
 2 Metallprofil mit geloch. Befestigungswinkel   6 schräg abgewinkelte Metallschiene
 3 flexibles Verbindungsstück (Synth. Kautschuk) 7 elastoplastische Fugenmasse mit Vorfüllprofil
 4 Bewegungsfuge (Feldbegrenzungsfuge)

Schlüter-System GmbH, Iserlohn

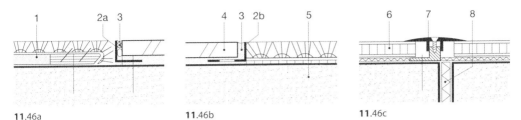

11.46 Anschlussfugen zwischen gleichartigen oder unterschiedlichen Bodenbelägen

    a) Anschluss zwischen im Mittelbett verlegtem Keramikbelag und verspanntem Teppichboden. Vgl. hierzu auch Bild **11.**91
    b) Anschluss zwischen im Dünnbett verlegtem Keramikbelag und verklebtem Teppichboden
    c) Anschluss zwischen zwei Fertigparkett-Elementen durch höhenverstellbares Übergangsprofil

1 verspannter Teppichbelag mit Nagelleiste und Filzunterlage	4 keramischer Bodenbelag
2a Metallwinkel (festgeschraubt)	5 Zementestrich
2b Metallwinkel (in Kleber eingedrückt)	6 schwimmend verlegtes Fertigparkett
3 Anschlussfuge mit Dichtmasse oder Fugenmörtel	7 höhenverstellbares Übergangsprofil
	8 Bewegungsfuge (Feldbegrenzungsfuge)

des Estrichs liegt dabei unter dem Türblatt. Im Bereich von Bewegungsfugen ist die gegebenenfalls vorhandene Bewehrung zu unterbrechen.

- **Randfugen** trennen Estrich und Bodenbelag von seitlich angrenzenden Wänden oder sie durchdringenden Bauteilen und festen Einbauten (Bild **11.**42c). Randfugen sind Bewegungsfugen, die durch Einstellen von schalldämmenden Randstreifen bis auf den tragenden Untergrund entstehen. Der Randstreifen muss gegen Verschieben beim Einbringen des Estrichs gesichert und so breit sein, dass er an der Belagoberfläche mind. 10 mm übersteht. Randstreifen und hochgezogene Abdeckung dürfen bei Stein- und Plattenbelägen sowie bei Parkettböden erst nach Fertigstellung des Fußbodenbelages, bei textilen und elastischen Bodenbelägen erst nach Erhärtung der Spachtelmasse abgeschnitten werden (Bild **11.**39c). Als Richtwert für die Breite von Randfugen können üblicherweise 5 bis 8 mm (10 mm) angenommen werden (Sonderregelungen bei Gussasphaltestrich und Heizestrich).

- **Scheinfugen** (eingeschnittene Fugen) sind keine Bewegungsfugen, sondern Sollbruchstellen (Bild **11.**42d). Sie werden vor allem im Zementestrich zur zusätzlichen Unterteilung in den durch Bewegungsfugen aufgeteilten Estrichfeldern angeordnet. Scheinfugen sollen die während der Erhärtungsphase einmalig auftretende, baustoffbedingte Schwindung aufnehmen und somit die unkontrollierte Rissbildung verhindern. Die Fugen werden bis zur Hälfte der Estrichdicke in den frisch verlegten Estrichmörtel eingeschnitten (Kellenschnitt). Sie bleiben zunächst offen und werden erst nach dem Austrocknen des Estrichs (Belegreife) dauerhaft kraftschlüssig mit Kunstharz vergossen. Derart geschlossene Fugen sind bei der Herstellung der Bodenbeläge (Stein- und Plattenbeläge) nicht zu berücksichtigen.

- **Anschlussfugen** (Belagfugen) können zwischen gleichartigen oder unterschiedlichen Bodenbelägen sowie festen Einbauten (z. B. Metallrahmen) erforderlich sein (Bild **11.**46). Sie umfassen in der Regel die Dicke des Bodenbelages bis zur Verlegeoberfläche (z. B. Oberfläche Estrich).

Fugenprofile zum Schließen von Bewegungsfugen müssen vor allem biegesteif sein, die zu erwartenden Bewegungen und Kantenpressungen aufnehmen können und kraftschlüssig mit der Estrichschicht verbunden sein. Um Schallbrücken zu vermeiden, sollen die Profile bei schwimmenden Estrichkonstruktionen nicht auf die Rohbetondecke aufgesetzt werden, es sei denn, anderweitige Forderungen – wie beispielsweise hohe Lasteinwirkung – stünden im Vordergrund. (Vgl. hierzu Bild **11.**42a mit Bild **11.**43).

Vorgefertigte Fugenprofile eignen sich ganz besonders zum Schließen von Bauwerksfugen (Gebäudetrennfugen), die bei mechanisch stärker beanspruchten Bodenbelägen zugleich auch den Kantenschutz übernehmen.

Feldbegrenzungsfugen (Bewegungsfugen) können mit Fugenprofilen geschlossen werden. Hierzu eignen sich aber auch Fugenmassen.

Fugenmassen müssen ein elastoplastisches Verhalten, d. h. gutes Rückstellvermögen, aufweisen. Geeignete Materialien

11

sind Thiokol-, Silikon- und Polyurethanprodukte. Die Fugenflanken müssen fest, sauber, trocken und in der Regel mit einem Primer vorbehandelt sein. Um den Dichtstoff abzustützen, muss die Fuge zunächst mit einem Vorfüllprofil (geschlossenzellige Polyethylenschnur) hinterfüttert werden.

Mit Fugenmassen geschlossene Fugen sind nicht dauerhaft flüssigkeitsdicht und je nach Beanspruchung wartungsbedürftig; außerdem können sie durch Stöckelabsätze beschädigt werden. Wie Bild **11**.39c verdeutlicht, wird die bei Keramikbelägen üblicherweise 5 mm breite Randfuge zwischen Bodenbelag und Sockelfliese ebenfalls mit einem Vorfüllprofil und dauerelastischer (elastoplastischer) Fugenmasse geschlossen. Auch diese Fugen sind nicht dauerhaft wasserdicht und immer wartungsbedürftig.

Bauwerksfugen, Bewegungsfugen und Randfugen sind von der Bauplanung festzulegen und bei der Ausschreibung von Bauleistungen zu berücksichtigen. Bei Bedarf ist ein Fugenplan zu erstellen, aus dem Art und Anordnung der Fugen zu entnehmen sind. Die endgültige Lage der Fugen muss vor der Ausführung in Abstimmung mit den beteiligten Gewerken (Estrichleger, Heizungsbauer, Bodenleger) vor Ort festgelegt werden.

Angaben zur Fugenausbildung s. Abschn. 11.3.6.2, Estricharten, Abschn. 11.3.6.4, Estrichkonstruktionen sowie DIN 18560-2, Estriche und Heizestriche auf Dämmschichten. Auf die weiterführende Fachliteratur [27], [29], [30] wird verwiesen. Der aktuelle Stand der Normung ist Abschn. 11.5 zu entnehmen.

11.3.6.6 Rohrleitungen auf Rohdecken in schwimmenden Estrichkonstruktionen

Rohrleitungen und Versorgungskabel aller Art werden häufig auf Rohdecken verlegt, ohne dass hierfür die notwendigen Ausgleichschichten bzw. Konstruktionshöhen zur Verfügung stehen. In der Praxis führt dies dann zu Fußbodenkonstruktionen mit ungenügendem Wärme- und Trittschallschutz sowie zu Rissbildungen über den Rohren in der Estrichplatte und im Bodenbelag. S. hierzu Bild **11**.40 und Bild **11**.47a.

Bei der Planung von Rohrleitungen auf Rohdecken sind u. a. folgende DIN-Normen und Rechtsvorschriften zu beachten:

- DIN 1988, Technische Regeln für Trinkwasserinstallationen
- DIN EN 1264, Raumflächenintegrierte Heiz- und Kühlsysteme mit Wasserdurchströmung
- DIN V 4108-6, Wärmeschutz im Hochbau
- DIN EN ISO 12 241, Dämmung von Rohrleitungen
- Energieeinsparverordnung (EnEV)
- DIN 4109, Schallschutz im Hochbau
- DIN EN 13 813 i. V. mit DIN 18 560-2, Estriche im Bauwesen

Der aktuelle Stand der Normung ist Abschn. 11.5 zu entnehmen.

Nach **DIN 18 560-2** müssen Rohrleitungen, die auf dem tragenden Untergrund verlegt sind, festgelegt sein. Durch einen Ausgleich ist wieder eine ebene Oberfläche zur Aufnahme der Dämmschicht – mindestens jedoch der Trittschalldämmung – zu schaffen. Die dazu erforderliche Konstruktionshöhe muss eingeplant sein. Ungebundene Schüttungen aus Natur- oder Brechsand dürfen für den Ausgleich nicht verwendet werden. Bei der Verlegung von Rohrleitungen auf Rohdecken kann im Wesentlichen von folgenden Hauptgruppen ausgegangen werden:

- Rohrleitungen ohne Rohrdämmung (Kaltleitungen)
- Rohrleitungen mit Rohrdämmung (Warmleitungen)
- Versorgungskanäle und Kabelleitungen.

1. Verlegung von ungedämmten Rohrleitungen (Kaltleitungen) auf Rohdecken

Für die Herstellung der geforderten Rohr-Ausgleichschicht in schwimmenden Estrichkonstruktionen bieten sich alternative Lösungen an, denen jeweils bestimmte Vor- und Nachteile zugeordnet werden können (Bild **11**.47 b bis e).

- **Rohr-Ausgleichsschicht aus Dämmplatten** mit ein- oder zweilagiger Dämmplattenverlegung

Die einlagige Verlegung (Bild **11**.47b) erfüllt die von der Estrichnorm gestellte Forderung nicht, wonach auf einer Ausgleichsschicht immer eine durchgehende Trittschalldämmung vorzusehen ist. Diese Lösung ergibt zwar einen relativ niedrigen Fußbodenaufbau und somit günstige Herstellungskosten, stellt aber insgesamt eine risikoreiche Konstruktion dar, sowohl in konstruktiver als auch in wärme- und schallschutztechnischer Hinsicht (schadenanfällige Konstruktion im Bereich der Schüttung/Abdeckung, Minderung der Wärme- und Trittschalldämmung). Verbesserte Lösungsansätze in Form von aufgelegten Wellpappe- oder Blechstreifen über den Rohrleitungen – wie sie in der Fachliteratur angeführt sind – können diese Schwachstellen nicht wesentlich mindern. Überall dort, wo an die Fußbodenkonstruktion (Deckenauflage) Anforderungen an den Wärme- und Schallschutz gestellt werden, ist diese Lösung nicht zu empfehlen.

Die zweilagige Verlegung (Bild **11**.47c) erfüllt die vorgenannten Forderungen. Sie bedingt allerdings eine geordnete Rohrführung

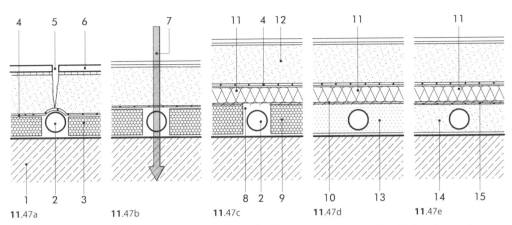

11.47a   **11.**47b   **11.**47c   **11.**47d   **11.**47e

11.47   Schematische Darstellung: Rohrleitungen – **ohne Rohrdämmung** – (Leerrohre etc.) auf Rohdecken in schwimmenden Estrichkonstruktionen

     a) Zu geringe Dämmschichtdicke führt unter Belastung zu Rissbildungen in der Estrichplatte und im Bodenbelag sowie zu Schall- und Wärmedurchgang.

     b) Rohr- Ausgleichsschicht aus Dämmplatten. Einlagige Verlegung, die nicht den Forderungen der DIN 18 560-2 entspricht.

     c) Rohr-Ausgleichsschicht aus Dämmplatten mit darüber liegenden Trittschalldämmplatten (zweilagige Verlegung)

     d) Rohr-Ausgleichsschicht aus gebundenem Schüttmaterial (Trockenschüttung) mit darüber liegenden Trittschalldämmplatten

     e) Rohr-Ausgleichsschicht aus Leichtmörtelestrich mit darüber liegenden Trittschalldämmplatten.

1 Rohbetondecke	8 Schüttmaterial mit Bindemittelzusatz
2 Rohrleitung	9 Rohr-Ausgleichsschicht (Dämmplatten)
3 Dämmplatten	10 Rohr-Überdeckung (etwa 10 mm)
4 Abdeckung (PE-Folie)	12 Estrich (Lastverteilungsschicht)
5 Rissbildung	13 Trockenschüttung (gebundenes Schüttmaterial)
6 Plattenbelag	14 Leichtmörtelestrich
7 Schall- und Wärmedurchgang	15 Feuchtigkeitssperre (PE-Folie, bei Bedarf)

auf der Rohdecke, und zwar geradlinig (einfacher Plattenzuschnitt) und parallel zur Wand in einem Mindestabstand von etwa 50 cm. Die mit Rohrschellen festgelegten Rohre dürfen nur rechtwinkelig in die Wand einmünden, Rohrkreuzungen sind zu vermeiden. Die untere Dämmplattenschicht muss mindestens so dick sein wie die Rohrleitung, einschließlich Ummantelung, Dämmung, Halterung, **zuzüglich** 10 mm Dämmplattenüberstand. Hohlräume zwischen Rohren und Dämmplatten sind mit gebundenem Schüttmaterial (rohrverträglicher Bindemittelzusatz!) bis an die Plattenoberfläche auszugleichen. Die untere Dämmplattenlage besteht hier in der Regel aus den steiferen Wärmedämmplatten, worauf die weichfedernden Trittschalldämmplatten vollflächig und in einheitlicher Dicke verlegt werden. Vgl. hierzu Abschn. 11.3.5 und Abschn. 11.3.6.4, Zementestrich auf Dämmschicht. Dieser zweilagigen Verlegung ist vor allem aus schallschutztechnischen Gründen der Vorzug zu geben. Die im Vergleich zur einlagigen Verlegung erforderliche größere Konstruktionshöhe ist bereits bei der Gebäudeplanung zu berücksichtigen.

• **Rohr-Ausgleichsschicht aus Schüttungen** (Bild **11.**47d)

Bei dieser Konstruktion werden die Rohre mit einem gebundenen Schüttmaterial ausgeglichen und darauf eine Lage Trittschalldämmplatten vollflächig verlegt. Die Trockenschüttung muss eine gut verdichtbare, homogene und stabile Ausgleichsschicht ergeben, die mit etwa 10 mm Rohrüberdeckung eingebracht wird. Vgl. hierzu auch Abschn. 11.3.7.4, Trockenschüttung. Keinesfalls dürfen hierfür ungebundene Sandschüttungen o. Ä. verwendet werden. Bei diesem Ausgleichsmaterial ist eine ungebundene, freie Rohrführung möglich, wobei die Herstellerangaben in jedem Fall zu beachten sind. Schüttungen wer-

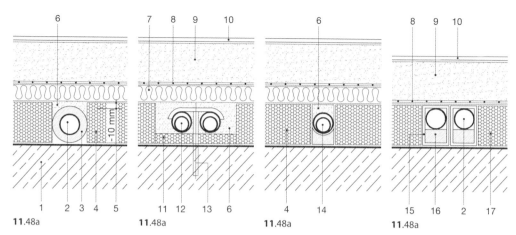

11.48 Schematische Darstellung: Rohrleitungen – **mit Rohrdämmung** – auf Rohdecken in schwimmenden Estrich-konstruktionen

a) Rundrohrdämmung mit Ausgleichdämmschicht und darüberliegender Trittschalldämmschicht
b) Rohr-in-Rohr-System auf einer Dämmplatte mit darüberliegender Trittschalldämmschicht
c) Rohr-in-Rohr-System auf einem vorgefertigten Dämmblockprofil mit darüberliegender Trittschalldämm-schicht (Roth Werke GmbH, Buchenau)
d) Kompakt-Dämmhülsen in die Ausgleich-, Wärme- und Trittschalldämmschicht integriert (Missel-Dämm-systeme, Stuttgart)

1 Rohbetondecke	9 Estrich (Lastverteilungsschicht)
2 Rohrleitung	10 Bodenbelag
3 Rundrohrdämmung	11 Dämmplatte (Dämmung gegen unten)
4 Rohr-Ausgleichschicht (Dämmplatten)	12 Rohr-in-Rohr-System (Basisrohrleitung mit Schutzrohr)
5 Rohr-Überdeckung (etwa 10 mm)	13 Rohrbefestigung (Doppeldübelhaken)
6 Schüttmaterial mit Bindemittelzusatz	14 vorgefertigtes Dämmblockprofil
7 Trittschalldämmplatten	15 gepolsterte Kompakt-Dämmhülse
8 Abdeckung (PE-Folie) mit 10 bis 20 cm	16 Dämmmaterial
(Stoßüberlappung)	17 Ausgleich-, Wärme-, Trittschalldämmschicht

den vorwiegend dort eingesetzt, wo größere Unebenheiten, Höhendifferenzen oder Ge-fällelagen in Trockenbauweise ausgeglichen werden sollen. Diese Lösung ist jedoch im Vergleich mit den zuvor erläuterten Dämm-plattenkonstruktionen lohnkostenintensiver und daher relativ teuer.

- **Rohr-Ausgleichsschicht aus Leichtmörtel-estrich** (Bild **11.**47e)
Bei dieser Konstruktion besteht die Aus-gleichsschicht aus pumpbarem Leichtmörtel mit Polystyrol-Zuschlag (Recyclingmaterial), worauf ebenfalls eine Lage Trittschalldämm-platten vollflächig verlegt wird. Um eine mög-liche spätere Durchfeuchtung (Restfeuchte) der Trittschalldämmplatten auszuschließen, wird vorsorglich auf der Ausgleichsschicht eine einfache Feuchtigkeitssperre (PE-Folie) verlegt. Auch bei dieser Alternative ist eine ungeordnete Rohrführung möglich. Nachtei-lig wirkt sich bei diesem Aufbau die zusätz-lich notwendige Trockenzeit der Ausgleichs-schicht aus. Weitere Einzelheiten hierzu sind der Fachliteratur [27] zu entnehmen.

2. Verlegung von gedämmten Rohrleitungen (Wärmeleitungen) auf Rohdecken

Nach der Energieeinsparverordnung sind wär-meabgebende und ggf. wärmeaufnehmende Rohrleitungen der Heizungs- und Sanitärinstalla-tion zu dämmen (Heizkörperanschlussleitung, Verteilleitung, Trinkwasserleitung/warm usw.). Dies gilt vor allem, wenn sie auf Decken verlegt gegen unbeheizte Räume, Erdreich oder Außen-luft/Durchfahrt grenzen oder wenn die Rohrlei-tungen zwischen beheizten Räumen von ihrem Nutzer nicht abgesperrt werden können.

Für die Verlegung und Dämmung von wärmeab-gebenden Rohrleitungen in schwimmenden Es-trichkonstruktionen bieten sich mehrere alterna-tive Lösungen an, denen jeweils bestimmte Vor-

und Nachteile zugeordnet werden können (Bild **11**.48a bis e).

- **Rundrohrdämmung** mit Ausgleichdämmschicht und darüberliegender Trittschalldämmung (Bild **11**.48a). Bei Runddämmungen ergeben sich generell Zwickel- und Hohlräume, die durch gebundene Schüttungen ausgeglichen werden müssen, um wieder eine ebene Oberfläche zu schaffen. Unter Baustellenbedingungen besteht die Gefahr, dass dieses Schüttmaterial nach unten, ggf. sogar unter die Ausgleichsdämmplatten wandert und dadurch Hohlstellen entstehen. Die Rundrohrdämmung erfordert immer auch noch eine darüberliegende zusätzliche Trittschalldämmschicht, was insgesamt zu einem relativ hohen und damit unwirtschaftlichen Fußbodenaufbau führt.

- **Rohr-in-Rohr-System auf einer Dämmplatte** mit darüberliegender Trittschalldämmschicht (Bild **11**.48b). Bei dieser Verlegevariante kann die Dicke des unterlegten Dämmstreifens problemlos den jeweiligen wärme- und schalltechnischen Anforderungen angepasst und das gebundene Schüttmaterial sicher eingebaut werden. Ansonsten sind die bei der zweilagigen Dämmplattenverlegung (Bild **11**.48c) genannten Forderungen auch bei dieser relativ aufwändigen, lohnkostenintensiven Konstruktion zu beachten.

- **Rohr-in-Rohr-System auf einem Dämmblock** mit darüberliegender Trittschalldämmschicht (Bild **11**.48c). Durch die eckige und kantengerade Ausbildung des vorgefertigten Dämmblockprofils können die Rohr-Ausgleichsdämmplatten unmittelbar und dicht angeschlossen werden, so dass eine Unterwanderung durch Schüttmaterial ausgeschlossen ist. Die Rohrführung erfolgt parallel und geradlinig sowie rechtwinklig zu den umgebenden Wänden. Dieses Dämmsystem ist relativ einfach zu verlegen und daher kostengünstig.

- **Kompakt-Dämmhülsen** in die Ausgleichs- und Trittschalldämmschicht integriert (Bild **11**.48d). In eingebautem Zustand verspreizen sich die gepolsterten und kantengeraden Kompakt-Dämmhülsen seitlich gleichmäßig dicht mit den Dämmplatten. Aufgrund dieser dichten Verlegung und der schallentkoppelten Befestigungsbügel ist es möglich, bei normalen Anforderungen auf eine darüberliegende Trittschalldämmschicht zu verzichten (bei erhöhten schallschutztechnischen Anfor-

derungen kann sie oberseitig aufgelegt werden). Die allseitig geschlossenen Dämmhülsen werden parallel und geradlinig sowie rechtwinkelig zu den umgebenden Wänden eingebaut. Dieses Dämmsystem beansprucht von allen Varianten in der Höhe (ohne oberseitige Trittschalldämmschicht) den geringsten Platz. Um allerdings eine Fugenbildung zwischen den einzelnen Teilen zu vermeiden, muss die Rohdecke relativ planeben ausgebildet sein. Die Verlegearbeiten insgesamt sind hierbei sehr sorgfältig auszuführen.

11.3.6.7 Hochbeanspruchbare Estriche (Industrieestriche)

Fußböden in Industriebetrieben unterliegen einer vielfältigen Nutzung. Sie sind in der Regel mechanisch hoch beanspruchte Bauteile, die vor allem sehr unterschiedlichen Verschleißvorgängen standhalten müssen. Neben thermischen oder chemischen Einwirkungen können sie durch ruhende Lasten sowie durch schleifende, rollende und stoßend-schlagende Beanspruchungen oder durch eine Kombination dieser Arten gefordert werden. Um diese hohen Beanspruchungen aufnehmen zu können, werden bei Industrieböden häufig Estriche als oberste Schicht eingebaut, die im Vergleich zu anderen Nutzschichten (z. B. Kunstharzbeschichtungen) oder Belägen (z. B. Keramische Fliesen und Platten, PVC-Beläge) kostengünstiger herzustellen sind.

Industrieestriche müssen den allgemeinen Anforderungen nach DIN 18 560-1 entsprechen und gegen mechanische Beanspruchungen – wie sie in Tabelle 1 der DIN 18 560-7 angeführt sind – widerstandsfähig sein. Diese Tabelle enthält drei Beanspruchungsgruppen: I (schwer), II (mittel), III (leicht), denen jeweils unterschiedliche Belastungsarten durch Förderfahrzeuge, Bereifungsart, Fußgängerverkehr usw. zugeordnet sind.

DIN 18 560-7 gilt für hochbeanspruchbare Gussasphaltestriche, Magnesiaestriche und zementgebundene Hartstoffestriche. Die meisten Industrieestriche werden als Verbundestriche ausgeführt. Ein Estrich auf Trennschicht kommt immer dann zur Anwendung, wenn die Untergrundbeschaffenheit einen Verbund nicht zulässt oder auf dem Tragbeton eine Abdichtung gegen Feuchtigkeit vorgesehen ist. Ein schwimmender Estrich wird notwendig, sofern Anforderungen an den Schallschutz und/oder Wärmeschutz gestellt werden.

11

Tabelle **11**.49 Hochbeanspruchbarer Gussasphaltestrich, Nenndicken, Körnungen und Härteklassen (Auszug aus DIN 18 560-7)

Beanspruchungs-gruppe nach Tabelle 1	Nenndicke mm	Größtkorn des Zuschlags mm	Einsatzbereich		
			beheizte Räume	nicht beheizte Räume und im Freien	Kühlräume
			Brechpunkt des Bindemittels nach Fraaß[1]		
			unter +25 °C	unter 0 °C Härteklasse	unter −10 °C
I (schwer)	≥ 35 ≥ 30	11 8			
II (mittel)	≥ 30 ≥ 25	8 5	IC 10 oder IC 15	IC 15 oder IC 40	IC 40 oder IC 100
III (leicht)	≥ 25 ≥ 25	8 5			

[1] Prüfung nach DIN 52 012.

Hochbeanspruchbarer Gussasphaltestrich

Hochbeanspruchbarer Gussasphaltestrich ist in der Regel als Estrich auf Trennschicht (z. B. Rohglasvlies) einschichtig herzustellen, da ein ausreichender Verbund mit dem meist vorhandenen Tragbeton nicht erreicht werden kann. Härteklasse, Nenndicke und das Größtkorn des Zuschlags sind in Abhängigkeit von der Beanspruchungsgruppe und dem Einsatzbereich (beheizte Räume, nicht beheizte Räume, Kühlräume) nach Tabelle 2 der DIN 18560-7 auszuwählen (Tabelle **11**.49). Gussasphaltestriche mit Nenndicken über 40 mm sind zweischichtig herzustellen. Weitere Einzelheiten sind dem AGI-Arbeitsblatt A 12 Teil 3, Gussasphaltestrich [31], sowie der weiterführenden Fachliteratur [21] zu entnehmen.

Zementgebundener Hartstoffestrich

Zementgebundener Hartstoffestrich wird überall dort eingesetzt, wo hoher Widerstand gegen Verschleiß und besondere Festigkeit gefordert werden und wo normale Zementestriche derart hohen Beanspruchungen nicht standhalten. Hartstoffestriche sind Zementestriche mit Zuschlag aus Hartstoffen, die ein- oder zweischichtig hergestellt werden können. Als Verbundestrich wird er in der Regel einschichtig, als Estrich auf Trennschicht oder auf Dämmschicht zweischichtig ausgeführt. Die entsprechenden Festigkeitsklassen CT F 9A, CT F 11M, CT F 9KS sind Tabelle **11**.28 zu entnehmen.

- **Einschichtiger Hartstoffestrich** wird direkt als Verbundestrich auf einen Tragbeton

(mind. Festigkeitsklasse C 25/30 nach DIN EN 206-1) aufgebracht, und zwar entweder unter Verwendung einer Haftbrücke (z. B. Kunstharzdispersionen) auf einen bereits erhärteten Betonuntergrund oder „frisch-in-frisch" auf einen in der Erstarrung befindlichen Untergrund. Die Betonoberfläche soll eine raue, offenporige Struktur aufweisen und frei von losen Teilen sowie sonstigen Verunreinigungen sein. Je nach Beschaffenheit des Untergrundes kann eine mechanische, thermische oder hydraulische Vorbehandlung (Reinigungsverfahren) notwendig werden. Einschichtiger Hartstoffestrich besteht nur aus der hochbeanspruchbaren Hartstoffschicht. Wie Tabelle **11**.50 zeigt, richtet sich ihre Nenndicke nach der zu erwartenden Beanspruchung und der gewählten Hartstoffgruppe bzw. Festigkeitsklasse.

- **Zweischichtiger Hartstoffestrich** besteht aus einer Übergangsschicht (Unterschicht) – die die Verbindung zwischen Tragbeton und Hartstoffschicht herstellt – und der eigentlichen Hartstoffschicht (Oberschicht). Üblicherweise wird zunächst die Übergangsschicht mittels einer Haftbrücke auf einen gereinigten Tragbeton verlegt. Diese Unterschicht muss mind. 25 mm dick sein und mind. der Festigkeitsklasse C 35 bzw. F 5 entsprechen (Estriche der Festigkeitsklasse C 20/F 3 und C 25/F 4 sind für Industrieestriche nicht geeignet). Wird die Übergangsschicht dagegen auf eine Trennschicht oder Dämmschicht verlegt, muss sie eine Dicke von mind. 80 mm aufwei-

Tabelle **11**.50 Zementgebundener Hartstoffestrich, Nenndicke der Hartstoffschicht (Auszug aus DIN 18560-7)

Beanspruchungsgruppe nach Tabelle 1		Nenndicke in mm bei Festigkeitsklasse		
		CT 9 A	CT 11 M	CT 9 KS
I	(schwer)	≥ 15	≥ 8	≥ 6
II	(mittel)	≥ 10	≥ 6	≥ 5
III	(leicht)	≥ 8	≥ 6	≥ 4

sen und ggf. zusätzlich z. B. mit einer Baustahlmatte bewehrt sein. Auf diese noch nicht erstarrte Übergangsschicht ist dann die eigentliche Nutzschicht/Hartstoffschicht im „frisch-auf-frisch"-Verfahren aufzubringen. Sie soll möglichst über Lehren abgezogen und auf jeden Fall maschinell geglättet werden. Die entsprechenden Nenndicken sind Tabelle **11.**50 zu entnehmen. Dieser Hartstoffschicht werden, je nach Art und Höhe der Beanspruchung, Hartstoffe nach DIN 1100 beigegeben. Die Hartstoffgruppen F 9A, F 11M und F 9KS sind mit Großbuchstaben gekennzeichnet und bedeuten: **A** = Allgemein (universell einsetzbar, Natursteine besonderer Härte, dichte Schlacke o. Ä.), **M** = Metall (für elektrisch leitende Beläge), **KS** = Korund/Siliziumkarbid (extrem hoher Verschleißwiderstand).

Nachbehandlung. Zementgebundene Hartstoffestriche müssen unbedingt nachbehandelt und vor Zugluft geschützt werden. Diese Nachbehandlung wirkt einem zu schnellen Feuchtigkeitsentzug an der Oberfläche entgegen und ist somit von entscheidender Bedeutung für die Verschleißfestigkeit des Estrichs. Hartstoffestriche sollen frühestens 3 Tage nach der Verlegung begangen, ansonsten aber noch keinesfalls genutzt werden. Die Freigabe für leichten Verkehr kann frühestens nach 7 Tagen, die volle Nutzung nicht vor 21 Tagen erfolgen. Weitere Einzelheiten sind dem AGI-Arbeitsblatt A 12, Teil 1, Zementgebundener Hartstoffestrich [32], sowie der weiterführenden Fachliteratur [23] zu entnehmen.

11.3.7 Fertigteilestriche Trockenestriche aus Plattenelementen

Allgemeines

Ein Fertigteilestrich besteht aus industriell vorgefertigten Werkstoffplatten als lastverteilende Schicht, die in Form von ein- oder mehrlagigen Verlegeelementen angeboten und vor Ort kraftschlüssig miteinander verbunden werden. Unterseitig kann noch eine Trittschall- und/oder Wärmedämmschicht aufkaschiert sein. Die Elemente können trocken und witterungsunabhängig in einem Arbeitsgang eingebaut und bereits nach wenigen Stunden begangen und mit einem Belag versehen werden.

Fertigteilestriche werden vor allem bei der Altbausanierung (Holzbalkendecken), aber auch in Neubauten (Fertighausbau) eingesetzt. Durch die Trockenbauweise wird keine zusätzliche Feuchtigkeit in den Bau eingebracht und so die Bauabwicklungszeit – im Vergleich zu den relativ langsam trocknenden Mörtelestrichen – deutlich verkürzt. Vorteilhaft kann sich auch ihr geringes Flächengewicht und die systembedingt niedrige Konstruktionshöhe in bestimmten Anwendungsfällen auswirken; diese gehen jedoch häufig zu Lasten eines ausreichenden Trittschallschutzes der Gesamtdecke, insbesondere bei Holzbalkendecken.

Nachteilig wirkt sich bei einigen Plattentypen die Feuchteempfindlichkeit sowie ihr relativ ungünstiges Trag- und Verformungsverhalten im Gebrauchslastbereich aus.

Mit der Einführung neu entwickelter, zementgebundener Platten auf rein mineralischer Basis – die ganz hervorragende Trag-, Feuchte- und Brandschutzeigenschaften aufweisen – hat der Trockenestrichbau weiter an Bedeutung zugenommen. Im Vergleich mit Fließestrichen ist die Verlegung elementierter Fertigteilestriche jedoch lohnintensiver und somit auch relativ teuer.

Fertigteilestrich-Systeme sind nicht genormt. Die Anforderungen der DIN 18 560-2, Estriche und Heizstriche auf Dämmschichten, müssen jedoch von diesen sinngemäß erfüllt werden. Außerdem sind die Technischen Daten und Konstruktionsvorschläge der Hersteller in jedem Fall zu beachten.

11.3.7.1 Einteilung und Benennung: Überblick[1]

Einteilung nach dem Plattenwerkstoff

Holzwerkstoffplatten

- Kunstharzgebundene Spanplatten (Flachpressplatten)
- OSB-Flachpressplatten (Oriented Strand Boards)
- Mineralisch gebundene Spanplatten (Flachpressplatten)

---

[1] Der aktuelle Stand der Normung ist Abschn. 11.5 zu entnehmen.

11

- Zementgebundene Flachpressplatten
- Gipsgebundene Flachpressplatten (bleiben hier unberücksichtigt)

Gipswerkstoffplatten

- Gipskartonplatten (Kartonummantelung)
- Gipsfaserplatten (Zellulosearmierung)

Zementwerkstoffplatten (rein mineralisch gebunden)

- Faserarmierte Platten auf Zementbasis
- Gewebeummantelte Platten auf Zementbasis

Hartschaumwerkstoffplatten (beidseitig gewebe- und mörtelbeschichtet)

- PS-Hartschaumplatten (bleiben hier unberücksichtigt)

Einteilung nach der Bauart (Verbindung zum tragenden Untergrund)

- Vollflächig schwimmende Verlegung auf Dämmschicht und/oder Schüttung
- Verlegung auf Lagerhölzern über Massivdecken oder Deckenbalken
- Verlegung auf vorhandenen Altböden (Holzdielenböden)
- Verlegung auf Fußbodenheizung

Einteilung nach der Verlegeart

- Einzelplattenverlegung (eine oder mehrere Lagen vor Ort verklebt)
- Elementverlegung (mehrlagige Verlegeelemente werkseitig verklebt) und vor Ort verlegt

Einteilung nach dem Plattenverbund (Plattenstoß)

- Verbindung mit Nut- und Federprofil
- Verbindung mit Stufenfalz
- Verbindung von zwei Plattenlagen, fugenversetzt übereinander angeordnet
- jeweils verklebt und verschraubt oder geklammert

Einteilung nach der Art der Elementeausbildung

- Trockenestrich-Elemente (ein- oder mehrlagig)
- Verbundelemente (mit unterseitig aufkaschierter Dämmschicht)

11.3.7.2 Allgemeine Anforderungen

Feuchteschutz. Mit Ausnahme der rein mineralisch, zementgebundenen Platten sind alle Trockenestrich-Werkstoffplatten feuchtempfindlich und unterliegen – entsprechend der jeweiligen relativen Raumluftfeuchte – mehr oder weniger großen Volumenänderungen (Schwinden und Quellen), die sich jedoch bei fachgemäßer Verarbeitung der Platten in schadenfreier Größenordnung bewegen. Mögliche Durchfeuchtungen der Bodenkonstruktionen auf erdberührten Bodenplatten, Massivdecken oder Holzbalkendecken sind daher in jedem Fall durch entsprechende Maßnahmen auszuschließen.

Feuchte bei Fertigteilestrichen kann auftreten in Form von

- Feuchtebelastung aus dem tragenden Untergrund (z. B. Bodenfeuchte, Restfeuchte aus Rohbetondecke),
- Feuchtebelastung aus Brauch- und Reinigungswasser (z. B. in Nassräumen oder Wohnungsbädern),

- Feuchtebelastung durch Tauwasserbildung innerhalb der Bodenkonstruktion oder an der Bauteiloberfläche (z. B. bei unterschiedlichen Raumklimabedingungen unterhalb oder oberhalb einer Geschossdecke),
- Feuchtebelastung durch nicht ausreichend getrocknete Werkstoffplatten (z. B. zu hoher Feuchtegehalt von Holzspanplatten beim Einbau unter dampfdichtem Bodenbelag),
- Feuchtebelastung durch herstellungsbedingt notwendige Hilfswerkstoffe (z. B. Dünnbettmörtel oder Klebstoff für Fliesenverlegung).

- **Feuchteschutz bei Massivdecken.** Da Fertigteilestriche in der Regel keiner Feuchtebeanspruchung ausgesetzt sein dürfen, ist auf erdberührten Bodenplatten immer eine Abdichtung gegen aufsteigende Feuchtigkeit gemäß DIN 18 195 einzuplanen. Bei Gefahr von unterseitiger Dampfdiffusion oder nachstoßender Restfeuchte aus noch junger Rohbetondecke muss eine Dampfbremse (z. B. PVC-Folie 0,5 mm dick oder zwei Lagen, jeweils 0,2 mm dick) aufgebracht werden. Die Stöße sind zu verschweißen oder mind. 30 mm zu überlappen. An den Wänden und anderen die Estrichschicht durchdringenden Bauteilen, ist die Folie bis Oberfläche-Fertigfußboden (OFF) hochzuziehen, so dass auch die Plattenränder geschützt sind. Bei ungefährdeten Geschossdecken reicht es, wenn auf die Massivdecke eine 0,2 mm dicke PE-Folie verlegt wird.

  Befinden sich unter einer Geschossdecke jedoch Heizrohre, Heizkeller, Sauna oder Schwimmbad und raumseitig stark diffusionsbremsende Nutzschichten, so ist auf die Betondecke eine wirksame Dampfsperre gemäß Abschn. 11.3.2, Tauwasserbildung in Fußbodenkonstruktionen, aufzubringen.

- **Feuchteschutz bei Holzbalkendecken.** Besondere Vorsicht ist bei Holzbalkendecken geboten, die über Räumlichkeiten mit ständig hoher, relativer Luftfeuchte liegen (z. B. Bäder, Heizräume, Waschküchen). In diesen Fällen ergibt sich ein Dampfdiffusionsstrom (Wasserdampf-Wanderung) von unten nach oben durch das trennende Bauteil hindurch.

  Wird dieser natürliche Dampfdruckausgleich unterbunden, in dem auf Holzbalkendecken oder Holzdielenböden stark dampfbremsende Bodenbeläge (z. B. PVC-Bahnenware) aufgebracht oder innerhalb der Holzdeckenkonstruktionen dampfsperrende Schichten (z. B. PE-Folie) eingebaut werden, kann es an den Belag- bzw. Folienunterseiten zu Kondensat mit hoher Feuchteanreicherung kommen. Diese Feuchte würde zur Pilzbildung führen und das darunter liegende Holzwerk im Laufe der Zeit zerstören.

Um Schäden dieser Art am Holzwerk zu vermeiden, sind möglichst **diffusionsfähige** Materialien einzubauen (z. B. Bitumenpapier oder Kraftpapier als Rieselschutz, dampfdurchlässiger Bodenbelag); außerdem ist für eine ausreichende Hinterlüftung der Holzbalken-Deckenkonstruktion zu sorgen.

Falls jedoch ungünstige Luftfeuchtigkeitsverhältnisse in den darunter liegenden Räumen herrschen, sind die Holzbalkendecken auf ihrer Unterseite vor eindiffundierender Feuchte zu schützen und alle Anschlüsse möglichst dicht auszubilden. Dies kann beispielsweise durch dampfdichte Beschichtungen (Anstriche) der Deckenbekleidungsflächen sowie durch den Einbau diffusionsbremsender Folien oder aluminiumkaschierter Deckenplatten im Unterdeckenbereich erfolgen.

Schallschutz. Anforderungen an die Luft- und Trittschalldämmung von Decken sind je nach Gebäudeart und Nutzung in Tabelle **11**.14 aufgezeigt. Auch mit schwimmend verlegten Fertigteilestrichen lassen sich schallschutztechnische Verbesserungen auf Massivdecken und Holzbalkendecken erzielen. Zu beachten ist jedoch, dass sich schwimmende Trockenestriche auf Holzbalkendecken schallschutzmäßig anders verhalten als auf massiven Betondecken.

Einzelheiten über den Schallschutz von Massivdecken und Holzbalkendecken – unter besonderer Berücksichtigung von Fertigteilestrichen – sind in Abschnitt 11.3.3 ausführlich dargelegt, so dass sich eine nochmalige Besprechung an dieser Stelle erübrigt.

Brandschutz. Bei raumabschließenden Geschossdecken kann die entsprechende Feuerwiderstandsklasse bei Brandbeanspruchung von oben durch geeignete, vorzugsweise nichtbrennbare Fertigteilestriche relativ problemlos erreicht werden. Geprüfte Konstruktionen auf klassifizierten Rohdecken mit einer Feuerwiderstandsklasse bis zu F90 oder sogar F120 sind möglich. Verwendet werden vor allem Trockenestriche aus Gipskarton-, Gipsfaser- und Calciumsilikatplatten sowie aus rein mineralischen, zementgebundenen Plattenwerkstoffen. Die Prüfzeugnisse und Verlegehinweise der Hersteller sind genauestens zu beachten. Vgl. hierzu auch Abschn. 14.2.3, Brandschutz mit leichten Unterdecken.

Wärmeschutz. Der Wärmeschutz und die Energieeinsparung im Hochbau umfassen alle Maßnahmen, die zur Verringerung der Wärmeübertragung durch die Umfassungsflächen eines Gebäudes und durch die Trennflächen von Räumen mit unterschiedlichen Temperaturen führen.

Bei der Dämmung von Böden und Decken muss grundsätzlich zwischen Wärme- und Schallschutz-Maßnahmen unterschieden werden. Wie die Bilder **11**.23 und **11**.25 sowie Tabelle **11**.24 verdeutlichen, ergeben sich daraus – abhängig von der jeweiligen Lage der Decke im Gebäude – unterschiedliche wärme- und/oder schallschutztechnische Anforderungen.

Die wichtigsten bauteilbezogenen Ausführungsbeispiele wärmegedämmter Böden und Decken – unter besonderer Berücksichtigung von Fertigteilestrichen – sind in Abschn. 11.3.4 dargestellt und erläutert. Dämmstoffe für die Wärmedämmung von Fußbodenkonstruktionen sind in Abschn. 11.3.5 beschrieben.

11.3.7.3 Tragender Untergrund

Für die Verlegung von Fertigteilestrichen muss der Untergrund tragfähig und ausreichend trocken sein sowie eine ebene Oberfläche aufweisen. Die zu beachtenden Ebenheitstoleranzen sind in Tabelle **11**.2 aufgezeigt.

- **Massivdecke.** Geringfügige Unebenheiten von Massivdecken-Oberflächen (0 bis 10 mm) werden in der Regel mit selbstnivellierendem Fließspachtel egalisiert. Die Verarbeitungshinweise der Anbieter – insbesondere bezüglich der einzuhaltenden Trockenzeiten – sind zu beachten. Größere Höhendifferenzen, punktförmige Erhebungen oder Rohrleitungen müssen mit druckfesten Materialien (z. B. verdichtete Schüttungen oder Dämmstoffplatten des Typs WD) ausgeglichen werden, so dass darauf eine Lage Trittschalldämmplatten vollflächig verlegt werden kann. S. hierzu auch Abschn. 11.3.6.6, Rohrleitungen auf Rohdecken.

- **Holzbalkendecke.** Vor der Verlegung von Trockenestrich-Elementen auf eine Holzbalkendecke muss diese auf ihren konstruktiven Zustand hin überprüft und gegebenenfalls ausgebessert werden. In Altbauten muss diese Bestandsaufnahme die gesamte Deckenkonstruktion – Holzbalken, Einschub, Dielenboden, Putzträgerdecke – umfassen. Fertigteilestriche können auf Holzbalkendecken vollflächig schwimmend (z. B. auf Schüt-

11

tung mit unterlegter, diffusionsoffener Rieselschutzbahn) oder auf Lagerhölzern mit Dämmstoffstreifen verlegt werden.

11.3.7.4 Schüttungen

Schüttungen eignen sich zum Ausgleich unterschiedlicher Fußbodenhöhen und von Bodenunebenheiten; in gewissem Umfang verbessern sie auch die Wärme- und Trittschalldämmung sowie den Brandschutz (nichtbrennbares Material) der Gesamtdecke.

Der Markt bietet eine Vielzahl von Schüttungen mit den unterschiedlichsten Eigenschaften an. In der Regel sind die Ausgangsmaterialien mineralischen Ursprungs. Die aufbereiteten Rohstoffe wie Ton, Vulkangestein (Perlit), Vermiculit oder andere Materialien werden z. T. über 1000 °C erhitzt, blähen sich dabei auf das Vielfache ihres ursprünglichen Volumens auf und kommen dann in Form von Granulat als Blähton-, Perlite-, Blähschiefer-, Blähglas-Schüttungen in den Handel.

Man unterscheidet lose Schüttungen, gebundene Schüttungen und in Form gefasste Schüttungen.

- **Lose Schüttungen.** Bei losen, nicht gebundenen Schüttungen ist das Granulat meist mit Bitumen, Naturharz oder Gips ummantelt. Dadurch lässt sich das Material zu einer homogenen, tragfähigen Schicht verdichten.
  Das auf dem tragenden Untergrund aufgebrachte Schüttgut wird zunächst über höhenjustierte Lehren abgezogen, darauf werden 8 bis 10 mm dicke Abdeckplatten (z. B. Holzfaserdämmplatten) aufgelegt. Durch anschließendes Begehen der Abdeckung verdichtet sich die Schüttung und es kommt zu einer Kornverklebung, bei manchen Schüttgutarten auch zu einer Kornverzahnung.
  Ab einer Schütthöhe von ungefähr 60 mm muss in der Regel mechanisch verdichtet werden (Flächenrüttler). Für die Verdichtung ist eine Überhöhung von etwa 10 % zu berücksichtigen. Rohrleitungen können in das Schüttgut eingebettet werden, ihre Mindest-Überdeckung muss 10 mm betragen. Vgl. hierzu auch Abschn. 11.3.6.6, Rohrleitungen auf Rohdecken.
  Auf den derart vorbereiteten Verlegeuntergrund wird dann die lastverteilende Trockenestrichschicht – meist in Form von vorgefertigten Verbundelementen mit rückseitig aufkaschierter Dämmschicht – aufgelegt. Die Plattenstöße werden – je nach Produkt – verklebt und verschraubt oder geklammert. Um Schallbrücken zu vermeiden, sind vor der Elementverlegung an allen aufgehenden Bauteilen Randdämmstreifen anzubringen.
- **Gebundene Schüttungen.** Bei diesen Neuentwicklungen wird das Schüttgut mit Hilfe von aushärtenden Systemkomponenten (z. B. Blähglasgranulat mit Epoxidharz-Bindemittel) gebunden, so dass sich daraus ein nach wenigen Stunden begehbarer, formstabiler Verlegeuntergrund ergibt. Das Material wird wie eine her-

kömmliche Trockenschüttung auf den tragenden Untergrund aufgebracht, mit einer Lehre in der gewünschten Höhe abgezogen und anschließend leicht verdichtet. Die ausgehärtete Oberfläche ist bereits nach wenigen Stunden begehbar und belegbar.
- **In Form gefasste Schüttungen.** Biegeweiche Beschwerungen mit möglichst hoher flächenbezogener Masse erhöhen die Trittschalldämmung leichter Holzdecken wesentlich. In der Baupraxis haben sich neben Betonplatten vor allem Sandschüttungen in Pappwaben und abgefasste Sandmatten bewährt. Einzelheiten hierzu s. Abschn. 11.3.3.2, Rohdecken mit oberseitiger Deckenauflage sowie Bild **11**.20.

11.3.7.5 Lastverteilende Schicht

Plattenwerkstoffe. Basis aller Trockenestrichplatten sind die Grundwerkstoffe Holz, Gips und Zement sowie gegebenenfalls PS-Hartschaum. Damit die Platten belastbar sind, werden sie mit Fasern armiert oder durch beidseitig aufgebrachte Glasgittergewebe oder Kartonummantelung verstärkt. Durch veränderte Kombinationen der Grundstoffe mit verschiedenartigen Armierungen wurden in den letzten Jahren zahlreiche Neuentwicklungen möglich. Alle Trockenestrichplatten werden auch als Verbundelemente mit unterseitig aufkaschierter Trittschall- und/oder Wärmedämmschicht angeboten.

Neben ihren technischen Eigenschaften – auf die in den nachfolgenden Abschnitten im Einzelnen eingegangen wird – unterscheiden sich die Platten vor allem im Preis. Den teuren Platten aus Zement und Hartschaum stehen die preiswerten Gipskarton- und Gipsfaserplatten gegenüber.

- **Tragverhalten.** Die Qualität eines Fertigteilestriches wird weitgehend von der Festigkeit der lastverteilenden Schicht bestimmt. Diese wird durch Verkleben der Nut- und Federprofile oder Stufenfalzverbindungen oder durch vollflächiges Verkleben zweilagig übereinander angeordneter Einzelplatten erreicht. Alle Verbindungen werden zusätzlich noch verschraubt oder geklammert.
  Besondere Aufmerksamkeit ist der Stoßausbildung zu schenken, da unsauber profilierte und fehlerhaft verklebte, gelenkig wirkende Plattenstöße (z. B. bei Holzwerkstoffplatten) auf elastischen Trittschalldämmplatten nachgeben und die Hauptursache fehlerhafter Konstruktionen sind.
- **Verkehrslasten.** Trockenunterbodenkonstruktionen sind in der Regel für Verkehrslasten bis 1,5 kN/m^2 (Wohnungsbau) geeignet. Dabei ist zu unterscheiden zwischen Verkehrslasten in der Mitte eines Raumes und hö-

heren Punktlasten in den Randbereichen – verursacht durch Auflasten über Schrankfüße, Bücherregale usw. – die häufig Ursache von Reklamationen sind.

Zwischenzeitlich werden von den Systemherstellern geprüfte Konstruktionen mit zulässigen Verkehrslasten bis zu 5 kN/m² angeboten. In diesen Fällen müssen die dicker gewählten Lastverteilungsschichten mit hoher Druck- und Biegefestigkeit sowie die dynamische Steifigkeit der höher verdichteten Trittschalldämmplatten nach Vorgabe der Anbieter sorgfältig aufeinander abgestimmt sein. Leichte Trennwände werden in der Regel auf die Rohdecke aufgesetzt.

11.3.7.6 Fertigteilestriche aus Holzwerkstoffplatten

Spanplatten sind plattenförmige Holzwerkstoffe, die aus einem Gemisch aus Holzspänen und/ oder anderen holzartigen Faserstoffen sowie Bindemitteln durch Verpressen unter Hitzeeinwirkung hergestellt werden.

Nach der Lage der Späne unterscheidet man Flachpressplatten und Strangpressplatten; der Plattenaufbau kann ein- oder mehrschichtig sein. Durch gezielte Anordnung der einzelnen Holzbestandteile ist die Belastbarkeit der Platten in einer bestimmten Richtung beeinflussbar.

Als Bindemittel kommen härtbare Kunstharze unterschiedlicher Art oder mineralische Stoffe, wie Zement oder Gips, zum Einsatz. Durch entsprechende Zusätze kann das Feuchte- und Brandverhalten sowie die Resistenz gegen Schädlinge beeinflusst werden. Von der Art dieser Bestandteile werden die jeweiligen Eigenschaften der Spanplatten bestimmt. Demnach unterscheidet man

- kunstharzgebundene Spanplatten,
- mineralisch gebundene Spanplatten.

1. Kunstharzgebundene Spanplatten (Flachpressplatten)

Flachpressplatten werden durch Verpressen von relativ kleinen Holzspänen mit Klebstoffen (härtbare Kunstharze) hergestellt, wobei die Späne vorzugsweise parallel zur Plattenebene liegen. In der Regel sind sie mehrschichtig oder mit stetigem Übergang in der Struktur ausgebildet.

- **Holzwerkstoffklassen.** In Abhängigkeit von der Feuchteresistenz des verwendeten Klebstoffes werden die Spanplatten mit Bezug auf die Anwendungsbereiche in drei Holzwerkstoffklassen – 20-100-100G – unterteilt. Es ist zu beachten, dass sich die angenommene Feuchteresistenz nur auf die Art der Verklebung, nicht aber auf die gesamte Platte bezieht. Demnach darf selbst der Plattentyp 100G – dem ein Holzschutzmittel gegen holzzerstörende Pilze beigemischt ist – keiner übermäßigen Feuchtebeanspruchung ausgesetzt werden, da die Platte durch zu große Formänderungen funktionsuntüchtig werden kann. Anforderungen an Spanplatten zur Verwendung im Feuchtbereich sind in DIN EN 312 festgelegt.

Zur Herstellung von Fertigteilestrichen werden in der Regel Flachpressplatten der Holzwerkstoffklasse 100 verwendet und nur in Sonderfällen Platten des Typs 100G. Die Verlegeplatten weisen an den Rändern ein ringsumlaufendes Nut- und Federprofil auf. Diese passgenaue Verbindung ergibt zusammen mit dem Verkleben und Verschrauben die notwendige Stabilität der Estrichscheibe und zugleich oberflächenbündige Plattenstöße. Die Klebungen müssen den in Tabelle 1 der DIN EN 204 beschriebenen Beanspruchungsgruppen (Klebefestigkeit) entsprechen.

Hinsichtlich ihres Brandverhaltens werden kunstharzgebundene Spanplatten der Baustoffklasse B2 (normalentflammbar) zugeordnet; durch Zusatz von Feuerschutzmitteln bei der Herstellung – die boratfrei sein sollten – lassen sich auch Platten der Baustoffklasse B1 (schwerentflammbar) nach DIN 4102 erzielen.

Spanplatten müssen bei Auslieferung aus dem Herstellerwerk die allgemeinen Anforderungen erfüllen, die in Tabelle 1 der DIN EN 312 aufgeführt sind. Diese Anforderungen gelten für alle Typen unbeschichteter Spanplatten.

Regelabmessungen – Spanplatten (Flachpressplatten). Standard-Plattenformate (mm): 925 x 2050 – 615 x 2050. Plattendicke: 10 – 13 – 16 – 19 – 22 – 25 – 28 – 38.

Formaldehydkonzentration. Je nach Plattentyp werden Spanplatten mit Kunstharzen unterschiedlicher Art verleimt. Ein Teil dieser Kunstharze enthält mehr oder weniger Formaldehyd, das überwiegend fest eingebunden ist, teilweise aber auch noch jahrelang aus den Platten entweicht. Da Formaldehyd im Verdacht steht, Krebs zu erzeugen, wurden entsprechende Einschränkungen ausgesprochen.

Zur Begrenzung der Formaldehydkonzentration in der Raumluft von Aufenthaltsräumen wurde die „Richtlinie über die Klassifizierung und Überwachung von Holzwerkstoffplatten bezüglich der Formaldehydabgabe" – die so genannte **DIBt-Richtlinie 100** – erlassen [34].

Nach dieser Richtlinie dürfen nur noch Holzwerkstoffe der **Emissionsklasse E1** verwendet werden. Dies bedeutet, dass

11

nur noch Platten in den Verkehr gebracht werden dürfen, bei denen die durch den Holzwerkstoff verursachte Ausgleichkonzentration des Formaldehyds in der Luft eines vorgeschriebenen Prüfraumes 0,1 ml/m³ (ppm) nicht überschreitet. Nach [34] wird dieser Grenzwert bei den zur Zeit verwendeten Holzwerkstoffen immer deutlich unterschritten.

- **OSB-Flachpressplatten** (Oriented Strand Boards) sind Spanplatten aus großflächigen meist parallel zur Plattenoberfläche liegenden Langspänen, sogenannten „Strands" (im Mittel etwa 0,6 mm dick, 75 mm lang und 35 mm breit). Bei dreischichtigem Aufbau verlaufen die Späne der beiden Deckschichten längs und die Mittelschichtspäne quer zur Fertigungsrichtung. Dadurch ist die Biegefestigkeit in der Längsrichtung der Platten deutlich höher als in der Querrichtung.

Die OSB-Platten dürfen für alle Ausführungen eingesetzt werden, bei denen die Verwendung von Holzwerkstoffen der Holzwerkstoffklassen 20 und 100 nach DIN 68 800-2 in den technischen bauaufsichtlich eingeführten Baubestimmungen erlaubt ist.

Aufgrund des dekorativen Erscheinungsbildes der Plattenoberfläche werden sie – meist transparent beschichtet – im gesamten Möbel- und Innenausbau, vor allem auch als direkt begehbare Fußbodenplatten, eingesetzt. Weitere Einzelheiten sind der Fachliteratur [34] zu entnehmen.

Regelabmessungen – OSB-Spanplatten (Flachpressplatten). Standard-Plattenformate (mm): 5000 x 2500 – 5000/2500 x 1250. Plattendicke: 8 – 10 – 12 – 15 – 18 – 22 – 25 – 30.

2. Mineralisch gebundene Spanplatten (Flachpressplatten)

Bei der Herstellung von mineralisch gebundenen Spanplatten werden Zement oder Gips als Bindemittel verwendet, die Holzspäne dienen als Armierung. Aufgrund dieser Zusammensetzung ist bei diesen Holzwerkstoffen mit keiner Formaldehyd-Emission zu rechnen, außerdem enthalten sie keine Asbestfasern, Holzschutzmittel und fungiziden Zusätze.

- **Zementgebundene Flachpressplatten** bestehen aus Holzspänen und Portlandzement. Ihre Eigenschaften lassen sich durch den jeweiligen Bindemittel- bzw. Holzspananteil variieren, so dass sie je nach Zusammensetzung unterschiedliche Biegefestigkeit- und Brandschutzeigenschaften aufweisen. Dementsprechend werden sie auch entweder der Baustoffklasse B1 (schwerentflammbar) oder Baustoffklasse A2 (nichtbrennbar) nach DIN 4102 zugeordnet.

Zementgebundene Spanplatten sind deutlich schwerer als kunstharzgebundene Flachpressplatten, lassen sich aber wie diese verarbeiten (Bodenplatten mit Nut- und Federprofil). Außerdem sind sie frostbeständig und resistent gegen Pilz- und Schädlingsbefall. Die Platten können im Anwendungsbereich aller Holzwerkstoffklassen – 20 – 100 – 100G – eingesetzt werden.

Bezüglich des Feuchteverhaltens ist grundsätzlich zu beachten, dass es sich bei den mineralisch gebundenen Spanplatten um Holzwerkstoffe handelt. Geringe feuchtebedingte Schwind- und Quellmaßänderungen müssen daher auch bei dieser Plattenart konstruktiv berücksichtigt werden, – im Gegensatz zu den rein mineralischen Zementwerkstoffplatten, die in Abschn. 11.3.7.8 näher erläutert sind.

Zementgebundene Spanplatten müssen bei der Auslieferung aus dem Herstellerwerk den allgemeinen Anforderungen der DIN EN 634-1 sowie den in DIN EN 634-2 aufgeführten Eigenschaften entsprechen. Weitere Angaben sind der Fachliteratur [34] zu entnehmen.

Regelabmessungen – Zementgebundene Spanplatten (Flachpressplatten). Standard-Plattenformate (mm): 3100 x 1250 – 2600 x 1250. Bodenverlegeplatte: 625 x 1250. Plattendicke: 10 – 12 – 15 – 18 – 22 – 25 – 28 – 32 – 36 – 40.

Ausführungsbeispiele und Verlegehinweise

Allgemeines. Die jeweilige Bauart von Fertigteilestrichen ist immer abhängig von situationsbedingten Nutzungserwartungen, konstruktiven Gegebenheiten, bauphysikalischen Anforderungen und den zu erfüllenden Baubestimmungen.

Für Fertigteilestriche aus Spanplatten bieten sich an:

- Vollflächig schwimmende Verlegung auf Dämmplatten und/oder Trockenschüttung,
- Verlegung auf Lagerhölzern über Massivdecken oder Deckenbalken,
- Verlegung auf vorhandenem Altboden.

Der Feuchtegehalt von Spanplatten beträgt ab Herstellerwerk in der Regel 9 % ± 4 %, bezogen auf das Darrgewicht. Da alle Holzwerkstoffe entsprechend der jeweiligen relativen Luftfeuchte gewissen Formänderungen (Schwinden und Quellen) unterliegen, ist es ratsam, die Spanplatten einige Tage am Verlegeort zu lagern, damit sie sich an das Umgebungsklima anpassen können. In der Baupraxis treten immer wieder Schäden auf, weil Spanplatten in baufeuchten, im Winter oftmals nicht beheizten Rohbauten gelagert und in diesem Zustand eingebaut werden.

Bei allen Bauarten und Plattentypen ist auf einen ausreichenden Wandabstand von etwa 15 mm zu achten. Dieser Abstand dient als Bewegungsfuge und gewährleistet eine Hinterlüftung der Plattenunterseite. Die eingestellten mineralischen Randstreifen sind so porös, dass sie die Diffusionsvorgänge nicht behindern. Dicht angeklebte Kunststoffprofile sind daher als Sockelleisten ungeeignet.

Nach dem Verlegen der Spanplatten muss der jeweilige Bodenbelag möglichst umgehend (unverzüglich) darauf aufgebracht werden. Ist dies nicht möglich, so muss der Verlegegrund behelfsmäßig abgedeckt (z. B. mit einer PE-Folie) oder eine Grundierung vollflächig aufgebracht werden, um eine einseitige Austrocknung oder Feuchteaufnahme der Plattenoberfläche zu verhindern.

Fertigteilestriche aus Spanplatten sind als Verlegeuntergrund für bestimmte Bodenbelagarten (z. B. Keramik- und Steinbeläge) nicht unproblematisch und immer mit einem **Risiko** verbunden. Einzelheiten hierzu sind der Fachliteratur [5] sowie Abschn. 11.4.7.6 zu entnehmen.

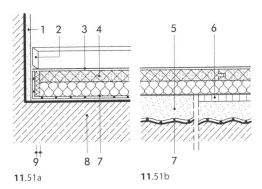

11.51a 11.51b

11.51 Konstruktionsbeispiele: Fertigteilestrich aus Spanplatten (Flachpressplatten) vollflächig schwimmend verlegt
a) Verbundelemente auf ebener Massivdecke
b) Verbundelemente auf Schüttung und unebener Massivdecke
1 Mauerwerk mit Wandputz
2 Holzsockelleiste mit Lüftungsschlitzen
3 Bodenbelag
4 Spanplatte (Holzwerkstoffklasse 100) mit Trittschalldämmstoff (z. B. Mineralfaserplatten 22/20 oder 32/30 mm)
5 Schüttung (z. B. Bituperl)
6 Abdeckplatten (z. B. 8 mm dicke Holzfaserplatten)
7 PE-Folie (z. B. 0,2 mm)
8 Rohbetondecken (eben – uneben)
9 Randstreifen (mind. 15 mm dick)

Vollflächig schwimmende Verlegung auf Dämmplatten und/oder Schüttung

Unter vollflächig schwimmender Verlegung versteht man das lose Auflegen fugenverleimter Verlegeplatten (Flachpressplatten 100) auf weichfedernde Unterlage, ohne feste Verbindung mit dem tragenden Untergrund, den aufgehenden Bauteilen oder sonstigen Deckendurchdringungen.

Bild 11.51. Nach dem Verlegen einer PE-Folie (Massivdecke) oder diffusionsoffenen Rieselschutzbahn (Holzbalkendecke), der Randstreifen und Trittschall-Dämmplatten – gegebenenfalls in Verbindung mit einer Schüttung – werden darüber die mit Nut- und Federprofil versehenen Spanplatten im Verband (versetzte Stöße, keine Kreuzfugen) angeordnet und zu einer kompakten Estrichscheibe verklebt. Der erforderliche Pressdruck wird durch Verkeilen in der Randzone, zwischen Plattenkanten und Wandflächen, erzeugt. Nach dem Erhärten des Klebers sind die Keile wieder zu entfernen.

Die Mindestdicke der Spanplatten beträgt bei normaler Belastung 22 mm. Bei höheren Verkehrs- und Punktlasten ist die Estrichscheibe nach Herstellerangabe aufzudoppeln. Vom Handel werden auch verlegefertige Verbundelemente – in Form von Spanplatten mit unterseitig aufgeklebten Dämmplatten – angeboten und vorzugsweise eingebaut.

Verlegung auf Lagerhölzern über Massivdecken oder Deckenbalken

Der Achsabstand der Lagerhölzer richtet sich nach der zu erwartenden Belastung (Verkehrslast), Art und Größe der Verlegeplatten, der Plattendicke und zulässigen Durchbiegung sowie dem gewählten statischen System. Dabei unterscheidet man

- Einfeldplatten, nur auf 2 Lagerhölzern aufliegend,
- Mehrfeldplatten, auf mind. 3 Lagerhölzern aufliegend.

Die jeweils zulässigen, maximalen Stützweiten von Mitte bis Mitte Kantholzauflager sind gem. DIN EN 12 871 rechnerisch zu ermitteln. Erfahrungsgemäß beträgt beispielsweise der Achsabstand der Lagerhölzer bei Mehrfeldplatten und einer angenommenen Verkehrslast im Wohnbereich von 2 kN/m²

- bei 19 mm Plattendicke = ca. 62 cm,
- bei 22 mm Plattendicke = ca. 68 cm,
- bei 25 mm Plattendicke = ca. 78 cm.

11

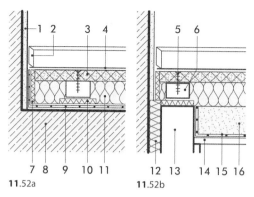

11.52a · 11.52b

11.52 Konstruktionsbeispiele: Fertigteilestrich aus Spanplatten (Flachpressplatten) auf Lagerhölzern
schwimmend verlegt

a) Lagerhölzer auf einer Massivdecke
b) Lagerhölzer auf einer Holzbalkendecke

1 Mauerwerk mit Wandputz
2 Holzsockelleiste mit Lüftungsschlitzen
3 Spanplatte (Holzwerkstoffklasse 100)
4 Bodenbelag
5 Schraube, versenkt
6 Lagerhölzer (z. B. 40 x 60 mm)
7 Randstreifen (mind. 15 mm dick)
8 Massivdecke, eben abgezogen
9 PE-Folie (z. B. 0,2 mm)
10 Mineralfaser-Trittschall-Dämmstoffstreifen
(10 mm dick)
11 Mineralwolle-Hohlraumdämpfung
12 Mineralwolle – zwischen Wand und Streichbalken
13 Holzdeckenbalken
14 Einschub (auch Stakung genannt)
15 Rieselschutzbahn (z. B. Bitumenpapier,
dampfdurchlässig)
16 Füllung (je nach Bedarf)

Bild 11.52. Bei ebener Massivdecke wird zunächst eine PE-
Folie vollflächig ausgelegt, an den aufgehenden Bauteilen
hochgezogen und zusammen mit den Randstreifen gegen
Abrutschen gesichert. Bei Holzbalkendecken ist bei Bedarf eine diffusionsoffene Rieselschutzbahn vorzusehen.
Nach Beiblatt 1 zu DIN 4109, Tabelle 17, sind die Lagerhölzer zur Verbesserung des Trittschallschutzes in ihrer gesamten Länge vollflächig auf mind. 100 mm breite, in eingebautem Zustand mind. 10 mm dicke, lose aufgelegte Mineralfaserdämmstreifen zu legen. Die Zwischenräume – zwischen den Lagerhölzern – können zur Hohlraumdämpfung
mit Mineralwolle ausgefüllt werden.
Die mit Nut- und Federprofil versehenen Spanplatten werden quer zu den Auflagern im Verband verlegt (Kreuzfugen vermeiden, Plattenstöße immer auf Lagerhölzern anordnen), in den Falzen verklebt und in Abständen von etwa
30 cm mit den Lagerhölzern verschraubt. Um Schallbrücken bei Holzbalkendecken zu vermeiden, ist darauf zu
achten, dass keinesfalls die Lagerhölzer durch den Dämmstoffstreifen hindurch mit den Deckenbalken verschraubt
werden.

Verlegung auf vorhandenem Holzdielen-
boden (Altboden)

Im Zuge der Altbausanierung werden häufig Fertigteilestriche aus Spanplatten auf unebene, aus-
getretene Holzdielenböden und auf Holzbalkendecken, die sich ungleichmäßig gesenkt haben,
aufgebracht. Vor dem Verlegen neuer Plattenlagen auf Altböden ist immer zu prüfen

- wie die statischen und verlegetechnischen
Gegebenheiten (z. B. Tragfähigkeit der Deckenbalken und Balkenköpfe, Zustand der
alten Holzdielen) einzuschätzen und ggf. zu
verbessern sind,

- wie sich die Feuchtigkeitsverhältnisse (z. B.
Bodenfeuchtigkeit, Wasserdampfdiffusion)
unter den Altböden darstellen, evtl. vorhandene Unzulänglichkeiten beheben lassen und
wie sich durch die Auflage weiterer, beispielsweise dampfdichter Bodenbeläge, die bauphysikalischen Vorgänge insgesamt zukünftig
entwickeln werden,

- wie der vorhandene Schall-, Wärme- und
Brandschutz zu bewerten und im Hinblick auf
die gestiegenen Anforderungen verbessert
werden kann.

Zunächst ist zu klären, wie sich die oben erwähnten Feuchtigkeitsverhältnisse tatsächlich darstellen. Handelt es sich beispielsweise um Räume, die
nicht unterkellert sind, so muss bei Altbauten in
der Regel mit aufsteigender Feuchtigkeit aus
Erdreich, Kellergewölbe, ungenügend belüftetem Kriechkeller o. Ä. gerechnet werden. Auch
bei Geschossdecken ist über Stallungen, Waschküchen, Heizkellern o. Ä. mit aufsteigender Luftfeuchtigkeit bzw. Dampfdiffusion zu rechnen, sofern die Deckenunterseite nicht entsprechend
abgedichtet bzw. abgesperrt ist.
Werden nun derart gefährdete Holzböden mit
neuen Unterbodenplatten und Bodenbelägen
belegt (z. B. dampfbremsende PE-Folien, dampfdichte Klebstoffe oder PVC-Beläge), so kann die
Feuchte nicht mehr wie zuvor durch die Dielen-
fugen, Randzonen o. Ä. nach oben entweichen,
sondern verbleibt im Deckenhohlraum und
bringt Holzbalken und Dielenboden langsam
zum Faulen. Alte Holzböden dürfen deshalb nur
dann mit neuen (dampfdichten) Bodenbelägen
versehen werden, wenn gewährleistet ist, dass
die Räume entweder unterkellert und/oder die
Decken gegen aufsteigende Feuchtigkeit bzw.
Dampfdiffusion sorgfältig abgedichtet bzw. abgesperrt sind und eine funktionsfähige Luftzirku-

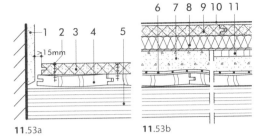

11.53a   **11.53b**

11.53 Konstruktionsbeispiele: Fertigteilestrich aus Spanplatten (Flachpressplatten) auf vorhandenem Altboden verlegt

a) Spanplatten auf altem Holzdielenboden
   (ohne Verbesserung des Trittschallschutzes)
b) vollflächig schwimmende Verlegung auf Altboden, Schüttung und Trittschalldämmplatten

1 Mauerwerk mit Wandputz
2 Schraube versenkt
3 Spanplatte (Holzwerkstoffklasse 100)
4 alter Holzdielenboden
5 Holzdeckenbalken
6 Rieselschutzbahn (z. B. Bitumenpapier,
   dampfdurchlässig)
7 Schüttung (z. B. Bituperl)
8 Mineralfaser-Trittschalldämmplatten
9 Spanplatte (Holzwerkstoffklasse 100)
10 Bodenbelag
11 Abdeckplatten (z. B. 8 mm dicke Holzfaserplatten)

lation unter den alten Holzdielen mit der Raumluft (Hohlraumentlüftung) gegeben ist.

Bild 11.53. Will man über einem alten Dielenboden ledig-
lich einen neuen biegesteifen Fertigteilestrich einbringen
– ohne Verbesserung des vorgegebenen Schall- und Wärmeschutzes – so müssen der Zustand der Deckenbalken
und die Qualität der Deckenfüllung überprüft, schadhafte
Dielen ausgewechselt bzw. lose fest verschraubt werden.
Darauf können unmittelbar die profilierten Spanplatten, im
Regelfall 13 mm dick, aufgeschraubt werden. Bei höheren
Anforderungen an den Schall- und Wärmeschutz und zum
Höhenausgleich stark ausgetretener Dielenböden wird –
wie zuvor beschrieben – eine vollflächig schwimmende
Verlegung auf Trittschalldämmplatten mit Ausgleichsschüt-
tung erforderlich. Vgl. hierzu auch Abschn. 11.3.6.6, Rohrlei-
tungen auf Rohdecken.

11.3.7.7 Fertigteilestriche aus Gipswerkstoffplatten

Gipsplatten sind plattenförmige Werkstoffe, die
aus Naturgips (Gipsstein) oder technischen Gip-
sen (Nebenprodukte chemischer und industrieller Prozesse) für verschiedene Verwendungszwe-
cke in unterschiedlicher Ausführung industriell
gefertigt werden. Damit die Platten belastbar
sind, wird der Gipskern entweder mit Karton ummantelt oder mit Fasern armiert. Durch entspre-

chende Zusätze kann das Feuchteverhalten (verzögerte Wasser- bzw. Wasserdampfaufnahme)
und Brandverhalten (Glasfaserarmierung) beeinflusst werden. Nach Material und Plattenaufbau
unterscheidet man:

- **Gipskartonplatten** (GK) bestehen aus einem
  Gipskern, der einschließlich der Längskanten
  mit einem festhaftenden Karton ummantelt
  ist. Aus dem Verbund zwischen Gipskern und
  Karton – der als Bewehrung der Zugzone wirkt
  – ergibt sich die erforderliche Festigkeit und
  Biegesteifigkeit der Platten.
  Gipskartonplatten unterliegen nur sehr geringen Formveränderungen (Schwinden und
  Quellen) bei kurzzeitiger Feuchteeinwirkung.
  Sie dürfen jedoch keiner länger anhaltenden
  oder dauernd hohen Feuchtebeanspruchung
  ausgesetzt sein, da dadurch die mechanischen Eigenschaften der Platten negativ beeinflusst oder gar ihr Gefüge zerstört wird. Imprägnierte Gipskartonplatten (GKBI und GKFI)
  zögern zwar die Wasser- bzw. Wasserdampfaufnahme hinaus, können sie aber nicht verhindern. In diesem Zusammenhang wird auf
  die in Abschn. 11.3.2.3 erläuterten Abdichtungsmaßnahmen im Verbund mit keramischen Fliesen und Platten hingewiesen.
  In DIN EN 520 sind die allgemeinen Anforderungen an Gipskartonplatten geregelt und
  die unterschiedlichen Plattentypen im Einzelnen erläutert. Eine zusammenfassende Beschreibung der wichtigsten Plattenarten ist
  Abschn. 6.10.3.2 zu entnehmen, so dass sich
  eine nochmalige Wiederholung an dieser Stelle erübrigt.
  Gipskartonplatten sind der Baustoffklasse A2
  (nichtbrennbar) nach DIN 4102 zuzuordnen.

  Regelabmessungen – Gipskartonplatten. Standard-
  Plattenformate (mm): Breite 625 oder 1250, Länge 2000
  – 4000, Plattendicke: 6 – 8 – 9,5 – 12,5 – 15 – 18 – 20 – 25.

- **Gipsfaserplatten** (GF) bestehen aus Gips und
  Papierfasern, die in einem Recyclingverfahren
  gewonnen werden und als Armierung dienen.
  Unter Zugabe von Wasser wird die Gipsmasse
  mit Fasern durchsetzt, die Platten gepresst,
  getrocknet und anschließend zugeschnitten.
  Die Faserarmierung verleiht diesem Werkstoff
  eine in beiden Plattenrichtungen gleich hohe
  mechanische Stabilität und macht ihn besonders stoßfest.
  Gegenüber der Gipskartonplatte verfügt die
  Gipsfaserplatte über eine deutlich höhere
  Druckfestigkeit und größere Oberflächenhärte. Andererseits sind die Zellulosefasern hy-

11

groskopisch (wasseranziehend), nehmen dadurch Wasser auf und quellen bei Feuchteeinwirkung. Um dem entgegenzuwirken, erhalten die Platten generell eine werkseitige Grundierung (Hydrophobierung), so dass sie gegebenenfalls auch in Feuchträumen (Feuchtigkeitsbeanspruchungsklasse I) eingesetzt werden können. Zu beachten ist jedoch, dass die Gipsfaserplatte als hygroskopischer Werkstoff einer feuchtebedingten Längenänderung (Schwinden und Quellen) in höherem Maße unterworfen ist, als Gipskartonplatten. Außerdem sind Gipsfaserplatten teurer als Gipskartonplatten.

Gipsfaserplatten sind nicht genormt, unterliegen jedoch der Eigenüberwachung der Hersteller sowie einer Fremdüberwachung durch amtlich anerkannte Materialprüfanstalten. Nach deren Prüfbescheid sind sie der Baustoffklasse A2 (nichtbrennbar) zuzuordnen, sofern sie nicht mehr als 15 % Faseranteil aufweisen. Bei höherem Faseranteil gelten sie als schwerentflammbar (Baustoffklasse B1)

Regelabmessungen – Gipsfaserplatten. Standard-Plattenformate (mm): 1245 x 2000 – 1245 x 2500 – 1245 x 2750 – 1245 x 3000. Plattendicke: 10 – 12,5 – 15 – 18.

Ausführungsbeispiele und Verlegehinweise

Fertigteilestriche aus Gipsplatten können nur vollflächig schwimmend verlegt werden. Hierfür bieten sich grundsätzlich zwei Konstruktionsarten an:

Einzelplattenverlegung (Bild **11**.54a). Bei dieser Bauart werden vor Ort zwei Lagen Gipsplatten, jeweils 12,5 mm dick, fugenversetzt zueinander verlegt, vollflächig verklebt und verschraubt oder geklammert. Das handliche Plattenformat (z. B. 900 x 1250 mm) ermöglicht einen problemlosen Transport und raschen Einbau durch eine Person.

- **Bild 11.54b.** Nach der erforderlichen Untergrundvorbereitung, dem Auslegen der PE-Folie und der Randstreifen, wird die Dämmschicht eingebracht und die erste Plattenlage mit Kreuzfugen verlegt. Darauf erfolgt der Einbau der zweiten Lage und zwar um eine halbe Platte fugenversetzt zur unteren Lage. Anschließend werden die Platten durch Begehen in den zuvor aufgebrachten Kleber fest eingedrückt, verklammert und die Plattenstöße verspachtelt.

Elementverlegung (Bild **11**.55a). Bei dieser Verlegeart werden zwei oder drei Gipsplatten bereits werkseitig miteinander verklebt und als einbaufertige Verlegeelemente angeboten. Die Ränder sind mit Nut- und Federprofil oder Stufenfalz versehen, so dass die Platten sich passge-

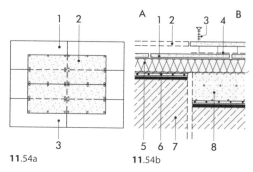

11.54a   11.54b

11.54 Konstruktionsbeispiele: Fertigteilestrich aus Gipsplatten (Einzelplattenverlegung vor Ort)
a) Übersicht Grundriss
b) Detailschnitt
A) Einzelplatten, zweilagig fugenversetzt zueinander verlegt, flächig verklebt und verschraubt
B) Einzelplatten, vollflächig schwimmend auf ebener Massivdecke, Schüttung und Trittschalldämmplatten
1 Gipsplatten (1. Lage – 12,5 mm dick)
2 Gipsplatten (2. Lage – 12,5 mm dick)
3 Verschraubung der Platten (Abstand ≤ 300 mm)
4 Kleberauftrag, vollflächig
5 Mineralfaser-Trittschalldämmplatten
6 PE-Folie (z. B. 0,2 mm)
7 Massivdecke, eben abgezogen
8 Schüttung (z. B. Bituperl)

nau ineinanderschieben und verkleben lassen. Bei den sog. Verbundelementen ist auf der Unterseite eine 20 bis 30 mm dicke Polystyrol- oder Mineralfaser-Dämmschicht aufkaschiert.

- **Bild 11.55b, c.** Nach der üblichen Untergrundvorbereitung, dem Auslegen der PE-Folie und der Randstreifen, werden die einbaufertigen Verbundelemente mit einem Fugenversatz von 250 bis 300 mm verlegt (Kreuzfugen sind zu vermeiden). Die einzelnen Verlegeelemente bestehen beispielsweise aus drei miteinander verklebten, jeweils 8 mm dicken Gipskartonplatten, oder aus zwei jeweils 12,5 mm dicken Gipsfaserplatten mit 50 mm breitem Stufenfalz. Die Höhe der Verbundelemente beträgt üblicherweise 45 bzw. 55 mm. Werden die Elemente im Türbereich stumpf gestoßen, so sind die Stöße mit einem etwa 100 mm breiten Holz- oder Spanplattenstreifen zu unterlegen und alle Teile miteinander zu verkleben und zu verschrauben. Anschlüsse an Hartbeläge sind mit Metall-Winkelschienen zu unterfangen.
Nach dem Aushärten des Klebers – etwa 4 Stunden nach Abschluss der Verlegearbeiten – ist der Fertigteilestrich begehbar. Wird ein Verlegeelement zu früh belastet, d. h. bevor der Kleber vollständig ausgehärtet ist, reißt der Klebefilm in den Fälzen und die Stoßfugen zeichnen sich später unter Belastung an der Belagoberfläche ab. Eine Grundierung des Trockenestrichs schützt die Platten vor Verunreinigungen durch nachfolgende Arbei-

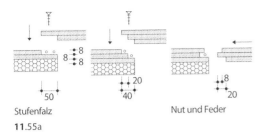

Stufenfalz   Nut und Feder

11.55a

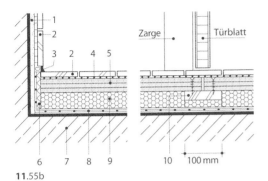

Zarge   Türblatt

11.55b

11.55 Konstruktionsbeispiele: Fertigteilestrich aus Gipsplatten (Elementverlegung)
- a) Plattenstöße von einbaufertigen Verlegeelementen
- b) Verbundelemente, vollflächig schwimmend auf ebener Massivdecke
- c) Ausführungsbeispiel im Türbereich

1 Mauerwerk mit Wandputz
2 Wand- und Bodenfliesen
3 Randfuge mit Fugenfüllprofil und elastoplastischer Dichtungsmasse
4 Fliesenkleber
5 Fertigteilestrich (Verbundelemente) aus 3 werkseitig miteinander verklebten Gipsplatten, jeweils 8 mm dick
6 Randstreifen (10 mm dick)
7 Massivdecke, eben abgezogen
8 Feuchtigkeitsschutz (z. B. PE-Folie 0,2 mm)
9 Polystyrol-Hartschaumplatten (üblicherweise 20 bis 30 mm dick)
10 Fugenverstärkung aus Spanplattenstreifen (verklebt und verschraubt)

ten, bindet Staubreste, neutralisiert den Untergrund und sorgt für eine sichere Haftung der Bodenbelagverklebung. Bei dünnen Bodenbelägen oder Rollstuhlbeanspruchung ist auf die Verlegefläche ein 2 bis 5 mm dicker Fließspachtel aufzubringen.

Ist die Verlegung von Gipsplattenelementen in Wohnbädern ohne Bodenablauf mit Duschtasse und/oder Badewanne vorgesehen (Feuchtigkeitsbeanspruchungsklasse I), so bietet sich hierfür die in Abschn. 11.3.2.3 näher erläuterte, alternative Abdichtung im Verbund mit keramischen Belägen an.

Weitere Einzelheiten über Fertigteilestriche aus Gipsplatten und die Verlegung von Bodenbelägen darauf, sind den jeweiligen Herstellerunterlagen [35], [36], [37] zu entnehmen.

11.3.7.8 Fertigteilestriche aus Zementwerkstoffplatten

Zementgebundene Plattenwerkstoffe – auf rein mineralischer Basis – wurden vor geraumer Zeit neu entwickelt und als Trockenestrich-Elemente auf dem Markt erfolgreich eingeführt.

Im Gegensatz zu den zementgebundenen Spanplatten (Holzwerkstoffplatten) – bei denen immer feuchtebedingte Schwind- und Quellmaßänderungen zu beachten sind – enthalten diese rein mineralischen Platten keine organischen Bestandteile, die zu Volumenänderungen führen könnten. Dementsprechend sind diese Platten gegen Feuchte- und Wassereinwirkung unempfindlich und bestens geeignet für den Einbau in Nassräumen im Verbund mit keramischen Belägen. Außerdem weisen sie eine hohe Oberflächenfestigkeit auf und sind der Baustoffklasse A2 (nichtbrennbar) nach DIN 4102 zuzuordnen. Alle zementgebundenen Platten werden auch als Verbundelemente mit unterseitig aufkaschierter Dämmschicht angeboten. Nach Material und Plattenaufbau unterscheidet man:

- **Faserarmierte Platten** auf Zementbasis, die einschichtig aufgebaut sind und die ihre Festigkeit durch Glasfasern erhalten, die der Rohmasse bei der Herstellung zugemischt werden.

- **Gewebeummantelte Platten** auf Zementbasis, die dreischichtig aufgebaut sind und aus einem Kern aus leichteren Zuschlagstoffen bestehen. Die hohe Tragfähigkeit wird durch ein beidseitig eingelegtes Glasgittergewebe erzielt.

Ausführungsbeispiele und Verlegehinweise

Fertigteilestiche aus zementgebundenen Platten können nur vollflächig schwimmend verlegt werden. Hierfür bieten sich zwei Konstruktionsarten an:

Einlagige Verlegung. Bei dieser Bauart werden die einschichtigen, faserarmierten Zementestrich-Elemente über einen 250 mm breiten Stufenfalz mit vorgestanzten Lochungen durch Verkleben und Verschrauben zu einer hochbelastbaren Estrichscheibe zusammengefügt. Diese kann bereits nach 12 Stunden voll belastet werden. Das Plattenformat beträgt 600 x 900 mm, die Plattendicke 22 mm.

11

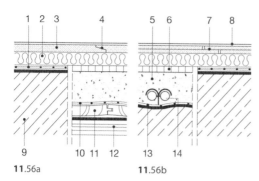

11.56a   11.56b

11.56 Konstruktionsbeispiele: Fertigteilestrich aus rein mineralischen Zementwerkstoffplatten (Element-verlegung)

    a) Einlagige Zementestrich-Elemente mit Stufen-falz vollflächig schwimmend verlegt

    b) Zweilagige Zementestrich-Elemente, werk-seitig verlegefertig hergestellt

    1 Feuchteschutz (z. B. PE-Folie 0,2 mm)
    2 Trittschalldämmplatte (Verbundelement)
    3 zementgebundene, faserarmierte Trocken-estrichplatte (22 mm dick)
    4 Stufenfalz mit vorgestanzten Lochungen
    5 Schüttung (z. B. Bituperl)
    6 Abdeckplatte (z. B. 8 mm dicke Holzfaserplatte)
    7 zementgebundene Trockenestrich-Elemente aus zwei versetzt miteinander verklebten, jeweils 12,5 mm dicken Platten
    8 Bodenbelag
    9 Massivdecke, eben abgezogen
  10 Rieselschutzbahn (z. B. Bitumenpapier, dampfdurchlässig)
  11 alter Holzdielenboden
  12 Holzdeckenbalken
  13 Feuchteschutz (z. B. PE-Folie 0,2 mm)
  14 Rohrleitungen (Mindestüberdeckung ≥ 10 mm)

Zweilagige Verlegung. Hier besteht jedes Tro-ckenestrich-Element aus zwei versetzt miteinan-der verbundenen, jeweils 12,5 mm dicken Plat-ten, so dass sich ein 50 mm breiter Stufenfalz er-gibt. Diese gewebeummantelten Platten werden bereits werkseitig zu einbaufertigen Verlegeein-heiten verklebt und meist in Form von Verbund-elementen mit vorgestanzten Lochungen an-geboten.

- **Bild 11.56.** Nach der üblichen Untergrundvorberei-tung, dem Auslegen der PE-Folie und der Randstreifen, werden die Elemente fugenversetzt verlegt und an den Rändern verklebt und verschraubt. Die Plattenfugen und Schraubenköpfe sind zu verspachteln. Bei dünnen Bodenbelägen (z. B. PVC- oder Linoleumbahnen) ist die Verlegefläche vollflächig abzuspachteln. Spachtelmas-se und Kleber müssen für zementäre Untergründe ge-eignet sein. Die jeweiligen Verlegerichtlinien der Bo-denbelaghersteller sind in jedem Fall zu beachten. Wei-tere Einzelheiten sind den jeweiligen Herstellerunterla-gen [38] zu entnehmen.

11.4 Fußbodenbeläge

Immer höhere Forderungen durch Gewerbe und Industrie sowie die Steigerung des Komforts ha-ben zu einer Vielfalt von neuartigen Werkstoffen, Herstellungs- und Verlegetechniken von Fußbo-denbelägen geführt. Selbst der erfahrene Fach-mann kann die Produktschwemme auf dem Fuß-bodenmarkt heute kaum überblicken.

11.4.1 Einteilung und Benennung: Überblick[1]

Eine verbindliche Einteilung der Fußbodenbelä-ge gibt es nicht. In der Regel werden sie nach den verwendeten Rohstoffen oder nach den jeweili-gen Herstellungsverfahren eingeteilt. Man unter-scheidet:

Bodenbeläge aus

- natürlichen Steinen: Naturwerkstein-Fußbodenbeläge
- kunstharzgebundenen Bestandteilen: Kunstharzwerkstein
- zementgebundenen Bestandteilen: Betonwerkstein- und Terrazzobeläge
- bitumengebundenen Bestandteilen: Asphaltplattenbeläge
- tongebundenen Bestandteilen: Keramische Fliesen und Platten
- Holz und Holzwerkstoffen: Holzfußbodenbeläge
- Trägermaterial und Schichtstoffplatten: Laminatböden
- ein- oder mehrschichtiger Bahnen- oder Plattenware: Elastische Fußbodenbeläge
- Bodenbeschichtungen aus Kunstharzen (Reaktionsharzen)
- natürlichen oder synthetischen Fasern: Textile Bodenbeläge

(Weitere Beläge bleiben unberücksichtigt.)

11.4.2 Allgemeine Anforderungen

An die Fußböden von Aufenthaltsräumen wer-den vielfältige Forderungen, zum Teil wider-sprüchlichster Art, gestellt. Diesen unterschied-lichen Anforderungen muss insbesondere die oberste Schicht, der Bodenbelag, gerecht wer-

---

[1] Der aktuelle Stand der Normung ist Abschn. 11.5 zu ent-nehmen.

den. Dabei sind vor allem konstruktive, physikalische, wirtschaftliche, ökologische, gestalterische und nutzungsbedingte Kriterien zu berücksichtigen. Da es jedoch keinen Belag gibt, der alle Anforderungen gleichermaßen erfüllt, müssen bei der Auswahl von Bodenbelägen oft Kompromisse eingegangen werden. Außerdem bilden Nutzschicht (Bodenbelag) und Fußbodenaufbau (Zwischenschichten) in mehrfacher Hinsicht eine Einheit. Diese wechselseitigen Abhängigkeiten gilt es bei allen vergleichenden Gegenüberstellungen zu berücksichtigen.

- **Gleitsicherheit/Trittsicherheit.** Alle Fußböden müssen sicher und angenehm zu begehen sein. Diese Forderung kann durch eine Reihe vorsorglicher, baulicher Maßnahmen weitgehend erfüllt werden.

  Bodenbeläge in Wohnungen, öffentlich zugänglichen Gebäuden und Arbeitsstätten müssen je nach Verwendungsbereich ausreichend rutschhemmend sein. Einzelheiten s. Abschn. 11.4.7.4. Höhendifferenzen zwischen benachbarten Platten sind bei keramischen Belägen bis 1,0 mm, bei Betonwerksteinplatten bis 1,5 mm zulässig. Nicht vermeidbare Fußbodenabsätze (Stolperstufen) innerhalb eines zusammenhängenden Gehbereiches müssen deutlich hervorgehoben und markiert werden. Alle Reinigungsverfahren und Reinigungsmittel sind auf den jeweiligen Bodenbelag abzustimmen.

- **Barrierefreies Bauen.** Für die meisten älteren und behinderten Menschen ist es erstrebenswert, ihr Leben selbstständig – von fremder Hilfe weitgehend unabhängig – gestalten zu können. Dieser Wunsch lässt sich häufig nicht realisieren, weil die baulichen Voraussetzungen für eine „barrierefreie Umgebung" nicht gegeben sind bzw. bei der Planung in nicht ausreichendem Maße berücksichtigt wurden. Einzelheiten hierzu sind DIN 18024 und DIN 18025, Barrierefreies Bauen, sowie Abschn. 7.3, Planungshinweise, in Teil 2 dieses Werkes zu entnehmen.

- **Verwendungsbereiche/Beanspruchungsgruppen.** Bodenbeläge können je nach Einsatzbereich den unterschiedlichsten mechanischen, thermischen, chemischen u. a. Beanspruchungen ausgesetzt sein. Dementsprechend zahlreich sind auch die Prüfverfahren, die nicht für alle Beläge einheitlich anwendbar sind. In der Regel werden Bodenbeläge den
  - Verwendungsbereichen Wohnen, Gewerbe, Industrie zugeordnet. Hinsichtlich der jeweiligen (mechanischen) Beanspruchung unterscheidet man die
  - Beanspruchungsgruppen gering (leicht), normal (mittelschwer), stark (schwer). Weiter sind beispielhaft zu beachten:
  - Art des Verkehrs (z. B. Fußgänger- und/oder Fahrverkehr)
  - Intensität des Verkehrs (z. B. Dichte und Häufigkeit des Verkehrs, Achsdruck und Art der Bereifung)
  - Art der Beanspruchung (z. B. schleifende Beanspruchung beim Fußgängerverkehr, vorwiegend rollende Beanspruchung beim Fahrverkehr, Stoß- und Schlagbeanspruchung beim Absetzen von Gütern sowie ruhende und punktförmig wirkende Einzellasten)

- Zusatzeignungen (z. B. Stuhlrollen- und Treppeneignung, Eignung für Fußbodenheizung, Zigarettenglut-, Mineralöl-, Fettbeständigkeit u. a. m.)

- **Schalldämmung/Schallschluckvermögen.** Weichfedernde Bodenbeläge, wie zum Beispiel textile Bodenbeläge und elastische Verbundbeläge, verbessern zwar die Trittschalldämmung, nicht aber die Luftschalldämmung von Decken. Eine nennenswerte Schallabsorption wird vor allem durch Teppichbeläge erreicht, so dass sich damit der Geräuschpegel in einem Raum wirkungsvoll senken lässt. Einzelheiten s. Abschn. 11.3.3 und Abschn. 11.4.12.4.

- **Wärmedämmung/Fußwärme.** Bei der Dämmung von Böden und Decken muss grundsätzlich zwischen Wärme- und Schallschutz-Maßnahmen unterschieden werden. Einzelheiten über Wärmeschutz und Energieeinsparung sowie bauteilbezogene Ausführungsbeispiele s. Abschn. 11.3.4.

  Ein wichtiges Beurteilungskriterium für einen Bodenbelag ist auch seine Wärmeleitfähigkeit (Fußwärmeempfindung). Als besonders fußwarm gelten Teppichbeläge mit hoher Nutzschichtdicke (Poldicke) – insbesondere verspannte Teppichware mit Filzunterlage – aber auch elastische Bodenbeläge (Verbundbeläge mit unterseitig aufkaschierter Dämmschicht) sowie gewisse Holzfußböden.

- **Brandverhalten.** Für die brandschutztechnische Beurteilung von Bodenbelägen gibt es zurzeit noch zahlreiche Prüfverfahren, die jeweils nur für bestimmte Belaggruppen anwendbar sind. Mit der Vorlage des Entwurfes DIN EN 13239, Prüfung des Brandverhaltens von Bodenbelägen, ist ein einheitliches Prüfverfahren zur Beurteilung des Brandverhaltens für alle Arten von Bodenbelägen gegeben.

- **Elektrostatisches Verhalten.** Elektrostatische Aufladungen treten spürbar vorwiegend bei PVC-Belägen und Teppichbelägen auf. Einzelheiten über die Klassifikation des elektrostatischen Verhaltens von Bodenbelägen sowie über antistatische Ausrüstung und ableitfähige Verlegung s. Abschn. 11.4.10.7 und Abschn. 11.4.12.3.

- **Ökologische Bewertung.** Das ökologische Bauen ist zu einem zentralen Thema der Architektur geworden und damit auch des Innenausbaues. Vermehrt wird danach gefragt, wie ökologisch verträglich oder womöglich gesundheitsschädlich ein Baustoff ist, bevor man ihn im Neubau oder bei der Altbausanierung einsetzt. Das Wissen um ökologische Zusammenhänge verlangt vertiefte Spezialkenntnisse, über die der Planer in der Regel nicht verfügt. In seinem eigenen Interesse sollte er daher rechtzeitig mit einem kompetenten Baustoffberater zusammenarbeiten.

- **Gefahrstoffverordnung/TRGS.** Gesetzliche Grundlage ist die Gefahrstoffverordnung (Gef Stoff V), die allgemein gehalten ist. Sie wird ergänzt durch die Technischen Regeln für Gefahrstoffe (TRGS), die Vorgaben nach heutigem Stand der Kenntnis enthalten und die aufzeigen, wie mit Gefahrstoffen aus sicherheitstechnischer, arbeitsmedizinischer und hygienischer Sicht umzugehen ist.

  Welche Stoffe wie gefährlich sind, lässt sich an den Grenzwerten für Stoffe ablesen, die in der TRGS 900 angegeben sind. Es wird unterschieden zwischen Stoffen, die als Gas, Dampf oder Schwebstoff in der Luft

11

enthalten sind und die die Gesundheit beeinträchtigen (z. B. Luftgrenzwerte – Maximale Arbeitsplatzkonzentration/MAK) und solchen Stoffen, die biologische Auswirkungen erzeugen und die über die Lunge bzw. andere Körperflächen vom Organismus aufgenommen werden (z. B. Biologische-Arbeitsplatz-Toleranzwerte/BAT).

- **Raumluftbelastungen.** Die Raumluftqualität hängt ganz wesentlich von der Summe der verwendeten Baustoffe, Raumausstattungen und Einrichtungsgegenständen ab, die gas- und staubförmige Substanzen emittieren. Hierbei spielen vor allem sog. flüchtige organische Verbindungen eine große Rolle (VOC = volatile organic compounds). VOC werden u. a. von Baustoffen, Lacken, Klebstoffen, Reinigungsmitteln, Raumtextilien, Einrichtungs- und Gebrauchsgegenständen abgegeben/emittiert[1].

- **Bodenbeläge/Klebstoffe.** Bodenbeläge – aber auch Vorstriche und Klebstoffe – haben wesentlichen Einfluss auf die Qualität der Raumluft und können Ursache bedeutsamer Emissionen sein. Von den Berufsgenossenschaften der Bauwirtschaft wurde daher ein Gefahrstoff-Informationssystem (GISBAU) konzipiert. In einem sog. GISCODE sind alle Vorstriche und Klebstoffe in entsprechende Produktgruppen eingeteilt und klassifiziert. Auf diese Angaben im GISCODE beziehen sich die Hersteller und vermerken sie auf ihren Gebinden, Sicherheitsdatenblättern und Technischen Merkblättern. S. hierzu auch Abschn. 11.4.10.7, Klebstoffe sowie Klassifizierung nach EMICODE.

  Im Hinblick auf die Umweltbelastung sollten stark lösemittelhaltige Klebstoffe nur noch dann verwendet werden, wenn ihr Einsatz aus technischen Gründen unumgänglich ist. An ihrer Stelle sind lösemittelarme Produkte auf Dispersionsbasis zu verwenden bzw. vom Planer im Leistungsverzeichnis entsprechend auszuschreiben. Es kann nicht Aufgabe dieses Werkes sein, auf die vielfältigen Aspekte dieses Themenbereiches näher einzugehen. Es muss genügen, bei den einzelnen Bodenbelaggruppen und Beschichtungen auf die wichtigsten umweltrelevanten Fakten nur kurz hinzuweisen, ohne den Anspruch auf Vollständigkeit zu erheben.

- **Recycelfähigkeit/Wiederverwertung.** Bodenbelaghersteller und Abfall-Verwertungsgesellschaften arbeiten seit Jahren intensiv an der Entwicklung ökologisch sinnvoller Wiederverwertungsverfahren. Das Kreislaufwirtschaftsgesetz verpflichtet sie, die Abfälle so weit wie möglich zu verwerten und nicht nur auf Mülldeponien zu beseitigen.

  Es ist zwischen chemischer, stofflicher und energetischer Verwertung zu unterscheiden. In der Regel wird der stofflichen Verwertung – dem sog. Recycling – der Vorrang eingeräumt, da hierbei wertvolle Rohstoffe zurückgewonnen und diese wieder neuen Herstellungsprozessen zugeführt werden können.

- **Reinigung und Pflege.** Bei der Auswahl eines Bodenbelages muss der zu erwartende Aufwand für die immer wiederkehrenden Reinigungs- und Pflegekosten mit bedacht werden, da diese in der Regel mindestens

genauso hoch einzuschätzen sind, wie die einmaligen Gestehungskosten.

Es ist Aufgabe des Planers, genügend große und richtig angeordnete Schmutzschleusen und Sauberlaufzonen vorzusehen, da gerade der sorgfältig geplante Eingangsbereich den ersten Eindruck vom Gesamtobjekt vermittelt. Richtig angeordnete Schmutzfangzonen senken den Verschmutzungsgrad der Bodenbeläge ganz erheblich, vergrößern die Reinigungsintervalle, verlängern die Lebensdauer der Beläge – ganz gleich ob Teppichboden, Holz-, Naturstein- oder Keramikbelag – und helfen Kosten sparen. Diese Sauberlauffläche ist groß genug zu bemessen, da der Eintretende im Objektbereich mindestens vier Schritte darauf machen muss, damit sie voll wirksam wird. Bei kleineren, stark strapazierten Eingangsbereichen – beispielsweise in Ladengeschäften, Hotels, Restaurants – empfiehlt es sich, diese vollflächig mit Sauberlaufbelag auszulegen.

Bei der Auswahl der Bodenbeläge im Innenbereich spielt die optische Schmutzempfindlichkeit eine entscheidende Rolle. Sie ist von der Farbe, der Musterung und von der Konstruktion (z. B. bei Teppichböden) des jeweiligen Belages abhängig. Einfarbige Beläge – vor allem extrem helle oder dunkle – sind empfindlicher (je nach anfallender Schmutzart) als kontrastreich bemusterte Beläge. Innerhalb eines Geschosses (ggf. Gebäudes) ist sowohl aus raumgestalterischen Gründen (Großzügigkeit) als auch pflegetechnischen Überlegungen heraus (gleichartige Reinigungsverfahren) eine möglichst einheitliche Materialwahl anzustreben.

- **Raumgestalterische Aspekte.** Bei der Wahl eines Fußbodenbelages sollten neben den zweckorientierten Überlegungen Fragen der Raumgestaltung niemals unberücksichtigt bleiben. Dabei müssen alle raumbegrenzenden Flächen und Teile (z. B. Wand- und Deckenmaterialien) in die Überlegungen mit einbezogen und zusammen mit dem milieubildenden Interieur (z. B. Möblierung, Textilien, Farbgebung, Materialstrukturen und Texturen) aufeinander abgestimmt werden.

11.4.3 Bodenbeläge aus natürlichen Steinen: Naturwerkstein-Fußbodenbeläge

Unter Naturstein versteht man natürlich entstandene Gesteine (Gegensatz: Kunstwerksteine). Sie sind Gemenge aus Mineralien, deren Zusammenhalt durch direkte Verwachsung oder durch eine Grundmasse bzw. ein Bindemittel gewährleistet wird. Die Gesteinsgruppen[2] unterscheiden sich hinsichtlich

- ihrer **Entstehungsweise,** die vor allem die Struktur und das Gefüge bestimmt,

---

[1] Als **Emission** bezeichnet man die Abgabe gasförmiger, flüssiger oder staubförmiger Stoffe aus Anlagen oder Materialien. Werden diese Emissionen in die Umwelt (Luft, Erde, Wasser) eingetragen, spricht man von **Immissionen.**

[2] Im Gegensatz zum Tier- und Pflanzenbereich spricht man bei Natursteinen nicht von Arten, sondern von Gesteinsgruppen, da Gesteine heterogene Gemenge aus Mineralien sind und jedes Vorkommen stets ein Unikat ist. In der Baupraxis wird jedoch üblicherweise von Gesteinsarten gesprochen.

- ihres **Mineralbestandes,** der sich vorwiegend auf die Farbe, Härte und Oberflächenbeschaffenheit der Natursteine auswirkt.

Einteilung und Benennung: Überblick

Nach ihrer geologischen Entstehung werden die Natursteine in drei große Gesteinsgruppen eingeteilt. Den aktuellen Stand der Normung s. Abschn. 11.5.

1. Magmatische Gesteine (Erstarrungsgesteine). Sie entstehen durch Erstarren glutflüssiger Gesteinsschmelze (Magma), die von unten in die Erdkruste eindringt (intrudiert) bzw. aus ihr hervorbricht (eruptiert). Nach dem Erstarrungsort werden sie als Tiefengesteine (Plutonite) oder Ergussteine (Vulkanite) bezeichnet.

- Tiefengesteine: Granit, Syenit, Diorit, Gabbro u. a.
- Ergussgesteine: Rhyolith, Trachyt, Basalt, Diabas u. a.

2. Sedimentgesteine (Ablagerungsgesteine). Sie entstehen durch Verwitterung von bereits vorhandenen Gesteinen aller Art. Die dabei entstehenden Partikelchen werden von Wasser, Wind usw. fortgeführt, an anderer Stelle zusammen mit gelösten Mineralien (z. B. Gips, Kalk, Ton als Bindemittel) abgelagert und unter hohem Druck verfestigt (Kompaktion). So entstehen anderenorts neue Gesteine, oft mit unterschiedlich geschichtetem Gefüge (auch mit tierischen und pflanzlichen Versteinerungen). Man unterscheidet:

- Trümmergesteine (Klastite): Tongesteine, Sandsteine, Kalksandsteine, Grauwacke u. a.
- Ausfällungsgesteine (Ausscheidungsgesteine): Kalksteine (z. B. Travertin, Solnhofener Platten), Kalkstein-Marmor, Dolomit u. a.

3. Umwandlungsgesteine (Metamorphe Gesteine): Bereits vorhandene magmatische Gesteine oder Sedimentgesteine werden in der Erdkruste in großer Tiefe durch Druck, Hitze oder tektonische Bewegungen nachträglich nochmals strukturell und/oder chemisch umgewandelt. Dabei verändern sich Mineralbestand, Gefüge und viele andere Eigenschaften. Der ursprüngliche Stoffbestand schmilzt und kristallisiert neu und wird teilweise in längliche, plattige Formen gepresst. Weitere Einzelheiten hierzu s. [16], [39], [40], [41].

- Umwandlungsgesteine: Gneis, Granulit, Schiefer, Quarzit, Kristalliner Marmor (u. a. Carrara-Marmor).

Bezeichnung

Bei der Bezeichnung von Natursteinen ist grundsätzlich zu unterscheiden zwischen

- wissenschaftlicher Benennung der Gesteine (Internationale Natursteinkartei). Diese petrographischen Bezeichnungen sind international gültig. Für jedes existierende Gestein bestehen exakte Definitionen nach Entstehung und Mineralbestand.
- Handelsnamen. Sie beziehen sich meist auf den Bruchort (z. B. Obersteinbacher Sandstein) und sind für den Umgang mit Gesteinen in der Praxis unentbehrlich.
- Phantasienamen sagen dagegen wenig über die jeweilige Steinbeschaffenheit aus, werden zum Teil mehrfach verwendet und verwirren mehr als sie nützen. Außerdem führen sie bei Ausschreibungen oftmals zu Wettbewerbsverzerrungen (Verschleierung der tatsächlichen Herkunft und Güteeigenschaften). Der Auftraggeber sollte sich daher von der ausführenden Firma – vor allem bei weniger bekannten Steinen – die exakte Herkunft, die tatsächliche wissenschaftliche Bezeichnung und die spezielle Eignung für den jeweiligen Verwendungszweck schriftlich bestätigen lassen.

Gewinnung und Bearbeitung

Die Abbauverfahren im Steinbruch richten sich nach der Art des Gesteins. Früher erfolgte die Gewinnung manuell durch Spalten (Stahlkeile, Federkeile) oder durch Sprengungen. Heute werden die Blöcke durch hydraulische Steinspaltgeräte, Seilsägen mit diamantbestückten Drahtseilen oder durch Schrämmmaschinen gewonnen. Neuere Verfahren ermöglichen es, Blöcke mittels Hochdruck-Wasserstrahlschneideverfahren herauszutrennen.

Die so gewonnenen Rohblöcke sind das Ausgangsprodukt für die weitere Bearbeitung im Naturwerkstein-Fachbetrieb. Mit Diamantgatter, Blockkreissägen und anderen Verfahren werden zunächst Rohtafeln (Halbfertigerzeugnisse) entsprechend dem späteren Verwendungszweck hergestellt. Daran schließt sich die Oberflächen- und Kantenbearbeitung der Platten an.

Damit Natursteine als Bodenbelagplatten eingesetzt werden können, müssen die Plattenoberflächen je nach Gesteinsart, gewünschter Oberflächenstruktur und späterem Einsatzbereich weiter bearbeitet werden. Zur Herstellung glatter Oberflächen eignen sich automatische Schleif-

11

und Polieranlagen, von griffigen Oberflächen stationäre Flammstrahl- oder Sandstrahlanlagen. Stockmaschinen sind in der Lage, traditionelle steinmetzmäßige Oberflächenbearbeitungen maschinell auszuführen (z.B. scharrieren, bossieren, stocken, zahnen u.a.m.). Von dieser Oberflächenbehandlung hängt auch weitgehend die Gleit- und Trittsicherheit beim Begehen sowie Reinigungsart und Pflegeaufwand des Belages ab. Einzelheiten über Rutschhemmende Bodenbeläge s. Abschn. 11.4.7.4.

Nach der Bearbeitung der Oberfläche wird die Halbfertigware auf die entsprechenden Plattenformate zugeschnitten (formatiert). Neben der üblichen Sägetechnik wird hierfür die computergesteuerte Wasserstrahltechnik eingesetzt, mit der auch ausgefallene Formen und Kantenprofilierungen realisiert werden können.

Derart fertig bearbeitete Werkstücke aus Naturstein bezeichnet man dann als **Naturwerkstein**.

Eigenschaften und Auswahl

Für die praxisbezogene Beurteilung von Natursteinen sind vor allem das Erscheinungsbild des Steines, seine technischen Eigenschaften, die mengenmäßige Verfügbarkeit im Steinbruch, die Gleichmäßigkeit des Materials und der Verlegeort (Außen/Innen) von Bedeutung.

- **Erscheinungsbild/Bemusterung.** Aufgrund des naturgegebenen Vorkommens sind Farb-, Struktur- und Texturschwankungen innerhalb einer Gesteinsgruppe bzw. desselben Bruchortes üblich. Diese Gegebenheiten muss der Planer kennen und in seine raumgestalterischen Überlegungen von Anfang an mit einbeziehen.
  Nach DIN 18 332, Naturwerksteinarbeiten, sind derartige Schwankungen innerhalb eines Vorkommens zulässig. Dies bedeutet, dass wenn keine Bemusterung durchgeführt wird, die ganze Bandbreite des Gesteins eines Steinbruches eingesetzt werden kann. Wird eine Bemusterung vorgenommen, so muss diese die tatsächliche Wirkung (Charakter) des anvisierten Belages aufzeigen. Der Nachweis kann in Form von größeren Musterflächen oder durch beispielhafte Referenzobjekte erfolgen; eine einzelne Musterplatte reicht hierfür nicht aus. Abweichungen sind nur im Rahmen der Bandbreite der Bemusterung zulässig.
- **Technische Eigenschaften** (Physikalische Eigenschaften, chemische Einflüsse). Struktur und Härte eines Steinmaterials hängen eng

mit dem jeweiligen Entstehungsprozess und Mineralbestand zusammen. Je nach Verwendungszweck sind bei der Auswahl vor allem Rohdichte, Wasseraufnahmefähigkeit, Frostwiderstand, Druckfestigkeit, Biegefestigkeit, Witterungsbeständigkeit und Widerstand gegen Verschleiß, (Abriebbeständigkeit) zu berücksichtigen. Mit Hilfe der in den Normen angegebenen Werte und Klassifizierungen lassen sich Natursteine ausreichend genau beurteilen. Der aktuelle Stand der Normung ist Abschn. 11.5 zu entnehmen.

In der Baupraxis werden Natursteine – wenn auch etwas unscharf – entsprechend den Härtegraden eingeteilt und zwar in Hartgesteine (z.B. Granit, Gabbro, Porphyr, Basalt, Gneis u.a.) und Weichgesteine (z.B. Sandstein, Travertin, Marmor, Tuffstein). Für Bodenbeläge im Gebäudeinneren werden an deutschen Naturwerksteinen vor allem Travertin, Solnhofener Platten, Quarzit, Schiefer, Kalkstein-Marmor eingesetzt, im Außenbereich vorwiegend Porphyr, Sandstein, Granit, Basaltlava u.a.

11.4.3.1 Naturwerkstein-Bodenplatten

Fußböden aus Naturwerksteinplatten können – je nach Plattenformat, Verlegeart und Fugenbreite – verschiedenartig gegliedert sein (Bild **11.57**). Naturwerksteine sind an keine Normgrößen gebunden. Das Plattenformat hängt von raumgestalterischen Kriterien, der vorgesehenen Beanspruchung, von der Dicke der Platten und deren technisch-physikalischen Werte sowie von der gewählten Verlegetechnik ab.

Bodenplatten werden jedoch auch in Standardgrößen industriell gefertigt. Ausgangsformat für die Beläge ist meist die quadratische (305 x 305 – 400 x 400 – 600 x 600 mm) oder rechteckige Platte (305 x 610 mm) oder Platten mit festgelegten Breitenabmessungen (300 – 400 – 600 mm) und in freien Längen lieferbar. Überlängen und Sonderformate sowie Polygonalplatten werden je nach Bedarf hergestellt.

Die Dicke der Platten richtet sich nach der Beanspruchung, der Gesteinsfestigkeit, dem Plattenformat, der Verlegetechnik und dem Untergrund; sie variiert in der Regel zwischen 8 – 10 – 12 – 15 – 20 – 30 – 40 bis 80 mm.

Verlegung

Werden Naturwerksteinplatten in Räumen verlegt, die zum dauernden Aufenthalt von Menschen bestimmt sind, so muss in jedem Fall für ausreichenden Schall-, Wärme- und Feuchteschutz gesorgt sein. Die mangelnde Eigenelasti-

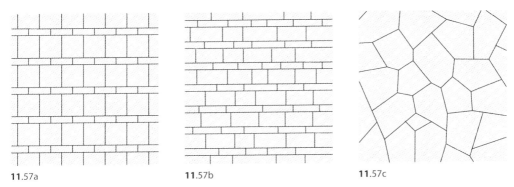

11.57a   **11.**57b   **11.**57c

11.57   Verlegebeispiele von Naturwerkstein-Bodenplatten
     a) quadratisch mit Streifengliederung
     b) unregelmäßiger Rechteckverband
     c) polygonale Formate (maschinen- oder handbekantet)

zität und das relativ ungünstige akustische Verhalten (schallreflektierender Bodenbelag) sowie die hohen Wärmeableitwerte von Steinbelägen sind bereits bei der Planung vorsorglich zu berücksichtigen. Vorteilhaft zeichnen sie sich durch ihre hohe Abriebfestigkeit, Formstabilität, Brandsicherheit sowie Farb- und Texturvielfalt aus.

Der vermehrte Einsatz von Natursteinfliesen – vor allem auch auf beheizbaren Estrichen – und von überseeischen Natursteinarten mit ganz spezifischen Eigenschaften sowie die Einführung neuartiger Klebeverfahren haben die Verlegetechniken stark beeinflusst und verändert.

Die Verlegung erfolgt – meist nach einem Verlegeplan – entweder direkt auf der Rohdecke als Verbundbelag, auf Trennschicht oder auf einem vollständig erhärteten, schwimmenden Estrich und zwar entweder im Dünnbett-, Mittelbett- oder Dickbettverfahren. Besonders hinzuweisen ist auf die in Bild **11.**56c aufgezeigte Plattenverlegung auf frischer Lastverteilungsschicht (frisch-in-frisch Methode), die nicht ganz unproblematisch ist. Sie ist immer mit einem **Risiko** verbunden und sollte nur in Ausnahmefällen angewandt werden.

Einzelheiten über Verlegeverfahren von Naturstein-Bodenplatten sind Abschn. 11.4.7.5 und 11.4.7.6 zu entnehmen. Auf die vom Deutschen Naturwerksteinverband herausgegebenen Merkblätter [40] sowie auf die weiterführende Fachliteratur [41] wird verwiesen.

Angaben über die Ausbildung von Bewegungsfugen sind Abschn. 11.3.6.5, Angaben über die verfärbungsfreie Verlegung und Verfugung von Naturwerksteinplatten Abschn. 11.4.7.6 zu entnehmen. Verlegung, Aufmaß und Abrech-

nung erfolgt nach VOB Teil C, DIN 18332, Naturwerksteinarbeiten.

11.4.3.2 Dünnsteintechnik: Natursteinfliesen und Natursteinfurniere

Moderne Schneidetechniken ermöglichen die Herstellung von dünnen Natursteinfliesen oder Natursteinfurnieren, die auf bestimmte Träger aufgeklebt werden können.

- **Natursteinfliesen** werden je nach Gesteinsart und Plattenformat in Dicken ab 7 (8 bis 12) mm angeboten, so dass sie mit anderen, ähnlich dicken Bodenbelägen (Keramikfliesen, Teppichware, Fertigparkett, Laminatboden) kombiniert bzw. ausgetauscht werden können. Die Abmessungen betragen beispielsweise 305 x 305 – 305 x 610 mm.
  Die Oberfläche der Steinfliesen kann geschliffen, poliert oder sandgestrahlt sein; andere Oberflächenbearbeitungen sind ebenfalls möglich. Die Verlegung dieser genau auf Maß bearbeiteten, gleichmäßig dicken, sog. kalibrierten Natursteinfliesen, erfolgt auf ebenem Verlegegrund in etwa 3 bis 5 mm dickem Dünnbettmörtel. Einzelheiten hierzu s. Abschn. 11.4.7.6, Dünnbettverlegung.

- **Natursteinfurnier.** Mit modernen Dünnschnittverfahren lassen sich auch sog. Natursteinfurniere in Dicken ab 3 (4) mm herstellen. Ähnlich wie bei der Holzfurniertechnik werden die wenige Millimeter dicken Steinfurniere auf einen Träger aufgeklebt, meist auf Epoxidharzbasis. Wie Bild **11.**57 zeigt, unterscheidet man im Wesentlichen folgende Verbundkonstruktionen:

11

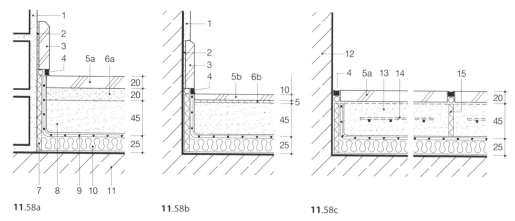

11.58a   **11**.58b   **11**.58c

11.58 Konstruktionsbeispiele: Naturwerkstein-Bodenplatten auf Zementestrich mit Dämmschicht

    a) Naturwerksteinplatten auf erhärteten Estrich in Dickbettmörtel verlegt. Wandputz bis auf Rohdecke geführt (Regelausführung).

    b) Naturwerksteinfliesen auf erhärteten Estrich in Dünnbettmörtel verlegt. Wandputz auf Betonwand nur bis OK-Fertigfußboden.

    c) Naturwerksteinplatten unmittelbar auf frisch eingebrachten Estrich verlegt (sog. estrichgerechtes Mörtelbett).

    Diese Verlegeart ergibt zwar eine relativ niedrige Konstruktionshöhe, ist jedoch ansonsten nicht unproblematisch (Gefahr von Aufwölbung, Rissbildung, Verfärbung an der Belagoberfläche) und sollte daher nur in Ausnahmefällen und auf kleinen Flächen aufgebracht werden.

1 Mauerwerk/Betonwand mit Wandputz	8 Zementestrich, mind. 45 mm
2 Mörtel/Kleber	9 Abdeckung (z. B. PE-Folie 0,1 mm)
3 Sockelplatten	10 Dämmschicht, je nach Bedarf
4 Randfuge mit Fugenfüllprofil und	11 tragender Untergrund
elastoplastischer Dichtmasse	12 Sichtbetonwand
5a Naturwerksteinplatten	13 frisch eingebrachter Zementestrich
5b Naturwerksteinfliesen	14 Bewehrung (Betonstahlmatten, bei Bedarf)
6a Dickbettmörtel, 15 bis 20 mm	15 Bewegungsfuge (Feldbegrenzungsfuge)
6b Dünnbettmörtel, 4 bis 5 mm	mit Fugenfüllprofil und elastoplastischer
7 Randstreifen, mind. 5 mm	Dichtmasse

- Steinfurnier auf dünner **Trägerschicht**
- Steinfurnier auf homogener **Trägerplatte**
- Steinfurnier auf leichtem **Trägerelement**

Diese dünnen Verbundkonstruktionen sind zwar relativ teuer, die Gewichteinsparung erlaubt jedoch einfachere Verankerungsmethoden und leichtere Unterkonstruktionen (Innen- und Außenbereich). Außerdem können große Plattenformate hergestellt (z. B. 1200 x 2400 – 1800 x 3500 – 600 x 1200 mm) und aus dem gleichen Steinblock mehr Furniere mit einheitlicher Textur und Farbgebung gewonnen werden. Die meisten Verbundkonstruktionen sind in die Baustoffklasse B1 (schwerentflammbar) einzuordnen, einige erfüllen die Bedingungen der Baustoffklasse A1 (nichtbrennbar) nach DIN 4102.

11.4.3.3 Natursteinpflaster

Mit Natursteinpflaster lassen sich dekorative Bodenbeläge im Außen- und Innenbereich herstellen. Die Gesteinswahl muss entsprechend der zu erwartenden Belastungen getroffen werden. Geeignet sind vor allem harte Gesteinsarten wie Granit, Basalt, Dionit, Grauwacke, Porphyr u. a., die sich gut und ebenflächig zu kleinen Würfeln (Quadern) spalten lassen. Abriebfestigkeit, Druckfestigkeit, Frostwiderstand und Streusalzbeständigkeit sind die wichtigsten Voraussetzungen für ihre Verwendung im Außenbereich; die entsprechenden Güteklassen sind zu beachten.

Pflastersteine haben den Vorteil, relativ einfach aufgenommen und wieder verlegt werden zu können. Daher werden am Markt auch gebrauchte Steine von alten Straßen und Plätzen angeboten. Pflasterungen mit Natursteinen sind jedoch

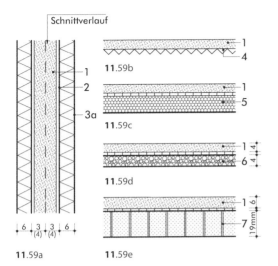

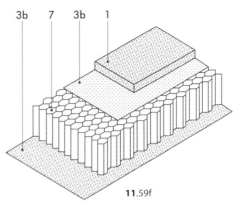

11.59 Schematische Darstellung: Natursteinfurniere auf Träger (Verbundkonstruktionen)

a) Schnittverlauf und Aufbau einer Doppelplatte bei der Herstellung
b) Steinfurnier auf dünner Trägerschicht (z. B. rückseitig aufkaschierte Gewebearmierung, transparentes Kunststofflaminat – für hinterleuchtete Konstruktion geeignet)
c) Steinfurnier auf homogener Trägerplatte (z. B. Hartschaumplatte, Gipsfaserplatte)
d) Steinfurnier auf Aluminium-Sandwichplatte (mit mineralischem Kern)
e) Steinfurnier auf Kunststoff- oder Aluminium-Wabenplatte oder Aluminium-Wellplatten wie bei a)
f) Darstellung einer Verbundkonstruktion mit Natursteinfurnier und Trägerelement

1 Steinfurnier, 3 oder 4 mm dick
2 Aluminium-Wellplatte (Sandwichplatte)
3a Decklagen aus Aluminium
3b Decklagen aus Glasfasermatten o. Ä.
4 aufkaschierte Gewebearmierung oder transparentes Kunststofflaminat
5 Hartschaumplatte mit Gewebearmierung (Sandwichplatte)
6 Gipsfaserplatte mit Gewebearmierung (Sandwichplatte)
7 Aluminium- oder Kunststoff-Wabenplatten mit Decklagen

lohnintensiv und daher relativ teuer. Die Verlegung kann ungeordnet, in Reihen, diagonal oder im Bogen erfolgen. Gemäß der nicht mehr gültigen DIN 18 502, Pflastersteine, unterschied man:

- **Großpflastersteine**
  12/12 bis 12/18; 14/14 bis 14/20;
  16/16 bis 16/22, Höhe 13 bis 16 cm

- **Kleinpflastersteine**
  8/8 bis 10/10; Höhe 8 bis 10 cm

- **Mosaikpflastersteine**
  4/4 bis 6/6, Höhe 4 bis 6 cm

Für Pflastersteine im Außenbereich gilt inzwischen die DIN EN 1342. Darin sind Steinmaße zwischen 50 mm und 300 mm für die Kantenlängen und mindestens 50 mm als Nenndicke festgelegt.

Verlegung von Natursteinpflaster im Außenbereich. Der konstruktive Aufbau eines Steinpflasters wird im Wesentlichen von vier Schichten bestimmt, die in ihrem Tragverhalten aufeinander abgestimmt sein müssen.

- Der Untergrund (gewachsenes Erdreich) ist nach Angabe auszuheben, zu planieren und mit geeignetem Rüttelgerät zu verdichten. Angaben über Bodenklassen s. Abschn. 3.2.

- Der darauf aufgebrachte Unterbau als Trag- und Filterschicht (Kies, Schotter, mit einer Korngröße von 0 bis 35 mm) muss dem jeweiligen Untergrund und der zu erwartenden Verkehrsbelastung angepasst werden. Die Schichtdicke des im Allgemeinen frostsicheren Unterbaus beträgt im privaten Umfeld etwa 15 bis 20 cm, bei stärker belasteten Verkehrsflächen etwa 20 bis 40 cm. Dieser tragende Untergrund wird bis zur Standfestigkeit verdichtet, so dass ein späteres Absacken des Pflasters nicht eintreten kann.

- Anschließend werden die Pflastersteine in ein planeben abgezogenes Sandbett versetzt, das nach dem Abrütteln bei Kleinpflaster höchstens 3 bis 4 cm und bei Großpflaster höchstens 4 bis 6 cm betragen soll. Diese Bettung muss formbar sein, um Maßabweichungen der Steine ausgleichen und einen möglichst ebenen, höhengenauen Belag verlegen zu können.

11

- Der Pflasterstein selbst muss frostbeständig sein. Nach dem Verlegen werden die Steinfugen mit Sand weiter verfüllt, die um etwa 2 cm höher gesetzte Pflastersteinfläche maschinell abgerüttelt, mit Wasser eingeschlämmt und nochmals mit Sand abgedeckt.

11.4.4 Bodenbeläge aus kunstharzgebundenen Bestandteilen: Kunstharzwerkstein

Kunstharzgebundene Platten werden in unterschiedlichen Verfahren und Zusammensetzungen hergestellt. In der Regel wird ein gemischtkörnig aufgebautes Natursteingranulat – bei modischen Spezialprodukten noch mit Mosaiksteinchen angereichert – mit einem Kunstharzbindemittel (Epoxidharz oder Polyesterharze) und Zusatzstoffen vermengt (= Agglomerat), im Vakuum-Vibrationsverfahren zu großen Rohblöcken verdichtet und nach der (thermischen) Aushärtung auf einem Sägegatter in gewünschter Dicke zu Platten gesägt. Daran schließt sich die entsprechende Oberflächenbehandlung und der Zuschnitt der Platten auf Maß an.

Agglomarmor wurde die gebräuchliche Bezeichnung für diese Kunstwerkstein-Erzeugnisse. Neben Bodenplatten werden aus diesem Material auch Treppenstufen, Fensterbänke, Formteile für Waschtischabdeckungen sowie Arbeitsplatten für den Küchenbereich gefertigt. Aufgrund der geringen Dicke und des niedrigen Flächengewichtes lassen sich die großformatigen Platten auch als raumhohes Wandbekleidungsmaterial im gesamten Innenausbau – teilweise auch im Außenbereich – einsetzen. Übliche Plattenformate sind 1200 x 3000 – 600 x 3000 – 600 x 600 – 300 x 300 mm, in Dicken von 4,5 – 6,5 – 10 bis 40 mm. Objektbezogene Sonderausführungen bis zu einer Größe von 1800 x 3800 x 150 mm sind möglich.

Agglomarmor-Bodenplatten zeichnen sich durch hohe Abriebfestigkeit und Oberflächendichte sowie Frost- und Tausalzbeständigkeit (nicht in jedem Fall gewährleistet!) aus. Sie sind pflegeleicht, farbbeständig, schwerentflammbar (zigarettenglutbeständig) und nassraumgeeignet. Im Vergleich mit den natürlich gewachsenen Natursteinplatten sind die kunstharzgebundenen Steinplatten preisgünstiger, einfacher zu verarbeiten, elastischer (geringere Bruchgefahr bei gleichzeitig dünnerer Herstellung) und jederzeit nachbestellbar bei gleichbleibender Qualität. Vorsicht ist allerdings bei ätzenden bzw. anlösenden Mitteln (Fleckentferner, Weichmacher, Aceton, Stempelfarbe) geboten. Die Aggloplatten können entweder auf einem planebenen Untergrund vollflächig aufgeklebt (Dünnbettverfahren) oder auch im Mittel- oder Dickbett verlegt werden.

11.4.5 Bodenbeläge aus zementgebundenen Bestandteilen: Betonwerkstein- und Terrazzobeläge

Zementgebundene Böden gibt es in Form von Estrich-, Platten- und Pflastersteinbelägen. Sie zeichnen sich vor allem durch ihre hohe mechanische Beanspruchbarkeit, Schmutzunempfindlichkeit, vielfältige Formen- und Oberflächenvariationen in Farbe, Textur und Struktur sowie günstige Gestehungskosten aus. Als nachteilig werden die relativ hohen Wärmeableitwerte (s. Abschnitt „Fußwärme"), ihre geringe Eigenelastizität sowie die beim Begehen entstehenden, hohen Luftschallwerte (schallreflektierender Bodenbelag) angesehen.

11.4.5.1 Betonwerksteinplatten

Betonwerkstein nach DIN V 18 500 ist ein Kunststein, der unter Verwendung eines Bindemittels (Grauzement oder Weißzement), Zuschlägen, Wasser und ggf. Zusatzstoffen (Pigmente) hergestellt wird. Als Zuschläge werden zerkleinerte Natursteingranulate – ggf. in Verbindung mit größerem Gesteinsbruch – aus Weich- und Hartgesteinen (meist Kalkstein und Marmor) verwandt. Bestimmend für ihre Auswahl sind die technischen Eigenschaften wie Härte, Abrieb und Frostbeständigkeit. Diese Zuschläge geben den Betonwerksteinplatten auch ihr typisches, vielfältig variierendes Aussehen in Farbe und Textur der Oberfläche. Die Platten können ein- oder zweischichtig hergestellt werden.

- **Einschichtverfahren.** Die genau dosierte Betonmischung wird in Vakuum-Presskammern zu großen Rohblöcken gegossen und durch Vibration derart verdichtet, dass möglichst wenig Hohlräume entstehen. Nach dem vollständigen Erhärten (max. Druckfestigkeit nach 28 Tagen) werden die Rohblöcke in Sägegattern zu Rohplatten jeder gewünschten Dicke – bis zu dünnen Fliesen – geschnitten. Die anschließende Oberflächenbearbeitung erfolgt auf Schleifstraßen bis zum Feinschliff. Andere Oberflächenvarianten – wie beispielsweise poliert, geflammt oder sandgestrahlt – sind ebenfalls möglich. Die einschichtigen Platten sind in jedem beliebigen Format und jeder Dicke lieferbar. Sie zeichnen sich durch einen absolut gleichmäßigen, homogenen Aufbau und eine sehr dichte Oberfläche aus. **Rekomarmor** wurde die gebräuchliche Bezeichnung für diesen einschichtigen Betonwerkstein besonderer Güte.

- **Zweischichtverfahren.** Bodenplatten aus Betonwerkstein werden nach wie vor auch zweischichtig – bestehend aus einem Vorsatzbeton und Kernbeton – konventionell in Plattenpressen gefertigt. Gemäß DIN EN 13 748 muss die Dicke der schleiffähigen und abriebfesten Vorsatzschicht mind. 4 mm, bei Bodenplatten – die nach dem Verlegen vor Ort nochmals geschliffen werden – mindestens 8 mm betragen. Nach dem Erhärten erfolgt die weitere Sichtflächenbearbeitung der für den Innenbereich bestimmten Platten wie zuvor bereits beschrieben.

Betonwerkstein-Bodenplatten können sehr genau auf Maß bearbeitet, d. h. kalibriert werden, so dass sie auf ebenem Untergrund sowohl im Dünnbett als auch konventionell im Dickbett verlegbar sind. Höhendifferenzen zwischen zwei benachbarten Platten, sog. Überzähne, dürfen 1,5 mm nicht überschreiten. In Einkaufszentren und anderen Großräumen sind **Höhenversätze** von nur 1 mm tolerierbar. Wird eine nahezu planebene Bodenfläche gefordert, können Betonwerksteinbeläge auch noch nach der Verlegung vor Ort vollflächig mit einer Fußbodenschleifmaschine überschliffen werden. Dabei wird ein erneutes Spachteln und Feinschleifen notwendig. Ob nach der Verlegung die Fugen betont oder möglichst unsichtbar bleiben sollen, hängt von der Fugenbreite (je nach Plattenformat 3 bis 5 mm) und der gewählten Farbe des Fugenmörtels ab. Einzelheiten hierzu s. Abschn. 11.4.7.6.

- **Oberflächenbehandlungen** von Betonwerksteinplatten sind zusätzliche Leistungen, die erst nach dem Verlegen der Platten im Innenbereich ausgeführt werden; sie sind bei diesem Hartbelag nicht in jedem Fall erforderlich. Eine zusätzliche Härtung (Verkieselung) der Oberfläche wird mit sog. Fluaten erreicht. Dadurch wird die Widerstandsfähigkeit der Oberfläche erhöht, die Wiederanschmutzung erheblich verzögert und die Pflege vereinfacht. In bestimmten Anwendungsfällen wird zur Vertiefung der Plattenfarbe auch flüssiges oder festes Wachs (Polierwachs) aufgetragen. Eine derartige Erstbehandlung darf jedoch frühestens 3 Monate nach dem Verlegen bzw. Verfugen der Platten erfolgen, damit die – vor allem aus dem Dickbettmörtel – in die Platten eingewanderte Restfeuchte vorher ausdiffundieren kann. Eine zu frühe Behandlung würde das Austrocknen verzögern und zur Fleckenbildung führen. Auf die entsprechende Fachliteratur [42] wird verwiesen.

- **Waschbetonplatten** (Platten für den Außenbereich) entstehen durch Auswaschen der obersten Mörtelschicht in einer Tiefe von mehr als 2 mm, wobei das Grobkorn zur Vermeidung des Auswitterns nur bis zu einem Drittel seines Durchmessers freigelegt werden darf. Die Feinmörtelschicht wird entweder sofort nach der Fertigung in frischem Zustand – oder bei vorherigem Auftragen von Kontaktverzögerer auf die Schalung nach dem Erhärten des Betons – durch Wasserstrahl entfernt. Zwischen Herstellungs- und Verlegetermin sollten mind. 4 Wochen liegen (Druckfestigkeit).

Angaben über die Ausbildung von Bewegungsfugen sind Abschn. 11.3.6.5, Angaben über die Verlegung von Steinbelägen Abschn. 11.4.7.6 zu entnehmen. Verlegung, Aufmaß und Abrechnung erfolgt nach VOB Teil C, DIN 18 333, Betonwerksteinarbeiten.

Regelabmessungen-Betonwerksteinplatten (nicht genormt). Standard-Plattenformate – z. B.: 25 x 25 – 25 x 50 – 30 x 30 – 40 x 40 – 40 x 60 – 50 x 50 – 60 x 60 cm. Plattendicken-Innenbereich: 2 – 2,5 – 2,7 – 3,5 cm. Außenbereich: 4 – 5 cm. Sonderformate sind möglich.

Vorzugsmaße von einschichtigen Bodenplatten (Rekomarmor): 60 x 33 x 2 – 33 x 33 x 2 cm.

11.4.5.2 Terrazzofußböden

Terrazzoboden ist ein meist zweischichtig aufgebauter fugenloser Bodenbelag, der am Verlegeort hergestellt und oberflächenfertig bearbeitet wird. Er setzt sich aus einem etwa 30 mm dicken Unterbeton und einer kraftschlüssig darauf aufgebrachten, etwa 20 mm dicken Terrazzovorsatzschicht zusammen; außerdem unterteilen Trennschienen die Bodenfläche. Die Vorsatzschicht besteht aus gut schleifbaren farbigen Zuschlägen (Kalkstein, Marmorsplitt), weißem oder grauem Portlandzement als Bindemittel, Wasser und ggf. Farbpigmenten. Sie bestimmt das Aussehen der Nutzfläche, d. h. die Farbwirkung und das Kornbild der später geschliffenen Oberfläche.

Terrazzoböden sind sehr strapazierfähig, nichtbrennbar, leicht zu pflegen, vielfältig gestaltbar, aber auch lohnkostenintensiv bei der Herstellung und damit relativ teuer. Während Betonwerksteinplatten seriell, in immer gleichbleibender Zusammensetzung im Betonwerk gefertigt und an der Baustelle nur noch verlegt werden, wird der Terrazzoboden vor Ort hergestellt. Die sich daraus ergebenden relativ langen Herstellungs-, Nachbehandlungs- und Trockenzeiten sowie die Gefahr der Entmischung des Terrazzobetons an der Baustelle werden als Nachteil angesehen.

11

- **Der Unterbeton** kann direkt auf tragendem Untergrund (Betonfestigkeit mind. C 25/30) in einer Mindestdicke von 30 mm aufgebracht werden. Um zwischen der meist trockenen Tragschicht und dem frischen Unterbeton einen unauflösbaren Haftverbund zu erreichen, muss zuvor eine Haftbrücke aufgetragen werden. Der Unterbeton kann jedoch auch auf Trennschichten oder auf Dämmschichten in einer Mindestdicke von 50 mm verlegt werden. Da beim späteren Herstellungs- und Schleifvorgang der Terrazzoschicht Wasser anfällt, muss die Abdeckung über der Dämmschicht wannenförmig und dicht ausgebildet sein (verklebte Bahnenstöße).

- **Trennschienen** sind im Terrazzoboden aus konstruktiven Gründen notwendig (Sollbruchstellen). Die aus Kunststoff oder Messing gefertigten Schienen haben in der Regel eine Höhe von 30 mm und werden etwa zur Hälfte in den Unterbeton, zur anderen Hälfte in die Vorsatzschicht eingesetzt. Sie unterteilen die Bodenfläche in Abständen von 3 bis 5 Metern, je nach Beanspruchung, grundrisslichem Zuschnitt und stofflicher Zusammensetzung der Schichten. Vorhandene Gebäudetrennfugen sind an gleicher Stelle und in gleicher Breite zu übernehmen (Bild **11**.41) und Randstreifen an allen aufgehenden und die Terrazzofläche durchdringenden Bauteilen vorzusehen.

- **Die Terrazzovorsatzschicht** wird auf den noch nicht erhärteten Unterbeton aufgezogen, um eine innige Verbindung beider Schichten zu erreichen. Anschließend wird die Vorsatzschicht gleichmäßig durch Walzen verdichtet und die dabei freiwerdende Zementschlämme abgezogen. Durch Zugabe von Fließmitteln ist es auch möglich, die Vorsatzschicht pumpfähig zu machen. Dieser sog. **Fließterrazzo** braucht nicht mehr gewalzt, sondern nur noch mit der Latte gleichmäßig abgezogen werden. Damit der Terrazzoboden eine möglichst hohe Festigkeit erreicht, ist der Belag mehrere Tage feucht zu halten.

- **Die Oberflächenbearbeitung** kann frühestens zwei Tage nach dem Einbau der Vorsatzschicht beginnen. In mehreren Schleifvorgängen wird der Boden geschliffen, dazwischen mit Spachtelmasse gespachtelt und bis zum Feinschliff weiter bearbeitet. Die Ausbildung der Boden-Wandanschlüsse erfolgt mit farblich passenden, vorgefertigten Formstücken. Nach der abschließenden Reinigung darf der Boden keinesfalls sofort – sondern erst nach etwa 8 bis 10 Wochen – mit Fluaten, Polierwachs o. Ä. behandelt werden. Weitere Einzelheiten sind der Fachliteratur [43] zu entnehmen.

Herstellung, Aufmaß und Abrechnung von Terrazzoarbeiten nach VOB Teil C sind unter DIN 18353, Estricharbeiten, erfasst.

11.4.6 Bodenbeläge aus bitumengebundenen Bestandteilen: Asphaltplattenbeläge

Asphaltplatten bestehen aus einem Gemisch aus Naturasphaltrohmehl (bitumenhaltiger Kalkstein) oder gemahlenem Naturgestein und Spezialbitumen als Bindemittel, das unter hohem Druck zu Fußbodenplatten gepresst wird.

Naturasphaltplatten sind vielseitig einsetzbar und eignen sich insbesondere für Industrieböden (z. B. in Werkstätten, Messe- und Markthallen), aber auch als Bodenbelag in Kirchen, Versammlungsstätten, Kunsthallen u. Ä. Moderne Gestaltungsabsichten lassen sich mit den neuen – hellen und farbigen – Platten verwirklichen.

Asphaltplatten sind maßhaltig, sehr strapazierfähig, rutschsicher und vor allem fußwarm (Wärmeleitzahl 0,40 W/mK) und relativ leicht zu reinigen. Außerdem isolieren sie gegen elektrische Ströme; soweit erforderlich, sind sie jedoch auch elektrisch leitfähig ausrüstbar und verlegbar. Hinsichtlich ihres Brandverhaltens werden sie in die Baustoffklasse B1 (schwerentflammbar) nach DIN 4102 eingestuft.

Die Eignung der Platten wird ganz wesentlich von den thermoplastischen Eigenschaften des Bindemittels bestimmt. Diese bewirken eine niedrige Körperschall-Leitfähigkeit (sog. innere Dämpfung), so dass die Platten trittschall- und lärmdämpfend sind. Andererseits sind Asphaltplatten nur für Räume mit einer Raumtemperatur bis max. 50 °C geeignet. Wirken hohe Punktlasten auf die thermoplastischen Platten ein, so sind die Aufstandsflächen (z. B. von Lagerregalen) zu vergrößern. Asphaltplatten sind außerdem nicht einsetzbar, wenn Öle, Fette, Säuren und Laugen anfallen; beständig gegen mineralische Öle und Benzin ist nur eine ganz bestimmte, nachstehend ausgewiesene Plattenart. Asphaltplatten jeglicher Art sind auch nicht für Nassräume und als Belag im Freien geeignet. Weitere Einzelheiten sind der Fachliteratur [44] sowie dem AGI-Arbeitsblatt A 60 [45] zu entnehmen.

Plattenarten.[1] Die handelsüblichen Plattenarten werden folgendermaßen bezeichnet und näher beschrieben:

1. Naturasphaltplatten
   - naturfarben,
     schwarzgrau bis schwarzbraun
   - rot aufgelegt,
     rote Deckschicht (zweischichtig), Oberschicht etwa 8 bis 10 mm dick und mit Eisenoxidrot eingefärbt
   - naturfarben-weiß-marmorierte oder

---

[1] Die seitherigen Bezeichnungen Hochdruck-Asphaltplatten, Hochdruck-Asphaltplatten mineralölfest, sowie Hochdruck-Asphaltplatten säurefest sind nicht mehr gebräuchlich. Terrazzo Asphaltplatten werden nicht mehr hergestellt.

- rot-weiß-marmorierte Deckschicht, mit heller Natursteinkörnung in der Oberschicht
- hellgrau, grün, braun, hellbeige, enthalten als Bindemittel ein helles Spezialbitumen (durchgefärbt)

2. Naturasphaltplatten
   - elektrisch leitfähig durch Graphit-Zusatz, naturfarben

3. Naturasphaltplatten
   - bedingt mineralölbeständig, naturfarben (beschichtet).

Die Beläge werden mit lösemittelfreien Wachskehrspänen gereinigt und gepflegt. Bei erhöhten optischen Ansprüchen an den Plattenbelag können nach [44] lösungsmittelfreie farblose Wachsemulsionen verwendet werden. Durch eine farblose oder farbige Grundierung mit einem Asphaltgrundiermittel wird Porenverschluss mit gleichzeitiger Oberflächenhärtung erreicht.

Imprägnierungen und Versiegelungen mit Kunstharz sind möglich.

Angaben über die Ausbildung von Bewegungsfugen sind Abschn. 11.3.6.5, Angaben über die Verlegung von Hartbelägen Abschn. 11.4.7.6 zu entnehmen.

Regelabmessungen-Naturasphaltplatten. Plattenformate von allen Plattenarten: 25 x 25 – 25 x 12,5 – 20 x 10 cm. Die Plattendicke wird von der Art der Beanspruchung bestimmt: Fußgängerverkehr 2 cm, leichter Fahrverkehr 2,5 cm, mittelschwerer Fahrverkehr 3 cm, schwerer Fahrverkehr 4 cm.

11.4.7 Bodenbeläge aus tongebundenen Bestandteilen: Keramische Fliesen und Platten

Allgemeines

Die Qualität keramischer Bodenbeläge wird vor allem durch eine sorgfältige Auswahl der Rohstoffe, ein dem jeweiligen Produkt entsprechendes Herstellungsverfahren mit angemessener Brenntemperatur sowie durch fachgerechte Verlegung vor Ort bestimmt.

Im Hinblick auf die Raumgestaltung sind Farbgebung, Glanzgrad, Struktur und Textur der Belagoberfläche sowie Plattenformat und die optische Wirkung des Fugennetzes zu beachten.

Die Verwendungseigenschaften keramischer Produkte werden weitgehend von der Güte des Scherbens bestimmt. Neben der jeweiligen Rohstoffmischung kommt vor allem der Brenntemperatur eine besondere Bedeutung zu. Wie die nachstehenden Tabellen verdeutlichen, ist die Porosität und damit auch die Wasseraufnahmefähigkeit des Scherbens ein besonders wichtiges Kriterium für die Einteilung keramischer Erzeugnisse.

Vom Grad der Offenporigkeit hängen außerdem wichtige Materialeigenschaften wie Festigkeit, Verschleißverhalten, Rauigkeit und Fleckenempfindlichkeit sowie Frostbeständigkeit und Kleberhaftung ab.

In der Baupraxis werden nach wie vor die porösen Produkte als Steingut (Irdengut), die dichteren Erzeugnisse als Steinzeug (Sinterzeug) bezeichnet, obwohl diese Begriffe in den Normen nicht (mehr) vorkommen (Tabelle **11**.60). Beide

11

Tabelle **11**.60 Einteilung baukeramischer Erzeugnisse (außerhalb der Produktnormung)

Steingut/Irdengut		Steinzeug/Sinterzeug	
• hohe Wasseraufnahme • Scherben porös und saugfähig • offene Poren • nicht frostbeständig • **unterhalb** der Sintergrenze gebrannt (Brenntemperatur bei etwa 1000 °C)		• niedrige Wasseraufnahme • Scherben dicht, kaum saugend • weitgehend geschlossene Poren • frostbeständig • **oberhalb** der Sintergrenze gebrannt (Brenntemperatur bei etwa 1200 °C)	
Feinkeramik	**Grobkeramik**	**Feinkeramik**	**Grobkeramik**
• Scherben feinkörnig • trockengepresst • glasiert, dadurch • wasserdicht • **nur** für innen	• Scherben grobkörnig • stranggepresst • unglasiert • wasserdurchlässig	• Scherben feinkörnig • trockengepresst • glasiert und • unglasiert • für innen **und** außen	• Scherben grobkörnig • stranggepresst • glasiert und • unglasiert • für innen **und** außen
z. B.: Steingutfliesen (STG) mit hellen Scherben z. B.: Irdengutfliesen (IG) mit farbigen Scherben	z. B.: Mauerziegel, Dränrohre z. B.: Töpferwaren, Blumentöpfe	z. B.: Unglasierte Steinzeugfliesen (STZ-UGL) z. B.: Glasierte Steinzeugfliesen (STZ-GL)	z. B.: Keramische Spaltplatten, Klinker, Riemchen z.B.: Bodenklinkerplatten (zum Teil trockengepresst)

Tabelle **11**.61 Klassifizierung von keramischen Fliesen und Platten im Hinblick auf Wasseraufnahme und Formgebung (Auszug aus DIN EN 14411)

Formgebung	Wasseraufnahme (E_b)			
	Gruppe I $E_b \leq 3\,\%$	**Gruppe II$_a$** $3\,\% < E_b \leq 6\,\%$	**Gruppe II$_b$** $3\,\% < E_b \leq 10\,\%$	**Gruppe III** $E_b > 10\,\%$
Verfahren A **stranggepresst**	Gruppe AI$_a$ $E_b \leq 0,5\,\%$ (siehe Anhang L)	Gruppe AII$_{a\text{-}1}$[a] (siehe Anhang B)	Gruppe AII$_{b\text{-}1}$[a] (siehe Anhang D)	Gruppe AIII (siehe Anhang F)
	Gruppe AI$_b$ $0,5\,\% < E_b \leq 3\,\%$ (siehe Anhang A)	Gruppe AII$_{a\text{-}2}$[a] (siehe Anhang C)	Gruppe AII$_{b\text{-}2}$[a] (siehe Anhang E)	
Verfahren B **trockengepresst**	Gruppe BI$_a$ $E_b \leq 0,5\,\%$ (siehe Anhang G)	Gruppe BII$_a$ (siehe Anhang I)	Gruppe BII$_b$ (siehe Anhang J)	Gruppe BIII[b] (siehe Anhang K)
	Gruppe BI$_b$ $0,5\,\% < E_b \leq 3\,\%$ (siehe Anhang H)			

[a] Die Gruppen AII$_a$ und AII$_b$ werden in zwei Teile (Teile 1 und 2) mit verschiedenen Produktspezifikationen unterteilt. Teil 1 deckt die meisten Fliesen und Platten in dieser Gruppe ab; Teil 2 deckt bestimmte spezifische Produkte ab, die unter unterschiedlichen Bezeichnungen hergestellt werden (z. B. *terre cuite* in Frankreich und Belgien, *cotto* in Italien und *baldosin catalán* in Spanien).

[b] Gruppe BIII trifft ausschließlich auf glasierte Fliesen und Platten zu. Es gibt eine geringe Anzahl trockengepresster unglasierter Fliesen und Platten, die mit einer Wasseraufnahme über 10 % hergestellt werden und auf die diese Produktgruppe nicht zutrifft.

Gruppen sind noch einmal unterteilt in grob- und feinkeramische Produkte, wobei diese beiden Bezeichnungen aufgrund herstellungstechnischer Weiterentwicklungen gegenüber früher an Informationswert verloren haben.

Einteilung und Benennung: Überblick

In der Grundnorm DIN EN 14411 werden keramische Fliesen und Platten nach dem jeweiligen Herstellungsverfahren und der Wasseraufnahme E (franz. Eau) in Gruppen eingeteilt (Tabelle **11**.61). Es werden auch weitere technische Merkmale klassifiziert und Prüfverfahren beschrieben.[1]

11.4.7.1 Trockengepresste Fliesen und Platten: Steingutfliesen mit hoher Wasseraufnahme *E* > 10 %

Trockengepresste keramische Fliesen mit mittlerer Wasseraufnahme gehören nach der Klassifizierung zu der Gruppe B II a bzw. B II b, Fliesen mit hoher Wasseraufnahme zur Gruppe B III. Sie werden nach DIN EN 14411 gefertigt (Tabelle **11**.61).[1]

---

[1] Der aktuelle Stand der Normung ist Abschn. 11.5 zu entnehmen.

Diese Fliesen (Steingutfliesen) sind durch einen feinkörnigen, kristallinen, porösen Scherben mit hoher Wasseraufnahme gekennzeichnet. Zu ihrer Herstellung werden anorganische Hartstoffe (Quarz, Feldspat, Schamotte) und Weichstoffe (Ton, Kaolin) gemahlen, unter Zusatz von Wasser gemischt, gesiebt, entwässert und das nahezu trockene Granulat mit einem Wassergehalt von etwa 7 % unter hohem Druck in Stahlformen gepresst (Formgebungsverfahren B).

Glasierte Fliesen können entweder im Zweibrand- oder Einbrandverfahren hergestellt werden. Beim Zweibrandverfahren wird nach einem ersten Brand im Tunnelofen auf die Sichtseite der Rohlinge eine Glasur aufgesprüht, die dann bei einem weiteren Brand mit der Oberfläche des Scherbens verschmilzt. Beim Einbrandverfahren erfolgt der Brand von Scherben und Glasur in einem Fertigungsgang.

Durch diese Glasur erhält die Fliese ihr endgültiges Aussehen und ihre spezifischen Oberflächeneigenschaften. Sie verhindert das Eindringen von Spritzwasser, ist weitgehend beständig gegen haushaltsübliche Reinigungsmittel, Seifen und schwache Säuren; außerdem gibt sie der Fliesenoberfläche die geforderte Ritzhärte, UV-Beständigkeit und schmutzabweisende Eigenschaft. Dekorfliesen werden im Siebdruckverfahren glasiert.

Aufgrund ihrer hohen Porosität lassen sich Steingutfliesen gut schneiden, bohren oder brechen, andererseits sind sie jedoch nur im Innenbereich zu verwenden, da sie frostempfindlich sind. Hier werden sie fast ausschließlich als Wandfliesen im Wohnungs- und Objektbau eingesetzt. Eine gewisse Ausnahme bilden Steingutfliesen mit besonders dickem Scherben. Diese können auch auf mäßig beanspruchten Bodenflächen – wie beispielsweise im häuslichen Bad – verlegt werden, so dass Fußboden und Wandflächen aus ein und demselben Material bestehen.

11.4.7.2 Trockengepresste Fliesen und Platten: Steinzeugfliesen mit niedriger Wasseraufnahme $E < 3\,\%$

Trockengepresste keramische Fliesen mit niedriger Wasseraufnahme gehören nach der Klassifizierung zu der Gruppe BI_b. Sie werden nach DIN EN 14411 hergestellt (Tabelle **11**.61).

Diese glasierten und unglasierten Fliesen (Steinzeugfliesen) sind durch einen feinkörnigen, kristallinen, dichtgesinterten Scherben mit niedriger Wasseraufnahme gekennzeichnet. Zu ihrer Herstellung werden Ton, Kaolin, Quarzsand, Feldspat und Wasser nach den in der feinkeramischen Industrie üblichen Verfahren aufbereitet, unter hohem Druck in Formen gepresst (Formgebungsverfahren B) und bei Temperaturen von etwa 1200 °C zur Sinterung gebrannt (= Beginn des Schmelzprozesses, ohne Deformation der Formlinge). Dabei entsteht ein Scherben mit sehr dichtem Gefüge und großer Härte.

Steinzeugfliesen sind feuchtigkeitsbeständig, wasserabweisend, widerstandsfähig gegen mechanische, chemische und thermische Beanspruchungen, leicht zu reinigen und zu desinfizieren. Die geringe Wasseraufnahme ist Voraussetzung für ihre Witterungs- und Frostbeständigkeit. Zur Erhöhung der Trittsicherheit in gewerblichen Bereichen und nassbelasteten Barfußbereichen können sie mit speziellen Oberflächen ausgestattet sein. S. hierzu Abschn. 11.4.7.4, Rutschhemmende Bodenbeläge.

Glasierte Steinzeugfliesen

Glasierte Steinzeugfliesen eignen sich für Bodenbeläge und Wandbekleidungen im Innen- und Außenbereich sowie für Fassadenbekleidungen und Auskleidungen von Schwimmbecken (Behälterbau). Außerdem sind sie beständig gegen Fleckenbildner und Haushaltschemikalien. Beständigkeit gegen Säuren und Laugen muss jeweils gesondert vereinbart werden.

Jeder genutzte Bodenbelag unterliegt einem gewissen Verschleiß. Dieser ist abhängig vom jeweiligen Anwendungs-

Tabelle **11**.62 Klassifizierung von glasierten keramischen Fliesen und Platten (Auszug DIN EN ISO 10545-7)

Verschleißstufe; Sichtbare Veränderung bei Umdrehungen	Klasse
100	0
150	1
600	2
750, 1500	3
2100, 6000, 12 000	4
> 12 000 [1)]	5

[1)] Muss die Fleckenprüfung nach ISO 10545-14 bestehen.

bereich und der Häufigkeit der Begehung, von Art und Grad der Verschmutzung sowie Härte und Verschleißfestigkeit des Belagmaterials.

Während unglasierte Steinzeugbodenfliesen praktisch keinen Anwendungsbeschränkungen unterliegen, lassen sich bei glasierten Fliesen Oberflächenverkratzungen nicht ganz vermeiden. Sie sind bei dunklen Farben stärker erkennbar als bei hellen, qualitativ jedoch nicht von Bedeutung. Da Quarz – Hauptbestandteil von Sand – schon bei geringem Abrieb hochglänzende Glasuren stumpf und unansehnlich werden lässt, sollten derart glänzende und unifarbene Bodenfliesen nur für wenig begangene Flächen, wie beispielsweise Badezimmerböden, eingesetzt werden.

Um Schmutz vom glasierten Bodenbelag fernzuhalten, sind genügend große und richtig angeordnete Sauberlaufzonen im Eingangsbereich eines Objektes und für solche Räume vorzusehen, die direkt von Außen zugänglich sind. Einzelheiten hierzu s. Abschn. 11.4.2, Reinigung und Pflege.

Glasurabrieb/Beanspruchungsgruppen. Die Bestimmung des Oberflächenverschleißes und der Beanspruchungsgruppen von glasierten Fliesen und Platten werden im sog. PEI-Nasstest-Verfahren nach DIN EN ISO 10545-7 ermittelt. Wie Tabelle **11**.62 zeigt, unterscheidet man sechs Beanspruchungsgruppen.

Unglasierte Steinzeugfliesen

Unglasierte Steinzeugfliesen sind besonders strapazierfähig und geeignet für alle Bodenbeläge und Wandbekleidungen im Innen- und Außenbereich sowie zur Auskleidung von Becken und Behältern mit hoher mechanischer und chemischer Beanspruchung (Säureschutzbau).

Extrem beanspruchte Fußböden mit starkem Publikums- bzw. Fahrverkehr – wie beispielsweise in Supermärkten, Hotels, Schulen, Verwaltungsgebäuden, Schalter- und Bahnhofshallen, Krankenhäusern, Fußgängerpassagen usw. – sollten immer unglasierten Steinzeugfliesen (Feinsteinzeugfliesen) vorbehalten bleiben.

Anders verhält es sich, wenn fleckenbildende Flüssigkeiten wie Öle, Fette und farbige Flüssigkeiten anfallen. Sie dringen in die (wenigen) Poren tief ein und sind dann nur noch sehr schwer zu entfernen. Erhöhte Fleckenbeständigkeit kann von unglasierten Steinzeugfliesen nur erwartet werden, wenn diese nach dem Verlegen mit einer geeigneten Imprägnierung behandelt wurden.

Regelabmessungen – Steingutfliesen/Steinzeugfliesen. Plattenformate nach dem sog. Oktametersystem (1/8 m = 125 mm): 125 x 125 – 25 x 65 – 25 x 125 – 250 x 250 mm. Plattenformate nach dem sog. Dezimetersystem (M = 1/10 m = 100 mm): 50 x 50 – 100 x 100 – 150 x 100 – 150 x 150 – 200 x 200 – 300 x 200 – 300 x 300 – 400 x 400 – 600 x 600 – 900 x 600 – 900 x 900 mm. Darüber hinaus gibt es noch eine Vielzahl von Sonderformaten, Kombinationsbelägen und kompletten Zubehörprogrammen.

Steinzeug-Kleinformate (Mosaik)

Mosaikflächen setzen sich aus einzelnen, kleinen Plättchen – deren Fläche in der Regel kleiner als 90 Quadratzentimeter ist – zusammen. Um diese rationell und preisgünstig verlegen zu können, werden die Plättchen entweder mit ihrer Vorderseite (Ansichtsfläche) oder mit ihrer Rückseite auf Papier- oder Kunststoffnetze aufgeklebt und in Form von Verlegetafeln angeboten. Für stark nassbelastete Flächen (Nassräume, Schwimmbecken) oder frostgefährdete Flächen (Fassaden, Terrassen) werden die auf der Oberseite geklebten Tafeln empfohlen (besserer Haftverbund mit dem Verlegegrund).

Regelabmessungen-Kleinmosaik: 20 x 20 – 24 x 24 mm, Tafelgröße 306 x 510 mm. Mittelmosaik: 33 x 33 – 48 x 48 – 73 x 73 mm, Tafelgröße 300 x 500 mm. Rundmosaik: 20 – 50 mm Durchmesser. Außerdem werden Sechseckmosaik, Kombimosaik u. a. angeboten.

Trockengepresste Fliesen und Platten: Feinsteinzeugfliesen mit besonders niedriger Wasseraufnahme *E* < 0,5 %

Feinsteinzeug (ital. Gres Porcellanato) ist aus extrem feingemahlenen Rohstoffen gefertigt. Die daraus in besonderen Verfahren aufbereitete Pressmasse (Sprühgranulate) wird nach dem Entwässern in Stahlformen unter hohem Druck zu Platten verdichtet und im Einbrandverfahren bei einer Temperatur von etwa 1220 °C gebrannt. Trockengepresste keramische Fliesen mit besonders niedriger Wasseraufnahme gehören nach der Klassifizierung zu der Gruppe BI$_a$. Sie werden nach DIN EN 14411 hergestellt. (Tabelle **11**.61).

Die materialtechnische Besonderheit besteht darin, dass der Scherben beim Brand hochgradig verglast und nahezu vollkommen dicht gesintert nur noch eine minimale Porigkeit aufweist (Wasseraufnahme 0 bis 0,5 %). Daraus ergeben sich prozelänähnliche Eigenschaften bezüglich Festigkeit, Ritzhärte, Verschleißwiderstand, Fleckenunempfindlichkeit, Frostbeständigkeit usw.

Aufgrund dieser Eigenschaften wird Feinsteinzeugmaterial überall dort eingesetzt, wo Fußbodenbeläge besonders stark frequentiert werden, wie zum Beispiel in Einkaufspassagen, Ladengeschäften, Restaurants, Verwaltungsgebäuden sowie in Industrie- und Gewerbebetrieben. Auch im privaten Bereich gewinnt die Feinsteinzeugfliese zunehmend an Bedeutung.

Feinsteinzeug ist ein in der Masse homogen aufbereitetes und aus verschieden eingefärbten Granulaten (Graniti-Effekt) bestehendes Material. Die Fliesen werden in den unterschiedlichsten Farbnuancen und Oberflächenvarianten angeboten, wie beispielsweise naturbelassen (nicht glasiert), schieferartig, leicht strukturiert, geschliffen oder hochglanzpoliert sowie mit besonders rutschfesten Oberflächen. Vermehrt werden Feinsteinzeugfliesen auch glasiert hergestellt. Ein Widerspruch in sich, da dieses durchgehend homogen aufgebaute, hochabriebfeste und dichte Material keiner Glasur bedarf.

Beim Verlegen von Feinsteinzeugfliesen sind einige Besonderheiten zu beachten, da auch die Fliesenrückseiten äußerst glatt sind und dieses dichte Gefüge den üblichen zementgebundenen Dünnbettmörteln zu geringe Verzahnungsmöglichkeiten (Zementleimvernadelung) bietet. Für eine sichere Verlegung von Feinsteinzeugmaterial sind daher hydraulisch erhärtende – speziell **kunststoffvergütete** Dünnbettmörtel – einzusetzen. Ausschlaggebend für die Adhäsion zwischen Feinsteinzeugrückseite und Dünnbettmörtel ist somit die Verklebung über die Kunststoffanteile des kunststoffvergüteten Dünnbettmörtels. Bei Bodenbelägen, bei denen mit chemischen Belastungen zu rechnen ist, sind Reaktionsharzklebstoffe auf Polyurethan – oder Epoxydharzbasis einzusetzen. S. hierzu auch Abschn. 11.4.7.6, Verlegeverfahren bei Keramik- und Steinbelägen.

Regelabmessungen-Feinsteinzeugfliesen. Fliesenformate. 125 x 125 – 150 x 150 – 150 x 300 – 250 x 250 – 300 x 300 – 335 x 335 – 400 x 400 – 600 x 600 – 600 x 1200 mm sowie Rechteck-, Sechseck-, Achteck- und Sonderformate mit komplettem Zubehörprogramm. Plattendicken üblicherweise 9 bis 12 mm.

11.4.7.3 Stranggepresste keramische Platten: Spaltplatten mit Wasseraufnahme *E* < 3 % bis 6 %

Stranggepresste keramische Platten (Spaltplatten) mit niedriger Wasseraufnahme gehören nach der Klassifizierung zu der Gruppe A I, mit mittlerer Wasseraufnahme in die Gruppe A IIa. Sie werden nach DIN EN 14411 hergestellt (Tabelle **11**.61).

Spaltplatten gehören demnach ebenfalls in die Gruppe der Steinzeugprodukte. Die Rohstoffe sind Ton, Feldspat, Quarz, Schamotte und etwa 15 % Wasser. Diese Ausgangsmischung wird in knetbarem Zustand durch das Mundstück einer Vakuum-Strangpresse in Form eines Doppelstranges gepresst (Formgebungsverfahren A). Von diesem Strang werden Doppelplatten in vorbestimmter Länge abgeschnitten, anschließend getrocknet, gegebenenfalls glasiert, bei Temperaturen über 1200 °C gebrannt und zu Einzelplatten gespalten.

Platten mit einer schwalbenschwanzförmig ausgebildeten Rückseite eignen sich zur Verlegung im Mörtelbett (Dickbettverfahren), diejenigen mit einer rillenförmigen Profilierung für das Dünnbettverfahren. Auch Formstücke wie Treppenwinkel, Kehlsockel, Überlaufrinnen oder Randplatten für Schwimmbäder können durch Strangpressen gefertigt werden.

Keramische Spaltplatten sind druck-, stoß- und ritzfest sowie säure- und laugenbeständig. Aufgrund des dichten Scherbens und ihrer relativ niedrigen Wasseraufnahme weisen sie eine hohe Frostbeständigkeit auf, so dass sie für Bodenbeläge und Wandbekleidungen im Innen- und Außenbereich geeignet sind. Sie werden glasiert und unglasiert in verschiedenen Formen, Farben und Abmessungen hergestellt. Weitere Einzelheiten sind der Fachliteratur [46] zu entnehmen.

Regelabmessungen-Spaltplatten: 240 x 115 – 240 x 240 – 240 x 52 – 194 x 194 – 194 x 94 mm sowie Sechseck-, Achteck- und Sonderformate mit komplettem Zubehörprogramm. Plattendicken von 8 bis 25 (40) mm. Verlegung, Aufmaß und Abrechnung nach VOB Teil C, DIN 18 352, Fliesen- und Plattenarbeiten.

11.4.7.4 Anforderung an die Trittsicherheit: Rutschhemmende Bodenbeläge

Nach der Arbeitsstättenverordnung und den Unfallverhütungsvorschriften müssen Fußböden eben, rutschhemmend und leicht zu reinigen sein. Besondere Schutzmaßnahmen gegen Ausgleiten sind überall dort erforderlich, wo gleitfördernde Stoffe, wie zum Beispiel Wasser, Öle, Fette, Lebensmittel, Abfälle u. Ä. auf den Boden gelangen und die Rutschgefahr erhöhen. In folgenden Anwendungsbereichen ist bei der Auswahl von Bodenbelägen darauf zu achten:

Gewerbebereich Bewertungsgruppen R9 bis R13, ohne oder mit Verdrängungsraum V

Barfußbereich Bewertungsgruppen A, B, C

Privatbereich Empfehlung – Bewertungsgruppe R9

Rutschhemmende Bodenbeläge für Arbeitsräume, Arbeitsbereiche und öffentlich genutzte Verkehrswege. Während in Industrie- und Gewerbeobjekten trittsichere Bodenbeläge schon seit langem vorgeschrieben sind, werden entsprechende Trittsicherungs-Anforderungen erst seit einigen Jahren auch für öffentlich zugängliche Bereiche – wie beispielsweise Schalterhallen in Geldinstituten, Hotel- und Empfangshallen, Verkaufsbereiche, Kindergärten, Schulen usw. – gefordert.

Das Verfahren zur Prüfung der Rutschhemmung von Bodenbelägen für Arbeitsräume, Arbeitsbereiche und Verkehrswege ist in DIN 51 130 geregelt. Die Prüfung erfolgt durch Begehen einer verstellbaren schiefen Ebene durch bestimmte Prüfpersonen mit definierten Prüfschuhen und unter Einsatz des Gleitmediums Öl. Der sich aus einer Messreihe ergebende, mittlere Neigungswinkel der schiefen Ebene – bei dem die Grenze des sicheren Gehens durch die Prüfperson noch gegeben ist – ist für die Einordnung des zu prüfenden Belages in eine der fünf Bewertungsgruppen (R 9 bis R 13) maßgebend. Wie Tabelle **11**.63 zeigt, bieten Bodenbeläge der Bewertungsgruppe R 9 den geringsten, Beläge der Bewertungsgruppe R 13 den höchsten Rutschhemmungsgrad.

Für bestimmte Arbeitsbereiche, wie Großküchen oder Schlachtereien, in denen besonders gleitfördernde Stoffe – wie beispielsweise Fette, Fleischreste, Abfälle – auf den Boden gelangen, muss unter der eigentlichen Gehebene noch zusätzlich ein sog. **Verdrängungsraum** vorhanden

Tabelle **11**.63 Bewertungsgruppen der Rutschhemmung (Prüfverfahren auf schiefer Ebene)

Bewertungsgruppe	Neigungswinkel	Haftreibwert
R 9	> 3° –10°	geringer Haftreibwert
R 10	> 10°–19°	normaler Haftreibwert
R 11	> 19°–27°	erhöhter Haftreibwert
R 12	> 27°–35°	großer Haftreibwert
R 13	> 35°	sehr großer Haftreibwert

11

Tabelle **11**.64 Verdrängungsraum bei profiliertem Bodenbelag

Schematische Darstellung	Be-zeich-nung	Verdrän-gungsraum (cm³/dm²)
Gehlinie Verdrängungsraum Entwässerungs-ebene Keramische Fliese mit profilierter Oberfläche	V 4	4
	V 6	6
	V 8	8
	V 10	10

sein, und zwar in Form von Vertiefungen (Oberflächenprofilierung je nach Anforderung). Derartige Arbeitsbereiche werden mit V-Kennzeichen klassifiziert, wobei die Zahl das Volumen des Verdrängungsraumes in cm³/dm² angibt. (Tabelle **11**.64)

Zur Erfüllung der sicherheitstechnischen Anforderungen ist das Merkblatt „Fußböden in Arbeitsräumen und Arbeitsbereichen mit erhöhter Rutschgefahr ZH1/571" zu beachten [47]. Im Anhang zu diesem Merkblatt sind in einer detaillierten Aufstellung die den Arbeitsbereichen (z. B. Küche, Wäscherei, Werkstätten) zugeordneten Bewertungsgruppen (Kennzeichnung R) sowie

gegebenenfalls erforderliche Verdrängungsräume (Kennzeichnung V) aufgelistet.

Beispiele:

- Bodenbeläge von Speiseräumen, Gasträumen, Kantinen (einschließlich Bedienungsgänge) werden der Bewertungsgruppe R 9 zugeordnet.
- Bodenbeläge von Gaststättenküchen, Hotelküchen (bis 100 Gedecke pro Tag) müssen die Bewertungsgruppe R 11 sowie einen Verdrängungsraum V 4 aufweisen.

Rutschhemmende Bodenbeläge für nassbelastete Barfußbereiche sind beispielsweise in Bädern, Krankenhäusern, Umkleide-, Wasch- und Duschräumen von Sport- und Arbeitsstätten sowie im gesamten Schwimmbadbereich gefordert. Das Ausgleiten in diesen Bereichen ist eine der häufigsten Unfallursachen.

Das Verfahren zur Prüfung der Rutschhemmung von Bodenbelägen für nassbelastete Barfußbereiche ist in DIN 51 097 geregelt. Als Bewertungsmaß gilt die Neigung einer verstellbaren schiefen Ebene, auf der sich eine Prüfperson barfuß auf dem zu prüfenden Bodenbelag gerade noch bewegen kann, ohne abzurutschen.

In dem Merkblatt BGI/GUV-I 8527 „Bodenbeläge für nassbelastete Barfußbereiche" [48] werden

Tabelle **11**.65 Bewertungsgruppen von nassbelasteten Barfußbereichen

Bewertungsgruppe	Anwendungsbereiche (Auszug)	Mindestneigungswinkel
A	• Barfußgänge (weitgehend trocken) • Einzel- und Sammelumkleideräume • Beckenböden in Nichtschwimmerbereichen, wenn im gesamten Bereich die Wassertiefe mehr als 80 cm beträgt • Sauna- und Ruhebereiche	> 12°
B	• Barfußgänge, soweit sie nicht A zugeordnet sind • Bereich von Desinfektionssprühanlagen • Duschräume und Beckenumgänge • Planschbecken • Beckenböden in Nichtschwimmerbereichen, wenn in Teilbereichen die Wassertiefe weniger als 80 cm beträgt • Beckenböden in Nichtschwimmerbereichen von Wellenbecken • Hubböden • Leitern und Treppen außerhalb des Beckenbereichs • begehbare Oberflächen von Sprungplattformen, soweit sie nicht C zugeordnet sind • Treppen, die in das Wasser führen • Sauna und Ruhebereiche (soweit nicht A zugeordnet)	> 18°
C	• Treppen, die in das Wasser führen (soweit nicht B zugeordnet) • Aufgänge zu Sprunganlagen und Wasserrutschen • Oberflächen von Sprungplattformen und Sprungbrettern in der Länge, die für den Springer reserviert ist (Die rutschfeste der Sprungplattformen und Sprungbretter muss um die Vorderkante herumgeführt werden, wo die Hände und Zehen der Benutzer greifen) • Durchschreitebecken • Geneigte Beckenrandausbildung	> 24°

11

die Bereiche entsprechend den unterschiedlichen Rutschgefahren drei Bewertungsgruppen A, B und C zugeordnet, wobei die Anforderungen an die Rutschhemmung von A bis C zunehmen (Tabelle **11**.65).

Die geprüften Bodenbeläge werden in regelmäßigen Abständen in einer sog. Liste „NB" veröffentlicht. Diese Liste erfasst Beläge aus Keramik, Naturwerkstein, Betonwerkstein, Glas, beschichtete Werkstoffe, Kunststoffe und Gummi, Edelstahlbleche und -formteile sowie Holz.

Ausrutschunfälle lassen sich nicht nur durch rutschhemmende Bodenbeläge verhindern. Zusätzlich sind auch bauliche und organisatorische Maßnahmen (z. B. Vermeidung von Absätzen/Stolperstufen, ausreichendes Bodengefälle in Nassbereichen usw.) sowie insbesondere die Verwendung geeigneter Reinigungs-, Desinfektions- und Pflegemittel zu beachten.

Privatbereich. Für den privaten Anwendungsbereich mit Zuständigkeit diverser Versicherungsträger gibt es kein Regelwerk und auch kein Prüfverfahren bezüglich Trittsicherungs-Anforderungen an Bodenbeläge. Allgemein wird jedoch empfohlen – zumindest in Küche, Diele und Bad – solche Beläge einzusetzen, die der untersten Bewertungsgruppe (R 9) des gewerblichen Bereiches entsprechen. Weitere Einzelheiten sind der Fachliteratur [46] zu entnehmen.

11.4.7.5 Bodenbelagkonstruktionen mit keramischen Fliesen und Platten, Naturwerkstein und Betonwerkstein

Belagkonstruktionen. Keramik- und Steinbeläge können entweder

- mit Verbund zum tragenden Untergrund oder
- auf Trennschicht- und Dämmschichten verlegt werden.

Demnach unterscheidet man Verbund-Bodenbeläge und sog. schwimmend verlegte Bodenbeläge.

Die nachstehenden Ausführungen beziehen sich schwerpunktmäßig auf zementgebundenen Verlegeuntergrund in Form von Estrich oder Mörtelbett; materialbedingte Abweichungen beispielsweise bei Calciumsulfat- und Gussasphaltestrich sind den Abschnitten 11.3.6.2, Estricharten, sowie 11.3.6.4, Estrichkonstruktionen, zu entnehmen.

1. Keramik- und Steinbeläge auf tragendem Untergrund (Verbundkonstruktion)

Verbundbeläge werden überall dort eingesetzt, wo hohe mechanische Beanspruchungen, thermische Belastungen o. Ä. zu erwarten sind (Gewerbe- und Industriebau) und die Belagkonstruktion keine Anforderungen bezüglich Wärme-, Schall- oder Feuchteschutz zu erfüllen hat (Bild **11**.34 und Bild **11**.66).

Verbundkonstruktion. Das Prinzip der Verbundkonstruktion besteht darin, dass alle Schichten – Bodenbelag, Dickbettmörtel oder Dünnbettkleber – eine kraftschlüssige, schubfeste und vollflächige Verbindung untereinander und mit dem tragenden Untergrund aufweisen. Von ausschlaggebender Bedeutung ist vor allem der Verbund zwischen Verlegemörtel bzw. Verbundestrich zum tragfähigen Untergrund.

Wie in Abschn. 11.3.6.4 bereits erläutert, muss daher auf den sorgfältig gesäuberten Untergrund (Beton nach DIN 1045) immer zuerst eine Haftbrücke (Zementschlämme) zur Verbesserung der Haftung aufgetragen werden. Kunstharzdispersionen oder Reaktionsharze erhöhen den Verbund ebenfalls.

Belagkonstruktion. Keramik- und Steinbeläge können verlegt werden

- auf erhärtetem Verbundestrich/Ausgleichschicht (DIN 18 560-3) in der Regel im Dünnbettverfahren nach DIN 18 157 oder im Dickbett,
- auf frisch eingebrachtem Mörtelbett im Dickbettverfahren nach DIN 18 352 (VOB) mit vorher darauf aufgebrachter Haftschlämme als Kontaktschicht. Bei bestimmten Keramik- und Steinbelägen kann diese Verlegeart Verfärbungen und Ausblühungen verursachen; sie ist daher nur für kleinere Belagflächen zu empfehlen.
- auf ausreichend ebener Rohbetondecke im Dünnbettverfahren nach DIN 18 157. Dies setzt jedoch einen Verlegeuntergrund voraus, der die erhöhten Ebenheitsanforderungen nach DIN 18 202, Tabelle 3, Zeile 3, erfüllt. Vgl. hierzu Tabelle **11**.2.

Schwindprozess. Mit dem Aufbringen von Keramik- und Steinbelägen ist jedoch Vorsicht geboten, so lange der Untergrund noch starke Formänderungen infolge Schwindens anzeigt (z. B. nicht abgeschlossener Schwindprozess einer noch jungen Stahlbetondecke oder eines frischen zementären Verbundestrichs). Da der „harte" Oberbelag den Verformungen des Untergrundes nicht folgt, kann es zu Schubspannungen kommen, die vom Verbund nicht mehr aufgenommen werden können. Es besteht dann die Gefahr von Ablösungen.

11

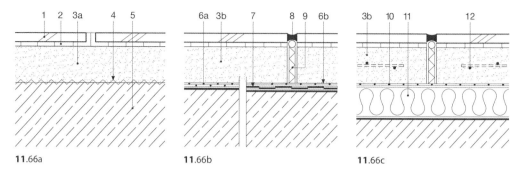

11.66a   **11.66b**   **11.66c**

11.66 Schematische Darstellung von Bodenbelagkonstruktionen mit Keramik- und Steinbelägen. Vgl. hierzu auch Bild
11.34.
a) Belag mit Verbund zum tragenden Untergrund (Verbundbelag). Die Anordnung von Bewegungsfugen (Feldbegrenzungsfugen) ist bei Verbundestrichen zu unterlassen.
b) Belag auf Estrich über Trennschicht oder Abdichtung mit Bewegungsfuge (Feldbegrenzungsfuge)
c) Belag auf Estrich über Dämmschicht mit Abdeckung und Bewegungsfuge (Feldbegrenzungsfuge)

1 Keramik- und Steinbeläge	6b	Trennschicht über Abdichtung (PE-Folie, einlagig)
2 Dünnbettkleber	7	Abdichtung gegen Feuchtigkeit nach DIN 18 195
3a Verbundestrich oder Mörteldickbett	8	elastoplastische Fugenmasse mit Vorfüllprofil
3b Lastverteilungsschicht (schwimmender	9	Bewegungsfuge (Feldbegrenzungsfuge)
Zementestrich)	10	Abdeckung (PE-Folie 0,1 mm, einlagig)
4 Haftbrücke	11	Dämmschicht
5 tragender Untergrund (Rohbetondecke)	12	Bewehrung nach Bedarf (Betonstahlmatte)
6a Trennschicht/Gleitschicht (PE-Folie, zweilagig)		

Aus diesem Grund sind entsprechende Wartezeiten einzuhalten, und zwar müssen Verlegeflächen aus Beton zum Zeitpunkt der Belagverlegung ein Mindestalter von 6 Monaten, zementgebundene Verbundestriche ein solches von 28
Tagen aufweisen. Die in den Tabellen **11**.33 und
12.9 angegebene Restfeuchte ist ebenfalls einzuhalten.

Falls diese in DIN 18 157 geforderten Mindestalter (Wartezeiten) nicht eingehalten werden können, bietet sich je nach zu erwartender Beanspruchung die Verlegung von Keramik- und
Steinbelägen auf elastischen Zwischenschichten
(kunststoffvergütete, besonders flexible Klebstoffe), auf sog. Entkopplungsmatten (Bild **11**.68)
oder als schwimmender Belag auf Trennschicht
nach DIN 18 560-3 an.

Bei im Verbund verlegten Belägen sind Gebäudetrennfugen an gleicher Stelle wie in der tragenden Konstruktion gemäß Abschn. 11.3.6.5 vorzusehen. Die Anordnung von Bewegungsfugen
(Feldbegrenzungsfugen) ist bei Verbundestrichen zu unterlassen; sie sind schädlich und stören den Verbund. Randfugen sind an den aufgehenden Bauteilen nur anzulegen, wenn diese
Teile nicht fest mit dem tragenden Untergrund
verbunden sind.

Festigkeitsklassen/Nenndicken von Verbundestrichen
sind Abschn. 11.3.6.4, Estrichkonstruktionen und Estrichherstellung, zu entnehmen. Weitere Einzelheiten s. AGI-
Arbeitsblatt A 70 [49].

2. Keramik- und Steinbeläge auf Trennschicht

Belagkonstruktionen auf Trennschicht (Bild
11.66b) werden vor allem aus bautechnischen
oder bauphysikalischen Gründen eingesetzt. Einzelheiten hierzu s. Abschn. 11.3.6.4.

Die Trennschicht hat die Aufgabe, die über ihr
liegende Konstruktion bei möglichst geringem
Gleitwiderstand sicher vom tragenden Untergrund zu trennen. Da durch das Einfügen der
Trennschicht kein Haftverbund mit diesem besteht, können sich Deckenauflage und Tragdecke
unabhängig voneinander bewegen.

Voraussetzung hierfür ist jedoch, dass ein ebener
Untergrund, eine darauf aufgebrachte zweilagige Trenn- und Gleitschicht sowie elastische
Randfugen zwischen der Bodenkonstruktion und
allen aufgehenden Bauteilen die freie Beweglichkeit ermöglichen. Je nach Estrichart, Größe des
Estrichfeldes und der Raumgeometrie sind Feldbegrenzungsfugen einzuplanen sowie Gebäudetrennfugen gemäß Abschn. 11.3.6.5 vorzusehen
und auszubilden.

11

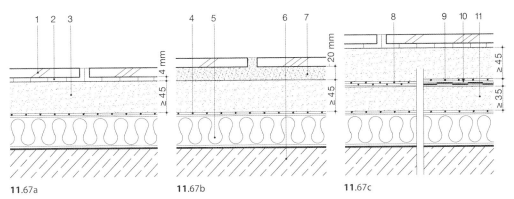

11.67 Schematische Darstellung von Bodenbelagkonstruktionen mit Keramik- und Steinbelägen auf Dämmschicht. Vgl. hierzu auch Bild **11**.56.
a) Belag im Dünnbett auf erhärtetem Zementestrich
b) Belag im Dickbett auf erhärtetem Zementestrich
c) Belag im Dünnbett auf erhärtetem Zementestrich über Trennschicht oder Abdichtung

1 Keramik- und Steinbeläge	6	tragender Untergrund (Rohbetondecke)
2 Dünnbettkleber	7	Verlegemörtel (Dickbett 15 bis 20 mm)
3 erhärteter Zementestrich (Lastverteilungsschicht mind. 45 mm)	8	Trennschicht (PE-Folie 0,1 mm, zweilagig)
4 Abdeckung (PE-Folie 0,1 mm, einlagig)	9	Trennschicht über Abdichtung (PE-Folie, einlagig)
5 Dämmschicht	10	Abdichtung gegen Feuchtigkeit nach DIN 18 195
	11	Schutzschicht (mind. ≥ 35 mm)

Belagkonstruktion. Keramik- und Steinbeläge können verlegt werden
- auf erhärtetem Estrich über Trennschicht (DIN 18 560-4) in der Regel im Dünnbettverfahren nach DIN 18 157 oder im Dickbett,
- auf frisch eingebrachtem Mörtelbett über Trennschicht im Dickbettverfahren nach DIN 18 352 (VOB).

Verlegen auf Estrich. Form- und Volumenänderungen ergeben sich bei der lose aufliegenden, dünnen zementären Estrichplatte (mind. 35 mm dick) vor allem durch Schwinden und Quellen sowie thermisch bedingte Einflüsse. Dabei kann sich die Estrichplatte in der Fläche verwölben oder an den Rändern aufschüsseln.

Um diese Formänderungen von zementärem Estrich auf Trennschicht auf eine unschädliche Größenordnung zu begrenzen, ist eine möglichst schwindarme Zusammensetzung des Estrichmörtels anzustreben. Einzelheiten hierzu s. Abschn. 11.3.6.2, Estricharten. Außerdem muss der Zementestrich auf Trennschicht zum Zeitpunkt der Belagverlegung ein Mindestalter von 28 Tagen nach DIN 18 157 sowie die in den Tabellen **11**.33 und **12**.9 angegebene maximale Restfeuchte aufweisen.

Falls diese geforderten Wartezeiten nicht eingehalten werden können, bietet sich je nach Beanspruchung die Verlegung eines Belages auf elastischen Zwischenschichten (besonders flexible Klebstoffe) oder auf sog. Entkopplungsmatten an (Bild **11**.68).

Verlegen auf Mörtelbett über Trennschicht. Derartige Konstruktionen sind besonders schadensanfällig. Aufgrund der starken Verformungstendenzen der frischen Mörtelschicht – die die Aufgabe einer Lastverteilungsschicht nach DIN 18 560 zu übernehmen hat – stellen sie ein nicht zu kontrollierendes **Risiko** dar. Bei bestimmten Stein- und Keramikbelägen kann diese Verlegeart nicht nur zu Rissbildungen sondern auch zu Verfärbungen und Ausblühungen führen. Vgl. hierzu auch Bild **11**.58c.

Festigkeitsklassen/Nenndicken von Estrichen auf Trennschicht sind Abschn. 11.3.6.4, Estrichkonstruktionen und Estrichherstellung, zu entnehmen.

3. Keramik- und Steinbeläge auf Dämmschicht

Schwimmende Belagkonstruktionen (Bild **11**.67) werden vor allem aus Gründen des Wärme- und Schallschutzes eingebaut. Der Gesamtaufbau dieser Fußbodenkonstruktion sowie Art, Anordnung und Dicke der einzelnen Schichten, insbesondere der Dämmung und Abdichtung sowie die Anordnung der Bewegungsfugen, sind in den Abschnitten 11.3.2 bis 11.3.6 im Einzelnen

11

erläutert, so dass sich eine nochmalige Wiederholung an dieser Stelle erübrigt.

Belagkonstruktion. Keramik- und Steinbeläge können verlegt werden

- auf erhärtetem Estrich über Dämmschicht (DIN 18560-2) in der Regel im Dünnbettverfahren nach DIN 18157 oder im Dickbett,
- auf frisch eingebrachtem Mörtelbett über Dämmschicht im Dickbettverfahren nach DIN 18352 (VOB).

Verlegen auf Estrich. Um konvexe Verwölbungen beim Schwindprozess des Verbundsystems Belag/Zementestrich weitgehend zu vermeiden, muss auch bei dieser schwimmenden Konstruktion eine möglichst schwindarme Lastverteilungsschicht hergestellt werden und diese beim Aufbringen des Belages ein Mindestalter von 28 Tagen aufweisen. Die zulässigen Feuchtegehalte (Belegreife) sind den Tabellen **11.**33 und **12.**9 zu entnehmen.

Falls diese geforderten Wartezeiten nicht eingehalten werden können, bietet sich je nach Beanspruchung die Verlegung eines Belages auf elastischen Zwischenschichten (besonders flexible Klebstoffe) oder auf sog. Entkopplungsmatten an.

Bei zementgebundenen Estrichen mit Keramik- und Steinbelägen kann eine Bewehrung aus Betonstahlmatten zweckmäßig sein, um dadurch bei eventuell auftretenden Rissen einen Höhenversatz der Risskanten zu begrenzen.

Verlegen auf Mörtelbett über Dämmschicht. Diese Verlegeart ergibt zwar eine relativ niedrige Konstruktionshöhe, ist jedoch ansonsten nicht unproblematisch (Gefahr von Aufwölbung, Rissebildung, Verfärbung an der Belagoberfläche) und sollte nur in Ausnahmefällen aufgebracht werden. Vgl. hierzu auch Bild **11.**58c.

Festigkeitsklassen/Nenndicken von Estrichen auf Dämmschichten sind Abschn. 11.3.6.4, Estrichkonstruktionen und Estrichherstellung, zu entnehmen.
Auf die vom Zentralverband des Deutschen Baugewerbes herausgebrachten Merkblätter [25], [30] wird besonders hingewiesen. Verlegung, Aufmaß und Abrechnung nach VOB Teil C, DIN 18332 – Naturwerksteinarbeiten, DIN 18333 – Betonwerksteinarbeiten sowie DIN 18352 – Fliesen- und Plattenarbeiten.

11.4.7.6 Verlegeverfahren bei keramischen Fliesen und Platten, Naturwerkstein und Betonwerkstein

Keramik- und Steinbeläge können im Dickbett- oder Dünnbettverfahren verlegt werden. In der Regel müssen die jeweiligen Verlegeuntergründe das vorgeschriebene Mindestalter, die notwendige Festigkeit und zulässigen Feuchtegehalte (Belegreife) aufweisen sowie je nach Estrichart entsprechende Bewegungsfugen eingeplant sein. Außerdem ist immer eine möglichst vollsatte Verlegung der Bodenbeläge anzustreben. Werden Keramik- und Steinbeläge in Räumen verlegt, die zum dauernden Aufenthalt von Menschen bestimmt sind, so muss im allgemeinen auch für ausreichenden Schall-, Wärme- und Feuchteschutz gesorgt sein.

1. Dickbettverfahren

Der konventionellen Verlegung im Dickbett wird der Vorzug gegeben, wenn die vorhandene Verlegefläche unregelmäßig und nicht ganz eben abgezogen ist oder ungleich dicke Platten verlegt werden sollen. Die Dickbettverlegung eignet sich auch zur Herstellung großflächiger, mechanisch hochbelastbarer Belagkonstruktionen im Rüttelverfahren (Industrieböden).

Dies setzt tragfähige Untergründe wie Beton (DIN 1045) oder erhärtete Zementestriche in Form von Verbundestrich oder schwimmendem Estrich (Lastverteilungsplatte) nach DIN 18560 voraus. Dagegen sind Trockenbaukonstruktionen – deren Verlegeflächen in der Regel gegen kurzzeitig einwirkende Feuchtebelastungen empfindlich sind – für eine Dickbettverlegung ungeeignet.

Um eine möglichst innige Verbindung zwischen Verlegefläche und Mörtelbett zu bekommen, ist zunächst eine Haftbrücke gemäß Abschn. 11.3.6.4 auf den sauberen und saugfähigen Untergrund aufzubringen. Darauf wird das 15 bis 20 mm dicke Mörtelbett aufgetragen, mit der Setzlatte leicht verdichtet und eben abgezogen (Mörtelgruppe II/III. Mischungsverhältnis Zement CEM I 32,5 (seither Z 35): Sand 0 bis 4 mm, in RTL 1:4 bis 1:5).

Um auch zwischen dem Belag und dem frisch aufgezogenen Mörtelbett einen möglichst guten Haftverbund zu erzielen, wird dieses – je nach Eignung des Steinbelages – mit einer dünnen Kontaktschicht (Zementmörtelschlämme) überstrichen, die Platten in die frische Schicht eingelegt, ausgerichtet und angeklopft.

Um Verfärbungen bei Naturwerksteinen zu vermeiden, sind Erkundigungen beim Steinlieferanten über die besonderen Eigenschaften des Steinmaterials einzuholen; auch die nachstehenden Angaben über Verfärbungen bei Naturwerksteinbelägen sind zu beachten.

Verfärbungen bei Naturwerksteinbelägen. Das Angebot der auf dem Markt befindlichen Natursteine ist sehr umfangreich und vielschichtig. Um eine fachgerechte Verlegung vornehmen zu können, sind Kenntnisse über deren Eigenschaften ebenso notwendig, wie die richtige Beurteilung und Vorbehandlung der verschiedenartigen Verlegeuntergründe sowie die Auswahl geeigneter Verlegemörtel und Fugendichtstoffe.

Verändert haben sich im Laufe der Zeit auch die Verlegetechniken. Während früher nur dickschichtige Natursteinplatten im Dickbett verlegt wurden, werden die mit modernen Schneid- und Gattertechniken hergestellten, wesentlich dünneren Natursteinfliesen, heute zunehmend im Dünnbett und auf Fußbodenheizung verlegt.

Zusammengefasst bedeutet dies, dass bei der Natursteinverlegung wesentlich komplexere Zusammenhänge berücksichtigt werden müssen als beim Verlegen anderer Belagarten.

- **Optische Beeinträchtigungen.** Zu den häufigsten Beanstandungen bei Naturwerksteinbelägen zählen Verfärbungen und Ausblühungen (Aussinterungen) an der Oberfläche und im Rand- bzw. Fugenbereich der Platten. Im Einzelnen unterscheidet man Verfärbungen durch
  - Gesteinsinhaltsstoffe in Form von organischen (pflanzlichen) und anorganischen Substanzen (Salze, Mineralien, Metalloxide),
  - Substanzen aus dem Verlegeuntergrund, Mörtelbett oder Klebstoff,
  - Einflüsse von oben (Schmutzpartikel, Tausalzeinwirkung, Pflegemaßnahmen),
  - Einwanderungen seitlich über die Fugen in die Plattenkanten (Randzonenverfärbungen durch Überschusswasser vom Fugenmörtel, Weichmacherwanderung aus elastoplastischem Fugendichtstoff, Reinigungswasser).
- **Verfärbungsmechanismen.** Der Transport von verfärbungsaktiven Substanzen erfolgt über das Wasser (Feuchtewanderung). Die Kapillarität (Porosität) und das Saugvermögen (Wasseraufnahmefähigkeit) gelten bei allen Gesteinen als Maß für die Verfärbungsneigung und als wesentliches Anzeichen dafür, in wie weit bei einem Gestein mit Verfärbungen zu rechnen ist. Dementsprechend ist zwischen verfärbungsempfindlichen Naturwerksteinen (z. B. Marmor, Solnhofener Platten) und relativ unempfindlichen Steinen (z. B. Granit, Porphyr, Alta-Quarzit) zu unterscheiden.

  Verfärbungen und Ausblühungen können zwar weitestgehend verhindert werden, ganz auszuschließen sind sie aufgrund der vielfältigen Beschaffenheit und Struktur der Natursteine jedoch nie.
- **Verlegung von Naturwerksteinplatten.** Großformatige, nicht kalibrierte Naturwerksteinplatten werden nach wie vor im klassischen Dickbettverfahren verlegt. Diese Verlegung im Zementmörtelbett birgt jedoch die Gefahr, dass überschüssiges, bei der Zementhydratation nicht kristallin gebundenes Anmachwasser in den Naturwerksteinbelag diffundiert. Dabei können, wie zuvor aufgezeigt, lösliche Substanzen aus dem Mörtelbett und aus dem Naturwerkstein, Verfärbungen und Ausblühungen hervorrufen. Aber auch bei der Dünnbettverlegung müssen Vorkehrungen getroffen werden, dass der Feuchtetransport durch den Naturstein verhindert wird. Und zwar im Wesentlichen durch:

- Notwendige Feuchteschutzmaßnahmen (Abdichtung, Dampfsperre) im Bereich des tragenden Untergrundes.
- Beachten der Belegreife (Restfeuchte) bei der Lastverteilungsschicht gemäß Tabelle **11**.33 sowie Tabelle **12**.9.
- Einsatz von Trasszement für Naturwerksteinverlegung, durch den sich die Verfärbungsneigung wesentlich vermindern, aber nicht ganz verhindern lässt.
- Verwenden von schnell erhärtendem Dünnbettmörtel aus kalkarmen Schnellzement als sichere Alternative, bei dem das Anmachwasser durch Hydratation nahezu vollständig gebunden wird.
- Beschichten der Plattenunterseite gegebenenfalls mit Dichtschlämme o. Ä., wodurch der Naturstein auf der Rückseite wasserundurchlässig wird, jedoch dampfdurchlässig bleibt.
- Verwendung weiß eingefärbter, schnell erhärtender und flexibel eingestellter Dünnbettmörtel nach DIN EN 12 004, für das Verlegen von weißen, hellen oder durchscheinenden Naturwerksteinen.
- Einsatz der Fließbettmörtel-Technologie beim Dünnbettverfahren, die eine weitgehend hohlraumfreie Belageinbettung ergibt.

Weitere Einzelheiten sind der Fachliteratur [25], [26], [40], [41] zu entnehmen.

2. Dünnbettverfahren

Beim Dünnbettverfahren nach DIN 18 157 werden gleichmäßig dicke, sog. kalibrierte Keramik- und Steinbeläge auf einen nahezu ebenen Verlegeuntergrund verlegt. Da ein Ausgleich von Unebenheiten bei diesem Verfahren kaum möglich ist, muss der Verlegeuntergrund in seiner Ebenflächigkeit der fertigen Nutzfläche weitgehend entsprechen. S. hierzu Tab. **11**.2, Ebenheitstoleranzen.

Bei unzureichender Ebenheit der Verlegeflächen muss diese gegebenenfalls durch vorheriges Aufbringen entsprechender Glätte- oder Ausgleichsschichten (Fließspachtel) hergestellt werden. Nach der Schichtdicke unterscheidet man

- Feinspachtelmassen bis 3 mm,
- Nivelliermassen ab 5 mm,
- Ausgleichsmassen bis 10 mm.

Der Dünnbettmörtel oder Klebstoff wird in gleichbleibender Schichtdicke – zwischen 2 und 5 mm je nach Fliesen- oder Plattenformat – mit einem Kammspachtel auf der Verlegefläche nach Angabe der Hersteller aufgebracht und die Belagplatten darin vollflächig eingebettet. Das Dünnbettverfahren ist sowohl auf Trockenbaukonstruktionen (z. B. Fertigteilestriche) als auch auf massiven Untergründen einsetzbar. Weitere Angaben hierzu s. Abschn. „Dünnbettmörtel und Klebstoffe".

11

Verlegeflächen aus Beton müssen beim Aufbringen des Belages ein Mindestalter von 6 Monaten aufweisen und Zementestriche mind. 28 Tage alt sein sowie die in den Tabellen **11**.33 und **12**.9 angegebene Restfeuchte aufweisen.

Falls diese geforderten Wartezeiten nicht eingehalten werden können, bietet sich je nach Beanspruchung die Verlegung eines Belages auf elastischen Zwischenschichten (besonders flexible Klebstoffe) oder auf sog. Entkopplungsmatten an.

Kritische Verlegeuntergründe

Dem Verformungsverfahren der durch innere Spannungen gekennzeichneten Verlegeuntergründe – meist verursacht durch unterschiedliche Schwind- und Quellneigungen, Ausdehnungskoeffizienten sowie Temperatureinflüsse – und den sich daraus für die Verlegung von Keramik- und Steinbelägen ergebenden Konsequenzen, ist große Beachtung zu schenken. Folgende Besonderheiten sind zu berücksichtigen:

- **Zementgebundene Estriche.** Einzelheiten über das Verformungsverhalten von Zementestrichen im Verbund, auf Trennschicht oder auf Dämmschicht sind den Abschnitten 11.3.6.4 und 11.3.6.5, Estrichkonstruktionen und Estrichherstellung, zu entnehmen. Es wird insbesondere auf den Abschnitt „Zementestrich auf Dämmschicht" verwiesen, in dem die zu erwartenden Probleme bei zu frühzeitiger Belagverlegung auf noch jungem Estrich angesprochen werden. Das ZDB-Merkblatt des Fliesengewerbes „Keramische Fliesen und Platten, Naturwerkstein und Betonwerkstein auf zementgebundenen Fußbodenkonstruktionen mit Dämmschichten" [43] ist in diesem Zusammenhang zu beachten.

- **Calciumsulfatgebundene Estriche.** Zu unterscheiden ist zwischen dem konventionellen Anhydritestrich (Bindemittel nach DIN EN 13454 „Calciumsulfat-Binder) und dem vermehrt eingebauten Calciumsulfat-Fließestrich. Einzelheiten hierzu sind dem Abschn. 11.3.6, Estricharten und Estrichkonstruktionen, zu entnehmen. Den aktuellen Stand der Technik beschreibt das ZDB-Merkblatt des Fliesengewerbes „Keramische Fliesen und Platten, Naturwerkstein und Betonwerkstein auf calciumsulfatgebundenen Estrichen" [50]. Die Verlegung von Keramik- und Steinbelägen auf calciumsulfatgebundenen Estrichen erfolgt in der Regel im Dünnbettverfahren nach DIN 18 157. Eine Verlegung im Mittel- oder Dickbett ist aufgrund der – wenn auch nur kurzzeitigen – Feuchtigkeitsbelastung nicht üblich und nur in Verbindung mit einer Reaktionsharz-Grundierung zu empfehlen, die mit Quarzsand abzustreuen ist. Zur Vorbereitung der Verlegearbeiten muss die Oberfläche von Calciumsulfat-Estrichen mit einer Schleifmaschine angeschliffen und mit einem Industriestaubsauger abgesaugt werden, falls nicht verbindliche, anderslautende Herstellervorschriften vorliegen. Die Oberfläche ist anschließend mit einer geeigneten und auf den Dünnbettmörtel abgestimmten Grundierung zu versehen, sofern von Seiten des Dünnbettmörtelherstellers keine anders lautende Angaben gemacht werden. Daneben gibt es jedoch auch Systeme, die ohne Grundierung eingesetzt werden können.

- **Bitumengebundene Estriche.** Einzelheiten über Gussasphaltestriche sind dem Abschn. 11.3.6, Estricharten und Estrichkonstruktionen, zu entnehmen. Wegen ihres thermoplastischen Verhaltens werden sie nicht wie Mörtelestriche in Festigkeitsklassen sondern in Härteklassen unterteilt.
Besonders zu beachten sind mögliche Längenänderungen des Gussasphaltestriches, aufgrund seines hohen Ausdehnungskoeffizienten. Dieser gibt an, um wieviel sich ein Baustoff bei einer bestimmten Temperaturdifferenz ausdehnt oder zusammenzieht. Dieser Wert beträgt für Gussasphaltestrich 0,035 mm/mK, für Keramikbeläge etwa 0,006 mm/mK. Aus dieser Differenz der Längenänderung ergeben sich Spannungen innerhalb des Verlegemörtels, die von diesem aufgefangen werden müssen.
Vorsicht ist vor allem geboten, wenn die Bodenkonstruktion bei großen Glasflächen – mit direkter Sonneneinstrahlung – hohen Temperaturen ausgesetzt ist. Damit die sich daraus ergebenden Bewegungen des Gussasphaltestriches nicht zu Rissen im Fugenbereich oder Ablösungen der Platten führen, sind diese bei thermischer Beanspruchung mit besonders flexiblen, kunststoffvergüteten Dünnbett-Fliesenklebern zu verlegen.

- **Holzwerkstoffplatten.** Fertigteilestriche aus Holzwerkstoffplatten sind in Abschn. 11.3.7.6 näher erläutert. Als lastverteilende Schicht bieten sich kunstharzgebundene Spanplatten oder mineralisch gebundene Spanplatten an (nicht zu verwechseln mit den rein mineralischen Zementwerkstoffplatten, wie sie in Abschn. 11.3.7.8 aufgezeigt sind).
Die Verwendung von Holzspanplatten als Verlegeuntergrund für Keramik- und Steinbeläge ist nicht unproblematisch und immer mit einem **Risiko**[1] verbunden. Bereits geringe Schwankungen der jeweiligen relativen Raumluftfeuchte führen zu erheblichen Formänderungen des Plattenmaterials. Außerdem unterscheidet sich das Bewegungsverhalten von Spanplatten bei Feuchteeinwirkung wesentlich von dem eines Hartbelages. Während sich die Spanplatte bei Feuchtezunahme ausdehnt bzw. bei Feuchteabnahme schwindet, verändern sich Keramik- und Steinbeläge dadurch nur unwesentlich. Des Weiteren kommt es bei einseitig einwirkender Feuchte zu einer konvexen Verwölbung des Verlegeuntergrundes und in der Regel zu Rissen im Belag, insbesondere im Bereich der Spanplattenstöße.
Das Verlegen von Keramik- und Steinbelägen auf Fertigteilestrichen aus Holzwerkstoffplatten mit Mörtel oder Klebstoffen ist daher nicht zu empfehlen und entspricht nicht den allgemein anerkannten Regeln der Technik.
Falls dennoch das Aufbringen von Hartbelägen auf Holzwerkstoffen – beispielsweise im Bereich der Alt-

---

[1] Das ZDB-Merkblatt „Hinweise für das Ansetzen und Verlegen von keramischen Fliesen und Platten auf Holzspanplatten" wurde zwischenzeitlich zurückgezogen. Auch bei sorgfältiger Beachtung aller Vorgaben dieses Merkblattes waren Schäden an der Konstruktion nicht auszuschließen (Fachverband des Deutschen Fliesengewerbes).

bausanierung – erforderlich wird, bietet sich ihre Verlegung im Dünnbett auf sog. Entkopplungsmatten an, die gleichzeitig auch als Abdichtung gegen raumseitig einwirkende Feuchte dienen.

Entkopplungsmatten oder elastischer Belagverbund

Belagkonstruktionen mit starrem Verbund zum Verlegeuntergrund sind von Vorteil, wenn mit dem Einwirken hoher mechanischer Belastungen (z. B. Punktlasten) gerechnet werden muss. Diese kraftschlüssige Verbindung setzt jedoch voraus, dass der Untergrund keinen starken Formänderungen infolge Schwindens o. Ä. mehr ausgesetzt ist.

Diese Voraussetzung ist bei instabilen, sich im Laufe der Zeit noch verändernden, kritischen Untergründen – wie beispielsweise noch jungen Estrichen und Betonkonstruktionen, Mischuntergründen, Holzdielen- und Holzspanplattenböden – nicht gegeben, so dass eine starre Verlegung von Keramik- und Steinbelägen auf derartigen Untergründen schadenanfällig und immer mit einem Risiko verbunden ist.

Hinzu kommen immer kürzere Bauabwicklungszeiten und damit zunehmender Termindruck, so dass die in den Normen und Merkblättern geforderten Wartezeiten – beispielsweise 6 Monate bei Beton, 28 Tage bei Zementestrichen sowie das Einhalten der Belegreife (Restfeuchte) bei Mörtelestrichen – bis zum Aufbringen eines Belages häufig gar nicht mehr eingehalten werden können.

Als Verlegehilfen bei kritischen Untergründen bieten sich zum einen sog. Entkopplungssysteme, zum anderen der elastisch ausgebildete Belagverbund an. In diesem Zusammenhang wird auch auf Abschn. 11.3.6.2, Schnellestriche, verwiesen.

- **Entkopplungssystem.** Das Prinzip der Entkopplung beruht auf der Trennung von Belag und Untergrund. Durch den Einbau einer Entkopplungsmatte werden Spannungen zwischen Verlegeuntergrund und Hartbelag – die aus unterschiedlichen Formänderungen resultieren und meist in Form von Scherkräften auftreten – abgebaut und neutralisiert. Ebenso werden Spannungsrisse aus dem tragenden Untergrund überbrückt und nicht in den Belag übertragen.

Bild 11.68 zeigt den Einbau einer druckstabilen Entkopplungsmatte aus Polyethylen mit quadratischen, schwalbenschwanzförmig hinterschnittenen Vertiefungen, auf die rückseitig ein Trägervlies aufkaschiert ist

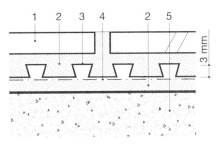

11.68 Schematische Darstellung einer Entkopplungsmatte auf kritischem Verlegeuntergrund mit Fliesen in Dünnbettverlegung [87]

1 Keramik- oder Steinbelag
2 Fliesenkleber (hydraulisch erhärtender Dünnbettmörtel nach DIN 18 156; zukünftig DIN EN 12 004)
3 druckstabile Entkopplungsmatte mit schwalbenschwanzförmig ausgebildeten Vertiefungen (Verlegematte zum Abdichten, Tragen, Entkoppeln, Schützen und Sanieren)
4 Vliesgewebe, rückseitig auf die Entkopplungsmatte aufkaschiert
5 kritischer Verlegeuntergrund (z. B. noch junger Zementestrich)

(Gesamtdicke 3 mm). Diese Matte dient in Verbindung mit Keramik- und Steinbelägen nicht nur als Entkopplungsschicht sondern auch als Abdichtung gegen nichtdrückendes Wasser und Dampfdruckausgleichsschicht bei unterseitiger Feuchtigkeit.

Sobald der Estrich begehbar ist, kann die Matte – ohne Einhaltung der sonst üblichen Wartezeiten – vollflächig in einen darauf aufgebrachten Fliesenkleber eingebettet und damit verklebt werden. Unmittelbar daran anschließend werden die Fliesen und Platten im Dünnbettverfahren verlegt, wobei sich der Fliesenkleber in den schwalbenschwanzförmigen Vertiefungen verkrallt.

Bauwerksfugen (Gebäudetrennfugen) sind an gleicher Stelle und in gleicher Breite zu übernehmen und die Belagkanten durch spezielle Metallprofile zu schützen (Bild **11.**43 und **11.**44). Bei Großflächen ist der Belag über die Matte entsprechend den geltenden Regelwerken mit Bewegungsfugen (Feldbegrenzungsfugen) zu unterteilen; ihre Anordnung richtet sich nach dem jeweiligen Fugenraster des Belages.

- **Elastisch ausgebildeter Belagverbund.** Als weitere Verlegehilfe bei kritischen Untergründen bietet sich ein sog. elastischer Belagverbund an. Statt des sonst üblichen, starren Mörtels zwischen Belag und Untergrund wird hierbei eine – auch nach dem Einbau noch elastisch bleibende – Kleberschicht aufgebracht.

Es eignen sich durch Kunststoffzusätze elastifizierte, hydraulische Dünnbettmörtel oder Reaktionsharz-Klebstoffe nach DIN EN 12 004, die bei entsprechender Elastizität und Dicke der Zwischenschicht (etwa 4 mm) Formänderungen weitgehend spannungsfrei aufnehmen. Sie sind jedoch bei mechanisch hoch belasteten Belägen (Industrieböden) und sehr kritischen Verlegeuntergründen nur bedingt zu empfehlen. S. hierzu auch nachstehenden Abschn. „Dünnbettmörtel und Klebstoffe".

Dünnbettmörtel und Klebstoffe

Die Wahl des richtigen Mörtels oder Klebstoffes ist abhängig von der Art des Verlegeuntergrundes, der Art der Verlegeware, vom Einsatzzweck und der zu erwartenden Beanspruchung.

Normen. In der DIN EN 12 004 sind die Eigenschaften der Stoffe, in DIN 18 157-1 bis 3 die Ausführungen von Bekleidungen im Dünnbettverfahren näher beschrieben.

DIN EN 12 004 beschreibt die wesentlichen Produkteigenschaften (Mindestwerte) von Mörteln und Klebstoffen, ihre Bezeichnungen, Kennwerte und Klassifizierung. Sie ersetzt die DIN 18 156 in ihren Teilen 1 bis 4.

Diese Norm gilt somit für alle Mörtel und Klebstoffe, die für die Verarbeitung keramischer Fliesen und Platten im Dünnbettverfahren an Boden und Wand sowie im Innen- und Außenbereich bestimmt sind. Die darin beschriebenen Stoffe können auch für andere Materialarten – wie beispielsweise Natur- und Betonwerksteine – verwendet werden, wenn sie keine negativen Wirkungen auf diese haben.

Ergänzt wird die DIN EN 12 004 durch zahlreiche weitere Normen (Prüfnormen), wie sie in Abschn. 11.5 im Einzelnen angeführt sind.

Mörtel und Klebstoffe. Die meisten Eigenschaften der Mörtel und Klebstoffe werden von der Art des jeweiligen Bindemittels bestimmt. DIN EN 12 004 unterscheidet:

- **Zementhaltige Mörtel (Typ C).** Gemische aus hydraulisch abbindenden Bindemitteln, mineralischen Zuschlägen und organischen Additiven (Kunststoffzusätze).
  - Zementäre Dünnbettmörtel erhärten mit Wasser in einer chemischen Reaktion (auch unter Luftabschluss). Die Trockengemische werden unmittelbar vor dem Verarbeiten mit Wasser angemacht. Sie entwickeln relativ hohe Endfestigkeiten und eignen sich daher für starre Verbindungen auf verformungsarmen, mineralischen Verlegeuntergründen wie Beton, Zementestriche usw. Außerdem sind sie wasserfest und frostbeständig, so dass sie in Nassbereichen und auch im Außenbereich eingesetzt werden können.
  - Elastifizierte Dünnbettmörtel enthalten als Bindemittel Zement und Kunstharzdispersionen. Der Zement erhärtet durch Hydratation, die Kunstharzpartikel durch Trocknung. Je mehr Kunststoffteile der Mörtel enthält, desto verformbarer (flexibler) bleibt die ausgehärtete Mörtelschicht. Vgl. hierzu auch Abschn. „Entkopplungsmatten oder elastischer Belagverbund".

Der Kunststoffanteil verbessert außerdem die Haftfestigkeit (Adhäsion), so dass damit auch Feinsteinzeugfliesen ausreichend sicher verlegt werden können.

- **Dispersionsklebstoffe (Typ D).** Gebrauchsfertiges Gemisch aus organischen Bindemitteln in Form wässriger Polymerdispersionen, organischen Zusätzen und mineralischen Füllstoffen.
  - In Dispersionsklebstoffen sind Kunstharzpartikel sehr fein verteilt, aber nicht gelöst. Sie erhärten durch Trocknung, so dass entweder der Verlegeuntergrund (Regelfall) oder ein saugender Scherbe (bei Steingutfliesen) das verdunstende Wasser aufnehmen muss. Erst wenn alle Feuchtigkeit dem Klebstoff entzogen ist, liegt eine erhärtete Kleberschicht (flexibler Klebefilm) vor. Dispersionsklebstoffe werden vor allem für Wandbekleidungen und weniger für Bodenbeläge verwendet.
  - Moderne Dispersionsklebstoffe zeichnen sich durch sehr unterschiedliche Formulierungsmöglichkeiten (Qualitäten) aus. Die Kleberschichten sind in der Regel nur beschränkt wasserfest und nicht frostbeständig, so dass sie für wasserbelastete Flächen und Außenanwendungen nicht geeignet sind.
    Andererseits gibt es jedoch auch Produkte, die in häuslichen Duschen und sogar im gewerblichen Bereich eingesetzt werden können. In jedem Fall dürfen Dispersionsklebstoffe in Feuchträumen nur verarbeitet werden, wenn dies vom Hersteller ausdrücklich angegeben ist.

- **Reaktionsharzklebstoffe (Typ R).** Gemisch aus synthetischen Harzen, mineralischen Füllstoffen und organischen Zusätzen, bei dem die Aushärtung durch eine chemische Reaktion erfolgt. Sie sind sowohl einkomponentig als auch mehrkomponentig (Bindemittel und Härter) erhältlich.

Die Eigenschaften von Reaktionsharzklebstoffen können durch die Auswahl entsprechender Bindemittel angepasst werden. So sind Reaktionsharzkleber auf der Basis von

- **Epoxidharzen** frostbeständig und wasserfest sowie mechanisch und chemisch hochbeständig (geeignet für säurefeste Verklebung und Verfugung), aber auch relativ teuer und nur für starre Untergründe geeignet. Vollflächig aufgetragene Epoxidharzklebstoffe sind nicht nur wasserdicht sondern auch wasserdampfundurchlässig (Vorsicht – Dampfsperre!). Mit Klebern auf der Basis von
- **Polyurethanharzen** wird eine größere Flexibilität gegenüber den starren Epoxidharzen erreicht, so dass diese auch auf stärker verformenden Verlegeuntergründen aufgebracht werden können. Beide Kleberarten sind wesentlich teurer als die vorgenannten Mörtel und Klebstoffe.

Klassifizierung. DIN EN 12 004 verlangt eine Klassifizierung der Mörtel und Klebstoffe, so dass die Produkteigenschaften auf der Packung (Gebinde) erkennbar sind. Es wird grundsätzlich unterschieden zwischen verbindlichen Kennwerten – die Mindestanforderungen vorgeben – und wählbaren Kennwerten, die erhöhte Anforderungen festlegen. Letztere differenzieren sich noch in zusätzliche und besondere Kennwerte. Weitere Einzelheiten sind den vorgenannten Normen zu entnehmen.

Verlegeverfahren. Für das Aufbringen der Mörtel und Klebstoffe eignen sich unterschiedliche Verlegemethoden.

- Beim so genannten Floating-Verfahren wird der Klebstoff mit einer Kammspachtel nur in einseitigem Auftrag auf die Verlegefläche aufgezogen. Diese Verlegeart ist relativ kostengünstig und für normal geforderte Bodenbeläge ausreichend.
- Beim so genannten Buttering-Floating-Verfahren wird der Klebstoff sowohl auf den Untergrund als auch auf die Plattenrückseite aufgebracht (kombiniertes Verfahren), um vor allem bei großformatigen Fliesen und Platten eine möglichst vollflächige Einbettung zu erzielen. Diese Verlegemethode ist allerdings zeitaufwändig und damit teuer.
- Wesentlich rationeller und wirtschaftlicher lassen sich Keramik- und Steinbeläge mit neu entwickelten Fließbettmörteln verlegen. Diese werden in gießfähiger Konsistenz nur auf den Untergrund aufgebracht und damit eine weitgehend hohlraumfreie Verlegung erzielt.

Verfugung

Austrocknungszeiten. Nach dem Verlegen müssen die Keramik- und Steinbeläge noch eine gewisse Zeit mit offenen Fugen austrocknen, damit möglichst viel Mörtelfeuchtigkeit über das Fugennetz entweichen kann. Eine längere Austrocknungszeit ist vor allem bei der Dickbettverlegung – insbesondere bei verfärbungsgefährdeten Naturwerksteinbelägen – zwingend notwendig. Je nach Temperatur und relativer Luftfeuchte vor Ort, kann diese zwischen 7 und 14 Tagen oder darüber liegen. Bei Verlegung der Beläge in Dünnbettmörtel können die Verfugungsarbeiten in der Regel bereits nach 1 bis 3 Tagen ausgeführt werden.

Fugenbreite. Die Fugenbreite variiert bei Keramik- und Steinbelägen je nach Art und Format der Platten, Oberflächenrauhigkeit und Art der Verfugung in der Regel zwischen 2 und 10 mm. Die übliche Fugenbreite im Innenbereich beträgt 2 bis 3 mm. Mit zunehmender Plattengröße steigen die zulässigen Toleranzen der Werkstücke,

so dass bei größeren Kantenlängen die Fugenbreite 5 bis 10 mm betragen. Weitere Angaben sind VOB DIN 18332 – Naturwerksteinarbeiten, DIN 18333 – Betonwerksteinarbeiten sowie DIN 18352 – Fliesen- und Plattenarbeiten zu entnehmen.

Flächenverfugung. Je nach Plattenart, Fugenbreite und der zu erwartenden Beanspruchung bieten sich im Wesentlichen zwei Stoffgruppen als Verfugungsmaterial an:

- Hydraulisch erhärtende, zementäre Fugenmörtel (Mischung vor Ort Zement: Sand in RTL 1:2 bis 1:3), mit oder ohne Kunststoffmodifizierung, meist in Form von Fertigfugenmörteln.
- Reaktionsharz-Fugenmörtel, vorwiegend auf der Basis von Epoxidharzen, beständig gegen Chemikalien, mit sehr guter Flankenhaftung und weitgehend flüssigkeitsdichtem Fugenverschluss.

Verarbeitungsverfahren. Bei schmalen Fugen und bei Belägen mit dichter Oberfläche wird der Fugenmörtel – im sog. Schlämmverfahren – in plastischer Konsistenz mit einer Hartgummispachtel in die Fugen eingezogen. Bei Belägen mit rauen bzw. unglasierten Oberflächen und breiten Fugen werden die Fugenmassen mit einem Fugeneisen oder durch Ausspritzen (Spritzverfahren) verfugt.

Erst danach dürfen bei Keramik- und Steinbelägen die überstehenden Estrich-Randstreifen abgeschnitten werden.

Fugendichtstoffe. Feldbegrenzungs- und Anschlussfugen sowie die üblicherweise 5 mm breite Randfuge zwischen Bodenbelag und Sockelfliese sind – wie in Abschn. 11.3.6.5, Anordnung und Ausbildung von Fugen, näher beschrieben – mit elastoplastischen Fugendichtstoffen zu schließen. Einzelheiten hierzu sind dem IVD-Merkblatt „Abdichtung von Bodenfugen mit elastischen Dichtstoffen" [51] zu entnehmen.

Die anschließende Reinigung des Keramik- oder Steinbelages erfolgt mit Wasser. Ein unter Umständen dann noch vorhandener Zementschleier ist mit einem Spezialreinigungsmittel oder einer verdünnten Essigsäure vorsichtig zu entfernen.

11

11.4.8 Bodenbeläge aus Holz und Holz-werkstoffen: Holzfußbodenbeläge

Allgemeines

Holzfußböden haben sich über Jahrhunderte be-währt und sind nach wie vor geschätzt. Die weit-gehende Ablösung der Holzbalkendecke durch die Betondecke sowie immer rationellere Ver-arbeitungs- und Verlegemethoden führten zu erheblichen Wandlungen auf dem Gebiet des Holzfußbodenbaues. Die Entwicklung des Holzfußbodens zu einem modernen Ausbauele-ment ermöglichten vor allem neue holztechnolo-gische Erkenntnisse, industrielle Fertigungsme-thoden, verbesserte Klebstoffe und Versiege-lungsmittel, das Aufkommen neuartiger Trocken-unterbodenkonstruktionen sowie der Einsatz exotischer Hölzer aufgrund ihrer hohen Abrieb-festigkeit und farbigen Schönheit. In Anbetracht der fortschreitenden Zerstörung tropischer Re-genwälder ist beim letztgenannten Aspekt sicher-lich ein Umdenken vonnöten und der Einsatz die-ser Materialien als Bodenbelag nur bei Hölzern aus nachhaltiger Forstproduktion vertretbar. We-sentliche Eigenschaften des Holzfußbodens las-sen sich aus dem Basismaterial Holz ableiten:

Als Vorteile sind zu nennen:
- geringe Wärmeableitung (fußwarmer Belag),
- günstige Trittschallverbesserungswerte (abhängig von der gesamten Unterbodenkonstruktion),
- günstige Trittelastizität bei fachgerechter Verlegung (kein vorzeitiges Ermüden der Fußmuskulatur),
- geringe elektrische Leitfähigkeit (Isolationswirkung) ohne elektrostatische Aufladeerscheinungen,
- relativ hohe Abriebfestigkeit (abhängig von der Holz-härte und Qualität der Versiegelung),
- umweltfreundliche Verarbeitung durch lösungsmittel- und formaldehydfreie Produkte (Dispersionsklebstoffe, Wasserlacke),
- eine Vielfalt von Holzarten, Farbtönungen, Verlege-mustern (interessantes Gestaltungselement).

Nachteile können sich unter Umständen ergeben
- aus dem Schwinden und Quellen des Holzes (hygro-skopisches Verhalten),
- durch unsachgemäße Verlegung (z. B. ungenügender Schutz vor Feuchtigkeitseinwirkung),
- bei zu schwerer, stoßartig oder punktförmig auftreten-der Lasteinwirkung,
- bei zu intensiver mechanischer Beanspruchung (Ab-schliff und Nachversiegelung bei „Laufstraßen"),
- durch überzogene Forderungen an den Oberflächen-glanz des Versiegelungsfilmes („Speckschicht").

Einteilung und Benennung: Überblick[1]
Dielen-Holzfußboden
Parkett-Holzfußboden
Stabparkett (22 mm)
- Parkettstäbe (DIN EN 13 226))
- Parkettriemen (DIN EN 13 226)
Massivparkett (10 mm)
Mosaikparkett
- Mosaikparkett-Lamellen
- Hochkant-Lamellen (nicht genormt)
Fertigparkett
- Fertigparkett-Elemente
Pflaster-Holzfußboden
- Holzpflaster (DIN 68702, auch für gewerbliche Räume)

11.4.8.1 Dielen-Holzfußboden

Holzfußböden aus Holzdielen werden wieder vermehrt gefordert und eingebaut (Dachge-schossausbau, Altbaurenovierung usw.). Ver-wendet werden vor allem Bretter aus Fichte, Tan-ne, Lärche, Kiefer und Douglasie, aber auch ame-rikanische Red Pine, Pitch Pine und Oregon Pine sind gefragt. Besonders geeignet sind Bretter mit aufrechtstehenden Jahresringen (größere Festig-keit, gutes Stehvermögen). Seitenbretter sollten wegen der geringeren Splittergefahr mit der Kernseite nach unten – d. h. mit der linken Seite nach oben – verlegt werden. Außerdem ist schmaleren Dielen der Vorzug zu geben, denn je breiter die Hobeldielen sind, desto größer ist die Gefahr des Verziehens beim Trocknen im einge-bauten Zustand. Die nicht selten zimmerlangen Hobeldielen sind gemäß DIN 4072 passgenau gehobelt und mit Nut und Feder versehen (ge-spundete Bretter). Bild **11.69**. Sie können auf Massivdecken und Holzbalkendecken verlegt werden. Zum Zeitpunkt des Einbaues müssen sie einen Feuchtegehalt von 12 ± 2 %, bezogen auf die Darrmasse, aufweisen. Die seit einiger Zeit vom Handel angebotenen, überbreiten sog. Landhausdielen sind von ihrem mehrschichtigen Aufbau her den Fertigparkettelementen zuzu-ordnen, und wie in Abschn. 11.4.8.2 näher be-schrieben, dementsprechend zu verlegen.

Hobeldielen über Massivdecken sind immer auf einer Un-terkonstruktion aus Lagerhölzern aufzubringen, die in ei-nem Achsabstand von etwa 60 bis 80 cm parallel zueinan-der und waagerecht ausgerichtet liegen. Der Achsabstand der Lagerhölzer hängt im Wesentlichen von der Dielen-dicke, der zu erwartenden Belastung und der zulässigen Durchbiegung ab. Wie in Abschn.11.3.7.2 im Einzelnen dargestellt, müssen zur Sicherung des Feuchteschutzes ge-

---

[1] Der aktuelle Stand der Normung ist Abschn. 11.5 zu ent-nehmen.

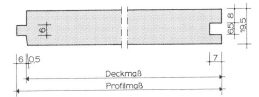

11.69 Hobeldiele mit Nut und angehobelter Feder (ge-
spundetes Brett) nach DIN 4072
Deckmaß ist die Breite des Brettes ohne Feder.
Profilmaß ist die Breite des Brettes einschließlich
der Feder.

mäß DIN 18195 zuvor 0,2 mm dicke PE-Folien vollflächig
ausgelegt und die Lagerhölzer zur Verbesserung des Trittschallschutzes auf Mineralfaserdämmstreifen aufgebracht
werden (Bild **11.**52a). Das vorherige Einbringen eines
schwimmenden Estrichs entfällt. Das Kleben der Hobeldielen direkt auf den tragenden Untergrund ist nicht möglich.
Hobeldielen auf Holzbalkendecken. Bei Holzbalkendecken ist darauf zu achten, dass die heute üblicherweise
verdeckt ausgeführte Nagelung auf keinen Fall durch die
unter den Lagerhölzern angeordneten Dämmstreifen hindurchgeht (Schallbrücken!). Bild **11.**52b. Zwischen Dielen-
belag und Wand oder anderen feststehenden Bauteilen ist
ein genügend großer Abstand von etwa 15 mm vorzusehen. Zur Abdeckung dieser Randfuge werden meist Holzsockelleisten verwendet. Oberflächenbehandlung von
Holzfußböden s. Abschn. 11.4.8.4. Weitere Angaben sind
der Fachliteratur [52] zu entnehmen.
Regelabmessungen – Hobeldielen (gespundete Bretter
nach DIN 4072): Brettbreiten (Profilmaß) 95 – 115 – 135 –
155 – 175 mm. Brettdicken 15,5 – 19,5 – 25,5 – 35,5 mm.
Brettlängen von 1500 bis 6000 mm. Die Qualitätskriterien
sind nach DIN 68365, Schnittholz für Zimmerarbeiten und
DIN EN 942 Holz in Tischlerarbeiten, allgemeine Anforderungen, festgelegt. Aufmaß und Abrechnung erfolgt nach VOB
Teil C, DIN 18334, Zimmer- und Holzbauarbeiten.

11.4.8.2 Parkett-Holzfußboden

Allgemeines

Die gebräuchlichsten Parkettarten – Stabparkett,
Mosaikparkett, Hochkantlamellenparkett, Fertigparkett – können auf jedem festen, trockenen
und ebenen Untergrund verlegt werden. Zu beachten sind dabei die entsprechenden Ebenheitstoleranzen (Tab. **11.**2), der notwendige
Feuchtigkeitsschutz von Fußbodenkonstruktio-

nen (Abschn. 11.3.2) sowie die in Abschn. 11.3.3
und Abschn. 11.3.4 erläuterten schall- und wärmetechnischen Anforderungen. Der zulässige
Feuchtegehalt (Belegreife) von Estrichen ist Tab.
11.33 sowie Tab. **12.**9 zu entnehmen. Die Verlegetechniken bei Parketthölzern – untereinander
und auf dem tragenden Untergrund – sind unterschiedlich und richten sich nach der Parkettart
und den jeweiligen baulichen Gegebenheiten. In
jedem Fall sind zwischen Parkett und allen angrenzenden oder die Bodenkonstruktion durchdringenden Bauteilen ausreichend breite Randfugen (üblicherweise 10 bis 15 mm) vorzusehen.
Holzsockelleisten, die diese Fugen abdecken,
werden an den Ecken auf Gehrung gestoßen und
mit Stahlstiften oder ggf. sichtbaren Schrauben
an der Wand befestigt. Weitere Einzelheiten sind
der Fachliteratur [53] zu entnehmen.

Stabparkett (22 mm)

Parkettstäbe (DIN EN 13226) sind ringsum genutete Parketthölzer, die beim Verlegen mit Hirn-
holzfedern (Querholzfedern) verbunden werden
(Bild **11.**70a).

Parkettriemen (DIN EN 13226) sind Parketthölzer, die an einer Kantenfläche (Längskante und
Hirnholzkante) eine angehobelte Feder und an
der anderen eine Nut haben. Beide Hirnholz-
kantenflächen können auch genutet sein (Bild
11.70b).

Parkettstäbe und Parkettriemen – in der Regel aus
Eiche, Esche, Buche (gedämpft/ungedämpft) sowie überseeischen Holzarten hergestellt – müssen
an der begehbaren Oberseite rissfrei, die Kanten
absolut parallel, rechtwinkelig und scharfkantig
bearbeitet sein. Der Feuchtegehalt der fertigen
Parkettstäbe hat zum Zeitpunkt der Lieferung 9 ±
2 %, bezogen auf die Darrmasse, zu betragen.
Nach DIN 280 unterscheidet man drei Sortierun-
gen (nicht zu verwechseln mit Güteklassen!) entsprechend den unterschiedlichen Wuchseigen-
schaften, Farben und Strukturen des natürlichen
Rohstoffes Holz: Natur – Gestreift – Rustikal.

Stabparkett wird in der Regel vollflächig verklebt (z. B. auf
Estrich, Fertigteilestrich), bei entsprechenden Untergrün-

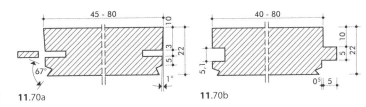

11.70
Stabparkett (22 mm)
a) Parkettstab nach DIN 280-1
b) Parkettriemen nach DIN 280-1

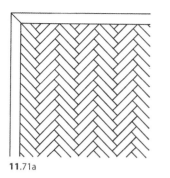

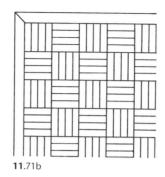

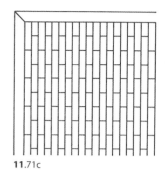

11.71a　　　　　　　　　　　**11.71b**　　　　　　　　　　　**11.**71c

11.71 Verlegemuster von Stabparkettböden
　　　　a) Fischgrätmuster
　　　　b) Würfelmuster
　　　　c) Schiffsbodenmuster

11

den (Blindböden) aber auch verdeckt genagelt. Bei der Verklebung ist darauf zu achten, dass der einzelne Parkettstab in den Kleber satt eingeschoben wird. Verwendet werden hartplastische Parkettklebstoffe (schubfeste Verklebung), da dem Holz immer eine gewisse Bewegungsfreiheit (Schwinden und Quellen) eingeräumt werden muss. Die Wahl des Klebstoffes ist abhängig von dem vorhandenen Unterboden und dessen Zustand, der zu verlegenden Parkettart und gewünschten Holzart. Für das Kleben von Parkett auf beheizten Fußbodenkonstruktionen sind nur dauertemperaturbeständige Kleber einzusetzen. Nach dem Abbinden des Klebstoffes wird der Holzfußboden am Verlegeort geschliffen und unmittelbar anschließend die entsprechende Oberflächenbehandlung vorgenommen. Einige Verlegemuster zeigt Bild **11.71**.

Regelabmessungen – Parkettstäbe und Parkettriemen: Länge von 250 bis 600 mm und darüber hinaus, von 50 zu 50 gestuft, bis 1000 mm. Breite 45 bis 80 mm, jeweils um 5 mm gestuft. Dicke 22 mm. Verlegung, Aufmaß und Abrechnung erfolgt für alle Parkettböden nach VOB Teil C, DIN 18356, Parkettarbeiten.

Lamparkett (Massivholzparkett)

Das äußere Erscheinungsbild des sog. Zehn-Millimeter-Lamparkettes nach DIN EN 13227 entspricht weitgehend dem des Stabparkettes. Seine Verbreitung wurde vor allem begünstigt durch die Forderung nach einem im Vergleich zum Stabparkett (22 mm) dünneren Massivholzbelag, der auch bei der Altbausanierung und niedrigen Raumhöhen eingesetzt und mit anderen, ähnlich dünnen Belägen (Keramikfliesen, Teppichware) kombiniert bzw. ausgetauscht werden kann. Das Massivparkett wird vor allem im Wohnungsbau und in mäßig beanspruchten öffentlichen Bauten verlegt. Die Kanten der Parketthölzer müssen absolut parallel, rechtwinkelig und scharfkantig bearbeitet sein, der Feuchtegehalt in Anlehnung an die DIN 13227 muss zum

Zeitpunkt der Lieferung 9 ± 2 %, bezogen auf die Darrmasse, betragen. Die Einzelstäbe bzw. Verlegeeinheiten – bei denen die Stäbe auf Gitterstoff oder Klebepapier aufgezogen sind – werden ohne Nut und Feder stumpf aneinandergestoßen und vollflächig auf die üblichen Estriche verklebt.

Regelabmessungen – 10 mm Lamparkett: Länge von 200 bis 300 mm, Breite zwischen 40 und 60 mm. Dicke 10 mm. Aufmaß und Abrechnung erfolgt nach VOB Teil C, DIN 18356, Parkettarbeiten.

Mosaikparkett

Mosaikparkett besteht aus 8 mm dicken, nebeneinanderliegenden Einzellamellen (DIN EN 13488), die zu größeren Verlegeeinheiten mit unterschiedlichen Mustern (z. B. schachbrettartig, in Quadraten mit jeweils fünf Lamellen) werkseitig zusammengesetzt sind. Die einzelnen Lamellen werden lose, nur durch ein unterseitig angeklebtes Netzgewebe oder Lochpapier zusammengehalten. Im Gegensatz zu den übrigen Parkettarten (Ausnahme: 10 mm Lamparkett), die alle von Element zu Element durch Federn miteinander verbunden sind, haftet das Mosaikparkett nur durch den Kleber auf dem jeweiligen Untergrund. Dieser muss entsprechend fest und eben ausgebildet sein. Der Feuchtegehalt der Lamellen muss zum Zeitpunkt der Lieferung 9 ± 2 %, bezogen auf die Darrmasse, betragen. Die Holzsortierungen tragen die Bezeichnungen: Natur – Gestreift – Rustikal.

Regelabmessungen – Einzellamellen: Längen von 120 bis 165 mm. Breite 20 bis 25 mm. Dicke 8 mm. Verlegung, Aufmaß und Abrechnung wie beim Stabparkett.

Hochkant-Lamellenparkett

Hochkant-Lamellenparkett besteht aus hochkant aneinandergereihten, jeweils 8 mm breiten Einzellamellen, die, ähnlich wie zuvor beschrieben, zu größeren, streifenförmigen Verlegeeinheiten werkseitig zusammengesetzt werden. Es ist ein robuster, unempfindlicher, vielseitig einsetzbarer und zugleich preiswerter Parkettfußboden, der vor allem in Werkstätten, Laboratorien, Schulen, Gaststätten, aber auch im Wohnbereich verlegt wird. Der Feuchtegehalt der Lamellen muss zum Zeitpunkt der Lieferung 9 ± 2 %, bezogen auf die Darrmasse, betragen. Die vollflächige Verklebung und Oberflächenbehandlung erfolgt wie beim Stabparkett.

Regelabmessungen – Einzellamellen: Länge von 120 bis 165 mm. Breite 8 mm. Dicke 18 bis 24 mm. Verlegung, Aufmaß und Abrechnung wie beim Stabparkett.

Mehrschichtparkett (Fertigparkett)

Mehrschichtparkett-Elemente (DIN EN 13489) sind industriell hergestellte, mehrschichtig abgesperrte, verlegefertige Fußbodenelemente, mit rund umlaufender Nut und Feder (Bild **11**.72). Sie bestehen in der Regel aus drei kreuzweise miteinander verleimten Schichten (Gehschicht aus mind. 2 mm Parketthholz, Mittelschicht aus Nadelholz oder Spanplatte, Gegenlage aus massivem Holz), wodurch eine hohe Dimensionsstabilität erreicht wird. Da die Elemente im Herstellerwerk fertig geschliffen und versiegelt werden und somit am Verlegeort keiner Nachbehandlung mehr bedürfen, entfällt auch die bei den anderen Parkettarten sonst übliche Staub- und Geruchsbelästigung durch Abschliff und Versiegelung. Die Verbundelemente werden in Form von quadratischen Tafeln oder rechteckigen Dielen mit den unterschiedlichsten Abmessungen angeboten [54]. Der Feuchtegehalt der Elemente muss zum Zeitpunkt der Lieferung 7 ± 2 %, bezogen auf die Darrmasse, betragen. Wie in Abschn. 12.2.2 erläutert, eignet sich Fertigparkett auch zur Verlegung auf beheizten Fußbodenkonstruktionen.

Verlegeverfahren: Fertigparkett-Elemente können je nach Konstruktionsart (Mehrschichtparkett) und der daraus resultierenden Formstabilität verlegt werden:

- **vollflächig schwimmend,** auf einer lose aufgelegten Dämmunterlage, mit konventionell verleimtem Nut-Feder-Profil oder mit leimfreiem Verlegesystem (sog. Klickprofile s. Abschn. 11.4.9, Laminatböden),

11.72 Schematische Darstellung eines mehrschichtig abgesperrten und verleimten Fertigparkett-Elementes nach DIN 280-5

- **verdeckt genagelt,** auf schwimmend verlegten Lagerhölzern,
- **schubfest verklebt,** auf einem bereits schwimmend verlegten, ebenen Unterboden.

Eine flexible Verlegung ist gegeben (z. B. auf Rohdecke, Estrich, Trockenestrich), wenn die Fertigparkett-Elemente vollflächig schwimmend auf einer lose aufgelegten Dämmunterlage (z. B. 2 bis 3 mm Rohfilzpappe, PE-Schaumstoff, Korkdämmmatte) verlegt sind. Bild **11**.73a. Die in der Regel 10 bis 15 mm dicken Elemente sind im Nut- und Federstoß fest miteinander verleimt oder leimlos über Klickprofile miteinander verbunden. Ihre exakte Vorfertigung garantiert eine vollkommen ebene Fußbodenoberfläche, die sofort nach dem Verlegen belastet und begangen werden kann. Zwischen Parkett und allen angrenzenden oder die Bodenkonstruktion durchdringenden Bauteilen sind Randfugen in einer Breite von etwa 10 bis 15 mm vorzusehen.

Freitragende Fertigparkett-Elemente, im allgemeinen 22 bis 26 mm dick, können ohne Zwischenauflage mindestens 30 bis 40 cm frei überbrücken und auf schwimmend verlegte Lagerhölzer verdeckt aufgenagelt sein. Wie Bild **11**.73b zeigt, müssen Dämmstreifen nicht nur unter den Lagerhölzern, sondern immer auch zwischen Lagerholzende und Wandfläche angeordnet werden. Die Hohlräume zwischen den Lagerhölzern sind mit geeignetem Dämmmaterial so auszufüllen, dass ein Luftraum von etwa 10 mm erhalten bleibt. Vgl. hierzu auch Bild **11**.52.

Regelabmessungen – Quadratische Elemente: Seitenlänge 200 bis 650 mm. Dicke 7 bis 26 mm.

Regelabmessungen – Rechteckige Elemente: Länge 400 bis 1200 mm und darüber. Breite 100 bis 400 mm. Dicke 7 bis 26 mm. Verlegung, Aufmaß und Abrechnung wie beim Stabparkett.

Parkettklebstoffe[1]

Parkettklebstoffe nach DIN EN 14293 sind Mischpolymerisate, die erst durch Austrocknen ihren endgültigen Zustand annehmen. Aufgrund der Hauptbestandteile unterscheidet man im Sinne dieser Norm Lösungsmittelklebstoffe (lösungsmittelhaltige Klebstoffe) sowie wässrige Dispersionsklebstoffe. Für die Verklebung von wasserempfindlichen Hölzern auf feuchtigkeitsempfindlichem Verlegeuntergrund bieten sich außerdem lösungsmittel- und wasserfreie Reaktionsharzklebstoffe auf der Basis von Epoxidharzen (EP)

[1] Der aktuelle Stand der Normung ist Abschn. 11.5 zu entnehmen.

11

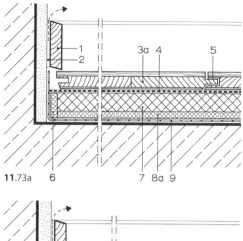

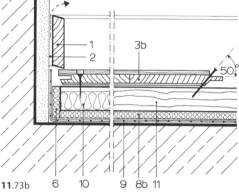

11.73a   6   7 8a 9

11.73b   6   10   9 8b 11

11.73 Verlegebeispiele von Fertigparkett-Elementen
   a) flexible Verlegung: Fertigparkett vollflächig
       schwimmend verlegt in Trockenbauweise
   b) freitragende Verlegung: Fertigparkett auf La-
       gerhölzern schwimmend verlegt
   1   Holzsockelleiste
   2   Lüftungsschlitz
   3a Fertigparkett fest miteinander verleimt
   3b Fertigparkett verdeckt genagelt
   4   Rohfilzpappe, Korkbahnen o. Ä.
   5   Nut- und Federstoß fest verleimt
   6   Randdämmstreifen
   7   Weichfaserdämmplatten, 25 mm dick oder
       Fertigteilestrichplatten
   8a Mineralfaser-Dämmstoffplatten, 10 mm dick
   8b Mineralfaser-Dämmstoffstreifen, 10 mm dick
   9   Feuchtigkeitsschutz (z. B. PE-Folie 0,2 mm)
   10 Hohlraumdämmung
   11 Lagerhölzer

und Polyurethanharzen (PUR) an. Die Klebung erfolgt durch chemische Reaktion von Harz und
Härter. Bei diesen Zweikomponentenklebstoffen
muss jedoch zumindest eine Komponente als
„Gefahrstoff" eingestuft werden (Reizungen bei
Haut-, Augen- oder Schleimhautkontakten). Vgl.
hierzu Abschn. 11.4.10.7, Klebstoffe.

Gefahrstoffverordnung. Die Gefahrstoffverordnung
(GefStoffV) ist seit 1986 in Kraft. Sie regelt rechtsverbindlich
den Umgang mit Gefahrstoffen von der Klassifizierung und
Kennzeichnung bis zur Lagerung und Handhabung. Sie
richtet sich nicht nur an die Hersteller „gefährlicher Stoffe",
sondern auch an den Bodenleger, den sie verpflichtet, gefährliche Stoffe durch weniger gefährliche zu ersetzen
(Substitutionspflicht) und die Arbeitsplätze besonders zu
überwachen (Überwachungspflicht). Als Gefahrstoffe bei
Bodenbelag- und Parkettarbeiten insbesondere stark lösungsmittelhaltige Klebstoffe und Vorstriche in Betracht. S. hierzu auch Abschn. 11.4.2, Ökologische Bewertung.

Lösungsmittelfreie Dispersionsklebstoffe. Da es sich bei
den lösungsmittelhaltigen Klebstoffen vorwiegend um um-
welt- und gesundheitsschädliche Produkte handelt, sollten
im Interesse der Boden- und Parkettleger (leicht entzündli-
che, giftige Dämpfe), der Benutzer (Geruchsbeschwerden)
und der Umwelt (Kohlenwasserstoff-Emissionen) zukünftig
nur noch lösungsmittelarme bzw. lösungsmittelfreie Dispersionsklebstoffe gemäß TRGS 610 (Technische Regel für
Gefahrstoffe) bzw. GISCODE- oder EMICODE-Klassifizierung
ausgeschrieben und verarbeitet werden. Klebstoffe mit hohem Lösungsmittelanteil sollten nur noch dort eingesetzt
werden, wo deren Verwendung unumgänglich ist. Einzelheiten s. hierzu Abschn. 11.4.10.7 Klebstoffe.

11.4.8.3 Pflaster-Holzfußboden[1]

Holzpflaster für Innenräume besteht aus scharfkantigen Holzklötzen (Einzelklötze oder vorgefertigte Verlegeeinheiten), die so zu gepflasterten Flächen verlegt werden, dass eine Hirnholzfläche als Gehschicht dient. An Holzarten kommen vor allem Kiefer, Lärche, Fichte und Eiche
oder gleichwertige Hölzer in Betracht.

Holzpflasterböden sind fußwarm, trittelastisch
und lärmdämpfend, sie ergeben eine gute Wär-
me- und Trittschalldämmung, haben eine trittsichere und rutschhemmende Oberfläche, günstiges Brandverhalten, hohe Verschleißfestigkeit,
sowie eine geringe elektrische Leitfähigkeit. Die
besonderen Eigenschaften des natürlichen Rohstoffes Holz, wie zum Beispiel seine Fähigkeit,
Feuchtigkeit aufnehmen und wieder abgeben zu
können (Quellen und Schwinden = Fugenbildung), gilt es gerade bei diesem Belag – nicht zuletzt im Hinblick auf die Wahl der späteren Oberflächenbehandlung – zu beachten. Auch die verhältnismäßig großen Konstruktionshöhen des
Gesamtfußbodenaufbaues müssen bereits bei
der Planung berücksichtigt werden. Hinsichtlich
der Innenraumgestaltung ist zu bedenken, dass
Holzpflasterböden immer einen ausgeprägten
rustikalen Charakter aufweisen. Einzelheiten sind
der Fachliteratur [55] zu entnehmen.

_____
[1] Der aktuelle Stand der Normung ist Abschn. 11.5 zu ent-
    nehmen.

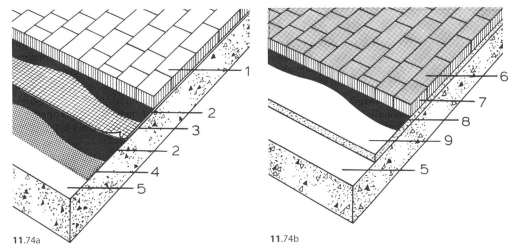

11.74a

11.74b

11.74 Verlegebeispiele von Holzpflasterbelägen (Pressverlegung)
a) Holzpflaster-GE für Industrie- und Gewerbebereich mit imprägnierten Klötzen
b) Holzpflaster-RE für Freizeit- und Wohnbereich mit Oberflächenbehandlung

1 Holzpflaster-GE (imprägnierte Klötze)
2 heißflüssige Klebermasse
3 Unterlagsbahn (nackte Bitumenbahn 500 g/m²)
4 Voranstrich
5 tragender Untergrund (Rohbetondecke)

6 Oberflächenschutz (z. B. Versiegelung)
7 Holzpflaster-RE
8 Spezial-Kunststoffkleber (schubfest)
9 Verbundestrich oder schwimmender Estrich

Holzpflaster GE (DIN 68702)

Holzpflaster GE – an das entsprechend der beabsichtigten Verwendung im Industrie- und Gewerbebereich besondere Anforderungen hinsichtlich Schub- und Zugbeanspruchung durch Fahrverkehr sowie Feuchtebeanspruchung gestellt werden – wird zur Verzögerung der Feuchteaufnahme werkseitig mit geruchsschwachen, öligen und biozidfreien[1] **Imprägniermitteln** behandelt (wasserabweisende Wirkung). Imprägniermittel, die Teeröle oder Bestandteile aus Teerölen enthalten, dürfen im Innenraum nicht verwendet werden. Der Feuchtegehalt der Klötze richtet sich nach den örtlichen Gegebenheiten (Raumklima) am Einbauort. Er darf höchstens 16%, bezogen auf die Darrmasse, betragen.

Verlegeuntergrund. Der tragende Untergrund – in der Regel eine Rohbetondecke (C 25/30 nach DIN EN 206-1) mit oder ohne Verbundestrich (C 20/F 3 nach DIN 18 560-3) – muss fest, tragfähig, eben und sauber sein. Ist mit aufsteigender Feuchtigkeit zu rechnen, so ist eine entsprechende Abdichtung vorzusehen. Neben der im Industriebau (Schwerindustrie) üblichen „Lättchenverlegung" (Einzelheiten s. DIN 68702) wird Holzpflaster GE heute überwiegend im sog. Pressverfahren verlegt. Dieses Verfahren wird in der DIN 68702 allerdings nicht beschrieben.

---
[1] Als biozidfrei wird ein Holzpflaster bezeichnet, wenn es keine chemischen Schutzmittel gegen holzzerstörende Pilze und/oder Insekten enthält.

Wie Bild **11.**74a zeigt, wird auf den Betonuntergrund zur Verbesserung der Haftverbindung zunächst ein Voranstrich aufgebracht. Darauf ist eine Unterlagsbahn (z. B. nackte Bitumenbahn 500 g/m² nach DIN 52 129) vollflächig aufzukleben. Die Klötze werden dann mit der Unterseite in heißflüssige Klebermasse (plastischer Klebstoff) getaucht, seitlich aneinander pressgestoßen und vollflächig mit dem Untergrund verklebt. Danach ist der Belag mit Quarzsand abzukehren.

Regelabmessungen – Holzpflaster GE: Klotzhöhe 50 – 60 – 80 – 100 mm. Breite 60–80 mm. Länge 60 bis 140 mm.

Holzpflaster RE (DIN 68 702)

Holzpflaster RE besteht aus kammergetrockneten, vierseitig winkelgenau gehobelten, scharfkantigen, **nicht imprägnierten** Holzklötzen, die einzeln oder in Form von netzverklebten Verlegeeinheiten geliefert und zu gepflasterten Flächen verlegt werden. Der mittlere Feuchtegehalt der Klötze ist bei Anlieferung im Bereich von 8 bis 12% nach den örtlichen Verhältnissen festzulegen. Eine möglichst gleichbleibende, relative Raum-Luftfeuchte zwischen 55 und 65% ist anzustreben. Holzpflaster RE wird nach DIN 68 702 unterteilt in:

- **Holzpflaster RE-V** als repräsentativer, rustikaler Fußboden in Verwaltungsgebäuden und Versammlungsstätten (z. B. Kirchen, Schulen,

Theater, Gemeinde- und Freizeitzentren) und im Wohnbereich.

- **Holzpflaster RE-W** als Fußboden in Werkräumen und Werkstätten und für Räume mit gleichartiger Beanspruchung ohne große Klimaschwankungen und ohne Fahrzeugverkehr. Im Gegensatz zum Holzpflaster GE (Industriepflaster) sind die Klötze nicht imprägniert.

Verlegeuntergrund. Als tragender Untergrund eignen sich Beton (C 25/30 nach DIN EN 206-1), Verbundestrich (C 20/F 3), Estrich auf Trennschicht sowie schwimmender Zement- und Gussasphaltestrich. Im Wohnungsbau ist ein schwimmender Zementestrich (CT F 4) in einer Nenndicke von mind. 45 mm, sonst in einer Dicke von mind. 60 mm mit Bewehrung nach DIN 18560 herzustellen. Er muss fest, tragfähig, eben und gut ausgetrocknet sein. Die zulässige Restfeuchte s. Tab. **11.**33 sowie Tab. **12.**9. Ist mit aufsteigender Feuchtigkeit zu rechnen, müssen entsprechende Abdichtungsmaßnahmen gemäß Abschn. 11.3.2 getroffen werden. In repräsentativen Anwendungsbereichen ist die sog. Pressverlegung vorgeschrieben.

Pressverlegung. Wie Bild **11.**74b zeigt, werden die Holzklötze im Verband mit geradlinig durchgehenden Längsfugen parallel zu einer Wand in ein bereits aufgebrachtes Kleberbett verlegt. Für diese Pressverlegung ist ein hart-plastischer, schubfester, für die Holzpflasterverklebung ausdrücklich geeigneter Spezialkunststoffkleber zu verwenden. Auf der Unterseite der Klötze angefräste Randfasen und Haftnuten wirken sich vorteilhaft auf den Klebeverbund aus. Zwischen dem Holzpflaster und allen angrenzenden oder die Verlegefläche durchdringenden Bauteilen sind ausreichend breite Randfugen (üblicherweise 15 mm) vorzusehen. Größere Bodenflächen müssen mit Bewegungsfugen (Feldbegrenzungsfugen) unterteilt werden. Mit neuentwickelten sog. Lamellenklötzen – die auf ihrer Unterseite mehrfach bis 3/4 Klotzhöhe eingenutet sind – können bei großen Flächen sog. „Knautschzonen" eingerichtet werden, durch die sich die üblichen, mit Fugenmassen ausgegossenen, gestalterisch unbefriedigenden Feldbegrenzungsfugen weitgehend vermeiden lassen. Auch werkseitig vorgefertigte Treppenstufenelemente sind erhältlich.

Auf das Holzpflaster RE-V ist sofort nach dem Abschleifen ein geeigneter Oberflächenschutz aufzubringen. In der Regel wird ein Öl-Kunstharz-Siegel oder eine andere Versiegelung aufgebracht, die ein gutes Eindringvermögen aufweisen. Filmbildende Versiegelungsmittel sind wegen der möglichen Lackabrisse über den Fugen bei Feuchteschwankungen im Holz nur bedingt einsetzbar (Herstellerangaben beachten). Besonders stark frequentierte Holzpflasterböden (z. B. in öffentlichen Gebäuden, Schulen, Museen) sollten nicht versiegelt, sondern imprägniert werden. Ein bewährter Oberflächenschutz wird auch durch Kalt- bzw. Warmwachsen, Heißeinbrennen oder Ölen erreicht.

Regelabmessungen – Holzpflaster RE: Klotzhöhe 22 – 25 – 30 – 40 – 50 – 60 – 80 mm oder Sonderentwicklungen in allen Höhen von 20 bis 80 mm. Breite 40 bis 80 mm. Länge 40 bis 120 mm. Verlegung, Aufmaß und Abrechnung aller Holzpflasterböden nach VOB Teil C, DIN 18367, Holzpflasterarbeiten.

11.4.8.3 Oberflächenbehandlung von Holzfußböden

Sinn einer Oberflächenbehandlung ist es im Wesentlichen, das Eindringen von Schmutz und Feuchtigkeit zu vermeiden, eine möglichst hohe Verschleißfestigkeit zu bieten sowie den Reinigungs- und Pflegeaufwand so niedrig wie möglich zu halten. Für die Oberflächenbehandlung von Holzfußböden bieten sich grundsätzlich zwei Möglichkeiten an, nämlich einmal das Ölen und Wachsen mit natürlichen Überzugsmitteln, zum anderen das Versiegeln mit Lacken. Beide Gruppen unterscheiden sich wesentlich voneinander, sowohl hinsichtlich der Applikationstechniken und erzielbaren Abriebfestigkeiten als auch bezüglich der späteren Reinigung und Pflege.

Natürliche Überzugsmittel

- **Öle.** Für die Oberflächenbehandlung von Holzfußböden werden überwiegend Leinöl und Holzöl eingesetzt, die durch Aufnahme von Sauerstoff physikalisch-chemisch trocknen (Luftoxidation). Da die Öle in das Holz eindringen, entsteht eine offenporige Imprägnierung und kein filmbildender Überzug. Von Lösungsmitteln, Laugen und Säuren werden die Öle angegriffen, bei Wassereinwirkung quellen sie auf (Wasserränder). Die Oberflächenfestigkeit und Abriebfestigkeit sind nicht sehr hoch.

- **Wachse.** Bei den Wachsen unterscheidet man je nach Herkunft zwischen natürlichen (tierische, pflanzliche, mineralische Wachse), halbsynthetischen und synthetischen Wachsen. Für die Oberflächenbehandlung von Holzfußböden werden sie in harter, pastöser oder flüssiger Form angeboten. Wachse sind Thermoplaste, die von Lösungsmitteln an- bzw. aufgelöst werden, bei Wassereinwirkung quellen sie auf. Ihre Abriebfestigkeit ist nicht sehr hoch, die erzielte Oberfläche ist meist offenporig.

  Beim Wachsen ist zwischen Kaltwachsen, Warmwachsen (40 °C), Heißwachsen (80 °C) und Heißeinbrennen (160 °C) zu unterscheiden. Für die Behandlung von Holzfußböden im Objektbereich haben vor allem die beiden letztgenannten Verfahren eine gewisse Bedeutung.

Versiegelungen

Die Versiegelung bewirkt, dass die Poren des Holzes gefüllt und die Holzoberfläche durch einen fest haftenden Film von hoher Abrieb- und Kratzfestigkeit gegen das Eindringen von Schmutz und Feuchtigkeit geschützt wird. Außerdem lässt sich der Boden dadurch leichter und rationeller pflegen. Bei der Wahl des jeweils anzuwendenden Versiegelungsmittels ist vor allem der Verwendungszweck des Raumes sowie die zu erwartende Beanspruchung des Bodens zu berücksichtigen. Die Versiegelungsmittel selbst unterscheiden sich hinsichtlich ihrer chemischen Zusammensetzung, ihrer Verarbeitbarkeit sowie des optischen Effektes der versiegelten Oberfläche. Ihr Glanzgrad kann matt, halbmatt oder glänzend bestimmt werden. Auf die Rutschfestigkeit und Trittsicherheit von Holzfußböden ist dabei zu achten. Im Hinblick auf die Umweltbelastung und gesundheitliche Belastung der Verleger sollten – von einigen technischen Ausgrenzungen abgesehen – möglichst nur noch formaldehyd- und lösungsmittelfreie (lösungsmittelarme) Lacksysteme ausgeschrieben und verarbeitet werden.

Versiegelungsmittel

- **Öl-Kunstharz-Siegel** sind einfach zu verarbeiten, geruchsschwach und formaldehydfrei, der Lösungsmittelanteil ist jedoch relativ hoch. Sie werden vor allem dort eingesetzt, wo hohe Gleitsicherheit – wie beispielsweise in Turnhallen – gefordert ist. Außerdem eignen sie sich für Dielenböden (Weichhölzer), Holzpflaster und Parkett auf Fußbodenheizung, d. h. überall dort, wo ein gutes Eindringvermögen sowie eine geringe kantenverleimende Wirkung zwischen den einzelnen Hölzern erwünscht ist. Öl-Kunstharz-Siegel ergeben einen festen, hornartigen, relativ wasserbeständigen und rutschhemmenden Film für normal bis stark beanspruchte Böden. Mittlere Preisklasse.

- **Säurehärtende Siegel** trocknen rasch auf, zeichnen sich durch eine gute Haftung aus, ergeben einen stark beanspruchbaren, duroplastischen Lackfilm, der nach der Erhärtung wasser-, chemikalien- und zigarettenglutbeständig ist. Da jedoch alle säurehärtenden Versiegelungslacke **Formaldehyd** und einen Lösungsmittelanteil von 50 % enthalten, sollten sie im Hinblick auf die Umweltbelastung und gesundheitliche Gefährdung der Parkettleger nicht mehr eingesetzt werden! Mittlere Preisklasse.

- **Polyurethan-Siegel** (DD-Siegel) haben ebenfalls ein gutes Haftvermögen und ergeben je nach Einstellung einen zäh-elastischen bis sehr harten Film. Sie sind formaldehydfrei, weisen jedoch einen relativ hohen Lösungsmittelanteil auf. Diese Lacksysteme werden überall dort eingesetzt, wo höchste mechanische Beanspruchung – wie beispielsweise in Gaststätten, Ladengeschäften, Kaufhäusern – sowie Wasser- und Chemikalienbeständigkeit gefordert wird. Obere Preisklasse.

- **Wasserlack** ist schadstoffarm, geruchlos, nicht brennbar, hat ein gutes Haftvermögen und ergibt einen zäh-elastischen Film für normale bis starke Beanspruchung. Nur bedingt geeignet für Dielenböden, Holzpflaster und Parkett auf Fußbodenheizung, da wegen der kantenverleimenden Wirkung bei entsprechenden Holzfeuchteschwankungen Abrissfugen auftreten können. Diese wasserbasierten/wasserverdünnbaren Versiegelungslacke sind formaldehydfrei, weisen einen Lösungsmittelanteil von unter 5 % auf und sind somit besonders umweltfreundlich. Mittlere bis obere Preisklasse (bedingt durch das aufwendige Herstellungsverfahren).

Nach dem Abbinden des Parkettklebestoffes wird der Holzfußboden am Verlegeort geschliffen, die Fugen und Risse gespachtelt, feingeschliffen und nach dem Absaugen des Schleifstaubes grundiert und lackiert. Je nach Produkt ist der Versiegelungsaufbau sehr unterschiedlich. In der Regel werden neben einer Grundierung zwei Versiegelungsanstriche mit Pinsel, Roller oder Schwamm aufgetragen. Seit einigen Jahren wird auch die sog. Spachteltechnik angewandt. Bei der sog. Puriertechnik wird der Decklack auf die Spachtelgrundierung gegossen und mit einem breiten Schwammwischer gleichmäßig verteilt.

Besonders stark frequentierte Holzböden (z. B. in Mehrzweckhallen, Schulen, Gaststätten) sollten nicht versiegelt, sondern imprägniert werden. Bewährt haben sich verdünnte Öl-Kunstharz-Siegel und Polyurethansiegel, aber auch Öle und Wachse (Kalt-/Warmwachsen, Heißeinbrennen). Auf die weiterführende Fachliteratur [56] wird verwiesen.

Die von den Herstellern angegebenen Trocknungs- und Aushärtungszeiten müssen unbedingt eingehalten werden. Neuversiegelte Holzböden dürfen nicht vor dem nächsten Tag begangen werden. Eine volle Beanspruchung der versiegelten Fläche ist erst nach 8 bis 14 Tagen gegeben. Auf eine rechtzeitige Nachversiegelung stark beanspruchter Teilflächen ist hinzuweisen. Bei **Exotenhölzern** – die zur Vermeidung der Abholzung tropischer Regenwälder nur noch aus nachhaltigem Anbau stammend eingesetzt werden sollten – sind besondere Vorschriften der Hersteller zu beachten.

Fertigparkett-Elemente werden werkseitig mit flüssigem, lösungsmittel- und formaldehydfreiem Acrylharz beschichtet, welches durch UV-Strahlung aushärtet und eine besonders abrieb- und kratzfeste Oberflächenvergütung ergibt. Derart ausgerüstetes Fertigparkett bedarf nach seiner Verlegung keiner Nachbehandlung mehr. Auf die Verwendung geeigneter Pflegemittel im Hinblick auf die Rutsch- und Gleitsicherheit von Holzfußböden wird hingewiesen. S. hierzu Abschn. 11.4.7.4, Rutschhemmende Bodenbeläge.

11.4.9 Bodenbeläge aus Träger- und Schichtstoffplatten: Laminatböden

Laminatböden haben sich als eigenständige Bodenbelaggruppe durchgesetzt. Von ihrem Aufbau her sind sie weder ein Holz- noch ein Holzfurnierboden, obwohl sie überwiegend – aufgrund täuschend echt dargestellter Holzdekore (Reproduktionen) – im verlegten Zustand wie Dielen- oder Parkettboden (Parkettimitationen) aussehen. Auch ihre Nutzungseigenschaften sind im Vergleich mit Massivholz- oder Fertigparkettböden wesentlich anders, insbesondere was die höhere thermische und mechanische Beanspruchbarkeit anbelangt. Die Belaggruppe verzeichnet seit einigen Jahren einen deutlichen Marktzuwachs.

Laminatböden sind in DIN EN 13329 genormt. In dieser Norm sind unter anderem einheitliche Prüf- und Bewertungskriterien sowie durch Piktogramme gekennzeichnete Beanspruchungsklassen und Verwendungsbereiche festgelegt.

11

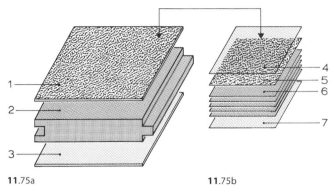

11.75a   **11**.75b

11.75
Schematische Darstellung eines Laminatboden-Elementes mit Nut- und Federprofil
a) dreischichtig aufgebautes Element
b) Aufbau einer HPL-Schichtstoffplatte
1 Deckschicht
2 Trägermaterial (z. B. Feinspanplatte oder hochverdichtete Faserplatte)
3 Gegenzug
4 glasklare Melaminharzschicht (Overlay)
5 Dekorpapier (z. B. Holzreproduktionen, Trenddekors)
6 kunstharzgetränkte Zellulosepapiere (Laminate)
7 Gegenzugschicht

Aufbau eines Laminat-Elementes (Bild **11**.75a). Die üblicherweise dreischichtig aufgebauten Verlegeelemente bestehen aus einer Deckschicht (Nutzschicht), einem Trägermaterial (vorwiegend Holzwerkstoffplatten) und einem sog. Gegenzug.

- **Deckschicht.** Die Nutzschicht besteht aus einer oder mehreren dünnen Lagen eines faserhaltigen Materials (in der Regel Papier), imprägniert mit wärmehärtbaren Harzen (vorwiegend Melaminharz). Unter Hitze und Druck werden diese Lagen entweder zu HPL-Schichtstoffplatten (High Pressure Laminate) verpresst und auf ein Trägermaterial verklebt oder im Falle von DPL (Direct Pressure Laminate) direkt auf ein Trägermaterial verpresst.

Nach der Art der Nutzschicht unterscheidet man demnach

- HPL-Laminatboden-Elemente mit Deckschicht aus Hochdruck-Schichtstoffplatten gemäß DIN EN 438 (High Pressure Laminate),
- DPL-Laminatboden-Elemente mit Deckschicht aus imprägnierten Papieren wie zuvor, jedoch direkt auf ein Trägermaterial verpresst (Direct Pressure Laminate).

Wie Bild **11**.75b) verdeutlicht, bestehen die HPL-Schichtstoffplatten im Einzelnen aus einer hochabriebfesten, glasklaren Melaminharzschicht (Overlay), einem darunter angeordneten Dekorpapier mit fototechnisch übertragenen Motiven (Holzreproduktionen, Trenddekors) und einem Kern aus mehreren kunstharzgetränkten Cellulosepapieren (Laminate). Dekorative Schichtstoffplatten sind in vielen Dessins und Farbvariationen mit verschiedenen Oberflächenstrukturen (glatt,

matt, strukturiert) erhältlich. In der Regel sind sie 0,7 oder 1,3 mm dick. Sie werden aber auch in Dicken von 0,5 bis 5,0 mm hergestellt.

- **Trägermaterial.** Laminatboden-Elemente weisen überwiegend Holzwerkstoffplatten mit hoher Druckfestigkeit als Trägermaterial auf. Die Kernschicht des fertigen Elementes besteht in der Regel aus formstabilen Spanplatten (DIN EN 309) oder aus mitteldichten bzw. hochverdichteten Faserplatten (MDF oder HDF nach DIN EN 316).

Das Trägermaterial beeinflusst Steifigkeit, Dimensionsstabilität und Stoßfestigkeit der Fußbodenelemente; außerdem sollte es möglichst feuchtigkeitsunempfindlich sein. Faserplatten lassen sich im Allgemeinen exakter bearbeiten, sind dichter und durch den erhöhten Materialeinsatz auch schwerer als Holzspanplatten. Bei allen Holzwerkstoffplatten ist aufgrund ihrer hygroskopischen Eigenschaften (Abgabe und Aufnahme von Feuchte) jedoch immer mit materialspezifischer Schwind- und Quellneigung zu rechnen. Wie Bild **11**.75 zeigt, sind je eine Längs- und eine Querseite der Elemente mit einer Nut bzw. einer angefrästen Feder versehen, wodurch eine bündig-stabile Verlegung erreicht wird.

- **Gegenzug.** Auf die Unterseite des Trägermaterials wird ein sog. Gegenzug aus beispielsweise HPL-Laminat (Konterlaminat) aufgeleimt. Diese Schicht dient als Feuchtigkeitsschutz und zur Stabilisierung des fertigen Elementes, um ein Verziehen zu vermeiden (Symmetrischer Elementeaufbau).

Allgemeine Anforderungen. Laminatböden müssen die allgemeinen Anforderungen gemäß

DIN EN 13 329 erfüllen. Dazu zählen insbesondere Abriebbeständigkeit, Stoß-, Schlag- und Druckfestigkeit, Beständigkeit gegenüber Stuhlrollen und Zigarettenglut sowie Fleckunempfindlichkeit und Eignung für Fußbodenheizung. Laminatböden werden als schwerentflammbar (Baustoffklasse B1 nach DIN 4102) eingestuft, ihre elektrostatische Aufladung und Rutschhemmung durch Begehen bestimmter Prüfflächen ermittelt. Vgl. hierzu Abschn. 11.4.7.4, Rutschhemmende Bodenbeläge.

Laminatböden eignen sich für den Wohnbereich und für gewerbliche Bereiche wie Büro- und Geschäftsräume, Hotelbauten, Kaufhäuser usw. Ausgenommen sind Zonen, die regelmäßig Nässe ausgesetzt sind. Die entsprechende Klassifizierung nach DIN EN ISO 10874 und zugehörigen Beanspruchungsklassen für Laminatböden sind DIN EN 13 329 zu entnehmen.

- **Feuchteeinwirkung.** Nachteilig wirkt sich bei Laminatböden ihre Empfindlichkeit gegen Feuchtigkeit aus. Feuchtebelastungen und extreme Raum-Klimaschwankungen führen zu Dimensionsänderungen der Bodenelemente mit Fugenbildung sowie zu Aufschüsselungen (Wölbungen) im Fugenbereich. Daher sind Laminatböden für Feucht- und Nassräume wie beispielsweise Badezimmer, Duschräume, Hauswirtschaftsräume oder Saunen nicht geeignet. Auch eine fachgerechte Nut- und Federverbindung stellt keinen absoluten Schutz gegen Feuchteeinwirkung dar, so dass auch die Oberfläche verlegter Laminatböden nicht nassbehandelt werden darf. Eine Nassreinigung üblicher Art ist zu vermeiden und die Fläche nur „nebelfeucht", d. h. möglichst trocken zu wischen.

- **Renovierung.** Treten bei Laminatböden irreversible Schäden auf (beispielsweise durch herunterfallende spitze Gegenstände/Werkzeuge) so kann die Fläche nicht renoviert, sondern nur gegen einen neuen Belag ausgetauscht werden. Demgegenüber lässt sich beschädigtes Massivholz- oder Fertigparkett mehrmals abschleifen und wieder versiegeln.

- **Gehgeräusche.** Der beim Begehen von Laminatböden entstehende Luftschall (Gehschall) im Raum, wird vom Verbraucher überwiegend als störend empfunden und gilt als Schwachpunkt des Produktes. Die Trittgeräusche entstehen aufgrund der harten Oberfläche des Belages, die auch den Schall in den Raum reflektiert (Trommeleffekt). Die Hersteller von Laminatböden arbeiten gezielt daran, das Klangverhalten ihrer Produkte zu verbessern. Vgl. hierzu auch Abschn. 11.3.3, Schallschutz von Geschossdecken, sowie Abschn. 11.4.12.4, Schallschutztechnische Eigenschaften von Bodenbelägen.

- **Ökologische Aspekte.** Wie jedes Holzprodukt enthält auch der Laminatboden die Substanz Formaldehyd, die an die Luft abgegeben werden kann. Wie Untersuchungen belegen, ist der Formaldehydabgabewert bei dieser Belagart sehr gering und liegt unter dem gesetzlichen Grenzwert (Emmissionsklasse E1). Vgl. hierzu Abschn. 11.3.7.6, Formaldehydkonzentration in kunstharzgebundenen Spanplatten.

Auch die Entsorgung von Laminatböden ist relativ unproblematisch. Sie können nach Gebrauch – ohne Klebstoffanhaftung – auf kontrollierten Deponien abgelagert, in Industriefeuerungsanlagen verbrannt oder stofflich (Recycleverfahren) verwertet werden. Vgl. hierzu Abschn. 11.4.2, Ökologische Bewertung von Bodenbelägen.

Verlegung. Laminatboden-Elemente können je nach Herstellerangaben verlegt werden:

- vollflächig schwimmend auf Dämmunterlage mit Nut-Feder-Verleimung,
- vollflächig schwimmend auf Dämmunterlage mit leimloser Nut-Feder-Arretierung,
- vollflächig verklebt auf planebenem Untergrund mit Nut-Feder-Verleimung.

Laminatböden wurden für die schwimmende Verlegung entwickelt. Ihre vollflächige Verklebung auf den Untergrund sollte sich nur auf Sonderfälle beschränken und nur vorgenommen werden, wenn diese Verlegeart vom Hersteller ausdrücklich empfohlen wird.

- **Schwimmende Verlegung von Laminatböden.** Die Beschaffenheit und richtige Vorbereitung des Verlegeuntergrundes – bezüglich Festigkeit, Ebenheit und Trockenheit – ist sowohl bei der schwimmenden Verlegung als auch beim vollflächigen Verkleben von Laminatböden von ausschlaggebender Bedeutung.

Besonders an die Ebenheit der Verlegefläche sind erhöhte Anforderungen gemäß DIN 18 202, Tabelle 3, Zeile 4, zu stellen, um ein Federn der Laminat-Elemente beim Begehen auszuschließen. S. hierzu Tab. **11.**2, Ebenheitsabweichungen.

Der zulässige Feuchtegehalt (Restfeuchte) von Estrichen ist Tabelle **11.**33 sowie Tabelle **12.**9 zu entnehmen. Als vorsorglicher Feuchteschutz muss auf alle Estrich- und Betonflächen immer eine 0,2 mm dicke PE-Folie verlegt, die Bahnenstöße mind. 20 cm überlappt und die Folie an den Wandflächen bis Oberkante Belag hochgeführt werden. Darauf wird üblicherweise eine 2 bis 3 mm dicke Dämmunterlage (PE-Schaumstoff, Korkdämmmatte) verlegt.

Zwischen allen angrenzenden und die Bodenfläche durchdringenden festen Bauteilen ist eine mind. 8 mm breite Randfuge vorzusehen. Außerdem sind je nach Flächengröße und Raumgeometrie Bewegungsfugen mit ent-

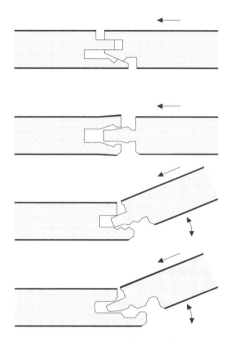

11.76 Schematische Darstellung von leimfreien Verlegesystemen (Klickprofile) für Laminat-, Fertigpar-
kett- und Furnierböden

11

sprechenden Profilen nach Herstellerangabe
einzuplanen. Vgl. hierzu auch Bild **11**.46.
Laminatboden-Elemente werden in PE-Folie
eingeschweißt an den Verlegeort geliefert.
Vor der Verlegung sind die Elemente an die jeweiligen raumklimatischen Bedingungen anzupassen, indem sie mindestens 48 Stunden
in dem zu belegenden Raum gelagert werden.
Die Belagfläche erhält ihre Festigkeit durch
die kraftschlüssige Nut- und Federverleimung,
die immer „vollsatt" ausgeführt werden muss,
damit die erforderliche Abdichtung der Fugen
gegen von oben einwirkende Feuchtigkeit
gewährleistet ist. Für die Verleimung ist ein
vom jeweiligen Hersteller für diesen Zweck
empfohlener Weißleim der Beanspruchungsklasse D3 nach DIN EN 204 zu verwenden. Die
Befestigung der Sockelleisten erfolgt an der
Wand und zwar derart, dass eine Hinterlüftung der Belagkonstruktion über Luftschlitze
in den Abschlussleisten möglich ist.

• **Leimfreie Verlegesysteme** setzen sich bei
den Laminatböden, Fertigparkett- und Furnierböden immer mehr durch. Im Vergleich
mit den verleimten Nut- und Feder-Verbin-
dungen lassen sich die Elemente mit den sog.

Klickprofilen sehr viel einfacher, schneller und
preiswerter verlegen; außerdem ergeben sie
zugfeste und im Stoßbereich relativ dichte
Verbindungen.
Wie Bild **11**.76 verdeutlicht, weisen die Bodenelemente an den Kanten Einrasterprofile
auf, die aus dem Trägermaterial herausgefräst
und so ausgebildet sind, dass sie sich beim
Verlegen ineinander verhaken, so dass sie
nicht mehr verleimt werden müssen.
Der Stoßfugenbereich ist und bleibt trotz aller erreichten Verbesserungen die Problem-
zone beim Laminatboden. Um die erforderliche Abdichtung der Fugen gegen von oben
einwirkende Feuchtigkeit (z.B. Wischwasser)
zu erreichen, sind diese bei der verleimten
Ausführung immer „vollsatt" mit Leim zu füllen. Bei der leimlosen Verlegung werden die
Wangen der Klickprofile werkseitig mit einer
sog. Kantenhydrophobierung (Kantenimpräg-
nierung) ausgestattet, um auf diese Weise ein
Aufquellen oder Aufwölben des Trägermaterials im Fugenbereich zu verhindern. Weiterentwicklungen sind auf diesem Gebiet zu erwarten. Besonders hohe Anforderungen und
enge Toleranzen sind an die ausgefrästen
Klickprofile zu stellen, da unsauber profilierte
und damit gelenkig wirkende Einrastprofile
auf der elastischen Dämmunterlage unter Belastung nachgeben und im Laufe der Zeit zu
Fugenöffnungen an den Längs- und Kopfstö-
ßen führen. Damit wird auch verständlich, warum die Hersteller so hohe Anforderungen an
die Ebenheit des Verlegeuntergrundes stellen.

• **Flächenklebung von Laminatböden.** Die vollflächige
Verklebung von Laminatboden-Elementen auf dem
Untergrund sollte sich nur auf Sonderfälle beschränken, beispielsweise wenn erhöhte Anforderungen hinsichtlich Gehgeräusche, Flächenbelastbarkeit oder –
bei beheizten Fußbodenkonstruktionen – an den Wärmedurchgang gestellt werden.
Der Untergrund muss sauber, fest, rissefrei, eben und
trocken sein. An die Ebenheit werden erhöhte Anforderungen gemäß DIN 18202, Tabelle 3, Zeile 4, gestellt.
Diese Forderungen können beispielsweise mit geeigneten Fließspachtelmassen erfüllt werden.
Der zulässige Feuchtegehalt (Restfeuchte) von Estrichen ist Tabelle **11**.33 sowie Tabelle **12**.9 zu entnehmen. Auf eine ausreichende Trockenheit des Untergrundes muss ganz besonders bei dieser Verlegeart
geachtet werden.
Als Flächenklebstoff für Laminatböden eignen sich vor
allem lösungsmittel- und wasserfreie Polyurethan-
Klebstoffe. Für die Nut- und Federverleimung wird
nach Herstellerangabe üblicherweise ein Weißleim der
Beanspruchungsklasse D3 nach DIN EN 204 verwendet.
Weitere Einzelheiten sind der Fachliteratur [57] zu entnehmen.

Regelabmessungen – Laminatboden-Elemente (nicht genormt): Rechteckige Formate 1285 x 190, 1200 x 400, 1200 x 190, 600 x 200 mm. Quadratische Formate: 200 x 200 mm. Dicke zwischen 6–4 und 11 mm, Regeldicke 8 mm. Aufmaß und Abrechnung nach VOB Teil C, DIN 18 365, Bodenbelagarbeiten.

11.4.10 Bodenbeläge aus ein- oder mehrschichtiger Bahnen- oder Plattenware: Elastische Fußbodenbeläge

Die Gruppe der elastischen Bodenbeläge umfasst die verschiedenartigsten Belagmaterialien mit zum Teil höchst unterschiedlichen Eigenschaften. Sie werden vorzugsweise dort eingesetzt, wo Nutzflächen ohne erheblichen baulichen und zeitlichen Aufwand mit einem preiswerten, strapazierfähigen, verhältnismäßig problemlos zu reinigenden Bodenbelag zu belegen sind. Da es keinen Bodenbelag gibt, der allen Anforderungen gleichermaßen gerecht wird, ist je nach Verwendungsbereich und Nutzungsintensität zu prüfen, welche Belegart den jeweiligen Ansprüchen am ehesten entspricht.

Einteilung und Benennung: Überblick[1]

PVC-Bodenbeläge

* PVC-Beläge ohne Rücken (DIN EN ISO 10581)
* PVC-Beläge mit Rücken (DIN EN 650 bis 652 sowie DIN EN 655)
* PVC-Beläge mit geschäumter Schicht (DIN EN ISO 26986)
* PVC-Flex-Platten (DIN EN ISO 10595), bleiben hier unberücksichtigt.

Polyolefin-Bodenbeläge

Quarzvinyl-Bodenbeläge

Linoleum-Bodenbeläge

* Linoleum mit und ohne Muster (DIN EN ISO 24011)
* Linoleum mit Schaumrücken (DIN EN 686)
* Linoleum mit Korkmentrücken (DIN EN 687)
* Korklinoleum (DIN EN 688)

Kork-Bodenbeläge

* Presskorkplatten (DIN EN 12 104)
* Korkmentunterlagen (DIN EN 12 455)
* Kork-Fertigparkett (nicht genormt)

Elastomer-Bodenbeläge (Gummibeläge)

* Homogene und heterogene ebene Elastomer-Bodenbeläge (DIN EN 1817)
* Homogene und heterogene ebene Elastomer-Bodenbeläge mit Schaumstoffbeschichtung (DIN EN 1816)
* Homogene und heterogene profilierte Elastomer-Bodenbeläge (DIN EN 12 199)

---

[1] Der aktuelle Stand der Normung ist Abschn. 11.5 zu entnehmen.

Klassifizierungssystem für elastische Bodenbeläge nach DIN EN ISO 10874

Um Verbraucher und ausschreibende Stellen (Planer) in die Lage zu versetzen, bei der Auswahl von elastischen Bodenbelägen die jeweils geeignete Klasse für einen vorgesehen Verwendungsbereich festzulegen, weist DIN EN ISO 10874 ein Klassifizierungssystem aus, das für alle Arten von elastischen Bodenbelägen gilt; es ersetzt die frühere sog. K-Klassifizierung.

Tabelle 11.77 zeigt die Einstufungsmöglichkeiten und beschreibt beispielhaft die Verwendungsbereiche. Damit ist eine Basis gegeben, alle elastischen Bodenbelagarten direkt miteinander vergleichen zu können.

11.4.10.1 PVC-Bodenbeläge

Das Ausgangsmaterial für diese Beläge ist Polyvinylchlorid (Bindemittel), kurz PVC genannt. Es wird mit Weichmacher, mineralischen Füllstoffen, Pigmenten und Stabilisatoren vermischt und zwar entweder zu einer teigähnlichen Masse oder pastösen Mischung.

Aus der teigähnlichen, plastifizierten Masse werden im sog. Kalanderverfahren (beheizte Metallwalzen) homogene und heterogene PVC-Beläge ohne Rücken, aus der pastösen Mischung im sog. Streichverfahren (meist vielschichtiger Aufbau) PVC-Beläge mit Rücken sowie geschäumte PVC-Beläge hergestellt.

Die Eigenschaften eines PVC-Belages können durch unterschiedliche Rezepturen – wie Art und Menge der zugegebenen Weichmacher und Füllstoffe – gezielt beeinflusst werden. Auch von der Höhe des jeweiligen PVC-Anteiles hängt die Qualität eines Belages ab. Reines PVC ist zwar außerordentlich widerstandsfähig, jedoch auch teuer und nicht maßbeständig. Daher müssen unter anderem Füllstoffe beigemischt werden, die die Maßstabilität und das Brandverhalten verbessern. Hohe Füllstoffanteile beeinflussen jedoch das Abriebverhalten ungünstig und setzen neben dem Preis auch die Nutzungsdauer des Belages herab.

1. PVC-Bodenbeläge ohne Rücken

PVC-Bodenbeläge ohne Rücken werden nach DIN EN ISO 10581 ein- oder mehrschichtig in homogenem oder heterogenem Aufbau hergestellt.

* **Homogene PVC-Beläge** weisen über die gesamte Dicke eine durchgehend gleiche Materialzusammensetzung, Färbung und Musterung auf. Sie eignen sich da-

Tabelle **11**.77 Klassifizierung von elastischen Bodenbelägen nach DIN EN ISO 10874

Klasse	Symbol	Verwendungsbereich	Beschreibung	Beispiele
		Wohnen	Bereiche, die für die private Nutzung vorgesehen sind	
21		mäßig	Bereiche mit geringer oder zeitweiser Nutzung	Schlafzimmer
22		normal	Bereiche mit mittlerer Nutzung	Wohnräume, Eingangsbereiche
23		stark	Bereiche mit intensiver Nutzung	Wohnräume, Eingangsbereiche
		Gewerblich	Bereiche, die für die öffentliche und gewerbliche Nutzung vorgesehen sind	
31		mäßig	Bereiche mit geringer oder zeitweiser Nutzung	Hotelzimmer, Einzelbüros, Konferenzräume
32		normal	Bereiche mit mittlerem Verkehr	Klassenzimmer, Einzelbüros, Hotels, Boutiquen, Korridore, Kaufhäuser, Schulen,
33		stark	Bereiche mit starkem Verkehr	Mehrzweckhallen, Großraumbüros
34		sehr stark	Bereiche mit intensiver Nutzung	Flughäfen, Mehrzweckhallen, Schalterhallen, Kaufhäuser
		Industriell	Bereiche, die für die Nutzung durch die Leichtindustrie vorgesehen sind	
41		mäßig	Bereiche, in denen die Arbeit hauptsächlich sitzend durchgeführt wird und wo gelegentlich leichte Fahrzeuge benutzt werden	Elektronikwerkstätten, Feinmechanikwerkstätten
42		normal	Bereiche, in denen die Arbeit hauptsächlich stehend ausgeführt wird und/oder mit Fahrzeugverkehr	Lagerräume
43		stark	andere industrielle Bereiche	Lagerhallen, Produktionshallen

her insbesondere für Objekte mit starkem Publikumsverkehr (Kaufhäuser, Schulen, Krankenhäuser) und leichtem Fahrverkehr gemäß Tab. **11**.77. Außerdem gibt es diese Beläge – deren Nähte thermisch verschweißt werden können – hinsichtlich ihres elektrostatischen Verhaltens auch in ableitfähiger Ausführung für Räume mit elektronischen Geräten, EDV-Anlagen o. Ä. S. hierzu auch Abschn. 11.4.10.7, Elektrostatisches Verhalten von Bodenbelägen.

- **Heterogene PVC-Beläge** sind immer mehrschichtig aufgebaut, wobei die einzelnen Schichten unterschiedliche Materialzusammensetzungen aufweisen. Während die unteren Schichten stark mit Füllstoffen angereichert sind und mit einer Stabilisierungseinlage verstärkt sein können, enthält die dünnere Oberschicht hohe PVC-Anteile. Die Nutzungsdauer dieser Beläge hängt demnach wesentlich von der Dicke und Abriebfestigkeit der obersten Schicht ab. Diese Beläge sind billiger, weniger strapazierfähig und vorwiegend im Wohnbereich gemäß Tabelle **11**.77 einsetzbar.

Produkttypische Eigenschaften. PVC-Bodenbeläge zeichnen sich durch eine geschlossene, weitgehend porenfreie – daher relativ leicht zu reinigende – trittsichere Nutzschicht mit hoher Abrieb- und Verschleißfestigkeit aus. Die Beläge sind gegen die meisten haushaltsüblichen Chemikalien beständig und mit thermischem Nahtverschluss auch für Computerräume, Nassräume und Hygienezonen (Krankenzimmer, Operationssäle) geeignet. Dekorative Dessins sind in vielen Farbstellungen erhältlich und ergeben interessante Gestaltungsmöglichkeiten im Wohn- und Objektbereich.

PVC-Bodenbeläge sind jedoch gegen aggressive Lösungsmittel, Bitumen, Teer und Fette sowie gegen hohe Temperaturen (Reibungswärme, Zigarettenglut) empfindlich – und zwar je nach Füllstoffanteil. Bestimmte Gummiarten hinterlassen bei längerer Einwirkung Verfärbungen (z. B. Möbelrollen, Gummifüße), die nicht mehr entfernt werden können. Auch sog. Weichmacherwanderungen sind möglich, die zu irreversiblen Farbveränderungen an der Belagoberfläche führen.

Bürorollstühle müssen für den Einsatz auf PVC-Belägen mit Rollen gemäß DIN EN 12 529, Typ **W** ausgestattet sein (Weiche Radlaufflächen für stuhlrollengeeignete, elastisch-harte Bodenflächen). Vgl. hierzu auch Abschn. 11.4.12.3.

Vermehrt werden PVC-Bodenbeläge auf dem Markt angeboten, die ein sog. Oberflächen-Finish (Oberflächenschutzsystem) aufweisen. Mit dieser bereits werkseitig aufgebrachten PU-Versiegelung soll erreicht werden, dass die nach der Verlegung und Bauabschlussreinigung sonst übliche und notwendige Einpflege entfallen kann, die tägliche Unterhaltsreinigung vereinfacht und die Verschleißfestigkeit und damit Nutzungsdauer eines elastischen Belages erhöht wird.

- **Wiederverwertung von PVC-Bodenbelägen.** PVC ist ein thermoplastischer Werkstoff und somit vollständig wiederverwertbar. Entsprechende Initiativen der Arbeitsgemeinschaft „PVC-Bodenbelag-Recycling" (AgPR) – ein Zusammenschluss namhafter PVC-Rohstoffhersteller und PVC-Bodenbelagproduzenten – alle PVC-Altbeläge zu sammeln, das Material rein mechanisch (ohne chemische oder thermische Einflüsse) wieder aufzuarbeiten und das dabei gewonnene Recyclat erneuter Produktion zuzuführen, sind im Hinblick auf die Umweltentlastung mit besonderer Aufmerksamkeit zu verfolgen und an der Baustelle durch entsprechende Vorsortierung zu unterstützen. Das in den Recycling-Anlagen gewonnene PVC-Granulat kann bis zu achtmal ohne Qualitätseinbuße wieder zur Fertigung von Bodenbelägen verwendet werden. Vgl. hierzu Abschn. 11.4.2, Ökologische Bewertung.
- **Brandverhalten.** PVC-Bodenbeläge sind in der Regel der Baustoffklasse B1 (schwerentflammbar) nach DIN 4102 zuzuordnen. Diese Klassifizierung bedeutet weder, dass die Beläge zigarettenglutbeständig, noch dass sie nicht brennbar sind. Normalerweise tragen PVC-Beläge jedoch nicht zur Ausbreitung von Bränden bei.
  Beim Verbrennen von PVC werden giftige, bissig-ätzende Gase freigesetzt, wie zum Beispiel Chlorwasserstoff, der in Verbindung mit Feuchtigkeit Salzsäure bildet und durch Korrosion Metallkonstruktionen zerstören kann. Vgl. hierzu auch Abschn. 11.4.2.
- **Feuchteschutz.** Auf erdberührten Bodenplatten ist immer eine Abdichtung gegen aufsteigende Feuchtigkeit und bei Gefahr von Dampfdiffusion und nachstoßender Restfeuchte aus noch junger Rohbetondecke eine Dampfsperre bzw. dampfbremsende Schicht gemäß Abschn. 11.3.2 anzuordnen.
  Da PVC-Bodenbeläge nahezu dampfdicht sind und als oberseitige Dampfsperre wirken, müssen die zulässigen Feuchtewerte für die Belegreife von Estrichen gemäß

Tab. **11**.33 und Tab. **12**.9 genauestens eingehalten werden. Feuchteanreicherung unter dem Belag führt zur Verseifung des Klebers, zur Blasenbildung und bei feuchtempfindlichem Estrich (z. B. Calciumsulfatestrich) zur Erweichung der oberen Estrichzone.

Die jeweiligen produktspezifischen Anforderungen, Verschleißgruppen- und Verwendungsbereich-Klassifizierungen sind den in Abschn. 11.5 angeführten Produktnormen zu entnehmen. Vgl. hierzu auch Tabelle **11**.77.

Angaben über Verlegung, thermischen Nahtverschluss und elektrostatisches Verhalten von elastischen Bodenbelägen s. Abschn. 11.4.10.7.

Regelabmessungen – PVC-Bodenbeläge sind ohne Rücken (als Platten- und Bahnenware lieferbar):. Die Bahnenbreiten liegen zwischen 100 und 400 cm, üblich sind 200 cm. Quadratische Plattenformate: 30 x 30 – 50 x 50 – 60 x 60 – 61 x 61 – 90 x 90 cm. Rechteckige Plattenformate: 50 x 60 – 60 x 90 – 60 x 120 cm. Dicke 1,5 bis 3,0 mm (Faustregel: Im Wohnbereich ab 1,5 mm, im Objektbereich ab 2,0 mm). Verlegung, Aufmaß und Abrechnung nach VOB Teil C, DIN 18365, Bodenbelagarbeiten.

2. PVC-Bodenbeläge mit Rücken (Unterschicht)

PVC-Bodenbeläge mit Rücken (DIN EN 650 bis 652 sowie 655) – auch PVC-Verbundbeläge genannt – bestehen aus einer PVC-Oberschicht wie zuvor beschrieben und aus einem mit dieser Schicht untrennbar verbundenen Rücken. Bei dieser Verbundkonstruktion werden die Vorteile der strapazierfähigen Oberschicht mit den Vorzügen der jeweiligen Unterschicht – wie zum Beispiel verbesserte Trittelastizität, Schall- und Wärmedämmung (Fußwärme) – in sinnvoller Weise miteinander verbunden. Im Einzelnen unterscheidet man:

- **PVC-Beläge mit Jutefilz.** Jutefilz dient zur Verbesserung des Trittschalls bei preiswerten Qualitäten. Aufgrund des feuchtempfindlichen Rückenmaterials ist dieser Belag für Nassräume nicht geeignet. Thermisches Verschweißen ist nur bei entsprechender Herstellerempfehlung möglich.
- **PVC-Beläge mit Polyestervlies.** Im Gegensatz zum Jutefilz ist der synthetische Vliesstoff in Feuchträumen einsetzbar.
- **PVC-Beläge mit Schaumstoffschicht.** Da Oberschicht und Rücken verrottungsfest sind, können derartige Verbundbeläge in fugenverschweißter Ausführung in Nassräumen verlegt werden. Im Objektbereich sind die Nähte immer thermisch zu verschweißen.
- **PVC-Beläge mit Korkment.** Diese Presskorkunterlage dient zur Verbesserung der Trittelastizität und Trittschalldämmung als Verbundbelag. Im Objektbereich sind die Nähte immer thermisch zu verschweißen.

Die jeweiligen produktspezifischen Anforderungen, Verschleißgruppen- und Verwendungsbereich – Klassifizierungen sind im Abschn. 11.5 angegebenen Produktnormen zu entnehmen. Vgl. hierzu auch Tabelle **11**.77.

Regelabmessungen – PVC-Bodenbeläge mit Rücken (als Platten- und Bahnenware lieferbar): Bahnenbreite zwischen 100 und 400 cm, üblich 200 cm. Gesamtdicke ab 1,5 mm, üblich 3,0 bis 5,0 mm, je nach Qualität und Verwendungsbereich.

3. PVC-Bodenbeläge mit strukturierter Oberfläche (CV-Beläge)

Die geschäumten PVC-Bodenbeläge (DIN EN ISO 26986) – auch Cushioned Vinyls genannt – gehören aufgrund ihrer konstruktiven Merkmale zu den PVC-Belägen mit Rücken, nehmen aber wegen ihres abweichenden Aufbaues und ihrer reliefartig strukturierten Oberfläche eine Sonderstellung ein.

PVC-Schaumbeläge werden im sog. Streichverfahren hergestellt und setzen sich aus 4 bis 5 untrennbar miteinander verbundenen Schichten zusammen, so dass sie zu den heterogen aufgebauten PVC-Belägen zählen.

Im Einzelnen bestehen sie aus einer transparenten, hochabriebfesten Nutzschicht aus PVC, einer darunter angeordneten, nach vorgegebenem Muster reliefartig aufschäumbaren Schaumschicht mit oberseitig aufgedrucktem Dekor (Reproduktionen von Holz, Fliesen oder graphischen Dessins) und einem Träger aus Glasvlies zur Stabilisierung.[1] Je nach Art des Belages kann die Ware rückseitig noch mit einer zusätzlichen Schaumstoffschicht (Unterschicht) versehen sein.

Geschäumte PVC-Beläge sind feuchtigkeitsbeständig, angenehm begehbar, fußwarm, trittschalldämpfend, relativ pflegeleicht und recyclingfähig. Aufgrund dieser Eigenschaften eignen sich diese Beläge insbesondere für den Wohnbereich; für den Objektbereich geeignete Beläge sind auf dem Markt ebenfalls erhältlich.

Die jeweiligen produktspezifischen Anforderungen, Verschleißgruppen- und Verwendungsbe-

---

[1] Bis Mitte der 80er Jahre wurden CV-Beläge mit asbesthaltiger Rückenbeschichtung hergestellt. Da Asbest zwischenzeitlich in der Gefahrstoff-Verordnung als krebserzeugender Stoff eingestuft ist, besteht für dieses Material ein Herstellungs- und Verwendungsverbot. Man kann jedoch davon ausgehen, dass Beläge, die nach 1985 eingebaut wurden, keinen Asbest mehr enthalten.
Bei Renovierungsarbeiten anfallende Altbeläge wie
• CV-Beläge,
• Flex-Platten,
• Vinyl-Asbest-Platten
dürfen nur von Spezialfirmen mit entsprechender Sachkunde unter Beachtung strenger Sicherheitsmaßnahmen entfernt bzw. entsorgt werden. Eigenmächtiges Entfernen und Entsorgen ist strafbar und stellt ein Vergehen gegen die Umwelt dar. Asbesthaltige Stoffe dürfen auch nicht in die Container für Bauschutt und Baustellenabfälle gegeben werden.

reich-Klassifizierungen sind den in Abschn. 11.5 angegebenen Produktnormen zu entnehmen. Vgl. hierzu auch Tabelle **11.77**.

Regelabmessungen – Geschäumte PVC-Beläge (CV-Beläge): Bahnenware 200, 300, 400 cm. Gesamtdicke zwischen 1, 2 und 3,5 mm. Nutzschichtdicke 0,1 bis 0,3 mm, je nach Qualität und Einsatzbereich. Verlegung, Aufmaß und Abrechnung nach VOB Teil C, DIN 18 365, Bodenbelagarbeiten.

11.4.10.2 Polyolefin-Bodenbeläge (PO-Beläge)

Die kontrovers geführte Diskussion bezüglich der Gesundheits- und Umweltverträglichkeit von PVC-Produkten im Bauwesen hat die Bodenbelagindustrie veranlasst, verstärkt nach alternativen Belägen zu suchen. Neben anderen Belaggruppen zählen auch die Polyolefin-Bodenbeläge zu den umweltfreundlichen Produkten.

PO-Beläge bestehen aus Polyolefinen mit EVA-Copolymerisat als Bindemittel, mineralischen Füllstoffen und Farbpigmenten. Ihre Herstellung ist vergleichbar mit der von PVC-Belägen: die Rohstoffe werden gemischt, plastifiziert, über Walzwerke ausgewalzt und zu homogenen Bahnen oder Platten konfektioniert.

Polyolefinbeläge sind chlor-, weichmacher- und schwermetallfrei, so dass sie mit normalem Hausmüll bzw. Bauschutt entsorgt, ohne nachteilige Emissionen in Verbrennungsanlagen verbrannt oder zu neuen Bodenbelägen wiederverwertet werden können.

Die Beläge sind elastisch, strapazierfähig, trittsicher und rutschhemmend, stuhlrollengeeignet und beständig gegen die gebräuchlichsten Haushaltschemikalien, so dass sie im gesamten Wohnbereich und normal beanspruchten öffentlichen Bereich eingesetzt werden können; außerdem sind sie schwerentflammbar (Baustoffklasse B1) nach DIN 4102. Aufgrund ihrer geschlossenporigen Oberfläche und thermische Verschweißbarkeit der Belagnähte sind sie feuchteunempfindlich und in Nassräumen einsetzbar. Zu beachten ist jedoch, dass sich die auf dem Markt angebotenen Polyolefinbeläge teilweise stark voneinander unterscheiden (Herstellerangaben beachten!).

Insgesamt ist der Marktanteil von Polyolefinbelägen nicht sehr groß, vor allem auch deshalb, weil diese Alternativprodukte im Vergleich mit hochwertigen PVC-Belägen doch deutliche Qualitäts- und Nutzungsunterschiede aufweisen. Dies gilt insbesondere hinsichtlich Verschleißfestigkeit und Kratzempfindlichkeit, Dimensionsänderungen bei Temperaturwechsel (Wärmeeinwirkung) und direkter Sonneneinstrahlung sowie Haftungsproblemen bei der Verlegung.

Regelabmessungen – Polyolefin-Bodenbeläge (nicht genormt): Bahnenbreite im Allgemeinen 125 und 200 cm. Quadratische Plattenformate 60 x 60 cm. Gesamtdicke für den Wohnbereich ab 1,5 mm, im Objektbereich 2,0 mm. Verlegung, Aufmaß und Abrechnung nach VOB Teil C, DIN 18 365, Bodenbelagarbeiten.

11.4.10.3 Quarzvinyl-Bodenbeläge

Quarzvinylbeläge eignen sich für extrem starke Beanspruchungen im Objektbereich. Sie bestehen überwiegend aus Quarzsand, mineralischen Füllstoffen, Farbpigmenten und wenigen PVC-Anteilen als Bindemittel. Aufgrund dieser umweltschonenden Zusammensetzung dürfen sie mit normalem Haushaltsmüll bzw. Bauschutt entsorgt werden.

Die Herstellung der Quarzvinylfliesen ist ähnlich wie bei den PVC-Belägen. Nach dem Auswalzen des Mischgutes auf Kalandern (beheizte Metallwalzen) werden die Fliesen jedoch bei hoher Temperatur und sehr hohem Druck noch mehrmals nachgepresst. Durch diese Pressung werden die Quarzkörner und Füllstoffe derart verdichtet, dass alle Lufteinschlüsse beseitigt und die einzelnen Quarzkristalle zu einer festen Einheit verschmelzen.

Gepresste Quarz-Vinyl-Beläge zeichnen sich durch extrem hohe Verschleißfestigkeit, Rollstuhl- und sogar Gabelstaplereignung aus, so dass diese Beläge vor allem im Gewerbe- und Industriebereich sowie in öffentlich zugänglichen Gebäuden wie beispielsweise Warenhäuser, Ladengeschäfte, Schulen, Verwaltungsgebäude, Gaststätten, Diskotheken u.v.m. verlegt werden. Sie eignen sich außerdem zum Verlegen auf Fußbodenheizung und sind weitgehend beständig gegen gebräuchliche Säuren, Laugen und Lösungsmittel; bezüglich ihres Brandverhaltens werden sie der Baustoffklasse B1 (schwerentflammbar) nach DIN 4102 zugeordnet.

Nicht geeignet sind sie für Nassraumbereiche und Räume mit elektron. Geräten, EDV-Anlagen.

Regelabmessungen – Gepresste Quarzvinylfliesen (nicht genormt): Quadratisches Format: 30 x 30 cm. Rechteckige Formate auf Bestellung: 30 x 5 – 30 x 10 – 30 x 15 – 30 x 20 – 30 x 25 cm. Gesamtdicke 2 mm. Verlegung, Aufmaß und Abrechnung nach VOB Teil C, DIN 18 365, Bodenbelagarbeiten.

11.4.10.4 Linoleum-Bodenbeläge

Linoleum wurde vor gut 150 Jahren erfunden. Es war der erste Bahnenbelag, mit dem man Böden großflächig ohne besonderen baulichen Aufwand belegen konnte. Neuere Belagarten wie PVC-Beläge und (Nadelvlies-) Teppichböden reduzierten die Marktanteile von Linoleum deutlich, ohne die grundsätzlichen Vorzüge dieses Belages in Frage stellen zu können. Mit der wachsenden Bedeutung des umweltfreundlichen Bauens und Wohnens gewinnt der (nahezu) ganz aus natürlichen Rohstoffen hergestellte Belag wieder verstärkt an Interesse.

Linoleum (DIN EN ISO 24011) besteht im Wesentlichen aus Leinöl, Naturharzen, Holz- und Korkmehl, mineralischen Füllstoffen sowie Farbpigmenten. Diese Grundstoffe werden in verschiedenen Verfahren zur teigartigen Linoleum-Deckmasse vermengt bzw. geknetet und unter Hitze und Druck in Walzwerken (Kalandern) auf ein Jutegewebe (Trägermaterial) aufgewalzt. In großen Trockenkammern muss das Linoleum noch einige Wochen ausreifen, um die erforderliche Endfestigkeit zu erreichen. Eine dünne transparente Oberflächen-Versiegelung macht den Belag weitgehend unempfindlich gegen Schmutz und vereinfacht die Reinigung.

Produktspezifische Eigenschaften. Linoleum ist ein bis zum Trägermaterial homogen zusammengesetzter und durchgefärbter elastischer Bodenbelag, in vielen Farben und Musterungen erhältlich. Es ist angenehm begehbar, strapazierfähig, zigarettenglutbeständig, schwerentflammbar (Baustoffklasse B1) nach DIN 4102 sowie permanent antistatisch; in Varianten jedoch auch elektrisch leitfähig herstellbar. Außerdem ist es beständig gegen Fette und Öle, Farb- und Filzstifte sowie geeignet für Fußbodenheizung und Stuhlrollenbeanspruchung (DIN EN 12 529 – **Rollentyp W**).

Für gewerbliche und industrielle Objekte wie Werkstätten, Fabrikations- und Lagerhallen werden besonders strapazierfähige Linoleumqualitäten angeboten, die sogar mit Gabelstaplern befahrbar sind.

Darüber hinaus ist Linoleum umweltfreundlich, da es aus überwiegend natürlichen, nachwachsenden Rohstoffen hergestellt wird. Im Brandfall entstehen keine schädlichen Gase mit Folgeschäden. Altes, ausgebautes Linoleum kann zwar nicht recycelt, jedoch kompostiert und damit kostengünstig und umweltfreundlich entsorgt werden.

Verlegung/Nahtverschluss. Linoleum sollte jedoch nicht in Räumen verlegt werden, in denen mit länger einwirkender Feuchtigkeit, heißem Wasser, organischen Lösungsmitteln, Säuren und Laugen zu rechnen ist; auch sind immer Abdichtungen gegen Feuchtigkeit von unten gemäß Abschn. 11.3.2 vorzusehen.

Aus der Rohstoffzusammensetzung und dem Herstellungsverfahren ergeben sich Materialeigenschaften, die beim

11

Verlegen von Linoleum zu berücksichtigen sind (Umgebungsfeuchte, Klebstoffeinflüsse).

Der Nahtverschluss mit erhitztem Schmelzdraht – bei Linoleum „Verfugung" genannt – ist vor allem im Objektbereich und in Räumen, die nassgereinigt bzw. desinfiziert werden müssen (Krankenhaus, Pflegeheim), erforderlich. Vgl. hierzu auch Abschn. 11.4.10.7.

Reinigung und Pflege. Modernes Linoleum erfordert keinen größeren Pflegeaufwand als andere vergleichbare Beläge, – das Bohnern mit Wachsen gehört längst der Vergangenheit an. Aus Gründen der leichteren Reinigung und höheren Strapazierfähigkeit wird häufig werkseitig noch eine dünne PU-Versiegelung auf die Belagoberfläche aufgebracht; Linoleum ist jedoch auch unbeschichtet erhältlich. Die nach der Verlegung und Bauabschlussreinigung notwendige Einpflege ist gemäß Herstellerempfehlung auszuführen. Ungeeignete Reinigungsmittel können zu Verfärbungen des Belages führen.

Linoleum mit Rücken – auch Linoleum-Verbundbelag genannt – besteht aus einer Linoleum-Oberschicht mit Trägermaterial aus Jute und einem unterseitig damit untrennbar verbundenen Rücken. Bei dieser Verbundkonstruktion werden die Vorteile der strapazierfähigen Oberschicht mit den Vorzügen der jeweiligen Unterschicht – wie zum Beispiel verbesserte Trittelastizität, Schall- und Wärmedämmung (Fußwärme) – in sinnvoller Weise miteinander verbunden. Im Einzelnen unterscheidet man:

- Linoleum mit Schaumrücken (DIN EN 686)
- Linoleum mit Korkmentrücken (DIN EN 687).

Korklinoleum (DIN EN 688) ist ein homogener Linoleumbelag, dessen Oberschicht deutlich mehr Korkgranulat enthält, um einen bestimmten Begehkomfort und eine Trittschallverbesserung zu erzielen.

Korkmentunterlagen (DIN EN 12455) werden in Verbindung mit anderen elastischen Bodenbelägen oder als flächige Unterlage bei Hartbelägen (Laminatboden, Fertigparkett) in Form von Rollen oder Platten für Trittschall- und Wärmedämmzwecke eingesetzt.

Die jeweiligen produktspezifischen Anforderungen, Verschleißgruppen- und Verwendungsbereich-Klassifizierungen sind den in Abschn. 11.5 angeführten Produktnormen zu entnehmen. Vgl. hierzu auch Tab. **11**.77. Angaben über Verlegung, Nahtverschluss, Reinigung und Pflege von elastischen Bodenbelägen s. Abschn. 11.4.10.7.

Regelabmessungen – Linoleum: Bahnenbreite üblicherweise 200 cm, bei Sonderanfertigung 300 cm. Plattenformate 50 x 50 – 60 x 60 cm. Belagdicke: 2,0 – 2,5 – 3,2 – 4,0 mm. Gesamtdicke-Verbundbelag: 4,0 – 4,5 – 5,0 mm. Verlegung, Aufmaß und Abrechnung nach VOB Teil C, DIN 18365, Bodenbelagarbeiten.

11.4.10.5 Kork-Bodenbeläge und Kork-Fertigparkett

Bodenbeläge aus Kork sind druckelastisch und angenehm begehbar, fußwarm, wärme- und trittschalldämmend, antistatisch, im Baubereich verrottungsfrei sowie für Fußbodenheizung geeignet. Kork-Bodenbeläge werden im gesamten Wohnbereich eingesetzt; Beläge mit PVC-Verschleißschicht sind besonders strapazierfähig und daher auch im Objektbereich verwendbar. Kork-Bodenbelag gilt außerdem als umweltfreundlich, da er aus überwiegend natürlichen, nachwachsenden Rohstoffen hergestellt wird. Folgende Korkbeläge sind zu unterscheiden:

Kork-Bodenbeläge
- **Einschichtige Kork-Bodenbeläge** aus homogener Presskorkplatte (DIN EN 12104), geschliffen, ansonsten unbehandelt.
- **Zweischichtige Kork-Bodenbeläge** bestehend aus einer Presskorkplatte, beschichtet mit einer weiteren dekorativen Presskorkplatte oder einem Korkfurnier, geschliffen, ansonsten unbehandelt.
- **Oberflächenbehandelte Kork-Bodenbeläge** (einschichtig, zweischichtig oder furniert), werkseitig vorversiegelt oder vorgewachst.
- **Mehrschichtige Kork-Bodenbeläge** mit einer durchsichtigen PVC-Verschleißschicht, einem Presskorkträger (Presskorkplatte mit oder ohne dekorativem Furnier aus Kork oder Holz) und einem unterseitig aufkaschierten PVC-Gegenzugmaterial.

Kork-Fertigparkett
- **Mehrschichtig aufgebaute Verlegeelemente** bestehend aus einem Trägermaterial (z. B. 6 mm HDF-Platte), beschichtet mit einer 3 bis 4 mm dicken, endversiegelten Kork-Nutzschicht und einem unterseitig aufkaschierten, 2 bis 3 mm dicken Presskork-Gegenzug zur Stabilisierung und Trittschalldämmung.
- Kork-Fertigparkett ist für Feuchträume nicht geeignet; eine Verlegung auf Fußbodenheizung ist nicht empfehlenswert. Die Elemente sind verlegbar entweder
  - vollflächig schwimmend mit Nut-Feder-Verleimung oder
  - vollflächig schwimmend mit leimloser Nut-Feder-Arretierung (sog. Klickprofilen). Vgl. hierzu auch Abschn. 11.4.9, Laminatböden, mit Bild **11**.76, sowie die aktuelle Normgebung in Abschn. 11.5.

Rohstoff und Herstellung. Kork wird aus der Rinde der nur sehr langsam – hauptsächlich im Mittelmeerraum – wachsenden Korkeiche gewonnen. Aus den gekochten und in Streifen geschnittenen Rindenstücken werden zunächst Flaschenkorken gestanzt und der Restkork in Schrotmühlen granuliert.

Dieses Granulat wird anschließend – entsprechend der jeweils gewünschten Optik des herzustellenden Belages – sortiert, mit Bindemitteln vermengt und in Stahlformen zu großen Blöcken verpresst. Davon werden Platten in gewünschter Dicke abgeschält, geschliffen und auf Größe gestanzt (Presskorkplatten nach DIN EN 12 104).

Mit werkseitig aufgebrachten dekorativen und ggf. farbig behandelten Kork- bzw. Holzfurnierschichten lässt sich die Dessinvielfalt noch wesentlich erweitern. Besonders exclusive Korkfurniere entstehen, wenn im Querschnitt quadratisch dimensionierte Rindenstücke in einer Art Schachbrettmuster übereinandergestapelt, verpresst und anschließend gemessert werden (Korkparkett nicht genormt).

Das mit Bindemittel angereicherte Korkgranulat kann aber auch auf Fließbänder geschüttet und großflächigen Pressen zugeführt werden. Die dabei entstehenden Bahnen dienen bei anderen Belägen als Unterlage für Wärme- und Trittschalldämmzwecke (Korkmentunterlagen nach DIN EN 12 455).

Verlegung und Oberflächenbehandlung. Kork ist ein Naturprodukt und weist mehr oder weniger große Maßtoleranzen auf. Während furnierte Beläge weitgehend dickengleich sind, lassen sich bei den homogenen, naturbelassenen Presskorkplatten kleine Dickendifferenzen (Kantenüberstände) nicht vermeiden. Deshalb empfiehlt es sich, derartige Kork-Bodenbeläge nach dem Verkleben zu überschleifen. Furnierte und werkseitig vorbehandelte Korkbeläge dürfen maschinell jedoch nicht geschliffen werden. Einzelheiten über das nicht ganz unproblematische Verlegen von Kork-Bodenbelägen sind dem entsprechenden Merkblatt [59] zu entnehmen.

Kork-Bodenbeläge bedürfen eines Oberflächenschutzes, da roh belassene Korkfliesen bei der Benutzung sofort verschmutzen würden und Wischwasser in die Fugen eindringen könnte. Werkseitig unbehandelte Platten müssen daher nach dem Verkleben vor Ort versiegelt oder gewachst werden. Vom Hersteller vorversiegelte/vorgewachste Ware muss am Verlegeort immer auch noch endversiegelt/endgewachst werden. Korkbeläge mit einer PVC-Verschleißschicht bedürfen keiner weiteren Oberflächenbehandlung; diese Beläge sind außerdem für Stuhlrollenbeanspruchung (DIN EN 12 529) geeignet.

Kork-Bodenbeläge lassen sich in Wohnungsbädern ohne Bodenablauf nur einsetzen, wenn eine Versiegelung ausreichend Feuchteschutz

gegen Wassereinwirkung von oben gewährleistet. Gewachste Böden und Kork-Bodenbeläge mit PVC-Verschleißschicht eignen sich hierfür nicht. Korkbeläge sind auch nicht geeignet – sofern von Seiten der Hersteller keine anderslautenden Empfehlungen vorliegen – für den Einsatz in Nassräumen wie beispielsweise Badezimmer mit Bodenablauf, Duschräumen usw.

Die jeweiligen produktspezifischen Anforderungen, Verschleißgruppen- und Verwendungsbereich-Klassifizierungen sind den in Abschn. 11.5 angeführten Produktnormen zu entnehmen. Vgl. hierzu auch Tab. **11**.77. Angaben über Verlegung, Reinigung und Pflege von elastischen Bodenbelägen s. Abschn. 11.4.10.7.

Regelabmessungen – Kork-Bodenbeläge: Rechteckige Formate 30 x 60 – 90 x 15 – 90 x 30 cm. Quadratische Formate 30 x 30 cm. Dicken 4 – 5 – 6 – 8 mm. Kork-Bodenbelag mit PVC-Verschleißschicht, Gesamtdicke 3,2 mm. Kork-Fertigparkett 90 x 30 cm, Gesamtdicke 11 mm. Verlegung, Aufmaß und Abrechnung nach VOB Teil C, DIN 18 365, Bodenbelagarbeiten.

11.4.10.6 Elastomer-Bodenbeläge
(Kautschukbeläge)

Elastomer-Bodenbeläge werden auf der Basis von Synthesekautschuk und/oder Naturkautschuk unter Zugabe von Füllstoffen, Farbpigmenten, Vulkanisierungsmitteln und sonstigen Zuschlagstoffen bzw. chemischen Komponenten hergestellt. Durch entsprechende Rezepturen können die Eigenschaften der Beläge gezielt beeinflusst und für nahezu jeden Verwendungszweck ein geeigneter Belag hergestellt werden. Die zunächst zähelastische Masse wird durch Kneten und Walzenpressung auf Kalandern zu Bahnen gezogen und unter Wärme und Druck durch Vulkanisation in ein dauerhaft elastisches Material umgewandelt (chemische Vernetzung unter Zugabe von Schwefel). Durch das Vulkanisieren wird aus der plastomeren (thermoplastischen) Kautschukmasse ein Elastomer.

Produkte aus vulkanisiertem Kautschuk haben gleichbleibende Eigenschaften über einen weiten Temperaturbereich. Daher sind Elastomerbeläge – im Gegensatz zu thermoplastischen Belägen (z. B. PVC-Beläge) – durch Wärmeeinwirkung nicht mehr schmelzbar bzw. verformbar, aber auch nicht thermisch verschweißbar.

Elastomer-Bodenbeläge sind PVC-, halogen- und weichmacherfrei, enthalten kein Asbest und sind recyclingfähig. Produktionsabfälle und ausgebaute Altbeläge – frei von Estrich- und Kleberresten – können granuliert und bestimmten Produkten wieder beigemengt werden. Derzeit werden jedoch alte Beläge entweder auf kontrol-

11

lierten Deponien entsorgt oder in Industriefeuerungsanlagen thermisch verwertet.

Der gummitypische Geruch kann sowohl bei Belägen aus natürlichem als auch synthetischem Kautschuk auftreten, insbesondere bei intensiver Sonneneinstrahlung oder bei Fußbodenheizung. Es liegen jedoch keine Erkenntnisse vor, dass sich im eingebauten Zustand Probleme durch Emissionen aus dem Belag ergeben.

Ebene homogene und heterogene Elastomer-Bodenbeläge (DIN EN 1817) sowie Ebene homogene und heterogene Elastomer-Bodenbeläge mit Schaumstoffbeschichtung (DIN EN 1816)

Ebene Elastomerbeläge können homogen oder heterogen aufgebaut sein und als Verbundbelag noch zusätzlich eine trittschallmindernde bzw. wärmedämmende Unterschicht aus Schaumstoff aufweisen.

- **Homogene Elastomer-Bodenbeläge** weisen über die gesamte Dicke eine durchgehend gleiche Materialzusammensetzung, Färbung und Musterung auf. Sie eignen sich daher für Objekte mit starkem Publikumsverkehr und leichtem Fahrverkehr gemäß Tabelle **11**.77.

- **Heterogene Elastomer-Bodenbeläge** sind immer mehrschichtig aufgebaut, wobei die einzelnen Schichten unterschiedliche Materialzusammensetzungen aufweisen. Während die unteren Schichten stärker mit Füllstoffen und ggf. recyceltem Altmaterial angereichert sind und mit einer Stabilisierungseinlage verstärkt sein können, enthält die obere Nutzschicht hohe Kautschukanteile. Nutzungsdauer und Preis sind bei diesen Belägen entsprechend niedriger anzusetzen.

Produktspezifische Eigenschaften. Kautschuk-Bodenbeläge sind außergewöhnlich strapazierfähig und verschleißfest, maßbeständig, stuhlrollengeeignet, schwerentflammbar (Baustoffklasse B1 nach DIN 4102) und zigarettenglutbeständig sowie weitgehend chemisch resistent gegen Säuren, Laugen, Öle, Fette und Lösungsmittel.

Sie zeichnen sich außerdem durch eine rutschhemmende, sehr dichte und daher relativ wirtschaftlich zu reinigende Oberfläche aus. Eine zusätzliche PU-Oberflächenversiegelung (Oberflächen-Finish) – wie sie bei den meisten elastischen Bodenbelägen noch zusätzlich aufgebracht wird – kann bei Elastomerbelägen entfallen.

Gummibeläge sind permanent antistatisch, Sonderqualitäten gibt es jedoch auch elektrisch leitfähig. Ein Nahtverschluss mit Fugenmasse ist möglich, in der Regel allerdings nicht erforderlich.

Aufgrund ihrer hohen Gleitsicherheit und Trittelastizität werden sie in Gymnastik-, Sport- und Mehrzweckhallen, aber auch in Pflegeheimen und Krankenhäusern eingesetzt. Je nach Anforderungsprofil sind sie außerdem für stark frequentierte Bereiche in öffentlichen Gebäuden sowie Industrie- und Gewerbebetrieben besonders geeignet.

Elastomer-Bodenbeläge gibt es sowohl mit klassischem als auch modernem Dessin in großer Farben- und Mustervielfalt, sowohl als Bahnen- wie Plattenware. Ein umfangreiches Zubehörprogramm (Sockelleisten, Kantenprofile, Formteile für Treppenbelag) runden das Angebot ab.

Die jeweiligen produktspezifischen Anforderungen, Verschleißgruppen- und Verwendungsbereich-Klassifizierungen sind den in Abschn. 11.5 angegebenen Produktnormen zu entnehmen. Vgl. hierzu auch Tabelle **11**.77. Verlegung, Reinigung und Pflege s. Abschn. 11.4.10.7.

Regelabmessungen – Ebene Elastomer-Bodenbeläge: Bahnenbreite 120 cm. Plattenformat 61 x 61 cm. Dicke 1,8 bis 3,5 mm. Elastomer-Bodenbeläge mit einer Unterschicht aus Schaumstoff sind nur als Bahnenware erhältlich: Nutzschichtdicke ab 1,0 mm, Unterschicht 1,5 bis 2,5 mm. Gesamtdicke 3,5 bis 4,5 mm.

Profilierte homogene und heterogene Elastomer-Bodenbeläge (DIN EN 12 199)

Elastomer-Bodenbeläge mit profilierter Oberfläche – auch Gummi-Noppenbeläge genannt – bieten zusätzliche Trittsicherheit beim Begehen und vielfältige Gestaltungsmöglichkeiten. Die reliefartige Oberfläche besteht in der Regel aus klassischen Rundnoppen oder einer Kombination von Rund- und Längsnoppen.

Profilierte Gummibeläge eignen sich für normale, starke und sehr starke Beanspruchungen. Dementsprechend können sie im Wohnbereich, vor allem aber im Objektbereich sowohl in Boutiquen, Gaststätten und Arztpraxen, als auch in Flughäfen, Bahnhofs-, Messe-, Ausstellungs- und Schalterhallen oder in U-Bahnen, Straßenbahnen und anderen Schienenfahrzeugen eingesetzt werden.

Des Weiteren werden noch Spezialbeläge beispielsweise in elektrostatisch leitfähiger bzw. ableitfähiger Ausführung für Räume mit elektronischen Geräten, UV-beständige Qualitäten für verglaste, tageslichtdurchflutete Zonen sowie öl- und fettbeständige Beläge angeboten.

Mit einem umfangreichen Zubehörprogramm lassen sich Anschlussprobleme in Randzonen, bei Treppenstufen und im Sockelbereich lösen.

11

Auf die große Vielfalt von Farben und Dessins – abgestimmt mit den Zubehörteilen – wird besonders hingewiesen.

Die Rückseite der Beläge kann entweder glatt sein oder Zäpfchen aufweisen. Diese Zäpfchen ergeben eine hohlraumfreie Verklebung und bei extremer Beanspruchung noch zusätzlich eine mechanische Verankerung gegen Schub- und Scherkräfte (Gabelstaplerverkehr).

Zum Verlegen im Außenbereich oder in ausgesprochenen Nassbereichen sind Elastomer-Bodenbeläge nicht geeignet. Verlegehinweise beinhaltet das entsprechende Merkblatt [99].

Die jeweiligen produktspezifischen Anforderungen, Verschleißgruppen- und Verwendungsbereich-Klassifizierungen sind den in Abschn. 11.5 angeführten Normen zu entnehmen. Vgl. hierzu auch Tab. **11**.77. Angaben über Verlegung, Reinigung und Pflege von elastischen Bodenbelägen s. Abschn. 11.4.10.7.

Regelabmessungen – Profilierte Elastomer-Bodenbeläge: Bahnenbreite 120 cm. Plattenformat: 50 x 50 – 60 x 60 cm. Gesamtdicke 2,0 – 2,5 – 3,0 – 3,5 – 4,0 – 4,5 – 5,0 mm. Noppenhöhe in der Regel 0,5 mm (1,5 mm bei Extrembeanspruchung). Verlegung, Aufmaß und Abrechnung nach VOB Teil C, DIN 18 365, Bodenbelagarbeiten.

11.4.10.7 Verlegung, Nahtverschluss und Pflege elastischer Bodenbeläge

Vor Beginn der Bodenbelagarbeiten hat der Auftragnehmer (Bodenleger) zu prüfen, ob und inwieweit der Untergrund (Neu-/Altuntergrund) die Voraussetzungen zur Verlegung des vorgesehenen Bodenbelages erfüllt und ob dieser auch für die voraussichtliche Beanspruchung geeignet ist.

Daraus ergeben sich Prüf- und Hinweispflichten. Falls nach den fachlichen Regeln Bedenken vorliegen, sind diese in schriftlicher Form an zuständiger Stelle (Auftraggeber/Planer) unverzüglich geltend zu machen. Maßgebend sind die Bedingungen der VOB ATV DIN 18 299, Allgemeine Regelungen für Bauarbeiten jeder Art sowie DIN 18 365, Bodenbelagarbeiten.

Da verschiedenartige Unterböden unterschiedliche Vorarbeiten erfordern, sind von Seiten der Bauplanung entsprechende Angaben über den Gesamtaufbau der Fußbodenkonstruktion – insbesondere über die Art des Estrichs (Bindemittel), Anordnung und Dicke der einzelnen Schichten (Dämmung, Abdichtung) sowie über die Funktion der Bewegungsfugen – im Leistungsverzeichnis anzugeben.

Die Prüf- und Hinweispflicht des Verlegers bezieht sich **nur** auf die Beschaffenheit des Verlege-untergrundes, nicht aber auf etwaige darunterliegende Schichten bzw. Schichtenfolgen.

Prüfung des Verlegeuntergrundes. Elastische Bodenbeläge können auf neuen Untergründen (z. B. Estriche, Fertigteilestriche) oder auf geeigneten Altbelägen – sofern diese mit dem Untergrund fest verbunden sind und keine wesentlichen Verunreinigungen aufweisen – verlegt werden. In jedem Fall muss die Beschaffenheit des Untergrundes vom Bodenleger sorgfältig geprüft und die Oberfläche mit geeigneten Werkstoffen und Verfahren so behandelt werden, dass sie belegreif ist und den Anforderungen der DIN 18 365, Bodenbelagarbeiten, entspricht.

Besonders sorgfältig zu prüfen ist der zulässige Feuchtegehalt entsprechend der Art des Untergrundes und des vorgesehenen Belages (Tabellen **11**.33 sowie **12**.9), die Festigkeit, Ebenheit (Tabelle **11**.2) und sonstige Beschaffenheit der Oberfläche, ihre Höhenlage zu anschließenden Bauteilen, der normgerechte Überstand des Randdämmstreifens sowie die Markierung von Messstellen und das Aufheizprotokoll bei beheizten Fußbodenkonstruktionen.

Vorbereitung des Verlegeuntergrundes. Der Untergrund, auf dem elastische Bodenbeläge verlegt werden sollen, muss eben, ausreichend fest und tragfähig, rissefrei, dauerhaft trocken, frei von Verunreinigungen wie Fetten, Ölen, Farbresten und losen Teilen sowie Trenn- und Sinterschichten sein. Objektbezogene Besonderheiten sind vom Bodenleger zu prüfen und entsprechend zu berücksichtigen (z. B. Stuhlrollenbeanspruchung, Fußbodenheizung usw.)

- **Grundieren.** Die meisten Verlegeuntergründe werden zunächst mit einer Grundierung (sog. Vorstrich) vorbehandelt. Diese reduziert die Saugfähigkeit mineralischer Untergründe, bindet den Staub, schützt feuchtigkeitsempfindliche und quellfähige Verlegeflächen (z. B. Anhydritestrich, Holzspanplatten) vor dem Wasser aus Spachtelmassen und Klebstoffen und verbessert den Haftverbund bei sehr dichten und sehr glatten Untergrundflächen.

- **Spachteln.** Durch das anschließende Spachteln des Untergrundes wird sichergestellt, dass die Verlegefläche eine optimale Saugfähigkeit, gute Festigkeit und ausreichende Ebenheit aufweist.
  Je nach Bedarf soll Feinspachtelmasse (bis 5 mm) die Poren füllen und kleinere Unebenheiten ausgleichen; bei größeren Unebenheiten ist Ausgleichsmasse (bis 10 mm) zu verwenden. Zum Nivellieren von deutlichen Höhenunterschieden werden Füllmassen (bis 35 mm) eingesetzt.
  Vor allem bei dünnen Belägen, die ohne Unterlagen verlegt werden und bei denen im Gegenlicht jede kleinste Unebenheit sichtbar ist, sind selbstverlaufende Spachtelmassen notwendig.
  Auch bei nicht oder nur gering saugenden Untergründen muss in der Regel eine mind. 2 mm dicke Spachtel-

11

schicht aufgebracht werden, die das überschüssige Wasser aus Dispersions-Klebstoffen vorübergehend aufnimmt. Ansonsten würde bei direktem Klebstoffauftrag auf weitgehend dichtem Untergrund nicht nur das Abbinden verzögert, sondern auch der Bodenbelag die Feuchtigkeit des Klebers aufnehmen, sich dadurch ausdehnen, an den Rändern aufstellen und Blasen bilden. Vgl. hierzu auch Abschn. 11.3.6.4, Spachtelung von Gussasphaltestrich.

Überstehende Randdämmstreifen mit Abdeckung dürfen erst **nach dem Spachteln** abgeschnitten werden, damit die Randfugen nicht durch Spachtelmasse o. Ä. verfüllt und dadurch funktionslos werden. Vgl. hierzu Abschn. 11.3.6.4, Zementestrich auf Dämmschicht.

Klebstoffe

Die Wahl eines geeigneten Klebestoffes hängt von der Belagart, der Beschaffenheit des Untergrundes, der voraussichtlichen Beanspruchung des Bodens und den örtlichen Verhältnissen ab. So dürfen auf beheizbaren Fußbodenkonstruktionen nur solche Klebstoffarten verwendet werden, die von der Herstellerfirma als „für Fußbodenheizung geeignet" gekennzeichnet sind.

Elastische Bodenbeläge werden vollflächig verklebt. Zuvor sind sie im jeweiligen Verlegeraum ausreichend lang zu akklimatisieren, so dass sich das Material an Temperatur und Luftfeuchte anpassen kann. Die Klebstoffe müssen so beschaffen sein, dass durch sie eine feste und dauerhafte Verbindung erreicht wird. Sie werden in der Regel mit einem Zahnspachtel aufgetragen; dabei sind die Verarbeitungsvorschriften der Klebstoffhersteller genauestens einzuhalten.

Klassifizierung von Klebstoffen. Klebstoffe dürfen weder für den Bodenleger noch für den Benutzer gesundheitsschädigende bzw. raumluftbelastende Komponenten enthalten. Eine der wichtigsten Voraussetzungen dafür ist, dass die eingesetzten Klebstoffe keine Lösungsmittel, vor allem aber auch keine sogenannten synthetischen Weichmacher (Hochsieder) enthalten, die unter Umständen auf Wochen, Monate und sogar Jahre hinaus schädliche oder geruchlich unangenehme Komponenten an die Raumluft emittieren.

Es macht allerdings wenig Sinn, wenn nur der Bodenleger emissionsarme Produkte einsetzt, andere Verarbeiter jedoch mit hoch lösungsmittelhaltigen Grundierungen, Spachtelungen, Lackfarben usw. in den Innenräumen arbeiten. Daher müssen alle Produkte des Innenausbaues – einschließlich der Holzwerkstoffe und Einrichtungsgegenstände – möglichst emissionsarm sein, um die angegebenen Richtwerte nicht zu überschreiten. Vgl. hierzu auch Abschn. 11.4.2, Ökologische Bewertung.

GISCODE/EMICODE. Diese Forderung führt zur Klassifizierung von Klebstoffen nach ihrem Lösemittelgehalt und Emissionsverhalten. So teilt die in Abschn. 11.4.2 angesprochene TRGS 610 bzw. GISCODE-Klassifizierung Klebstoffe, Spachtelmassen und Vorstriche in

- stark lösemittelhaltige (über 10 %),
- lösemittelhaltige (bis 10 %),
- lösemittelarme (bis 5 %),
- lösemittelfreie (ohne bzw. bis max. 5 %) Produkte ein.

In den letzten Jahren wurden Verlegewerkstoffe entwickelt, die fast vollständig ohne Lösungsmittel auskommen. Dies führte zu der Produkt-Klassifizierung EC1 bis EC3 nach EMICODE. Somit kann heute davon ausgegangen werden, dass nahezu alle Klebstoffhersteller lösemittelfreie bzw. sehr emissionsarme Alternativen für alle in Frage kommenden Anwendungen anbieten. Die zunächst vorgetragenen Bedenken, Dispersionsklebstoffe auf Wasserbasis böten nicht die gleiche Klebeleistung wie lösemittelhaltige Klebstoffe, können zwischenzeitlich als überholt angesehen werden.

Für Klebungen von elastischen und textilen Bodenbelägen werden folgende Klebstoffarten angeboten:

- **Dispersionsklebstoffe** (GISCODE-Klassifizierung D1 bis D7). Sie können sehr unterschiedlich aufgebaut sein, so dass für nahezu alle Anwendungsgebiete geeignete Kleber zur Verfügung stehen. Das Bindemittel ist in Wasser dispergiert; dieses verdunstet oder wird vom Untergrund aufgesaugt. Daher ist eine gewisse Vorsicht bei feuchtigkeitsempfindlichen Untergründen und Belägen (z. B. Parkett) angebracht. Außerdem sind Dispersionsklebstoffe – auch wenn sie abgebunden haben – nicht wasserfest. Deshalb sind elastische Bodenbeläge, die ständig nass gereinigt werden oder starker Nässe ausgesetzt sind, unbedingt zu verschweißen oder zu verfugen. S. hierzu nachstehenden Abschnitt „Nahtverschluss bei elastischen Bodenbelägen". Dispersionsklebstoffe enthalten in der Regel keine oder nur geringe Mengen an organischen Lösungsmitteln. Aufgrund dessen sind sie nicht brennbar und umweltfreundlich, so dass sie die gesundheitlichen Risiken bei der Verlegung und die Umweltbelastung wesentlich verringern. Allerdings gibt es auf dem Markt auch Dispersionsklebstoffe, die als „lösungsmittelfrei" entsprechend TRGS 610 gekennzeichnet sind, obwohl sie „hoch siedende Lösungsmittel" enthalten und somit die Raumluft über Jahre hinweg belasten können.
- **Lösungsmittelklebstoffe** (GISCODE-Klassifizierung S 0,5 bis S 6). Sie sind aufgrund ihres Lösungsmittelgehaltes feuergefährlich (Vorsicht: Explosionsgefahr!). Die entsprechenden Sicherheitsvorschriften sind genaues-

tens einzuhalten. Bei dieser Klebstoffart werden die Bindemittel (Kunstharz oder Naturharz) von den organischen Lösungsmitteln an- bzw. aufgelöst. Die Bindung erfolgt durch Verdunsten des Lösungsmittels. Lösungsmittelhaltige Kunstharzklebstoffe sollten im Hinblick auf die Umweltbelastung, Explosions- und Feuergefahr nur noch dann verwendet werden, wenn ihr Einsatz aus technischen Gründen unumgänglich ist. Vgl. hierzu auch Abschn. 11.4.8.2, Parkettklebstoffe.

- **Kontaktklebstoffe** (Neoprenebasis). Sie gehören ebenfalls zu der Gruppe der lösungsmittelhaltigen Klebstoffe und werden deshalb nur noch in Ausnahmefällen, wie beispielsweise zum Ankleben von Profilen, Sockelleisten, Treppenbelägen o. Ä. eingesetzt. Der Klebstoff wird dabei beidseitig – auf Belagrückseite und Verlegeuntergrund – aufgetragen und der Belag nach dem Ablüften dann passgenau eingelegt; eine nachträgliche Korrektur ist nicht mehr möglich. Zwischenzeitlich wurden jedoch auch Kontaktklebstoffe auf Dispersionsbasis – lösemittelarm oder lösemittelfrei – entwickelt, die aus Gesundheits- und Umweltgründen bevorzugt zu verwenden sind.

- **Reaktionsklebstoffe.** Sie können auf Polyurethanbasis (GISCODE-Klassifizierung RU 0,5 bis RU 4) oder Epoxidharzbasis ((GISCODE-Klassifizierung RE 0 bis RE 3) hergestellt sein. Diese meist 2-komponentigen Klebstoffe sind lösungsmittel- und wasserfrei. Die Klebung erfolgt durch chemische Reaktion (Harz/Härter). Reaktionsklebstoffe werden überall dort eingesetzt, wo der Belag hohen mechanischen und chemischen Beanspruchungen ausgesetzt ist, aber auch Feuchtigkeits- und Witterungsbeständigkeit gefordert wird (Vorsicht: Dampfsperre!). Sie sind auf nahezu allen Verlegeuntergründen einsetzbar (Außen- und Nassbereich) und auch für die Klebung von Parkett besonders geeignet. Bei den 2-Komponenten-Klebern muss jedoch zumindest eine Komponente als „Gefahrstoff" eingestuft werden (Reizungen, Ätzungen). Dementsprechend sind Arbeitsschutzmaßnahmen erforderlich und die Entsorgung kann zum Teil nur als Sondermüll erfolgen. Näheres über die „Technischen Regeln für Gefahrstoffe" (TRGS 610 für Bodenbelagarbeiten) s. Abschn. 11.4.2 sowie Abschn. 11.4.8.2, Parkett-Klebstoffe.

Aus Gründen der Übersichtlichkeit wird an dieser Stelle nicht näher auf die belagtypischen Verlegebedingungen eingegangen. Einzelheiten sind den branchenbekannten Merkblättern [59], [60], [61], „Kleben von Kork-Bodenbelägen", „Kleben von Linoleum-Bodenbelägen", „Kleben von Elastomer-Bodenbelägen" zu entnehmen.

Elektrostatisches Verhalten von Bodenbelägen

Alle Stoffe enthalten positive und negative elektrische Ladungen, die normalerweise im Gleichgewicht stehen, was dazu führt, dass die Materialien sich somit elektrisch neutral verhalten.

Elektrostatische Aufladungen entstehen – insbesondere bei isolierenden Stoffen – beispielsweise durch Reibung zweier Oberflächen aneinander (Oberbekleidung an Möbelpolstern) oder bei innigem Kontakt und anschließender Tren-

nung (Abheben der Schuhsohle vom Bodenbelag). Infolge derartiger Reibungs- und Trennungsvorgänge kann es dann zu einem mehr oder weniger unangenehmen Schlag beim Berühren geerdeter Metallteile kommen.

Auch Computer und andere elektronische Geräte können durch elektrostatische Auf- und Entladungen in ihrer Funktion gestört werden. Von den EDV-Herstellern werden daher Anforderungen an die Höhe der durch Begehen hervorgerufenen Personenaufladung, an den Erdableitwiderstand sowie an die Mindestwerte der relativen Luftfeuchte gestellt. Vgl. hierzu auch Abschn. 11.4.12.3, **Elektrostatisches Verhalten textiler Bodenbeläge.**

Elektrostatisches Verhalten. Für die Messung und Bewertung der elektrostatischen Eigenschaften von Fußbodenbelägen gab und gibt es eine Vielzahl produktspezifischer DIN-Normen. Im Zuge der Harmonisierung der europäischen und internationalen Normen erfolgt zurzeit eine inhaltliche Zusammenfassung, die jedoch noch nicht abgeschlossen ist.

In der internationalen Norm DIN EN 61340-4-1 (IEC 61340-4-1), Elektrostatisches Verhalten von Bodenbelägen und verlegten Fußböden, sind Prüfverfahren sowie Messungen des Widerstandes und der Aufladefähigkeit festgelegt. Die in dieser Norm beschriebenen Verfahren sind für Prüfungen an allen Bodenbelägen und verlegten Fußböden geeignet. Sie gilt damit für elastische und textile Beläge genauso, wie für Laminat- und Fertigparkettfußböden.

Um das elektrostatische Verhalten von Fußbodenelememten beurteilen zu können, ist es danach notwendig, den Oberflächenwiderstand (R_S), den Durchgangswiderstand (R_V) und die Personenaufladung (U_p) im Begehversuch zu messen. Bei verlegten Fußböden tritt anstelle des Durchgangswiderstandes der Erdableitwiderstand (R_E).

Widerstandsmessungen

Der Widerstand eines Bodenbelages wird durch den Oberflächen- und den Durchgangswiderstand charakterisiert (Maßeinheit Ohm). Verfahren zur Bestimmung des elektrischen Widerstandes sind in DIN EN 1081 festgelegt.

- Der **Oberflächenwiderstand** (R_S) gibt den elektrischen Widerstand in horizontaler Richtung an. Gemessen wird an der Oberfläche eines verlegten Bodenbelages zwischen zwei Elektroden, die in einem bestimmten Abstand aufgesetzt werden.

- Der **Durchgangswiderstand** (Volumenwiderstand R_V) gibt den elektrischen Widerstand in vertikaler Richtung

11

an. Gemessen wird zwischen einer Elektrode auf der Oberfläche des Bodenbelages und einer Elektrode auf der unmittelbar gegenüberliegenden Unterseite eines unverlegten Belages.

- Der **Erdableitwiderstand** (Widerstand gegen Schutzerde R_E) kennzeichnet den elektrischen Widerstand, gemessen zwischen einer auf der Oberfläche eines verlegten Bodenbelages angebrachten Elektrode und der Schutzerde (Erdpotential) des Hausstromsystems.

Aufladungsmessungen

- Die **Personenaufladung** (U_P), die beim Begehen eines Bodenbelages entsteht, wird nach der Begehtestmethode bestimmt (Maßeinheit kV-Kilovolt). Da das elektrostatische Verhalten eines Stoffes hauptsächlich von der relativen Luftfeuchte abhängt, sind die Messungen unter geregelten Bedingungen (Klimakammer mit +23 °C und 12 – 25 – 50 % relativer Luftfeuchte) durchzuführen.

  Gemessen wird die Spannung U einer Versuchsperson, die einen Bodenbelag mit vorgeschriebenem Schuhwerk begeht.

Klassifizierung von Fußböden

Das elektrostatische Verhalten von Fußböden wird nach DIN EN 61 340-4-1 (IEC 61 340-4-1) in drei Klassen definiert:

- **Elektrostatisch leitender Fußboden (ECF).** Hierbei handelt es sich um einen Fußboden, der einen ausreichend niedrigen Widerstand hat, um Ladungen schnell abzuleiten, wenn er geerdet oder mit einem beliebig niedrigen Potential verbunden wird.

  Er ist durch einen Widerstand $R_X \leq 10^6$ Ohm gekennzeichnet.

- **Ableitfähiger Fußboden (DIF).** Ein Fußboden, der eine Ladungsableitung ermöglicht, wenn er geerdet oder mit einem beliebig niedrigen Potential verbunden wird.

  Er ist durch einen Widerstand R_X 10^6 Ohm bis 10^9 Ohm gekennzeichnet. Beispiele: EDV-Zentralen, Rechenzentren, Steuerungszentralen.

- **Antistatischer (astatischer) Fußboden (ASF).** Hierbei handelt es sich um einen Fußboden, der die Ladungserzeugung durch Kontakttrennung oder Reiben mit einem anderen Werkstoff (z. B. Schuhsohlen oder Räder) herabsetzt. Ein solcher Fußboden ist nicht unbedingt elektrisch leitend oder ableitfähig.

  Antistatische Fußböden werden für häusliche oder öffentliche Anwendungen verwendet; sie werden durch die Spannung einer Person, die auf dem Fußboden geht, gekennzeichnet. Ein zusätzliches Kriterium ist die jeweilige, sog. Umgebungsbedingungsklasse (Temperatur und relative Luftfeuchte).

  Diese Körperspannung (Aufladungsspannung) U_P darf 2 kV nicht überschreiten. Beispiele: Wohn-, Büro-, Verkaufs- und Ausstellungsräume mit elektronischen Geräten.

Verlegemaßnahmen (Elastische Bodenbeläge)

- **Antistatische Bodenbeläge.** Einige elastische Bodenbeläge, wie beispielsweise Gummibeläge (Elastomerbeläge) und Linoleum, sind bereits aufgrund ihrer materialspezifischen Eigenschaften antistatisch. Andere Belaggruppen, wie zum Beispiel PVC-Beläge, erhalten ihre Antistatik durch Beimischen von Kohlenstoff (Graphit, Rußzusatz) oder leitfähige Kohlenfasern in der jeweiligen Haupt- oder Zusatzfarbe. Werden derart ausgerüstete Beläge mit ganz normalen, nicht leitfähigen Klebern verlegt, so sind sie als antistatisch zu bezeichnen. In diesem Fall ist sichergestellt, dass die Personenaufladung unabhängig von der Art der Verlegung nicht größer als 2 kV ist.

- **Ableitfähige Bodenbelagkonstruktionen.** Um mögliche Störungen durch elektrostatische Auf- und Entladungen in Räumen auszuschalten, in denen eine besonders hohe Sicherheit gefordert wird (z. B. in EDV-Räumen, explosionsgefährdeten und medizinisch genutzten Räumen) sind ableitfähige Bodenbelagkonstruktionen einzuplanen. Je nach Art der vorgesehenen Raumnutzung und den sich daraus ergebenden Anforderungen an Fußböden unterscheidet man:

  - **Ableitfähige Verlegung mit leitfähigem Klebstoff und leitfähiger Grundierung** (Vorstrich). Zunächst wird die Grundierung mit einer Rolle vollflächig auf den Untergrund aufgetragen und nach dem Trocknen der leitfähige Belag mit leitfähigem Klebstoff verlegt.

    Dabei wird je 40 m² Bodenfläche eine etwa 1 m lange Kupferbandfahne mit aufgeklebt; der spätere Anschluss dieser Kupferbahnen an den Potentialausgleich (Erdung) muss von einem Elektrofachmann ordnungsgemäß durchgeführt werden. Die Fugen elektrisch ableitfähig verlegter Bodenbeläge werden in der Regel verschweißt (Nahtverschluss).

  - **Ableitfähige Verlegung mit leitfähigem Klebstoff auf durchlaufenden Kupferbändern.** Diese Verlegeart wird beispielsweise gewählt bei Plattenware und bei Untergründen, auf denen eine leitfähige Grundierung nicht geeignet ist (z. B. Holzuntergründe, Magnesiaestriche) und bei Belagkonstruktionen, die besonders ableitfähig ausgebildet sein müssen. Hierbei werden durchlaufende Kupferbänder (ggf. auch Gitternetze aus Kupferbändern) auf den vorbereiteten Untergrund mit leitfähigem Klebstoff aufgeklebt, so dass jede Platte oder Bahn mindestens einmal Kontakt mit dem Kupferband hat. Die durchlaufenden Kupferbänder sind an den Enden mit einem Querband (Ringleitung) miteinander zu verbinden und je 40 m² Bodenfläche mindestens einmal an den Potentialausgleich anzuschließen.

    Maßgebend für die Ausführung der ableitfähigen Verlegung und für die Verwendung geeigneter Hilfsmittel und Klebstoffe sind die Richtlinien der Klebstoffhersteller sowie die TKB-Merkblätter [57] bis [61] des Industrieverbandes Klebstoffe.

Nahtverschluss bei elastischen Bodenbelägen

Die Nähte elastischer Bodenbeläge – einschließlich der Anschlussfugen zu den Sockelprofilen – können aus Gründen der Optik (auseinanderklaffende Fuge), der Hygiene (Schmutzansammlung in der Naht), der Haltbarkeit (Reinigungswasser- bzw. Reinigungsmittel-Einwirkung) und der Ge-

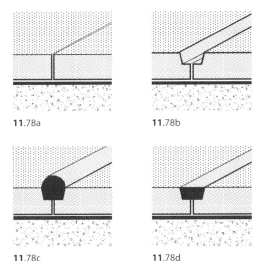

11.78a   **11**.78b

11.78c   **11**.78d

11.78 Nahtverschluss bei homogenen PVC-Belägen und PVC-Verbundbelägen mit Rücken aus Korkment oder Schaumstoffschicht

staltung (dekorative Kontrastfarben) verschlossen werden. Anforderungen bezüglich der Nahtfestigkeit (z. B. in OP-Räumen, Reinräumen) sind in DIN EN 684 festgelegt.

- **Thermisches Verschweißen.** Dieses Verfahren wird beim Verschweißen der Nähte von homogenen PVC-Belägen und PVC-Verbundbelägen mit Korkment oder Schaumstoffschicht sowie bei allen PVC-Belägen auf Fußbodenheizung und im Objektbereich angewandt, wo mit außergewöhnlichen Belastungen (z. B. Wasser-, Stuhlrollen-, Wärmeeinwirkung) zu rechnen ist.
  Der zu verschweißende Belag wird zunächst entlang der Naht (Nahtschnitt) ausgefräst. Anschließend wird eine PVC-Schweißschnur unter Zufuhr heißer Luft (Heißluft-Schweißverfahren) in die ebenfalls erhitzte Nahtfuge eingepresst und bei hoher Temperatur mit dem Bodenbelag zu einer homogenen Einheit zusammengeschweißt (Bild **11**.78 und **11**.79). Nach dem Abkühlen wird die überstehende Schweißschnur in zwei Arbeitsgängen flächenbündig mit der Belagoberseite abgestoßen. Belag und Schweißnaht können in Kontrastfarben oder Ton in Ton gehalten sein.
- **Fugenverschluss bei Linoleum.** Das Schließen der Fugen erfolgt bei diesem Belag durch einen Schmelzdraht, der ähnlich wie zuvor beschrieben, bei hoher Temperatur schmilzt, in die ausgefräste Fuge einläuft und sich mit dem Belagmaterial verbindet. Dabei findet allerdings keine Verschweißung statt, sondern nur ein Ausfüllen der Fuge und mechanisches Anhaften des schmelzbaren Materials an der Belagkante.
  Diese Art des Verfugens reicht im Regelfall völlig aus. Bei speziellen Anforderungen (z. B. im Labor- und Krankenhausbereich) erfolgt das Verfugen mit zweikomponentigen Fugenmassen auf Polyurethanbasis. Der Fugenschluss ist bei Linoleum immer zu empfehlen.

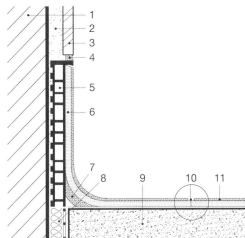

11.79 Schematische Darstellung eines flächenbündigen Boden- Wandüberganges mit elastischem Bodenbelag und Einputzsockelleiste

 1 Mauerwerk
 2 Mörtelbett
 3 keramische Wandfliese
 4 elastoplastische Fugenmasse
 5 Einputzsockelleiste
 6 PVC-Verbundbelag (Sockelstreifen)
 7 Hohlkehlenprofil
 8 Randdämmstreifen mit Abdeckung
 9 schwimmender Estrich
10 Nahtverschluss mit PVC-Schweißschnur
11 PVC-Verbundbelag (Bodenbelag)

Reinigung und Pflege elastischer Bodenbeläge

Bereits bei der Planung der Gebäude sollten als vorbeugende Maßnahme Schmutzschleusen in der gesamten Breite der Eingangsbereiche vorgesehen werden.

Da sich die elastischen Bodenbeläge sowohl in ihrer materialspezifischen Zusammensetzung als auch hinsichtlich ihres Fugenschlusses teilweise deutlich voneinander unterscheiden, kann es für diese Belaggruppe auch keine allgemein verbindliche Aussage über Reinigung und Pflege geben. Gültige Reinigungs- und Pflegeanweisungen sind daher immer den Unterlagen der jeweiligen Belaghersteller zu entnehmen. Im Wesentlichen unterscheidet man folgende Verfahren:

- **Bauabschlussreinigung.** Diese wird sofort nach Abschluss der Verlegearbeiten durchgeführt. Sie muss besonders gründlich erfolgen, damit die Belagoberfläche von allen Rückständen und Verschmutzungen restlos befreit ist und die nachfolgenden Pflegemittel eine gute Bodenhaftung eingehen können.
- **Erstpflege bzw. Einpflege.** An die Bauschlussreinigung schließt sich unmittelbar eine Erstpflege an und

zwar bevor der Boden begangen oder benutzt wird. Diese Pflegemittelbeschichtung hat die Aufgabe, den Bodenbelag vor mechanischen oder chemischen Einflüssen zu schützen (Werkerhaltung), das Aussehen zu verbessern und die nachfolgenden Reinigungsmaßnahmen (Unterhaltsreinigung) zu vereinfachen und zu erleichtern. Ohne diesen Schutzfilm ist das spätere Entfernen von Verunreinigungen schwieriger und wesentlich kostenaufwändiger.

Vermehrt werden elastische Bodenbeläge auf dem Markt angeboten, die ein sog. Oberflächen-Finish (Oberflächenschutzsystem) aufweisen. Mit dieser bereits **werkseitig** aufgebrachten PU-Versiegelung soll erreicht werden, dass die sonst übliche und notwendige Einpflege entfallen kann, die tägliche Unterhaltsreinigung vereinfacht und die Verschleißfestigkeit und damit Nutzungsdauer eines elastischen Bodenbelages erhöht wird.

- **Unterhaltsreinigung.** Hierunter versteht man die laufende Behandlung des Bodenbelages über einen längeren Zeitraum. Je nach Art und Grad der Verschmutzung werden dem Wischwasser sog. Wischpflegemittel (Selbstglanz-Emulsionen) zugegeben. Moderne Produkte ermöglichen Reinigung und Pflege in einem Arbeitsgang.
- **Grundreinigung.** In größeren Zeitabständen ist eine Grundreinigung erforderlich, bei der sehr hartnäckige Verschmutzungen und alte Pflegemittelschichten entfernt werden. Daran schließt sich in der Regel wieder eine erneute Erstpflege an.

Um zu gewährleisten, dass die Pflege des jeweiligen elastischen Bodenbelages in geeigneter Form erfolgt, hat der Bodenleger gemäß DIN 18365, Bodenbelagarbeiten, dem Auftraggeber eine Reinigungs- und Pflegeanweisung – bereits unmittelbar **nach der Belagverlegung** und nicht erst mit der Schlussrechnung – zu übergeben. Ungeeignete Pflegemittel können zu erheblichen Bodenbelagschäden führen!

Wie in Abschn. 11.4.7.4 näher erläutert, ist auch bei elastischen Bodenbelägen auf eine ausreichende Rutsch- und Trittsicherheit zu achten. Auf die richtige Beschaffenheit der Rollen von Bürorollstühlen gemäß DIN EN 12529 wird in Abschn. 11.4.12.3 näher eingegangen.

11.4.11 Industrieböden aus Reaktionsharzen: Oberflächenschutzsysteme auf Kunststoffbasis

Bei den als Oberflächenschutz von Fußböden verarbeiteten Kunststoffen unterscheidet man im Wesentlichen zwischen thermoplastischen Kunstharzen (Thermoplaste) und Reaktionsharzen (Duromere).

Thermoplaste sind makromolekulare Verbindungen, die bei höheren Temperaturen erweichen. Zur Oberflächenbehandlung von Fußböden werden sie entweder als wässrige Dispersion oder als lösungsmittelhaltige Beschichtung (Kunstharzlösung) eingesetzt. Sie erhärten durch physikalische Trocknung (Verdunstung) – nicht durch chemische Reaktion – und können deshalb nur in dünnen Schichten aufgetragen werden. Da sie auch nur begrenzte Festigkeiten erreichen, werden thermoplastische Kunstharze in der Industriefußbodentechnik nur bedingt eingesetzt und an dieser Stelle nicht näher berücksichtigt.

Reaktionsharze (Duromere) sind nach DIN 16945 flüssige oder verflüssigbare Kunstharze, die entweder für sich oder mit Reaktionsmitteln (Härter oder Beschleuniger) ohne Abspaltung flüchtiger Komponenten durch Polyaddition oder Polymerisation chemisch erhärten. Kurz vor der Verarbeitung werden die einzelnen Komponenten in flüssigem Zustand auf der Baustelle zur verarbeitungsfertigen Reaktionsharzmasse vermischt und je nach Füllstoffzugabe in flüssiger oder spachtelgerechter Form auf den Verlegeuntergrund aufgetragen.

Die Kunstharze können als transparente, pigmentierte oder mit Füllstoffen/Zuschlägen angereicherte Produkte eingesetzt werden. Aufgrund ihrer hervorragenden Eigenschaften eignen sie sich in besonderem Maße zur Herstellung von Industrieböden; seit einigen Jahren werden sie aber auch für dekorativ-farbige Bodenbeschichtungen angeboten.

Durch die Reaktionsharzschicht wird die Abnutzung der Oberfläche und damit die Staubbildung auf ein Minimum reduziert, ein dauerhafter Schutz des Untergrundes vor mechanischen Beanspruchungen, chemischen Angriffen und thermischen Belastungen erreicht, die Reinigung und Pflege erleichtert sowie eine farblich ansprechende Nutzfläche geschaffen. Reaktionsharzböden weisen normalerweise einen hohen elektrischen Leitwiderstand auf, sie können bei Bedarf jedoch auch leitfähig eingestellt werden. S. hierzu Abschn. 11.4.10.7, Elektrostatisches Verhalten von Bodenbelägen.

Reaktionsharzprodukte eignen sich zur Herstellung, Vergütung oder Sanierung/Reparatur stark beanspruchter (Industrie-)Böden. In der Praxis haben sich folgende Stoffgruppen (Bindemittel) bewährt:

- Epoxidharze (EP)
- Methacrylatharze (MMA)
- Polyurethanharze (PUR), ein- oder zweikomponentig
- Ungesättigte Polyesterharze (UP).

Innerhalb jeder Stoffgruppe lassen sich durch unterschiedliche Ausgangskomponenten und Formulierungen Endprodukte mit zum Teil sehr unterschiedlichen Eigenschaften herstellen. Ferner werden die Eigenschaften durch Füllstoffe, Zuschläge und Pigmente bestimmt. Zu den am häufigsten verwendeten Reaktionsharzen zählen die Epoxidharze (gefolgt von den Polyurethanharzen) – trotz ihres relativ hohen Preises – da sie am vielseitigsten eingesetzt und unter baupraktischen Gegebenheiten am einfachsten und risikolosesten verarbeitet werden können.

Auf die produktspezifischen Unterschiede wird im Rahmen dieser Abhandlung aus Gründen der Übersichtlichkeit nicht näher eingegangen. Einzelheiten über die Herstellung, Verarbeitung und Eigenschaften der erwähnten Reaktionsharzgruppen sind dem BEB-Arbeitsblatt KH-O/S zu entnehmen [62].

Prüfung und Vorbereitung des Untergrundes. Die Haltbarkeit und Widerstandsfähigkeit der Reaktionsharz-Nutzschicht wird wesentlich von der Festigkeit und Güte des jeweiligen Untergrundes bestimmt. Es eignen sich vor allem Beton (z.B. bewehrte Bodenplatten, Stahlbetondecken) oder Zementestrich mit Mindestfestigkeiten bei leichten Beanspruchungen $\geq$ C 25/30 bzw. C 20/F 3; bei höheren Beanspruchungen $\geq$ C 35/40 bzw. C 25/F 4; die Abreißfestigkeit (Haftzugfestigkeit) des Untergrundes soll ohne Fahrbeanspruchung $\geq$ 1,0 N/mm², mit Fahrbeanspruchung $\geq$ 1,5 N/mm² betragen. Bei anderen Untergründen – wie beispielsweise Anhydrit- oder Gussasphaltestrich – sind besondere Vorschriften der Hersteller zu beachten.

Der Verlegeuntergrund muss tragfähig, fest, ferner frei von losen Bestandteilen und Verunreinigungen sowie staub- und ölfrei sein. Ungenügend feste Oberflächenzonen sind durch Fräsen, Strahlen, Schleifen oder Abstemmen abzutragen. Die zulässigen Ebenheitstoleranzen sind Tabelle **11.**2 zu entnehmen.

Bei feuchtigkeitsempfindlichem Reaktionsharz muss der Untergrund eine Restfeuchte von unter 3 % aufweisen, bei feuchtigkeitsverträglichem Reaktionsharz so weit trocken sein, dass die jeweilige Grundierung in die Oberflächenzone des Untergrundes eindringen kann. S. hierzu Tabelle **11.**33 und **12.**9.

Da die meisten Reaktionsharze gegen rückseitige Durchfeuchtung mehr oder weniger empfindlich und die Beschichtungen überwiegend auch nahezu dampfdicht sind, müssen die gefährdeten Untergründe in der Regel eine Abdichtung gegen Feuchtigkeit gemäß DIN 18 195 bzw. eine entsprechende Dampfsperre aufweisen. Vgl. hierzu Abschn. 11.3.2. Bei Nichtbeachtung dieser Forderungen droht nicht nur die Erweichung und Zerstörung des Estrichs (z.B. bei feuchtigkeitsempfindlichem Anhydritestrich) sondern auch Blasenbildung an der Oberfläche und Ablösung der Reaktionsharzschicht vom Untergrund.

Einzelheiten über die Prüfung und Vorbereitung des Untergrundes für Reaktionsharze sind dem BEB-Arbeitsblatt KH-O/U zu entnehmen [63].

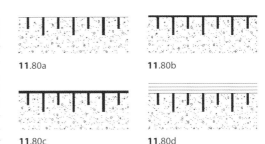

11.80a   **11.**80b

11.80c   **11.**80d

11.80   Schematische Darstellung von Fußboden-Oberflächenvergütungen mit Kunstharzen (Reaktionsharze)
a) Kunstharz-Imprägnierung
b) Kunstharz-Versiegelung
c) Kunstharz-Beschichtung bzw. -Belag
d) Kunstharz-Verbundestrich

Industrieböden aus Reaktionsharzen

Nach dem Prüfen, Vorbereiten und Reinigen des Untergrundes wird in der Regel zunächst eine Grundierung aufgebracht, die die oberflächennahe Zone des Verlegegrundes verfestigen soll und die zur Haftungsverbesserung zwischen Untergrund und Nutzschicht dient.

Ausgehend von der späteren Nutzung und der damit verbundenen Beanspruchung der Verschleißschicht sowie unter Beachtung des jeweiligen Verlegeuntergrundes werden die einzelnen Vergütungsmaßnahmen nach den aufzubringenden Schichtdicken eingeteilt und wie folgt benannt (Bild **11.**80):

- **Kunstharz-Imprägnierung** < 0,1 mm
- **Kunstharz-Versiegelung** 0,1 bis 0,3 mm
- **Kunstharz-Beschichtung** 0,3 bis 2,0 mm
- **Kunstharz-Belag** 2,0 bis 6,0 mm
- **Kunstharz-Estrich** > 6,0 mm

Imprägnierungen sind porenfüllende Tränkungen saugfähiger Untergründe, ohne dass diese diffusionsdicht verschlossen werden. Die Struktur der Oberfläche bleibt erhalten, die Poren sind nicht geschlossen. Imprägnierungen werden vorgenommen, um die Bodenfläche zu verfestigen, ihre Widerstandsfähigkeit zu erhöhen und Staubbildung durch Abrieb zu vermindern. Durch Imprägnieren kann nur eine begrenzte Verbesserung der Oberfläche – und somit auch nur schwacher Schutz gegen mechanische Beanspruchungen bzw. chemische Angriffe – erreicht werden. Anwendung: Lagerhallen, Tiefgaragen.

Versiegelungen verschließen die Poren des Untergrundes und decken die Bodenoberfläche mit einem dünnen geschlossenen Schutzfilm ab. Sie verbessern die mechanische Beanspruchung der Böden, ihre Reinigung und Pflege und verhindern das Eindringen von Ölen, Fetten und anderen Verschmutzungen. Versiegelungen werden im Allgemei-

11

nen in zwei Arbeitsgängen durch Streichen, Rollen o. Ä. in farbiger oder farbloser (transparenter) Ausführung aufgebracht. Sie können aus lösungsmittelhaltigen oder lösungsmittelfreien Reaktionsharzen bestehen. Vgl. hierzu auch Abschn. 11.4.8.4, Oberflächenbehandlung von Holzfußböden. Anwendung: Werkstätten, Unterrichtsräume, Fabrikräume mit leichter mechanischer Beanspruchung.

Beschichtungen sind Überzüge aus lösungsmittelfreien Reaktionsharzen, die im Allgemeinen mit Füllstoffen gefüllt und mit Pigmenten eingefärbt sind. Sie ergeben eine mechanisch stärker beanspruchbare Verschleißschicht mit guter Chemikalienbeständigkeit und pflegeleichter Oberfläche. Beschichtungen aus selbstverlaufenden Beschichtungsmassen werden durch Streichen, Spachteln oder Spritzen – meist in einem Arbeitsgang – aufgebracht. Bei besonders stark beanspruchten Böden ist die Einbettung von Armierungsgewebe vorteilhaft. Durch Einstreuen von trockenem Quarzkorn in die frische Beschichtung wird eine erhöhte Rutschfestigkeit erzielt. Anwendung: Bodenflächen in Industrie-, Lager- und Ausstellungshallen, in Getränke- und Lebensmittelbetrieben, Supermärkten, Werkräumen, Sanitär- und Hygieneräumen.

- **Dekorativ-farbige Bodenbeschichtungen** lassen sich mit Reaktionsharzen in einem dreischichtigen Aufbau herstellen. Eine Grundschicht gibt dem Boden den gewünschten Farbton und sorgt für einen guten Haftverband mit dem Untergrund. In diese frisch aufgebrachte Schicht werden einfarbige Chips oder mehrfarbige Chipsmischungen gestreut, aufgetröpfelt oder mit einer Stachelwalze aufgewalzt, so dass farbig-dekorative Effekte in Form von Sprenkelungen, Marmorierungen o. Ä. in Kontrasttönen oder Ton-in-Ton-Abstufungen entstehen. Den oberen Abschluss bildet eine transparente, meist hochglänzende Versiegelung. Anwendung: Discotheken, Boutiquen, Ausstellungsräume, Ateliers, Treppen- und Flurzonen.

- **Quarzkiesel-Beschichtungen** (Quarzbodenbelag) bestehen im Wesentlichen aus Natur- und Farbkiesel, eingebettet in Kunstharzbindemitteln und versiegelt mit transparenter Kunstharzmasse. Als erste Schicht wird eine geeignete Haftgrundierung aufgebracht. Darauf folgt der Auftrag der mit Bindemittel gemischten Quarzkieselmasse in möglichst gleichmäßiger Schichtdicke (Korngröße 1 bis 2 mm oder 3 bis 4 mm). Nach der Erhärtung wird die transparente Versiegelungsmasse durch Fluten oder Rollen aufgetragen. Die volle Belastbarkeit ist nach 6 bis 7 Tagen erreicht. Mit Quarzkiesel-Beschichtungen lassen sich sehr strapazierbare und zugleich dekorative Bodengestaltungen ausführen. Anwendung: Ausstellungsräume, Empfangshallen, Ladengeschäfte, Boutiquen.

Kunstharzbeläge sind Überzüge aus lösungsmittelfreien Reaktionsharzmörteln, denen mehr oder weniger Füllstoffe und mineralische Zuschläge beigegeben sein können. Dementsprechend unterscheidet man selbstverlaufend eingestellte Mörtel, die in einer Schicht vergossen (Gießbeläge) oder spachtelfähige Mörtel, die in einer oder mehreren Schichten aufgespachtelt werden. Die Beläge können mit Pigmenten eingefärbt oder aus transparenten Reaktionsharzen hergestellt sein. Sie sind mechanisch stärker beanspruchbar als die vorgenannten Beschichtungen und schützen den Untergrund dauerhaft vor chemischen Angriffen. Die Beläge werden porenlos ausgeführt, damit sie

sich leicht reinigen lassen und den hohen hygienischen Anforderungen, vor allem in der Lebensmittelindustrie, genügen. Anwendung: Abfüllstationen, Schlachthöfe, Wartungshallen, Werkstätten und Industriehallen aller Art.

Kunstharzestriche enthalten neben lösungsmittelfreien Reaktionsharzen als Bindemittel noch Pigmente, Füllstoffe und Zuschläge (vor allem Quarzsande)[1]. Sie werden aus plastischen Mörteln in einer Schicht meist als Verbundestrich – bei entsprechender Dicke und Zusammensetzung auch als Estrich auf Dämm- oder Trennschicht – hergestellt. Hierbei unterscheidet man kellenverlegte Estriche, bei denen die Zuschläge überwiegen und die über Lehren abgezogen und geglättet werden sowie fließende Estriche, bei denen die Bindemittelmenge die Verarbeitungseigenschaften bestimmt. Reaktionsharzestriche erreichen hohe mechanische Widerstandsfähigkeit sowie gute chemische Beständigkeit, sofern sie mit flüssigkeitsdichtem Gefüge hergestellt sind. Anwendung: Reparaturhallen, Brauereien, Industriehallen u. a. m.

Einzelheiten über Eigenschaften, Verarbeitung und Stoffgruppen von Reaktionsharzen sind den BEB-Arbeitsblättern KH-1 bis KH-5 zu entnehmen [64].

Hinweis: Reaktionsharze und ihre Dämpfe können die menschliche Gesundheit gefährden, leicht entzündbar, feuergefährlich und in höheren Konzentrationen sogar explosiv sein. Für den Umgang mit diesen Stoffen gilt die Gefahrstoffverordnung. S. hierzu Abschn. 11.4.2. Sie können jedoch gefahrlos verarbeitet werden, wenn die einschlägigen Vorschriften, die Hinweise auf den Produktbehältern und die Sicherheitsdatenblätter der Hersteller beachtet werden.

11.4.12 Bodenbeläge aus natürlichen oder synthetischen Fasern: Textile Bodenbeläge

Allgemeines

Kein Bodenbelag hat die Verbrauchergewohnheiten während der letzten Jahrzehnte – sowohl im öffentlichen als auch im privaten Bereich – nachhaltiger beeinflusst als die textilen Bodenbeläge. Diese Entwicklung wurde begünstigt durch den Einsatz neuartiger Werkstoffe (synthetische Fasern), die Einführung kostengünstiger Herstellungstechniken (Tufting-Verfahren), das Entstehen neuer Belagarten (Nadelvliesbeläge) sowie das Aufkommen der Teppichfliesen (Teppichelemente) zur Selbstverlegung oder in Kombination mit Doppel- und Hohlraumböden (Systemböden). So wurde aus dem einstigen Luxusartikel ein Gebrauchsgut, das für jedermann erschwinglich ist.

Teppichboden als Bauelement. Als Bauelement hat der Teppichboden so günstige Eigenschaften aufzuweisen wie

---

[1] Estriche aus anderen Bindemitteln, die Reaktionsharze lediglich zur Vergütung oder Modifizierung enthalten – zum Beispiel in Form wässriger Dispersionen – sind keine Reaktionsharzestriche.

- gute Trittschalldämmung und hohes Schallabsorptionsvermögen,
- gute Wärmedämmung bzw. Fußwärme, bei gleichzeitig ausreichend niedrigem Wärmedurchlasswiderstand zur Verlegung auf Fußbodenbeheizung,
- hohe Abrieb- und Verschleißfestigkeit, günstige Tritt- und Rutschsicherheit sowie Elastizität und gutes Wiedererholvermögen,
- Unempfindlichkeit gegen Feuchtigkeit (bei vollsynthetischen Teppichböden) und somit geeignet für Feucht- und Nassräume sowie als Kunstrasen- und Sportstättenbelag (Outdoor-Belag),
- niedrige Konstruktionshöhe, relativ günstiges Brandverhalten sowie einfache Verlege- und Wiederaufnahmemöglichkeit,
- relativ einfache und wirtschaftliche Pflege und Reinigung.

Teppichboden als Gestaltungselement. Als Gestaltungselement liegen seine Vorzüge in der Vermittlung von

- Wohnlichkeit, Komfort und Behaglichkeit (angenehmes Wohn- und Arbeitsklima),
- elegantem und repräsentativem Aussehen,
- beinahe unbegrenzten Möglichkeiten in der farblichen und strukturellen Gestaltung der Teppichoberseite, passend zu jedem Einrichtungsstil.

Teppichboden und Schadstoffe. Gesundheitliche Beeinträchtigungen durch textile Bodenbeläge können nach dem heutigen Stand der Wissenschaft bei neueren Produkten weitgehend ausgeschlossen werden. Teppichböden, die mit dem Gütesiegel Teppichboden schadstoffgeprüft der GUT (Gütegemeinschaft umweltfreundlicher Teppichboden) gekennzeichnet sind, gehören zu den am strengsten überprüften Materialien des Innenausbaues.

Messungen und Kontrollen des Deutschen-Teppich-Forschungsinstitutes (TFI) sowie weiterer europäischer Forschungsanstalten gewährleisten, dass von den Teppichbodenherstellern dieser Gemeinschaft – der mehr als zwei Drittel der europäischen Teppichproduzenten angehören – nur Rohstoffe eingesetzt werden, die keine gesundheitsgefährdenden Schadstoffe enthalten (Bild **11**.81).

Auch die Emissionen geruchsbildender Komponenten unterliegen strengen Kontrollen. Entscheidend für die Qualität der Innenraumluft ist jedoch nicht alleine das Emissionsverhalten der textilen Bodenbeläge, sondern auch das Verhalten der eingesetzten Verlegewerkstoffe. In den letzten Jahren wurde daher eine neue Klebstoffgeneration etabliert. Diese Klebstoffe sind an der Kennzeichnung EC 1 (EMICODE) oder „sehr emissionsarm" zu erkennen. Derart gekennzeichnete Klebstoffe sind heute Stand der Technik. Vgl. hierzu auch Abschn. 11.4.10.7, Klebstoffe.

Teppichboden und Allergien. Milben gehören zu den häufigsten Allergieauslösern im Innenraum. Dabei sind nicht die Milben selbst, sondern ihre Ausscheidungsprodukte allergen. Diese sehr kleinen Teilchen verbinden sich mit dem Hausstaub, werden beim Gehen oder Staubsaugen aufgewirbelt und eingeatmet (Feinstauballergie).

Milben bedürfen für ihre Vermehrung bestimmter Voraussetzungen. Neben der Nahrung – wie menschliche und tierische Hautschuppen sowie Schimmelpilze – sind Feuchtigkeit und Temperatur die wichtigsten Faktoren. Beson-

ders gut entwickeln können sie sich bei Temperaturen zwischen 20 und 30°C und einer relativen Luftfeuchte ab 65 Prozent.

Besonders gute Lebensbedingungen finden die Milben in Matratzen und textilen Polstermöbeln. Der Teppichboden bietet – anders als oft dargestellt – Hausstaubmilben so gut wie keine Lebensgrundlage, da diese zur Vermehrung ein feuchtwarmes Klima benötigen – eine Voraussetzung, die sie im Teppich fast nie vorfinden.

Für Allergiker werden seit geraumer Zeit spezielle Teppichböden aus allergenkontrolliertem Material – mit TÜV-Prüfzeichen – auf dem Markt angeboten. Einzelheiten über den Schutz vor Allergien (Hausstaubmilbenallergie) sind [66] zu entnehmen.

Teppichboden und Wiederverwertung. Nach dem Kreislaufwirtschaftsgesetz ist der Erzeuger und Besitzer von (Teppich-) Abfällen verpflichtet, diese stofflich zu verwerten oder zur Energiegewinnung einzusetzen (z. B. energetische Verwertung in der Zementindustrie), sofern dies technisch möglich und wirtschaftlich zumutbar ist. Somit entfällt das Beseitigen von Teppichbelägen auf Mülldeponien.

Teppichböden beinhalten wertvolle Rohstoffe, die einer Wiederverwertung zugeführt werden können. Dabei werden die gebrauchten Beläge in ihre Grundbausteine zerlegt und die bei diesem Prozess gewonnenen Kunststoffe anschließend wieder als Rohstoff (z. B. Polyamid, Polyester) in der chemischen Industrie verarbeitet sowie Fasern von Wollteppichen als Dämm- und Isolierstoffe eingesetzt.

Auch die Notwendigkeit, nur noch schadstoffgeprüfte Teppichbeläge und emissionsfreie Klebstoffe einzusetzen, muss von allen planenden und ausführenden Stellen im Bauwesen verstärkt beachtet werden.

11.4.12.1 Einteilung und Benennung: Überblick

Konstruktiver Aufbau

Nach ihrer Konstruktion lassen sich textile Bodenbeläge in folgende Hauptgruppen einteilen (Bild **11**.82):

- **Polteppiche.** Sie bestehen aus einer textilen Nutzschicht (Polschicht) aus Garnen oder Fasern, die aus einer Grundschicht (Trägerschicht) hervortreten. Eine Polschicht weisen beispielsweise Webteppiche, Tuftingteppiche, Wirkteppiche, Klebepolteppiche, Flockteppiche sowie genadelte Polvliesbeläge auf. Die Polschicht kann schlingenartig oder geschnitten – als Schlingen- oder Schnittpol – ausgebildet sein (Bild **11**.83a).

- **Flachteppiche.** Sie bestehen aus einem auf Webmaschinen hergestellten Kette- und Schuss-Fadensystem, das unmittelbar begangen wird und keine zusätzliche Polschicht aufweist. Für ihre Herstellung werden vor allem Naturfasern wie Jute, Sisal und Kokos verwendet. Die sowohl mit als auch ohne Rückenausrüstung (Plan- oder Prägeschaum) lieferbaren

11.81 Gütesiegel TEPPICHBODEN SCHADSTOFFGEPRÜFT der GUT (Gemeinschaft umweltfreundlicher Teppichboden)

Teppiche können vollflächig verklebt, verspannt oder lose verlegt werden. Sie sind sehr robust und pflegeleicht. Da der Marktanteil dieser Gruppe relativ unbedeutend ist, bleiben sie im Rahmen dieser Abhandlung unberücksichtigt (Bild **11**.83b).

- **Nadelvliesbeläge.** Sie weisen – mit Ausnahme der Polvliesbeläge – keine Garne als Polschicht auf, sondern bestehen aus einem durch Vernadeln von Textilfasern und Imprägnierung verfestigten Faservlies. Nadelvliesbeläge können ein- oder mehrschichtig, mit oder ohne Träger bzw. Rückenbeschichtung hergestellt sein (Bild **11**.83c).

Weitere Einzelheiten über den konstruktiven Aufbau textiler Bodenbeläge sind der Grundnorm DIN ISO 2424 zu entnehmen. Vgl. hierzu auch Abschn. 11.4.12.2, Herstellungsverfahren.

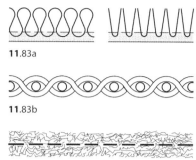

11.83a

11.83b

11.83c

11.83 Schematische Darstellung des konstruktiven Aufbaues textiler Bodenbeläge
a) Polteppich
   Schlingenpol/Bouclé-Schnittpol/Velours
b) Flachteppich
c) Nadelvliesbelag

Normen, Anforderungen und Einstufungen

In den derzeit vorliegenden, europäischen und internationalen Normen

- Textile Bodenbeläge, Begriffe (DIN ISO 2424),
- Textile Bodenbeläge, Einstufung von Polteppichen (DIN EN 1307),
- Textile Bodenbeläge, Einstufung von Nadelvlies-Bodenbelägen (DIN EN 1470),
- Textile Bodenbeläge, Einstufung von Polvlies-Bodenbelägen (DIN EN 13 297),

sind je nach Produktgruppe bestimmte Anforderungen an Teppichböden festgelegt und deren Gebrauchseinstufung unter Berücksichtigung von beispielsweise Verschleiß, Aussehenserhalt sowie Komfort im Einzelnen beschrieben. Damit sind die notwendigen Voraussetzungen für eine eindeutige Produktbeschreibung und bessere Vergleichbarkeit der Beläge gegeben.

Da der Normungsprozess der Teppichbeläge noch in Fluss ist, kann auf einige neue normative

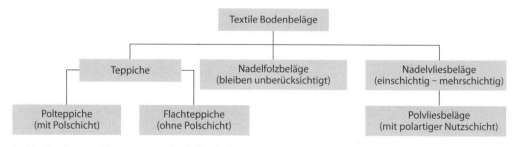

11.82 Einteilung und Benennung textiler Fußbodenbeläge

Tabelle **11**.84 Einteilung textiler Bodenbeläge in Beanspruchungsbereiche nach der Intensität der Nutzung (DIN EN 1307)

Klasse des Beanspruchungs- bereiches	Nutzungsintensität	Beanspruchungsbeispiele	
		Wohnbereich	Geschäftsbereich
1	leichte Beanspruchung	leicht	
2	normale Beanspruchung	normal	
3	starke Beanspruchung	stark	normal
4	extreme Beanspruchung		stark

Anmerkung: Für den stark beanspruchenden Geschäftsbereich sollte Klasse 4 als Grundlage verwendet werden. Darüber hinaus kann es in Einzelfällen erforderlich sein, zusätzlich Anforderungen zu stellen, um individuellen Bedürfnissen gerecht zu werden.

Anforderungen nachstehend nur kurz hingewiesen werden:

- **Beanspruchungsbereiche.** Wie Tabelle **11**.84 verdeutlicht, werden textile Bodenbeläge in Abhängigkeit von der jeweiligen Nutzungsintensität und weiterer produktspezifischer Anforderungskriterien zukünftig in vier unterschiedliche Beanspruchungsbereiche (Klasse 1 bis 4) eingestuft. S. hierzu auch Abschn. 11.4.12.3.

- **Kategorien L, M und N.** Polteppiche werden ferner nach dem Polschichtgewicht (g/m²) und der Polschichtdicke (mm) unterschieden und bezüglich des Verschleißverhaltens in drei Kategorien L, M und N eingeteilt. Mit der Kategorie L werden schwere, dicke Teppiche bezeichnet; die Kategorie M gilt für mittlere und Kategorie N für alle anderen Teppiche. S. hierzu auch Abschn. 11.4.12.2.

- **Komfortklassen LC1 bis LC5.** Polteppiche werden des Weiteren in die Komfortklassen LC1 bis LC5 entsprechend dem Komfortfaktor C_F eingestuft. S. hierzu auch Abschn. 11.4.12.3.

Weitere Einzelheiten hierzu sind den oben angeführten Grund- und Produktnormen zu entnehmen. Die Prüfnormen und der aktuelle Stand der Normung insgesamt sind in Abschn. 11.5 angegeben.

11.4.12.2 Kennzeichnende Merkmale

Textile Faserstoffe

Die Nutzschicht textiler Bodenbeläge besteht aus Fasern, deren Art und Qualität entscheidenden Einfluss auf die Eigenschaften der Teppichböden haben. Von ihnen hängt im Wesentlichen das Aussehen, das Verschleißverhalten, der Begehkomfort, die Lichtbeständigkeit, das Wiedererholungsvermögen und elektrostatische Verhalten ab. Die Schmutzaufnahme und -wahrnehmung sowie die Reinigungsmöglichkeiten werden ebenfalls von der Faserqualität bestimmt. Die Faser beeinflusst natürlich auch den Teppichpreis.

Nach dem Textilkennzeichnungsgesetz muss bei allen textilen Erzeugnissen die Faserzusammensetzung angegeben werden. Bei Teppichböden betrifft dies die Nutzschicht (Polschicht).

Wie Bild **11**.85 im Einzelnen verdeutlicht, werden entweder natürliche (tierische oder pflanzliche) Fasern oder synthetisch hergestellte Fasern verwendet, die später zu Garnen aufbereitet werden.

Der älteste und bekannteste Faserstoff natürlicher Herkunft für die Herstellung von Teppichböden ist die Wolle. Bei den synthetisch hergestellten Faserstoffen ist Polyamid der weitaus bedeutendste Rohstoff für Teppichgarne.

Naturfasern

Wolle. Wolle ist ein allgemeiner Textilbegriff für die Haare von Schafen. Im Einzelnen muss jedoch unterschieden werden zwischen

- Schurwolle (Wolle vom lebenden Schaf) und
- Reißwolle (Wolle, die schon einmal verarbeitet, d.h. aufgefasert und wieder neu versponnen wurde).

Teppichböden, die mit dem Wollsiegel (Gütezeichen des IWS, Internationales Woll-Sekretariat) gekennzeichnet sind, müssen aus 100 Prozent reiner Schurwolle hergestellt sein.

Die Vorzüge von Wolle sind ihr natürlicher Glanz, hohe Elastizität und gutes Wiedererholvermögen sowie ihr günstiges Anschmutz- und Brennverhalten (schwerentflammbar).

Durch ihre Fähigkeit, bis zu einem Drittel ihres Eigengewichtes Feuchtigkeit aufnehmen und bei

11

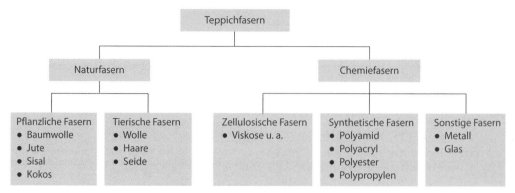

11.85 Einteilung textiler Faserstoffe bezogen auf die Nutzschicht (Polschicht) von Teppichbelägen

Bedarf an trockene Raumluft wieder abgeben zu können, wirkt sie raumklimatisch ausgleichend. Aufgrund dieser möglichen Feuchtespeicherung lädt sich die Wolle elektrostatisch auch weniger auf, d.h. sie ist überwiegend antistatisch (ab einer relativen Luftfeuchte von etwa 50 Prozent). Trotzdem kann es auch bei Teppichböden aus Wolle – sofern sie beispielsweise nicht durch Metallfaserbeimischung antistatisch ausgerüstet wurden – in Extremfällen zu starken Aufladeerscheinungen kommen (z. B. bei starkem Heizen und Austrocknen der Faseroberfläche).

Als nachteilig wird ihre nur bedingt befriedigende Abriebfestigkeit und lästige Fusselbildung an der Teppichoberseite angesehen. Mit Fasermischungen (z. B. Wolle mit synthetischen Fasern) wird die Möglichkeit genutzt, die guten Eigenschaften beider Fasergruppen zu kombinieren. Auch Feuchtraumeignung ist bei Wolle nicht gegeben, weil sie als Naturfaser nicht verrottungsfest ist. Wollteppichböden müssen außerdem gegen Schädlingsbefall imprägniert werden.

Chemiefasern

Wie Bild **11**.85 zeigt, unterteilt man Chemiefasern in zellulosische (bleiben hier unberücksichtigt) und synthetische Fasern. Nur die letzteren haben sich als Fasermaterial für Teppichböden bewährt.

Synthetische Fasern zeichnen sich vor allem durch hohe Abriebfestigkeit, Verrottungs- und Farbbeständigkeit, günstiges Anschmutzverhalten und verhältnismäßig leichte Pflege aus. Ein Hauptunterschied zwischen Natur- und synthetischen Fasern besteht darin, dass die Naturfasern Flüssigkeiten – und damit auch ausgeschüttete Fruchtsäfte mit ihren Farbstoffen – relativ rasch

aufsaugen und in den Kapillaren speichern, während die synthetischen Fasern eine wesentlich flüssigkeitsdichtere Oberfläche aufweisen. Darauf beruht auch ihre geringere Anschmutzneigung und weitgehende Chemikalienbeständigkeit.

Neuere synthetische Fasern weisen außerdem verschiedenartige Faserquerschnitte (dreieckige, viereckige, trilobale Querschnittsformen) auf, wodurch die Polstabilität, das Wiedererholvermögen und die schmutzverbergenden Eigenschaften verbessert werden.

Gebrauchseigenschaften. Die Gebrauchseigenschaften der synthetischen Fasern sind aufgrund ihrer unterschiedlichen chemischen Zusammensetzung sehr verschieden und damit ihre Einsatzbereiche zum Teil auch begrenzt. Die vier wichtigsten Teppichfasern sind (in der Reihenfolge ihrer Bedeutung):

- **Polyamid (PA).** Wichtigste synthetische Teppichbodenfaser mit sehr hoher Abriebfestigkeit, optimalem Wiedererholvermögen und günstiger Anschmutzneigung. Geringe Feuchtigkeitsaufnahme. Dauerhafte antistatische Ausrüstung durch einen Kern aus Kohlenstoff. Fasermarken: Nylon, Perlon, Antron u.a.

- **Polyester (PE).** Nach Polyamid die wichtigste Faser mit hoher Abriebfestigkeit, gutem Wiedererholvermögen und seidigem Glanz. Geringe Feuchtigkeitsaufnahme. Überwiegend als Beimischung zu Polyamid eingesetzt, speziell bei hochwertigen Velouren zur Verbesserung des Teppichflairs. Fasermarken: Trevira, Diolen, Dacron u.a.

- **Polyacryl (PC).** Wollähnliche synthetische Faser mit guter Elastizität und hoher Bauschigkeit. Geringe Feuchtigkeitsaufnahme. Abriebfester als Wolle, jedoch deutlich geringere Verschleißfestigkeit als Polyamid. Überwiegend als Beimischung zur Wolle eingesetzt. Fasermarken: Dralon, Orlon u.a.

- **Polypropylen (PP).** Feuchtigkeitsabstoßende und UV-stabile Faser, mit besonders hoher Lichtbeständigkeit. Daher für Nassräume und Outdoor-Beläge geeignet. Gute Abriebfestigkeit, jedoch geringeres Wiedererholvermögen. Aufgrund der chemischen Zusammensetzung und entsprechend der Herstellungsverfahren billigste synthetische Faser. Vorwiegend in Nadelvliesprodukten eingesetzt. Fasermarken: Meraklon, Hostalen u. a.

Texturierverfahren. Die jeweilige Spinnmasse (Granulat) wird bei etwa 250 °C geschmolzen, die Faserschmelze unter hohem Druck durch feine Spinndüsen gepresst (Extruder) und die dünnen Schmelzfäden anschließend auf das Mehrfache ihrer ursprünglichen Länge gestreckt. Erst im sog. Texturierverfahren erhält dann das zunächst glatte Garn die notwendige Kräuselung bzw. Bauschigkeit, die für die Verarbeitung zu Teppichware erforderlich ist.

Fasermischungen. Aus anwendungs- und verarbeitungstechnischen Gründen werden häufig Fasermischungen eingesetzt (z. B. Synthetics/Synthetics oder Wolle/Synthetics). Durch Mischen lassen sich die Vorteile der einen Faser mit denen einer anderen verbinden. So hat sich bei der letztgenannten Mischung (z. B. 80 % Wolle und 20 % Polyamid) die Verbindung der guten Wolleigenschaften mit der strapazierfähigeren synthetischen Faser besonders gut bewährt.

Polschichtdicke, Polschichtgewicht, Polrohdichte

Das Polmaterial der Nutzschicht ist der teuerste Rohstoff eines Teppichs. Daher wird der Preis eines textilen Bodenbelages ganz wesentlich von der verwendeten Menge und der Art dieses Materials bestimmt.

- Polschichtdicke (ISO 1766) in mm und Polschichtgewicht (ISO 8543) in g/m² geben die tatsächlich nutzbare Fasermenge der Polschicht über dem Teppichgrund an. Je dicker bzw. je höher der Pol, desto höher ist auch das Polschichtgewicht. Dies bedeutet jedoch nicht, dass eine dicke und schwere Teppichware unbedingt auch qualitativ günstiger sein muss als eine Ware mit weniger dicker oder weniger schwerer Polschicht. Erst das Verhältnis von Polschichtdicke zu Polschichtgewicht gibt über Dichte (Noppendichte) des Pols eine Auskunft.

- Diese Dichte wird mit dem Begriff Polrohdichte (DIN ISO 8543) in g/cm³ gekennzeichnet: Dividiert man das Polschichtgewicht durch die Polschichtdicke, so erhält man die Polrohdichte. Polrohdichte und Polschichtgewicht sind bei gleicher Faserqualität maßgebend für die Lebensdauer eines Belages. S. hierzu auch DIN EN 1307.

Strukturelle und farbliche Oberseitengestaltung

Die Gestaltungsmöglichkeiten der Teppichoberseite (Nutzschicht) sind sehr vielfältig und können an dieser Stelle nur andeutungsweise erläutert werden.

Die **Oberflächenstruktur** kann beispielsweise ausgebildet sein als (Bild **11**.86):

- Schlingenpol. Die Teppichoberseite besteht aus deutlich ausgebildeten, geschlossenen Polschlingen, die sich von der Grundschicht abheben (auch Boucléware genannt).

- Schnittpol. Die Teppichoberseite zeigt oftmals einen samtartigen Charakter. Die den Pol bildenden Schlingen sind aufgeschnitten und meist noch zusätzlich geschoren (auch Velourware genannt).

- Hoch-Tief-Musterung. Die Teppichware ist reliefartig ausgebildet und besteht aus höher und tiefer liegen-

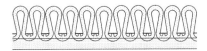

11.86a

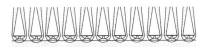

11.86b

11.86c

11.86 Schematische und beispielhafte Darstellung einiger Oberflächenstrukturen von Teppichböden
a) Schlingenpol (auch Boucléware genannt)
b) Schnittpol (auch Velourware genannt)
c) Hoch-Tief-Musterung (Hoch- und Niedrigpolflächen)

den Teilflächen. Die Polschlingen können sowohl geschlossen als auch aufgeschnitten sein, so dass Schnitt- und Schlingenflor-Kombinationen in der Warenoberfläche möglich sind.

Die **Farbgebung** und Musterung von Teppichböden sind wesentliche Elemente der Innenraumgestaltung. Zunächst war man auf Naturfarben angewiesen, die dem Pflanzen-, Tier- und Mineralbereich entstammten. Moderne, künstliche Farbstoffe sind kompliziert aufgebaute Kohlenwasserstoff-Verbindungen.

Grundsätzlich können sowohl Fasern und Garne als auch ganze Teppichböden gefärbt werden. Demnach unterscheidet man unterschiedliche Färbverfahren wie beispielsweise die Flocken-, Faser-, Garn- und Strangfärbung (je nach Stand des Verarbeitungsprozesses), die Spinndüsenfärbung (eingefärbte Spinnmasse / Granulat bei synthetischen Fasern), die Stückfärbung (Färbung des zunächst aus rohweißem Garn gefertigten Teppichbodens in beliebiger Farbe) sowie das Druckverfahren (Siebdruck-Rotationsverfahren) und Militron-Spritzdruckverfahren (Teppichmusterung über computergesteuerte, mit Mikrodüsen bestückte Farbspritzanlage).

An die Teppichfarben selbst werden hohe Echtheitsanforderungen gestellt, wie beispielsweise Farbechtheit unter Einwirkung von Licht (UV-Strahlen), Wasser, Reinigungsmittel usw. Einzelheiten hierzu sind DIN EN 1307 zu entnehmen. Auswahlkriterien bezüglich Farbgebung, Musterung und Schmutzunempfindlichkeit von Teppichböden s. Abschn. 11.4.12.5.

Trägermaterial

Im Gegensatz zum gewebten Teppichboden – bei dem Grundgewebe und Pol in einem Arbeitsgang hergestellt werden – ist bei getufteten und anderen textilen Bodenbelagarten ein vorgefertigtes Trägermaterial nötig, in das die

11

Polgarne eingefügt und dann durch rückseitiges Beschichten fest eingebunden werden. Das Trägermaterial dient somit zur Aufnahme und Verankerung des Polmaterials und beeinflusst Maßbeständigkeit, Festigkeit, Verlegeart und Verarbeitbarkeit. Eingesetzt werden vorwiegend Gewebe oder Trägervliese aus synthetischem Material (Vorteil: Unempfindlichkeit gegen Feuchtigkeit, verrottungsbeständig, gute Schnittkantenfestigkeit).

Rückenausrüstung

Polverankerung. Rückenausrüstungen beeinflussen den Gebrauchswert eines Teppichbodens ganz wesentlich. Während beim gewebten Teppich eine Rückenappretur (dünne Kunstharz- oder Latexdispersion) zur Verbesserung der Stabilität und Schnittfestigkeit aufgebracht wird, ist die Einbindung des Polmaterials bei getufteter Ware eine unerlässliche konstruktive Notwendigkeit: Das zunächst nur in das Trägermaterial eingenadelte Polgarn wird erst durch einen sog. Verfestigungsstrich absolut fest mit dem Träger verbunden (Noppenverankerung).

Rückenbeschichtung. Auf den Vorstrich wird vielfach noch eine glatte oder geprägte Rückenbeschichtung aufgebracht. Die weichporöse, elastische Schaummasse verbessert die Schnittfestigkeit, Trittelastizität sowie Schall- und Wärmedämmeigenschaften von Teppichböden für den Wohnbereich.

Im Einzelnen unterscheidet man Glattschaum und Prägeschaum (Latexschaumrücken). Letzterer wird bei der Herstellung noch zusätzlich gepresst und gleichzeitig geprägt. Diese Nachbehandlung soll eine einfachere spätere Wiederaufnahme des verklebten Belages bewirken, so dass weniger Schaumreste auf dem Verlegegrund haften bleiben.

Die Nachfrage nach Teppichböden mit Schaumrücken ist jedoch stark rückläufig (nur noch Sonderangebote im unteren Preissegment), was nicht zuletzt auf ein verändertes Umweltbewusstsein der Endverbraucher zurückzuführen ist (Nachteile: Latexgeruch, Schichtentrennung bei Wiederaufnahme der Altbeläge, unbefriedigendes Recycling).

Für den Objektbereich eignen sich derartige Schaumrücken nicht. Hier werden entweder die vorgenannten appretierten Beläge, Teppichware mit massiv-festem, stuhlrollengeeignetem Kompaktschaum, Teppichböden mit textilem Zweitrücken oder mit textilem Vliesrücken eingesetzt. Lose verlegbare Teppichfliesen sind im Hinblick auf die Bodenhaftung mit einer sog. Schwerbeschichtung ausgerüstet. Sie sollten ein Flächengewicht von mind. 3,5 kg/m² aufweisen. Einzelheiten hierzu s. Abschn. 11.4.12.5.

Textiler Zweitrücken (Synthetischer Zweitrücken). Getuftete Teppichware im Objektbereich – üblicherweise vollflächig verklebt oder über Nagelleisten verspannt – ist heute allgemein auf ihrer Rückseite mit einem textilen Zweitrücken (Doppelrücken) ausgerüstet. Dieser auf den Verfestigungsstrich aufkaschierte zusätzliche Textilrücken ist in der Regel aus synthetischem Gewebe oder Faservlies (Feuchtraumeignung).

Die vollflächige Verklebung von Teppichböden mit Zweitrücken hat sich bewährt, da bei ihrer späteren Wiederaufnahme kaum Reste auf dem Verlegegrund zurückbleiben. Beim Verspannen von getufteter Teppichware ist der Zweitrücken ebenfalls erforderlich, weil dadurch die horizontale Stabilität des Teppichbelages erhöht und die Nägel

der Nagelleisten im Gewebe einen besseren Halt finden und nicht ausreißen können. Webteppiche benötigen keine aufkaschierten Zweitrücken.

Textiler Vliesrücken. Tuftingteppiche mit aufkaschiertem Zweitrücken aus Vliesstoffen haben in den letzten Jahren immer größere Marktanteile gewonnen und zwar zu Lasten der Rückenbeschichtung mit Latexschäumen. Getuftete Teppiche mit Vliesrücken werden vorzugsweise für den Wohnbereich angeboten.

Für den Einsatz im Objektbereich ist – wie beim herkömmlichen synthetischen Zweitrücken auch – Stuhlrolleneignung nachzuweisen. Demnach unterscheidet man Vliesstoffe ohne Verstärkung (Wohnbereich) sowie Vliesstoffe mit Gewebeeinlage oder Fadenverstärkung (Objektbereich). Die Dicke der Vliesrücken bewegt sich zwischen 2 und 3 mm.

Die Gründe für die große Akzeptanz der Vliesstoffe sind geringe Umweltbelastung, keine Geruchsprobleme, Alterungsbeständigkeit sowie die relativ leichte Wiederaufnehmbarkeit von genutzten Belägen. Sie weisen jedoch ein ungünstigeres Brennverhalten auf. Für das Verlegen von Teppichböden mit Vliesrücken eignen sich spezielle Haftmittel und auf das Vlies abgestimmte Fixierungen. S. hierzu auch Abschn. 11.4.12.5, Verlegung.

Herstellungsverfahren

Textile Fußbodenbeläge werden in sehr unterschiedlichen Verfahren produziert. Die jeweilige Herstellungstechnik ist qualitätsbestimmend und auch für das Aussehen der Teppichware von großer Bedeutung. Man unterscheidet:

Webverfahren (Ruten-Webverfahren). Webteppiche bestehen aus einem Grundgewebe und einem Pol. Grundgewebe und Polschicht werden in einem Arbeitsprozess hergestellt. Beim Webvorgang werden drei längslaufende Fadengruppen – sogenannte „Ketten" (Polkette, Bindekette, Füllkette) sowie zwei querlaufende Fadengruppen – sogenannte „Schüsse" (Oberschuss, Unterschuss) rechtwinkelig verkreuzt.

Die Garne der Polkette bilden die Nutzschicht, die Bindeketten verbinden die querlaufenden mit den längslaufenden Fäden und die Füllkette gibt dem Teppichgewebe das Fundament (Bild **11.87**). Die Garne der Polschicht laufen über Ruten (Metallstäbe), durch deren Abmessungen die Höhe des Pols (Kurz-, Mittel-, Langflor) und die Dichte der Schussfolge bestimmt wird. Befindet sich am Ende der Rute ein Messer, wird die Polkette beim Herausziehen der Rute aufgeschnitten, es entsteht Schnittpol (Veloursware). Bei Ruten ohne Messer bleiben die Schlingen erhalten, es entsteht Schlingenpol (Boucléware).

Das Weben von Teppichböden mit mechanischen Webstühlen ist die älteste Art der Herstellung und sehr aufwändig. Diese zeitintensive

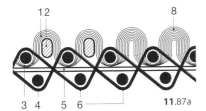

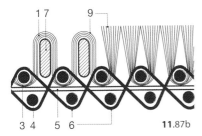

11.87a

11.87b

11.87 Schematische Darstellung des Herstellungsverfahrens eines gewebten Teppichbelages
(Ruten-Webverfahren)

a) Schlingenpolware (Bouclé)
b) Schnittpolware (Velours)

1 Polkette (Polschicht-Nutzschicht, auch Flor genannt)
2 Zugrute (Metallstab ohne Messer)
3 Oberschuss
4 Unterschuss
5 Füllkette
6 Bindekette
7 Zugrute (Metallstab mit Messer)
8 Schlingenpol (Bouclé)
9 Schnittpol (Velours)

ANKER-Teppichboden Gebrüder Schoeller, Düren

Technik erfordert zudem einen hohen Materialeinsatz. Die Preise für gewebte Teppichböden
sind daher vergleichsweise hoch. Auf der anderen Seite ist die Mustervielfalt, in denen sie angeboten werden, nahezu unbegrenzt und die Strapazierfähigkeit bzw. Langlebigkeit gewebter
Teppichware sehr hoch. Weitere Einzelheiten
sind der Fachliteratur [68] sowie DIN ISO 2424 zu
entnehmen.

Tuftingverfahren. Während bei der Herstellung
gewebter Teppiche Grundgewebe und Polschicht in einem Arbeitsprozess entstehen, wird
auf der Tuftingmaschine das Polgarn nach dem
Nähmaschinenprinzip kontinuierlich von oben in
ein vorgefertigtes Trägermaterial (Gewebe oder
Vlies) eingenadelt und von Greifern auf der Unterseite so lange festgehalten (die Nutzschicht entsteht auf der Unterseite), bis die Nadeln zum
nächsten Stich ansetzen. Dadurch bilden sich

Schlingen, es entsteht Schlingenpolware (Bouclé). Werden die Schlingen durch ein Messer aufgeschnitten, so entsteht Schnittpolware (Velours). Bild **11**.88. Die Polgarne sind zunächst nur
lose mit dem Trägermaterial verbunden und
müssen durch einen zusätzlichen Rückenbe-
schichtungsprozess (Verfestigungsstrich) fest mit
dem Träger verbunden werden. Um getuftete
Ware verspannen zu können, muss der Belag mit
einem textilen Zweitrücken (synthetischem
Zweitrücken) ausgestattet sein. Vgl. hierzu Abschn. 11.4.12.2, Rückenausrüstung. Tuftingma-
schinen leisten etwa das Zehn- bis Zwanzigfache
eines Webstuhles, ein Produktionsvorteil, der zu
günstigen Preisen führt, so dass derzeit etwa 70
Prozent der Teppichböden getuftet werden. Weitere Einzelheiten sind der Fachliteratur sowie DIN
ISO 2424 zu entnehmen.

Nadelvliesverfahren. Meist mehrschichtig übereinanderliegende, lockere Faservliesmatten
durchlaufen einen Nadelstuhl, der mit vielen
Spezialnadeln – die alle mit Widerhaken versehen sind – bestückt ist. Dabei heben und senken
sich die Nadelbarren mit großer Geschwindigkeit
(Millionen von Nadelstichen pro m^2), durchste-
chen ein ggf. eingelegtes Trägermaterial, ziehen
die Fasern durch das Gewebe hindurch und ver-
kreuzen diese beidseitig untereinander. Bei der
Herstellung besonders strapazierfähiger Ware
durchläuft das Faservlies bis zu dreimal die Na-
delmaschine (Bild **11**.89). Das auf diese Weise
mechanisch verdichtete Vlies kann zur weiteren
Verfestigung des Faserverbundes noch teil- oder
vollimprägniert und mit oder ohne Rückenbeschichtung ausgerüstet sein.

Man unterscheidet Einschichtbeläge (Homogen-
belag) und Mehrschichtbeläge (Heterogenbe-
lag). Die letzteren bestehen dann aus Fasern erster Wahl in der Nutzschicht, einem Trägermaterial und einer Grundschicht aus Sekundärfasern.
Je dünner die Nutzschicht aus Primärfasern ausgebildet ist, um so mindere Qualität dürfte zu erwarten sein. Die Einstufung von Nadelvlies-Bodenbelägen erfolgt gemäß DIN EN 1470.

Mit Hilfe bestimmter Nadeltechniken ist es auch
möglich, Nadelvliesbeläge mit polartigem Aufbau zu fertigen. Diese sog. Polvlies-Bodenbeläge
weisen einen deutlich ausgeprägteren Textilcha-
rakter auf. Einstufung gemäß DIN EN 13 297.

Die Herstellungsverfahren weiterer Teppichbelagarten
bleiben hier unberücksichtigt. Zu nennen wären noch ge-
wirkte, geklebte, geflockte, gepresste und anderweitig hergestellte Teppichböden.

11

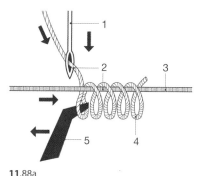

11.88a

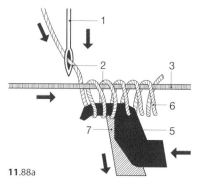

11.88a

11.88   Schematische Darstellung des Herstellungsverfahrens eines getufteten Teppichbelages

a) Schlingenpolware (Bouclé)
b) Schnittpolware (Velours)

1 Nadel
2 Garn (Unterseite des Teppichs)
3 Trägerschicht
4 Schlingenpol (Nutzschicht)
5 Greifer
6 Schnittpol (Nutzschicht)
7 Messer
Europäische Teppichgemeinschaft, Wuppertal

11.4.12.3 Funktionseigenschaften

Teppichbeläge werden gemäß den angeführten Normen zahlreichen Qualitäts- und Eignungsprüfungen unterzogen. Die Prüfergebnisse werden dem Verbraucher jeweils unmittelbar am Produkt in Form eines sog. **Teppich-Siegels** kenntlich gemacht. Dieses Qualitätszertifikat der Europäischen Teppich-Gemeinschaft (ETG) gibt Auskunft über wesentliche Qualitätskriterien eines Teppichbodens wie

- Einsatzbereiche,
- Komfortwert,
- Beanspruchung,
- Beschaffenheit der Nutzschicht,
- gesundheitliche Unbedenklichkeit.

Voraussetzung für die Vergabe ist die neutrale Qualitätsprüfung durch unabhängige Kontrollinstitute. Das Teppich-Siegel können grundsätzlich nur Teppichböden erhalten, die nach den Kriterien der Gemeinschaft umweltfreundlicher Teppichboden (GUT) schadstoffgeprüft sind und die umwelttechnischen Standards der GUT einhalten (Bild **11**.81). Das gesamte Lizenzierungs- und Prüfverfahren wird vom TÜV überwacht.

Komfortwert und Beanspruchung

Angelehnt an die Klassifizierung von Hotels weisen maximal 5 Sterne den entsprechenden Komfortwert aus, der im Wesentlichen durch die Dichte und Höhe der Polschicht sowie die Noppenzahl bestimmt wird. Je mehr Sterne angezeigt sind, desto mehr Polmaterial ist in den jeweiligen Teppichboden eingearbeitet. Damit ist der Komfort ein entscheidender Anhaltspunkt für Qualität und Preis (Bild **11**.90a).

Die Werte für die Beanspruchung stehen in direktem Zusammenhang mit dem jeweiligen Einsatzbereich. Insgesamt werden fünf Beanspruchungsklassen unterschieden: gering, mittel, stark, intensiv, extrem. Die jeweils mit dem Stern gekennzeichneten und somit zertifizierten Werte sind den empfohlenen Einsatzbereichen fest zugeordnet und

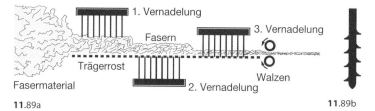

11.89a   **11**.89b

11.89   Schematische Darstellung des Herstellungsverfahrens eines dreifach vernadelten, homogen aufgebauten Nadelvlies-Bodenbelages

a) Verdichtung der Fasern, b) Nadel mit Widerhaken
Filzfabrik Fulda

11.90a

11.90b

11.90 Kennzeichnung von Polteppichen und Nadelvlies-Bodenbelägen in Bezug auf Komfort und Beanspruchung (Teppich-Siegel)

a) Komfortwert
b) Beanspruchung

nicht veränderbar. Beispiel: Für ein Schlafzimmer reicht die Kategorie „mittel", eine Empfangshalle braucht hingegen den Wert „extrem" (Bild **11**.90b).

Zusatzeignungen

Alle wichtigen zusätzlichen Eigenschaften sind durch einfache Symbole visualisiert: Stuhlrolle, Treppe, Fußbodenheizung, Antistatik. S. hierzu auch Abschn. 12.0, Fußbodenheizungen. Die Zusatzeignungen „Stuhlrolle" und „Treppe" werden gegebenenfalls durch den Hinweis „wohnen" auf den Wohnbereich eingeschränkt. Ist kein Hinweis vorhanden, gilt automatisch die Eignung für Wohn- und Geschäftsräume (Bild **11**.91).

Weitere Ausrüstungsverfahren wie Antisoil-Ausrüstung (reduziertes Anschmutzverhalten), antibakterielle Ausrüstung (Hygienebereich), flammhemmende Ausrüstung (Objektbereich) u. a. m. sind möglich, bleiben im Rahmen dieser Abhandlung jedoch unberücksichtigt.

Stuhlrolleneignung. Bereits bei der Planung sollte feststehen, in wieweit der Bodenbelag bzw. Estrich durch Stuhlrollen beansprucht wird, wobei zu unterscheiden ist zwischen gelegentlicher (Wohnung) und ständiger Nutzung (Büro).

Bei erhöhten Anforderungen – vor allem auch bei dünnen elastischen Bodenbelägen – sollte der Estrich eine Haftzugfestigkeit von 1 N/mm² aufweisen. Dies bedingt oftmals die Wahl einer höheren Estrichfestigkeitsklasse. Vgl. hierzu auch Abschn. 11.3.6.2, Estricharten.

Bei textilen und elastischen Bodenbelägen ist immer auch auf die richtige Beschaffenheit der Laufläche und Form der

Rollen von Drehsesseln bzw. Möbelrollen zu achten. Die Industrie bietet – auf den jeweiligen Bodenbelag abgestimmt – unterschiedliche Rollentypen (Lenkrollen, Lenkdoppelrollen, Kugellenkrollen) mit verschiedenartigen Laufflächen an. Diese Laufflächen der Rollen/Räder dürfen am Belag keine farblichen oder sonstigen Veränderungen verursachen. Gemäß DIN EN 12 529 (vormals DIN 68 131) unterscheidet man:

- **Typ W** (mit weicher Rollenlauffläche) für stuhlrollengeeignete **harte Bodenbeläge** wie beispielsweise Steinfußböden, Holzfußböden und elastische Bodenbeläge.

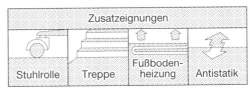

11.91a **11**.91b **11**.91c **11**.91d

11.91 Zusatzeignung textiler Bodenbeläge (Teppich-Siegel). Die Symbole zeigen an, welchen weiteren spezifischen Anforderungen der Teppichboden jeweils gerecht wird.

a) stuhlrollengeeignet
b) treppengeeignet
c) fußbodenheizungsgeeignet
d) antistatisch

- **Typ H** (mit harter Rollenlauffläche) für stuhlrollengeeignete **weiche Bodenbeläge** wie zum Beispiel Web- und Tuftingteppiche sowie Nadelvlies-Bodenbeläge.

Die Stuhlrollenprüfung von textilen Bodenbelägen erfolgt nach DIN EN 985.

Rollstuhleignung. Die Räder und Reifen von Kranken- und Behindertenrollstühlen sind nicht genormt, so dass es bislang auch noch kein spezielles Zusatzsymbol „rollstuhlgeeignet" gibt.

Teppichböden für Rollstuhlfahrer sollten zum einen die Beanspruchung „stark" bis „extrem" und das Symbol „Stuhlrolle" aufweisen und des Weiteren mit einem textilen Zweitrücken (Tuftingware) ausgerüstet sein. Teppichböden mit Schaumrücken sind für diese Nutzung nicht zu empfehlen. Aufgrund ihrer Konstruktion sind sie oft zu weich und erhöhen dadurch den Rollwiderstand; außerdem halten sie den auftretenden Scherkräften beim Drehen des Rollstuhls oftmals nicht stand. Auf die weiterführende Literatur [70] wird verwiesen.

Treppeneignung. Teppichböden, die mit dem Symbol „Treppe" gekennzeichnet sind, werden aufgrund der entsprechend deklarierten Grundeinstufung geprüft und eingeteilt. Demgemäß ist eine mit der Beanspruchung „stark" bis „extrem" eingestufte Ware für die Verlegung auf Treppen geeignet. Bei fachgerechter Verlegung ist darauf zu achten, dass die Treppenkante nicht scharfkantig ausgebildet ist, sondern eine Kantenabrundung von etwa 10 mm Radius aufweist. Die Treppeneignungsprüfung erfolgt nach DIN EN 1963.

Elektrostatisches Verhalten von textilen Bodenbelägen

Elektrostatische Aufladungen können beim Begehen von (textilen) Bodenbelägen oder durch Reiben zweier Oberflächen aneinander entstehen, insbesondere bei isolierenden Stoffen. Infolge derartiger Trennungs- und Reibungsvorgänge kann es dann beim Berühren eines geerdeten Metallteiles zu einer für den Menschen ungefährlichen, jedoch unangenehmen elektrischen Entladung kommen.

11

Diese Auf- und Entladungsvorgänge treten vor allem während der Heizperiode auf, denn mit abnehmender relativer Luftfeuchte nimmt die Neigung isolierender Stoffe zu, sich elektrostatisch aufzuladen. Die Grenze kann man bei textilen Bodenbelägen bei etwa 50 % relativer Luftfeuchte und einer mittleren Raumtemperatur von 20 °C ansetzen. Oberhalb dieser Grenze ist praktisch mit keiner Schlagerscheinung mehr zu rechnen.

Es können jedoch noch weitere Einflussgrößen hinzukommen, wie beispielsweise stark isolierende Verlegeuntergründe, nicht leitfähiges Schuhwerk, Begehfrequenz, Fremdaufladungen, Größe der Bodenfläche, unterschiedliche Empfindlichkeit der Benutzer u. a. m.

Elektrostatisches Verhalten. In der internationalen Norm DIN EN 61 340-4-1 (IEC 61 340-4-1), Elektrostatisches Verhalten von Bodenbelägen und verlegten Fußböden, sind Prüfverfahren sowie Messungen des Widerstandes und der Ableitfähigkeit festgelegt. Die in dieser Norm beschriebenen Verfahren sind für Prüfungen an allen Bodenbelägen und verlegten Fußböden geeignet. Einzelheiten hierzu sind Abschn. 11.4.10.7 zu entnehmen, so dass sich eine nochmalige Beschreibung der dort erwähnten Zusammenhänge an dieser Stelle erübrigt.

Elektronische Geräte. Elektronische Geräte, wie Computer o. Ä., können durch elektrostatische Aufladungen gestört werden. Der Zentralverband der Elektrotechnischen Industrie (ZVEI) empfiehlt daher seinen Mitgliedern, EDV-Geräte so zu konzipieren, dass nach deren Installation Personenaufladungen bis zu 5 kV keine Störungen hervorrufen. Bei antistatisch wirksamen Teppichbelägen wird demnach von folgenden Anforderungen ausgegangen:

- Begrenzung der durch Begehen von textilem Bodenbelag hervorgerufenen Personenaufladung[1] auf 2 kV.
- Anforderung an den Erdableitwiderstand[1] im Bereich 1×10^9 Ohm bis 1×10^{10} Ohm.
- Relative Luftfeuchte normalerweise zwischen 40 bis 60 %.

Antistatische Teppichböden. Störungen durch elektrostatische Aufladungen, die vom Begehen eines Teppichbodens herrühren, lassen sich

durch den Einbau eines antistatischen Teppichbodens vermeiden.

Dies bedeutet, dass auch in Räumen mit üblichen Bürocomputern das Verlegen textiler Bodenbeläge – die mit dem Symbol „Antistatik" im ETG-Teppich-Siegel gekennzeichnet sind – in der Regel ausreicht.

Bei derartigen Belägen ist sichergestellt, dass die Personenaufladung – unabhängig von der Art der Rückenausrüstung und der Verlegung – kleiner als 2 kV ist und somit Sicherheitsreserven zum Richtwert von 5 kV des ZVEI bestehen. Dies bedeutet aber auch, dass leitfähiges Kleben zum Erreichen der oben geforderten Erdableitwiderstände normalerweise nicht nötig ist, wenn der Bodenbelag selbst aufgrund seines niedrigen Oberflächenwiderstandes[1] über die notwendige Flächenleitfähigkeit verfügt, die eine Verteilung der Ladung zulässt. Einzelheiten hierzu s. auch ISO 6356.

Ableitfähige Teppichböden. Grundsätzlich wird unterschieden zwischen antistatischen Teppichböden und solchen, die antistatisch **und** ableitfähig sind und somit auch ableitfähig verlegt werden können. Das heißt mit anderen Worten, dass nicht jeder antistatische Teppichboden auch ableitfähig verlegt werden kann. Eine Ableitung elektrostatischer Aufladungen ist nur bei durchgehender Leitfähigkeit aller Schichten und Werkstoffe gegeben. Einzelheiten hierzu s. auch DIN ISO 10 965.

- **Leitfähiges Polmaterial.** Die fehlende Leitfähigkeit des Polmaterials kann bei der Garnherstellung durch Beimischen von Metallfasern bzw. Stahlfäden oder sog. modifizierten Synthesefasern sichergestellt werden. Bei den letzteren wird eine leitfähige Masse (Kohlestoffkern) in den Faserkörper eingesponnen, so dass auch bei starker Beanspruchung der Nutzschicht die Leitfähigkeit nicht verloren geht.
- **Leitfähige Rückenausrüstung.** Zusätzlich wird auch noch die Rückenkonstruktion leitfähig ausgerüstet. Leitfähige Horizontalschichten, wie sie beispielsweise durch leitfähige Verfestigungsstriche gebildet werden, haben die Aufgabe, elektrostatische Ladungen über das leitfähige Polmaterial in den Teppichgrund abzuführen, damit sie sich dort auf einer wesentlich größeren Fläche verteilen bzw. abfließen können.

Diese horizontalen Leitschichten sind als Ergänzung zur leitfähigen Nutzschicht notwendig und nur in Kombination mit dieser wirksam. Ein derart mit leitfähiger Rückenkonstruktion ausgerüsteter Teppichboden kann somit hinsichtlich seiner elektrostatischen Merkmale weitgehend unabhängig von der Art der Verlegung gemacht werden.

---

[1] Angaben über das elektrostatische Verhalten von Bodenbelägen und die sich daraus ergebenden Prüfverfahren sowie Messungen des Widerstandes und der Aufladefähigkeit sind Abschn. 11.4.10.7 zu entnehmen.

Verlegemaßnahmen (ableitfähige Verlegung).
Beim Verlegen ableitfähiger Teppichböden muss normalerweise weder der Verlegeuntergrund besonders vorbereitet, noch müssen spezielle Kleber verwendet werden.

Bestehen jedoch aus bestimmten Gründen besonders hohe Anforderungen an die Ableitfähigkeit, kann diese – bei hierfür geeigneten Belägen – durch den Einsatz leitfähiger Klebstoffe verbessert werden.

Bei diesen Qualitäten ist dann eine ununterbrochene Ableitung über das Polmaterial, die leitfähige Rückenausrüstung, über die leitfähige Verlegung in die Erdableitung (Potentialausgleich) gegeben. In diesem Zusammenhang ist zu beachten, dass ein leitfähiges Verlegen von verspannten Teppichbelägen und Belägen mit Schaumrücken nicht möglich ist.

Das leitfähige Kleben textiler Bodenbeläge ist auch dann empfehlenswert, wenn sich beispielsweise in kleinen Räumen oder schmalen Fluren die entstehende Aufladung nicht ausreichend verteilen kann. Auch Beläge mit unzureichender Querleitfähigkeit, aber guter vertikaler Leitfähigkeit – wie dies bei einigen Nadelvlies- und Webwaren gegeben ist – können durch leitfähiges Kleben verbessert werden bzw. werden durch diese Maßnahme erst ableitfähig.

In allen Fällen sind die Verlegeempfehlungen der Hersteller unbedingt zu beachten, um eine für die jeweilige Nutzungsanforderung optimale Ableitfähigkeit zu erzielen. Dies gilt insbesondere auch für Teppichfliesen, die unterschiedliche hersteller- oder produktspezifische Maßnahmen erfordern. Auf die Veröffentlichungen der Europäischen Teppichgemeinschaft [71] wird besonders hingewiesen.

11.4.12.4 Bauphysikalische Eigenschaften

Schalltechnische Eigenschaften[1]

Das schalltechnische Verhalten von textilen Bodenbelägen beruht auf drei verschiedenen Wirkungsweisen.

- **Schallschluckende Wirkung** (Schallabsorption). Der auftretende Luftschall wird von der Teppichfläche nur noch zu einem Bruchteil reflektiert, d.h. ein überwiegender Teil der auftreffenden Schallenergie wird absorbiert, die Nachhallzeit dadurch verkürzt (Verbesserung der Sprachverständlichkeit) und der Geräuschpegel im Raum gemindert.
- **Gehschallmindernde Wirkung.** Der beim Gehen auf harten Fußböden in der Regel entstehende Luftschall tritt beim Begehen von textilen Bodenbelägen in kaum mehr messbarer Lautstärke auf.
- **Trittschalldämmende Wirkung.** Der beim Gehen über den Teppichboden entstehende Körperschall wird ge-

dämmt und das in die darunterliegenden Räume durchdringende Geräusch gemindert. Bei textilen Bodenbelägen sind Trittschallverbesserungsmaße $\Delta L_{W,R}$ (VM$_R$) von 20 bis 30 (40) dB möglich, je nach Konstruktion, Gesamtdicke und Verlegeart des Belages. Die Berechnung erfolgt nach DIN EN ISO 717-2. Nähere Angaben hierzu s. Abschn. 11.3.3 und Abschn. 17.6.3.5.

Wärmetechnische Eigenschaften[1]

Hinsichtlich der wärmetechnischen Belange interessieren bei textilen Bodenbelägen die Wärmeableitung sowie der Wärmedurchlasswiderstand (auch Wärmeleitwiderstand genannt).

- **Wärmeableitung.** Die Wärmeableitung (WA) kennzeichnet das Verhalten im Hinblick auf die Fußwärme. Einzelheiten hierzu s. Abschn. 11.3.4.
- **Wärmedurchlasswiderstand.** Der Wärmedurchlasswiderstand (WDW) gibt an, wie viel Wärme (Energie) bei einem bestimmten Temperaturgefälle zwischen Ober- und Unterseite durch den Belag fließt. Nähere Angaben hierzu s. Abschn. 12.2.3, Bodenbeläge auf beheizbaren Fußbodenkonstruktionen.

Brandtechnische Eigenschaften[1]

Grundlage für die Klassifizierung des Brandverhaltens von Baustoffen und Bauteilen und somit auch für textile Bodenbeläge ist zurzeit noch DIN 4102-1 (in Verbindung mit DIN EN 13501-1).

Normalentflammbare Bodenbeläge (Baustoffklasse B2). Aufgrund der Prüfergebnisse nach der inzwischen zurückgezogenen DIN 66081 erfolgt eine Einteilung in die Brennstoffklassen T-a, T-b, T-c (= ungünstigste Klasse). Es wird zurzeit empfohlen, für die Klassifizierung des Brandverhaltens die DIN EN 13501-1 anzuwenden.

- Textile Bodenbeläge der Klasse **T-c** sind leichtentflammbar im Sinne der DIN 4102, entsprechen damit der Baustoffklasse B3 und dürfen als ganzflächig verlegter Bodenbelag nicht eingebaut werden.
- Textile Bodenbeläge der Klasse **T-b** entsprechen der Baustoffklasse B2 normalentflammbar und dürfen überall dort eingebaut werden, wo keine besonderen Anforderungen an das Brandverhalten von Fußbodenbelägen gestellt werden.
- Textile Bodenbeläge der Klasse **T-a** liegen von den Anforderungen her höher, und zwar zwischen der Baustoffklasse B2 (T-b) und der Baustoffklasse B1 schwerentflammbar.

Schwerentflammbare Bodenbeläge (Baustoffklasse B1). Für begrenzte Einsatzbereiche (z.B. Hochhäuser, Hotels, Fluchtwege) fordert das Baurecht schwerentflammbare Baustoffe nach DIN 4102. Der Nachweis für die Baustoffklasse B1 wird in baurechtlichen Verfahren durch das Prüfzeichen des Deutschen Institutes für Bautechnik, Berlin, geführt. Es kann aber auch eine Zulassung im Einzelfall auf der Basis eines bauaufsichtlichen Prüfzeugnisses ausgesprochen werden. S. hierzu auch Abschn. 2.2.4, Bauregellisten sowie Abschn. 17.7, Baulicher Brandschutz.

---

[1] Der aktuelle Stand der Normung ist Abschn. 11.5 zu entnehmen.

11

11.4.12.5 Verlegung, Pflege und Reinigung

Verlegung textiler Bodenbeläge

Die drei klassischen Verlegemethoden von textilen Bodenbelägen – vollflächiges Verkleben mit Klebstoffen, Verspannen mit Nagelleisten und loses Verlegen – wurden in den letzten Jahren durch weitere, sog. Alternative Verlegesysteme ergänzt. Ihre wesentlichen Vorteile sind verminderte Belastung der Raumluft durch emissionsfreie Verlegung, zerstörungsfreie Wiederaufnehmbarkeit und damit schneller bzw. schmutzfreier Belagwechsel sowie weitgehende Wiederverwertung (Recycling) der Rohstoffe.

Bei der Wahl der Verlegetechnik kommt es zunächst immer auf die Art der Raumnutzung und die zu erwartende Beanspruchung des Belages an (Wohnbereich, Objektbereich). Weiter sind die Beschaffenheit des Untergrundes, die jeweilige Teppichkonstruktion bzw. Art der zu verlegenden Teppichware mit den anvisierten Zusatzeignungen sowie die jeweiligen Preisvorstellungen zu beachten.

Teppichböden sollten immer erst nach Abschluss aller anderen Innenausbauarbeiten verlegt werden. Die Beschaffenheit des Untergrundes muss vom Bodenleger vorher sorgfältig geprüft und die Oberfläche mit geeigneten Werkstoffen und Verfahren so vorbehandelt sein, dass sie belegreif ist und den Anforderungen der DIN 18365, Bodenbelagarbeiten, entspricht. Einzelheiten über die Vorbehandlung des Verlegeuntergrundes sind in Abschn. 11.4.10.7 dargestellt, so dass sich eine nochmalige Beschreibung der dort erwähnten Arbeitsschritte an dieser Stelle erübrigt.

1. Konventionelle Verlegesysteme

Vollflächiges Verkleben. Bei dieser Verlegeart wird mit Hilfe von Klebstoff eine feste und dauerhafte Verbindung zwischen dem zu verlegenden Teppichboden und dem jeweiligen Verlegeuntergrund hergestellt (Bild **11**.92).

Der Untergrund muss ausreichend saugfähig, sauber, dauerhaft trocken, eben, rissefrei sowie zug- und druckfest sein. Die erforderlichen Ebenheitstoleranzen sind Tabelle **11**.2 zu entnehmen, der jeweils zulässige Feuchtegehalt von Estrichen (Belegreife) den Tabellen **11**.33 und **12**.9.

Nach Abschluss der notwendigen Vorarbeiten am Untergrund wird ein geeigneter Klebstoff mit einer Zahnspachtel auf diesen gleichmäßig aufgetragen, der zugeschnittene Belag in das nasse Klebstoffbett eingelegt, angerieben und nach einer gewissen Zeit mit einer Walze noch-

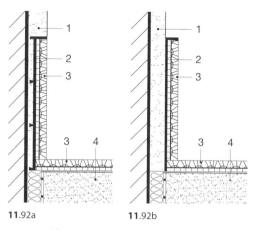

11.92a   11.92b

11.92 Vollflächige Teppichboden-Verklebung
a) Einputz-Sockelleiste
b) Aufputz-Sockelleiste
1 Wandputz
2 Sockelleisten (Aluminium)
3 Schnittpolteppich vollflächig verklebt
4 schwimmender Estrich
ALU-PLAN-GMBH, München

mals festgewalzt. Die Verarbeitungshinweise der Klebstoffhersteller sind dabei genauestens einzuhalten.

Die Belagkleber müssen eine sichere und dauerhafte Verklebung gewährleisten und dürfen weder für den Verarbeiter noch für den Benutzer gesundheitsschädigende bzw. raumluftbelastende Komponenten enthalten. Diese Forderungen führten zur Klassifizierung von Klebstoffen nach ihrem Lösemittelgehalt und Emissionsverhalten. Einzelheiten über die Produktklassifizierung nach GISCODE bzw. EMICODE s. Abschn. 11.4.10.7, Klebstoffe.

Das vollflächige Verkleben von textilen Bodenbelägen ist eine relativ preiswerte Verlegemethode. Wegen der anzustrebenden, weitgehend rückstandsfreien Wiederaufnahme empfiehlt sich der Einsatz von Teppichböden mit textilem Zweitrücken. S. hierzu Abschn. 11.4.12.2, Rückenausrüstung.

Vollflächig verlegter Altbelag – beispielsweise mit einem Schaumrücken ausgerüstet – lässt sich jedoch kaum ohne Beschädigung des Verlegegrundes bzw. der Teppichware selbst wieder herausnehmen. Der zu entfernende Belag muss daher in etwa einen Meter breite Streifen geschnitten und mit einem sog. Stripper (Gerät mit einem schwingenden Messer) vom Untergrund abgeschält werden. Anschließend ist der beschädigte Estrich meist auszubessern und wieder vollflächig zu spachteln.

Will man diese kosten- und zeitaufwändigen Arbeitsgänge umgehen, kann bei einem anstehenden Belagwechsel gegebenenfalls auch der Altbelag (gereinigt) liegen gelassen und bei Eignung als Unterlage darüber eine neue, verspannte Teppichware aufgebracht werden.

In diesem Zusammenhang sind die nachstehend erläuterten alternativen Verlegesysteme – als Alternativen zum vollflächigen Verkleben – besonders zu beachten.

Verspannen mit Nagelleisten. Bei dieser Verlegetechnik werden entlang der Wandflächen und anderer aufgehender Bauteile sog. Nagelleisten auf den Verlegeuntergrund geklebt bzw. gedübelt, anschließend die gesamte Bodenfläche mit einer Filzunterlage belegt und darüber der konfektionierte Teppichbelag unter Spannung in die Nagelleisten eingehängt (Bild **11**.93).

Die Nagelleisten bestehen aus einer flachen Holzleiste (ggf. auch Metallschiene) mit zwei hintereinander schräg zur Wand stehenden Nagelreihen. Der Abstand zwischen Leiste und Wand sollte etwa 2/3 der Gesamtdicke des textilen Belages betragen.

Die Teppichunterlage – ein hochwertiger Spannfilz besonderer Art – muss druckfest, dauerelastisch, mottenbeständig, reißfest und in der Regel auch stuhlrollengeeignet sein. Sie entspricht der Dicke der Nagelleiste (etwa 6 mm) und wird entlang der Wände und unterhalb der Teppichnähte auf den Untergrund aufgeklebt.

Der zu verlegende Teppichboden setzt sich meist aus mehreren Bahnen zusammen, so dass die Stöße auf der Teppichrückseite durch Konfektionsbänder (Schmelzklebebänder) miteinander verbunden werden müssen. Da der Belag unter hoher Spannung in die Nagelleisten eingehakt wird, muss er außerdem reißfest sein. Dies schränkt die Auswahl der spannbaren Teppichbodenarten ein: geeignet sind alle gewebten Teppichböden und andere Teppichwaren (z. B. getuftete) sofern diese mit einem textilen Zweitrücken ausgerüstet sind. S. hierzu Abschn. 11.4.12.2, Rückenausrüstung.

Nicht verspannbar sind Nadelvliesbeläge. Auch auf Fußbodenheizungen ist das Verspannen aufgrund wärmetechnisch kaum erfassbarer Lufteinschlüsse problematisch. Einzelheiten hierzu s. Abschn. 12.2.2.

Verspannte Teppichböden weisen im Vergleich mit verklebter Teppichware eine deutlich längere Gebrauchsdauer infolge reduzierter Scheuervorgänge auf (hohe Belagelastizität). Durch den Einbau einer Filzunterlage ergeben sich außerdem wesentlich bessere Schall- und Wärmedämmwerte sowie Trittelastizität und höherer Gehkomfort.

Verspannte Teppichware kann des Weiteren schnell und kostengünstig ausgewechselt werden, bei Wiederverwendung der Nagelleisten, der Filzunterlage und ohne Beschädigung des Untergrundes bzw. Teppichbelages. Das Spannen ist außerdem umweltfreundlich und emissionsfrei, da das Entfernen von Klebstoffrückständen und neuerliches Grundieren, Spachteln, Schleifen und Kleben entfallen.

Das Verspannen mit Nagelleisten ist eine besonders teppichgerechte, zugleich aber auch die handwerklich anspruchsvollste und teuerste Verlegemethode, die sich jedoch im Laufe der Jahre – vor allem beim Einsatz hochwer-

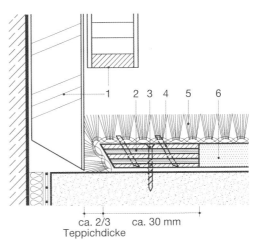

ca. 2/3   ca. 30 mm
Teppichdicke

11.93 Teppichboden-Verspannung mit Nagelleisten
1 Wandbekleidung
2 Nagelleiste aus Holz
3 Befestigungsmittel
4 schräg stehende Nagelreihen
5 Schnittpolteppich (Velourware)
6 Teppichunterlage (Spannfilz)

tiger Teppichware – in anspruchsvollen Wohn- und Objektbereichen (z. B. Hotelbauten) bezahlt macht. Auch in diesem Zusammenhang sind die nachstehend erläuterten alternativen Verlegesysteme – insbesondere das Verkletten von Teppichware – vergleichend gegenüberzustellen.

Lose verlegte Teppichböden. Für die lose Verlegung eignen sich vor allem speziell ausgerüstete Teppich-Fliesen und nur in eingeschränktem Maße Teppich-Bahnenware.

- **Teppichfliesen** – auch Teppichelemente oder Teppichmodule genannt – können lose verlegt werden, wenn sie bestimmte Anforderungen bezüglich Flächengewicht, Maßbeständigkeit, Liegeverhalten und Schnittkantenfestigkeit aufweisen. Diese Anforderungen sind in DIN EN 1307 für Polteppich-Fliesen im Einzelnen präzisiert. Nach dieser Norm unterscheidet man:

- **Lose auslegbare Fliesen,** die ein Flächengewicht von mind. 3,5 kg/m^2 aufweisen sollten und die von Hand wieder leicht entfernt werden können. Ihr Liegeverhalten kann gegebenenfalls mit einem Antigleitmittel (Fixiermittel) verbessert werden.

- **Klebefliesen,** die mit einem vom Hersteller empfohlenen Klebersystem ausgerüstet sind; sie können ebenfalls wieder aufgenommen und wieder verlegt werden.

11

In der **Baupraxis** unterscheidet man

- selbstliegende Fliesen = SL-Fliesen, lose verlegt,
- selbsthaftende Fliesen = SH-Fliesen, mit Haftkleber,
- selbstklebende Fliesen = SK-Fliesen, mit Kleber auf der Fliesenunterseite.

Die Abmessungen der Teppichelemente betragen in der Regel 50 x 50 oder 50 x 100 cm, es sind auch polygonale Formen möglich. Einzelheiten sind der Teppichfliesen-Übersicht [73] zu entnehmen.

Selbstliegende Teppichfliesen (SL-Fliesen) sind auf ihrer Rückseite mit einer sog. Schwerbeschichtung auf PVC-, Latex- oder Bitumen-Basis ausgerüstet. Ein darin eingebundenes Glasfaservlies gewährleistet Maßbeständigkeit und optimales Liegeverhalten.

Die kleberfreien, lose verlegten Fliesen liegen – bedingt durch ihr Eigengewicht – flach auf dem Verlegeuntergrund ohne sich zu wellen, zu wölben oder zu verziehen. Üblicherweise werden sie im Objektbereich eingesetzt.

Die genannten Schwerbeschichtungen verursachen jedoch hohe Herstellungs- und vor allem auch erhebliche Entsorgungskosten (Sondermüll). Unter Verzicht auf umweltbelastende Materialien wie PVC oder Bitumen wurden daher in den letzten Jahren neuartige Rückenkonstruktionen aus extra dickem und schwerem Spezialfilz (Polyestervlies) entwickelt, deren Rohstoffe alle insgesamt wiederverwertet (recycelt) werden können.

Selbsthaftende Teppichfliesen (SH-Fliesen) sind mit einem emissionsarmen Haftkleber ausgerüstet, der bereits werkseitig auf die Fliesenrückseite aufgetragen wird. Eine leicht abziehbare Folie schützt den Kleber. Der Teppichboden ist nach dem Verlegen sofort begehbar, kann aber jederzeit leicht entfernt und an anderer Stelle wieder neu verlegt werden.

Da sich sowohl die lose verlegbaren als auch die selbsthaftenden Teppichfliesen relativ problemlos aufnehmen und wieder verlegen lassen, ermöglichen sie einen leichten Zugang zu Installationen im Fußbodenhohlraum und zu Flachkabeln unmittelbar unter dem Belag. Ein Vorteil, der insbesondere in Büros mit Doppelboden – aber auch in Ausstellungs- und Verkaufsräumen – von großer Bedeutung ist, da damit die Räume flexibel genutzt werden können. Des Weiteren ergeben sich im Vergleich zur Bahnenware Anlieferungs- und Transportvorteile (z.B. in schwer zugänglichen Gebäuden) sowie Vorteile hinsichtlich der späteren Austauschbarkeit von verschmutzten oder abgenutzten Elementen.

Doppelbodengeeignete Teppichfliesen müssen je nach Einsatzbereich und Belagart bestimmte Eignungskriterien – sog. Doppelbodeneignung – erfüllen. Einzelheiten hierzu s. Abschn. 13.5, Doppelbodensysteme.

Die Verlegung von Teppichfliesen erfolgt immer von der Raummitte aus (1. Fliese). Der Abstand zu den Hauptwänden sollte immer ein Vielfaches einer Fliese betragen (Parallelverlegung). Soll ein gleichmäßiger Farbstrich bzw. Struktureffekt erzielt werden, so muss auf die Verlegemarkierung auf der Fliesenrückseite geachtet werden.

- **Teppich-Bahnenware** mit spezieller Rückenbeschichtung (Kompaktschaum) kann nur in eingeschränktem Maße und nur im Wohnbereich bis max. 20 m² Raumgröße lose verlegt werden. Hierbei besteht allerdings die Gefahr, dass bei zu starker Beanspruchung und bei raumklimatischen Wechselwirkungen die lose verlegte Teppichware Beulen und Wellen bildet.

  Eine Ausnahme bilden neu entwickelte Teppichböden mit umweltfreundlicher Rückenkonstruktion aus extrem schwerem und dickem Spezialfilz. Diese Teppichware kann sowohl in Form von selbstliegenden Teppichfliesen als auch als hochwertige Bahnenware lose verlegt werden. Sie ist extrem strapazierfähig, trittschalldämmend und – trotz der losen Verlegung – im Objektbereich für den Einsatz von Drehrollstühlen geeignet.

  Es ist jedoch ratsam, diese Teppichböden an besonders kritischen Stellen (z.B. Türdurchgänge, unterhalb von Bahnenstößen und entlang der Wände) mit doppelseitigen Klebebändern zu sichern. In Mietwohnungen ist dabei auf die Materialverträglichkeit zu achten, da beispielsweise Weichmacherwanderungen zwischen Klebeband und ggf. vorhandenem PVC-Nutzboden gravierende Schäden hinterlassen können.

2. Alternative Verlegesysteme

In den letzten Jahren wurde eine ganze Reihe sog. Alternativer Verlegesysteme – alternativ zu den konventionellen Verlegesystemen – entwickelt. Es bleibt abzuwarten, in wie weit sich diese neuen Verlegetechniken auf dem Markt durchsetzen können. Ihre wesentlichen Vorteile sind verminderte Belastung der Raumluft durch emissionsfreie Verlegung, zerstörungsfreie Wiederaufnehmbarkeit und damit trockener, schneller und sauberer Belagwechsel sowie Wiederverwertung (Recycling) der Rohstoffe. Aus Platzgründen wird an dieser Stelle nur auf zwei Verfahren näher eingegangen.

- **Verkletten.** Das Klettverlegesystem besteht im Wesentlichen aus zwei Komponenten: Einem neu entwickelten Teppichbodenrücken (Klettwirkware) mit feinen Schlaufen, die sich mit den Häkchen des am Boden befestigten Klettbandes sicher und fest verhaken.

11

Für den Objektbereich wird das vollflächige Verkletten des Teppichbodens empfohlen; im privaten Wohnbereich reicht es, wenn die selbstklebenden Klettbänder umlaufend im Wandbereich, im Türbereich und unter den Bahnenstößen angebracht sind. Der konfektionierte Teppichboden kann dann ohne Wartezeit eingelegt bzw. verspannt werden.

Die übliche Untergrundvorbereitung muss DIN 18365, Bodenbelagarbeiten, entsprechen. Beim vollflächigen Verkletten ist besonders darauf zu achten, dass die zulässige Restfeuchte (Tab. **11**.33) genau eingehalten wird, da die marktgängigen Klettbänder nahezu dampfdicht sind. Erhöhte Feuchte im Untergrund würde den Kleber der Klettbänder erweichen und zu Ablösungen führen. Entsprechende Verlegehinweise der Teppichbodenhersteller [74] sind zu beachten.

Das Klettverlegesystem kann in allen Wohn- und Objektbereichen eingesetzt werden; auch die Stuhlrolleneignung ist ohne Einschränkung gegeben.

Bei der Erstverlegung entstehen im Vergleich zu konventionellen Verfahren höhere Kosten. Wirtschaftliche Vorteile ergeben sich erst bei der Zweitverlegung, da hier die notwendigen Untergrundvorbereitungen – ähnlich wie beim Verspannen mit Nagelleisten – entfallen. Insgesamt relativ teure Verlegemethode.

- **Spaltbares Faservlies.** Bei der Verlegetechnik wird zunächst ein Faservlies vollflächig auf den üblich vorbereiteten Untergrund geklebt. Es dient als verlegereife Unterlage für den Bodenbelag, der seinerseits darauf mit einem emissionsarmen Klebstoff verklebt wird.

Bei einem Wechsel des Belages wird dieses einfach abgezogen und zwar ohne Beschädigung oder Verunreinigung des Untergrundes. Dabei spaltet sich das Faservlies in der Mitte: Ein Teil haftet am Belagrücken und wird mit diesem abgezogen, der andere Teil verbleibt am Boden und bildet den neuen verlegereifen Untergrund. Auf diese Vlies-Restschicht wird dann wiederum das spaltbare Faservlies aufgeklebt und der neue Bodenbelag wie bei der Erstverlegung aufgebracht. Die Zahl der Neubelegungen ist allerdings begrenzt; bei textilen Bodenbelägen sind vier Renovierungszyklen möglich. Entsprechende Verlegehinweise sind den Herstellerunterlagen [75] zu entnehmen.

Dieses Verlegeverfahren ermöglicht einen relativ schnellen und sauberen Bodenbelagwechsel – wie er vor allem bei der Renovierung von Hotels und Verkaufsräumen gefordert wird – weil aufwendige und schmutzintensive Arbeiten wie das Entfernen von Belag-, Klebstoff- und Spachtelmassenresten entfallen.

Pflege und Reinigung

Eine sachgemäße Pflege und Reinigung trägt viel dazu bei, den Gebrauchswert und das gute Aussehen eines Teppichbodens über einen langen Zeitraum zu erhalten. Bereits bei seiner Auswahl sind die wichtigsten Faktoren, die das Schmutzverhalten von textilen Bodenbelägen beeinflussen, zu berücksichtigen:

- **Nutzungsbedingte Aspekte,** wie beispielsweise Schmutzart, Schmutzmenge, Begehfrequenz, Ort und Art der Verlegung.
- **Farbwahl, Musterung, Oberflächenstruktur.** Bereits bei der Wahl des Teppichbodens ist daran zu denken, dass die sichtbare Verschmutzung bei hellen Farbtönen größer ist als bei dunklen. Innerhalb eines Farbtons nimmt sie mit zunehmender Farbtiefe deutlich ab (hellgrün-oliv-dunkelgrün). Melierte und gemusterte Beläge verhalten sich diesbezüglich im Allgemeinen günstiger als einfarbige. Eine dichte und ebenmäßige Oberflächenstruktur zeigt Verschmutzungen stärker als grobstrukturierte Belagkonstruktionen.
- **Faserqualität.** Genauso wichtig bezüglich des Schmutzverhaltens eines Teppichbodens sind die schmutzabweisenden und schmutzverbergenden Eigenschaften einer Faser. Moderne Ausrüstungsverfahren und neu entwickelte Faserquerschnitte sorgen für reduziertes Anschmutzverhalten.
- **Vorbeugende Maßnahmen.** Im Hinblick auf später erforderlich werdende Reinigungsmaßnahmen ist immer eine fachgerechte, gegebenenfalls feuchtigkeitsunempfindliche Verlegung notwendig. Außerdem empfiehlt es sich, wirkungsvolle Schmutzfangzonen – bestehend aus Grobschmutzabstreifern und Sauberlaufzonen – in voller Breite der Eingangsbereiche vorzusehen. Einzelheiten hierzu s. Abschn. 11.4.2., Allgemeine Anforderungen.

Reinigungsverfahren. Bei der Wahl der Reinigungsverfahren und -geräte ist Rücksicht zu nehmen auf die Materialzusammensetzung der Nutzschicht, Teppichbodenkonstruktion, Verlegeart, Unterbodenbeschaffenheit sowie Art und Grad der Verschmutzung. Man unterscheidet:

- **Unterhaltsreinigung.** Hierunter versteht man das Behandeln von Flecken und die tägliche, gründliche Entfernung des losen Schmutzes durch leistungsstarke Bürstsauger. Durch die gleichzeitige Bürst- und Saugwirkung wird loser Schmutz wirkungsvoll aus der Tiefe der Nutzschicht geholt und an den Fasern haftender Schmutz abgestreift.
- **Zwischenreinigung.** Aufnahme des losen und oberflächlich verklebten Schmutzes durch Reinigen mit vorgefertigtem Schaum oder Reinigungspulver. Diese Trockenreinigungsmethode ermöglicht die Säuberung von Teilflächen – auch während der Nutzung – da keine Trockenzeit eingehalten und der Belag unmittelbar nach dem Reinigungsvorgang begangen werden kann.
- **Grundreinigung.** Sie wird dann notwendig, wenn der Teppichboden großflächig verschmutzt ist. Die Grundreinigung muss Tiefenwirkung haben, d.h. der Teppichgrund wird mitgereinigt. In der Regel werden damit Spezialreinigungsfirmen beauftragt. Geeignete Nassreinigungsverfahren sind die Shampoonierung und Sprühextraktion. Einzelheiten sind der Fachliteratur [76] zu entnehmen.

11

- **Fleckentfernung.** Flecken sollen möglichst sofort entfernt werden, damit keine Veränderung an Farben und Fasern eintreten. Am schwierigsten zu entfernen sind Kaugummireste: Sie sind mit Kühlspray zu vereisen, anschließend mit einem kleinen Hammer o. Ä. zu zersplittern, die Teilchen sofort abzusaugen und die Fleckstellen mit Fleckentferner nachzubehandeln.

Einzelheiten über Pflege und Reinigung von Teppichboden sind dem von der Europäischen Teppichgemeinschaft herausgegebenem Merkblatt [77] zu entnehmen.

Pflege- und Reinigungsanleitung. Zu den Beratungspflichten des Bodenlegers gehört es, dem Auftraggeber, Wohnungseigentümer oder Mieter unmittelbar nach Fertigstellung der Bodenbelagarbeiten – nicht erst bei Rechnungsstellung – die für den verlegten Bodenbelag geltenden Pflege- und Reinigungsanleitungen zu übergeben. Der Empfang ist immer durch Unterschrift zu bestätigen.

11.5 Normen

Norm	Ausgabedatum	Titel
DIN 488-4	08.2009	Betonstahl; Betonstahlmatten und Bewehrungsdraht; Aufbau, Maße und Gewichte
DIN 1045-2	08.2008	Tragwerke aus Beton, Stahlbeton und Spannbeton; Beton – Festlegung, Eigenschaften, Herstellung und Konformität; – Anwendungsregeln zu DIN EN 206-1
DIN 1100	05.2004	Hartstoffe für zementgebundene Hartstoffestriche; Anforderungen und Prüfverfahren
DIN 4102-1	05.1998	Brandverhalten von Baustoffen und Bauteilen – Baustoffe; Begriffe, Anforderungen und Prüfungen
DIN 4102-2	09.1977	–; Bauteile, Begriffe, Anforderungen und Prüfungen
DIN 4102-4	03.1994	–; Zusammenstellung und Anwendung klassifizierter Baustoffe, Bauteile und Sonderbauteile
DIN 4102-4/A1	11.2004	–; –; Änderung 1
E DIN 4102-4	06.2014	–; –;
DIN 4108 Bbl 2	03.2006	Wärmeschutz und Energie-Einsparung in Gebäuden – Wärmebrücken – Planungs- und Ausführungsbeispiele
DIN 4108-2	02.2013	–; Mindestanforderungen an den Wärmeschutz
DIN 4108-3	07.2001	–; Klimabedingter Feuchteschutz; Anforderungen, Berechnungsverfahren und Hinweise für Planung und Ausführung
E DIN 4108-3	01.2012	–; –;
DIN 4108-4	02.2013	Wärmeschutz und Energie-Einsparung in Gebäuden; Wärme- und feuchteschutz-technische Bemessungswerte
DIN V 4108-6	06.2003	Wärmeschutz und Energie-Einsparung in Gebäuden – Berechnung des Jahresheizwärme- und des Jahresheizenergiebedarfs
DIN V 4108-6 Ber 1	03.2004	–; Berichtigungen
DIN 4108-7	01.2011	–; Luftdichtheit von Gebäuden, Anforderungen, Planungs-und Ausführungsempfehlungen sowie -beispiele
DIN 4108-10	06.2008	–; Anwendungsbezogene Anforderungen an Wärmedämmstoffe – Werkmäßig hergestellte Wärmedämmstoffe
DIN 4109	11.1989	Schallschutz im Hochbau; Anforderungen und Nachweise
DIN 4109 Ber 1	08.1992	–; Berichtigungen
DIN 4109 Bbl 1	11.1998	–; Ausführungsbeispiele und Rechenverfahren
DIN 4109 Bbl 1/A1	09.2003	–; –; Änderung 1
DIN 4109 Bbl 1/A2	02.2010	–; –; Änderung 2

11

Norm	Ausgabedatum	Titel
DIN 4109 Bbl 2	11.1989	–; Hinweise für Planung und Ausführung; Vorschläge für einen erhöhten Schallschutz; Empfehlungen für den Schallschutz im eigenen Wohn- oder Arbeitsbereich
DIN 4109 Bbl 3	06.1996	–; Berechnung von R'_W, R für den Nachweis der Eignung nach DIN 4109 aus Werten des im Labor ermittelten Schalldämm-Maßes R_W
DIN 4109/A1	01.2001	–; Anforderungen und Nachweise; Änderung 1
DIN 4109-11	05.2010	–; Nachweis des Schallschutzes; Güte- und Eignungsprüfung
DIN 4172	07.1955	Maßordnung im Hochbau
DIN 16 945	03.1989	Reaktionsharze, Reaktionsmittel und Reaktionsharzmassen; Prüfverfahren
DIN 18 024-1	01.1998	Barrierefreies Bauen, Straßen, Plätze, Wege, öffentliche Verkehrs- und Grünanlagen sowie Spielplätze; Planungsgrundlagen
DIN 18 040-1	10.2010	Barrierefreies Bauen – Planungsgrundlagen – Teil 1: Öffentlich zugängliche Gebäude
DIN 18 040-2	11.2011	–; Teil 2: Wohnungen
DIN 18 157-1	07.1979	Ausführung keramischer Bekleidungen im Dünnbettverfahren; Hydraulisch erhärtende Dünnbettmörtel
DIN 18 157-2	10.1982	–; Dispersionsklebstoffe
DIN 18 157-3	04.1986	–; Epoxidharzklebstoffe
DIN 18 158	09.1986	Bodenklinkerplatten
DIN 18 180	01.2007	Gipskartonplatten im Hochbau; Grundlagen für die Verarbeitung
DIN 18 181	10.2008	Gipskartonplatten im Hochbau; Grundlagen für die Verarbeitung
DIN 18 195-1	12.2011	Bauwerksabdichtungen; Grundsätze, Definitionen, Zuordnung der Abdichtungsarten
DIN 18 195-2	04.2009	–; Stoffe
DIN 18 195-3	12.2011	–; Anforderungen an den Untergrund und Verarbeitung der Stoffe
DIN 18 195-4	12.2011	–; Abdichtungen gegen Bodenfeuchte (Kapillarwasser, Haftwasser) und nichtstauendes Sickerwasser an Bodenplatten und Wänden, Bemessung und Ausführung
DIN 18 195-5	12.2011	–; Abdichtungen gegen nichtdrückendes Wasser auf Deckenflächen und in Nassräumen; Bemessung und Ausführung
DIN 18 195-6	12.2011	–; Abdichtungen gegen von außen drückendes Wasser und aufstauendes Sickerwasser; Bemessung und Ausführung
DIN 18 195-7	07.2009	Abdichtungen gegen von innen drückendes Wasser; Bemessung und Ausführung
DIN 18 195-8	12.2011	Bauwerksabdichtungen – Abdichtungen über Bewegungsfugen
DIN 18 195-9	05.2010	–; Durchdringungen, Übergänge, An- und Abschlüsse
DIN 18 195-10	12.2011	–; Schutzschichten und Schutzmaßnahmen
DIN 18 202	04.2013	Toleranzen im Hochbau; Bauwerke
DIN 18 299	09.2012	VOB Vergabe- und Vertragsordnung für Bauleistungen – Teil C: Allgemeine Technische Vertragsbedingungen für Bauleistungen (ATV); Allgemeine Regeln für Bauarbeiten jeder Art
DIN 18 332	09.2012	–; –; Naturwerksteinarbeiten
DIN 18 333	09.2012	–; –; Betonwerksteinarbeiten
DIN 18 336	09.2012	–; –; Abdichtungsarbeiten

11

Norm	Ausgabedatum	Titel
DIN 18 352	09.2012	–; –; Fliesen- und Plattenarbeiten
DIN 18 353	09.2012	–; –; Estricharbeiten
DIN 18 354	09.2012	–; –; Gussasphaltarbeiten
DIN 18 356	10.2012	–; –; Parkettarbeiten
DIN 18 365	09.2012	–; –; Bodenbelagarbeiten
DIN 18 367	09.2012	–; –; Holzpflasterarbeiten
DIN V 18 500	12.2006	Betonwerkstein; Begriffe, Anforderungen, Prüfung, Überwachung
DIN 18 560-1	09.2009	Estriche im Bauwesen – Allgemeine Anforderungen, Prüfung und Ausführung
DIN 18 560-2	09.2009	–; Estriche und Heizestriche auf Dämmschichten (schwimmende Estriche)
DIN 18 560-2 Ber 1	05.2012	Berichtigungen zu DIN 18 560-2: 09.2009
DIN 18 560-3	03.2006	–; Verbundestriche
DIN 18 560-4	06.2012	–; Estriche auf Trennschicht
DIN 18 560-7	04.2004	–; Hochbeanspruchbare Estriche (Industrieestriche)
DIN 51 094	09.1996	Keramische Fliesen und Platten – Prüfung der Lichtechtheit der Färbungen von keramischen Fliesen und Platten für Wand- und Bodenbeläge
DIN 51 097	11.1992	Prüfung von Bodenbelägen; Bestimmung der rutschhemmenden Eigenschaft; Nassbelastete Barfußbereiche; Begehungsverfahren; Schiefe Ebene
DIN 51 130	02.2014	–; –; Bestimmung der rutschhemmenden Eigenschaft – Arbeitsräume und Arbeitsbereiche mit Rutschgefahr, Begehungsverfahren – Schiefe Ebene
DIN 52 129	11.1993	Nackte Bitumenbahnen; Begriff, Bezeichnung, Anforderungen
DIN 68 702	10.2009	Holzpflaster
DIN 68 800-1	10.2011	Holzschutz im Hochbau – Allgemeines
DIN 68 800-2	02.2012	Holzschutz ; Vorbeugende bauliche Maßnahmen im Hochbau
DIN 68 800-3	02.2012	–; Vorbeugender Schutz von Holz mit Holzschutzmitteln
DIN EN 197-1	11.2011	Zement – Zusammensetzung, Anforderungen und Konformitätskriterien von Normalzement
DIN EN 197-2	05.2014	–; Konformitätsbewertung
DIN EN 204	09.2001	Klassifizierung von thermoplastischen Holzklebstoffen für nichttragende Anwendungen
DIN EN 206-1	07.2001	Beton – Festlegung, Eigenschaften, Herstellung und Konformität
DIN EN 206-1/A1	10.2004	–; –; Änderung 1
DIN EN 300	09.2006	Platten aus langen, schlanken, ausgerichteten Spänen (OSB) – Definitionen, Klassifizierung und Anforderungen
DIN EN 309	04.2005	Spanplatten – Definition und Klassifizierung
DIN EN 312	12.2010	Spanplatten – Anforderungen
DIN EN 316	07.2009	Holzfaserplatten – Definition, Klassifizierung und Kurzzeichen
DIN EN 438-1	04.2005	Dekorative Hochdruck-Schichtpressstoffplatten (HPL) – Platten auf Basis härtbarer Harze (Schichtpressstoffe); Einleitung und allgemeine Informationen
DIN EN 438-2	04.2005	–; –; Bestimmung der Eigenschaften
DIN EN 438-3	04.2005	–; Klassifizierung und Spezifikationen für Schichtpressstoffe mit einer Dicke kleiner als 2 mm, vorgesehen zum Verkleben auf ein Trägermaterial

11

Norm	Ausgabedatum	Titel
DIN EN 438-5	04.2005	–; –; Klassifizierung und Spezifikationen für Schichtpressstoffe für Fußböden mit einer Dicke kleiner 2 mm, vorgesehen zum Verkleben auf ein Trägermaterial
DIN EN 460	10.1994	Dauerhaftigkeit von Holz und Holzprodukten; Natürliche Dauerhaftigkeit von Vollholz Leitfaden für die Anforderungen an die Dauerhaftigkeit von Holz für die Anwendung in den Gefährdungsklassen
DIN EN 520	12.2009	Gipsplatten – Begriffe, Anforderungen und Prüfverfahren
DIN EN 634-1	04.1995	Zementgebundene Spanplatten – Anforderungen; Allgemeine Anforderungen
DIN EN 634-2	05.2007	–; –; Anforderungen an Portlandzement (PZ) gebundene Spanplatten zur Verwendung im Trocken-, Feucht- und Außenbereich
DIN EN 650	12.2012	–; Bodenbeläge aus Polyvinylchlorid mit einem Rücken aus Jute oder Polyestervlies oder auf Polyestervlies mit einem Rücken aus Polyvinylchlorid
DIN EN 651	05.2011	–; Polyvinylchlorid-Bodenbeläge mit einer Schaumstoffschicht
DIN EN 652	06.2011	–; Polyvinylchlorid-Bodenbeläge mit einem Rücken auf Korkbasis
DIN EN 655	07.2011	–; Platten auf einem Rücken aus Presskork mit einer Polyvinylchlorid – Nutzschicht
DIN EN 684	07.1996	–; Bestimmung der Nahtfestigkeit Verwendung im Trocken-, Feucht- und Außenbereich
DIN EN 686	07.2011	Elastische Bodenbeläge; Spezifikation für Linoleum mit und ohne Muster mit Schaumrücken;
DIN EN 687	07.2011	–; Spezifikation für Linoleum mit und ohne Muster mit Korkmentrücken
DIN EN 688	07.2011	–; Spezifikation für Korklinoleum
DIN EN 822	05.2013	Wärmedämmstoffe für das Bauwesen – Bestimmung der Länge und Breite
DIN EN 823	05.2013	–; Bestimmung der Dicke
DIN EN 826	05.2013	–; Bestimmung des Verhaltens bei Druckbeanspruchung
DIN EN 934-2	08.2012	Zusatzmittel für Beton, Mörtel und Einpressmörtel – Betonzusatzmittel; Definitionen und Anforderungen, Konformität, Kennzeichnung und Beschriftung
DIN EN 934-3	09.2012	–; Zusatzmittel für Mauermörtel – Definitionen, Anforderungen, Konformität, Kennzeichnung und Beschriftung
DIN EN 1001-2	10.2005	Dauerhaftigkeit von Holz und Holzprodukten – Terminologie; – Vokabular
DIN EN 1081	04.1998	Elastische Bodenbeläge – Bestimmung des elektrischen Widerstandes
DIN EN 1195	06.1998	Holzbauwerke – Prüfverfahren – Tragverhalten tragender Fußbodenbeläge
DIN EN 1253-1	09.2003	Abläufe für Gebäude – Anforderungen
E DIN EN 1253-1	02.2013	–;
DIN EN 1253-2	03.2004	–; Prüfverfahren
E DIN EN 1253-2	02.2013	–; –;
DIN EN 1253-3	06.1999	–; Güteüberwachung
DIN EN 1253-4	02.2000	–; Abdeckungen
DIN EN 1253-5	03.2004	–; Abläufe mit Leichtflüssigkeitssperren
DIN EN 1264-1	09.2011	Raumflächenintegrierte Heiz- und Kühlsysteme mit Wasserdurchströmung – Definitionen und Symbole
DIN EN 1264-2	03.2013	–; Prüfverfahren für die Bestimmung der Wärmeleistung unter Benutzung von Berechnungsmethoden und experimentellen Methoden

11

Norm	Ausgabedatum	Titel
DIN EN 1264-3	11.2009	–; –; Auslegung
DIN EN 1264-4	11.2009	–; –; Installation
DIN EN 1307	07.2014	Textile Bodenbeläge – Einstufung
DIN EN 1308	11.2007	Mörtel und Klebstoffe für Fliesen und Platten – Bestimmung des Abrutschens
DIN EN 1323	11.2007	–; Betonplatten
DIN EN 1324	11.2007	–; Bestimmung der Haftfestigkeit von Dispersionsklebstoffen für innen
DIN EN 1342	03.2013	Pflastersteine aus Naturstein für Außenbereiche – Anforderungen und Prüfverfahren
DIN EN 1346	11.2007	Mörtel und Klebstoffe für Fliesen und Platten – Bestimmung der offenen Zeit
DIN EN 1348	11.2007	–; Bestimmung der Haftfestigkeit zementhaltiger Mörtel für innen und außen
DIN EN 1363-1	10.2012	Feuerwiderstandsprüfungen, Allgemeine Anforderungen
DIN EN 1363-2	10.1999	–; Alternative und ergänzende Verfahren
DIN EN 1364-1	10.1999	Feuerwiderstandsprüfungen für nichttragende Bauteile, Wände
E DIN EN 1364-1	11.2011	–; –;
DIN EN 1364-2	10.1999	–; Unterdecken
DIN EN 1365-1	10.1999	Feuerwiderstandsprüfungen für tragende Bauteile, Wände
DIN EN 1365-2	02.2000	–; Decken und Dächer
E DIN EN 1365-2	12.2012	–; –;
DIN EN 1366-3	07.2009	Feuerwiderstandsprüfungen für Installationen; Abschottungen
DIN EN 1366-6	02.2005	–; Doppel- und Hohlböden
DIN EN 1470	02.2009	Textile Bodenbeläge – Einstufung von Nadelvlies-Bodenbelägen ausgenommen Polvlies-Bodenbeläge
DIN EN 1533	12.2010	Parkett und andere Holzfußböden – Bestimmung der Biegeeigenschaften – Prüfmethode
DIN EN 1534	01.2011	–; Bestimmung des Eindruckwiderstandes (Brinell) – Prüfmethode
DIN EN 1602	05.2013	Wärmedämmstoffe für das Bauwesen; Bestimmung der Rohdichte
DIN EN 1815	08.2014	Elastische und Laminat-Bodenbeläge – Beurteilung des elektrostatischen Verhaltens
DIN EN 1816	11.2010	Elastische Bodenbeläge – Spezifikation für homogene und heterogene ebene Elastomer-Bodenbeläge mit Schaumstoffbeschichtung
DIN EN 1817	11.2010	–; Spezifikation für homogene und heterogene ebene Elastomer-Bodenbeläge
DIN EN 1963	07.2007	Textile Bodenbeläge – Prüfung mit dem Tretradgerät System Lisson
DIN EN 1991-1-1	12.2010	Eurocode 1: Einwirkungen auf Tragwerke; Allgemeine Einwirkungen auf Tragwerke – Wichten, Eigengewicht und Nutzlasten im Hochbau
DIN EN 1991-1-1/NA	12.2010	–; Nationaler Anhang
DIN EN 1992-1-1	01.2011	Eurocode 2: Bemessung und Konstruktion von Stahlbeton- und Spannbetontragwerken; Allgemeine Bemessungsregeln und Regeln für den Hochbau
DIN EN 12 002	01.2009	Mörtel und Klebstoffe für Fliesen und Platten – Bestimmung der Verformung zementhaltiger Mörtel und Fugenmörtel
DIN EN 12 004	02.2014	–; Anforderungen, Konformitätsbewertung, Klassifizierung und Bezeichnung
DIN EN 12 103	05.1999	Elastische Bodenbeläge – Presskorkunterlagen – Spezifikation

11

Norm	Ausgabedatum	Titel
DIN EN 12 104	10.2000	–; Presskorkplatten
DIN EN 12 199	11.2010	Elastische Bodenbeläge; Spezifikation für homogene und heterogene profilierte Elastomer – Bodenbeläge
DIN EN 12 430	05.2013	Wärmedämmstoffe für das Bauwesen; Bestimmung des Verhaltens unter Punktlast
DIN EN 12 431	05.2013	–; Bestimmung der Dicke von Dämmstoffen unter schwimmendem Estrich
DIN EN 12 455	12.1999	–; Spezifikation für Korkmentunterlagen
DIN EN 12 529	05.1999	Räder und Rollen – Möbelrollen – Rollen für Drehstühle – Anforderungen
DIN EN 12 529 Ber 1	06.2007	–; Berichtigungen zu DIN EN 12 529: 1995-05
DIN EN 12 620	07.2013	Gesteinskörnungen für Beton
DIN EN 12 871	09.2013	Holzwerkstoffe – Bestimmung der Leistungseigenschaften für tragende Platten zur Verwendung in Fußböden, Wänden und Dächern
DIN EN 13 055-1	08.2002	Leichte Gesteinskörnungen – Teil 1: Leichte Gesteinskörnungen für Beton, Mörtel und Einpressmörtel
DIN EN 13 139	07.2013	Gesteinskörnungen für Mörtel
DIN EN 13 162	03.2013	Wärmedämmstoffe für Gebäude – Werkmäßig hergestellte Produkte aus Mineralwolle (MW) – Spezifikation;
DIN EN 13 163	03.2013	–; Werkmäßig hergestellte Produkte aus expandiertem Polystyrol (EPS) – Spezifikation
DIN EN 13 164	03.2013	–; Werkmäßig hergestellte Produkte aus extrudiertem Polystyrolschaum (XPS) – Spezifikation
DIN EN 13 165	03.2013	–; Werkmäßig hergestellte Produkte aus Polyurethan-Hartschaum (PUR) – Spezifikation
DIN EN 13 166	03.2013	–; Werkmäßig hergestellte Produkte aus Phenolharzhartschaum (PF)
DIN EN 13 167	03.2013	–; Werkmäßig hergestellte Produkte aus Schaumglas (CG) – Spezifikation
DIN EN 13 168	03.2013	–; Werkmäßig hergestellte Produkte aus Holzwolle (WW) – Spezifikation
DIN EN 13 169	03.2013	–; Werkmäßig hergestellte Produkte aus Blähperlit (EPB) – Spezifikation
DIN EN 13 170	03.2013	–; Werkmäßig hergestellte Produkte aus expandiertem Kork (ICB) – Spezifikation
DIN EN 13 171	03.2013	–; Werkmäßig hergestellte Produkte aus Holzfasern (WF) – Spezifikation
DIN EN 13 226	09.2009	Holzfußböden – Massivholz-Elemente mit Nut und/oder Feder
DIN EN 13 227	06.2003	–; Massivholz-Lamparkettprodukte
DIN EN 13 227 Ber 1	09.2007	–; –; Berichtigungen zu DIN EN 13 227: 2003-06
DIN EN 13 228	08.2011	–; Massivholz-Overlay-Parkettstäbe einschließlich Parkettblöcke mit einem Verbindungssystem
DIN EN 13 318	12.2000	Estrichmörtel und Estriche – Begriffe
DIN EN 13 329	12.2013	Laminatböden – Elemente mit einer Deckschicht auf Basis aminoplastischer wärmehärtbarer Harze – Spezifikationen, Anforderungen und Prüfverfahren
DIN EN 13 413	03.2002	Elastische Bodenbeläge – Polyvinylchlorid-Bodenbeläge mit einem Rücken aus Fasermaterial
DIN EN 13 442	05.2013	Holzfußböden und Wand- und Deckenbekleidungen aus Holz – Bestimmung der chemischen Widerstandsfähigkeit

11

Norm	Ausgabedatum	Titel
DIN EN 13 454-1	01.2005	Calciumsulfat-Binder, Calciumsulfat-Compositbinder und Calciumsulfat – Werkmörtel für Estriche – Begriffe und Anforderungen
DIN EN 13 454-2	11.2007	–; Prüfverfahren
DIN EN 13 488	05.2003	Holzfußböden – Mosaikparkettelemente
DIN EN 13 489	05.2003	–; Mehrschichtparkettelemente
DIN EN 13 501-1	01.2010	Klassifizierung von Bauprodukten und Bauarten zu ihrem Brandverhalten; Klassifizierung mit den Ergebnissen aus den Prüfungen zum Brandverhalten von Bauprodukten
DIN EN 13 501-2	02.2010	–; Klassifizierung mit den Ergebnissen aus den Feuerwiderstandsprüfungen, mit Ausnahme von Lüftungsanlagen
DIN EN 13 553	07.2002	Elastische Bodenbeläge – Polyvinylchlorid-Bodenbeläge zur Anwendung in besonderen Nassräumen
DIN EN 13 629	06.2012	Holzfußböden –, Massive Laubholzdielen und zusammengesetzte massive Laubholzdielen-Elemente
DIN EN 13 748-1	08.2005	Terrazzoplatten – Terrazzoplatten für die Verwendung im Innenbereich
DIN EN 13 748-2	03.2005	–; Terrazzoplatten für die Verwendung im Außenbereich
DIN EN 13 756	04.2003	Holzfußböden – Terminologie
DIN EN 13 813	01.2003	Estrichmörtel, Estrichmassen und Estriche – Estrichmörtel und Estrichmassen – Eigenschaften und Anforderungen
DIN EN 13 845	10.2005	Elastische Bodenbeläge – Polyvinylchlorid-Bodenbeläge mit erhöhtem Gleitwiderstand
DIN EN 13 888	08.2009	Fugenmörtel für Fliesen und Platten – Anforderungen, Konformitätsbewertung, Klassifikation und Bezeichnung
DIN EN 13 892-1	02.2003	Prüfverfahren für Estrichmörtel und Estrichmassen; Probenahme, Herstellung und Lagerung der Prüfkörper
DIN EN 13 892-2	02.2003	–; Bestimmung der Biegezug und Druckfestigkeit
DIN EN 13 892-3	07.2004	–; Bestimmung des Verschleißwiderstandes nach Böhme
DIN EN 13 892-4	02.2003	–; Bestimmung des Verschleißwiderstandes nach BCA
DIN EN 13 892-5	09.2003	–; Bestimmung des Widerstandes gegen Rollbeanspruchung von Estrichen für Nutzschichten
DIN EN 13 892-6	02.2003	–; Bestimmung der Oberflächenhärte
DIN EN 13 892-7	09.2003	–; Bestimmung des Widerstandes gegen Rollbeanspruchung von Estrichen mit Bodenbelägen
DIN EN 13 892-8	02.2003	–; Bestimmung der Haftzugfestigkeit
DIN EN 14 016-1	04.2004	Bindemittel für Magnesiaestriche – Kaustische Magnesia und Magnesiumchlorid – Begriffe und Anforderungen
DIN EN 14 016-2	04.2004	–; –; Prüfverfahren
DIN EN 14 063-1	11.2004	Wärmedämmstoffe für Gebäude – An der Verwendungsstelle hergestellte Wärmedämmung aus Blähton – Leichtzuschlagstoffen (LWA) – Spezifikation für die Schüttdämmstoffe vor dem Einbau
E DIN EN 14 064-2	06.2010	–; an der Verwendungsstelle hergestellte Wärmedämmung aus Mineralwolle – Spezifikation für die eingebauten Produkte
DIN EN 14 190	11.2005	Gipsplatten – Produkte aus der Weiterverarbeitung – Begriffe, Anforderungen und Prüfverfahren

11

Norm	Ausgabedatum	Titel
E DIN EN 14 190	11.2005	–;
DIN EN 14 279	07.2009	Furnierschichtholz (LVL) – Definitionen, Klassifizierung und Spezifikationen
DIN EN 14 293	10.2006	Klebstoffe – Klebstoffe für das Kleben von Parkett auf einen Untergrund – Prüfverfahren und Mindestanforderungen
DIN EN 14 316-1	11.2004	Wärmedämmstoffe für Gebäude – An der Verwendungsstelle hergestellte Wärmedämmung aus Produkten mit expandiertem Perlite (EP) – Spezifikation für gebundene und Schüttdämmstoffe vor dem Einbau
DIN EN 14 316-2	04.2007	–; an der Verwendungsstelle hergestellte Wärmedämmung aus Blähperlit (EP) – Spezifikation für die eingebauten Produkte
DIN EN 14 317-1	11.2004	–; an der Verwendungsstelle hergestellte Wärmedämmung mit Produkten aus expandiertem Vermiculite (EV) – Spezifikation für gebundene und Schütt-dämmstoffe vor dem Einbau
DIN EN 14 317-2	04.2007	–; an der Verwendungsstelle hergestellte Wärmedämmung aus Vermiculit (EV) – Spezifikation für die eingebauten Produkte
DIN EN 14 323	06.2004	Holzwerkstoffe – Melaminbeschichtete Platten zur Verwendung im Innenbereich – Prüfverfahren
DIN EN 14 411	12.2012	Keramische Fliesen und Platten – Definitionen, Klassifizierung, Eigenschaften, Konformitätsbewertung und Kennzeichnung
DIN EN 14 521	09.2004	Elastische Bodenbeläge – Spezifikation für ebene Elastomer-Bodenbeläge mit oder ohne Schaumunterschicht mit einer dekorativen Schicht
DIN EN 14 565	09.2004	–; Bodenbeläge auf Basis synthetischer Thermoplaste
DIN EN 14 755	01.2006	Strangpressplatten – Anforderungen
DIN EN 14 891	07.2013	Flüssig zu verarbeitende wasserundurchlässige Produkte im Verbund mit keramischen Fliesen- und Plattenbelägen – Anforderungen, Prüfverfahren, Konformitätsbewertung, Klassifizierung und Bezeichnung
DIN EN 14 978	09.2006	Laminatböden – Elemente mit einer elektronenstrahlgehärteten Deckschicht auf Acryl-Basis – Spezifikationen, Anforderungen und Prüfverfahren
E DIN EN 14 978	12.2013	–;
DIN EN 61 340-4-1	12.2004	Elektrostatik – Teil 4-1: Standard-Prüfverfahren für spezielle Anwendungen – Elektrischer Widerstand von Bodenbelägen und verlegten Fußböden
DIN EN 61 340-4-1/A1	08.2012	–; –; Änderung 1
DIN EN ISO 717-1	06.2013	Akustik – Bewertung der Schalldämmung in Gebäuden und von Bauteilen – Luftschalldämmung
DIN EN ISO 717-2	06.2013	–; –; Trittschalldämmung
DIN EN ISO 1182	10.2010	Prüfungen zum Brandverhalten von Bauprodukten – Nichtbrennbarkeits-prüfung
DIN EN ISO 6356	07.2012	Textile Bodenbeläge; Bewertung des elektrostatischen Verhaltens – Begeh-Versuch
DIN EN ISO 7345	01.1996	Wärmeschutz – Physikalische Größen und Definitionen
DIN EN ISO 9239-1	11.2010	Prüfungen zum Brandverhalten von Bodenbelägen; Bestimmung des Brandverhaltens bei Beanspruchung mit einem Wärmestrahler
DIN EN ISO 10 545-1	12.1997	Keramische Fliesen und Platten; Probenahme und Grundlagen für die Annahme
E DIN EN ISO 10 545-1	08.2013	–; –;
DIN EN ISO 10 545-2	12.1997	–; Bestimmung der Maße und der Oberflächenbeschaffenheit

11

Norm	Ausgabedatum	Titel
DIN EN ISO 10 545-3	12.1997	–; Bestimmung von Wasseraufnahme, offener Porosität scheinbarer relativer Dichte und Rohdichte
DIN EN ISO 10 545-4	04.2012	–; Bestimmung der Biegefestigkeit und der Bruchlast
E DIN EN ISO 10 545-4	05.2013	–; –;
DIN EN ISO 10 545-5	05.2013	–; Bestimmung der Schlagfestigkeit durch Messung des Rückprallkoeffizienten
DIN EN ISO 10 545-6	05.2012	–; Bestimmung des Widerstandes gegen Tiefenverschleiß – Unglasierte Fliesen und Platten
DIN EN ISO 10 545-7	03.1999	–; Bestimmung des Widerstandes gegen Oberflächenverschleiß – Glasierte Fliesen und Platten
DIN EN ISO 10 545-8	09.1996	–; Bestimmung der linearen thermischen Dehnung
E DIN EN ISO 10 545-8	05.2013	–; –;
DIN EN ISO 10 545-9	12.2013	–; Bestimmung der Temperaturwechselbeständigkeit
DIN EN ISO 10 545-10	12.1997	–; Bestimmung der Feuchtigkeitsdehnung
DIN EN ISO 10 545-11	09.1996	–; Bestimmung der Widerstandsfähigkeit gegen Glasurrisse – Glasierte Fliesen und Platten
DIN EN ISO 10 545-12	12.1997	–; Bestimmung der Frostbeständigkeit
DIN EN ISO 10 545-13	12.1997	–; Bestimmung der chemischen Beständigkeit
DIN EN ISO 10 545-14	12.1997	–; Bestimmung der Beständigkeit gegen Fleckenbildner
DIN EN ISO 10 581	02.2014	Elastische Bodenbeläge – Homogene Polyvinylchlorid-Bodenbeläge – Spezifikation
DIN EN ISO 10 595	04.2012	Elastische Bodenbeläge – Halbflexible PVC-Bodenplatten – Spezifikation
DIN EN ISO 10 595 Ber1	02.2013	Berichtigungen zu DIN EN ISO 10 595: 04.2012
DIN EN ISO 10 874	04.2012	Elastische, textile und Laminat-Bodenbeläge – Klassifizierung
DIN EN ISO 10 965	07.2011	Textile Bodenbeläge – Bestimmung des elektrischen Widerstandes
DIN EN ISO 11 925-2	02.2011	Prüfungen zum Brandverhalten von Bauprodukten; Entzündbarkeit bei direkter Flammeneinwirkung
DIN EN ISO 13 788	05.2013	Wärme- und feuchtetechnisches Verhalten von Bauteilen und Bauelementen – Raumseitige Oberflächentemperatur zur Vermeidung kritischer Oberflächenfeuchte und Tauwasserbildung im Bauteilinneren – Berechnungsverfahren
DIN EN ISO 13 790	09.2008	Energieeffizienz von Gebäuden – Berechnung des Energiebedarfs für Heizung und Kühlung
DIN EN ISO 24 011	04.2012	Elastische Bodenbeläge – Spezifikation für Linoleum mit und ohne Muster
DIN EN ISO 26 986	04.2012	Elastische Bodenbeläge – Geschäumte Polyvinylchlorid-Bodenbeläge – Spezifikation
DIN EN ISO 26 986 Ber1	02.2013	Berichtigungen zu DIN EN ISO 26986: 04.2012
DIN ISO 2424	01.1999	Textile Bodenbeläge; Begriffe

Weitere ergänzende Normen s. Abschn. 12.4 und 14.6

11.6 Literatur

[1] *Oswald, R.* (Hrsg.): Aachener Bausachverständigentage 2010 – Konfliktfeld Innenbauteile, Wiesbaden (2011)

[2] *Unger, A.:* Fußbodenatlas. Donauwörth (2011)

[3] Merkblatt: Hinweise für die Ausführung von flüssig zu verarbeitenden Verbundabdichtungen mit Bekleidungen und Belägen aus Fliesen und Platten für den Innen- und Außenbereich. Stand August 2012. Hrsg.: Fachverband Fliesen und Naturstein im Zentralverband des Deutschen Baugewerbes e. V., Berlin

[4] *Timm, H.:* Estriche und Bodenbeläge, Arbeitshilfen für die Planung, Ausführung und Beurteilung, Wiesbaden (2013)

[5] Informationsdienst Holz: Nassbereiche in Bädern. Holzbau Handbuch, Reihe 3, Teil 2, Folge 1. Stand: Oktober 1999. Arbeitsgemeinschaft Holz e.V., Düsseldorf

[6] *Oswald, R., Klein, A., Wilmes, K.:* Niveaugleiche Türschwellen bei Feuchträumen und Dachterrassen. Bauforschungsergebnisse des Bundesministeriums für Raumordnung, Bauwesen und Städtebau. Fraunhofer-Informationszentrum Raum und Bau 1994

[7] *Willems, W., Schild, K., Stricker, D.:* Schallschutz: Bauakustik: Grundlagen – Luftschallschutz – Trittschallschutz. Detailwissen Bauphysik, 2012

[8] *Schulze, H.:* Informationsdienst Holz. Holzbau Handbuch, Reihe 3, Teil 3, Folge 1: Grundlagen des Schallschutzes. Hrsg.: Entwicklungsgemeinschaft Holzbau (1998)

[9] *Holtz, F.:* Informationsdienst Holz. Holzbau Handbuch, Reihe 3, Teil 3, Folge 3: Schalldämmende Holzbalken- und Brettstapeldecken. Hrsg.: Entwicklungsgemeinschaft Holzbau (1999)

[10] Trockenbau Atlas. Grundlagen, Einsatzbereiche, Konstruktionen, Details. Rudolf Müller, Köln 2014

[11] *Wendehorst, R., Wetzel, O. W.:* Bautechnische Zahlentafeln. B.G. Teubner in Verbindung mit dem DIN Deutsches Institut für Normung e.V. (2012)

[12] *Drewer, A., Paschko, H., Paschko, K., Patschke, M.:* Wärmedämmstoffe: Kompass zur Auswahl und Anwendung. Rudolf Müller, (2013)

[13] *Holzmann, G., Wangelin, M., Bruns, R.:* Natürliche und pflanzliche Baustoffe: Rohstoff – Bauphysik – Konstruktion. 2. Aufl. (2012)

[14] *Schmidt, U.:* Schallbrücken kommen teuer. In: Boden-Wand-Decke **6** (2000)

[15] *Busch, K.:* Trittschalldämmung. Anforderungen an Estrich und Dämmstoff. In: Bauhandwerk/Bausanierung **10** (1999)

[16] *Klausen, D., Hoscheid, R., Lieblang, P.:* Technologie der Baustoffe. 15. Aufl. (2013)

[17] AGI-Arbeitsblatt A 12, Teil 1. Industrieböden. Zementestrich; Ergänzungen zu DIN 18560. Stand: Juni 1997. Hrsg.: Arbeitsgemeinschaft Industriebau e.V. Bezug: C.R. Vincentz Verlag, Hannover

[18] Merkblatt: Calciumsulfat-Fließestriche – Hinweise für die Planung. Industrieverband WerkMörtel e.V., Duisburg und Industriegruppe Estrichstoffe im Bundesverband der Gipsindustrie e.V., Berlin. Stand 04/2014

[19] Informationen über Gussasphalt: Gussasphalt von A bis Z – Bauweisen. Stand: Januar 2014. Hrsg.: Beratungsstelle für Gussasphaltanwendung e.V., Bonn

[20] *Haack, A.; Emig, K.-F.:* Abdichtungen im Gründungsbereich und auf genutzten Deckenflächen, Berlin (2003)

[21] Informationen über Gussasphalt: Industrieestriche aus Gussasphalt. Hrsg.: Beratungsstelle für Gussasphaltanwendung e.V., Bonn

[22] Informationen über Gussasphalt: Gussasphalt in Sporthallen. Hrsg.: Beratungsstelle für Gussasphaltanwendung e.V., Bonn

[23] *Schnell, W.:* Estrichnenndicken bei Estrichen auf Dämmschichten im Hochbau ohne nennenswerte Fahrbeanspruchung. Institut für Baustoffprüfung und Fußbodenforschung, Troisdorf (1990)

[24] *Schnell, W.:* Das Trocknungsverhalten von Estrichen – Beurteilung und Schlussfolgerung für die Praxis. Institut für Baustoffprüfung und Fußbodenforschung, Troisdorf (1994)

[25] Merkblatt: Beläge auf Zementestrich: Fliesen und Platten aus Keramik, Naturwerkstein und Betonwerkstein auf beheizten und unbeheizten zementgebundenen Fußbodenkonstruktionen. Stand Juni 2007. Hrsg.: Fachverband Fliesen und Naturstein im Zentralverband Deutsches Baugewerbe e. V. (ZDB), Berlin

[26] *Borgmeier A., Braunreiter H.:* Bautechnik für Fliesen-, Platten- und Mosaikleger, 2. Aufl., Wiesbaden (2011)

[27] Hinweise zur Planung, Verlegung und Beurteilung sowie Oberflächenvorbereitung von Calciumsulfatestrichen. Stand: September 2009. Bundesverband Estrich und Belag e.V. (BEB), Troisdorf

[28] *Cremer, L.:* Akustische Versuche an schwimmend verlegten Asphaltestrichen. Hrsg.: Beratungsstelle für Gussasphaltanwendung e.V., Bonn (1963)

[29] Hinweise für Fugen in Estrichen und Heizestrichen auf Dämmschichten nach DIN 18560. Stand: Januar 2009. Bundesverband Estrich und Belag (BEB), Troisdorf

11

[30] Merkblatt: Bewegungsfugen in Bekleidungen und Belägen aus Fliesen und Platten. Stand: September 1995. Hrsg.: Fachverband des Deutschen Fliesengewerbes im Zentralverband des Deutschen Baugewerbes e.V., Berlin

[31] AGI-Arbeitsblatt A12 – Teil 3. Industrieestriche. Gussasphaltestrich; Ergänzungen zu DIN 18560. Stand: 1991. Herausgeber s. [17].

[32] Informationen über Industrieestriche aus Gussasphalt. In: Gussasphalt **21** (1991). Hrsg.: Beratungsstelle für Asphaltverwendung e.V., Bonn

[33] AGI-Arbeitsblatt A12 – Teil 1. Industrieestriche. Zementgebundener Hartstoffestrich; Ergänzungen zu DIN 18560. Stand: Juni 1997. Herausgeber s. [17].

[34] Informationsdienst Holz: Holzwerkstoffe. Holzbau Handbuch, Reihe 4, Teil 4, Folge 1. Arbeitsgemeinschaft Holz e.V., Düsseldorf (2001)

[35] Technische Informationen über Knauf-Unterböden. Fa. Knauf, Westdeutsche Gipswerke, Iphofen

[36] Technische Informationen über Fertigteilestriche aus Fermacell-Gipsfaserplatten. Fels-Werke GmbH, Goslar

[37] Technische Informationen über Trockenestrich-Elemente. Fa. Rigips GmbH, Düsseldorf

[38] Technische Informationen über Trockenestrich auf Zementbasis. Deutsche Perlite GmbH, Dortmund

[39] Naturstein und Architektur. Hrsg.: Deutscher Naturwerkstein-Verband (DNV), Würzburg. 2000

[40] Merkblätter: Bautechnische Informationen (BTI). Deutscher Naturwerkstein-Verband, Würzburg

[41] *Weber, R., Hill, D.*: Naturstein für Anwender: Beurteilen – Verkaufen – Verlegen. 4. Aufl. Ulm 2008

[42] Steine aus Beton. Hinweise und Tipps für den Außenbelag. Hrsg.: Informationsgemeinschaft Betonwerkstein e.V., Wiesbaden

[43] Terrazzofußböden (Technische Informationen): Fa. Dyckerhoff Weiss, Wiesbaden

[44] Asphaltplatten (Technische Informationen). Deutsche Naturasphalt GmbH (DASAG), Eschershausen/Holzminden

[45] AGI-Arbeitsblatt A 60. Industrieböden. Asphaltplattenbeläge. Stand: Februar 1999. Herausgeber und Bezug s. [17].

[46] *Niemer, E.-U.*: Praxis-Handbuch FLIESEN. Material, Planung, Konstruktion, Verarbeitung. Verlagsgesellschaft Rudolf Müller, Köln (2003)

[47] Merkblatt: Fußböden in Arbeitsräumen und Arbeitsbereichen mit erhöhter Rutschgefahr (ZH1/571). Hrsg.: Hauptverband der gewerblichen Berufsgenossenschaften, St. Augustin

[48] Merkblatt: Bodenbeläge für nassbelastete Barfußbereiche (BGI/GUV-I 8527). Stand 2010. Hrsg.: Bundesverband der Unfallkassen (BUK), München

[49] AGI-Arbeitsblatt A70. Industrieböden. Bodenbeläge aus Fliesen und Platten. Stand: Oktober 1994. Herausgeber und Bezug s. [17]

[50] Merkblatt: Keramische Fliesen und Platten, Naturwerkstein und Betonwerkstein auf calciumsulfatgebundenen Estrichen. Stand: Januar 2000. Herausgeber s. [25]

[51] IVD-Merkblatt: Abdichtung von Bodenfugen mit elastischen Dichtstoffen. Stand: 2000. Hrsg. Industrieverband Dichtstoffe, Düsseldorf

[52] Informationsdienst Holz: Dielenböden (2001)

[53] Informationsdienst Holz: Parkett (2001)

[54] Informationsdienst Holz: Fertigparkett-Elemente

[55] Informationsdienst Holz: Holzpflaster

[56] Informationsdienst Holz: Versiegelung und Pflege von Parkettböden. Hrsg. [52] bis [56]: Arbeitsgemeinschaft Holz e.V., Düsseldorf

[57] Merkblatt: Kleben von Laminatböden. Stand: 1997. Technische Kommission Bauklebstoffe (TKB) des Industrieverbandes Klebstoffe, Düsseldorf

[58] *Scholz, W.; Hiese, W.; Möhring, R.*: Baustoffkenntnis, Köln, 17. Aufl. (2011)

[59] Merkblatt: Kleben von Kork-Bodenbelägen. Stand: 2009

[60] Merkblatt: Kleben von Linoleum-Bodenbelägen. Stand 2010

[61] Merkblatt: Kleben von Elastomer-Bodenbelägen. Stand 2009. [59] bis [61] Technische Kommission Bauklebstoffe (TKB) des Industrieverbandes Klebstoffe, Düsseldorf

[62] BEB-Arbeitsblatt KH-O/S: Industrieböden aus Reaktionsharz; Stoffe. Stand: Mai 2002

[63] BEB-Arbeitsblatt KH-O/U: Industrieböden aus Reaktionsharz; Prüfung und Vorbereitung des Untergrundes. Stand: Mai 2001

[64] BEB-Arbeitsblätter KH-1 bis KH-5: Industrieböden aus Reaktionsharz; Imprägnierung (2009) – Versiegelung (2004) – Beschichtung/Belag (2007) – elektrische leitfähige Fußbodenbeläge (2005) – Estrich (2008)

[65] BEB-Arbeitsblatt „Designfußböden" – Hinweise zu Planung, Ausführung und Eigenschaften gestalteter mineralischer Fußböden (2014). Hrsg: [62] bis [65] BEB-Bundesverband Estrich und Belag, Troisdorf

[66] Schutz vor Allergien. Hausstaubmilbenallergie. Stand: 2001. Hrsg.: Europäische Teppichgemeinschaft (ETG), Wuppertal, in Zusammenarbeit mit dem Berufsverband der Allgemeinärzte Deutschlands (BDA), Hausärzteverband

[67] *Fischer, M.; Gürke-Lang, B.; Diel, F.*: Textile Bodenbeläge – Eigenschaften, Emissionen, Langzeitbeurteilung. Institut für Umwelt und Gesundheit (IUG), Fulda (2000)

[68] Herstellungstechniken von Teppichböden. Hrsg.: ANKER-Teppichboden Gebr. Schoeller, Düren

[69] *Arbeiter, A.; Arnold, N.*: Teppichboden, der textile Tausendsassa, Bad Wörishofen (2014)

[70] Textiler Bodenbelag für Kranken- und Behindertenrollstühle. Stand 1999. Hrsg.: Europäische Teppichgemeinschaft (ETG), Wuppertal, in Zusammenarbeit mit dem Deutschen Teppich-Forschungsinstitut (TFI), Aachen

[71] Textiler Bodenbelag für Räume mit EDV. Stand: November 1999. Hrsg.: Europäische Teppichgemeinschaft (ETG), Wuppertal, in Zusammenarbeit mit dem Deutschen Teppich-Forschungsinstitut (TFI), Aachen

[72] Teppichboden-Lexikon, ANKER-Teppichboden Gebr. Schoeller, Düren (2001)

[73] Teppichfliesen-Spezial (Teppichfliesen-Übersicht). Stand: 2002. Objekt Verlag, Düsseldorf

[74] Klettverlegesystem: Verkletten statt verkleben. Vorwerk & Co., Teppichwerke, Hameln

[75] UZIN-Multibase Bodenwechsel-System. Stand: 2007. UZIN UTZ AG, Ulm

[76] Pflege und Reinigung. Gebrauchsanleitung. Stand: 2001. ANKER-Teppichboden Gebr. Schoeller, Düren

[77] Pflege und Reinigung von Teppichboden. Stand: 2004. Europäische Teppichgemeinschaft (ETG), Wuppertal

11

12 Beheizbare Bodenkonstruktionen: Fußbodenheizungen

Allgemeines

Die Fußbodenheizung bietet bei richtiger Anwendung eine thermische Behaglichkeit, wie sie von kaum einem anderen Heizungssystem erreicht wird. Sie ist um so höher, je einheitlicher die Temperaturen aller Raumumschließungsflächen sind und je gleichmäßiger die Temperaturverteilung im Raum ist. Das thermische Umfeld wird außerdem von der jeweiligen Höhe der relativen Luftfeuchtigkeit und durchschnittlichen Luftbewegung (Konvektion) beeinflusst. Im Vergleich zu konventionellen Heizungssystemen zeichnen sich Fußbodenheizungen vor allem durch eine relativ niedrige Oberflächentemperatur, gleichmäßige Wärmeabgabe, hohen Strahlungsanteil, kaum spürbare Luftbewegung und somit auch geringe Staubverwirbelung aus. Derartige Niedertemperaturheizungen erlauben auch den Einsatz von Wärmepumpen und somit die Nutzung regenerativer Energien; außerdem werden keine Montageflächen für Heizkörper o. Ä. benötigt. Als nachteilig sind die höheren Anlagekosten im Vergleich zu Radiatorenheizungen, die in der Regel größere Trägheit des Heizsystems (ungünstige Regelbarkeit) sowie die notwendigerweise aufwendigeren Reparaturmaßnahmen anzusehen.

Anforderungen

Fußbodenheizungen werden entweder als Vollheizung für ein ganzes Gebäude oder nur als Zusatzheizung für einzelne Räume bzw. Teilflächen eingesetzt. Ihre wirtschaftlichste Verwendung wird als Vollheizung erreicht. Voraussetzung ist jedoch, dass die Wärmedämmung des zu beheizenden Gebäudes insgesamt den Anforderungen der DIN 4108 sowie der jeweils gültigen Energieeinsparverordnung (EnEV) entspricht.

Als Anforderungen an Geschosstrenndecken nennt DIN 1264-4, Raumflächenintegrierte Heiz- und Kühlsysteme mit Wasserdurchströmung, Mindestwerte für den Wärmedurchlasswiderstand der Dämmschicht unterhalb der Heizebene, und zwar 0,75 m² K/W über beheizten Räumen sowie 1,25 m² K/W über unbeheizten Räumen.

Wärmebedarfsberechnung. Die Berechnung des notwendigen Wärmebedarfes von Gebäuden erfolgt nach den in DIN EN 12831 aufgestellten Regeln. Diese Wärmebedarfsberechnung ist die Grundlage für die Bemessung der Heizflächen einer Heizungsanlage (Heizflächenberechnung). Dabei ist zu berücksichtigen, dass der Wärmedurchlasswiderstand des Bodenbelages nicht größer als 0,15 m² K/W sein soll.

Oberflächentemperatur. Die optimale Oberflächentemperatur beheizter Fußböden in ständig genutzten Wohn- und Arbeitsbereichen (Verweilflächen) liegt bei 23 °C bis 24 °C. Als äußerster Grenzwert in Daueraufenthaltsbereichen gelten maximal 29 °C, in Badezimmern und Schwimmhallen etwa 33 °C und in wenig begangenen Randzonen entlang von Fensterflächen o. Ä. 35 °C. Großflächige Verglasungen müssen im Allgemeinen noch zusätzlich gegen Kaltluftabfall bzw. „Kälteabstrahlung" abgeschirmt und eine etwaige Differenz zum tatsächlichen Wärmebedarf eines Raumes durch eine zusätzliche Ausgleichsheizung (z. B. intensive Randzonenbeheizung, Unterflurkonvektoren, Radiavektoren) gedeckt werden. Die Notwendigkeit, unterschiedlichen Heizsystemen getrennte Regelkreise zuzuweisen, bedingt jedoch erhöhte Investitionskosten.

Schallschutz. Die Anforderungen an den Schallschutz sind in DIN 4109 festgelegt. In Tabelle 3 dieser Norm sind die zum Schutz von Aufenthaltsräumen gegen Schallübertragung aus fremden Wohn- und Arbeitsbereichen geforderten Luft- und Trittschalldämmwerte für Bauteilen enthalten, die auch beim Einbau einer Fußbodenheizung erfüllt werden müssen. Einzelheiten hierzu siehe Tabelle **11**.4 sowie Abschnitt 17.6.4.

Gesetze/Verordnungen. Bei der Planung einer Fußbodenheizung sind des Weiteren folgende Regelwerke zu berücksichtigen: Energieeinsparverordnung (EnEV), Heizkostenverordnung (HeizkostenV) sowie die einzelnen Verwaltungsanweisungen der Länder. Der aktuelle Stand der Normung ist Abschn. 12.4 zu entnehmen.

12

12.1 Einteilung und Benennung: Überblick

Heizsysteme

Fußbodenheizsysteme werden nach der Art ihrer Heizelemente und der Energiezufuhr in zwei Hauptgruppen eingeteilt.

Warmwasser-Fußbodenheizung. Eine Warmwasser-Fußbodenheizung ist eine an Ort und Stelle als Fußbodenkonstruktion hergestellte Heizeinrichtung mit Rohren oder anderen Hohlprofilen (z. B. Flächenheizelemente) die von Warmwasser als Heizmittel durchströmt werden. Die Lage der Heizrohre in der Bodenkonstruktion ist systembedingt unterschiedlich. Wie Bild **12**.5 verdeutlicht, werden 3 Bauarten unterschieden. Für die Planung von Warmwasser-Fußbodenheizungen gilt DIN EN 1264 in Verbindung mit DIN 18 560-2, Heizestriche auf Dämmschichten.

Elektrische Fußbodenheizung. Eine elektrische Fußbodenheizung ist eine an Ort und Stelle als Fußbodenkonstruktion aufgebaute Heizeinrichtung, bei der die elektrische Energie durch Heizelemente – die an das Stromnetz angeschlossen sind – in Wärme umgewandelt wird. Für die Planung und Bemessung elektrischer Fußbodenheizungen gilt DIN EN 50559 in Verbindung mit DIN 18560-2, Heizestriche auf Dämmschichten, sowie entsprechende VDE-Richtlinien und Rechtsvorschriften.

Wärmeabgabe

Die Art der Wärmeabgabe ist ein weiteres Unterscheidungsmerkmal von Fußbodenheizungen.

Fußboden-Direktheizung. Bei der Fußboden-Direktheizung wird die Wärme mit möglichst geringer zeitlicher Verzögerung über die Oberfläche des Fußbodens an den zu beheizenden Raum abgegeben. Dies wird vor allem durch eine möglichst oberflächennahe Verlegung der Heizrohre bzw. Heizmatten und damit möglichst dünne Lastverteilungsschicht erreicht (Bild **12**.1). Eine derart gering gehaltene Speicherwirkung des Fußbodens ergibt auch ein insgesamt günstigeres Regelverhalten der Anlage. Bei der Direktheizung sollte außerdem der Bodenbelag die Wärme möglichst ungehindert durchlassen, d. h. einen möglichst niedrigen Wärmedurchlasswiderstand aufweisen, so wie dies vor allem bei Naturwerkstein-, Betonwerkstein- und Keramikbelägen der Fall ist.

Fußboden-Speicherheizung. Bei der Fußboden-Speicherheizung wird die Wärme mit einer gewollten zeitlichen Verzögerung über die Oberfläche des Fußbodens an den zu beheizenden Raum abgegeben (vorwiegend Elektrofußbodenheizung), da die Heizenergie nur für eine begrenzte Zeit zur Verfügung steht. Die Aufladung der elektrischen Speicherheizung findet i. d. R. während der Nachtstunden mit Niedertarifstrom statt. Zusätzlich dazu muss am Tage noch mindestens zwei Stunden nachgeheizt werden kön-

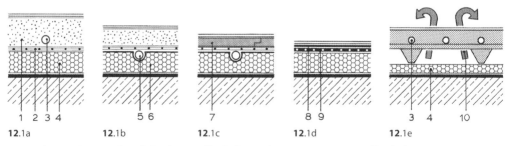

12.1a	**12**.1b	**12**.1c	**12**.1d	**12**.1e

12.1   Schematische Darstellung beheizbarer Fußbodenkonstruktionen (Warmwasser-Fußbodenheizungen)
   a) Heizrohr in Heizestrich (Nassverlegesystem)
   b) Heizrohr in Dämmplatte mit Mörtelestrich
   c) Heizrohr in Dämmplatte mit Fertigteilestrich
   d) Heizflächenelement mit Stahlblechtafeln
   e) Fußboden- und Luftheizung (Hypokaustenheizung)

1 Heizestrich	6 profilierte Dämmplatten
2 Abdeckung	7 Fertigteilestrich
3 Heizrohr eingebettet	8 Stahlblechtafeln
4 Dämmschicht	9 Heizflächenelement
5 Heizrohr eingelegt	10 Fußbodenheizung mit Luftführung

nen. Vor der Planung einer elektrischen Fußbodenheizung ist in jedem Fall rechtzeitig die Zustimmung des jeweils zuständigen EVU (Energie-Versorgungsunternehmen) einzuholen. Infolge der hohen Auslastung und energiepolitischen Auflagen (berechtigte ökologische Bedenken) ist eine Genehmigung keinesfalls selbstverständlich (Bild **12**.10a). Auch auf die systembedingte große Trägheit und damit ungünstige Regelbarkeit wird besonders hingewiesen.

Aufgrund der durch die EnEV verschärften Anforderungen an den Primärenergiebedarf von Heizungen hat die Bedeutung solcher Heizsysteme im Neubaubereich deutlich nachgelassen.

Der Fußbodenbelag ist bei Speicherheizungen ein wichtiger, konstruktiver Teil des Heizsystems. Zusammen mit der Speicherfähigkeit des Estrichs muss er gewährleisten, dass der betreffende Raum während der Aufladung nicht überheizt und die Wärme während des ganzen Tages möglichst gleichmäßig abgegeben wird. Der Bodenbelag dient bei diesem System somit als erwünschte Wärmebremse, der aufgrund seines höheren Wärmedurchlasswiderstandes eine Verzögerung der Wärmeabgabe bewirkt. Diese Forderung erfüllen vor allem textile Fußbodenbeläge. Vorteilhaft ist ein Belag, dessen Wärmedurchlasswiderstand zwischen 0,10 m² K/W und 0,15 m² K/W liegt.

Verlegesysteme

Entsprechend der höhenmäßigen Anordnung der Heizelemente in einer Fußbodenkonstruktion ergeben sich im Wesentlichen zwei Konstruktionsprinzipien.

Nassverlegesystem. Bei der Nassverlegung sind die Heizrohre **oberhalb** der Wärme- und Trittschalldämmung direkt und allseitig umschlossen in den schwimmenden Estrich eingebettet, wodurch sich eine unmittelbare Wärmeübertragung ergibt (Bauart A und C in Bild **12**.5). Die Heizrohre werden entweder direkt auf die Wärmedämmung mit oberseitiger Abdeckfolie aufgetackert, zwischen Noppen spezieller Basisplatten eingespannt oder mittels Drehclipsen an Rohrträgermatten befestigt (Bild **12**.2). Bei all diesen Befestigungsvorrichtungen ist der Rohrverlauf beliebig wählbar und somit an räumliche Vorgaben anpassungsfähig. Nassverlegesysteme sind technisch meist einfacher konzipiert und dadurch bei der Herstellung auch etwas billiger als die anderen Systeme. Die Gefahr der Beschädigung der Heizrohre beim Einbringen des Estrichs, die relativ große Estrichdicke und die dadurch bedingten längeren Trockenzeiten bei Mörtelestrichen sowie die konstruktionsbedingte Trägheit des Systems werden als Nachteile angesehen. Ihr Einbau empfiehlt sich vor allem in Neubauten.

Trockenverlegesystem. Bei der Trockenverlegung liegen die Heizrohre in vorgefertigten Hartschaumplatten **unterhalb** des Estrichs, so dass die Heizelemente von der Estrichschicht vollkommen getrennt sind (Bauart B in Bild **12**.5). Die Rohre werden in profilierte, gleichzeitig der Wärmedämmung nach unten dienenden Formplat-

12

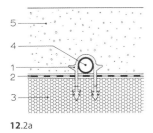

12.2a

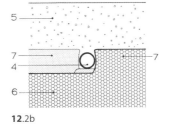

12.2b

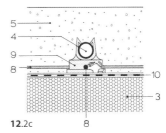

12.2c   8

12.2 Schematische Darstellung von Rohrbefestigungen beim Nassverlegesystem (Warmwasser-Fußbodenheizungen)

a) Heizrohr auf Wärmedämmung mit oberseitiger Abdeckfolie aufgetackert (Bauart A1)
b) Heizrohr in Noppenplatte eingespannt (Bauart A2)
c) Heizrohr an Gitterträgermatte mit Drehclipsen befestigt (Bauart A3)

1 Tackernadeln (Haltenadeln)
2 Verbundfolie mit aufgedrucktem Verlegeraster
3 Wärme- und Trittschalldämmung
4 Heizrohr aus Kunststoff
5 Heizestrich, Höhe je nach Bauart
6 Noppenplatte aus Hartschaum, zugleich Wärme- und Trittschalldämmung

7 versetzt angeordnete Noppen
8 Rohrträgermatte, aus 3 mm dicken Drähten
9 Drehclip zur Aufnahme der Heizrohre
10 Abdeckung, PE-Folie 0,2 mm dick

Fa. REHAU, Erlangen

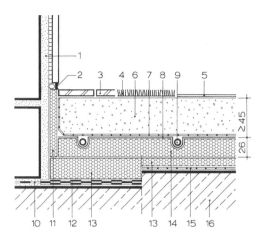

12.3 Schematische Darstellung einer Warmwasser-Fußbodenheizung im Trockenverlegesystem (Bauart B)
mit Mörtelestrich als Lastverteilungsschicht
 1 Wandputz mit Wandfliesen
 2 Vorfüllprofil mit elastoplastischer Fugenmasse
 3 keramischer Bodenbelag
 4 textiler Bodenbelag
 5 elastischer Bodenbelag
 6 Heizestrich, mind. 45 mm dick
 7 Abdeckung (mehrlagige Folie)
 8 Alu-Folienkaschierung, vollflächig
 9 Heizrohr aus Kupfer
 10 waagerechte Außenwandabdichtung
 11 Randstreifen, 10 mm dick
 12 Abdichtung (soweit erforderlich)
 13 zusätzliche Wärme- bzw. Trittschalldämmung
 14 profilierte PUR-Hartschaumplatten
 15 Feuchtigkeitsschutz (soweit erforderlich)
 16 tragender Untergrund
 JOHN-Technik, Achern

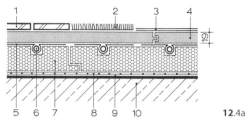

12.4a

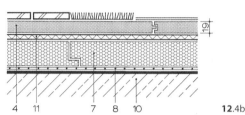

12.4b

12.4 Schematische Darstellung von Warmwasser-Fußbodenheizungen im Trockenverlegesystem mit
Fertigteilestrich als Lastverteilungsschicht
 a) Warmwasser in Heizrohren
 b) Warmwasser in Hohlprofilmatten aus Kunststoff
     (Flächenheizelemente)
 1 keramischer Bodenbelag
 2 textiler Bodenbelag
 3 elastischer Bodenbelag
 4 Gipsfaserplatten (Fertigteilestrich)
 5 Wärmeleit-Profilbleche aus Aluminium
 6 Heizrohre aus Kupfer
 7 profilierte PS-Hartschaumplatte
 8 Feuchteschutz (PE-Folie 0,2 mm dick)
 9 Bodenspachtelmasse (soweit erforderlich)
 10 tragender Untergrund
 11 Hohlprofilmatte aus Kunststoff
     Gebr. KNAUF, Iphofen

ten eingelegt und mit mehrlagiger Folie abgedeckt (Trenn- und Gleitschicht, ggf. auch Abdichtungsebene). Um eine möglichst gleichmäßige
Wärmeübertragung an den Estrich zu erzielen,
weisen die Hartschaumplatten oberseitig entweder eine vollflächige Alu-Folienkaschierung auf
oder die Rillen sind mit Profilblechen ausgelegt
und mit großflächigen Wärmeleitblechen nach
oben abgedeckt (Bild **12**.3 und **12**.4a). Auf die
Trennschicht kann wahlweise ein Mörtelestrich
oder ein Fertigteilestrich, beispielsweise aus
Gipsfaserplatten, aufgebracht werden. Die Vorteile dieser Trockenverlegesysteme sind in der
relativ geringen Einbauhöhe und Deckenbelas-
tung (Altbaumodernisierung) sowie in der trockenen und relativ unproblematischen Estrichverlegung zu sehen. Nachteilig wirken sich die
schlechtere Wärmeübertragung zwischen Rohr
und Estrich (= Luftspalte) und die dadurch be-

dingt um 3 bis 4 Grad höhere Heizwassertemperatur aus. Ein nahezu planebener Untergrund ist
außerdem unabdingbare Voraussetzung für die
schadenfreie Verlegung, da Nachgiebigkeit der
großformatigen Estrichplatten zwangsläufig zur
Rissbildung bei Keramik- und Steinbelägen führt.
Die Herstellungskosten sind bei Trockenverlege-
systemen relativ hoch.

Flächenheizsystem. Eine leistungsstarke Weiterentwicklung der Warmwasser-Fußbodenheizung stellen die flächig durchflossenen Systeme
dar (auch Klimaboden-Heizung genannt). Ziel
der Entwicklung war es, eine weitgehend homogene Heizfläche mit möglichst geringem Eigengewicht und niedrigster Bauhöhe zu schaffen
(Bild **12**.4b). Das Heizwasser fließt bei diesen Systemen nicht durch Rohrschlangen, sondern längs
und quer durch großflächige, 5 bis 10 mm dicke

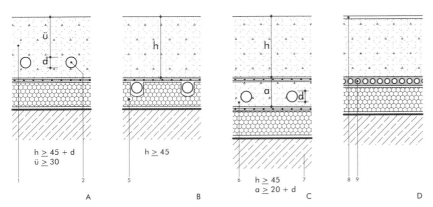

12.5 Bauarten und Nenndicken von Heizestrichen (z.B. CT-F4) auf Dämmschichten für Verkehrslasten bis 2,0 kN/m² nach DIN EN 1264-1/DIN 18560-2

1 Heizestrich
2 Heizelement
3 Abdeckung/Trennschicht (z. B. PE-Folie ≥ 0,15 mm)
4 Dämmschicht
5 profilierte Dämmplatten

6 Ausgleichestrich
7 tragender Untergrund
8 Bodenbelag
9 Oberflächenelement

Hohlprofilmatten aus Kunststoff. Die auf Wärme- bzw. Trittschalldämmplatten verlegten Elemente sind durch Rohrleitungen miteinander verbunden. Die Lastverteilungsschicht über den Flächenelementen kann wahlweise aus zwei Lagen Stahlblechtafeln, Fertigteilestrich (z. B. Gipsfaserplatten) oder Fließestrich bestehen. Vorteilhaft wirkt sich bei den Flächenheizsystemen die kurze Aufheizdauer und damit relativ gute Regelbarkeit aus. Durch das geringe Flächengewicht und die niedrige Aufbauhöhe ist dieses Heizsystem besonders für den nachträglichen Einbau in Altbauten geeignet. Mit relativ hohen Investitionskosten ist zu rechnen.

12.2 Warmwasser-Fußbodenheizungen

Beheizbare Fußbodenkonstruktionen bestehen in der Regel aus mehreren übereinander liegenden Schichten, und zwar (von unten nach oben) dem tragfähigen Untergrund (ggf. mit einer Ausgleichsschicht und Abdichtung gegen Feuchtigkeit), den Dämmschichten (Wärme- bzw. Trittschalldämmung), der Abdeckung, der Lastverteilungsschicht und dem Bodenbelag. Systembedingte Unterschiede gibt es hinsichtlich der Art und höhenmäßigen Anordnung der Heizelemente innerhalb dieser Bodenkonstruktion.

Bauarten von Warmwasser-Fußbodenheizungen

In Abhängigkeit von der Lage der Heizrohre in beheizbaren Fußbodenkonstruktionen werden nach DIN EN 1264-1 folgende 4 Bauarten unterschieden (Bild **12.5**):

Bauart A: Heiz- und Kühlrohre im Estrich

Bauart B: Heiz- und Kühlrohre unter dem Estrich in bzw. auf der Dämmschicht.

Bauart C: Heiz- und Kühlrohre in einem Ausgleichestrich, auf den der Estrich mit einer zweilagigen Trennschicht aufgebracht wird.

Bauart D: Flächenelement

12.2.1 Aufbau und Herstellung beheizbarer Fußbodenkonstruktionen

Für die Herstellung einer beheizbaren Fußbodenkonstruktion gelten im Wesentlichen die gleichen baulichen Erfordernisse und ähnliche Ausführungsbedingungen, wie sie bei den nicht beheizbaren Estrichen auf Dämmschicht in Abschn. 11.3.6.4 bereits erläutert wurden. Im Folgenden werden daher nur die Besonderheiten kurz angesprochen, die bei der Herstellung von **Heizestrichen auf Dämmschichten** zu beachten sind.

- Vor dem Einbau der Fußbodenkonstruktion sollten die Fensteröffnungen verglast und die Montage von haustechnischen Installationen, der Einbau von Türzargen mit Bodeneinstand sowie die Putzarbeiten abgeschlossen sein. Auch alle an den Fußboden angrenzenden Bauteile sind vorher einzubringen.

- Der tragende Untergrund muss ausreichend fest, eben und trocken sein. Die Ebenheit der Oberfläche muss den erhöhten Anforderungen gemäß DIN 18202, Ta-

12

belle 3, Zeile 2 entsprechen und eine vollflächige Auflage der Dämmschichten ermöglichen. S. hierzu Tabelle **11**.2, Ebenheitstoleranzen. Gefälleschichten sind auf der Rohdecke anzuordnen. Falls Rohrleitungen auf dem tragenden Untergrund verlegt sind, müssen sie befestigt sein. Durch einen Ausgleich ist wieder eine ebene Oberfläche zur Aufnahme der Dämmschicht zu schaffen. Angaben hierzu s. Abschn. 11.3.6.6. Muss mit aufsteigender Feuchtigkeit oder Dampfdiffusion gerechnet werden, so sind gemäß Abschn. 11.3.2, Feuchtigkeitsschutz von Fußbodenkonstruktionen, entsprechende Abdichtungen bzw. Dampfsperren aufzubringen.

- Die Randstreifen sind vor dem Einbau der Dämmschicht an allen angrenzenden und die Fußbodenkonstruktion durchdringenden Bauteilen sowie an Rohren, Türzargen usw. anzubringen. Sie müssen eine Bewegung von mind. 5 mm (besser 8 bis 10 mm) ermöglichen. Die überstehenden Teile des Randstreifens und der hochgezogenen Abdeckung dürfen bei Keramik- und Steinbelägen erst nach Fertigstellung des Fußbodenbelages bzw. bei textilen und elastischen Belägen erst nach Erhärtung der Spachtelmasse abgeschnitten werden.

- Die Dämmstoffe müssen der Normenreihe DIN EN 13 164 – DIN EN 13 171 entsprechen. Bei Heizestrichen darf die Zusammendrückbarkeit der Dämmschicht nicht mehr als 5 mm betragen. Werden Trittschall- und Wärmedämmstoffe in einer Dämmschicht zusammen eingesetzt, soll der Dämmstoff mit der geringeren Zusammendrückbarkeit oben liegen. Bei Heizestrichen mit elektrischer Beheizung muss die oberste Lage der Dämmschicht kurzzeitig gegen eine Temperaturbeanspruchung von 90 °C beständig sein (Überheizung).

- Als Abdeckung der Dämmschicht ist eine Polyethylenfolie – bei Heizestrichen mind. 0,2 mm dick – aufzubringen und bis zur Oberkante des Randstreifens hochzuführen. Die einzelnen Bahnen müssen sich an den Stößen mind. 20 cm überlappen. Bei Fließestrich ist die Abdeckung der Dämmschicht so auszubilden, dass sie wasserundurchlässig ist.

- Heizestriche. Die Dicke und die Festigkeits- bzw. Härteklasse von Heizestrichen muss in Abhängigkeit von der gewählten Bauart DIN 18 560-2 entsprechen. Einzelheiten sind der Tabelle **12**.7 zu entnehmen. Die Estrichnenndicke ist bei Calciumsulfat- und Zement-Heizestrichen bei Bauart A zusätzlich um den Außendurchmesser des Heizrohres d zu erhöhen. Eine Begrenzung der Estrichtemperatur ist bei Gussasphaltestrich auf 45 °C, bei Calciumsulfat- und Zementestrichen auf 55 °C, auf Dauer vorzusehen. Die Angaben der Herstellerfirmen sind zu beachten.

- Trockenestriche sind in der Estrichnorm DIN 18 560 nicht angeführt, obwohl sie sich in der Praxis durchaus bewährt haben. Unabdingbare Voraussetzung für die schadenfreie Verlegung ist ein nahezu planebener Untergrund (erhöhte Anforderungen an die Ebenheit der Verlegeflächen gemäß DIN 18 202). Jede Unebenheit der Rohdecke macht sich unmittelbar an den großformatigen Estrichplatten bemerkbar und führt zur Nachgiebigkeit der gesamten Konstruktion und damit zur Gefahr von Rissbildung bei Keramik- und Steinbelägen.

- Estrichfugen. Um die thermischen Spannungen im Estrich zu begrenzen, soll die Fläche eines einzelnen Estrichfeldes 40 m² und die größte Seitenlänge eines Feldes 8 m nicht überschreiten. Das Verhältnis der Seiten

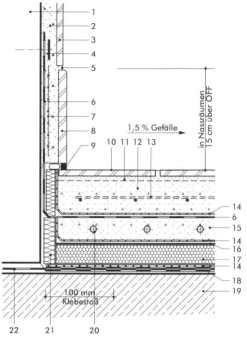

12.6 Konstruktionsbeispiel eines beheizbaren Fußbodens (Warmwasser-Fußbodenheizung der Bauart C) in einem nicht unterkellerten Nassraum (Feuchtigkeit von oben und unten). Vgl. hierzu auch Bild **11**.6a bis c.

1 Mauerwerk
2 Putzlage
3 Wandfliesen
4 Metallbandbefestigung (z. B. Alu-Lochband)
5 Fuge
6 Bitumen-Dichtungsbahnen mit Quarzsand-Einpressung
7 Armierungsgewebe
8 Sockelfliesen mit Fase
9 Bewegungsfuge (Fugenfüllprofil mit elastoplastischer Dichtmasse)
10 Keramikbelag
11 Dünnbettmörtel oder Klebstoff
12 Zementestrich
13 Bewehrung (verzinkte Betonstahlmatte)
14 Gleitschicht/Dampfbremse (PE-Folie 0,2 mm, zweilagig)
15 Ausgleichestrich
16 Wärmeleitbleche aus Aluminium (bei Bedarf)
17 feuchtigkeitsunempfindliche Wärmedämmschicht
18 Kellerbodenabdichtung aus Bitumenbahnen
19 tragender Untergrund
20 Heizrohre
21 Randstreifen, 10 mm dick
22 untere waagerechte Außenwandabdichtung

Tabelle **12**.7 Nenndicken und Festigkeit bzw. Härte von Heizestrichen auf Dämmschichten für Verkehrslasten bis 2,0 kN/m² (gemäß DIN 18 560-2)

Estrichart	Bauart	Estrich-nenndicke in mm [1)] [2)] min.	Überdeckungs-höhe in mm min.	Bestätigungsprüfung	
				Biegezugfestigkeit β_{BZ} in N/mm²	
				kleinster Einzelwert	Mittelwert min.
Calciumsulfat CA-F4 Zement CT-F4	A B, C	45 + d 45	45 –	2,0	2,5
Calciumsulfat-Fließ-estrich CAF-F4	A B, C	35 + d 35	40 –	3,5	4,0
Gussasphalt AS-ICH10	A	35	15	Eindringtiefe (Härte) in mm	
				bei (22 ± 1) °C max. 1,0	bei (40 ± 1) °C max. 4,0

[1)] d ist der äußere Durchmesser der Heizelemente.
[2)] Die Zusammendrückbarkeit der Dämmschicht darf höchstens 5 mm betragen, bei Gussasphaltestrich max. 3,0 mm.

sollte nicht größer als 2:1 sein. Über die Anordnung der Fugen ist ein Fugenplan vom Planer zu erstellen und als Bestandteil der Leistungsbeschreibung dem Ausführenden vorzulegen. Weitere Angaben über Fugen in schwimmenden Estrichkonstruktionen sind Abschn. 11.3.6.5 zu entnehmen. Auf das vom Zentralverband des Deutschen Baugewerbes herausgegebene Merkblatt [1] wird besonders hingewiesen.

Anforderungen an Rohrleitungen von Warmwasser-Fußbodenheizungen

Für den Einsatz in der Fußbodenheizungstechnik haben sich vor allem Rohre aus Kunststoff und Kupfer bewährt. Rohre aus anderen Werkstoffen können zu diesem Zweck nur unter besonderer Berücksichtigung ihrer spezifischen Eigenschaften eingesetzt werden und bleiben hier unberücksichtigt.

Kunststoffrohre aus PB (Polybuten), PP (Polypropylen) und PE (vernetztes Polyethylen) müssen den Anforderungen der DIN 4726 entsprechen. Da Kunststoffrohre wesentlich voneinander abweichende Eigenschaften aufweisen können, sollten nur Rohre aus den vorgenannten Grundwerkstoffen eingesetzt und nur Rohre verlegt werden, denen das Gütezeichen einer amtlich anerkannten Prüfanstalt für Kunststoff erteilt wurde. Die Lebensdauer der Verrohrung (Rohre und Kupplungen) muss mind. 50 Jahre betragen.

Kunststoffe können mehr oder weniger gasdurchlässig sein. Dadurch kann Sauerstoff aus der Luft durch die Rohrwand in das Heizungswasser gelangen (in der Praxis als Sauerstoffdiffusion bezeichnet), so dass es zur Korrosion von Metallteilen im Heizkreislauf kommen kann. Damit verbunden ist Rostschlammbildung in der Anlage. Um dies zu verhindern, fordert DIN 4726 Werte für die Sauerstoffdurchlässigkeit von Kunststoffrohren, die unter 0,1 g/m³d liegen. Diese weitgehende Diffusionsdichtigkeit wird beispielsweise durch eine Fünfschicht-Verbundfolie aus Spezialpolymer, eine Sperrschicht aus Aluminium oder durch andere Kunststoffummantelungen (Extrusionsverfahren) im vollflächigen Verbund mit dem Basisrohr erreicht. Werden jedoch nicht diffusionsdichte Rohre im Sinne der vorgenannten Norm verwendet, sind anderweitige Schutzmaßnahmen vorzunehmen (Systemtrennung in Primär- und Sekundärkreislauf oder Einsatz von Korrosionsinhibitoren).

Kupferrohre nach DIN EN 1057 haben sich zur Verrohrung von Warmwasser-Fußbodenheizungen ebenfalls bewährt. Reine Kupferrohre werden vorwiegend im Trockenverlegesystem (Bauart B) eingesetzt, so dass die Rohre vor chemischen Einflüssen und mechanischen Beschädigungen geschützt sind (Bild **12**.3). Um bei der Nasseinbettung die unterschiedlichen thermischen Längenänderungen von Kupferrohr und Zementestrich auffangen zu können, werden beim Nassverlegesystem (Bauart A und C) beinahe ausschließlich kunststoffummantelte Verbundrohre verwendet.

Angaben über die Verlegung und Dämmung von Rohrleitungen auf Rohdecken sind Abschnitt 11.3.6.6 zu entnehmen.

Rohrführung in der waagerechten Ebene

Um die Heizleistung einer Fußbodenheizung an den örtlichen Wärmebedarf besser anpassen zu können, werden die Rohre in unterschiedlichen Abständen, Anordnungen und Regelkreisen verlegt (Bild **12**.8).

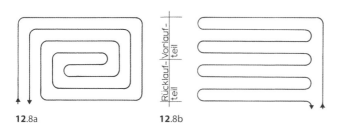

12.8
Rohrführung in der waagerechten Fläche

a) Schneckenförmige (bifilare) Rohranordnung
b) Mäanderförmige Rohranordnung. Weitere Verlegevarianten ergeben sich aus der Kombination dieser beiden Rohrführungsarten

12.8a   **12**.8b

Schneckenförmige (bifilare) Verlegung: Vor- und Rücklauf liegen bei der schneckenförmigen Rohrführung abwechselnd nebeneinander. Daraus ergibt sich eine weitgehend gleichmäßige Temperaturverteilung an der Fußbodenoberfläche. Diese Rohrführung hat außerdem den Vorteil, dass in der Regel nur 90°-Rohrbogen herzustellen sind.

Mäanderförmige Verlegung: Bei dieser Rohrführung ergibt sich aufgrund der kontinuierlich fallenden Heizwassertemperatur zwischen Vor- und Rücklauf ein deutliches Temperaturgefälle im Raum. Dieser Temperaturunterschied kann von Vorteil sein, wenn beispielsweise die spezifische Wärmeabgabe im Außenwandbereich und vor Fenstern höher sein soll als im Rauminnern. Bei dieser Rohrführung sind allerdings 180°-Rohrbogen herzustellen, so dass der jeweils zulässige Biegeradius beachtet werden muss, um ein Knicken des Rohres zu vermeiden.

Weitere Verlegevarianten ergeben sich aus der Kombination dieser beiden Rohrführungsarten. Dabei sollten die Heizkreise so geplant werden, dass Heizrohre und Bewegungsfugen sich nicht kreuzen. Außerdem sind die Heizkreise, die Feldbegrenzungsfugen sowie die Formate und Fugen der Fliesen oder Platten vom Planer aufeinander abzustimmen.

Dichtheitsprüfung: Die Heizkreise von Warmwasser-Fußbodenheizungen müssen vor dem Einbringen des Estrichs durch eine Wasserdruckprobe auf Dichtheit geprüft werden. Die Dichtheit muss hierbei unmittelbar vor und während der Estrichverlegung sichergestellt sein. Dichtheit und Prüfdruck sind in einem Prüfprotokoll zu dokumentieren.

12.2.2 Bodenbeläge auf beheizbaren Fußbodenkonstruktionen

Belegreife

Mörtelestriche (Nassestriche) benötigen eine gewisse Trockenzeit, bis sie mit einem Bodenbelag belegt werden dürfen. Eine Restmenge an Feuchtigkeit – Ausgleichsfeuchte oder Gleichgewichtsfeuchte genannt – verbleibt jedoch immer im unbeheizten Estrich und entweicht normalerweise nicht. Bei beheizbaren Fußbodenkonstruktionen muss der Feuchtegehalt durch Aufheizen der Estrichschicht noch weiter reduziert werden, so dass vor dem Verlegen der Nutzschicht die zulässige Belegreife für den jeweiligen Bodenbelag gemäß Tabelle **12**.9 erreicht wird. Vgl. hierzu auch Abschn. 11.3.6.3, Trockenzeiten von Estrichen.

Das Aufheizen soll bei Zementestrichen frühestens nach 21 Tagen, bei Schnellzementestrich nach 3 bis 4 Tagen und bei Anhydritestrichen nach Angaben des Herstellers – frühestens jedoch nach 7 Tagen – erfolgen. Dieses erstmalige Aufheizen beginnt mit einer Vorlauftemperatur von 35 °C. Diese Temperatur soll 3 Tage gehalten werden, danach wird auf die maximale Vorlauftemperatur erhöht, die wiederum 4 Tage gehalten wird. Soweit der zulässige Feuchtegehalt (Be-

Tabelle **12**.9   Für die Belegreife maßgebende, maximal zulässige Feuchte bei beheizbaren Fußbodenkonstruktionen (Feuchtegehalt des Estrichs in %, ermittelt mit dem CM-Gerät)

	Bodenbeläge		Zementestrich CM-%	Calciumsulfatestrich CM-%
1	Elastische Beläge Textile Beläge	dampfdicht dampfdurchlässig	1,8 1,8 3,0	0,3 0,3 1,0
2	Parkett		1,8	0,3
3	Laminatboden		1,8	0,3
4	Keramische Fliesen bzw. Natur-/Betonwerksteine	Dickbett Dünnbett	3,0 2,0	– 0,3

Auszug aus der „Schnittstellenkoordination bei beheizten Fußbodenkonstruktionen". Bundesverband Flächenheizung e.V., Hagen.

legreife) für den jeweiligen Bodenbelag erreicht ist, kann die Heizung abgestellt werden. Trotz dieses Aufheizvorganges ist jedoch noch nicht sichergestellt, dass der Estrich die für die Belegreife erforderliche Feuchte erreicht hat. Insbesondere bei Anhydrit-Fließestrichen ist auf diesen Hinweis zu achten. Über das Aufheizen ist von der Heizungsfirma ein Protokoll (Aufheiz- und Maßnahmenprotokoll) anzufertigen und den nachfolgenden Fachfirmen auszuhändigen.

Zur Messung des Feuchtegehaltes sind bei Bauart A geeignete Stellen in der Heizfläche auszuweisen. Es sollten dabei mind. 3 Messstellen je 200 m² bzw. je Wohnung ausgewiesen werden. Die Festlegung und Markierung der Messpunkte ist Aufgabe des Bauleiters in Absprache mit dem Heizungsbauer, die Einbettung der Markierungszeichen in den Estrich sollte durch den Estrichleger erfolgen. Um Beschädigungen der Heizrohre zu vermeiden, darf die Messung des Feuchtegehaltes nur an den hierfür markierten Stellen vorgenommen werden. Diese Feuchtigkeitsprüfung führt der Bodenleger mit dem CM-Gerät durch. Fehlt die Kennzeichnung, so hat der Estrichleger seine Bedenken schriftlich geltend zu machen. Da in diesem Fall eine Feuchteprüfung im Estrich wegen der damit verbundenen Gefahr einer Beschädigung der Heizelemente nicht zulässig ist, gilt das Aufheizprotokoll als – relativ ungenauer – Nachweis der Belegreife.

Bodenbeläge und Verlegehinweise

Nahezu alle handelsüblichen Bodenbeläge eignen sich für die Verlegung auf beheizbaren Fußbodenkonstruktionen. Durch ihren jeweiligen Wärmedurchlasswiderstand beeinflussen sie jedoch die Vorlauftemperatur und das Regelungsverhalten einer Fußbodenheizung. Außerdem bewirken Bodenbeläge mit einem zu hohen Wärmedurchlasswiderstand einen größeren Wärmestrom nach unten und damit notwendigerweise die Verstärkung der Dämmschicht unterhalb der Heizelemente. Aus wirtschaftlichen Gründen darf daher der Wärmedurchlasswiderstand der Bodenbeläge 0,15 m² K/W nicht überschreiten. Bei den einzelnen Bodenbelägen folgende Anforderungen und Verlegehinweise zu beachten:

Keramik-, Naturwerkstein- und Betonwerksteinbeläge. Diese Hartbeläge leiten Wärme sehr gut und werden deshalb bevorzugt auf beheizbaren Bodenkonstruktionen aufgebracht. Ihr Wärmedurchlasswiderstand liegt in etwa zwischen 0,01 bis 0,02 m² K/W. Die üblichen Verlegearten sind in Bild **11.**65 dargestellt und in Abschn. 11.4.7.5, Fußbodenkonstruktionen mit Keramik- und Steinbelägen, näher beschrieben. Grundsätzlich unterscheiden sich die Verlegearten von Hartbelägen auf beheizbaren Fußbodenkonstruktionen nicht wesentlich von denen auf unbeheizten Bodenkonstruktionen.

Keramik- und Steinbeläge können im Dickbett- und Dünnbettverfahren verlegt werden. Verwendet werden hydraulisch erhärtende Dünnbettmörtel nach DIN EN 12004 sowie die in Abschn. 11.4.7.6 beschriebenen elastifizierten Mörtel und Klebstoffe gemäß DIN EN 12004. Einzelheiten s. VOB Teil C, DIN 18352, Fliesen- und Plattenarbeiten, DIN 18332, Naturwerksteinarbeiten sowie DIN 18333, Betonwerksteinarbeiten. Auf die weiterführende Fachliteratur [1], [2] wird verwiesen.

Bodenbeläge aus Holz und Holzwerkstoffen. Für die Verlegung auf beheizbare Fußbodenkonstruktionen eignen sich Stabparkett (DIN EN 13 226), Mosaikparkett (DIN EN 13 488) und Fertigparkett-Elemente (DIN EN 13 489). Der Wärmedurchlasswiderstand beträgt bei Stabparkett (Eiche, 22 mm dick) 0,11 m² K/W, bei Mosaikparkett (Eiche, 8 mm dick) 0,04 m² K/W und bei Fertigparkett (10 bis 15 mm dick) 0,07 bis 0,11 m² K/W.

Um die Schwindverformungen nach dem Einbau möglichst gering zu halten, darf der normgerechte Mittelwert der Holzfeuchte des Parketts (Stab- und Mosaikparkett 9 %, Fertigparkett-Elemente 8 %) bei der Verlegung auf keinen Fall überschritten werden. Für das vollflächige Verkleben von Holzparkett dürfen nur schubfeste Klebstoffe verwendet werden, die bis 50 °C dauertemperaturbeständig sind. Sie müssen vom Hersteller als „für Fußbodenheizung geeignet" bezeichnet sein. Zwischen Parkettboden und allen angrenzenden oder die Bodenkonstruktion durchdringenden Bauteilen ist eine mind. 15 mm breite Randfuge (Bewegungsfuge) vorzusehen. Für die Versiegelung ist ein Produkt mit hoher Filmelastizität vorteilhaft. Einzelheiten hierzu s. Abschn. 11.4.8, Holzfußbodenbeläge.

Die Oberflächentemperatur des Holzfußbodens darf höchstens 28 °C betragen. Aufgrund der technologischen Eigenschaften des Naturproduktes Holz und der raumklimatischen Verhältnisse während der Heizperiode können Fugen nicht ausgeschlossen werden. Sie sind im Allgemeinen gleichmäßig verteilt, bilden keinen Qualitätsmangel und müssen toleriert werden, da sie unvermeidbar sind. Dementsprechend sollen möglichst schmale und kurze Hölzer eingesetzt werden, da ein engmaschiges Fugennetz Dimensionsänderungen besser auffangen kann. Insgesamt ist die Verlegung von (Massiv)Holzfußböden auf beheizbaren Fußbodenkonstruktionen nicht unproblematisch und immer mit einem gewissen **Risiko** verbunden. Weitere Einzelheiten sind dem Holzbau Handbuch der Arbeitsgemeinschaft Holz [3] sowie VOB Teil C, DIN 18356, Parkettarbeiten, zu entnehmen.

Elastische Bodenbeläge wie beispielsweise PVC-Beläge (Wärmedurchlasswiderstand etwa 0,025 m² K/W), Linoleumbeläge und Elastomerbeläge aus Kautschuk müssen ebenso wie die verwendeten Klebstoffe durch den Hersteller als „für Fußbodenheizung geeignet" ausgewiesen sein. Bei diesen Belägen ist weiter darauf zu achten, dass sie vor dem Verlegen ausreichend lange (mind. 24 Stunden) klimatisiert, d. h. auf eine für den jeweiligen Belag angemessene Verlegetemperatur ausgerichtet werden. Die Klebung von elastischen Bodenbelägen muss ganzflächig erfolgen. Bei PVC-Belägen sind die Fugen – sowohl der Bahnen- wie Plattenware – zu verschweißen, da PVC unter Wärmeeinwirkung schwindet. Die von den Herstellern speziell für Beläge auf Fußbodenheizung herausgegebenen Pflegehinweise sind zu beachten. Weitere Einzelheiten s. VOB Teil C, DIN 18365, Bodenbelagarbeiten. Auf die weiterführende Literatur [4] wird verwiesen.

12

Textile Bodenbeläge. Um einen guten Wärmeübergang durch den textilen Fußbodenbelag an den zu beheizenden Raum zu erreichen, darf die Wärmedämmung dieses Belages nicht zu hoch sein. Als zulässige Höchstgrenze gilt nach DIN EN 1307, Textile Bodenbeläge, ein Wärmedurchlasswiderstand von 0,17 m²*K/W. Zum Vergleich: Der Wärmedurchlasswiderstand liegt bei dünnen (harten) textilen Bodenbelägen günstigstenfalls bei 0,06 m²*K/W, bei einem 8 mm dicken Belag bei etwa 0,10 m²*K/W und steigert sich bei voluminösen, hochwertigen Belägen auf 0,35 m²*K/W.

Textile Bodenbeläge sind für die Verwendung auf beheizbaren Fußbodenkonstruktionen geeignet, sofern sie das Zusatzsymbol „Fußbodenheizung" im Teppichsiegel aufweisen (Bild **11**.89). Textile Beläge mit thermoplastischen Rückenbeschichtungen, wie etwa bei selbstliegenden Fliesen, sind als Belag auf Fußbodenheizungen nicht geeignet. Wegen der möglichen Austrocknung und der damit verbundenen stärkeren Neigung zu elektrostatischer Aufladung sollte der textile Bodenbelag dauerhaft antistatisch ausgerüstet sein. Vgl. hierzu auch Abschn. 11.4.12.3.

Textile Bodenbeläge werden mit dauertemperaturbeständigem Kleber vollflächig verklebt. Das Spannen ist infolge unkontrollierbarer und wärmetechnisch kaum erfassbarer Lufteinschlüsse, die den Wärmedurchlasswiderstand beeinflussen, problematisch. Von dieser Verlegeart ist abzuraten. Besteht die Absicht, auf den verklebten Textilbelag noch zusätzliche Einzelteppiche zu verlegen, so muss dies mit dem Heizungsbauer rechtzeitig abgesprochen werden. Weitere Einzelheiten sind dem Merkblatt des Bundesverbandes Flächenheizungen und -kühlungen [4] sowie VOB Teil C, DIN 18 365, Bodenbelagarbeiten, zu entnehmen.

12.3 Elektrische Fußbodenheizungen[1]

Bei den elektrisch beheizbaren Fußbodenkonstruktionen wird allgemein zwischen Speicherheizung und Direktheizung unterschieden. Die Heizelemente – meist Heizmatten – können entweder unter dem Heizestrich, im Heizestrich oder unmittelbar unter dem Bodenbelag verlegt werden. Der Wärmebedarf ist, wie bei anderen Heizsystemen auch, nach DIN 4701 zu errechnen. Für die Planung, Bemessung und Ausführung von elektrischen Fußbodenheizungen gilt DIN EN 50 559 in Verbindung mit DIN 18 560 sowie entsprechende VDE-Richtlinien, DIN-Normen und Rechtsvorschriften. Vor der Planung einer elektrischen Fußbodenheizung ist in jedem Fall rechtzeitig die Zustimmung des jeweils zuständigen EVU (Energie-Versorgungsunternehmen) einzuholen. Infolge der hohen Auslastung und energiepolitischen Auflagen (berechtigte ökologische Bedenken) ist eine Genehmigung keinesfalls selbstverständlich [5].

---

[1] Der aktuelle Stand der Normung ist Abschn. 12.4 zu entnehmen.

Elektrische Fußboden-Speicherheizung

Bei der elektrisch betriebenen Fußboden-Speicherheizung wird der Estrich in den Nachtstunden mit Niedertarifstrom aufgeheizt, die Wärme für Stunden gespeichert und zeitversetzt über die Fußbodenoberfläche an den zu beheizenden Raum abgegeben. Je nach Witterung muss am Tag noch mindestens zwei Stunden nachgeheizt werden können. Als Speichermasse dient ein 80 bis 100 mm dicker Heizestrich (meist Zementestrich). Bild **12**.10a.

Besondere Aufmerksamkeit ist der Temperaturbeständigkeit der verwendeten Heizelemente und Baumaterialien zu schenken. Während im normalen Betriebszustand die Temperaturen in der Heizleiterebene etwa 60 °C betragen, können nach einem Störfall durch Wärmestau Temperaturen bis 100 °C entstehen. Entsprechend muss die Temperaturbeständigkeit der Heizelemente 80 bis 150 °C, der Dämmstoffe 90 °C und der Spachtelmassen, Kleber und Bodenbeläge jeweils 50 °C betragen. Bei elektrischer Fußbodenheizung muss insbesondere die obere Lage der Dämmschicht kurzzeitig gegen eine Temperaturbeanspruchung von 90 °C widerstandsfähig sein. Außerdem darf die Zusammendrückbarkeit der Dämmschicht(en) nicht mehr als 5 mm betragen. Werden zwei Dämmschichten mit unterschiedlicher Steifigkeit eingesetzt (Trittschall- und Wärmedämmplatten), sollte die dynamisch steifere Schicht oben liegen.

Bei den Heizmatten – geeignet für Speicher- und Direktheizung – handelt es sich um verlegefertig angelieferte Heizelemente. Sie bestehen in der Regel aus einzelnen Heizleitungen, die auf einem flachen Trägergewebe aus Kunststoff fixiert sind. Dieses Gittergewebe verhindert das Verrutschen der Heizleitungen beim Verlegen und damit eine unerwünschte Veränderung der Heizleiterabstände. Je nach mechanischer Beanspruchung und erforderlicher elektrischer Sicherheit werden Heizleitungen unterschiedlicher Bauart verwendet. Die Verlegung der Heizmatten erfolgt bei der Speicherheizung (Grundheizung) unter dem Heizestrich, direkt auf der Abdeckung (Bild **12**.10a). Heizmatten der Randzonen-Direktheizung werden etwa 20 bis 30 mm unter der Estrichoberfläche in den Heizestrich eingebettet. Der Wärmedurchlasswiderstand des Bodenbelages sollte bei Speicherheizungen zwischen 0,10 m² K/W und 0,15 m² K/W liegen.

Elektrische Fußboden-Direktheizung

Die elektrische Fußboden-Direktheizung unterscheidet sich von der Speicherheizung vor allem durch ihre relativ kurze Aufheizzeit und schnellere Wärmeabgabe an den zu beheizenden Raum (Bild **12**.10b). Dies wird einmal erreicht durch eine geringere Estrichdicke (üblicherweise 40 bis 50 mm), zum anderen durch Bodenbeläge mit niedrigem Wärmedurchlasswiderstand, vorzugsweise Keramik- und Steinbeläge. Als Vollheizung ist das System allerdings nur dort einsetzbar, wo das Energie-Versorgungsunternehmen Heiz-

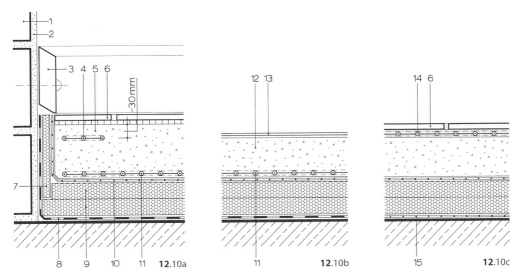

12.10 Konstruktionsbeispiele von elektrischen Fußbodenheizungen

   a) elektrische Fußboden-Speicherheizung mit Direktheizung für die Randzone
   b) elektrische Fußboden-Direktheizung
   c) elektrische Teilflächen-Direktheizung unmittelbar unter keramischen Fliesen eingebettet

1 Mauerwerk	9 Wärme- und Trittschalldämmung
2 Wandputz	10 Abdeckung, PE-Folie 0,2 mm dick
3 Holzsockelleiste	11 Heizmatte für Grundheizung
4 Heizmatte (Direktheizung) in der Randzone	12 Heizestrich, etwa 45 mm dick
5 Heizestrich, 80 bis 100 mm dick	13 elastischer Bodenbelag
6 keramische Fliesen im Dünnbett	14 Heizmatte (Teilflächen-Direktheizung), in Spachtelmasse
7 Randstreifen, 5 bis 8 mm dick	unter Keramikbelag eingebettet, Aufbauhöhe etwa 8 mm
8 Abdichtung (falls erforderlich)	15 Feuchtigkeitsschutz (PE-Folie, falls erforderlich)
SIEMENS-Vertrieb, Kulmbach	

strom für mindestens 16 Stunden freigibt und zu einem günstigen Tarif zur Verfügung stellt. Bei allen Nutzungsformen – ob als Vollheizung oder Ergänzungsheizung – darf die maximale flächenbezogene Aufnahmeleistung 160 Watt/m² nicht überschreiten. Da die Direktheizung jedoch auch elektrizitätswirtschaftlich sehr ungünstig ist (gleichzeitiger hoher Strombedarf bei sinkender Außentemperatur), wird sie als Vollheizung nur noch relativ selten eingeplant.

Elektrische Teilflächen-Direktheizung (Bild **12.**10c). Dieses Heizsystem eignet sich als Zusatzheizung – neben einer bereits installierten Zentralheizung – vorrangig zum Temperieren von Fußböden mit keramischen Fliesen und Platten (Badezimmer, Sauna- und Hobbyräume), zum Beheizen von Teilflächen im öffentlichen Bereich (unter Sitzgruppen, Ladenkassenzonen) und zum nachträglichen Einbau bei der Altbaumodernisierung. Neben den Keramik- und Steinbelägen sind auch alle anderen Bodenbeläge mit niedrigem Wärmedurchlasswiderstand geeignet. Der Vorteil dieser Teilflächen-Direktheizung liegt in der geringen Aufbauhöhe von nur 6 bis 8 mm. Die Steuerung erfolgt über elektronische Bodentemperaturregler; der zugehörige Messfühler wird in der Heizebene montiert. Der Anschluss an das 230-Volt-Netz muss von einem Elektrobetrieb vorgenommen werden.

12

12.4 Normen

Norm	Ausgabedatum	Titel
DIN 1988-200	05.2012	Technische Regeln für Trinkwasser-Installationen (TRWI); Installation Typ A (geschlossenes System) – Planung, Bauteile, Apparate, Werkstoffe; Technische Regel des DVGW
DIN 4108 Bbl 2	03.2006	Wärmeschutz und Energie-Einsparung in Gebäuden – Wärmebrücken – Planungs- und Ausführungsbeispiele
DIN 4108-2	02.2013	Wärmeschutz und Energie-Einsparung in Gebäuden; Mindestanforderungen an den Wärmeschutz
DIN 4108-3	01.2012	–; Klimabedingter Feuchteschutz; Anforderungen und Hinweise für Planung und Ausführung
DIN 4108-4	02.2013	–; Wärme- und feuchteschutztechnische Bemessungswerte
DIN V 4108-6	06.2003	–; Berechnung des Jahresheizwärme- und des Jahresheizenergiebedarfs
DIN V 4108-6 Ber. 1	03.2004	–; Berichtigungen
DIN 4108-7	01.2011	–; Luftdichtheit von Gebäuden, Anforderungen, Planungs- und Ausführungsempfehlungen sowie -beispiele
DIN 4108-10	06.2008	–; Anwendungsbezogene Anforderungen an Wärmedämmstoffe, Werkmäßig hergestellte Wärmedämmstoffe
DIN 4109	11.1989	Schallschutz im Hochbau; Anforderungen und Nachweise
DIN 4109 Ber 1	08.1992	–; Berichtigungen
DIN 4109 Bbl 1	11.1989	–; Ausführungsbeispiele und Rechenverfahren
DIN 4109 Bbl 1/A1	09.2003	–; Änderung 1
DIN 4109 Bbl 1/A2	02.2010	–; Änderung 2
DIN 4109 Bbl 2	11.1989	–; Hinweise für Planung und Ausführung; Vorschläge für einen erhöhten Schallschutz; Empfehlungen für den Schallschutz im eigenen Wohn- und Arbeitsbereich
DIN 4109 Bbl 3	06.1996	–; Berechnung von $R'_{w,R}$ für den Nachweis der Eignung nach DIN 4109 aus Werten des im Labor ermittelten Schalldämm-Maßes R_w
DIN 4109/A1	01.2001	–; Anforderungen und Nachweise; Änderung 1
DIN 4109-11	05.2010	–; Nachweis des Schallschutzes; Güte- und Eignungsprüfung
DIN V 4701-10	08.2003	Energetische Bewertung heiz- und raumlufttechnischer Anlagen – Heizung, Trinkwassererwärmung, Lüftung
DIN SPEC 4701-10/A1	07.2012	–; –;
DIN V 4701-10 Bbl1	02.2007	–; –; Beiblatt1: Anlagenbeispiele
DIN V 4701-12	02.2004	Energetische Bewertung heiz- und raumlufttechnischer Anlagen im Bestand, Wärmeerzeuger und Trinkwassererwärmung
DIN V 4701-12 Ber1	06.2008	–; Berichtigungen
DIN 4726	10.2008	Warmwasser-Flächenheizungen und Heizkörperanbindungen – Kunststoffrohr- und Verbundrohrleitungssyteme
DIN 18 202	04.2013	Toleranzen im Hochbau; Bauwerke
DIN 18 332	09.2012	VOB Vergabe- und Vertragsordnung für Bauleistungen – Teil C: Allgemeine Technische Vertragsbedingungen für Bauleistungen (ATV); Naturwerksteinarbeiten
DIN 18 333	09.2012	–; –; Betonwerksteinarbeiten

12

Norm	Ausgabedatum	Titel
DIN 18 336	09.2012	–; –; Abdichtungsarbeiten
DIN 18 352	09.2012	–; –; Fliesen- und Plattenarbeiten
DIN 18 353	09.2012	–; –; Estricharbeiten
DIN 18 356	10.2012	–; –; Parkettarbeiten
DIN 18 365	09.2012	–; –; Bodenbelagarbeiten
DIN V 18 500	12.2006	Betonwerkstein; Begriffe, Anforderungen, Prüfung, Überwachung
DIN 18 560-1	09.2009	Estriche im Bauwesen – Allgemeine Anforderungen, Prüfung und Ausführung
DIN 18 560-2	09.2009	–; Estriche und Heizestriche auf Dämmschichten (schwimmende Estriche)
DIN 18 560-2 Ber 1	05.2012	Berichtigungen zu DIN 18 560-2: 09.2009
DIN 18 560-3	03.2006	–; Verbundestriche
DIN 18 560-4	06.2012	–; Estriche auf Trennschicht
DIN 18 560-7	04.2004	–; Hochbeanspruchbare Estriche (Industrieestriche)
DIN 44 574-3	03.1985	Elektrische Raumheizung; Aufladesteuerung für Speicherheizung; Gebrauchseigenschaften; Prüfungen von Aufladesteuerungen von Speicherheizungseinheiten mit elektronischem Aufladeregler
DIN 68 702	10.2009	Holzpflaster
DIN EN 684	07.1996	Elastische Bodenbeläge – Bestimmung der Nahtfestigkeit
DIN EN 686	07.2011	–; Spezifikation für Linoleum mit und ohne Muster mit Schaumrücken
DIN EN 688	07.2011	–; Spezifikation für Korklinoleum
DIN EN 806-1	12.2001	Technische Regeln für Trinkwasser-Installationen; Allgemeines
DIN EN 823	05.2013	Wärmedämmstoffe für das Bauwesen; Bestimmung der Dicke
DIN EN 826	05.2013	–; Bestimmung des Verhaltens bei Druckbeanspruchung
DIN EN 1057	06.2010	Kupfer und Kupferlegierungen – Nahtlose Rundrohre aus Kupfer für Wasser- und Gasleitungen für Sanitärinstallationen und Heizungsanlagen
DIN EN 1264-1	09.2011	Fußboden-Heizung – Systeme und Komponenten – Definitionen und Symbole
DIN EN 1264-2	03.2013	–; –; Bestimmung der Wärmeleistung
DIN EN 1264-3	11.2009	–; –; Auslegung
DIN EN 1264-4	11.2009	–; –; Installation
E DIN EN 1307	11.2012	Textile Bodenbeläge – Einstufung von Polteppichen
DIN EN 1366-3	07.2009	Feuerwiderstandsprüfungen für Installationen – Abschottungen
DIN EN 1366-6	02.2005	–; Doppel- und Hohlböden
DIN EN 1470	02.2009	Textile Bodenbeläge – Einstufung von Nadelvlies-Bodenbelägen, ausgenommen Polvlies-Bodenbeläge
DIN EN 1533	12.2010	Parkett und andere Holzfußböden – Bestimmung der Biegeeigenschaften – Prüfmethode
DIN EN 1534	01.2011	–; Bestimmung des Eindruckwiderstandes (Brinell) – Prüfmethode
DIN EN 1816	11.2010	Elastische Bodenbeläge – Spezifikation für homogene und heterogene ebene Elastomer-Bodenbeläge mit Schaumstoffbeschichtung

12

Norm	Ausgabedatum	Titel
DIN EN 12 004	02.2014	Mörtel und Klebstoffe für Fliesen und Platten – Anforderungen, Konformitätsbewertungen, Klassifizierung und Bezeichnung
DIN EN 12 697-11	07.2012	Asphalt – Prüfverfahren für Heißasphalt – Bestimmung der Affinität von Gesteinskörnungen und Bitumen
DIN EN 12 697-20	06.2012	–; –; Eindringversuch an Würfeln oder zylindrischen Probekörpern
DIN EN 12 697-21	06.2012	–; –; Eindringversuch an Platten
DIN EN 12 831	08.2003	Heizungsanlagen in Gebäuden – Verfahren zur Berechnung der Norm-Heizlast
DIN EN 13 162	03.2013	Wärmedämmstoffe für Gebäude – Werkmäßig hergestellte Produkte aus Mineralwolle (MW) – Spezifikation;
DIN EN 13 163	03.2013	–; Werkmäßig hergestellte Produkte aus expandiertem Polystyrol (EPS) – Spezifikation
DIN EN 13 164	03.2013	–; Werkmäßig hergestellte Produkte aus extrudiertem Polystyrolschaum (XPS) –Spezifikation
DIN EN 13 165	03.2013	–; Werkmäßig hergestellte Produkte aus Polyurethan-Hartschaum (PUR) – Spezifikation
DIN EN 13 166	03.2013	–; Werkmäßig hergestellte Produkte aus Phenolharzhartschaum (PF)
DIN EN 13 167	03.2013	–; Werkmäßig hergestellte Produkte aus Schaumglas (CG) – Spezifikation
DIN EN 13 168	03.2013	–; Werkmäßig hergestellte Produkte aus Holzwolle (WW) – Spezifikation
DIN EN 13 169	03.2013	–; Werkmäßig hergestellte Produkte aus Blähperlit (EPB) – Spezifikation
DIN EN 13 170	03.2013	–; Werkmäßig hergestellte Produkte aus expandiertem Kork (ICB) – Spezifikation
DIN EN 13 171	03.2013	–; Werkmäßig hergestellte Produkte aus Holzfasern (WF) – Spezifikation
DIN EN 13 226	09.2009	Holzfußböden – Massivholz-Parkettstäbe mit Nut und/oder Feder
DIN EN 13 227	06.2003	–; Massivholz-Lamparkettprodukte
DIN EN 13 227 Ber1	09.2007	–; –; Berichtigungen
DIN EN 13 318	12.2000	Estrichmörtel und Estriche – Begriffe
DIN EN 13 329	12.2013	Laminatböden – Elemente mit einer Deckschicht auf Basis aminoplastischer, wärmehärtbarer Harze – Spezifikation, Anforderungen und Prüfverfahren
DIN EN 13 454-2	11.2007	Calciumsulfat-Binder, Calciumsulfat-Compositbinder und Calciumsulfat – Werkmörtel für Estriche – Prüfverfahren
DIN EN 13 488	05.2003	Holzfußböden – Mosaikparkettelemente
DIN EN 13 489	05.2003	–; Mehrschichtparkettelemente
DIN EN 13 501-1	01.2010	Klassifizierung von Bauprodukten und Bauarten zu ihrem Brandverhalten; Klassifizierung mit den Ergebnissen aus den Prüfungen zum Brandverhalten von Bauprodukten
DIN EN 13 501-2	02.2010	–; Klassifizierung mit den Ergebnissen aus den Feuerwiderstandsprüfungen, mit Ausnahme von Lüftungsanlagen
DIN EN 13 696	02.2009	Holzfußböden – Prüfverfahren zur Bestimmung der Verformbarkeit und der Beständigkeit gegen Verschleiß und gegen Stoßbeanspruchung
DIN EN 13 813	01.2003	Estrichmörtel, Estrichmassen und Estriche – Estrichmörtel und Estrichmassen – Eigenschaften und Anforderungen
DIN EN 13 892-1	02.2003	Prüfverfahren für Estrichmörtel und Estrichmassen – Probenahme, Herstellung und Lagerung der Prüfkörper

12

Norm	Ausgabedatum	Titel
DIN EN 13 892-2	02.2003	–; Bestimmung der Biegezug und Druckfestigkeit
DIN EN 13 892-3	07.2004	–; Bestimmung des Verschleißwiderstandes nach Böhme
E DIN EN 13 892-3	07.2014	–; –;
DIN EN 13 892-4	02.2003	–; Bestimmung des Verschleißwiderstandes nach BCA
DIN EN 13 892-5	09.2003	–; Bestimmung des Widerstandes gegen Rollbeanspruchung von Estrichen für Nutzschichten
DIN EN 13 892-6	02.2003	–; Bestimmung der Oberflächenhärte
DIN EN 13 892-7	09.2003	–; Bestimmung des Widerstandes gegen Rollbeanspruchung von Estrichen mit Bodenbelägen
DIN EN 13 892-8	02.2003	–; Bestimmung der Haftzugfestigkeit
DIN EN 14 016-1	04.2004	Bindemittel für Magnesiaestriche – Kaustische Magnesia und Magnesiumchlorid – Begriffe und Anforderungen
DIN EN 14 293	10.2006	Klebstoffe – Klebstoffe für das Kleben von Parkett auf einen Untergrund – Prüfverfahren und Mindestanforderungen
DIN EN 14 337	02.2006	Heizungssysteme in Gebäuden – Planung und Einbau von elektrischen Direktheizungen
DIN EN 14 342	09.2013	Holzfußböden und Parkett – Eigenschaften, Bewertung der Konformität und Kennzeichnung
DIN EN 14 354	03.2005	Holzwerkstoffe – Furnierte Fußbodenbeläge
DIN EN 14 354 Ber1	02.2007	–; –; Berichtigungen
DIN EN 14 761	09.2008	Holzfußböden; Massivholzparkett – Hochkantlamelle, Breitlamelle und Modulklotz
DIN EN 50 350	12.2004	Aufladesteuerungen für elektrische Speicherheizungen für den Hausgebrauch – Verfahren zur Messung der Gebrauchseigenschaften
DIN EN 50 559	12.2013	VDE 0705-559: Elektrische Raumheizung, Fußbodenheizung, Charakteristika der Gebrauchstauglichkeit – Definitionen, Prüfverfahren, Dimensionierung und Formelzeichen
DIN EN 60 335-2-106	02.2008	Sicherheit elektrischer Geräte für den Hausgebrauch und ähnliche Zwecke – Besondere Anforderungen für beheizte Teppiche und für Heizsysteme zur Raumheizung unter abnehmbaren Fußbodenbelägen
DIN EN ISO 7345	01.1996	Wärmeschutz – Physikalische Größen und Definitionen
DIN EN ISO 24 011	04.2012	Elastische Bodenbeläge – Spezifikation für Linoleum mit und ohne Muster
DIN EN ISO 10 581	02.2014	–; Homogene und heterogene Polyvinylchlorid-Bodenbeläge – Spezifikation
DIN EN ISO 10 874	04.2012	Elastische, textile und Laminat-Bodenbeläge – Klassifizierung
DIN VDE 0100-753	06.2003	Errichten von Niederspannungsanlagen – Anforderungen für Betriebsstätten, Räume und Anlagen besonderer Art; Hauptabschnitt 753: Fußboden- und Decken-Flächenheizungen
E DIN VDE 0100-753	08.2013	Elektrische Anlagen von Gebäuden – Teil 7-753: Anforderungen für Betriebsstätten, Räume und Anlagen besonderer Art – Heizleitungen und umschlossene Heizsysteme

Weitere ergänzende Normen s. Abschnitt 11.5

12

12.5 Literatur

[1] Merkblatt: Beläge auf Zementestrich: Fliesen und Platten aus Keramik, Naturwerkstein und Betonwerkstein auf beheizten und unbeheizten zementgebundenen Fußbodenkonstruktionen. Stand 2007. Hrsg. Fachverband des Deutschen Fliesengewerbes im Zentralverband des Deutschen Baugewerbes, Berlin. Bezug: Verlagsgesellschaft Rudolf Müller, Köln

[2] Merkblätter: Bautechnische Informationen (BTI) – Naturwerkstein. Hrsg.: Deutscher Naturwerkstein-Verband, Würzburg

[3] Informationsdienst Holz: Parkett – Planungsgrundlagen. Holzbau Handbuch, Reihe 6, Teil 4, Folge 2. Stand: Oktober 1999. Arbeitsgemeinschaft Holz e.V., Düsseldorf

[4] Einsatz von Bodenbelägen auf Flächenheizungen und -kühlungen – Anforderungen und Hinweise. Stand 2010. Hrsg. Bundesverband Flächenheizungen und Flächenkühlungen e.V., Hagen

[5] RWE Energie Bau-Handbuch. Hrsg.: RWE Energie Aktiengesellschaft, Bereich Anwendungstechnik, Essen. 14. Ausgabe 2010

[6] *Duve, H.:* Ausbau Kompakt, 2. Auflage, Köln 2011-

12

13 Systemböden
Installationssysteme in der Bodenebene

13.1 Allgemeines

Die ständig fortschreitende Erneuerung der Kommunikationssysteme und zunehmende Technisierung aller Arbeitsbereiche erfordern vermehrt Neu- und Nachinstallationen in beispielsweise Büro- und Verwaltungsbauten, Forschungsinstituten, Rechenzentren, Industrie- und Werkräumen. Auch bei Nutzungsänderungen oder Neuvermietungen wird zunehmend eine flexible Versorgung aller Bereiche und Arbeitsplätze – an jeder Stelle des Raumes – mit Energie- und Installationsleitungen verlangt.

Als Funktions- und Installationsträger bieten sich hierfür – mit unterschiedlicher Zweckmäßigkeit – grundsätzlich an:

- Wandflächen
- Deckenzwischenräume
- Brüstungskanäle
- Bodenhohlräume

Leichte nicht tragende Trennwände dienen der Raumtrennung. Sie übernehmen keine statische Funktion im Gebäude, so dass sie im Zuge einer Grundrissneugestaltung ohne Gefährdung der Standsicherheit entfernt oder umgesetzt werden können. Für die installationstechnische Versorgung von großflächigen Nutzräumen eignen sie sich daher im Allgemeinen nicht.

Auch die abgehängte Unterdecke ist als Verkabelungsebene weitgehend ungeeignet wegen ihrer schlechten Erreichbarkeit, der Verschmutzungs- und Beschädigungsgefahr bei mehrmaligem Öffnen sowie der umständlichen Leitungsführung zu den Tischgeräten hin.

Für die relativ problemlose Versorgung von Arbeitsplätzen kommt somit vor allem ein durchgehender, möglichst leicht zugänglicher Bodenhohlraum in Frage. Dieser eignet sich außerdem für Belüftung, Kühlung und Beheizung des darüber liegenden Nutzraumes.

Wie der nachstehende Überblick zeigt, bieten sich sehr unterschiedliche Arten von Installationssystemen in der Bodenebene an, denen jeweils bestimmte Vor- und Nachteile zugeordnet werden können.

13.2 Einteilung und Benennung: Überblick

Unterflurkanalsysteme

- Estrichbündiger Kanalboden (offenes System)
- Estrichüberdeckter Kanalboden (geschlossenes System)

Hohlbodensysteme

- Monolithischer Hohlraumboden (Foliensystem) mit Kunststoffschalung und CA-Fließestrich
- Mehrschichtiger Hohlraumboden (Stützfußsystem) mit Trägerplatten und CA-Fließestrich
- Trockenestrich-Hohlraumboden (Plattensystem) mit großformatigen, festmontierten Trägerplatten (Flächen-Hohlboden)

Doppelbodensysteme

- Elementierter Doppelboden (flexibles System) mit vorgefertigten, lose verlegten, an jeder Stelle wieder aufnehmbaren Bodenplatten (Element-Hohlboden)

Sonstige Installationssysteme

- Aufboden-Installationskanal
- Brüstungs-Installationskanal
- Raum-Ständersäule-Elektroinstallationssystem
- Flachkabelboden (bleiben hier unberücksichtigt).

13.3 Unterflurkanalsysteme (estrichgebundene Kanalböden)

Die herkömmliche Art, Büroarbeitsplätze mit den notwendigen technischen Medien aus dem Fußboden zu versorgen, stellen – neben den Wand- und Brüstungskanälen – Installations-Aufbodenkanäle dar, die hier unberücksichtigt bleiben.

Allgemeine Konstruktionsprinzipien (Bild **13**.1). Unterflurkanalsysteme sind ein Baukastensystem aus flachen Kanälen, Dosenkörpern und Geräteeinsätzen bzw. Deckeln. Die Kanäle und Dosen

13

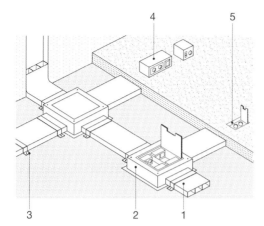

13.1 Schematische Darstellung eines *estrichüberdeckten* Kanalbodens (geschlossenes System)
   1 Kabelkanal aus Stahlblech oder Kunststoff
   2 bodenebene Einbaueinheiten (Dosenkörper)
   3 Befestigungsbügel
   4 bodenüberragende Einbaueinheiten (Elektranten)
   5 bodenbündiger Geräteeinsatz mit selbsttätig zufallendem Klappdeckel

werden je nach späterer Raumnutzung (z. B. Möblierungsplan) angeordnet und auf der Rohdecke befestigt. Bei Kanälen unter 300 mm Breite werden alle Dosen neben den Kanal gesetzt. Die Systemkomponenten bestehen aus verzinktem Stahlblech; Kunststoffe sind nicht gebräuchlich, da Estriche beim Einbringen das Material schädigen können.

Verbunden werden alle Teile durch querlaufende Verbindungskanäle und über Dosenkörper an den Kreuzungspunkten. Diese Dosenkörper ermöglichen die Aufnahme von Geräteeinsätzen und Deckeln für den Zugang zu den Verlegetrassen, so dass auch noch im Nachhinein weitere Leitungen eingezogen werden können. Durch in die Kanäle eingebaute Zwischenstege werden Starkstromleitungen von den Datenleitungen getrennt (ein-, zwei- oder dreizügiger Kanalquerschnitt). Das gesamte Kanalsystem ist gegen elektrostatische Aufladung geerdet.

Die Verlegung erfolgt in bestimmten Rasterabständen, entweder parallel oder senkrecht zur Fassade verlaufend. Bei den senkrecht zur Außenwand angeordneten Kanälen werden Störungen aus den Nachbarräumen – in Form horizontaler Schallübertragung unter umsetzbaren Trennwänden – eher vermieden, als bei parallel zur Fassade verlegten. Außerdem können tiefer im Rauminneren liegende Arbeitsplätze damit installationstechnisch besser versorgt werden.

Bei den Unterflursystemen ist man an die vorgegebene Kanalführung gebunden (eingeschränkte Flexibilität). Außerdem lassen die Kanäle nur eine begrenzte Installationsdichte zu. Dies hat in der Baupraxis oftmals zur Folge, dass das Kanalnetz in zu kleinen Rasterabstandsmaßen verlegt wird, wodurch dann – bei dem ansonsten preisgünstigen System – relativ hohe Investitionskosten entstehen.

Schall: Alle Unterflursysteme, die gemäß Herstellerangaben eingebaut werden, bilden Schallbrücken durch die auf den Rohboden zu montierenden Befestigungswinkel der Kanäle und ggf. vorhandene weitere Fixierelemente. Die Befestigungswinkel werden zur Schalldämpfung auf Kunststoffschuhe gestellt.

Für Kanäle, die unter Wänden durchlaufen, kann zur Schalltrennung der Kanal durch eine ca. 10 mm breite Fuge unterbrochen werden. Die Fuge muss bei der Elektroinstallation mit einem geeigneten Schott verfüllt werden. Wird der Kanal nicht unterbrochen, kann Mineralwolle zur Schalldämpfung eingelegt werden.

An den Dosen tragen nur die oberen Ränder die Nutzlasten ab. Der Rand liegt als Flansch direkt auf dem Estrich auf und ist vom Dosenkörper schallentkoppelt. Zwischen den Seiten eines Dosenkörpers und dem Estrich wird ein Randstreifen verlegt.

13.3.1 Estrichbündiger Kanalboden (offenes System)

Systembeschreibung. Bei dieser Bauart sind die Kanäle von oben – wie beim Doppelboden – durchgehend in ihrer gesamten Länge zu öffnen. Sie ermöglichen dadurch eine schnelle Verkabelung und jederzeitige Nachinstallation sowie eine gute Ausnutzung des Kanalinnenraumes. Beim Verlegen sind Wandabstände von mindestens 15 cm für den Estricheinbau einzuhalten oder die Kanäle werden direkt gegen die Wand gesetzt.

Die Kanalabdeckung besteht üblicherweise aus 3 bis 4 mm dickem, verzinktem Stahlblech für z. B. textile Beläge oder bodenbündigen Kassettendeckeln für harte Beläge wie Stein oder Parkett, auf das die jeweiligen Verkehrslasten direkt einwirken. Das System lässt sich auch bei schwimmendem Estrich verwenden, dabei werden Befestigungswinkel immer auf dem Rohboden montiert und bilden eine Schallbrücke.

Wie Bild **13**.2 zeigt, sind die Kanäle in der Höhe stufenlos justierbar, so dass sie sich mit ihren fle-

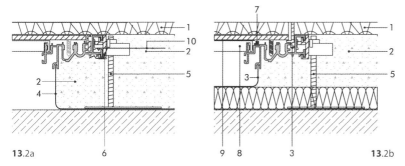

13.2 Konstruktionsbeispiel: *Estrichbündiger* Kanalboden (offenes System) [1]
- a) Estrich im Verbund
- b) Estrich auf Trennlage

1 Bodenbelag
2 Schwimmender oder Verbundestrich
3 Metallkanal
4 Metallgewebe oder Kunststofffolie
5 Nivelliereinheit mit Befestigungswinkel

6 Anlegeprofil für Bodenbelag
7 Dichtband
8 Stoßunterstützung für Deckel
9 Dichtungsauflage
10 Estrichanker

xiblen bzw. höhenverschiebbaren Seitenwänden allen Unebenheiten der Rohdecke bzw. dem einzubringenden Estrichniveau anpassen lassen.

Bild **13**.2 zeigt eine Variante des Kanalbodens nur für Estriche im Verbund oder auf Trennlage. Die Seiten bestehen aus flexiblem Metallgewebe, das sich an jede Höhe anpasst, und es gibt keine Bodenplatte im Kanal. Querungen anderer Gewerke (z. B. Heizung) können durch das Metallgewebe durchgeführt werden. Das Gewebe wird dabei eingeschnitten und passt sich den Leitungen an. Eine Leitungsführung der HLS-Installation im Kanal ist ebenfalls möglich. Seiten aus Metallgewebe können mit den üblichen Wannenkanälen gezielt an Stellen kombiniert werden, an denen verschiedene Installationsebenen übereinander gekreuzt liegen.

Besondere Merkmale. Der estrichbündige Kanalboden zeichnet sich durch geringe Konstruktionshöhe aus (Mindestestrichhöhe ≥ 40 mm) und ist relativ preisgünstig.

Als nachteilig wird das unterschiedliche Klangverhalten beim Begehen (Stahlblech-Verbundestrich) empfunden und das unter Umständen sich streifenförmige Abzeichnen der Kanalabdeckung bei textilen Bodenbelägen.

Beim estrichbündigen System mit geringer Estrichhöhe unter ca. 55 mm sind nur fußbodenüberstehende Installationsgeräte (Elektranten) verwendbar. Sie bilden Stolperfallen und dürfen nicht in Laufzonen angeordnet werden.

13.3.2 Estrichüberdeckter Kanalboden (geschlossenes System)

Systembeschreibung. (Bild **13**.3a bis c) Die allseitig geschlossenen Kanäle aus Stahlblech oder Kunststoff werden auf die Rohdecke montiert und entweder in Verbundestrich bzw. Estrich auf Trennlage eingebettet.

Bei schwimmendem Bodenaufbau (Bild **13**.3b,c) können die Kanäle in der Dämmebene liegen, je nach Höhe auch oberseitig von Dämmmaterial überdeckt. Da die Dosenränder vom System entkoppelt sind, ist in diesem Fall eine schallbrückenfreie Konstruktion möglich.

Bei Normallasten gemäß DIN 50085-2 ist eine Montage der Kanäle und Dosen auf tragfähigen Dämmstoffen möglich, d.h. in der Estrichschicht. Der Kanal wird hierbei zur Fixierung und gegen Aufschwimmen beim Estricheinbau mit Befestigungswinkel auf dem Rohboden befestigt.

Ein zum estrichüberdeckten Kanal ähnliches System ist der Einbau direkt in den Beton (Bild **13**.3d). Der Kanal wird zwischen der Bewehrung mit Stützen auf der Schalung fixiert.

An der ausgeschalten Deckenuntersicht sind dann die Stützenfüße sichtbar. Auch dieses System lässt sich schallentkoppelt montieren, es bietet gegenüber üblichen Leerrohren mehr Raum für Kabel. Dabei entstehen im Beton allerdings Hohlräume, die statisch beachtet werden müssen.

Estrichüberdeckung. Je nach Bodenaufbau und Art des Estrichs sind Mindestestrichüberdeckun-

13

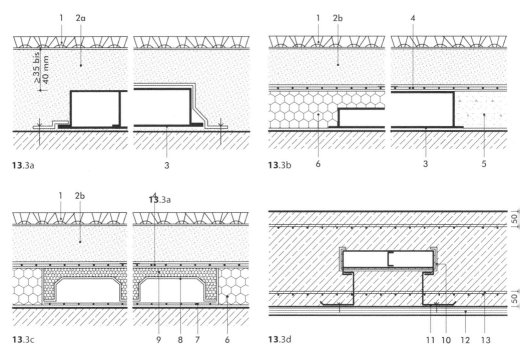

13.3 Konstruktionsbeispiel: Estrichüberdeckte Kanalböden (geschlossenes System)
    a) Metallkanal auf ebener Rohdecke montiert und vollflächig in Verbundestrich eingebettet
    b) Metallkanal auf ebener Rohdecke montiert und in Dämmschichthöhe (Dämmstoffplatten oder Trockenschüttung) unter einem schwimmenden Estrich verlegt [1]
    c) Mehrzügiger Kunststoffkanal mit Dämmschale auf ebener Rohdecke montiert und in Dämmschichthöhe unter einem schwimmenden Estrich verlegt [2]
    d) Metallkanal, Einbau im Beton [2]

1	Bodenbelag	7	Kunststofffolie (Gleitschicht)
2a	Verbundestrich	8	Kunststoffkanal (Polystyrol)
2b	schwimmender Estrich	9	Dämmschale (Hartschaum)
3	Metallkanal	10	Befestigungsbügel
4	PE-Folie	10	Befestigungsbügel
5	Trockenschüttung zementgebunden	12	Schalung
6	Dämmstoffplatten	13	Bewehrung

gen über dem Kanal einzuhalten, um die Tragfähigkeit der Estrichplatte zu gewährleisten und Rissbildungen im Kanalbereich zu vermeiden. Richtwerte sind:

- Verbundestrich und Fließestrich auf Trennlage 35 mm
- Fließestrich auf Dämmlage 40 mm
- konventioneller Estrich auf Dämmlage 45 mm.

S. hierzu auch Abschn. 11.3.6.4, Estrichkonstruktionen und Estrichherstellung.

Besondere Merkmale. Der estrichüberdeckte Kanalboden zeichnet sich je nach Bauart durch relativ große Estrichhöhen und damit auch längere Trockenzeiten bis zur Belegreife aus. Vgl. hierzu Tabelle **11.33**.

Auch das Nachrüsten der Trassen über die Öffnungen der Unterflurdosen ist bei diesem geschlossenen System umständlicher und die Nutzungskapazität der Kanäle systembedingt begrenzt.

Wegen des höheren Aufbaus estrichüberdeckter Systeme lassen sich meist Standardeinsätze verwenden (Aufbau ca. 70 mm) und auch nass zu pflegende Beläge (Aufbau ca. 80 mm).

Wird das Kanalnetz in zu kleinen Rasterabstandsmaßen verlegt, stören viele Zugdosen und Blinddeckel das Bodenbild und verteuern zudem das System.

13

13.3.3 Allgemeine Anforderungen und technische Daten

Normen und Richtlinien. Alle Unterflur-Elektroinstallationssysteme müssen gemäß DIN EN 50085-2 ausgebildet und geprüft sein. Hier werden u.a. die statische Belastbarkeit und der Feuchteschutz klassifiziert. Ausgenommen davon ist der Kunststoffkanal in Bild **13**.3c, hierfür gibt es Prüfzeugnisse zur Statik und zum Schall.

Aus der DIN VDE 0100-Reihe über die Erstellung Elektrotechnischer Anlagen können sich bedingt durch die Elektroinstallation zusätzlich Anforderungen an das Kanalsystem ergeben.

Estrich: Es gibt keine Einschränkungen bzgl. der Estrichart, sämtliche Estriche und Bodenaufbauten (schwimmend, Trennlage, Verbund) gem. DIN 18560 sind möglich.

Estriche können chemisch oder thermisch beim Einbringen das Metall schädigen. Hier sind Schutzmaßnahmen zu treffen (z.B. Anstrich gegen Korrosion, Hitzeschutz bei Gußasphalt). Trockenestrich ist möglich, aber umständlich gegen den Kanal mit seinen Befestigungswinkeln zu montieren.

Einbauöffnungen für Geräteeinsätze werden vor der Estrichverlegung in Form von Styropor-Schalkörpern festgelegt, die mit den Dosensystemen mitgeliefert werden, oder der Dosenkörper selbst wird estrichbündig montiert, so dass kein Schalkörper mehr notwendig ist.

Aufbauhöhen für Elektranten und Geräteeinsätze, trocken- und nass zu pflegende Böden: Bei Estrichhöhe unter 55 mm nur fußbodenüberragende Elektranten. Ab 55 mm Aufbauhöhe sind in Dosen besonders flachen Einbaugeräte möglich. Bei diesen sehr niedrigen Aufbauten werden die Kanäle durch Leerrohre ersetzt. Ab ca. 70 mm Estrichhöhe können Standard-Geräteeinsätze und Kanäle eingebaut werden.

Die DIN EN 50085 unterscheidet zwischen

- trockengepflegte Böden
- nass zu pflegende Böden.

Bei nass zu pflegenden Böden müssen die Deckel auf den Gerätedosen abgedichtet sein. Dadurch ist eine Aufbauhöhe des Kanalsystems von ca. 80 mm notwendig. Von den Herstellern wird aus montagetechnischen Gründen und um die Auswahl der Dosen und Geräte nicht einzuschränken ein Aufbau von 120 mm empfohlen, was aber bei estrichbündigen Systemen einen genauso hohen Estrichaufbau erfordert.

Brandschutztechnische Anforderungen ergeben sich aus der „Musterrichtlinie über Brandschutztechnische Anforderungen an Leitungsanlagen" (MLAR) für die obere Abdeckung von Dosen und estrichbündigen Kanälen in notwendigen Fluren und Treppenräumen. Sie muss aus nichtbrennbaren Baustoffen bestehen und darf keine Öffnungen aufweisen. Ausgenommen sind Nachbelegungs- oder Revisionsöffnungen, die dicht mit einem Verschluss aus nichtbrennbarem Material versehen sind.

Die Durchführung durch Wände, für die eine raumabschließende Feuerwiderstandsklasse gefordert wird, muss so ausgebildet sein, dass eine Übertragung von Feuer und Rauch nicht zu befürchten ist. Hierfür stehen bei Hitze aufschäumende Materialien zur Verfügung, die stellenweise als Blöcke in die Kanäle eingelegt oder als Fugenspachtel eingebracht werden können.

13.4 Hohlbodensysteme

Moderne Büro- und Verwaltungsbauten werden zunehmend mit großflächigen Installationsböden ausgerüstet, deren Hohlraum je nach Bedarf als Verkabelungsebene für Telekommunikation-, Daten- und elektrische Versorgungsleitungen sowie zur klimatechnischen Nutzung (Lüftung, Kühlung, Heizung) herangezogen werden kann.

Hohlraumböden werden in drei ganz unterschiedlichen Bauarten angeboten, die jeweils bestimmte Vor- und Nachteile aufweisen. Nach ihrem konstruktiven Aufbau unterscheidet man

- monolithischen Hohlraumboden,
- mehrschichtigen Hohlraumboden,
- Trockenestrich-Hohlraumboden.

Die lichte Installationshöhe liegt bei den Hohlraumböden in der Regel zwischen 40 und 200 mm.

13.4.1 Monolithischer Hohlboden (Foliensystem)

Systembeschreibung (Bild **13**.4). Bei dieser Bauart besteht die Unterkonstruktion aus tiefgezogenen Kunststoffschalungselementen mit angeformten Tragfüßen, die auf den Rohboden gestellt werden. Diese bilden auf der Unterseite eine gewölbeförmige Hohlraumstruktur, die sich zur Leitungsführung und klimatechnischen Nutzung anbietet.

Die Kunststoffschalung (600 x 600 mm) kann nur zwischen den Füßen zugeschnitten werden. Daraus entstehende Fugen an den Wandanschlüssen werden mit Dammstoff gefüllt, an den Wänden ist ein Randstreifen wie beim schwimmenden Estrich anzubringen und bis auf den Rohbo-

13

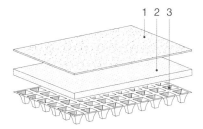

13.4 Schematische Darstellung eines monolithischen Hohlraumbodens (Foliensystem) mit Kunststoffschalung und Anhydrit-Fließestrich (Nassbauweise)
1 Bodenbelag
2 Anhydrit-Fließestrich
3 Kunststoffelemente (600 x 600 mm)

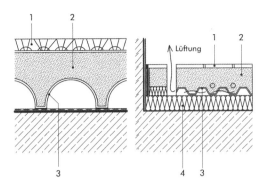

13.5   Konstruktionsbeispiel: Monolithisch aufgebauter Hohlraumboden mit Schalungselementen und Anhydrit-Fließestrich (Foliensystem)
1 Bodenbelag
2 Anhydrit-Fließestrich
3 Schalungselemente (Kunststofffolie)
4 Wärme-/Trittschalldämmung
5 optionale Trittschallmatte (Gummigranulat)

den zu führen. Je nach System werden die Schalungen an den Stößen verklebt oder können fugenlos ineinandergesteckt werden. Bei ausreichender Materialstärke sind die Schalelemente begehbar und erleichtern das Einbringen des selbstnivellierenden Estrichs. Möglich sind sowohl Anhydrit- wie Zementestriche, die einen monolithischen Bodenaufbau erzeugen (Bild **13**.5). Fußbodenheizungen sind möglich, müssen aber beim Setzen von Bohrungen beachtet werden.

Beim Verlegevorgang passt sich die flexible Folienschalung dem Rohfußboden an. Geringfügige Unebenheiten des Rohbodens werden mit variierender Estrichdicke ausgeglichen. Der Ausgleich größerer Unebenheiten erfolgt durch unterschiedlich hohe Schalelemente. Daraus ergeben sich jedoch ungleiche Trockenzeiten bis zur Belegreife innerhalb ein- und derselben Bodenfläche.

Der Bodenaufbau (Bild **13**.5) ist belastbar (ca. 50 kN/m^2 nach Prüfzeugnisse des Herstellers) und bietet geringen Trittschallschutz von ca. 10 db. Zur Verbesserung des Schallschutzes bis ca. 18 db können Trittschalldämmbahnen auf dem Rohboden verlegt werden.

Anwendungen sind installierte und hochbelastete Industrieböden, Altbausanierungen mit niedrigem Bodenaufbau über unebener Rohdecke, Sonderlösungen wie durchlüftete Böden in Überschwemmungsgebieten. Für Anwendungen auf Trittschalldämmungen (Bild **13**.5) lassen sich Schalungen mit eng gesetzten Füßen verwenden, die einen Hohlraum für die Lüftung erzeu-

gen, der aber wegen seiner geringen Abmessung keine Installation mehr zulässt.

Estrichnenndicke. Die Estrichnenndicke ist vom jeweiligen Systemanbieter anzugeben; die erforderliche Mindestestrichüberdeckung beträgt 30 mm. Je nach Schalung kann der Hohlraum 40 mm bis 140 mm hoch sein, der Gesamtaufbau ist dann mind. 70 mm.

Besondere Merkmale. Unter gewissen Einschränkungen dürfen Wände auf dem Hohlboden montiert werden, vgl. MSysBöR [10] und MBO. Bei gleichzeitiger Nutzung für Installation und Lüftung sind alle 70 m^2 Rauchmelder in den Hohlraum zu setzen. Aus hygienischen Gründen ist bei Lüftungen eine staubbindende Zwei-Komponenten-Versiegelung auf dem Rohboden aufzubringen.

13.4.2 Mehrschichtiger Hohlboden (Stützfußsystem)

Systembeschreibung (Bild **13**.6). Hohlraumböden dieser Bauart bestehen aus mehreren, voneinander getrennten Schichten.

Als begehbare Trägerplatte werden meist 15 bzw. 18 mm dicke Gipsfaserplatten verwendet, die unterseitig mit stufenlos höhenverstellbaren Stützfüßen im Raster 600 x 600 mm zum Ausgleich von Rohbodenunebenheiten versehen sind. Die Hohlraumhöhe liegt je nach Hersteller zwischen ca. 90 mm bis 800 mm.

Die werkseitig vorgefertigten Stützenfüße werden mit dem Rohboden und der Trägerplatte verklebt. Der Rohboden ist vorab zu versiegeln, um die Haftung des Klebers zu gewährleisten. Auf die Oberseite der Trägerplatten wird eine dichte Trennschicht (z. B. 0,2 mm PE-Folie) verlegt und darauf ein selbstnivellierender Fließestrich aufgebracht. Entlang der Wandflächen und anderer aufgehender Bauteile sind Randdämmstreifen mit selbstklebenden Folienstreifen vorzusehen. Der Estrich bildet die eigentliche Tragschicht. Eine Dämmlage kann wie in Bild **13**.8 direkt auf dem Hohlboden verlegt werden oder auf der Tragschalung für schwimmenden Estrich, wenn diese ein selbsttragender Untergrund ist. Ein Einstanzen der Stützen in die Dämmebene muss ausgeschlossen sein. Dies kann über druckfeste Dämmplatten mit aufgelegten druckverteilenden Stahlblechen erreicht werden oder durch Schaumglas. Für den Wandanschluss werden vorkomprimierte Dichtungsbänder zur Aufnahme von Bauwerksbewegun-

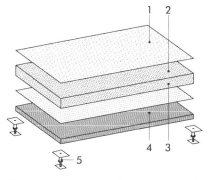

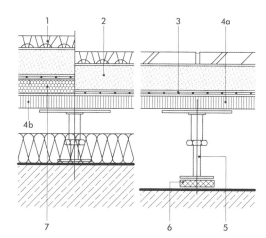

13.6 Schematische Darstellung eines mehrschichtig aufgebauten Hohlraumbodens (Stützfußsystem) mit Trägerplatte und Anhydrit-Fließestrich (Nassbauweise)

1 Bodenbelag
2 Anhydrit-Fließestrich
3 Trennlage
4 Tragschicht
5 höhenverstellbare Stützfüße

13.7 Konstruktionsbeispiel: Mehrschichtiger Hohlraumboden (Nassbauweise) mit höhenverstellbaren Stützfüßen [8]

1 Bodenbelag
2 Anhydrit-Fließestrich
3 Trennlage (z. B. 0,2 mm PE-Folie)
4 Tragschicht (Gipsfaserplatten)
5a höhenverstellbarer Stützfuß
5b Stützfuß mit Fließestrich gefüllt
6 Trittschalldämmung (Dämmelement aus z. B. Polyurethan-Kautschuk Bodenbelag)

gen und Schalltrennung an den Plattenrand geklebt. Die Bodenkonstruktion wird mit allen Bauteilen einschließlich Belag gegen elektrostatische Aufladung geerdet.

Ältere Konstruktionen mit Stützfüßen, die in Bohrungen der Trägerplatte eingesetzt und mit Estrich vergossen wurden, finden sich noch vielfach im Bestand. Bild **13.**7.

Estrichnenndicke. Die Ausführung der Tragschicht erfolgt nach DIN EN 13892-2 für CA-, ZE- und MAG-Estriche. Übliche Mindesthöhen liegen bei 35 mm. Die plan montierten Trägerplatten ermöglichen eine einheitliche Estrichdicke und damit auch ein gleichmäßiges Trocknen.

Besondere Merkmale. Das System ist schnell montierbar, der Hohlraum steht abgesehen von den Stützen vollständig für die HLSE-Installation zur Verfügung. Die marktüblichen Systeme sind über Trittschallunterlagen schallisolierbar und mind. feuerhemmend. Für den Bodenhohlraum stehen Abschottungen gegen Schall, Brandlasten und zur Abtrennung von Luftströmbereichen zu Verfügung.

Alle Bauteile entsprechen Baustoffklassen A1 bis A2. Trennwände lassen sich direkt auf dem Boden abstellen. Der Einbau einer Fußbodenheizung ist möglich, aber bei Bohrungen für Elektranten zu berücksichtigen und ohne Dämmlagen fraglich. Die Zugänglichkeit des Hohlraums ist über die Anordnung der Deckel beschränkt. Statisch lassen sich mit Estrichen auf Trennlagen

13.8 Konstruktionsbeispiel: Mehrschichtiger Hohlraumboden (Nassbauweise) mit höhenverstellbaren Stützfüßen [8]

1 Bodenbelag
2 Anhydrit-Fließestrich
3 Trennlage
4a verlorene Schalung (Gipsfaserplatten)
4b selbsttragende Schalung
5 Stützfüße aus Metall
6 Trittschalldämmung
7 Wärmedämmung

13

Punktlasten bis 5.000 kN abtragen, höhere Lasten in Sonderlösungen.

Einsatzbereiche sind z. B. Böden in Industriebetrieben und Werkstätten bei leichten Beanspruchungen, normale Seminar- und Büroräume.

Insgesamt ist der estrichgebundene Hohlraumboden eine wirtschaftliche Alternative zum Kanalboden (Unterflurkanalsystem). Zu beachten ist jedoch, dass bei den beiden vorgenannten Bauarten viel Feuchtigkeit mit dem Fließestrich in das Bauwerk eingebracht wird und somit längere Trocknungszeiten bis zur zulässigen Belegreife für den jeweiligen Bodenbelag in Kauf genommen werden müssen, s. hierzu Tabelle **11**.33 und Tabelle **12**.9. Holzwerkstoffplatten als Trägerplatten kommen nicht in Frage, da sie sich mit ändernder Luftfeuchte verformen. Besonders das Austrocknen des Betons während der Bauzeit führt zu Schäden an den Platten.

13.4.3 Trockenestrich-Hohlboden (Plattensystem)

Flächen-Hohlboden

Die relativ lange Trockenzeit der Tragschicht bei estrichgebundenen Systemböden führte zur Entwicklung des Hohlraumbodens in Trockenbauweise, auf den unmittelbar nach seiner Montage der Gehbelag aufgebracht werden kann.

- **Systembeschreibung** (Bild **13**.9) Der Boden besteht aus Tragplatten 600 x 600 mm mit Zahnfräsung an den Rändern, die untereinander zu einer planebenen, statisch homogenen Tragschicht verklebt werden. Als Plattenmaterial kommen faserverstärkter Anhydrit- bzw. Zementestrich oder in Sonderfällen auch Holzwerkstoffe zur Anwendung. Die Stützen sind mit der Tragplatte und dem Boden verklebt. Zur sicheren Verklebung muss der Rohboden beschichtet werden. Um die Traglast zu erhöhen, gibt es die Möglichkeiten unterseitig eine Stahlplatte aufzukleben, Rasterstäbe zu setzen oder durch Zusätze das Tragplattenmaterial zu modifizieren. Für Schwerlastböden werden zwei Plattenlagen übereinander verklebt. S. hierzu auch die Bilder **11**.54 und **11**.55.

Besondere Merkmale. In Trockenbauweise erstellte Hohlraumböden aus Gipsfaserplatten weisen im Vergleich mit estrichgebundenen Systemböden einige Vorteile auf.

Zu nennen sind vor allem die erheblich kürzeren Bauabwicklungszeiten, da keine Austrocknungs-

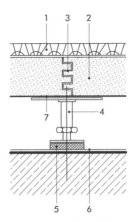

13.9 Konstruktionsbeispiel: Mehrschichtiger Trockenestrich-Hohlraumboden mit Tragschicht aus Unterbodenelementen (Trockenbauweise) [8]
1 Bodenbelag
2 3-lagige Tragschicht aus Gipsfaserplatten
3 verklebte Zahnfräsung
4 höhenverstellbare Stützfüße
5 optionale Trittschalldämmung (Dämmlement aus z. B. Polyurethan-Kautschuk)
6 Bodenversiegelung
7 Stahlblech oder Folienbeschichtung

zeiten wie bei den Nassestrichen zu berücksichtigen sind.

Des Weiteren zeichnen sie sich durch relativ günstige Investitionskosten und einen bis zu 90 % frei verfügbaren Installationshohlraum aus, der eine richtungsfreie Verlegung von Ver- und Entsorgungsleitungen zulässt.

Mit entsprechendem Estrich als Tragplattenmaterial ist das System auch Feucht- und Nassraum geeignet. Estrichplatten können mit vorgefertigten oberseitigen Aussparungen für eine Fußbodenheizung versehen werden, der Rohboden kann mit einer Dämmschicht belegt werden. Die Platten können mit Bohrungen für Quelllüftung versehen werden, die gleichzeitig die Schallabsorption erhöhen.

- **Trockenestrich-Hohlraumboden aus Holzwerkstoffplatten.** Aufgrund der materialbedingten Eigenschaften der Holzspanplatten (Schwinden und Quellen) ist die Maßbeständigkeit der Tragschicht bei dieser Bodenart weniger gegeben als bei Unterbodenelementen aus Gipsbaustoffen.

Die Verwendung von kunstharzgebundenen Holzspanplatten als Verlegegrund von Keramik- und Steinbelägen (Rissbildung) sowie bei dünnen elastischen Bodenbelägen (Abzeichnen der Plattenfugen im Gehbelag) ist daher

Tabelle **13**.10 Zuordnung von Klassifizierungsklassen und Laststufen

Element-Klasse[1]	Bruchlast [N]	Laststufe[2]	Beispielhafte Einsatzempfehlungen und Nutzungsarten
1	≥ 4000	2000 N	Büros ohne Publikumsverkehr und ohne schwere Geräte
2	≥ 6000	3000 N	Bürobereiche mit Publikumsverkehr
3	≥ 8000	4000 N	Räume mit erhöhten statischen Belastungen, Flächen mit fester Bestuhlung, Konstruktionsbüros
4	≥ 9000	in Deutschland für die Laststufenklassifizierung nicht gebräuchlich	
5	≥ 10000	5000 N	Ausstellungsflächen, Werkstätten mit leichtem Betrieb, Lagerräume, Bibliotheken
6	≥ 12000	6000 N	Wie Klasse 5, jedoch mit höheren Lastanforderungen, Industrie- und Werkstattböden, Tresorräume
		7000 N und höher[3]	Hochbelastete Böden, Fertigungsbereiche wie z. B. Reinräume

[1] Belastungsklassifizierung gemäß DIN EN 13 213 Hohlböden.
[2] Der Wert für die Klassifizierung der Laststufe ergibt sich aus der Bruchlast (Tabellenwert) dividiert mit dem Sicherheitsbeiwert g = 2,0. Die Angabe der Laststufe ist in Stufen von 1000 N vorgegeben und entspricht der Punktlast gemäß Laststufe.
[3] Für Hohlböden mit im Einzelfall spezifizierten hohen Anforderungen können weitere Laststufen erforderlich werden. Diese sind dann in Stufen zu je 1000 N festzulegen.

nicht unproblematisch und immer mit einem **Risiko** verbunden. Vgl. hierzu auch Abschn. 11.3.7.2 sowie Abschn. 11.4.7.6, Holzspanplatten als Verlegegrund.

13.4.4 Allgemeine Anforderungen und technische Daten[1]

Normen und Richtlinien. Als technisches Regelwerk gelten die DIN EN 13213 und die „Anwendungsrichtlinie zur DIN EN 13 213 Hohlböden" [4].

Das früher gültige „Technische Handbuch" des Bundesverbandes Systemböden (BVS) ist ersetzt durch diese Norm in Verbindung mit der Anwendungsrichtlinie und den „ATV für Systemböden" des BVS. Die ATV sind nicht Teil der VOB/C, aber nach Vorlage der DIN 18299 verfasst.

Europaweit werden Systemböden ausschließlich durch die europäische wirtschaftliche Interessenvereinigung „System Flooring" nach DIN EN 13213 (Hohlböden) oder DIN EN 12825 (Systemböden) geprüft und zertifiziert. Die Liste der zertifizierten Hohl- und Doppelböden ist dort einsehbar.

Die wichtigsten Regelwerke zu Systemböden sind in Tabelle **13**.19 zusammengefasst.

Ebenheitstoleranzen. Der Rohbetonboden, auf dem die Hohlraumkonstruktion aufgebracht wird, muss die nach DIN 18 202, Tab. 3, Zeile 2, geforderten Ebenheitstoleranzen aufweisen. Für die Estrichoberfläche gelten die zulässi-

gen Ebenheitsabweichungen gemäß DIN 18 202, Tabelle 3, Zeile 3. S. hierzu auch Tabelle **11**.2. Stuhlrollentauglichkeit ist bei beiden Hohlbodenkonstruktionen ohne Nachspachteln möglich, beim Trockenestrich ergibt sich die Ebenheit durch die Zahnfräsung.

Estrichqualität. Die Estrichqualität für CA-, ZE- und MAG-Estriche ist bzgl. Tragfähigkeit gemäß DIN EN 13892 zu beurteilen. Selbstnivellierender Anhydrit-Fließestrich (z. B. CAF-F5) eignet sich – aufgrund seiner guten Maßbeständigkeit – in besonderer Weise zur Herstellung der Tragschicht bei Hohlraumböden. Einzelheiten hierzu sind den Abschnitten 11.3.6.2 bis 11.3.6.4 zu entnehmen.

Trockenzeiten und zulässige Feuchtigkeitsgehalte (Belegreife) von unbeheizten Estrichen s. Tabelle **11**.33. Die Feuchte der Rohbetondecke darf im Mittel 3 Gew.-% nicht überschreiten.

Einbauöffnungen für den Geräteeinbau sowie Geräteeinsätze und Fußbodenpflege s. Abschn. 13.3.3.

Tragfähigkeit. Die Tragfähigkeit eines Hohlraumbodens wird im Wesentlichen von seinem konstruktiven Aufbau und der Festigkeit der Tragschicht bestimmt.

Ausschlaggebend für die Sicherheit von Systemböden ist die Tragfähigkeit hinsichtlich punktuell einwirkender Lasten (Punktlasten).

Die Zuordnung des Hohlraumbodens zu einer Tragfähigkeitsklasse erfolgt aufgrund der zu erwartenden statischen Belastung. In der „Anwendungsrichtlinie zur DIN 13213 für Hohlböden" wird zum einen von der sog. Nennpunktlast ausgegangen – der eigentlichen Lasthöhe, die während der Nutzung des Systembodens auftreten darf – zum anderen von der sog. Sicherheitspunktlast, die auf keinen Fall überschritten werden darf.

Wie Tab. **13**.10 zeigt, unterscheiden sich Nennpunktlast und Sicherheitspunktlast um den Sicherheitsfaktor 2,0. Weitere Einzelheiten sind der Anwendungsrichtlinie für Hohlböden [4] sowie DIN EN 13 213 zu entnehmen.

[1] Der aktuelle Stand der Normung von Hohlböden (DIN EN 13 213) und von Estrichen im Bauwesen (DIN EN 13813 mit DIN 18 560) ist Abschn. 13.7 zu entnehmen. Die vom Bundesverband Systemböden neu herausgegebene „Anwendungsrichtlinie" ersetzt die frühere „Sicherheitsrichtlinie für Hohlraumböden".

13

Brandschutz. Die Musterbauordnung und die Mustersonderbauordnungen enthalten keine besonderen brandschutztechnischen Anforderungen an Hohlböden – und Doppelböden –, deren Hohlräume zur Aufnahme von Leitungen dienen. Sie entziehen sich weitgehend einer sinnvollen Beurteilung des Brandverhaltens als Bauteil nach DIN 4102, da die Brandlasten im Hohlraum aufgrund des geringen Raumvolumens in Verbindung mit den ungünstigen Ventilationsverhältnissen keinen Normalbrand ermöglichen.

Anforderungen stellt die „Musterrichtlinie über brandschutztechnische Anlagen an Systemböden" (MSysBöR) [5] an Systemböden mit Installationen im Hohlraum, ausgenommen Systemböden in Sicherheitstreppenhäusern.

Im Sinne der Richtlinie ist die lichte Höhe unter Hohlböden auf 200 mm beschränkt, bei größerer Höhe sind sie als Doppelboden zu behandeln.

Es wird unterschieden zwischen:

1) Systemböden notwendigen Treppenräumen und notwendigen Fluren und weiteren Räumen, die im wesentlichen die Rettungswege bilden, und

2) Sonstige Räume.

Im Fall 1) müssen die Systemböden aus nicht brennbaren Baustoffen bestehen, Anschlussfugen z. B. an Wände sind nicht brennbar zu verfüllen (Rauchschutz) und die Böden dürfen keine Öffnung haben. Bei Hohlböden muss die Estrichmindestdicke 30 mm sein.

Als Ausnahme davon lässt die Richtlinie für Hohlböden verlorene Schalungen aus normalentflammbaren Baustoffen und erforderliche dichtschließende Revisionsöffnungen aus nicht brennbaren Baustoffen zu.

Eine weitere Ausnahme ergibt sich für alle Systemböden aus dem Schreiben 6204/2012 der MPA der TU Braunschweig an den Bundesverband Systemböden, das dort einsehbar ist: Unter bestimmten Bedingungen darf der Wandanschluss mit Materialien der Baustoffklasse B1 (Dichtbändern) ausgeführt werden.

Üblicherweise werden bauaufsichtlich auch die mind. normalentflammbare Dichtungsringe in Bodenöffnungen aus Stahl akzeptiert.

Im Fall 2) müssen alle unter mehreren Räumen durchlaufenden Systemböden, deren Hohlraum zur Raumlüftung genutzt wird, mit mind. einem Rauchmelder je 70 m² zum Abschalten der Lüftungsanlage ausgerüstet sein.

Wände mit Brandschutzanforderungen sind bei allen Systemböden bis auf Ausnahmen (s. MSysBöR) auf den Rohboden zu setzen. Wände notwendiger Flure innerhalb von Nutzungseinheiten dürfen auf Hohlböden (i. S. d. MSysBöR, Hohlraum unter 200 mm), gestellt werden.

Schallschutz. In der Richtlinie VDI 3762 werden die wesentlichen schallschutztechnischen Eigenschaften von Hohlraumböden beschrieben und entsprechende Anforderungen und Messverfahren detailliert aufgeführt [9].

Bei der Planung und Beurteilung muss grundsätzlich zwischen vertikaler und horizontaler Schallübertragung unterschieden werden. Vgl. hierzu auch Abschn. 13.5.6, Schallschutz von Doppelböden.

- **Die vertikale Trittschalldämmung** von Hohlraumbodenkonstruktionen wird am wirkungsvollsten erreicht durch
  - möglichst günstiges Verbesserungsmaß des Bodenbelages,

- möglichst große flächenbezogene Masse der Tragschicht,
- Aufkleben von ca. 5 mm dicken Polyurethan-Kautschukteller an der Auflagefläche des Stützfußes (Bild **13**.8 und **13**.9).

- **Die horizontale Schall-Längsdämmung** von Hohlraumböden wird im Wesentlichen beeinflusst durch
  - Verbesserungsmaß des Bodenbelages,
  - flächenbezogene Masse der Tragschicht,
  - konstruktiven Aufbau des Hohlraumbodens (monomlithisch oder geschichtet),
  - Art und Anzahl der Trennfugen (z. B. Fugenschnitt bzw. Fugenprofile im Estrich entlang der Trennwände),
  - Hohlraumdämpfung in Form von Absorberschotts o. Ä. unterhalb der Trennwände.

- **Auf die Luftschalldämmung** von Hohlraumböden haben textile und elastische Bodenbeläge keinen Einfluss. Lediglich die Schallabsorption im Raum selbst lässt sich durch textile Beläge erhöhen.

- **Hygiene:** Aus hygienischen Gründen ist das Hohlraumklima unter Systemböden mit zu planen, um Sporenbildung und Staubbelastung auszuschließen, vgl. die Hinweise in [6].

Wärmeschutz. Bei Deckenflächen (Rohdecken), die unmittelbar an das Erdreich oder unterseitig an die Außenluft grenzen, können Wärmedämmmaßnahmen notwendig werden. Vgl. hierzu Tabelle **11**.24.

Dazu kann der Rohboden mit Dämmmaterial belegt werden. Die auf dem Rohboden stehenden Stützenfüße bleiben dabei eine Wärmebrücke.

Je nach Anforderung, kann die Wärme- bzw. Trittschalldämmschicht auch in Form eines schwimmenden Estrichs eingebracht werden (Bild **13**.8).

Lüftung-Kühlung-Heizung. Neben der Unterbringung von Ver- und Entsorgungsleitungen aller Art kann der Hohlraumboden auch zu Zwecken der Lüftung-Kühlung-Heizung des darüber liegenden Nutzraumes herangezogen werden. S. hierzu auch Abschn. 13.5.6, Lüftungssysteme von Doppelböden.

Die Luftzuführung erfolgt über den unter Überdruck stehenden, möglichst weitgehend abgedichteten Bodenhohlraum, direkt zu Bodenauslässen mit mengenregulierbaren Drosselvorrichtungen. Der jeweilige Fugendurchlasskoeffizient (a-Wert) der Hohlraumbodenkonstruktion ist gemäß DIN EN 13 213 durch Prüfzeugnis zu belegen.

Da dieser Druckraum der Luftzuführung dient, sind Verschmutzungen jeglicher Art im Hohlraum auszuschließen. Die Oberfläche des Rohbodens muss daher möglichst staubfrei gereinigt und mit einem geeigneten 2-Komponenten-Anstrich beschichtet sein.

Gemäß VDI 3803, Bauliche und technische Anforderungen an RLT-Anlagen, sind Luftleitungen dieser Art so auszubilden, dass sie reinigungs- und inspektionsfähig sind. Bei luftführenden Hohlraumböden ist daher entweder im Flurbereich oder z. B. entlang der Außenfassade ein Doppelbodenkanal für diese Zwecke vorzusehen.

13

Kombination von Systemböden

Die kombinierte Verlegung von Doppel- und Hohlraumböden ist angebracht, wenn sich die jeweiligen systembedingten Vorteile gegenseitig sinnvoll ergänzen.

Doppelböden werden üblicherweise dort eingebaut, wo mit hoher Installationsdichte und häufigen Revisionen zu rechnen ist (Flur- und Technikzonen). In Bereichen mit geringer Versorgungsdichte (Büroräume) und überall dort, wo homogene Verlegeflächen erwünscht sind, empfiehlt sich der Einsatz des kostengünstigeren Hohlraumbodens.

Der Einbau eines so genannten Doppelbodenkanals – eines Kabelkanals, der in seiner ganzen Länge von oben zu öffnen ist – erfolgt vorzugsweise entlang des Fassadenbereiches, um große Hohlraumbodenflächen von zwei Richtungen (Gebäudekern und Fassade) installationstechnisch günstig erschließen zu können.

13.5 Doppelbodensysteme (Element-Hohlboden)

13.5.1 Allgemeines

Systembeschreibung. Unter dem Begriff Doppelboden versteht man ein auf Abstand zur Tragdecke aufgeständertes Bodensystem, das im Wesentlichen aus elementierten, industriell vorgefertigten Bodenplatten und höhenjustierbaren Stützen besteht. Alle Teile werden am Einsatzort in Trockenbauweise zu einem Flächenverbund zusammengefügt, es entsteht das Doppelbodensystem.

Da die Einzelplatten an jeder beliebigen Stelle wieder herausgenommen werden können, ist überall ein direkter Zugang zu den im Hohlraum untergebrachten Installationen sowie Ver- und Entsorgungsleitungen möglich. Arbeitsräume aller Art sind damit so flexibel gestalt- und nutzbar, dass sie jederzeit neuen, funktionsgerechten Anforderungen angepasst werden können.

Doppelböden werden dementsprechend in Büro- und Verwaltungsbauten, EDV-Zentralen u. Ä. eingesetzt, vorwiegend aber auch überall dort, wo hohe Belastbarkeit gefordert ist, wie beispielsweise in Rechenzentren, Schalträumen, Labors und Fertigungsbetrieben.

Ein weiterer Vorteil des Doppelbodens liegt darin, dass dieser auch klimatechnische Funktionen wie Lüftung, Kühlung, Heizung übernehmen

kann und zwar wesentlich effektiver und flexibler als dies Hohlraumböden zulassen. Allerdings müssen dafür auch relativ hohe Investitionskosten veranschlagt werden.

Besondere Merkmale. Doppelböden zeichnen sich im Vergleich mit Estrichkanal- und Hohlraumbodensystemen vor allem durch hohe Flexibilität und Belastbarkeit aus. Da der Boden an jeder beliebigen Stelle geöffnet werden kann, wird er vor allem dort eingebaut, wo mit hoher Installationsdichte und häufigen Revisionen sowie Nach- und Umrüstungen zu rechnen ist.

Bei Bedarf kann der Installationshohlraum Höhen bis 1800 mm und darüber aufweisen, so dass darin großvolumige Rohre und Kanäle für klimatechnische Anlagen u. a. untergebracht werden können. Auch die schall- und brandschutztechnischen Eigenschaften sind als günstig zu bezeichnen.

Die Montage der werkseitig vorgefertigten Einzelteile erfolgt in vollkommener Trockenbauweise; damit ist der Doppelboden nach seiner Fertigstellung sofort begehbar und belastbar. Im Gegensatz zu den estrichgebundenen Bodensystemen fallen keine Baufeuchte und somit keine Wartezeiten an.

Nachteilig können sich systembedingte Mängel wie das Knarren und der sog. Barackenbodeneffekt bei zu leichten Doppelbodenplatten bemerkbar machen. Probleme können auch auftreten bei der horizontalen Schall-Längsdämmung unter umsetzbaren Trennwänden, so dass der nachträgliche Einbau von Abschottungen im Hohlraum notwendig werden kann.

Wesentlich höher als bei den estrichgebundenen Systemböden sind allerdings die Investitionskosten. Da beim geöffneten Doppelboden jedoch jede Stelle direkt erreichbar ist, fallen die laufenden Unkosten für Reparatur, Wartung und Umorganisation insgesamt niedriger aus.

13.5.2 Systemkomponenten

Doppelböden setzen sich im Wesentlichen aus folgenden Hauptbestandteilen zusammen (Bild **13.**12):

- **Doppelbodenplatten,** hergestellt aus verschiedenartigen Werkstoffen bzw. Werkstoffkombinationen, mit oder ohne Bodenbelag.

- **Unterkonstruktion,** bestehend aus **Metallstützen,** für Lastabtragung und Herstellung unterschiedlicher Bodenhöhen,

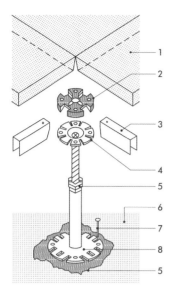

13.11 Schematische Darstellung der Hauptbestandteile und des konstruktiven Aufbaues eines Doppelbodens

1 Doppelbodenplatten (Trägerplatten)
2 Stützkopfauflage aus Kunststoff
3 Rasterstäbe (Traverse), bei Bedarf
4 höhenverstellbare Doppelbodenstütze
5 Gewindesicherung
6 Rohbodenbeschichtung (Anstrich), bei Luftzuführung im Hohlraum
7 Dübelbefestigung, bei Bedarf
8 Fußplatte der Stütze
9 Stützenkleber

 13

Stützkopfauflagen, für Ableitung elektrostatischer Aufladungen, Trittschalldämmung und Plattenfixierung,
Rasterstäbe, für tragende bzw. aussteifende und dichtende Funktionen.

● **Systemergänzende Zubehörteile.**

13.5.3 Doppelbodenplatten

Die Eigenschaften der Doppelbodenplatten stehen in Zusammenhang mit den Eigenschaften der verwendeten Werkstoffe. Diese haben den Anforderungen des Einsatzzweckes zu genügen und zwar insbesondere bezüglich

● Tragfähigkeit,
● Feuchteeinwirkung,
● Temperaturschwankungen,
● Schallschutz,
● Brandschutz.

Wie das Bild **13**.12 verdeutlicht, können Doppelbodenplatten aus ganz verschiedenartigen Werkstoffen bzw. Werkstoffkombinationen hergestellt werden. Es kommen vorwiegend zum Einsatz:

● Doppelbodenplatten aus Holzwerkstoff
● Doppelbodenplatten aus faserverstärkten CA oder ZE-Estrichen
● Doppelbodenplatten aus Stahl
● Doppelbodenplatten aus Aluminium.

Jeder Werkstoff hat seine spezifischen Vor- und Nachteile, auf die nachstehend kurz eingegangen wird. Welche Plattenart dann letztlich jeweils eingesetzt wird, muss immer objektbezogen beurteilt und in Beratungsgesprächen mit Planern, Nutzern und Anbietern entschieden werden.

Folgende Qualitäts- und Nutzungskriterien sind dabei besonders zu beachten:

● Gewicht der Platten
● Formstabilität der Platten
● Passgenauigkeit der Platten
● Quell-/Schwindneigung der Platten
● Korrosionsschutz aller gefährdeten Teile
● Standfestigkeit der Unterkonstruktion (auch bei geöffnetem Doppelboden).

Doppelbodenplatten aus Holzwerkstoff (Bild **13**.12a) sind aufgrund der zahlreichen Konstruktionsvarianten und ihrer relativ einfachen Verarbeitung universell einsetzbar.

Die üblicherweise 38 mm dicken Spanplatten, mit dem Standardrastermaß 600 x 600 mm und Rohdichten zwischen 680 und 780 kg/m^3, müssen grundsätzlich den E1-Anforderungen bezüglich der Formaldehyemission entsprechen, um damit die Bedingungen der Gefahrstoffverordnung zu erfüllen.

Spanplatten in Normalausführung werden in die Baustoffklasse B2 normal entflammbar nach DIN 4102 eingestuft. Durch Beimischen entsprechender Salze kann die Baustoffklasse B1 (schwer entflammbar) erreicht werden, so dass die Gesamtkonstruktion derart ausgerüsteter Doppelböden die Anforderungen der Feuerwiderstandsklasse F30 nach DIN 4102 erfüllt.

Damit stellen Doppelböden aus Holzwerkstoffplatten eine zusätzliche Brandlast dar. Dies lässt sich nur durch den Einsatz von nichtbrennbaren Plattenwerkstoffen umgehen, die allerdings auch teurer sind.

Spanplatten in Standardausführung sind elektrisch normal leitfähig. Höhere Ableitfähigkeit

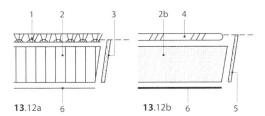

13.12a 6   **13**.12b 6   5

13.12 Doppelbodenplatten aus verschiedenen Werkstoffen

1 textiler Belag
2a Holzwerkstoffplatte
2b Calciumsulfat- oder zementgebundene
   Faserplatte, auch Calciumsilikat möglich
3 Kunststoffkante
4 Keramik-/Naturwerksteinplatte
5 Spezial-Kantenschutzprofil
6 Aluminium-Feinblech (z. B. 0,05 bis 0,08 mm)
   oder Stahlblech (z. B. 0,5 bis 1 mm, wenn zusätzlich zum Feuchteschutz die Lastabtragung
   verstärkt werden soll)

kann durch Beimischen leitfähiger Bestandteile
erreicht werden. Eine ableitfähige Doppelbodenkonstruktion erfordert insgesamt einen leitfähigen Belag, leitfähig verklebt, kontaktiert mit leitfähiger Stützenauflage und Erdungsschellen; die
Erdung erfolgt immer bauseits.

Da Holzwerkstoffplatten eine deutlich stärkere
Neigung zur Feuchteaufnahme und damit zum
Quellen und Schwinden (= Formänderung) aufweisen – als dies beispielsweise mineralische
Platten tun – ist eine allseitige Beschichtung der
Platten mit diffusionshemmenden Materialien
erforderlich. Aus diesem Grund wird jeweils auf
die Plattenunterseite eine 0,05 (0,08) mm dicke
Aluminium-Feinblechbeschichtung als Feuchteschutz vollflächig aufkaschiert. Damit wird ein
Feuchteausgleich zwar zeitlich hinausgezögert,
bei länger anhaltender Einwirkung jedoch nicht
verhindert.

Umlaufende Kunststoffkanten – die in der Regel
4° nach unten angeschrägt sind um ein einfache-
res Herausnehmen zu ermöglichen – schützen
die Platten vor mechanischen Beschädigungen,
verhindern das seitliche Eindringen von Feuchtigkeit und das ansonsten unvermeidliche Knarren der Doppelbodenkonstruktion beim Begehen („selbstschmierende" Eigenschaft der Kantenprofile).

Die Tragfähigkeit der Spanplatten kann einmal
durch die Erhöhung der Rohdichte, zum anderen
durch das Aufkleben von 0,5 (1,0) mm dicken,
verzinkten Stahlblechtafeln auf der Plattenunter-

seite (= Verbundkonstruktion) erreicht werden.
Eine weitere wesentliche Traglasterhöhung ist
durch den Einbau von Rasterstäben erzielbar.

Doppelbodenplatten können mit einer Vielzahl
von technischen Einbauten (z. B. Lüftungsausläs-
se, Elektranten) versehen werden. Diese Einbauten haben jedoch Einfluss auf die technischen Eigenschaften des Bodens (z. B. Minderung der
Tragfähigkeit und der Schalldämmung zwischen
benachbarten Räumen).

Bei Holzwerkstoffplatten mit zu niedriger flächenbezogener Masse (Rohdichte unter 700 kg/
m³) kann der sog. Barackenbodeneffekt auftreten: Je nach Bodenbelag klingt dann der Doppelboden „hohl".

**Doppelbodenplatten aus faserverstärkten Mi-
neralstoffen** (Bild **13**.12b). Diese Trägerplatten
werden aus verschiedenartigen Bindemitteln
hergestellt und weisen dementsprechend auch
unterschiedliche Werkstoffeigenschaften und
Rohdichten auf.

- **Faserverstärkte Gipsplatten** bestehen aus
  Gips und Zellulosefasern, die im Recyclingverfahren gewonnen werden und als Armierung
  dienen. Gipsfaserplatten sind nicht genormt; ihre Rohdichte liegt zwischen 1100
  und 1400 kg/m³. Da sie feuchtempfindlich
  sind, müssen sie – ähnlich wie die Holzwerkstoffplatten – allseitig gegen Feuchte geschützt werden.

- **Faserverstärkte Zementestrichplatten** bestehen aus Sand, Kalkstein, weiteren Füllstoffen und Armierungsfasern. Sie sind hoch tem-
  peraturbeständig (bis 1200 °C) und – im Gegensatz zu den Gipsfaserplatten – dauerhaft
  feuchteunempfindlich (wasserfest); ihre Rohdichte liegt zwischen 500 und 900 kg/m³. Derartige Platten sind jedoch relativ teuer.

Alle Platten werden als nichtbrennbar in die Baustoffklasse mind. A2 nach DIN 4102 eingestuft, so
dass die Gesamtkonstruktion dieser Doppelböden die Anforderungen der Feuerwiderstandsklasse F30 bis F60 nach DIN 4102 erfüllt.

Doppelbodenplatten aus faserverstärkten Mineralstoffen erhalten – ähnlich wie die Holzwerk-
stoff-Doppelbodenplatten – einen umlaufenden
Kantenschutz aus Kunststoffprofilen; auch ihre
Tragfähigkeit wird durch das Aufkleben von
0,5 mm dicken, verzinkten Stahlblechtafeln auf
der Plattenunterseite weiter erhöht (= Verbundkonstruktion).

Im Vergleich mit Doppelbodenplatten aus Holzwerkstoff entspricht die nichtbrennbare Träger-

13

platte aus faserverstärkten Mineralstoffen in besonderem Maße den Anforderungen des vorbeugenden Brandschutzes, des Feuchteschutzes (je nach Art des verwendeten Bindemittels) und – aufgrund des relativ hohen Flächengewichtes – den erhöhten Anforderungen des Schallschutzes.

Dieser Plattentyp wird daher bevorzugt für Großraumbüros und Schalterhallen eingesetzt.

Doppelbodenplatten aus Stahl (Bild **13**.18) bestehen aus einem nach statischen Gesichtspunkten bemessenen Stahlprofilrohrrahmen und einem Deckblech aus hochwertigem Stahl. Alle Teile sind verschweißt.

Stahlplatten sind im Vergleich mit Aluminiumplatten schwerer, von höherer Festigkeit und Tragfähigkeit und müssen gegen Korrosion geschützt sein (z. B. in Form einer Pulverbeschichtung).

Dieser Doppelbodentyp wird überall dort eingesetzt, wo neben hoher Tragfähigkeit robuste Materialeigenschaften gefordert sind, wie beispielsweise in Fertigungsbereichen, Reinräumen, Rechenzentren usw.

Doppelbodenplatten aus Aluminium. Aluminium ist ein sehr hochwertiger und teurer Werkstoff, der aufgrund seiner spezifischen Eigenschaften nur in ganz bestimmten Anwendungsbereichen in Form von Druckgussplatten eingesetzt wird.

Aluminiumplatten weisen im Vergleich mit Stahlplatten ein geringeres Gewicht und Unempfindlichkeit gegen Feuchtigkeit sowie geringere Maßtoleranzen auf. Aluminiumteile lassen sich daher mit hoher Präzision und Passgenauigkeit herstellen.

Obwohl Aluminium der Baustoffklasse A zugeordnet wird, verliert es im Brandfall wegen seines niedrigen Schmelzpunktes (bei etwa 500 °C) die Tragfähigkeit sehr schnell und verhält sich somit ähnlich wie Stahl. Die Feuerwiderstandsklasse F30 wird nicht erreicht.

13.5.4 Unterkonstruktion

Jeder Doppelboden hat bei der Nutzung vertikale und horizontale Kräfte aufzunehmen und abzuleiten. Die einzelnen Doppelbodenplatten liegen jeweils an den vier Eckpunkten auf Stützen auf und werden von diesen zentriert und arretiert. Stützen stellen somit die statisch stabile Verbindung und Lastübertragung zwischen dem Baukörper (Rohdecke) und den Doppelbodenplatten her.

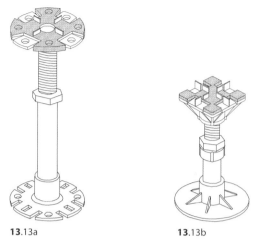

13.13a   **13**.13b

13.13   Höhenverstellbare Metallstützen mit Stützkopfauflagen
a) Doppelbodenstütze aus verzinktem Stahl mit Kunststoff-Auflage
b) Doppelbodenstütze aus Aluminium-Druckguss mit Kunststoff-Auflage

Metallstützen (Bild **13**.13a, b). Je nach Hohlraumhöhe und den zu erwartenden statischen sowie funktionellen Forderungen sind diese – bezüglich Werkstoff und Konstruktion – unterschiedlich ausgebildet. Immer sind sie jedoch höhenverstellbar, exakt justierbar und meist selbst arretierend.

Doppelbodenstützen werden entweder aus Stahl oder Aluminium hergestellt.

- **Stützen aus verzinktem Stahl** sind immer dann erforderlich, wenn die Doppelbodenkonstruktion insgesamt hohen Stabilitäts- oder/und Brandschutzanforderungen gerecht werden muss. Sie sind der Standard.

- **Stützen aus Aluminium-Druckguss** eignen sich für die normalen statischen Anforderungen. Sie werden in Deutschland nicht mehr für Doppelböden verwendet, es gibt auch keine Anbieter mit einer SFE-Zertifizierung. Sie wurden aber in Altbauten in eisenfreien Spezialräumen z. B. für Magnetresonanzmessungen verwendet. Unter [13] findet man einen Hersteller, der noch Teile der Unterkonstruktion in Aluminium anbietet. Weiter Hersteller gibt es in Asien/Korea.

Im Regelfall steht im vorgegebenen Raster – üblicherweise alle 600 x 600 mm – eine Stütze. Bei höheren Traglastanforderungen können auch kleinere Raster (z. B. 600 x 400, 500 x 500 mm) oder Rastermaße nach Kundenwünschen eingeplant werden.

Bei der Montage werden die Fußplatten der Stützen standsicher auf trockener, staubfreier Rohbodendecke verklebt. Dazu wird der Rohboden versiegelt, um die Haftung des Klebers sicherzustellen. Bei unzureichendem Klebeverbund wird der Fuß noch zusätzlich verdübelt. Bei Stützen > 500 mm Höhe ist eine Verdübelung immer erforderlich.

Stützkopfauflage (Bild **13**.13a, b). Die Kunststoff-Auflage erfüllt im Wesentlichen drei Anforderungen. Sie dient zur

- Ableitung elektrostatischer Aufladung,
- Trittschalldämmung,
- Plattenfixierung bzw. Plattenarretierung.

Für die notwendige horizontale Schubsicherheit sorgen eine Reihe überstehender Nocken, die in entsprechende Aussparungen auf der Unterseite der Doppelbodenplatten greifen. Ineinandergehakt bewirken sie die notwendige Selbstfixierung bzw. Arretierung, so dass sich die Bodenplatten gegenüber der Unterkonstruktion nicht unzulässig verschieben können.

Rasterstäbe (Bild **13**.14). Mit dem Einbau von Rasterstäben in Form von gekanteten U-Profilen lassen sich die statischen Eigenschaften des Doppelbodens – wie Tragfähigkeit und Horizontalaussteifung – deutlich verbessern. Zusätzlich kann damit bei Bedarf auch die Fugendichtigkeit erhöht werden.

Im Einzelnen unterscheidet man tragende oder nur versteifende Profile, die entweder eingehängt oder mit dem Stützenkopf verschraubt werden (mit und ohne Dichtungsband).

Stützenkopf und Profilstab sind so genau gefertigt und so präzise aufeinander abgestimmt, dass der Tragrost in der Regel vor Ort nur noch zusammengesteckt wird. Nachfolgende Installationsarbeiten im Bodenhohlraum werden durch die einzeln herausnehmbaren Stahlprofilstäbe nicht behindert.

13.5.5 Systemergänzende Zubehörteile

Alle Systembodenhersteller bieten serienmäßig eine Vielzahl ergänzender Zubehörteile an. Diese ermöglichen eine vielfältige Nutzung der Doppelböden und erhöhen damit deren Gebrauchswert ganz wesentlich. Zu nennen sind insbesondere:

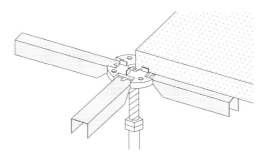

13.14 Schematische Darstellung von Rasterstäben für tragende bzw. aussteifende und dichtende Funktionen

- **Technotranten.** Darunter versteht man Einsätze in den Doppelbodenplatten mit Anschlüssen für Staubsaug- und Feuerlöschdosen, Rauchmelder, Luftauslässe usw.
- **Elektranten** ermöglichen Anschlüsse für Stromversorgung und Informationssysteme.
- **Abschottungen** unterteilen den Doppelbodenhohlraum je nach Anforderung. Man unterscheidet:
  - Lüftungsabschottungen
  - Brandschutzabschottungen
  - Schallschutzabschottungen.

  Diese Abschottungen bestehen aus ein- oder mehrschaligen Konstruktionen. Sie können aus Mineralwolle, beschichteten Holzwerkstoffen, Gipsbauplatten, Gasbetonelementen u. a. hergestellt werden.
- **Bewegungsfugenprofile** dienen in der fertigen Bodenfläche zum konstruktiven und dennoch unauffälligen Ausgleich von Gebäudebewegungen.
- **Kabeltrassen** eignen sich als Zwischenboden zur Aufnahme und Verlegung von Elektro- und sonstigen Versorgungsleitungen. Die Kabelpritschen werden abgelöst vom Rohboden an den Stützen befestigt, so dass die Leitungen beim möglichen Auslösen der Sprinkleranlage nicht im Wasser liegen.

Doppelbodengeeignete Fußbodenbeläge. Beläge beeinflussen ganz wesentlich die Funktionsfähigkeit und das Aussehen eines Doppelbodens. Mit gewissen Einschränkungen sind nahezu alle Belagarten auf Doppelböden verlegbar, insbesondere textile und elastische Beläge, Keramik- und Naturwerksteinplatten sowie Holzparkett und Laminate. S. hierzu auch Abschn. 11.4, Fußbodenbeläge.

Eignungskriterien. Alle Beläge müssen eine sog. „Doppelbodeneignung" aufweisen. Je nach Einsatzbereich und Belagart sind bestimmte Eignungskriterien zu erfüllen:

- Verschleißwiderstand
- Dimensionsstabilität
- Stuhlrolleneignung

13

- Lichtechtheit
- elektrostatisches Verhalten
- brand-/schalltechnisches Verhalten
- Kanten-/Schnittfestigkeit des Belages
- Eignung des Belagmusters
- Eignung der Rückenausrüstung
- Schälwiderstand nach Angabe.

Die Hersteller von Doppelböden bieten normalerweise ebenfalls auf das System Bodenplatte/Verklebung/Belag abgestimmte Beläge an und übernehmen damit auch die Gewährleistung. Damit ist besonders bei harten Belägen aus Stein oder Parkett die Risssicherheit gewährleistet.

Textile Bodenbeläge, elastische Bodenbeläge. Die Vielfalt der textilen und elastischen Bodenbeläge bezüglich Herstellungsverfahren, Materialwahl, Musterungsmöglichkeit, belagspezifischer Verlegemethoden und ihrer späteren Nutzung verlangt zusätzlich zu den einzuhaltenden Produkt- und Materialnormen bestimmte Sicherheitsanforderungen (Doppelbodeneignung nach [5]). Im Einzelnen sind zu beachten:

- Textile Beläge mit Schaumrücken sind nicht zulässig.
- Die Dimensionsstabilität muss auch nach Reinigungsmaßnahmen gewährleistet sein.
- Schälwiderstand > 0,8 N/mm der Verklebung muss gegeben sein, ohne dass sich die Rückenbeschichtung spaltet oder vom Belagrücken löst.

Keramik- und Naturwerksteinplatten, Parkette. Doppelbodenplatten mit Hartbelägen erhalten in der Regel einen im Herstellerwerk angeformten, meist schwer entflammbaren Kantenschutz aus Kunststoff. Damit werden die Belagkanten gegen Beschädigungen geschützt und eine passgenaue Fugenbildung erzielt. S. hierzu Bild **13**.12.

Teppichfliesen. Einen jederzeitigen Zugang zum Installationsraum gestatten wiederaufnahmefähige Teppichfliesen (SL-Fliesen). Wie in den Abschnitten 11.4.12.2 und 11.4.12.5 näher erläutert, bestehen die Fliesenrücken entweder aus

- Schwerbeschichtung auf PVC-, Latex- oder Bitumen-Basis mit darin eingebundenem Glasfaservlies oder
- extra dickem und schwerem, vollständig recycelbarem Spezialfilz (Polyestervlies).

Erfahrungsgemäß müssen SL-Fliesen auf Doppelbodenplatten immer noch zusätzlich fixiert werden, um ein Verrutschen zu vermeiden. Diese Fixierung dient lediglich als Rutschbremse und ist keine Verklebung. Die Fliesen können jederzeit aufgenommen und auch ausgetauscht werden.

Verlegearten. Die Beläge werden im Herstellerwerk auf die Doppelbodenplatten appliziert. Einige Beläge können auch vor Ort auf die fertig eingebaute Doppelbodenanlage vollflächig aufgebracht werden (z. B. textile Bahnenware oder SL-Fliesen).

In diesem Zusammenhang gilt es zu beachten, dass Doppelbodenanlagen in der Regel bereits zu Beginn der Innenausbauarbeiten eingebaut werden, in dieser Bauphase jedoch erhöhte Verschmutzungsgefahr besteht. Dies bedingt, dass bereits im Herstellerwerk aufgebrachte Beläge vor Ort kostspielig abgedeckt und geschützt werden müssen.

Aus diesem Grund werden Doppelbodenböden auch ohne Belag eingebracht und erst später vor Ort mit einem geeigneten Bodenbelag (z. B. textile Bahnenware) beschichtet. Dies wiederum widerspricht jedoch der Funktion des Doppelbodens, dessen Hohlraum jederzeit zugänglich sein sollte. Außerdem besteht hier die Gefahr, dass sich die Plattenfugen infolge unkontrollierter Luftbewegungen und damit einhergehender Staubablagerungen im Plattenkantenbereich abzeichnen. Wird diese Verlegeart gewählt, muss die Rohbodendecke möglichst staubfrei gesäubert und mit einem 2-Komponenten-Anstrich beschichtet werden.

13.5.6 Allgemeine Anforderungen und technische Daten[1]

Siehe auch Kapitel 13.4.4., dort beziehen sich einige Angaben allgemein auf Systemböden und sollen hier nicht wiederholt werden.

Normen und Richtlinien. Als technisches Regelwerk gilt die vom Bundesverband Systemböden herausgegebene „Anwendungsrichtlinie zur DIN EN 12825 Doppelböden" [5]. Die wichtigsten Regelwerke zu Systemböden sind in Tabelle **13**.20 zusammengefaßt

Ebenheitstoleranzen. Die Höhennivellierung der Stützen und damit der Doppelbodenplatten muss eine ausreichen-

---

[1] Der aktuelle Stand der Normung von Doppelböden (DIN EN 12825) ist Abschn. 13.7 zu entnehmen. Die vom Bundesverband Systemböden neu herausgegebene „Anwendungsrichtlinie" ersetzt die frühere „Sicherheitsrichtlinie für Doppelböden".

de Ebenheit der fertigen Fußbodenfläche ergeben. Diese muss nach DIN 18 202, Toleranzen im Hochbau – Bauwerke, mindestens den Regelforderungen (Zeile 3) oder den erhöhten Anforderungen (Zeile 4) der Tabelle 3 dieser Norm entsprechen. S. hierzu Tabelle **11**.2. Die gängigen Doppelbodensysteme erreichen die Stuhlrollentauglichkeit.

Tragfähigkeit. Für die Sicherheit eines Doppelbodens ist die Tragfähigkeit von ausschlaggebender Bedeutung. Ähnlich wie beim Hohlraumboden ist hierfür in der Regel nicht die Flächenlast, sondern die Punktlast entscheidend. In der „Anwendungsrichtlinie zur DIN EN 12825" werden Lastklassen festgelegt wie für Hohlböden. Wie Tabelle **13**.10 zeigt, unterscheiden sich Nennpunktlast und Sicherheitspunktlast um den Sicherheitsfaktor 2,0.

Brandschutz. Anforderungen stellt die „Musterrichtlinie über brandschutztechnische Anlagen an Systemböden" (MSysBöR) [10] an Systemböden mit Installationen im Hohlraum, ausgenommen Systemböden in Sicherheitstreppenhäusern.

Im Sinne der Richtlinie sind auch Hohlböden mit lichter Hohlraumhöhe über 200 mm als Doppelboden zu behandeln.

Es wird unterschieden zwischen:

1) Systemböden in notwendigen Treppenräumen und notwendigen Fluren und weiteren Räumen, die im wesentlichen die Rettungswege bilden, und

2) Sonstige Räume.

Im Fall 1) ist neben den Bemerkungen aus 13.4.4. vorgegeben, dass die Platten eines Doppelbodens dicht, d.h. mindestens stumpf gestoßen, verlegt werden müssen. Bei Hohlraumhöhen über 200 mm müssen Doppelböden feuerhemmend von unten sein. Als weitere Ausnahme von der Baustoffklasse können der Kantenschutz und die Stützenkopfauflage aus brennbaren Materialien bestehen.

Im Fall 2) ist neben den Bemerkungen aus 13.4.4. für Doppelböden mit lichten Hohlraum über 500 mm gefordert, dass die Bodenkonstruktion bzgl. Statik feuerhemmend von unten ist.

Werden Hohlräume auch zur Raumlüftung benutzt, muss sichergestellt sein, dass mit Hilfe von darin untergebrachten oder im Bereich des Luftaustritts angeordneten Rauchmeldern die Lüftungsanlage im Brandfall sofort abgeschaltet wird. Es ist mindestens ein Rauchmelder je 70 m^2 Grundfläche bei durchgehendem Hohlraum anzuordnen, sofern nicht aus Gründen der besonderen Nutzung des Raumes (z. B. Datenverarbeitungsanlage) weitere Auflagen zu beachten sind. Für den bei Doppelböden hohen Fugenanteil wird von den Herstellern der a-Wert als Maß der Luftdurchlässigkeit angegeben. Es gibt keine normierten brandschutztechnischen Anforderungen an diesen Wert, er ist bei Bedarf vorab mit der Bauaufsicht zu klären.

Für Wandanschlüssen und auf dem Boden montierten Trennwänden ist ebenfalls 13.4.4. zu beachten. Auf Doppelböden dürfen Wände notwendiger Flure innerhalb von Nutzungseinheiten montiert werden, wenn der lichte Hohlraum niedriger als 200mm ist und die Bodenkonstruktion feuerhemmend von unten ist.

Schallschutz. Doppelböden sind technisch anspruchsvolle Konstruktionen, deren schallschutzmäßige Beurteilung und Prüfung fachspezifische Kenntnisse voraussetzt.

Doppelböden und Hohlraumböden verbessern sowohl die Luft- als auch die Trittschalldämmung von Rohdecken. Von besonderer Bedeutung ist bei Systemböden jedoch die Schall-Längsdämmung, da deren Hohlräume oftmals unter aufgesetzten Trennwänden durchlaufen.

Bei der Planung und Beurteilung muss demnach grundsätzlich zwischen vertikaler und horizontaler Schallübertragung unterschieden werden.

In der Richtlinie VDI 3762 werden die wesentlichen schallschutztechnischen Eigenschaften von Doppelböden beschrieben und entsprechende Anforderungen und Messverfahren detailliert aufgeführt [9].

- **Die vertikale Trittschalldämmung** von Doppelbodenkonstruktionen wird am wirkungsvollsten erreicht durch
  - möglichst günstiges Verbesserungsmaß des Bodenbelages,
  - möglichst große flächenbezogene Masse der Doppelbodenplatte,
  - erhöhte Fugendichtigkeit zwischen den Doppelbodenplatten,
  - dämpfende Wirkung der Stützkopfauflage.
- **Die horizontale Schall-Längsdämmung** von Doppelböden wird im Wesentlichen beeinflusst durch
  - Verbesserungsmaß des jeweiligen Bodenbelages,
  - flächenbezogene Masse der Doppelbodenplatte,
  - Fugendichtigkeit zwischen den Doppelbodenplatten,
  - Hohlraumdämpfung in Form von Absorberschotts unterhalb der Trennwände. Vgl. hierzu auch Abschn. 15.3.3, Schall-Längsdämmung oberhalb und unterhalb umsetzbarer Trennwände.
- **Auf die Luftschalldämmung** von Doppelböden haben textile und elastische Bodenbeläge keinen Einfluss. Lediglich die Schallabsorption im Raum selbst lässt sich durch textile Beläge erhöhen.

Elektrostatik. Beim Begehen von Doppelböden können elektrostatische Ladungen entstehen. Diese müssen schnell und gefahrlos zur Erde abgeleitet werden. In den meisten Anwendungsfällen reicht in der Regel ein Oberbelag aus, der die Aufladungsgrenze von 2 kV nicht überschreitet. S. hierzu Abschn. 11.4.10, Klassifikation des elektrostatischen Verhaltens von Bodenbelägen sowie Abschn. 11.4.12, Elektrostatisches Verhalten von textilen Bodenbelägen.

Anforderungen an den Erdableitwiderstand der gesamten Doppelbodenkonstruktion sind nicht sinnvoll. Sie ergeben sich nur für bestimmte Böden aus der Nutzung (z. B. in der elektronischen Fertigung, Rechenzentren) oder aus der DIN VDE 0100-Reihe für die Elektroinstallation.

Die entsprechenden Richtlinien der Berufsgenossenschaften, Hersteller elektronischer Geräte usw. sind zu beachten. Die Hersteller arbeiten bei Böden ohne besondere Anforderungen an Elektrostatik mit üblichen Erfahrungswerten, die meisten Böden haben einen Erdableiterwiderstand von mind. 1 Mega-Ohm und alle 20 m^2 eine Erdung.

Lüftung-Kühlung-Heizung-Akustik

Auch der Doppelbodenhohlraum kann für klimatechnische Zwecke eingesetzt werden.

Die **Luftzuführung** zu den Luftauslässen in der Bodenfläche kann auf zwei Arten erfolgen. Man unterscheidet:

13

- **Offenes Luftführungssystem.** Die Luftzuführung erfolgt hier direkt über den als Druckboden ausgebildeten Doppelbodenhohlraum zu den Lüftungseinsätzen bzw. Lüftungsplatten und damit in den zu belüftenden Raum. Über Trennschotts kann der Luftstrom auch auf Teilbereiche begrenzt werden. Diese Luftführungstechnik arbeitet nach dem Verdrängungsprinzip. Der jeweilige Fugendurchlasskoeffizient (a-Wert) der Doppelbodenkonstruktion ist gemäß DIN EN 13 213 durch Prüfzeugnis zu belegen. Der Rohboden wird aus hygienischen Gründen mit einer staubbindenden 2-K-Beschichtung versehen.

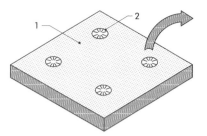

13.15 Doppelbodenplatte zur Lufteinführung über Bodenauslässe
1 Doppelbodenplatte mit Bodenbelag
2 Bodenauslässe mit Lüftungseinsätzen

- **Geschlossenes Luftführungssystem.** Die Luft wird hier über Rohrleitungen oder Klimakanäle mit festem Anschluss zu den Bodenauslässen geführt. Vgl. hierzu auch Abschn. 14.2.6, Lüftungs- und Klimatechnik im Unterdeckenbereich.

Für die **Lufteinführung** vom Hohlraum in den darüber liegenden Nutzraum bieten sich ebenfalls mehrere Möglichkeiten an:

- **Lufteinführung über Bodenauslässe** (Bild **13**.15). Den in die Doppelbodenplatten eingelassenen Auslässen kann die Zuluft über den unter Überdruck stehenden Hohlraum (offenes System) oder über flexible Rohrleitungen (geschlossenes System) zugeführt werden. Sog. Lüftungseinsätze sorgen für eine weitgehend zugfreie Einführung. Diese Einsätze können bei Bedarf noch mit Schmutzfangkörben und Drosselvorrichtungen zur Mengenregulierung ausgerüstet sein.

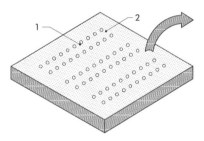

13.16 Doppelbodenplatte zur Lufteinführung über Lochfeld
1 Doppelbodenplatte mit Bodenbelag
2 Anordnung der Lochreihen je nach Bedarf

- **Lufteinführung über Lochplatten** (Bild **13**.16). Bei diesem Prinzip strömt die Zuluft infolge des Überdruckes im Hohlraum durch Löcher oder Schlitze in den Doppelbodenplatten direkt in den Nutzraum. Je nach Anordnung und Dichte der Lochreihen pro Platte (= sog. freier Querschnitt) können gezielt klimatisierte Zonen geschaffen und ein gleichmäßiger Luftaustausch erreicht werden. Eine Mengenregulierung durch Drosselvorrichtungen ist ebenfalls möglich.
  Diese Perforation der Lüftungsplatten schränkt jedoch deren Tragfähigkeit ein. Ein statischer Ausgleich kann durch den Einbau von Rasterstäben (= allseitige Traversenauflage der Doppelbodenplatten) erreicht werden. Oberseitig auf die Profile aufgeklebte Dichtungsbänder dichten zusätzlich die Stoßfugen der Doppelbodenplatten ab.

- **Lufteinführung über flächige Quelllüftung** (Bild **13**.17). Bei den beiden vorgenannten Lufteinführungsarten sind im Bodenbelag immer Auslässe, Lochreihen o. Ä. erkennbar. Diese Oberflächenmarkierungen entfallen beim sog. Quelllüftungs-Doppelboden, da bei dieser Bauart Schlitz- oder Lochplatten oberseitig durchgehend mit einem nicht perforierten jedoch luftdurchlässigen textilen Bodenbelag beschichtet werden. Geeignet sind hierfür insbesondere Nadelfilzbeläge, aber auch spezielle Velours- und Webteppiche. Auf die Eignung der Beläge ist besonders zu achten. S. hierzu auch Abschn. 14.2.6, Kühldeckentechnik.
  Um bei dieser Art der Lufteinführung ein Abzeichnen der Schlitzplatten an der Belagoberfläche – bedingt durch Staubablagerung infolge der Luftbewegungen – weitgehend zu vermeiden, ist auf eine sorgfältige Wartung der Lüftungs- bzw. Klimaanlage (Filter) zu achten. Außerdem ist die Rohdecke möglichst staubfrei zu reinigen und mit einem 2 Komponenten-Anstrich zu beschichten.

13

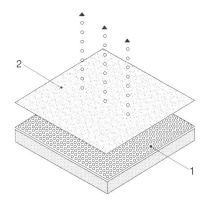

13.17 Doppelbodenplatte zur Lufteinführung über flächige Quelllüftung
1 Doppelbodenplatte gelocht
2 nicht perforierter, jedoch luftdurchlässiger textiler Bodenbelag

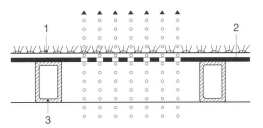

13.18 Großflächige, hoch belastbare Doppelbodenplatte aus Stahlprofilrohrrahmen mit aufgeschweißter Stahlschlitzplatte und
1 Schlitzplatte aus Stahlblech
2 Tragrahmen

Tabelle **13**.19 Übersicht über die wichtigsten Regelwerke für Systemböden. Quelle: Bundesverband Systemböden e.V., Merkblatt Nr. 009, Stand 12/2013

Anforderung	Regelwerk	Nachweis		Bauaufsichtliche Abnahme erforderlich?	Einzuhaltende anerkannte Regel der Technik	ATV
		Planung	Ausführung			
Tragfähigkeit	DIN EN 12825/13213	Konformitätszertifikat	Konformitätszertifikat	Ja	Ja	Ja
Maßhaltigkeit	DIN EN 12825/13213, ARILI, DIN 18202	Konformitätszertifikat	Konformitätszertifikat		Ja	Ja
Korrosionsschutz	DIN EN 12825/13213, ARILI, DIN 50961	Konformitätszertifikat	Konformitätszertifikat		Ja	Ja
Brandverhalten Baustoffklasse	Musterrichtlinie, DIN 4102 Teil 1, DIN EN 13501 Teil 1, Bauregelliste, Bauordnung	ABP ABZ		Ja	Ja	Ja
Feuerwiderstandsklasse	Musterrichtlinie, DIN 4102 Teil 2, DIN EN 13501 Teil 2, Bauregelliste, Bauordnung	ABP ABZ	Übereinstimmungserklärung der ausführenden Firma	Ja	Ja	Ja
Leitfähigkeit	ARILI, DIN EN 1081, DIN 54345, IEC 61340	Prüfbericht	Prüfbericht		Ja	Ja
Schallschutz	DIN EN 140/12, DIN 4109, ARILI	Prüfbericht	Prüfbericht	Ja	Ja	Ja
Hygiene	Bauproduktengesetz				Ja	Ja

ABP = Allgemeines Bauaufsichtliches Prüfzeugnis
ABZ = Allgemeine bauaufsichtliche Zulassung
ARILI = Anwendungsrichtlinie zur DIN EN 12825/13213
ATV = Allgemeine technische Vertragsbedingungen
DIN = Deutsche Industrienorm
EC 1 = Eurocode 1 (ENV 1991-1, 12.95)
EN = Europäische Norm

13

Heizung. Auch die Beheizung der Nutzräume kann über den Doppelbodenhohlraum erfolgen. Das System der Beheizung über Warmluft ist mit dem System der Belüftungstechnik identisch. Zur Temperaturabsenkung werden die Lüftungseinsätze geschlossen oder der Luftstrom reguliert.

Angeboten werden auch beheizte Bodenplatten. Hier werden in den 600x600 mm Elementen Fußbodenheizungen eingearbeitet, jede Platte wird einzeln über flexible Schläuche an das Heizsystem angeschlossen. Die Platten lassen sich weiterhin herausnehmen, das Heizsystem ist aber mit hohem Installationsaufwand und Raumverlust im Bodenhohlraum verbunden.

Akustik. Die Schallabsorption kann entweder durch entsprechende Beläge erhöht werden, oder durch Lochplatten der Lüftung. Unter den Lochplatten kann auf dem Rohboden zusätzlich schallabsorbierende Mineralwolle verlegt werden, oder die Platten können auf der Unterseite mit einem Akustikvlies beklebt werden. Das Vlies verhindert aber die Nutzung des Bodens zur Lüftung.

13.6 Normen

Norm	Ausgabedatum	Titel
DIN 4102-1	05.1998	Brandverhalten von Baustoffen und Bauteilen; Baustoffe; Begriffe, Anforderungen und Prüfungen
DIN 4102-2	09.1977	–; Bauteile; Begriffe, Anforderungen und Prüfungen
DIN 4102-3	09.1977	–; Brandwände und nichttragende Außenwände; Begriffe, Anforderungen und Prüfungen
DIN 4102-4	03.1994	–; Zusammenstellung und Anwendung klassifizierter Baustoffe, Bauteile und Sonderbauteile
E DIN 4102-4	06.2014	–; –;
DIN 4102-4/A1	11.2004	–; –; Änderung A1
DIN 4103-1	07.1984	Nichttragende innere Trennwände; Anforderungen, Nachweise
E DIN 4103-1	03.2014	–; –;
DIN 4103-2	11.2010	–; Trennwände aus Gips-Wandbauplatten
DIN 4103-4	11.1988	–; Unterkonstruktion in Holzbauart
DIN 4108 Bbl 2	03.2006	Wärmeschutz und Energie-Einsparung in Gebäuden – Wärmebrücken – Planungs- und Ausführungsbeispiele
DIN 4108-2	02.2013	–; Mindestanforderungen an den Wärmeschutz
DIN 4108-3	07.2001	–; Klimabedingter Feuchteschutz; Anforderungen, Berechnungsverfahren und Hinweise für Planung und Ausführung
E DIN 4108-3	01.2012	–; –;
DIN 4108-3 Ber. 1	04.2002	–; Berichtigungen
DIN 4108-4	02.2013	–; Wärme- und feuchteschutztechnische Bemessungswerte
DIN 4109	11.1989	Schallschutz im Hochbau; Anforderungen und Nachweise
DIN 4109 Ber 1	08.1992	–; Berichtigungen
DIN 4109/A1	01.2001	–; –; Änderung A1
DIN 4109 Bbl 1	11.1989	–; Ausführungsbeispiele und Rechenverfahren
DIN 4109 Bbl 1/A1	09.2003	–; –; Änderung 1
DIN 4109 Bbl 1/A2	02.2010	–; –; Änderung 2
DIN 4109 Bbl 2	11.1989	–; Hinweise für Planung und Ausführung; Vorschläge für einen erhöhten Schallschutz; Empfehlungen für den Schallschutz im eigenen Wohn- und Arbeitsbereich

13

Norm	Ausgabedatum	Titel
DIN 4109 Bbl 3	06.1996	–; Berechnung von $R'_{w,R}$ für den Nachweis der Eignung nach DIN 4109 aus Werten des im Labor ermittelten Schalldämm-Maßes R_w
DIN 4109-11	05.2010	–; Nachweis des Schallschutzes; Güte- und Eignungsprüfung
DIN 18 181	10.2008	Gipsplatten im Hochbau – Verarbeitung
DIN 18 195-1	12.2011	Bauwerksabdichtungen; Grundsätze, Definitionen, Zuordnung der Abdichtungsarten
DIN 18 195-2	04.2009	–; Stoffe
DIN 18 195-3	12.2011	–; Anforderungen an den Untergrund und Verarbeitung der Stoffe
DIN 18 195-4	12.2011	–; Abdichtungen gegen Bodenfeuchte (Kapillarwasser, Haftwasser) und nichtstauendes Sickerwasser an Bodenplatten und Wänden; Bemessung und Ausführung
DIN 18 202	04.2013	Toleranzen im Hochbau; Bauwerke
DIN 18 353	09.2012	VOB Vergabe- und Vertragsordnung für Bauleistungen – Teil C: Allgemeine Technische Vertragsbedingungen für Bauleistungen (ATV) – Estricharbeiten
DIN 18 365	10.2006	–; –; Bodenbelagarbeiten
DIN 18 560-1	04.2004	Estriche im Bauwesen – Allgemeine Anforderungen, Prüfung und Ausführung
DIN 18 560-2	04.2004	–; Estriche und Heizestriche auf Dämmschichten (schwimmende Estriche)
DIN 18 560-3	03.2006	–; Verbundestriche
DIN 18 560-4	04.2004	–; Estriche auf Trennschicht
DIN 18 560-7	04.2004	–; Hochbeanspruchbare Estriche (Industrieestriche)
DIN EN 309	04.2005	Spanplatten – Definition und Klassifizierung
DIN EN 312	12.2010	Spanplatten – Anforderungen
DIN EN 634-1	04.1995	Zementgebundene Spanplatten – Anforderungen; Allgemeine Anforderungen
DIN EN 634-2	05.2007	–; –; Anforderungen an Portlandzement (PZ) gebundene Spanplatten zur Verwendung im Trocken-, Feucht- und Außenbereich
DIN EN 826	05.2013	Wärmedämmstoffe für das Bauwesen – Bestimmung des Verhaltens bei Druckbeanspruchung
DIN EN 1081	04.1998	Elastische Bodenbeläge; Bestimmung des elektrischen Widerstandes
DIN EN 1307	07.2014	Textile Bodenbeläge – Einstufung
DIN EN 1364-1	10.1999	Feuerwiderstandsprüfungen für nichttragende Bauteile; Wände
E DIN EN 1364-1	11.2011	–; –;
DIN EN 1366-1	10.1999	Feuerwiderstandsprüfungen für Installationen – Leitungen
E DIN EN 1366-1	02.2014	–; –;
DIN EN 1366-3	07.2009	-; Abschottungen
DIN EN 1366-5	06.2010	-; Installationskanäle und -schächte
DIN EN 1366-6	02.2005	-; Doppel- und Hohlböden
DIN EN 1815	01.1998	Elastische und textile Bodenbeläge – Beurteilung des elektrostatischen Verhaltens
E DIN EN 1815	08.2014	–; –;
DIN EN 1991-1-1	12.2010	Eurocode 1: Einwirkungen auf Tragwerke – Teil 1-1: Allgemeine Einwirkungen auf Tragwerke – Wichten, Eigengewicht und Nutzlasten im Hochbau

13

Norm	Ausgabedatum	Titel
DIN EN 1991-1-1/NA	12.2010	–; Nationaler Anhang
DIN EN 12 529	05.1999	Räder und Rollen – Möbelrollen – Rollen für Drehstühle – Anforderungen
DIN EN 12 529 Ber.1	06.2007	–; –; Berichtigungen
DIN EN 12 825	04.2002	Doppelböden
DIN EN 13 213	12.2001	Hohlböden
DIN EN 13 318	12.2000	Estrichmörtel und Estriche – Begriffe
DIN EN 13 454-1	01.2005	Calciumsulfat-Binder, Calciumsulfat-Compositbinder und Calciumsulfat-Werkmörtel für Estriche – Begriffe und Anforderungen
DIN EN 13 501-1	01.2010	Klassifizierung von Bauprodukten und Bauarten zu ihrem Brandverhalten; Klassifizierung mit den Ergebnissen aus den Prüfungen zum Brandverhalten von Bauprodukten
DIN EN 13 501-2	02.2010	–; Klassifizierung mit den Ergebnissen aus den Feuerwiderstandsprüfungen, mit Ausnahme von Lüftungsanlagen
DIN EN 13 813	01.2003	Estrichmörtel, Estrichmassen und Estriche – Estrichmörtel und Estrichmassen – Eigenschaften und Anforderungen
DIN EN 13 892	02.2003	Prüfverfahren für Estrichmörtel und Estrichmassen, DIN-Reihe in acht Teilen
DIN EN 14 279	07.2009	Furnierschichtholz (LVL) – Definitionen, Klassifizierung und Spezifikationen
DIN EN 14 755	01.2006	Spanplatten nach dem Strangpressverfahren (Strangpressplatten) – Anforderungen
DIN EN 61 340-4-1	12.2004	Elektrostatik – Teil 4-1: Standard-Prüfverfahren für spezielle Anwendungen – Elektrischer Widerstand von Bodenbelägen und verlegten Fußböden
DIN EN ISO 10848-2	08.2006	Akustik – Messung der Flankenübertragung von Luftschall und Trittschall zwischen benachbarten Räumen in Prüfständen – Teil 2: Anwendung auf leichte Bauteile, wenn die Verbindung geringen Einfluss hat
DIN EN ISO 7345	01.1996	Wärmeschutz – Physikalische Größen und Definitionen
DIN EN ISO 10 581	02.2014	Elastische Bodenbeläge – Homogene und heterogene Polyvinylchlorid-Bodenbeläge – Spezifikation
DIN EN ISO 10 874	04.2012	Elastische, textile und Laminat-Bodenbeläge – Klassifizierung
VDI 3762	01.2012	Schalldämmung von Doppel- und Hohlraumböden
DIN EN 50085-2	07.2009	Elektroinstallationskanalsysteme für elektrische Installationen (Lastklassen und Durchbiegeverhalten), diese Norm erstetzt die Bisherigen DIN VDE 0604-2/3 und 0634-1/2
DIN VDE 0100		DIN-Reihe mit Verlegerichtlinien für Elektroinstallationen. Für Kanalsysteme als Teil der E-Installation zu berücksichtigen.

Weitere ergänzende Normen s. Abschn. 11.5, 12.4 und 14.6

13.7 Literatur

[1] Unterflur-Installationssysteme, OBO BETTERMANN GmbH & Co. Kg, Menden

[2] Flexaboden GmbH, Frechen, http://www.flexaboden.de/, Hersteller von Kunststoffkanälen in der Dämmschicht für schwimmende Konstruktionen

[3] Bodeninstallationssysteme ELECTRAPLAN, Hager Vertriebsgesellschaft mbH & Co KG, Blieskastell

[4] Anwendungsrichtlinie zur DIN EN 13 213 Hohlböden. Hrsg.: Bundesverband Systemböden e.V., Düsseldorf. Stand: April 2011

[5] Anwendungsrichtlinie zur DIN EN 12 825 Doppelböden. Hrsg.: Bundesverband Systemböden e.V., Düsseldorf. Stand: April 2011

[6] Merkblatt Nr. 3: Hygieneanforderungen im Bereich Systemböden. Hrsg.: Bundesverband Systemböden e.V., Düsseldorf. Stand: Dezember 2013

[7] MERO-Bodensysteme. Produktinformationen. Mero-Werke, Würzburg

[8] LINDNER Systemböden. Technische Unterlagen, Lindner AG, Arnstorf.

[9] Schalldämmung von Doppel- und Hohlböden. Richtlinie VDI 3762. Stand: Januar 2012. Verein Deutscher Ingenieure.

[10] Musterrichtlinie über brandschutztechnische Anforderungen an Systemböden. Fachkommission Bauaufsicht der ARGEBAU. Stand: September 2005, einsehbar beim Bundesverband Systemböden

[11] SFE-Zertifizierung, Liste der zertifizierten Syteme für Hohlböden, Liste der zertifizierten Systeme für Doppelböden, System-Flooring EWIV, Stuttgart. www.system-flooring.com

[12] Trockenbau Atlas. Grundlagen, Einsatzbereiche, Konstruktionen, Details. Rudolf Müller, Köln 2014

[13] Comey – Z.I – Rue Gutenberg – 89500 Villeneuve sur Yonne – France, Produktinformationen zu Alu-Unterkonstruktionen für Systemböden

13

14 Leichte Deckenbekleidungen und Unterdecken

14.1 Allgemeines

Decken sind bezogen auf die Raumwirkung eines der wesentlichen gestalterischen Elemente. Da sie in ihrem Ausdruck am wenigsten durch die Nutzung gestört werden, eignen sie sich besonders zur optischen Strukturierung von Räumen. So wurden z. B. im Barock schiefwinklige Räume durch rechtwinklige Stuckelemente optisch korrigiert.

Technische Installationen und dem Raum dienende Technik werden häufig im Deckenbereich angeordnet, da sie hier leicht zugänglich sind und nicht durch Einrichtungsgegenstände verstellt werden können.

Bei Instandsetzungen und Nutzungsänderungen bestehender Gebäude müssen Decken häufig für den Brandschutz und den Schallschutz ertüchtigt werden.

Leichte Deckenbekleidungen und Unterdecken bieten sich für diese Anforderungen als vom Rohbau getrennte, nachträglich ausführbare Konstruktionen an. Die DIN 18 168-1 definiert diese als ebene oder anders geformte Decken mit glatter oder gegliederter Fläche, die aus einer Unterkonstruktion und einer flächenbildenden Decklage bestehen. Leichte Deckenbekleidungen und Unterdecken (max. Flächengewicht 50 kg/m^2) bilden den oberen, sichtbaren Abschluss des Raumes. Sie besitzen keine wesentliche Tragfähigkeit. Zusätzliche schwere Einzellasten sind gesondert abzuhängen oder über eine verstärkte Unterkonstruktion aufzunehmen. Abgehängte leichte Unterdecken dürfen auch nicht unmittelbar betreten werden. Bei Bedarf sind besondere Laufstege vorzusehen.

Bei Neubauten, bei denen die massive Rohdecke den Schall- und Brandschutz erfüllt, sollte nach Möglichkeit auf abgehängte Decken verzichtet bzw. diese möglichst reduziert eingesetzt werden, um die thermische Trägheit der Decke (Wärmespeichervermögen) zur Reduzierung der sommerlichen Kühlleistung zu nutzen (Bild **14**.1a). Technische Installationen werden möglichst im Gangdecken- oder im Bodenbereich verlegt. Zur Steuerung der Schalldämpfung und zur Installation von Beleuchtung können partiell abgehängte Decken in Form von oben offenen Deckensegeln verwendet werden.

Trockenbauweise. Im Unterdeckenbereich werden heute vorwiegend leichte, industriell vorgefertigte, in Trockenbauweise montierbare Deckensysteme verwendet, um unnötigen Feuchtigkeits- und Schmutzeintrag im Ausbau zu vermeiden. Das Angebot reicht von der einfachsten, nur der Dekoration dienenden Bekleidung bis zu Deckensystemen, die gleichzeitig die unterschiedlichsten bauphysikalischen, baukonstruktiven und bautechnischen Funktionen sowie besondere gestalterische Aufgaben zu erfüllen haben. Die Vorteile des Trockenbaues im Unterdeckenbereich zeichnen sich insbesondere aus durch:

- ein geringes Gewicht der Ausbauelemente und damit Entlastung der Tragkonstruktion,
- kurze Bauabwicklungszeiten infolge industrieller Vorfertigung und trockener Montage,
- flexible Raumnutzung durch Funktionstrennung von tragenden und nichttragenden Bauteilen,
- einfache nachträgliche Anpassung der Installationen an sich ändernde Anforderungen,
- Erfüllung nahezu aller bauphysikalischer und bautechnischer Anforderungen,
- problemlose Integration von Beleuchtung und Klimatechnik im Deckenhohlraum,
- leichte Zugänglichkeit bei anfallenden Wartungsarbeiten und Nachinstallationen,
- besondere Eignung für die Modernisierung und Sanierung von Altbauten bei individueller Gestaltungsvielfalt der vorgefertigten Deckenelemente.

Trockenbaukonstruktionen können alle Anforderungen an den Brand-, Schall-, Wärme- und Feuchteschutz erfüllen. Die Vorteile des Trockenbaues und damit des Leichtbaues werden vor allem im Objektbereich genutzt, während im Wohnungsbau (noch) weitgehend die traditionellen – massiven und nassen – Bautechniken das Baugeschehen bestimmen.

Einteilung und Benennung. Deckenbekleidungen, die über die Unterkonstruktion *unmittelbar* am tragenden Bauteil verankert sind (Bild **14**.1d), werden vorwiegen aus gestalterischen Gründen bei Decken ohne aufwändige technische Installationen ausgeführt.

14

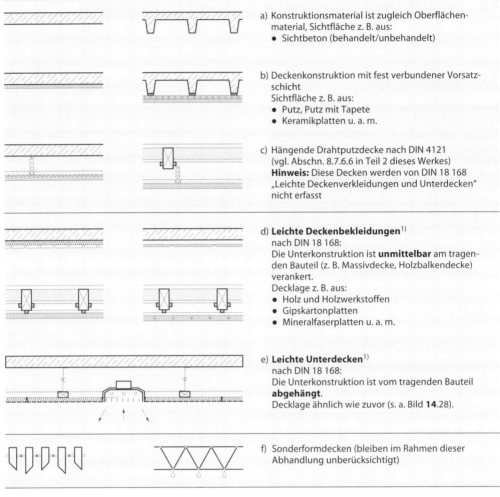

a) Konstruktionsmaterial ist zugleich Oberflächenmaterial, Sichtfläche z. B. aus:
   • Sichtbeton (behandelt/unbehandelt)

b) Deckenkonstruktion mit fest verbundener Vorsatz-
   schicht
   Sichtfläche z. B. aus:
   • Putz, Putz mit Tapete
   • Keramikplatten u. a. m.

c) Hängende Drahtputzdecke nach DIN 4121
   (vgl. Abschn. 8.7.6.6 in Teil 2 dieses Werkes)
   Hinweis: Diese Decken werden von DIN 18 168
   „Leichte Deckenverkleidungen und Unterdecken"
   nicht erfasst

d) **Leichte Deckenbekleidungen**[1]
   nach DIN 18 168:
   Die Unterkonstruktion ist **unmittelbar** am tragen-
   den Bauteil (z. B. Massivdecke, Holzbalkendecke)
   verankert.
   Decklage z. B. aus:
   • Holz und Holzwerkstoffen
   • Gipskartonplatten
   • Mineralfaserplatten u. a. m.

e) **Leichte Unterdecken**[1]
   nach DIN 18 168:
   Die Unterkonstruktion ist vom tragenden Bauteil
   abgehängt.
   Decklage ähnlich wie zuvor (s. a. Bild **14**.28).

f) Sonderformdecken (bleiben im Rahmen dieser
   Abhandlung unberücksichtigt)

14.1   Einteilung nach konstruktiven Merkmalen

Unterdecken weisen eine tragfähige Unterkonstruktion auf, die abgehängt am tragenden Bauteil befestigt ist (Bild **14**.1e). Der Zwischenraum
bietet Raum für technische Installationen und
ermöglicht bei entsprechender Ausführung einfache Wartung oder Anpassung der Technik.

14.2   Allgemeine Anforderungen[1]

An leichte Deckenbekleidungen und Unterdecken werden vielfältige Anforderungen gestellt.

Sie schließen sich teilweise gegenseitig aus, so
dass je nach Aufgabenstellung abzuwägen ist,
welchen Forderungen im Einzelfall der Vorrang
zu geben ist. Auszugehen ist dabei meist von den
vorgegebenen konstruktiven und baulichen Voraussetzungen sowie von der späteren Nutzungsart der jeweiligen Räumlichkeiten.

Anforderungen an Unterdecken können gestellt
werden bezüglich:

• Raumgestaltung (innenräumliches Gesamtkonzept)

• Schallschutz (Schalldämmung und Raumakustik)

---

[1] Der aktuelle Stand der Normung (DIN EN 13 964 – Unterdecken) ist Abschn. 14.6 zu entnehmen.

- Brandschutz (Brandverhalten von Baustoffen und Bauteilen)
- Wärme- und Feuchteschutz (bei angrenzenden Außenbauteilen und internen Wärmequellen)
- Geometrische und maßliche Abstimmung (Maßordnung, Rastertypen)
- Integration von Klima-, Lüftungs-, Heizungs- und Beleuchtungstechnik
- Ausbildung und Beschaffenheit der Unterkonstruktion und tragenden Teile (Lastabtragung)
- Anschlussmöglichkeiten von leichten, umsetzbaren Trennwänden
- Demontierbarkeit und Zugänglichkeit zum Deckenhohlraum
- Grad der industriellen Vorfertigung und Reduzierung des Montageaufwandes
- Material- und Sichtflächenbeschaffenheit der Decklage
- Umweltverträglichkeit, Wiederverwertung (Recycling), Wirtschaftlichkeit u. a. m.

14.2.1 Raumgestaltung

Bei der Festlegung einer Unterdecke sollten neben den zweckorientierten Überlegungen raumgestalterische Aspekte niemals unberücksichtigt bleiben. Im Hinblick auf die Deckengestaltung sind im Einzelnen zu beachten:

- Innenarchitektonisches Gesamtkonzept (Absicht, Aufwand, Aussage)
- Nutzungszweck (Repräsentations- oder Zweckbau)
- Größe, Form und Zuschnitt der Räumlichkeiten
- Lage, Anordnung und Dimension der Raumöffnungen (Türen, Fenster, Oberlichter)
- Einfluss und Wirkung von Tageslicht und Kunstlicht
- Wechselwirkung von Deckenform, Deckenmaterial und Verarbeitungstechniken
- Ausbildung der Deckenanschlüsse an Wandflächen, Stützen, Deckendurchbrüche
- Anordnung der Deckenauslässe (Beleuchtungskörper, Luftdurchlässe) bei Beachtung der Deckengliederung
- Maßstäblichkeit durch geeignete Wahl von Rastermaß, Plattenformat, Fugenbreite sowie Oberflächenstruktur und Textur der Materialien in Relation zur Raumgröße

- Betonung oder Korrektur der Raumdimensionen bzw. Raumproportionen und damit des Raumeindruckes durch entsprechende Materialwahl und/oder Farbgebung.

Bei anspruchsvollen Innenausbauobjekten sollte immer ein Deckenplan (Deckenuntersicht) erstellt werden, in dem die wichtigsten Funktionsträger wie Deckeneinbauleuchten, Luftdurchlässe, Sprinklerköpfe usw. und alle raumhohen Einbauten wie Trennwände, Einbauschränke, Wandbekleidungen sowie die raumbegrenzenden Bauteile und Deckendurchbrüche (z. B. Treppenöffnungen) festgehalten sind.

14.2.2 Schallschutz mit leichten Unterdecken

Beim Schallschutz ist grundsätzlich zu unterscheiden zwischen Maßnahmen der Schalldämmung und der Schallabsorption.

Schalldämmung beinhaltet die Minderung der Schallübertragung zwischen benachbarten Räumen. Je nach Art der Schwingungsanregung der Bauteile unterscheidet man zwischen Luftschalldämmung und Körperschalldämmung.

Schallabsorption bedeutet Minderung des Schalles (Schallausbreitung) im Raum selbst. Beide Maßnahmen müssen getrennt voneinander betrachtet werden.

Schallenergie, die von einer Schallquelle ausgestrahlt wird, kann von der Begrenzungsfläche des Raumes ungeschwächt *reflektiert* (bei harten und glatten Oberflächen) oder mehr oder weniger *absorbiert* werden (bei weichen und porösen Oberflächen). Eine Verminderung bzw. Verhinderung der Reflexion (z. B. durch Schallschluckmaßnahmen im Unterdeckenbereich) führt zwangsläufig auch zu einer Verringerung des Schallpegels.

Infolgedessen beeinflussen leichte Deckenbekleidungen und Unterdecken (Akustikdecken[1]) je nach Ausführungsart die

- Raumakustik (z. B. durch Schallabsorption, auch Schallschluckung genannt),
- Schalldämmung (z. B. durch Minderung der vertikalen Schallübertragung bei Geschossdecken),

---

[1] **Akustikdecken** sind Deckenbekleidungen und Unterdecken, die unter anderem auch die Fähigkeit besitzen, auftreffende Schallwellen in möglichst hohem Maße zu absorbieren (Senkung des Lärmpegels) und die eine Schallreflexion nur soweit wie notwendig zulassen (Regulierung der Nachhallzeit und damit Optimierung der Raumakustik).

14

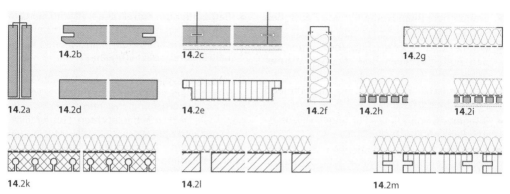

14.2 Schematische Darstellung von schallabsorbierenden Decklagenelementen zur Herstellung von Akustikdecken (Beispiele)

Poröse Decklagenelemente

a) vertikal angeordnete Mineralfaserplatten
b) Mineralfaserplatten
c) putzbeschichtete Mineralfaserplatten
d) Holzwolle-Leichtbauplatte
e) porös beschichtete Leichtspan-Akustikplatte

Perforierte Decklagenelemente

f) vertikal angeordnete, gelochte Trägerschale aus Metall
g) gelochte Metallkassette
h) Gipskarton-Lochplatte
i) putzbeschichtete Gipskarton-Lochplatte

Auf Fuge angeordnete Decklagenelemente

k) geschlitzte Röhrenspanplatten
l) Akustik-Glattkantbretter
m) Akustikpaneele aus Holzwerkstoffen, jeweils mit Faservlies-Kaschierung und hinterlegtem Schallschluckmaterial

- Schall-Längsdämmung (z. B. durch Minderung der horizontalen Schallübertragung entlang des Deckenhohlraumes).

Schallabsorbierende Unterdecken dienen je nach Zweckbestimmung des Raumes der Senkung des Lärmpegels oder der Regulierung der Nachhallzeit. Daraus ergibt sich:

Lärmpegelsenkung. Eine gleichmäßige Lärmpegelsenkung ist insbesondere in Büroräumen, Industriebetrieben, Kaufhäusern, Schalterhallen, Turnhallen usw. erwünscht. Um eine Lärmminderung zu erreichen, sind möglichst große Absorptionsflächen mit möglichst hohem Schallabsorptionsvermögen im Raum anzubringen.

Optimale Nachhallzeit. Im Gegensatz dazu stehen die Forderungen bei Unterrichtsräumen, Vortragssälen usw. Hier ist eine optimale Wahrnehmung von Sprache und Musik an jeder Stelle des Zuhörerraumes zu gewährleisten. Dabei kommt es nicht darauf an, möglichst viel Schallabsorptionsmaterial im Raum unterzubringen, *sondern das richtige Material in der richtigen Menge an der richtigen Stelle einzuplanen* [17]. Weitere Angaben s. DIN 18 041, Hörsamkeit in kleinen bis mittelgroßen Räumen sowie Abschn. 17.6.3.

Das Schallabsorptionsvermögen einer abgehängten Unterdecke (Akustikdecke) wird im Wesentlichen bestimmt von

- der Beschaffenheit des Schallschluckmateriales (Dicke, Rohdichte, Oberflächenstruktur, Strömungswiderstand),
- dem wirksamen freien Querschnitt der Deckenschale (Perforationsgrad, Lochung, Fugenanteil),
- der Abhängehöhe (Abstand der Unterdecke zur Rohdecke),
- der Formgebung der Decke und der Deckenkonstruktion.

Zur Vermeidung unerwünschter Reflexionen und zur Regulierung von Nachhallzeiten werden bei Akustikdecken zwei Arten von Schallabsorbern verwendet (Bild **14**.2):

- **Poröse Schallabsorber** aus porösen oder faserigen Materialien.
- **Resonanzabsorber** aus plattenförmigen Bekleidungen. Konstruktionen ohne Fugen bezeichnet man als *Plattenschwinger* (Plattenresonatoren), solche mit Fugen oder Löchern als *Lochplattenschwinger* (Helmholzresonatoren). Vgl. hierzu Abschn. 8.10. in Teil 2 dieses Werkes.

14

Zur Herstellung von schallabsorbierenden Deckenbekleidungen und Unterdecken eignen sich demnach folgende Arten von Decklagenelementen (Hauptgruppen nach Bild **14**.2):

- **Poröse Decklagenelemente** aus offenporigen Materialien wie Mineralfaserplatten, Holzwolle-Leichtbauplatten, Leichtspan-Akustikplatten usw. Die Oberflächen sind je nach Desin ggf. genadelt, strukturiert oder porös beschichtet.
- **Perforierte Decklagenelemente** aus gelochten oder geschlitzten Trägerschalen wie Gipskarton-Lochplatten, perforierten Metall-, Holz- oder Gipskassetten usw., meist mit rückseitiger Faservlies-Kaschierung oder hinterlegtem Schallschluckmaterial.
- **Auf Fuge angeordnete Decklagenelemente** aus glatten oder perforierten Platten, Paneelen, Lamellen usw. aus Metall, Holz oder Holzwerkstoffen, ebenfalls mit rückseitiger Faservlies-Kaschierung und vollflächig hinterlegtem Schallschluckmaterial (Deckensegel).

Schalldämmung. Die luft- und trittschalltechnischen Anforderungen einer Geschossdecke werden in der Regel von einem möglichst hohen Flächengewicht der Rohdecke und der darauf aufgebrachten Deckenauflage (z. B. schwimmender Estrich mit Bodenbelag) ausreichend erfüllt. Eine weitere Verbesserung lässt sich – vor allem bei leichten Rohdecken (mit geringer flächenbezog. Masse) oder bei Massivdecken mit Verbundestrich (z. B. in Skelettbauten mit umsetzbaren Trennwänden) – erreichen, wenn auf ihrer Unterseite *eine biegeweiche Schale in Form einer Unterdecke* angebracht wird.

Massivdecken. Bei Massivdecken wird der Schallschutz mit abgehängten Unterdecken jedoch nur verbessert, wenn die Unterdecke selbst bestimmte *konstruktive Voraussetzungen* erfüllt. Neben den in Abschn. 11.3.3 genannten allgemeinen Maßnahmen zur Schalldämmung von Massivdecken müssen *Unterdecken* im Besonderen

- eine möglichst große flächenbezogene Masse aufweisen (Flächengewicht der Deckenplatten mind. 5 kg/m², besser 20 kg/m²),
- aus biegeweichen Platten bestehen (beispielsweise aus zwei dünnen Gipskartonplatten 2 x 12,5 mm, anstelle einer dicken Decklage),
- flächendicht und fugendicht ausgebildet sein (möglichst dichte und elastische Randanschlüsse an allen angrenzenden Bauteilen),

- Befestigungsstellen in einem Mindestabstand von $\geq$ 500 mm aufweisen (Bild **11**.15),
- möglichst geringe Berührungsflächen mit der Rohdecke haben (punktförmig und federnd, keine starre Verbindung zwischen tragendem Bauteil und Deckenschale),
- möglichst großen Schalenabstand von der Rohdecke aufweisen (mind. 50 mm, besser 200 mm und mehr),
- eine horizontale schallabsorbierende Dämmstoffauflage im Deckenhohlraum – oberhalb der Decklage – bekommen (mind. 50 mm, besser 100 mm je nach Anforderung).

Holzbalkendecken. Auch bei Holzbalkendecken kann der erforderliche Schallschutz durch einen entsprechenden Fußbodenaufbau (Deckenauflage) und eine geeignete Bekleidung an der Deckenunterseite erreicht werden. Während die schallschutztechnische Verbesserung auf der Deckenoberseite vor allem auf einer Erhöhung des Flächengewichtes der Deckenauflage beruht, hängt sie im Bereich der Unterdeckenschale im Wesentlichen von der Art der Befestigung der Bekleidung (Unterkonstruktion – UK) an der Balkenlage, von der Hohlraumdämpfung und der Art der Ausbildung der Sichtdeckenplatten (Decklage) ab. Neben den in Abschn. 11.3.3.2 genannten allgemeinen konstruktiven Maßnahmen zur Schalldämmung von Holzbalkendecken sind schallschutztechnische Verbesserungen auf der *Deckenunterseite* zu erreichen durch

- Trennung von Balken und Unterdecke durch federnde Deckenabhängungen (mit Federbügel, Federschienen oder elastischer Abhängung Bild **11**.21),
- wannenförmige Auskleidung des Deckenhohlraumes zwischen den Balken mit mind. 50 mm, besser 100 mm dicken schallabsorbierenden Dämmstoffmatten (Hohlraumdämpfung) Bild **11**.18 und **11**.22,
- Erhöhung des Flächengewichtes der unteren biegeweichen Deckenschale (Aufdoppelung einer zweiten Gipskartonplatte 2 x 12,5 mm, Putz auf Putzträgerplatte o. Ä.).

Flankenübertragung. Häufig wird die schalldämmende Wirksamkeit der Unterdecke – bei Massiv- und Holzbalkendecken – durch Schallübertragung längs angrenzender Bauteile (Flankenübertragung), als auch durch Luftschallübertragung über Undichtigkeiten im Unterdeckenbereich (Nebenwegübertragung) beeinträchtigt. Dementsprechend müssen die seitlichen Wände

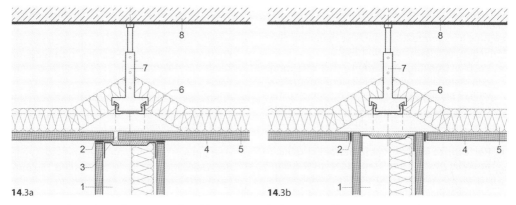

14.3 Konstruktionsbeispiele: Trennwandanschlüsse an Unterdecken mit geschlossener Fläche und horizontaler Dämmstoffauflage
a) Decklage im Anschlussbereich der Trennwand durch eine Fuge getrennt
b) Decklage im Anschlussbereich der Trennwand in voller Breite unterbrochen

1 Trennwand mit Hohlraumdämmung und   5 Faserdämmstoff nach DIN 13 162
  Gipskarton-Wandschalen   6 Unterkonstruktion aus Stahlblech-Profilen
2 elastische Anschlussdichtung   7 Abhänger
3 Fuge in der Decklage   8 Massivdecke
4 Gipskartonplatten

entweder genügend schwer sein oder in geeigneter Weise zweischalig ausgebildet werden, beispielsweise durch Anbringen biegeweicher Vorsatzschalen aus Gipskartonplatten mit Mineralfaserauflage (MF-Verbundplatten). Auf die Spezialliteratur [13] wird verwiesen.

Schall-Längsdämmung

Unterdecken als flankierende Bauteile über Trennwänden

Die Probleme der Schall-Längsleitung oberhalb und unterhalb von umsetzbaren Trennwänden – im Decken- und Fußbodenbereich – sind in Abschnitt 15.3.3 im Gesamtzusammenhang aufgezeigt.

Konstruktionsbeispiele. An dieser Stelle soll auf die konstruktive Ausbildung der *Anschlüsse von abgehängten Unterdecken mit nicht tragenden Trennwänden* im Zusammenhang mit der Schall-Längsdämmung im Deckenhohlraum näher eingegangen werden (Konstruktionsbeispiele aus dem Skelettbau). Die jeweils dazugehörenden Rechenwerte (bewertete Schall-Längsdämm-Maße von Unterdecken) sind Beiblatt 1 zu DIN 4109 zu entnehmen.

Im Unterdeckenbereich erfolgt die Luftschallübertragung hauptsächlich über den Deckenhohlraum und die Unterdeckenplatten. Bei der Planung sind im Einzelnen zu berücksichtigen:

- Abhängehöhe (Hohlraumhöhe),
- Hohlraumdämpfung (horizontale Dämmstoffauflage),
- schallleitende oder schalldämpfende Eigenschaft der Unterdeckenplatten,
- Dichtheit der Anschlussfugen

Unterdecken *ohne* Abschottung im Deckenhohlraum. Die Schallschutznorm nennt Unterdecken mit und ohne Hohlraumabschottung und unterscheidet schallschutztechnisch zwischen Decken mit geschlossenen und gegliederten Decklagenflächen.

Unterdecken mit *geschlossener Fläche* werden vorwiegend mit Gipskarton-Bauplatten (DIN 18 180) bzw. Gipsfaserplatten hergestellt. Bild **14**.3a zeigt eine Unterdecke aus Gipskartonplatten, deren Decklage zwar insgesamt durchläuft, im Anschlussbereich der Trennwand jedoch durch eine Fuge getrennt ist. Durch diese *Trennfuge* kann eine Verbesserung der Schall-Längsdämmung im Vergleich mit einer vollflächig durchlaufenden Deckenbeplankung erreicht werden. Noch höhere Schall-Längsdämmwerte ergeben sich, wenn die Decklage durch eine eingeschobene Trennwand in voller Breite unterbrochen wird (Bild **14**.3b). Auf eine sorgfältige, beidseitige Randabdichtung ist dabei zu achten.

Bei Unterdecken mit gegliederter Fläche handelt es sich im Allgemeinen um sog. Bandrasterdecken,

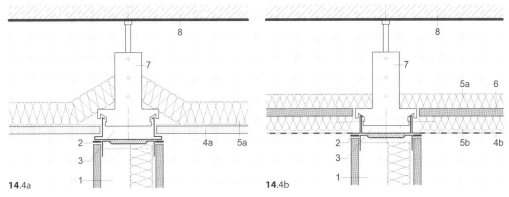

14.4 Konstruktionsbeispiele: Trennwandanschlüsse an Unterdecken mit gegliederter Fläche (Bandrasterprofile) und horizontaler Dämmstoffauflage

   a) Unterdecke aus Mineralfaser-Deckenplatten in Einlegermontage
   b) Unterdecke aus perforierten Metallkassetten in Einlegermontage

1 Trennwand mit Hohlraumdämmung und biegeweichen Wandschalen	5a horizontale Faserdämmstoffauflage
2 elastische Anschlussdichtung	5b abgepasste Dämmstoffauflage
3 Bandrasterprofil	6 Schwereauflage aus Gipskartonplatten bei erhöhten Schall- bzw. Brandschutzanforderungen
4a Mineralfaser-Deckenplatten	7 Abhänger
4b perforierte Metallkassetten	8 Massivdecke

deren Decklage vorwiegend aus Mineralfaser-Deckenplatten, Leichtspan-Akustikplatten, Metall-Deckenplatten oder Ähnlichem besteht. Bild **14**.4a zeigt eine Unterdecke mit Mineralfaser-Deckenplatten in Einlegemontage und dichtem Anschluss an das Bandraster-Deckenprofil. Besteht die Decklage aus *perforierten* Metall-Deckenplatten, so sind diese zum Zwecke der Schallabsorption mit Dämmstoff zu hinterlegen (Bild **14**.4b). Zur Verbesserung der vertikalen Schalldämmwerte und des Brandschutzes ist bei Bedarf zusätzlich noch eine schwere Abdeckung in Form von Gipskartonplatten o. Ä. aufzubringen. Vgl. hierzu Abschn. 14.5.3.

Unterdecken *mit* Abschottung im Deckenhohlraum. Die horizontale Schallübertragung zwischen benachbarten Räumen kann auch durch eine vertikale Abschottung des Deckenhohlraumes über den Trennwänden weitgehend unterbunden werden.

Abschottung durch Plattenschott. Bei dem in Bild **14**.5a gezeigten starren Plattenschott aus Gipskartonplatten ist vor allem auf eine dichte Ausbildung der Anschlüsse an tragenden Bauteilen, Rohrdurchführungen usw. zu achten. Durch Undichtigkeiten verringern sich die Dämmwerte erheblich. Einzelheiten s. Abschn. 15.3.3.

Abschottung durch Absorberschott. Beim Absorberschott wird der Deckenhohlraum über dem

Trennwandanschluss bis zur Massivdecke mit fertigen Kissen aus Faserdämmstoff dicht ausgestopft (Bild **14**.5b). Mit zunehmender Breite des elastischen Schotts verbessern sich die Dämmwerte. Einzelheiten s. Abschn. 15.3.3.

14.2.3 Brandschutz mit leichten Unterdecken

Brandschutz im Hochbau soll als vorbeugende Maßnahme die Entstehung und Ausbreitung von Schadensfeuern verhindern. Als technische Baubestimmung konkretisierten die DIN 4102 und die DIN EN 13 501-1 die einzelnen brandschutztechnischen *Begriffe*, die in den baurechtlichen *Vorschriften* (z. B. Musterbauordnung, Landesbauordnungen, Rechtsverordnungen und Richtlinien) Verwendung finden. Diese Normen enthalten ferner die Bedingungen für die Einteilung der *Baustoffe* nach ihrem Brandverhalten und deren Bezeichnung sowie die Prüfbedingungen für *Bauteile* und deren Einstufung in Feuerwiderstandsklassen (Vergleich der Bauklassenbezeichnungen nach Euroklassen bzw. DIN 4102 ist in Tabelle **17**.111 dargestellt). Baulicher Brandschutz siehe auch Abschn. 17.7.

Unterdecken bzw. Deckenbekleidungen haben bezüglich des baulichen Brandschutzes vor allem zwei Anforderungen zu erfüllen:

14

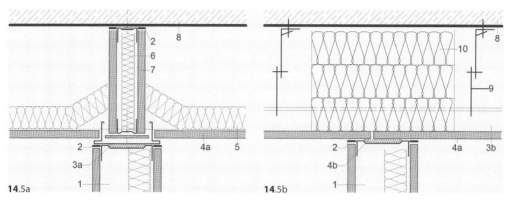

14.5a   **14**.5b

14.5   Konstruktionsbeispiele: Unterdecken mit vertikaler Abschottung des Deckenhohlraumes

a) Plattenschott
b) Absorberschott

1   Trennwand mit Hohlraumdämmung und   5   horizontale Faserdämmstoffauflage zur
    biegeweichen Wandschalen   Hohlraumdämpfung
2   elastische Anschlussdichtung   6   Faserdämmstoff min. 40 mm dick
3a Bandrasterprofil   7   Plattenschott aus Gipskartonplatten
3b Unterkonstruktion (Tragschiene)   8   Massivdecke
4a Mineralfaserplatten, Gipskartonplatten   9   Abhänger
4b Fuge in der Decklage   10   Absorberschott aus Faserdämmstoff

- Unterdecken sollen so beschaffen sein, dass ein entstandener Brand sich nicht unkontrolliert – beispielsweise horizontal – auf dem Wege über den oberen Raumabschluss (Decklage bzw. Deckenhohlraum) ausbreiten kann.

- Unterdecken sollen außerdem die jeweils darüber liegende Tragdecke vor zu intensiver Brandbeanspruchung von unten schützen, so dass ein Übergreifen des Brandes in das darüber liegende Geschoss verhindert oder so lange wie möglich verzögert wird. Diese Aufgabe übernimmt in der Regel die jeweilige *Gesamtkonstruktion*, bestehend aus Tragdecke und Unterdecke. Im Normalfall geht man dabei immer von einer *Brandbeanspruchung von unten* aus.

Generell können Tragdecken bzw. Unterdecken folgenden Arten der Brandbeanspruchung ausgesetzt sein:

- Brandbeanspruchung von *unten* (untere Raumseite),

- Brandbeanspruchung von *oben* aus dem darüber liegenden Raum (obere Raumseite),

- Brandbeanspruchung von *oben* aus dem Zwischendeckenbereich,

- Brandbeanspruchungskombinationen von *oben und unten*. Die Brandbeanspruchung erfolgt im Brandfalle nur von einer Seite – nie gleichzeitig.

Deckenkonstruktionen (Tragdecken), die allein einer Feuerwiderstandsklasse angehören:

Derartige raumabschließende Geschossdecken (Tragdecken) weisen schon selbst einen ausreichenden Feuerwiderstand auf. Sie bedürfen des Schutzes durch eine Unterdecke nicht (z. B. Stahlbeton- und Spannbetondecken), sofern sie bestimmte Mindestdimensionen, entsprechende Bewehrungen sowie ausreichende Betondeckung der Bewehrungsstäbe aufweisen. Das Anbringen von Bekleidungen an der Deckenunterseite und die Anordnung von Fußbodenbelägen auf der Deckenoberseite sind bei diesen in Teil 4 der DIN 4102 klassifizierten Decken ohne weitere Nachweise erlaubt.

14

Deckenkonstruktionen (Tragdecken), die eine Feuerwiderstandsklasse nur mit Hilfe einer Unterdecke erreichen (Tabelle **14**.6 und Bild **14**.7):[1]

Tragdecke mit Unterdecke. Geschossdecken, die auf Grund ihrer Konstruktion den bauaufsichtlich geforderten Brandschutz nicht erfüllen (z. B. Stahlträgerdecke, Trapezblechdecke, Holzbalkendecke) bedürfen des Schutzes durch eine Unterdecke. Der auf diese Weise erreichte Brandschutz muss durch ein allgemeines bauaufsichtliches Prüfzeugnis, eine allgemeine bauaufsichtliche Zulassung (AbZ) oder Zustimmung im Einzelfall (ZiE) nachgewiesen werden.

Zur Beurteilung ihres Feuerwiderstandes muss, wie bereits erläutert, immer die Gesamtkonstruktion – *Tragdecke und Unterdecke* – herangezogen werden. Während die Unterdecke die tragenden Teile der Geschossdecke vor raumseitiger Beanspruchung von *unten* schützt, schützt die oberseitige Abdeckung (z. B. Leichtbeton oder Normalbeton auf Strahlträgerdecken, Holzspanplatten auf Holzbalkendecken) die tragenden Teile vor Brandbeanspruchung von *oben*. Hierbei ist zu beachten, dass das beanspruchte Bauteil den geforderten Brandschutz aus der geforderten Richtung *alleine* erreichen muss (Tab. **14**.6).

Unterdecke selbstständig. Die Forderung nach einer bestimmten Feuerwiderstandsklasse bezieht sich im Allgemeinen auf die Gesamtkonstruktion von Tragdecke und Unterdecke. In der Baupraxis kommt es jedoch häufig vor, dass diese brandschutztechnischen Anforderungen von einer Unterdecke *allein* erfüllt werden müssen. Diese selbständigen Unterdecken erfüllen die Anforderungen an raumabschließende Bauteile sowohl bei Brandbeanspruchung von *unten* als auch von *oben* (aus dem Zwischendeckenbereich). Nach DIN 4102-4 verleihen klassifizierte Unterdecken bei Brandbeanspruchung von unten auch allen Tragdecken, die oberhalb solcher Unterdecken liegen – *unabhängig von ihrer Bauart* – mindestens dieselbe Feuerwiderstandsklasse. Selbständige Unterdecken werden beispielsweise eingesetzt:

- **Zum Schutz des Deckenhohlraumes**, um die bei hochinstallierten Bauten im Zwischendeckenbereich befindlichen Installationen vor Brandeinwirkung von *unten* zu schützen.

- **Bei Brandgefahr im Deckenhohlraum**, aufgrund größerer Mengen brennbarer Baustoffe oder Kabelisolierungen im Zwischendeckenbereich (Brandlast über 7 kWh/m^2). Hierbei kommt es darauf an, dass die selbstständige Unterdecke die darunter liegenden Zonen (z. B. Flucht- und Rettungswege) gegen Brandbeanspruchung von *oben* schützt (Bild **14**.8).

- **Zum Schutz des Nachbarraumes**, bei nichttragenden umsetzbaren Trennwänden, die nur bis zur Unterdecke reichen, während sich darüber ein durchgehender Deckenhohlraum befindet. Werden an Trennwände Feuerschutzanforderungen gestellt, so muss die abhängte Unterdecke das Übergreifen des Brandes *horizontal* über den Deckenhohlraum in angrenzende Räume selbständig verhindern.

Aus Gründen des Brandschutzes nennt DIN 4102 Teil 4 noch weitere Konstruktionshinweise, die bei der Ausbildung von Unterdecken in jedem Fall zu berücksichtigen sind. Diese beziehen sich im Einzelnen auf:

- **Anschlüsse** von Unterdecken an **Massivwänden** aus Mauerwerk oder Beton, die immer dicht ausgebildet sein müssen.

- **Anschlüsse** von Unterdecken an **nichttragende Trennwände**. Die Eignung der Unterdecken und Anschlüsse sind durch allgemeine bauaufsichtliche Prüfzeugnisse oder eine allgemeine bauaufsichtliche Zulassung oder Zustimmung im Einzelfall nachzuweisen.

- **Einbauten in Unterdecken** (z. B. Einbauleuchten, klimatechnische Geräte), die bezüglich des Brandschutzes nicht besonders konstruiert oder bekleidet sind und die die brandschutztechnische Wirkung einer Unterdecke aufheben (Bild **14**.6 und **14**.8).

- **Anbringung zusätzlicher Bekleidungen** (Schmuckdecken aus Holz, Metallbekleidungen) unter einer brandschutztechnisch notwendigen Unterdecke, die die Feuerwiderstandsdauer einer solchen Unterdecke oder der Gesamtkonstruktion vermindern können.

- **Anstriche oder Beschichtungen** sowie Bekleidungen (Tapeten) bis zu etwa 0,5 mm Dicke beeinträchtigen die Wirkung einer Unterdecke aus der Sicht des Brandschutzes dagegen nicht.

- **Brandlast im Deckenhohlraum**, die durch brennbare Kabelisolierungen oder freiliegende Baustoffe der Klasse B1 entstehen kann.

---

[1] **Europäische Normen.** Die Klassifizierung von Bauprodukten (Baustoffen) und Bauarten hinsichtlich ihres Brandverhaltens erfolgt gemäß DIN-EN 13 501-1. Festlegungen zur Bestimmung der Feuerwiderstandsdauer von Unterdeckung sind in DIN EN 1364-2 festgelegt. Der aktuelle Stand der Normung ist Abschn. 14.6 und 17.9 zu entnehmen.

14

Tabelle **14.**6   Decken der Bauart I bis III mit Unterdecken aus Gipskarton-Feuerschutzplatten (GKF) DIN 18 180 mit geschlossener Fläche (Maße in mm)

Diagrammbeschriftungen: GBK- oder GKF-Streifen · Grundprofil oder Grundlattung · Papierstreifen · Massivwand · Abhänger · L ≥ 24x24 · Tragprofil oder Traglattung · GKF-Platten · Alternativanschlüsse für F30 · Holzleiste 30x50 · GKF-Streifen · L ≥ 24x24 · ≤ 50 · ≤ 20 · ≤ 30 · 30 bis 50 · l_1 · l_2 · l_p · a · e · p

Zeile	Konstruktionsmarkmale und Bauart nach Abschn. 6.5.1, DIN 4102-4	Im Zwischendeckenbereich ist eine Dämmschicht	Mindest-deckendicke d	Mindest-abstand (Abhängehöhe) a	Max. Spannweite der Grund- und Traglattung bzw. Grund- und Tragprofile l_1	Max. Spannweite der GKF-Platten l_2	Mindest-GKF-Plattendicke bei Verwendung von Grund- und Traglatten aus Holz d_1	Mindest-GKF-Plattendicke bei Verwendung von Grund- und Tragprofilen aus Stahlblech d_1	Feuerwiderstandsklasse Benennung
1	Leichtbeton	I vorhanden oder nicht vorhanden	50	40	1000	500	15		F 30-AB
2	Leichtbeton oder Ziegel		50	40	1000	500	15	15	F 30-A
3	Normalbeton	II vorhanden	50	40	Bemessung entsprechend den Angaben der Zeilen 1 und 2				
4			50	40	1000	500	12,5		F 30-AB
5		nicht vorhanden	50	40	1000	500		12,5	F 30-A
6	Normalbeton	III vorhanden	50	40	Bemessung entsprechend den Angaben der Zeilen 1 und 2				
7			50	40	1000	500	12,5		F 30-AB
8			50	80	1000	500		12,5	F 30-A
9		nicht vorhanden	50	80	1000	500	2 x 12,5	12,5	F 60-AB
10			50	80	1000	500			F 60-A
11			50	80	1000	500		15	F 90-A
12			50	80	1000	400		18	F 120-A

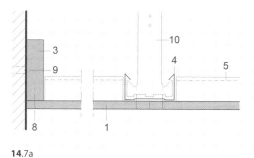

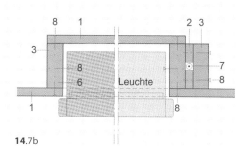

14.7a   **14.**7b

14.7 Konstruktionsbeispiel: Abgehängte Unterdecke aus Promatect. Feuerwiderstandsklasse F90-A in Verbindung mit Stahlträgerdecken (oberseitige Abdeckung aus ≥ 80 mm Stahlbetonplatten) sowie Stahlbetondecken und Spanbetondecken nach DIN 1045 und DIN EN 1992-1-2.

a) Wandanschluss
b) integrierter Einbauleuchte

1 Promatect H-Platten (d = 10 mm)
2 Promatect H-Streifen (d = 10 mm)
3 Promatect H-Streifen (d = 20 mm)
4 Tragprofil
5 Profil über Querstoß

6 Einbauleuchte (625 x 1250 mm)
7 Elektroleitung
8 Schrauben (Abstand etwa 200 mm)
9 Metallspreizdübel (Abstand 500 mm)
10 Abhänger

Tabelle **14.**8 Unterdecken aus Gipskarton-Feuerschutzplatten (GKF) DIN 18 180 mit geschlossener Fläche, die bei Brandbeanspruchung von **unten allein** einer Feuerwiderstandsklasse angehören (Maße in mm)

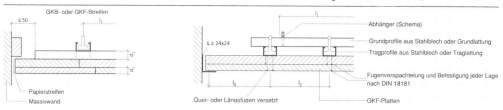

Zeile	Max. Spannweite der		Mindes-GKF-Plattendicke bei Verwendung von				Feuerwiderstandsklasse Benennung
	Grund- und Tragprofile bzw. der Grund- und Traglattung	Gipskarton-Feuerschutzplatten (GKF) DIN 18 180 mit geschlossener Fläche	Grund- und Traglattung aus Holz		Grund- und Tragprofilen aus Stahlblech		
	l_1	l_2	d_1	d_2	d_1	d_2	
1	1000	500	12,5	12,5			F 30-B
2	1000	500			12,5	12,5	F 30-A
3	1000	400	18	15			F 60-B
4	1000	400			18	15	F 60-A

Zulässig ist eine Brandlast im Zwischendeckenbereich bis zu 7 kWh/m².

• **Dämmschichten** im Zwischendeckenbereich, die das Brandverhalten von Unterdecken beeinflussen. In DIN 4102-4 wird daher unterschieden zwischen Decken *ohne* Dämmschicht und Decken *mit* Dämmschicht. Werden aus Gründen des Brandschutzes Dämmschichten gefordert, so müssen diese immer der Baustoffklasse A (nichtbrennbare Baustoffe) entsprechen.

Selbsttätige Feuerlöschanlagen

Als eine weitere vorbeugende Maßnahme im Rahmen des baulichen Brandschutzes kann der Einbau einer selbsttätigen Feuerlöschanlage nach DIN 14 489 bzw. DIN 1988-600 in besonders gefährdeten Objekten gefordert werden (z. B. in Warenhäusern, Fabrik- und Messehallen, Theatern und Festsälen).

14

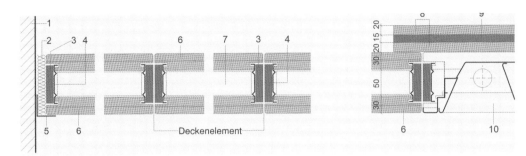

14.9 Konstruktionsbeispiel: Selbstständiges Unterdeckensystem (Feuerwiderstandsklasse F90-A) in Verbindung als Akustikdecke für Brandbeanspruchung von **oben** und **unten** aus einbaufertigen, freigespannten Deckenelementen (Längen bis 2500 mm) ohne Abhängung

1 Massivwand oder leichte Trennwand
  (Feuerwiderstandsklasse mind. F90)
2 Mineralwollstreifen
3 Gipsfaser-Plattenstreifen
4 C-Profile
5 Wandprofil
OMA-Odenwald Faserplattenwerk, Amorbach

6 Akustik-Langfeldplatten (Mineralfaserplatten)
7 Traversen
8 Mineralfaserplatten
9 Gipsfaserplatten
10 Einbauleuchte

Sprinkleranlagen sind selbsttätige, ständig betriebsbereite Löschanlagen, die das Wasser durch ortsfest verlegte Rohrleitungen – die meist im Deckenbereich untergebracht sind – an die zu schützenden Bereiche (Einzelobjekt, Einzelraum, Brandabschnitt) heranführen. Bei sich entwickelnder Brandhitze (etwa 30 °C über der Umgebungstemperatur) öffnen sich die an den Rohrleitungen in regelmäßigen Abständen eingebauten Sprinkler (Glasfasssprinkler oder Schmelzlotsprinkler) selbsttätig und besprengen den Brandherd lokal mit Wasser. Sie werden durch zwei getrennte, voneinander unabhängige und stets einsatzbereite Wasserzufuhren gespeist (z. B. öffentliche Wasserleitung, Vorrats- und Druckluftwasserbehälter, Löschwasserteiche). Bereits beim Öffnen eines einzelnen Sprinklers ertönen Alarmglocken und werden elektrische Meldeanlagen betätigt.

In beheizten Räumen kommen vorwiegend Nassanlagen, in unbeheizten und frostgefährdeten Bereichen meist Trockenanlagen zum Einsatz[1].

---

[1] **Nass-Sprinkleranlage:** Anlage, bei der das Rohrnetz hinter der Nassalarmventilstation ständig mit Wasser gefüllt ist. Bei Ansprechen eines Sprinklers tritt aus diesem verzögerungsfrei Wasser aus.
Trocken-Sprinkleranlage: Anlage, bei der das Rohrnetz hinter der Trockenalarmventilstation im Bereitschaftszustand nicht mit Wasser, sondern mit Druckluft gefüllt ist. Die Station wird durch das Auslösen eines Sprinklers geöffnet.
Vorgesteuerte Trocken-Sprinkleranlage: Sprinkleranlage, bei der das Rohrnetz hinter einem vorgesteuerten

Die an der Unterdecke sichtbaren Sprinklerköpfe dürfen auf keinen Fall abgedeckt oder in anderer Form verkleidet werden. Die vom Verband der Sachversicherer (VdS) herausgegebenen Richtlinien sind bei der Planung von selbsttätigen Löschanlagen unbedingt zu beachten.

14.2.4 Wärmeschutz

Die wärmedämmenden Eigenschaften von leichten Deckenbekleidungen und Unterdecken – verstärkt durch Dämmschichten im Zwischendeckenbereich – spielen im Innenausbau eine untergeordnete Rolle (Ausnahme Brandschutz). Im Gegenteil, werden abgehängte Unterdecken unter einschaligen *Flachdächern* vorgesehen, muss dafür gesorgt werden, dass durch Anordnung von Lüftungsschlitzen in der Unterdecke ein *Luftaustausch zwischen Deckenhohlraum und Nutzraum* stattfinden kann. Eingeschlossene Luftschichten über abgehängten Unterdecken wirken sonst als zusätzliche Wärmedämmung. Dieser Umstand kann noch verstärkt werden, wenn im unbelüfteten Deckenhohlraum Warmwasserleitungen o. Ä. untergebracht und in die Unterdecke wärmeabstrahlende Deckenleuchten eingelassen sind. Auch ein nachträgliches Anbringen von beispielsweise Hartschaum-Deckensichtplatten an derartige Dachdecken ist

---

Trockenalarmventil nicht mit Wasser, sondern mit Druckluft gefüllt ist. Die Station wird durch eine Brandmeldeanlage oder durch das Auslösen eines Sprinklers geöffnet.

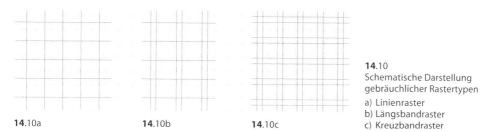

14.10
Schematische Darstellung
gebräuchlicher Rastertypen

a) Linienraster
b) Längsbandraster
c) Kreuzbandraster

14.10a   **14**.10b   **14**.10c

zu unterlassen. Durch solche Maßnahmen kann in der Gesamtkonstruktion die *Taupunktgrenze* (*Taupunktlage*) so verlagert werden, dass es an der Unterseite der Dachschale zur Kondensatbildung kommt. Vgl. hierzu auch Abschn. 17.5.

14.2.5 Geometrische und maßliche Festlegung

Vereinbarungen über Maßordnungen, Toleranzen und Fügungsprinzipien sind wichtige Voraussetzungen für die Planung und Ausführung von Bauwerken sowie für die Planung und Herstellung von Bauteilen, Bauelementen und Halbzeugen. Sie bestimmen auch weitgehend den Grad der Zusammenfügbarkeit und Austauschbarkeit industriell hergestellter Bauelemente sowie deren Verwendbarkeit in Bauwerken mit unterschiedlicher Zweckbestimmung. Im Bauwesen wird derzeit mit zwei Ordnungssystemen gearbeitet (s. a. Abschn. 2):

Maßordnung im Hochbau (DIN 4172). Die Maßordnung fügt „maßgenormte" Bauwerksteile und Bauteile (z. B. aus Ziegelsteinen) additiv aneinander: *Vom Einzelteil zum Bauwerk*. Diese Norm führte bereits 1955 zu einer wesentlichen Vereinheitlichung der Maße im Bauwesen. Einzelheiten hierzu s. Abschn. 2.3.

Maßordnung nach DIN 18202. Die zurückgezogene, also nicht mehr verbindliche, jedoch vielfach noch gebräuchliche Modulordnung (DIN 18 000 zurückgezogen 06/2008) beinhaltet in erster Linie Angaben zu einer Entwurfs- und Konstruktionssystematik unter Zugrundelegung eines *Koordinationssystems* als Hilfsmittel für Planung und Ausführung im Bauwesen. Wesentliche Inhalte der nicht mehr gültigen DIN 18 000 sind in DIN 18 202 übernommen worden (s. Abschn. 2.4).

Um die Lage und Größe von Bauteilen bzw. Bauelementen – wie beispielsweise Unterdeckenelemente – gemäß der Maßordnung bestimmen zu können, werden diese Bezugsarten zugeordnet. Die Abstandsmaße dieser parallel verlaufenden

Ebenen können *entwurfsabhängig und nutzungsbedingt unterschiedlich groß sein*. Sie können auf verschiedenen Bezugsarten (Grenzbezug, Achsbezug, Rand- und Mittellage im Wechsel aufbauen und bilden ein maßliches Koordinierungssystem.

- So ergeben z. B. mit einem Koordinierungssystem bemessene Ebenen – in der Projektion auf dem Plan – rechtwinkelige Liniennetze, die üblicherweise in der Praxis als *Linienraster* (auch Achsbezug.) bezeichnet werden (Bild **14**.10a).
- Raster, die im Wechsel mit verschiedenen Koordinierungssystemen aufbauen, ergeben die für den flexiblen Ausbau so wichtigen *Längsbandraster* bzw. *Kreuzbandraster* (Bild **14**.10b und c).

Mögliche Anschlussprobleme, die sich beim Einbau und späterem Umsetzen von Trennwänden bei unterschiedlichen Rastersystemen im Unterdeckenbereich ergeben können, verdeutlicht Bild **14**.11:

- **Linienraster** (Bild **14**.11a). Werden Trennwandelemente beispielsweise linear in einer Richtung im Linienraster (Achsbezug) angeordnet, so ergeben sich einmal entlang einer solchen Wand – jeweils um die Hälfte der Wanddicke – schmalere Deckenfelder. Bei einem späteren Versetzen der Wandelemente sind außerdem aufwändige Anpassarbeiten im Unterdeckenbereich vorzunehmen. Werden achsbezogene Trennwände sogar über Eck oder in T-Form angeordnet, ergeben sich sowohl bei den Trennwand- wie bei den Deckenelementen Überschneidungen und somit zahlreiche Sonderteile bzw. Sonderkonstruktionen.
- **Längsbandraster** (Bild **14**.11b). Mit der Einführung des Bandrasters (Grenzbezug) werden diese Nachteile eliminiert. Die Breite des Bandes entspricht der jeweiligen Trennwanddicke einschließlich Fugenanteil und Toleranzen. Wie Bild **14**.11b zeigt, ergeben sich beim Zusammenfügen von Wandelementen in Richtung des Längsbandrasters (auch Parallelraster genannt) keine Anschlussprobleme

14

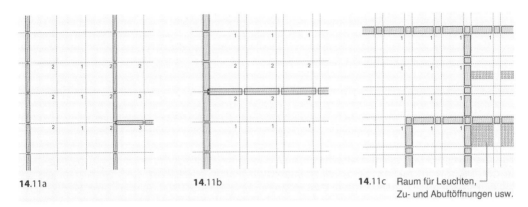

14.11a   **14.11b**   **14.11c**   Raum für Leuchten,
                                                                                 Zu- und Abluftöffnungen usw.

14.11 Schematische Darstellung möglicher Anschlussprobleme, die sich beim Eigenbau und späteren Umsetzen von
Trennwänden bei unterschiedlichen Rastersystemen im Unterdeckenbereich ergeben können.
   1 Standard-Deckenelement   2 bis 3 Sonder-Deckenelemente

und überall gleich große Deckenfelder. Ordnet man die Trennwände jedoch über Eck oder in T-Form an, reicht dieser einfach gerichtete Bandraster nicht aus, so dass ähnlich wie zuvor beschrieben, zu viele Wand- und Deckensonderteile entstehen.

- **Kreuzbandraster** (Bild **14.**11c). Keine systembedingten Sonderelemente ergeben sich beim Kreuzbandraster (auch Knotenraster genannt). Gleich lange Wandelemente und gleich große Deckenelemente gewährleisten eine optimale Austauschbarkeit. Zu beachten ist jedoch, dass die Trennwände nicht beliebig, sondern nur in den Bandrasterstreifen versetzt und nur im Bereich der Knotenpunkte miteinander verbunden und an Versorgungsleitungen angeschlossen werden können. Daraus ergibt sich, dass innerhalb der Bandrasterstreifen keine Zu- und Abluftschlitze und auch möglichst keine Beleuchtungskörper o. Ä. installiert werden sollten.

Das Kreuzbandraster-System erfordert insgesamt einen wesentlich größeren Aufwand und somit auch höhere Kosten, da die Knotenpunkte auch dort vorgesehen werden müssen, wo zunächst keine Anschlüsse zu erwarten sind. Um problemlose Anschlüsse im Bereich *umsetzbarer Trennwände* (z. B. an Türelementen, Schrankwandkombinationen u. Ä.) sowie an der Fassadenfront (z. B. bei Brüstungs- und Stützenverkleidungen) zu erzielen, sind auch dort entsprechende Bandrasterblenden bzw. Anschlussprofile einzuplanen (s. a. Abschn. 15.3).

14.2.6 Integration von Klima-, Lüftungs-, Heizungs- und Beleuchtungstechnik

Die Unterdecke ist in der Regel die größte sichtbare Fläche eines Raumes und somit ein wichtiger Bereich für die Innenraumgestaltung. Gleichzeitig ist sie aber auch idealer Funktions- und Installationsträger für gebäudetechnische Ausrüstungen (Lüftung, Kühlung, Heizung, Beleuchtung usw.) sowie für raumakustische Belange. In Anbetracht der Vielzahl von Einzelaspekten, die bei der Integration von gebäudetechnischen Anlagen in ein Bauwerk zu berücksichtigen sind, muss es stets zu einer frühzeitigen Abstimmung aller am Planungsprozess Beteiligter kommen (Architekt, Statiker, Fachingenieure des Technischen Ausbaues, Raumakustiker usw.) Dabei kann es heute nicht mehr nur um eine möglichst optimale technische Beherrschung des Innenraumklimas gehen, sondern verstärkt auch um Fragen des Umweltschutzes, der Energieeinsparung (Wärmerückgewinnung, Einbeziehung zweischaliger Gebäudehüllen usw.) sowie um die Reduzierung der Investitions- und Betriebskosten.

Anforderungen aus der Lüftungs- und Klimatechnik

Die Lüftung eines Raumes bzw. Gebäudes kann entweder durch zu öffnende Fensterelemente (*freie* Lüftung) oder mechanische raumlufttechnische Anlagen (so genannte RLT-Anlagen) erfolgen.

14

Raumlufttechnische Anlagen (RLT)[1)]

RLT-Anlagen haben die Aufgabe, ein für den Menschen behagliches Innenraumklima zu schaffen. Sie bestehen im Wesentlichen aus drei funktionalen Bauteilbereichen, und zwar der Luftaufbereitung, der Luftförderung bzw. Luftführung und der Luftverteilung im Raum.

Luftaufbereitung und Luftförderung. Hauptaufgabe der RLT-Anlagen ist die Erneuerung der Raumluft. Weitere Aufbereitungsstufen wie beispielsweise Reinigung, Erwärmung, Kühlung, Be- und Entfeuchtung der Luft können hinzukommen (DIN 1946 und DIN EN 13 779). Demnach unterscheidet man (Hauptgruppen):

- *Lüftungsanlagen*, mit keiner oder nur einer Luftbehandlung (Heizen *oder* Kühlen),
- *Teilklimaanlagen*, mit zwei oder drei Luftbehandlungen (z. B. Heizen *und* Kühlen),
- *Klimaanlagen*, mit vier Luftbehandlungen (Heizen, Kühlen, Be- und Entfeuchten).

Luftführung und Luftverteilung. Die von RLT-Anlagen aufbereitete Luft wird über Kanäle und Rohre aus Stahlblech gefördert und über Auslässe in der Unterdecke, Fensterzone, Wand oder im Doppelboden dem Raum zugeführt bzw. an anderer Stelle wieder abgesaugt. Dadurch entstehen – vereinfacht dargestellt – Luftströmungen sowohl von oben nach unten als auch von unten nach oben.

Im Wesentlichen unterscheidet man *turbulenzreiche* Mischströmungen und *turbulenzarme* Schichtenströmungen.

- **Mischströmung** (Induktionslüftung): Mit der turbulenten Mischluftströmung soll eine möglichst intensive Durchmischung von Zuluft und Raumluft erreicht werden. Sie entsteht durch den hohen Eintrittimpuls bei der Lufteinführung durch Deckendurchlässe (Dralldurchlässe, Schlitzdurchlässe) in Verbindung mit konventionellen Klimaanlagen. Die Folge

sind häufig Zugerscheinungen und überhöhte Geräuschentwicklungen.

- **Schichtenströmung** (Quelllüftung): Bei diesem Luftführungssystem wird die Zuluft mit geringer Strömungsgeschwindigkeit turbulenzarm über Luftdurchlässe im Hohlraum- oder Doppelboden in den Raum eingebracht. Die Zulufttemperatur soll etwa 1 bis 3 °C kälter sein als die Raumluft, jedoch nicht unter 20 (18) °C liegen. Diese Luftführungstechnik arbeitet nach dem Verdrängungsprinzip. Die bereits erwärmte und verbrauchte Luft wird durch Konvektion – verstärkt durch die Kühlfläche – nach oben verdrängt und im Deckenbereich abgeführt. Dabei entstehen mehr oder weniger ausgeprägte Luftschichten mit jeweils unterschiedlichen thermischen und stofflichen Eigenschaften.
Bei der Quelllüftung wird somit eine weitgehende Trennung von frischer und verbrauchter Luft erreicht, außerdem treten keine Zugerscheinungen und nennenswerten Geräusche auf (Stille Kühlung s. a. Abschn. 13.5.6).

- **Lüftungsdecken.** Zuluft und Abluft können im Deckenhohlraum entweder frei oder in Kanälen getrennt geführt werden. Bei den so genannten Lüftungsdecken dient der gesamte Deckenhohlraum als Luftkammer, die je nach Luftführung entweder unter Überdruck oder Unterdruck gesetzt wird.

- Bei **Überdruckdecken** (Bild **14**.12) dringt Zuluft entweder durch offene Fugen zwischen den Deckenplatten, durch deren Perforation bzw. Lochung oder durch spezielle Luftdurchlässe in den Raum. Die Abluftführung erfolgt über Luftauslässe im Decken-, Wand- oder Bodenbereich.

- Bei **Unterdruckdecken** (Bild **14**.13a und b) strömt die Abluft durch Leuchtenkörper mit oberseitigen Abluftschlitzen hindurch und wird im Deckenhohlraum zentral abgesaugt.
Bei beiden Systemen müssen alle Randanschlüsse und Deckeneinbauten sorgfältig abgedichtet und auch die über perforierten Deckenlagenelementen aufgelegten Dämmstoffplatten oberseitig mit einer Alu-Folie beschichtet oder in PE-Folie eingeschweißt werden. Wie Bild **14**.13c und d verdeutlicht, wird bei geschlossenen Einkanal- oder Zweikanal-Anlagen die Zu- und Abluft immer über Kanäle gefördert.

- **Luftdurchlässe** für die Deckenmontage gibt es eine Vielzahl von Formen und Ausführungen. Verwendet werden vor allem Loch-

---

[1)] **Niederdruck-Klimaanlagen:** Einkanal-ND-Klimaanlagen, bei denen die Warm- und Kaltluft nicht getrennt, sondern in einem Kanalsystem mit nur geringen Geschwindigkeiten (unter 8 m/s) gefördert wird, was jedoch relativ große Kanalquerschnitte bedingt.
Hochdruck-Klimaanlagen: Einkanal-HD-Klimaanlagen, bei denen die Luft mit hoher Geschwindigkeit (über 8 m/s) und hohem Druck bewegt wird. Daraus resultieren wesentlich kleinere Kanalquerschnitte, so dass auch Rohre mit rundem Querschnitt eingesetzt werden können.
Zweikanal-HD-Klimaanlagen weisen eine getrennte Kalt- und Warmluftführung auf. Weitere Angaben sind der Spezialliteratur [20], [27], [37] zu entnehmen.

14

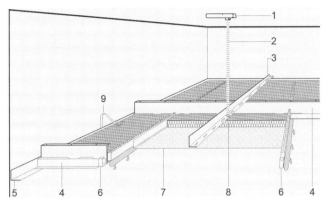

14.12
Konstruktionsbeispiel einer Lüftungsdecke (Überdruckdecke) mit Luftzuführung über Schlitzschienen. Ausgeführt als Akustikdecke mit perforierten Metallkassetten, Schallschluckeinlage und oberseitiger Aluminium-Folienkaschierung

1 Befestigungselement
2 Gewindestange oder Noniusabhänger
3 Tragwinkel
4 Tragprofile
5 Randwinkel
6 Schlitzschiene (Luftdurchlass)
7 Metallkassette, perforiert
8 Schallschluckeinlagen mit oberseitiger Alu-Folienkaschierung. (Abdichtung)
9 Druckfeder

Hartleif Metalldecken, Hockenheim

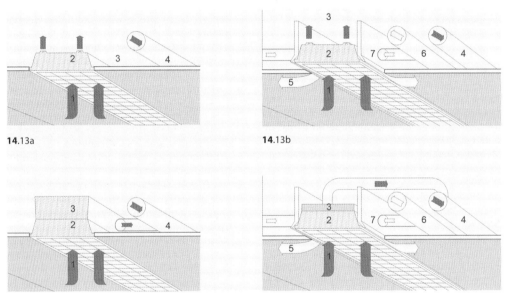

14.13a   **14**.13b

14.13c   **14**.13d

14.13 Schematische Darstellung einer Unterdruckdecke und von Leuchten mit kombinierten Zuluft- und Abluftführungen

    a) Die Abluft (1) strömt durch die Abluftleuchte (2) ohne Abluftdom in den unter Unterdruck stehenden Zwischendeckenbereich (3). Zur Erzeugung des Unterdruckes ist ein leuchtenunabhängiger Abluftkanal (4) erforderlich.

    b) Die Abluft (1) strömt durch die Abluftleuchte (2) in den unter Unterdruck stehenden Deckenhohlraum (3). Ein leuchtenunabhängiger Abluftkanal (4) sorgt für den notwendigen Unterdruck. Zuluft (5) wird durch Kanäle (6) herangeführt und gelangt über Zuluftverteiler (7), die ein Teil der Leuchten sein können, in den Raum. Die Zuluft soll sich an der Leuchte jedoch nicht aufheizen können

    c) Die Abluft (1) wird durch die Abluftleuchte (2) mit Abluftdom (3) abgesaugt und über Kanäle (4) abgeführt.

    d) Abluft (1) wird durch die Abluftleuchte (2) mit Abluftdom (3) abgesaugt und über Kanäle (4) abgeführt. Zuluft (5) wird durch Kanäle (6) herangeführt und gelangt über Zuluftverteiler (7) in den Raum.

Nach Vorlage der Trilux-Lenze KG, Arnsberg

14

blechdurchlässe, Dralldurchlässe oder Lamellendurchlässe in runder und quadratischer Form. Lineare Schlitzdurchlässe eignen sich zum unauffälligen Einbau in die Fugen von Paneel- und Plattendecken.

- **Klimaleuchten** (Bild **14**.13d). Luft kann einem Raum im Unterdeckenbereich auch über Leuchten (Leuchtengehäuse) zugeleitet bzw. daraus abgeführt werden (sog. Verbundsystem). Bei der Luftrückführung über die Leuchte wird eine Zwangslüftung der Lampen erreicht, wobei der größte Teil der Lampenwärme unmittelbar abgeleitet wird und erst gar nicht in den Raum gelangen kann. Dies führt zu Einsparungen bei Anlage- und Betriebskosten der Klimaanlage. Außerdem werden dadurch günstige Bedingungen für die Wärmerückgewinnung (WRG) geschaffen sowie eine spürbare Erhöhung der Lichtausbeute bei Leuchtstofflampen und eine höhere Lebensdauer der Vorschaltgeräte erreicht.

Anforderungen aus der Kühldeckentechnik

Moderne Büro- und Verwaltungsgebäude, aber auch Schalterhallen und Verkaufsräume, weisen thermische Belastungen durch Personen, elektrisch betriebene Geräte und Beleuchtung auf. Hinzu kommen Wärmetransmission (Sonneneinstrahlung) über großflächige Glasfassaden sowie im Zuge der Energieeinsparung hohe Dämmwerte und Fugendichtigkeit der Gebäudehülle. Wie zuvor erläutert, sorgen Klimaanlagen (RLT-Anlagen) durch Luftaustausch und Luftaufbereitungsmaßnahmen für ein behagliches Raumklima und somit auch für die Abfuhr überschüssiger Wärmeenergie. Dies bedingt jedoch, dass bei herkömmlichen RLT-Anlagen große Luftvolumenströme energieaufwändig umgewälzt werden müssen. Dadurch kommt es von der Benutzerseite häufig zu Beschwerden über Zugscheinungen durch zu hohe Luftgeschwindigkeit im Raum, ungenügende Temperaturregulierung und zu hohe Geräuschpegel. Außerdem benötigen derartige Anlagen nicht nur sehr viel Energie (Umweltschutz), sondern auch große Flächen bzw. Kubaturen für die RLT-Zentralen und Lüftungsleitungen.

Daraus ergibt sich, dass die Abfuhr hoher thermischer Lasten alleine durch das Medium Luft als unwirtschaftlich zu bezeichnen ist. Erst durch den Einsatz von Kühldeckensystemen lässt sich der Luftvolumenstrom konventioneller Klimaanlagen auf das hygienisch notwendige Maß reduzieren, da hierbei die im Raum anfallende Wär-

meenergie über gekühlte Bauteile abtransportiert werden kann; es kommt zu einer *Entkopplung von Lüftungsaufgabe und Kühlfunktion*.

Kühldecken

Die Abfuhr der Wärmeenergie (Kühllast) eines Raumes kann demnach generell durch die Zufuhr gekühlter Luft oder durch Bauteilkühlung erfolgen. Wird die Raumdecke ganz oder teilweise auf Temperaturen unterhalb der Raumtemperatur gekühlt – so dass diese die Wärme vom Raum aufnehmen kann – spricht man von Kühldecke. Die Kühlung des Bauteils erfolgt durch einen geschlossenen *Kühlwasserkreislauf* oder (seltener) durch einen Luftkreislauf. Bei hohen thermischen Lasten bietet das Medium Wasser Vorteile gegenüber Luft, da es eine viermal größere Wärmetransportkapazität (spezifische Wärmekapazität) und über 800mal größere Dichte aufweist. Daraus ergeben sich beim Trägermedium Wasser kleinere Querschnitte bei den Rohrleitungen sowie geringere Investitions- und Förderkosten. Das Medium Luft sorgt demgegenüber für die erforderliche Außenluftrate bzw. Luftqualität und regelt die Raumluftfeuchte.

Wärmeübertragung erfolgt bei Kühldecken sowohl durch *Strahlung* als auch durch *Konvektion*. Je nach Bauform der Kühldecke und der Luftbewegung im Raum können die Anteile Strahlung/Konvektion unterschiedlich hoch ausfallen. Grundsätzlich kann die Wärmeübertragung durch Leitung (kann bei Kühldecken unberücksichtigt bleiben), Konvektion und Strahlung erfolgen.

- **Leitung.** Die Wärme wird innerhalb eines Stoffes, unmittelbar von Molekül zu Molekül oder zwischen Körpern, die miteinander in Berührung stehen, weitergegeben. Man unterscheidet gute Wärmeleiter (z. B. Metall, insbesondere Kupfer) und schlechte Wärmeleiter (z. B. Holz, Dämmstoffe).

- **Konvektion.** Für diese Art der Wärmeübertragung ist ein Trägermedium (z. B. Wasser oder Luft) erforderlich. Das Medium nimmt die Wärme auf und gibt sie woanders wieder ab. Im Einzelnen unterscheidet man freie Konvektion (z. B. Erwärmung der Luft an Heizkörpern), erzwungene Konvektion (z. B. mechanische Lüftung) sowie Mischkonvektionen.

- **Strahlung.** Bei der Wärmestrahlung wird die Wärme durch langwellige elektromagnetische Strahlung (die sich mit Lichtgeschwindigkeit durch den Raum bewegt) ausgesandt. Die Strahlungsenergie wird von den Oberflächen, auf die sie auftrifft, in der Regel absor-

14

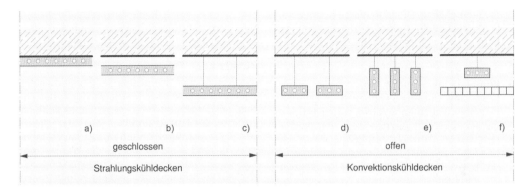

14.14 Einteilung und Benennung von Kühldecken (schematische Darstellung)
Strahlungskühldecken (geschlossene Deckensichtflächen)
a) Deckenbeschichtung mit Kühlung (z. B. Putzdecke)
b) Deckenbekleidung mit Kühlung (z. B. Gipskartondecke)
c) abgehängte Unterdecke mit Kühlung (z. B. Metalldeckel)
Konvektionskühldecken (offene Deckensichtflächen)
a) offene ebene Unterdecke mit Kühlung (z. B. Metalldecke mit Fugen)
b) offene Lamellendecke mit Kühlung (z. B. vertikale Hohlkörper-Lamellendecke, Baffeln)
c) offene Rasterdecke mit darüber liegendem selbstständigem Kühlelement

biert und in Wärmeenergie umgewandelt. Die Wärme entsteht also erst, wenn die Strahlung von einer Oberfläche aufgenommen wird.

Kühldecken lassen sich nach ihrer Wirkungsweise in zwei Hauptgruppen einteilen (Bild **14**.14):

Strahlungsdecken mit *geschlossenen Deckensichtflächen* (Bild **14**.14a bis c). Der Wärmeaustausch erfolgt vorwiegend durch Strahlung (etwa 60 % Strahlungsanteil, 40 % Konvektion). Sie können als Putzdecken auf massivem Untergrund, als Deckenbekleidung und in Form von elementierten Unterdecken (handelsübliche Montagedecken) ausgeführt werden. Ihr Platzbedarf ist in der Regel nicht größer als der für die Konstruktion einer Normaldecke ohne Kühlung. Damit können auch bestehende Gebäude mit derartigen Kühldecken nachgerüstet werden. Strahlungsdecken erbringen eine spezifische Kühlleistung von etwa 60 bis 80 W/m², was den heute üblichen Kühllasten in Büro- und Versammlungsräumen entspricht. Daraus ergibt sich jedoch, dass beim Einsatz von Strahlungsdecken der größte Teil der Unterdeckenfläche mit aktiven Kühlelementen ausgerüstet werden muss.

Konvektionsdecken mit *offenen Deckensichtflächen* (Bild **14**.14d bis f). Bei diesen Decken überwiegt der konvektive Anteil beim Wärmeaustausch. Die Öffnungen in der Deckenfläche bewirken die erforderliche Luftzirkulation und damit die Erhöhung der Kühlleistung. Da diese je

nach Kühldeckensystem zwischen 90 und 130 (150) W/m² liegen kann, brauchen zur Abfuhr der Wärmeenergie (Kühllast) nicht mehr als 50 bis 70 % der Deckenfläche mit aktiven Kühlelementen belegt zu werden. Damit bleibt zwischen den Kühlelementen ausreichend Platz, um andere Installationen wie beispielsweise Beleuchtung, Sprinklerköpfe, Lautsprecher usw. im Deckenbereich integrieren zu können. Bei dieser Deckenart sind jedoch insgesamt größere Konstruktionshöhen erforderlich. Konvektive Kühlelemente können auch mit offenen Deckenelementen (z. B. Rasterdecken) kombiniert werden, so dass eine freie Gestaltung der Deckenfläche möglich ist.

Kühldecken und Lüftung. Da Kühldecken nur die Aufgabe der Raumkühlung übernehmen und somit keinen Beitrag zur Lufterneuerung leisten, sollten sie immer in Verbindung mit einer Lüftungs- oder Klimaanlage betrieben werden. Damit ist gewährleistet, dass die notwendige Außenluftzufuhr und Schadstoffabfuhr sowie die Regelung der Raumluftfeuchte erreicht werden. Bei sinnvoller Kombination entlastet die Kühlfläche das Lüftungssystem, d. h. der Luftstrom wird von der Energielast entkoppelt. Dadurch reduziert sich der Luftvolumenstrom gegenüber herkömmlichen RLT-Anlagen deutlich, was zu einer Verkleinerung der Querschnitte der Lüftungskanäle, der Deckenhohlräume und damit auch der Geschosshöhe führt.

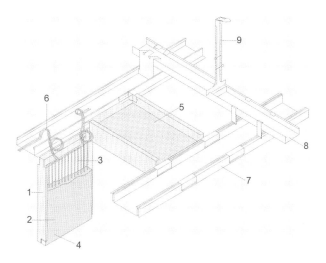

14.15
Konstruktionsbeispiel einer Kühldecke mit abklappbaren Metallkassetten, die oberseitig mit Wasser führenden Kapillarrohrmatten aus Kunststoff und Dämmmaterial belegt sind

1 Metallkassette
2 Dämmmaterial
3 Kapillarrohrmatte aus Kunststoff
4 abgeklappte Deckenplatte
5 gelochte oder ungelochte Metallkassette
6 flexibler Kunststoffschlauch (Wasserkabel)
7 Bandrasterprofil
8 Grundprofil
9 Noniusabhänger

Sukow + Fischer, Biebesheim am Rhein

Kühldecken können mit jeder Art von Lüftungsanlage bzw. Luftführungssystem kombiniert werden.

Kühldecken und Heizung. Grundsätzlich sind Kühldecken, die nach dem Strahlungsprinzip wirken, auch für Heizzwecke geeignet. Wie anschließend näher ausgeführt, werden Deckenstrahlungsheizungen in Theaterfoyers, Sport- und Fabrikhallen u. Ä. mit Erfolg eingesetzt. Bei Räumen mit niedrigen Decken darf keine allzu große Strahlungsasymmetrie auftreten, da dies als unangenehm empfunden wird. Dieser Zustand kann allerdings im Winter eintreten, z. B. bei hoher Wärmestrahlung durch die Heizdecke und gleichzeitiger Kälteeinwirkung (Kaltluftabfall) an schlecht gedämmten Fensterzonen ohne Heizkörper.

Einsatzbereiche von Kühldecken. Kühldecken eignen sich vor allem für solche Anwendungsbereiche, bei denen hohe Komfortansprüche bestehen und die Energielasten im Verhältnis zu den Stofflasten sehr groß sind. Bei zu niedrigen Vorlauftemperaturen oder bei zu hoher Raumluftfeuchte besteht jedoch die Gefahr, dass sich Schwitzwasser an den Kühldeckenflächen bildet. Daher muss die Zuluft durch die RLT-Anlage so weit entfeuchtet werden, dass die Taupunkttemperatur der Raumluft unterhalb der Kühlwasservorlauftemperatur von etwa 16 bis 18 °C bleibt. Um sicherzustellen, dass es zu keiner Kondensatbildung kommt, sind grundsätzlich alle Kühldeckensysteme mit einer *Temperaturüberwachung* auszurüsten.

Bauformen und Konstruktionsbeispiele von Kühldeckensystemen

Durch die vielfältigen Bauformen sind Kühldecken sowohl für Neubauten als auch für die Modernisierung von Altbauten geeignet. Es kann allerdings nicht Aufgabe dieses Werkes sein, einen vollständigen Überblick über die auf dem Markt befindlichen Kühldeckensysteme zu geben; zu vielfältig sind die Ausführungsmöglichkeiten, sowohl in technischer als auch in formaler Hinsicht. In Bild **14**.16 sind einige Bauformen von wassergekühlten Strahlungs- und Konvektionsdecken sowie von Decken mit integrierter Luft- und Wasserkühlung schematisch dargestellt. Sie sollen lediglich als Orientierungshilfe dienen. Einzelheiten sind den jeweiligen Herstellerunterlagen zu entnehmen. Bild **14**.15 zeigt ein Konstruktionsbeispiel von einer Kühldecke mit abklappbaren Metallkassetten, die oberseitig mit Wasser führenden Kapillarmatten aus Kunststoff sowie mit Dämmmaterial belegt sind. Auf die vom Fachinstitut Gebäude-Klima e. V. herausgegebene Grundlagenliteratur über Kühldecken [7] wird besonders hingewiesen.

Anforderungen aus der Heizdeckentechnik

Die Heizung eines Raumes kann auch über die Unterdeckenfläche erfolgen. Bei der Deckenstrahlungsheizung wird allerdings keine warme Luft erzeugt, sondern die Wärmeübertragung erfolgt (hauptsächlich) durch langwellige elektromagnetische Strahlung, die sich mit Lichtgeschwindigkeit durch den Raum bewegt. Der von den Strahlen durchdrungene Luftraum erwärmt

14

A. Wassergekühlte Strahlungsdecken (geschlossene Deckensichtflächen)

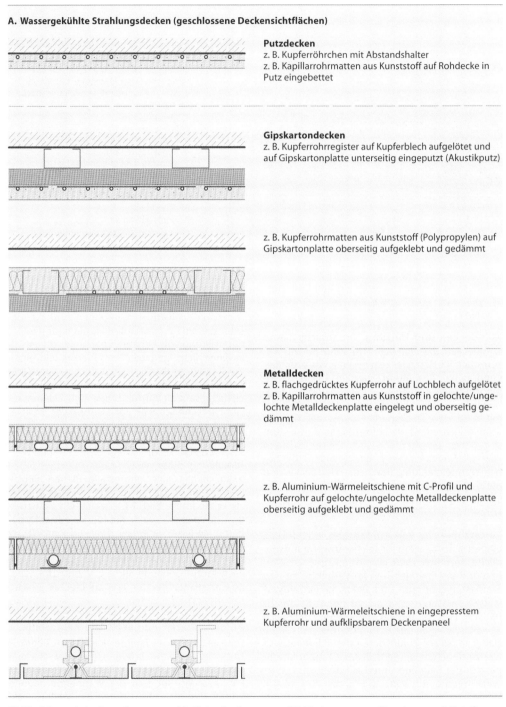

Putzdecken
z. B. Kupferröhrchen mit Abstandshalter
z. B. Kapillarrohrmatten aus Kunststoff auf Rohdecke in Putz eingebettet

Gipskartondecken
z. B. Kupferrohrregister auf Kupferblech aufgelötet und auf Gipskartonplatte unterseitig eingeputzt (Akustikputz)

z. B. Kupferrohrmatten aus Kunststoff (Polypropylen) auf Gipskartonplatte oberseitig aufgeklebt und gedämmt

Metalldecken
z. B. flachgedrücktes Kupferrohr auf Lochblech aufgelötet
z. B. Kapillarrohrmatten aus Kunststoff in gelochte/ungelochte Metalldeckenplatte eingelegt und oberseitig gedämmt

z. B. Aluminium-Wärmeleitschiene mit C-Profil und Kupferrohr auf gelochte/ungelochte Metalldeckenplatte oberseitig aufgeklebt und gedämmt

z. B. Aluminium-Wärmeleitschiene in eingepresstem Kupferrohr und aufklipsbarem Deckenpaneel

14.16   Schematische Darstellung unterschiedlicher Bauformen von Kühldeckensystemen (Hauptgruppen). Einteilung nach konstruktionstechnischen Merkmalen

B. Wassergekühlte Konvektionsdecken (offene Deckensichtflächen)

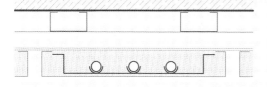

Paneeldecke
z. B. Aluminium-Wärmeleitschiene in eingepresstem Kupfer- oder Kunststoffrohr in Metallpaneele eingelegt

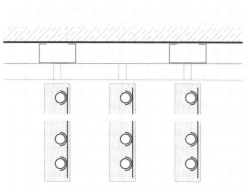

Lamellendecke (Baffeldecke)
z. B. Aluminium-Wärmeleitschiene in eingepressten Kupfer- oder Kunststoffrohren im Metall-Lamellen eingearbeitet

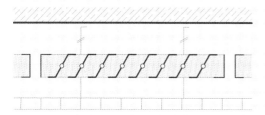

Statisches Kühldeckensystem
z. B. Selbstständiges Kühlelement aus Kupferrohren und aufgesteckten Aluminium-Lamellen mit oder ohne offener Unterdecke

C. Kühldecke mit integrierter Luft-und Wasserkühlung

14

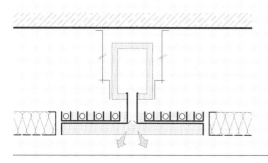

Kühldeckenpaneel
z. B. unterseitig geripptes, wassergekühltes Deckenpaneel mit gedämmtem Zuluftkanal und schmalem Schlitzdurchlass (Zulufteinführung) mit beidseitig angrenzender Akustikdecke

14.16 (Fortsetzung)

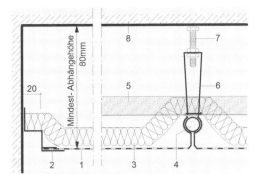

14.17 Konstruktionsbeispiel einer Deckenstrahlungsheizung in Form einer abgehängte Metalldecke

    1 Aluminium-Kassetten (gelocht/ungelocht)
    2 Wandanschlussprofil
    3 Mineralfasermatte (Dämmmaterial
    4 Rohrregister ½ ʺ für Heizwasser
    5 Registeraussteifung
    6 Lochbandabhänger
    7 Gewindestift mit Konter- und Tragmuttern
    8 Tragdecke
    Zent-Frenger, Bensheim/Bergstraße

sich dabei nicht. Die Strahlungsenergie wird von den Oberflächen, auf die sie auftrifft (Wände, Fußboden sowie Personen und Gegenstände), absorbiert und in Wärmeenergie umgewandelt. Diese angestrahlten Flächen geben dann die Wärme durch Strahlung und Konvektion an die Umgebung ab; erst dadurch wird auch die sie umgebende Luft erwärmt.

Deckenstrahlungsheizungen eignen sich vor allem für große, hohe Räume (bis 30 Meter Höhe), wie z. B. Industrie-, Lager-, Sport- und Ausstellungsräume, aber auch für Theaterfoyers und überall dort, wo sichtbare Heizkörper funktionell oder/und ästhetisch stören würden. Bei geringen Raumhöhen kann es allerdings auch zu Unverträglichkeiten durch die auf den Kopf einwirkende Wärmestrahlung kommen. Bild **14**.17 zeigt eine Deckenstrahlungsheizung in Form einer abgehängten Metalldecke. Die Wärmeübertragung erfolgt durch metallischen Kontakt zwischen Rohrregister und Deckenkassetten. Die über den Heizrohren angeordneten Dämmmatten bewirken, dass die Wärmestrahlung vor allem in den zu beheizenden Raum gelenkt und so ein unnötiges Aufheizen des Deckenhohlraumes weitgehend vermieden wird. Aufgrund des geringen Wasserinhaltes in den Rohrregistern lässt sich die Decke relativ schnell regulieren. Der schwankende Wärmebedarf wird durch die Regelung der Heizwassertemperatur ausgeglichen.

Anforderungen aus der Beleuchtungstechnik[1]
Innenraumbeleuchtung

Nach DIN 5035 bzw. DIN EN 12 464 soll die Innenraumbeleuchtung mit künstlichem Licht gute Sehbedingungen schaffen und eine Umwelt vermitteln, die zum physischen und psychischen Wohlbefinden des Menschen beiträgt. Außerdem soll sie helfen, Unfälle zu vermeiden.

Lichttechnische Gütemerkmale. Die Qualität einer Innenraumbeleuchtung mit künstlichem Licht lässt sich im Wesentlichen nach folgenden Hauptkriterien beurteilen:

• Beleuchtungsniveau (Beleuchtungsstärke und Leuchtdichte),
• Harmonische Helligkeitsverteilung im Raum,
• Begrenzung der Blendung (Direkt- und Reflexblendung),
• Lichtrichtung und Schatteneinwirkung,
• Lichtfarbe und Farbwiedergabeeigenschaft.

Im Zusammenhang mit der Beleuchtungstechnik im *Unterdeckenbereich* sind insbesondere zu beachten:

Reflexionsverhalten. Besondere Bedeutung kommt dem Reflexionsverhalten beleuchteter Decken-, Wand- und Fußbodenflächen sowie den Reflexionsgraden der Oberflächen der sich im jeweiligen Raum befindlichen Gegenstände zu. Der Reflexionsgrad besagt, wie viel Prozent des auf eine Fläche auftreffenden Lichtstroms reflektiert wird. Dunklere Raumflächen erfordern höhere, hellere dagegen geringere Beleuchtungsstärken, um den gleichen Helligkeitseindruck zu erzeugen. Angaben über Reflexionsgrade der wichtigsten Innenausbaumaterialien sind der Spezialliteratur [19], [27] zu entnehmen.

Begrenzung der Blendung. Jede Form der Blendung beeinträchtigt die Sehleistung. Nach ihrer Entstehung unterscheidet man Direktblendung und Reflexblendung.

• **Direktblendung** entsteht durch ungeeignete oder ungeeignet angebrachte Leuchten sowie durch zu hohe Leuchtdichten. Der kritische Ausstrahlungswinkel der Leuchten in Bezug auf die Blendungsbegrenzung beginnt bei etwa 45° (DIN EN 12 464-1/2).
• **Reflexblendung** entsteht durch Spiegelung bzw. störende Reflexe auf glänzenden Ober-

---

[1] Der aktuelle Stand der Normung (DIN 5035 teilweise ersetzt durch DIN EN 12 464 „Arbeitsstättenverordnung") ist Abschn. 14.6 zu entnehmen.

flächen (z. B. Kunstdruckpapier) nach dem Gesetz „Einfallwinkel = Ausfallwinkel". Sie lässt sich durch Festlegung einer geeigneten Lichteinfallsrichtung umgehen. Besondere Beachtung gilt der Vermeidung von Reflexblendung bei der Planung von Bildschirmarbeitsplätzen.

Bildschirmgerechte Beleuchtung[1]

Die Vielfalt verschiedener Tätigkeiten an Bildschirmarbeitsplätzen führte gemäß DIN 5035-7 zu folgender Klassifizierung:

- *Bildschirmarbeitsplatz.* Arbeitsplatz mit Bildschirmgerät, bei dem die Arbeitsaufgabe mit und Arbeitszeit am Bildschirmgerät *bestimmend* für die gesamte Tätigkeit sind. Derartige Arbeitsplätze unterliegen in beleuchtungstechnischer Hinsicht besonders hohen Anforderungen. Entsprechende Empfehlungen für die Beleuchtung von Räumen mit Bildschirmarbeitsplätzen sind in DIN 5035-7 formuliert[2].

- *Arbeitsplatz mit Bildschirmunterstützung.* Arbeitsplatz mit Bildschirmgerät, bei dem Arbeitsaufgaben mit und Arbeitszeit am Bildschirmgerät *nicht bestimmend* für die gesamte Tätigkeit sind. Hier überwiegt die herkömmliche Bürotätigkeit, der Bildschirm dient zur unterstützenden Information. In Bezug auf die lichttechnischen Anforderungen ist die hier überwiegende Bürotätigkeit stärker zu berücksichtigen.

---

[1] S. Bildschirmarbeitsplatzverordnung DIN EN ISO 9241-6.
[2] Als günstige Körperhaltung am Bildschirmarbeitsplatz wird der leicht nach vorne geneigte Kopf mit einer um etwa 20° aus der Waagerechten abgesenkten Blickrichtung angesehen. Da die Hauptblicklinie senkrecht auf den Bildschirm auftreffen soll, muss dieser ebenfalls um 20° zur Senkrechten geneigt sein. Diese Neigung wiederum hat zur Folge, dass sich herkömmliche Leuchten im Bildschirm spiegeln können. Leuchten für Bildschirmarbeitsplätze müssen daher so beschaffen sein, dass sie einerseits störende Reflexe auf den Bildschirmen wirksam vermeiden und andererseits zu keiner Direktblendung führen. Diese Forderungen werden durch richtige Zuordnung von Beleuchtung zum Arbeitsplatz sowie durch spezielle Leuchten für Bildschirmarbeitsplätze mit stark reduzierter Leuchtdichte oberhalb eines Ausstrahlungswinkels von etwa 50° zur Senkrechten erzielt (sog. Kritischer Winkelbereich). Geeignet sind hierfür vor allem Parabolspiegel-Rasterleuchten mit hochglänzenden Spiegelreflektoren. Einzelheiten sind DIN EN ISO 9241und DIN EN 5035-7 sowie den entsprechenden EU-Richtlinien zu entnehmen.

14.3 Tragende Teile der leichten Deckenbekleidungen und Unterdecken

Die tragenden Teile – Verankerung, Abhänger, Unterkonstruktion sowie deren Verbindungselemente – müssen die Lasten der Deckenbekleidungen und Unterdecken sicher auf die tragenden Bauteile (z. B. Massivdecke, Holzbalkendecke) übertragen (Bild **14**.18). Nach DIN 18 168 sind:

- **Verankerungselemente** die Teile, die die Abhänger oder Deckenbekleidungen direkt mit dem tragenden Bauteil verbinden.
- **Abhänger** die Teile, die die Verankerungselemente mit der Unterkonstruktion verbinden.
- **Unterkonstruktionen** die Teile, die die Decklagen tragen.
- **Decklagen** die Teile, die den raumseitigen Abschluss bilden.
- **Verbindungselemente** die Teile, die die Verankerungselemente, Abhänger, Unterkonstruktionen und Decklagen miteinander oder untereinander verbinden.

Leichte Deckenbekleidungen und Unterdecken sind so auszubilden, dass das Versagen oder der Ausfall eines tragenden Teiles nicht zu einem fortlaufenden Einsturz der Decken führen kann.

Bild **14**.18a bis d zeigt den konstruktiven Aufbau von Deckenbekleidungen, Bild **14**.18e den einer Unterdecke. Bei Deckenbekleidungen ist die Unterkonstruktion *unmittelbar* an dem tragenden Bauteil verankert; bei Unterdecken wird die Unterkonstruktion *abgehängt*.

14.3.1 Verankerung an den tragenden Bauteilen

Baurechtliche Grundlagen. Gesetzliche Grundlage für das Bauen in Deutschland sind die Bauordnungen der einzelnen Bundesländer bzw. die Musterbauordnung (MBO), die den Landesbauordnungen (LBO) zugrunde liegt. In dieser Musterbauordnung wird gemäß der *Bauproduktenrichtlinie* zwischen *geregelten*, *nicht geregelten* und *sonstigen Bauprodukten* unterschieden. Einzelheiten hierzu s. Abschn. 2.2.4.

Befestigungssysteme – wie beispielsweise Ankerschienen, Dübel und Setzbolzen – sind Bauprodukte, die in den Geltungsbereich der Bauproduktenrichtlinie fallen, soweit an sie we-

14

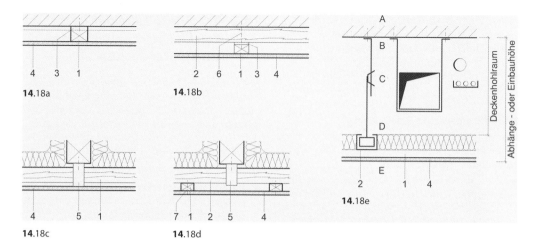

14.18 Schematische Darstellung von Deckenbekleidungen und Unterdecken: Begriffsbestimmung
Deckenbekleidungen (Unterkonstruktion aus Holz)
a) mit Traglattung (Massivdecke)
b) mit Trag- und Grundlattung (Massivdecke)
c) mit Traglattung (Holzbalkendecke)
d) mit Trag- und Grundlattung (Holzbalkendecke)
Abgehängte Unterdecke (Unterkonstruktion aus Metall)
e) mit Abhänger sowie Trag- und Grundprofil

1 Traglattung aus Holz oder Tragprofil aus Metall
2 Grundlattung aus Holz oder Grundprofil aus Metall
3 Distanzklötze (bei Bedarf)
4 Decklage
5 Federbügel aus Metall
6 Verankerungselemente
7 Verbindungselemente

A Rohdecke
B Verankerung
C Abhänger
D Unterkonstruktion
E Decklage

sentliche sicherheitstechnische Anforderungen gestellt werden (z. B. mechanische Festigkeit, Standsicherheit, Brandschutz). Da es für solche Verankerungselemente keine Normen im Sinne der „Allgemein anerkannten Regeln der Technik" gibt, werden sie als nicht geregelte Bauprodukte eingestuft. Der geforderte *Verwend*barkeitsnachweis wird in der Baupraxis überwiegend durch allgemeine bauaufsichtliche Zulassungen (AbZ) erbracht [5].

Verankerung an tragenden Bauteilen. Die Verankerung von Abhängern und Unterkonstruktionen an den tragenden Bauteilen muss fest und sicher sein. Auch über längere Zeiträume hinweg dürfen sie sich weder lösen noch lockern. Nach DIN 18 168-1 ist die Anzahl der Verankerungsstellen so zu bemessen, dass die zulässige Tragkraft der Verankerungselemente sowie die zulässige Verformung der Unterkonstruktion nicht überschritten werden. Es ist jedoch mindestens eine Verankerung je 1,5 m² Deckenfläche anzuordnen.

Grundsätzlich bieten sich folgende Befestigungsarten an:

- Verankerungen, die *rechtzeitig* vorgeplant und in der Betonkonstruktion mit einbetoniert werden.
- Verankerungen, die *nachträglich* an den tragenden Bauteilen angebracht werden.

**Ankerschienen
(Einbetonierte Verankerungen)**

In allen Neubauten, bei denen mit der Befestigung schwerer Lasten in bestimmten Deckenbereichen zu rechnen ist, sollten zweckmäßigerweise bereits bei der Herstellung der Stahlbeton- bzw. Spannbetondecken korrosionsgeschützte und bauaufsichtlich zugelassene Ankerschienen einbetoniert werden (Bild **5**.58 und **14**.19).

Die Ankerschienen bestehen aus kalt- oder warmgewalzten U-förmigen Stahlprofilen mit mindestens zwei auf den Profilrücken ange-

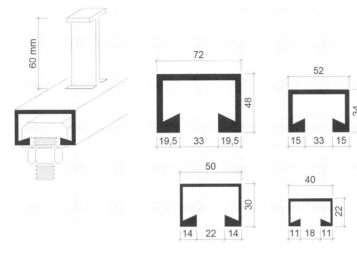

14.19
Ankerschienen zum ober-
flächenbündigen einbetonie-
ren in Stahlbeton- und Spann-
betondecken (Beispiele:
Warmgewalzte Profile für
Hakenkopfschrauben)
Halfen GmbH, Langenfeld

schweißten Verankerungselementen (I-förmige Anker). Die vorgefertigten, gegen das Eindringen von Frischbeton ausgeschäumten Schienen sind oberflächenbündig einzubetonieren. Nach dem Ausschalen und Entfernen der Schaumfüllung können spezielle Hammer- bzw. Hakenkopf-schrauben an jeder beliebigen Stelle in den Schienenschlitz eingeführt und daran entspre-chende Konstruktionsteile (z. B. Abhänger, Lüf-tungskanäle, Kabelpritschen) befestigt werden. Einzelheiten sind der Spezialliteratur [29] zu ent-nehmen.

Dübeltechnik

Dübel ermöglichen eine nachträgliche Veran-kerung von Bauteilen, Bauelementen, Unterkon-struktionen, Plattenbaustoffen und sonstigen Gegenständen am tragenden Untergrund. Nach den Landesbauordnungen ist zwischen *tragen-den* und *nichttragenden* Konstruktionen zu un-terscheiden. Eine tragende Konstruktion liegt vor, wenn deren Versagen die öffentliche Sicher-heit gefährdet (sicherheitstechnischer Aspekt). Bei der Dübelauswahl gilt es im Einzelnen zu be-achten:

- Art und Beschaffenheit des Ankergrundes,
- Bohrverfahren (dem Baustoff entsprechend),
- Montagearten (Vorsteck-, Durchsteck-, Ab-standsmontage),
- Korrosionsschutz (Verzinkung, nicht rosten-der Edelstahl),
- Höhe und Art der Belastung (Zug, Querzug, Schrägzug, Druck),

- Tragmechanismus und Wirkungsweise (Reib-schluss durch Spreizung. Formschluss durch Anpassung, Stoffschluss durch Verbund),
- Zulassungen und Vorschriften.

Dübelkonstruktionen. Nach dem derzeitigen Stand der Technik unterscheidet man im We-sentlichen drei Dübel-Konstruktionsarten:

- **Spreizdübel** aus Kunststoff oder Stahl (Bild **14**.20),
- **Hinterschnittdübel** mit direktem oder indi-rektem Formschluss (Bild **14**.21),
- **Haftdübel** mit Verbund auf Reaktionsharz- oder Zementmörtelbasis (Bild **14**.22).

Weitere Einzelheiten sind der Spezialliteratur [5], [11], [33] zu entnehmen.

14.3.2 Abhänger

Abhänger müssen die auftretenden Lasten sicher aufnehmen und eine genaue Höhenjustierung ermöglichen. Die eingestellte Abhängehöhe muss außerdem dauerhaft fixiert werden kön-nen, ohne dass die Gefahr des Nachrutschens be-steht. Abhängungen können aus Metall oder Holz hergestellt werden. Ihre zulässige Tragkraft ist durch allgemeine bauaufsichtliche Prüfzeug-nisse oder eine allgemeine bauaufsichtliche Zu-lassung (AbZ) oder Zustimmung im Einzelfall (ZiE) nachzuweisen.

Abhänger aus Metall. In der Regel werden Metallabhänger aus Federstahl, Gewindestäben, Stahlblech und in Sonderfällen aus Leichtmetall

14

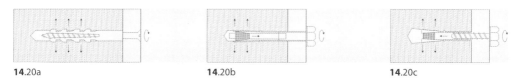

14.20a　　　　　　　　　　　　　**14**.20b　　　　　　　　　　　　　**14**.20c

14.20　Schematische Darstellung von Spreizdübeln aus Kunststoff und Stahl

    a) Spreizdübel aus Kunststoff: Wegkontrollierte Spreizung durch Eindrehen einer Schraube

    b) Spreizdübel aus Stahl: Kraftkontrollierte Spreizung durch Anziehen einer Ankerschraube

    c) Spreizdübel aus Stahl: Wegkontrollierte Spreizung durch Einschlagen eines Konus in eine Hülse

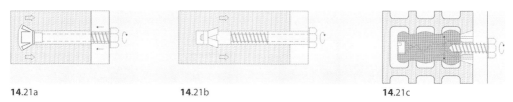

14.21a　　　　　　　　　　　　　**14**.21b　　　　　　　　　　　　　**14**.21c

14.21　Schematische Darstellung von spreizdruckfreien Hinterschnittdübeln und Injektions-Netzanker

    a) Hinterschnittdübel aus Stahl: Formschlüssige Verbindung durch Einschlagen einer Spreizhülse über den Konusbolzen (Wegkontrollierter Hinterschnittdübel)

    b) Hinterschnittdübel aus Stahl: Formschlüssige Verbindung durch Anziehen eines Gewindebolzen und Öffnen von Klemmsegmenten in der Hinterschneidung (kraft kontrollierter Hinterschnittdübel)

    c) Injektions-Netzanker: Form- und stoffschlüssige Verbindung zwischen Befestigungselemente, erhärteter Injektionsmasse und Ankergrund

14.22a　　　　　　　　　　　　　　　　　　　　**14**.22b

14.22　Schematische Darstellung von spreizdruckfreiem Verbundanker und Injektionsanker für Mauerwerk

    a) Verbundanker aus Stahl: Stoffschlüssige Verbindung durch Reaktionsharz zwischen Gewindestange und Ankergrund

    b) Injektionsanker für Ankergrund mit porösem Gefüge: Form- und stoffschlüssige Verbindung zwischen Befestigungselement, erhärteter Injektionsmasse und Ankergrund

(Aluminiumblech) verwendet. Einzelheiten über Materialkennwerte und Mindestabmessungen von Abhängern sind DIN 18 168-1, Tab. 1 zu entnehmen. Entsprechend ihrer zulässigen Tragkraft werden sie in drei Tragfähigkeitsklassen nach DIN 18 168-2 eingestuft. Alle Metallteile müssen außerdem einen ausreichenden Korrosionsschutz entsprechend dieser Normen aufweisen. An höhenverstellbaren Metallabhängern werden vorwiegend eingesetzt (Bild **14**.23a bis d):

- **Schlitzbandabhänger** sind verhältnismäßig teuer und bei der Montage etwas umständlich zu handhaben. Sie können jedoch eine geringe Druckbelastung von unten aufnehmen.

- **Schnellspannabhänger** mit Federn gestatten eine stufenlose Höhenjustierung. Sie dürfen jedoch keinesfalls bei Druckbelastung von unten eingesetzt werden.

- **Noniusabhänger** werden – neben den Spannabhängern – am meisten verwendet, obwohl sie etwas teurer sind. Sie sind jedoch einfach zu montieren, in jedem Fall sicher und können auch Druck von unten aufnehmen (z. B. bei Trennwänden, die nach oben abgestützt werden müssen).

Abhänger aus Holz. Abhängungen aus Holz oder Holzwerkstoffen werden nur noch bei bestimmten Anwendungsfällen (Holzbauten, Son-

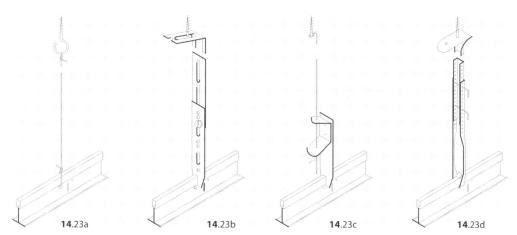

14.23a **14**.23b **14**.23c **14**.23d

14.23 Schematische Darstellung von Abhängern aus Metall
  a) Abhängung mit Draht, b) Schlitzbandabhänger, c) Schnellspannabhänger, d) Noniusabhänger

derausführungen) angefertigt. Sie müssen nach DIN 18 168 gewisse Mindestquerschnitte bzw. Mindestdicken aufweisen. Berechnung und Ausführung sind nach DIN EN 1380–1383 und DIN EN 14 592 bzw. DIN EN 26 891 vorzunehmen. Für den vorbeugenden Holzschutz gilt DIN 68 800. Siehe hierzu auch DIN EN 335, Definition der Gebrauchsklassen.

14.3.3 Unterkonstruktionen (UK)

Die Unterkonstruktion dient der Befestigung der Decklage. Sie darf sich unter der Last des Bekleidungsmateriales weder durchbiegen noch verformen. Außerdem muss sie so beschaffen sein, dass eine sichere Auflage (Einlegemontage) oder Befestigung der Decklage möglich ist. Die tragenden Teile der Unterkonstruktion sind nach DIN 18 168 so zu bemessen, dass die Durchbiegung höchstens 1/500 der Stützweite (z. B. des Abhängerabstandes), jedoch nicht mehr als 4 mm beträgt.

Ausbildung und Bemessung der Unterkonstruktion richten sich weitgehend nach Art und Größe des Bekleidungsmateriales (Decklage). Je nachdem, ob Unterdeckensysteme mit Achsraster, Längsbandraster, Kreuzbandraster oder fugenlose Unterdecken eingesetzt werden, müssen auch die Grund- und Tragprofile entsprechend angeordnet und ausgebildet sein. Die konkreten systembezogenen Achsabstände sind gemäß Bild **14**.24 den jeweiligen Herstellerunterlagen zu entnehmen. Einzelheiten über Materialkennwerte und Mindestabmessungen von Unterkon-

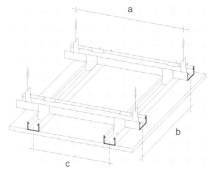

14.24 Schematische Darstellung der wichtigsten Achsabstände (Begriffsbestimmung)
  a) Abstand der Abgänger bzw. Verankerungselemente
  b) Abstand der Grundprofile bzw. Grundlattung
  c) Abstand der Tragprofile bzw. Traglattung

struktionen s. DIN 18 168-1 und -2 und DIN EN 13 964, Unterdecken.

Unterkonstruktionen aus Metall
Von ihrem Aufbau her unterscheidet man grundsätzlich *höhengleich* (einlagig) sowie *höhenversetzt* (zweilagig) ausgebildete Kreuzroste.

- **Höhengleicher Kreuzrost.** Bild **14**.25a zeigt einen in der Ebene einlagig angeordneten, von unten sichtbaren Kreuzrost (Kreuzbandraster-Unterdecke). Die an den Kreuz- bzw. Knotenpunkten eingefügten Verbindungselemente sorgen für die erforderliche Aussteifung der Unterkonstruktion.

14

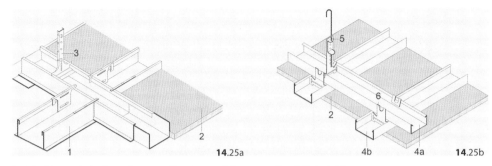

14.25 Schematische Darstellung von Unterkonstruktionen aus Metall (Beispiele)
- a) höhengleicher Kreuzrost (einlagig) aus Bandrasterprofilen: von unten sichtbares Kreuzbandraster
- b) höhenversetzter Kreuzrost (zweilagig) aus Stahlblechprofilen: von unten unsichtbare Konstruktion

1 Brandrasterprofil	4b Stahlblechprofile (Tragprofile)
2 Decklage	5 Schnellspannabhänger
3 Noniusabhänger	6 Profilverbinder(Winkelanker)
4a Stahlblechprofile (Grundprofile)	

- **Höhenversetzter Kreuzrost.** Der in Bild **14**.25b dargestellte höhenversetzt ausgebildete Kreuzrost besteht aus zwei Lagen Stahlblechprofilen: einer oberen Lage aus *Grundprofilen* – meist in größeren Abständen verlegt – und einer unteren aus *Tragprofilen*, deren Anordnung sich systembedingt vor allem nach Art und Größe (Abmessungen) des Decklagenmateriales richtet. (Bild **14**.24).

Unterkonstruktionen aus Holz

Holz als Konstruktionsmaterial wird vorzugsweise bei Deckenbekleidungen (Direktmontage an der Tragdecke) eingesetzt. Möglich sind auch abgehängte Unterkonstruktionen aus Holzwerkstoffen (Holzspanplatten, Furniersperrholz, Stabsperrholz). Diese werden jedoch mehr und mehr von Metallkonstruktionen verdrängt, da Metallprofile gegenüber den Holzlatten erhebliche Montagevorteile aufweisen. Das Grundschema möglicher Holzunterkonstruktionen ist im Prinzip den zuvor beschriebenen Metallkonstruktionen sehr ähnlich.

Deckenbekleidungen mit UK aus Holz.
- **Höhengleiche Traglattung.** Die in Bild **14**.26a dargestellte einlagige Traglattung, mit einem Querschnitt von mind. 48 x 24 mm, wird direkt an der Tragdecke befestigt. Diese Konstruktionsart bietet sich bei ebenen Massivdecken, bei Holzbalkendecken oder bei geringen Raumhöhen an. (Bild **14**.18).
- **Höhenversetzte Trag- und Grundlattung.** Die in Bild **14**.26b gezeigte Grundlattung wird

zunächst am Untergrund befestigt, quer dazu die Traglattung, die auch die Decklage trägt. Eine exakte Höhenjustierung kann durch das Einschieben von Distanzklötzen erreicht werden. Die Latten sind an jedem Kreuzungspunkt miteinander zu verschrauben.

**Abgehängte Unterdecken
mit Unterkonstruktionen UK aus Holz.**
- Höhenversetzte Trag- und Grundlattung (Bild **14**.26c). Der Querschnitt der hochkant angeordneten Grundlattung muss mind. 40 x 60 mm (besser 60 x 90 mm), der der Traglattung mind. 48 x 24 mm betragen. Beide Lattungen können auch 50 x 30 mm sein (Bild **14**.18).

14.3.4 Anschlüsse von Trennwänden an abgehängten Unterdecken

Werden nichttragende innere Trennwände (DIN 4103) an leichten Deckenbekleidungen und Unterdecken befestigt, so müssen die aus den Trennwänden resultierenden Kräfte durch geeignete Konstruktionen aufgenommen oder unmittelbar durch die Deckenbekleidungen oder Unterdecken auf Festpunkte abgeleitet werden. Werden hinsichtlich Stoßbeanspruchung (z. B. in Turnhallen) besondere Anforderungen gestellt, so ist die Aufnahme dieser Beanspruchung nachzuweisen (s. Abschn. 15.3.2 und 15.3.5).

Unterdecken und Trennwand sollten immer *von einem Hersteller* geliefert werden, vor allem dann, wenn hohe Anforderungen bezüglich der Schall-

14.26 Schematische Darstellung von Unterkonstruktionen aus Holz (vgl. Hierzu auch Bild **14**.18)
    a) höhengleiche, einlagig gerichtete Traglattung bei Deckenbekleidungen
    b) höhenversetzte Trag- und Grundlattung (flach) bei Deckenbekleidungen
    c) höhenversetzte Trag- und Grundlattung (hochkant) bei abgehängten Unterdecken

1 Decklage	4 Grundlattung – hochkant (mind. 60 x 90 mm)
2 Traglattung (mind. 48 x 24 oder 50 x 30 mm)	5 Abhänger
3 Grundlattung – flach (mind. 40 mm)	

Längsdämmwerte, Schallabsorptionsgrade und des Feuerwiderstandes gefordert werden. Meist erfüllen zwar Unterdecken und Trennwände jeweils für sich allein die geforderten Werte, im Verbund weisen die Anschlüsse jedoch – wenn die Ausbauteile nicht sorgfältig aufeinander abgestimmt sind – oft gravierende Schwachstellen auf.

Druck- und Scherkräfte. Bei der in Bild **14**.27a dargestellten *Kreuzbandrasterdecke* können die zuvor erwähnten Kräfte problemlos aufgenommen werden und leichte Trennwände in jeder Richtung unter die Bandrasterprofile gestellt werden. Die Bandrasterprofile selbst müssen allerdings über die Knotenpunkte unbedingt *drucksteif* abgehängt sein. Noniusabhänger sind hierfür am besten geeignet. Werden die Bandrasterprofile jedoch nur in einer Richtung – in Form eines *Längsbandrasters* – angeordnet, so sind die Abhängungen oftmals noch zusätzlich *diagonal auszusteifen*, damit ein seitliches Ausweichen der Profile verhindert wird (Bild **14**.27b).

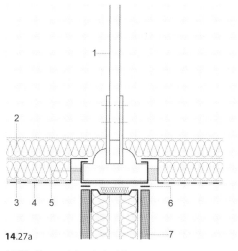

14.27a

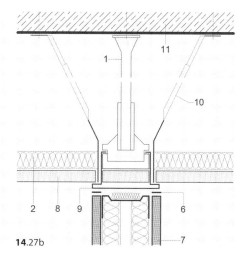

14.27b

14.27 Konstruktionsbeispiele
    a) Kreuzbandrasterdecke mit drucksteifer Abhängung
    b) Längsbandraster mit drucksteifer Abhängung und diagonaler Queraussteifung

1 Noniusabhänger	7 Trennwand mit Hohlraumdämmung und
2 horizontale Faserdämmstoffauflage	biegeweichen Wandschalen
3 abgepasste Dämmstoffeinlage	8 Mineralfaser-Deckenplatten
4 perforierte Metallkassetten	9 Bandrasterprofil für Einlegemontage
5 Bandraster mit Dichtungsband	10 diagonale Queraussattung
6 elastische Anschlussdichtung	11 Massivdecke

14

Ballwurfsicherheit. Als ballwurfsicher gemäß DIN 18 032-3 gelten Bauelemente von Sporthallen – wie beispielsweise Wand- und Unterdeckenbekleidungen, Leuchten, Lüftungsgitter – die bei mechanischer Beanspruchung durch Bälle ohne wesentliche Veränderungen der Oberflächeneigenschaften und der Unterkonstruktion dauerhaft bleiben. Eine ballwurfsichere Metallpaneeldecke zeigt Bild **14**.51.

Elastische Anschlüsse. Der Anschluss zwischen Bandraster- und Trennwandprofil ist elastisch auszubilden. Je nach Anforderung (Trennwand umsetzbar oder fest eingebaut) werden ein- bzw. zweiseitig selbstklebende Schaumstoffbänder, Filzstreifen oder Mineralfaserstreifen, ggf. mit elastoplastischer Dichtungsmasse, verwendet.

14.4 Decklagen

Als Decklage kommen genormte und nicht genormte Halbzeuge und vorgefertigte Bauelemente in Betracht, soweit sie für den jeweiligen Verwendungszweck geeignet sind. Die *Auswahl einer Decklage* wird im Wesentlichen bestimmt durch (Hauptfaktoren):

- den jeweiligen Einsatzbereich der Decke,
- die daraus resultierenden Anforderungen,
- das gewählte Rastersystem (Koordinationssystem),
- einfache, trockene Montage und Demontage vorgefertigter Elemente,
- Austauschbarkeit und freie Kombinationsmöglichkeit verschiedenartig ausgerüsteter Deckenteile,
- Integration technischer Funktionsträger und leichter Trennwände,
- geringen Unterhaltsaufwand,
- allgemeine raumgestalterische Aspekte,
- Umweltverträglichkeit, Wiederverwertung (Recycling),
- Wirtschaftlichkeit in Relation zu den Qualitätsanforderungen.

An das Material einer Decklage können bestimmte Anforderungen wie beispielsweise Feuchtigkeitsbeständigkeit, Korrosionsbeständigkeit, Feuerwiderstandsfähigkeit, Stoßunempfindlichkeit, Lichtechtheit u. Ä. gestellt werden. Die Decklagenelemente werden überwiegend oberflächenfertig geliefert, so z. B. anstrich-, kunst-

stoff-, folien-, metallbeschichtet oder mit einer Holzfurnier-, Textil- oder Schichtpressstoffauflage versehen. Auch der Glanzgrad – matt, seidenmatt, glänzend – und die Sichtflächenstruktur können sehr unterschiedlich ausgebildet sein: glatt, strukturiert, perforiert, reliefartig gestaltet oder räumlich gegliedert.

14.5 Leichte Deckenbekleidungen und Unterdecken: Deckensysteme

14.5.1 Einteilung und Benennung: Überblick

Die auf dem Markt befindlichen Deckensysteme können eingeteilt und benannt werden nach den Hauptgruppen:

- Einsatzbereiche (z. B. Hygiene-, Sport-, Verwaltungs-, Wohnbereich)
- Funktionsanforderungen (z. B. Licht-, Akustik-, Lüftungs-, Kühldecken)
- Schutzanforderungen (z. B. Brandschutz-, Schallschutzdecken)
- Konstruktionsmerkmale (z. B. abgehängte –, sichtbare –, verdeckte Montage)
- Deckengeometrie (z. B. Achsraster-, Längsbandraster-, Kreuzbandrasterdecken)
- Decklagenmaterialien (z. B. Gipskarton-, Mineralfaser-, Holz-, Metall-, Textilien- oder Foliendecken)
- Gestaltungskriterien und Deckenbild (z. B. Platten-, Kassetten-, Paneel-, Rasterdecken).

Die in Bild **14**.28 dargestellte Einteilung der Deckensysteme ist als Orientierungshilfe gedacht und erhebt keinen Anspruch auf Vollständigkeit. Die Übergänge von einer Deckengruppe zur anderen vollziehen sich fließend, eine exakte Abgrenzung ist nicht möglich. Im Wesentlichen lassen sich die Decken nach ihrer sichtbaren Erscheinung, nach der Art des konstruktiven Aufbaues und nach ihrer Funktion klassifizieren. Die in den nachfolgenden Abschnitten erläuterten Deckenbeispiele wurden – *gemäß ihrer ganzheitlichen optischen Wirkung (Unterdeckenansicht)* – in vier Hauptgruppen zusammengefasst:

- Fugenlose Deckenbekleidungen und Unterdecke, Abschn. 14.5.2
- Ebene oder anders geformte Deckenbekleidungen und Unterdecken, Abschn. 14.5.3
- Wabendecken, Abschn. 14.5.4

14

- Lamellendecken
- Lichtkanaldecken und integrierte Unterdeckensysteme, Abschn. 14.5.5
- Sonderformdecken bleiben im Rahmen dieser Abhandlung unberücksichtigt.

Da in der Praxis häufig ein bestimmtes Material den Ausgangspunkt für eine Deckenwahl abgibt, wurden die in Bild **14**.28 gezeigten Deckensysteme gegliedert und ihnen jeweils die in Frage kommenden Materialien zugeordnet. Daraus lassen sich im Wesentlichen fünf *materialbezogene Deckengruppen* ableiten:

- Gips- und Gipskartondecken
- Mineralfaserdecken
- Holz- und Holzwerkstoffdecken
- Metalldecken
- Kunststoffdecken.

Es kann nicht Aufgabe dieses Werkes sein, einen vollständigen Überblick über alle auf dem Markt befindlichen Deckensysteme zu geben. Zu vielfältig sind die Ausführungsmöglichkeiten – sowohl in technischer als auch formaler Hinsicht. In diesem Abschnitt werden die gebräuchlichsten Deckentypen erläutert und auf die jeweiligen Einsatzgebiete sowie Konstruktionsbedingungen hingewiesen.

14.5.2 Fugenlose Deckenbekleidungen und Unterdecken

Fugenlose Decken bestehen – abgesehen von den altbewährten Draht-Putzdecken (Hängende Drahtputzdecken s. Abschn. 8.7.6 in Teil 2 dieses Werkes) und den Spanndecken – aus plattenförmigen Halbzeugen, die auf der Baustelle an Unterkonstruktionen aus Metall oder Holz, direkt oder abgehängt, in Trockenmontage befestigt werden. Die Fugen der Platten sind so zu verspachteln, dass eine ebene, fugenlose Unterschicht entsteht (geschlossener Deckenspiegel). Zur Herstellung fugenloser Decken eignen sich vor allem unterschiedlich vergütete Gipskartonplatten, Gipsfaserplatten und Gipskarton-Putzträgerplatten (s. Abschn. 6.10.3). Je nach Anwendungsbereich können derartige Deckenbekleidungen und Unterdecken folgende Anforderungen erfüllen:

- Verkleidung der Rohdecke, einschließlich der Ver- und Entsorgungsleitungen, Unterzüge u. Ä.
- Erhöhung des Brandschutzes von Geschossdecken

- Verbesserung der Schalldämmung von Geschossdecken
- Verbesserung der Raumakustik mit verputzten Gipskarton-Lochplatten
- Integration von Klima-, Lüftungs-, Kühl- und Beleuchtungstechnik
- Variable Trennwandanschlüsse
- Untergrund für Beschichtungen aller Art (Anstriche, Tapeten).

Decken aus Gipskartonplatten[1]

Fugenlose Decken aus Gipskartonplatten (GK-Platten) können wie leichte Trennwände hergestellt werden (Konstruktionshinweise s. a. Abschn. 6.10.3 und Bild **14**.30). DIN 18 181 regelt die für Decken zulässigen Spannweiten (Tab. **14**.29). Bei Brandschutzanforderungen sind die Angaben der DIN 4102-4 zu beachten (Tab. **14**.6 und **14**.8).

Akustikdecken aus Gipskarton-Lochplatten. Die jeweils gewünschte akustische und gestalterische Raumwirkung lässt sich bei *Lochplatten-Akustikdecken* durch die entsprechende Wahl der sichtbar belassenen Lochbilder erzielen. Die Platten gibt es mit gerader, versetzter oder Streulochung mit rückseitiger Faservlies-Kaschierung oder hinterlegtem Schallschluckmaterial. Sind aus gestalterischen Gründen fugenlose Deckenflächen mit Putzbekleidung erwünscht, haben sich *putzbeschichtete Lochplatten-Akustikdecken* mit hinterlegtem Schallschluckmaterial bewährt (Bild **14**.31). Einzelheiten hierzu s. Abschn. 8.10 sowie Bild **8**.26 und **8**.27 in Teil 2 dieses Werkes.

Gipskarton-Putzträgerdecke. Die in Bild **14**.32 dargestellte fugenlose Decke besteht aus ungelochten Gipskarton-Putzträgerplatten (GKP) mit nachträglich aufgebrachter Putzschicht. Bei der Montage ist zwischen den abgerundeten Längskanten der Putzträgerplatten ein Abstand von etwa 5 mm einzuhalten. Diese Fugen werden vor dem Verputzen mit Gips so ausgedrückt, dass sich auf der Plattenrückseite ein kantenumfassender Wulst bildet. Vgl. hierzu Abschn. 8.7.6.6 in Teil 2 dieses Werkes sowie Bild **14**.36, Mineralfaser-Putzträgerdecke.

14

---

[1] Ausführliche Darlegungen zu Plattenwerkstoffen aus Gips s. Abschn. 6.10.3 dieses Werkes.

A. Fugenlose Deckenbekleidungen und Unterdecken

1. **Fugenlose Decken** mit geschlossenem Deckenspiegel
   z. B. aus
   - Gipskarton-Bauplatten
   - Gipskarton-Putzträgerplatten
   - Mineralfaser-Putzträgerplatten

2. **Spanndecke** mit geschlossenem Deckenspiegel
   z. B. aus
   - Kunststofffolien
   - Textilbahnen

(Textilbahn
nur am Rand fixiert)

B. Ebene Deckenbekleidungen und Unterdecken

1. **Plattendecken** (meist geschlossene Systeme)
   z. B. aus
   - Mineralfaserplatten
   - Holz-Spanplatten
   - Holz-Furnierplatten
   - Holz-Faserplatten
   - Holzwolle-Leichtbauplatten
   - Gipskarton-Bauplatten
   - Gipskarton-Kassetten
   - Metall-Deckenplatten (gelocht/ungelocht) u.a.m.

(quadratische
Kassettenplatten)

(Langfeldplatten
=Flurdeckenplatten)

2. **Paneeldecken** (offene und geschlossene Systeme)
   z. B. aus
   - Metall-Profilen
   - Massivholz-Profilen
   - Spanplatten-Paneelen
   - Hart-PVC-Profilen (gelocht/ungelocht) u.a.m.

3. **Lamellendecken** (Baffeln) (meist offene Systeme)
   z. B. aus
   - Massivholz-Lamellen
   - Spanplatten-Lamellen
   - Mineralfaser-Lamellen
   - Leichtmetall-Lamellen
   - Stahlblech-Lamellen
   - Hohlkörper-Lamellen aus Metall oder Holz
     (gelocht/ungelocht) u.a.m.

14

14.28   Einteilung und Benennung leichter Deckensysteme

4. **Rasterdecke** (meist offene Systeme)
z. B. aus
- Pressholz-Elementen
- Metall-Elementen
- Kunststoff-Elementen u.a.m.

C. Wabendecken (offene und geschlossene Systeme)

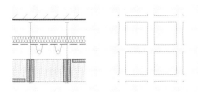

z. B. aus
- Mineralfaserplatten
- Holzwerkstoffplatten
- Hohlkörperprofile aus Metall (gelocht/ungelocht)
u.a.m.

D. Lichtkanaldecken mit integrierter Akustik, Beleuchtung, Klimatisierung (geschlossene Systeme)

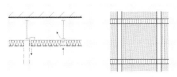

z. B. aus
- Holzwerkstoffplatten
- Textile Spannrahmenelemente
- Mineralfaserplatten

E. Sonderformdecken bleiben im Rahmen dieser Abhandlung unberücksichtigt

14.28   (Fortsetzung)

Tabelle **14**.29 Zulässige Spannweiten von Gipskartonplatten bei Deckenbekleidungen und Unterdecken

Befestigungsarten	Plattendicke in mm	Zulässige Spannweiten von Gipskartonplatten an Decken (Achsabstände der Tragprofile) in mm
Querbefestigung	12,5 15 18 20 25	500 550 625 625 625
Längsbefestigung	12,5 15 18 20 25	420
Plattenlängsrichtung	(↔)	Rückenseitenstempel

14

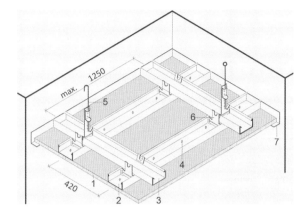

14.30 Konstruktionsbeispiel: Unterdecke aus
Gipskarton-Bauplatten (Gipskartonde-
cke) mit Unterkonstruktion C-förmigem
Metallprofilen. Vgl. hierzu auch Tab. **14**.6
und Tab. **14**.8.

1 Gipskarton-Bauplatten
2 Tragprofil
3 Grundprofil
4 Schnellbauschraube
5 Schnellspannabhänger
6 Ankerwinkel
7 Wandwinkel

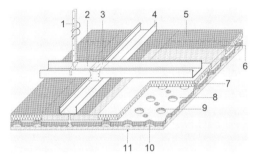

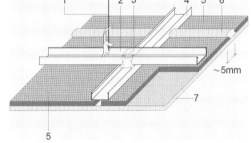

14.31 Konstruktionsbeispiel: Unterdecke aus putzbeschichteten Gipskarton-Lochplatten und hinterlegtem Schallschluckmaterial (fugenlose Loch-
platten-Akustikdecke)

1 Noniusabhänger
2 Grundprofil 60 x 27
3 Kreuzverbinder
4 Tragprofil 60 x 27
5 Aluminiumfolie
6 GK-Plattenstreifen (Montagesteg 60 x 18)
7 Faserdämmstoff 20 mm
8 GK-Lochplatte 12,5 mm
9 Lochbild 12/20/46
10 Glasvliesbahn (schalldurchlässig)
11 Dekorputz 3 mm

Sto AG, Stühlingen – Gebr. Knauf, Iphofen

14.32 Konstruktionsbeispiel: Unterdecke aus putzbeschichteten Gipskartonplatten (fugenlose Gipskarton-Putzträgerdecke) vgl. hierzu Bild **8**.22 und
8.27 in Teil 2 dieses Werkes

1 Schnellspannabhänger mit Feder
2 Grundprofil 60 x 27
3 Kreuzverbinder
4 Tragprofil 60 x 27
5 GK-Putzträgerplatten 9,5 mm
6 offene Längsfuge (etwa 5 mm) mit kantenum-
fassendem Wulst auf der Plattenrückseite
7 Maschinenputz 10 mm

Gebr. Knauf, Westdeutsche Gipswerke, Iphofen

Spanndecken

Eine auf den Raum oder das Deckenelement
maßgeschneiderte Textil- oder Kunststoffbahn
wird unter die bestehende Decke in Randleisten
eingespannt. Kunststoffdecken werden bei ca.
45 C° Raumtemperatur in die Randprofile eingehängt und spannen sich beim Erkalten selbst.
Der Restdurchhang ist in der Regel nicht wahr-
nehmbar. Öffnungen für Einbauleuchten, Lüf-
tungs- oder Sprinklerelemente sind ausführbar,
sie müssen jedoch im Werk in die Folie eingearbeitet werden, nachträgliche Änderungen sind

sehr aufwändig. Die Oberfläche ist glänzend
oder matt, die Folien lassen sich bedrucken und
eignen sich besonders zur Hinterleuchtung
(Lichtdecke).

Sie können in der Brandschutzklasse B, s1 d0
(s. Abschn. 17.7.2) gefertigt werden. Im Gegensatz zu Glaslichtdecken sind keine Fugen sichtbar und es können dreidimensional verformte
Decken ausgebildet werden. Mikrolochungen
und dahinter angebrachte Schalldämmplatten
können die Schallabsorption verbessern. Der
Vorteil dieser Decken liegt in der schnellen Mon-

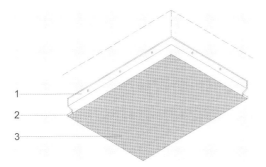

14.33 Schematische Darstellung einer Spanndecke
 1 Wandprofil
 2 Klemmleiste
 3 Spannfolie

tage und der geringen Aufbauhöhe (minimal ca. 2 cm, bei hinterleuchteten Decken ca. 20–40 cm) und der Möglichkeit, leichte Unterdecken nur an der Wand zu befestigen (bis 60–80 m² Raumgröße und ohne weitere Deckeneinbauten). Nachteilig ist der Aufwand bei Wartungsarbeiten der im Deckenraum liegenden Installationen. Der Raum muss wie bei der Montage auf 40–50 °C erwärmt und die gesamte Folie abgenommen werden. Bild **14**.33

14.5.3 Ebene Deckensysteme

Allgemeines

Während die *fugenlosen Decken* aus plattenförmigen Halbzeugen an der Baustelle hergestellt werden und erst dort ihr endgültiges Aussehen erhalten, bestehen die *ebenen Deckensysteme*[1] aus werkmäßig vorgefertigten Einzelelementen mit fix und fertiger Oberfläche, die nur noch vor Ort montiert werden müssen (auch Element- oder Montagedecken genannt). Von daher lassen sich auch die unterschiedlichen Fugenausbildungen ableiten: Während bei den erstgenannten Decken Fugen aus den verschiedensten Gründen (z. B. Hygiene- und Brandschutzanforderungen) nicht gebraucht werden können, sind die Fugen der ebenen Systemdecken als *gestalterisches*, d. h. flächengliederndes und maßstabbildendes Element erwünscht, bei anderen Deckenarten wiederum aus raumakustischen,

[1] Die Bezeichnung „ebene Decke" soll verdeutlichen, dass es sich dabei um Decken handelt, deren Oberflächen durchaus reliefartig ausgebildet sein können, deren Unterseite jedoch insgesamt keine größeren räumlichen Versätze – wie sie beispielsweise bei den Waben oder Pyramidendecken zu verzeichnen sind – aufweisen.

herstellungs-, beleuchtungs- und lüftungstechnischen Gründen sogar *funktionsbedingt* erforderlich. Demnach unterscheidet man (Bild **14**.28):

- Geschlossene Deckensysteme, bei denen die Decklagenelemente dicht aneinander und dicht an die raumbegrenzenden Bauteile angeschlossen sind.
- Offene Deckensysteme, bei denen die einzelnen Decklagenelemente auf Fuge zueinander angebracht (Deckensegel) oder die Decklagenkörper selbst licht-, luft- oder schalldurchlässig ausgebildet sind.

In die meisten ebenen Deckenbekleidungen und Unterdecken lassen sich die jeweils erforderlichen beleuchtungs-, schall- und klimatechnischen Funktionen problemlos integrieren. Der Übergang von der einfachen Deckenbekleidung hin zum hochinstallierten, integrierten Deckensystem vollzieht sich fließend. Eine scharfe Abgrenzung der unterschiedlichen Deckensysteme ist nicht möglich. Ebene Deckensysteme sind überwiegend als schallabsorbierende Decken ausgebildet; vielfach werden diese Decken deshalb als ebene Akustikdecken bezeichnet. Wird die Beleuchtung oberhalb der lichtdurchlässigen Decklage angeordnet oder die perforierte Decklage für lüftungstechnische Zwecke genutzt, so spricht man von sog. Lichtdecken bzw. Lüftungsdecken. Derartige Bezeichnungen müssen jedoch immer unscharf bleiben, da sie nur einen Teil der tatsächlich von der jeweiligen Decke erbrachten Funktionen beschreiben.

Decken aus Mineralfaserplatten (Faserverbundplatten)

Mineralfaserdecken – auch kurz MF-Decken genannt – bestehen aus porösen Mineralfaserplatten als Decklage und passenden Unterkonstruktionen, meist aus Metall. Aufgrund eines breit gefächerten Angebotes verschiedenartiger Plattenmaterialien und Oberflächenausbildungen sind sie universell in nahezu allen Baubereichen einsetzbar. Insbesondere dort, wo es ankommt auf:

- Raumakustik
- Brandschutz
- Schallschutz
- geringes Flächengewicht
- einfache Montage und Demontage (Bild **14**.34)
- Integration von Beleuchtung, Lüftung usw.
- vielfältige Gestaltungsmöglichkeiten
- Preis und Wirtschaftlichkeit.

14

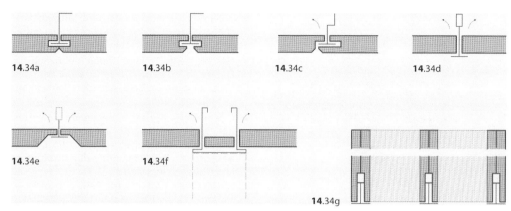

14.34 Schematische Darstellung möglicher Montagesysteme und Kantenformen von Mineralfaser-Deckenplatten
        (Beispiele)
        a) verdeckte Montage, Platten nicht herausnehmbar
        b) verdeckte Montage, Platten nicht herausnehmbar
        c) verdeckte Montage, Platten herausnehmbar
        d) sichtbare Montage, Platten herausnehmbar
        e) sichtbare Montage, Platten herausnehmbar
        f) sichtbare Montage, Platten herausnehmbar (Bandrasterdecke)
        g) vertikale Montage von Mineralfaserplatten (Wabendecke/Baffeln)
        OWA-Odenwald Faserplattenwerk, Amorbach

Plattentypen der verschiedenen Hersteller unterscheiden sich deutlich hinsichtlich ihrer jeweiligen stofflichen Zusammensetzung und der sich daraus ergebenden technischen Eigenschaften. Die klassischen *Mineralfaserplatten* bestehen aus verdichteter und gebundener Mineralwolle, hergestellt aus künstlichen Stein- oder Glasfasern. Alternative *Faserverbundplatten* setzen sich aus natürlichen Rohstoffen bzw. Bindemitteln wie Perlit, Vermiculit, Tonmehl und Stärke sowie organischen Armierungsfasern (Zellulosefasern aus wiederverwertetem Papier) zusammen; sie sind voll recycelbar und enthalten keine künstlichen Mineralfasern.

Übliche Mineralfaserplatten weisen nur eine geringe mechanische Festigkeit auf, dürfen nicht nass werden und sind auch gegen hohe Luftfeuchte nicht unempfindlich. Vor der Unterdeckenmontage müssen daher alle Nass- und Installationsarbeiten (Putz-, Estricharbeiten usw.) abgeschlossen sein. Auch beim Einbau und bei der späteren Nutzung sollte die relative Luftfeuchte von 70 % nicht überschritten werden. Sonderkonstruktionen für Feuchträume, Schwimmbäder usw. sind jedoch lieferbar.

Mineralfaserakustikdecken. Die Oberflächenausbildung der Mineralfaserplatten hat einen entscheidenden Einfluss auf die *akustische* Wirksamkeit des gesamten Deckensystems. Das hohe Schallabsorptionsvermögen der Platten wird durch die strukturierte poröse Oberfläche und durch eine zusätzliche *Nadelung* (Perforation) erreicht, so dass die Schallwellen tief in das Platteninnere eindringen können. In der Regel werden die Decklagenelemente werkseitig oberflächenfertig in vielen Struktur- und Farbvarianten angeboten. Ohne Beeinträchtigung der akustischen Wirkung können sie auch später durch einen weiteren Farbauftrag renoviert werden; die entsprechenden Herstellerhinweise sind dabei zu beachten.

Mineralfaserplatten gibt es wahlweise in den *Baustoffklassen* B1 (schwer entflammbar) und A2 (nichtbrennbar) nach DIN 4102. Je nach Plattenmaterial, Montagesystem und vorhandener Tragdecke können damit Feuerwiderstandsklassen von F30 bis F120 gemäß DIN 4102 erreicht werden. Einzelheiten hierzu sind den jeweiligen Herstellerunterlagen und allgemeinen bauaufsichtlichen Prüfzeugnissen oder Zulassungen zu entnehmen.

Regelabmessungen – Mineralfaserplatten (Faserverbundplatten): 600 x 600 (625 x 625) – 1200 x 600 (1250 x 625) mm. Langfeldplatten: 2000 (2500) x 300 mm. Übliche Plattendicken: 15, 20, 25 mm. Sonderformate auf Anfrage.

14

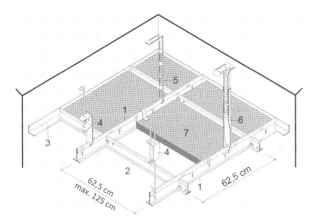

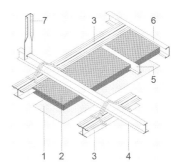

14.35 Konstruktionsbeispiel**:** Unterdecke aus Mineralfaserplatten mit sichtbaren Tragschienen (Einlegemontage)
1 Tragschiene
2 Querschiene
3 Wandwinkel
4 Schnellspannabhänger
5 Schlitzbandabhänger
6 Noniusabhänger
7 Mineralfaserplatte
DONN Products GmbH, Viersen

14.36
Konstruktionsbeispiel**:** Unterdecke aus
putzbeschichteten Mineralfaserplatten (fugenlose Mineralfaser-Putzträgerdecke)
1 Dekorputz und Glasvlies
2 Mineralfaser-Putzträgerplatte
3 Tragprofil
4 Grundprofil
5 T-Profil
6 Wandanschlussprofile
7 Noniusabhänger
OWA-Odenwald Faserplattenwerk,
Amorbach

Mineralfaser-Plattendecken lassen sich einfach, schnell und trocken montieren. Die Platten
können unmittelbar an einer ebenen Tragdecke
oder an Unterkonstruktionen aus Metall oder
Holz – direkt oder abgehängt – angebracht werden. Von den Herstellern werden entsprechende
Unterkonstruktionen meist als *komplette Systeme*
mit genauer Montagevorschrift angeboten. Die
Kantenausbildung richtet sich nach dem gewählten Montagesystem und nach den jeweiligen
technischen und gestalterischen Anforderungen
(Bild **14**.34 und Bild **14**.35). Je nach Konstruktionsart sind die Deckenplatten entweder fest
eingebaut oder nach oben bzw. nach unten her-
ausnehmbar, so dass der Deckenhohlraum jederzeit zugänglich bleibt. Auf die weiterführende
Spezialliteratur wird hingewiesen.

Folgende Montagemöglichkeiten bieten sich bei
Metallunterkonstruktionen an:

- **Verdeckte Montage.** Die Tragprofile werden
  von den Mineralfaserplatten verdeckt.
- **Halbverdeckte Montage.** Keine sichtbaren
  Querprofile zwischen den Längsbandraster-
  profilen.
- **Sichtbare Montage.** Im Achsraster-, Längs-
  bandraster-, Kreuzbandrastersystem.
- **Vertikale Montage.** In Form von Lamellen-,
  Raster- und Wabendecken.

Mineralfaser-Putzträgerdecke (Bild **14**.36). Diese Unterdecke besteht aus einem für die verdeckte Montage geeignetem Profilsystem, auf das
allseits genutete und scharfkantig geschnittene
Mineralfaserplatten aufgebracht werden. Darauf
wird quer zu den Plattenlängsstößen ein Glasvlies aufgezogen und anschließend mit einem
Dekorputz beschichtet. Diese Putzträgerdecke
zeichnet sich durch ein geringes Flächengewicht,
hohe Schallabsorption und Schall-Längsdämmung aus; außerdem ergeben sich je nach Abhängehöhe und Art der Rohdecke Feuerwiderstandsklassen von F30 bis F120 nach DIN 4102
(s. a. Bild **14**.32).

Decken aus Holz und Holzwerkstoffen

Holzdecken sind nach wie vor sehr gefragt. Neben ihrem guten Aussehen – bedingt durch eine
Vielzahl interessanter Holzarten und farbig be-
handelter Oberflächen – sind als weitere Vorzüge
ihre relativ problemlose, trockene Montage, die
minimale Nachpflege (keine wiederkehrenden
Tapezier- und Malerarbeiten) sowie ihre hohe Lebensdauer zu nennen. Zu beachten sind jedoch
immer auch die *materialbedingten Eigenschaften*,
die sich aus dem Naturwerkstoff Holz mit all seinen Vor- und Nachteilen ergeben (z. B. fortwäh-
rende Maß- und Formänderungen durch Schwin-

14

den und Quellen). Einzelheiten hierzu sind der Spezialliteratur [22] zu entnehmen.

Holzdecken können aus Massivholz oder Holzwerkstoffen – wie zum Beispiel Stabsperrholz und Furniersperrholz gemäß DIN EN 315, DIN EN 635 und DIN EN 636, Holzspanplatten nach DIN EN 309 und DIN EN 312, Faserplatten nach DIN 622 sowie Schichtholzformteilen – entweder nach handwerklichen Regeln in Einzelfertigung oder unter Verwendung von einbaufertigen Serienprodukten hergestellt werden. Auch hier geht der Trend zu industriell hergestellten, oberflächenfertigen Decklagenelementen. Im Einzelnen unterscheidet man (Bild **14**.28):

- Holzplattendecken und Holzkassettendecken
- Profilholzdecken und Holzpaneeldecken
- Holzlamellendecken (Baffeldecke)[1]
- Holzrasterdecken
- Sonderformdecken (bleiben hier unberücksichtigt)

Holzplattendecken und Holzkassettendecken

Plattendecken bestehen in der Regel aus quadratischen, rechteckigen oder anders geformten Decklagenelementen. Dabei handelt es sich meist um geschlossene Deckensysteme.

Fertigplattendecken (dekorative Deckenplatten) bieten sich als einfachste Ausführung zur Bekleidung von Rohdecken an. Diese dünnen, montagefertigen Tafeln aus Furniersperrholz oder Spanplatten werden vom Holzfachhandel in Form von Einzelelementen oder als komplette Systeme (Fertigtäfelungen für Decke und Wand), einschließlich Befestigungsmittel und Unterkonstruktion geliefert. Die Oberflächen können furniert, lackiert, mit Kunststoff-, Metallfolie oder anderen Materialien beschichtet sein. Durch Pro-

file und Schattenfugen lassen sich gegliederte Flächen erzielen (Bild **14**.37).

Kassettendecken nennt man Deckenbekleidungen und Unterdecken aus meist quadratischen Elementen. Derartige Decken wurden früher aus Rahmen und Füllungen, mit vertieft angeordneten Feldern (Kassetten) nach handwerklichen Regeln hergestellt. Industriell gefertigte Kassetten bestehen üblicherweise aus oberflächenveredelten Holzwerkstoffen, deren Kanten für Einsteckfedern genutet oder anderweitig profiliert sein können.

Akustikdecken aus schallabsorbierenden Holzwerkstoffplatten. Zur Herstellung von Akustikdecken bieten sich poröse, perforierte und auf Fuge angeordnete Decklagenelemente an (Bild **14**.2) sowie Abschn. 14.2.2.

Eine schallabsorbierende Plattendecke aus Holzwerkstoffen zeigt Bild **14**.38. Die an einem höhenversetzten Tragrost aus Metallprofilen befestigten Leichtspan-Akustikplatten (DIN EN 622) sind in den Baustoffklassen B1 (schwerentflammbar) und A2 (nichtbrennbar) nach DIN 4102 erhältlich. Die Oberfläche dieser Platten kann je nach Bedarf schallabsorbierend oder schallreflektierend ausgebildet sein, ohne dass sich das Aussehen verändert. Bei der *schallabsorbierenden Ausführung* ist die Plattensichtseite entweder mit einer offenporigen Feinspandeckschicht oder einem mikroporösen Akustikvlies beschichtet, auf die wahlweise ein offenporiger Akustiklack, Akustikfeinputz oder andere Absorptionsbeschichtungen aufgebracht werden können.

Profilholzdecken und Holzpaneeldecken

Profilhölzer aus Massivholz – auch Profilbretter oder gespundete Bretter genannt – werden in Hobelwerken gefertigt und sind über den Holzfachhandel zu beziehen. Die Längsseiten der passgenauen Profilhölzer sind mit Nut und Feder versehen, so dass im verlegten Zustand eine sichtbare Fuge entsteht. Die Querschnitte einiger Profilhölzer zeigt Bild **14**.39. Zum besseren Verständnis sind in Bild **14**.40 die notwendigen *Fachbegriffe* erläutert:

- **Profilhölzer** sind Bretter aus Massivholz mit Nut und angehobelter Feder.
- **Profilmaß** ist die Breite des Brettes einschließlich der Feder. Nach diesem Maß wird der Preis berechnet (Berechnungsbreite).
- **Deckbreite** ist die Breite des Brettes ohne Feder. Da bei Profilhölzern Nut und Feder inein-

---

[1] **Baffeln** (großformatige Lamellen) sind akustisch wirksame, schallabsorbierende Elemente, die vertikal an der Rohdecke abgehängt werden. Sie können aus beschichteten Mineralfaserplatten, Holzwerkstoffen, Metall oder Kunststoff bestehen. Unterschiedliche Höhen sowie Abstände und auch Anordnungen auch kombiniert mit anderen abgehängten Deckenflächen (z. B. Deckensegeln) führen zu interessanten Raumwirkungen. In den Zwischenräumen lassen sich Leitungsführungen und auch Beleuchtungselemente frei zugängig halbverdeckt integrieren. Vielfach werden Baffeldecken auch zur Reduzierung des Lärmpegels im Industrie- und Gewerbebau und zunehmend auch in Bürogebäuden, Hallen, Foyers usw. eingesetzt. Sie kommen auch zur Ausführung, wenn in Räumen das Volumen erhalten bleiben soll und insbesondere dann, wenn thermoaktive Bauteilsysteme (TABS) in Massivdecken zur Raumtemperierung ausgeführt werden.

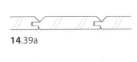

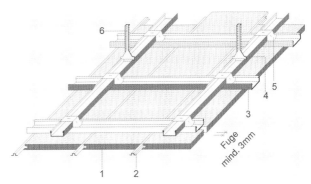

14.37 Schematische Darstellung einer Holzplattendecke aus montagefertigen, dekorativen Deckenplatten, Dicke der Platten 6, 8,10 mm.

1 Grundgattung
2 Nagellaschen
3 Fertigtäfelung

14.38 Konstruktionsbeispiel**:** Akustikdecke aus schallabsorbierenden Holzwerkstoffplatten und höhenversetztem Tragrost (zugleich ballwurfsichere Unterdecke)

1 Leichtspann-Akustikplatten
2 Hutprofile, mit darüber liegendem Tragprofil, verschraubt
3 Tragprofil
4 Grundprofil
5 Kreuzverbinder
6 Noniusabhänger

Wilhelmi Werke, Lahnau

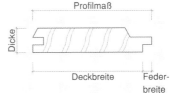

14.39 Schematische Darstellung von Profilhölzern
a) Fasebretter aus Nadelholz
b) Profilbretter mit Schattennut (DIN 68 126)
c) Profilbretter mit Schattennut (nicht genormt)
d) Profilbretter mit gewölbter Sichtfläche (nicht genormt)

14.40 Fachbegriffe beispielhaft an einem Profilholz-Querschnitt dargestellt

ander greifen, muss bei der Ermittlung der für eine Fläche tatsächlich benötigten Menge von der Deckbreite ausgegangen werden. Die Differenz zwischen Profilmaß und Deckbreite entspricht der jeweiligen Federbreite; diese beträgt je nach Brettbreite 6 mm, 8 mm oder 10 mm.

Regelabmessungen. Profilhölzer sind in Längen von 0,60 (1,50) bis 6,10 m erhältlich. Die gängigen Profilbreiten liegen zwischen 69 und 146 (196) mm, gebräuchliche Brettdicken zwischen 11,0 und 19,5 mm. Von den Hobelwerken werden darüber hinaus noch eine Vielzahl nicht genormter Profilarten angeboten (Sonderprofile). Die gebräuchlichsten Holzarten, aus denen Profilhölzer hergestellt werden, sind Fichte, Kiefer, Lärche, Red Pine, Oregon Pine, Western Red Cedar, Hemlock. Weitere Einzelheiten sind der Spe-

zialliteratur [22], [25], [31] zu entnehmen oder beim Holzfachhandel zu erfragen.

Paneele aus Holzwerkstoffen bestehen aus einer Trägerplatte (Spanplatte oder MDF-Faserplatte), einer Ummantelung aus Furnier oder Kunststofffolie auf der Sichtseite und einem sog. *Gegenzugmaterial* auf der Rückseite (Bild **14**.41).

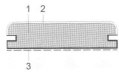

14.41 Schematische Darstellung eines Paneels aus Holzwerkstoff
1 Trägerplatte (Spanplatte, MDF-Faserplatte)
2 Ummantelung (Furnier, Kunststofffolie)
3 Gegenzugmaterial (Formstabilität)

14

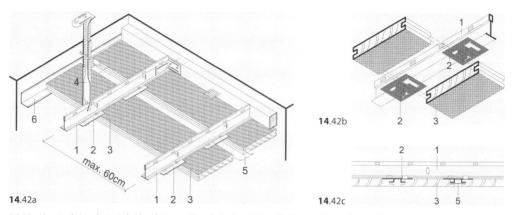

14.42a   1 2 3   **14**.42c   3   5

14.42 Konstruktionsbeispiel: Abgehängte Akustikdecke mit Profilhölzern oder Holzpaneelen und Metallunterkonstruktion. Schallabsorbierende Dämmstoffauflage nach Bedarf.

   1 Tragschiene   4 Noniusabhänger (Unterteil)
   2 Spezialkralle (Drehklipp)   5 Einschubfeder (Dämmfeder)
   3 Profilhölzer, Paneele   6 Wandwinkel

Die Paneele sind in der Regel ringsum mit einer Nut (Einsteckfeder) versehen. Da sie aus Holzwerkstoffen gefertigt werden, unterliegen sie im Prinzip keiner material- bzw. konstruktionsbedingten Breitenbegrenzung. Handelsübliche Paneelmaße sind DIN 68 740 zu entnehmen oder beim Holzfachhandel zu erfragen

Decken aus Profilhölzern und Paneelen. Ausbildung und Bemessung der Unterkonstruktion richten sich weitgehend nach der Art und Größe des Bekleidungsmateriales (Decklage). Die zulässigen Stützweiten und Abstände der Trag- und Grundprofile sind den jeweiligen Herstellerunterlagen bzw. amtlichen Prüfzeugnissen zu entnehmen. Angaben über Unterkonstruktionen s. Abschn. 14.3.3.

Bei Deckenbekleidungen, an die keine besonderen Anforderungen hinsichtlich ihrer Hinterlüftung gestellt werden, genügt eine einfache, höhengleiche Traglattung als Unterkonstruktion (Bild **14**.26). Das Anbringen einer höhenversetzten Trag- und Grundlattung empfiehlt sich überall dort, wo mit *hoher relativer Luftfeuchte* (Feuchtigkeitsschwankungen) zu rechnen ist. Für Decken in Feuchträumen gelten besondere Festlegungen. Einzelheiten hierzu s. [25].

Bei **Unterdecken** werden die Profilhölzer und Paneele vorwiegend an *Metallunterkonstruktionen* angebracht. Zu ihrer unsichtbaren Befestigung eignen sich handelsübliche *Spezialkrallen* (Bild **14**.42 und Bild **8**.46). Ihre Größe richtet sich nach der jeweiligen Nutwangendicke der Profilhölzer bzw. Paneele. In Verbindung mit entspre-

chenden Unterkonstruktionen können derart befestigte Decken auch *ballwurfsicher* ausgeführt werden.

Profilhölzer aus Massivholz dürfen nur in gut getrocknetem Zustand eingebaut werden, da sich Holz auf den Feuchtegehalt der umgebenden Luft einstellt (Gleichgewichts-Holzfeuchte). In beheizten Räumen soll die Holzfeuchte bei etwa 8 % (bezogen auf das Darrgewicht) liegen. Außerdem sollten die Profilhölzer vor der Montage durch mehrtägige Lagerung im temperierten Raum dem jeweiligen Raumklima angepasst werden.

Oberflächen. Profilhölzer werden üblicherweise gehobelt und geschliffen angeboten, sie sind aber auch mit sägerauer und sandgestrahlter Oberfläche erhältlich. Eine farbige Behandlung der Hölzer ist ebenfalls möglich. Werden gespundete Profilhölzer oder Akustikbretter mit Einsteckfedern (Federn aus Sperrholz) verwendet, so ist darauf zu achten, dass alle sichtbaren Holzteile *vor der Montage mindestens einmal* mit dem jeweiligen Beschichtungsmittel (z. B. Farblasuren) vorbehandelt sind, damit bei späteren, holzwerkstoffbedingten Formänderungen die ursprüngliche Holzfarbe an den Nut- und Federstößen nicht unangenehm streifig in Erscheinung tritt.

Akustikdecken aus Profilhölzern und Paneelen. Zur Herstellung von schallabsorbierenden Deckenbekleidungen und Unterdecken eignen

14.43
Akustik-Schwinghänger für schallschutztechnisch wirksame Decken- und Wandbekleidungen

1 Akustik-Schwinghänger
2 Traglatte
3 Spezialkralle
4 Schraube
5 Profilholz, Paneel
6 Dämmmaterial

Früh, Neckartenzlingen

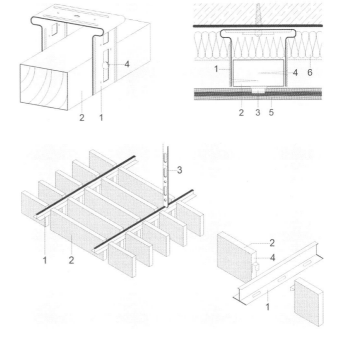

14.44
Schematische Darstellung einer abgehängten Lamellendecke (Baffeln)

1 Tragprofil, beidseitig geschlitzt
2 Lamellen (Baffeln)
3 Abhänger
4 Lamellenhalter mit Einhängehaken

sich auf Fuge angeordnete Akustik-Glattkantbretter und Akustik-Profilbretter gemäß Bild **14**.2. Sie
werden vor allem in Sportstätten, Schwimmhallen, Kirchen usw. eingesetzt, und zwar mit offenen oder geschlossenen Fugen (Dämmfedern),
jeweils mit hinterlegtem Rieselvliesstoff bzw.
Schallschluckmaterial (Bild **14**.42). Auch die Fugenbreiten können wahlweise 10, 15, 20 oder
25 mm betragen, so dass sich bei gleicher Profilausbildung unterschiedliche Schallabsorptionsgrade erzielen lassen. Nähere Angaben hierzu
sind der Spezialliteratur [25] zu entnehmen.

Werden erhöhte *schallschutztechnische Anforderungen* an Deckenbekleidungen gestellt, so bieten sich die in Bild **14**.43 dargestellten *Akustik-
Schwinghänger* (Metallbügel als Federbügel mit
Dämmstoffeinlage) an.

Holzlamellendecken (Baffeln)

Lamellendecken (Bild **14**.44) bestehen aus einzelnen, senkrecht angeordneten, meist in gleichen Abständen parallel zueinander in einer
Richtung verlaufenden Platten. Die senkrechte
Anordnung ermöglicht den Einsatz bauteilaktivierter Massivbauteile, die beim Einsatz horizontaler Unterdeckungssysteme mit dem abschottenden Deckenhohlraum nicht zur Raumtemperierung beitragen können.

Sie sind licht-, luft- und schalldurchlässig (offenes
Deckensystem). Sie ergeben je nach Blickrichtung, Lamellenhöhe und Plattenabstand einen
mehr oder weniger guten Sichtschutz. Durch
Auflegen von Schallschluckmaterial können
störende Installationen o. Ä. verdeckt werden.
Durch perforierte Oberflächen kann ein hoher
Schallabsorptionsgrad erzielt werden. (s. Abschn.
14.5.3.1).

An Materialien werden vorzugsweise Massivholz
sowie Holzwerkstoffe, wie beispielsweise Leichtspan-Akustikplatten, eingesetzt. Durch eine entsprechend farbige Oberflächenbehandlung und
schachbrettartige Anordnung der Lamellenfelder lassen sich interessante Deckenuntersichten
erreichen.

Holzrasterdecken

Rasterdecken sind offene Deckensysteme mit
meist gleichmäßig gerasteter Untersicht. Sie setzen sich aus handlichen Einzelelementen zusammen, die sich zu fugen- und richtungslos durchlaufenden Unterdeckenflächen zusammenfügen
lassen. Die in quadratischer, rechteckiger oder
polygonaler Form lieferbaren Elemente bieten
vielfältige Gestaltungsmöglichkeiten. Sie können
aus Massivholz, Holzwerkstoffen oder auch anderen Materialien hergestellt sein.

14

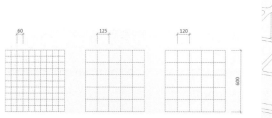

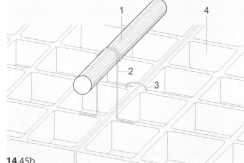

14.45a   **14**.45b

14.45 Schematische Darstellung von offenen Rasterdecken mit Rasterelementen aus formgepresstem Holzwerksstoff
        1 Steckrohr (Tragrohr)   3 Drahtklammer
        2 Aufhängehaken   4 formgepresstes Rasterelement
        Pagolux Interieur GmbH, Xanten

Offene Rasterdecken mit einem freien Querschnitt von bis zu 70 bis 80 Prozent dienen oftmals nur zur optischen Korrektur der Raumhöhe, wobei das Luftvolumen des Raumes voll erhalten bleibt. Aufgrund ihrer Durchlässigkeit eignet sich die Rasterdecke besonders für die Lüftung und Klimatisierung von Räumen. Ausführungen als *Kühldecke* gemäß Bild **14**.14, wie auch zur Herstellung von *Akustikdecken* mit oberseitig aufgelegtem Schallschluckmaterial sind möglich. Oftmals werden Rasterdecken auch als *Lichtrasterdecken* bezeichnet, da sie viele Möglichkeiten der individuellen Lichtgestaltung zulassen.

Formgepresste Rasterelemente. Die in Bild **14**.45 dargestellten Rasterelemente werden aus einem Spanholzgemisch mit duroplastischen Kunstharzen formgepresst (Baustoffklasse B1 und B2 nach DIN 4102). Als tragende Unterkonstruktion dienen parallel verlaufende, abgehängte Steckrohre, an denen die Einzelelemente eingehängt werden. Um Höhenversätze und offene Fugen zwischen den einzelnen Elementen auszuschließen, werden sie untereinander noch mit Drahtklammern verbunden. Rasterdecken aus Spanholz sind immer freischwebend – *ohne festen Wandanschluss* – zu verlegen (materialbedingtes Schwinden und Quellen durch wechselnde Feuchteeinflüsse). Der Wandabstand soll mind. 4 mm je Meter Deckenfläche betragen. Dieser Abstand ist umlaufend auch an Pfeilern, Stützen und sonstigen Einbauten vorzusehen.

Decken aus Metall

Metalldecken bewähren sich seit vielen Jahren im modernen Innenausbau. Sie zeichnen sich insbesondere durch geringes Eigengewicht, Unempfindlichkeit des Materiales gegen äußere Einflüsse, problemlose Integration von Beleuchtungs- und Klimatechnik, einfache trockene Montage und Demontage, geringen Unterhaltsaufwand sowie Materialien-, Farben- und Formenvielfalt aus. Außerdem eignen sie sich für den Einsatz als Kühldecke gemäß Bild **14**.15, als Licht- und Lüftungsdecke sowie als Akustikdecke mit hohem Schallabsorptionsvermögen. *Ebene Metalldecken* gibt es in Form von (Bild **14**.28):

• Kassettendecken
• Paneeldecken
• Lamellendecken (Baffeldecke)
• Rasterdecken
• Sonderformdecken.

Decklagenelemente bestehen üblicherweise aus *Stahlblech* (korrosionsgeschützt). Als Beschichtungsverfahren kommen Nasslackierung, Pulverbeschichtung oder Bandbeschichtung (kontinuierliches Verfahren) zum Einsatz. Decken aus *Aluminiumblech* zeichnen sich vor allem wegen ihrer Beständigkeit gegen hohe Luftfeuchte und chemische Dämpfe und ihres geringen Gewichtes aus. Es gibt sie mit Oberflächen in Alunatur, eloxiert, einbrennlackiert oder folienbeschichtet. Aluminium ist zwar wiederverwertbar, allerdings auch der Baustoff mit dem nahezu höchsten Primärenergieinhalt (PEI > 230 MJ/kg, s. a. Abschn. 1.1 und 5.6.4 in Teil 2 dieses Werkes).

Alle Decklagenelemente erhalten vor ihrer Auslieferung einen transparenten *Folienüberzug*, der sie während des Transportes, des Auspackens

14

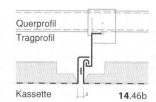

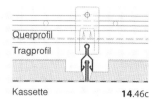

14.46 Schematische Darstellung verschiedener Montagesysteme bei Metallkassettendecken

a) Einlegemontage: Die Kassetten werden von oben in ⊥ - förmige Tragprofile eingelegt; es entsteht eine umlaufende Schattenfuge (Bild **14**.47)
b) Einhängemontage: Die abgekanteten Kassetten werden in Tragprofile eingehängt, mit rings umlaufenden Dichtungsstreifen
c) Klemmmontage; Eingestanzte Nocken und Aussparungen in den Kassettenkanten garantieren ein planebenes Deckenniveau

Lindner AG , Arnstorf

14.47
Konstruktionsbeispiel einer abgehängten Metallkassettendecke mir sichtbarer Unterkonstruktion (betonte Schattenfuge)

1 Noniusabhänger
2 Tragprofil
3 Wandwinkel
4 Druckfeder
5 Randstreifen, ungelocht
6 eingestanzte Nocke
7 Metallkassette, gelocht
8 Schallschluckeinlage

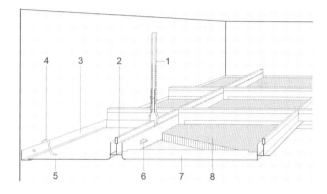

und der Montage vor Verschmutzung und Beschädigung schützen soll.

Die Decklagenelemente werden in der Regel an Unterkonstruktionen aus Metall angebracht. Ihre Ausbildung und Bemessung richten sich weitgehend nach der Art und Größe des aufzubringenden Bekleidungsmateriales (Decklage). Die zulässigen Stützweiten und Abstände der Tragprofile sind den jeweiligen Herstellerunterlagen und allg. bauaufsichtlichen Prüfzeugnissen bzw. Zulassungen zu entnehmen.

Metallkassettendecken

Metallkassettendecken bestehen aus quadratischen, rechteckigen oder anders geformten, *wannenförmig* ausgebildeten Deckenplatten (geschlossenes Deckensystem). Je nach Fugenausbildung kann die Deckenuntersicht flächig oder stark gegliedert wirken. Dementsprechend gibt es Metallkassettendecken mit verdeckter Unterkonstruktion (Haarfugen), sichtbarer Unterkonstruktion (betonte Schattenfugen), Bandrasterprofilen (Längs- oder Kreuzbandraster) sowie Lichtkanalprofilen.

Die Unterkonstruktion (UK) der Metallkassettendecke besteht aus einem fest verriegelten Verband aus Metallprofilen, der flucht- und waagerecht und ggf. drucksteif (Bandrasterdecken) von der Rohdecke abgehängt wird (s. Abschn. 14.3.2 und 14.3.3).

In diesen Tragrost werden die meist seitlich gekanteten Kassetten entweder (Bild **14**.46):

• *eingelegt* (Einlegemontage),
• *eingehängt* (Einhängemontage) oder
• *eingeklemmt* (Klemmmontage).

Deckenhohlräume, in denen wartungsintensive Installationen verlegt sind, müssen gut zugänglich sein. Daher wurden Metalldecken mit *Klappkassetten* entwickelt, die sich nach unten aufklappen und bei manchen Deckensystemen sogar noch seitlich verschieben lassen (Bild **14**.15). Bei Revisionsarbeiten entfällt die Zwischenlagerung der Kassetten, Beschädigungen sind ausgeschlossen.

Akustikdecken aus Metallkassetten. Metallkassetten gibt es in ungelochter und gelochter (perforierter) Ausführung. Entsprechend den je-

14

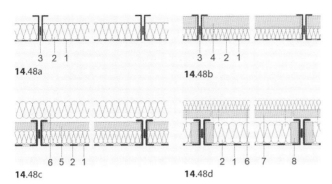

14.48a 14.48b 14.48c 14.48d

14.48
Schematische Darstellung perforierter Metallkassetten. Aufbau je nach akustischen, schall- oder brandschutztechnischen Anforderungen.

1 Metallkassette, perforiert
2 Schallschluckeinlage
3 Dichtungsstreifen
4 Mineralfaserplatte, 13 mm
5 Gipskarton-Bauplatte, 9,5 mm
6 vollflächige Dämmstoffauflage
7 Gipskarton-Feuerschutzplatte
8 Gipskarton-Randstreifen

weiligen gestalterischen und akustischen Anforderungen können die Decklagenelemente ganz unterschiedlich perforiert (Lochanteil zwischen 10 und 40 Prozent) und mit rieselsicherem Schallschluckmaterial hinterlegt sein (Bild **14**.48a und b und Abschn. 14.2.2).

Die normalerweise sichtbaren Löcher der Metallkassetten können jedoch auch mit einem *Akustikvlies* kaschiert und anschließend mit einem *Akustiklack* beschichtet werden (Bild **14**.49). Es entsteht dabei eine monolithische und glatte, aber trotzdem schallabsorbierende Oberfläche. Bei derart ausgerüsteten Metall-Akustikdecken kann die üblicherweise notwendige Schallschluckeinlage entfallen, so dass der Zugang zum Deckenhohlraum wesentlich vereinfacht wird.

Schall-Längsdämmung bei perforierten Metallkassetten. Übernehmen Akustikdecken beim Einbau von umsetzbaren Trennwänden auch noch die Funktion der horizontalen Schall-Längsdämmung, so muss jede einzelne Kassette eine *Dämmstoffeinlage* erhalten – und bei erhöhten schallschutztechnischen Anforderungen – darüber außerdem noch eine durchlaufende horizontale *Abschottung* aus Dämmstoffmatten aufgebracht werden (Bild. **14**.48c und Abschn. 15.3.3).

Der Zugang zum Deckenhohlraum wird dadurch jedoch erschwert, so dass einige Deckenhersteller auf Maß zugeschnittene, keilförmig einpressbare Dämmplatten direkt auf die Decklagenelemente aufkleben.

Brandschutz bei perforierten Metallkassetten. Um auch mit perforierten Metallkassetten einen ausreichenden Brandschutz zu erzielen, müssen noch zusätzliche Gipskarton-Feuerschutzplatten oberseitig auf die Schallschluckeinlage eingebaut werden (Bild **14**.48d). (Sandwich-Bauweise, Gesamtdicke etwa 65 mm, Feuerwiderstandsklasse F30 nach DIN 4102).

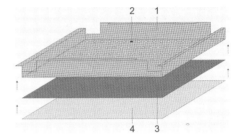

14.49 Schematische Darstellung einer perforierten Akustik-Metallkassette. Sichtseite mit Akustikvlies und Akustiklack beschichtet. Eine zusätzliche Dämmstoffeinlage ist nur bei erhöhten schallschutztechnischen Anforderungen notwendig.

1 Metallkassette, perforiert
2 Lochung nach Bedarf
3 Akustikvlies
4 Akustiklack

Wilhelmi Werke, Lahnau

Regelabmessungen – Metallkassetten. Quadratische Kassetten 600 x 600 und 625 x 625 mm. Großfeld-Kassetten 1200 x 1200 mm. Rechteck-Kassetten bis 500 mm Breite und 4000 mm Länge. Dreieck-Kassetten je nach Bauraster.

Metall-Langfeldkassetten zeichnen sich durch eine erhöhte Eigenstabilität aus. Es ist daher möglich, Deckenflächen bis etwa 4 Meter Breite frei zu überspannen und die rechteckigen Kassetten lediglich in Wandanschlussprofile einzulegen. Derartige Platten eignen sich besonders zum Überdecken von Fluren, Gängen und schmalen Räumen. Mit Langfeldkassetten können jedoch auch Unterdecken erstellt werden, die sich durch besonders große Abstände der Bandrasterprofile auszeichnen, wie sie vor allem in großflächigen Bürogebäuden, Schulzentren, Foyers, Kantinen usw. vorkommen (s. a. Abschn. 14.5.5).

14

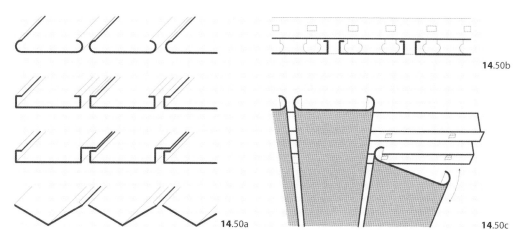

14.50b

14.50a

14.50c

14.50 Schematische Darstellung von Metallpaneelen und ihrer Befestigung an Tragschienen
   a) Paneeltypen (Beispiele)
   b) Befestigung an Tragschienen mit angestanzten Tragrippen
   c) Befestigung an Tragschienen mit ausgestanzten Laschen

Metallpaneeldecken

Paneeldecken bestehen aus einzelnen, horizontal angeordneten und parallel auf Abstand verlegten, paneelförmigen Decklagenprofilen. Sie ergeben eine insgesamt flächig wirkende, durch die Fugen zwischen den Paneelen jedoch richtungsbetonte Deckenuntersicht. Metallpaneeldecken zeichnen sich u. A. aus durch ihr geringes Eigengewicht, einfache und schnelle Montage sowie hohes Schallabsorptionsvermögen bei der Ausbildung als Akustikdecke mit hinterlegtem Schallschluckmaterial. Die Paneele bestehen üblicherweise aus Stahlblech (korrosionsgeschützt) oder Aluminiumblech und sind vollständig recycelbar bei allerdings sehr hohem Primärenergieinhalt für Aluminium. Interessante Formen- und Farbenangebote bieten viele Variationsmöglichkeiten für die Deckengestaltung.

Paneeltypen. Wie Bild **14**.50 beispielhaft zeigt, stehen zahlreiche Paneeltypen zur Wahl: In ebener, konkav oder konvex geknickter Form, rund oder scharfkantig umbördelt, mit und ohne Perforierung sowie Sonderprofile aller Art. Unterschiedliche Paneelbreiten und variable Fugenabstände – untereinander frei kombinierbar – machen Paneeldecken als offenes Deckensystem anpassungsfähig an jeden Grundriss und vorgegebene Rastereinteilung.

Befestigung. Metallpaneele werden in der Regel an Unterkonstruktionen aus Metall – direkt oder abgehängt – angebracht. Ihre Arretierung erfolgt an meist schwarz lackierten Tragschienen, die entweder angestanzte Zapfen (Tragerippen) oder ausgestanzte Laschen aufweisen (Bild **14**.50b und c). In jedem Fall müssen die Halterungen so ausgebildet sein, dass sie den Paneelen zwar einen festen Sitz gewähren, bei Temperaturschwankungen spannungsfreie Längenänderungen jedoch zulassen. Jedes Paneel ist nachträglich wieder abnehmbar, so dass der Deckenhohlraum für Wartungs- und Reparaturarbeiten zugänglich bleibt.

Regelabmessungen. Paneelbreiten 34 – 84 – 134 – 184 – 284 mm. Fugenbreite 10 – 16 – 20 – 30 mm. Paneellänge bis max. 6000 mm.

Metallpaneeldecken haben sich besonders als *Akustikdecken* bewährt (s. a. Abschn. 14.2.2). Hohe Absorptionsgrade lassen sich vor allem mit perforierten und auf Fuge angeordneten Paneelen erzielen. Paneeldecken lassen sich auch als *Lüftungsdecken* ausbilden (s. a. Abschn. 14.2.6). Für Unterdecken in Gymnastik-, Turn- und Sporthallen eignen sich die *ballwurfsicheren* Metallpaneeldecken aus Stahlprofilen. Diese müssen – ähnlich wie die *sturmsicheren* Außendecken – den in DIN 18 032-3 genannten Anforderungen entsprechen. Wie Bild **14**.51 verdeutlicht, besitzen die Tragprofile derartiger Unterdecken sog. Sperrzungen, die nach dem Einklemmen der Profile nach unten gebogen werden und so das Herausfallen bei mechanischer Beanspruchung bzw. bei Druck- und Sogbelastung zuverlässig verhindern.

14

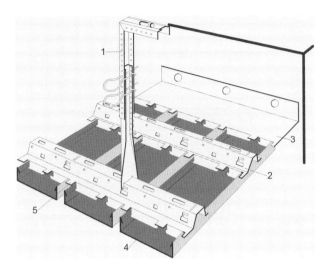

14.51
Konstruktionsbeispiel einer ballwurfsicheren Metallpaneeldecke
1 Noniusabhänger mit zwei Sicherungs-
  stiften und drucksteifer Abhängung
2 Tragprofil mit angestanzten Tragrippen
3 Wandwinkel mit angestanzten Tragrippen
4 Sportdeckenpaneel aus 0,8 mm dickem
  Stahlblech
5 Sperrzunge, die als Sicherung nach
  unten gebogen wird
Richter System GmbH, Griesheim

Metall-Lamellendecken

Lamellendecken bestehen aus einzelnen, vertikal angeordneten und parallel auf Abstand verlegten Sichtblenden (Baffeln). Sie ergeben in der Regel eine richtungsbetonte Deckenuntersicht. Derartige Decken finden vor allem dort Verwendung, wo Installationen, Versorgungsleitungen, Unterzüge und Lichtleisten verdeckt (Sicht- und Blendschutz) sowie die Höhe eines Raumes optisch verringert werden soll – ohne jedoch das Gesamtluftvolumen dabei zu schmälern (offenes Deckensystem). Lamellendecken sollten immer so eingebaut werden, dass die Blenden quer zur Hauptblick- und Hauptverkehrsrichtung hängen

(z. B. in Fluren, Bahnhöfen, Ausstellungs- und Verkaufsräumen). Sie haben sich vor allem als Licht- und Akustikdecken bewährt.

Die Lamellen selbst bestehen in der Regel entweder aus mehrfach geknickten *Metallsichtblenden* (Bild **14**.52) oder U-förmig abgekanteten und *perforierten Metallschalen* mit Schallschluckeinlage (Bild **14**.53). Die Dimensionierung der Metallschalen richtet sich vorwiegend nach den jeweiligen akustischen Anforderungen.

Metallrasterdecken und Kunststoffrasterdecken

Rasterdecken setzen sich aus einzelnen, in der Fläche vorwiegend gitterartig wirkenden Raster-

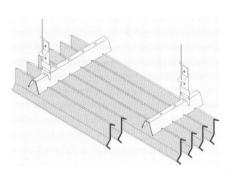

14.52 Schematische Darstellung einer Lamellendecke.
Die Sichtblenden werden in entsprechende Aus-
stanzungen der Tragschienen lotrecht eingeklemmt
1 Schnellspannabhänger
2 Tragprofil
3 Metall-Lamelle
Richter System GmbH, Griesheim

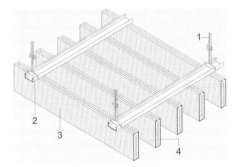

14.53 Schematische Darstellung einer Lamellendecke
aus U-förmig abgekanteten und perforierten
Metallschalen mit Schallschluckeinlage
1 Noniusabhänger
2 Tragprofil
3 perforierte Metallschale (Baffel)
4 Schallschluckeinlage

14

elementen zusammen, die oftmals nur der optischen Korrektur einer Raumhöhe dienen. Die Rasterelemente selbst sind zwar licht-, luft- und schalldurchlässig (offenes Deckensystem), die Höhe der Stege und die jeweils günstigste geometrische Form der Wabe verhindern jedoch einen schrägen Einblick in den Deckenzwischenraum (Sicht- und Blendschutz). Die angebotene Typenvielfalt bietet für jedes Einsatzgebiet verschiedene Raster. Dieser kann rund, zylindrisch, rechteckig, dreieckig, quadratisch usw. ausgebildet sein. An Materialien kommen vor allem Stahlblech (korrosionsgeschützt), Aluminiumblech und Kunststoff in Frage.

Raster aus Stahl- und Aluminiumblech werden überall dort eingesetzt, wo die Forderung nach *nichtbrennbaren Werkstoffen* erhoben wird. Aluminiumraster zeichnen sich wegen ihrer Beständigkeit (z. B. Unempfindlichkeit gegen Feuchtigkeit, chemische Dämpfe) und ihres geringen Gewichtes aus. Sie sind in Alu-natur, eloxiert, folien- und farbbeschichtet erhältlich. Im Wesentlichen unterscheidet man *Dünnstegraster* (Bild **14**.54) und *Breitstegraster* (U-förmig abgekantete Schalen).

Regelabmessungen – Metallrasterelemente. 600 x 600 – 625 x 625 – 1200 x 600 – 1200 x 1200 – 1250 x 1250 mm. Rasterhöhe: 15 – 20 – 25 – 30 – 40 – 55 – 80 mm.

Raster aus Kunststoff werden im Spritzgussverfahren aus lichtbeständigem, thermoplastischem Kunststoff (z. B. Polystyrol) hergestellt und anschließend antistatisch behandelt. Die Kunststoffraster sind UV-stabil und gilben auch nach langer Benutzungsdauer nicht ein. Die Raster werden außerdem mit aufgedampfter Verspiegelung (metallisiert) in Gold-, Silber- und Kupfereffekt angeboten. Zur Ausstattung von Boutiquen, exklusiven Foyers o. Ä. stehen darüber hinaus zahlreiche sog. *Dekorative Rasterdecken* zur Verfügung (Blatt-Dekor-Raster, Parabol-Raster usw.). Kunststoffraster sind in der Regel normalentflammbar einzustufen (Baustoffklasse B2 nach DIN 4102).

Regelabmessungen – Kunststoffrasterelemente. 1212 x 604 – 1248 x 624 mm. Rasterhöhe: 13 – 15 – 20 – 30 – 35 – 50 mm.

Rasterdecken haben sich vor allem als *Akustikdecken*, *Lüftungsdecken* (s. Abschn. 14.2.6) und *Lichtdecken* (Lichtquellen im Deckenzwischenraum) bewährt. Die Unterkonstruktion aus Steckrohren, ⊥-förmigen oder U-förmigen Tragprofilen wird meist mit Schnellspannabhängern waagerecht

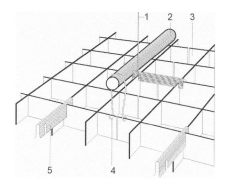

14.54 Schematische Darstellung einer Rasterdecke aus Leichtmetall (Dünnstegraster)
1 Abhänger
2 Tragrohr
3 Aluminiumraster
4 Aufhängehaken
5 Verbindungskamm

und fluchtrecht von der Rohdecke abgehängt. Je nach Montageart können die Tragschienen sichtbar, halbverdeckt oder verdeckt angeordnet sein (Bild **14**.54).

14.5.4 Wabendecken

Wabendecken bestehen aus senkrecht angeordneten, schallabsorbierenden Einzellamellen, die nach den jeweiligen akustischen, lichttechnischen und gestalterischen Anforderungen zu großformatigen Rasterfeldern zusammengefügt werden. Die meist quadratischen, rechteckigen oder polygonal ausgebildeten Wabendecken werden vor allem dort eingesetzt, wo eine hohe Schallabsorption verlangt wird (Produktions-, Lager-, Verkaufshallen, Foyers usw.). Durch die senkrechte Anordnung der Lamellen erreicht man im Vergleich mit ebenen Akustikdecken eine wesentliche Vergrößerung der Absorptionsfläche.

Eine weitere Steigerung ist möglich, indem oberseitig auf die Wabenraster noch zusätzliche Akustikelemente aufgelegt werden.

Wabendecken können direkt von der Rohdecke abgehängt oder auch unterhalb einer ebenen Akustikdecke bzw. Brandschutzdecke installiert werden (sog. Kombinationsdecken). Hergestellt werden sie üblicherweise aus

- *perforierten Metallschalen* mit Schallschluckeinlage (Bild **14**.55),

- *porösen Wabenelementen* mit Mineralfaserplatten (Bild **14**.56).

14

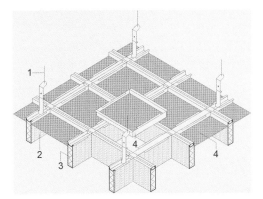

14.55 Konstruktionsbeispiel einer Wabendecke aus U-förmig abgekanteten und perforierten Metall-schalen (Trägerschalen) mit Schallschluckeinlage sowie oberseitig eingelegten perforierten Metall-kassetten.

1 Abhänger
2 perforierte Metallschale(Trägerschale)
3 Schallschluckeinlage
4 perforierte Metallkassette (ggf. mit Dämmstoff-auflage)

Lindner AG , Arnstorf

Wabendecken aus Metall

Die Einzellamellen dieser Unterdecken bestehen aus U-förmig abgekanteten, *perforierten Metall-schalen* mit eingelegten schallabsorbierenden Matten (Bild **14.**55). Verwendet werden vor allem Aluminiumblech oder verzinktes und einbrenn-lackiertes Stahlblech. Da an der Oberkante der selbsttragenden Schalen ein Tragprofil eingear-beitet ist, können sie daran direkt über Abhänger an der Rohdecke befestigt werden. Durch ober-seitiges Auflegen *perforierter Metallkassetten* – ggf. mit Dämmstoffeinlage – ergibt sich eine wei-tere Verbesserung des Schallabsorptionsgrades (geschlossenes Deckensystem).

Wabendecken aus Mineralfaserplatten

Der konstruktive Aufbau dieser Decken richtet sich einmal nach dem gewählten Rasterbild, zum anderen danach, ob die Wabendecken direkt von der Rohdecke abgehängt oder unterhalb einer ebenen Akustikdecke installiert werden. Die Ein-zellamellen bestehen aus *porösen Mineralfaser-platten*.

Bei der Montage von *Quadrat-* oder *Rechteckwa-ben* werden die Querprofile der Tragschienen entsprechend dem Raster in seitliche Ausstan-zungen der durchlaufenden Längsprofile einge-rastet (Bild **14.**56a).

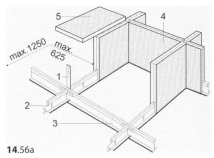

14.56a

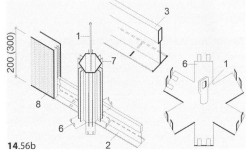

14.56b

14.56 Schematische Darstellung von Wabendecken aus perforierten Mineralfaserplatten
a) für Quadrat- oder Rechteckraster
b) für Dreieck-, Sechseck- oder Achteckwaben

1 Abhänger
2 Längsprofil
3 Querprofil
4 unterseitig genutete Wabenplatte
5 waagerecht aufgelegte Mineralfaserplatte
6 Knotenblech je nach Rasterbild
7 Knotenblech aus Aluminium
8 unterseitig und stirnseitig genutete Waben-platte

OWA-Odenwald Faserplattenwerk, Amorbach

Werden dagegen *Dreieck-, Sechseck-* oder *Acht-eckwaben* gewünscht, müssen an den Kreu-zungspunkten passende Knotenbleche mit auf-gesetzten Alu-Knotenprofilen eingebaut werden (Bild **14.**56b). Für die notwendige Aussteifung sorgen die zwischen den Knotenblechen mon-tierten Tragprofile. Die Abhängung (Schnell-spannabhänger) erfolgt immer an den Knoten-punkten.

In diese gitterartigen Tragroste werden die un-terseitig genuteten und sich gegenseitig aussteifen-den schallschluckenden Faserplatten senk-recht eingesetzt. Durch Auflegen weiterer Schall-schluckplatten lassen sich die Waben auch noch nach oben hin abdecken (geschlossenes Decken-system).

14

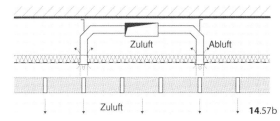

14.57 Schematische Darstellung des konstruktiven Aufbaus von Integrierten Unterdeckensystemen
   a) Lichtkanaldecke
   b) Lüftungsrasterdecke (Kombinationsdecke)

14.5.5 Lichtkanaldecken

Die Konstruktionsprinzipien der meisten auf dem Markt befindlichen Lichtkanaldecken sind annähernd gleich: kanalartige Tragprofile (so genannte Lichtkanäle) werden parallel zueinander oder kreuzweise in vorgegebenem Raster über drucksteife Abhänger an der Rohdecke befestigt und zu einem stabilen Tragrost zusammengefügt. Die Kanäle geben der Unterdecke die statische Festigkeit und ermöglichen

- den Einbau von Leuchten in Längs- und Querrichtung,
- den Deckenanschluss für umsetzbare Trennwände,

- die unsichtbare Abluftführung durch Schlitze oberhalb der Lichtleisten,
- die Wärmeabfuhr der Beleuchtungsabwärme direkt am Ort der Entstehung
- die unauffällige Integration von seitlich angeordneten Zuluftauslässen,
- eine freie Deckengestaltung durch variable Lichtkanalbreiten und Rastermaße

In diesen Tragrost lassen sich vorgefertigte, meist schallabsorbierend ausgebildete Decklagenelemente passgenau einfügen, an deren Kanten bei Bedarf noch Zuluftschienen eingearbeitet sein können. Durch Aushängen bleibt der Deckenhohlraum großflächig zugänglich. Die Decklagenelemente bestehen vorwiegend aus

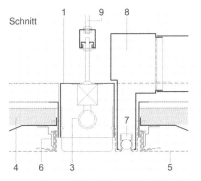

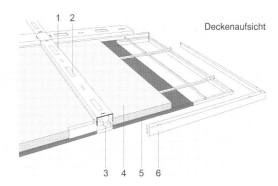

14

14.58 Konstruktionsbeispiel einer Lichtkanaldecke aus vorgefertigten und einhängbaren Rahmenelementen
   1 Lichtkanal
   2 Abluftöffnungen
   3 Leuchte mit Lamellengitter
   4 Schallschluckauflage
   5 Textilglasgewebe
   6 Spannrahmen mit Spannläufer
   7 Zuluftauslass mit Drosselklappe
   8 Zuluftkanal
   9 Abhänger mit Tragprofil
   Grünzweig und Hartmann Montage, Ludwigshafen

- perforierten Metallkassetten (Langfeldkassetten) mit Schallschluckeinlage,
- porösen und genadelten Mineralfaserdeckenplatten,
- Leichtspanakustikplatten mit aufkaschiertem Akustikvlies bzw. Akustiklack,
- vorgefertigten, glasgewebebespannten Rahmenelementen mit Dämmstoffauflage.

Bild **14**.58 zeigt eine Unterdecke, die aus Π-förmigen Lichtkanälen und einbaufertigen, glasgewebebespannten Rahmenelementen be-

steht. Dieses Textilglasgewebe ist lichtecht, antistatisch, nichtbrennbar (Baustoffklasse A1 nach DIN 4102) und kann weiß oder farbig geliefert werden. Die Dämmstoffauflage liegt auf Abstand über dem Glasgewebe. Über Schlitzdurchlässe wird die Zuluft in den Raum eingeleitet, Abluft über Öffnungen im Lichtkanal in den Deckenhohlraum abgeführt. Die Kanäle dienen nicht nur zur Aufnahme der Leuchten, sondern auch zur Befestigung von Trennwänden und vertikalen Abschottungen im Deckenhohlraum.

14.6 Normen

Norm	Ausgabedatum	Titel
DIN EN 300	09.2006	Platten aus langen, flachen, ausgerichteten Spänen (OSB) – Definitionen, Klassifizierung und Anforderungen
DIN EN 309	04.2005	Spanplatten – Definition und Klassifizierung
DIN EN 312	10.2012	Spanplatten – Anforderungen
DINN EN 313-1	05.1996	Sperrholz – Klassifizierung und Terminologie; Klassifizierung
DIN EN 315	10.2010	Sperrholz – Maßtoleranzen
DIN EN 335	06.2013	Dauerhaftigkeit von Holz und Holzprodukten – Gebrauchsklassen: Definitionen, Anwendung bei Vollholz und Holzprodukten
DIN EN 350-1	10.1994	Dauerhaftigkeit von Holz und Holzprodukten; Natürliche Dauerhaftigkeit von Vollholz; Grundsätze für die Prüfung und Klassifikation der natürlichen Dauerhaftigkeit von Holz
DIN EN 350-2	10.1994	–; –; Leitfaden für die natürliche Dauerhaftigkeit und Tränkbarkeit von ausgewählten Holzsorten von besonderer Bedeutung in Europa
E DIN EN 350	12.2014	–; –; Prüfung und Klassifizierung der Widerstandsfähigkeit gebenüber biologischen Organismen, der Wasserdurchlässigkeit und der Leistungsfähigkeit von Holz und Holzprodukten
DIN EN 382-2	02.1994	Faserplatten; Bestimmung der Oberflächenabsorption; Prüfmethode für harte Platten
DIN EN 438-1	04.2005	Dekorative Hochdruck-Schichtpressstoffplatten (HPL) – Platten auf Basis härtbarer Harze (Schichtpressstoffe) – Einleitung und allgemeine Informationen
DIN EN 438-7	04.2005	–; –; Kompaktplatten und HPL Mehrschicht-Verbundplatten für Wand- und Deckenbekleidung in für Innen- und Außenanwendung
E DIN EN 438-1 bis 7	11.2014	Dekorative Hochdruck-Schichtpressstoffplatten (HPL) – Platten auf Basis härtbarer Harze (Schichtpressstoffe)
DIN EN 520	12.2009	Gipsplatten – Begriffe, Anforderungen und Prüfverfahren
DIN EN 622-1	09.2003	Faserplatten – Anforderungen – Allgemeine Anforderungen
DIN EN 622-2	07.2004	–; Anforderungen an harte Platten
DIN EN 622-2 Ber.1	06.2006	–; Anforderungen an harte Platten, Berichtigung zu DIN EN 622-2 : 2004-07
DIN EN 622-3	07.2004	–; Anforderungen an mittelharte Platten
DIN EN 622-4	03.2010	–; Anforderungen an poröse Platten

14

Norm	Ausgabedatum	Titel
DIN EN 622-5	03.2010	–; Anforderungen an Platten nach den Trockenverfahren (MDF)
DIN EN 633	12.1993	Zementgebundene Spanplatten – Definition und Klassifizierung
DIN EN 635-1	01.1995	Sperrholz – Klassifizierung nach dem Aussehen der Oberfläche – Allgemeines
DIN EN 635-2	08.1995	–; Laubholz
DIN EN 635-3	08.1995	–; Nadelholz
DIN V CEN/TS 635-4	10.2007	–; Einflussgrößen auf die Eignung zur Oberflächenbehandlung – Leitfaden
DIN EN ISO 717-1	06.2013	Akustik – Bewertung der Schalldämmung in Gebäuden und von Bauteilen – Luftschalldämmung
DIN EN ISO 717-2	06.2013	–; Trittschalldämmung
DIN EN 789	01.2005	Holzbauwerke; Prüfverfahren – Bestimmung der mechanischen Eigenschaften von Holzwerkstoffen
DIN EN 822	05.2013	Wärmedämmstoffe für das Bauwesen – Bestimmung der Länge und Breite
DIN EN 823	05.2013	–; Bestimmung der Dicke
DIN EN ISO 834-9	02.2003	Feuerwiderstandsprüfungen – Bauteile – Anforderungen an nichttragende Unterdecken
DIN EN ISO 834-9	02.2009	–; Korrektur 1
DIN 1052-10	05.2012	Herstellung und Ausführung von Holzbauwerken – Ergänzende Bestimmungen
DIN EN 1087-1	04.1995	Spanplatten – Bestimmung der Feuchtebeständigkeit – Kochprüfung
DIN V CEN/TS 1099	10.2007	Sperrholz – Biologische Dauerhaftigkeit – Leitfaden zur Beurteilung von Sperrholz zur Verwendung in verschiedenen Gebrauchsklassen
DIN EN ISO 1182	10.2010	Prüfungen zum Brandverhalten von Bauprodukten – Nichtbrennbarkeitsprüfung
DIN EN 1363-1	10.2012	Feuerwiderstandsprüfungen; Allgemeine Anforderungen
DIN EN 1363-2	10.1999	–; Alternative und ergänzende Verfahren
DIN EN 1364-1	10.1999	Feuerwiderstandsprüfungen für nichttragende Bauteile; Wände
E DIN EN 1364-1	12.2014	–; Wände
DIN EN 1364-2	10.1999	–; Unterdecken
E DIN EN 1364-2	02.2015	–; Unterdecken
DIN EN 1366-2	10.1999	Feuerwiderstandsprüfungen für Installationen – Brandschutzklappen
DIN V EN 1366-2	03.2010	–; Brandschutzklappen
DIN EN 1366-3	07.2009	–; Abschottungen
DIN EN 1366-5	06.2010	–; Installationskanäle und -schächte
DIN EN 1602	05.2013	Wärmedämmstoffe für das Bauwesen; Bestimmung der Rohdichte
DIN EN 1604	05.2013	–; Bestimmung der Dimensionsstabilität bei definierten Temperatur- und Feuchtebedingungen
DIN EN ISO 1716	11.2010	Prüfungen zum Brandverhalten von Produkten – Bestimmung der Verbrennungswärme (des Brennwerts)
DIN EN 1912	10.2013	Bauholz für tragende Zwecke – Festigkeitsklassen – Zuordnung von visuellen Sortierklassen und Holzarten
DIN EN 1946-6	05.2009	Raumlufttechnik; Lüftung von Wohnungen – Allgemeine Anforderungen, Anforderungen zur Bemessung Ausführung und Kennzeichnung, Übergabe/ Übernahme (Abnahme) und Instandhaltung

14

Norm	Ausgabedatum	Titel
DIN EN 1946-6 Bbl.1	09.2012	–; –; Beiblatt 1: Beispielberechnungen für ausgewählte Lüftungssysteme
DIN EN 1946-6 Bbl.2	03.2013	–; –; Beiblatt 2: Lüftungskonzept
DIN 1988-600	12.2010	Trinkwasser-Installationen in Verbindung mit Feuerlöscher- und Brandschutzanlagen; Technische Regel des DVGW
DIN 4072	08.1977	Gespundete Bretter aus Nadelholz
DIN 4074-1	06.2012	Sortierung von Holz nach der Tragfähigkeit – Nadelschnittholz
DIN 4074-5	12.2008	–; Laubschnittholz
DIN 4102-1	05.1998	Brandverhalten von Baustoffen und Bauteilen; Baustoffe, Begriffe, Anforderungen und Prüfungen
DIN 4102-2	09.1977	–; Bauteile; Begriffe, Anforderungen und Prüfungen
DIN 4102-3	09.1977	–; Brandwände und nichttragende Außenwände, Begriffe, Anforderungen und Prüfungen
DIN 4102-4	03.1994	–; Zusammenstellung und Anwendung klassifizierter Baustoffe, Bauteile und Sonderbauteile
E DIN 4102-4	06.2014	–; Zusammenstellung und Anwendung klassifizierter Baustoffe, Bauteile und Sonderbauteile
DIN 4102-6	09.1977	–; Lüftungsleitungen; Begriffe, Anforderungen und Prüfungen
DIN 4102-9	05.1990	–; Kabelabschottungen; Begriffe, Anforderungen und Prüfungen
DIN 4102-11	12.1985	–; Rohrummantelungen, Rohrabschottungen, Installationsschächte und -kanäle sowie Abschlüsse ihrer Revisionsöffnungen; Begriffe, Anforderungen und Prüfungen
DIN 4103-1	04.1987	Nichttragende innere Trennwände; Anforderungen und Nachweise
E DIN 4103-1	03.2014	–; Anforderungen und Nachweise
DIN 4103-4	11.1988	–; Unterkonstruktionen in Holzbauart
DIN 4108-2	02.2013	Wärmeschutz und Energie-Einsparung in Gebäuden – Mindestanforderungen an den Wärmeschutz
DIN 4108-3	07.2001	–; Klimabedingter Feuchteschutz; Anforderungen – Berechnungsverfahren und Hinweise für Planung und Ausführung
DIN 4108-3 Ber.1	04.2002	–; Berichtigungen
DIN 4108-3	11.2014	–; Klimabedingter Feuchteschutz; Anforderungen – Berechnungsverfahren und Hinweise für Planung und Ausführung
DIN 4108-7	01.2011	–; Luftdichtheit von Gebäuden, Anforderungen, Planungs-und Ausführungsempfehlungen sowie -beispiele
DIN 4108-10	06.2008	–; Anwendungsbezogene Anforderungen an Wärmedämmstoffe – Werkmäßig hergestellte Wärmedämmstoffe
E DIN 4108-10	01.2015	–; –; Werkmäßig hergestellte Wärmedämmstoffe
DIN 4109	11.1989	Schallschutz im Hochbau; Anforderungen und Nachweise
DIN 4109 Ber. 1	08.1992	–; Berichtigungen
DIN 4109 Bbl. 1	11.1989	–; Ausführungsbeispiele und Rechenverfahren
DIN 4109 Bbl. 1/A1	09.2003	–; Ausführungsbeispiele und Rechenverfahren, Änderung A1
DIN 4109 A1	01.2001	–; Anforderungen und Nachweise; Änderung A1
DIN 4109 Bbl. 1/A2	12.2010	–; Ausführungsbeispiele und Rechenverfahren, Änderung A2

14

Norm	Ausgabedatum	Titel
DIN 4109 Bbl. 2	11.1989	–; Hinweise für Planung und Ausführung; Vorschläge für einen erhöhten Schallschutz; Empfehlungen für den Schallschutz im eigenen Wohn- und Arbeitsbereich
DIN 4109 Bbl. 3	06.1996	–; Berechnung von $R'_{w, R}$ für den Nachweis der Eignung nach DIN 4109 aus Werten des im Labor ermittelten Schalldämm-Maßes R_w
E DIN 4109-1	06.2013	–; Anforderungen
DIN 4109-11	05.2010	–; Nachweis des Schallschutzes; Güte- und Eignungsprüfung
DIN 4121	07.1978	Hängende Drahtputzdecken; Putzdecken mit Metallputzträgern, Rabitzdecken, Anforderungen für die Ausführung
DIN 4172	07.1955	Maßordnung im Hochbau
E DIN 4172	03.2015	Maßordnung im Hochbau
DIN 5034-1	07.2011	Tageslicht in Innenräumen; Allgemeine Anforderungen
DIN 5035-6	11.2006	Beleuchtung mit künstlichen Licht; Messung und Bewertung
DIN 5035-7	08.2004	–; Beleuchtung von Räumen mit Bildschirmarbeitsplätzen
DIN 5035-8	07.2007	–; Arbeitsplatzleuchten – Anforderungen, Empfehlungen und Prüfung
DIN EN ISO 9241-1	02.2002	Ergonomische Anforderungen für Bürotätigkeiten mit Bildschirmgeräten; Allgemeine Einführung
DIN EN ISO 9241-6	03.2001	–; Leitsätze für die Arbeitsumgebung
DIN EN ISO 9241-302	06.2009	–; Terminologie für elektronische optische Anzeigen
DIN EN ISO 9241-303	03.2012	–; Anforderungen an elektronische optische Anzeigen
DIN EN ISO 10 848-2	08.2006	Akustik – Messung der Flankenübertragung von Luftschall und Trittschall zwischen benachbarten Räumen in Prüfständen – Anwendung auf leichte Bauteile, wenn die Verbindung geringen Einfluss hat
DIN EN 12 464-1	08.2011	Licht und Beleuchtung – Beleuchtung von Arbeitsstätten, Arbeitsstätten in Innenräumen
DIN EN 12 665	09.2011	–; Grundlegende Begriffe und Kriterien für die Festlegung von Anforderungen an die Beleuchtung
DIN EN 13 162	03.2013	Wärmedämmstoffe für Gebäude – Werkmäßig hergestellte Produkte aus Mineralwolle (MW) – Spezifikation
DIN EN 13 163	03.2013	Werkmäßig hergestellte Produkte aus expandiertem Polystyrol (EPS) – Spezifikation
DIN EN 13 164	03.2013	–; Werkmäßig hergestellte Produkte aus extrudiertem Polystyrolschaum (XPS) – Spezifikation
DIN EN 13 165	03.2013	–; Werkmäßig hergestellte Produkte aus Polyurethan-Hartschaum (PUR) – Spezifikation
DIN EN 13 166	03.2013	–; Werkmäßig hergestellte Produkte aus Phenolharzhartschaum (PF) – Spezifikation
DIN EN 13 168	03.2013	–; Werkmäßig hergestellte Produkte aus Holzwolle (WW)
DIN EN 13 501-1	01.2010	Klassifizierung von Bauprodukten und Bauarten zu ihrem Brandverhalten; Klassifizierung mit den Ergebnissen aus den Prüfungen zum Brandverhalten von Bauprodukten
DIN EN 13 501-2	02.2010	–; Klassifizierung mit den Ergebnissen aus den Feuerwiderstandsprüfungen, mit Ausnahme von Lüftungsanlagen
DIN EN 13 501-3	02.2010	–; Feuerwiderstandsfähige Leitungen und Brandschutzklappen

14

Norm	Ausgabedatum	Titel
DIN EN 13 501-4	01.2010	–; Klassifizierung mit den Ergebnissen aus den Feuerwiderstandsprüfungen von Anlagen zur Rauchfreihaltung
DIN EN 13 964	02.2007	Unterdecken – Anforderungen und Prüfverfahren
E DIN EN 13 964	03.2013	Unterdecken – Anforderungen und Prüfverfahren
DIN EN 13 986	03.2005	Holzwerkstoffe zur Verwendung im Bauwesen – Eigenschaften, Bewertung der Konformität und Kennzeichnung
DIN EN 14 037-1	08.2003	Deckenstrahlplatten für Wasser mit einer Temperatur unter 120 °C; Technische Spezifikationen und Anforderungen
E DIN EN 14 037-1	11.2011	An der Decke frei abgehängte Heiz-und Kühlflächen für Wasser mit einer Temperatur unter 120 °C; Technische Spezifikationen und Anforderungen
DIN EN 14 195	05.2005	Metallprofile für Unterkonstruktionen von Gipsplattensystemen – Begriffe, Anforderungen und Prüfverfahren
DIN EN 14 195 Ber.1	11.2006	–; Begriffe, Anforderungen und Prüfverfahren, Berichtigung 1
E DIN EN 14 195	11.2011	Zubehör für Unterkonstruktion aus Metall von Gipsplatten-Systemen; Begriffe, Anforderungen und Prüfverfahren
DIN EN 14 240	04.2004	Lüftung von Gebäuden – Kühldecken – Prüfung und Bewertung
DIN EN 14 246	09.2006	Gipselemente für Unterdecken (abgehängte Decken) – Definitionen, Anforderungen und Prüfverfahren
DIN EN 14 246 Ber.1	11.2007	–; Berichtigung 1
DIN 14 489	08.1985	Sprinkleranlagen; Allgemeine Grundlagen
E DIN 14 489	11.2010	–; Allgemeine Grundlagen – Anforderungen für die Anwendung von Sprinkler-anlagen nach DIN EN 12 845
DIN EN 14 519	03.2006	Innen- und Außenbekleidungen aus massivem Nadelholz – Profilholz mit Nut und Feder
DIN EN 14 566	10.2009	Mechanische Befestigungselemente für Gipsplattensysteme – Begriffe, Anforderungen und Prüfverfahren
E DIN EN 14 566	11.2014	–; Begriffe, Anforderungen und Prüfverfahren
DIN 14 675	04.2012	Brandmeldeanlagen – Aufbau und Betrieb
E DIN 14 675 Bbl.1	05.2014	–; Aufbau und Betrieb – Anwendungshinweise
DIN EN 14 716	03.2005	Spanndecken – Anforderungen und Prüfverfahren
DIN EN 14 915	12.2013	Wand- und Deckenbekleidungen aus Massivholz; Eigenschaften, Bewertung der Konformität und Kennzeichnung
DIN EN 15 080-8	02.2010	Erweiterter Anwendungsbereich der Ergebnisse aus Feuerwiderstands-prüfungen – Balken
E DIN EN 16 487	10.2012	Akustik – Prüfvorschrift für Unterdecken – Schallabsorption
DIN 18 032-3	04.1997	Sporthallen; Prüfung der Ballwurfsicherheit
DIN 18 041	05.2004	Hörsamkeit in kleinen bis mittelgroßen Räumen
DIN 18 168-1	04.2007	Gipsplatten-Deckenbekleidungen und Unterdecken – Anforderungen an die Ausführung
DIN 18 168-2	05.2008	–; Nachweis der Tragfähigkeit von Unterkonstruktionen und Abhängern aus Metall
DIN 18 180	01.2007	Gipsplatten – Arten und Anforderungen
E DIN 18 180	12.2013	–; Arten und Anforderungen

14

Norm	Ausgabedatum	Titel
DIN 18 181	10.2008	Gipsplatten im Hochbau – Verarbeitung
DIN 18 182-1	12.2007	Zubehör für die Verarbeitung von Gipsplatten – Profile aus Stahlblech
E DIN EN 18 182-1	02.2015	–; Profile aus Stahlblech
DIN 18 182-2	02.2010	–; Schnellbauschrauben, Klammern und Nägel
DIN 18 183-1	05.2009	Trennwände und Vorsatzschalen aus Gipsplatten mit Metallunterkonstruktionen – Beplankung mit Gipsplatten
DIN 18 184	10.2008	Gipsplatten-Verbundelemente mit Polystyrol- oder Polyurethan-Hartschaum als Dämmstoff
DIN 18 202	04.2013	Toleranzen im Hochbau – Bauwerke
DIN 18 203-3	08.2008	–; Bauteile aus Holz und Holzwerkstoffen
DIN 18 232-1	02.2002	Rauch- und Wärmefreihaltung – Begriffe, Aufgabenstellung
DIN 18 340	09.2012	VOB Vergabe- und Vertragsordnung für Bauleistungen – Teil C: Allgemeine technische Vertragsbedingungen für Bauleistungen (ATV) – Trockenbauarbeiten
DIN V 18 550	04.2005	Putz und Putzsysteme – Ausführung
E DIN 18 550-1	08.2013	–; Ausführung
DIN 18 558	01.1985	Kunstharzputze; Begriffe, Anforderungen, Ausführung
DIN 20 000-1	08.2013	Anwendung von Bauprodukten in Bauwerken – Holzwerkstoffe
DIN 68 126-1	07.1983	Profilbretter mit Schattennut; Maße
DIN 68 127	08.1970	Akustikbretter
DIN 68 364	05.2003	Kennwerte von Holzarten – Rohdichte, Elastizitätsmodul und Festigkeiten
DIN 68 705-2	10.2003	Sperrholz, Stab- und Stäbchensperrholz für allgemeine Zwecke
DIN 68 740-1	10.1999	Paneele – Definitionen, Bezeichnungen
DIN 68 740-2	10.1999	–; Furnier-Decklagen auf Holzwerkstoffen
DIN 68 762	03.1982	Spanplatten für Sonderzwecke im Bauwesen; Begriffe Anforderungen, Prüfung
DIN 68 800-1	10.2011	Holzschutz ; Allgemeines
DIN 68 800-2	02.2012	–; Vorbeugende bauliche Maßnahmen im Hochbau
DIN 68 800-3	02.2012	–; Vorbeugender Schutz von Holz mit Holzschutzmitteln
DIN 68 800-4	02.2012	–; Bekämpfungs- und Sanierungsmaßnahmen gegen Holz zerstörende Pilze und Insekten
MLeitungsanlRL	11.2005	Muster-Richtlinie über brandschutztechnische Anforderungen an Leitungsanlagen (Muster-Leitungsanlagen-Richtlinie – M-LAR)
RAL-ZU 132	10.2010	Vergabegrundlage für Umweltzeichen – Emissionsarme Wärmedämmungsstoffe und Unterdecken für die Anwendung in Gebäuden
VDI 3755	02.2000	Schalldämmung und Schallabsorption abgehängter Unterdecken
VDI 3810-1	05.2012	Betreiben und Instandhaltung von gebäudetechnischen Anlagen – Grundlagen

14

Weitere ergänzende Normen s. Abschn. 11.5,12.4, 13.7 und 15.6

14.7 Literatur

[1] *Beck, C.:* Thermisches Verhalten von Kühldecken. Stuttgart 2002

[2] *Becker, N., Pfau, J., Tichelmann, K.:* Trockenbauatlas. Köln 2010

[3] *Bermes, B., Mittmann, T.:* Brandprüfungen an historischem Deckenkonstruktionen. In: Das Mauerwerk 03.2013

[4] Berufsgenossenschaft: BG-Regel BGR 131 – Natürliche und künstliche Beleuchtung von Arbeitsstätten. 2006

[5] Bundesverband Bausysteme e. V.(ehem. Studiengemeinschaft für Fertigbau e. V.): Merkblätter u. A.: Bauaufsichtlich zugelassene Dübel und Setzbolzen. Wiesbaden 2001; Dübel im Trockenbau. Koblenz 2010; Verankerungen am Bau; www.bv-bausysteme.de

[6] Bundesverband der Gipsindustrie e.V.: Merkblätter 1 bis 3, 6 und 8. Darmstadt www.gips.de

[7] Fachinstitut Gebäude-Klima e.V.: Raumkühlung durch flächenorientierte Systeme. Bietigheim-Bissingen; www.fgk.de

[8] Fachagentur Nachwachsende Rohstoffe e. V. (FNR): Dämmstoffe aus nachwachsenden Rohstoffen. Gülzow 2012; www.fnr.de

[9] Fachverband Mineralwollindustrie e. V. (FMI) und BG BAU: Umgang mit Mineralwolle-Dämmstoffen. Berlin 05.2010; www.fmi-mineralwolle.de

[10] Fermacell GmbH: Tabellen zu Decken- und Dachkonstruktionen. Duisburg 2014; fermacell.de

[11] fischerwerke GmbH & Co. KG: Befestigungskatalog. Waldachtal 2013; www.fischer.de

[12] Fördergemeinschaft Gutes Licht (FGL): Lichtanwendung für Profis. Frankfurt/M.; www.licht.de

[13] *Gösele, K., Schüle, W.:* Schall – Wärme – Feuchte. Wiesbaden 1997

[14] *Härig, S., Klausen, D., Hoscheid, R.:* Technologie der Baustoffe – Handbuch für Studium und Praxis. Berlin 2011

[15] *Hezel, D.:* Abgehängte Decken – Akustik, Schallschutz. Stuttgart 1994

[16] *Hudjetz, S., Koenigsdorff, R. :* Experimentelle Untersuchung und Optimierung des thermischen Austausches zwischen Massivbauteilen und Raumkonditionierungsanlagen. Biberach 2009

[17] *Jungewelter, N.:* Schall- und Brandschutz von Unterdecken. In: Das Bauzentrum 05.1990

[18] Knauf Gips KG: Merkblätter Akustikdecken – D12.de, D124.de, D126.de, D127.de und D137.de. Iphofen 2014; www.knauf.de

[19] *Kreft, W.:* Ladenplanung. Verlagsanstalt Alexander Koch, Stuttgart 2002

[20] *Laasch, T., Laasch, E.:* Haustechnik – Grundlagen, Planung, Ausführung. Stuttgart 2013

[21] *Mayr, J., Battran, L.:* Handbuch Brandschutzatlas. Köln 2011; www.feuertrutz.de

[22] *Nutsch, W.:* Holztechnik Fachkunde, 22. Auflage. Haan Gruiten 2010

[23] *Pracht, K.:* Deckenverkleidungen. Stuttgart 1997

[24] Promat GmbH: Bautechnischer Brandschutz und selbstständige Unterdecken – Sicherheit, Funktion, Gestaltung. Ratingen 1995

[25] Informationsdienst Holz: Publikationen – Handbücher, Arbeitshilfen, Berichte, Merk- und Informationsblätter. Düsseldorf; www.informationsdienst-holz.de

[26] Rigips: Trockenbaulösungen – Decke, Akustikdecken-Systeme; www.rigips.de

[27] RWE-Bau-Handbuch. 14. Ausgabe,. Bereich Anwendungstechnik, Essen 2010

[28] *Siegele, K. :* Auf leisen Sohlen. Schallschutz-Sanierung von Holzbalkendecken. In: Metamorphose Bauen im Bestand 04.2011

[29] *Smeets, W.:* Ankerschienen für justierbare Befestigungen an Betonkonstruktionen. In: Befestigungstechnik Bauingenieur

[30] Studiengemeinschaft für Fertigbau e. V.: Bauaufsichtlich zugelassene Dübel und Setzbolzen. Wiesbaden 2002

[31] *Thunack, F.:* Holz/Kunststofftabellen. 6. Aufl., Braunschweig 1994

[32] *Tichelmann, K., Ziegler, B., Krauß, T.:* Funktion und Gestaltung. Fugenlose Akustikdecken. In: DBZ 05.2012

[33] *Tschositsch, J.:* Befestigen mit Dübeln. In: Bauhandwerk 10.1992

[34] *Veres, E.:* Verbesserung der Luft-und Trittschalldämmung einer Holzbalkendecke durch abgehängte Unterdecken aus Mineralfaserplatten. Stuttgart 1992

[35] *Wachs, P., Ruhnau, R. (Hrsg.):* Schäden am Trockenbaukonstruktionen. Stuttgart 2010

[36] *Wachs, P.:* Sicherheit auf höchster Ebene. Selbstständige Decken. In: Trockenbau Akustik 1/2.2010

[37] *Wellpott, E., Bohne. D.:* Technischer Ausbau von Gebäuden. Stuttgart 2006

14

15 Umsetzbare nicht tragende Trennwände und vorgefertigte Schrankwandsysteme

15.1 Allgemeines

Organisationsformen und Arbeitsabläufe in modernen Büro- und Verwaltungsbauten, Hochschulen und Forschungsstätten, Industriebauten usw. verändern sich ständig und zwar in immer kürzeren Zeitspannen. Daraus ergibt sich für den Innenausbau derartiger Objekte, die überwiegend in Skelett- und Fertigbauweise erstellt sind, zunehmend die Forderung nach flexibler Raumaufteilung durch werkseitig vorgefertigte, umsetzbare Trennwände mit integrierbaren Schrankwandsystemen. Die Möglichkeit der nachträglichen Grundrissveränderung mit derartigen Systemwänden wird vermehrt auch in modernisierten bzw. sanierten Altbauobjekten und bei Neuvermietungen verlangt.

Umsetzbare Trennwände ordnen sich zwischen den fest eingebauten nichttragenden Innenwänden (Abschn. 6.10) und den horizontal verschiebbaren Tür- und Wandelementen (Abschn. 8 in Teil 2 dieses Werkes) ein (Bild **15**.1). Die Abgrenzungen zu diesen sind fließend. Einige Systeme für Gipsplatten-Ständerwände können inzwischen in großen Teilen wieder verwendet werden, bei der Demontage und dem Wiederaufbau fällt kaum noch Abfall, aber immer noch Staub und Schmutz an. *Verschiebbare* Trennwände und Schiebetüren können durch Nutzer oder den Hausservice ohne großen Aufwand in kürzester Zeit umgebaut werden, für *umsetzbare* Trennwände werden hierfür in der Regel Fachpersonal bzw. Fremdfirmen benötigt.

Investitionskosten für umsetzbare Trennwände liegen deutlich über denen fest eingebauter Gipsplatten-Ständerwände. Zudem steigen die Kosten auch mit der Anzahl an Anforderungen (nur Sichtschutz, Schallschutz oder zusätzlich Wärme- und Brandschutz), der Einfachheit der Bedienung beim Umsetzen und dem Anpassungsaufwand von Elektrik und Klimatisierung an. Daher sollen die planungsrelevanten Randbedingungen möglichst früh abgeklärt werden (Kriterien s. u.), um das geeignete System auswählen zu können und die notwendigen Randbedingungen für Wandanschlüsse und haustechnische Belange im Roh- und Ausbau zu gewähren. Bei einer sorgfältigen Anpassung können diese Systeme über die Nutzungsdauer hinweg die höheren Investitionskosten ausgleichen und gleichzeitig verbessern sie die Nachhaltigkeit des Gebäudes.

Vorgefertigte Schrankwände (Bild **15**.21) bestehen ebenfalls aus serienmäßig hergestellten Teilen, die mit relativ geringem Aufwand montiert und jederzeit wieder umgesetzt werden können. Sie dienen nicht nur als Stauraum, sondern übernehmen auch Raumteiler-, Brand- und Schallschutzfunktionen. Ihr äußeres Erscheinungsbild ist jeweils systembedingt auf die meist mitangebotenen, umsetzbaren Trennwandsysteme abgestimmt.

15.2 Einteilung und Benennung

Nichttragende Trennwände (Bild **15**.1) können *fest eingebaut* oder *umsetzbar* ausgebildet sein. Sie dienen nur der Raumtrennung und dürfen nicht zur Lastabtragung und Gebäudeaussteifung herangezogen werden. Beide Wandarten sind in DIN 4103-1 genormt.[1]

Fest eingebaute, nichttragende Trennwände (Bild **15**.1) werden vorwiegend auf der Baustelle hergestellt und sind nicht dazu bestimmt, umgesetzt zu werden. Die Demontage der Wände ist zwar möglich, eine Wiederverwendung des Materials jedoch weitgehend ausgeschlossen. Bei den fest eingebauten Trennwänden handelt es sich im Allgemeinen um gemauerte Steinwände, Wände aus Gipsbauplatten oder Gipskarton-Metallständerwände mit vorwiegend gespachtelter oder vollflächig verputzter, ggf. tapezierter und gestrichener Oberfläche. Nähere Einzelheiten hierzu s. Abschn. 6.10.

Umsetzbare, nichttragende Trennwände (Bild **15**.1) sind dagegen industriell gefertigt und so konstruiert, dass sich die oberflächenfertigen Einzelteile am Einsatzort ohne wesentliche Nacharbeiten montieren lassen. Derartige Trennwän-

15

---

[1] DIN 4103 gilt nicht für bewegliche Trennwände, die sich waagerecht und/oder senkrecht bewegen lassen (z. B. Schiebe- und Faltwände). Nähere Angaben hierzu s. Abschn. 7.5 in Teil 2 dieses Werkes.

Gemauerte Steinwand　　Gips-Wandbauplatten

Fest eingebaute, nichttragende Wände nach DIN 4103 beispielsweise aus
- Künstlichen Steinen,
- Gips-Wandbauplatten,
- Porenbeton-Wandelementen,
- Glasbausteinen,
- Holz und Holzwerkstoffen.

Nähere Angaben hierzu s. Abschn. 6.2

Vorsatzschale　　Gipsplatten-Ständerwand

Fest eingebaute, nichttragende da Gipsplatten-Ständerwände nach DIN 4103, DIN 18 183 mit
- Unterkonstruktionen aus Holzprofilen,
- Unterkonstruktion aus Metallprofilen,
- jeweils als Vorsatzschale oder Vollwand.

Derartige Plattenwände werden vorwiegend auf der Baustelle hergestellt, meist mit Verputzer oder gespachtelter und tapezierter Oberfläche. v. Nähere Angaben hierzu s. Abschn. 6.10.3.

Umsetzbare nichttragende Trennwand

Schalenwand　　Monoblockwand

Umsetzbare, nichttragende Trennwände nach DIN 4103. Diese Wände werden industriell gefertigt und lassen sich am Einsatzort ohne Nacharbeiten montieren und bei Bedarf auch wieder umsetzen.

Sie werden gemäß ihrer Bauweise und Montageart eingeteilt und bezeichnet als
- **Schalenrand**: Montage vorführgefertigter Einzelteile an Einsatzort.
- **Monoblockwand**: werkseitig zusammengefügtes, einbaufertiges Innenwandelement.

Bewegliche Trennwände

Bewegliche Trennwände, wie z.B. Schiebe- und Faltwände, die sich waagerecht und/oder senkrecht bewegen lassen, werden von der Norm 4103 nicht erfasst. Einzelheiten hierzu s. Abschn. 8, in Teil 2 dieses Werkes.

15.1　Einteilung nach konstruktionstechnischen Merkmalen

---

de können bei Bedarf – unter Wiederverwendung aller Einzelteile – umgesetzt, verändert oder ergänzt werden.

Moderne Systemwände zeichnen sich außerdem durch große gestalterische Vielfalt aus (individuelle Formgebung, verschiedenartige Oberflächenmaterialien, integrierte Anhängesysteme für Regale, Vitrinen usw.). Bei Bedarf lassen sich auch unterschiedliche bauphysikalische Anforderungen bezüglich Schall- und Brandschutz mit nahezu gleich bleibendem konstruktivem Aufbau – wie gleiche Wanddicke, Detailausbildungen und Anschlüsse – erfüllen.

Umsetzbare Trennwände sind gemäß ihrer Bauweise und der damit zusammenhängenden Montageart unterteilbar in (Bild **15**.2):

- **Schalenwände**, deren werkseitig vorgefertigten Einzelteile erst an der Verwendungsstelle zur fertigen Wand montiert werden.

- **Monoblockwände**, die bereits im Herstellerwerk zu raumhohen Innenwandelementen zusammengefügt, fix und fertig zur Baustelle geliefert und dort einbaut werden.

Kriterienliste für die Beurteilung umsetzbarer Trennwände:

- **Baustatik.** Geringes Wandgewicht durch Leichtbauweise und damit Entlastung der tragenden Bauteile. Einsparungen bei der Dimensionierung der Tragkonstruktionen in Neu- und Altbauten.

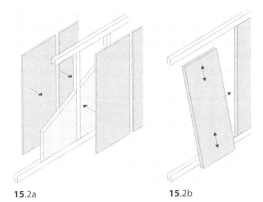

15.2a   **15.**2b

15.2   Schematische Darstellung des prinzipiellen Aufbaus und der daraus resultierenden Montageart von umsetzbaren, nichttragenden Trennwänden

      a) Schalenwand
      b) Monoblockwand

- **Maßkoordination.** Vereinbarungen über Maßordnungen, Toleranzen und Fügungsprinzipien: Wichtige Voraussetzungen für die industrielle Vorfertigung von Trennwand- und Schrankwandteilen und ihrer problemlosen Zusammenfügbarkeit bzw. Austauschbarkeit am Einsatzort.
- **Modulares Koordinationssystem.** Klare Trennung bei Skelettbauten zwischen tragenden und ausfachenden Bauteilen bzw. Bauelementen (in der Praxis „Rasterversatz" genannt); dadurch weitgehende Vermeidung von Sonderelementen und Anpassarbeiten. Bauarten in Achsraster- und Bandrasterbezug.
- **Trockenbauweise/Bauzeitverkürzung.** Verkürzte Bauzeiten durch rationelle Montage- und Trockenbauweise. Keine ausbaubedingte Feuchtigkeit, keine zusätzliche Trockenzeit, nur geringer Schmutzanfall.
- **Bewährte Systemkonstruktionen** mit funktionsgerechten Anschlüssen an Unterdecke, Installationsboden, Fassade, Schrankwand usw.
- **Standsicherheit** auch bei Baukörperbewegungen durch höhenbewegliche, teleskopartig-gleitende Ausbildung der Deckenanschlüsse; dadurch keine Rissebildung.
- **Maßgenauigkeit** und gute Maßhaltigkeit der Elemente aufgrund kontrollierter Serienfertigung. Toleranzausgleich im Boden-, Wand- und Deckenbereich.
- **Installationen.** Unbehinderte Installationsführung, Aufnahme von Elektro- und Kommunikationsleitungen sowie Sanitärinstallatio-

nen. Leichte Zugänglichkeit für Wartungsarbeiten und Nachinstallationen.

- **Bauphysikalische Anforderungen.** Voraussetzung für den Einsatz von umsetzbaren Trennwänden im Objektbereich ist die Erfüllung der jeweiligen schall- und brandschutztechnischen Forderungen. Die weitere Verschärfung der Energieeinsparverordnung (EnEV 2014) kann auch bei Innenwänden zwischen beheizten und temperierten Zonen zu Anforderungen an Wärme- und Feuchteschutz führen.
- **Oberflächenbeschaffenheit.** Hohe mechanische Festigkeit und Chemikalienbeständigkeit, dadurch geringe Instandhaltungs- und Reparaturkosten. Nahezu wartungsfreie Oberfläche.
- **Gestaltungsvielfalt.** Großes Angebot an gestalterischen Möglichkeiten durch individuelle Formgebung, verschiedenartige Oberflächenmaterialien, Farbgestaltung. Systembedingte Einbindung von Tür-, Glas- und Schrankwandelementen.
- **Anpassungsfähigkeit.** Variable Grundrissgestaltung und somit Anpassungsfähigkeit an sich ändernde Bedürfnisse durch Umsetzen, Wiederverwenden, Austauschen und Nachliefern von Teilelementen. Nachhaltigkeitsaspekt durch Mehrfachnutzung von Bauelementen.
- **Wirtschaftlichkeit.** Relativ hohe Erstinvestitionskosten bei verhältnismäßig geringen Folgekosten.

Als nachteilig können die relativ hohen Erstinvestitionskosten angesehen werden. Diese entstehen häufig dadurch, dass die baulichen Gegebenheiten des Einsatzortes vorab nicht genügend sorgfältig erfasst und die an die jeweilige Trennwand gestellten Anforderungen nicht rechtzeitig bekannt sind oder sich während der Bauzeit ändern. Außerdem spielt die Umsetzbarkeit derartiger Wände in der Praxis keineswegs die entscheidende Rolle, wie dies häufig angenommen wird. Vielmehr sind andere, in der Kriterienliste erwähnte Vorteile – wie beispielsweise gute Oberflächenbeschaffenheit, gleitend ausgebildete und damit rissefreie Deckenanschlüsse, relativ problemlose Nachinstallierbarkeit usw. – mindestens genauso hoch, wenn nicht sogar noch höher einzuschätzen.

15

15.3 Allgemeine Anforderungen

An umsetzbare Trennwände werden eine ganze Reihe von Anforderungen gestellt, die je nach Bauaufgabe und Situation von unterschiedlicher Wichtigkeit sein können. Ausgehend von den jeweiligen funktionellen und nutzungsbedingten Ansprüchen sind die entsprechenden Prioritäten immer wieder neu zu setzen, um so unnötige Forderungen auszuschließen und die Baukosten niedrig zu halten. Auf folgenden Gebieten können Anforderungen an umsetzbare Trennwände gestellt werden:

- Geometrische und maßliche Festlegungen
- Mechanische Anforderungen
- Bauphysikalische Anforderungen
- Montagetechnische Anforderungen
- Elektro- und Sanitärinstallationen in umsetzbaren Trennwänden
- Anforderungen an Trennwandtüren und Glaselemente
- Anforderungen an Anbauteile und integrierte Schrankwandsysteme.

15.3.1 Geometrische und maßliche Festlegungen

Vereinbarungen über Maßordnungen, Toleranzen und Fügungsprinzipien im Bauwesen sind wichtige Voraussetzungen für die Planung und Ausführung von Bauwerken sowie für die Planung und Herstellung von Bauteilen und Bauhalbzeugen. Sie bestimmen auch weitgehend den Grad der Zusammenfügbarkeit und Austauschbarkeit industriell hergestellter Bauelemente sowie deren Verwendbarkeit in Bauwerken mit unterschiedlicher Zweckbestimmung. Im Bauwesen wird derzeit mit zwei Ordnungssystemen gearbeitet:

Maßordnung im Hochbau (DIN 4172)

Die Maßordnung fügt „maßgenormte" Bauwerksteile und Bauteile (z. B. Ziegelsteine) additiv aneinander: Vom Einzelteil zum Bauwerk. Diese Norm führte bereits 1955 zu einer wesentlichen Vereinheitlichung der Maße im Bauwesen. Einzelheiten hierzu s. Abschn. 2.3, Maßordnung.

Maßordnung gem. DIN 18 202 – Toleranzen im Hochbau

Grundlage für die Festlegungen von Maßen und Maßabweichungen bildet die DIN 18 202. Hierin werden Masse und Maßbezüge von Bauteilen untereinander durch Definition von Bezugspunkten sowie deren tolerierbare Abweichungen festgelegt (s. Abschn. 2.4).

Insbesondere für umsetzbare, vorgefertigte Wandsysteme ist eine koordinierte Maßfestlegung durch die Definition der Lage dieser Bauteile hinsichtlich der Bezugsart (Grenz-, Achsbezug, Rand-, Mittellage, Bild **15**.3) von besonderer Bedeutung, um Sonderbauteile weitgehend zu vermeiden und eine frühzeitige Planung und Vorfertigung zu ermöglichen.

Vielfach werden geometrische und maßliche Festlegungen auch heute noch auf Basis der DIN 18 000 (Modulordnung im Bauwesen, zurückgezogen 06.2008!) getroffen (s. a. Abschn. 2.4).

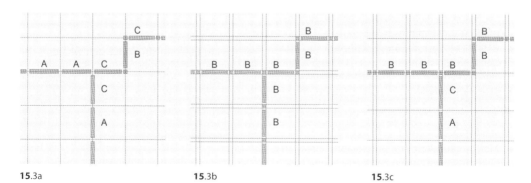

15.3a   **15**.3b   **15**.3c

15.3   Schematische Darstellung
      a) Trennwände im Achsbezug (Achsraster)
      b) Trennwände im Grenzbezug (Bandraster)
      c) Trennwände im Achs- und Grenzbezug

Umsetzbare Trennwände werden heute nach wie vor vorzugsweise auf der Basis der 2008 zurückgezogenen DIN 18 000 modular geplant. Für die Dimensionierung der Wand- und Türelemente in der Breite hat sich im Schul- und Verwaltungsbau das Maß von 1200 mm (12 M) als günstig erwiesen. Im Klinikbau (Lichtes Tür-Durchgangsmaß ≥ 1200 mm) werden diese Standardelemente bei Bedarf durch ein Zusatzelement ergänzt. Die Wanddicke beträgt beinahe durchweg 100 mm, lediglich im Klinikbau sind dickere Wände üblich.

Voraussetzung für jede Flexibilität im Skelettbau ist der Verzicht auf tragende Wände sowie die Entflechtung von Tragkonstruktion (Stützen) und Ausbau. Die Überlagerung verschiedener Maßsysteme – in der Praxis auch „Rasterversatz" oder Trennung von „Konstruktions- und Ausbauraster" genannt – ergibt den Vorteil, dass alle Trennwand- und Fassadenelemente dieselbe Größe haben und es keiner Sonderelemente für den Anschluss an die Stützen bedarf. Außerdem wird durch diese Überlagerung ein verhältnismäßig maßgenauer Ausbau erreicht. Weitere Einzelheiten hierzu s. Abschn. 2.4.

15.3.2 Mechanische Anforderungen (Standsicherheit)

Nichttragende Trennwände sollen Beanspruchungen, wie sie vor allem durch menschliches Fehlverhalten verursacht werden, widerstehen können. Die Anforderungen zum Nachweis der Standsicherheit von fest eingebauten und umsetzbar ausgebildeten Trennwänden sind in DIN 4103-1 geregelt. In beiden Fällen erhalten die Trennwände ihre Standsicherheit erst durch Verbindung mit den an sie angrenzenden Bauteilen. S. hierzu auch Abschn. 15.3.5.

In der vorgenannten Norm wird von zwei denkbaren Belastungsfällen ausgegangen.

Einbaubereich 1:

Räume und Flure mit geringer Menschenansammlung, wie z. B. in Wohnungen, Hotel-, Büro- und Krankenräumen. Hier wird eine Gebrauchslast von 0,50 kN/m zugrunde gelegt.

Einbaubereich 2:

Trennwände für Bereiche mit großer Menschenansammlung, wie z. B. in größeren Schul-, Versammlungs-, Ausstellungs- und Verkaufsräumen. Hierzu zählen auch stets Trennwände zwischen Räumen mit einem Höhenunterschied der Fußböden von mehr als 1,00 m. Die hier zugrunde liegende Gebrauchslast beträgt 1,00 kN/m.

- **Statische Belastung.** Nichttragende Trennwände müssen demnach – außer ihrer Eigenlast – alle auf ihre Flächen wirkenden statischen Lasten (vorwiegend ruhende) sowie stoßartige Lasten aufnehmen und an die angrenzenden Bauteile abgeben können.
- **Stoßartige Belastung.** Bei den stoßartigen Belastungen wird einmal vom weichen Stoß (z. B. Körperaufprall auf die Wand) und vom harten Stoß (z. B. Auftreffen harter Gegenstände auf die Wand) ausgegangen. Dabei darf die Wand weder durchstoßen, noch aus ihren Befestigungen herausgerissen werden und auch keine Gefährdung durch herabfallende Wandteile erfolgen.
- **Konsollasten.** Nichttragende Trennwände müssen auch so ausgebildet sein, dass leichte Konsollasten von 0,40 kN/m bei einer Lastausladung von 30 cm (z. B. in Form von Buchregalen, kleinen Hängeschränken o. Ä.) an jeder Stelle der Wand in geeigneter Weise angebracht werden können.

Bild **15**.4 zeigt eine umsetzbare Trennwand mit integriertem Anhängesystem, bei dem ein besonders entwickelter Regalständer das Aufhängen von Ober- und Unterschränken, Vitrinen und Regalen aller Art ermöglicht. Die einzelnen Teile können ohne Beschädigung der Wandoberfläche wieder abgenommen werden. S. hierzu auch Abschn. 15.5.

15.3.3 Schallschutz von umsetzbaren Trennwänden

Beim Schallschutz ist grundsätzlich zu unterscheiden zwischen Maßnahmen der Schallabsorption und der Schalldämmung (s. a. Abschn. 17.6.3).

Schallabsorption bedeutet Minderung des Schalles (Schallausbreitung) im Raum selbst. S. hierzu auch Abschn. 14.2.2.

Schalldämmung beinhaltet die Minderung der Schallübertragung zwischen benachbarten Räumen. Je nach Art der Schwingungsanregung der Bauteile unterscheidet man zwischen Luftschalldämmung und Körperschalldämmung.

Beide Maßnahmen müssen getrennt voneinander betrachtet werden.

Schallschutztechnisches Verhalten. Alle Bauteile bzw. Bauelemente sind aus schalltechnischer Sicht in zwei Gruppen zu unterteilen (s. a. Abschn. 17.6):

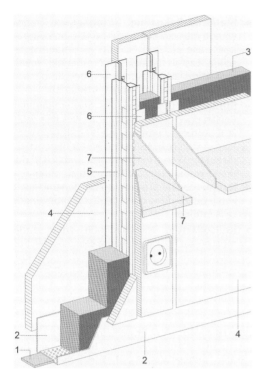

15.4 Umsetzbare Trennwand (Schalenwand) mit
integriertem Regalsystem

1 Dichtungsband
2 U-förmiges Sockelprofil aus gelochtem
  Stahlblech
3 Mineralfaserdämmstoff, 50 mm, 50 kg/m³
4 Wandschalen aus Holzspanplatten
5 Unterkonstruktion (Regalständer)
6 Halteleisten
7 Fachböden aus Holzspanplatten mit seitlichen
  Tragkonsolen aus Stahlblech

FECO-Innenausbausysteme, Karlsruhe

- **Einschalige Bauteile.** Sie bestehen aus einem
  einheitlichen Baustoff (z. B. Beton) oder aus
  mehreren, fest miteinander verbundenen
  Schichten (z. B. Betonplatte mit Putzschicht)
  die als Ganzes schwingen. Je höher das Flächengewicht (flächenbezogene Masse) des
  Bauteiles ist, umso besser ist die Schalldämmung.

- **Mehrschalige Bauteile.** Sie bestehen aus
  zwei oder mehreren Schalen, die *nicht* starr
  miteinander verbunden sind, sondern durch
  elastische Dämmstoffe oder Luftschichten
  voneinander getrennt sind. Je schwerer diese
  Schalen sind, je größer der Abstand und je
  weniger starr die Verbindung dieser Schalen
  ist, umso besser ist die Schalldämmung.

Schalldämmung

Umsetzbare Trennwände sind in der Regel nach
dem Prinzip der Mehrschaligkeit aufgebaut, wodurch eine wesentlich bessere Schalldämmung
erreicht werden kann, als mit einschaligen Wänden gleichen Flächengewichtes. Diese hängt im
Wesentlichen ab von

- Flächengewicht der Wandschalen,
- Biegeweichheit der Wandschalen,
- Art der Verbindung der Schalen mit der Unter-
  konstruktion,
- Abstand der Schalen zueinander,
- Hohlraumdämpfung mit absorbierendem
  Material,
- Dichtheit der Fugen.

Allgemein geht man von der Forderung aus, dass
das normal gesprochene Wort auf der benachbarten Raumseite nicht mehr verstanden werden
darf, d. h., die Silbenverständlichkeitsgrenze muss
gewahrt bleiben. Diese ist bei einem Schalldämmwert von $R'_w \geq 40$ dB gegeben.

Zum Vergleich: Bei 35 dB wird das normal gesprochene Wort noch verstanden. Bei 40 dB wird
es zwar noch gehört, aber nicht mehr verstanden; erst bei etwa 45 dB ist das normal gesprochene Wort in der Regel nicht mehr zu hören.

Empfehlungen für normalen und erhöhten
Schallschutz von Trennwänden in Büro- und Verwaltungsbauten sind Tab. **15.**5 zu entnehmen.
Weitere Angaben beinhalten Beiblatt 2 zu DIN
4109 für Beherbergungs- und Krankenhausbauten sowie VDI-Richtlinie 4100 für Wohnungen.

Beispiele von umsetzbaren Trennwänden mit unterschiedlichen Schalldämmwerten und Wanddicken sowie verschiedenartigen Beplanungs-
materialien und Wandschalen-Verbundkonstruk-
tionen (innenseitige Aufdoppelungen) zeigt Bild
15.6a, b.

Schallübertragungswege. Die Schalldämmung
von mehrschaligen Trennwänden kann am Bau
nicht beliebig hoch ausgeführt werden, da der
Luftschall nicht nur über die Trennwand selbst
von Raum zu Raum übertragen wird, sondern
auch über Nebenwege.

Es werden folgende Übertragungsarten unterschieden:

- **Nebenwegübertragung** versteht man sowohl die Schallübertragung längs angrenzender Bauteile, die so genannte Flankenübertragung, als auch die Luftschallübertragung über

Tabelle **15**.5 Empfehlungen für normalen erhöhten Schallschutz von Trennwänden im Büro-und Verwaltungsbauten (Auszug aus Tab. 3, Beiblatt 2 zu DIN 4109).

Spalte	1	2	3	4	5	6
Zeile	Bauteile	Empfehlungen für normalen Schallschutz		Empfehlungen für erhöhten Schallschutz		Bemerkungen
		erf. R'_w	erf. $L'_{n,w}$ (erf. TSM)	erf. R'_w	erf. $L'_{n,w}$ (erf. TSM)	
		dB	dB	dB	dB	
6	Wände zwischen Räumen mit üblicher Bürotätigkeit	37	–	≥ 42	–	Es ist darauf zu achten, dass diese Werte nicht durch Nebenwegübertragung über Flur und Türen verschlechtert werden
7	Wände zwischen Fluren und Räumen nach Zeile 6	37	–	≥ 42	–	
8	Wände von Räumen für konzentrierte geistige Tätigkeit oder zur Behandlung vertraulicher Angelegenheiten, z. B. zwischen Direktions- und Vorzimmer	45	–	≥ 52	–	
9	Wände zwischen Fluren und Räumen nach Zeile 8	45	–	≥ 52	–	
10	Türen in Wänden nach Zeile 6 und 7	27	–	≥ 32	–	Bei Türen gelten die Werte für die Schalldämmung bei alleiniger Übertragung durch die Tür.
11	Türen in Wänden nach Zeile 8 und 9	37	–	–	–	

Rohrleitungen, Kanäle von Lüftungsanlagen, Undichtigkeiten bei Anschlüssen u. a. m.

- **Flankenübertragung.** Die Schallübertragung über die flankierenden Bauteile (z. B. Längswände) kann vermindert werden, in dem die angrenzenden (massiven und biegesteifen) Bauteile entweder genügend schwer (Flächengewicht ≥ 300 kg/m^2) oder in geeigneter Weise zweischalig ausgebildet werden.

Biegeweiche Vorsatzschalen. Wie Bild **15**.7 zeigt, bieten sich dafür zum einen durchgehende biegeweiche Vorsatzschalen aus Gipskartonplatten mit Mineralfaserauflage (streifen- oder punktförmig an Massivwand angesetzt) zum anderen freistehende (durch Trennwandanschluss unterbrochene) Vorsatzschalen nach DIN 18 183-1 an.

Weitere Konstruktionsbeispiele von Vorsatzschalen mit den entsprechenden Rechenwerten sind Beiblatt 1 zu DIN 4109 zu entnehmen. Vgl. hierzu auch Abschn. 11.3.3, Abschn. 14.2.2 sowie Abschn. 17.6.2.

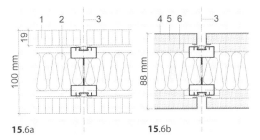

15.6a   **15**.6b

15.6 Beispielhafte Darstellung von schalldämmender, umsetzbaren Trennwänden mit unterschiedlichen Wanddicken aus verschiedenartigen Beplankungsmaterialien. Vgl. hierzu auch Bild **15**.14

a) Beplankung beidseitig mit Spanplatten, Wanddicke 100 mm, Schalldämmwerte $R'_{w,P} = 42$ dB

b) Beplankung beidseitig mit Metallwandschale und ein geklebten Gipskarton- bzw. Glasfaserplatten (Verbundkonstruktion), Wanddicke 88 mm, Schalldämmwert $R'_{w,P} = 51$ dB

1 Holzspanplatten, 19 mm
2 Mineralwolle
3 Einhängesystem für Regale
4 Wandschale aus Metall
5 Gipsfaserplatte, eingeklebt
6 Gipsfaserplatte, aufgeklebt

LINDNER AG, Arnstorf

15

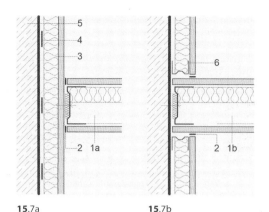

15.7a   **15.**7b

15.7 Schematische Darstellung biegeweicher Vorsatzschalen auf biegesteifer Massivwand
a) angesetzte durchgehende Vorsatzschale
b) freistehende Vorsatzschale, durch Trennwandanschluss unterbrochen
1a Trennwand mit Hohlraumdämmung an
biegeweicher Schale dicht angeschlossen
1b Trennwand an Massivwand dicht angeschlossen
2 Anschlussdichtung
3 Vorsatzschale aus Gipskartonplatten mit ver-
spachtelten Fugen und Faserdämmstoff nach
DIN 13 162 (Gipskarton-Verbundplatte)
4 Kleber, streifenförmig aufgetragen
5 Massivwand (biegesteifes Bauteil)
6 Metallständer mit Mineralwolle und Gipskartonplatten (biegeweiche Vorsatzschale)

Schall-Längsdämmung

Mit der Forderung nach flexibler Raumaufteilung
und dem damit verbundenen Einbau von umsetzbaren Trennwänden in z.B. Büro-, Verwal-
tungs-, Schul- und Krankenhausbauten taucht
das Problem der Schall-Längsleitung zwischen
benachbarten Räumen verstärkt auf.

Damit die spätere Umsetzbarkeit derartiger
Trennwände nicht beeinträchtigt wird, geht man
von folgenden Annahmen aus:

- Die versetzbaren Trennwände werden nur bis
zur abgehängten Unterdecke geführt, während der darüber liegende Deckenhohlraum
über mehrere Räume hinweg durchlaufen
kann. Somit muss die Unterdecke schalldämmende Aufgaben mit übernehmen.
- Die umsetzbaren Trennwände werden auf
den fertigen Fußboden aufgesetzt, ohne dass
der jeweilige Standort der Trennwände konstruktiv besonders ausgebildet wird.

Schall-Längsleitung ist über die flankierenden
Bauteile in Skelettbauten mit leichtem Ausbau

meist wesentlich größer als in Bauten mit massiven Wänden. Sie wird besonders beeinflusst von

- der Art der flankierenden Bauteile,
- der konstruktiven Ausbildung der Anschlüsse
zwischen flankierendem Bauteil und Trennwand,
- der Schallübertragung über Undichtigkeiten.

Rechnerischer Nachweis. Ein vereinfachter
rechnerischer Nachweis mit den entsprechenden
Rechenwerten ist in Beiblatt 1 zu DIN 4109 aufgezeigt. Die in den Tabellen der DIN 4109 angeführten kennzeichnenden Größen haben folgende
Bedeutung:

a) Für das *trennende* Bauteil (ohne Längsleitung
über flankierende Bauteile) gilt das bewertete
Schalldämm-Maß R'_w.
b) Für *flankierende* Bauteile gilt das bewertete
Schall-Längsdämm-Maß $R'_{L,w}$.

Die Werte der Schall-Längsdämmung der flankierenden Bauteile und das Schalldämmmaß
des trennenden Bauteils sollten um wenigstens
+5 dB höher liegen als die angestrebte resultierende Gesamtschalldämmung zwischen zwei
Räumen. Diese Anforderungen sind berechtigt,
da normalerweise das Schall-Längsdämmmaß eines Bauteils höher liegt als sein Schalldämmmaß.
Einzelheiten hierzu s. Abschn. 17.6.2.

Schallnebenwege. Das Problem der horizontalen Schall-Längsleitung tritt bei umsetzbaren
Trennwänden – im Unterdecken- und Fußbodenbereich gemäß Bild **15.**8 vor allem auf entlang

- undichter Randfugen,
- schallleitender Unterdeckenplatten,
- ungedämmter Deckenhohlräume,
- textiler Fußbodenbeläge,
- schwimmender Estriche.

Weitere Schallnebenwege können entlang der
flankierenden Fassade, der flankierenden Flur-
wand bzw. Schrank-Wand-Kombination und bei
durchlaufenden Installationen auftreten. Dem gegenüber hat sich die schallschutztechnische Qualität der meisten Trennwandsysteme im Laufe der
letzten Jahre derart verbessert, dass der Weg über
die Trennwandfläche als nennenswerte Fehler-
quelle weitgehend außer Betracht bleiben kann.
Ggf. ist im Türbereich, bei Verglasungen und zusätzlichen Installationen innerhalb der Trennwand
mit gewissen Einschränkungen zu rechnen.

Fassadenanschlüsse. Besondere Aufmerksamkeit ist den Trennwand-Fassaden-Anschlüssen zu

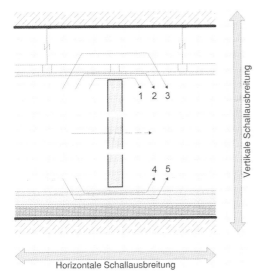

Vertikale Schallausbreitung

Horizontale Schallausbreitung

15.8 Schematische Darstellung möglicher Schallnebenwege (horizontale Schall-Längsleitung) oberhalb
und unterhalb umsetzbarer Trennwände

Weg 1: undichte Randfugen
Weg 2: schallleitende Unterdeckenplatten
Weg 3: ungedämmte Deckenhohlräume
Weg 4: textile Fußbodenbeläge
Weg 5: schwimmende Estriche

schenken, die in Form von sog. Fassadenschwertern ausgeführt werden. Aufgrund der geringen Dicke der Fassadenprofile von etwa 60 mm oder auch geringer stellen diese schalltechnische Schwachpunkte dar. Die mehrschalig aufgebauten Passstücke müssen daher ein besonders hohes Flächengewicht aufweisen (z. B. Schalenkonstruktion aus Gipskartonplatten oder 1,5 mm dickem Stahlblech, mit jeweils 1 mm dickem Bleiblech innenseitig beklebt und Hohlraumdämpfung aus Mineralwolle). Die Anschlussdetails müssen so ausgebildet sein, dass die Fugen dicht sind und trotzdem die Fassadenbewegungen aufnehmen können. Bei der angrenzenden Fassadenkonstruktion ist außerdem insgesamt auf eine ausreichend gute Schall-Längsdämmung zu achten.

Unterdeckenbereich
Schall-Längsdämmung oberhalb umsetzbarer Trennwände

Als Faustregel gilt, dass die Schall-Längsdämmung der abgehängten Unterdecke um mindestens 5 dB höher gewählt werden sollte, als das gewünschte Schalldämmmaß der raumteilenden Trennwand. Normal konstruierte Trennwände weisen ein bewertetes Schalldämmmaß R'_w von

etwa 40 dB auf. Bei sehr guten Ausführungen werden Werte um 50 dB erzielt. Die dann notwendigen hohen Schall-Längsdämmwerte können mit einer einfachen abgehängten Unterdecke (z. B. Mineralfaserdecke) nicht erreicht werden. Bei höheren schallschutztechnischen Anforderungen sind deshalb immer zusätzliche Maßnahmen erforderlich. Folgende Ausführungsalternativen bieten sich – unter Berücksichtigung der nachfolgend genannten Vor- und Nachteile – an (Bild **15**.9a bis d):

Horizontale Dämmung im Deckenhohlraum

- **Horizontale Abschottung** (Bild **15**.9a). Die horizontale Dämmstoffauflage auf der Oberseite der Unterdeckenschale ist eine der wirksamsten Maßnahmen zur Verbesserung der Schall-Längsdämmung von abgehängten Unterdecken. Die Wirkung ist dabei abhängig von der Dicke, Dichte und dem Strömungswiderstand des Faserdämmstoffes sowie von der Abhängehöhe und der Formgebung der Deckenschale. Der Nachteil dieser vollflächigen Belegung ist, dass die Zugänglichkeit zu den Installationen im Deckenhohlraum beeinträchtigt wird. Untersuchungen haben ergeben [4], dass bei dieser Ausführungsalternative vor allem drei Einflussgrößen im Decklagenbereich zu beachten sind:

- Das Flächengewicht der Decklagenplatten sollte mind. 5 kg/m², besser 10 bis 20 kg/m² betragen.

- Die Unterdecken müssen fugendicht und flächendicht ausgebildet sein. Häufig ist die Dichtheit durch eine zusätzliche rückseitige Beschichtung in Form einer Alukaschierung, eines Rückseitenanstriches o. Ä. zu erhöhen. Auch die seitlichen Anschlüsse an den flankierenden Bauteilen müssen dicht und elastisch ausgeführt sein.

- Die Schall-Längsdämmung im Deckenhohlraum ist umso besser, je dicker die zusätzliche Dämmstoffauflage auf den Deckenplatten ist (mind. 50 mm, besser 100 mm). Faustregel: Eine Erhöhung der Absorberauflage um 10 mm ergibt eine Verbesserung der Schall-Längsdämmung um etwa 2 dB.

Konstruktionsbeispiele von Unterdecken mit zusätzlicher horizontaler Faserdämmstoffauflage s. a. Abschn. 14.2.2.

- **Halbhohe vertikale Absorberplatten** (Bild **15**.9b). Die Anordnung von halbhohen vertikalen Absorberplatten oberhalb der Trenn-

15

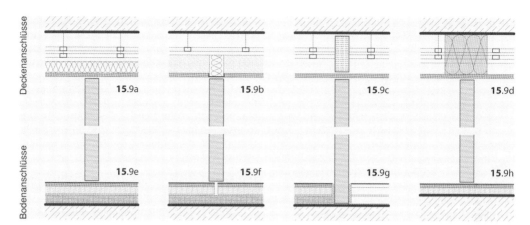

Deckenanschlüsse

15.9a 15.9b 15.9c 15.9d

Bodenanschlüsse

15.9e 15.9f 15.9g 15.9h

15.9 Schematische Darstellung von Maßnahmen zur Minderung der horizontalen Schall-Längsleitung bei leichten Trennwänden mit erhöhten Schallschutzanforderungen

Deckenanschlüsse mit Schall-Längsdämmung oberhalb umsetzbarer Trennwände:
a) horizontale Abschottung
b) halbhohe vertikale Absorberplatten
c) vertikale, starre Abschottung (Plattenschott)
d) vertikale, elastische Abschottung (Absorberschrott)

Bodenanschlüsse mit Schall-Längsdämmung unterhalb umsetzbarer Trennwände:
e) schwimmender Estrich
f) schwimmender Estrich mit Trennfuge
g) schwimmender Estrich, konstruktiv getrennt
h) Verbundestrich auf Massivdecke

Konstruktionsbeispiele von Unterdecken mit horizontalen und vertikalen Abschottungen s. Bild **14**.3 bis **14**.5.

wände wird vorzugsweise bei Bandrasterdecken angewandt und führt je nach Dicke, Höhe und Abstand der Lamellen zu ähnlich guten Schall-Längsdämmwerten wie bei der horizontalen Dämmstoffauflage. Voraussetzung ist allerdings, dass die Unterdeckenschale selbst eine nicht zu geringe Schall-Längsdämmung ($R'_{L,w} > 35$ dB) aufweist. (Zum Vergleich: Dämmwerte von Mineralfaserdecken ohne Zusatzmaßnahmen liegen zwischen 30 und 40 dB). Je nach Bedarf werden 80 bis 100 mm dicke Mineralfaserplatten in Längs- und Querrichtung hochkant in die Stege der Bandrasterprofile geklemmt. Diese Anordnung erleichtert das Öffnen und Schließen der Unterdecken und damit auch die Zugänglichkeit für Wartungsarbeiten und Nachinstallationen ganz wesentlich. Außerdem kann eine Materialersparnis in gewissem Umfang erzielt werden. Da die Absorberplatten nicht bis zur Rohdecke zu gehen brauchen, können Versorgungsleitungen noch darüber angeordnet sein.

Vertikale Abschottungen im Deckenhohlraum

- **Abschottung durch Plattenschott** (Bild **15**.9c). Durch vertikale Abschottung des Deckenhohlraumes oberhalb der Trennwand sind die höchsten Schall-Längsdämmwerte zu erzielen. Starre Abschottungen haben sich in der Praxis allerdings nur bedingt bewährt, da alle im Deckenhohlraum verlaufenden Kabel-, Heizungs- und Lüftungskanäle jeweils abgedichtet durch die Abschottung aus Gipskartonplatten o. Ä. geführt werden müssen. Undichtigkeiten verschlechtern die Dämmwirkung eines Plattenschotts erheblich, so dass der Aufwand für notwendige Anpassarbeiten ganz beträchtlich sein kann. Starre Abschottungen sind deshalb nur dort sinnvoll, wo im Deckenhohlraum so gut wie keine Installationen vorhanden sind. Außerdem lässt sich die Forderung nach flexibler Raumaufteilung bei vertikalen Abschottungen nur begrenzt erfüllen.

- **Abschottung durch Absorberschott** (Bild **15**.9d). Der Deckenhohlraum über dem Trennwandanschluss bis zur Rohdecke kann auch mit einem sog. Absorberschott verfüllt werden.

15

Dieser besteht aus komprimierten, mehrlagig übereinander gestapelten Mineralwolle-Paketen, die mit Banderolen zusammengehalten sind. Nach dem Entfernen der Papierbänder geht der Schott auf und das elastische Material passt sich dabei weitgehend selbst den Konturen der Installationen an. Der entscheidende Vorteil des Absorberschotts gegenüber dem Plattenschott liegt in seiner schallabsorbierenden Wirksamkeit, so dass kleinere verbleibende Undichtigkeiten akustisch aufgefangen werden können. Mit zunehmender Breite des Schotts verbessern sich die Dämmwerte. Vorteilhaft wirkt sich bei dieser Ausführung auch die insgesamt leichtere Zugänglichkeit zu den Installationen im Deckenhohlraum aus, da die übliche horizontale Dämmstoffauflage als Ganzes entfallen kann. Bei hochinstallierten Deckenhohlräumen sind allerdings die vorgenannten Abdichtungsprobleme trotz der Anpassungsfähigkeit des elastischen Materials nicht zu unterschätzen.

Konstruktionsbeispiele von Platten- und Absorberschott s. Bild **14.**5.

Fußbodenbereich

Schall-Längsdämmung unterhalb umsetzbarer Trennwände

Schwimmende Estriche werden überall dort auf Massivdecken aufgebracht, wo ein ausreichender Luft- und Trittschallschutz gegenüber darunter liegenden Räumen erreicht werden soll (vertikale Schallbegrenzung). Untersuchungen haben jedoch ergeben, dass schwimmende Estriche, die unter Trennwänden von einem Raum zum anderen hindurchlaufen, auch eine starke Schall-Längsleitung in *horizontaler* Richtung bewirken (Bild **15.**8). Deshalb sind auch die Bodenanschlüsse unter umsetzbaren Trennwänden so auszubilden, dass das Schall-Längsdämmmaß der Fußbodenkonstruktion um mind. 5 dB höher liegt, als die angestrebte Gesamtschalldämmung zwischen zwei Räumen. Folgende Ausführungsalternativen bieten sich – unter Berücksichtigung der jeweiligen Vor- und Nachteile an (Bild **15.**9e bis h):

- **Schwimmender Estrich** (Bild **15.**9e). Estrich auf Dämmschicht eignet sich zwar grundsätzlich zum Aufstellen von umsetzbaren Trennwänden, beispielsweise zwischen Räumen mit üblicher Bürotätigkeit und einem bewerteten Schall-Längsdämmmaß bis etwa 40 dB. Aufgrund seiner hohen Schall-Längsleitung ist dieser Fußbodenaufbau jedoch unter Trenn-

wänden mit höheren Schallschutzanforderungen nicht geeignet.

- **Schwimmender Estrich mit Trennfuge** (Bild **15.**9f). Durch das Auftrennen des schwimmenden Estrichs – in Form einer Trennfuge unter der Trennwand – wird die horizontale Schall-Längsleitung deutlich gemindert und ein bewertetes Schall-Längsdämmmaß von etwa 55 dB erreicht. Die Forderung nach flexibler Raumaufteilung ohne sichtbare Markierung des Trennwandstandortes am Fußboden lässt sich damit allerdings nur bedingt erfüllen.

- **Schwimmender Estrich konstruktiv getrennt** (Bild **15.**9g). Wird ein Estrich konstruktiv getrennt und eine Trennwand unmittelbar auf eine Massivdecke aufgesetzt, kann zwar ein bewertetes Schall-Längsdämm Längsdämmmaß von etwa 70 dB erzielt werden, die Möglichkeit einer flexiblen Raumaufteilung wird dadurch jedoch ausgeschlossen.

Wie die vorgenannten Beispiele zeigen, sollten schwimmende Estriche aufgrund ihrer schallschutztechnisch ungünstigen Eigenschaften in Bauten mit flexibler Raumaufteilung und höheren Anforderungen an die horizontale Schall-Längsdämmung *nicht* eingebaut werden.

Eine wesentliche Verbesserung wird erreicht durch:

- **Massivdecke mit Verbundestrich** (Bild **15.**9h). Die mit der Massivdecke fest verbundene Estrichschicht bildet in schallschutztechnischer Hinsicht eine Einheit: Bedingt durch das im Vergleich zum schwimmenden Estrich insgesamt wesentlich größere Flächengewicht findet eine Schall-Längsleitung in der Horizontalrichtung kaum mehr statt. Untersuchungen in Skelettbauten haben in diesem Zusammenhang ergeben [5], dass ein ausreichender Schallschutz in vertikaler Richtung (vorwiegend Trittschalldämmung) auch ohne schwimmenden Estrich erreicht werden kann, wenn die Deckenunterseite mit einer abgehängten, fugendichten Unterdecke einschließlich horizontaler Dämmstoffauflage bekleidet wird. Auf der Deckenoberseite ist dann anstelle des schwimmenden Estrichs ein Verbundestrich mit weichfederndem Gehbelag (z. B. textiler Fußbodenbelag) aufzubringen.

Aufgrund der ständig fortschreitenden Erneuerung der Kommunikationssysteme und zunehmenden Vernetzung aller Arbeitsbereiche untereinander, werden moderne Büro- und Verwal-

15

tungsbauten seit einigen Jahren mit Systemböden ausgerüstet. Diese eignen sich nicht nur zur
Aufnahme von Elektro- und Datenleitungen sondern auch für klimatechnische Zwecke (Lüftung,
Kühlung, Heizung).

Hohlboden- und Doppelbodensysteme. An
Stelle des schalltechnisch bevorzugten Verbundestrichs werden in öffentlich zugänglichen Gebäuden vermehrt Installationsböden eingebaut,
für die hinsichtlich der horizontalen Schall-
Längsdämmung besondere Richtlinien gelten.
Einzelheiten hierzu s. Abschn. 13.4 und Abschn.
13.5.

**Textile Fußbodenbeläge unter umsetzbaren
Trennwänden**

Ein über mehrere Räume durchgezogener textiler Fußbodenbelag stellt unter umsetzbaren
Trennwänden in akustischer Hinsicht weitgehend eine offene Fuge dar [5]. Da ein Auftrennen
oder Hochziehen textiler Beläge an der Trennwand in Bauten mit flexibler Raumteilung kaum
in Frage kommt, kann dieser Mangel nur gemindert werden, in dem die U-förmige Bodenan-
schlussschiene auf der Unterseite perforiert oder
geschlitzt – d. h. schalldurchlässig gemacht wird
– und so der gedämmte Hohlraum der Trennwand akustisch an die Fuge anschließt. Dadurch
wird ein „Schalldämpfer" hergestellt, der die
Schallübertragungen über die Fuge reduziert.
S. hierzu Bild **15**.4 und Bild **15**.10.

Bild **15**.10 zeigt eine Kombination von Maßnahmen auf der *Deckenoberseite* und *Deckenunterseite* zur Minderung der horizontalen und vertikalen
Schallausbreitung als optimale Voraussetzung
für den Einsatz umsetzbarer Trennwände in Bauten mit flexibler Raumaufteilung. Vgl. hierzu
auch Abschn. 11.3.3, sowie Abschn. 14.2.2.

**Schallschutztechnische Anforderungen an
Trennwandtüren** (s. a. Abschn. 7.4 in Teil 2)
Bei den meisten auf dem Markt befindlichen
Trennwandprogrammen ist das Türelement in
formaler Hinsicht ein integrierter Bestandteil.
Passend zum jeweiligen Wandsystem gibt es
eine Vielzahl von Ausführungsvarianten mit unterschiedlichen Oberflächenbeschichtungen. In
schall- und brandschutztechnischer Hinsicht
stellen Türen und Glaselemente jedoch Schwachstellen innerhalb des Gesamtsystems dar.

Schalldämmung von Türen. Bei der Beurteilung
der Luftschalldämmung von Türen wird vielfach
von falschen Annahmen ausgegangen. Entsprechende Grundsätze über die Prüf- und Einbaube-

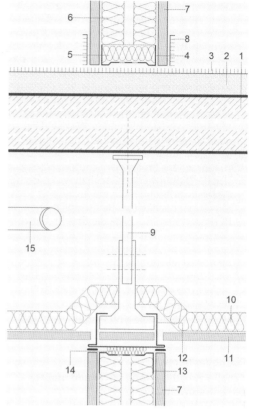

15.10 Konstruktionsbeispiel: Optimale Abstimmung
       schalldämmender Maßnahmen (Deckenober- und
       Deckenunterseite) zur Minderung der horizonta-
       len und vertikalen Schallausbreitung (Schall-
       Längsdämmung sowie Luft- und Trittschalldäm-
       mung) bei umsetzbaren Trennwänden mit erhöh-
       ten Schallschutzanforderungen

       1 Massivdecke
       2 Verbundestrich
       3 textiler Fußbodenbelag
       4 Metallprofil, auf der Unterseite perforiert
         (Schalldämpfer)
       5 Schallschluckeinlage
       6 Mineralfaserdämmstoff
       7 Wandschalen
       8 Teppichsockelleiste
       9 Noniusabhänger
      10 horizontale Abschottung
      11 Decklage (eingelegte Deckenplatte)
      12 Bandrasterprofil
      13 Metallprofil
      14 elastische Anschlussdichtung
      15 Installation im Deckenhohlraum

15

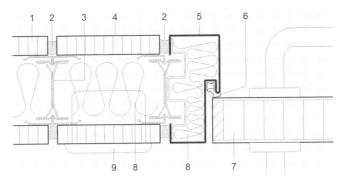

1 Vollwand, Wandschale aus Holzwerkstoff
2 Abdeck- und Fugendichtungsprofil
3 Unterkonstruktion (Ständerprofil)
4 Bandrasterblende, abnehmbar
5 Stahlzarge, Metalldicke 2 mm
6 Falzdichtung (Kammerprofil)
7 Holztürblatt, 40 mm dick
8 Mineralwolle (Hohlraumdämpfung)
9 Lichtschalter o. Ä., in Bandrasterblende eingelassen

15.11 Konstruktionsbeispiel: Umsetzbare Trennwand mit Bandrasterblende, Stahlzarge und stumpf einschlagendem Holztürblatt, Schalldämmung $R'_{w,P}$ = 27 bis 37 dB, je nach Ausführung. Vgl. hierzu auch Bild **15**.15.

dingungen von Türen sowie Angaben über mögliche Einflüsse auf das schalltechnische Verhalten betriebsfertig eingebauter Türelemente sind in Abschn. 7.4.1, in Teil 2 dieses Werkes, ausführlich beschrieben. In Tab. 7.36, in Teil 2 dieses Werkes sind die nach DIN 4109 geforderten Schalldämmwerte von Innentüren unterschiedlicher Einsatzbereiche zusammenfassend dargestellt.

Schalldämmung von Trennwandtüren. Die Schalldämmung von Türen in leichten Innenwänden hängt einmal von der konstruktiven Ausbildung des Türblattes bzw. Türelementes insgesamt, zum anderen von der Dichtung der Falze und insbesondere von der unteren Türfuge (Bodendichtung) ab.

- **Türblattkonstruktionen.** Während die Schalldämmung einschalig ausgebildeter Türblätter sich vor allem durch die Erhöhung des Flächengewichtes in Form von mehrschichtigen, schweren Platteneinlagen verbessern lässt, spielen bei mehrschichtig aufgebauten Türblattkonstruktionen vor allem Abstand und Gewicht der beiden äußeren Schalen (z. B. Stahlblech oder mehrfach verleimte Furnierholzplatten, ggf. mit Bleiblechbeschwerung) und die Hohlraumfüllung mit möglichst biegeweichen Einlagen (z. B. Weichfaserplatten, Mineralwolleplatten o. Ä.) eine große Rolle. Türblattdicken von mehr als 60 (65) mm sind allerdings für den Einbau in umsetzbare Trennwände – mit einer Gesamtdicke von ungefähr 100 mm – nicht geeignet. Daher versucht man durch Herabsetzen der Türblattsteifigkeit zu möglichst günstigen Ergebnissen zu kommen. Einzelheiten hierzu s. Abschn. 7.4.1.1, im Teil 2 dieses Werkes.
- **Zargenrahmen.** Türblätter in umsetzbaren Trennwänden sind in der Regel an Stahlzargen befestigt, die zusammen mit den Wandelementen auf den fertigen Fußbodenbelag aufgesetzt werden (Bild **15**.11). Zur Anwendung gelangen sog. *Trockenbauzargen*, in Form von einteiligen oder dreiteiligen Stahlzargen (auch *Schnellbauzarge* genannt). Stahlzargen für normale Beanspruchungen werden üblicherweise aus 1,5 mm dickem Stahlblech, bei hohen Schallschutzanforderungen aus 2,0 mm dickem Material hergestellt und der Profilhohlraum mit Mineralwolle satt verfüllt. Einzelheiten hierzu s. Abschn. 7.4.5, in Teil 2 dieses Werkes.

- **Türdichtungen.** Schalldämmend ausgebildete Türelemente sind in der Regel mit einer dreiseitig umlaufenden Falzdichtung – in Form einer Türfalz- oder Zargenfalzdichtung – und einer Dichtung im Bereich der unteren Türfuge (Bodendichtung) ausgestattet. Die Anforderungen an die Türdichtungen steigen mit den Anforderungen an die Schalldämmung der Trennwand.
Falzdichtungen sind erst dann wirksam, wenn sie die zulässigen Verformungen des Türblattes ausgleichen und bei geschlossener Tür in ihrer gesamten Länge an der Türzarge bzw. Türblattoberfläche dicht anliegen. Außerdem müssen die Profile ringsum in derselben Ebene liegen, und zwar so, dass sich diese Ebene auch mit dem Verlauf der Bodendichtung deckt. Die Einfederungstiefe (Wirkungsbereich) der Falzdichtung sollte mind. 3 mm – besser 5 mm – betragen, die erforderliche Bedienungskraft (Drehmoment) zur Bedienung eines Türdrückers etwa 20 Nm (Klasse 3, gemäß DIN EN 12 217). Einzelheiten hierzu s. Abschn. 7.4.1, Abschn. 7.6.3 sowie Abschn. 7.7.4, im Teil 2 dieses Werkes.

15

Bodendichtungen gibt es in sehr unterschiedlichen Ausführungen und Wirkungsweisen. Im Zusammenhang mit umsetzbaren Trennwänden kommen vor allem *Auflaufdichtungen* oder automatische *Absenkdichtungen*, die in die Türblattunterkante eingelassen sind, zur Anwendung. Bei der letztgenannten Art ist zwingend darauf zu achten, dass sich das absenkbare Dichtungsprofil an der Anpressstelle immer gegen eine stabile Druckplatte – beispielsweise in Form einer unterseitig abgedichteten Alu-Schiene – und nicht nur in einen Teppichbelag (= offene Fuge) andrückt. Bei hohen schalltechnischen Anforderungen an ein Türelement ist außerdem die akustische Trennung des schwimmenden Estrichs in Form einer Trennfuge oder vorgefertigten Estrich-Trennschiene unabdingbar. Einzelheiten hierzu s. Abschn. 7.6.3, Abschn. 7.7.4 sowie Bild **7**.158, in Teil 2 dieses Werkes.

15.3.4 Brandschutz von umsetzbaren Trennwänden[1)]

Brandschutz im Hochbau und Innenausbau soll als vorbeugende Maßnahme die Entstehung und Ausbreitung von Schadensfeuern verhindern.

Als technische Baubestimmung konkretisiert DIN 4102 die einzelnen brandschutztechnischen Begriffe, die in den baurechtlichen Vorschriften (z. B. Musterbauordnung, Landesbauordnungen, Rechtsverordnungen und Richtlinien) Verwendung finden.

Diese Norm enthält ferner die Bedingungen für die Einteilung der Baustoffe nach ihrem Brandverhalten und deren Bezeichnung sowie die Prüfbedingungen für Bauteile und deren Einstufung in Feuerwiderstandsklassen. Einzelheiten hierzu s. Abschn. 17.7.

Baustoffe werden gemäß DIN 4102-1 nach ihrem Brandverhalten in Baustoffklassen eingeteilt: Baustoffklasse A (A1/A2 nichtbrennbar), Baustoffklasse B (brennbar) mit weiteren Untergliederungen (B1 schwerentflammbar, B2 normalentflammbar, B3 leichtentflammbar). Die Baustoffklasse B3 ist in der Regel bauaufsichtlich nicht zugelassen. Welche Baustoffe in welchen speziellen Fällen eingesetzt werden dürfen, wird durch die Landesbauordnungen geregelt. Diese orientieren sich wiederum an der Musterbauordnung (MBO) des Bundes.

- **Europäisches Klassifizierungssystem** für Baustoffe. Das neue Klassifizierungssystem der EU sieht insgesamt sieben Euroklassen vor und zwar A1, A2, B, C, D, E und F. Geprüft wird hierbei auch die Rauchentwicklung und das Abtropfverhalten eines Baustoffes. Neu eingeführt wurden daher Unterklassen für Rauch (Smoke) S1, S2, S3 und brennendes Abtropfen (Droplets) D0, D1, D2.

Bauteile werden in DIN 4102-2 entsprechend ihrer Feuerwiderstandsdauer in Feuerwiderstandsklassen eingestuft (F30 bis F180). Vorangestellte Buchstaben kennzeichnen die Bauteilart (z. B. **F** für Wände, Decken usw.), nachgestellte Buchstaben weisen auf die Brennbarkeit der für das jeweilige Bauteil bzw. Bauelement verwendeten Baustoffe hin: A-AB-BA-B.

Klassifizierte Bauteile. Gebräuchliche Bauteile und Konstruktionen, deren Brandverhalten durch Normbrandprüfungen nachgewiesen und bekannt ist und die daher ohne besonderen Nachweis unter den angegebenen Voraussetzungen eingesetzt werden dürfen, sind in DIN 4102 Teil 4 zusammengestellt und klassifiziert (= geregelte Bauprodukte gemäß Bauregelliste A, Teil 1). Ihre Anwendung ist im Rahmen bestimmter bauaufsichtlicher Anforderungen ohne weitere Prüfung des Brandverhaltens möglich.

- **Nichttragende Gipsplatten-Ständerwände** (DIN 4103-1) mit wichtigen Anschlüssen und Detailausbildungen sind in DIN 4102-4 umfassend dargestellt und klassifiziert.
- **Umsetzbare Trennwände** (DIN 4103-1) werden dagegen von DIN 4102-4 nicht erfasst, so dass hierfür besondere Nachweise – in der Regel in Form von allgemeinen bauaufsichtlichen Prüfzeugnissen bzw. Zulassungen (AbZ) – erforderlich sind. S. hierzu auch Abschn. 2.2.4.

Raumabschließende Wände. Aus der Sicht des Brandschutzes wird zwischen nichttragenden und tragenden sowie zwischen raumabschließenden und nicht raumabschließenden Wänden unterschieden. Raumabschließende Wände können tragende und nichttragende Wände sein.

Raumabschließende Bauteile bzw. Bauelemente müssen bei entsprechenden Anforderungen durch die Bauordnungen so beschaffen sein, dass sie die Ausbreitung eines Feuers für eine bestimmte Zeit verhindern, um so den im Gebäude befindlichen Personen die Flucht zu ermöglichen.

[1)] Der aktuelle Stand der Normung (Klassifizierung von Bauprodukten und Bauarten zu ihrem Brandverhalten – DIN EN 13 501) ist Abschn. 15.6 sowie Abschn. 17.7 zu entnehmen.

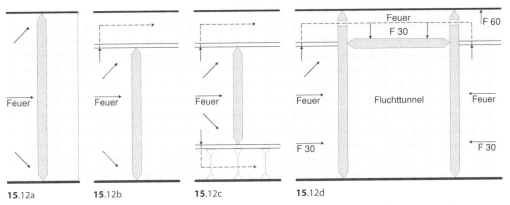

15.12 Einbaumöglichkeiten von nichttragenden Trennwänden bei Brandbeanspruchung. Trennwandanschluss an
  a) tragender Rohdecke und Fußboden,
  b) abgehängter Unterdecke und Fußboden,
  c) abgehängte Unterdecke und Systemboden,
  d) tragender Rohdecke und Fußboden: Fluchttunnelkonstruktion mit allgemeiner bauaufsichtliche Zulassung.
  Die Trennwände und die Unterdecke über dem Rettungsweg sind für Brandbeanspruchung von drei Seiten
  ausgelegt.

Die zu fordernde Sicherheit richtet sich nach:
- der Art des Gebäudes (z. B. Gebäudeklasse),
- seiner Nutzung (z. B. Anzahl der gefährdeten Personen) und
- weiteren begleitenden Sicherheitsmaßnahmen (z. B. Einbau einer Sprinkleranlage o. Ä.).

Verfahren zur Bestimmung der Feuerwiderstandsdauer von nichttragenden Innenwänden mit oder ohne Verglasung sind in DIN EN 1364-1 festgelegt.

Rettungswege (s. a. Abschn. 17.7.3). Nach den Grundsatzanforderungen der Musterbauordnung (MBO) und den jeweiligen Landesbauordnungen (LBO) werden Rettungswege unterteilt in horizontale notwendige, allgemein zugängliche Flure und Gänge sowie in vertikale Treppenräume.

Horizontale Rettungswege (notwendige Flure) als raumabschließende Bauteile müssen feuerhemmend, in Kellergeschossen, deren tragende und aussteifende Bauteile feuerbeständig sein müssen, ebenfalls feuerbeständig sein. Bekleidungen, Putze, Unterdecken und Dämmstoffe müssen aus nichtbrennbaren Baustoffen (A) bestehen. Wände aus brennbaren Baustoffen erfordern eine Bekleidung aus nichtbrennbaren Baustoffen in ausreichender Dicke.

In der Regel werden brandbeanspruchte Trennwände – z. B. Gipsplatten-Ständerwände und nichttragende Innenwände anderer Bauarten – auf den Rohboden aufgesetzt und bis zur Rohdecke hochgeführt (Bild **15**.12). Sie dürfen bis an die Unterdecke von Fluren geführt werden, wenn die Unterdecke selbst feuerhemmend ausgeführt ist. Türen in solchen Wänden müssen dicht schließen. Öffnungen zu Lagerbereichen in Kellergeschossen müssen feuerhemmende, dicht- und selbstschließende Abschlüsse (T 30-Türen) haben.

In Hochhäusern (oberstes Nutzungsgeschoss ≥ 22 m über OK-Gelände) müssen die Flurwände und Unterdecken (Fluchttunnel) der Feuerwiderstandsklasse F90-A entsprechen und die Raumtüren nach DIN 4102-5 die Feuerwiderstandsklasse T30 aufweisen.

Brandbeanspruchte umsetzbare Trennwände. In modernen Büro- und Verwaltungsbauten sowie in Bauten der Industrie und des Handels werden jedoch neben den fest eingebauten Innenwänden vermehrt umsetzbare Trennwände zur Herstellung notwendiger Flucht- und Rettungswege eingebaut. Wie Bild **15**.13 zeigt, können sie auf einen Systemboden aufgesetzt und auch nur bis zur Unterdecke geführt werden, wenn diese Bauteile die gleiche Feuerwiderstandsdauer wie die Trennwand haben. Für diese sog. *Fluchttunnelkonstruktion* ist nach DIN 4102-2 ein besonderes Prüfverfahren als Allgemeine bauaufsichtliche Zulassung (AbZ) durch das Deutsche Institut für Bautechnik (DIBt) erforderlich.

Zusammenwirken der Systeme. Auf der Basis derart geprüfter Konstruktionen ist es möglich,

15

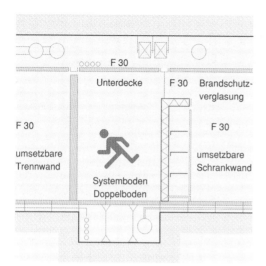

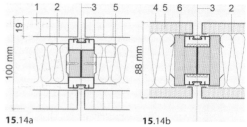

15.14a   **15.14b**

15.14 Beispielhafte Darstellung von umsetzbaren Trennwänden mit unterschiedlichen Feuerwiderstands-Klassifizierung und Wanddicken sowie aus verschiedenartigen Beplankungsmaterialien. Vgl. hierzu auch Bild **15**.6.
a) Beplankung beidseitig mit Spanplatten, Wanddicke 100 mm, Feuerwiderstandsklasse 30
b) Beplankung beidseitig mit Metallwandschalen und eingeklebten Gipskarton- bzw. Glasfaserplatten (Verbundkonstruktion), Wanddicke 88 mm, Feuerwiderstandsklasse F90
1 Holzspanplatte, 19 mm
2 Mineralwolle
3 Einhängesystem für Regale
4 Wandschale aus Metall
5 Gipskartonplatte, eingeklebt
6 Gipsfaserplatte o. Ä., T-förmig verklebt
LINDNER AG, Arnstorf

15.13 Fluchttunnelkonstruktion (alle Teile F30) bestehend aus umsetzbaren Trenn- und Schrankwänden, eingefügt zwischen Systemboden und Unterdecke. Geeignet zur Herstellung von Rettungswegen, mit der Möglichkeit für nachträgliche grundrissliche Änderungen (flexible Raumgestaltung) [7] .

umsetzbare Trennwände ohne die üblichen Einschränkungen – z.B. in Form von fest fixierten, starren Abschottungen im Decken- und Fußbodenbereich – in ein flexibles Raumkonzept mit einzubeziehen.

Derartige brandschutztechnische Maßnahmen müssen jedoch immer aufeinander abgestimmt sein. Es reicht nicht aus, die einzelnen Bauteile – jedes für sich – zu prüfen; vielmehr kommt es auf das Gesamtverhalten aller Teile im Brandfalle an. Dementsprechend wird die Feuerwiderstandsdauer der Trennwand, der Unterdecke sowie die der Anschlüsse zwischen Trennwand und Unterdecke bzw. Systemboden usw. ermittelt und erst diese Gesamtkonstruktion einer entsprechenden Feuerwiderstandsklasse zugeordnet.

Beispiele von umsetzbaren Trennwänden mit unterschiedlichen Feuerwiderstands-Klassifizierungen (F30 und F90) und Wanddicken sowie verschiedenartigen Beplankungsmaterialien zeigt Bild **15**.14.

Sonderbauteile. Wie schon zuvor ausgeführt, sind in DIN 4102-4 gebräuchliche Bauteile und Konstruktionen zusammengestellt und klassifiziert. Türen und Verglasungen in Verbindung mit brandschutztechnisch geforderten Trennwänden zählen jedoch zu den Sonderbauteilen. Für

sie ist eine allgemeine bauaufsichtliche Zulassung (AbZ) notwendig. In Ausnahmefällen ist auch eine Zustimmung im Einzelfall (ZiE) durch die jeweils zuständige oberste Bauaufsichtsbehörde des betroffenen Bundeslandes möglich.

- **Feuerschutztüren** sind selbstschließende Feuerschutzabschlüsse, die gemäß DIN 4102-5 dazu bestimmt sind, im eingebauten Zustand den Durchtritt eines Feuers durch notwendige Öffnungen in raumabschließenden Wänden zu verhindern. Sie werden üblicherweise in die Feuerwiderstandsklasse T30 bis T90 eingestuft. Einzelheiten hierzu s. Abschn. 7.6.1, im Teil 2 dieses Werkes.

  Bild **15**.15 zeigt beispielhaft ein T30 Türelement mit anhydritgefüllter Stahlzarge in einer nach DIN 4102-5 geprüften, feuerbeständig ausgebildeten, umsetzbaren Trennwand (F90).

- **Brandschutzverglasungen.** Verglasungen in Wänden und Türen haben die Aufgabe, angrenzende Gebäudeteile (Flure und Treppenhäuser) zu belichten, einen Durchblick zu gewähren oder die Sichtverhältnisse im Interesse der Verkehrssicherheit zu verbessern. Es werden F- und G-Verglasungen unterschieden.

- **F-Verglasungen** dürfen nach Maßgabe der bauaufsichtlichen Zulassungen grundsätzlich

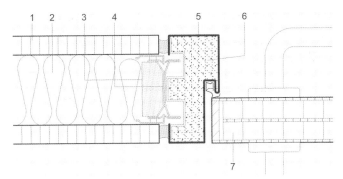

1 Wandschale, Baustoffklasse A
2 Mineralwolle
3 Brandschutzeinlage, Baustoffklasse A
4 Unterkonstruktion (Ständerprofil)
5 Stahlzarge, Materialdicke 2 mm
6 Anhydridfüllung
7 Holztürblatt, mehrschichtig aufgebaut, mit dreiseitig umlaufender,
   unter Hitzeeinwirkung aufschäu-
   mender (Palusol-)Brandschutzleiste.

15.15 Konstruktionsbeispiel: Umsetzbare Trennwand mit Stahlzarge und stumpf einschlagender Brandschutztür.
Vgl. hierzu auch Bild **15**.11.

in allen raumabschließenden Bauteilen eingesetzt werden, an die Brandschutzanforderungen gestellt werden. Sie werden nach der Prüfnorm DIN 4102-2 brandschutztechnisch wie Wände klassifiziert, überwiegend in den Klassen F30 bis F90. F-Verglasungen sind im Allgemeinen aus Spezialverbundglas mit speziellen Zwischenschichten, die im Brandfall Wärmeenergie absorbieren (= Bildung eines Hitzeschildes) und durch thermische Reaktionen strahlungsundurchlässig sowie undurchsichtig werden. Brandschutztechnisch geforderte Türen dürfen nach DIN 4102-5 grundsätzlich nur mit F-Verglasungen ausgerüstet sein.

G-Verglasungen verhindern zwar entsprechend ihrer Feuerwiderstandsdauer (G30 bis G120) die Ausbreitung von Feuer und Rauch, jedoch nicht den Durchtritt von Wärmestrahlung, so dass auf der dem Feuer abgekehrten Seite hohe Temperaturen auftreten können. Sie bleiben im Brandfall durchsichtig. In Rettungswegen dürfen sie nur eingebaut werden, wenn sie mit ihrer Unterkante mindestens 1,80 m über dem Fußboden angeordnet sind, da man davon ausgeht, dass sich oberhalb dieser Höhe keine Menschen mehr bewegen und aufhalten. Über den Einsatz von G-Gläsern entscheidet die zuständige örtliche Bauaufsichtsbehörde in jedem Einzelfall.

Konstruktionsbeispiele von Feuerschutztüren sowie weitere Angaben über Brandschutzverglasungen s. Abschn. 17.7.4 und 7.6, in Teil 2 dieses Werkes.

Bild **15**.16 zeigt Vertikalschnitte durch eine umsetzbare Trennwand (F30) mit einer Oberlichtverglasung der Feuerwiderstandsklasse G-30. Diese Konstruktion erbringt auch in schallschutztechnischer Hinsicht sehr gute Werte.

15.3.5 Montagetechnische Anforderungen

Auf leichte Trennwände dürfen keine direkten Lasten von angrenzenden Bauwerksteilen einwirken. Sie müssen jedoch so konstruiert sein, dass sie Beanspruchungen – die vor allem durch menschliches Fehlverhalten verursacht werden – widerstehen können. In jedem Fall erhalten sie ihre Standsicherheit erst durch Verbindung mit den angrenzenden Bauteilen.

Baukörperanschlüsse. Bauwerksteile können erheblichen Verformungen unterliegen. So sind z. B. Durchbiegungen bei weit gespannten Geschossdecken und auch Fassadenbewegungen durch Erwärmung und Abkühlung sowie bei Winddruck- und Sogkräften möglich.

Leichte Trennwände müssen deshalb so beschaffen sein, dass sie derartige Baukörperbewegungen ohne Rissbildungen und sonstige bleibende Schäden – bei Erhalt der Standsicherheit – aufnehmen können.

Dies wird erreicht, indem bei Bedarf die Unterkonstruktionen (Tragprofile) der Trennwände selbst *höhenbeweglich* ausgebildet werden. Außerdem können die unmittelbar angrenzenden Boden-, Decken- und Wandanschlüsse teleskopartig (verschieblich) gestaltet sein, so dass diese je Anschluss einen Toleranzausgleich von bis zu ± 20 mm ermöglichen.

Unterdeckenanschlüsse. Schließen leichte, umsetzbare Trennwände an leichte, abgehängte Unterdecken an, so werden diese in der Regel spannungsfrei an ein Deckenprofil herangeführt und mit diesem verschraubt. Um auch die aus den Trennwänden – beispielsweise durch stoßartige Belastungen – resultierenden Querkräfte be-

15

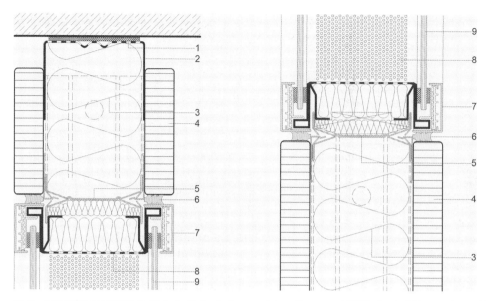

15.16 Konstruktionsbeispiel: Vertikalschnitt durch eine umsetzbare Trennwand (F 30) mit schalldämmend ausgebildeter Oberlichtverglasung ($R'_{w,P}$ = 46 dB)
1 Dichtungsband
2 U-förmiges Deckenanschlussprofil aus gelochtem Stahlblech
3 Mineralfaserdämmstoff, (Mineralwolle) 50 mm, 50 kg/m³
4 Wandschalen aus Holzspanplatten, 19 mm dick
5 Unterkonstruktion (Ständerprofil)
6 Fugenprofil
7 Glasrahmenprofil mit Alu-Abdeckrahmen
8 gelochtes Stahlblech mit Schallschluckeinlage
9 verschiedene Glasarten, 7 bzw. 5 mm dick, G30-Oberlichtverglasung
FECO-Innenausbausysteme, Karlsruhe

wegungsfrei aufnehmen zu können, muss die Unterdecke selbst horizontal stabilisiert, d. h. ausgesteift sein und größere Erschütterungen durch geeignete Konstruktionen unmittelbar auf Festpunkte ableiten. Vgl. hierzu Abschn. 14.3.4 mit Bild **14**.27.

Ungeachtet dieser Auflagen müssen versetzbare Trennwände des gehobenen Innenausbaues so beschaffen sein, dass sie ohne Schwierigkeiten und nennenswerte Nacharbeiten, unter Verwendung aller Einzelteile, umgesetzt und an anderer Stelle wieder aufgebaut werden können. Außerdem sollte immer ein Elementaustausch ohne Reihendemontage möglich sein.

15.3.6 Elektro- und Sanitärinstallationen in umsetzbaren Trennwänden

Elektroinstallationen können im Trennwandhohlraum untergebracht werden, ohne dadurch die Standsicherheit zu mindern. Die Einspeisung der Leitungen erfolgt entweder von oben (abgehängte Unterdecke) oder von unten (Systemboden) oder von der Seite (Flur- bzw. Fassadenbereich). Meist sind die tragenden Profile der Unterkonstruktion im oberen und unteren 30 cm-Bereich der Installationsführung sowieso ausgestanzt, so dass durch diese Öffnungen die Leitungen problemlos horizontal verlegt werden können.

Die Umsetzbarkeit der Trennwände ist jedoch nur dann gewährleistet, wenn Schalter, Steckdosen und andere Anschlüsse bei Veränderungen wieder schadlos entfernt (Deckenkappen) und Verdrahtungen auf einfache Weise gelöst werden können. Nachinstallationen von Elektro- und Kommunikationsleitungen müssen ohne Beschädigung der Wandteile möglich sein.

Bei brandschutztechnisch beanspruchten Trennwänden sind systembedingte Einschränkungen zu beachten. So dürfen beispielsweise Steck-, Schalter- und Verteilerdosen bei raumabschließenden Wänden nicht unmittelbar gegenüberliegend eingebaut werden.

Sanitärinstallationen. Die Unterbringung von Sanitärinstallationen in umsetzbaren Trennwänden ist zwar bedingt möglich, engt deren Veränderbarkeit aber erheblich ein. Um kleinere Handwaschbecken, Boiler o. Ä. an den Trennwänden unsichtbar befestigen zu können, müssen schon vorab – in entsprechender Höhe – tragende Querprofile bzw. Traversen in die Unterkonstruktion eingefügt werden. Weitere Angaben hierzu s. Abschn. 6.10.3.

15.4 Konstruktionstechnische Merkmale umsetzbarer Trennwände

Die auf dem Markt angebotenen Trennwandsysteme unterscheiden sich einmal durch ihren konstruktiven Aufbau und die daraus resultierende Montageart am Einsatzort, zum anderen durch die verwendeten Beplankungsmaterialien mit werkseitig aufgebrachten Oberflächenbeschichtungen. Entsprechend ihrer jeweiligen Bauweise werden sie entweder als Schalenwand oder Monoblockwand angeboten.

- **Schalenwände** (früher auch Skelettwände genannt, Bild **15**.17). Diese umsetzbaren Innenwände bestehen aus werkseitig vorgefertigten Einzelteilen, die erst an der Verwendungsstelle zur fertigen Wand montiert werden.
  Der Aufbau erfolgt nach dem Prinzip des Endlossystems bei immer gleich bleibender Konstruktionssystematik. Dabei werden zuerst höhenverstellbare, vertikale Stahl-Ständerprofile *druckfrei* zwischen Decken- und Bodenschiene montiert (Traggerüst aus Metall- oder Holzständern mit Langlochverbindungen), anschließend entsprechend den jeweiligen bauphysikalischen Anforderungen (Schall- und/oder Brandschutz) die Dämmmaterialien eingesetzt und die oberflächenfertigen Wandschalen in die Ständerprofile eingehängt bzw. eingeklipst.
  Die Wandschalen sind in der Regel aus Holzwerkstoff-, Gipskarton- oder Gipsfaserplatten sowie aus abgekanteten Stahlblechtafeln. Ihre Oberflächen können wahlweise mit DD-Lack, Schichtstoffplatten, Edelholzfurnier, Kunststofffolien, Textilgewebe u. a. m. beschichtet sein.
  Die *Vorteile* dieser am häufigsten eingesetzten Wandbauart sind: einfacher Transport auf-

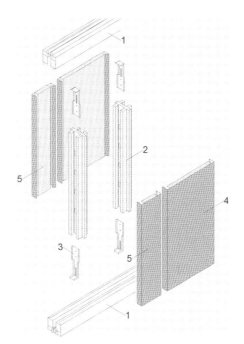

15.17 Schematische Darstellung der wichtigsten Einzelteile einer Schalenwand in Bandrasterbauweise
1 Boden- und Deckenschienen
2 Unterkonstruktion (Metallständerprofile)
3 Befestigung- und Höhenausgleichsschuhe
4 Wandschalen aus Plattenmaterialien oder Stahl-Blechpaneelen
5 Bandrasterblende (Modulleiste)

grund relativ geringer Gewichte der Einzelteile, weitgehend ungehinderte Installationsführung, problemlose Austauschbarkeit einzelner Wandpaneele, leichte Zugänglichkeit bei Wartungsarbeiten und Nachinstallation von Elektro- und Kommunikationsleitungen.
Nachteilig wirken sich beim Aufbau die vielen Einzelteile aus, die – je nach System – unterschiedlich lange Montagezeiten verursachen.

- **Monoblockwände** (früher auch Elementwände genannt, Bild **15**.18). Diese ebenfalls umsetzbaren und jederzeit austauschbaren raumhohen Wandelemente bestehen aus einer tragenden Unterkonstruktion (Stahlprofilrahmen) mit beidseitiger Beplankung (Stahlblechpaneele) und Hohlraumfüllung (Mineralwolle). Sie werden im Herstellerwerk fix und fertig zusammengebaut, oberflächenfertig zur Verwendungsstelle gebracht und mit höhenverstellbaren Decken- und Bodenschienen montiert. Die Verriegelung der einzelnen Elemente miteinander erfolgt über

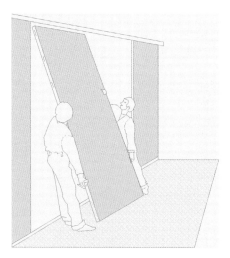

15.18   Darstellung des Montagevorgangs einer Monoblockwand am Einsatzort

einfache Steckverbindungen (Nocken, Klammern, Schienen).

Da der Zusammenbau dieser selbsttragenden
Wandelemente nicht am Einsatzort, sondern
im Herstellerwerk erfolgt, zeichnen sich diese Wände durch eine besonders hohe Qualität und große Maßgenauigkeit aus. Als weiterer *Vorteil* ist ihre relativ leichte und schnelle
Montage, Demontage und Remontage am
Verwendungsort zu nennen.

Nachteilig wirken sich das meist hohe Transportgewicht, der geringe Spielraum für nachträgliche Installationen von Elektro- und Kommunikationsleitungen sowie die relativ starre
Bindung an vorgegebene Rastermaße aus. Bei
Beschädigung muss in der Regel das gesamte Wandelement ausgetauscht werden; bei einigen Wandkonstruktionen sind jedoch auch
einzelne Stahlblechpaneele auswechselbar.

Die Vor- und Nachteile beider Systeme sind vor
allem material- und bauartspezifisch bedingt.
Um aus dem großen Marktangebot eine sinnvolle Auswahl treffen zu können, müssen die an die
jeweilige Trennwand gestellten Anforderungen
rechtzeitig und vollständig bekannt sowie die
baulichen Gegebenheiten des Einsatzortes sorgfältig erfasst sein.

In diesem Zusammenhang wird daher noch einmal auf die in Abschn. 15.2 angeführte Kriterienliste (Beurteilung umsetzbarer Trennwände) hingewiesen.

Konstruktionsbeispiele von umsetzbaren Trennwänden

Es kann nicht Aufgabe dieses Werkes sein, einen
vollständigen Überblick über die auf dem Markt
befindlichen Trennwandsysteme zu geben. Mit
den Bildern **15**.19 und **15**.20 werden einige typische Wandkonstruktionen für den Objektbereich
vorgestellt; darüber hinaus wird auf die Spezialliteratur verwiesen [2], [3], [7], [11], [12].

15.5 Vorgefertigte Schrank-
wandsysteme

15.5.1 Allgemeines

Schrankwände aus Holz und Holzwerkstoffen
werden entweder in Einzel- oder Serienfertigung
hergestellt. Ähnlich wie bei den Trennwänden
wird zwischen fest eingebauten und umsetzbaren Schränken unterschieden.

Individuell geplante Einbauschränke sind in
das jeweilige räumliche Umfeld integriert und
mit dem Bauwerk fest verbunden (bleiben hier
unberücksichtigt). Sie werden meist nach handwerklichen Grundsätzen gefertigt und entsprechen funktionalen sowie ästhetischen Anforderungen genauso, wie die auf modernsten
Anlagen industriell hergestellten Schrankwandsysteme.

Vorgefertigte Schrankwände bestehen aus serienmäßig hergestellten Teilen, die mit relativ geringem Aufwand montiert und jederzeit wieder
umgesetzt werden können. Sie dienen nicht nur
als Stauraum, sondern übernehmen auch Raum-
teiler-, Schall- und Brandschutzfunktionen.

Ihr äußeres Erscheinungsbild ist jeweils systembedingt auf die meist mitangebotenen, umsetzbaren Trennwänden abgestimmt.

Auch ihre Inneneinrichtung (z. B. Organisations-
züge für Hängemappen, Möbeltresore, Kühl-
schränke, Miniküchen, Waschbecken usw.) und
das Angebot an Oberflächenmaterialien ist so
vielseitig und ausbaufähig, dass sie für jeden
Zweck eingesetzt und vielfältigen Anforderungen angepasst werden können.

15.5.2 Einteilung und Benennung:
Überblick

Vorgefertigte Schrankwände werden immer häufiger sowohl in privat genutzten als auch öffentlich zugänglichen Gebäuden eingebaut (z. B.

15

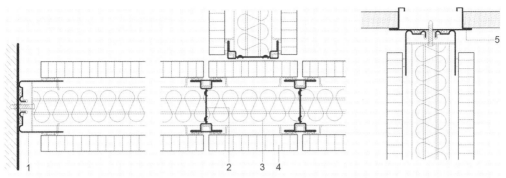

STRÄHLE System-Trennwand, Waiblingen, (Schalenwand)

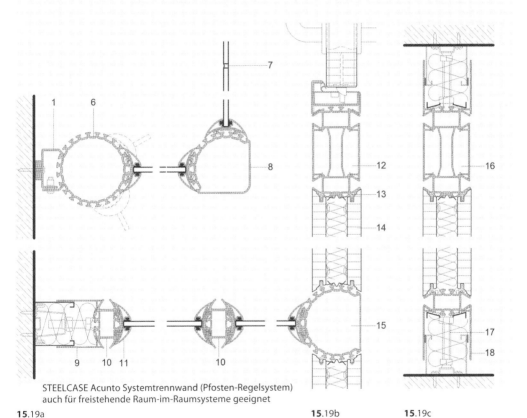

STEELCASE Acunto Systemtrennwand (Pfosten-Regelsystem)
auch für freistehende Raum-im-Raumsysteme geeignet

15.19a   **15**.19b   **15**.19c

15.19 Konstruktionsbeispiele: Umsetzbare Trennwände
a) Wandanschlüsse,   b) T- und Eckanschlüsse,   c) Fußboden- und Deckenanschlüsse

    1 Anschlussprofil   10 Zwischenständer
    2 Ständerprofil   11 3-teiliges Glasleistenprofil
    3 Mineralwolle (Dämmstoff)   12 Elektropfosten
    4 Wandschale aus Spanplatte   13 Lippendichtung
    5 Bandrasterprofil (Unterdecke)   14 Paneel
    6 Universalpfosten   15 3-Wege- oder Linearpfosten
    7 Glas an Glas Verklebung   16 Horizontalträger
    8 2-Wegepfosten   17 Höhenjustierung
    9 Teleskope Anschluss   18 Teleskopsockel

15

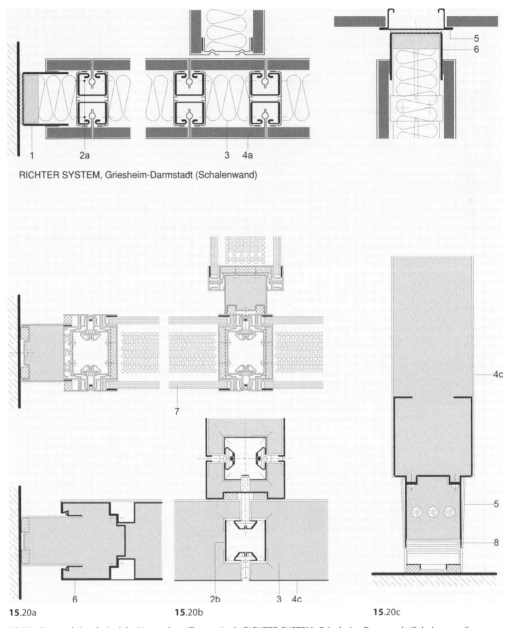

RICHTER SYSTEM, Griesheim-Darmstadt (Schalenwand)

15.20a   15.20b   15.20c

15.20 Konstruktionsbeispiele: Umsetzbare Trennwände RICHTER SYSTEM, Griesheim-Darmstadt (Schalenwand)
    a) Wandanschlüsse,   b) T-Anschlüsse (Bandrasteranschluss),   c) Fußboden-, und Deckenanschlüsse

    1   Anschlussprofil   4c Wandschale aus Gipskartonplatte mit
    2a Doppel-Ständerprofil   Mineralwollefüllung
    2b Ständerprofil (Knotenpunkt   5   Sockelprofi l/Bodenschiene
    3   Mineralwolle (Dämmstoff)   6   Passstück/Toleranzausgleich
    4a Wandschale aus abgekantetem Stahlblech   7   Doppelverglasung mit Schallschluckkammer am Rand
        mit eingeklebten Gipsplatten   8   Höhenjustierung/Toleranzausgleich
    4b Wandschale aus Gipskartonplatte mit
        Vinylbeschichtung

Wohn-, Schul-, Büro-, Verwaltungs-, Hotel-, Krankenhausbauten). Wie Bild **15**.21 verdeutlicht, unterscheidet man entsprechend ihrer grundrisslichen und funktionalen Zuordnung bestimmte Grundtypen.

15.5.3 Konstruktionstechnische Merkmale vorgefertigter Schrankwände

Die auf dem Markt angebotenen Schrankwandsysteme unterscheiden sich einmal durch ihren konstruktiven Aufbau und die daraus resultierende Montageart am Einsatzort, zum anderen durch die verwendeten Plattenmaterialien mit werkseitig aufgebrachten Oberflächenbeschichtungen.

Ausgehend vom jeweiligen Konstruktionsprinzip werden sie entweder in herkömmlicher Elementbauweise oder Alu-Skelettbauweise angeboten.

- **Konventionelle Elementbauweise** (Bild **15**.22). Diese versetzbaren Schrankwände bestehen aus einzelnen raumhohen Schrankseiten und waagerechten Konstruktionsböden aus Holzwerkstoffplatten, die durch Excenterbeschläge in Endlosbauweise zu einem Korpus verbunden werden. In alle sichtbaren Plattenkanten sind Weichlippendichtungen eingelassen, so dass beispielsweise beim freistehenden Raumteiler ein wechselseitiges Austauschen von Sichtrückwänden und Schranktüren jederzeit möglich ist. Die Druckverteilung des Schrankgewichtes im Sockelbereich erfolgt über teleskopartig ausgebildete Bodenanschlussprofile, die einen Toleranzausgleich und eine nachträgliche Höhenjustierung ermöglichen; ähnlich ausgebildet sind auch die Decken- und Wandanschlüsse. Alle raumhohen Schrankinnenseiten sind im Tür- bzw. Rückwandbereich mit einer Lochreihenbohrung versehen (Bohrabstand 25 oder 32 mm), die zur Aufnahme aller Konstruktions- und Funktionsbeschläge sowie der variablen Einrichtungsteile dienen. Die Holzwerkstoffplatten (z. B. Holzspanplatten gemäß DIN EN 309, DIN EN 312 und Holzwerkstoffplatten nach DIN EN 13 986) müssen der Emissionsschutzklasse E1 und Baustoffklasse B2 nach DIN 4102 zugeordnet sein. Alle Korpusteile, Schranktüren und Sichtrückwände sind üblicherweise 19 mm, die Konstruktionsböden 22 mm dick und in einfacher Ausführung häufig melaminharzbeschichtet.

- **Aluminium-Skelettbauweise** (Bild **15**.23). Kennzeichnend für diese ebenfalls versetzbaren Schrankwände ist eine Leichtmetall-Skelettkonstruktion. Stranggepresste Aluminiumprofile übernehmen bei dieser Bauart die vertikale Lastabtragung und kraftschlüssige Verbindung der Schrankseiten mit den Konstruktionsböden (Spannbolzen) sowie Dichtungsfunktionen (Weichlippendichtungen), während die mit den Profilen fest verleimten Spanplatten lediglich der Ausfachung dienen. Die an den beiden Längskanten der Schrankseiten angebrachten Aluminiumprofile sind jeweils mit zwei parallel verlaufenden Lochraster- oder Schlitzrasterreihen versehen (Abstand 16, 25 oder 32 mm). Sie dienen zur Aufnahme der Türbänder, Haltebeschläge für Rückwände und zur Befestigung der Inneneinrichtung.

Die Profile garantieren größtmögliche Stabilität, ausreißsichere Befestigung und flexible Aufnahme der Organisationsmittel sowie beschädigungsfreien Austausch von Sichtrückwand und Schranktür bei der raumteilenden Schrankwand. Die Höhenjustierung erfolgt über Stellschrauben, die jeweils am oberen und unteren Ende axial im Alu-Standprofil geführt werden. Die Druckverteilung des Schrankgewichtes im Sockelbereich wird über ein teleskopartig ausgebildetes Bodenanschlussprofil erreicht; ähnlich ausgebildet sind auch die Decken- und Wandanschlüsse. In die Alu-Profile eingedrückte Weichgummi-Lippendichtungen schützen den Schrankinhalt vor Verstauben, dämpfen Schließgeräusche und verbessern die schallschutztechnischen Werte einer raumteilenden Schrankwand.

Es kann nicht Aufgabe dieses Werkes sein, einen vollständigen Überblick über die auf dem Markt befindlichen, vorgefertigten Schrankwandsysteme zu geben. Mit den Bildern **15**.22 und **15**.23 werden nur die wichtigsten Bauarten und ihre konstruktionstechnischen Merkmale vorgestellt; darüber hinaus wird auf Spezialliteratur verwiesen [7], [9], [11], [12].

15

Schrank in einer Wandnische

Schrank in einer Raumecke

Schrank vor einer bauseitig errichteten Wand

Vorwandschrank: Schrank vor einer Wand
- **Stauraumfunktion**

Der Vorwandschrank wird vor eine bauseitig errichtete Massivwand oder leichte, nichttragende Trennwand gestellt. Er besteht aus montagefertigen Einzelteilen und weist in der Regel nur eine einfache Rückwand auf, die meist eingehängt – nicht eingenutet – wird. Anforderungen an den Brand- und Schallschutz bestehen nicht.

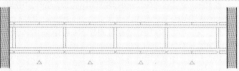

Raumteiler zwischen Wandflächen mit Sichtrückenwand

Raumteiler wechselseitig nutzbar

Raumteiler: Raumteile der Schrankwand
- **Stauraumfunktion**
- **Raumteilerfunktion**

Raumteiler ersetzen nichttragende Trennwände und ermöglichen aufgrund ihrer Versetzbarkeit eine flexible Aufteilung der Geschlossflächen. Die Nutzung der Schrankwände kann ein- oder doppelseitig sowie wechselseitig – auch bei unterschiedlichen Schranktiefen – sein.

In Raumteiler können auch Durchreiche- und Durchgangstüren integriert werden, sie können aber auch transparente Teile (z. B. Oberlichtverglasungen) aufweisen. Die Möglichkeit, gegebenenfalls Fronten gegen Sichtrückwände auszutauschen, muss mit einfachen Mitteln möglich sein; eine Demontage der Schrankwand darf dadurch nicht erforderlich werden.

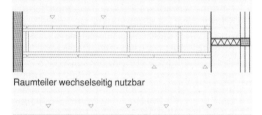

Raumteiler freistehend und doppelseitig nutzbar

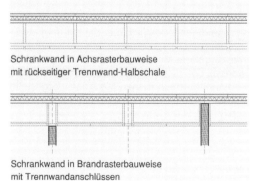

Schrankwand in Achsrasterbauweise
mit rückseitiger Trennwand-Halbschale

Schrankwand in Brandrasterbauweise
mit Trennwandanschlüssen

- **Schallschutzfunktion**   • **Brandschutzfunktion**

Schallschutztechnische und brandschutztechnische Anforderungen sind bei Bedarf zu erfüllen, meist in Kombination mit einer rückseitig aufgestellten Trennwand oder am Schrankkorpus angebrachten Trennwand-Halbschalen.
- **Achsrasterbauweise** • **Bandrasterbauweise**

Die raumteilende Schrankwand kann entweder in Achsraster- oder Bandrasterbauweise oder in Kombination beider Bauarten ausgeführt sein.
- Achsrasterbauweise: Endloses Anbausystem mit jeweils **einer** Schrankwandseite.
- Band Rasterbauweise: Selbstständige, am Einsatzort aus Einzelteilen zusammengesetzte Schrankwandkorpusse mit jeweils **zwei** Schrankseiten und dazwischen angebrachten Bandrasterblenden (Modulleisten) zum Anschluss von umsetzbaren Trennwänden. Einzelheiten hierzu s. Abschn. 15.3.1.

15.21   Schematische Darstellung von vorgefertigten Schrankwänden nach ihrer grundrisslichen und funktionalen Zuordnung

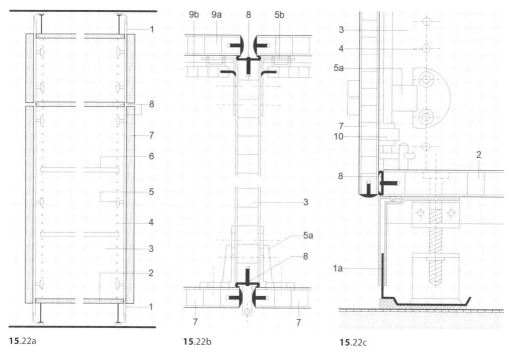

15.22a   **15**.22b   **15**.22c

15.22 Darstellung konstruktionstechnischer Merkmale vorgefertigter Schrankwandsysteme in konventioneller
Elementbauweise

a) Vertikalschnitt: Raumteiler, ein- oder zweiseitig nutzbar
b) Konstruktionsdetail: Front- und Rückwandausbildung
c) Konstruktionsdetail: Höhenverstellbarer Bodenanschluss

1 Baukörperanschlüsse
1a Stahl-Teleskopsockel mit druckverteilendem Bodenanschlussprofil
2 Konstruktionsböden über Excenterbeschläge mit den Schrankseiten fest verbunden
3 Schrankseiten aus Holzspanplatten
4 Lochreihenbohrung zur Aufnahme aller Funktionsbeschläge und variabler Einrichtungsteile
5a Metalltürbänder
5b Einhängebeschlag zur Befestigung der Rückwände
6 Fachboden, höhenverstellbar
7 Schranktür
8 Weichlippendichtung
9a Sichtrückwand
9b Einbaurückwand
10 Drehstangenschloss

15

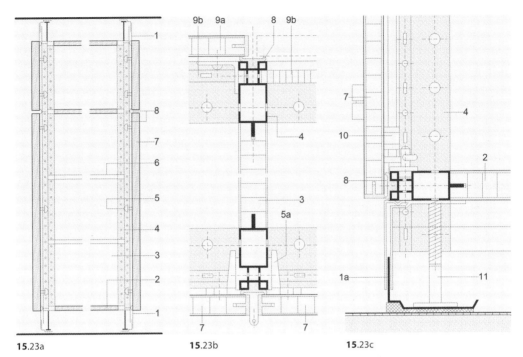

15.23a   **15**.23b   **15**.23c

15.23 Darstellung konstruktionstechnischer Merkmale vorgefertigter Schrankwandsysteme in Aluminium-Skelettbau-
        weise
   a) Vertikalschnitt: Raumteiler, einseitig nutzbar
   b) Konstruktionsdetail: Front- und Rückwandausbildung
   c) Konstruktionsdetail: Höhenverstellbarer Bodenanschluss

   1   Baukörperanschlüsse
   1a Stahl-Teleskopsockel mit Schrankwandhöhenversteller und druckverteilendem Bodenanschlussprofil
   2   Konstruktionsböden über Doppelbolzen in den Alu-Querprofilen mit den Schrankseiten kraftschlüssig
        verspannt
   3   Schrankseiten aus Holzspanplatten mit Alu-Profilen fest verleimt
   4   Aluminium-Standprofil mit zwei Lochraster- bzw. Schlitzrasterreihen
   5a Metalltürbänder am Alu-Standprofil befestigt
   5b Einhängebeschlag zur Befestigung der Sichtrückwand
   6   Fachboden, höhenverstellbar
   7   Schranktür
   8   Weichlippendichtung
   9a Sichtrückwand
   9b Einbaurückwand
   10 Drehstangenschloss
   11 Stellschraube zur Höhenjustierung

15

15.6 Normen

Norm	Ausgabedatum	Titel
DIN EN 300	09.2006	Platten aus langen, flachen, ausgerichteten Spänen (OSB) – Definitionen, Klassifizierung und Anforderungen
DIN EN 309	04.2005	Spanplatten – Definition und Klassifizierung
DIN EN 312	12.2010	–; Anforderungen
DIN EN 316	07.2009	Holzfaserplatten – Definition, Klassifizierung und Kurzzeichen
DIN EN 438-1	04.2005	Dekorative Hochdruck-Schichtpressstoffplatten (HPL) – Platten auf Basis härtbarer Harze (Schichtpressstoffe); Einleitung und allgemeine Informationen
DIN EN 438-2	04.2005	–; –; Bestimmung der Eigenschaften
DIN EN 438-3	04.2005	–; –; Klassifizierung und Spezifikationen für Schichtpressstoffe mit einer Dicke kleiner als 2 mm, vorgesehen zum Vertriebenen auf ein Trägermaterial
DIN EN 438-4	04.2005	–; –; Klassifizierung und Spezifikationen für Kompakt-Schichtpressstoffe mit einer Dicke von 2 mm und größer
DIN EN 438-7	04.2005	–; –; Kompaktplatten und HPL-Mehrschicht-Verbundplatten für Wand- und Deckenbekleidung für Innen- und Außenanwendung
E DIN EN 438-1 bis 7	11.2014	Dekorative Hochdruck-Schichtpressstoffplatten (HPL) – Platten auf Basis härtbarer Harze (Schichtpressstoffe)
DIN EN 520	12.2009	Gipsplatten – Begriffe, Anforderungen und Prüfverfahren
DIN EN 622-1	09.2003	Faserplatten – Anforderungen – Allgemeine Anforderungen
DIN EN 622-2	07.2004	–; Anforderungen an harte Platten
DIN EN 622-2 Ber.1	06.2006	–; Anforderungen an harte Platten, Berichtigung zu DIN EN 622-2 : 2004-07
DIN EN 622-3	07.2004	–; Anforderungen an mittelharte Platten
DIN EN 622-4	03.2010	–; Anforderungen an poröse Platten
DIN EN 622-5	03.2010	–; Anforderungen an Platten nach den Trockenverfahren (MDF)
DIN EN 634-1	04.1995	Zementgebundene Spanplatten – Anforderungen; Allgemeine Anforderungen
DIN EN 634-2	05.2007	–; –; Anforderungen an Portlandzement (PZ) gebundene Spanplatten zur Verwendung im Trocken-, Feucht- und Außenbereich
DIN EN 1087-1	04.1995	Spanplatten; Bestimmung der Feuchtebeständigkeit: Kochprüfung
DIN EN 1363-1	10.2012	Feuerwiderstandsprüfungen – Allgemeine Anforderungen
DIN EN 1363-2	10.1999	–; Alternative und ergänzende Verfahren
DIN EN 1364-1	10.1999	Feuerwiderstandsprüfungen für nichttragende Bauteile – Wände
DIN EN 1364-1	12.2014	–; Wände
DIN EN 1364-2	10.1999	–; Unterdecken
E DIN EN 1364-2	02.2015	–; Unterdecken
DIN EN 1365-1	08.2013	Feuerwiderstandsprüfungen für tragende Bauteile – Wände
DIN EN 1365-2	02.2015	–; Decken und Dächer
DIN EN 1366-1	12.2014	Feuerwiderstandsprüfungen für Installationen; Lüftungsleitungen
DIN EN 1366-2	10.1999	–; Brandschutzklappen
E DIN EN 1366-2	10.2014	–; Brandschutzklappen
DIN EN 1366-3	07.2009	–; Abschottungen

15

Norm	Ausgabedatum	Titel
DIN EN 1366-4	08.2010	–; Abdichtungssysteme für Bauteilfugen
DIN EN 1366-5	06.2010	–; Installationskanäle und -schächte
DIN EN 1366-6	02.2005	–; Doppel- und Hohlböden
DIN 4102-1	05.1998	Brandverhalten von Baustoffen und Bauteilen; Baustoffe; Begriffe, Anforderungen und Prüfungen
DIN 4102-2	09.1977	–; Bauteile; Begriffe, Anforderungen und Prüfungen
DIN 4102-3	09.1977	–; Brandwände und nichttragende Außenwände; Begriffe, Anforderungen und Prüfungen
DIN 4102-4	03.1994	–; Zusammenstellung und Anwendung klassifizierter Baustoffe, Bauteile und Sonderbauteile
DIN 4102-4/A1	11.2004	–; –; Änderung 1
E DIN 4102-4	06.2014	–; Zusammenstellung und Anwendung klassifizierter Baustoffe, Bauteile und Sonderbauteile
DIN 4102-5	09.1977	-; Feuerschutzabschlüsse, Abschlüsse in Fahrschachtwänden und gegen Feuer widerstandsfähige Verglasungen; Begriffe, Anforderungen und Prüfungen
DIN 4102-13	05.1990	–; Brandschutzverglasungen; Begriffe, Anforderungen und Prüfungen
DIN 4103-1	07.1984	Nichttragende innere Trennwände; Anforderungen, Nachweise
E DIN 4103-1	03.2014	–; Anforderungen und Nachweise
DIN 4103-2	11.2010	–; Trennwände aus Gips-Wandbauplatten
DIN 4103-4	11.1988	–; Unterkonstruktion in Holzbauart
DIN 4108-10	06.2008	Wärmeschutz und Energie-Einsparung in Gebäuden – Anwendungsbezogene Anforderungen an Wärmedämmstoffe – Werkmäßig hergestellte Wärmedämmstoffe
E DIN 4108-10	01.2015	–; –; Werkmäßig hergestellte Wärmedämmstoffe
DIN 4109	11.1989	Schallschutz im Hochbau; Anforderungen und Nachweise
DIN 4109 Ber. 1	08.1992	–; Berichtigungen
DIN 4109 Bbl 1	11.1989	–; Ausführungsbeispiele und Rechenverfahren
DIN 4109 Bbl. 1/A1	09.2003	–; –; Änderung 1
DIN 4109 Bbl. 1/A2	02.2010	–; –; Änderung 2
DIN 4109 Bbl. 2	11.1989	–; Hinweise für Planung und Ausführung; Vorschläge für einen erhöhten Schallschutz; Empfehlungen für den Schallschutz im eigenen Wohn- oder Arbeitsbereich
DIN 4109 Bbl. 3	06.1996	–;- Berechnung von R'w, R für den Nachweis der Eignung nach DIN 4109 aus Werten des im Labor ermittelten Schalldämm-Maßes Rw
DIN 4109/A1	01.2001	–; Anforderungen und Nachweise; Änderung 1
E DIN 4109-1	06.2013	–; Anforderungen an die Schalldämmung
E DIN 4109-2	11.2013	–; Rechnerischen Nachweise der Erfüllung der Anforderungen
DIN 4109-11	05.2010	-; Nachweis des Schallschutzes; Güte- und Eignungsprüfung
DIN 4172	07.1955	Maßordnung im Hochbau
E DIN 4172	02.2015	Maßordnung im Hochbau
DIN EN 12 217	05.2004	Türen – Bedienungskräfte – Anforderungen und Klassifizierung
E DIN EN 12 217	11.2010	–; –; Anforderungen und Klassifizierung

15

Norm	Ausgabedatum	Titel
DIN EN 13 162	03.2013	Wärmedämmstoffe für Gebäude – Werkmäßig hergestellte Produkte aus Mineralwolle (MW)
DIN EN 13 163	03.2013	Wärmedämmstoffe für Gebäude – Werkmäßig hergestellte Produkte aus expandiertem Polystyrol (EPS)
DIN EN 13 164	03.2013	–; Werkmäßig hergestellte Produkte aus extrudiertem Polystyrolschaum (XPS)
DIN EN 13 318	12.2000	Estrichmörtel und Estriche – Begriffe
DIN EN 13 501-1	01.2010	Klassifizierung von Bauprodukten und Bauarten zu ihrem Brandverhalten; Klassifizierung mit den Ergebnissen aus den Prüfungen zum Brandverhalten von Bauprodukten
DIN EN 13 501-2	02.2010	–; Klassifizierung mit den Ergebnissen aus den Feuerwiderstandsprüfungen, mit Ausnahme von Lüftungsanlagen
DIN EN 13 813	01.2003	Estrichmörtel, Estrichmassen und Estriche – Estrichmörtel und Estrichmassen – Eigenschaften und Anforderungen
DIN EN 13 986	03.2005	Holzwerkstoffe zur Verwendung im Bauwesen Eigenschaften, Bewertung der Konformität und Kennzeichnung
DIN EN 14 064-2	06.2010	Wärmedämmstoffe für Gebäude; an der Verwendungsstelle hergestellte Wärmedämmung aus Mineralwolle – Spezifikation für die eingebauten Produkte
DIN EN 14 190	09.2014	Gipsplatten – Produkte aus der Weiterverarbeitung – Begriffe, Anforderungen und Prüfverfahren
DIN EN 14 195	05.2005	Metallprofile für Unterkonstruktionen von Gipsplattensystemen – Begriffe, Anforderungen und Prüfverfahren
DIN EN 14 195 Ber.1	11.2006	–; Begriffe, Anforderungen und Prüfverfahren, Berichtigung 1
E DIN EN 14 195	11.2011	Zubehör für Unterkonstruktion aus Metall von Gipsplatten-Systemen; Begriffe, Anforderungen und Prüfverfahren
DIN EN 14 279	07.2009	Furnierschichtholz (LVL) – Definitionen, Klassifizierung und Spezifikationen
DIN EN 14 322	06.2004	Holzwerkstoffe – Melaminbeschichtete Platten zur Verwendung im Innenbereich – Definition, Anforderungen und Klassifizierung
E DIN EN 14 322	10.2014	–; –; Definition, Anforderungen und Klassifizierung
DIN EN 14 566	10.2009	Mechanische Befestigungselemente für Gipsplattensysteme – Begriffe, Anforderungen und Prüfverfahren
E DIN EN 14 566	11.2014	–; Begriffe, Anforderungen und Prüfverfahren
DIN EN 14 755	01.2006	Strangpressplatten – Anforderungen
DIN EN 15 882-3	07.2009	Erweiterter Anwendungsbereich der Ergebnisse aus Feuerwiderstandsprüfungen – Abschottungen
DIN 18 181	10.2008	Gipsplatten im Hochbau – Verarbeitung
DIN 18 182-1	12.2007	Zubehör für die Verarbeitung von Gipsplatten; Profile aus Stahlblech
E DIN EN 18 182-1	02.2015	–; Profile aus Stahlblech
DIN 18 182-2	02.2010	–; Schnellbauschrauben, Klammern und Nägel verbunden
DIN 18 183-1	05.2009	Trennwände und Vorsatzschalen aus Gipsplatten mit Metallunterkonstruktionen – Beplankung mit Gipsplatten
DIN 18 202	04.2013	Toleranzen im Hochbau; Bauwerke
DIN 18 355	09.2012	VOB Vergabe- und Vertragsordnung für Bauleistungen – Teil 10: Allgemeine Technische Vertragsbedingungen für Bauleistungen (ATV) – Tischlerarbeiten
DIN 18 560-1	09.2009	Estriche im Bauwesen – Allgemeine Anforderungen, Prüfung und Ausführung

15

Norm	Ausgabedatum	Titel
E DIN EN 18 560-1	12.2014	–; Allgemeine Anforderungen, Prüfung und Ausführung
DIN 18 560-2	09.2009	–; Estriche und Heizestriche auf Dämmschichten (schwimmende Estriche)
DIN 18 560-2 Ber.1	05.2012	–; –; Berichtigung zu DIN 18.560-2
DIN 18 560-3	03.2006	–; Verbundestriche
DIN 18 560-4	06.2012	–; Estriche auf Trennschicht
DIN 52 367	05.2002	Spanplatten; Bestimmung der Scherfestigkeit parallel zur Plattenebene
ETAG 003Bek	07.2013	Bekanntmachung der Leitlinie für die Europäische Technische Zulassung für Bausätze für innere Trennwände zur Verwendung als nichttragende Wände; Fassung 1998-12, Änderung 04-2012

Weitere ergänzende Normen s. Abschn. 11.5 und 14.6

15.7 Literatur

[1] *Becker, K., Pfau, J., Tichelmann, K.* : Trockenbauatlas. Köln 2010

[2] Clestra HAUSERMAN GmbH. Umsetzbare Trennwandsysteme. Dreieich; www.clestra.com

[3] FECO GmbH Innenausbausysteme: Trennwand-Detailbroschüre. Karlsruhe; www.feco.de

[4] *Gösele, K., Kühn, B., Stumm, F.* : Schall-Längsdämmung von untergehängten Deckenverkleidungen. In: Bundesblatt 1976, Heft 3

[5] *Gösele, K., Schüle, W.* : Schall-Wärme-Feuchte. Wiesbaden 1997

[6] Goldbach Kirchner Raumkonzepte GmbH: Trennwand-Systeme. Geiselbach; www.goldbachkirchner.de

[7] Lindner Group KG: Wandsysteme – Broschüren – Technische Produktunterlagen. Arnstorf; www.lindner-group.com

[8] *Nutsch, W.* : Handbuch der Konstruktion – Innenausbau. München 2012

[9] PANraumsysteme GmbH: Trenn- und Schrankwandsysteme. Mannheim; www.panraumsysteme.de

[10] *Pracht, K.* : Möbel und Innenausbau – Handbuch der Holzkonstruktionen, Leinfelden-Echterdingen 1997

[11] Stock-Bürosysteme: Trenn- uns Schrankwandsysteme. Wuppertal; www.trennwandsysteme.com

[12] Strähle Raum-Systeme: Trennwand-, Akustik- und Schranksysteme – Technische Produktunterlagen. Waiblingen; www.strähle.de

15

16 Bauen im Passivhausstandard

16.1 Allgemeines

Nicht nur Klimaexperten, auch die eigenen Erfahrungen haben uns längst davon überzeugt, dass der CO_2-Ausstoß in die Erdatmosphäre drastisch – und zwar weltweit – reduziert werden muss. Genauso zwingen uns die endlichen und immer knapper werdenden Energieressourcen, endlich sparsamer mit dem Verbrauch von Energie umzugehen.

Ca. 50 % des gesamten Weltenergieverbrauchs wird für die Beheizung von Gebäuden benötigt.

Um eine wirksame Reduzierung des CO_2-Eintrags in die Atmosphäre, insbesondere durch Energieeinsparung im Gebäudebereich zu erreichen, ist es zwingend erforderlich, weltweit den durch Gebäudebeheizung und auch durch Gebäudekühlung verursachten Energieverbrauch drastisch zu senken.

Das Bauen im Passivhausstandard kann hierzu einen wesentlichen Beitrag leisten. In Mitteleuropa lassen sich mit Passivhäusern erwiesenermaßen ca. 80 % Heizwärme gegenüber konventionellen Neubauten einsparen.

Das „Passivhaus" ist nichts anderes als die konsequente Weiterentwicklung des „Niedrigenergiehauses", das ab Februar 2002 mit der Energieeinsparung (EnEV) 2002 dem in Deutschland gesetzlich vorgeschriebenen Mindeststandard für Neubauten entsprach.

Der EnEV 2002 folgten mit den EnEV 2004, 2007, 2009 und der EnEV 2014, die seit dem 01. Mai 2014 in Kraft ist, kontinuierlich weitergehende Anforderungen an die Energieeffizienz von Gebäuden. Die Europäische Union hat mit der EU-Gebäuderichtlinie [Directive 2013/31/EU on Energy Performance of Buildings (EPBD)] [1] ab 2021 den „Niedrigstenergiestandard" (nearly zero-energy building) für alle Neubauten innerhalb der EU verbindlich festgeschrieben. Ab 2019 gilt dieser Standard bereits EU-weit für alle neuen Gebäude von öffentlichen Einrichtungen.

Schon heute ist der „Passivhaus-Standard" der weltweit am weitesten verbreitete Baustandard mit sehr hoher Energieeffizienz. Inzwischen sind in Deutschland ca. 25.000, weltweit ca. 50.000 Passivhaus-Wohneinheiten gebaut worden. Daneben existieren auch schon zahlreiche Nicht-wohngebäude (Bürogebäude, Gewerbebauten, Sporthallen, Schulen, Kindergärten usw.) im Passivhaus-Standard. Weder in der Nutzung noch in der Architektursprache sind dem Passivhaus Grenzen gesteckt. Auch bei Architekturwettbewerben wird zunehmend Passivhaus-Standard gefordert.

Mit der Umsetzung der EU-Gebäuderichtlinie 2013/31/EU wird sich der Passivhausstandard als der weltweit anerkannt höchste Standard im Energie sparenden Bauen für alle Neubauten in ganz Europa spätestens ab dem Jahr 2021 endgültig durchsetzen.

Bei einem Passivhaus werden die Wärmeverluste (vgl. Abschn. 17.5) so stark reduziert, dass kaum noch geheizt werden muss, um das Haus auch im Winter auf einem komfortablen Temperaturniveau zu halten. Wenn die erforderliche Heizlast weniger als 10 W je m^2 beheizte Fläche beträgt (s. u.), kann die äußerst geringe erforderliche Wärmezufuhr allein über die Zuluft zugeführt werden. Wenn eine solche „Zuluftheizung" als alleinige Wärmequelle ausreicht und auf ein sogenanntes „aktives Heizsystem" verzichtet werden kann, dann spricht man von einem „Passivhaus".

Neben einem äußerst geringen Heiz- oder auch Kühlbedarf bietet das Passivhaus seinen Nutzern zusätzliche Vorteile gegenüber konventionellen Baustandards:

Eine weitaus höhere Behaglichkeit; denn die Innenoberflächentemperaturen der Gebäudehüllflächen (Wände, Fenster) sind nahezu gleichmäßig warm. Temperaturschwankungen und damit verbundene Zugluferscheinungen gehören in Passivhäusern der Vergangenheit an.

Die „Komfortlüftung" sorgt ununterbrochen für angenehm frische, hygienisch einwandfreie Raumluft.

Waren die investiven Mehrkosten für ein Passivhaus im Vergleich zu einem Standardhaus im Jahr 1991, als in Deutschland das erste Passivhaus gebaut worden ist, noch relativ hoch, so liegen die investiven Mehrkosten in Deutschland heute i. M. bei nur noch ca. 5 % (Quelle: Passivhaus Institut Darmstadt) für kleine Gebäude (z. B. Einfamilienhäuser). Je größer ein Passivhaus ist, desto geringer sind die relativen investiven Mehrkosten.

16

In Europa werden nicht nur Neubauten als Passivhäuser realisiert. Zunehmend werden auch Bestandsgebäude zu Passivhäusern umgebaut bzw. unter Verwendung von Passivhauskomponenten energetisch saniert.

Für Bestandsgebäude hat das Passivhaus Institut Prof. Dr. Feist das Zertifizierungssystem EnerPHit („Passivhaus im Bestand") entwickelt. Die Zertifizierungskriterien sind dabei nicht so streng wie bei Neubauten. Dabei ist entweder ein max. Heizwärmebedarf von 25 kWh/m^{2}a nachzuweisen oder der Nachweis zu erbringen, dass alle in die Sanierung einbezogenen Gebäudekomponenten soweit wie sinnvoll energetisch optimiert worden sind. Es macht nämlich keinen Sinn, für Bestandsgebäude, die energetisch saniert werden sollen, völlig überzogene und alles andere als wirtschaftliche Zertifizierungskriterien zu fordern.

16.2 Kriterien und Funktionsweise von Passivhäusern

Die wesentlichen Kriterien eines Passivhauses sind:

- Heizwärmebedarf $\leq$ 15 kWh/m^{2}a,
- Heizlast < 10 kW/m^2,
- Luftdichtheit $\leq$ 0,6/h,
- Primärenergiebedarf $\leq$ 120 kWh/m^{2}a.

Während der **Jahresheizwärmebedarf** eines Niedrigenergiehauses auf 70 KW/m^2 begrenzt ist, hat das Passivhaus dagegen nur noch einen Jahresheizwärmebedarf von maximal 15 kWh/m^2. Das entspricht umgerechnet der Heizenergie von 1,5 Liter Heizöl.

Durch Undichtigkeiten beispielsweise in der Fassade, in der Gebäudesohle, in der Decke gegen unbeheizte Kellerräume oder auch im Dach kommt es bei Standardbauten zu unkontrolliertem Luftaustausch zwischen dem Gebäude und der Außenluft. Dadurch strömt im Winter unnötigerweise warme Luft nach draußen, was zu unerwünschten Energieverlusten führt.

Neben der sehr guten Wärmedämmung reduziert die Luftdichtheit die Transmissionswärmeverluste. Deshalb sollten Passivhäuser nahezu luftdicht sein. Die Luftdichtheit mindert außerdem die Anfälligkeit für bauphysikalisch bedingte Bauschäden. Leckagen in der Luftdichtheitsebene, die eine Durchströmung der Gebäudehüllfläche ermöglichen, können zu Tauwasserbildung in der Dämmebene führen. Erhöhte

Luftdichtheit sorgt außerdem für einen besseren Schallschutz und verhindert das Einströmen verunreinigter, ungefilterter Außenluft. Für ausreichende und dauerhafte Frischluft sorgt im Passivhaus die kontrollierte Lüftungsanlage.

Der „n$_{50}$-Wert" ist die Bemessungsgröße für die Luftdichtheit der Gebäudehülle. Das ist der Luftvolumenstrom bei einer Druckdifferenz von 50 Pascal (Pa), bezogen auf das Nettovolumen des Gebäudes. Der n$_{50}$-Wert sollte in einem Passivhaus den Wert 0,6/h nicht überschreiten. Überprüft wird die Luftdichtheit durch den „Blower Door-Test". Dabei wird über eine Messeinrichtung mit Ventilator, die dabei in ein Fenster oder in eine Außentür eingebaut wird, eine Luftdruckdifferenz von 50 Pascal (entspricht Windstärke 4 bis 5 nach Beaufort, oder anders ausgedrückt einer Windgeschwindigkeit zwischen 20 km/h und 38 km/h) zwischen dem Gebäudeinneren und der Außenluft aufgebaut. Beim Blower Door-Test werden alle anderen Fenster und Außentüren geschlossen, alle Innentüren im Bereich des Messabschnitts bleiben geöffnet. Dann wird gemessen, welche Luftmenge bei einem Unterbzw. Überdruck von 50 Pascal Druckdifferenz durch Undichtigkeiten in der Gebäudehülle nachströmt.

Zum Vergleich: Für Häuser ohne Lüftungsanlage liegt der n$_{50}$-Wert nach EnEV (Energieeinsparverordnung) bei 3,0/h und für Häuser mit Lüftungsanlage bei 1,5/h (vgl. Abschn. 17).

Um eine ausreichende Luftdichtheit zu erreichen, müssen dazu schon in der frühen Planungsphase entsprechende Details sorgfältig entwickelt werden. Die erfolgreiche Realisierung setzt eine genauso sorgfältige und handwerklich saubere Ausführung voraus.

Der **Primärenergiebedarf** eines Passivhauses ist auf 120 kWh/m^{2}a begrenzt (s. o.). Der Primärenergiebedarf ist der Energiebedarf an einen Energieträger plus der Energiemenge, die durch vorgelagerte Prozessketten bei der Gewinnung, Umwandlung und Verteilung des Energieträgers benötigt werden.

Bild **16**.1 zeigt die Funktionsweise eines Passivhauses.

Passivhäuser sind äußerst gut wärmegedämmt. Die U-Werte (vgl. Abschn. 17.5.3) der Gebäudehüllflächen (Wände, Dächer, Sohle bzw. Decke gegen unbeheizten Keller) sollten 0,15 W/m^{2}K nicht überschreiten.

Ein Passivhaus ist kein kompliziertes „High-Tech-Haus". Die gute Luftdichtheit (n$_{50}$-Wert $\leq$ 0,6/h, s. o.) ist eine zentrale Forderung für das Passiv-

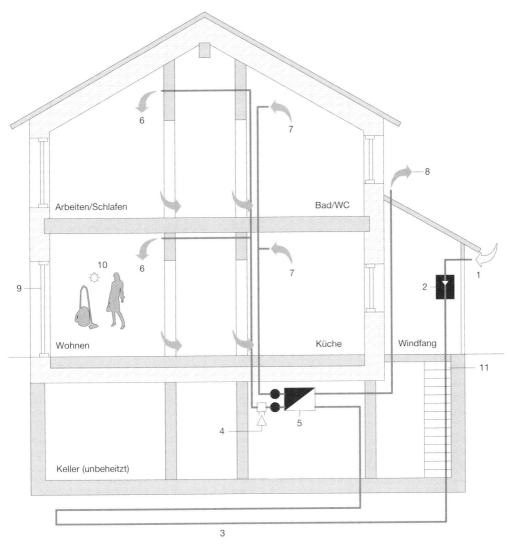

16.1 Schemaschnitt Passivhaus

1 Außenluft	7 Abluft
2 Außenluftfilter	8 Fortluft
3 Erdwärmetauscher	9 Passivhaustaugliche Fenster
4 Zuluft Heizregister	10 Interne Wärmequellen
5 Luft/Luft Wärmetauscher	11 Kellerzugang
6 Zuluft	

16

haus, denn nicht nur die Transmissionswärmeverluste (Wärmeverluste durch Bauteile wie Wände, Fenster, Dächer usw. hindurch) sollen so weit wie möglich reduziert werden sondern auch die Lüftungswärmeverluste.

Damit das relativ luftdichte Passivhaus mit ausreichend Frischluft versorgt wird, ist es mit einer sogenannten „**kontrollierten Lüftungsanlage**", i.d.R. mit „Wärmerückgewinnung" ausgestattet.

Um zu verhindern, dass schlechte, z. B. mit Kohlenmonoxid (CO, enthalten in Autoabgasen) verunreinigte Luft, die sich, weil sie schwerer als Frischluft ist, in Bodennähe absetzt, mit der angesaugten „Frischluft" ins Gebäudeinnere ge-

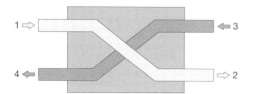

16.2 Prinzipskizze Wärmetauscher
  1 vorgewärmte Außenluft, ca. + 5 °C
  2 Zuluft, ca. + 17 °C
  3 Abluft, ca. + 21 °C
  4 abgekühlte Fortluft

In der Heizperiode kann es wegen des geringen Feuchtegehaltes der kühleren Außenluft zu einer niedrigen relativen Feuchte im Gebäudeinneren kommen. Wenn die relative Feuchte dann dauerhaft unter 30 % absinkt, kann dies das Behaglichkeitsempfinden der Bewohner stören. Die Raumluft wird dann schnell als zu trocken empfunden. Daher sollte die Luftwechselrate der Lüftungsanlage nicht zu hoch eingestellt, im Winter vielleicht sogar etwas abgesenkt werden. Um diesem Problem vorzubeugen, sind inzwischen Lüftungsgeräte mit Feuchterückgewinnung auf dem Markt.

langt, wird die Frischluft bei einem Passivhaus über eine Zuluftöffnung, die i. d. R. 2 m bis 3 m über Straßenniveau liegt, angesaugt. Die Frischluft wird danach durch eine sogenannte „Filterbox" geführt und durch das Hindurchströmen durch mehrere Filter (Grobfilter, Feinfilter) von Verschmutzungen jedweder Art „gereinigt". Neben anderen Faktoren wie ständiger Luftaustausch sorgen die Filter für eine besonders hohe Raumluftqualität. Zusätzlich können noch Pollen- und Allergikerfilter eingebaut werden.

Nachdem die Frischluft die Filterbox passiert hat, wird sie häufig noch über eine längere Strecke durch einen sogenannten „Erdwärmetauscher" (ein in etwa 1,50 m bis 2,00 m Tiefe verlegtes Rohrnetz) geführt, um auf diesem Weg Wärme aus dem Erdreich „aufzunehmen", also durch die Erdwärme vorgewärmt zu werden, bevor die Frischluft in den Wärmetauscher mit Wärmerückgewinnung (Bild **16**.2) einströmt.

Auch die verbrauchte Luft, die aus den Sanitärräumen (Bad, WC, Küche) abgesaugt wird, strömt in den Wärmetauscher ein. Hier wird der Abluft (der „verbrauchten Luft") je nach Wirkungsgrad des Wärmetauschers bis über 90 % ihrer Wärme entzogen und der Frischluft zugeführt (= „Wärmerückgewinnung"), ohne dass die verbrauchte und die frische Luft sich miteinander vermischen.

Es liegt auf der Hand, dass danach nur noch ein minimaler Rest-Energiebedarf erforderlich ist, um die Räume auf einem komfortablen Temperaturniveau zu halten.

Die durch den **Erdwärmetauscher** und die Wärmerückgewinnung vorgewärmte Frischluft strömt mit einer sehr geringen Einströmgeschwindigkeit in die Räume ein, so dass es i. d. R. nicht zu unangenehmen Strömungserscheinungen und unerwünschten Geräuschen kommt. Außerdem sind die Lüftungsleitungen heute i. d. R. mit Schalldämpfern ausgestattet.

16.3 Entwurfskriterien für Passivhäuser

Ein besonders wichtiges Entwurfskriterium für Passivhäuser ist die Südausrichtung, eine Voraussetzung für ausreichend hohe solare (passive) Energiegewinne im Winter.

Das **A/V-Verhältnis** ist die Bemessungsgröße für die Kompaktheit eines Passivhauses.

Kompakte Gebäude verlieren über Ihre Hüllfläche (Wände, Dächer, Fenster, Gebäudesohle bzw. Fläche gegen unbeheizten Keller) während der Heizperioden weniger Wärme als weniger kompakte Gebäude („Transmissionswärmeverluste"). Je kleiner die Hüllfläche im Verhältnis zu ihr umgebenen Volumen, „das A/V-Verhältnis", ist, umso geringer ist der volumenspezifische Wärmebedarf. Demnach sollten Passivhäuser möglichst kompakt sein. Die kompakteste Gebäudeform wäre die Kugel, da ihr Volumen im Verhältnis zu allen anderen geometrischen Körpern mit der kleinsten Fläche zu umhüllen ist, danach käme der Würfel. Das heißt aber nicht, dass jedes Passivhaus als Kugel oder Würfel gebaut werden muss. Die Gestaltungsfreiheit der Architekten ist auch bei Passivhäusern nicht eingeschränkt.

Bild **16**.3a–c zeigt, wie sich die Hüllfläche und damit das A/V-Verhältnis ändert, wenn ein und dasselbe Volumen einmal als Würfel in einer einzigen „Großform", einmal in einer Reihe von 8 Würfeln und einmal als 8 kleinere Einzelwürfel hergestellt würde. In diesem Beispiel ist die Kantenlänge der kleineren Einzelwürfel mit 5 m angenommen.

Je nach Gebäudegröße sollten A/V-Verhältnisse angestrebt werden (Bild **16**.4).

Passivhäuser sind supergedämmt (s. o.). Die U-Werte der opaken (Wände, Dach, Sohle) sollten

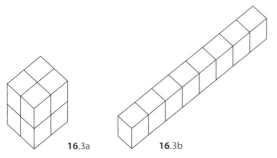

16.3 A/V Verhältnisse im Vergleich, V jeweils 1000 m³

    a) A = 600 m² → A/V = 0,60
    b) A = 850 m² → A/V = 0,85
    c) A = 1200 m² → A/V = 1,20

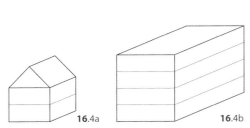

16.4 Anzustrebende A/V-Verhältnisse

    a) Einfamilienhaus   A/V < 0,8
    b) Geschosswohnungsbau   A/V < 0,4
    c) Bürogebäude/Hochhäuser   A/V < 0,2

möglichst den Wert 0,15 W/m²K nicht überschreiten.

Bei unterkellerten Passivhäusern sollte die Erschließung des unbeheizten Kellers (Keller außerhalb des „thermisch geregelten Volumens") über einen Zugang außerhalb des „thermisch geregelten Volumens", z. B. über einen unbeheizten Windfang oder über eine Kelleraußentreppe erfolgen. Dadurch können komplizierte Durchdringungen der „Passivhaushülle" vermieden werden. Andernfalls würde zudem eine zusätzliche passivhaustaugliche Außentür erforderlich.

Zusammenfassend kann festgehalten werden:

Eine möglichst kompakte Baukörperform, d. h. ein günstiges A/V-Verhältnis (Hüllfläche/Volumen), eine sehr gute Wärmedämmung der Gebäudehüllflächen (Wände, Dach, Sohle, Decke

gegen unbeheizten Keller, Fenster, Außentüren), eine möglichst wärmebrückenfreie Ausführung (vgl. Abschn. 17) und eine durchgehende Luftdichtheitsebene sind zwingende Voraussetzungen für ein gut funktionierendes Passivhaus.

16.4 Konstruktionen und Details im Passivhausstandard

Der Passivhausstandard kann prinzipiell in allen Bauweisen kostengünstig umgesetzt werden. Es hat sich bis dato noch keine Bauweise herausgebildet, die generell kostengünstiger als andere Bauweisen ist oder andere grundsätzliche Vorteile hat. Es gibt aber starke regionale Unterschiede, für die die jeweils optimale Bauweise gefunden

16

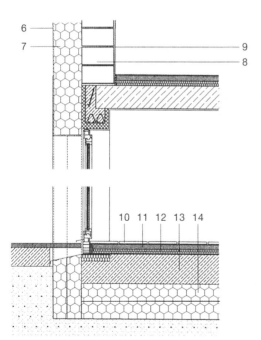

16.5a   16.5b   16.5c   16.5d

16.5 Außenwandvariationen in Passivhausstandard
a) Außenwand Ziegel mit WDVS, U = 0,15 W/m²K
b) Außenwand Ziegel mit hinterlüfteter Holzschalung, U = 0,15 W/m²K
c) Außenwand Holzständerbauweise, U = 0,15 W/m²K
d) Außenwand Holzmassivbauweise, U = 0,15 W/m²K

1	Innenputz 15 mm	7	Gipskartonplatte 15 mm
2	Mauerwerk HLZ 300 mm	8	Installationsebene gedämmt, 60 mm
3	EPS WAP/WAB, 160 mm	9	Holzwerkstoffplatte 15 mm
4	Außenputz 10 mm	10	Holzständer gedämmt 200 mm
5	Luftschicht > 30 mm	11	Unterdeckplatte 15 mm
6	Holzschalung 25 mm		

werden muss. So gelten in kühlen, trockenen Klimazonen ganz andere Entwurfskriterien als in heißen, feuchten Klimazonen.

Eine optimal wärmegedämmte Gebäudehülle, die Vermeidung von Wärmebrücken und Undichtigkeiten der thermischen Hülle kennzeichnen maßgeblich das Konstruieren im Passivhausstandard.

Prinzipiell werden die üblichen und lange bewährten Konstruktionsweisen verwendet, die sich auch in den anderen Kapiteln dieses Werkes wieder finden. Dennoch führt die energetische Optimierung an einigen Stellen zu Abweichungen von den gewohnten Baukonstruktionen, wie die nachfolgenden Beispiele von Passivhäusern in Massivbauweise wie auch in Holzbauweise zeigen.

Die Bilder **16.**5a-d zeigen schematische Passivhaus taugliche Außenwandaufbauten in Massivbau- (Bilder **16.**5a und **16.**5b) und in Holzbauweise (Bilder **16.**5c und **16.**5d).

16.6 Einschalige Außenwand in Passivhausstandard
(nicht unterkellert) – Wand- und Bodenaufbau

6	Außenputz, 10 mm	11	Estrich, 45 mm
7	Mineraldämmung MD, 200 mm	12	Trittschalldämmung, 40 mm
8	Porenbeton, 240 mm	13	Stahlbetonsohle, 250 mm
9	Innenputz, 10 mm	14	Polystyrol Hartschaum, 300 mm
10	Bodenbelag, 15 mm		

16

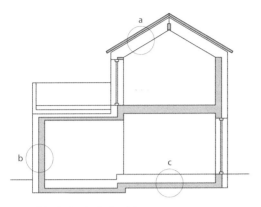

16.7 Schnitt durch ein Passivhaus

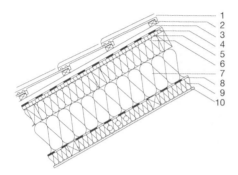

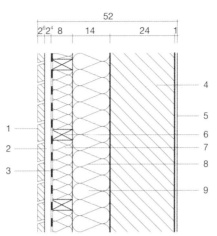

16.7b Außenwand
  1 Holzschalung (z.B. Lärche unbehandelt)
  2 Konterlattung
  3 diffusionsoffene, UV-beständige Fassadenbahn
  4 Porenbeton 240 mm
  5 Innenputz
  6 und 9 Konstruktions-Vollholz, zweilagig
    zur Wärmebrückenreduzierung
  7 und 8 Mineralwolle zweilagig, stoßversetzt

16.7a Satteldach
  1 Dachstein
  2 Traglattung 30/50 mm
  3 Konterlattung 40/60 mm
  4 besandete Bitumendachbahn, diffusionsoffen
  5 Schalung 24 mm
  6 Aufdachdämmung 120 mm,
    Sparren 60/120 mm
  7 Zwischensparrendämmung 220 mm,
    Sparren 60/220 mm
  8 Luftdichtheitsfolie/Dampfbremse
  9 Installationsebene 80 mm
 10 Gipskarton-Platte 12,5 mm

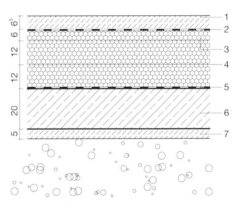

16.7c Bodenplatte
  1 Anhydritestrich 65 mm
  2 PE-Folie
  3 Wärmedämmung, Polystyrol 60 mm
  4 Wärmedämmung, Polystyrol 240 mm, 2-lagig,
    stoßfugenversetzt
  5 horizontale Abdichtung
  6 Stahlbeton-Bodenplatte 200 mm
  7 Sauberkeitsschicht 50 mm
  8 Kies 16/32 mm als kapillarbrechende Schicht,
    200 mm

Bei der Außenwandkonstruktion in Bild **16**.6 ist die Bauwerkssohle unterhalb der Bodenplatte wärmegedämmt. Dadurch können Wärmebrücken im Übergangsbereich Bauwerkssohle/Außenwand vermieden werden. Die dabei verwendete Wärmedämmung muss als „lastabtragende Wärmedämmung" zugelassen sein.

In Bild **16**.7 zeigt ein Passivhaus mit massiven Außenwänden mit hinterlüfteter Holzschalung. Hier ist die Wärmedämmung der Gebäudesohle oberhalb der Bodenplatte angeordnet. Wird die Bauwerkssohle eines nicht unterkellerten Passiv-

16

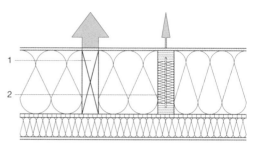

16.9 Wärmebrückenminimierung durch Verwendung von Stegträgern
1 Vollholz   2 Stegträger

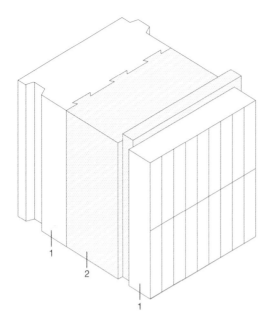

16.8 Leichtbetonstein mit integrierter Wärmedämmung (GISOTON)
1 Leichtbeton auf Blähton-Basis
2 Neopor

hauses oberhalb der Bodenplatte gedämmt, dann muss zur Vermeidung von Wärmebrücken die erste Lage des Außenwandmauerwerks aus sogenannten „Kimmsteinen" mit einem besonders hohen Wärmedurchgangswiderstand hergestellt werden.

In den letzten Jahren hat die Baustoffindustrie zahlreiche innovative Produkte – insbesondere bezogen auf das hochenergieeffiziente Bauen – entwickelt. So sind längst Porenbetonsteine mit einem λ-Wert von 0,07 W/m auf dem Markt. Mit solchen Steinen ist schon mit einer einschaligen Wand von 49 cm Dicke ein U-Wert von 0,14 W/m²K erreichbar. Bild **16.**8 zeigt einen hoch dämmenden Leichtbetonstein auf Blähton-Basis.

Bei Massivbauten bildet der Innenputz die Luftdichtheitsebene. Dabei ist darauf zu achten, dass der Innenputz sorgfältig bis Oberkante Rohdecke herunter zu führen ist (Bild **16.**10b). Bei Holzkonstruktionen übernimmt die Dampfbremse, die sorgfältig mit speziellen Klebebändern an anschließende Bauteile anzukleben ist, i.d.R. die Funktion der Luftdichtheitsebene (Bild **16.**10a).

Sämtliche Konstruktionen sind möglichst wärmebrückenfrei auszuführen (vgl. Abschn. 17.5.2). So werden zur Wärmebrückenminimierung bei

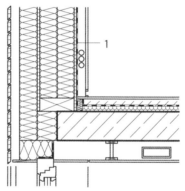

16.10a Passivhaus-Außenwand einer Holzkonstruktion
1 Luftdichtheitsebene (Dampfbremse)

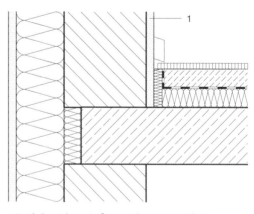

16.10b Passivhaus-Außenwand eines Massivhaus
1 Innenputz = Luftdichtheitsebene

16

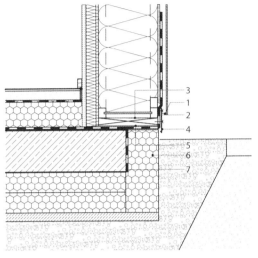

16.11a Sockelbereich (Passivhaus in Holzkonstruktion)

1 Insektengitter
2 Abdichtung Schwelle EPDM
3 Schwellholz 40mm
4 Sockelblech Edelstahl 2-fach gekantet
5 Auflager Schwellholz: Stahlwinkel
6 Perimeterdämmung EPS 035 PW
7 Abdichtung Schwelle EPDM bis UK Bodenplatte

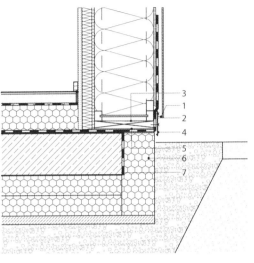

16.11b Bodenplatte (Passivhaus in Holzkonstruktion)

1 Belag Parkett geklebt
2 Estrich
3 Trennlage
4 Dämmung PUR DEO
5 Abdichtung DIN 18195
6 Stahlbetonbodenplatte
7 Perimeterdämmung PUR 035 PB
8 Sauberkeitsschicht

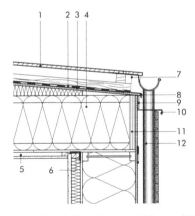

16.12 Traufe (Passivhaus in Holzkonstruktion)

1 Dacheindeckung mit Lattung + Konterlattung
2 Diffusionsoffene Unterspannbahn
3 Unterdeckplatte 15 mm
4 Holzstegträger 360 mm mit Zellulosefaser-
   dämmung
5 Abhangdecke unter 60 mm Installations-
   schicht
6 Luftdichte Abklebung
7 Insektenschutzgitter
8 Tropfblech
9 Fassadenplatte
10 Fassadenblech Edelstahl
11 Elementabschluss Schichtholzplatte 40 mm
12 Fallrohr

Holzständerkonstruktionen Stegträger häufig Vollholzstielen gegenüber bevorzugt eingesetzt (Bild **16**.9).

Die Bilder **16**.11 und **16**.12 zeigen Holzkonstruktionen in Passivhausbauweise.

16.5 Fenster im Passivhaus

Fenster im Passivhaus sind besonders hochwertig ausgestattet. Passivhaustaugliche Fenster haben thermisch getrennte Fensterrahmen und i. d. R. eine Drei-Scheiben-Verglasung mit einer Edelgasfüllung im Scheibenzwischenraum (Bild **16**.13).

Sie erreichen damit U-Werte von unter 0,85 W/m²K und besser. Als Edelgas für Passivhäuser kommt heute fast nur noch Argon zur Anwendung, denn das noch besser wärmedämmende Edelgas Krypton steht nicht mehr in ausreichender Menge zur Verfügung.

Eine zweite für Passivhausfenster wichtige Kenngröße ist der „g-Wert". Während der U-Wert des Fensters möglichst klein sein sollte, werden für Passivhäuser Fenster mit möglichst hohen g-Werten gefordert. Der g-Wert ist das Maß für den

16

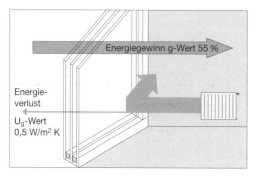

16.13 Prinzipskizze Passivhausfenster

Energiedurchlass einer Verglasung zwischen 0 % für eine geschlossene Wand und 100 % für ein geöffnetes Fenster. Der g-Wert für ein Passivhausfenster sollte > 0,5 sein.

Bild **16**.14 zeigt die Einbausituation eines Passivhausfensters in einem Holzbau.

Dem luftdichten Einbau des Passivhausfensters ist besondere Aufmerksamkeit zu widmen.

Die Wärmedämmung der Fensterrahmen (thermische Trennung) führte anfangs zu Fenstern mit relativ breiten Fensterrahmen, was aus gestalterischer Sicht eher ein Nachteil war. Inzwischen sind Passivhausfenster mit sehr schlanken Rahmen auf dem Markt.

16.6 Passive Kühlung

So, wie es möglich ist, ein Haus „passiv" zu beheizen, genauso kann ein Gebäude auch „passiv" gekühlt werden. Dies ist am effektivsten möglich, wenn Maßnahmen wie Sonnenschutz, Erdwärmetauscher, „Nacht-" bzw. „freie Kühlung" mit Außenluft, solare Kühlung und Kühlung mittels Wärmepumpe (Klima-Wärmepumpe oder Wärmepumpe in Kombination z. B. mit einer Erdsonde) miteinander kombiniert werden.

Bei der **„Nacht-" bzw. „freien Kühlung"** ergibt sich der Kühleffekt durch die niedrigere Außen- zur Raumtemperatur. Immer dann, wenn die Außentemperatur unter dem Sollwert der Zuluft- bzw. Raumtemperatur liegt, was im Sommer i.d.R nachts der Fall ist, kann über die „kontrollierte Lüftungsanlage" die Raumlufttemperatur abgesenkt werden. Dies kann nicht nur in Sommernächten sondern auch in den Übergangszeiten nützlich sein. Das setzt allerdings voraus, dass direkt betriebene Erdwärmetauscher mit sogenannten „Bypassklappen" und zweiter Außenluftansaugung ausgerüstet sind. Damit die kühlere Außenluft in das Gebäudeinnere transportiert werden kann, muss nämlich die Wärmerückgewinnung umgangen werden, ansonsten würde die Luft über die Wärmerückgewinnung wieder „vorgeheizt" (Bild **16**.15).

Die Leistung der „freien" oder auch „Nachtkühlung" ist gegenüber einer „wassergeführten Küh-

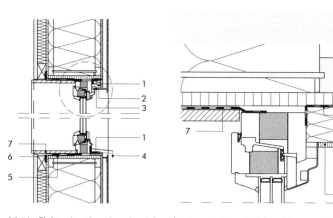

16.14 Einbausituation eines Passivhausfensters in einem Holzbau (Rongen Architekten GmbH)
1 Abklebung Fenster, wind- und regendicht
2 Überdämmung Fensterrahmen Hochweichfaserplatte streifenförmig
3 Leibungsplatte (Fassadenplatte) mit Löchern für Hinterlüftung
4 Sohlbankblech Edelstahl
5 Leibung und Brüstung OSB
6 Abklebung luftdicht
7 Leibungs- und Brüstungsbrett Holz

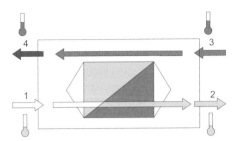

16.15 Prinzipskizze „Freie Kühlung"
  1 Außenluft
  2 Zuluft
  3 Abluft
  4 Fortluft

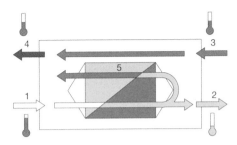

16.16 Prinzipskizze „Adiabate Kühlung"
  1 Außenluft
  2 Zuluft
  3 Abluft
  4 Fortluft
  5 Prozessluft

lung" allerdings relativ gering, einerseits, weil die Luftmengen und damit die Massenströme geringer sind und andererseits, weil Luft als Wärmetransportmedium nicht so leistungsfähig wie beispielsweise Wasser ist.

Die Speichermassen des Gebäudes (z. B. Bauteile mit einem hohen Gewicht wie Betondecken und massive Wände) kühlen sich dabei ab und geben die gespeicherten kühleren Oberflächentemperaturen zeitverzögert wieder an die Räume ab (s. Abschn. 7.1). Die thermische Speichermasse kann in Form von PCM (Phase Changing Materials) in Wänden und Decken zusätzlich erhöht werden.

Werden darüber hinaus die Fenster während der kältesten 12 Stunden am Tag geöffnet, kommt es zu einem erhöhten Luftaustausch und damit zu einer „passiven" Absenkung der Innentemperaturen; dabei ist kein Wind erforderlich, um den über die kontrollierte Lüftungsanlage hinaus erzielten zusätzlichen Luftaustausch zu ermöglichen. In beiden Fällen sinkt die Innentemperatur nicht unter einem nutzerdefinierten Minimum (z. B. 22 °C) ab.

Darüber hinaus können Passivhäuser zusätzlich auch durch die sogenannte **„adiabate Kühlung"** gekühlt werden. Dabei wird Wasser in das Lüftungssystem aus hygienischen Gründen in die Abluftleitung vor der Wärmerückgewinnung eingespritzt. Dadurch entsteht „Verdunstungskälte", die die Abluft abkühlt, bevor sie in den Wärmetauscher einströmt. Die dann über die „Wärmerückgewinnung" abgekühlte Frischluft strömt schließlich über die Zuluftöffnungen in die Räume ein und kühlt dieser weiter ab.

Der dann noch verbleibende Rest-Kühlenergiebedarf kann leicht durch eine kleine Kältemaschine, die z. B. allein über eine Fotovoltaikanlage

(„grüner Strom") elektrisch angetrieben werden könnte, bereit gestellt werden.

Wenn das Passivhaus neben der kontrollierten Lüftungsanlage über ein Flächenheizsystem verfügt, wie z. B. Fußbodenheizung, Unterwandheizkörper, Deckenstrahlflächen, Bauteilaktivierung o. a., kann über diese Flächen ohne großen Zusatzaufwand auch gekühlt werden. Dabei muss allerdings auf den Taupunkt geachtet werden (vgl. Abschn. 17).

Mittlerweile sind Wärmetauscher auf dem Markt, bei denen etwa 1/3 der einströmenden Außenluft unmittelbar als „Prozessluft" wieder zurückgeführt wird. In den „Prozessluftstrom" wird dann Wasser eingespritzt, das die „Prozessluft" durch Verdunstung innerhalb des Wärmetauschers deutlich abkühlt (Bild **16**.16). Wie nach dem Funktionsprinzip der Wärmerückgewinnung im Winter kann somit im Sommer die zugeführte Frischluft stark herunter gekühlt werden.

Es sind inzwischen Lüftungsanlagen auf dem Markt, mit denen die Zuluft um bis zu 10 Kelvin heruntergekühlt werden kann. Dabei ist allerdings zu bedenken, dass der Wirkungsgrad dieser Anlagen bei warmer und gleichzeitig sehr feuchter Luft stark nachlässt, weil schon sehr feuchte Luft natürlich kaum noch zusätzliche Feuchtigkeit im Prozessluftstrom aufnehmen kann.

16.7 Ausblick

Die allein in Europa hohe Nachfrage an Passivhäusern hat inzwischen einen großen Schub bei der Entwicklung entsprechender Bauteilkomponenten ausgelöst. Das führte nicht nur zu einer Steigerung der Qualität sondern auch zu niedri-

16

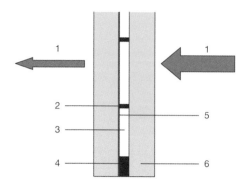

16.17 Prinzipskizze Vakuum-Verglasung, $U_g \leq 0{,}5$ W/m²K
   1 Wärmestrom
   2 Stütze
   3 evakuierter Scheibenzwischenraum ca. 0,7 mm
   4 Vakuumdichter Randverbund
   5 Funktionsschicht
   6 Glas, 4 mm

geren Preisen. Und für die weitere Entwicklung innovativer Bauteilkomponenten – speziell für Passivhäuser – ist noch lange kein Ende abzusehen.

Fenster. Zu den beachtlichsten Innovationen gehören Vakuumverglasungen, die schon als zweifach verglaste Fenster Wärmedurchgangskoeffizienten von 0,8 W/m²K für das gesamte Fenster und 0,5 W/m²K für den Scheibenbereich erreichen. Die Gesamtscheibendicke solcher Fenster liegt bei nur noch 10 Millimetern und ist damit nicht nur deutlich schlanker sondern insbesondere auch wesentlich leichter als herkömmliche Zweifachverglasungen. Es ist davon auszugehen, dass auch die Vakuumverglasung schon in naher Zukunft zum Massenprodukt und damit auch eine wirtschaftliche Alternative für Passivhäuser werden wird. Bild **16**.17 zeigt das Prinzip einer Vakuumverglasung.

Wärmedämmung. Die hohe Wärmedämmung der Gebäudehüllflächen von Passivhäusern ist auf einem gestalterisch ansprechenden Niveau zu bewältigen. Eine Reihe innovativer Produkte wie Hochleistungsdämmstoffe aus FCKW- und H-FCKW-freiem Resol-Hartschaum mit einem Wärmeleitwert von 0,22 W/m²K erleichtern diese Aufgabe.

Während sich bei Neubauten die starken Dämmstoffdicken vergleichsweise gut planen lassen, ist die Situation bei Altbauten eine andere. Hier sind dicke Dämmstoffpakete oft nicht möglich, häufig auch nicht zu empfehlen. Vakuumisolationspaneele (VIP) mit durchschnittlichen Rechenwerten

von 0,004 W/mK, die bei gleichen Dämmeigenschaften wie herkömmliche Dämmstoffe dadurch wesentlich geringere Materialstärken benötigen, eröffnen hier neue Möglichkeiten, auch wenn sie zurzeit noch relativ teuer sind.

Der lichtdurchlässige Hochleistungsdämmstoff Nanogel mit einem Wärmeleitwert von 0,0018 W/mK wird ebenfalls zunehmend eingesetzt. Nanogel ist ein Aerogel auf der Basis von Kieselsäure und mit 60 g/m³ bis 80 g/m³ äußerst leicht, es besteht zu 97 % aus Luft. Trotz des geringen Gewichtes sind auch die Schalldämmeigenschaften von Nanogel sehr gut. Aerogele zählen zu den leichtesten und effektivsten derzeit verfügbaren Isoliermaterialien, sie sind hydrophob und damit auch feuchtebeständig und schimmelpilzresistent.

16.8 Literatur

[1] EU-Gebäuderichtlinie – (*Directive* 2013/31/EU *on Energy Performance of Buildings (EPBD)*, vom 19. Mai 2010 (In Kraft getreten am 8. Juli 2010)

[2] Feist, Wolfgang: Passivhäuser in Mitteleuropa, Diss., Kassel 1992

[3] Feist, Wolfgang (Hrsg.): EnerPHit Planerhandbuch, Darmstadt 2012

17 Bauliche Schutzmaßnahmen

17.1 Allgemeines

Die Innenräume alter Gebäude mit breiten, massiven Wänden und schweren Decken haben, falls sie gut belichtet und belüftet sind, zumeist drei schätzenswerte Eigenschaften: Sie sind trocken, sie sind im Winter warm, im Sommer kühl, und sie sind lärmdicht. Neuzeitliche Gebäude zeichnen sich infolge der genaueren Bemessungsverfahren einer hochentwickelten Baustatik und Baustoffkunde durch erheblich geringere Massen von Baustoffen für tragende Bauteile, wie Wände und Decken aus. Dafür müssen jedoch erhöhte Aufwendungen für Maßnahmen zum Schutz vor Feuchtigkeit, vor Wärmeverlusten, für sommerlichen Wärmeschutz, gegen Brandgefahr und gegen Lärm gemacht werden, wenn der Gebrauchswert nicht herabgemindert werden soll.

Räume zum dauernden Aufenthalt von Menschen und Haustieren müssen trocken und angemessen warm sein und darüber hinaus den zunehmenden Anforderungen an das allgemeine *Behaglichkeitsempfinden* entsprechen.

Feuchteschutz (s. Abschn. 17.2 – 17.4). Feuchtigkeit schadet auch den meisten Baustoffen und der Gebäudeeinrichtung: Steine werden beim Gefrieren des in die Poren eingedrungenen Wassers zersprengt, wasserlösliche Bestandteile von Mörteln werden ausgewaschen, Stahl rostet bei Feuchtigkeit, nasses Holz wird von Fäulnis oder von Pilzen befallen. Es ist daher ein wichtiges Ziel der Baukonstruktion, die Räume und Bauteile eines Gebäudes vor jeder Art von Feuchtigkeit zu schützen.

Feuchtigkeit beansprucht Bauwerke durch:

- Niederschläge (s. Abschn. 17.2 und 17.3)
- Bodenfeuchtigkeit
  (s. Abschn. 17.4.4, DIN 18 195-4)
- nicht drückendes Wasser
  (s. Abschn. 17.4.5, DIN 18 195-5)
- drückendes Wasser
  (s. Abschn. 17.4.6, DIN 18 195-6)
- Tauwasser (s. Abschn. 17.5.6)

Wärmeschutz (s. Abschn. 17.5). Winterlicher – in zunehmendem Maße auch sommerlicher Wärmeschutz stellen das entscheidende Qualitätsmerkmal hinsichtlich der Energieeffizienz von Gebäuden dar. Die gestiegenen Anforderungen an den winterlichen Wärmeschutz und die bereits erreichten maßgeblichen Qualitätsverbesserungen haben eine zunehmende Bedeutung des sommerlichen Wärmeschutzes auch in gemäßigten Klimazonen Mitteleuropas zur Folge. Erst die energetische Gesamtbetrachtung der Wärmeverluste sowie externer und interner Wärmegewinne und deren Auswirkungen auf den Verbrauch von Wärme-, Kühl- und elektrischer Energie für Beleuchtung und Gebäudebetrieb führt zu Gebäudekonzepten, die maßgeblich durch die neuen Anforderungen an Energieeffizienz („Klimadesign") geprägt sind. Das Werk widmet sich dem Thema der hochenergieeffizienten Planung (Passivhaus) u. a. speziell im Abschn. 16.

Schallschutz (s. Abschn. 17.6). Die Erreichung der den jeweiligen Gebäudenutzungen angemessenen Ziele für den Schutz gegen Außenlärm und den Schallschutz im Gebäudeinneren sowie eine qualitätvolle Bau- und Raumakustik stellt eine weitere maßgebliche bauliche Schutzmaßnahme dar – insbesondere vor dem Hintergrund zunehmender Belastungen aus der Umwelt (z. B. Verkehr) sowie den Arbeits- und Wohngeräuschen. Lärm wird als störende Umweltbelastung empfunden, deren Bekämpfung durch bauliche Schallschutzmaßnahmen erfolgen muss.

Brandschutz (s. Abschn. 17.7). Vorbeugender baulicher Brandschutz dient in erster Linie dazu, die Entstehung von Bränden und deren Ausbreitung zu verhindern und im Brandfall die Rettung von Menschen und Tieren sowie Löscharbeiten zu ermöglichen. Vor allen Dingen sind die tragenden Bauteile vor Versagen durch Brandeinwirkungen zu schützen sowie Rettungsmöglichkeiten und -wege sicherzustellen. Die zunehmende Vielfalt von Baustoffen erfordern jeweils eine detaillierte Betrachtung und Bewertung von Bauteilen und Bauelementen hinsichtlich ihrer Schutzfunktion im Brandfall.

Schutz vor gesundheitlichen Gefahren (s. Abschn. 17.8). Ständig erweiterte naturwissenschaftliche Erkenntnisse erfordern ferner Aufmerksamkeit gegenüber baustoff – und umweltbedingten gesundheitsgefährdenden Einflüssen

(z. B. stoffliche und chemische Gefahrenpotentiale und Radioaktivität von Baustoffen, geopathogene Einflüsse, Strahlungen, elektrische Felder u. a. m.). Planer und Bauausführende sollten im Rahmen ihrer Aufklärungspflicht vorsorglich Auftraggeber bzw. Nutzer auf die aktuellen Erkenntnisse hinweisen und daraus eventuell für das Projekt abzuleitende Maßnahmen definieren und abgrenzen.

17.2 Schutz gegen Niederschlagswasser

Es gibt an Bauwerken unserer Klimazone kaum Konstruktionsteile, die in Form und Gefüge nicht mitbestimmt werden von dem Bestreben, das Bauwerk vor Niederschlagswasser zu schützen. An dieser Stelle sollen einige Schutzmaßnahmen betrachtet werden, an denen sich das Grundsätzliche besonders deutlich erkennen lässt.

Die Schutzmaßnahmen für ein Bauwerk gegen Niederschlagswasser beginnen bereits bei der Planung in Bezug auf die umgebenden Geländeoberflächen. Sie sollten nach Möglichkeit immer so modelliert werden, dass Oberflächenwasser mit *ausreichendem Gefälle* vom Bauwerk weggeleitet wird (Bild **17.**1).

Außer Dächern (s. Teil 2 dieses Werkes) müssen auch alle anderen Bauteile, die Niederschlägen unmittelbar ausgesetzt sind, so geformt sein, dass das Wasser schnell und restlos von ihnen abläuft (Gefälle, keine muldenförmigen Vertiefungen, keine nach oben offenen Fugen). Außerdem müssen sie aus Baustoffen bestehen, bei de-

nen – allgemein ausgedrückt – die Eindringgeschwindigkeit des Wassers geringer ist als dessen Verdunstungsgeschwindigkeit (wenig saugfähig, dicht oder wasserabweisend). Werden Bauteile verwendet, die diesen Bedingungen nicht entsprechen, so müssen sie durch Überdachungen, Abdeckungen, Verkleidungen, Beschichtungen o. Ä. geschützt werden.

Abdeckung von Bauteilen

Bei der Planung kommt es oft zu Widersprüchen zwischen gestalterischen Absichten und konstruktiven Erfordernissen. Als Beispiel dafür kann der Schutz vor Niederschlagswasser bei freistehenden Wänden dienen:

Formal wird meistens eine klare Wandscheibe angestrebt ohne Vorsprünge von Abdeckungen. Bei Wänden aus Stahlbeton kann bei Ausführung mit wasserundurchlässigem Beton eventuell auf eine Abdeckung verzichtet werden, nicht aber bei Mauerwerkswänden.

Mauerabdeckungen durch Rollschichten (Bild **6.**33c) sind bei Sichtmauerwerk oft formal eine gute Lösung, auf Dauer jedoch selbst bei einer Behandlung mit wasserabweisenden Imprägnierungsmitteln nicht haltbar. Wenn dennoch eine solche Ausführung gewählt wird, müssen auf jeden Fall *frostbeständige Vollsteine* (d. h. auch ohne produktionsbedingte Lochungen!) verwendet werden. Sonst besteht besondere Durchfeuchtungsgefahr.

Unvermeidlich bleiben aber bei derartigen Ausführungen auf lange Sicht Verschmutzungen durch ablaufendes Regenwasser. Diese können

17

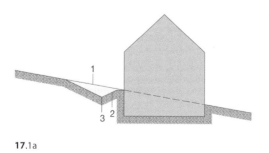

17.1a

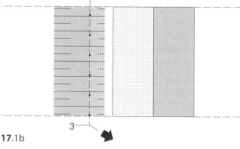

17.1b

17.1 Ableitung von Oberflächenwasser durch Geländemodellierung (schematisch)
    a) Schnitt
    b) Grundriss

    1 vorhandenes Oberflächengefälle
    2 Gegengefälle
    3 Kehle mit Ableitung

17.3 Mauerabdeckung aus Aluminiumprofil (ALWITRA)

17.2 Beton- oder Natursteinabdeckplatte für geputzte Mauer. Zu beachten: reichlicher Überstand, scharfkantige Tropfnase, dichte Stoßfuge

nach neuer Rechtsprechung u. U. als *Planungsfehler*[1] geltend gemacht werden, selbst wenn sonstige Bauschäden nicht eintreten!

Eine konstruktiv richtige Ausführung mit einer Werksteinabdeckung zeigt Bild **17**.2. Dabei müssen die Werksteine aus dichtem Material bestehen, und die Stoßfugen sind sorgfältig voll mit Mörtel zu verfüllen.

Der Plattenüberstand muss so groß sein, dass Tropfwasser den Putz oder die Oberflächen nicht durchnässt. Überstände unter 5 cm sind dafür wirkungslos. Einseitig geneigte Platten haben Gefälle nach der Wetterseite, jedoch muss auch das obere Ende einen genügend großen Überstand und eine Tropfkante haben. Dachsteine bzw. -ziegel sind sehr stoßempfindlich und daher nur bedingt als Abdeckplatten geeignet.

Abdeckungen aus Zink- oder Kupfer-Blechen sind für breite Mauern weniger geeignet, weil sie unter Temperatureinwirkung leicht zum Verbeulen neigen. Bewährt – allerdings auch teuer – sind Mauerabdeckprofile aus Leichtmetall (Bild **17**.3).

Längere Metallabdeckungen müssen mit Gleitstößen ausgeführt werden.

Ähnliches gilt für Vorsprünge von Bauwerksteilen wie z. B. größere Gesimse oder für Kragplatten von Vordächern. Werksteine oder selbst Stahlbe-

---

[1] **Planungsfehler** können in *technischer* (z. B. unzureichende Schall- und/oder Wärmedämmung, fehlerhafte Konstruktionen, falsche Berechnungen) aber auch in *wirtschaftlicher* Hinsicht (z. B. Überschreitung von Kostenlimits, Fehler bei der Kostenermittlung) auftreten. Ein Planungsfehler liegt dann vor, wenn die Planung nicht sachgerecht ist, weil sie die für die gewöhnliche Verwendung vorausgesetzte Beschaffenheit oder die vertraglich vereinbarte Beschaffenheit nicht vorweisen kann und/oder den allgemein anerkannten Regeln der Baukunst und Technik nicht entspricht. Planungsfehler sind abzugrenzen von Überwachungsfehlern während der Bauausführung. Für beide Mängel an Architektenleistungen haftet der Architekt vollumfänglich.

ton sind unter andauernden Temperatur- und Witterungswechseln in Verbindung mit Luftverunreinigungen nicht ohne schützende Metallabdeckung oder zumindest mit wasserdichtenden Beschichtungen oder Anstrichen auszuführen. Hierbei sind die Anschlüsse zwischen den zu schützenden und den anschließenden Bauteilen vom Planer genau vorzugeben. In jedem Fall sind dabei „konstruktive" Lösungen (z. B. hinter- oder unterschnittener Anschluss, Bild **17**.4a) solchen vorzuziehen, bei denen man sich auf dauerelastisches, wartungsnotwendiges Material und sehr sorgfältige handwerkliche Ausführung verlassen muss (Bild **17**.4b).

Formal sind bei solchen Ausführungen Kompromisse unvermeidlich, und es muss im Einzelfall im Einvernehmen mit dem Auftraggeber entschieden werden, welche Prioritäten in solchen und ähnlichen Fällen zu setzen sind.

Bauteilanschlüsse

Besondere Aufmerksamkeit muss der Planung aller Anschlüsse zwischen verschiedenen Bauteilen gelten.

Klare Trennungen sollten hier bereits beim Entwurf den Vorzug vor komplizierten Abdichtungen haben. Beispielsweise sollten im Außenbereich Treppenläufe von parallel liegenden Wänden abgerückt werden (Bild **17**.5). Die vielen Ecken zwischen Tritt- und Setzstufen bzw. den begleitenden Sockelplatten dürften andernfalls fast zwangsläufig zu Ansatzpunkten für die Durchfeuchtung der anschließenden Mauer- bzw. Putzflächen und für Verschmutzung werden.

Sind direkte Anschlüsse nicht zu vermeiden, sollte an den Übergängen – selbst bei kleinflächigen Bauteilen – durch Gefälle ($\geq 5\%$) das Niederschlagswasser abgeleitet werden (Bild **17**.6). Ist bei größeren Bauteilen aus formalen Gründen eine Abschrägung zur Gefällebildung unerwünscht, sind an den Übergängen Höhenversprünge vorzusehen, damit Niederschlagswasser nicht in die Bauteilfugen eindringt (Bild **17**.7). Auch hier sollte man sich nicht in erster Linie auf einen dauernden Schutz durch wartungs- und

17

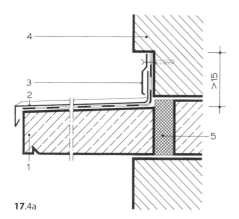

17.4a

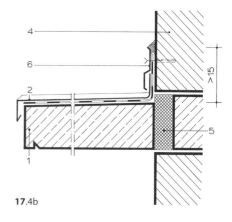

17.4b

17.4 Anschluss von Metallabdeckungen

    a) Anschluss mit Hinterschneidung
    b) Anschluss mit eingedichtetem Anschlussprofil

    1 Gesims o. Ä.
    2 Metall-Abdeckung auf Trennlage oder
       wasserdichtende Beschichtung
    3 Abdeckprofil, angedübelt

    4 z. B. Sichtmauerwerk
    5 durchlaufende Bewehrung mit thermischer
       Trennung (z. B. Schoeck-Isokorb o. Ä.)
    6 Wandanschlussprofil mit dauerelastischer Abdichtung

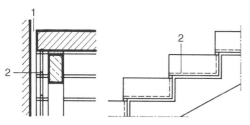

17.5 Freitreppe auf Stahlbetonwange parallel zur
      Gebäudewand

    1 Fuge zwischen Stufen und Gebäudewand
    2 Tropfnase als Abtropfkante an der Unterseite

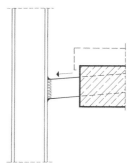

17.6a

17

instandetzungsnotwendige Fugenabdichtungs-
massen verlassen!

Putzanschlüsse. Besonders gefährdet durch
ständige Feuchtigkeitseinwirkung sind Putzflächen, die an Bauteilfugen anschließen. Falsch
sind *Putzaufstandsflächen auf vorspringenden Gesimsen*, Sockeln o. Ä. (Bild **17**.8a). Zumindest sollten vorspringende Kanten mit Gefälle ausgebildet werden (Bild **17**.8b). Aber auch hier besteht
die Gefahr, dass an der Fassade ablaufender
Schlagregen die Fuge immer wieder durchnässt,
Feuchtigkeit in das Bauwerk eindringt und auch
der Putz an der Übergangsstelle auf Dauer geschädigt wird. Besser ist ein Anschluss mit einer
Profilierung des anschließenden Werksteines wie

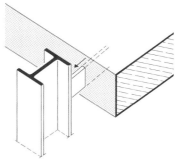

17.6b

17.6 Anschluss einer Stahlstütze an einen Bauteil aus
      Stahlbeton

    a) Schnitt
    b) isometrische Darstellung

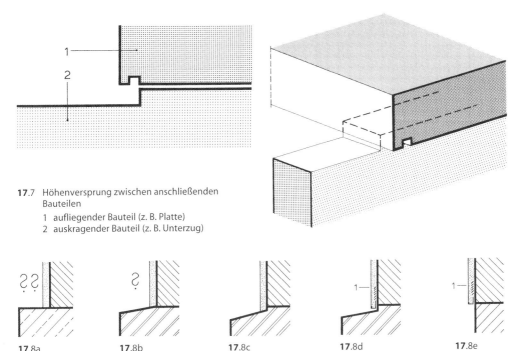

17.7 Höhenversprung zwischen anschließenden Bauteilen
1 aufliegender Bauteil (z. B. Platte)
2 auskragender Bauteil (z. B. Unterzug)

17.8a 17.8b 17.8c 17.8d 17.8e

17.8 Putzanschlüsse
a) falscher Anschluss an Sockel oder Gesims
b) bedenklicher Anschluss
c) Anschluss mit Höhenversprung

d) Anschluss mit Höhenversprung und Putzabschlussprofil
e) Anschluss bei bündigen Flächen mit Putzabschlussprofil

in Bild **17**.8c. Als optimale, wenn auch aufwändigste Lösung ist der Einbau von Putzabschlussprofilen zu betrachten (Bild **17**.8d). Ein derartiger Übergang ist auch an flächenbündigen Sockelübergängen vorzuziehen (Bild **17**.8e).

Korrosion von einbindenden Stahlteilen

Häufig entstehen Schäden dadurch, dass eingebaute *Stahlteile* durch Niederschläge oder Luftfeuchtigkeit zum Rosten gebracht werden (Korrosion). Dabei vergrößert sich das Volumen der Stahlteile, und das wasserdurchlässige Mauerwerk (bzw. Beton oder Putz) wird zersprengt. Im Gegensatz zu manchen anderen Metallen schützt bei Stahl die Korrosionsschicht nicht vor weiterem Rosten, sondern dieses setzt sich bei ungehindertem Feuchtigkeitszutritt bis zur völligen Zerstörung des Bauteils fort.

Das sicherste Mittel, teilweise eingemauerte Metallteile vor Rost zu schützen ist neben einwandfreier Rostschutz-Oberflächenbehandlung (Beschichtung mit Rostschutzfarben, Verzinkung s. Abschn. 7.4.3) ein Einbau, bei dem durch entsprechendes Gefälle und Abdeckprofile eine gute Wasserableitung von den Übergangsstellen der Bauteile gewährleistet wird (vgl. Bild **17**.6 und **17**.9).

Gegen den Angriff der gewöhnlichen Luftfeuchtigkeit können Stahlteile durch *Einbetten in dichten Beton* geschützt werden. Voraussetzung ist jedoch eine ausreichende dicke *Überdeckung* ($\geq$ 5 cm) bzw. die Gewährleistung ausreichender Haftung durch Verwendung geeigneter Umhüllung der Stahlteile mit korrosionsgeschützten Trägermaterialien (z. B. Streckmetall, Drahtgewebe usw.). Den Niederschlägen ausgesetzten Ummantelungen, deren Wasserdichtheit nicht gesichert ist (z. B. bei Trägern aus Walzstahl), sind nutzlos und sogar besonders gefährlich, weil sie eine Beobachtung der umhüllten Stahlteile verhindern.

Müssen Stützen mit ihren Fußplatten auf Fundamente oder andere Bauteile gestellt werden, ist durch entsprechende Profilierung (Abschrägung) bzw. Überhöhung an der Aufstandsfläche das Eindringen von Feuchtigkeit und damit der

17

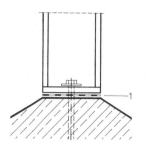

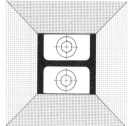

17.9
Stahlstütze, Stützenfuß auf Fundament oder Stahlbeton-Bauteil
1 Zwischenlage (Compriband, Bitutene o. Ä.)

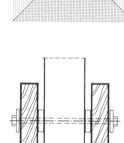

17.10
Holzverbindungen im Außenbereich (Beispiel Doppelzangen mit Stützenanschluss)

hier besonders gegebenen Korrosionsgefahr zu begegnen (Bild **17**.9).

Bauteile aus Holz leisten der Fäulnis lange Zeit Widerstand, wenn sie entweder dauernd vollständig vom Wasser bedeckt bleiben (z. B. Pfahlroste unter alten Fundamenten) oder nach Niederschlägen sofort wieder völlig austrocknen können (z. B. Holzbekleidungen). Bei Wahl besonders widerstandsfähiger Holzarten und Anwendung von Holzschutzmitteln lässt sich die Lebensdauer hölzerner Bauteile weiter verlängern (s. auch DIN 68 800). Ganz besonders wichtig ist es jedoch, Bauteile so zu formen und zusammenzufügen, dass die Nässe nicht in Fugen und Löcher eindringen kann, in denen sie nicht zügig wieder austrocknen kann. (*„Konstruktiver Holzschutz"*).

Müssen der Witterung ausgesetzte Holzbauteile zusammengefügt werden (z. B. Balkon- oder Terrassenbeläge), sind nach Möglichkeit Abstandhalter vorzusehen, die eine ständige Hinterlüftung an der Verbindungsstelle ermöglichen. Der Abstand sollte dabei so groß sein, dass Erhaltungsanstriche auch in den Fugen möglich bleiben (Bild **17**.10).

Sämtliche Holzteile sind mit Holzschutzmitteln mindestens zu streichen, besser zu tränken, die Stahlverbindungsteile durch Verzinkung vor Rost zu schützen.

Hirnholzflächen saugen Feuchtigkeit besonders stark auf. Sie sollen daher nicht unmittelbar auf andere Bauteile gesetzt werden. Leichte Stützen für Vordächer, Pergolen o. Ä. stellt man auf Stahlstelzen, wobei darauf zu achten ist, dass der hölzerne Stützenfuß allseitig gut belüftet bleibt (Bild **17**.11, **7**.31 und **7**.32).

Holzteile, die unmittelbar auf Betonflächen oder Mauerwerk aufliegen müssen, erhalten eine Zwischenlage aus Bitumenbahnen. Diese schützt die Hölzer vor Feuchtigkeit, die in den angrenzenden Bauteilen enthalten sein kann, verhindert aber auch das unmittelbare Eindringen der meistens zu Kontrollzwecken stark gefärbten Holzschutzmittel in andere Rohbauteile.

Spritzwasserschutz

Insbesondere im Sockelbereich von Bauwerken, d. h. im Anschlußbereich zwischen Außenwänden und Geländeoberfläche bzw. sonstigen Flächen wie Terrassen, Gehwegen u. Ä. entsteht bei Niederschlägen Spritzwasser. Es beansprucht die senkrechten Bauteile bis etwa 30 cm Höhe (Bild **17**.12a). *Mindestens* bis in diese Höhe sind Abdichtungsmaßnahmen zu führen. Abdichtungsbahnen aus Bitumen oder Kunststoff müssen gegen mechanische Beschädigungen und UV-Einstrahlung geschützt sowie auch optisch verborgen werden.

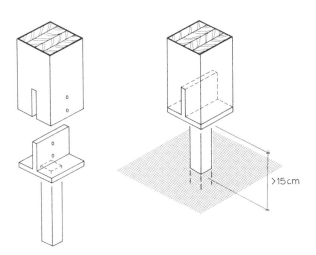

>15cm

17.11
Holzstütze, Stützenfuß im Außenbereich
(vgl. Bilder **7**.31 und **7**.32)

Je wasserundurchlässiger die angrenzenden Bodenflächen (befestigte Flächen) sind, desto mehr ist darauf zu achten, dass diese Oberflächen ein vom Gebäude wegweisendes Gefälle ($\geq 2\%$) erhalten, um die Bildung von Pfützen zu vermeiden. Ansonsten sollten möglichst versickerungsfähige Oberflächen eingesetzt werden. Ein so genannter „Traufstreifen" aus grobem Kies bildet einen verbesserten Spritzwasserschutz (Bild **17**.12b und **8**.45b). Wenn unter den gegebenen Bedingungen möglich, ist ggf. in Verbindung mit ohnehin erforderlichen Lichtschächten eine Lösung nach Bild **17**.12c oder auch Bild **8**.45a möglich.

Sockelputz. Übliche *Außenputzflächen* sollen sowohl beim Bauwerksanschluss an das umgebende Gelände wie auch im Bereich von Terrassen- oder Balkonflächen nicht dauerndem Spritzwassereinfluss ausgesetzt werden. Innerhalb eines Mindestabstandes von 30 cm über OK-Gelände ist ein wasserdichter, zweilagiger *Sperrputz* als Abdichtungsmaßnahme direkt auf den tragfähigen Untergrund aufzubringen (Bild **17**.12a). Das unmittelbare Verputzen auf Dichtungsbahnen ist selbst bei Verwendung von Armierungsschichten und Maßnahmen zur Verbesserung der Haftung nicht zu empfehlen.

Fassadenputz und Sockelputz lassen sich in ihrer Oberfläche und Farbgebung gleichartig herstellen, so dass eine nahezu durchgehende, optisch „sockelfreie" Spritzwasser-Schutzzone ausgebildet werden kann (Bild **17**.13b). Es ist jedoch in jedem Fall damit zu rechnen, dass Putzflächen in der Spritzwasserzone häufiger instand gesetzt oder auch ersetzt werden müssen („Opferputz") als die sonstigen Putzoberflächen.

Es ist nicht unkritisch, sich bei der Abdichtung der Spritzwasserzone lediglich auf die langfristige Funktionstüchtigkeit eines Sperrputzes als einzige Maßnahme zu verlassen. Wesentlich sicherer ist bei Mauerwerk *ohne Zusatzdämmung* das Hochführen der Abdichtung in eine Schalenfuge im Mauerwerk (Bild **17**.12d). Bei Wandaufbauten mit Zusatzdämmung (Wärmedämmverbundsystem (WDVS)) kann die Vertikalabdichtung bis zur Oberkante der Spritzwasserzone geführt werden (Bild **17**.13).

Zusätzlich schützt die oberhalb der Spritzwasserzone angeordnete Horizontalsperre das aufstehende Mauerwerk. Beide Maßnahmen zusammengenommen begrenzen das Eindringen von Feuchtigkeit selbst bei schadhaftem Sperrputz (Bild **17**.12d und **17**.20).

Sicherer und langlebiger sind feuchtigkeitsresistente Materialien als Bekleidungen der Sockelzone (z. B. Blechverwahrungen, hinterlüftete Natur- oder Werksteinflächen, Faserzementplatten u. Ä.), wenn diese gestalterisch in die Fassadenplanung integriert werden können (Bild **17**.13a und **8**.45b). Die Verringerung der Spritzwasserbelastung am Bauwerksanschluss durch Dachüberstände oder sonstige Schutzdächer und -maßnahmen vor den Fassaden ist ebenfalls ein maßgeblicher Betrag zur Reduzierung der besonderen Beanspruchungen der Gebäudesockelzone.

Aber nicht nur die ständig wiederkehrende Durchfeuchtung der Sockelflächen sollte begrenzt werden. Es ist auch zu bedenken, dass – insbesondere während der Bauzeit, wenn Gegenmaßnahmen noch nicht wirksam sind, eingedrungene Feuchtigkeit durch Kapillarwirkung in

17

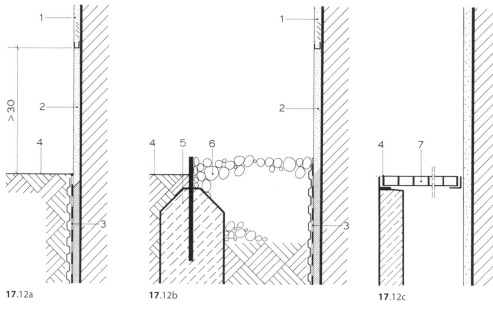

17.12a   **17.**12b   **17.**12c

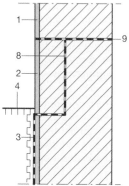

17.12d

17.12 Fassadenanschluss, unterer Abschluss bei verputzen Gebäuden

a) Spritzwasser-Schutzabstand (Abstand Fassadenputz-Sockelputz)
b) Abschluss mit Traufstreifen
c) Geländeanschluss mit Abtrennung durch Gitterrost über Schacht
d) Hochführung der Vertikalabdichtung in eine Schalenfuge

1 Fassadenputz, unterer Abschluss
   mit Abschlussprofil
2 Sockelputz (Sperrputz) auf Dichtungsschlämme
3 Abdichtung auf Egalisierungsputz mit
   Schutzschicht
4 OK- Gelände

5 Flachstahlprofil oder Kantenstein in Bankett
6 Kiesschüttung (Körnung 16/32)
7 Gitterrost in Winkelrahmen, auf Lichtschacht aufliegend
8 Schalenfuge im Mauerwerk mit hochgeführter
   Abdichtung
9 Horizontalsperre gegen aufsteigende Feuchtigkeit
   (empfohlen)

17

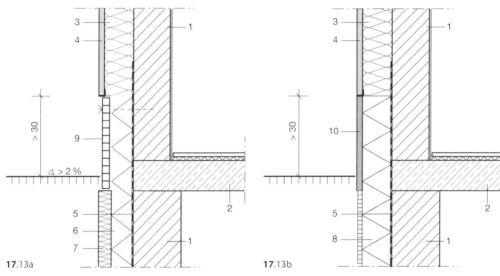

17.13a **17**.13b

17.13 Fassadenanschluss bei WDVS

  a) Spritzwasser-Schutzabstand mit Bekleidung
  b) Spritzwasser-Schutzabstand mit Sockelputzes, flächenbündig

1 Mauerwerk oder Betonwand
2 Kellerdecke mit schwimmenden Estrich
3 Wärmedämmplatten aus Polystyrol
  oder Mineralwolle
4 Fassadenputz mit unterem Abschlussprofil
5 Abdichtung gemäß DIN 18 195-4
6 Perimeterdämmung, druckfest, verklebt

7 ggf. zusätzliche Dränplatten mit Filtervlies
8 Perimeterdämmung, druckfest, verklebt, ggf. mit
  Sickerkanälen und Filtervlies zur Drainage
9 Sockelbekleidung zum Schutz der Dämmung
  vor Beschädigungen und UV-Einstrahlung sowie
  als optischer Abschluss
10 Sockelputz (Sperrputz), flächenbündig mit Fassadenputz

den Wänden aufsteigen kann. Auch hierfür sind je nach Witterungslage ggf. die zusätzlichen *Horizontalabdichtungen* in 30 cm Höhe über dem Gebäudeanschluss zu empfehlen (Bild **17**.27, Ausführung s. Anschn 17.4.4).

17.3 Dränung (Drainage)
nach DIN 4095

Durch Dränung sollen Bodenschichten so entwässert werden, dass erdberührte Bauwerksteile nicht durch drückendes Wasser – insbesondere zeitweise aufstauendes Sickerwasser – beansprucht werden. Das als *Sickerwasser* aus den angrenzenden Geländeoberflächen oder wasserführenden Bodenschichten temporär anfallende Wasser (z. B. in Hanglagen) wird dabei in Vorfluter (z. B. benachbarte offene Wasserläufe) oder in wasseraufnahmefähige Bodenschichten (Rigolen) durch Sickerschächte abgeleitet. Die Einleitung in öffentliche Entsorgungsleitungen ist in der Regel nicht erlaubt. Drainagen können somit nur zur Ableitung *vorübergehend* auftretenden,

drückenden Stau- oder Schichtenwassers (z. B. bei schwach durchlässigen, bindigen Bodenschichten, Schichtenwasser) in Hanglagen dienen mit dem Ziel, den erhöhten Aufwand für druckwasserhaltende Abdichtungsmaßnahmen zu vermeiden. Abdichtungen können in Verbindung mit einer funktionsfähigen Drainage grundsätzlich nach DIN 18 195-4 (Abdichtung gegen Bodenfeuchte) ausgeführt werden. Hierbei besteht jedoch das Risiko, dass bei Ausfall der Drainage Wasser anstaut und dann die Abdichtungsmaßnahmen nicht mehr ausreichend sind.

Dauerhaft einwirkendes, drückendes Wasser (Grundwasser) kann durch Drainagen *nicht* abgeleitet werden (s. a. Abschn. 3.5).

Der Eingriff in den natürlichen Grundwasserhaushalt durch Drainungsmaßnahmen ist immer kritisch zu bewerten und nur dann nicht zu vermeiden, wenn die Bodenverhältnisse dieses unumgänglich machen oder die Bauwerksabdichtung nicht durch druckwasserhaltende Wannen (s. Abschn. 17.4.6) sichergestellt werden kann. Zudem sind für Drainagen regelmäßige Überprüfungen der Funktionstauglichkeit

17

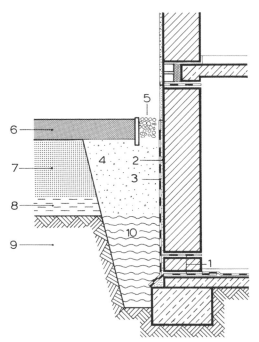

17.14   Stauwasserbildung in bindigen Böden

  1 waagerechte Abdichtungen
  2 Zementputz
  3 senkrechte Abdichtung
  4 Arbeitsraum-Verfüllung
  5 Traufstreifen
  6 Oberboden
  7 nichtbindiger Boden
  8 wasserführende Bodenschicht
  9 bindiger Boden
10 Stauwasser

Tabelle 17.15   Dränung im Regelfall nach DIN 4095

Richtwerte vor Wänden	
Gelände	eben bis leicht geneigt
Durchlässigkeit des Bodens	schwach durchlässig
Einbautiefe	bis 3 m
Gebäudehöhe	bis 15 m
Länge der Dränleitung zwischen Hoch- und Tiefpunkt	bis 60 m
Richtwerte auf Decken	
Gesamtauflast	bis 10 kN/m^2
Deckenteilfläche	bis 150 m^2
Deckengefälle	ab 3%
Länge der Dränleitung zwischen Hochpunkt und Dacheinlauf/ Traufkante	bis 15 m
Angrenzende Gebäudehöhe	bis 15 m
Richtwerte unter Bodenplatten	
Durchlässigkeit des Bodens	schwach durchlässig
Bebaute Flächen	bis 200 m^2

(Spülungen) erforderlich, die auch dafür sprechen, nur zu drainieren, wenn dies zwingend erforderlich ist.

Alle beabsichtigten Dränungen sind genehmigungspflichtig und deshalb Bestandteil des Bauantrages im Zusammenhang mit der Haus- und Grundstücksentwässerung.

Zur Planung einer Dränung gehört neben genauen Höhenfestlegungen für Dränleitungen und Fundamentsohlen die Erkundung der vorhandenen Bodenverhältnisse (vgl. Abschn. 3.1), die Feststellung der Wasserbeschaffenheit (z. B. kann betonaggressives Wasser zu Kalkablagerungen in den Dränungen führen) sowie die Ermittlung des voraussehbaren Wasseranfalles. Dabei sind der ungünstigste Grundwasserstand und eine mögliche Beeinträchtigung des Grundwasserstandes durch die beabsichtigten Dränungsmaß-

nahmen festzustellen. Die in der Baugrube vorgefundenen Verhältnisse geben nicht ohne Weiteres Aufschluss, weil u. a. jahreszeitliche Schwankungen berücksichtigt werden müssen.

Dränmaßnahmen sind

- *nicht erforderlich* bei stark durchlässigem Untergrund
- *erforderlich*, wenn in schwach durchlässigem Untergrund oder bei umgebenden bindigen Bodenschichten Stau- oder Schichtenwasser vor Bauwerksteilen aufgestaut werden kann (Bild **17**.14) und als *„zeitweise aufstauendes Sickerwasser"* wirkt,
- *nicht auszuführen*, wenn die Bauwerkssohle bzw. Bauwerksteile im Grundwasserbereich liegen und eine Ableitung des anstehenden Wassers über eine Dränung daher nicht möglich ist (Ausführung von Abdichtungen gegen drückendes Wasser gem. DIN 18 195-6 erforderlich, s. Abschn. 17.6.4).

Dränungen sind im Regelfall auszuführen, wenn die in der Tabelle **17**.15 (DIN 4095, Abschn. 4.2) aufgeführten Verhältnisse vorliegen. Besondere Nachweise sind dann nicht erforderlich. Weichen die örtlichen Verhältnisse von diesen Regelfällen ab, sind besondere Untersuchungen zu führen (s. DIN 4095, Abschn. 4.3).

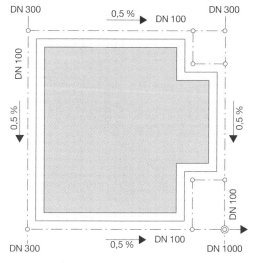

17.16 Ringdränung (DIN 4095)

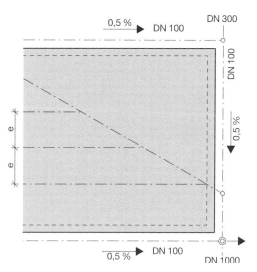

17.17 Flächendränung

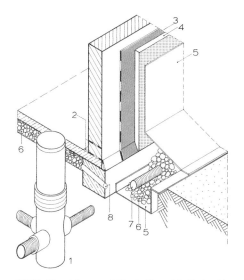

17.18 Ringdränung mit Kontroll- und Spülschacht
(opti-control, Fränkische Rohrwerke)

1 Kontrollschacht mit Aufsatzstück und
Anschlussstutzen
2 waagerechte Abdichtungen
3 senkrechte Abdichtung DIN 18 195
4 Sickerplatte
5 Filtervlies
6 Sickerpackung
7 Dränleitung, $\geq$ 20 cm unter OK Rohbodenplatte
8 Fundamentdurchlass

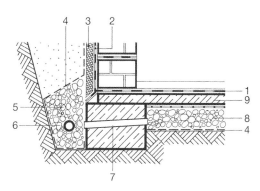

17.19 Flächendränung in Verbindung mit Ringdränung
(Schnitt)

1 waagerechte Abdichtungen
2 senkrechte Abdichtung
3 Sickerplatte
4 Filtervlies
5 Sickerpackung
6 Dränleitung, $\geq$ 20 cm über OK Rohbodenplatte
7 Fundamentdurchführung
8 Sickerschicht mit Flächendrainage
9 Stahlbetonplatte auf Trennfolie

Man unterscheidet:

- **Ringdränungen** vor Wänden, die das zu
schützende Bauwerk zur Wasserableitung
ringförmig umgeben (Bild **17**.16) und

- **Flächendränungen** (Bild **17**.17) mit Dränleitungen zum Schutz von Bodenflächen oder
erdüberschütteten Bauwerken bei Flächen
über 200 m². Der Abstand der einzelnen Dränleitungen untereinander ist nachzuweisen.

17

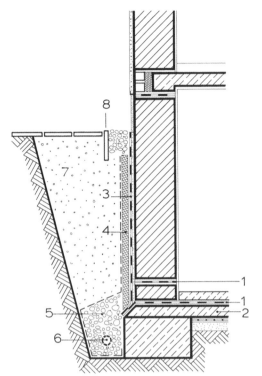

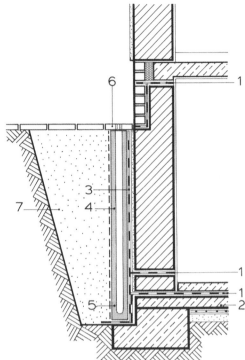

17.20 Sickerschicht aus grobkörnigen Styroporplatten
(EPS-Platten)

1 waagerechte Abdichtungen
2 Stahlbetonplatte auf Trennfolie
3 senkrechte Abdichtung
4 Sickerplatte mit Filtervlies
5 Sickerpackung
6 Dränleitung
7 Baugrubenverfüllung
8 Traufstreifen (s. Bild **17**.12b)

17.21 Sickerschicht aus Beton – Hohlkörpern (PORWAND)

1 waagerechte Abdichtungen
2 Stahlbetonplatte auf Trennfolie
3 senkrechte Abdichtung
4 Sickerkörper (PORWAND), abgedeckt mit
Filtervlies
5 Rinnen – Formstein auf Fundamentvorsprung,
angeschlossen an Dränleitung
6 Abdeckplatten mit Ablaufschlitzen
7 Baugrubenverfüllung

Dränleitungen bestehen heute meistens aus geschlitzten flexiblen Kunststoff-Rippenrohren DN 100. Ferner sind Dränrohre als gelochte oder geschlitzte Beton- oder Faserzementrohre, Tonrohre, geschlitzte Kunststoffrohre mit Filtervliesummantelung u. a. auf dem Markt. Die Wassereintrittsfläche soll mindestens 20 cm²/m betragen.

Die Dränrohre werden auf einem Kiesbett (Betonkies mit Sieblinie B 32 DIN 1045-2 bzw. DIN EN 206) mit mindestens 0,5 % Gefälle verlegt und gegen Verschieben gesichert. Danach werden die Dränrohre in Kies eingebettet. Das Kiesbett soll die Rohre überall mindestens 15 cm umgeben.

An Stößen, an Einmündungen usw. sind Formteile zu verwenden. In Abständen von höchstens

50 m und bei erforderlichen größeren Richtungsänderungen sind die Dränleitungen in senkrechte *Kontroll- und Spülrohre* mit einem Mindestdurchmesser von DN 300 zu führen (Bild **17**.18).

Die Rohrsohlen von Dränleitungen neben Gebäuden müssen mit ihrem Hochpunkt mindestens 20 cm unter der Oberfläche der Rohbodenplatte liegen, jedoch nicht tiefer als die benachbarten Fundamentsohlen. Falls das erforderliche Gefälle eine tiefere Lage nötig macht, müssen die Fundamente entsprechend abgetreppt werden, um eine Unterspülung mit Sicherheit zu verhindern.

In den *Drän- bzw. Sickerschichten* wird das anfallende Wasser gesammelt. Diese bestehen für horizontale Dränungen in der Regel aus einer was-

17

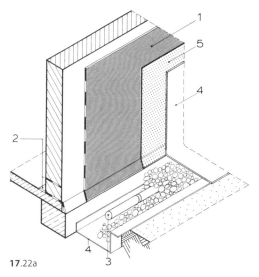

17.22a

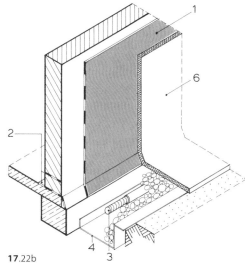

17.22b

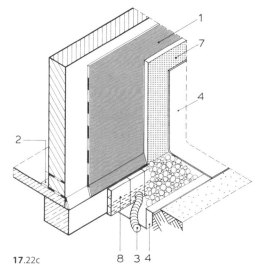

17.22c

17.22 Verschiedene Ausführungsmöglichkeiten von Dränungen

a) senkrechte Sickerschicht aus Noppenbahnen
b) senkrechte Sickerschicht mit Sickermatte
c) Kunststoff-Profilrohr als Dränleitung und Fundamentschalung

1 senkrechte Abdichtung
2 waagerechte Abdichtungen
3 Dränleitung in Sickerpackung
4 Filtervlies
5 Noppenbahn(auch mit Filtervlies)
6 Sickermatte mit Filterabdeckung
7 Sickerplatte
8 FSD-Schal-Dränsystem (gleichzeitig Fundamentschalung)

serführenden Kiesschicht Körnung 0/32 eingebunden in ein *Filtervlies*, das das Ausschlämmen von erodierenden Bodenteilchen in die Sickerschicht und ggf. auch in die perforierten Drainagerohre verhindern soll. *Senkrechte Drain- und Sickerschichten* werden meistens aus grobkörnigen Polystyrolplatten (EPS-Dränplatten) oder aus Kunststoff-Noppenbahnen o. Ä. gebildet, die mit Filterschichten aus Kunststoffvliesen abgedeckt werden. (Bilder **17**.20 und **17**.22).

Für besonders stark beanspruchte vertikale Sickerschichten z. B. zur Abfangung von Schich-

ten- und Sickerwasser bei Hanglagen (vgl. Bild **17**.1) reichen grobkörnige EPS-Platten oder Noppenbahnen nicht aus. Die Sickerschicht kann dann z. B. aus im Verband versetzten Hohlkammer-Dränsteinen aus Leichtbeton bestehen. Das aufgefangene Wasser wird über passende Rinnensteine abgeleitet (Bild **17**.21).

Eine Kombination aus Sickerschicht und Dränleitung stellt das in Bild **17**.22c gezeigte Schal-Drän-System dar, bei dem geschlitzte Kunststoffprofile gleichzeitig als seitliche Schalung von Streifenfundamenten oder Bodenplatten dienen können.

17

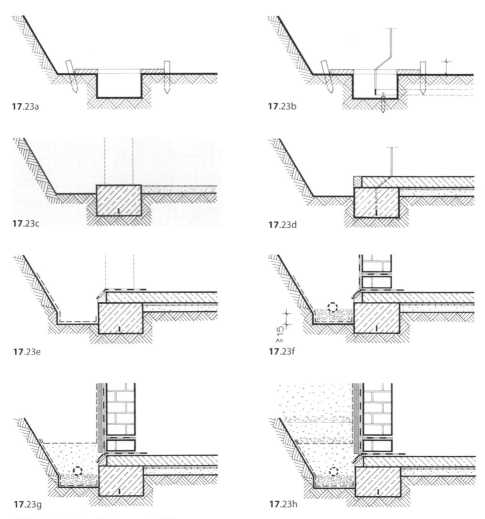

17.23 Arbeitsablauf Dränung – Abdichtung

    a) Aushub der Streifenfundamente zwischen ausgelegten verkeilten Bohlen als Lehren
    b) Einbau des Fundamenterders (vgl. Bild **4**.22)
    c) Einbau der Abwasserleitungen, einer kapillarbrechenden Schicht oder ggf. Einbau der Flächendränung
       (Bild **17**.19) mit Fundament-Durchlässen, Abdeckung mit PE-Folie
    d) Betonieren der Bodenplatte
    e) Ausschalen, Einbau der waagerechten Abdichtung, Aushub und Auslegen des Dränraumes mit Filtervlies
       Wände aufmauern, ggf. Einbau einer zweiten waagerechten Abdichtung gegen aufsteigende Baunässe,
       Einbau der senkrechten Abdichtung,
       Einbringen einer 15 cm dicken Sickerschicht, Einbau der Dränrohre (Gefälle – Hochpunkt max. 20 cm unter OK
       Bodenplatte, Tiefpunkt max. UK Fundament)
    g) Anheften der Filterplatten (EPS) im Verband, Auffüllen der Sickerschicht, Abdecken mit Filtervlies
    h) lagenweises Verfüllen der Baugrube, Verdichten

17

Den Arbeitsablauf bei der Herstellung von Streifenfundamenten, Sickerschichten, Dränleitungen und Abdichtungen zeigt Bild **17**.23.

17.4 Abdichtungen gegen Bodenfeuchtigkeit, nicht drückendes und drückendes Wasser (DIN 18 195)

17.4.1 Allgemeines

Versickerndes Niederschlagswasser und als *kapillar aufsteigendes Saugwasser* aus dem Grundwasser aufsteigende Feuchtigkeit beanspruchen die erdberührten Teile von Bauwerken als Bodenfeuchtigkeit (DIN 18 195-4) oder als *nicht drückendes Wasser* (DIN 18 195-5).

Wenn sich – besonders bei Hanglagen – zwischen bindigen oder sonst wasserundurchlässigen Bodenschichten *Schichtenwasser* sammelt, kann es als Sickerwasser Bauteile auch unter Druckeinwirkung als *vorübergehend stauendes Sickerwasser* beanspruchen, wenn nicht durch Filterschichten und Dränagen für Ableitung gesorgt werden kann.

Durch *drückendes* Wasser (DIN 18 195-6) wird ein Bauwerk beansprucht, wenn sich *Stauwasser* bei bindigem Untergrund rund um ein Gebäude in der später zu verfüllenden Baugrube ohne Abflussmöglichkeit sammeln kann oder wenn ein Bauwerk bis in den *Grundwasserbereich* hinabreicht.

Darüber hinaus können in Wasser gelöste Bodenbestandteile, Beimischungen des Grundwassers (z. B. freie organische Säuren, Kohlensäure), aber auch Moor- und Meerwasser, vor allem aber auch viele Industrieabwässer schädigend auf Bauteile, insbesondere auf ungeschützten Stahlbeton, einwirken.

Alle erdberührten Bauwerke bzw. Bauwerksteile müssen daher gegen Feuchtigkeit und Wasser geschützt werden.

Grundsätzlich wird unterschieden zwischen:

- **Abdichtungs-Baustoffen**, die zusätzlich auf die zu schützenden Bauteile aufgebracht werden und
- **„wasserundurchlässigen" Bauteilen,** wie z. B. Bauteile aus Beton mit hohem Wassereindringwiderstand (WU-Beton), s. Abschn. 5.1.6 und 17.4.6.

Für die erforderlichen Schutzmaßnahmen gegen von *innen drückendes Wasser* werden in DIN 18 195, Teil 7 Hinweise gegeben.

Planer und Bauausführende können aus DIN 18 195 nur wenig verbindliche Lösungsvorschläge entnehmen und müssen daher in besonderem Maße auf die in der Fachliteratur niedergelegten Praxiserfahrungen hingewiesen werden. Insbesondere Abdichtungsmaßnahmen bei der Bauwerkssanierung mit hohem Feuchtigkeitsgehalt der Bauteile und in der Luft werden in der DIN 18 195 nicht berücksichtigt. Hier sind häufig nicht genormte Abdichtungsverfahren anzuwenden.

Eine einigermaßen vollständige zeichnerische Darstellung der vielfältigen Abdichtungsmöglichkeiten ist im Rahmen dieses Werkes nicht möglich. Es können hier nur die wichtigsten und grundsätzlichen Probleme und Lösungsmöglichkeiten behandelt werden.

17.4.2 Abdichtungsstoffe

Als Baustoffe für Abdichtungen werden nach DIN 18 195 verwendet:

Bitumenstoffe und Bitumenabdichtungsbahnen (DIN EN 13 969)

- Bitumen-Voranstrichmittel (Bitumen-Lösung oder Bitumen-Emulsion),
- Bitumen-Klebemassen und – Deckaufstrichmittel, heiß zu verarbeiten,
- Asphaltmastix und Gussasphalt
- Nackte Bitumenbahnen (R 500 N, DIN 52 129),
- Bitumendachbahnen mit Rohfilzeinlage (R 500, DIN 13 707),
- Glasvlies-Bitumen-Dachbahnen (V 13, DIN 13 707),
- Bitumendichtungsbahnen (Cu 0,1 D, DIN 13 707),
- Bitumen-Dachdichtungsbahnen (J 200 DD und J 300 DD, DIN 13 707),
- Bitumen-Schweißbahnen (J 300 S5, G 200 S4, G 200 S5, V 60 S4, DIN 13 707),
- Polymerbitumen-Dachdichtungsbahnen, Bahnentyp PYE (DIN 13 707),
- Polymerbitumen-Schweißbahnen, Bahnentyp PYE (DIN 13 707),
- Bitumen-Schweißbahnen mit 0,1 mm dicker Kupferbandeinlage (DIN 13 707),
- Polymerbitumen-Schweißbahnen mit Trägereinlage aus Polyestervlies,

17

- Edelstahlkaschierte Bitumen-Schweißbahn,
- Kunststoffmodifizierte ein- oder zweikomponentige Bitumendickbeschichtungen (KMB, DIN 15 812 bis 15 820)

Bituminöse Abdichtungen werden in der Regel mehrlagig aufgebracht. Damit wird sowohl Verarbeitungsfehlern entgegengewirkt als auch eine größere Sicherheit gegen mechanische Beschädigungen erreicht.

Die Anzahl der erforderlichen Schichten richtet sich nach der Beanspruchung der Abdichtungen (s. Abschn. 17.4.6).

Kunststoff- und Elastomerabdichtungsbahnen (DIN EN 13 967)

- PIB-Bahnen (DIN 16 726), bitumenverträglich,
- PVC-weich-Bahnen, bitumenverträglich (DIN 16 726),
- PVC-weich-Bahnen, nicht bitumenverträglich (DIN 16 726),
- ECB-Bahnen, kaschiert oder unkaschiert,
- EPDM-Bahnen, bitumenverträglich, auch selbstklebend (DIN 7864-1)
- EVA-Elastomerbahnen, bitumenverträglich
- selbstklebende Kunststofffolien

Kaltselbstklebende Dichtungsbahnen (KSK). Seit kurzem werden auf weniger bis mäßig beanspruchten Flächen auch selbstklebende Dichtungsbahn auf Elastomer- oder Bitumenbasis gem. DIN 18 195-2 auf haftungsförderndem Voranstrich eingesetzt. Diese Bahnenart eignet sich besonders zur Beseitigung von Beschädigungen geringeren Umfangs an vorhandenen Abdichtungen. Die Bahnen werden vollflächig mit falten- und blasenfrei verklebt und mit Gummirollern fest zusammengedrückt. An senkrechten Flächen muss der obere Bahnenrand mit einer Klemmschiene gesichert und an Ecken und Kanten zusätzlich verstärkt werden.

Beim bisherigen Stand der Technik werden die 1- bis 3 mm dicken Kunststoffdichtungsbahnen nur einlagig eingesetzt. Die damit gegebene Gefährdung gegen mechanische Beschädigungen erklärt die bisherige Zurückhaltung bei der Anwendung im Tiefbaubereich, obwohl Kunststoffdichtungsbahnen relativ unempfindlich gegen Beanspruchungen durch Schwindrisse o. Ä. in den geschützten Bauteilen sind.

Kalottengeriffelte Metallbänder aus Kupfer gem. DIN EN 1652 (CU-DHP) oder Edelstahl gem.

DIN EN 10 088-2 (X5CrNiMo 17-12-2) werden zur Verstärkung und an hochbeanspruchten Abdichtungen verwendet.

Zementgebundene Dichtungsschlämmen oder -putze und flexible Dichtungsschlämmen

Dichtungsschlämmen bestehen aus Normzementen, Quarzsanden und anorganischen chemischen Zusätzen. Sie bilden einen abdichtenden Oberflächenschutz und bewirken z. B. auf Betonflächen eine nachträgliche, die Abdichtungswirkung (Rissüberbrückung) unterstützende Materialvergütung (Oberflächenschutzsystem). Sie sind in der DIN 18 195 nicht behandelt. Richtlinien vom Fachverband Deutscher Ausschuss für Stahlbeton [8] geben Hinweise zur Anwendung und Verarbeitung. Schlämmen werden in Stärken von 3 bis 10 mm, i. d. R. mehrlagig aufgebracht. Sie setzten einen standfesten, rissefreien, nicht absandenden und flächigen Untergrund voraus.

Oberflächenschutzsysteme (OS). Es werden ff. Oberflächenschutzsysteme (OS) als Beschichtungssysteme mit Abdichtungsfunktion unterschieden, die die Fähigkeit zur Rissüberbrückung haben:

- OS 9 Beschichtungen mit *erhöhter* Rissüberbrückungsfähigkeit für *nicht* begeh- und befahrbare Flächen
- OS10 Beschichtung als Dichtungsschicht mit *hoher* Rissüberbrückung unter Schutz- und Deckschichten für begeh- und befahrbare Flächen
- OS11 Beschichtung mit *erhöhter dynamischer* Rissüberbrückungsfähigkeit für begeh- und befahrbare Flächen
  Sie werden überwiegend in Verkehrsbauwerken (Parkhäuser, Rampen, Geh- und Fahrwege) und für Industrieböden verwendet.

Dichtungsputz. Zementgebundene Dichtungsschlämmen oder -putze sind als starre Abdichtungsschicht empfindlich gegen Rissbildungen im Untergrund, wenn sie nicht durch zusätzlich aufgebrachte plastische Spachtelmassen dagegen geschützt werden. Dichtungsschlämmen und -putze können andererseits auch auf Innenseiten von Bauwerken gegen drückendes Wasser eingesetzt werden und eignen sich vielfach dort besonders, wo in älteren Bauwerken Schwind- und Setzvorgänge bereits abgeklungen sind.

Es werden auch nicht genormte, flexible Dichtungsschlämmen angeboten, die nach Angaben der Hersteller Rissüberbrückungen bis zu 0,2 mm ermöglichen sollen.

Verbundabdichtungen (s. a. Abschn. 11.3.2.3)

Diese Abdichtungen (auch als Flüssigfolien bezeichnet) kommen als hohlraumfreie Verbundabdichtung (System aus Abdichtung und Dünnbettmörtel) unter keramischen Belägen z. B. in Nassräumen in Frage sowie für kleinere Bauteile bzw. für komplizierte Flächen (s. Abschn. 11.3.2.2). Sie sind seit 1999 bauaufsichtlich zugelassen und können aus folgenden Materialarten bestehen:

- *Dispersionsbeschichtungen* als einkomponentige, zementfreie Beschichtung für *mäßige* Wasserbelastung und geringe thermische und mechanische Belastung, z. B. in privaten Feuchträumen.

- *Dispersions-Zement-Beschichtungen* für *mittlere* Wasser-, Temperatur- und mechanische Belastung, z. B. an erdberührten Wandflächen, auf Balkonbodenflächen, Nassräumen in privater Nutzung, Schwimmbecken usw.

- *Reaktionsharzbeschichtungen* für *hohe* chemische oder auch mechanische Beanspruchung, z. B. in Betrieben der chemischen und der Nahrungsmittelindustrie sowie auf befahrbaren Flächen (Tausalz).

Sie werden aus einer im Haftverbund mit dem Untergrund hergestellten Streich- oder Spachtelabdichtung sowie einer ebenfalls im Haftverbund eingebrachten Schutzschicht aus z. B. Fliesenbelag im Dünnbettmörtel hergestellt. Von Vorteil ist der Entfall von nach DIN 18195 notwendigen, zusätzlich auftragenden Schutzschichten (z. B. Estrich) sowie die Vermeidung einer Durchfeuchtung dieser Schutzschichten – wichtig insbesondere in Bereichen mit hygienisch oder chemisch belasteten Wässern (z. B. in Küchen).

Es wird zwischen hohen (im bauaufsichtlich geregelten Bereich), und mäßigen (im bauaufsichtlich nicht geregelten Bereich) Beanspruchungsklassen unterschieden (Tab. **17**.24) [27]. Die Ausführung erfolgt mehrschichtig. Auf einer Grundierung wird die erste Abdichtungsschicht aufgebracht. Nach Einlegung von Dichtungsbändern in den Eckbereichen und an Durchdringungspunkten z. B. von Leitungsanschlüssen wird die zweite Abdichtungsschicht flüssig aufgetragen. Farbunterschiede der Schichten

gewährleisten die Überprüfung des Auftrages beider Schichten. Danach erfolgt das Aufbringen des Fliesenklebers und der Fliesen (Bild.**17**.25). Wichtig ist ein möglichst spätes Einbringen der Verbundabdichtungen (z. B. bei Estrich frühestens nach 28 Tagen) auf bestenfalls trockenen Untergründen, bei denen die Verformungen (Schüsselungen, Schwind- und Kriechprozesse) weitgehend abgeklungen sind. Nicht geeignet sind Untergründe aus Holz oder Holzwerkstoffen sowie Kalkputze und Calciumsulfatestriche.

Querschnittsabdichtung. Dispersion-Zement-Beschichtungen können auch als Querschnittsabdichtung im Mauerwerksbau (Horizontalsperre) und in Arbeitsfugen im Betonbau eingesetzt werden. Von Vorteil ist, dass hierbei der Kräfteverlauf nicht unterbrochen wird, wie das bei allen sonstigen eingelegten Dichtungsschichten der Fall ist.

Vorteile von flüssigen Verbundabdichtungen sind weiterhin die Möglichkeit des Aufbringens auf weniger ebenen Untergründen sowie geringere Rundungs- und Kantenausbildungen an Ecken. Günstig ist weiterhin, dass die Schutzschicht (z. B. Fliesen im Dünnbettmörtel) direkt von der Dichtungsschicht getragen bzw. auf dieser fixiert wird. Hierdurch kann auf einen zusätzlichen Untergrund (Vormauerung oder Putz auf Streckmetall) als Trägerschicht z. B. für Verfliesungen verzichtet werden.

Ein weiterer Vorteil aus hygienischer Sicht ist die holraumfreie Verbindung zwischen Untergrund, Dichtschicht und Schutzschicht aus zum Beispiel Fliesenbelag – wichtig z. B. im Schwimmbadbau, in Krankenhäusern, Metzgereien usw.

Nachträgliche Abdichtungen gegen aufsteigende Feuchtigkeit

Zur nachträglichen Herstellung einer Horizontalisolierung gegen kapillar aufsteigende Feuchtigkeit werden drei nicht genormte Verfahren unterschieden:

- *Tränkung*, Nieder- oder Hochdruckinjektionsverfahren mit hydraulisch abbindenden oder chemischen Substanzen,

- *Mechanische Horizontalsperren* aus korrosionsfreien Metallblechen (V2A oder Molybdänstahl) oder Kunststofffolien,

- *Entfeuchtung* durch Elektroosmose

Injektionsverfahren. Im Rahmen der Bauwerkssanierung und -erhaltung werden überwiegend

17

Tabelle **17**.24 Feuchtigkeits-Beanspruchungsklassen für Verbundabdichtungen für hohe und gemäßigte Beanspruchungen [27]

Beanspruchungs-klasse	hohe Beanspruchung im bauaufsichtlich geregeltem Bereich	Anwendungsbeispiel	Abdichtungsstoff
A1	**Wand**flächen, die durch Brauch- und Reinigungswasser hoch beansprucht sind	Wände in öffentlichen Duschen	• Polymerdispersionen • Kunststoff-Mörtel-Kombinationen • Reaktionsharze
A2	**Boden**flächen, die durch Brauch- und Reinigungswasser hoch beansprucht sind	Böden in öffentlichen Duschen Schwimmbecken-umgänge	• Kunststoff-Mörtel-Kombinationen • Reaktionsharze
B	**Wand- und Bödenflächen** in **Schwimmbecken** im Innen- und Außenbereich (mit von innen drückendem Wasser)	Wand- und Bodenflächen in Schwimmbecken	• Kunststoff-Mörtel-Kombinationen • Reaktionsharze
C	**Wand- und Bödenflächen** bei **hoher Wasserbeanspruchung** und in Verbindung mit **chemischer Beanspruchung**	Wand- und Bodenflächen in Räumen bei begrenzter chemischer Beanspruchung	• Reaktionsharze
Beanspruchungs-klasse	**mäßige Beanspruchung im bauaufsichtlich nicht geregelten Bereich**	**Anwendungsbeispiel**	**Abdichtungsstoff**
0*	**Wand- und Bodenflächen**, die nur zeitweise und kurzfristig mit Spritzwasser **geringfügig** beansprucht sind	Wände und Böden, in Bädern mit haushaltsüblicher Nutzung ohne Bodenablauf mit Bade- bzw. Duschwanne	• Polymerdispersionen • Kunststoff-Mörtel-Kombinationen • (Reaktionsharze)
A01	**Wand**flächen, die nur zeitweise und kurzfristig mit Spritzwasser **mäßig** beansprucht sind	Wände, spritzwasserbelastet in Bädern mit haushaltsüblicher Nutzung mit Bodenablauf	• Polymerdispersionen • Kunststoff-Mörtel-Kombinationen • (Reaktionsharze)
A02	**Boden**flächen, die nur zeitweise und kurzfristig mit Spritzwasser **mäßig** beansprucht sind	Böden, spritzwasserbelastet in Bädern mit haushaltsüblicher Nutzung und Bodenablauf	• Polymerdispersionen • Kunststoff-Mörtel-Kombinationen • (Reaktionsharze)
BO	Bauteile, im Außenbereich mit nicht-drückender Wasserbeanspruchung	Balkone und Terrassen (nicht über genutzten Räumen)	• Kunststoff-Mörtel-Kombinationen • (Reaktionsharze)

* Abdichtung nicht zwingend erforderlich

nicht genormte Querschittsabdichtungen gegen kapillare Feuchtigkeit durch Injektionsverfahren hergestellt. Das Kapillarporensystem wird hierbei durch Chemikalien oder/und Zemente mechanisch versperrt. Hierbei ist insbesondere der Feuchtigkeitsgehalt und in der Folge die Aufnahmefähigkeit der abzudichtenden Bauteile erfolgsbestimmend. Als Injektionsmaterialien stehen hydrophobierende Lösungen auf Silikatbasis (Wasserglas), Paraffine und Harze für kleinporige Materialien und Zementleime und – suspensionen für größere Hohlräume und Poren zur Verfügung. Die Dichtungsmaterialien werden durch im Raster angeordnete Bohrlöcher drucklos (Chemikalien) im Tränkverfahren oder unter Druck (Zementemulsionen) eingebracht. Die Anzahl und die Anordnung der im Gefälle anzuordnenden Bohrlöcher sind von der Mauerdicke und der Art des einzubringenden Materials abhängig.

Mechanische Horizontalsperren. Aufwändig, aber sehr sicher ist die abschnittsweise Auftrennung der Bauteile durch (Mauer)-*Sägeverfahren* (Schwertsägeverfahren, Trennscheibenverfahren, Seilsägeverfahren) oder auch Aufstemmen, und das Einbringen von Metallblechen als Sperrschichten. Wesentlich hierbei ist die statisch-konstruktive Verträglichkeit solcher Eingriffe. Die Beachtung möglicher Erschütterungen sowie die

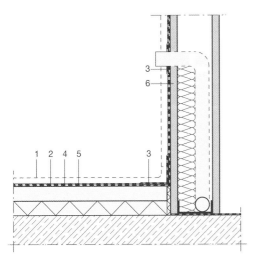

17.25 Verbundabdichtungen am Übergang vom Fußboden zur Wand

1 Fliesenbelag o. Ä.
2 2. Flüssigabdichtung
3 Abdichtungsband zu Überbrückung von Fugen
4 1. Flüssigabdichtung auf Grundierung als Haftgrund
5 Schwimmender Estrich, tragfähig, rissefrei, eben und sauber
6 GK-Trockenbauwand

Wiederherstellung des kraftschlüssigen Verbundes innerhalb des horizontalen Spaltraumes zur Verhinderung von Setzungen sind zu beachten. Mauerwerk mit geringer Festigkeit muss ggf. vorher durch Injektagen verfestigt werden, um ein Einbrechen von Querschnittsteilen und ein Verklemmen und Verkeilen des Trenngerätes zu verhindern. Metallbleche können auch durch *horizontales Einschlagen* von sich überlappenden Blechen in durchlaufenden Lagerfugen eingebracht werden.

Durch die Auftrennung entsteht eine durchgehende Fuge, für die durch statischen Nachweis sicherzustellen ist, dass ggf. auftretende Horizontalkräfte (Erddruck) nicht zu einem Gleiten durch Schubspannungen führen können.

Elektroosmoseverfahren beruhen auf der Annahme, dass durch Umkehrung einer im Bereich von kapillaren Flüssigkeitsbewegungen auftretenden Potentialdifferenz durch Anlegen eines elektrischen Feldes sich auch die Fließrichtung des Wassers umkehrt und das vertikale Ansteigen der kapillar gebundenen Feuchte unterbunden wird. Diese nicht unumstrittenen Verfahren

werden in unterschiedlichen Ausführungen angewendet.

Als *flankierende Maßnahmen* zu allen Horizontalabdichtungen sind i. d. R. Vertikalabdichtungen der Außenflächen als Bitumen-Dickbeschichtungen oder Dichtungsschlämmen und innenseitig ggf. „Sanierputze" zur Aufnahme der durch den kapillaren Feuchtetransport angereicherten Salze erforderlich.

17.4.3 Verarbeitung

Die Verarbeitung von Abdichtungsstoffen sowie die Anforderungen an den Untergrund sind in DIN 18 195-3 sowie in DIN 18 336 geregelt.

Der Untergrund für Abdichtungen muss fest, weitgehend eben, frostfrei und frei von Verunreinigungen – bei geklebten Abdichtungen zudem oberflächentrocken sein. Offene Fugen, Ausbrüche oder Vertiefungen ≥ 5 mm sind zu schließen. Mauerwerksoberflächen (Profilierungen, Putzrillen) sowie Oberflächen aus hauwerksporigen Baustoffen müssen je nach verwendetem Abdichtungsbaustoff entweder verputzt, oder durch Dichtungsschlämmen, Kratzspachtelungen o. Ä. verschlossen und egalisiert werden. Bei kunststoffmodifizierten Bitumendickbeschichtungen (KMB) kann die Kratzspachtelung aus dem Abdichtungsmaterial selbst bestehen, jedoch ohne dass diese Vorbehandlung des Untergrundes als Teil der erforderlichen Dicke der Abdichtung angerechnet werden kann.

Bitumenbahnen und Metallbänder sind vollflächig, gegeneinander versetzt und in der Regel mit 100 mm Stoßüberdeckung zu verkleben. Die Verklebung kann erfolgen durch:

- *Bürstenstreichverfahren.* Auf waagerechten oder schwach geneigten Flächen mit einem vollflächigen Klebemassenaufstrich, auf senkrechten oder stark geneigten Flächen zusätzlich mit vollflächigem Klebemassenaufstrich auf der Unterseite der Bahnen. Die Bahnen sind insbesondere an den Rändern anzubügeln. Der Klebeaufstrich muss mindestens 1,5 kg/m² Klebemasse aufweisen (DIN 18 195-6) und richtet sich im Übrigen nach der Beanspruchung der Abdichtung.

- *Gießverfahren und Gieß- und Einwalzverfahren.* Die Bitumenbahnen werden in ausgegossene Klebemasse eingerollt. Beim Einrollverfahren müssen die Bahnen auf einem festen Kern aufgerollt sein und werden beim Ausrollen fest in die Klebemasse eingewalzt. Es müssen mindestens 2,5 kg/m² Klebemasse beim Gieß- und Einwalzverfahren verbraucht werden bzw. bei Abdichtungen gegen drückendes Wasser gemäß DIN 18 195-6, Tab. 4.

- *Flämmverfahren.* Die auf dem Untergrund bereits vorhandene Klebemasse wird durch Flämmen mit dem Gasbrenner angeschmolzen, und die fest aufgewickelten Bitumen-Bahnen werden darin ausgerollt.
- *Schweißverfahren.* Der Untergrund und die Unterseite von aufgewickelten Schweißbahnen werden durch Gasbrenner aufgeschmolzen, und die Bahnen werden so ausgerollt und angedrückt, dass ein Bitumenwulst in ganzer Breite verläuft und an den Rändern austritt.

Kunststoff-Dichtungsbahnen, die bitumenverträglich sind, können ähnlich wie bituminöse Dichtungsbahnen vollflächig auf die zu schützenden Bauteile mit Bitumen-Klebemasse aufgeklebt werden.

Im Übrigen werden Kunststoff-Dichtungsbahnen in der Regel lose verlegt. Sie werden für waagerechte oder wenig geneigte Abdichtungen mit einer Schutzbahn aus PVC-halbhart, min. 1mm dick, Bautenschutzmatten aus Gummi- oder Polyethylengranulat, min. 6 mm dick oder Vliesen bzw. Geotextilien, min. 2 mm dick abgedeckt und mit dauernd wirksamen Auflasten versehen (z. B. Schutzbeton, Erdlast von Überschüttungen). In allen anderen Fällen sind Kunststoffabdichtungen, insbesondere die meistens verwendeten werkseitig vorgefertigten Planen, mechanisch durch korrosionsfeste Flachbänder, Halteteller, Halteprofile u. Ä. mechanisch mit dem Untergrund zu verbinden. Wenn Naht- oder Stoßverbindungen auf der Baustelle ausgeführt werden müssen, kommen die folgenden Verfahren in Frage

- *Quellschweißung.* Die Verbindungsflächen werden mit einem Lösungsmittel angelöst und unter Druck zusammengefügt.
- *Warmgasschweißung.* Die Verbindungsflächen werden durch Heißluft plastifiziert und unter Druck zusammengefügt.
- *Heizelementschweißung*: Hierbei erfolgt die Plastifizierung durch elektrisch erwärmte Heizkeile.

Die Stoßüberdeckung bei den genannten Verfahren beträgt im Allgemeinen 50 mm. (Bei Verklebung mit Bitumen muss die Nahtüberdeckung mindestens 80 mm betragen.)

An der Baustelle ausgeführte Naht- und Stoßverbindungen sind nach DIN 18 195-3, Abschn. 7.4.6, auf Dichtigkeit zu prüfen. Diese Prüfung muss in einer Kombination verschiedener Verfahren ausgeführt werden und ist nur durch besonders spezialisierte Fachfirmen unter Baustellenbedingungen einwandfrei ausführbar. Nur wenn diese Voraussetzungen gegeben sind, ist der Einsatz von Kunststoff-Dichtungsbahnen in Loseverlegung ohne rechtliches Risiko. DIN-Normen werden in Streitfällen in der Regel zur Definition des „Standes der Technik" bzw. der „allgemein anerkannten Regeln der Baukunst" herangezogen, selbst wenn sie gelegentlich wenig praxisgerechte oder ungenaue Vorschriften enthalten.

Schutzschichten

Die Abdichtungen sind durch Schutzschichten (DIN 18 195-10) gegen mechanische Beschädigungen zu schützen.

Senkrechte Abdichtungsflächen werden durch Well- oder Noppenbahnen, Wärmedämm- oder Dränplatten geschützt (vgl. Bild **17**.19 bis **17**.21).

Waagerechte oder geneigte Abdichtungsflächen erhalten einen mindestens 5 cm dicken Schutzestrich aus Beton oder werden durch Gummigranulatmatten (6 bis 8 mm), – Kunststoffdichtungsbahnen durch ein oder zweilagige synthetische Vliesbahnen (min. 300 g/m²) geschützt.

Neben der Hauptfunktion des mechanischen Schutzes der sehr dünnen und empfindlichen Abdichtungen können die Schutzschichten auch noch Funktionen der sowieso häufig erforderlichen Maßnahmen zum Wärmeschutz, der Drainung oder des Wurzelschutzes übernehmen. Schutzschichten können als Kombination verschiedener Schichten oder auch als einziges Bauprodukt hergestellt werden.

Wichtig ist, dass Schutzschichten in die Abdichtungen keine Scherkräfte (Herunterziehen) einleiten dürfen, und ohne Hohlräume vollflächig aufgebracht werden. Bewegungen aus Bauwerksfugen müssen in Schutzschichten aufgenommen werden können. Bewegungsfugen im Baukörper sollen an gleicher Stelle liegen, wie Fugen in Schutzschichten.

Es werden *Schutzschichten und Schutzmaßnahmen* unterschieden. Schutzschichten erfüllen eine langfristige Funktion zur Sicherung des Gebrauchszustandes des Bauwerks. Schutzmaßnahmen sind temporäre Maßnahmen während der Bauphase. Sinnvoll ist es, die konstruktive

Ausbildung und Planung so vorzusehen, dass ggf. erforderliche kurzzeitige Schutzmaßnahmen auch als langfristig gebrauchsfähige Schutzschichten dienen können bzw. mitverwendet werden können.

Waagerechte oder schwach geneigte Abdichtungsflächen sind an angrenzenden senkrechten Bauteilen über die Oberkante der Überschüttung bzw. Schutzschicht i. d. R. min. 15 cm hochzuziehen und an ihrer Oberkante zu sichern. Bei der Abdichtung von Decken überschütteter Bauwerke sind die waagerechten Abdichtungen mindestens 20 cm über die Fuge zwischen Decke und Wand herunterzuziehen und möglichst mit der Wandabdichtung zu verbinden.

Schutzschichten und Wärmedämmung

Vielfach werden Schutzschichten der Bauwerksabdichtungen gleichzeitig zur Wärmedämmung von unterirdischen Geschossen oder auch zur wärmebrückenfreien Ausbildung von Sockelzonen unterkellerter und auch nicht unterkellerter Gebäude eingesetzt.

Hierzu stehen wasser- und druckbeständige Perimeterdämmungen[1] in drei unterschiedlichen Materialienarten zur Verfügung:

- XPS – extrudierte Polystyrol-Hartschaumplatten als geschlossenzelliger, hydrophober Schaumstoff, bei dem der kapillare Wassertransport nicht möglich ist. Sie sind stark durchfeuchtungshemmend, eingeschränkt belast- und verformbar und i. d. R. einlagig in zulässigen Dicken von 40 bzw. 50 bis 120 mm einzubauen.

- EPS – expandiertes Polystyrol bestehend aus verschweißten Polystyrol-Schaumstoffkugeln. Dieser sehr preiswerte Dämmstoff ist weniger durchfeuchtungshemmend und nicht so formstabil wie extrudierter Polystyrol-Hartschaum. Er darf nur im Bereich von Bodenfeuchte und nicht drückendem Wasser in zulässigen Dicken von 50 bis 120 mm eingesetzt werden.

- Schaumglas (eng. foam glass) als aufgeschäumtes geschlossenzelliges, gegen flüssiges und diffundierendes Wasser sehr dichtes Material mit hoher Durchfeuchtungssicherheit. Es ist verhältnismäßig druckbelastbar und formstabil sowie beständig gegen Nagetiere und Ungeziefer und nicht brennbar. Beim Einsatz im Bereich drückenden Wassers sind Schaumglasplatten vollflächig und in den Fugen mit Bitumen zu kleben. Es kann in zugelassenen Dicken von 40 bis 120 mm eingesetzt werden.

Beim Einsatz in Bereichen stauenden oder drückenden Wassers können eintauchende Dämmstoffplatten Auftriebskräften unterliegen, denen – soweit zulässig – durch Reibung oder durch Verankerung zu begegnen ist.

Schaumglasdämmung. Zur *unterseitigen* Wärmedämmung von Bodenplatten finden zunehmend auch Schaumglas-Granulate[2] Anwendung, die aus Altglas recycelt werden. Die schüttbaren Granulate können auch als Bodenaustauschmaterial zur Stabilisierung des Baugrundes eingesetzt werden. Die möglichen hohen Schichtdicken und deren Tragfähigkeit sind statisch nachzuweisen. Ggf. kann auf den sonst üblichen Schichtenaufbau unter Bodenplatten bestehend aus Sauberkeitsschicht, kapillarbrechender Schicht, übliche plattenförmige Dämmstoffschichten oder auch Frostschürzen bei nicht unterkellerten Gebäuden ganz oder teilweise verzichtet werden.

Schutzschichten und Drainage

Sofern eine Drainung erdberührter Wandoberflächen unvermeidlich ist (s. Abschnitt 17.3) müssen diese Drainschichten auf der dem Erdreich zugewandten Seite vor der Abdichtung eingebaut werden. Drainschichten bestehen aus einer Sickerschicht, in der Wasser abgeführt wird und einer Filterschicht, die das Eindringen von ausgeschlämmten Bodenmaterialien in die Porenräume der Sickerschicht verhindert. Sickerschichten können aus Kunststoff-Noppenbahnen, grobporigen Platten – häufig aus Polystyrol oder Sickerkanälen bestehen (Bild **17**.26).

Perimeter-Wärmedämmplatten, die gleichzeitig Dränfunktionen erfüllen, verfügen über vertikal gefräste, erdseitig anzuordnende Rillen, die mit

---

[1] Perimeterdämmung (Perimeter = Umfassungsflächen einer ebenen geometrischen Figur) ist die außenseitige Dämmung an erdberührten Bauteilen, vertikal an Kellerwänden, horizontal unter der Kellersohle, jeweils außerhalb der Bauwerksabdichtung.

[2] Zur Herstellung von Schaumglasgranulaten wird Altglas vermahlen und unter Zugabe eines Blähmaterials bis ca. 900 °C erhitzt. Durch Abkühlung und Erstarrung bricht das Material. Die entstandene lose Körnung hat eine geschlossene Zellstruktur und feste Konsistenz. Die hohe Menge eingeschlossener Luft sorgt für gute Dämmeigenschaft und eine geringe Dichte von 130 bis 170 kg/m^3.

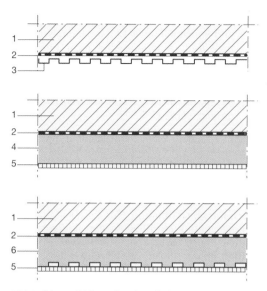

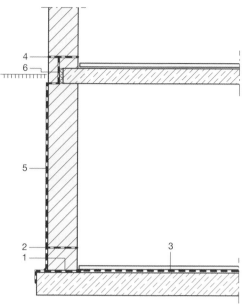

17.26 Schutzschichten als Sickerschichten zur Drainung
   1 Untergrund
   2 Abdichtung gemäß DIN 18 195
   3 Kunststoff-Noppenbahn
   4 Grobkörnige Sickerplatte als Wanddränplatte
     aus Styropor oder Keramik
   5 Filtervlies oder Geotextilien
   6 Perimeterdämmung mit Sickerkanälen

17.27 Abdichtungsarten und deren Anordnung
   1 Horizontalabdichtung nach DIN 18 195-4 unter
     Querschnittsflächen aller Wände
   2 empfohlene 2. Querschnittsabdichtung gegen
     aufsteigende Feuchtigkeit
   3 Horizontalabdichtung der Bodenplatte
   4 gegebenenfalls weitere Horizontalabdichtung
     gegen aufsteigende Feuchtigkeit aus dem Erd-
     geschoss bzw. der Spritzwasser-Schutzzone
   5 Vertikale Abdichtung der erdberührten Wand-
     flächen
   6 Fortführung der Vertikalabdichtung in z. B.
     Schalenfuge im Spritzwasserbereich

einem Filtervlies abgedeckt werden. Wenn Drain-schichten vorgesehen werden, sind diese immer sorgfältig an revisionsfähige Dränleitungen an-zuschließen.

17.4.4 Abdichtungen gegen Boden-feuchte und nicht stauendes Sickerwasser(DIN 18 195-4)

Alle erdberührten senkrechten und unterschnit-tenen Flächen von Bauwerken, i. d. R. auch die Bodenflächen, müssen gegen Bodenfeuchtigkeit abgedichtet werden. Diese entsteht durch auf-steigende kapillare Feuchtigkeit und durch das in nicht bindigen Böden (s. Abschn. 3.1) oder Ver-füllmaterialien versickernde Niederschlagwasser. Mit dieser Feuchtigkeit *muss in jedem Fall* gerech-net werden. Die Abdichtungen müssen die Bau-teile also gegen die allgemeine Bodenfeuchtig-keit und gegen nicht stauendes Sickerwasser schützen.

Bei der Planung von Abdichtungsmaßnahmen werden folgende Arten und Anordnungen von Abdichtungen unterschieden (Bild **17.**27):

- Querschnittsabdichtungen (Horizontalsperre) unter *und* innerhalb der Wand
- Horizontale Abdichtung von Bodenplatten
- Vertikalabdichtung an erdberührten Wänden
- Sockelbereich als Spritzwasser-Schutzzone (s. a. Abschn. 17.2)

Abdichtungen gegen Bodenfeuchte nach DIN 18 195-4 dürfen für Bauwerke nur in *nicht* bindi-gen Böden ausgeführt werden. Bei bindigen Bö-den (s. Abschn. 3.1) oder bei Hanglagen muss zu-mindest vorübergehend mit drückendem Was-ser gerechnet werden. Abdichtungen müssen in diesen Fällen daher gemäß Abschn. 17.4.5 oder 17.4.6 ausgeführt werden.

Um das Entstehen von kurzzeitig stauendem und damit temporär drückendem Wasser zu verhin-dern – z. B. infolge starker Niederschläge – ist der

17

Einbau von *Dränagen* in Betracht zu ziehen (s. Abschn. 17.3).

Waagerechte Abdichtungen (Horizontalsperren) in oder unter Wänden

Abdichtungen gegen aufsteigende Feuchtigkeit liegen in den Lagerfugen des Mauerwerkes. Sie sind mindestens einlagig auszuführen. Alle Außen – und Innenwände sind durch *mindestens eine waagerechte Abdichtung* (Querschnittsabdichtung) gegen aufsteigende Feuchtigkeit zu schützen. Die Anordnung ist dem Planer freigestellt.

- Sie wird am besten unter der Aufstandsfläche des Mauerwerkes angeordnet und muss bis zum Fundamentabsatz reichen und innenseitig min. 15 cm überstehen. Sie kann somit mit der senkrechten Abdichtung verbunden (Verhinderung von Feuchtigkeitsbrücken) und an eine ggf. erforderliche weitere Abdichtung der Bauwerkssohle angeschlossen werden. Vorteilhaft ist, wenn die Höhenlage der Querschnittsabdichtung einen versatzfreien Anschluss an die häufig anzuschließende Abdichtung der Bodenplatte ermöglicht.

- Ratsam ist die Anordnung einer weiteren waagerechten Abdichtung in der ersten Lagerfuge über dem Fußboden, damit bei vorübergehend – insbesondere während der Bauzeit – nassem Kellerfußboden keine Feuchtigkeit in den Wänden aufsteigt. Sie ist *dicht* an die Vertikalabdichtung heranzuführen. Eine Verbindung ist nicht erforderlich. Putzbrücken sind jedoch zu vermeiden. Diese zweite Querschnittsabdichtung wird von der DIN 18 195-4 nicht mehr zwingend gefordert.

- Zu empfehlen ist ggf. eine weitere obere Querschnittsabdichtung $\geq$ 30 cm über Gelände um zu verhindern, dass Spritzwasser das Mauerwerk der Außenwände und Kellerdecken – insbesondere während der Bauausführung vor Herstellung der Vertikalabdichtung – durchfeuchtet (vgl. Abschn. 17.2) oder auch als zusätzliche Sicherungsmaßnahme der besonders stark beanspruchten Spritzwasser-Schutzzone.

Für waagerechte Abdichtungen sind einlagige Bitumen-Dachbahnen, Bitumen-Dachdichtungsbahnen nach DIN 13 707 oder Kunststoff-Dichtungsbahnen nach DIN 18 195-2, Tab. 5 zu verwenden. Nicht bitumenverträgliche Kunststoff-Dichtungsbahnen dürfen nur verwendet werden, wenn sie nicht mit Bitumenwerkstoffen in Berührung kommen.

Die Abdichtungen sind auf einer ebenen, waagerechten, aus Mörtel der Mörtelgruppe II oder III hergestellten Auflagefläche lose zu verlegen. Die Stöße der Bahnen müssen sich um mindestens 20 cm überdecken, können aber auch verklebt werden. Die Bahnen selbst dürfen weder aufgeklebt noch vollflächig miteinander verklebt werden. Die Überstände der untersten Sperrschicht sind durch Abdeckungen (z. B. mit Holzbohlen) gegen Beschädigungen während der Bauzeit zu schützen.

Bei Kellerwänden aus Beton ist die waagerechte Abdichtung zwischen Wand- und Fundamentkörper aus wasserundurchlässigem Beton ggf. unter Verwendung von Arbeitsfugenbändern herzustellen (s. Abschn. 17.4.6).

Abdichtung von Bodenflächen[1]

Abdichtungen für Fußböden auf Betonflächen werden mit Bitumenbahnen, Kunststoff- und Elastomer-Dichtungsbahnen, Bitumen-Dickbeschichtungen oder Asphaltmastix ausgeführt. Dichtungen mit Bahnen sind lose, punktweise oder vollflächig verklebt auf den Untergrund aufzubringen. Nackte Bitumenbahnen dürfen nur vollflächig heiß verklebt werden und müssen einen Deckaufstrich erhalten. Die Stoßüberdeckung beträgt bei Bitumenbahnen und bei Bitumenverklebungen 10 cm, bei Kunststoff-Dichtungsbahnen in der Regel 5 cm. Alle Kanten und Kehlen sollen ausgerundet werden.

Kunststoffmodifizierte Bitumen-Dickbeschichtungen (KMB) sind in zwei Arbeitsgängen, auch „frisch in frisch", als auf dem Untergrund haftende, zusammenhängende Schicht von mindestens 3 mm Trockenschichtdicke aufzubringen. Die fertig gestellten Abdichtungen sind vor Beschädigungen durch Schutzschichten nach DIN 18 195-10 zu schützen.

Auf eine Abdichtung kann nur dann verzichtet werden, wenn geringe Feuchtigkeit im Keller unbedenklich bzw. erwünscht ist (Weinkeller). In diesen Fällen ist in jedem Falle eine circa 15 cm dicke Kies- oder Splitschüttung gegen aufsteigende Feuchtigkeit vorzusehen.

Senkrechte Abdichtungen von Wandflächen

Wandabdichtungen gegen Erdfeuchtigkeit unterhalb des Geländes wurden früher aus heiß

---

[1] Einzelheiten s. auch Abschn. 11.3.2.

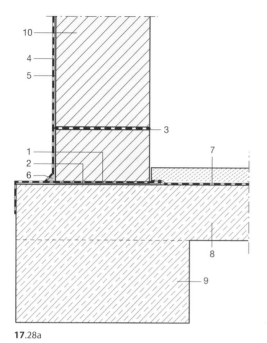

17.28a

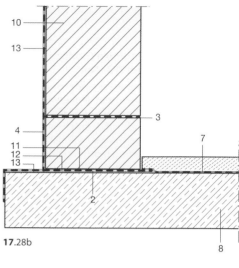

17.28b

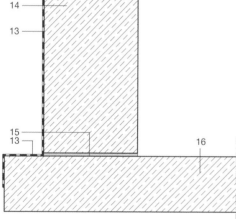

17.28c

17.28
Querschnittsabdichtungen (Horizontalsperren)
a) Dichtung mit Bitumenbahnen
b) Dichtung auf Zementbasis
c) Dichtung mit Sperrmörtel bei Stahlbetonwänden

  1 Querschnittsabdichtung nach DIN 18 195-4
  2 Mörtelglattstrich, MG II oder III
  3 2. Querschnittsabdichtung, empfohlen
  4 Vertikalabdichtung
  5 Egalisierungsabpachtelung oder- putz
  6 Hohlkehle aus Mörtel
  7 Horizontalabdichtung der Bodenplatte
  8 Bodenplatte
  9 ggf. Streifenfundament
10 Kellermauerwerk
11 Querschnittsabdichtung auf Zementbasis
12 zusätzliche Querschnittsabdichtung nach DIN 18 195-4
13 KMB Beschichtung, ≥ 3 mm
14 Stahlbetonaußenwand als Fertigteil
15 Sperrschicht als Sperrmörtel
16 Bodenplatte aus WU Beton

oder kalt aufgetragenen Bitumenanstrichen hergestellt, die jedoch nicht ausreichend elastisch waren. Heute werden Bitumen- oder Polymerbitumenbahnen (DIN 18 195-2, Tab. 4), Kunststoff- und Elastomer-Dichtungsbahn (DIN 18 195-2, Tab. 5), oder kaltselbstklebende Bitumen-Dichtungsbahnen (KSK), – überwiegend jedoch Kunststoffmodifizierte Bitumen-Dickbeschichtungen (KMB) verwendet. Nicht verwendet werden dürfen sog. Nackte Bitumenbahnen R500 N (DIN 52 129) und Bitumendachbahnen mit Rohfilzeinlage R 500 (DIN 13 707).

Kunststoffmodifizierte Bitumen-Dickbeschichtungen (KMB) als Abdichtung gegen nichtdrückendes und sogar gegen drückendes Wasser bestehen aus lösungsmittelfreien, kalt zu verarbeitenden ein- oder zweikomponentigen Bitumenspachtelmassen, die in zwei Arbeitsgängen mit 3 bis 4 mm Trockenschichtdicke aufgebracht werden.

Je nach Fabrikat werden sie nach einem Voranstrich auf vollfugig hergestelltes Mauerwerk mit etwa 4 bis 8 mm Dicke aufgetragen.

Bitumen-Dickbeschichtungen erfüllen durch ihre hohe langfristig erhaltene Flexibilität die Forderungen von DIN 18 195-5 hinsichtlich Rissüberbrückung. Auch im Bereich der Bauwerkssanierung werden Dickbeschichtungen vielfach eingesetzt.

KMB-Abdichtungen haben aufgrund ihrer einfacheren Verarbeitung mittlerweile weitgehende Verbreitung gefunden. Sie bestehen aus Bitumenemulsionen, Kunststoffen und Füllstoffen und lassen sich in pastöser Konsistenz im Spachtel- oder Spritzverfahren in Schichtdicken bis zu 6 mm als Ein- oder Zweikomponenten-Dickbeschichtungen auftragen. Bitumenemulsionen ermöglichen einen vollflächigen Haftverbund zu mineralischen Untergründen.

Die Schichtdicke muss in ausgetrocknetem Zustand min. 3 mm betragen. Sie sollte möglichst gleichmäßig – auch im Bereich der Hohlkehle – aufgetragen werden. Hierbei sind die jeweiligen Verarbeitungsrichtlinien der Hersteller zu beachten. Sie wird in zwei Arbeitsgängen „frisch in frisch" aufgetragen und die Nassschichtdicke ist mit min. 20 Messungen je Projekt bzw. 20 Messungen je 100 m^2 zu überprüfen. Der Trocknungsgrad muss mit Referenzproben auf gleichartigem Material wie der beschichtete Untergrund und am gleichen Ort in der Baugrube geprüft werden. Die nachträgliche Messung der Trockenschichtdicke gefolgt gemäß DIN 15 819 in einem hierin festgelegten Keilschnittverfahren.

Vielfach verweisen die Hersteller auf die Unverträglichkeit von KMB mit üblichen bituminösen Bahnenabdichtungen und empfehlen, die Querschnittsabdichtungen in den Wänden auf Zementbasis herzustellen. Dieses steht im Widerspruch zu den Forderungen nach DIN 18 195-4, nach denen Querschnittsabdichtungen bituminös oder als Kunststoffdichtungsbahnen herzustellen sind. Querschnittsabdichtungen auf Zementbasis sind bauaufsichtlich nicht geprüft und eingeführt. Dennoch wird empfohlen, diese Ausführung zu wählen, da sie im Vergleich zu Bitumendichtungsbahnen wesentlich widerstandsfähiger gegen mechanische Beschädigungen sind. Zu empfehlen ist weiterhin, den Hersteller diesbezüglich in die Gewährleistung einzubeziehen und darüber hinaus sicherzustellen, dass der Hersteller der Querschnittsabdichtung auch gleichzeitig der KMB-Hersteller ist.

Der Untergrund von senkrechten Abdichtungen muss eben, fest, gereinigt und in der Regel trocken sein. Betonflächen müssen eine ebene und geschlossene Oberfläche aufweisen. Wandflächen aus porigen Baustoffen sind mit einem Mörtel der Mörtelgruppe II oder III zu ebnen und abzureiben, der vor dem Herstellen der Aufstriche bzw. Bahnen ausreichend erhärtet und trocken sein muss. Für feuchten Untergrund sind geeignete Aufstrichmittel, Beschichtungen bzw. Bahnen zu verwenden. Vollfugig gemauerte Flächen aus glatten Steinen mit glatt gestrichenen Fugen sind als Untergrund u. U. sicherer als ein nicht sehr sorgfältig und zu dünn ausgeführter Putz, der sich zusammen mit der Abdichtung unbemerkt ablösen kann.

Bituminöse Deckaufstrichmittel sollten bei unterkellerten Gebäuden nicht mehr verwendet werden. Sie bestehen aus einem kaltflüssigen Voranstrich und mindestens 2 heißflüssig aufgebrachten Abdichtungsanstrichen. Die Aufstriche müssen zusammenhängend und deckend in einer Schichtdicke vom 2,5 mm, mindestens jedoch 1,5 mm dick aufgetragen werden.

Bitumenbahnen werden vollflächig auf die vorbereiteten – z. B. geputzten – und vorgestrichenen Wandflächen mit 10 cm Stoßüberdeckung mindestens einlagig aufgeklebt. Sehr gut bewährt haben sich auch die *selbstklebenden Bitumenbahnen* (KSK). Bitumenverträgliche *Kunststoff-Dichtungsbahnen* werden mit min. 5 cm Stoßüberdeckung vollflächig mit Bitumenklebemasse aufgeklebt.

WU-Beton-Oberflächen. *Stahlbetonflächen* aus Beton mit hohem Wassereindringwiderstand (s. a. Abschn. 17.4.6 und 5.1.6) sind als Mindestausführung mit einer porenschließenden Zementschlämme zu streichen oder erhalten kalt oder heiß aufgebrachte Schutzanstriche wie geputzte erdberührte Außenwandflächen. Bewährt haben sich auch Abdichtungen mit *zementgebundenen Dichtungsschlämmen oder -putzen* (Oberflächenschutzsysteme (OS) [8], s. Abschn. 17.4.2 und 5.10).

Alle waagerechten Abdichtungen müssen an die senkrechten Abdichtungen so herangeführt werden, dass keine Feuchtigkeitsbrücken (Putzbrücken) entstehen können.

Abgedichtete Außenwandflächen dürfen erst hinterfüllt werden, wenn die Abdichtungen völ-

17

lig trocken sind. Dabei muss genauestens darauf geachtet werden, dass die Abdichtungen nicht beschädigt werden. Auf keinen Fall darf das Hinterfüllungsmaterial scharfkantige Bestandteile wie z. B. Bauschutt oder Schotter enthalten. Erforderlich sind *Schutzschichten gegen mechanische Beschädigungen*, die aus Noppenbahnen, Filterplatten (s. a. Abschn. 17.3), geschlossenen oder porigen Platten bestehen können, welche entweder durch den Erddruck gehalten oder aufgeklebt werden (Bild **17**.26).

Wichtig ist ferner, dass in den Hinterfüllungen keine Hohlräume verbleiben, in denen sich Niederschlagwasser ansammeln und als Stauwasser die Abdichtungen unvorhergesehen beanspruchen kann.

Abdichtung nicht unterkellerter Gebäude

Für nicht unterkellerte Gebäude kann es ggf. wirtschaftlich sein, die unterste Geschossfläche (Bodenplatte) mit freitragenden, nicht auf dem Boden aufliegenden Decken (z. B. aus Fertigteilen) herzustellen (Bild **17**.29). Der kalte Zwischenraum zum Erdreich muss in diesem Fall eine ausreichende Querlüftung mit Gitterformsteinen o. Ä. in den Außenwänden und entsprechenden Aussparungen in etwa vorhandenen inneren Tragwänden erhalten. Die Fußbodenflächen sind den Anforderungen entsprechend dann oberseitig zu dämmen.

Eine derartige Lösung ist besonders bei nicht zu großen Deckenspannweiten wirtschaftlich, und wenn ein Zwischenraum erforderlich ist, der als bekriechbarer Installationsraum dienen soll. Eine waagerechte Abdichtung der Deckenfläche ist in diesem Fall nicht erforderlich, ausgenommen bei sehr feuchtigkeitsempfindlichen Fußbodenbelägen wie z. B. Parkett. Bei feuchtem Untergrund kann eine lose auf dem Erdreich verlegte PE-Baufolie den Luftraum sehr wirkungsvoll vor zu starker Durchfeuchtung schützen.

In Gebäuden mit geringen Anforderungen können Bodenplatten lediglich als Stahlbetonplatten auf einer *kapillarbrechenden Schicht* aus grobkörnigem Material ausgeführt werden, das vor dem Betonieren mit einer PE-Folie abgedeckt wird (Bild **17**.30).

In allen anderen Fällen ist eine durchgehende Abdichtung ober- oder unterhalb der Bodenplatte anzuordnen, die an die waagerechte Wandabdichtung (Querschnittsabdichtung) heranreicht und mit dieser mind. 15 cm überlappend ausgeführt werden soll (Bild **17**.31).

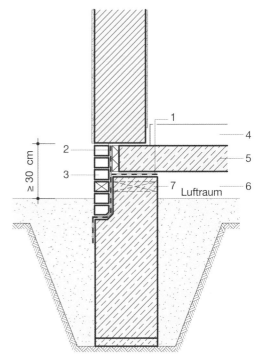

17.29 Abdichtung eines nicht unterkellerten Bauwerkes mit freitragender unterster Decke
  1 waagerechte Abdichtung
  2 senkrechte Abdichtung
  3 frostbeständiges Sockelmauerwerk
  4 Deckenauflage (z. B. schwimmender Estrich)
  5 tragende Decke (in der Regel Fertigteildecke)
  6 Luftraum mit Querlüftung
  7 Öffnungen zur Querlüftung

Außenputz in der Spritzwasserschutzzone. Über Gelände sind bituminöse senkrechte Abdichtungen an der Außenseite der Wandflächen nur möglich, wenn für den Sockelputz besondere Putz- bzw. Mörtelträger vorgesehen werden. (Bild **17**.31). In der Regel wird der Spritzwasserschutz aus mindestens 20 mm dickem zweilagigem *Sperrputz* (MG III) gebildet, der eine Oberflächenbehandlung aus Kunstharzputzen oder Anstrichen wie in den sonstigen Fassadenbereichen erhalten kann (s. Abschn. 8 in Teil 2 dieses Werkes).

Auch bei der Verwendung von Putz- und Mörtelträgern ist das Herstellen von Sockelputz in direktem Kontakt mit bituminösen Abdichtungsbaustoffen auf Grund der mangelhaften Haftungsmöglichkeiten sehr kritisch zu sehen. Um bei verputzten Gebäuden eine optisch annä-

17

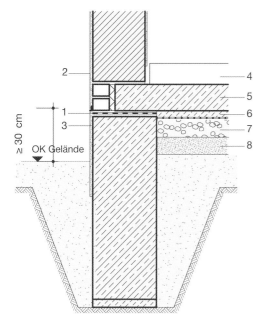

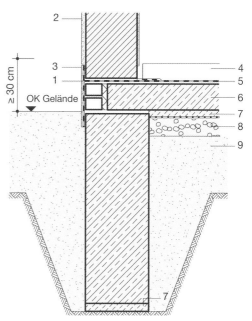

17.30 Abdichtung eines nicht unterkellerten Bauwerkes bei geringen Anforderungen; Bodenplatte ohne Abdichtung auf dem Untergrund aufliegend

1 waagerechte Abdichtung
2 Außenputz mit Putzabschlussprofil
3 Sockelputz als Sperrputz o. Sichtbeton
4 Deckenauflage (z. B. schwimmender Estrich)
5 Stahlbeton-Bodenplatte (auf Sauberkeitsschicht mit PE-Folie betoniert; PE-Folie gilt nicht als Abdichtung!)
6 Magerbeton als Sauberkeitsschicht, d > 5 cm
7 Grobkiesschüttung, d > 15 cm als kapillarbrechende Schicht mit PE-Folie (Folie gilt nicht als Abdichtung!)
8 verdichteter Untergrund

17.31 Abdichtung eines nicht unterkellerten Bauwerkes bei erhöhten Anforderungen, Bodenplatte abgedichtet

1 waagerechte Abdichtung (Querschnittsabdichtung), Bitumenpappe besandet
2 Außenputz mit Putzabschlussprofil
3 Sockelputz als Sperrputz auf senkrechter Abdichtung
4 Deckenauflage (z. B. schwimmender Estrich)
5 waagerechte Abdichtung der Bodenplatte (Schweißbahn), an die waagerechte Abdichtung des Mauerwerks anschließend
6 Stahlbetonplatte
7 Sauberkeitsschicht aus Magerbeton ca. 5 cm (auf PE-Folie betoniert; PE-Folie gilt nicht als Abdichtung!)
8 Grobkiesschüttung, d > 15 cm als kapillarbrechende Schicht
9 verdichteter Untergrund

hernd „sockelfreie" Spritzwasserzone zu ermöglichen, ist es wesentlich günstiger, die Vertikalabdichtung in den Querschnitt der Außenwand (Schalenfuge) einzuführen (Bild **17**.29) um sicherzustellen, dass dann für den Sockelputz ein dichtungsbaustofffreier, guter Haftgrund gewährleistet ist.

Eine Alternative stellen sichtbar ausgebildete Sockelzonen dar, die durch angemauerte oder hinterlüftete Bekleidungen ausgebildet werden (s. Abschn. 8), bei denen die Abdichtungsbahnen hinter die Bekleidungen hochgeführt werden können.

Eine Sockelverblendung mit frostbeständigen Verblendsteinen oder Klinkern stellt eine sehr beständige Lösung dar (Ausführung nach DIN

18 515-2, s. Abschn. 8.3.2). Dabei ist es ebenfalls erforderlich, hinter der Verblendung eine senkrechte Abdichtung hochzuführen (Bild **17**.29, vgl. auch Abschn. 17.2, Spritzwasserschutz). Die Auswirkungen auf die Tragfähigkeit (senkrecht durchlaufende Längsfuge als Schalenfuge!) müssen im Standsicherheitsnachweis berücksichtigt werden.

Abdichtung unterkellerter Gebäude

Bestehen im Ausnahmefall für die Nutzung von Kellerräumen keine oder nur geringe Anforde-

17

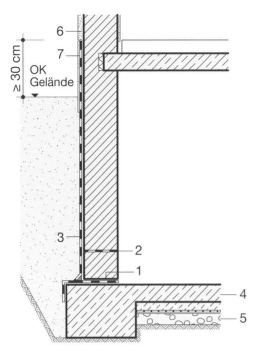

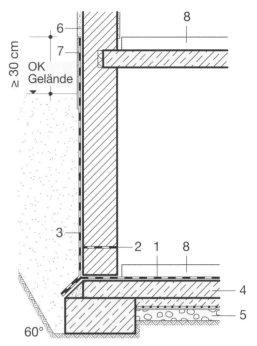

17.32 Abdichtung bei geringen Anforderungen gegen Bodenfeuchtigkeit oder nicht drückendes Wasser

1 waagerechte Abdichtung n. DIN 18 195 (Querschnittsabdichtung)
2 empfohlene zweite waagerechte Querschnittsabdichtung gegen aufsteigende Baunässe
3 senkrechte Abdichtung ggf. auf Glättputz
4 Stahlbeton-Bodenplatte auf Sauberkeitsschicht und Trennfolie(PE-Folie)
5 Kapillarbrechende Schicht
6 Außenputz mit Putzabschlussprofil
7 Sperrputz im Spritzwasser-Sockelbereich auf senkrechter Abdichtung

17.33 Abdichtung bei erhöhten Anforderungen gegen Bodenfeuchtigkeit oder nicht drückendes Wasser

1 waagerechte Abdichtung n. DIN 18 195-4
2 empfohlene zweite waagerechte Querschnittsabdichtung gegen aufsteigende Baunässe
3 senkrechte Abdichtung ggf. auf Glättputz
4 Stahlbeton-Bodenplatte auf Sauberkeitsschicht und Trennfolie (PE-Folie)
5 Kapillarbrechende Schicht
6 Außenputz mit Putzabschlussprofil
7 Sperrputz im Spritzwasser-Sockelbereich auf senkrechter Abdichtung
8 Schutzestrich, Fußbodenaufbau

rungen hinsichtlich des Feuchtigkeitsschutzes, können die Bodenflächen ohne Abdichtung direkt auf die Baugrubensohle (ggf. auf einer Sauberkeitsschicht) betoniert werden.

Insbesondere auf bindigen Böden ist die Ausführung auf einer mindestens 15 cm dicken Kies- oder Schotterschicht als *kapillarbrechende Schicht*, abgedeckt mit einer Trennlage aus PE-Folie, vielfach üblich (Bild **17.**32). Die gegenüber dem Erdreich in der Regel als Trennlage zu verlegende Kunststoff-Folie ist zwar nicht als Abdichtung zu betrachten, wirkt dennoch aber als gewisser Schutz gegen kapillare Feuchtigkeit.

In der Regel sind genutzte Kellerräume, insbesondere wenn sie als Hobby-, Partyräume, Tiefgaragen o. Ä. ausgebaut werden und zudem

einen *wärmegedämmten Fußbodenaufbau* erhalten gegen Bodenfeuchtigkeit abzudichten (Bild **17.**33). Die Ausführung erfolgt entsprechend den Anforderungen an Abdichtungen gegen nichtdrückendes Wasser bei „mäßiger Beanspruchung" (s. Abschn. 17.4.5).

Kelleraußenwände aus Stahlbeton können aus Beton mit hohem Wassereindringwiderstand (WU-Beton) so ausgeführt werden, dass eine zusätzliche Abdichtung nicht notwendig ist. Müssen jedoch die Bodenflächen (gegen nichtdrückendes Wasser) abgedichtet werden, ist zum Anschluss der Flächenabdichtung eine Sperrschicht zwischen den Außenwänden und der Bodenplatte erforderlich. In solchen Fällen muss

17

das konstruktive Gefüge des Kellergeschosses allein durch aussteifende Zwischenwände und ohne Heranziehung der Bodenplatte alle horizontalen Kräfte aufnehmen können, so dass Anschlussbewehrungen zwischen Bodenplatte und Wänden entfallen können. Der Einbau der waagerechten Sperrschicht ist dann vor dem Betonieren wie bei Außenwänden aus Mauerwerk möglich.

Üblicher ist für diesen Fall die Ausführung der Gebäudesohle ebenfalls aus Beton mit hohem Wassereindringwiderstand und die Ausbildung einer Arbeitsfuge mit Fugenbändern (s. Abschn. 17.4.6).

Wenn Abdichtungen nicht *sofort nach Herstellung* durch andere Bauteile überdeckt werden (z. B. schwimmende Estriche o. Ä.), müssen sie durch *Schutzschichten* (z. B. mind. 5 cm dicker Schutzestrich) geschützt werden (DIN 18 195-10).

17.4.5 Abdichtung gegen nicht drückendes Wasser (DIN18 195-5)

Wenn nicht nur die immer vorhandene Bodenfeuchtigkeit, sondern Wasser in „tropfbar-flüssiger Form" (Niederschlags-, Sicker-, und Brauchwasser) auf die erdberührten Bauwerke oder Bauteile einwirkt, ist nach DIN 18 195-5 eine Abdichtung gegen nicht drückendes Wasser erforderlich. Das ist insbesondere immer dann vorauszusetzen, wenn das Bauwerk ganz oder teilweise in bindigem Boden steht.

Bei Baugruben *in bindigen Böden* (s. a. Abschn. 3.1) besteht die Gefahr, dass sich in den später mit nicht bindigem Material hinterfüllten Arbeitsräumen Sickerwasser so stark ansammelt, dass auf die Abdichtungen eine kurzzeitige Beanspruchung ähnlich wie durch drückendes Wasser ausgeübt wird (Bild **17**.14). Wenn die Ansammlung von Stauwasser nicht durch Dränage (s. Abschn. 17.3) zuverlässig verhindert werden kann, sind die Abdichtungen wie gegen drückendes Wasser auszuführen (s. Abschn. 17.4.6)

Bei Hanglagen ist auf der Bergseite durch entsprechende Oberflächengestaltung dafür zu sorgen, dass das Niederschlagswasser vom Bauwerk weggeleitet wird. Im Übrigen ist durch *Dränung* für eine Ableitung des anfallenden Schichtenwassers zu sorgen.

Die *Lage der Abdichtungsschichten* entspricht der Abdichtung gegen Bodenfeuchtigkeit, doch müssen für die senkrechten und waagerechten Abdichtungen in der Regel Dichtungsbahnen

verwendet werden. Außerdem sind alle Bestimmungen zu beachten über den Anschluss von Durchdringungen, Bewegungsfugen, von Übergängen und Abschlüssen (DIN 18 195-8 und -9).

Beanspruchung. Unterschieden wird

- *mäßige Beanspruchung:* Verkehrslasten ruhend, Flächen nicht befahrbar, Wasserbeanspruchung gering und nicht ständig sowie ausreichendes Gefälle (z. B. Balkone, Loggien, Böden in Nassräumen im Wohnungsbau)
- *hohe Beanspruchung:* Bei allen waagerechten und geneigten Flächen und wenn eine oder mehrere der obengenannten Beanspruchungen überschritten werden. (z. B. Dachterrassen, *intensiv* begrünte Dächer[1], Parkdecks, erdüberschüttete Decken, hoch beanspruchte Nassräume usw.)

Die Bauwerksflächen, auf die die Abdichtungen aufzubringen sind, müssen eben, frei von offenen Mörtelfugen o. Ä., Nestern und Graten sein und müssen an Kehlen und Graten gut ausgerundet werden. Vorhandene Risse (z. B. Schwindrisse) dürfen nicht breiter als 0,5 mm sein, und es muss sichergestellt sein, dass sie sich später nicht weiter als bis zu 2 mm öffnen. Selbstverständlich sind im Übrigen alle erforderlichen Maßnahmen zu treffen, dass die Abdichtung auch durch Setzungen, Schwingungen und Temperaturänderungen nicht ihre Wirksamkeit verlieren kann.

Die Ausführung der Abdichtungen erfolgt wahlweise je nach baulichen Erfordernissen für

mäßige Beanspruchung durch mindestens einlagige Abdichtung:

- 1 Lage Bitumen- oder Polymerbitumenbahn, mit 10 cm Stoßüberdeckung und Deckaufstrich bei Bitumen-Dachdichtungsbahnen mit Gewebeeinlage oder
- 1 Lage Bitumen-KSK-Bahn als kaltverarbeitbarer, selbstklebender Bahn auf Trägerfolie oder
- 1 Lage Kunststoff-Dichtungsbahn (PIB, ECB, EVA, PVC-P, bitumenverträglich), vollflächig mit 5 cm Stoßüberdeckung verklebt oder lose verlegt mit Trennlage aus z. B. lose verlegter PE-Folie (waagerechte Flächen) oder Trenn- und Schutzlage aus nackter Bitumenbahn mit Deckaufstrich oder Schutzlagen nach DIN 18 195-2, 5.3 oder

---

[1] Für *extensiv* begrünte Dachflächen gilt DIN 18 531 beziehungsweise die Flachdachrichtlinie.

17

- 1 Lage Elastomer-Bahn, lose verlegt oder vollflächig verklebt mit einer Schutzlage aus z. B. synthetischem, schwerem Vlies oder
- zweilagiger Asphaltmastix (i. M 15 mm) z. B. mit Schutzschicht aus Gussasphalt (25 mm) oder
- einer Bitumendickbeschichtung (KMB) in zwei Arbeitsgängen mit min. 3 mm Trocken-Schichtdicke (s. a. Abschn. 17.4.6)

hohe Beanspruchung durch

- 3 Lagen nackte Bitumenbahnen mit Deckaufstrich oder
- 2 Lagen Bitumen- oder Polymerbitumenbahnen, mit 10 cm Stoßüberdeckung und Deckaufstrich bei Bitumen-Dachabdichtungsbahnen oder
- 1 Lage Kunststoff-Dichtungsbahn (PIB, ECB, EVA, PVC-P oder Elastomere, bitumenverträglich, mind. 1,5 mm dick, ECB mind. 2 mm dick) zwischen 2 Schutzlagen aus z. B. nackter Bitumenbahn mit Deckaufstrich oder
- 1 Lage kalottengeriffelte Metallbänder mit 10 cm Stoßüberdeckung im Gieß- und Einwalzverfahren eingebaut, mit Schutzlage aus 25 mm Gussasphalt oder Glasvlies-Bitumenbahnen oder nackter Bitumenbahn oder
- 1 Lage Bitumen-Schweißbahn mit einer Schicht aus Gussasphalt (25 mm) oder
- 1 Lage Asphaltmastix (i. M. 10 mm) mit einer Schutzschicht aus Gussasphalt (25 mm).

Die Abdichtungen sind durch Schutzschichten (DIN 18 195-10) gegen mechanische Beschädigungen zu schützen (s. Abschn. 17.4.3).

17.4.6 Abdichtung gegen von außen drückendes Wasser und aufstauendes Sickerwasser
(DIN 18 195-6)

Allgemeines

Zwingen besondere Umstände dazu, Gebäudeteile in unmittelbarer Nähe oder unterhalb des Grundwasserspiegels anzulegen, oder wenn durch zeitweise anstehendes Stauwasser, Überschwemmungen usw. die Gefahr der Einwirkung von drückendem Wasser besteht, müssen die betroffenen Bauteile entweder *wannenartig* aus Beton mit hohem Wassereindringwiderstand (WU-Beton = „wasserundurchlässiger" Beton) hergestellt werden oder eine Wasserdruck haltende Abdichtung erhalten.

Wasserdruck haltende Abdichtungen müssen Bauwerke gegen hydrostatischen Wasserdruck schützen und gegen natürliche oder durch Lösung aus Beton und Mörtel entstandene aggressive Wässer unempfindlich sein. Sie dürfen ihre Wirksamkeit auch nicht bei üblichen Formänderungen der geschützten Bauteile infolge Schwinden, Temperatureinwirkungen und Setzen verlieren, und sie müssen Spannungsrisse in bestimmten Grenzen elastisch überbrücken können. Durch konstruktive Maßnahmen (z. B. besonders abgedichtete Bauwerksfugen) muss sichergestellt werden, dass Setzungen oder Längenänderungen des Bauwerkes die Abdichtungen nicht zerstören.

Bei der Planung des Gebäudes soll auf möglichst einfache äußere Umrisse geachtet werden, da erfahrungsgemäß bei der Abdichtung komplizierter Vor- und Rücksprünge die meisten Ausführungsfehler vorkommen. Unvermeidliche Ecken sind sorgfältig auszurunden und mit zusätzlichen, passenden Materialzwickeln zu verstärken. Insbesondere bei größeren Eintauchtiefen in das Grundwasser sind für alle Bauteile bei der statischen Berechnung der *Wasserdruck* und der *Auftrieb* zu berücksichtigen.

Alle Abdichtungsmaßnahmen sind nach DIN 18 195 bei nicht bindigen Böden (s. Abschn. 3.1) bis mindestens 30 cm über den höchsten beobachteten Grundwasserstand (HGW) auszuführen.

Da der Grundwasserstand stark schwanken kann, die Beobachtung daher meistens nicht genau ist und weil die Mehrkosten im Vergleich zu einem möglichen Schadensfall meistens in keinem vernünftigen Verhältnis stehen, sollten die Abdichtungsmaßnahmen besser wesentlich über das Maß von 30 cm hinaus nach oben geführt werden.

Bei bindigen Böden sind die Abdichtungsmaßnahmen 30 cm über die Oberkante des geplanten Geländeanschlusses zu führen.

Die Abdichtungen gegen drückendes Wasser sind nach oben an die Abdichtungen gegen Bodenfeuchtigkeit bzw. nicht drückendes Wasser anzuschließen (s. Abschn. 17.4.4, 17.4.5, Bilder **17.45**, **17.47** und **17.48**).

Während der Dichtungsarbeiten wird das Grundwasser aus der Baugrube entweder durch offene Wasserhaltung oder durch Absenken des Grundwasserspiegels entfernt (s. Abschn. 3.6). Die Wasserhaltung muss fortgesetzt werden, bis die Abdichtungen ihre volle Funktionsfähigkeit erlangt haben und das Bauwerk gegen Aufschwimmen gesichert ist.

Beanspruchungsarten. Es werden aufgrund unterschiedlicher Beanspruchungsintensität unterschieden:

- *Abdichtungen gegen drückendes Wasser* als Abdichtungsmaßnahmen gegen Grundwasser und Schichtenwasser für Gebäude, die ganz oder teilweise in das Grundwasser eintauchen.

- *Abdichtungen gegen zeitweise aufstauendes Sickerwasser* als Abdichtungsmaßnahmen für erdberührte Außenflächen bei Gründungstiefen bis 3,0 m unter GOK und wenig durchlässigen Böden ohne Dränung. Die Kellersohle muss dabei mindestens 30 cm über dem Bemessungswasserstand liegen.

Ausführungsarten

Grundsätzlich wird bei Abdichtungen gegen drückendes Wasser unterschieden zwischen:

- **„Weißer Wanne"** als Ausführung wasserundurchlässiger Bauteile (Herstellung der zu schützenden Bauwerksteile aus Beton mit hohem Wassereindringwiderstand – WU-Beton) und

- **„Schwarzer Wanne"** als Ausführung mit Hilfe wasserundurchlässiger Baustoffe (Wasserundurchlässige Schichten auf Bitumenbasis oder aus Kunststoffen auf den zu schützenden Bauwerksteilen). Ferner können die Abdichtungen mit Hilfe von Bentonit ausgeführt werden („Braune Wannen", s. Abschn. 17.4.6).

Die Wahl der Ausführungsart von Abdichtungen gegen drückendes Wasser und aufstauendes Sickerwasser ist u. a. abhängig von:

- Zugänglichkeit der Abdichtungsflächen,
- Platzverhältnissen im Arbeitsraum,
- Bauwerksform,
- Witterungsverhältnissen während der Bauzeit (z. B. sind Klebearbeiten bei Außentemperaturen unter + 4°C nicht zulässig, bei feuchter Witterung problematisch),
- Art und möglicher Dauer der Wasserhaltung,
- Beanspruchung der Abdichtung

Insbesondere muss die zu erwartende Beanspruchung der abgedichteten Bauteile z. B. durch Schwindvorgänge, Setzungen, Erschütterungen, Temperatureinwirkungen usw. bei der Planung berücksichtigt werden.

Abdichtung aus Beton mit hohem Wassereindringwiderstand (WU-Beton)
(s. a. Abschn. 5.1.6)
Allgemeines

Als wasserundurchlässige Konstruktionen bezeichnet man Bauwerke aus Beton mit hohem Wassereindringwiderstand, die ohne zusätzliche äußere Abdichtung erstellt werden und allein aufgrund der Baustoffeigenschaften und besonderer konstruktiver Maßnahmen zur Fugenausbildung und Rissbreitenbegrenzung dicht gegen flüssiges Wasser sind[1]. Aufgrund ihrer hellen, zementfarbenen Oberfläche und als Gegensatz zur *„Schwarzen Wanne"* aus vielfach bituminösen äußeren Abdichtungsmaterialien werden sie auch als „Weiße Wannen" bezeichnet.

Die Bauweise aus Beton mit hohem Wassereindringwiderstand („wasserundurchlässiger" Beton = WU-Beton) hat sich in den letzten Jahrzehnten bei der Bauwerksabdichtung vielfach durchgesetzt. Neben der Kostengünstigkeit und Einfachheit der Ausführung sind die weitgehende Unabhängigkeit von der Witterung und die Zeitersparnis wichtige Entscheidungskriterien. Hinzu kommt der Vorteil einer monolithischen, einschichtigen Konstruktion mit weitgehender Unempfindlichkeit gegen mechanische Beschädigungen.

Wasserundurchlässige Konstruktionen aus Beton sind in Bereichen, in denen an vorhandene Bauwerke anbetoniert wird (Lückenbebauung) die einzige Möglichkeit, eine Druckwasser haltende Abdichtung herzustellen.

Ein besonderer Vorteil besteht darin, eventuelle Undichtigkeiten unmittelbar an der Wassereintrittsstelle lokalisieren und nachträgliche Abdichtungsmaßnahmen durch Kunstharzinjektionen (z. B. durch Hochdruckverpressung) an der Wasseraustrittstelle relativ einfach, zuverlässig, schnell und kostengünstig durchführen zu können.

Grundlage für diese Konstruktionsart ist die Richtlinie des deutschen Ausschusses für Stahlbeton (DafStb, WU-Richtlinie) [8] im Deutschen Institut für Normung e. V. (DIN) als Ergänzung zum Nachweis der Gebrauchstauglichkeit nach DIN EN 1992-1. In der Beton-Norm DIN 1045 und

---

[1] Feuchtetransporte können kapillar auf der wasserzugewandten Seite bis zu ca. 7–8 cm in den Beton eindringen – dem gegenüber trocknet das Bauteil auf der luftzugewandtem Raumseite durch Diffusion kontinuierlich aus. Im Mittelbereich verbleibt eine Kernzone, in der sich der Kapillarbereich und der Diffusionsbereich nicht überschneiden und damit ein auch gasförmiger Feuchtetransport nicht mehr nachweisbar ist. Hierdurch bedingt sind Bauteiledicken ≥ 20 cm erforderlich.

17

DIN EN 206 werden lediglich der Beton und die notwendige Bewehrung festgelegt. DIN 18 195 beinhaltet diese Ausführungsart nicht. Im Übrigen wird auf weiterführende Literatur [14] und [15] verwiesen.

Zur fachgerechten Planung und Herstellung von wasserundurchlässigen Bauwerken aus Beton sind verschiedene Planungsparameter zu berücksichtigen und zu entscheiden.

Beanspruchungsklassen

Das anstehende Wasser wird in zwei Klassen unterschieden:

- Beanspruchungsklasse 1: Drückendes Wasser, zeitweise aufstauendes Wasser, nichtdrückendes Wasser
- Beanspruchungsklasse 2: Bodenfeuchtigkeit, nicht stauendes Sickerwasser

Nach DIN 18 195-1 ist der Bemessungswasserstand „der höchste, nach Möglichkeit aus langjähriger Beobachtung ermittelt Grundwasserstand/Hochwasserstand". Eine oberflächliche Beurteilung beim Bodenaushub ist eine Momentaufnahme und reicht hierfür nicht aus [21]. Zusätzlich muss ein möglicher chemischer Angriffsgrad des Grundwassers bzw. Bodens ermittelt werden, der dann in den Expositionsklassen XA1 bis XA3 (chemischer Angriff) berücksichtigt wird (s. a. Abschn. 5.1.2).

Bauweisen für Bauwerke aus WU – Beton

Wasserundurchlässige Bauwerke können hinsichtlich der Entstehung von unvermeidlichen Trennrissen (Schwindrissen in Folge von Trocknung, Hydratationswärme, Temperaturänderung) in drei Qualitäten mit unterschiedlichen Anforderungen und in der Reihenfolge deutlich abnehmendem Aufwand hergestellt werden.

- Bauweise ohne unkontrollierte Trennrisse
- Bauweise mit Trennrissen beschränkter Rissbreite
- Bauweise mit zugelassenen Trennrissen

Die *Bauweise ohne unkontrollierte Trennrisse* ist gekennzeichnet durch ein Zusammenspiel von konstruktiven (Lagerungsbedingungen mit geringer Verformungsbehinderung, Fugenabstände), betontechnologischen und ausführungstechnischen (Betonierabschnitte, Nachbehandlung) Maßnahmen. Ziel ist es dabei, das Entstehen von Trennrissen durch die Vermeidung von Zwangsspannungen zu verhindern.

Bei der *Bauweise mit Trennrissen beschränkter Rissbreite* werden die Zugspannungen aus Last und Zwang durch eng liegende, Risse verteilende Bewehrung aufgenommen. Entstehende Risse müssen in ihrer Breite so gering gehalten werden, dass sowohl die festgelegte Form der Wasserundurchlässigkeit (vgl. Nutzungsklassen) als auch die Dauerhaftigkeit des Bauwerks nicht beeinträchtigt sind.

Bei der *Bauweise mit zugelassenen Trennrissen* kann auf umfangreiche Risse verteilende Bewehrung und enge Fugenabstände verzichtet werde. Risse werden in Kauf genommen. Ihre Abdichtung ist Bestandteil der Baumaßnahme und muss von der Planung bereits im Entwurf festgelegt werden. Diese Bauweise kann sinnvoll sein, wenn das Bauwerk noch im Rohbauzustand dem höchsten Wasserdruck ausgesetzt wird, die außen liegenden Betonflächen für eine nachträgliche Abdichtung zugänglich sind und der Bauherr dieser Bauweise zustimmt.

Oberflächenbeschichtungen. Unabhängig von der gewählten Bauweise werden als zusätzlicher Oberflächenschutz gegen Risse sowie als Schutz gegen betonschädigendes Wasser im Boden auf die fertigen Betonaußenflächen häufig Schutzüberzüge als Beschichtungen auf Bitumen- oder Reaktionsharzbasis oder aus Abdichtungsbahnen aufgebracht (s. Abschn. 5.10, Bilder **5**.59 und **5**.61).

Nutzungsklassen

Vom Planer ist in Abhängigkeit von der Funktion und der angestrebten Nutzung der Innenräume in Abstimmung mit dem Auftraggeber eine *Nutzungsklasse* **A** oder **B** festzulegen und in den Bauverträgen mit den ausführenden Firmen zu vereinbaren.

- Nutzungsklasse **A** (im Wohnungsbau sowie bei hochwertigen Lagernutzungen): Wasserdurchtritt in flüssiger Form ist nicht zulässig, Feuchtstellen auf der Bauteiloberfläche als Folge von Wasserdurchtritt sind auszuschließen, Tauwasserbildung ist möglich, und nur durch zusätzliche, hinweispflichtige Maßnahmen (außen liegende Wärmedämmung, Belüftung, Beheizung) zu vermeiden.
- Nutzungsklasse **B** (bei Garagenbauwerken, Versorgungskanälen und -schächten, Lagerbereichen mit geringen Anforderungen): Feuchtstellen (feuchtebedingte Dunkelfärbungen oder Bildung von Wasserperlen) im Bereich von Trennrissen, Sollrissquerschnitten

17

und Fugen sind zulässig, Tauwasserbildung möglich.

Unter Berücksichtigung von Beanspruchungsklasse und Nutzungsklasse ergeben sich ggf. weitere Vorgaben für die Mindestbauteilstärke, die Fugenabdichtung oder weitergehende Nachweise.

Beton

In DIN 206 und DIN 1045-2 wird der ehemals „wasserundurchlässige Beton" als Beton mit hohem Wassereindringwiderstand bezeichnet.

Für wasserundurchlässige Bauteile sind neben den Anforderungen an die Expositionsklassen (s. Abschn. 5.1.2) Betone mit hohem Wassereindringwiderstand zu verwenden. DIN EN 206 / DIN 1045-2 verlangen für Bauteildicken bis 40 cm die Einhaltung desr Mindestbetondruckfestigkeit C25/30 einen Mindestzementgehalt von 280 kg/m³ sowie einen maximalen Wasserzementwert von 0,60. Die Planung sollte dabei berücksichtigen, dass die Betondruckfestigkeitsklasse nicht höher als statisch bzw. aus Gründen der Dauerhaftigkeit notwendig festgelegt wird.

Darüber hinaus sind Nachweise zur Begrenzung der Rissbreiten bzw. eine Rissvermeidung zu führen und die hierzu erforderlichen Bewehrungen festzulegen.

Mindestbauteildicken aus Ortbeton oder Elementwänden sollten bei drückenden Wasser ca. 25 cm, bei Bodenfeuchte und Sickerwasser 20 cm nicht unterschreiten – auch schon, um eine ordnungsgemäße Bewehrungsanordnung sowie einen fachgerechten Betoneinbau zu erlauben. Bei der Verwendung von Fertigteilen als Vollplatten können diese Dicken auf 20 cm bei drückenden Wasser und 10 cm bei Bodenfeuchtigkeit und Sickerwasser reduziert werden.

Die Dicke von Bodenplatten sollte nicht weniger als 25 cm betragen.

Ausführung. Bei der Herstellung von Beton mit hohem Wassereindringwiderstand sind im Allgemeinen Zemente mit üblicher Anfangsfestigkeit (32,5 N), Zemente mit niedriger Hydratationswärme (LH Zement) und Betone mit geringem Schwindmaß vorteilhaft. Das Schwindmaß wird beeinflusst von der Wassermenge (< 165 kg/m³) und den Lagerungsbedingungen. Eine sehr gute Nachbehandlung ist also notwendig. Niedrige Frischbetontemperaturen können Zwangsbeanspruchungen infolge Temperaturunterschieden

deutlich verringern. Zur Verhinderung einer Entmischung darf die Fallhöhe des Frischbetons beim Betonieren 1 m nicht überschreiten und die Höhen der einzelnen Schüttlagen sind auf 30 cm bis max. 50 cm zu begrenzen.

Bei der Verwendung von auszubetonierenden Elementwänden (Filigranwänden) sind die Innenseiten vorzunässen und es ist wichtig, dass die untere Anschlussfläche zwischen Decke und Wand sauber ist. Die Wände sind min. 3 cm aufzuständern, damit der Frischbeton im Bereich der Arbeitsfuge vollflächig anschließen kann.

Fugen

Besondere Aufmerksamkeit erfordert die Ausführung und Anordnung von Fugen (Arbeitsfugen an Betonierabschnitten, geplante Scheinfugen, Stoß- und Bewegungsfugen zwischen Gebäudeabschnitten) sowie die Auswahl von Fugenabdichtungen. Die Auswahl und Festlegung des Abdichtungssystems der Fugen ist auf den Wasserdruck abzustimmen und muss insbesondere an den Stoßpunkten zwischen horizontalen und vertikalen Fugen konstruktiv miteinander verbunden sein.

Gemäß WU-Richtlinie werden geregelte und nicht geregelte Fugenabdichtungen unterschieden.

- *geregelte* Fugenabdichtungen durch Fugenbänder (DIN 18 541 und DIN 18 197) oder *unbeschichtete* Fugenbleche gemäß DIN EN 10 051 oder DIN EN 10 088-2 als geschlossenes System sofern sie die Anforderungen der WU-Richtlinie erfüllen, mittig angeordnet innerhalb der Wandquerschnitte bzw. Bauwerkssohle oder Fugenbänder, außen auf der Wasser zugewandten Seite.

- *nicht geregelte* Fugenabdichtungen durch mittig innerhalb der Querschnitte angeordnete Injektions-/Verpressschläuche Quellprofile, Dichtrohre, beschichtete Fugenbleche oder außenseitig angeordnete streifenförmige Dichtungen (KMB) oder Bentonit-Folien sowie Kombinationen aus verschiedenen Maßnahmen.

Alle ungeregelten Fugenabdichtungen müssen ihre Verwendbarkeit durch ein Allgemeines Bauaufsichtliches Prüfzeugnis (AbP) nachweisen[1].

17

---

[1] Eine Auflistung der allgemein bauaufsichtlich geprüften, jedoch bislang noch nicht durch Verwendungsnachweise allgemein bauaufsichtlich zugelassenen sogenannten ungeregelten Fugenabdichtungssysteme ist unter folgende Adresse aufzufinden: www.abp-fugenabdichtungen.de/abp.

Arbeitsfugen

Bei der Konstruktion von „Wannen" aus Beton mit hohem Wassereindringwiderstand übernehmen die Betonteile in der Regel sowohl abdichtende als auch tragende Funktion. Die Bodenplatte wird daher in der Regel als Plattenfundament ausgebildet, das zunächst auf einer Sauberkeitsschicht betoniert wird. Die aufgehenden Wände müssen in weiteren Arbeitsgängen errichtet werden. Die am Anschluss zwischen Bodenplatte und Wänden unvermeidliche Arbeitsfuge muss – ebenso wie bei ausgedehnten Bauwerken etwa erforderliche weitere Arbeitsfugen in der Bodenplatte oder den Wänden – besonders abgedichtet werden.

Die Ausführung von Arbeitsfugen ist auf verschiedene Weise möglich und muss in jedem Fall genau geplant werden.

Die früher übliche Ausführung mit Aufkantungen der Bodenplatte (Bild **17**.34a) erfordert erhöhten Arbeitsaufwand. Außerdem ist die Gefahr von Undichtigkeiten durch vor dem Betonieren in der Schalung verbliebene Verunreinigungen gegeben.

In der Regel werden daher Arbeitsfugen mit Hilfe von Fugenbändern hergestellt (Bild **17**.35).

Fugenbänder

Fugenbänder dürfen entsprechend den existierenden Normen verwendet werden. Unterschieden werden Ausführungen mit

- *außen liegenden Fugenbändern* (Bild **17**.34d und Bild **17**.35b und d) und mit
- *innen liegenden Fugenbändern* (Bild **17**.34b und Bild **17**.34a und c).

Außen liegende Fugenbänder werden auf

die Sauberkeitsschicht bzw. Außenseite der Wandschalung aufgelegt und durch Randklammern in der geplanten Lage fixiert. Übergänge zwischen verschiedenen Fugen werden am besten mit werkseitig hergestellten Formteilen gebildet, die an der Baustelle stumpf mit den Anschlussbändern heiß verschweißt werden. Dabei müssen die Profil-Lippen auf jeden Fall korrekt durchlaufen (Bild **17**.36). Neben dem einfachen Einbau liegt ein Vorteil außen liegender Fugenbänder auch darin, dass bei Wänden nach dem Ausschalen etwaige Ausführungsfehler sofort zu erkennen sind und beseitigt werden können.

Innen liegende Fugenbänder bieten wegen des längeren „Überschlagsweges" für etwa eindringendes Wasser theoretisch besseren Schutz als außen liegende Bänder, vorausgesetzt allerdings, dass der Einbau korrekt erfolgt, und sind gegen mechanische Beschädigungen (Ausschalen, Baustellenbetrieb) besser geschützt.

Für senkrechte Fugen ist dies bei ordnungsgemäßer Ausführung meistens gut zu erreichen (Bild **17**.37).

Bei horizontalen Fugen am Übergang zwischen Fundamentplatten und Wänden besteht bei innen liegenden Fugenbändern aber immer die Gefahr, dass die Fugenbänder beim Betonieren der Wände durch den herabfallenden Beton umgeknickt werden. Dadurch entstehen gefährliche Hohlräume an der Anschlussstelle, die nach Abschluss der Arbeiten nicht erkennbar sind. Die Fugenbänder müssen daher durch Verspannen mit der Bewehrung fixiert, beim Betonieren sorgfältig abschnittsweise mit Beton verfüllt und dabei in ihrer korrekten Lage kontrolliert werden. Erleichtert wird der Einbau durch die Verwendung von speziellen Fugenbandtypen mit integrierten Stahlstäben, die das Umknicken weitgehend verhindern können. Besseren Schutz gegen die Gefahr des Umknickens bieten korrosionsgeschützte, starre Fugen*bleche*.

Wegen der am Übergang zwischen Fundamentplatte und Wänden meistens gegebenen Konzentration von Bewehrungsstählen ist die Ausführung gemäß Bild **17**.34b oft schwierig. Besser ist es in diesen Fällen, die Bodenplatte mit einer Aufkantung zu betonieren, die das innen liegende Fugenband aufnimmt und auch das spätere Einschalen der Wände erleichtert (Bild **17**.34c).

Fugenbleche aus fettfreien, unbeschichteten Blechen müssen mindestens 1,5 mm dick sein. In Abhängigkeit von der Beanspruchungsklasse und der Nutzungsklasse gibt es Vorgaben für die Blechbreite, den Einsatzzweck (Fugenart) und die Ausführung der Blechverbindungen.

Quelldichtungen. Als Alternative zu den herkömmlichen Arbeitsfugenbändern sind aufquellende Dichtungsprofile auf dem Markt, die leicht eingebaut werden können und auch besonders für den Zusammenbau vorgefertigter Stahlbetonteile geeignet sind (Bild **17**.34.c und **17**.38). Besondere Sorgfalt ist auf den fachgerechten Einbau zu legen. Als quellfähiges Material kommen Bentonit, Acrylate, Polyurethan (PUR), Kautschuk oder Kombinationen zum Einsatz.

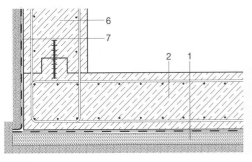

17.34a

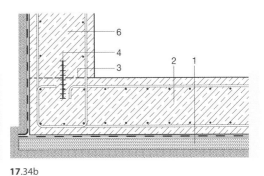

17.34b

17.34c

17.34d

17.34 Bauwerke aus wasserundurchlässigem Stahlbeton (WU-Beton)

    a) Arbeitsfugenanschluss mit Aufkantung der Bodenplatte mit Fugenband oder Fugenblech
    b) Arbeitsfuge ohne Aufkantung der Platte mit innen liegendem Fugenband oder Fugenblech
    c) Arbeitsfuge mit Injektionsschlauch oder Quellmaterialstreifen
    d) Arbeitsfuge mit außen liegendem Fugenband

1 Sauberkeitsschicht	6 Stahlbetonwand **d** > 30 cm aus wasser-
2 Stahlbetonplatte (Plattenfundament)	undurchlässigem Beton > C25/30
aus Beton mit hohem Wassereindring-	7 Schutzüberzug (falls erforderlich)
widerstand > C25/30	8 Injektionsschlauch oder Quellmaterialstreifen
3 Arbeitsfuge	9 Schutzanstrich auf Bitumenbasis oder
4 innen liegendes Fugenband (Bild **17**.35a)	zementgebundene Dichtungsschlämme
5 außen liegendes Fugenband (Bild **17**.35b)	

17.35a   **17**.35b   **17**.35c   **17**.35d

17

17.35 Fugenbänder (Beispiele)

    a) innen liegendes Arbeitsfugenband   c) innen liegendes Dehnfugenband
    b) außen liegendes Arbeitsfugenband   d) außen liegendes Dehnfugenband

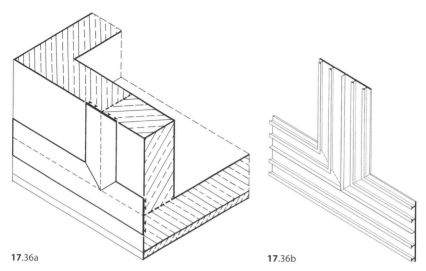

17.36a   **17.**36b

17.36 Fugenbandstöße (Beispiel: außen liegende Fugenbänder)
         a) fertiger Zustand (von außen)
         b) T-Stoß, Innenseite

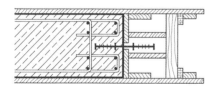

17.37 Arbeitsfuge in Außenwand mit innen liegendem Fu-
         genband; Schalungs- und Bewehrungsausbildung

Injektionsschläuche. Verpressbare Injektionsschläuche sind alternativ zu Fugenbändern oder
-blechen insbesondere für Arbeitsfugen im Bereich Sohle/Wand gem. Merkblatt des Dt. Beton-
und Bautechnik-Vereins einsetzbar. Grundsätzlich sind Injektionsdichtungen als gleichwertige
Maßnahme zu werten. Empfehlenswert sind jedoch weitere Fugenabdichtungsmaßnahmen
insbesondere in Bereichen mit Nutzungsklasse A
und Beanspruchungsklasse 1.

Zur fachgerechten Fugenabdichtung von WU-
Bauteilen muss im Übrigen auf weiterführende
Spezialliteratur hingewiesen werden [15].

Bewegungsfugen und Trennfugen zwischen
verschiedenen Bauwerksteilen werden mit speziellen Fugenbändern ausgeführt, die durch
Hohlprofilstränge dafür geeignet sind, Dehnun-

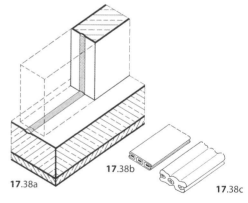

                                    17.38b
17.38a
                                              17.38c

17.38 Quellendes Fugenband (TPH)
         a) Einbau (schematisch; Anschlussbewehrungen
            nicht eingezeichnet)
         b) Dichtungsprofil, Einbauzustand
         c) Dichtungsprofil, aufgequollen

gen und Zerrungen auszugleichen (Bild **17.**35c
und d).

Schwind- oder Arbeitsfugen. Arbeitsfugen aus
Betonierabschnitten zwischen Bauteilen oder
Sollrissfugen zum Abbau von Zwängungen innerhalb eines Bauteils sind insbesondere bei
wasserundurchlässigen Bauteilen mit großer

17

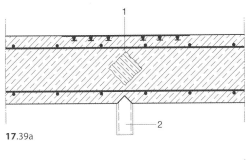

17.39a

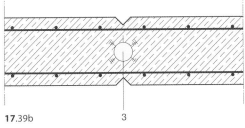

17.39b

17.39 Sollrissfugen an Wänden als Sollrissstelle zum Abbau von Zwangsspannungen

  a) Korb aus Rippenstreckmetall zum späteren Ausbetonieren

  b) Dichtungsrohr mit Dichtungsstegen und Schweißlaschen

  1 Korb aus Rippenstreckmetall

  2 Spülrohr auf der Sohle

  3 Dichtungsrohr aus PVC mit Schweißlaschen

Sorgfalt zu planen und auszuführen (Bild **17**.39a und b).

Ggf. ist der Rissbildung durch Schwindvorgänge des Betons bei ausgedehnten Bauwerken durch ausreichende Unterteilung in Betonierabschnitte zu begegnen, die mit den statischen Anforderungen selbstverständlich koordiniert werden müssen. Dabei werden die einzelnen Abschnitte zeitlich überlappend so ausgeführt, dass die unvermeidlichen Schwindvorgänge in den bereits betonierten Abschnitten schon weitgehend abgeklungen sind. Je nach Witterungsverhältnissen ist ein zeitlicher Abstand von etwa 6 bis 8 Arbeitstagen meistens dafür ausreichend. In besonders dicken Bauteilen werden an derartigen Fugen durch Rippenstreckmetall-Körbe zunächst Hohlräume („Schwindgassen") gebildet, die das Abfließen der Abbindewärme erleichtern. Sie werden später mit Beton sorgfältig verfüllt (Bild **17**.40).

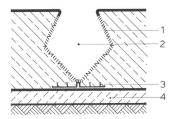

17.40 Arbeits-, Schwindfugenausbildung in dicker Fundamentplatte o. Ä.

  1 Aussparungskorb aus Rippenstreckmetall

  2 Hohlraum, später mit Beton verfüllt

  3 außen liegendes Fugenband

  4 Sauberkeitsschicht

Schalung

Ein besonderes Problem bei der Abdichtung gegen drückendes Wasser durch Wände aus Beton mit hohem Wassereindringwiderstand stellen die unvermeidlichen Schalungsverspannungen dar (vgl. Abschn. 5.4.2). Die üblichen Spannanker dürfen hier nicht eingesetzt werden. Auf dem Markt sind Spezial-Verspannungen, die aus mehrteiligen Ankerstäben, kombiniert mit Schraubwassersperren und aufschraubbaren Dichtkonen bestehen (Bild **17**.41a) oder bei denen spezielle Hülsenrohre mit Quellmörtel verfüllt und mit eingeklebten Betonkegeln oder Kunststoffkonen verschlossen werden (Bild **17**.41b und c).

Schalungsanker

Schalungsanker und Abstandhalter[1] in den Wänden müssen druckwasserdicht ausgeführt werden. Man unterscheidet zwei Arten der Ausführung

- Schalungsanker, die im Beton einbetoniert werden und dort verbleiben
- Schalungsanker, die in einem Hüllrohr geführt und wiedergewonnen werden

An die Schalungsanker, die im Beton einbetoniert werden, wird dann ein Schwarzblech als Dichtkranz aufgeschweißt. So ergibt sich eine sehr sichere Ausführung.

Werden Schalungsanker in einem Hüllrohr geführt, können Sie wieder verwendet werden. Dann muss das Hüllrohr nur an der Außenhülle

---

[1] Geeignete Abstandhalter sind z. B. im Merkblatt „Abstandhalter" des DBV – Deutscher Beton- und Bautechnikverein e.V. aufgeführt.

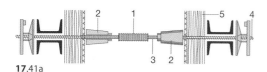

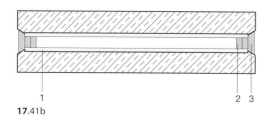

17.41a

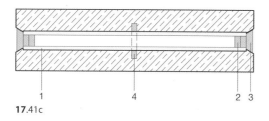

17.41b

17.41c

17.41
Spannanker für Wände aus wasserundurchlässigem Stahlbeton

a) mehrteiliger Ankerstab mit Schraubwassersperre
1 Schraubwassersperre
2 Spannkonus
3 Innenanker (verbleibt im Beton)
4 Außenanker (wird nach dem Ausschalen entfernt
5 Schalung und Schalungsträger

b) Spannankerhüllrohr aus Faserbeton für einfache Anforderungen
1 Hülsenrohr als Abstandshalter
2 Jeweils zwei Stöpsel aus Faserbeton mit Zweikomponentenkleber eingeklebt
3 Dichtkappe zur Vermeidung des Eindringens von Zementschlämme

c) Spannankerhüllrohr aus Faserbeton mit Dichtscheibe für hohe Anforderungen
1 Hülsenrohr als Abstandshalter
2 Jeweils zwei Stöpsel aus Faserbeton mit Zweikomponentenkleber eingeklebt
3 Dichtkappe zur Vermeidung des Eindringens von Zementschlämme
4 Dichtscheibe aus Faserbeton, eingeklebt

und innen zuverlässig dicht ausgeführt werde. Bei hohen Anforderungen kann an die Außenhülle eine Dichtscheibe ebenfalls aus Faserbeton angeklebt werden. Bei einfachen Anforderungen sind auch nur die Hüllrohre ohne Dichtscheibe verwendbar. Verschlossen werden die Hüllrohre mit jeweils zwei in Kunstharzkleber getauchte Faserbetonstöpsel, innen und außen.

Hüllrohre aus Kunststoff sind weniger geeignet, da der deutlich höhere Temperaturausdehnungskoeffizient zu einer Störung des Verbundes zwischen Kunststoffhüllrohr und Beton führt.

Nachbehandlung

Die Stahlbetonflächen sind nach dem Ausschalen durch Feuchthalten über mindestens 7 Tage sorgfältig nachzubehandeln. Bauwerksteile aus WU-Beton mit Anforderungen an die Abdichtung sind besonders sorgfältig nachzubehandeln. Durch fachgerechte Nachbehandlung kann die Rissgefahr und die Kapillarporosität niedrig gehalten werden – eine wesentliche Voraussetzung für die Funktionstüchtigkeit dieses Abdichtungsverfahrens.

Nachbehandlungsmaßnahmen müssen den Beton vor zu schnellem Austrocknen sowie Erwär-

mung durch Sonneneinstrahlung und zu ungleichmäßiger Auskühlung schützen. Sie müssen immer, unabhängig von den Witterungsbedingungen, durchgeführt werden. Ziel hierbei ist es, Eigen- und Zwangsspannungen infolge der Hydratationswärme[1] möglichst gering zu halten – insbesondere bei dickeren Bauteilen ist darauf zu achten, dass die Temperaturdifferenz zwischen Kernbereich und Randzonen zum Zeitpunkt des Ausschalens nicht zu groß sind. Gegebenenfalls ist mit wärmenden Einhausungen (z. B. Luftpolsterfolien) der Auskühlungsprozess zu steuern.

Abschließend erhalten die fertigen erdberührten Flächen einen Schutzanstrich auf Bitumenbasis oder aus zementgebundenen Dichtungsschlämmen (vgl. Abschn. 17.4.2), wenn nicht Schutzüberzüge (s. auch Abschn. 5.10) in Frage kommen.

---

[1] Hydratationswärme ist eine Folge des chemischen Vorganges der Bindung von Wasser durch Zement. Hierbei wird ein Teil des Wassers physikalisch und ein anderer Teil chemisch gebunden. Diese Bindung von Wasser wird als Hydratation bezeichnet, bei der Wärme freigesetzt wird, durch die sich das Bauteil erwärmt und ausdehnt (max. Temperatur ca. 1 bis 1,5 Tage nach Betoniervorgang). Durch die folgende Auskühlung verkürzen sich die Bauteile und werden durch Zugbelastungen beansprucht mit der Folge von Rissbildungen, die teilweise durch zusätzliche Rissbewehrung begrenzt, aber nicht vollständig unterbunden werden können.

17

Es ist jedoch festzuhalten, dass auch für Bauwerksteile aus Beton mit hohem Wassereindringwiderstand bei der Abdichtung gegen drückendes Wasser die in Abschn. 17.4.6 gemachte grundsätzliche Feststellung gilt, dass möglichst einfach gestaltete Baukörperformen anzustreben sind. So sollten Fensteröffnungen o. Ä. mit den dafür erforderlichen Lichtschächten möglichst oberhalb des Abdichtungsbereiches gegen drückendes Wasser geplant werden. Wenn das nicht erreichbar ist, sollten statt einzelner auskragender Lichtschächte aus Beton mit hohem Wassereindringwiderstand besser Stützwände – am besten zusammenfassend für mehrere Öffnungen – bis auf die Bodenplatte heruntergezogen werden. Auch Wanddurchbrüche für Ver- und Entsorgungsleitungen sind im Grundwasserbereich möglichst zu vermeiden, oder es müssen spezielle – natürlich kostenaufwändige – Abdichtungselemente eingebaut werden (s. Abschn. 17.4.7).

Abdichtungen gegen von außen drückendes Wasser mit Dichtungsbahnen (DIN 18 195-6)

Allgemeines

Bauwerke, bei denen mit Rissbildungen wegen besonderer Beanspruchungen z. B. durch Erschütterungen (Verkehrsbauten, Maschinenbetrieb o. Ä.) oder durch Setzungen gerechnet werden muss oder bei denen aus anderen Gründen eine Ausführung mit Beton mit hohem Wassereindringwiderstand (WU-Beton) nicht in Frage kommt, werden durch Dichtungsbahnen oder Beschichtungen gegen drückendes Wasser geschützt („Schwarze Wannen"). Diese werden in der Regel auf der dem Wasser zugewandten Seite aufgebracht.

Abdichtungsmaterial

Für die Ausführung der Abdichtungen gegen drückendes Wasser kommen je nach baulichen Verhältnissen wahlweise in Frage:

- nackte Bitumenbahnen R500 N, mehrlagig, mit Deckaufstrich, auch in Verbindung mit jeweils 1 Lage Kupferband (0,1 mm) oder Edelstahlband (0,05 mm),
- Bitumen-Bahnen und/oder Polymerbitumen-Dachdichtungsbahnen, ein- oder mehrlagig,
- Bitumen-Schweißbahnen, ein- oder mehrlagig,
- Kunststoff- und Elastomer-Dichtungsbahnen, bitumenverträglich, eingebettet in 2 Lagen nackter Bitumenbahnen mit Deckaufstrich (EVA, PIB, PVC-P, bitumenverträglich, ECB und EPDM).

Abdichtungen gegen drückendes Wasser mit Dichtungsbahnen werden *grundsätzlich mehrlagig*, bzw. einlagig zwischen Schutzlagen mit 10 cm breiten versetzten Stoßüberdeckungen ausgeführt. Die Anzahl der erforderlichen Lagen ist abhängig von der Eintauchtiefe, der Materialart und der damit gegebenen Druckbelastung.

Als Beispiele sind in den Tabellen **17**.42 und **17**.43 die Anforderungen für nackte Bitumenbahnen und für Schweißbahnen aufgeführt.

Für andere Materialien bzw. Materialkombinationen sind die Angaben den entsprechenden Tabellen in DIN 18 195-6 zu entnehmen.

Die Abdichtungen müssen auf trockenen, ebenen und hohlraumfreien Untergründen so eingebaut werden, dass sie vollflächig eingepresst werden. Es dürfen keine Zugbeanspruchungen durch Auftrieb und seitlichen Wasserdruck auf die Abdich-

Tabelle **17**.42 Anzahl der Lagen bei Abdichtungen mit nackten Bitumenbahnen (DIN 18 195-6, Tab. 1)

1	2	3	4
Eintauchtiefe in m	zul. Druckbelastung in MN/m² max.	Bürstenstreich- oder Gießverfahren Lagenanzahl, mindestens	Gieß- und Einwalzverfahren
bis 4		3	3
über 4 bis 9	0,6	4	3
über 9		5	4

Tabelle **17**.43 Anzahl der Lagen und Art der Einlagen bei Abdichtungen mit Bitumen-Schweißbahnen (DIN 18 195-6, Tab. 3)

1	2
Eintauchtiefe in m	Anzahl der Lagen und Art der Einlage
bis 4	2 – Gewebe- oder Polyestervlieseinlage
über 4 bis 9	3 – Gewebe- oder Polyestervlieseinlage
	1 – Gewebe- oder Polyestervlieseinlage + 1 – Kupferbandeinlage
über 9	2 – Gewebe- oder Polyestervlieseinlage + 1 – Kupferbandeinlage

17

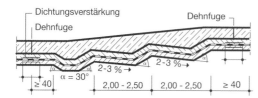

17.44   Abdichtung einer Rampe

tungen einwirken. Kehlen und Kanten müssen mit einem Halbmesser von mindestens 40 mm gerundet sein. Risse dürfen beim Einbau nicht breiter als 0,5 mm sein, und es muss sichergestellt sein, dass sie sich später auf nicht mehr als 5 mm verbreitern können. Risskanten dürfen dabei einen Versatz von höchstens 2 mm aufweisen.

Es ist zu beachten, dass Abdichtungen keine Kräfte in ihrer Ebene aufnehmen können und die Übertragungsmöglichkeiten von Druckspannungen senkrecht zur Abdichtungsfläche abhängig ist von der Art der Abdichtung.

Für Bauteile, bei denen Abdichtungen mit Gefälle eingebaut werden müssen, ist der Gleitgefahr in der Abdichtungsfuge durch stufenartige Ausbildung der Wasserdruck haltenden Wanne zu begegnen (Bild **17**.44).

In jedem Fall müssen die abgedichteten Bauwerksteile und die *Schutzschichten* so ausgebil-

det und ggf. verankert sein, dass die Abdichtung durch gleichmäßige Übertragung des Erd- oder Wasserdruckes vollflächig eingepresst wird. Nur dann sind Abdichtungen hinreichend gegen Zugbeanspruchung durch Auftrieb oder Seitendruck des Wassers geschützt (Bild **17**.45).

Geklebte senkrechte Abdichtungen sind gegen mechanische Beschädigungen (z. B. beim Verfüllen der Baugrube) durch *Schutzschichten* (DIN 18 195-10), in der Regel durch 11,5 cm dickes Mauerwerk zu schützen. Auf waagerechte Abdichtungen ist sofort nach der Fertigstellung ein *Schutzestrich* absolut hohlraumfrei aufzubringen.

Die senkrechten Schutzschichten (Mauer- oder Betonwände) werden durch senkrechte Fugen in Einzelflächen geteilt, die unabhängig voneinander durch den jeweils auftretenden Erd- oder Wasserdruck gegen Dichtung und Bauwerk gepresst werden. Enthält das Grundwasser Stoffe, die Beton schädigen können, so sind Schutzschichten aus Ziegeln mit Zementmörtel oder bei hoher Angriffsgefahr aus Klinkermauerwerk mit Spezialmörtel bzw. aus Beton mit besonderer Widerstandsfähigkeit gegen chemische Angriffe (s. Abschn. 5.1) auszuführen.

Nötigenfalls ist durch geeignete Wärmedämmungen sicherzustellen, dass Abdichtungen nicht übermäßig erwärmt werden können. Die

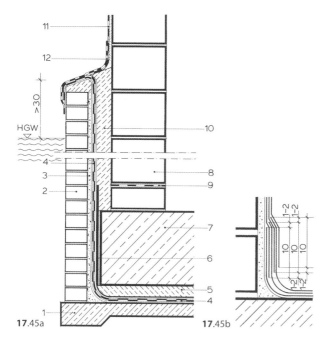

17.45a   **17**.45b

17.45
Von innen geklebte Abdichtung gegen drückendes Wasser

a)   Schnitt
b)   Detail

 1 Sauberkeitsschicht, bewehrt
 2 Schutzmauer
 3 Putz MGIII, unten Kehle, **r** > 10 cm
 4 mehrlagige Abdichtung: Übergang zwischen senkrechten und waagerechten Abdichtungsbahnen, s. Detail!
 5 Schutzestrich
 6 Schutzplatte, z. B. Faserzement, aufgeklebt
 7 Stahlbetonplatte bzw. Plattenfundament
 8 tragende Außenwand
 9 waagerechte Abdichtung gegen aufsteigende Baunässe
10 Hinterfüllung, **d** > 8 cm
11 Abdichtung gegen nicht drückendes Wasser
12 Übergang mit Schweißbahn

Temperatur der Abdichtungen muss mindestens 30 K unter dem Erweichungspunkt der Klebemassen und Deckaufstrichmittel bleiben.

Von innen geklebte Abdichtungen

Von innen geklebte Abdichtungen gegen drückendes Wasser werden vor allem dort ausgeführt, wo die abzudichtenden Flächen von außen nicht zugänglich sind. Das kann der Fall sein bei sehr beengten Baustellenverhältnissen, vor allem bei Grenzbebauungen und in Baulücken (Bild **17**.45).

Zunächst wird, ggf. zusammen mit den Fundamenten, eine etwa 10 cm dicke Sauberkeitsschicht auf das verdichtete und abgeglichene Erdreich betoniert – bei aggressivem Grundwasser ggf. unter Verwendung von Spezialzement. Auf dieser Sauberkeitsschicht, die an den Rändern fundamentartig verstärkt wird, werden die äußeren, in der Regel 11,5 cm dicken Schutzwände errichtet, glatt gefugt oder geputzt und mit einer Hohlkehle an die Sauberkeitsschicht angeschlossen. Dann wird die Sohlenabdichtung auf die Sauberkeitsschicht (bei bituminösen Abdichtungen mehrlagig) geklebt und in gleichzeitigen Arbeitsgängen mit Stoßüberdeckungen an den senkrechten Schutzwänden hochgeführt (Bild **17**.45b). Bitumenklebemassen werden dabei am besten im Gieß- und Einrollverfahren aufgebracht. Wenngleich damit ein höherer Material- und Arbeitsaufwand verbunden ist, erreicht man eine wesentlich bessere hohlraumfreie Verbindung der einzelnen Abdichtungsschichten als bei Bürstenauftrag der Klebemasse.

Die horizontalen Abdichtungen werden – ggf. abschnittsweise – sofort nach Fertigstellung durch einen Schutzestrich gegen mechanische Beschädigungen geschützt.

Anschließend an die Abdichtungsarbeiten wird zunächst die Bodenplatte des Bauwerkes ausgeführt, die meistens als Plattenfundament ausgebildet ist. Bei der Errichtung der Bauwerksaußenwände müssen die fertigen Abdichtungen mit größter Sorgfalt gegen Beschädigungen geschützt werden.

Die Außenwände des Bauwerkes werden in der Regel gemauert. Dabei ist ein Abstand von $\geq$ 8 cm gegenüber der Abdichtung zu halten. Der entstehende Zwischenraum ist fortlaufend mit dem Hochmauern in Lagen von etwa 30 cm sorgfältig mit Feinbeton voll auszufüllen und durch Stampfen oder vorsichtiges Rütteln *hohlraumfrei* zu verdichten.

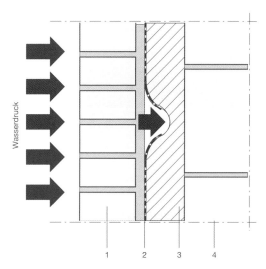

17.46 Zerstörung einer wasserdruckhaltenden Abdichtung durch Wasserdruck gegen einen Hohlraum
1 Schutzwand mit Putz
2 Abdichtung (schematisch)
3 fehlerhafte Hinterfüllung mit Hohlraum
4 tragende Außenwand des Bauwerkes

Jeder verbleibende auch kleine Hohlraum würde bei dieser Art der Abdichtungsausführung unter der Einwirkung des Wasserdruckes sehr rasch zur Zerstörung der Abdichtung führen (Bild **17**.46).

Gleichzeitig muss der verbliebene Baugrubenraum bzw. Arbeitsraum hinter der Schutzmauer verfüllt und abschnittsweise verdichtet werden. Es besteht sonst die Gefahr, dass beim Hinterfüllen der Abdichtung die Schutzmauer von der Außenmauer abgedrückt und sogar zum Einsturz gebracht werden kann.

Am oberen Abschluss sind die Abdichtungsbahnen am besten nach außen um die Schutzmauer herumzukleben. Die Hinterfüllung erhält eine Ausrundung, an der die Abdichtung gegen nichtdrückendes Wasser angeschlossen wird. An dieser Stelle besteht immer die Gefahr der Rissbildung zwischen der Gebäudewand und der Schutzmauer mit der Abdichtung. Die Übergangsstelle ist daher mit einer reißfesten Bitumen-Schweißbahn oder Kunststoff-Abdichtungsbahn sorgfältig zu überkleben (vgl. Bild **17**.48b). Ausführungen, wie in Bild **17**.48a gezeigt, sind zwar in der Fachliteratur empfohlen, bei von innen geklebten Abdichtungen aber nur sehr schwierig einwandfrei auszuführen.

Eine nachträgliche Reparatur von Undichtigkeiten ist bei dieser Art der Abdichtung nahezu un-

17

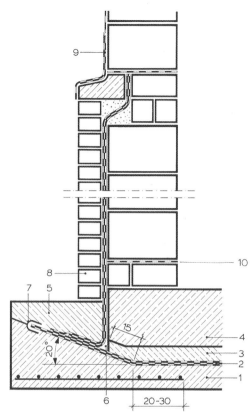

17.47 Von außen geklebte Abdichtung gegen drückendes Wasser mit „rückläufigem Stoß"
1 Sauberkeitsschicht mit Bewehrung
2 Abdichtung mehrlagig
3 Schutzbeton
4 Stahlbeton-Plattenfundament mit tragender
Außenwand
5 Betonkeil
6 rückläufiger Abdichtungsstoß (Zwickel mit
Klebemasse ausgegossen)
7 Kupferband-Kappe
8 Schutzmauer
9 Abdichtung gegen Sickerwasser und nicht
drückendes Wasser mit eingeklebter Verstär-
kungsbahn
10 waagerechte Abdichtung gegen aufsteigende
Baunässe

möglich. Die Schadensstelle ist kaum lokalisier-
bar. Beim Aufstemmen der tragenden Wände
von innen her ist eine zusätzliche Beschädigung
der Abdichtung fast unvermeidlich. Ein Abtragen
der äußeren Schutzwand ist unmöglich, weil sie
ja mit der Abdichtung fest verbunden ist. Meistens ist eine Totalsanierung von innen die einzig
verbleibende Möglichkeit.

Von außen geklebte Abdichtungen

können ausgeführt werden, wenn ein Arbeitsraum rund um die Außenwandflächen des gesamten Bauwerkes geschaffen werden kann, der
jedoch zur Ausführung des Überganges zwischen
horizontaler und vertikaler Abdichtung (mit
„rückläufigem Stoß") an der Sohle entsprechend
breit sein muss. Die dadurch und durch die komplizierte Stoßausführung entstehenden Mehrkosten können beträchtlich sein (Bild **17**.47).

Bei von außen geklebten Abdichtungen sind bei
sorgfältiger Ausführung die Schadensursachen
durch Hohlraumbildung vermeidbar. Die fertiggestellten Abdichtungen können leichter überprüft und sofort danach durch gemauerte
Schutzwände oder sonstige Schutzschichten gegen mechanische Beschädigungen bei nachfolgenden Bauarbeiten gesichert werden. Etwaige
Schadenstellen lassen sich von außen leichter re-
parieren als bei Abdichtungen, die von innen geklebt wurden.

Bei der Ausführung wird zunächst eine Sauberkeitsschicht hergestellt, die an den Außenrändern unter 20° ansteigt. Auf die Sauberkeitsschicht wird die horizontale Abdichtung aufgeklebt und mit einem Schutzestrich abgesichert.
Die Abdichtungsränder werden gesondert mit
einem vorläufigen Schutzbeton versehen. Es
folgt die Ausführung der Gebäude-Bodenplatte
bzw. der Fundamentplatte sowie der Bauwerksaußenwände. Dann wird die vorläufige Abdeckung von den überstehenden Teilen der horizontalen Abdichtungen entfernt, die vertikale
Abdichtung auf die Außenwände aufgebracht,
mit der Horizontalabdichtung abschnittsweise
verklebt und zusätzlich durch Kupferbandkap-
pen gesichert. Die Stoßüberdeckungen erhalten
abschließend einen keilförmigen Schutzbeton-
streifen, auf dem schließlich die äußere Schutzwand errichtet wird.

Der obere Abschluss kann wie in Bild **17**.48a und
b ausgeführt werden [16].

Durch ein Zurückführen der Abdichtungsbahnen
in einen Längsschlitz ist ein konstruktiv einwandfreier Übergang zur Abdichtung gegen nichtdrückendes Wasser möglich (Bild **17**.48a). Bei einer
Ausführung nach Bild **17**.48c besteht die Gefahr
von Abrissen an der Übergangsstelle der Abdichtungen infolge Setzung der Schutzmauer. Aus
statischen Gründen sind Längsschlitze wegen
der erhöhten Knickgefahr für tragende Wände jedoch kritisch. Wenn die Übergangsstelle sorgfältig mit einer elastischen Kunststoff-Abdichtung

17.48a **17.**48b **17.**48c

17.48 Oberer Abschluss von Abdichtungen gegen drückendes Wasser mit Anschluss an die Wandabdichtung gegen Bodenfeuchtigkeit bzw. nicht drückendes Wasser
   a) beste Art der Ausführung
   b) anwendbare Lösung
   c) falsche Ausführung (Abrissgefahr an der Übergangsstelle)
   1 Abdichtung gegen drückendes Wasser
   2 Abdichtung gegen nichtdrückendes Wasser bzw. gegen Bodenfeuchtigkeit
   3 Übergangsstreifen
   4 Beton-Werkstein oder Ortbeton
   5 Ortbeton

oder auch einer Schweißbahn überbrückt wird, dürfte die Ausführung nach Bild **17.**48b der beste Kompromiss sein.

Abdichtungsanschlüsse mit Klemmschienen sind in DIN 18 195-9 beschrieben. Sie kommen vor allem dort in Frage, wo an bereits bestehende Abdichtungen (z. B. bei Anbauten) angeschlossen werden muss.

Bei von außen geklebten Abdichtungen gegen drückendes Wasser ist bis fast zum Schluss der Arbeiten eine Kontrolle hinsichtlich etwaiger Schäden möglich. Im Übrigen sind auch Schadensstellen von innen her leichter zu lokalisieren, und es können notfalls nach Abtragen der Schutzmauer Reparaturen ausgeführt werden.

Abdichtungen gegen von außen drückendes und aufstauendes Sickerwasser mit Dickbeschichtungen (KMB) (DIN 18 195-6)

Allgemeines

Abdichtungen gegen *zeitweise aufstauendes Sickerwasser* können u. a. mit Dichtungsbahnen (s. Tab **17.**42 und **17.**43) oder mit kunststoffmodifizierten *Bitumen-Dickbeschichtungen* (*KMB*) ausgeführt werden. *Bitumen-Dickbeschichtungen* (s. a. Abschn. 17.4.4) haben aufgrund ihrer leichte-

ren Verarbeitbarkeit insbesondere an senkrechten Flächen und komplizierten Detailpunkten (Ecken, Kehlen, Versprüngen, Rohrdurchführungen) zunehmende Bedeutung erhalten und sind in der neuen DIN 18 195-6 erstmalig behandelt.

Kunststoffmodifizierte Bitumen-Dickbeschichtungen (KMB) sind in DIN 18 195 für die Lastfälle Bodenfeuchtigkeit, nicht drückendes Wasser mit mäßiger Beanspruchung sowie zeitweise aufstauendes Sickerwasser bei Gründungstiefen bis 3 m und einem Abstand von min. 30 cm bis zum Bemessungswasserstand geregelt. Verschiedene Fachverbände haben darüber hinaus ein eigenes Regelwerk[1] [12] für erweiterte Lastfälle von außen drückendes Wasser bis 3 m Eintauchtiefe, nicht drückendem Wasser mit hoher Belastung sowie drückenden Wasser auf erdberührten Deckenflächen herausgegeben. Hierin werden darüber hinaus weitere Regelungen hinsichtlich Anschlüssen und Untergründen sowie weitere zahlreiche Hinweise gegeben.

KMB sind gem. DIN 18 195-3, Abschn. 5.4 in zwei Arbeitsgängen im Lastfall aufstauendes Sickerwasser mit einer Mindest-Trockenschichtdicke von 4 mm i. d. R. auf einem Voranstrich kalt aufzubringen. Nach dem ersten Arbeitsgang ist eine Gewebeeinlage zur Verstärkung einzubringen. Im Bereich Boden-Wandanschluss ist die Beschichtung aus dem Wandbereich über die Bodenplatte bis 10 cm auf die Stirnfläche der Bodenplatte herunterzuführen. Die Abdichtung von Fugen erfolgt mit bitumenverträglichen Streifen aus Kunststoff-Dichtungsbahnen mit Vlies- oder Gewebekaschierung. Die Gesamtschicht muss vollflächig auf dem Untergrund haften. Die Abdichtungen sind nach Austrocknung grundsätzlich mit einer Schutzschicht vorzugsweise aus Perimeterdämmplatten oder Dränplatten mit abdichtungsseitiger Gleitfolie zu versehen.

Abdichtungen gegen drückendes Wasser mit Bentonit („Braune Wannen")

Zunehmend wird insbesondere zur Abdichtung rissgefährdeter, ausgedehnter Bauwerke Bentonit eingesetzt. Bentonit-Abdichtungen sind derzeit keine geregelte Konstruktion. Volclay-Bentonit ist ein in den USA vorkommendes hochquellfähiges, Wasser bindendes Mineral, das bei freier

17

---
[1] Richtlinien für die Planung und Ausführung von Abdichtungen mit kunststoffmodifizierten Bitumendickbeschichtungen (KMB) – Erdberührte Bauteile. Deutsche Bauchemie e. V. 05.2010 und weitere.

Quellung sein Volumen um das 15-fache vergrößern kann. Wird das Material eingepresst, entsteht durch den Quelldruck eine äußerst wirkungsvolle Abdichtung. In der gelförmigen Abdichtungshaut werden kleinere Beschädigungen durch den ständig wirkenden Quelldruck wieder von selbst geschlossen, sofern das Material am Austrocknen gehindert wird. Durch diesen Effekt ist auch eine Hinterwanderung der Abdichtung nicht möglich. Fugenbänder können weitgehend entfallen bzw. werden durch Bentonit-Quellbänder oder Injektionsschläuche ersetzt (vgl. Bild **17**.38).

Das Material wird plattenförmig auf Trägermaterialien aus Wellkartons („Volclay-Panels"), Kunststofffolien oder Geotextilien geliefert. Für die Abdichtung von Bodenplatten werden die Panels auf PE-Folien auf dem Untergrund ausgelegt und durch eine Magerbetonschicht geschützt. Die Fundament- oder Bodenplatte wird danach betoniert.

Zur senkrechten Abdichtung werden die Panels auf die fertiggestellten Außenwände geheftet und am oberen Abschluss durch Klemmprofile fixiert.

Diese Abdichtungsart kann als Alternative zu WU-Betonkonstruktionen eingesetzt werden, da infolge der quellenden Materialeigenschaften Risse im Beton in Breiten von 3 bis max. 4 mm ohne weiteres überbrückbar sind und hierdurch die hohen Aufwendungen für die Bewehrung zur Beschränkung von Rissbreiten vollkommen entfallen können. Bentonit-Abdichtungen lassen sich gut mit anderen Abdichtungsarten kombinieren und z. B. auch an bestehende Abdichtungen vorhandener Gebäuden anschließen.

Nachträglich von innen ausgeführte Abdichtungen gegen drückendes Wasser

In manchen Fällen müssen Abdichtungen gegen drückendes Wasser erst nach der Fertigstellung von Bauwerken von innen ausgeführt werden. Anlässe dafür können sein:

● Ausführungsfehler bei den Abdichtungsarbeiten, die von außen nicht beseitigt werden können,

● nicht vorhergesehene oder nachträgliche Änderungen der Grundwasserverhältnisse oder der Anforderungen an die zu schützenden Bauwerksteile.

Immer sind derartige nachträgliche Arbeiten außerordentlich schwierig auszuführen, weil die

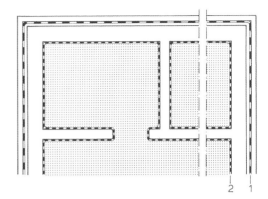

17.49 Nachträglich von innen ausgeführte Abdichtung (schematisch)

   1 vorhandene schadhafte oder unzureichende Abdichtung gegen drückendes Wasser

   2 neu ausgeführte Sanierungsabdichtung an den Wänden, verbunden mit der ebenfalls neu ausgeführten Abdichtung der Bodenflächen

Abdichtungsflächen jetzt nicht mehr nur die erdberührten, sondern sämtliche unterhalb des Grundwasserbereiches liegenden Bodenflächen und Wandflächen erfassen müssen (Bild **17**.49). Das bedeutet, dass z. B. Türzargen ausgebaut werden müssen und alle sonst in die abzudichtenden Wände einbindende Bauwerksteile entweder entfernt oder gesondert eingedichtet werden müssen!

Geklebte Abdichtungen kommen für nachträglich von innen ausgeführte Maßnahmen nur bei sehr hohen Anforderungen in Frage und nur, wenn sehr einfache Grundrissformen vorliegen. Die notwendige Einpressung der Abdichtungen ist nur mit zusätzlich eingebauten, gegen Auftrieb gesicherten Stahlbetonträgern möglich. Allein der dafür erforderliche Flächen- und Höhenbedarf dürfte derartige Lösungen in der Regel ausschließen.

Nachträgliche Abdichtungen werden daher meistens mit *Spezialschlämmen oder -putzen* ausgeführt, die mehrlagig auf die zu schützenden Flächen aufgetragen werden. Dabei ist nicht unbedingt eine Grundwasserabsenkung nötig. Freigestemmte Wasser führende Fugen oder Risse werden zunächst mit schnellbindendem Wasserstoßmörtel vorgedichtet. Bei sehr starkem Wasserandrang werden kleinere Flächen zunächst nicht abgedichtet, und das dort dann besonders stark anfallende drückende Wasser wird provisorisch abgeleitet. Wenn die neu eingebauten Abdichtungsflächen dem Wasserdruck standhalten können, werden die verbliebenen Flächen mit sehr schnell bindenden Spezial-Mörteln geschlossen. Es lässt sich Wasserundurchlässigkeit bis zu einem Druck von 3 bar erreichen.

Für kleinere bzw. gut lokalisierbare Schadensstellen kann besonders bei Betonbauteilen ein Verpressen mit quellfähigen Reaktionsharzen in Frage kommen („Rissinjektion").

Im Übrigen muss für dieses sehr komplizierte Gebiet der Sanierung von Abdichtungen auf Spezialliteratur verwiesen werden.

Abdichtungen gegen von innen drückendes Wasser

Abdichtungen gegen von innen drückendes Wasser werden in DIN18 195-7 behandelt. Sie sind im allgemeinen Hochbau allenfalls im Bereich des Schwimmbadbaues anzuwenden. Dieses Spezialgebiet kann im Rahmen dieses Werkes nicht behandelt werden.

17.4.7 Durchdringungen, Übergänge, Anschlüsse

Bei der Ausführung von Abdichtungen gegen drückendes Wasser sind Unterbrechungen der Dichtungen durch Rohrleitungen u. Ä. oder durch Baufugen immer Schwachstellen und bedürfen besonderer Sorgfalt bei Planung und Ausführung.

In DIN 18 195-9 sind für derartige Problempunkte nur allgemeine Hinweise ohne konkrete Einbaubeispiele gegeben. Nur für die zwischen bereits vorhandenen Abdichtungen und neu auszuführenden Abschnitten (z. B. bei Anbauten) erforderlichen Telleranker und Klemmschienen werden genaue Hinweise gegeben.

Aus der großen Zahl möglicher Konstruktionen können nachfolgend nur einige typische Lösungsmöglichkeiten gezeigt werden.

An besonders beanspruchten Abschnitten der Dichtung, z. B. auch an Schwindfugen, kann die mechanische Widerstandsfähigkeit durch Einlagen von Kupfer-Riffelbändern erhöht werden (Bild **17**.50a). *Bauwerksfugen*, an denen mit größeren Bewegungen gerechnet werden muss, werden mit *Dehnungswellen* ausgeführt. Sie können aus eingespannten Kupferblechen bestehen, oder es werden Schaumstoffwülste zwischen die Dichtungslagen geklebt (Bild **17**.50b und c).

Rohrdurchführungen müssen mit besonderen Dichtungseinsätzen ausgeführt werden, bei denen die Rohre mit von innen nachziehbaren elastischen Stopfbuchsen abgedichtet werden (Bild **17**.51).

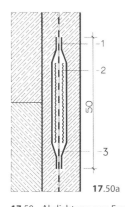

17.50a

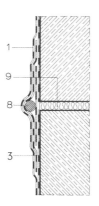

17.50b

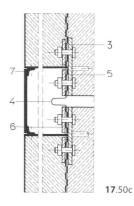

17.50c

17.50   Abdichtung von Fugen

    a) Verstärkung von Dichtungsbahnen an Schwindfugen, Arbeitsfugen o. Ä.
    b) Dehnungswelle in geklebten Abdichtungen
    c) Dehnungswelle mit eingespanntem Kupferband (mit Revisionseinrichtung)

    1 Deckstreifen
    2 Alu- oder Kupfer-Riffelband
    3 Abdichtung
    4 Kupferband
    5 einbetonierte Einspannplatte mit Stehbolzen

    6 aufgeschraubtes Einspannprofil
    7 Revisionsdeckel, abnehmbar
    8 Schaumstoffschnur
    9 Fugenhinterfüllung

17

außen 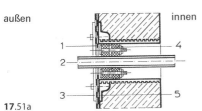 innen　　　außen 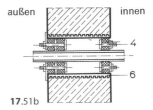 innen

17.51a　　　　　　　　　　　　　　　　**17**.51b

17.51　Rohrdurchführungen (System DESKA)

　　a) Rohrdurchführung für Anschluss an geklebte Abdichtungen
　　b) Rohrdurchführung für wasserundurchlässigen Beton

　　1 Dichtungsbahn　　　　　　　　　4 Quetschdichtungsringe
　　2 Rohrleitung　　　　　　　　　　5 Festflansch
　　3 Losflansch　　　　　　　　　　　6 Spezialfaserzement-Futterrohr

17.5 Wärmeschutz

17.5.1 Allgemeines

Wärmeschutz bei Gebäuden soll

- Gebäude vor Schäden durch zu niedrige (Tauwasserschutz), zu hohe (Materialermüdung) und zu schnell wechselnde Temperaturen schützen;
- den wohnenden und arbeitenden Menschen in Gebäuden ein behagliches Innenklima garantieren (ISO 7730)
- die zum Beheizen/Kühlen der Gebäude eingesetzte Energie gering halten und dadurch Betriebskosten und Umweltbelastungen reduzieren.

Sowohl von der Aufgabenstellung als auch von den Maßnahmen werden unterscheiden

- der winterliche Wärmeschutz und der
- sommerliche Wärmeschutz.

Eine Grundfunktion jedes Gebäudes ist der Schutz vor den Launen des Außenklimas: Tatsächlich ist dies sogar der wesentliche Grund, aus dem Menschen überwiegend in Gebäuden und nicht im Freien leben. Diese Schutzfunktion bedarf einer den Aufenthaltsbereich umfassenden Gebäudehülle, die aus physikalischer Sicht die Systemgrenze darstellt. Es ist praktisch und üblich, hierfür die Außenoberfläche der beheizten Zonen des Gebäudes zu wählen. Dies ist die Bilanzgrenze – indirekt beheizte Räume werden dabei zweckmäßigerweise einbezogen. Im Winter z. B. fließt über die Gebäudehülle Wärme nach außen.

Gebäudehülle. Eine solche Hülle, die einen gewissen Mindestwärmeschutz (Feuchteschutz an den Innenoberflächen) aufweisen und hinreichend luftdicht sowie regenschützend aufgebaut sein muss, wird in winterkalten Klimaregionen zur Sicherstellung der Gesundheit immer benötigt. Diese Hülle leistet zur Behaglichkeit im Aufenthaltsraum einen passiven Beitrag. In der Regel reicht dieser passive Beitrag allerdings nicht aus, um alle Behaglichkeitsanforderungen (z. B. eine ausreichend hohe Raumtemperatur) zu erfüllen. Aktive Systeme wie z. B. Heiz- und Kühlanlagen müssen dann die noch fehlenden Beiträge leisten.

Traditionell gab es eine fortschreitende Entwicklung zu immer intelligenteren Lösungen für die Gebäudehüllen, die eine immer bessere Behaglichkeit im Raum ermöglichten. Diese Entwicklung wurde in der 2. Hälfte des 20. Jahrhunderts durch das scheinbar im Übermaß und billig verfügbare Öl unterbrochen. Für eine begrenzte Zeit schien es, dass auch beliebig ungünstig realisierte Gebäude durch die Installation von entsprechend aufwendiger aktiver Technik in Richtung auf ein akzeptables Innenklima angepasst werden können. Eine Folge davon war der extreme Anstieg des Energieverbrauchs im Zeitraum zwischen 1950 bis 1980. Dies hat die Betriebskosten, die Umweltbelastung und die Abhängigkeit Europas von Energierohstoffen stark ansteigen lassen. Gut 40 % der in Europa eingesetzten Energie wird für die Herstellung von Behaglichkeit in Gebäuden verbraucht. Glücklicherweise muss dies nicht so bleiben: Die Entwicklung der Kenntnisse zum Energiehaushalt von Gebäuden und von Komponenten zu seiner positiven Beeinflussung hat in den letzten Jahrzehnten große Fortschritte gemacht. Wir wissen heute, mit welchen Mitteln Behaglichkeit im Gebäude ohne großen technischen Aufwand, kostengünstig und mit nur geringem Energiebedarf zu garantieren ist: Hierbei stehen Konstruktion und Entwurf im Mittelpunkt – es ist die ohnehin unverzichtbare, in ihrer bauphysikalischen Qualität bedeutend verbesserbare Gebäudehülle, die hierzu den Schlüssel liefert.

Auch der Gesetzgeber hat diese Notwendigkeit und Chancen erkannt und mit den Wärmeschutzverordnungen und der Energieeinsparverordnung einen Beitrag zur Verminderung des CO_2-Ausstoßes geleistet. Naturgemäß hinken die gesetzlichen Regelungen der technischen Entwicklung nach, zumal das Energieeinsparungsgesetz in den alten Fassungen nur eine Rechtsgrundlage für einzelwirtschaftlich unter allen Umständen rentable Maßnahmen darstellte. Erkenntnisse der Bauphysik und Erfahrungen in Demonstrationsbauten zeigen, dass es schon heute ratsam ist, eine erheblich bessere energietechnische Qualität insbesondere der Gebäudehülle bei jedem Neubau und bei jeder Komponentensanierung anzustreben, die über die derzeitigen gesetzlichen Anforderungen hinaus geht. Mit der neuen Europäischen Richtlinie zum „Nearly Zero Energie Building" (mit Niedrigstenergiegebäude nur unzutreffend ins deutsche übertragen) werden ab 2020 neue Maßstäbe gesetzt.

Vorab einige Begriffserklärungen:

- Unter einem **Bedarf** wird in der neueren Normung immer eine rechnerisch ermittelte Größe verstanden (z. B. ein Heizölbedarf) – im Gegensatz zu einem **Verbrauch** der durch Messungen (z. B. Heizöl-Durchflussmessgerät) bestimmt wird. Die Berechnung ist für eine Projektierung eines Neubaus oder bei einer Sanierung unverzichtbar. Hierfür gibt es gut bewährte international eingeführte Verfahren (ISO 13790).

- Der **Heizwärmebedarf** ist die rechnerisch ermittelte Wärmemenge, die zur Aufrechterhaltung eines behaglichen Innenklimas erforderlich ist.

- **Heizenergiebedarf** ist die berechnete Energiemenge, die das Heizsystem bereitstellen muss, um den Heizwärmebedarf zu erzeugen. Der **Heizenergieverbrauch** ist demgegenüber die im gleichen Zeitraum gemessene tatsächlich dem Heizsystem zugeführte Energieträgermenge. Bei validierten Rechenverfah-

ren, Verwendung der tatsächlich gemessenen Randbedingungen, sorgfältiger Bestimmung der Gebäudedaten und korrektem Rechengang sollten beide Werte allerdings relativ gut übereinstimmen.

- Der **Wärmedurchgangskoeffizient U** (auch „U-Wert", früher auch k) charakterisiert die Wärmeverluste eines Quadratmeters einer Gebäudehüllfläche nach außen, bezogen auf die Temperaturdifferenz. Andere Einflüsse sind gegenüber dem U-Wert gering (s. Abschn. 17.5.3). U-Wert mal Fläche mal Temperaturdifferenz mal Zeit ergibt den Transmissionswärmeverlust Q_{tr} des betreffenden Bauteils der Gebäudehülle (s. Abschn. 17.5.8.6). Bei Altbauten sind diese Wärmeverluste bestimmend für die gesamte Bilanz.

- Die **Wärmespeicherung** in Gebäuden ist für den winterlichen Heizenergieverbrauch nicht entscheidend, sie kann je nach Nutzungsbedingungen sich sowohl geringfügig verbrauchssenkend oder -erhöhend auswirken. Jedoch erleichtert eine hohe innere Gebäudewärmekapazität die Einhaltung von Temperaturstabilität im Sommer und damit ein behagliches sommerliches Innenklima (allerdings gibt es auch im Sommer bedeutendere Einflüsse wie die Höhe der inneren Wärmequellen, die Verschattung und die Durchlüftung der Gebäude; s. Abschn. 17.5.4).

- Die **Lüftungswärmeverluste Q_{ve}** sind die Wärmeströme, die durch den Austausch von (warmer) Raumluft mit (kalter) Außenluft entstehen. Lüftungswärmeverluste werden vom Laien meist stark überschätzt, sie sind bei Altbauten regelmäßig klein gegenüber den Transmissionswärmeverlusten. Bei Gebäuden mit besserem Wärmeschutzniveau bekommen sie einen höheren prozentualen Anteil an den gesamten Wärmeverlusten, dies kann jedoch durch Wärmerückgewinnung aufgefangen werden.

- Eine gute **Luftdichtheit** der Gebäudehülle ist eine Voraussetzung für schadensfreies Bauen (Vermeidung von konvektiven Feuchteströmen). Eine sorgfältige Planung erlaubt es auf der Basis der heute verfügbaren Baustoffe und Komponenten ausgezeichnet luftdichte Hüllflächen zu realisieren – und zwar bei Altbau und Neubau (s. Abschn. 17.5.3). Auf der Gebäudeebene kann dies durch eine Luftdichtheitsmessung (auch: Blower-Door-Test genannt) überprüft werden; das Ergebnis ist der Luftdichtheitskennwert n_{50}. Dieser Wert

17

charakterisiert die Restundichtheit, er sollte so gering wie möglich sein (gute Werte liegen zwischen 0,3 und 0,6 h^{-1}, leider sind aber auch heute noch Werte über 3 h^{-1} selbst bei Neubauten anzutreffen). Eine gute Luftdichtheit ist niemals schädlich – allerdings ist der folgende Punkt zu beachten.

- Bei den heute i. a. sehr luftdichten Neubauten und den ebenfalls beim Einbau neuer Fenster luftdicht werdenden Altbauten ist die **gesicherte Wohnungslüftung** eine hygienische Notwendigkeit. Am besten erfolgt dies durch eine Lüftungsanlage, welche dann auch eine Wärmerückgewinnung erlaubt. Fensterlüftung erfordert hohe Disziplin der Bewohner (mindestens alle 4 Stunden).

- **Wärmebrückenverluste** können einen hohen Anteil an den Gesamtwärmeverlusten bekommen. Durch kluge Details lassen sich bedeutende Wärmebrücken jedoch weitgehend vermeiden; das hat Einfluss auf die Konstruktion (s. Abschn. 17.5.7).

Bei neu zu errichtenden Gebäuden und bei Sanierungen steht heute gute Behaglichkeit und ein niedriger Energieverbrauch für die Bauherrschaft vielfach im Vordergrund. Dies wird sich in der Zukunft noch verstärken, zumal die Kostenbelastung durch die weltweit steigende Energienachfrage, die Rohstoffverknappung und durch den Klimaschutz ansteigt. Anderseits sind gerade Gebäude, insbesondere deren Hüllen, sehr langlebige Wirtschaftsgüter – sie stellen den wesentlichen Kapitalstock unserer Wirtschaft. Die Verbesserung der Gebäudehüllen liegt deshalb nicht nur im Eigeninteresse der Bauherren, sondern auch im Gemeininteresse. Wegen der Langlebigkeit, die erstrebenswert ist und eine Besonderheit bzgl. Nachhaltigkeit gerade im Bauwesen darstellt, ist eine sorgfältige Planung der wärmetechnischen Qualität für die kommenden Jahrzehnte eine der zentralen Aufgaben von Architekten und Planern.

17.5.2 Winterlicher Wärmeschutz

Der Heizwärmeverbrauch eines Gebäudes wird von vielen Größen beeinflusst: Dem Klima, der Umgebung des Gebäudes, der Art der Nutzung und den Ansprüchen des Nutzers – sowie von den konstruktiven, technischen Eigenschaften des Gebäudes, insbesondere der Gebäudehülle.

Während Architekt und Planer auf die Größen vor dem Gedankenstrich nur wenig Einfluss ha-

ben, bestimmen sie doch maßgeblich Form, Konstruktion und Technik des Gebäudes. Zugleich stellt sich heraus, dass diese auch den weitaus größten Einfluss auf den Verbrauch hat, weit größer sogar als die sicher nicht geringen Auswirkungen nutzerbedingt unterschiedlicher Innentemperaturen.

Zumal die exakten Parameter des Verhaltens von Nutzern bei der Planung kaum bekannt sind und diese sich auch mit der Zeit verändern können – kaum ein Gebäude wird auf Dauer nur von einem Nutzer bewohnt und auch dieser verändert seine Gewohnheiten mit fortschreitendem Lebensalter – ist es sinnvoll, bei der Planung von durchschnittlich akzeptierten Bedingungen für das Innenklima aus zu gehen. Diese sind nach Untersuchungen von Fanger et. al. weltweit, kultur-übergreifend und auch in der Geschichte ziemlich konstant – wenngleich sie eine gewisse Streuung auf Grund individueller Unterschiede (z. B. beim Stoffwechsel oder infolge Anpassungsleistungen) zeigen [3]. Inzwischen sind diese Bedingungen für gute thermische Behaglichkeit in einer international eingeführten Norm (ISO 7730) niedergelegt. In diesem Zusammenhang ist hier vor allem entscheidend, dass behaglich empfundene Temperaturen für normale Innenräume bei üblicher Kleidung in einem Bereich von 20 bis 22 °C liegen (das bezieht sich auf die sog. ‚operative Temperatur', den Mittelwert von Luft- und Strahlungstemperatur). Diese Werte können, bis auf gesondert ausgewiesene Fälle, allgemein zugrunde gelegt werden.

Das Außenklima stellt eine weitere kaum beeinflussbare Randbedingung dar. Monatswerte für Außentemperaturen und Solarstrahlungsdaten finden sich z. B. in (DIN 4108 Teil 6).

Vielfach überschätzt werden die Einflussmöglichkeiten des Planers auf die Wahl des Bauplatzes und die damit bedingten Veränderungen im sogenannten Lokalklima. Diesbezüglich bevorzugte Bauplätze sind im dicht besiedelten Mitteleuropa knapp – meist schon bebaut oder durch andere Nutzungen belegt. Zum Glück sind auch diese Einflüsse bei weitem nicht so groß, wie vielfach angenommen wird: Die dazu vorliegenden Publikationen beziehen sich auf Gebäude mit vergleichsweise sehr schlechtem Wärmeschutz der Gebäudehüllen, bei denen z. B. der Windeinfluss größer ist als bei heutigen Baustandards; aber selbst für diese Fällen sind die weit verbreiteten Vorurteile auf methodische Fehler bei den alten Publikationen zurück zu führen. Höhere Windgeschwindigkeiten erhöhen nämlich den Transmissionswärmeverlust nicht erheblich, wie häufig unterstellt, sondern sie können ihn sogar verringern, wenn auch nur so geringfügig, dass dieser Einfluss vernachlässigbar gering ist (die Ursache liegt in der Wärmeabstrahlung an den Himmel begründet, der an Außenoberflächen bedeutender ist als der Wärmeübergang an Luft) [2].

Wirklich bedeutend ist demgegenüber die wärmetechnische Qualität der Außenhüllflächen eines Gebäudes; durch deren Verbesserung lassen sich erhebliche Energieeinsparungen erreichen, wobei gleichzeitig auch Behaglichkeit und Bautenschutz positiv beeinflusst werden. Im Folgenden wird auf die wichtigsten Einflüsse zunächst qualitativ eingegangen – oft lassen sich die Ergebnisse sogar quantitativ berechnen, dazu wird jeweils auf Folgeabschnitte verwiesen. Die Darstellung folgt der Wichtigkeit der jeweiligen Einflüsse. Diese ergeben sich aus systematischen Untersuchungen in enger Wechselbeziehung von Theorie und Praxis: Die grundlegenden Verfahren der Bauphysik wurden in Detailmessungen und durch umfassende statistische Untersuchungen in realisierten Siedlungsprojekten in den vergangenen Jahrzehnten systematisch überprüft. Diese bestätigen die Validität der physikalisch begründeten Verfahren. Durch die gute Übereinstimmung der Physik mit der Praxis ist es u. a. gelungen, Gebäudekonzepte zu entwickeln, die den Heizenergieverbrauch gegenüber dem noch bestehenden Durchschnitt von über 16 Liter Heizöläquivalent je Quadratmeter Wohnfläche auf weniger als ein Zehntel dieses Wertes senken („Passivhäuser"). Die Konstruktionsdetails dieser sehr energieeffizienten Neubauten erwiesen sich als zuverlässig reproduzierbar – einschließlich der in jeder Hinsicht in der Praxis überzeugenden Ergebnisse. Diese beruhen auf den im Folgenden dargelegten Grundsätzen Wärmedämmung, Wärmebrückenfreiheit, Energiegewinnfenster, Luftdichtheit und Wärmerückgewinnung – die erfolgreiche Praxis ist zugleich der augenscheinlichste Beweis für die Validität dieser Prinzipien.

Wärmedämmung der Gebäudehülle

Der Transmissionswärmeverlust durch Wärmeleitung durch luftdichte Bauteile der Gebäudehülle ist die in jeder Hinsicht dominante Größe bei allen Gebäuden, die von Menschen genutzt werden. Dieser wird bestimmt durch die Größe der Hüllfläche (A abgekürzt) und durch die wärmetechnische Qualität der Bauteile, vor allem bestimmt durch deren Wärmedurchgangskoeffizienten U. Für energieeffizientes Bauen kommt es

darauf an, bei gegebener Nutzfläche A_{EBF} die thermische Hüllfläche und die U-Werte möglichst klein zu halten. Die Qualitäten üblicher Neubauhüllflächen sind hier in den vergangenen Jahrzehnten um etwa einen Faktor 10 verbessert worden (Altbau-U-Werte um 1,4 W/(m²K), heutige U-Werte energiesparender Gebäude um 0,15 W/(m²K)). Hier gibt es daher ein beträchtliches Potential für eine gute Planung.

i. Zunächst gilt es, die Gebäudehülle klar zu identifizieren.

ii. Es lohnt sich immer, über Möglichkeiten der Einsparung von thermischen Hüllflächen nachzudenken (Vermeidung von unnötigen Vor- und Rücksprüngen, Anbau oder Dachausbau statt separatem Gebäude). Dies spart Aufwand und gleich mehrfach Kosten.

iii. Die Bauteile der identifizierten Hülle sollten einen optimalen Wärmeschutz erhalten – für opake (nichtlichtdurchlässige) Flächen ist das eine ausreichend gute (d. h. dicke) Wärmedämmung, für transparente Flächen (z. B. Verglasungen) eine Dreischeiben-Wärmeschutz- oder eine Vakuumverglasung, gedämmte Fensterrahmen sind ebenso unverzichtbar wie thermische Trennungen bei auskragenden Bauteilen. Als grobe Anfangsorientierung kann für opake Bauteile ein Wärmedämmniveau um 0,14 W/(m²K), bei transparenten Bauteilen um 0,8 W/(m²K) angestrebt werden. Diese Werte werden heute von einer großen Vielzahl unterschiedlicher Konstruktionen erreicht. Auch noch bessere (kleinere) Werte sind vertretbar und in manchen Fällen erforderlich. Größere U-Werte sollten nur dann geplant werden, wenn aus wichtige Gründen Beschränkungen vorliegen (z. B. nicht überbaubares Grundstück des Nachbarn) oder die Energiesparziele auf sicherem Weg anders erreicht werden (das kann z. B. durch die Energiebilanz, vgl. 17.5.8, nachgewiesen werden).

Der hier empfohlene erheblich verbesserte Wärmeschutz der Gebäudehülle hat einen günstigen Einfluss auf eine ganze Reihe von weiteren Anforderungen an die Baukonstruktion, die hier kurz qualitativ behandelt werden:

- Vorteil I: Das gut gedämmte Bauteil verliert weniger Wärme und spart damit Heizkosten und umweltschädliche Emissionen ein.

- Vorteil II: Gut gedämmte Bauteile haben wegen des geringeren Wärmestroms automatisch eine innere Oberflächentemperatur, die näher an der Raumtemperatur liegt – die Differenz zwischen der inneren Oberflächentemperatur und der Raumtemperatur ist proportional zum Wärmeverlust, sie sollte nicht größer als 4,2 K werden. Bauteile der hier empfohlenen Qualität führen sogar zu Oberflächentemperaturen, die sich kaum noch von der behaglich eingestellten Raumtemperatur unterscheiden (im Winter wie auch im Sommer weniger als 1 K). Das führt auch ohne Flächenheizung zu einem angenehmeren Wärmestrahlungsklima, sehr geringer und nicht mehr wahrnehmbarer Luftbewegung und vernachlässigbarer Wärmeschichtung im Raum, mithin zu erheblich verbesserter Behaglichkeit. Bei schlechter Dämmung können Oberflächentemperaturen an Außenbauteilen dagegen so stark absinken, dass eine unangenehme Strahlungstemperaturasymmetrie entsteht – und dass kalte Luft sich in einem Kaltluftsee am Boden sammelt.

- Vorteil III: Aus dem gleichen Grund (höhere Oberflächentemperatur) sinken die Wasseraktivitäten an der Bauteiloberfläche – dadurch ist bei diesen Qualitäten das Entstehen und Wachstum von Schimmel an den Wänden selbst in den Ecken und hinter Schränken ausgeschlossen (wenn keine spezifischen Feuchtequellen wie Rohrbruch o. ä. vorliegen). Schimmelpilzvermeidung an Bauteilen ist aus hygienischer Sicht unbedingt erforderlich: Dazu müssen bei durchschnittlichen Innenraumbedingungen die Oberflächentemperaturen überall 12,6 °C überschreiten (vgl. 17.5.7.3, 20 °C 50 % r. F. innen und –5 °C außen). Bei den hier generell empfohlenen Wärmeschutzqualitäten (inkl. der Wärmebrückenfreiheit, vgl. nächster Punkt) wird dies automatisch erfüllt.

Wärmebrückenfreies Konstruieren

Der oben empfohlene Wärmeschutz sollte das Gebäude in einer ununterbrochenen durchgehenden Dämmhülle umschließen. Diese Hülle darf nicht von Materialien mit bedeutend höheren Wärmeleitfähigkeiten durchstoßen werden. Solche Fehlstellen heißen Wärmebrücken. Auswirkungen von Wärmebrücken lassen sich heute mit numerischen Programmen auch für individuelle Planungen berechnen; besser ist es jedoch, die Wärmebrücken von vorn herein zu vermeiden – dieses Prinzip heißt „wärmebrückenfreies Konstruieren". Hierfür ist ein einzelnes Grundprinzip zielführend: Die gesamte Dämmhülle sollte innerhalb der maßgeblichen Dämmschicht ohne abzusetzen mit einem Stift der im Planmaßstab verkleinerten Mindestbreite 200 mm durchfahren werden können. Wird diese Regel eingehalten, so halten sich die sonst bei Wärmebrücken auch auftretenden Temperaturabsenkungen im Rahmen – Bauschäden durch thermische Schwachstellen werden so sicher vermieden (s. Abschn. 17.5.7). In Altbauten gibt es dagegen zahlreiche gefährdete Stellen dieser Art (Ringverankerungen in Außenwänden, Betonstürze über Fenstern, Stahl- und Stahlbetonstützen im Innern von Leichtbauwänden (Bild **17**.52a und b) bzw. in Platten- oder Tafelwänden aus Fertigteilen, Betonkragplatten, Geschossdeckenauflager, Installationsschlitze (Bild **17**.53). Die meisten dieser Stellen lassen sich bei sachgerechter Planung im Zuge von Sanierungen zumindest abmildern (Bild **17**.52c).

Optimierung der Qualität sowie der Lage und Größe transparenter Bauteile

Fenster dienen in erster Hinsicht nicht der Energieeffizienz, sondern der Lebensqualität im Gebäude: u. a. durch Blickkontakte nach außen, Tageslicht und Kommunikationsmöglichkeiten. Diese Aufgaben sind es auch, welche in der Regel maßgeblich sind für Größe und Position von Fenstern – wenngleich beides natürlich auch großen Einfluss auf die Energiebilanz des Gebäudes hat (siehe unten). Größer ist allerdings die Auswirkung der wärmetechnischen Qualität von transparenten Bauteilen auf den Heizenergieverbrauch. Dieser lässt sich qualitativ wie folgt zusammenfassen:

i. Die in jeder Hinsicht, für alle Himmelsrichtungen und Gebäudearten energieökonomisch optimale Verglasungsqualität in Mitteleuropa ist die Dreischeibenwärmeschutzverglasung (oder eine vergleichbare Qualität wie z. B. hochwertiges Zweischeiben-Vakuumglas). Solche Verglasungen weisen U_g-Werte unter 0,80 W/(m²K) auf und sind bis herunter zu 0,51 W/(m²K) erhältlich. Verglasungen dieser Qualität können alle diesbezüglichen Anforderungen sicher erfüllen: Sie reduzieren den Wärmeverlust auf ein vertretbares Maß, sie garantieren ausreichend hohe innere Oberflächentemperaturen im Winter (sehr gute thermischen Behaglichkeit) und sie weisen bei Verwendung thermisch getrennter Abstandhalter kein Tauwasser mehr an Innenoberflächen aus. Nach wie vor ist der U_g-

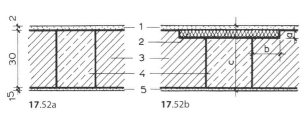
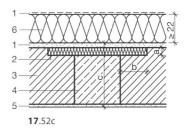

17.52a   **17**.52b   **17**.52c

17.52 Einbindende Stahlbetonteile in Außenwänden (Wärmebrücken) von schlecht gedämmten Altbauten

     a) Stahlbetonstütze ohne zusätzliche Wärmedämmung (falsche Anordnung): Die Stahlbetonstütze wirkt als Wärmebrücke. Ihr Wärmedurchlasswiderstand ist mit 0,17 m2K/W viel zu gering.

     b) Stahlbetonstütze mit zusätzlicher Wärmedämmschicht (Leichtbauplatte, besser extrudierter PS-Hartschaum). Der Wärmedurchlasswiderstand der Schichten a und c muss dem der Wand entsprechen. Durch einen seitlichen Überstand (b) müsste dies auch für den diagonalen Wärmedurchgang berücksichtigt werden.

     1 Außenputz,   2 Leichtbauplatte oder PS-Hartschaum,   3 Mauerwerk,   4 Stahlbeton

     c) Durch ein bei der nächsten Erhaltungsmaßnahme gekoppelt angebrachtes Wärmedämmverbundsystem verschwindet die Wärmebrücke.

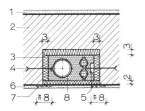

17.53
Wärmedämmung von Rohrschlitzen in Außenmauern

1 Außenputz 2 cm   6 Innenputz, 1,5 cm
2 Ziegelmauerwerk 36,5 cm   7 korrosionsgeschützter Drahtnetzstreifen
3 Wärmedämmplatte   über Anschlussfuge
4 Rohrschellenanker   8 Dämmstoff-Ausschäumung
5 Halteschiene für verstellbare
   Rohrschellen (Schema)

Wert (EN 673) die bedeutendste Größe für die wärmeschutztechnische Bewertung einer Verglasung; geringere U_g-Werte sind besser.

ii. Verglasungen verlieren nicht nur Wärme nach außen, sie lassen auch direkte und indirekte Sonnenstrahlung in das Gebäude. Diese Eigenschaft wird gekennzeichnet durch den Gesamtenergiedurchlassgrad g (auch g-Wert genannt); er gibt an, welcher Anteil eines außen senkrecht auftreffenden Solargewinnstroms durch die Verglasung hindurch im Inneren wirksam wird. Nicht nur die direkte Transmission, auch die indirekte Erwärmung bei Absorption von Strahlung in den Scheiben wird im g-Wert berücksichtigt. Der g-Wert ist kennzeichnend für die Möglichkeit, Solarenergie passiv zu nutzen. Er verliert natürlich an Relevanz, wenn das Fenster verschattet wird (z. B. durch Vorbauten, Balkonbrüstungen, die Bebauung selbst, andere Bauwerke etc.) oder z. B. ein Rollladen geschlossen bleibt. Gute g-Werte sind möglichst hoch; hochwertige Dreischeibenwärmeschutzverglasungen haben heute g-Werte um und über 54 %. Eine ganz grobe Abwägung zwischen niedrigerem U-Wert und höherem g-Wert ist durch die Formel (Index gb für Glas-Bilanz)

$$U_{gb} = U_g - 1,6 \text{ W/(m}^2\text{K)} \, g$$

möglich. Grundsätzlich sollten heute nur noch solche Verglasungen eingesetzt werden, für welche U_{gb} negativ wird (Energiegewinn-Verglasungen). Warnung: U_{gb} ist keine Rechengröße für Energiebilanzen sondern nur ein Orientierungswert zum Vergleich zwischen Verglasungen.

iii. Für hohe passiv solare Einträge in Gebäude im Winter ist eine Südorientierung von Verglasungen besonders vorteilhaft: Hier ergeben sich fast doppelt so hohe Gewinne wie bei einer Ost- oder Westverglasung und etwa dreimal so Hohe im Vergleich zu Nord-Richtung. Hinweise:

- Abweichungen um ± 30° sind auch für die Energiebilanz nicht entscheidend.
- Die Kompaktheit des Baukörpers ist letztendlich wichtiger als die Orientierung: wenn z. B. durch Anordnung eines Nordfensters eine größere Gebäudetiefe erreicht werden kann, so wirkt sich dies positiv aus, auch wenn die Nordverglasung für sich gesehen nicht optimal ist.

17

- Die Orientierung ist nur für wenig verschattete Fenster wirklich relevant. Passiv solare Gewinne gibt es immer nur dann, wenn diese auch zugelassen werden: Bleiben Rollläden oder Jalousien im Winter geschlossen oder werden Verglasungen durch Einbauten oder Einfärbung ganz oder teilweise lichtundurchlässig gemacht, so nützt auch ein hoher g-Wert nichts.
- Unkritisch für den Sommer ist nur die Nordorientierung. Nicht allzu große Fenster auf der Südseite führen allerdings im Sommer zu bedeutend geringeren Problemen als Ost- oder West-Fenster. Bei letzteren ist also besondere Vorsicht geboten: Sie sollten nicht ohne Not zu groß werden und sie bedürfen fast regelmäßig einer Möglichkeit zur temporären Verschattung.

iv. Oft werden das Vorliegen von nichttransparenten Anteilen (Fensterrahmen), Verschmutzung und Verschattung (Fensterlaibung, Dachüberstand, Nachbarhaus, Vegetation) unterschätzt. Dadurch ergeben sich idealisierte Vorstellungen von „Solar-Gewinn-Häusern", die in der Praxis zu Enttäuschungen führen.

Luftdichtes Konstruieren

Laien verwechseln oft Wärmedämmung mit Luftdichtheit. Wärmedämmstoffe sind jedoch häufig nicht luftdicht (Beispiele: Mineralwolle oder Zellulosefasern) und luftdichte Bauteilschichten selten wärmedämmend (schon ein dünnes Stahlblech ist absolut luftdicht, ebenso eine Glasscheibe oder eine Ortbetondecke). Luftdichtheit ist allerdings ein wichtiges Ziel für eine baukonstruktiv einwandfreie Konstruktion. Der Grund hierfür ist leicht zu verstehen: Im Inneren eines Gebäudes wird zusätzlicher Wasserdampf freigesetzt (Menschen, Trocknen, Baden, Spülen, Waschen, Pflanzen etc.). Dadurch ist der absolute Wasserdampfgehalt der Luft im Gebäude höher als der in der Außenluft. Tritt solche absolut feuchtere Luft durch eine Undichtheit hindurch nach außen, so wird sie im Außenbereich der Undichtheit soweit abgekühlt, dass flüssiges Wasser ausfällt – die hier transportierten Feuchtemengen sind oft sehr groß. Luftdichtheit ist daher eine bedeutende Zielsetzung für ein schadensfreies Bauteil. Fugen in der wärmeübertragenden Umfassungsfläche von Gebäuden, insbesondere auch Fugen zwischen Fertigteilen oder zwischen Ausfachungen und Tragwerk

müssen daher dauerhaft luftundurchlässig abgedichtet werden (s. DIN 18 540). Maßstab für gute Bauteildichtheit ist der sog. q_{50}-Wert, welcher den bei 50 Pa Druckdifferenz pro m^2 Bauteilfläche ausgetauschten Luftvolumenstrom angibt. Angestrebt werden müssen heute Werte um und unter $q_{50} \leq 0,5$ m^3/h/m^2. Diese Werte sind heute bei allen Bauweisen zuverlässig erreichbar. Auch q_{50} lässt sich mit dem sog. Blower-Door-Test bestimmen. Das Erreichen einer guten Luftdichtheit ist wieder vor allem eine Aufgabe für eine gewissenhafte Planung. Im Folgenden wird der Ablauf und werden die wichtigsten Prinzipien skizziert:

i. Zunächst gilt es, die Luftdichtheitsebene innerhalb der Gebäudehülle klar zu identifizieren.

ii. Sodann wird für jedes Regelbauteil die Lage und Art der luftdichten Ebene bestimmt: Das kann z. B. der Innenputz eines Außenwandmauerwerkes sein, die ohnehin zur Aussteifung herangezogene Holzwerkstoffplatte bei einem Leichtbauteil (z. B. Dach), eine Betonplatte oder eine Luftdichtungsbahn (z. B. eine Folie oder ein reißfest faserverstärktes Papier). Zu jedem Regelbauteile muss es genau eine eindeutig vom Planer festgelegte Luftdichtheitsebene geben. Liegt diese im warmen Bereich der Konstruktion, so kann sie zugleich auch die Funktion einer Dampfbremse oder -sperre übernehmen. Liegt sie eher im kalten Bereich, so darf sie nach Möglichkeit nicht diffusionsdicht ausgeführt werden. Ist das doch der Fall (wasserdichte Flachdachdichtbahn), so müssen weitere Maßnahmen zum Feuchteschutz bzgl. Dampfdiffusion ergriffen werden (vgl. Abschn. 17.5.6).

iii. Nun gilt es, alle (linienförmigen) Anschlüsse zwischen Bauteilen zu identifizieren. An diesen Anschlüssen müssen die zuvor geplanten luftdichtenden Ebenen aneinander luftdicht angeschlossen werden: Dabei ist vor allem auf die Dauerhaftigkeit des Anschlusses und seine Toleranz gegenüber evtl. auftretenden Bewegungen zu achten. Z. B. reißen Putzfugen zwischen nicht kraftschlüssig verbundenen Bauteilen regelmäßig auf: Hier bedarf es daher einer luftdichten Verbindung, die tolerant gegenüber den zu erwartenden Bewegungen ist (Folienbrücke, (Anputz-) „Apu"-Leiste, fachgerecht ausgeführte Verfugung, nicht zu stark aufgegangenes Kompriband).

iv. Schließlich müssen Verletzungen der so geschaffenen Gesamtluftdichtheitsebene des Gebäudes vermieden werden: Sowohl solche, die evtl. durch Nachlässigkeit entstehen (z. B. Aufschlitzen des Putzes durch den Elektriker) als auch solche, die für bestimmte Funktionen unerlässlich sind (z. B. Durchführung eines Antennenkabels, eines Abwasser- oder eines Lüftungsrohres). Für diese Aufgaben gibt es heute bewährte Verfahren und praxistaugliche Produkte.

Das Blower-Door-Verfahren („Differenzdruck-Verfahren") hat sich als Standard-Verfahren zur Messung der Luftdichtheit von Gebäuden und Gebäudeteilen durchgesetzt (EN 13 829). Bei ihm wird durch Ventilatoren ein Druckunterschied zwischen der Innen- und Außenluft hergestellt und die dadurch ab- oder zuströmende Luftmenge gemessen.

Zur praktischen Durchführung wird eine Außentür oder ein Fenster des zu prüfenden Gebäudes durch eine luftdicht eingepassten „Gebläse-Tür" (daher englisch „Blower-Door") ersetzt. Mit dem Gebläse wird Luft aus dem Gebäude gefördert. Nach kurzer Zeit (wenige Sekunden) stellt sich ein Fließgleichgewicht ein, bei welchem exakt der geförderte und gemessene Luftmassenstrom über die noch vorhandenen Undichtheiten der zu prüfenden Gebäudehülle nachströmt. Das erfolgt bei einem Unterdruck, welcher mit einer ebenfalls in der Blower-Door angebrachten Differenzdruck-Messeinrichtung bestimmt wird (Unterdruckmessung). Als kennzeichnend wird der Wert zur Referenzdruckdifferenz von 50 Pa (Pascal) verwendet. Zur Erhöhung der Genauigkeit werden jedoch mehrere Werte unter- und oberhalb von 50 Pa eingestellt (z. B. 20, 30, 40, 50 und 60 Pa) und damit eine Ausgleichskurve zur Bestimmung des gefragten Wertes erstellt. Das Verfahren wird anschließend bei umgekehrter Förderrichtung wiederholt (Überdruckmessung), da manche Luftundichtheiten Ventileigenschaften aufweisen können.

Um auf die eigentlich aussagekräftigeren Kennwerte n_{50} oder q_{50} zu kommen, müssen die gemessenen absoluten Förderströme des Gebläses noch durch die Bezugswerte, nämlich das eingeschlossene Luftvolumen des Gebäudes V_{air} (das liefert n_{50}) bzw. durch die Gebäudehüllfläche (das liefert q_{50}) geteilt werden. Diese Bezugswerte müssen aus den Plänen rechnerisch bestimmt werden.

Als Voraussetzungen für die Durchführbarkeit des Verfahrens gilt: Die luftdichtende Hülle muss bauseits vollständig vorhanden sein (z. B. Innenputz fertig, Fenster alle eingebaut und luftdicht angeschlossen). Alle normalerweise geschlossenen Stellen in der Hülle müssen bei der Messung auch geschlossen sein (z. B. Fenster oder Abwasserrohre – evtl. Syphone erstmals mit Wasser füllen bzw. Rohr mit einer aufgepumpten Blase verschließen). Es sollte keine zu hohe Innen-Außentemperaturdifferenz vorhanden sein und kein zu starker Wind blasen, um die Fehler in der Messung zu begrenzen.

Einordnung der Ergebnisse von Gebäude-Dichtheits-Prüfungen: Ein Differenzdruck von 50 Pa stellt sich auf natürlichem Weg z. B. bei der Anströmung einer Fassade mit Windgeschwindigkeiten um 10 m/s ein (frische Brise bis starker Wind). Bei Sturm können Staudrücke bis 300 Pa, bei Orkanen um 500 Pa auftreten – entsprechend höher sind dann bei wenig dichten Gebäuden die Zugluftmengen. Im Mittel liegen aber in Deutschland, vor allem im Inland, viel geringere Windgeschwindigkeiten vor. In einer ganz groben Näherung beträgt der Mittelwert des Infiltrationsluftwechsels eines Gebäudes in städtischer Lage etwa $0{,}07 \cdot n_{50}$. Eine Übersicht vermittelt dann Tabelle **17**.54. Nur die Klasse (IV) in der letzten Spalte kann ein in jeder Hinsicht akzeptables Ergebnis garantieren. Zu beachten ist außerdem, dass bereits ab der Klasse (II) die Infiltration nicht mehr für einen immer hygienisch einwandfreien Luftwechsel ausreicht – obwohl der Luftwechsel bei starkem Wind immer noch zu hoch sein kann. Klasse (II) wird nach einem Fensteraustausch in einem typischen Altbau regelmäßig erreicht – hier ist das Maximum aller denkbarer Probleme gegeben: Die Feuchtigkeit im Innenraum steigt wegen des sinkenden Luftaustausches an – aber das Gebäude ist immer noch so undicht, dass Bauschäden durch Exfiltration von feuchter Luft entstehen können – und wegen der höheren Innenraumfeuchte sogar wahrscheinlicher entstehen. Diese Gefahren nehmen nach (III) ab und sind bei (IV) nicht mehr gegeben; allerdings reichen auch bei diesen Gebäudeklassen die Infiltrationsluftmassenströme allein für eine hygienisch einwandfreie Lüftung nicht aus. Es muss also zusätzlich gelüftet werden, entweder durch regelmäßiges Fensteröffnen oder mit einer Lüftungsanlage (Empfehlung).

Hygienisch einwandfreie Lüftung

Die Aufgabe besteht in der Garantie einer guten Luftqualität. Die Raumluft darf

- keine gesundheitsgefährdenden Mengen toxischer Stoffe enthalten,

17

Tabelle **17**.54 Klassifizierung zur Luftdichtheit von Gebäuden

Haustyp	(I) Nicht sanierter Altbau	(II) Mäßig gut modernisierter Altbau, schlechter Neubau	(III) Mittelmäßige Luftdichtheit	(IV) Stand der Technik bei Neubau und Modernisierung, anzustreben
Typische n_{50}-Werte h^{-1}	6 bis 14	2 bis 5	0,8 bis 2	0,2 bis 0,6
Typischer Infiltrations-Luftwechsel im Winter h^{-1}	0,42 bis 1	0,14 bis 0,35	0,06 bis 0,14	0,02 bis 0,05
Typischer Infiltrations-Wärmeverlust q_{inf} kWh/(m²a)	26 bis 60 sehr hoch	9 bis 21 hoch	4 bis 8 bedeutend	1 bis 2,5 vernachlässigbar
Klassifizierung Wasserdampfkonvektion	schadensträchtig	besonders schadensträchtig	Bauschadensgefahr grenzwertig	keine Bauschadensgefahr
Klassifizierung Infiltrationslüftung	undicht, zugig, zu hohe Luftmengen: trockene Luft	bereits zu dicht für ausreichende Lüftung, aber zeitweise immer noch zugig	Infiltration reicht für hygienischen Luftwechsel nicht aus	Infiltration reicht für hygienischen Luftwechsel nicht aus

- keine großen Mengen an Stoffe enthalten, welche die Menschen stören (z. B. Gerüche) und
- keine Zusammensetzung haben, die den Erhalt der Bausubstanz gefährdet.

Ein wichtiges Indiz für eine unzureichende Lufterneuerung ist das Auftreten von Feuchteschäden wie z. B. Schimmelwachstum an Innenoberflächen der Gebäudehülle – in solchen Fällen kann nicht mehr von hygienischen Wohnverhältnissen gesprochen werden. Eine verbreitete Ursache ist das Schimmelwachstum an Innenoberflächen kalter Hüllflächen, an denen wegen einer zu hohen Raumluftfeuchte zu hohe Wasseraktivitätswerte vorliegen.

Darüber hinaus gibt es viele weitere, gesundheitlich relevante Raumluftverunreinigungen wie Formaldehyd, flüchtige organische Substanzen (VOC), Radon, Rauch und Staub. Diese stammen bei heutigen Neubauten weniger aus den Baustoffen, als vielmehr vom Mobiliar, von Haushalts-Chemikalien, aus der Kleidung und auch vom Menschen selbst. Diese Belastungen müssen durch eine angemessene Wohnungslüftung in ausreichendem Maß verringert werden. Auch die Störungen des Wohlbefindens durch eine Geruchsbelästigung müssen ernst genommen werden. Die Verbesserung der empfundenen Luftqualität stellt immer einen Wert dar, der zusätzliche Investitionen rechtfertigt.

Eine auf den Frischluftbedarf eingestellte Komfortlüftung ist heute unverzichtbar in jedem Neubau und bei jeder hochwertigen baulichen Modernisierung:

- Ein ausreichender Luftaustausch in der kalten Jahreszeit ist nur mit einer zusätzlichen Lüftung möglich (vgl. Tabelle **17**.54).
- In keinem Fall zufriedenstellend ist eine Fugenlüftung durch Undichtheiten (vgl. Haustyp (I) in Tabelle **17**.54): In einem Gebäude vom Typ (I), das undicht genug für einen noch ausreichenden Luftwechsel bei schwachem Antrieb ist, kommt es bei starkem Wind bereits zu Zugerscheinungen. Neubauten in Deutschland sind aber seit 1984 bereits so dicht gebaut, dass der Fugenluftwechsel für eine ausreichende Innenluftqualität nicht ausreicht (dichter als Typ II); das gilt auch für modernisierte Altbauten mit neuen Fenstern – das Auftreten von Feuchteschäden in beachtlicher Häufigkeit belegt diese Aussage.
- Ohne Komfortlüftung kann in solchen Wohnungen ein ausreichender Luftaustausch nur durch eine regelmäßige Stoßlüftung versucht werden: Um einen etwa 0,33-fachen Luftwechsel zu erreichen, müsste man mindestens alle drei bis fünf Stunden die Fenster für 5 bis 10 Minuten ganz öffnen.

Die einfachste Lösung besteht in einer Abluftanlage, die verbrauchte und feuchte Luft aus Küche, WC und Bad abzieht. Dabei strömt (im Winter kalte) Frischluft durch Außenluftdurchlässe (ALD) nach. Diese einfachen Systeme sind inzwischen in Frankreich vorgeschrieben und eine Selbstverständlichkeit; in Schweden besteht seit über 50 Jahren Erfahrung mit solchen Abluftanlagen. In Deutschland handelt es sich um eine brauchbare Lösung für Neubauten nach der EnEV und für modernisierte (und damit luftdichter gewordene) Altbauten. Für wirklich energieeffiziente Gebäude wie Passivhäuser kommt ein solches System aber nicht in Betracht: Weil nach wie vor kalte Luft in die Räume kommt, ist der Lüftungswärmeverlust zu hoch (vgl. wieder Tabelle **17**.54). Einerseits wird dann nämlich eine ziemlich hohe Heizleistung mit Wärmeabgabe in der Nähe der Außenluftdurchlässe gebraucht, andererseits ist der Jahreslüftungswärmeverlust dann immer noch etwa doppelt so hoch wie ein durchschnittlicher Heizwärmebedarf in einem Passivhaus. Dort werden daher ausschließlich Lüftungsanlagen mit Zu- und Abluftführung und Wärmerückgewinnung verwendet.

Die hier aufgeführten fünf Grundprinzipien garantieren bereits entscheidenden Erfolg bei der Planung und Realisierung energieeffizienter Gebäude – sei es beim Neubau oder bei der Sanierung. In den folgenden Abschnitten wird darauf eingegangen, wie diese Prinzipien konkret auf ein Gebäude ausgelegt werden können. Dazu wird die Methode der Energiebilanzierung verwendet.

Zuvor muss hier aber noch qualitativ auf weitere Einflussgrößen eingegangen werden, die im Zusammenhang mit dem energiesparenden Bauen immer wieder diskutiert werden – aber letztlich keine wirklich hohe Bedeutung haben.

Verschattung. Noch recht groß ist der schon beim Thema Verglasung kurz erwähnte Einfluss der Verschattung. Die Größenordnung der Reduktion der verfügbaren Solareinstrahlung im Winter wird oft stark unterschätzt, da auch die Fensterlaibung und der Fensterrahmen bei nicht senkrechtem Einfall zur Verschattung beitragen. Eine korrekte Berücksichtigung dieses Einflusses, wie es heute mit Wärmebilanztools möglich ist, führt zu vorsichtigeren Aussagen bzgl. der passiv solaren Gewinne.

Oberflächenabsorption. Solarstrahlung wird nicht nur nach Durchgang durch ein Fenster im Inneren eines Gebäudes absorbiert; vielmehr wird, je nach Absorptionsvermögen der äußeren Oberflächen auch der Wärmedurchgang durch opake Bauteile messbar reduziert. Bei starker Einstrahlung, insbesondere im Sommer, ist das z. B. für Dachwohnungen offensichtlich. Dieser Teil

der passiven Solarenergienutzung durch Absorption an Außenoberflächen macht im Winter je nach Orientierung, Verschattung, Farbe und Bauteilaufbau etwa 1 bis 18 % des „dunklen" Wärmeverluststroms wieder Wett. Der prozentuale Anteil dieses Solargewinns am Wärmeverlust ist vom U-Wert unabhängig; das liegt daran, dass sowohl der Wärmeverlust als auch der indirekt nach innen weitergeleitete absorbierte Solargewinn proportional zum U-Wert sind – der überwiegende Teil der Erwärmung der äußeren Oberfläche wird direkt von dort über langwellige Abstrahlung und über Konvektion an die Atmosphäre abgegeben (78 bis fast 100 %). Dieser Effekt kann in Berechnungen nach den heute international eingeführten Verfahren (ISO 13 790) korrekt berücksichtigt werden; für die Sommersituation kann dies insbesondere in sonnigen Klimaten einige Bedeutung haben (wenn auch in diesem Fall ungünstige, die Kühllast wird erhöht – als Reaktion findet man in der typischen Inselarchitektur im Mittelmeerraum die sorgfältig regelmäßig kalkweiß gestrichenen Häuschen) [2]. Dem eben beschriebenen Effekt steht die langwellige (infrarote) Abstrahlung der opaken Oberflächen der Gebäudehülle in den (sehr viel kälteren) Himmel entgegen. Dieser sogenannte langwellige Strahlungsaustausch erhöht den gegenüber Außenluft berechneten Wärmeverlust, und zwar im Mittel um fast 20 %, da so gut wie alle heute als Außenoberflächen eingesetzten Materialien sehr hohe Emissionsgrade im mittleren Infrarot aufweisen. Dieser Effekt führt z. B. zu den Beobachtungen von Tau auf Wiesen, sowie Tauwasser und Reif auf Windschutzscheiben oder Dächern, weil sich die Oberflächen über Nacht unter den Taupunkt auskühlen können. Der Effekt überkompensiert den solaren Wärmegewinn auf Außenoberflächen; beides nicht zu berücksichtigen führt zu nur geringen Fehlern – nach ISO 13 790 ist es aber möglich, beides zugleich zu berücksichtigen.

Wärmekapazität. Viel wurde in populären Schriften über die angebliche Bedeutung der Wärmespeicherung für die Energieeinsparung geschrieben – manchmal sogar behauptet, Wärmespeichern sei wichtiger als Wärmedämmen. Diese Auffassung ist unzutreffend und längst widerlegt: Die vielfach zitierten instationären Vorgänge werden in der Physik bereits seit Fouriers bahnbrechender Arbeiten von 1807 korrekt behandelt. Auch anschaulich ist der nur geringfügige Einfluss des Wärmespeichervermögens leicht zu verstehen: In der Kernzeit der Heizperiode

17

(Winter) ist es in Mitteleuropa dauerhaft außen kälter als innen. Kommt es durch instationäre Vorgänge zu zeitweisen Temperaturänderungen im Inneren (z. B. Temperaturzunahme des Speichers) so muss die Energie dafür genauso und in gleicher Höhe aus Wärmequellen kommen, nur zeitverschoben. Solange die Heizlast zu keinem Zeitpunkt Null wird (und das geschieht im Winter außer in besonders guten Energiesparhäusern nie), ändert sich dadurch die Bilanz im Gesamtzeitraum gar nicht.

Instationäre Heizungsunterbrechungen bewirken bei leichten Gebäuden eine schnellere, bei speicherfähigen Gebäude eine langsamere Absenkung der Innentemperaturen. Damit sinken die Wärmeverluste ebenfalls schneller oder langsamer ab (sie sind zu den Temperaturdifferenzen proportional). Da die späteren Aufheizvorgänge in beiden Fällen wesentlich schneller erfolgen als die Abkühlvorgänge, ist der Mittelwert der Innenlufttemperaturen bei weniger speicherfähigen Gebäuden geringer und der Heizenergieverbrauch bei Nachtabsenkung um einige Prozente niedriger als bei schweren Gebäuden. Bei Wochenendabsenkungen im Bürobereich kann die Heizenergieeinsparung, insbesondere bei schlecht gedämmten Gebäuden, in den zweistelligen Prozentbereich kommen. Je besser der Wärmeschutz, umso geringer wird der hier beschriebene Effekt – bei den heute empfohlenen Dämmniveaus spielt er kaum noch eine Rolle, außer bei nur wenig genutzten Gebäuden (z. B. viele Schulgebäude).

Die **Sonnenenergieausnutzung** ist dagegen bei schweren Gebäuden auch im Winter geringfügig besser, weil auch überschüssige Sonnenenergie von schweren Innenbauteilen aufgenommen werden kann und dadurch die Raumtemperatur nicht so stark erhöhen wie bei leichten Gebäuden. Die gespeicherte Wärme wird in der sonnenlosen (Nacht-)Zeit dann wieder abgegeben und entlastet dabei die Heizanlage. Dieser Einfluss wird in ISO 13 790 auch korrekt berücksichtigt – auch er liegt bestenfalls im einstelligen Prozentbereich, in diesem Fall verbrauchsmindernd. In der Summe ist der Effekt der Speicherkapazität für den winterlichen Wärmebedarf vernachlässigbar gering. Da speicherfähige Gebäude sich im Sommer aber ebenfalls temperaturausgleichend verhalten, ist bei der Gefahr sommerlicher Raumüberhitzung das schwere Gebäude vorteilhaft (s. Abschnitt 17.5.4).

Rohrleitungen für die Wasserversorgung, -entsorgung und Heizung sollten nicht in Außenwänden liegen (Wärmeverluste), das gleiche gilt für Schornsteine (Versottungsgefahr).

Außendämmung. Eine Außendämmung von Wänden und an Außenluft grenzenden Decken ist die in jeder Hinsicht vorteilhafteste Lösung. Sie verbessert alle relevanten Eigenschaften des Bauteils, einschließlich des Feuchteverhaltens.

Eine gute Außendämmung kann auch Schubrisse vermeiden helfen, da wegen der verringerten Temperaturdifferenzen (Sommer/Winter und Tag/Nacht) in der statisch wirksamen Schicht die aus Wärmedehnungen resultierenden Schubkräfte gering bleiben. Problemstellen sind Auflager massiver Dachdecken mit geringer Auflast, besonders auch Garagendecken. Gesicherte Auflager (Ringanker), Gleitschichten (aus Polychloroprene-Kautschuk oder Polytetrafluorethylen-Folie) können dies unterstützen – auch hier kommt es auf das Grundprinzip des wärmebrückenfreien Konstruierens an.

Innendämmung. Ist z. B. bei Altbausanierungen eine Innendämmung nicht zu vermeiden, so ist auf eine fachgerechte Projektierung der Wassertransportvorgänge (evtl. Dampfbremsschichten oder Verwendung von dampfdichteren Dämmstoffen bzw. (s_d-Wert) oder kapillaraktive Dämmstoffe zu achten (s. auch Abschn. 17.5.6). Durch neue experimentelle und rechnerische Untersuchungen und besonders auch durch die Erfahrungen bei der Altbauerneuerung ist heute bewiesen, dass Dampfsperren auf der Innenseite der Dämmung nur in wenigen Fällen (z. B. bei außenseitig diffusionsdichten Bauteilen und bei Schwimmbädern) notwendig sind. Eine andere Möglichkeit ist die Verwendung kapillaraktiver Dämmschichten (z. B. Kalziumsilikatplatten oder Zellulosedämmstoff). Die Innendämmung ist allerdings immer mit Risiken verbunden, die eine fachgerechte, wärmebrückenfreie und luftdichte Planung unverzichtbar machen. In kritischen Fällen sind die Zuziehung eines Bauphysikers und eine numerische Berechnung des gesamten Feuchtetransportes (durch Diffusion und kapillar) mit Hilfe von Programmen wie WUFI oder DELPHIN zu empfehlen [3, 4, 23].

Bei Flachdächern schützen Wärmedämmschichten nicht nur die darunter liegenden Räume vor Abkühlung im Winter und übermäßiger Erwärmung im Sommer, sondern es werden auch stärkere Temperaturdehnungen der Unterkonstruktion (z. B. Stahlbeton, s. Abschn. 2 in Teil 2 dieses Werkes) vermieden. Darüber hinaus wird bei ausreichender Dimensionierung der Wärmedämmung Korrosion der Bewehrungsstähle o. Ä. verhindert, da unter diesen Umständen keine erhöhte Feuchtigkeit (s. Abschn. 17.5.6) im Bereich dieser Konstruktionsteile vorliegen wird. Die Dämmung sollte besonders bei großflächigen Massivdecken so gut ausgeführt werden, dass die Oberflächentemperatur innen an allen Punkten annähernd gleich ist (Berechnung s. Abschn. 17.5.6.1). Bei den schon weiter oben empfohlenen Dämmniveaus um und unter

17

$U = 0{,}14$ W/(m²K) ist das automatisch der Fall. Andernfalls bilden sich auf dem Deckenputz Wärmebrücken durch ungleichmäßige Staubablagerungen (dunkle Streifen an den jeweils kälteren Deckenflächen, z. B. unter den Rippen) ab. Diese Erscheinung ist auch als „Fugenabbildung" an Wänden mit unzureichender Wärmedämmung im Fugenbereich bekannt; auch dort löst eine ausreichend verbesserte Dämmung das Problem.

Fogging nennt man einen Verschmutzungseffekt, der ebenfalls durch Wärmebrücken begünstigt, aber ursächlich wohl durch in die Räume eingebrachte schwerflüchtige organische Verbindungen erzeugt wird (z. B. Phthalate aus Weichmachern, aber auch Beiprodukte von Zigarettenrauch). Ungünstige Luftströmungen und erhöhte Staubkonzentrationen erhöhen nach Untersuchungen des Umweltbundesamtes die Verschmutzungsgefahr.

Wirtschaftlicher Wärmeschutz. Eine Verbesserung des Wärmeschutzes eines Bauteils erzeugt i. A. zusätzliche Kosten gegenüber einer weniger hochwertigen Ausführung – das ist z. B. bei der Erhöhung der Dicke einer Dämmschicht unmittelbar einsichtig. Andererseits spart eine solche Maßnahme dauerhaft in den Folgejahren Betriebskosten ein – und reduziert bereits am Anfang die zu installierende Heizleistung. In der Studie „Bewertung energetischer Anforderungen im Lichte steigender Energiepreise für die EnEV und die KfW-Förderung" stellte sich heraus, dass die unter den Bedingungen des 21. Jahrhunderts einzelwirtschaftlich optimalen Wärmeschutzniveaus zu U-Werten von opaken Bauteilen um 0,12 bis 0,16 W/(m²K) und zur Dreischeiben-Wärmeschutzverglasung führen [5]. Dies sind genau die in diesem Werk durchgehend empfohlenen Qualitäten – im Neubau wie im Altbau. Diese Qualität empfiehlt sich nach der einzelwirtschaftlichen Analyse schon unter den heutigen Randbedingungen (Energiepreis bei 6,1 €Cent/kWh, Hypothekenkredit 4,6 % effektiver Zins) auch ohne Berücksichtigung der gewährten Förderung. Darüber hinaus zeigen die Lösungen, die in diesem Werk dargestellt sind, dass ein Wärmeschutzniveau, welches mindestens die hier empfohlene Qualität besitzt, folgende weitere Vorteile aufweist:

- Automatisch werden sowohl bei Neu- als auch bei Altbauten bei der empfohlenen sehr guten Wärmedämmung alle jene baukonstruktiven Probleme vermieden, die sonst in detaillierten Einzelbetrachtungen zum „gerade noch ausreichenden Mindestwärmeschutz" geprüft werden müssten: Sichere Vermeidung von Tauwasserbildung an Innenoberflächen, sichere Vermeidung zu hoher Wasseraktivitätswerte, damit sichere Vermeidung von Schimmelpilzwachstum; Schutz vor starken Temperaturspannungen, Reduzierung der Ermüdung von Materialien, Schutz der Tragkonstruktion (thermisch wie hygrisch) – und damit eine Erhöhung des Bautenschutzes, der problemfreien Nutzungsdauer des Gebäudes – was wiederum ein wichtiger Gesichtspunkt der Nachhaltigkeit ist und im Übrigen auch weitere Kosten und vor allem Ärger einspart. Allein aus dieser Sicht des Bautenschutzes sind die hier dargestellten Qualitäten daher durchgehend zu empfehlen.

- Automatisch wird durch die verringerten Temperaturdifferenzen zwischen Bauteilinnenoberflächen und Raumtemperatur die Behaglichkeit für die Nutzer verbessert: Strahlungstemperaturasymmetrie, Kaltluftabfall, Kaltluftsee, Fußkälte, Zugerscheinungen – das sind bei konsequenter Einhaltung der hier beschriebenen Qualitäten keine Themen mehr; diese Probleme sind ausschließlich verbunden mit schlecht gedämmten, evtl. sogar undichten, mit Wärmebrücken überladenen Details der Vergangenheit. Allen aus Sicht eines behaglichen und gesunden Wohnens sind die hier dargestellten Qualitäten daher durchgehend zu empfehlen. Diese Qualitäten sind zudem der einfachste und kostengünstigste Weg, die beste Klasse der thermischen Behaglichkeit zu erreichen.

Erwähnt sei, dass mit diesen einzelwirtschaftlich optimalen baukonstruktiven Maßnahmen des Wärmschutzes regelmäßig auch alle heutigen und sogar alle künftig zu erwartenden gesetzlichen Regelungen zum Wärmschutz oder zur Energieeinsparung eingehalten werden:

Künftige Anforderungen. Gebäude mit einem Wärmschutzniveau der hier beschriebenen Qualität haben automatisch einen sehr geringen Heizwärmebedarf (vgl. Abschnitt 17.5.8). Dieser Heizwärmebedarf wird so gering sein, dass in jedem Fall und ohne großen Aufwand, meist mit konventioneller Heiztechnik, auch alle sinnvollen Anforderungen an den Endenergiebedarf oder an den Primärenergiebedarf eingehalten werden können. Der erforderliche Zusatzaufwand für die Installation von erneuerbaren Energiesystemen

17

bleibt, selbst bei zu erwartenden künftigen sehr scharfen Anforderungen des Gesetzgebers, dann bezahlbar. Lösungen auf der Basis guter baukonstruktiver Details bieten somit eine attraktive Basis, die kommenden Anforderungen an nachhaltige Gebäudekonzepte zu erfüllen; alle bestehenden werden ohnehin erfüllt.

Lebenszyklusbetrachtung. Bauteile der Gebäudehülle haben regelmäßig sehr lange Nutzungsdauern – und es fallen in der Regel nur in größeren Zeitintervallen Wartungs- und Erneuerungsaufwand an. Dieser Aspekt der Nachhaltigkeit, eine lange Nutzung ohne Zusatzaufwand, hat eine große ökonomische Bedeutung: Da über 85 % des Kapitalstockes in Deutschland in Gebäuden gebunden ist, ist der Erhalt dieser Werte wichtig. Dazu muss die Substanz und die Wertigkeit sowie die attraktive Nutzbarkeit dauerhaft erhalten bleiben – ein wirtschaftlicher Energieeinsatz ist dabei eine wichtige Voraussetzung, aber auch die anderen in den letzten Abschnitten beschriebenen Vorteile: Bautenschutz, Behaglichkeit und Zukunftssicherheit.

Kopplungsprinzip. Diese Vorteile sind dann leicht zu erzielen, wenn die sich dafür bietenden Gelegenheiten genutzt werden: Die Gelegenheiten, das sind zum einen der Neubau eines Gebäudes – und zum anderen die ohnehin anstehende Erneuerung oder Modernisierung eines schon bestehenden Bauteils. Zu diesen Gelegenheiten lassen sich die hier empfohlenen Qualitäten in der Regel ohne hohen zusätzlichen Aufwand herstellen. Werden die Gelegenheiten dagegen versäumt, so ist die Chance für lange Zeit vertan: Ein gerade eben erneuertes Fenster wird der Eigentümer nicht schon nach wenigen Jahren wieder austauschen – auch nicht wegen der dabei evtl. erzielbaren Energieeinsparung, denn die Gesamtkosten des Fenstertausches sind um ein Vielfaches höher als die Differenzkosten zwischen einem Fenster guter Qualität (Dreischeibenverglasung, wie hier empfohlen) und einer billigen, aber nicht nachhaltigen Lösung. Für die zukünftige Entwicklung kommt es somit stark darauf an, dass zu den sich bietenden Gelegenheiten die sachgerechten, bautenschutzgerechten, bauphysikalisch empfehlenswerten und nachhaltigen Maßnahmen und Qualitäten auch ergriffen werden. Das setzt vor allem eine Kenntnis der wichtigsten Zusammenhänge voraus.

17.5.3 Wärmedurchgangskoeffizient, Wärmedurchgangswiderstand, wirksame Wärmekapazität

Wärmedurchgangskoeffizient U. Der Verlustwärmestrom Φ_{tr} durch ein Bauteil ist proportional zur Fläche A des Bauteils und zur Temperaturdifferenz zwischen der warmen Seite (i. a. Raum, Temperatur θ_i, der Index i steht für innen) und der kalten Seite (i. a. Außenraum, Temperatur θ_e, der Index e steht für extern). Der Proportionalitätsfaktor ist der Wärmedurchgangskoeffizient U oder U-Wert.

$$\Phi_{tr} = U \cdot A \cdot (\theta_i - \theta_e)$$

Früher wurde diese Größe in Deutschland auch mit k (k-Wert) bezeichnet. Der U-Wert ist die geeignete Größe, um den entscheidenden Teil der wärmetechnischen Qualität eines Bauteils zu kennzeichnen. Andere Einflüsse gibt es, sie sind aber gegenüber dem Einfluss des U-Wertes ziemlich gering – sie werden später in diesem Abschnitt systematisch behandelt. Der U-Wert gibt an, wie groß die Wärmeleistung Φ (auch Wärmefluss oder Wärmestrom genannt; Maßeinheit W [Watt]) ist, die durch 1 m² ebene Bauteilfläche bei einer Temperaturdifferenz zwischen Innenraum und Außenraum von 1 K (= 1 °C) hindurchgeht. Die Maßeinheit für den U-Wert ist daher W/(m²K). Der Kehrwert des U-Wertes ist der Wärmedurchgangswiderstand, bezeichnet mit dem Formelzeichen R_T, gemessen in der Einheit m²K/W, der Index „T" steht für Transmission (Wärmedurchgang):

$$R_T = \frac{1}{U}.$$

Angestrebt werden bei Außenbauteilen möglichst niedrige U-Werte, um die Wärmeverluste gering zu halten – dabei wird der Wärmedurchgangswiderstand möglichst hoch.

In den folgenden Abschnitten werden grundsätzlich die neu international eingeführten Größenbezeichnungen verwendet. Die Tabellen **17**.55 und **17**.56 stellen den Anschluss an die frühere Nomenklatur her.

Besonders einfach ist der Fall, in welchem es sich um ein ungestörtes ebenes Bauteil handelt. Natürlich trifft diese Idealisierung nicht für alle Bereiche eines Gebäudes zu: da gibt es Materialwechsel, Kanten, Anschlüsse usw. Diese allgemeinere Situation kann durch Wärmebrückenverlustkoeffizienten berücksichtigt werden (s. Abschn. 17.5.7). Bei Beachtung der hier beschrie-

Tabelle **17**.55 Bisher verwendete und neue Symbole bauphysikalischer Größen (aus DIN 4108-2: 2001-03; Tab. 1). Die neu eingeführten Symbole sind **fett** gedruckt!

Bisheriges Symbol	Bauphysikalische Größe	Einheit	Gültiges Symbol	Geltende Norm
s	Dicke	m	d	DIN EN ISO 6946
A	Fläche, Umfassungsfläche	m²	A	DIN EN ISO 7345
V	Volumen	m³	V	DIN EN ISO 7345
V	(eingeschlossenes) Gebäudevolumen	m³	V_e	
m	Masse	kg	m	DIN EN ISO 7345
ρ	(Roh-)Dichte	kg/m³	ρ	DIN EN ISO 7345
t	Zeit	s; h	t	DIN EN ISO 7345
ϑ	Celsius-Temperatur	°C	θ	DIN EN ISO 7345
T	Absolute, thermodynamische Temperatur	K	T	DIN EN ISO 7345
Q	Wärmemenge	J; Wh; kWh	Q	DIN EN ISO 7345
$\dot{Q}$	Wärmestrom, Wärmeleistung	W	Φ	DIN EN ISO 7345
q	Wärmestromdichte	W/m²	q	DIN EN ISO 7345
–	Spezifischer Transmissionswärmeverlustkoeffizient	W/K	H_T	DIN EN ISO 13 789 Anhang B
λ	Wärmeleitfähigkeit	W/mK	λ	DIN EN ISO 7345
Λ	Wärmedurchlasskoeffizient	W/m²K	Λ	DIN EN ISO 7345
$1/\Lambda$	Wärmedurchlasswiderstand	m²K/W	R	DIN EN ISO 7345
a	Flächenbezogener Wärmeübergangskoeffizient	W/m²K	h	DIN EN ISO 7345
$1/a_i$	Wärmeübergangswiderstand innen	m²K/W	R_{si}	DIN EN ISO 6946
$1/a_e$	Wärmeübergangswiderstand außen	m²K/W	R_{se}	DIN EN ISO 6946
k	Wärmedurchgangskoeffizient	W/m²K	U	DIN EN ISO 7345
$1/k$	Wärmedurchgangswiderstand	m²K/W	R_T	DIN EN ISO 6946
p	Wasserdampfteildruck	Pa	p	DIN EN ISO 9346
$\varphi; \phi$	Relative Luftfeuchte	%	φ	DIN EN ISO 9346
i	Wasserdampf-Diffusionsstromdichte	kg/m²h	g	DIN EN ISO 9346
$1/\Delta$	Wasserdampf-Diffusionsdurchlasswiderstand	m²h Pa/kg	G	DIN EN ISO 9346
δ	Wasserdampfleitfähigkeit, -koeffizient	kg/(mh Pa)	δ	DIN EN ISO 9346
μ	Wasserdampf-Diffusionswiderstandszahl	–	μ	DIN EN ISO 9346
s_d	(wasserdampf-)diffusionsäquivalente Luftschichtdicke	m	s_d	DIN EN ISO 9346
$WBV; k_l$	Wärmebrückenverlustkoeffizient (lineare Wärmebrücken)	W/mK	Ψ	DIN EN ISO 10 211
$WBV_P; k_P$	Wärmebrückenverlustkoeffizient (punktartige Wärmebrücken)	W/K	χ	DIN EN ISO 10 211
Θ	Temperaturfaktor	–	f_{RSi}	DIN EN ISO 10 211
–	Sonneneintrags(kenn)wert	–	S	DIN 4108-2
–	Zuschlagswert zum Sonneneintragswert	–	ΔS	DIN 4108-2
z	Abminderungsfaktor einer Sonnenschutzvorrichtung	–	F_C	DIN EN 832
g	Gesamtenergiedurchlassgrad	–	g	DIN EN 410
–	Abdeckwinkel	°	β	DIN 4108-2

17

Tabelle **17**.56 Neue Indizes an Symbolen für bauphysikalische Größen (aus DIN 4108-2, Tab. 2)

Bisheriges Index-Symbol	Gültiges Index-Symbol	Benutzt für:
F	w	Fenster (engl.: window)
R	f oder F	Rahmen (engl.: frame)
V	g	Verglasung (engl.: glazing)
O	S	Oberfläche (engl.: surface)
a	e	außen (engl.: exterior)
–	a	Umgebung
W	AW	(Außen)wand
H	h	Heiz-
L	V	Lüftungs- (engl. Ventilation)
–	W	Warmwasser
–	t	Anlagetechnik (engl.: technics)
–	r	Umwelt („regenerativ")
–	HF	Hauptfassade
i	i	innen
l	l	längenbezogen
–	∢	geneigt
–	s	solar wirksam
ges	total	gesamter

benen planerischen Grundsätze können die Wärmebrückeneffekte aber klein gehalten werden:
Tatsächlich lässt sich die Gebäudehülle dann in
guter Näherung in ebene Bauteile zerlegen, deren U-Werte sich nach der im folgenden beschriebenen Methode sehr einfach berechnen
lassen.

U-Wert-Berechnung beim ebenen Bauteil. Das
Bauteil besteht aus endlich vielen $j = 1 \dots n$
Schichten mit in jeweils parallelen Ebenen konstanten Materialeigenschaften. Die Schicht j habe
die Dicke d_j (in m). Die maßgebliche Materialei-
genschaft ist die Wärmeleitfähigkeit λ_j [angege-
ben in W/(mK)] der Schichtmaterialien. An den
Oberflächen muss die Wärme zudem dünne Luftschichten durchdringen bzw. durch Wärmestrahlung mit anderen Oberflächen Wärme austauschen. Modellhaft durchdringt sie an den Oberflächen zusätzliche Wärmeübergangswiderstän-
de R_{si} und R_{se} (s für englisch „surface", Maßeinheit
m²K/W). In diesem Fall lässt sich der gesamte
Wärmedurchgangswiderstand R_T des ebenen
Bauteils aus der Summe der Einzelwiderstände
der Bauteilschichten berechnen (ISO 6946, s.
auch Bild **17**.57):

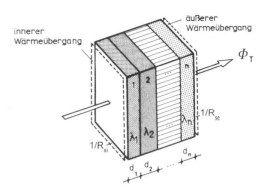

17.57 Wärmeübertragende Bauteile aus n Schichten

Für die Wärmeübertragung entscheidend ist der
Wärmedurchgangswiderstand $R_T = 1/U$ (bisher
$1/k$), der sich additiv aus den Wärmedurchlasswiderständen d/λ der Einzelschichten und den
Wärmeübergangswiderständen R_{si} und R_{se} an den
Luft-Baustoff-Grenzflächen des Bauteils zusam-
mensetzt.

$$R_T = R_{si} + R_1 + R_2 + \dots + R_n + R_{se}$$

Jeder Einzelwiderstand einer ebenen Bauteilschicht steigt proportional zur Dicke d_j und ist
umgekehrt proportional zur Wärmeleitfähigkeit
des homogenen Materials in der Schicht:

$$R_j = \frac{d_j}{\lambda_j} \; .$$

Und zuletzt ergibt sich der U-Wert in diesem einfachen Fall aus dem Kehrwert des Wärmedurch-
gangswiderstandes:

$$U = \frac{1}{R_T} \; .$$

Der innere Teil der Summe ohne die Wärmeübergangswiderstände heißt Wärmedurchlasswiderstand R des Bauteils (in m² K/W):

$$R = R_1 + R_2 + \dots + R_n$$

R muss nach DIN 4108-2, Tab. 3 für alle Bauteile eine Mindestgröße aufweisen („Mindestwärmeschutz" s. Tab. **17**.58). Die Zahlenwerte des
Mindestwärmeschutzes dienen nur der Verhinderung von Tauwasser bzw. hoher Bauteilfeuch-
tigkeiten mit Schimmelpilzwachstum und sie beschreiben das aus baukonstruktiver Sicht absolute Minimum, um massive Bauschäden zu vermeiden. Aus wirtschaftlichen Gründen werden diese
Werte heute regelmäßig weit überboten.

17

Tabelle **17**.58 Mindestwerte für Wärmedurchlasswiderstände von Bauteilen (aus DIN 4108-2: 2001-03, Tab. 3)

Spalte	1		2
Zeile	**Bauteile**		**Wärmedurchlass-widerstand R $m^2 \cdot K/W$**
1	Außenwände; Wände von Aufenthaltsräumen gegen Bodenräume, Durchfahrten, offene Hausflure, Garagen, Erdreich		1,2
2	Wände zwischen fremd genutzten Räumen; Wohnungstrennwände		0,07
3	Treppenraumwände	zu Treppenräumen mit wesentlich niedrigeren Innentemperaturen (z. B. indirekt beheizte Treppenräume), Innentemperaturen $\theta > 10\,°C$, aber Treppenraum mindestens rostfrei	0,25
4		zu Treppenräumen mit Innentemperaturen $\theta_i > 10\,°C$ (z. B. Verwaltungsgebäuden, Geschäftshäusern, Unterrichtsgebäuden, Hotels, Gaststätten und Wohngebäude)	0,07
5	Wohnungstrenndecken, Decken zwischen fremden Arbeitsräumen; Decken unter Räumen zwischen gedämmten Dachschrägen und Abseitenwänden bei ausgebauten Dachräumen	allgemein	0,35
6		in zentralbeheizten Bürogebäuden	0,17
7	Unterer Abschluss nicht unterkellerter Aufenthaltsräume	unmittelbar an das Erdreich bis zu einer Raumtiefe von 5 m	
8		über einen nicht belüfteten Hohlraum an das Erdreich grenzend	0,90
9	Decken unter nicht ausgebauten Dachräumen; Decken unter bekriechbaren oder noch niedrigeren Räumen; Decken unter belüfteten Räumen zwischen Dachschrägen und Abseitenwänden bei ausgebauten Dachräumen, wärmegedämmte Dachschrägen		
10	Kellerdecken; Decke gegen abgeschlossene, unbeheizte Hausflure u. Ä.		
11	11.1	nach unten, gegen Garagen (auch beheizte), Durchfahrten (auch verschließbare) und belüftete Kriechkeller[1]	1,75
	11.2	Decken (auch Dächer), die Aufenthaltsräume gegen die Außenluft abgrenzen	nach oben, z. B. Dächer nach DIN 18 530, Dächer und Decken unter Terrassen; Für Umkehrdächer ist der berechnete Wärmedurchgangskoeffizient U nach DIN EN ISO 6946 mit den Korrekturwerten nach Tabelle 4 um ΔU zu berechnen.	1,2

[1] Erhöhter Wärmedurchlasswiderstand wegen Fußkälte.

Bei Berechnungen zum Nachweis des Wärmeschutzes dürfen für die Wärmeleitfähigkeiten nur die zugelassenen Bemessungswerte λ_j nach ISO 7345 verwendet werden (bzw. die schon bauaufsichtlich eingeführten Werte nach DIN V 4108-4, Veröffentlichungen im Bundesanzeiger bzw. bautechnischen Zahlentafeln).

Bei erdberührten Außenflächen (z. B. Bodenplatten) wird nach ISO 13 370 (Wärmeübertragung über das Erdreich) der Wärmeabfluss durch diese Flächen und durch den anrechenbaren Wärmedurchlasswiderstand des Erdreichs bis an die Außenluft berücksichtigt. Für genaue Wärmeschutzberechnungen muss für die erdberührten Teilflächen ISO 13 370 angewendet werden. In grober Näherung kann auch ein Reduktionsfaktor (i. a. in Mitteleuropa mit 0,5 angesetzt) auf den konventionell berechneten U-Wert allein der Bauteilschichten verwendet werden.

Mittlere Wärmedurchgangskoeffizienten U_m. Setzt sich eine Gebäudehülle aus mehreren ebenen Bauteilen mit Flächen A_a bis A_N und mit U-Werten U_a bis U_N zusammen, die sich gegenseitig auch an den Rändern nicht stören (d. i. eine i. A.

17

nicht streng erfüllte Bedingung, s. u.) so ergibt sich der gesamte spezifische Wärmeverlust H_{tr} (in W/K) zu

$$H_{tr} = A_a \cdot U_a + A_b \cdot U_b + \ldots + A_N \cdot U_N$$

Die störungsfreie Zusammensetzung der Bauteile liefert eine optimistische obere Abschätzung für den bestmöglichen oberen Wärmedurchlasswiderstand R' diese Kombination von Bauteilen:

$$R' = \frac{1}{U'} = \frac{A_{ges}}{H_{tr}}$$

Dies ist einfach der mit Flächengewichten gemittelte U-Wert. Genau lässt sich der Wärmedurchgang nur unter Berücksichtigung der Wärmebrückeneffekte an den Grenzflächen zwischen den Einzelbauteilen berechnen – hier müssen nämlich nicht mehr alle Wärmeströme senkrecht zur Oberfläche verlaufen (vgl. Bild **17**.59). Eine verbesserte Näherung kann aber auch schon durch das in ISO 6946 angegebenen Verfahren erfolgen. Dazu wird das Mittelungsverfahren zusätzlich nicht nur über die U-Werte, sondern auch über die Wärmedurchgangswiderstände R_j vorgenommen, indem als Abschätzung auf der sicheren Seite auch der sog. „untere Wärmedurchlasswiderstand" R' bestimmt wird:

$$R' = R_{si} + R_1 + R_2 + \ldots + R_n + R_{se}$$

Dabei setzen sich die einzelnen Wärmedurchlasswiderstände der Schichten R_j wiederum zusammen aus

$$R_j = \frac{f_a\, d_j}{\lambda_{ja}} + \frac{f_b\, d_j}{\lambda_{jb}} + \frac{f_N\, d_j}{\lambda_{jN}}$$

dabei sind die $f_a = A_a/A_{ges} \ldots f_N = A_N/A_{ges}$ die Flächenanteile der Teilflächen an der Gesamtfläche der Bauteilkombination.

In verbesserter Näherung kann nun R_T als arithmetischer Mittelwert von R'_T und R''_T bestimmt werden:

$$R_T = \frac{1}{2}\,(R' + R''),$$

woraus sich für U_m die verbesserte Näherung wieder nach $U_m = 1/R_T$ ergibt. Sind die Unterschiede zwischen R' und R'' sehr groß (mehr als 20 %), so wird auch diese Näherung schlecht – das ist dann ein Hinweis, dass die Wärmebrückeneffekte so groß sind, dass sich eine gesonderte numerische Berechnung mit einem zweidimensionalen Temperaturfeldprogramm emp-

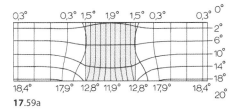

17.59a

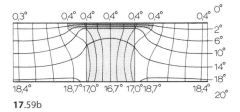

17.59b

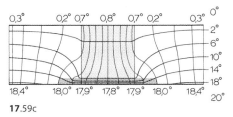

17.59c

17.59 Isothermen, Wärmeflusslinien und Oberflächentemperaturen bei einer Wand mit eingebundener Stahlbetonstütze ($U_{AW} = 0{,}40$ W/m^{2}K) in einem mäßig gedämmten Bauteil
   a) ungedämmte Stahlbetonstütze
   b) innengedämmte Stütze
   c) außengedämmte Stütze (s. auch Bild **17**.52b)

fiehlt. Im Allgemeinen sind die Unterschiede aber so klein, dass selbst die einfache Näherung mit R' bereits ausreichend genau wäre [6]. Natürlich ist es alternativ auch möglich, generell nach ISO 10 211-2 (mehrdimensionale Temperaturfelder) oder mit Wärmebrückenkatalogen zu arbeiten (s. Abschnitt 17.5.7) [7].

Luftschichten und Gasschichten. Die Formel $R_T = d/\lambda$ gilt natürlich nur, solange keine Bewegung (Strömung) innerhalb der Materialschicht vorliegt: Für Festkörper trifft das zu. In eingeschlossenen Gas- oder Flüssigkeitsschichten kann ein erhöhter Wärmetransport durch Konvektion erfolgen; diese ist umso bedeutender, je dicker die betreffende Schicht ist – und außerdem ist die Wärmeübertragung durch Strahlung zwischen den Grenzflächen zu berücksichtigen. Mit ISO 6946 ist die Berücksichtigung solcher ruhender oder wenig bewegter Gasschichten möglich. Tab. **17**.60 zeigt die Abhängigkeit des

Tabelle **17**.60 Wärmedurchlasswiderstand (in m^2K/W) von ruhenden Luftschichten (aus DIN EN ISO 6946: 1996-11)

Dicke der Luftschicht mm	Richtung des Wärmestroms		
	aufwärts	horizontal	abwärts
0	0	0	0
5	0,11	0,11	0,11
7	0,13	0,13	0,13
10	0,15	0,15	0,15
15	0,16	0,17	0,17
25	0,16	0,18	0,19
50	0,16	0,18	0,21
100	0,16	0,18	0,22
300	0,16	0,18	0,23

Zwischenwerte können mittels linearer Interpolation ermittelt werden.

Für Bauteile mit Luftschichten über 300 mm Dicke sollte kein Wärmedurchlasswiderstand angesetzt, sondern die Wärmeströme mittels einer Wärmebilanz nach ISO/DIS 13 789 berechnet werden.

Für schwach belüftete Luftschichten gilt eine der Tab. **17**.60 ähnliche Tabelle mit niedrigeren Wärmedurchlasswiderständen. Die Einordnung der Luftschichten wird nach DIN EN ISO 6946: 1996-11 über die Fläche der Be- und Entlüftungsöffnungen durchgeführt. Luftschichten in zweischaligem Mauerwerk gelten jetzt als sog. „stark belüftete Luftschichten". Derartige Luftschichten gelten als nicht wärmedämmend, so dass weder Luftschicht noch Vormauerschale eines zweischaligen Mauerwerks nach DIN 1053 in die U-Wert-Berechnungen mehr einbezogen werden dürfen!

Wärmedurchlasswiderstandes von der Luftschichtdicke für verschiedene Richtungen des Wärmestroms.

Die zu benutzenden Rechenwerte der Wärmeübergangswiderstände R_{si} und R_{se} sind in DIN 4108-4 festgelegt. Sie werden u. a. von der Geschwindigkeit der Luftbewegung an den Übergangsflächen (Bauteiloberflächen) und deren Lage (Wärmedurchgangsrichtung horizontal oder auf- bzw. absteigend) beeinflusst (s. Tab. **17**.61).

Wärmespeicherung. Wärme ist statistisch auf viele Atome verteilte Energie. Die in der Materie gespeicherte Wärme (genauer: Innere Energie) nimmt mit zunehmender Temperatur zu. Eine Bauteilschicht kann Wärme aufnehmen, wenn sich ihre Temperatur erhöht – und es gibt dieselbe Wärme wieder ab, wenn sich die Temperatur wieder auf den ursprünglichen Wert reduziert; zwischenzeitlich war die Wärme in der Bauteilschicht gespeichert. In guter Näherung sind die eingespeicherten Wärmemengen der Temperaturdifferenz proportional, der Proportionalitätsfaktor wird Wärmekapazität C genannt (solange keine Materialveränderungen wie z. B. Schmelzen oder Verdampfen vorliegen). Die in üblichen Bauteilen gespeicherten Wärmemengen sind nur klein – die durch die Speicherung bewirkten zeitlichen Verlagerungen von Wärmeaufnahme und Wärmeabgabe spielen sich in Minuten- bis maximal wenigen Tagesrhythmen ab. In Zeitmaßstäben von Monaten oder ganzen Jahren spielt die Wärmespeicherung in Gebäuden keine bedeutende Rolle – anders ist dies z. B. für das Erdreich mit meterdicken Materialstärken. Im Tagesmaßstab bewirkt die Wärmekapazität eine Glättung der Temperaturverläufe: Die Temperaturerhöhung z. B. durch passiv eingestrahlte Sonnenenergie ist bei hoher Wärmekapazität geringer – die Energie wird eingespeichert und kann später, so sie nicht verloren geht (dafür spielt wieder die Wärmedämmung eine große Rolle), das Gebäude länger auf höheren Temperaturen halten. Das ist vor allem günstig für die sommerliche Behaglichkeit, erleichtert aber auch im Winter die Nutzbarkeit solarer Gewinne. Physikalisch gehören Wärmeleitung und Wärmespeicherung eng zusammen: In die instationäre Wärmeleitungsgleichung (Fourier 1805) gehen beide Phänomene gleichermaßen ein. Diese Gleichung lässt sich, auch für Bauteile eines Gebäudes, heute numerisch lösen. Simulationsprogramme wie Derob, DYNBIL oder „Energy 10" bedienen sich solcher numerischer Lösungen und können damit die thermischen Vorgänge in einem Gebäude auch im Zeitverlauf präzise berechnen. Mit solchen Berechnungen zeigte sich u. a., dass die quasistationären Energiebilanzen, auf denen die hier vorgestellte Bestimmung des U-Wertes beruhen und die in Abschnitt 17.5.8 noch weiter ausgeführt werden, bereits eine sehr gute Näherung darstellen. Dort wird die „wirksame Wärmekapazität" C_{wirk} innerhalb des Gebäudes herangezogen um dynamische Effekte einzubeziehen:

$$C_{wirk} = \sum (c_i \, \rho_i \, d_i \, A_i)$$

wobei

i Nummerierung der Bauteile mit Oberflächen zum Raum

c_i Spezifische Wärmekapazität des Baustoffs in Oberflächennähe zum Raum hin (in Wh/(kg K))

ρ_i Rohdichte dieses Materials (in kg/m^3)

d_i (wirksame) Schichtdicke (in m)

A_i Bauteilfläche (in m^2)

17

Tabelle **17**.61 Bemessungswerte der Wärmeübergangswiderstände (in Anlehnung an DIN V 4108-4: 1998-10, Tab. 7):

Bauteile	Wärmeübergangswiderstand	
	innen: R_{si} m^2K/W	außen: R_{se} m^2K/W
Außenwand	0,13	0,04
Außenwand mit hinterlüfteter Außenhaut; Abseitenwand zum nicht Wärme gedämmten Dachraum	0,13	0,08
Wohnungstrennwand, Wand zwischen fremden Arbeitsräumen, Trennwand zu dauernd unbeheizten Räumen, Abseitenwand zum Wärme gedämmten Dachraum	0,13	0,13
An das Erdreich grenzende Wand (s. Bem. unter Tab. **17**.60)	0,13	0,00
Decke oder Dachschräge, die Aufenthaltsraum nach oben gegen die Außenluft abgrenzt	0,13	0,04
Decke unter nicht ausgebauten Dachraum, unter Spitzboden oder unter belüftetem Raum (z. B. belüftete Dachschräge)	0,13	0,08
Wohnungstrenndecke und Decke zwischen fremden Arbeitsräumen: Wärmestrom von unten nach oben	0,10	0,10
Wohnungstrenndecke und Decke zwischen fremden Arbeitsräumen: Wärmestrom von oben nach unten	0,17	0,17
Kellerdecke	0,17	0,17
Decke, die einen Aufenthaltsraum nach unten gegen die Außenluft abgrenzt	0,17	0,04
Unterer Abschluss eines nicht unterkellerten Aufenthaltsraumes (an das Erdreich grenzend) (s. Bem. unter Tab. **17**.60)	0,17	0,00

Vereinfachend kann in allen Fällen mit $R_{si} = 0,13\ m^2K/W$ gerechnet werden; bei Außenwänden und Trennwänden darf mit $R_{se} = 0,04\ m^2K/W$ gerechnet werden.

Für die Tauwasser-Berechnungen des GLASER-Verfahrens sind in DIN 4108-3 andere Wärmeübergangswiderstände zu verwenden (s. Abschn. 17.5.6)

Die anrechenbaren Schichtdicken sind wegen der Eindringtiefe der Wärme auf den oberflächennahen Bereich von 0,1 m begrenzt. Nur Materialschichten raumseitig von Schichten mit $\lambda \geq$ 0,1 W/mK können angerechnet werden, da Dämmschichten den Zugang zum Speicher behindern.

Eine hohe Wärmekapazität wird von Normen und Bauregeln nicht gefordert. Sie macht sich aber (s. Abschn. 17.5.4) beim sommerlichen Wärmeschutz und bei der passiven Sonnenenergienutzung in gewissem Ausmaß positiv bemerkbar. Sie kann sich jedoch auch negativ auswirken: der Heizwärmebedarf kann bei hoher Wärmekapazität höher sein, wenn Gebäude oder Gebäudeteile nicht dauernd beheizt werden. Dann fallen die Innenlufttemperaturen nach einer Heizungsabschaltung langsamer ab, so dass die Transmissions- und Lüftungswärmeverluste relativ groß bleiben. Bei den heute empfehlenswerten sehr guten Wärmeschutzniveaus spielen diese Effekte allerdings eine immer geringere Rolle,

weil sich wegen des verringerten Wärmeabflusses die Innentemperaturen ohnehin nur wenig ändern.

17.5.4 Sommerlicher Wärmeschutz

Bei sommerlich erhöhter Sonneneinstrahlung und den häufig gleichzeitig auftretenden hohen Außenlufttemperaturen gibt es zur Erhaltung eines behaglichen Raumklimas andere Regeln – die allerdings zu jenen für den winterlichen Wärmeschutz nicht im Widerspruch stehen, sondern diese sinnvoll ergänzen.

Der Hauptunterschied zwischen Sommer und Winter besteht bei Gebäuden darin, dass im Winter der Netto-Wärmeabfluss durch Außenbauteile (Glasflächen bzw. Wände, Decken, Dächer usw.) in etwa gleicher und beherrschbarer Größenordnung liegt (zwischen 3 W/m² bei gutem und maximal 60 W/m² bei sehr schlechtem Wärmeschutz); im Sommer dagegen dominiert die (Sonnen-)Einstrahlung durch Glasflächen: Es können bis zu etwa 800 W Solarstrahlungsleistung pro Quadratmeter Glasfläche in ein Gebäude eindringen! Der Wärmezufluss durch – auch sonnenbeschienene – Wände wird dagegen 60 W/m² auch im ungünstigsten Fall (Mindestwärmeschutz) nicht überschreiten. Trotzdem sind ausgebaute Dachgeschosse – auch ohne Fenster – schon deshalb besonders überhitzungsgefährdet, weil großflächige sonnenbeschienene Dachflächen durchaus eine äußere Oberflächentemperatur von über 70 °C erreichen können. Bei großen Dachflächen sind die eindringenden Wärmemengen dann nicht mehr vernachlässigbar.

Ein bedeutender Unterschied in unseren Breiten (Mitteleuropa) ist zudem, dass es i. a. auch im Sommer immer noch zu periodisch (in der Nacht) niedrigen Außentemperaturen kommt, niedriger als die im Raum gewünschten behaglichen Temperaturen – während es im Winter im Außenraum nahezu durchgehend kälter ist als im Aufenthaltsraum erwünscht. Während im Winter in guter Näherung stationäre Verhältnisse herrschen (nämlich ein dauernder Netto-Wärmeabfluss) ist der Sommer in Mitteleuropa stark durch instationäre Vorgänge bestimmt; dafür sind die Rechenwege naturgemäß komplexer.

Für übliche Bauweisen lassen sich die Einflussfaktoren auf die sommerliche Raumerwärmung etwa in folgender Reihenfolge der Wichtigkeit zusammenstellen:

- Flächenanteile der transparenten Außenbauteile (Fenster, Festverglasungen; Fensterflächenanteil f)
- Energiedurchlässigkeit dieser Bauteile (Energiedurchlassgrad oder g-Wert genannt)
- Höhe der inneren Wärmequellen,
- Rahmenanteil der Fenster und Verschattung der Fenster,
- Neigung und Orientierung der transparenten Bauteile nach der Himmelsrichtung,
- Lüftung der Räume (insbesondere nächtliche Lüftung, besonders in der 2. Nachthälfte!),
- U-Werte und Absorptionsgrade der nichttransparenten Außenbauteile für Solarenergie, insbesondere der Dächer („Oberflächenfarbe")
- wirksame Wärmekapazität C_{wirk}, insbesondere der innenliegenden raumnahen Bauteile.

Instationäre Effekte bei der Wärmedurchlässigkeit der nichttransparenten Außenbauteile sind nur bei gering gedämmten Bauteilen merklich.

Man kann mit Hilfe dieser Aufstellung die Bedeutung einzelner Schutzmaßnahmen gegen sommerliche Raumüberhitzung abschätzen und entsprechende Maßnahmen ergreifen; das in Abs. 17.5.5 kurz beschriebene Sommer-Verfahren erlaubt sogar eine annähernd quantitative Abschätzung unter den Bedingungen des jeweiligen Gebäudes.

Die Reihung ist von der baulichen Situation abhängig. Z. B. ist der Einfluss der Verglasungen durch Glasflächen gewichtet. Bei geringeren Fensterflächen rücken die anderen Einflussfaktoren in den Vordergrund. Neben dem U-Wert hat für die sommerliche Wärmedurchlässigkeit auch die Absorption an der Außenoberfläche und die Reihenfolge der Schichten im Außenbauteil Einfluss. Nach wie vor wirken sich niedrige U-Werte i. a. günstig auch auf den sommerlichen Wärmeschutz aus; andere Kenngrößen sind jedoch wichtiger.

Außen liegende Dämmschichten in Verbindung mit innenliegenden, schweren wärmespeichernden Schichten lassen weniger sommerliche Wärme durchdringen als innengedämmte Konstruktionen. Das so genannte „Temperaturamplitudenverhältnis" (TAV) ist ein Maß für den sommerlichen „instationären" Wärmedurchgang durch opake Außenbauteile. Allerdings ist das TAV nur für Bauteile mit U-Werten über 0,3 W/(m²K) von merklicher Bedeutung – bei niedrigeren U-Werten ist die Temperaturamplitude an den Innenoberflächen ohnehin so klein, dass ihr Einfluss vernachlässigbar ist. Bei den empfehlenswerten zukunftsweisenden Wärmeschutzstandards (s. Abschnitt 17.5.2) mit $U <$ 0,14 W/(m²K) spielt das TAV keine Rolle mehr. Der instationäre Wärmedurchgang opaker Bauteile im Sommer ist selbst bei Altbauten nur dann wichtig, wenn der Fensterflächenanteil sehr gering ist. Auch die Wärmeschutznorm DIN 4108 gibt deshalb keine Empfehlungen mehr für das TAV. Bei den erwähnten leichten Außenbauteilen (Wände, Decken unter nicht ausgebauten Dachräumen und Dächer) mit einer Flächenmasse m' < 100 kg/m² muss ein Mindest-Wärmedurchlasswiderstand $R \geq 1{,}75$ m²K/W eingehalten werden. Bei Rahmen- und Skelettbauten gilt das nur für den Gefachbereich. Allerdings ist dann für das gesamte Bauteil im Mittel der Wert $R \geq 1{,}0$ m²K/W einzuhalten. Alle diese Werte werden von einem vernünftigen modernen Außenbauteil um Faktoren überboten ($R \geq 6{,}0$ m²K/W nach unseren Empfehlungen), wodurch sich weitere Vereinfachungen und eine bessere Beherrschbarkeit auch der Sommerbedingungen ergeben.

17.5.4.1 Gesetzliche und normative Bestimmungen

In DIN 4108-2 sind in Abschnitt 8 Mindestanforderungen für den sommerlichen Wärmeschutz aufgeführt. Der Nachweis des ausreichenden sommerlichen Wärmeschutzes geschieht dort über die Ermittlung eines (raumbezogenen!) Sonneneintragskennwertes S, der einen von verschiedenen Parametern abhängigen maximal zulässigen S-Wert S_{max} (s. u.) nicht überschreiten soll.

Tabelle **17**.62 Räume, für die ein Nachweis des sommerlichen Wärmeschutzes nicht erforderlich ist

Zeile	Neigung der Fenster gegen die Horizontalen	Orientierung der Fenster nach der Himmelsrichtung	Maximaler Fensterflächenanteil f (in %)
1	Über 60° bis 90°	West über Süd bis Ost	20
2		Nordost über Nord bis Nordwest	30
3	Von 0° bis 60°	Alle Orientierung	15

Die Himmelsrichtungen schließen eine Abweichung von ± 22,5° ein. An den Grenzen ist der jeweils kleinere Fensterflächenanteil anzusetzen.

Allerdings kann auf den Nachweis verzichtet werden, wenn für einen Raum keine Gefahr der sommerlichen Raumüberhitzung besteht, z. B. wenn die Fensterorientierung günstig und der Fensterflächenanteil an der Fassade klein genug ist (s. Tab. **17**.62).

Der Sonneneintragskennwert S wird mit Hilfe folgender Formel berechnet:

$$S = f \cdot g_{total} \cdot \frac{F_F}{0,7}$$

dabei sind

F_F der Rahmenanteil des Fensters, der, falls nicht näher bekannt, mit 0,2 angesetzt werden kann!

$f = A_{w,s}/A_{HF}$ der Fensterflächenanteil des Raumes an der Fassade (auch bei mehrseitiger Besonnung!), es gelten die Fensteraußenmaße;

$A_{w,s}$ die solarwirksamen Fensterflächen des Raumes in m²

A_{HF} Flächen der Fenster und der Außenwand des Raumes der Hauptfassade (= größte Fensterfront bei mehrseitiger Besonnung!); bei Dachflächen ist entsprechend vorzugehen, allerdings kann bei ihnen Hauptfassade nur eine Fassade mit einem $f > 20$ % sein. Es kann sich rechnerisch ein Fensterflächenanteil $f > 100$ % ergeben!

$g_{total} = g \cdot F_C$ der Gesamtenergiedurchlassgrad der Fassade, mit

g Gesamtenergiedurchlassfaktor des Fensters oder der Verglasung (nach DIN EN 410)

F_C Abminderungsfaktor für (fest eingebaute) Sonnenschutzvorrichtungen (nach DIN 4108-2, Tab. 7; s. auch Tab. **17**.63)

Die nicht erwähnten Einflussgrößen sind direkt oder indirekt in den Tabellenwerten enthalten, die in DIN 4108-2, Abschn. 8 aufgeführt sind.

Energiedurchlässigkeit. Tab. **17**.64 enthält die Energiedurchlassgrade einiger Verglasungen, die ohne weiteren Nachweis (der nach EN 410 zu führen wäre) bei den Berechnungen zum sommerlichen Wärmeschutz verwendet werden dür-

fen. In den Datenblättern der Verglasungs-Hersteller finden sich meist die g_V-Werte. Falls für Verglasungen nur der Energiedurchgangsfaktor b (nach VDI-Richtlinie 2078) bekannt ist, darf über den Zusammenhang $g_V = 0,87\, b$ umgerechnet werden. Die Werte in der neuen DIN 4108-2 sind jetzt Anforderungen, also keine bloßen Empfehlungen! Es darf also der berechnete S-Wert einen Höchstwert S_{max} nicht überschreiten:

$$S \le S_{max}$$

Die Berechnung des Höchstwertes des Sonneneintragswertes geschieht aus einem Basiswert S_0 und Zuschlägen oder Abzügen nach Tab. **17**.65:

$$S_{max} = S_0 + \Sigma \Delta S_x$$

Die Verwendung dieses Verfahrens hat sich allerdings in der Praxis nicht bewährt – die Berechnungen erweisen sich als sehr empfindlich auf kleinste Änderungen bei den baulichen Größen und die Vorhersagesicherheit bzgl. sommerlicher Übererwärmung ist ziemlich gering, da entscheidende Einflüsse nicht berücksichtigt werden können [8].

17.5.4.2 Erweitertes Sommerfallverfahren

Nach [8] haben sich jedoch Auslegungen nach dem sehr einfach bedienbaren Sommerfallverfahren nach PHPP gut bewährt [9] [10]. Auch dieses Verfahren ist keine dynamische Simulation, sondern baut auf ein analytisch gelöstes Einkapazitätenmodell auf, das neben Monatsbilanzen einzelne Monate in kürzere relevante Hitzeperioden auflöst – das Verfahren erlaubt es, alle wesentlichen in 17.5.4 genannten Einflussgrößen der Sommersituation zu berücksichtigen und zu Aussagen zu gelangen, die an Genauigkeit denen einer instationären Simulation kaum nachstehen. Das Verfahren kommt mit den für die Bilanzen ohnehin erforderlichen monatlichen Klimadaten (Außentemperatur, Strahlung nach Haupthimmelsrichtungen) aus. Die entscheidenden Eingabegrößen der Berechnung

Tabelle 17.63 Anhaltswerte für Abminderungsfaktoren F_C von fest installierten Sonnenschutzvorrichtungen

Zeile	Beschaffenheit der Sonnenschutzvorrichtungen	Abminderungsfaktor F_C
1	Ohne Sonnenschutzvorrichtung	1,00
2	Innenliegend und zwischen den Scheiben liegend	
2.1	Weiß oder reflektierende Oberfläche mit geringer Transparenz (< 10 %)	0,75
2.2	Helle Farben und geringe Transparenz (< 10 %)	0,80
2.3	Dunkle Farben und höhere Transparenz (< 30 %)	0,90
3	Außen liegend	
3.1	Jalousien, Stoffe geringer Transparenz (< 10 %)	0,25
3.2	Jalousien, Stoffe höherer Transparenz (< 30 %)	0,40
4	Vordächer, Loggien	0,50
5	Markisen, allgemein (wenn keine direkte Besonnung der Fenster erfolgt) *)	0,50

Die Sonnenschutzvorrichtung muss fest installiert sein; übliche dekorative Vorhänge gelten nicht als Sonnenschutzvorrichtungen.

Für innen und zwischen den Scheiben liegende Sonnenschutzvorrichtungen ist eine genauere Ermittlung zu empfehlen, da sich erheblich günstigere Werte ergeben können. Ohne Nachweis ist der ungünstigere Wert zu verwenden.

*) Direkte Besonnung – im Sinne der Norm – tritt nicht auf, wenn durch die abschattenden Bauteile die in den Skizzen vorhandenen Abdeckwinkel und γ die angegebenen Zahlenwerte nicht unterschreiten:

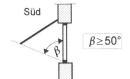

Vertikalschnitt durch die Fassade

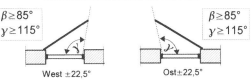

Horizontalschnitt durch die Fassade

Tabelle 17.64 Gesamtenergiedurchlassgrade g_V von Verglasungen

Einfachverglasung aus Klarglas	0,9
Doppelverglasung aus Klarglas	0,8
Dreifachverglasung aus Klarglas	0,7
Glasbausteine	0,6
Sonnenschutzverglasungen ohne Nachweis	0,8

Bei Sonnenschutzverglasungen werden in der Regel hinter dem Markennamen die Tageslichtdurchlässigkeit und der Gesamtenergiedurchlassgrad angegeben. Z. B. ist für ein Glas mit dem Zusatz ,49/34' die Durchlässigkeit für Tageslicht 49 % und der g-Wert 0,34.

- sind Fensterflächen nach Himmelsrichtungen A_{wj}
- Verglasungsqualitäten (U-Werte, g-Werte) der Fenster
- Rahmenanteile und Verschattung durch Laibung, Überstände, Bebauung, Topographie
- Luftwechselraten (mechanisch, auch: Erdreichwärmetauscher) n
- Innere Wärmequellen q_i

- Wärmeschutz und Absorptionsgrad der Außenoberflächen der Außenbauteile U_j und a_j
- wirksame innere Speichermasse C_{wirk} des Gebäudes oder der Zone

Diese sind bereits in den ohnehin erforderlichen Eingaben für die Wärmebilanz im Winter enthalten und müssen nicht erneut eingegeben werden. Drei weitere für den Sommer wichtige Parameter können darüber hinaus eingestellt werden:

- zusätzliche temporäre Verschattung von Fenstern durch Sonnenschutzeinrichtungen (F_C-Werte)
- zusätzliche freie Dauerlüftung (z. B. durch Fenster)
- zusätzliche gezielte Nachtlüftung (z. B. durch gekippte Fenster, Schachtlüftung oder Kanäle)

Auf diesem Weg lassen sich für die üblichen Gebäudearten praktikable Lösungen für ein sommerlich behagliches Klima (Übertemperaturstunden weniger als 5 % des Jahres) in Mitteleuropa meist ohne hohen technischen Aufwand einer

17

Tabelle **17**.65 Zuschlagswerte zur Bestimmung des Höchstwertes des Sonneneintragskennwertes
(nach DIN 4108-2: 2001-03, Tab. 8)

Spalte	1		2
Zeile	Gebäudelage bzw. Beschaffenheit		Zuschlagswert ΔS_x
1	Gebiete mit erhöhter sommerlicher Belastung[a]		–0,04
2	Bauart		
2.1	Leichte Bauart: Holzständerkonstruktionen, leichte Trennwände, untergehängte Decken		–0,03
2.2	Extrem leichte Bauart: Vorwiegend Innendämmung, große Halle, kaum raumumschließende Flächen		–0,10
3	Sonnenschutzverglasung, $g \leq 0{,}4$[b]		+0,04
4	Erhöhte Nachlüftung: während der zweiten Nachthälfte $n \geq 1{,}5 \ h^{-1}$	Leichte und sehr leichte Bauart	+0,03
		Schwere Bauart	+0,05
5	Fensterflächenanteil $f > 65 \ \%$		–0,04
6	Geneigte Fensterausrichtung: $0° \leq$ Neigung $\leq 60°$ (gegenüber der Horizontalen)		$\Delta S_x = -0{,}12 \ f_{\triangle}$ mit $f_{\triangle} = A_{w,s,\triangle}/A_{HF}$
7	Nord-, Nordost- und Nordwest-orientierte Fassaden		+0,10

[a] Gebiete mit mittleren monatlichen Außenlufttemperaturen oberhalb 18ä °C nach DIN V 4108-6, Anh. A; z. B. Gebiete der Regionen 8, 11, 12, 13 und 14.
[b] Als gleichwertige Maßnahme gilt eine Sonnenschutzvorrichtung, die die diffuse Strahlung permanent reduziert und deren $g_{total} < 0{,}4$ erreicht.

Klimaanlage projektieren. Sollte eine aktive Kühlung jedoch unvermeidlich sein, so lassen sich mit dem Rechenblatt Kühlung auch die Kennwerte des Kühlenergiebedarfs und eine Abschätzung der Kühllast bestimmen.

17.5.4.3 Empfehlungen zur Erzielung eines guten sommerlichen Wärmeschutzes

Den Einflussfaktoren folgend lassen sich, aufbauend auf Simulationsergebnisse, einige qualitative Regeln für gutes sommerliches Raumklima in Gebäuden in Mitteleuropa geben [10] [11]:

• Vermeidung von unnötig großen Fensterflächenanteilen $f \geq 18 \ \%$, insbesondere von solchen in Ost- und Westorientierung und in der Horizontalen, da in dieses Richtungen die sommerlichen Einstrahlwerte am höchsten sind. Aber auch Südfenster führen ab $f \geq 30 \ \%$ ohne Zusatzmaßnahmen zu hohen Solarlasten im Sommer. Werden die hier genannten Fensterflächenanteile überschritten, so müssen erfahrungsgemäß weitere Sonnenschutzmaßnahmen getroffen werden.

• Auslegung einer geeigneten Verschattung der transparenten Flächen im Sommer: hier gibt es prinzipiell fünf erfolgversprechende Methoden:

– Temporäre außen liegende Verschattungseinrichtungen wie Jalousien, Raffstores, Rollläden; diese Lösung ist universell einsetzbar (auch für Ost/West- und Horizontalverglasungen) und kann die Solarlast wirkungsvoll verringern; Systeme mit F_c-Werten unter 15 % sind verfügbar, prinzipiell kann der Energiedurchlassgrad auf diesem Weg sogar beliebig stark reduziert werden. Beachtet werden muss die Windsicherheit – ein Nachteil ist, dass diese Systeme oft teuer sind.

– Temporäre innerhalb des äußeren Scheibenzwischenraums einer Dreischeibenverglasung laufende Verschattungseinrichtungen. Auch diese Lösung ist universell einsetzbar, sie kann die Solarlast fast ebenso wirkungsvoll verringern wie außen liegende Systeme. F_c-Werte sind allerdings wegen der unvermeidlichen Absorption in der äußeren Scheibe nur bis minimal 6 % möglich. Der Vorteil ist der sichere Witterungs- und Windschutz – ein Nachteil ist der derzeit noch hohe Preis.

– Temporäre innenliegende Verschattungseinrichtungen: Man beachte, dass eine innenliegende Verschattung nur den direkten Energiedurchlass verringern kann, die indirekte Wärmeabgabe durch Absorption in der Verglasung (und auf der Sonnenschutz-einrichtung) wird sogar erhöht. Insbesondere bei den (generell jedoch empfohlenen!) Dreischeibenverglasungen ist dieser Effekt bedeutend. Um wirkungsvoll zu sein, müssen innenliegende Verschattungsein-richtungen nach außen möglichst hoch re-flektierend sein (Metallschicht). Es erreichen bei Dreischeibenverglasung

- Ein üblicher heller Vorhang $F_C \approx 85\ \%$
- Ein dichter weißer schwerer Vorhang $F_C \approx 70\ \%$
- Ein speziell außen refl. beschichteter weißer schwerer Vorhang $F_C \approx 50\ \%$
- Eine übliche innenliegende Jalousie $F_C \approx 75\ \%$
- Eine speziell optimierte (rückreflektieren-de) innenliegende Jalousie $F_C \approx 60\ \%$
- Ein dichter schwarzer Vorhang (Verdunk-lung) $F_C \approx 90\ \%$
- Eine außen reflektierend metallbeschich-tete Verdunklung $F_C \approx 40\ \%$; dies ist zu-gleich der Minimalwert, der von innenlie-genden Verschattungseinrichtungen er-reicht werden kann.

– Feststehende außenliegende Verschat-tungselemente am Gebäude: Auf der Süd-seite sind horizontale Überstände (z. B. Dach oder Balkon) wirksam, und zwar auch schon ab kleinen Tiefen (50 cm). Bei 1 m Überstandstiefe wird bereits eine über 50 %ige Reduktion der Sommerlast er-reicht, bei 1,5 m über 70 %. Bis 1 m Tiefe wird die winterliche Bilanz kaum beein-trächtigt, darüber in stark zunehmendem Maß. Man beachte: Auf Ost- und Westseiten ist diese Maßnahme wirkungslos.

– Verschattung durch Vegetation: Laubbäu-me wechseln die Transparenz für die dahin-terliegenden Fassaden im Jahresverlauf; sie kann für eine dichte Laubbaumreihe z. B. 40 % im Sommer und immer noch bis zu 68 % im Winter betragen [12].

- Verringerung der Leistung der inneren Wär-mequellen: Viele Planer sehen eine Einfluss-nahme auf diese wichtige Größe nicht als ihre Aufgabe an und scheuen es, den Investor und die Nutzer darauf aufmerksam zu machen. Da-bei ist dies eine der einfachsten, wirkungs-vollsten und zugleich wirtschaftlich attrakti-vsten Maßnahmen des sommerlichen Wärme-schutzes. Im Vordergrund stehen heute die elektrischen Energieverbrauchswerte im Ge-bäude, die fast vollständig in innere Wärme-

lasten umgesetzt werden (oft mehr als das 4fache der Personenwärme). Die Wärmeab-gabe ist durch stromsparende Geräte, Flach-bildschirme, effiziente IT-Technik, stromspa-rende Ruhezustände, automatische Regelun-gen (z. B. des Kunstlichtes), niedrige Standby-Verluste u.a. zu verringern. Hier ist regelmäßig mehr als ein Faktor 2 zu holen – und diese Maßnahmen sind sehr wirtschaftlich, weil sie nicht nur den Sommerkomfort erhöhen, son-dern zusätzlich direkte Betriebskosteneinspa-rungen beim Strom erbringen.

- Eine gute sommerliche Lüftungsmöglichkeit der Räume ist mit die wichtigste Maßnahme. Dazu ist vor allem zu klären, ob, welche, und wann Lüftungsquerschnitte in den Gebäuden unter Beachtung von rechtlichen, versiche-rungstechnischen und Behaglichkeits-Anfor-derungen dauerhaft geöffnet werden kön-nen: der Hinweis auf vorhandene öffenbare Fenster hilft nichts, wenn z. B. Verwaltungs-vorschriften das Kippen der Fenster in der Nacht untersagen. Ist die Lüftung für ein Som-merkonzept entscheidend, dann gehört die Klärung solcher Fragen zu den Planungsauf-gaben. Auch in solchen Fällen lassen sich nämlich (zulässige) Lüftungseinrichtungen durchaus projektieren, sie werden jedoch dann aufwendiger (Einbruchschutz, Sturmsi-cherung etc.). Für die sommerliche Lüftung ist zunächst in Mitteleuropa eine freie Lüftung vorzuziehen, weil der Aufwand für eine ma-schinelle Sommerlüftung wegen der hohen erforderlichen Luftmengen groß ist. Folgende Stichpunkte helfen bei der Projektierung [11]:
  – Große freie Querschnitte ermöglichen; Kippfenster sind keine schlechte Wahl, wenn sie nachts gekippt bleiben können (besser mehr als ein Kippfenster je ca. 12 m² Raumnutzfläche). Kippwinkel sollten im Sommer möglichst weit sein;
  – gegenüberliegende Fassaden mit Querlüf-tung erlauben hohe freie Luftwechsel (der Durchzug kann aber auch ein Problem sein),
  – noch besser wirken Öffnungen auf ver-schiedener Höhe (Kaminwirkung),
  – die Kaminwirkung kann durch bewusste Anordnung von Lüftungsöffnungen im höchsten Punkt des Gebäudes (Dachentlüf-tungsöffnung) bis hin zum Entlüftungsturm gesteigert werden; die Nachströmung der Luft, am besten aus den Untergeschossen mit durch das Erdreich verlegten Kaltluftka-nälen muss gewährleistet sein,

17

- auch eine maschinelle Unterstützung ist denkbar und meist effizienter als aktive Kühlung: Dabei sollte der Lüfter immer auf der Fortluftseite angebracht sein, um zusätzlichen Energieeintrag durch den Antrieb zu vermeiden.
- Glashäuser und Wintergärten erfordern grundsätzliche eine sehr gute Durchlüftungsmöglichkeit mit Fortluftöffnungen im obersten Bereich des Glashauses.

• Der Absorptionsgrad der nichttransparenten Außenbauteile für Solarenergie („Farbe der Außenoberflächen") sollte möglichst gering gehalten werden: Helle Farben wirken sich hier in zweierlei Hinsicht günstig aus: Sie Verringern die äußere Oberflächentemperatur und damit den Energieeintrag durch diese Fläche des betroffenen Gebäudes – und sie erhöhen die Reflektion der Solarstrahlung zurück in den Weltraum (Albedo-Erhöhung). Dadurch sinken die Umgebungstemperaturen im regionalen Klima, dies ist insbesondere in städtischen Räumen von hohem Einfluss („Heat-islands": In dicht besiedelten Regionen liegen die sommerlichen Temperaturen um 2 bis 4 K über denen des ländlichen Umfelds; die Hauptursache dafür ist das geringere Albedo) [13]. Helle Farben, niedrigabsorbierende Beschichtungen aber auch Begrünungen erlauben es, diesen Trend umzukehren und eine sehr kostengünstige Anpassung an den zu erwartenden Temperaturanstieg durch den Klimawandel zu leisten.

• Erhöhung der wirksamen inneren Wärmekapazität C_{wirk}:
- Materialien mit hohen spezifischen Wärmekapazitäten an den sichtbaren raumseitigen Oberflächen der Räume sind am wirkungsvollsten: Da der überwiegende Wärmeaustausch im Raum durch Wärmstrahlung (mittleres Infrarot) erfolgt, ist es wichtig, dass speichernde Oberflächen nicht verdeckt (zugehangen, abgehängte Decken, mit schweren, wärmedämmenden, Teppichen [häufig für Teppiche $R_{Tepp} \geq 0,25$ m²K/W] belegt) werden. Begrenzend für die Wärmekapazität ist vor allem ihre Zugänglichkeit in Form des inneren konvektiven und Strahlungs-Wärmeübergangs. Eine Vergrößerung der Oberflächen ist hilfreich (z. B. strukturierte Innenwände) aber teuer, platzverbrauchend und evtl. reinigungsintensiv.
- Hohe spezifische Wärmekapazitäten haben alle nicht porösierten Massivbauteile (Voll-

ziegel, Kalksandstein, Normalbeton, Zementsteine, Zementestrich, Lehmsteine und Lehmputze) aber auch Massivholz. Gips und insbesondere Gipskartonplatten sind weniger wirksam, jedoch ist eine doppelte Gipskartonplatte besser als eine einfache.
- Massive Innenwände sind gerade bei ansonsten leichten Gebäuden (Holzbau) mit Dämmstoffen gefüllten Aufbauten vorzuziehen; das Gleiche gilt dort für Geschossdecken, bei denen eine Füllung mit Massivbaustoffen gegenüber Dämmstoffen überlegt werden kann.

• Vorsorgendes Kühlhalten ist gerade bei modernen Gebäuden mit guter Wärmedämmung äußerst wirksam: Wenn schon im Frühsommer, in dem das Kühlhalten durch Lüften noch bequem möglich ist, die Innentemperaturen eher niedrig gehalten werden, dann erlauben diese Gebäude wegen ihrer langen Zeitkonstanten ein kühles Innenklima auch noch in Hitzeperioden (ein wirksamer Sonnenschutz ist dabei Voraussetzung).

Das Temperatur-Amplituden-Verhältnis TAV ist das Verhältnis der Temperaturamplitude an der Innenoberfläche eines Bauteils zu der an der Außenoberfläche, bei Anregung an der Außenseite. Das TAV spielt bei heute üblichen und hier empfohlenen Wärmedämmeigenschaften der Außenbauteile keine Rolle mehr (schon unter $U = 0,3$ W/(m²K) [10]. Nur bei für eine nachträgliche Wärmedämmung überhaupt nicht geeigneten Außenbauteilen kann es vorkommen, dass die Amplitudendämpfung und die Phasenverschiebung eine Rolle spielen. Gerade dann kommt es vor allem auf helle Beschichtungen auf der Außenoberfläche an.

Die Auswirkungen der oben qualitativ beschriebenen Maßnahmen können mit dem im letzten Unterabschnitt vorgestellten PHPP-Sommerfallverfahren auch näherungsweise quantitativ bewertet werden, um zu einer insgesamt zufriedenstellenden Lösung zu kommen. Bei Unsicherheit oder unklaren Ergebnissen empfiehlt sich eine instationäre Simulation.

17.5.5 Wärmedämmstoffe

Wärmetransport. Der Wärmedurchgang durch Stoffe kann über drei Transportvorgänge erfolgen:

- (eigentliche) Wärmeleitung durch Weitergabe der ungeordneten Bewegungsenergie der Moleküle über Stoßprozesse,
- Wärmemitführung oder Konvektion,
- Wärmestrahlung.

Alle drei Effekte wirken sowohl bei der Wärmeweitergabe in Stoffen als auch bei der Wärmeaufnahme und -abgabe eines Bauteils mit. Bei einer messtechnischen Ermittlung der Wärmeleitfähigkeit λ eines Stoffes werden sie nicht getrennt bestimmt, sondern dieser Wert ist das Resultat des Zusammenwirkens aller Wärmetransportvorgänge.

Gase setzen – wegen ihrer geringeren Dichte – der Wärmeleitung einen größeren Widerstand entgegen als flüssige oder feste Stoffe. Deshalb ist ein großer Luftgehalt in einem Baustoff in der Regel ein Kennzeichen für eine geringe Wärmeleitfähigkeit. Als Wärmedämmstoffe bezeichnet man Stoffe mit besonders geringer Wärmeleitfähigkeit $\lambda < 0{,}1$ W/(mK), gängige Werte für luftbasierte Dämmstoffe sind 0,03 bis 0,045 W/(mK). Ihre Poren sind meist mit Luft, aber auch mit anderen Gasen (CO_2, Pentan) gefüllt. Entscheidend ist, dass es im Material nicht zu konvektiven Strömungen kommt, weil dadurch der Wärmetransport stark erhöht wird. Wichtig ist auch, dass sich Wärmestrahlung nicht über weite Entfernungen durch den Dämmstoff ausbreiten kann (aus diesem Grund werden oft Trübungsmittel zugesetzt) – und nicht zuletzt darf das Stützmaterial selbst keine zu hohe Wärmeleitung aufweisen.

Eine Sonderrolle spielen sog. nanoporöse Dämmstoffe – bei ihnen sind die Porendurchmesser so klein, dass die freie Weglänge der Gasmoleküle begrenzt wird. Dadurch kann schon unter Normaldruck die Wärmeleitfähigkeit geringer werden als die von Luft (um 0,027 W/(mK)). Diese Materialien sind allerdings derzeit noch sehr teuer, sie werden vor allem für Sonderanwendungen eingesetzt (z. B. hochwertige Dämmung von wärmeführenden Leitungen).

Werden solche Materialien vakuumdicht verpackt und können die Poren evakuiert werden, so ergeben sich sog. Vakuum-Isolations-Paneele (VIP), deren Wärmeleitfähigkeit 4–10mal niedriger liegen als die konventioneller Dämmstoffe. Voraussetzung dafür eine ist eine mechanisch stabile Struktur der verwendeten offenporigen Stoffe. Mikroporöse Kieselsäure, aber auch Mineralwollegewebe, Polystyrol- und Polyurethanschäume sind schon evakuiert worden. Insbesondere sind es mit vakuumdichten Folien umhüllte Paneele, die auch für die Gebäudedämmung in Frage kommen. Bei 6 cm Dämmstärke sind U-Werte um 0,1 W/(m²K) erreicht worden. Der Preis liegt um 100 €/m². Die zeitliche Stabilität der Vakuum-Dämmmaterialien (Erhaltung des Vakuums) wird derzeit noch in Langzeittests untersucht [14]. Wegen der Gefahr von Verletzungen der vakuumdichten Hülle ist es ratsam, solche Dämmstoffe geschützt in vorgefertigten Bauteilen ein zu setzen [15]. Bisher sind diese Systeme mit Zulassungen im Einzelfall eingesetzt worden.

Feuchte Bau- und Dämmstoffe leiten die Wärme besser als trockene. Die wesentliche Ursache für die schlechtere Dämmfähigkeit feuchter Stoffe ist die Wärmemitführung beim Feuchtetransport durch den Baustoff (inkl. Verdunstungs- und Kondensationsvorgänge).

Es gibt eine merkliche Abhängigkeit der Wärmeleitfähigkeit von der Temperatur, sie wird aber bei Wärmeschutzberechnungen nicht berücksichtigt. In der Regel nimmt die Wärmeleitung mit zunehmender Temperatur zu.

Metalle und nicht porosierte mineralische Baustoffe hoher Dichte (Natursteine, Beton, künstliche Steine) haben große Wärmeleitfähigkeiten. Werden sie z. B. als Wandbildner in einer Außenwand eingesetzt, so müssen zusätzliche Dämmstofflagen vorgesehen werden (Wärmedämmverbundsystem oder wärmegedämmte Vorhangfassaden). Damit sind die empfohlenen niedrigen U-Werte ebenso leicht zu erreichen wie mit dämmstoffgefüllten Holzständer- oder Tafelkonstruktionen. Inzwischen haben auch porosierte Massivbaustoffe Wärmeleitfähigkeiten im Bereich der Dämmstoffe erreicht (z. B. Porenziegel, Porenbeton und Leichtbetonsteinen bis herab zu 0,07 W/(mK)) und können für monolithische Konstruktionen mit U-Werten um 0,14 W/(m²K) verwendet werden [16].

Dämmstoffe. Die Dämmstoffe für das Bauwesen werden nach Herkunft (aus organischen nachwachsenden, organisch synthetischen oder anorganischen Grundstoffen), nach der Zusammensetzung (Stoffname) oder dem Herstellungsverfahren (z. B. Schäumen) unterschieden. Man kann nach der europäischen Normung wie folgt einteilen:

- Mineralfaserdämmstoffe (EN 13 162),
- Schaumkunststoffe (Expandierter Polystyrolschaum (EPS) EN 13 163; Extrudierter Polystyrolschaum (XPS) EN 13 164; Produkte aus Polyurethan-Hartschaum (PUR) EN 13 165; Produkte aus Phenolharzschaum (PF) EN 13 166; sowie Ortschäume),

17

Tabelle **17**.66 Rechenwerte der Wärmeleitfähigkeit und Richtwerte der Wasserdampf-Diffusionswiderstandszahlen (Auszug aus DIN V 4108-4: 1998-10, Tab.1)

Baustoff	Rohdichte	Wärmeleit-fähigkeit	Diffusionswider-standszahlen
	ρ in kg/m^3	λ_R in W/mK	μ –
1. Putze, Mörtel, Estriche			
Putzmörtel aus Kalk, Kalkzement u. hydr. Kalk	1800	0,87	15/35
Zementmörtel, Zementestrich	2000	1,4	15/35
Leichtmörtel LM 21	≤ 700	0,21	15/35
Wärmedämmputz (DIN 18 550-3)	≥ 200	0,060 bis 0,100	5/20
2. Beton-Bauteile			
Normalbeton (DIN EN V 206)	2400	2,1	70/150
Bimsbeton (DIN 4232)	800	0,24	5/15
Porenbeton (Gasbeton) (DIN 4223)	600	0,19	5/15
3. Bauplatten			
Wandbauplatten aus Gips (DIN 18 163)	900	0,41	5/10
Wandbaupl. aus Porenbeton (Ppl) (DIN 4166)	600	0,24	5/10
Gipskartonplatten (DIN 18 180)	900	0,25	8
4. Mauerwerk einschl. Mörtelfugen			
Vollklinker, Hochlochklinker (DIN 105)	2000	0,96	50/100
Vollziegel, Hochlochziegel (DIN 105)	1600	0,68	5/10
Porenbeton-Plansteine (PP) (DIN 4165)	350	0,14	5/10
Kalksandsteine (DIN 106)	1800	0,99	15/25
5. Wärmedämmstoffe			
Holzwolleleichtbauplatten (DIN 1101) ($d \geq 25$ mm)	360 bis 460	0,065 bis 0,090	2/5
Polystyrol-Partikelschaum (EPS)	≥ 30	0,035 bis 0,040	40/100
Polystyrol-Extruderschaum (XPS)	≥ 25	0,030 bis 0,040	80/250
Faserdämmstoffe (DIN 18 165-1)	8 bis 500	0,035 bis 0,050	1
Schaumglas (DIN 18 174)	100 bis 150	0,045 bis 0,060	prakt. dampfdicht
6. Holz- und Holzwerkstoffe			
Fichte, Kiefer, Tanne	600	0,13	40
Sperrholz (DIN 68 705-2 bis 68 705-4)	800	0,15	50/400
Span-Flachpressplatten (DIN 68 761-68 763)	700	0,13	50/100
Poröse Holzfaserplatten (DIN EN 622-4)	≤ 400	0,07	5
7. Beläge, Abdichtstoffe			
Linoleum (DIN EN 548)	1000	0,17	–
Kunststoffbeläge, auch PVC	1500	0,23	–
Bitumendachbahnen (DIN 52 128)	1200	0,17	10000/80000
Kunststoff-Dachbahnen (PIB) (DIN 16 731)	–	–	400000/1750000
Polyethylen-Folien ($d \geq 0,1$ mm)	–	–	100000
Aluminiumfolien ($d \geq 0,05$ mm)	–	–	prakt. dampfdicht
8. Sonstige gebräuchliche Stoffe			
Kunstharzputz	1100	0,7	50/200
Glas	2500	0,8	prakt. dampfdicht
Keramik und Glasmosaik	2000	1,2	100/300
Strohlehm	2000	0,6	5/10
Sedimentgesteine (Sandstein, Kalkstein, Schiefer)	2600	2,3	40 bis 1000

17

Anwendungs-gebiet	Kurz-zeichen	Anwendungsbeispiel
Dach, Decke	DAD	Außendämmung von Dach oder Decke, witterungsgeschützt, unter Deckung
	DAA	Außendämmung von Dach oder Decke, witterungsgeschützt, unter Abdichtung
	DUK	Außendämmug eines Umkehrdaches, der Bewitterung ausgesetzt
	DZ	Zwischensparrendämmung
	DI	unterseitige Innendämmung der Decke oder des Daches, abgehängte Decke
	DEO	Innendämmung unter Estrich ohne Schallschutzanforderungen
	DES	Innendämmung unter Estrich mit Schallschutzanforderungen
Wand	WAB	Außendämmung der Wand hinter Bekleidung
	WAA	Außendämmung der Wand hinter Abdichtung
	WAP	Außendämmung der Wand unter Putz
	WZ	Dämmung von zweischaligen Wänden
	WH	Dämmung von Holzrahmen- und Holztafelbauweise
	WI	Innendämmung der Wand
	WTH	Dämmung zwischen Haustrennwänden
	WTR	Dämmung von Raumtrennwänden
Perimeter	PW	Außenliegende Wärmedämmung (Perimeterdämmung) von Wänden gegen Erdreich (außerhalb Abdichtung)
	PB	Außenliegende Wärmedämmung unter Bodenplatten gegen Erdreich (außerhalb Abdichtung)

- Schaumglas (EN 13 167)
- Holzwolledämmstoffe (WW) (EN 13 168)
- expandiertes Perlite (EPB) (EN 13 169)
- expandierter Kork (ICB) (EN 13 170)
- Holzfaserdämmstoffe (WF) (EN 13 171)

Die Wärmeleitfähigkeit von Stoffen wird an ebenen trockenen Platten des zu untersuchenden Materials nach EN 1946-2 bestimmt. Die europäischen Produktnormen EN 13 162 … 13 171 beziehen sich auf die gebräuchlichen Dämmstoffarten. Für den rechnerischen Nachweis des Wärmeschutzes dürfen nur die Bemessungswerte der Wärmeleitfähigkeit verwendet werden. Unterschieden werden Bemessungswerte nach Kategorie I, die aus dem Nennwert durch Multiplikation mit einem Sicherheitsfaktor 1,2 (!) zu bestimmen sind, und solche nach Kategorie II, die für den jeweiligen Dämmstoff nach bauaufsichtlicher Zulassung erteilt werden (und welche in der Regel nicht mehr als 5 % über dem Nennwert nach der europäischen Normung liegen). Bemessungswerte für zahlreiche Baumaterialien gehen aus EN 12 524 hervor. In Deutschland können Bemessungswerte zu Wärmedämmstoffen und Mauerwerksbildnern auch DIN V 4108-4 entnommen werden. Weitere Bemessungswerte gehen aus den bauaufsichtlichen Zulassungen von Produkten hervor.

In Tabelle **17**.66 sind einige wichtige Bau- und Dämmstoffe mit den Rechenwerten ihrer Wärmeleitfähigkeit aufgeführt.

Es kann hier nicht auf alle speziellen Eigenschaften der verschiedenen Dämmstoffe eingegangen werden, jedoch sind neben der Wärmeleitfähigkeit für den Anwender noch (neben allgemeiner Beschaffenheit und den Maßen)

- Festigkeitswerte,
- Brandverhalten (Brennbarkeits- und Feuerwiderstandsklassen, s. Abschn. 17.7),
- Formbeständigkeit

wesentlich.

Wegen der Bedeutung für die praktische Anwendung werden Wärmedämmstoffe je nach Druckbeanspruchbarkeit, Wasseraufnahme, schalltechnischer Eigenschaften u. a. noch mit europäischen Typkurzzeichen versehen:

Im Bauwesen verwendete Dämmstoffe sollten mindestens schwerentflammbar sein (Baustoffklasse B 1); die Kennzeichnung erfolgt mit den jeweiligen Kennbuchstaben

17

Tabelle **17**.67 Europäische Typkennzeichnung von Dämmstoffen

Produkt-Eigenschaft	Kurz-Zeichen	Beschreibung	Beispiel
Druckbelastbarkeit	Dk	keine Druckbelastbarkeit	Zwischensparrendämmung
	Dg	geringe Druckbelastbarkeit	unter Estrich im Wohnbereich
	Dm	mittlere Druckbelastbarkeit	nicht genutzte Dachflächen
	Dh	hohe Druckbelastbarkeit	genutzte Dachflächen
	Ds	sehr hohe Druckbelastbarkeit	Parkdeck, Industrieböden
	Dx	extrem hohe Druckbelastbarkeit	Parkdeck, Industrieböden
Wasseraufnahme	Wk	keine Anforderungen	Innendämmung
	Wf	Wasseraufnahme durch flüssiges Wasser	Außendämmung, Wand
	Wd	Wasseraufnahme durch flüssiges Wasser und/oder Diffusion	Perimeterdämmung, Umkehrdach
Zugfestigkeit	Zk	keine Anforderungen	Hohlraumdämmung
	Zg	geringe Zugfestigkeit	Außendämmung Wand hinter Bekleidung
	Zh	hohe Zugfestigkeit	Außendämmung Wand unter Putz
Schalltechnische Eigenschaften	Sk	hohe Zusammendrückbarkeit, Trittschalldämmung	wenn keine schalltechnischen Anforderungen
	Sh	hohe Zusammendrückbarkeit, Trittschalldämmung	unter schwimmenden Estrich, Haustrennwand
	Sm	mittlere Zusammendrückbarkeit, Trittschalldämmung	unter schwimmenden Estrich, Haustrennwand
	Sg	geringe Zusammendrückbarkeit, Trittschalldämmung	unter schwimmenden Estrich, Haustrennwand
Verformung	Tk	keine Anforderungen	Innendämmung
	Tf	Dimensionsstabilität unter Feuchte und Temperatur	Außendämmung der Wand unter Putz
	Tl	Dimensionsstabilität unter Last und Temperatur	Dach mit Abdichtung

17

(bauaufsichtliche Benennung) der Baustoffklasse (DIN 4102-1: 1998-05; s. Abschn. 17.7).

17.5.6 Wasserdampfdiffusion, Temperaturen an Bauteilen, Tauwasserbildung

Wasserdampf als gasförmiges Wasser befindet sich fast überall in der Luft und in lufthaltigen porigen Stoffen. Wasserdampfdiffusion ist die statistisch verursachte Ausgleichsbewegung von Wasserdampfmolekülen. Wenn räumlich unterschiedliche Wasserdampfdichten vorliegen, so tendiert die Diffusion dazu, diese auszugleichen.

Wasserdampfpartialdruck. Man misst Wasserdampfmengen vorzugsweise über ihren Anteil am gesamten Luftdruck („Wasserdampfpartialdruck" p_{H_2O} in Pascal, Pa). Zu jeder Temperatur gibt es eine maximal mögliche Wasserdampf-

menge, zu ihr gehört der „Sättigungsdampfdruck" p_s. Wird noch mehr Wasser zugeführt, so bilden sich flüssige Wassertröpfchen (Nebel) bzw. ein Flüssigwasserniederschlag an den Oberflächen – dies nennt man Tauwasser. Der Sättigungsdampfdruck hängt nur von der Temperatur ab; diese Abhängigkeit kann Tab. **17**.68 entnommen werden. Es ist erkennbar, dass warme Luft erheblich mehr Wasserdampf aufnehmen kann als kalte. Z. B. können bei 20 °C bis 17,3 g Wasserdampf im Kubikmeter Luft (entsprechend einem Sättigungsdampfdruck von 2340 Pa) enthalten sein, bei 0 °C jedoch nur 4,8 g entsprechend 611 Pa.

Der Sättigungsdampfdruck zur Temperatur θ kann nach DIN 4108-3 auch mit folgender Näherungsformel berechnet werden

$$p_s = a \left(b + \frac{\theta}{100}\right)^n$$

Tabelle **17**.68 Wasserdampfsättigungsdruck p_s bei Temperaturen θ zwischen −20 und +30 °C in Pascal (Pa) (nach DIN 4108-3: 2001-07, Tab. A.2)

θ in °C	p_s in Pa	θ in °C	p_s in Pa	θ in °C	p_s in Pa	θ in °C	p_s in Pa	θ in °C	p_s in Pa
30	4244	20	2340	10	1228	0	611	−10	260
29	4006	19	2197	9	1148	−1	562	−11	237
28	3781	18	2065	8	1073	−2	517	−12	217
27	3566	17	1937	7	1002	−3	476	−13	198
26	3362	16	1818	6	935	−4	437	−14	181
25	3169	15	1706	5	872	−5	401	−15	165
24	2985	14	1599	4	813	−6	368	−16	150
23	2810	13	1498	3	759	−7	337	−17	137
22	2645	12	1403	2	705	−8	310	−18	125
21	2487	11	1312	1	657	−9	284	−19	114
								−20	103

wobei die Koeffizienten in zwei verschiedenen Temperaturbereichen verschieden angesetzt werden müssen:

Koeffizient	0 °C ≤ θ ≤ 30 °C	−20 °C ≤ θ ≤ 0 °C
a (in Pa)	288,680	4,689
b	1,098	1,486
n	8,020	12,300

Relative Feuchtigkeit (rel. F.) ist das Verhältnis zwischen der vorhandenen Wasserdampfmenge und der Sättigungswasserdampfmenge bei der vorliegenden Temperatur: $= p_{H_2O}/p_S$ – sie gibt somit an, wie viel Prozent der maximal bei dieser Temperatur möglichen Wasserdampfmenge gerade vorliegt. Beispiel: Erwärmt man wasserdampfgesättigte Luft von 0 °C auf 20 °C, so beträgt die relative Feuchtigkeit nach der Erwärmung noch 4,8 g/17,3 g = 28 %.

Tauwasser (umgangssprachlich Kondenswasser) entsteht immer dann, wenn sich ungesättigter Wasserdampf so weit abkühlt, dass der Sättigungsdampfdruck erreicht wird. Die zugehörige Temperatur heißt Taupunkttemperatur θ_s. Geschieht dies z. B. in einer aufsteigend sich abkühlenden Luftmasse, so bildet sich Nebel (Wolken). Geschieht dies an einer Oberfläche (z. B. Grashalm oder Oberfläche einer aus dem Kühlschrank entnommenen Flasche), so bilden sich Tauwassertröpfchen.

Tauwassergefährdung. Der empfohlene erhöhte Wärmeschutz wirkt sich bei richtiger Konstruktion auch in einer verringerten Tauwassergefahr an Innenoberflächen und in Außenbauteilen aus. Bei groben Fehlern, z. B. bei Innendämmung sowie bei partiellen nachträglichen Wärmeschutzmaßnahmen im Bestand kann es jedoch zu örtlich kälteren Bereichen an und in Bauteilen kommen – oder auch zu hohen Luftfeuchten. Dies kann zur Tauwasserbildung führen, wobei Folgeschäden, wie Schimmelpilzbildung und Korrosion nicht auszuschließen sind. Neuere Forschungsarbeiten belegen, dass auch schon bei Feuchtigkeitserhöhungen ohne Tauwasserentstehung Schimmelpilzbildung möglich ist (Wasseraktivität über 80 %). In der neuen Fassung von DIN 4108-2 6.2 wird dieses Problem behandelt (s. u. unter „Schimmelpilzbildung"). Nicht nur bei winterlichen Temperaturen, sondern auch in der Übergangszeit ist oft Tauwassergefahr gegeben.

Typische Entstehungsorte von Tauwasser sind innere Oberflächen von schlecht gedämmte Bauteile und Wärmebrücken (umgangssprachlich oft „Kältebrücken" genannt, s. Abschn. 17.5.7) in Wänden und Decken (z. B. an Fensterstürzen, auskragenden Betonteilen, Gebäudeaußenecken), aber auch bei unzulänglich belüfteten Wohnungen, wenig beheizten Schlafzimmern, Bäder, Küchen und Viehställen, besonders dann, wenn die Feuchtequellen hoch sind (z. B. Pflanzen). Schlecht gedämmte Außenbauteile sind genauso gefährdet wie mäßig gedämmte Außenwände, die z. B. durch vorgestellte Schränke nicht von der Raumseite erwärmt werden können (Wärmestrahlung!). Der beste Tauwasserschutz ist eine gute Wärmedämmung – so, wie sie konsistent in diesem Werk empfohlen wird.

Tauwasser wird schnell sichtbar auf Oberflächen nicht poröser Stoffe wie Metallen, Glas, Emaille und Fliesen, wenn diese unter den Taupunkt der Innenluft abgekühlt werden oder die Taupunkttemperatur durch hinzukommende Feuchte (Duschbäder!) über die Oberflächentemperatur ansteigt.

Auf Außenoberflächen, die sich auf Grund der Wärmeabstrahlung in den (klaren) Nachthimmel nicht nur im Winter besonders stark auskühlen

17

Rechenbeispiel zum Glaser-Verfahren

Tabelle **17**.69 Rechenbeispiel zur Ermittlung des winterlichen Temperaturverlaufs und der Dampfdruckverhältnisse einer Außenwand (vgl. Bild **17**.71)

Es wurde – abweichend von den Klimabedingungen nach DIN 4108-5 (Anhang A): innen: Lufttemperatur: 20 °C, relative Luftfeuchte 50 %; außen: Lufttemperatur: −10 °C, rel. Luftfeuchte 80 % – für die Luftfeuchte innen (φ_i) der Wert **65 %** gewählt. Damit soll die Möglichkeit von räumlich ausgedehnten Tauwasserbereichen im Bauteilquerschnitt deutlicher gezeigt werden. Die höhere Innenluftfeuchte entspricht durchaus den in vielen Wohnungen in der Übergangszeit anzutreffenden Feuchtewerten.

Wärmedurchlasswiderstand der Wand: $R = 0{,}844$ m^{2}K/W; Wärmedurchgangskoeffizient $U = 0{,}986$ W/m^{2}K

Schichtfolge	Schicht-dicke d	Wärme-leitfähig-keit λ_R	Temperatur θ	Sättigungs-dampfdruck p_s	Diffusions-wider-standszahl μ	äquivalente Luftschicht-dicke s_d	Dampf-druck p
	in m	in W/mK	in °C	in Pa	–	in m	in Pa
Innenluft	–	–	($\theta_i =$) 20,0	2340	–	–	($p_i =$) 1521
Wärmeübergang innen	–	–	($\theta_{si} =$) 16,1	1837	–	–	
1. Kalkzementputz	0,015	0,87	($\theta_1 =$) 15,5	1764	15/(35)	0,225/(0,525)	
2. Leichthochloch-ziegel-Mauerwerk	0,24	0,21	($\theta_2 =$) −8,1	306	5/(10)	1,2/(2,4)	
3. Kalkzementputz	0,02	0,87	($\theta_{se} =$) −8,8	289	(15)/35	(0,3)/0,7	
Wärmeübergang außen	–	–			–	–	
Außenluft	–	–	($\theta_e =$) −10,0	260	–	–	($p_e =$) 208

Bemerkungen: Nach DIN 4108-3 sollen die für die Tauwasserbildung im Winter ungünstigeren μ- bzw. s_d-Werte für die Berechnungen herangezogen werden (größere Tauwassermenge!): die nicht verwendeten sind in Klammern gesetzt worden. Die Dampfdrücke p im Innern des Bauteils sind für die Ermittlung der Tauwassermenge nach *Glaser* nicht notwendig und wurden deshalb nicht angegeben.

können (Temperaturen weit unter Lufttemperatur) ist Tauwasser, das z. T. auch zu Reif gefriert, häufig. Auch auf gut gedämmten Fenster-, Wand- und Dachaußenoberflächen kann es zu solcher Art Tauwasser- und Reifbildung kommen. Außenbauteile müssen erhöhte Feuchtigkeiten aber ohnehin aushalten (Regen). Bei lang anhaltender erhöhter Feuchtigkeit kann es zu Algenbildung auf Außenoberflächen wie bei freistehenden Objekten kommen. Bei hoher Sorptionsfeuchte der äußeren Schichten ist Algenwachstum besonders wahrscheinlich [17]. Hierbei handelt es sich aber nicht um einen Schaden – viele alte Bauwerke weisen unschädlichen Algenbewuchs auf (z. B. das Ulmer Münster); allenfalls die Optik wird beeinträchtigt.

Dampfdiffusion durch Bauteile. Wände sollen luftdicht sein, sind aber in der Regel immer noch durchlässig für Wasserdampfdiffusion.

Da z. B. im Winter die Außentemperaturen niedriger als die Innentemperaturen sind, ist der Wasserdampfpartialdruck außen geringer als im Raum, da die warme Luft innen zusätzlichen

Wasserdampf vom Waschen, Trocknen, Spülen und von Pflanzen aufnehmen kann als die kältere Außenluft. Durch den Dampfkonzentrationsunterschied diffundiert ein Netto-Wasserdampfstrom durch die Außenbauteile von innen nach außen. Im Sommer kann es zeitweise auch zu umgekehrt herum verlaufenden Diffusionsvorgängen kommen, wenn z. B. schwüle Außenluftbedingungen vorliegen.

In üblichen, nicht beidseitig mit dampfundurchlässigen Schichten versehenen Bauteilen ist immer auch Wasserdampf enthalten. Es kann im Inneren des Bauteils zu Tauwasseranfall kommen, wenn an einer Stelle die Taupunkttemperatur unterschritten wird. Meist stellt sich innerhalb der Außenwände – in Abhängigkeit von der Wasserdampfdurchlässigkeit der Wandmaterialien – ein niedrigerer Dampfdruck ein als im Innenraum, so dass bei genügend hohen Wandtemperaturen (z. B. durch äußere Wärmedämmung) Tauwasserbildung in der Konstruktion ausgeschlossen werden kann. Viele Außenwandkonstruktionen lassen aber (etwas) Tauwasser in der Nähe des Außenputzes entstehen, ohne dass

17

sich daraus eine Feuchtegefährdung der Wand ergeben muss.

17.5.6.1 Temperaturverhältnisse an und in Bauteilen

Niedrige Bauteiltemperaturen können die Gefahr von schimmelpilzfördernder Feuchteanreicherung („Kapillarkondensat") oder sogar Tauwasserbildung bedeuten. Es ist deshalb vorteilhaft, sich bei der Konstruktion von Außenbauteilen zuerst einen Überblick über die Temperaturverhältnisse an und im Bauteil zu verschaffen. Der Rechenvorgang nach DIN 4108 wird hier und im Rechenbeispiel Tab. **17**.69 beschrieben.

Beim Rechengang werden vereinfachend auf der sicheren Seite liegende konstante Lufttemperaturen innen und außen zugrunde gelegt. Nach DIN 4108-3, Tab. A.1 werden für einfache Tauwasserberechnungen z.B. bei nichtklimatisierten Wohn- und Bürogebäuden innen 20 °C und außen −10 °C als Lufttemperaturen angenommen.

Aus den angenommenen Lufttemperaturen können die Oberflächentemperatur des Bauteils und die Temperaturen θ_j (j: Schichtnummer) an den Grenzflächen der Bauteilschichten der n-schichtigen Konstruktionen ermittelt (s. Bild **17**.70) werden:

$$\theta_{si} = \theta_i - U (\theta_i - \theta_e) R_{si}$$

(Oberflächentemperatur innen)

$$\theta_1 = \theta_{si} - U (\theta_i - \theta_e) d_1/\lambda_1$$
$$\theta_2 = \theta_1 - U (\theta_i - \theta_e) d_2/\lambda_2$$

bis

$$\theta_{se} = \theta_{n-1} - U (\theta_i - \theta_e) d_n/\lambda_n$$

(Oberflächentemperatur außen)

dabei sind:

U Wärmedurchgangskoeffizient in W/(m²K) (berechnet nach ISO 7345, s. Abschn. 17.5.3)

R_{si} Wärmeübergangswiderstand innen in m²K/W (nach DIN 4108-3, A.2.3)

d_j Schichtdicke der i-ten Bauteilschicht in m

λ_j Bemessungswerte der Wärmeleitfähigkeit der Schichtmaterialien in W/(mK) (z. B. aus DIN V 4108-4, Tab. 1)

Die Wärmeübergangswiderstände sind für diese Berechnungen festgelegt in DIN 4108-3, A.2.3:

Raumseitig (R_{si}) mit

● 0,13 m²K/W für Wärmestromrichtungen horizontal, aufwärts sowie für Dachschrägen;

● 0,17 m²K/W für Stromrichtungen abwärts.

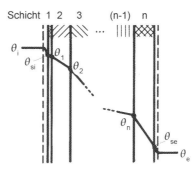

innen   außen

17.70 Temperaturverlauf in einer n-schichtigen Wand (Schema)

Außenseitig (R_{se}) mit

● 0,04 m²K/W für alle Wärmestromrichtungen, wenn die Außenoberfläche an die Außenluft grenzt;

● 0,08 m²K/W für alle Wärmestromrichtungen, wenn die Außenoberfläche an belüftete Luftschichten grenzt (z. B. hinter Außenverkleidungen, bei belüfteten Dachräumen, in belüfteten Dächern, usw.);

● 0 m²K/W für alle Wärmestromrichtungen, wenn die Außenoberfläche an das Erdreich grenzt.

Bei ganz innenliegenden Bauteilen ist auf beiden Seiten mit demselben Wärmeübergangswiderstand zu rechnen (R_{si}).

Bei Luftschichten muss statt des Quotienten d/λ (= Wärmedurchlasswiderstand der Schicht R_j) der Wärmedurchlasswiderstand der Luftschicht nach DIN V 4108-4: 1998-10, Tab. 2 (s. Tab. **17**.60) eingesetzt werden (s. Abschn. 17.5.3).

Die errechneten Temperaturen können in den Wandquerschnitt (s. Bild **17**.71 oben) eingezeichnet werden. Die Temperaturen innerhalb der Bauteilschichten stellen sich linear (zeichnerisch) zwischen den Trennschichttemperaturen ein. Dem Wärmeübergangswiderstand an beiden Seiten des Außenbauteils wird häufig eine Wärmeübergangsschicht im Temperaturdiagramm zugeordnet (siehe Bild **17**.70), die üblicherweise durch gestrichelte Linien parallel zu den Oberflächen angedeutet wird (in Bild **17**.71 sind diese Linien weggelassen worden).

Besondere Bedeutung hat die innere Oberflächentemperatur des Bauteils θ_{si}: Oberflächentauwasser tritt immer dann auf, wenn θ_{si} niedriger als die Taupunkttemperatur der Innenluft ist. Zudem sollte diese Temperatur über ein Bauteil hinweg möglichst gleichmäßig sein, um Schmutzstreifen (bei gemauerten Wänden z. B.

17

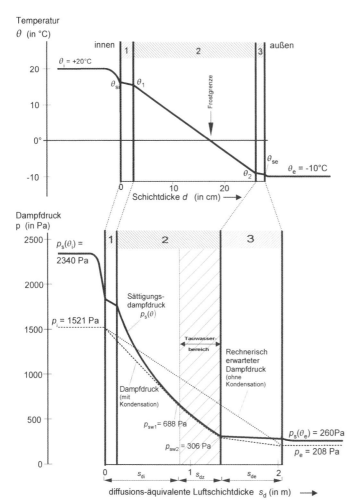

17.71
Temperaturverlauf (oben) und Dampfdruckverhältnisse (unten) zum Rechenbeispiel (s. Tab. **17**.69):

Der Temperaturverlauf ist über der Schichtdicke, die Dampfdruckkurven sind über dem Diffusionswiderstand aufgetragen (*GLASER*-Diagramm). Es besteht Kondensationsgefahr im Schmiegungsbereich der p- und p_s-Kurven.

als „Fugenabbildung" bekannt) nicht erst entstehen zu lassen.

Die Oberflächentemperatur außen (θ_{se}) ist besonders hoch und die Innenoberflächentemperatur θ_{si} besonders niedrig in Bereichen mit niedrigem Wärmedurchlasswiderstand (Wärmebrücken, s. Abschn. 17.5.7). Infrarot-Thermographie kann derartige Schwachstellen von außen und innen sichtbar machen. Bei hohen Wärmedurchlasswiderständen (entsprechend den hier empfohlenen niedrigen U-Werten) liegen die Innenoberflächentemperaturen dagegen immer ganz nahe an der Innentemperatur und eine Tauwasserbildung ist dort ausgeschlossen.

17.5.6.2 Das Glaser-Verfahren zur Beurteilung von Bauteilen bezüglich innerer Tauwassergefährdung

Tauwassergefahr. Nicht der Temperaturverlauf in einem Bauteil ist für die Tauwassergefahr entscheidend, sondern der damit eng zusammenhängende Sättigungsdampfpartialdruck-Verlauf, den man nun ebenfalls in den Bauteilquerschnitt einzeichnen kann, wenn man die Dampfdruckwerte mit Hilfe von Tabelle **17**.68 oder der Formel aus 17.5.6.1 bestimmt. Höher als diese Werte sollte der Dampfdruck von eindiffundierendem Wasserdampf somit nicht sein – sonst kommt es an der betreffenden Stelle zu Tauwassergefahr.

Eine Ermittlung des Dampfdruckverlaufs, der auf Grund des Dampf-Diffusionsstroms von innen nach außen resultiert, kann nun zeigen, wo eine Tendenz zur Taupunktunterschreitung im Bauteilquerschnitt besteht: Dort, wo der Dampfdruckverlauf den Sättigungsdampfdruck berührt oder überschreitet ist Tauwasseranfall möglich! Eine solche Berechnung liefert eine erste Abschätzung, auch wenn sie andere physikalische Mechanismen, wie den kapillaren Flüssigwassertransport nicht berücksichtigt – schlecht wird diese Näherung nur dann, wenn hohe Materialfeuchtigkeiten vorliegen.

Dampfdruckverlauf. Die Berechnung des Verlaufs erfolgt in Analogie zur Temperaturverlaufsberechnung, da Diffusionsstrom und Wärmestrom ganz ähnlichen Gesetzen folgen (die Wärmeleitungsgleichung ist vom Typ her ebenfalls eine Diffusionsgleichung):

Der Wärmefluss durch ein Bauteil wird durch eine Temperaturdifferenz zwischen Innen- und Außenseite veranlasst. Analog dazu führt Dampfdruckdifferenz zwischen den Dampfdrücken der Innenluft und Außenluft (p_i und p_e) zu einem Dampfdiffusionsstrom.

In dieser Analogiebetrachtung entsprechen sich auch andere Größen: Statt einer Wärmeleitfähigkeit ist für Wasserdampf eine Dampfleitfähigkeit („Wasserdampf-Diffusionsleitkoeffizient") eines Baustoffs wirksam, und es gibt analoge Größen für den Wärmedurchlasswiderstand und den Wärmedurchgangskoeffizienten.

GLASER-Verfahren. Glaser [18] hat ein zeichnerisches Verfahren zur Ermittlung des Dampfdruckverlaufs in einem Bauteil angegeben, welches auch in DIN 4108, A.4 beschrieben wird. Dazu wird der Wandquerschnitt nicht im Längenmaßstab (wie Temperaturdiagramm in Bild **17**.71 oben) aufgetragen, sondern im Maßstab der Wasserdampfdurchlasswiderstände. Dadurch kann der Dampfdruck als Gerade in dieses Diagramm eingetragen und mit dem ebenfalls aufgetragenen Sättigungsdampfdruck verglichen werden (Bild **17**.71 unten). Eine Tauwassergefährdung ist im Querschnitt vorhanden, wenn die Gerade die (gekrümmten) Sättigungsdampfdruckkurven irgendwo berührt oder sogar schneidet.

Dabei wird nach DIN 4108-3, Tab. A1 für die Innenluft im Winter eine relative Feuchte von 50 % (bei 20 °C), für die Außenluft eine solche von 80 % (bei –10 °C) angesetzt, woraus sich folgende Normwerte für die Dampfdrücke innen (p_i) und außen (p_e) ergeben:

$$p_i = p_s\,(\theta_i) \quad = 2340 \cdot 50\,\% = 1170\,\mathrm{Pa}$$

$$p_e = p_s\,(\theta_e) \ = \ 260 \cdot 80\,\% = \ 208\,\mathrm{Pa}$$

Diffusionswiderstandszahl μ, (wasserdampfdiffusions)äquivalente Luftschichtdicke s_d

Wie in Bild **17**.71 unter Verwendung der Zahlenwerte des Rechenbeispiels Tab. **17**.69 gezeigt wird, vereinfacht sich die Aufgabe, wenn der Dampfdruckverlauf nicht über den Dicken der Bauteilschichten auf der Abszisse abgetragen wird, sondern über den Diffusionswiderständen dieser Schichten. Diese sind proportional zur Schichtdicke d und der Materialgröße (Wasserdampf-Diffusionswiderstandszahl), die angibt, wievielmal schlechter eine Baustoffschicht Wasserdampf leitet als eine gleich dicke (ruhende) Luftschicht:

$$\mu = \frac{\delta_{\mathrm{Luft}}}{\delta_{\mathrm{Baustoff}}}\ (\text{reine Zahl})$$

mit

δ Wasserdampfdiffusionskoeffizient oder einfacher Wasserdampfleitfähigkeit (in kg/(m h Pa))

Stoffe mit hohem μ-Wert sind also relativ dampfundurchlässig, die kleinsten Werte nahe 1 haben poröse, lufthaltige (Dämm-)Stoffe mit offenen Poren (s. Tab. **17**.66).

Verwendet als Abszisse im Glaser-Diagramm wird das Produkt aus der Diffusionswiderstandszahl und der Schichtdicke d, dies ist ein Maß für den Widerstand, den eine Materialschicht dem diffundierenden Wasserdampfstrom entgegensetzt! Das Produkt $\mu \cdot d$ gibt die Dicke einer ruhenden Luftschicht an, die der Materialschicht bzgl. der Diffusion gleichwertig ist, man bezeichnet es daher auch als „äquivalente Luftschichtdicke" s_d.

Da die verschiedenen Bauteilschichten im Wasserdampfstrom hintereinander liegen, braucht nur die Summe dieser $\mu \cdot d$-Werte der Einzelschichten gebildet zu werden, um die gesamte äquivalente Luftschichtdicke eines Bauteils zu bestimmen

$$s_d = \mu_1 \cdot d_1 + \mu_2 \cdot d_2 + \ldots + \mu_n \cdot d_n \quad \text{in m.}$$

Die äquivalente Luftschichtdicke wird – wie sich aus der Definition ergibt – in Metern gemessen. Es gibt keine physikalischen Gründe und daher

17

auch keine verbindlichen Angaben darüber, welche Wasserdampfdurchlässigkeit Wände oder andere Außenbauteile haben sollten: Das ganze Spektrum von „diffusionsoffen" (z. B. ein modernes Holztafelbau-Bauteil) bis „vollständig dampfdicht" (z. B. eine Verglasung) kommt in der Praxis vor – jeweils sind etwas andere Gesichtspunkte zu beachten, aber alle Varianten können schadensfrei und gesundheitsverträglich realisiert werden, wie es die Beispiele zeigen – und dies im Gegensatz zu weit verbreiteten modernen Mythen.

Baustoffschichten werden als diffusionsoffen bezeichnet, wenn deren s_d-Wert nicht größer als 0,5 m ist, erst bei s_d-Werten oberhalb 1500 m spricht man von diffusionsdichten Schichten (echten Dampfsperren). Eine bauübliche 0,25 mm dicke PE-Folie hat z. B. $s_d = 200$ m.

Der unpräzise Begriff „Atmungsfähigkeit" wird häufig mit Diffusionsfähigkeit gleichgesetzt. Eine hohe Diffusionsfähigkeit ist – neben der kapillaren Wasserleitfähigkeit – für eine gute Austrocknung von Bauteilen vorteilhaft. Umso wichtiger ist es, weniger diffusionsfähige Aufbauten bereits trocken zu erstellen.

Die dampfbremsende Wirkung einer Schicht ist nicht allein durch den μ-Wert des Materials gegeben, erst das Produkt $s_d = \mu \cdot d$ ist ein Maß für den Wasserdampf-Diffusionsdurchlasswiderstand Z, der analog zum Wärmedurchlasswiderstand für eine Schicht gegeben ist als

$$Z = \frac{d}{\delta} = \frac{1}{\delta_{Luft}} \cdot s_d = \frac{1}{\delta_{Luft}} \cdot (\mu \cdot d) \text{ in } m^2 \cdot Pa \cdot \frac{h}{kg}$$

δ_{Luft} ist die Dampfleitzahl in Luft; $1/\delta_{Luft}$ beträgt (bei Vernachlässigung der Temperaturabhängigkeit) etwa $1,5 \cdot 10^6$ m · h · Pa/kg.

Für ein n-schichtiges Bauteil ergibt sich Z als Summe der Einzelwerte

$$Z = Z_1 + Z_2 + \ldots + Z_n$$

Bei Schichtmaterialien, für die ein Bereich (z. B. 15/35) für die Diffusionswiderstandszahlen angegeben ist, ist nach der Norm der für die Konstruktion „ungünstigere Wert" anzunehmen, d. h. der, bei dessen Anwendung in Rechnung und Diagramm sich (rechnerisch!) die größere Tauwassermenge in der Konstruktion ergibt (d. h. man liegt also auf der „sicheren Seite"!), diese Festlegung gilt dann auch für die Berechnungen der Verdunstungsmenge (s. u.). In der Konsequenz ist für Schichten, die sich in Diffusionsrich-

tung vor und in einer (bekannten oder vermuteten) Kondensationszone befinden, der niedrigere Wert, für Schichten hinter der Kondensationszone der höhere Wert anzusetzen (s. auch den anschließenden Abschn. „Tauwassermenge"). Die Befolgung dieser Regeln kann daher – bei unübersichtlichen Bauteilen – eine mehrfache Anwendung des beschriebenen Rechnungsganges nach Glaser erfordern.

Wegen der Unsicherheit der nach EN ISO 12 572 ermittelten s_d-Werte mit $s_d < 0,1$ m ist für diese der Wert $s_d = 0,1$ m anzusetzen.

GLASER-Diagramm

Im Glaser-Diagramm (s. Bild **17**.71) werden die sich einstellenden Wasserdampfdrücke über den äquivalenten Luftschichtdicken des Außenbauteils aufgetragen: Das erfolgt durch Markierung der Werte für p_i und p_e an den Bauteil-Oberflächen und Verbinden dieser Punkte durch eine Gerade (= rechnerischer Dampfdruckverlauf, erste Näherung). In ungefähr den Bereichen, in denen im Innern des Bauteils die im Bild eingezeichnete punktierte Gerade oberhalb der Sättigungskurve liegt, muss mit Kondensat gerechnet werden. Da der Wasserdampfdruck nicht höher als der Sättigungsdampfdruck sein darf, wird nach Glaser in einem solchen Fall ein Dampfdruckverlauf p (gestrichelte Kurve in Bild **17**.71) angenommen, der als Tangentenkurve so an die Sättigungskurve gelegt wird, wie sich ein elastisches Seil von p_i nach p_e unter die durchgezogene p_s-Kurve spannen würde. Diese „Seilzugkurve" ergibt nach dem Glaser-Verfahren den Dampfdruckverlauf bei Kondensatbildung. Sie berührt an einem oder mehreren Punkten oder in einem Bereich (wie in unserem Rechenbeispiel) die Sättigungsdampfdruckkurve – das Seil kann aber auch ohne Berührung frei unterhalb der Sättigungsdampfdruckkurve spannbar sein (dann gibt es gar kein Tauwasser). Diese möglichen Berührungsstellen grenzen den Bereich des Tauwasseranfalls im Bauteil-inneren ein.

Falls nicht ein Bauteil vorliegt, bei dem kein mengenmäßiger Nachweis des Tauwassers notwendig ist (s. DIN 4108-3, 4.3 und weiter unten), muss nun als nächster Schritt eine Tauwasserberechnung und anschließend auch eine Ermittlung der evtl. im Sommer wieder verdunstenden Wassermenge erfolgen.

Tauwassermenge

Die Vorstellung, dass der Wasserdampf wegen der herrschenden Dampfdruckdifferenz ($p_i - p_e$) zwischen den Oberflächen durch das Bauteil „hindurchwandert" wird, ist analog dem Wärmstrom verursacht durch eine Temperaturdifferenz; der Wasserdampfdiffusionsstrom g ist proportional zum Antrieb ($p_i - p_e$) dividiert durch den Widerstand Z:

$$g = \frac{(p_i - p_e)}{Z} \quad \text{in} \quad \frac{\text{kg/m}^2}{\text{h}}$$

Wie man aus Bild **17**.71 erkennt, ist g ein Maß für den Anstieg der p-Kurven, denn für große Druckdifferenzen und für kleine Diffusionswiderstände sind g und der Kurvenanstieg groß.

Obige Gleichung gilt nur für eine tauwasserfreie Konstruktion, denn die gestrichelte „Seilzugkurve" wird im Kondensationsfall (wenigstens) eine Knickstelle und damit zwei verschiedene Anstiege haben: Vor dem Tauwasserbereich verläuft sie steiler als dahinter. Das bedeutet, dass der Wasserdampfstrom g_i von der Innenluft bis zum Kondensationsbereich größer ist als der Dampfstrom g_e von dort bis zur Bauteil-Außenseite. Der nicht mehr ausdiffundierende, „fehlende" Wasserdampf, die Differenz – das ist das im Kondensatbereich verbleibende Tauwasser! Eine typische Berechnung ist im Rechenbeispiel (Tab. **17**.69) zu finden. Die Kondensatmenge $m_{W,T}$ für die ganze „Tauwasserperiode" (Winter) wird ermittelt als

$$m_{W,T} = (g_i - g_e) \cdot t_T \quad \text{in kg/m}^2$$

wobei t_T die in Stunden angegebene Dauer dieser Periode ist. Nach DIN 4108-3 wird eine Zeitdauer der Tauwasserentstehung von 60 Tagen (entsprechend $t_T = 1440$ Stunden) angesetzt. Die auf diese Art (s. Rechenbeispiel Tab. **17**.69) ermittelte (rechnerische) Tauwassermenge pro Wintersaison darf 1,0 kg pro m² Bauteilfläche bei Dach- und Wandkonstruktionen nicht überschreiten, an Grenzflächen mit einer kapillar nicht wasseraufnahmefähigen Schicht (auch Luftschicht oder wasserdurchlässige Schicht) darf die Kondensatmenge sogar nur maximal 0,5 kg/m² betragen. Eine Schädigung der Baustoffe durch das Kondensat (Fäulnis, Korrosion, Pilzbefall) darf ebenfalls nicht stattfinden. Bei Konstruktionen mit Holz oder Holzbaustoffen darf außerdem keine schädliche Erhöhung des Feuchtegehaltes erfolgen (DIN 68 800-2; 6.4, s. auch DIN 4108). In allen Fällen muss darüber hin-

aus sichergestellt sein, dass die Tauwassermenge im Sommer (= Verdunstungsperiode) wieder ausdiffundieren (austrocknen) kann.

Große Tauwassermengen fallen nach GLASER an, wenn große Wasserdampfströme g_i in eine Konstruktion eindringen, aber nur kleine Dampfströme g_e sie wieder verlassen. Kleine äquivalente Luftschichtdicken s_{di} innen vor dem Kondensationsgebiet sind für das Bauteil ungünstig und große äquivalente Luftschichtdicken s_{de} außen hinter dem potentiellen Tauwasserbereich sind es auch (s. Beispiel).

Verdunstungsmenge

Die Berechnung der Verdunstungsmenge erfolgt mit der gleichen Methode mit einem zusätzlichen Glaser-Diagramm, bei dem jedoch die Klimadaten einer nach DIN 4108 vorgegebenen sommerlichen Verdunstungsperiode

$$\theta_i = \theta_e = 12\,°C \quad \text{und} \quad \varphi_i = \varphi_e = 70\,\%$$

Damit sind die Temperatur und der Sättigungsdampfdruck im gesamten Wandquerschnitt konstant

$$\theta_e = 12\,°C \qquad p_s = 1403\,\text{Pa}$$

und die Wasserdampfteildrücke betragen innen und außen

$$p_i = p_e = 1403\,\text{Pa} \cdot 0,7 = 982\,\text{Pa}$$

Das Glaser-Diagramm für Bauteile mit einem Kondensatbereich (wie in unserem Rechenbeispiel) verläuft in der Regel so, wie es Bild **17**.72a zeigt:

Dort, wo das flüssige Wasser aus dem Winter noch sitzt, in den Kondensationsbereichen der Tauwasserperiode, herrscht bis zur vollständigen Verdunstung Wasserdampfsättigung (also $p = p_s$), der Dampfdruckverlauf wird also durch (mindestens) 2 Geraden beschrieben, die entgegengesetzt gerichtete Steigungen haben. Da die Steigung ein Maß für den Diffusionsstrom ist, erkennt man, dass von der Kondensationsstelle Diffusionsströme nach innen und nach außen verlaufen: Die Wand trocknet nach beiden Seiten aus! Die Verdunstungsmenge $m_{W,V}$ errechnet sich dann aus der Formel

$$m_{W,V} = (g_i - g_e)\, t_V \quad \text{in kg/m}^2$$

wobei sich $m_{W,V}$ als negative Summe beider Diffusionsströme ergibt, wenn man die Diffusionsrichtung von g_i als negativ ansieht (s. Rechenbei-

17

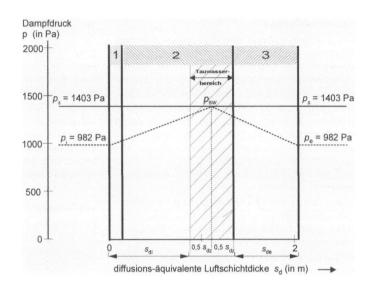

17.72a *Glaser*-Diagramm
(Verdunstungsperiode)

diffusions-äquivalente Luftschichtdicke s_d (in m) →

spiel Tab. **17.**69). Die Dauer der Verdunstungsperiode wird nach DIN 4108 in Deutschland mit 90 Tagen (d. h. $t_V = 2160$ h) angesetzt.

In DIN 4108-3, A.6 sind eine Reihe möglicher Sonderfälle und deren Behandlung nach Glaser beschrieben: Mehrere Kondensatbereiche, Verdunstungsberechnung bei Dachkonstruktionen, Einbeziehung von Dampfsperren usw. Dieser Abschnitt enthält auch Hinweise zur Berechnung von Sonderfällen (andere als die oben genannten Klimaverhältnisse) und Literaturhinweise zu den dabei verwendbaren Rechenverfahren.

Regeln zur Verringerung von Tauwassergefahr

Das Glaser-Verfahren berücksichtigt nicht alle Feuchtetransportvorgänge und auch nicht alle Feuchtequellen, die in Baustoffen und Bauteilen auftreten können und kann deshalb auch nicht annähernd das reale Feuchtigkeitsverhalten von Bauteilen im jahreszeitlichen Verlauf beschreiben. Es ist nur als erste Annäherung zum Vergleich verschiedener Bauteile gedacht und deshalb in seiner Anwendung begrenzt! Die mit dem Verfahren gegebene erste Näherung ist allerdings durchaus ein wertvoller Hinweis auf möglicherweise vorliegende Gefahren.

Wenn die rechnerische Verdunstungsmenge größer oder gleich der Tauwassermenge ist und außerdem die oben angegebenen Maximalwerte von $m_{W,T}$ nicht überschritten werden, gilt ein Bauteil als nach DIN 4108 nicht tauwassergefährdet. In allen anderen Fällen sollten Maßnahmen

zur Verringerung des winterlichen Kondensats getroffen werden:

- Erhöhung der Bauteiltemperatur im kritischen Bereich durch (z. B. außen liegende) Wärmedämmung – auch dies ist eine Problemstellung, bei denen bessere Wärmedämmung hilft

- Verwendung dampfbremsender Materialien – oder *notfalls* (s. u.) „Dampfsperren" mit sehr großen s_d-Werten – an der Bauteilinnenseite (warmen Seite), (aber Vorsicht: Voraussetzung ist, dass keine hohen Feuchtebelastungen aus anderen Quellen vorliegt – z. B. aus Baufeuchte. Wer Dampfsperren einsetzt, muss trocken bauen – oder zuvor gründlich austrocknen.)

- Verwendung besser dampfdurchlässiger Materialien an der Bauteilaußenseite.

Eine bekannte Regel zur *Tauwasserverhinderung* oder wenigstens -minderung lautet dementsprechend:

Die Diffusionswiderstände der Einzelschichten (beschrieben durch die s_d- bzw. $\mu \cdot d$-Werte) sollten zur kalten Seite hin (in Mitteleuropa nach außen hin) ab-, die Wärmedurchlasswiderstände d/λ in der gleichen Richtung jedoch zunehmen.

Innenliegende Wärmedämmungen werden entgegen dieser Regel angebracht. Da sie aber häufig Vorteile bieten (z. B. bei erhaltenswerten Außenfassaden) sollten sie – nach Berechnung der Tauwassergefährdung – nicht einfach verworfen werden. In vielen Fällen sind entweder die verwendeten Dämmstoffe selbst (geschlossenporige Schaumstoffe!) oder die Innenverkleidungen schon dampfbremsend genug, so dass das *Glaser*-Verfahren keine unzulässige Feuchteanreicherung erwarten lässt.

Innendämmungen sind besonders kritisch vor schweren, weniger dampfdurchlässigen Wandkonstruktionen (z. B. Normalbeton). In schwierigen Fällen sollte dann entweder die Verwendung stärker dampfbremsender Dämmmaterialien oder die Anbringung einer *lückenlosen* (!) inneren Dampfsperre in Erwägung gezogen werden, die u. U. in Verbindung mit feuchtigkeitsspeicherndem Putz Kondensationsprobleme lösen kann (s. auch Abschn. 8.11 in Teil 2 dieses Werkes).

Man beachte insbesondere die Gefahren, die durch Schichten mit hohem Dampfdiffusionswiderstand entstehen, wenn diese sich an der Außenseite der Konstruktion befinden: Die dampfbremsende Wirkung einer solchen Schicht kann zur *Dampfdruckerhöhung* und zur Tauwasserbildung führen. Dieser Vorgang ist manchmal die Ursache für die Ablösung von Putzen und Anstrichen und für Bauschäden bei der Anwendung von Metallflächen an Gebäuden.

Dampfsperren *können* auch Austrocknungsvorgänge behindern und dadurch *Feuchtigkeitsschäden*, die anderwärtig verursacht (z. B. Einbau von zu nassem Holz) sind, fördern. In Holzbauten, auch Dachkonstruktionen, ist deshalb die Verwendung derartiger Schichten immer sorgfältig zu prüfen, wenn eine Austrocknung durch Belüftung nicht stattfinden kann – eine Verwendung von trockenem Holz beim Bau ist dann absolut unerlässlich.

Bauteile ohne Tauwassernachweis

Der Nachweis des ausreichenden Schutzes eines Außenbauteils gegen Tauwasser ist bei den meisten erprobten Konstruktionen nicht erforderlich. In DIN 4108-3: 2001-07, Abschn. 4.3 sind die Bauteile bzw. Bauteilkonstruktionen aufgeführt, bei denen sich eine Ermittlung der Wasserdampfverhältnisse (z. B. nach Glaser) erübrigt: Auch beim Rechenbeispiel (Tab. **17.**69) wäre eine Diffusionsrechnung aus diesem Grund nicht erforderlich, es soll jedoch zeigen, dass sogar gemeinhin übliche Wandkonstruktionen wegen des normalerweise verwendeten relativ dampfdichten Außenputzes, Tauwasserbildung im Winter aufweisen *können*.

Nach DIN 4108-3, 4.3 benötigen u. a. folgende Bauteile keinen Tauwassernachweis:

Wände aus Mauerwerk nach DIN 1053-1, Normalbeton (DIN EN 206-1 bzw. 1045-2), gefügedichtem Leichtbeton (DIN 4219-1 und -2), haufwerkporigem Leichtbeton (DIN 4232), jeweils mit Innenputz und

- Außenputz nach DIN 18 550-1,
- Bekleidungen nach DIN 18 515-1 oder -2 (bei einem Fugenanteil von ≥ 5 %),
- hinterlüfteten Bekleidungen nach DIN 18 516-1,

- Außendämmung nach DIN 1102, DIN 18 550-3 oder durch ein zugelassenes Wärmedämmverbundsystem

Außenwände mit Innendämmung bis $R \leq 1,0$ m^{2}K/W) und einem Wert der inneren diffusionsäquivalenten Luftschichtdicke (von Wärmdämmschicht einschl. aller Innenverkleidungen) $s_{d,i} \geq 0,5$ m; bei Verwendung von innendämmenden Holzwolleleichtbauplatten bei Mauerwerk nach DIN 1053-1 und Wänden aus Normalbeton gibt es keine Einschränkung des Wärmedurchlasswiderstandes R nach der Norm.

Wände in Holzbauart mit innenseitiger diffusionshemmender Schicht ($s_{d,i} \geq 2,0$ m),

Holzfachwerkwände mit Luftdichtheitsschicht und wärmedämmender Ausfachung bei Sichtfachwerk,

- Innendämmung (über Fachwerk und Gefach) mit $R \leq 1,0$ m^{2}K/W und $1,0$ m $\leq s_{d,i} \leq 2,0$ m;
- Außendämmung über Fachwerk und Gefach als Wärmedämmverbundsystem (WDVS) oder Wärmedämmputz mit $s_d \leq 2,0$ m der äußeren Konstruktionsschicht,
- mit hinterlüfteter Außenwandbekleidung.

unbelüftete Dächer, wenn sich höchstens 20 % des Wärmedurchlasswiderstandes R unterhalb der diffusionshemmenden Schicht befinden und

- $s_{d,e} \leq 0,1$ m und $s_{d,i} \geq 1,0$ m;
- $s_{d,e} \leq 0,3$ m und $s_{d,i} \geq 2,0$ m;
- $s_{d,e} > 0,3$ m und $s_{d,i} \geq 6 \cdot s_{d,e}$
- $s_{d,i} \geq 100$ m unterhalb der Dämmschicht.

$s_{d,e}$ ist die Summe aller diffusionsäquivalenten Luftschichtdicken oberhalb der Dämmschicht (bis zu belüfteten Luftschicht), $s_{d,i}$ der entsprechende Wert unterhalb der Dämmschichten bis zur Innenluft.

Hinweis: Bei $s_{d,e} \geq 2,0$ m ist die Austrocknung von Baufeuchte oder eingedrungenem Wasser erschwert. Bei Dächern mit dampfdichten Außenaufbauten ist daher auf trockene Baustoffe und sicheres Trockenhalten der Aufbauten zu achten.

- Porenbetondächer,
- Umkehrdächer.

Belüftete Dächer mit

- einer Neigung unter 5° und $s_{d,i} \geq 100$ m unterhalb der Wärmedämmschicht,
- einer Neigung von 5° und mehr und 2 cm Luftspalthöhe über der Wärmedämmschicht und Belüftung im Traufenbereich (2 ‰ der Dachfläche und mindestens 200 cm^2/m Traufenlänge)
- Satteldächer mit Lüftungsöffnungen an Traufe und First von wenigstens 0,5 ‰ der Dachfläche und wenigstens 50 cm^2/m First- bzw. Traufenlänge.

Übersicht über einige Bauteile, bei denen in der Regel jedoch eine rechnerische Untersuchung durchgeführt werden sollte:

- Wände mit relativ dampfdichter Außenbekleidungen nach DIN 18 515-1 und -2 mit einem Fugenanteil unter 5%
- innengedämmte Wände mit gut wasserdampfdurchlässiger Dämmung (einschließlich Innenputz $s_d < 0,5$ m);
- Wände aus Mauerwerk nach DIN 1053-1 und aus Normalbeton (DIN EN 206-1 bzw. 1045-2) mit zusätzlicher

17

Innendämmung aus Holzwolleleichtbauplatten mit $R_{Dämmung} > 0,5$ m²K/W;

- Wände in Holzbauart (nach DIN 68 800-2: 1996-05, 8.2), wenn die innere Dampfbremse eine äquivalente Luftschichtdicke von weniger als 2 m aufweist;

- Holzfachwerkwände mit Innendämmung und einem $R_{Dämmung} > 1,0$ m²K/W und einem $s_{d,i}$-Wert der Dämmung kleiner 1,0 m oder größer 2,0 m (!); Innendämmung aus Holzwolleleichtbauplatten nach DIN 1101 unterliegen nicht dieser Beschränkung!

- Holzfachwerkwände mit nicht hinterlüfteter Außendämmung, wenn diese ein $s_{d,e} > 2,0$ m besitzt.

- Nicht belüftete Dächer (klassische „Warmdächer" und Dächer, die direkt oberhalb der Wärmedämmschicht keine mit der Außenluft verbundene Luftschicht haben) mit weniger wirksamen dampfbremsenden Schichten bzw. Dampfsperren ($s_d < 100$ m), wenn sich oberhalb der Sperre weniger als 80 % des Gesamtwärmedurchlasswiderstandes des Daches befinden.

- belüftete Dächer („Kaltdächer") mit gering dampfbremsenden Schichten unterhalb der Belüftungsschicht ($s_{d,i} < 2,0$ m)

- belüftete Dächer mit Neigungen unter 5° und gering dampfbremsender Wirkung der inneren „Dampfsperre" ($s_{d,i} < 100$ m).

Feuchtekonvektion

Die Untersuchungen von Bauschadensfällen haben ergeben, dass viele Tauwasserschäden nicht durch Wasserdampfdiffusion, sondern durch Konvektion von Wasserdampf verursacht werden: In der kalten Jahreszeit kann feuchtwarme Innenluft durch Undichtheiten der Innenverkleidungen (insbesondere durch unsachgemäß, d. h. undicht angebrachte Dampfsperren!) an kalte Bauwerksteile gelangen und der mitgeführte Wasserdampf kondensiert dort. Eine typische Schadensursache in (belüfteten) Kaltdächern sind Undichtheiten der Dampfsperre z. B. an Bauteildurchdringungen. Die dabei entstehenden Tauwassermengen können weit über denen der Diffusionsvorgänge liegen. Auf hohe Luftdichtheit von Gebäuden muss also nicht nur aus energietechnischen Gründen erhöhter Wert gelegt werden, sondern gerade zur Vermeidung von Feuchteschäden.

Eine Dampfsperre, die nicht luftdicht verlegt und luftdicht angeschlossen ist, kann die intendierte Wirkung selbstverständlich nicht entfalten. Besonderer Nachdruck wird in diesem Werk daher auf eine konsequent luftdichte Hülle gelegt, die den gesamten Innenraum umschließt.

Neuere Untersuchungen haben gezeigt, dass die Ausfüllung des Lüftungsraumes mit Dämmstoff („Sparrenvolldämmung" [24], [25], [26]) sich günstig auf das Feuchteverhalten auswirkt. Vor-

aussetzung ist das Vorhandensein einer ausreichend dampfdurchlässigen Unterspannbahn oder eines entsprechenden Unterdaches **kaltseitig** der Dämmung. Auf sehr gute Luftdichtheit der inneren Bauteilschichten muss wie immer besonders geachtet werden. Eingebautes feuchtes Holz kann beim Fehlen der durchlüfteten Schicht unterhalb der oberen Feuchtesperre (Unterspannbahn, Unterdach) zuweilen schlecht trocknen – ein weiterer Grund, nur ausreichend trockene Baumaterialien einzusetzen. Dampfdichte Unterdächer, wie sie z. B. häufig bei Schieferdeckungen verwendet wurden, können bei Vollsparrendämmung über Jahre eine erhöhte Feuchte in den Holzbauteilen aufbauen, die zu Feuchteschäden führen kann.

Heute ist es möglich, in kritischen Fällen Aufbauten unter Benutzung von Rechenprogrammen zu überprüfen [3], [4], [27], welche nicht nur Diffusionsprozesse, sondern auch den kapillaren Feuchtetransport und die Sorptionseigenschaften (Feuchtespeichereigenschaften) der beteiligten Baustoffe berücksichtigen. Dadurch werden besonders Trocknungsvorgänge erheblich besser behandelbar als beim Verfahren nach Glaser und es eröffnen sich neue Wege für Lösungen z. B. kapillaraktive Dämmmaterialien für die Innendämmung [23]).

Schimmelpilzbildung. Es soll hier noch einmal (s. auch Abschn. 17.5.6.1) daran erinnert werden, dass Oberflächen-Tauwasser keine notwendige Bedingung für Schimmelpilzbildung auf Bauteiloberflächen ist. Bei porösen Materialien kann durch „Kapillarkondensation" schon eine ausreichende Wasseraktivität vorhanden sein und Schimmelpilzbildung erlauben, wenn um 80 % relativer Feuchte auf der Bauteiloberfläche vorhanden sind; das ist – bei normalem Innenklima von $\theta_i = 20$ °C und $\varphi_i = 50$ % – schon ab 12,6 °C Oberflächentemperatur möglich. Auch an Wärmebrücken (s. Abschn. 17.5.7) sollte diese Temperatur gerade deshalb nicht unterschritten werden. Für die Schimmelpilzentwicklung ist allerdings nicht nur ausreichende Feuchtigkeit notwendig, sondern auch genügend organische Nahrung (Staub. o. Ä.) und eine ausreichend lange Zeit (über 1 Woche), in der diese Bedingungen vorhanden sein müssen. Die erste Schimmelpilzbildung tritt oft nicht in der kalten Jahreszeit, sondern in Übergangszeiten auf. Die höheren Außentemperaturen bei gleichzeitig höherer absoluter Feuchte der Außenluft erfordern dann eine erhöhte Lüftungsrate zur Erzielung einer ausreichend niedrigen inneren Luftfeuchte (z. B. 50 %).

17

Eine ungünstige Feuchtesituation im Raum kann bedingt sein durch zu geringen Luftwechsel (z. B. nach einer Fenstererneuerung), zu hohe Feuchteproduktion (Duschen, Kochen, aber auch durch Zimmerpflanzen!)

Dem Architekten obliegt übrigens nach dem Einsatz neuer Fenster in einen Altbau eine Aufklärungspflicht gegenüber den Wohnungsnutzern über die meist danach notwendige erhöhte Lüftung bzw. die Vorsorge durch Beratung zum Einbau einer Lüftungsanlage (s. auch Abschn. 17.5.8.6).

17.5.6.3 Anwendungen auf Fragen der Innendämmung

Außendämmung ist allgemein „gutmütig": Sie erhöht die Behaglichkeit im Inneren eines Bauwerks und verbessert die Temperaturstabilität. Das Mauerwerk wird trockener und zusätzlich feuchtetolerant; die Wärmebrückenproblematik (vgl. 17.5.7) nimmt deutlich ab. Innendämmung ist demgegenüber keine einfache Lösung: Die eigentlichen Risiken bestehen nicht nur in einem möglicherweise sich nicht einstellenden Energieeinsparpotenzialen – sondern in Bauschäden, die aus der fehlerhaften Handhabung resultieren können. In Planung und Ausführung ist daher besondere Sorgfalt gefragt.

Innendämmung wird vorwiegend für die Sanierung von bestehenden Außenwänden eingesetzt – im Folgenden wird daher von einem solchen Sanierungsfall ausgegangen. Vor der Durchführung einer Innendämmung müssen zunächst zwei Voraussetzungen geprüft werden:

(A) Liegt ein Fall von aufsteigender Feuchte vor?

Falls ja, dann muss hier zunächst Abhilfe geschaffen werden. Dies gilt ohnehin im Fall einer baulichen Modernisierung, da gesundes Wohnen in Gebäuden mit aufsteigender Feuchtigkeit nicht möglich ist. Abhilfe versprechen beispielsweise nachträglich eingezogene Horizontalsperren.

(B) Ist die zu dämmende Fassade Schlagregenbeanspruchungsgruppe III zuzuordnen?

Falls ja, so geht nichts ohne wasserabweisende Fassade. Auch diese Voraussetzung ist unabhängig von der Innendämmung, denn eine nicht wasserabweisende Fassade unterliegt in Schlagregenbeanspruchungsgruppe III einem beträchtlichen Risiko, übermäßig stark zu durchfeuchten.

Bei einer Sanierung ist eine Verbesserung des Schlagregenschutzes auf das Niveau „wasserabweisende Fassade" vorrangig. Hierfür ist neben der Beauftragung eines kompetenten Fachbetriebes die Einhaltung von DIN 4108-3 und DIN 18550, Teil 1 (u. a. diffusionsoffener Aufbau einer wasserabweisenden Fassade) erforderlich; auch bei den Schlagregenbeanspruchungsgruppen I und II müssen Außenputz beziehungsweise Fassade intakt sein (wasserhemmend). Selbstverständlich müssen auch andere Feuchtebelastungen, beispielsweise infolge undichter Dachrinnen, Sanitär-, Heizungs- und Abwasserleitungen, abgestellt werden.

Werden die genannten Voraussetzungen nicht erfüllt, kann ohnehin nicht von einer den heutigen Ansprüchen genügenden Sanierung gesprochen werden. In diesen Fällen gibt es aber möglicherweise dennoch proprietäre Sonderlösungen für eine Wärmedämmung, die hier nicht systematisch behandelt werden. Der Regelfall sollte sein: Zuerst den Schlagregenschutz und die Sperre gegen aufsteigende Feuchtigkeit sicherstellen – dann erst sind die Grundvoraussetzungen erfüllt, eine Innendämmung an einer Außenwand vornehmen zu können.

Planungssorgfalt

Um Bauschäden auszuschließen, sind zwei Kriterien grundsätzlich immer zu erfüllen: ein luftdichter Aufbau der Innendämmkonstruktion gegen konvektiven Feuchteeintrag aus der Raumluft und die Wärmebrückenreduktion an allen Anschlusspunkten der Innendämmung. Der Schutz gegen Dampfdiffusion aus der Innenluft ist dagegen konzeptabhängig zu realisieren (siehe unten).

Luftdichtheit bei Innendämmung

Die Hinterströmung einer Innendämmkonstruktion mit normaler Innenraumluft im Winter würde eine massive Auffeuchtung der alten Wandkonstruktion bewirken. Die Raumluft weist hinter der Dämmkonstruktion wegen der dort geringen Temperatur eine hohe relative Feuchtigkeit auf und führt daher an der alten Innenoberfläche zu einer sehr hohen Materialfeuchte.

Planungsziel (1) bei Innendämmung: Die Dämmkonstruktion muss gegen Hinterströmung mit Raumluft sicher sein und dauerhaft auf der Raumseite luftdicht sein. Für die Luftdichtheit der raumseitigen Verkleidungen einer Innendämmung sollten Werte von q_{50} unter 0,6 m³/m²/h eingehalten werden.

17

17.72b Lösungen für den Innenwandanschluss bei Innendämmung: Durch Dämmkeil, Begleitdämmung oder Temperaturleitblech lässt sich die Temperatur im kritischen Bereich soweit anheben, dass Schimmelwachstum ausgeschlossen wird [23].

Eine solche Luftdichtheit entspricht ungefähr dem Luftdichtheitsniveau von Neubauten nach Passivhausstandard. Wie in der Literatur belegte Beispiele beweisen, ist dies baupraktisch auch in bestehenden Altbauten nachträglich erfüllbar und der Erfolg regelmäßig erreichbar [27B] [27C].

Wie sicher ist die Luftdichtheit gegenüber Perforation durch die Bewohner? Grundsätzlich müssen hier grobe Beschädigungen (beispielsweise ein Aufbrechen von Verkleidungen) und wohnraumübliche kleinere Verletzungen unterschieden werden: Grobe Beschädigungen können zu Folgeschäden führen; sie sind aber bei üblichen Mietverträgen ohnehin unzulässig. Wohnraumüblich sind zum Beispiel einige Nägel beziehungsweise komplett durch den Aufbau gehende Dübel mit Schrauben (Durchmesser bis 3 Millimeter). Solange sich Nägel und Schrauben in den zugehörigen Löchern befinden, sind die freien Strömungsquerschnitte unbedeutend. Werden derartige Verbindungsmittel wieder entfernt, so ergeben sich freie Querschnitte von bis zu 7 mm² je Verletzung. Mehr als acht solcher Löcher je Quadratmeter wären erforderlich, um die Verkleidung schadensträchtig zu perforieren. Die Gefahr durch einzelne kleine Löcher ist somit nicht bedeutend.

Wärmebrücken an Anschlussdetails reduzieren

Innendämmung verfügt prinzipiell über ein hohes Potenzial zur Verschärfung von Wärmebrücken der schädlichen Art, nämlich solchen mit stark reduzierten inneren Oberflächentemperaturen (vgl. auch 17.5.7), z. B., wenn eine Innendämmkonstruktion abrupt endet. Hier ragt das ungedämmte Bauteil hervor und kann im Winter eine weitaus geringere Temperatur annehmen als ohne Innendämmung. Die Konsequenz:

Planungsziel (2) bei Innendämmung: die Dämmkonstruktion muss so geplant werden, dass Temperaturabsenkungen an allen Anschlusspunkten (auch mit normal eingesetzten Möbeln) bei –5°C Außentemperatur auf minimal 12,5 Grad Celsius begrenzt bleiben.

Bedeutend für derartige Anschlüsse sind:

• Fensterlaibungen: Hier ist bei Innendämmung eine Begleitdämmung bis zum Fensterrahmen mit Dicken ≥ 20 mm unverzichtbar.

• Geschossdecken (Beton): der Anschluss an die normale (≥ 25 mm) Trittschalldämmung auf der Oberseite ist dort ausreichend. Auf der Deckenunterseite wird ein Dämmkeil benötigt.

• Einmündende Innenwände: Einfach an Innenwänden endende Innendämmungen führen zu sehr niedrigen Temperaturen; wird dort zusätzlich ein Möbelstück gestellt, sind Schäden nicht auszuschließen. Es gibt mehrere praktikable Alternativen: Begleitdämmungen, Dämmkeile, Dämmzierleisten und Temperaturleitbleche. Alle Maßnahmen sind praktikabel und haben sich in konkreten Projekten bewährt (Bild **17**.72b).

Bei nicht gedämmten Außenwänden im Bestand sind sowohl die Fensteranschlüsse in den Laibungen als auch die Außenwandkanten (mit Mobiliar) sowie die Anschlüsse zur Kellerdecke (mit Mobiliar) kritisch. Durch eine Innendämmung gemäß der in [23] gezeigten Lösungen können alle diese Detailpunkte entschärft und auch die Decken- beziehungsweise Innenwandeinmündungen in den zulässigen Temperaturbereich gebracht werden. Werden diese Qualitätsmerkmale eingehalten, so verringert die Innendämmung die Gefährdung durch Wärmebrücken.

Nach Planungsziel (2) projektierte und ausgeführte Innendämmungen reduzieren die Schadensgefahr gegenüber dem ungedämmten Zustand. Auch die Innendämmung erlaubt daher einen verbesserten Bautenschutz – sie garantiert diesen aber nicht automatisch, sondern nur bei sorgfältiger Planung und Ausführung.

Dampfdiffusion:
Schutzkonzepte bei Innendämmung

Wie in 17.5.6 behandelt, kann der hohe Wasserdampfpartialdruck in der winterlichen Raumluft nicht nur durch Konvektion, sondern auch durch Wasserdampfdiffusion einen Feuchtigkeitstransport zur kalten, alten Wandkonstruktion hinter einer Innendämmung bewirken. Die durch Diffusion transportierten Feuchtemengen sind zwar viel geringer als die durch Konvektion. Wird aber z. B. eine von innen diffusionsoffene 20 mm Mineralwolledämmung unmittelbar auf eine nach außen ungedämmte Betonwand aufgebracht, so kann (bei fünfzig Prozent Raumluftfeuchte) auch Diffusion mehr als einen halben Liter Wasser pro Tag und Quadratmeter zur alten Oberfläche transportieren. Schon eine raumseitige Gipswerkstoffplatte und eine dickere Dämmung (60–80 mm) reduzieren diese Werte auf um 67 g/m^2/d, aber auch derartige Mengen sind noch nicht als problemlos anzusehen – selbst unter Berücksichtigung des Feuchtepuffervermögens und der Kapillarleitung in der Außenwand. Diese Bautenschutzaufgabe kann jedoch durch zwei unterschiedliche Konzepte gelöst werden:

Dampfdiffusionsschutz Konzept „DB":
raumseitig ausreichend und sorgfältig
dampfbremsend

Die Dampfdiffusion von innen nach außen wird durch eine Dampfbremse auf der warmen Seite stark genug behindert, um so die kalte Konstruktion außerhalb der Innendämmung vor Feuchtebelastung zu bewahren. Diese Lösung hat sich über Jahrzehnte und tausendfach in der Praxis bewährt. Unter besonders anspruchsvollen Bedingungen, wie beispielsweise dem Schwimmhallenbau, haben sich Innendämmungen mit Dampfsperren aus Aluminium-Dünnblech regel-

mäßig bewährt [27D]; sie werden dort von Fachfirmen mit umfassender Praxiserfahrung und Garantie ausgeführt.

Voraussetzung für den Einsatz von Dampfsperren und Dampfbremsen ist jedoch, dass die außerhalb der Dampfsperre oder -bremse liegende Wandkonstruktion keine durch andere Ursachen bedingte hohe Feuchtebelastung aufweist – wie dies schon oben behandelt wurde – also:

- keine aufsteigende Feuchtigkeit,
- keine unzulässige Schlagregenbelastung,
- keine übermäßige Baufeuchte (ist bei Altbauwänden in der Regel nicht anzutreffen),
- keine sonstige außergewöhnliche Wasserzufuhr (lecke Leitungen oder ähnliches).

Durch feuchteadaptive Dampfbremsen kann die Toleranz gegenüber gewissen Belastungen der eben beschriebenen Art etwas gesteigert werden. Simulationen in [23] haben gezeigt, dass bei Einhaltung der Voraussetzungen die Werte für die Feuchtebelastung im Wandquerschnitt bei Innendämmung in allen Bereichen dann am niedrigsten sind, wenn die dampfbremsende Wirkung der dafür eingebauten Bremse möglichst hoch ist. Bei üblicher Wohnraumnutzung sollte ein Mindestwert der effektiven, wasserdampfdiffusionsäquivalenten Dicke von $s_{d,eff} \geq$ 10 m eingehalten werden. Dieser Wert bezieht sich auf den effektiven Diffusionswiderstand des Aufbaus unter Einbeziehung aller Nebenwege; davon ausgenommen sind nur solche Nebenwege, die durch ein vollständig mit kapillaraktivem Material gefülltes Bauteil gebildet werden (vgl. Abschnitt „Dampfdiffusionsschutz Konzept „KA").

Alle Meinungen von „Nebenwege der Dampfdiffusion sind völlig bedeutungslos" bis „das macht die ganze Dampfsperre letztendlich sinnlos" wurden in der Literatur vertreten. Eine umfassende Bewertung durch Simulationsläufe mit dem instationären Feuchtestromsimulationsprogramm „Delphin" zeigt folgende Ergebnisse [23]:

- An einmündenden Decken und Innenwänden aus mineralischen Baustoffen gibt es zwar eine bedeutende Nebenwegsdiffusion, diese ist aber generell unschädlich, da dort einerseits zugleich durch die Wärmebrückenwirkung die Temperaturen höher sind und andererseits durch den mineralischen Baustoff ein Flüssigwassertransport zurück in Richtung Innenraum stattfindet. Nebenwege in diesen Bereichen erweisen sich somit glücklicherweise als bedeutungslos.

17

- Ein durchgehender, 1 mm breiter Spalt pro m^2 in der Dampfbremse, luftdicht überdeckt durch Gipswerkstoffplatten, erwies sich bei Dämmung mit Mineralwolle als grenzwertig (auch ohne konvektive Luftbewegung (!), nur Dampfdiffusion).
- Ein durchgehender, 1 mm breiter Spalt pro m^2 in der Dampfbremse, luftdicht überdeckt mit Gipswerkstoffplatten und auf deren Oberseite abgeklebt, erwies sich bei Dämmung mit EPS als unkritisch.

Bei der Bewertung solcher Situationen darf nicht der Fehler begangen werden, die einzelnen s_d-Werte flächengewichtet zu mitteln. Vielmehr ist bei einer solchen Parallelschaltung von Diffusionswiderständen das harmonische Mittel zu verwenden; in diesem Fall inklusive des breiteren Diffusionskanals zwischen Dampfsperre und Klebeband in der Gipskartonplatte. Es zeigt sich dann, dass solche Nebenwegen nicht unbedeutend sind, aber beherrschbar: Offenbar müssen Lücken in der Dampfsperre so weit wie möglich reduziert werden. Weder sind solche Lücken immer unkritisch, noch machen sie die Anbringung einer Dampfbremse sinnlos.

Aus diesen Ergebnissen können für die Praxis folgende Schlüsse gezogen werden:

- Bei diffusionsoffenen, nicht kapillar aktiven Dämmstoffen (wie z. B. Mineralwolle) ist es ratsam, eine durchgehende gute Dampfbremse oder Dampfsperre mit $s_{d,eff} \geq 10$ m an allen Anschlussdetails sorgfältig anzuschließen oder möglichst luft- und dampfdicht abzukleben.
- Bei Dämmstoffen mit $\mu \geq 10$ ist eine Abklebung in der um die Gipswerkstoffplattendicke versetzten Ebene auch bei Verbundplatten mit integrierter Dampfsperre beziehungsweise -bremse ausreichend.

Die Ergebnisse zeigen auch, dass eine „echte Dampfsperre" ($s_{d,eff}$-Werte ≥ 100 m) am Bau nur mit besonderen Anstrengungen realisiert werden kann; dazu sind eine spaltfrei durchgehende Bahn oder zumindest Abklebungen unmittelbar auf diese Bahn erforderlich. Benötigt man eine solche „echte Dampfsperre", so gelten für ihre Verlegung die gleichen Regeln wie für die Luftdichtheitsbahnen zur Erreichung von Passivhausqualität (vgl. Abschnitt „Luftdichtes Konstruieren").

Dampfdiffusionsschutz Konzept „KA": Verwendung von kapillaraktiven Dämmstoffen

Auch für diese alternative Lösung gibt es bereits seit vielen Jahren erfolgreich ausgeführte Feldanwendungen mit guten Erfahrungen. Das bauphysikalische Prinzip ist dabei folgendes: Durch einen diffusionsoffenen, aber luftdichten Aufbau mit einem kapillaraktiven Dämmstoff kann Wasserdampf gemäß dem Partialdruckgefälle von innen her eindiffundieren. Dabei steigt wegen der zurückgehenden Temperatur gemäß der Dampfdruckkurve die relative Feuchtigkeit der Luft immer mehr an. Das Material des kapillaraktiven Dämmstoffes kann allerdings (gemäß der Sorptionsisotherme) einen zunehmenden Teil der nach außen diffundierenden Feuchtigkeit aufnehmen und speichert diese in den Poren des Materials; darüber hinaus wird dieses sorbierte Wasser („Sorbat") durch Flüssigwassertransport in Richtung geringerer Materialfeuchte weitergeleitet (vergleichbar der Flüssigwasseraufnahme eines Schwamms). Gemäß des Gefälles der relativen Feuchtigkeit (von innen nach außen zunehmend) findet der Sorbatfeuchtetransport in diesem Fall in Richtung „nach innen" statt, also entgegen dem Wasserdampfdiffusionsstrom. Mit geeigneten Materialien kann durch die Speicherung und den Rücktransport eine dauerhaft ausreichend trockene Situation im Bereich der Innendämmung und der alten Wandoberfläche erreicht werden.

Simulationen über mehrere Jahren ergeben mit dafür spezifizierten kapillaraktiven Baustoffen für wasserhemmenden Außenputz in den Schlagregenbeanspruchungsgruppen I und II sowie für wasserabweisenden Außenputz in Schlagregenbeanspruchungsgruppe III Feuchteverhältnisse, welche den Lösungen mit guter Dampfbremse oder Dampfsperre nicht nachstehen [23].

Andererseits besteht Einigkeit darüber, dass ein ausreichender Schlagregenschutz und eine wirksame Luftdichtheit auch für diese Spielart der Innendämmung sichergestellt werden müssen. Beim beschriebenen Mechanismus der kapillaraktiven Dämmstoffe kommt es auf das Zusammenwirken einer Vielzahl von Materialeigenschaften an (unter anderem Feuchtespeicherfunktion, Flüssigwassertransport, Diffusionswiderstandszahl, Wasserresistenz, Wärmeleitfähigkeit). Diese Eigenschaften müssen für das verwendete Material verbrieft sein. Schon geringe Zusätze (zum Beispiel Öle oder Wachse) können diese Eigenschaften unter Umständen grundlegend ändern, sodass eine Funktion der kapillaraktiven Innendämmung dann nicht mehr gewährleistet ist.

17

Praktische Ausführung einer Innendämmung

Die Innendämmung mit kapillaraktiven Dämmstoffen erlaubt einen auch auf der Innenseite der Konstruktion diffusionsoffenen, aber luftdichten Aufbau, beispielsweise Innenverkleidungen mit

- qualifizierten OSB-Platten, die an den Stößen und Anschlüssen abgeklebt sind (Luftdichtheit!),
- Gipswerkstoffplatten, die an den Stößen und Anschlüssen abgeklebt sind,
- Innenputzen, die vollflächig von Decke zu Boden aufgetragen und luftdicht angeschlossen werden.

Normalerweise wird eine diffusionsoffene innere Verkleidung angestrebt. Doch wie schädlich sind einzelne, dicht abgeklebte Bereiche, zum Beispiel an den Plattenstößen einer Innenverkleidung, tatsächlich? Da sich der Feuchtetransport immer den Weg des geringsten Widerstands sucht, findet auch hinter solchen Abklebungen anzutreffendes Sorbat seinen Ausweg. Die sommerliche Trocknung wird dadurch weniger behindert, als es dem Anteil der dichten Flächen entspricht. Störend sind jedoch ganzflächig aufgetragene, dampfbremsende Beschichtungen wie Ölfarben, Alu-Tapeten oder Metallbleche. Solche Materialien sind i.ü. kaltseitig der Innendämmlage bei allen Innendämmlösungen, gleichgültig ob nach „DB" oder „KA" schädlich und daher *vor der Anbringung der Dämmung zu entfernen*.

Energieeinsparpotenziale bei der Innendämmung

Bei der Innendämmung besteht ein Risiko von höheren Feuchtebelastungen, das mit zunehmender Dämmstärke geringfügig zunimmt – ganz im Gegensatz zur außenliegenden Dämmung. Bei konventionellen Dämmstoffen erwiesen sich Stärken von 4 bis 10 cm auch für die Innendämmung als unkritisch, wenn alle oben genannten Voraussetzungen beachtet, also Luftdichtheit und Wärmebrückenreduktion gemäß der hier gezeigten Qualitäten sichergestellt werden.

Zwar erbringen dickere Dämmstoffstärken auch bei der Innendämmung noch zusätzliche Energieeinsparungen, diese werden aber wegen der innen in viel größerem Ausmaß vorhandenen Störungen aber empfindlich durch Wärmebrückenwirkung geschmälert. Auch mit superdicken Innendämmungen ist i.a. Passivhausstandard im Altbau wegen solcher verbleibenden Wärmebrückenverluste nicht erreichbar. Dies ist bei außenliegenden Dämmschichten anders; dort emp-

fiehlt sich immer eine möglichst dicke Wärmedämmung.

Neben den höheren Wärmeverlusten durch die geringere Dämmstärke bleibt bei Innendämmung auch ein höherer Wärmeverlust durch verbleibende Wärmebrücken. Ausgeführte Beispiele zeigen, dass der Wärmebrückenzuschlag bei ansonsten guter Planung im Bereich ΔU_{WB} von 0,08 bis 0,15 W/(m²K) liegt (ohne Fensteranschlüsse, die gesondert behandelt gehören). Mit allen diesen Einschränkungen und Begrenzungen liegen die

- nominalen *U*-Werte der Außenwand bei guten Innendämmungen zwischen 0,25 und 0,35 W/(m²K)
- und die effektiven U_{eff}-Werte Außenwand (unter Einbeziehung der Wärmebrückenwirkung) bei guten Innendämmungen im Bereich von 0,33 bis 0,5 W/(m²K),

und damit deutlich höher als bei empfohlenen Außendämmmaßnahmen im Bestand [27E].

Auch für die inzwischen ebenfalls verfügbare Dämmung mit Vakuum-Isolations-Paneelen (VIPs) lässt sich diese Grenze im Altbau nicht wesentlich verschieben – sie ergibt sich nicht aus ökonomischen Gründen, sondern aus der Tatsache, dass die ursprüngliche Wandkonstruktion mit besser werdender Innendämmung immer kälter wird und deshalb im Gleichgewicht mit der Außenluft eine höhere Wasseraktivität eintreten würde.

Ohne Effizienzverbesserung verbleiben Altbauobjekte bei etwa 240 kWh/(m²a) Heizwärmebedarf. Schließt man die Dämmung der Außenwände explizit aus und erneuert nur alle anderen Bauteile, dies aber konsequent mit den besten, heute verfügbaren Komponenten, so wird der Heizwärmebedarf etwa halbiert, Werte um 140 kWh/(m²a) verbleiben. Mit einer hochwertigen Innendämmung lässt sich zusammen mit den Passivhauskomponenten für alle anderen Bauteile und Ausrüstungen ein Heizwärmekennwert von um 55 kWh/(m²a) erreichen – eine sogar etwas höhere Verbrauchsreduktion als um einen „Faktor 4". Fallstudien zeigen, dass durch Modernisierungsmaßnahmen mit Außendämmung möglich ist, eine Reduktion um etwa einen Faktor 10 erreicht werden kann [23], [27E], [27F].

Fazit zur Innendämmung

Bei erfüllten Voraussetzungen (abgestellte sonstige Feuchtebelastungen, insbesondere guter Schlagregenschutz), sorgfältiger Planung (detaillierte Luftdichtheitsebene, wärmebrückenreduzierte Anschlüsse und konzepttreuer Dampfdiffusionsschutz) und gewissenhafter Ausführung (luftdichte Anschlüsse, keine Dämmlücken, konzepttreue Ausführung der Dampfbremse beziehungsweise der kapillaraktiven Dämmung) ist Innendämmung besser als keine Dämmung, denn sie verbessert die Behaglichkeit und sie bringt eine entscheidende Energieeinsparung – dann, wenn eine Außendämmung nicht möglich ist.

Immerhin ist zusammen mit Passivhauskomponenten in den betreffenden Objekten eine Einsparung um einen Faktor 4 erreichbar. Innendämmung ist jedoch keine Maßnahme, die leichtfertig und „eben mal schnell" durchgeführt werden darf. Wer die Wahl hat, sollte die außenliegende Dämmung bevorzugen.

17.5.7 Wärmebrücken

17.5.7.1 Allgemeines

Definition Wärmebrücke. Als Wärmebrücken bezeichnet man Bereiche in Bauteilen, in denen der Wärmstrom nicht mehr durch die einfache eindimensionale Wärmeleitung behandelt werden kann. In der Regel haben diese Bereiche einen schlechteren Wärmeschutz als die Umgebung (s. auch Bild **17.**52) – manchmal ist der Wärmeverlust aber auch gegenüber der einfachen Berechnung verringert. In jedem Fall ist der Temperaturverlauf nicht mehr durch parallele Ebenen von Isothermen gegeben. Bei schwerwiegenden Störungen des Wärmestroms können Wärmebrücken auch Bauschäden hervorrufen, da an ihnen oft eine lokale Temperaturabsenkung auf der Innenoberfläche oder eine schnelle räumliche Temperaturänderung im Bauteil zu beobachten ist; Tauwasser- und Rissbildung sind mögliche Folgen.

Physikalisch bedeutsam ist die Tatsache, dass im Bereich der Wärmebrücken auch quer zu den Oberflächen verlaufende Wärmeströme vorhanden sein können. Dass bei Bauteilanschlüssen mit nebeneinander liegenden Flächen unterschiedlicher Aufbauten (verschiedene U-Werte) auch Wärmebrücken vorliegen ist die Ursache, warum das in Abschn. 17.5.3: „Mittlere Wärmedurchgangskoeffizienten" angegebene Verfahren nur eine Näherung darstellt. Richtigerweise muss man auch hier eine mehrdimensionale Wärmestromberechung vornehmen, d. h. die Wärmebrückenwirkung bestimmen.

Oft werden unterschieden

- geometrische Wärmebrücken (z. B. Außenecken und -kanten in Massivbauten) und

- materialbedingte Wärmebrücken, bei denen Stoffe mit hohen Wärmeleitfähigkeiten in Bereichen von solchen mit niedrigerer Leitfähigkeit in Bauteilen vorhanden sind.

Ohne besondere konstruktive Vorsorge (vgl. 17.5.7.3) muss man regelmäßig mit einem relativ großen zusätzlichen Wärmeverlust über Wärmebrücken rechnen, d. h. die alleinige Verwendung des die Außenflächen beschreibenden Wärmedurchgangskoeffizienten U (in $W/(m^2K)$) bei der Errechnung des Wärmebedarfs (s. auch Abschn. 17.5.3 und 17.5.8) reicht dann nicht mehr aus. Die zusätzlichen Wärmeabflüsse können über zwei- oder dreidimensionale Wärmstromberechnungen bestimmt werden. Als Kennwerte eignen sich:

- **(Längenbezogene) Wärmebrückenverlustkoeffizienten (WBVK)** Ψ sind für die Ränder von ebenen Bauteilen (z. B. an Gebäudekanten und Bauteilanschlüssen) geeignet: Hier liegen linienhafte Wärmebrücken vor, deren Wärmeverlust (Wärmestrom) in W pro m Wärmebrückenlänge und Grad Temperaturdifferenz bestimmt sind;

- **Wärmedurchgangskoeffizienten für lokale, „punktbezogene" Wärmebrücken** χ (auch noch mit WBVP bezeichnet; Einheit W/K) beschreiben direkt den zusätzlichen Wärmeverlust (Wärmestrom in Watt pro Grad Temperaturdifferenz) durch die Wärmebrücke.

Die Werte der Wärmebrücken-Wärmedurchgangskoeffizienten hängen auch davon ab, ob Außen- oder Innenmaße für den Maßbezug der regulären Wärmeverluste benutzt werden. Auf die Innenmaße bezogene Wärmedurchgangskoeffizienten sind bei detaillierteren wissenschaftlichen Untersuchungen unverzichtbar, wenn es auch darum geht, die Zusatzverluste bestimmten Zonen zuzuordnen. Die Energieeinsparverordnung und das PHPP [9] verlangen jedoch die Verwendung von Außenmaßen. Eine Umrechnung von innenmaßbezogenen Wärmedurchgangskoeffizienten auf außenmaßbezogene ist möglich.

Die Normen DIN EN ISO 10 211-1+2 (Wärmebrücken im Hochbau) beschreiben die Berechnungsverfahren bei linearen Wärmebrücken für Wärmeströme und Oberflächentemperaturen und bilden die Grundlage für die praktisch verwendeten Wärmebrücken-Rechenprogramme.

Luftundichtheiten in den Außenbauteilen wirken sich ähnlich den beschriebenen Wärmebrücken aus, so dass sie auch dazu gezählt werden können: Der Wärmeverlust durch derartige Fehlstellen ist u. U. sehr groß und die Abkühlung in der Nähe der Undichtheiten führt häufig zu Tauwasserentstehung. Wegen der unterschiedlichen Wirkungsweise von klassischen Wärmebrücken und Luftundichtheiten und der daraus resultierenden schlechten Berechenbarkeit werden sie in Wärmebrückenkatalogen nicht aufgeführt.

17.5.7.2 Einfluss der Wärmebrücken auf den Energiebedarf

Der gesamte Wärmestrom $\dot{Q}$ (in W) durch die Außenflächen des Gebäudes lässt sich schreiben:

$$\dot{Q} = (\Sigma_i A_i U_i + \Sigma_k l_k \Psi_k + \Sigma_j \chi_j) \, \Delta\theta$$

mit

U_i die üblichen, ebene Flächen beschreibende U-Werte (Wärmedurchgangskoeffizienten) der Außenbauteile (in W/m^{2}K),

Ψ_k die Wärmedurchgangskoeffizienten der linienhaften Wärmebrücken (in W/mK),

χ_i die Wärmedurchgangskoeffizienten der punktartigen Wärmebrücken (in W/K),

A_i die Außenbauteil-Außenoberflächen (in m^2),

l_i die Längen der linienhaften Wärmebrücken (in m), (Bezug: Außenmaß)

$\Delta\theta$ Temperaturdifferenz ($\theta_i - \theta_e$).

Der gesamte jährliche Wärmeverlust eines Gebäudes (in kWh/a) lässt sich (s. auch Abschn. 17.5.8), unter Berücksichtigung dieses Wärmebrückeneinflusses berechnen durch Multiplikation dieses Wärmestroms mit der jährlichen Zeit t (in Stunden pro Jahr), in der das Gebäude bei einer mittleren Temperaturdifferenz $\Delta\theta_m$ zwischen Innen- und Außenluft beheizt wird:

$$Q = (\Sigma_i A_i U_i + \Sigma_k l_k \Psi_k + \Sigma_j \chi_j) \, \Delta\theta_m \, t$$

Jede der punktartigen Wärmebrücken wird also einzeln mit ihrem χ-Wert berücksichtigt. Bei den linienförmigen Wärmebrücken findet jede Wärmebrücke mit ihrer Länge l Berücksichtigung.

Die Energieeinsparverordnung schreibt die Berücksichtigung der Wärmebrücken bei der Berechnung der Heizenergieverbrauchswerte vor. Das kann auf drei verschiedene Weisen geschehen:

1. Genaue Berücksichtigung aller Wärmebrücken durch das eben beschriebene Verfahren, d. h. die Wärmebrücken müssen mit ihren Verlustkoeffizienten beschrieben werden (Entnahme aus einem Katalog [31, 32] oder Bestimmung der Werte mit einem Rechenprogramm [z. B. 33, 34, 35]). Die Berechnungsnormen DIN EN ISO 10 211-1 und -2, sowie DIN EN ISO 10 077-1 sind dabei zu berücksichtigen.

2. Verwendung normierter wärmebrückenverringerter Konstruktionen (z. B. aus DIN 4108,

Bbl 2). In diesem Fall muss dann aber ein „Wärmebrückenzuschlag" auf die ohne Wärmebrückenberücksichtigung verwendeten mittleren U-Wert von $\Delta U_{WB} = 0{,}05$ W/(m^{2}K) erfolgen. Dieser Wert benachteiligt alle besser geeigneten Konstruktionen – bei solchen sollte also nach Alternative 1. vorgegangen werden.

3. Ein Pauschalzuschlag auf den mittleren U-Wert von $\Delta U_{WB} = 0{,}10$ W/m^{2}K, wenn kein Nachweis der Wärmebrücken geführt werden soll. Ohne Zweifel werden so wärmebrückenarme Konstruktionen sehr stark benachteiligt.

An dieser Stelle muss betont werden, dass durch verbesserte Dämmung von Gebäuden die Transmissionswärmeverluste immer abnehmen werden. „Rechnerisch" ergeben sich dabei manchmal höhere Werte für Ψ – das ist jedoch ein rein artifizieller Effekt, weil die Wärmebrückenverlust oft in weniger starken Maße abnehmen, so dass der prozentuale Anteil der Wärmebrückenverluste an den gesamten Transmissionsverlusten erheblich ansteigen kann. Anders ausgedrückt: Der Fehler, der durch Nichtberücksichtigung der Wärmebrücken bei den Rechnungen gemacht wird, steigt mit besserer Wärmedämmung oft an. Bei sorgfältiger Detailplanung lässt sich das jedoch mit der Methode des **„Wärmebrückenfreien Konstruierens"** vermeiden. Das ist der einzige für energieeffiziente Gebäude empfehlenswerte Weg:

4. Durch sorgfältige Detailplanung (z. B. mit zertifizierten Produkten) wird die Wärmebrückenwirkung so stark reduziert, dass ein Pauschal-„zuschlag" von $\Delta U_{WB} = 0{,}0$ W/m^{2}K ausreicht. Beachte: der Nachweis für die Einhaltung der Regeln des Wärmbrückenfreien Konstruierens ist dabei jeweils zu führen.

Mit genauen Wärmebrückenrechnungen kann die bauliche Situation dreidimensional berechnet werden, in den meisten Fällen reicht jedoch ein zweidimensionaler Schnitt durch eine Wärmebrücke zum Verständnis der Wärmebrückenwirkung aus. Computerprogramme berechnen das Temperaturfeld numerisch zwei- oder dreidimensional nach der Wärmeleitungsgleichung und geben sie in Form von Isothermenverläufen (Linien bzw. Flächen gleicher Bauteiltemperatur) aus (s. Bilder **17**.75 bis **17**.77). Häufig werden auch die senkrecht zu den Isothermen verlaufenden Wärmeflusslinien mit ausgegeben, deren Dichte dann auf die Größe des lokalen Wärmeverlustes schließen lässt.

17.5.7.3 Wärmebrückenfreies Konstruieren

Definition. Eine Gebäudehülle heißt wärmebrückenfrei, wenn der Transmissionswärmeverlust unter Berücksichtigung aller Wärmebrücken nicht höher ist als es die Berechnung allein mit den Außenoberflächen und den U-Werten der Regelbauteile ergibt. Regelmäßige Wärmebrücken in den Regelbauteilen müssen dabei schon in den Regel-U-Werten berücksichtigt werden [36].

Im Folgenden wird diese Definition in Formeln gefasst. Der gesamte temperaturspezifische Transmissionsleitwert H_{tr} charakterisiert die Wärmeverluste durch die Gebäudehülle. Er setzt sich aus den regulären Verlusten aller Flächen A mit ihren regulären Wärmedurchgangskoeffizienten U_{reg}

$$U_{reg} \cdot A$$

und den linearen Wärmebrückenbeiträgen $\Psi \cdot l$ sowie den punktförmigen zusammen.

Die Definition für das „Wärmebrückenfreie Konstruieren" ist dann gleichwertig zu: Die durch die „Wärmebrückenterme" gegebenen Beiträge sind kleiner oder gleich Null,

$$\Sigma_{i \text{ aus Hülle}} \, \Psi_i \cdot l_i + \Sigma_{i \text{ aus Hülle}} \chi_i \leq 0$$

Dann ist es zulässig, die Wärmebrückeneffekte gar nicht erst einzubeziehen und damit die Rechnung erheblich zu vereinfachen. Damit gleichbedeutend ist die Aussage

$$\Delta U_{WB} \leq 0.$$

Dabei ist ΔU_{WB} der Wärmebrückenzuschlag.

Vereinfachtes Kriterium. Eine große Hilfe sind vereinfachte Kriterien für das „wärmebrückenfreie Konstruieren". Für alle systematisch untersuchten Bauweisen stellte heraus, dass bei üblichen Gebäudegeometrien die Bedingung „wärmebrückenfrei" hinreichend genau erfüllt ist, wenn nur für alle linearen Störungen

$$\Psi \leq 0,01 \text{ W/(mK)}$$

und

$$\frac{\displaystyle\sum_{\text{aus Hülle}} \chi_i}{A_{\text{Hülle}}} \leq 0,01 \text{ W/(m}^2\text{K)}$$

sind. Diese können immer noch zu gewissen positiven Beiträgen führen, die allerdings als „vernachlässigbar gering" gelten können. Außerdem werden verbliebene Beiträge in gewissem Umfang durch andere Anschlüsse, an denen negative Wärmebrückenverlustkoeffizienten vorliegen, kompensiert. Die Bedingung reicht für alle

Anschlüsse, Kanten und einzelne Störungen in den Regelflächen. Regelmäßige Störungen in den Regelflächen müssen dabei bereits bei der Angabe des Regel-Wärmedurchgangskoeffizienten U_{reg} berücksichtigt werden (z. B. regelmäßige Stiele in einer Holzständer- oder Tafelkonstruktion). Auch die Anschlusswärmebrücke beim Einbau eines Fensters rechnet man zweckmäßigerweise in den regulären Fenster-U_W-Wert ein, dies ist im Passivhaus Projektierungs Paket bereits so angelegt und macht wenig Arbeit [9].

Mit dem vereinfachten Kriterium werden die Planung und der Bau entscheidend vereinfacht: Für eine Klasse von Anschlussdetails muss nur einmal im Vorfeld nachgewiesen worden sein, dass sie das Kriterium erfüllen. Das kann z. B. durch eine Berechnung aller relevanten Details eines Bausystems für Gebäudehüllen erfolgen. Viele Systemhersteller sind diesem Ansatz bereits gefolgt und haben für alle von ihnen bereitgestellten Details die Einhaltung des Kriteriums überprüfen lassen. Verwendet der Planer solche Details, so kann er bei der Passivhaus-Projektierung die Wärmebrückenterme einfach weglassen – und spart viel Arbeit bei der Berechnung.

Wärmebrückenfreier Entwurf. Eine anschauliche Hilfe ist durch folgendes Werkzeug gegeben, das ein hinreichendes Kriterium für das wärmebrückenfreie Konstruieren darstellt: Dämmschichten sollte man so planen, dass die gesamte Außenhülle ohne Absetzen vollständig mit einem Stift der maßstäblichen Mindest-Dämmdicke (beim Passivhaus etwa 200 mm) innerhalb der Dämmschichten umfahren werden kann. Das folgende Bild **17.**73 illustriert dieses Werkzeug an einer Schnittzeichnung. Die entscheidenden Punkte werden dabei schnell erkennbar: Z. B. die Mauerwerksfußpunkte auf der Kellerdecke. Wie dafür Lösungen aussehen können, zeigen nachfolgende exemplarische Detaildarstellungen. Dieser Ansatz erlaubt eine einfache planerische Umsetzung des Konstruktionsprinzips ohne großen rechnerischen Aufwand.

Die Intention beim Ansatz „Wärmebrückenfreies Konstruieren" ist, dass sich dabei eine substantielle Verbesserung der Details ergibt – das ist für heute noch übliche höherer ΔU_{WB}-Werte wie 0,05 W/(mK) nicht der Fall, ganz abgesehen davon, dass derart hohe Wärmebrückenanteile in der Regel das Erreichen des Passivhausstandards nicht erlauben. Architekten, Planer und Ingenieure, die es durch sorgfältig geplante und entwickelte Details schaffen, es deutlich besser zu ma-

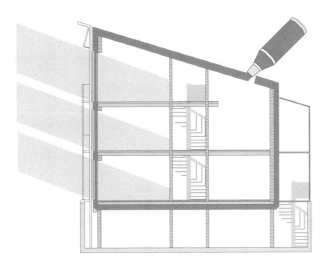

17.73
Eine rundum geschlossene Dämmhülle ist hinreichend für wärmebrückenfreies Konstruieren

chen, werden durch die in der Vergangenheit gültige Regelung auch noch bestraft: Wollen sie die besseren Konstruktionen in die amtliche Berechnung einfließen lassen, so geht dies derzeit nur über einen sehr aufwendigen Einzelnachweis aller Details – obwohl für den gesamten Baukörper die Erfüllung des Kriteriums „wärmebrückenfreies Konstruieren" und damit $\Delta U_{WB} = 0$ nachgewiesen wurde. Eine vielleicht geringfügig teurere substantielle Verbesserung der Details ist jedoch einer (möglicherweise noch teureren) detaillierten Nachrechnung weniger guter Anschlüsse vorzuziehen.

Es gibt umfassende Detailkatologe für Wärmebrückenfreie Konstruktionen für den

- Massivbau mit Vollmauersteinen und außenliegender Wärmedämmung,
- Massivbau mit Steinen geringer Wärmeleitfähigkeit (z. B. Porenbeton),
- Holzbau (sowohl mit Vollholzträgern als auch mit Leichtbauträgern),
- Bau mit Schalungselementetechnik,
- Bau mit vorgefertigten Leichtbetonelementen.

Für den Massivbau, den Holzbau und die Schalungselemente finden sich darüber hinaus wärmebrückenfreie Details im Protokollband [36]. Holzbaudetails finden sich auch in der Holzbaubroschüre [37].

Beispiele für das wärmebrückenfreie Konstruieren. Der wärmebrückenfreie Anschluss eines aufsteigenden Außenmauerwerkes an die wärmegedämmte Bodenplatte ist ein typisches De-

tail mit Vorbildcharakter auch für andere Anschlüsse. Für dieses Detail wurden die Wärmebrückenverlust-Koeffizienten in Abhängigkeit vom verwendeten Fußpunktstein (Wärmeleitfähigkeit λ) berechnet (vgl. 17.62, nach [36]). Wenn λ kleiner als 0,25 W/(mK) wird, gilt $\Psi \leq 0,01$ W/(mK) und das Detail ist folglich wärmebrückenfrei. Mit „normalen" Steinen ($\lambda > 0,8$ W/(mK)) würden aber beträchtliche Wärmebrückenverluste resultieren. Dieses Beispiel zeigt, dass „wärmebrückenfreies Konstruieren" oft mit wenigen, ganz einfachen Änderungen der Details erreicht werden kann und daher keine hohen Kosten erzeugen muss. Allerdings muss dies bereits während der Planung erkannt und berücksichtigt werden. Eine nachträgliche Änderung im fertiggestellten Gebäude ist zwar technisch möglich, aber unvertretbar teuer. Bei Altbauten verbleiben aus diesem Grund auch nach einer Sanierung mit Passivhaus-Komponenten meist noch bedeutende Wärmebrückenverluste.

Wärmebrückenfreier Anschluss an der Traufe. Im Bereich des Anschlusses zwischen der regulären Wand- und der Dachkonstruktion gibt es keine entscheidenden Hindernisse, diesen mit einer ungestört durchgehenden Dämmschicht und damit wärmebrückenfrei auszuführen. An dieser Stelle mangelt es manchmal an der erforderlichen Sorgfalt.

Für bestimmte Situationen fordern Bauordnungen „bis unter/über die Dachhaut gemauerte Wände". In solchen Fällen ist eine durchgehende Wärmedämmung nur mit Zulassung im Einzelfall durch eine Ausführung aus Schaumglasblöcken

17

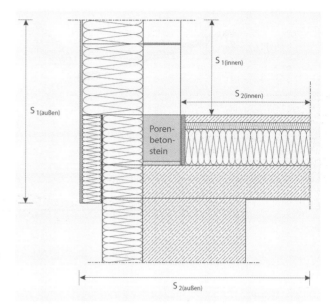

S 1(innen)

S 2(innen)

S 1(außen)

Poren-
beton-
stein

S 2(außen)

17.74
Beispiel für einen wärmebrückenfreien Anschluss des aufsteigenden Außenmauerwerkes an die wärmegedämmte Bodenplatte
(mit Darstellung der Maßbezüge; gerechnet
wird vereinbarungsgemäß immer mit der
„außen"-Maßkette). Bei einem Neubau ist der
Einbau der Porenbetonsteine als unterste
Reihe ganz einfach auszuführen. Die Zusatz-
kosten sind sehr gering und immer lohnend.

möglich, jedoch auch sehr aufwendig. Immer
möglich ist aber eine Ausführung mit Porenbetonsteinen, vergleichbar dem schon beschriebenen Fußpunktdetail. Im bereits zitierten Protokollband 16 „Wärmebrückenfreies Konstruieren"
[36] werden neben den hier gezeigten weitere
Details für Gebäudehüllen mit wärmebrückenfreien Anschlüssen gezeigt.

Wird ein Neubau nicht nach dem Prinzip des wärmebrückenfreien Konstruierens geplant, so können durch verbleibende Wärmebrücken beträchtliche zusätzliche Wärmeverluste entstehen.

17.5.7.4 Einfluss der Wärmebrücken auf die Bauteiltemperaturen

Wärmebrücken wirken sich nicht nur durch den
erhöhten Wärmeabfluss negativ aus, sondern
auch durch die in der Regel niedrigeren Innen-
oberflächen-Temperaturen in der Umgebung
der Wärmebrücke. In Wärmebrückenkatalogen
sind meist auch – z. B. in graphischen Darstellungen – diese Temperaturen angegeben, jedoch
erfolgt in den neuen Normen die Temperatur-
angabe über einen dimensionslosen Temperaturfaktor f_{Rsi}, mit dessen Hilfe die raumseitigen
Oberflächentemperaturen bei beliebigen Umgebungstemperaturen leicht errechnet werden
können (nach DIN EN ISO 10 211-1):

$$f_{Rsi} = \frac{(\theta_{si} - \theta_e)}{(\theta_i - \theta_e)}$$

mit

θ_{si} raumseitige Oberflächentemperatur (in °C)
θ_i Raumlufttemperatur (in °C)
θ_e Außenlufttemperatur (in °C)

die wichtige raumseitige Oberflächentemperatur kann
dann leicht aus dem Temperaturfaktor berechnet werden:

$$\theta_{si} = f_{Rsi} (\theta_i - \theta_e) + \theta_e$$

Man sieht leicht ein, dass ein Temperaturfaktor von 1 bedeutet, dass die Innenoberflächentemperatur gleich der
Innenlufttemperatur ist und ein Wert 0 bedeuten würde,
dass dort die Außenlufttemperatur herrschte. Wenn man
z. B. einen $f_{Rsi} = 0,78$ findet, bedeutet das, dass bei −15 °C
Außentemperatur und 20 °C Innenlufttemperatur die Oberflächentemperatur 12,3 °C beträgt. Der Wert $f_{rsi} = 0,7$ entspricht nach heutigen Erkenntnissen etwa der niedrigsten
inneren Oberflächentemperatur, bei der man bei Außentemperaturen von −10 °C und normalen Innenlufttemperaturen und Raumluftfeuchten noch keine Schimmelpilzbildung erwarten muss (12,6 °C). Es sollte daher dieser Tempe-
raturfaktorwert an keiner Wärmebrückenoberfläche in einen normal beheizten Raum unterschritten werden. Für
eine hohe thermische Behaglichkeit sind allerdings weit
größere Faktoren (über 0,9 !) wünschenswert!

Innenoberflächentemperaturen etwa unter 13 °C ($f ≤ 0,76$)
können schon zur zeitweisen Kapillarkondensation und unter günstigen Wuchsbedingungen auch zur Schimmelpilzbildung bei über 50% liegenden Innenraumfeuchten führen. Derart niedrige Temperaturen werden in normalen
Wintern häufig auf Fensterrahmen, Fensterstürzen, in Fensterleibungen, in Gebäudeaußenkanten (-ecken), breiten

Mauerwerksfugen und an ähnlichen typischen Wärmebrücken beobachtet. Schwache Wärmebrücken können sich – ohne einen Bauschaden hervorzurufen – in Form von Schmutzablagerungen abzeichnen (z. B. „Fugenabbildung" bei älterem Hohlblockmauerwerk!).

Die erwähnten Wärmebrückenkataloge oder -programme geben neben den Wärmeflüssen auch die Bauteiltemperaturen, z. B. in Form der Flächen gleicher Temperatur in der Wärmebrücke („Isothermen"), an. Eine auch nur kurzzeitige Beschäftigung mit diesen Hilfsmitteln gibt schon derartig viel Einsichten in die Wirkungsweise von Wärmebrücken, dass auf derartigen Fehlstellen basierende Bauschäden fast immer vermieden werden können.

17.5.7.5 Beispiele für beachtliche Wärmebrücken

Folgende Beispiele von zweidimensionalen Wärmebrückenberechnungen zeigen die erhöhten Wärmeverluste und die Temperaturabsenkungen an derartigen Schwachstellen:

Massive Gebäudeaußenkanten (s. Bild **17**.75) zeigen einen Isothermenverlauf, der erkennen lässt, dass die Temperatur innen schon bei 0 °C Außenlufttemperatur (und 20 °C Innenlufttemperatur) bis auf 12,1 °C absinken kann, eine Tauwassergefährdung also bei mäßig gedämmten Wänden regelmäßig vorhanden ist. Die Wärmestromerhöhung lässt sich durch die Dichte der Wärmestromlinien (die senkrecht zu den Isothermen verlaufen) abschätzen. Eine einfache Erklärung der Wärmebrückenwirkung einer solchen üblichen Gebäudeaußenkante ergibt sich aus der größeren äußeren Abkühlfläche im Kantenbereich, gegenüber der geringeren Fläche, über welche die Wärme aus dem beheizten Innenbereich eindringen kann. Abhilfe schafft hier eine gute außenliegende Wärmedämmung – auch nachträglich anzubringen.

Ungedämmte Stahlbetonstützen (Bild **17**.76) lassen das Zusammendrücken der Wärmeflusslinien (= erhöhter Wärmefluss, verringerte Wärmedämmung) in diesem Bereich deutlich erkennen. Die niedrigste Temperatur von 11,9 °C auf der Innenseite lässt unvermeidlich auch bei normaler Innenraumnutzung Tauwasser entstehen. Hier muss zur Vermeidung mit einer guten außenliegenden Wärmedämmung gearbeitet werden – oder eine solche nachgerüstet werden.

Innenseitige Dämmung (Bild **17**.76b) lässt die Wärmebrückenverluste zwar absinken, die Temperatur im vorher gefährdeten Bereich steigt

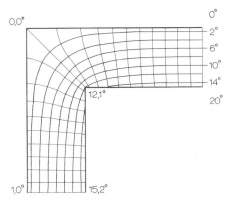

17.75 Linien gleicher Temperatur (Isothermen, senkrecht dazu die Wärmeflusslinien) und Oberflächentemperaturen an einer Gebäudeaußenkante (einschichtiges Mauerwerk, $U_{AW} = 1{,}21$ W/m²K, Außenlufttemperatur 0°, Innenlufttemperatur 20 °C)

stark an, als typischer Effekt von Zusatzdämmungen tritt jedoch auf, dass an den Kanten der Dämmung eine schmale relative Verschlechterung der lateralen Temperatursituation („Übergangseffekt") sichtbar ist: Diese Stelle kann sich durch Schmutzablagerungen bemerkbar machen!

Eine Abdeckung der inneren Wärmedämmschicht mit (besser wärmeleitendem) Putz oder Gipskartonplatten „entschärft" übrigens diesen Bereich durch einen transversalen Temperaturausgleich.

Bei gleichstarker außenseitiger Dämmung der Stahlbetonstütze (Bild **17**.76c) ist die minimale Oberflächentemperatur etwas niedriger als bei der Innendämmung. Wie schon ausgeführt, wird man jedoch die außenseitige einer innenliegenden Dämmung vorziehen, um die mittlere Stützentemperatur nicht zu stark absinken zu lassen (Rissgefahr) – für guten Wärmschutz ist ohnehin kaum eine andere Lösung sinnvoller als eine durchgehende außenliegende Dämmung mit auch wirtschaftlich akzeptabler Dämmstärke (200 bis 300 mm).

Wärmebrücken der eben beschriebenen Art finden sich auch bei Holzbauten, z. B. bei üblichen Dachkonstruktionen. Wegen der geringen Wärmeleitfähigkeit von Massivholz (gegenüber Stahlbeton) ist aber eine Tauwassergefährdung an entsprechenden Stellen nicht vorhanden, die relative Erhöhung des Wärmeabflusses kann jedoch Wärmebedarfsberechnungen, die z. B. die Sparren nicht berücksichtigen, merklich verfäl-

17

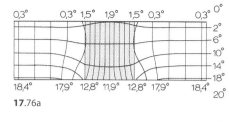

17.76a

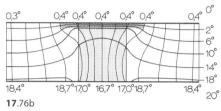

17.76b

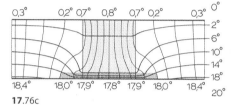

17.76c

17.76 Isothermen, Wärmeflusslinien und Oberflächentemperaturen bei einer Wand mit eingebundener
Stahlbetonstütze ($U_{AW} = 0,40$ W/m²K)

a) ungedämmte Stahlbetonstütze
b) innengedämmte Stütze
c) außengedämmte Stütze (s. auch Bild **17.**52b)

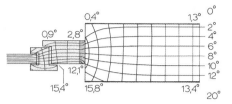

17.77   Isothermen, Wärmeflusslinien und Oberflächentemperaturen im Leibungsbereich bei mittigem
Fenstereinbau im Altbau mit in der Vergangenheit üblichem Fenster

schen. Daher werden heute schlanke Dachsparren bzw. solche aus Doppel-T- oder Boxträgern
eingesetzt.

Der Bereich von Fensterleibungen (Bild **17.**77)
stellt häufig eine Wärmebrücke dar. Für ein mittig eingebautes Fenster ist dort der Isothermen-
und Wärmestromverlauf eingezeichnet.

Ohne Zweifel ist dabei der Abstandshalter der
bedeutendste Beitrag zur Wärmebrückenwirkung. Dieser Bereich kann heute durch die Verwendung moderner hochgedämmter Verglasungen (mit U-Werten unter 0,8 W/m²K) und thermisch getrennten Abstandshaltern entschärft
werden. Noch vor wenigen Jahren übliche Rahmenkonstruktionen (aus ungedämmtem Holz,
PVC und Metallprofilen) haben größere U_f-Werte
(um 1,5 W/(m²K)), so dass solche Rahmen und deren Anschlüsse die größten dämmtechnischen
Schwachstellen im Gebäude darstellen würden.
Die Verwendung von „Passivhausfenster" mit

Rahmen-U-Werten unter 0,8 W/m²K lässt jedoch
auch diese Schwachstellen unbedeutend werden. Die Abbildung zeigt die übliche Unterküh-
lung (bis zur Taupunktunterschreitung) der rah-
mennahen Laibungsbereiche deutlich. Eine Verbesserung der Situation durch innere oder – besser – äußere Dämmung der Laibungen muss
durchgeführt werden (vgl. Bild **17.**78)

Besonders gefährdet ist auch der obere Fensteranschluss bei schlecht wärmegedämmten Stürzen. Eine weitere Verschärfung der Situation tritt
dort oft bei „gekippten" Fenstern durch die zusätzliche Auskühlung ein.

17.5.8 Wärmeschutz ist berechenbar

Anforderungen an den Wärmeschutz von Gebäuden werden in DIN 4108-2 „Wärmeschutz im
Hochbau" und in der jeweils gültigen Energieeinsparverordnung zum Energieeinsparungsgesetz
formuliert. Diese ändern sich regelmäßig auf
Grund aktueller politischer und wirtschaftlicher
Opportunitäten; für den Planer ist es schwierig,
die Änderungen im Detail zu verfolgen und vorhandene Informationen auf ihre Aktualität hin zu
überprüfen. Wir haben uns daher hier entschieden, den stabilen Teil der sicher noch eine geraume
me Zeit fortschreitenden Entwicklung darzustellen: Das sind die in diesem Bereich international
eingeführten Normen, vor allem ISO 13 790, in
denen ein physikalisch evidentes Bilanzverfah-
ren dargestellt ist. Daran werden sich künftig zu
erwartende europäische Regelungen orientieren. Diese Verfahren haben darüber hinaus den
Vorteil, inzwischen erfolgreich an Tausenden von
gebauten Objekten überprüft zu sein – sie führen
erfolgreich zu verifiziert energieeffizienten Gebäuden. Durch Einsatz dieser international anerkannten Methoden können Architekten und Planer sich auf die entscheidenden Einflussgrößen
der Konstruktion konzentrieren. Die Wärme-

17

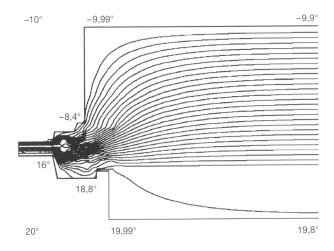

17.78
Wärmebrückenfreier Fenstereinbau mit einem modernen Fenster mit wärmegedämmtem Rahmen: Dreischeibenverglasung, thermisch getrennte Abstandhalter, zeitgemäßer Rahmen mit Wärmedämmung, Einbau außenbündig auf der gemauerten Wand und Überdämmung des Stockrahmens. Ergebnis: Wärmebrückenfrei, keine Innenoberflächentemperatur mehr unter 16° – kein Tauwasser auf der Innenseite, höchste Behaglichkeitsklasse

schutzstandards werden in den kommenden Jahren – allem Widerstand zum Trotz, einfach auf Grund der Rationalität der vielen Vorteile – an die konstruktiv, bauphysikalisch und ökonomisch sinnvollen Werte herangeführt werden: Das sind die Werte, die wir in diesem Werk bereits heute konsequent beschreiben.

17.5.8.1 Mindestanforderungen an den Wärmeschutz nach DIN 4108

Die Norm dient vorrangig der Vorbeugung gegen Bauschäden durch zu geringe Wärmedämmung, darüber hinaus sollen die erwähnten Vorschriften auch ein hygienisches Raumklima (Gesundheit der Bewohner) bewirken.

In DIN 4108-2, Abschn. 5 werden die Anforderungen nicht mehr in Form maximaler Wärmedurchgangskoeffizienten (früher k-, heute U-Werte in W/(m²K)), sondern als Mindest-Wärmedurchlasswiderstände R (in m²K/W) angegeben, so wie es schon in älteren Normfassungen der Fall war. Die erhöhten Anforderungen gegenüber der alten Norm sind wesentlich durch die neueren Erkenntnisse bei der Schimmelpilzentstehung begründet (s. Abschn. 17.5.6).

In Tab. **17**.58 sind diese Anforderungswerte für Massivbauteile aufgeführt. Bei leichten Bauteilen (unter 100 kg/m² Flächenmasse) muss $R \geq$ 1,75 m²K/W eingehalten werden, bei Rahmen und Skelettbauten im Gefachbereich, im Bauteilmittel jedoch nur $R \geq 1,0$ m²K/W.

Weitere Anforderungen betreffen

- Rollädenkästen (Deckel-Wärmedurchlasswiderstand $R \geq 0,55$ m²K/W);
- Rahmen nichttransparenter Ausfachungen (wenigstens Rahmenmaterialgruppe 2.1 nach DIN V 4108-4);
- nichttransparente Teile von Fensterwänden und Fenstertüren (müssen die Tabellenwerte der Tab. **16**.52 erfüllen bzw. bei weniger als 50 % Flächenanteil muss $R \geq 1,0$ m²K/W eingehalten werden);
- Gebäude mit niedrigen Innentemperaturen (12 … 19 °C): Bei ihnen ist bei den Außenwänden nur der Wert $R \geq 0,55$ m²K/W einzuhalten;
- Wärmebrücken: Die Berechnung des Wärmedurchlasswiderstandes ist nach DIN EN ISO 10 211-1, E DIN EN ISO 10 211-2 bzw. DIN EN ISO 10 077-1 durchzuführen (s. Abschn. 16.5.7).

Alle diese Anforderungen reichen nach den heute vorliegenden Möglichkeiten nicht annähernd an einen aus wirtschaftlichen Gründen gebotenen Wärmeschutz heran. Dieser muss sowohl bei Neubauten als auch bei Modernisierungen eine erheblich bessere Dämmwirkung erreichen. Gründe der Zukunftsvorsorge und Nachhaltigkeit sprechen ebenso für einen besseren Wärmeschutz wie der damit verbundenen bessere Schutz der Bausubstanz (weniger Temperaturspannungen, geringere Gefahr von Feuchteproblemen, längere Haltbarkeit), die bessere Behaglichkeit im Winter wie im Sommer und der erzielte Wertzuwachs.

17

17.5.8.2 Anforderungen des Energie-einsparungssetzes und der Energieeinsparverordnung

Das Energieeinsparungsgesetz selbst (EnEG vom 22.7.1976 mit Änderungen vom 20.6.1980 und vom 4.7.2013) verlangt zunächst nur, dass bei neu zu errichtenden, aber auch bei an den Außenbauteilen wesentlich veränderten Gebäuden, der Wärmeschutz so zu gestalten ist, dass unnötige Heiz- und Kühlverluste (im Sommer bei raumlufttechnischen Anlagen zur Kühlung!) vermieden werden. Grundlage ist ein Wirtschaftlichkeitsgebot. Die Bundesregierung kann auf dieser Basis im Rahmen von Verordnungen Mindestanforderungen stellen. Das ist jeweils mit den Wärmeschutz- bzw. Energie-Einspar-Verordnungen getan worden. In diesen Fällen liegen Fachgutachten vor, aus denen der jeweilige Stand der Technik und dessen ökonomische Bewertung hervor geht [5]. Die Regierung folgt diesen Fachgutachten allerdings oft nicht, zumal in diesem Bereich der Einfluss von starken Lobbygruppen sehr groß ist.

Ab 31.12.2020 müssen jedoch in Deutschland Gebäude als Niedrigstenergiegebäude errichtet werden: Ein Niedrigstenergiegebäude ist ein Gebäude, das eine sehr gute Gesamtenergieeffizienz aufweist; der Energiebedarf des Gebäudes muss sehr gering sein und soll, soweit möglich, zu einem ganz wesentlichen Teil durch Energie aus erneuerbaren Quellen gedeckt werden.

Wichtig ist vor allem, zu erkennen, dass die Vorgaben der Energie-Einspar-Verordnung (EnEV) immer nur Mindestanforderungen darstellen, die sich zudem am ungünstigsten Fall (Hersteller mit dem schlechtesten Produkt) orientieren. In aller Regel ist es für Bauherren und Planer daher sinnvoll, deutlich über die Anforderungen der jeweiligen Energie-Einspar-Verordnung hinaus zu gehen – Gebäude sind sehr langlebige Investitionsgüter und es ist immer ärgerlich, wenn man bereits nach fünf Jahren feststellen muss, nach veralteten Standards gebaut zu haben. Eine aktuelle ökonomische Analyse dazu findet sich in [27G].

17.5.8.3 Energiebilanzverfahren

In den letzten Jahrzehnten wurden bedeutende Erfahrungen mit der Verbesserung der Energieeffizienz von Gebäuden gewonnen [28] [29] [30]. Dazu war ein grundlegendes Verständnis für die wesentlichen Energieströme erforderlich. Dieses wurde mit rechnergestützten Simulationsverfahren gewonnen, die zunächst sehr aufwendig zu handhaben waren. Es stellte sich aber bald heraus, dass gute Ergebnisse bereits mit einem noch übersichtlich handhabbaren Energiebilanzverfahren gewonnen werden können. Dieses inzwischen international normierte Verfahren (ISO 13 790) ist für die meisten praktischen Belange genau genug – und es liegt auch (fast) allen nationalen Verordnungen zur Energieeinsparung zu Grunde, wenn gleich leider oft unreflektierte Interesseneinflüsse zu Abweichungen der nationalen Festlegungen von den international erkannten Regeln der Physik führen. Wir beziehen uns gerade deshalb hier allein auf die internationale Norm – und wir gehen auch davon aus, dass letztendlich die nationalen Festlegungen doch wieder in Richtung auf diese Normung konvergieren werden; schon bisher war das immer der Trend. Die erforderlichen Anstrengungen für eine bessere Energieeffizienz sind nämlich heute und in der Zukunft sehr hoch – umso wichtiger wird es, die Auswirkungen von Maßnahmen einigermaßen zielgenau bestimmen zu können, damit sie nicht ins Leere laufen; ISO 13 790 liefert dafür einen zuverlässigen Rahmen. Und es gibt einen weiteren Grund, sich gleich diesem Verfahren zuzuwenden: Für den Architekten und Planer wird Europa mit der Zeit zu einem länderübergreifenden Arbeitsfeld. Der Druck auf die Vereinheitlichung der Vorschriften wird daher zunehmen. Und dabei wird bewährte internationale Normung sicher beachtet werden. Ein dritter Grund liegt in der Arbeitseffizienz für den Architekten und Planer: Die Methodik der nationalen Rechengänge hat sich in den letzten zehn Jahren in den verschiedenen Ländern jeweils vier bis fünfmal grundlegend verändert. Es wird schwer, diese jeweiligen komplizierten politisch ausgehandelten Vorschriften zu überblicken und ihre Intentionen zu verstehen (sofern diese überhaupt verständlich sind). Ein Bezug auf die seit über zehn Jahren im Wesentlichen stabile Europäische und internationale Normung hätte uns die gesamten Veränderungen weitgehend erspart. – Letzteres wäre dann ein schlechtes Argument, wenn die internationale Normung bedeutende Schwächen aufweisen würde; es ist aber ganz im Gegenteil so, dass sie präziser, übersichtlicher und zielführender ist als die meisten nationalen Sonderregelungen.

17.5.8.4 Gebäudehülle und Gebäudeenergiebilanz

Der Hintergrund für die Klarheit der Zusammenhänge bei Heizung und Kühlung von Gebäuden

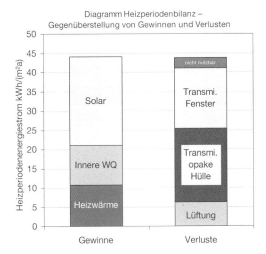

Diagramm Heizperiodenbilanz –
Gegenüberstellung von Gewinnen und Verlusten

17.79 Beispiel einer Energiebilanz für ein neues energie-
sparendes Gebäude: Gewinne und Verluste ste-
hen wegen des Energiesatzes im Gleichgewicht.

ist die Gültigkeit des Energiesatzes für das offene
System, das durch die Gebäudehülle umschlossen wird:

$$Q_H = Q_{ht} - \eta_{gn} Q_{gn}$$

Der Heizwärmebedarf Q_H ist gleich der Differenz
der über die Gebäudehülle strömenden Wärme
Q_{ht} (Wärmeverluste, vgl. 17.5.8.5) vermindert um
die nutzbaren frei über die Gebäudehülle zugeführte Energie Q_{gn} (vgl. 17.5.8.6). Anschaulich
ausgedrückt: Zugeheizt werden muss genau so
viel, wie die Wärmeverluste durch die Gebäudehülle die nutzbaren Wärmegewinne übersteigen.
Die Nutzbarkeit ergibt sich dabei aus dem Ausnutzungsgrad der Einträge η_{gn} (vgl. 17.5.8.7).
Veranschaulicht wird dies in Bild **17**.79.

Wie bei jeder Anwendung des Energiesatzes
muss zunächst eine klare Festlegung des Systems durch Angabe einer Systemgrenze – hier
„Gebäudehülle" genannt – erfolgen. Im Falle der
Energiedienstleistung Heizung oder Kühlung ist
klar, dass die Systemgrenze zumindest alle jene
Bereiche enthalten muss, in denen vom Nutzer
oder Betreiber ein bestimmtes Soll-Innenklima
gefordert wird – dieser Bereich wird charakterisiert durch die „konditionierte Nutzfläche" A_f. Es
ist zweckmäßig (und nach der Norm erlaubt) zu
den Nutzflächen mit expliziten Anforderungen
auch angrenzende Flächen mit in die Systemgrenze einzubeziehen, wenn dies z. B. die Bauaufgabe oder den Rechengang erleichtert: Z. B.
eine innenliegende Erschließung, eine Dachab-

seite u. ä. Eine zweckmäßige Auswahl der Gebäudehülle ist tatsächlich der wichtigste Schritt bei
einem energieeffizienten Entwurf:

- Die Gebäudehülle ist die Denkebene: Hier
entscheidet sich die Energiebilanz.

- Die Gebäudehülle existiert nicht nur virtuell:
Sie hat einen konkreten Gegenpart in Form
von Dach-, Wand-, Fenster-, Decken- und
sonstigen Konstruktionen. Auf deren klugen
Entwurf, Auswahl, Konstruktion kommt es
mithin am meisten an – und das nicht nur für
die Energiebilanz.

- Die Gebäudehülle ist ohnehin meist der spezifisch teuerste Teil eines Bauwerkes: Sie muss
viele Anforderungen erfüllen (Regenschutz,
Windschutz, Schallschutz, Brandschutz und
nicht zuletzt auch Wärmeschutz). Es ist daher
sinnvoll, zunächst zu überlegen, wie diese
Hüllfläche möglichst klein im Verhältnis zu der
damit versorgten konditionierten Nutzfläche
entworfen werden kann.

- Das Verhältnis A_{env}/A_f kommt dem klassischen
Begriff der Kompaktheit nahe – ist aber nicht
völlig mit ihm identisch (A_{env} ist die gesamte
Hüllfläche). Wenn überhaupt, dann ist es diese Größe, die einen Hinweis auf die Gesamt-
ökonomie des Gebäudes geben kann: Je kleiner nämlich die Hüllfläche A_{env} wird, desto geringer der Investitionsaufwand bei gleicher
Konstruktion. Zugleich wird aber auch der
Wärmeverlust geringer – und damit lassen
sich die Ziele des energieeffizienten Bauens
leichter erreichen – die Bauteile einer kom-
pakter Hülle müssen weniger aufwendig wärmegedämmt werden. Es werden somit doppelt Kosten gespart.

- Die Identifikation der Hülle erleichtert es, die
Aufgaben einer funktions-, bautenschutz-
und energiegerechten Konstruktion zu erfüllen – die Konzentration kann nun auf eben
diese wohl identifizierten Hüllflächen und ihre
Anschlüsse erfolgen.

Ein Hilfsmittel für die Identifikation der Gebäudehülle ist ihre Kennzeichnung in den Plänen, z. B.
durch eine rund um den konditionierten Bereich
gezeichnete Hervorhebung mit einem breiten
Marker-Stift. Tatsächlich ist die Optimierung (Reduzierung) der Hüllfläche das wichtigste Prinzip
für eine möglichst ökonomische Umsetzung des
energieeffizienten Bauens im winterkalten Klima.
Allerdings muss hier häufig anzutreffenden eher
naiven Vorstellungen entgegengetreten werden:
Es geht hier keinesfalls um die Minimierung der

17

Hüllfläche „um jeden Preis". Insbesondere ist die Lebensqualität für die Nutzer zu bedenken! Das „Optimum" liegt auch physikalisch nicht bei der kompaktesten Bauform, denn dies wäre nur der Fall, wenn es keine solaren Gewinne gäbe und alle Temperaturen der Umgebung gleich wären (Erdreich!). Es gibt vielmehr kein eindeutiges Optimum – energetisch läge das Minimum nämlich bei $Q_H = 0$ und dies wäre durch viele unterschiedliche Entwürfe zu erreichen – aber $Q_H = 0$ ist kein sinnvoll anzustrebendes Ziel, wie wir noch sehen werden. Absurd sind daher solche leider oft gehörten Ansprüche wie „optimale Kompaktheit durch einen kubischen Gebäudekörper", denn das minimale Oberflächenverhältnis hat gar nicht der Würfel, sondern dies hätte die Kugel – und dieses muss, wie schon gezeigt, nicht mit einem energetischen oder ökonomischen Optimum zusammen fallen. Wichtiger für die Ökonomie ist der Ansatz, großvolumiger zu bauen – mit zunehmendem minimalem Gebäudedurchmesser nimmt nämlich das A_{env}/A_f-Verhältnis für alle Formen gleichermaßen indirekt proportional dazu ab. Hier spielt somit die Musik, und das ist auch in der Praxis leicht zu erkennen: Anbauen ist die Devise für kostensparendes Bauen, sei es das Doppelhaus, der Dachgeschossausbau oder -Aufbau, das Schließen von Baulücken (Nachverdichtung) oder das Einglasen von Innenhöfen. Aber auch dieses Prinzip muss nicht überzogen und damit ad absurdum geführt werden: Für sehr große Objekte verläuft die Abhängigkeit schließlich sehr flach – und, wie genauere Analysen ergeben haben, oft wird der Vorteil dann wieder durch Zerklüftung des Baukörpers verspielt. Es ist weniger ein Optimum, das hier unbedingt angestrebt werden muss, als vielmehr ein vernünftiges Leitprinzip, das bis zum Erreichen eines nachhaltigen Niveaus hilfreich sein kann, die Kosten nicht stark ansteigen zu lassen – aber sehr viele Varianten und Spielräume zulässt.

17.5.8.5 Wärmeverluste

Die Wärmeverluste durch die Gebäudehülle setzen sich zusammen aus den Transmissionswärmeverlusten Q_{tr} und den Lüftungswärmeverlusten Q_{ve} (für Englisch „ventilation").

$$Q_{ht} = Q_{tr} + Q_{ve}$$

Transmissionswärmeverluste. Die Transmissionswärmeverluste Q_{tr} sind die durch den Wärmedurchgang infolge der Temperaturdifferenz zwischen der geforderten Innentemperatur $\theta_{int,set,H}$

und der Außentemperatur θ_e während der betrachteten Zeitperiode t bedingten Wärmeströme

$$Q_{tr} = H_{tr,adj} \, (\theta_{int,set,H} - \theta_e) \, t$$

Dabei ist $H_{tr,adj}$ der angepasste Gesamt-Transmissionswärmetransferkoeffizient des betrachteten Gebäudes. $H_{tr,adj}$ charakterisiert anschaulich die auf die Temperaturdifferenz bezogene Gesamtwärmeverlustleistung – sie setzt sich aus der Summe der Wärmeverluste über die verschiedenen an die Gebäudehülle angrenzenden Umgebungen zusammen:

$$H_{tr,adj} = H_D + H_g + H_U + H_A$$

wobei H_D für die direkte Wärmetransmission an die Außenumgebung steht, H_g für die Wärmetransmission über das Erdreich (g für ground), H_U der Transmissionswärmetransferkoeffizient durch nicht konditionierte Räume (u für unconditioned) und H_A der für die Wärmetransmission an angrenzende Gebäude verantwortliche Wärmetransmissionskoeffizient sind. Alle Wärmetransmissionskoeffizienten werden in W/K gemessen – sie wachsen sowohl mit der Größe der jeweiligen Flächen als auch mit den U-Werten der Konstruktionen. Hier ergibt sich der nahtlose Anschluss zu den Wärmeverlusten der einzelnen Bauteile, wie sie schon unter 17.5.3 behandelt worden sind. Diese sind nämlich für jede angrenzende Umgebung $X = D, g, U$ oder A gegeben durch

$$H_x = b_{tr,x} \left(\Sigma_i \, A_i U_i + \Sigma_k \, l_k \, \Psi_k + \Sigma_j \, \chi_j \right)$$

und dabei bedeuten

A_i die Fläche des Bauteils i der Gebäudehülle (m^2)

U_i der Wärmedurchgangskoeffizient dieses Bauteils (W/(m^{2}K))

l_k die Länge der linienförmigen Wärmebrücke k (m)

Ψ_k der lineare Wärmedurchgangskoeffizient dieser Wärmebrücke (W/(mK))

χ_j der punktförmige Wärmedurchgangskoeffizient der Wärmebrücke j, (W/K);

$b_{tr,x}$ ein Anpassungsfaktor, falls die Temperatur auf der anderen Seite des Bauteils nicht gleich der Temperatur der Außenumgebung ist, wie z. B. bei erdreichberührten Flächen. Die Bestimmung dieses Wertes wird am Ende dieses Kapitels beschrieben.

Für Fenster sind die U-Werte gemäß ISO 10077 zu bestimmen (dort werden ein U-Wert der Verglasung U_g, ein solcher des Rahmens U_f und ein Wärmebrückenverlustkoeffizient Ψ_g für den Glasrand festgelegt, woraus sich U_w (Fenster-U-Wert (windows)) wie üblich ergibt zu:

$$U_w = \frac{(A_g U_g + A_f U_f + l_g \Psi_g)}{(A_g + A_f)}$$

Dabei sind A_g und A_{fr} die zugehörigen Flächen und l_g ist die Länge des Glasrandes.

Wird ein temporärer (z. B. nächtlicher) Wärmeschutz eingesetzt, wie z. B. eine Fensterladen, so kann der Fenster-U-Wert wie folgt auf $U_{w,corr}$ korrigiert werden

$$U_{w,corr} = U_{w+shut} f_{shut} + U_w (1 - f_{shut})$$

Wobei U_{w+shut} der Wärmedurchgangskoeffizient von Fenster einschließlich temporärem Wärmeschutz, f_{shut} der Anteil der akkumulierten Temperaturdifferenz für den Zeitraum mit geschlossenem temporären Wärmeschutz und U_w der Wärmedurchgangskoeffizient des Fensters allein sind.

Man beachte, dass auch bei heutigen Neubauten immer noch die Transmissionswärmeverluste die dominierende Rolle bei der Gebäude-Energiebilanz spielen (vgl. Bild **17**.79); bei Altbauten sind sie um ein Vielfaches höher als alle übrigen Wärmeströme. Andererseits lassen sich diese Verluste vergleichsweise einfach und kostengünstig reduzieren: Durch eine Verbesserung der Wärmedämmung auf ein den heutigen Randbedingungen entsprechendes Maß. Dieses liegt für opake Bauteile in Mitteleuropa im Bereich 0,1 bis 0,16 W/(m²K) und für transparente Bauteile etwa bei U_w = 0,8 W/(m²K).

Wie bestimmen sich die Anpassungsfaktoren $b_{tr,x}$ für Bauteile, die nicht direkt an die Außenluft grenzen? Das hängt von „x", von der Art der an der anderen Seite angrenzenden Umgebung ab, vgl. dazu Tabelle **17**.80. Im Einzelnen ist es in der Normung beschrieben, auf die hier verwiesen wird – diese Übersicht soll ein Grundverständnis für die jeweils vorliegenden Bedingungen ermöglichen.

Lüftungswärmeverluste. Analog wird für die Lüftungswärmeverluste Q_{ve}

$$Q_{ve} = H_{ve,adj} (\theta_{int,set,H} - \theta_e) t$$

der angepasste Gesamt-Lüftungswärmetransferkoeffizient $H_{ve,adj}$ des betrachteten Gebäudes eingeführt. Dieser wird berechnet nach

$$H_{ve,adj} = \rho_a c_a \sum_k b_{ve,k} q_{ve,k,mn}$$

Worin bedeuten

$\rho_a c_a$ die volumenbezogene Wärmekapazität von Luft ($\rho_a c_a$ = 1200 J/(m³ · K));

$q_{ve,k,mn}$ der zeitlich gemittelte Luftvolumenstrom des Luftvolumenstromelementes k, angegeben (m³/s) (Index „mn" für Englisch „mean-value")

$b_{ve,k}$ der Temperaturanpassungsfaktor für Luftvolumenstromelement k, wenn die Zulufttemperatur $\theta_{sup,k}$ ungleich der Temperatur der Außenumgebung ist, wie z. B. bei Wärmerückgewinnung.

k Nummerierung der relevanten Luftvolumenstromelemente, wie z. B. Infiltration, freie Lüftung, maschinelle Lüftung und/oder zusätzliche Lüftung für nächtliche Kühlung.

Der zeitlich gemittelte Luftvolumenstrom $q_{ve,k,mn}$ wird dazu nach EN 15 242 oder EN 15 241 aus dem Nennvolumenstrom $q_{ve,k}$ durch Multiplikation mit dem (Voll-)Betriebsfaktor $f_{ve,t,k}$ bestimmt (Zeitanteil in der Mittelungsperiode, in welcher der Nennvolumenstrom herrscht).

Wie werden die Anpassungsfaktoren $b_{tr,k}$ für die Lüftung bestimmt? Je nach Art des Zuluftstromes (Index „sup" für Englisch „supply air") wird unterschieden:

Wärmerückgewinnung. Ausdrücklich heißt es in der Norm ISO 13 790 an dieser Stelle: „Eine Wärmerückgewinnungseinheit, sofern sie vorhanden ist, ist üblicherweise ein wichtiges Element der Wärmebilanz der Gebäudezone mit starkem Einfluss auf die Ausnutzung der Wärmeeinträge und des freien Heiz- bzw. Kühlpotentials. Daher sind die Auswirkungen der Anwendung der Wärmerückgewinnungseinheiten bei der Berechnung des Heizwärme- und des Kühlbedarfs zu berücksichtigen und können nicht mittels eines separat bestimmten Korrekturfaktors berücksichtigt werden." – Hintergrund: Bei Gebäuden, die den künftig erforderlichen Wärmeschutzstandards genügen, sind sehr gut wärmegedämmte Hüllflächenbauteile erforderlich; wir haben in diesem Werk für opake Hüllflächen U-Werte zwischen 0,1 und 0,16 W/(m²K) empfohlen. Unter diesen Umständen werden die Transmissionswärmeverluste tatsächlich sehr klein: Die Gebäudelüftung, die zumindest einen hygienisch einwandfreien Luftaustausch sicherstellen sollte, ist dann dominant in der Energiebilanz – sofern keine Wärmerückgewinnung betrieben wird. Das bedeutet aber, dass sich das thermische Verhalten des Gebäudes sehr stark unterscheidet, je nachdem, ob eine Wärmerückgewinnung vorhanden ist, oder nicht: Ohne Wärmerückgewinnung kann sich die Heizzeit gut von November bis Mai erstrecken, mit jedoch oft nur

17

Tabelle **17**.80   Anpassungsfaktoren für Bauteile, die nicht direkt an Außenluft grenzen

Angrenzende Zone „X"	Gültige Beziehung bzw. Norm	Wert für den Anpassungsfaktor $b_{tr,x}$	Kommentar
D Außenumgebung	ISO 13 789	1	Alle Wärmeverluste zur äußeren Umgebung selbst sind direkt zur Temperaturdifferenz zu θ_e proportional, der Anpassungsfaktor ist für solche Verluste immer 1. Früher oft hier noch verwendete „Reduktionsfaktoren" entbehrten großteils jeder physikalischen Grundlage – oder sie lassen sich heute nach dieser Norm exakter mittels Strahlungsgewinnberechung (auch für opake Bauteile) bestimmen.
g erdreich-berührte Flächen	ISO 13 370 und ISO 13 789	Wert < 1 monatlich variabel	Der Temperaturverlauf im Erdreich ist gegenüber dem der Außenluft auf Grund der hohen thermischen Masse des Erdreiches auch jahreszeitlich verschoben. Das Ausmaß der Phasenverschiebung und der Dämpfung hängt neben den Erdreicheigenschaften (Wärmeleitfähigkeit, spezifische Wärmekapazität) auch sehr stark von der Geometrie (Umfang zu Grundflächen-Verhältnis) und sogar von der Wärmedämmung des Gebäudes zum Erdreich hin ab. In ISO 13 370 wird ein praktikables Näherungsverfahren beschrieben, dass es erlaubt, alle diese Einflüsse für die Praxis genau genug zu berücksichtigen (z. B. in [9] bereits implementiert). Dieses Verfahren liefert natürlich für jeden Monat (auf Grund der Phasenverschiebung) einen unterschiedlichen Wert für $b_{tr,x}$. Für Gebäude mit relativ kleinen Grundflächen (Einfamilien- und Reihenhäuser) liegen typische Werte eher um 0,6 (anstelle des früher oft pauschal verwendeten Wertes von 0,5). Dagegen können bei großen Objekten auch sehr kleine Werte (um 0,2) vorkommen.
U nicht konditionierte Räume	ISO 13 789	Wert <1 z. B. $\dfrac{H_e}{(H_e + H_U)}$	Im Vergleich zum Verlust an die Außenumgebung ist die Temperaturdifferenz verringert – das kann mit einem Ersatzschaltbild für die vorliegende Situation gemäß ISO 13 789 durch den Anpassungsfaktor $b_{tr,x}$ berücksichtigt werden. Im links angegebenen Beispiel ist H_e der Wärmeübertragungskoeffizient von einem nur nach Außenumgebung angrenzenden Raum nach außen. Je nach Gebäudetyp und/oder Anwendung dürfen auf nationaler Ebene Standardwerte für Anpassungsfaktoren festgelegt werden.
A Angrenzende Gebäude	ISO 13 789	$\dfrac{(\theta_{int,set} - \theta_{A,set})}{(\theta_{int,sec} - \theta_e)}$	Benötigt wird hier auch die anzusetzende Solltemperatur $\theta_{A,set}$ für das angrenzende Gebäude. ISO 13 789 lässt es frei, ob nationale Regelungen die Berücksichtigung dieses Wärmstroms vorschreiben, offen lassen oder generell vorgeben ihn zu vernachlässigen ($b_{tr,A} = 0$).

von Mitte Dezember bis Mitte März. Das beeinflusst den gesamten Berechnungsgang der Gebäudewärmebilanz gemäß ISO 13 790 massiv: Es ergeben sich z. B. völlig veränderte Solareinträge. Daher ist es so wichtig, dass die Gebäudehüllflächenbilanz unter Einbeziehung einer evtl. Wärmerückgewinnung bestimmt wird – weil einige nationale Regelungen davon zunächst abwichen, musste dieser klärende Satz in die internationale Norm aufgenommen werden.

Wärmerückgewinnung aus der Abluft von Gebäuden ist heute ein bedeutendes Hilfsmittel für die Verbesserung der Energieeffizienz geworden. Während früher übliche Anlagen oft sowohl einen hohen Stromverbrauch für die Ventilatoren aufgewiesen haben (über 1 W/(m³/h) waren eher die Regel) und zugleich meist nur mäßige Wärme-

rückgewinnungs-Nutzungsgrade brachten (regelmäßig unter 60 % bei den überwiegend üblichen Kreuzstrom-Wärmeübertragern), sind gute heutige Geräte mit Gegenstrom-Wärmeübertragern verschiedener Bauart ausgestattet: Diese haben Wärmerückgewinnungs-Nutzungsgrade η_{hru} typischerweise zwischen 80 % und 95 %. Es gilt zu beachten, dass nur der Restverlust

$$(1 - \eta_{hru})$$

„Eins minus Wärmerückgewinnungsnutzungsgrad" in die Gebäudeenergiebilanz eingeht. Eine Verbesserung von η_{hru} von z. B. 80 % auf 90 % halbiert den zugehörigen Lüftungswärmeverlust – die Verbesserung der Wärmerückgewinnung ist daher eine sehr nutzbringende Maßnahme. Auch die Effizienz der Lüfter für den Anlagenbe-

Tabelle **17**.81 Fälle für Lüftungswärmeverluste nach ISO 13790

Fall	Gültige Beziehung bzw. Norm	Wert für den Anpassungsfaktor $b_{tr,k}$	Kommentar
Luft aus Außenumgebung	ISO 13 790	1	Dies umfasst alle Zuluftströme, die aus der Außenumgebung in das Gebäude einströmen, z. B.: – den Infiltrationsluftstrom infolge Undichtheiten – Zuluft durch Fensteröffnung – Zuluft durch Außenluftdurchlässe (z. B. bei Abluftanlagen)
Luft aus nicht konditionierten Räume	ISO 13 790 und ISO 13 789	1	Das ist eine Näherung, die unterstellt, dass die Erwärmung des Volumenstroms, der durch den unkonditionierten Raum hindurch tritt, vollständig auf Kosten der Wärmebereitstellung im konditionierten Raum geht. Ohne konkrete Hinweise auf eine andere Wärmequelle ist diese Näherung aber gar nicht so schlecht.
Luft aus nicht beheiztem Wintergarten	ISO 13 790	$b_{tr,x}$ für eben diesen Wintergarten	Wenn nachgewiesen werden kann, dass das Luftvolumenstromelement während der Heizperiode durch den angrenzenden Wintergarten in die konditionierte Zone eintritt, ist es zulässig, den Temperaturanpassungsfaktor für die Wärmetransmission in den angrenzenden Wintergarten „x" zu verwenden. Dadurch wird ein evtl. solarer Wärmegewinn für die Zuluftvorerwärmung berücksichtigt.
Lüftung, auch Infiltration aus angrenzenden Gebäuden	ISO 13 790	$\dfrac{(\theta_{int,set} - \theta_{A,set})}{(\theta_{int,sec} - \theta_e)}$	Benötigt wird hier auch die anzusetzende Solltemperatur $\theta_{A,set}$ für das angrenzende Gebäude. ISO 13 789 lässt es frei, ob nationale Regelungen die Berücksichtigung dieses Luftvolumenstromes vorschreiben, offen lassen oder generell vorgeben ihn zu vernachlässigen ($b_{tr,A} = 0$). Üblicherweise ist dieser Term in der übergreifenden Bilanz gleich null (bzw. kann dieser Wert angenommen werden). Er kann jedoch z. B. bei einem Vergleich mit gemessenen Energieverbrauchswerten von Bedeutung sein.
Wärmerückgewinnung	ISO 13 790 und	$1 - f_{hru}\,\eta_{hru}$	f_{hru} ist der Anteil des Zuluftvolumenstromes, der tatsächlich über die Wärmerückgewinnungsanlage (englisch: „heat recovery unit") geführt wird. η_{hru} ist der Nutzungsgrad der Wärmerückgewinnungsanlage, welcher z. B. nach EN 15 241 festgelegt wird. Dabei ist entscheidend, dass die Festlegung des Nutzungsgrades anhand der Luftströme geschieht, die tatsächlich die Gebäudehülle überschreiten – für im konditionierten Raum aufgestellte Geräte sind das Außen- und Fortluftvolumenstrom [38].

trieb hat erheblich zugenommen – gute Anlagen verbrauchen inzwischen nicht mehr als 0,35 W/(m³/h) an elektrischem Strom für die Gesamtanlage (inkl. beider Lüfter und der Steuerung). Mit Anlagen dieser Qualität werden in der Praxis bedeutende Primärenergieeinsparungen erreicht [39], das Verhältnis der Einsparung an Lüftungswärmeverlusten zum erforderlichen Stromeinsatz liegt zwischen 6 und 10; derart effiziente Wärmebereitstellungstechniken gibt es sonst nur in Ausnahmefällen. Der Einsatz einer Wärmerückgewinnung kann damit heute – neben einer guten Wärmedämmung – als eine der wichtigsten Komponenten des energieeffizienten Bauens angesehen werden.

Die Norm regelt weiterhin auch Spezialfälle, wie z. B. mechanischer Lüftungsanlagen mit zentraler Vorerwärmung oder Vorkühlung sowie die Serienschaltung zweier Wärmerückgewinnungsanlagen. Auch Regeln für die mögliche Berücksichtigung von Nachtlüftungen (zur Sommerkühlung) werden gegeben.

Infiltration. Bei Gebäuden mit einer guten Wärmerückgewinnung ist es auch für die Energiebilanz immer wichtiger, dass der wesentliche Luftvolumenstrom auch über die Anlage läuft (und nicht an ihr vorbei). Daher gibt es immer schärfere Anforderungen an die Dichtheit der Wärmerückgewinnungsanlagen – diese Qualität geht aus Zertifikaten hervor, welche auch den für die Bilanzen benötigten Nutzungsgrad η_{hru} und die Stromeffizienzkennwerte enthalten [40]. Wichtig ist vor allem, dass die Balance aus Au-

17

ßenluft- und Fortluftstrom bei der Inbetriebnahme der Anlagen richtig eingestellt wird – die Beschreibung der Vorgehensweise dafür wird für die Vergabe eines Zertifikates ebenfalls vom Hersteller verlangt. Laufen Anlagen außerhalb der Balance, so entsteht entsprechender Über- oder Unterdruck im Raum und es kommt in der Folge zu erzwungenen Exfiltrations- oder Infiltrationswärmeströmen, welche die Energiebilanz empfindlich stören können. Die Höhe des Lüftungswärmeverlustes durch den Infiltrationsluftstrom (Luft aus der Außenumgebung) lässt sich nach

$$q_{ve,inf,mn} = n_{50}\, V_a\, e/(1 + f/e\, (n_{dis}/n_{50})^2)$$

aus dem Drucktestergebnis (n_{50}-Wert), dem zugehörigen Luftvolumen V_a und den Koeffizienten für Winddruck-Abschirmklasse e (typischer Wert 0,07) und für Einwirkungsseiten f (typischer Wert 15) bestimmt. n_{dis} ist der Luftwechsel in Disbalance bei einer evtl. vorhandenen Lüftungsanlage

$$n_{dis} = n_{su} - n_{ex}$$

mit dem Nenn-Zuluft-Luftwechsel n_{su} und dem Nenn-Fortluft-Luftwechsel n_{ex}. Je höher die Disbalance, desto mehr wird danach der natürliche Infiltrationsluftaustausch unterdrückt (Schutzdruckeffekt). Das ist der Grund, weshalb bei sehr undichten Gebäuden eine Wärmerückgewinnung möglicherweise keine große Einsparung erbringen kann. Dies wiederum spricht nicht gegen die Komfortlüftung – sondern ist ein weiterer Grund, die Luftdichtheit des betreffenden Gebäudes zu verbessern.

17.5.8.6 Wärmeeinträge

Die Wärmeeinträge Q_{gn} in die Gebäudehülle sind in der Heizperiode willkommen und werden daher unter Heizbedingungen auch „Wärmegewinne" („gain") genannt. Unter Kühlbedingungen stellen sie jedoch „Wärmelasten" dar.

Die Wärmeeinträge Q_{gn} setzen sich aus inneren Wärmeeinträgen Q_{int} und solaren Wärmeeinträgen Q_{sol} zusammen:

$$Q_{gn} = Q_{int} + Q_{sol}$$

Innere Wärmeeinträge Q_{int}. Die inneren Wärmeeinträge umfassen alle Wärmeströme, die von Personen und technischen Systemen (u. a. Elektrogeräten) innerhalb der Hülle freigesetzt werden. Auch anteilige Wärmeströme aus Wärme-

quellen in benachbarten unkonditionierten Zonen u können berücksichtigt werden:

$$Q_{int} = (\sum_k \Phi_{int,mn,k} + \sum_l (1 - b_{tr,u(l)})\, \Phi_{int,mn,u,l})\, t$$

Dabei ist $\Phi_{int,mn,k}$ ein zeitlich gemittelte Wärmestrom der inneren Wärmequelle k innerhalb der betrachteten Zone und $\Phi_{int,mn,u,l}$ ein zeitlich gemittelte Wärmestrom der inneren Wärmequelle l in einer angrenzenden Zone u(l). Dieser Wärmestrom wird in der betrachteten Zone wirksam mit dem Gewicht $(1 - b_{tr,u(l)})$, wobei $b_{tr,u(l)}$ der bereits eingeführte Anpassungsfaktor bzgl. dieser Nachbarzone ist. Die Zeit t ist die jeweilige Dauer der Bilanzierungsperiode (Monats- bzw. Heiz-/Kühlperiodenverfahren) zu den inneren Wärmeströmen k zählen:

- der innere Wärmestrom der Nutzer $\Phi_{int,Oc}$ (occupants in W (Watt))
- der innere Wärmestrom der Geräte $\Phi_{int,A}$ (appliances in W (Watt))
- der innere Wärmestrom der Beleuchtung $\Phi_{int,L}$, W
- der innere Wärmestrom der Warm- und Kaltwasser- sowie Abwassersysteme $\Phi_{int,WA}$, W
- der innere Wärmestrom der Heiz-, Kühl- und Lüftungsanlagen $\Phi_{int,HVAC}$ (heating, vent., …W)
- der innere Wärmestrom durch Prozesse und Güter $\Phi_{int,Proc}$ (W).

Bei der Bilanzierung dieser inneren Wärmeströme ist vor allem auf die richtige Bilanzgrenze zu achten; diese liegt an der jeweiligen Zonenhüllfläche: So ergibt sich der innere Wärmeeintrag durch eine Waschmaschine z. B. aus der Differenz zwischen der (durch die Gebäudehülle zugeleiteten) elektrischen Energie und dem (durch die Gebäudehülle abgeleiteten) Abwasser, welches üblicherweise den überwiegenden Teil der Energie wieder austrägt, sowie der Kaltwasserzufuhr. Zudem dürfen hier nur die Einträge kalkuliert werden, die nicht bereits an anderer Stelle durch eine geräteinterne Bilanzierung berücksichtigt sind: Z. B. wird die Wärmeabgabe der Ventilatoren in Lüftungsgeräten bei Verwendung eines Wärmebereitstellungsgrades für die Lüftungswärmerückgewinnung bereits in Anspruch genommen und darf nicht ein weiteres Mal den inneren Wärmequellen zugeschlagen werden. Ebenfalls an dieser Stelle berücksichtigt werden evtl. vorliegende innere Wärmesenken: „Kältequellen", die der Zone Wärme entziehen, sind als Quellen mit einem negativen Vorzeichen zu versehen (beispielsweise die Verdunstung aus Trocknungsvorgängen in der Gebäudehülle oder aus Pfanzenbewässerung sowie die Kaltwasserzufuhr). Sind Wärmeeinträge im Wesentlichen proportional zur Temperaturdifferenz der Zonentemperatur zur vorgegebenen Temperatur der Quelle, so ist eine Berechnung der Wärmeströme gemäß dem Verfahren zur Ermittlung von Transmissionswärmeverlusten zu wählen.

Die Ermittlung der inneren Wärmequellen kann mit sorgfältiger Analyse der konkreten Situation im Einzelfall erfolgen – gewisse Unsicherheiten verbleiben jedoch z. B. wegen der Mittelung der Abwasserwärmeströme. Für einige Gebäude konnten die tatsächlich verfügbaren inneren Wärmequellen in Messkampagnen sehr genau ermittelt werden: So ergab sich z. B. für das Passivhaus Darmstadt Kranichstein ein mittlerer verfügbarer Gesamtwärmestrom an inneren Wärmequellen zu 0,99 W/m^2 (Wohnfläche) [41], weit weniger als die heute immer noch vielfach üblichen Ansätze. Für eine Planung stehen die späteren Nutzungsdaten in der Regel nicht in hoher Genauigkeit zur Verfügung – es ergibt sich daher die Notwendigkeit, innere Wärmequellen aus durchschnittlichen Ansätzen üblicher Nutzungsbedingungen abzuschätzen. Bekanntermaßen ist die Streuung in diesem Bereich sehr groß. Dabei empfiehlt es sich, jeweils auf der sicheren Seite zu bleiben: Für die Ermittlung von Heizwärmebedarf und Heizlast dürfen die Werte nicht zu hoch, für den Kühlenergiebedarf und die Kühllast nicht zu niedrig angesetzt werden. Für Wohnraumnutzung haben sich in Mitteleuropa z. B. Ansätze von 2,1 W/m^2 für die Gesamtsumme innerer Wärmequellen bewährt, wobei die Wärmeabgaben der Heiz- und Warmwassersysteme bei diesen Systemen selbst bilanziert werden [42]. Für andere Nutzungen gibt es weitere bewährte Ansätze [9], z. B. zu

- 4,1 W/m^2 konditionierte Nutzfläche bei Heimen,
- 3,5 W/m^2 konditionierte Nutzfläche bei Büro- und Verwaltungsgebäuden,

- 2,8 W/m^2 konditionierte Nutzfläche bei Kindergärten und Schulen.

Wie schon im Abschnitt zur Sommersituation dargestellt, ist es eine der wirksamsten Maßnahmen zur Verbesserung der Behaglichkeit, die inneren Wärmelasten gering zu halten. Dies gelingt vor allem durch die Auswahl besonders energieeffizienter elektrischer Geräte, insbesondere von IT-Anwendungen (Computer, Bildschirme, Zubehör), welche heute den überwiegenden Anteil des Stromverbrauchs (und damit der inneren Wärmelast) nicht nur in Bürogebäuden stellen. Hier sind in Zukunft entscheidende Verbesserungen durch effizientere Anzeigetechnologien, effizientere Hardware (Notebook-Technologie auch für Desktops und Server, sog. „elektronische Tinte" oder „elektronisches Papier") sowie nutzerfreundlichere Software (akzeptable Standby-Technik mit dennoch niedrigem Verbrauch) zu erwarten. Keinesfalls sollte bei Neubau oder Sanierung auf leider vielfach heute noch anzutreffende ineffiziente Technik hin ausgelegt werden.

Solare Wärmeeinträge Q_{sol}. Die Sonne liefert den Energiestrom, der das Leben auf unserem Planeten unterhält. Die Energie wird dabei sowohl als direkte Einstrahlung als auch indirekt über diffuses Himmelslicht, Reflexion an Wolken und an der Umgebung auf die Gebäudehüllfläche eingestrahlt. Wieder ergibt sich das gesamte Angebot aus der Summe der Einträge über alle Hüllflächen:

$$Q_{sol} = (\sum_k \Phi_{sol,mn,k} + \sum_l (1 - b_{tr,u(l)}) \Phi_{sol,mn,u,l}) \, t$$

Dabei ist $\Phi_{sol,mn,k}$ der zeitlich gemittelte Sonnenenergiestrom über die nach außen weisende Hüllfläche k der betrachteten Zone und $\Phi_{sol,mn,u,l}$ der zeitlich gemittelte solare Wärmestrom der zur Hüllfläche l in einer angrenzenden Zone u(l). Dieser Solareintrag wird in der betrachteten Zone wirksam mit dem Gewicht $(1 - b_{tr,u(l)})$, wobei $b_{tr,u(l)}$ wieder der Anpassungsfaktor bzgl. dieser Nachbarzone ist. Die Zeit t ist die jeweilige Dauer der Bilanzierungsperiode.

Flächenausrichtung (typischer mitteleuropäischer Standort)	Verhältnis der Bestrahlungsstärke im Januar (Gewinn) zu der auf eine Südfläche im Januar	Verhältnis der Bestrahlungsstärke im August (stört) zu der auf eine Südfläche im Januar
horizontale Fläche	70 %	400 %
vertikal Süd	100 %	250 %
vertikal Ost oder West	48 %	250 %
vertikal Nord	34 %	150 %

17

Der solare Wärmestrom durch ein Bauteil k der Hüllfläche wird allgemein durch die Differenz

$$\Phi_{sol,mn,k} = F_{sh,ob,k}\, A_{so,k}\, I_{sol,k} - F_{r,k}\, \Phi_{r,k}$$

gegeben. Dabei ist

$F_{sh,ob,k}$ der Verschattungsfaktor für die betrachtete Oberfläche durch äußere Hindernisse

$A_{so,k}$ die wirksame Kollektorfläche der Oberfläche k; dabei werden die Transparenz und der indirekte Wärmedurchgang berücksichtigt.

$I_{sol,k}$ die mittlere solare Bestrahlungsstärke für die Ausrichtung und den Neigungswinkel der Oberfläche k.

$F_{r,k}$ der Formfaktor zwischen Bauteil und Himmel (Anteil an der Sichthemisphäre)

$\Phi_{r,k}$ die langwellige Nettowärmeabstrahlung an den Himmel durch die Oberfläche k.

Die wirksame Kollektorfläche (manchmal auch Apertur genannt) ist die Fläche, die bei vollständiger Absorption aller auftreffenden Strahlung so viel Wärme aufnimmt wie die Oberfläche k. Die Wärmeabstrahlung an den Himmel wird an dieser Stelle der Bilanz mit behandelt, weil sie zur Strahlungsbilanz gehört und ähnlichen Gesetzen gehorcht – dadurch wird das Verfahren übersichtlich; natürlich stellt diese Abstrahlung keinen Solarwärmegewinn dar, sie mindert ihn sogar.

Solare Wärmeeinträge durch transparente Bauteile (z. B. Fenster). Die wirksame Kollektorfläche ist für ein transparentes Bauteil der Gebäudehülle gegeben durch

$$A_{sol} = F_{sh,gl}\, F_w\, g_{gl,n}\, (1 - F_F)\, A_{w,p}$$

mit folgenden Bedeutungen:

$F_{sh,gl}$ Verschattungsfaktor für beweglichen Sonnenschutz

F_w Korrekturfaktor für den nicht senkrechten Einfall der Einstrahlung (für nicht streuende Verglasung); kann ohne nähere Bestimmung mit $F_w = 0{,}9$ angenommen werden.

$g_{gl,n}$ solarer Gesamtenergiedurchlassgrad des transparenten Bauteils für senkrecht zur Oberfläche einfallende Strahlung nach EN 410. Diese Werte sind z. B. auf Zertifikaten angegeben.

F_F projizierte Rahmenfläche des Bauteils zur gesamten Projektionsfläche (Rahmenflächenanteil)

$A_{w,p}$ gesamte Projektionsfläche des Bauteils (z. B. Fensterfläche).

Vergessen hat die Norm hier einen immer vorhandenen weiteren Reduktionsfaktor durch Verschmutzung, der bei sehr oft gereinigten Fenstern in Übereinstimmung mit [9] im Mittel zu 0,95 angesetzt werden kann.

Die solaren Einträge durch transparente Bauteile stellen den bedeutenden Anteil für die passiv

verfügbare Solarenergie – das gilt im Winter wie im Sommer. Für den Entwurf ist es hilfreich zu wissen, wie sich die mittleren solaren Bestrahlungsstärken in Mitteleuropa für die im Folgenden angegebenen Ausrichtungen zwischen einer typischen Wintersituation (Januar, Wärmegewinn erwünscht) und einer Hochsommersituation (August, solare Wärmelast stört) verhalten:

Dieser Vergleich zeigt, warum vertikal Süd orientierte Flächen bei der passiven Nutzung der Sonnenenergie deutlich bevorzugt sind – eine Tatsache, die schon Sokrates bekannt war. Es kommt noch hinzu, dass die solare Last im Sommer durch Überstände über Südfenstern mit wenig Aufwand verschattet werden kann, ohne den Eintrag im Winter bei dann tief stehender Sonne stark zu verringern. Hingegen bieten horizontale verglaste Flächen im Winter deutlich weniger Gewinne, dafür aber im Sommer hohe Lasten – ohne beweglichen Sonnenschutz geht hier bei größeren transparenten Flächen gar nichts. Die Sommerlasten für Ost- und Westorientierte Flächen sind nahezu gleich groß wie die der Südflächen – sie lassen sich aber ebenfalls nur durch beweglichen Sonnenschutz effektiv kontrollieren; die winterlichen Beiträge der Ost-/Westfassaden sind dagegen weniger als halb so hoch im Vergleich zur Südorientierung. Aus dieser Analyse ergibt sich ein klarer Vorrang für Südorientierung (Abweichungen von bis zu 30° haben nur geringe Auswirkungen) und die Empfehlung, transparente Flächen in Ost-/West-Orientierung und vor allem in der Horizontalen vorsichtig zu projektieren.

Oft wenig bewusst ist die Tatsache, dass die Rahmenflächenanteile bei den bis 2008 überwiegend verwendeten sehr breiten Fensterrahmen (14 cm) die solaren Energiegewinne (aber auch das Tageslicht) stark reduzieren – ein typisches einflügliges Fenster (1,25 m breit, 1,5 m hoch) weist z. B. bereits einen Rahmenanteil von 37 % auf. Neu entwickelte Rahmen streben daher deutlich reduzierte Ansichtsbreiten an (um 9 cm). Großformatige Verglasungen sind aus diesem Grund von Vorteil – dadurch werden im Übrigen auch die Wärmebrückenanteile verringert.

Typische Gesamtenergiedurchlassgrade $g_{gl,n}$ für senkrechten Einfall nach EN 410. Der Gesamtenergiedurchlassgrad gibt das Verhältnis zwischen der im Raum wirksam werdenden Leistung und dem außen senkrecht auffallenden Sonnenenergiestrom an – dabei gehen alle Wellenlängenbereich und alle Übertragungsmechanismen

Tabelle **17**.82 Typische Werte für den Gesamtenergiedurchlassgrad $g_{gl,n}$ für den senkrechten Strahlungseinfall

Verglasungstyp	Scheibenzahl, Charakterisierung		Typischer $g_{gl,n}$-Wert
Einscheibenverglasung	1	Floatglas	0,85
Zweischeiben-Vgl.	2	Floatglas, ohne Beschichtung	0,75
Zweischeiben-Wärmeschutzverglasung	2	2*Floatglas, eine niedrigemittierende Schicht zum Scheibenzwischenraum hin	0,67
Dreischeiben-Wärmeschutzverglasung	3	3*Floatglas, zwei niedrigemittierende Schichten, zu jedem Scheibenzwischenraum hin eine	0,50
Solar-Dreischeiben-Wärmeschutzverglasung	3	3*Floatglas, je eine optimierte niedrigemittierende Schicht in jedem Scheibenzwischenraum	0,56

ein, sowohl der direkte Strahlungsdurchgang (Energietransmission), als auch der indirekte Wärmetransfer (Absorption von Strahlung in den Scheiben und dadurch bedingte teilweise und indirekte Wärmezufuhr an den Raum). Typische Werte gehen aus Tab. **17**.82 hervor.

Verschattungsfaktoren für außen liegende Hindernisse. Diese können bestimmt werden nach

$$F_{sh} = F_{hor} F_{ov} F_{fin}$$

Dabei ist

F_{hor} der Teil-Verschattungsfaktor für den Horizont
F_{ov} der Teil-Verschattungsfaktor für Überstände über den Verglasungen
F_{fin} der Teil-Verschattungsfaktor für seitliche feststehende Verschattungselemente (z. B. die Fensterlaibung)

In [43] wurden allgemeingültige Formeln für die Bestimmung dieser Teilbeschattungsfaktoren in Abhängigkeit von der geographischen Breite und den geometrischen Daten der Verschattungselemente für eine typische Winter- und Sommersituation hergeleitet. Diese sind z. B. in [9] implementiert. Die einschlägigen Normen enthalten derzeit nur grobe Näherungen für Teilverschattungsfaktoren. Die Verschattung des solaren Wärmeangebotes wird oft gar nicht berücksichtigt oder sehr stark unterschätzt. Für eine Neubausituation in lockerer bebauter Umgebung liegt F_{sh} typischerweise bei 70 % bis 75 %.

Verschmutzung und Rückreflexion. Eine weitere Reduktion der Einstrahlung findet durch die unvermeidbare Verschmutzung der inneren und der äußeren Verglasungsoberflächen sowie durch Rückreflexion von Licht aus dem Raum statt. Beide Einflüsse werden in den Normen nicht berücksichtigt, wohl aber in [9]. Selbst bei häufiger Reinigung der Fenster liegt F_d („d" für „dirt") typischerweise um 95 %.

Zusammenwirken der Faktoren für Verschattung, Verschmutzung, des *g*-Wertes und des Rahmenanteils. Liegt die typische solare Bestrahlungsstärke im Durchschnitt im Januar auf eine südausgerichtete vertikale Fensterfläche in Mitteleuropa bei ca. 50 W/m², so werden davon typischerweise bei einem einfachverglasten Fenster 17 W/m² entsprechend 34 %, bei einer Solar-Dreischeiben-Wärmeschutzverglasung mit optimiertem schmalen Rahmen 13 W/m² entsprechend 27 % im Gebäude wirksam. Die typischen Transmissionswärmeverluste für diesen Monat betragen für die Einscheibenverglasung 116 W/m² und für die solaroptimierte Dreischeibenwärmeschutzverglasung 12 W/m². An diesen überschlägigen Werten wird deutlich, dass schlecht wärmedämmende Verglasungen in Mitteleuropa im Winter keine solaren Netto-Energiegewinne erzielen können. Moderne Dreischeiben-Wärmeschutzverglasungen erlauben jedoch auch in unserem Klima eine passiv solare Bauweise, solange die Orientierung stimmt und die Verschattung in Maßen bleibt.

Solarwärmeeinträge auf opake Außenbauteile. Fällt Solarenergie auf die Außenoberfläche eines undurchsichtigen (opaken) Bauteils, so wird sie dort teilweise absorbiert (der Rest wird reflektiert). Die Außenoberfläche erwärmt sich hierdurch – aber nur ein Teil dieser Wärme wird in den Raum „durchgereicht", überwiegend wird die Wärme nach außen abgegeben, weil dort der geringere Widerstand vorliegt. Die wirksame solare Kollektorfläche eines opaken Bauteils der Gebäudehülle A_{sol}, kann wie folgt bestimmt werden:

$$A_{sol} = \frac{a_{S,c} R_{se}}{R_c A_c}$$

17

Tabelle **17**.83 Effektiver Gesamtenergiedurchlassgrad für opake Bauteile: Im Winter zu unbedeutend für einen entscheidenden Nutzen, im Sommer stark störend. Einzig sinnvoller Rat: Eher helle Außenoberflächen wählen!

Solare Oberflächenabsorptionskoeffizienten bei opaken Bauteilen („kurzwellige Strahlung")			Altes Bauteil mit schlechter Wärmedämmung ($U_c = 1{,}4$ W/m^2/K)		Neues Bauteil mit empfohlener Wärmedämmung ($U_c = 0{,}14$ W/(m^{2}K)	
Oberfläche	Farbe	Absorptionskoeffizient für Solarstrahlung $a_{S,c}$	Gesamt-Energiedurchlass	spezif. Wärmelast im August W/m^2	Gesamt-Energiedurchlass	spezif. Wärmelast im August W/m^2
Putz, hochrefl. Spezialfarbe	spezial-weiß	0,12	0,7 %	1,5	0,1 %	0,1
Putz, frisch gestrichen	weiß	um 0,2	1,1 %	2,5	0,1 %	0,2
Putz, alter Anstrich	weiß-hellgrau	um 0,3	1,7 %	3,8	0,2 %	0,3
Putz, farbiger Anstrich	bräunlich	um 0,5	2,8 %	6,2	0,3 %	0,6
Vormauerziegel	rot-dunkelrot	0,65–0,7	3,8 %	8,4	0,4 %	0,8
Putz, dunkler	z. B. dunkelbraun	0,65–0,75	3,9 %	8,7	0,4 %	0,9
Schwarze Dachbahn	„schwarz"	um 0,8	4,5 %	9,9	0,4 %	1,0
Schiefer	„schwarz"	um 0,9	5,0 %	11,2	0,5 %	1,1
Selektiver Absorber	„schwarz"	0,95	5,3 %	11,8	0,5 %	1,2

Dabei ist

$a_{S,c}$ der Absorptionskoeffizient für Sonnenstrahlung auf die opake Außenoberfläche;

R_{se} der Wärmeübergangswiderstand des Bauteils c nach ISO 6946;

R_c der Wärmedurchgangswiderstand ($1/U_c$) nach ISO 6946 und

A_c die Außenoberfläche des betrachteten Bauteils c.

Der Gesamtenergiedurchlass eines opaken Bauteils ist somit zur Absorption der Strahlungsenergie proportional und er ist umgekehrt proportional zum Wärmedurchgangswiderstand.

Typische Absorptionskoeffizienten für Sonnenstrahlung ergeben sich aus der Zusammenstellung in Tabelle **17**.83; angegeben ist auch, wie groß der wirksame Gesamtenergiedurchlass eines solchen opaken Bauteils bei einem Bauteil mit schlechter Wärmedämmung und bei heute empfohlener Wärmedämmung ist.

Selbst bei einem sehr schlecht wärmedämmenden Bauteil sind die solaren Energieeinträge durch Absorption auf der Außenoberfläche auch bei dunklen Außenfarben gering (im Bereich von unter 2,5 W/m^2 im Januar) gegenüber den Transmissions-Wärmeverlusten (hier: ca. 28 W/m^2). Es wird daher im Winter kaum nennenswert Heizenergie durch diesen Effekt gespart – dazu kommt noch der langwellige Abstrahlungswärmeverlust, der im folgenden Abschnitt behandelt wird. Dagegen kann insbesondere in Dachräumen im Sommer der indirekte solare Energieeintrag durch Absorption an den Außenoberflächen unerträgliche Werte annehmen: bei einem schlecht gedämmten Dach mit dunkler Eindeckung um 10 W/m^2 im Monatsdurchschnitt. Das erklärt die sprichwörtliche „Hitze im Dachgeschoss"; Abhilfe ist durch hellere Außenoberflächen (oder Dachbegrünung) und bessere Wärmedämmung möglich, am besten beides. Die dadurch jeweils geringfügig verringerten solaren Einträge im Winter sind so unbedeutend, dass man sie gern für das bessere Sommerklima in Kauf nimmt.

Bei der Berechnung des Kühlbedarfs im Sommer oder der thermischen Behaglichkeit im Sommer dürfen die Auswirkungen der solaren Wärmeeinträge durch opake Bauteile nicht unterschätzt werden. Auch solare Wärmeeinträge von opaken Bauteilen mit transparenter Dämmung können analog behandelt werden (Abschnitt H.2 im Anhang zur Norm).

Langwellige Abstrahlung und Gegenstrahlung. Der zusätzliche Wärmestrom aufgrund der Wärmestrahlung an den Himmel für ein Außenbauteil c in der Gebäudehülle Φ_r (gemessen in Watt), ist gegeben durch:

$$\Phi_r = \frac{h_{r0}\,\varepsilon_r\,R_{se}}{R_c\,A_c\,\Delta\theta_{er}}$$

Dabei sind

h_{r0} der Standard-Wärmeübergangskoeffizient für thermische Strahlung (englisch „radiation"), etwa 5 W/(m^{2}K)

ε_r der langwellige Emissionskoeffizient der Außenoberfläche (außer bei Sonderbeschichtungen um 0,93)

R_{se} der gesamte äußere Wärmeübergangswiderstand (Strahlung und Konvektion nach ISO 6946),

R_c der Wärmedurchgangswiderstand ($1/U_c$) nach ISO 6946,

A_c die Außenoberfläche des betrachteten Bauteils c und

$\Delta\theta_{er}$ die typische Temperaturdifferenz zwischen der strahlungsäquivalenten Himmelstemperatur und der Außenlufttemperatur (ca. 11 K in Mitteleuropa; subpolar 9 K, tropische Zonen 13 K).

Die Netto-Wärmeverluste durch zusätzliche thermische Abstrahlung liegen für übliche Bauteiloberflächen bei

$$5\ \mathrm{W/(m^2K)} \cdot 0{,}93 \cdot 0{,}04\ \mathrm{m^2\,K/W} \cdot 11\ \mathrm{K} \cdot U_c \approx 2\ \mathrm{K} \cdot U_c$$

Diese sind, analog zum innen wirksam werdenden solaren Strahlungsgewinn, proportional zum U-Wert des Bauteils. Sie kompensieren im Januar in jedem Fall den höchsten überhaupt möglichen solaren Wärmegewinn auf sehr dunkle opake Außenoberflächen in Mitteleuropa. Bei Bauteiloberflächen mit geringem solaren Absorptionskoeffizienten können sie im Sommer die Solarlasten auf die Außenoberfläche gerade eben kompensieren, nicht jedoch bei dunklen Oberflächen. Eine eingehende Berücksichtigung der Verhältnisse an den Oberflächen opaker Bauteile zeigt somit, dass winterlich die Zusatzverluste durch Abstrahlung immer überwiegen – im Sommer eine dunkle Oberfläche zusätzliche Übererwärmungsprobleme erzeugen kann, zumindest, wenn sie nicht gut wärmegedämmt ist. Alle Argumente sprechen daher für eher wenig absorbierende („helle") Außenoberflächen.

17.5.8.7 Der Ausnutzungsgrad der Wärmeeinträge

Wenn die Summe aus inneren und solaren Wärmeeinträgen gering ist gegenüber den Wärmeverlusten – dann kann der resultierende Heizwärmebedarf nach dem Energiesatz aus der Differenz zwischen den nach 17.5.8.5 berechneten Wärmeverlusten und den nach 17.5.8.6 ausgewiesenen Wärmeeinträgen bestimmt werden. Für die meisten Altbauten ist das im Kernwinter der Fall – die Wärmeeinträge sind in einem sol-

chen Fall vollständig ausnutzbar. Eine andere Situation stellt sich ein, wenn die Wärmeeinträge höher sind als der Wärmeverlust – bedeutet dies, dass der Verlust dann Null wird? Was geschieht mit der überzähligen Wärme? Ist der Bilanzzeitraum sehr kurz (bis zu einigen Minuten), so kann die Bilanz tatsächlich auf diese Weise gebildet werden – die „überschüssige Wärme" wird in die wärmespeichernden Massen der Bauteile (und Möbel) eingelagert, wodurch sich deren Temperatur erhöht. Das kann wiederum zur Folge haben, dass die Temperatur in der Zone höher als bis zum Sollwert ansteigt – natürlich regelt eine gute Heizungsregelung dann auf „Null" zurück. Heizöl (oder Heizgas) wird aber nicht aus der Heizung erzeugt werden, auch wenn der rechnerische Wärmebedarf nun „negativ" würde. Vielmehr führt die etwas höhere Temperatur im Raum zu einem insgesamt etwas höheren Wärmeverlust durch die Gebäudehülle, zu einem Wärmeverlust, der ohne die überschüssige freie Wärme nicht auftreten würde. Das können wir auch so auffassen: Ein Teil der Wärmeeinträge ist nicht nutzbar, er wird in einen zusätzlichen Wärmeverlust verwandelt.

Wie groß ist der Ausnutzungsgrad für die Wärmeeinträge? Das hängt zum einen vom Verhältnis zwischen den gesamten Wärmeeinträgen Q_{gn} und den gesamten Wärmeverlusten Q_{ht} ab (Wärmebilanzverhältnis γ_H auch Gewinn/Verlust-Verhältnis bzw. in der Anfangszeit Solar/Last-Verhältnis genannt):

$$\gamma_H = \frac{Q_{gn}}{Q_{ht}}$$

Ist dieses Verhältnis groß, so kommt es häufiger zu Überheizungen und zu höheren Temperaturen über der Solltemperatur und damit zu höheren Zusatzwärmeverlusten bzw. einem geringeren Ausnutzungsgrad η_{gn}. Mit numerischen Simulationen ist es möglich, Näherungsformeln für die Bestimmung des Ausnutzungsgrades auch für das Monats- und das Heizperiodenverfahren zu gewinnen. In einer guten Näherung gilt

wenn $\gamma_H > 0$ und $\gamma_H \neq 1$: $\eta_{gn} = \dfrac{(1 - \gamma_H^a)}{(1 - \gamma_H^{a+1})}$

wenn $\gamma_H = 1$: $\eta_{gn} = \dfrac{a}{a+1}$

und schließlich für $\gamma_H < 0$ $\eta_{gn} = 1$

17

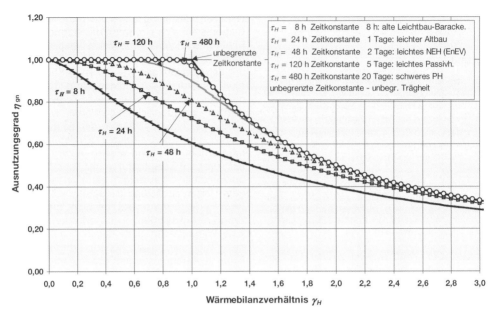

17.84   Verlauf des Ausnutzungsgrades η_{gn} über dem Verhältnis „Gewinn" zu „Verlust" (Wärmebilanzverhältnis γ_H).

Der mittlere Fall ergänzt gerade die erste Formel stetig über ihre Singularität hinweg – und der letzte Fall besagt einfach, dass „negative Wärmegewinne" wie Wärmeverluste (100 % wirksam) zu behandeln sind. Die einzige noch nicht eingeführte Größe ist darin der dimensionslose numerische Parameter a, der das Ausmaß der im Gebäude bei einem Überangebot von Einträgen für spätere Zeiten zwischenspeicherbaren Wärme charakterisiert:

$$a = a_0 + \frac{\tau}{\tau_0}$$

mit

a_0 dimensionsloser Parameter, im Monatsverfahren 1, im Heizperiodenverfahren 0,8

τ Zeitkonstante der Gebäudezone (vgl. nächster Abschnitt) (in Stunden)

τ_0 Bezugszeitkonstante, im Monatsverfahren 15, im Heizperiodenverfahren 30

Gebäude mit größerer Zeitkonstante können evtl. überschüssige Wärmeeinträge für längere Zeit abpuffern (und werden dabei weniger stark übererwärmt) als Gebäude mit nur kurzen Zeitkonstanten.

Bild **17**.84 zeigt den Verlauf von η_{gn} über dem Wärmebilanzverhältnis. Alle Kurven werden nach

oben begrenzt durch die eines Gebäudes mit unendlicher Zeitkonstante: Hier können alle anfallenden Energieeinträge optimal genutzt werden, d. h. für $Q_{gn} < Q_{ht}$ ist der Ausnutzungsgrad 1 und darüber hinaus $1/\gamma_H$, d. h. dann werden gerade die Verluste aufgehoben. Ein Passivhaus mit einer hohen Zeitkonstante (Massivbau-Passivhaus) kommt mit einer Zeitkonstante von bis zu 20 Tagen diesem Idealfall schon recht nahe. Aber selbst ein Passivhaus-Leichtbau liegt mit 5 Tagen Zeitkonstante noch ganz gut im Rennen. Spürbar schlechtere Ausnutzungsgrade stellen sich ein, wenn das Gebäude weniger gut wärmegedämmt wird. Sind dann auch noch nur geringe Wärmekapazitäten vorhanden, so stellt sich das oft zitierte „Barackenklima" ein (Zeitkonstante 8 h).

17.5.8.8 Ein Bilanzbeispiel für den Jahresheizwärmebedarf

Auch wenn manchmal Interessenvertreter davon abzulenken versuchen: Die Reduktion des Jahresheizwärmebedarfs ist und bleibt der Schlüssel für behagliches, gesundes, guten Bautenschutz gewährleistendes und energieeffizientes Bauen. Die Variabilität der mit heutigen Mitteln realisierbaren Heizwärmebedarfskennwerte für einen ansonsten gleichbleibenden architektonischen Entwurf ist groß: Sie reicht vom Passivhaus mit

17

Tabelle **17**.85 Beispielhafte rechnerische Jahresheizwärmebilanz für eine Doppelhaushälfte; Teil I: Transmission

Konditionierte Nutzfläche	m^2		**156,0**						
Bauteil		Temp. zone	Fläche o. Länge	U-Wert oder Ψ W/(m^2K) oder W/(mK)		Temp.-faktor b_{tr}	$\Delta\theta \cdot t$ kKh/a	Q_{tr} kWh/a	
Außenwand Außenluft	m^2	D	184,3	×	0,12	× 1,00	× 79,8	= 1712	
Dach/Decken Außenluft	m^2	D	83,4	×	0,13	× 1,00	× 79,8	= 892	
Bodenplatte	m^2	G	80,9	×	0,20	× 0,50	× 79,8	= 631	
Fenster	m^2	D	43,5	×	0,70	× 1,00	× 79,8	= 2438	
Wbrücken außen	m	D	116,9	×	−0,030	× 1,00	× 79,8	= −278	
Wbrücken Boden	m	G	11,4	×	0,061	× 0,50	× 79,8	= 28	
									KWh/(m^2a)
Summe Transmission								5423	**34,8**

unter 15 kWh/(m^2a) über gerade eben die gesetzlichen Ansprüche erfüllenden Gebäude mit derzeit noch über 75 kWh/(m^2a) bis zum (nicht zulässigen) Altbau-Imitat (bis über 200 kWh/(m^2a)). Das ist allein im zulässigen Bereich ein Unterschied um mehr als einen Faktor fünf. So groß sind die Unterschiede verschiedener Energiebereitstellungstechniken auch heute nicht, dass sie diesen Einfluss ausgleichen könnten. Es ist sogar so, dass besonders effiziente Versorgungsvarianten erst durch einen geringen Jahresheizwärmebedarf wirtschaftlich realisierbar werden – da sie nur geringere Kollektorflächen, weniger teure Wärmequellenerschließung für Erdreichwärmepumpen oder ein noch vertretbar großes Vorratslager für Biobrennstoffe benötigen.

Die Energiebilanz gibt uns Auskunft über die Ergebnisse – und sie erlaubt die Untersuchung der baulichen Einflussparameter, die besonders hohen Einfluss ausüben. Diese Einflüsse sind inzwischen nicht nur in der rechnerischen Behandlung, sondern auch in der Praxis überprüft. Einige wesentliche Einflüsse wollen wir zusammen mit den Auswirkungen hier kurz diskutieren. Diese Diskussion liefert wertvolle Hinweise für den Entwurf von Gebäuden, die allen zukünftigen Anforderungen gerecht werden können.

Als Grundlage für diese Untersuchung dient eine Doppelhaushälfte (oder auch Reihenendhaus) mit Pultdach (83,4 m^2), großer Südfensterfläche (30,4 m^2), einem Westfenster (2 m^2), ausreichender Belichtung aus Norden (11 m^2 Fensterfläche), Variabel gestaltbaren Außenwänden (im Basisfall 184,3 m^2) und einem Erdgeschoss-Boden (80,9 m^2), der

wahlweise als Kellerdecke oder als Bodenplatte auf Grund gerechnet werden kann. Die gesamte konditionierte Wohnfläche beträgt 156 m^2.

Im Basisfall hat dieses Gebäude eine voll ausgedämmte Dachkonstruktion mit Leichtbauträgern ($U_{er} = 0,13$ W/(m^2K)), eine mit Wärmedämmverbundsystem gedämmte Außenwand ($U_{ew} = 0,12$ W/(m^2K)), eine auf der Betonplatte gedämmte Bodenplatte ($U_g = 0,2$ W/(m^2K)), Dreischeiben-Fenster mit gedämmtem Rahmen ($U_w = 0,7$ W/(m^2K)) und eine weitgehend wärmebrückenfreie Konstruktion – die „Zusatzverluste" durch Wärmebrücken sind im Endeffekt kleiner Null. Damit ergeben sich für den Standort Würzburg folgende Heizperiodentransmissionswärmeverluste (vereinfachter Temperaturanpassungsfaktor für Flächen zum Erdreich $b_{tr,G} = 0,5$) (Tab. **17**.85).

Das Gebäude wird im Basisfall mit einer Lüftungsanlage mit Wärmerückgewinnung (effektiver Wärmebereitstellungsgrad 78 %) betrieben, die Luftdichtheit ist mit $n_{50} = 0,35$ h^{-1} als ausgezeichnet anzusehen. Damit ergibt sich im Basisfall ein Lüftungswärmeverlust Q_{ve} wie in Tabelle **17**.86.

Die gesamten Wärmeverluste lassen sich damit schon zu $q_{ht} = q_{tr} + q_{ve} = 41,1$ kWh/(m^2a) ermitteln. Die Hauptfassade ist nach Süden orientiert, womit sich für die 30,42 m^2 Fensterfläche in diese Richtung mit Dreischeibenverglasung mit hohem g-Wert ein bedeutendes solares Wärmeangebot im Winter ergibt; das Angebot überschreitet die Verluste der Fenster um 80 %. Dagegen sind auch für diese Fensterqualität die solaren Angebote durch die West- und Nordfensterflä-

Tabelle **17**.86 Beispielhafte rechnerische Jahresheizwärmebilanz für eine Doppelhaushälfte; Teil II: Lüftung und Wärmerückgewinnung

Lüftungsanlage:	wirksames Luftvolumen VL			A_f m² 156,0	×	lichte Raumhöhe m **2,50**	=	m³ 390,0	
effektiver Wärmebereitstellungsgrad der Wärmerückgewinnung		η_{eff}	79 %						
		Anlage 1/h				Infiltration 1/h	1/h		
	energetisch wirksamer Luftwechsel n_L	**0,308**	×	(1 – 0,79)	+	**0,030**	=	0,095	
		V_L	n_L	ρc_{Luft}	G_t	Q_{ve}	je m² A_f		
		m³	1/h	Wh/(m³K)	kKh/a	kWh/a	kWh/(m²a)		
Lüftungs- wärmeverluste		390	× 0,095	× 0,33	× 79,8	= 979	**6,3**		

chen deutlich geringer als die betreffenden Wärmeverluste.

Schließlich ergibt sich das Wärmeangebot an inneren Wärmequellen zu q_{int} = 10,3 kWh/(m²a) aus den 2,1 W/m² über 205 Tage der Heizzeit. Damit kann auch q_{gn} zu 33,4 kWh/(m²a) ermittelt werden. Wir zeigen die grundsätzliche Vorgehendweise nun an Hand des Heizperiodenverfahrens, wegen der dort gegebenen Übersichtlichkeit – in der Praxis wird in der Regel mit dem Monatsverfahren gerechnet, wegen der sich dort ergebenen höheren Genauigkeit. Das Gewinn-zu-Verlust-Verhältnis γ_H ergibt sich zu

$$\gamma_H = \frac{Q_{gn}}{Q_{ht}} = \frac{q_{gn}}{q_{ht}} = \frac{33,4}{41,1} = 81\%$$

Für das hier behandelte Beispiel beträgt das freie Wärmeangebot in der Heizperiode immerhin

81 %. Die effektiv wirksame Wärmekapazität C_{wirk} im Beispiel beträgt 100 Wh/(m²K), woraus sich mit H'_{tot} = 0,76 W/(m²K) eine Zeitkonstante von 5,3 Tagen ergibt (!). Daraus wiederum kann der Exponent a zu

$$a = a_0 + \frac{\tau}{\tau_0} = 0,8 + \frac{5,3 \cdot 24\,h}{30\,h} = 5$$

und der Ausnutzungsgrad für die freie Wärme zu

$$\eta_{gn} = \frac{(1 - \gamma_H{}^a)}{(1 - \gamma_H{}^{a+1})} = \frac{(1 - 0,81^5)}{(1 - 0,81^6)} = 91\%$$

bestimmt werden. Das Angebot ist somit wegen der langen Zeitkonstante zu einem ganz überwiegenden Teil nutzbar. Der Jahresheizwärmebedarf bezogen auf A_f ergibt sich so für den Basisfall zu

Tabelle **17**.87 Beispielhafte rechnerische Jahresheizwärmebilanz für eine Doppelhaushälfte; Teil III: solare Wärmegewinne

Ausrichtung der Fläche	Faktor für Verschattung, Rahmen etc. entspr. Berechnung		g-Wert (senkr. Einstr.)		Fläche m²		Globalstr. Heizzeit kWh/(m²a)		kWh/a
Nord	0,48	×	0,57	×	11,04	×	137	=	411
Ost	0,40	×	0,00	×	0,00	×	214	=	0
Süd	0,49	×	0,57	×	30,42	×	366	=	3080
West	0,41	×	0,57	×	2,00	×	224	=	105
Horizontal	0,40	×	0,00	×	0,00	×	331	=	0
									kWh/(m²a)
Wärmeangebot Solarstrahlung Q_{Sol}							Summe	3596	**23,1**

17

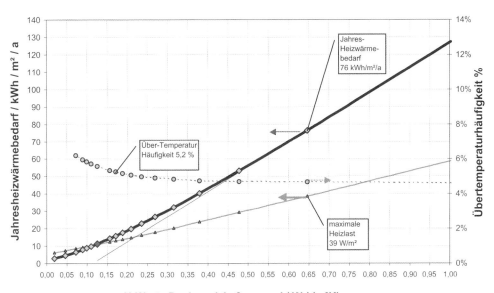

17.88 Der Einfluss der Wärmedämmung von Dach und Außenwand auf den Heizwärmebedarf und die Heizlast: tatsächlich ist die Dämmung von Dach und Wand die alles überragende Einflussgröße, fast auf null lässt sich der Bedarf reduzieren – aber schon bevor er Null wird, erreicht man mit dem Passivhaus eine ökonomisch optimale und ökologisch nachhaltige Lösung.

$$q_{he} = q_{ht} - \eta_{gn}\, q_{gn} = 41,1 \text{ kWh/(m}^2\text{a)}$$
$$- 91 \% \cdot 33,4 \text{ kWh/(m}^2\text{a)} = 10,8 \text{ kWh/(m}^2\text{a)}$$

Im vorliegenden Fall ist der Jahresheizwärmebedarf so gering, dass der Passivhausstandard erreicht wird (≤ 15 kWh/(m^{2}a)) – die Technik für die Wärmebereitstellung vereinfacht sich sehr stark, es können z. B. Wärmepumpen-Kompaktgeräte verwendet werden. Weitgehend unabhängig von der eingesetzten Heiztechnik, solange diese nicht extrem ineffizient ist, wird der Heizenergieverbrauch in jedem Fall so gering sein (hier um 1900 kWh), dass künftige Energiepreissteigerungen die Nutzer nicht mehr ernsthaft belasten und der Klimaschutz dauerhaft gewährleistet werden kann: Bei z. B. 9 €Cent/kWh Heizenergiepreis liegen die monatlichen Kosten der Heizwärme immer noch unter 0,10 €/(m^{2}Mon). Dieser Standard kann daher als zukunftssicher angesehen werden.

Bild **17**.79 zeigt die Wärmebilanz über die Heizperiode für dieses Gebäude: Trotz der sehr guten Wärmedämmung wird die Bilanz auf der Verlustseite (rechts) immer noch von den Transmissionswärmeverlusten durch die opaken Bauteile beherrscht – die hauptsächlich nach Süden orientierten Fenster gewinnen dagegen etwas

mehr Wärme als sie verlieren; das ist nur dem geringen U-Wert von Verglasung und Rahmen zu verdanken. Durch die Wärmerrückgewinnung sind die Lüftungswärmeverluste trotz einer ausreichenden Frischluftzufuhr und dadurch guten Luftqualität ziemlich gering. Der Heizwärmebedarf ergänzt die freien Wärmen (Innere Wärmequellen und Solarer Wärmeeintrag), so dass die Gewinne auf der linken Seite die Verluste auf der rechten Seite gerade aufwiegen.

17.5.8.9 Die entscheidenden Einflussfaktoren auf den Jahresheizwärmebedarf

Durch Variation der Daten des Gebäudes und wiederholte Berechnung der im letzten Abschnitt vorgestellten Bilanz lässt sich erkennen, welche Eigenschaften bedeutenden Einfluss auf die Energiebilanz für die Heizung haben.

Einfluss der Wärmedämmung opaker Bauteile. Die Dämmdicke der Bauteile Außenwand und Dach wird gegenüber dem Ausgangszustand (je 280 mm) variiert, so dass sich mittlere U-Werte dieser opaken Hüllflächen zwischen 0,02 (nur theoretisch erreichbarer Wert) und 1,0 W/(m^{2}K) ergeben. Bild **17.88** zeigt, dass dies zu einer

17

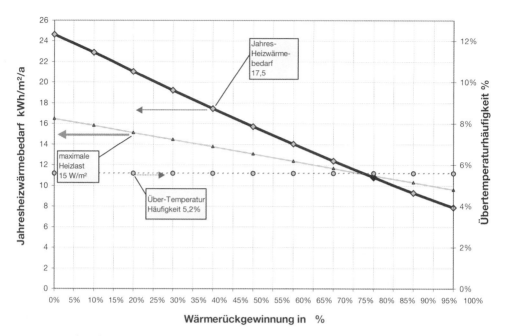

17.89 Der Einfluss der Wärmerückgewinnung ist ebenfalls ziemlich groß – vor allem bei einem Gebäude, bei dem die
Dämmung bereits optimal ist. Auch mit 100 % Wärmerückgewinnung lässt sich der Heizwärmebedarf aber nicht
auf null bringen – es überwiegen eben die Transmissionswärmeverluste.

nahezu linearen Veränderung des Jahresheizwärmebedarfs über einen großen Variationsbe-
reich von 3 bis hinauf zu 127 kWh/(m²a) führt.
Der Basisfall ist durch die dunkel hervorgege-
bene Raute charakterisiert (etwa 11 kWh/(m²a)).
Dieser starke Einfluss der Wärmedämmung ist in
mehrfacher Hinsicht bedeutend:

- Praxiserprobungen zeigen, dass die bessere
  Dämmung baupraktisch zuverlässig und er-
  gebnissicher erstellt werden kann. Die erforderlichen wärmebrückenfreien Konstruktionen stehen zur Verfügung, das Know-how ist
  frei zugänglich (vgl. z. B. die Angaben in diesem Buch).

- Die Verbesserung der Wärmedämmung der
  opaken Bauteile ist andererseits auch ökonomisch mit vertretbarem Aufwand durchführbar, jedenfalls so lange die U-Werte im Bereich zwischen 0,10 und 0,16 W/(m²K) bleiben.
  Noch größere Dämmstärken könnten in Einzelfällen erforderlich werden und sind für das
  Erreichen des Passivhausstandards auch zu
  rechtfertigen – allerdings weist eine solche
  Notwendigkeit auf Schwächen des Entwurfes
  an anderer Stelle hin (z. B. schlechte Orientierung).

- Die Verbesserung der opaken Wärmedämmung führt baukonstruktiv und bauphysikalisch zu geringeren Bauschadensrisiken und
  damit zu einer höheren Werthaltigkeit. Aus
  diesem Grund ist ein solcher Ansatz sinnvoll.

- Der ebenfalls eingezeichnete Verlauf für die
  maximale Heizlast zeigt auch eine nahezu lineare Abhängigkeit. Die installierte Leistung
  kann damit mit verbessertem Wärmeschutz
  reduziert werden. Da die Gebäude mit sehr
  gutem Wärmeschutz wegen der langen Zeitkonstanten über Nacht kaum auskühlen, muss
  normalerweise auch keine Anheizreserve vorgesehen werden.

- Der ebenfalls eingezeichnete Verlauf für die
  Häufigkeit von Übertemperaturen über 25 °C
  bleibt in weiten Teilen vom Niveau der opaken Wärmedämmung unbeeinflusst (Rechte
  Ordinate, konstant bei um 4,7 %). Bei extremer Dämmdicke nehmen die Werte leicht zu,
  dies ist aber durch etwas erhöhte Sommerlüftung leicht auszugleichen.

- Tatsächlich kann durch das Einstellen des Niveaus der Dämmstärken bei einem konkreten
  Projekt in der Regel am einfachsten der Passivhausstandard erreicht werden, zumindest

17

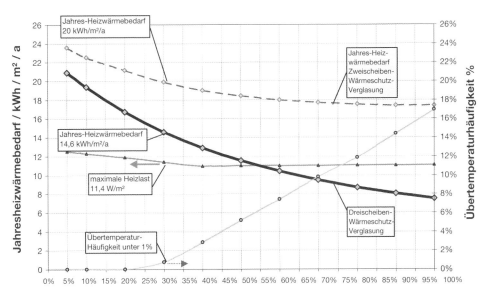

17.90 Mit der passiven Solarenergienutzung ist die Lage etwas komplizierter: Weil gerade bei größer werdenden solaren Gewinnflächen (Fenstern) auch im Winter das Angebot an manchen Tagen zu groß wird, ist ein zunehmend kleinerer Anteil des Angebotes nutzbar. Macht man die Südfenster größer, so sinkt der Jahresheizwärmebedarf zunächst tatsächlich deutlich – der Effekt flacht dann aber ab. Und, ärgerlich, der Gegeneffekt stört: Im Sommer wird das Innenklima bei großen Verglasungen schlechter beherrschbar.

dann, wenn die anderen Parameter vernünftig gewählt wurden.

Der Einfluss der Wärmerückgewinnung. In Bild **17**.89 wird dargestellt, wie sich der Jahresheizwärmebedarf (dunkle durchgezogene Linie mit Rauten, linke Ordinate) verändert, wenn der Frischluftbedarf dieses Reihenendhauses (120 m³/h entsprechend vier Personen) mit Wärmebereitstellungsgraden zwischen 0 und 100 % gedeckt wird. Auch diese Abhängigkeit ist erkennbar nahezu linear, der Heizwärmebedarf fällt von knapp 24 kWh/(m²a) ohne Wärmerückgewinnung auf unter 9 kWh/(m²a) mit 100 % Wärmerückgewinnung. Wieder reduziert sich die Heizlast ebenso wie der Heizwärmebedarf, die sommerlichen Behaglichkeitsbedingungen ändern sich dagegen nicht – Wärmerückgewinnungsgeräte müssen im Sommerhalbjahr generell in Mitteleuropa mit Bypass betrieben werden. Sehr gute heutige zentrale Wärmerückgewinnungsanlagen mit Gegenstromwärmeübertragern erreichen Wärmebereitstellungsgrade um 90 %. Die vorliegende Abhängigkeit zeigt, dass ohne Wärmerückgewinnung aus der Abluft niedrige Jahresheizwärmebedarfswerte wie bei einem Passivhaus nicht erreicht werden können – und dass es ratsam erscheint,

Geräte mit hohen Wärmebereitstellungsgraden zu verwenden.

Der Einfluss des Fensterflächenanteils. Am Beispiel des Fensterflächenanteils der Südfassade zeigt Bild **17**.90, wie sich der Jahresheizwärmebedarf verändert. Bei zunächst kleinen Ausgangsfensterflächen nimmt der Wärmebedarf zunächst schnell ab: Die zusätzlichen Wärmeverluste über die Fenster werden durch den solaren Wärmeeintrag überkompensiert. Je mehr die transparenten Flächen allerdings zunehmen, umso mehr flacht die abnehmende Kurve ab: Die Ursache liegt in der abnehmenden Nutzbarkeit der zusätzlichen solaren Gewinne, weil sich immer öfter auch in der Heizzeit Temperaturen über dem Sollwert ergeben. Die maximale Heizlast nimmt zunächst auch mit zunehmender Südfensterfläche ab (zusätzliche solare Gewinne überwiegen am kältesten Tag die zusätzlichen Wärmeverluste). Ab einem Fensterflächenanteil von etwa 38 % ändert sich die maximale Heizlast aber nicht mehr – sie tritt nun nämlich nicht mehr am kältesten Tag, sondern an einem Tag mit besonders niedrigem Solarangebot auf. Auffällig ist die Zunahme der Tage mit sommerliche Übererwärmung mit zunehmendem Süd-Fens-

17

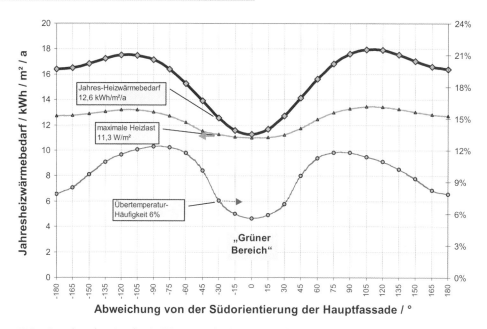

17.91 Dass das solare Angebot im Winter von der Orientierung abhängt, ist bekannt; ±30° bewirken jedoch noch kein größeres Problem. Dass die West- und Ost-Orientierung kaum besser abschneiden als ein Nordfenster, wird überraschen – und noch unterstrichen wird das Ergebnis dadurch, dass die solaren Lasten im Sommer auf der Südseite durch Überstände leicht beherrschbar sind; bei West- und Ostorientierung jedoch Probleme aufwerfen.

terflächenanteil (hellgraue Kurve mit Kreissymbolen, abzulesen an der zweiten Ordinate rechts). Bei kleinen Fensterflächenanteilen (bis zu etwa 22 %) gibt es überhaupt keine Übertemperaturen. Ab etwa 27 % Fensterflächenanteil nimmt die Übererwärmungshäufigkeit annähernd linear mit dem Fensterflächenanteil zu, wobei die auftretenden Werte durch den hier eingesetzten innenliegenden Sonnenschutz in Verbindung mit den Balkon-Und Dachüberständen bis etwa 60 % Südfensterflächenanteil immer noch akzeptable sind (etwa 7,4 % der Zeit). Darüber allerdings müssen zusätzliche, weitergehende Maßnahmen ergriffen werden, wenn die Behaglichkeit im Sommer vertretbar bleiben soll: Die Standardlösung ist ein außenliegende temporäre Verschattungseinrichtung, wie z. B. eine Außenjalousie oder eine Markise. Natürlich muss diese Verschattung im Winter inaktiv sein, damit die solaren Wärmegewinne überhaupt verfügbar werden (Anmerkung: die für den vorliegenden Basisfall verwendete Lösung mit feststehenden Überständen über den Fenster funktioniert nur für Fenster mit wenig Abweichung von der Südorientierung, sie sind für Ost- und West-Orientierungen wirkungslos. Das zeigt sich deutlich im nächsten Abschnitt.)

Der Einfluss der Orientierung der Hauptfassade. Bild **17**.91 zeigt die Auswirkungen, wenn die betrachtete Reihenhauszeile aus der offensichtlich idealen Südorientierung der Hauptfassade herausgedreht wird. Änderungen bis zu +30° bzw. –30° aus der Idealorientierung zeigen noch wenig Verschlechterung – dann nimmt jedoch der Heizwärmebedarf bei ansonsten unverändertem Gebäude um bis zu 50 % zu, wobei die Höchstwerte bei West- bzw. Ostorientierten Fassaden erreicht werden. Ähnlich verhält es sich mit der Heizlast. Noch dramatischer ist allerdings die Auswirkung auf die sommerliche Überhitzung, die von erträglichen 6 % bei bis zu 30° Südabweichung steil auf um 10 % zwischen 80 und 110° Abweichung (also West- und Ostfenstern) zunimmt. Die hier eingesetzten feststehenden Überstände über den Fenstern sind nämlich gegenüber der im Sommer in West- und Ostrichtung tief stehenden Sonne wirkungslos. Große Ost- und Westverglasungen sowie horizontale Glasflächen brauchen für den sommerlichen Sonnenschutz in der Regel temporäre außenliegende Verschattungselemente.

17

17.5.8.10 Empfehlungen für die Altbausanierung

Der Gebäudebestand unterliegt ständigen Veränderungen – zu denen die ohnehin erforderlichen Instandhaltungsmaßnahmen und die Modernisierung nicht mehr zeitgemäßer Gebäude gehören. Jede dieser Maßnahmen im Bestand bietet die Möglichkeit, den wärmetechnisch unzureichenden Zustand an die Erfordernisse der Zukunft anzupassen.

In [5] wurden energetische Mindeststandards der Gebäudehülle und der Anlagentechnik im Rahmen von Änderungen an Bestandsgebäuden untersucht und geeignete Empfehlungen abgeleitet. Aus Sicht des Investors muss der geforderte Effizienzstandard einen einzelwirtschaftlichen Vorteil darstellen, die Empfehlungen sind daher jeweils so gewählt, dass der Effizienzstandard zugleich das derzeitige wirtschaftliche Optimum darstellt.

Daneben sind aber weitergehende Empfehlungen für einen zukunftsweisenden Standard und damit für die Förderung durch Länder und Gebietskörperschaften sinnvoll. Auch diese Grenzwerte sind aus Sicht des Investors wirtschaftlich attraktiv, insbesondere nach Förderung [27G].

Die Erneuerung und Sanierung von Bauteilen erfolgt nur in relativ großen Zeitabständen (alle 20 bis 50 Jahre). Wie sich zeigt, sollten diese Anlässe möglichst umfassend genutzt werden, um gleichzeitig die Effizienz zu verbessern. Die ermittelten Kosten der eingesparten Energie liegen meist deutlich unter den zu erwartenden finanzmathematisch mittleren künftigen Energiebezugspreisen (die hier für die folgenden 20 Jahre mit durchschnittlich 9 Cent/kWh angenommen werden).

Weist bei Wärmeschutz-Maßnahmen ein Bauteil schon einen verbesserten Wärmeschutz auf, so verringert sich die Wirtschaftlichkeit weiterer Maßnahmen an diesem Bauteil. Ab einem bestimmten Grenz-U-Wert des bestehenden Bauteils sind weitere Wärmeschutzmaßnahmen nicht mehr wirtschaftlich durchführbar. Dieser Mindest-Ausgangswärmedurchgangskoeffizient wurde ebenfalls mit bestimmt. Bei der Durchführung von Wärmeschutzmaßnahmen sollte daher immer ein möglichst hoher wirtschaftlich und baupraktisch durchführbarer Standard erreicht werden, da spätere Verbesserungen am Bauteil sonst regelmäßig unwirtschaftlich sind.

Für die im Folgenden beschriebenen Maßnahmen wurden in [5] Wirtschaftlichkeitsanalysen mittels der dynamischen Annuitätenmethode durchgeführt. Zu jeder Maßnahme wird in den nachfolgenden Tabellen der dort bestimmte Äquivalentpreis der eingesparten Energie angegeben. Dieses Wirtschaftlichkeitskriterium ermöglicht einen direkten Vergleich zur Alternative „weiterer Energiebezug". Es kann mit einem zukünftigem Energiepreis (Gas oder Öl) von 9 Cent/kWh im Mittel über den Kalkulationszeitraum (2015 bis 2045) verglichen werden.

Mit den ökonomischen Randbedingungen von 2007/2008 gab es folgende wesentliche Ergebnisse:

- Die wirtschaftlich optimalen Wärmedämm-Maßnahmen führen auf Kosten der eingesparten Energie zwischen 1 und 4,6 Cent/kWh. Damit sind diese Maßnahmen deutlich günstiger als der alternative Energiebezug.

- Die Erneuerung von Wärmeerzeugern mit effizienteren Geräten ist ebenfalls rentabel (Kosten der eingesparten Energie von 1,9 bis 6,5 Cent/kWh).

- Bei thermischen Solaranlagen besteht weiterhin Förderbedarf. Die Kosten der eingesparten Energie sind größer als 12 Cent/kWh.

- Lüftungsanlagen mit Wärmerückgewinnung kommen in den wirtschaftlichen Bereich, wenn zumindest die Investitionskosten einer Abluftanlage gegen gerechnet werden (für vergleichbare Raumluftqualität wäre mindestens eine Abluftanlage erforderlich).

- Dreischeiben-Wärmeschutzverglasungen mit thermisch verbessertem Randverbund sind im Vergleich zu Zweischeiben-Wärmeschutzverglasungen ebenfalls bereits heute rentabel (Kosten der eingesparten kWh knapp unter dem Endenergiebezugspreis). Seit 2014 gilt dies auch für speziell wärmegedämmte Passivhaus geeignete Fensterrahmen. Immer wirtschaftlich ist die Verwendung von thermisch getrennten Abstandhaltern.

- Besonders interessant ist bei Nichtwohngebäuden eine effiziente Beleuchtungsanlage (Verwendung von elektronischen Vorschaltgeräten mit geeigneten Leuchtmitteln).

Außenwände. Bei den Wärmeschutzmaßnahmen können bei den folgenden auslösen Tatbeständen gekoppelte Wärmeschutzmaßnahmen dringend im Interesse des Eigentümers empfohlen werden:

- Neuanstrich oder Neuverputz der Fassade – nahezu alles, was zum Errichten eines Gerüstes an der Fassade führt: Nachträgliche Däm-

17

Energiesparmaßnahme: Außenwand, Wärmedämm-Verbundsystem
Kopplung an Ohnehin-Maßnahme: Neuanstrich Außenfassade

Bauteil alt	Ohnehin- Maßnahme	wirtschaftlich gebotener Wärmeschutz	zukunftsweisender Wärmeschutz
	Ohnehin fällige Maßnahme ohne Wärmedämmung	Sanierungsmaßnahme mit Wärmedämmung nach Mindest-Empfehlung:	Sanierungsmaßnahme mit Wärmedämmung nach Empfehlung:
verputze Außenwand	Neuanstrich Außenfassade	Wärmedämm-Verbundsystem	Wärmedämm-Verbundsystem
U-Wert: 1,41 W/(m²K)	1,41 W/(m²K)	0,16 W/(m²K)	0,11 W/(m²K)
		22 cm Dämmung (040) mit R-Wert = 5,50 m²K/W	32 cm Dämmung (040) mit R-Wert = 8,00 m²K/W
Innenoberflächentemperatur bei -10 °C Außenluft	14,5 °C	19,4 °C	19,6 °C
Bauliche Investitionskosten:	20 €/m²	106 €/m²	115 €/m²
Investitionskosten der bedingten Energiesparmaßnahme =Kosten, die der Energieeinsparung zugerechnet werden:		86 €/m²	95 €/m²
Restwert der Energiesparmaßnahme bei 50 Jahren Lebensdauer:		41%	41%
Restwert der bedingten Energieeinsparmaßnahme nach dem Kalkulationszeitraum :		35 €/m²	39 €/m²
Kosten d. Energiesparmaßnahme abzüglich des Restwerts:		51 €/m²	57 €/m²
Annuitätische Kapitalkosten für die Energiesparmaßnahme :		3,51 €/(m²a)	3,90 €/(m²a)
jährliche Heizkosteneinsparung: (mit mittl. Energiepreis inkl. HE s.o.)		7,40 €/(m²a)	7,68 €/(m²a)
jährlicher Gewinn:		3,88 €/(m²a)	3,78 €/(m²a)
Erzielte Heizenergieeinsparung normalbeheizt :		108,2 kWh/(m²a)	112,3 kWh/(m²a)
Heizenergieeinsparung im Vergleich zum alten Bauteil :		89%	92%
Kosten für eine eingesparte kWh Endenergie :		3,2 Cent/kWh	3,5 Cent/kWh
zum Vergleich: mittlere Energiekosten (2006-2026) inkl. Hilfsenergieanteil (Öl/Gas) :		6,8 Cent/kWh	6,8 Cent/kWh
Primärenergieeinsparung (bei Öl/Gas-Heizung):		119,0 kWh/(m²a)	123,5 kWh/(m²a)

ANNAHMEN				
	Realzins:	3,27% p.a.	Heizgradstunden:	78,00 kKh/a
	Kalkulationsdauer:	20 Jahre	diff. Jahresnutzungsgrad:	90%
	Annuität:	6,9% p.a.	Mittlerer Energiepreis (Gas/Öl):	0,0659 €/kWh
			Mittlere Energiekosten inkl. Hilfsenergieanteil:	0,068 €/kWh

17.92 Beispiel für eine nachträgliche Wärmedämmung der Außenwand: Jeder Anlass ist ausreichend – sobald überhaupt ein Gerüst steht, lohnt sich die nachträgliche Wärmedämmung einer verputzten Außenwand, wobei keine Dämmdicke kleiner als 20 cm sein sollte. [5]

Tabelle **17**.93 Überblick zu den Energieeffizienz-Maßnahmen am Fenster (Quelle: [5]).

Austausch der Fenster	Ohnehin-Maßnahme				Wirtschaftlich optimierter Standard						Auslösende Maßnahme	Als bedingte Maßnahme wirtschaftlich?	EnEV-Höchstwert Altbau (U_{max})	Zukunftsweisender Standard für Förderung				
	U_w	g	$U_{w,equi}$	Investitionskosten pro m² Fenster	U_w	g	$U_{w,equi}$	statische Amortisationszeit	Äquivalentpreis d. eingesparten kWh	Investitionskosten pro m² Fenster				U_w	g	$U_{w,equi}$	Äquivalentpreis d. eingesparten kWh	Investitionskosten pro m² Fenster
	W/(m²K)	%	W/(m²K)	€/m²	W/(m²K)	%	W/(m²K)	a	Cent/kWh	€/m²			W/(m²K)	W/(m²K)	%	W/(m²K)	Cent/kWh	€/m²
Holzfenster	Holz (IV 68), 2WSV				Holz (d = 90mm), 3WSV						Austausch der alten Fenster	JA	1,7	Holz gedämmt, 3WSV				
	1,46	60	0,79	306	**0,91**	52	0,33	16	6,8	350				0,73	52	0,15	13,6	418
Kunststoff-fenster	PVC (Standard), 2WSV				PVC (Standard), 3WSV						Austausch der alten Fenster	JA	1,7	PVC gedämmt, 3WSV				
	1,34	60	0,67	237	**0,93**	52	0,35	17	6,7	263				0,73	52	0,15	25,5	390
Kunststoff-fenster	Holz, Einfachverglasung				PVC (Standard), 2WSV						keine	JA						
	5,90	85		0	**1,34**	60	0,67	14	5,5	237								
Kunststoff-fenster	Holz, Einfachverglasung				PVC (Standard), 3WSV						keine	JA						
	5,90	85		0	**0,93**	52	0,35	14	5,6	263								

mung der Außenwand von außen mit dem Ziel $U_{neu} \leq 0,16$ W/(m²K) (vgl. dazu Bild **17**.92).

- Komplette Wohnungsrenovierung, wenn zumindest eine Erneuerung der Tapeten vorgesehen ist und die Wohnung hierzu leer steht (Mieterwechsel, Eigentümerwechsel): Mindestens Durchführung einer Innendämmung
- Eine Außendämmung ist bauphysikalisch günstiger und führt zu höheren Energieeinsparungen (weniger Wärmebrücken), daher sollte angestrebt werden, von der Innendämmung abzusehen, wenn innerhalb eines überschaubaren Zeitraums eine Außendämmung durchgeführt wird.
- Mieter-/Eigentümerwechsel im EFH bzw. eine Kellersanierung/Modernisierung im MFH (Leerräumung des Kellers) verbunden mit einem Neuanstrich der Kellerdecke: Wärmedämmung der Kellerdecke.

Fenster. Die Tabelle **17**.93 gibt einen Überblick zu Effizienz-Maßnahmen am Fenster. Zur Charakterisierung der Fensterqualität wäre ein äquivalenter Wärmedurchgangskoeffizient, welcher auch den Energiedurchlassgrad der Verglasung mit einbezieht, besser geeignet. In der folgenden Tabelle zur Effizienz-Maßnahme Fenster ist daher zusätzlich der äquivalente Wärmedurchgangskoeffizient angegeben $U_{w,equi}$. Die vorgeschlagene Bestimmungsformel für den äquivalenter Wärmedurchgangskoeffizient $U_{w,equi}$ lautet:

$$U_{w,equi} = U_w - F_f \cdot g \cdot 1,6 \; W/(m²K)$$

mit

F_f Abminderungsfaktor Rahmenanteil

g Energiedurchlassgrad

U_w Wärmedurchgangskoeffizient des Fensters

17

Tabelle **17**.94 Überblick zu den Energieeffizienz-Maßnahmen (Im Zusammengang mit der Wohnungslüftung, Quelle: [5]).

ohne Förderung

Energiesparmaßnahme: Lüftungsanlage; Lüftungsanlage mit WRG
Kopplung an Ohnehin-Maßnahme: Abluftanlage

	Ohnehin fällige Maßnahme ohne Effizienzverbesserung	Sanierungsmaßnahme mit Wärmerückgewinnung nach Mindest-Empfehlung	Sanierungsmaßnahme mit Wärmerückgewinnung nach Empfehlung
Fensterlüftung	**Abluftanlage**	**Lüftungsanlage mit WRG**	**Lüftungsanlage mit WRG**
Wärmebereitstellungsgrad: 0%	0%	86%	86%
Ventilator: ohne	Ventilator DC	Ventilator DC	Ventilator DC

Stromeffizienz der Anlage:	0.12 Wh/m³	0.31 Wh/m³	0.38 Wh/m³
Zulufttemp. bei -10 °C Außenluft:	-10.0 °C	16.8 °C	16.8 °C
Feuchteschutz:	erfüllt	gesichert	gesichert
Bauliche Investitionskosten:	32 €/m²	62 €/m²	61 €/m²
Investitionskosten der bedingten Energiesparmaßnahme = Kosten, die der Energieeinsparung zugerechnet werden:		31 €/m²	29 €/m²
Restwert d. Energiesparmaßnahme bei 25 J. Lebensdauer:		14%	14%
Restwert d. Energiesparmaßnahme bei 50 J. Lebensdauer:		41%	41%
Restwert der bedingten Energieeinsparmaßnahme nach dem Kalkulationszeitraum:		12 €/m²	8 €/m²
Kosten d. Energiesparmaßnahme abzüglich des Restwerts:		18 €/m²	21 €/m²
Jährliche Kosten für die Energiesparmaßnahme Annuitätische Wartungs- und Hilfsstromkosten:		0.27 €/(m²a)	0.36 €/(m²a)
Annuitätische Kapitalkosten (Marktzins):		1.27 €/(m²a)	1.48 €/(m²a)
jährliche Heizkosteneinsparung: (mit mittl. Energiepreis inkl. HE s.u.)		1.68 €/(m²a)	1.68 €/(m²a)
jährlicher Gewinn:		0.14 €/(m²a)	-0.16 €/(m²a)
Erzielte Heizenergieeinsparung normalbeheizt:		24.6 kWh/(m²a)	24.6 kWh/(m²a)
Heizenergieeinsparung im Vergleich zum alten Bauteil:		57%	57%
Kosten für eine eingesparte kWh Endenergie:		6.3 Cent/kWh	7.5 Cent/kWh
zum Vergleich: heutige Bezugskosten für eine kWh Brennstoff (Öl/Gas):		5.5 Cent/kWh	5.5 Cent/kWh
Primärenergieeinsparung (bei Öl/Gas-Heizung):		26 kWh/(m²a)	26 kWh/(m²a)

ANNAHMEN

Realzins:	3.27% p.a.	Heizgradstunden:	78 kKh/a
Kalkulationsdauer:	20 Jahre	diff. Jahresnutzungsgrad:	90%
Annuität:	6.9% p.a.	Mittlerer Energiepreis (Gas/Öl):	0.0659 €/kWh
		Mittlere Energiekosten inkl. Hilfsenergieanteil:	0.0684 €/kWh

17

Die untersuchte Maßnahme ist beim zugrundegelegten Energiepreis mit Marktzins wirtschaftlich.

Als zukunftsgeeigneten Wert des Wärmedurchgangskoeffizienten von Fenstern bei Änderung oder Erneuerung empfehlen wir einen Wärmedurchgangskoeffizienten U_w von 0,85 W/(m²K) bzw. $U_{w,equi} = 0,15$ W/(m²K).

Wärmerückgewinnung. Die Mehrinvestition für eine hocheffiziente Lüftungsanlage mit Wärmerückgewinnung liegt bei wohnungsweisen Geräten mit 29 €/m² bei mittelgroßen Wohneinheiten (ca. 85 m²) deutlich über der Referenzlösung mit einfacher Abluftanlage. Dezentrale Anlagen erreichen hier unter derzeitigen Marktpreisen die Wirtschaftlichkeit noch nicht. Dafür werden bis zu 84 % ohne Annahme von zusätzlicher Fensterlüftung der Lüftungswärmeverluste durch Wärmerückgewinnung eingespart. Bei zentralen Anlagen (ca. 8 WE pro Anlage) wird die Wirtschaftlichkeit schon bei mittelgroßen Wohneinheiten erreicht. Bei größeren Wohneinheiten (135 m²) reduzieren sich die wohnflächenspezifischen Mehrkosten auf 20 €/m², die Anlagen erreichen dann die Wirtschaftlichkeit auch im Falle von wohnungsweisen Geräten.

Der Einsatz von hocheffizienten Gleichstromventilatoren (ECM) mit einer spezifischen Elektroeffizienz kleiner 0,44 Wh/m³ ist in jedem Falle wirtschaftlich und entlastet die Umwelt gegenüber der Variante mit Wechselstromventilatoren (AC) zusätzlich um 2 kg CO_2 pro Jahr und Quadratmeter Wohnfläche. Geräte dieser Qualität werden heute angeboten – und sie erlauben eine erhebliche Primärenergieeinsparung. Noch höhere Anforderungen, wie sie z. B. in Dänemark herrschen, sind dagegen prohibitiv – anstatt sinnvolle Entwicklungen anzuregen, behindern sie die Realisierung von Lüftungsanlagen.

Für den Altbau ist die nachträgliche Integration von Wohnungslüftung mit Wärmerückgewinnung im Bestand zwar technisch fast in jedem Falle umsetzbar, aber ohne Förderung nicht rentabel. Mit einem Förderzins in Höhe von etwa 1,5 % können diese Anlagen auch im Altbau wirtschaftlich eingebaut werden. Eine Förderung in diesem Umfang erscheint sinnvoll, zumal die ausgelöste Mehrinvestition vor allem europäischer Wertschöpfung (Zentralgeräte) sowie lokalem Handwerk (Kanalsystem) zu Gute kommt und weil damit zugleich ein Beitrag zur Raumlufthygiene geleistet wird, dessen Gegenwert den der Energieeinsparung sogar noch übersteigt.

17.5.9 Zur weiteren Entwicklung der Energieeffizienz

Die Energieeinsparverordnung, erst zum 1.2.2002 eingeführt, ist inzwischen schon dreimal reformiert worden – und die nächste Reform ist bereits angekündigt.

Durch die schrittweisen Verbesserungen der Anforderungen wird der Neubaustandard in Deutschland allmählich an ein nachhaltiges Niveau (Niedrigstenergiegebäude, im englischen besser „Nearly Zero Energy Building") herangeführt. Es kann diskutiert werden, warum ein nachhaltiges Niveau z. B. beim Wärmeschutz aber auch bzgl. der Wohnungslüftung nicht in einem Schritt und damit schneller gefordert wird. Dies ist nur oberflächlich den wirtschaftspolitischen Lobbygruppen aus Verbänden und besonders strukturkonservativ erscheinenden einzelnen Unternehmen geschuldet: Der eigentlich Hintergrund ist, dass der gesamte Bausektor nur allmählich an die erforderlichen Innovationen herangeführt werden kann. Das Know-how bzgl. der Luftdichtheit der Gebäudehülle hat sich zwischenzeitlich bereits verbreitet – noch immer ist aber die Notwendigkeit eines umfassend verbesserten Wärmschutz-Niveaus nicht in der Breite erkannt, von vielen noch nicht eingesehen und von den meisten in der praktischen Umsetzung noch nicht beherrscht. Daher ist es durchaus richtig, wenn der Gesetzgeber hier stufenweise und in kleinen Schritten vorgeht – allerdings sollte dies mit mehr Mut verbunden werden, das Ziel, um das es geht, auch zu benennen. Dazu gehören

- Informationen über den eigentlich erforderlichen, weit besseren als nach der Verordnung geforderten Wärmschutz

- Anreizprogramme, wie z. B. das Programm der KfW, um schon heute ausreichend viele Beispielprojekte mit dem zukunftsfähigen Standard um zu setzen und dadurch Erfahrungen zu sammeln, Know-how zu verbreiten und weitere Innovationen an zu regen,

- Förderung der Innovation bei kleinen und mittleren Betrieben um diesen Mut zu machen, noch bessere Produkte zu entwickeln und auf den Markt zu bringen,

- Förderung der Aus- und Weiterbildung, die bereits heute das anzustrebende nachhaltige Niveau im Auge haben muss. Denn wir bilden heute die Architekten, Techniker und Ingenieure für morgen aus.

17

Die Novellierungen der EnEV in Deutschland sind nur kleine Teilschritte in diese Richtung. Allerdings ist bereits heute klar, welche Standards für die nächsten Jahrzehnte eigentlich gebraucht werden:

- Ein nachhaltiger Baustandard muss den Forderungen des Klimaschutzes [44] gerecht werden.
- Der Standard muss zugleich der Entwicklung am Rohstoffmarkt begegnen können ([45]).
- Er sollte eine regionale Versorgung auf der Basis von nachhaltig gewinnbaren Energieträgern erlauben.
- Er sollte auch weiterhin eine hervorragende Behaglichkeit garantieren.
- Der Erhalt der Bausubstanz und damit ein bauphysikalisch korrektes Konstruieren sind unverzichtbar.
- Er sollte dabei einzelwirtschaftlich attraktiv sein.

Alle hier aufgeführten Punkte werden von Gebäuden erfüllt, die einen hervorragenden Wärmeschutz aufweisen, Dreischeiben-Wärmschutzverglasungen einsetzen mit den dazu passenden verbesserten Fenster-Konstruktionen, wärmebrückenfrei und luftdicht ausgeführt sind und über eine gesicherte Komfortlüftung für eine hygienisch einwandfreie Innenraumkluft verfügen. Diese Eigenschaften sind heute notwendige Bestandteile eines nachhaltigen Gebäudes. Dass sie für das Erreichen der Nachhaltigkeit auch hinreichend sein können, das zeigen die zahlreichen bereits ausgeführten Neubauten und Sanierungen mit EnerPHit-Standard. Um diesen letztlich zu erreichen, kommt zu den aufgeführten Einzelpunkten noch die Fähigkeit dazu, diese durch einen konsequenten integralen Planungsansatz zu einem funktionalen Ganzen zu vereinen. Ein wichtiges Instrument dazu ist die hier im Abschnitt 17.5.8 dargestellte energetische Bilanzierung.

Aus den genannten Gründen haben wir uns bei der Neuüberarbeitung des vorliegenden Buches entschlossen, den Leser konsequent auf die künftigen Anforderungen an die Energieeffizienz der Baukonstruktion hin zu führen – und nicht zu beschreiben, wie man die gerade heute gültige Verordnung mit einem Minimum an Investitionsaufwand eben gerade so erfüllen kann. Der zuletzt genannte Ansatz wird viel zu häufig überall in wenig weitsichtigen Darstellungen gewählt, welche dann allerdings sehr schnell veralten. Kon-

struiert der Ingenieur jedoch nach den Prinzipien, die eine vernünftige Gesamtoptimierung nahe legen, dann wird er Gebäude realisieren, die auch vor dem Urteil unserer Enkel noch Bestand haben. Vor allem dazu sollen unsere Hilfestellungen hier beitragen.

Wird es über die hier dargestellten Möglichkeiten hinaus künftig noch weitere Entwicklungen geben? Darauf sei hier kurz eingegangen.

Zukunft des Energieeffizienz-Niveaus. Teilweise werden noch weiter gehende (Null- oder Plus-Energiehaus) Forderungen, umgekehrt oft auch Zweifel an der Notwendigkeit des hier dargestellten Niveaus geäußert. Wenn sich jedoch keine revolutionären Änderungen in der Baukultur ergeben (die sind derzeit eher nicht in Sicht), dann ist das hier dargestellte Niveau vor dem Hintergrund der künftigen Ökonomie des Energiesektors das wirtschaftliche Optimum. Da es auch bereits nachhaltig ist, erübrigt sich eine weitere Verbesserung (die nur zu ökonomischer Fehlallokation führt).

Zukunft der Wärmedämm-Technik. Tatsächlich gehen die Autoren davon aus, dass sich in den nächsten Jahren und Jahrzehnten eine Vielzahl innovativer Materialien, Techniken, Konstruktionen und Verfahren neu an den Markt gesellen wird. Dazu gehören die nanoporösen Dämmstoffe mit Wärmeleitfähigkeiten λ in Bereichen von 0,012 bis 0,024 W/(mK) ebenso wie Vakuum-Isolations-Paneele, bei denen λ sogar auf 0,004 bis 0,01 W/(mK) gesenkt werden kann. Außerdem wird es immer bessere Möglichkeiten zur Vermeidung von Wärmebrücken geben und die Produktvielfalt für eine gute Luftdichtheit wird zunehmen. Dies wird eine Ausführung nach den hier gegebenen Hilfestellungen noch erleichtern.

Zukunft der Fenster-Technik. Gerade die Fenster-Branche befindet sich im Umbruch: Dreischeiben-Wärmschutz-Verglasungen sind schon jetzt die mehrheitlich verwendete Qualität bei Neubau und Sanierungen und die Fensterbauer sowie die gesamte zugehörige Zulieferindustrie wird sich darauf einstellen. Durch die Verfügbarkeit neuer Technik (CNC-Steuerungen) wird dies auch bei kleinen und mittleren Betrieben erleichtert. Vakuum-Verglasungen und andere Alternativen zur Dreischeiben-Wärmschutz-Verglasung sind bereits auf dem Markt erhältlich; sie haben aber nur eine Chance, wenn sie wärmetechnisch besser und zumindest nicht wesentlich teurer sind als die verfügbaren Produkte.

17

Zukunft der Luftdichtheit. Unter Fachleuten der Bauingenieurwissenschaften ist heute nicht mehr umstritten, dass Gebäude-Außenhüllen luftdicht sein müssen. Auch hier zeichnet sich bei Werten um $n_{50} = 0{,}3$ h^{-1} (und maximal 0,6 h^{-1}) ein unter allen Aspekten sinnvoller Standard ab. Solche Hüllen sind dicht genug um Bauschäden sicher auszuschließen und eine gute Energiebilanz nicht zu konterkarieren. Sie sind aber auch noch nicht so dicht, dass sich bei vollständigem Systemausfall zu hohe CO_2-Konzentrationen bilden würden. Zudem ist dieses Niveau mit den hier beschriebenen Methoden und Verfahren auf der Basis verfügbarer Produkte mit etwas Übung leicht zu erreichen.

Zukunft der Komfortlüftung. Hier gibt es gerade im deutschsprachigen Raum noch immer heftige Debatten: Dass die bisher propagierte Fenster-Stoß-Lüftung in der Mehrzahl der Wohnungen im Winter nicht in ausreichendem Maß durchgeführt wird, ist derweil klar. Dass sogar in einer beträchtlichen Zahl von Wohnungen dadurch bau- und gesundheitsgefährdende Feuchteschäden entstehen, ist sogar Gegenstand einer anderen breit geführten Debatte – in der die Ursachen allerdings in der Regel nicht korrekt erkannt werden. Das wiederum liegt vor allem daran, dass die Basiskenntnisse der physikalischen Gesetze der feuchten Luft, wie hier in Kapitel 17.5.6 dargestellt, vielen unbekannt zu sein scheinen. Analysiert man auf der Basis der Bauphysik und zieht die richtigen Konsequenzen, so wird klar, dass für die Verbesserung der Wohnhygiene vor allem ein dauerhaft gesicherter Luftaustausch mit einer am Bedarf orientierten Luftmenge erforderlich ist – das genau bietet die Komfortlüftung. Weiterentwicklungen werden hier in Richtung auf höhere Installations- und Nutzerfreundlichkeit gehen – und sie werden zu erheblichen Preissenkungen führen, denn die Komplexität eines modernen Wohnungslüftungszentralgerätes ist weit geringer als die einer Waschmaschine.

Zukunft der Wärmeerzeugung. Hier gehört die Zukunft eindeutig den Wärmepumpen: Kleine elektrisch betriebene Kompressoren haben sich in den massenhaft in Anwendung befindlichen Kühlgeräten seit vielen Jahrzehnten hervorragend bewährt. Der Wärmebedarf unserer Gebäude reduziert sich nun auf Grund der vielen hier dargestellten Ursachen um einen Faktor drei bis zehn. Damit können die betreffenden Systeme nun ohne größere Probleme mit dem Tempera-turniveau und mit der Verfügbarkeit von Wärmequellen in den sanierten und neu errichteten Gebäuden Verwendung finden. Die Entwicklung der Kompressortechnik ist dabei allerdings noch lange nicht abgeschlossen. Drehzahlgeregelte Kompressoren kommen eben erst an den Markt (in diesem Segment „Invertertechnik" genannt) und eine neue Generation mit umweltverträglichen Arbeitsstoffen ist in der Entwicklung. Dies wird zu weiteren Effizienzverbesserungen führen sowie zu noch kompakteren, leiseren und kostengünstigeren Geräten. Insgesamt wird dies die brennstoffbetriebene Heizung immer mehr zurückdrängen. Das ist energiewirtschaftlich dann begrüßenswert, wenn die Gebäude nur einen geringen Wärmebedarf entsprechend der hier dargestellten Grundsätze haben; der zusätzliche Strombedarf ist dann leicht durch höhere Effizienz der Stromanwendung in anderen Bereichen aufzufangen – und der benötigte Strom kann unter dieser Bedingung insgesamt auf der Basis erneuerbarer Quellen erzeugt werden. Diese Zielsetzung wird durch die Einführung der PER-Faktoren (Primärenergie erneuerbar) Rechnung getragen [46]. Damit lassen sich auch optimierte Strategien für Effizienzmaßnahmen in anderen Regionen ermitteln – weltweit ist dies in einer Studie zu Passivhäusern in verschiedenen Klimazonen dargelegt [47].

Insgesamt kann festgestellt werden, dass der Bauingenieur und Architekt, ausgerüstet mit Informationen, Kenntnissen und Fähigkeiten im Bereich des energieeffizienten Bauens gut gewappnet ist für die zukünftige Entwicklung.

17

17.6 Schallschutz

17.6.1 Allgemeines und physikalische Grundlagen

Lärm ist für mehr als 50 % der Bevölkerung die Umweltbelastung, die das höchste Maß an persönlicher Betroffenheit nach sich zieht. Im Haus fühlen sich 30 % der Bevölkerung gestört oder sogar stark lärmbelästigt. Darüber hinaus stellt Lärm eine gesundheitliche Belastung dar, die sogar zu chronischen Erkrankungen – z. B. des Herzens – führen kann.

Schall ist eine in elastischen Medien sich fortpflanzende Schwingungs- oder Wellenbewegung und entsteht durch mechanische Anregung.

Üblicherweise erfolgt bei einer Schallquelle die Angabe eines Schalldruckpegels in Dezibel (dB). Ein um 10 dB erhöhter Schalldruckpegel wird als etwa doppelt so laut empfunden. Beispiele für die Schalldruckpegel einiger Schallquellen sind:

- normale Unterhaltung: 40–60 dB
- Hauptverkehrsstraße in 10 m Entfernung: 80–90 dB
- Presslufthammer in 1 m Entfernung: 100 dB

Da das menschliche Gehör nicht alle Frequenzen als gleich laut empfindet, wird a häufig eine A-Bewertung des Schalldruckpegels (Einheit: dB[A]) vorgenommen.

Schallschutzmaßnahmen sollten im Rahmen bestimmter Anforderungen (DIN 4109, DIN 18 005, Flugplatz-Schallschutzmaßnahmenverordnung) wirkungsvoll und zugleich wirtschaftlich sein. Die Norm DIN 4109 (10.89) „Schallschutz im Hochbau" weist darauf hin, dass der notwendige Schallschutz nicht nur von den bautechnischen Gegebenheiten, sondern auch vom *Hintergrundgeräusch* (häufig Verkehrsgeräusch) abhängig ist. Außerdem können Störungen durch gleichen Lärm durchaus *subjektiv* verschieden empfunden werden; daraus werden Schallschutzforderungen abgeleitet, über die in DIN 4109 Angaben enthalten sind, die jedoch als normative Anforderungen nur Mindestanforderungen sein können. **Die Erwartungen von Bewohnern an den Schallschutz sind in der Regel höher als der gesetzlich geforderte und wirtschaftliche Schallschutz.**

Die Schalldämmfähigkeit, d. h. das Schalldämmmaß eines Bauteils ergibt sich durch Vergleichsmessungen an fertigen Gebäuden oder Bauteilen im Labor. Die Schallschutznorm DIN 4109 enthält Verfahren zur Ermittlung des notwendigen Schall-

dämmung von Bauteilen, die vom Rechenaufwand anspruchsvoll und deshalb erklärungsbedürftig sind (s. Abschn. 17.6.3). Bei der kommenden Harmonisierung der europäischen Schallschutz-Normen werden die dann zu benutzenden Rechenverfahren intensivere Kenntnisse der Schallschutzphysik erfordern Diese neuen Normen stehen z. T. schon fest, sind aber in Deutschland noch nicht bauaufsichtlich eingeführt.

Die Anforderungen an den Schallschutz richten sich nach der Gebäudenutzung. So wird z. B. in Krankenhäusern, Schulen, Hotels usw. ein quantitativ und qualitativ höherer Schallschutz nötig und wirtschaftlich tragbar sein, als in Wohnungen für *durchschnittliche* Wohnansprüche.

Ein Teil der Schallschutzmaßnahmen kommt gleichzeitig der Wärmedämmung zugute, jedoch hat keineswegs jede Wärmedämmung Schallschutzwirkung. Wenn Schallschutzmaßnahmen voll wirksam und *preiswert* sein sollen, müssen sie rechtzeitig geplant, d. h. mit dem Entwurf sorgfältig vorbereitet werden. Guter Schallschutz ist nicht wesentlich teurer als knapp ausreichender (s. VDI-Richtlinie 4100). Auch im Einfamilienhaus sollte heute zur Verbesserung des Zusammenlebens der Bewohner ein ausreichender Schallschutz vorgesehen werden.

Schallschutzmaßnahmen dürfen nicht für sich allein betrachtet werden. So wären z. B. Wände, die zwar schalldämmend, aber infolge der Biegeweichheit ihrer Schalen nicht hinreichend stoßfest sind oder keine Nägel, Haken oder Dübel halten können, praktisch unbrauchbar. Ebenso sollten nur solche Schallschutzmaßnahmen gewählt werden, die nicht nur im Labor, sondern auch im raueren Baustellenbetrieb fehlerlos ausgeführt werden können. Weiterhin ist nicht allein die schallschutztechnische Verbesserung eines Bauteils zu betrachten sondern auch, wie die Anschlüsse der Bauteile erfolgen (Flankenübertragung des Schalls, s. Abschn. 17.6.2.5). Durch einen schlecht geplanten oder ausgeführten Anschluss kann das Schalldämmmaß eines Bauteils sehr stark verringert werden.

Der Schallschutz besitzt im Bewusstsein der am Bau Beteiligten oft noch einen zu geringen Stellenwert. Die daraus resultierenden Planungs- und Ausführungsfehler bei Gebäuden führen zu akustischen Bauschäden, deren Beseitigung unverhältnismäßige Kosten verursachen.

Bei der Sanierung von bestehenden Gebäuden wird von den Bewohnern in der Regel eine Verbesserung des Schallschutzes gefordert, die besonders schwierig durchzuführen ist.

17

Aus diesen Gründen empfiehlt es sich, Schall-schutznachweise von einem Bauphysiker durchführen zu lassen

Schall. Jeder Schall und jedes Geräusch setzt sich aus einfachen Tönen verschiedener Frequenz f (Schwingungsanzahl der Schallwellen pro Sekunde) und Stärke (Amplitude) zusammen. Mit der Frequenz nimmt die Tonhöhe zu. Ihrer Verdopplung entspricht eine Oktave. Der Hörbereich des menschlichen Ohres liegt etwa zwischen 16 und 20 000 Hz. Messungen und Untersuchungen in der Bauakustik erstreckten sich bisher vorwiegend auf den 16 Terzen (5 Oktaven) umfassenden Bereich von etwa 100 bis 3150 Hz. Es ist wegen der zunehmenden akustischen Belästigung durch tiefere Töne wünschenswert, den Bereich besonders zu niedrigeren Frequenzen hin auszudehnen. Z. Z. werden die meisten Messungen schon in einem erweiterten Frequenzbereich durchgeführt, der in den Zahlenangaben (Ein-Zahl-Angaben) häufig jedoch noch nicht berücksichtigt wird.

Schallquellen (Saiten, Platten, schwingende Massen, auch Luftmassen) erzeugen durch das Hin- und Herschwingen Druckschwankungen, die sich in der Luft als Druckwellen fortpflanzen. Die Druckschwankungen (der Schallwechseldruck) überlagern sich dem konstanten, wesentlich größeren atmosphärischen Luftdruck.

Schalldruck. Als Schalldruck p (genauer: effektiven Schalldruck p_{eff}) bezeichnet man den quadratischen Mittelwert des Wechseldrucks, d. h. der Luftdruckschwankungen. Er dient als ein Maß für die Stärke des Schalls.

Schall(druck)pegel. Da der menschliche Gehörsinn Lautstärke nicht proportional zum Schalldruck, sondern eher proportional zum Logarithmus des Schalldrucks empfindet (Gesetz von Weber und Fechner), hat man als ein weiteres

Maß für die Stärke des Schalls den Schall(druck)pegel L eingeführt:

$$L = 20 \lg (p/p_0) \quad \text{mit} \quad p_0 = 2 \cdot 10^{-4} \text{ bar} = 2 \cdot 10^{-5} \text{ Pa}$$
$$\text{in Dezibel (dB)}$$

dabei bedeuten

p jeweiliger Schalldruck in bar oder Pascal (Pa) mit 1 Pa = 1 N/m² = 10 bar

p_0 Bezugsschalldruck, der etwa dem Druck des leisesten noch hörbaren 1000-Hz-Tons entspricht.

Der Schallpegel wird in Dezibel (dB) angegeben. Schallpegel (und auch Schalldruck) können objektiv mit einem im Wesentlichen aus Mikrofon, Verstärker und Anzeigeinstrument bestehenden Gerät („Schallpegelmesser") bestimmt werden.

Bewerteter Schallpegel. Schallpegel, die wie der menschliche Gehörsinn die verschiedenen Frequenzen unterschiedlich stark berücksichtigen, nennt man bewertete Schallpegel. Der wichtigste dieser Pegel ist der A-bewertete Schallpegel, auch Lautstärkepegel genannt, dessen Zahlenwerte das Lautstärkeempfinden des Menschen berücksichtigen. Er wird in dB gemessen und dann in dB(A) umgerechnet. Ein Unterschied von 10 dB(A) bei Geräuschen bedeutet (bei mittleren Lautstärken) etwa eine Halbierung bzw. Verdopplung der empfundenen Lautstärke der verschiedenen Geräusche. Nicht immer entspricht der Zahlenwert einer Pegelmessung dem Höreindruck: Neben dem Pegelwert kann immer noch der Frequenzgehalt, die Impulshaltigkeit und der Informationsgehalt für Störfähigkeit von Schall bedeutend sein.

Pegeladdition. Schallpegel lassen sich nicht einfach addieren. Aufgrund ihrer Definition als Logarithmus (von Verhältnissen physikalischer Größen) kann man aber ein paar

Tabelle **17**.95 Bewertetes Schalldämm-Maß $R'_{w,R}$ von einschaligen, biegesteifen Wänden und Decken (Rechenwerte, aus Beiblatt 1 zu DIN 4109, Tabelle 1) bei einer mittleren flächenbezogenen Masse der flankierenden Bauteile von etwa 300 kg/m² (Ermittlung s. Abschn. 17.6.4.1)

flächen-bezogene Masse m'	bewertetes Schalldämm-Maß $R'_{w,R}$	flächen-bezogene Masse m'	bewertetes Schalldämm-Maß $R'_{w,R}$	
in kg/m²	in dB	in kg/m²	in dB	
85	34	380	52	
90	35	410	53	
95	36	450	54	
105	37	490	55	
115	38	530	56	
125	39	580	57	
135	40			Diese Werte sind für einschalige Wände unsicher und gelten deshalb nur für die Ermittlung des Schalldämm-Maßes zweischaliger Wände aus biegesteifen Schalen (z. B. Reihenhaustrennwände).
150	41	630	58	
160	42	680	59	
175	43	740	60	
190	44	810	61	
210	45	880	62	
230	46	960	63	
250	47	1040	64	
270	48			
295	49			
320	50			Die Schalldämm-Maße einiger Wandkonstruktionen besitzen etwas andere Zahlenwerte. Einzelheiten dazu finden sich in Beiblatt 1 zu DIN 4109, Tab. 1 bis 3.
350	51			

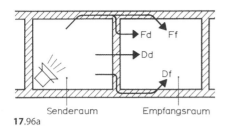
17.96a

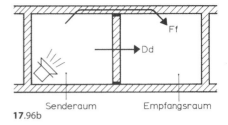
17.96b

17.96 Übertragungswege des Luftschalls zwischen zwei Räumen (nach DIN EN ISO 140-1)
  a) in einem Gebäude in Massivbauart
  b) in einem Gebäude in Skelett- oder Holzbauart

Faustregeln beim *gleichzeitigen* Wirken verschiedener Geräusche angeben: Sind die Pegel zweier Geräusche (± 1 dB) gleich, so ist bei gleichzeitigem Auftreten beider Geräusche der Gesamtpegel um etwa 3 dB höher als der der Einzelgeräusche. Bei 10 dB Pegel-Unterschied ist der Gesamtpegel kaum noch vom größten Einzelpegel zu unterscheiden.

17.6.2 Luftschall, Trittschall, Schalldämmmaße

Nach der den Schall leitenden Stoffart unterscheidet man Luft- und Körperschall. Die Übertragung des am Bau zu betrachtenden Schalls gelangt immer in Form von Luftschall zum menschlichen Gehör. Trittschall wird als Körperschall am Bauteil erzeugt, im Bauteil weitergeleitet und gelangt (nach Umwandlung) als Luftschall zum menschlichen Ohr.

Luftschallübertragung

Die Luftschallübertragung von einem Raum zum anderen kann etwa wie folgt beschrieben werden (Bild **17.**96):

Die Druckschwankungen der Luft in einem „Senderaum" (mit Schallquellen) gelangen an die raumbegrenzenden Bauteile (Wände, Decken, Boden) und regen diese zum Mitschwingen an. So kann der Schall dann – als Körperschall – zu den Bauteilen des „Empfangsraumes" (leiser, gestörter Raum) gelangen, die ihn als Luftschall zum Ohr des darin befindlichen Menschen abstrahlen.

Trittschallübertragung

Trittschall wird wie jeder andere Körperschall (z. B. Installationsschall) durch direkte mechanische Anregung („Klopfen") eines Bauteils erzeugt, von diesem Bauteil zu einem den Empfangsraum begrenzenden Bauteil weitergeleitet und dann als Luftschall in diesen Raum abgestrahlt (s. Bild **17.**99). Körperschall kann durch

weiche, den Schall weniger gut weiterleitende Zwischenschichten (z. B. Trittschall-Dämmmatten) gedämmt werden.

17.6.2.1 Luftschall

Luftschalldämmung einschaliger Bauteile

Die Luftschalldämmung einer einschaligen Wand oder Decke hängt in erster Linie von ihrer Masse ab (Berger'sches Massengesetz 1911). Sie steigt stetig mit der flächenbezogenen Masse an (s. Tab. **17.**95), wenn auch bei geringer Flächenmasse (unter etwa 40 kg/m^2) die Schalldämmung nur wenig von dieser abhängt. Beispiele für die Luftschalldämmung typischer Konstruktionen finden sich in Tab. **17.**105 und Tab. **17.**108 in Abschn. 17.6.3.1.

Daneben ist – besonders bei leichten Wänden – die Luftschalldämmung auch von der Biegesteifigkeit der Wand abhängig (*Cremer* 1942).

Homogene Wände sind fast immer schalldämmender als gleichschwere inhomogene: Hohlraumreiche Decken und Wände enthalten leichte Bereiche, die eine höhere Schallübertragung begünstigen. Resonanzerscheinungen führen besonders bei größeren, über einige Zentimeter messenden Hohlräumen zu geringerer Schalldämmung der Gesamtkonstruktion.

Hohe innere Dämpfung (Materialdämpfung) wirkt sich, da dadurch schwingenden Bauteilen Schallenergie entzogen wird, positiv aus. Sandgefüllte Bauteile können daher eine höhere Schalldämmung als gleichschwere homogene aufweisen (z. B. Röhrenspanplatten bei schalldämmenden Türen).

Luftschalldämmung mehrschaliger Bauteile

Die Luftschalldämmung mehrschaliger Bauteile wird maßgeblich durch die Flächenmasse der Schalen, deren Biegesteifigkeit, den Schalenabstand und damit zusammenhängend die dynamische Steifigkeit (Zusammendrückbarkeit) des zwischen den Schalen befindlichen Stoffes (Luft, Mineralfaser, Kunststoffschaum) bestimmt: Hohe

17

Schalenmasse, porige Wandbaustoffe (dicht verputzt) sind ebenso von Vorteil wie großer Schalenabstand und Schallschluckstoff (Faserstoffmatten) zwischen den Schalen. Sie führen zu einer niedrigen Eigenfrequenz (Resonanzfrequenz) der Bauteilkonstruktion, wobei bei Ausführung mit schweren biegesteifen Schalen und durchgehender Trennfuge das Schalldämmmaß gemäß Ansatz in DIN 4109 Bbl.1 bis zu 12 dB höher sein kann als bei gleichschweren einschaligen Wänden.

Leichte Wände mit ausschließlich *biegesteifen* Schalen bieten keinen hinreichenden Schallschutz, die Verwendung *einer* biegeweichen Schale kann dabei schon eine erhebliche Verbesserung des Schalldämmmaßes bewirken.

Die übliche Fußbodenkonstruktion mit schwimmendem Estrich stellt eine zweischalige Konstruktion aus einer schweren, biegesteifen und einer leichten biegesteifen Schale dar. Eine gute (auch trittschalldämmende) Decke wird dabei nur bei einem schallbrückenfreien Aufbau zu erzielen sein (s. anschließenden Abschnitt).

Wege der Luftschallübertragung

In Massivbauten wird meist der größte Schallanteil über das eigentliche Trennbauteil (Wand, Decke) in den Nachbarraum gelangen. Die flankierenden Bauteile (Seitenwände, Decken, Außenwand, usw.) übertragen in der Regel nur geringere Schallleistungen. Dem Trennbauteil kommt somit die Hauptaufgabe der Schalldämmung, also die Verringerung der Schallpegel im Vergleich zum Pegel im Senderaum, zu. Anders verhält es sich in Leicht-/Skelettbauten, bei denen die Schallübertragung sehr stark von der Flankenübertragung abhängt.

Die Schallschutznorm DIN 4109 (11.89) unterscheidet bei den Nachweisverfahren für den ausreichenden Schallschutz deshalb zwischen Massiv- und Holz-/Skelettbauten. Bauakustisch besteht der Unterschied darin, dass bei steif verbundenen Bauteilen (in der Regel bei Massivbauten) alle vier in Bild **17**.96a eingezeichnete Schallwege vorhanden sind, bei entkoppelten Bauteilen (z. B. im Labor oder meist bei Gebäuden in *Holz- und Skelettbauart*) dagegen nur die Wege *Dd* und *Ff* (s. Bild **17**.96b) wesentliche Schallleistung übertragen: Die biegeweiche, nicht steife Anbindung der Trennbauteile (Wände, Decken) an die flankierenden Bauteile behindert die Schallübertragung.

Massengesetz der Bauakustik

Schwere Bauteile lassen sich wegen ihrer Massenträgheit von den Schalldruckschwankungen der Schallwellen nur wenig zum Mitschwingen anregen. Das Massengesetz ist eine Auswirkung dieser Eigenschaft, die auch erklärt, dass hohe Frequenzen weniger gut in Nachbarräume gelangen als tiefe, da die zugehörigen schnellen Druckschwankungen eine träge Wandmasse weniger stark in Bewegung versetzen können als langsamere.

Grenzfrequenz. Biegesteife einschalige Bauteile mit nicht zu großer flächenbezogener Masse (d. h. Masse pro m²) bis zu etwa 150 kg/m² durchbrechen das Massengesetz insofern, dass die nach dem einfachen Massengesetz zu erwartenden Schalldämmwerte mit ihnen nicht erreicht werden. Als Grund dafür fand Cremer (1942) eine resonanzartige Erscheinung bei der Schallübertragung durch plattenförmige Trennbauteile: Oberhalb einer „Grenzfrequenz" f_g können die durch die Luftschallwellen auf dem Trennbauteil angeregten Wellen („Spurwellen") und die sich im Bauteil ausbreitenden Biegewellen (Körperschallwellen) in ihren Wellenlängen übereinstimmen und sich gegenseitig verstärken. Diese ‚Koinzidenz' führt zu einer erhöhten Luftschallabstrahlung in den Empfangsraum: Die Schalldämmung ist geringer als bei gleich schweren biegeweichen Bauteilen.

Wenn die Grenzfrequenz, die sich z. B. nach der Formel

$$f_g = \frac{60}{d} \sqrt{\frac{\rho}{E_{dyn}}} \text{ in Hz}$$

mit

E_{dyn} dynamischer Elastizitätsmodul [1] des Baustoffs in MN/m²

d Dicke der (homogenen) Platte in m

ρ Rohdichte des Baustoffs in kg/m³

errechnet, oberhalb von 2000 Hz liegt, spricht man von *biegeweichen* Platten: Gipskartonplatten bis zu etwa 15 mm Dicke, Putzschalen auf Gewebe, Holzwolleleichtbauplatten bis 25 mm (auch einseitig verputzt), Glasplatten bis 6 mm und Spanplatten bis 16 mm gelten als biegeweich. Sie strahlen Körperschallwellen schlecht ab (s. o.) und werden deshalb als Vorsatzschalen vor biegesteifen Massivwänden oder bei zweischaligen Bauteilen vorteilhaft verwendet.

Biegesteife Bauteile mit Grenzfrequenzen zwischen 200 und 2000 Hz sollten als alleinige Trennbauteile vermieden werden. Schwere biegesteife Massivbauteile mit Grenzfrequenzen unter 200 Hz gelten wieder als gut für Schalldämmmaßnahmen einsetzbare Trennbauteile (vgl. auch Tab. **17**.98).

Doppelwandresonanz, Resonanzfrequenz

Für die Frequenzabhängigkeit der Schallausbreitung spielen, besonders bei mehrschaligen Bauteilen, Resonanzerscheinungen eine wesentliche Rolle. Solche Bauteile sind selbst schwingfähige Gebilde aus Massen (Schalen, z. B. Gipskartonplatten oder Wandscheiben aus Mauerwerk) und Federn (elastische Zwischenschichten, wie z. B. Mineralwolle oder auch Luft), die bei Stoßanregung bevorzugt *eine* Frequenz abstrahlen. Sie

17

lassen den Schall im Bereich dieser Resonanzfrequenz (Eigenfrequenz) besonders stark durchdringen und das bedeutet eine Verringerung der Schalldämmung in diesem Frequenzbereich. Bei zweischaligen Konstruktionen ist die Eigenfrequenz einfach zu ermitteln:

$$f_0 = 160 \sqrt{s' \left(\frac{1}{m'_1} + \frac{1}{m'_2} \right)} \quad \text{in Hz}$$

Dabei bedeuten

m'_1, m'_2 flächenbezogene Massen (Flächengewichte, Flächenmassen) der Bauteilschalen in kg/m^2

s' dynamische Steifigkeit der elastischen Zwischenschicht in N/cm^3 = MN/m^3

Die **dynamische Steifigkeit** s' von Materialien zur Schalldämmung ist ein Maß für ihre Zusammendrückbarkeit (Elastizität): Weiche Materialien haben niedrige, schwerer zusammendrückbare höhere s'-Werte [1].

Für ausreichende Schalldämmung sollte die Resonanzfrequenz f_0 einer zweischaligen Wand oder Decke unter 100 Hz (besser: 80 Hz) liegen. Oberhalb von f_0 wächst die Schalldämmung stärker mit der Frequenz an als bei gleich schweren einschaligen Konstruktionen. Zweischalige Konstruktionen aus schweren, biegesteifen Schalen haben nach DIN 4109 ein bis zu 12 dB höheres Schalldämmmaß als entsprechende einschalige. Auf der günstigen Zweischaligkeit beruht auch die Schalldämmwirkung schwimmender Estriche.

Schallbrücken

Luftschichten und Schichten aus Materialien geringerer dynamischer Steifigkeit als Trennung in mehrschaligen Bauteilen beeinträchtigen in der Regel die Schallübertragung, sie wirken also schalldämmend.

Wesentlich bei der Konstruktion und *Ausführung* von mehrschaligen Bauteilen ist deshalb die sichere Verhinderung von starren (steifen) Verbindungen („Schallbrücken") zwischen den Wandschalen. Bei Leichtbauwänden (z. B. Ständerwerk mit aufgebrachten Gipskartonschalen) verschlechtert sich also das Schalldämmmaß bei geringem Ständerabstand, Vergrößerung der Zahl der Befestigungsstellen (Schrauben) für die Schalen und größeren Auflageflächen der Platten auf den Ständern. Vorteilhaft sind auch Ständerkonstruktionen mit Sicken, die die Elastizität der Ständer in Schallrichtung vergrößern und die Tragfähigkeit sogar erhöhen können.

Bei getrennten Ständerreihen für jede Schale ist die Schallbrückenwirkung auf die notwendigen Verlaschungen und die angrenzenden, „flankierenden" Bauteile beschränkt (Wände, Boden, Decke); derartige Wandkonstruktionen nähern sich dem schalltechnischen Optimum!

Schwimmende Estriche und zweischalige Reihenhaustrennwände sind jeweils aus zwei biegesteifen Schalen aufgebaut. Solche Konstruktionen sind auf Schallbrücken besonders empfindlich. Eine Trennung zwischen dem Estrich und angrenzenden Wänden und Decken muss auf jeden Fall gewährleistet sein.

Bei Reihenhaustrennwänden (auch aus Ortbeton) kann eine sichere Verhinderung von Schallbrücken durch Verwendung von speziellen Trennfugenplatten aus dynamisch ausreichend weichem Material geschehen.

Ähnlich Schallbrücken wirken auch (kleinflächige) Öffnungen in Wänden und Decken oder Flächen geringerer Schalldämmung in besser dämmenden Konstruktionen.

Bereiche geringerer Schalldämmung in Trennbauteilen (s. auch Abschn. 17.6.2.4)

Bei Wänden und Decken wird die Luftschalldämmung durch eingesetzte Bauteile geringerer Schalldämmung meist stark beeinträchtigt. Es hat keinen Sinn, eine Wand mit wesentlich besserer (d.h. R_W um mehr als 10 – 15 dB besser) Schalldämmung auszuführen als z. B. die Tür in dieser Wand. Nach den Gesetzen der Bauakustik wird in diesen Fällen die Schalldämmung des Gesamtbauteils meist nur knapp oberhalb der Schalldämmung des schwächsten Teils (Tür, Fenster, Nische) liegen.

Risse, Löcher, fehlerhafte Fugenvermörtelungen, auch flächenmäßig geringe Schwächungen der Trennkonstruktion verschlechtern ebenfalls die Schalldämmung.

Außenwände werden in ihrer Schalldämmung also wesentlich durch die Schalldämmmaße der Fenster und Türen (s. Abschn. 5 und 6 in Teil 2 dieses Werkes) bestimmt. Nur bei sehr leichten Außenwänden kommt deren Schalldämmung in den Bereich der relativ geringen Schalldämmfähigkeit üblicher Fensterkonstruktionen und wirkt sich dämmmindernd aus.

Wohnungstrennwände bieten wirksamen Schallschutz nach DIN 4109 erst, wenn sie – als Massivwände – aus den schwersten handelsüblichen Vollsteinen oder Vollziegeln, 24 cm stark, vollfugig vermauert und beidseitig dicht verputzt, an keiner Stelle durch Schornsteine, Rohrschlitze, Schächte oder Nischen geschwächt sind. Mauerwerk aus leichteren Steinen (Lochsteine u. Ä.) bietet erst bei größerer Dicke gleichen Schutz. Ihre Verwendung kann – auch bei Berücksichtigung von Tab. **17**.95 – zu erheblich geringeren Schalldämmmaßen führen als ihre Flächenmasse nach DIN 4109 erwarten lässt [2].

17.97 Messung der Luftschalldämmung eines Trennbauteils (hier: Wand)

Messung und Bewertung der Luftschalldämmung

Der in einem Raum („Senderaum") (Bild **17**.97) durch eine Schallquelle erzeugte Schall breitet sich innerhalb des Raumes als Luftschall aus. Trifft dieser auf ein Bauteil, z. B. eine Wand, die zwei Räume voneinander trennt, so treten folgende Effekte auf:

Im Senderaum, in dem sich die Schallquelle befindet, trifft eine bestimmte Luftschallenergie auf das trennende Bauteil. Ein Teil der auftreffenden Schallenergie wird in den Senderaum zurück reflektiert, der andere Teil dringt in das Bauteil ein – er wird absorbiert. Ein Teil der absorbierten Schallenergie wird im Bauteil in Wärme umgewandelt (Dissipation), der Rest wird durch das Bauteil hindurch in den Nachbarraum, den Empfangsraum, übertragen und ist dort hörbar.

Zur Kennzeichnung der Luftschallübertragung dient das Verhältnis der in den Empfangsraum durchgelassenen Schallleistung zu der im Senderaum auf das Bauteil auffallenden Schallleistung, der so genannte Schalltransmissionsgrad.

In einer Messung ist nicht der Schallschutz zwischen zwei Räumen bzw. das Schalldämm-Maß des trennenden Bauteils direkt messbar, sondern nur die jeweiligen Schallpegel in den einzelnen Räumen. Daraus wird die Schallpegeldifferenz D zwischen beiden Räumen errechnet. Für die Prüfung nach DIN EN ISO 16 283-1 wird dazu im Senderaum eine Schallquelle aufgestellt und der im Senderaum herrschende Schallpegel L_1 gemessen. Weiterhin wird der im Empfangsraum entstandene Schallpegel L_2 gemessen.

Aus den beiden gemessenen Schallpegeln L_1 und L_2 wird die Schallpegeldifferenz ermittelt:

$$D = L_1 - L_2$$

D Schallpegeldifferenz
L_1 Schallpegel im Senderaum
L_2 Schallpegel im Empfangsraum

Die Schallpegeldifferenz wird in erster Linie vom Schalldämm-Maß des trennenden Bauteils (und der Flanken) bestimmt. Sie hängt jedoch außerdem davon ab, wie groß die Fläche des trennenden Bauteils und wie groß die äquivalente Schallabsorptionsfläche im Empfangsraum ist, also wie viel Schallenergie im Empfangsraum selbst noch absorbiert wird. Durch die Schallabsorption in einem Raum wird auch die Nachhallzeit des Raumes beeinflusst. Die Nachhallzeit ist die Zeit, die vergeht vom Abschalten einer Schallquelle bis zum Pegelabfall um 60 dB. Sie ist abhängig vom Raumvolumen und von den schallabsorbierenden Eigenschaften der Oberflächen im Raum, die über die äquivalente Schallabsorptionsfläche A angegeben werden können. Da die Nachhallzeit in einem Raum gemessen werden kann, wird dies genutzt, um die äquivalente Schallabsorptionsfläche in allen Empfangsräumen zu bestimmen.

Für die Schallpegeldifferenz gilt folgende Formel nach DIN EN ISO 16 283-1:

$$D = L_1 - L_2 = R' - 10 \cdot \lg (S/A)$$

daraus resultiert:

$$R' = D + 10 \cdot \lg (S/A)$$

D Schallpegeldifferenz
R' Schalldämm-Maß des trennenden Bauteils
L_1 Schallpegel im Senderaum
L_2 Schallpegel im Empfangsraum
S Fläche des trennenden Bauteils
A äquivalente Schallabsorptionsfläche im Empfangsraum

Weitere wichtige Größen bei der Luftschallmessung sind

T_2 Nachhallzeit im Empfangsraum
B_2 Störpegel im Empfangsraum
V_2 Raumvolumen des Empfangsraumes

17

Die äquivalente Schallabsorptionsfläche A wird mithilfe der Nachhallzeit und des Raumvolumens nach der Sabine'schen Formel $A = 0{,}163 \cdot V/T$ bestimmt. Mit der Messung des Störpegels, also allen akustischen Einflüssen, die nicht zur Messung

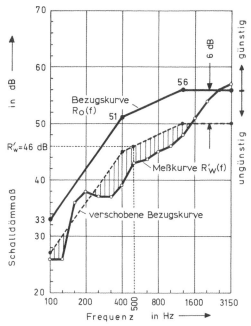

17.98   Mess- und Bezugskurve zur Ermittlung des bewerteten Schalldämm-Maßes R'_W

selbst gehören, können Fremdeinflüsse berücksichtigt und ggf. herausgerechnet werden.

Die Messung erfolgt im bauakustisch interessierenden Bereich unter Verwendung von Terzfiltern bei insgesamt 16 Frequenzen von 100 Hz bis 3150 Hz. Zur Beurteilung werden die ermittelten Werte als Messkurve in einem Diagramm dargestellt, dann wird die Bezugskurve nach DIN EN ISO 717-1 vertikal in 1-dB-Schritten verschoben, bis folgende Bedingungen erfüllt sind:

- Die Summe der ungünstigen Differenzen zwischen Mess- und Bezugskurve (jeweils bei allen 16 Frequenzen) muss maximal werden. Das sind die Differenzen an den Punkten, bei denen die Messkurve unter der Bezugskurve liegt. Günstige Differenzen zählen indes nicht.
- Diese Summe darf maximal 32 dB betragen.

Der Wert der Bewertungskurve für 500 Hz wird abgelesen und als bewertetes Schalldämm-Maß R'_W bezeichnet. Dieses Bewertungsverfahren ist in DIN EN ISO 717-1 vorgegeben und näher erläutert.

In Bild **17**.98 ist der beispielhafte Verlauf einer Messkurve, der Bezugskurve, der verschobenen und der Ermittlung eines Einzahlenwertes des Schalldämmmaßes über die verschobene Bezugskurve bei 500 Hz dargestellt.

Tabelle **17**.98 Ermittlung des bewerteten Schalldämmmaßes (R'_W)

Zeile	Frequenz	Schalldämmmaße		Abweichungen zwischen Messkurve R' (im ungünstigen Sinn) bei ihrer Verschiebung um		
		Bezugswerte	Messwerte			
	f in Hz	R_0 in dB	R' in dB	−5 dB	−6 dB	−
1	100	33	26	2	1	
2	125	36	26	5	4	
3	160	39	36	0	0	
4	200	42	38	0	0	
5	250	45	37	3	2	
6	315	48	37	6	5	
7	400	51	39	7	6	
8	500	**52**	43	4	3	
9	630	53	44	4	3	
10	800	54	45	4	3	
11	1000	55	46	4	3	
12	1250	56	48	3	2	
13	1600	56	51	0	0	
14	2000	56	54	0	0	
15	2500	56	56	0	0	
16	3150	56	57	0	0	
Summe der ungünstigen Abweichungen				42	32	
maßgebend			−6 dB			
Bewertetes Schalldämmmaß R'_W = 52 dB − 6 dB = 46 dB			(Luftschallschutzmaß LSM' = −6 dB)			

17

Das Bewertungsverfahren wird in Tabelle **17**.98 anhand eines Beispiels beschrieben.

Rechnungsgang zur Ermittlung des bewerteten Schalldämmmaßes R_W: Man schätzt die mittlere Abweichung von Messkurve und Bezugskurve ab (hier z. B. –5 dB) und verschiebt „zur Probe" die Bezugskurve um diesen Wert (hier: nach unten). Nun bildet man in jeder Zeile die Wertedifferenz zwischen verschobener Bezugskurve und Messkurve, wobei nur R-Werte, die ungünstiger als die Bezugskurve (also unterhalb!) liegen, berücksichtigt werden. Diese Abweichungen werden addiert. Die erhaltene mittlere Abweichung soll nicht über 32 dB, aber möglichst dicht an diesem Wert liegen. Hier ergibt sich als Summenwert 42 > 32,00 dB, also muss eine weitere Probeverschiebung der Bezugskurve (also hier um –6 dB) erfolgen, die eine ungünstige Abweichung von 32,00 dB ergibt. Die letztere Verschiebung ist also gültig und ergibt das bewertete Schalldämmmaß der Messkurve zu 46 dB. Dieser Wert lässt sich direkt aus der Lage des 500-Hz-Wertes der verschobenen Bezugskurve ablesen (s. graphische Darstellung).

Anmerkung: Da die Werte der Messkurve aus der Mittelwertbildung mehrerer Messungen im Raum hervorgehen, sind in der Regel diese Werte nicht ganzzahlig! Der Rechnungsgang entspricht aber vollkommen dem hier beschriebenen im vereinfachten Rechenbeispiel!

In DIN 4109 sind die *Anforderungen* an den Luftschallschutz für die verschiedenen Bauteile als Mindestwerte für das bewertete Schalldämmmaß („erf. R'_w") zu finden. Dies bedeutet für die Bauteile, dass der geforderte Wert erreicht oder überschritten werden muss.

17.6.2.2 Trittschall

Nach dem heutigen Stand der Bautechnik wird optimaler Trittschallschutz durch „schwimmenden Estrich" bewirkt: Eine weichfedernde Dämmschicht zwischen Rohdecke und Fußboden verhindert bei richtiger Ausführung die Übertragung des Trittschalls auf die Rohdecke und die mit ihr in Verbindung stehenden Wände. Hohe Deckenmassen allein erhöhen den Trittschallschutz kaum, die Luftschalldämmung allerdings merklich. Beispiele für die Luft- und Trittschalldämmung typischer Deckenkonstruktionen finden sich in Tab. **17**.108.

Weichfedernde Gehbeläge können die *Erzeugung* von Trittschall vermindern. Dicke Teppichauflagen können also gut zur Trittschalldämmung beitragen, leisten aber umgekehrt keinen Beitrag zur Luftschalldämmung. Wegen der Auswechselbarkeit von Bodenbelägen darf die Trittschalldämmung dieser Schichten aber nicht in allen Fällen berücksichtigt werden (s. DIN 4109).

Stahlbetonplatten von mindestens 16 cm Dicke mit sorgfältig ausgeführtem, schallbrückenfreiem schwimmendem Estrich bieten einen ausreichenden Luft- und Trittschall-

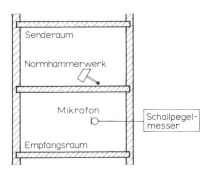

17.99 Trittschallmessung an einer Decke

schutz. Die tatsächliche Dämmwirkung von Stahlbeton-Rippendecken und anderen Decken mit Füllkörpern, Hohlräumen u. Ä. ist nur gesichert, wenn die Ausführung genau nach den Angaben der DIN 4109 erfolgt.

Unterdecken können in begrenztem Umfang den Trittschallschutz (und den Luftschallschutz) verbessern, jedoch ist die schalldämmende Wirkung nur bei dichter Ausführung merklich. Unter Decken mit Verbundestrich können sie nahe an die Wirksamkeit eines schwimmenden Estrichs herankommen.

Holzbalkendecken bieten in ihrer herkömmlichen Form keinen ausreichenden Schallschutz. Sie lassen sich jedoch als zwei- und mehrschalige Konstruktionen ausbilden (s. Kapitel 10), erreichen gute Schalldämmmaße jedoch erst durch eine zusätzliche Beschwerung (aufgelegte Betonsteine, schwimmende Zementestriche u. Ä.) [3].

Messung der Trittschalldämmung, Trittschalldämmmaße

Zur Kennzeichnung der Trittschalls dient die im Empfangsraum abgestrahlte Schallleistung die durch Anregen einer Decke mit einem „Norm-Hammerwerk" entsteht. (Bild **17**.99) Ein solches Norm-Hammerwerk simuliert durch Anheben, Fallenlassen und Auftreffen von definierten Gewichten auf den Bodenbelag aus einer definierten Höhe die mechanische Anregung durch die Nutzung.

Durch eine Messung wird der Schallpegel im Empfangsraum ermittelt. Da durch die Verwendung des „Norm"-Hammerwerkes die Anregung des trennenden Bauteils im Senderaum definiert ist, sind nur Messungen im Empfangsraum notwendig.

Gemessen werden

- der Pegel L' im Empfangsraum aufgrund der Anregung durch das Norm-Hammerwerk,
- die Nachhallzeit T_2 im Empfangsraum, um die schallabsorbierenden Eigenschaften dieses Raumes berücksichtigen zu können, und

17

- der Störschallpegel B_2 im Empfangsraum, also der Pegel ohne die Immission durch das Norm-Hammerwerk. Dieser muss berücksichtigt bzw. aus dem Trittschallpegel herausgerechnet werden, falls er einen wesentlichen Beitrag zur eigentlichen Pegelmessung liefert.

Durch das Messen der Pegel bei verschiedenen Stellungen des Norm-Hammerwerks im Senderaum mit jeweils mehreren Mikrofon-Positionen erhält man einige Messwerte, die durch Bildung des Mittelwertes den Trittschallpegel L' ergeben.

Der Norm-Trittschallpegel L'_n berücksichtigt die schallabsorbierende Eigenschaft des Empfangsraumes. Je größer die äquivalente Schallabsorptionsfläche A des Empfangsraumes ist, desto mehr Schallenergie wird dort absorbiert. Der gemessene Schallpegel wird damit geringer sein.

$$L'_n = L' - 10 \cdot \lg \left(\frac{A}{A_0} \right)$$

mit

L'_n Norm-Trittschallpegel

L' gemessener Trittschallpegel

A Äquivalente Schall-Absorptionsfläche des Empfangsraumes, wird über die Nachhallzeit bestimmt: $A = 0{,}163 \cdot V/T$

A_0 Bezugs-Absorptionsfläche (10 m^2)

V Volumen des Empfangsraumes

T Nachhallzeit des Empfangsraumes

Der so ermittelte Norm-Trittschallpegel besteht aber immer noch aus 16 einzelnen Werten entsprechend den 16 Frequenzen (von 100 Hz bis 3150 Hz; in Terzbändern), die bauakustisch hier interessant sind. Um eine Einzahlangabe zu erhalten, wird das Verfahren mit der Bezugskurve nach DIN EN ISO 717-2 angewendet. Der Verlauf der Bezugskurve (= die Steigungen der Geraden, aus denen die Kurve zusammengesetzt ist) ist dabei festgelegt, jedoch nicht ihre vertikale Lage in einem Frequenz-Pegel-Diagramm.

Die ermittelte Messkurve wird in dieses Diagramm eingetragen, dann wird die Bezugskurve vertikal in 1-dB-Schritten verschoben, bis folgende Bedingungen erfüllt sind:

- Die Summe der ungünstigen Differenzen zwischen Mess- und Bezugskurve (jeweils bei allen 16 Frequenzen) muss maximal werden. Das sind die Differenzen an den Punkten, bei denen die Messkurve über der Bezugskurve liegt. Günstige Differenzen zählen indes nicht.
- Diese Summe darf maximal 32 dB betragen.

Damit ist die Lage der Bezugskurve definiert. Der gesuchte Wert des bewerteten Norm-Trittschallpegels $L'_{n,w}$ ist der Bezugskurvenwert bei $f = 500$ Hz.

In Bild **17**.100 ist der beispielhafte Verlauf einer Messkurve, der Bezugskurve, der verschobenen Bezugskurve (parallel zur ursprünglichen Bezugskurve) und der Ermittlung eines Einzahlenwertes des Trittschallpegels über die verschobene Bezugskurve bei 500 Hz dargestellt

Aus der graphischen Darstellung unter Tabelle **17**.100 ergibt sich, dass diese bewerteten Normtrittschallpegel zahlenmäßig gleich dem Wert der verschobenen Bezugskurve L_{n0} bei 500 Hz sind. In DIN 4109 finden sich Zahlenwerte für das Trittschallschutzmaß TSM noch in Klammern hinter den $L_{n,w}$-Werten!

Rechnungsgang zur Ermittlung des bewerteten Normtrittschallpegels $L_{n,w}$: Man schätzt die mittlere Abweichung von Messkurve und Bezugskurve ab (hier z. B. –15 dB) und verschiebt "zur Probe" die Bezugskurve um diesen Wert (hier: nach unten). Nun bildet man in jeder Zeile die Wertedifferenz zwischen verschobener Bezugskurve und Messkurve, wobei nur L_n-Werte, die ungünstiger als die der verschobenen Bezugskurve (also oberhalb) liegen, berücksichtigt werden. Diese Abweichungen werden addiert und die erhaltene Abweichung soll nicht über 32 dB aber möglichst dicht an diesem Wert liegen. Bei Verschiebung der Bezugskurve um 15 dB ergibt sich eine ungünstige Abweichung um 29 dB. Es erfolgt eine weitere Probeverschiebung der Bezugskurve (also hier um –16 dB), die allerdings schon eine Abweichung von 38 dB ergibt. Die vorletzte Verschiebung um –15 dB ist also gültig. Das Trittschallschutzmaß ist positiv, da Verschiebungen nach unten (–) eine Verbesserung der Trittschalldämmung bedeuten. Der Zahlenwert des bewerteten Normtrittschallpegels $L_{n,w}$ lässt sich direkt aus der Lage des 500-Hz-Wertes der verschobenen Bezugskurve ablesen, hier ergibt sich also $L'_{n,w} = 45$ dB.

Anmerkung: Da die Werte der Messkurve aus der Mittelwertbildung mehrerer Messungen im Raum hervorgehen, sind in der Regel diese Werte nicht ganzzahlig! Der Rechnungsgang entspricht aber vollkommen dem hier beschriebenen im vereinfachten Rechenbeispiel!

Man beachte den Unterschied der Berechnungsverfahren von R_w und $L_{n,w}$: Da bei der Trittschalldämmung hohe L_n-Werte *ungünstig* sind, führen notwendige Verschiebungen der Bezugskurve nach oben zu *negativen* Trittschallschutzmaßen, solche nach unten zu (günstigen) positiven. Dementsprechend werden bei dem im Text zu Tab. **17**.100 beschriebenen Wertevergleich zwischen Messkurve $L_n(f)$ und verschobener Bezugskurve L_{n0} nur die Wertedifferenzen in die Mittelwertbildung einbezogen, bei denen die Messkurve *oberhalb* (also ungünstig) zur Bezugskurve liegt.

In der Schallschutznorm DIN 4109 sind die *Anforderungen* an den Trittschallschutz für die verschiedenen Bauteile als *Höchstwerte für den bewerteten Normtrittschallpegel* (erf. $L'_{n,w}$) zu finden.

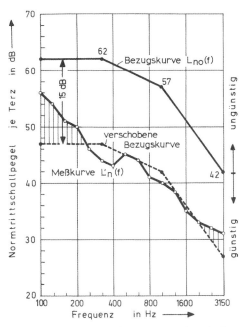

17.100 Mess- und Bezugskurve zur Ermittlung des bewerteten Norm-Trittschallpegels L'$_{n,w}$

Im Gegensatz zum Luftschall, bei dem das geforderte Luftschalldämm-Maß immer die untere Grenze darstellt, ist beim Trittschall die Bewertungsgröße ein Schallpegel. Entsprechend müssen die geforderten Werte als Höchstwert gesehen werden, also erf $L'_{n,w}$ muss eingehalten oder unterschritten werden.

Trittschallverbesserungsmaß $\Delta L_{w,R}$ (VM_R)

Die Trittschalldämmung kann durch Deckenauflagen (schwimmende Böden, weichfedernde Gehbeläge) verbessert werden (Tab. **17**.107). Die Trittschallminderung durch solche Maßnahmen wird durch das *Trittschallverbesserungsmaß* $\Delta L_{w,R}$ (VM_R) des Trittschallschutzes, ebenfalls einer Ein-Zahl-Angabe, gekennzeichnet. Nach DIN EN ISO 717-2: 2013-06 ist das Verbesserungsmaß die Differenz der bewerteten Normtrittschallpegel $L_{n,w}$ (bzw. Trittschallschutzmaße TSM) einer in ihrem Normtrittschallpegel festgelegten Bezugsdecke ohne und mit Deckenauflage. Es beschreibt also die Verbesserung der Trittschalldämmung durch die getroffene Maßnahme (in dB) bei einer *bestimmten* (gedachten!) *Bezugs-Rohdecke*, die etwa einer 12 cm dicken homogenen Stahlbetondecke entspricht. Man kann deshalb nicht da-

Tabelle **17**.100 Ermittlung des bewerteten Normaltrittschallpegels $L_{n,w}$ und des Trittschallschutzmaßes *TSM*

Zeile	Frequenz	Normtrittschallpegel		Abweichung zwischen Messkurve L'$_n$ und verschobener Bezugskurve L_{n0} (im ungünstigen Sinn) bei ihrer Verschiebung um		
		Bezugswerte	Messwerte der Fertigdecke			
	f in Hz	L_{n0} in dB	L'_n in dB	−15 dB	−16 dB	– dB
1	100	62	56	9	10	
2	125	62	54	7	8	
3	160	62	51	4	5	
4	200	62	50	3	3	
5	250	62	46	–	0	
6	315	62	44	–	–	
7	400	61	43	–	–	
8	500	**60**	45	0	1	
9	630	59	44	0	1	
10	800	58	41	–	–	
11	1000	57	40	–	–	
12	1250	54	38	–	0	
13	1600	51	35	–	0	
14	2000	48	33	0	1	
15	2500	45	32	2	3	
16	3150	42	31	4	5	
Summe der ungünstigen Abweichungen				29	38	
maßgebend				−15 dB		

Bewerteter Normtrittschallpegel $L'_{n,w}$ = 60 dB −15 dB = 45 dB (Trittschallschutzmaß *TSM* = +18 dB)
Anmerkung:
Bei 100 Hz weicht die Messkurve um 9 dB, d. h. um mehr als 5 dB, im ungünstigen Sinn von der verschobenen Bezugskurve ab

von ausgehen, dass eine Deckenauflage auf einer beliebigen Rohdecke eine Veränderung der Trittschalldämmung um den Wert des Verbesserungsmaßes erbringt. Deshalb wird zu jeder in DIN 4109 (Bbl 1) genannten Massivdecke und bei Decken mit schwimmenden Böden ein „äquivalenter bewerteter Norm-Trittschallpegel" $L_{n,w,eq,R}$ angegeben, mit dem sich dann der bewertete Norm-Trittschallpegel in einem Raum unter der Decke wie folgt berechnen lässt (s. DIN 4109, Bbl 1, 4.1.1):

$$L'_{n,w,R} = L_{n,w,eq,R} - \Delta L_{w,R} \quad \text{in dB}$$

Dieser errechnete Wert wird dann mit den Anforderungen des Normblattes DIN 4109 verglichen.

Bei **Holzbalkendecken** wirken sich Deckenauflagen meist weit weniger günstig aus, so dass (s. Bbl 1 zur DIN 4109, Tab. 19) die Verwendung der Trittschallverbesserungsmaße bei weichfedernden Bodenbelägen nicht erlaubt ist; je nach Größe der Verbesserungsmaße sind zwei verschiedene Zuschlagwerte zum bewerteten Normtrittschallpegel (d. h. Abzüge bei den Verbesserungsmaßen) anzuwenden.

Zahlenwerte für die äquivalenten bewerteten Norm-Trittschallpegel $L_{n,w,eq,R}$ finden sich in DIN 4109 (Bbl. 1, Tab. 16) und für Trittschallverbesserungsmaße in DIN 4109 (Bbl 1, Tab. 17 bis 19).

Bei gleichzeitiger Anwendung mehrerer Verbesserungsmaßnahmen zur Trittschalldämmung (z. B. Teppichboden auf schwimmendem Estrich) ergibt sich in der Regel nur das Trittschallverbesserungsmaß der allein schon am stärksten wirksamen Maßnahme. Bei etwa gleich starken und gleichzeitig angewandten Verbesserungsmaßnahmen kann man meist eine Erhöhung der Wirkung der besten Maßnahme (um wenige dB) messtechnisch feststellen, die DIN 4109 lässt aber keine rechnerische Berücksichtigung dieser zusätzlichen Verbesserung zu. Auf *keinen* Fall sind Verbesserungsmaße *addierbar*!

17.6.2.3 Zusammenwirken von Schalldämmmaßen

Schall gelangt von einer Schallquelle im Senderaum zum Empfangsraum nicht allein über das flächenmäßig bedeutendste Trennbauteil (Wand, Decke), sondern meist auch über Einbauten wie z.B. Türen (s. Bild **17**.101, Weg Dd2).

Solche Einbauten können manchmal relativ große Schallleistungen übertragen, z. B. wenn sich eine schlechter dämmende Tür- oder Fensterfläche im eigentlichen Trennbauteil befindet.

Schallleistung (gemessen in Watt, W) bezeichnet dabei eine Energiegröße, die proportional dem Quadrat des Schalldrucks (p^2) und der Fläche ist, auf die der Schall auftrifft. Die Schallleistung, die in ein Ohr eintritt, ist der eigentliche physikalische Reiz, der die Hörempfindung hervorruft.

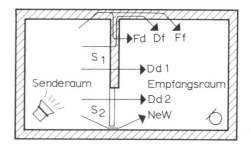

17.101
Übertragung des Luftschalls zwischen zwei Räumen

Fd, Df, Ff Flankenübertragung: Alle Wege *Fd, Df* und *Ff* treten in Massivbauten auf. Zur Angabe der Dämmung entlang des Weges *Ff* allein (bei Skelettbauten mit leichtem Aufbau und in Holzhäusern spielen *Fd* und *Df* keine Rolle) benutzt man das Schall-Längsdämm-Maß R_L

Dd 1 Direkter Schallweg über das Trennbauteil mit der Fläche S_1; zugehöriges Dämmmaß: R_1

Dd 2 Direkter Schallweg über das Trennbauteil mit der Fläche S_2; zugehöriges Dämmmaß: R_2

NeW Nebenweg-Übertragung über Undichtheiten, Lüftungsanlagen, Deckenhohlräume, Rohrleitungen o. Ä.
Die Schallübertragung über Undichtheiten kann rechnerisch noch nicht erfasst werden.
Die Luftschallübertragung durch Kanäle und Schächte beschreibt die Schachtpegeldifferenz D_K
Die Schallübertragung über Rohrleitungen, Elektrokabel o. Ä. kann über ein Schall-Längsdämm-Maß R_L wie bei der reinen Flankenübertragung (*Ff*) beschrieben werden.

S_1, S_2 Trennbauteilflächen (in m²)

Das Zusammenwirken der verschiedene Schallanteile kann über die Errechnung der gesamten im Empfangsraum ankommenden Schallleistung beschrieben werden. Man weiß, dass alle Anteile proportional zur Schallquellenleistung im Senderaum sind und als Maß der Verminderung der im Empfangsraum ankommenden Leistung (gegenüber der Senderleistung) das in Schalldämmmaß R Verwendung findet.

Dementsprechend kann die Gesamtschalldämmung unter Einbeziehung der Dämmung der einzelnen Schallwege und deren Flächenanteil errechnet werden.

Bei n Teilflächen der Trennbauteile ergibt sich die „Kombinationsformel für Schalldämmmaße" zu

$$R_{res} = -10 \lg \left(\frac{S_1}{S_{ges}} 10^{-0,1R1} + \frac{S_n}{S_{ges}} 10^{-0,1R2} + \dots + \frac{S_n}{S_{ges}} 10^{-0,1Rn} \right) \quad \text{in dB}$$

mit (s. Bild **17**.77)

$S_1 \ldots S_n$ Flächen der verschiedenen schallübertragenden Bauteile in m^2

$R_1 \ldots R_n$ Schalldämmaße dieser Flächen in dB

$S_{ges} = S_1 + S_2 + \ldots + S_n$ die gesamte Trennbauteilfläche in m^2

Im Fall von nur zwei verschieden dämmenden Flächen im Trennbauteil – typisch beim Schalldurchgang durch die Bauteile Außenwand und Fenster – kann auch folgende in DIN 4109 (Bbl 1, 11) angegebene Formel (als Vereinfachung der Kombinationsformel für nur 2 Übertragungsflächen) Verwendung finden:

$$R'_{w,ges} = R_{w,1} - 10 \lg \left[1 + \frac{S_2}{S_{ges}} (10^{0,1(Rw,1 - Rw,2)} - 1) \right] \text{ in dB}$$

hier z. B. mit

S_1 Fläche der Wand in m^2

S_2 Fläche der Fenster oder Türen in m^2

S_{ges} Fläche der Wand mit Fenster oder Tür in m^2

$R_{w,1}$ bewertetes Schalldämm-Maß der Wand allein in dB

$R_{w,2}$ bewertetes Schalldämm-Maß von Fenster oder Tür in dB

Bei der Verwendung dieser Formeln zeigt sich, dass sogar eine geringe Fenster- oder Türfläche auch in einer gut schalldämmenden Wand das Gesamtschalldämmmaß in der Nähe der geringeren Schalldämmaße von Fenster oder Tür bringt. Dabei ist noch zu berücksichtigen, dass die üblicherweise angegebenen Schalldämmaße von Fenstern oder Türen Labor-Schalldämm-Maße sind, die bei der Anwendung der Formel eigentlich durch am Bau erreichbare (wegen der Fugeneinflüsse bei undichtem Einbau also kleinere) ersetzt werden müssten. Ein am Bau bestimmtes resultierendes Schalldämm-Maß kann also noch niedriger liegen als das errechnete!

Rechenbeispiel (aus DIN 4109 Bbl 1,11)

Wand mit Tür

Gegeben: Wand $S_1 = 20$ m^2, $R_{w,1} = 50$ dB

Tür $S_2 = 2$ m^2, $R_{w,2} = 35$ dB

Berechnung nach der vereinfachten Gleichung:

$$R'_{w,ges} = 50 - 10 \lg \left[1 + \frac{2}{22} (10^{0,1(50 - 35)} - 1) \right] =$$
$$= 44,2 \approx 44 \text{ dB}$$

Erhöhte man das Schalldämmmaß der Wand um 10 dB auf 60 dB, so stiege das resultierende Schalldämmmaß nur auf 45,3 dB. Erhöhte man stattdessen das Schalldämmmaß der Tür um 10 dB auf 45 dB ergäbe sich dagegen schon ein resultierendes Schalldämmmaß von 49,2 dB.

Gut dämmende Trenn-Bauteile sind also auf spezielle Schallschutzfenster (bei Außenwänden) oder Türkonstruktionen (bei Innenwänden) unbedingt angewiesen.

17.6.2.4 Einfluss von Schallnebenwegen (Flankenübertragung)

Eine bedeutende Übertragungsmöglichkeit des Schalls vom Senderaum in den Empfangsraum

stellen die Nebenwege oder Flanken des Trennbauteils dar. Flankenübertragung tritt an allen Anschlüssen des Trennbauteil an andere Bauteile auf (s. z. B. Schallwege *Ff, Df, Fd* in Bild **17**.101). Einen großen Einfluss kann die Flankenübertragung insbesondere bei Gebäuden in Skelettbauweise bzw. bei der Verwendung leichter Trennwände (z.B. GK-Ständerwände) haben. In der Praxis treten häufig Fälle auf, bei denen der Flankenübertragung im Rahmen der Planung keine Beachtung geschenkt wurde und der tatsächlich erreichte Schallschutz aus diesem Grund weit hinter dem geforderten zurückbleibt. In DIN 4109, Bbl. 1 sind Beispiele für die Ausführung und das zugehörige Schall-Längsdämm-Maß von Anschlüssen/Flanken aufgeführt.

Flankenübertragung. Bei einer Flankenübertragung (s. z. B. Schallwege *Ff, Df, Fd* in Bild **17**.101) werden die entsprechenden Schallleistungen nicht über in m^2 ausdrückbare Flächen des Trennbauteils übertragen. Die Berücksichtigung der Flankenübertragung für die Ermittlung des resultierenden Bau-Schalldämm-Maßes eines Trennbauteils erfolgt über Schallnebenweg-Dämmmaße R'_L (Flankendämm-Maß oder Schall-Längsdämm-Maß nach E DIN 52 217: 1996-03). Diese werden aus Labormessungen in Prüfständen, die allerdings bauübliche Maße haben, bestimmt. Die Bau-Dämmaße R'_L müssen nur dann aus diesen Labor-Dämmaßen R_L nach der unten angegebenen Formel errechnet werden, wenn die Maße am Bau (Höhe und Tiefe des Raumes) wesentlich von den Labormaßen abweichen.

In der Regel wird das Gesamtschalldämmmaß einer Schallübertragung vom Senderaum in den Empfangsraum nicht für jede Frequenz einzeln berechnet – wie es physikalisch richtig wäre – sondern es werden für die Schalldämmaße gleich die bewerteten Schalldämmaße R_w bzw. $R_{L,w}$ (Laborwerte!) eingesetzt.

Die dabei erzielte Genauigkeit der Ergebnisse ist im Allgemeinen ausreichend. Die Umrechnung von Labor-Dämmaßen $R_{L,w}$ in Bau-Dämmaße $R'_{L,w}$ darf nach folgender Formel (s. E DIN 52 217: 1996-03 bzw. DIN 4109, Bbl 1, 5.4) geschehen:

$$R'_{L,w} = R_{L,w} + 10 \lg \frac{S_T}{S_0} 10 \lg \frac{l}{l_0} \text{ in dB}$$

mit

$R_{L,w}$ bewertetes Labor-Schall-Längsdämm-Maß des flankierenden Bauteils in dB

S_T Fläche des trennenden Bauteils (Wand oder Decke), nicht des flankierenden Bauteils: S_T entspricht dem Sges aus obigen Formeln

S_0 Bezugsfläche (für Wände ist $S_0 = 10$ m^2)

l gemeinsame Kantenlänge zwischen dem trennenden und dem flankierenden Bauteil in m

l_0 Bezugskantenlänge (für Wände ist $l_0 = 2,80$ m, für Decken 4,50 m)

Ein ausführliches Rechenbeispiel zur Anwendung dieser Formeln findet sich in Tab. **17**.109.

17

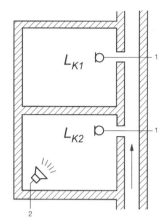

17.102 Beispiel für die Messung der Schallübertragung bei einer Schachtanordnung (aus DIN 4109, Abschn. 6.4)

L_{K1} mittlerer Schallpegel in der Nähe der Schachtöffnung (Kanalöffnung) im Senderaum

L_{K2} mittlerer Schallpegel in der Nähe der Schachtöffnung (Kanalöffnung) im Empfangsraum

1   Messmikrofone der Schallpegelmesser

2   Schallerzeuger (Lautsprecher)

17.6.2.5 Schallübertragung durch Kanäle und Schächte, Schachtpegeldifferenz

Die Schallübertragung von einem Raum zum anderen geschieht nicht immer über feste Bauteile (Wände, Decken, usw.), der Schall kann auch als reiner Luftschall durch Kanäle und Schächte von Lüftungen, Luftheizungen und Abgasanlagen gelangen.

Die **bewertete Schachtpegeldifferenz** $D_{K,w}$ (nach DIN 52 210-6, s. DIN 4109, A.6.4 und Bbl 1,9.3.1) beschreibt beim augenblicklichen Stand der Normung die Schalldämmung über einen solchen Schallnebenweg.

Sie ergibt sich unter Verwendung der üblichen Bewertungstechnik (s. Tab. **17**.98) aus den für 16 Frequenzen gemessenen Schachtpegeldifferenzen (s. Bild **17**.102).

$$D_K = L_{K1} - L_{K2} \quad \text{in dB}$$

Die Schachtpegeldifferenz ist kein vollständiges Dämmmaß weil sie die Schallabsorption im Raum nicht berücksichtigt, deshalb kann man sie nicht einfach in eine Kombinationsformel zur Erlangung eines resultierenden Gesamt-Schalldämmmaßes zwischen zwei Räumen einsetzen. In DIN 4109 (Bbl 1, 9.3.1) wird deshalb nur ein – vom erforderlichen R'_w-Wert abhängiger – Wert von $D_{K,w}$ gefordert:

$$D_{K,W} \geq \text{erf. } R'_w - 10 \lg (S/S_K) + 20 \quad \text{in dB}$$

mit

erf. R'_w das vom trennenden Bauteil (Wand oder Decke) geforderte bewertete Schalldämm-Maß in dB

S die Fläche des trennenden Bauteils in m^2

S_K die lichte Querschnittfläche der Anschlussöffnung (ohne Berücksichtigung einer Minderung durch etwa vorhandene Gitterstäbe oder Abdeckungen) in m^2

Allerdings gilt diese Gleichung nur für den Fall, dass die Anschlussöffnungen mindestens 0,5 m von einer Raumecke entfernt sind, im anderen Fall muss die Schachtpegeldifferenz um 6 dB höher gewählt werden: Kantennahe Öffnungen übertragen den Schall um mindestens 3 dB stärker als Öffnungen im mittleren Wandbereich, da in der Nähe der Kanten aus physikalischen Gründen eine Schalldruckverstärkung („Druckstau") wirksam ist.

17.6.3 Schallschutzanforderungen und Normen

Forderungen zum Schallschutz werden in DIN 4109 „Schallschutz im Hochbau", DIN 18 005 „Schallschutz im Städtebau", der Flugplatz-Schallschutzmaßnahmenverordnung, dem Bundesimmissionsschutzgesetz sowie der „Technischen Anleitung zum Schutz gegen Lärm" (TA Lärm) formuliert.

Die Norm **DIN 4109** soll dabei vorrangig dem Schutz der Bewohner oder Benutzer eines Gebäudes vor zu großer Belästigung durch Lärm von außen und durch Lärmquellen innerhalb und außerhalb des eigenen Wohn- und Arbeitsbereiches dienen.

Der Stand der Technik des baulichen Schallschutzes an und in Gebäuden spiegelt sich in den Forderungen des eigentlichen Normenblattes DIN 4109 leider nicht in allen Fällen wider. Z. B. stufen 25 % der Bewohner von mehrgeschossigen Wohnbauten auch bei einem Luft-Schalldämm-Maß von $R'_w = 55$ dB der Wohnungstrenndecken ihr Haus noch als „hellhörig" ein, es werden in der Norm aber nur 54 dB gefordert!

Der Umfang des Normenwerkes DIN 4109 ist so groß, dass an dieser Stelle und in den entsprechenden Abschnitten über einzelne Bauteile nur die wesentlichsten Forderungen an den Schallschutz und einige Möglichkeiten zur Erfüllung dieser Forderungen erwähnt werden können.

Die Schallschutznorm enthält im Normblatt selbst Anforderungen an

- den **Luftschallschutz** (auch gegen Außenlärm): Mindestforderungen für das bewertete Schalldämmmaß (erf. R'_w) und evtl. die bewertete Schachtpegeldifferenz $D_{K,w}$ (bei Schallübertragungen durch Kanäle und Schächte),

- den **Trittschallschutz**: Mindestforderungen für den bewerteten Normtrittschallpegel (erf. $L'_{n,w}$),

- **haustechnische Anlagen:** Werte für zulässige Schallpegel und Mindestwerte für die Luft- und Trittschalldämmung in diesen Fällen.

Der Norm sind zwei Beiblätter zugeordnet:

- Beiblatt 1 enthält Ausführungsbeispiele schalldämmender Bauteile oder Konstruktionen, die ohne bauakustische Prüfungen geeignet sind, Schallschutzanforderungen zu erfüllen. Außerdem sind geeignete Berechnungsverfahren zum Nachweis des ausreichenden Schallschutzes und Definitionen wichtiger schalltechnischer Größen enthalten.
- Die Vorschläge für einen erhöhten Schallschutz sind im Beiblatt 2 aufgeführt. Es enthält neben Empfehlungen zum Schallschutz im eigenen Wohn- und Arbeitsbereich auch wertvolle Hinweise zur Erfüllung hoher Schallschutzanforderungen, entsprechend dem Stand der Technik.

Die gültige Norm DIN 4109 stellt nicht in allen Fällen mehr den Stand der Technik dar. Sie wird aufgrund der Ergebnisse der Europäischen Normung grundsätzlich überarbeitet. In den letzten Jahren sind mehrfach Überarbeitungen der DIN 4109 herausgekommen und kurze Zeit später wieder zurückgezogen worden.

Notwendig wird die Neubearbeitung aber wegen

- anderer Beurteilungsgrundlage. Die Beurteilung soll zukünftig nicht mehr über die Schalldämmung der Bauteile erfolgen, sondern über die Beurteilung des Schallpegels im schutzbedürftigen Raum
- der Umstellung der schalltechnischen Prüfungen (gemessen wird in den Labors nun ausschließlich nebenwegsfrei, d. h. R statt R' und L statt L'),
- der neuen Berechnungsverfahren (CEN-Rechenmodell u. a., s. DIN EN 12 354-1 bis 4) und
- wegen der Notwendigkeit eines neuen Bauteilkatalogs, der die R-Werte und die neue Größe „Stoßstellendämmmaß k_{ij}" enthalten wird.

Die neuen europäischen Normen stehen schon weitgehend fest, sind aber in Deutschland noch nicht bauaufsichtlich eingeführt.

Im Bereich der Wohnnutzung kann als Weiterentwicklung bzw. Ergänzung der Normung die **VDI-Richtlinie 4100** genannt werden. Sie teilt Wohnungen in 3 Schallschutzstufen (SSt) ein, die die schalltechnische Güte einer Wohnung beschreiben sollen. Dabei entsprechen die Kennwerte der Schallschutzstufe 1 (SSt I) weitgehend den Anforderungswerten der DIN 4109, die der SSt II etwa den Anforderungen an den erhöhten Schallschutz nach Beiblatt 2. Erst die Werte der SSt III gewährleisten dem Bewohner ein hohes Maß an Ruhe.

Da die VDI-Richtlinie auch Kostenunterschiede bei verschiedenen Schallschutzniveaus aufzeigt sowie wertvolle Hinweise zur bauakustisch vorteilhaften Ausführung von Bauteilen enthält, kann ihre Berücksichtigung bei bauakustischen Planungen empfohlen werden, obwohl eine Übernahme in die meisten Landesbauordnungen bisher noch nicht erfolgte.

Der von den Wohnungsnutzern häufig geforderte „erhöhte Schallschutz" kann derzeit nur unter Verwendung der VDI 4100 sinnvoll berechnet werden.

Da in der Fachwelt darüber diskutiert wird, welcher Schallschutz geschuldet ist, welche Bedeutung den Anforderungen nach DIN 4109 (Ausgabe November 1989) zukommt und ob sie als allgemein anerkannte Regeln der Technik gelten, hat die **DEGA** (Deutsche Gesellschaft für Akustik e.V., www.dega-akustik.de) ein Memorandum zu den allgemein anerkannten Regeln der Technik in der Bauakustik herausgegeben. Weiterhin gibt es von der DEGA eine Empfehlung für Schallschutzausweise im Wohnungsbau. In diesem ebenfalls online kostenlos erhältlichen Dokument werden u. a. Schallschutzklassen definiert und auch für Laien verständlich beschrieben.

17.6.3.1 Nachweis der Anforderungen nach DIN 4109

Die im Normblatt DIN 4109 und auszugsweise in Tab. **17**.103 genannten zahlenmäßigen (Mindest-)Anforderungen an den Schallschutz können erfüllt werden durch

- Verwendung von Bauteilen mit erfahrungsgemäß ausreichendem Schallschutz, wie sie im Beiblatt 1 zu DIN 4109 (2 bis 4,6 bis 8 und 10) aufgeführt sind (s. auch Tab. **17**.104 bis **17**.108),
- rechnerischen Nachweis nach Beiblatt 1 zu DIN 4109 (5), s. auch Tab. **17**.95.
- Eignungsprüfungen aufgrund von Messungen nach DIN EN ISO 10 140 in Prüfständen oder nach DIN EN ISO 16283-1 in ausgeführten Bauten.

17

Praktische Vorgehensweise zum Nachweis des ausreichenden Schallschutzes

Die Norm DIN 4109 ist bei den *Anforderungen* (außer beim Schutz gegen Außenlärm) recht übersichtlich zu handhaben. Leider trifft das nicht mehr zu

- bei der Auswahl von ausreichend schallschützenden Bauteilen aus den Vorschlägen des Beiblatts 1, da die Unzahl von Zusatzangaben und Korrekturwerten die Suche nach geeigneten, wirtschaftlichen Konstruktionen sehr erschwert;
- durch die Unterteilung der Gebäude in solche der Massivbauart und der Skelett- bzw. Holzbauart; diese Unterteilung beschreibt zwar den bauakustischen Sachverhalt recht gut, die Zahl der Tabellen wird aber dadurch stark erhöht;
- wegen der meist notwendigen bauakustischen Rechnungen, bei denen die zugrundeliegenden Formeln unerklärt bleiben, und die Durchführung der Berechnungen für den normalen Entwurfsverfasser nicht immer einfach genug ist.

Um die auftretenden Schwierigkeiten zu verringern, wird folgende Vorgehensweise empfohlen:

1. Aufsuchen der Anforderungen im Normblatt DIN 4109 (s. auch Tab. **17**.103)

Das Inhaltsverzeichnis vereinfacht das Auffinden der Zahlenwerte für die erforderliche Schalldämmung. Es sind die Abschnitte

3: Anforderungen an die Luft- und Trittschalldämmung (gegen Schallübertragung aus einem fremden Wohn- und Arbeitsbereich)

4: Schutz gegen Geräusche aus haustechnischen Anlagen und Betrieben

5: Anforderungen an die Luftschalldämmung von Außenbauteilen (Schutz gegen Außenlärm) durchzusehen.

Einige Anforderungen sind in Tab. **17**.103 aufgeführt.

2. Massivbauweise oder Holz-/Skelettbauweise?

Das zu errichtende Gebäude wird daraufhin untersucht, ob es als

- Massivbau oder
- Holz- oder Skelettbau (s. u.)

im Sinne der DIN 4109 angesehen werden muss. Entscheidend dafür ist, ob bei der Schallübertragung (s. auch Bild **17**.101) die Schallwege *Fd* und *Df* auftreten oder nicht. Wenn sie merkliche Schallleistungen übertragen, ist eine biegesteife Anbindung der flankierenden Bauteile an das trennende Bauteil vorhanden und an den Stoßstellen kann Schall in alle Richtungen gelangen. Im anderen Fall der Holz- oder Skelettbauweise ist nur Direkt-(*Dd*) und reine Flankenüber-

tragung (*Ff*) vorhanden, da eine gelenkige Knotenausbildung an den Stoßstellen vorliegt, die eine Schallwegverzweigung behindert.

Skelettbauten können Skelette aus Stahlbeton, Stahl oder Holz haben und besitzen einen leichten Ausbau, wobei Bauteile mit biegeweichen Schalen verwendet werden.

Holzbauten (im Sinne der Norm) besitzen trennende und flankierende Bauteile in Holzbauart.

Bei den Anforderungen (Normblatt DIN 4109) gibt es diese Bauart-Unterscheidung nicht, die Auswahl der Bauteile (s. Beiblatt 1) hängt jedoch davon entscheidend ab.

3. Nachweis des ausreichenden Schallschutzes durch Rechenverfahren

(Vorbemerkung: Zu verwendende Rechenwerte von Schallschutzgrößen werden in DIN 4109 meist mit dem Index R gekennzeichnet!)

Der Schallschutz gegen Außenlärm wird in Abschn. 17.6.3.5 gesondert behandelt!

Luftschallschutz in Massivbauten

Es wird nach der Berechnungsformel $R'_w = R'_{w,300} + K_{L1} + K_{L2}$ in dB das Schalldämmmaß einer gewählten Wand oder Decke ermittelt, mit dem erf. R'_w verglichen und bei notwendigen Änderungen dieses Verfahren wiederholt. Werte für $R'_{w,300}$ finden sich in den Tabellen 1, 5, 8, 9, 10, 12 und 19 des Beiblatts 1 und in Tab. **17**.95, **17**.104 für verschiedene Wand- und Deckenausführungen. Die Tab. **17**.105 enthält Beispiele für Wandkonstruktionen, die geforderte Schalldämmmaße erreichen.

Der Korrekturwert K_{L1} erfasst die Längsleitung entlang der flankierenden Bauteile bei von 300 kg/m² abweichenden mittleren flächenbezogenen Massen dieser Bauteile.

Nun muss man unterscheiden:

A. Einschalige (biegesteife) Wände und Decken

Dann muss die mittlere Masse der flankierenden Bauteile nach

$$m'_{L,Mittel} = \frac{1}{n} \ m'_{L,i} \quad \text{in kg/m}^2$$

mit

$m'_{L,i}$ flächenbezogene Masse des i-ten nicht verkleideten massiven flankierenden Bauteils

n Anzahl dieser Bauteile (maximal 4!)

ermittelt werden.

B. Wände aus biegeweichen Schalen und Holzbalkendecken

Hierbei wird die mittlere flächenbezogene Masse der flankierenden Bauteile nach

$$m'_{L,Mittel} = \left[\frac{1}{n} \ (m'_{L,i})^{-2,5} \right]^{-0,4}$$

berechnet.

Für beide Trennbauteilarten sind die Korrekturwerte K_{L1} aus den Tabellen 13 (Bauteile nach A) und 14 (Bauteile nach B) des Beiblatts 1 zu entnehmen.

Tabelle **17**.103 Anforderungen an die Luft- und Trittschalldämmung verschiedener Bauteile (Auswahl aus DIN 4109, Tab. 3) und Vorschläge für einen erhöhten Schallschutz (Auswahl aus Bbl 2 zu DIN 4109)

Bauwerk/Bauteil	Luftschalldämmung		Trittschalldämmung	
	Anforderungen erf. R'_w	Vorschläge für erhöhten Schallschutz erf. R'_w	Anforderungen erf. $L'_{n,w}$	Vorschläge für erhöhten Schallschutz erf. $L'_{n,w}$
	in dB	in dB	in dB	in dB
Geschosshäuser mit Wohnungen und Arbeitsräumen				
Decken	54	$\geqq 55$	53	$\leqq 46$
Wände	53	$\geqq 55$	–	–
Treppen	–	–	58	$\leqq 46$
Türen (Hausflur/Flur)	27	$\geqq 37$	–	–
Eigengenutzte Wohngebäude (Empfehlungen!)				
Decken	50	$\geqq 55$	56	$\leqq 46$
Wände zwischen „lauten" und „leisen" Räumen (z. B. zwischen Wohn- und Kinderschlafzimmer)	40	$\geqq 47$	–	–
Treppen und Treppenpodeste (Einfamilienhäuser)	–	–	–	$\leqq 53$
Einfamilien-Doppel- und -Reihenhäuser				
Decken	–	–	48	$\leqq 38$
Haustrennwände	57	$\geqq 67$	–	–
Treppen	–	–	53	46
Beherbergungsstätten, Krankenanstalten, Sanatorien				
Decken	54	$\geqq 55$	53	$\leqq 46$
Wände	47	$\geqq 52$	–	–
Treppen	–	–	58	$\leqq 46$
Türen	32	$\geqq 37$	–	–
Schulen				
Decken	55	–	53	–
Wände zwischen Unterrichtsräumen und Unterrichtsräumen und Fluren	47	–	–	–
Wände zwischen Unterrichtsräumen und Treppenhäusern	52	–	–	–
Türen	32	–	–	–
Büro- und Verwaltungsgebäude (eigener Arbeitsbereich, Empfehlungen!)				
Decken	52	$\geqq 55$	53	$\leqq 46$
Wände	37	$\geqq 42$	–	–
Wände von Räumen, die besonderen Schallschutz erfordern	45	$\geqq 52$	–	–
Türen zwischen Büroräumen bzw. Büroräumen und Fluren	27	$\geqq 32$	–	–
Türen zwischen Räumen, die besonderen Schallschutz erfordern	37	–	–	–

17

Tabelle **17**.104 Bewertetes Schalldämmmaß $R'_{w,R}$ [1] von Massivdecken (Rechenwerte) aus Beiblatt 1 zu DIN 4109, Tab. 12)

Flächen-bezogene Masse der Decke[3] in kg/m²	Bewertetes Schalldämmmaß $R'_{w,R}$ in dB[2]			
	Einschalige Massivdecke, Estrich und Gehbelag unmittelbar aufgebracht	Einschalige Massivdecke mit schwimmendem Estrich[4]	Massivdecke mit Unterdecke[5], Gehbelag und Estrich unmittelbar auf-gebracht	Massivdecke mit schwimmendem Estrich und Unterdecke[5]
500	55	59	59	62
450	54	58	58	61
400	53	57	57	60
350	51	56	56	59
300	49	55	55	58
250	47	53	53	56
200	44	51	51	54
150	41	49	49	52

[1] Zwischenwerte sind linear zu interpolieren.
[2] Gültig für flankierende Bauteile mit einer mittleren flächenbezogenen Masse $m'_{L,Mittel}$ von etwa 300 kg/m² und unter Berücksichtigung von Abschn. 3.1 des Bbl 1 zu DIN 4109.
[3] Die Masse von aufgebrachten Verbundestrichen oder Estrichen auf Trennschicht und vom unterseitigen Putz ist zu berücksichtigen.
[4] Und andere schwimmend verlegte Deckenauflagen, z. B. schwimmend verlegte Holzfußböden, sofern sie ein Trittschallverbesserungsmaß ΔLw (VM) ≥ 24 dB haben.
[5] Biegeweiche Unterdecke nach Bbl 1 zu DIN 4109, Tab. 11, Zeilen 7 + 8).

Der Korrekturwert K_{L2} wird nur bei mehrschaligen Trennbauteilen benötigt und beträgt bei 1, 2 oder 3 flankierenden, biegeweichen Bauteilen oder Bauteilen mit biegeweichen Vorsatzschalen entsprechend +1, +3 oder +6 dB.

Die in Tabelle 6 des Beiblatts aufgeführten Werte für zweischalige Gebäudetrennwände können ohne Korrekturen K_L verwendet werden.

Trittschallschutz in Massivbauten

A. Massivdecken

Die Berechnung geschieht mit Hilfe der Formel

$$L'_{n,w} = L_{n,w,eq,R} - \Delta L_{w,R} + 2 \qquad \text{in dB}$$
$$(TSM = TSM_{eq,R} + VM_R - 2 \qquad \text{in dB})$$

wobei die Werte für $L_{n,w,eq,R}$ (bzw. $TSM_{eq,R}$) in der DIN 4109, Bbl. 1, Tabelle 16 (bzw. Tab. **17**.106) zu finden sind, die Trittschallverbesserungsmaße $\Delta L_{w,R}$ bzw. VM_R sind in den Tabellen 17 und 18 aufgeführt (eine Auswahl findet sich in Tab. **17**.107 !).

Die errechneten Werte sind wieder mit den Anforderungen erf. $L_{n,w}$ (bzw. erf. $TSM_{eq,R}$) zu vergleichen und evtl. die Konstruktionen zu verändern.

In der Praxis wird sich eine exakte Berechnung der unter einer Estrichplatte notwendigen Dämmmatte selten als notwendig erweisen, da

- die meistverwendeten Mineralfaser-Trittschalldämmmatten (ab 25/20 mm Dicke) haben eine weit geringere dyn. Steifigkeit haben d. h. weicher (und damit günstiger)

sind als der geringste Normwert angibt (10 MN/m³) und

- die geforderte Sicherheit des Trittschallschutzes eine zu knappe, „normmäßige" Dimensionierung der Dämmmattendicke nicht als wünschenswert erscheinen lässt.

B. Holzbalkendecken

Bewertete Norm-Trittschallpegel $L_{n,w,R}$ (Trittschallschutzmaße TSM_R) verschiedener Ausführungen sind in der Tabelle 19 des Beiblatts zu finden. Eine Berechnung ist z. Z. noch nicht möglich.

C. Massive Treppenläufe und Treppenpodeste

Die Tabelle 20 des Beiblatts 1 der DIN 4109 gibt Zahlenwerte und Beispiele zum Trittschallschutz verschiedener Treppenkonstruktionen (s. Abschn. 4.1.2 in Teil 2 dieses Werkes).

Luftschallschutz in Holz- und Skelettbauten

Hier kann der Nachweis ausreichenden Schallschutzes alternativ mit

- dem Massivbau-Verfahren (s. dort),
- einem vereinfachten Nachweis,
- dem genaueren Rechenverfahren mit der Kombinationsformel (s. Abschn. 17.6.2.4)

erfolgen:

17

Tabelle **17**.105   Beispiele für Wandkonstruktionen, die in DIN 4109 geforderte Schalldämmmaße erreichen (nach Beiblatt 1
 zu DIN 4109, Tab. 5 und 6)

Erreichbares Schall-dämmmaß R'_w in dB	Massivwand-Bauarten (mit Angabe der Rohdichteklasse) Wände beidseitig verputzt, flächenbezogene Masse des Putzes 50 kg/m^2 (z. B. beidseitig 15 mm Kalk-, Kalkzement- oder Zementputz)	
$\geqq 53$	17,5 cm 24 cm 30 cm	Kalksandsteinmauerwerk aus KS 2.2 Ziegelmauerwerk aus Mz 1.6 Betonsteinmauerwerk aus Vbl 1.2
$\geqq 55$	20 cm 24 cm 30 cm 36,5 cm	Wand aus Normalbeton mit geschlossenem Gefüge Kalksandsteinmauerwerk aus KS 2.0 Kalksandsteinmauerwerk, Ziegelmauerwerk oder Betonsteinmauerwerk der Steinrohdichte 1.6 Betonsteinmauerwerk aus Vbl 1.2
$\geqq 57$	25 cm 30 cm 36,5 cm	Wand aus Normalbeton mit geschlossenem Gefüge Kalksandsteinmauerwerk aus KS 1.8 Ziegelmauerwerk aus Mz 1.6
$\geqq 67$	2 x 17,5 cm 2 x 24 cm	Zweischaliges Ziegelmauerwerk aus Mz 1.4 (mit durchgehender Gebäude-Trennfuge) Zweischaliges Betonsteinmauerwerk aus Hbl 0.9 (mit durchgehender Gebäude-Trennfuge)

Vereinfachter Nachweis

Alle an der Schallübertragung beteiligten trennenden <u>und</u>
<u>flankierenden Bauteile</u> müssen die Bedingung

$$R_{w,R} \text{ bzw. } R_{L,w,R} \geq \text{erf. } R'_w + 5 \quad \text{in dB}$$

erfüllen. Schallschutzwerte für verschiedene Ausführungsbeispiele sind in den Tabellen 23 bis 34 des Beiblatts 1 enthalten.

Genaueres Rechenverfahren

Die resultierenden Luftschalldämmung (die dann mit dem
Anforderungswert erf. R'_w verglichen werden muss) ergibt
sich aus der (modifizierten) Kombinationsformel in Abschn.
17.6.2.4.

$$R'_{w,R} = -10 \lg \left(10^{-0,1 R_{w,R}} + \sum_{i=1}^{n} 10^{-0,1 R'_{L,n,w,R,i}} \right) \quad \text{in dB}$$

mit

$R_{w,R}$ Rechenwert des bewerteten Schalldämm-Maßes
des trennenden Bauteils ohne Längsleitung über
flankierende Bauteile in dB

$R_{L,n,w,R,i}$ Rechenwert des bewerteten Bau-Schall-Längs-
dämm-Maßes des i-ten flankierenden Bauteils in
dB

n Anzahl der flankierenden Bauteile (im Regelfall
$n = 4$)

Die rechnerische Ermittlung des bewerteten Schall-Längs-
dämm-Maßes eines flankierenden Bauteils erfolgt nach:

$$R'_{L,n,w,R,i} = R_{L,n,R,w,i} + 10 \lg \frac{S_T}{S_0} - 10 \lg \frac{l_i}{l_0} \quad \text{in dB}$$

mit

$R_{L,n,w,R,i}$ Rechenwert des bewerteten Labor-Schall-Längsdämm-Maß des i-ten flankierenden Bauteils in dB
(aus Abschnitt 6 des Beiblattes 1)

S_T Fläche des trennenden Bauteils in m^2 (Wand oder
Decke), nicht des flankierenden Bauteils: S_T entspricht dem S_{ges} aus obigen Formeln

S_0 Bezugsfläche (für Wände ist $S_0 = 10$ m^2)

l_i gemeinsame Kantenlänge zwischen dem trennenden und dem flankierenden Bauteil in m

l_0 Bezugskantenlänge (für Wände ist $l_0 = 2{,}80$ m, für
Decken, Unterdecken, Fußböden 4,50 m)

Für Räume mit Raumhöhen zwischen etwa 2,5 bis 3 m und
Raumtiefen von etwa 4 bis 5 m kann

$$R'_{L,n,w,R,i} = R_{L,n,w,R,i}$$

gesetzt werden, so dass die Anwendung der zuletzt angegebenen Formel entfällt!
Ein ausführliches Rechenbeispiel (Tab. **17**.109) zur Anwendung dieser Formeln findet sich unten (s. auch DIN 4109,
Bbl 1, 5.6; Beispiel 2 und Tab. 22).

Trittschallschutz in Holz- und Skelettbauten

Bei diesen Bauten wird beim Nachweis des Trittschallschutzes der Einfluss flankierender Bauteile nicht berücksichtigt,
weil Flankenübertragungen nach Ansicht des Normenausschusses kaum stattfinden sollte.
Die Berechnung erfolgt wie bei der Massivbauart, wenn die
Bauten Massivdecken enthalten.
Bei Holzbalkendecken sind für einige wenige Fälle Rechenwerte $L'_{n,w,R}$ (TSM_R) in Tabelle 34 des Beiblatts 1 zu DIN 4109
zu finden. Durch die Vielzahl der möglichen Konstruktionen
und Einflussfaktoren sollte für die Berechnung von Schall-
dämmaßen von Holzbalkendecken ein Bauphysiker hinzu-
gezogen werden.

17

Tabelle **17**.106   Äquivalenter bewerteter Norm-Trittschallpegel $L_{n,w,eq,R}$ von Massivdecken in Gebäuden in Massivbauart ohne/mit biegeweicher Unterdecke (Rechenwerte)

Deckenart	Flächenbezogene Masse[1] der Massivdecke ohne Auflage in kg/m^2	$L_{n,w,eq,R}$[2] in dB	
		ohne Unterdecke	mit Unterdecke[3][4]
Massivdecken ohne Hohlräume (s. Abschn. 9.2.2.1): – Stahlbeton-Vollplatten aus Normalbeton nach DIN 1045 oder – Leichtbeton nach DIN 4219-1 – Porenbeton-Deckenplatten nach DIN 4223 Massivdecken mit Hohlräumen nach DIN 1045 (s. Abschn. 9.2.2.2 und 9.2.2.3): – Stahlsteindecken – Stahlbeton-Rippendecken – Stahlbeton-Hohldielen – Stahlbeton-Balkendecken	135 160 190 225 270 320 380 450 530	86 85 84 82 79 77 74 71 69	75 74 74 73 73 72 71 69 67

1) Flächenbezogene Masse einschließlich eines etwaigen Verbundestrichs oder Estrichs auf Trennschicht und eines unmittelbar aufgebrachten Putzes.
2) Zwischenwerte sind geradlinig zu interpolieren und auf ganze dB zu runden.
3) Biegeweiche Unterdecke nach Bbl 1 zu DIN 4109, Tab. 11, Zeilen 7 und 8 oder akustisch gleichwertige Ausführungen.
4) Bei Verwendung von schwimmenden Estrichen mit mineralischen Bindemitteln sind die Tabellenwerte für $L_{n,w,eq,R}$ um 2 dB zu erhöhen.

Tabelle **17**.107   Trittschallverbesserungsmaß $\Delta L_{w,R}$ (VM_R) von schwimmenden Estrichen, schwimmenden Holzfußböden und weichfedernden Bodenbelägen auf Massivdecken (Auszug aus Bbl 1 zu DIN 4109, Tab. 17 und 18)

Deckenauflagen; schwimmende Böden, weichfedernde Bodenbeläge	$\Delta L_{w,R}$ in dB	
PVC-Verbundbelag mit genadeltem Jutefilz als Träger nach DIN 16 952-1	13	
Nadelvlies, Dicke 5 mm	20	
Polteppich, Unterseite ungeschäumt, Normdicke 6 mm	21	
Polteppich, Unterseite geschäumt, Normdicke 8 mm	28	
	mit hartem Bodenbelag	mit weichfederndem Bodenbelag ($\Delta L_{w,R} \geqq 20$ dB)
Gussasphaltestrich mit einer flächenbezogenen Masse $m' \geqq 45$ kg/m^2 auf Dämmschichten mit einer dynamischen Steifigkeit von s' von höchstens 50 MN/m^3 30 MN/m^3 15 MN/m^3 10 MN/m^3	20 24 27 29	20 24 29 32
Estriche nach DIN 18856 560-2 mit einer flächenbezogenen Masse $m' \geqq 70$ kg/m^2 auf Dämmschichten mit einer dynamischen Steifigkeit s' von höchstens 50 MN/m^3 30 MN/m^3 15 MN/m^3 10 MN/m^3	22 26 29 30	23 27 30 34
Schwimmender Holzfußboden, Unterboden nach DIN 68 771 aus mind. 22 mm dicken Holzspanplatten, vollflächig verlegt auf Dämmstoffen mit einer dynamischen Steifigkeit s' von höchstens 10 MN/m^3	25	–

Wegen der möglichen Austauschbarkeit von weichfedernden Bodenbelägen dürfen diese bei dem Nachweis der *Anforderungen* nach DIN 4109 nicht angerechnet werden!

Tabelle **17**.108   Schalldämmwerte ($L'_{n,w}$ und R'_w) einiger Deckenkonstruktionen (einschließlich Deckenauflage bzw. Unterdecke)

erreichbarer Norm-trittschallpegel $L'_{n,w}$	Deckenbauart	Luftschall-dämm-Maß R'_w
in dB		in dB
$\leqq 53$	Stahlbetonvollplatte (Dicke 14 cm) aus Normalbeton nach DIN 1045, unterseitig mit Kalkzementputz (flächenbezogene Masse = 27 kg/m²); Deckenauflage Zementestrich (flächenbezogene Masse = 70 kg/m²) auf Dämmschicht mit einer dynamischen Steifigkeit s' $\leqq$ 50 MN/m³; harter Bodenbelag	56
	Holzbalkendecke (Balkenhöhe $\geqq$ 18 cm, Balkenabstand $\geqq$ 40 cm); unterseitig mit Federbügel befestigte Holzunterkonstruktion (Lattenabstand $\geqq$ 40 cm) mit 2 x 12,5 mm Gipskarton-Bauplatten, im Gefach Faserdämmstoff Typ WZ-w oder W-w, seitlich an den Balken hochgezogen; oberseitig Spanplatte 16 mm mit aufgelegter Mineralfasermatte Typ T (dynamische Steifigkeit s' $\leqq$ 15 MN/m³), weichfedernder Gehbelag ($\Delta L'_{w,R} \geqq$ 20 dB) auf Spanplatte 25 mm als Trockenestrich	52
$\leqq 48$	Stahlbetonvollplatte (Dicke 14 cm) aus Normalbeton nach DIN 1045, unverputzt, mit biegeweicher Unterdecke aus Gipskarton-Bauplatten 12,5 mm auf Grund- und Traglattung mit 40 mm Mineralfasereinlage Typ WZ-w; Deckenauflage: Zementestrich (flächenbezogene Masse $\geqq$ 70 kg/m²) auf Dämmschicht mit einer dynamischen Steifigkeit s' $\leqq$ 30 MN/m³; harter Bodenbelag	59
$\leqq 46$	Porenbetondeckenplatte (Dicke 25 cm) nach DIN 4223 (GB 4.4; Rohdicke 700 kg/m³), unterseitig mit Kalkzementputz (flächenbezogene Masse 27 kg/m²); Deckenauflage: Zementestrich (flächenbezogene Masse $\geqq$ 70 kg/m²) auf Dämmschicht mit einer dynamischen Steifigkeit s' $\leqq$ 10 MN/m³; harter Bodenbelag	51
$\leqq 38$	Stahlbetonvollplatte (Dicke 18 cm) aus Normalbeton nach DIN 1045, unverputzt, mit biegeweicher Unterdecke aus Gipskarton-Bauplatten 12,5 mm auf Grund- und Tragplatten mit 40 mm Mineralfasereinlage Typ WZ-w; Deckenauflage: Zementestrich (flächenbezogene Masse $\geqq$ 70 kg/m²) auf Dämmschicht mit einer dynamischen Steifigkeit s' $\leqq$ 15 MN/m³; weichfedernder Bodenbelag mit $\Delta L_{w,R} \geqq$ 20 dB	60

Die Luftschalldämm-Maße R'_w gelten für eine mittlere flächenbezogene Masse der flankierenden Bauteile von etwa 300 kg/m². Über etwaige Korrekturen K_{L1} s. o.

17.6.3.2 Schallschutz bei haustechnischen Anlagen

Die Anforderungen der Tabelle 4 des Normblatts DIN 4109 werden dadurch erfüllt, dass – bei den die stärksten Belästigungen verursachenden Wasserinstallationen –

- nur geprüfte und in die Armaturengruppe I oder II eingeordnete Armaturen und Geräte verwendet werden,
- einschalige Wände, an denen Armaturen oder Wasserinstallationen angebracht werden, eine Flächenmasse von mindestens 220 kg/m² besitzen,
- Armaturen der Armaturengruppe II nicht an Wänden zu „schutzbedürftigen Räumen",

(Wohnräume, Schlafräume, Unterrichtsräume, Büroräume; s. DIN 4109, 4.1) angebracht werden.

In diesem Zusammenhang muss auf die Begriffe „besonders laute", „laute" und „schutzbedürftige Räume" hingewiesen werden, die in DIN 4109, 4.1 definiert werden und bei denen besondere Anforderungen auftreten können (Tabelle 5 in DIN 4109).

17.6.3.3 Schutz gegen Installationsgeräusche

Wenn niedrige Geräuschpegel in Räumen erreicht werden sollen, ist nicht nur eine gute Luft- und Trittschalldämmung notwendig, sondern die Aufmerksamkeit ist auch auf die Erschütterungsgeräusche zu richten, die durch Wasserrohrleitun-

17

Tabelle **17**.109 **Rechenbeispiel** zur Ermittlung des bewerteten Schalldämm-Maßes $R'_{w,R}$ einer Trennwand (Höhe 3 m; Länge 7 m) zwischen zwei Klassenräumen einer Schule in einem Skelettbau.

Bauteil	$R_{w,R}$ bzw. $R_{L,w,R,i}$ in dB	$10 \lg \dfrac{S_T}{S_0}$ in dB	l_i in m	$-10 \lg \dfrac{l_i}{l_0}$ in dB	$R_{w,R}$ bzw. $R_{L,w,R,i}$ in dB
Trennwand zweischalig aus je 2 x 12,5 mm Gipskarton-Bauplatten auf C-Profil mit 100 mm Schalenabstand und 60 mm Mineralfasermatte im Wandhohlraum	55	–	–	–	55
Unterdecke aus GK-Platten (10 kg/m²) mit 50 mm Mineralfaserauflage, Abhängehöhe 400 mm, durchlaufende Decklage, keine Abschottung im Deckenhohlraum	51	3,2	7	–1,9	52,3
Untere Decke (260 kg/m²) mit Verbunde-strich (90 kg/m²) flächenbezogene Masse also 350 kg/m²	58	3,2	7	–1,9	59,3
Außenwand in Holzbauart, Wandstoß im Bereich der Trennwand ($R_{L,w,R}$ ohne weite-ren Nachweis nach DIN 4109, Bbl 1 Abschn. 6.8.3)	50	3,2	3	–0,3	52,9
Innenwand zweischalig aus je 1 x 12,5 mm GK-Bauplatten auf C-Profil mit Schalenabstand $\geqq$ 50 mm und Mineralfasereinlage bei durchlaufender Beplankung	53	3,2	3	–0,3	55,9

Mit der Kombinationsformel (s. o.) errechnet man

$$R'_{w,R} = -10 \lg (10 - 5,5 + 10 - 5,23 + 10 - 5,93 + 10 - 5,29 + 10 - 5,59) = 47,4 \text{ dB} \approx 47 \text{ dB}$$

Nach DIN 4109, Tab. 3, Zeile 41 wird ein bewertetes Schalldämmmaß von erf. $R'_w = 47$ dB zwischen beiden Klassenräumen gefordert. Die Anforderungen der Schallschutznorm sind also mit der gewählten Bauteil-Kombination zu erfüllen. Der vereinfachte Nachweis hätte für jedes Einzelbauteil eine Schalldämmmaß $R_{w,R}$ bzw. $R_{L,w,R,i} \geqq 47 + 5 = 52$ dB verlangt. Die Unterdecke und die Außenwand hätten diesen Wert ohne zusätzliche Verbesserungen nicht aufgewiesen; der ausführliche rechnerische Nachweis führt also hier zu einer wirtschaftlicheren Konstruktion.

gen, Lüftungsanlagen, Aufzüge u. Ä. hervorgeru-fen werden (s. DIN 4109, Bbl. 2, Abschn. 2).

Durch richtig geformte („geräuscharme") Armaturen (mit Prüfzeichen), Rohrstöße und Biegungen lassen sich Schall-quellen im Sanitärbereich fast immer vermeiden. Wasser-rohre aller Art (also auch Abwasserrohre) müssen bei De-ckendurchführungen und Wandbefestigungen weichfe-dernd umkleidet werden. Badewannen, Waschbecken usw. sollten auf elastische Lager gesetzt werden und elastische Wandanschlüsse aufweisen. So genannte Wasserschall-dämpfer verringern die Schallfortleitung über die Wasser-säule, die auch bei Heizungsanlagen störend sein kann.

Durch die Wahl geeigneter Wohnungsgrundrisse lässt sich die Störung durch Installationsgeräusche ebenfalls verrin-gern. An Wänden zu Schlaf- und Kinderzimmern sollten Rohrleitungen nicht befestigt werden. Das gleiche gilt für Wohnungstrennwände. Vorwandinstallationen und die Verwendung vorgefertigter Installationswände führen fast immer zu geringerer Geräuschbelästigung.

Motoren, Pumpen und Schalter sind ebenfalls abzufedern. Rohrkanäle, Abgasrohre, Lüftungs-, Luftheizungs- und Müllabwurfschächte sind schallgedämmt zu montieren und schalldicht abzuschließen.

Die Anforderungen an den Schallschutz gegen die Geräusche von haustechnischen Anlagen in schutzbedürftigen Räumen sind in einer Ände-rung der DIN 4109 neu festgelegt worden [4]

Es kann nur dringend empfohlen werden, die Konstruktionsvorschläge, die in der Norm enthal-ten sind, weitestgehend anzuwenden, um den hohen Ansprüchen an Störfreiheit in Wohnräu-men einigermaßen gerecht werden zu können. Die Rechenverfahren der DIN 4109 zur Vorausbe-rechnung des Schallschutzes entsprechen je-doch in vielen Punkten nicht mehr dem Stand der Technik.

17.6.3.4 Schutz gegen Schallübertragung durch Kanäle und Schächte

Bei mehrgeschossigen Wohnbauten ist auf die Gefahr der Luftschallübertragung durch Lüftungsschächte u. Ä. zu achten, da auch bei schalltechnisch guten Decken die Luftschalldämmung zwischen Küchen und Bädern übereinander liegender Wohnungen gänzlich unzureichend sein kann, wenn eine unmittelbare Luftverbindung zwischen diesen Räumen (Luftschallbrücke) vorliegt.

Der Anschluss von übereinander liegenden Räumen an einen Sammelschacht ist nur zulässig, wenn die Querschnittsfläche der Anschlussöffnungen nicht mehr als 60 cm^2 (bei Schachtquerschnitten von höchstens 270 cm^2) beträgt und die Schachtinnenwände offenporig sind, also aus unverputztem Mauerwerk, Bimsbeton o. Ä. bestehen. Sonst ist die Verwendung von Einzelschächten oder (bei wiederum porigen Schachtinnenflächen) der Anschluss an einen Schacht nur in jedem zweiten Stockwerk unerlässlich.

Die Schallübertragung wird gemindert, wenn

- die Schachtquerschnitte klein sind,
- diese Querschnitte flach-rechteckig gewählt werden,
- die Schachtinnenoberflächen schallschluckend sind,
- die Zu- und Abluftöffnungen sich nicht zu nahe an Raumkanten bzw. Raumecken befinden. Zumindest 50 cm Abstand von wenigstens einer Raumkante sollten eingehalten werden.

Abgaskamine (z. B. von gasbetriebenen Durchlauferhitzern) müssen nach den gleichen Prinzipien geplant werden. Bei ihnen können die Schallübertragungen wegen auftretender Resonanzerscheinungen der angesetzten Trichter noch ungünstiger und damit die Verwendung von Einzelschächten angebracht sein.

Luftheizungssysteme müssen ebenfalls schalltechnisch gut geplant werden. Falls nebeneinanderliegende Räume an gleiche Warmluftkanäle angeschlossen werden sollen, sind im Rohrverlauf sog. „Telefonie-Schalldämpfer" zur akustischen Trennung vorzusehen.

17.6.3.5 Schutz gegen Außenlärm

Die DIN 4109 enthält im Abschn. 5 (Tab. 8 bis 10) Schallschutzanforderungen zum Schutz gegen den Außenlärm. Dieser wird in seiner Stärke jeweils durch den „maßgeblichen Außenlärmpegel" am Immissionsort (= Fassade des zu schützenden Raumes) beschrieben. Da für den „maßgeblichen Außenlärmpegel" oft keine Messungen vorliegen, bietet DIN 4109 (in Abschn. 5.5) Nomogramme, die – z. B. für den Fall des Stra-

ßenverkehrslärms – in Abhängigkeit von der Straßenart, der Verkehrsbelastung, der Straßenneigung, dem Abstand des Gebäudes von der Straßenmitte, der Bebauungsart, u. Ä. diese Berechnung gestatten. Für die anderen Lärmarten werden ausführliche Hinweise zur Bestimmung der Pegel gegeben.

Der vorhandene „maßgebliche Außenlärmpegel" führt zu einer Einordnung des Immissionsortes in einen Lärmpegelbereich (I: geringe Lärmbelastung, bis VII: sehr hohe Belastung). Für jeden Lärmpegelbereich sind Mindestanforderungen an den Luftschallschutz in Form eines erf. $R'_{w,res}$ für das Außenbauteil (in der Regel Wand mit Fenstern oder Türen, aber auch Dächer und Decken) in den Tabellen zu finden, wobei die Raumnutzung berücksichtigt wird.

Diese Werte müssen in Abhängigkeit von der Form des lärmbelasteten Raumes (Verhältnis schallübertragende Außenfläche zu Grundfläche) noch mit Korrekturwerten versehen werden (Tabelle 9).

Nachweis. Für den Nachweis ist entweder

- eine Berechnung des resultierenden Schalldämmmaßes für Außenbauteile einschließlich Fenster oder Türen mit Hilfe der Kombinationsformel aus Abschn. 17.6.2.4 notwendig, oder

- die Entnahme der erforderlichen Schalldämm-Maße für Wand und Fenster aus der Tabelle 8 des Normblatts bzw. dem Nomogramm des Beiblatts 1.

Im Beiblatt 1 sind auch Beispiele zum Schallschutz gegen Außenlärm enthalten.

Zu beachten ist bei Außenbauteilen, dass wegen der erwähnten Eigenschaften des menschlichen Gehörsinns die akustischen Schwachstellen entscheidend für das resultierende Schalldämm-Maß $R'_{w,res}$ sind:

- Fenster und Türen (s. auch Abschn. 10.1.2 des Beiblatts 1),
- Rollädenkästen (s. Abschn. 10.1.3 des Beiblatts 1),
- Lüftungseinrichtungen (s. auch DIN 4109, 5.4).

Zu diesen Einbauten siehe VDI-Richtlinie 2719 „Schalldämmung von Fenstern und deren Zusatzeinrichtungen"

Im Beiblatt 1 zur DIN 4109 sind Außenbauteile mit ihren Schalldämm-Maßen an verschiedenen Stellen (Abschn. 2.2 für einschalige Wände, Decken und Dächer; Tabellen 37 bis 39 für Au-

17

ßenbauteile mit biegeweichen Schalen; Tab. 40 für Fenster) aufgeführt.

Fenster. Bei den für den Schallschutz gegen Außenlärm besonders wichtigen Fenstern ist zu beachten, dass

- die angegebenen Schalldämmmaße R_W für Fenster in der Regel Labor-Dämmmaße sind,
- der Einbau von Schallschutzfenstern eine besondere Sorgfalt bezüglich der Dichtheit der Anschlussfugen erfordert,
- die Lüftungsmöglichkeiten bei Erhaltung der Schallschutzwerte gesichert sein sollten,
- wegen der Alterung der Fensterdichtungen diese in regelmäßigen Abständen überprüft

und gegebenenfalls ausgewechselt werden sollten.

Außenwände, die ihrer Bauart nach die z.B. in Tab. **17**.105 genannten Schalldämm-Maße erreichen würden, können um 3 bis 6 dB schlechtere Dämmwerte haben, wenn sie mit einer zusätzlichen Wärmedämmschicht (Innendämmung oder Wärmedämmverbundsystem auf der Außenseite) versehen sind. Diese durch Resonanzerscheinungen der Zusatzschale (Putzschale) auf Dämmschichten mit zu großer dynamischer Steifigkeit s' bedingten Dämmmaß-Minderungen lassen sich durch Wahl geeigneter Dämmschichten (Mineralwolle oder elastifiziertes Polystyrol mit niedrigeren s'-Werten) vermeiden.

17.7 Baulicher Brandschutz[1]

17.7.1 Allgemeines

Eine wesentliche Planungsaufgabe ist die Festlegung geeigneter Maßnahmen zum Schutz von Bauwerken im Brandfall. Hierbei ist es erforderlich, insbesondere tragende Bauteile vor Hitzeeinwirkung und die Räumlichkeiten vor Verrauchung solange zu schützen, bis Löschhilfe eintrifft und Rettungsmaßnahmen ausgeführt werden.

Planerische Festlegung betreffen einerseits die gem. Brandschutzanforderungen geeigneten Materialien für das Tragwerk (Feuerwiderstandsklassen) sowie auch für die meisten nicht tragenden Bauteile und Bauelemente. Andererseits ist vielfach bereits der Gebäudeentwurf mit Festlegungen der Geschosszahl, der Anzahl und Lage von Treppenräumen, notwendigen Fluren sowie Öffnungsmöglichkeiten in der Fassade u. a. m. entscheidend für die Berücksichtigung der Anforderungen und wirtschaftliche Umsetzung des baulichen Brandschutzes bereits in der Entwurfsplanung.

In den allein rechtsverbindlichen Landesbauordnungen der einzelnen Bundesländer und den dazugehörigen Durchführungsverordnungen sind Bestimmungen über den *vorbeugenden Brandschutz*[2] enthalten. Zwar bestehen zwischen den

verschiedenen Bauordnungen Unterschiede in Einzelvorschriften, doch gilt der in der Musterbauordnung (MBO) §14 formulierte allgemeine Grundsatz:

„Bauliche Anlagen sind so anzuordnen, zu errichten, zu ändern und instand zu halten, dass der Entste-

---

lagentechnischer Brandschutz dienen der *Vorbeugung* von Brandereignissen, organisatorischer sowie *abwehrender* Brandschutz dienen der Brandabwehr.

Baulicher Brandschutz umfasst Maßnahmen der Bauwerksplanung sowie der konstruktiven Ausbildung.

Anlagentechnischer Brandschutz behandelt Maßnahmen wie Brandmelde-, Lösch und Rauch- und Wärmeabzugsanlagen, Überdrucklüftung, Handfeuerlöscher und Wandhydranten.

Organisatorischer Brandschutz, umfasst Maßnahmen während des Gebäudebetriebes (z. B. Betriebs- und Werksfeuerwehren, Unterweisungen der Belegschaften, Brandschutz- und Alarmpläne, Brandschutzprüfungen, Brandschutzordnungen usw.).

Abwehrender Brandschutz. Unter abwehrendem Brandschutz werden u. a. der Einsatz öffentlicher Feuerwehren, sowie die Löschwasserversorgung und -rückhaltung verstanden.

Allen Maßnahmen ist gemein, dass das Risiko eines Brandes und Folgeschäden durch beschränkung der Brandhäufigkeit sowie Verminderung der Ausmaße von Brandschäden begrenzt werden. Maßgeblich hierbei ist die Menge sowie Art, Verteilung und Lagerungsdichte usw. der „Brandlasten", die einen Brandverlauf in der Entstehungsphase sowie der Erwärmungs- und Abkühlungsphase wesentlich bestimmen. Mit steigendem Temperaturverlauf ist in der Regel auch eine starke Rauchentwicklung verbunden, die in vielen Fällen insbesondere für Personenschäden bei Bränden verantwortlich ist. Insofern kommt der Verhinderung der Ausbreitung von Rauch durch geeignete Maßnahmen zur Rauchabschnittstrennung und Rauchableitung besondere Bedeutung zu.

---

[1] s. auch Abschn. 13.5.6 und 14.2.3 sowie in Teil 2 des Werkes Abschn. 1.3.3, 2.1.7, 3, 4.1.2, 6.2 und 7.6

[2] Es wird im Grundsatz zwischen *vorbeugendem* und *abwehrendem* Brandschutz unterschieden. Baulicher sowie an-

hung eines Brandes und der Ausbreitung von Feuer und Rauch (Brandausbreitung) vorgebeugt wird und bei einem Brand die Rettung von Menschen und Tieren sowie wirksame Löscharbeiten möglich sind."

Zur Umsetzung dieser Anforderungen können für den baulichen Brandschutz die folgenden Einzelmaßnahmen unterschieden werden:

- Gebäudehöhe und Lage auf dem Grundstück und zur Nachbarbebauung
- Lage und Ausbildung der Rettungswege
- Anordnung, Lage und Größe von Brandabschnitten
- Brandverhalten von Baustoffen und Feuerwiderstandsdauer von Bauteilen

Die Möglichkeit zur Rettung von Menschen und Tieren durch wirksame Löscharbeiten ist durch geeignete Zufahrten (Aufstell – und Bewegungsflächen gem. DIN 14 090) für Einsatzfahrzeuge der Feuerwehr von öffentlichen Verkehrsflächen sowie ungehinderte Zugänge zum Gebäude und innerhalb des Gebäudes für Einsatzkräfte der Feuerwehr sicherzustellen.

Bebauungsarten. Weiterhin lassen sich auch brandschutztechnisch zwei Bebauungsarten unterscheiden:

- Offene Bauweise, bei der die Gebäudeabstände (Abstandsflächen gem. § 6 MBO) zueinander einen Feuerübertritt verhindern.
- Geschlossene Bauweise, bei der ein Brandübertritt direkt aneinander grenzender Gebäude durch „Brandwände" verhindert wird.

Die Anforderungen für Rettungswege haben in erster Linie die Rettung von Personen zum Ziel. Sie dienen im Brandfall als Fluchtweg zur Selbstrettung, als Rettungswege für die Fremdrettung und als Angriffsweg für die Feuerwehr.

Brandabschnitte. Um Schäden durch Brandereignisse möglichst eingrenzen zu können und einen Erfolg von Löscharbeiten zu verbessern, sind Gebäude ab einer gewissen Größe und Ausdehnung brandschutztechnisch zu unterteilen. Hierzu sind Brandabschnitte zu bilden, die bestimmte Abmessungen nicht überschreiten dürfen.

Baustoffe und Bauteile. Weiterhin werden gem. MBO §26 Anforderungen an die Brennbarkeit von *Baustoffen* sowie die Feuerwiderstandsfähigkeit von *Bauteilen* erhoben, die auch miteinander verknüpft werden. Hierbei werden *Bauteile* neben ihrer Feuerwiderstandsdauer (feuerbeständig, hochfeuerhemmend, feuerhemmend) auch nach

ihrem Brandverhalten in Folge der verwendeten Baustoffe und deren Schichtung unterschieden.

- Bauteile aus nicht brennbaren Baustoffen.
- Bauteile, deren tragende und aussteifende Teile aus nicht brennbaren Baustoffen bestehen und die bei Raum abschließenden Bauteilen zusätzlich eine in Bauteilebene durchgehende Schicht aus nicht brennbaren Baustoffen haben.
- Bauteile, deren tragende und aussteifende Teile aus brennbaren Baustoffen bestehen und die einseitig eine brandschutztechnisch wirksame Bekleidung aus nicht brennbaren Baustoffen (Brandschutzbekleidung) und Dämmstoffe aus nicht brennbaren Baustoffen haben.
- Bauteile aus brennbaren Baustoffen.

Bei tragenden und aussteifenden Bauteilen bezieht sich die Feuerwiderstandsfähigkeit auf die *Standsicherheit im Brandfall*, bei raumabschließenden Bauteilen auf deren *Widerstand gegen Brandausbreitung*.

Beim baulichen (planerischen und baukonstruktiven) und anlagetechnischen Brandschutz unterscheidet man:

- **Planerische Maßnahmen**, z. B. Planung von ausreichend bemessenen Gebäudeabständen, Rettungswegen und von Zugängen und Zufahrten, Aufstell – und Bewegungsflächen für die Feuerwehr (DIN 14 090) sowie die Aufteilung von Gebäuden in *vertikale* und *horizontale Brandabschnitte* zur lokalen Begrenzung ausbrechender Feuer.
- **Konstruktive Maßnahmen**, z. B. Auswahl geeigneter Baustoffe, Bauteile und Bausysteme, Schutzmaßnahmen für gefährdete Bauteile.
- **Technische Vorkehrungen**, z. B. Einbau von Feuerwarn- und Brandmeldeeinrichtungen (BMA-Anlagen), von Feuerlöscheinrichtungen, (Löschwasserleitungen, Hydranten, Feuerlöschern, automatischen Feuerlöschanlagen, z. B. *„Sprinkler- oder Schaumlöschanlagen"*, s. a. Abschn. 14.2.3), Einbau von Rauch- und Wärmeabzugsanlagen (RWA), Brandschutzklappen in Öffnungen von Bauteilen mit Feuerwiderstand, Überdrucklüftung, o. Ä.

Sonderbauvorschriften. Neben den Einzelvorschriften der Landesbauordnungen gelten Sonderbauvorschriften für Gebäude mit besonderer Art und Nutzung, u. a. für Hochhäuser, Gast- und Beherbergungsstätten, Versammlungsräume, Verkaufsstätten, Schulen, Krankenhäuser und im Industriebau (DIN 18 230). Die Sonderbauvor-

17

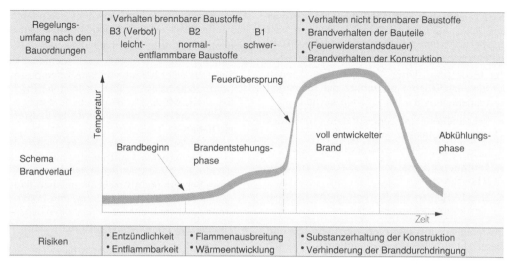

17.110   Brandmodelle. Promat GmbH, Ratingen

schriften regeln in Abhängigkeit von der Art der Gebäudenutzung und der Anzahl der zu erwartenden Personen *organisatorische Maßnahmen zur Aufrechterhaltung von Brandschutzvorkehrungen*, wie die Freihaltung der Flächen für die Feuerwehr und für Flucht- und Rettungswege und enthalten Regelungen zur Prüfung der Gebrauchstauglichkeit und Instandhaltungsanforderungen an technische Anlagen. Die Sonderbauvorschriften umfassen weiterhin *Maßnahmen zur Schadensbegrenzung*, wie eine Brandschutzordnung, Brandschutz- und Alarmpläne, Brandschutzunterweisungen an die Gebäudenutzer und ggf. die Aufstellung einer Werksfeuerwehr (z. B. auf Flughäfen und im Industriebau). Sonderbauvorschriften ermöglichen jedoch auch Erleichterungen von Anforderungen der jeweiligen Landesbauordnung, z. B. größere Brandabschnitte oder längere Flucht- und Rettungswege.

Die technischen Vorschriften für den baulichen Brandschutz sind in DIN 4102 und die Prüfverfahren in DIN EN 1363 bis 1366 zusammengefasst. Die Wichtigkeit des vorbeugenden Brandschutzes liegt angesichts der neben den möglichen Personen- und Vermögensschäden zu erwartenden Brandfolgeschäden, Kontaminationen durch Zersetzungsprodukte, Brandgase und Löschmitteleinsatz auf der Hand.

17.7.2 Begriffe

Die Grundlage für die Planung konstruktiver Brandschutzmaßnahmen ist die Einordnung von *Baustoffen* und *Bauteilen* hinsichtlich ihres Brand-

verhaltens. Es wird zwischen der Brennbarkeit als Eigenschaft von Baustoffen und dem Feuerwiderstand als Verhalten von Bauteilen im Brandfall unterschieden.

Klassifizierung von Bauprodukten/Baustoffen

Die Beurteilung des Brandverhaltens von Baustoffen und Bauteilen einschl. der Sonderbauteile ist aus verständlichen Gründen nur anhand von Modellprüfverfahren möglich. Das setzt voraus, dass der Brand durch möglichst allgemein gültige Modelle beschrieben wird. Um zu reproduzierbaren Ergebnissen zu gelangen, ist es notwendig, baustoff- und bauteilübergreifend das *Brandmodell* und das *Anforderungsniveau* festzulegen. Die den Prüfungen zugrunde liegenden Brandmodelle sind im Wesentlichen aus der Darstellung in Tabelle **17**.110 abgeleitet und in den einzelnen Normteilen für die Prüfung der Baustoffe und Bauteile konkretisiert, deren prinzipielle Richtigkeit sich bei Schadensfeuern sowie bei verschiedenen Brandversuchen mit natürlichen Brandlasten gezeigt hat.

Euroklassen. Maßgeblich für die Einteilung der Baustoffe in Brennbarkeitsklassen sind neben den nach wie vor in Verbindung mit den Landesbauordnungen bauaufsichtlich zugelassenen Einteilungen in *Baustoffklassen* auf Basis der DIN 4102-1 in nicht brennbare (A) und brennbare (B) Baustoffe die erhöhten Anforderungen der EU-Klassifizierung (DIN EN 13 501-1) in sieben *Euroklassen* für Bauprodukte, die als Vorgaben in den nationalen Bauordnungen und dazugehörigen

Tabelle 17.111 Baustoffklassen gemäß Euro-Klassifizierung (DIN EN 13 501-1) und Zuordnung gemäß DIN 4102-1

Neu: EURO-KLASSEN	Neu: Zusätzliche Klassifizierungen			Bisher: DIN 4012-1	bauaufsichtliche Bezeichnung der Baustoffklassen nach DIN 4102-1	
A1	A1			A1	A = nicht brennbare Baustoffe	
A2	A2-s1, d0 A2-s2, d0 A2-s3, d0	A2-s1, d1 A2-s2, d1 A2-s3, d1	A2-s1, d2 A2-s2, d2 A2-s3, d2	A2		
B	B-s1, d0 B-s2, d0 B-s3, d0	B-s1, d1 B-s2, d1 B-s3, d1	B-s1, d2 B-s2, d2 B-s3, d2	B1	B = brennbare Baustoffe	schwer entflammbare Baustoffe
C	C-s1, d0 C-s2, d0 C-s3, d0	C-s1, d1 C-s2, d1 C-s3, d1	C-s1, d2 C-s2, d2 C-s3, d2	B1		schwer entflammbare Baustoffe
D	D-s1, d0 D-s2, d0 D-s3, d0	D-s1, d1 D-s2, d1 D-s3, d1	D-s1, d2 D-s2, d2 D-s3, d2	B2		normal entflammbare Baustoffe
E	E E-d2			B2		normal entflammbare Baustoffe
F	keine Leistung festgestellt			B3		leicht entflammbare Baustoffe

Bestimmungen umzusetzen sind. Das europäische Klassifizierungssystem für das Brandverhalten von Bauprodukten ist mit Veröffentlichung der Bauregelliste 2002/1 ebenfalls in das deutsche Baurecht eingeführt worden. Das deutsche sowie das europäische Klassifizierungssystemen werden somit für eine Übergangsfrist von vorraus. 12 bis 15 Jahren gleichwertig und alternativ anwendbar bleiben.

Neben dem Brandverhalten (Aufteilung in 7 Klassen) werden in der Euro-Klassifizierung u. a. für Brandparallelerscheinungen wie die Rauchgasentwicklung und das „brennende Abtropfen" Grenzwerte in *zusätzlichen Klassifizierungen* (**s** für „smoke" und **d** für „droplets") festgelegt (Tab. **17**.111).

Für alle am Bau verwendeten Bauprodukte besteht Kennzeichnungspflicht hinsichtlich der Baustoffklasse gemäß DIN 4102 und der EU-Klassifizierung. Die Einreihung der Bauprodukte erfolgt u. a. auf Grundlage von vier neuen, EU-konformen Prüfverfahren (DIN EN 1363 bis DIN EN 1366).

Im Gegensatz zur DIN 4102 unterscheidet die europäische Klassifizierung Bauprodukte (**A** bis **F**) von Bodenbelägen (A_{fl} bis F_{fl}) sowie von Rohrisolierungen (A_L bis F_L).

Baustoffe der Klasse **F** bzw. **B3** müssen besonders als „leichtentflammbar" gekennzeichnet sein. Die Verwendung leichtentflammbarer Baustoffe ist gemäß §26(1) MBO unzulässig, sofern sie in Verbindung mit anderen Baustoffen nicht leichtentflammbar sind.

Die Verwendung von Bauprodukten (aus Baustoffen und Bauteilen hergestellt um dauerhaft in baulichen Anlagen eingebaut zu werden), insbesondere im Hinblick auf deren Brandschutz-Eigenschaften, ist in den Bauordnungen der einzelnen Bundesländer geregelt und wird zukünftig an das neue europäische Klassifizierungssystem angepasst. Dabei wird in „geregelte" und „nicht geregelte" Bauprodukte unterschieden. Für von den von der obersten Bauaufsichtsbehörden der Länder durch öffentliche Bekanntmachung eingeführten technischen Regeln abweichende („nicht geregelte") Bauprodukte muss eine Zulassung des Deutschen Institutes für Bautechnik (DIBt), ein allgemeines bauaufsichtliches Prüfzeugnis einer dafür anerkannten Materialprüfanstalt oder im Einzelfall die Zustimmung (ZiE) der Obersten Bauaufsichtsbehörde vorliegen.

Für europäische Produkte muss die „Konformität" mit einer „harmonisierten" europäischen Norm oder technischen Zulassung bestehen und die CE – Kennzeichung vorhanden sein (s. Abschn. 2.2.4).

Feuerwiderstandsklassen

Bauteile (wie z. B. Wände, Decken, Stützen, Unterzüge, Treppen usw.) werden nach DIN 4102-2 hinsichtlich ihres Brandverhaltens auf Grund ge-

Tabelle **17**.112　Klassifizierung von Bauteilen nach DIN 4102-2, am Beispiel für die F-Klasse F90 (feuerbeständig)

F-Klasse	Baustoffklasse nach DIN 4102 Teil 1		Benennung	Kurzbezeichnung
	wesentliche Teile[1]	übrige Bestandteile	Bauteile der …	
F90	B	B	Feuerwiderstandsklasse F 90	F 90-B
	A	B	Feuerwiderstandsklasse F 90 und in den wesentlichen Besandteile aus nicht brennbaren Baustoffen[1]	F 90-AB
	A	A	Feuerwiderstandsklasse F 90 und aus nicht brennbaren Baustoffen	F 90-A

[1] Zu den wesentlichen Teilen gehören:
a) alle tragenden oder aussteifenden Teile, bei nicht tragenden Bauteilen auch die Bauteile, die deren Standsicherheit bewirken (z. B. Rahmenkonstruktionen von nicht tragenden Wänden),
b) bei raumabschließenden Bauteilen eine in Bauteilebene durchgehende Schicht, die bei der Prüfung nach dieser Norm nicht zerstört werden darf. Bei Decken muss diese Schicht eine Gesamtdicke von mindestens 50 mm besitze; Hohlräume im Innern dieser Schicht sind zulässig.

normter Brandversuche in Feuerwiderstandsklassen mit Angabe der Feuerwiderstandsdauer in Minuten (F30, F60, F90, F120, F180) eingeteilt (Tab. **17**.112).

Bei der Kennzeichnung aller Bauteile ist die Angabe für die *Bauteil*klassen (Feuerwiderstandsklassen) und die *Baustoff*klassen (Brennbarkeitsklassen) zu koppeln.

Beispiel:

Ein Bauteil, das in allen Teilen aus Baustoffen der Baustoffklasse A besteht und der Feuerwiderstandsklasse F90 entspricht, wird zum Beispiel mit F90-A bezeichnet. Die Bezeichnung z. B. F90-BA bedeutet, dass ein Bauteil die Feuerwiderstandsklasse F90 aufweist und in seinen wesentlichen, z. B. tragenden Teilen aus brennbaren Baustoffen besteht, die mit nicht brennbaren Baustoffen ummantelt sind.

Kombinierte Klassifizierungen aus der Feuerwiderstandsdauer in Verbindung mit Festlegungen der Baustoffklasse sind möglich. So kann auch ein Bauteil wie z. B. eine Holzkonstruktion, das in wesentlichen (tragenden) Teilen aus brennbaren Baustoffen besteht (F90-BA) zulässig sein.

In DIN 4102-4 sind klassifizierte und genormte Baustoffe und Bauteile in die jeweils zutreffenden Baustoff- bzw. Feuerwiderstandsklassen eingeordnet. Für alle „klassifizierten" Baustoffe, Bauteile und Sonderbauteile, die hier erfasst sind, gilt der Nachweis des Brandverhaltens als erbracht.

Tabelle **17**.113　Zusammenstellung der Feuerwiderstandsklassen der Bauteile und Sonderbauteile nach DIN 4102

Bauteil		DIN 4102	Feuerwiderstandsklasse entsprechend einer Feuerwiderstandsdauer in Minuten				
			≥ 30	≥ 60	≥ 90	≥ 120	≥ 180
Wände, Decken Stützen		Teil 2	F 30	F 60	F 90	F 120	F 180
Brandwände		Teil 3					
Nichttragende Außenwände, Brüstungen			W 30	W 60	W 90	W 120	W 180
Feuerschutzabschlüsse (Türen, Tore, Klappen)	Sonderbauteile	Teil 5	T 30	T 60	T 90	T 120	T 180
Brandschutzverglasungen – strahlungsundurchlässig		Teil 13	F 30	F 60	F 90	F 120	–
– strahlungsdurchlässig			G 30	G 60	G 90	G 120	–
Rohre und Formstücke für Lüftungsleitungen		Teil 6	L 30	L 60	L 90	L 120	–
Absperrvorrichtungen in Lüftungsleitungen			K 30	K 60	K 90	–	–
Kabelabschottungen		Teil 9	S 30	S 60	S 90	S 120	S 180
Installationsschächte und -kanäle		Teil 11	I 30	I 60	I 90	I 120	–
Rohrdurchführungen			R 30	R 60	R 90	R 120	–
Funktionserhalt elektrischer Leitungen		Teil 12	E 30	E 60	E 90	–	–

17

Tabelle **17**.114 Zuordnung der bauaufsichtlichen Benennungen und der Benennungen nach DIN 4102-2 für Bauteile

Bauaufsichtliche Benennung	Benennung nach DIN 4102 Teil 2	Kurzbezeichnung
feuerhemmend	Feuerwiderstandsklasse F 30	F 30
feuerhemmend und in den tragenden Teilen aus nicht brennbaren Baustoffen	Feuerwiderstandsklasse F 30 und in den wesentlichen Teilen aus nicht brennbaren Baustoffen	F 30-AB
feuerhemmend und aus nicht brennbaren Baustoffen	Feuerwiderstandsklasse F 30 und auch nicht brennbaren Baustoffen	F 30-A
feuerbeständig	Feuerwiderstandsklasse F 90 und in wesentlichen Teilen aus nicht brennbaren Baustoffen	F 90-AB
feuerbeständig und aus nicht brennbaren Baustoffen	Feuerwiderstandsklasse F 90 und aus nicht brennbaren Baustoffen	F 90-A

Wenn eine günstigere Beurteilung im Einzelfall möglich erscheint, neuere Erkenntnisse vorliegen oder wenn nicht genormte Teile verwendet werden sollen, ist eine Prüfung des Brandverhaltens gemäß DIN 4102-1 bis -3 und DIN 4102-5 bis -7 sowie DIN EN 1363, 1364 und 1365 erforderlich. Prüfungen für die Einordnung von Bauteilen in bestimmte Feuerwiderstandsklassen erstrecken sich jeweils auf:

- Temperaturmessung an und hinter (auf der feuerabgewandten Seite) dem Prüfkörper,
- die Prüfung der Rauchdichtigkeit,
- die statische Standfestigkeit,
- das Verhalten beim Auftreffen von Löschwasser,
- die Entwicklung giftiger Gase.

Für *nicht* tragende Außenwände und Brüstungen, Türen, Rollläden und Tore (Feuerschutzabschlüsse) und Verglasungen gelten die Feuerwiderstandsklassen **W**, **T** und **G** (Tab. **17**.113).

In den einzelnen Bundesländern wird in den Erlassen zur Einführung der DIN 4102 in den bauaufsichtlichen Bestimmungen festgelegt, welche Feuerwiderstandsklassen den Begriffen (z. B. „feuerbeständig" (F90), „hochfeuerhemmend" (F60) und „feuerhemmend" (F30)) entsprechen. Einheitlich ist dabei festgelegt, dass die Feuerwiderstandsklasse F90 dem Begriff „feuerbeständig" entspricht. Es ist ferner festgelegt, dass Bauteile, bei denen statisch wesentliche Bestandteile aus brennbaren Baustoffen (Baustoffklasse B) bestehen, *nicht* als „feuerbeständig" angesehen werden (Tab. **17**.114).

Europäisches Klassifizierungssystem. Das europäische Klassifizierungssystem ist mit Veröffentlichung der Bauregelliste 2002/1 in das deutsche Baurecht erstmalig eingeführt worden. Die europäische Norm DIN EN 13 501 (Tab. **17**.115) wird für eine Übergangsfrist gleichwertig und alternativ zu den Festlegungen der DIN 4102-1 gültig sein. Sie stellt eine wesentlich größere Vielfalt

Tabelle **17**.115 Europäische Klassifizierung des Feuerwiderstandes nach DIN EN 13 501-1 und -2

Kurzzeichen	Leistungs-Kriterien	Anwendungsbereich
R (min)[1]	Tragfähigkeit (Résistance)	Beschreibung der Feuerwiderstandsklasse
E (min)[1]	Raumabschluss (Ètanchéité)	
I (min)[1]	Wärmedämmung (Isolation) bei Brandeinwirkung	
W (min)[1]	Begrenzung des Strahlendurchtritts (Radiation)	
M	Stoßbeanspruchung (Mechanical)	
S	Rauchdichtheit (Smoke)	Rauchschutztüren, Lüftungsanlagen einschl. Klappen
C	Selbstabschließend (Closing) bei Brandfall	Rauchschutztüren, Feuerschutzabschlüsse einschl. Förderanlagen
K (min)[1]	Brandschutzfunktion	Brandschutzbekleidung

[1] Minutenangaben, 10, 15, 20, 30, 45, 60, 90, 120, 180, 240, 360

17

Tabelle **17**.116 Bezeichnung der Feuerwiderstandsklassen nach DIN 4102 (in Klammern) und DIN EN 13 501

Auszug aus der Bauregelliste A, Teil 1, Anlage 0 1.2, Ausgabe 2002/1

Bauaufsichtliche Bezeichnung	Tragende Bauteile		nicht tragende Außenwände[1]	nicht tragende Innenwände	Doppelböden	Unterdecken[2]	Brandschutztüren + -tore	Selbstabschließende Rauchschutztüren + -tore
	ohne	mit						
	Raumabschluss							
feuerhemmend	R 30 (F 30)	REI 30 (F 30)	E 30 (W 30)	EI 30 (F 30)	REI 30	EI 30	EI$_2$ 30 (T 30)	CS$_{200}$ (T 30 RS)
hochfeuerbeständig	R 60 (F 60)	REI 60 (F 60)	E 60 (W 60)	EI 60 (F 60)	–	EI 60	EI$_2$ 60 (T 60)	CS$_{200}$ (T 60 RS)
feuerbeständig	R 90 (F 90)	REI 90 (F 90)	E 90 (W 90)	EI 90 (F 90)	–	EI 90		
Feuerwiderstandsdauer 120 Minuten	R 120 (F 120)	REI 120 (F 120)	–	–	–	–		
Brandwand	–	REI-M 90	–	EI-M 90	–	–		

[1] mit zusätzlicher Angabe der Richtung der Feuerwiderstandsdauer i → 0 oder i ← 0 (in – out).
[2] mit zusätzlicher Angabe der Richtung der Feuerwiderstandsdauer a ↔ b (above – below).

von Klassen und Kombinationen zur Verfügung. Prüfungen und Leistungskriterien werden für ff. Bauteile festgelegt:

- tragende Bauteile (Wände, Decken, Dächer, Balken, Stützen, Balkone, Treppen, offene Gänge) *ohne* raumabschließende Funktion
- tragende Bauteile *mit* raumabschließenden Funktionen (Wände, Decken, Dächer und Doppelböden)
- Systeme und Produkte zum Schutz von tragenden Bauteilen oder Bauwerksteilen (Unterdecken, Brandschutzbeschichtungen, Bekleidungen usw.)
- *nicht* tragende Bauteile oder Bauwerksteile mit oder ohne Verglasungen (Außenwände, vorgehängte Fassaden, Trennwände, Unterdecken, Feuerschutzabschlüsse und -türen auch bei Förderanlagen, Rauchschutztüren, Abschottungen von Durchführung, Bauteilfugen, Installationskanäle und -schächte)
- Brandschutz technisch wirksame Bekleidungen von Decken und Wänden
- Produkte für haustechnische Anlagen

Brandschutzverglasungen gelten nach europäischem Recht nicht als eigenständige, feuerwiderstandsfähige Bauteile, sondern werden jeweils als Teil der Wand oder Decke angesehen und sind genauso wie diese Bauteile zu klassifizieren.

Gebäudeklassen/Gebäudearten

Die bauordnungsrechtlichen Festlegungen von Anforderungen zum Brandschutz werden in Deutschland wesentlich durch die Einteilung von Gebäuden in Gebäudeklassen bestimmt. Hierbei ist die jeweilige Höhe der Fußbodenoberkante des höchstgelegenen Geschosses, in dem ein Aufenthaltsraum möglich ist, über der Geländeoberfläche *im Mittel* maßgeblich. Beispielhaft dienen die Bestimmungen der Musterbauordnung (10/2008) gem. Tabelle **17**.117. Die auf der Musterbauordnung (MBO) beruhenden Landesbauordnungen können geringfügige Unterschiede aufweisen. Eine Prüfung der ggf. abweichenden Regelungen in den LBO´s ist erforderlich.

Einige Landesbauordnungen unterscheiden *Gebäudearten* nach „Gebäuden geringer Höhe", „Gebäuden mittlerer Höhe" und Hochhäusern.

17.7.3 Bauliche Brandschutzmaßnahmen

Anforderungen an das Brandverhalten von tragenden Wänden, Unterstützungen, Außenwänden und Trennwänden sowie an Decken[1] sind in der Musterbauordnung gemäß Tabelle **17**.118 festgelegt.

Mindestabmessungen tragender, nicht tragender und raumabschließender Wände bzw. Pfeiler im Hinblick auf den erforderlichen Brandschutz für Ausführungen aus bewehrtem Normal- oder Leichtbeton und für Mauerwerk aus den verschiedenen in Frage kommenden Steinarten werden in DIN 4102-4 in ausführlichen Tabellen festgelegt.

---

[1] **Unterdecken** als Brandschutz s. Abschn. 14.2.3

17

Tabelle **17**.117   Gebäudeklassen gemäß Musterbauordnung (MBO)

Gebäudeklasse 1a) Frei stehende Gebäude mit einer Höhe[1] bis zu 7 m und sonstige Gebäude mit einer Höhe bis zu 7 m nicht mehr als zwei Nutzungseinheiten von insgesamt nicht mehr als 400 m²	**Gebäudeklasse 3** sonstige Gebäude mit einer Höhe bis zu 7 m **Gebäudeklasse 4** Gebäude mit einer Höhe bis zu 13 m und Nutzungs-Einheiten mit jeweils nicht mehr als 400 m²
Gebäudeklasse 1b) freistehende Land- oder forstwirtschaftlich genutzte Gebäude	**Gebäudeklasse 5** sonstige Gebäude einschließlich unterirdischer Gebäude
Gebäudeklasse 2 Gebäude mit einer Höhe bis zu 7 m und nicht mehr als zwei Nutzungseinheiten von insgesamt nicht mehr als 400 m²	**Sonderbauten**[2]

[1] Höhe im Sinne des Satzes 1 ist das Maß der Fußbodenoberkante des höchstliegenden Geschosses, in dem ein Aufenthaltsraum möglich ist, über der Geländeoberfläche im Mittel. Die Grundflächen der Nutzungseinheiten im Sinne dieses Gesetzes sind die Brutto-Grundflächen; bei der Berechnung der Brutto-Grundflächen nach Satz 1 bleiben Flächen in Kellergeschossen außer Betracht.

[2] **Sonderbauten** sind Anlagen und Räume besonderer Art und Nutzung, z. B. Hochhäuser mit einer Höhe von mehr als 22 m, bauliche Anlagen mit einer Höhe von mehr als 30 m, Gebäuden mit mehr als 1600 m² Grundfläche des Geschosses mit der größten Ausdehnung, Verkaufsflächen mit mehr als 800 m², Büro- und Verwaltungsgebäude mit Einzelräumen größer gleich 400 m², Gebäude mit Räumen, die einzeln für die Nutzung von mehr als 100 Personen bestimmt sind, Versammlungsstätten für mehr als 200 Besucher, Schank- und Speisegaststätten, Beherbergungsstätten mit mehr als 12 Betten, Krankenhäuser, Pflegeheime und Heime, Tageseinrichtungen für Kinder, Behinderte und alte Menschen, Schulen, Hochschulen und ähnliche Einrichtungen, Justizvollzugsanstalten usw.
Für Sonderbauten können im Einzelfall zur Verwirklichung des baulichen Brandschutzes je nach Art und Nutzung besondere Anforderungen gestellt oder auch Erleichterungen gewährt werden.

Tabelle **17**.118   Anforderungen an tragende und aussteifende Bauteile gemäß MBO für die Gebäudeklasse (GK)

		GK 1	GK 2	GK 3	GK 4	GK 5
1.1	Wände und Stützen[1]	F 0	F 30	F 30	F 60	F 90
1.2	in Kellergeschossen	F 30	F 30	F 90	F 90	F 90
2.	Decken[2] zwischen Geschossen[1]	F 0	F 30	F 30	F 60	F 90
	in Kellergeschossen	F 30	F 30	F 90	F 60	F 90
3.	Brandwände	F 60 BA	F 60 BA	F 60 BA	F 60 BA + M4[4]	F 90 BA + M4[4]
4.	Gebäudeabschlusswände von innen nach außen[4]	F 30	F 30	F 30	–	–
5.	notwendige Treppen, (tragende Bauteile)	keine Anforderung	keine Anforderung	F 30 oder A	A	F 30 A
	Außentreppen (tragende Bauteile)			A	A	A
6.	Wände notwendiger Treppenräume und Ausgänge ins Freie	keine Anforderung	keine Anforderung	F 30	F 60 BA + M4[4]	F 90 A + M4[4]
7.	Decken notwendiger Treppenräume	Feuerwiderstandsdauer der Decken des Gebäudes mit Ausnahme des Dachabschlusses				
	Dächer notwendiger Treppenräume	keine Anforderungen		keine Anforderungen		

[1] Gilt für *Geschosse im Dachraum* nur, wenn darüber noch Aufenthaltsräume möglich sind. Gilt nicht für Balkone, ausgenommen offene Gänge, die als notwendige Flure dienen.

[2] Unter und über *Räumen mit Explosion- und erhöhter Brandgefahr* müssen Decken feuerbeständig sein, ausgenommen in Wohngebäuden der GK 1 und zwischen landwirtschaftlich genutztem Teil und Wohnteil eines Gebäudes. Öffnungen in Decken, für die eine Feuerwiderstandsfähigkeit vorgeschrieben ist sind nur in den Gebäuden der GK 1 und 2 sowie innerhalb derselben Nutzungseinheit mit nicht mehr als 400 m² in nicht mehr als zwei Geschossen zulässig.

[3] Die von innen nach außen die Feuerwiderstandsfähigkeit der tragenden und aussteifenden Teile des Gebäudes haben, mindestens jedoch feuerhemmend sind und von außen nach innen die Feuerwiderstandsfähigkeit feuerbeständiger Bauteile haben.

[4] Unter zusätzlicher mechanischer Beanspruchung.

17

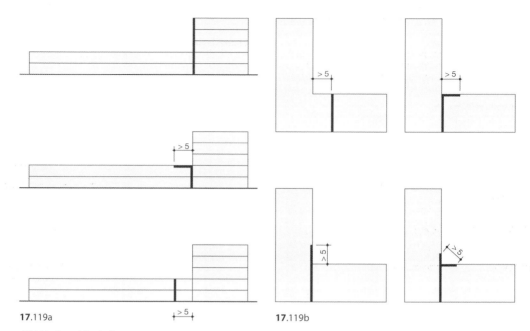

17.119a $\vert \xrightarrow{> 5} \vert$ **17**.119b

17.119   Brandabschnitte
   a) Brandabschnitte zwischen verschieden hohen Gebäuden (Schnitte)
   b) Brandwände an einspringenden Gebäudeecken (Grundrisse)

Die mit den jeweiligen Wanddicken erreichbaren Feuerwiderstandsklassen F30-A bis F180-A sind dabei abhängig von dem Ausnutzungsfaktor **α** (Verhältnis der vorhandenen statischen Beanspruchung zu zulässiger Beanspruchung nach DIN 1045-2 und DIN EN 206).

Brandabschnitte

Als Abschluss von Gebäuden (Gebäudeabschlusswand) sowie in ausgedehnten Bauwerken muss der Ausbreitung eines Brandes durch Unterteilung in *horizontale* und *vertikale Brandabschnitte* entgegengewirkt werden. Die Unterteilung ist in der Regel durch Massivdecken oder Wände der Feuerwiderstandsklasse F90-A („Brandwände") vorzunehmen. Die Unterteilungen der Brandabschnitte müssen den Durchgang des Feuers verhindern und so wärmedämmend sein, dass sich Stoffe nicht entzünden können, die auf der dem Feuer abgekehrten Seite eingebaut sind oder lagern.

Horizontal ausgedehnte Gebäude müssen i. d. R. in Abständen von höchstens 40 m durch innere Brandwände in Teilflächen von ≤ 1600 m^2 (landwirtschaftlich genutzte Gebäude ≤ 10 000 m$^{3)}$ als Brandabschnitte unterteilt werden.

Auch unmittelbar aneinander angrenzende Gebäude unterschiedlicher Höhe oder Nutzungsart sind durch Brandabschnitte zu sichern. Für die Ausführung sind in Bild **17**.119 einige Beispiele gezeigt.

Brandwände

Brandwände sind feuerbeständige Wände aus nichtbrennbaren Baustoffen (F90-A) und dürfen bei Brand ihre Standsicherheit nicht verlieren. Sie müssen auch unter zusätzlicher mechanischer Beanspruchung (Stoßbelastungen durch herabfallende Bauteile) feuerbeständig sein. Sie werden zur Ausbildung von Brandabschnitten von Gebäuden oder Gebäudeteilen sowie als *Gebäudeabschluss- und Gebäudetrennwände* zum Nachbarschutz ausgeführt. Sie sind in DIN 4102-3 klassifiziert und gemäß MBO vorgeschrieben:

- Als Gebäudeabschlusswand an Grundstücksgrenzen, bei Grenzabständen von weniger als 2,50 m oder wenn Gebäudeabstände von weniger als 5 m vorhanden oder möglich sind.

- Innerhalb ausgedehnter Gebäude in Abständen von höchstens 40 m (Ausnahmen sind möglich).

17

17.120
Brandwände
a) versetzte Brandwand
b) Brandwand mit Schleuse
c) versetzte Außenwand
1 Decke F90 A
2 Türen/Tore > T90
3 Versatz in der Außenwand

17.120a **17**.120b **17**.120c

- Zwischen Wohngebäuden und landwirtschaftlichen Betriebsgebäuden und zur Unterteilung innerhalb ausgedehnter landwirtschaftlich genutzter Gebäude in Brandabschnitte von nicht mehr als 10 000 m³.
- Bei Gebäudeecken ≤ 120 Grad muss der Abstand von der inneren Ecke mindestens 5 m betragen (Bild **17**.119b) oder mindestens eine Außenwand muss auf 5 m Länge als öffnungslose, feuerbeständige Wand aus nicht brennbaren Baustoffen (F90-A) bestehen.

Brandwände sind in der Regel *ohne* Versatz durch alle Geschosse hochzuführen. Sie dürfen ausnahmsweise geschossweise versetzt sein, wenn die unterstützenden Bauteile sowie die verbindenden Geschossdecken ohne Öffnungen in F90-A ausgeführt werden (Bild **17**.120a und b). Bei versetzten Außenwänden müssen die Wandbereiche in dem Geschoss darüber und darunter in der Breite eines Versatzes feuerbeständig ausgebildet werden (Bild **17**.120c). Öffnungen im Bereich eines Versatzes von Außenwänden sind so anzuordnen oder andere Vorkehrungen sind so zu treffen, dass eine Brandausbreitung in andere Brandabschnitte nicht zu befürchten ist.

Brandwände sind ≥ 30 cm über die Bedachung zu führen. Alternativ kann eine in Höhe der Dachhaut beiderseitig 50 cm auskragende feuerbeständige Platte aus nicht brennbaren Baustoffen vorgesehen werden. Bei Gebäuden der Gebäudeklassen 1 bis 3 sind Brandwände mindestens bis unter die Dachhaut zu führen und verbleibende Hohlräume vollständig mit nicht brennbaren Baustoffen auszufüllen.

Bauteile aus brennbaren Baustoffen (z. B. auch Dachlatten) dürfen Brandwände nicht überbrücken. Stahl- oder Holzträger und -stützen, Schornsteine und Schlitze dürfen in Brandwände nur so tief eingreifen, dass die Wände auch im verbleibenden Querschnitt den Anforderungen F90 entsprechen.

Außenwandkonstruktionen mit Luftschichten (hinterlüftete Außenwandbekleidungen oder Doppelfassaden), die eine seitliche Brandaus-

breitung begünstigen können, dürfen ohne besondere Vorkehrungen (Abschottungen) nicht über Brandwände hinweg geführt werden (s. a. Abschn. 8 und 9).

Öffnungen in Brandwänden sind im Allgemeinen nicht zulässig. Sie können jedoch zugelassen werden, wenn dicht- und selbstschließende feuerbeständige Abschlüsse (T90) oder Brandschutzschleusen eingebaut werden (Bild **17**.120b).

Nutzungsbedingt notwendige Verglasungen in Ausführung G90 (z. B. auch Glas-Brandschutzsteine ≥ F90-A, s. a. Abschn. 6.10.2.4) können zugelassen werden.

Leitungen dürfen nur dann durch Brandwände geführt werden, wenn besondere Vorkehrungen gegen Feuer- und Rauchübertragung getroffen werden (s. Bild **17**.128).

Nichttragende Brandwände können aus einer Ständerkonstruktion aus C-Profilen und mehrlagig eingebrachten Brandschutzplatten mit Kernen aus Mineralwollplatten ausgeführt werden. Die mechanische Beanspruchbarkeit wird dabei z. B. durch das Aufnieten von Stahlblechen auf die Ständerkonstruktion gewährleistet (vgl. Abschn. 6.10.3).

Trennwände. Zur weiteren Vorbeugung einer Brandausbreitung werden *innerhalb* von Brandabschnitten weitere Unterteilungen durch Trennwände und auch -decken gefordert, die ausreichend lange standsicher und widerstandsfähig gegen Brandausbreitung sein müssen.

Trennwände sind erforderlich:

- zwischen Nutzungseinheiten[1] sowie zwischen Nutzungseinheiten und anders genutzten

---

[1] **Nutzungseinheit.** Eine Nutzungseinheit ist eine geschossweise abgegrenzte Nutzfläche einer Wohnung oder Büro- oder Verwaltungsnutzung. Jede Wohnung kann als einzelne Nutzungseinheit betrachtet werden, in der keine weiteren Abschnittsbildungen gefordert werden. Räume mit erhöhter Brand- oder Explosionsgefahr innerhalb einer Nutzungseinheit wie z. B. Kopier- oder Serverräume in Verwaltungsgebäuden oder auch Technik- oder Brennstofflagerräume in Kellergeschossen müssen brandschutztechnisch abgeschottet werden.

17

Räumen, ausgenommen notwendigen Fluren,

- zum Abschluss von Räumen mit Explosions- oder erhöhter Brandgefahr[1],
- zwischen Aufenthaltsräumen und anders genutzten Räumen im Kellergeschoss.

Trennwände mit besonderen Anforderungen (Komplextrennwände). Einige Versicherer stellen zur baulichen Trennung innerhalb von Gebäudegruppen und -anlagen höhere Anforderungen an Brandwände, um brandschutztechnisch unabhängige Gefahrenbereiche abzugrenzen. Diese Wände müssen aus nicht brennbaren Baustoffen bestehen und auch unter zusätzlicher mechanischer Beanspruchung 180 Minuten ihre Tragfähigkeit und raumabschließende Funktion erhalten. Sie sind 50 cm über Dach zu führen.

Innenwände. Brandschutzanforderungen an Innenwände werden je nach Funktion (raumabschließend, nicht raumabschließend, tragend, nicht tragend) bei Massivwänden mit den erforderlichen Dicken und bei Trockenbauwänden mit ihrer Unterkonstruktion und Bekleidungsart und -dicke gemäß DIN 4102-4 erfüllt (s. a. Abschn. 6.2.1, 6.10.2, 6.10.3 und 15.3.4).

Außenwände, Brüstungen und Schürzen. Tragende oder nicht tragende Außenwände werden wie Innenwände betrachtet. Nicht tragende und auch nicht raumabschließende Brüstungen und Schürzen in Außenwänden erfüllen vielfach auch Brandschutzaufgaben. Zur Verhinderung des Feuerüberschlages fordern die bauaufsichtlichen Vorschriften, dass Außenwände in regelmäßigen Abständen feuerwiderstandsfähig ausgebildet werden (Feuerüberschlagsweg aus Deckenrand, Sturz und Brüstung min. 1 m). Der Feuerüberschlag kann auch durch auskragende Decken, Fluchtbalkone oder Sonnenschutzanlagen verhindert werden. Anforderungen an nicht tragende Außenwände – somit auch an Brüstungen und Schürzen – sind in DIN 4102-3 festgelegt (W30 bis W 180 – Klassifizierung).

Dächer

Die Dachhaut muss in der Regel gegen Flugfeuer und strahlende Wärme widerstandsfähig sein

[1] Wann eine *„erhöhte Brandgefahr"* gegeben ist wird in der Musterbauordnung und den meisten Länderbauordnungen nicht näher erläutert. Anhaltspunkte zur Auslegung bieten u. a. folgende Gesetze, Verordnungen: Sonderbauverordnung NW (SBauVO), Brandenburgische Krankenhaus- und Pflegeheim-Bauverordnung (BbgKPBauV), Begründung zur LBO Saarland, Verwaltungsvorschrift zur Brandenburgischen Bauordnung (BbgBO).

(„harte Bedachung"). Bedachungen, die diese Anforderungen nicht erfüllen („weiche Bedachung"), sind bei Gebäuden der Gebäudeklassen 1 bis 3 unter Einhaltung erhöhter, verschieden großer Abstände zur Grundstücksgrenze sowie untereinander zulässig.

Die Regelungen gelten *nicht* für:

- begrünte Bedachungen, wenn eine Brandentstehung und Brandbeanspruchung von außen nicht zu befürchten ist,
- Gebäude ohne Aufenthaltsräume und ohne Feuerstätten mit nicht mehr als 50 m³ Brutto-Rauminhalt,
- Licht durchlässige Bedachungen aus nicht brennbaren Baustoffen,
- Licht durchlässige Teilflächen aus brennbaren Baustoffen innerhalb harter Bedachungen,
- brennbare Fugenabdichtungen und Dämmstoffe in nicht brennbaren Profilen,
- Lichtkuppeln und Oberlichter in Wohngebäuden,
- Eingangsüberdachungen und Vordächer aus nicht brennbaren Baustoffen und
- Eingangsüberdachungen aus brennbaren Baustoffen bei Eingängen zu Wohnungen.

Dachüberstände, -gesimse und -aufbauten, Glasdächer, Oberlichte und Öffnungen müssen von Brandwänden oder von Wänden, die anstelle von Brandwänden zulässig sind, mindestens 1,25 m entfernt sein.

Dächer von traufseitig aneinander gebauten Gebäuden müssen für eine Brandbeanspruchung von innen nach außen feuerhemmend (F30) ausgebildet sein. Öffnungen in diesen Dächern müssen waagerecht gemessen ≥ 2 m von der Brandwand oder der Wand, die anstelle der Brandwand zulässig ist, entfernt sein.

Dächer von Gebäudeteilen, die an Außenwände mit Fenstern oder ohne Feuerwiderstandsfähigkeit anschließen, sind im Abstand von 5 m mindestens so feuerwiderstandsfähig auszuführen wie die Decken des anschließenden Gebäudes (Bild **17.**119a). Das gilt nicht für Anbauten an Wohngebäude der GK 1 bis 3.

Flachdächer aus Trapezblechprofilen haben sich im Brandfall vielfach als sehr problematisch gezeigt. Durch die Hohlräume der Trapezbleche kommt es zu rascher Hitzeausbreitung und aufliegende Wärmedämmungen aus Schaumstoffen zersetzen sich oder können ebenso wie die Dachabdichtungen in Brand geraten. Durch die damit verbundene enorme Hitzeentwicklung verliert das Trapezblech rasch seine Tragfähigkeit, und das Dach stürzt ein. Ausreichender Feuerwiderstand ist meist nur durch aufwändige unterseitige Bekleidungen mit Gipskartonplatten (GKF) oder Brandschutzplatten zu erreichen.

Rettungswege

Es wird zwischen *erstem* (baulichem) und *zweitem* Rettungsweg unterschieden. Jede Nutzungseinheit mit mindestens *einem* Aufenthaltsraum muss in *jedem* Geschoss mindestens *zwei* voneinander unabhängige Rettungswege ins Freie haben. Beide Rettungswege dürfen jedoch innerhalb eines Geschosses über denselben notwendigen Flur führen.

Ebenerdige Gebäude verfügen über *horizontale* Rettungswege (z. B. notwendiger Flur), bei mehrgeschossigen Gebäuden kommt ein *vertikaler* Rettungsweg als notwendige Treppe hinzu.

Für Nutzungseinheiten, die nicht zu ebener Erde liegen, muss der erste Rettungsweg über eine notwendige Treppe führen. Der zweite Rettungsweg kann eine weitere notwendige Treppe, oder eine von Rettungsgeräten der Feuerwehr erreichbare Stelle der Nutzungseinheit sein. Die MBO unterscheidet den Einsatz von tragbaren Leitern (Brüstungshöhe max. 8 m) oder Hubrettungsgeräten (Brüstungshöhe max. 23 m) der Feuerwehr. Wenn der Einsatz von Rettungsgeräten der Feuerwehr aufgrund der Vielzahl von Personen (Versammlungsstätten) oder eingeschränkt beweglichen Personen (z. B. Altenheime) zu langwierig ist, wird in der Regel ein zweiter baulicher Rettungsweg gefordert.

Sicherheitstreppenraum. Ein zweiter Rettungsweg ist nur dann nicht erforderlich, wenn die Rettung über einen sicher erreichbaren Treppenraum (Sicherheitstreppenraum) erfolgen kann. Die – insbesondere für Hochhäuser notwendigen – sog. „Sicherheitstreppen" dürfen z. B. nur über mit der Außenluft verbundene, loggienartige Zugänge erreichbar sein, um dem Eindringen von Rauch und dem Feuerüberschlag zwischen den Geschossen entgegenzuwirken.

Treppen

Nicht ebenerdig gelegene Gebäudeteile bzw. Geschosse sowie der benutzbare Dachraum müssen über mindestens eine Treppe (notwendige Treppe) oder flach geneigte Rampe erreichbar sein. Einschiebbare Treppen und Leitern sind nur in Gebäuden der Gebäudeklasse 1 und 2 als Zugang zu Dachräumen oder sonstigen Berei-

chen ohne Aufenthaltsräume zulässig. Notwendige Treppen sind durchgängig in einem Zuge zu allen angeschlossenen Geschossen zu führen und müssen mit Treppen zum Dachraum unmittelbar verbunden sein. Dies gilt *nicht* für Treppen in den Gebäudeklassen 1 bis 3 sowie für Verbindungstreppen von höchstens zwei Geschossen innerhalb derselben Nutzungseinheit mit insgesamt nicht mehr als 200 m^2, wenn in jedem Geschoss ein anderer Rettungsweg erreicht werden kann (Maisonettwohnung).

Notwendige Treppe. Die tragenden Teile notwendiger Treppen müssen bei Gebäuden der Gebäudeklasse 5 aus nicht brennbaren Baustoffen *und* mindestens feuerhemmend ausgeführt sein. Bei Gebäuden der GK 4 müssen sie aus nicht brennbaren Baustoffen, bei der GK 3 feuerhemmend *oder* aus nicht brennbaren Baustoffen hergestellt sein (Tab. **17**.118).

Die nutzbare Breite notwendiger Treppenläufe einschließlich deren Proteste muss für den größten zu erwartenden Verkehr ausreichen (DIN 18 065 und Abschn. 4.1.2 in Teil 2 dieses Werkes).

Treppenräume

Jede notwendige Treppe muss in einem eigenen, durchgehenden Treppenraum liegen (notwendiger Treppenraum). Notwendige Treppen *ohne* eigenen Treppenraum sind zulässig in Gebäuden der GK 1 und 2 sowie in Maisonettwohnungen und als Außentreppen.

Jeder notwendige Treppenraum muss i. d. R. an einer Außenwand (*außen* liegender Treppenraum) liegen und einen unmittelbaren Ausgang ins Freie haben. Über vorgeschriebene Fenster ($\geq 0,5$ m^2 in jedem oberirdischen Geschoss) können Anforderungen zur Belüftung, Entrauchung und Belichtung erfüllt werden.

Innen liegende notwendige Treppenräume sind dann zulässig, wenn an den oberen Abschlüssen der Treppenräume Rauchabzugseinrichtungen (RWA)[1] vorgesehen werden, die vom Erdgeschoss

---

[1] **Rauchableitung.** Im Gegensatz zu Sonderbauten, bei denen hinsichtlich ihrer besonderen Art und Nutzung der Rauchableitung grundsätzlich dem Ermessen der Baubehörde unterliegt (Objektspezifisches Brandschutzkonzept) gelten bei Standardbauten die jeweiligen Festlegungen der Landesbauordnungen (LBO). Für *außen liegende Treppenräume* kann behördlicherseits kein Ermessensspielraum geltend gemacht werden, sofern die sonstigen bauordnungsrechtlichen Regelungen und Anforderungen

Fortsetzung nächste Seite

17

und vom obersten Treppenabsatz aus bedient werden können (> 1 m²). Gleiches gilt für Treppenräume in Gebäuden mit mehr als 13 m Höhe.

Führt ein Ausgang eines notwendigen Treppenraumes *nicht* unmittelbar ins Freie, muss der Raum zwischen Treppenraum und Ausgang ins Freie mindestens so breit sein wie die dazugehörigen Treppenläufe. An die Wände werden die gleichen Anforderungen gestellt wie an die Wände des Treppenraumes. Öffnungen sind nur zu notwendigen Fluren zulässig sowie dicht und selbst schließend abzuschließen.

Notwendige Treppenräume müssen von jeder Stelle eines Aufenthaltsraumes sowie eines Kellergeschosses auf kürzesten Wegen in ≤ 35 m Entfernung (Lauflinie, nicht Luftlinie) erreichbar sein. Übereinander liegende Kellergeschosse erfordern mindestens *zwei* Ausgänge in notwendigen Treppenräumen oder Ausgänge direkt ins Freie.

Mehrere notwendige Treppenräume sind möglichst entgegengesetzt liegend so anzuordnen, dass Rettungswege möglichst kurz sind.

---

eingehalten werden. Öffnungen zur Rauchableitung können somit nur *für innen liegende Treppenräume* sowie für außen liegende Treppenräume der Gebäudeklassen 4 und 5 gefordert werden.

Öffnungen zur Rauchableitung müssen mindestens 1 m² freien Querschnitt haben und im Erdgeschoss sowie auf dem obersten Podest bedient werden können. Schutzziel hierbei ist lediglich, die Löscharbeiten der Feuerwehr nach der Evakuierung des Gebäudes zu unterstützen – *nicht* die Ausbildung einer raucharmen Schicht bzw. die Rauchfreihaltung des Treppenraumes.

Zu unterscheiden ist zwischen technisch wesentlich weniger aufwändigen *Öffnungen für die Rauchableitung* (RA) sowie Rauch- und Wärmeabzugs*anlagen* (RWA), natürlichen Rauchabzugsanlagen (NRA) oder natürlichen Rauch- und Wärmeabzugs*geräten* (NRWG). Diese Unterscheidung ist wesentlich für den hieraus resultierenden baulichen Aufwand. Da Öffnungen zur Rauchableitung *keine* Anlagen bzw. Einrichtungen oder Geräte gemäß der Muster-Leitungsanlagenrichtlinie (M-LAR) sind, benötigen sie keine Verwendbarkeitsnachweise und brauchen somit nicht gemäß DIN EN 12 101-2 ausgeführt werden. Ebenso werden in der Regel keine Maßnahmen zum Funktionserhalt (Notstromversorgung) und auch keine wiederkehrende Prüfpflicht gefordert.

In Fällen, in denen die Baubehörde einen Ermessensspielraum hat bzw. geltend macht, können für den Fall von Abweichungen von den Festlegungen der Landesbauordnungen sowie bei innen liegenden Treppenräumen ggf. Kompensationsmaßnahmen (Rauchdichte Türen, Ausbildung von Vorräumen, Installation von Rauchabzugsanlagen, Brandmeldeanlagen) gefordert werden. Darüber hinaus können weitergehende Anforderungen an die Rauchableitung zur Umsetzung privatrechtlicher Schutzziele, zum Beispiel durch Gebäudeversicherer gefordert werden.

Bekleidungen, Putze, sowie Materialien des Ausbaus müssen aus nicht brennbaren Baustoffen bestehen, Wände und Decken aus brennbaren Baustoffen erfordern eine Bekleidung aus nicht brennbaren Baustoffen in ausreichender Dicke. Bodenbeläge sind mindestens aus schwer entflammbaren Baustoffen (B1 gem. DIN 4102-1) vorzusehen.

Weitergehende Bestimmungen für Treppenräume bestehen an den Feuerwiderstand der Umfassungswände, für Öffnungen in Abhängigkeit von den angrenzenden Nutzung, für Belüftung, Beleuchtung usw.

Notwendige Flure

Notwendige Flure als horizontaler Teil des ersten Rettungswesens zwischen Aufenthaltsraum und dem notwendigen Treppenraum, oder die in ebenerdigen Geschossen direkt ins Freie führen müssen so angeordnet und ausgebildet werden, dass die Nutzung im Brandfall ausreichend lange möglich ist. Sie sind innerhalb von Wohnungen und sonstigen Nutzungseinheiten mit mehr als 200 m² und innerhalb von Büro- und Verwaltungsnutzungen mit mehr als 400 m² erforderlich. Wände notwendiger Flure müssen i. d. R. feuerhemmend, in Kellergeschossen, deren tragende und aussteifende Bauteile feuerbeständig sein müssen, ebenfalls feuerbeständig sein. Sie sind bis zur Rohdecke zu führen. Sie dürfen bis an Unterdecken der Flure geführt werden, wenn die Unterdecken ebenfalls feuerhemmend sind (s. a. Abschn. 15.3.4). Zur Verhinderung einer unbegrenzten Rauchausbreitung sind notwendige Flure durch rauchdichte und selbst schließende Abschlüsse (Türen, Tore) in Rauchabschnitte mit ≤ 30 m Länge zu unterteilen.

Notwendige Flure mit nur einer Fluchtrichtung dürfen nicht länger als 15 m sein.

Decken

Decken aus Stahlbeton in allen in der Praxis gängigen Ausführungsarten sowie Stahlstein-, Kappendecken u. a. m. und auch Holzbalkendecken (vgl. Abschn. 10) sind hinsichtlich ihrer Feuerwiderstandsklassen in DIN 4102-4 klassifiziert (Tab. **17**.116).

Erforderliche Brandschutzmaßnahmen für Decken aus Trapezblechen sind jeweils auf den Einzelfall abzustimmen. Die Darstellung der zahlreichen Probleme und Lösungsmöglichkeiten würde jedoch den Rahmen dieses Werkes sprengen.

Schornsteine

Schornsteine müssen gegenüber allen brennbaren Bauteilen einen ausreichenden Sicherheitsabstand haben. Der Mindestabstand hölzerner Bauteile wie Deckenbalken und Dachsparren von Rauchrohren und Abgasrohren ist durch bauaufsichtliche Bestimmungen vorgeschrieben. Die gleichen Abstände gelten für Holzwolle-Leichtbauplatten und vergleichbare Baustoffe (s. Abschn. 3. 2. 4 in Teil 2 des Werkes).

Besondere Anforderungen

Für Flure, die als Rettungswege dienen, für Heizungsräume, für Lüftungs- und Klimaanlagen, Installations- und Müllabwurfschächte u. Ä. sind teilweise umfangreiche spezielle Vorschriften zu beachten.

Verschärfte Anforderungen an den Brandschutz gelten für Gebäude, die durch ihre Nutzung (z. B. Geschäftshäuser, Lager, Schulen, Altersheime, Gaststätten, Versammlungsstätten, Garagen) oder durch ihre Bauweise (z. B. Hochhäuser, Stahl- und Holzbauten) besondere Vorkehrungen für die Brandbekämpfung und für Rettungsmaßnahmen nötig machen.

Hochhäuser. In Hochhäusern (gem. Muster-Hochhaus-Richtlinie – MHHR: Bauwerke, bei denen der Fußboden mindestens eines Aufenthaltsraumes mehr als 22 m über der Geländeoberfläche liegt) müssen z. B. alle tragenden Bauteile die Feuerwiderstandsklasse $\geq$ F90 aufweisen. Neben Festlegungen für die Zugänglichkeit für Feuerwehren, sicherheitstechnische und technische Gebäudeausrüstungen und Rettungswege sind erhöhte Anforderungen an die Feuerwiderstandsklassen tragender und aussteifender sowie raumabschließender Bauteile, Öffnungen und Abschlüsse, Dächer sowie Einbauteile und Baustoffklassen von Baumaterialien festgelegt.

Jedes Obergeschoss muss entweder durch 2 voneinander unabhängige Treppenräume oder durch ein Sicherheitstreppenraum verlassen werden können. Anstelle dessen ist bei Hochhäusern bis 60 m Höhe auch ein Sicherheitstreppenraum[1] zulässig. Bei Gebäuden mit $\geq$ als 60 m

Höhe sind *alle* notwendigen Treppenräume als Sicherheitstreppenräume auszubilden.

Zusammenfassung

Im Hinblick auf den baulichen Brandschutz ist festzuhalten:

Die im Einzelfall erforderlichen baulichen Brandschutzmaßnahmen können auf die Gesamtplanung und die Kosten von Bauwerken erheblichen Einfluss haben. Sie müssen daher in jedem Falle bereits in frühen Planungsphasen in ein mit den Brandschutzbehörden abzustimmendes Brandschutzkonzept einfließen.

17.7.4 Brandschutzmaßnahmen für Bauteile

Wie sich Bauteile im Brandfall verhalten ist abhängig von der Brandbeanspruchung (Wärmeeinwirkung bzw. Temperaturerhöhung in Folge eines Normbrandes), der Erwärmung der Querschnitte in Folge der Abmessungen (Masse und spezifische Oberfläche), einer gleichzeitig einwirkenden mechanischen Beanspruchung (Sicherheit auch bei voller Belastung), den statischen Belastungen sowie den temperaturabhängig veränderlichen Baustoffkennwerten (abnehmende Festigkeit bei Temperaturerhöhung).

Im Brandfalle müssen tragende Bauteile vor den heißen Brandgasen durch Ummantelung mit nicht brennbaren Stoffen, die sich im Feuer möglichst wenig verändern, rissefrei bleiben und einen hohen Wärmedurchlasswiderstand besitzen, abgeschirmt werden, bis Löschhilfe eintritt. So können Bauteile aus brennbaren oder entflammbaren Stoffen eine gewisse Zeit lang unterhalb ihrer Entflammungstemperatur gehalten werden. Bauteile aus nicht brennbaren Stoffen werden für eine bestimmte Zeit vor Temperaturerhöhungen geschützt, die zu Strukturveränderungen, Verminderungen der Festigkeit und Standsicherheit, Rissbildungen oder Verformungen führen würden.

Bauteile aus Stahl

Stahlteile sind zwar nicht brennbar, verformen sich aber erheblich bei den Temperaturen, die bei Bränden auftreten können. Dabei verlieren sie nicht nur ihre Tragfähigkeit, sondern können auch infolge von Verdrehungen und Verbiegun-

---

[1] **Außen liegende Sicherheitstreppenräume** werden über offene, im freien Luftstrom angeordnete Gänge erschlossen, über die Rauch ungehindert ins Freie abziehen kann. Öffnungen in Wänden von Sicherheitstreppenräumen sind nur zu offenen Gängen und ins Freie zulässig.
Innen liegende Sicherheitstreppenräume werden über Vorräume (Sicherheitsschleusen) erschlossen, in die Feuer und Rauch nicht eindringen können. Öffnungen in den

Wänden von Vorräumen sind nur zum Sicherheitstreppenraum sowie zu notwendigen Fluren zulässig.

17

gen an benachbarten Bauteilen durch Zug und Schub schwere Schäden anrichten.

Maßgeblich für die brandschutztechnische Bemessung von Stahlbauteilen sind die Querschnittsabmessungen (Formfaktor **U/A** = Verhältnis von beflammtem Umfang zu der zu erwärmenden Querschnittsfläche), der statische Ausnutzungsgrad *a* des Stahls sowie die häufig erforderliche Beschichtung bzw. Bekleidung (Ummantelung).

Brandschutzanforderungen können durch ungeschützte Stahlbauteile kaum erfüllt werden (Ausnahmen bei Verwendung sehr dicker Profile bei geringem statischem Ausnutzungsgrad).

Träger und Stützen aus Stahl (DIN 4102-4, Abschn. 6) müssen vielfach mit Beton, Mauerwerk, Wandbauplatten oder Putz (s. Abschn. 8.9 in Teil 2 dieses Werkes) als Dämmschichten ummantelt werden. Dämmschichten aus z. B. Beton (s. a. Verbundbauweisen) oder Mauerwerk können dabei gleichzeitig tragende bzw. aussteifende Funktionen übernehmen. Hohlprofile können ausbetoniert oder in Sonderfällen durch Wasserfüllungen (Kühleffekt) geschützt werden.

Für höhere Beanspruchungen bis F180-A *müssen* Stahlprofile durch Feuerschutz-Ummantelungen aus bewehrten Putzen, Gipskarton- oder speziellen Brandschutzplatten ggf. in Verbindung mit Ausmauerungen geschützt werden. Die für Ausführungen mit Putz in Frage kommenden Materialien und Mindestdicken ggf. in Verbindung mit Ausmauerungen sind in DIN 4102-4, Tabelle 90 ff. festgelegt und für Unterzüge aus Stahlprofilen in Bild **17**.121 schematisch gezeigt.

Ziel aller Maßnahmen ist es hierbei, die im Brandfall drohende Erwärmung bis zur Erreichung der *kritischen Stahltemperatur* zu verhindern (ab ca. 400 °C Erreichung der Stahl-Fließgrenze in Abhängigkeit von der Stahlsorte und der einwirkenden Stahlspannung).

Die Dicke *d* der Ummantelungen ist abhängig von der zu erreichenden Feuerwiderstandsklasse und dem Verhältnis **U/A** (Umfang/Querschnittsfläche) des Bauteiles[1].

---

[1] Gemäß DIN 4102 bestimmt das **U/A** Verhältnis die notwendige Bekleidungsdicke für eine bestimmte Feuerwiderstandsdauer. Ermittelt wird das U/A Verhältnis aus den Profilabmessungen des Stahlprofils. **U** entspricht dabei dem Umfang und **A** der Querschnittsfläche des Stahlprofils. Grundsätzlich gilt, dass bei gleichem Umfang massive Profile einen niedrigen und schlanke Profile einen hohen U/A Wert aufweisen. Schlankere Stahlprofile würden im Brandfall schneller versagen. Sie benötigen daher höhere Beklei-

Berechnungsbeispiel: Vierseitig brandbeanspruchtes Profil HE-M 200 bzw. IPBv 200

Profilhöhe h = 200 mm; Profilbreite b = 206 mm; Profilfläche A = 131 cm^2

U/A = (2h + 2b)/A = (2 x 200 + 2 x 206)/131 = 65 m^{-1}.

Die zur Erreichung der Feuersicherheitsklasse erforderliche Bekleidungsdicke ist den Tabellen aus DIN 4102-4, Abschn. 6 zu entnehmen. Dabei ergibt sich z.B. nach Tab. 92 für F90-A: 2 x 15 mm Gipskarton-Feuerschutzplatten GKF(DIN 18 180) oder (nach Unterlagen der Firma Promat, ermittelt auf Grund von Prüfungen gemäß DIN 4102) eine Bekleidung mit 15 mm Feuerschutzplatten Promatec®-H.

Für Stahlstützen kommen neben Bekleidungen mit GKF- oder Brandschutzplatten auch Ummantelungen mit Putz oder Beton in Frage (Bild **17**.123).

Bekleidungen aus Putz. Wesentlich für die Funktionsfähigkeit von Putzbekleidungen (Schutz vor Herunterfallen bei Brandeinwirkung) ist die gute Haftung des Putzes durch Putzträger (z. B. Rippenstreckmetall, Drahtgewebe o. Ä.) und die gute Befestigung der Putzträger am Stahl. DIN 4102-4 gibt für Normausführungen mit Putzträger Hinweise (Bild **17**.123a).

Einzelne Hersteller bieten alternativ Spezial-Brandschutzputze an (Mineralfaser-Spritzputze mit Rohdichten zwischen 300 bis 400 kg/m^3, Vermiculite-Spritzputze mit Rohdichten zwischen 450 bis 850 kg/m^3), mit denen Feuerwiderstandsdauern von bis zu F180 erreicht werden können. Brandschutzputze können ohne Putzträger oder Spritzbewurf mittels Haftbrücken zwischen Stahloberfläche und Putz auch auf Trapezblechflächen aufgebracht werden. Sickengefüllte Trapezblechdecken mit min. 5 cm Aufbeton können bereits mit 10 mm Spezialspritzputz F60-A, mit 15 mm F90-A und mit 25 mm F180-A Feuerwiderstandsklassen erreichen.

Insbesondere bei großen Querschnittflächen ist die dauerhafte Haftung der Putzbekleidung an Stahloberflächen nicht immer unproblematisch sicherzustellen.

Plattenbekleidungen. Vielfach werden Stahlbauteile durch ein- oder mehrlagige Plattenbekleidungen aus Gipskarton-Feuerschutzplatten (GKF) nach DIN 18 180 ummantelt. Eine sorgfältige Fugenausbildungen sowie gute Befestigung sind hierbei wesentlich. DIN 4102-4, Tab. 95 macht Angaben über die Anzahl und die Dicken der GKF-

---

dungsdicken um den geforderten Feuerwiderstand zu erreichen.

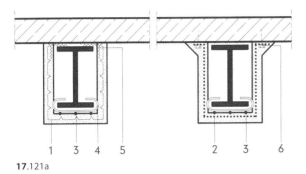

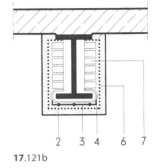

17.121a

17.121b

17.121 Brandschutz für Stahlunterzüge (DIN 4102-4, Tab. 90 und 91)
- a) Bekleidung mit Putz
- b) Ausmauerung mit Putzbekleidung der Untergurte

1 Rippenstreckmetall mit Putz (MG PII oder IV a,b,c, Vermiculite- oder Perlite-Mörtel)
2 Streckmetall oder Drahtgewebestein,
3 Abstandhalter ($\varnothing$ >5, 2-3 Stück je Breite)
4 Bügel $\varnothing$ >5, a < 500)
5 Klemmbefestigung

6 Schraubbefestigung
7 Ausmauerung (Mauerziegel, Kalkstand, Porenbeton-Bauplatten DIN 4165, Wandbauplatten aus Leichtbeton oder Gips)

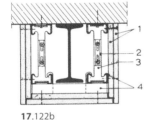

17.122a

17.122b

17.122
Feuerschutzummantelungen
a) Ausführung nach DIN 4102-4, Tab. 92
b) Ausführung nach Unterlagen der Firma Promat
1 Feuerschutzplatten (ein- und mehrlagig)
2 Schlitzbandeisen
3 Ankerhänger
4 verzinktes C-Blechprofil
5 Knagge
6 Stoßüberlappung

Platten für die unterschiedlichen Feuerwiderstandsklassen (z. B. 3 x 15 mm = F90). Bekleidungen mit Gipskarton-Feuerschutzplatten zeigt Bild **17**.122. Alternativ können vorgefertigte Bekleidungen aus speziellen profilfolgenden Brandschutzplatten über Stahlprofile geschoben und an vorher eingepassten Knaggen befestigt werden.

Unterdecken. Horizontale Stahlbauteile wie Träger oder auch Trapezbleche können flächig durch unterseitig angeordnete abgehängte Decken brandschutztechnisch geschützt werden (s. a. Abschn. 14.2.3). Hierzu können konventionell geputzt Unterdecken oder häufiger Raster-Unterdecken aus vorgefertigten Platten gesetzt werden.

Beschichtungen. In Gebäuden, offenen Hallen o. Ä. können für Stahlbauteile aus offenen und geschlossenen Profilen mit entsprechenden U/A-Verhältnis alternativ die Anforderungen entsprechend F30 bis F90 auch durch Beschichtung[1] mit wasserlöslichen- oder Kunstharzdispersionen erreicht werden. Auch für Gussbauteile sind entsprechende Brandschutzbeschichtungen bis F90 zugelassen. Beschichtungen mit *Dämmschichtbildnern* bestehen aus einem abgestimmten Systemaufbau aus Korrosionsschutz, Brandschutzbeschichtung und Decklack (im Außenbereich zwingend erforderlich).

[1] **F30 – F90 Beschichtung:** Seit Nov. 2011 liegt z. B. für den Systemanstrich „Silka® Unitherm® Steel S exterior" der Fa. Sika Deutschland GmbH, Stuttgart eine bis 31.08.2016 befristete Allgemeine bauaufsichtliche Zulassung (Nr. Z-19.11-1319 vom 28.10.2011) des DIBt, Berlin als F30, F60 und F90-Beschichtung für offene Profile vor. Für die Anwendung im Außenbereich ist ein Überzugslack vorgeschrieben. Die in bis zu 5 Arbeitsschritten aufzubringende Mindest-Schichtdicke (trocken) hängt für Stützen, Träger und Fachwerkstäbe von dem Profilbeiwert ab (z. B. für F90-Beschichtung: $U/A \leq 100\ \text{m}^{-1} = 2600\mu\text{m}$, $U/A \leq 80\ \text{m}^{-1} = 2450\ \mu\text{m}$, $U/A \leq 60\ \text{m}^{-1} = 2300\ \mu\text{m}$).

17

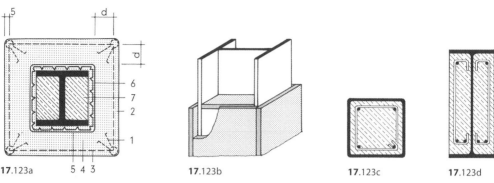

17.123a   **17**.123b   **17**.123c   **17**.123d

17.123 Brandschutz von Stahlstützen
a) Stützenummantelung mit Putz (DIN 4102-4, Tab. 94)
1 Kantenschutz
2 > 5 mm geglätteter Putz
3 Drahtgewebe
4 Putz MGPII oder IV a,b,c oder Vermiculite bzw. Perlite

5 Bindedraht
6 Rippenstreckmetall
7 Kern ggf. ausbetoniert

b) Ummantelung mit Brandschutzplatten
c) Verbundprofile, betongefüllte Hohlprofile, Brandschutz nach DIN 4102-4, Abschn. 7
d) betongefülltes Profil (Verbunddträger)

Die Verwendung von zwar sehr gut für Brandschutzzwecke geeigneten asbesthaltigen Baustoffen bzw. Beschichtungen ist wegen der Gesundheitsgefährdung insbesondere bei der Herstellung und Verarbeitung schon lange nicht mehr erlaubt.

Vorhandene asbesthaltige Brandschutzbekleidungen müssen besonders geschützt sein, oder sie sind zu entfernen und speziell zu entsorgen, da von einer Gefährdung von Menschen durch Einatmen von nicht gebundenen Asbestfasern ausgegangen werden muss.

Verbundträger und -stützen. Besondere Vorschriften enthält DIN 4102-4, Abschn. 7 für den Brandschutz bei Verbundträgern und -stützen mit ausbetonierten Kammern bzw. Seitenteilen und für Verbundstützen aus betongefüllten Hohlprofilen (Bild **17**.123 c und d) sowie vollständig einbetonierten Profilen. Hierbei ist der Kammerbeton mit Bügeln, Haken oder Kopfbolzen zugfest mit den Stahlprofilen zu verbinden. In Abhängigkeit von der Profilbreite, dem Ausnutzungsgrad des Stahls, den erforderlichen Mindestquerschnittsabmessungen und Zulagebewehrungen als reine Brandschutzbewehrungen können Feuerwiderstandsklassen bis F180 erreicht werden.

Brandschutzmaßnahmen durch Ummantelungen oder in Form von Verbundbauteilen haben zur Folge, dass die vielfach beabsichtigte ästhetische Qualität einer sichtbar belassenen Stahlkonstruktion verloren geht. Insbesondere die relativ geringen Eigenlasten sowie die mögliche Zeitersparnis bei der Montage von Stahlbauten sind dann trotz i. d. R. höherer Kosten die überwiegenden Kriterien für diese Materialentscheidung.

Massivbauteile aus Stahlbeton und Mauerwerk

Stahlbetonbauteile sind im wesentlichen dadurch im Brandfall gefährdet, dass infolge der hohen Umgebungstemperaturen die überdeckenden Betonschichten abplatzen, dadurch die Stahlbewehrungen dem Feuer direkt ausgesetzt sind und diese ihre Tragkraft teilweise oder vollständig verlieren. So kann es zu schweren Verformungen der Bauteile oder zum Einsturz kommen.

Die bei Stahlbetonbauteilen erreichbaren Feuerwiderstandsklassen sind vor allem von der Dicke der Bauteile und von der *Betondeckung* abhängig. Zusätzlich können Putze oder auch Estriche zur Bemessung der erforderlichen Querschnitte mit herangezogen werden.

Ohne zusätzliche Schutzmaßnahmen können Stahlbetonbauteile in den Klassifizierungen F30 bis F180 ausgeführt werden. Vielfach ist der durch die Konstruktionsart der Stahlbetonbauweise gegebene Brandschutz *ohne* zusätzliche Aufwendungen für Beschichtungen und Bekleidungen der *entscheidende* Vorteil, so dass die überwiegende Anzahl insbesondere mehrgeschossiger Gebäude in Stahlbeton- bzw. Massivbauweisen errichtet werden.

Die umfangreichen Bestimmungen über den Brandschutz tragender und nicht tragender Beton- und Stahlbetonbauteile sind für Regelfälle in

17

Tabelle **17**.124 Mindestdicke von Stahlbetonstützen aus Normalbeton (Auszug aus Tab. 31 DIN 4102-4)

Konstruktionsmerkmale[1]	Feuerwiderstandsklassen-Benennung				
	F 30-A	F 60-A	F 90-A	F 120-A	F 180-A
Mindesquerschnitsabmessungen unbekleideter Stahlbetonstützen bei *mehrseitiger Brandbeanspruchung* **bei einem**					
Ausnutzungsfaktor $a_1 = 0,3$					
Mindestdicke d in mm	150	150	180	200	240
zugehöriger Mindestachsabstand u in mm	2)	2)	2)	40	50
Ausnutzungsfaktor $a_1 = 0,7$					
Mindestdicke d in mm	150	180	210	250	320
zugehöriger Mindestachsabstand u in mm	2)	2)	2)	40	50
Ausnutzungsfaktor $a_1 = 1,0$					
Mindestdicke d in mm	150	200	240	280	350
zugehöriger Mindestachsabstand u in mm	2)	2)	2)	40	50

[1] Mindestabmessungen für umschnürte Druckglieder, soweit in der Tabelle keine höheren Werte angegeben sind:
F 30 $d = 240$ mm
F 60 d bis F 180 $d = 300$ mm
2) Bezüglich c: Mindestwerte nach DIN 1045

Tabelle **17**.125 Mindestdicke von Beton- und Stahlbetonwänden aus Normalbeton *bei einseitiger Beanspruchung* (Auszug aus Tab. 35 DIN 4102-4)

Querbewehrung Querbewehrung	Feuerwiderstandsklassen-Benennung				
	F 30-A	F 60-A	F 90-A	F 120-A	F 180-A
Unbekleidete Wände Zulässige Schlankheit = Geschosshöhe/Wanddicke = h_s/d	nach DIN 1045				
Mindestwanddicke d in mm bei					
nicht tragenden Wänden	80[1]	90[1]	100[1]	120	150
tragenden Wänden					
Ausnutzungsfaktor $a_1 = 0,1$	80[1]	90[1]	100[1]	120	150
Ausnutzungsfaktor $a_1 = 0,5$	100[1]	110[1]	120	150	180
Ausnutzungsfaktor $a_1 = 1,0$	120	130	140	160	210
Mindestachsabstand u in mm der Längsbewehrung bei					
nicht tragenden Wänden	10	10	10	10	35
tragenden Wänden bei einer Beanspruchung nach DIN 1045 von					
Ausnutzungsfaktor $a_1 = 0,1$	10	10	10	10	35
Ausnutzungsfaktor $a_1 = 0,5$	10	10	20	25	45
Ausnutzungsfaktor $a_1 = 1,0$	10	10	25	35	55

[1] Bei Betonfeuchtegehalten, angegeben als Massenanteil, > 4% (s. Abschn. 3.1.7) sowie bei Wänden mit sehr dichter Bewehrung (Stababstände < 100 mm) muss die Wanddicke mindestens 120 mm bettragen.

DIN 4102-4, Abschn. 3, 4.2 bis 4.4 und 4.6 und 4.7 zusammengefasst.

Als Anhalt für die Dimensionierung können die Tabellen **17**.124 und **17**.125 dienen. Neben der Mindestquerschnittabmessung sind die Lage der Bewehrung und der Achsabstand **u** von der Außenkante des Bauteils maßgeblich. Im Übrigen muss auf weiterführende Literatur verwiesen werden [11].

17

Mauerwerk. Die Feuerwiderstandsfähigkeit von Wänden, Pfeilern und Stürzen aus Mauerwerk und Wandbauplatten ist abhängig von der Materialart und der jeweiligen Dicke. Es wird nach tragenden, nicht tragenden und raumabschließenden Wänden mit ein- bzw. mehrseitiger Brandbeanspruchung unterschieden (DIN 4102-4, Tab. 38 ff.). Vielfach können Halbstein-Wände aus Mauerziegeln oder Kalksandsteinen mit 11,5 cm Dicke bereits als F90-A–Wände (feuerbeständige Wände) selbst bei mehrseitiger Brandbeanspruchung errichtet werden. Für Wände aus Beton oder Gipsbauplatten sind für einseitige Brandbeanspruchungen geringere Dicken möglich.

Bauteile aus Holz

Brandgefährdete Bauteile aus Holz können entsprechend den Anforderungen dimensioniert oder, soweit bauaufsichtlich vorgeschrieben, durch Dämmschicht bildende Dispersionsanstriche (DIN 68 800) bzw. durch Verkleidung mit Brandschutzplatten gemäß DIN 4102-4, Abschn. 4.11 – 13 (Wände) und 5.1 – 5.8 (Decken) geschützt werden.

DIN 4102-4 enthält ausführliche Tabellen zur brandschutztechnischen Bemessung von:

- Holzbalkendecken und Decken/Wänden in Holztafelbauart
- Wänden aus Holzwolle-Leichtbauplatten und Gipskarton-Bauplatten
- Dächern aus Holz und Holzwerkstoffen
- Verbindungen

Feuerwiderstandklassen von Decken, Dächern und Wänden werden wesentlich dadurch bestimmt, inwieweit die Holzbalken freiliegend, teilweise freiliegend oder mit ein- oder mehrlagigen Bekleidungen als Brandschutzbekleidungen angeordnet werden. Ebenso ist maßgeblich, inwieweit brandschutztechnisch notwendige Dämmschichten erforderlich sind. Je nach Einbauart werden in DIN 4102-4 Festlegungen hinsichtlich der Größen und Abstände der Holzquerschnitte je nach Holzart, der Art der Schichtenfolge und der Dicken von Dämmschichten und Bekleidungen und deren Fugenausbildungen und Befestigungen gemacht.

Das Brandverhalten von Holz ist nicht so schlecht, wie oft angenommen wird. Die Holzrohdichte, der Feuchtigkeitsgehalt und die Entstehung von wärmeabschirmender Holzkohle an der Oberfläche tragen zur Verzögerung des Zersetzungsprozesses im Brandfall bei. Mit deckenden oder transparenten, dämmschichtbildenden Anstrichen können Holz und Holzwerkstoffe aus der Baustoffklasse B2 (normal entflammbar) in B1 (schwer entflammbar) überführt werden. Sie können in trockenen Räumen (Luftfeuchte ≤ 70%) und in mechanisch wenig beanspruchten Bereichen (nicht bei Türen und Treppenstufen) eingesetzt werden. Brandschutzbeschichtete Konstruktionen sind vor Ort zu kennzeichnen und regelmäßig zu überprüfen.

Dämmschichtbildner als Brandschutzbeschichtung beruhen auf dem Prinzip der Wärmeabschirmung durch eine bei Brandeinwirkung entstehende 2 bis 3 cm dicke, nicht brennbare Schaumschicht, die zudem den zur Verbrennung notwendigen Luftsauerstoff von der Holzoberfläche abhält.

Holzbauteile erfüllen bei entsprechender Dimensionierung und Bauteilschichtung die Feuerwiderstandsklasse F30-B bzw. F60-B. Höhere Brandschutzanforderungen können mit Holzbauteilen erreicht werden, wenn für Konstruktionen und Schichtenaufbauten die notwendigen Nachweise und Zulassungen erwirkt werden.

Unbekleidete Vollholzbalken oder Brettschichtträger werden – abhängig von den rechnerisch vorhandenen Druck- und Biegebeanspruchungen und dem Abstützungsabstand bzw. der Knicklänge – in ausführlichen Tabellen in die Feuerwiderstandsklassen F30-B bzw. F60-B eingeordnet.

Bekleidete Balken und Stützen aus Vollholz oder Brettschichtholz werden unabhängig von der Spannungsausnutzung und Holzart in ihrem Brandverhalten verbessert.

Die Einordnung in die Feuerwiderstandsklassen F30-B oder F60-B ist abhängig von der Dicke und Art der Bekleidung (Gipskarton-Feuerschutzplatten GKF, Spezial-Feuerschutzplatten, Sperrholz, Spanplatten u. a.).

Die Feuerwiderstandsklasse F60-B wird z. B. mit einer 2-lagigen Bekleidung aus 12,5 mm dicken GKF-Platten erreicht.

Im Übrigen enthält die Tabelle 84 ff. in DIN 4102-4 weitere Angaben. Darüber hinaus muss auf weiterführende Fachliteratur verwiesen werden [30]. Insbesondere für die Altbausanierung steht umfangreiche Spezialliteratur zur Verfügung.

Fugenausbildung

Besondere Beachtung ist der Dimensionierung und Ausbildung von Gebäudefugen zu widmen. Insbesondere Dehn- und Anschlussfugen- sind so auszubilden, dass einerseits die Ausdehnung und Verformungen insbesondere im Fall der Erwärmung durch Feuer ungehindert möglich bleiben, andererseits ein Durchtritt des Feuers verhindert wird. Der Fugenverschluss erfolgt i. d. R durch Verfüllungen mit Baustoffen der Klasse A (z. B. Steinwolle), und ggf. Fugendichtungsmassen in B2 und auch Stahlwinkeln, die die mechanischen Beanspruchungen in Folge der Fugenbewegungen und die thermischen Einflüsse durch Erwärmung aufnehmen.

Mit Einführung der EU-Norm DIN EN 13 501-2 unterliegen raumabschließende Bauteilfugen einem Prüfverfahren nach DIN EN 1366 bis 4 und einer Klassifizierung des Feuerwiderstandes (E, EI gem. Tab. **17**.115) sowie zusätzlichen Klassifizierungen hinsichtlich horizontaler oder vertikaler Lage der Fuge, Anforderungen an die Beweglichkeit sowie Art und Qualität der Anschlussstellen (Stoßstellen vorgefertigter/vor Ort erstellt) sowie der Fugenbreiten.

Wärmedämmstoffe

Die meisten Wärmedämmstoffe aus Kunststoffen weisen ein sehr ungünstiges Brandverhalten auf und haben oft sehr starke Qualm- und Rauchentwicklung, verbunden mit der Entwicklung giftiger Gase. Sie verbrennen außerdem vielfach unter besonders großer Hitzeentwicklung und können bei Einbau über Kopf abtropfen. Die Verwendung leichtentflammbarer Kunststoffe (Baustoffklasse B3) ist daher verboten, sofern sie nicht in Verbindung mit anderen Baustoffen nicht leichtentflammbar sind. Insbesondere bei Fassadenverkleidungen, im Innenausbau von Garagen und Versammlungsräumen u. Ä. werden Wärme- und Schallschutzdämmungen aus Materialien mindestens der Baustoffklasse B1 (schwerentflammbar) verlangt.

Brandschutzverglasungen (DIN 4102-13)

Vielfach besteht die Aufgabe, Raumabschlüsse zu Rettungswegen oder auch Teile von Brandabschnitten bzw. Brandwänden mit verglasten Flächen herzustellen. Für die einzelnen Verglasungsfelder bestehen Größenbeschränkungen. Brandschutzverglasungen müssen allgemein bauaufsichtlich zugelassen sein.

Hierfür kommen spezielle Gläser in Frage:

- G30/E30 bis G120/E120 als *wärmestrahlungsdurchlässige* Einscheiben-Sicherheitsverglasungen (ESG – Borosilikat- oder Glaskeramikgläser, Drahtgläser mit besonderen Zulassungen)

- F30/EI30 bis F180/EI180 als *wärmestrahlungsverhindernde* Zwei- oder Dreischeiben-Sicherheitsverglasung mit transparenter Brandschutzschicht aus Natriumsilikat im SZR).

In Verbindung mit besonderen Rahmenkonstruktionen kann damit verhindert werden, dass an der dem Feuer abgekehrten Seite Flammen oder entzündbare Gase auftreten (Bild **17**.126).

Transparent bleibende *G-Gläser als Einscheibensicherheitsgläser* oder Drahtgläser in üblicher Ausführung verhindern im Allgemeinen nicht ausreichend den Durchgang von Strahlungswärme. Es kann dadurch zur Entflammung empfindlicher Gegenstände an der brandabgewandten Seite kommen. Sie dürfen nach den Erläuterungen zu DIN 4102-13 in feuerhemmende oder feuerbeständige Bauteile daher nur dann eingebaut werden, wenn zwar die raumabschließende Funktion gewährleistet sein muss, die durchtretende Wärmestrahlung im Einzelfall jedoch unkritisch ist.

Sondergläser. Erheblich größeren Schutz bieten Sondergläser, die in Verbindung mit entsprechenden Rahmenkonstruktionen den Anforderungen der *Feuerwiderstandsklassen* F bzw. EI entsprechen. Bei diesen Gläsern mit mehrschichtigem Scheibenaufbau schäumen wärmedämmende Brandschutzschichten zu einer nicht transparenten Masse auf, die den Wärmestrahlungsdurchgang erheblich mindert (Bild **17**.127).

Brandschutzverglasungen der F bzw. EI-Klassen kommen für Lichtöffnungen in Brandwänden, zur Abschottung von Treppenräumen und von Fluchtwegen, in Fluren oder bei Bauteilen in Frage, die feuerhemmend oder feuerbeständig ausgeführt werden müssen. Sie werden wie die angrenzenden Decken- oder Wandflächen betrachtet.

Neben den in DIN 4102 bzw. DIN EN 13 501 festgelegten Anforderungen müssen F bzw. EI-Verglasungen auch mechanischen Beanspruchungen gewachsen sein. Das lässt sich nur in Kombination mit besonderen Rahmenkonstruktionen erreichen, die auf Grund von Typprüfungen in die Feuerwiderstandsklasse F30 bis F180 eingeordnet sind.

Fassaden- und Dachverglasungen

Zunehmende Bedeutung erhalten Glasfassaden in Atrien und Dachverglasungen in öffentlichen Passagen, Innenhöfen sowie Anbauten an höhere Gebäudeteile. Sie müssen neben Anforderungen zur Verhinderung einer Brandübertragung auch Sicherheitseigenschaften zur Verminde-

17

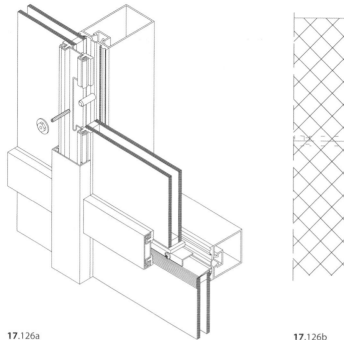

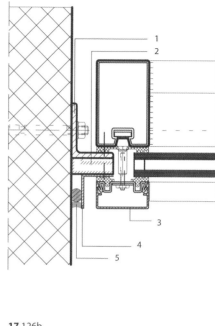

17.126a   **17**.126b

17.126   Schematische Beispiele für G 30-Verglasung (Jansen Viss G30/R30)
         a) Verglasungssystem
         b) Bauwerksanschluss/ Wandanschluss

         1 Stahlwinkel   2 Promatec H   3 Alu-Profil   4 Alu-Winkel   5 Pyrosil

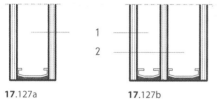

17.127a   **17**.127b

17. 127   Brandschutzgläser – F-Verglasungen
          (COTRAFLAM®, G/F 30 – 90)

          a) Monoschaliger Typ für Innenanwendung
          b) Isolierglastyp für Außenanwendung

          1 Brandschutzfüllung (Gel)
          2 Normal- Isolierglas für brandabgewandte
            Seite bei 3-fach-Verglasung

rung der Durchbruch- und Verletzungsgefahr erfüllen. DIN EN 13 501 weist im Gegensatz zu DIN 4102-4 keine gesonderten Regelungen für Verglasungsflächen aus. Verglaste Fassaden- oder Dachflächen mit Brandschutzanforderungen sind hiernach genauso zu behandeln wie sonstige tragende bzw. nicht tragende Bauteile (DIN EN 13 501-2, Abschn. 7.3 und 7.5).

Fassadenverglasungen. Brüstungsbereiche mit Brandschutzanforderungen zur Verhinderung eines *vertikalen Brandüberschlages* von Geschoss zu Geschoss können mit Brandschutzverglasungen (G- oder F-Verglasungen) hergestellt werden. Somit kann eine raumhohe, transparente Fassadenfläche erreicht werden. In Brüstungsbereichen angeordnete Verglasungen müssen zudem ggf. die Anforderungen der Technischen Regeln für die Verwendung von absturzsichernden Verglasungen (TRAV) erfüllen.

Horizontaler Brandüberschlag an Gebäudeinnenecken im Bereich von 5 m in Verbindung mit der Anordnung der Brandabschnitte kann durch eine sinnvoll auf das Brandrisiko abgestimmte Feuerwiderstandsklasse der Glasfassaden (auch von üblichen Fenstern) im Eckbereichen (z. B. F90 bzw. G30/ F30) verhindert werden. Günstiger jedoch ist die Anordnung von Brandabschnitten außerhalb des unmittelbaren Inneneckbereiches (s. a. Bild. **17**.119b) – auch um die i. d. R. aufwändigen Brandschutzverglasungen zu vermeiden.

17

Dachverglasungen erfordern in einem Bereich bis zu 5 m vor darüber aufgehenden Fassadenflächen einen Schutz vor vertikaler Brandübertragung (s. Abschn. 17.7.3 und Bild **17**.119a). Sicherheitsverglasungen mit Brandschutzeigenschaften stehen für Fassaden in F30, G30 und F90 zur Verfügung. Überkopfverglasungen müssen zusätzlich häufig Sonnenschutzeigenschaften und Durchwurfsicherheit der Klasse A3 erfüllen. Die Einzelscheibengrößen müssen zudem die Richtlinien für linienförmig gelagerte (Überkopf-)Verglasungen (TRLV) erfüllen.

Häufig sind für vollflächige Fassaden- und Überkopfverglasungen Abweichungen bzw. Befreiungen von den üblichen Festlegungen der LBO's erforderlich. *Kompensationsmaßnahmen* wie Brandmelde- oder Sprinkleranlagen oder eine Entrauchung sind im Rahmen einer Gesamtbetrachtung der Brandlasten und des gebäudespezifischen Brandschutzkonzeptes mit den Bauaufsichtsbehörden und Feuerwehren häufig unter Hinzuziehung eines Fachplaners für Brandschutz im Einzelfall festzulegen. Sie erhöhen vielfach durch Abweichungen von den starren Festlegungen der Bauordnungen den planerischen und gestalterischen Spielraum. Die Verwendung von Systemverglasungen mit bauaufsichtlicher Zulassung vermeidet eine jeweils mögliche aber aufwändige Sonderzulassung für den Einzelfall (ZiE).

Brandschutz bei haustechnischen Anlagen

Mit zunehmender Bedeutung von haustechnischen Anlagen in Gebäuden stehen neben ggf. erheblichen zusätzlichen Brandlasten durch TGA-Anlagen insbesondere die Verhinderung bzw. Behinderung einer Brandausbreitung von Leitungsführungen durch Durchdringungen raumabschließender Bauteile im Vordergrund.

Leitungen, sowohl elektrische als auch sonstige Rohrleitungen dürfen durch raumabschließende Bauteile mit Brandschutzanforderungen nur dann hindurchgeführt werden, wenn eine Brandausbreitung ausreichend lange nicht zu befürchten ist oder Vorkehrungen hiergegen getroffen sind (MBO § 40). Ausgenommen hiervon sind Decken in Gebäuden der Gebäudeklassen 1 und 2 sowie innerhalb von Wohnungen und innerhalb von Nutzungseinheiten mit nicht mehr als 400 m² in nicht mehr als 2 Geschossen.

Es werden gem. DIN 4102 drei verschiedene, untereinander kombinierbare Möglichkeiten zur Verhinderung einer Brandübertragung durch haustechnische Installationen unterschieden:

- Einbau von *Abschottungen* für Kabel (S30 – S180), Rohrleitungen (R30 – R180), Brandschutzklappen (K 30 bis K90) und für Lüftungsleitungen (L30 bis L120),
- Feuerwiderstandsfähige Ausführung der Leitungen bzw. Anordnung eines feuerwiderstandsfähigen Schutzes (Einhausung oder Ummantelung),
- Verlegung der Leitungen in feuerwiderstandsfähigen Schächten (F30 – F180) oder Installationskanälen (I30 – I180)

Elektroinstallationen. Neben der Anforderung zur Vermeidung einer Brandübertragung und -weiterleitung durch raumabschließende Bauteile sind an das Entflammungsverhalten und die erheblichen Brandlasten durch Ummantelungen und Isolierungen insbesondere von Kabeln und Rohren besondere Anforderungen an den vorbeugenden Brandschutz zu stellen. Giftige Brandgase durch brennbare, chlorhaltige Baustoffe (z. B. PVC-Kabel) sind bei der Installation zu vermeiden bzw. durch Brandschutzmassnahmen zu sichern. Brandlasten aus Kabeln (i. d. R. B2) sind entweder gesondert zu berücksichtigen (z. B. Industriebau) oder sie werden je nach Einbauart z. B. in Hohlräumen von Decken mit Unterdecken teilweise toleriert. Bei Verlegungen im Bereich von Rettungswegen (notwendige Flure, Treppenräume) sind sie jedoch in eigenen Schächten und Kanälen abzuschotten oder die Unterdecken (gegebenenfalls auch Doppelböden) sind brandschutztechnisch auszulegen (s. Abschn. 14.2.3).

Der Schutz von Elektrokabeln ist im Brandfall ebenso außerordentlich wichtig, um den Betrieb stromabhängiger Rettungseinrichtungen (z. B. Notbeleuchtungen, Aufzüge, Brandmeldeanlagen, Notstromversorgung) zu gewährleisten (DIN 4102-12). Je nach Versorgungsfunktion ist der Funktionserhalt elektrischer Anlagen im Brandfall mindestens 90 (z. B. Löschwasserversorgung, RWA-Anlagen, Feuerwehraufzüge u. Ä.) oder 30 Minuten (z. B. Sicherheitsbeleuchtung, Brandmeldeanlagen, Alarmanlagen u. Ä.) sicherzustellen (M-LAR = Muster-Leitungsanlagen-Richtlinie).

Durchdringungen raumabschließender Bauteile mit gebündelten elektrischen Leitungen erfordern immer einen ausreichend großen Querschnitt, durch den die Leitungsstränge frei oder auf Pritschen durchgeführt werden. Die verbleibenden Restquerschnitte werden mit Mörteln,

Beton, aufschäumenden Baustoffen oder speziellen Mineralfaser-Dämmstoffen bzw. Kombinationen aus verschiedenen Materialien verschlossen, so dass die Feuerwiderstandsklasse der umgebenen Wand oder Decke erhalten bleibt. Hierbei ist die Möglichkeit einer möglichst wenig aufwändigen und beschädigungsarmen Nachinstallation zu berücksichtigen.

Kabelabschottungen werden gem. DIN 4102-9 mit der Feuerwiderstandsklasse **S** bezeichnet und dürfen nur von Fachbetrieben ausgeführt werden. Abschottungen sind zu kennzeichnen. Sie erfordern als nicht geregelte Bauprodukte (Bauregelliste A, Teil 2 Nummer 2.1b) einen allgemeinen Zulassungsbescheid (AbZ).

Einzelne Kabel mit geringen Querschnitten können i. d. R. ohne Kabelabschottung durch Wände und Decken geführt werden, wenn verbleibende Hohlräume mit nicht brennbaren, formbeständigen Baustoffen (Mörtel, Beton, Mineralfasern) oder mit unter Wärmeeinwirkung aufschäumenden Schaumstoffen vollständig verschlossen werden.

Eine erhebliche Minderung der Brandschutzaufwendungen bei Elektroinstallationen ergibt sich durch Installationssysteme, die durch „BUS-Technik" wesentlich zur Verminderung der Kabelmengen für Informationssysteme beitragen.

Eine weitere Verbesserung kann sich durch die Anwendung von Schienenverteilern ergeben, bei denen in gekapselten Elementen (auch mit besonderen Brandabschottungen) sehr große Energiemengen übertragen werden können.

Rohrleitungen. Bei der Betrachtung von Rohrleitungen sind bei der Verwendung von brennbaren Bau- und Dämmstoffen für Rohrleitungen ebenfalls die zusätzlichen Brandlasten – ggf. auch aus den in Rohren transportierten Medien[1] – zu berücksichtigen. Hierfür gelten im Grundsatz die gleichen Voraussetzungen wie für Brandlasten aus Elektroinstallationen.

Durchführungen raumabschließender Bauteile sind ebenfalls nach gleichen Grundsätzen wie die Durchführung von elektrischen Leitungen vorzunehmen. Sie werden gem. DIN 4102-11 mit der Feuerwiderstandsklasse **R** bezeichnet.

Für *nicht brennbare* Rohre mit einem Außendurchmesser von maximal 160 mm und einem Abstand untereinander, der dem Außendurchmesser entspricht und bei Rohren aus Aluminium oder Glas von max. 32 mm für nicht brennbare Flüssigkeiten usw., deren Abstand dem fünffachen des Außendurchmessers entspricht, ist bei Durchführungen von Leitungen keine Übertragung von Feuer und Rauch zu befürchten. In beiden Fällen sind die Restabstände zwischen zusammen liegenden Leitungen mit Zement oder Beton vollständig zu schließen. Leitungen, die separat durch eigene Öffnung geführt werden, können durch Mineralfaser – Dämmstoffe oder aufschäumende Baustoffe verschlossen werden. Abstandserleichterungen bei Rohrdurchführungen können mit speziell zugelassenen Abschottungen erfolgen, so dass unter bestimmten Rahmenbedingungen „Nullabstände" zw. Rohrleitungen möglich sind. I. Ü. muss auf weiterführende Literatur verwiesen werden [26].

Lüftungsleitungen. Gemäß §41 MBO sind Lüftungsanlagen einschl. deren Dämmstoffe und Bekleidungen i. d. R. aus nicht brennbaren Baustoffen herzustellen. Ausnahmen gelten nur für untergeordnete Bauteile bei denen ein Beitrag zur Brandentstehung oder -weiterleitung nicht zu befürchten ist jedoch außerhalb von Rettungswegen und oberhalb feuerwiderstandsfähiger Unterdecken mit Schutzfunktionen einer tragenden Konstruktion.

Raumabschließende Bauteile mit Brandschutzforderungen dürfen nur überbrückt werden, wenn eine Brandausbreitung ausreichend lange nicht zu befürchten ist oder wenn Vorkehrungen hiergegen getroffen werden. Weitere Regelungen zur Feuerwiderstandsfähigkeit werden in DIN 4102-6 und weiterführenden technischen Regeln vorgegeben (Richtlinie über die brandschutztechnischen Anforderungen an Lüftungsanlagen).

Insbesondere metallische Lüftungsleitungen unterliegen bei Brandeinwirkung erheblichen Ausdehnungen und Verformungen, die auf andere Bauteile erhebliche Kräfte ausüben können.

---

[1] Durch Rohre können die unterschiedlichsten Medien geführt werden. Ggf. erweisen diese selbst eine hohe Temperatur auf (z. B. Heißdampf), durch die sich brennbare Baustoffe entzünden können. Die Einhaltung von Regelabständen oder die Ummantelung mit geeigneten Isolierungen muss ggf. erfolgen. Ebenso können durch Verdampfung flüssiger Medien oder entzündlicher Gase im Brandfall zusätzliche Gefahren bestehen. Weiterhin sind insbesondere bei metallischen Rohren die Längenänderungen in Folge der Temperaturbeanspruchung im Normalbetrieb aber insbesondere auch im Brandfall zu berücksichtigen, die erhebliche Schäden im Bereich der Durchführungen aber auch an den Rohren selbst (Rohrbrüche) verursachen können.

Durch entsprechende Dehnungsbauteile oder das Verziehen von Leitungen können Dehnungen oder auch Verbeulungen von Leitungen aufgenommen werden.

Abschottungen gegen Feuer und Rauch müssen in Bereichen raumabschließender Wände, Decken und Schächte als selbsttätig schließende Brandschutzklappen als Absperrvorrichtung mit gleicher Feuerwiderstandsfähigkeit wie die durchdrungenen Bauteile vorgesehen werden. Hierdurch kann auf die feuerwiderstandsfähige Ausbildung der gesamten Lüftungsleitung verzichtet werden. Brandschutzklappen sind mit temperaturgesteuerten oder ggf. auch auf Rauchentwicklung ansprechenden Auslösevorrichtungen versehen. Sie werden gemäß DIN 4102-6 mit der Feuerwiderstandsklasse **K** bezeichnet. Für Brandschutzklappen sind bauaufsichtliche Zulassungen sowie Zertifizierungen als Übereinstimmungsnachweis erforderlich.

Sind Zu- oder Abluftöffnungen in selbstständig feuerwiderstandsfähigen Unterdecken angeordnet, die z. B. in notwendigen Fluren vorgesehen werden, können diese mit speziell hierfür entwickelten Absperrklappen (K30-U bis K 90-U) ausgestattet werden.

Für Lüftungsanlagen gemäß DIN 18 017 (Lüftung von Bädern und Toilettenräumen ohne Außenfenster) mit eingeschränktem Anwendungsbereich und Abmessungen stehen einfachere Absperrvorrichtungen (K30 – 18 017 bis K90 – 18 017) mit geringeren Anforderungen zur Verfügung.

Unterdecken. Selbstständig wirksame Brandschutz-Unterdecken zum Schutz von Leitungsführung bei einem Brand von unten bzw. zum Schutz von darunter liegenden Räumen (z. B. Flure als Rettungswege) müssen feuerwiderstandsfähig gegenüber einem Brand von unten sowie gegenüber einem Brand aus dem Deckenhohlraum sein (s. a. Abschn. 14.2.3). Anforderungen an die Anordnung, die Deckenbaustoffe und die Abhängevorrichtungen sind darüber hinaus in der Muster-Leitungsanlagen-Richtlinie (M-LAR) festgelegt. Es ist sicherzustellen, dass die oberhalb der Decke liegenden Installationen beim Brand nicht herab fallen und so zum Versagen der Unterdecke führen.

Doppelböden, Hohlraumböden und -estriche. Installationen, insbesondere Elektroinstallationen, können brandgeschützt darüber hinaus auch unterhalb oder innerhalb von Estrichschichten, in Hohlraumböden oder Doppelbodensyste-

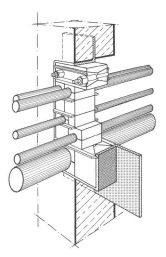

17.128   Rohr- und Kabeldurchführung in Brandwänden mit Spezial-Abdichtungselementen in Stahlrahmen (MCB Brattberg-System)

men verlegt werden (s. a. Abschn. 13.4.4 und 13.5.6). Bei einer Hohlraumhöhe < 20 cm ist von einer Brandbeanspruchung des Deckenhohlraumes nicht auszugehen. Näheres regeln die Musterrichtlinien über die brandschutztechnischen Anforderungen an Hohlraumestriche und Doppelböden sowie Systemböden. In den Richtlinien sind die Verwendung der Baustoffklasse B2, in Rettungswegen A2, sowie notwendige Abschottungen von Räumen zu notwendigen Fluren und Treppenräume geregelt. Ferner ist festgelegt, welche Wände auf Böden mit Hohlräumen aufgestellt werden dürfen und welche Wände bis zur Rohdecke zu führen sind. Spezielle Regeln gelten dann, wenn Hohlräume zur Raumlüftung benutzt werden (z. B. Überwachungen durch Rauchmelder). Ggf. gelten über die bauaufsichtlichen Anforderungen hinausgehende Forderungen (z. B. Regelungen von Sachversicherern für Datenverarbeitungsanlagen).

Installationsschächte und -kanäle. Eine wesentliche Verbesserung des Brandschutzes von haustechnischen Installationen kann durch die brandsichere Umkleidung in horizontalen Kanälen und vertikalen Schächten erreicht werden. Hierdurch werden die häufig erheblichen Brandlasten insbesondere von Kabeln und deren Isoliermaterial wesentlich vermindert – insbesondere notwendig bei der Führung von Kabeltrassen im Bereich von Rettungswegen, für die in der Muster-Leitungsanlagen-Richtlinie (M-LAR) Regelungen getroffen sind.

17

DIN 4102-11 unterscheidet Installationsschächte für nicht brennbare Installationen, für beliebige Installationen sowie für Elektroleitungen. Abgehängte Installationskanäle erfordern brandschutzmäßig bemessende Aufhängekonstruktionen.

Installationskanäle und -schächte einschl. ihrer Bekleidungen und Dämmstoffe müssen i. d. R. aus nicht brennbaren Baustoffen hergestellt sein und die gleiche Feuerwiderstandsdauer wie die von ihnen durchquerten raumabschließende Bauteile aufweisen. Dies trifft nicht zu für die Gebäudeklassen 1 und 2, es sei denn, es handelt sich um Sonderbauten mit ggf. besonderen nutzungsbedingten Risiken.

Kanäle und Schächte für haustechnische Installationen werden mit der Feuerwiderstandklasse I bezeichnet und verlangen ebenfalls eine allgemein bauaufsichtliches Prüfzeugnisse als Verwendungsnachweis.

Besondere Vorkehrungen müssen getroffen werden, wenn Leitungen mit größerem Querschnitt, Rohrleitungen oder Lüftungsschächte durch Brandwände, Decken oder andere Bauteile mit erhöhten Brandschutzanforderungen hindurchgehen müssen. Rohrabschottungen sind mit Rohrmanschetten oder Rohrstopfen zum Verschluss der Rohrdurchbrüche auszuführen. Eine Ausführungsmöglichkeit für Kabel- und Rohrdurchführungen mit Hilfe von feuerfesten verschraubten Bauelementen zeigt Bild **17**.128.

17.8 Schutz vor gesundheitlichen Gefahren

Neben dem Schutz eines Bauwerks oder einzelner Bauteile gegenüber Umwelteinflüssen haben die bisher beschriebenen Schutzmaßnahmen auch die Aufgabe, den Bewohner oder Nutzer vor gesundheitlichen Schäden zu bewahren.

Zunehmend wird dem Schutz des Menschen vor schädlichen Einwirkungen aus dem Baugrund und den Baustoffen, die bei der Errichtung und zur Ausgestaltung der Gebäude verwendet werden, mehr Aufmerksamkeit zugewandt. Dieser Themenkreis wird unter der nicht genau definierten (und umstrittenen) Bezeichnung „Baubiologie" auch in der Fachliteratur häufig auf nicht ausreichender wissenschaftlicher Grundlage behandelt.

Grundsätzlich kann jedoch der damit verbundene Versuch begrüßt werden, die von der gebauten Umwelt ausgehenden Belastungen auf den Menschen zu berücksichtigen und gewonnene Erfahrungen in die Baupraxis umzusetzen.

Auf das Wohlbefinden des Menschen haben – nach dem jetzigen Stand der Wissenschaft – folgende messbaren physikalischen und chemischen Größen Einfluss:

- Lufttemperatur,
- Oberflächentemperatur der raumumschließenden Bauteile (Wärmestrahlungsanteil),
- Luftfeuchte (absolut, relativ),
- Luftbewegung (Zugerscheinungen),
- Frischluftanteil in der Raumluft (Lüftungsrate, CO_2-Gehalt),
- Luftdruck,
- Gehalt der Raumluft an CO_2 und anderen natürlichen gasförmigen Bestandteilen (CO, SO_2, NO_2 usw.),
- Gehalt der Raumluft an „fremden", durch die Tätigkeit des Menschen erzeugten Bestandteilen: Gase, Dämpfe, Stäube, Bakterien usw.,
- Schallpegel (Lautstärke),
- Frequenzverteilung im vorhandenen Schall (einschließlich Infraschall- und Ultraschallanteilen),
- Beleuchtungsstärke bzw. Leuchtdichte (Tageslichteintrag, Helligkeit, Blendung),
- spektrale Verteilung des Lichtes (Lichtfarbe, Infrarot- und Ultraviolettanteil),
- elektromagnetische Feldstärken (Gleichfelder, Wechselfelder verschiedener Frequenzbereiche),
- Ionenkonzentration,
- radioaktive Strahlung (alle Strahlungsarten).

Diese Größen müssen für gesunde Aufenthaltsräume in einem gewissen Wertebereich liegen, bzw. dürfen bestimmte (wenn auch manchmal nicht genau bekannte bzw. kontrovers diskutierte) Maximalwerte nicht überschreiten. Die Wirkungen dieser Einflussgrößen („Reize") sind teilweise recht umfassend bekannt (Wärmegrössen, Feuchtigkeit, Luftbewegung, Schallgrößen, Helligkeit). Die Auswirkung vieler anderer Einflüsse (Infraschall mit Frequenzen unter 16 Hz, Wirkung vieler Substanzen in geringen Konzentrationen, elektromagnetische Felder, radioaktive Strahlung geringer Intensität) ist jedoch bisher zu wenig erforscht. Spekulationen über die Wirkung dieser Reize sind deshalb, insbesondere auch in der populären Literatur, überall zu finden.

Obwohl gesicherte Erfahrungen häufig fehlen, sollen hier einige Regeln zur Vermeidung gesundheitlicher Gefahren bei der Errichtung von Gebäuden gegeben werden [1] [6].

17.8.1 Gefährliche Stoffe

Auf die Verwendung gefährlicher oder wahrscheinlich gefährlicher Stoffe beim Bau von Gebäuden sollte verzichtet werden. Dazu gehören nach dem Stand der Forschung unbedingt:

- Formaldehyd (HCHO oder HC2O, in Leimen und anderen Bindemitteln, aber auch in natürlichen Stoffen enthalten) [3],

- polychlorierte Kohlenwasserstoffe (z. B. PCP) und verwandte Stoffe in Holzschutzmitteln und Fugenmassen [4],
- Isocyanate in Farben, Lacken, Epoxidharzen, Polyurethanen usw.,
- Dioxine/Furane aus Flammschutzmitteln,
- Asbest (die Krebsgefahr geht insbesondere bei der Verarbeitung/Abbruch von den Stäuben aus älteren Faserzementwerkstoffen (s. a. Abschn. 1.6.5 in Teil 2 dieses Werkes).

Lösungsmittel (z. B. Toluol, Xylol und Benzol in Farben, Beschichtungen, Polituren, Klebern, Reinigungsmitteln usw.) und viele andere Hilfsstoffe in Baumaterialien und Möbeln haben die Eigenschaft, kurz nach der Anwendung bzw. dem Einbau in die Raumluft überzugehen. Es ist bekannt, dass in den ersten Monaten nach Herstellung eines Gebäudes die Innenluft ein Vielfaches an Schadstoffen enthalten kann als städtische Außenluft. Allergische und andere toxische Reaktionen bei den Nutzern der Räume werden häufig beobachtet. Diese Gesundheitsgefährdung muss unbedingt verringert werden, jedoch ist mangels ausreichender Deklarationspflicht der Inhaltsstoffe für den Anwender eine Erkennbarkeit der Gefahren vorerst nur selten möglich.

Auch aus natürlich vorkommenden Stoffen gewonnene Lösungsmittel können für den Menschen schädlich sein [15]. „Natürlich" = „unbedenklich" gilt in dieser Form nicht!

Unterscheiden kann man also schädliche oder u. U. nur lästige Stoffe nach ihrer Einwirkung bei der Verarbeitung bzw. beim Einbau und während der Nutzung. Erstere Stoffe – z. B. schnell verdunstende Lösungsmittel – erfordern besondere Schutzmaßnahmen bei der Anwendung, also bei den am Bau Beteiligten. Langzeitig wirkende Substanzen sollten möglichst gänzlich vermieden werden.

Mineralwoll-Dämmstoff aus künstlichen Mineralfasern sind im Jahre 1993 von der sog. MAK-Kommission „als (ob) im Tierversuch krebserregend" eingestuft worden. Obwohl die Mineralfasern erzeugende Industrie diese Einstufung als nicht gerechtfertigt bezeichnet hat, sind von den Herstellern danach Faserdämmstoffe mit verringertem krebserzeugenden Potential (mit Bezeichnungen wie „deutlich verbesserte Bioslöslichkeit", „Kanzerogenitätsindex KI $\geq$ 40", u. Ä. [14] [17]) auf den Markt gebracht worden. Obwohl keine gesicherten Erkenntnisse über die Krebsgefährdung durch den Staub künstlicher Mineralfasern (Ausnahme: Keramikfasern) beim

Menschen vorliegen, wird dringend die Einhaltung von Vorsichtsmaßnahmen (z. B. Atemschutzmaßnahmen, geschlossene Arbeitskleidung) beim Einbau und besonders bei der Entfernung alter Mineralwollschichten angeraten [5]. Im (vorschriftsmäßig) eingebauten Zustand werden derartige Schichten als nicht gesundheitsgefährdend angesehen.

Organische Fasern geben häufig bei der Verarbeitung staubartige Faserpartikel ab, die eine negative gesundheitliche Auswirkung haben können! Der Schutz gegen Pilze, Insekten und der Brandschutz erfordert bei natürlichen Fasern häufig die Anwendung von gesundheitsgefährdenden Stoffen, so dass auch bei diesen Fasern eine bessere Deklarationspflicht gefordert werden müsste.

Wegen der hohen Zahl von Stoffen, deren gesundheitliche Schädlichkeit vermutet wird, der wissenschaftliche Nachweis darüber jedoch noch nicht ausreicht, kann nur geraten werden, entsprechende Publikationen in Fachzeitschriften zu beachten oder auf diese Stoffe von vornherein zu verzichten. Eine wertvolle Hilfe kann auch die Nutzung des Gefahrstoff-Informationssystems GISBAU der Berufsgenossenschaften der Bauwirtschaft (www.bgbau.de/gisbau) sein. In dieser Datenbank werden für alle Materialien weitergehende Informationen, deren chemisch-physikalische Zusammensetzung, die toxikologische Wirkung, über Berufskrankheiten, Schutzmaßnahmen und Ersatzstoffe gesammelt.

17.8.2 Radioaktivität, Radon

Die radioaktive Belastung des Menschen sollte in Gebäuden möglichst gering gehalten werden. Als hauptsächliche Belastungsquelle wird z. Z. das Radon (ein radioaktives Edelgas, das beim Zerfall des Urans und Radiums entsteht) bzw. seine Zerfallsprodukte angesehen. Letztere gelangen durch die Atmung in den menschlichen Körper. Radon entweicht in erster Linie aus dem Baugrund und gelangt auf diesem Wege in Gebäude. In geringerem Maße geht Radon auch aus Baustoffen in die Luft über. Die Menge des in der Atemluft in Gebäuden entstehenden Radons ist wesentlich abhängig von der Bauausführung des unteren Gebäudeabschlusses, der Bodenbeschaffenheit, wobei kristalline Böden (alte Tiefengesteine) mehr Radon emittieren als die jüngeren Sedimentböden, und der Lüftungsrate.

Die Radonkonzentration in der Atemluft wird über seine Aktivität in Becquerel (Bq) pro m^3 angegeben. Durchschnittswerte liegen bei 50 Bq/m^3, in ca. 50 000 deutschen Wohnungen sind über 250 Bq/m^3 messbar, ein Wert, der nicht überschritten werden sollte [11].

Die Strahlenschutzkommission des Bundestages (SSK) hat in den letzten Jahren mehrfach Empfehlungen zur Vermeidung übermäßiger Radon-Gehalte in der Luft gegeben [16]. Sie empfiehlt eine höhere Belüftung stärker gefährdeter Bauten und eine bessere Abdichtung der unteren Gebäudeabschlüsse gegen eindringende Gase durch absolut rissfreie Bodenplatten, Fugenversiegelungen und gasdichte Folien oder Beschichtungen.

Radonbelastete Gebiete finden sich im Hunsrück, dem Neuwieder Becken, im Fichtelgebirge, im Bayerischen Wald, im Oberpfälzer Wald, im Nordschwarzwald und in einigen südlichen Teilen von Sachsen und Thüringen. In den ehemaligen Uran-Abbaugebieten (Erzgebirge) sind sehr hohe Radon-Konzentrationen (über 6000 Bq/m3) in Häusern gemessen worden.

Darüber hinaus sollten Kriterien für die Auffindung von Regionen, Bauplätzen und Häusern mit höheren Radon-Konzentrationen entwickelt werden.

Verschiedene Institute bieten die Messung des Radongehaltes der Raumluft in Gebäuden zu mäßigen Preisen an.

Verlässliche Daten über die gesundheitlichen Schäden (Krebsrisiko) bei geringerer radioaktiver Belastung liegen erstaunlicherweise nicht vor; die internationale Strahlenschutzkommission (ICPR) hat jedoch in einer schon 1984 erschienenen Studie einen Anteil von 4 bis 12 % der derzeitigen Lungenkrebsfälle auf die Inhalation von Radon-Zerfallsprodukten in Häusern zurückgeführt.

Wenigstens dieser Anteil könnte durch die erwähnten Maßnahmen gesenkt werden. Die Radon-Belastung ist (nach dem aktiven und vor dem passiven Rauchen) die zweithäufigste Lungenkrebsursache. Nachgewiesen ist das übermäßig („synergistisch") verstärkte Auftreten von strahlenbedingtem Lungenkrebs bei Rauchern.

Der Vollständigkeit halber sei darauf hingewiesen, dass andererseits Radon-Kuren in Heilbädern z. B. zur Behandlung von rheumatischen Erkrankungen angewandt werden, es zumindest also Mediziner gibt, die (auch zeitlich?) gering dosierte radioaktive Strahlung als gesundheitsfördernd ansehen.

Seit dem 6.12.2013 liegt die novellierte Richtlinie EURATOM BSS des Rates der Europäischen Union mit Regelungen zur Bewältigung radiologischer Altlasten sowie natürlicher Radioaktivität in Baustoffen vor, die in vier Jahren in nationales Recht umgesetzt werden muss.

17.8.3 Elektromagnetische Felder

Als Beweis für eine etwaige Gefährdung des Menschen durch elektrische und magnetische Felder werden meist zwei Tatsachen angeführt:

- Im menschlichen Körper sind derartige Felder vorhanden und (damit zusammenhängend) werden Vorgänge im Körper durch sie beeinflusst.
- Biologisches Gewebe wird durch hochfrequente Wechselfelder (z. B. Mikrowellen) wegen der erzeugten Wärme geschädigt.

Die Erkenntnisse über die biologische Wirkung solcher Felder sind nur oberhalb von Feldstärkewerten gesichert, die üblicherweise nicht in Gebäuden normaler Nutzung auftreten. Der Beweis für die nicht wärmebedingte Schädigung bei schwächeren Feldern konnte bisher nicht einwandfrei erbracht werden, Anzeichen deuten aber auf eine derartige Gefahr hin. Als besonders unübersichtlich erweist sich dieses Problem deshalb, weil die Menschen seit jeher sehr unterschiedlichen natürlichen Feldern ausgesetzt sind (erdelektrisches Feld, erdmagnetisches Feld, elektrostatische Aufladungsfelder, elektromagnetische Wechselfelder in der Nähe von Gewitterentladungen und aus dem Weltall) und die Werte der technisch erzeugten Felder sich in den gleichen Größenordnungen bewegen, z. T. aber auch sehr unterschiedliche Daten besitzen (z. B. im Frequenzbereich).

Es ist zwar verständlich, dass manchmal durch konstruktive Maßnahmen (Leitungsabschirmung, „Netzfreischaltung") versucht wird, die – sowieso gegenüber dem freien Gelände geringen – elektromagnetischen Feldstärken in Gebäuden weiter zu vermindern, auf gesicherten wissenschaftlichen Erkenntnissen beruht eine solche Vorgehensweise jedoch nicht. Eine schädliche Wirkung schwacher Felder im Umkreis unserer Hausinstallationen wird nur von wenigen Wissenschaftlern angenommen.

In diesem Zusammenhang muss auf das ebenfalls recht ungesicherte Gebiet der Geobiologie (Einfluss von unterirdischen Wasserläufen, Verwerfungen, Lagerstatten usw. auf Mensch und Tier) hingewiesen werden. Ein Schutz vor derartigen Einflüssen ist zwar nach bisherigen Erkenntnissen nicht notwendig, es kann jedoch nicht vollkommen ausgeschlossen werden, dass sensible Menschen in ihrem Wohlbefinden durch geologische Faktoren beeinflusst werden.

Falls im Einzelfall solches vermutet wird, gibt die Radiästhesie (Wünschelrutenkunde, evtl. in Verbindung mit physikalischen Messungen) eine Möglichkeit, die subjektive Wohnsituation zu verbessern.

Die von den Geobiologen empfohlenen Schutzmaßnahmen laufen in der Regel hinaus auf:

- Verlegung der Schlafstellen auf reaktionszonenfreie Orte (eine Vergrößerung der Schlafzimmer ist bei der Planung zur Erzielung einer gewissen Variabilität der Schlafplätze dabei zu bedenken);
- Verlegung des Bauorts,
- „Abschirmung" der Einflüsse.

Alle mit anerkannten wissenschaftlichen Methoden überprüften Effekte im Bereich der Wünschelrutenkunde und der „Erdstrahlen" erweisen sich immer wieder als nicht reproduzierbar oder falsch interpretiert. Da sich das Wohlbefinden eines Menschen aber als stark abhängig von psychischen Faktoren gezeigt hat (psychosomatische Erkrankungen), können – wenn eine Erfolgsaussicht vermutet wird – notfalls auch ungesicherte Verfahren zur Verbesserung einer Wohnsituation in Erwägung gezogen werden. Erfahrungsgemäß sind viele Menschen mit den nach entsprechenden Veränderungen der Wohnsituation wiederum nicht zufrieden, sei es, dass die empfundenen Störungen geblieben sind, sei es, dass neue Probleme auftreten. Man kann nur vermuten, dass durch geobiologische Faktoren gestörte Menschen ihre Probleme nicht sehr einfach lösen können. Man sollte sich aber auch darüber klar sein, dass auf diesem Gebiet der Scharlatanerie immer noch (oder gerade in den letzten Jahren wieder) Tür und Tor geöffnet sind und in manchen Fällen wohl weniger gesundheitliche als finanzielle Schäden erwartet werden können.

17.8.4 Wasserdampfdurchlässigkeit („Atmungsfähigkeit") von Bauteilen

Eine gesundheitliche Gefahr für die Bewohner wird häufig in der mangelnden sog. „Atmungsfähigkeit" von Gebäude-Außenbauteilen gesehen. Meist wird darunter (missverständlich) die Fähigkeit der – praktisch luftundurchlässigen – Bauteile verstanden, Wasserdampf hindurchtreten zu lassen (s. Abschn. 17.5.6, Wasserdampfdiffusion). Es gibt jedoch keine wissenschaftlich begründeten Aussagen darüber, ob und wie viel Wasserdampf durch eine Außenwand gehen muss.

Die Wasserdampfdiffusion kann nicht durch einen die Überfeuchtung der Innenluft verhindernden notwendigen Wasserdampftransport nach außen begründet werden, da allein durch den hygienisch notwendigen Luftaustausch (z. B. durch Lüftungsmaßnahmen und durch Undichtigkeit von Fenstern und Türen) in bewohnten Räumen mindestens 98 % des ausgetauschten Wasserdampfes in die Außenluft überführt werden und höchstens 2 % durch die flächenhaften Außenbauteile (Wände, Decken und Dächer) nach außen gelangen. Dieser Austausch ist allerdings in vielen (besonders auch sanierten) Gebäuden absolut viel zu gering, um Tauwasser und damit Bauschäden zu verhindern!

Dampfbremsen und -sperren. Beim Vorhandensein von dampfbremsenden Schichten (Folien aus Metall, Kunststoff o. Ä.) in falscher Lage (im kälteren Teil des Außenbauteils) kann allerdings eine Gesundheitsgefährdung nicht ausgeschlossen werden, da evtl. auftretendes Kondensat (Tauwasser) Schimmelbildung zur Folge haben kann. Das ist natürlich auch schon bei dämmtechnisch zu schwach dimensionierten Außenbauteilen (mit zu großen Wärmedurchgangskoeffizienten U) oder ungünstiger Schichtenfolge (z. B. Innendämmung) möglich.

Eine ziemlich sichere Vermeidung solcher – wegen der Verbreitung von Schimmelsporen gesundheitsgefährdenden – Tauwassermengen kann durch die Überprüfung der Bauteile nach dem Verfahren von Glaser (s. Abschn. 17.5.6) geschehen. Wegen der heute bekannten Schimmelpilzbildung an Oberflächen, an denen noch keine Tauwasser-Abscheidung stattfindet, sondern erst 80 % Luftfeuchte herrschen, muss auf Grenzwerte für den Temperaturfaktor f hingewiesen werden.

Auf keinen Fall kann eine Aussage über die Schädlichkeit bestimmter Wärmedämmmethoden (z. B. mit Kunststoff-Hartschaum) mit der zu geringen Atmungsfähigkeit einer derartig gedämmten Wand begründet werden. Ausdrücke wie „totgedämmt" o. Ä. bedürfen einer physikalischen Begründung, wenn sie ernst genommen werden sollen.

Neuere Erkenntnisse über Tauwasserschäden an Gebäuden lassen es als wahrscheinlich erscheinen, dass viele derartige Schäden nicht durch Kondensation von diffundierendem Wasserdampf, sondern durch Abkühlung feuchtwarmer Innenluft an kalten Bauteilen erzeugt werden. Diese Luft gelangt dabei durch Undichtheiten der inneren Gebäudehülle (z. B. hölzerne Innenverkleidungen, undichte Fugen bei Bauteilanschlüssen usw.) weiter nach außen zu den kälteren Bauteilschichten (Konvektion) und das eventuell entstehende Tauwasser kann an fäulnis- oder korrosionsgefährdeten Bauteilen dann Schäden hervorrufen. Nur eine erhöhte Dichtheit der Gebäudehülle wird derartige Schäden verhindern können (vgl. Abschn. 17.5). Eine diesbezügliche Überprüfung der Gebäude lässt sich heute mit verschiedenen, von bauphysikalischen Instituten angebotenen Verfahren durchführen.

Eine Verringerung der Gesundheitsgefährdung durch Kondensatfeuchte ist – besonders bei stoßweiser Feuchtigkeitserzeugung in einem Raum (Feuchtraum) – durch wasserspeichernde Schichten (z. B. gips- oder holzhaltige Baustoffe, Textilien) möglich, die aber die aufgenommenen Wassermengen auch wieder abgeben müssen.

Stoßlüftung. Als wirksam hat sich nach derartigen Feuchtebelastungen besonders aber auch eine stoßweise Lüftung bewährt. Die in heutigen Wohnungen erzeugten Wasserdampfmengen (z. T. über 10 Liter „flüssigem" Wasser pro Tag entsprechend!) sollten auf keinen Fall unterschätzt werden, sie können nur durch Lüftung abgeführt werden.

In neueren Publikationen wird als „Atmungsfähigkeit" von Bauteilen nur noch deren feuchtespeichernde Fähigkeit bezeichnet. Die Verwendung des umstrittenen Begriffs kann zwar hingenommen werden, führt aber zuweilen zu übertriebenen Forderungen an Bauteile bezüglich ihrer Feuchtigkeitsaufnahmefähigkeit, die bauphysikalisch nicht begründbar sind.

17.9 Normen

17.9.1 Abdichtungen

Norm	Ausgabedatum	Titel
DIN EN 295-5	05.2013	Steinzeugrohre für Abwasserleitungs- und -kanäle; Anforderungen an gelochte Rohre und Formstücke
DIN EN 752	04.2008	Entwässerungssysteme außerhalb von Gebäuden
DIN 1180	11.1971	Dränrohre aus Ton; Maße, Anforderungen, Prüfung
DIN 1187	11.1982	Dränrohre aus weichmacherfreiem Polyvinylchlorid (PVC hart); Maße, Anforderungen, Prüfung
DIN 4095	06.1990	Baugrund; Dränung zum Schutz baulicher Anlagen; Planung, Bemessung und Ausführung
DIN 7864-1	04.1984	Elastomer-Bahnen für Abdichtungen; Anforderungen, Prüfung
DIN 7865-1	02.2015	Elastomer-Fugenbänder zur Abdichtung von Fugen in Beton – Formen und Maße
DIN 7865-2	02.2015	–; Werkstoff-Anforderungen und Prüfung
DIN EN 13 707	12.2013	Abdichtungsbahnen – Bitumenbahnen mit Trägereinlage für Dachabdichtungen – Definitionen und Eigenschaften
DIN EN 13 967	07.2012	Abdichtungsbahnen – Kunststoff- und Elastomerbahnen für die Bauwerksabdichtung gegen Bodenfeuchte und Wasser – Definitionen und Eigenschaften
DIN EN 13 969	03.2007	–; Bitumenbahnen für die Bauwerksabdichtung gegen Bodenfeuchte und Wasser – Definitionen und Eigenschaften
DIN EN 14 909	07.2012	–; Kunststoff- und Elastomer-Mauersperrbahnen – Definitionen und Eigenschaften
DIN EN 14 967	08.2006	–; Bitumen-Mauersperrbahnen – Definitionen und Eigenschaften
DIN 15 812 bis 15 820	06.2011 u. A.	Kunststoffmodifizierte Bitumendickbeschichtungen zur Bauwerksabdichtung
DIN 16 726	01.2011	Kunststoffbahnen; Prüfungen
DIN 18 195-1	12.2011	Bauwerksabdichtungen; Grundsätze, Definitionen, Zuordnung der Abdichtungsarten
DIN 18 195-1 Bbl. 1	03.2011	–; Beispiele für die Anordnung der Abdichtung
DIN 18 195-2	04.2009	–; Stoffe

Norm	Ausgabedatum	Titel
DIN 18 195-3	12.2011	–; Anforderungen an den Untergrund und Verarbeitung der Stoffe
DIN 18 195-4	12.2011	–; Abdichtungen gegen Bodenfeuchte (Kapillarwasser, Haftwasser) und nicht stauendes Sickerwasser an Bodenplatten und Wänden; Bemessung und Ausführung
DIN 18 195-5	12.2011	–; Abdichtungen gegen nichtdrückendes Wasser auf Deckenflächen und in Nassräumen; Bemessung und Ausführung
DIN 18 195-6	12.2011	–; Abdichtungen gegen von außen drückendes Wasser und aufstauendes Sickerwasser; Bemessung und Ausführung
DIN 18 195-7	07.2009	–; Abdichtungen gegen von innen drückendes Wasser; Bemessung und Ausführung
DIN 18 195-8	12.2011	–; Abdichtungen über Bewegungsfugen
DIN 18 195-9	05.2010	–; Durchdringungen, Übergänge, An- und Abschlüsse
DIN 18 195-10	12.2011	–; Schutzschichten und Schutzmaßnahmen
DIN 18 197	04.2011	Abdichten von Fugen in Beton mit Fugenbändern
DIN 18 308	09.2012	VOB Vergabe- und Vertragsordnung für Bauleistungen; Teil C: Allgemeine Technische Vertragsbedingungen für Bauleistungen (ATV), Drän- und Versickerungsarbeiten
DIN 18 336	09.2012	–; Abdichtungsarbeiten
DIN 18 540	09.2014	Abdichten von Außenwandfugen im Hochbau mit Fugendichtstoffen
DIN 18 541-1	11.2014	Fugenbänder aus thermoplastischen Kunststoffen zur Abdichtung von Fugen in Ortbeton; Begriffe, Formen, Maße, Kennzeichnung
DIN 18 541-2	11.2014	–; Anforderungen an die Werkstoffe, Prüfung und Überwachung
DIN 52 129	11.2014	Nackte Bitumenbahnen; Begriff, Bezeichnung, Anforderungen
DAfStb	11.2003	DafStb-Richtlinie – Wasserundurchlässige Bauwerke aus Beton (WU-Richtlinie)
DAfStb	2006	Erläuterungen zur WU-Richtlinie Wasserundurchlässige Bauwerke aus Beton
Dichtungsschlämmen	04.2006	Richtlinie für die Planung und Ausführung von Abdichtungen erdberührter Bauteile mit flexiblen Dichtungsschlämmen (Richtlinie der DBCh – Deutsche Bauchemie e.V., Frankfurt am Main)
Dichtungsschlämmen	05.2002	Richtlinie für die Planung und Ausführung von Abdichtungen mit mineralischen Dichtungsschlämmen (Richtlinie 52-RL-D-2002 der DBCh – Deutsche Bauchemie e.V., Frankfurt am Main)

17

17.9.5 Wärmeschutz

Norm	Ausgabedatum	Titel
DIN 4108 Bbl. 2	03.2006	Wärmeschutz und Energie-Einsparung in Gebäuden – Wärmebrücken – Planungs- und Ausführungsbeispiele
DIN 4108-2	02.2013	–; – Teil 2: Mindestanforderungen an den Wärmeschutz
DIN 4108-3	11.2014	–; Teil 3: Klimabedingter Feuchteschutz – Anforderungen, Berechnungsverfahren und Hinweise für Planung und Ausführung
DIN EN 410	04.2011	Glas im Bauwesen – Bestimmung der lichttechnischen und strahlungsphysikalischen Kenngrößen von Verglasungen
DIN EN 673	04.2011	Glas im Bauwesen – Bestimmung des U-Werts (Wärmedurchgangskoeffizient) – Berechnungsverfahren
DIN EN 12831	08.2003	Heizungsanlagen in Gebäuden – Verfahren zur Berechnung der Norm-Heizlast
DIN EN 13790	09.2008	Energieeffizienz von Gebäuden – Berechnung des Energiebedarfs für Heizung und Kühlung (ISO 13790: 2008); Deutsche Fassung EN ISO 13790: 2008
DIN EN 13829	02.2001	Wärmetechnisches Verhalten von Gebäuden – Bestimmung der Luftdurchlässigkeit von Gebäuden – Differenzdruckverfahren (ISO 9972: 1996, modifiziert)
DIN EN 15217	09.2007	Energieeffizienz von Gebäuden – Verfahren zur Darstellung der Energieeffizienz und zur Erstellung des Gebäudeenergieausweises
DIN EN 15603	05.2013	Energetische Bewertung von Gebäuden – Rahmennorm zur Europäischen Gebäuderichtlinie
ISO 6946	12.2007	Bauteile – Wärmedurchlasswiderstand und Wärmedurchgangskoeffizient – Berechnungsverfahren
ISO 7345	12.1987	Wärmeschutz; Physikalische Größen und ihre Begriffsbestimmungen
ISO 7730	11.2005	Ergonomie der thermischen Umgebung – Analytische Bestimmung und Interpretation der thermischen Behaglichkeit durch Berechnung des PMV- und des PPD-Indexes und Kriterien der lokalen thermischen Behaglichkeit
ISO 8990	09.1994	Wärmeschutz – Bestimmung der Wärmedurchgangseigenschaften im stationären Zustand – Verfahren mit dem kalibrierten und dem geregelten Heizkasten
ISO 10077-1	09.2006	Wärmetechnisches Verhalten von Fenstern, Türen und Abschlüssen – Berechnung des Wärmedurchgangskoeffizienten – Teil 1: Allgemeines
ISO 10077-2	03.2012	–, Teil 2: Numerisches Verfahren für Rahmen
ISO 10211	12.2007	Wärmebrücken im Hochbau – Wärmeströme und Oberflächentemperaturen – Detaillierte Berechnungen
ISO 10456 Kor. 1	12.2009	Baustoffe und Bauprodukte – Wärme- und feuchtetechnische Eigenschaften – Tabellierte Bemessungswerte und Verfahren zur Bestimmung der wärmeschutztechnischen Nenn- und Bemessungswerte; Korrektur 1
ISO 13370	12.2007	Wärmetechnisches Verhalten von Gebäuden – Wärmeübertragung über das Erdreich – Berechnungsverfahren
ISO 13790	03.2008	Wärmetechnisches Verhalten von Gebäuden – Berechnung des Heizenergiebedarfs
ISO 15927-1	11.2003	Wärme- und feuchteschutztechnisches Verhalten von Gebäuden – Berechnung und Darstellung von Klimadaten – Teil 1: Monats- und Jahresmittelwerte einzelner meteorologischer Elemente
ISO 15927-2	02.2009	–; – Teil 2: Stundendaten zur Bestimmung der Kühllast

17

Norm	Ausgabedatum	Titel
ISO 15927-3	03/2009	–; – Teil 3: Berechnung des Schlagregenindexes für senkrechte Oberflächen aus stündlichen Wind- und Regendaten
ISO 15927-4	07.2005	; – Teil 4: Stündliche Daten zur Abschätzung des Jahresenergiebedarfs für Heiz- und Kühlsysteme
ISO 15927-5 AMD 1	11.2011	–; – Teil 5: Daten zur Bestimmung der Norm-Heizlast für die Raumheizung; Änderung 1
ISO 15927-6	09.2007	–; – Teil 6: Akkumulierte Temperaturdifferenzen (Gradtage)

17.9.6 Schallschutz

Norm	Ausgabedatum	Titel
DIN 4109	11.1989	Schallschutz im Hochbau; Anforderungen und Nachweise
	08.1992	Berichtigungen zu DIN 4109
DIN 4109/A 1	01.2001	Schallschutz im Hochbau; Anforderungen und Nachweise, Änderung A1
DIN 4109 Bbl 1	11.1989	–; Ausführungsbeispiele und Rechenverfahren
DIN 4109 Bbl 1/A1	09.2003	–; Ausführungsbeispiele und Rechenverfahren; Änderung A1
E DIN 4109 Bbl 1/A2	02. 2010	–; Ausführungsbeispiele und Rechenverfahren; Änderung A2
DIN 4109 Bbl 2	11.1989	–; Hinweise für Planung und Ausführung; Vorschläge für einen erhöhten Schallschutz; Empfehlungen für den Schallschutz im eigenen Wohn- oder Arbeitsbereich
DIN 4109 Bbl 3	06.1996	–; Berechnung von $R'_{w,R}$ für den Nachweis der Eignung nach DIN 4109 aus Werten des im Labor ermittelten Schalldämm-Maßes R_w
E DIN 4109 Bbl 4	11.2000	–; Nachweis des Schallschutzes; Güte- und Eignungsprüfung
E DIN 4109-1	06.2013	Entwurf: Schallschutz im Hochbau; Teil 1: Anforderungen
DIN 18 005-1	07.2002	Schallschutz im Städtebau; Teil 1: Grundlagen und Hinweise für die Planung
DIN 18 005-1 Bbl 1	05.1987	–; Berechnungsverfahren; Schalltechnische Orientierungswerte für die städtebauliche Planung
DIN 18 005-2	09.1991	–; Lärmkarten; Kartenmäßige Darstellung von Schallimmissionen
DIN 45 630-1	12.1971	Grundlagen der Schallmessung; Physikalische und subjektive Größen von Schall
DIN 52 210-6	07.2013	–; Luft- und Trittschalldämmung; Bestimmung der Schachtpegeldifferenz
DIN EN 12 354-1	12.2000	Bauakustik; Berechnung der akustischen Eigenschaften von Gebäuden aus den Bauteileigenschaften; Luftschalldämmung zwischen Räumen
DIN EN 12 354-2	09.2000	–; –; Trittschalldämmung zwischen Räumen
DIN EN 12 354-3	09.2000	–; –; Trittschalldämmung zwischen Räumen; Luftschalldämmung gegen den Außenlärm
DIN EN 12 354-4	04.2001	–; –; Trittschalldämmung zwischen Räumen; Schallübertragung von Räumen ins Freie
DIN EN 12354-5	10.2009	–; –; Installationsgeräusche
DIN EN 12 354-6	04.2004	–; –; Schallabsorption in Räumen
DIN EN ISO 717-1	06.2013	Akustik – Bewertung der Schalldämmung in Gebäuden und von Bauteilen. Luftschalldämmung
DIN EN ISO 717-2	06.2013	–; Trittschalldämmung

17

Norm	Ausgabedatum	Titel
DIN EN ISO 3382-2	09.2008	Akustik-Messung von Parametern der Raumakustik – Nachhallzeit in gewöhnlichen Räumen
DIN EN ISO 10140-2	12.2010	Akustik – Messung der Schalldämmung von Bauteilen im Prüfstand – Messung der Luftschalldämmung
DIN EN ISO 10140-3	12.2010	–; – Messung der Trittschalldämmung
DIN EN ISO 10140-4	12.2010	–; – Messverfahren und Anforderungen
DIN EN ISO 16283-1	06.2014	Akustik – Messung der Schalldämmung in Gebäuden und von Bauteilen am Bau – Luftschalldämmung
E DIN 4109-2	11.2013	Schallschutz im Hochbau – Rechnerische Nachweise der Erfüllung der Anforderungen
E DIN 4109-4	06.2013	–; – Handhabung bauakustischer Prüfungen
E DIN 4109-11	05.2010	–; – Nachweis des Schallschutzes – Güte- und Eignungsprüfung
E DIN 4109-31	11.2013	–; – Eingangsdaten für die rechnerischen Nachweise des Schallschutzes (Bauteilkatalog) – Rahmendokument und Grundlagen
E DIN 4109-32	11.2013	–; – Eingangsdaten für die rechnerischen Nachweise des Schallschutzes (Bauteilkatalog) – Massivbau
E DIN 4109-33	12.2013	–; – Eingangsdaten für die rechnerischen Nachweise des Schallschutzes (Bauteilkatalog) – Holz-, Leicht- und Trockenbau, flankierende Bauteile
E DIN 4109-34	06.2013	–; – Eingangsdaten für die rechnerischen Nachweise des Schallschutzes (Bauteilkatalog) – Vorsatzkonstruktionen vor massiven Bauteilen
E DIN 4109-35	06.2013	–; – Eingangsdaten für die rechnerischen Nachweise des Schallschutzes (Bauteilkatalog) – Elemente, Fenster, Türen, Vorhangfassaden
E DIN 4109-36	06.2013	–; – Eingangsdaten für die rechnerischen Nachweise des Schallschutzes (Bauteilkatalog) – Gebäudetechnische Anlagen
VDI 4100	10.2012	Schallschutz von Wohnungen; Kriterien für die Planung und Beurteilung

17.9.7 Baulicher Brandschutz[1]

Norm	Ausgabedatum	Titel
DIN EN 3-7	10.2007	Tragbare Feuerlöscher; Eigenschaften, Leistungsanforderungen und Prüfungen
DIN EN 54-1	06.2011	Brandmeldeanlagen; Einleitung
DIN EN 54-2	12.1997	–; Brandmelderzentralen
DIN EN 54-2/A1	01.2007	–; Brandmelderzentralen
E DIN EN 54-2	02.2012	–; Brandmelderzentralen
DIN EN 54-3	09.2014	–; Feueralarmeinrichtungen – Akustische Signalgeber
DIN EN 54-4 ff.	versch.	Brandmeldeanlagen
DIN EN 81-72	11.2003	Sicherheitsregeln für die Konstruktion und den Einbau von Aufzügen – Besondere Anwendungen für Personen- und Lastenaufzüge; Feuerwehraufzüge
E DIN EN 81-72	05.2013	–; Feuerwehraufzüge

---

[1] Insbesondere für Baustoffe gibt es außer den aufgeführten DIN Normen zahlreiche Europäische und Internationale Normen. Eine Auflistung würde den Rahmen dieser Zusammenstellung überschreiten. Es wird auf die Veröffentlichungen des Normenausschusses Bauwesen (NABau) verwiesen. (DIN-Baunormen-Katalog Berlin).

Norm	Ausgabedatum	Titel
DIN EN 81-73	08.2005	–; Verhalten von Aufzügen im Brandfall
E DIN EN 81-73	05.2014	–; Verhalten von Aufzügen im Brandfall
DIN EN 357	02/2005	Glas im Bauwesen – Brandschutzverglasungen aus durchsichtigen oder durchscheinenden Glasprodukten – Klassifizierung des Feuerwiderstandes
DIN EN 671-1	07.2012	Ortsfeste Löschanlagen – Wandhydranten; Schlauchhaspeln mit formstabilem Schlauch
DIN EN 671-2	07.2012	–; Wandhydranten mit Flachschlauch
DIN EN 671-3	07.2009	–; Instandhaltung von Schlauchhaspeln mit formstabilem Schlauch und Wandhydranten mit Flachschlauch
DIN CEN/TS 1187	03.2012	Prüfverfahren zur Beanspruchung von Bedachungen durch Feuer von außen
DIN EN 1363-1	10.2012	Feuerwiderstandsprüfungen; Allgemeine Anforderungen
DIN EN 1363-2	10.1999	–; Alternative und ergänzende Verfahren
DIN EN 1364-1	10.1999	Feuerwiderstandsprüfungen für nicht tragende Bauteile; Wände
E DIN EN 1364-1	12.2014	–; Wände
DIN EN 1364-2	10.1999	–; Unterdecken
E DIN 1364-2	02.2015	–; Unterdecken
DIN EN 1364-3	05.2014	–; Vorhangfassaden – Gesamtausführung
DIN EN 1364-4	05.2014	–; Vorhangfassaden – Teilausführung
DIN EN 1365-1	08.2013	Feuerwiderstandsprüfungen für tragende Bauteile; Wände
DIN EN 1365-2	02.2015	–; Decken und Dächer
DIN EN 1365-3	02.2000	–; Balken
DIN EN 1365-4	10.1999	–; Stützen
DIN EN 1365-5	02.2005	–; Balkone und Laubengänge
DIN EN 1365-6	02.2005	–; Treppen
DIN EN 1366-1	12.2014	Feuerwiderstandsprüfungen für Installationen; Leitungen
DIN EN 1366-2	10.1999	–; Brandschutzklappen
E DIN EN 1366-2		–; Brandschutzklappen
DIN EN 1366-3	07.2009	–; Abschottungen
DIN EN 1366-4	08.2010	–; Abdichtungssysteme für Bauteilfugen
DIN EN 1366-5	06.2010	–; Installationskanäle und -schächte
DIN EN 1366-6	02.2005	–; Doppel- und Hohlböden
DIN EN 1366-7	09.2004	–; Förderanlagen und ihre Abschlüsse
DIN EN 1366-8	10.2004	–; Entrauchungsleitungen
DIN EN 1366-9	08.2008	–; Entrauchungsleitungen für einen Einzelabschnitt
DIN EN 1366-10	11.2007	–; Entrauchungsklappen
E DIN EN 1366-11	11.2014	–; Brandschutzsysteme für Kabelanlagen
DIN EN 1366-12	12.2014	–; Nichtmechanische Brandschutzverschlüsse für Lüftungsleitungen
E DIN EN 1634-1	03.2014	Feuerwiderstandsprüfungen und Rauchschutzprüfungen für Türen, Tore, Fenster und Baubeschläge – Feuerwiderstandsprüfungen für Türen, Tore, Abschlüsse und Fenster

17

Norm	Ausgabedatum	Titel
DIN EN 1634-3	01.2005	Prüfungen zum Feuerwiderstand und zur Rauchdichte für Feuer- und Rauchschutzabschlüsse, Fenster und Beschläge – Prüfungen zur Rauchdichte viel Rauchschutzabschlüsse
DIN EN 1634-3 Ber.1	09.2009	Feuerwiderstandsprüfungen für Tor- und Abschlusseinrichtungen – Rauchschutzabschlüsse
DIN EN 1991-1-2	12.2010	Eurocode 1: Einwirkungen auf Tragwerke – Teil 1-2: Allgemeine Einwirkungen – Brandeinwirkungen auf Tragwerke
DIN EN 1991-1-2/NA	12.2010	Nationaler Anhang – National festgelegte Parameter – Eurocode 1: Einwirkungen auf Tragwerke – Teil 1-2: Allgemeine Einwirkungen – Brandeinwirkungen auf Tragwerke
DIN EN 1991-1-2 Ber.1	08.2013	–; –; –; Berichtigung zu DIN EN 1992-1-2:2010-12
DIN EN 1992-1-2	12.2010	Eurocode 2: Bemessung und Konstruktion von Stahlbeton- und Spannbetontragwerken; Teil 1-2: Allgemeine Regeln; Tragwerksbemessung für den Brandfall
DIN EN 1992-1-2/NA	12.2010	Nationaler Anhang – National festgelegte Parameter – Eurocode 2: Bemessung und Konstruktion von Stahlbeton- und Spannbetontragwerken – Teil 1-2: Allgemeine Regeln – Tagwerksbemessung für den Brandfall
DIN EN 1993-1-2	12.2010	Eurocode 3: Bemessung und Konstruktion von Stahlbauten; Teil 1-2: Allgemeine Regeln, Tragwerksbemessung für den Brandfall
DIN EN1993-1-2/NA	12.2010	Nationaler Anhang – National festgelegte Parameter – Eurocode 3: Bemessung und Konstruktion von Stahlbauten – Teil 1-2: Allgemeine Regeln – Tragwerksbemessung für den Brandfall
DIN EN 1994-1-2	12.2010	Eurocode 4; Bemessung und Konstruktion von Verbundtragwerken aus Stahl und Beton – Teil 1-2: Allgemeine Regeln – Tragwerksbemessung für den Brandfall
DIN EN 1994-1-2/A1	06.2014	–; –; Allgemeine Regeln – Tragwerksbemessung für den Brandfall
DIN EN 1994-1-2/NA	12.2010	Nationaler Anhang – National festgelegte Parameter – Eurocode 4: Bemessung und Konstruktion von Verbundtragwerken aus Stahl und Beton; Teil 1-2: Allgemeine Regeln – Tragwerksbemessung für den Brandfall
DIN EN 1995-1-2	12.2010	Eurocode 5: Bemessung und Konstruktion von Holzbauten; – Teil 1-2: Allgemeine Regeln, Tragwerksbemessung für den Brandfall
DIN EN 1995-1-2/NA	12.2010	Nationaler Anhang – National festgelegte Parameter – Eurocode 5: Bemessung und Konstruktion von Holzbauten – Teil 1-2: Allgemeine Regeln – Tragwerksbemessung für den Brandfall
DIN EN 1996-1-2	04.2011	Eurocode 6: Bemessung und Konstruktion von Mauerwerksbauten – Teil 1-2: Allgemeine Regeln – Tragwerksbemessung für den Brandfall
DIN EN 1996-1-2/NA	06.2013	Nationaler Anhang – National festgelegte Parameter – Eurocode 6: Bemessung und Konstruktion von Mauerwerksbauten – Teil 1-2: Allgemeine Regeln – Tragwerksbemessung für den Brandfall
DIN 4066	07.1997	Hinweisschilder für die Feuerwehr
DIN 4102-1	05.1998	Brandverhalten von Baustoffen und Bauteilen; Baustoffe, Begriffe, Anforderungen und Prüfungen
DIN 4102-2	09.1977	–; Bauteile, Begriffe, Anforderungen und Prüfungen
DIN 4102-3	09.1977	–; Brandwände und nicht tragende Außenwände, Begriffe, Anforderungen und Prüfungen
DIN 4102-4	03.1994	–; Zusammenstellung und Anwendung klassifizierter Baustoffe, Bauteile und Sonderbauteile

17

Norm	Ausgabedatum	Titel
DIN 4102-4/A1	11.2004	–; –; Änderung A1
E DIN 4102-4	06.2014	–; Zusammenstellung und Anwendung klassifizierter Baustoffe, Bauteile und Sonderbauteile
DIN 4102-5	09.1977	–; Feuerschutzabschlüsse, Abschlüsse in Fahrschachtwänden und gegen Feuer widerstandsfähige Verglasungen, Begriffe, Anforderungen und Prüfungen
DIN 4102-6	09.1977	–; Lüftungsleitungen, Begriffe, Anforderungen und Prüfungen
DIN 4102-7	07.1998	–; Bedachungen, Begriffe, Anforderungen und Prüfungen
DIN 4102-8	10.2003	–; Kleinprüfstand
DIN 4102-9	05.1990	–; Kabelabschottungen; Begriffe, Anforderungen und Prüfungen
DIN 4102-11	12.1985	–; Rohrummantelungen, Rohrabschottungen, Installationsschächte und -kanäle sowie Abschlüsse ihrer Revisionsöffnungen; Begriffe, Anforderungen und Prüfungen
DIN 4102-12	11.1998	–; Funktionserhalt von elektrischen Kabelanlagen; Anforderungen und Prüfungen
DIN 4102-13	05.1990	–; Brandschutzverglasungen; Begriffe, Anforderungen und Prüfungen
DIN 4102-14	05.1990	–; Bodenbeläge und Bodenbeschichtungen; Bestimmung der Flammenausbreitung bei Beanspruchung mit einem Wärmestrahler
DIN 4102-15	05.1990	–; Brandschacht
DIN 4102-16	05.1998	–; Durchführung von Brandschachtprüfungen
DIN 4102-17	12.1990	–; Schmelzpunkt von Mineralfaser-Dämmstoffen; Begriffe, Anforderungen, Prüfung
DIN 4102-18	03.1991	–; Feuerschutzabschlüsse; Nachweis der Eigenschaft „selbstschließend" (Dauerfunktionsprüfung)
DIN EN 12 101-1	06.2006	Rauch- und Wärmefreihaltung – Bestimmungen für Rauchschürzen
DIN EN 12 101-2	09.2003	–; Bestimmungen für natürliche Rauch- und Wärmeabzugsgeräte
E DIN EN 12 101-2	09.2014	–; Natürliche Rauch- und Wärmeabzugsgeräte
DIN EN 12 101-3	06.2002	–; Bestimmungen für maschinelle Rauch- und Wärmeabzugsgeräte
DIN EN 12 101-3 Ber.1	04.2006	–; Berichtigungen zu DIN EN 12101-3:2002-06
E DIN EN 12 101-3	06.2010	–; Bestimmungen für maschinelle Rauch- und Wärmeabzugsgeräte
DIN EN 12 101-8	08.2011	–; Entrauchungsklappen
DIN EN 13 381-1	12.2014	Prüfverfahren zur Bestimmung des Beitrages zum Feuerwiderstand von tragenden Bauteilen – Horizontal angeordnete Brandschutzbekleidungen
DIN EN 13 381-2	12.2014	–; Vertikal angeordnete Brandschutzbekleidungen
DIN V ENV 13 381-3	09.2003	–; Brandschutzmaßnahmen für Betonbauteile
E DIN EN 13 381-3	05.2012	–; Brandschutzmaßnahmen für Betonbauteile
DIN EN 13 381-4	08.2013	–; Passive Brandschutzmaßnahmen für Stahlbauteile
DIN EN 13 381-5	02.2015	–; Brandschutzmaßnahmen für profilierte Stahlblech/Beton-Verbundkonstruktionen
DIN EN 13 381-6	09.2012	–; Brandschutzmaßnahmen für Betonverfüllte Stahlverbund-Hohlstützen
DIN V ENV 13 381-7	09.2003	–; Brandschutzmaßnahmen für Holzbauteile
E DIN EN 13 381-7	12.2014	–; Brandschutzmaßnahmen für Holzbauteile

17

Norm	Ausgabedatum	Titel
DIN EN 13 381-8	08.2013	–; Reaktive Ummantelung von Stahlbauteilen
E DIN EN 13 381-9	04.2013	–; Brandschutzmaßnahmen für Stahlträger mit Stegöffnungen
DIN 13 501-1	01.2010	Klassifizierung von Bauprodukten und Bauarten zu ihrem Brandverhalten; Klassifizierung mit den Ergebnissen aus den Prüfungen zum Brandverhalten von Bauprodukten
DIN 13 501-2	02.2010	–; Klassifizierung mit den Ergebnissen aus den Feuerwiderstandsprüfungen mit Ausnahme von Produkten für Lüftungsanlagen
DIN 13 501-3	02.2010	–; Klassifizierung mit den Ergebnissen aus den Feuerwiderstandsprüfungen an Bauteilen von haustechnischen Anlagen: Feuerwiderstandsfähige Leitungen und Brandschutzklappen
DIN 13 501-4	01.2010	–; Klassifizierung mit den Ergebnissen aus den Feuerwiderstandsprüfungen von Anlagen zur Rauchfreihaltung
DIN 13 501-5	02.2010	–; Klassifizierung mit den Ergebnissen aus Prüfungen von Bedachungen bei Beanspruchung durch Feuer von außen
DIN 13 501-6	07.2014	–; Klassifizierung mit den Ergebnissen aus den Prüfungen zum Brandverhalten von elektrischen Kabeln
DIN 14 090	05.2003	Flächen für die Feuerwehr auf Grundstücken
DIN 14 095	05.2007	Feuerwehrpläne für bauliche Anlagen
DIN 14 462	09.2012	Löschwassereinrichtungen – Planung, Einbau, Betrieb und Instandhaltung von Wandhydrantenanlagen sowie Anlagen mit Über- und Unterflurhydranten
DIN 14 675	04.2012	Brandmeldeanlagen; Aufbau und Betrieb
E DIN 14 675 Bbl.1	12.2014	–; Aufbau und Betrieb -Anwendungshinweise
DIN 14 676	09.2012	Rauchwarnmelder für Wohnhäuser, Wohnungen und Räume mit wohnungsähnlicher Nutzung – Einbau, Betrieb und Instandhaltung
DIN 18 093	06.1987	Feuerschutzabschlüsse; Einbau von Feuerschutztüren in massive Wände aus Mauerwerk oder Beton; Ankerlagen, Ankerformen, Einbau
DIN 18 095-1	10.1988	Türen; Rauchschutztüren; Begriffe und Anforderungen
DIN 18 095-2	03.1991	–; –; Bauartprüfung der Dauerfunktionstüchtigkeit und Dichtheit
DIN 18 230-1	09.2010	Baulicher Brandschutz im Industriebau; Rechnerisch erforderliche Feuerwiderstandsdauer
DIN 18 230-2	01.1999	–; Ermittlung des Abbrandverhaltens von Materialien in Lagerordnung; Werte für den Abbrandfactor m
DIN 18 232-1	02.2002	Rauch – und Wärmeableitung; Begriffe, Aufgabenstellung
DIN 18 232-2	11.2007	–; Natürliche Rauchabzugsanlagen (NRA); Bemessung, Anforderungen und Einbau
DIN 18 232-5	11.2012	–; Maschinelle Rauchabzugsanlagen (MRA); Anforderungen, Bemessung
DIN 18 234-1 bis 4	09.2003	Baulicher Brandschutz großflächiger Dächer – Brandbeanspruchung von unten
DIN 18 273	12.1997	Baubeschläge – Türdrückergarnituren für Feuerschutztüren und Rauchschutztüren; Begriffe, Maße, Anforderungen und Prüfungen
E DIN 18 273	11.2013	–; Türdrückergarnituren für Feuerschutztüren und Rauchschutztüren; Begriffe, Maße, Anforderungen und Prüfungen
DIN 18 421	09.2012	VOB Vergabe- und Vertragsordnung für Bauleistungen Teil C: Allgemeine Technische Vertragsbedingungen für Bauleistungen (ATV); Dämm- und Brandschutzarbeiten an technischen Anlagen

17

Norm	Ausgabedatum	Titel
ETAG 018/026		Leitlinien für die europäische technische Zulassung; Brandschutzprodukte – Brandschutzbekleidungen und Brandschutzbeschichtungen; Brandschutzprodukte zum Abdichten und Verschließen von Fugen und Öffnungen und zum Aufhalten von Feuer im Brandfall. www.dibt.de
MIndBauRL	07.2014	Muster – Richtlinie über den baulichen Brandschutz im Industriebau (Muster – Industriebaurichtlinie – M IndBauRL):
MHochhausRL	04.2008	Muster-Richtlinie über den Bau und Betrieb von Hochhäusern (Muster-Hochhaus-Richtlinie – MHHR)
MleitungsanlRL	11.2005	Muster-Richtlinie über brandschutztechnische Anforderungen an Leitungsanlagen (Muster-Leitungsanlagen-Richtlinie – M-LAR)
MSystembödenRL	09.2005	Muster-Richtlinie über brandschutztechnische Anforderungen an Systemböden (Muster – Systembödenrichtlinie – MSysBöR)
VdS 2098	01.2013	Richtlinien für natürliche Rauch- und Wärmeabzugsanlagen (NRA) – Planung und Einbau

17.9.8 Schutz vor gesundheitlichen Gefahren

Norm	Ausgabedatum	Titel
DIN 4844-2	12.2012	Grafische Symbole – Sicherheitsfarben und Sicherheitszeichen; Registrierte Sicherheitszeichen
DIN SPEC 4844-4	04.2014	–; Leitfaden zur Anwendung von Sicherheitskennzeichen
DIN EN ISO 14 020	02.2002	Umweltkennzeichen und -deklarationen; Allgemeine Grundsätze
DIN EN ISO 14 021	04.2012	Umweltkennzeichnungen und -deklarationen, Umweltbezogene Anbietererklärungen (Umweltkennzeichen Typ II)
DIN CEN/TS 16 516	12.2103	Bauprodukte – Bewertung der Freisetzung von gefährlichen Stoffen – Bestimmung von Emissionen in die Innenraumluft
E DIN EN 16 687	12.2013	Bauprodukte – Bewertung der Freisetzung von gefährlichen Stoffen – Terminologie

17.10 Literatur

Literatur zu den Abschn. 17.1 bis 17.4 (Feuchteschutz/Abdichtungen)

[1] Ansorge, D.: Pfusch an Bau – Bauwerksabdichtung gegen von außen und innen angreifende Feuchte. Stuttgart 2011

[2] Böhning, J; Klug. Chr.: Kellerfeuchtigkeit in Altbauten vermindern – unterschiedliche Verfahren im Praxisvergleich: Aachen 2001

[3] Bundesfachabteilung Bauwerksabdichtung (BFA BWA) ; (BWA – Richtlinie 1) Technische Regeln für die Planung und Ausführung erdberührter Bauwerksflächen oberhalb des Grundwasserspiegels. Dieburg 2004, www.bauindustrie.de

[4] Bundesfachabteilung Bauwerksabdichtung (BFA BWA) ; (BWA – Richtlinie 2) Technische Regeln für die Planung und Ausführung von Abdichtungen gegen von außen drückendes Wasser. Dieburg 2006, www.bauindustrie.de

[5] Bundesverband der deutschen Zementindustrie; Zement-Merkblatt: B 22 Arbeitsfugen 01.2002. Düsseldorf; www.bdzement.de

[6] Bundesverband der deutschen Zementindustrie (vdz); Zement- Merkblatt: H 10 Wasserundurchlässige Beton-Bauwerke 01.2010. Düsseldorf; www.bdzement.de

[7] DBV – Deutscher Beton- und Bautechnik-Verein e.V. – Merkblätter, Sachstandsberichte, Richtlinien, Hefte. www.betonverein.de

[8] Deutscher Ausschuss für Stahlbeton (DAfStb)- u. a. Richtlinie Wasserundurchlässige Bauwerke aus Beton (WU-Richtlinie). Berlin, 11/2003

17

[9]   Deutscher Holz- und Bautenschutzverband e.V. (DHBV): Handbuch der Bauwerksabdichtung, Normen, Regeln, Technik. Köln 2009

[10] Fouad, N.A. (Hrsg.) : Bauphysik-Kalender – Schwerpunkt Bauwerksabdichtung. Berlin 2009

[11] Frössel, F. : Lehrbuch der Kellerabdichtung und -sanierung. Renningen 2009

[12] Industrieverband Bauchemie und Holzschutzmittel (ibh); Richtlinie für die Planung und Ausführung von Abdichtungen mit kunststoffmodifizierten Bitumendickbeschichtungen (KMB) – erdberührte Bauteile" (Kurzform: „Dickbeschichtungsrichtlinie) 05.2010. Frankfurt a. M.; www.deutsche-bauchemie.de

[13] Hölzen, F.-J., Weber, H. : Abdichtung von Gebäuden: Leitfaden für Neubau und Bestand. Stuttgart 2014

[14] Hohmann, R.. : Fugenabdichtung bei wasserundurchlässigen Bauwerken aus Beton. Stuttgart 2009

[15] Lohmeyer ,G.; Ebeling, K. : Weiße Wannen einfach und sicher. Düsseldorf 2013

[16] Lufsky, K.; Monk. M. (Hrsg.): Bauwerksabdichtung. Stuttgart /Wiesbaden 2010

[17] Morchutt, U. (Hrsg.) : Praxisgerechte Bauwerksabdichtungen – wirtschaftliche Methoden zum sicheren Feuchtigkeitsschutz. Merching 2003

[18] Oswald, R; Wilmes, K.; Kottje, J. : Weiße Wannen – hochwertig genutzt – Praxisbewährung und Ausführungsempfehlungen zur Schichtenfolge und zu flankierenden Maßnahmen. Stuttgart 2007

[19] Oswald, R. : Bauwerksabdichtungen – Feuchteprobleme im Keller und Gebäudeinneren – Aachener Bausachverständigentage 2007.Wiesbaden 2008

[20] Pröbster M. : Baudichtstoffe – Erfolgreich Fugen abdichten. Wiesbaden 2011

[21] Schelp, H., von Grabczewski, H., Bräutigam, T. : Ermittlung des Bemessungsgrundwasserstands bei der Instandsetzung oder dem Bau von Kellern. Beton 10/2004

[22] Universität Leipzig, MPFA Leipzig GmbH: 5. Leipziger Bauschadenstag – Tendenzen und Entwicklungen bei der Bauwerksabdichtung und Risssanierung. Leipzig 09.2004

[23] Venzmer, H. (Hrsg.) : Injektionsmittelverwendung zur nachträglichen horizontalen Bauwerksabdichtung. Berlin 05.2004

[24] Weber, J.; Hafkesbrink,V. (Hrsg.) : Bauwerksabdichtung in der Altbausanierung – Verfahren und juristische Betrachtungsweise. Wiesbaden 2012

[25] Wissenschaftlich-Technische Arbeitsgemeinschaft für Bauwerkserhaltung und Denkmalpflege e.V. (WTA), Merkblätter. München; www.wta.de

[26] ZVDH – Zentralverband des Deutschen Dachdeckerhandwerks – Produktdatenblatt Flüssigabdichtungen. 10.2007

[27] Zentralverband des Deutschen Baugewerbes – Fachverband Fliesen und Naturstein; Merkblatt Abdichtungen im Verbund mit Fliesen und Platten. 2012; www.zdb.de

Literatur zu den Abschn. 17.5 und 17.6 [Wärmeschutz (Prof. Dr. Feist) und Schallschutz (Dr. Dahlem)]

Literatur zu Abschnitt 17.5 (Wärmeschutz):

[1]   Fanger, P.O.: Thermal Comfort. Analysis and Applications in Environmental Engineering, USA: New York 1972, © P.O. Fanger 1970.

[2]   Feist, Wolfgang: Der Einfluss von Wind und langwelliger Strahlung, in Protokollband Nr. 19, Stadtplanerische Instrumente zur Umsetzung von Passivhäusern, Darmstadt, Passivhaus Institut, 2000

[3]   DIN 4108: 1981 bis 2001; s. Normenverzeichnis in Abschn.16.9

[2]   Feist, Wolfgang: Ist Wärmespeichern wichtiger als Wärmedämmen? Passivhaus Institut, Darmstadt 2000

[3]   Fraunhofer-Institut für Bauphysik: Rechenprogramm WUFI zur Berechnung des gekoppelten Wärme- und Feuchtetransports. Holzkirchen 2001 (http://www.hoki.obp.fhg.de)

[4]   Institut für Baulimatik der TU Dresden: Rechenprogramm DELPHIN, Simulation des Wärme-, Luft-, Salz und Feuchtetransports in kapillarporösen Materialien. Dresden 2001

[5]   Kah, Feist et al: Bewertung energetischer Anforderungen im Lichte steigender Energiepreise für die EnEV und die KfW-Förderung, Passivhaus Institut, 2008

[6]   Informationsdienst HOLZ: holzbau handbuch, Reihe 3, Teil 2, Folge 2; S. 3f.

[7]   Hilbig, Gerhard: Grundlagen der Bauphysik; Fachbuchverlag Leipzig 1999, S.308–320

[8]   Borsch-Laaks, Robert: Sommerlicher Wärmeschutz im Holzbau, im Tagungsband des 14. Internationalen Holzbau-Forums 2008, Band II, Fachhochschule Biel, 2008

[9]   Autorengruppe PHI: Passivhaus Projektierungs Paket (PHPP), Ausgabe 2007, Passivhaus Institut, Darmstadt, 2007

17

[10] Feist, Wolfgang: Ein vereinfachtes Verfahren zur Bestimmung der Behaglichkeit im Sommer, in Protokollband Nr. 15, Arbeitskreis kostengünstige Passivhäuser, Darmstadt 1999

[11] Feist, Wolfgang (Herausgeber): Lüftungsstrategien für den Sommer, Protokollband Nr. 22, Arbeitskreis kostengünstige Passivhäuser, Darmstadt 2003

[12] Vallentin, Rainer: Städtebauliche Aspekte von Passivhäusern, in Protokollband Nr. 19 (Stadtplanerische Instrumente), Arbeitskreis kostengünstige Passivhäuser, Darmstadt 2000

[13] Rosenfeld, A. et al: Painting the Town White – and Green; MIT Technology Review 1997, s. auch http://eetd.lbl.gov/HeatIsland/PUBS/PAINTING/

[14] BINE projektinfo 4/01: „Vakuumdämmung", Fachinformationszentrum Karlsruhe 2001

[15] Forstner, Martin: QASAmax Vakuum-Wärmedämmverbundsystem, im Tagungsband der 12. Internationalen Passivhaustagung, Nürnberg 2008, S. 369 ff

[16] Krause, Harald und Sariri, Vahid: Wärmebrückenkatalog für Unipor W07, Passivhaus Institut, Darmstadt, 2008

[17] Künzel, Helmut: Schäden an Fassadenputzen, in: Schadensfreies Bauen, Bd. 9 (Hrsg. G. Zimmermann), Fraunhofer IRB Verlag Stuttgart 2000

[18] Glaser, H.: Graphisches Verfahren zur Untersuchung von Diffusionsvorgängen. In: Z. Kältetechn. (1959) 5. 345ff.

[19] Häupl, P. u. a.: Feuchte-Katalog für Außenwand-Konstruktionen. Köln 1990

[20] Künzel, H.: Dachdeckung und Dachbelüftung. Stuttgart 1996

[21] Künzel, H. M.: Kann bei voll gedämmten, nach außen offenen Steildachkonstruktionen auf eine Dampfsperre verzichtet werden? In: Bauphysik 1/1996

[22] Liersch, K. W.: Belüftete Dach- und Wandkonstruktionen, Bd. 1–4 Wiesbaden und Berlin 1990

[23] Autorengruppe PHI: Faktor 4 auch bei sensiblen Altbauten: Passivhauskomponenten + Innendämmung, Passivhaus Institut, Darmstadt, 2005

[24] Künzel, H.: Dachdeckung und Dachbelüftung. Stuttgart 1996

[25] Künzel, H. M.: Kann bei voll gedämmten, nach außen offenen Steildachkonstruktionen auf eine Dampfsperre verzichtet werden? In: Bauphysik 1/1996

[26] Liersch, K. W.: Belüftete Dach- und Wandkonstruktionen, Bd. 1–4. Wiesbaden und Berlin 1990

[27] Häupl, P. u. a.: Feuchte-Katalog für Außenwand-Konstruktionen. Köln 1990

[27B] Walther, W.: Luftdichtheit der Gebäudehülle – Haltbarkeit von Verklebungen; in Tagungsband der 9. Passivhaustagung in Ludwigshafen, Passivhaus Institut, Darmstadt 2005

[27C] Peper, S.: Luftdichtheit bei Passivhäusern – Erfahrungen aus über 200 realisierten Objekten, Drucktest ohne Blower-Door; Tagungsband zur 4. Passivhaustagung in Kassel, Passivhaus Dienstleistung GmbH, März 2000

[27D] Dämmung – Lieber auf Nummer Sicher gehen; in ISO/Schwimmbad & Sauna, Heft 5/6 1998

[27E] Feist, W. et al: Einsatz von Passivhaustechnologien bei der Altbau-Modernisierung; Protokollband Nr. 24 des Arbeitskreises kostengünstige Passivhäuser Phase III

[27F] Feist, W. et al: EnerPHit Planerhandbuch – Altbauten mit Passivhaus Komponenten fit für die Zukunft machen; ISBN 978-3-00-032637-0, Darmstadt 2012

[27G] Feist, W.: Ökonomische Bewertung von Energieeffizienzmaßnahmen; Autoren: W. Feist, W. Ebel, B. Krick, B. Kaufmann u.a., Protokollband zur 42. Sitzung des Arbeitskreises kostengünstige Passivhäuser. Darmstadt 2013

[28] Feist, Wolfgang: Passivhäuser in Mitteleuropa; Diss., Universität Kassel, 1993

[29] Feist, Wolfgang: Praxis Passivhaus, im Bauphysik Kalender 2007

[30] Schnieders, Jürgen: Passive Houses in South West Europe; Diss., Universität Kaiserslautern, 2009

[31] Hauser, G., Stiegel, H.: Wärmebrückenatlas für den Mauerwerksbau. Vieweg-Verlag Wiesbaden 1996 (auch als CD-ROM 1998)

[32] Hauser, G. und Stiegel, H.: Wärmebrücken-Atlas für den Holzbau; Bauverlag Wiesbaden, 1992

[33] Mainka, G.-W., Paschen, H.: Wärmebrückenkatalog, Teubner Stuttgart 1986

[33] Physibel: Programme zur Wärmebrückenberechnung, B-9990 Maldegem

[34] Thermopor: Bauphysik, PC-Nachweisprogramme: www.thermopor.de

[35] Lawrence Berkeley National Lab: Wärmebrückenprogramm „Therm", im Internet frei verfügbar, vgl. www.lbl.gov

[36] Feist, Wolfgang: Wärmebrückenfreies Konstruieren, Protokollband Nr. 16, Arbeitskreis kostengünstige Passivhäuser, Darmstadt 2000

[37] Kaufmann, Berthold: Das Passivhaus – Energie-Effizientes-Bauen, holzbau handbuchReihe 1: Entwurf und Konstruktion Teil 3: Wohn- und Verwaltungsbauten Folge 10: Passivhaus – Energie-Effizientes-Bauen, DGfH Innovations- und Service GmbH, kostenloser download aus dem Internet möglich

17

[38]   Arbeitskreis Autorengruppe: Dimensionierung von Lüftungsanlagen in Passivhäusern, Protokollband 17 des Arbeits-
        kreises kostengünstige Passivhäuser, 1. bis 6. Aufl., 131 Seiten, Passivhaus Institut, Darmstadt 1999

[39]   Peper, Sören; Feist, Wolfgang: Messtechnische Untersuchung und Auswertung – Klimaneutrale Passivhaussiedlung
        Hannover-Kronsberg; 1. Auflage, Passivhaus Institut und Proklima, Darmstadt/Hannover 2001

[40]   Passivhaus Institut: Anforderungen an qualitätsgeprüfte Wohnungslüftungsanlagen, aktuelle Fassungen auf der
        Homepage www.passiv.de

[41]   Witta Ebel: Interne Wärmequellen – Erfahrungen aus dem Passivhaus. In Protokollband Nr. 5 des Arbeitskreises kosten-
        günstige Passivhäuser, 1. Aufl., Passivhaus Institut, Darmstadt 1997

[42]   Wolfgang Feist: Innere Gewinne werden überschätzt; In: „Sonnenenergie und Wärmetechnik 1/1994"; 1994.

[43]   Andrew Peel: Solar gains in a Passive House, Master-Thesis, Universität Oldenburg 2007

[44]   International Energy Agency: IEA World Energy Outlook 2008, Paris, 2008 (see: http://www.worldenergyoutlook.org/)

[45]   IPCC: Climate Change 2007: Mitigation of Climate Change, Thailand, May 9th, see http://www.ipcc.ch/SPM040507.pdf

[46]   Feist, W.: Passivhaus – das nächste Jahrzehnt; in Tagungsband der 18. Internationalen Passivhaustagung, ISBN 978-3-
        00-045215-4, Darmstadt/Aachen 2014

[47]   Feist, W., Schnieders, J., Schulz, T., Krick, B., Rongen, L., Wirtz, R.: Passive Houses for different climate zones; Darmstadt,
        May 2012

Literatur zu Abschn. 17.6 (Schallschutz)

[1]   *Fasold,W., Veres,E.*: Schallschutz und Raumakustik in der Praxis, Beuth Verlag 2015

[2]   *Moll, W. und A.*: Schallschutz im Wohnungsbau. Verlag Wilhelm Ernst & Sohn, Berlin 2011

[3]   *Beckert, C.*: TA-Lärm: Technische Anleitung zum Schutz gegen Lärm mit Erläuterungen. Erich Schmidt Verlag, Berlin 2000

[4]   *Sälzer, E.*: Kommentar zur DIN 4109: Schallschutz im Hochbau. Bauverlag, Wiesbaden und Berlin 1995

[5]   Absatzförderungsfonds der deutschen Forst- und Holzwirtschaft (AöR)(Hrsg.): holzbau handbuch, Reihe 3 Teil 3 Folge
       4: Schallschutz – Wände und Dächer. Bonn 2004

[6]   *Fouad, N.* (Hrsg.): Bauphysik Kalender 2014. Verlag Wilhelm Ernst & Sohn, Berlin 2014

[7]   Deutsche Gesellschaft für Akustik e.V. (Hrsg.): DEGA-Empfehlung 103 Schallschutz im Wohnungsbau – Schallschutz-
       ausweis. Berlin 2009

Literatur zu Abschn. 17.7 (Brandschutz)

[1]   *Beinhauer, P.*: Standarddetails im Brandschutz – Sichere Konstruktionsdetails für Bauvorhaben. Köln 2007

[2]   *Bestel, H.*: Porenbeton-Information-GmbH; Baulicher Brandschutz im Industriebau. Wiesbaden 2010

[3]   *Bock, H. M.; Klement, E.*: Brandschutz- Praxis für Architekten und Ingenieure – Brandschutzvorschriften und aktuelle
       Planungsbeispiele. Berlin 2011

[4]   *Brein, D. Kreft, U.*: IFBS – Industrieverband für Bausysteme im Leichtmetallbau: 6.01 Brandschutz – Baulicher Brandschutz
       bei großflächigen Dächern nach DIN 18 234. 02/2005; IFBS 6.02 – Grundlagen des Brandschutzes im Leichtmetallbau.
       01.2010 ; IFBS 6.03 – Prüfzeugnis W90 – Stahltrapezprofil-Wand. 04.2014; IFBS 6.04 – Prüfzeugnis W90 – Stahlkassetten-
       Wand

[5]   *Buchholz, H., Sadowski, H., Wienecke, B. Ebert-Pacan, R.*:DETAIL Taschenhandbuch Brandschutz. München 2012

[6]   Bundesverband der Deutschen Zementindustrie e.V.; Zement -Merkblatt H1 – Baulicher Brandschutz mit Beton. Köln
       08/2006; www.vdz-online.de oder www.beton.org/fachinformationen/zement-merkblaetter

[7]   Dt. Gesellschaft für Holzforschung e.V. (Hrsg.): Holz Brandschutz Handbuch. Berlin 2009

[8]   Deutscher Beton- und Bautechnik-Verein e. V.; DBV Brandschutz; Merkblatt – Bauen im Bestand – Brandschutz. 01/2008

[9]   Deutscher Stahlbauverband: BmS 2.1 Brandschutz für Stützen und Träger. 04/1999; BmS 2.2 Brandschutz bei Wänden
       06/2001; BmS 2.3 Brandschutz für Decken 06/2001

[10]   *Fouad, N.A. Rarchamy, M.* : Baulicher Brandschutz im Industriebau nach DIN 18 230. Berlin 2006

[11]   *Fouad, N.A. Schwedler, A.* : Brandschutz-Bemessung auf einen Blick nach DIN 4102; Tafeln für die brandschutztechnische
       Bemessung von Bauteilen der Feuerwiderstandsklassen F30 bis F180. Berlin 2006

[12]   *Fröse, H.-D.* : Brandschutz für Kabel und Leitungen. Heidelberg 2010

[13]   *Geburtig, G.:* Brandschutz im Bestand – Holz. Stuttgart/Berlin 2009

[14]   *Geburtig, G.:* Baulicher Brandschutz im Bestand – Bd. 1 Branschutztechnische Beurteilung vorhandener Bausubstanz.
       Berlin 2014

17

[15] Hass, R., Meyer-Ottens, C., Richter, E.: Stahlbau-Brandschutz-Handbuch. Berlin 1994

[16] Hass, R., Meyer-Ottens, C., Quest, U.: Verbundbau-Brandschutz-Handbuch. Berlin 1989

[17] Heidelberger, R.: Praxiskommentar – Brandschutz im Industriebau: Erläuterungen zur Muster-Industriebaurichtlinie. Köln 2013

[18] Hertel, H.: Grundlagendokument Brandschutz, Fachbeitrag Fa. Promat. Ratingen 1995

[19] Informationsdienst Holz, Holzbauhandbuch; Reihe 3; Teil 4 – Brandschutz. Düsseldorf 2001 ff.; www.informations-dienst-holz.de

[20] Informationszentrum Raum und Bau (IRB), Literaturdokumentation 7204, Brandschutz im Industriebau; www.irbbuch.de

[21] Jansen, M.: PlanungsCheck Baulicher Brandschutz. Mering 2008

[22] Klingsohr, K.; Messerer, J.: Vorbeugender baulicher Brandschutz. Stuttgart 2012

[23] Kotthoff, I. Fouad, N.: Fachverband Wärmedämm-Verbundsysteme e.V.; WDV-Systeme zum Thema Brandschutz. Wiesbaden 2010

[24] Kordina, K., Meyer-Ottens, C.: Beton-Brandschutz-Handbuch. Düsseldorf 1999

[25] Kraft, M.: Betrieblicher Brandschutz – Brandschutzverordnung – Leitfaden zur Umsetzung in der Praxis. Köln 2007

[26] Lippe, M.; Resche, J.; Rosenwith, D.: Anwendungsempfehlung zur Muster-Leitungsanlagen-Richtlinie (MLAR). 2011

[27] Löbbert, A., Pohl, K.D., Thomas, K.W; Kruszinski, T.: Brandschutzplanung für Architekten und Ingenieure Teil C. Köln 2007

[28] Mayr, J.; Battran, L.: Handbuch Brandschutzatlas Baulicher Brandschutz. Köln 2014

[29] Promat-Handbuch – Bautechnischer Brandschutz A5 und Promat Glashandbuch – Bautechnischer Brandschutz V3.1. Ratingen 2014, www.promat.de

[30] Scheer, C., Peter, M.: DfG – Deutsche Gesellschaft für Holzforschung; Holz-Brandschutz-Handbuch. Berlin 2009

[31] Schneider, U., Flassenberg, G.: Brandverhalten von Porenbetonbauteilen. Hrsg. Bundesverband der Porenbetonindustrie. Wiesbaden: Bauverlag 2008; www.bv-porenbeton.de

[32] Schneider, U.; Franssen, J. M.; Lebeda, C.: Baulicher Brandschutz – Nationale und Europäische Normung – Bauordnungs-recht – Praxisbeispiele. Berlin 2013

[33] Spittank, J., König. R.; Pertgen, M.: Vorbeugender Brandschutz im Bild – Muster-Industriebaurichtlinie. Köln 2014

[34] Winter, S.: Holzbau Handbuch Reihe 3, Teil 4, Folge 4 – Brandschutz im Hallenbau. Düsseldorf 2004

Literatur zu Abschn. 17.8 (Schutz vor gesundheitlichen Gefahren)

[1] Bachmann, P., Lange, M.: Mit Sicherheit gesund bauen. Wiesbaden 2013

[2] BM für Umwelt, Naturschutz, Bau- und Reaktorsicherheit: Baustoffdatenbank für die Bestimmung globaler ökologischer Wirkungen; www.ökobau.dat oder www.nachhaltigesbauen.de

[3] Bundesanstalt für Arbeitsschutz und Arbeitsmedizin: u. a. Formaldehyd; www.baua.de

[4] Deutsche Forschungsgemeinschaft (MAK-Senatskommission): Maximale Arbeitsplatzkonzentration (MAK-Werte) und biologische Arbeitsstoff-Toleranzwerte (BAT-Werte) Bonn; www.dfg.de

[5] Fachverband Mineralfaserindustrie e. V. (FMI) und BG BAU: Umgang mit Mineralwolle-Dämmstoffen – Handlungsanleitung. Berlin 5/2010

[6] Fischer-Uhlig, H.: Gesundes Bauen und Wohnen von A bis Z. Taunusstein 1990

[7] Gesamtverband Schadstoffsanierung GbR (Hrsg.): Schadstoffe in Innenräumen und an Gebäuden. Köln 2014

[8] Glücklich, D.: Ökologisches Bauen. München 2005

[9] Haefele, G.; Oed, W.; Sambeth, B.M.: Baustoffe und Ökologie. Tübingen/Berlin 1996

[10] Hegger, M.; Fuchs, M.; Auch-Schwelg, V.; Rosenkranz, T.: Baustoffatlas, Edition DETAIL. München 2005

[11] Kranefeld, A.; Linnig, J.: Radon. Köln: Katalyse-Institut 1990

[12] Lovberg, D.: Gesundes zuhause in einer giftigen Welt. München 1996

[13] Kühn, B.: Gift frei leben – Umweltschutz in den eigenen vier Wänden. Norderstedt 2009

[14] Royar, J., Gerhardy, L.: Wärmedämmung der hinterlüfteten, vorgehängten Fassade. In: DBZ 08/1996

[15] Steffens, W.: Innenraum-Schadstoffe und Umweltmedizin. In: das Bauzentrum 02/1997

[16] Strahlenschutzkommission: Publikationen; www.ssk.de

[17] Technische Regeln für Gefahrenstoffe (TRGS) 905. In: Bundesanzeiger. Köln 2014

[18] Wallbaum, H., Kytzia, S., Kellenberger, S.: Nachhaltig Bauen. Zürich 2011

[19] Volkenant, K., Wolff, P. K., Trauthwein, D., Goldmann, M.: Gesund bauen und wohnen. München 2008

17

Weitere Fachliteratur zur Bauphysik

Arndt, Horst: Wärme- und Feuchteschutz in der Praxis. Verlag für Bauwesen. Berlin 1996

Bläsi, Walter: Bauphysik, Bibliothek des Technikers. Europa-Lehrmittel Haan-Gruiten 2008

Bobran, H. W., ...: Handbuch der Bauphysik. Wiesbaden 1995

Brandt, J., Moritz, H.: Bauphysik nach Maß. Düsseldorf 1995

Buss, H.: Das Tabellenhandbuch zum Wärme- und Feuchteschutz. Kissing 2002

Diem, P.: Bauphysik im Zusammenhang. Wiesbaden und Berlin 1996

Ehm, C.: Brand-, Schall- und Wärmeschutz in historischen Fachwerkhäusern. In: wksb 30/1992

Gertis, Karl A., Mehra, Schew-Ram: Bauphysikalische Aufgabensammlungen mit Lösungen. Wiesbaden 2008

Gösele, K., Schüle, W.: Schall, Wärme, Feuchte. Wiesbaden und Berlin 1997

Grassnick, A., Holzapfel, W.: Der schadenfreie Hochbau. Köln-Braunsfeld 1994/97

Hilbig, Gerhard: Grundlagen der Bauphysik. Fachbuchverlag Leipzig 1999

Hohmann, Rainer, Setzer, Max J.: Bauphysikalische Formeln und Tabellen. Werner-Verlag Düsseldorf 2008

Institut für Erhaltung und Modernisierung von Bauwerken e.V. (IEMB), Sanierungsgrundlagen Plattenbau. Berlin; www.iemb.de

Kerschberger, A.: Solares Bauen mit transparenter Wärmedämmung. Wiesbaden 1996

Klug, Paul: Bauphysik. Vogel-Verlag. Würzburg 1996

Liersch, K. W.: Bauphysik kompakt. Verlag Bauwerk 2008

Lohmeyer, Gottfried, Post, M., Bergmann, H.: Praktische Bauphysik. Vieweg-Teubner 2008

Lutz, P., Jenisch, R. u. a.: Lehrbuch der Bauphysik. Stuttgart 2002

Physibel C. V.: B-9990 Maldegem; Programme zur Wärmebrückenberechnung

Prokop, O., Wimmer, W.: Wünschelrute – Erdstrahlen – Radiästhesie. Stuttgart 1985

Remmers GmbH, 49624 Löningen: Firmenunterlagen über Viscacid-Produkte

Reiter, Reinhold: Natürliche Radioaktivität im Rauminnern, eine Gefahr? In: Bauphysik 4/1984

RWE Bau-Handbuch. Frankfurt 2004

Schild, E. u.a.: Schwachstellen 1, 2; Schäden, Ursachen, Konstruktions- und Ausführungsempfehlungen. Wiesbaden und Berlin 1987/90

Scholl, W., Brandstetter, W.: Schwimmende Estriche auf Holzbalkendecken: wie beschweren? In: Mitteilungen des Fraunhofer-Instituts für Bauphysik (IBP) Nr. 279 (1995)

Schulz, P.: Schallschutz, Wärmeschutz, Feuchteschutz, Brandschutz: Handbuch für den Innenausbau. Stuttgart 2004

Usemann, Klaus W., Gralle, Horst: Bauphysik. Kohlhammer Stuttgart 1997

Wellpott, E.: Technischer Ausbau von Gebäuden. Stuttgart 2006

Wendehorst, R.: Bautechnische Zahlentafeln. 33. Aufl. Stuttgart 2009

Wilkens, W. M., Schild, K., Dinter, S.: Handbuch Bauphysik Teil 1 und 2. Wiesbaden 2006

17

18 Anhang: Gesetzliche Einheiten

Seit 1.1.1978 ist die *neue gesetzliche Krafteinheit das Newton (N)* mit der Beziehung:

$$1 \text{ kp} = 1 \text{ kg} \cdot 9{,}81 \text{ m/s2} = 9{,}81 \text{ N} \triangleq 10 \text{ N}$$
$$\text{(bis 31. 12. 1977 galt 1 kp = 1 kg)}$$

Im Anwendungsbereich der Normen wird für 1 kp = 0,01 kN, für 1 Mp = 10 kN (Tab. **18**.1) und für 1 kp/cm² = 0,1 MN/m² (Tab. **18**.2) gesetzt, wobei 1 MN/m² = 1 N/mm² ist.

Zur Erleichterung der Umrechnung auch in älteren Bauunterlagen für abgeleitete Einheiten sowie für frühere Bezeichnungen werden nachfolgend die wichtigsten Umrechnungstabellen abgedruckt.

Nicht mehr zulässige Einheiten sind mit den in Tabelle **18**.1 angegebenen Faktoren umzurechnen. Vielfache, Teile oder zusammengesetzte Einheiten, die in der Tabelle **18**.1 nicht enthalten sind, sind sinngemäß umzurechnen (Tab. **18**.3).

Tabelle **18**.1 Umrechnungstafel für Kräfte und Einzellasten (entsprechend 1 kp = 9,80665 N n ~ gerundet [Abweichung 2%]: 1 kpf = 10 N)

frühere Einheiten			gesetzliche Einheiten		
p	kp	Mp	N	kN	MN
1					
10			0,10		
100	0,1		1,0		
1000	1		10		
	10		100	0,10	
	100	0,1	1000	1,0	
	1000	1		10	
		10		100	0,10
		100		1000	1,0
		1000			10

Tabelle **18**.2 Umrechnungstafel für Kraft je Fläche (Flächenlasten, Spannungen, Festigkeiten, Druck)

frühere Einheiten				gesetzliche Einheiten		
				N/mm²	kN/m²	MN/m²
kp/m²	Mp/ m²	kp/ cm²	kp/ mm²			N/mm²
mm WS	m WS	at		Pa	kPa	MPa
0,1				1,0		
1				10		
10				100	0,10	
100				1000	1,0	
1000	1				10	
	10	1			100	0,10
	0,10	10	1		1000	1,0
	100	100	10			10
	1000	1000	100			100
						1000

Tabelle **18**.3 Umrechnungsfaktoren für Einheiten-Beispiele

1 kp	=	0,01	kn					
1 kp/cm²	=	0,1	MN/m²	=	0,1	N/mm2		
1 at	=	0,1	MN/m²	=	1,0	bar		
1 atü	=	1,0	bar	=	0,01	MN/m2		
1 m WS	=	0,1	bar	=	0,01	MN/m2		
1 mm WS	=	10	N/m²	=	10	Pa (Pascal)		
1 kp m	=	0,01	kNm	=	10	J (Joule)		

1 kcal	=	4,2	kJ	(Kilojoule)
1 kcal/h	=	1,163	W	(Watt)
1 PS	=	0,74	kW	(Kilowatt)
1 grd	=	1	K	(Kelvin)
1 g	=	1		gon
1 Torr	=	1,33	mbar	= 133 Pa

Tabelle **18**.4   Beispiele für die Anwendung der gesetzlichen SI-Einheiten im Bauwesen (s. a. DIN 1301) mit den einschlägigen Umrechnungen, neu und bisher

Größe	Gegenüberstellung				Umrechnung
	frühere Formelzeichen	Einheit	**neue** Formelzeichen	neue gesetzliche Einheit	
Länge	l	m	l	m	
Fläche	F	m²	A	m²	
Volumen	V	m³	V	m³	
Trägheitsmoment	I	m⁴	I	m⁴	
Widerstandsmoment	W	m³	W	m³	
Winkel	$\alpha; \beta; \gamma \dots$	°	$\alpha; \beta; \gamma \dots$	°	
Temperatur	t	°C	t	°C	
	t	°C	T	K	0 K= − 273°C; 0°C = 273 K
Temperaturdifferenz	Δt	°C	$\Delta T; \Delta t$	K; °C	1 K= 1°C
Wärmeleitfähigkeit	λ	$\dfrac{kcal}{m\,h\,°C}$	λ	$\dfrac{W}{m\,K}$	$1\,\dfrac{W}{m\,K} = 0{,}86\,\dfrac{kcal}{m\,h\,°C}$ bzw. $1\,\dfrac{kcal}{m\,h\,°C} = 1{,}163\,\dfrac{W}{m\,K}$
Wärmedurchlasskoeffizient	Λ	$\dfrac{kcal}{m\,h\,°C}$	Λ	$\dfrac{W}{m^2\,K}$	bzw.
Wärmeübergangskoeffizient	α	$\dfrac{kcal}{m\,h\,°C}$	h	$\dfrac{W}{m^2\,K}$	$1\,\dfrac{kcal}{m^2\,h\,°C} = 1{,}163\,\dfrac{W}{m^2\,K}$
Wärmedurchgangskoeffizient	k	$\dfrac{kcal}{m\,h\,°C}$	U	$\dfrac{W}{m^2\,K}$	

Weitere mögliche Einheiten: 2) 1 J = 1 Ws = 1 Nm

Tabelle **18**.5   Umrechnungstafel für Energie, Arbeit, Wärmemenge, Leistung usw.

Größe	frühere Einheit	gesetzliche Einheit	
		genau	Abweichung < 2%
Wärmestrom	1 kcal/h	1,163 W	1,16 W
Wärmeübergangskoeffizient	1 kcal/(m² · h · grd)	1,163 W/(m² · K)	1,16 W/(m² · K)
Wärmeleitfähigkeit	1 kcal/(m · h · grd)	1,163 W/(m · K)	1,16 W/(m · K)

Sachwortverzeichnis

S

S

S

S

S

S

S

S

S

S

S

S

S

S

S

S

S

S

Ausführliches Inhaltsverzeichnis aus Frick/Knöll Baukonstruktionslehre 2, 34. Auflage

Printed by Wilco bv, the Netherlands